U0231125

分析化学手册

第三版

3B

分子光谱分析

柯以侃　董慧茹　主编

化学工业出版社

·北京·

《分析化学手册》第三版在第二版的基础上作了较大幅度的增补和删减，保持原手册 10 分册的基础上，将其中 3 个分册拆分为 6 册，最终形成 13 册。

本册共分三篇，有紫外-可见光谱分析法，红外与拉曼光谱分析法，荧光、磷光及化学发光分析法。分别收录了各种分析方法的基础理论、术语及定义、仪器介绍、方法应用、应用实例及数据资料与分析。适用于化学、化工、石油炼制、食品、农业、医药、材料、地质、生命科学等领域的分析工作者参考阅读。

图书在版编目（CIP）数据

分析化学手册. 3B. 分子光谱分析/柯以侃，董慧茹主编.
—3 版. —北京：化学工业出版社，2015.12（2022.9 重印）
ISBN 978-7-122-25405-4

Ⅰ.①分… Ⅱ. ①柯… ②董… Ⅲ. ①分析化学-手册②分子光谱学-光谱分析-手册 Ⅳ. ①O65-62

中国版本图书馆 CIP 数据核字（2015）第 243067 号

责任编辑：李晓红 傅聪智 任惠敏　　文字编辑：向 东
责任校对：陈 静　　装帧设计：王晓宇

出版发行：化学工业出版社（北京市东城区青年湖南街 13 号 邮政编码 100011）
印 装：北京虎彩文化传播有限公司
787mm×1092mm 1/16 印张 72½ 字数 1938 千字 2022年 9 月北京第 3 版第 4 次印刷

购书咨询：010-64518888　　售后服务：010-64518899
网 址：http://www.cip.com.cn
凡购买本书，如有缺损质量问题，本社销售中心负责调换。

定 价：**248.00** 元

《分析化学手册》(第三版)编委会

吴海龙　湖南大学
许国旺　中国科学院大连化学物理研究所
严秀平　南开大学
杨峻山　中国医学科学院药用植物研究所
杨芃原　复旦大学
杨秀荣　中国科学院院士
　　　　中国科学院长春应用化学研究所
姚守拙　中国科学院院士
　　　　湖南大学，湖南师范大学
于德泉　中国工程院院士
　　　　中国医学科学院药物研究所
俞汝勤　中国科学院院士
　　　　湖南大学
张新荣　清华大学
张玉奎　中国科学院院士
　　　　中国科学院大连化学物理研究所
赵墨田　中国计量科学研究院
郑国经　北京首钢冶金研究院
　　　　（现北冶功能材料有限公司）
郑　健　中华人民共和国科学技术部
朱俊杰　南京大学
庄乾坤　国家自然科学基金委员会化学科学部

序

分析化学是人们获得物质组成、结构及相关信息的科学，即测量与表征的科学。其主要任务是鉴定物质的化学组成及含量测定、确定物质的结构形态及其与物质性质之间的关系。分析化学是一门社会和科技发展迫切需要的、多学科交叉结合的综合性科学。现代分析化学必须回答当代科学技术和社会需求对现存的方法和技术的挑战，因此实际上已发展成为“分析科学”。

《分析化学手册》是一套全面反映现代分析技术，供化学工作者使用的专业工具书。《分析化学手册》第一版于 1979 年出版，有 6 个分册；第二版扩充为 10 个分册，于 1996 年至 2000 年陆续出版。手册出版后，受到广大读者的欢迎，成为国内很多分析化验室和化学实验室的必备图书，对我国科技进步和社会发展都产生了重要作用。

进入 21 世纪，随着科技进步和社会发展对分析化学提出的种种要求，各种新的分析手段、仪器设备、信息技术的出现，极大地丰富了分析化学学科的内涵、促进了学科的发展。为更好总结这些进展，为广大读者服务，化学工业出版社自 2010 年起开始启动《分析化学手册》（第三版）的修订工作，成立了由分析化学界 30 余位专家组成的编委会，这些专家包括了 10 位中国科学院院士、中国工程院院士和发展中国家科学院院士，多位长江学者特聘教授和国家杰出青年基金获得者，以及各领域经验丰富的专家。在编委会的领导下，作者、编辑、编委通力合作，历时六年完成了这套 1800 余万字的大型工具书。

本次修订保持了第二版 10 分册的基本架构，将其中的 3 个分册进行拆分，扩充为 6 册，最终形成 10 分册 13 册的格局：

1	基础知识与安全知识	7A	氢-1 核磁共振波谱分析
2	化学分析	7B	碳-13 核磁共振波谱分析
3A	原子光谱分析	8	热分析与量热学
3B	分子光谱分析	9A	有机质谱分析
4	电分析化学	9B	无机质谱分析
5	气相色谱分析	10	化学计量学
6	液相色谱分析		

其中，原《光谱分析》拆分为《原子光谱分析》和《分子光谱分析》;《核磁共振波谱分析》拆分为《氢-1 核磁共振波谱分析》和《碳-13 核磁共振波谱分析》;《质谱分析》新增加了无机质谱分析的内容，拆分为《有机质谱分析》和《无机质谱分析》，并对仪器结构及方法原理进行了全面的更新。另外，《热分析》增加了量热学方面的内容，分册名变更为《热分析与量热学》。

本版修订秉承的宗旨：一、保持手册一贯的权威性和典型性，体现预见性和前瞻性，突出新颖性和实用性；二、继承手册的数据查阅功能，同时注重对分析方法和技术的介绍；三、着重收录了基础性理论和发展较成熟的方法与技术，删除已废弃的或过时的内容，更新有关数据，增补各领域近十年来的新方法、新成果，特别是计算机的应用、多种分析技术联用、分析技术在生命科学中的应用等方面的内容；四、在编排方式上，突出手册的可查阅性，各分册均编排主题词索引，与目录相互补充，对于数据表格、图谱比较多的分册，增加表索引和谱图索引，部分分册增设了符号与缩略语对照。

手册第三版获得了国家出版基金项目的支持，编写与修订工作得到了我国分析化学界同仁的大力支持，全套书的修订出版凝聚了他们大量的心血和期望，在此谨向他们，以及在编写过程中曾给予我们热情支持与帮助的有关院校、科研院所及厂矿企业的专家和同行，致以诚挚的谢意。同时我们也真诚期待广大读者的热情关注和批评指正。

《分析化学手册》(第三版)编委会

2016 年 4 月

前　言

此次再版根据原《分析化学手册》第三分册《光谱分析》分成了两册：3A《原子光谱分析》和 3B《分子光谱分析》，本书为《分子光谱分析》分册。

《光谱分析》自第二版出版至今已近 18 年，其间分子光谱分析在仪器设备、测量技术和应用领域都有发展，例如纳米材料显色剂的出现为显色剂的研究开创了新的途径；近红外光谱区曾被人称为“被遗忘的谱区”，相当一段时间少有人研究，在近 20 年间近红处反射光谱法得到快速发展，已成为农产品分析的重要工具和国际公认的方法；荧光、磷光和化学发光分析法在这段时期的发展更为瞩目，新方法和新技术层出不穷。因此，此次再版遵循两个原则：一是要全面反映出分子光谱分析在近 20 年发展的重点和热点：二是在保持手册原有的特色外，加强对基本概念、基本方法和基本技术的介绍，使读者通过阅读此书即可按方法进行试验并能解决实际问题。

本次修订在第二版基础上做了较大幅度的删减和增补。在第一篇（紫外-可见光谱分析法）中，新增了第二章（紫外-可见分光光度计）、第四章（有机物的显色反应与生物大分子的光度分析）和第六章（紫外-可见吸收光谱分析测量不确定度评定）：将第二版中的有机显色剂、二元显色体系及其应用和多元络合物吸光光度分析法三章合并为第三章（显色剂及其应用），集中反映我国在近 20 年间显色剂的研究成果及其在无机物测定中的应用；第五章（紫外-可见定量分析方法）和第二版相比虽无新的方法增加，但对每一种方法的原理、测定条件选择等方面做了较详细的讨论，有助于读者了解和应用。

在第二篇（红外与拉曼光谱分析法）中，新增了红外光谱技术和近红外光谱分析法两章，红外光谱技术一章对当前最重要、最常用的光谱技术作了深入和全面的介绍，汇总了近 20 年国内外的应用文献；近红外光谱分析法全面介绍了方法原理、定性和定量方法、仪器、光谱数据和谱图及其应用；对涉及的相关谱图作了全面的修订，其数量也做了适当的增加。

第三篇（荧光、磷光和化学发光分析法）是本次修订变动最大的，修订中突出介绍测量技术的最新进展。本次编写着重查阅了 20 世纪 90 年代以后的文献，收集和汇总了近期分子光谱分析资料和数据，特别是对国内分子光谱分析应用方面的文献做了较全面的介绍。

原第三分册《光谱分析》是由北京化工大学应用化学系工业分析教研室教师编写，本次修订北京化工大学理学院教师承担了《分子光谱分析》分册的主要编写。参加编写工作的有：柯以侃（第一、二、四、五、六章）、周心如（第三章）、董慧茹（第七、九、十、十一、十二章）、张普敦（第八章）、汪乐余（第十三章）、寇莹莹（第十四章）、吕超（第十五章）。全书由柯以侃、董慧茹主编。

在修订过程中本书责任编辑给予了大力协助，审稿者提出了十分宝贵的修改意见，在此表示衷心感谢。

因编者自身知识面及水平有限，本书的不足之处实所难免，尚祈分析化学界专家及广大读者批评指正，是所企盼。

编　者

2016 年 5 月于北京

目　　录

第一篇　紫外-可见光谱分析法

第二篇　红外与拉曼光谱分析法

第三篇　荧光、磷光及化学发光分析法

第一篇

紫外-可见光谱分析法

第一章　紫外-可见光谱分析原理及光谱数据[1~5]

第一节　紫外-可见吸收光谱的基本原理

一、概述

紫外-可见吸收光谱分析法是基于在200～800nm光谱区域内测定物质的吸收光谱或在某指定波长处的吸光度值，对物质进行定性、定量或结构分析的一种方法，该法又称为紫外-可见分光光度法或紫外-可见吸光光度法。紫外-可见吸收光谱法的发展经历了漫长的过程，早在1760年朗伯发现了朗伯定律；1852年，比尔又发现了比尔定律，朗伯-比尔定律成为了紫外-可见吸收光谱定量分析的理论基础。最初的定量方法是利用某些离子和无机试剂形成有色物质，用目视比色法测定这些离子的含量，例如用硫氰化钾来测定试样中的微量铁，用奈斯勒试剂测定氨等，采用的仪器是比色管。目视比色法可看作是紫外-可见吸收光谱定量分析法的雏形。1862年，密勒测定了100多种物质的紫外吸收光谱，并指出其紫外吸收光谱和组成物质的分子结构及其基团有关。此后，哈托莱和贝利发现吸收光谱相似的有机物质具有相似的结构，初步建立了紫外-可见吸收光谱定性分析的理论基础。

紫外-可见吸收光谱属于电子吸收光谱，是由多原子分子的外层电子或价电子的跃迁产生的。通常电子能级间隔为1～20eV，这一能量恰落于紫外-可见光区。每一个电子能级之间的跃迁都伴随分子的振动能级和转动能级的变化，因此，电子跃迁的吸收线就变成了内含有分子振动和转动精细结构的较宽的谱带。这种光谱可用于含有不饱和键的化合物，尤其是含有共轭体系的化合物的分析和研究。虽然紫外-可见吸收光谱基本上只能反映分子中发色团和助色团的特性，而不是反映整体分子的特征，但在化合物结构测定中仍有重要作用。

自1945年美国Beckman公司推出世界上第一台成熟的紫外-可见分光光度计商品仪器以后，紫外-可见分光光度计得到飞速发展。从单光束发展到准双光束、双光束和双波长；仪器的光学元件由棱镜分光发展到光栅分光；电子学元件由集成电路取代了电子管和晶体管等分立元件组成的电路；仪器的自动化程度因采用了计算机技术得到了很大的提高，新一代的紫外-可见分光光度计向着高速、微量、智能化、小型化、低杂散光和低噪声方向发展。

经典的吸收光谱法对浑浊试样、存在背景吸收和干扰组成的试样的测定会产生较大误差，甚至无法测定。从20世纪50年代开始发展了许多新的分光光度分析方法，首先提出并得到广泛应用的是双波长分光光度法，以后又产生了导数分光光度法、三波长法和正交函数法等。随着计算机的广泛使用，化学计量学在光度分析中的应用研究变得十分活跃，已独自构成了计量学分光光度法这一新的分支学科，对解决复杂体系中各组分测定开辟了新的广阔的途径。

显色剂和显色体系的研究始终是紫外-可见吸收光谱法研究的重点，到20世纪50年代前后显色剂的发展达到一个高峰，但新的显色剂的研究始终没有停止脚步，有机结构理论、有机合成理论和配位化学理论的发展促进了显色剂的研究。目前，新的高灵敏度、高选择性的显色剂不断出现，对许多无机和有机物的分析提供了更多的选择。

紫外-可见吸收光谱分析技术和其他各种近代仪器分析方法相比是一种较为古老的方法，但至今仍占有重要地位。

二、紫外-可见吸收光谱常用术语及有关定义、定律

（一）跃迁类型

1. 有机化合物的电子吸收光谱

有机化合物的电子吸收光谱是由分子吸收光能后价电子的跃迁产生的，价电子主要包括三种电子：形成单键的σ电子、形成双键的π电子和分子中未共用的电子对或称非键电子对（以n电子表示）。以甲醛为例，如下所示：

$$\mathrm{H_2C}\overset{\pi}{\underset{\sigma}{=}}\ddot{\underset{..}{\mathrm{O}}}\ \begin{matrix}n_a\\ n_b\end{matrix}$$

根据分子轨道理论，碳原子以三个 sp^2 杂化轨道形成三个σ键，其中一个是和氧原子形成的。碳原子和氧原子的 p_z 轨道平行重叠形成一个π键，对应地还有能量较高的空 σ^* 和 π^* 反键轨道。

分子中三种电子能级的高低次序大致是：

$$\sigma < \pi < n < \pi^* < \sigma^*$$

分子中能产生跃迁的电子处于能量较低的成键σ轨道、成键π轨道和n轨道上。当分子吸收一定频率的光子后，其中的电子分别发生 $\sigma\rightarrow\sigma^*$、$n\rightarrow\sigma^*$、$\pi\rightarrow\pi^*$、$n\rightarrow\pi^*$ 四种电子跃迁类型，如图1-1所示。

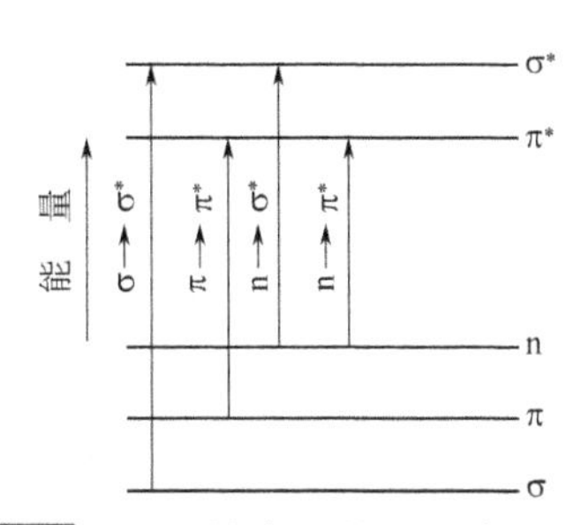

图1-1 分子的电子能级及电子跃迁

（1）$\sigma\rightarrow\sigma^*$ 跃迁　引起 $\sigma\rightarrow\sigma^*$ 跃迁所需的能量约为780kJ · mol^{-1}，其对应的吸收波长在低于200nm的远紫外区。饱和碳氢化合物只有σ键，它们的 λ_{max}（吸收峰对应的波长）都在远紫外区。如甲烷的 λ_{max}=125nm、乙烷的 λ_{max}=135nm、环丙烷的 λ_{max} 也仅在190nm，不能用一般的紫外-可见分光光度计来测定。

（2）$n\rightarrow\sigma^*$ 跃迁　如果有机化合物分子中含有氧、硫、氮、卤素等杂原子，则能产生 $n\rightarrow\sigma^*$ 跃迁。一般来说 $n\rightarrow\sigma^*$ 跃迁需要的能量比 $\sigma\rightarrow\sigma^*$ 跃迁要小得多，其相应的吸收波长在150～250nm，但大都仍低于200nm，通常仅能见其末端吸收，例如：饱和脂肪族醇或醚在180～185nm：饱和脂肪族胺在190～200nm：饱和脂肪族氯化物在170～175nm：饱和脂肪族溴化物在200～210nm。

跃迁所需能量取决于带未共用电子对的原子性质，只有当分子中含有电离能较低的硫、碘原子时，其吸收波长才高于200nm。例如$(CH_3)_2S$ 和 CH_3I 的 λ_{max} 分别为229nm和258nm。当含有

多个杂原子时，因非键轨道之间重叠，使吸收波长向长波方向移动。如 CH_2I_2 的 λ_{max}=292nm，CHI_3 的 λ_{max}=349nm。

饱和烃类和一些含杂原子的饱和脂肪族化合物在近紫外区是透明的，所以常用作测定紫外吸收光谱时的溶剂。

（3）$\pi\rightarrow\pi^*$ 跃迁　含有双键、三键和芳香环的不饱和化合物均能产生 $\pi\rightarrow\pi^*$ 跃迁。在非共轭体系中，$\pi\rightarrow\pi^*$ 跃迁产生的吸收波长在 165～200nm 范围内，例如乙烯的 λ_{max}=165nm。但在共轭体系中降低了 $\pi\rightarrow\pi^*$ 跃迁所需能量，吸收峰落在近紫外区，例如丁二烯的 λ_{max}=217nm。随着共轭双键数目的增加，吸收峰向长波方向移动。此类跃迁是有机化合物最重要的电子跃迁类型。

（4）$n\rightarrow\pi^*$ 跃迁　在非键轨道上和 π 分子轨道上同时含有电子的化合物就能产生 $n\rightarrow\pi^*$ 跃迁，这类化合物通常是含杂原子双键的化合物，如 >C=O、>C=N—等；或含有与 π 轨道共轭的带有未键合电子对的化合物，如 >C=C<O—。该跃迁需要的能量最小，所产生的吸收峰在近紫外区，例如，乙醛分子在 293nm 处的吸收峰就是由 $n\rightarrow\pi^*$ 跃迁引起的。

2. 金属配合物的电子吸收光谱

金属配合物的电子跃迁类型可分为三类：①金属离子 d-d 电子跃迁和 f-f 电子跃迁；②电荷迁移跃迁；③配位体内电子跃迁。

（1）金属离子　d-d 电子跃迁和 f-f 电子跃迁　元素周期表中第四周期和第五周期的过渡元素均含有 d 轨道，锕系和镧系元素均含有 f 轨道，在配位体的影响下破坏了 d 轨道或 f 轨道的简并性，分裂成 2 组或多组能量不等的 d 轨道或 f 轨道。当吸收紫外-可见光能后，分裂之后的 d 轨道或 f 轨道上的电子就可能发生跃迁，这种跃迁称为 d-d 电子跃迁或 f-f 电子跃迁。

在配位场的影响下所引起的两组轨道的能量差称为分裂能，以 Δ 表示，Δ 值是配位场强度的量度。不同金属离子和不同配位体 Δ 值不同。对同一金属离子，根据 Δ 值大小，一些常见配位体的排序如下：

I^-＜Br^-＜SCN^-≈Cl^-＜NO_3^-＜F^-＜尿素≈HO^-≈$HCOO^-$＜$C_2O_4^{2-}$≈H_2O＜NCS^-＜氨基乙酸＜EDTA＜吡啶＜NH_3＜乙二胺＜2,2′-联吡啶＜1,10-二氮杂菲＜CN^-

按配位体给予体原子强度排列则为：

$$I<Br<Cl<S<F<O<N<C$$

显然，含有 N、O 等配位原子的配位体对分裂能 Δ 影响最大。随着配位场的增加，金属离子和配位体形成的配合物的最大吸收波长向长波方向移动。

d-d 电子跃迁属禁阻跃迁，这种跃迁的摩尔吸光系数较小，过渡元素和无机配位体所生成的配离子如 MX_4^{2-}（M=Co，Ni；X=Cl^-，Br^-，I^-）型配合物在可见光谱区吸收带的摩尔吸光系数（ε）为 200～1200L/(mol・cm)，因此很少直接用来进行比色或光度分析。f-f 电子跃迁是允许跃迁，在配位体相同的情况下，f-f 跃迁的摩尔吸光系数比 d-d 跃迁要大。f-f 电子跃迁的强度和波长受配位场的影响和 d-d 电子跃迁相比要小，这是 f 电子受 s 电子和 p 电子屏蔽的结果。但是当配位体场强较强时，f-f 电子跃迁谱带可以出现劈裂，因此镧系元素离子具有特征的很窄的吸收峰，常用它的特征吸收峰来校正分光光度计的波长。

（2）电荷迁移跃迁　这类跃迁在有机化合物和金属配合物中都存在，电荷迁移跃迁是在光能激发下，分子中的电子从分子中的一部分迁移至另一部分，如下式所示：

$$D-A+h\nu \longrightarrow D^+-A^-$$

式中，D-A 为某一化合物，D 为电子给予体；A 为电子接受体。

产生电荷迁移跃迁的必要条件是分子组分之一应具有电子给予体的特征，而另一组分应具有电子接受体的特征。例如某些取代芳烃就可以产生分子内的电荷迁移。

$$C_6H_5-\ddot{N}R_2 \xrightarrow{h\nu} \ominus C_6H_5=\overset{\oplus}{N}R_2$$

$$C_6H_5-C(R)=O \xrightarrow{h\nu} \oplus C_6H_5=C(R)-O^{\ominus}$$

金属配合物的电荷迁移跃迁可用下式表示：

$$M-L+h\nu \longrightarrow M^{+}-L^{-}$$

式中，M-L 为金属配合物；M 为金属离子；L 为配位体。

金属配合物的电荷迁移跃迁在光度分析中十分重要，该跃迁是允许跃迁，其摩尔吸光系数可高达 $10^4 L\cdot mol^{-1}\cdot cm^{-1}$。金属配合物的电荷迁移跃迁根据电子迁移方向可以分为以下三种类型。

a. 配位体→金属的电荷迁移。当金属较易还原而配位体较易氧化时就能产生这类电荷迁移，例如 Fe^{3+}与硫氰酸盐生成的配合物在可见光区产生强烈的电荷迁移吸收。

$$[Fe^{3+}CNS^{-}]^{2+} \xrightarrow{h\nu} [Fe^{2+}CNS]^{2+}$$

式中，Fe^{3+}为电子接受体；CNS^{-}为电子给予体。

含有非键电子基团—OH、—SH、═NH 等的共轭 π 电子体系的有机化合物与高氧化态过渡金属离子生成的配合物中，有机配位体上的非键电子向金属离子中未充满的 d 轨道转移，产生电荷迁移吸收。例如，金属离子 Ti^{4+}、Fe^{3+}、V(Ⅴ)、Nb(Ⅴ)、Ta(Ⅴ)、Mo(Ⅵ)、W(Ⅵ)等与有机配位体如 8-羟基喹啉及其衍生物、钛铁试剂、磺基水杨酸、邻苯二酚、邻苯三酚等生成的金属配合物均可产生此类跃迁。这类显色反应的摩尔吸光系数一般在 10^3 以上，在光度分析中得到广泛应用。

b. 金属→配位体的电荷迁移。金属离子容易被氧化（处于低氧化态）而配位体容易被还原时就能产生此类电荷迁移。例如 Fe^{2+}、Cu^{+}、Ti^{3+}、V(Ⅱ)等与吡啶、2,2′-联吡啶，1,10-二氮杂菲及其衍生物生成的配合物均可产生此类电荷迁移吸收。

这类配位体具有空的反键轨道，可接受从金属离子中转移来的电子，电子从定域在金属离子中的 d 轨道迁移到配位体的 π^*反键轨道上。

c. 金属→金属间的电荷迁移。当配合物中含有两种不同氧化态的金属时，其中高氧化态金属作为电子接受体，低氧化态的金属作为电子给予体，电子可以在两种不同氧化态金属之间迁移。产生这类迁移的例子有普鲁士蓝（铁蓝）$Fe_4[Fe(CN)_6]_3$、硅（磷、砷）钼蓝 $H_8[Si(Mo_2^{III}O_5)(Mo_2^{VI}O_7)_5]$等。

（3）配位体内电子跃迁　当金属离子以共价键和配位键与配位体分子形成螯合物时，配位体分子的共轭体系在螯合前后发生显著变化，往往扩大分子中的共轭体系，从而使配位体内受激发电子的起始能量有所升高，即跃迁所需能量变小，最大吸收峰显著向长波方向移动，摩尔吸光系数亦明显提高。

（二）发色团和助色团

早期关于分子光吸收特性的讨论是借助于所谓发色团和助色团的概念，至今仍在使用这些术语。早在 1876 年，怀特就引入了发色团的概念，认为有机化合物的颜色与化合物中存在某种官能团有关，如—NO_2、—N═N—等，这些官能团使物质具有颜色，故称为发色团。

助色团本身不能使物质具有颜色，但引入分子中会使物质的颜色加深，故称为助色团，例如—OH、$—NH_2$等。所谓发色团就是能在一分子中导致在200～1000nm的光谱区内产生特征吸收带的具有不饱和键和未共用电子对的官能团。助色团就是仅含有未共用电子对的官能团，它们本身在可见光区没有特征吸收。当它被引入发色团上，助色团上的未共用电子对与发色团的不饱和键相互作用而导致发色团的吸收波长向长波移动并增强吸收强度。表1-1列出了常见孤立发色团的吸收特征，但要注意，吸收峰的位置受溶剂和在分子内结构的影响，只有处于孤立系统的发色团才有可能利用表1-1的数据对其存在作出推测。

表 1-1 若干典型的孤立发色团的紫外吸收谱带

发色团	例	λ_{max}/nm	ε	溶剂	发色团	例	λ_{max}/nm	ε	溶剂
>C=C<	$H_2C=CH_2$	171	15530	气体	—N=O	C_4H_9NO	300	100	乙醚
	$C_6H_{13}CH=CH_2$	177	13000	正庚烷	$—NO_2$	CH_3NO_2	201	5000	甲醇
$—C\equiv CCH_3$	$C_5H_{11}C\equiv CCH_3$	170	10000	正庚烷			271	186	乙醇
—C=O(酮)	CH_3COCH_3	166 189 270.6	16000 900 15.8	气体 正己烷 乙醇	$—ONO_2$	$C_2H_5ONO_2$	270	12	二噁烷
—C=O(醛)	CH_3CHO	180 293.4	10000 11.8	气体 正己烷	—O—N=O	$C_8H_{17}ONO$	230	2200	己烷
—COOH	CH_3COOH	204	41	水	>C=S	$C_6H_5CSC_6H_5$	220	70	乙醚
$—CONH_2$	CH_3CONH_2	178 214	9500 60	正己烷 水	—S→O	$C_6H_{11}SOCH_3$	210	1500	乙醇
—COCl	CH_3COCl	220	100	正己烷	—COOR	$CH_3COOC_2H_5$	211	57	乙醇
—N=N	CH_2N_2	约 410	约 1200	蒸气	>S(→O)(→O)	$(CH_3)_2SO_2$	<180	—	—

注：ε单位为L/(mol·cm)，全书同此。

共轭发色团的吸收光谱数据见表1-2。

助色团对苯取代衍生物吸收的影响和对乙烯取代衍生物吸收的影响见表1-3～表1-5。

表 1-2 共轭发色团的吸收谱带

发色团	化合物	π→π*吸收带 (K吸收带)		n→π*吸收带 (R吸收带)	
		λ_{max}/nm	ε_{max}	λ_{max}/nm	ε_{max}
C=C—C=C	1,3-丁二烯	217	21000	—	—
C=C=C—C	1,2-丁二烯	217	20900	—	—
C≡C—C≡C	二甲基丁二炔	—	—	—	—
C=C—C≡C	乙烯基乙炔 ($CH_2=CH—C\equiv CH$)	219	7600	—	—
C=C—C=O	巴豆油醛 ($CH_3—CH=CH—CHO$)	218	18000	321	30
C=C—C=O	3-戊烯-2-酮 ($CH_3—CH=CH—C(=O)—CH_3$)	224	9750	314	38
C=N—N=C	丁嗪	205	13000	—	—
C≡C—C—C=O	1-己炔-3-酮 ($C_3H_7—C(=O)—C\equiv CH$)	214	5000	308	20
O=C—C=O	丁二酮	—	—	435	18

续表

发色团	化合物	π→π*吸收带(K吸收带)		n→π*吸收带(R吸收带)	
		λ_{max}/nm	ε_{max}	λ_{max}/nm	ε_{max}
$C=C-C(=O)-OH$	顺式巴豆酸 ($CH_3-CH=CH-COOH$)	206	13500	242	250
$C\equiv C-C(=O)-OH$	正丁基丙炔酸 ($C_4H_9-C\equiv C-COOH$)	约 210	6000	—	—
$C=C-C=N$	$H_2C=CH-CH=NC_4H_9$	219	25000	—	—
$C=C-C\equiv N$	$CH_2=C(CH_3)-C\equiv N$	215	680	—	—
$C=C-NO_2$	1-硝基-丙烯 ($CH_3-CH=CH-NO_2$)	299	940	233	9800
$HO-C(=O)-C(=O)-OH$	草酸	约 185	4000	250	—
$C=C-C=C-C=C$	$CH_2=CH-CH=CH-CH=CH_2$	258	35000	—	—
$C=C-C\equiv C-C=C$	$CH_2=CH-C\equiv C-CH=CH-CH(CH_3)-OH$	257	17000	—	—
$C=C-C=C-NO_2$	$CH_3-CH=CH-CH=CH-NO_2$	298	12500	—	—

表 1-3　助色团对苯取代衍生物吸收的影响

取代基 R	E_2带		B带		取代基 R	E_2带		B带	
	λ_{max}/nm	ε	λ_{max}/nm	ε①		λ_{max}/nm	ε	λ_{max}/nm	ε①
—H	204	7900	256	0.2b	—Br	210	7900	261	200b
$-NO_2$	269	7800	—	—	—I	207	7000	257	700b
$-CH=CH_2$	244	12000	252	6.5b	$-NH_3^+$	203	7500	254	200a
—CHO	244	15000	280	1.5b	$-N(CH_3)_2$	251	14000	298	2100b
$-COCH_3$	240	13000	278	1.1b	—SH	236	10000	269	700c
$-C\equiv CH$	236	12500	278	0.7c	$-O^-$	235	9400	287	2600a
—COOH	230	13000	270	0.8a	$-NH_2$	230	8600	280	1400a
—CN	224	13000	271	1.0a	$-OCH_3$	217	6400	269	1500a
—Cl	210	7400	264	0.2b	$-CH_3$	207	7000	261	200b

① 该列数据后的字母 a 表示水溶液，b 表示乙醇，c 表示己烷。

表 1-4　二取代苯（$R^1-C_6H_4-R^2$）的吸收带

取代基		对位取代		间位取代				邻位取代			
				200nm 吸收带		260nm 吸收带		200nm 吸收带		260nm 吸收带	
R^1	R^2	λ_{max}/nm	ε_{max}	λ_{max}/nm	ε_{max}	λ_{max}/nm	ε_{max}	λ_{max}/nm	ε_{max}	λ_{max}/nm	ε_{max}
CH_3	CN	237	17200	229.5	11000	276	1290	228.5	11100	276.5	1440
Cl	COOH	241	16300	231.5	9100	283	1080	229	5900	280	370
Cl	NO_2	280	10300	264	7100	313	1300	260	4000	310	1400
NO_2	CH_3	285	9250	273	7300	315	1300	266	5300	325	1300
NO_2	OH	317.5	10000	273.5	6000	333	1960	278.5	6600	351	3200
NO_2	NH_2	387	13500	280	4800	358	1450	282.5	5400	412	4500
NO_2	COOH	258.0	11000	255	3470	—	—	255	7600	—	—
NO_2	NO_2	266	14500	241.5	16300	305	1100	—	—	—	—
NH_2	COOH	284	14000	250	2400	310	650	248	3900	327	1940
NH_2	$COCH_3$	311.5	17100	—	—	—	—	—	—	—	—
NH_2	CN	270	19800	236.5	8200	308	2400	—	—	—	—
OH	CHO	283.5	16000	254.5	10100	314	2500	256	12600	324	3400
OH	COOH	255	13900	236.5	7500	296	2500	237	9000	302.5	3600
OH	$COCH_3$	275	14300	250.5	9100	308	2300	252.5	10900	324	3300

表 1-5　乙烯分子引入助色团后λ_{max}的增加

取代基	NR_2	OR	SR	Cl	CH_3
吸收峰波长增加/nm	40	30	45	5	5

（三）吸收带的分类

吸收带是指吸收峰在紫外-可见光谱中的谱带位置，化合物的不同跃迁产生不同位置、形状和强度的吸收带。可以根据光谱中出现的吸收带类别，对化合物结构作出初步判断。

（1）R 吸收带　R 吸收带由德文基团（Radikal）一词而得名，它是由 $n\rightarrow\pi^*$ 跃迁产生的，其特点是：强度弱（ε＜100）；吸收波长较长，落在近紫外和可见光区；溶剂极性增加时，R 带向短波方向移动。

（2）K 吸收带　K 吸收带由德文共轭（Konjugation）一词得名，它是由 $\pi\rightarrow\pi^*$ 跃迁产生的，其特点是：强度强（ε＞10^4）；吸收波长比 R 吸收带短（217～280nm）；并且随共轭双键数目增加，向长波方向移动和增加强度。

（3）B 吸收带　B 吸收带由德文苯环（Benzennoid）一词得名，它是由苯环振动和 $\pi\rightarrow\pi^*$ 跃迁重叠引起的芳香族化合物的特征吸收带。此带在 230～270nm 范围内呈现精细结构（又名多重吸收带），其强度 ε=200，可用于辨别苯环的存在。当苯环和其他发色团相连时，会同时出现 B 带和 K 带，前者波长较长。B 带的精细结构在取代芳香族化合物光谱中一般不出现，呈现一宽峰。在极性溶剂中，这些化合物的精细结构也会消失。

（4）E 吸收带　E 吸收带也是芳香族化合物的特征吸收带，属 $\pi\rightarrow\pi^*$ 跃迁。苯的 E 带分为 E_1 带和 E_2 带，分别在 184nm（ε=60000）和 204nm（ε=7900）。芳香环上有助色团取代时，E_2 带向长波移动，一般波长不超过 210nm，有发色团与苯环共轭时，E_2 带常与 K 带合并，吸收峰向更长波移动。

（四）其他常用术语

（1）红移和蓝移　当有机化合物的结构发生变化，其吸收带的最大吸收峰波长向长波方向移动，这种现象称为红移。红移往往是分子中引入了助色团或发色团，或溶剂的影响所致。

当有机化合物的结构发生变化，其吸收带的最大吸收峰波长向短波方向移动，这种现象称为蓝移。取代基或溶剂的影响是引起蓝移的原因。

（2）增色效应和减色效应　因有机化合物的结构变化使吸收峰摩尔吸光系数增大的现象称为增色效应；因有机化合物的结构变化使吸收峰摩尔吸光系数减小的现象称为减色效应。

（3）溶剂效应　由于溶剂的极性不同引起某些化合物的吸收峰波长、强度和形状产生变化，这种现象称为溶剂效应。

（五）溶液颜色与吸收光颜色的互补关系

把适当颜色的两种光按一定强度比例混合可以得到白光的两种颜色的光称为互补色光。如该溶液选择性地吸收了可见光区某些波长的光，则该溶液呈现出被吸收光的互补色光的颜色。表 1-6 列出了溶液颜色与吸收光颜色的互补关系。

表 1-6　溶液颜色与吸收光颜色的互补关系

溶液表观颜色	吸收光颜色	波长范围/nm
黄绿色	紫色	400～450
黄色	蓝色	450～480
橙色	绿蓝色	480～490
红色	蓝绿色	490～500
红紫色	绿色	500～560
紫色	黄绿色	560～580
蓝色	黄色	580～610
绿色	橙色	610～650
蓝绿色	红色	650～700

表 1-6 可用于使用比色计时滤光片的选择，如测定 $KMnO_4$，它是红紫色，根据表 1-6 可知选绿色滤光片。

（六）光吸收的基本定律及吸光度的加和性

1. 光的吸收定律

吸收定律是研究溶液对光吸收的最基本定律，它包含两条定律：一条称为朗伯定律，另一条称为比尔定律，所以吸收定律亦称为朗伯-比尔定律。

（1）朗伯定律　当一束平行的单色光垂直照射到一定浓度的均匀透明溶液时，入射光被溶液吸收的程度与溶液厚度成正比，可表示为：

$$A = kb \tag{1-1}$$

式中，A 为吸光度；b 为透光的液层厚度；k 为比例常数，它与入射光波长、溶液的性质和浓度以及温度有关。

（2）比尔定律　当用一适当波长的单色光照射一溶液时，若透光液层厚度固定，则吸光度与溶液浓度成正比，可用下式表示：

$$A=k'c \tag{1-2}$$

式中，A 为吸光度；c 为溶液浓度；k'为比例常数，它与入射光波长、溶液的性质、液层厚度和温度有关。

（3）吸收定律　如果溶液的浓度和透光液层厚度都是不固定的，就必须同时考虑 c 和 b 对吸光度的影响，为此把朗伯定律和比尔定律联合起来，可得到：

$$A = Kbc \tag{1-3}$$

上式即为吸收定律的数学表达式。该定律表明，当用一适当波长的单色光照射吸收物质的溶液时，其吸光度与溶液浓度和透光液层厚度的乘积成正比。式中，K 为比例常数；A 表示光束通过溶液时被吸收的程度，表示为：

$$A = \lg\frac{I_0}{I_t} \tag{1-4}$$

式中，I_0 和 I_t 分别表示入射光和透射光的强度。当入射光全部被吸收时，$I_t=0$，则 A 趋于无穷大；当入射光全部不被吸收时，$I_t=I_0$，则 $A=0$。

物质对光的吸收程度还可以用透射比来量度，透射比表示透过光占入射光的比例，以 T 表示，即

$$T = \frac{I_t}{I_0} \tag{1-5}$$

透射比也称为透光率或透过率。

吸光度与透射比之间的关系为：

$$A = \lg\frac{I_0}{I_t} = -\lg T \tag{1-6}$$

所以吸收定律还可表示为：

$$-\lg T = Kbc$$
$$T = \frac{I_t}{I_0} = 10^{-Kbc} \tag{1-7}$$

2. 吸光度的加和性

如果溶液中含有 n 种彼此间不相互作用的组分，它们对某一波长的光都产生吸收，那么

该溶液对该波长光吸收的总吸光度 $A_{总}$应等于溶液中 n 种组分的吸光度之和，即吸光度具有加和性，可表示为：

$$A_{总}=A_1+A_2+A_3+\cdots+A_n=(\varepsilon_1c_1+\varepsilon_2c_2+\varepsilon_3c_3+\cdots+\varepsilon_nc_n)b \tag{1-8}$$

吸光度加和性是多组分光度分析的基础。

（七）紫外吸收光谱中的一些经验规律

1. 共轭二烯类化合物的 Woodward 定则

不同结构的共轭二烯类化合物 λ_{max} 计算的经验定则——Woodward 定则见表 1-7。

表 1-7 共轭二烯类化合物 λ_{max} 计算的经验定则——Woodward 定则

共轭二烯类化合物	$\pi\rightarrow\pi^*,\lambda$/nm	共轭二烯类化合物	$\pi\rightarrow\pi^*,\lambda$/nm	共轭二烯类化合物	$\pi\rightarrow\pi^*,\lambda$/nm
直链共轭二烯基本值	217	增加一个共轭双键	30	氨基取代—NRR′	60
同环二烯基本值	253	烷基或环残余取代	5	卤素取代	5
异环二烯基本值	214	烷氧基取代—OR	6		
环外双键	5	含硫基取代—SR	30	酰基取代—O—C(=O)—R	0

在使用该表时要注意以下问题：

① 先要根据化合物结构正确选择基本值。

② 环外双键是指双键和环共用一个碳原子的双键，若该双键对两个环而言都是环外双键，则要算作两个环外双键。

③ 烷基或环残余取代也会出现第二条中的类似情况，亦需要计算两次。

④ 若一个化合物中存在两个或两个以上的同环二烯结构，其基本值仍是 253nm。

Woodward 定则适于计算含有四个以下共轭双键的不饱和烃的 λ_{max}，超过四个共轭双键的化合物则用菲斯（Fiese）-库恩（Kuhn）定则计算。

2. 菲斯（Fiese）-库恩（Kuhn）定则

$$\lambda_{max}^{正己烷}(\text{nm})=114+5M+n(48.0-1.7n)-16.5R_{endo}-10R_{exo}$$

$$\varepsilon_{max}^{正己烷}=1.74\times10^4n \tag{1-9}$$

式中，M 为烷基取代基数目；n 为共轭双键数目；R_{endo} 为末端含双键的环数目；R_{exo} 为环外双键数目。

3. α,β-不饱和醛或酮的 Woodward 定则

当羰基与乙烯基共轭时，如 $\overset{\beta}{C}=\overset{\alpha}{C}-C=O$，$\overset{\delta}{C}=\overset{\gamma}{C}-\overset{\beta}{C}=\overset{\alpha}{C}-C=O$，其紫外吸收的经验规则见表 1-8。

表 1-8 计算共轭烯酮 λ_{max} 的经验规则

共轭烯酮	$\pi\rightarrow\pi^*,\lambda$/nm
直链及六元环 α,β-不饱和酮基本值	215
五元环 α,β-不饱和酮基本值	202
α,β-不饱和醛基本值	207
α,β-不饱和酸及酯基本值	193
增加一个双键	30
增加同环二烯	39
环外双键,五元及七元环内双键	5

续表

共轭烯酮	$\pi\to\pi^*,\lambda$/nm			
烯基上取代	α	β	γ	δ
烷基 —R	10	12	18	18
烷氧基 — OR	35	30	17	31
羟基 — OH	35	30	50	50
酰基 — OCOR	6	6	6	6
卤素 — Cl	15	12	12	12
— Br	25	30	25	25
硫代 — SR		80		
氨基 — NR_2		95		

表 1-8 所列数值只适于乙醇溶液，若为其他溶剂，则由表 1-9 所列数据修正。

表 1-9　共轭烯酮 λ_{max} 经验规则溶剂修正值

溶剂	修正值	溶剂	修正值
水	+8nm	乙醚	−7nm
甲醇	0	正己烷	−11nm
氯仿	−1nm	环己烷	−11nm
二氧六环	−5nm		

4. 奈尔西恩（Nielsen）定则

奈尔西恩定则见表 1-10。

表 1-10　奈尔西恩定则

取代基	$\pi\to\pi^*,\lambda$/nm	取代基	$\pi\to\pi^*,\lambda$/nm
α-或 β-烷基取代基本值	208	γ 或 δ 烷基取代	18
α,β-或 β,β-二烷基取代基本值	217	环外双键	5
α,β,β-三烷基取代基本值	225	五元环及七元环内双键	5
增加一个共轭双键	30		

5. 司各脱（Scott）定则

司各脱定则见表 1-11。

表 1-11　司各脱定则

R—C_6H_4—COR	E_2 吸收,λ/nm	R—C_6H_4—COR	E_2 吸收,λ/nm		
		R为下列基团时：	邻位	间位	对位
R 为烷基时的基本值	246	烷基或环的残余	3	3	10
R 为 H 时的基本值	250	—OH，—OR	7	7	25
R 为 OH 时的基本值	230	$—O^-$	11	20	78
		—Cl	0	0	10
R 为 OR 时的基本值	230	—Br	2	2	5
R 为 O—环残基的基本值	246	$—NH_2$	13	13	58
		—NHAc	20	20	45
R 为 CN 时的基本值	224	$—NR_2$	20	20	85

第二节　紫外-可见吸收光谱数据

由于其他波谱分析方法的快速发展，紫外-可见吸收光谱在结构分析中的作用日渐减弱，但在光度分析和 HPLC 中，有机化合物的紫外-可见吸收光谱数据仍是常用的数据。本节介绍一些常用的紫外-可见吸收光谱图谱集，另外给出一些常见有机化合物和部分天然有机化合物的紫外-可见吸收光谱数据以供查找。

一、紫外-可见吸收光谱图谱集

1. Sadtler Standard Ultraviolet Spectra

这是一套由美国费城 Sadtler 研究实验室编辑出版的紫外吸收光谱图谱集，以纸质出版的谱图已达 7 万张以上。

“Sadtler Research Laboratories”于 1874 年由 Samuel P. Sadtler 创业成立，其后继续由其子 Samuel S. Sadtler 及孙子 S. Phillip Sadtler 经营。Sadtler 公司以编辑出版各种标准谱图集如红外（IR）、紫外（UV）、核磁共振（NMR）等谱图以及相应的数据库而闻名。其后，Bio-Rad Laboratories Inc.收购了 Sadtler，现在是伯乐公司信息部（Informatics Division，Bio-Rad Laboratories，Inc.）。目前，伯乐公司信息部仍每年致力于不断地做标准图谱、建立谱库。萨特勒（Sadtler）光谱数据库是世界上最优秀的谱图收藏之一，它包括 259000 张红外谱图、3800 张近红外谱图、4465 张拉曼谱图、560000 张核磁谱图、200000 张质谱谱图、21000 张紫外－可见光谱图，以及未数码化的气相色谱谱图。萨特勒谱库可以直接支持几乎所有进口厂商仪器的配套软件。

萨特勒光谱共分三大类，即标准光谱、专用光谱和商品光谱。紫外的专用光谱有药物和生物化合物两类，商品光谱有农用化学品、染料、颜料与染色体等分类。

根据检索的不同途径，萨特勒光谱的总索引共有四种：字顺索引、分子式索引、化合物分类索引和谱线位置索引。前两种索引必须知道化合物名称或分子式才能使用，第三种用于红外光谱，这里介绍谱线位置索引的使用方法。

该索引用于查对未知物的紫外光谱，它是按最强峰所在位置的次序排列的（200～350nm）。最强峰的位置相同时，则按次强峰，依此类推，最多取 5 个峰。每一个吸收峰都用两个数字表示，前者为 λ_{max}，单位为 nm，精确到 0.5nm，后者为吸收系数 a，表示吸收强度。峰项（peaks）下的数字表示这个光谱的吸收峰数目，NAB 项下的字母“N”“A”和“B”分别表示在中性、酸性和碱性条件下测得的光谱。谱线位置索引的形式见表 1-12。

表 1-12 紫外光谱的谱线位置索引

1		2		3		4		5		Peaks	IR No.	UV No.	NAB
264.0	85.24	287.0	39.34	297.5	36.06					3	7046	1985	N
264.0	62.00	293.5	45.00	227.0	41.00					3	30022	12541	B
264.0	53.00	298.0	25.00	287.0	23.00					3	7694	18361	N
264.0	97.14	301.0	54.50							2	17885	7473	B
264.0	30.00	303.0	24.50							2	41775	18901	N
264.0	41.00	305.0	28.00	350.0	23.50					3	32741	13973	A
264.0	176.0	305.0	21.00	352.0	20.10	341.0	19.50	602.2	13.50	5	30004	12524	B

利用该索引可以查找未知物的紫外光谱并初步确定其结构。根据未知物的紫外光谱的峰位和索引中的峰位进行对照，若基本一致，由此从表中找到其相应的 UV No.。由谱图号找出其标准光谱，再和未知物的光谱进行对照，若完全一致，可初步判断未知物结构和标准物质结构可能相同或至少具有相同的发色系统。

2. Organic Electronic Spectral Data（有机电子光谱资料）

这是一套由许多作者共同编写的大型手册性丛书，所搜集的文献资料自 1946 年开始，目前仍在继续编写。例如：

Organic Electronic Spectral Data，V.13：1971，New York：Wiley，1977.

3. Atlas of Spectral Data and Physical Constants for Organic Compounds（有机化合物光谱数据和物理常数图表）

该书由 J.M.Gasselli 主编，1973 年出版。其中收集了 15000 个化合物的光谱数据，也包括紫外。全书分三部分：Section A，光谱辅表；Section B，总数据表；Section C，索引。

4. Handbook of Spectroscopy（光谱学手册）

该手册共两册，由 J.W.Robinson 主编，1974 年出版。收集了无机和有机化合物的光谱数据，也包括紫外。

此外还有 Kenzo Hirayama. Handbook of Ultraviolet and Visible Absorption Spectra of Organic Compounds. New York: Plenum, 1967(有机化合物的紫外与可见光谱手册)和 R. A. Friedel.Ultraviolet Spectra of Aromatic Compounds.1951（芳香族化合物的紫外光谱）。

二、部分有机化合物的紫外-可见吸收光谱数据

部分有机化合物的紫外-可见吸收光谱数据见表 1-13。

表 1-13 部分有机化合物的紫外-可见吸收光谱数据[1]

化合物	溶剂	λ_{max}/nm	ε_{max}
烃类			
甲烷		125	—
乙烷		135	—
环丙烷		190	—
卤代烃及卤代芳烃			
CF_4	蒸气	105.5	—
CHF_3	蒸气	104.8	—
CH_2F_2	蒸气	133.5	—
CH_3F	蒸气	132.5	—
CH_3Cl	蒸气	173	100
		160	—
		153	—
		169	370
	庚烷	173	200
CH_2Cl_2	蒸气	152	—
		179	510
$CHCl_3$	蒸气	175	—
		175.5	950
CCl_4	蒸气	196.4	—
		175.7	—
		174	2370
CF_2Cl_2	蒸气	197	—
		177.8	—
		153	—
		204	—
CH_3Br	蒸气	175	200
		165	—
	庚烷	202	264
CH_2Br_2	异辛烷	220.5	1050
		198	970
	乙腈	217	1090
		195.5	990
$CHBr_3$	异辛烷	223.4	1980
	乙腈	220.5	2020
	异辛烷	205	1650
	乙腈	201	1750
CBr_4	异辛烷	228.7	4360
	乙腈	224	4450
CH_3I	蒸气	257	230
	正己烷	258(259)	378(365)
	异辛烷	257.5	370
	乙腈	251.2	370
CH_2I_2	蒸气	289	—
		249.1	—
	异辛烷	291.9	1270
		250.9	600
	乙腈	287.8	1240
		243.4	600
	庚烷	212	1580
		240	600
		290	1300
CHI_3	异辛烷	349.4	2140
		307.2	830
		274.9	1310
	乙腈	336.4	1930
		296.1	1650
		265.1	1260
CI_4	异辛烷	387.5	1950
		305.3	1950
	二氯甲烷	383	2310
		302	2310
碘代正戊烷	环己烷	257	478
碘代正辛烷	环己烷	257	480
碘代正十二烷	环己烷	257	528
碘代正十六烷	环己烷	257	531
碘代正十八烷	环己烷	257	550
C_2H_5I	庚烷	259	444
C_3H_7I	庚烷	262	531
C_4H_9I	庚烷	269	575
氟苯	甲醇	265.5	1580
		259.5	1770
		253.5	1220
		248	630
氯苯	异辛烷	271	209
		267	141
		264	259
		260.5	177
		257	197
		251	128
		245	76.9
		217.5	8740
		214.5	10900

续表

化合物	溶剂	λ_{max}/nm	ε_{max}
溴苯	甲醇	270.5	119
		264	171
		260.5	173
		257	159
		250	139
碘苯	甲醇	250	732
		225.5	11700
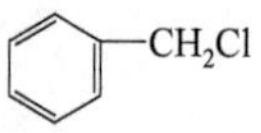 $—CH_2Cl$	甲醇	265	211
		259	231
		253.5	190
		216.5	6970
烯烃			
乙烯	蒸气	162	1000
2-甲基-1,3-丁二烯	甲醇	222.5	10800
2,4-己二烯	甲醇	227	14200
2,5-二甲基-2,4-己二烯	甲醇	241.5	13100
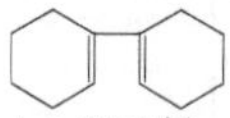	甲醇	238.5	13800
1,3-环己烯	甲醇	223.5	9810
2,3-二甲基-1,3-丁二烯	环己烷	226	21400
1,3-丁二烯	己烷	217	21000
$H(CH═CH)_nH$			
n=1	蒸气	171	15530
n=2	己烷	271	21000
	蒸气	210	
n=3	异辛烷	268	43000
n=4	环己烷	304	
n=5	异辛烷	334	121000
n=6	异辛烷	364	138000
n=7	异辛烷	390	
顺-2-丁烯	蒸气	174	
反-2-丁烯	蒸气	178	13000
1-己烯	蒸气	177	12000
	庚烷	180	12500
丙二烯	—	181	20000
1-硝基-1-丙烯	乙醇	229	9400
环己烯	蒸气	176	5000
	环己烷	183.5	6800
胆甾-4-烯	环己烷	193	10000
1,5-己二烯	蒸气	178	26000
$CH_3(CH═CH)_nCH_3$			
n=2	环己烷	227	24000
n=3	己烷	263	45000
	氯仿	279	33400
n=4	己烷	299	80000
	氯仿	317	
n=5	己烷	326	122000
	氯仿	349	
n=6	石油醚	352	
	氯仿	380	146500
环戊二烯	己烷	191	3000
		239	3000
大环多烯类			
$(CH_2═CH)_n$			
八 环 n=4	异辛烷	245	650
十二环 n=6	异辛烷	300	—
十四环 n=7	异辛烷	317	70000
		376	5800
十六环 n=8	异辛烷	285	70000
十八环 n=9	异辛烷	278	8000
		369	30000
二十环 n=10	异辛烷	267	—
		287	—
		297	—
		375	—
		395	—
二十四环 n=12	异辛烷	264	12000
		350	200000
		363	200000
三十环 n=15	异辛烷	329	44000
叠烯化合物			
$CH_2═C═CH_2$		181	20000
		188	4000
		227	630
$CH_2═C═C═CH_2$	乙醇	241	20300
		310	4150
$(CH_3)_2C═C═C═CH_2$	己烷	220	3500
		254	13000
		294	700
$(CH_3)_2C═C═C═C(CH_3)_2$	己烷	230	7000
		263	17000
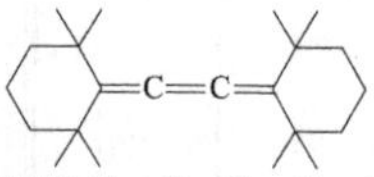 $═C═C═$	乙醚	230	9400
		272	24900
$(CH_3)_2C═C═C═C═C(CH_3)_2$	己烷	214	—
		250	—
多炔类			
$CH_3(C≡C)_nCH_3$	蒸气	172	45000
n=1	乙醇	227	370
		236.5	390
n=2	乙醇	218.5	300
		226.5	360
		236	330
		250	160
n=3	乙醇	207	14000
		239	105
		253	130
		268	200
		286	200
		306	120
n=4	乙醇	204	24300
		214.5	91500
		226	19800
		234.5	28100
		268	125
		286	140
		306	180
		328	180
		354	105

续表

化合物	溶剂	λ_{max}/nm	ε_{max}
$CH_2{=}C{=}CH{-}C{\equiv}CH$	乙醇	212	11000
$HC{=}C{=}CH{-}C{\equiv}CH$（HC 上连 CH_2CH_2OH）	乙醇	216	11700
$HC{=}C{=}CH{-}C{\equiv}CC_2H_5$（HC 上连 CH_2CH_2OH）	乙醇	221	14000
CH_3 CH_3 $CH{=}C{-}COCH_3$ CH_3 CH_3（环己烯结构）		228	11600
		278	4500
$C_6H_8CH{=}CH_2$	正庚烷	177	13000
$C_5H_{11}C{\equiv}CCH_3$	正庚烷	178	10000
苯及其衍生物			
苯	己烷	184(187)	68000
		204	8800
		254(255)	250
	水	180	55000
		203.5	7000
		254(256)	205
	庚烷	184	60000
		204	8000
		255	200
	异辛烷	254	190
甲苯	己烷	189	55000
		208	7900
		262	260
		206	7000
	水	261	225
		208	7800
	95%乙醇	260	220
叔丁基苯	乙醇	207.5	7800
		257	170
正丁基苯	异辛烷	262	2.1×10^2
邻二甲苯	25%乙醇	210	8300
		262	300
间二甲苯	25%乙醇	212	7300
		264	300
对二甲苯	乙醇	216	7600
		274	620
1,3,5-三甲苯	乙醇	215	7500
		265	220
	烃	266	305
三亚苯	95%乙醇	257	150000
		273	25000
		333	760
联苯	己烷	240	3.1×10^4
	二氯甲烷	250	1.9×10^4
	石油醚	247	1.6×10^4
	氯仿+乙醇(1+1)	251	2×10^4
	环己烷	247	1.9×10^4
	乙醇	246	2×10^4
		248	1.4×10^4
2-甲基联苯	正己烷	237	10500
2-乙基联苯		233	900
2,2′-二甲基联苯	己烷	198	43000
		228	6000
		264	800

化合物	溶剂	λ_{max}/nm	ε_{max}
4,4′-二甲基联苯	正己烷	256.5	22500
2,2′-二乙基联苯	正己烷	227(sh)	6000
		263.5	730
		271	640
2,2′-二异丙基联苯	正己烷	227(sh)	5500
		258(sh)	650
		263.5	720
		271	560
2,2′-二叔丁基联苯	正己烷	258(sh)	380
		263.5	430
		270	530
联苯酰	乙醇	259	1.7×10^4
多联苯$[(HC_6H_4)_nH]$			
n=2　对位	—	251.5	18300
间位	—	251.5	18300
n=3　对位	—	280	25000
间位	—	251.5	44000
n=4　对位	—	300	29000
n=5　对位	—	310	62500
n=6　对位	—	317.5	56000
n=9　间位	—	253	184000
n=10　间位	—	253	213000
n=11　间位	—	253	215000
n=12　间位	—	253	233000
苯乙烯	己烷	248	15000
		282	740
	乙醇	244	12000
		282	450
芪(1,2-二苯乙烯)　(顺)	乙醇	225	24000
		274	10000
		283	12300
(反)	庚烷	202	24000
		228	16000
		296	28000
苯乙炔	正己烷	202	44000
		236	12500
		278	650
1-苯基-1,3-丁二烯　(反)		280	28300
(顺)	—	265	14000
α-水芹烯($C_{10}H_{16}$)	—	263	2500
β-水芹烯	—	231	9000
1-苯基丁二烯　(顺)		265	14000
(反)		280	28300
均二苯代己烯　(顺)		280	10500
(反)		295.5	29000
α-甲基均二苯代乙烯　(顺)		260	11900
(反)		270	20100
$C_6H_5(CH{=}CH)_nC_6H_5$			
n=1	苯	306	24400
n=2	苯	334	40000
n=3	苯	358	75000
n=4	苯	384	86000
1,2,4,5-二苯并环戊烯		280	69180
		350	6030
		395	12020
二苯甲烷	乙醇	220	10000
		262	500
	异辛烷	263	4.4×10^2

续表

化合物	溶剂	λ_{max}/nm	ε_{max}
稠环芳烃			
萘 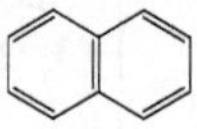	异辛烷	221	110000
		275	5600
		311	250
	乙醇	315	
蒽 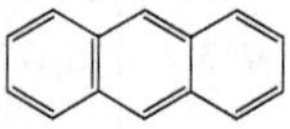	异辛烷	251	200000
		376	5000
	乙醇	252	1.7×10^5
		357	8000
丁省 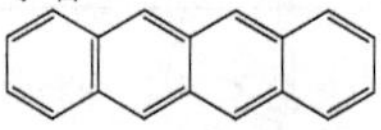	庚烷	272	180000
		473	12500
戊省 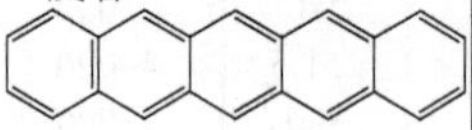	庚烷	310	300000
		585	12000
菲 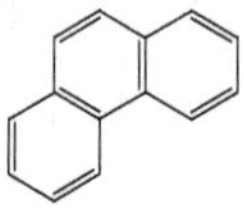	甲醇	219	18000
		251	90000
		292	20000
		330	350
1,2-苯并丁省	苯(乙醇)	258	50000
		306	102000
6,10-二甲苯-1,2-苯并蒽	己烷	285	6.7×10^4
1,2,5,6-二苯蒽	1,4-氧杂环己烷	223	40000
		299	160000
		335	17000
		394	1000
䓛 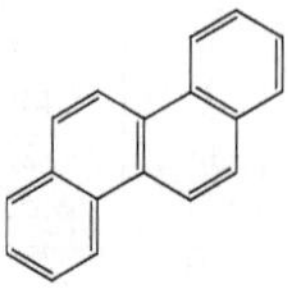	95%乙醇	220	37000
		267	160000
		306	15500
		360	1000
苉	苯	287	97700
		329	22900
		376	850
1,2-二氢化茚 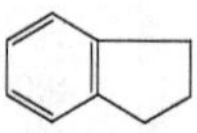	甲醇	272.5	1230
		266	1140
		259.5	769
1,2,3,4-四氢萘 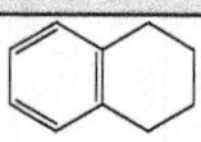	甲醇	273.5	724
		266.5	669
		213	10200
茚 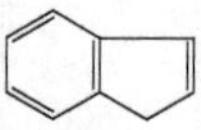	甲醇	289.5	211
		280	944
		247.5	17300
苊 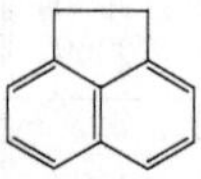	甲醇	320	1430
		313.5	856
		306	2400
		300	3470
		288	5540
		278.5	4930
		243	1100
		227	73100
芴 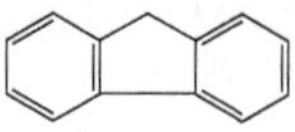	甲醇	299	9680
		288	6380
		260	21200
		219	16600
芘 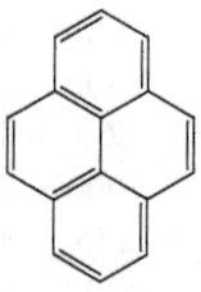	甲醇	333.5	29400
		318	17600
		305	6910
		294	2680
		271.5	49800
		261	24400
		251	11800
		239.5	85100
		230.5	43400
醇类及酚类			
甲醇	蒸气	183.5	150
		174.2	356
乙醇	蒸气	181.5	320
		174	670
丙醇	己烷	184	158
异丙醇		181	620
水		167	1480
		167	2120
烯丙醇	己烷	189	7600
苄醇	乙醇	258	1.9×10^2
CH_2=C=CH—CH=CHCH_2CH_2OH (反)	乙醇	218	10000
		224	10000
麦角甾烯醇	无水乙醇	271.5	11500
		282	12150
		293.5	6900
	二氯乙烷	273.5	10800
		283.5	10450
		295.5	6650
	氯仿	274.5	10000
		284.5	10850
	环己烷	296	6600
		271.5	11200
		282	11900
		294	6780

续表

化合物	溶剂	λ_{max}/nm	ε_{max}
$HOH_2C-C_6H_4-CH_2OH$	甲醇	271.5	151
		262	265
		218	8700
$C_6H_4(CH_2OH)(OCH_3)$	甲醇	275.9	1780
		270.5	1830
		220	6530
$C_6H_4(CH_2OH)(NO_2)$	甲醇	260	5800
$O_2N-C_6H_4-CH_2OH$	甲醇	262	7210
$O_2N-C_6H_4-CH_2OH$	甲醇	270.5	8790
		214	6650
苯酚	环己烷	276.5	2340
		270	3690
		264	1630
	水	210.5	6200
	0.1mol/L NaOH	270	1450
		235.5	9400
邻甲酚	甲醇	288.5	2600
		272.5	1820
		214	6030
	甲醇,KOH	282	1990
		235	5510
间甲酚	甲醇	273	1570
对甲酚	甲醇	278	1950
邻氯酚	环己烷	281	2440
对氯酚	甲醇	273.5	2350
		284	1810
		228	9260
间氨基酚	甲醇	287	2090
邻硝基酚	甲醇	345	3330
		272	6300
	甲醇,KOH	408	4870
		276	3990
		230	16900
间硝基酚	甲醇	330	2020
		268.5	5980
		229	9600
对硝基酚	甲醇	311	11000
		228	7510
	甲醇,KOH	390	18200
		300	1260
		290	1296
		224	6840

化合物	溶剂	λ_{max}/nm	ε_{max}
2-萘酚	甲醇	330	1870
		285	3030
		273.5	4250
		263.5	3680
		225	75800
1-萘酚	甲醇	323	2950
		308.5	3840
		295.5	4800
		233	32300
$C_{10}H_6(OH)_2$ (OH, OH)	甲醇	336	2570
		286.5	4880
		235	46900
		214	30700
$C_{10}H_6(OH)_2$ (OH, OH)	甲醇	330	8300
		316	8100
		298	9560
		225	98200
$HO-C_{10}H_6-OH$	甲醇	328	3080
		319.5	1940
		313	2400
		285	3360
		231	75800
五氯酚	碱性液	320	6900
百里酚	碱性液	294	—
间甲氧甲酚	碱性液	291	—
邻溴酚	碱性液	292	—
4-氯-2-甲酚	碱性液	297	—
4-氯-3,5-二甲酚	碱性液	269	—
2,4-二氯酚	碱性液	304	—
2,3-二甲酚	0.4mol/L NaOH	239	8295
		288	1260
2,5-二甲酚	0.4mol/L NaOH	239	7733
		290.5	1002
2,4-二甲酚	0.4mol/L NaOH	296	2811
3,4-二甲酚	0.4mol/L NaOH	294	2432
3,5-二甲酚	0.4mol/L NaOH	290	2292
2-氯-4-苯基酚	碱性液	290	—
苯硫酚	0.4mol/L NaOH	265	14000
		239	8054
		290	2358
对甲苯硫酚	0.4mol/L NaOH	265	15053
		239	9018
		290	2310
醚类			
甲醚		183	
		168	
		160	
		184	252
		162.5	400
乙醚		188.3	199
		176.5	401

续表

化合物	溶剂	λ_{max}/nm	ε_{max}
四氢呋喃		190	560
		172	3000
四氢吡喃		189	560
		175	3000
二噁烷		175	10000
二乙烯醚	蒸气	203.5	15000
		202	1560
		164	658
环氧丙烷		181.5	276
		175	200
环氧乙烷		171	3720
茴香醚(苯甲醚)	己烷	280	2500
	水	217	6400
		269	1500
苯醚	环己烷	255	11000
		272	2000
二苯醚	环己烷	226	112200
		273	2042
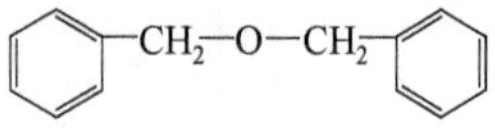 $—CH_2—O—CH_2—$	环己烷	264	312
		258	393
		252	353
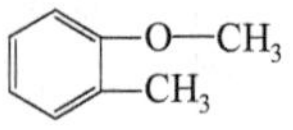 $—O—CH_3$, $—CH_3$	甲醇	278	1620
		271.5	1750
		216	6270
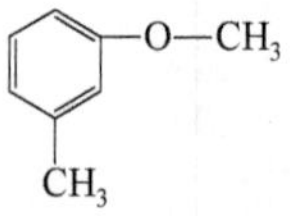 $—O—CH_3$, CH_3	甲醇	279	1430
		272	1510
		216.5	6590
 $H_3CO—$ $—OCH_3$	甲醇	284.5	1540
		278	1850
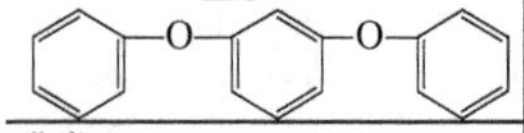 —O— —O—	甲醇	277	3270
		270	3280
醛类			
甲醛	蒸气	175	18000
		304	18
	异戊烷	310	5
乙醛	蒸气	182	10000
		289	12.5
	异辛烷	290	17
丙醛	异辛烷	292	21
异丁醛	己烷	290	16
邻甲基苯甲醛	甲醇	280	872
		249	4550
间甲基苯甲醛	甲醇	289	1330
		249	10100
邻氯苯甲醛	环己烷	304	1390
		302	1380
		293.5	1780
		246	11000
间氯苯甲醛	甲醇	289.5	854
		243	7160
间硝基苯甲醛	水	232	20900
对硝基苯甲醛	甲醇	265	10600
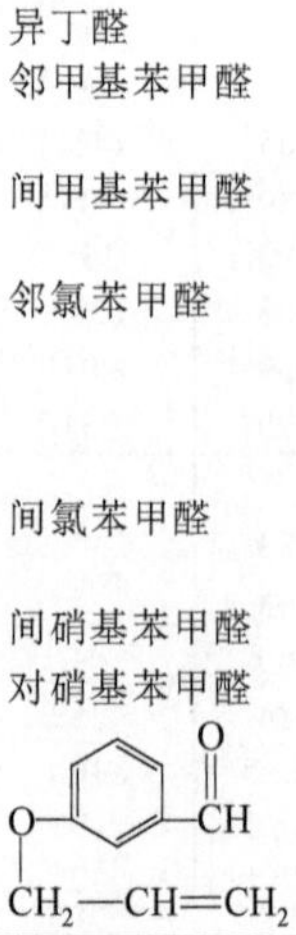 O, —CH, O—, $CH_2—CH═CH_2$	甲醇	282	17600
		276	17800
		220	12700

化合物	溶剂	λ_{max}/nm	ε_{max}
3,4-二氯苯甲醛	甲醇	289.5	483
		280	609
		271.5	507
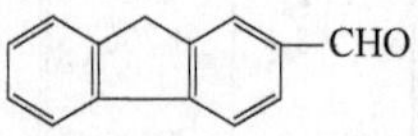 —CHO	甲醇	315	27800
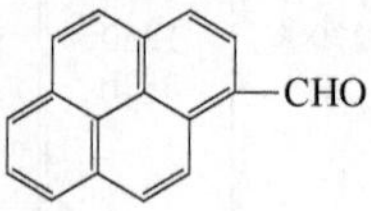 —CHO	甲醇	394	15600
		363	28100
		287	39100
		242	42000
		232	54100
苯甲醛	己烷	242	14000
		280	1400
		328	55
	乙醇	244	15000
		280	1500
		328	20
2,4-二羟基苯甲醛	乙醇	318	8.2×10^3
	0.2%KOH/乙醇	334	3.1×10^4
丙烯醛	水	220	5.5×10^3
	己烷	210	1.6×10^4
香草醛	0.2%NaOH/乙醇	353	1.4×10^4
	乙醇	310	1.1×10^4
糠醛	水	278	
丙炔醛	—	328	13
巴豆醛	—	321	19
惕各醛	—	290	11
2-乙基-2-己烯-1-醛	—	313	27
柠檬醛	—	324	65
β-环柠檬醛	—	328	43
羟甲基糠醛(HMF)	0.1% $NaHSO_3$	284	
多烯醛			
$CH_3—(CH═CH)_n—CHO$			
n=1	乙醇	217	15650
n=2	乙醇	270	27000
	己烷	261	25000
		340	43
n=3	己烷	312	40000
n=4	己烷	343	40000
n=5	己烷	370	57000
		377	51000
n=6	己烷	393	65000
$C_6H_5(CH═CH)_nCHO$			
n=0	甲醇	244	12000
n=1	甲醇	285	25000
n=2	甲醇	323	43000
n=3	甲醇	355	54000
n=4	甲醇	382	51000
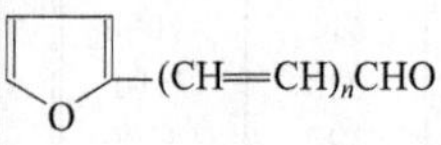 O, $—(CH═CH)_nCHO$			
n=0	乙醇	254	
n=1	己烷	306	
	乙醇	300	21700
n=2	己烷	337	
	乙醇	320	34800

续表

化合物	溶剂	λ_{max}/nm	ε_{max}
n=3	己烷	357	
	乙醇	353	39100
$CH_2=CH-CHO$	乙醇	207	11200
$CH_3CH=CH-CHO$	乙醇	217	17900
$CH_2=C(CH_3)-CHO$	乙醇	216	11000
$CH_3CH=C(CH_3)-CHO$	乙醇	226	16100
$(CH_3)_2C=C(CH_3)-CHO$	乙醇	245	13000
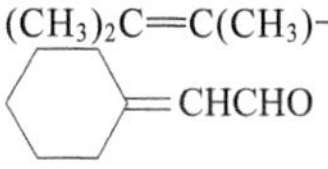 =CHCHO	乙醇	238	16000
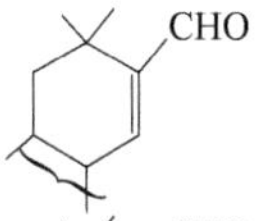 CHO	乙醇	240	8000
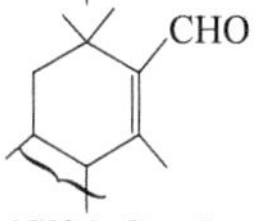 CHO	乙醇	235	1400
$(CH_3)_2C=C=C=CHCHO$	甲醇	292	
酮类			
丙酮	蒸气	195	9000
		274	13.6
	环己烷	190	1000
		275	22
	异辛烷	279	13
丙酮	水	270	17.6
	乙醇	271	16
甲乙酮	异辛烷	279	16
二异丁酮	异辛烷	288	24
六甲基丁酮	乙醇	295	20
丁酮	异辛烷	278	17
2-戊酮	己烷	278	15
4-甲基-2-戊酮	异辛烷	283	20
环丁酮	异辛烷	281	20
环戊酮	异辛烷	300	18
	己烷	299	20
环己酮	异辛烷	291	15
	己烷	285	14
环庚酮	异辛烷	292	17
环辛酮	异辛烷	291	14
环壬酮	异辛烷	293	15
环癸酮	异辛烷	288	15
乙酰丙酮	0.1mol/L NaOH	292	1.6×10^4
	乙醇	272	7.9×10^3
	水	277	1900
	己烷	269	12100
$CH_3-C(=O)-CH=CH_2$		219	
		324	
4-庚酮	乙醇	281	27
二苯甲酮	己烷	250	2×10^4
	乙醇	330	1.6×10^2
樟脑(2-莰酮)	己烷	295	14
甲基乙烯基甲酮		324	24
2-乙基-己-1-烯-3-酮		320	26
甲基异丙烯基酮		319	27
亚乙基丙酮		314	38
鸢尾酮		308	100
亚异丙基丙酮		314	60

化合物	溶剂	λ_{max}/nm	ε_{max}
雪松酮		326	27
$CH_3-C(=O)-SH$	环己烷	219	2200
$CH_3-C(=O)-Cl$	庚烷	240	34
$CH_3-C(=O)-Br$	庚烷	250	90
$CH_3-C(=O)-O-C(=O)-CH_3$	异辛烷	225	47
异亚丙基丙酮	—	235	—
$CH_3-C(CH_3)=CH-C(=O)-CH_3$			
野菊酮	2,4-二硝基苯腙的乙醇液	360	
苏拉明($C_{13}H_{22}O$)	正己烷	230	11750
α,β-不饱和酮			
$CH_2=C(CH_3)-COCH_3$	乙醇	221	6450
$CH_3-CH=CHCOCH_3$	乙醇	224	9750
$(CH_3)_2C=CHCOCH_3$	乙醇	235	14000
$(CH_3)_2C=C(CH_3)COCH_3$	乙醇	246	6000
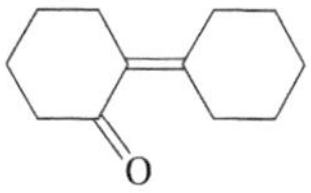	乙醇	258	6000
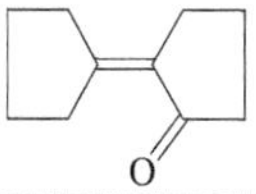	乙醇	259	10790
酸类			
乙酸	95%乙醇	204	41
乙酸酐	异辛烷	225	47
苯甲酸	水	230	10000
		270	800
苯甲酸盐	乙醇	228	15000
		272	850
	环己烷	232	12000
	石油醚	225	—
邻氨基苯甲酸	乙醇	219	36000
对硝基苯甲酸	—	258	11000
间硝基苯甲酸	—	255	7600
邻硝基苯甲酸	—	255	3470
肉桂酸 （顺）	己烷	200	31000
		215	17000
		280	25000
（反）	己烷	204	36000
		215	35000
		283	56000
	乙醇	215	19000
		268	20000
五倍子酸	0.01mol/L HCl	270	9.8×10^3
		274	

续表

化合物	溶剂	λ_{max}/nm	ε_{max}
五倍子酸	0.2mol/L KOH	289	
	乙醇溶液	277	3.7×10^3
山梨酸盐	石油醚	250	—
山梨酸	石油醚+乙醚(1+1)	250	—
顺,反-β-甲基山梨酸	甲醇	255	17600
脱氢乙酸	酸性液	307	
β-环牦牛儿酸		206	3400
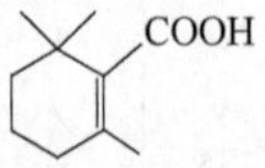 COOH	0.1mol/L HCl	210	—
菸酸 $CH_2=CH-COOH$	乙醇	200	10000
$CH_2=C(CH_3)-COOH$	乙醇	210	—
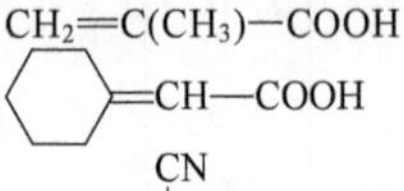 =CH—COOH	乙醇	220	14000
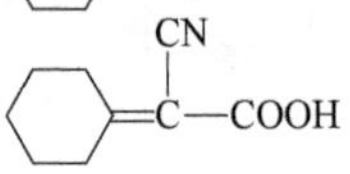 CN =C—COOH	乙醇	235	12500
$CH_3CH=CHCOOH$ (反)	乙醇	204	11700
(顺)	己烷	208	12500
$CH_3(CH=CH)_2COOH$	乙醇	254	24800
	己烷	261	2000
$CH_3(CH=CH)_3COOH$	乙醇	294	36500
	己烷	303	3650
$CH_3(CH=CH)_4COOH$	乙醇	332	49000
		327	4870
二烯酸	异辛烷	233	
三烯酸	异辛烷	262	—
		268	—
		274	—
四烯酸	异辛烷	308	3
		315	
		322	
五烯酸	异辛烷	346	—
尿酸	0.5%碳酸锂液	294	—
丁烯二酸 (顺)	—	198	26000
		214	34000
(反)		200	8000
$CH_2=C=CHCOOH$	—	247	250
$CH_3CH=C=CHCOOH$	—	203	11000
		262	200
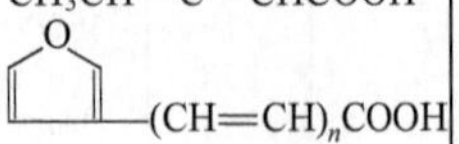 O $(CH=CH)_nCOOH$			
$n=0$	二噁烷	270	—
$n=1$	二噁烷	311	26500
$n=2$	二噁烷	346	29500
$n=3$	二噁烷	366	37000
$n=4$	二噁烷	389	49000
$CH_2=CH-COOH$	乙醇	200	10000
$CH_2=C(CH_3)-COOH$	乙醇	210	—
CH_2COOH $H_2C=C$ COOH	乙醇	206	8000

化合物	溶剂	λ_{max}/nm	ε_{max}
$CH_3CH=C(CH_3)-COOH$ (反)	乙醇	213	12500
(顺)	乙醇	216	9000
$(CH_3)_2C=CHCOOH$	乙醇	216	12000
$(CH_3)_2C=C(CH_3)COOH$	乙醇	221	9700
CH_3 $C=C-COOC_2H_5$ C_2H_5　CH_2COOH	乙醇	219	9200
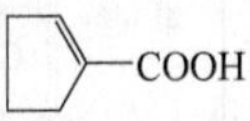 COOH	乙醇	222	10500
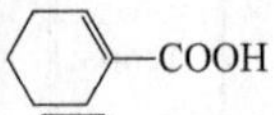 COOH	乙醇	217	10000
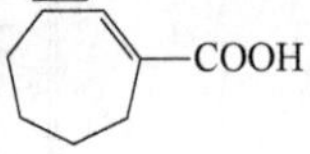 COOH	乙醇	222	9900
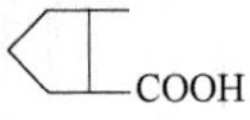 COOH	乙醇	231	10500
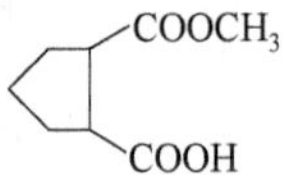 $COOCH_3$ COOH	乙醇	228	10000
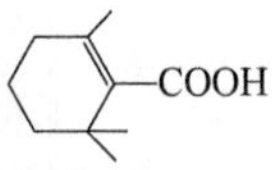 COOH	乙醇	206	3400
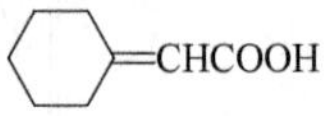 =CHCOOH	乙醇	220	14000
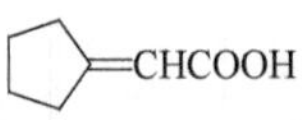 =CHCOOH	乙醇	224	—
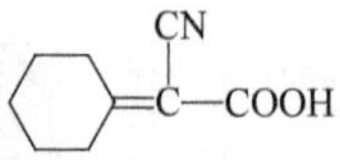 CN =C—COOH	乙醇	235	12500
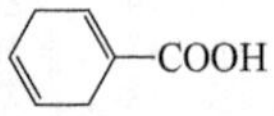 COOH	乙醇	236	2100
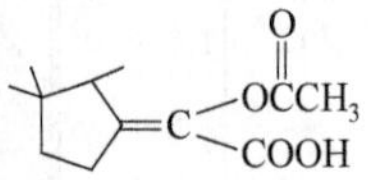 O $=C-OCCH_3$ COOH	乙醇	228	11600
HC 反 $CCOOCH_3$ HC 反 CHCOOH	乙醇	257	29400
HC 反 $CHCH_3$ HC 顺 CHCOOH	乙醇	260	16200
HC 反 $CHCH_3$ HC 反 CHCOOH	乙醇	263	25800
$HC-HC=C(CH_3)COOH$ $HC-HC=C(CH_3)COOH$	乙醇	315	44000

续表

化合物	溶剂	λ_{max}/nm	ε_{max}
酯类			
乙酸甲酯	异辛烷	210	57
乙酸乙酯	水	204	60
	95%乙醇	208	58
	异辛烷	211	58
	石油醚	207	69
丁烯二酸二甲酯 (反)	—	214	34000
(顺)		198	26000
C_6H_5—O—C(=O)—CH_3	—	261	230
丙烯酸乙酯(EA)	环己烷	240	—
乙酰乙酸乙酯 (酮式)	水	272	16
(醇式)	己烷或三甲基戊烷	243	16000
2-甲基-二氢吡喃-3-$COOC_2H_5$	乙醇	248	12500
$CH_3C(NH_2)$=$CHCOOC_2H_5$	环己烷	268	16200
$CH_3C(NHCH_3)$=$CHCOOC_2H_5$	环己烷	283	17800
$CH_3C[N(CH_3)_2]$=$CHCOOC_2H_5$	环己烷	275	21400
$C_2H_5OCNH_2$=$CHCOOC_2H_5$	环己烷	254	12900
$(EtO)_2C$=$CHCOOC_2H_5$	环己烷	234	14500
共轭不饱和γ和σ内酯:			
	乙醇	220 225 235	7500 5000 900
	乙醇	220 225 230	5700 4450 3100
	乙醇	217 ±5	10000 ~ 20000
	乙醇	215 ~230	—
	乙醇	217	—
(CH_2OH)	乙醇	217	—
酰胺类			
苯甲酰胺	甲醇	267.5 224.5	691 11000
间甲基苯甲酰胺	甲醇	276 229	949 10500
对甲基苯甲酰胺	甲醇	234.5	14000

化合物	溶剂	λ_{max}/nm	ε_{max}
邻溴苯甲酰胺	甲醇	266.5	406
对硝基苯甲酰胺	甲醇	260	11300
邻羟基苯甲酰胺	甲醇	302	3810
		234.5	7120
	甲醇/KOH	329	5690
		242.5	7050
		214	33000
C_6H_5—CH(CH_3)—NH—CH(=O)	甲醇	263.5 257.5 251.5 247	175 206 176 143
C_6H_5—CH_2CH_2—NH—C(=O)—CH_3	二噁烷	268 264 258.4 253.5	107 117 150 127
C_6H_5—CH(CH_3)—NH—C(=O)—CH_3	甲醇	263.5 257 251.5 246.5	144 193 183 136
CH_3CH_2—C(=O)—NH—C_6H_5	甲醇	242	15700
N-乙酰苯胺	乙醇	241	1.4×10^4
乙酰胺(CH_3CONH_2)	正己烷	178	9500
	水	214	60
	甲醇	205	160
六素精(三次甲基三硝基胺)	乙醇	213	1.1×10^4
苯酰乙酰替苯胺 (酮式)	—	245	—
(醇式)	—	308	—
	强碱中	323	—
2-仲丁基-4,6-二硝基-*N*-(α-苯基乙基)-苯胺	环己烷	(D-)335 (L-)336	— —
α,β-不饱和酰胺和内酰胺:			
CH_3CH=$CHC(=O)NH_2$	水	213	7000
环戊烯基—$CONH_2$	乙醇	220	—
环己烯基—$CONH_2$	乙醇	213	—
环庚烯基—$CONH_2$	乙醇	218	—
CH_3CH=$CHC(=O)NH_2$ (顺)	水	200	4660
6-甲基-5,6-二氢-2-吡啶酮 (NH)	甲醇	204 240	8400 1200

续表

化合物	溶剂	λ_{max}/nm	ε_{max}
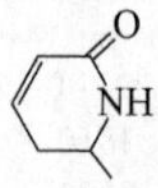 O, NH	乙醇	241	1470
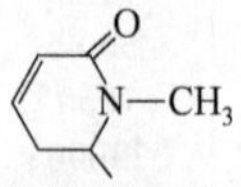 O, N—CH_3	乙醇	251	1120
硝基化合物			
硝基苯	正己烷	252	10000
		282	1000
		330	125
1,2-二硝基苯	乙醇	212	1.3×10^4
1,3-二硝基苯	乙醇	235	1.7×10^4
1,4-二硝基苯	乙醇	260	1.4×10^4
2,4-二硝基甲苯	乙醇	239	1.4×10^4
硝基苯	己烷	330	125
		280	1000
		330	140
		252	10000
硝基甲烷	己烷	202	4.4×10^4
		279	15.8
	乙醇	271	186
	甲醇	201	5000
	庚烷	275	15
2-甲基-2-硝基丙烷	庚烷	280.5	23
硝酸辛酯	戊烷	270	15
硝酸环己酯	—	270	22
亚硝酸辛酯	己烷	230	2200
硝酸乙酯	二噁烷	270	12
亚硝酸丁酯	乙醇	222	1700
	乙醇	357	45
胺类			
甲胺	蒸气	173.4	2200
		215	600
二甲胺	蒸气	190.5	3300
		220	100
三甲胺	蒸气	199	3950
		227.3	900
三乙胺	—	212	6100
苯胺	异辛烷	233	8×10^3
		285	1.8×10^3
	水	230	8600
		280	1430
	酸	203	7500
		254	160
	甲醇	230	7000
		280	1320
邻甲苯胺	环己烷	285	3150
		233	11800
间甲苯胺	甲醇	286	1460
		236	8900
	甲醇-HCl	267.5	256
		260.5	283
对甲苯胺	环己烷	294	1900
		291	1930
		288	1850
		237	9700

化合物	溶剂	λ_{max}/nm	ε_{max}
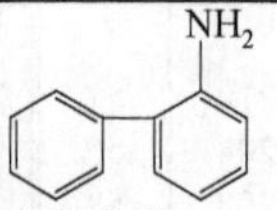 NH_2	甲醇	300	3190
		223.5	22400
邻氟苯胺	甲醇	392	31
		282	1900
		232	9410
	甲醇-HCl	265	752
		259.5	829
		255	634
间氟苯胺	甲醇	283.5	1800
		236.5	10100
	甲醇-HCl	264.5	855
		258.5	862
		253.5	689
		204	6670
对氟苯胺	甲醇	290	1730
		229.5	6100
	甲醇-HCl	267	911
		261	1020
		256	819
邻氯苯胺	环己烷	290	3030
		236.5	10900
间氯苯胺	甲醇	294	1970
		242	8700
对氯苯胺	甲醇	296	16300
		243	12400
邻溴苯胺	甲醇	293	2720
		236.5	7750
	甲醇-HCl	292	135
		270.5	175
		260	234
间溴苯胺	甲醇	292	4770
		239.5	14900
间溴苯胺	甲醇-HCl	272.5	256
		265.5	276
		256	248
		250.5	262
对溴苯胺	甲醇	296.5	1460
		244.5	12600
邻碘苯胺	甲醇	296	2770
		238	7960
		211	29700
	甲醇-HCl	230	10600
间碘苯胺	甲醇	295	2210
		243	8150
		215	33700
	甲醇-HCl	232.5	11800
对碘苯胺	甲醇	296	1790
		249	14600
	甲醇-HCl	232	10300
苄胺	异辛烷	260	2500
2,4-二硝基苯胺	乙醇	236	15000
		349	17000
邻苯二胺	甲醇	293.5	3220
		282	2730
		238	6020
	甲醇-HCl	285.5	2510

续表

化合物	溶剂	λ_{max}/nm	ε_{max}
		275.5	2790
		269	2400
		235	7870
间苯二胺	甲醇	293.5	2310
对苯二胺	甲醇	308	1830
		243	11200
1-萘胺	环己烷	318	5100
		243	26600
		212.5	43500
N-甲基苯胺	甲醇	294	1890
		245	11100
N-环己烷苯胺	甲醇	297	1680
		249	11300
二苯胺	环己烷	281	8240
N-甲基-1-萘胺	甲醇	416	102
		332	6620
		248	16900
		212	49000
	甲醇-HCl	504	156
		316	9580
		311	11100
		279	539
		221	82100
N,*N*-二甲基苯胺	甲醇	298	2290
		251	11600
	甲醇-HCl	263	144
		259.5	209
		253.5	276
		248	272
三苯胺	甲醇	296.5	24800
N,*N*-二甲基-1-萘胺	甲醇	302	4950
		215.5	54600
	甲醇-HCl	316.5	383
		311	416
		279.5	6350
		270.5	5700
		221	93600
对硝基苯胺		318	13500
间硝基苯胺		280	4800
邻硝基苯胺		282.5	5400
2-氨基联苯	乙醇	224	1.9×10^4
4-氨基联苯	乙醇	275	1.6×10^4
不饱和含氮化合物			
$CH_2{=}CH{-}N(C_4H_9)(C_2H_5)$	己烷	231	4200
$CH_3C{=}CH{-}N$（环）	己烷	234	4890
$(CH_3)_3C{-}CH{=}N{-}C_4H_9$	己烷	244	85
$CH_3{-}CH{=}N{-}C_8H_7$	乙醇	235	107
		170	8000
（环）$=N{-}N=$（环）	环己烷	245	89
$(C_4H_9{-}N{=}C(CH_3))_2$	乙醇	206	17000

化合物	溶剂	λ_{max}/nm	ε_{max}
$(CH_3CH{=}N)_2$	乙醇	208	10000
$CH_3CH{=}CH{-}CH{=}NCH_3$	乙醇	220	33000
$(CH_3)_2C{=}N{-}NH{-}CH_3$	己烷	230	1400
$CH_3CH_2HC{=}N{-}N(CH_3)_2$	己烷	240	7000
$(CH_3)_2C{=}N{-}N(C_2H_5)_2$	己烷	210	3000
	己烷	275	520
	乙醇	265	470
$CH_3{-}N{=}N{-}C(CH_3)_3$	己烷	360	15
$(CH_3)_3C{-}N{=}N{-}C(CH_3)_3$	己烷	390	13
	乙醇	355	20
	蒸气	354	—
		234	60
		196	3200
		163	7300
5,5-二甲基-Δ′-吡唑啉	蒸气	324	
	庚烷	325	450
$N_2{-}C$（结构式）	乙醇	322	200
	己烷	359	230
		248	2350
	乙醇	345	210
		257	2200
乙基叠氮化物	乙醇	222	150
		287	20
	庚烷	255	9350
乙基重氮乙酸盐	庚烷	389	14
$CH_3{-}CH{=}CH{-}CH{=}N{-}C_4H_9$	甲醇	249	11500
		375	16.5
$>C{=}C{-}C{=}\overset{+}{N}<$	乙醇	220	23000
	乙醇	274~278	20000
CH_3O（结构式）ClO_4^-	乙醇	286	24300
（结构式）I^-	乙醇	328	48700
$CH_3{-}CH{=}CH{-}CH{=}NOH$	乙醇	230	17800
$CH_3{-}CH{=}C{-}C{=}NOH$（CH_3CH_3）	乙醇	230	16900
$C_4H_9{-}N{=}C{-}C{=}N{-}C_4H_9$（$CH_3CH_3$）	乙醇	209	18500
$CH_3CH{=}CH{-}CH{=}N$ $CH_3CH{=}CH{-}CH{=}N$	乙醇	275	38900
		283	36300
$(CH_3)_2C{=}N{-}N{=}C(CH_3)_2$	乙醇	205	18000
		227	5000
		287	105
$CH_2{=}CHCN$	乙醇	203	10000
（结构式）CN，N	乙醇	213	10000

续表

化合物	溶剂	λ_{max}/nm	ε_{max}
CN N	乙醇	278	18300
	酸溶液	216	2400
		272	1300
$CH_2{=}CH{-}CH{=}CHCN$	甲醇	241	18600
$(CH_3)_2C{=}CH{-}N{=}N{-}CH_3$	乙醇	252	7490
$CH_3CH{=}C(CH_3)N{=}NCH_3$	乙醇	248	3300
$CH_3CH{=}CH{-}NO_2$	庚烷	237	10000
		312	33
$CH_3CH{=}CH{-}CH{=}CHNO_2$	乙醇	226	5500
		298	10000
硫化物			
C_2H_5SH	乙醇	193	1350
		225	160
n-C_3H_7SH	乙醇	225	160
二甲硫(甲硫醚)	乙醇	210	1020
		229	140
二乙硫(乙硫醚)	乙醇	210	180
		229	140
	己烷	494	4600
		215	1600
二丁硫	乙醇	210	1200
二丁基二硫	乙醇	201	2089
		215	398
	环己烷	224	126
1-己硫醇	0.4mol/L NaOH	239	4484
		265	673
亚丙基硫环	异辛烷	218	600
		275	30
亚丁基硫环	异辛烷	219	800
	乙醇	240	50
亚戊基硫环	乙醇	210	770
		229	177
二甲二硫	乙醇	195	400
		253	290
1,3-亚丙基二硫	乙醇	333	148
1,4-亚丁基二硫	乙醇	292	300
1,3-亚丙基三硫	乙醇	211	9500
		253	390
		290	315
硫己环	乙醇	199	2610
		211	1570
		233	116
1,4-二硫己烷	乙醇	196	5850
		225	350
1,3-二硫己烷	乙醇	188	3790
		230	360
		248	528
1,3,6-三硫己环	乙醇	204	6600
		239.5	1250
二苯甲硫酮	乙醚	220	70
$(C_6H_5)_2CS$	乙醇	315	15100
苯甲砜	乙醇	217	6700
		264	980
二苯砜	乙醇	235	17400
		266	2140

化合物	溶剂	λ_{max}/nm	ε_{max}
二烯丙基亚砜	乙醇	210~215	1500
二苯乙砜	乙醇	233	14100
		265	2140
二硫化碳	CCl_4	315	—
$C_6H_{11}SOCH_3$	乙醇	210	1500
乙烯硫醚	乙醇	255	5600
叔丁硫醇	0.4mol/L	243	
	NaOH	265	1260
二氧化硫脲(TD)	水	269	—
H_3C, H_2N C=S	—	358	17.8
$(NH_2)_2C{=}S$	—	291	71
O C S	—	238	2535
吡啶及衍生物			
吡啶	水	253	3600
	己烷	252	2080
	碱液	257	2750
	酸液	256	5300
2-甲基吡啶	碱液	262	3560
3-甲基吡啶	酸液	262.5	6600
	碱液	263	3110
	酸液	262.5	5500
4-甲基吡啶	碱液	255	2100
	酸液	252.5	4500
2-氟吡啶	碱液	257	3350
	酸液	260	5900
	碱液	263	3650
2-氯吡啶	酸液	269	7200
2-溴吡啶	碱液	265	3750
	酸液	272	7600
2-碘吡啶	碱液	272	4000
	酸液	290	8300
2-羟基吡啶	碱液	230	10000
		295	6300
	酸液	225	7000
		295	5700
3-巯基吡啶	碱液	255	7800
		310	3200
	酸液	268	13600
		313	2600
N—CH_3	乙醇	213	1600
1,1′-联吡啶	己烷	280	1.6×10^4
2-氨基吡啶	异辛烷	230	1×10^4
五元杂环芳香族类			
环戊二烯	己烷	230	2500
		238.5	3400
呋喃 O	蒸气	204	6500
		251	1
2-醛基呋喃	—	227	1100
		271	13000
2-乙酰呋喃	—	225	2300
		270	12900
2-羟基呋喃	—	214	3800
		243	10700

续表

化合物	溶剂	λ_{max}/nm	ε_{max}
2-硝基呋喃	—	225	3400
		315	8100
吡咯	己烷	209	9000
	7.6mol/L H_2SO_4	241	7940
2-醛基吡咯	—	252	5000
		290	16600
2-乙酰吡咯	—	250	4400
		287	16000
2-乙酯基吡咯	—	231	14200
		303	21000
1-乙酰吡咯	—	234	10800
		288	760
噻吩	乙醇	228	4900
		231	7400
2-醛基噻吩		265	10500
		279	6500
2-乙酰噻吩		252	10500
		273	7200
2-羟基噻吩		249	11500
		269	8200
2-硝基噻吩		268~272	6300
		294~298	6000
2-溴噻吩		236	9100
咪唑	乙醇	208	5000
		250	60
1,2,3-三唑	乙酸	210	3980
噻唑	乙醇	240	4000
吡唑	乙醇	210	3390
	6mol/L HCl	217	4684
异噁唑	水	211	3980
噁唑	乙醇	240	—
四唑	乙醇	205	—
$-(CH_2)_3CH_3$，N－CH_3	乙醇	214	2300

化合物	溶剂	λ_{max}/nm	ε_{max}
六元杂环芳香族及其衍生物			
嘧啶		环己烷	199
			244
			298
2,6-二氨基嘧啶	水(pH=6.5)	267	5.4×10^3
4,6-二氨基嘧啶	水(pH=6.5)	260	6.4×10^3
吡嗪	己烷	194	6000
		260	6000
		328	1000
哒嗪	己烷	192	5400
		251	1400
		340	315
	乙醇	254.5	5100
对称三嗪 ·HCl	环己烷	222	146
		272	381
喹啉	乙醇	225	35000
		278	3500
		300	2600
		314	3000
酞嗪	环己烷	218	59500
		259	4100
		296	715
		357	54
吩嗪	乙醇	250	120000
		370	5000
	甲醇	248	12000
		362	13000
吖啶	乙醇	250	201400
		355	25300
N,N-二苯脲	乙醇	257	33.3×10^4
异喹啉	环己烷	227	8×10^4
吡咯烷	蒸气	196	2000
哌啶	蒸气	198	3000
1-甲基哌啶	乙醚	218	1600
吲哚	正己烷	215	25000
		265	6300
咔唑	环己烷	220	16000
		242	24000
		291	19000

三、部分天然有机化合物的紫外-可见吸收光谱数据

（一）生物碱的紫外-可见吸收光谱数据

部分生物碱的紫外-可见吸收光谱数据见表 1-14。

表 1-14 部分生物碱的紫外-可见吸收光谱数据[2]

化合物名称	λ_{max}/nm(lgε)	溶剂①	化合物名称	λ_{max}/nm(lgε)	溶剂①
一般胺类生物碱			**莨菪烷生物碱**		
麻黄碱	253(2.27), 259(2.31), 264(2.26)	I	阿托品硫酸盐	247(2.22), 252(2.27), 255(2.32), 264(2.27)	—
麻黄碱盐酸盐	251(2.18), 257(2.25), 264(2.18)	W	布鲁金	277(2.55), 320(2.50)	E
墨斯卡灵		E	古柯碱	230(4.19), 274(2.98), 281(2.89)	W
N-甲麻黄碱盐酸盐	251(2.20), 257(2.27), 264(2.19)	W	古柯碱盐酸盐	233(4.09), 274(3.02)	W
去甲基伪麻黄碱盐酸盐	251(2.11), 257(2.11), 264(2.20)	W	薯蓣碱	217(4.20)	—
柳叶木蓝碱	约 280(约 3.6)	W	莨菪碱	247(2.22), 252(2.27), 255(2.30), 264(2.27)	E
瑟文因	226(4.36), 273(3.38), 283(3.20)	E	里豆灵	242(2.02), 247(2.10), 253(2.22), 259(2.30), 264(2.02), 268(2.03)	—
辣椒碱	227(3.85), 281(3.40)	E	东莨菪碱	249(2.02), 252(2.08), 259(2.14), 263(2.06)	E
肉伯替明	226(4.13), 278(3.29)	E	3*α*-惕各酰氧莨菪烷	217(3.51)	E
二氢肉伯替明	226(3.89), 278(3.27)	E	3*α*-惕各酰氧-6*β*-乙酰氧基-莨菪烷	217(3.99)	E
二氢肉伯替明醇	226(3.82), 278(3.08)	E	*α*-东莨菪宁	253(2.73), 259(2.73), 262(2.71), 265(2.69)269sh	E
印枳碱	217(4.53), 223(4.52), 275(4.61)	E	*β*-东莨菪宁	253(2.65), 259(2.68), 262(2.66), 265(2.65), 269sh	E
益母草碱	276(4, 0), 239(4.3), 326(4.7)	M	细产辛 A	222(4.43)	E
五壳豆碱	218(4.12), 322(4.10)	E	**甾体生物碱**		
菩提定	240(4.10), 305(4.03), 333(4.00)	—	黄杨烯碱	243(3.94)	M
石斛定	227(4.09), 273(3.27), 284(3.29)	E	黄杨匹碱	240(4.73), 247(4.02), 255sh(4.43)	E
荜茇宁酰胺	245(3.99),256(4.02),307(4.33),340(4.52)	E	黄杨胺-E	238(4.44), 246(4.46), 254(4.26)	E
芥子碱	268, 307, 345	—	黄杨胺醇	238(4.39), 245(4.41), 254(4.24)	E
米里胺 A	232(4.57), 260(4.50), 315(4.5), 342(3.68)	M	西法丁	296(1.84), λ_{min}280(1.76)	E
咖萨因	223(4.26)	E	*α*-西芬胺	280(0.5)	E
咖萨胺	225(4.20)	E	*γ*-西芬胺	252(1.4)	E
格木胺	222(4.20)	E	*δ*-西芬胺	250(1.5), 305(1.78)	E
荜茇高酰胺	216(4.54), 283(4.34), 293(4.39), 315(4.28)	E	环黄杨米因	243(3.89)	E
毛胡椒碱	268, 307, 345	—	环黄杨非因	243(3.95)	E
黑胡椒灵-乙	218(4, 45), 260(4.22),268(4.20) 305(4.03), 340(3.90)	M	环黄杨苏灵	243(3.95)	E
			环黄杨维里定	269(3.97)	E
次胡椒酰胺	245(4.02), 261(4.03), 309(4.28), 343(4.52)	M	环黄杨布辛	243(3.89)	E
穆坪马兜铃酰胺	215(4.19), 288(4.06), 314(4.15)	E	环黄杨苏布辛	243(3.95)	E
佩沙瓦灵	228(4.96), 293(4.32), 333(3.78)	E	*β*-杰尔明	约 280(2.2)	E
那卢米定	237sh(4.39),292(4.05), 335(4.15)	E	何洛那明	246(4.26)	E
奥巴米定	227(4.38), 240sh② (4.32), 308(4.10), 337sh(3.94), 390(4.28)	E	异杰尔明	约 250(2.0)	E
			杰尔文	250(4.27), 360(1.88)	E
			民加因	244(4.10)	E
阿依特酰胺	236(4.73), 280sh(4.01), 321sh(3.68),324(3.65), 332(3.81)	E	麻拉包因	283(4.3)	—
			去甲黄杨胺	238(4.44), 246(4.47), 254(4.26)	—
异阿依特酰胺	238(4.73), 290(4.00), 332(3.86)	—	23-氧化苏拉柯斯替定	210(3.72), 267(2.52), 277(2.45), 405(1.86)	E
麻黄多胺 A	229, 283	—	24-氧化苏拉柯斯替定	270(2.1), 345(1.57)	E
它斯品	245(4.41), 285(3.62), 333(3.49), 348(3.57)	—	苏拉柯斯替定	239(2.56)	E

续表

化合物名称	λ_{max}/nm(lgε)	溶剂①
苏拉花定	240(2.41)	E
藜芦因	263(3.09)	H
藜芦胺	268(2.8), λ_{min}245(2.3)	E
藜芦酰棋盘花碱	265(4.12), 294(3.90)	E
黄杨胺甲	238(3.42), 246(3.67), 254(3.40)	E
黄杨三烯宁乙	270(3.51), 278(3.62), 289(3.50)	E
16-去羟黄杨二烯宁乙	238(3.42), 246(3.67), 254(3.40)	E
西法京宁	285(2.25)	E
沙曼烯酮	224(4.18)	E
吡咯里西啶生物碱		
安里柯林	246	M
全缘千里光碱	212(4.03)	E
	216(3.90)	W
夹可嗪	233(3.24)	E
苦木奇灵	247(4.15), 280(3.36), 290(3.30)	M
纳欧辛	243(4.17), 280(3.36), 289(3.30)	M
佛恩辛-La	210(3.92), 247(2.04), 250(2.18), 264(2.42)	E
佛恩辛-T	210(3.92), 247(2.04), 252(2.18), 264(2.02)	E
普兰秋林	271(4.81)	—
倒千里碱	218(3.85)	E
	218(3.92)	M
迷迭香叶(千里光)	218(3.75)	W
	215(3.38)	E
碱千里光宁	218(3.92)	M
	215(4.00)	E
乌西门辛	203(4.10)	E
千里光菲灵	218(3.90)	M
瑞德灵	218(3.93)	M
倒千里光*N*-氧化物	217(3.80)	W
阔叶千里光碱	219(3.80)	W
7-当归酰倒(千里光)裂碱	215(4.10)	E
蓝蓟碱	212(4.20)	E
拉替福林	217(4.12)	E
波卡西宁	222(3.92)	E
倒异西宁	220(3.44)	E
革酚酮生物碱		
革酚酮	228(4.36), 237(4.36)320(3.83), 351(3.76)	W
别秋水仙碱	278(5.14)	OH^-
秋水仙裂碱	244(4.51), 351(4.28)	E
秋水仙碱乙醚	243(4.51), 267sh(4.03), 350(4.26), 394sh(4.20)	M, OH^-
秋水仙碱	246(4.49), 334sh(4.46), 355(4.22)	E
柯弥格灵	238(4.50), 355(4.23)	E
脱羰秋水仙裂碱	245(4.55), 350(4.30)	E
脱羰秋水仙碱	245(4.55), 355(4.22)	E
去乙酰异秋水仙碱	244(4.49), 345(4.28)	E
2-去甲秋水仙碱	245(4.54), 353(4.27)	E
3-去甲秋水仙碱	340(4.55), 353(4.26)	E
N-甲酰去乙酰秋水仙碱	247(4.51), 350(4.27)	E
异秋水仙裂碱乙醚	229(4.41), 247(4.53), 343(4.30)	E
异秋水仙碱	244(4.44), 345(4.28)	E
异脱羰秋水仙裂碱乙醚	247(4.48), 345(4.28)	E
异脱羰秋水仙碱	245(4.54), 345(4.25)	E
羰基秋水仙碱	234(3.24), 281(2.50)	E
β-光化秋水仙碱	225(4.46), 266(4.36), 282sh(4.10), 340(3.29)	E
γ-光化秋水仙碱	同β-异构物	E
光化异秋水仙碱	218(4.42), 260(4.34)	E
格冉鲁宾	232(4.95), 254(4.79), 296(4.58), 363(4.72), 384(4.41), 400(4.19), 480(3.90)	E
喹诺里西啶生物碱		
臭豆碱	233(3.83), 309(3.90)	E
臭豆碱过氯酸盐	233(3.82), 309(3.89)	M
无叶假木贼定(+)	248(4.10)	—
无叶假木贼定(−)	240(4.07)	E
鹰靛叶碱	240(3.81), 309(3.90)	M
金雀花碱	235(3.70), 308(3.80) λ_{min}253(2.80)	M
5, 6-去氢-17-氧代无叶豆碱	212(4.10), 249(3.70)	—
2, 3-去氢-17-氧代无叶豆碱	242(4.20)	—
2, 3-去氧-*O*-(2-吡咯酰基灌豆碱)	265(4.27)	E
13-乙基槐胺	240(3.77), 309(3.98)	E
印车前明	286(3.70)	—
异无叶豆碱	216(3.79)	E
白金雀花碱	215(3.70)	E
里佛林	282(4.15)	M
里兹里定	292(3.85)	—
里兹灵	260(4.08), 284(4.14)	—
甲基金雀花碱	234(3.80), 309(3.90)	M
多花羽扇豆碱	326(4.16), 302(4.14), 306(4.14)	E, H^+ cY
尼苏定	281(4.09)	M
羟基无叶豆碱	212(4.00)	E
奴塔灵	208(3.75)	E
无叶豆碱	214(3.71)	E
槐果碱(−)	260(3.40)	E
2-羟基-4-(3-羟基-4-甲氧基苯基)喹诺里西啶	282(3.45)	E
去氢地柯定	287(4.06)	M
硫代双萍蓬定	298(3.04)	—
阿伯苏定	284(3.73), 322(3.76)	E

续表

化合物名称	λ_{max}/nm(lgε)	溶剂[①]
马马宁	233(3.86), 308(3.84)	M
格尼明	212, 233, 272, 305	E
N-(3-丁酮)金雀花碱	232(3.81), 306(3.89)	E
四氢异喹啉碱		
1, 2, 3, 4-四氢异喹啉•HI	233sh(4.35), 285(3.58), 298sh(3.0)	E
冠影掌碱甲醚	285(3.59)	E
毛仙影掌碱	284(3.72)	E
毛仙影掌碱甲醚	282(2.68), 320(2.07)	E
隐桂蓝碱Ⅱ	228(4.20), 281(3.78)	—
隐桂蓝碱Ⅲ	281(3.57)	—
1,2,3,4-四氢-6,7-二甲氧基-2-甲基-1-(3,4-次甲二氧基苯基)异喹啉	235sh(4.10), 287(3.89)	—
维波里定	200(4.4), 214(3.8), 280(3.4), 288(3.4)	W
维波灵	205(4.0), 223(3.5), 282(2.9), 292(2.8)	W
去甲氧基维波灵	203(4.4), 223(3.7), 281(3.2), 292(3.0)	W
甲氧基维波里定	201(4.5), 223(3.9), 275(3.4), 286(3.4)	W
三非林	232(4.59), 307(3.87), 321(3.82), 335(3.77)	E
异三非林	234(4.66), 307(4.02), 321(3.94), 336(3.90)	E
粟型碱		
粟碱	225sh(4.22), 283(3.83)	E
刺罂粟碱	287(4.01)	E
黑龙江(罂粟)辛	230(4.07), 294(3.95), 250sh(3.67)	—
黑龙江(罂粟)辛宁	2230(4.07), 294(3.95), 250sh (3.67)	—
厚壳桂碱	296.7	E
华厚壳桂碱	291.5(4.02)	E
厄邵替定	291(4.08)	E
厄邮亭	295(4.08)	E
木尼他京	284, 288, 294(约 4.9)	环已烷
唐松粟碱	289(4.06)	E
锐福米定	235(4.00), 248(3.72), 294(3.93)	M
锐福胺	235sh(4.00), 248sh(3.75), 292(3.83)	M
锐福灵	230sh(4.00), 248sh(2.34), 290(3.92)	M
白蓬草定	250sh(4.08), 291(4.30)	E
卡牙呈	225(4.07), 292(3.95)	M
苄基异喹啉碱(四氢型)		
劳单宁	224sh(4.18), 283(3.83), 225(2.45)	E
劳单辛	225sh(4.4), 282(3.78)	E
劳单辛盐酸盐	280(3.51)	E
木蓝箭毒碱	225(4.12), 282(3.62)	E
去甲杏黄罂粟碱	228(4.19), 282(3.70), 287(3.69)	E
伪可待明	284(3.78)	E
网脉(番荔枝)碱	225sh(4.28), 285(3.96)	E

化合物名称	λ_{max}/nm(lgε)	溶剂[①]
杏黄罂粟碱	286(3.84)	E
肉桂劳灵	287(3.72)	E
衡州乌药碱	227(3.57), 286(3.78)	E
多牙夫宁	225(4.20), 286(3.76)	E
半瑞潘杜灵	284(3.65)	—
克帕卫灵	227sh(4.36), 276(3.38), 284(3.26)	E
	226(4.33), 274(3.35), 281(3.28)	H^+
劳丹定	283.5(3.73)	E
拉得里辛	225(4.37), 280(3.80)	—
劳都辛	229(5.17), 286(4.61)	E
N-甲基衡州乌药碱	285(3.75)	E
黄柏碱碘化物	228(3.86), 289(4.07)	E
罗默因	268(286)	—
唐松半得灵	282(3.49)	M
渥诺胺	257(3.44), 282(3.43)	E
紫堇碱醇	240(3.75), 294(3.83)	M
紫堇碱酮	240(4.36), 292(4.08), 320(3.93)	M
多卡品	222(4.47), 262sh(4.02), 332(4.23)	E
N-氧瑞枯灵	283(3.81),	E
波福灵	233(4.50), 260(4.18), 288sh(3.70), 352(3.66)	M
雷德酮	238(4.58), 289(4.12), 313(4.06)	E
延胡索米定	207(4.40), 238(4.21) 290(3.74), 314(3.72)	E
延胡索明	241(4.11), 288(3.85)	E
未氢化异喹啉碱	263sh(3.52), 268(3.55), 277sh(3.45), 293sh(3.16)	E
异喹啉	306(3.36), 313(3.35), 319(3.45)	E 或 OH^-
	268sh(3.27), 275(3.29), 283sh(3.11), 329(3.59)	H^+
罂粟碱	239(4.83), 280(3.86), 314(3.60), 327(3.67)	E
花菱胺	225(4.0), 254(4.8), 292(4.0), 314(4.1)	M
N-甲基罂粟季碱	257(4.7), 330(4.31)	E
高唐碱	220(4.54), 265(4.54), 315~320(3.75)	M
双苄基异喹啉生物碱		
阿莫灵	285(3.88)	M
芒籽灵	284(3.92)	E
小蘖宁	282(3.95)	H^+
谷树箭毒碱碘化物	225(4.79), 280(3.85)	W
谷树箭毒碱二甲醚	280(4.20)	$CHCl_3$
轮环藤宁	约 280(约 3.80)	M
瑞香楠君	285(3.91)	M
瑞香醇灵	285(3.93)	M
达定	285(3.92)	E
达多达宁	285(3.90)	E
海牙替定	280(3.07)	E
核楠得京	282(3.95)	E
异箭毒素	约 280(约 3.80)	E
岛藤碱	约 280(约 3.80)	M
岛藤醇灵	约 280(约 3.80)	M
异莲心碱	286(4.03)	E
梅蓝硫定	283(3.34)	—

续表

化合物名称	λ_{max}/nm(lgε)	溶剂[①]
小花檬立米碱	286(3.73)	M
N-甲基二氢门尼萨灵	284(3.77)	E
去甲粉防己碱	227(4.53), 282(3.88)	E
去甲输环藤宁	约 280(约 3.80)	M
O-甲基小檗宁	285(3.99)	E
O-甲基山豆根碱	285(3.98)	E
黄檗灵	283(3.86)	E
黄皮树碱	283(3.85)	E
尖刺(小檗)碱	285(3.85)	M
奥靠梯木亭	224(4.60), 284(4.07), 292(4.00)	E
奥靠梯木辛	233(4.5), 282(4.01), 298sh(3.90)	E
盆杜林	284(3.84)	E
绿心(碱)	233(4.41), 285(4.07), 292sh(4.01)	E
瑞潘定	284(3.83)	M
瑟坯灵	284(3.79)	E
瑟坯灵盐酸盐	283(3.82)	E
千金藤酚双碱	284(4.03)	E
千金藤双亚胺	238(4.72), 279(4.38), 308sh(4.09)	E
细柄瑞香楠碱	282(3.82)	E
唐松佛替定	275(3.88), 285(3.88)	E
唐松达辛	275(3.67), 282(3.66)	E
白蓬蘖碱	240(4.17), 280(3.92)	E
甲基白蓬蘖碱	240(4.13), 280(3.86)	E
白蓬灵	284(3.90)	M
高白蓬灵	284(3.90)	M
唐松得京	283(4.02)	E
椴藤碱	295(3.91)	—
椴藤次碱	290(3.95)	—
表千金藤碱	约 280(4.2)	—
唐松甲川碱	280(4.13), 314(3.87)	M
O-甲基唐松甲川碱	280(4.13), 314(3.87)	M
木防己碱	288(3.75)	M
筒箭毒碱氯化物	225(4.79), 280(3.85)	W
唐松绿果定	275(3.99), 280(3.99)	M
唐松绿果辛	283(3.78)	M
唐松绿果胺	282(3.91)	M
巴基斯坦胺	225sh(4.63), 280(4.12), 310sh(3.61)	E
巴基斯坦宁	218(4.61), 270(413), 277(4.21)	E
福来必辛	292(3.92)	E
宾夕法尼胺	276(4.07), 284(4.17)	M
	297sh(4.11), 212(4.06)	M
宾夕法宁	284(4.26), 304(4.15)	M
	320sh(4.05)	M
异细柄瑞香楠碱	210, 282	M
巴鲁特胺	224(4.57), 260(4.08), 282(4.06), 294sh(3.97), 305sh(3.80)	E
丁拉柯灵	222(4.70), 236sh(4.68), 294(3.97)	M
格里沙宾	224(4.25), 237(4.26), 287(4.17)	E
格里沙布亭	224(4.23), 239(4.24), 287(4.00), 320(3.25)	E
克柏灵	220(4.53), 264(3.97), 272(4.02), 292(3.80) 304(3.70)	M
克鲁考文	285(3.81)	E
林多胺	205(4.65), 220(4.39), 280(3.91)	E
N-甲基阿波特林	280(3.61)	E
瑞福托平	281(4.40), 302(4.24), 314(4.15)	M
西得宁	277(3.48), 283(3.47)	E
三茅香明	210(4.72), 232(4.67), 273sh,(4.21), 311sh, (3.46), 357(3.05)	M
白蓬草茹明	241(4.47), 283(4.01), 300sh(3.91)	E
白蓬草特林	276(3.86), 283(3.84)	M
白蓬草替定	280(4.38), 304(4.21)	M
白蓬草福林	270(4.31), 280(4.40), 301(4.24), 310sh(4.18)	M
白蓬草鲁亭	282(4.40), 303sh(4.28), 312(4.32)	M
白蓬草平	282(4.49),303sh(4.34), 316sh(4.19)	M
白蓬草瑞宁	236(4.62), 251(4.50), 285(4.01), 301(3.84), 330(3.70)	
二氢白蓬草瑞宁	210(4.96), 238(4.7), 249(4.7), 285(4.05), 299(3.95), 327(4.81)	
氧化白蓬草茹明	220(4.34), 240(4.10), 270(3.86), 330(3.40)	
Cularine 及 Rotundine 碱		
枯拉灵	226(4.38), 285(3.92)	E
枯拉灵明	285(3.64)	E
颅通定	288(3.80)	E
吗啡碱类生物碱		
可待因	211(4.38), 239sh(3.07), 286(3.19)	E
吗啡碱	233sh(3.71), 285(3.18)	E
吗啡碱盐酸盐	209(4.42), 232sh(3.70), 285(3.19)	W
吗啡碱	226(4.04), 248sh(3.73), 299(3.44)	M, OH^-
尼奥品氢溴酸盐	239(3.87), 284(3.17)	W
苛丽宁	218(4.56), 274(3.35)	E
非洲千金藤碱	226(3.91), 283(3.27)	E
非洲千金藤酯碱	229sh(4.26), 287(4.18), 325(4.24)	E
蒂巴因	226sh(4.18), 285(3.87)	E
去甲蒂巴因	290(4.03)	—
防己碱盐酸盐	232(3.83), 265(3.72)	W
阿克那地辛	266(2.45)	E
阿克那地宁	266(2.45)	E
阿克那地酰胺	232sh(3.84), 267(3.98)	E
瑟法拉明	259(3.82)	E
异防己碱	235(3.87), 267(3.90)	E
伪吗啡碱	230~232(4.56), 257sh(3.98), 285sh(3.64), 321(3.80)	E, H^+
	230(4.56), 306(3.96)	M, OH^-
坎生特灵	213(4.80), 230sh(4.63), 268(4.32), 291(4.22), 330(3.62), 435(3.82)	E
黄巴豆亭	239(4.7), 286(3.85)	E
黄巴豆宁	238(4.12), 285(3.91)	E
异清风藤碱	241(4.19), 275(3.83)	E

续表

化合物名称	λ_{max}/nm(lgε)	溶剂①
帕里定	235(4.08), 283(3.81)	E
沙鲁他里定	240(4.19), 277(3.76)	E
黑龙江罂粟碱	240(4.24), 290(3.59)	M
异沙鲁他里定	235(4.08), 283(3.81)	M
清风藤碱	240(4.25), 277(3.75)	—
8,14-二氢沙鲁他里定	206(4.51), 238(3.83), 265(3.87)	—
安道西宾	216, 240, 278	—
去甲氧基-*O*-甲基安道西宾	240(4.16), 280(3.75)	—
绕裤胺	230sh(3.96), 247sh (3.55), 290(3.60)	M
绕裤宁	220(4.24), 294(3.32)	M
卡洛乌药灵	215(4.25), 292(3.69)	E
异尖清风藤碱	235(4.08), 283(3.81)	M
奥柯包春	210(4.52), 264(4.11)	M
16-氧原间千金藤碱	230(3.97), 273(3.90)	M
瑟比福灵	239, 283	M
双阿定宁	263(4.32), 293(4.00)	E
四氢原小檗碱类生物碱		
四氢小檗碱	284(3.71)	E
四氢巴马亭	230sh(4.25), 281(3.75)	E
斯替复里定	214(4.40), 287(3.79)	E
异紫堇杷明	230sh(4.1), 282(3.79)	E
南天竹碱	230sh(4.1), 286(3.80)	E
四氢黄连碱	237(3.85), 289(3.79)	E
斯苛任	230(4.2), 283(3.85)	E
四氢唐松酚碱	282(3.77)	E
咖坡任	230(4.7), 276(3.45)	E
1-四氧基-四氢小檗碱	283.5(3.47)	E
密坎里定	286(3.74)	E
卡西定	206(4.86), 228sh(4.08)	E
番荔枝宁	287(3.90)	E
2,10-二羟-3,11-二甲氧基四氢原小檗碱	289(3.75)	E
柯诺西定	208(4.56), 229(4.16), 282(3.67)	E
离木亭	228sh(4.25), 282(3.77)	E
去甲考雷明	289(3.92)	E
伪表四氢小檗碱	225sh(4.09), 288(3.68)	E
考雷明	225sh(4.09), 286(3.99)	E
紫堇草酚碱	284(3.56)	M
斯替法洛亭	283(3.72)	E
O-甲基斯替法洛亭	282(3.75)	E
和千金藤碱	234(4.12), 282(3.82)	M
锡生藤醇灵	233(4.13), 286(3.86)	M
卡西那定	282(3.90)	M
紫堇碱	230sh(4.30), 282(3.76)	E
紫堇鳞茎碱	230sh(4.25), 282(3.76)	E
异紫堇鳞茎碱	225sh(4.25), 283(3.80)	E
白莲草卡文	230sh(4.20), 287(3.60)	E

化合物名称	λ_{max}/nm(lgε)	溶剂①
碱Ⅱ	230sh(4.10), 283(3.70)	E
索里达林	233(4.03), 281(3.51), 316(3.42), 364(3.33)	M
白蓬叶碱	235(4.15), 283(3.70)	E
α-13-甲基伪表四氢小蘖碱	230(4.4), 288(3.81)	E
二氢原小蘖碱		
二氢小蘖碱	280(4.10), 368(4.25)	E
13-甲基二氢小蘖碱	280(4.0), 360(4.5)	E
二氢伪表小蘖碱	260, 280, 375(4.2)	E
13-甲基二氢伪表小蘖碱	262, 283, 370(4.1)	E
二氢小蘖碱氯甲化物	240~250(3.97), 350(4.39)	W
二氢黄连碱氯甲化物	215(4.42), 255(3.84) 306(3.88), 343sh(4.26) 357(4.38), 375(4.33)	W
黄嘌呤和嘌呤生物碱		
黄嘌呤	255(3.49), 266(4.03) 241(3.95), 276(3.97) 242sh(3.65), 283(3.97)	pH=5 pH=10 pH=14
1-甲基黄嘌呤	225(3.52), 267(4.04) 242(3.93), 276(3.98) 242sh(3.69), 283(4.00)	pH=5 pH=10 pH=14
3-甲基黄嘌呤	225sh(3.66), 271(4.00) 274(4.10) 232sh(3.77) 274(4.12)	pH=5 pH=10 pH=14
7-甲基黄嘌呤	268(4.01) 231(3.68), 287(3.93)	pH=6 pH=1
9-甲基黄嘌呤	235(3.86), 264(3.97) 247(3.97), 278(3.97)	pH=5 pH=10
1,3-二甲基黄嘌呤	272(4.02) 276(4.08)	pH=6.7 pH=10.8
1,7-二甲基黄嘌呤	269(4.01) 289(3.95)	pH=6 pH=10.6
1,9-二甲基黄嘌呤	238(3.82), 263(3.98), 248(3.94), 276(3.95)	pH=3 pH=9
3,7-二甲基黄嘌呤	271(4.01) 234sh(3.72), 274(4.02) 234(3.85), 273(4.01)	pH=7 pH=10 pH=13
3,9-二甲基黄嘌呤	235(3.91), 268(3.99) 240sh(3.82), 269(4.01)	pH=7 pH=13
1,3,7-三甲基黄嘌呤(咖啡因)	227sh(3.74), 272(4.02)	pH=2~12
1,3,9-三甲基黄嘌呤(异咖啡因)	237(3.99), 268(4.00)	pH=6
嘌呤	<220(>4.09), 260(3.79) <220(>3.48), 263(3.90) 219(3.92), 271(3.88)	pH=0.3 pH=5.7 pH=11.0
鸟嘌呤	248(4.06), 270sh(3.86) 245(4.04), 274(3.92) 243(3.92), 273(4.00) 273(3.98)	pH=0 pH=6 pH=11 pH=14
1-甲基鸟嘌呤	250(4.03), 270sh(3.85) 249(4.01), 273(3.91) 262sh(3.90), 277(3.96)	pH=0 pH=6 pH=3
7-甲基鸟嘌呤	250(4.04), 270sh(3.85) 248(3.79), 283(3.89) 240(3.81), 280sh(3.89)	pH=0 pH=6 pH=13

续表

化合物名称	λ_{max}/nm(lgε)	溶剂①
9-甲基鸟嘌呤	251(4.08), 276(3.88)	pH=0
	252(4.10), 270sh (3.97)	pH=6
	258sh(4.01) , 268(4.05)	pH=13
1,7-二甲基鸟嘌呤	252(4.01), 273(3.83),	pH=0
	250(3.75), 283(3.89)	pH=6
1,9-二甲基鸟嘌呤	254(4.05), 279sh(3.88)	pH=0
	255(4.09), 269sh(4.00)	pH=6
赫必嘌呤	253(4.07), 279(3.88)	pH=4
	252(3.77), 282(3.92)	pH=9.5
1,7-二甲基-2-氨基-6-氧代二氢嘌呤阳离子	254(4.05), 280(3.89)	pH=5
罂粟鲁宾生物碱		
阿品尼格宁	230(4.19), 284(3.79)	E
阿品宁	231(4.19), 286(3.80)	E
海罂粟胺	238(4.0), 286(3.8)	M

化合物名称	λ_{max}/nm(lgε)	溶剂①
海罂粟定	237(4.03), 287(3.92)	M
异丽春花定	241, 292	—
奥瑞定	235, 285	—
罂粟鲁宾 B	234(4.06), 286(3.86)	E
罂粟鲁宾 C	232(3.97), 285(3.85)	E
罂粟鲁宾 D	234(4.07), 287(3.93)	E
罂粟鲁宾 F	237(4.11), 287(3.84)	M
罂粟鲁宾 G	230, 281	—
丽春花定	205(4.91), 240(3.96), 292(3.94)	—

① I—异丙醇；W—水；E—乙醇；M—甲醇；A—丙酮；cY—环己烷；H—己烷；OH^-—在碱性溶液中测定；H^+—在酸性溶液中测定；溶剂一栏中若给出 pH 值表示在该 pH 值下测定的 λ_{max}。

② sh—肩峰。

（二）黄酮类化合物的紫外-可见吸收光谱数据[6]

黄酮和黄酮醇氧取代类型及序号见表 1-15。异黄酮、双氢黄酮和双氢黄酮醇氧取代类型及序号见表 1-16。查尔酮和橙酮氧取代类型及序号见表 1-17。

表 1-15～表 1-17 中的序号和表 1-18 中的序号是相应的，以便查找其相应的紫外-可见吸收光谱数据。

黄酮 R=H；黄酮醇 R=OH

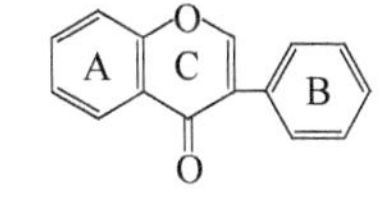

异黄酮

双氢黄酮

双氢黄酮醇

查尔酮

橙酮 R^1，R^2=H 或 OH

表 1-15　黄酮和黄酮醇的氧取代类型及序号

序号	化合物名称	氧取代类型 5	6	7	8	2′	3′	4′	5′	6′
	黄酮类									
1	黄酮									
2	5-羟基黄酮	OH								
3	7-羟基黄酮			OH						
4	4′-甲氧基黄酮							OCH_3		

续表

序号	化合物名称	氧取代类型								
		5	6	7	8	2′	3′	4′	5′	6′
5	3′,4′-二羟基黄酮						OH	OH		
6	3′,4′-二甲氧基黄酮						OCH_3	OCH_3		
7	白杨素	OH		OH						
8	7-甲基白杨素	OH		OCH_3						
9	4′,7-二羟基黄酮			OH				OH		
10	4′,7-二羟基黄酮-7-鼠李葡萄糖苷			*O*-鼠-葡				OH		
11	5-去氧牡荆苷(拜银苷)			OH	*C*-葡			OH		
12	7-羟基-4′-甲氧基黄酮(红车轴草黄酮)			OH				OCH_3		
13	3′,4′,7-三羟基黄酮			OH			OH	OH		
14	3′,4′,7-三羟基黄酮-7-鼠李葡萄糖苷			*O*-鼠-葡			OH	OH		
15	7-羟基-3′,4′-二甲氧基黄酮			OH			OCH_3	OCH_3		
16	黄芩素(5,6,7-三羟基黄酮)	OH	OH	OH						
17	黄芩苷(5,6,7-三羟基黄酮-7-葡萄糖醛酸苷)	OH	OH	*O*-葡醛酸						
18	5,7,8-三羟基黄酮(去甲汉黄芩素)	OH		OH		OH				
19	5,7,8-三羟基黄酮-7-葡萄糖醛酸苷	OH		*O*-葡醛酸	OH					
20	洋芹素	OH		OH				OH		
21	洋芹素-7-葡萄糖苷	OH		*O*-葡				OH		
22	洋芹素-7-新橙皮糖苷	OH		*O*-新橙				OH		
23	异牡荆苷(洋芹素-6-*C*-葡萄吡喃糖苷)	OH	*C*-葡	OH				OH		
24	肥皂草苷	OH	*C*-葡	*O*-葡				OH		
25	牡荆苷	OH		OH	*C*-葡			OH		
26	鼠李糖牡荆苷	OH		OH	*C*-鼠-葡			OH		
27	2″-*O*-木糖牡荆苷	OH		OH	*C*-木-葡			OH		
28	佛来心苷	OH	*C*-糖	OH	*C*-糖			OH		
29	金合欢素	OH		OH				OCH_3		
30	金合欢素-7-葡萄糖苷	OH		*O*-葡				OCH_3		
31	5,7-二羟基-2′-甲氧基黄酮	OH		OH		OCH_3				
32	札坡剔宁	OH	OCH_3			OCH_3				OCH_3
33	札波亭	OCH_3	OCH_3			OCH_3				OCH_3
34	木犀草素	OH		OH			OH	OH		
35	木犀草素-7-葡萄糖苷	OH		*O*-葡			OH	OH		
36	木犀草素-7-芸香糖苷	OH	*C*-葡	*O*-芸			OH	OH		
37	异荭草苷	OH		OH			OH	OH		
38	荭草苷	OH		OH	*C*-葡		OH	OH		
39	3′-羟新西兰牡荆苷-1	OH	*C*-糖	OH	*C*-糖		OH	OH		
40	柯伊利素	OH		OH			OCH_3	OH		
41	金雀花苷	OH		OH	*C*-葡		OCH_3	OH		
42	香叶木素	OH		OH			OH	OCH_3		
43	5,7-二羟基-3′,4′-二甲氧基黄酮	OH		OH			OCH_3	OCH_3		
44	苜蓿素	OH		OH			OCH_3	OH	OCH_3	
45	5,7-二羟基-3′,4′,5′-三甲氧基黄酮	OH		OH			OCH_3	OCH_3	OCH_3	
46	石吊兰素	OH	OCH_3	OH	OCH_3			OCH_3		
47	印度薄荷素	OH	OCH_3	OCH_3	OCH_3			OH		
48	沼泽向日葵素	OH	OCH_3	OH	OCH_3		OCH_3	OCH_3		
49	穗花杉双黄酮	OH OH		OH OH			OH OH			
50	金松双黄酮	OH OH	OCH_3 OH			OCH_3 OCH_3				

续表

序号	化合物名称	氧取代类型								
		3	5	6	7	8	2′	3′	4′	5′
	黄酮醇类									
51	3-羟基黄酮	OH								
52	3-羟基-4′-甲氧基黄酮	OH							OCH_3	
53	3,4′,7-三羟基黄酮	OH			OH				OH	
54	高良姜素	OH	OH		OH					
55	高良姜素-3-甲醚	OCH_3	OH		OH					
56	3,3′,4′-三羟基黄酮	OH						OH	OH	
57	3-羟-3′,4′-二甲氧基黄酮	OH						OCH_3	OCH_3	
58	山柰素	OH	OH		OH				OH	
59	山柰素-7-新橙皮糖苷	OH	OH		*O*-新橙				OH	
60	山柰素-3-刺槐糖-7-鼠李糖苷	*O*-鼠-半乳	OH		*O*-鼠				OH	
61	山柰素-4′-甲醚	OH	OH		OH				OCH_3	
62	黄颜木素	OH			OH			OH	OH	
63	黄颜木素-3-葡萄糖苷	*O*-葡			OH			OH	OH	
64	草质素-8-甲醚	OH	OH		OH	OCH_3			OH	
65	槲皮素	OH	OH		OH			OH	OH	
66	槲皮素-7-鼠李糖苷	OH	OH		*O*-鼠			OH	OH	
67	槲皮素-3-半乳糖苷	*O*-半乳	OH		OH			OH	OH	
68	槲皮素-3-鼠李糖苷	*O*-鼠	OH		OH			OH	OH	
69	芸香苷	*O*-芸	OH		OH			OH	OH	
70	槲皮素-3,7-二葡萄糖苷	*O*-葡	OH		*O*-葡			OH	OH	
71	槲皮素-3-葡萄糖-7-鼠李糖苷	*O*-葡	OH		*O*-鼠			OH	OH	
72	槲皮素-3-葡萄糖-7-芸香糖苷	*O*-葡	OH		*O*-芸		OH	OH		
73	槲皮素-3-甲醚	OCH_3	OH		OH			OH	OH	
74	槲皮素-3-甲醚-4′-葡萄糖-7-双葡萄糖苷	OCH_3	OH		*O*-葡-葡			OH	*O*-葡	
75	槲皮素-3′,4′,5,7-四甲醚	OH	OCH_3		OCH_3			OCH_3	OCH_3	
76	鼠李素	OH	OH		OCH_3			OH	OH	
77	异鼠李素	OH	OH		OH			OCH_3	OH	
78	异鼠李素-3-半乳糖苷	*O*-半乳	OH		OH			OCH_3	OH	
79	异鼠李素-3-芸香糖苷	*O*-芸	OH		OH			OCH_3	OH	
80	柽柳素-7-新橙皮糖苷	OH	OH		*O*-新橙			OH	OCH_3	
81	柽柳素-7-芸香糖苷	OH	OH		*O*-芸			OH	OCH_3	
82	桑色素	OH	OH		OH		OH		OH	
83	刺槐亭	OH			OH			OH	OH	OH
84	喷杜素	OCH_3	OH	OCH_3	OCH_3				OH	
85	喷杜苷	OCH_3	OH	OCH_3	OCH_3				*O*-葡	
86	3,5,6,7,8-五甲氧黄酮	OCH_3	OCH_3	OCH_3	OCH_3	OCH_3				
87	棕鳞矢车菊素	OCH_3	OH	OCH_3	OH			OCH_3	OH	
88	棕鳞矢车菊苷	OCH_3	OH	OCH_3	*O*-葡			OCH_3	OH	
89	矢车菊苷	OCH_3	OH	OCH_3	*O*-葡			OH	OCH_3	
90	万寿菊素	OH	OH	OCH_3	OH			OH	OH	
91	万寿菊素-3-芸香糖苷	*O*-芸	OH	OCH_3	OH			OH	OH	
92	万寿菊素-7-葡萄糖苷	OH	OH	OCH_3	*O*-葡			OH	OH	
93	洋艾素	OCH_3	OH	OCH_3	OCH_3			OCH_3	OCH_3	
94	槲皮万寿菊素-3′,4′, 5,6,7-五甲醚	OH	OCH_3	OCH_3	OCH_3			OCH_3	OCH_3	
95	槲皮万寿菊素-3,3′,4′, 5,6-五甲醚	OCH_3	OCH_3	OCH_3	OH			OCH_3	OCH_3	
96	槲皮万寿菊素六甲醚	OCH_3	OCH_3	OCH_3	OCH_3			OCH_3	OCH_3	
97	棉皮素	OH	OH		OH	OH		OH	OH	
98	棉皮素-8-葡萄糖苷	OH	OH		OH	*O*-葡		OH	OH	
99	棉皮素-7-葡萄糖苷	OH	OH		*O*-葡	OH		OH	OH	
100	棉皮素六甲醚	OCH_3	OCH_3		OCH_3	OCH_3		OCH_3	OCH_3	
101	杨梅皮素	OH	OH		OH			OH	OH	OH
102	3′,5,5′-三羟基-3,4′,6,7-四甲氧黄酮	OCH_3	OH	OCH_3	OCH_3			OH	OCH_3	OH

表 1-16 异黄酮、双氢黄酮和双氢黄酮醇的氧取代类型及序号

序号	化合物名称	氧取代类型							
		2	3	5	6	7	3′	4′	5′
	异黄酮类								
103	7-羟基异黄酮					OH			
104	5,7-二羟基异黄酮			OH		OH			
105	5,7-二甲氧基异黄酮			OCH_3		OCH_3			
106	2-羧基-5,7-二羟基异黄酮	COOH		OH		OH			
107	大豆素					OH		OH	
108	大豆素-7-葡萄糖苷(大豆苷)					*O*-葡		OH	
109	芒柄花素					OH		OCH_3	
110	芒柄花素-7-葡萄糖苷					*O*-葡		OCH_3	
111	芒柄花素-7-葡萄糖苷四乙酰化物					*O*-葡-四乙酸酯		OCH_3	
112	染料木素			OH		OH		OH	
113	染料木苷			OH		*O*-葡		OH	
114	圆荚草双糖苷			OH		*O*-芸		OH	
115	槐树苷			OH		OH		*O*-葡	
116	染料木素-5-甲醚			OCH_3		OH		OH	
117	李属异黄酮			OH		OCH_3		OH	
118	鹰嘴豆素甲			OH		OH		OCH_3	
119	澳白檀苷			OH		*O*-芹-葡		OCH_3	
120	兰花赝靛素				OH	OH		OCH_3	
121	兰花赝靛素-7-葡萄糖苷				OH	*O*-葡		OCH_3	
122	2-羧基-6,7-二羧基-4′-甲氧基异黄酮	COOH			OH	OH		OCH_3	
123	阿夫罗摩辛				OCH_3	OH		OCH_3	
124	3′,4′,7-三羟基异黄酮					OH	OH	OH	
125	4-赝靛素					OH	—O—CH_2—O—		
126	4-赝靛苷					*O*-芸	—O—CH_2—O—		
127	赝靛异黄酮					OH	OH	OH	OH
128	6-羟基染料木素			OH	OH	OH		OH	
129	顶生鸢尾素			OH	OCH_3	OH		OH	
130	射干苷			OH	OCH_3	*O*-葡		OH	
131	尼泊尔鸢尾异黄酮			OH	OCH_3	OH		OCH_3	
132	紫檀素			OH		OH	OH	OH	
133	紫檀素-7-葡萄糖苷			OH		*O*-葡	OH	OH	
134	紫檀素-7-鼠李葡萄糖苷			OH		*O*-鼠-葡	OH	OH	
135	红车轴草异黄酮			OH		OH	OH	OCH_3	
136	桑橙素			OH	C_5H_9	*O*-C_5H_8	OH	OH	
137	鸢尾素			OH	OCH_3	OH	OCH_3	OCH_3	OH
138	鸢尾苷			OH	OCH_3	*O*-葡	OCH_3	OCH_3	OH
	双氢黄酮类								
139	乔松素			OH		OH			
140	甘草素					OH		OH	
141	5,6,7-三羟基双氢黄酮			OH	OH	OH			
142	5,6,7-三羟基双氢黄酮-7-葡萄糖醛酸苷			OH	OH	*O*-葡醛酸			
143	柚皮素			OH		OH		OH	
144	樱花苷			*O*-葡		OCH_3		OH	
145	北美圣草素			OH		OH	OH	OH	
146	橙皮苷			OH		*O*-芸	OH	OCH_3	
	双氢黄酮醇类								
147	鹰嘴豆双氢黄酮醇		OH			OH		OH	
148	双氢黄颜木素		OH			OH	OH	OH	
149	(+)-双氢黄颜木素-3-葡萄糖苷		*O*-葡			OH	OH	OH	
150	双氢山柰素		OH	OH		OH		OH	
151	台黄杞苷		*O*-鼠	OH		OH		OH	
152	花旗松素		OH	OH		OH	OH	OH	
153	落新妇苷		*O*-鼠	OH		OH	OH	OH	
154	双氢刺槐亭		OH			OH	OH	OH	OH

表 1-17 查尔酮和橙酮的氧取代类型及序号

序号	化合物名称	氧取代类型						序号	化合物名称	氧取代类型					
		2′	3′	4′	2	3	4			3′	4′	4	5	6	7
	查尔酮类								橙酮类						
155	2-羟基查尔酮				OH			166	4-羟基橙酮		OH				
156	4′-羟基查尔酮			OH				167	3′,4′-二羟基橙酮	OH	OH				
157	2′-羟基-4′-甲氧基查尔酮	OH		OCH_3				168	5,7-二羟基橙酮				OH		OH
158	3,4-二羟基查尔酮					OH	OH	169	6,7-二羟基橙酮					OH	OH
159	2,2′-二羟基查尔酮	OH			OH			170	6-羟基-4′-甲氧基橙酮		OCH_3			OH	
160	2′,4-二羟基查尔酮	OH					OH	171	3′,4′,6,7-四羟基橙酮(金鸡菊橙酮)	OH	OH			OH	OH
161	2′,3′,4′-三羟基查尔酮	OH	OH	OH				172	大花金鸡菊橙酮	OH	OH			OH	OCH_3
162	2′,3,4-三羟基查尔酮	OH				OH	OH	173	6-羟基-3′,4,4′-三甲氧基橙酮	OCH_3	OCH_3	OCH_3		OH	
163	2,2′,4-三羟基查尔酮	OH			OH		OH	174	3′-羟基-4,4′,6-三甲氧基橙酮	OH	OCH_3	OCH_3		OCH_3	
164	2′,4,4′-三羟基查尔酮	OH		OH			OH								
165	2′,3,4,4′-四羟基查尔酮	OH		OH		OH	OH								

表 1-18 黄酮类化合物紫外-可见吸收光谱数据[①]

序号	化合物名称	紫外吸收光谱数据(λ_{max})/nm					
		MeOH	NaOMe	$AlCl_3$	$AlCl_3$/HCl	NaOAc	NaOAc/H_3BO_3
	黄酮类						
1	黄酮	250, 294, 307sh	250, 294, 309sh	250, 293, 306sh	250, 293, 309sh	248, 292, 307sh	255sh, 294, 307sh
2	5-羟基黄酮	268, 296sh, 333	272, 380	290, 318sh, 394	291, 319sh, 393	270, 297sh, 335	268, 298sh, 334
3	7-羟基黄酮	252, 268, 307	266, 307, 359	249, 307	251, 307, 372sh	266, 307, 358	255sh, 270sh, 309
4	4′-甲氧基黄酮	253, 317	254, 316	253, 317	253, 319	257sh	257sh, 319
5	3′,4′-二羟基黄酮	242, 308sh, 340	249sh, 278, 302, 404	248sh, 273sh, 304, 378, 468sh	242, 312sh, 342	305, 348, 400	306, 365
6	3′,4′-二甲氧基黄酮	242, 314sh, 333	241, 314sh, 334	243, 315sh, 333	242, 315sh, 333	312sh, 334	314sh, 334
7	白杨素	247sh, 268, 313	288, 263sh, 277, 361	252, 279, 330, 380	251, 280, 326, 381	275, 359	269, 315
8	7-甲基白杨素	248sh, 267, 303sh	245, 271	252, 280, 328, 380	252, 280, 325, 380	268, 308	268, 309
9	4′,7-二羟基黄酮	253sh, 12sh, 328	251, 263sh, 329, 386	231sh, 255sh, 313sh, 327, 383sh	246sh, 255sh, 310sh, 328, 396	261, 309, 320sh, 369	256sh, 314sh, 329
10	4′,7-二羟基黄酮-7-鼠李葡萄糖苷	255sh, 311sh, 325	251sh, 294, 304sh, 385	255sh, 310sh, 327	253sh, 310sh, 327	257sh, 307, 331, 386sh	256sh, 312, 328
11	5-去氧牡荆苷(拜银苷)	255sh, 312sh, 328	255, 267, 333, 390	254sh, 313, 331, 384	252sh, 311, 330, 398	268, 310, 320sh, 370	258, 315sh, 332
12	7-羟基-4′-甲氧基黄酮(红车轴草黄酮)	253, 314sh	266, 360	253sh, 255sh, 312, 325, 391	248sh, 255sh, 312, 325, 391	270, 311, 320sh, 344	257sh, 311sh, 325
13	3′,4′,7-三羟基黄酮	235, 250sh, 309, 343	256, 313sh, 338sh, 395	234sh, 305, 371, 458	235sh, 254sh, 307, 340, 409	255, 310, 373	258sh, 306, 360
14	3′,4′,7-三羟基黄酮-7-鼠李葡萄糖苷	247sh, 55sh, 341	293, 405	244sh, 258sh, 300, 380	247sh, 257sh, 306, 341	257sh, 299, 350, 401	257sh, 299, 365
15	7-羟基-3′,4′-二甲氧基黄酮	239, 262sh, 330	270, 314, 348	261, 277, 301, 337, 395sh	259, 277sh, 301, 341, 394	265, 338	264sh, 331

续表

序号	化合物名称	紫外吸收光谱数据(λ_{max})/nm					
		MeOH	NaOMe	$AlCl_3$	$AlCl_3$/HCl	NaOAc	NaOAc/H_3BO_3
16	黄芩素	247sh, 274, 323	257, 366, 410sh	247, 272, 284sh, 375	255sh, 282, 292sh, 346	257, 360, 405sh	262sh, 277, 333
17	黄芩苷	244, 278, 315	263, 357sh	249sh, 288, 343	248sh, 289, 338	277, 305sh, 349sh(dec.)	283, 318sh
18	5,7,8-三羟基黄酮(去甲汉黄芩素)	264sh		292sh, 315, 366sh	290sh, 302, 342sh, 395sh	274(dec.)	287
19	5,7,8-三羟基黄酮-7-葡萄糖醛苷	247, 274, 315sh, 342sh	236sh, 281, 357	252, 286sh, 292, 331, 396	248, 283sh, 289, 327, 387	264sh, 281, 366	277, 346
20	洋芹素	267, 296sh, 336	275, 324, 392	276, 301, 348, 384	276, 299, 340, 381	274, 301, 376	268, 302sh, 338
21	洋芹素-7-葡萄糖苷	268, 333	245sh, 269, 301sh, 386	276, 300, 348, 386	277, 299, 341, 382	256sh, 267, 355, 387	267, 340
22	洋芹素-7-新橙皮糖苷	268, 333	245sh, 267, 300sh, 386	275, 300, 348, 382	276, 299, 341, 380	257sh, 267, 354, 387	267, 341
23	异牡荆苷	271, 336	278, 329, 398	262sh, 278, 304, 352, 382	260sh, 280, 302, 344, 380	279, 303, 385	274, 346, 408sh
24	肥皂草苷	271, 336	249sh, 271, 304sh, 389	268sh, 277, 301, 352, 381	279, 300, 344, 378	261sh, 271, 350, 392	269, 341
25	牡荆苷	270, 302sh, 336	279, 329, 395	277, 305, 350, 386	278, 303, 343, 383	280, 300, 379	271, 329sh, 344
26	鼠李糖基牡荆苷	270, 303sh, 336	281, 331, 396	277, 305, 349, 386	278, 303, 343, 383	281, 303sh, 382	270, 330sh, 344
27	2''-*O*-木糖基牡荆苷	270, 301sh, 335	280, 329, 395	277, 305, 350, 382	278, 303, 343, 382	280, 305sh, 381	272, 284sh, 309sh, 324, 342
28	佛来心苷	274, 311sh, 335	281, 333, 398	265sh, 281, 307, 353, 387	263sh, 282, 306, 347, 383	281, 304sh, 388	274, 330sh, 348, 412sh
29	金合欢素	269, 303sh, 327	276, 295sh, 364	259sh, 277, 292sh, 302, 344, 382	260sh, 279, 294sh, 300, 338, 379	276, 297sh, 358	269, 309sh, 331
30	金合欢素-7-葡萄糖苷	268, 324	244sh, 287, 357	277, 300, 345, 383	278, 299, 338, 381	268, 324	269, 328
31	5, 7-二羟基-2'-甲氧黄酮	266, 325	273, 323sh, 362	252, 276, 344, 375	252, 277, 337, 378	271, 325sh, 356	267, 330
32	札坡剔宁	264, 307sh, 348sh	248, 269, 394	236, 255sh, 275, 296sh, 325sh, 411	236, 274, 293sh, 326sh, 410	263, 349sh	264, 312sh, 349sh
33	札波亭	255sh, 325	255sh, 295sh, 323	255sh, 325	255sh, 324	258sh, 324	259sh, 324
34	木犀草素	242sh, 253, 267, 291sh, 349	266sh, 329sh, 401	274, 300sh, 328, 426	266sh, 275, 294sh, 355, 385	269, 326sh, 384	259, 301sh, 370, 430sh
35	木犀草素-7-葡萄糖苷	255, 267sh, 348	263, 300sh, 394	274, 298sh, 329, 432	273, 294sh, 358, 387	259, 266sh, 365sh, 405	259, 372
36	木犀草素-7-芸香糖苷	255, 267sh, 349	263, 299sh, 394	272, 296sh, 331, 432	272, 295, 359, 389	259, 266sh, 366, 403	258, 370
37	异荭草苷	242sh, 255, 271, 349	267, 278sh, 337sh, 406	278, 302sh, 332, 429	265sh, 279, 296sh, 361	267, 323, 393	265, 377, 429sh
38	荭草苷	255, 267, 293sh, 346	268, 278sh, 334sh, 405	276, 302sh, 329, 429	265sh, 276, 296sh, 357, 384	278, 325, 386	264, 375, 430sh
39	3'-羟基新西兰牡荆苷	257, 272, 349	240sh, 266, 280, 344sh, 408	280, 303sh, 332, 430	265sh, 278, 297sh, 359, 384sh	271sh, 282, 326, 398	266, 287sh, 382, 430
40	柯伊利素	241, 249sh, 269, 347	264, 275sh, 329sh, 405	264, 274, 296, 366sh, 390	259, 276, 294, 353, 386	271, 321, 396	268, 349
41	金雀花苷	251, 270, 345	265, 277, 334sh, 406	265sh, 274, 296sh, 364sh, 392	263sh, 277, 296, 354, 382	271sh, 279, 321, 394	271, 351
42	香叶木素	240sh, 252, 267, 291sh, 344	270, 303sh, 386	267sh, 273, 296, 362, 390	264sh, 276, 295, 351, 383	275, 322, 367	253sh, 268, 348
43	5,7-二羟基-3',4'-二甲氧基黄酮	240, 248sh, 269, 291sh, 340	277, 312, 369	261, 276, 295, 359, 387	259, 279, 293sh, 348, 381sh	276, 318, 357	269, 341
44	苜蓿素	244, 269, 299sh, 350	263, 275sh, 330, 416	258sh, 277, 303, 366sh, 393	259sh, 277, 302, 360, 386	264, 276sh, 321, 414	270, 304sh, 350, 422sh, 482sh
45	5,7-二羟基-3',4',5'-三甲氧基黄酮	270, 310sh, 331	278, 300sh, 367	253sh, 278, 300, 348, 385sh	280, 298sh, 340, 382sh	277, 299sh, 359	272, 313sh, 330

续表

序号	化合物名称	紫外吸收光谱数据(λ_{max})/nm					
		MeOH	NaOMe	$AlCl_3$	$AlCl_3/HCl$	NaOAc	$NaOAc/H_3BO_3$
46	石吊兰素	284, 329	283, 300sh, 377	265sh, 290sh, 310, 356, 413sh	262, 289sh, 309, 351, 404sh	283, 302sh, 376	286, 322sh, 409sh
47	印度薄荷素	281, 294sh, 332	275, 362sh, 391	267sh, 288, 311, 361, 407sh	265sh, 290, 311, 354, 408sh	277, 297sh, 339, 390	279, 296sh, 336
48	沼泽向日葵素	250sh, 279, 336	285, 310sh, 363	257sh, 290, 365	257sh, 293, 357, 412sh	283, 312sh, 378	281, 329
49	穗花杉双黄酮	269, 291sh, 335	275, 295sh, 382	260sh, 277, 299, 350, 386	262sh, 279, 299, 343, 385	274, 292sh, 369	271, 332
50	金松双黄酮	271, 326	285, 357sh	260sh, 279, 298sh, 345, 383	259sh, 281, 298sh, 339, 382	271, 282, 316sh, 340	271, 327
51	3-羟基黄酮	239, 243sh, 306, 344	237, 250sh, 275, 309sh, 405	248, 264sh, 327, 393	248, 265sh, 325, 400	304, 346, 361sh, 405	306, 345, 360sh, 407sh
52	3-羟基-4'-甲氧基黄酮	232, 252, 318sh, 355	256, 259sh, 277sh, 311sh, 409	232, 251, 263sh, 331, 416	233, 253, 262sh, 330, 417	254sh, 315, 357, 411sh	254sh, 319sh, 355
53	3, 4', 7-三羟基黄酮	258, 280sh, 318, 356	275, 289sh, 318, 328, 407(dec.)	256sh, 271, 306sh, 323, 419	255sh, 271, 305sh, 323, 418	268, 285sh, 316sh, 327, 378, 430sh	259, 276sh, 318, 357, 425sh
54	高良姜素	267, 305sh, 359	280, 327sh, 412	249, 273, 300sh, 337, 413	249, 274, 302sh, 334, 412	275, 301sh, 328sh, 388	267, 300sh, 317sh, 361
55	高良姜素-3-甲醚	266, 312sh, 340sh	276, 360	278, 333, 393	278, 329, 391	278, 364	267, 332sh
56	3, 3', 4'-三羟基黄酮	248, 309sh, 366	244, 293, 324sh, 425	235, 270, 319, 371, 466	260, 323, 427	253sh, 322sh, 373, 430	251sh, 310sh, 326sh, 388
57	3-羟基-3', 4'-二甲氧基黄酮	246, 307sh, 320sh, 355	263, 285sh, 317sh, 412	257, 328, 423	256, 329, 422	320sh, 364, 421sh	306sh, 323sh, 361
58	山柰素	253sh, 266, 294sh, 322sh, 367	278, 316, 416	260sh, 268, 303sh, 350, 424	256sh, 269, 303sh, 348, 424	274, 303, 387	267, 297sh, 320sh, 372
59	山柰素-7-新橙皮糖苷	253, 266, 323, 364	245, 267, 335sh, 425	259sh, 266, 299sh, 353, 424	244sh, 258sh, 266, 300sh, 350, 422	261, 323, 385, 419sh	265sh, 325sh, 370
60	山柰素-3-刺槐糖-7-鼠李糖苷	244sh, 265, 315sh, 350	246, 269, 301sh, 350sh, 389	255sh, 274, 301, 354, 400	274, 298sh, 348, 398	265, 318sh, 358, 406sh	256, 319sh, 352
61	山柰素-4'-甲醚	253sh, 267, 299sh, 320, 367	280, 323sh, 411	254sh, 271, 305, 350, 423	257sh, 270, 305sh, 347, 422	259sh, 274, 301sh, 384	268, 399sh, 319, 367
62	黄颜木素	248, 262sh, 307sh, 319, 362	252, 292, 341	268sh, 281, 318sh, 458	263, 274sh, 322, 423	263sh, 321, 331, 378	265sh, 315, 381
63	黄颜木素-3-葡萄糖苷	254sh, 310, 340	256, 324, 408	276, 317sh, 381(水解)	254, 273sh, 307, 252sh, 408sh, 420	256sh, 317, 369	310, 365
64	草质素-8-甲醚	259sh, 276, 327, 377	269, 338, 430	248sh, 262sh, 276, 310, 359, 435	247sh, 261sh, 274, 308, 357, 434	257sh, 282, 319, 341sh, 401	257, 309sh, 322, 382
65	槲皮素	255, 269sh, 301sh, 370	247sh, 321	272, 304sh, 333, 458	265, 301sh, 359, 428	257sh, 274, 329, 390	261, 303sh, 388
66	槲皮素-7-鼠李糖苷	256, 269sh, 372	241sh, 291, 367, 457	259sh, 273, 339, 458	265, 303sh, 365, 426	286, 378, 428sh(dec.)	261, 289sh, 386
67	槲皮素-3-半乳糖苷	257, 269sh, 299sh, 362	272, 327, 409	275, 305sh, 331sh, 438	268, 299sh, 366sh, 405	274, 324, 380	262, 298sh, 377
68	槲皮素-3-鼠李糖苷	256.265sh, 301sh, 350	270, 326, 393	276, 304sh, 333, 430	272, 303sh, 353, 401	272, 322sh, 372	260, 300sh, 367
69	芸香苷	259, 266sh, 299sh, 359	272, 327, 410	275, 303sh, 433	271, 300, 364sh, 402	271, 325, 393	262, 298, 387
70	槲皮素-3, 7-二葡萄糖苷	256, 268sh, 355	268, 300sh, 396	275, 298sh, 335, 440	270, 299sh, 363sh, 402	261, 295sh, 371, 423sh	261, 380
71	槲皮素-3-葡萄糖-7-鼠李糖苷	257, 269sh, 358	244, 270, 396	276, 300sh, 343, 441	270, 300sh, 366sh, 404	260, 294sh, 370, 416sh	261, 294sh, 380
72	槲皮素-3-葡萄糖-7-芸香糖苷	257, 269sh, 358	244, 270, 396	276, 300sh, 343sh, 441	270, 300sh, 366sh, 404	260, 294sh, 370, 416sh	261, 294sh, 380
73	槲皮素-3-甲醚	257, 269sh, 294sh, 359	272, 329, 407	277, 303sh, 336, 443	268, 277sh, 299sh, 360, 402	273, 323, 383	262, 298sh, 378
74	槲皮素-3-甲醚-4'-葡萄糖-7-双葡萄糖苷	254, 269, 349	268, 376	275, 298sh, 355, 400	265sh, 279, 297sh, 348, 399	261, 350	254, 267, 350

续表

序号	化合物名称	紫外吸收光谱数据(λ_{max})/nm					
		MeOH	NaOMe	$AlCl_3$	$AlCl_3$/HCl	NaOAc	NaOAc/H_3BO_3
75	槲皮素-3′, 4′, 5, 7-四甲醚	252, 270sh, 304sh, 362	263, 400	262, 269sh, 308sh, 343sh, 421	260, 268sh, 303sh, 342sh, 420	250, 268sh, 365, 414	249sh, 269sh, 304sh, 361, 424sh
76	鼠李素	256, 270sh, 295sh, 371	242, 286, 331, 432	273, 302sh, 330sh, 451	268, 299sh, 363sh, 423	255, 292sh, 387, 422sh	260, 389
77	异鼠李素	253, 267sh, 306sh, 326sh, 370	240sh, 271, 328, 435	264, 304sh, 361sh, 431	242sh, 262, 271sh, 302sh, 357, 428	260sh, 274, 320, 393	255, 270sh, 306sh, 326sh, 377
78	异鼠李素-3-半乳糖苷	255, 268sh, 303sh, 357	272, 327, 415	269, 299sh, 365sh, 407	267, 298sh, 357, 403	274, 316, 387	257, 267sh, 307sh, 361
79	异鼠李素-3-芸香糖苷	254, 265sh, 305sh, 356	271, 328, 414	268, 278sh, 300sh, 369sh, 402	267, 275sh, 300sh, 359sh, 399	271, 320, 396	254, 267sh, 304sh, 360
80	柽柳素-7-新橙皮糖苷	255, 269sh, 369	243, 268, 420	266, 301sh, 360sh, 429	242, 266, 301sh, 361, 427	257, 266sh, 328sh, 386, 419sh	255, 272sh, 372
81	柽柳素-7-芸香糖苷	255, 271sh, 291sh, 367	242, 268, 415	266, 303sh, 365sh, 427	266, 301sh, 359, 423	256, 265sh, 327, 388, 415sh	255, 269sh, 292sh, 371
82	桑色素	254sh, 264, 370	278, 314, 418	268, 299sh, 352, 421	267, 298sh, 349, 419	272, 315sh, 399	259sh, 267, 301sh, 374
83	刺槐亭	252, 266sh, 320, 367	264sh, 333, 475	273, 281sh, 313, 447	267, 275sh, 318, 426	257sh, 307sh, 346	256sh, 316, 385, 462sh
84	喷社素	271, 340	245sh, 274, 302sh, 350sh, 388	268sh, 280, 302sh, 369, 396sh	265sh, 283, 302sh, 359, 402sh	273, 294, 348, 396sh	271, 343
85	喷社苷	253sh, 273, 330	246sh, 290, 371sh	262, 287, 303sh, 359, 403sh	262, 288, 301sh, 356, 402sh	275, 328	273, 332
86	3,5,6,7,8-五甲氧基黄酮	268, 309, 338sh	268, 310, 335sh	268, 309, 338sh	268, 310, 340sh	268, 310, 334sh	268, 310, 335sh
87	棕鳞矢车菊素	256, 271, 351	272, 334, 412	267, 281sh, 301sh, 384	263, 279, 300sh, 368, 411sh	273, 322, 394	266, 288sh, 363
88	棕鳞矢车菊苷	257, 272sh, 352	248, 270, 401	270, 280sh, 296sh, 387	267, 280sh, 299sh, 369, 407sh	262, 373sh, 416	257, 271sh, 356
89	矢车菊苷	256, 270sh, 350	273, 381	271, 281sh, 297sh, 381,	268, 281, 299sh, 368, 404sh	257, 272, 348	257, 271, 353
90	万寿菊苷	258, 272sh, 293sh, 371	251sh, 296sh, 336, 411sh	238, 275, 308sh, 327sh, 459	240, 268, 302sh, 381sh, 427	258sh, 274sh, 340, 394sh	264, 393
91	万寿菊素-3-芸香糖苷	259, 269sh, 356	273, 337, 411	278, 310sh, 341sh, 435	269, 279sh, 301sh, 375, 404sh	272, 328sh, 392	265, 381
92	万寿菊素-7-葡萄糖苷	259, 273sh, 338sh, 373	242, 292, 382, 467	276, 349, 462	269, 302sh, 380sh, 431	258, 343, 397, 417sh	265, 394
93	洋艾素	245, 273, 345	250sh, 289, 325sh, 384sh	266, 280sh, 299sh, 377	264, 284, 366, 403sh	253sh, 274, 341	254, 272, 346
94	槲皮万寿菊素-3′,4′,5,6,7-五甲醚	254, 354	268, 327, 403	268, 354sh, 421	268, 354sh, 421	254sh, 361, 420sh	252sh, 360, 416sh
95	槲皮万寿菊素-3,3′,4′,5,6-五甲醚	251sh, 265sh, 338	269, 317, 363	245sh, 267sh, 335	245sh, 265sh, 336	269, 317, 365	265sh, 339
96	槲皮万寿菊素六甲醚	242, 252sh, 266sh, 333	254sh, 267sh, 334	251sh, 264sh, 331	255sh, 267sh, 329	264sh, 333	267sh, 331
97	棉皮素	261, 276, 309, 339, 385	251, 287, 366	290, 327, 401, 492	274, 292sh, 313, 372, 447	282, 366	273, 282sh, 314sh, 358, 406
98	棉皮素-8-葡萄糖苷	260, 273sh, 328sh, 380	245sh, 295sh, 331, 430sh	260sh, 275, 309sh, 364sh, 452	269, 307sh, 367, 441	281, 328, 400	267, 277sh, 325, 400
99	棉皮素-7-葡萄糖苷	261, 279sh, 307sh, 343, 385	278, 371	266sh, 277, 321sh, 475	257sh, 272, 289sh, 316sh, 373, 454	273, 390, 450sh	266, 399

续表

序号	化合物名称	紫外吸收光谱数据(λ_{max})/nm					
		MeOH	NaOMe	$AlCl_3$	$AlCl_3$/HCl	NaOAc	NaOAc/H_3BO_3
100	棉皮素六甲醚	252, 271, 301sh, 351	252, 271, 301sh, 351	252, 271, 351	252, 271, 351	252, 270, 301sh, 353	252sh, 271, 353
101	杨梅皮素	254, 272sh, 301sh, 374	262sh, 285sh, 322, 423	271, 316sh, 450	266, 275sh, 308sh, 360sh, 428	269, 335	258, 304sh, 392
102	3′,5,5′-三羟基-3,4′,6,7-四甲氧基黄酮	270, 335	269, 327, 366	280, 306sh, 367, 398sh	283, 306sh, 355, 403sh	270, 336	269, 339
	异黄酮类						
103	7-羟基异黄酮	242, 299, 305sh	264, 336	243, 299, 305sh	243, 299, 305sh	263, 311sh, 336	252sh, 301
104	5,7-二羟基异黄酮	259, 303sh, 315sh	274, 329	272, 311, 367	273, 313sh, 367	273, 327	260, 317sh
105	5,7-二甲氧基异黄酮	251, 308sh	251, 309sh	250, 305sh	250, 305sh	252sh, 306sh	252sh, 306sh
106	2-羧基-5,7-二羟基异黄酮	257, 298sh, 323sh	272, 332	243sh, 281, 324	278, 317sh	271, 331	258, 309sh
107	大豆素	238sh, 249, 259sh, 303sh	259, 289sh, 328	240sh, 249, 260sh, 300sh	240sh, 249, 262sh, 302sh	253, 272sh, 310, 330sh	261sh, 303
108	大豆素-7-葡萄糖苷(大豆苷)	256, 313sh	256, 272sh, 320sh	258, 304sh	257, 303sh, 262sh	256, 322sh	254, 318sh
109	芒柄花素	240sh, 248, 259sh, 311	255, 273sh, 335	239sh, 284, 261sh, 301	240sh, 249, 261sh, 301	254, 312sh, 334	264sh, 303
110	芒柄花素-7-葡萄糖苷	251sh, 258, 301sh	250sh, 258, 301sh	251sh, 259, 300sh	250sh, 257, 301sh	257, 304sh	255, 302sh
111	芒柄花素-7-葡萄糖苷四乙酰化物	250sh, 258, 302sh	251sh, 259, 302sh	251sh, 259, 302sh	251sh, 260, 304sh	259, 305sh	259, 302sh
112	染料木素	261, 328sh	276, 327sh	272, 307sh, 372	273, 309sh, 372	271, 325	262, 336sh
113	染料木苷	261, 330sh	271, 356sh	272, 308sh, 375	272, 307sh, 374	261, 331sh	261, 328sh
114	圆荚草双糖苷	262, 327sh	270, 307sh, 351sh	271, 308sh, 378	272, 307sh, 378	262, 289sh, 325sh	262, 289sh, 325sh
115	槐树苷	261, 324sh	248sh, 274, 326	273, 311sh, 371	273, 312sh, 371	272, 326	262, 327sh
116	染料木素-5-甲醚	256, 283sh, 317sh	266, 295sh	256, 286sh, 317sh	256, 284sh, 316sh	264, 315	256, 321sh
117	李属异黄酮	262, 327sh	272, 353sh	273, 309sh, 374	274, 310sh, 370	262, 330sh	262, 332sh
118	鹰嘴豆素甲	261, 330sh	249sh, 273, 327	273, 310sh, 375	273, 310sh, 373	272, 327	262, 330sh
119	澳白檀苷	262, 325sh	244sh, 267, 368	273, 305sh, 382	273, 304sh, 380	261, 321sh	261, 320sh
120	兰花赝靛素	255, 325	254, 351	237sh, 251, 344	257, 325	253sh, 339	253sh, 338
121	兰花赝靛素-7-葡萄糖苷	259, 326	255, 278sh, 368	260, 325	259, 325	257, 333, 366sh	259, 328
122	2-羧基-6,7-二羟基-4′-甲氧基异黄酮	238, 254sh, 323	249, 349	246sh, 289sh, 363	238, 276sh, 336	251sh, 343	335
123	阿夫罗摩辛	258, 320	258, 349	255, 319	255, 318	256, 347	256, 325
124	3′,4′,7-三羟基异黄酮	240, 249, 260sh, 293, 308sh	257, 336	246sh, 275, 296, 364sh	241, 249, 261sh, 292, 309sh	257, 291sh, 331	271, 297, 351sh
125	4-赝靛素	241, 250, 262sh, 295, 345sh	259, 293sh, 335	242sh, 249, 264sh, 296	242sh, 249, 262sh, 295	259, 297sh, 333	251, 262sh, 296
126	4-赝靛苷	249, 261, 292	249, 261, 292	250, 262, 291	249, 261, 291	261, 291	261, 291
127	赝靛异黄酮	239, 247, 265, 304sh	245, 255sh, 286sh, 335	238, 246sh, 283, 302sh	238, 246sh, 266, 302sh	255, 285sh, 330	247sh, 258sh, 304sh
128	6-羟基染料木素	245sh, 270, 350sh	259, 307, 330sh	239, 248sh, 275, 295sh, 356	281, 329	250sh, 303, 338sh, 418	275, 320
129	顶生鸢尾素	267, 330sh	278, 328	276, 311, 378	277, 309sh, 366	273, 339	268, 335sh
130	射干苷	266, 331	274, 365	277, 315sh, 380	278, 322sh, 381	266, 331sh	266, 330sh
131	尼泊尔鸢尾异黄酮	265, 335sh	248, 273, 339	276, 316, 378	277, 312sh, 373	273, 339	271, 333
132	紫檀素	262, 294sh, 338sh	269, 334	270, 298sh, 365	273, 371	270, 322	266, 294sh
133	紫檀素-7-葡萄糖苷	262, 290sh, 343sh	294sh, 337	269, 297sh, 372	272, 297sh, 376	261, 331sh	258, 269sh, 293sh, 322sh

续表

序号	化合物名称	紫外吸收光谱数据(λ_{max})/nm					
		MeOH	NaOMe	$AlCl_3$	$AlCl_3$/HCl	NaOAc	NaOAc/H_3BO_3
134	紫檀素-7-鼠李葡萄糖苷	262, 290sh, 343sh	294sh, 337	269, 297sh, 372	272, 297sh, 376	261, 331sh	258, 269sh, 293sh, 322sh
135	红车轴草异黄酮	262, 292sh, 330sh	270, 321	272, 311sh, 371	273, 314sh, 371	271, 325sh	263, 295sh, 335sh
136	桑橙素	274, 353sh	271	284	285	274, 352sh	276, 352sh
137	鸢尾素	268, 336sh	273, 336	275, 316, 371	287, 315sh, 374	273, 338	268, 339sh
138	鸢尾素	268, 331sh	270, 356	277, 319sh, 382	278, 379	268, 335sh	268, 335sh
	双氢黄酮类						
139	乔松素	289, 325sh	245, 324	311, 375	309, 373	253sh, 323	291, 326sh
140	甘草素	276, 312	250, 298sh, 327sh, 335	276, 311	276, 311	255sh, 282, 327sh, 335	278, 312
141	5,6,7-三羟基双氢黄酮	242sh, 295, 362sh	245, 300, 377	251sh, 328, 381sh	251sh, 317, 373sh	248sh, 299, 385	249sh, 304, 371
142	5,6,7-三羟基双氢黄酮-7-葡萄糖醛酸苷	239, 288, 362	253sh, 295, 345sh	237sh, 316, 432	237sh, 314, 427	287, 353	284, 377
143	柚皮素	289, 326sh	245, 323	312, 375	311, 371	284h, 323	290, 332sh
144	樱花苷	280, 317sh	315, 393	280, 312sh	280, 310sh	279, 314sh	279, 313sh
145	北美圣草素	289, 324sh	246, 324	310, 378	309, 373	289sh, 325	289, 333sh
146	橙皮苷	283, 326	242, 286, 356	308, 383	306, 379	284, 328	284, 326
	双氢黄酮醇类						
147	鹰嘴豆双氢黄酮	276, 311	250, 297sh, 334	309, 347sh	276, 309, 408sh	254, 282, 334	277, 312
148	双氢黄颜木素	277, 310	252, 297sh, 334	235, 308, 349sh	234, 278, 308	256sh, 285, 334	281, 314sh
149	(+)-双氢黄颜木素-3-葡萄糖苷	234sh, 280, 311sh	252, 296sh, 337	237, 281, 318sh	234sh, 280, 311sh, 394sh	254sh, 288, 338	284, 315sh
150	双氢山柰素	291, 329sh	246, 325	274sh, 316, 382	280sh, 312, 378	254sh, 284sh, 327	296, 336sh
151	台黄杞苷	293, 332sh	248, 327	277sh, 329, 383sh	269sh, 314, 379	283, 329	294, 338sh
152	花旗松素	290, 327sh	246sh, 326	280sh, 312, 315	312, 375	289sh, 327	292, 337sh
153	落新妇苷	292, 327sh	246, 328	238, 316, 375sh	287sh, 314, 378	290sh, 329	294, 335sh
154	双氢刺槐亭	275, 308	251, 334	280, 307, 345sh	275, 307	257sh, 280, 333	278, 312sh
	查尔酮类						
155	2-羟基查尔酮	243, 284, 344	242, 283sh, 322sh, 436	238, 286sh, 348	239, 281sh, 347	282sh, 345	281sh, 345
156	4′-羟基查尔酮	224, 318	267sh, 296, 380	227, 318	227, 318	267sh, 302, 375	320
157	2′-羟基-4′-甲氧基查尔酮	252sh, 317, 342sh	249, 279sh, 309, 408	231sh, 241sh, 304sh, 324sh, 357, 407	231sh, 243sh, 272sh, 308sh, 323sh, 348, 406	256sh, 320, 343sh	260sh, 320, 343sh
158	3,4-二羟基查尔酮	265, 316sh, 365	267, 341sh, 446	263sh, 275, 332sh, 413	265, 365	265, 377, 443sh	272, 327, 401
159	2,2′-二羟基查尔酮	240sh, 253, 309, 369	244sh, 276, 324, 444	268, 303sh, 339, 392sh, 440	263, 303sh, 335, 384, 433	256sh, 312, 371, 457	256sh, 311, 373
160	2′,4-二羟基查尔酮	250, 278, 324sh, 369	249, 271, 320, 433	247, 284, 301, 393, 443	247, 282, 326sh, 383, 437	249sh, 275, 330sh, 313, 443sh	253sh, 277, 323sh, 372
161	2′,3′,4′-三羟基查尔酮	251sh, 309sh, 340	258, 298, 394	236sh, 279sh, 306, 316sh, 332sh, 401	238, 314, 328, 379	259, 287sh, 297, 389	308sh, 350
162	2′,3,4-三羟基查尔酮	246sh, 267, 320sh, 384	246sh, 275, 448	288sh, 315sh, 375sh, 514	273, 395, 447	273, 339, 402	277, 332, 414
163	2,2′,4-三羟基查尔酮	253, 279sh, 322, 391	270, 302, 387sh, 501	252, 281, 286sh, 321sh, 400sh, 465	252, 279, 322, 399sh, 453	256sh, 275sh, 324, 402, 462sh	255sh, 277sh, 325, 398
164	2′,4,4′-三羟基查尔酮	258sh, 298sh, 367	253sh, 280sh, 319sh, 349sh, 430	258sh, 321, 382sh, 423	319sh, 376sh, 421	281sh, 340, 350sh, 393	286, 353sh, 380, 443, 476sh
165	2′,3,4,4′-四羟基查尔酮	239sh, 266, 319sh, 379	251, 281, 344, 441	254sh, 304sh, 318, 357sh, 490	241sh, 275, 318, 384sh, 427	257sh, 279sh, 348, 397	282, 328, 415, 460sh, 489sh

续表

序号	化合物名称	紫外吸收光谱数据(λ_{max})/nm					
		MeOH	NaOMe	$AlCl_3$	$AlCl_3$/HCl	NaOAc	NaOAc/H_3BO_3
	橙酮类						
166	4′-羟基橙酮	255, 338sh, 397, 405sh	238sh, 277, 308sh, 350sh, 478	255, 343sh, 396, 405sh	255, 345sh, 396sh, 402	259, 277sh, 343sh, 410, 473	257sh, 344, 406
167	3′,4′-二羟基橙酮	259, 277, 329sh, 413	279, 355sh, 502	272sh, 287, 330sh, 463	259, 277, 329sh, 413	260sh, 276, 313sh, 418, 502	265sh, 284, 332, 445
168	5,7-二羟基橙酮	283, 312sh	242sh, 308, 349sh	301, 359	282, 318sh	291, 313, 350sh	285, 314sh
169	6,7-二羟基橙酮	242sh, 317, 379, 444sh	239sh, 279sh, 304, 320sh, 430	261sh, 267, 318, 413	244sh, 261sh, 320, 374	269, 311, 371sh, 431	264, 314, 401
170	6-羟基-4′-甲氧基橙酮	252, 298sh, 373, 389sh	242, 303sh, 311, 379sh, 399	254, 364, 389	254, 301sh, 377	300sh, 311, 401	257sh, 301sh, 375
171	3′,4′,6,7-四羟基橙酮(金鸡菊橙酮)	250sh, 271sh, 340sh, 412	247sh, 297sh, 409sh, 483	267, 286sh, 383sh, 458, 603	255sh, 272sh, 343sh, 410	266sh, 321sh, 385sh, 438	264sh, 280sh, 327sh, 369sh, 445
172	大花金鸡菊橙酮	244sh, 257sh, 269sh, 318sh, 392sh, 406	253, 273sh, 383sh, 402, 468	259sh, 287, 342, 448	255sh, 270sh, 325sh, 404	266, 318sh, 384sh, 426	262, 280, 346sh, 434
173	6-羟基-3′,4,4′-三甲氧基橙酮	251sh, 270sh, 320sh, 378sh, 395	242sh, 256sh, 311sh, 400	253, 273sh, 336sh, 396	251, 271sh, 327sh, 395	247sh, 311sh, 402	271sh, 313sh, 396
174	3-羟基-4,4′,6-三甲氧基橙酮	251sh, 268, 329sh, 396	243sh, 289, 337sh, 378, 435	251sh, 268, 336sh, 397	251, 268, 329sh, 397	269, 328, 396	269sh, 329sh, 398

①表中数据引自文献[6]。sh——肩峰。

（三）香豆精类化合物的紫外-可见吸收光谱

香豆精类化合物的紫外-可见吸收光谱数据见表 1-19。

表 1-19 香豆精类化合物的紫外-可见吸收光谱数据①

化合物名称	取代基	吸收带 λ_{max}^{EtOH}/nm(lgε)
香豆精		270(4.03), 312(3.78)
5-乙酰氧基香豆精	5-OAc	281(4.10), 312sh
5-甲基香豆精	5-CH_3	275(4.04), 287(4.06), 312sh
5-甲氧基香豆精	5-OCH_3	242(3.81), 298(4.11)
5-羟基香豆精	5-OH	250(3.79), 298(4.01)
6-乙酰氧基香豆精	6-OAc	275(4.01), 320(3.66)
6-甲基香豆精	6-CH_3	278(4.07), 320(3.74)
6-甲氧基香豆精	6-OCH_3	230(4.25), 278(4.06), 342(3.69)
6-羟基香豆精	6-OH	230(4.22), 280(4.03), 345(3.65)
7-乙酰氧基香豆精	7-OAc	280(4.01), 313(3.99)
7-甲基香豆精	7-CH_3	285(4.04), 315(3.95)
7-甲氧基香豆精	7-OCH_3	325(4.33)
7-羟基香豆精	7-OH	326(4.27)
5, 7-二乙酰氧基香豆精	5,7-二乙酰氧基	289(4.05), 320sh
5, 7-二甲氧基香豆精	5,7-二甲氧基	246(3.88), 323(4.20)
5, 7-二羟基香豆精	5,7-二羟基	258(3.85), 333(4.18)
6, 7-二乙酰氧基香豆精	6,7-二乙酰氧基	278(4.16), 318(3.84)
6, 7-二甲氧基香豆精	6,7-二甲氧基	229(4.27), 245(3.89), 293(3.82), 345(4.12)
6, 7-二羟基香豆精	6,7-二羟基	230(4.09), 258(3.73), 299(3.73), 350(4.01)
7, 8-二乙酰氧基香豆精	7,8-二乙酰氧基	282(4.10), 315sh
7, 8-二甲氧基香豆精	7,8-二甲氧基	257(3.57), 316(4.22)
7, 8-二羟基香豆精	7,8-二羟基	263(3.89), 290(3.88), 330(4.04)
4-甲基-7-羟基香豆精	4-CH_3,7-OH	230sh(4.0), 280sh(3.7), 325(4.05)
4-甲基-5-羟基香豆精	4-CH_3,5-OH	250(4.0), 295(4.15)

续表

化合物名称	取代基	吸收带 λ_{max}^{EtOH}/nm(lgε)
4-甲基-6-羟基香豆精	$4-CH_3$, 6-OH	230(4.55), 275(4.18), 340(3.72)
4-羟基香豆精	4-OH	240sh(4.0), 290(4.2), 296(4.18)
3-羟基香豆精	3-OH	240(3.75), 270sh(3, 70), 330(4.0)
3-甲基-4-羟基香豆精	4-OH, $3-CH_3$	243(3.95), 320(4.15)
3-甲基-6-甲氧基香豆精	$3-CH_3$, $6-OCH_3$	225(4.3), 276(4.0), 340(3.70)
3-甲基-7-甲氧基香豆精	$3-CH_3$, $7-OCH_3$	240sh(3.6), 290sh(3.8), 320(4.20)
4-甲基-8-甲氧基香豆精	$4-CH_3$, $8-OCH_3$	218(4.20), 283(4.10), 292sh(4.08)
菲巴劳辛	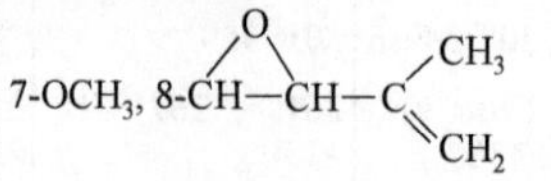 $7-OCH_3$, 8-CH—CH—C(=CH_2)—CH_3 (CH—CH 环氧, O)	235sh(3.71), 246(3.66), 250(3.70), 322(4.18)
蛇床内酯	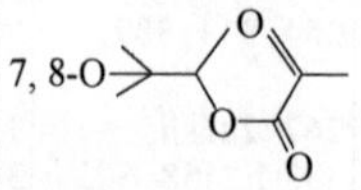 7, 8-O—C(CH₃)₂—(二氧戊环酮, O, O)	220(4.30), 246(3.47), 256(3.38), 326(4.13)
阿魏内酯 A	$7-OCH_2R$	250(3.34), 298sh(3.94), 324(4.2)
马明内酯	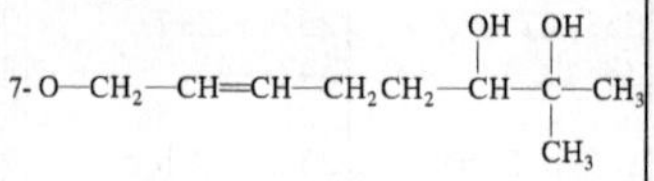 7-O—CH_2—CH=CH—CH_2CH_2—CH(OH)—C(OH)(CH_3)—CH_3	243(3.01), 253(3.42), 342(4.23)
阿魏内酯 B	$7-OCH_2R$	242(3.60), 252(3.48), 298(3.93), 326(4.18)
阿魏内酯 C	$7-OCH_2R$	243sh(3.58), 254(3.42), 298sh(3.97), 327(4.24)
诺他林	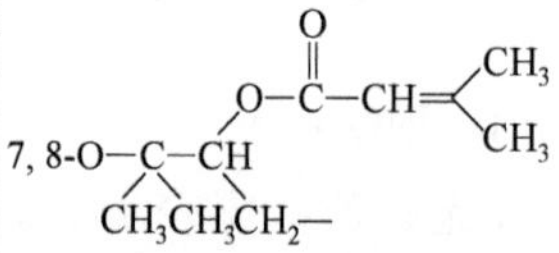 7, 8-O—C(CH_3)(CH_3)—CH(O—C(=O)—CH=C(CH_3)CH_3)—CH_2—	219(4.83), 246(3.83), 256(3.73), 326(4.16)
罗麻亭	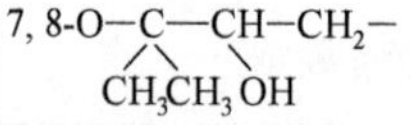 7, 8-O—C(CH_3)(CH_3)—CH(OH)—CH_2—	246(3.78), 257(3.56), 329(4.11)
凯内酯	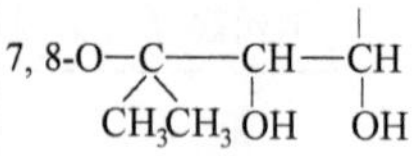 7, 8-O—C(CH_3)(CH_3)—CH(OH)—CH(OH)	213(4.13), 219.5(4.10), 246(3.84), 258(3.95), 325(4.14)
橙皮油内酯	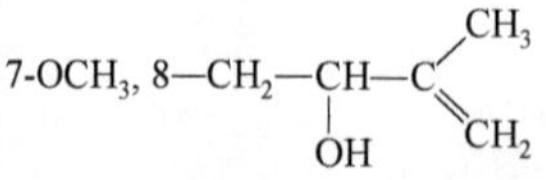 $7-OCH_3$, 8—CH_2—CH(OH)—C(CH_3)=CH_2	245(3.56), 256(3.57), 320(4.10)
普里克生	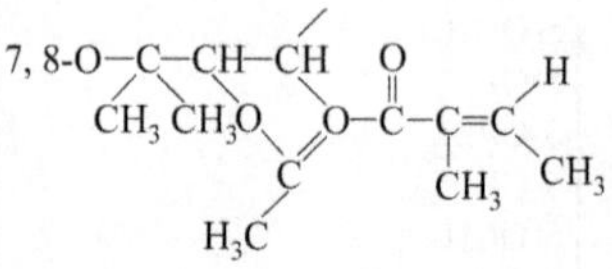 7, 8-O—C(CH_3)(CH_3)—CH(O—C(=CH_2)—H_3C)—CH(O—C(=O)—C(CH_3)=CH—CH_3)	218sh(4.31), 244sh(3.71), 255(3.60), 300sh(3.92), 323(4.11)
苏斯克多芬	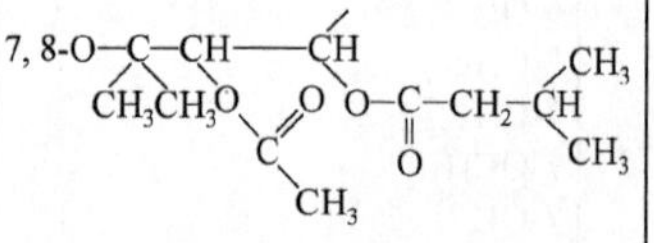 7, 8-O—C(CH_3)(CH_3)—CH(O—C(=O)—CH_3)—CH(O—C(=O)—CH_2—CH(CH_3)CH_3)	219(4.05), 234sh(3.52), 245(3.52), 255(3.46), 300sh(3.88), 323(4.07)
阿它蔓亭	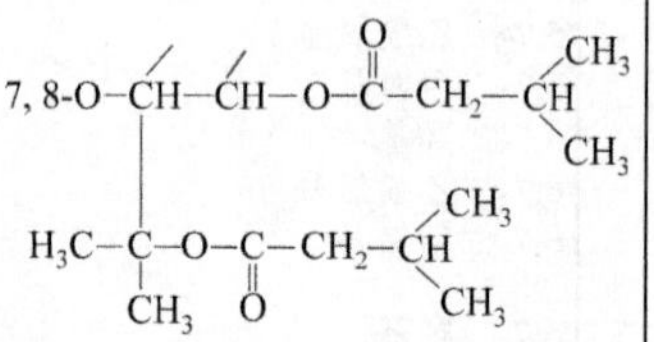 7, 8-O—CH—CH—O—C(=O)—CH_2—CH(CH_3)CH_3; H_3C—C(CH_3)—O—C(=O)—CH_2—CH(CH_3)CH_3	217sh(4.18), 322(4.17)
前胡香豆精	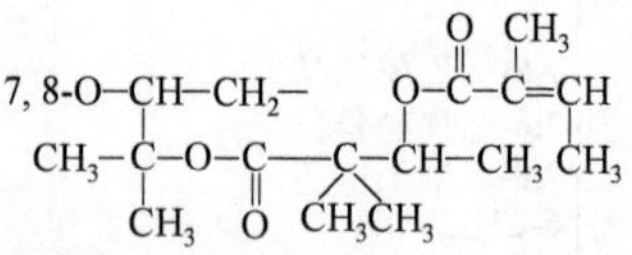 7, 8-O—CH—CH_2—; CH_3—C(CH_3)—O—C(=O)—C(CH_3CH_3)—CH(O—C(=O)—C(CH_3)=CH—CH_3)—CH_3	208(4.00), 217sh(4.8), 250(3.87), 261(3.87), 326(4.19)

续表

化合物名称	取代基	吸收带 λ_{max}^{EtOH}/nm(lgε)
沙米丁	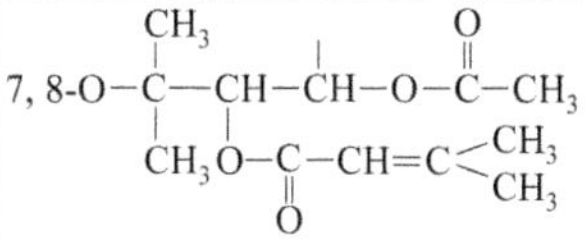 7, 8-O—C(CH_3)(CH_3)—CH(O—C(=O)—CH=C(CH_3)$_2$)—CH—O—C(=O)—CH_3	327(4.17)
迪叩生	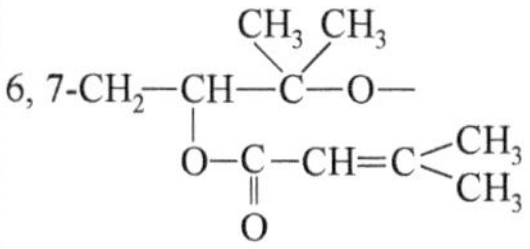 6, 7-CH_2—CH(O—C(=O)—CH=C(CH_3)$_2$)—C(CH_3)(CH_3)—O—	330
去氧布鲁内酯	5-OR, 6-R, 7-OR	217(4.44), 235sh(4.08), 253(3.71), 261(3.70), 331(4.24)
哥伦比亚内酯	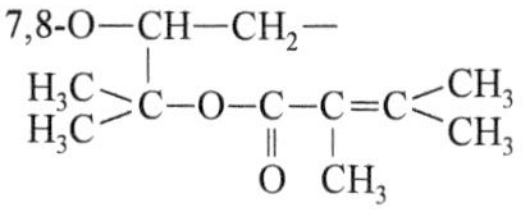 7,8-O—CH—CH_2—, (H_3C)$_2$C—O—C(=O)—C(CH_3)=C(CH_3)$_2$	219(4.35), 250(3.56), 261(3.59), 327(4.19)
哥伦比亚苷	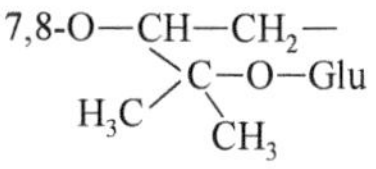 7,8-O—CH—CH_2—, H_3C—C(CH_3)—O—Glu	216(3.97), 250(3.50), 261(3.70), 327(4.00)
3-(1, 1-二甲基戊烯)-勒尼宁	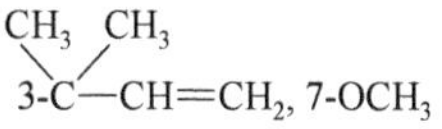 3-C(CH_3)(CH_3)—CH=CH_2, 7-OCH_3	216(4.11), 251sh(3.36), 295(3.96), 321(4.25)
盖帕伐灵	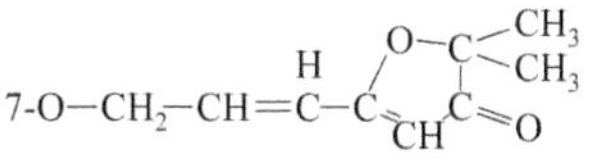 7-O—CH_2—CH=C(H)—C(呋喃酮环: O—C(CH_3)$_2$—C(=O)—CH=)	215(4.27), 236(4.08), 300sh(4.37), 315(4.39)
小芸米灵	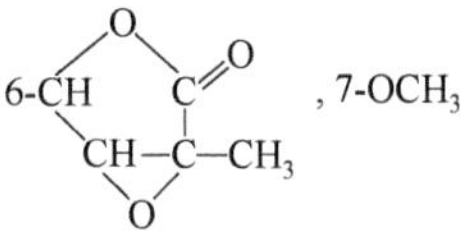 6-CH(内酯环: O—C(=O)—C(CH_3)(—O—)—CH), 7-OCH_3	221(4.21), 250sh(3.46), 259sh(3.08), 293sh(3.36), 320(4.05)
蛇床丁	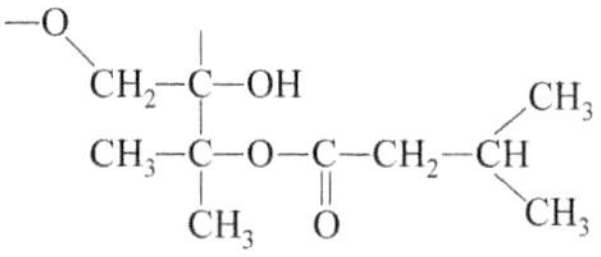 —O—CH_2—C(OH)—C(CH_3)(CH_3)—O—C(=O)—CH_2—CH(CH_3)$_2$	246(3.52), 258(3.49), 323(4.18)
维斯纳丁	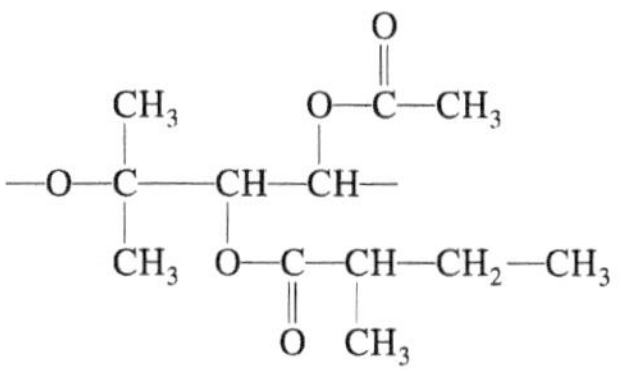 —O—C(CH_3)(CH_3)—CH(O—C(=O)—CH(CH_3)—CH_2—CH_3)—CH(O—C(=O)—CH_3)—	323(4.14)
塔木奴斯明	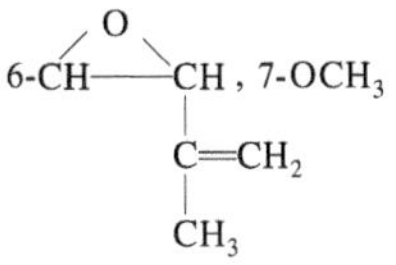 6-CH—CH(环氧, O)—C(=CH_2)—CH_3, 7-OCH_3	227, 253sh, 297, 327
8-异戊烯-7-氧-异戊烯基香豆精	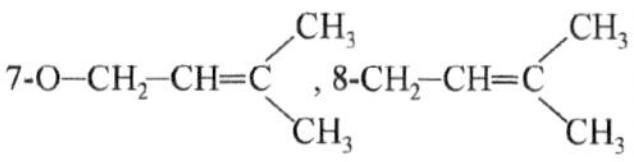 7-O—CH_2—CH=C(CH_3)$_2$, 8-CH_2—CH=C(CH_3)$_2$	258, 324
离瓣白芷素	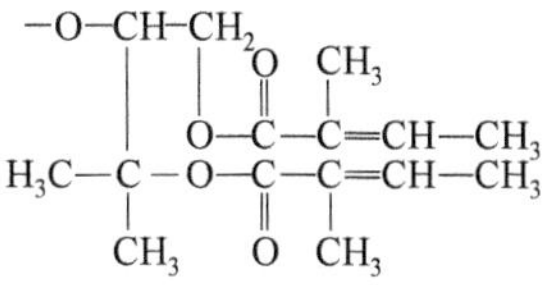 —O—CH—CH_2—, H_3C—C(CH_3)—O—C(=O)—C(CH_3)=CH—CH_3, —O—C(=O)—C(CH_3)=CH—CH_3	216sh(4.5), 246sh(3.07), 258(3.55), 301sh(3.95), 322(4.14)

续表

化合物名称	取代基	吸收带 λ_{max}^{EtOH}/nm(lgε)
爱得尔亭	7,8-O—CH—CH— O CH_3 O—C—C=CH—CH_3 H_3C—C—O—C—CH_3 CH_3 O	219(−), 248(−), 259(−), 299sh(−), 323(−)
蛇床内酯醇	7,8-O—CH—CH— OH H_3C—C—OH CH_3	219(4.26), 250(3.69), 261(3.67), 328(4.24)
前胡内酯醇	7,8-CH_2—CH—O— H_3C—C—OH CH_3	212(3.89), 248(3.50), 335(4.09)
9-乙酰氧基-氧-乙酰二氢奥洛赛洛	7,8-O—CH—CH— O—C—CH_3 H_3C—C—CH_3 O O—C—CH_3 O	318
9-乙酰氧基-氧-异戊烯二氢奥洛赛洛	7,8-O—CH—CH— O—C—CH_3 H_3C—C—CH_3 O O—C—$CH_2CH(CH_3)_2$ O	244, 256, 319
9-乙酰氧基-氧-刘寄奴草酰二氢奥洛赛洛	7,8-O—CH—CH— H_3C O—C—CH_3 C H_3C O CH_3 O—C—CH=C O CH_3	244, 256, 297, 319
二氢奥洛赛洛	7,8-O—CH—CH_2— HO—C—CH_3 CH_3	210(4.28), 218sh(4.14), 252(3.33), 262(3.39), 328(4.16)
二氢沙米丁	7,8-O—C——CH—CH— CH_3 CH_3 O—C—CH_3 O CH_3 O—C—CH_2—CH O CH_3	249(3.65), 260(3.75), 324(4.17)
海里亭	CH_3 CH_3 3-C—CH=CH_2, 6,7-CH_2—CH—O— CH_3—C—CH_3 OH	330(4.30)
芸香内酯	CH_3 CH_3 CH_3 3-C—CH=CH_2, 6-CH_2—CH=C CH_3	222(4.30), 254sh(3.71), 297sh(3.97), 330(4.29)
4-甲氧基-5-甲基-7-羟基香豆素	7-OH 4-OCH_3, 5-CH_3, 7-OH	225, 290, 309, 320

续表

化合物名称	取代基	吸收带 λ_{max}^{EtOH}/nm(lgε)
白背天葵内酯	$3,4\text{-}C(CH_3)_2\text{—}CH(CH_3)\text{—O—}$, $5\text{-}CH_3$, 6-OH	213, 296, 310, 340
8-甲氧基-芸香内酯	$3\text{-}C(CH_3)_2\text{—}CH{=}CH_2$, $6\text{-}CH_2\text{—}CH{=}C(CH_3)_2$, 7-OH, $8\text{-}OCH_3$	230sh(4.45), 262(3.99), 308(4.13), 340(4.35)
布鲁赛内酯	5, 7-二烷氧基, 6-R	218(4.43), 235(4.02), 254(3.69), 260(3.69), 330(4.13)
九里香内酯	5,7-二甲氧基, $8\text{-}CH_2\text{—}CH(OH)\text{—}C(OH)(CH_3)\text{—}CH_3$	252(4.09), 260(4.14), 326(4.26)
5,7-二甲氧基-8-(3-甲基-2-酮丁基)香豆精	5,7-二甲氧基, $8\text{-}CH_2\text{—}C(=O)\text{—}CH(CH_3)_2$	207, 252, 261, 327
芸香灵	5,7-二甲氧基, $8\text{-}C(CH_3)_2\text{—}CH{=}CH_2$	217(4.45), 256sh(3.99), 263(4.01), 330(4.20)
二氢芸香灵	5,7-二甲氧基, $8\text{-}C(CH_3)_2\text{—}CH_2\text{—}CH_3$	217(4.45), 256sh(3.99), 263(4.01), 330(4.20)
九里香烯内酯	5,7-二甲氧基, $8\text{-}CH_2\text{—}CH{=}C(CH_3)_2$	221(4.19), 239(3.77), 263(3.99), 329(4.09)
异芸香灵	5,7-二甲氧基, $8\text{-}C(CH_3){=}C(CH_3)_2$	255(4.24), 263(4.06), 333(4.18)
环芸香灵	$5\text{-}OCH_3$, $7,8\text{-}O\text{—}CH(CH_3)\text{—}C(\text{—})(CH_3)\text{—}CH_3$	227(4.17), 241sh(3.86), 258sh(3.96), 265(4.11), 345(4.15)
西必里辛	5,7-二甲氧基, $8\text{-}CH_2\text{—}CH\text{—}C(CH_3)_2$ (O bridge)	240(3.76), 252sh(3.92), 259sh(3.98), 327(4.14)
5-牻牛儿烷氧基-7-甲氧基香豆精	$5\text{-}OC_{10}H_7$, $7\text{-}OCH_3$	247(3.85), 256(3.85), 327(4.18)
莨菪亭	$6\text{-}OCH_3$, 7-OH	230(4.18), 255(3.71), 261sh(3.68), 299(3.76), 347(4.08)
6-羟基-7-甲氧基香豆精	6-OH, $7\text{-}OCH_3$	231(4.25), 255(3.80), 259sh(3.78), 297(3.81), 349(4.06)
普林勒亭	6-OH, $7\text{-}O\text{—}CH_2\text{—}CH{=}C(CH_3)_2$	231(4.26), 256(3.81), 260sh(3.80), 298(3.86), 350(4.12)
洋椿香素	$6\text{-}OCH_3$, 7-OH, $8\text{-}CH_2\text{—}CH{=}C(CH_3)_2$	209, 340
柯鲁拉亭	6-CHO, $7\text{-}OCH_3$	256(4.17), 308(3.87), 331(3.89)
柯替卡香素	6,8-二甲氧基, 7-OR	294(4.01), 337(3.82)

续表

化合物名称	取代基	吸收带 λ_{max}^{EtOH}/nm(lgε)
柯尼奥香素 B	6-OCH_3, 7-OH, 8-R	209(4.56), 346(4.11)
赫普奥平	6-C(=O)—R, 7-OCH_3	202(4.54), 256(3.68), 308(3.35), 331(3.40)
拉香豆素	5-O—CH_2CH=CH_2, 7-OH	250, 330
香豆素硫醚	4-SCH_3, 5-CH_3	258, 267, 292, 303
普劳灵 B	3,4,8-三甲氧基, 5-CHO, 6-OH	215(4.35), 240(4.11), 307(4.26)
邪蒿香醛	5,7-二甲氧基, 8-CH_2—C(CH_3)(CH_3)—CHO	240, 257, 263, 330
邪蒿香醇	5,7-二甲氧基, 8-CH_2—CHOH—C(=CH_2)CH_3	240, 254, 263, 331
枇劳西醛	3-R, 4-OH, 5-CHO, 7-OCH_2—CH(—O—)C(CH_3)(CH_3)	257(3.93), 307(3.74), 376(3.82)
坡西马灵	8-CH_2—CH(—O—)C(CH_3)(CH_3)	216(4.14), 235(3.57), 246(3.60), 256(3.61), 320(4.19)
4,6,7-三甲氧基-5-甲基香豆素	—	225(4.30), 275(3.94), 287(4.10), 313(4.17), 327(4.04)
九里香甲素	5,7-二甲氧基, 8-CH_2—CH(OH)—C(OH)(CH_3)—CH_3	253(4.05), 260(4.09), 325(4.17)
九里香乙素	7-OCH_3, 8-CH(OH)—CH(OH)—C(CH_3)=CH_2	248(3.64), 258(3.68), 320(4.24)
奥柏里喹	6-O—C(—C(=CH_2)CH_3)(—C(=CH_2)CH_3)—CH_2—O-7	208(4.3), 252(3.75), 230(4.0), 295(3.7), 341(3.8)
3-(1,1-二甲基丙烯基)-7,8-二甲氧基香豆精	3-C(CH_3)(CH_3)—CH=CH_2, 7,8-二甲氧基, 5-OCH_3, 6-OH	237sh(3.71), 247sh(3.69), 257(3.76), 328(4.23)
尼松香素	7,8-O—CH(CH_3)—C(CH_3)(—)—CH_3	230(4.18), 251(3.64), 258(3.55), 340(4.08)
沙巴豆香素	5,8-二甲氧基, 6,7-O—CH_2—O—	228(4.36), 242sh(4.30), 328(4.26)
当归香素	5-OCH_2—CH=C$(CH_3)_2$, 7-OCH_3, 8-C(=O)—CH=C(CH_3)(CH_3)	208(4.47), 222(4.19), 250(4.30), 321(4.28)
芹香素	6-CH_2—CH=C$(CH_3)_2$, 7-OH, 8-OCH_3	260(3.05), 325(3.58)
芹香素苷	—	245(4.15), 280(4.59), 295(4.56), 320(4.27)
凤仙香素	3-CH_2—CH=C(CH_3)(CH_3), 6-CH_2—CH=C(CH_3)(CH_3), 7-OH	219(4.16), 250(3.64), 258(3.56), 334(4.23)

续表

化合物名称	取代基	吸收带 λ_{max}^{EtOH}/nm(lgε)
补骨脂内酯		245(4.45), 290(4.10), 320(3.8)
佛手内酯	5-OCH_3	250(4.38), 306(4.03)
普兰告拉灵	5-O—CH_2—CH—C(CH_3)$_2$（CH与C间以O成环氧）	222(4.48), 249(4.31), 313(4.25)
5-(3,6-二甲基-6-甲酰基-2-庚烯氧基)-补骨脂内酯	5-O—CH_2—CH=C(CH_3)—CH_2—CH_2—C(CH_3)(CHO)—CH_3	242(4.35), 249(4.40), 258(4.35), 267(4.38), 307(4.28)
柏卡木亭	5-$OC_{10}H_{17}$	245sh(4.22), 251(4.27), 260(4.21), 268(4.20), 310(4.15)
异英波拉托林	5-O—CH_2—CH=C(CH_3)$_2$	223(4.37), 243(4.19), 250(4.19), 259(4.14), 268(4.13), 310(4.09)
氧化前胡内酯	5-O—CH_2—CH(OH)—C(OH)(CH_3)$_2$	222(4.35), 250(4.22), 259(4.18), 269(4.20), 310(4.15)
海拉克宁	8-O—CH—C(CH_3)$_2$（CH与C间以O成环氧）	250(4.31), 305(4.02)
8-牻牛儿烷氧补骨脂内酯	8-O—CH_2—CH=C(CH_3)—CH_2—CH_2—CH(CH_3)$_2$	215(4.51), 248(4.42), 298(4.13)
英波拉托林	8-O—CH_2—CH=C(CH_3)$_2$	245sh(4.31), 250(4.33), 264(4.11), 301(4.05)
帕布拉林酮	8-O—CH_2—CO—CH(CH_3)$_2$	219(4.39), 250(4.38), 300(4.09)
西萝夫宁	3-C(CH_3)$_2$—CH=CH_2	246(4.37), 292(4.09), 326(3.92)
豆薯内酯	3,4	约 240(3.10), 295(2.5), 350(2.95)
花椒毒内酯	8-OCH_3	219(4.48), 245sh(4.44), 249(4.46), 301(4.16)
异茴香内酯	5,8-OCH_3	208(4.16), 242(4.16), 269(4.27), 273sh(4.27), 312(4.10)
珊瑚莱内酯	5-OCH_3, 8-O—CH_2—CH=C(CH_3)$_2$	242(4.14), 249(4.14), 269(4.26), 273sh(4.26), 313(4.00)
5-牻牛儿烷氧基-8-甲氧基-补骨脂内酯	5-$OC_{10}H_{17}$, 8-OCH_3	250(4.19), 268(4.28), 312(4.07)
5-羟基-8-甲氧基-补骨脂内酯	5-OH, 8-OCH_3	224(4.31), 241(4.11), 248(3.99), 268sh(4.16), 270(4.21), 316(3.98)
5-甲氧基-8-羟基-补骨脂内酯	5-OCH_3, 8-OH	241sh(4.01), 250sh(3.96), 273(4.28), 317(4.00)
5-(2′,3′-二羟基-3′-甲基丁基)-8-甲氧基-补骨脂内酯	5-CH_2—CH(OH)—C(OH)(CH_3)—CH_3, 8-OCH_3	220, 约 240, 251, 266, 309
呋喃品纳灵	5-OCH_3, 8-C(CH_3)$_2$—CH=CH_2	233(4.12), 254(3.96), 273(3.97), 316(3.81)

续表

化合物名称	取代基	吸收带 λ_{max}^{EtOH}/nm(lgε)
5-(2, 3-环氧-3-甲基丁基)-8-甲氧基补骨脂内酯	5-CH_2—CH—C(O环氧)(CH_3)CH_3, 8-OCH_3	221, 244sh, 251, 266, 305
海佛地宁	3,5-OCH_3, 4—O—C(CH_3)(CH_3)—CH=CH_2	247(4.48), 288(3.81), 342(3.46)
蛇床香素	5-O—CH_2—CH=C(CH_3)CH_3, 8-OCH_3	223(4.36), 242(4.11), 249(4.12), 270(4.20), 313(4.02)
比克白芷内酯	5-OCH_3, 8-O—CH_2—CH—C(O环氧)(CH_3)CH_3	223(4.36), 242(4.11), 249(4.11), 268(4.27), 313(4.03)
异补骨脂内酯	—	248(4.40), 295(4.10), ~320sh(3.7)
奥罗赛洛	—	217sh(4.21), 251(4.44), 301(4.04)
异佛手内酯	5-OCH_3	250(4.29), 305(4.01)
异白芷内酯	6-OCH_3	248(4.38), 313(3.87), 340(3.77)
茴香内酯	5-OCH_3, 6-OCH_3	252(4.44), 304(4.03)
6-异戊烯氧基-异佛手内酯	5-OCH_3, 6-O—CH_2—CH=C(CH_3)CH_3	221, 252, 304
阿米灵	—	248(3.55), 260(3.65), 302(4.17)
3-二甲烯丙基补骨脂素	3-C(CH_3)(CH_3)—CH=CH_2	246(4.46), 293(4.14), 330(4.0)
马米香素	8-O—C(CH_3)(CH_3)—CH=CH_2	225(4.30), 252(4.13), 261(4.10), 269(4.09)
异当归白芷内酯	—	204(4.34), 222(4.03), 245(3.61), 255(3.56), 296(3.86), 327(4.19)
桃花心木香素	8-CO—C(CH_3)$_3$	232(4.47), 239(4.42), 267(4.15), 277(4.15), 302(3.92)
5-香叶烷氧基补骨脂素	5-CH_2CH=C(CH_3)—CH_2CH_2CH=C(CH_3)CH_3	248(4.28), 266(4.06), 302(4.00)
8-二甲烯丙氧基佛手内酯	5-OCH_3, 8-O—C(CH_3)(CH_3)—CH=CH_2	222(4.50), 249(4.30), 265(4.30), 306(4.10)
达木坦宁	5-CHOH—CHOH—C(CH_3)(CH_3)—OH, 8-OCH_3	222(4.49), 250(4.36), 264(4.29), 308(4.14)
塔齐佛林	5-OH, 8-CH_2—CH=C(CH_3)CH_3	223, 278, 339
3-(1,1-二甲基烯丙基)-8-(3,3-二甲基烯丙基)-花椒内酯	3-C(CH_3)(CH_3)—CH=CH_2, 8-CH_2—CH=C(CH_3)CH_3	226sh(4.39), 265(4.24), 335(4.11)
黄皮香素	7-OCH_3, 8-C(CH_3)(CH_3)—CH=CH_2	230(4.24), 270(4.36), 330sh(3.96)
去甲黄皮香素	7-OH, 8-C(CH_3)(CH_3)—CH=CH_2	225(4.22), 275~280(4.20), 335(4.04)

续表

化合物名称	取代基	吸收带 λ_{max}^{EtOH}/nm(lgε)
阿维西宁	—	250(4.51), 257(4.61), 301(4.28)
7-羟基坡里宁	—	215(4.43), 327(3.81), 347(3.69), 367(3.86), 387(3.67)
柯劳马灵	—	225(4.12), 248(3.59), 250(3.49), 298(3.89), 332(4.83)
地塔劳内酯	—	222(4.17), 244(4.37), 250(4.47), 294(4.37), 297(4.38), 309(4.28), 344(4.04)
环埃里香素	—	277(4.10), 289(4.00), 309(3.82), 323(3.65)
埃里香素	—	278(4.10), 289(4.00), 308(3.82), 323(3.70)
浩替林	—	251(4.36), 290(4.32), 340(4.03)
异埃里香素	—	275(4.08), 288(4.07), 308(3.83), 323(3.67)
前胡灵	—	222(4.45), 247(3.69), 258(3.59), 300(4.09), 325(4.28)
前胡里定	—	220(4.28), 246(3.60), 257(3.46), 300(4.20), 324(4.38)
前胡劳灵	—	220(4.00), 246(3.57), 257(3.55), 300(4.08), 324(4.30)
白前胡甲素	—	215(4.47), 255(3.69), 323(4.17)
白前胡乙素	—	215(4.48), 257(3.89), 326(4.29)

① 表引自文献[2]表 12.1 和表 12.2。

（四）木脂素类化合物的紫外-可见吸收光谱

木脂素类化合物的紫外-可见吸收光谱数据见表 1-20。

表 1-20 木脂素类化合物的紫外-可见吸收光谱数据①

化合物名称	吸收带 λ_{max}/nm(lgε)	溶剂②
鬼臼脂素类		
鬼臼毒	205(4.76), 290(3.63)	E
苦鬼臼毒	205(4.75), 290(3.61)	E
闭花木质素	247(4.19), 347(4.02)	E
山荷叶脂素苷	262(4.80), 294(3.99), 315(4.02), 335(3.68)	E
山荷叶脂素	230(4.23), 268(4.60), 294(3.81), 312(3.78), 325(3.77), 360(3.54)	E
海里𠺕辛	267(4.66), 290(3.70), 354(3.88)	E
索马榆脂酸	330.5(4.13)	E
α-去水鬼臼脂素	242(4.47), 311(3.88)	E
γ-去水鬼臼脂素	245.5(4.31), 350(4.10)	E
β-去水鬼臼脂素	290(3.69)	E
奥托肉豆蔻脂素	234(3.97), 287(3.82)	E
奥托肉豆蔻酚脂素	234(3.95), 287(3.82)	E
普里卡酸	281(3.58), 307(2.42)	E
4′-去甲基-去氧鬼臼脂素-β-D-葡萄糖苷	292(3.68)	E
去氧鬼臼脂素-1-β-D-葡萄糖苷酯	289(3.68)	E
4′-去甲基鬼臼脂素	286(3.66)	E
α-足叶草脂素	210(4.46), 274(3.41)	E
β-足叶草脂素	210(4.76), 273(3.26)	E
台湾脂素 C	217(4.30), 223(4.29), 251sh, (4.60), 257(4.64), 2.94(3.99), 305(3.96), 350(3.70)	M
台湾脂素 E	230(4.20), 263sh, (4.30), 269(4.30), 290sh, (3.80), 308~313(3.73), 322(3.76), 357(3.45)	M
爵床脂素 C	260(4.68), 265(4.71), 300(3.91), 317(3.98), 355(3.55)	$CHCl_3$

续表

化合物名称	吸收带 λ_{max}/nm(lgε)	溶剂②
爵床脂素 D	262(4.59), 300(3.92), 317(3.98), 355(3.52)	$CHCl_3$
崖柏脂酚	264(4.59), 312(3.89), 323(3.88), 365(3.69)	E
去羟基柏脂酚	259(4.36), 315(3.88), 356(3.64)	E
去氢鬼臼脂素	226(4.49), 262(4.62), 323(4.02), 356(3.74)	E
新爵床脂素 A	264(4.69), 298(4.01), 319(4.03), 355(3.47)	E
爵床脂素 A	265(4.35), 295(4.13), 315(4.13), 355(3.33)	E
爵床脂素 B	260(4.52), 295(4.13), 310(4.13), 350(3.41)	E
铁杉脂素	283(3.52)	E
阿特脂素	223(4.16), 287(3.69), 294sh, (3.63)	E
奥斯特木脂素-1	244sh(3.91), 288(3.70), 293(3.68)	E
异苦鬼臼酮	235(4.36), 259(4.02), 318(3.81)	E
纽地波苷	280(3.57)	E
奥托肉豆蔻酮	236(4.35), 288(4.00)	—
普洛斯特定 A	230(4.43), 255(4.86), 300~305sh(3.33), 310(3.28), 315(3.25), 345sh(2.98)	M
松脂素类		
松脂素	237(3.91)287(3.86)	二噁烷-水
花椒酯酚	233(4.04)283(3.84)	E
花椒脂内酯	237(3.61)287(3.60)	E
里立脂素	212(4.77)270(3.16)	E
新苦梓脂素	232(3.58)279(3.03)	E
胡麻脂素	236(3.93), 293(3.89)	E
芝麻脂素	237(3.90)288(3.85)	E
波罗宁脂素	237(4.01)287(3.94)	E
透骨草脂素	236(4.20)295(4.00)	E
阿波特醇酯	237, 287	M
阿波特内酯	238, 287	M
爵床素林脂素	228(4.32), 282(3.78)	M
辛普勒脂素	235(4.12), 292(4.04)	—
斯品辛脂素	233, 283	M
五味子素类		
五味子甲素	218(4.80), 248(4.27), 280(3.68)	E
五味子乙素	218(4.70), 256(4.19), 280(3.81)	E
五味子丙素	218(4.70), 256(4.09), 280(3.88)	E
五味子醇甲	217(4.72), 251(4.26), 280(3.63)	E
五味子醇乙	217(4.71), 251(4.15), 280(3.68)	E
五味子酯甲	233(4.81), 257(4.20), 292(3.83)	E
五味子酯乙	217(4.74), 255(4.14), 297(3.71)	E
五味子双醇	216(4.75), 255(4.19), 292(3.79)	E
卡特苏灵 I	230(4.42), 254(4.05), 278(3.54)	M
卡特苏灵 II	231(4.48), 255(4.02), 280(3.50)	M
柯米辛 D	216(4.57), 256(3.94), 294(3.68)	M
柯米辛 A	218(4.88), 253(4.30), 281sh(3.76), 290sh(3.57)	M
柯米辛 F	220(4.77), 256sh(4.13), 288(3.42)	M
柯米辛 J	214(4.70), 248(4.15), 276(3.53)	E

①表引自文献[2]表 13.1，表 13.3，表 13.4。

②表中溶剂代号含义同表 1-14。

（五）醌类化合物的紫外-可见吸收光谱

醌类化合物的紫外-可见吸收光谱数据见表 1-21。

表 1-21 醌类化合物的紫外-可见吸收光谱数据①

化合物	吸收带 λ_{max}/nm(lgε)	溶剂①	化合物	吸收带 λ_{max}/nm(lgε)	溶剂①
2-异戊基对苯醌	243(4.28), 315(2.87), 440(1.52)	乙醚	柯地色醌 A 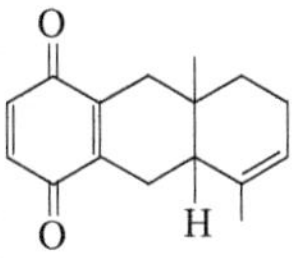	250(4.1), 348(2.9)	E
2-甲基-5-异戊基苯醌	251(4.28), 258sh(4.23), 310(2.50)	E			
2-甲基-5-牻牛儿基苯醌 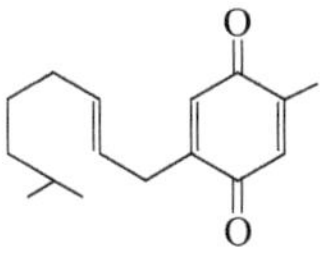	250(4.35), 257(4.28), 308(2.43)	己烷	柯地色醌 B 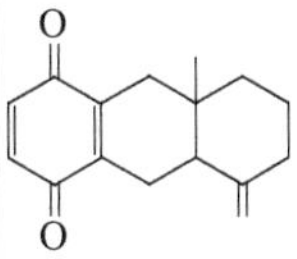	250(4.1), 348(2.9)	E
麝香草醌 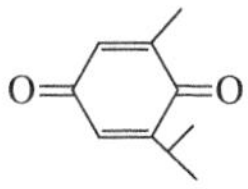	276(3.41), 252sh(3.39)	E	柯地色醌 C 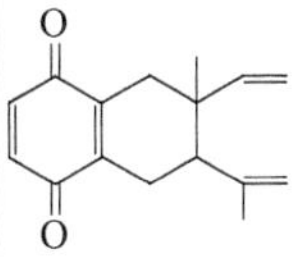	250(4.1), 348(2.9)	—
α-生育醌 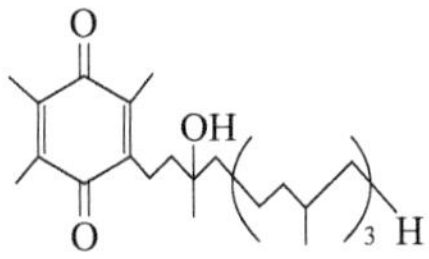	261(4.38), 269(4.29)	E	植醌 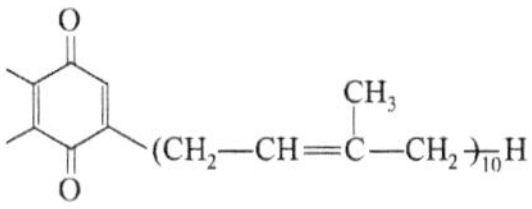 $(CH_2-CH=C(CH_3)-CH_2)_{10}H$	261(4.2), 314(2.5)	石油醚
拉哥色醌 A(*S*) 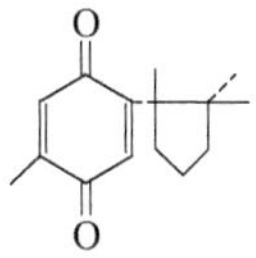	257(4.25), 310(2.55), 435(1.55)	E	弗鲁克力醌 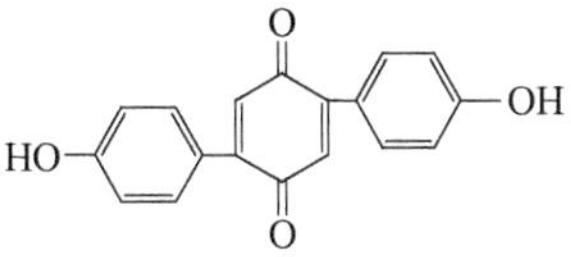	234sh(4.47), 281.5(4.00), 329(3.9), 377sh(3.5)	环己烷
拉哥色醌 B(*S*) 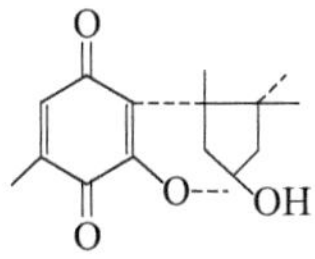	268(4.10), 412(2.98)	E	普力明 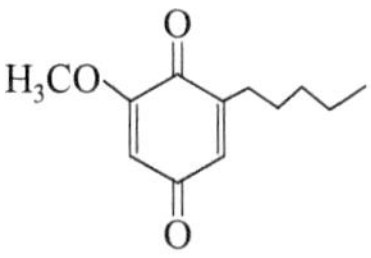	267(4.33), 365(2.54)	E
普斯托醌 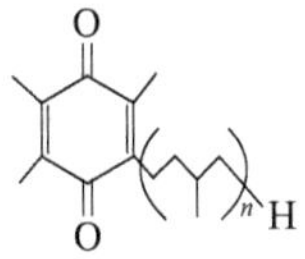	254(4.31), 261(4.34), 314(2.93)	石油醚	沙柯登醌酸 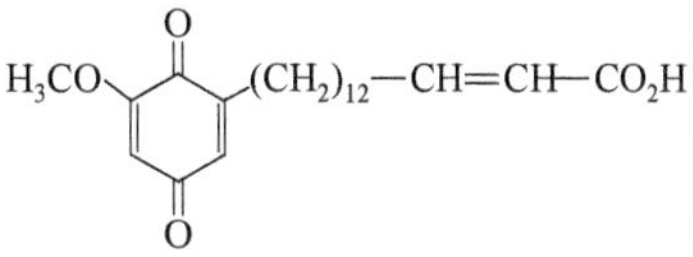 H_3CO, $(CH_2)_{12}-CH=CH-CO_2H$	264(4.82), 366(3.12)	E
植物普斯托醌 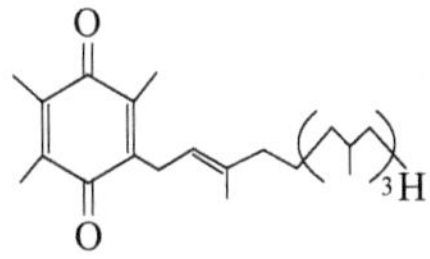	254, 261	环己烷	端节醌 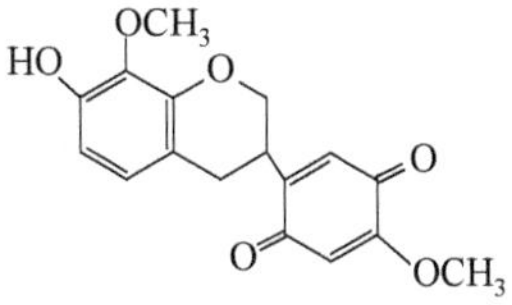	230sh(4.01), 264(4.13), 360(2.00)	E

续表

化合物	吸收带 λ_{max}/nm(lgε)	溶剂[①]	化合物	吸收带 λ_{max}/nm(lgε)	溶剂[①]
肖楠醌 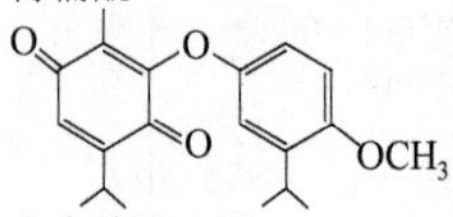	230sh(4.15), 260(4.27), 284sh(3.57), 363(2.98), 455(2.61), 4.75(2.5)	环己烷	4′-羟基-4-甲氧基黄檀醌 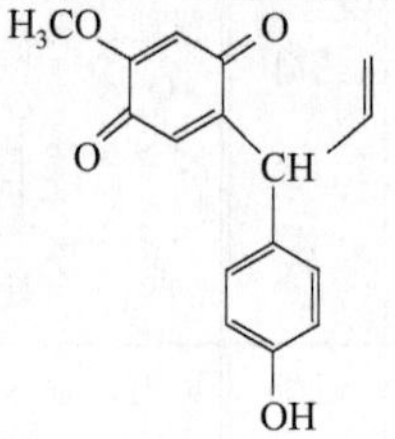	228(4.10), 262(4.12), 330(3.22)	—
扇力林醌乙醚 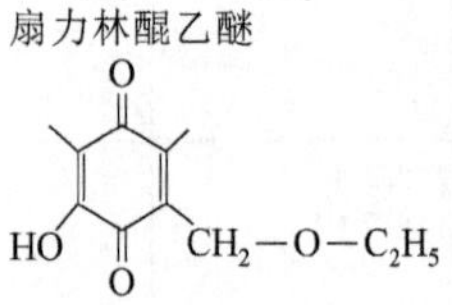	269.5(4.14), 404(2.76)	M			
托拉醌 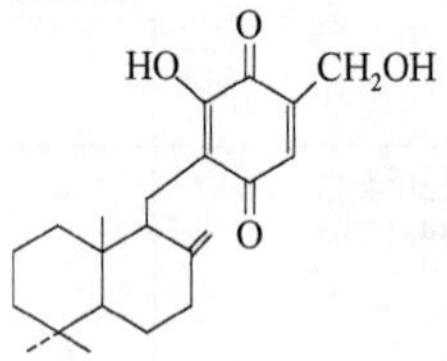	266(4.0), 415(3.07)	M	4-甲氧基黄檀醌 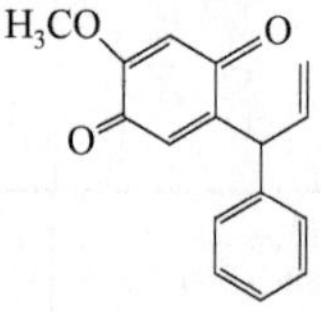	260(4.18)	—
柏力醌 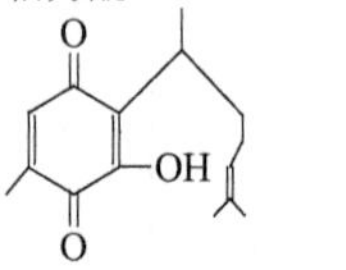	206(4.15), 266(4.05), 412(3.01)	E	4, 4′-二甲氧基黄檀醌 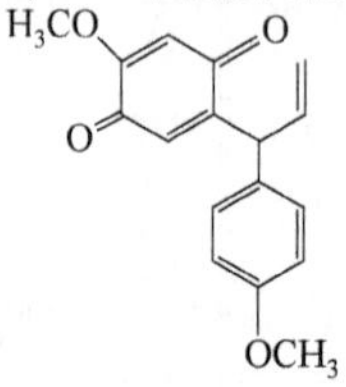	228(4.16), 258(4.13), 333(3.23)	
羟基柏力醌 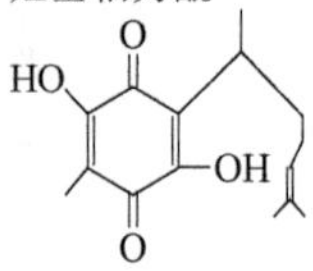	295(4.25), 425(2.41)	E	报特拉醌 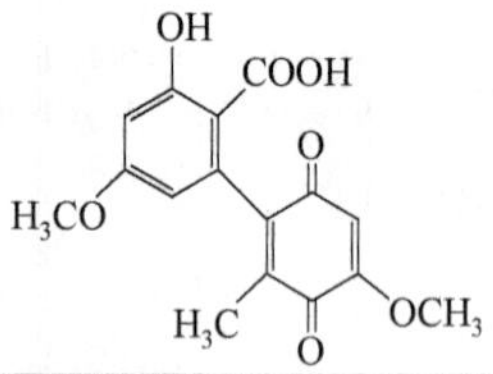	238(4.36), 273(4.20), 370(3.95)	—
去羟赫力柯巴西醌 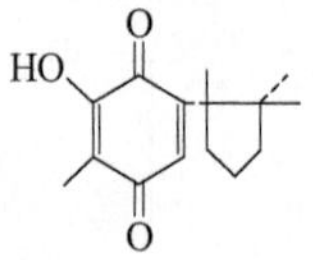	274(4.11), 404(3.02)	E	3, 4-二甲氧基黄檀醌 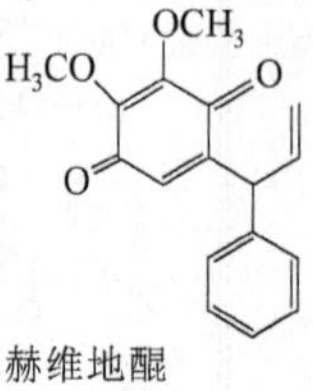	260(4.05), 405(3.00)	—
红醌 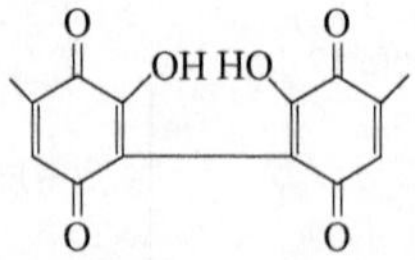	268(4.52), 406(3.36)	$CHCl_3$	赫维地醌 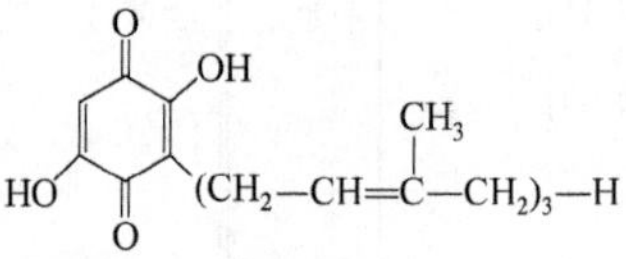	287(4.33)	E
扇力林醌 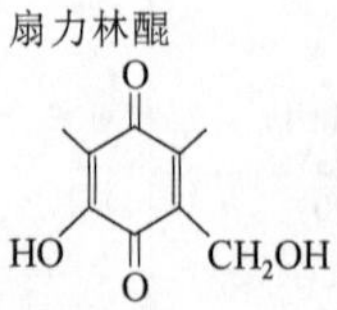	272(4.05), 406(2.07)	$CHCl_3$	波文醌 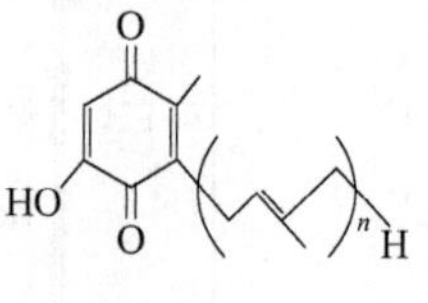	287(4.31)	E
蔓索醌 B 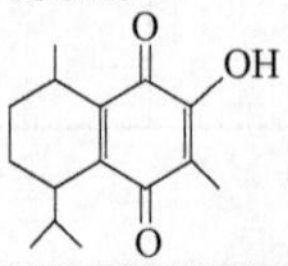	226(3.86), 272(3.69), 408(2.40)	E	珠沙根醌 B 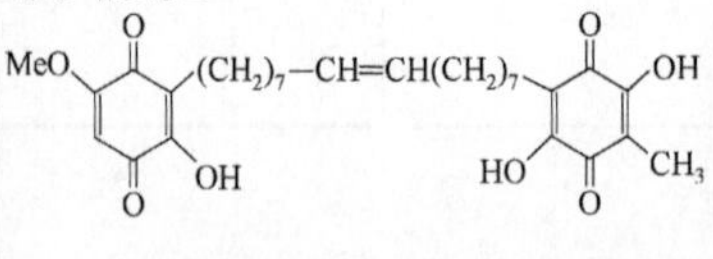	291(4.56), 420~428 (2.82)	E

续表

化合物	吸收带 λ_{max}/nm(lgε)	溶剂[①]	化合物	吸收带 λ_{max}/nm(lgε)	溶剂[①]
珠沙根醌 A 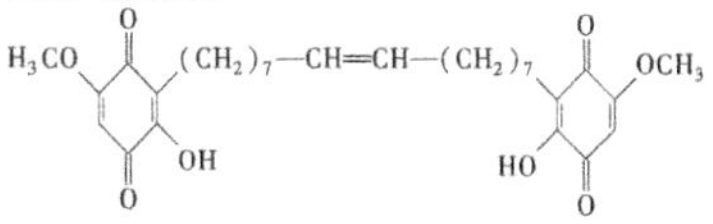 O　O H_3CO　$(CH_2)_7$—CH=CH—$(CH_2)_7$　OCH_3 OH　HO O　O	289(4.66), 415~425 (2.83)	E	乌比醌 n=1~12 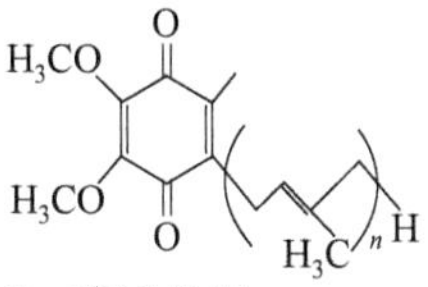 O H_3CO H_3CO O　H_3C　n　H	275, 405	E
珠沙根醌 C 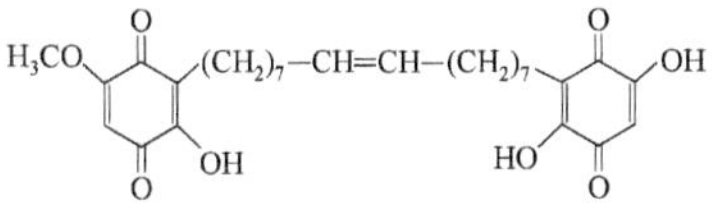 O　O H_3CO　$(CH_2)_7$—CH=CH—$(CH_2)_7$　OH OH　HO O　O	281(4.40), 420(2.87)	E	X-二氢乌比醌 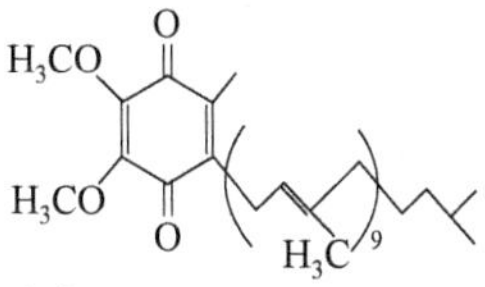 O H_3CO H_3CO O　H_3C　9	275(4.08)	E
黄精醌 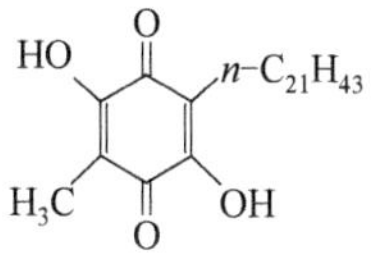 HO　O　n-$C_{21}H_{43}$ H_3C　OH O	295(4.32), 417(2.33)	$CHCl_3$	沙草醌 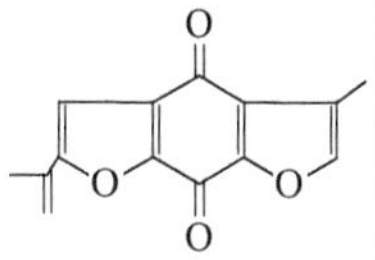 O O　O O	259(4.46), 347(3.50), 473(3.63)	E
杜茎山醌 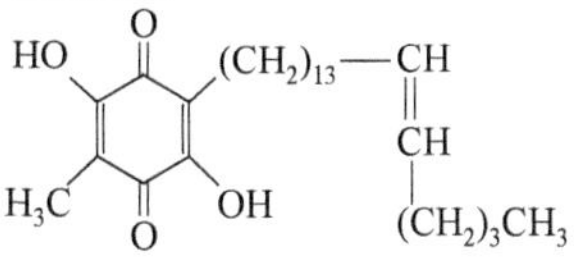 HO　O　$(CH_2)_{13}$—CH CH H_3C　OH　$(CH_2)_3CH_3$ O	295(4.36), 440(2.58)	E	四氢沙草醌 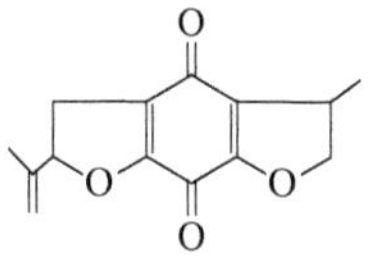 O O　O O	264(3.66), 323(4.36), 480(2.10)	E
赫力柯巴西醌 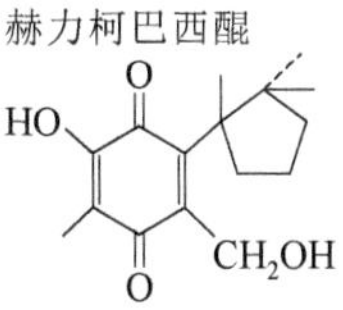 O HO CH_2OH O	297(4.15), 377(2.61), 430(2.47)	E	二氢沙草醌 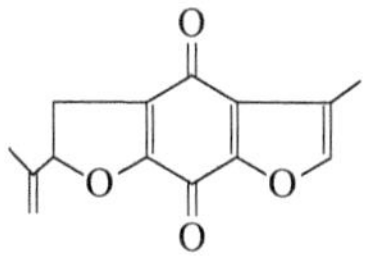 O O　O O	275(4.28), 334(3.93), 463(2.75)	E
大叶杜茎山醌 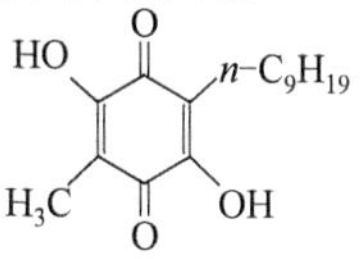 HO　O　n-C_9H_{19} H_3C　OH O	295(3.15)	E	羟基沙草醌 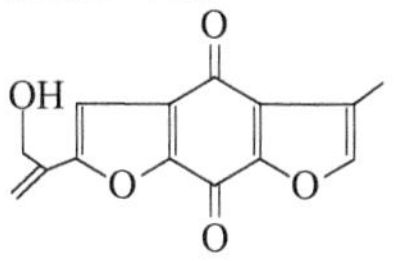 O OH O　O O	262(4.62), 347(3.49), 473(3.62)	E
维朗醌 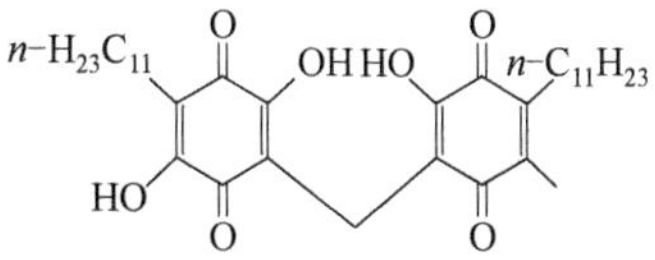 n-$H_{23}C_{11}$　O　OH HO　O　n-$C_{11}H_{23}$ HO O　O	290.5(5.55), 295(5.56), 416(2.30)	二噁烷	酸橙醌 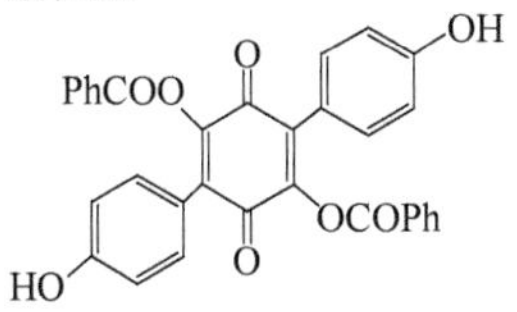 OH PhCOO　O OCOPh HO　O	234(4.71), 402(3.70)	二氧杂环己烷 E
欧斯色醌 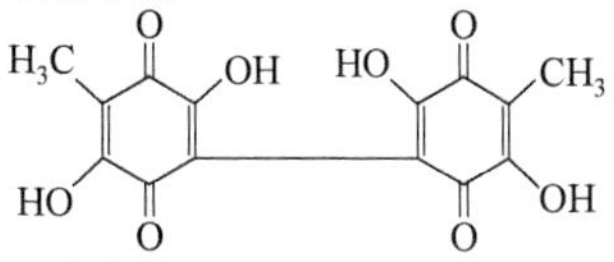 O　O H_3C　OH　HO　CH_3 HO　OH O　O	287(4.60), 435~450(2.85)	E			
阿米登醌 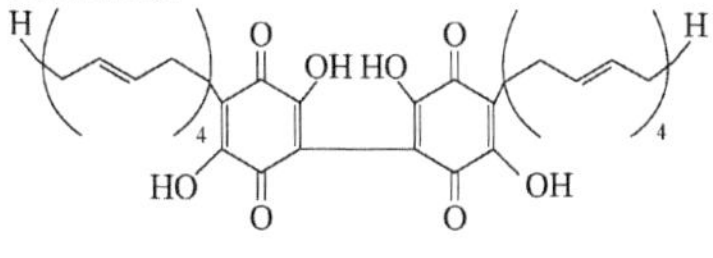 H　O　O　H OH HO 4　4 HO　OH O　O	228(4.45), 288(4.45)	E	猪苓醌 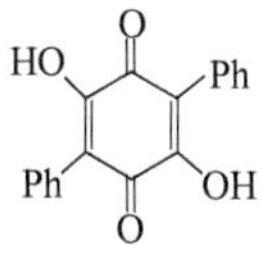 O HO　Ph Ph　OH O	256(4.63), 262(4.63), 330sh(4.06), 465(2.60)	E
斯皮双醌 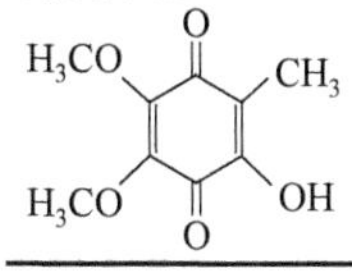 O H_3CO　CH_3 H_3CO　OH O	297(4.35), 460(2.29)	$CHCl_3$	醌式红花苷 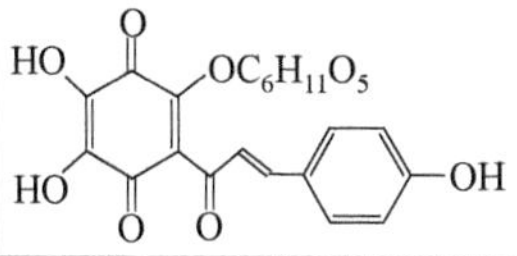 O HO　$OC_6H_{11}O_5$ HO　OH O　O	242, 368, 510	—

续表

化合物	吸收带 $\lambda_{max}/nm(\lg\varepsilon)$	溶剂[①]
柄苣醌	246(3.85), 300(4.09), 385(4.47)	E
罗多醌	283(3.99), 500(3.34)	E
多米霉素 A	218(4.24), 320(4.02), 520(2.72)	M
多米霉素 B	217(4.39), 360(4.36), 555(2.32)	M
链霉醌	245, 375	M
阿它门醌	269(4.40), 366(3.64)	二噁烷
3-黑色麝香醌	267(4.22), 285sh(3.88), 389(3.17), 480sh(2.55)	—
特里酚酸醌	217(4.33), 264(4.27), 305(4.30), 390sh(3.43), 483(3.86)	
落羽松双酮	320(4.40), 332(4.40), 400(3.30)	M
落羽松酮	316(4.30)	M
落羽松醌	276(4.10), 408(2.90)	—
姜黄醌	253(4.02)	M
卡达里醌	241(4.11), 283(3.90), 333(3.70), 471(3.07)	M
西门醌	233(4.41), 277(4.10), 315(4.18), 345(4.09), 390(3.89)	—
信筒子醌	292.5(4.24), 427(2.53)	E
酸牛金醌	292.5(4.24), 435(2.42)	E
2-羟基-5-甲氧基-3-十五烷基对苯醌	289(4.21), 424(2.65)	E

① 本表中溶剂代号含义同表 1-14。

参考文献

[1] 黄君礼, 鲍治宇. 紫外吸收光谱法及其应用. 北京: 中国科学技术出版社, 1992.
[2] 黄量, 于德泉. 紫外光谱在有机化学中的应用: 下册. 北京: 科学出版社, 1988.
[3] 周名成, 俞汝勤. 紫外与可见分光光度分析法. 北京: 化学工业出版社, 1986.
[4] 陈国珍, 黄贤智, 等. 紫外-可见分光光度法. 北京: 原子能出版社, 1983.
[5] 罗庆尧, 邓延倬, 等. 分光光度分析. 北京: 科学出版社, 1992.
[6] 中国科学院上海药物研究所植物化学研究室编译. 黄酮体化合物鉴定手册. 北京: 科学出版社, 1981.

第二章 紫外-可见分光光度计[1]

自 1945 年美国 Beckman 公司推出世界上第一台成熟的紫外-可见分光光度计商品仪器以后，紫外-可见分光光度计得到飞速发展，但至今仍以色散型仪器为主，以光源、单色器、样品室、检测器、放大和控制系统及显示系统等六个组件按直线排列方式组合的结构基本没变。仪器的发展大体经历了三代：第一代光度计采用真空电子管、模拟读出和棱镜分光进行设计，用手工操作；第二代产品普遍采用晶体管分立元件组成电路，随之采用集成电路和插入件功能板、数字读出装置和光栅分光；第三代光度计采用了计算机技术，仪器的控制、监测与校正、光谱采集与处理、数据存储与分析等都由计算机完成，紫外-可见分光光度计已成为光、机、电、计算机四位一体的技术密集型的高科技产品。目前世界上顶级的研究型紫外-可见分光光度计的杂散光已达 8×10^{-7}，噪声为$\pm0.0002A$，具有优异的光学性能；采用了 InGaAs 固体检测器，大大提高了仪器的灵敏度；多样和灵活的附件及独特的样品室设计进一步拓展了它的应用，提高了分析效率，缩短了分析复杂物质所需时间。在近 20 多年间，多通道检测器件（如 CCD、CID、MOS 图像传感器等）的迅速发展、平场凹面全息光栅的诞生、新型色散元件声光可调谐滤光器（AOTF）等固态电调谐器件的出现使色散系统的发展进入了小型化和固态化的新阶段，由于采取多通道并行测量的方式，不需要机械扫描，测量速度大大提高。新一代的紫外-可见分光光度计向着高速、微量、智能化、小型化、低杂散光和低噪声方向发展。

第一节 紫外-可见分光光度计分类与结构概述

一、紫外–可见分光光度计分类[2]

紫外-可见分光光度计是度量介质对紫外-可见光区波长的单色光吸收程度的分析仪器，按不同的分类标准可作如下分类。

1. 按工作波段的不同

可分为：①真空紫外分光光度计（0.1～200nm）；②可见分光光度计（350～800nm）；③紫外-可见分光光度计（185～900nm）；④紫外-可见近红外分光光度计（185～2500nm）。

2. 按分光元件

可分为：①棱镜型分光光度计；②光栅型分光光度计；③声光调制滤光紫外-可见光谱仪。光栅型分光光度计又可分为扫描光栅型和固定光栅型两种。

许多高档紫外-可见分光光度计大多由棱镜和光栅两种分光元件联合组成分光系统，来自光源的光，经前置单色器色散后，再进入主单色器分光，其主要特点是可将杂散光降得很低并提高光谱分辨率。而单纯的棱镜型分光光度计已基本不再生产，目前国际上不再按分光元件来分类。

3. 按仪器结构

可分为：①单光束紫外-可见分光光度计；②准双光束紫外-可见分光光度计；③双光束紫外-可见分光光度计；④双波长紫外-可见分光光度计。

4. 按扫描速度　有动力学分光光度计。

5. 按是否分光

分为：①色散型紫外-可见分光光度计；②傅里叶变换紫外-可见光谱仪。

二、紫外-可见分光光度计结构概述

（一）单光束紫外-可见分光光度计

单光束紫外-可见分光光度计只有一束单色光、一只吸收池和一只光电转换器，其结构组成如图 2-1 所示。

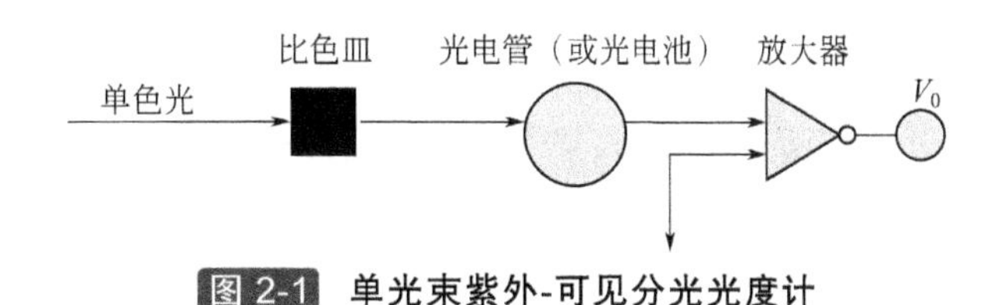

图 2-1　单光束紫外-可见分光光度计

我国生产的 75 系列（如 751、752）等紫外-可见分光光度计和 72 系列（如 721、722 等）紫外-可见分光光度计都是单光束仪器。这类仪器的特点是结构简单、价格低、操作方便，主要适于做定量分析，但是杂散光、光源波动和电子学噪声都不能抵消，故光度准确度差。许多单光束仪器与计算机联结，实现了全波段的自动扫描，这类仪器的光路结构不同于通常的单光束仪器，从光源发射的复合光先通过样品吸收池，再由光栅进行色散，色散后单色光为短聚焦，能量较强，直接由光二极管阵列检测器接收。

（二）准双光束紫外-可见分光光度计

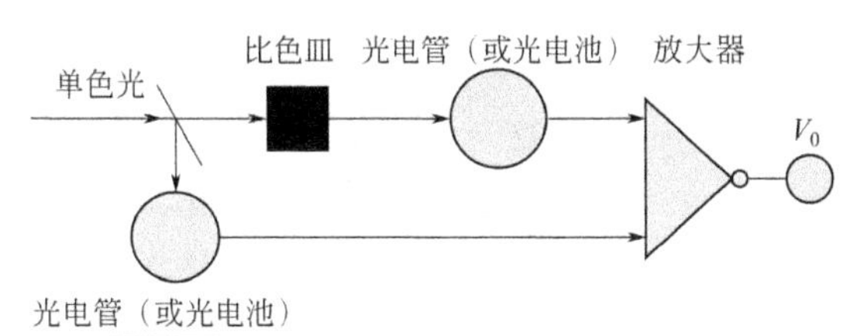

图 2-2　准双光束紫外-可见分光光度计

准双光束紫外-可见分光光度计有两束单色光、一只吸收池、两只光电转换器，其组成如图 2-2 所示。

我国生产的 TU-1800、TU1800S、TU1800PC、TU-1800SPC、UV-762、UV-1600 都属准双光束紫外-可见分光光度计。它有两束光，可抵消光源波动和部分电子学噪声，但不能消除杂散光，光度准确度好于单光束仪器。

（三）双光束紫外-可见分光光度计

双光束紫外-可见分光光度计有两束单色光、两只吸收池，但光电转换器可以是两只的也可以是一只的，目前国际上双光束紫外-可见分光光度计绝大多数是只有一只光电转换器的仪器，其组成如图 2-3 所示。

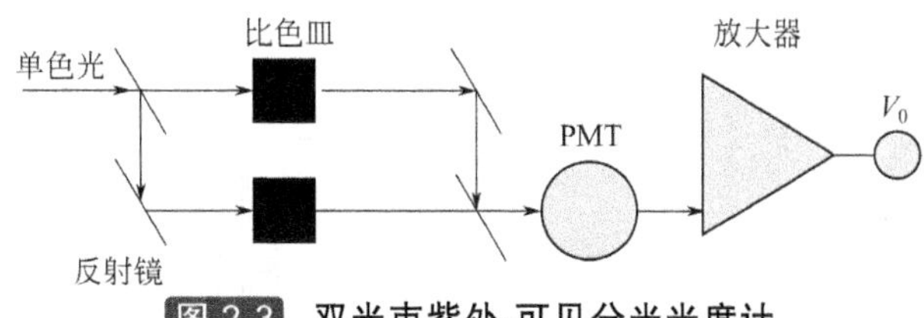

图 2-3　双光束紫外-可见分光光度计

单色光分为两束的方法有两种：一种是在单色器和样品室之间装置一个旋转扇形反射镜（切光器），使单色光转变为交替的两束光，分别通过参比池和样品池，然后将两透射光束聚焦到同一检测器，它交替接收两光路的光信号，检测器输出信号的大小决定于两光束强度比；另一种利用光束分裂器和反射镜来获得两个分离光束，采用前一种分时双光束形式的分光光度计较为普遍。

双光束分光光度计的电子测量系统有两种类型：光学零位平衡式和电学比例记录式。在光学零位平衡式仪器中，来自样品和参比的信号直接输到伺服马达，当两者信号不等时，伺服马达带动位于参比光路中的光楔，使两者信号达到平衡。在电学比例双光束系统中，切光器置于样品池和参比池之前，将单色光调制成一定频率的断续光后交替通过样品池和参比池，然后在检测器中产生相应的样品信号和参比信号，由解调器将两个信号分开，并测量两信号之比。采用电学比例记录式电子测量系统的双光束分光光度计较为普遍。

美国的 Lambda900、Cary6000，日本的 UV-2450、UV-3010 及我国的 TU-1901、TU-1900 等都属这类仪器。由于双光束紫外-可见分光光度计有两束光，光源波动、杂散光、电子学噪声等的影响都能部分抵消，故光度准确性好。双光束的仪器结构较复杂，价格较贵。双光束仪器便于进行自动记录，在短时间内可记录全波段范围内吸收光谱，特别适合于结构分析。

（四）双波长紫外–可见分光光度计

有两个单色器，产生波长分别为 λ_1 和 λ_2 的两束单色光，通过切光器交替入射到吸收池，经检测器变成电信号，电信号经电子学系统处理，转化为两束光之间的吸光度差值 ΔA，其结构如图 2-4 所示。

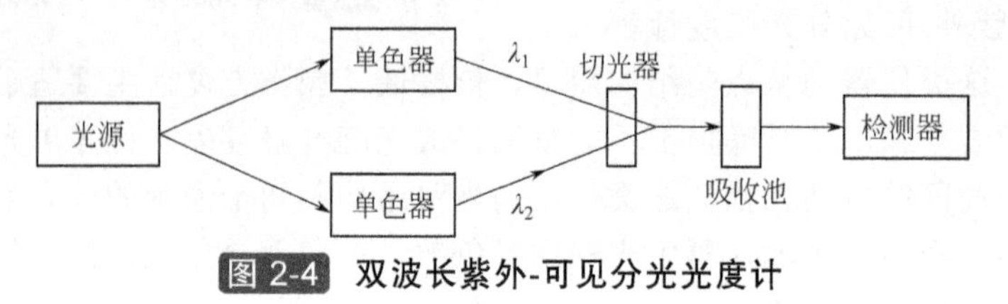

图 2-4 双波长紫外-可见分光光度计

双波长紫外-可见分光光度计主要用于多组分试样的测定。

（五）高速动力学分光光度计[3]

高速动力学分光光度计是指全谱扫描速度<0.1s，具有时间分辨本领的快速扫描吸收光谱的分光光度计，主要应用于测量快速反应中瞬态反应产物的吸收光谱和吸光度。这类仪器的检测器采用光电二极管阵列（PDA）检测器或电荷耦合器件，其快速扫描装置包括多道光探测器（MCPD）、高速存储器、数据处理装置和监视示波器等。

这类仪器的光学系统结构原理示意见图 2-5。该光学系统采取了多色器位于样品室之后的光路设计方案，快门控制入射光栅的光通量，为避免光源切换，采用背透氘灯，氘灯后向开有通光小孔，其他光源的光可以通过此小孔。色散器件选用消像差平场全息凹面光栅，检测器采用带石英窗、光谱响应范围为 200～1000nm 的增强型 CCD。

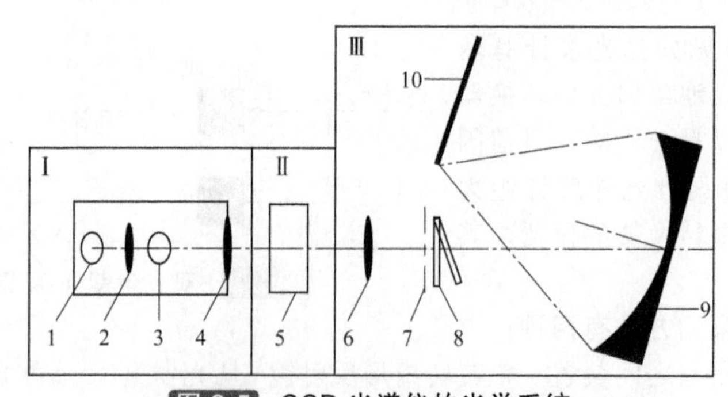

图 2-5 CCD 光谱仪的光学系统

1—卤钨灯；2,4,6—透镜；3—氘灯；5—样品室；7—狭缝；8—快门；9—平场凹面光栅；10—CCD；Ⅰ—灯室；Ⅱ—样品室；Ⅲ—多色仪

（六）AOTF 分光光度计[4,5]

AOTF 分光光度计是用声光可调谐滤光器（acousto-optic tunable filter，AOTF）作单色器

的分光光度计。AOTF 是一种建立在光学各向异性介质的声光衍射原理上的电调谐滤波器，它利用新型的声光功能晶体材料（如 TeO_2、石英）和压电晶体换能器等制成。当输入一定频率的射频信号时，AOTF 会对入射多色光进行衍射，从中选出波长为 λ 的单色光，单色光波长 λ 和射频频率 f 相关，只要通过电信号的调谐即可快速随机改变光的输出波长。AOTF 分光光度计系统结构见图 2-6。

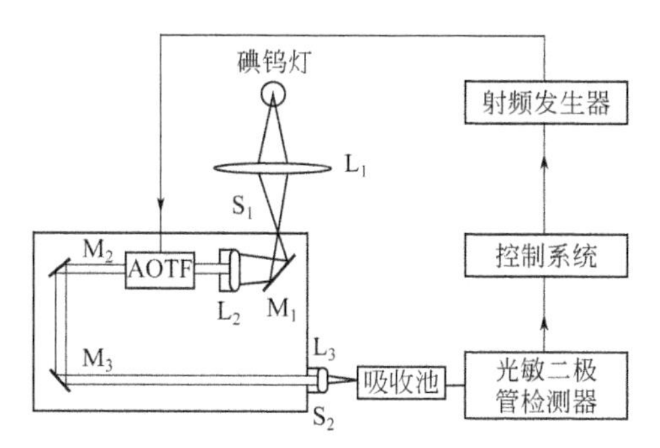

图 2-6 AOTF 分光光度计结构示意图

L_1，L_3—聚焦镜；L_2—准直镜；M_1，M_2，M_3—反射镜；S_1，S_2—入口和出口光阑

（七）便携式紫外-可见分光光度计[6]

传统紫外-可见分光光度计一般体积大，只适于实验室应用。20 世纪 70 年代后，随着电子技术、固态多通道检测技术、平场凹面全息光栅技术、光纤技术和触摸屏技术的发展，设计便携式紫外-可见分光光度计成为可能。它是由小型化色散系统、小型化集成光纤光源、电池、触摸屏和主电路板组成的。以平场凹面全息光栅和多通道检测器组成的色散系统的结构如图 2-7 所示。光源采用紫外-可见光纤光源，其内部安装钨灯和氘灯并集成了供电电源，光源出口处安装标准样品池支架，测试样品用样品池或测试探针置于系统外部。

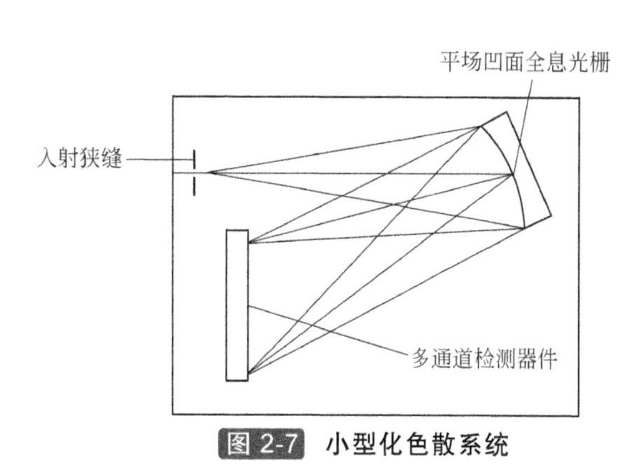

图 2-7 小型化色散系统

第二节 紫外-可见分光光度计的主要部件

一、光源

紫外-可见分光光度计的光源在紫外光区常用氘灯或氢灯，最早作为紫外-可见分光光度计紫外连续光源的是氢灯，于 1927 年由 Steiner 研究成功。1961 年 Levikov 以氘气代替氢气封入灯中制成了氘灯。由于氘灯的发射强度和使用寿命比氢灯大 3～5 倍，氢灯在 300nm 以上能量已很低，而氘灯可使用到 350nm，氘灯使用波长范围为 190～360nm，因此，氘灯已经取代氢灯成为紫外-可见分光光度计的主要光源。可见光区常用光源为钨灯或卤钨灯，当钨灯灯丝温度达 4000K 时，其发射能量大部分在可见光区，但灯的寿命显著减小，因此用卤钨灯代替钨灯，其使用波长范围为 350～2000nm。还可作为紫外-可见分光光度计光源的有氙灯、汞灯及属于激光光源的氩离子激光器和可调谐染料激光器等。

（一）氘灯[7,8]

1. 氘灯的工作原理和构造

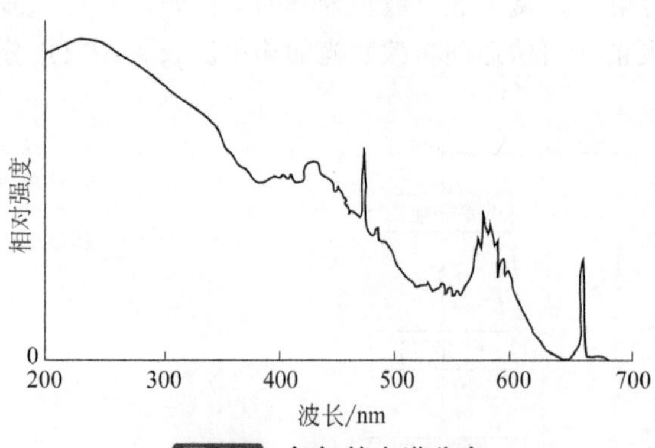

图 2-8 氘灯的光谱分布

氘灯是一种气体放电光源，灯丝阴极发射的热电子在电场加速下向阳极运动，与氘气分子发生非弹性碰撞而使氘气分子激发。当氘分子分解成氘原子时多余能量以光子辐射，该辐射为一定波段的连续光谱，氘灯的光谱分布如图 2-8 所示。

图 2-8 显示在 486.0nm、583.0nm 和 656.1nm 三处各有一条特征谱线，其中在 656.1nm 的谱线常作为分光光度计波长校正谱线。

在氘灯的辐射光谱中，在 160nm 处还可以观察到臭氧的辐射谱，臭氧的存在会在 220～280nm 区域产生吸收，并会导致光辐射的波动和严重的噪声及使光学元件的镀铝表面发生氧化，因此要尽量减少氘灯产生的臭氧。

若在 310nm 附近的发射谱带中发现叠加了锐线成分，就说明氘灯漏气了。由于空气中的氢和氧形成了 OH，因此在上述波段产生了 OH 的锐线辐射。

氘灯的结构主要有两种：标准氘灯和背透氘灯，两者的主要区别是发光点不同，见图 2-9。

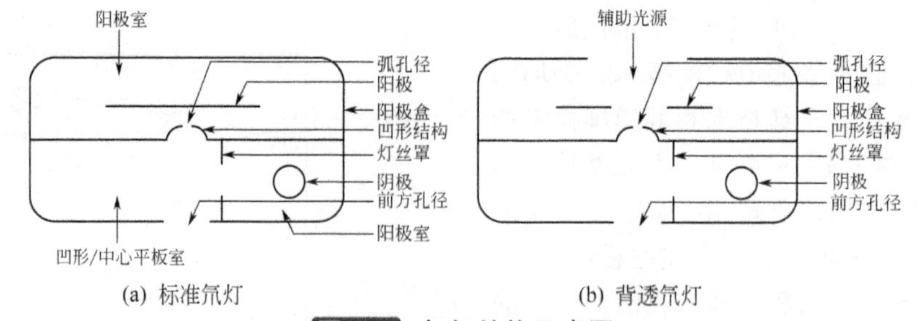

图 2-9 氘灯结构示意图

采用背透氘灯时，可把碘钨灯的辐射聚焦于背透氘灯的弧斑，这样可免去更换光源时使用的反射系统和驱动马达，增加光学结构的稳定性和可靠性。

对于不同光谱段的应用需采用不同窗材的氘灯：

真空紫外区	105nm 以上	LiF
	115nm 以上	MgF_2
紫外区	160nm 以上	熔融石英
	185nm 以上	透紫玻璃

氘灯有插脚式和插脚引线式两种，插脚式氘灯的发光点高度固定不变，调换新氘灯时不需要调节氘灯发光孔高度，而插脚引线式的调换新灯时，一定要调节发光孔的高度，使用不方便。

2. 氘灯主要技术指标及测试方法

（1）灯丝预热电压和预热电流　交流供电，如 2.5V，4A 和 10V，0.8A；直流供电，如(12±1)V，0.8A 等。一般直接用电压表和电流表测量（要求不高）。

（2）触发电压（起辉电压）　一般氘灯的触发电压为 200～600V（直流电压）。国产新灯一般为 200～400V（原上海电光器件厂的 DD2.5 氘灯最低 170V）；进口氘灯的触发电压一般为 300～600V，最高可达 650V。有的氘灯在工作 1000h 后，500V 还可以触发。一般用直流电压表测试，允许 1～5V 的测试误差。

（3）工作电压（管压降） 一般为（75±15）V（即 60V 以下、90V 以上不能正常工作）。也是用直流电压表直接测量。

（4）工作电流 一般 180～350mA 能正常工作（额定工作电流 300mA）。用直流电压表直接测量。

（5）噪声 在冷态状态下点燃，预热 30min 后，通过单色仪，在 220nm 处测试，用光电倍增管作为光接收器，要求相对光通量变化不超过±0.4%，或相对辐射强度变化不超过±0.4%；相对光通量或相对辐射强度的波动就是氘灯的噪声。噪声可以在紫外或有关仪器上做相对测量，但最好采用专用仪器测量。

（6）漂移 要求≤0.5%，测量方法与噪声相同。在冷态状态下点燃氘灯，预热 2h 后，通过单色仪在 220nm 处测试，用光电倍增管作为光接收器。

（7）寿命 一般寿命为 1000h 左右。氘灯寿命测试的合格标准是：在额定电流（300mA）下工作 1000h（进口氘灯工作 2000h）后，光通量为新灯的 50%（采用叠加法或连续法计算均可）。

氘灯使用寿命可采用比较法测试。我国国家标准规定，如果把新的优质氘灯的测试数据作为 100，当被测试的氘灯的能量不足新灯的 45%时，可认为被测试的氘灯寿命已经到期。在调换新灯前，应对新氘灯的稳定性做一次测试，测试时仪器条件为：波长 250nm，光谱带宽 2nm，取能量测量，时间扫描方式，纵坐标能量取 50%左右，在仪器预热 0.5h 后，对新氘灯做一次 1h 漂移测试，在 1h 内漂移小于 0.5%为合格，在 1h 内漂移超过 0.5%为不合格。

3. 影响氘灯寿命的主要因素

① 灯的寿命在很大程度上取决于灯丝表面的电子粉质量和黏合剂的配方，当其表面的涂层氧化物被耗尽，其寿命也就到了。通常当灯不易被点亮时，说明其使用寿命快到了，此时适当提高灯丝电压可点亮氘灯。

② 缓慢漏气是降低氘灯能量和缩短氘灯寿命的主要因素，此时氘灯反而容易被点亮。

③ 日曝现象是缩短氘灯寿命的因素之一，所谓日曝现象是指氘灯的窗材料在紫外线的长时间照射下透射比下降，降低了氘灯能量。

④ 外部温度过高或过低都会使灯内气体消耗过快，使氘灯能量下降，寿命缩短，最佳外部温度为 20～30℃。

⑤ 氘灯寿命和制作工艺有关。

4. 注意事项

灯的寿命与氘灯使用的恒流电源的设计有关。氘灯在点燃前，灯丝一定要经过预热，预热时间一般为 10～30s。若氘灯的触发电压一下就直接加到阳极上，会严重影响氘灯寿命。为延长氘灯寿命，可将氘灯恒流电源的工作电流调节到额定值的一半（约 180mA）。氘灯电源提供的灯丝电压和灯丝电流要与氘灯的要求匹配，其值有两种：一种是 2.5V，4A；另一种是 10V，0.8A。

氘灯在工作时，其外壳温度达数百摄氏度，手不能去触摸灯的外壳以免烫伤，即使在不工作状态，也绝不能用手去触摸氘灯的通光孔部分，以免通光孔沾上手上的油污，在灯点亮后，油迹将永久烧结在灯的表面，会严重影响灯的发光强度。

（二）钨灯（碘钨灯）

早期的可见分光光度计大多用钨灯作光源，灯丝温度为 2870K，此时发射的能量大部分在近红外区，当温度升高到 4000K 时，发射的能量大部分在可见光区。钨灯在不同温度下的能量分布见图 2-10。但此时灯的寿命显著减小，为克服这个缺点，在近代紫外-可见分光光度

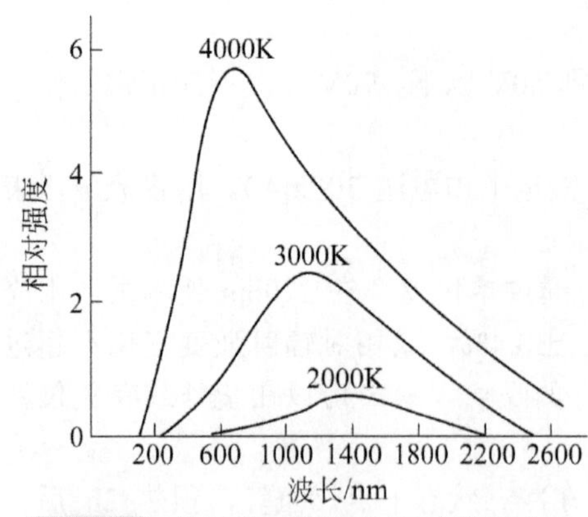

图 2-10 钨灯在不同温度下的能量分布

计中广泛使用卤钨灯替代钨灯。卤钨灯就是在钨丝灯内壳充入一定量的卤素（常用碘）。在 250～650℃温度区间，碘与蒸发在玻壁上的钨反应生成气态碘钨化合物，既保持了玻壁的透明，同时生成的气态碘钨化合物扩散到灯丝的高温区时又分解成碘和钨，抑制了钨的蒸发，游离的碘再和蒸发在玻壁上的钨反应，实现碘钨循环。碘钨灯具有更强的发光强度和更长的使用寿命。

钨灯和卤钨灯有两只插脚，不分正负，可以互换。国产的钨灯在换新灯时大多要调节灯丝高度，比较麻烦。钨灯在工作时，其外壳温度达数百摄氏度，手不能去触摸灯的外壳以免烫伤，也绝不能用手去触摸钨灯的发光面以免沾污。

对钨丝灯来说，要保证电源供电电压必须符合钨灯的额定工作电压，否则会影响其使用寿命并使钨灯工作不稳定。紫外-可见分光光度计钨灯的额定工作电压为 12V，额定工作电流为 2～3A。

紫外-可见分光光度计的稳定性和光源电源有很大关系，当氘灯电源的电流波动 1%，它发出的光通量就要波动 6.7%；钨灯恒压电源的电压波动 1%，它的光通量要波动 3.4%。因此，决定氘灯电源稳定性的三个重要指标必须满足：电压调整率要求达到 0.05%，漂移为 $1\times10^{-3}\sim5\times10^{-4}$，纹波系数要求在 0.5%以内。

若钨灯恒压电源的电压波动 1%，则钨灯发出的光通量要波动 3.4%，所以要求钨灯恒压电源的电压调整率达到 0.05%，纹波系数在 0.5%以内。

有关光源灯的更换和调节可参看仪器的说明书。如 751G 型分光光度计的钨灯的调节方法是先将波长调节至 580nm，狭缝刻度调节至 2mm，将灯罩上反射镜转动手柄扳在“钨灯”位置，接通钨灯开关，将滤光片滑块放在空挡上，用一张白纸插入样品室内的暗电流闸门前，此时在白纸上可观察到明亮完整的长方形的均匀光斑，若不是这样，可以前后左右移动位置固定螺钉，直至光斑达到均匀完整、亮度最强，然后将螺钉重新紧固，再调节钨灯固定板上的三只螺钉以控制灯丝高度来进一步改善光斑质量。必要时可以调节滤光片滑块下方小孔内的调节螺钉来改变入射光角度，使光斑质量得到改善。

氘灯调节方法类似于上述方法，但波长位置调在 220nm 处，在白纸上见到的是一个较暗的均匀的长方形光斑，在调节时更要仔细。

二、单色器

单色器是从光源辐射的连续光源中分离出所需的足够窄波段光束的光学装置，它是紫外-可见分光光度计的核心部分。其性能直接影响光谱带的宽度，从而影响测定的灵敏度、选择性和工作曲线的线性范围。

单色器由入射狭缝、准直镜、色散元件（光栅或棱镜）、物镜和出射狭缝组成。入射狭缝起着限制杂散光进入的作用；准直镜将从入射狭缝射进来的复合光变成平行光；色散元件用来分光；物镜将射到物镜的平行光会聚在出射狭缝上；出射狭缝起限制光谱带宽的作用。

（一）棱镜单色器

棱镜单色器的色散元件为棱镜，棱镜的色散是利用不同波长的光在棱境内折射率的不同将复合光色散为单色光。

棱镜的角色散率可表示为 $d\theta/d\lambda$，它表示偏向角 θ 随波长变化的速率，即为波长差为 $d\lambda$ 的两条相邻谱线被分开的角度。角色散率可写为以下形式：

$$d\theta / d\lambda = (d\theta / dn) \times (dn/d\lambda) \tag{2-1}$$

式中，n 为棱镜材料的折射率；$d\theta/dn$ 表示偏向角随棱镜材料的折射率而改变，其值与棱镜的几何形状和入射角有关；$dn/d\lambda$ 为色散率，表示折射率对波长的变化率，它和棱镜材料的性质有关。在可见光区，玻璃的色散率大于石英的色散率，所以可见分光光度计都采用玻璃棱镜，但是当波长小于 400nm 时，玻璃透光度大大下降，玻璃棱镜不能用于小于 350nm 的紫外光区，而石英在近紫外光区仍有较好的色散率和透光度，所以紫外-可见分光光度计采用石英棱镜。

棱镜的色散作用还和棱镜的几何形状有关，棱镜形状最常用的是直角利特罗棱镜，如图 2-11 所示。

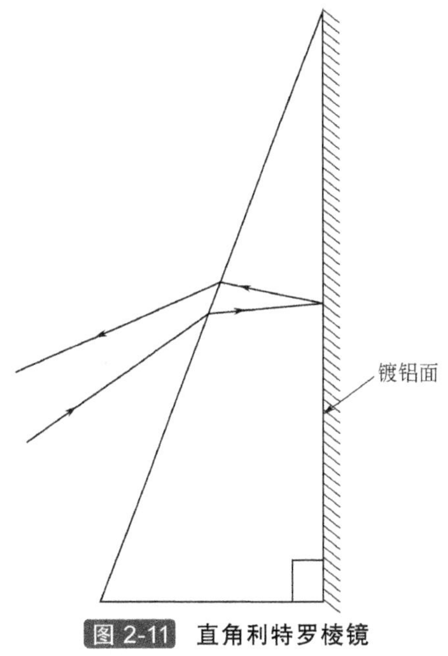

图 2-11　直角利特罗棱镜

光线进入利特罗棱镜后，由棱镜的镀铝面反射回来，再度进入空气，经过棱镜两次色散，其效果相当于顶角为 60° 的等腰棱镜。

棱镜作色散元件时，产生的是一个非线性的波长分配，为了得到一定纯度及一定谱带宽度的单色光，必须随波长变化同时调节狭缝宽度。

现在一般都不再制造棱镜式紫外-可见分光光度计，但我国生产的 751 型紫外-可见分光光度计仍是棱镜式的。

（二）光栅单色器

光栅可定义为一系列等宽等距离的平行狭缝，光栅的色散原理是：以光的衍射和干涉现象为基础，以同样入射角投射到光栅上的不同波长的混合光，其干涉极大都位于不同的角度位置，对于给定的光栅，不同波长的一级主极大或次极大都不重合，而是按波长次序排列形成一系列分立的谱线，从而使不同波长的复合光经光栅衍射后被分开。

光栅元件可分为透射光栅和反射光栅两种，透射光栅是在一块玻璃或其他透明材料上刻画一系列平行等距离的刻线制成的；反射光栅是在一抛光的金属表面上刻画一系列平行而等距离的刻线制成的。根据光栅基面的形状，反射光栅又分为平面和凹面两种。若把光栅的线槽刻制成三角形槽线，并使槽面对光栅表面的夹角保持恒定，此类光栅具有以下特性：当光栅对某个波长的入射光形成的衍射光方向正好与该波长在工作面上的镜面反射方向吻合时，此波长的出射光将比其他波长更明亮，称此为闪耀。因此，这种光栅称为闪耀光栅，它常常被统称为反射光栅。在近代紫外-可见分光光度计中闪耀光栅是最常用的色散元件。

从光栅的刻制方法可将光栅分为机刻光栅和全息光栅两类，制造机刻光栅需要精密的光学机械设备，制造周期长，成本高，故通常使用的是由母光栅作模子制得的复制光栅。由于机刻光栅的线槽难免有缺陷，会在光谱强线两旁产生模糊不清的假线，即所谓的“鬼线”。为避免此缺陷，应寻求新的制造技术。全息光栅的制造过程是：由激光器产生的两束相干的平行光束交会于均匀涂布了光致抗蚀剂的光栅毛坯上时，就会产生均匀、等距的平行直线干涉条纹，使光栅毛坯上的光致抗蚀剂受到不同程度的曝光，再经显影、漂洗和干燥等过程，就可获得与干涉条纹相同的结构表面，在此表面上真空镀铝，就可获得反射全息光栅。并已制得槽形相当接近锯齿形、闪耀性能与机刻光栅相似的全息光栅。

全息光栅有以下优点：

① 工作时不会产生鬼线和伴线；

② 不存在机刻线槽的微观不规则或毛刺，故杂散光小；

③ 改变制作条件，可制作消像差的全息光栅；

④ 可以制作任意尺寸的全息光栅；

⑤ 制造周期短、成本低。

全息凹面光栅根据使用条件和记录参数（两相干点光源位置）不同，通常可分为四种类型，Ⅲ型光栅就是通常所说的平场凹面全息光栅[9]，该光栅是在传统凹面全息光栅的基础上对原来为球面的光栅表面进行调整，以非球面代替原来的球面，从而对原来出射谱面为罗兰圆的光谱带进行了调整，保证其中一部分出射光谱面为平面，并通过选择记录参数在设计过程中对各种像差进行了校正。这类光栅适宜与接收面为平面的固态多通道检测器件配合使用，实现快速光谱分析。Ⅳ型光栅的记录参数和工作参数也都不在罗兰圆上，也是变间距的弯曲刻槽，适宜于制成单色仪，尺寸小、结构简单，亦称为单色仪光栅。

由光栅的微分光栅方程，可得到平面衍射光栅的角色散率：

$$\mathrm{d}\beta / \mathrm{d}\lambda = m/(d\cos\beta) \tag{2-2}$$

式中，β 为衍射角；λ 为波长；m 为光栅的光谱级数；d 为光栅常数。由式（2-2）可知，光栅的角色散率与光谱级数 m 成正比，与光栅常数 d、$\cos\beta$ 成反比，说明高级次光谱更适合高分辨率光谱，光栅的刻槽密度越高，其角色散率越高，光栅的角色散率随衍射角 β 增大而增大。

平面衍射光栅的分辨率 R 公式为：

$$R = \lambda / \Delta\lambda = mN \tag{2-3}$$

式中，N 为光栅的刻槽总数。由式（2-3）可知，增大光栅工作级次 m 和光栅的刻槽总数 N 都可以提高光栅的分辨率。

由于光栅的色散率高、可用的波长范围宽，因此目前的紫外-可见分光光度计都采用光栅作色散元件。用光栅作单色器产生的光谱中各条谱线间距离相等，此时狭缝宽度不必随波长变化而改变，但由于各次级光谱重叠而相互干扰，需要用适宜的滤光片除去杂散光。

（三）声光可调谐滤光器（AOTF）的色散系统[10]

AOTF 是 20 世纪 70 年代出现的一种新型色散元件，结构如图 2-12 所示，它由声光介质、换能器阵列和声终端 3 部分构成。

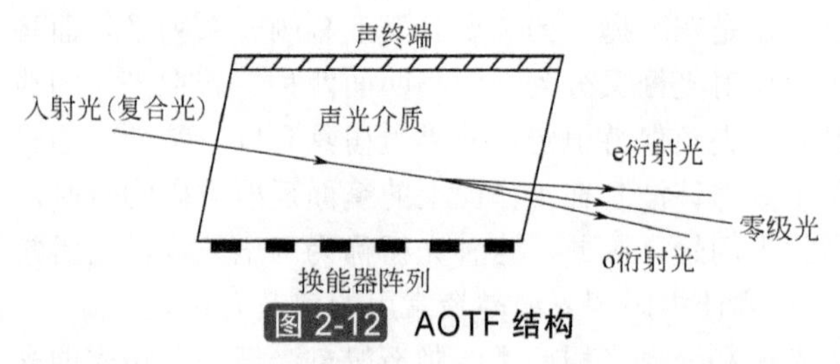

图 2-12 AOTF 结构

超高频正弦信号加到换能器上激励出声波并射入声光介质。对于某一声波频率，只有某一波数的入射光满足动量匹配条件才能产生衍射光束。当声波频率改变时，满足动量匹配条件的入射光波数也将相应改变，从而衍射光波数亦将改变，构成电调谐滤光器。衍射光的波数方程如式（2-4）所示。

$$w_{\mathrm{n}} = \frac{f}{v\Delta n\sqrt{\sin^4\theta_{\mathrm{i}} + \sin^2 2\theta_{\mathrm{i}}}} \tag{2-4}$$

式中，f 和 v 是声波的频率和速度；Δn 是入射光与衍射光的折射率差值；θ_{i} 是入射光与声波之间的夹角；w_{n} 是衍射光波数。衍射光的波数与入射声波（驱动信号）的频率成正比。衍射光的光谱带宽如式（2-5）所示，其中 L 为声光相互作用的长度。

$$\Delta\lambda = \lambda^2 /(2\Delta nL \sin\theta^2) \quad (2\text{-}5)$$

(四)单色器的构型

单色器是由光栅、棱镜或其他色散元件、准直镜、物镜、狭缝等元件组成的，它们之间有不同的排列，形成了不同的构型。棱镜单色器的构型常见的有四种：a.30° 利特罗（Littrow）式；b.60° 棱镜利特罗式；c.瓦兹渥斯（Wadsworth）式；d.切尔尼-特纳（Czerny-Turner）式，见图 2-13。

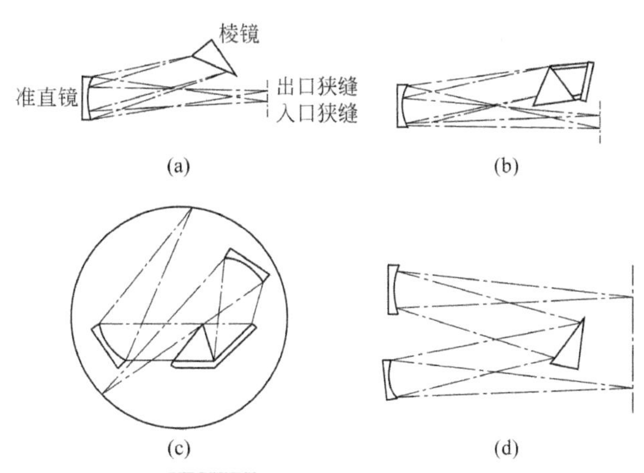

图 2-13 棱镜单色器的构型

30° 利特罗（Littrow）式［图 2-13（a）］单色器采用 30° 利特罗棱镜，该棱镜沿垂直轴表面镀铝，使光束两次通过棱镜。它是由一块球面镜和一块棱镜组成的，结构紧凑，体积小，常在经济型的可见分光光度计中使用。

60° 棱镜利特罗式［图 2-13（b）］单色器采 60° 柯钮棱镜，该单色器一般用一块离轴抛物面镜同时起准直物镜和成像物镜作用，光束两次通过棱镜，可以使色散加倍。

瓦兹渥斯式［图 2-13（c）］单色器的色散棱镜和一块平面反射镜连在一起，形成恒偏向装置，该系统成像质量较好。

切尔尼-特纳式［图 2-13（d）］单色器采用两块球面镜作为准直镜和成像物镜系统，两块球面镜可相互补偿彗差，有较好的成像质量。

光栅单色器的构型常见的有五种：(a)利特罗(Littrow)式；(b)切尔尼-特纳(Czerny-Turner)式；(c) 濑谷-波冈式凹面光栅；(d) 艾伯特（Ebert）式；(e) Monk-Gilieson 式（见图 2-14）。

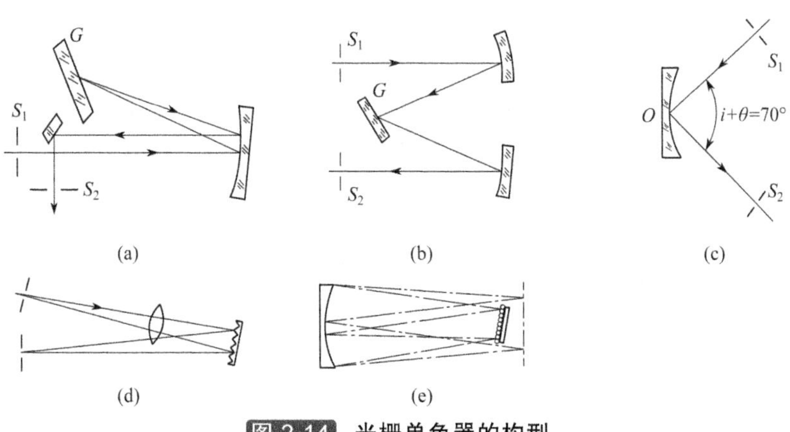

图 2-14 光栅单色器的构型

单色器的种类较多，但不管是何种单色器，其主要技术指标一般包括：①工作波长范围；②波长准确度；③波长重复性；④光谱带宽；⑤杂散光；⑥波长扫描速度。

三、样品室

样品室（也称为光度室）是使用者直接操作的地方，一般由样品室盖、聚光透镜、吸收池、吸收池架、石英窗片等组成。

样品室要严防漏光，因此样品室盖的密封性很重要。使用者要经常检查其密封性，确保样品室不漏光，否则会增大杂散光，使测试结果误差增大。样品室中聚光透镜的作用是将从单色器射出的发散光变成平行光，再射到吸收池上，但有些普及型的紫外-可见分光光度计不用聚光透镜。吸收池（又叫比色皿或样品池）是用于盛放试验透光液和决定透光液层厚度的器件。吸收池一般为长方体，其两面为光学透光面，另两面和底部是毛玻璃。光学透光面的材质若是光学玻璃，仅用于可见光区；若是石英，可用于紫外-可见光区，因此在紫外光区测定时，必须使用石英吸收池。石英吸收池价格比玻璃吸收池的价格要高得多，使用时更要小心。吸收池的规格是以光程为标志的，常用的吸收池规格有 0.5cm、1cm、2cm、3cm 等。选择吸收池的规格应根据被测物的吸光系数及其浓度来定，在可见光范围即可根据被测溶液颜色深浅来定，被测溶液颜色深时，选光程短的，颜色浅时，选光程长的。调整被测溶液的吸光度值在 0.3～0.7。

吸收池是样品室系统中的关键部件，使用者必须充分重视以下两个问题，否则会严重影响分析测试的准确度和可靠性。

（一）吸收池的配套性检查[11]

在分析测试时，一般是同时利用两个分别盛有参比溶液和被测样品溶液的吸收池，比较测定样品溶液的吸光度。为了建立准确的比较基础，对使用的两个吸收池，其大小、形状、两块透光面的平行度、光路长度、透光面的透光特性等都应该完全一样。但是，即使是同一批生产的同一规格的吸收池也不可能完全匹配，使用不匹配的吸收池，就会给测试工作的结果带来很大的误差。在定量工作中，尤其是在紫外光区测定时需要对吸收池做校正和配对工作。

根据 JJG 178—2007 的规定，石英吸收池在 220nm 处装蒸馏水，在 350nm 处装 0.001mol/L $HClO_4$ 溶液；玻璃吸收池在 600nm 处装蒸馏水，在 400nm 处装 $K_2Cr_2O_7$ 溶液（浓度为 0.001mol/L）。将其中一个吸收池作参比，调节透射比为 100%，测量其他各池的透射比，凡透射比的偏差小于 0.5%T 的吸收池可以配套使用。对吸收池配对误差的要求，需根据分析工作对测定准确度的要求及仪器的光度准确度来确定，通常在高准确度的分析工作中，常常要求吸收池的配对误差达到 0.1%T。

在日常工作中还可以采用以下的方法对吸收池进行校正。

在几个吸收池中装入被测样品溶液的溶剂，以其中一个为参比，在测定波长下，测定其他吸收池的吸光度，如果测定的吸光度为零，即为配对吸收池，若不为零，选出其中吸光度最小者为参比，再测其他吸收池的吸光度值作为修正值，在测定样品时，将测得的吸光度值减去该吸收池的修正值即为测定真实值。

检验吸收池的配对误差时，吸收池中应装满蒸馏水（或溶剂）。因为吸收池中为空气时的配对误差比装满蒸馏水（或溶剂）时的配对误差小，前者只能反映吸收池透光面的光学特性带来的误差，不能反映光程（加工的几何尺寸）带来的误差，因此，所测得的配对误差偏小。

双光束紫外-可见分光光度计也要求吸收池配对，因为，即使在空气中吸收池只有一个很小的配对误差，但是装上溶液后配对误差会很大，致使仪器的自动调零无法实现，会给分析测试结果带来很大的误差，并且其影响的程度不亚于对单光束紫外-可见分光光度计的影响。

在测定和进行配对时要注意放置吸收池的通光方向，由于吸收池的两个透光面材料的差异，沾污情况的不同，可能会引起光谱特性的变化，从而影响到样品的吸光度值，为此在吸收池的毛玻璃上刻有箭头，或在透光面的上部刻有标记，以供使用者辨认通光方向，若吸收池上没有标记，在做配对试验前先用铅笔在吸收池毛面外壁画上箭头，以确定其通光方向。

（二）吸收池的沾污问题

吸收池的沾污问题往往没有受到足够的重视，吸收池透光面上的油渍、指纹、灰尘和沉积的试样都会严重影响吸收池的透光特性，吸收池是否被沾污可用肉眼仔细观察透光面上有无污点。另外也可以查看仪器是否出怪峰，分析测试数据是否不稳、不准，以便对吸收池的沾污程度作出判断。

当吸收池沾污后通常用洗液清洗，日本工业标准推荐的洗涤液为：①Na_2CO_3（20g/L）+少量阴离子表面活性剂；②稀 HNO_3（1＋5）+少许 H_2O_2。其用法是浸泡于①后水洗，再浸于②后水冲洗。美国材料试验标准推荐的洗涤液为：盐酸∶H_2O∶甲醇=1∶3∶4，其用法是浸泡后水洗。如吸收池被黏着力很强的物质（如木质素）或特浓的试样沾污并凝结在吸收池的透光面上，用洗液清洗效果不好，这时可用 20W 的玻璃仪器清洗超声波仪超洗半小时，一般能解决问题，不能使用大功率超声波仪，否则会损坏吸收池。

吸收池使用不当会给测定带来很大的误差，在使用时使用者必须遵照以下几点要求：

① 测量时需用配对的吸收池，并注意其透光面；在紫外光区或紫外-可见光区测定时使用石英吸收池，在可见光区测定时使用玻璃吸收池。

② 拿取吸收池时，只能用手指接触两侧毛玻璃，绝不能接触透光面，吸收池的透光面必须清洁干净。

③ 注入吸收池的溶液不要太满，一般到吸收池高度的 2/3 即可。如果有溶液或溶剂溢出，可先用吸水纸吸干，再用擦镜纸或丝绸擦拭透光面，不得将透光面与硬物或脏物接触。

④ 若试样溶液含有腐蚀玻璃的物质，试液不能长久放在吸收池中，要尽快测定，并立即用水冲洗干净。

⑤ 需要干燥的吸收池不能置于烘箱内烘干，更不能在火焰或电炉上加热干燥。可用少量乙醇或丙酮脱水处理，常温放置干燥。

⑥ 对于易挥发试样，应在吸收池上盖上池盖。

⑦ 使用后的吸收池一般先用自来水洗，再用蒸馏水洗，如有沾污，用上述介绍的洗涤液洗或超声清洗，不能用强碱溶液或强氧化性洗液清洗，更不能用毛刷刷洗，洗净后常温干燥，保存在吸收池盒中。

吸收池架也是样品室的关键部件，吸收池架有多种规格，如双联池、四联池等。吸收池架必须活动灵活、定位准确，各透光孔的尺寸、形状均匀一致，透光孔前后两面应平行，并垂直于光轴，在进入光路后，其中心应处于光学系统的光轴上，透光孔的尺寸一般小于单色器的出射狭缝高度和光电检测器前的光栏孔的尺寸。

吸收池架各透光孔的透光一致性可用如下方法检查：拉动吸收池架使某个透光孔先进入光路，读取其透射比，一般在 90%以上，然后将各透光孔依次进入光路，测量其透射比，再进行比较。对于双光束仪器，如果在使用时各多透光孔未进行双光束补偿，则必须对各孔的透光一致性进行检查，若一致，只需对一孔的透光度进行补偿。若吸收池架各透光孔的透光性不一致，首先检查吸收池架对活动座架位置、弹簧轴轮的运动情况，然后观察光孔边缘有无纤维、灰尘等物存在，在排除以上情况后，才考虑对透光孔做适当加工。

四、检测器

检测器是将光信号转变成电信号的光电转换装置，常用的检测器有光电池、光电管、光电倍增管和光电二极管阵列检测器（PDA）及电荷耦合阵列检测器（CCD）等。

（一）光电池

光电池是一种简单、便宜、使用方便、不需附加电源，可直接使用的光电转换元件，常用的光电池有硒光电池和硅光电池两种，硒光电池光谱响应区为 400～800nm，一般峰值波长在 554nm 左右。我国早期生产的 581-G 光电比色计和 72 型分光光度计使用的是 50-A 型直径为 45mm 的圆形硒光电池，现在已很少使用硒光电池。硅光电池是目前在准双光束紫外-可见分光光度计上最常使用的光电池，它分为可见区使用的硅光电池和紫外-可见光区使用的硅光电池两种，前者光谱响应范围为 320～1100nm，峰值波长位置在 960nm 左右，后者光谱响应范围为 190～1100nm，峰值波长位置和前者相同。各类光电池在不同的光照下，都有不同的光电流输出，硅光电池的最大光电流比硒光电池的最大光电流要大 100 倍以上，在可见光区的灵敏度更高。光电池都有极限照度，入射光光照强度不应超越极限，否则会产生疲劳或损坏。在使用滤光光电比色计时，在装入滤光片前，不要开亮光源，以免加速光电池疲劳。若在使用光电比色计和分光光度计时发现光电池产生的光电流很小，以致无法调节参比溶液的透射比为 100%时，应让光电池停止工作，使其疲劳恢复后再使用，如恢复不了，应予以更换。光电池的稳定性受制造工艺、温度、电磁场干扰等因素的影响，光电池密封不好、温度上升、周围有电磁场都会使噪声增加，因此，其工作环境要防潮、防高温、防周围电磁场干扰。光电池在没有光照时也有电流输出，称为暗电流，光电池的暗电流一般都较大，近年来国外生产的某些硅光电池的暗电流很小。

通常在室内照明条件下，光电池产生的光电流可达几百微安。可以用万用表检查光电池的好坏，将万用表正负极测电棒分别与光电池正极和负极相接，当光电流非常微弱或没有时，光电池可能已损坏。

（二）光电管

光电管分为充气光电管和真空光电管两类，分光光度计中使用的都是真空光电管，因为它的光敏材料的光发射电子数（光电流）与发射表面（光阴极）的照度成正比，光电管的光谱响应特性主要取决于光电池阴极材料。几种真空光电管的光电特性及常用光电池阴极材料及其光谱特性见表 2-1 和表 2-2。

表 2-1 几种真空光电管的光电特性

光电性能	型号		
	CD-5	CD-6	CD-7
光电阴极材料	Cs-Sb	Ag-O-Cs	K-Na-As-Sb
光谱灵敏度范围/nm	185~600	600~1200	350~850
灵敏度峰值波长/nm	400±20	800±100	450±20
额定工作电压/V	30	30	100
最高工作电压/V	100	100	≤200
额定工作电压下的灵敏度/(μA/lm)	≥30	≥10	≥45
额定工作电压下的暗电流/A	$\leqslant 3\times 10^{-11}$	$\leqslant 8\times 10^{-11}$	$\leqslant 8\times 10^{-10}$
时间常数/s	$<10^{8}$	$<10^{8}$	$<10^{8}$

表 2-2 常用光电池阴极材料及其光谱特性

阴极材料	光谱范围/nm	灵敏度峰值波长/nm	灵敏度/(μA/lm)
Ag-O-Cs	400~1200	800	约 25
Ag-O-Rb	350~920	420	约 6.5
Cs-Sb(金属)	350~700	400	约 40
Cs-Sb(石英)	200~700	400	约 40
Bi-Cs	300~750	500	
Cs-Sb(半透明)	350~650	480	
Bi-Ag-O-Cs	350~800	500	约 35
Sb-Cs-O	350~700	440	约 60
Sb-Cs-O(石英)	200~700	440	约 60
Sb-Cs(反射层上)	350~700	490	约 100
Sb-K-Na-Cs	350~850	450	约 150

光电管的极间电压一般不宜超过 40～50V，否则，光电流开始饱和，使用过高的极间电压是没有意义的。

光电管在工作电压下虽无光照，也会有暗电流，一般为 10^{-9}A 左右，它与加到阳极和阴极之间的工作电压有关，极间电压不要超过 45V，且要求电压稳定。暗电流常随环境温度、湿度等条件变化，在操作以光电管为光电转换器的仪器时，需要经常校对零点，以消除暗电流的影响。

用光电管作光电转换器时需要几兆欧姆至几千兆欧姆的高电阻作它的负载电阻，以便在负载电阻上取得电压降作为原始信号输给放大器进行放大。因此，光电管的极间和连接导线的绝缘和屏蔽很重要，在拆装光电管暗盒、更换和调节内部元件时，切忌用脏工具或手去拨弄高电阻绝缘部分。

（三）光电倍增管

光电倍增管是外光电效应和多级二次发射体相结合的一种光电转换器件，在紫外和可见光区具有非常高的灵敏度，常用于双光束紫外-可见分光光度计的检测器，特别在中高档紫外-可见分光光度计中使用最多。几种常用的光电倍增管的特性如表 2-3 所示。

表 2-3 几种常用光电倍增管的特性

型 号	阳极材料	光谱响应范围/nm	峰值波长/nm	阴极灵敏度(μA/lm)	阳极灵敏度/(A/lm)	暗电流/A
GDB-28	Ag-O-Cs	310~650	400	50	200	5×10^{-9}
GDB-106	K-Cs-Sb	200~700	400	30	30	7×10^{-9}
GDB-147	K-Na-Cs-Sb	200~850	400	50	10	5×10^{-9}
GDB-151	K-Na-Cs-Sb	185~850	400	1	10	20×10^{-9}
GDB-413	K-Cs-Sb	300~700	400	40	100	10×10^{-9}
1975A	K-Na-Cs-Sb	185~870	330	50	100	50×10^{-9}
1P21	Cs-Sb	300~650	400	40	120	1×10^{-9}
1P28	Cs-Sb	185~860	340	40	100	5×10^{-9}
6256B	Cs-Sb	175~650	400	80	200	1×10^{-9}
9558B	K-Na-Cs-Sb	320~850	390	190	200	10×10^{-9}
R375	K-Na-Cs-Sb	160~850	420	150	80	5×10^{-9}
R446	K-Na-Cs-Sb	185~870	330	80	400	5×10^{-9}

光电倍增管的绝对阴极光谱响应特性是十分重要的，它决定了光电倍增管的使用范围和分光光度计的整机灵敏度。根据在相同条件下测得的不同光电倍增管的绝对阴极光谱响应特性，可以来比较其相对灵敏度、响应峰值波长位置、长波和短波的响应极限等，以便对光电倍增管作出挑选。

放大倍数是光电倍增管的重要指标之一，一般光电倍增管的放大倍数为 10^5～10^7，放大倍数与它的工作直流高压有关，所加的高压越高，放大倍数越大。为了获得稳定的放大倍数，要求所用的直流高压电源十分稳定。光电倍增管产生的光电流可用微安表直接读取，也可将光电流通过负载电阻产生电压降信号，然后加以放大并测量。

光电倍增管的响应时间很短，以检测 10^{-8}～10^{-9}s 级的脉冲光。光电倍增管的极限灵敏度受暗电流的限制，一般暗电流在 10^{-7}～10^{-10}A。这与工作时的温度有关，可以采取制冷的方法来降低暗电流。

光电倍增管的稳定性受所加直流工作电压的稳定性、光阴极和二次发射极的疲劳、阴极电流变化的滞后效应等因素的影响。紫外-可见分光光度计在常规使用中，直流工作电压为 600V 左右，放大倍数约为 50 万倍，此时要求高压电源的电压调整率在 0.05%以下。光电倍增管的光阴极在强光照射下容易疲劳，使其灵敏度下降，长期在强光照射下，光阴极会产生不可逆疲劳，即为老化，使光电倍增管的输出产生漂移，这是影响测量重复性的重要因素。另外，此时阴极电流太大，管子容易损坏，阴极电流保持在10μA 以下，最大不要超过 1mA。当电源电压发生变化时，阴极电流变化有滞后效应。当使用光电倍增管的倍增电极采用高压负反馈的紫外-可见分光光度计时，这种滞后现象更为明显，要引起重视。光电倍增管必须安装于暗盒内，屏蔽杂散光。

（四）光电二极管阵列检测器（PDA）

PDA 是一种在晶体硅上紧密排列一系列光电二极管的检测器，每个二极管能同时分别接收一定波长间隔的光信号，二极管输出的电信号强度与光强度成正比。PDA 的显著特点是能进行快速光谱采集，例如，一个在 190～820nm 波长范围内由 316 个二极管组成的光电二极管阵列检测器，若每个二极管在 1/10s 内每隔 2nm 测一次，并采用同时并行数据采集方法，就可在 10s 内得到一张 190～820nm 波长范围内的光谱。而一般的分光光度计若每隔 2nm 测一次，每次需时 1s，要得到相同范围的光谱需时 5min。

（五）电荷耦合阵列检测器（CCD）[12]

电荷耦合阵列检测器 CCD（charge coupled device）是一类以半导体硅片为基材的集成电路式光电探测器，发明于 20 世纪 70 年代初期。和其他类似的光电效应探测器一样，CCD 运用的是经典光电效应原理。作为 CCD 探测器的基本元件，半导体硅芯片受到可见光照射时，由光电效应在芯片上产生电荷。在硅片表面上施加一定的电势，使它产生储存电荷的分立势阱。这些势阱构成探测器微元，可以收集光电效应产生的电荷，并携带电荷在芯片上移动。势阱本身由电极确定，一般三个电极决定一个势阱。

一个 CCD 芯片包含几万到几百万个微元，构成一个平面探测阵列。根据应用需要，可将位于同一行或同一列上的微元串联，同一行或同一列上收集到的电荷可一起输送到输出端。一行微元上的电荷输出可按顺序进行。再由装在芯片角上的输出放大器将信号送往外接的微计算机处理。事实上，CCD 的基本元件是一片将光电效应和集成电路、放大器一体化的半导体集成块。

CCD 具有极高的光电效应量子效率，它的电荷转移效率几乎达 100%，器件量子效率超过 90%；CCD 在低温下工作时几乎无暗电流，冷却到 150K 的 CCD 其暗电流小于每秒每微元 0.001 个电子计数；此外它的噪声几乎接近于零；CCD 的平面阵列结构使其具有天然的多道同时分析的优点。以上特点使 CCD 的灵敏度超过其他传统的光电探测器，如光电倍增管和光电增强二极管阵列多道探测器。单个探测微元的灵敏度比光电倍增管还高5倍。CCD总的探测速度比扫描式光电倍增管高几百倍到上千倍。

此外，CCD还具有：①波长响应区域宽，在100～1100nm宽的光谱区域，CCD都有极高的光电效应量子效率；②异常宽的动态响应范围和理想的响应线性；③几何尺寸稳定，耐过度曝光等优点。因此，CCD已成为光谱分析仪器的理想探测器。

五、放大器系统

检测器可以直接输出光电流，也可把光电流变成电压输出，如果是光电流输出，后面的前置放大器用电流放大器，若是电压输出，就要用电压放大器。光电转换器件的输出阻抗一般都很大，因此无论是电流放大器还是电压放大器，都要求是高输入阻抗、低噪声、低漂移的运算放大器。根据视光信号是直流还是交流，前置电压放大器可分为直流电压放大器和交流电压放大器两种。放大器系统除前置放大器外，还包括主放大器，有时还加一级功率放大器。紫外-可见分光光度计的主放大器都是电压放大器，往往有好几级，每级放大倍数在30倍左右为好。主放大器末级输出电压一般要求达到3V，以便V/D变换器处理。

六、数据处理和打印输出系统

经放大器放大的电压信号需以一定方式显示，随着电子技术和计算机技术的发展，信号显示和记录及数据处理不断更新。早期的仪器如国产的72型和721型采用检流计或微安表作为指示仪表，这种指示仪表的信号只能直读，随后采用数码管直接显示透射比或吸光度。双光束的仪器早期大都采用平板记录仪。目前的许多仪器都是将放大器的电压信号经V/D变换器变成数字信号送给计算机进行处理。低档仪器采用单片机，高档仪器采用PC机，信号用荧光屏显示，结果由打印机打印及曲线扫描。在挑选仪器时要注意软件水平，即界面友好、操作简单方便、菜单要中文化、计算机应装多种打印机软件以适应多种打印机。

第三节 紫外-可见分光光度计的安装与调试

一、安装紫外-可见分光光度计实验室环境和电源的要求

紫外-可见分光光度计是光学、精密机械和电子技术三者紧密结合而成的一种精密的光谱仪器，仪器的安装对工作环境和电源都有一定的要求。

（一）对电源的要求

仪器对电源有较高的要求，交流供电电源的电压波动要≤1%，电源频率为（50±1)Hz，且必须装有良好的接地线。一切裸露零件对地电压不得超过24V。电源最好采用专用线。建议使用功率为1000W以上的电子交流稳压器。电源电压的波动和电源频率的偏移，将会严重影响仪器的噪声和稳定性。

（二）对工作环境的要求

（1）温度 温度是影响仪器性能的重要因素，通常要求室内温度保持在15～28℃，最好安装空调设备，使室温保持在（20±2）℃。温度的变化影响棱镜色散特性，随着温度的变化，许多光学零件会发生微小变形，从而影响光学系统性能。

（2）湿度 实验室相对湿度一般控制在45%～65%，上限不超过70%。湿度过大将会导致电器元件损坏或性能变坏，机械部分锈蚀，光学元件如光栅、反射镜、聚焦镜等发霉和铝膜的锈蚀，使光能下降、杂散光增大，从而降低仪器的信噪比和灵敏度，甚至使仪器不能正常运转。潮湿空气容易产生漏电流从而影响光电转换元件的暗电流。湿度变化还能导致记录纸尺寸变化，影响波长读数的准确性。

（3）防震 安置紫外-可见分光光度计的房间要注意防震，安放仪器的工作台最好采用水泥制作，对于高档的仪器，其安放的工作台要做防震基础，要避免强烈的震动或持续的震动。

（4）防腐，防尘，防强光，防静电，远离磁场、电场 安装紫外-可见分光光度计的房间要求干净、通风、防尘。实验室地面应为水磨石或打蜡地板，涂漆墙壁，双层门窗，必须设置一定的防尘条件。尽量远离高强度磁场、电场及发生高频波的电气设备，室内照明不宜太强，应避免仪器受直射日光的照射，电扇不宜直接向仪器吹风，避免室内有腐蚀性气体存在，仪器室不能存放散发腐蚀性气体的化学药品，亦不宜在室内进行样品化学处理及其他化学实验操作。

二、紫外-可见分光光度计性能测试[13,14]

对于仪器的使用者来说，了解仪器的技术指标及其物理意义并掌握它的检定方法是十分重要的，无论是新买的、使用中的或修理后的仪器都要求检测仪器的技术指标，以保证其测试结果的准确性。仪器的技术指标每半年应检查一次，至少是一年一次，一些主要技术指标如波长准确度、分辨率、光度准确度等往往需要经常检查。

中华人民共和国国家质量监督检验检疫总局已经批准颁布的各类紫外、可见及近红外分光光度计的检定规程有：JJG 178—2007《紫外、可见、近红外分光光度计检定规程》；JJG 375—1996《单光束紫外-可见分光光度计检定规程》；JJG 682—1990《双光束紫外-可见分光光度计检定规程》；JJG 689—1990《紫外、可见及近红外分光光度计检定规程》；JJG 178—2007《紫外、可见、近红外分光光度计检定规程》。

JJG 178—2007《紫外、可见、近红外分光光度计检定规程》于 2008 年 5 月 21 日实施，该规程是将原有的 4 个规程（JJG 178—1996、JJG 375—1996、JJG 682—1990、JJG 689—1990）合并是为了与国际接轨、适应现代化仪器发展需要、减少规程数量和易于操作。

新买的仪器和进行年检时常需要按国家标准进行检定。

（一）检定项目及技术指标

我国标准中规定的仪器的检定项目及技术指标见表 2-4。

表 2-4 检定项目及技术指标

检定项目	仪器级别	
	一 级	二 级
波长准确度	±0.3nm	±0.5nm
波长重复性	0.2nm	0.5nm
分辨率或光谱带宽	分辨率＞20%	光谱带宽＜2nm
透射比准确度	±0.3%	±0.5%
透射比重复度	0.2%	0.5%
基线平直度	±0.001	±0.01
杂散光	＜0.001%(220nm) ＜0.01%(620nm)	＜0.02%(220nm) ＜0.1%(620nm)
噪声	＜0.001*A*(100%线)	＜0.003*A*(100%线)
漂移	＜0.001*A*(500nm)	＜0.002*A*(500nm)
绝缘电阻	≥20MΩ	≥20MΩ

（二）检定方法

1. 波长准确度和波长重复性[15]

波长准确度是指波长的实际测定值与理论值（真值）之差，在利用紫外吸收光谱作定性鉴定时，常采用对比法，即将样品光谱和标准光谱进行比较。若仪器的波长准确度不好，所测样品的 λ_{max} 有偏差，将对比较结果产生影响，甚至作出错误结论，在定量分析时也会产生分析误差。波长的重复性同样是重要的，重复性不好，就等于在每次分析测试时所用的波长是不同的，由于不同波长时摩尔吸光系数是不同的，因而，对同一样品，测试数据也会不同，就不可能得到可靠的分析结果。

波长准确度的测试通常是利用某些物质的特征谱线作为标准来计算出波长准确度和波长重复性。测定方法是多种多样的，可以利用汞灯、氘灯、氙灯的特征波长；利用钬玻璃的特征谱线；利用干涉滤光片的特征主峰；利用各种空心阴极灯的特征波长；还可用 He-Ne 激光器的 632.8nm 特征谱线来测定波长准确度。

低压汞灯是使用最多的一种标准光源，它的能量 90%以上集中在 253.65nm 这一根谱线上。目前，国内外的许多生产厂商都直接在紫外-可见分光光度计上用汞灯测试波长准确度。具体做法是：将仪器的光源拆下，用标准灯代替原光源，测试标准光源灯的各条特征谱线，测量值与理论值之差，就是波长准确度。例如，使用汞灯测试，则设置波长范围为 245～560nm，光谱带宽为 2nm，测量方式设置为能量测量，样品和参考样品均为空气，进行波长扫描。而后将汞灯的各特征波长的测量值与其相应的理论值相减，所得的数据之差即为波长准确度。一般应重复 3 次，取 3 次的平均值作为仪器的波长准确度。

低压汞灯的特征谱线见表 2-5。

表 2-5 低压汞灯的特征谱线

编　号	波长/nm	编　号	波长/nm
1	253.65	7	404.66
2	296.73	8	407.78
3	302.15	9	435.84
4	313.16	10	546.07
5	334.15	11	576.96
6	365.01	12	579.06

常用的低压汞灯功率约为 20W，低压汞灯的紫外线很强，使用时需戴防护眼镜。

镨钕玻璃的特征谱线见表 2-6。

表 2-6 镨钕玻璃的特征谱线

编　号	波长/nm	编　号	波长/nm
1	402.4	7	529.6
2	431.4	8	573.0
3	440.4	9	585.6
4	473.2	10	740.0
5	478.2	11	745.4
6	513.6	12	807.6

在黄色光谱区的一对双峰不适合以棱镜为分光元件的仪器作波长校正，因玻璃棱镜不仅不能分辨这对双峰，而且此处波长误差大。选择绿色光谱区的 529.6nm 与 513.6nm 双峰，玻璃棱镜能分辨，而且吸光度适中，读数准确，其中 529.6nm 峰为首选峰位。

氘灯在紫外区具有连续光谱，可作为仪器紫外区的光源，在可见区它们还有两条分离的、强度比较高的特征谱线，分别为486.0nm、656.1nm，这些谱线均可用以检测仪器的波长准确度。

氘灯的特征谱线见表2-7。

表2-7 氘灯的特征谱线

编号	波长/nm	编号	波长/nm
1	486.0	3	656.1
2	581		

氧化钬玻璃有很多特征谱线，随着温度的不同，这些波长值有所变化。因此，使用者要经常标定氧化钬玻璃的波长。

氧化钬玻璃的特征谱线见表2-8，氧化钬玻璃的特征谱线的能量分布见图2-15。

表2-8 氧化钬玻璃的特征谱线

编号	波长/nm	编号	波长/nm
1	241.5	7	446.0
2	279.4	8	453.2
3	287.5	9	460.0
4	333.7	10	536.2
5	360.9	11	637.5
6	418.7		
仪器测试条件	扫描速度：中；光谱带宽：2nm；样品厚度：2.6mm	仪器测试条件	扫描速度：中；光谱带宽：2nm；样品厚度：2.6mm

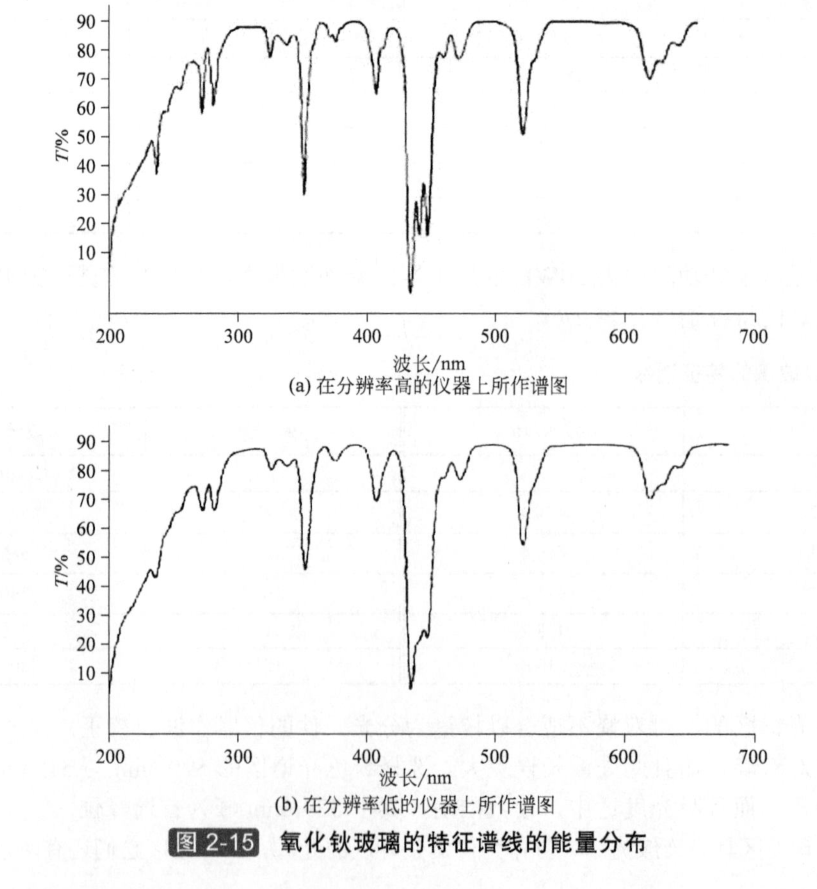

(a) 在分辨率高的仪器上所作谱图

(b) 在分辨率低的仪器上所作谱图

图2-15 氧化钬玻璃的特征谱线的能量分布

氧化钬溶液的特征谱线见表 2-9，4%氧化钬的 1.4mol/L $HClO_4$ 溶液的特征谱线的能量分布如图 2-16 所示。

表 2-9 4%氧化钬的 1.4mol/L $HClO_4$ 溶液的特征谱线

编号	波长/nm	编号	波长/nm
1	241.1	9	416.3
2	249.7	10	450.8
3	278.7	11	452.3
4	287.1	12	467.6
5	333.4	13	485.8
6	345.5	14	536.4
7	361.5	15	641.1
8	385.4		
仪器测试条件	扫描速度：中；光谱带宽：2nm；参考样品：1.4mol/L 的高氯酸在 1cm 厚的比色皿中	仪器测试条件	扫描速度：中；光谱带宽：2nm；参考样品：1.4mol/L 的高氯酸在 1cm 厚的比色皿中

波长重复性的测试方法：一般是取波长准确度的三次测试结果中最大值与最小值之差作为波长重复性，也可取三次测试的平均值与三次测试中的最小值或最大值之差作为波长重复性。

（1）用氘灯检定 用仪器固有的氘灯，取单光束能量方式，采用波长扫描，扫描速度慢（如 15nm/min），响应快，最小带宽（如 0.1nm），量程取 0～100%（或参照仪器说明书设定条件）。在波长为 486.02nm 及 656.10nm 的两个单峰处重复扫描三次，测量谱图上的两条谱线波长，与表 2-7 比较，按式（2-6）、式（2-7）计算 $\Delta\lambda$ 及 $\delta\lambda$ 。

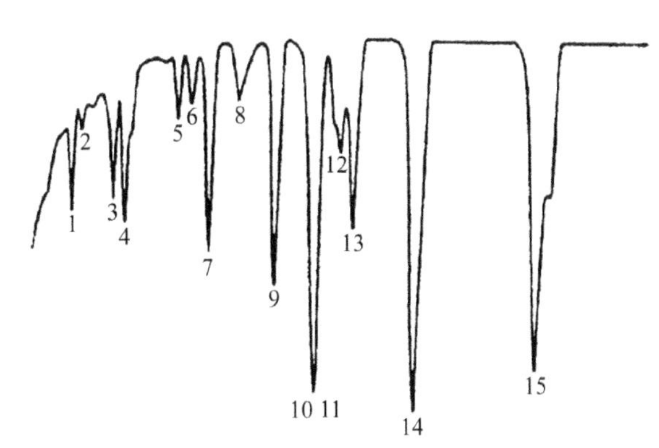

图 2-16 4%氧化钬的 1.4mol/L $HClO_4$ 溶液的特征谱线的能量分布

（2）用氧化钬玻璃检定 测量条件同氘灯检定，量程 0～2A。将氧化钬玻璃置于样品室内，以空气作参比，在波长 220～660nm 范围扫描，取谱图上两条谱线的波长与表 2-8 比较，按式（2-6）、式（2-7）计算 $\Delta\lambda$ 及 $\delta\lambda$ 。

$$\Delta\lambda = \overline{\lambda} - \lambda \tag{2-6}$$

$$\delta\lambda = \lambda_{max} - \lambda_{min} \tag{2-7}$$

式中 $\Delta\lambda$ ——波长的准确度；

$\delta\lambda$ ——波长的重复性；

$\overline{\lambda}$ ——波长测量的平均值；

λ ——波长标准值；

λ_{max}，λ_{min} ——三次测量波长的最大值与最小值。

2. 分辨率和光谱带宽[16]

分辨率表示仪器分开相邻两条谱线最小波长间隔的能力，它是狭缝宽度和单色器色散率的函数，狭缝越小，色散率越高，仪器的分辨率越好。

光谱带宽是从单色器射出的单色光（实际上是一条光谱带）最大强度的 1/2 处的谱带宽度。分辨率和光谱带宽是仪器两个密切相关的技术指标，光谱带宽窄，分辨率就高。ASTM 指出，表示分辨率最恰当的方式是用光谱谱带宽度。日本的 JAIMA 分析仪器标准中强调用谱带宽度表示分辨率，并指出：在单色器的入射和出射狭缝都固定的情况下，以谱带宽度作为分辨率；而在狭缝可变的情况下，则以最小狭缝宽度所能得到的带宽作为分辨率。

仪器的分辨率和光谱带宽是影响紫外-可见分光光度法定量分析误差的主要因素之一，不同的光谱带宽对同一样品进行分析会产生不同的误差，只有选择最佳的光谱带宽，才能得到最佳的分析结果。

从理论上讲，比尔定律只适用于单色光。但在实际的吸收光谱仪器中，绝对不可能从光谱仪器的单色器上得到真正的单色光，只能得到波长范围很窄的光谱带。因此，进入被测样品的光仍然是在一定波段范围内的复合光。由于物质对不同波长的光具有不同的吸光度，因此，在实际工作中即使用很高级的吸收光谱分光光度计，采用很小的光谱带宽，仍然会产生吸光度测量误差。Owem 研究后指出：当仪器的光谱带宽（SBW）与被测样品的自然带宽（NBW）（即吸收带半高度宽度，一般为 20nm）之比小于或等于 1 时（即 SBW/NBW≤1 时），该光谱仪器可满足 99%的样品的分析测试工作，且分析测试的准确度在 99.5%以上。

我国学者李昌厚从理论上证明了光谱带宽会引起吸收光谱仪器的分析测试误差，并给出了计算公式：

$$A_{\mathrm{obs}} = \lg\int I_{\lambda}S_{\lambda}\mathrm{d}\lambda/(I_{\lambda}S_{\lambda}\times 10^{-A}\mathrm{d}\lambda) \qquad (2\text{-}8)$$

式中，A_{obs}为实测吸光度值；I_{λ}为入射光强度；S_{λ}为光接收器的光谱灵敏度；A 为吸光度理论值。由此给出了光谱带宽与分析测试误差的关系，结果见表 2-10。

表 2-10 SBW、NBW 与 $\Delta A/A$ 的关系（设 NBW=20nm，实测 A=0.85）

SBW/nm	SBW/NBW	A_{obs}/A	ΔA	$\Delta A/A$
0.3	0.015	0.9995	0.0004	0.00047
0.4	0.02	0.9995	0.00043	0.00050
0.5	0.025	0.9995	0.00043	0.00050
1.0	0.050	0.9988	0.0010	0.00120
2.0	0.100	0.9954	0.0039	0.00459
4.0	0.200	0.9819	0.0154	0.01812
5.0	0.250	0.9712	0.0245	0.02882
6.0	0.300	0.9604	0.0306	0.03600
7.0	0.350	0.9463	0.0479	0.05640
8.0	0.400	0.9321	0.0577	0.06790
9.0	0.450	0.9154	0.0719	0.02190

从表 2-10 可以看出，当 SBW 为 2.0nm 以下时，由 SBW 引起的分析测试的相对误差小于 0.5%。若分析测试的相对误差要求达到 2%，则所选用仪器的光谱带宽不能大于 4.0nm。我国药典规定，药物分析测试的相对误差要求小于 1%，因此从事药检工作的分析人员一定要了解清楚自己使用的紫外-可见分光光度计的光谱带宽能否达到 2nm 以下，否则检测结果不能达到检测要求。

关于 SBW 的测试，目前国际上一般都采用谱线轮廓法，但在这种方法中，选用什么谱线作为被测对象是一个重要的问题。目前国际上大多用汞灯的 546.1nm 的这一特征谱线，因为它的邻近线距它都较远，干扰少。近几年来，国内外许多紫外-可见分光光度计的设计者和使用者常选用仪器上氘灯的656.1nm这条特征谱线来作为SBW的测试线。

在SBW的测试中，选择合适的测试条件是一个重要问题，其中特别是狭缝宽度的选择，并且要把狭缝宽度、光源强度和光学传感器的灵敏度统一起来考虑。如果传感器灵敏度低、光源能量弱，则狭缝过小时，信噪比（S/N）会变坏，仍然得不到好的测试结果。因此，不论是使用者还是设计者测试时选择狭缝宽度的前提是可得到满意的信噪比（S/N），即只要能得到满意的S/N，应该选用最窄的狭缝宽度。

检查仪器分辨率的简单方法是测量苯蒸气的吸收光谱，光谱带宽的测试方法是“谱线轮廓法”。

（1）分辨率仪　器取波长扫描方式。扫描速度慢（如15nm/min），响应快，量程为0～100%，最小带宽（如0.1nm），在258.9nm处调节透射比为100%。将2滴苯液滴入干燥的石英吸收池内，加盖，放置3～5min后放入样品光束，在255～265nm范围内扫描。如图2-17所示，可计算以分辨深度D表示的分辨率（%）。

（2）光谱带宽　仪器取单光束能量方式，测量条件为：最小带宽、扫描速度慢、响应快、合适的负高压（或参照仪器说明书），在655～657nm范围内扫描，在能量-波长图上按图2-18所示，测量氘灯谱线的半宽度，此值即为仪器的光谱带宽。

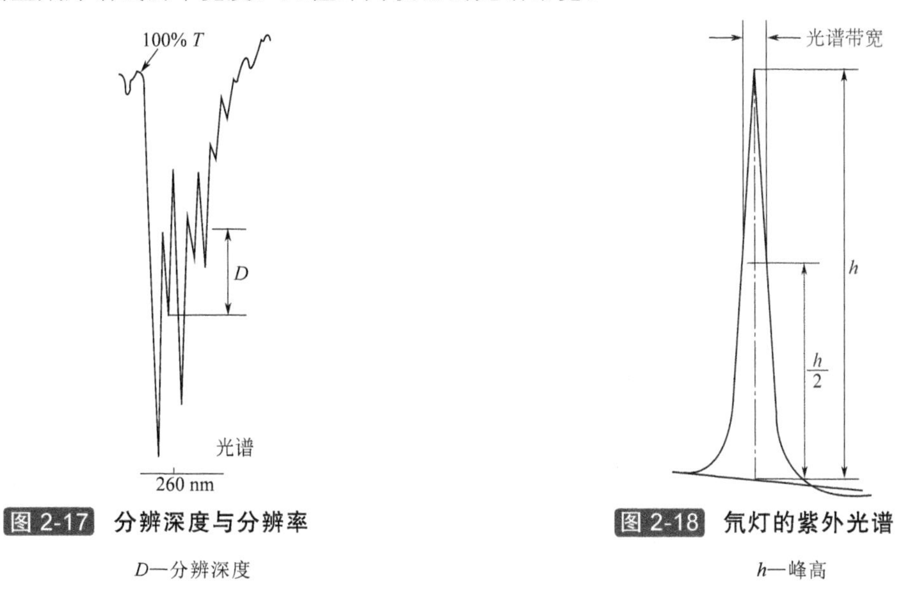

图2-17　分辨深度与分辨率

D—分辨深度

图2-18　氘灯的紫外光谱

h—峰高

3. 仪器的杂散光[17,18]

杂散光可能是分析误差的主要来源，尤其是对高浓度样品分析来说，它的影响直接限制了试样浓度的上限。

在国际上对杂散光有不同的定义，如美国的ASTM的定义为在单色器额定通带之外的透射辐射能量与总透射能量之比；我国学者李昌厚在他的著作《紫外可见分光光度计》中给出了一个更为直观易于理解的定义：“不应该有光的地方有光，这就是杂散光。”

产生杂散光的原因很多，主要有以下9个方面：①被灰尘沾污的光学元件；②被损伤或有缺陷的光学元件；③准直系统内部或隔板边缘的反射；④热辐射或荧光引起的二次电子发射；⑤光学系统屏蔽不好；⑥狭缝缺陷；⑦光学孔径不匹配；⑧光学系统像差；⑨单色器内壁黑化处理不当等。光栅是杂散光的主要来源，杂散光的存在使不应该到达光电转换器的光到达了光电转换器。假设I_s为各种杂散光的总和，$I_{总}$为光电转换器测到的总能量，I为测试波长的能量，则$I_{总}=I+I_s$，由此定义杂散光的量$S=I_s/I_总$，由于$I \gg I_s$，可以近似认为$I_总=I$，故$S=I_s/I$。

杂散光的存在使吸光度的测量值A_m与真值A_0之间存在差异，其差值ΔA为：

$$\Delta A = A_0 - A_m = -\lg T_0 - (-\lg T_m) = \lg(T_m / T_0) \tag{2-9}$$

根据透射比的定义并考虑杂散光I_s的存在，可得到如下关系：

$$T_m = \frac{I_0 + I_s}{I + I_s} = \frac{I_0 / I + I_s / I}{I / I + I_s / I} = \frac{T_0 + S}{1 + S} \tag{2-10}$$

将式（2-10）代入式（2-9），则：

$$\Delta A = \lg(T_m / T_0) = \lg\{[T_0 + S/(1+S)]/T_0\} = \lg\{[1 + (S/T_0)]/(1+S)\} = \lg[(1 + 10^{A_0} S)/(1+S)] \tag{2-11}$$

式（2-11）即为杂散光与吸光度误差和吸光度真值之间关系的理论计算公式。为方便读者应用，由式（2-11）计算了不同杂散光下吸光度相对误差$\Delta A/A_0$和吸光度真值A_0之间的关系，见表2-11。

表2-11　不同杂散光下吸光度相对误差$\Delta A/A_0$和吸光度真值A_0之间的关系

A_0	S=0.005		S=0.004		S=0.003		S=0.002	
	ΔA	ΔA/A0	ΔA	$\Delta A/A_0$	ΔA	$\Delta A/A_0$	ΔA	$\Delta A/A_0$
3.400	1.130075	0.332375	1.041532	0.306333	0.929936	0.273511	0.779001	0.229118
3.300	1.038290	0.314633	0.951593	0.288362	0.842914	0.255429	0.697278	0.211297
3.200	0.948416	0.296380	0.863937	0.269980	0.758720	0.237100	0.619246	0.193514
3.100	0.860837	0.277689	0.778994	0.251288	0.677834	0.218656	0.545410	0.175939
3.000	0.775985	0.258662	0.697236	0.232412	0.600759	0.200253	0.476254	0.158751
2.900	0.694334	0.239425	0.619163	0.213505	0.527999	0.182069	0.412207	0.142140
2.800	0.616383	0.220137	0.545281	0.194743	0.460028	0.164296	0.353608	0.126289
2.700	0.542638	0.200977	0.476074	0.176324	0.397257	0.147132	0.300678	0.111362
2.600	0.473583	0.182147	0.411973	0.158451	0.339999	0.130769	0.253490	0.097496
2.500	0.409645	0.163858	0.353317	0.141327	0.288440	0.115376	0.211974	0.084789
2.400	0.351162	0.146318	0.300327	0.125136	0.242621	0.101092	0.175911	0.073296
2.300	0.298349	0.129717	0.253081	0.110035	0.202433	0.088014	0.144966	0.063029
2.200	0.251280	0.114218	0.211507	0.096140	0.167629	0.076195	0.118711	0.053960
2.100	0.209878	0.099942	0.175390	0.083519	0.137847	0.065641	0.096662	0.046030
2.000	0.173925	0.086963	0.144394	0.072197	0.112642	0.056321	0.078314	0.039157
1.900	0.143081	0.075306	0.118093	0.062154	0.091524	0.048171	0.063165	0.033245
1.800	0.116918	0.064954	0.096003	0.053335	0.073986	0.041103	0.050745	0.028191
1.700	0.094950	0.055853	0.077619	0.045658	0.059531	0.035018	0.040619	0.023893
1.600	0.076673	0.047920	0.062441	0.039025	0.047697	0.029811	0.032404	0.020252
1.500	0.061585	0.041057	0.049994	0.033329	0.038061	0.025374	0.025766	0.017177
1.400	0.049216	0.035154	0.039847	0.028462	0.030252	0.021608	0.020420	0.014586
1.300	0.039133	0.030102	0.031614	0.024318	0.023947	0.018421	0.016126	0.012405
1.200	0.030954	0.025795	0.024961	0.020801	0.018872	0.015727	0.012685	0.010571
1.100	0.024345	0.022132	0.019603	0.017821	0.014799	0.013454	0.009932	0.009029
1.000	0.019023	0.019023	0.015300	0.015300	0.011536	0.011536	0.007732	0.007732
0.900	0.014749	0.016388	0.011851	0.013167	0.008927	0.009919	0.005977	0.006642
0.800	0.011323	0.014154	0.009091	0.011364	0.006843	0.008554	0.004578	0.005723
0.700	0.008583	0.012261	0.006887	0.009838	0.005180	0.007400	0.003464	0.004948
0.600	0.006394	0.010656	0.005128	0.008546	0.003855	0.006425	0.002576	0.004294
0.500	0.004647	0.009294	0.003725	0.007451	0.002800	0.005599	0.001870	0.003741

续表

A_0	S=0.005		S=0.004		S=0.003		S=0.002	
	ΔA	$\Delta A/A0$	ΔA	$\Delta A/A_0$	ΔA	$\Delta A/A_0$	ΔA	$\Delta A/A0$
0.400	0.003254	0.008136	0.002608	0.006520	0.001959	0.004899	0.003272	0.001309
0.300	0.002145	0.007150	0.001719	0.005729	0.001291	0.004303	0.002873	0.000862
0.200	0.001262	0.006310	0.001011	0.005054	0.000759	0.003796	0.002534	0.000507
0.100	0.000559	0.005591	0.000448	0.004478	0.000336	0.003362	0.002244	0.000224
0.050	0.000264	0.005271	0.000211	0.004221	0.000158	0.003169	0.002115	0.000106
0.004	0.000020	0.004998	0.000016	0.004002	0.000012	0.003005	0.002005	0.000008

A_0	S=0.001		S=0.0005		S=0.0004		S=0.0003	
	ΔA	$\Delta A/A_0$	ΔA	$\Delta A/A_0$	ΔA	$\Delta A/A_0$	ΔA	$\Delta A/A_0$
3.400	0.545106	0.160325	0.353111	0.103856	0.301888	0.088790	0.243792	0.071703
3.300	0.476001	0.144243	0.300298	0.030999	0.254641	0.077164	0.203604	0.061698
3.200	0.412009	0.128753	0.253229	0.079134	0.123067	0.066583	0.168800	0.052750
3.100	0.353468	0.114022	0.211827	0.068331	0.176950	0.057081	0.139017	0.044844
3.000	0.300596	0.100199	0.175874	0.058625	0.145954	0.048651	0.113813	0.037938
2.900	0.253468	0.087403	0.145030	0.050010	0.119653	0.041260	0.092695	0.031964
2.800	0.212009	0.075717	0.118867	0.042452	0.097563	0.034844	0.075156	0.026842
2.700	0.176001	0.065185	0.096899	0.035889	0.079179	0.029326	0.060702	0.022482
2.600	0.145106	0.055810	0.078621	0.030239	0.064001	0.024616	0.048868	0.018795
2.500	0.118897	0.047559	0.063534	0.025414	0.051554	0.020622	0.039232	0.015693
2.400	0.096889	0.040370	0.051165	0.021319	0.041407	0.017253	0.031422	0.013093
2.300	0.078576	0.034163	0.041082	0.017862	0.033174	0.014423	0.025117	0.010921
2.200	0.063458	0.028845	0.032903	0.014956	0.026521	0.012055	0.020043	0.009111
2.100	0.051063	0.024316	0.026294	0.012521	0.021163	0.010078	0.015970	0.007605
2.000	0.040959	0.020479	0.020972	0.010486	0.016860	0.008430	0.012707	0.006353
1.900	0.032762	0.017243	0.016698	0.008788	0.013411	0.007058	0.010098	0.005314
1.800	0.026138	0.014521	0.013272	0.007373	0.010651	0.005917	0.008014	0.004452
1.700	0.020804	0.012238	0.010532	0.006195	0.008447	0.004969	0.006351	0.003736
1.600	0.016520	0.010325	0.008343	0.005214	0.006688	0.004180	0.005026	0.003141
1.500	0.013087	0.008725	0.006596	0.004397	0.005285	0.003524	0.003970	0.002647
1.400	0.010340	0.007386	0.005203	0.003717	0.004168	0.002977	0.003130	0.002236
1.300	0.008146	0.006266	0.004094	0.003149	0.003279	0.002522	0.002462	0.001894
1.200	0.006395	0.005329	0.003211	0.002676	0.002571	0.002142	0.001930	0.001608
1.100	0.004999	0.004545	0.002508	0.002280	0.002008	0.001825	0.001507	0.001370
1.000	0.003887	0.003887	0.001949	0.001949	0.001560	0.001560	0.001171	0.001171
0.900	0.003002	0.003336	0.001504	0.001672	0.001204	0.001338	0.000903	0.001004
0.800	0.002298	0.002872	0.001151	0.001439	0.000921	0.001151	0.000691	0.000864
0.700	0.001737	0.002482	0.000870	0.001243	0.000696	0.000994	0.000522	0.000746
0.600	0.001291	0.002152	0.000647	0.001078	0.000517	0.000862	0.000388	0.000647
0.500	0.000937	0.001874	0.000469	0.000938	0.000375	0.000751	0.000282	0.000563
0.400	0.000655	0.001639	0.000328	0.000820	0.000262	0.000656	0.000197	0.000492
0.300	0.000432	0.001439	0.000216	0.000720	0.000173	0.000576	0.000130	0.000432
0.200	0.000254	0.001268	0.000127	0.000635	0.000102	0.000508	0.000076	0.000381
0.100	0.000112	0.001123	0.000056	0.000562	0.000045	0.000450	0.000034	0.000337
0.050	0.000053	0.001059	0.000026	0.000530	0.000021	0.000424	0.000016	0.000318
0.004	0.000004	0.001004	0.000002	0.000502	0.000002	0.000402	0.000001	0.000301

续表

A_0	S=0.0002		S=0.00015		S=0.0001		S=0.00005	
	ΔA	ΔA/A_0	ΔA	ΔA/A_0	ΔA	ΔA/A_0	ΔA	ΔA/A_0
3.400	0.176692	0.051968	0.138800	0.040824	0.097279	0.028612	0.051360	0.015106
3.300	0.145747	0.044166	0.113641	0.034437	0.078966	0.023929	0.041277	0.012508
3.200	0.119492	0.037341	0.092562	0.028926	0.063849	0.019953	0.033098	0.010343
3.100	0.097443	0.031433	0.075058	0.024212	0.051454	0.016598	0.026490	0.008545
3.000	0.079094	0.026365	0.060633	0.020211	0.041349	0.013783	0.021168	0.007056
2.900	0.063946	0.022050	0.048823	0.016835	0.033152	0.011432	0.016893	0.005825
2.800	0.051525	0.018402	0.039208	0.014003	0.026529	0.009475	0.013468	0.004810
2.700	0.041400	0.015333	0.031415	0.011635	0.021195	0.007850	0.010727	0.003973
2.600	0.033185	0.012763	0.025124	0.009663	0.016911	0.006504	0.008538	0.003284
2.500	0.026547	0.010619	0.020062	0.008025	0.013477	0.005391	0.006791	0.002717
2.400	0.021201	0.008834	0.015998	0.006666	0.010731	0.004471	0.005399	0.002250
2.300	0.016907	0.007351	0.012742	0.005540	0.008537	0.003712	0.004289	0.001865
2.200	0.013466	0.006121	0.010139	0.004609	0.006786	0.003084	0.003406	0.001548
2.100	0.010713	0.005101	0.008060	0.003838	0.005390	0.002567	0.002703	0.001287
2.000	0.008513	0.004257	0.006401	0.003200	0.004278	0.002139	0.002144	0.001072
1.900	0.006758	0.003557	0.005079	0.002673	0.003393	0.001786	0.001700	0.000895
1.800	0.005359	0.002977	0.004026	0.002237	0.002688	0.001493	0.001346	0.000748

A_0	S=0.000001		S=0.0000008		A_0	S=0.000001		S=0.0000008	
	ΔA	ΔA/A_0	ΔA	ΔA/A_0		ΔA	ΔA/A_0	ΔA	ΔA/A_0
3.400	0.001089	0.000320	0.000871	0.000256	1.600	0.000017	0.000011	0.000013	0.000008
3.300	0.000865	0.000262	0.000692	0.000210	1.500	0.000013	0.000009	0.000011	0.000007
3.200	0.000687	0.000215	0.000550	0.000172	1.400	0.000010	0.000007	0.000008	0.000006
3.100	0.000546	0.000176	0.000437	0.000141	1.300	0.000008	0.000006	0.000007	0.000005
3.000	0.000434	0.000145	0.000347	0.000116	1.200	0.000006	0.000005	0.000005	0.000004
2.900	0.000344	0.000119	0.000276	0.000905	1.100	0.000005	0.000005	0.000004	0.000004
2.800	0.000274	0.000098	0.000219	0.000078	1.000	0.000004	0.000004	0.000003	0.000003
2.700	0.000217	0.000080	0.000174	0.000064	0.900	0.000003	0.000003	0.000002	0.000003
2.600	0.000172	0.000066	0.000138	0.000053	0.800	0.000002	0.000003	0.000002	0.000002
2.500	0.000137	0.000055	0.000110	0.000044	0.700	0.000002	0.000002	0.000001	0.000002
2.400	0.000109	0.000045	0.000087	0.000036	0.600	0.000001	0.000002	0.000001	0.000002
2.300	0.000086	0.000037	0.000069	0.000030	0.500	0.000001	0.000002	0.000001	0.000002
2.200	0.000068	0.000031	0.000055	0.000025	0.400	0.000001	0.000002	0.000001	0.000001
2.100	0.000054	0.000026	0.000043	0.000021	0.300	0.000000	0.000001	0.000000	0.000001
2.000	0.000043	0.000021	0.000034	0.000017	0.200	0.000000	0.000001	0.000000	0.000001
1.900	0.000034	0.000018	0.000027	0.000014	0.100	0.000000	0.000001	0.000000	0.000001
1.800	0.000027	0.000015	0.000022	0.000012	0.050	0.000000	0.000001	0.000000	0.000001
1.700	0.000021	0.000013	0.000017	0.000010	0.004	0.000000	0.000001	0.000000	0.000001

由上表可知，在高浓度时，杂散光对测量误差的影响非常大。例如在 A_0=2.0 时，若杂散光为 0.2%，则可引起 3.9%的测量误差；若杂散光为 0.5%，在 A_0=2.0 时产生的测量误差为 8.7%。由此可见，杂散光越大，高浓度试样的测量误差就越大，因此，杂散光将限制紫外-可见吸收光谱测量的浓度上限。

在评价和挑选紫外-可见分光光度计时，表 2-11 有一定的实用价值，只要知道仪器的杂散光就可立即从表 2-11 得知该仪器由杂散光引起的测量误差和是否能满足使用要求。如要挑选一种紫外-可见分光光度计分析一种生物样品，该样品的浓度较高，吸光度值 A=1.95 左右，且要求分析测试准确度为 1%，现有一台仪器其杂散光为 0.2%，根据表 2-11 立即就可知道该仪器不能满足使用要求。因为 S=0.2%时，若吸光度值为 1.95，则其测量相对误差为 3.6%，从表 2-11 上又可立即查到，该分析测试工作必须要用一台杂散光 S=0.05%（或优于 0.05%）的紫外-可见分光光度计才可满足要求。

在实际测定中，杂散光对参比光束和样品光束的影响是相同的，因此，根据比尔定律可得：

$$A=-\lg[(I_t+I_s)/(I+I_s)]$$

因为 $I_s=SI$

则 $$A=-\lg[(I_t+SI)/(I+SI)]=-\lg\{[(I_t/I)+S]/(1+S)\}=-\lg(T+S)+\lg(1+S) \quad (2\text{-}12)$$

式中，A 为试样的吸光度；T 为试样的透射比。

利用式（2-12）的计算可以更清楚地认识杂散光对分析测试误差的影响。

假设试样的吸光度 A=1.00，即 T=10%；若 S=0.05，由式（2-12）计算得 A=0.9980，即当存在 0.05%杂散光时，吸光度从 1.0000 降至 0.9980，相对误差为 $\Delta A/A$=(1−0.9980)/1=0.002(0.2%)，应能满足常规分析测试的要求，由此可知杂散光在 0.05%以下，对分析测试结果影响不大。目前国际上高档的紫外-可见分光光度计的杂散光都在 0.01%以下。但随着试样吸光度的增大，杂散光的影响也随之增大，当试样的 A=3 时，若 S 仍为 0.05%，吸光度测定的相对误差将增大至 5.8%。

杂散光的存在会造成对比尔定律的偏离，当杂散光被试样吸收时产生正偏离，不被吸收时产生负偏离。

在分光光度计工作波段边缘波长处，由于单色器透射比、光源辐射强度及检测器灵敏度都较低，杂散光的影响更为显著，所以在波长小于 220nm 处测定时要区分“假峰”的出现。试样的吸光度原本是随波长变短吸收值增大的，但由于杂散光的严重影响吸光度值反而变小，出现了不应有的“假峰”，如图 2-19 所示。

杂散光的测试方法，目前国际上的做法归纳起来有四种：①截止滤光法；②级数透过法；③光学法；④卷积法。其中以截止滤光法最为简便，测试结果也令人满意。

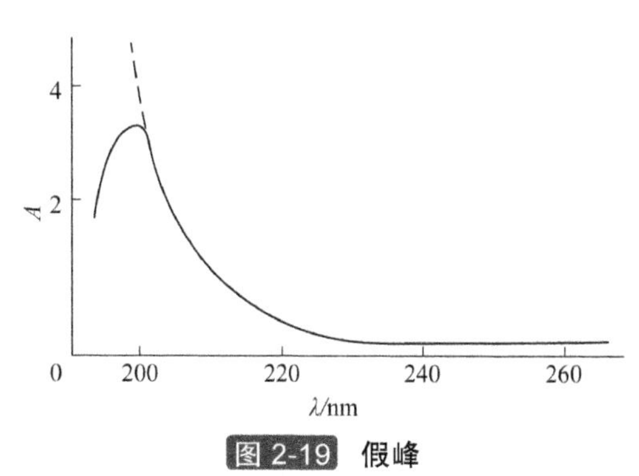

图 2-19 假峰

“截止滤光法”或称为“滤光片法”，该方法通过测定某种截止材料在边缘波长或某一波长的透射比来表示杂散光强度，截止材料可分为滤光片和滤光液两种。国家标物中心推出的 BW2019 滤光片即为锐截止滤光片，亚硝酸钠（$NaNO_2$）、碘化钠（NaI）溶液即为锐截止型滤光液。

在测试 220nm 处的杂散光时，通常采用 10g/L 的 NaI 水溶液，该水溶液在小于 258nm 时不透光，而从 258nm 开始透射比很快上升至 90%以上，上升坡度很陡。测试 340nm 处的杂散光时，大都采用 50g/L 的 $NaNO_2$ 水溶液，其光谱特征是：小于 385nm 时不透光，从 385nm 开始透射比可达 90%以上，上升坡度很陡。

在测试杂散光时要注意以下问题。

（1）测试点位置的选择 测试点的波长和滤光片或滤光液截止点的波长之差 $\Delta\lambda$ 取 20～45nm 为好。例如用 NaI（10g/L）作为滤光液，其截止点的波长为 258nm，杂散光测试点的波长选为 220nm，此时 $\Delta\lambda$ =（258−220）nm=38nm。若 $\Delta\lambda$ 太小，即测试点和透光点的距离短，测得的杂散光往往偏大。

（2）测试点数量的选择　杂散光通常在紫外区，故而只用 NaI 来测 220nm 这一点的杂散光，但这种做法并不妥当。在 340nm 处是氘灯和钨灯的换灯处，也容易产生杂散光。因此，最好在整个波段范围内的两个端点和一个换灯处的波长点处测量，更能反映整机杂散光情况。

（3）光源选择　通常测试紫外区的杂散光，采用氘灯作光源；测试可见区的杂散光，采用钨灯（白炽灯）作光源。不宜用氙灯作光源，因氙灯的红外线太强，会对测试带来不利。若需要测 632.8nm 处的杂散光，可用 He-Ne 激光器作光源。

（4）光电转换器的选择　通常测试紫外区的杂散光，采用光电倍增管作光电转换器；红外光区采用热电偶、热敏电阻等。使用光电倍增管时，若用直流法检测光电流，必须扣除光电倍增管的暗电流，否则测定结果偏高；用热电元件时，要采用交流法检测光电流，可消除热噪声对测量的影响。

杂散光的测定方法如下。

① 取仪器带宽 2nm，在波长 220nm 处以空气为参比，在样品光束中插入 1%（或 10%）的衰减片，测量出衰减片的实际值 T_1。再将衰减片移至参比光束，并用配对误差小于±0.2%T 的 10mm 石英吸收池，分别装入蒸馏水及含量为 10g/L 的碘化钠水溶液，放入参比及样品光束，测量出透射比 T_2，按式（2-13）计算杂散辐射率 T_r。

② 在 340nm、620nm、1690nm 处用含量为 50g/L 的亚硝酸钠水溶液、0.005%亚甲基蓝水溶液及二溴甲苯，按上述方法分别检测各 T_1、T_2，并按式（2-13）计算 T_r。

$$T_r = T_1 T_2 \tag{2-13}$$

NaI 标准溶液的配制方法如下：在分析天平上称取 5.00g（分析纯，准确至 0.01g）NaI，用蒸馏水溶解后，全部转移至 500mL 容量瓶中，用蒸馏水稀至刻度，摇匀，保存备用。

$NaNO_2$ 标准溶液的配制方法如下：在分析天平上称取 50.0g（分析纯，准确至 0.1g）$NaNO_2$，用蒸馏水溶解后，全部转移至 1000mL 容量瓶中，用蒸馏水稀至刻度，摇匀，保存备用。

4. 光度准确度和光度重复性[19]

光度准确度是指标准样品在其吸收波长处测得的吸光度与其真值之差。目前的表示方法有两种：一种用光度准确度 A_A 或吸光度误差 ΔA；另一种用透射比准确度 T_A 或透射比误差 ΔT 表示。国外大多厂商给出光度准确度和吸光度误差，并同时指出在什么吸光度下测量的，这种表示方法是准确的。有些国外厂商和国内厂商同时给出两种表示方法的数值，如北京普析通用公司 TU-1810 系列的仪器给出的数据为：±0.002A（0～0.5A）；±0.004A（0.6～1A）；±0.3%T（0～100%T）。但这里需要指出：从理论上讲紫外-可见分光光度计的透射比准确度 T_A 或透射比误差 ΔT 不可能在 0～100%T 内都能达到±0.3%T 的透射比准确度。在用透射比准确度表示时，也要讲明在什么透射比情况下测试。有些厂商在说明书中称光度准确度为测光精度，这是混淆了准确度和精密度的概念，测光精度的说法是错误的。

影响样品光度准确度的因素是多方面的：包括仪器的因素，如杂散光大小、光度噪声、基线平直度、光谱带宽等，还包括试样取样及其制备、测量条件和显色条件等。必须综合考虑上述几方面的影响。

可用下述数学表达式描述：

$$P_A = f(\lambda_A、SL、N、BF、SBW)$$

式中　P_A ——光度准确度；

λ_A ——波长准确度；

SL ——杂散光；

N ——噪声；

BF ——基线平直度；

SBW ——光谱带宽。

从上述数学表达式可知光度准确度受到仪器的几乎全部的其他技术指标影响，实质上光度准确度是反映仪器性能好坏的综合指标，必须引起高度重视。

用于紫外-可见分光光度计光度准确度测定的标准样品必须是纯度高、稳定性好的物质，最常用的有重铬酸钾、铬酸钾、硫酸铜、硝酸钾和中性滤光片等。碱性铬酸钾标准溶液曾为美国国家标准局推荐，认为该溶液可长期保存。但因为溶液是碱性，不能储存在普通玻璃容器中，而需要储存在石英器皿中。

我国标准中在紫外光区采用的是酸性重铬酸钾标准溶液，在可见光区采用的是中性滤光片。

光度重复性被定义为多次测量（一般为 3～5 次）中，最大值和最小值之差。影响光度重复性的主要因素包括：

①光源系统，氘灯和钨灯的质量不好或电源的稳定性差；②光电转换系统，光电转换元件光电倍增管、光电管、硅光电池等的质量问题及供电电源的稳定性；③电子系统，放大器的漂移和 V/D 变换不稳定；④环境，电场、磁场干扰，温度、湿度影响。

紫外-可见分光光度计光度准确度测定的常用标准溶液配制方法如下。

（1）酸性重铬酸钾标准溶液配制方法　将分析纯重铬酸钾在 110℃烘箱中烘至恒重，取出后放于干燥器中冷却至室温，准确称取 0.06006g 重铬酸钾，用 0.1mol/L 的硫酸溶液溶解后全部转移至 1000mL 容量瓶中，用 0.1mol/L 的硫酸溶液稀至刻度，配制成浓度为 0.06006g/L 的酸性重铬酸钾溶液。

在温度为 25℃、光谱带宽为 2nm 条件下，用 1cm 厚石英吸收池，以中等速度扫描，测得该酸性重铬酸钾溶液的透射比和吸光度如表 2-12 所示。

表 2-12　0.06006g/L 酸性重铬酸钾溶液的透射比(T)和吸光度(A)

编　号	波长/nm	透射比	吸光度
1	235	0.180	0.744
2	257	0.135	0.864
3	313	0.513	0.290
4	350	0.230	0.639

（2）碱性铬酸钾标准溶液配制方法　将分析纯铬酸钾在 105℃烘箱中烘至恒重，取出后放于干燥器中冷却至室温，准确称取 0.04000g 铬酸钾，用 0.05mol/L 的氢氧化钾溶液溶解后全部转移至 1000mL 容量瓶中，用 0.05mol/L 的氢氧化钾溶液稀释至刻度，配制成浓度为 0.04000g/L 的碱性铬酸钾溶液。

在温度为 25℃、光谱带宽为 2nm 条件下，用 1cm 厚石英吸收池，以中等速度扫描，测得该碱性铬酸钾溶液的透射比和吸光度如表 2-13 所示。

表 2-13　0.04000g/L 的碱性铬酸钾溶液的透射比和吸光度

波长/nm	透射比	吸光度	波长/nm	透射比	吸光度
220	0.358	0.446	245	0.402	0.396
225	0.601	0.221	250	0.319	0.496
230	0.647	0.171	253.6	0.279	0.554
235	0.616	0.210	255	0.268	0.572
240	0.507	0.295	260	0.233	0.633

续表

波长/nm	透射比	吸光度	波长/nm	透射比	吸光度
265	0.202	0.695	355	0.199	0.701
270	0.180	0.745	360	0.148	0.830
275	0.175	0.757	365	0.116	0.936
280	0.194	0.712	370	0.103	0.987
285	0.257	0.590	375	0.102	0.991
290	0.373	0.428	380	0.117	0.932
295	0.533	0.273	385	0.150	0.824
296.7	0.598	0.223	390	0.202	0.695
300	0.709	0.149	395	0.294	0.532
302.2	0.771	0.113	400	0.402	0.396
305	0.834	0.079	404.7	0.515	0.288
310	0.895	0.048	410	0.632	0.199
313.2	0.905	0.043	420	0.751	0.124
315	0.900	0.046	430	0.824	0.084
320	0.864	0.064	435.8	0.859	0.066
325	0.804	0.095	440	0.882	0.054
330	0.710	0.149	450	0.927	0.033
334.2	0.620	0.208	460	0.960	0.018
335	0.600	0.222	470	0.980	0.009
340	0.483	0.316	480	0.991	0.004
345	0.373	0.428	490	0.997	0.001
350	0.276	0.559	500	1.000	0.000

（3）硫酸铜标准溶液配制方法　将 10ml 相对密度为 1.835 的硫酸加入到 20.000g 硫酸铜（$CuSO_4 \cdot 5H_2O$）内，再用蒸馏水加到 1000ml。在温度为 25℃、比色皿光程长为 10.00mm 的条件下测试，其结果见表 2-14。

表 2-14　硫酸铜标准溶液的透射比和吸光度

波长/nm	吸光度	透射比	波长/nm	吸光度	透射比
350	0.0090	0.979	510	0.0038	0.991
360	0.0063	0.986	520	0.0055	0.987
370	0.0046	0.989	530	0.0079	0.982
380	0.0035	0.992	540	0.0111	0.975
390	0.0028	0.994	550	0.0155	0.965
400	0.0023	0.995	560	0.0216	0.951
410	0.0019	0.996	570	0.0292	0.935
420	0.0016	0.996	580	0.0390	0.914
430	0.0014	0.997	590	0.0518	0.888
440	0.0012	0.997	600	0.0680	0.855
450	0.0011	0.997	610	0.0885	0.816
460	0.0011	0.997	620	0.1125	0.772
470	0.0012	0.997	630	0.143	0.719
480	0.0014	0.997	640	0.180	0.661
490	0.0018	0.996	650	0.224	0.597
500	0.0026	0.994	660	0.274	0.532

续表

波长/nm	吸光度	透射比	波长/nm	吸光度	透射比
670	0.332	0.466	404.7	0.0021	0.995
680	0.392	0.406	435.8	0.0013	0.997
690	0.459	0.348	491.6	0.0019	0.996
700	0.527	0.297	501.6	0.0028	0.994
710	0.592	0.256	546.1	0.0135	0.969
720	0.656	0.221	578.0	0.0368	0.919
730	0.715	0.193	587.6	0.0487	0.894
740	0.768	0.171	667.8	0.319	0.480
750	0.871	0.193			

下面是透射比准确度与透射比重复性测定方法。

（1）紫外光区　仪器带宽取 2nm，用标准石英吸收池分别盛装空白溶液及重铬酸钾标准溶液（标准溶液的配制方法见前），在 235nm、257nm、313nm 和 350nm 四个波长处连续三次测量其透射比，与表 2-12 比较，并按式（2-14）计算透射比准确度 Δr。

（2）可见光区　仪器带宽取 2nm，用一组透射比为 10%、20%、30%的光谱中性滤光片，以空气为参比，分别在波长 440nm、546nm 和 635nm 处连续三次测量透射比，与中性滤光片的透射比标准值比较，并按式（2-14）、式（2-15）计算 Δr 与 δr。

当仪器不能采用中性滤光片检定时，允许采用紫外和可见吸收光谱标准溶液检定仪器透射比。硫酸铜标准溶液适用于检测可见波段内的光度准确度。

$$\Delta r = \overline{T} - T_r \tag{2-14}$$

式中　$\overline{T}$ ——透射比平均值；

T_r ——透射比标准值。

按式（2-15）计算透射比重复性 δr。

$$\delta r = T_{max} - T_{min} \tag{2-15}$$

式中　T_{max}，T_{min} ——三次测量透射比的最大值与最小值。

有学者根据其工作经验指出，在仪器其他检定项目均符合规程要求，而透射比示值严重超出规程要求时，以下情况需要考虑：仪器比色皿架与比色架底板安装是否发生偏移，可重新安装仪器比色皿架与比色架底板后，用空气做空白调整使透射比值至最大，再重新检定。另外还需考虑中性滤光片的沾污及仪器预热时间是否足够。

5. 光度噪声

光度噪声是叠加在测量的分析信号中不需要的信号，它是一种随时间变化而又随机的输出信号。它的主要影响是限制了试样浓度的下限，即其检出限。光度噪声可以用吸光度表示，也可用透射比表示，用吸光度表示在使用上比较方便。在计算误差时，不必把透射比换算成吸光度。由噪声引起的吸光度的相对误差（$\Delta A_N/A$）可以下式表示：

$$\frac{\Delta A_N}{A} = \frac{N}{A} \times 100\% \tag{2-16}$$

式中　N ——光度噪声；

A ——吸光度真值。

例如所用仪器的光度噪声为 0.005A，而所测得的数据为 0.6A，由式（2-16）计算相对误差为 0.005÷0.6×100%=0.8%，如果要求分析的相对误差是 1%，说明使用该仪器测得的数据是可信的。使用者要重视光度噪声，否则就无法判断仪器在低浓度测定时是否适用，准确度能否达到要求。

光度噪声的测试方法一般是在时间扫描方式（或定波长扫描）时测出某波长处的最大峰-峰差值作为该波长处的噪声。具体测试方法介绍如下。

波长置于 230nm 处，取时间扫描方式（或定波长扫描）、带宽 2nm、常规扫描速度、量程 ±0.01A（最灵敏的量程挡），参比光束和样品光束皆为空白，扫描 2nm，测量出谱图上最大峰-峰差值，即为仪器的 100%线噪声。

目前国际上的测试方法是：仪器冷态开机，预热 0.5h 后，试样和参比比色皿均为空气，设置吸光度为 0、光谱带宽为 2nm、波长为 500nm。将仪器从长波到短波，进行时间扫描 1h。在 1h 内任取 10min 的测试数据，在多个 10min 的测试数据中，以那个 10min 内最大的峰-峰值作为 500nm 处的噪声。

6. 基线平直度

光度噪声是指在某波长处的噪声，而使用是在仪器的整个波段范围，所以提出了基线平直度的指标。基线平直度是指紫外-可见分光光度计仪器全波段内每个波长上的噪声。影响基线平直度的主要因素有：

① 滤光片或光学元件上有灰尘；滤光片未安装好，在切换时产生噪声；

② 光源切换时产生噪声，一般在 340～360nm 范围出现；

③ 扫描速度太快；

④ 放大器和光电转换元件的噪声；

⑤ 单色器光路未调整好；

⑥ 振动、电场和磁场干扰、电压不稳等环境因素。

基线平直度的测试方法：冷态开机，预热 0.5h 后，试样和参比比色皿均为空气，设置吸光度为 0、光谱带宽为 2nm，从长波向短波方向进行全波段慢速（或中速）扫描。而后，在全波段范围内，找出峰-峰值中最大值作为该仪器的基线平直度。

7. 漂移

基线漂移是指与时间有关的光度值的变化量，在物理概念上与基线平直度是不同的，不能混淆。仪器的电子学部分和周围环境是其主要影响因素。具体测定方法如下：

仪器经预热平衡 2h 后，将波长置于 500nm 处，取带宽 2nm、常规扫描速度、量程±0.01A（最灵敏挡）、时间扫描方式（或定波长扫描），参比和样品光束皆为空白，扫描 0.5h，测量出谱图上 0（A）线的平行包络线的变化，此即为仪器的漂移量。

在此标准中扫描时间是 0.5h，目前国际上采用的连续测试时间为 1h，认为 0.5h 是不够的。

以上三个指标：噪声、基线平直度和漂移综合反映了仪器的稳定性，选择仪器的宗旨就是要稳定可靠。影响稳定性的因素很多，主要有以下两个方面。

（1）电光源系统的影响　光谱仪器的不稳定，90%以上是由电源的不稳定引起的。这个问题往往不被多数使用者所重视，要保证仪器的稳定性，必须重视光源电源变化对光辐射通量或发光强度的影响；一般来讲，紫外-可见分光光度计的电光源为恒流源加氘灯和恒压源加钨灯；氘灯恒流源的电流变化对其发射的紫外线光通量的关系为：

$$(I_2/I_1)^Y=\phi_2/\phi_1$$

式中，I_1，I_2 为恒流源电流变化前后的值；ϕ_1, ϕ_2 为氘灯发射的与电流 I 相对应的光通量；Y 为常数，一般取 Y=6.05～6.75，设取 Y=6.5，I_1=300mA（一般常规值），I_2=305mA（即变化 5mA），ϕ_1=100，则 I_1 变化到 I_2 时 ϕ_2 的变化为：$\phi_2=(305/300)^{6.5}\times100=113.3$，即电源电流变 1.7%，则

氘灯发射的光通量变化 11.3%。对可见光部分的钨灯来讲，电压与光通量的关系为：

$$(V_2/V_1)^K = \phi_2/\phi_1$$

式中，V_2，V_1为变化前后的电源电压；ϕ_1，ϕ_2为变化前后的光通量；K为常数，一般取3.36～3.51，若取K=3.45，ϕ_1=100，V_1=12V，V_2=12.25V，则 $\phi_2=(12.25/12)^{3.45}\times 100=107.4$，即电压波动2%，则钨灯发射的光通量波动7.4%。综上所述，电光源系统电源的变化对仪器的稳定性影响非常大。

（2）电子学系统的影响　除电光源系统的电源外，紫外-可见分光光度计的其他电子学部分对整机稳定性的影响也是很大的，如放大器的噪声、漂移，光学传感器的供电电源等，特别是光学传感器的供电系统的影响更值得高度重视。因为光学传感器大多为光电管或光电倍增管，它们都有一个供电电源的问题，这个电源将直接影响整机的稳定性，特别是光电倍增管，其供电电压波动 1%，则其电流放大倍数将波动 10%，而光电倍增管（如 R456、R928等）在常规使用时，其电流放大倍数一般为 5×10^5 左右（在 700V 直流供电电源的情况下），若它波动 10%，则整机的稳定性就差到不可想象的地步。

8. 线性及线性动态范围

紫外-可见分光光度计的线性是指实验点接近偏离比尔定律 $A=f(C)$直线部分的程度。换言之，如果给定物质（化合物或混合物）的两个浓度的响应值之差正比于两个被测试样的浓度差，且该差值在误差要求的范围内，则紫外-可见分光光度计的输出是线性的。所谓线性动态范围（LDR）是指仪器的最小线性度和最大线性度之间的范围。影响线性和 LDR 的因素很多，其中有光源的发光强度和稳定性、单色器的杂散光和相对孔径、光学传感器的灵敏度、放大器的噪声等。线性在定量分析中是十分重要的，如果仪器线性差就不可能得到好的定量分析的结果，特别是在低浓度和高浓度的定量分析测试工作中。在给定的仪器条件下，当被测试样浓度低到一定程度时，受仪器噪声的影响，S/N 下降，实验结果偏离比尔定律，直线明显地向上翘；反之，在高吸收时受杂散光的影响而向下弯。仪器线性的测试方法有很多种，这里介绍李昌厚教授提出的双对数曲线法。

根据响应指数法：$Y=KC^r$

式中，Y 为响应值；K 为常数，通常取 1；C 为被测试样浓度；r 为浓度指数。如果对上式两边取对数，则 $\lg Y=\lg K+r\lg C$，因为 K=1，所以

$$\lg Y = r\lg C \tag{2-17}$$

根据式（2-17），用双对数坐标纸以 $\lg Y$ 为纵坐标，$\lg C$ 为横坐标作出双对数曲线，由该曲线及其斜率 r 可判断光度计的线性和线性动态范围。

9. 绝缘电阻

绝缘电阻不低于 20MΩ。

以上介绍了主要技术指标的测定方法，此外，对新购置的仪器要检查下列标志：仪器名称、型号、制造厂名、出厂编号、出厂日期及产品合格证书等。带有计算机的紫外和可见吸收光谱仪，必须按仪器说明书中对计算机所提供的功能进行逐项检定，考察所提供的功能是否完整、是否能进行正常操作。

（三）计量管理

1. 检定结果处理

在检定的项目中，仪器的各项指标能满足表 2-4 中仪器级别一级要求者，判为一级；任何一项指标不能达到一级的，则判为两级；超过两项（包括两项指标）不能达到二级指标者，判为不合格。经检定的仪器，发给检定证书；在检定结论中需明确说明被检定的仪器应属于

何种级别、是否合格、存在的问题和建议等。

检定的各项数据，均需记录在记录纸上，谱图和打印结果应附在原始记录之后。

2. 检定周期

检定周期暂定为两年，仪器如经修理、搬动或发现仪器工作状态不正常时，都应进行重新检定。检定文件应妥善保管，以供查验。

第四节 紫外-可见分光光度计的技术性能指标评述[20]

倪一等人在综合分析和比较了国内外 37 个厂家的 152 种不同型号紫外-可见分光光度计资料的基础上，给出了如表 2-15 所示的技术性能指标。

表 2-15 国内外紫外-可见分光光度计的技术性能指标评述

项 目	典 型①	最 大①	最 小①	备 注
光谱范围/nm	200~1100			
波长准确性/nm	0.1~1	2	0.02(Cary300)	国产典型 0.3~2
波长重复性/nm	0.1~0.5	1	0.008(Cary100/300)	
分辨率/nm	0.5~6	6	0.05(Cary4000)	上分厂的 760MC 型在 0.08~5 可调
扫描速度/(nm/min)	100~4000	24000(Cary50)	24	
光度范围(以 A 计)	−0.3~3，0~5，0~2，±3	±7(Cary400)		国产最大 ±4A(TU1901)
光度准确性(以 A 计)	0.003~0.005(A=1)		0.0005(A=1)(Cary6000i)	
光度重复性(以 A 计)	0.0008~0.002(A=1)			
光度范围(以 T 计)	0~200%			
光度准确性(以 T 计)	0.3%~0.5% (T=0~100%)			国产典型 0.3%~0.5%
光度噪声(以 A 计)	0.0005~0.002(A=1)		0.00003(A=1)	
杂散光(以 T 计)	0.01%~0.05% (340nm)	0.5% (220nm)	0.00008% (370nm) (Cary100/300/400)	国产典型 0.2%~0.5%
基线平直度(以 A 计)		0.001~0.005		
基线稳定性(以 A 计)	0.001~0.004h^{-1}(A=1)，340nm		0.0001h^{-1} (A=1, 340nm)	
光源	氘灯+钨灯 92 种，氙灯 14 种，钨灯+紫光二极管 1 种，氘灯+氪灯 1 种，不详 17 种(国外)			
探测器(国外)	CCD 或 PDA26 种，光电二极管 52 种，PMT23 种，不详 24 种(国外)			
光学设计与单色器	固定光栅 26 种，扫描光栅 90 种，滤光片 1 种，不详 8 种(国外)；双光束 37 种，双单色器 8 种，C-T 型 11 种，Littrow 型 7 种，Seya Namioka 型 3 种			

① 括号内表示测量条件。

在 100 多种国外产品中，约有 40%的仪器波长范围上限≤900nm，其中≤800nm 的仅十多种，而>900nm 的占了多数。固定光栅型受硅阵列探测器的限制，1100nm 是其波长的上限。扫描光栅型使用分立光电器件，波长的扩展更为灵活，其波长范围可扩展至 190～3200nm，通过切换光栅和探测元件，仪器的光谱范围覆盖了紫外、可见和近红外区，能满足一机多用的需要。

波长的准确性仅有少数偏差超过 1nm，其余大多在 0.1～1nm，其中突出的在 656.1nm 处的波长准确性达到了 0.02nm 的水平。波长重复性大于 0.5nm 的仅少数几种，0.1～0.5nm 的占了多数，还有相当数量的产品达到了优于 0.1nm 的水平。虽然从原理上讲，固定光栅型的设计结构固定、简单，易于实现好的波长准确性和重复性，但扫描光栅的设计制造工艺已十分成熟，从性能指标看，最突出的仪器系列都是扫描光栅型的产品。

扫描光栅型通过改变狭缝宽度可选择分辨率，最高狭缝宽度做到了 0.05nm，国内有些仪器也可达到 0.08nm。固定光栅型受到阵列探测器的长度和像元数量限制，除非光谱范围很窄，否则分辨率是很难高于 0.1nm 量级的。

扫描光栅型扫描速度大多在 100～4000nm/min，最高实现了 24000nm/min，但与固定光栅型最短毫秒量级完成全光谱测量的速度相比，仍是较慢。

吸光度普遍可达到 A=2～3 的水平，半数以上产品最大吸光度值在 A=2～3，另有 20 多种产品可以测量超过 A=3 的样品，其中，最高的达到了 A=7。

杂散光典型值是 T=0.01%～0.05%，在国外的产品中一半以上产品的杂散光指标在这一范围中。杂散光超过 T=0.05%的产品约占 25%，低于 T=0.01%的产品约占 15%，其中，最为突出的，它们的杂散光水平达到了令人惊讶的 T=0.00008%，从光学设计看，它们都采用了双单色器。与扫描光栅型产品相比，固定光栅的分光光度计少了出射狭缝，实现低杂散光的难度更大。从性能指标来看，范围在 T=0.01%～1%，有一半的固定光栅型产品杂散光在 T=0.01%～0.05%之间，但是能够低于 T=0.01%的很少。

我国的紫外-可见分光光度计性能指标总体上接近国外的中等水平，缺少高档产品。考察国内企业的 20 多种产品的主要技术指标，波长准确性，国外的典型水平是 0.1～1nm，国内产品基本达到同一水平；国内产品的光度准确性大多以透射比（T）表示，水平比较接近，均在 0.3%～0.5%之间。在 T=10%处，也就是吸光度 A=1 处，将光度准确性以吸光度(A)表示，则数值为 0.013～0.021，与国外产品有比较明显的差距。国内产品的光度重复性(T)基本在 0.1%～0.3%范围，同样在吸光度 A=1 处换算，数值为 0.004～0.013，也存在距离。比较国外与国内产品的杂散光的典型值，两者几乎相差了一个数量级，但是已有一些较新研发的产品，可以达到国外产品的普遍水准。基线稳定性方面，国产分光光度计与国外产品基本持平。

在仪器的控制、操作，数据的显示、处理、分析上，国内产品表现出迅速向国外产品靠拢的趋势。以功能更强的内置微机或外接 PC 取代单片机，利用外接 PC 的显示器（或采用大面积 LO）代替简单的 UD 数字显示，提升软件水平。在此基础上，分光光度计可具有开机自检、波长自动校正、基线自动记忆等功能；配备有更友好界面的操作软件，能够以文件形式存取光谱，显示光谱曲线，可对图形作扩展、压缩、求导、平滑、寻峰等处理；可完成单波长或多波长的定量、动力学等分析，在 6 个国内厂家的产品中都已出现了此类分光光度计。目前，我国的紫外-可见分光光度计至少在以下三个方面存在比较明显的滞后：一是高档的科学分析型产品，能够满足精密的科学研究和分析的很少，采用双单色器、具有突出性能的国产分光光度计基本是空白；二是阵列探测器的应用，我国的产品仍以扫描光栅型为主，采用阵列探测器的固定光栅型分光光度计虽然已经起步，但进入市场的仍然罕见；三是光纤的使用，市场上以光纤探头取代传统样品室的设计，或可选择外接光纤附件的国产紫外-可见分光光度计十分缺乏。

表 2-16 列出了国内外生产的不同档次的紫外-可见分光光度计主要技术指标，以供选购该类仪器时作参考。

表 2-16 不同档次的紫外-可见分光光度计主要技术指标

仪器档次	普及型	中低档(分析型)	中高档(分析型)	高档(研究型)
光度系统	单光束或准双光束	准双光束或双光束	双光束	双光束
波长范围/nm	200~1000	190~1100	190~1100	190~900
波长准确度/nm	±1~±2	±0.3~±0.5	±0.3~±0.5	±0.1~±0.3
波长重复性/nm	±0.2~±1.0	±0.1~±0.2	±0.05~±0.1	±0.05~±0.1

续表

仪器档次	普及型	中低档(分析型)	中高档(分析型)	高档(研究型)
光谱带宽/nm	2	0.2, 1, 2	0.1, 0.2, 0.5, 1, 2, 5	0.1~4
光度准确度	$T=\pm0.5\%$	$A=\pm0.002(0\sim0.5)$ $\pm0.004A(0.5\sim1.0)$ $T=\pm0.3\%$	$A=\pm0.002\ (0\sim0.5)$ $A=\pm0.004\ (0.5\sim1.0)$ $T=\pm0.3\%T$	$A=\pm0.001(1)$或 $A=\pm0.002(0\sim0.5)$ $A=\pm0.004(0.5\sim1.0)$
光度重复性	$T=\pm0.2\%$	$A=\pm0.001\ (0\sim0.5)$ $A=\pm0.002\ (0.5\sim1.0)$	$A=\pm0.001\ (0\sim0.5)$ $A=\pm0.002\ (0.5\sim1.0)$	$A=\pm0.001\ (0\sim0.5)$ $A=\pm0.002\ (0.5\sim1.0)$
杂散光	T=0.1%(220nm)	T=0.05%~0.5%	T=0.02%~0.05%	T= 0.001%~0.00008% (20nm, NaI; 340nm, $NaNO_2$)
噪声	T=0.3%	A=0.002~0.005	A=0.0002~0.0003	A=0.0002~0.00003
基线平直度	A=0.004	$A=\pm0.004\sim0.002$	$A=\pm0.002\sim0.001A$	$A=\pm0.001\sim0.0005$
基线漂移(以A计)	$0.0003h^{-1}$	$0.0004\sim0.004h^{-1}$	$0.002\sim0.003h^{-1}$	$0.003h^{-1}$
LDR A_{max}/A_{min}	60 以上	—	—	—

第五节 仪器的日常保养和维护及常见故障排除方法

一、仪器的日常保养和维护

对使用者来说，掌握仪器的基本保养维护方法是保证仪器工作在最佳状况的必备条件之一，使用者除了做好清洁卫生工作外，日常的保养维护主要包括以下几点。

① 如果仪器不经常使用，须定期开机，至少每星期开机 2h，以去除潮气，并及时更换干燥剂，以保持整机呈干燥状态，避免光学元件、电子元件受潮和机械部分生锈，保证仪器正常运转。仪器连续使用时间不宜过长，若需长时间使用，最好中间作适当的间隙。

② 光源寿命有限，若发现光源亮度明显减弱或不稳定，应及时更换新灯，更换后要调节灯的位置。按国家标准规定，被测试氘灯的能量不足新灯的 45%，则认为被测试的灯寿命到期。

③ 紫外-可见分光光度计的光栅扫描机构、狭缝传动机构和光源转换机构都属机械运动部件，须经常加一些钟表油保持其活动自如。一些不易触及的部件可请维修工程师帮助完成。

④ 仪器的技术指标每半年检查一次，至少一年检查一次，若发现问题不要轻易动手，及时通知制造厂来维修。不要让仪器“带病”工作，以免进一步损坏仪器。

⑤ 建立分析测试工作、调机测试工作和定期检定工作的记录档案。

⑥ 仪器不工作时，必须切断电源，开关放在关处，用罩子盖住仪器，以免积灰。

二、仪器常见故障排除

表 2-17 介绍了紫外-可见分光光度计一些常见故障的现象和相应的排除方法。使用者在仪器出现表 2-17 中所列的故障时可及时做简单的检查和排除。

表 2-18 列出了一些常用型号的紫外-可见分光光度计故障排除的相关文献。

表 2-17 紫外-可见分光光度计常见故障及排除方法

常见故障	排除方法
接通电源后仪器不动作、不能自检、主机风扇不转	1. 检查电源线与电源开关是否正常 2. 检查仪器保险丝 3. 检查计算机与仪器主机连线是否正常

续表

常见故障	排除方法
自检时出现错误	1. 重新开机自检 2. 重新安装软件后再自检 3. 检查计算机与仪器主机连线是否正常
自检时出现氘灯、钨灯能量低的错误	1. 检查信号线 2. 检查样品室是否有挡光物 3. 检查钨灯或氘灯是否点亮，若不亮，关机后更换新灯
自检时出现钨灯、氘灯能量高的错误	1. 检查钨灯电源电压是否超过 13V 或氘灯电源电流是否超过 350mA 2. 检查计算机有无病毒，重装软件自检 3. 检查计算机与主机连线
噪声指标异常	1. 检查光源和光源电压 2. 检查样品室是否有挡光，样品是否浑浊，比色皿是否被沾污 3. 查看周围有无强电磁场干扰
波长不准	1. 检查信号线和电源电压 2. 清洗丝杆 3. 执行系统应用主菜单的波长校正 4. 重新自检
光度准确度不准	1. 检查样品配制是否准确、吸收池是否被沾污 2. 检查波长是否准确 3. 重新进行暗电流校正 4. 光谱带宽选择是否合适 5. 仪器光度噪声、杂散光及基线平直度的影响
吸光度重复性差	1. 检查样品是否太稀、是否有光解 2. 吸收池是否沾污 3. 光谱带宽太小 4. 强电磁场干扰
基线平直度指标超差	1. 基线平直度测试的仪器条件选择是否正确 2. 光源不稳 3. 波长不准,有平移 4. 重新作暗电流校正
杂散光大	1. 光学元件如光栅、棱镜、透镜、反射镜、滤光片等有损伤，自身的缺陷，被灰尘沾污，使用者不要轻易动手，请厂商解决 2. 样品室是否漏光
出怪峰	1. 试样是否有问题、吸收池是否被沾污 2. 光学元件是否被沾污 3. 狭缝上有无灰尘 4. 周围有无电磁场干扰

表 2-18 常用型号的紫外-可见分光光度计故障排除的相关文献

仪器型号	参考文献	仪器型号	参考文献
721 分光光度计	1~5	7230 分光光度计	13
722 型光栅分光光度计	6~8	UV-240 型自动记录紫外分光光度计	14
751-GW 型分光光度计	9	UV-754 型紫外-可见分光光度计	15~18
751-G 型紫外-可见分光光度	10	UV-3000 紫外分光光度计	19
751 型分光光度计	11	UV-160A 紫外-可见分光光度计	20
756CRT 紫外-可见分光光度计	12	DMS-200 分光光度计	21

续表

仪器型号	参考文献	仪器型号	参考文献
WFZ800-D2 型紫外-可见光分光光度计	22	TU-1221 型紫外-可见分光光度计	25
UV-2100 分光光度计	23	723 型可见分光光度计	26
7530-G 紫外-可见分光光度计	24		

本表参考文献：

1. 孔霞. 设备管理与维修, 2009, (4): 14.
2. 张晓峰. 中国计量, 1999, (9): 56.
3. 张磊明. 医疗设备信息, 2002, (3): 67.
4. 王永桢, 田树喜. 医疗卫生装备, 2004, (3): 68.
5. 周有良. 医疗装备, 2005, (7):61.
6. 陈珉. 医用放射技术杂志, 2003, (6): 12.
7. 朱炎坤, 萧乐毅. 仪器仪表与分析监测, 2001, (1): 34.
8. 付晓君. 化学分析计量, 2010, 19(3):78.
9. 武兴建, 吴金宏, 等. 中国仪器仪表, 2001, (4): 47.
10. 林秀云. 计量与测试技术, 2007, 34(2): 29.
11. 李竹青, 孙迎秀, 等. 化学分析计量, 2006, 15(2): 53.
12. 张伟东, 王志中, 等. 分析仪器, 2005, 2: 52.
13. 杨旭, 付宇. 中国医疗器械杂志, 1997, 21(6): 357.
14. 张丽华. 福建分析测试, 2002, 11(3): 1634.
15. 吴思庆, 邓清文. 现代仪器, 2005, (1): 58.
16. 丛蕾, 徐坤. 现代仪器, 2001, (3): 43.
17. 边建. 计量技术, 2000, (7): 54.
18. 丛蕾, 苏永青, 等. 莱阳农学院学报, 2000, 17(4): 311.
19. 张波, 张大珂. 黑龙江医学, 1999, (6): 8.
20. 赵恒森, 甘健民. 分析仪器, 2002, (2): 51.
21. 邵星炜. 现代仪器, 2002, (1): 50.
22. 彭文化, 邢启德. 医疗卫生装备, 2003, (11): 68.
23. 齐风海, 杨泽生. 分析仪器, 1997, (3): 63.
24. 陈守剑. 福建分析测试, 2006, 15(1): 48.
25. 郜伟斌. 分析仪器, 2002, (2): 47.
26. 岳军政, 郜伟斌. 分析仪器, 2005, (4): 57.

参考文献

[1] 李昌厚. 紫外可见分光光度计. 北京: 化学工业出版社, 2005.
[2] 罗庆尧, 邓延倬, 蔡汝秀, 曾云鹗. 分光光度分析. 北京: 科学出版社, 1992.
[3] 黄梅珍, 倪一, 等. 光谱学与光谱分析, 2005, 25(6): 938.
[4] 何嘉耀, 彭荣飞, 等. 光谱学与光谱分析, 2002, 22(1): 67.
[5] 何嘉耀, 彭荣飞, 等. 光谱学与光谱分析, 2002, 22(1): 71.
[6] 万峰, 孙宏伟, 等. 光谱学与光谱分析, 2006, 26(4): 779.
[7] 杨啸涛, 蒋晓波, 等. 中国无机分析化学, 2011, 1(10): 83.
[8] 李昌厚. 分析仪器, 2009(4): 76.
[9] 包学诚, 陈怀安. 现代科学仪器, 1994(4): 26.
[10] 万峰, 孙宏伟, 等. 仪器仪表学报, 2006, 27(11): 1437.
[11] 李昌厚. 分析仪器, 2008 (6): 43.
[12] 闻再庆. 分析测试通报, 1991, 10(6): 75.
[13] 李昌厚. 光谱仪器与分析, 2001(2): 9.
[14] 孔迪, 彭观良, 等. 大学物理实验, 2007, 20(4): 1.
[15] 叶军安, 尹德金. 中国计量, 2009(12): 74.
[16] 李昌厚. 分析测试技术与仪器, 2004, 10(2): 65.
[17] 李昌厚, 孙吟秋. 仪器仪表学报, 2001, 22(1): 54.
[18] 郝金竹. 计量与测试技术, 1995(4): 30.
[19] 李昌厚, 孙吟秋. 光谱仪器与分析, 2001(2): 17.
[20] 倪一, 黄梅珍, 等. 现代科学仪器, 2004(3): 3.

第三章 显色剂及其应用

第一节 概述

在进行分光光度分析时，通常需要利用显色反应把待测组分转变成有色化合物，然后进行光度测定。我们将把待测组分转变成有色化合物的反应叫显色反应，与待测组分形成有色化合物的试剂称为显色剂。显色剂一般分为无机显色剂和有机显色剂及用于有机化合物显色的显色剂，前两种通常是指用于无机物及其元素测定的显色剂，这是本章讨论的内容。有机化合物的显色反应和显色剂将在本书第四章讨论。

常用的无机显色剂有硫氰酸盐、钼酸盐、过氧化氢和卤素离子等，为数不多。有机显色剂的种类和数量均大大超过无机显色剂，且其性能优越，故它已成为显色反应的基础。光度分析之所以至今仍长盛不衰，在很大程度上和高灵敏度和高选择性的有机显色剂的不断发展紧密相关[1,2]。

一、光度分析对显色剂的要求

① 被测物质和所生成的有色物之间必须有稳定的定量关系，以确保吸光度能准确反映被测物含量。

② 反应产物必须有足够的稳定性以保证测量结果的重现性。

③ 反应产物的颜色和显色剂颜色要有明显区别，其对比度$\Delta\lambda$在60nm以上，这样试剂空白值小，可提高测定准确度。

④ 反应产物的摩尔吸光系数为$10^3 \sim 10^5$，甚至更高，以确保测定的灵敏度。

由朗伯-比尔定律可得：

$$K = A / cb$$

即K值表示单位浓度、单位液层厚度的吸光度，它是与吸光物质性质及入射光波长有关的常数，是吸光物质的重要特征值，也可用作表示光度法灵敏度的参数。

K值的表示方法依赖于溶液浓度表示方法，在液层厚度b以cm为单位时，系数K的名称、数值及单位均随溶液浓度单位而变，通常有以下三种表示方法。

（1）质量吸光系数　当浓度以g/L为单位时，将系数K称为质量吸光系数或简称吸光系数，以a表示，单位为L/（g・cm），早期文献称为比吸光度或吸光系数。质量吸光系数就是有色物质溶液浓度为1g/L、液层厚度为1cm时的吸光度。

（2）摩尔吸光系数　当浓度以mol/L为单位时，将系数K称为摩尔吸光系数，以ε表示，单位为L/（mol・cm）（通常单位可省略）。摩尔吸光系数就是有色物质溶液浓度为1mol/L、液层厚度为1cm时的吸光度。它与入射光波长、溶液的性质和温度及仪器的性能有关，而与溶液的浓度和液层厚度无关。在一定条件下它是常数，可以表明有色溶液对某一特定波长光的吸收能力。ε值越大，光度法测定的灵敏度就越高。

ε与 a 的关系为：　　　　　　　　　　$\varepsilon = Ma$

式中，M 是物质的摩尔质量。

（3）比吸光系数　当溶液浓度为质量分数时，其相应的系数 K 称为比吸光系数或百分吸光系数，以 $E_{1cm}^{1\%}$ 表示，其含义是溶液浓度为 1%（g/ml）、液层厚度为 1cm 时的吸光度。

$E_{1cm}^{1\%}$ 与 ε 的关系是：　　　　　　　　$\varepsilon = ME_{1cm}^{1\%}/10$

在上述三种 K 值的表示方法中，以摩尔吸光系数ε用得最多，常作为表征光度法灵敏度的参数。一般认为：$\varepsilon < 10^4$ 反应灵敏度为低的；ε 在 $10^4 \sim 5\times10^4$ 属中等灵敏度；在 $5\times10^4 \sim 10^5$ 时，属高灵敏度；$\varepsilon > 10^5$ 属超高灵敏度。

分光光度分析的灵敏度除用摩尔吸光系数表示外，还常用桑德尔（Sandell）灵敏度 S 表示。桑德尔灵敏度 S 本来是指人眼借助颜色反应，在单位截面积液柱内能够检出的物质最低含量，现将其用于分光光度计，S 的定义为截面积为 $1cm^2$ 的液柱，在一定波长或波段处测得的吸光度为 0.001 时，所含待测物质之量，以 $\mu g/cm^2$ 表示。微量或痕量分析结果常用物质的质量（μg）表示而不用物质的量（mol）表示，因此用桑德尔（Sandell）灵敏度更方便。S 值越小，显色反应的灵敏度越高。在 $0.01 \sim 0.001\mu g/cm^2$ 范围内的 S 值为比较灵敏的显色反应。

S 和ε 的关系为：　　　　　　　　　　$S = M/\varepsilon$

对同一元素来比较不同显色剂的灵敏度时，用摩尔吸光系数的大小来衡量是正确的，但对不同元素来衡量某一显色剂或不同显色剂的灵敏度时，最好使用桑德尔灵敏度的大小来衡量。

显色反应必须有较高的选择性，以减少其他共存组分的干扰。可允许的共存元素种类越多，相对浓度越大，显色剂的选择性越高。在一定条件下仅与一种元素反应的试剂称为专属试剂或特效试剂。

二、显色剂的发展概况

显色剂的应用至今已有 200 多年的历史，在 20 世纪 50 年代前后显色剂的发展达到一个高峰，并相继出版了一些名著，如 Feitz Feigl 的“Spot Tests”“Chemistry of Specific，Selective and Sensitive Reactions”和 Frank Welcher 的“Organic Analytical Reagents”。近几十年来，有机显色剂的发展仍势头不减，由于配合物结构理论、量子化学、计算技术和新的有机合成方法的相互渗透，有机试剂的合成具有明确的方向性，高灵敏度、高选择性的新试剂不断涌现。我国分析工作者在显色剂研究和合成方面做了大量工作，并取得了瞩目的成就。自本书第二版出版以来又有大量有关有机显色剂的综述和不少专著发表，这里介绍几本重要的参考书供读者查阅。

程广禄等编著的“Handbook of Organic Analytical Reagents”，第一版的中译本在 1985 年由地质出版社出版，第二版于 1991 年出版。这是自 Welcher 主编的著名四卷集《有机分析试剂》1947 年问世以来又一本较著名的专著。

曾云鹗等编著的《现代化学试剂手册（第四分册）无机离子显色剂》，1989 年由化学工业出版社出版。

张孙玮等编著的《有机试剂在分析化学中的应用》，1981 年由科学出版社出版。

潘教麦等编著的《新显色剂及其在光度分析中的应用》，2003 年由化学工业出版社出版。

杨武等编著的《光度分析中高灵敏反应及方法》，2000 年由科学出版社出版。

有机结构理论、有机合成理论和配位化学理论的发展促进了显色剂的研究，利用量子化学方法研究显色剂，从分子水平揭示了有机显色剂与元素离子作用的实质。由定性探讨向半定量过渡，应用从头算的非经验方法或半经验分子轨道理论方法，从分子的整体结构出发，计算分子中各原子的电子密度、能级、键级、自由价和吸收光谱特征，确定试剂存在形式及结构，从而对拟合成的显色剂和被测离子的反应作出估计。另外在已有实验基础上对现有显色剂做合理改造，以获得新的显色剂。合成新的显色剂仍然是在以后相当长一段时间内的研究方向。

第二节 常用有机显色剂及其应用

有机显色剂种类很多，不下 20 类，其中最常用的包括变色酸偶氮类显色剂、吡啶偶氮类显色剂、噻唑偶氮类显色剂、荧光酮类显色剂、三氮烯类显色剂、卟啉类显色剂、安替比林甲烷类显色剂等。

一、变色酸偶氮类显色剂

Savvin 于 1959 年提出的偶氮胂Ⅲ是变色酸双偶氮类化合物中用于测定稀土离子的第一个试剂，随后出现的偶氮氯膦Ⅲ可以在更强的酸性介质中显色，灵敏度及选择性均有提高。我国对变色酸双偶氮类显色剂也进行了深入系统的研究，并取得了突破性进展，近几十年已合成的具有不同取代基的变色酸双偶氮衍生物达百种之多。有些试剂经过长期实际应用，已用于国家标准分析方法。

变色酸的结构如下：

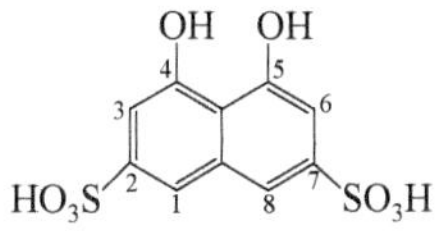

结构中 3 位和 6 位上的氢原子被偶氮基取代可得到单偶氮和双偶氮衍生物，当 3 位和 6 位上的取代部分相同时，称对称型偶氮试剂，反之为不对称型。后者的分析性能明显优于前者。已合成出大量不对称型变色酸偶氮类显色剂，其通式可表示如下：

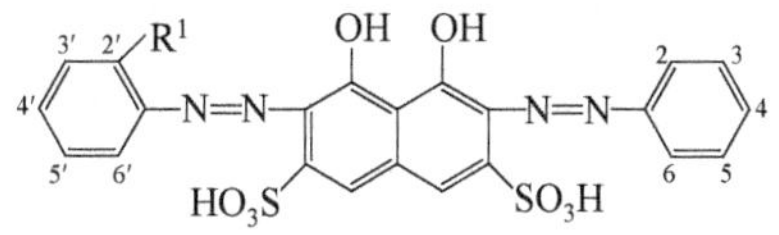

R^1 为具有成盐能力的基团，如胂酸基（$-AsO_3H_2$）、膦酸基（$-PO_3H_2$）、磺酸基（$-SO_3H$）、羧基（—COOH）及羟基等，它们在显色反应中起“功能团”作用，在苯环其他位置上引入的吸电子或供电子取代基称为助色基。当苯环或其他芳香基不同的位置上的氢被取代基所取代后，形成了一大类衍生物，它们通过影响功能团附近的电子云而改变试剂的分析性能。

根据 R^1 的不同，变色酸偶氮类显色剂又可分为偶氮胂类、偶氮氯膦类、偶氮磺类、偶氮羧类、偶氮酚类及偶氮安替比林类等，例如，偶氮氯膦衍生物的基本结构式为：

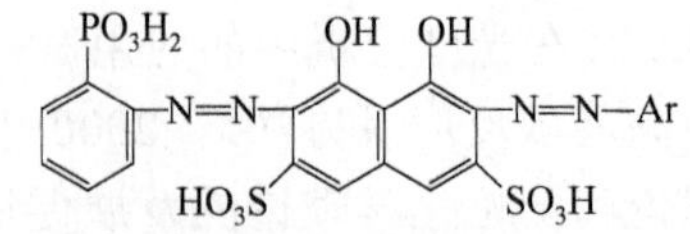

变色酸偶氮类显色剂在不同的介质或不同的酸度下呈不同的颜色，例如，对硝基偶氮氯膦在小于 0.5mol/L 盐酸溶液中呈玫瑰红色，其 λ_{max}=545nm；而在 pH =11.3 的溶液中呈蓝紫色（λ_{max}=590nm），这是萘环上羟基质子解离导致的；在 7.5mol/L 的硫酸中，因试剂的质子化而呈绿色（λ_{max}=660nm）。其六级解离常数分别为：pK_{a1}=0.39、pK_{a2}=1.42、pK_{a3}=2.18、pK_{a4}=6.13、pK_{a5}=9.51、pK_{a6}=11.07。

不对称变色酸双偶氮试剂的合成步骤大体如下[3]：由萘经一系列反应制得 H 酸，由 H 酸合成变色酸，然后合成相应的芳胺，芳胺经重氮化后再与变色酸偶合即得单偶氮化合物；再将含有不同取代基的芳胺重氮化后与单偶氮化合物偶联而形成一系列不对称变色酸双偶氮试剂，偶联时采用的催化剂主要是氯氧化锂、碳酸锂、氯氧化钙等。

偶氮胂类和偶氮氯膦类已被广泛用于稀土元素、钍、铀的光度分析，还用于锆、钛、铋、铍、钙、镁和铝的测定。测定铈组较好的试剂有二溴硝基偶氮氯膦、二溴羧基偶氮氯膦、二溴羧基偶氮胂和均三溴偶氮胂等。偶氮胂类和偶氮氯膦类试剂与稀土在弱酸性介质中形成 β 型配合物，将其用于重稀土测定有较好的选择性和灵敏度。偶氮磺类主要应用于碱土金属、稀土元素（铈组）及一些过渡金属（如 Pb）的分析，其中二溴对甲苯偶氮磺是理想的铅特效试剂之一。由于偶氮磺类试剂中含有较多的酸性基团，它能与生物大分子如蛋白质相结合，用于生化分析或探针试剂的研究成为现在的热点之一。偶氮羧酸类主要应用于碱土金属，其他的如偶氮酚类和偶氮安替比林类在碱土、稀土及过渡元素的测定中也得到广泛应用。

（一）结构与性能

一般来说不对称变色酸双偶氮类衍生物与稀土及其他元素形成配合物的配合比为 1∶1 或 1∶2，例如偶氮氯膦-mA（CPA-mA）与 Pb 形成配合比为 1∶1 的配合物，所生成配合物最可能的结构为：

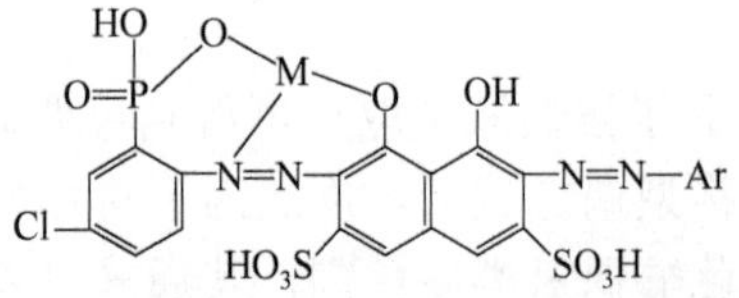

2 价铂族元素与该类试剂也形成配合比为 1∶1 的配合物，而 3 价铂族元素与之形成配合比为 1∶2 的配合物。所形成配合物的性能与变色酸双偶氮类衍生物的结构大体上有以下规律：

与单偶氮化合物试剂相比，变色酸双偶氮类衍生物增加了共轭环，增大了 π 电子的流动性，这就是分子易于激发的内因。与金属离子形成配合物，π 电子共轭体系的电子云密度重新分布，在一定程度上使金属-分析官能团的电子云密度增大并使其作用力有所加强，增加了配合物的稳定性。

当卤素、硝基、羧基或乙酰基引入偶氮胂或偶氮膦类试剂的分子中时，多取代基将显著地增加显色反应的灵敏度。例如偶氮氯膦Ⅲ与铈的显色反应灵敏度 $\varepsilon=5.9\times10^4$，而三氯偶氮氯膦与铈的 $\varepsilon=1.08\times10^5$。偶氮胂Ⅲ与铈的显色反应灵敏度 $\varepsilon=4.7\times10^4$，而三氯偶氮胂与铈的 $\varepsilon=1.23\times10^5$。选择性的提高更为明显，一般干扰元素如 Ca（Ⅱ）、Ni（Ⅱ）、Cr（Ⅲ）、

Fe（III）、Al（III）的允许量由微克级提高到毫克级，提高了 2～3 个数量级。偶氮胂III测定钍时，铀的允许量很低，然而不对称双偶氮试剂如三溴偶氮胂、二溴邻硝基偶氮胂和二溴对硝基偶氮胂测定钍时，对铀有较好的选择性。

通常不对称双偶氮变色酸类衍生物与稀土形成的配合物都有两个吸收峰，一大一小，但含有不同取代基的试剂，它的吸收光谱形状及吸收峰的位置有所不同。例如对硝基偶氮氯膦与钇反应形成的蓝色配合物，它的最大吸收峰位于 730nm 处，不同于其他稀土元素，可用于混合稀土中钇的测定。

不对称双偶氮变色酸类试剂与稀土的显色反应往往在高酸度介质中进行。如二溴羧基偶氮胂（DBKAA）与铈组稀土在各种酸介质中发生灵敏的显色反应，如盐酸、高氯酸、硝酸、硫酸和磷酸，这能方便地用于样品处理和显色反应酸度的控制。

（二）在光度分析中的应用

表 3-1 给出了有关变色酸偶氮类显色剂的应用文献，在这时期相关的应用综述见参考文献[4～7]。

表 3-1 变色酸偶氮类显色剂

显色剂	体 系	测定条件	λ_{max} /nm	ε	组成比	测定范围 /(μg/ml)	元素	应用	参考文献
DBC-偶氮氯膦	十二烷基磺酸钠(SDS)	pH=4.3 的 HAc-NaAc	622	1.41×10^4	1∶1	0.20~1.20	Al	碳酸氢钠、氢氧化钠	1
		0.36mol/L 硝酸	638	4.66×10^4	1∶2	0~1.2	Bi	水	2
		0.2mol/L 硫酸	640	1.3×10^5	1∶2	0~0.6	Bi	合金钢与水样	3
	40%乙醇	pH=8 的六亚甲基四胺	560				Ca	天然水	4
	40%乙醇	pH=8 的六亚甲基四胺	560	2.72×10^4		0~1.2	Ca	铁矿	5
		磷酸-EDTA	650	0.91×10^5		0~2	Ce	银合金铂合金	6
		2mol/L 盐酸	648			0~0.48	Ce	分子筛	7
			650				Eu		
			650				Y		
		pH=1.4~3.4	637	2.43×10^4	1∶3	0~0.56	Fe	铝合金	8
		0.5mol/L 盐酸	650	2.08×10^5		0~0.44	La	分子筛	9
		0.32mol/L 过氯酸	636	2.6×10^4		0~2.4	Pb	铜合金	10
		磷酸-EDTA	650	1.77×10^5		0~1.2	Sm	银合金	11
			626		1∶2	0.080~0.60	Ti	合金钢	12
		稀盐酸	635	4.7×10^4	1∶2	0~1.0	Pb	化妆品及铜冶炼烟尘	13
8-氨基-2-(4-氯-2-膦酸基苯偶氮)-1-羟基-3,6-萘二磺酸		pH=7.0 的硼砂-氯化钠	586		1∶1		Be		14

续表

显色剂	体 系	测定条件	λ_{max} /nm	ε	组成比	测定范围 /(μg/ml)	元素	应用	参考文献
对碘偶氮氯膦(CPA-PI)		0.16mol/L 过氯酸	690	7.0×10^4	1∶2	0~2.2	Bi	锡基及铜合金	15
		0.10mol/L 过氯酸	680	6.48×10^4	1∶3	0~2.0	Bi	铸造铝合金及焊锡	16
对碘偶氮氯膦	吐温 60		638	6.0×10^4		0.1~1.2	Pd	催化剂回收液和阳极泥	17
		硝酸	640	3.3×10^4	1∶2	0~1.0	Pd	催化剂回收液	18
		盐酸-硫酸	690	6.88×10^4	1∶1	0~0.4	Zr	不含稀土的铝合金	19
对二甲氨基偶氮氯膦		较强酸性	674, 612, 538	1.74×10^5		0~1.2	Th	岩矿	20
	CTMAB、乙醇和草酸	0.5mol/L 盐酸	662, 604, 531	1.4×10^5		0~0.48	轻稀土	铝合金、铸铁	21
对氟偶氮氯膦		0.26mol/L 硝酸	664	1.20×10^5	1∶2	0~0.8	Bi	可锻铸铁	22
	Triton X-100,La(III)	0.48mol/L 盐酸	730	8.93×10^4	Sc∶La∶CPA-PF=1∶1∶2	0.1~0.2	Sc	镁基或铁基合金	23
对氯偶氮氯膦(CPA-*p*Cl)	Triton X-100		550	1.21×10^5		0~0.3	Cr	低合金钢	24
		HAc-NaAc	628	1.93×10^4	1∶2	0~0.8	Cu	铝合金	25
	KI	pH=2.4 的硝酸	766	1.4×10^5		0~0.3	Sc	合成样及攀枝花铁矿	26
		稀盐酸	690	2.3×10^4	1∶2	0~0.64	Ti,稀土	镁砂	27
对三氟甲基偶氮氯膦		pH=1.0 的盐酸	669	1.7×10^5		0~0.3	Fe	离子膜制碱精制盐水	28
对羧基偶氮氯膦	阿拉伯胶	过氯酸	714	1.22×10^5		0.2~1.4	Bi	金属	29
		硝酸	620	4.5×10^4	1∶2	0.0~0.80	Pd	废钯催化剂回收液	30
对乙酰偶氮氯膦		硝酸	550	5.8×10^4		0~0.4	Cr	含铬渣水泥、合金钢	31
		盐酸	665	1.05×10^5		0~1.2	稀土总量	矿石、钢铁、合金	32

续表

显色剂	体 系	测定条件	λ_{max} /nm	ε	组成比	测定范围 /(μg/ml)	元素	应用	参考文献
对乙酰偶氮氯膦		0.04~0.4mol/L 盐酸	镧、铈、钇、钕的等吸收点 667			0~0.4	稀土总量	河流沉积物	33
			724	9.56×10^4			Sc	合金和纯铝	34
	Triton X-100, 树脂相	硝酸	690	9.56×10^5	1∶1	0~0.48	Sc	煤矸石	35
2,6-二溴-4-氟偶氮氟膦	OP	0.06mol/L 硫酸		$(0.75\sim1.13)\times10^5$ (15 种稀土)	1∶3	0~0.60	稀土总量		36
二溴邻羧基偶氮氯膦		pH=10.2 的硼砂	623	1.94×10^4	1∶2	Mg 0~4.0×10^{-3} mol/L	总硬度	水	37
		0.48mol/L 硫酸	630	3.2×10^4		0~1	Sr	铝合金	38
二溴对氯偶氮氯膦		pH=4.7 的 HAc-NaAc	606	2.3×10^4	1∶2		Cu	大米	39
	甜菜碱, 树脂相	pH=3.0 的盐酸-乙酸钠	620	1.065×10^5		0~1.0	Y	合金、矿石、粉煤灰	40
二溴羧基偶氮氯膦			618	1.5×10^4		0~0.64	Mg	银镁镍合金	41
		1.0mol/L 磷酸	650	Eu 1.06×10^5 Nd 1.04×10^5		0~1.6	Eu、Nd	铂合金、银合金	42
	聚乙二醇-2000, 硫酸铵, 萃取					0.09~2.0	Pd	铂钯二次精矿和人工合成样	43
二溴硝基偶氮氯膦		pH=4.8 的乙酸盐	620	3.6×10^4		0~0.56	Al	人发、食物	44
		0.072mol/L 盐酸	610	1.63×10^4	1∶2	0.14~0.80	Fe	硅铁标样	45
		pH=4.6 的邻苯二甲酸氢钾-氢氧化钠	625	9×10^4	1∶4	0~2.0	Ti	钢样	46
间磺酸基偶氮氯膦	β-CD+CTMAB	pH=1.8 的氯化钾-盐酸	660	8.13×10^4	1∶1		La		47
2-(4-氯-2-膦酸基苯偶氮)-7-(2,4-二氯苯偶氮)-1,8-二羟基-3,6-萘二磺酸		0.06mol/L 硝酸	691	1.1×10^5	1∶2	0.02~1.4	Bi	铜合金	48
对马尿酸偶氮氯膦	Fe^{3+}、抗坏血酸、邻菲啰啉	0.2~0.4mol/L 盐酸	675			0.20	稀土总量	植物、土壤	49
偶氮氟膦 (5 种)			622~664	$(0.72\sim0.98)\times10^5$		0~0.44 0~1.4	Bi	含铋药物	50

续表

显色剂	体　系	测定条件	λ_{max} /nm	ε	组成比	测定范围 /(μg/ml)	元素	应用	参考文献
偶氮氟膦-DBF	乙醇	Ce pH=0.49~2.09	630	Ce 1.13×10^5		Ce 0~0.64	Bi、Th	含铋药物、海产品	51
		Y pH=0.61~2.09	630	Y 1.08×10^5		Y 0~0.2			
		Bi pH=0.14~1.32	—	Bi 1.02×10^5		Bi 0~0.56			
		Th pH=0.08~0.62	—	Th 1.34×10^5		Th 0~0.72			
偶氮氟膦-PI	过氧化氢和乙二醇	0.2~1.6mol/L 盐酸	670	5.9×10^4	1∶4	0~0.32	Zr	石灰石、地下岩石、不锈钢及铝合金	52
偶氮氯膦-mA	阿拉伯树胶	硝酸	630	9.09×10^4	1∶2	0~0.40	Nb	标样	53
偶氮氯膦-pA		硫酸	710	6.6×10^4	1∶2	0~1.3	Th	矿石	54
偶氮氯膦-Ⅰ	三乙醇胺	pH=9.9~10.5 的四硼酸钠-氢氧化钠	576	2.08×10^4	1∶1	0~2.0	Ca	铅钙锡铝合金	55
	12%乙醇		590	2.18×10^4		Ca 0.08~1.6 Mg 0.08~1.2	Ca、Mg	铁矿石	56
		六亚甲基四胺	580	5.2×10^5	1∶1		Cr	合金钢	57
				Ca 1.53×10^4		CaO 0~2.0	Ca	硅砂标样	58
				Mg 1.83×10^4		MgO 0~1.0	Mg		
			580	2.00×10^4		0~0.6	Mg	稀土镁硅铁合金	59
	阿拉伯树胶		506	2.2×10^5		0~0.40	Nb	合金钢	60
偶氮氯膦-III		pH=10.0 的氨水-氯化铵	670	6.49×10^4		0~2.0	Ba	硅铝钡合金	61
	EDTA	pH=5.5 的 HAc-NaAc	665	1.80×10^4		0~3.6	Ba	钢铁	62
		pH=10.0 的氨水-氯化铵	672			0.072~1.00	Ca	硅铁	63
		pH=2.80~2.85 的柠檬酸三钠-盐酸	666	1.54×10^4	1∶1	0~0.56	Ca	水	64
		0.1mol/L 盐酸	Gd,673	6.37×10^4		0~1.0	Gd、Y	金合金	65
			Y,672	7.01×10^4		0~0.8			
		稀盐酸	650	5.7×10^4	1∶2	0~0.6	Pb	茶叶	66
	Triton X-100	0.5mol/L 盐酸	680	2.62×10^4		0~0.45	Sc	铝土矿	67

续表

显色剂	体 系	测定条件	λ_{max}/nm	ε	组成比	测定范围/(μg/ml)	元素	应用	参考文献
偶氮氯膦-Ⅲ		0.44~0.87 mol/L 硫酸-硝酸	572	1.76×10^4		0~2	稀土总量		68
		pH=4 的乙酸-乙酸钠	690			0~50	稀土总量	含稀土磷矿石	69
间硝基偶氮膦		pH=4.4	624	1.1×10^4	1∶1	0~1.2	Cr	水样及食品	70
偶氮氯膦-DBC	磷酸-EDTA		650	0.93×10^5		0~2.0	Pr	银合金	71
偶氮氯膦-DBF		0.36mol/L H_2SO_4-0.60 mol/L H_3PO_4	638	9.4×10^4		0~1.2	Bi	药物	72
偶氮氯膦-DBSA		高氯酸	637	1.48×10^5		0~0.60	Bi	钨矿和铅黄铜矿	73
偶氮氯膦-mA		氢氧化钠	640	9.7×10^3		0~1.2	Ca	小麦粉、猪肝标物、食品、矿泉水	74
		0.1mol/L 盐酸	670	9.81×10^4		0~1.6	Nd	镁合金	75
	60%乙醇	1.08mol/L 盐酸	668	3.2×10^4	1∶2	0~1.2	Zr	钢铁和铝合金	76
偶氮氯膦-mK	吐温 80	0.02~0.08 mol/L 硫酸	668	9.1×10^4			Ce	低合金钢	77
偶氮氯膦-pA		硝酸	650	4.5×10^4		0.0~1.0	Pd	催化剂	78
偶氮溴膦-DBSN		强酸性		13.2×10^4		0~2.2	Ce		79
				12.8×10^4		0~1.4	Y		
偶氮溴膦(BPATC)		2mol/L 盐酸	675			0~1.3	稀土总量	土壤	80
偶氮溴膦-mB	少量乙醇，溴化十四烷基吡啶	0.5~1.0 mol/L 盐酸	695	1.41×10^5		0~0.8	Th	岩矿	81
	少量乙醇，溴化十四烷基吡啶	0.5~1.0 mol/L 盐酸	—	12×10^5	轻稀土 1∶3	0~0.6	稀土	铸铁和铝合金	82
三溴偶氮氯膦(TBCPA)	OP	4.8mol/L 盐酸	646		1∶2	0~0.48	Th	独居石	83
三氯偶氮氯膦(TCCPA)			645		1∶2				
二溴一氯偶氮氯膦(DBCCPA)			644		1∶2				
三氯偶氮氯膦		0.16mol/L 高氯酸	706	2.90×10^5	1∶3		Bi	湖水	84
	717 型树脂	水相，0.4mol/L 盐酸	662	树脂相 2.47×10^6		0~0.028	稀土总量	标准铁矿样	85

续表

显色剂	体系	测定条件	λ_{max} /nm	ε	组成比	测定范围 /(μg/ml)	元素	应用	参考文献
三氯偶氮氯膦	717型树脂	盐酸	665	3.93×10^5		$0\sim3.0\times10^4$	Th	环境水样	86
三溴偶氮氯膦	溴化十六烷基吡啶		658	1.05×10^5		0~0.16	Bi	服铋制剂人血液、铅基合成样	87
三溴偶氮溴膦	95%乙醇 5ml	0.96mol/L 硝酸	630	1.1×10^5		铈组 0~0.8 钇组 0~0.6	稀土总量	钢铁	88
	Triton X-100	pH=1.2 的柠檬酸钠-盐酸	635	5.6×10^4	1∶2	0~0.64	Ba	人发	89
二溴对氯偶氮羧胂		0.04~0.24mol/L 硫酸	620	4.51×10^4		0~1.0	Bi	铜合金和铝黄铜标样	90
二溴对甲基偶氮羧胂 (DBMCAA)		0.8mol/L $HClO_4$+0.5mol/L H_3PO_4	630	1.02×10^5	1∶4	0~0.8	Bi	铜合金	91
二溴对甲基偶氮羧胂 (DBMCAA)	乙醇和表面活性剂 Triton X-100	0.16~0.60mol/L 盐酸	630	1.16×10^5		0.02~0.48	Ce 组	炉渣和焊条皮	92
	阿拉伯树胶	1.2mol/LHCl	648	1.85×10^5		—	Eu	红色荧光粉	93
		0.4mol/L 硫酸	620	4.2×10^4	1∶2	0~2.0	Pb	铜合金	94
			645	3.4×10^4	1∶2	0~1.2	Zr	—	95
二溴对甲基偶氮溴磺		0.72mol/L 盐酸	628	9.9×10^4	1∶2	0~1.0	Ba	钛酸钡烧结物	96
		0.6mol/L 硫酸	633	8.5×10^4	1∶2	0~1.2	Sr	铝合金	97
2,6-二溴-4-氯基偶氮羧胂		硫磷混酸	630	2.31×10^5		0~1.0	Bi	铜合金	98
二溴羧基偶氮胂		酸性	632	1.4×10^5		0~0.8	铈组	陶瓷	99
偶氮氟胂-DBF		3.84mol/L 高氯酸	630	1.63×10^5		0~1.6	Th	海产品	100
偶氮氟胂-DBN			628	Ce 1.29×10^5 Y 1.30×10^5		0~1.0	Ce Bi	铸造生铁中微量铈、药品复方铝酸铋中微量铋	101
			624	Th 1.33×10^5		0~1.04			
			622	Bi 1.23×10^5		0~1.4			
偶氮胂Ⅲ		pH=4 的乙酸-乙酸钠	660			0~50	稀土总量	含稀土磷矿石	69
偶氮胂 HCS		3.0mol/L 硝酸	676	8.54×10^4	1∶2	0~1.2	Th	海产品	102
三氯偶氮氟胂		强酸	620	1.15×10^5		0~1.0	Ce	锌合金	103

续表

显色剂	体　系	测定条件	λ_{max} /nm	ε	组成比	测定范围 /(μg/ml)	元素	应用	参考文献
三溴偶氮氟肿		pH=1.5 的盐酸	628	1.20×10^5		0~1.12	Ce	锌合金	104
三溴偶氮胂		0.18~1.08mol/L 硫酸	523	6.2×10^3		0.2~12	Ce 组褪色	分子筛	105
		0.72mol/L 硫酸+0.9mol/L 磷酸	630	1.1×10^5		0~1.2	Ce	铝合金	106
DBM-偶氮二溴羧		0.12mol/L 磷酸	610	4.75×10^4		0~0.6	Sr	炼钢除氧剂和铝合金	107
对甲基偶氮羧		柠檬酸	720	2.18×10^5		0~0.4	Ba	钛酸钡烧结物游离钡	108
对羧基偶氮羧		0.1mol/L 盐酸	720	1.90×10^5	1∶2	0.08~1.6	Pb	铅铜合金	109
对溴偶氮羧-m		pH=2.6~3.6	715	1.2×10^5	1∶2	0~0.64	Ti	铝合金	110
		pH=2.1~3.6	715	1.2×10^5	1∶2	TiO_2 在 0~1.06	Ti	棕刚玉	111
对乙酰基偶氮羧		pH=2.0	715	1.70×10^5	1∶2	0.08~1.6	Pb		112
二溴对甲基偶氮羧				1.6×10^4	—	0~1.0	Fe	矿物岩石	113
二溴对甲基偶氮溴羧		磷酸	610	2.13×10^4	1∶2	0~0.8	Ba	钛酸钡烧结物	114
二溴对甲偶氮二溴羧		pH=10.2 的柠檬酸铵-氨水	650	2.59×10^4		＜1.0	Co	锌钴镀液	115
		pH=10.2 的柠檬酸铵-氨水	660	1.77×10^4		＜3.2	Co	维生素 B_{12}	116
二溴对甲偶氮羧		pH=5.0	622	2.98×10^4		0~0.44	Al	无水碳酸钠	117
		盐酸	605	1.75×10^4	1∶2	0~1.6	Ba	铁合金	118
		0.2mol/L 磷酸	609	3.26×10^4	1∶2	0~1.6	Ba	茶叶	119
		磷酸	609	2.05×10^4	1∶2	0~1.6	Ba	新型除氧剂	120
		pH=10.2 的柠檬酸铵-氨水	660	1.77×10^4		0~3.2	Co	铜-钴合金	121
		0.3mol/L 磷酸	610	2.06×10^4		0.5~2.5	Ba	合成样	122
		pH=6.8 的硼酸-硼砂	620			0.25~1.25	Sr		
	CTMAB、正丁醇、正庚烷和水	pH=10.4 的氯化铵-氨水	542	1.04×10^5	1∶3	0.002~1.2	Sn	粉煤灰	123
			623	2.13×10^4		0.2~1.2	Pd		124
		磷酸	609	4.08×10^4		0~1.6	SO_4^{2-}	硫酸根(Ba 间接)	125

续表

显色剂	体　系	测定条件	λ_{max} /nm	ε	组成比	测定范围 /(μg/ml)	元素	应用	参考文献
间羟基偶氮羧		pH=2.0~3.0 的氯乙酸-氯乙酸钠	689.9	2.2×10^5	1∶4	0~0.64	Sr	非稀土铝合金	126
		0.1mol/L 盐酸	707.8	1.91×10^5	1∶4	0.12~2.0	Pb	铅铜合金	127
间溴偶氮羧-m		pH=3.0 的苯二甲酸氢钾-盐酸	690	7.25×10^4	1∶2	0~0.32	Al	碳酸盐岩石、粮食	128
间三氟甲基偶氮羧		pH=2.0 的盐酸-乙酸钠	691	5.6×10^5	1∶2	0~0.06	Ca	离子膜制碱工艺中的精制盐水	129
			694	8.9×10^5	1∶2	0~0.05	Mg		
偶氮硝羧		pH=5.76 的乙酸-乙酸钠	730	4.94×10^4		0~1.54	Ce	杂粮	130
偶氮磺Ⅲ			580	4.1×10^5		0~0.2	Cr	水样	131
二溴对甲基偶氮磺		0.36mol/L 磷酸	624	4.38×10^4	1∶5	0~0.8	Ba	硅铝钡合金	132
		0.4mol/L 硝酸	620	4.7×10^4		0.08~0.4	Ca	氧化镁	133
			560	7.9×10^5		0~0.032	Cr	水样	131
		硝酸	630	1.07×10^5	1∶2	0~3.6	Pb	锌合金	134
		0.6mol/L 硝酸	630	9.05×10^4	1∶2	0~2.0	Pb	铝合金	135
		硝酸	610	4.0×10^4	1∶2	0~0.80	Pd	废钯催化剂回收液	136
		0.72mol/L 硫酸	626	6.22×10^4		0~0.48	Sr	硅锶铁合金	137
		0~2.4mol/L 磷酸	633	1.07×10^5	1∶2	0~0.8	Ce 组	钢铁	138
二溴对甲基偶氮氯磺		0.72mol/L 盐酸	633	7.7×10^4	1∶2	0~1.2	Sr	铝合金	139
二溴对甲基偶氮溴磺		硫酸	633	8.5×10^4	1∶2	0~1.2	Sr	铝合金	140
对氯偶氮安替比林		pH=4.0	632	3.78×10^4		0~1.2	Cu	茶叶	141
		乙酸	630	3.2×10^4	1∶1	0~0.64	Cu	铝合金	142
间氯偶氮安替比林		0.1mol/L 氢氧化钠	525	1.5×10^4		0~1.6	Ca	球化剂	143
		pH=8.5	635	5.0×10^5	1∶3	0~0.8	Co	铸铁	144
间羧基偶氮安替比林		0.04~0.16 mol/L 的乙酸	640	2.92×10^4		0~0.6	Cu	铝合金和锌金	145
偶氮双安替比林		pH=11.8 的磷酸氢二钠-氢氧化钠	630	1.6×10^4	1∶1	0~3.0	Cu	锡合金	146
氯代磺酚 S(CSPS)	乳化剂 OP	0.1mol/L 一氯乙酸	640	5.42×10^4		0~0.25	Sc	赤泥	147

本表参考文献：
1. 于辉，高静瑜．兵工学报, 2007(03): 343.
2. 王巍，江天肃，胡伟华，等．冶金分析, 2005(03): 80.
3. 刘延湘，等．理化检验：化学分册, 2000(05): 201.
4. 王丽华，彭延湘，邵光玓．冶金分析, 1997(02): 14.
5. 王丽华，彭延湘，董俊平．北京科技大学学报, 1997 (03): 316.
6. 宋焕云，吴瑞林．稀土, 2000(02): 34.
7. 翟庆洲，张晓霞．分析试验室, 2005(10): 52.
8. 开小明，李善祥．冶金分析, 1996(02): 41.
9. 邵晶，翟庆洲，胡伟华，等．稀有金属材料与工程, 2006 (02): 329.
10. 张群，任吉存．冶金分析, 1996(02): 28.
11. 宋焕云，吴瑞林．冶金分析, 2001(01): 44.
12. 翟庆洲，胡伟华．中国稀土学报, 2003(S1): 178.
13. 赵书林，夏心泉，蒋日．环境科学, 1996(05): 59.
14. 唐文彪，徐继明，吴斌才．华东师范大学学报：自然科学版, 1999(01): 68.
15. 李秀玲，卢燕，王洪．冶金分析, 1998(02): 46.
16. 杨敏思，王曙，刘阔．冶金分析, 1996(06): 20.
17. 刘锡林，等．稀有金属, 2002(03): 235
18. 王传娥，寇宗燕，刘锡林. 分析试验室, 1999(03): 75.
19. 夏心泉，等．理化检验：化学分册, 1997(08): 361.
20. 黄亚励，刘绍璞．高等学校化学学报, 1999(03): 47.
21. 黄亚励，刘绍璞，张筑元．西南师范大学学报：自然科学版, 1999(01): 56.
22. 黄文胜，等．冶金分析, 2002(02): 6.
23. 李红双．山东农业大学学报, 1996(04): 119.
24. 李慧芝，等．理化检验：化学分册, 1997(07): 313.
25. 张兰．理化检验：化学分册, 2000(10): 442.
26. 温美娟，窦盛琴．北京科技大学学报, 1998(06): 594.
27. 张湘永，赵书林．冶金分析, 1997(03): 40.
28. 庞文生．化学世界, 2003(04): 188.
29. 杨茹，等．分析化学, 1998(12): 1518.
30. 寇明泽，王艳梅，任荣寇，等．冶金分析, 2005(06): 85.
31. 于京华，程新，王玲波．化学世界, 1996(03): 160.
32. 柳亚雄，姜卓华．冶金分析, 2001(06): 64.
33. 刘宇，褚庆辉，唐玉斌．理化检验：化学分册, 1998 (04): 169.
34. 许群，徐钟隽，潘教麦．理化检验：化学分册, 1996 (04): 215.
35. 罗道成，刘俊峰．分析试验室, 2010(06): 108.
36. 俞善辉，王成，张梦霓．分析试验室, 2006(11): 90.
37. 韩文华，潘教麦，徐钟隽．理化检验：化学分册, 1997 (05): 223.
38. 潘教麦，韩文华，徐钟隽．分析化学, 1996(03): 318.
39. 翟庆洲，张晓霞．理化检验：化学分册, 2007(02): 114.
40. 李慧芝，张瑾，解文秀，等．冶金分析, 2010(10): 66.
41. 金娅秋，朱利亚．贵金属, 1997(04): 41.
42. 金娅秋，吴瑞林．分析试验室, 1999(04): 42.
43. 王克太，张彪，柴凤英，等．岩矿测试, 2006(01): 39.
44. 张文德．理化检验：化学分册, 1998(05): 214.
45. 钟国秀，黄清华．冶金分析, 2010(08): 70.
46. 黄湘源，余燕影，高智慧．冶金分析, 1996(02): 46.
47. 张广贤，等．理化检验：化学分册, 1999(10): 467.
48. 刘应煊，廖春艳．信阳师范学院学报：自然科学版, 2007 (01): 83.
49. 成杰民，等．南京农业大学学报, 1999(03): 53.
50. 彭志华，等．分析试验室, 2004(05): 84.
51. 彭志华，等．化学试剂, 2003(06): 350.
52. 俞善辉，宋雪梅．冶金分析, 2006(03): 69.
53. 陶慧林，纪向东，高春玲．岩矿测试, 2002(03): 183.
54. 李欣，王爱玉．冶金分析, 2000(05): 7.
55. 孟福海．理化检验：化学分册, 1998(12): 557.
56. 王丽君，梁向杰．冶金分析, 1999(02): 47.
57. 徐洪文，姜鲁娜．冶金分析, 1997(01): 21.
58. 薛孝民，高鹏，朱智．铸造, 2006(12): 1265.
59. 薛孝民，等．理化检验：化学分册, 2005(06): 385
60. 陶慧林．分析试验室, 2006(06): 6.
61. 钟国秀，杨浩义，黄清华．冶金分析, 2007(11): 62.
62. 王雪莹，薄凤英，魏崇敏，等．理化检验：化学分册, 2001 (08): 374.
63. 钟国秀，黄清华，杨浩义．冶金分析, 2010(07): 69.
64. 方明建，尹益勤．理化检验：化学分册, 2004(08): 459.
65. 安中庆，朱利亚，金娅秋，等．贵金属, 2010(01): 21.
66. 李竹云．食品科学, 2002(09): 93.
67. 徐瑞银，宋存义．分析试验室, 2005(02): 35.
68. 龙如成，孟平，甘培新．冶金分析, 2004(01): 42.
69. 文伟，张覃，解田，等．稀土, 2010(06): 56.
70. 邹明强，等．化学研究与应用, 1999(02): 208.
71. 宋焕云，吴瑞林．理化检验：化学分册, 2001(02): 68.
72. 杨浩义．理化检验：化学分册, 2003(07): 401.
73. 谌英武，等．分析化学, 2001(06): 689.
74. 张文德．理化检验：化学分册, 1999(05): 221.
75. 朱智，金小成，薛孝民．铸造, 2010(06): 600.
76. 开小明，汪呈理，张群．冶金分析, 1996(04): 39.
77. 余协瑜，王平，贾云．冶金分析, 2004(03): 69.
78. 李欣，寇宗燕，刘锡林．分析化学, 1999(02): 246
79. 吴斌才，邱春明，宋现来．冶金分析, 1996(06): 1.
80. 蔡伟建，吴斌才．理化检验：化学分册, 2005(04): 266.
81. 黄亚励，刘绍璞．分析化学, 1999(04): 444.
82. 黄亚励，刘绍璞．冶金分析, 2000(01): 14.
83. 袁黎明，等．分析化学, 1998(09): 1118.
84. 黄文胜，等．分析科学学报．2002(03): 199.
85. 武晓丽．分析化学, 2002, (04): 506.
86. 罗道成，刘俊峰．理化检验：化学分册, 2006(10): 10.
87. 袁丁，等．冶金分析, 1998(06): 10.

88. 邱艳，等．理化检验：化学分册，2002(03): 141.
89. 杨幼平，邓大超．化学试剂，2001(02): 95.
90. 潘振声，潘教麦．冶金分析，2007(01): 54.
91. 潘教麦，张云川，徐钟隽．理化检验：化学分册，1996(03): 150.
92. 黄永飞，潘教麦，杨秀清．冶金分析，1999(06): 21.
93. 张云川，徐钟隽，潘教麦．华东师范大学学报：自然科学版，1996(02): 72.
94. 杨秀清，潘教麦．理化检验：化学分册，1997(12): 551.
95. 李秀玲，贾之慎，陈月萍．理化检验：化学分册，2001(09): 409.
96. 方国臻，孟双明，张桂枝．分析科学学报，2001(04): 307.
97. 孟双明，方国臻，张桂枝．分析化学，2001(10): 1240.
98. 李在均，陆敏东，潘教麦．冶金分析，2003(01): 7.
99. 吴仁儒，王正矩，韩文华．中国陶瓷工业，2000(01): 43.
100. 徐锋，郝振文，高美荣．华东师范大学学报：自然科学版，2004(02): 69.
101. 高美荣，彭志华，沈丽莉．化学试剂，2004(06): 347.
102. 李在均，潘教麦．理化检验：化学分册，2002(02): 55.
103. 凌程凤，倪英萍，杨姣．冶金分析，2005(06): 29.
104. 谈技，杨姣，宗俊．冶金分析，2004(06): 52.
105. 张晓霞，翟庆洲．稀土，2004(04): 41.
106. 杨浩义，卢钒，钟国秀．稀有金属与硬质合金，2011(03): 72.
107. 黄芳，潘教麦，宋立伟．理化检验：化学分册，1998(07): 304.
108. 李在均，汤坚，潘教麦．分析试验室，2002(01): 87.
109. 李冠峰，梁华，刘秋霞．冶金分析，1998(04): 23.
110. 邓桂春，树良．理化检验：化学分册，2001(11): 501.
111. 智红梅，陈君丽，陈瑞平．金刚石与磨料磨具工程，2006(05): 93.
112. 李冠峰，李森兰，赵邦屯．化学通报，1998(11): 42.
113. 于京华，刘学东．理化检验：化学分册，2000(08): 339.
114. 黄芳，潘教麦．理化检验：化学分册，1999(03): 101.
115. 钟国秀，杨浩义，晏高华．理化检验：化学分册，2010(06): 634.
116. 钟国秀，黄清华，杨浩义．理化检验：化学分册，2011,(04): 486.
117. 于洪梅，王世兵，张荣冬．理化检验：化学分册，2004(06): 359.
118. 陈金木，程坚平，许祥红．冶金分析，2000(04): 11.
119. 李在均，刘忠云，潘教麦．理化检验：化学分册，2004,(01): 40.
120. 潘教麦，刘双成，徐钟隽．分析化学，1996(09): 1074.
121. 钟国秀，杨浩义，晏高华．冶金分析，2011(04): 68.
122. 李景捷，李显林，刘宇红．北京科技大学学报，1998(02): 188.
123. 徐国想，马卫兴，许兴友．冶金分析，2007(08): 19.
124. 刘锡林，尉文龙，于梅．化学试剂，2000(01): 34.
125. 刘英华，徐引娟，陈瑞兰．理化检验：化学分册，2003(07): 389.
126. 李冠峰，陈慧．冶金分析，1998(03): 48.
127. 李冠峰，陈慧．理化检验：化学分册，1998(08): 347.
128. 孙周易，唐淑云，石辉军．矿物岩石，1996(01): 98.
129. 胡娟，庞文生，刘东．化学试剂，2000(05): 293.
130. 冯爱青，胡秋娈，王文静．食品科技，2011(05): 298.
131. 于京华，欧庆瑜，卢燕．分析化学，2004(07): 980.
132. 高琳，姚军龙，钟国秀．冶金分析，2006(02): 55.
133. 汤家华，潘教麦．冶金分析，1997(06): 30.
134. 汤家华，常世科，李在均．理化检验：化学分册，2004(01): 17.
135. 高琳，姚军龙，晏高华．冶金分析，2005(02): 54.
136. 寇明泽，王传娥，寇宗燕．分析试验室，2005 (07): 68.
137. 高琳，邓南圣．冶金分析，2005(06): 65.
138. 潘教麦，刘勇，徐钟隽．冶金分析，1996(04): 1.
139. 方国臻，孟双明，张桂枝．分析科学学报，2005(01): 66.
140. 孟双明，方国臻，张桂枝．分析化学，2001(10): 1240.
141. 储鸿，刘丽萍，张广明．无锡轻工大学学报，2004(05): 101.
142. 李在均，侯永根，潘教麦．冶金分析，2004(03): 8.
143. 周峰，凌树荣．理化检验：化学分册，1998(05): 218.
144. 张平根，吴细平．理化检验：化学分册，1997(08)：371.
145. 潘振声，沈铭能，潘教麦．冶金分析，2007(12): 39.
146. 刘新玲，周原，王特．理化检验：化学分册，1997(12): 546.
147. 夏畅斌，黄念东，何湘柱．冶金分析，2004(03): 54.

二、吡啶偶氮类显色剂

自 20 世纪 50 年代初，程光禄等首次提出以 1-(2-吡啶偶氮)-2-萘酚（PAN）作为有机分析试剂以来，PAN 已成为大家熟知的吡啶偶氮类显色剂之一，在适宜的 pH 值条件下与许多金属离子形成蓝色或紫色的不溶于水的配合物，可被三氯甲烷、四氯化碳萃取，用于光度分析。这类试剂是指含有吡啶环的偶氮化合物，其分子结构为：

$$\text{(pyridinium, }\overset{+}{\mathrm{N}}\mathrm{H}\text{)}-\mathrm{N{=}N{-}R}$$

R 主要是芳香环如苯环、萘环和菲环，R 环或吡啶环上的氢原子被其他基团取代形成的一大类吡啶偶氮类衍生物统称为吡啶偶氮类试剂。这类试剂的邻位取代基团可以参与成键，对试剂的灵敏度和选择性起重要作用，按邻位取代基不同又可分为三类：邻羟基吡啶偶氮类、邻羧基吡啶偶氮类和邻氨基吡啶偶氮类。近 30 年，人们在对此类试剂的分子结构与其光度分析性能关系的研究基础上，结合量子计算，合成了许多性能优异的吡啶偶氮类显色剂，已报道的数量超过了 200 种，应用于 50 多种元素分析。

吡啶偶氮类显色剂因分子结构不同分别呈橘黄色、红色、棕色和黑色结晶或无定形粉末，熔点较高。除少数含有磺酸基或双羟基等亲水基团的试剂外，此类试剂大都难溶于水，易溶于有机溶剂。吡啶偶氮类试剂大多为多元弱酸，在水溶液中存在多级解离。如 PAR 在水中存在 3 级解离，首先是吡啶环氮原子上氢的解离，随着溶液 pH 值的增加，苯环上羟基的氢开始逐级解离。其三级解离常数分别为：pK_{a1}=2.3、pK_{a2}=5.6、pK_{a3}=12.4。

（一）结构与性能

从给出的吡啶偶氮类显色剂的结构可知，吡啶环的氮与偶氮氮都能参与金属离子的配位，使得这类试剂能与许多金属离子生成稳定的配合物。但若 R 环上—N═N—的邻位取代基为配位基团，则试剂成为一个三齿配体，由于环数的增加而使金属配合物的稳定性得到进一步增强。因此，目前得到广泛使用的吡啶偶氮类显色剂都是以邻位取代基为配位基团的吡啶偶氮类显色剂，最常用的邻位取代基是—OH、—COOH 和—NH_2。

现以吡啶偶氮苯体系中偶联部分苯环上取代基的种类、取代位置和取代数目对其性能的影响为例来说明结构与性能的关系，其偶联的苯母体的结构可表示如下：

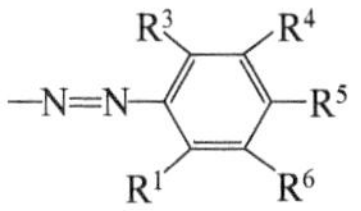

R^3　R^4
—N═N—（苯环）—R^5
R^1　R^6

如果 R^1 是氨基，其配位点是氮原子，此时三个配位点都是氮原子（杂环氮、偶氮氮和氨基氮），通常情况下，它只与亲氮金属离子反应，若 R^1 为羟基、羧基等成盐配位基，能和较多的金属离子成盐，故邻氨基吡啶偶氮类显色剂有较好的选择性；邻羧基吡啶偶氮类试剂的选择性通常比邻羟基吡啶偶氮类的要好，这是由于 R^1 为—OH 时，形成五元环，而 R^1 为—COOH 时形成六元环，因六元环配合物稳定性与五元环相比要差一些，使邻羧基吡啶偶氮类试剂的选择性有所提高。另外，羧基中的氢原子比较容易解离，且其空间位阻又大于—OH，这也是其选择性优于邻羟基吡啶偶氮类的原因。

邻羟基吡啶偶氮类显色剂具有较高的灵敏度，这是由于羟基的供电子效应，增大了试剂分子中的电子云密度，降低了与金属离子显色反应的活化能。对于配位原子均为氧原子的配位体—OH 和—COOH 来说，邻羧基吡啶偶氮类试剂的灵敏度要高于邻羟基吡啶偶氮类的，这是由于—COOH 的引入增加了电子离域范围。当在苯环的 5 位引入给电子基团 R^5，虽它没有直接参与成键，但增加了偶氮基上氮原子的电子云密度，故而提高了试剂的灵敏度，各种给电子基团对灵敏度的影响按以下顺序排列，和它们的给电子能力一致。

$$—N(C_2H_5)_2 > —N(CH_3)_2 > —OC_2H_5 > —OH > —OCH_3 > —CH_3 > —H$$

若苯环的 4 位上有取代基，由于 R^4 与 R^5 相邻，与 R^1 处于对位，故 R^4 的影响不容忽视，当 R^4 为甲基时，通过诱导效应使 R^1 的电子云密度增加，从而提高反应的灵敏度和配合物的稳定性。

另外它和 R^5 相邻，其影响和 R^5 体积有关，若 R^5 为体积小的基团（—OH、—NH_2 等），因空间影响小，甲基的存在有利于灵敏度提高，反之，若 R^5 为体积大的基团［—$N(C_2H_5)_2$、—N—烷基磺酸基等］，甲基的存在破坏了 R^5 与苯环的共平面，使共轭大Π键电子流动受阻，导致灵敏度下降。R^3 和 R^6 与 R^1 处于邻位和间位，由于它们邻近配位场，其性质和体积大小也将影响试剂性能，为改善试剂和配合物的水溶性，可在 R^5 位引入—N—烷基磺酸基，由于它的吸电子性，会影响试剂的灵敏度，但同时引入烷基后，可以抵消磺酸基的电子诱导效应的影响。

吡啶偶氮类显色剂中芳香环 R 如由苯环变换为萘环或菲环，由于具有更大的生色面积，灵敏度将会有所提高，此时若在吡啶环上引入卤素，如引入两个电负性较强的溴原子后，增强了共轭体系电子活性，使其活化能降低，与金属离子反应的灵敏度和选择性比 PAR 有所改善。

吡啶环上取代基对试剂性能的影响简述如下。

目前引入吡啶环上的取代基有三种，即卤素、烷基和硝基，其取代位置通常在 5 位和 3 位，其结构表示如下：

在吡啶环的 R^5 位上引入取代基—Cl、—Br、—NO_2 后，这些取代基的引入扩大了试剂的共轭体系，使π电子的活性和流动性增强，因此灵敏度、选择性得以提高。卤素原子还具有较强的吸电子诱导效应，有可能影响灵敏度提高，但其作用只有当它处在偶氮基邻位（R^3 位）时才比较强烈，当处在 R^5 位时，沿碳键传递到对位偶氮基时，其作用已显著减弱。卤素原子的吸电子诱导效应往往使吡啶环的酸性增强，有利于改善试剂的选择性。卤素取代基可视为助色团，卤素助色作用的大小，按 I＞Br＞Cl＞F 的次序排列。

当吡啶环上引入硝基时，与卤素原子相似，也会同时产生共轭效应和吸电子诱导效应，对试剂的灵敏度和选择性产生影响。硝基的引入往往可使试剂与金属反应的灵敏度大大提高，超过其他同类试剂，大部分与离子反应的灵敏度均在 10^5 以上。

当甲基处于 R^3 位，会导致灵敏度下降，因为要获得最大电子离域所必需的反平面构型有较大的空间障碍。甲基处于 6 位时与吡啶氮原子相邻，因空间位阻，影响与金属离子形成配合物。

（二）在光度分析中的应用

表 3-2 给出了有关吡啶偶氮类显色剂的应用文献，相关的应用综述见参考文献[8,9]。

表 3-2 吡啶偶氮类显色剂

显色剂	体　系	测定条件	λ_{max}/nm	ε	组成比	测定范围/(μg/ml)	元素	应　用	参考文献
(3,5-DB-PDAB) 3,5-二溴-2-吡啶偶氮重氮氨基偶氮苯		pH=11.0 的硼砂-氢氧化钠; pH=11.0 的四氢吡咯-乙酸(洗脱液)	526	1.72×10^5		0.01~1.0	Ag	环境水样	1
(5-Br-DMPAP) 2-(5-溴-2-吡啶偶氮)-5-二甲氨基苯酚	CTMAB	pH=2.0~3.7	595	4.3×10^4	Mo(Ⅵ)∶5-Br-DMPAP∶羟胺=1∶1∶1	0~2.5	Mo	软磁合金	2

续表

显色剂	体　系	测定条件	λ_{max} /nm	ε	组成比	测定范围 /(μg/ml)	元素	应　用	参考文献
1-(5-硝基-2-吡啶偶氮)-2,7-萘二酚	吐温 80	pH=5.2~6.5	635	6.44×10^4	1∶2	0.05	Co	标准钢、金川精矿	3
	吐温 80	pH=5.5~6.5	650	1.02×10^4		0~0.4	Ni	钢样及矿样	4
2-(3,5-二氯-2-吡啶偶氮)-5-二甲氨基苯胺	乙醇	pH=4.0~6.0 的乙酸-乙酸钠	636	1.07×10^5		0~0.9	Ru	贵金属精矿	5
2-(5-溴-2-吡啶偶氮)-5-二甲氨基苯胺		pH=4.0~6.0	619	8.3×10^4	1∶2	0~0.75	Pt	催化剂	6
3,5-di Cl-DMPAP	OP	pH=6.0~10.0	Cu: 558 Zn: 565	562nm：Cu 9.6×10^4，Zn 1.2×10^5	1∶2	—	Cu、Zn	地质化探样品和人发	7
	盐酸羟胺	pH=4.5~6.5 的乙酸-乙酸钠	623	1.25×10^5	1∶3	0~0.90	Ru	钌催化剂和贵金属精矿	8
3,5-di Br-PADAP	OP		590	1.03×10^5	1∶2	0~4	Bi	电解铜、纯镍和纯铝等	9
		0.4~1.5 mol/L 磷酸	598	5.6×10^4	H_2O_2∶V(V)∶3,5-diBr-PADAP =1∶1∶1	2×10^{-7}~1.3×10^{-5}mol/L	H_2O_2	降水	10
	CTMAB Triton X-100	pH=7.0~9.5	572	1.3×10^5	1∶2	0~0.48	Zn	指甲和人发	11
3,5-di Br-PADAT	SDBS	pH=4.0~5.1 的乙酸-乙酸钠	564	8.3×10^4	1∶2	0~0.36	Fe	生物样品	12
3,5-di Cl-PADAP	SDBS	pH=8.5 的四硼酸钠-盐酸	561	7.14×10^4	Pb^{2+}∶3,5-diCl-PADAP∶SDBS =1∶1∶3	0~1.35	Pb	化妆品	13
4-(2-吡啶偶氮)-邻苯三酚	CTMAB	pH=4.0~6.0	507	3.92×10^4	1∶2	0~0.80	Mo	合金钢	14
4-(5-氯-2-吡啶偶氮)-1,3-二氨基苯	树脂相	pH=9.0	535	1.2×10^5		0~0.44	Ni	水样	15
	SDS		460	1.29×10^5		0~12μg	Sr	铝合金和化学试剂	16
5-(5-硝基-2-吡啶偶氮)-2,4-二氨基甲苯		Co：pH=5.5 的乙酸-乙酸钠 Pd：3.0mol/L 硫酸	586	Co：1.46×10^5 Pd：9.5×10^4		Co：0~0.03 Pd：0~0.95	Co、Pd	合成样	17
	40%乙醇	显色酸度：pH=5.2 测定酸度：0.6mol/L 盐酸	554	8.31×10^4	1∶1	0~600	Ru	合金管理样和模拟样	18
1-[5-溴-(2-吡啶)偶氮]-2,7-二羟基萘酚 (5-Br-PADN)	CPB 和 Triton X-100	pH=9.7 的氨-氯化铵	547	Cu：3.94×10^4 Ni：3.64×10^4		Cu：0~1.0 Ni：0~0.8	Cu、Ni	铸铁	19

续表

显色剂	体　系	测定条件	λ_{max} /nm	ε	组成比	测定范围 /(μg/ml)	元素	应　用	参考文献
5-Br-PADAB		乙酸	564	5.20×10^4	1∶1	4.27×10^{-8}~1.54×10^{-5}mol·L^{-1}	Pd	—	20
5-Br-PADAM [2-(5-溴-2-吡啶偶氮)-5-二甲氨基苯胺]		0.2~3.0 mol/L 高氯酸	609	Pt=5.5×10^4 Pd=8.2×10^4		Pt 0~1.1 Pd 0~1.4	Pt、Pd	合金和催化剂	21
5-Br-PADAP	β-环糊精(β-CD)和Triton X-100		570	2.40×10^5		0.01~0.8	Cd	电镀废水	22
	Triton X-100	pH=8.5 的硼砂-硼酸	560	3.23×10^5	1∶2	0~0.32	Cd	水	23
			600	2.254×10^5		0~0.2	Co	原油	24
	SDS-正丁醇-正庚烷-水		560	8.48×10^4		0~0.8	Co	原油及润滑油	25
	OP	硫磷混酸	590	6.0×10^4		0~1.0	Co	原油及环烷酸钴	26
	乳化剂 OP	pH=6.0~8.0 的三乙醇胺及其盐酸盐	595	6.5×10^4		0.008~0.6	Cr	水和食品	27
		pH=2~3	550	6.03×10^4	1∶1	0~1.0	Cu	纯铝	28
	OP		530	1.0×10^5		0.04~0.56	Cu	人工合成样	29
		pH=5.0 的乙酸盐	559	7.8×10^4	1∶1	—	Eu	—	30
	Triton X-100	乙酸-乙酸钠	746	2.8×10^4		0~0.56	Fe	石化产品、催化剂	31
	OP-正丁醇-正庚烷-水	pH=5.0 的乙酸-乙酸钠	744	3.09×10^5		0~32	Fe	环境水样	32
		pH=4.5	742	2.56×10^5	1∶2	0~0.6	Fe	微晶蜡	33
	OP		575	1.06×10^5		0~14μg	Ga	纯铝、锌渣	34
		0.3~1.3 mol/L 磷酸	596	5.5×10^4	H_2O_2∶V(V)∶5-Br-PADAP=1∶1∶1	0.007~0.41	H_2O_2	雨水	35
	D152H 树脂	pH=10.0	630			0~0.32	Hg	污水	36
	β-环糊精和Triton X-100		565	4.60×10^5		0~0.96	Hg	水	37
	β-环糊精聚合树脂		585	8.17×10^5		0~0.4	Hg	水	38
	OP		565	7.54×10^4		0~0.48	In	锌渣	39
	吐温 80	硫酸	550	8.2×10^4	5-Br-PADAP∶IO_3^-∶SCN^-=2∶1∶4	0~2.45	IO_3^-	硝酸钠和氯酸钾	40
	SDS-正丁醇-正庚烷-水		570	1.26×10^5		0~0.8	Mn	硅铁、硅砖	41

续表

显色剂	体 系	测定条件	λ_{max}/nm	ε	组成比	测定范围/(μg/ml)	元素	应 用	参考文献
5-Br-PADAP	OP	pH=3.2 的乙酸-乙酸钠	610	4.8×10^{4}	1∶1∶1	0~1.2	Mo	钢铁	42
	酒石酸	pH=1.0~4.0	610	4.2×10^{4}		0.02~2.0	Nb	钢及镍基高温合金	43
	Triton X-100	pH=2.7 的乙酸-乙酸钠	505	1.05×10^{5}	1∶1	0.06~1.30	$R_2SnCl_2$①	PVC 中间产品及污水	44
	OP	pH=5.0 的乙酸-乙酸钠	585	1.35×10^{5}		0~0.5	Th	煤矸石	45
		pH=3.4 的邻苯二甲酸氢钾-盐酸	590			0.008~0.32	V	原油	46
	油/水微乳液 SDS-正丁醇-正庚烷-水	pH=6.0 的乙酸-乙酸钠	560	1.22×10^{5}	1∶3	0~1.0	Zn	铝合金、人发	47
	Triton X-100		558	1.05×10^{5}		0~51μmol/L	Zn	血清	48
	OP	pH=4.0	580	1.5×10^{5}		0~0.28	Zr	水	49
(5-Br-PADCAP) 2-(5-Br-2-吡啶偶氮)-5-[(*N*,*N*-二羧基甲基)氨基]苯酚		pH=5.0~6.5	560	6.38×10^{4}		0~0.16	Fe	食品	50
5-Br-PADMA		pH=3.5~4.8 的乙酸-乙酸钠	620	6.5×10^{4}	1∶3	0~1.12	Pt	催化剂	51
5-Br-PAN-6S	Triton X-100	pH=8.8~9.0	585	6.05×10^{4}		0.2~1.2	Zn	铝合金	52
5-Br-PAN-S		0.5mol/L 硫酸	620	2.4×10^{4}	1∶2	0~1	Co	维生素 B_{12}	53
		pH=8.5~10	550	2.2×10^{4}	1∶1	0~2.4	Pb	食品	54
5-Cl-PADAB		0.48mol/L 磷酸	570	6.39×10^{4}	1∶2	0~1.2	Pd	矿样	55
5-Cl-PADAT	SDS	pH=5.5~6.5	545	1.02×10^{5}	1∶2	0~0.4	Ni	镁合金、矿样、钢样	56
		pH=4.0~6.5 的乙酸-乙酸钠	505	8.5×10^{4}	1∶2	0~0.6	Ru	合成样	57
5-F-PADAT		0.24~3.6 mol/L 过氯酸、0.16~3.84 mol/L 硫酸、0.48~2.4 mol/L 盐酸、0.64~3.84 mol/L 磷酸	565	9.1×10^{4}		0~0.5	Co	维生素 B_{12}	58

续表

显色剂	体　系	测定条件	λ_{max} /nm	ε	组成比	测定范围 /(μg/ml)	元素	应　用	参考文献
5-F-PADAT		0.32~3.84 mol/L 高氯酸	566	4.84×10^4	1∶1	0~0.2	Pd	矿样	59
5-I-PADAT		0.6~3.0 mol/L 高氯酸	580	1.24×10^5		0~0.4	Co	维生素B针剂和矿样	60
		1.2mol/L 硫酸	584	5.9×10^4	1∶2	0.03~1.0	Ir	催化剂	61
		1.2mol/L 高氯酸	580	1.81×10^5		0~0.8	Rh	催化剂	62
	30%乙醇	0.15~0.60 mol/L 盐酸、0.15~0.48 mol/L 硫酸、0.15~0.48 mol/L 高氯酸和 0.15~0.90 mol/L 磷酸	509	5.72×10^4		0~0.5	Ru	催化剂	63
5-I-PADMA		0.3~7.0 mol/L 盐酸、0.3~6.0 mol/L 高氯酸、0.3~4.2 mol/L 硫酸和 0.7~7.3 mol/L 磷酸	614	1.21×10^5		0~0.5	Co	矿样	64
		0.24~5.57 mol/L 高氯酸	613	1.86×10^5		0~0.56	Rh	催化剂	65
		0~2.0mol/L 盐酸、0~1.8 mol/L 硫酸,0~1.7 mol/L 高氯酸和 0~3.0 mol/L 磷酸	618	5.22×10^4	1∶2	0~1.0	Ru	钌-碳催化剂和钌分子筛	66
5-I-PADMA [2-(5-碘-2-吡啶偶氮)-5-二甲氨基苯胺]		0.6~6.0 mol/L 盐酸、0.24~3.9 mol/L 硫酸、0.6~3.9 mol/L 高氯酸和 0.6~7.2 mol/L 磷酸	616	1.01×10^5		0~0.7	Ir	催化剂	67
5-NO_2-PADAB		1.2mol/L 高氯酸	580	1.52×10^5	1∶2	0~0.8	Rh	催化剂	68
5-NO_2-PADAT		Co：pH=5.0~6.5 Pd：强酸性	589	Co: 1.41×10^5 Pd: 1.11×10^5		Co：0~0.36 Pd：0~1.5	Co、Pd	矿样	69
			586	Co: 1.46×10^5 Rh: 1.63×10^5 Pd: 9.5×10^4		Co：0~0.30 Rh：0~0.60 Pd：0~0.95	Co、Rh、Pd	合成样	70
		弱酸性	Co：519 Cu：586	Co: 1.48×10^5 Cu: 6.70×10^4		Cu：0~0.7 Co：0~0.36	Cu、Co	镁合金及锌铝合金	71

续表

显色剂	体系	测定条件	λ_{max} /nm	ε	组成比	测定范围 /(μg/ml)	元素	应用	参考文献
5-NO_2-PADAT		Cu、Co：pH=5.2 Co、Pd：0.05~5.0 mol/L 硫酸	Cu：519 Co：589 Pd：589			Cu：0~8 Co：0~3.6 Pd：0~15	Cu、Co、Pd	矿样、电镀废液	72
		Cu：pH=4.5~6.0 Pd：强酸性	Cu：519 Pd：592	Cu：6.70×10^4 Pd：1.25×10^5		Cu：0~0.7 Pd：0~0.9	Cu、Pd	矿样、电镀废液	73
	乙醇	1.8mol/L 的盐酸	607	8.29×10^4		0~1.0	Pt	铂催化剂	74
5-NO_2-PADMA		pH=4.2~6.2，后酸化	619	9.27×10^4		0~0.80	Rh	样品	75
		Rh：pH=5.25~6.75 Pd：0.3~3.9 mol/L 高氯酸	620	Rh：1.39×10^5 Pd：9.4×10^4		Rh：0~0.56 Pd：0~1.4	Rh、Pd	工业样品	76
5-NO_2-PADMP	CTMAB	pH=8.5~9.5 的硼酸-硼砂	731	2.02×10^4		0~2.0	Co	钴分子筛	77
7-(2-吡啶偶氮)-8-羟基喹啉		pH=5.0 的乙酸-乙酸钠	560	1.873×10^4	1∶2	0~1.2	Ni		78
NO_2-PAPS	吐温 80 及 Triton X-100		580	1.38×10^5		71.2μmol/L	Zn	血清	79
NO_2-PAPS 2-(5-硝基-2-吡啶偶氮)-5-[*N*-正丙基-*N*-(3-磺酸丙基)氨基]苯酚	聚氧乙烯月桂醚，Triton X-100		590	1.03×10^5			Fe	血清	80
PAN	SDS-CTMAB		580	3.4×10^4		0~2.40	Co	蔬菜	81
	石蜡相	pH=10.4 的四硼酸钠-氢氧化钠	556			0~0.32	Co	粉煤灰	82
	CTMAB	pH=2.8 的一氯乙酸-氢氧化钠	558	2.09×10^4		0~3.2	Cu	铝合金	83
	Triton X-100,明胶	酸性	558	2.25×10^4		0~3.2	Cu	硫酸阳极氧化液	84
	微乳液		555	4.5×10^4		0~1.52	Zn	硬脂酸锌	85
	SDS-正丁醇-正庚烷-水	pH=9~10	550			0.12~1.2	Zn	冬虫夏草	86
				1.42×10^4		0~2.0	Zn	蕨科草本植物	87
PAPC[4-(2-吡啶偶氮)-邻苯二酚]	OP	pH=6.86	494	4.96×10^4	1∶3	0~0.8	Fe	铝合金	88
		pH=9.5	494	6.66×10^4		0~1.0	Zn	铝合金和钢样	89

续表

显色剂	体系	测定条件	λ_{max} /nm	ε	组成比	测定范围 /(μg/ml)	元素	应用	参考文献
PAPG[4-(2-吡啶偶氮)-邻苯三酚]	CTMAB	碱性	625	1.47×10^4		0~0.72	Co	维生素 B_{12}	90
PAR	吐温 80		512	3.4×10^4		0~1.6	Co	原油	91
	OP	pH=5.6 的乙酸-乙酸钠	512	7.27×10^4	1：2	0~1.2	Cu	食品、茶叶	92
	SCN^-	稀硫酸	370	1.25×10^4		0~2.0	NO_2^-	环境水样	93
	双硫腙		530	2.2×10^4	Pb：双硫腙：PAR=1：1：1	0~4.75	Pb	树叶和化妆品	94
		pH=8.8~10	520	Pb(Ⅱ) 3.59×10^4 二乙基铅 4.25×10^4		Pb(Ⅱ): 2.73×10^{-7}~1.69×10^{-5} 二乙基铅: 1.97×10^{-7}~8.65×10^{-6}	Pb	无机铅和烷基铅	95
	CTMAB	pH=5.0 的乙酸-乙酸钠	490	1.22×10^5	1：2		Pt	合金、矿石、粉煤灰	96

①二氯化双(丁氧羰乙基)锡。

注：CPB——溴化十六烷基吡啶；SDS——十二烷基硫酸钠；SDBS——十二烷基苯磺酸钠；CTMAB——溴化十六烷基三甲铵；OP——乳化剂；β-CD——β-环糊精。

本表参考文献：

1. 林洪，吴献花，朱利亚，等．化学试剂, 2005(8): 474.
2. 白林山，李小玲．理化检验: 化学分册, 1997(11): 497.
3. 孙家娟，白育伟，刘彬，于晓玲．理化检验：化学分册，2001(9): 394.
4. 王贵方，周艳梅，刘根起．分析化学, 1997(5): 617.
5. 刘根起，王勇，张小玲，等．分析试验室, 2001(6): 38.
6. 孙家娟，白育伟，赵维，等．冶金分析, 2001(3): 7.
7. 王贵方，黄亮，周艳梅，等．理化检验：化学分册，2004 (4): 221.
8. 王贵方，周艳梅，邢云，等．分析试验室, 2004(5): 62.
9. 肖本毅，刘锦昌．冶金分析, 1997(6): 12.
10. 白林山，李隆玉．环境工程, 1996(3): 43.
11. 周磊，杜登学，刘耘．理化检验: 化学分册, 2001(2): 62.
12. 何巧红，朱有瑜，毛雪琴．理化检验：化学分册，1997 (6): 268.
13. 杜芳艳，邓保炜．日用化学工业, 2006(3): 193.
14. 史传国，姚成．理化检验: 化学分册, 2004(10): 584.
15. 包桂兰，刘颖，宝迪．分析测试学报, 2001(5): 68.
16. 陈文宾，马卫兴，许兴友，等．冶金分析, 2005(4): 38.
17. 王晓玲，孙家娟，杨连利，等．理化检验：化学分册，2004 (10): 581.
18. 张光，张林林，杨合情．分析化学, 1997(1): 79.
19. 阮新潮，杨泽玉．理化检验: 化学分册, 2004(1): 30.
20. 李明愉．分析试验室, 1999(1): 31.
21. 韩权，霍燕燕，王媚，等．冶金分析, 2009(9): 55.
22. 赵桦萍，赵丽杰，白丽明．冶金分析, 2007(10): 47.
23. 皮祖训．工业水处理, 2007(8): 59.
24. 魏琴，寿崇琦，罗川南，等．食品科学, 1997(7): 58.
25. 吴丽香，周鸿刚．冶金分析, 2006(2): 79.
26. 刘立行，沈春玉，徐宝岩，等．冶金分析, 2006(1): 69.
27. 杨南，周文英，何恩萍．理化检验：化学分册，1996 (6): 353.
28. 张自强．理化检验: 化学分册, 1997(2): 74.
29. 刘立行，刘旭昆．冶金分析, 2007(1): 70.
30. 王园朝，杨小飞．分析科学学报, 2001(6): 486.
31. 刘立行，刘旭昆，等．精细石油化工, 2005(4): 61.
32. 余萍，高俊杰，张东，等．冶金分析, 2005(2): 21.
33. 黄晖，陈建荣，郭伟强．理化检验：化学分册，2004 (9): 501.
34. 彭翠红，奚长生，龙来寿，等．分析测试学报，2004(4): 101.
35. 白林山，陈庆．环境科学与技术, 1996(4): 20.
36. 云秀玲，马广兰，李北罡．分析化学, 1999(11): 1362.
37. 赵桦萍．工业水处理, 2006(9): 73.
38. 赵桦萍，赵丽杰，白丽明，等．离子交换与吸附，2007 (5): 464.

39. 彭翠红，奚长生，龙来寿，等．冶金分析, 2004(4): 46.
40. 杜敏，高荣杰，陈善佳．理化检验：化学分册, 1996(4): 218.
41. 夏心泉，赵书林，张吉忠，等．冶金分析, 1998(6): 18.
42. 李先春，王敦清，侯五爱．冶金分析, 1998(2): 45.
43. 黄业初，张普．理化检验：化学分册, 1997(10): 445.
44. 罗宗铭，卢业玉，陈焕坚，等．分析化学, 2001(8): 922.
45. 夏畅斌．稀有金属, 2003(3): 416.
46. 陆嵘骏，徐心茹，杨敬一，等．华东理工大学学报：自然科学版, 2006(12): 1396.
47. 夏心泉，赵书林，孔德树，等．冶金分析, 1997(1): 13.
48. 曹建明，王占岳，周铁丽．上海医学检验杂志, 2001 (3): 142.
49. 吴长瑛，高素芝，王会雨．中国公共卫生, 1997(12): 751.
50. 吴小华，陈建荣，汤福隆．理化检验：化学分册，1998 (3): 113.
51. 韩权，杨晓慧．贵金属, 1997(2): 49.
52. 张统，穆华荣，毛雪琴．理化检验：化学分册, 1998 (4): 154.
53. 叶明德，谢钦凤，缪仁契，等．理化检验：化学分册，1997 (5): 230.
54. 魏琴，寿崇琦，罗川南，等．食品科学, 1997(7): 58.
55. 胡忠于，罗道成．分析试验室, 2012(01): 116.
56. 刘彬，孙家娟．理化检验：化学分册, 2001(10): 456.
57. 刘彬，孙家娟，张君才，等．分析试验室, 2001(4): 70.
58. 韩权，张淑芬，杨晓慧，等．分析试验室, 2009(11): 115.
59. 韩权，李娟，杨晓慧，等．岩矿测试, 2009(5): 491.
60. 韩权，霍燕燕，张亚利，等．化学试剂, 2010(9): 824.
61. 霍燕燕，韩权，杨晓慧，等．分析科学学报, 2010(2): 162.
62. 杨晓慧，霍燕燕，郭阿娟，等．冶金分析, 2011(9): 59.
63. 杨晓慧，霍燕燕，赵亮，等．分析试验室, 2010(5): 110.
64. 韩权，霍燕燕，陈国珍，等．岩矿测试, 2010(4): 472.
65. 韩权，霍燕燕，刘渊，等．分析测试学报, 2010(8): 797.
66. 韩权，霍燕燕，陈虹，等．冶金分析, 2010 (5): 54.
67. 韩权，杨娜，袁棱，等．分析试验室, 2011(07): 53.
68. 韩权，黄欢欢，王娟，等．分析试验室, 2009(10): 113.
69. 刘根起, 程永清, 张光．光谱学与光谱分析, 2003 (5): 1021.
70. 孙家娟，刘彬，王晓玲，等．分析试验室, 2004(1): 57.
71. 刘根起，程永清，张光，等．冶金分析, 2003(5): 9.
72. 张光，刘根起，周艳梅，等．分析化学, 1999(2): 248.
73. 刘根起，程永清，张光．理化检验：化学分册, 2004 (2): 69.
74. 周艳梅，王贵方，丁彦廷，等．冶金分析, 2005(4): 58.
75. 刘根起，张小玲，张光．分析试验室, 2001(3): 51.
76. 孙佳娟，张小玲．分析试验室, 2001(4): 12.
77. 韩权，高美娟，王睿，等．冶金分析, 2011(5): 41.
78. 田松涛，于秀兰，徐红岩．湿法冶金, 2011(3): 255.
79. 连国军，王占岳，赵长容，等．临床检验杂志, 2006 (4): 306.
80. 曹建明，肖洪武，姜红鹰，等．中华检验医学杂志, 2004 (3): 137.
81. 马同森，张顺利．分析化学, 1999(7): 825.
82. 罗道成，刘俊峰．冶金分析, 2004(3): 35.
83. 寇兴明，印红玲．化学研究与应用, 2001(2): 180.
84. 王爱荣，陶建中，董芳．冶金分析, 2006(5): 75.
85. 刘俊康，吉红念，虞学俊，等．无锡轻工大学学报, 1998 (2): 79.
86. 康纯，张厚宝，郭荣，等．药物分析杂志, 1996(2): 114.
87. 李晓文．食品科技, 2006(12): 144.
88. 邱凤仙，姚成．分析试验室, 2001(1): 73.
89. 邱凤仙，姚成．理化检验：化学分册, 2001(4): 152.
90. 史传国，姚成．分析试验室, 2004(3): 50.
91. 吴丽香，戴美容．冶金分析, 2003(5): 52.
92. 侯明．桂林工学院学报, 2007(4): 576.
93. 吴兰菊，吴小华，陈建荣．理化检验：化学分册，2003 (9): 519.
94. 范晓燕，董杰．理化检验：化学分册, 2001(6): 258.
95. 沈宏，殷学锋，汤淼荣．分析化学, 1997(8): 983.
96. 李慧芝，张瑾，解文秀，等．冶金分析, 2010(6): 58.

三、噻唑偶氮类显色剂

虽然早在 1888 年 Traumarn 就提出了 4-(2-噻唑偶氮)-间苯二酚（简称 TAR）和 1-(2-噻唑偶氮)-2-萘酚（简称 TAN）等噻唑偶氮化合物，但未用于光度分析，直到 20 世纪 50 年代才有人应用噻唑偶氮衍生物作为光度分析显色剂。此类试剂由于易于合成、提纯及良好的显色性能，因而在光度分析中得到了广泛的应用，且品种日益增多。

该类试剂包括噻唑偶氮和苯并噻唑偶氮两大类，其偶氮基邻位的取代基对被测金属离子的选择性起着重要的作用。按邻位取代基种类的不同可将试剂分为四类：①偶氮基邻位为—OH 的试剂；②偶氮基邻位为—NH_2 的试剂；③偶氮基邻位为—COOH 的试剂；④偶氮基邻位为烷基、烷氧基或无取代基的试剂。

噻唑偶氮和苯并噻唑偶氮结构通式可表示为：

S N —N=N—R　　　S N —N=N—R

R 环通常是苯环或萘环，R 环或噻唑环上的氢原子被其他基团取代形成的一大类噻唑偶氮类衍生物统称为噻唑偶氮类试剂。R 环上的取代基除上面提到的几种常用的邻位取代基外，其他取代位上的取代基有$—N(C_2H_5)_2$、$—N(CH_3)_2$、$—OCH_3$、$—CH_3$、$—NHC_2H_5$、$—SO_2NHCH_3$、$—SO_3H$ 和—Cl 等。噻唑环和苯并噻唑环上的取代基有—Br、$—NO_2$、$—CH_3$、$—OCH_3$、$—SO_3H$ 等，其取代位置通常在噻唑环的 4 位和 5 位或在苯并噻唑环的 6 位和 5 位。

噻唑偶氮类试剂大都是红色、橙黄色、紫红色晶体，微溶于水，易溶于乙醇、丙酮、乙醚等有机溶剂，部分试剂也易溶于强酸、强碱，在表面活性剂存在下在水中也有较大溶解度。试剂及其配合物在水相和有机相中溶解性能的差异为萃取提供了条件。在不同的酸度下，试剂呈现的颜色各异，这是由于酸解离平衡引起的，以 TAH 为例，通过量子化学计算认为 TAH 有以下三种可能构型，在酸性溶液中以偶氮型的形式存在，质子解离或生成配合物时则成为醌型，该结论对噻唑偶氮酚类也许具有一定的普遍性。三种形式结构的转化如下所示：

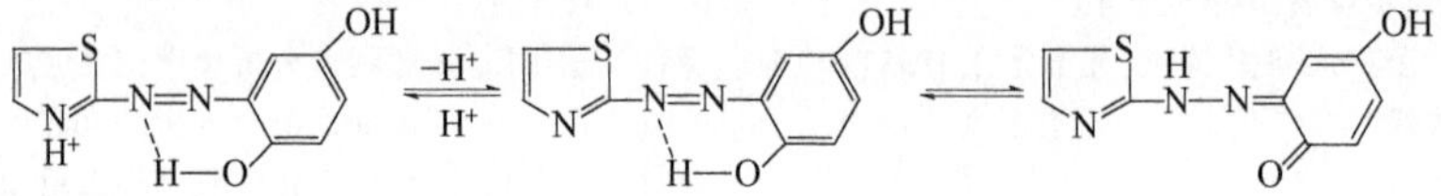

橙红色，λ_{max}=530 nm　　橙黄色，λ_{max}=495 nm　　绿色，λ_{max}=630 nm

有人报道了邻氨基噻唑偶氮类试剂质子化机理的研究[10]。

自 20 世纪 90 年代以来，共合成了噻唑偶氮苯类试剂近百种，在环保废水测定、合金中痕量元素测定等方面应用效果满意。苯并噻唑偶氮苯类试剂可与 Co(Ⅱ)、Cu(Ⅱ)、Fe(Ⅱ)、Fe(Ⅲ)、Ni(Ⅱ)、Pd(Ⅱ)等数十种离子发生配位显色反应。在表面活性剂或有机溶剂存在下，具有较高的灵敏度和选择性，在分析领域得到广泛应用，具有实际意义。

这类显色剂的合成通常是先合成 2-氨基噻唑，经重氮化后，再同有关组分偶联。例如，合成 4-(4,5-二甲基-2-噻唑偶氮)邻苯二酚，可先合成 2-氨基-4,5-二甲基噻唑，经重氮化后生成 2-氨基-4,5-二甲基噻唑的重氮盐，再和邻苯二酚反应生成所需产物[11~14]。

（一）结构与性能

噻唑偶氮试剂与相应的吡啶偶氮试剂在性质上有许多相似之处，但由于噻唑核的碱性比吡啶核低，故噻唑偶氮化合物同金属离子的配合作用比前者能在较高的酸度范围内进行。所形成配合物的组成随反应的条件而改变，在酸性或弱酸性溶液中，形成 1∶1 配合物或 1∶1 与 1∶2 的混合物，在碱性介质或有机溶剂中，偏向于形成 1∶2 配合物。此类试剂与某些金属离子的反应速率较慢，可能是试剂与金属水合离子外层水分子的取代反应缓慢所致，故通常需加热以提高反应速率。

因此类试剂为一个三齿配体，与金属离子形成具有两个五元环的配合物，以 TAR 为例，其结构为：

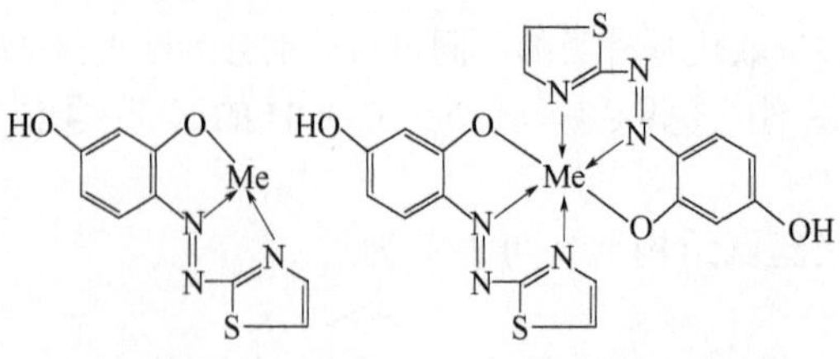

(1∶1)　　(1∶2)

有人经量子化学计算认为 TAH 与 Cu^{2+}的配位形式为：

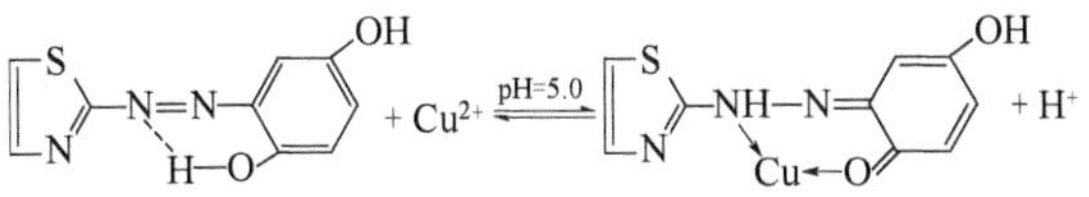

配合物的稳定性受金属离子的正电性影响，正电性最弱的离子因键的共价性增大形成稳定性最强的配合物，如与第一过渡系列元素中稀有金属离子形成的 1∶1 配合物，其稳定常数随原子序数增大而增大。

偶氮基的邻位官能团对灵敏度方面起重要作用，邻位为—COOH 的衍生物无论是灵敏度还是选择性都较邻位为—OH 的好，一些特殊的基团如—AsO_3H_2、—SO_3H 等也被引入邻位，可以提高显色反应的酸度及配合物的稳定性。在苯并环上引入一些助色基团如—CH_3、—Br、—SO_2CH_3、—NO_2 等，由于电子效应，试剂分子中共轭体系的 π 电子活性增强，流动性增加，从而提高试剂的灵敏度、选择性及颜色对比度。这些基团常引入 6 位，苯并噻唑环的 6 位处于 N 原子的对位，因此在 6 位上引入不同的取代基必然会影响 N 原子参与配位的能力，以及影响试剂和配合物的共轭体系，引入 6-CH_3 明显地提高了试剂灵敏度，6-CH_3 的给电子作用使噻唑环上的 N 原子电子云密度增大，增强了试剂的配位能力，因而配合物的摩尔吸光系数增加，最大吸收波长红移。6-Cl、6-Br 基是具有 2 种电子效应的基团，其给电性可增强试剂的配位能力及配合物的共轭体系，其吸收电子效应则具有相反效应，所以在与 Co(Ⅱ)、Cu(Ⅱ)、Fe(Ⅱ)、Ni(Ⅱ)离子配位时 6-Cl-BTAMB、6-Br-BTAMB 的灵敏度低于 6-CH_3-BTAMB 的[BTAMB 为 2-(2-苯并噻唑偶氮)-5-二甲氨基苯甲酸的简称]。6-NO_2、6-SO_2CH_3 是较强的吸电子基，增强了试剂的共轭体系，但降低了配位 N 原子的电子云密度，这种效应使试剂与金属离子的配位选择性有所提高。如 6-SO_2CH_3-BTMAB 与 Fe(Ⅱ)不发生配位显色反应，与 Ni(Ⅱ)、Co(Ⅱ)的显色反应灵敏度也较低。

（二）在光度分析中的应用

表 3-3 给出了有关噻唑偶氮类显色剂的应用文献，相关的应用综述见参考文献[15,16]。

表 3-3　噻唑偶氮类显色剂

显色剂	体　系	测定条件	λ_{max}/nm	ε	组成比	测定范围/(μg/ml)	元素	应　用	参考文献
1-(2-苯并噻唑偶氮)-2-羟基-3-萘甲酸		pH=6.0~8.5	590	2.94×10^4	1∶2	0~1.0	Cu	铝合金、合金钢、茶叶和面粉	1
1-(2-苯并噻唑偶氮)-2-羟基-3-萘甲酸		pH=4.6~10.4	612	3.52×10^4	1∶2	0~1.36	Ni	合金钢	2
2-[2-(6-甲基苯并噻唑)偶氮]-5-二乙氨基苯甲酸	SDS	pH=4.0~7.1	650	1.47×10^5	1∶2	0~0.48	Co		3
	SDS,抗坏血酸	pH=5.0~7.0	640	1.21×10^5	1∶2	0~0.4	Fe		
	SDS,乙醇	PH=3.0~5.5	650	7.33×10^4	1∶1	0~0.4	Cu		
	SDS,乙醇	pH=3.0~6.0	655	6.95×10^4	1∶1	0~0.52	Pd		

续表

显色剂	体 系	测定条件	λ_{max} /nm	ε	组成比	测定范围 /(μg/ml)	元素	应 用	参考文献
2-(2′-苯并噻唑偶氮)-7-(4-甲氧基偶氮)-1, 8-二羟基萘-3,6-二磺酸	CTMAB	pH=5.6~6.0 的邻苯二甲酸氢钾-氢氧化钠	674	3.04×10^5	Al：显色剂：CTMAB =1：3：1	0~0.20	Al	实际样品	4
2-(2-苯并噻唑偶氮)-4, 5-二羟基苯甲酸	OP	pH=6.0 的乙酸-乙酸钠	608	5.87×10^4	1：2	0~0.48	Ni	铝合金、纯镁	5
2-(2-苯并噻唑偶氮)-5-氨基苯甲酸	CTMAB	pH=4 左右的乙酸盐缓冲液或硫酸、磷酸混合介质	612	1.12×10^5	1：2	0~1.2	Pt	Pt-C 催化剂	6
2-(2-苯并噻唑偶氮)-5-磺丙氨基苯酚		pH=6.50~7.80 的六亚甲基四胺-盐酸	562	4.35×10^4	1：2	0~1.12	Cu	纯铝和铝合金标样	7
		pH=3.0~4.2	580	4.0×10^4	1：3	0~1.6	Fe	纯铝和铝合金标样	8
		pH=7.0 的六亚甲基四胺-盐酸	550	4.49×10^4	1：2	0~22	Zn	铝合金	9
2-(2-噻唑偶氮)-5-[(*N*,*N*-二羧甲基)氨基]苯酚		pH=7.4	562	7.2×10^4	1：2		Ni	标准钢样	10
2-(2-噻唑偶氮)-5-[(*N*,*N*-二羧甲基)氨基]苯磺酸		0.4mol/L 高氯酸	641	7.4×10^4	1：1	0~1.6	Pd	铂钯催化剂	11
2-(2-噻唑偶氮)-5-二甲氨基苯甲酸		pH=3.5~3.8 的甲酸-氢氧化钠	638	4.5×10^4	1：2	0~1.0	V	钢样	12
2-(2-噻唑偶氮)-5-磺丙氨基苯酚		pH=4.8~5.6	570	4.16×10^4	1：3	0~1.6	Fe	纯铝及铝合金标样	13
		pH=6.46 的 Clark-Lubs 缓冲溶液	550	6.346×10^4	1：2	0~1.4	Ni		14
2-(4-羧基苯偶氮)苯并噻唑	SDBS	pH=5.9~7.5 的磷酸二氢钾-磷酸氢二钾	510	1.61×10^5 固相萃取，甲醇洗脱	1：1	0~1.0	Pd	催化剂	15
	吐温 80	pH=3.8~5.5 的乙酸-乙酸钠	508	2.29×10^5	1：1	0.1~1.2	Pt	催化剂	16
2-(6-甲基-2-苯并噻唑偶氮)-5-二乙氨基酚	1-羟基-2-萘甲酸	pH=5.5 的乙酸盐	592	6.84×10^4	Pt：显色剂：1-羟基-2-萘甲酸 =1：1：1		Pt	催化剂	17

续表

显色剂	体　系	测定条件	λ_{max}/nm	ε	组成比	测定范围/(μg/ml)	元素	应　用	参考文献
2-(6-甲基-2-苯并噻唑偶氮)-5-间二乙氨基酚		pH=5.0 的乙酸-乙酸钠	602	1.04×10^5	1∶2	0~0.8	Zn	矿样	18
2-[(6-甲基苯并噻唑)偶氮]-5-二乙氨基苯甲酸	SDS	pH=4.5~8.3	650	1.67×10^5	1∶2	0~0.4	Ni	铝合金	19
2-(6-甲基苯并噻唑)偶氮间苯二酚	TPB	pH=5.0 的乙酸	619			0~0.4	Pt	Pt-C 催化剂	20
2-(6-硝基-2-苯并噻唑偶氮)-5-二甲氨基苯甲酸		pH=6.2~7.4 的六亚甲基四胺	650	1.18×10^5	1∶2	0~0.6	Co	维生素 B_{12} 和钴分子筛	21
2,6-二偶氮-[1,1′-(2,2′-二萘酚)]苯并[1,2-*d*:4,5-*d*′]二噻唑	Triton X-100	pH=6~7	625	3.8×10^4	1∶2	0~0.8	Cu	实际样品	22
2-[2-(5-甲基苯并噻唑)偶氮]-5-二甲氨基苯甲酸	SDBS	弱酸性	680	1.02×10^5	1∶2	0~0.28	Co	维生素 B_{12} 及分子筛	23
	SDS	pH=4.1~7.3 的乙酸-乙酸钠	645	1.30×10^5	1∶2	0~0.32	Co	钴分子筛及维生素 B_{12}	24
		pH=3.0~5.5 的醇-水	650	7.33×10^4	1∶1	0.05~0.8	Cu		25
2-[2′-(5′-甲基苯并噻唑)偶氮]-5-二乙氨基苯甲酸	SDS	弱酸性	654	1.50×10^5	1∶2	0~0.4	Ni		26
2-[2-(6-甲基苯并噻唑)偶氮]-5-二乙氨基苯甲酸	乙醇或 SDS	pH=2.55~6.3	655	7.94×10^4	1∶1	0~0.96	Cu	铝合金	27
2-[2′-(6′-甲氧基-苯并噻唑)偶氮]-5-二甲氨基苯甲酸	Triton X-100+SDS	pH=5.2 的乙酸-乙酸钠	656	Fe:8.3×10^4 Ni:1.29×10^5	1∶2 1∶2	Fe:0~0.44 Ni:0~0.32	Fe、Ni	铝合金	28
2-[2′-(6-甲氧基-苯并噻唑)偶氮]-1,8-二羟基萘-3,6-二磺酸	CPB	pH=4.5 的邻苯二甲酸氢钾-氢氧化钠	670	1.67×10^5	1∶2	0~0.4	Ti	硅砖等标准物质	29
2-(2-噻唑偶氮)-5-二乙氨基苯甲酸	乙醇	pH=3.0 的乙酸-乙酸钠	674	9.7×10^4	1∶1	0~0.48	Cr	工业废水	30

续表

显色剂	体　系	测定条件	λ_{max} /nm	ε	组成比	测定范围 /(μg/ml)	元素	应　用	参考文献
2-[2-(5,6-二氯苯并噻唑)偶氮]-5-[(*N*,*N*-二羧甲基)氨基]苯磺酸		0.4mol/L 硝酸	双波长 500~690.4	9.47×10^4	1∶1	0~1.2	Pd	钯催化剂	31
2-[2′-(6-溴苯并噻唑)偶氮]-1,8-二羟基萘-3,6-二磺酸	CTMAB		616	1.15×10^5	1∶2	0~0.5	Ti	铝合金及硅铁试样	32
2-苯并噻唑偶氮-7-(4-甲基苯偶氮)-变色酸	CTMAB、Triton X-100	pH= 6.0 的邻苯二甲酸氢钾-氢氧化钠	696	1.06×10^5	Fe∶显色剂∶CTMAB =1∶2∶1	0~0.32	Fe	石灰石和高炉渣	33
2-苯并噻唑偶氮-7-(4-甲氧基苯偶氮)-1,8-二羟基萘-3,6-二磺酸	CTMAB	pH=6.0 的邻苯二甲酸氢钾-氢氧化钠	690	1.19×10^5	Fe∶显色剂∶CTMAB =1∶2∶1		Fe	石灰石和高炉渣	34
2-苯并噻唑偶氮-7-(4-羧基苯偶氮)-变色酸	CTMAB	pH=6.0~6.4	685	1.13×10^5	Fe∶显色剂∶CTMAB =1∶2∶1	0~0.24	Fe	石灰石和高炉渣	35
2-对亚氨基噻唑偶氮苯	Triton X-100	pH=11.1~11.8 的 Britton-Robinson 缓冲溶液	518.5	2.7×10^4	1∶1	0~2.4	Ag	照相胶片、废电镀液、电镀厂废水和铜精矿	36
3-(苯并噻唑偶氮)-2,6-二羟基苯甲酸	CPB	pH=6.98	547	3.74×10^4	1∶2	0~1.2	Cu		37
3-(苯并噻唑偶氮)-5-溴-2,6-二羟基苯甲酸	CPB	pH=6.98	533	3.64×10^4	1∶2	0.0014~1.2	Cu	铝合金和铜锰铸铁	38
3-噻唑偶氮-5-氨基苯酚	CTMAB	pH=6.5 的 Clark-Lubs 缓冲溶液	546	3.45	1∶1	0~2.8	Cu	食品	39
		稀硫酸	375	3.96×10^4		0~1.06	NO_2^-	肉制品	40
		pH=7.0 的 Tris-HCl	523		1∶3	0.07~1.5	REs (稀土总量)	铝矿石	41
4-(2-苯并噻唑偶氮)焦棓酚	CTMAB	pH=4.8	572	8.6×10^4	1∶2	0~0.88	Mo		42
4-(2-苯并噻唑偶氮)连苯三酚		pH=8.0~9.0	650	6.44×10^4	1∶3	0~1.0	Fe	纯铝及铝合金标样	43

续表

显色剂	体　系	测定条件	λ_{max} /nm	ε	组成比	测定范围 /(μg/ml)	元素	应　用	参考文献
4-(2-苯并噻唑偶氮)邻苯二酚	40%丙酮水溶液	pH=4.5	560	6.33×10^{4}	1∶2	0.02~0.72	Mo	合金钢试样	44
	OP	pH=4.2~5.2	538	7.38×10^{4}	1∶2	0.04~1.3	W	合金钢	45
4-(2-噻唑偶氮)-2,4-二氨基甲苯		pH=3.25~4.75 的乙酸-乙酸钠，酸化	594	5.4×10^{4}	1∶4	0~0.9	Ru	钌催化剂和贵金属精矿	46
4-(2-噻唑偶氮)-5-二甲氨基苯胺		pH=3.2~4.8	619	1.21×10^{5}	1∶2	0~0.92	Rh	催化剂	47
4-(2-噻唑偶氮)-5-二乙氨基苯胺	TPB	pH=4.0 的乙酸盐	590	1.08×10^{5}	1∶1	0~1.0	Pd	Pd-C 催化剂	48
4-(2-噻唑偶氮)间苯二酚		pH=6.0 的六亚甲基四胺-盐酸	550	2.5×10^{4}		0~4.0	Pb	铜合金标样	49
4-(2-噻唑偶氮)连苯三酚	CTMAB	pH=2.0~5.0 的氯乙酸-氯乙酸钠	560	4.07×10^{4}	1∶2	0~0.8	Ti	钢样品	50
	吐温 40	pH=8.0~9.0	620	4.30×10^{4}	1:3	0~1.2	Zn	纯铝及铝合金	51
4-(5-溴-2-噻唑偶氮)邻苯二酚	OP	pH=9.0~9.7 的硼砂缓冲溶液	620	9.59×10^{4}	1∶3	0~0.56	Fe	水	52
4-(6-溴-2-苯并噻唑偶氮)邻苯二酚	OP	pH=4.0~5.2	558	7.34×10^{4}	1∶2	0~1.4	W	合金钢试样	53
5-(2-苯并噻唑偶氮)-8-氨基喹啉	CTMAB	弱碱性	610	1.26×10^{5}	1∶3	0~0.32	Ni	铝合金	54
5,6-二氯苯并噻唑偶氮苯甲酸	OP	pH=5.0 的乙酸铵-乙酸	650	5.57×10^{4}	1∶2	0~0.4	Cu	镀铜废水	55
5-氯苯并噻唑偶氮苯甲酸	OP	pH=5.0 的乙酸钠-乙酸	650	1.53×10^{5}	1∶2	0~0.44	Mn	粉煤灰	56
5-溴-(2-噻唑偶氮)-5-二乙氨基苯甲酸	β-CD、表面活性剂	pH=4.0~5.7 的乙酸-乙酸钠	687	1.14×10^{5}	1∶2		Rh	含铑催化剂	57
6-氯-苯并噻唑偶氮苯甲酸	OP	pH=6.0 的乙酸铵-乙酸	650	1.48×10^{5}	1∶2		Co	铝厂赤泥	58
	OP	pH=4.0 的乙酸钠-乙酸	650	7.35×10^{4}	1∶2	0~0.4	Cu	粉煤灰	59
	OP	pH=5.0 的乙酸-乙酸钠		1.59×10^{5}	1∶2	<0.4	Ni	电镀废水	60

续表

显色剂	体　系	测定条件	λ_{max} /nm	ε	组成比	测定范围 /(μg/ml)	元素	应　用	参考文献
7-(4,5-二甲基-2-噻唑偶氮)-8-羟基喹啉	OP	pH=5.5	556	1.2×10^5		0~0.48	Ni	合金钢	61
	Triton X-100	pH=4.2~7.6	560	1.12×10^5	Ni：显色剂：Triton X-100 = 1：2：4	0~0.56	Ni	铝合金	62
7-(苯并噻唑-2-偶氮)-8-羟基喹啉-5-磺酸	OP	pH=3.94 的乙酸-乙酸钠	582	5.7×10^4		0~0.48	Co		63
	SLS	pH=4.9 的乙酸-乙酸钠	600	6.6×10^4		0~0.32	Ni	铝合金	64
7-[6-甲氧基-(2-苯并噻唑偶氮)]-8-羟基喹啉-5-磺酸	表面活性剂	pH=5.0，弱酸性	560	6.17×10^4			Co	维生素 B_{12}	65
8-(2-苯并噻唑偶氮)-5-氨基喹啉		pH=3.8	620	5.5×10^4		0~0.40	Co	合金钢	66
苯并噻唑-2-氨基偶氮-4-甲基苯	CPB	pH=5.5 的乙酸-乙酸钠	625	1.21×10^5	1：2	0~0.24	Ti	人发	67

注：CPB——溴化十六烷基吡啶；TPB——溴化十四烷基吡啶；SLS——十二烷基磺酸钠；SDS——十二烷基硫酸钠；SDBS——十二烷基苯磺酸钠；CTMAB——溴化十六烷基三甲铵；OP——乳化剂；β-CD——β-环糊精。

本表参考文献：

1. 马卫兴，钱保华，李善忠，等．冶金分析, 2005(01): 19.
2. 马卫兴，李艳辉，钱保华，等．冶金分析, 2005(03): 45.
3. 张国防，樊学忠，高胜利．理化检验：化学分册，2004 (06): 311.
4. 孙伶，刘子儒，于占龙．岩矿测试, 2005(04): 32.
5. 樊学忠，刘恒椽．理化检验：化学分册, 1997(07): 309.
6. 王园朝．理化检验：化学分册, 2005(10): 6.
7. 马卫兴，王镇浦．理化检验：化学分册, 1999(08): 376.
8. 马卫兴，王镇浦．理化检验：化学分册, 1996(01): 36.
9. 马卫兴，许兴友，刘文明，等．冶金分析, 1998(06): 49.
10. 王莉红，汤福隆，叶俊．冶金分析, 1996(03): 12.
11. 叶巧云，汤福隆，王莉红．化学试剂, 1999(04): 228.
12. 白林山，杨敏，来克立．理化检验：化学分册，2001 (09): 425.
13. 马卫兴，纪延光，刘法臻，等．冶金分析, 1997(06): 7.
14. 马卫兴，章婷婷，刘英红，等．冶金分析, 2010(02): 34.
15. 黄章杰，刘月英，谢琦莹．黄金, 2007(07): 42.
16. 黄章杰，黄锋，刘月英，等．分析试验室, 2008(01): 42.
17. 王园朝．理化检验：化学分册, 2000(01)：5.
18. 童岩，舒友琴．冶金分析, 2000(02): 52.
19. 樊学忠，朱春华，吴斌才，等．华东师范大学学报：自然科学版, 1999(01): 58.
20. 王园朝，肖明亮．分析科学学报, 2001(02): 120.
21. 鲍霞，张小玲．光谱实验室, 2010(04): 1446.
22. 吕伯升，张磊，张孙玮．分析试验室, 1999(02): 88.
23. 樊学忠，朱春华，刘恒椽．兵器材料科学与工程, 1998 (05): 44.
24. 张教强，樊学忠，张国防．化学试剂, 2000(04): 219.
25. 张教强，颜红侠，樊学忠．西北工业大学学报, 2002 (01): 151.
26. 张教强，樊学忠．化学世界, 2000(05): 268.
27. 樊学忠，朱春华．冶金分析, 1998(06): 51.
28. 朱有瑜，何巧红．冶金分析, 1996(04): 9.
29. 夏心泉，赵书林，黄勇，等．岩矿测试, 1999(01): 48.
30. 杨合情，莫随青，张光，等．理化检验：化学分册，1996 (05): 298.
31. 叶巧云，汤福隆，王莉红．冶金分析, 1997(03): 5.
32. 夏心泉，赵书林，刘春华，等．分析化学, 1996(04): 452.
33. 张学军，夏心泉，高春香．冶金分析, 2002(04): 16.
34. 张学军，夏心泉，高春香．理化检验：化学分册, 2004 (06): 326.
35. 张学军，高春香，夏心泉．冶金分析, 2003(04): 1.
36. 徐斌，陈才元，徐中秋．冶金分析, 2005(05): 61.
37. 郭安城，张有贤，李涛，等．理化检验：化学分册，2000 (06): 259.

38. 温琳, 李士和. 吉林大学学报: 理学版, 2004(02): 290.
39. 杜芳艳. 食品科学, 2006(01): 187.
40. 杜芳艳, 邓保炜. 食品科学, 2005(08): 302.
41. 杜芳艳. 冶金分析, 2007(01): 64.
42. 周华方, 王镇浦. 理化检验: 化学分册, 1997(02): 70.
43. 马卫兴, 钱保华, 贾海红, 等. 冶金分析, 2005(06): 52.
44. 姚成, 王镇浦, 陈国松, 等. 分析化学, 1996(12): 1425.
45. 姚成, 王镇浦, 唐美华, 等. 冶金分析, 1997(04): 1.
46. 王贵方, 周艳梅, 张光. 贵金属, 1998(02): 43.
47. 王贵方, 周艳梅, 王卫民, 等. 冶金分析, 2003(04): 15.
48. 王园朝, 刘冰. 冶金分析, 2001(05): 18.
49. 郑礼胜, 王士龙, 张虹, 等. 冶金分析, 1998(02): 58.
50. 马卫兴, 薛永刚, 傅盈盈, 等. 冶金分析, 2007(10): 72.
51. 马卫兴, 钱保华, 李善忠, 等. 冶金分析, 2005(02): 24.
52. 陈国松, 姚成, 王镇浦. 分析化学, 1996(10): 1239.
53. 姚成, 王镇浦, 陈国松, 等. 分析化学, 1996(12): 1452.
54. 赵书林, 查丹明, 蒋毅民. 理化检验: 化学分册, 2001 (01): 17.
55. 胡忠于, 罗道成. 材料保护, 2011(04): 75.
56. 罗道成, 刘俊峰. 分析试验室, 2010(07): 56.
57. 张小玲, 阎宏涛. 分析试验室, 2001(03): 40.
58. 马淞江, 罗道成. 无机盐工业, 2010(11): 58.
59. 罗道成, 刘俊峰. 冶金分析, 2010(09): 59.
60. 罗道成, 刘俊峰. 材料保护, 2010(02): 70.
61. 涂志勇. 分析试验室, 2000(01): 60.
62. 尹贻东, 杨威. 理化检验: 化学分册, 1998(02): 69.
63. 张国文, 朱志怀. 理化检验: 化学分册, 1998(11): 490.
64. 张国文, 陈钢, 陈红兰. 理化检验: 化学分册, 2003 (08): 483.
65. 夏心泉, 赵书林, 张春玲, 等. 理化检验: 化学分册, 1999 (06): 251.
66. 朱彬, 刘恒椽. 分析试验室, 2007(02): 18.
67. 夏心泉, 程远杰, 臧淑艳. 环境与健康杂志, 2002(02): 144.

四、荧光酮类显色剂

苯基荧光酮及其衍生物是一类性能优异的光度分析试剂，广泛应用于痕量金属离子含量的测定，苯基荧光酮类试剂一般由偏三酚三乙酸酯和芳醛在酸性条件下缩合而成，反应方程式如下：

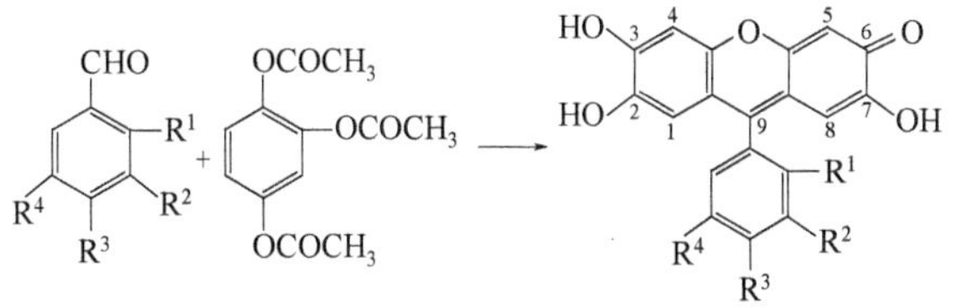

由其结构可知，荧光酮类显色剂是指分子中含有2,3,7-三羟基-6-酮基-吡喃环结构的一类三苯甲烷衍生物，如9位被苯基取代而形成的苯基荧光酮的结构如下：

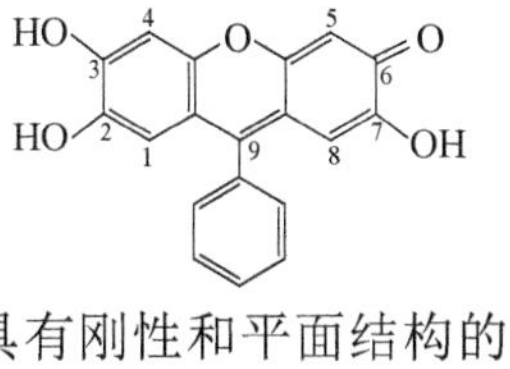

苯基荧光酮类试剂分子是一类具有刚性和平面结构的共轭大π键体系的分子，其2位、3位、7位含有3个羟基，羟基中的氧原子有两个孤对电子，易与金属离子的空轨道形成配位键，因此在表面活性剂作用下可以与高价金属离子生成配合物，发生显色反应，苯基荧光酮自身就是一种重要的显色剂，已用于20余种金属离子的测定，是测定三价和四价Ce的唯一三羟基苯基荧光酮类试剂。

一般情况下，苯基荧光酮类试剂为红色或橙色粉末，熔点在350℃左右，微溶于水和冷乙醇，易溶于乙酸酸化的乙醇。在pH=8以上的乙醇溶液中带有绿色荧光，在强碱中逐渐分解。随着试剂水溶液的pH的增大，颜色由黄色变为橙色，再变为橙红色，在强碱中呈紫红色，因此其最大吸收波长也会发生变化。这是因为在不同酸度下以不同的型体存在。例如，苯基荧光酮的各级解离常数分别为：$pK_{a1}=2.21$、$pK_{a2}=6.37$、$pK_{a3}=10.50$、$pK_{a4}=12.8$。

由于苯基荧光酮类试剂分子内存在着两个能与金属离子形成闭合环的官能团，即邻羟基或邻羟醌基，因此对其金属配合物的结构有不同的认识，经对锗和锆的配合物的研究，证实参与反应的是邻二羟基。

荧光酮类显色剂作为光度分析试剂的一个重要特征是高灵敏度，配合物的摩尔吸光系数大多在 10^5 以上，已被广泛用于痕量钼、钨、锡、锗、钒、镓、铟、锑、铁、铝、钽、铌的测定。

在9位苯基的2位、3位、4位、5位、6位或4位和5位上引入不同的取代基对此类显色剂的分析性能有较大影响，通过改变取代基种类、位置和数量已合成了大量荧光酮类显色剂用于光度分析。

荧光酮类显色剂不仅用于金属离子测定，还是在蛋白质检测中研究较多的一类分析试剂，检测原理是：溶液 pH 值小于蛋白质的等电点时，蛋白质带有正电荷，此时可以与带负电荷的阴离子染料结合生成沉淀或改变结合染料的光吸收特性，依据染料光度特性改变程度来测定蛋白质的含量。后来又提出了利用金属离子-染料配合物测定蛋白质，如采用苯基荧光酮与钼形成的配合物测定蛋白质，其机理为当金属离子与含有—OH 或 C═O 的有机染料分子相遇时，氧原子中的孤对电子可以顺利进入杂化轨道，形成稳定的配合体系，在酸性条件下，该体系遇到结构不对称的蛋白质分子时，互相极化产生静电作用而形成新的大分子团；另外，大分子内部易形成氢键作用，蛋白质分子中的芳香氨基酸残基与有机染料分子中的芳香结构都具有疏水作用而相互靠近，从而改变了原体系的光谱性能，进而能定量测定蛋白质的含量。沈含熙等用水杨基苯基荧光酮与钼形成配合物的分光光度法测定微量蛋白质，研究结果表明，该反应灵敏度高，选择性好，测定蛋白质的表观摩尔吸光系数达 2.86×10^6，并可直接用于尿蛋白的测定；用 4-偶氮铬变酸苯基荧光酮与钼配合物测定蛋白质，检测限为 0.85mg/L，选择性好，测得的结果与经典的 Bradford 法一致。另外，4,5-二溴苯基荧光酮、3,5-二溴-4-羟基苯基荧光酮金属配合物体系用于蛋白质的测定也有文献报道。苯基荧光酮试剂应用于蛋白质的检测进一步拓宽了该类试剂在分析化学中的应用范围，其良好的分析性能也越来越受人们关注。

（一）结构与性能

荧光酮类显色剂的结构对它的灵敏度有明显影响，在 9 位苯环上引入卤素、羟基、甲氧基、氨基等供电子基团时，试剂的灵敏度有较大提高，当引入卤素基团时，卤素改变了试剂整个分子的电子云分布，使试剂的共轭体系及π电子的流动性增强，促使试剂分子的互变，使试剂反应功能团羟基上的质子较易离去，从而增加试剂的成络能力，提高测定灵敏度。例如：4,5-二溴苯基荧光酮、4,5-二溴邻硝基苯基荧光酮等是在母体结构的4位、5位引入溴原子。该类试剂由于溴的引入，共轭体系的π电子流动性增强，使取代物分子的激发能降低，吸收峰红移，从而提高与金属离子显色反应的灵敏度。文献报道，4,5-二溴苯基荧光酮可与近 30 个金属离子发生显色反应，大多数配合物的摩尔吸光系数皆可达到 1×10^5，甚至达 1×10^6（如 Fe、Be、Sn）。

在9位苯基上引入羟基、氨基和甲氧基等给电子基团，这些基团含有电负性较大的氧、氮等杂原子，基团中未成键孤电子与苯基荧光酮大π键产生 p-π 共轭，增加吡喃环的电子云密度，降低了试剂与金属离子显色反应的活化能，加快了反应速率，提高了方法的灵敏度。

在苯基荧光酮类试剂分子的9位苯基基团上引入氨基后，再通过偶氮反应与有机分子如变色酸、对苯二酚、邻苯二酚、对苯二胺等偶联，合成了引入偶氮反应基团的拥有双反应功能团的新型苯基荧光酮试剂。正是这种具有双重功能的官能团，大大提高了试剂与金属离子反应的灵敏度和选择性。例如：3,5-二溴-4-偶氮-8-羟基喹啉苯基荧光酮试剂测定微量钼、钨，3,5-二溴-4-偶氮间苯二酚苯基荧光酮试剂测定钼，3,5-二溴-4-偶氮变色酸苯基荧光酮试剂测定锗都有很高的灵敏度。

9位苯基上引入多羟基基团或磺酸根，可使试剂的水溶性增强，从而使成配反应条件更宽容。

表面活性剂对荧光酮类试剂的显色反应有很大的影响，表面活性剂的增溶、增稳作用拓宽了荧光酮类试剂的应用范围，也提高了该类试剂在分析应用中的灵敏度。表面活性剂对显色反应的影响因试剂和金属离子种类的不同存在明显的差异，如在非离子表面活性剂 Triton X-100 和阳离子表面活性剂 CTMAB 介质中，二溴羟基苯基荧光酮与钼的显色反应的灵敏度和选择性均有提高，而阴离子表面活性剂恰相反，将导致配合物的吸光度降低。在荧光酮试剂测定金属离子的反应中，阳离子表面活性剂使用最多，其次是非离子表面活性剂以及微乳液，而混合表面活性剂的使用报道不多。有报道：在混合表面活性剂 CP 和 Triton X-100 的存在下，将苯基荧光酮应用于血清中铜离子、肥料中锰离子的测定，表观摩尔吸光系数分别达到 9.67×10^4、1.77×10^5，实验结果均表明其灵敏度比仅用阳离子表面活性剂高，且选择性较好。另有报道在 CTMAB 和吐温 80 中用 3,5-二溴水杨基荧光酮测定钨，结果同样表明混合表面活性剂的增敏、增溶作用更为显著。

与表面活性剂具有类似功效的微乳液在苯基荧光酮分析应用中也逐渐引起了人们的关注，有人在微乳液介质中研究了三甲氧基苯基荧光酮与金属铜的反应，发现微乳液同样能起到增敏和增溶、改善反应条件的作用，表观摩尔吸光系数为 1.46×10^5。另有报道：在 PC-OP-正丁醇-正庚烷-水构成的微乳液中研究了 4,5-二溴苯基荧光酮与铟的显色反应，也证实了微乳液在反应中的功效。

荧光酮类试剂的选择性是较好的，大部分高价态金属离子在强酸介质中进行光度分析时选择性良好，在中性或碱性环境中，一些低价离子的选择性也很优越，其干扰主要来自钼、钨、钛、锡、钒、镓、锗、铟、锑、铁、铝、铌等高价金属离子之间，因此当高价离子共存时往往需要预先分离。引入某些基团以提高其选择性是重要的途径之一，其成功的例子有三甲氧基苯基荧光酮与锗的显色反应，在 4.2mol/L 磷酸介质中，该显色剂是现用的其他荧光酮试剂中选择性最好的锗试剂。

另外，选择适当的表面活性剂和控制显色反应的酸度也可以提高显色体系的选择性。

（二）在光度分析中的应用

表 3-4 给出了相关的荧光酮类显色剂的应用文献，在这时期相关的应用综述见参考文献[17~20]。

表 3-4 荧光酮类显色剂

显色剂	体 系	测定条件	λ_{max} /nm	ε	组成比(元素∶显色剂)	测定范围 /(μg/ml)	元素	应用	参考文献
水杨基荧光酮(SAF)	CTMAB	pH=10 的氨-氯化铵	556			0~0.2	Al	食品	1
	Triton X-100-正丁醇-正庚烷-水		540	4.3×10^5		0~0.5	Al	食品	2
	SDS-正丁醇-正庚烷-水		540	3.0×10^5		0~0.48	Bi	合金和胃药	3
	OP-正丁醇-正庚烷-水	H_2SO_4	516	1.17×10^5		0~12	Bi	胃药	4

续表

显色剂	体 系	测定条件	λ_{max} /nm	ε	组成比(元素：显色剂)	测定范围 /(μg/ml)	元素	应用	参考文献
水杨基荧光酮(SAF)	溴化十二烷基二甲基苄铵(DDMBA)	pH=10 的硼砂-氢氧化钠		9.26×10^4	1：4	0~0.24	Cd	铅渣	5
	CTMAB	pH=8.7 的硼酸-氯化钾-碳酸钠	605	6.06×10^4	1：2	0~0.22	Co	钯-钴镀液	6
	CTMAB-正戊醇-正庚烷-水	pH=9.8~10.3 的硼砂缓冲溶液	600	1.11×10^5		0~0.2	Fe	汽油中环烷酸铁	7
	OP	盐酸	510	1.3×10^5		0.002~0.2	Ge	高锌	8
	CTMAB-正丁醇-环己烷-水		505	2.1×10^5		0~1.2	Ge	地质样品	9
	吐温 80	磷酸	506	1.54×10^5		检出限为 0.014	Ge	草药	10
	CTMAB	稀盐酸	522	1.66×10^5		0~0.5	Mo	矿泉水	11
	CPB	稀盐酸	516	1.0×10^5		0~0.5	Mo	土壤中有效钼	12
	CTMAB		560	1.25×10^5		0.04~0.44	Pb	原油	13
	SDS	强酸性, 硫酸	500.3	1.52×10^5	1：2	0~0.48	Sn	钢铁	14
		强酸性	535	1.4×10^5		0~0.48	Sn	聚丙烯及润滑油	15
	CPC	pH=4.8 的 HAc-NaAc	534	1.47×10^5	1：4	0~0.32	Te	硒	16
	CTMAB			1.62×10^5		0~2.0	Ti	聚烯烃树脂	17
	十八烷基二甲基苄基氯化铵	pH=7.50	555	1.40×10^5		0~0.32	Y	地质样	18
	CTMAB	pH=7.0 的 NH_4Ac 缓冲溶液	560	1.6×10^5		0~0.35	Y	煤矸石	19
邻硝基苯基荧光酮(*o*-NPF)	CTMAB	HAc-NaAc	570/527 (测量/参比)	1.4×10^5	1：1：1	0~0.4	Al	发酵粉	20
	CPB	pH=5.6	593	1.16×10^5	1：2	0.04~0.36	Cu	农药废水中控	21
	吐温 80	盐酸		1.43×10^5	1：3		Ge	铝合金和阳极泥	22
	CPB-OP	pH=10.5 的硼砂-NaOH	610	1.2×10^5		0~0.4	Mg	矾土	23
	吐温 80	0.1mol/L 硫酸	528	1.4×10^5	1：2	0~0.8	Mo	钢铁	24
		pH=10.0	598	8.74×10^4	1：3	0~1.2	Pb	食品	25
	吐温 80	盐酸	516	1.44×10^5	1：3	0~0.5	Sn	铝黄铜和岩矿	26

续表

显色剂	体 系	测定条件	λ_{max} /nm	ε	组成比(元素：显色剂)	测定范围 /(μg/ml)	元素	应用	参考文献
二溴苯基荧光酮(BPF)	CPB-OP-正丁醇-正庚烷-水		544	2.53×10^5		3.3×10^{-3}~0.64	Cd	电镀废水和头发	27
	CPC-OP	pH=5.60	546	1.27×10^5	1∶3	0~0.64	Cd	电镀废水和头发	28
	氨三乙酸(NTA)-CTMAB	pH=9~11	608	1.82×10^5	Fe(Ⅲ)∶NTA∶BPF∶CTMAB=1∶1∶2∶2	0~0.5	Fe		29
	CPC-OP 正丁醇-正庚烷-水		582	1.3×10^5	1∶3	0~0.64	In	铅粒和锡箔	30
	SDS	pH=6.3	376	1.06×10^5	1∶4	0~1.2	Pd	钯催化剂和钯矿样	31
	CTMAB	0.28mol/L 硫酸	540	1.42×10^5	Sn(Ⅳ)∶8-羟基喹啉∶BPF=1∶1∶2	0~0.4	Sn	铝合金及有机锡混料	32
	CPB	0.1~1.3mol/L 硫酸	618			0~0.24	Ti	钢铁	33
	—	pH=5.5	550	1.53×10^5	1∶3	0~0.32	Y	镁合金和地质标样	34
	吐温 20	0.64mol/L 盐酸	546		1∶4	0~0.32	Zr	对苯二甲酸	35
5′-硝基水杨基荧光酮	吐温 20	pH=5.0	562	1.17×10^5		0.02~0.20	Al		36
	CTMAB	pH=5.7~6.2 的磷酸盐	590	1.72×10^5	1∶2	0~0.18	Cr	水样	37
	CPC	pH=6.55	563	1.36×10^5		0~0.28	Cu	环境水样	38
	CTMAB/n-$C_5H_{11}OH$/n-C_7H_{16}/H_2O	pH=6.5	560	1.38×10^5	1∶2	0~0.26	Cu	粮、茶、水和饮料	39
	CTMAB	pH=5.5~6.5	625	1.34×10^5		0~0.48	Fe	岩、石膏、饮料和水	40
	Triton X-100	0.72~1.68 mol/L 盐酸	512	1.92×10^5		0~0.2	Ge	放射性核素	41
	CPB	pH=7.20~7.90 的 H_3PO_4-HAc-H_3BO_3-NaOH	585	1.27×10^5	1∶2	0~0.36	Mn	茶叶、茶树叶	42
	混合表面活性剂	pH=9.8~10.6 的 H_3PO_4-HAc-H_3BO_3-NaOH		1.39×10^5	1∶2	0~0.6	Mn	茶叶标样	43
	OP	磷酸	528	1.22×10^5		<0.30	Mo	碳钢及低合金钢	44
	CTMAB/n-$_5H_{11}OH$/n-C_7H_{16}/H_2O	pH= 9.0 的 $NH_3\cdot H_2O$-NH_4Cl		1.14×10^5	1∶2	0~0.52	Pb		45
	OP	0.04~0.18mol/L 磷酸	518	1.0×10^5	1∶2	0~15μg	Sb	铜合金	46

续表

显色剂	体 系	测定条件	λ_{max} /nm	ε	组成比(元素：显色剂)	测定范围 /(μg/ml)	元素	应用	参考文献
5′-硝基水杨基荧光酮	CTMAB	pH=9.8~10.2 的 NH_4Cl-$NH_3 \cdot H_2O$	570	1.89×10^5		0~1.6	Th	稀土精矿	47
	CTMAB	0.012~0.020 mol/L 盐酸	599	1.36×10^5	1∶4	0~0.32	Ti	合金钢	48
	CTMAB	0.24~0.78 mol/L 盐酸	522	1.58×10^5		0~0.52	W	合金钢	49
邻氯苯基荧光酮	CTMAB	pH=9.25~11.0	570	1.12×10^5		0~1.2	Bi	钨矿	50
	微乳液	pH=10.8 的硼砂-NaOH	600	1.1×10^5	1∶3	0~0.8	Cd	水样和发样	51
	微乳液	PH 10.0	650	1.31×10^5	1∶2	0~1.0	Co	环境样品	52
	CTMAB	pH=7.8 的 NH_4Cl-$NH_3 \cdot H_2O$		1.32×10^5		0~0.3	Fe	石灰石、白云石	53
	CTMAB	pH=5.8~6.6 的 HAc-NaAc		2.26×10^5		0~0.48	In		54
	CTMAB	pH=8.00~10.0 的硼砂	570	9.6×10^4		0~0.2	Mn	钢样	55
	表面活性剂	0.12~0.32mol/L 盐酸	533	1.86×10^5	1∶2		Nb	合金钢	56
	Triton X-100	pH=7.5 的三乙醇胺-盐酸	560	1.42×10^5		0~2.0	U	矿石	57
	CTMAB	酸性介质	560	1.2×10^5		0~0.48	Ti	聚乙烯和聚丙烯,钢样	58, 59
	OP	0.04~0.06mol/L 硫酸	540	1.66×10^5		0~0.12	Ti	轴承钢标样	60
	CTMAB	pH=9.05 的硼砂-NaOH	565	4.7×10^4	1∶2	0.12~0.80	Zn	葡萄糖酸锌片、加锌盐	61
4,5-二溴邻硝基苯基荧光酮	CTMAB	pH=5 的六亚甲基四胺-盐酸	579	1.5×10^5	1∶2	0~0.16	Al	铜合金、合金钢	62
	OP	pH=8 的硼砂-硼酸	590	1.27×10^5		0~0.6	Cu	铝合金	63
		pH=8.5 的硼砂-硼酸	590	1.02×10^5		0~0.6	Cu	水	64
	CTMAB	pH=4.0 的邻苯二甲酸	660	8.2×10^4	1∶2	0~0.48	Fe	茶叶、头发	65
	CPB	pH=3.4 的柠檬酸-Na_2HPO_4	630	1.2×10^5	1∶5∶5	0~0.08	Fe	大米、小米和面粉	66
	CTMAB	盐酸-氯化钾	757	8.2×10^4		0~0.2	Ga	矿石	67
	CTMAB	磷酸	550	1.04×10^5	1∶2	0~0.24	Ge	烟道灰	68
	Triton X-100	磷酸	540	9.50×10^4		0~1	Ge	锗铜合金	69
	CTMAB	盐酸		1.86×10^5	1∶3	—	Ge	多种样品	70

续表

显色剂	体 系	测定条件	λ_{max} /nm	ε	组成比(元素：显色剂)	测定范围 /(μg/ml)	元素	应用	参考文献
4,5-二溴邻硝基苯基荧光酮	CTMAB	pH=9.6 的 $NH_3 \cdot H_2O$-NH_4Cl	565	1.6×10^5	Pb：DBONPF：CTMAB=1：2：4	4.8×10^{-4}~0.8	Pb	—	71
	SDS	0.004~0.016 mol/L 硫酸	568	9.5×10^4		0~0.36	Ti	稀土精矿、合金钢标样	72
	CTMAB	硫酸	584	1.03×10^5	1：4	0~0.28	Ti	钢样	73
	CPB	pH=6.4 的柠檬酸-Na_2HPO_4	595	6.5×10^4	V(V)：DBONPF: CPB=1：4：4	0~0.8	V	合金钢	74
	CTMAB	pH=8.0 的氨性缓冲液	595	6.87×10^4		0~0.4	Zn	铁矿样	75
	CPB	pH=10.5 的硼砂-NaOH	624	1.13×10^5	1：4	0~0.64	Zn	葡萄糖酸锌片、加锌盐	76
对氯苯基荧光酮	CTMAB	pH=6.0 的 HAc-NaAc	563	1.10×10^5	1：2	0~0.24	Al	铝铁黄铜及石灰石	77
	CTMAB	pH=6.0 的六亚甲基四胺-HCl	567	2.96×10^5		0~0.32	Bi	锡粒	78
	CTMAB		571	1.10×10^5		<0.32	Ga	锌渣	79
	吐温 80-CTMAB	0.36~1.0 mol/L 硫酸	510	1.48×10^5		0~0.4	Ge	矿渣样	80
9-(3,5-二溴)水杨基荧光酮	CTMAB	pH=5.10 的六亚甲基四胺-HCl	560	1.94×10^5		0~0.24	Al	铁黄铜、铸造铜	81
	CTMAB	pH=9.0 的 $NH_3 \cdot H_2O$-NH_4Cl	580	1.03×10^5~1.94×10^5		0~1.344	Ce 组稀土	铜合金	82
	TPB	pH=9.50 的 $Na_2B_4O_7$-NaOH	610	2.30×10^5		0~0.24	Co	维生素 B_{12}	83
	CTMAB	pH=5.4~6.3 的六亚甲基四胺-HCl	565	1.53×10^5	1：2	0~0.32	Cu	环境水标样	84
	CTMAB	pH=6.0~7.2 的 KH_2PO_4- NaOH	590	1.72×10^5	1：4	0~0.24	Fe	牛肝粉和茶叶	85
	CTMAB 和吐温 80	0.48mol/L HCl	561	3.78×10^5	1：4	0~0.4	Ga	矿石	86
	CTMAB	pH=10.5 的 $NH_3 \cdot H_2O$-NH_4Cl	556	1.03×10^5	La：DBSAF：CTMAB= 1：2：4	0~0.96	La	钛酸镧烧结工艺	87
	EDTA 和 CTMAB	pH=8.8~10.2 的 NH_4Cl-$NH_3 \cdot H_2O$	557	2.19×10^5		0~0.28	Th	稀土精矿	88
	吐温 60	0.048~0.064mol/L 盐酸	541	1.74×10^5	Ti：DBSF：吐温 80= 1：2：4	0~0.44	Ti	钢铁	89

续表

显色剂	体　系	测定条件	λ_{max} /nm	ε	组成比(元素：显色剂)	测定范围 /(μg/ml)	元素	应用	参考文献
9-(3,5-二溴)水杨基荧光酮	CTMAB	强酸性	537	1.70×10^5			Ti	合金钢	90
	吐温 80	0.10mol/L 硫酸	539	2.76×10^5	1：2	0~0.6	Ti	合金钢	91
	CTMAB	pH=5.5 的六亚甲基四胺-HCl	557	1.81×10^5	1：2	0~0.36	V	钢样	92
	CTMAB	强酸性	525	1.1×10^5	1：3	0~0.96	W	稀土及合金钢	93
		0.60mol/L 盐酸	527	2.64×10^5	1：2	0~0.4	W	合金钢	94
	CTMAB 和 OP	pH=9.80~10.40 的硼砂-NaOH	—	1.3×10^5	1：4	0~0.32	Zn	含锌营养盐,维锌饮料	95
对羧基苯基荧光酮	CTMAB	pH=5.7 的乙酸铵	573	1.37×10^5		0~0.24	Al	镁合金	96
	CTMAB	硫酸	528.5	1.12×10^5		0~2.0	Mo	杆菌和酵母细胞质	97
	CTMAB	磷酸	530	1.03×10^5	1：3	0~2.0	Mo	钢铁	98
	CTMAB	pH=6.5 的氨水-乙酸	570	7.52×10^4		0~4.0	U	水中痕量	99
5-溴水杨基荧光酮	CTMAB		528	1.47×10^5		0~1.2	Mo	水样	100
	吐温 80-CTMAB		518	1.32×10^5	1：2	0~1.0	W	合金钢	101
	CTMAB	酒石酸钠	560	1.08×10^5	Zn：5-Br：CTMAB：酒石酸钠=1：2：3：4	0~0.4	Zn	水样和药物	102
苯基荧光酮(PF)	吐温 80		550	7.6×10^4		0~0.32		大庆渣油和煤焦油	103
	CTMAB		570	8.4×10^4		0~0.2	Al	水	104
	吐温 80	pH=8 的硼酸-硼砂	560		1：2	0~0.072	Al	合金和钢样	105
	CTMAB	pH=10.2 的碳酸氢钠-氢氧化钠	578	2.0×10^4		0~0.5	Cd		106
		pH=9.5 的 H_3BO_3-NaOH	570	2.62×10^5		0~0.16	Cd	水	107
	CTMAB+ n- $C_5H_{11}OH$+ n- C_7H_{16}+H_2O		572	1.37×10^5			Cu		108
	CTMAB	pH=6.0 的乙酸-乙酸钠	563	1.31×10^5	1：4	0~0.32	Ga	煤矸石	109
	吐温 80	盐酸	510	1.18×10^5		0.01~0.2	Ge	人发	110
	吐温 80-正丁醇-正庚烷-水	1.2mol/L 盐酸	506	1.56×10^5		0~0.48	Ge	锅炉烟尘、枸杞子	111
	CTMAB		514	1.33×10^5		0~0.2	Ge	香菇	112
	CTMAB 和 Triton X-100	pH=4.5 的 NaAc-HAc	505	1.25×10^5	Ge：Tar：PF=1：2：2	0~0.56	Ge	烟道灰和锌精矿	113

续表

显色剂	体　系	测定条件	λ_{max} /nm	ε	组成比(元素：显色剂)	测定范围 /(μg/ml)	元素	应用	参考文献
苯基荧光酮(PF)	CTMAB	pH=6.5 的乙酸-乙酸钠	580	1.58×10^5		0~0.8	In	化探样品及其冶金物料	114
	CTMAB		620	2.07×10^5		0~0.62	Pb		115
	CTMAB	pH=6.2 的 HAc-NaAc	560		二氯化双(甲氧羰乙基)锡(R_2SnC_{12})：PF=1：2	0~2.6	Sn	PVC 中间产品	116
	聚乙烯醇-吐温 80		535	1.8×10^5		0~0.12	Ti	高纯锌	117
	聚乙烯醇-吐温 80		535	1.0×10^5		0~0.12	Ti	聚烯烃树脂	118
	CTMAB-酒石酸盐(Tar)		558	1.74×10^5		0~0.16	Ti	合金钢	119
	CTMAB		560	1.07×10^5	1：3	0~0.8	U	煤灰	120
对氨基苯基荧光酮(APF)		盐酸-磷酸	497			0~1.6	Cr	钢样	121
	变色酸(CA)及乳化剂OP	碱性	620		Fe(III)：APF：CA=1：2：1	0.1~1.0	Fe	铝合金	122
二甲氧基羟基苯基荧光酮	Triton X-100 和磺基水杨酸	pH=9.5 的氨性溶液	610	9.4×10^4	1：2	0~0.6	Fe	工业硅和石灰石	123
	Triton X-100	磷酸	505	1.8×10^5	1：2	0~0.28	Ge	食品	124
	Triton X-100		526	1.4×10^5	1：2		Mo	药物	125
	表面活性剂	酸性	515	8.6×10^4		0~1.4	W	钢	126
2,4-二氯苯基荧光酮	CTMAB		570	1.48×10^5		0~0.68	Bi	胃药和合金	127
	CTMAB	pH=5.2~7.0	578	1.40×10^5	1：2	0~0.36	Cr	水	128
	CPB	pH=5.82 的 HAc-NaAc	602	8.98×10^4	1：2	0~0.8	Cu	环境水样	129
	Triton X-100	pH=4.40 的盐酸-六亚甲基四胺	570	1.30×10^5	1：4	0~0.4	Fe	小麦粉、大米粉标样	130
	CTMAB	1.8~2.5mol/L 硫酸	516	1.38×10^5		0~0.5	Ge	煤样	131
	Triton X-100	0.06~0.15mol/L 盐酸	530	1.01×10^5	1：4	0~0.44	Mo	合金钢标准样	132
		草酸	520	1.10×10^5		0~0.4	Sn	热镀锌合金	133
	CTMAB	0.12~0.42mol/L HCl	545	1.1×10^5		0~0.4	Ti	稀土精矿	134
	吐温 40	0.02~0.11mol/L 硫酸	542	2.10×10^5	1：4	0~0.56	Ti	标样	135
	CTMAB	强酸性	522	1.35×10^5	1：2	0~0.4	W	合金钢	136
	吐温 20	pH=10.0 的硼砂-NaOH	570	7.6×10^4		0~0.64	Zn	药物、食盐	137

续表

显色剂	体　系	测定条件	λ_{max} /nm	ε	组成比(元素：显色剂)	测定范围 /(μg/ml)	元素	应用	参考文献
2,4-二羟基苯基荧光酮		H_3PO_4	523	1.4×10^5	1：1	0~0.6	Mo	植物和种子	138
	CTMAB	0.6mol/LHCl	525	1.25×10^5	1：4	0~0.32	Zr	铝合金	139
3,5-二溴-4-氨基苯基荧光酮	CTMAB	pH=6.5 的乙酸-乙酸钠	559	1.25×10^5		0~0.19	Al	铝铁黄铜及石灰石	140
	CTMAB	pH=5.0~6.5	589	1.36×10^5	1：2	0~0.44	Cr	普钢	141
	CTMAB	pH=9.0 的 $NH_3\cdot H_2O$-NH_4Cl	575	1.05×10^5	1：2	0~0.34	Mn	钢铁	142
	CTMAB		530	1.30×10^5	1：2	0~0.36	Mo	低合金钢	143
	CTMAB	0.2~0.8mol/L 盐酸	523	1.21×10^5		0~0.48	W	合金钢	144
3,5-二溴-4-(2,4-二羟基)苯偶氮苯基荧光酮	CTMAB	弱酸性(Ph=6.0)	537	2.33×10^5		0.004~0.65	Cr		145
3,5-二溴-4-偶氮-8-羟基喹啉	CTMAB	0.6mol/L 盐酸	540	1.64×10^5		0~0.4	Mo	钢铁	146
	CTMAB		538	1.72×10^5		0~0.4	Zr	铝合金	147
3,5-二溴-4-偶氮对*N,N*-二甲苯胺苯基荧光酮	CTMAB	pH 9.0 的 $NH_3\cdot H_2O$-NH_4Cl	580	1.12×10^6		0~0.32	Mn	水	148
3,5-二溴-4-偶氮变色酸苯基荧光酮	吐温 60	0.8mol/ LH_2SO_4	534	1.76×10^5	1：2	0~0.24	Ge	煤	149
3,5-二溴-4-偶氮间苯二酚苯基荧光酮	CTMAB	pH=9.0 的 $NH_3\cdot H_2O$-NH_4Cl	578	1.15×10^5		0~0.32	Mn	钢铁	150
	Triton X-100 和乳化剂 OP	0.32mol/L HCl	538	2.92×10^5	1：4	0~0.32	W	合金钢	151
二溴羟基苯基荧光酮	Triton X-100-F^-(氟离子)	pH=10.0 的氨-氯化铵缓冲液	559	1.46×10^5	1：2	0~0.2	Al	镁合金	152
	甘露醇	pH=9.5~10.2	550	1.22×10^5	1：2：2	0~0.08	Be		153
	CTMAB	pH=6.4~6.7 的六亚甲基四胺-盐酸	602	5.36×10^4	1：2	0~1.5	Bi	焊锡和铸造锡合金	154
	CPB	pH=9.0~10.0 的氨-氯化铵	645	1.76×10^5		0.02~0.4	Co	食品、水	155
	CPB 和乳化剂 OP	pH=5.4 的六亚甲基四胺-盐酸	540	1.8×10^5		0~0.36	Cu	电镀废水	156
	非离子型微乳液	pH=9.2 的碳酸钠-碳酸氢钠	580	2.3×10^5		0~0.6	Cu	环境样品	157
	CTMAB	pH=6.30~7.00 的六亚甲基四胺-盐酸	635	1.30×10^5		0~0.44	Fe	牛肝粉、大米标样	158

续表

显色剂	体　系	测定条件	λ_{max} /nm	ε	组成比(元素：显色剂)	测定范围 /(μg/ml)	元素	应用	参考文献
二溴羟基苯基荧光酮	CTMAB：正丁醇：正庚烷：水(1.0：0.9：0.1：9.8)	pH=9.1 的硼酸盐	570	3.2×10^5	1：2	0.006~0.55	Hg	水样	159
	CPB 和 OP	碱性	624	1.36×10^5	1：2：2	0~0.2	Mg	硅质砂岩、黏土、水	160
	CTMAB		592	4.80×10^5		0~2.4	Mn	茶叶	161
	CTMAB-正戊醇-正庚烷-水	pH=9.5 的氨-氯化铵	570	1.01×10^5	1：2	0~0.36	Pb	牙膏、人发以及粮	162
	CTMAB	硼酸盐缓冲液	540	6.1×10^4		0~1.2	Pb	市售化妆品、人工湖水	163
	CTMAB：正丁醇：正庚烷：水(1.0：0.9：0.1：98, 质量比)	pH=4.7 的乙酸-乙酸钠	536			0~1.0	Sb	环境水样、土壤	164
	OP	0.4~0.6 mol/L H_2SO_4	510~515	1.2×10^5		0~0.4	Sn	钢	165
		有机酸	515	1.48×10^5		0~0.4	Sn	热镀锌合金	166
	CPB	0.012mol/L 邻苯二甲酸氢钾和硫酸	620	1.53×10^5	1：2：2	0~0.28	Ti	铬镍钢及铝合金	167
	CTMAB 和 OP	pH=11.0~12.8	—	1.96×10^5	1：3	0~0.16	Zn	人发和大米	168
对二乙氨基苯基荧光酮	TPB	pH=9.00 的 NH_4Cl-$NH_3\cdot H_2O$	610	1.07×10^5		0.00224~0.268	Fe	水样及饮品	169
4-甲氧基苯基荧光酮	Triton X-100	0.03~0.15 mol/L 盐酸	530	1.5×10^5	1：4	0~0.56	Mo	合金钢	170
	CTMAB	pH=5.0~5.7	560	2.2×10^5	1：4	0~0.00288	Ti	合金钢	171
间硝基苯基荧光酮	微乳液	pH=10.4	606	2.05×10^5	1：2	0~0.7	Ni	环境样品	172
	吐温 60	pH=1.85~2.20 的盐酸	541	1.37×10^5	—	—	Ti	合金钢	173
邻氟苯基荧光酮	CTMAB,柠檬酸钠		570	1.93×10^5		0~0.2	Ti	钢样及发样	174
9-(2-羟基-5-偶氮对甲苯)苯基荧光酮	CTMAB	盐酸、磷酸	522	1.54×10^5		0~0.48	Mo	合金钢	175

续表

显色剂	体　系	测定条件	λ_{max} /nm	ε	组成比(元素：显色剂)	测定范围 /(μg/ml)	元素	应用	参考文献
2-羟基-3-甲氧基苯基荧光酮	OP	磷酸(2+1)	505.5	1.56×10^5		0~0.48	Ge	中药	176
	CTMAB	硫酸	523.5	1.25×10^5	1∶3	0~1.2	Sn	纯铜	177
	OP	0.5mol/L 硫酸	536	1.8×10^5		0~0.12		陶瓷原料	178
	OP	硫酸	536	1.9×10^5	1∶3	0~0.12	Ti	钢铁	179
三甲氧基苯基荧光酮	CTMAB-OP	pH=10.40 的硼砂-NaOH	560	6.10×10^4	1∶2	0~0.60	Cd	环境样品	180
	微乳液	pH=10.40	552	1.46×10^5		0~0.6	Cu	血、尿、水和矿石	181
	Triton X-100	3mol/L H_3PO_4	505	1.7×10^5	1∶2	0~0.24	Ge	大蒜与枸杞子	182
	CPB-OP	pH=9.0~10.2 的硼砂缓冲介质	575	1.65×10^5	1∶4	0~0.2	Mn	茶叶标样及蒙药	183
	OP	0.16mol/L 磷酸		1.3×10^5	1∶1	0~0.8	Mo	钢铁	184
	微乳液	pH=9.1	565	5.32×10^4	1∶2	0~15	Pb	血、发和尿样	185
	OP		550	2.18×10^5		0~1.2	Pt	铂精矿和催化剂	186
	OP	pH=4.0 的乙酸-乙酸钠	552	1.5×10^5	1∶3	0~1.0	Sn	铜合金	187
	吐温 40	酸性	510	1.48×10^5		0~0.80	Sn	铝合金、碳素钢	188
	吐温 80	pH=2.5 的氯乙酸-氯乙酸钠	600	8.9×10^4	1∶2	0~0.6	Ti	钢铁	189
			529	6.4×10^4	1∶2	0~0.7	Sn		
	微乳液	pH=10.4	580	2.94×10^5	1∶2	0~400	Zn	药品、奶粉、味精、血清、尿样和发样	190
2,3,7-三羟基-9-(5′-苯偶氮)水杨基荧光酮	CTMAB	0.48mol/L 硫酸	526	1.46×10^5	—	0~0.4	Mo	豆类	191
2,3,7-三羟基-9-(3,5-二氯-4-羟基)苯基荧光酮	CTMAB	0.6mol/L 盐酸	536	1.28×10^5	1∶2	0~0.4	W	钢样	192
	CTMAB 和吐温 80	0.6mol/L 盐酸	539	1.72×10^5	—	0~0.4	Zr	铝合金	193
2,3,7-三羟基-9-(3,5-二氯)水杨基荧光酮	CTMAB	pH=9.07 的 Na_2HPO_4-KH_2PO_4	550	1.92×10^5	1∶2	0~0.14	Mn	钢样	194

续表

显色剂	体　系	测定条件	λ_{max} /nm	ε	组成比(元素：显色剂)	测定范围 /(μg/ml)	元素	应用	参考文献
2,3,7-三羟基-9-(3,4-二羟基)苯基荧光酮	CTMAB 和吐温 80	pH=8.09 的 Na_2HPO_4-KH_2PO_4	554	1.47×10^5	1：1	0~0.14	Al	油条	195
2,3,7-三羟基-9-[3,5-二溴-4-(2,5-二羟基)苯偶氮]苯基荧光酮		0.4mol/L 盐酸	539	1.55×10^5		0~0.32	Zr	铝合金	196
2,3,7-三羟基-9-[3,5-二溴-4-(2,4-二羟基)苯偶氮]苯基荧光酮	CTMAB	0.6mol/L 盐酸	538	1.78×10^5	1：4	0~0.4	Zr	铝合金	197
2,3,7-三羟基-9-(4,5-二溴-邻硝基)苯基荧光酮	CTMAB	0.2mol/L H_2SO_4	543	5.59×10^5	1：2	0~0.4	Sn	岩矿	198
	CTMAB	0.4mol/L H_2SO_4	547	5.64×10^5	1：2	0~0.5	W	钢样	199
2,3,7-三羟基-9-[4-(2,4-二羟基)苯偶氮]苯基荧光酮	CTMAB-Triton X-100	0.24mol/L HCl	538	1.62×10^5		0~0.32	Mo	钢铁	200
2,3,7-三羟基-9-(2-羟基-5-对甲苯偶氮)苯基荧光酮		6.0mol/L H_3PO_4	501	2.1×10^5		0~0.72	Ge	草药	201
2,3,7-三羟基-9-(4′-硝基苯基)苯基荧光酮	SDS	pH=9.3 的 $NH_3\cdot H_2O$-NH_4Cl	567	4.01×10^4			Zn	废水	202
溴代二甲氨基苯基荧光酮	F(氟), 吐温 80	0.1mol/L 盐酸	543	2.05×10^5	Zr：BDMAF：F^-=1：1：1	0~0.2	Zr	矿石	203

注：CPC——氯化十六烷基吡啶；其余缩写见上表。

本表参考文献：

1. 王爱月，杨新玲．郑州粮食学院学报, 1998(03): 81.
2. 余萍，高俊杰，张东．理化检验：化学分册, 2005, (05): 341.
3. 陈文宾，等．冶金分析, 2005(05): 49.
4. 李艳辉，等．分析试验室, 2005(05): 33.
5. 冯泳兰，邝代治．理化检验：化学分册, 1998(08): 362.
6. 钟美娥，肖耀坤，何莉萍，等．理化检验：化学分册, 2006(03): 189.
7. 赵桦萍，白丽明，陈伟．理化检验：化学分册, 2005 (04): 251.
8. 谭爱民，蒋晓华，何宗蒲．理化检验：化学分册，1998(09): 411.
9. 齐玲．冶金分析, 2002(03): 46.
10. 季剑波．分析试验室, 2007(10): 97.
11. 卢玉棋，苏少明．环境与健康杂志, 2001(04): 240.
12. 蔡邦宏，涂常青，温欣荣．冶金分析, 2007(06): 61.
13. 刘立行，李雪萍，祁哲．化学试剂, 1999(04): 220.
14. 奚长生，何锡文，史慧明．理化检验：化学分册，1998(07): 297.
15. 王毅，刘立行，张欣．冶金分析, 2001(02): 11.
16. 朱有瑜，何巧红，钱建农．理化检验：化学分册，1996(01): 11.
17. 刘立行，于晓强．石油化工, 2000(04): 283.
18. 王加林，李祖碧，程光祥，等．冶金分析, 1998(02): 16.
19. 夏畅斌，黄念东，李浔．冶金分析, 2005(04): 22.
20. 许逸敏，陈永晖．南昌大学学报：理科版, 2001(01): 72.
21. 詹文毅，等．化学世界, 1998(06): 326.
22. 谢增鸿，张兰，黄福新．冶金分析, 1998(03): 30.
23. 何新锋，冶金分析, 2000(05): 55.
24. 蒋伟锋，黄良祥．理化检验：化学分册, 2000(08): 355.
25. 魏琴，等．分析科学学报, 2003(06): 540.
26. 张兰，谢增鸿．冶金分析, 2000(01): 40.
27. 伏广龙，董英，马卫兴．冶金分析, 2006(01): 56.
28. 张雪红，焦明．分析试验室, 2006(05): 94.
29. 田秀君．光谱实验室, 1999(04): 382.
30. 陈文宾，徐国想，范丽花，等．分析试验室, 2005(04): 14.
31. 陈文宾，徐国想，张娟，等．分析测试技术与仪器, 2004(03): 165.
32. 罗宗铭，等．冶金分析, 2000(01): 1.
33. 赵英，唐文标，魏前进，等．分析化学, 1996(02): 213.
34. 李祖碧，王加林，程光祥，等．分析试验室, 1997(02): 42.
35. 魏秀萍，宋更新．现代仪器, 2006(03): 21.
36. 袁东，李强．食品研究与开发, 2010(03): 130.
37. 郭忠先，张淑云，余丽加．理化检验：化学分册，1998(02): 62.
38. 敖登高娃，赛音．内蒙古大学学报：自然科学版，2001(04): 406.
39. 付佩玉，曹伟，王正祥，等．理化检验：化学分册，2001(11): 512.
40. 付佩玉，曹伟，王正祥，等．理化检验：化学分册，1998(04): 158.
41. 仇必茂，陈瑞龄，潘教麦．理化检验：化学分册，1996(02): 90.
42. 张莹，樊海燕，敖登高娃，等．内蒙古大学学报：自然科学版, 2004(05): 531.
43. 敖登高娃，孟全胜，赛音．分析试验室, 2002(04): 77.
44. 张立芳，曹伟，傅艳静，等．理化检验：化学分册，2007(09): 751.
45. 付佩玉，曹伟，王正祥，等．分析化学, 2000(05): 597.
46. 潘振声，潘教麦．冶金分析, 2004(06): 19.
47. 白乌云，赛音，李胜．稀土, 2003(03): 56.
48. 于彦珠，李少华，敖登高娃．内蒙古大学学报：自然科学版, 2002(05): 535.
49. 敖登高娃，包风兰，赛音．冶金分析, 2002(01): 42.
50. 张珩，田蕊，许海燕．冶金分析．1996(4): 27.
51. 魏琴，寿崇琦，李月云，等．分析测试学报, 2004(03): 5.
52. 魏琴，闫良国，李媛媛，等．济南大学学报：自然科学版, 2003(03): 212.
53. 何新锋．冶金分析, 1997(6): 47.
54. 李慧芝，周长利，赵阳．冶金分析, 2003(05): 12.
55. 李月云，王粤博，曹伟．淄博学院学报：自然科学与工程版, 2002(03): 64.
56. 白乌云．赛音，王永利．内蒙古大学学报：自然科学版, 2002(06): 655.
57. 崔昆燕，曾锋．分析试验室, 2000(05): 34.
58. 吴丽香，宋官龙，甘羽．现代科学仪器, 2009(03): 77.
59. 吴丽香，宋官龙，甘羽．分析仪器, 2009(04): 66.
60. 康桃英，铁生年．理化检验：化学分册, 2007(05): 372.
61. 吴萌萌．内蒙古师范大学学报：自然科学汉文版，2006(01): 79.
62. 敖登高娃，赵玉梅，姚俊学，等．冶金分析, 1998(06): 21.
63. 沈良峰．冶金分析, 2002(05): 43.
64. 周秀林，朱理哲．工业水处理, 2004(04): 51.
65. 景晓辉，等．理化检验：化学分册, 2003(12): 731.
66. 侯明．食品科学, 2000(07): 38.
67. 黄美新，蔡康旭，刘小春．冶金分析, 2001(02): 17.
68. 李孔清，黄美新．理化检验：化学分册, 2001(03): 123.
69. 周振太，潘教麦．理化检验：化学分册, 1999(06): 275.
70. 李慧芝，寿崇琦，陈亚明．理化检验：化学分册，2003(10): 591.
71. 周君，孙嘉彦，桑文军，等．理化检验：化学分册，2004(01): 54.
72. 张莹，敖登高娃．冶金分析, 2004(03): 44.
73. 王凤英，郭玉华．内蒙古大学学报：自然科学版，2000(05): 498.
74. 侯明，罗琼．理化检验：化学分册, 1999(11): 508.
75. 朱理哲，皮祖训．冶金分析, 2005(02): 59.

76. 代钢, 敖登高娃, 乌兰图亚. 内蒙古大学学报: 自然科学版, 2005(02): 235.
77. 黄应平, 黎心懿, 张华山. 1997(01): 5.
78. 李瑞萍, 黄应平, 颜克美, 等. 云南大学学报: 自然科学版, 1999(S2): 70.
79. 谢桂龙, 奚长生, 张发明, 等. 理化检验: 化学分册, 2008 (03): 264.
80. 彭翠红, 等. 烟台师范学院学报: 自然科学版, 2003 (01): 21.
81. 敖登高娃, 刘晓琳, 王玉辉, 等. 内蒙古大学学报: 自然科学版, 1999(01): 60.
82. 刘梦琴, 冯泳兰, 莫运春, 等. 稀土, 2007(06): 81.
83. 乌云. 内蒙古大学学报: 自然科学版, 2002(05): 532.
84. 姚俊学, 敖登高娃, 赛音. 内蒙古大学学报: 自然科学版, 1999(02): 136.
85. 姚俊学, 敖登高娃, 赛音. 内蒙古大学学报: 自然科学版, 1999(04): 95.
86. 王军, 李全民, 张传建, 等. 河南师范大学学报: 自然科学版, 2004(02): 5.
87. 刘梦琴, 冯泳兰, 莫运春, 等. 冶金分析, 2006(01): 49.
88. 赛音, 张静. 光谱学与光谱分析, 2001(06): 843.
89. 敖登高娃, 谭晓礼, 赛音. 冶金分析, 2001(04): 20.
90. 谢能泳, 涂平, 韩晓芳, 等. 冶金分析, 2001(02): 19.
91. 涂平, 刘延湘, 高登云, 等. 冶金分析, 2002(05): 49.
92. 姚俊学, 敖登高娃, 赛音. 冶金分析, 2000(01): 46.
93. 敖登高娃, 红梅, 赛音. 稀土, 2001(01): 38.
94. 王军, 李全民, 杨霞, 等. 光谱学与光谱分析, 2004(08): 1.
95. 姚俊学, 敖登高娃, 代秋波. 内蒙古大学学报: 自然科学版, 1999(05): 616.
96. 常杰, 李在均, 潘教麦. 冶金分析, 2007(05): 37.
97. 樊游, 李在均, 潘教麦. 理化检验: 化学分册, 2004 (03): 129.
98. 李在均, 侯永根, 汤坚, 等. 分析试验室, 2004(02): 39.
99. 李在均, 丁玉强, 潘教麦. 理化检验: 化学分册, 2005 (07): 457.
100. 马红燕, 拓宏桂, 魏向利, 等. 理化检验: 化学分册, 2000 (07): 318.
101. 龙文清, 邱澄铨, 高登云. 冶金分析, 1996(02).
102. 马红燕, 等. 分析试验室, 2000(03): 5.
103. 吴丽香, 刘润玲. 冶金分析, 2007(05): 62.
104. 周坚勇. 理化检验: 化学分册, 1997(03): 130.
105. 黄美新, 林发. 冶金分析, 1998(06): 60.
106. 薛媛媛, 郭亚伟, 汪军涛, 等. 中国环境监测, 1999 (04): 34.
107. 林发, 刘继进. 冶金分析, 2001(03): 42.
108. 何大斌. 冶金分析, 1996(03): 32.
109. 周秀林, 周文辉. 冶金分析, 2003(06): 39.
110. 孙晓然, 芮玉兰. 理化检验: 化学分册, 2006(07): 572.
111. 陈晓青, 郭世柏. 理化检验: 化学分册, 1999(06): 243.
112. 秦冰冰, 蒋贵发, 黄文景, 等. 分析测试学报, 2002 (02): 86.
113. 罗宗铭, 陈达美, 梁凯. 冶金分析, 2001(01): 5.
114. 钟勇. 冶金分析, 2001(06): 55.
115. 王丰, 等. 理化检验: 化学分册, 2002(12): 607.
116. 李大光, 罗宗铭, 曾德锐. 冶金分析, 2003(01): 14.
117. 李华昌. 冶金分析, 1997(04): 16.
118. 吴丽香. 石油化工, 2002(10): 852.
119. 李斌, 武文健, 张丽英. 理化检验: 化学分册, 2001 (12): 565.
120. 周秀林, 周文辉. 冶金分析, 2005(02): 56.
121. 马卫兴, 许兴友, 营爱玲. 冶金分析, 2002(05): 41.
122. 马卫兴, 刘英红, 张颖等. 冶金分析, 2010(04): 77.
123. 刘少民, 潘教麦. 岩矿测试, 1999(02): 120.
124. 康新平, 潘教麦. 新疆医科大学学报, 2003(06): 550.
125. 康新平, 潘教麦. 化学研究与应用, 2004(01): 95.
126. 刘少民, 谢跃勤, 陈炬华, 等. 冶金分析, 1999(05): 16.
127. 陈文宾, 马卫兴, 许兴友, 等. 分析试验室, 2005(07): 10.
128. 黄应平, 许登清, 刘义荣. 环境科学与技术, 1996(04): 8.
129. 黄臻臻, 樊海燕, 罗雯雯, 等. 内蒙古大学学报: 自然科学版, 2006(04): 478.
130. 李文静, 敖登高娃, 刘惠民. 内蒙古大学学报: 自然科学版, 2005(02): 238.
131. 赛音, 李胜, 韩福彬. 光谱学与光谱分析, 2004(11): 1404.
132. 于彦珠. 内蒙古大学学报: 自然科学版, 2002 (06): 718.
133. 谈技, 高雪艳, 宗俊. 冶金分析, 2005(05): 71.
134. 樊海燕, 宝金花, 赛音. 稀土, 2005(02): 73.
135. 邹本东, 敖登高娃. 内蒙古大学学报: 自然科学版, 2003(02): 238.
136. 黄应平, 黎心懿, 张华山. 冶金分析, 1996(04): 20.
137. 钟志梅, 姚俊学. 内蒙古大学学报: 自然科学版, 2004 (06): 707.
138. 李在均, 汤坚, 潘教麦. 化学试剂, 2002(04): 211.
139. 吴宏, 黄应平, 梅迪. 华中师范大学学报: 自然科学版, 2005(03): 370.
140. 黄应平, 黎心懿, 张华山. 理化检验: 化学分册, 1997 (11): 509.
141. 黄应平, 张华山, 黎心懿. 冶金分析, 1997(04): 4.
142. 刘静, 黄应平, 陈百玲, 等. 冶金分析, 1996(05): 10.
143. 方国春, 等. 冶金分析, 1998(06): 3.
144. 黄应平, 黎心懿, 张华山. 理化检验: 化学分册, 1996 (05): 271.
145. 王军, 范鑫, 侯石磊, 等. 河南师范大学学报: 自然科学版, 2010(06): 92.
146. 黄应平, 张华山, 黎心懿. 理化检验: 化学分册, 1998 (12): 549.
147. 黄应平, 张华山, 黎心懿. 冶金分析, 1997(03): 15.
148. 黄应平, 许登清, 刘义荣. 环境科学与技术, 1997(04): 24.
149. 黄应平, 张华山, 黎心懿. 化学试剂, 2000(03): 160.
150. 黄应平, 张华山, 黎心懿. 理化检验: 化学分册, 1998 (07): 306.
151. 王军, 李全民,杨霞, 等. 河南师范大学学报: 自然科学版, 2004(02): 1.
152. 刘金红, 汤淳东, 潘教麦. 理化检验: 化学分册, 1999 (01): 28.

153. 毛云飞，张统．理化检验：化学分册, 2000(05): 198.
154. 郭忠先，唐波，张淑云．冶金分析, 1996(06): 17.
155. 葛宜宁．理化检验：化学分册, 1998(07): 323.
156. 黄念东，夏畅斌，何湘柱．光谱学与光谱分析，2001 (04): 529.
157. 杜斌，魏琴，罗川南．农业环境保护, 1997(06): 20.
158. 敖登高娃, 等．内蒙古大学学报：自然科学版, 2000(03).
159. 陈文宾，王丽萍，马卫兴，等．理化检验：化学分册，2009 (09): 1045.
160. 付佩玉，曹伟，王华．耐火材料, 1998(03): 166.
161. 杨秀利，曹艳萍．食品科学, 2002(03): 111.
162. 付佩玉，吕兆萍．食品科学, 2000(02): 62.
163. 李竹云．分析科学学报, 2003(03): 255.
164. 杜斌，王淑仁，魏琴，等．分析化学, 1996(03): 370.
165. 严恒泰．冶金分析．2003(06): 45.
166. 谈技，高雪艳，杨姣，等．理化检验：化学分册，2005 (07): 477.
167. 张统，顾玲玲，鞠云姣．冶金分析, 2000(06): 41.
168. 曹玉华，李桂惠．理化检验：化学分册, 1996(04): 211.
169. 孙雪花，马红燕，田锐，等．化学试剂, 2007(05): 293.
170. 樊海燕, 敖登高娃．理化检验：化学分册, 2004(11): 667.
171. 敖登高娃, 白乌云．理化检验：化学分册, 2002 (06): 274.
172. 魏琴，等．分析科学学报, 2005(02): 158.
173. 赛音, 王永利, 白乌云．理化检验：化学分册, 2004 (02): 93.
174. 马红燕，等．理化检验：化学分册, 2005(07): 470.
175. 刘慧珍，李在均，刘丽萍等．冶金分析, 2007(03): 33.
176. 常世科，汤家华，李在均，等．理化检验：化学分册，2005(05): 316.
177. 汤家华，常世科，李在均，等．冶金分析, 2004(01): 18.
178. 汤家华，李明玲．中国陶瓷, 2009(11): 54.
179. 常世科，汤家华,李在均，等．冶金分析, 2005(02): 10.
180. 魏琴，丁玉龙，李燕，等．光谱学与光谱分析，2005 (11): 111.
181. 魏琴, 杜斌, 吴丹, 等．光谱学与光谱分析, 2005 (05): 772.
182. 潘教麦，陈钜华．分析试验室, 2001(05): 14.
183. 刘利平，施和平，莎木嘎，等．内蒙古农业大学学报：自然科学版, 2011(01): 274.
184. 陈钜华，潘教麦，康新平．冶金分析, 2003(06): 5.
185. 魏琴, 杜斌, 吴丹, 等．光谱学与光谱分析, 2004 (11): 1400.
186. 孔庆良，陈力刚，殷磊．科技与企业, 2011(14): 199.
187. 陈文宾，马卫兴，徐国想，等．冶金分析, 2007(03): 65.
188. 曹伟，杨景和，王兴恩，等．分析试验室, 2004(11): 39.
189. 朱建芳，余协瑜．冶金分析, 2006(03): 47.
190. 魏琴，杜斌，吴丹，等．分析化学.2004(11): 1509.
191. 白桦，侯永根，倪静安，等．化学试剂, 2006(02): 89.
192. 黄应平，张华山，等．分析测试学报, 2003(02): 25.
193. 黄应平，张华山．分析化学, 2003(07): 894.
194. 杜容山，罗光富，潘家荣，等.分析科学学报, 2010(02): 223.
195. 杜容山, 顾彦, 罗光富, 等．分析试验室, 2009(S2): 157.
196. 黄应平，颜克美，张华山．分析试验室, 2000(02): 43.
197. 黄应平，张华山．分析化学, 2000(02): 164.
198. 王军，郑海金，李全民，等．河南师范大学学报：自然科学版, 2004(03): 48.
199. 王军，魏献军，李全民，等．分析试验室, 2004(08): 48.
200. 吴宏，黄应平．华中师范大学学报：自然科学版，2000 (03): 306.
201 周霞，李在均，刘慧珍，等.分析试验室, 2006 (05): 101.
202. 罗光富等．冶金分析, 2005(04): 52.
203. 杨代菱，陆华新，梁蕾，等．冶金分析, 1996(05): 1.

五、三氮烯类显色剂

20 世纪 30 年代，Dwyer 首先将镉试剂[1-(4-硝基苯)-3-(4-偶氮苯基苯)-三氮烯]应用于Cd(Ⅱ)、Mg(Ⅱ)、Hg(Ⅱ)、Ni(Ⅱ)等一些无机离子的定性分析；直到 50 年代后期，才由 Chavanne 将其用于光度分析中，然而其灵敏度、选择性和显色稳定时间等均不甚理想。自 70 年代，表面活性剂的使用，不仅解决了三氮烯类试剂水溶性差反应难以在水相进行的不足，而且显著提高了显色反应的灵敏度，同时又有许多新官能团的引入，使该类试剂的分析性能得到很大改进，其摩尔吸光系数多数在 10^5 数量级，应用也越来越广泛。

三氮烯类显色剂是含有 R—N═N—NH—R′结构的试剂总称，其中 R 为苯基或萘基衍生物，R′若为偶氮苯或其衍生物，则这类试剂称为重氮氨基偶氮苯类试剂。例如，对羧基苯基重氮氨基偶氮苯的结构如下：

H
HOOC—N=N—N—N=N—

若 R′为苯基、杂环或它们的衍生物，则这类试剂称为重氮氨基类试剂。例如，新试剂邻羧苯基重氮氨基-4-苯基-2-噻唑的结构为：

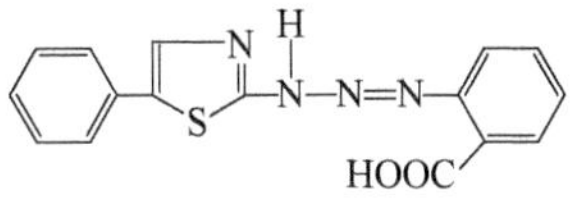

早期合成了许多性能优异的三氮烯试剂，但绝大多数是含苯衍生物的重氮氨基苯和重氮氨基偶氨苯的三氨烯试剂。以后的研究表明，含苯并噻唑、噻唑、吡啶、喹啉以及它们衍生物的三氮烯试剂易于合成和提纯，与 Cd^{2+}、Hg^{2+}、Ni^{2+}、Cu^{2+}等金属离子的显色反应在灵敏度和选择性上都优于含苯衍生物的三氮烯试剂。这可能是因为这些杂环大的共轭体系、大的分子截面有利于配合反应灵敏度提高，使配合物的稳定性和选择性都有所提高。故近 10 多年此类试剂的研究主要集中在含杂环的三氮烯试剂的合成及性能分析方面。

三氮烯类试剂是一类广泛应用于镉等过渡金属离子光度分析的有机试剂，具有灵敏度高、选择性好和易合成等优点而被广泛应用。20 世纪 80 年代，三氮烯类试剂被用来测定阴、阳离子表面活性剂，用三氮烯类试剂测定阴、阳离子表面活性剂的方法比其他测定方法灵敏度高、显色快、稳定性和重现性好，颇受分析工作者的关注。

（一）结构与性能[21]

三氮烯类试剂的显色反应有以下特点。①显色反应多在碱性（pH≥8.5）条件下发生，主要是因为在碱性条件下，3 位上的氢更容易解离而形成—N═N—N^-—，增强试剂与金属离子的配位能力。②该类显色反应的灵敏度较高，据文献报道，测定 Cd(Ⅱ)的表观摩尔吸光系数可达 2.85×10^5，是现今测定 Cd(Ⅱ)最灵敏的显色体系之一。高灵敏度的原因可归结为两点：其一，该类试剂共轭体系较大，有利于分子截面积的增加和空间位阻的调整；其二，当—COOH、—AsO_3H_2 和—PO_3H_2 位于 1 位取代苯环邻位时，它们均可作为分析功能团参与配位，从而提高反应的灵敏度。值得注意的是，虽然有些试剂因为有较长的共轭体系而有较深的颜色，但这些试剂与金属离子发生褪色反应，在其所产生的络合物的吸收光谱中会出现一正一负两个峰，采用双波长测定可以提高测定的灵敏度，足以弥补背景深的不足。③离子型表面活性剂对此类显色体系的增敏作用没有或者很小；非离子型表面活性剂，如 Triton-X-100、吐温 80、OP 等对此类显色体系的增敏作用显著，同时体系的稳定性也得到增强，其中又以 Triton-X-100 的效果最佳。

在长期的研究中，已经获得了一些三氮烯类试剂的显色性能与分子结构关系的普遍性规律，例如王玉标通过对 38 种三氮烯类试剂的显色性能与分子结构关系的研究，总结出了一些规律。这类试剂的功能团为—N═N—NH—，与金属离子作用生成四元环螯合物，该类试剂通常与 Cd(Ⅱ)形成 1∶2、1∶3 或 1∶4 型配合物；Hg(Ⅱ)为 1∶2 或 1∶4；Pd(Ⅱ)为 1∶2；Cu(Ⅱ)为 1∶4；Zn(Ⅱ)为 1∶2；Ni(Ⅱ)为 1∶3；Tl(Ⅲ)为 1∶2；Ag(Ⅰ)为 1∶3 型配合物等。三氮烯类试剂中均有—N═N—NH—功能团，与 Cd(Ⅱ)形成的螯合物结构为：

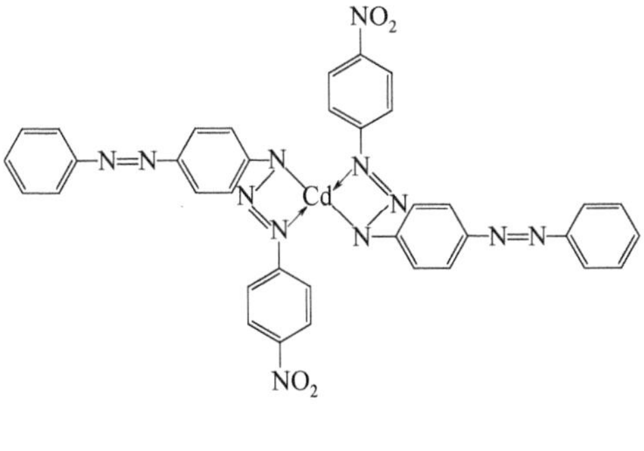

当在 1 位取代苯环邻位有—COOH、—AsO_3H_2 和—PO_3H_2 时，配位情况与前述不同，如下所示。

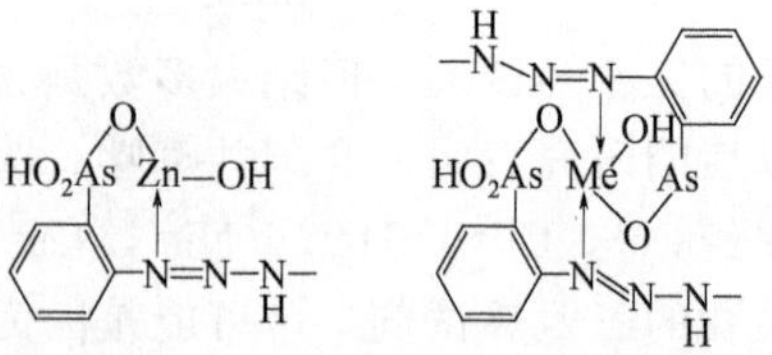

在上述结构中苯环和偶氮苯环上的取代基种类、数量及位置对三氮烯类试剂性能有较大影响，当在苯环上引入卤素原子，因它们均有未成键电子，能产生 p-π 共轭效应，同时因它们的电负性大有较强的诱导效应，但总的效应是吸电子能力强于供电子能力，使三氮烯类试剂的功能团附近电子云密度减小，提高了试剂与金属离子显色反应的激发能，故其灵敏度往往低于未被取代的苯基重氮氨基偶氮苯。但当苯环的邻位或对位已含有一些成盐基团，如—OH、—PO_3H_2 和—SO_3H 等时，卤素原子的引入将改变分子中电子云的分布，使试剂的灵敏度和选择性均有提高。

当苯环上只有一个取代基时，不论是吸电子还是给电子取代基，处在邻位、对位比处在间位的灵敏度高一些，同时试剂中的亚氨基氢的 pK_a 值及显色反应的最佳酸度范围，处于邻、对位比处在间位的大，这是因为助色团处于邻、对位时与母体的共轭体系处于共轭状态，影响较大。取代基为强吸电子基硝基时，不遵守这一规律，处于邻位的灵敏度反而小于间位，这是因为邻位上的硝基可与亚氨基氢生成分子内氢键，影响亚氨基的解离，从而影响螯合物的形成。此外，在 1 位取代的苯环上有—OH、—CH_3 和—OC_2H_5 等给电子基，可以增加配位基团的电子云密度，显色也更加稳定。适当引入—SO_3H，有利于水相的发色和测定。

为了进一步改善这类试剂的分析性能，提高与金属离子显色反应的灵敏度和选择性，人们在三氮烯的官能团上引进了杂环取代基，这些试剂主要为吡啶类、噻唑类、苯并噻唑类及安替比林类的三氮烯试剂。杂环三氮烯类试剂的合成方法可分为两大类，一类是芳胺经重氮化后再与杂环芳胺偶合而合成杂环三氮烯类试剂。按所用重氮化试剂的不同又可分为三种方法：①以浓 HCl-$NaNO_2$ 为重氮化试剂，它适合于碱性较强的芳胺的重氮化；②以浓 H_2SO_4-$NaNO_2$ 为重氮化试剂合成，此法常用于碱性较弱的芳胺；③以亚硝基硫酸为重氮化试剂合成，一般用来重氮化碱性极弱的芳胺。另一类是杂环芳胺经重氮化后再与非杂环芳胺偶合而合成杂环三氮烯类试剂。杂环三氮烯类显色剂的优点之一是灵敏度高，特别是表面活性剂的引入，使杂环三氮烯类显色剂的灵敏度大大提高，摩尔吸光系数一般在 10^5 数量级以上。

当在—N═N—NH—杂环母体上连有吸电子基团—NO_2、—Br 时，试剂的灵敏度会提高，这是因为它提高了亚氨基上氢原子的活性，这是增强试剂灵敏度的有效途径之一。

增加试剂分子电子共轭体系可提高三氮烯试剂的灵敏度，在 R—N═N—NH—R′结构中 R 和 R′采用具有较大共轭体系的芳香烃基团或双分子功能团，例如 3,3′-二甲基联苯重氮氨基偶氮苯，对钯的测定有很高的灵敏度和选择性。又如显色剂 4-氟-4-偶氮苯基重氮氨基偶氮苯（FADAB），其结构如下：

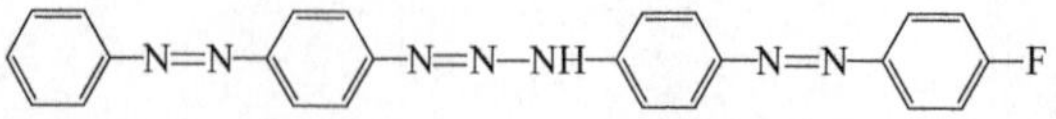

该试剂为含有四个苯环的三氮烯试剂，在同类型含卤素试剂上用偶氮苯基取代了环上的原来的硝基或卤素，增加一个偶氮苯基扩大试剂共轭面，使得试剂吸收增强，不仅在显色性能上有所提高，更重要的是保留了原来的氟基，氟的强吸电子能力使得亚胺离子解离的 pH 值下降，使干扰离子的影响明显减小。

（二）在光度分析中的应用

表 3-5 给出了有关三氮烯类显色剂的应用文献，其他相关的应用综述见参考文献[22~26]。

表 3-5 三氮烯类显色剂

显色剂	体 系	测定条件	λ_{max}/nm	ε	组成比	测定范围/(μg/ml)	元 素	应用	参考文献
1-(2,6-二溴-4-羧基苯基)-4-偶氮苯三氮烯	Triton X-100	pH=11.0 的四硼酸钠-氢氧化钠	526	2.05×10^5	1∶4	0~0.8	Cd	水样	1
1-(2,6-二溴-4-硝基苯)-3-(4-硝基苯)三氮烯	Triton X-100	pH=10.3 的四硼酸钠-氢氧化钠	532, 443	1.36×10^5 9.0×10^4	1∶4	0~0.36 0~0.48	Hg	水样	2
1-(2-苯并咪唑)-3-[4-(苯基偶氮)苯基]三氮烯	Triton X-100	pH=9.6 的硼酸-氯化钾-氢氧化钠	539	7.74×10^4	1∶4	0~0.5	Ni	铝合金标准样	3
1-(2-羟基-3,5-二硝基苯基)-3-[4-(苯基偶氮)苯基]三氮烯	OP	pH=11.0 的四硼酸钠-氢氧化钠	540	1.73×10^5	1∶2	0~0.36	Cu	大米和面粉	4
1-(2-羟基-5-硝基苯基)重氮氨基偶氮苯	Triton X-100	pH=8.5~10.0 的四硼酸钠-氢氧化钠	530	1.66×10^5	1∶1	0~0.36	Cd		5
		pH=9.5~11.0 的四硼酸钠-氢氧化钠	530	1.21×10^5	1∶1	0~0.4	Cu	铜矿和铝合金	6
		pH=10.0~11.5 的四硼酸钠-氢氧化钠	520	2.56×10^5	1∶1	0~0.48	Hg	工业废水	7
			540	1.58×10^5	1∶1	0~0.36	Ni	合金	8
1-(2-噻唑)-3-[8-(5-对磺酸基苯基偶氮)喹啉]三氮烯		pH=7.5 的磷酸盐	606.5	3.36×10^5	1∶1	0~0.4	Cu	食品	9

续表

显色剂	体系	测定条件	λ_{max}/nm	ε	组成比	测定范围/(μg/ml)	元素	应用	参考文献
1-(4-安替比林)-3-(2,4,6-三溴苯基)三氮烯	吐温 80	四硼酸钠-氢氧化钠	505	1.5×10^5	1∶2	0.03~0.5	Cu		10
	Triton X-100	pH=10.0 的四硼酸钠-氢氧化钠	515	2.1×10^5		0.02~0.4	Ni	生活垃圾、水	11
1-(4-安替比林)-3-(3-硝基苯胺)三氮烯	Triton X-100	四硼酸钠-氢氧化钠	515	1.9×10^5		0~0.8	Au		12
	吐温 80	pH=10.2 的四硼酸钠-氢氧化钠	508	3.4×10^5		0.03~0.45	Cd	废水	13
1-(4-安替比林)-3-(对苯磺酸)三氮烯	Triton X-100	pH=10.3 的四硼酸钠-氢氧化钠	496	1.8×10^5		0.06~1.05	Au		14
		四硼酸钠-氢氧化钠	505	2.7×10^5	1∶2	0.03~0.5	Cd	电镀废水	15
	吐温 80	四硼酸钠-氢氧化钠	488	1.7×10^5	1∶2	0.05~1.5	Hg	铅锌矿	16
1-(4-硝基苯基)-3-(2-吡嗪)三氮烯	Triton X-100	pH=10.5 的四硼酸钠-氢氧化钠	453	6.90×10^4	1∶4	0~0.56	Ni	废水	17
1-(4-硝基苯基)-3-(3,5-二氯吡啶)三氮烯		pH=10.0 的氨水-氯化铵	640	1.61×10^5		0~10	Pb	环境水样	18
1-(4-硝基苯基)-3-(4-安替吡啉基)三氮烯			530	1.26×10^5		0~0.46	Ag	显影废液	19
1-(对氮苯)-3-(5-硝基-2-吡啶)三氮烯	OP	pH=10.0 的四硼酸钠-氢氧化钠	540	1.8×10^5	1∶3	0~0.12	Ni	草药和标准钢样	20
1-(偶氮苯基)-3-(4,5-二甲氧基-2-苯甲酸)三氮烯	Triton X-100	pH=11.0 的四硼酸钠-氢氧化钠	540	8.26×10^4		0~0.56	Cu		21
1,3-二[(4-硝基苯基重氮基)]苯基三氮烯	Triton X-100	pH=10.0 的四硼酸钠-氢氧化钠	564	1.15×10^5		0~0.6	Hg	废水	22
1-偶氮苯-3-(4,6-二甲基-2-嘧啶)三氮烯	Triton X-100	pH=10.5 的四硼酸钠-氢氧化钠	524	1.986×10^5	1∶2	0~0.48	Hg		23

续表

显色剂	体　系	测定条件	λ_{max}/nm	ε	组成比	测定范围/(μg/ml)	元　素	应用	参考文献
1-偶氮苯-3-(6-甲氧基-2-苯并噻唑)三氮烯	Triton X-100	pH=9.5~10.5的硼酸盐	520	1.74×10^{5}	1：2	0~10	Cd	工业废水	24
	Triton X-100	pH=10.0的碳酸钠-碳酸氢钠	560	5.36×10^{4}	1：2	0~0.48	Cu	镀镍液	25
	Triton X-100	pH=11.0的碳酸钠-碳酸氢钠	535	8.37×10^{4}	1：2	0~0.40	Zn	粉煤灰	26
1-偶氮苯-3-噻唑三氮烯	Triton X-114浊点萃取		520	8.64×10^{5}		0~0.36	Cd	水样	27
	Triton X-114浊点萃取		540	8.064×10^{5}		0~0.35	Ni	废水	28
2,4,4′-三硝基苯基重氮氨基偶氮苯	Triton X-100	pH=7.75~8.75	546	1.38×10^{5}	1：2	0~0.7	Cd	废水	29
	Triton X-100	pH=9.0的四硼酸钠-盐酸	553	1.69×10^{5}	1：2	0~0.7	Hg	废水	30
	吐温 80	pH=8.0~9.5	553	1.0×10^{5}	1：1	0.08~0.85	Pd	催化剂	31
2,4-二硝基苯基重氮氨基偶氮苯	吐温 80	pH=10.5的四硼酸钠-氢氧化钠	540	2.08×10^{5}	1：3	0~0.4	Ni		32
2,5-二甲氧基-4-氯苯基重氮氨基偶氮苯	Triton X-100	pH=11.5的四硼酸钠-氢氧化钠	526	2.1×10^{5}	1：2	0~0.8	Cd	铝合金	33
2,6-二甲基苯基重氮氨基偶氮苯		氨水	516	1.5×10^{5}	1：3	0~0.72	Hg	化妆品	34
2,6-二氯-4,4′-二硝基苯基重氮氨基偶氮苯	Triton X-100	pH=8.0的四硼酸钠-盐酸	530	1.46×10^{5}	1：4	0~0.44	Cd		35
2,6-二羟基苯基重氮氨基偶氮苯	Triton X-100	1mol/L氨水	520	1.97×10^{5}	1：3	0~0.72	Cd	废水	36
2,6-二溴-4-羧基苯基重氮氨基偶氮苯	OP	pH=9.7~10.6的碳酸钠-碳酸氢钠	524	7.16×10^{4}	1：1：2	0~0.60	Pd	二次合金	37
2-[(对苯偶氮苯)三氮烯]苯甲酸	CTMAB	pH=10.18的四硼酸钠-氢氧化钠	504	1.686×10^{5}	1：2	0~0.7	Sb	矿石	38
	Triton X-100	pH=9.8的硼酸盐	318	2.33×10^{5}	1：2	≤15.0	Sn		39

续表

显色剂	体 系	测定条件	λ_{max} /nm	ε	组成比	测定范围 /(μg/ml)	元 素	应用	参考文献
2-吡啶重氮氨基偶氮苯	Triton X-100	弱碱性	530	1.92×10^5	1∶4	0~0.5	Cd	废水	40
	Triton X-100	pH=11.0，碱性	520	1.60×10^5	1∶4	0~0.5	Cu	废水和铝合金	41
2-磺酸基苯基-1,4-二重氮氨基偶氮苯	Triton X-100	pH=10.5	530	5.9×10^4	1∶2	0~0.80	Hg	水样	42
2-甲硫基苯基重氮氨基偶氮苯	Triton X-100	四硼酸钠-氢氧化钠	540	2.42×10^5	1∶2	0~0.4	Co	工业废水和维生素 B_{12}	43
2-氯-4-溴苯基重氮氨基偶氮苯	Triton X-100	pH=9.5 的四硼酸钠-氢氧化钠	525	9.7×10^4	1∶2	0~0.6	Cd	环境水样和铝合金	44
	Triton X-100	pH=10.5 的四硼酸钠-氢氧化钠	520	1.01×10^5	1∶2	0~0.4	Cu	水样	45
	Triton X-100	pH=10.3 的四硼酸钠-氢氧化钠	510	1.04×10^5	1∶2	0~0.48	Hg	水	46
	Triton X-100	pH=10.2 的四硼酸钠-氢氧化钠	528	2.01×10^5	1∶2	0.0005~0.52	Ni	水样	47
2-羟基-3-磺酸基-5-硝基苯基重氮氨基偶氮苯	Triton X-100	pH=11.3 的四硼酸钠-氢氧化钠	520	2.5×10^5	1∶2	0~0.6	Cd	环境水样	48
2-羟基-3-羧基-5-磺酸基苯重氮氨基偶氮苯	Triton N-101	pH=10.4~11.5 的缓冲溶液	530	1.31×10^5		0~0.24	Cu	铅锌矿和花生	49
	吐温 80 及 β-CD	乙酸-乙酸钠	518	1.3×10^5	1∶2		Cu	铝合金及铁矿石	50
	OP	pH=10.0~10.5	522	1.63×10^5	1∶2	0~0.55	Hg	头发和废水	51
		pH=9.3~10.6				0.09(最低检测限)	Pd	矿石	52
	TritonN-101	pH=9.3~10.6 的碳酸钠-碳酸氢钠	530	1.05×10^5	1∶2	0~0.7	Pd	贵金属二次合金	53
2-羟基-5-磺酸苯基重氮氨基偶氮苯	OP 和 Triton X-100	pH=10.0~11.2	518	1.93×10^5	1∶3	0~0.8	Cd	环境及生物样品	54
		氨性	520	1.88×10^5		0~0.4	Cd	锌合金	55
		pH=10.3 的四硼酸钠-氢氧化钠	519	1.67×10^5	1∶2	0~0.6	Hg	水	56

续表

显色剂	体　系	测定条件	λ_{max} /nm	ε	组成比	测定范围 /(μg/ml)	元　素	应用	参考文献
2-羟基-5-磺酸苯基重氮氨基偶氮苯	CTMAB		435	1.30×10^{5}		0~0.56	In	铅粉和锡箔	57
	SDS 和 Triton X-100	pH=9.50 的磷酸盐	545	3.49×10^{5}	1∶2	0~0.08	Pt	铂碳催化剂	58
	微乳液 CPB/OP	pH=11.7 的氢氧化钠	434	1.59×10^{5}	1∶2	0.004~1.0	Pt	铂催化剂	59
	Triton X-100	0.72~0.99 mol/L 氨水	516	1.04×10^{5}	1∶2	0~0.8	Tl	合成水样	60
2-羧基-4′-硝基苯基重氮氨基偶氮苯	Triton X-100	pH=10.75 的四硼酸钠-氢氧化钠	580	1.32×10^{5}	1∶1	0~0.8	Cd	废水	61
3,3′,5,5′-四溴联苯双(重氮氨基偶氮苯)	吐温 80	pH=11.07 的四硼酸钠-氢氧化钠	520	1.98×10^{5}	1∶2	0~0.5	Cd	蔬菜和粮食	62
3,3′-二甲基联苯重氮氨基偶氮苯	CPC	PH=8.0~9.0	600	8.41×10^{4}	2∶2	0~0.48	Pd	含钯催化剂	63
3,5-二羧基苯基重氮氨基偶氮苯	Triton X-100	碱性	530	2.1×10^{5}		0~0.48	Ni	铝合金	64
3,5-二溴-2-吡啶偶氮重氮氨基偶氮苯	OP	pH=11.0 的硼砂-氢氧化钠	526	1.72×10^{5}(固相萃取小柱富集,洗脱剂)	1∶2		Ag	环境水样	65
	Triton X-100	弱碱性	526	2.04×10^{5}	1∶4	0~0.6	Cd	废水	66
4-(对重氮氨基苯甲酸)偶氮苯	混合表面活性剂	pH=10.70~11.10	5	1.45×10^{5} 双波长 1.96×10^{5}	1∶2		Ni	环境样品和铝合金	67
4,4′-对偶氮苯重氮氨基偶氮苯		0.5mol/L 氢氧化钠	575	5.02×10^{4}	1∶1	0~4.0	CTMAB	环境水样	68
4,4′-二[3-(4-苯基-2-噻唑基)三氮烯基]联苯		氢氧化钠, 碱性	592	2.84×10^{4}	1∶1	0~1.0×10^{-5} mol/L	CPC	废水	69
		氢氧化钠,碱性	607	CPB: 2.46×10^{4} CTMAB: 1.82×10^{4}	1∶1	CPB、CTMAB 均为 0~1.0×10^{-5}mol/L	CPB、CTMAB	废水	70
4,4′-二偶氮苯重氮氨基偶氮苯	Triton X-100	pH=9.5 的氨水-氯化铵	515	1.8×10^{5}		0~0.48	Hg	合成水样和标准样品	71
4,4′-二硝基苯基重氮氨基偶氮苯	Triton X-100	pH=8.5 的四硼酸钠-盐酸	524	1.66×10^{5}		0~0.7	Cd	废水	72
	Triton X-100	pH=8.5~9.5	543	1.37×10^{5}	1∶2	0~0.65	Ni	铝合金	73

续表

显色剂	体　系	测定条件	λ_{max} /nm	ε	组成比	测定范围 /(μg/ml)	元　素	应用	参考文献
4,5-二甲基-2-噻唑偶氮重氮氨基偶氮苯	OP	pH=11.0 的四硼酸钠-氢氧化钠	518	1.39×10^5	1∶2	0.01~2.0	Ag	环境水样	74
	Triton-X-100	pH=10.0 的四硼酸钠-氢氧化钠	518	1.76×10^5	1∶2	0~1.0	Cd	水	75
4,6-二甲氧基-2-嘧啶重氮氨基偶氮苯	Triton X-100		540	2.48×10^5	1∶4	0~0.48	Cu	37	76
	Triton X-100	pH=10.5 的四硼酸钠-氢氧化钠	522	1.52×10^5	1∶4	0~0.8	Hg	水样	77
4-氟-4′-氟苯基重氮氨基偶氮苯	Triton X-100	弱碱性	490	1.17×10^5	1∶3	0~1.0	Cd	环境水标样	78
4-氟-4′-硝基苯基重氮氨基偶氮苯	Triton X-100	弱碱性	492	1.54×10^5	1∶3	0~0.6	Cd	环境水标样	78
4-甲基-2-磺酸基苯基重氮氨基偶氮苯	Triton X-100	pH=10.8 的氨水-氯化铵	522	2.05×10^5	1∶3	0~0.8	Cd	废水	79
4-氯-2-磺酸基苯基重氮氨基偶氮苯	Triton X-100	pH=10.6 的氨水-氯化铵	521	2.0×10^5	1∶3	0~0.8	Cd	废水	80
4-溴-2-磺酸基苯基重氮氨基偶氮苯	Triton X-100	pH=10.0~11.0 的氨水-氯化铵	526	2.1×10^5	1∶2	0~1.0	Cd	废水	81
5,7-二磺酸基萘基重氮氨基偶氮苯	Triton X-100	pH=10.7 的四硼酸钠-氢氧化钠	526	3.7×10^5	1∶3	0~0.19	Cd	标准环境水样和铜锌铅矿	82
	Triton X-100	1.2mol/L 氨水	520	3.1×10^5		0~0.16	Cd	标准水样和铜锌铅矿样	83
5-甲基 2-[3-(4-苯基-2-噻唑基)三氮烯基]苯磺酸	CPC	pH=12.0	556 褪色	—			SLS 和 SDBS		84
5-氯-2-羟基重氮氨基偶氮苯	Triton X-100	pH=10 的四硼酸钠-氢氧化钠	524	1.78×10^5	1∶2	0~10	Cd	废水	85
5-羟基-2-磺酸基-4′-硝基苯基重氮氨基偶氮苯	Triton X-100	pH=10 的四硼酸钠缓冲溶液	528	2.52×10^5	1∶2	0~0.6	Ni	合金	86

续表

显色剂	体　系	测定条件	λ_{max} /nm	ε	组成比	测定范围 /(μg/ml)	元　素	应用	参考文献
6-硝基-苯并噻唑-重氮氨基-4-硝基苯	Triton X-100	pH=10 的氨-氯化铵	455	2.43×10^5	1∶2	0~0.32	Cd	水样	87
6-甲氧基苯并噻唑重氮氨基-2,6-二溴-4-羧基苯	SDS	pH=8.5 的四硼酸钠-盐酸	466	1.28×10^5	1∶2	0~0.4	Cd	废水	88
6-甲氧基-苯并噻唑重氮氨基偶氮苯		pH=10.5 的四硼酸钠-氢氧化钠	525	1.68×10^5	1∶2	0~0.8	Hg	废水	89
6-硝基-2-苯并噻唑重氮氨基偶氮苯	Triton X-100	pH=10.5~11.5 的四硼酸钠-氢氧化钠	540	1.73×10^5	1∶1	0~0.4	Ni	钢铁	90
	Triton X-100	pH=10.5~12.0 的四硼酸钠-氢氧化钠	525	1.51×10^5	1∶4	0~0.04	Zn	人发	91
6-硝基-苯并噻唑重氮氨基偶氮苯	OP	pH=9.0~10.0	526	2.45×10^5		0~0.5	Cd	废水和环境水样	92
6-溴-2-苯并噻唑重氮氨基偶氮苯	Triton X-100 固相萃取	pH=10 的硼砂-氢氧化钠	520	1.92×10^5	1∶2	＜1.0	Cd	卷烟材料	93
	吐温 80	pH=10.0~11.0 的四硼酸钠-氢氧化钠	536	2.23×10^5	1∶2	0~0.5	Cd	工业废水和环境水样	94
	Triton X-100	pH=10.2 的四硼酸钠-氢氧化钠	532	1.68×10^5	1∶4	0~0.4	Cu	铝合金	95
	Triton X-100	pH=10.8 的四硼酸钠-氢氧化钠	515	1.88×10^5	1∶4	0~0.32	Hg	湖水和废水	96
苯并噻唑重氮氨基偶氮苯	Triton X-100	pH=10.5~11.7, 碱性	530	1.47×10^5	1∶2	0~0.56	Cu	铝合金	97
	Triton X-100	pH=8.0	550	1.64×10^5	1∶3	0~0.4	Ni	废水	98
	Triton X-100	弱碱性	520	1.51×10^5	1∶2	0~1.2	Hg		99
	Triton X-100	pH=11.0~11.8 的四硼酸钠-氢氧化钠	525	1.6×10^5		0~0.48	Zn		100
苯重氮氨基偶氮苯	Triton X-100	pH=8.5~10.0 的四硼酸钠-盐酸	514	2.2×10^5		0~0.8	Hg	废氯化汞催化剂浸取液、河水及茶叶	101
对氨磺酰基苯基重氮氨基偶氮苯	Triton X-100	pH=9.6 的四硼酸钠-氢氧化钠	470	8.8×10^4		0~1.0	Hg	复杂合成样和废水	102

续表

显色剂	体系	测定条件	λ_{max}/nm	ε	组成比	测定范围/(μg/ml)	元素	应用	参考文献
对氯苯重氮氨基偶氮苯	Triton X-100	pH=10.2 的四硼酸钠-氢氧化钠	504	1.25×10^5	1∶3	0~0.24	Ni	铝合金	103
对偶氮苯重氮氨基偶氮硝基苯	吐温-80	pH=9.8	566	1.5×10^5		0~0.64	Cd	废水	104
对胂酸基苯基重氮氨基偶氮苯	Triton X-100	pH=10.5，碱性	472	9.1×10^4		0~0.4	Cd	井水和湖水	105
对硝基苯基重氮氨基偶氮苯	Triton X-60	pH=10.3，氯化铵-氨水	480	8.17×10^4		0.08~0.32	Cd	环境水样	106
	吐温 80	四硼酸钠-氢氧化钠	484	1.4×10^7	1∶4	0.008~0.025	Hg	水、铅锌矿	107
对硝基重氮氨基偶氮苯	吐温 60	pH=8.05 的盐酸-四硼酸钠	480			0.7	Hg	废水	108
	Triton X-60	pH=9.9 的四硼酸钠-氢氧化钠	500	1.33×10^5		0~0.2	Ni	环境水样	109
二溴邻羧基苯基重氮氨基偶氮苯		pH=10.0 的四硼酸钠-氢氧化钠	530	1.32×10^5	1∶2	0~0.36	Ni	铝合金及水样	110
二溴羧基苯基重氮氨基偶氮苯		碱性介质	580	3.7×10^4	1∶2	0~3.2	阳离子表面活性剂	工业废水	111
甲氧基苯并噻唑重氮氨基偶氮苯	Triton X-100	pH=10.0~11.0	528	2.44×10^5	1∶1	0~0.8	Cd	电镀废水和环境水样	112
喹啉基重氮氨基偶氮苯	OP	氢氧化钠	520		1∶2	0~0.8	Hg	废水	113
邻碘苯基重氮氨基偶氮苯	非离子表面活性剂	碱性	500	1.11×10^5	1∶3	0~0.4	Cd	废水	114
邻甲基苯基重氮氨基偶氮苯	Triton X-100	pH=10.4 的氨水-氯化铵	516	1.69×10^5		0~0.8	Tl	自来水及合成水样	115
邻羟基苯基重氮氨基偶氮苯		0.1mol/L 氢氧化钠	558 562 562	1.34×10^4 1.03×10^4 1.47×10^4	1∶3 1∶3 1∶3		CTMAB CPB CPC		116
	Triton X-100	pH=10.0 的四硼酸钠-氢氧化钠	520	1.74×10^5	1∶2	0~0.6	Hg	水样	117

续表

显色剂	体 系	测定条件	λ_{max} /nm	ε	组成比	测定范围 /(μg/ml)	元 素	应用	参考文献
邻羟基苯基重氮氨基偶氮苯	OP	四硼酸钠-碳酸钠	515	1.36×10^5	1∶3	0~0.8	Hg	草药	118
	SDS	pH=10.4 的四硼酸钠-氢氧化钠	526	4.9×10^5	1∶2	0~0.14	Se	矿泉水及玉带河水	119
		pH=8.70 的氯化铵-氢氧化铵	526	1.3×10^5	1∶2	0~0.64	Sr	铝合金及纯试剂	120
	Triton X-100	氨水	520	1.3×10^5		0~0.8	Tl	地质样品	121
	Triton X-100 和 SDBS	0.54~1.1mol/L 氨水	520	1.4×10^5	1∶5	0~0.6	Tl	水样和地质样品	122
	OP	pH=10.3 的四硼酸钠-氢氧化钠	530	1.65×10^5	1∶2	0~1.6	Zn	铝合金、粮食、人发及水	123
邻羧基苯基重氮氨基偶氮苯	OP	pH=10.7 的氨水-氯化铵	520	1.88×10^5	1∶3	0~0.8	Hg	多种样品	124
		pH=10	510	1.7×10^5		0~0.32	Hg	粮食	125
		pH=10 的四硼酸钠缓冲溶液	520	1.81×10^5	1∶4	0~1.0	Hg	化妆品	126
	Triton X-100	pH=10 的硼酸	542	124×10^5		0~0.24	Ni	锌合金	127
		pH=9.2 的四硼酸钠缓冲溶液	540	3.3×10^5	1∶3	0~0.24	Ni	氢化油	128
		pH=10.4 的四硼酸钠-氢氧化钠	525	2.1×10^5		0~0.48	Zn	食品包装材料	129
硝基苯并噻唑重氮氨基偶氮苯	Triton X-100	pH=9.5~10.0 的四硼酸钠-氢氧化钠	515	1.35×10^5	1∶4	0~0.48	Hg	废水	130
	OP	pH=9.0~10.0 的硼砂-氢氧化钠	515 (*N,N*-二甲基甲酰胺)		1∶2		Hg	环境水样	131
	Triton X-100	pH=10.0~11.5 的四硼酸钠-氢氧化钠	540	1.73×10^5	1∶1	0~0.4	Ni	钢铁	132
	Triton X-100	pH=10.5~12.0 的四硼酸钠-氢氧化钠	525	1.51×10^5	1∶4	0~0.4	Zn	人发	133
	OP	pH=10.0 的四硼酸钠-氢氧化钠	510	5.75×10^4	1∶2	0~0.6	Zn	电镀废水	134
	Triton X-100	pH=10.0 的四硼酸钠-氢氧化钠	528	1.34×10^5	1∶2		Zn	环境样品	135

续表

显色剂	体 系	测定条件	λ_{max} /nm	ε	组成比	测定范围 /(μg/ml)	元 素	应用	参考文献
乙氧基苯并噻唑重氮氨基偶氮苯	Triton X-100	pH=10.4~11.8的四硼酸钠-氢氧化钠		1.21×10^5	1∶2	0~0.28	Cd	环境水样	136
	Triton X-100	pH=10.4~11.0的四硼酸钠-氢氧化钠	510	1.16×10^5	1∶1	0~0.6	Hg	实验室废水	137

注：CPB——溴化十六烷基吡啶；CPC——氯化十六烷基吡啶；CTMAB——溴化十六烷基三甲铵；SDBS——十二烷基苯磺酸钠；SDS——十二烷基硫酸钠；β-CD——β-环糊精。

本表参考文献：

1. 刘金华, 吴斌才. 理化检验: 化学分册, 2003(9): 537.
2. 杨明华, 郑云法, 陈爱新, 等. 理化检验: 化学分册, 2002(8): 415.
3. 黄晓东, 吴玉梅, 林志轶, 等. 冶金分析, 2010(01): 51.
4. 冯泳兰. 岩矿测试, 1999(4): 311.
5. 郑云法, 杨明华, 沈素眉, 等. 化学试剂, 2003(1): 31.
6. 沈素眉, 杨明华, 王智敏, 等. 冶金分析, 2003(2): 64.
7. 张春牛, 杨明华, 郑云法, 等. 化学研究与应用, 2003(3): 406.
8. 王智敏, 郑云法, 沈素眉, 等. 分析科学学报, 2003(3): 264.
9. 龙巍然, 洪涛, 李丽萍, 等. 分析试验室, 2012(01): 95.
10. 陈文宾, 殷磊, 王琼, 等. 冶金分析, 2011(12): 62.
11. 陈文宾, 殷磊, 斯琴高娃, 等. 理化检验: 化学分册, 2011(10): 1155.
12. 陈文宾, 殷磊, 王琼, 等. 冶金分析, 2011(09): 50.
13. 陈文宾, 殷磊, 斯琴高娃, 等. 理化检验: 化学分册, 2011 (09): 1043.
14. 陈文宾, 郑秋霞, 马卫兴, 等. 理化检验: 化学分册, 2011(01): 1.
15. 陈文宾, 殷磊, 王琼, 等. 冶金分析, 2011(10): 66.
16. 陈文宾, 胡庆昊, 王琼, 等. 冶金分析, 2010(09): 32.
17. 黄晓东, 廖丽梅, 卢丽娜, 等. 分析试验室, 2010(02): 49.
18. 侯林, 姜洪波, 李应辉, 等. 东北农业大学学报, 2011(05): 130.
19. 龙跃, 李杰, 王超, 等. 郑州大学学报: 理学版, 2010(04): 80.
20. 刘彬, 孙家娟. 陕西师范大学学报: 自然科学版, 2001(3): 76.
21. 杜君, 刘慧君, 雷海瑞, 等. 光谱实验室, 2011(02): 875.
22. 王贵芳, 王晓瑾, 等. 冶金分析, 2011(04): 48.
23. 刘计福, 柳翱, 王云, 等. 分析试验室, 2010(07): 53.
24. 王文革, 赵书林. 冶金分析, 2004(02): 7.
25. 罗道成, 刘俊峰. 材料保护, 2007(11): 74.
26. 罗道成, 刘俊峰. 分析试验室, 2005(08): 32.
27. 王慕华, 郑云法, 张晓燕, 等. 分析试验室, 2011(10): 31.
28. 王慕华, 张春牛, 郑云法, 等. 环境工程, 2011(05): 120.
29. 王贵方, 李志敏, 等. 化学世界, 2007(2): 83.
30. 王贵方, 何其戈, 张光, 等. 分析试验室, 2006(9): 18.
31. 王贵方, 刘立新, 等. 冶金分析, 2007(2): 48.
32. 刘永文, 樊月琴, 孟双明, 等. 理化检验: 化学分册, 2004(11): 677.
33. 王君玲, 樊月琴, 郭永, 等. 理化检验: 化学分册, 2006(3): 179.
34. 张其颖, 潘教麦, 李在均. 分析试验室, 2004(3): 19.
35. 韩秀玲, 吴斌才. 理化检验: 化学分册, 1998(8): 344.
36. 刘永文, 孟双明, 方国臻, 等. 理化检验: 化学分册, 2002 (2): 61.
37. 郭忠先, 杜冰帆, 郑国祥, 等. 贵金属, 1997(4): 43.
38. 张夏红, 章汝平, 何立芳, 等. 冶金分析, 2010(02): 30.
39. 何立芳, 章汝平, 李锦辉, 等. 理化检验: 化学分册, 2010(12): 1407.
40. 汪朝存, 哈成勇. 分析化学, 1998(10): 1260.
41. 汪朝存, 袁金伦. 化学试剂, 1999(5): 296.
42. 王君玲, 孟双明, 樊月琴, 等. 分析试验室, 2008(1): 77.
43. 袁跃华, 田茂忠, 樊月琴, 等. 冶金分析, 2004(5): 5.
44. 孙登明, 王磊, 孙培培. 理化检验: 化学分册, 1996(3): 170.
45. 李艳辉, 刘英红, 沙鸥, 等. 冶金分析, 2009(9): 69.
46. 李艳辉, 孙吉佑, 陈文宾. 冶金分析, 2004(5): 14.
47. 李艳辉, 马卫兴, 许兴友, 等. 冶金分析, 2007(5): 20.
48. 樊月琴, 王君玲, 郭永. 分析试验室, 2004(2): 11.
49. 郭忠先, 蔡蜀穗. 光谱学与光谱分析, 1997(6): 109.
50. 王丽华, 胡浩. 理化检验: 化学分册, 2003(4): 205.
51. 郭忠先. 分析化学, 1996(1): 65.
52. 沈友. 矿物岩石, 2003(2): 111.
53. 郑国祥, 邵勇, 张淑云, 等. 理化检验: 化学分册, 1999(1): 14.
54. 范华均, 张薇, 刘伟民, 等. 理化检验: 化学分册, 2005(2): 123.
55. 潘教麦, 简蔚, 徐钟隽. 理化检验: 化学分册, 1996(5): 276.
56. 曹小安, 陈永亨, 林华敏. 光谱学与光谱分析, 2004(4): 474.
57. 陈文宾, 许兴友, 马卫兴, 等. 理化检验: 化学分册, 2007(5): 367.
58. 王园朝, 杭伟华. 分析测试学报, 2006(4): 126.

59. 李艳辉，马卫兴，许兴友，等．冶金分析，2007(10): 62.
60. 曹小安，陈永亨，廖带娣．光谱学与光谱分析，2002 (4): 662.
61. 王贵芳，王晓瑾．分析试验室，2010(5): 54.
62. 刘永文，孟双明，郭永，等．化学研究与应用，2002(1): 79.
63. 何晓玲，刘清理，贾力．分析试验室，1999(4): 46.
64. 王君玲，孟双明，冯锋，等．冶金分析，2006(3): 59.
65. 林洪，吴献花，朱利亚，等．化学试剂，2005(8): 474.
66. 孟双明，李新华，方国臻，等．分析试验室，2000(6): 81.
67. 金谷，朱玉瑞，程彬．中国科学技术大学学报，1997 (4): 466.
68. 林茹，周勇，韩燕．理化检验: 化学分册，2005(4): 248.
69. 何晓玲，王永秋，等．分析试验室，2010(05): 117.
70. 王永秋，何晓玲，等．分析科学学报，2010(06): 701.
71. 唐金陵，柴军．分析试验室，1999(5): 50.
72. 王贵方．分析试验室，2006(6): 21.
73. 王贵方．冶金分析，2006(4): 85.
74. 吴献花，林洪，朱利亚，等．理化检验: 化学分册，2006 (5): 352.
75. 林洪，李明，李海涛，等．冶金分析，2006(4): 24.
76. 孟双明，王君玲，张昭，等．化学试剂，2006(4): 217.
77. 许琳，孟双明，王君玲，等．分析试验室，2006(12): 23.
78. 杨海，徐军，单春玲，等．理化检验: 化学分册，2001 (9): 385.
79. 孟双明，方国臻，潘教麦．分析试验室，1999(6): 1.
80. 孟双明，方国臻，潘教麦．理化检验: 化学分册，2001 (1): 14.
81. 孟双明，许琳，方国臻，等．分析试验室，2002(1): 30.
82. 谌英武，张慧娟，赵志强，等．分析化学，2001(5): 615.
83. 陈静．冶金分析，2001(5): 4.
84. 何晓玲．日用化学工业，2012(01): 72.
85. 陈景文，曹淑红，李酽，等．分析试验室，2003(5): 79.
86. 许琳，樊月琴，孟双明，等．冶金分析，2006(3): 18.
87. 夏心泉，崔微，丁海军．环境工程，2001(02): 37.
88. 夏心泉，丛俏，高原雪．环境科学研究，2002(2): 39.
89. 夏心泉，赵书林，史洪刚．化学世界，1999(1): 28.
90. 张春牛，郑云法，王智敏．冶金分析，2004(02): 16.
91. 王智敏，张春牛，郑云法．化学试剂，2004(03): 165.
92. 夏心泉，赵书林，姜静，等．分析化学，1998(1): 103.
93. 孔维松，崔柱文，金永灿，等．理化检验: 化学分册，2011 (12): 1458.
94. 夏心泉，赵书林，邵洪，等．分析科学学报，1999(3): 217.
95. 陈才元，徐鹏，白爱民，等．冶金分析，2006(2): 47.
96. 陈才元，龚楚儒．分析试验室，2003(4): 67.
97. 高嵩，赵书林，杨秀娥．冶金分析，1999(2): 13.
98. 刘运学，范兆荣，谷亚新，等．化学试剂，2005(1): 24.
99. 赵书林，夏心泉，吴丽波，余刚．分析化学，1997 (10): 1206.
100. 高嵩，赵书林，姜玉璞，等．理化检验: 化学分册，1999 (10): 447.
101. 王秋云，孙嘉彦，石素萍，等．理化检验: 化学分册，1996 (2): 117.
102. 何家红．理化检验: 化学分册，1997(7): 299.
103. 周能，赵书林，刘典梅．冶金分析，2003(3): 6.
104. 江万权，张锋，戚帮华，等．理化检验: 化学分册，2004 (8): 465.
105. 谌英武，张慧娟．分析科学学报，2000(5): 410.
106. 金文斌，高亮亮，陈蓓．冶金分析，2007(11): 51.
107. 陈文宾，陈璧珠，林艳，等．冶金分析，2009(12): 61.
108. 金文斌，陈慧，丁芳．理化检验: 化学分册，2010(4): 381.
109. 金文斌，陆琴．冶金分析，2007(6): 76.
110. 王广健．化学世界，1997(1): 46.
111. 赵书林，李舒婷，谭斌．分析科学学报，2003(3): 240.
112. 夏心泉，赵书林，姜静，等．分析化学，1997(7): 800.
113. 赵书林，夏心泉，石飞．分析科学学报，1999(3): 221.
114. 郜洪文，崔国崴，刘玉林．石油化工，1996(8): 572.
115. 李惠霞，杨茜，张其颖，等．理化检验: 化学分册，2006 (9): 702.
116. 方国臻，潘教麦．理化检验: 化学分册,2000(1): 3.
117. 曹小安，韩玉冰，周怀伟，等．分析试验室，2001(2): 77.
118. 张薇，范华均，侯勤．理化检验: 化学分册，2003 (8): 480.
119. 陈文宾，马卫兴，李艳辉，等．冶金分析，2007(2): 57.
120. 陈文宾，伏广龙，范丽花，等．冶金分析，2005(3): 22.
121. 曹小安，陈永亨，周怀伟．分析化学，2001(6): 741.
122. 曹小安，陈永亨，周怀伟，等．光谱学与光谱分析，2001 (3): 350.
123. 李艳辉，孙吉佑，陈文宾．理化检验: 化学分册，2006(9): 751.
124. 孔伟，李慧芝，赵宏宇，等．化学世界，1998(7): 379.
125. 杨玉玲，丁耀，李在均．中国粮油学报，2002(5): 64.
126. 李在均，潘教麦．日用化学工业，2002(4): 65.
127. 杨姣，凌程凤，谈技，等．冶金分析，2005(2): 38.
128. 虞学俊，李在均，潘教麦．理化检验: 化学分册，2001 (12): 560.
129. 刘俊康，李在均，陈烨璞，等．理化检验: 化学分册，2000 (2): 80.
130. 龚楚儒，胡宗球，金传明．分析科学学报，2000(1): 38.
131. 王琳，王炯，尹家元．冶金分析，2005(6): 39.
132. 张春牛，郑云法，王智敏．冶金分析，2004(2): 16.
133. 王智敏，张春牛，郑云法．化学试剂，2004(3): 165.
134. 罗道成，刘俊峰．工业水处理，2007(2): 63.
135. 柴跃东，杨艳，黄齐林，等．黄金，2006(9): 46.
136. 金传明，龚楚儒，胡宗球，等．理化检验: 化学分册，2000 (2): 58.
137. 杨明华，唐国强，金传明，等．分析试验室，2002(2): 85.

六、卟啉类显色剂

卟啉最早是在 1912 年由 Kuster 首次提出的，他认为卟啉结构为大环的“四吡咯”结构，直到 1929 年由 Fishert 和 Zeile 合成了氯高铁卟啉，其结构才被证实。Rothemud 在 1935 年以吡啶为溶剂，将吡咯与苯甲醛在封管中加热反应，合成了四苯基卟啉，揭开了卟啉化合物人工合成的序幕。20 世纪 70～80 年代 Adler 在卟啉合成方面做了大量卓有成效的工作，优化了缩合反应条件，大大推动了卟啉化合物的合成研究。我国的研究起步较晚，1979 年才首次在国内介绍了这类高灵敏度试剂在分析化学中的应用，此后卟啉类试剂的合成和应用在国内得到较快的发展。

卟啉类显色剂是含有卟吩环的一类化合物，其分子结构为：

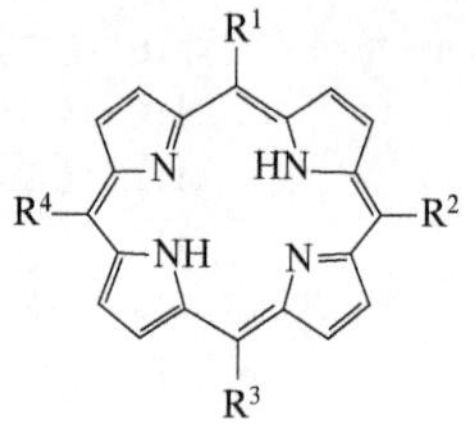

卟吩（porphine）是有 18 原子、18 电子大π体系的平面型分子，是高度的芳香体系物，其有刚性环结构，具有环内电子流动性好、环平面易修饰及超强的配位能力等特性。卟吩分子中 4 个吡咯环的 8 个 β 位和 4 个中位（meso 位）的氢原子均可被其他基团所取代，生成各种各样的卟吩衍生物，即卟啉。卟啉通常分为四类，见表 3-6。

表 3-6 卟啉的分类

类　型	有机基团
对称性卟啉	$R^1=R^3$, $R^2=R^4$；或 $R^1=R^2=R^3=R^4$
非对称性卟啉	$R^1\neq R^3$, $R^2\neq R^4$
水溶性卟啉	R^1、R^2、R^3、R^4 中含有水溶性官能团，如羟基、磺酸基等
非水溶性卟啉	R^1、R^2、R^3、R^4 为非水溶性基团

分子中的 4 个取代基若相同称为对称卟啉，应用于光度分析的主要是此类化合物，卟吩环中 4 个氮原子具有一定的空间结构，有强的配合能力，是该试剂的“功能团”，取代基通过电子效应影响配位中心的电子云密度和分布，还在配位中心附近产生一定的空间位阻，因此可以改变卟啉与金属离子显色反应的难易程度。

自 1957 年 Banke 首次使用四苯基卟啉光度法测定锌后，至今已有 80 多种卟啉试剂用于光度分析。当卟吩中 N 上的 H 被金属离子取代，可形成 1∶1 的金属配合物，现在卟啉几乎与所有的金属离子都能形成配合物，而配合物的种类繁多，包括非水溶性的，如四苯基卟啉、四(4-氯苯基)卟啉等，水溶性的卟啉又可分为阴离子性、阳离子性和两性离子卟啉，如四羧基苯基卟啉、四吡啶基烷基化卟啉、四羟基苯基化卟啉等，常测定的金属离子已超过 17 种，主要有 Cu、Zn、Cd、Hg、Pb、Mn、Mg、Pd、Co、Fe 等多种金属的离子。

卟啉的合成方法主要有 4 种[27]：①四吡咯合成法；②双吡咯合成法；③单吡咯合成法；④固相合成法。随着合成方法的改进和发展，种类繁多的卟啉及一些具有特殊结构和功能的卟啉被合成出来，具有特殊结构和功能的卟啉比如“帽式”卟啉、“冠式”卟啉、“屋式”卟啉已广泛应用于各个领域。四苯基卟啉的合成的反应历程如下：

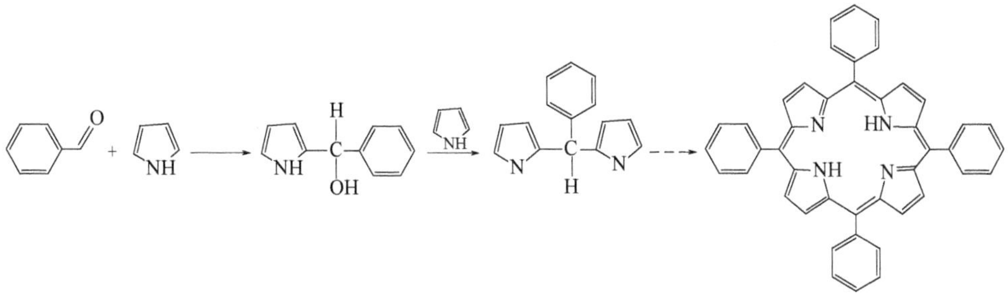

目前卟啉类试剂作为显色剂还多少存在一些不足，主要表现为显色剂反应速度慢（普遍需要加热），对比度小（波长差普遍小于 70nm），选择性欠佳（抗干扰能力普遍差）。合成新型卟啉类显色剂，仍然是今后的研究方向。

（一）结构与性能

大量实践和量子化学理论证实，卟吩环上取代基 R 和 R 取代基上的取代基及位置会影响整个卟啉环的电子云分布，取代基原子的空间分布产生的空间位阻也会影响金属离子进入卟啉中心与之发生的配位反应，这些因素都会影响卟啉类显色剂的灵敏度和选择性。但这种影响至目前尚无成熟的规律可循，例如，对铜离子而言，含有羟基和甲氨基的卟啉试剂有高的灵敏度；取代基相同时，处于邻位或对位的卟啉试剂有高的灵敏度，但上述规律并不完全适用于其他元素。但改变卟吩环上取代基 R 和 R 取代基上的取代基种类、位置和数量仍是提高试剂的灵敏度、选择性、反应速度、水溶性、对比度等性能的有效方法。例如在苯环上引入了两个三氟甲基后得到的新显色剂 *meso*-四[3,5-二(三氟甲基)苯基]卟啉用于痕量 Cd(Ⅱ)的光度法测定时，实验表明显色体系不经掩蔽可直接测定烟草中的痕量 Cd(Ⅱ)；在卟啉苯环引入氟原子，使苯环具有一定的空间位阻效应，同时吸电子诱导效应降低了卟啉环共轭体系的电子云密度，减弱了卟啉环与干扰离子配位的可能性，在不影响灵敏度的基础上，提高了其选择性。

卟啉试剂和金属离子形成配合物后对整个分子的电子共轭体系影响往往不大，其结果是显色体系的对比度小，为改善测定金属离子的对比度，可采用以下方法：①提高反应后体系的酸度，卟啉类试剂是多元酸，当体系酸度增加，因质子化使其吸收峰蓝移，而配合物的吸收峰仍保持不变，从而增加显色反应的对比度；②将剩余试剂转变成稳定的配合物，当被测离子与卟啉类试剂反应完成后，加入一种离子，它与显色剂生成的配合物的稳定常数小于被测离子与卟啉类试剂生成的配合物的稳定常数而大于干扰离子与卟啉类试剂生成的配合物的稳定常数，这样不仅增大了对比度，又改善了体系的选择性；③采用溶剂萃取，若生成的配合物和显色剂在某种有机溶剂中的溶解度存在显著差异，则可采用溶剂萃取使两者分离后，再行测定。

大多卟啉试剂的显色反应的最佳酸度范围较窄，因此在测定中必须严格控制酸度范围，否则不仅影响测定灵敏度和选择性，而且对反应速度也有影响。在卟啉分子中引入卤素原子，往往可以扩大测定的酸度范围，例如 T(DBHP)P 中 8 个溴原子的吸电子效应和 p-π 共轭效应的作用使与 Pb 和 Zn 反应均有较宽的酸度范围。

（二）在光度分析中的应用

表 3-7 给出了近 10 多年卟啉类显色剂的应用文献，相关的应用综述见参考文献[28,29]。

表 3-7 卟啉类显色剂

显色剂	体 系	测定条件	λ_{max} /nm	ε	组成比	测定范围 /(μg/ml)	元素	应 用	参考文献
5,10,15,20-四(对-*N*-丙磺酸负离子-*N*,*N*-二甲苯氨基)卟啉		pH=3.5~4.2	414.5	3.44×10^5	1∶1	0~0.1	Cu	人发	1
5,10,15-三(4-甲基-3-磺基苯)-20-[4-(5-氟尿嘧啶)丁氧基-3-磺基苯]卟啉		pH=4.8 的乙酸-乙酸钠	414	1.5×10^5	1∶1	0~0.2	Pd	合成试样和钯催化剂	2
meso-四[3,5-二(三氟甲基)-苯基]卟啉	吐温 80	pH=10.6	442	2.19×10^5		0~0.12	Cd	烟草	3
meso-四(3,5-二溴-4-羟基苯)卟啉		0.08mol/L 氢氧化钠	479	2.2×10^5		0~0.48	Pb	食品	4
meso-四(3,5-二溴-4-羟基苯)卟啉	8-羟基喹啉	碱性	479		1∶2	0~0.48	Pb	食品	5
meso-四(3-氯-4-磺酸苯基)卟啉		pH=9.2	426	4.0×10^5	1∶1	0~0.2	Co	维生素 B_{12}	6
meso-四(3-氯-4-羟基-5-甲氧基苯基)卟啉	SDS	pH=7.2~8.8	450	3.16×10^4	1∶1	0~0.14		环境水样和人发	7
meso-四(4-甲基-3-磺基苯基)卟啉		pH=4.2~5.5	430	5.5×10^5		0~0.18	Zn	补锌、钙口服液	8
meso-四(4-氯-3-磺酸钠基苯基)卟啉	β-环糊精、盐酸羟胺	pH=5.0	423	4.12×10^5		0~0.12	Cu	豆类	9
		pH=8~10	466	2.51×10^5	1∶1	0~0.6	Pb	人发	10
meso-四(4-羟基苯基)卟啉	CTMAB	pH=9.0 的硼砂-盐酸	411	2.8×10^5		0~0.24	Ni	钢样	11
meso-四(4-溴苯基)卟啉	吐温 80	pH=10 的硼砂-氢氧化钠	436	4.5×10^5	1∶1	0~0.36	Cd	烟草、茶叶、标准水样	12

续表

显色剂	体系	测定条件	λ_{max} /nm	ε	组成比	测定范围 /(μg/ml)	元素	应用	参考文献
二溴羟基卟啉	吐温 80	pH=9.50 的亚硫酸钠	418	1.76×10^5	1∶1	0~0.45	Ge	茶叶及枸杞	13
	Triton X-100	pH=9.4 的亚硫酸钠	386	3.76×10^5	Pt∶显色剂∶亚硫酸钠=1∶1∶2	0~0.4	Pt	催化剂和贵金属矿物	14
二溴四苯基卟啉	吐温 80	pH=12 的磷酸氢二钠-氢氧化钠	472	2.2×10^4	1∶1	<0.18	Pb	环境水样	15
四(4-氯-3-磺酸苯基)卟啉	CPC-OP	pH=4.9~5.3	420	2.96×10^5		$(0.2\sim1.8)\times10^{-4}$	Cu		16
四苯基卟啉	盐酸羟胺	pH=12	466		1∶1	0~1	Pb	松花蛋	17
四硝基卟啉		pH=6	536		1∶1	0~10	Zn	食品	18
溴代卟啉		0.08mol/L 氢氧化钠	479	2.2×10^5	1∶2	0.04~0.48	Pb	鄱阳湖野生藜蒿	19
溴化 5-[4-*N*-(对硝基)苄氨基吡啶基]-10,15,20-三(4-*N*-吡啶基)卟啉		pH=1.0 的邻苯二甲酸氢钾-盐酸	427.0	1.78×10^5	1∶1	0.12	Cu	环境水样	20

本表参考文献：

1. 权新军，金为群，孙其志，等．分析化学．1996(09): 1108.
2. 李俊，赵媛媛，张华山，等．贵金属, 1997(02): 35.
3. 吴继魁，俞善辉，王麟生，等．分析试验室, 2005(04): 64.
4. 朱振中，李在均，潘教麦．分析科学学报, 1999(01): 43.
5. 陈莉，彭惠琦．实验室研究与探索, 2011(11): 44.
6. 李俊，张兆威，张华山．分析科学学报, 2001(05): 387.
7. 陈同森，阳铁军，赵欣，等．湖南大学学报：自然科学版, 1999(05): 29.
8. 林新华，黄丽英，杨监锋，等．中国医院药学杂志, 2002 (04): 16.
9. 王涛，郝晓玲，常旭，等．中国粮油学报, 2009(10): 131.
10. 王涛，韩士田．河北师范大学学报：自然科学版, 2007 (06): 784.
11. 张银汉，倪其道，刘允萍．中国科学技术大学学报, 1997 (02): 77.
12. 范少华，张银汉，倪其道．理化检验：化学分册, 1999(02): 79.
13. 陈文宾，许兴友，马卫兴，等．分析试验室, 2005(09): 6.
14. 陈文宾，马卫兴，徐国想，等．冶金分析, 2007(06): 73.
15. 沈薇，单驰，张秀风，等．理化检验：化学分册, 2011 (09): 1055.
16. 杨问华，侯安新，王苇鹏，等．理化检验：化学分册, 1999 (04): 166.
17. 杨会琴，韩士田．食品科学, 2007(08): 414.
18. 杨会琴，李桂琴，韩士田．食品科学, 2007(05): 278.
19. 朱寿民，韩文华，樊后保，等．华中农业大学学报, 2005 (06): 596.
20. 张志华，韩士田．理化检验：化学分册, 2010(02): 120.

七、安替比林甲烷类显色剂

自 1950 年前苏联学者首次合成二安替比林甲烷以来，二安替比林甲烷及其衍生物，特别是芳香族衍生物，已广泛用于分析化学中。

这类试剂由安替比林与相应的醛缩合而成，二安替比林甲烷芳香族衍生物是由 2mol 安替比林与 1mol 芳香醛在盐酸介质中缩合而得的：

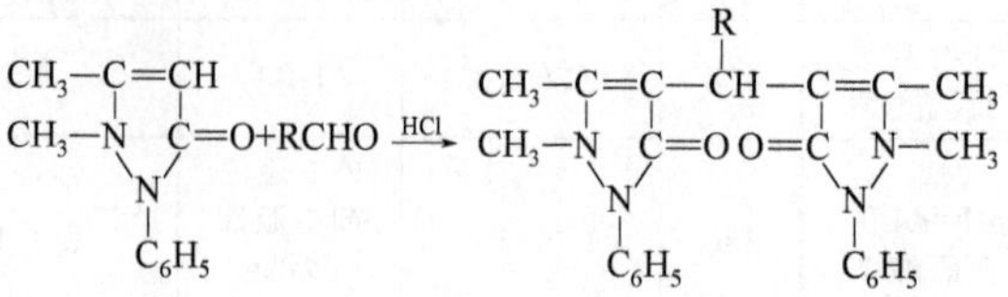

```
CH3—C═CH                          R
     |   |                         |
CH3—N   C═O+RCHO —HCl→  CH3—C═C—CH—C═C—CH3
     \ /                     |   |    |   |
      N                  CH3—N  C═O O═C  N—CH3
      |                       \ /      \ /
     C6H5                      N        N
                               |        |
                              C6H5     C6H5
```

其通式为：

```
                 R
                 |
  H3C—C═C—CH—C═C—CH3
      |   |     |   |
  H3C—N   C     C   N—CH3
       \ / \\  //\ /
        N   O  O  N
        |         |
       C6H5      C6H5
```

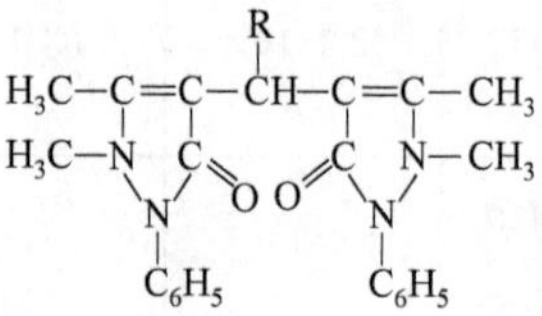

R 基可以是烷基也可以是芳香烃。在酸性介质中能与铈、钒、锰等高价金属离子发生灵敏的显色反应，且具有较好的选择性。二安替比林甲烷类试剂是一类氧化还原型显色剂，取代基 R 的电子效应影响试剂的氧化还原电位，对与金属离子的反应条件、反应速度及体系的选择性均有明显影响。当前，对二安替比林芳香族衍生物的研究主要用于变价金属离子的分光光度法以及用动力学光度法测定铂族金属催化剂的含量。

（一）结构与性能

应用最多的此类试剂其 R 基是带有不同取代基的苯环和苯乙烯基，苯环上的取代基常见的有卤素原子、羟基、甲基、乙基、$—OCH_3$、$—OC_2H_5$、亚甲二氧基、二甲氨基等。二安替比林芳香族甲烷衍生物能够与 V(Ⅴ)、Cr(Ⅵ)、Ce(Ⅳ)、Mn(Ⅵ)等变价金属离子反应，生成红色和橙色的有色可溶性化合物，通过对显色反应机理的研究，可以判定此类显色反应是氧化还原反应。在反应过程中，高价金属离子被还原为低价，而二安替比林甲烷芳香族衍生物被氧化成大的共轭体系，从而显出深色。例如，通过对二安替比林对氨基甲烷与 V(Ⅴ)的反应产物结构的研究，发现显色产物红外光谱图中 $2890cm^{-1}$ 和核磁共振氢谱中 5.36 处的次甲基吸收峰消失，并且在显色产物红外光谱图中出现—C═N—碳氮双键振动吸收峰，其紫外光谱吸收峰红移到 530nm 处。显色产物元素分析结果证明，产物中不含钒，由此可证明该显色反应为 V(Ⅴ)氧化试剂生成较大的共轭体系，吸收由紫外光区向可见光区移动而显出深色，而不是钒与试剂结合。显色反应是可逆的，如还原剂抗坏血酸等可使有色化合物还原褪色。

二安替比林苯基甲烷类试剂还能和非变价金属离子发生显色反应。例如，将 Pd(III)和 DAVPM 在酸性溶液中加热，结果生成了红色物质。其最大吸收波长为 540nm，$\varepsilon=5.7\times10^4$，检出限是 0～1.2μg/ml。有人利用二硫代二安替比林甲烷与砷生成有色配合物的性质，用分光光度法在盐酸介质中测定了钒催化剂中的砷。经实验证明，两者以 1∶2 的比例络合，生成 $As[DTPM]_2$，最大吸收波长在 336nm 处。此法与一般的古蔡法和铜试剂法相比，灵敏度较高，而且能有效地避免有色离子的干扰。

在变价金属离子与二安替比林芳香族甲烷类衍生物的反应体系中，当没有 Mn(Ⅱ)存在时，反应很慢，几乎不显色。文献的试验表明，Mn(Ⅱ)的存在能使原来不与微克级金属离子显色的试剂产生显色反应，且显色反应的灵敏度随 Mn(Ⅱ)量的增加而增加，当体系中锰量达到一定时，其增高趋势才不明显。有文献通过二安替比林对异丙氧基甲烷与 V(Ⅴ)的显色反应，探讨了 Mn(Ⅱ)的作用机理，认为 V(Ⅴ)氧化试剂生成有色产物的反应是一个慢反应，而在 Mn(Ⅱ)存在下，V(Ⅴ)可氧化 Mn(Ⅱ)生成 Mn(Ⅲ)、Mn(Ⅵ)、Mn(Ⅴ)等一系列中间过渡态，然后，这些过渡态的锰再氧化试剂生成有色产物。V(Ⅴ)氧化 Mn(Ⅱ)生成中间过渡态，以及中间过渡态氧化试剂生成有色产物都是快反应，所以，Mn(Ⅱ)的存在会使反应速率大大加快，灵敏度成倍提高，因而，他们认为锰的作用机理是催化反应。

但也有人认为由于体系中 Mn(Ⅱ)用量较大，所以，其作用机理不可能是催化反应，而可能是诱导反应中的偶联诱导反应。所谓偶联诱导反应，就是作用物为诱导物所转变的一个比作用物氧化性或还原性更强的物质，它可以进一步与被诱物反应。究竟锰在二安替比林衍生物和变价金属离子的反应中是属于催化反应还是诱导反应，还有待进一步的实验证实。在实验中还发现，Ce(Ⅲ)也有和 Mn(Ⅱ)类似的作用。在二安替比林邻溴苯基甲烷（DAoBM）与 Mn（Ⅳ）的显色反应中，也发现过渡元素 Fe^{3+}、Co^{2+}、Ni^{2+}、Cu^{2+}对体系有明显的正催化作用。

吐温类表面活性剂与 Mn(Ⅱ)对体系有协同催化作用。但在研究二安替比林对乙氧基苯基甲烷（DAPEM）光度性质中发现，对于 DAPEM 的显色反应，吐温类表面活性剂没有明显的增敏作用，基于此，他们提出吐温类表面活性剂的增敏效果与取代基有密切关系。

（二）在光度分析中的应用

表 3-8 给出了近十多年安替比林类显色剂的应用文献，在这时期相关的应用综述见参考文献[30]。

表 3-8 安替比林类显色剂

显色剂	体　系	测定条件	λ_{max}/nm	ε	组成比	测定范围/(μg/ml)	元素	应用	参考文献
1-(4-安替比林)-3-(2-苯并噻唑)三氮烯	CTMAB	pH=11.0 的硼砂-氢氧化钠	480	5.46×10^{4}		0.2~2.8	Hg	环境水样	1
1-(4-安替比林)-3-(2-乙酰巯基苯基)三氮烯	Triton X-100	pH=11.15 的四硼酸钠-氢氧化钠	535	2.45×10^{5}	1∶2	0.04~0.6	Hg	地表水和废水	2
1-(4-安替比林)-3-(对苯磺酸)三氮烯	Triton X-100	pH=10.3 的硼砂-氢氧化钠	496	1.8×10^{5}	1∶2	0.06~1.05	Au	含金矿样	3
1-(4-安替比林)-3-(对苯磺酸)三氮烯	吐温 80	硼砂-氢氧化钠	488	1.7×10^{5}	1∶2	0.05~1.5	Hg	铅锌矿	4
2-(4-安替比林偶氮)-5-二甲氨基苯胺	吐温 80	pH=4.5 的乙酸-乙酸钠			1∶2	0.5×10^{-3}	Cu	水样	5
2,7-双[(安替比林)偶氮]-1,8-二羟基萘-3,6-二磺酸		pH=9 的硼砂-盐酸	632	3.96×10^{4}	1∶2	0.1~0.5	Ni	铝合金	6

续表

显色剂	体　系	测定条件	λ_{max} /nm	ε	组成比	测定范围 /(μg/ml)	元素	应用	参考文献
3,6-双[(安替比林)偶氮]-4,5-二羟基-2,7-萘二磺酸		pH=11.8 的磷酸氢二钠-氢氧化钠	630	1.6×10^4	1∶1	0~3	Cu	锡合金	7
4-氯苯基二安替比林甲烷	吐温 20	磷酸, Mn(Ⅱ)	485	5.05×10^5		0.02~0.14	V	低合金钢样	8
5-安替比林偶氮水杨基荧光酮	CTMAB	酸性	520	7.4×10^4		0.1~1.0	W	标准钢样	9
α-(4-氨基安替比林偶氮)-*β*-萘酚		pH=1.5~3.0 的盐酸	300	6.72×10^4	1∶2	0~0.44	Fe	茶叶、木耳、豇豆和水	10
安替比林基重氮氨基-2,4-二硝基苯	吐温 80	pH=10.5~12.8, Ag	548	3.0×10^4		0.008~0.28	CN	电镀废水(银络合物褪色法)	11
安替比林偶氮苯甲酸	OP	pH=3.5~5.5 的乙酸-乙酸钠	452	1.22×10^5	1∶2	0.1~1.5	Pd	催化剂	12
对甲基苯基二安替比林甲烷		磷酸, Mn(Ⅱ)	480	1.52×10^5		0.06~0.6	Mn(Ⅳ)	工业废水及食品	13
对氯偶氮安替比林		乙酸	630	3.2×10^4	1∶1	0~0.64	Cu	铝合金	14
二安替比林-(2-甲氧基)苯基甲烷		磷酸, Mn(Ⅱ)	480	1.58×10^5		0~0.16	Cr	含铬废水和电镀废液	15
二安替比林-(2-溴)苯基甲烷	吐温 20	Mn(Ⅱ)	480	6.62×10^5		0.02~0.24	Cr	标钢	16
二安替比林-3,4-二甲氧基苯基甲烷	吐温 20	磷酸, Mn(Ⅱ)	465	3.24×10^5		0.02~0.40	Ce	镁合金	17
二安替比林邻羟基苯基甲烷		吐温 60, Mn	480	9.96×10^5		0.016~0.18	V	矿石和钢样	18
二安替比林间乙氧基苯基甲烷		Mn(Ⅱ)		1.73×10^5		0.004~0.320	Cr	含铬废水和电镀废液	19
二安替比林苯基甲烷	CTMAB	磷酸(1+4), Mn	480	3.72×10^6		0.004~0.036	Cr	水样	20
二安替比林苯乙烯基甲烷		磷酸		2.3×10^5		0~0.24	Ce	稀土氧化物	21

续表

显色剂	体 系	测定条件	λ_{max} /nm	ε	组成比	测定范围 /(μg/ml)	元素	应用	参考文献
二安替比林苯乙烯基甲烷		磷酸(2+1)	540			0.5~5.0	Mn	黄芪、红花和艾叶	22
		Mn(Ⅱ)	540	6.03×10^5		0~0.10	V	渣油及聚烯烃树脂	23
		磷酸, Cu(Ⅱ)	540	6.4×10^4		＜0.4	V	纯铝及铝合金	24
二安替比林对氨基苯基甲烷	β-环糊精	磷酸, Mn(Ⅱ)和氨三乙酸	540	7.74×10^5		0.02~0.16	Ce	银基合金	25
	吐温 20	磷酸, Mn(Ⅱ)	525	1.05×10^5		0.004~0.32	Cr	含铬废水	26
	吐温 80	磷酸, Mn(Ⅱ)	530	3.16×10^6		0~0.016	V	钢铁	27
二安替比林对甲基苯基甲烷		磷酸	485	3.53×10^5		0.02~0.32	Ce	镁合金和含锌矿石	28
		磷酸, Mn(Ⅱ)	485	4.6×10^5		0.004~0.1	Cr	水样	29
	吐温 80	磷酸, Mn(Ⅱ)	480	8.05×10^5		0.002~0.06	V	钢铁和矿石	30
二安替比林对甲氧基苯基甲烷			450	6.82×10^4		0~20	Mn	铝合金	31
		磷酸	450	1.04×10^5		0~0.4	Mn	茶叶和水样	32
		酸性	450	5.45×10^4		0~0.8	Mn	钢样	33
		磷酸, Cu	450	4.78×10^4		0~1.2	Mn	铝合金	34
二安替比林对氯苯基甲烷	CTMAB/正戊醇/正庚烷/水	磷酸, Ni	480	1.38×10^5		0~0.4	Mn	合金和矿石	35
二安替比林对羟基苯乙烯基甲烷			540	1.76×10^6		0~0.03	Cr	环境水样	36
	吐温 20	磷酸, Mn(Ⅱ)	540	1.03×10^6		0~0.05	V	草药及钢样	37
二安替比林对溴苯基甲烷	CTMAB	磷酸, Ni	480	1.53×10^5		0~0.32	Mn	绿茶, 板栗仁, 大葱	38
		磷酸, Mn(Ⅱ)	480	1.28×10^6		0.004~0.036	Mn	食品和水样	39
	吐温 20	磷酸, Mn(Ⅱ)	485	3.72×10^6		0.002~0.032	V	草药	40
二安替比林对乙氧基苯基甲烷		磷酸, Mn(Ⅱ)	450	3.38×10^5		0.8~1.6	Ce	镁合金和含锌矿石	41
		磷酸, Mn(Ⅱ)	450	1.36×10^6		0.002~0.032	Cr	环境水样	42
		酸性	450	1.49×10^5		0~0.4	Mn	钢铁	43
	OP	磷酸, Mn(Ⅱ)	450	2.90×10^6		0.004~0.032	V	草药	44

续表

显色剂	体　系	测定条件	λ_{max}/nm	ε	组成比	测定范围/(μg/ml)	元素	应用	参考文献
二安替比林对异丙氧基苯基甲烷	CTMAB	酸性, Ni	450	1.74×10^5		0~0.24	Mn	生物样品	45
	吐温 80	磷酸, Mn(Ⅱ)	450	4.71×10^6		0~0.012	V	废渣和生物样品	46
二安替比林基-(2,4-二羟基)苯基甲烷	吐温 20	Mn(Ⅱ)	470	4.58×10^5		0~0.1	Mn	草药	47
二安替比林基-(2-溴)-苯基甲烷	吐温 80	磷酸, Mn(Ⅱ)	480	1.82×10^5		0.04~2.4	Cr	电镀废水及处理废水	48
	吐温 80	磷酸, Mn(Ⅱ)	490	1.55×10^6		0.004~0.036	V	草药和矿样	49
二安替比林基-(4-溴)-苯基甲烷	吐温 60	Mn(Ⅱ)	480	3.28×10^5		0.02~0.2	Ce	镁合金和含锌矿石	50
二安替比林基-3,4-二羟基苯基甲烷			480	1.04×10^5		0.012~0.44	Cr	钢铁	51
	吐温 80	磷酸, Mn(Ⅱ)	480	4.46×10^5		0.012~0.096	V		52
二安替比林甲烷	OP-10, 溴邻苯三酚红		578	6.02×10^4	Cr∶溴邻苯三酚红∶显色剂=1∶2∶4		Cr		53
		盐酸	420			0.005~1.0	Ti	铬铁矿及标样	54
		1.8mol/L 盐酸	390	1.51×10^4	1∶3	0.01~1.0	Ti	铜合金	55
		硫酸+盐酸	390			0.005~0.65	Ti	功能纤维	56
		盐酸(2+1)	420			0~0.5	Ti	碳钢标样	57
		硫酸+盐酸	390	8.81×10^3		0~7.4	Ti	纳米复合镀层	58
二安替比林间乙氧基苯基甲烷		磷酸, Mn(Ⅱ)	480	5.49×10^5		0.004~0.1	Mn		59
二安替比林邻烯丙氧基苯基甲烷		磷酸, Mn(Ⅱ)	480	3.53×10^5		0~0.1	Cr	环境水样	60
二安替比林邻溴苯基甲烷		酸性	480	5.62×10^4		0~0.8	Mn	钢铁	61
二安替匹林对甲氧基苯基甲烷	吐温 60		440	1.4×10^5		0~0.36	Cr	水	62

续表

显色剂	体 系	测定条件	λ_{max} /nm	ε	组成比	测定范围 /(μg/ml)	元素	应用	参考文献
二硫代安替比林甲烷		2mol/L 硫酸	327	2.72×10^4		0~1.2	As	化妆品	63
间羧基偶氮安替比林		0.04~0.16 mol/L 乙酸	640	2.92×10^4		0~0.6	Cu	铝合金和锌合金	64
邻烯丙氧基苯基二安替比林甲烷	吐温 60	磷酸, Mn(Ⅱ)	480	1.90×10^6(1) 1.27×10^6(2)		(1)0.00~0.02 (2)0.02~0.08	V		65

本表参考文献：

1. 闵良，曹秋娥，丁中涛，等. 冶金分析, 2007(02): 29.
2. 田茂忠，袁跃华. 河北师范大学学报：自然科学版, 2004 (03): 278.
3. 陈文宾，郑秋霞，马卫兴，等. 理化检验：化学分册, 2011(01): 1.
4. 陈文宾，胡庆昊，王琼，等. 冶金分析, 2010(09): 32.
5. 栗旸，刘世熙，尹家元. 卫生研究, 2002, (03): 203.
6. 周原，刘新玲，肖玉高. 冶金分析, 1996(06): 23.
7. 刘新玲，周原，王特. 理化检验：化学分册, 1997(12): 546.
8. 刘家琴，徐其亨，匡云艳. 冶金分析, 1999(05): 35.
9. 刘英红，马卫兴，李艳辉，等. 冶金分析, 2010(05): 24.
10. 赵剑英. 江西师范大学学报：自然科学版, 2006 (02): 148.
11. 徐斌，徐贤英，凌连生，等. 分析化学, 1997(04): 495.
12. 黄章杰，黄锋，谢琦莹，等. 冶金分析, 2007(11): 17.
13. 谢启明，黄文忠，王波，等. 冶金分析, 2000(01): 22.
14. 李在均，侯永根，潘教麦. 冶金分析, 2004(03): 8.
15. 王海涛，潘杰，徐其亨. 分析化学, 1996(02): 195.
16. 杨文荣，李琼，徐其亨. 冶金分析, 1997(04): 18.
17. 周红，杨光宇，尹家元，等. 理化检验：化学分册, 1999 (08): 361.
18. 阮琼，李碧玉，白世发，等. 冶金分析, 2005(03): 73.
19. 周红，杨光宇，徐其亨，等. 干旱环境监测, 1997(03): 135.
20. 黄梅兰，苏艳华，蒙丹军，等. 理化检验：化学分册, 2002 (08): 391.
21. 李在均，王利平，何其剑，等. 冶金分析, 2000(03): 18.
22. 郑静，徐菁利，赵家昌. 理化检验：化学分册, 2009 (10): 1209.
23. 刘立行，王冬梅. 石油化工, 1999(04): 48.
24. 蔡健炜，包飞虹，潘教麦. 理化检验：化学分册, 1996 (02): 94.
25. 黄章杰，胡秋芬，尹家元，等. 分析试验室, 2002(02): 76.
26. 杨亚玲，杨光宇，尹家元，等. 干旱环境监测, 1998(02): 65.
27. 杨光宇，尹宁，尹家元，等. 化学通报, 1999(05): 45.
28. 罗琴，谢启明，徐其亨，等. 理化检验：化学分册, 2001(01): 37.
29. 谢启明，黄文忠，杨红卫，等. 干旱环境监测, 1998(01): 5.
30. 黄文忠，谢启明，罗琴，等. 冶金分析, 2000(03): 44.
31. 阮琼，王琳，伊家元，等. 分析试验室, 2004(03): 59.
32. 杨亚玲，崔永春，杨光宇，等. 理化检验：化学分册, 1999 (03): 113.
33. 黄章杰，杨光宇，尹家元，等. 分析科学学报, 1999(03): 60.
34. 阮琼，杨光宇，尹家元，等. 冶金分析, 1998(02): 43.
35. 杨亚玲，杨光宇，尹家元，等. 冶金分析, 1998(03): 12.
36. 周世萍，杨光宇，尹家元，等. 分析化学, 2000(07): 890.
37. 周世萍，段德良，杨光宇，等. 岩矿测试, 2000(02): 116.
38. 王亮，杨光宇，尹家元，徐其亨. 分析化学, 1998 (11): 1409.
39. 尹家元，杨光宇，徐其亨，等. 环境科学, 1997(03): 64.
40. 杨光宇，尹家元，徐其亨. 分析化学, 1997(07): 865.
41. 王亮，杨光宇，尹家元，等. 冶金分析, 1998(04): 3.
42. 尹家元，杨光宇，尹宁. 环境科学, 1998(02): 76.
43. 王琳，杨光宇，尹家元，等. 冶金分析, 1999(03): 19.
44. 林会松，杨光宇，尹家元，等. 理化检验：化学分册, 1999(05): 204.
45. 何严萍，杨光宇，尹家园，等. 分析试验室, 1999(02): 67.
46. 杨光宇，尹家元，刘玫，等. 分析化学, 1999(01): 69.
47. 李强，徐其亨. 理化检验：化学分册, 1996(03): 165.
48. 龙莉，徐其亨，杨文英. 干旱环境监测, 1997(01): 18.
49. 曹秋娥，徐其亨. 冶金分析, 1996(06): 14.
50. 杨文荣，徐其亨，王海涛. 冶金分析, 1996(03): 5.
51. 刘新玲，周原，肖金增. 理化检验：化学分册, 1998 (03): 111.
52. 刘新玲，周原，贾双凤. 理化检验：化学分册, 1998 (04): 160.
53. 黄锡荣，揭念琴，张文娟，等. 山东大学学报：自然科学版, 1996(02): 231.
54. 刘芳. 理化检验：化学分册, 2012(04): 488.
55. 杨浩义，晏高华，钟国秀. 冶金分析, 2007(09): 77.
56. 杨晓华，赵星洁，刘英华. 纺织学报, 2007(08): 8.
57. 郭寿鹏，谭林青，丁少华. 冶金分析, 2006(04): 76.

58. 亓新华, 王红娟．理化检验: 化学分册, 2006(08): 672.
59. 阮琼, 杨光宇, 尹家元, 等．化学世界, 1998(06): 49.
60. 尹家元, 郇春华, 杨光宇．干旱环境监测, 1998(03): 131.
61. 王琳, 杨光宇, 尹家元, 等．理化检验: 化学分册, 1999 (04): 156.
62. 赵琦华, 徐幼虹, 徐其亨．理化检验: 化学分册, 1997 (08): 360.
63. 李在均, 王利平, 潘教麦．日用化学工业, 2000 (04): 48.
64. 潘振声, 沈铭能, 潘教麦．冶金分析, 2007(12): 39.
65. 林会松, 杨光宇, 尹家元等．冶金分析, 1999(05): 13.

参 考 文 献

[1] 潘教麦, 等．新显色剂及其在光度分析中的应用．北京: 化学工业出版社, 2003.
[2] 杨武, 等．光度分析中高灵敏反应及方法．北京: 科学出版社, 2000.
[3] 寇宗燕, 张伏龙, 等．甘肃联合大学学报: 自然科学版, 2004, 18(4): 48.
[4] 潘教麦, 潘勇．第十届全国稀土元素分析化学学术报告会论文集, 2003: 217.
[5] 李冠峰, 刘秋霞, 等．洛阳师专学报, 1998, 172: 94.
[6] 冯尚彩．冶金分析, 2003, 23(4): 28.
[7] 崔玉民．稀土, 2004, 25(4): 48.
[8] 杨明华, 龚楚儒．咸宁师专学报: 自然科学版, 1998, 18(3): 52.
[9] 吕玲, 刘根起, 等．贵金属, 2004, 25(2): 61.
[10] 杨晓慧, 韩权．陕西师范大学学报: 自然科学版, 1998, 26(4): 119.
[11] 齐大勇, 周天泽, 等．化学试剂, 1983, 5(2): 96.
[12] 王莉红, 汤福隆．化学试剂, 2000, 22(3): 165.
[13] 张光, 张小玲, 等．化学试剂, 1989, 11(4): 193.
[14] 周浣芳, 金家英, 等．化学试剂, 1995, 17(3): 132.
[15] 刘金华, 朱黎霞, 等．化学试剂, 2000, 22(3): 145.
[16] 张光, 张小玲．分析试验室,1988, 7(8): 35.
[17] 朱圣姬, 姜利荣, 等．三峡大学学报: 自然科学版, 2007, 29(2): 170.
[18] 田松涛, 于秀兰．稀有金属, 2010, 34(增刊): 88.
[19] 于秀兰, 田松涛．中国无机分析化学, 2011, 1(2): 31.
[20] 袁新民, 罗宗铭．冶金分析, 1997, 17(2): 25.
[21] 王玉标．安徽教育学院学报, 2002, 20(6): 44.
[22] 郭启华, 周勇义, 等．冶金分析, 2003, 23(1): 20.
[23] 许琳, 胡志勇．山西化工, 2008, 28(2): 37.
[24] 王贵方, 吕蓓红．安阳师范学院学报, 2006, 5: 79.
[25] 沈燕, 张诚, 等．化工中间体, 2004, 1(3): 87.
[26] 龚楚儒．海南师范学院学报, 2001, 14(1): 71.
[27] 丁玉龙, 李贺, 等．济南大学学报: 自然科学版, 2005, 19(3): 215.
[28] 雷亚春, 张勇, 等．光谱实验室, 2003, 20(4): 479.
[29] 李雅, 成瑜, 等．河北化工, 2008, 31(1): 13.
[30] 李凤, 刘道杰．理化检验: 化学分册, 2003, 39(9): 561.

第四章　有机物的显色反应与生物大分子的光度分析

第一节　有机物的显色反应

大部分的有机化合物可利用其自身在紫外及可见光区的吸收，直接进行测定。但往往由于测定的灵敏度和选择性等问题，更多的情况下，是将其转变成在可见光区具有吸收的物质后再进行测定。有机物之间的反应有其自身特点[1]：一是反应速率慢，往往需等待很长时间吸光度值才能达最大值；二是有机反应历程复杂，常伴有副反应，有色反应不定量；三是温度、介质 pH 及溶剂对反应影响大，此外反应试剂纯度及水解、氧化、光化学反应也影响反应产物。种种原因对有机化合物的间接光度测定带来诸多的困难，因此，对有机物的显色反应的选择在有机物光度分析中显得尤为重要。

在间接法中采用的有机物的显色反应种类很多，其中最主要的有十多类[2~5]，在利用的显色反应中，只有那些具有选择性好、灵敏度高、反应速率快、反应条件易于控制等优点的化学显色反应才是最受重视的显色反应。本章只对其中的生成偶氮化合物的反应、缩合反应、荷移配位反应、离子缔合反应、与金属离子的配位显色反应、氧化还原显色反应等做重点介绍。近年来纳米材料的发展为光度分析提供了新的探针材料，进一步开拓了光度分析在生命分析化学中的应用，这部分内容也放在本章讨论。

一、生成偶氮化合物的反应

重氮盐正离子可以作为亲电试剂与活泼的芳香化合物进行芳香亲电取代，生成偶氮化合物，通常把这种反应叫做偶联反应。利用这类反应，可用间接分光光度法测定芳香族胺、硝基化合物、酚类化合物及其醚、醛和酮等。

芳香族胺的测定可先在酸性介质中用亚硝酸钠重氮化生成相应的重氮盐，此后再与适当的偶合试剂在碱性或弱酸性介质中与重氮盐偶合，生成相应的有色偶氮化合物，其反应为：

$$\mathrm{ArNH_2+NaNO_2+2HCl \longrightarrow [Ar-N^+{\equiv}N]Cl^-+NaCl+2H_2O}$$

$$\mathrm{[Ar-N^+{\equiv}N]Cl^-+Ar-OH \longrightarrow Ar-N{\equiv}N-Ar-OH+HCl}$$

以酚类为偶合试剂，偶合显色反应常在碱性介质中进行；以苯胺类为偶合试剂，偶合显色反应常在弱酸性介质中进行。芳胺类偶合剂中以 *N*-(1-萘基)乙二胺和 *N*-(1-萘基)-*N*-二乙基丙基二胺等灵敏度较好。我国水质苯胺类化合物测定的国家标准 GB 11890—89 中使用的偶合试剂即为 *N*-(1-萘基)乙二胺。文献[6]指出该试剂的纯度对显色溶液的稳定性及显色反应的速度有很大影响，可选用活性炭和三氯甲烷这两种试剂对 *N*-(1-萘基)乙二胺进行提纯。常用的酚类偶合试剂有：邻甲氧基苯酚、8-羟基喹啉和α-萘酚等，生成的相应的有色偶氮化合物的最大吸收波长分别位于 452nm、482nm 和 497nm 处。与传统的 *N*-(1-萘基)乙二胺光度法相比，这 3 种方法测定苯胺更方便、快速、灵敏，线性范围更宽；它们的检出下限分别为 8.6μg/L、10μg/L、14μg/L；线性范围分别为 0～5.6mg/L、0～4.8mg/L 和 0～3.2mg/L。这 3 种方法用于测定环境水样中的苯胺类化合物，均获得了满意的结果[7]。

由于空间位阻的影响，偶联主要发生在偶合试剂的对位，除非对位已有取代基才在邻位偶联。偶联反应是在弱酸性、中性或弱碱性溶液中进行的。因在强酸溶液中偶合试剂都被质子化，则不可能再供给苯核电子，失去活化苯环的作用，因而一般不发生偶联反应。若在强碱溶液中，重氮盐与碱作用，其生成物不是亲电试剂，也不能发生偶联反应，因此偶联反应的 pH 值是重要条件之一。

也可以利用芳香族胺直接和重氮盐反应生成相应的有色偶氮化合物来测定芳香族胺[8]，例如在碱性介质中，芳香族胺与氟硼酸对硝基苯重氮盐反应生成不同颜色的偶氮化合物。苯胺反应生成物呈红色(λ_{max}=530nm)、*N*-甲苯胺反应生成物呈绿色(λ_{max}=425nm)、*N*,*N*-二甲苯胺反应生成物呈橙色(λ_{max}=500nm)、对氨基苯甲酸反应生成物呈浅红橙色(λ_{max}=520nm)、对氨基苯磺酰胺呈浅红橙色(λ_{max}=530nm)。也可以用氟硼酸-4-偶氮苯重氮盐作偶合剂。

芳香族伯胺与亚硝酸在低温下作用生成重氮盐，重氮盐再与茶多酚中的多元酚在碱性溶液中反应生成偶氮化合物，这是测定多元酚的常用方法。以 1%盐酸联苯胺、17.5%盐酸、0.5%亚硝酸钠与茶多酚反应 20min，生成偶合物。在 400nm 处测定，线性范围为 0～0.1532g/L，相对标准偏差为 2.38%，该法测定结果为总酚量。

用重氮化芳族胺与酚羟基化合物偶合，反应生成偶氮化合物，用光度法测定酚羟基化合物，这是较为灵敏和通用的酚羟基测定方法。常用的重氮化芳族胺有 4-硝基苯胺的重氮盐，对重氮苯磺酸和对苯基偶氮重氮苯等。4-硝基苯胺的重氮盐中存在助色团硝基，其生成的偶氮化合物在碱性介质中颜色很深。对氨基苯磺酸水溶性好，易于重氮化，由它配制的重氮盐溶液在 0℃储存于暗处，可稳定数日。但它与酚羟基化合物偶合生成的偶氮染料的吸光系数低至对苯基偶氮重氮苯与酚羟基化合物偶合生成的偶氮染料的吸光系数约 1/3。

偶合法测定酚羟基的干扰因素主要有以下几点：芳香族胺与重氮化合物偶合生成有色化合物；试剂中过量亚硝酸与氨基化合物或硝基化合物生成有色化合物；有金属盐存在时分解重氮化合物产生有色物质。

对重氮苯磺酸偶合光度法测定酚羟基化合物的部分例子见表 4-1。

表 4-1 对重氮苯磺酸偶合光度法测定酚羟基化合物部分例子

试 样	反应时间/min	pH 值	ε	λ_{max}/nm
苯酚	2	8.5	2.1	450
邻甲酚	2	8.5	2.21	458
间甲酚	2	8.5	1.82	434
间苯二酚	2	7.6	4.35	440
间苯三酚	2	7.1	5.10	440
间羟基苯甲酸	15	8.1	1.41	414
对羟基苯甲酸	15	7.8	1.38	430
间氨基酚	5	7.5	3.00	450
间氯酚	5	8.5	2.25	432
邻碘酚	2	7.5	2.52	448
邻苯基酚	2	7.5	1.93	460
α-萘酚	15	7.1	2.50	520
β-萘酚	15	7.1	2.18	492
2,7-萘二酚	15	7.1	2.15	492

文献[9]研究了黄酮化合物的偶氮显色反应，黄酮化合物为多羟基芳环化合物。根据偶氮反

应的一般原则，重氮盐容易在芳环羟基的对位或邻位发生偶联取代反应，因为这些羟基会将电子云推向对位或邻位碳上，使其负电性增强，而重氮盐是亲电试剂，所以很容易在这里发生偶联反应，羟基位置不同偶氮显色灵敏度也不一样。例如芦丁、桑色素和槲皮素在5位、7位有羟基，那么在8位符合羟基对位和邻位容易发生偶联反应的原则，所以偶氮显色灵敏度比较高。如果7位羟基变为糖苷，例如橙皮苷和黄芩苷，则灵敏度有所下降，可能是7位糖基对在8位的偶联反应有位阻作用之故。染料木苷的7位也是糖苷基，但灵敏度却比较高，这可能是在4′-羟基的邻位上同时产生又一个偶联反应，使染料木苷同时带有两偶氮基团，所以，灵敏度相对就比较高。相同情况桑色素也可能在5′-碳上发生偶联反应，因为它处于2′-羟基的对位和4′-羟基的邻位，所以，桑色素的灵敏度比具有相同分子量的槲皮素的灵敏度更高。大豆苷由于5位没有羟基，7位碳上又是糖苷基，因而是这些黄酮化合物中偶氮显色灵敏度最低的。

在pH=10.4的NH_4Cl-$NH_3 \cdot H_2O$缓冲溶液中，对磺基氯化重氮苯可与芦丁、桑色素、染料木苷、槲皮素、橙皮苷、黄芩苷和大豆苷7种黄酮化合物发生偶氮显色反应，反应产物的最大吸收波长，除黄芩苷为380nm外，其余均在430nm处，显色反应的灵敏度依上述顺序逐渐减弱，其中芦丁的摩尔吸光系数最大，为3.28×10^4，大豆苷的摩尔吸光系数最小，为8.30×10^2。其灵敏度高于铝(III)盐光度法。

早在1958年Saville建立了亚硝化重氮偶合比色法测定巯基化合物，在《有机官能团定量分析》一书中已有详细介绍。测定是在微酸性溶液中，巯基化合物与亚硝酸反应生成相应的*S*-亚硝基化合物，用氨基磺酸铵除去过量的亚硝酸，在汞离子存在下，*S*-亚硝基化合物水解释放出的亚硝酸重氮化对氨基苯磺酰胺后再与*N*-α-萘乙二胺偶合，生成粉红色偶氮染料(λ_{max}=550nm)。其反应如下：

$$RSH+HONO \longrightarrow RSNO$$

$$RSH+H_2O+Hg^{2+} \longrightarrow RSHg^{+}+HNO_2+H^{+}$$

$$HNO_2 + H_2N-C_6H_4-SO_2NH_2 + HCl \longrightarrow H_2NO_2S-C_6H_4-\overset{+}{N}\equiv NCl^- + 2H_2O$$

$$H_2NO_2S-C_6H_4-\overset{+}{N}\equiv N + C_{10}H_7-NHCH_2CH_2NH_2 \longrightarrow H_2NO_2S-C_6H_4-N=N-C_{10}H_6-NHCH_2CH_2NH_2$$

有文献报道了用该法测定空气中的巯基化合物[10]。

芳香族硝基化合物可在酸性介质下先还原至相应的氨基化合物，重氮化后再与偶合试剂偶合生成偶氮化合物以进行光度分析。常用的还原剂为钛(III)盐、氯化亚锡、金属锌和铝粉等。

脂族伯、仲硝基化合物可用亚硝酸重氮偶合法测定，在氢氧化钠存在下，脂族伯、仲硝基化合物与过氧化氢反应释出亚硝酸根离子，用对氨基苯磺酸重氮化，再与萘胺偶合，然后进行光度测定，其反应如下：

$$>CH-NO_2 \xrightarrow{OH^-} >C=NO_2^- \xrightarrow{H_2O_2} >C=O + NO_2^-$$

$$NO_2^- + H_2N-C_6H_4-SO_3H \longrightarrow N\equiv\overset{+}{N}-C_6H_4-SO_3H$$

$$N\equiv\overset{+}{N}-C_6H_4-SO_3H \xrightarrow{C_{10}H_7NH_2} C_{10}H_7-N=N-C_6H_4-SO_3H$$

该方法可以直接用于亚硝酸盐氮的测定，亚硝酸盐氮在酸性溶液中与对氨基苯磺酸起重氮化作用，而后与盐酸 α-萘胺偶合生成紫红色染料，其颜色深度与亚硝酸盐氮成正比[11]。

羧酸与亚硝酸钠反应释放出亚硝酸，用对氨基苯磺酰胺重氮化，生成的重氮盐用 α-萘胺偶合显色(常呈红色)，反应如下：

$$\text{R—COOH} \xrightarrow{\text{NaNO}_2} \text{HNO}_2 \xrightarrow{\text{H}_2\text{N—C}_6\text{H}_4\text{—SO}_2\text{NH}_2} \text{N}\equiv\overset{+}{\text{N}}\text{—C}_6\text{H}_4\text{—SO}_2\text{NH}_2 \xrightarrow{\alpha\text{-萘胺}} \text{4-氨基-1-萘基—N=N—C}_6\text{H}_4\text{—SO}_2\text{NH}_2$$

在碱性介质中，酮类化合物，特别是 1,3-二酮和 β-酮基羧酸能与重氮盐反应生成相应的偶氮化合物，反应如下：

$$\text{R—CO—CH}_2\text{—CO—R} + \text{Ar}\overset{+}{\text{N}}\equiv\text{NCl}^- \longrightarrow \text{R—CO—}\underset{\text{N=N—Ar}}{\text{CH}}\text{—CO—R} \rightleftharpoons \text{R—CO—}\underset{\text{N—N—Ar}}{\overset{}{\text{C}}}\text{—CO—R}$$

利用上述反应可利用光度法测定许多酮类化合物。

醛可以与重氮盐直接反应生成偶氮化合物：

$$\text{RCH}_2\text{CHO} + \text{Ar—}\overset{+}{\text{N}}\equiv\text{NCl}^- \longrightarrow \text{R—}\underset{\text{N=N—Ar}}{\text{CH}}\text{—CHO} + \text{HCl}$$

也可以先与苯肼作用生成席夫碱，再与重氮盐反应生成颜色较深的甲臜类化合物。

某些醛类的偶氮化合物的吸收光谱特征如表 4-2 所示。

表 4-2 某些醛类的偶氮化合物的吸收光谱特征

测定物质	产物颜色	λ_{max}/nm	ε
丙烯醛	蓝	620	2.7
苯甲醛	蓝	630	2.0
乙二醛	绿	605	1.5
2-萘甲醛	绿	625	1.7
4-吡啶甲醛	绿	610	4.4
乙醛	蓝	620	3.6
甲醛	蓝	610	2.4

下面列举一些生成偶氮化合物的反应的应用实例，例如田孟魁等[12]利用磺胺类药物的重氮化反应再与 α-萘酚偶联形成有色偶氮化合物测定了磺胺类药物的含量；利用对氨基苯磺酸重氮化溶液与胆红素偶联形成红色偶氮胆红素，建立了分光光度测定珍黄液中胆红素含量的新方法[13]；应用邻甲氧基苯酚作为亚硝酸与 4-氨基偶氮苯重氮化反应产物的偶联剂，建立了测定 4-氨基偶氮苯的分光光度法[14]；利用重氮化的对氨基苯磺酸与酪氨酸反应生成浅红色物质建立了一种能准确快速测定酪氨酸的方法[15]；利用芳香族伯胺重氮化偶合生成有色化合物的原理，建立了分光光度法测定茶多酚含量的方法[16]；文献[17]介绍用变色酸作为偶合组分，

苯脲类除草剂在强酸或是强碱条件下水解，生成氨类化合物，经重氮化偶合反应后，显色测定苯脲类除草剂灭草隆和非草隆等。

二、缩合反应

缩合反应是由两个或多个有机分子相互作用后以共价键结合成一个大分子，同时失去水或其他比较简单的无机或有机小分子的反应。其中的小分子物质通常是水、氯化氢、甲醇或乙酸等，缩合反应可以是分子间的，也可以是分子内的。

缩合反应可以通过取代、加成、消除等反应途径来完成。多数缩合反应是在缩合剂的催化作用下进行的，常用的缩合剂是碱、醇钠、无机酸等。缩合作用是非常重要的一类有机反应，在有机物的光度分析中得到广泛应用。

（一）氨基酸的缩合反应

茚三酮是氨基酸的特效试剂，对茚三酮和 α-氨基酸的显色反应机理有不同论述[18,19]，有人认为先是茚三酮将 α-氨基酸氧化成亚氨基酸，随后水解产生氨，最后由还原的茚三酮、氨及茚三酮之间发生缩合得到有色产物，反应如下：

$$\text{茚三酮} + R-CH(NH_2)-COOH \longrightarrow \text{还原茚三酮(H, OH)} + R-C(=NH)-COOH$$

$$R-C(=NH)-COOH + H_2O \longrightarrow R-C(=O)-COOH + NH_3$$

$$R-C(=O)-COOH \longrightarrow R-CHO + CO_2$$

$$\text{还原茚三酮(H, OH)} + NH_3 + \text{茚三酮} \rightleftharpoons \text{茚二酮-CH-N=茚二酮}$$

$$\text{茚二酮-CH-N=茚二酮} \rightleftharpoons \text{(OH)茚酮-C-N=茚二酮}$$

另有人认为茚三酮和 α-氨基酸先按加成-消除机理反应得到缩合物，后经脱羧重排和水解后，再由氨基茚二酮和茚三酮缩合成有色产物，反应如下：

$$\text{茚三酮} + R-CH(NH_2)-COOH \rightleftharpoons \text{茚二酮}=N-CH(R)-COOH \xrightarrow{\text{脱羧重排}} \text{茚二酮(H)}-N=CH-R$$

$$\text{氨基茚二酮(H, NH}_2) + RCHO \underset{}{\overset{H_2O}{\rightleftharpoons}} \text{茚二酮(H)}-N=CH-R$$

$$\text{氨基茚二酮(H, NH}_2) + \text{茚三酮} \rightleftharpoons \text{(OH)茚酮-C-N=茚二酮}$$

后经研究表明，显色反应机理与反应时的 pH 值及 α-氨基酸的结构有关，在弱酸性条件下，反应按间接氧化还原机理进行。而在碱性条件下，氨基酸的还原能力加强了，故反应主要按直接的氧化还原机理进行。

文献[20]认为在氨基酸中染色的唯一部分是氮原子，所以一切具有伯氨基的氨基酸都产生相同的颜色，与原来的氨基酸结构无关，该产物的最大吸收波长为 570nm，可用于氨基酸的分光光度测定。该方法常用于测定样品中总游离氨基酸含量，如脑心舒口服液、板蓝根、山珠半夏、含乳饮料等中的总游离氨基酸含量。若要测定每一种氨基酸含量，必须逐个进行分离，常用的分离方法为离子交换色谱法，采用阳离子交换树脂，以不同 pH 的缓冲溶液将各种氨基酸分别洗脱下来，然后用茚三酮分光光度法测定洗脱液中各种氨基酸浓度。

茚三酮与脯氨酸及羟基脯氨酸直接反应的反应式如下：

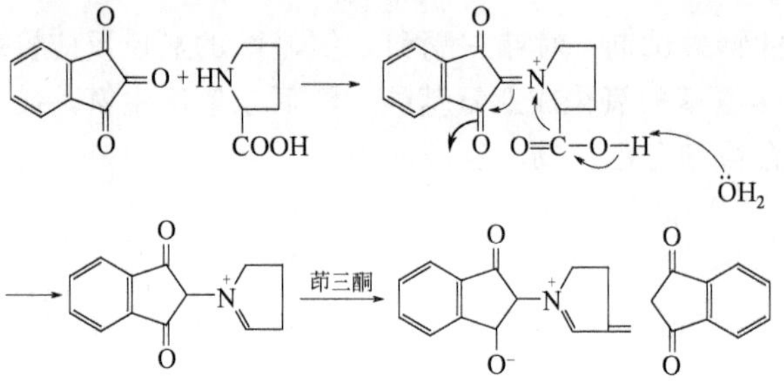

产物为黄色，其最大吸收峰波长为 440nm，可作为脯氨酸及羟基脯氨酸的测量波长。

α-氨基酸和茚三酮的显色反应宜在弱酸性条件下进行，pH=4～7 或 5～7 最为适宜。当溶液 pH 值逐渐变大时，各种氨基酸与茚三酮反应颜色有明显变化，依次为蓝色、蓝紫色、紫色、红紫色和紫红色。pH 值过高或过低都不发生显色，因此在测定中，必须严格控制 pH 值。另外温度、溶剂、氨基酸与茚三酮的浓度及用量对显色速度和颜色深浅也有影响。

采用茚三酮法测定氨基酸的部分实例见文献[21]～[29]。

（二）醛、酮和含氮亲核试剂的加成

许多氨的衍生物(可用 NH_2-X 表示)能和醛、酮发生亲核反应，然后失水，形成含有 C=N 双键的化合物。在醛、酮分光光度法测定中最常用的氨的衍生物是 2,4-二硝基苯肼，在酸性溶液中，2,4-二硝基苯肼与羰基反应生成 2,4-二硝基苯腙，将腙用惰性溶剂萃取分离后，在 340nm 处进行测定。若腙再与氢氧化钾反应，生成酒红色的共振醌型离子，反应如下：

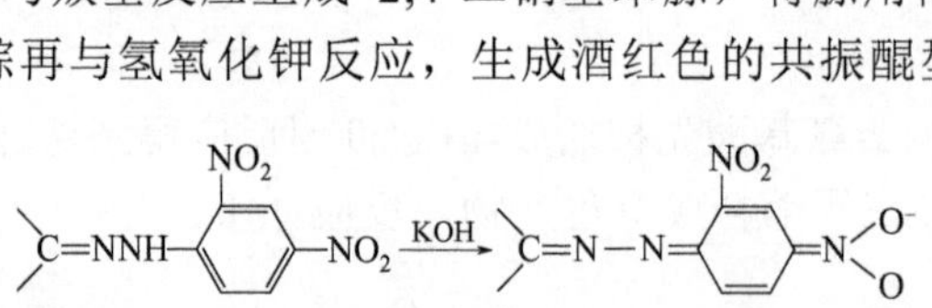

该法常用于羰基总量的测定。

2,4-二硝基苯腙的共振醌型离子最大吸收峰在 430nm，但测量波长选在 480nm 时，线性关系更好一些。2,4-二硝基苯肼试剂的质量对测定结果的重现性有一定影响，可在四氯化碳-硫酸(1000ml 含硫酸 2ml)溶液中回流 24h 后蒸馏，用甲醇(不含羰基)重结晶。缩醛和亚胺等易水解羰基化合物将有干扰。

2,4-二硝基苯肼法的一些测定实例如下。

文献[30]介绍了在波长 438nm 处测定壬二酸中羰基化合物含量，比色液中羰基化合物含量(以羰基计)在 0～2μg/ml 范围内符合比尔定律，对样品平行 6 次测定相对标准偏差为 1.14%～2.21%，回收率为 95.5%～104.2%。

文献测定了柚子[31,32]、苦丁茶[33]和小麦叶片[34]中的维生素 C。

文献[35]建立了利用环己酮和 2,4-二硝基苯肼的显色反应来检测环己酮含量的方法。环己酮浓度在 0～5mg/L 范围内与吸光度线性关系良好，线性相关系数为 0.9973。在 10ml 转化液的实验条件下，方法的检测限为 188μg/L，相对标准差为 1.52%。

文献[36]在研究马齿苋的抗低氧作用及其机制时，采用 2,4-二硝基苯肼比色法测定乳酸脱氢酶(LDH)的活性。

文献[37]提出了一种以 2,4-二硝基苯肼作为显色剂的测定白酒中甲醇的检测方法。白酒中的甲醇经高锰酸钾氧化为甲醛，甲醛与 2,4-二硝基苯肼发生反应生成稳定的酒红色腙类物质，其最大吸收波长为 390nm，$\varepsilon=1.64\times10^3$，线性范围为 0～0.053mg/ml，测定酒样回收率 94.3%～104.8%，相对标准偏差 0.3%～0.6%(n=6)。

文献[38]提出了酚氧化降解过程中生成的微量降解中间产物——对苯醌的测定方法，从分子结构上看，对苯醌含有羰基，具有不饱和酮的性质，因此它能与亲核试剂 2,4-二硝基苯肼发生加成反应，生成黄绿色的化合物，可用分光光度法测定。

文献[39]建立了筋骨草药材中总环烯醚萜苷的含量测定方法。筋骨草中含有哈巴苷($C_{15}H_{24}O_{10}$，分子量 364.35)、乙酰哈巴苷($C_{17}H_{26}O_{11}$，分子量 406.39)、雷扑妥苷($C_{17}H_{26}O_{10}$，分子量 390.39)及白毛夏枯草苷 A($C_{29}H_{46}O_7$，分子量 506.69)、B($C_{29}H_{46}O_6$，分子量 490.69)、C($C_{23}H_{35}O_{13}$，分子量 519.52)、D($C_{23}H_{35}O_{12}$，分子量 503.52)7 种环烯醚萜类化合物，此类化合物基本结构十分相似，其 A 环上的氧较活泼，加酸可使环烯醚萜分子中的葡萄糖水解，并暴露出其半缩醛，两个醛基在一定条件下同 2,4-二硝基苯肼反应可以生成 2,4-二硝基苯腙，在碱性环境下形成棕色溶液，可利用可见分光光度仪进行含量测定。乙酰哈巴苷在筋骨草药材中含量较大，且分子量居中(平均分子量为 454.5)，故选择乙酰哈巴苷作为对照品测定其中总环烯醚萜苷的含量。

文献[40]测定了白酒中醛类物质的含量，确定了方法的最佳条件，在 445nm 波长处具有最大吸收，化合物的摩尔吸光系数 $\varepsilon_{445}=4.75\times10^4$；方法的线性范围为 0.8～4.0μg/ml；检出限为 0.019mg/L；RSD(n=7)小于 2.12%，测得加标回收率为 97.6%～100.3%。

文献[41]建立地黄中总环烯醚萜苷含量测定的方法。采用分光光度法，以梓醇为对照品，经酸水解，二硝基苯肼乙醇试液和 NaOH 70%乙醇溶液显色后在 463nm 处测定其含量。结果显色稳定，梓醇浓度在 0.0345～0.092mg/ml 范围内线性关系良好(R=0.9981)，平均回收率为 100.28%，RSD=3.0%。

香草醛与儿茶素的反应是以盐酸为催化剂的羟醛缩合反应，属于亲核加成反应。由于仲醇羟基亲核性大于酚羟基，其主要反应为羟醛缩合，故反应有明显的选择性。生成稳定性较好的红色化合物。黄河宁等运用香草醛-盐酸分光光度法测定茶制品中儿茶素的含量，在(20±1)℃条件下避光反应 15h，最大吸收波长 500nm，线性范围为 10～100mg/L，相对标准偏差为 0.49%。该法反应时间过长，测定结果为具有儿茶素类结构物质的总量。李春阳等针对测定葡萄籽和葡萄梗中原花青素含量的香草醛-盐酸法进行了改良，提出用低浓度香草醛、盐酸显色液测定原花青素含量。在(30±1)℃下反应 30min 后于 500nm 波长下测定，原花青素的线性范围为 120～600mg/L。该法缩短了反应时间，测定结果为总酚量。

（三）生成席夫碱的反应

席夫碱主要是指含有亚胺或甲亚胺特性基团（—RC═N—）的一类有机化合物，通常席夫碱是由胺和活性羰基缩合而成。席夫碱类化合物在分析领域作为良好的配体，可以用来鉴别、鉴定金属离子和定量分析金属离子的含量。在有机物光度分析中，生成席夫碱的反应是常用的有机物显色反应。

脂肪伯胺和水杨醛作用形成席夫(Schiff)碱，反应如下[42]：

$$\text{(2-OH)}C_6H_4\text{—CHO} + R\text{—}NH_2 \longrightarrow \text{(2-OH)}C_6H_4\text{—CH=N—R} + H_2O$$

所形成的席夫碱呈亮黄色，λ_{max}=410nm，利用此反应测定伯氨基含量。仲胺和叔胺不发生上述反应，但可形成酚羟基阴离子，在410nm处也有相当强的吸收，干扰伯胺测定，可加入乙酸，与仲胺和叔胺形成盐，抑制酚羟基负离子的形成可消除干扰。

在三乙醇胺存在下，亚胺与氯化铜反应生成可溶于乙醇的铜配合物，再与*N*,*N*-二(羟乙基)二硫代氨基甲酸酯反应后进行比色，可用于测定含量低于 0.01%的伯胺，仲胺和叔胺不干扰。

芳族醛的比色方法可基于与氨基化合物反应生成席夫碱，通常用的氨基化合物有二甲基苯二胺和氨基酚。脂族醛和芳族醛与二甲基苯二胺反应，生成黄色、橙色和黄棕色席夫碱。二甲基苯二胺法比色测定醛的条件见表4-3[8]。

表4-3 二甲基苯二胺法比色测定醛的条件

试 样	λ_{max}/nm	A=0.3(1cm 吸收池)时试样量/μg	试 样	λ_{max}/nm	A=0.3(1cm 吸收池)时试样量/μg
脂族醛(操作1)①			肉桂醛	490	5.2
乙醛	390	11.5	芳族醛(操作2)②		
丙醛	430	81.5	苯甲醛	465	19
丁醛	390	25.5	对甲苯甲醛	460	12
异丁醛	370	100	对硝基苯甲醛	450	33
异戊醛	390	25	对茴香醛	465	9
庚醛	400	73	水杨醛	465	27
辛醛	435	129	原儿茶醛	465	7.5
2-乙基己醛	390	40	藜芦醛	465	10
月桂醛	400	56	胡椒醛	465	10
巴豆醛	450	10	香兰醛	460	9
香茅醛	390	276	邻氨基苯甲醛	480	16
柠檬醛	445	9	2-甲氧基-6-萘醛	475	11.5
2,2-二甲基-3-羟基丙醛	390	120	糠醛	480	9
ω-羟基戊醛	385	1044	α,β-不饱和醛(操作3)③		
甘油醛	410	10	丙烯醛	350	76

① 操作1步骤：取1.0ml试样的冰乙酸溶液，冷却到恰在凝固点以上。加入2.0ml预先与试样溶液同样冰冷的2%二甲基对苯二胺草酸盐溶液，混匀，立即在波长为370～490nm处进行光度测定。

② 操作2步骤：取0.5ml试样的冰乙酸溶液，加入2.0ml 2%二甲基对苯二胺草酸盐溶液。在暗处反应5min，加入1.5ml乙酸，混匀，在波长为450～480nm处进行光度测定。

③ 操作3步骤：取5.0ml试样的乙醇溶液，加入5.0ml 1%间苯二胺草酸盐溶液。混匀，在室温反应5min，在波长为350～400nm处进行光度测定。

利用生成席夫碱反应的其他例子：如利用对二甲氨基苯甲醛缩合光度法测定色氨酸[43]，在6mol/L硫酸介质中，色氨酸与对二甲氨基苯甲醛发生如下缩合反应：

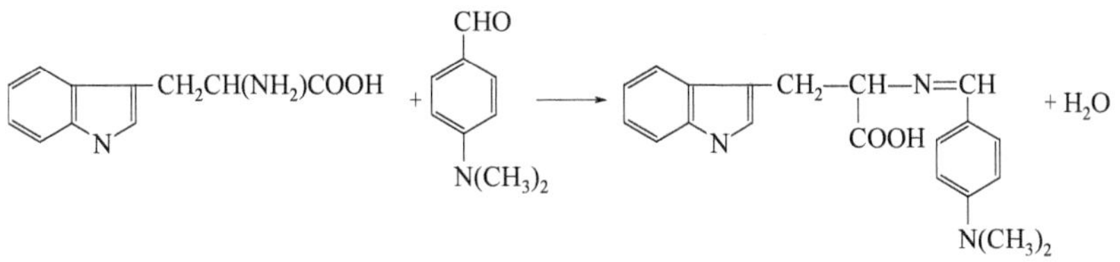

生成的席夫碱对二甲氨基苯甲醛缩色氨酸在 600nm 处有吸收峰，该席夫碱的表观摩尔吸光系数为 1.6×10^4，测定色氨酸的浓度范围为 0～4μg/ml，最低检测 0.08μg/ml。该法用于燕麦片和野生杏仁粉中的色氨酸含量的测定，取得满意结果，回收率可达 100.1%。

文献[44]研究了赖氨酸与 3,5-二溴水杨醛生成有色席夫碱的反应[44]，在 pH=5.0～6.0 的 70%(体积分数)乙醇溶液中，经适当加热后，赖氨酸与 3,5-二溴水杨醛反应，形成黄色的席夫碱，λ_{max} = 417～420nm(其他氨基酸亦有类似反应)，其吸光度与氨基酸含量成正比，可用于测定微量氨基酸。

文献[45]利用戊二醛在醋酸的催化条件下[45]，与对氨基苯磺酸定量发生缩合反应生成席夫碱，使对氨基苯磺酸紫外吸收光谱发生改变，于 278nm 波长处测定缩合液吸光度，计算戊二醛液含量，结果满意，其平均回收率为 100.00%，*RSD* 为 0.41%。

文献[46]基于1,2-萘醌-4-磺酸钠(NQS)能与含有氨基类药物分子结构中的氨基发生亲核缩合或取代作用，建立了以 NQS 作为显色剂，用可见光度法测定链霉素(STR)的新方法。文章探讨了反应机理：STR 分子中含有氨基(—NH_2)，而该氨基(—NH_2)上氮原子的孤电子对能进攻 NQS 4 位—SO_3Na 所在双键形成的缺电子中心而显亲核性，因此 STR 与 NQS 能发生亲核缩合反应。基于 STR 与 NQS 反应的产物组成比为 1∶2，故推测该反应是 1mol STR 分子中的 2mol 氨基(—NH_2)分别与 2mol NQS 中的磺酸基(—SO_3Na)缩合生成红色的 *N*-烷氨基萘醌，反应的摩尔比正好是 1∶2，其反应方程式如下：

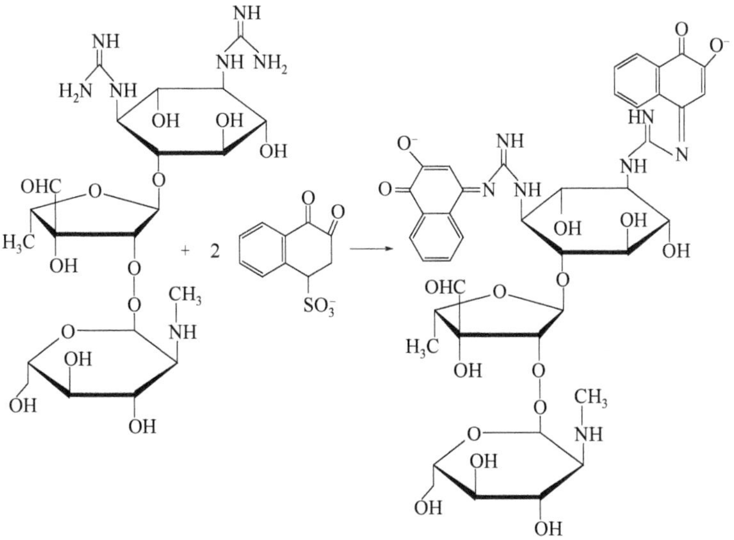

（四）利用其他类型的缩合反应

下面列举一些利用其他类型缩合反应的测定实例：文献[47]提出了基于血清素衍生物与对二甲基氨基苯甲醛(又称为埃尔利希试剂)之间的显色反应，提出了用分光光度法测定红花籽提取物中血清素衍生物的总量。有一级胺结构的色氨酸、色胺、血清素等物质，可与埃尔利希试剂发生缩合反应，生成稳定的席夫碱，在 590～600nm 波长处有吸收峰，可用于定量分析。但红花籽中的血清素衍生物不具一级胺结构，显然不遵守席夫碱反应机理。

红花籽血清素衍生物是由血清素与阿魏酸、香豆酸等反应生成的一族酰胺化产物，包括其二聚体、糖苷等，已经发现有 7～8 种组分，其主要成分的结构如下所示。

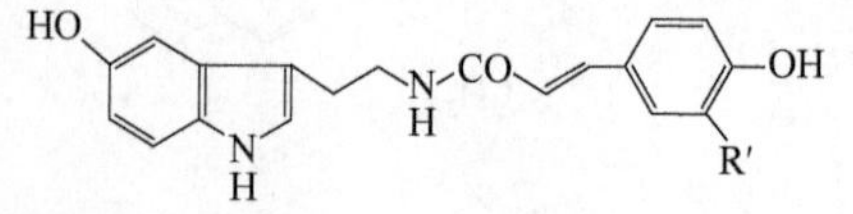

（1）阿魏酰血清素（feruloyl serotronin），R′=OCH_3；
（2）香豆酰血清素（*p*-coumaroylserotonin），R′=H

这些血清素衍生物均具有吲哚环，且 2 位上有空位。而吲哚环只要 2 位或 3 位上有空位，就可以与埃尔利希试剂发生亲电取代反应，生成有色阳离子化合物，反应如下：

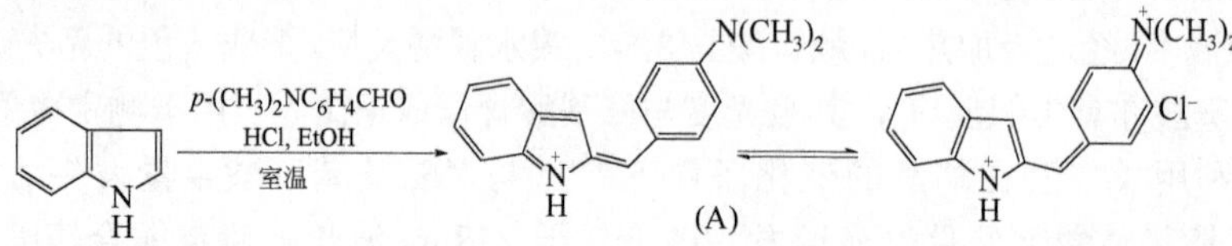

生成的阳离子足够稳定，在可见光处有最大吸收，其浓度与吸光度符合比尔定律，结合分光光度法可以进行定量测定。上述反应称为 RpeXeM 氏反应，RpeXeM 氏反应与席夫碱反应的反应机理不同，吲哚的 RpeXeM 氏亲电取代反应可以发生在 p 电子过量的杂环 3 位和 2 位上，通常在 3 位上，但血清素衍生物中吲哚环在 3 位已被取代，只能在 2 位进行亲电取代，生成带羟烷基取代结构的分子，并很快转化为类似上反应式中 A 的正离子共轭结构，并与式中 B 形成共振。共轭体系范围越大，共轭式越多，π 电子离域作用就越明显，从而使激发这些电子所需的能量降低，最大吸收向长波方向移动。因此，血清素衍生物与埃尔利希试剂的反应产物由于具有较长的共轭结构，与席夫碱相比，最大吸收发生了一定程度的红移，即从席夫碱的 590～600nm 波长处移动至 625nm 波长处；同样，由于共振离域，该正离子反应活性低，较为稳定，测量过程不易受外界条件影响。

文献[48]介绍了香草醛在光度分析中的应用，香草醛又名香兰素，化学名称为 4-羟基-3-甲氧基苯甲醛。香草醛-氢氧化钾试剂常作为测定胺类、氨基酸类、抗体的显色试剂，反应如下：

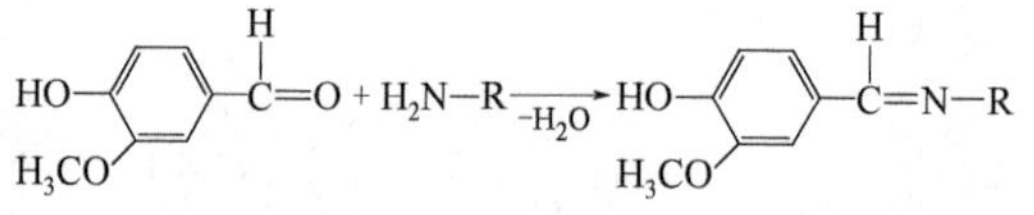

香草醛-硫酸或高氯酸、磷酸混合试剂常作为检测类固醇、西瓜籽氨酸、三萜皂苷、洋地黄苷、前列腺素、皂苷类、挥发油的显色试剂，反应如下：

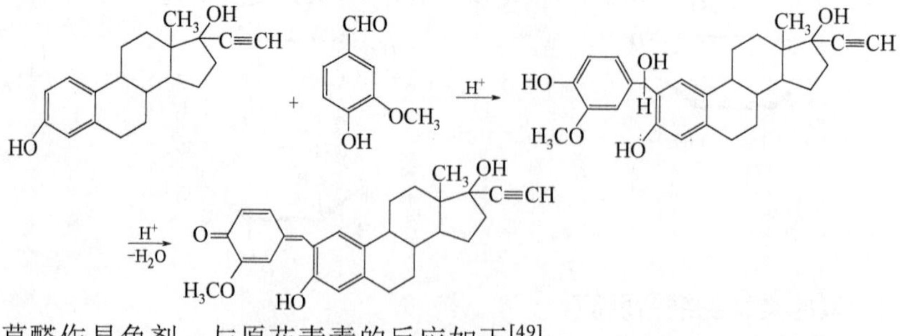

利用香草醛作显色剂，与原花青素的反应如下[49]：

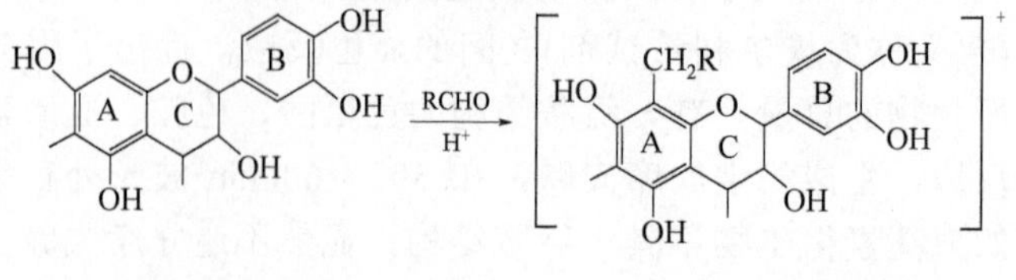

原花青素（proanthocyanidins, PC）是自然界中广泛存在的一大类多酚类混合物，由不同数量的儿茶素、表儿茶素或没食子酸缩合而成。最简单的原花青素是儿茶素与表儿茶素形成的二聚体，此外还有三聚体、四聚体等直至十聚体。香草醛与原花青素末端黄烷-3-醇发生的反应基于酚醛缩合反应，在酸催化作用下，含间苯二酚或间苯三酚的化合物可与芳香醛类发生缩合反应而生成有色的碳正离子。原花青素组成单元的A环具有间苯二酚结构，与香草醛反应可生成红色的缩合产物，即醛以原花青素A环上的6位、8位为亲核活性中心，通过亚甲基桥键与多酚分子交联，形成大分子，使A环产生红色的发色团，并于500nm处有最大吸收峰，根据此碳正离子的吸光度可测出原花青素的物质的量浓度。

文献[50]报道了测定草药雀儿舌头中总三萜酸的含量，三萜酸中酚羟基与香草醛结构中的醛基进行缩合反应，生成红色的缩合物，通过测定缩合物的量，可计算出总三萜酸的量。

三、荷移反应

自1950年Mulliken[51]在量子化学基础上提出了荷移反应的概念后，荷移反应在有机物光度分析中得到了广泛应用，并将此类分析方法专称为荷移分光光度法，国内外每年都有大量的文献发表。

分子吸收辐射后，分子中的电子从最高占有轨道转移到另一分子的最低空轨道中，这种跃迁称为电荷转移，由这种迁移引起的反应称为荷移反应，其产物为电荷转移复合物(charge transfer complex，CTC)。电荷转移复合物是由电子相对丰富的分子-电子给予体和电子相对缺乏的分子-电子接受体之间通过电荷转移而形成的复合物，是由非键作用力构成的。

电荷转移复合物理论认为电荷转移复合物可以看作是2个不同结构的共振杂化，可用下式表示：

$$D+A \rightleftharpoons (D\cdots A) \longleftrightarrow (D^{+}\cdots A^{-})$$

式中，$(D\cdots A)$表示非键结构；$(D^{+}\cdots A^{-})$表示电荷分离结构。在非键结构中，D分子与A分子相互作用力弱，并未发生电荷转移作用，分子间作用力主要为范德华力；在电荷分离结构中，$D^{+}\cdots A^{-}$则表示电子由D分子转移到A分子上，分子间作用主要为电荷转移作用。

电荷转移跃迁本质上属于分子内氧化还原反应，因此呈现荷移光谱的必要条件是构成分子的二组分，一个为电子给予体，另一个应为电子接受体。电子给予体一般为富电子化合物，可分为n-给予体和π-给予体。n-给予体指含有孤对电子的化合物，π-给予体指含有π键或大π键的化合物及不含吸电子基的芳香化合物。在大量有机物分子中含有富电子的官能团，能够提供n电子或π电子，可以和许多电子受体发生荷移反应，产生的电荷转移光谱，其吸收强度与该物质浓度成线性关系。基于这一原理产生了荷移分光光度法测定各种有机物。

荷移跃迁的原理如图4-1所示。

在微扰作用下电子从D原子(或分子)的最高能级轨道(HOMO b)转移至A原子(或分子)的最低能级轨道(LUMO d)，形成新的D—A分子轨道e、f，若ΔE_1和ΔE_2都大于ΔE，则电子从e轨道跃迁至f轨道的能差小，易在长波长区完成，因而CTC的吸收产生红移，可能生成有色物质；如果不形成CTC，则电子发生b→a或d→c跃迁，能差较大，也不使吸收峰产生红移。

电荷转移跃迁在跃迁选律上属于允许跃迁，其摩尔吸光系数一般都较大(10^4左右)，荷移光谱的最大吸收波长及吸收强度，与电荷转移的难易程度有关。

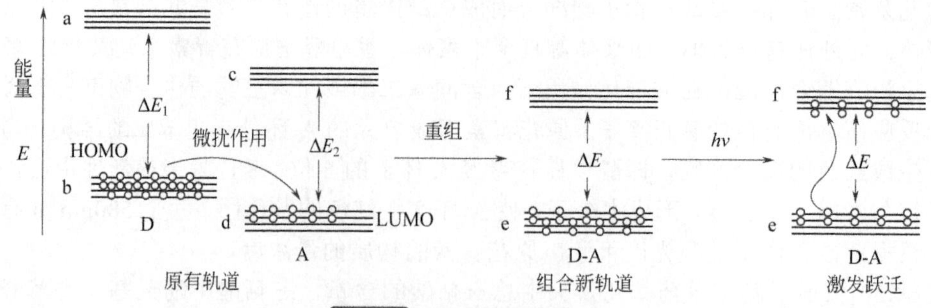

图 4-1 荷移跃迁的原理

目前常用的电子接受体的物质主要是苯醌及其衍生物，蒽醌类物质如茜素和茜素红及一些非醌类物质如碘、三氯化铁、2,4-二硝基酚等。随着对配位机理的深入研究，电子接受体的选择范围必将得到进一步的拓宽，在醌类物质外找到更合适的电子接受体；大量的实验证明，荷移反应受实验条件的影响较大，对同一物质进行测定时，由于溶剂、pH、试剂浓度及温度等选择的不同，测定的灵敏度和线性范围发生明显差异，因此在测定中要严格控制反应条件；在某些反应中引入表面活性剂可使反应灵敏度得到成倍提高，利用表面活性剂的增敏和增溶作用也是今后荷移光度分析研究的一个方面。荷移分光光度法已成为药物分析中常用方法之一，越来越受到人们的重视，近几年来已有不少综论发表[52~55]。下面按不同的电子接受体分述其性质及其在有机物测定中的应用。

（一）苯醌及其衍生物

1. 对苯醌

对苯醌(*p*-BQ)为金黄色棱晶；熔点为 115～117℃，密度为 1.318g / cm^3(20℃)，能升华并能随水汽蒸馏；溶于热水、乙醇和乙醚中。对苯醌分子为平面型缺电子体系，基态电荷计算显示：对苯醌分子中苯环具有较大的正电荷，为 0.318；同时，对苯醌分子具有较小的空间位阻，其共轭结构具有空的反键轨道，是一个良好的 π 电子接受体，故可作为电子接受体。

例如，苯丙氨酸与对苯醌在 pH=8.5 的缓冲溶液中，90℃水浴加热 30min 的条件下，可形成电荷转移复合物[56]。苯丙氨酸分子内一个 N 原子上的孤对电子可作为电子给予体，对苯醌作为电子接受体，在水溶液中形成配合物。基于测得的配合物组成比为 1∶1，该荷移反应可表示如下：

对苯醌配合物的测定波长大多集中在 480～530nm 之间，对异烟肼、头孢唑啉钠的测定波长分别在 355nm 和 619.4nm。对苯醌在有机物测定中的应用见表 4-4。

表 4-4 以对苯醌为电子接受体的在有机物测定中的应用

检测物质	吸收波长/nm	摩尔吸光系数 $\times 10^{-3}$	线性范围/(mg/L)	回收率/%	参考文献
司帕沙星	620	19.9	1～12	99.25～100.5	1

续表

检测物质	吸收波长/nm	摩尔吸光系数×10^{-3}	线性范围/(mg/L)	回收率/%	参考文献
苯丙氨酸	339	2.4	20～60	99.7～103.0	2
法莫替丁	360	检出限 1.03×10^{-6}	2～50		3
磺胺嘧啶	500 500	4.6 4.76	5～60 0～54	99.1 99.1	4
诺氟沙星	490	4.13	5～35	95.9	5
异烟肼	355	5.65	1.2～21.8	98.5	6
磺胺甲噁唑	500	—	4.0～55.0	101	7
甲氧苄氨嘧啶	530	—	20～210	99.2	8
复方新诺明	500	4.3	0～55	99.1	9
双氯灭痛	510	1.29	10～120	98	10
头孢氨苄	487	1.37	10～160	97.3	11
氨苄青霉素	472	2.64	10～125	97	12
氨苄青霉素钠	472	1.4	20～250	99.7～100.03	13
头孢唑啉钠	619.4	10.2	0.9～48	99.02～100.7	14
磺胺胍	497.6	2.35	0～50	100.4	15
盐酸羟胺	495	2.2	6～80	97.5～98.8	16
安乃近	480	2.92	10～150	98.6	17
二氯苯甲酰氯	485	2.92	0.3～4	97.3～100.1	18
依诺沙星	490	2.62	1.6～96	98.05～101.4	19

本表参考文献：

1. 宋健玲, 谢鲜梅, 等. 太原理工大学学报, 2011, 42(4): 379.
2. 宋秀丽, 李省云, 等. 山西中医学院学报, 2011, 12(3): 28.
3. 刘英红, 马卫兴, 等. 分析化学, 2009, 37(增刊): B097.
4. 周旭光, 蒋小珍, 冯建章. 北京大学学报, 1993, 29(2): 144.
5. 冯建章, 童沈阳, 周旭光. 中国抗生素杂志, 1992, 17(5): 359.
6. 张亚秋, 周旭光, 冯建章, 等. 应用化学, 1993, 10(6): 95.
7. 冯建章, 童沈阳. 应用化学, 1993, 13(4): 245-248.
8. 周旭光, 张娜, 张亚秋. 分析化学, 1994, 22(2): 190.
9. 张升晖, 冯建章, 童沈阳. 分析科学学报, 1996, 12(3): 194.
10. 张升晖, 冯建章, 童沈阳, 分析化学, 1996, 24(4): 426.
11. 郝晋青. 光谱实验室, 2007, 24(2): 191.
12. 宋健玲, 王仲英, 宣春生, 等. 药物分析杂志, 1999, 19(3): 167.
13. 宣春生, 宋健玲. 分析测试技术与仪器, 2001, 7(4): 222.
14. 陈改荣. 分析试验室, 2002, 21(2): 57.
15. 黄薇. 内蒙古师范大学学报, 2004, 33(2): 184.
16. 陈晓芳, 宣春生, 李文英. 光谱实验室, 2006, 23(5): 926.
17. 黄薇, 刘雪静, 王峰. 理化检验: 化学分册, 2007, 43(2): 149.
18. 贾文平, 李芳, 蒋华江, 等. 科学技术与工程, 2007.
19. 蔡蒳, 史洪云, 等. 第八届全国发光分析暨动力学分析会议, 2005: 118.

2. 苯醌衍生物

常用的苯醌衍生物包括7,7,8,8-四氰基对二次甲基苯醌(TCNQ)、四氯苯醌(TCBQ)、氯冉酸(2,5-二氯-3,6-二羟基对苯醌，CL)和 2,3-二氯-5,6-二氰基-1,4-苯醌(DDBQ)等。例如，氨酪酸(ABA)与 2,3-二氯-5,6-二氰基-1,4-苯醌的荷移反应[57]，氨酪酸分子中氨基的氮原子上有一孤对电子，可以作为n电子供体，DDBQ是一个很强的平面型π电子受体，两者在水溶液中可形成n-π型荷移配合物，因此，在340nm波长处有一荷移配合物的特征吸收峰。基于用等摩尔连续变化法测得配合物的组成比为1∶1，其荷移反应可表示如下：

$$\underset{\text{COOH}}{\text{CH}_2\text{CH}_2\text{CH}_2\text{NH}_2} + \text{DDBQ (Cl, Cl, CN, CN, O, O)} \longrightarrow \left[\underset{\text{COOH}}{\text{CH}_2\text{CH}_2\text{CH}_2\overset{}{\underset{\text{H}_2}{\text{N}}}}: \rightarrow \text{DDBQ}\right]$$

文献[58]研究了双氯芬酸钠(DS)与 TCNQ、CL 的荷移反应，TCNQ 和 CL 都是缺电子试剂，DS 是一种富电子物质，其氮原子上的孤对电子能够与 TCNQ 或 CL 形成荷移配合物，根据测得配合物组成比为 1∶1，推测其形成机理可能如下：

NC CN C C NC CN TCNQ + Cl NH Cl CH_2COONa DS ⟶ NC CN C C NC CN Cl NH Cl CH_2COONa 荷移配合物

O Cl OH HO Cl O CL + Cl NH Cl CH_2COONa DS ⟶ O Cl OH HO Cl O Cl NH Cl CH_2COONa 荷移配合物

文献[59]研究了亮氨酸与四氯对苯醌之间的荷移反应，在 350nm 处产生新的最大吸收峰，由此拟定了测定亮氨酸的新方法。亮氨酸分子内 N 原子上有一对孤对电子可作为电子给予体，而四氯对苯醌作为电子接受体，在水中形成荷移配合物。基于测得配合物组成比为 1∶1，推测其形成机理可能如下：

O Cl Cl Cl Cl O + O OH H NH_2 ⟶ [O OH H N: H_2 O Cl Cl Cl Cl O]

这类电子接受体在有机物测定中的应用见表 4-5～表 4-8。

表 4-5 以 TCNQ 为电子接受体的在有机物测定中的应用

检测物质	吸收波长/nm	摩尔吸光系数×10^{-3}	线性范围/(mg/ L)	回收率/%	参考文献
氯氮平	743	1.60	0～17.5	99	1
头孢唑啉钠	743	1.76	0～24	97	2
氧氟沙星	743	3.58	0～15	101.2	3
桂利嗪	743	1.58	0～18	99.8	4
可待因	840	4.2	0.6～7	—	5
牛血清白蛋白	425	24.3	0～40	—	6
	425	29.0	50～300	—	6
	425	31.1	0～40	98～104	6
	425	33.4	50～250	98～104	6
胃蛋白酶	425	12.9	0～20	—	6
	—	12.4	50～300	—	6
球蛋白	425	27.2	0～100	—	6
	—	32.0	110～250	—	6
鸡血清蛋白	425	8.73	0～40	—	6
马来酸氯苯那敏	845	4.63	0～6	99.3	7

续表

检测物质	吸收波长/nm	摩尔吸光系数×10^{-3}	线性范围/(mg/ L)	回收率/%	参考文献
盐酸吗啡	743	1.1	0.5～9	—	8
	840	1.4	0.6～9	—	8
尼古丁	743	0.484	3～35	—	9
	842	0.882	3～35	98～103	9
盐酸二甲双胍	842	0.246	5～40	>97	10
异烟肼	744	0.076	30～300	—	11
	845	0.14	30～300	—	11
阿莫西林	744	1.2	10～150	—	12
	845	1.8	10～150	97.5	12
阿奇霉素	745	0.144	12.1～867.6	100～101	13
阿司咪唑	850	2.16	0.1～16	99.2～100.6	14
茶碱	850	5.35	0.1～36	99.1～99.4	15
阿奇霉素	743	2.7	0～30	97.8	16
	842	5.0	0～30	97.2	16
琥乙红霉素	845	0.601	25.86～689.7	101	17
罗红霉素	848	0.125	20.9～418.5	96.7	18
盐酸雷尼替丁	845	1.7	1～20	99.3～101.4	19
可待因	845	1.7	0.1～1.6	98.9～99.1	20
盐酸普萘洛尔	745	0.0198	10～300	98.9	21
	845	0.0361	10～300	98.9	21
罗红霉素	743	1.57	0～55	>97	22
	844	2.93	0～55	>97	22

本表参考文献:
1. 徐变珍, 赵凤林, 童沈阳. 药物分析杂志, 1998, 18(3): 156.
2. 徐变珍, 赵凤林, 童沈阳. 分析测试学报, 1998, 17(6): 29.
3. 赵凤林, 徐变珍, 童沈阳. 分析化学, 1998, 26(7): 840.
4. 徐变珍, 赵凤林, 童沈阳. 光谱学与光谱分析, 2000, 19(6): 886.
5. 刘雪静. 赣南师范学院学报, 2002, (3): 43.
6. 冯喜兰, 李娜, 赵凤林, 等. 化学学报, 2003, 61(4): 603.
7. 冯宇, 赵凤林, 童沈阳. 分析化学, 2003, 31(11): 1327.
8. 刘雪静. 四川师范大学学报, 2003, 26(2): 174.
9. 黄薇. 吉林大学学报, 2004, 42(2): 287.
10. 黄薇. 德州学院学报, 2004, 20(4).
11. 柏冬. 临沂师范学院学报, 2004, 26(3): 54.
12. 黄薇, 刘雪静, 张莹莹. 光谱实验室, 2005, 22(1): 21.
13. 李俊, 李全民, 王新明. 应用化学, 2005, 22(12): 1363.
14. 杜黎明, 张丽芳, 杨宝刚, 等. 分析化学, 2005, 33(8): 1139.
15. 杜黎明, 付慧路, 王静萍. 分析化学, 2005, 33(7): 1052.
16. 李俊, 李全民, 王新明. 药物分析杂志, 2006, 26(2): 225.
17. 王志芹, 张明辉. 数理医药学杂志, 2006, 19(1): 79.
18. 李俊, 李全民, 王新明. 化学研究与应用, 2006, 18(9): 1081.
19. 黄薇, 王峰. 理化检验: 化学分册, 2006, 42(7): 581.
20. 杜黎明, 李丽, 吴昊. 光谱学与光谱分析, 2007, 27(2): 364.
21. 黄薇, 王峰, 刘雪静, 等. 中南药学, 2007, 5(1): 40.
22. 黄薇, 王峰, 王守兴, 等. 中国抗生素杂志, 2007, 32(9): 546.

表 4-6　以四氯苯醌为电子接受体的在有机物测定中的应用

检测物质	吸收波长/nm	摩尔吸光系数×10^{-3}	线性范围/(mg/L)	回收率/%	参考文献
磺胺嘧啶	356	0.50	5～20	100.6	1
氟哌酸	375.2	1.68	1～17	>99	2
双氢氯噻嗪	335	3.65	0～0.69	>95	3

续表

检测物质	吸收波长/nm	摩尔吸光系数 $\times10^{-3}$	线性范围/(mg/L)	回收率/%	参考文献
氨吡酮	409	0.586	0～40	99.3	4
多巴胺	480	0.163	0～64	98.2	5
磺胺甲基异唑	365	4.831	1.8～33	93.5～102.3	6
盐酸洛美沙星	355	1.11	0.3～1.8	100.2	7
异烟肼	480	0.10	0.002～0.2	—	8
磺胺胍	540	0.245	0～50	99.5	9
洛美沙星	323	3.56	0.8～54	97.8～100.5	10
艾司唑仑	316	8.5	0.2～3.2	99.2～99.7	11
氟罗沙星	326	3.3	0.6～24	99.3～99.8	12
脯氨酸	358	15	0.06～0.4	99.7～100.02	13
牛磺酸	350	1.58	1～10	96～101	14
缬氨酸	350	4.7	0～6.7	97.9～105.6	15
氨酪酸	348	2.64	0.2～8.7	95～103	16
苏氨酸	352	1.08	0.6～4.4	99～100.3	17
盐酸半胱氨酸	354	0.87	2～18	99.8～102.4	18
左旋多巴	348	0.62	0～26.4	98.03～100.3	19
谷氨酸	338	0.55	0～25	96.1～101.8	20
尿酸	231	103	3.03×10^{-8}～1.01×10^{-5}mol/L	99.4	21
	450	1.52	(1.01～10.1)$\times10^{-6}$mol/L	99.8～105.6	22
甘氨酸	350	1.985	0～2.7mol/L	95.0～104.2	23
咖啡因	536	1.684	1×10^{-5}～3.0×10^{-4}mol/L	99.1～102.8	24
亮氨酸	350	20	0.16～8	99.6～101.0	25
L-苏氨酸	220.3	590	0.39～1.94	99.8～100.3	26
色氨酸	350	132	—	—	27

本表参考文献：

1. 周旭光, 蒋小珍, 冯建章, 等. 北京大学学报, 1993, 29(2): 144.
2. 周旭光, 冯建章, 童沈阳. 分析化学, 1993, 21(2): 184.
3. 龙云, 冯建章, 童沈阳. 分析化学, 1993, 21(8): 953.
4. 徐変珍, 赵风林, 童沈阳. 北京大学学报, 1997, 33(6): 716.
5. 龙云, 李东辉, 冯建章, 等. 分析化学, 1997, 25(8): 916.
6. 张亚秋, 周旭光, 李红. 锦州医学院学报, 1998, 19(2): 9.
7. 高建华, 陈彬, 翟海云. 郑州大学学报, 2001, 33(3): 71.
8. 马彦, 刘雪静. 枣庄师范专科学校学报, 2002, 19(2): 64.
9. 陈改荣, 苗郁. 理化检验: 化学分册, 2003, 39(9): 535.
10. 杜黎明, 许庆琴, 曹玺珉, 等. 分析化学, 2003, 31(1): 44.
11. 杜黎明, 卫侠. 分析化学, 2004, 32(9): 1213.
12. 黎明, 陈彩萍, 李建华. 光谱学与光谱分析, 2005, 25(2): 277.
13. 李省云. 光谱实验室, 2005, 22(4): 831.
14. 李省云, 杨毅萍, 任引哲, 等. 分析测试学报, 2005, 24(6): 110.
15. 李省云, 杨毅萍, 牛卫芬. 光谱实验室, 2005, 22(6): 1239.
16. 柴宜民, 韩素琴, 吴雅琴, 等. 分析科学学报, 2006, 22(2): 167.
17. 李省云, 杨毅萍, 王朝风. 太原师范学院学报, 2006, 5(1): 89.
18. 萧溶, 杜培刚. 光谱实验室, 2006, 23(3): 577.
19. 李省云, 渠文霞. 分析实验室, 2006, 25(8).
20. 刘云, 王文雷, 邱跷国. 化学分析计量, 2007, 16(5): 63.
21. 柴宜民, 吴雅琴, 刘二保, 等. 山西师范大学学报, 2006, 20(1): 70.
22. 柴宜民, 吴雅琴, 刘二保, 等. 分析实验室, 2006, 25(5): 74.
23. 李省云, 杨毅萍, 张丽娜. 太原师范学院学报, 2004, 3(3): 60.
24. 刘晓庚. 食品发酵工业, 2008, 34(3): 177.
25. 马美仙, 李省云, 田方. 光谱实验室, 2009, 26(3): 583.
26. 焦德权, 刘二保. 理化检验: 化学分册, 2007, 43(3): 195.
27. 刘 昭. 质量技术监督研究, 2010, 5: 33.

表 4-7 以氯冉酸为电子接受体的在有机物测定中的应用

检测物质	吸收波长/nm	摩尔吸光系数 $\times10^{-3}$	线性范围/(mg/L)	回收率/%	参考文献
扑尔敏	536	1.38	20～180	>98	1
甲氧苄氨嘧啶	530	—	19～210	98.1～100.3	2
阿苯达唑	525	8.03	0～280	>97	3
尼可占替诺	530	1.18	20～320	98.7～101.2	4
克霉唑	525	1.22	0～300	>97	5
水	530	—	0～80	98～103	6
可可碱	318	157	0～1.15	98.3～101.1	7
咖啡因	319	19.2	0.8～11.0	95.2～101.6	8
尼古丁	530	8.03	40～400	98～103	9
安乃近	530	0.907	20～200	99.5	10
琥乙红霉素	526	1.62	0～500	>98	11
奎宁	520	3.64	20～800	97.3～99.2	12
洛美沙星(荧光)	438	—	0.04～7.0	97.4～99.3	13
双嘧达莫	526	1.34	10～380	98.4	14
甲硝唑	513	—	12～250	99～100.9	15
氧氟沙星	520	13.6	8.68～200	97.9～100.5	16
辛可宁	514	2.87	10～300	99.6～100.8	15
奎尼丁 53	530	2.41	10～250	98.7～99.6	17
甲氧氯普胺	532	1.21	10.0～300.0	97.8～101.5	18
奋乃静	532	0.982	4.0～320.0	—	19
阿替洛尔	530	0.974	10～280	98.8～102.1	20

本表参考文献：

1. 周万彬, 李华侃, 赵桂芝, 等. 分析化学, 2000, 28(6): 783.
2. 张娜, 周旭光, 关汝昌, 等. 药物分析杂志, 1995, 15(5): 38.
3. 赵桂芝, 李华侃, 柳越, 等. 分析化学, 2001, 29(4): 400.
4. 赵桂芝, 李华侃. 药物分析杂志, 2002, 22(1): 3204.
5. 李华侃, 赵桂枝, 赵延清, 等. 分析化学, 2002, 30(3): 334.
6. 刘雪静, 赵桂芝, 赵延清, 等. 分析化学, 2002, 30(5): 583.
7. 陈彩萍. 山西师范大学学报, 2003, 17(2): 61.
8. 段亚丽. 山西师范大学学报, 2003, 17(1): 66.
9. 黄薇, 刘雪静. 四川师范大学学报, 2003, 26(4): 411.
10. 刘雪静, 黄薇. 内蒙古师范大学学报, 2004, 33(4): 414.
11. 李华侃, 吕欣, 王玉华. 数理医药学杂志, 2004, 17(6): 534.
12. 王孝镕, 李桂华, 唐清华, 等. 分析化学, 2004, 32(8): 1083.
13. 杜黎明, 周静, 袁建梅. 光谱学与光谱分析, 2004, 24(12): 1623.
14. 李华侃, 李淑云. 理化检验: 化学分册, 2005, 41(5): 349.
15. 李芳, 叶余原, 贾文平, 等. 药物分析杂志, 2006, 26(9): 1311.
16. 李省云, 杨毅萍, 王慧贤. 分析科学学报, 2006, 22(5): 576.
17. 唐清华, 李桂华, 柳全文, 等. 信阳师范学院学报, 2007, 20(1): 90.
18. 于丽丽, 李华侃, 等. 理化检验: 化学分册, 2010, 46(8): 906.
19. 于丽丽, 盛吉吉, 李华侃. 理化检验: 化学分册, 2011, 47(8): 974.
20. 于丽丽, 刘佳川, 李华侃. 药物分析杂志, 2010, 30(3): 538.

表 4-8 以 2,3-二氯-5,6-二氰-1,4-苯醌为电子接受体的在有机物测定中的应用

检测物质	吸收波长/nm	摩尔吸光系数 $\times10^{-3}$	线性范围/(mg/L)	回收率/%	参考文献
色氨酸	341	140	2～12	98.73～101.7	1
甲硫氨酸	343	14	0.4～15.0	98.24～101.1	2
氨酪酸	340	1.37	0～10	98.5～101.9	3
氨甲环酸	340	1.73	1～7	＞99	4

续表

检测物质	吸收波长/nm	摩尔吸光系数 $\times 10^{-3}$	线性范围/(mg/L)	回收率/%	参考文献
氨甲苯酸	340	1.1	1～9	99.9～100.1	5
环丝氨酸	340	1.73	1～7	99.6	6
左旋多巴	346	1.1	0.5～15.5	97.25～102.7	7

本表参考文献：

1. 杨春梅，李省云，等. 光谱实验室, 2008, 25(2): 202.
2. 杨毅萍，李省云，等. 光谱实验室, 2008, 25(4): 612.
3. 李省云，杨毅萍，等. 理化检验：化学分册, 2007, 43(12): 1048.
4. 范爱玲，李省云，李钠. 太原师范学院学报, 2002, 1(1): 37.
5. 李省云. 分析实验室, 2004, 23(12): 88.
6. 李省云. 中国卫生检验杂志, 2005, 15(1): 78.
7. 李省云，渠文霞. 分析试验室, 2006, 25(8): 54.

（二）茜素类

茜素类试剂属羟基蒽醌类化合物，作为电子接受体，其中最常用的有茜素、茜素红、茜素蓝、紫色素和醌茜素等，茜素的结构如下：

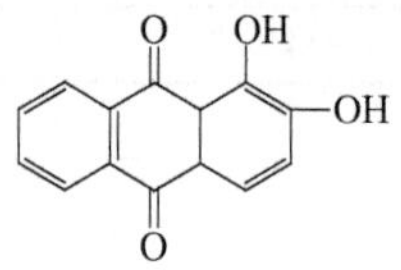

它的蒽醌式结构具有共轭大π键平面结构并连着羰基，所以共轭环的正电性使它具有接受电子倾向。例如，利用头孢拉定与茜素的荷移反应，建立起简便、快速、灵敏度高的测定头孢拉定荷移分光光度法[60]。头孢拉定分子的氮原子上有一对孤电子，可作为电子给予体，茜素是一个平面型π电子接受体，在水溶液中两者形成n-π配合物，配合比为1∶1，该配合物在波长524nm处有很强的特征吸收峰。据此推断荷移反应方程式可能如下：

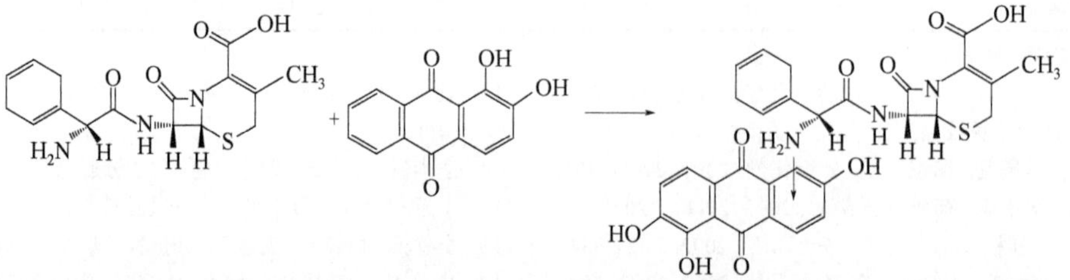

茜素红的结构是在茜素羟基邻位增加一个吸电子基团磺酸基，因此茜素红也是一个很好的电子接受体，文献[61]利用苯巴比妥钠分子中氮原子上的孤电子对作为电子给体，茜素红分子中的平面π电子作为电子受体，两者在适当的条件下可形成n-π型荷移配合物，建立了荷移分光光度法测定苯巴比妥钠的方法。采用摩尔比法和等摩尔系列法测得苯巴比妥钠与茜素红荷移配合物的组成比为1∶1，荷移配合物的稳定常数为2.30×10^5，此荷移反应的反应式可表示如下：

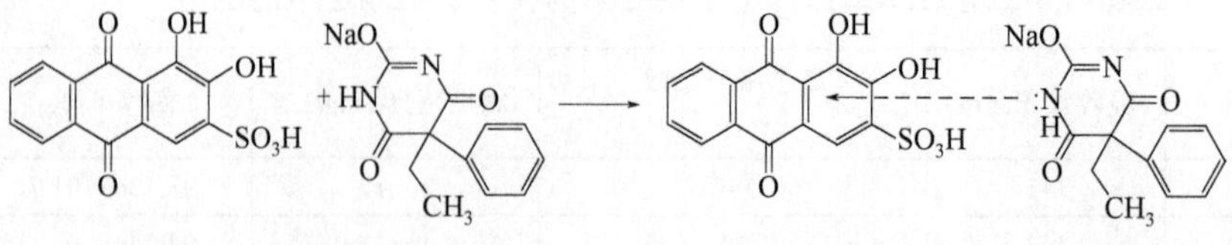

醌茜素结构为1,2,5,8-四羟基蒽醌，是具有淡绿色金属光泽的暗红色针状结晶，275℃以上熔融并分解，升华。不溶于水，微溶于乙醇、乙醚、丙酮和硝基苯，溶于碱性溶液显红紫

色。文献[62]研究了阿替洛尔与醌茜素之间的荷移反应，两者在乙醇-水介质中反应生成荷移配合物，该配合物的 λ_{max}= 568nm。阿替洛尔分子中的仲氮原子有一对孤对电子，可作为电子给体。醌茜素是一平面型 π 电子受体，阿替洛尔与醌茜素在水溶液中反应可形成 n-π 型荷移配合物。用等摩尔连续变化法和摩尔比法测定配合物的组成比均为 1∶1，其形成过程可表示如下：

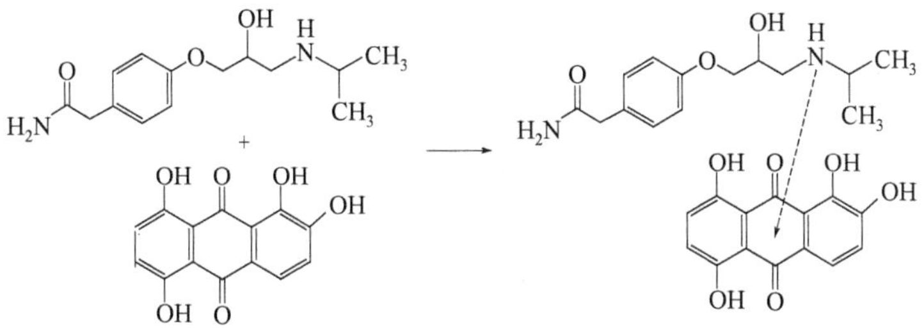

紫色素(红紫素)为 1,2,4-三羟基蒽醌，红色针状结晶，带有一分子结晶水，熔点 263℃，易溶于乙醇和乙醚，呈黄色荧光，在硫酸和碱性水溶液中显红色。文献[63]研究了阿替洛尔与紫色素之间的荷移反应，紫色素是很强的平面型电子受体，阿替洛尔分子中的仲氮原子有一对孤对电子，可作为电子供体。阿替洛尔与紫色素反应可形成 n-π 型荷移配合物。根据测得的配合物组成比为 1∶1，推测其形成机理可能如下：

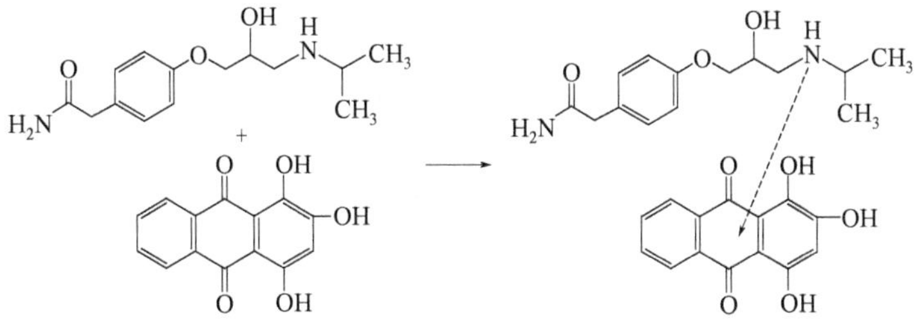

这类化合物是目前荷移光度分析法应用的电子接受体中灵敏度较高的一类。茜素类配合物测定波长集中在 520～580nm，线性范围可达 2～4 个数量级。以茜素类为电子接受体的在有机物测定中的应用见表 4-9。

表 4-9 以茜素类为电子接受体的在有机物测定中的应用

检测物质	电子接受体	吸收波长/nm	摩尔吸光系数 $\times 10^{-3}$	线性范围/(mg/L)	参考文献
醇酸洗必泰	茜素	545	9.88	6～60	1
烟胺羟丙茶碱	茜素红	539	2.72	5～150	2
吡哌酸	茜素红	530	4.37	5～80	3
克霉唑	茜素红	525	8.7	0～100	4
红霉素	茜素	549	3.56	10～200	5
	茜素红	540	3.56	10～200	6
阿奇霉素	茜素红	525	12.6	5～55	7
克拉霉素	茜素	546	7.31	1～100	8
阿奇霉素	茜素	536	1.5	25～250	9
	茜素红	538	12.3	10～69	10
诺氟沙星	茜素红	530	5.03	3～60	11
罗红霉素	茜素红	525	7.03	10～110	12

续表

检测物质	电子接受体	吸收波长/nm	摩尔吸光系数 $\times 10^{-3}$	线性范围/(mg/L)	参考文献
红霉素琥珀酸乙酯	茜素红	530	7.9	10～100	13
琥乙红霉素	醌茜素	570	11.4	0～60	14
克拉霉素	茜素	534	3.79	12.8～180	15
	醌茜素	580	3.74	0～100	16
泛酸钙	茜素	560	4.38	20～180	17
琥乙红霉素	茜素红	580	8.7	0～80	18
阿奇霉素	茜素红	538	—	51～255	19
桂利嗪	茜素	527	2.94	25～200	20
克拉霉素	茜素红	526	7.71	5～90	21
司帕沙星	茜素红	530	4.8	6～160	22
头孢拉定	茜素红	520	4.7	5×10^{-6}～5×10^{-4}mol/L	23
依诺沙星	茜素红	524	6.96	0～20	24
吲哚醌	茜素	543	—	5×10^{-6}～5×10^{-4}mol/L	25
麦迪霉素、红霉素	茜素	528 534	8.3 10.1	0～16.5 0～18.0	26
交沙霉素	茜素	426	21.4	0～22.0	27
甲氧苄啶	茜素	545	4.84	10～70	28
氯霉素	茜素蓝 S	638	13.2	0～2.0×10^{-5}mol/L	29
头孢拉定	茜素	524	20.1	0.87～87	30
古他霉素	茜素	428	7.54	3.0×10^{-5}mol/L 以内	31
青霉素 V 钾	茜素红	535	2.67	0.30～240	32
诺氟沙星	茜素红	530	4.9	1～30	33
尼古丁	茜素红	525	6.84	0～80	34
甲氧苄啶	茜素红	528	5.71	0～50	35
盐酸环丙沙星	茜素红	526	116	0～19	36
罗红霉素	茜素红	525	—	50.0～200.0	37
卡那霉素	茜素红	516	9.5	1.0～20	38
甲氧氯普胺	茜素红	528	4.66	10～70	39
醋酸氯己定	紫色素	545	1.54	0～45	40
交沙霉素	紫色素	545	0.409	0～120	41
罗红霉素	紫色素	544	0.656	0～120	42
克拉霉素	紫色素	548	0.449	10～150	43
对氨基水杨酸钠	紫色素	546	0.526	10～100	44
琥乙红霉素	紫色素	546	0.918	0～90	45
甲氧氯普胺	紫色素	540	4.32	10～50	46
酒石酸美托洛尔	紫色素	540	6.83	10～80	47
阿替洛尔	紫色素	542	6.17	0～35	48

本表参考文献：

1. 李华侃, 王秀兰, 刘俊亭, 等. 分析化学, 1998, 26(4): 490.
2. 潘庆才, 彭正合, 秦子斌. 烟台师范学院学报, 2000, 16(2): 120.
3. 汪敏, 刘中英, 崔辰艳. 分析化学, 2001, 29(8): 986.
4. 赵桂芝, 李华侃, 柳越. 光谱学与光谱分析, 2001, 21(5): 733.

5. 贾云宏, 李华侃, 赵桂芝, 等. 分析化学, 2002, 30(8): 1017.
6. 贾云宏, 李华侃, 李东辉. 数理医药学杂志, 2003, 16(1): 69.
7. 李华侃, 张扬, 康剑锋. 中国现代应用药学杂志, 2004, 21(6): 504.
8. 李华侃, 王巧峰, 赵燕. 第四军医大学学报, 2004, 25(23): 2206.
9. 刘海津, 牛建平, 李全民, 等. 理化检验: 化学分册, 2005, 41(10): 759.
10. 蒋晔, 刘红菊, 薛娜, 等. 中国医药工业杂志, 2005, 36(8): 448.
11. 刘中英, 黄耀东. 锦州医学院学报, 2005, 26 (4): 47.
12. 白秀珍, 李华侃, 刘中英, 等. 药物分析杂志, 2005, 25(4): 429.
13. 李华侃, 荣玉梅, 徐大庆. 光谱实验室, 2005, 22(1): 76.
14. 赵延清, 李华侃, 赵桂芝. 药物分析与检验, 2005, 22(3): 229.
15. 刘海津, 王京芳, 李全民. 化学试剂, 2005, 27(2): 73.
16. 李华侃, 柳越, 王玉华. 光谱实验室, 2005, 22(2): 356.
17. 彭爱红, 邓清莲, 吕禹泽. 分析化学, 2005, 33(6): 897.
18. 孙曙光. 数理医药学杂志, 2005, 18(1): 56.
19. 田书霞, 蒋晔, 谢赞, 等. 中国抗生素杂志, 2005, 30(9): 533.
20. 张敏, 郑海金, 吕文建, 等. 分析实验室, 2005, 24(7): 85.
21. 李华侃, 徐欣. 中国现代应用药学杂志, 2006, 23(1): 47.
22. 陈晓芳, 宣春生, 李文英. 分析实验室, 2006, 25(3): 108.
23. 陈朝艳, 陈效兰, 霍欢, 等. 化学试剂, 2007, 29(10): 602.
24. 陶玉龙, 敖登高娃, 周兴军. 分析科学学报, 2007, 23(1): 122.
25. 曾祥晖, 熊纬, 卢军. 山西师范大学学报: 自然科学版, 2008, 22(2): 56.
26. 江虹, 刘艳, 湛海粼. 分析试验室, 2007, 26(5): 19.
27. 江虹, 何树华, 湛海粼. 化学试剂, 2006, 28(12): 741.
28. 赵桂芝. 数理医药学杂志, 2007, 20(6): 859.
29. 江虹, 刘艳, 甘湘庆. 光谱实验室, 2012, 29(3): 1641.
30. 陈朝艳, 陈效兰, 伏明珠, 等. 分析试验室, 2008, 27(11): 36.
31. 江虹, 胡小莉, 何树华. 理化检验: 化学分册, 2008, 44(10): 1009.
32. 孙雪花, 马红燕, 柴红梅, 等. 分析试验室, 2008, 27(11): 105.
33. 斯琴, 敖登高娃, 等. 药物分析杂志, 2007, 27(1): 103.
34. 黄薇. 曲阜师范大学学报, 2004, 30(2): 83.
35. 赵延清, 许林, 李华侃. 光谱 实验室, 2008, 25(2): 259.
36. 王彩霞, 苏同福, 等.河南科学, 2008, 26(11): 1345.
37. 朱跃芳, 李艳丽.中国现代药物应用, 2008, 2(12): 19.
38. 李满秀, 李立华. 中国抗生素杂志, 2007, 32(6): 355.
39. 刘佳川, 李华侃, 于丽丽. 光谱实验室, 2009, 26(5): 1340.
40. 赵桂芝. 光谱学与光谱分析, 2003, 23(5): 1018.
41. 李华侃, 肖井坤. 光谱实验室, 2006, 23(6): 1303.
42. 李华侃, 吕欣, 赵桂芝, 等. 分析化学, 2003, 31(7): 833.
43. 李华侃, 肖井坤. 分析化学, 2005, 33(9): 1327.
44. 黄薇, 刘雪静, 赵凤林. 光谱学与光谱分析, 2006, 26(5): 913.
45. 李华侃, 肖井坤. 理化检验: 化学分册, 2006, 42(9): 753.
46. 刘佳川, 李华侃, 王玉华. 分析科学学报, 2010, 26(3): 361.
47. 于丽丽, 刘佳川, 康剑锋, 等. 分析试验室, 2010, 29(10): 84.
48. 刘佳川, 方芳, 穆伟, 等. 化学研究与应用, 2010, 22(7): 826.

（三）其他类电子接受体

除了醌类电子接受体外，目前其他电子接受体使用得并不很多，其中有卤素分子（如I_2）、三氯化铁、钼磷酸、2,4-二硝基酚和对硝基酚、百里酚蓝和甲酚红、甲基紫、水杨基荧光酮等。

卤素分子能从给电子体接受电子，并充实到它们的 d 电子层使它达到 10 个电子，它们能与芳烃、酮等生成配合物。所以 I_2 在丙酮、苯等有机溶剂中可作为电子接受体发生荷移反应。有人研究了硫酸阿托品和碘的反应机理，认为两者通过静电引力结合成的复合物是不成键结构和电荷转移的共振杂化体。现以罗红霉素与碘的电荷转移反应说明其反应机制[64]。

碘在无水乙醇中呈棕色，随着罗红霉素的加入立即转变成淡黄色，这可能是电荷由电子给体(罗红霉素氮上的 n-电子)转移到 σ-电子受体(碘)所引起的变化，此时电子给体带正电荷，而电子受体带负电荷，以致使它们通过静电引力结合成一种状态，即复合物的基态是不成键结构和电荷转移的共振杂化体，这种基态是稳定的。根据罗红霉素和碘分子的反应组成比是 1∶3，罗红霉素化学结构中含有 2 个氮原子，推测碘是以I_3^-形式与罗红霉素形成复合物，其反应机制如下：

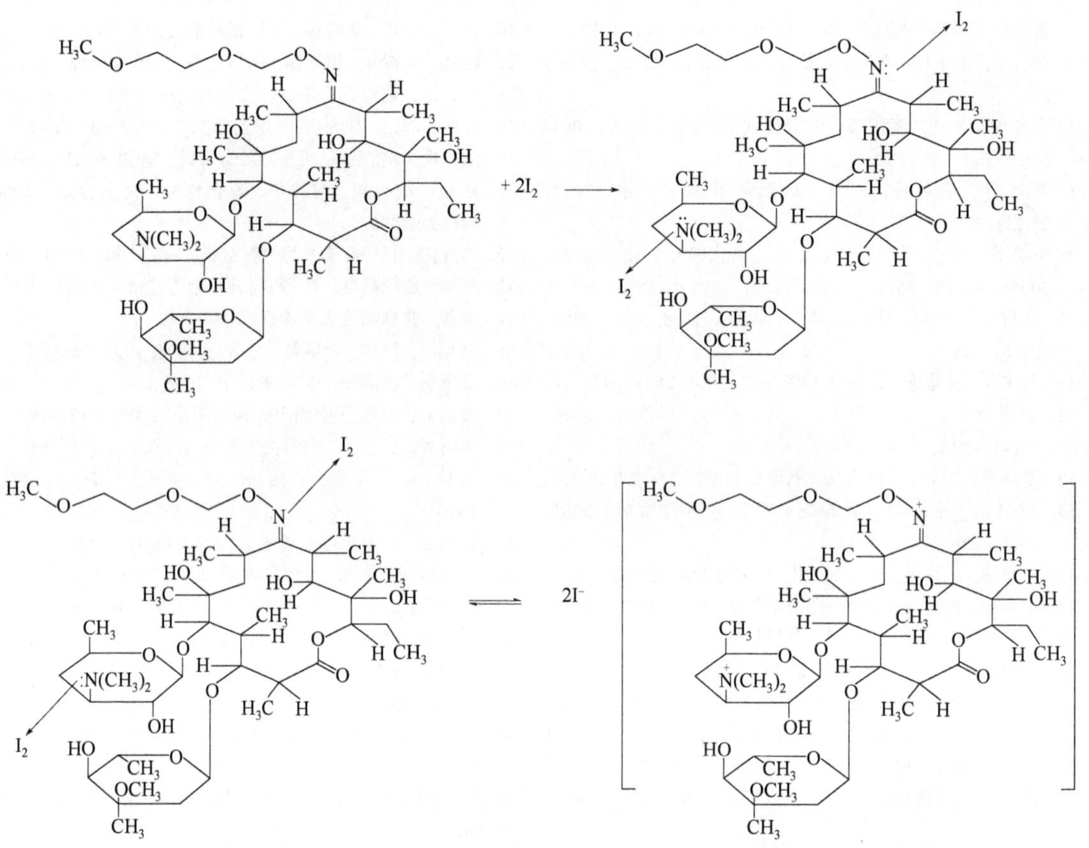

H_3C O O O N H H H_3C CH_3 HO HO CH_3 H_3C H OH H CH_3 CH_3 H O O H CH_3 H CH_3 $N(CH_3)_2$ O O OH H_3C H HO O CH_3 OCH_3 CH_3

$+ 2I_2$ ⟶

H_3C O O O N: I_2 H H H_3C CH_3 HO HO CH_3 H_3C H OH H CH_3 CH_3 H O O H CH_3 H CH_3 $\ddot{N}(CH_3)_2$ O O I_2 OH H_3C H HO O CH_3 OCH_3 CH_3

H_3C O O O N I_2 H H H_3C CH_3 HO HO CH_3 H_3C H OH H CH_3 CH_3 H O O H CH_3 H CH_3 $:N(CH_3)_2$ O O I_2 OH H_3C H HO O CH_3 OCH_3 CH_3

⇌ $2I^-$ [H_3C O O O $\overset{+}{N}$ H H H_3C CH_3 HO HO CH_3 H_3C H OH H CH_3 CH_3 H O O H CH_3 H CH_3 $\overset{+}{N}(CH_3)_2$ O O OH H_3C H HO O CH_3 OCH_3 CH_3]

不成键结构和电荷转移的共振杂化体

$2I^-$ [H_3C O O O $\overset{+}{N}$ H H H_3C CH_3 HO HO CH_3 H_3C H OH H CH_3 CH_3 H O O H CH_3 H CH_3 $\overset{+}{N}(CH_3)_2$ O O OH H_3C H HO O CH_3 OCH_3 CH_3]

$\underset{2I_2}{\rightleftharpoons}$ $2I_3^-$ [H_3C O O O $\overset{+}{N}$ H H H_3C CH_3 HO HO CH_3 H_3C H OH H CH_3 CH_3 H O O H CH_3 H CH_3 $\overset{+}{N}(CH_3)_2$ O O OH H_3C H HO O CH_3 OCH_3 CH_3]

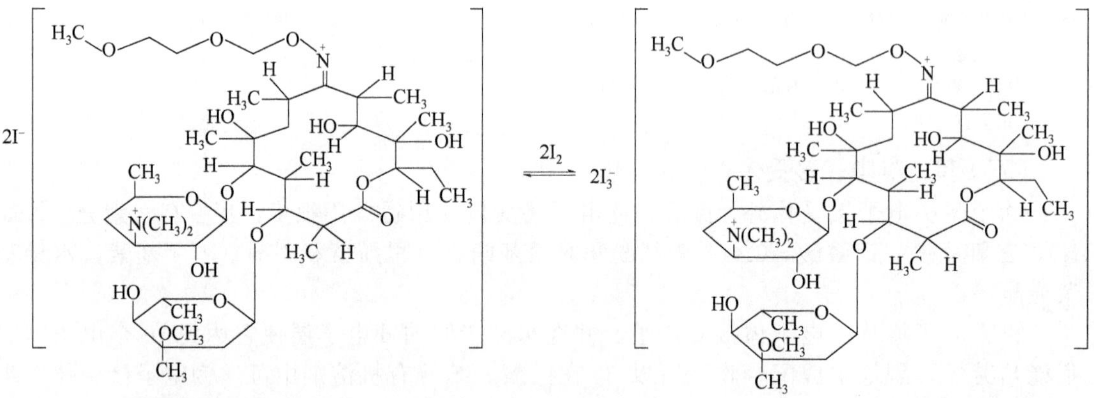

2,4-二硝基酚和对硝基酚都是很强的 π-电子接受体，可以和电子给予体发生荷移反应，例如 2,4-二硝基酚与氯氮䓬的荷移反应为[65]：

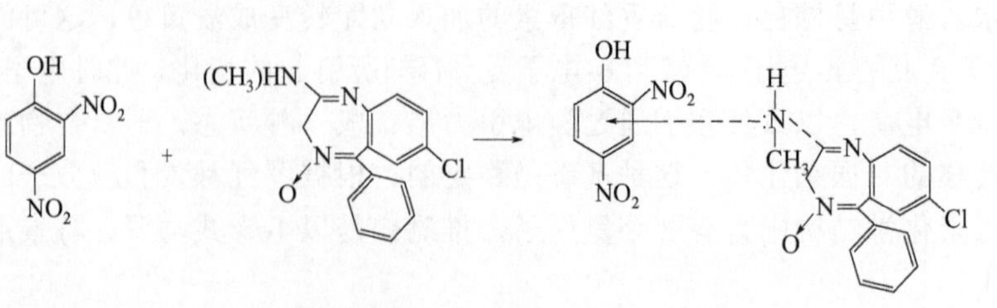

OH NO_2 NO_2 + $(CH_3)HN$ N N O Cl ⟶ OH NO_2 NO_2 H N CH_3 N N O Cl

甲酚红与醋酸氯己定的荷移反应可表示为[66]：

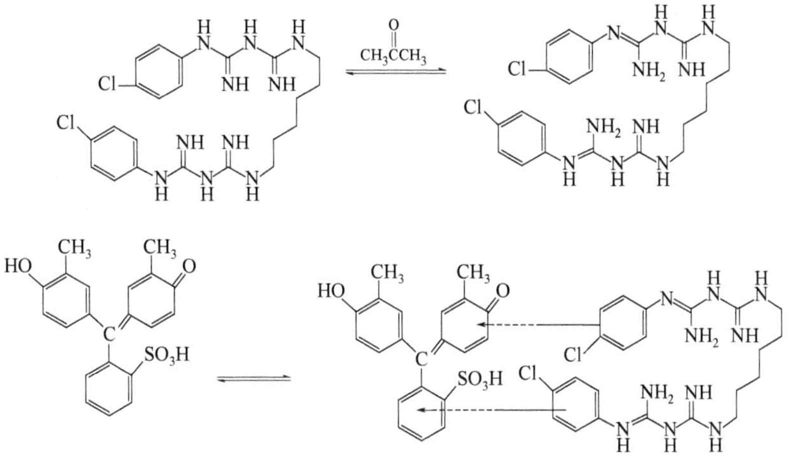

在丙酮存在时，氯己定分子中离苯环较近的胍基与苯环形成共轭π键，而后，氯己定作为电子给予体与甲酚红形成π-π配合物。

以其他类化合物为电子接受体的在有机物测定中的应用见表4-10。

表4-10　以其他类化合物为电子接受体的在有机物测定中的应用

检测物质	电子接受体	吸收波长/nm	摩尔吸光系数 $\times 10^{-3}$	线性范围/(mg/L)	参考文献
吡哌酸	2,4-二硝基酚	404.0	2.4	0.15～16	1
氟哌酸	2,4-二硝基酚	397.4	1.34	0.25～15	1
乳酸环丙氟哌酸	2,4-二硝基酚	398.4	4.20	0.12～14	1
氯氮䓬	2,4-二硝基酚	444	0.148	2.8～96	2
	2,4-二硝基酚	444	0.148	3～96	3
乳酸环丙沙星	2,4-二硝基酚	398		5～30	4
司帕沙星	对硝基酚	397	4.07	0.9～30	5
亚叶酸钙	对硝基酚	402.2	0.0526	5～1200	6
阿奇霉素	2,4-二硝基酚	364	2.59	5～30	7
加替沙星	对硝基酚	404	1.37	22.5～451	8
头孢米诺钠	2,4-二硝基酚	403	1.47	4～40	9
氯氮䓬	2,4-二硝基酚	435	0.383	1～30	10
对氨基水杨酸钠	2,6-二氯醌氯亚胺	660	0.117	40～160	11
左旋多巴	2,6-二氯醌氯亚胺	496	1.1	2.5～23.8	12
罗红霉素	亚甲基蓝	666	2.01	30.14～66.30	13
琥乙红霉素	水杨基荧光酮	522	8.5	1.724～129.3	14
红霉素	水杨基荧光酮	519	39.5	0.73～51.4	15

续表

检测物质	电子接受体	吸收波长/nm	摩尔吸光系数 $\times 10^{-3}$	线性范围/(mg/L)	参考文献
维脑路通	三氯化铁	400		3.71～40.80	16
乙酰胺吡咯烷酮	I_2	227.2	—	4～220	17
硫酸阿托品	I_2	280	2.66	0～35	18
心得安	2,6-二氯靛酚	640	0.528	0～225	19
氧氟沙星	四氰基乙烯	409	2.8	0～12mol/L	20
醋酸氯己定	甲酚红	455	1.08	0～85	21
罗红霉素	甲酚红	456	1.05	0～80	22
盐酸环丙沙星	荧光桃红	546	2.71	—	23
扑尔敏	甲酚红	432	13.2	4～24	24
奋乃静	甲酚红	434	11.9	2～60	25
阿齐霉素	二甲酚橙	582	10.4	10～70	26

本表参考文献：
1. 徐变珍, 赵风林, 童沈阳. 光谱学与光谱分析, 1999, 19(6): 886.
2. 李彦威, 赵彦生, 宣春生, 等. 中国药学杂志, 2001, 10(4): 196.
3. 宣春生, 宋健玲. 分析测试技术与仪器, 2001, 7(4): 226.
4. 柳涌, 方焱. 中国现代应用药学杂志, 2002, 19(4): 321.
5. 杜锐, 宣春生, 李艳英. 光谱实验室, 2003, 20(2): 224.
6. 宣春生, 谢克昌. 光谱实验室, 2003, 20(6): 864.
7. 刘红菊, 蒋晔, 薛娜, 等. 药物分析杂志, 2005, 25(3): 308.
8. 樊瑞, 敖登高娃, 张先明, 等. 内蒙古大学学报, 2006, 37(6): 642.
9. 李俊, 李全民, 王新明. 河南师范大学学报, 2006, 34(3): 92.
10. 宣春生. 光谱实验室, 2002, 19(1): 108.
11. 李世芳, 郑台, 徐变珍, 等. 光谱学与光谱分析, 1998, 18(4): 496.
12. 李省云, 杨毅萍, 陈艳芳. 药物分析杂志, 2006, 26(10): 1506.
13. 彭金云. 光谱实验室, 2010, 27(3): 1085.
14. 李俊, 刘梅, 等. 光谱实验室, 2009, 26(3): 520.
15. 李俊, 李焱, 等. 化学研究与应用, 2009, 21(7): 960.
16. 任瑞莉. 山西化工, 2002, 22(4): 30.
17. 黎奔, 张华, 赖小媚, 等. 中国医药学杂志, 2001, 21(10): 607.
18. 高建华, 陈彬, 刘浩. 光谱学与光谱分析, 2002, 22(1): 123.
19. 冯建章, 钟恒文. 北京大学学报, 1991, 27(6): 691.
20. 冯宇, 赵风林, 童沈阳. 分析科学学报, 2000, 16(3): 184.
21. 赵桂芝, 李华侃, 陈连山. 分析化学, 2000, 28(3): 365.
22. 赵桂芝, 李华侃. 光谱学与光谱分析, 2003, 23(1): 157.
23. 李建平, 汪照辉. 分析试验室, 1999, 18(1): 46.
24. 赵桂芝, 李华侃, 等.数理医药学杂志, 2007, 14(3): 266.
25. 刘佳川, 肖井坤, 等. 化学研究与应用, 2011, 23(3): 295.
26. 赵桂芝. 中国现代应用药学杂志, 2007, 24(3): 74.

四、离子缔合显色反应

离子缔合显色反应是利用带电荷的有机物分子与带相反电荷的染料分子按计量比靠静电结合形成有色离子缔合物。多数生物碱、咪唑、噻吩、吡啶、季铵盐、磺酰胺、氯胺酮、维生素及离子表面活性剂等物质在一定条件都可以与某些染料形成有色离子缔合物而用于光度分析。

（一）在离子表面活性剂测定中的应用[67～69]

表面活性剂由极性的亲水基和非极性的憎水基两部分组成，是能够显著降低水的表面张力的物质。通常将表面活性剂分为阴离子型、阳离子型、两性型和非离子型四种。常用的阴离子表面活性剂为十二烷基苯磺酸钠(SDBS)、十二烷基磺酸钠(SDS)和十二烷基硫酸钠(SLS)等；常用的阳离子表面活性剂为溴化十六烷基三甲铵(CTMAB)、溴化十六烷基吡啶(CPB)、氯化十六烷基吡啶(CPC)、溴化十四烷基吡啶(TPB)等；两性表面活性剂的分子结构与氨基酸相似，分子中同时存在酸性基和碱性基，酸性基主要是羧基或磺酸基，碱性基主要是氨基或季铵；非离子表面活性剂绝大多数为聚氧乙烯衍生物，如乳化剂 OP、Triton X-100 和多元醇羧酸酯如吐温(Tween)等。

阴离子表面活性剂的测定是利用阳离子显色剂与阴离子表面活性剂发生缔合反应，我国使用的标准方法为亚甲基蓝分光光度法，其原理就是基于阳离子染料亚甲基蓝与阴离子表面活性剂形成蓝色离子缔合物。按照测定方法的不同，离子表面活性剂测定方法可以分为两类：萃取光度法和水相直接显色光度法。萃取光度法将缔合物萃取至有机相后在可见光区特定波长下测量吸光度进行定量。此方法的灵敏度高，共存离子干扰相对较小，吸光度稳定，但必须采用氯仿、甲苯等有毒溶剂进行萃取。常用的阳离子显色剂有亚甲蓝、罗丹明、孔雀绿和碱性藏红等。

作为国家标准的亚甲基蓝分光光度法存在不少缺陷，一些分析工作者不断对该法进行了改进。如游宗保等对该法中的显色剂、萃取剂用量和萃取频率等分析条件进行了优化，节省了试剂，使方法检出限达到0.019mg/L。覃建民等首先对亚甲基蓝进行提纯，以减小空白值，改变亚甲基蓝和氯仿的加入顺序，把加入亚甲基蓝与调 pH 两步合二为一，采用一次萃取，不经酸洗、直接对萃取液进行测定。谢莲英等针对亚甲基蓝光度法测定中较难处理萃取液被乳化的现象，采取了加入破乳剂-异丙醇的方法来消除，该方法回收率好，准确度为 95%～105%。Masaaki 等对亚甲基蓝光度法也进行了改进，使萃取剂用量减少到原来的 1/10，其他试剂用量减少了一半。

水相直接显色光度法是利用缔合物与阳离子显色剂吸收光谱的差异进行测定，该法无需萃取，操作简便，因此，人们对阴离子表面活性剂的水相直接显色光度法进行了广泛的研究，探讨了各种显色反应的适宜条件以及光度测定的最佳条件，并将改进方法直接应用于河水、生活污水等环境水样中微量阴离子表面活性剂的测定。已报道的有溴酚蓝法、溴百里酚蓝法及对硝基偶氮间苯二酚法等酸性染料体系，可直接测定水溶液中痕量阴离子表面活性剂。

近 10 多年来三氮烯类试剂不断被合成并用于光度分析，这类试剂不但是测定铜、汞等金属离子灵敏的显色剂，而且也是测定表面活性剂灵敏的显色剂。三氮烯类试剂不仅能测定阴离子表面活性剂，也能测定阳离子表面活性剂[70]。

我国学者合成了一系列的三氮烯类试剂，如：1-(4-硝基苯基)-3-[4-(苯基偶氮)苯基]三氮烯、1-(2-羟基-3,5-二硝基苯基)-3-[4-(苯基偶氮)苯基]三氮烯、1-(5-萘酚-7-磺酸)-3-[4-(苯基偶氮)苯基]三氮烯(NASAPAPT)、1-(2,6-二氯-4-硝基苯)-3-(4-硝基苯)三氮烯及 1-吡啶-3-[4-(苯基偶氮)苯基]三氮烯(PYPAPT)等用于阳离子表明活性剂的测定。文献[71]报道了 4,4′-对偶氮苯重氮氨基偶氮苯与溴化十六烷基三甲铵(CTMAB)的显色反应，在 0.5mol/L NaOH 介质中，显色剂与 CTMAB 生成 1∶1 的紫红色缔合物，最大吸收波长 575nm，而显色剂最大吸收波长在 415nm，两者对比度 $\Delta\lambda$ 为 160nm，ε 达 5.02×10^4，在 0～4μg/ml 范围内符合比尔定律。用 EDTA 掩蔽 Fe^{3+}、Cu^{2+}、Mg^{2+}、Ni^{2+}、Co^{2+}、Zn^{2+}、Mn^{2+}等金属离子，可直接用于环境水样分析。

文献[72]介绍了以 3-(苯偶氮苯)-1-三氮烯苯甲酸钠(PTBAS)为显色剂，在 pH=11.5 的 Na2B4O7-NaOH 缓冲液中，PTBAS 与溴化十六烷基三甲铵(CTMAB)形成玫瑰红的离子缔合物，其显色反应机理为：在阳离子表面活性剂存在下，具有两性结构的试剂 PTBAS 被吸附在荷电胶束表面上，由于荷电胶束的正电荷同试剂分子的偶极间发生相互作用，给电子基较容易通过共轭体系移动到吸电子基的一端，从而促进氮上的氢解离。另外，季铵盐阳离子 R^+的亲电子作用取代了钠离子，结果扩大了反应产物的共轭体系，并使 π 电子沿共轭体系向胶束迁移，使缔合物产生新的吸收光谱，最大吸收峰红移，摩尔吸光系数增大。

文献[73]介绍了 1-(4-硝基苯基)-3-[4-(苯基偶氮)苯基]三氮烯(Cadion)-溴化十六烷基吡啶(CPB)体系直接测定水溶液中痕量阴离子表面活性剂的新方法，在碱性条件下 Cadion 形成阴离子，其吸收光谱最大吸收位于 520nm 处。当加入阳离子表面活性剂 CPB 后，阴阳离子相互作用，Cadion 与 CPB 形成离子缔合物，缔合物的共轭体系增大，吸收光谱发生红移，最大吸收移至 620nm，当 Cadion-CPB 显色体系中加入阴离子表面活性剂十二烷基苯磺酸钠($DBOSO_3Na$)后，因为 $DBOSO_3Na$ 与 CPB 的烷基结构具有“相似性”而产生“协同作用”，$DBOSO_3^-$阴离子置换出缔合物中的 Cadion 阴离子，与 CPB 形成稳定的胶束，显色体系由蓝色转变为红色。

三氮烯类试剂与表面活性剂的显色反应在室温下就能进行，在水相中测定，无需加热和萃取，操作简便，显色稳定。但酸度条件对显色反应有很大的影响，其分析功能基团—N═N—NH—中的亚氨基上的 H 首先要发生解离，N 原子才能向表面活性剂提供电子配位形成缔合物，所以只有在碱性条件下，三氮烯类显色剂才能与阴、阳离子表面活性剂形成稳定的离子缔合物，在酸性及中性条件下，显色剂与阴、阳离子表面活性剂几乎不发生反应，这使得许多金属离子的允许共存量较低，需用掩蔽剂掩蔽或分离后才能测定。

萃取光度法和水相直接显色光度法在测定环境水样中阴离子表面活性剂的应用见表 4-11 和表 4-12，测定阳离子表面活性剂的应用见表 4-13。

表 4-11 萃取光度法在阴离子表面活性剂测定中的应用

测量波长/nm	反应体系	反应介质	萃取剂	检测限或线性范围/(μg/ml)	试样	参考文献
652	亚甲蓝	pH=7.0	氯仿	0.006 0.005 0.05	水厂水样 黄河水 环境水样	1、2 3、4
550	盐酸副玫瑰苯胺	pH=9.8	氯仿	0.05	环境水样	5
510	盐酸羟胺-铁试剂	醋酸铵缓冲溶液	氯仿	0.025	饮用水、生活污水、工业废水	6、7
560	Co-PADAP	pH=0.5～2.5	苯	0.02	自来水、合成水	8、9
630	溴甲酚绿-海明 1622	Na_3PO_4-Na_2HPO_4	氯仿	—	驱油用表面活性剂流出液	10
622	孔雀绿	pH=3.7	苯	—	河水、自来水	11
432	孔雀绿	0.2mol/L H_3PO_4	氯仿	SDS 0～1.76	湖水、江水	12
600	罗丹明 B	0.25mol/L H_3PO_4	氯仿	LAS 0.025～0.4mol/L	河水、生活污水、自来水	13
510	盐酸羟胺-铁溶液	醋酸铵缓冲液	氯仿	0.025		14

本表参考文献:

1. 马威，袁英贤，等. 河南科学, 2003, 21(4): 421.
2. 牛武江，连兵. 甘肃环境研究与监测, 1998, 11(2): 21.
3. 周明珍. 四川环境, 2004, 23(1): 48.
4. 崔丽英，马海丽，等. 化学分析计量, 2003, 12(3): 31.
5. 孔德荣，张淑伟. 理化检验: 化学分册, 2005, 41(5): 366.
6. 林晶. 福建分析测试, 2004, 13(2): 1958.
7. 李云. 仪器仪表与分析监测, 2004, (4): 36.
8. 张晓光，张晓丽. 等. 环境与健康杂志, 1995, 12(6): 266.
9. 张晓丽，王彬，等. 理化检验: 化学分册, 2001, 37(6): 283.
10. 王峰，王新，等. 日用化学工业, 2002, 32(1): 65.
11. 范华均，张薇，等. 环境科学与技术, 1994, (1): 28.
12. 罗宗铭，杨树南，等. 环境与健康杂志, 1997, 14(3): 125.
13. 谢志海，郎惠云，等. 分析试验室, 2001, 20(5): 47.
14. 巧力潘，赵燕，等. 干旱环境监测, 2003, 17(3): 189.

表 4-12 水相直接显色光度法在阴离子表面活性剂测定中的应用

显色剂	波长/nm	摩尔吸光系数 $\times 10^{-4}$	线性范围 /(μg/ml)	样品	参考文献
溴酚蓝-氯化十六烷基吡啶	590	2.9(DBSNa)	0～3.2	河水	1
		3.2(DSNa)	0～2.4	江水，自来水	2
百里酚蓝-溴化十二烷基二甲基苄基铵	596	2.2(DBSNa)	0～9.5	江水，池塘水	3
溴百里酚蓝-氯化十六烷基吡啶	615	1.84(DBSNa)	0～6.0	池塘水，生活污水	4
溴百里酚蓝-溴化十二烷基二甲基苄基铵	614	3.99(DBSNa) 3.7(DSNa)	0～19.5 0～15.8	河水，生活污水	5
溴甲酚紫-十六烷基三甲基溴化铵	588	2.74(DBSNa)	0～50	江水，池塘水，生活污水	6
1-吡啶-3-[4-(苯基偶氮)苯基]三氮烯,溴化十六烷基三甲铵	600	1.64(DBSNa) 1.22(DSNa) 1.15(SDS)	0～5.58 0～3.27 0～3.46	生活污水	7
1-(4-硝基苯基)-3-[4-(苯基偶氮)苯基]三氮烯	550	3.02(DBSNa) 2.13(DSNa) 2.94(SDS)	0～4.18 0～2.18 0～3.46	江水，生活污水	8
1-吡啶-3-[4-(苯基偶氮)苯基]三氮烯,溴化十六烷基吡啶	630	1.61(DBSNa) 1.44(DSNa) 1.76(SDS)	0～13.94 0～8.72 0～4.61	合成水样，江水	9
1-(萘酚-7-磺酸)-3-[4-(苯基偶氮)苯基]三氮烯，溴化十四烷基吡啶	594	4.88(DBSNa) 3.71(DSNa) 7.32(SDS)	0～5.6 0～6.5 0～4.6	生活污水	10
1-(2-羟基-3,5-二硝基苯基)-3-[4-(苯基偶氮)苯基]三氮烯	585(CTMAB-DBOSO$_3$Na) 585(CTMAB-DOSO$_3$Na) 585(CTMAB-DSO$_4$Na) 575(CPB-DBOSO$_3$Na) 575(CPB-DOSO$_3$Na) 575(CPB-DSO$_4$Na) 480(DDMBAB-DBOSO$_3$Na) 480(DDMBAB-DOSO$_3$Na) 480(DDMBAB-DSO$_4$Na)	5.15 3.87 3.64 2.49 1.81 6.46 1.17 1.01 1.04	0～5.58 0～3.27 0～3.46 0～4.18 0～3.27 0～2.88 0～5.58 0～3.27 0～3.46	生活污水，河水	11
1-(5-萘酚-7-磺酸)-3-[4-(苯基偶氮)苯基]三氮烯	588(CPB-DBOSO$_3$Na) 588(CPB-DOSO$_3$Na) 588(CPB-DSO$_4$Na)	1.12 1.14 1.06	0～5.58 0～3.27 0～3.96	生活污水	12
甲基紫	540(DOSO$_3$Na)	1.43	0～48	环境水样	13
碱性品红	520(SDBS)	2.36	8.3～41.8	合成水样	14
亮绿	640(DBOSO$_3$Na) 640(DOSO$_3$Na) 640(DSO$_4$Na)	0.889 0.403 0.528	0～6 0～10 0～8	生活污水	15

本表参考文献：
1. 范华均，熊忆，等. 分析化学, 1994, 22(10): 1051.
2. 张立辉，胡文鹰. 江苏预防医学, 1996(3): 33.
3. 贾树荣，王永生，等. 衡阳医学院学报, 1995, 23(2): 111.
4. 赵书林，孟丽珍，等. 云南大学学报：自然科学版，1999, 21(2): 80.
5. 王永生，李贵荣等. 分析试验室, 1996, 15(2): 53.
6. 易忠胜. 杨文华. 分析科学学报, 2001, 17(3): 228.
7. 冯泳兰. 衡阳师范学院学报：自然科学版, 2001, 22(3): 9.
8. 冯泳兰. 分析科学学报, 1999, 15(2): 150.
9. 冯泳兰，许金生，等. 分析试验室, 2002, 21(2): 79.
10. 冯泳兰，邝代治. 化学试剂, 2003, 25(6): 353.
11. 冯泳兰. 分析化学, 1999, 27(8): 961.
12. 冯泳兰，陈志敏，等. 分析试验室, 2004, 23(82): 88.
13. 冯泳兰，陈素林. 环境监测管理与技术, 2008, 20(2): 28.
14. 刘新玲，周原. 湖南工程学院学报, 2002, 12(4): 66.
15. 冯泳兰，唐文清，等. 光谱实验室, 2010, 27(6): 2362.

表 4-13 离子缔合显色反应在测定阳离子表面活性剂中的应用

显色剂	阳离子表面活性剂	摩尔吸光系数 ×10⁻⁴	测定波长/nm	线性范围/(μg/ml)	参考文献
1-(2,6-二溴-4-硝基苯)-3-(4-硝基苯)三氮烯	CTMAB	3.67	595	0～13.85	1
	CPB	4.11	600	0～16.09	
1-(2-羟基-3,5-二硝基苯)-3-[4-(苯基偶氮)苯基]三氮烯	CTMAB	2.43	560	0～14.58	2
	DDMBAB	2.82	620	0～23.07	
	CPB	1.65	560	0～30.76	
1-(2-羟基苯基)-3-[4-(苯基偶氮)苯基]三氮烯	CTMAB	1.59	565	3～29.16	3
邻羟基苯基重氮氨基偶氮苯	CTMAB	1.34	558	2.4×10^{-5}～4.8×10^{-5}	4
	CPB	1.03	562	2.4×10^{-5}～4.8×10^{-5}	
	CPC	1.47	562	2.4×10^{-5}～4.8×10^{-5}	
1-(5-萘酚-7-磺酸)-3-[4-(苯基偶氮)苯基]三氮烯	CTMAB	1.12	635	0～14.58	5
	DDMBAB	1.01	625	0～15.38	
	CPB	1.17	605	0.007～10.76	
	TBP	1.10	615	0～11.40	
1-(3-硝基苯基)-3-[4-(苯基偶氮)苯基]三氮烯	CTMAB	1.24	544	0～11.66	6
	DDMBAB	0.176	637	0～12.03	
	CPB	1.51	534	0～9.227	
	TBP	0.340	625	0～8.554	
1-(3-硝基苯基)-3-(4-硝基苯)三氮烯	CTMAB	0.99	590	0～16.02	7
1-(4-磺酸基苯基)-3-[4-(苯基偶氮)苯基]三氮烯	CPB	1.67	560	6.15～30.76	8
	CTMAB	1.06	560	0～29.16	
1-吡啶-3-[4-(苯基偶氮)苯基]三氮烯	CTMAB	2.11	565	0～14.58	9
	CPB	1.93	565	0～18.45	
3,3′-二甲基-4,4′-(2-氨基噻唑偶氮)联苯	CTMAB	0.560	620	0.15～1.4	10
	CPB	0.552	630	0.10～1.4	
	TPB	0.307	640	0.10～1.2	
4,4′-对偶氮苯重氮氨基偶氮苯	CTMAB	1.76	680	0～14.6	11
达旦黄	CTMAB	4.0	500	0～12	12
刚果红	CTMAB	0.54	465	2～20	13
	CPB	0.57	465	2～18	
1-(4-硝基苯基)-3-[4-(苯基偶氮)苯基]三氮烯	CP-60		382	0～0.13	14

续表

显色剂	阳离子表面活性剂	摩尔吸光系数 ×10^{-4}	测定波长/nm	线性范围/(μg/ml)	参考文献
1-(4-硝基苯基)-3-[4-(苯基偶氮)苯基]三氮烯	CTMAB	0.460	530	0～7.2×10^{-5}mol/L	15
	DDMBAB	4.30	590	0～1.2×10^{-5}mol/L	
	CPB	2.36	540	(0.48～3.2)×10^{-5}mol/L	
溴酚红	CTMAB	0.39	590	0～1×10^{-4}mol/L	16
	CPB	0.40	590	0～1×10^{-4}mol/L	
3-[3-(4-苯基-2-噻唑基)三氮烯基]苯磺酸	CTMAB	1.04	555	0.1×10^{-5}～3×10^{-5} mol/L	17
4,4′-(2-氯-4-硝基重氮氨基)联苯	CPC	2.16	570	0～3.0×10^{-5}mol/L	18
4,4′-二(2-氯-4-硝基重氮氨基)联苯	Zeph	2.39	580	0～3.0×10^{-5}mol/L	19
4,4′-二［3-(4-苯基-2-噻唑基)三氮烯基］联苯	CPB	2.46	607	0～1.0×10^{-5}mol/L	20
	CTMAB	1.82	607	0～1.0×10^{-5}mol/L	
5-甲基-2-[3-(4-苯基-2-噻唑基)三氮烯基]苯磺酸	CTMAB	1.16	540	0～1.0×10^{-4}mol/L	21
4,4′-二[3-(4-苯基-2-噻唑基)三氮烯基]联苯	CPC	2.84	592	0～1.0×10^{-5}mol/L	22
4,4′-对偶氮苯重氮氨基偶氮苯	CTMAB	5.02	575	0～4	23
二溴羧基苯基重氮氨基偶氮苯	CPC	3.7	580	0～3.2	24
溴酚红	CTMAB	0.39	590	0～1×10^{-4}mol/L	25
	BPR	0.40	590	0～1×10^{-4}mol/L	
邻-2-[α-(2-羟基磺酸苯偶氮)-亚苄基]苯甲酸	CTMAB	2.2	570	0～2.0×10^{-3}mol/L	26
1-(2,6-二氯-4-硝基苯)-[3-(4-硝基苯)]三氮烯	CTMAB	3.93	465	0～3.28×10^{-5}mol/L	27
	CPB	4.16	465	0～3.16×10^{-5}mol/L	

本表参考文献：

1. 沈素眉，杨明华，等. 浙江师范大学学报：自然科学版，2002, 25(4): 385.
2. 冯泳兰， 邝代治. 分析化学, 1999, 27(7): 836.
3. 冯泳兰，邝代治. 光谱实验室，1999, 16(2): 143.
4. 方国臻， 潘教麦. 理化检验：化学分册，2000, 36(1): 3.
5. 冯泳兰，邝代治，许金生等. 分析化学，2002, 30(2): 189.
6. 冯泳兰，陈志敏，邝代治，等. 分析试验室，2005, 24(3): 75.
7. 邱如斌，李锦辉，等. 龙岩学院学报，2011, 29(2): 84.
8. 冯泳兰，邝代治. 分析科学学报，1999, 15(3): 242.
9. 冯泳兰，邝代治，等. 化学研究与应用，2004, 16(5): 708.
10. 龙巍然，王裔耿，等. 云南化工，2005, 32(1):28.
11. 周能，邓春丽. 玉林师范学院学报：自然科学版，2005, 26(3): 51.
12. 刘英红，马卫兴，等. 日用化学工业，2010, 40(3): 221.
13. 张永花. 四川理工学院学报：自然科学版，2006, 19(2): 102.
14. 李美蓉，孙方龙，等. 日用化学工业，2012, 42(5): 383.
15. 冯泳兰. 分析化学，1998, 26(10): 1209.
16. 黄传敬. 光谱学与光谱分析，2000, 20(2): 252.
17. 何晓玲. 淮北煤炭师范学院学报：自然科学版，2009, 30(2): 21.
18. 何晓玲. 分析试验室，2011, 30(7): 91.
19. 何晓玲，王永秋. 中国卫生检验杂志，2008, 18(11): 2260.
20. 王永秋，何晓玲. 分析科学学报，2010, 26(6): 701.
21. 何晓玲，王永秋，等. 分析试验室，2009, 28(6): 116.
22. 何晓玲，王永秋. 分析试验室，2010, 29(5): 117.
23. 林茹，周勇，韩燕. 理化检验：化学分册，2005, 41(4): 248.
24. 林茹，姬建刚. 河南师范大学学报：自然科学版，2005, 33(1): 145.
25. 黄传敬，郑小军. 淮北煤师院学报，2000, 21(2): 47.
26. 迟燕华，庄稼. 分析化学，2001, 29(9): 1111.
27. 沈素眉，杨明华，等. 化学研究与应用，2003, 15(3): 393.

（二）在药物测定中的应用

离子缔合显色反应在药物测定中得到广泛应用，测定的药物涉及生物碱、咪唑、噻吩、吡啶、季铵盐、磺酰胺、氯胺酮、维生素等，离子型的药物在一定条件下可与某些带相反电荷的有色染料离子形成离子缔合物显色。文献[74]报道酸性双偶氮染料伊文思蓝(EB)与硫酸新霉素(NEO)、硫酸卡那霉素(KANA)、硫酸庆大霉素(GEN)和硫酸妥布霉素(TOB)等氨基糖苷类抗生素发生显色反应，可用于其测定。伊文思蓝具有大的共轭体系，在紫外-可见光区产生强烈吸收，其最大吸收波长为 609nm。当上述 4 种氨基糖苷类抗生素与 EB 染料反应后，其最大吸收波峰视其抗生素不同而分别红移几纳米或几十纳米，吸光度有不同程度的增大，但在染料最大吸收波长附近产生褪色反应，最大褪色波长分别为 616nm(NEO)、620nm(GEN)和 618nm(KANA 和 TOB)，故显色反应和褪色反应均可用于硫酸新霉素、卡那霉素、庆大霉素和妥布霉素等氨基糖苷类抗生素的光度测定。

文献[75]报道了在 pH=2～4 范围内，含氨基的庆大霉素(GEN)形成了庆大霉素阳离子，与阴离子型染料偶氮胂Ⅲ(ARSⅢ)反应时生成离子缔合物，导致偶氮胂Ⅲ褪色，最大褪色波长位于 525nm，摩尔吸光系数(ε)为 3.80×10^4，线性范围为 0～20.00μg/ml，相关系数为 0.9991，相对标准偏差为 0.14%，所建立的方法用于市售庆大霉素注射液含量的测定。在弱酸性 NaAc-HCl 缓冲介质中盐酸异丙嗪的阳离子与曙红 Y 反应，形成离子缔合物，发生显著的褪色作用，最大褪色波长为 516nm，ε 为 2.73×10^4，采用曙红 Y 褪色光度法测定盐酸异丙嗪，其浓度在 $0\sim1.5\times10^{-5}$mol/L 范围内遵守比尔定律。该方法灵敏度较高，选择性好，操作简便快速，用于片剂、针剂和伤风止咳糖浆中盐酸异丙嗪的测定[76]。在 pH=8.7～9.5 的弱碱性介质中，维生素 K_3 能使甲基绿发生褪色反应，其最大褪色波长为 630nm，其褪色程度(ΔA)与维生素 K_3 浓度在 0.11～2.40mg/L 的范围呈正比，方法具有很高的灵敏度，其表观摩尔吸光系数 $\varepsilon_{630}=2.13\times10^5$；对维生素 K_3 的检出限(3σ)为 32.0μg/L，该方法有较好的选择性，可用于某些药物制剂及血液中维生素 K_3 含量的测定[77]。以上的例子都是利用药物离子和带相反电荷的有色染料离子形成二元离子缔合物的显色反应或褪色反应。文献[78]还报道了形成三元离子缔合物的显色反应和褪色反应。例如:硫酸庆大霉素(GEN)、妥布霉素(TOB)及它们与 La(Ⅲ)的混合溶液在 200～800nm 波长范围几乎无吸收；水溶对氮蒽蓝(ABWS)在紫外-可见光区产生强烈吸收，其最大吸收波长为 602nm(见图 4-2 中曲线 1)；当存在 La(Ⅲ)时，La(Ⅲ)与 ABWS 形成配合物，然后再与硫酸庆大霉素、硫酸妥布霉素形成三元离子缔合物，使 ABWS 溶液褪色，吸光度降低，最大褪色波长为 606nm(GEN)和 608nm(TOB)；La(Ⅲ)-ABWS 与 GEN 和 TOB 反应生成的缔合物的吸收光谱特征见图 4-2。可见，三元体系与二元体系相比，三元体系的正、负吸收峰强度均显著增强，灵敏度增大；GEN 和 TOB 的浓度在一定范围内与吸光度值成很好的线性关系。

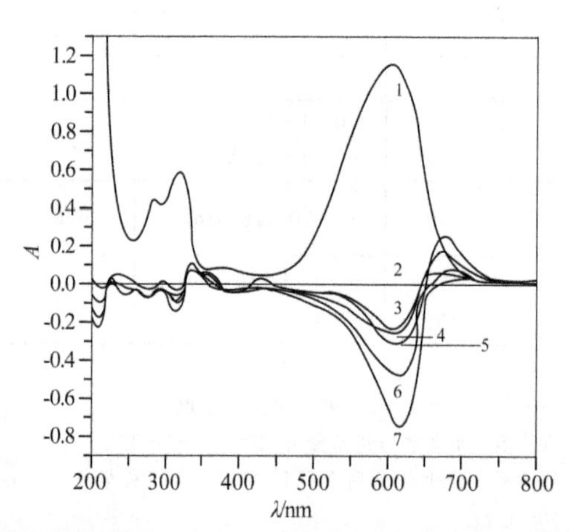

图 4-2 La(Ⅲ)-ABWS-GEN(TOB)的离子缔合物的吸收光谱

1—ABWS；2—GEN；3—ABWS-GEN；4—La(Ⅲ)-ABWS；5—ABWS-TOB；6—La(Ⅲ)-ABWS-GEN；7—La(Ⅲ)-ABWS-TOB

在上述讨论过的伊文思蓝(EB)与硫酸新霉素(NEO)、硫酸卡那霉素(KANA)、硫酸庆大霉素(GEN)和硫酸妥布霉素(TOB)等氨基糖苷类抗生素的二元离子缔合体系中，若增加 La(Ⅲ)，由于形成三元蓝色离子缔合物，其最大吸收波长位于 668～674nm，线性范围从$(0\sim1.20)\times10^{-5}$g/ml 至$(0\sim1.40)\times10^{-5}$g/ml，摩尔吸光系数(ε)在 $3.10\times10^4\sim6.17\times10^4$ 之间；最大负吸收波长位于 614～620nm，线性范围从(0～9.00)×10^{-6}g/ml 至(0～1.7)×10^{-5}g/ml，摩尔吸光系数(ε)在 4.33×10^4～1.04×10^5，其摩尔吸光系数和二元体系相比有很大提高[79]。

离子缔合显色反应在药物测定中的应用见表 4-14。

表 4-14 离子缔合显色反应在药物测定中的应用

检测物质	显色剂或褪色剂	显色或褪色波长/nm	摩尔吸光系数×10^{-3}	线性范围/(μg/ml)	参考文献
加替沙星	吖啶红	538	13.2	0.2～15.0	1
阿米卡星	赤藓红	527	146	0.064～2.500	2
阿莫西林	维多利亚蓝 B	630	26.7	0～5.5	3
卡那霉素	苯胺蓝	606	27.2	0～1.5×10^{-5}mol/L	4
苯唑西林	甲基紫	529 606	26.3 22.8	0～4.1	5
酰基肉碱	溴酚蓝	600		225～1270	6
大观霉素	酸性铬蓝 K 伊文思蓝 滂胺天蓝 B	522 608 628	14.5 17.0 6.00	0.2～5.0 0.1～5.4 0.1～5.4	7
西索米星	刚果红	504	23.1	0.1～6.72	8
加替沙星	刚果红	616	18.4	(0.05～2.98)×10^{-5}mol/L	9
硫酸阿米卡星	刚果红	564	26.1	0～1.7×10^{-5}mol/L	10
盐酸西布曲明	刚果红	490	16.7	(0.35～3.2)×10^{-5}mol/L	11
西地那非	乙基曙红	550（显色） 520（褪色）	20.9 24.4	(0.5～1.4)×10^{-5}mol/L (0.5～1.6)×10^{-5}mol/L	12
硫酸阿米卡星	虎红 曲利本红	538(褪色) 392(显色) 350(褪色)	69.7 15.0 5.54	0～16.3 0～16.0 0～14.0	13
小诺霉素	刚果红 伊文思蓝 （滂胺天蓝 B)	502(褪色) 678 618(褪色) 692 620(褪色)	23.4 8.30 40.5 5.20 20.6	0.1～7.5 0.2～8.4 0.1～9.3 0.2～7.5 0.1～8.4	14
加替沙星	亚甲基蓝	674 646(褪色)	26.5 13.6	0.2～17.0 0.2～15.0	15
庆大霉素 妥布霉素	甲基蓝	606(褪色) 610(褪色)	18.1 29.3	0～1.2×10^{-5}mol/L 0～1.2×10^{-5}mol/L	16
阿莫西林	甲基紫	506(褪色) 618(褪色)	34.9 29.3		17
	玫瑰精 B 孔雀石绿	584(褪色) 634(褪色) 612(褪色)	11.1 13.6 12.3	0～5.5 0～5.5 0～5.5	18
链霉素	滂胺天蓝	612	10.6	0.17×10^{-7}～1.8×10^{-5}mol/L	19
硫酸卡那霉素 硫酸新霉素	镧-甲基蓝	682 620(褪色) 682 616(褪色)	17.1 95.7 12.1 86.8	0～1.4×10^{-5}mol/L 0～1.5×10^{-5}mol/L 0～1.3×10^{-5}mol/L 0～1.5×10^{-5}mol/L	20

续表

检测物质	显色剂或褪色剂	显色或褪色波长/nm	摩尔吸光系数×10^{-3}	线性范围/(μg/ml)	参考文献
硫酸新霉素	镧-滂胺天蓝	688 618(褪色)	46.4 11.3	0～14.0 0～15.0	21
硫酸庆大霉素		688 620(褪色)	30.8 50.1	0～12.5 0～12.5	
硫酸卡那霉素		688 624(褪色)	35.2 44.3	0～12.0 0～12.0	
硫酸新霉素	镧(III)-伊文思蓝(EB)	674	61.7	0～1.2	22
硫酸卡那霉素		672	41.8	0～1.4	
硫酸庆大霉素		668	31.0	0～1.4	
硫酸妥布霉素		670	43.4	0～1.2	
利血平	玫瑰精 B	490 520（褪色）	120 183	0～5.0 0～5.0	23

本表参考文献：

1. 江虹，李维. 化学研究与应用, 2008, 20(4): 449.
2. 安兰香，刘绍璞，等. 西南大学学报：自然科学版, 2007, 29(3): 37.
3. 江虹，张华，谢虹. 化学研究与应用, 2010, 22(4): 483.
4. 湛海粼，刘绍璞，等. 西南师范大学学报：自然科学版, 2004, 29(1): 90.
5. 黄建琼，江虹，等. 化学试剂, 2011, 33(2): 142.
6. 田金强，王强，等. 食品与发酵工业, 2008, 34(6): 246.
7. 江虹，胡小莉. 应用化学, 2008, 25(4): 419.
8. 江虹，湛海粼. 化学研究与应用, 2007, 19(12): 1394.
9. 江虹，刘进波，李维. 理化检验：化学分册, 2009, 45(4): 419.
10. 江虹，湛海粼，等. 中国抗生素杂志, 2004, 29(3): 144.
11. 秦宗会，谭蓉，等. 分析化学, 2006, 34(3): 403.
12. 江虹，湛海粼，等. 化学研究与应用, 2004, 16(4): 573.
13. 江虹，张孝彬，等. 中国抗生素杂志, 2006, 31(1): 631.
14. 江虹，何丽平，等. 中国医院药学杂志, 2008, 28(2): 127.
15. 江虹，王超，等. 化学试剂, 2008, 30 (11): 823.
16. 江虹. 理化检验：化学分册, 2004, 40(3): 66.
17. 庞向东，刘艳，等. 理化检验：化学分册, 2011, 47(8): 982.
18. 江虹，张华，庞向东. 光谱实验室, 2010, 27(2): 418.
19. 江虹，湛海粼. 理化检验：化学分册, 2008, 44(12): 1190.
20. 江虹，刘艳. 理化检验：化学分册, 2007, 43(1): 56.
21. 江虹，胡小莉，等. 分析化学, 2004, 32(8): 1043.
22. 江虹，胡小莉，等. 应用化学, 2003, 20(9): 883.
23. 江虹，李雪琴，等. 分析试验室, 2010, 29(3):66.

五、与金属离子的配位显色反应

这是一类我们早已熟知的显色反应，绝大部分的金属离子的光度法测定就是利用了金属离子和有机显色剂的配位显色反应。显然，对于具有配位基团的有机化合物，就有可能利用其与某些金属离子的配位显色反应来测定其含量。

一般来说，有机物分子结构中如含有一个成盐基(带有可被金属离子置换的活泼氢的官能团，如—OH、—NH_2等)，还有一个配位基团(含有孤对电子对的官能团)，成盐基和配位基团同时存在，且性质和位置适当，具有这样分子结构的有机物能与某些金属离子生成配合物。若有颜色变化，则可用于有机物的鉴定和光度分析。

(一）与 Fe^{3+}的显色反应[80,81]

羧酸酯、酰氯、酸酐和酰胺等与羟胺反应，生成羟肟酸，后者与三价铁离子反应生成红色配合物，反应如下：

$$RCOOR' + NH_2OH \longrightarrow RCONHOH + R'OH$$

$$RCOCl + NH_2OH \longrightarrow RCONHOH + HCl$$

$$(RCO)_2O + NH_2OH \longrightarrow RCONHOH + RCOOH$$

$$RCONH_2 + NH_2OH \longrightarrow RCONHOH + NH_3$$

$$3RCONHOH \cdot H_2O + Fe^{3+} \longrightarrow Fe(RCONHO)_3 + 3H_2O + 3H^+$$

据此可用分光光度法测定含酰基的各类化合物。不同的化合物，其反应速率和最大吸收峰位置略有差别，通常在520～540nm处，摩尔吸光系数为1×10^3～3×10^3。

羟肟酸的生成是碱催化反应，需要在碱性溶液中进行，而与铁离子的显色反应需在酸性介质中进行。过量的羟胺可还原高铁离子成亚铁离子，羟肟酸铁的稳定性决定于$[Fe^{3+}]/[NH_2OH]$的比值，至少应为5，如小于1，不能得到稳定结果。羧酸衍生物的反应活性大体按下列次序下降：

酰基氯>酸酐>内酯>羧酸酯>酰胺

因此，羟肟酸的生成和反应的选择性主要取决于反应时的碱度，其次是羟胺浓度；反应温度和时间视待测物性质而定。

在测定酰基氯和酸酐时，采用中性羟胺溶液，此时内酯、羧酸酯和酰胺不起反应。在较强的碱性溶液中，有大量甲醇存在时，酸酐和甲醇发生酯化反应，使结果偏低。

伯醇和仲醇也可以用乙酰化-异羟肟酸法测定，试样经乙酰化，过量的乙酰化试剂用水水解后，所生成的乙酸酯与羟胺反应生成异羟肟酸，再与Fe^{3+}反应生成有色配合物。

羟肟酸铁比色法广泛用于测定各类酯，如脂肪族和芳香族羧酸酯以及酚类的酯、甘油三酸酯、α-氨基酸酯、酞酯、甾族化合物的羧酸酯、强心苷酯、氯霉素酯、马拉硫磷酯和具有酯基的生物碱等。

苯酚类化合物与三价铁离子反应生成有色化合物在光度分析中也得到广泛应用，表4-15给出了某些酚类化合物与三氯化铁的反应产物的颜色及其吸收波长。

表4-15　某些酚类化合物与三氯化铁的反应产物的颜色及其吸收波长[1]

酚类化合物	反应产物颜色	λ_{max}/nm
4-氨基苯酚	红色→紫色	540
2-溴苯酚或4-溴苯酚	蓝色	565～570
3-溴苯酚	红色→紫色	540
2,4-二氯苯酚	蓝色	565
2-碘苯酚	蓝色	570
邻甲苯酚或对甲苯酚	蓝色	575～590
间甲苯酚	红色→紫色	555
甲基水杨酸盐或乙基水杨酸盐	红色→紫色	530～533
1-萘酚-2-磺酸	绿色	575
1-萘酚-4-磺酸	蓝色→紫色	595
间苯二酚	蓝色	570
水杨酸	红色→紫色	530
水杨醛	红色→紫色	525
苯酚	紫色	570
2-氯苯酚或4-氯苯酚	蓝色	565～570
3-氯苯酚	红色→紫色	640

以三价铁离子作为中心离子形成有色配合物的反应在药物的光度分析中得到广泛应用，其中包括以下几种。

（1）8-羟基喹啉类药物的鉴定和光度分析　例如，在2-甲基-5,7-二氯-8-羟基喹啉中，加入三氯化铁，有蓝绿色配合物生成：

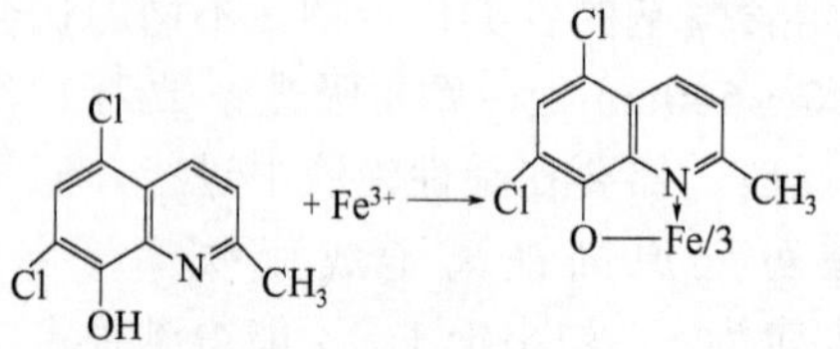

（2）四环素类药物的鉴定和光度分析　四环素类药物有四环素、金霉素和土霉素等，其结构为：

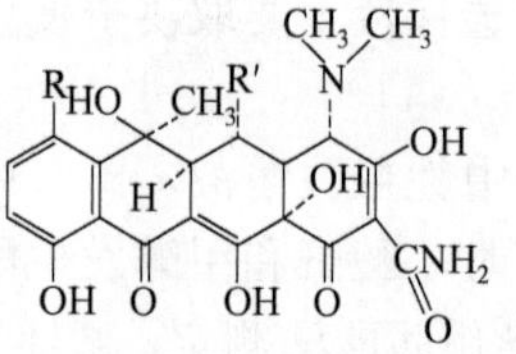

（四环素：R=R′=H；
金霉素：R=Cl, R′=H；
土霉素：R=H, R′=OH）

四环素内羰基作为配位基团，酚羟基或烯醇羟基作为成盐基，与 Fe^{3+}配位生成深棕色六元环配合物。

（3）酞嗪类药物的鉴定和光度分析　肼酞嗪分子中的—NH_2 可作为成盐基，—N═为配位基，与 Fe^{3+}反应生成蓝色五元环螯合物：

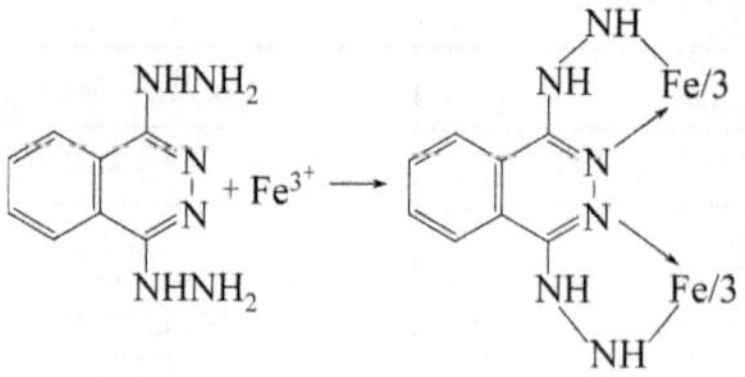

（4）强心苷类药物的鉴定和光度分析　从分子结构上看，强心苷由糖基、甾体和丁烯酸内酯组成。Keller 和 Kiliani 分别用三氯化铁-醋酸试剂和硫酸铁-硫酸试剂鉴定了强心苷。

（5）酚类药物的鉴定和光度分析　上述已指出，用三氯化铁试剂检验酚类或烯醇类化合物，出现不同的颜色。该反应机理尚不清楚，一般认为生成复杂的配合物。含酚羟基类药物与 Fe^{3+}的颜色反应见表 4-16。

表 4-16　含酚羟基类药物与 Fe^{3+}的颜色反应

药　物	结构简式	配合物颜色
水杨酸	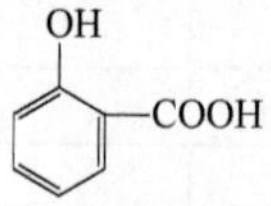 OH, COOH	紫红色
对氨基水杨酸钠	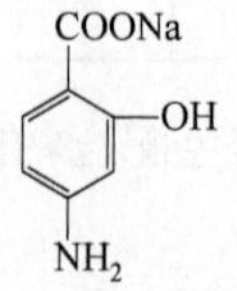 COONa, OH, NH_2	紫红色
扑热息痛	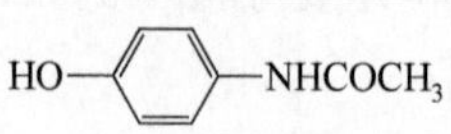 HO—, —$NHCOCH_3$	蓝紫色

续表

药　物	结构简式	配合物颜色
肾上腺素	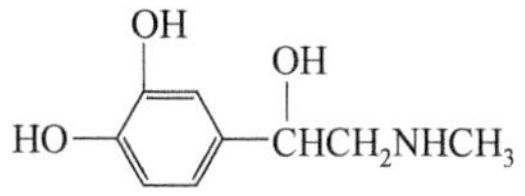 OH; OH; HO—⟨苯环⟩—CHCH$_2$NHCH$_3$	翠绿色
己烯雌酚	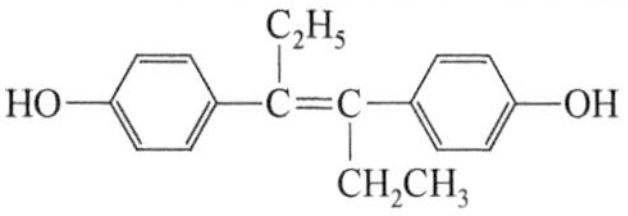 C_2H_5; HO—⟨苯环⟩—C=C—⟨苯环⟩—OH; CH$_2$CH$_3$	绿色→黄色

（6）羧酸及其衍生物类药物的鉴定和光度分析　邻位有杂原子的羧酸，能与 Fe^{3+}配位生成配合物，例如，邻位氟代苯甲酸与 Fe^{3+}生成六元环配合物：

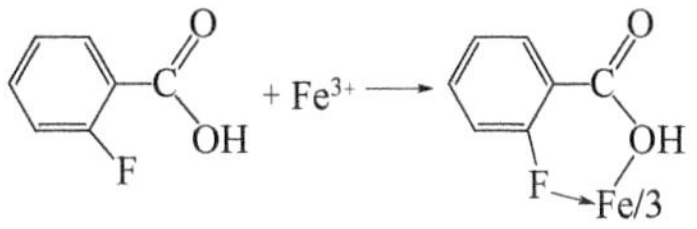

$$\text{(邻氟苯甲酸: C(=O)OH, F)} + Fe^{3+} \longrightarrow \text{(C(=O)OH, F}\rightarrow\text{Fe/3)}$$

一般羧酸类药物如布洛芬、萘普生等不能直接与 Fe^{3+}生成有色配合物，但羧酸经酰氯再与羟氨作用生成有色的羟肟酸铁。

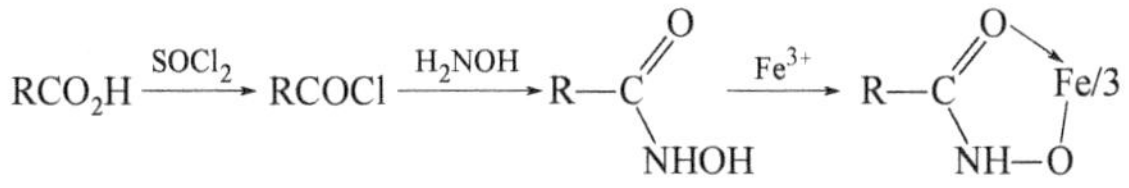

$$RCO_2H \xrightarrow{SOCl_2} RCOCl \xrightarrow{H_2NOH} R—C(=O)NHOH \xrightarrow{Fe^{3+}} R—C(=O\rightarrow Fe/3)NH—O$$

含有内酯基的毛果芸香碱碱性水解后与盐酸羟胺作用，得羟肟酸，加 Fe^{3+}则生成有色的五元环配合物；生物碱如海洛因、乌头碱、古柯碱等的分子结构中含有酯基，在碱性中与羟胺作用生成羟肟酸，与 Fe^{3+}生成有色配合物；含有内酰胺的药物，如双醋酚汀、青霉素等经碱性水解，与盐酸羟胺作用得羟肟酸，与 Fe^{3+}生成有色的五元环配合物：

$$\text{青霉素 (CH}_3\text{, CH}_3\text{, CO}_2\text{H, S, N, =O, NHCOCH}_2\text{Ph)} \xrightarrow[H_2NOH\cdot HCl]{OH^-} \text{(CH}_3\text{, CH}_3\text{, CO}_2\text{H, S, NH, CH—C(=O)NHOH, NHCOCH}_2\text{Ph)} \xrightarrow{Fe^{3+}} \text{(CH}_3\text{, CH}_3\text{, CO}_2\text{H, S, NH, CH—C(=O}\rightarrow\text{Fe/3)NH—O, NHCOCH}_2\text{Ph) (酒红色)}$$

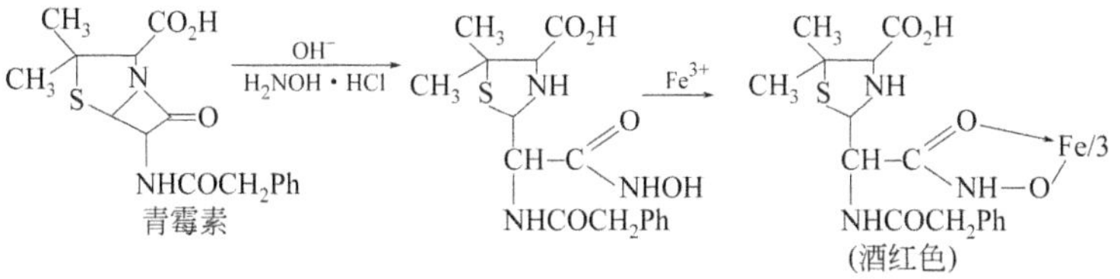

文献[82]介绍了光度法测定银杏萜内酯的含量，在弱碱性条件下，银杏萜内酯与 Fe(III)形成萜内酯-羟肟酸铁紫色环状配合物，最大吸收峰位于 514nm 处，分光光度法测定萜内酯含量在 45～450μg/ml 范围内服从比尔定律。

文献[83]介绍了水溶液中的有机酸含量测定，利用水溶液中的有机酸在高氯酸羟胺(HAP)和 *N*,*N*-二环己基碳酰亚胺(DCC)存在的条件下生成的羟肟酸，以及羟肟酸在酸性高氯酸铁溶液中显色的性质，建立了一种分光光度测定水中有机酸含量的方法，并对正丁酸、正戊酸、苯甲酸进行了线性关系考察。

（7）磺酸类药物的鉴定和光度分析　磺酸经磺酰氯、磺羟肟酸，再与乙醛反应，生成羟肟酸和亚磺酸，与 Fe^{3+}反应得到橘红色不溶性配合物。因此，亚磺酸的存在对磺酸类药物的鉴定有干扰。

（二）与 Al^{3+}的显色反应[84]

Al^{3+}是测定黄酮类化合物的常用金属离子，大多数黄酮类化合物分子中存在桂皮酰基和苯甲酰基组成的交叉共轭体系，其结构如下：

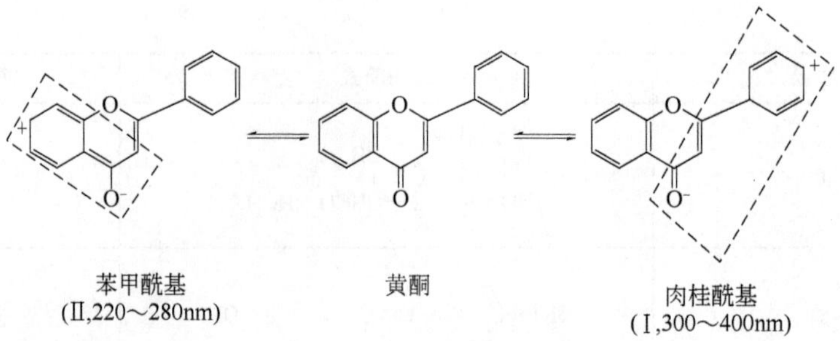

苯甲酰基
(Ⅱ,220～280nm)

黄酮

肉桂酰基
(Ⅰ,300～400nm)

在无水甲醇中的紫外光谱出现两个主要吸收峰，在 300～400nm 处的峰称峰Ⅰ，由肉桂酰系统的吸收所致；另一个在 220～280nm 处的峰称峰Ⅱ，由苯甲酰系统吸收所致。在黄酮的紫外吸收峰中，峰Ⅱ的吸收峰较强，是定量分析的重要依据。Al^{3+}可与黄酮分子中邻二酚-OH、3-OH 和 4-酮基或 5-OH 和 4-酮基形成配合物，使相应峰带大幅度红移，生成的各种 Al^{3+}配合物的稳定性不同，稳定性规律为：黄酮醇 3-OH>黄酮 5-OH>二氢黄酮 5-OH>邻二酚-OH>二氢黄酮醇 3-OH。其中从邻二酚-OH 以后与 Al^{3+}形成的配合物不稳定，加入少量酸(如 HCl)可分解，使相应光谱蓝移，而前三种配合物稳定，不能被分解，故加入 HCl 后仍表现为相应峰带红移，可用于定量法测定黄酮含量。在酸性条件下，测定时可以芦丁为标准样品，与铝离子配合后，在 413nm 处测定黄酮含量。通常采用更多的是在碱性条件下测定，测定时以芦丁为标准样品，与铝离子配合后，在 510nm 波长处测定其吸光值。国内学者发表了大量的各种植物总黄酮测定文献，测定的植物、中药及其他样品包括：山楂、柑橘皮、紫花苜蓿、玉米须、野艾蒿、药王茶、山核桃叶、山豆根及山豆根注射液、软枣猕猴桃、胀果甘草、普通鸡冠花序、蒙药阿给生药及炭药、蒙古扁桃药材、菊花脑茎叶、血竭、金莲花袋泡剂、黄皮种子、枸杞子、葛根渣、角果藜、赤小豆、粉绿睐线莲、扁蓄及白桑叶等。

文献[85]报道了应用 Al^{3+}测定氧氟沙星，氧氟沙星的基本骨架为吡啶酮环与其他环状结构缩环化合物，因此在紫外区有较强吸收，同时药物分子羧基能与许多金属离子形成配合物，在 pH=3.5～4.9 的 NaAc-HAc 缓冲溶液中，铝离子对氧氟沙星吸光度有显著增敏作用，Al-OFLX 体系的测定波长 λ_{max}=292nm，线性范围为 0.2～38.7μg/ml；检出限为 3.5×10^{-2}μg/ml，据此建立了测定药物制剂中氧氟沙星含量的铝敏化紫外分光光度法。

文献[86]研究了在 CTMAB 存在下芸香苷与铝的显色反应。芸香苷又名芦丁，存在于许多植物体中，是由槲皮素和芸香糖通过 β-糖苷键缩合而成的糖苷，是一种重要的黄酮醇类化合物，结构如下：

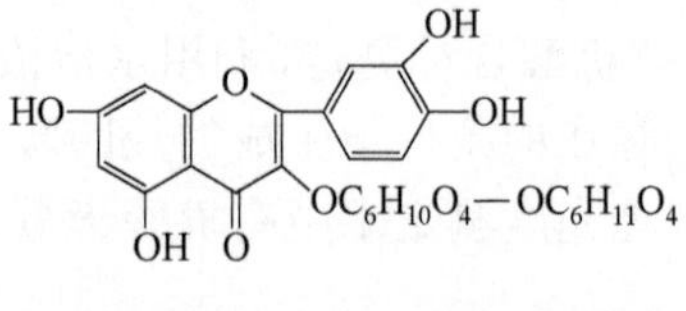

$OC_6H_{10}O_4-OC_6H_{11}O_4$

芸香苷与铝的显色反应，在 pH=5.6 的 HAc-NaAc 缓冲介质中，在溴化十六烷基三甲铵(CTMAB)存在下，芸香苷与铝反应生成 3∶1 稳定黄色配合物，λ_{max}=430nm，$\varepsilon=4.38\times10^4$。铝含量在 0～0.4μg/ml 内符合比尔定律，方法用于环境样品中铝含量的测定。

文献[87]利用绿原酸和铝离子的配合显色反应，采用可见分光光度法在波长 530nm 处测定杜仲叶中绿原酸量。绿原酸质量浓度在 1.7×10^{-4}～1.0×10^{-2}g/L 之间线性关系良好，线性相关系数为 0.9995。秋、夏叶中加标回收率分别为 98.0%、101.0%。

（三）与其他金属离子的显色反应

下面简要介绍一些与其他金属离子的配位显色反应，文献[88]介绍用比色法测定奥沙普嗪的含量。把奥沙普嗪的羧基转变为酰氯，并同羟胺结合而得一种羟肟酸，再使羟肟酸同钒在酸性介质中结合生成一种黄色的化合物。该黄色化合物在波长为387nm处有最大吸收，选择387nm为测定波长，回收率为99.25%±0.8%，*RSD*<1.0%。

文献[89]研究了槲皮素与Fe^{3+}的显色反应，在pH=4.05的$HAc\text{-}NH_4Ac$缓冲体系中，槲皮素与Fe^{3+}配位，该配合物在430nm处有最大吸收。Fe^{3+}的浓度在$2.0\times10^{-5}\sim1.2\times10^{-4}$mol/L之间与吸光度呈线性关系，最低检出限为$2.0\times10^{-5}$mol/L。

文献[90]提出了用铜离子配合法测定盐酸麻黄素含量，在碱性溶液中，盐酸麻黄素与硫酸铜生成蓝紫色配合物，其最大吸收波长为601.2nm。且D型盐酸伪麻黄素显色灵敏度大于L型。标准曲线绘制表明，显色线性范围为0.5～3mg/mL。

文献[91]研究了异丙肾上腺素与68种离子的反应，报道了异丙肾上腺素与VO_3^-进行显色反应的最佳条件、灵敏度、选择性和界限比，建立了微量VO_3^-的简便检定新方法，检出限量为0.01μg。

文献[92]利用三氯化钛溶液与草酸的显色反应建立了啤酒中草酸测定的光度法，测定波长为400nm，线性范围为0～100mg/L。

文献[93]研究了在pH为7.0～8.0的弱碱性溶液中，Th(Ⅳ)与四环素(TC)、强力霉素(DOTC)、土霉素(OTC)和金霉素(CTC)结合形成浅黄色配合物，最大吸收波长分别位于388nm、382nm、388nm和398nm处；线性范围分别是0～10.5μg/ml(TC和DOTC)、0～10.0μg/ml(OTC和CTC)；摩尔吸光系数(ε)分别为1.90×10^4、1.80×10^4、1.72×10^4和1.38×10^4。

文献[94]建立了一种覆盆子酮的分光光度测定方法，pH值在6.260～6.865之间，覆盆子酮与$Ni(NO_3)_2$形成稳定配合物，于λ_{max}=228nm处进行光度分析，其线性范围在$8.152\times10^{-6}\sim7.337\times10^{-5}$之间服从朗伯-比尔定律。

六、氧化还原显色反应[8]

氧化还原显色反应是利用氧化性物质氧化还原性物质产生有色物质的显色反应，它在有机物光度分析中得到广泛应用。通常含简单苯环取代基的化合物在紫外区吸收很小，如采用氧化支链的方法，往往可以改善方法的灵敏度。芳环中的烷基支链可用碱金属高锰酸盐、酸性重铬酸盐、酸性铈盐等强氧化剂氧化。直链和第二烷基取代基被氧化成羧酸，以支链存在的官能团处于α位时，反应速率较快；以α-苯基存在时，反应一般停留在二烷基酮阶段。稠环体系，如蒽、菲比苯环容易氧化。例如，光度法测量氧化反应产物的方法可用于阿米利特灵的测定，在室温条件下于碳酸盐缓冲介质中用高锰酸钾氧化15min，生成二苯环庚酮或为蒽酮，在265nm处测量吸光度。联苯羟胺在10mol/L H_2SO_4介质中用0.1mol/L重铬酸钾氧化为二苯酮，经水蒸气蒸馏分出后于247nm处测定。用过碘酸盐作氧化剂氧化尿中的苯丙醇胺，生物样品中的麻黄素、假麻黄素、苯丙醇胺为苯甲醛，在己烷中测量240nm处的吸光度等。

伯醇羟基的测定可以用四氧化钌或2,6-二氯-4-氯化三甲氨基重氮苯-氟硼酸盐氧化成醛后测定，生成的醛与3-甲基苯噻唑啉-2-酮腙反应，生成蓝绿色配合物，在波长660nm处进行光度测定。

仲醇羟基的测定用酸性重铬酸钾氧化为酮，再用2,4-二硝基苯肼法测定。

邻二醇被高碘酸选择性地氧化成醛，生成的醛可转化为2,4-二硝基苯腙或碘仿(乙醛)后用光度法测定。

在有氧化剂存在下的氨缓冲液中(pH=8.0)，苯酚生成相应的醌亚胺，与氨基比林反应生成红色安替比林染料，在波长 500nm 处进行光度测定。该法可用于苯酚、间甲酚、愈创木酚、水杨酸甲酯和水杨酸苯酯等的测定。

以氧化还原显色反应为基础的多酚类化合物的光度分析法有[95]如下几种。

1. 铁氰化钾法

多酚类化合物在酸性条件下可将 Fe^{3+}还原为 Fe^{2+}，Fe^{2+}与铁氰化钾生成可溶性深蓝色配合物 $KFe[Fe(CN)_6]$，最大吸收波长为 703nm。郎惠云等在 pH=2.2 的 $Na_2HPO_4^-$柠檬酸缓冲溶液中采用示差分光光度法测定茶汤中茶多酚的含量，线性范围为 2～12mg/L，检出限为 1.35g/L，相对标准偏差为 1.3%。茶叶中的抗坏血酸、氨基酸等还原性物质对测定有干扰。配合物 $KFe[Fe(CN)_6]$的溶解度较小，一般只能稳定 30min，测定结果为总酚量。

2. 正丁醇-盐酸法

姚开等采用硫酸铁铵、正丁醇-盐酸溶液与葡萄籽提取物中原花青素反应产生红色物质，在 546nm 波长处测定，线性范围是 10～130μg/L，相对标准偏差小于 1.80%。对单体原花青素黄烷-3,4-二醇来说，C-4 具有极强的亲电性，其醇羟基与 C-5、C-7 上的酚羟基组成一个苄醇系统，使 C-4 易于生成碳正离子，在强酸作用下碳正离子失去质子，氧化生成花色素。由于正丁醇-盐酸法对原花青素化学结构的依赖性大，选择性高，对儿茶素等单体原花青素不反应，因此，该法测定结果往往偏低。

3. Folin-酚法

陈向东等利用 Folin-酚法测定了灰树花提取物中酚类物质。Folin-酚法包括两步反应：第一步是在碱性条件下，蛋白质与铜作用生成蛋白质-铜配合物；第二步是此配合物将磷钼酸-磷钨酸试剂还原，产生深蓝色物质。测定波长为 680nm，线性范围为 0～6mg/L。该显色反应由酪氨酸、色氨酸和半胱氨酸引起，因此样品中若含有酚类、柠檬酸和巯基化合物均会有干扰作用。

4. 邻二氮菲-铁(Ⅲ)法

单宁具有较强的还原性，可将 Fe^{3+}还原为 Fe^{2+}。李晓文等在 pH 值为 4.4 的 HAc-NaAc 和明胶溶液中，利用邻二氮菲与 Fe^{2+}反应生成橙红色配合物测定单宁，最大吸收波长在 510nm 处，线性范围为 0～5mg/L，检测限为 0.5μg/L，相对标准偏差为 2.1%；抗坏血酸和咖啡因等还原性物质会产生干扰；测定结果为总酚量。曲祥金等提出了啤酒花中单宁的流动注射分析法。将单宁注入 Fe^{3+}载流中，然后与 1,10-二氮菲的 0.03mol/L H_2SO_4 溶液混合，生成 1,10-二氮菲-Fe(Ⅱ)配合物，在 506nm 波长处检测，线性范围为 0～300mg/L，检测限 0.84mg/L，相对标准偏差为 1.1%。烟酸、甘露糖、木糖、谷氨酸、半胱氨酸、抗坏血酸和咖啡因等干扰，测定结果为总酚量。

5. 单宁协同高碘酸钾氧化亚甲基蓝法

王术皓等建立了测定单宁的高碘酸钾氧化亚甲基蓝褪色动力学光度法。在碱性和室温条件下，高碘酸钾氧化亚甲基蓝的反应较慢，加入单宁后，高碘酸钾与单宁反应，产生单线态活性氧。该活性氧极为活泼，与高碘酸钾共同作用于亚甲基蓝，从而加快亚甲基蓝的氧化，单宁起协同氧化的作用。测定波长为 660nm，线性范围为 1～12mg/L，检出限为 0.99mg/L，相对标准偏差为 2.6%。Fe^{3+}、Al^{3+}、Cu^{2+}、Cd^{2+}、Zn^{2+}和 Mn^{2+}干扰测定，加入 EDTA 可抑制部分干扰。该方法快速、灵敏度高，测定结果为总酚量。

6. 单宁催化碘酸钾氧化丙基红法

在盐酸介质中，微量单宁能催化碘酸钾氧化丙基红的褪色反应，由此建立了催化动力学光度法测定微量单宁的方法。测定波长为 520nm，线性范围为 0.1～3.0mg/L，检出限为 0.04mg/L，相对标准偏差为 1.1%。Fe^{3+}、VO_3^-、Zn^{2+}、Ba^{2+}、PO_4^{3-}、Ag^+、I^-、NO_2^-、色氨酸、对硝基苯酚、苯酚、抗坏血酸和间苯二酚等干扰严重，测定结果为总酚量。

7. 碘氧化法

I_2在乙醇溶液中最大吸收为 289nm，杨景芝等在中性的乙醇溶液中，以 I_2 氧化单宁，测定剩余的 I_2 求出单宁含量；线性范围是 0～2μg/ml，相对标准偏差为 0.51%。蛋氨酸、维生素 C、咖啡因、水杨酸、苯酚、苯胺干扰较严重；且 I_2 在乙醇中最大吸收波长 289nm 与单宁的最大吸收波长 274nm 相差较小，给测定带来干扰；测定结果为总酚量。该法简单、快速、灵敏度高，已用于中药五倍子中单宁的分析。

七、纳米材料显色剂[96～106]

（一）纳米材料作为光度分析显色剂的原理

纳米材料是指尺寸在三维空间中至少有一维在纳米尺度(1～100nm)范围内或以它们为结构单元组成的材料。纳米材料结构的特殊性赋予了纳米材料特殊的光、电、磁、力、热及化学性质。纳米材料具有表面等离子体共振效应(surface plasmon resonance，SPR)，这是由金属纳米颗粒或者不连续的金属纳米结构中电荷密度的振荡引起的。当金属纳米材料被入射光激发时，会引起金属纳米材料表面电子的集体振荡，产生等离子体共振，或更准确地称为局域表面等离子体共振效应(localized surface plasmon resonance，LSPR)。LSPR 使金属纳米材料表面的局部电场增强，表现出较强的吸收和特有的颜色。纳米材料胶体溶液颜色与其粒径及颗粒间距有关，例如粒径为 10～50nm 的纳米金胶体溶液显红色，金纳米颗粒团聚后聚集体呈紫色。如果目标分析物能够直接或间接引起金纳米颗粒团聚(由红变紫或变蓝)或团聚体重新分散(由紫变红)，由此就可以通过溶液颜色或吸光度值的变化进行光度分析，方法具有极高的灵敏度，检测限通常可达 nmol/L～μmol/L。因此，要将纳米材料作为显色剂的关键是通过被测物来调节纳米颗粒的分散或聚集状态，通过对聚集机理的研究，可以分为交联(颗粒间成键)聚集机理和非交联聚集机理(去除胶体稳定作用)两种。

交联聚集机理通过纳米颗粒表面受体分子有多个成键位点的交联分子或利用纳米颗粒表面修饰的受体分子与反受体分子之间的键合作用直接诱导纳米颗粒交联聚合。现以纳米金比色测定汞为例作进一步说明。

DNA 可以通过 Au—S 共价键键合到纳米金表面形成 DNA 功能化的纳米金(DNA-AuNPs)，在 DNA-AuNPs 溶液中加入 Hg(Ⅱ)后，由于 T-Hg(Ⅱ)-T 配合物的形成，吸附在纳米金表面的 DNA 链杂交互补，导致纳米金发生团聚，溶液的颜色由红色变为紫色或蓝色，据此可以通过比色法高灵敏度、高选择性地检测 Hg(Ⅱ)。Lee 等基于此报道了 DNA-AuNPs 比色检测 Hg(Ⅱ)的方法，该方法依据的原理是当温度升高超过纳米金的熔链温度时，只有含有 Hg(Ⅱ)的纳米金溶液仍然保持为紫色，其他的则重新分散为红色。其原因是 T-Hg(Ⅱ)-T 配合物的形成可以升高 DNA-AuNPs 的杂交熔链温度；继续加热，杂交的 DNA 双螺旋分子发生变性，T-Hg(Ⅱ)-T 配合物的团聚体重新分散不仅使溶液的颜色由紫色变为红色而且温度的改变与 Hg(Ⅱ)的浓度呈线性关系。该方法检测 Hg(Ⅱ)时不仅具有较高的灵敏度和选择性，而且简单、快速，检出限为 100nmol/L。

纳米金的团聚是一个可逆过程，Hg(Ⅱ)破坏交联体使其重新分散的现象(纳米金溶液的颜色由蓝色或紫色变为红色)被证明也可用于比色检测。

Hg(Ⅱ)纳米金表面的柠檬酸根离子很容易被其他含有—N 和—SH 官能团的配体所取代。

与羧基相比，富电子的N原子与纳米金的亲和力更强，因此可以通过配位作用键合到纳米金的表面，诱导纳米金发生团聚，加入Hg(Ⅱ)后由于Hg—N较强的键合作用形成Hg—N配合物，含N配体远离纳米金的表面，导致纳米金重新分散，溶液的颜色由蓝色或紫色变为红色。Lou等报道了利用纳米金在胸腺嘧啶溶液中发生团聚，加入Hg(Ⅱ)后团聚体又重新分散的现象建立了比色检测Hg(Ⅱ)的方法，该方法不但费用低，而且避免了复杂的表面改性和冗长的分离过程，检出限可达2nmol/L。

非交联聚集机理是控制纳米颗粒聚集的另一种方式，它通过减弱纳米颗粒之间的静电、空间或静电空间稳定作用使其发生聚集。向柠檬酸根分散的金纳米颗粒中加入盐，会使这些颗粒表面的电荷被屏蔽而聚集。三聚氰胺分子能将纳米金表面的柠檬酸根取代，同时带正电荷的三聚氰胺与纳米金表面的柠檬酸根负离子之间存在静电作用，这两种作用有效地中和了纳米金表面的负电荷使纳米金聚集，静电稳定纳米金是基于其表面电荷与介质中的抗衡离子一起形成一个斥力双电层来抵抗范德华引力，使纳米金在溶液中能稳定分散。在高盐溶液中静电斥力会被削弱，双电层也被高度抑制，因此柠檬酸包裹的纳米金能稳定存在于水溶液中，而在高盐溶液中发生团聚。

Li和Rothberg发现单链DNA可以通过Au-DNA相互作用保护柠檬酸包裹的纳米金，使其在高离子强度的盐溶液中能稳定存在，而双链DNA对柠檬酸包裹的纳米金无保护作用。加入Hg(Ⅱ)后，DNA单链互补形成双螺旋结构的T-Hg(Ⅱ)-T配合物，在高盐溶液中柠檬酸包裹的纳米金由于失去单链DNA的保护作用而发生团聚，这种方法可以用来比色检测Hg(Ⅱ)。目前已用于光度分析的纳米材料包括纳米金、纳米银、纳米氧化铁、碳纳米管、纳米氧化铈及石墨烯等，应用较多的是前3种。

（二）纳米材料在光度法中的应用

纳米材料在光度分析中的应用见表4-17～表4-19。

表4-17 纳米金在光度分析中的应用[96]

项目	检测对象	识别机理
交联机理	多核苷酸、DNA结合分子、溴化乙锭、色霉素A、限制性内切酶/甲基转移酶活性、Ag^+、黄曲霉毒素B_1	DNA杂交
	单碱基突变、氨基酸、谷胱甘肽	Au—S键
	腺苷、ATP、癌细胞、沙门氏菌、可卡因、血小板衍生生长因子	适体-靶物质相互作用
	溶菌酶、含氧负离子	静电作用
	重金属离子、过氧化氢	配位作用
	磷酸酶、Pb^{2+}、Cu^{2+}、核酸内切酶活性	酶解反应
	亲水性阴离子、三聚氰胺	氢键
	半胱氨酸	取代
	抗体	抗体-抗原
	多巴胺	氢键、配位
	葡萄糖	蛋白与糖的特异性识别
	链亲和素	生物素-链亲和素
	多环芳烃、苯二胺异构体	配位、静电

续表

项　目	检测对象	识别机理
非交联机理	三聚氰胺、ATP 及其磷酸化反应、激酶活性、酪氨酸激酶、腺苷、NO_2^-	改变表面电荷
	蛋白酶	DNA 链裂解
	K^+、Ca^{2+}、蛋白质构型变化	表面修饰剂构型改变
	Hg^{2+}、Ag^+、Pb^{2+}、凝血酶	去除表面稳定剂
	巯基化合物	配体交换

表 4-18　纳米银在光度分析中的应用[96]

项　目	检测对象	识别机理
交联机理	DNA	DNA 杂交
	组氨酸以及组氨酸标记的蛋白	静电作用
	Cr、Co、芳香族化合物	配位作用
	水胺硫磷	络合作用
	三聚氰胺、菊酯类农药	氢键
	组氨酸、色氨酸	络合作用/配位作用
	色氨酸	$\pi-\pi$ 作用和氢键
	半胱氨酸	Ag—S 成键
非交联机理	磷酸酶和蛋白激酶	酶反应
	Hg^{2+}、细胞色素 C 构型变化	稳定剂构型变化
	蛋白质	改变表面电荷

表 4-19　纳米氧化铁在光度分析中的应用[96]

对　象	显色试剂
H_2O_2	TMB
H_2O_2	二乙基苯二胺硫酸酯（DPD）
H_2O_2	TMB、DAB 和 OPD
H_2O_2、葡萄糖	ABTS
葡萄糖	ABTS
三聚氰胺	ABTS
凝血酶	TMB

第二节　生物大分子的光度分析

蛋白质、核酸、多糖等生物大分子的分析测定对人体健康和生命科学的研究是十分重要的，可提供重要的科学数据。其测定方法多种多样，光度分析是其中之一。分光光度法以分子吸收光谱为基础，设备简单，结果准确直观，得到广泛应用，本节对近十多年来分光光度法在分析生物大分子方面的应用进展作简要介绍。

一、蛋白质的光度分析[107~112]

蛋白质的基本组成单位为氨基酸，构成天然蛋白质的氨基酸共约 20 种。除脯氨酸外，均为 α-氨基酸，即羧酸分子中 α-碳原子上的一个氢原子被氨基取代而成的化合物。各种蛋白质所含的氨基酸的数目和种类都各不相同。氨基酸通过酰胺键（肽键）连成长链分子（即所谓的肽链）。部分蛋白质还包含非肽链结构的其他组成成分，这种成分称为配基或辅基。蛋白质的元素组成除含碳、氢、氧、氮和少量硫外，还含有微量的磷、铁、锌、铜、钼、碘等元素，其中氮的含量较恒定，平均为 16%。每一种天然的蛋白质都有自己特有的空间结构，而这种空间结构通常称为蛋白质的构象，蛋白质结构通常分为四级：一级结构指组成蛋白质分子的氨基酸的排列顺序；二级结构即多肽链的局部在一维空间上的排布（构象）关系，其中最常见的类型是 α-螺旋和 β-折叠片；三级结构指多肽链借助各种次级键（非共价键）盘绕成具有特定肽链走向的紧密球状构象；如果蛋白质由一条以上多肽链构成，称为四级结构，它涉及多肽亚基的空间排布和它们之间相互作用的性质。

蛋白质的测定大家最熟知的方法是凯氏定氮法，一般蛋白质含氮量平均在 16%，可将测得的含氮量折算成样品中蛋白质的含量。其方法是：试样与硫酸和硫酸铜、硫酸钾一同加热消化，使蛋白质分解，分解的氨与硫酸结合生成硫酸铵。铵与纳氏试剂在碱性条件下生成黄色至棕色的化合物，然后进行光度测定。也可以用乙酰丙酮和甲醛显色来测定样品中的蛋白质，在 pH=4.80 的乙酸介质中，铵与乙酰丙酮和甲醛反应生成黄色的 3,5-二乙酰-2,6-二甲基-1,4-二氢化吡啶化合物，λ_{max}=400nm。

双缩脲法也是传统的分光光度法测定蛋白质的方法，在碱性溶液中双缩脲($H_2NCONHCONH_2$)能与 Cu^{2+}作用形成紫色配合物，由于蛋白质分子含有与双缩脲相似的肽键，因此当含有两个或者两个以上肽键的蛋白质分子和碱性的硫酸铜反应时，也能形成紫色的配合物，这个颜色产物是肽键中的氮原子和铜离子配位结合的结果，形成颜色产物的量取决于蛋白质的浓度。实际测定时，必须预先用标准蛋白质溶液制作一个标准校正曲线，通常用牛血清白蛋白水溶液作蛋白质标准溶液。不同浓度的标准蛋白质溶液加入双缩脲试剂后，反应生成的颜色产物用紫外-可见分光光度计在 540nm 波长下测定吸光度，以双缩脲试剂加缓冲溶液或水作空白对照，然后将测得的值分别对蛋白浓度(mg/ml)作图，得标准曲线。未知蛋白质样品用双缩脲试剂做同样处理，根据测得的吸光度值在标准曲线上直接查得未知蛋白质样品中蛋白质的浓度。

1951 年，劳里(Lowry)等[113]将双缩脲试剂和 Folin 酚试剂(磷钼酸盐-磷钨酸盐)结合使用，在蛋白质发生双缩脲反应之后使得肽键伸展，从而使暴露出的酪氨酸和色氨酸在碱性条件下与 Folin-酚试剂反应，此试剂在碱性条件下易被蛋白质中酪氨酸的酚基还原，呈蓝色反应，由此生成颜色更深的化合物，可在 640nm 测量吸光度，劳里法较双缩脲法灵敏 100 倍。由于各种蛋白质中酪氨酸和色氨酸的含量各不相同，故在测定时需使用同种蛋白质作标准。

1976 年，Bradford[114]提出了一个灵敏、快速定量测定微克量蛋白质的方法，即现在广泛使用的考马斯亮蓝法。蛋白质通过范德华力与染料考马斯亮蓝结合，当染料考马斯亮蓝与蛋白质结合后，其最大吸收波长从 465nm 变为 595nm，且在 595nm 处吸光度的增加与蛋白质的量呈线性关系，可用于蛋白质的测定。此方法重现性好且灵敏度较高，蛋白质最低检出量为 1μg。染料与蛋白质的结合反应在 2min 左右即可完成，且 1h 内基本稳定。钠离子、钾离子、镁离子、铵离子、乙醇和糖类（如蔗糖）对体系无干扰或有微弱干扰。在强碱性缓冲溶液中颜色较弱，但是通过选择合适缓冲溶液中可得到满意结果。

直接紫外吸收光度法是测定蛋白质的一种简单的方法，蛋白质中普遍含有酪氨酸与色氨酸，由于这两种芳香族氨基酸分子中含有大π键，在280nm紫外线附近有光吸收，紫外吸光度与浓度呈正比，故可用作蛋白质的含量测定。该法的优点是简捷、方便，但由于不同蛋白质所含芳香族氨基酸的量不同，且样品中混杂的核酸物质会造成干扰，因而在实际应用中有一定的局限性。

蛋白质的光度测定方法很多，按所用显色剂的不同，大体上可以分为三大类：第一类是以金属离子为显色剂的光度法；第二类是以染料类为显色剂的光度法；第三类是以配合物为显色剂的光度法。

（一）金属离子和胶体金属为显色剂的光度法

上面提到的双缩脲法就是这类方法的典型例子，其他例子的报道有：1985年，Smith等提出了二喹啉甲酸(bicinchoninic acid，又称双辛可宁酸)法，简称BCA法。其反应原理为：在碱性条件下，蛋白质分子中的肽键与铜离子反应生成Cu(Ⅰ)，Cu(Ⅰ)再与BCA反应形成紫色络合物，在565nm测量吸光度，BCA法的试剂比劳里法的试剂稳定，干扰少，各种蛋白质之间显色差异小，故这种方法逐渐被采用。

Krystal[115]等于1985年发展了银染色法测定微量蛋白质的方法，该法先用甘油醛处理蛋白质样品，再与银氨溶液混合，10min后加入硫代硫酸钠终止反应，测定420nm处吸光度。该法的线性范围为15ng～2μg。胶体金属，如金、银也与蛋白质作用，已被用来测定微量蛋白质[116,117]，胶体金的测定波长为590nm，可以测定20ng的蛋白质。

（二）染料类为显色剂的光度法

上述介绍的考马斯亮蓝法即为染料类为显色剂的光度法，通常称为染料结合法。这类方法是蛋白质分析中种类最多、应用最广的一类方法，已应用了60多年。人们对染料和蛋白质的反应机理进行了广泛的研究，在酸性介质中，蛋白质的肽键亚胺和N端氨基质子化成阳离子，若有阴离子染料存在，由于电荷作用，蛋白质与染料结合改变染料的光吸收特性。

文献[118]研究了苦氨酸偶氮变色酸和血清蛋白质的相互作用，苦氨酸偶氮变色酸的化学名称为2-(1-羟基-4,6-二硝基-2-苯偶氮)-1,8-二羟基-3,6-萘二磺酸。在pH=1.2时，试剂苦氨酸偶氮变色酸本身的吸收峰为525nm，加入牛血清白蛋白(BSA)后溶液由红色转变为紫色，表明试剂苦氨酸偶氮变色酸与BSA生成了复合物，该复合物的最大吸收波长为625nm，与试剂相比红移了100nm。大多数蛋白质分子在pH＜4时为阳离子型的质子化产物，故可与带两个磺酸根阴离子的苦氨酸偶氮变色酸靠静电引力形成离子对型复合物，用摩尔比法测定了该结合反应的结合数，结果表明一个BSA分子可结合56个苦氨酸偶氮变色酸分子。

文献[112]分别在酸性和碱性介质中研究了铬天青S(CAS)、溴甲酚绿(BCG)、溴邻苯三酚红(BPR)和甲基百里酚蓝(MTB)与蛋白质结合的机理。带磺酸基的酸性染料(BCG,CAS,BPR)在酸性介质中可与带正电荷的蛋白质借电荷相互作用成复合物，若同时带氨羧基团(MTB)，则在碱性介质中更易结合。结合数与染料所带电荷数有关，BCG带1个负电荷，CAS和BPR带2个负电荷，前者结合数就比后者大。

蛋白质胶粒与染料结合后，胶粒电荷被中和聚集沉淀，当染料除磺酸基外尚有羧基或羟基电离时，将补偿蛋白质被中和的电荷，使聚集速度缓慢(CAS)或不聚集沉淀(BPR)，后者将伴随染料最大吸收波长的红移，吸光度增大。MTB在碱性介质中与蛋白质的作用机理尚不能用电荷互相作用进行解释。

马卫兴等根据1987年法国科学家诺贝尔化学奖获得者J. M. Lehn提出的“超分子化学”

这一概念，认为染料和蛋白质的反应机理为超分子显色反应。所谓超分子显色反应是指待测组分分子与显色剂分子之间通过弱相互作用(如静电作用、氢键、缔合、芳环堆砌、π-π 堆积作用)而显色的反应。蛋白质的染色是通过蛋白质的质子化再与酸性染料结合形成超分子而显色的，因此蛋白质与染料之间的显色反应为超分子显色反应。他们通过 2-(4-磺基苯偶氮)-1,8-二羟基-3,6-萘二磺酸与牛血清白蛋白（BSA）结合反应生成红色的超分子复合物来说明结合反应机理[119]：大多数蛋白质在 pH<4.0 时易质子化，故在 pH=3.0 时，带正电荷的蛋白质的质子化产物与带负电荷的含 3 个磺酸基的标记试剂 2-(4-磺基苯偶氮)-1,8-二羟基-3,6-萘二磺酸主要靠静电引力结合。此外，标记试剂 2-(4-磺基苯偶氮)-1,8-二羟基-3,6-萘二磺酸分子中的酚羟基可与蛋白质分子上的羧基等靠氢键结合，同时蛋白质与标记试剂分子之间还存在范德华力。当存在乳化剂 OP(聚乙二醇辛基苯基醚)时，OP 分子中含孤电子对的醚氧原子在实验条件下也易质子化，由于蛋白质分子含有许多带孤电子对的氮原子，其在实验条件下易质子化，实际上是形成了蛋白质型的高分子阳离子表面活性剂，根据相似相溶原理，高分子型的 OP 与高分子型的蛋白质之间实际上形成了分子体积更大的带更多正电荷的超分子无色胶束化合物，其能结合更多的 2-(4-磺基苯偶氮)-1,8-二羟基-3,6-萘二磺酸分子形成新的红色超分子复合物，该红色超分子复合物与无 OP 存在时相比，蛋白质结合 2-(4-磺基苯偶氮)-1,8-二羟基-3,6-萘二磺酸分子的数目要多，故随着 OP 数量的增加，体系吸光度逐渐增加，直至最大。在乳化剂 OP 存在下，用摩尔比法测得 1 个牛血清白蛋白(BSA)可结合 72 个标记试剂 2-(4-磺基苯偶氮)-1,8-二羟基-3,6-萘二磺酸分子，而无 OP 存在时，1 个牛血清白蛋白(BSA)只能结合 46 个标记试剂分子。

其他的研究还有：研究了牛血清白蛋白(BSA)和溴甲酚绿(BCG)的结合机理，认为 BCG 与 BSA 主要通过静电引力而结合，同时 BSA 的疏水氨基酸残基与 BCG 的疏水基团也有结合作用；研究了牛血清白蛋白与酸性铬蓝 K(ACBK)的结合机理，认为 BSA 与 ACBK 的作用近似于阳离子表面活性剂与 ACBK 的作用，它们依靠静电作用相互吸引，ACBK 存在于 BSA 的周围，在结合过程中 ACBK 的羟基发生解离，使其向解离型转化，且有两类不同结合部位；有人认为牛血清白蛋白和甲基橙(MO)之间可以存在静电引力、范德华力、疏水力和氢键等非共价键作用力，其中静电引力是促使 MO 的解离平衡发生移动并引起溶液颜色变化的主要作用力。以上这类研究为寻找新的显色剂提供了理论依据。

最常用的染料按分子结构可分为三苯甲烷类和荧光酮类显色剂、偶氮类和偶氮变色酸类、苯醌衍生物和卟啉类等。

1. 三苯甲烷类和荧光酮类显色剂

这类染料属于性能优良的测定蛋白质显色剂，引起了人们的重视，其中常用的有溴酚蓝、溴甲酚绿、溴甲酚紫、铬天青、埃铬青、四碘荧光素、四溴荧光素、百里酚蓝等。溴酚蓝是一种研究较早、性能优良的显色试剂，该试剂颜色对比度为 160nm，反应在 pH=3.2 左右进行，在 600nm 处测量吸光度。溴甲酚绿也是一个性能优良的试剂，该试剂颜色对比度约为 170nm，反应在 pH=4.2 左右进行，在 628nm 处测量吸光度。这两种试剂在临床分析中已广泛应用。张红医[120]等以分光光度法研究了溴酚蓝（BPB）与牛血清白蛋白（BSA）在酸性条件下结合反应的吸收光谱，探讨了结合反应机理、结合模型以及影响结合参数的一些因素，认为溴酚蓝和牛血清白蛋白主要通过静电引力作用，结合反应符合 Pesavento 提出的相分配模型，并探讨了溶液的酸度、染料浓度、离子强度、表面活性剂对结合反应的影响。文献[121]研究了四溴荧光素（TBF）与牛血清白蛋白（BSA）的结合反应，对不同 pH 值对其结合作用的影响机理进行了探讨。TBF 为一有机弱酸，其结构如下：

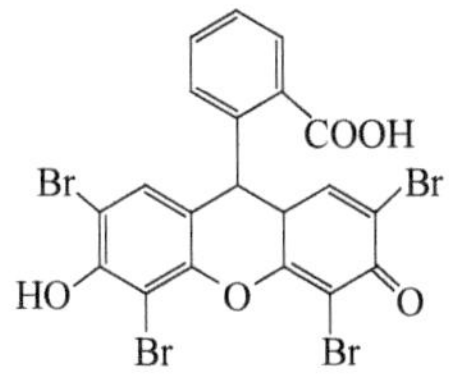

TBF 在水溶液中有两种存在形式：分子态和离子态，与其对应的最大吸收峰分别位于487nm和515nm处。较低pH值下TBF主要以分子形式存在，pH值的升高有利于TBF的解离而以阴离子的形式存在为主，当pH值升至3.3时，515nm处的吸收值有很大的增加。研究显示，蛋白质与染料小分子之间的作用力以静电作用为主，BSA 的等电点是 4.8，pH＜4.8时，BSA带正电荷，在此条件下，一方面pH值的升高有利于TBF的解离，其所带负电性增加，从而增强TBF与BSA之间的结合作用；但另一方面，pH值的升高使BSA所带正电荷数减少，并且TBF阴离子浓度的增加同样使得测量波长处的背景值增加，综合以上两种影响因素，在pH值位于1.7～2.1之间时有最佳测量效果。

2. 偶氮类染料和偶氮变色酸类显色剂

偶氮类染料和偶氮变色酸类显色剂是光度法测定蛋白质最常用的试剂之一，已见报道的有甲基橙、氨基黑10B、T-azo-R、锌试剂、偶氮胂Ⅲ、酸性铬蓝K、偶氮磺Ⅲ、氯磺酚S、硝基磺粉C、偶氮胂M、钍试剂Ⅰ等。李进[122]等人报道了十几种变色酸偶氮类染料分别与蛋白质作用时，发现染料含有水溶性酸性基（如—SO_3H、—PO_3H_2、—AsO_3H_2等）数目越多，反应体系灵敏度越高。

文献[123]报道偶氮胂M与蛋白质在含0.050%(体积分数)OP的pH 2.5缓冲溶液中形成蓝色复合物，蛋白质的含量在3.3～254g/ml范围内服从比尔定律，表观摩尔吸光系数为5×10^5，该方法可直接用于血清、花生等样品中蛋白质含量的测定。钍试剂Ⅰ是测定无机离子钍等元素的显色剂，但在pH 3.8的Britton-Robison缓冲溶液中该试剂可与蛋白质生成稳定的复合物，且最大吸收波长比试剂本身红移55nm，BSA含量在20～160g/ml时呈线性关系，方法选择性好，已用于人血清中总蛋白质的测定[124]。在pH 4.30的缓冲溶液中，文献[125]研究了氯磺酚K与生物活性物质蛋白质的染色反应，结果表明，该方法表观摩尔吸光系数为2.49×10^5，线性范围为0～240g/ml。文献[126]探讨了偶氮胂K与蛋白质的反应及利用此反应测定蛋白质的最佳条件。表面活性剂Triton X-100和溴化十六烷基吡啶的存在可提高反应的灵敏度，绘制了牛血清白蛋白、球蛋白、人血清白蛋白、血红蛋白、卵白蛋白、溶菌酶、胃蛋白酶等几种蛋白质的工作曲线，并应用于人血清中蛋白质总量的测定，结果满意。

3. 苯醌衍生物、卟啉及其他类显色剂

氨基酸和蛋白质都含有孤对电子，是良好的n电子给予体，可以和苯醌及其衍生物等π电子接受体反应而形成荷移配合物，文献[127]研究了蛋白质与TCNQ之间的荷移反应。试剂TCNQ的吸收峰位于325nm处，蛋白质在可见光区无吸收。TCNQ与蛋白质混合时，在pH＝9.8的条件下产生了一个新的吸收峰，其最大吸收波长在425nm处，这表明缺电子试剂TCNQ与蛋白质中带孤对电子的氮原子之间发生了荷移反应，形成了荷移配合物。分别用平衡透析法、双波长法和摩尔比法研究了蛋白质与TCNQ的结合方式并测定了最大结合数，当TCNQ浓度较小时，与蛋白质的结合符合Scatchard规则，存在两类结合方式，具有不同结合常数；TCNQ浓度较高时，符合Plasvento相分配模型，分配常数为一定值。文献研究了蛋白质与有机小分子茜素红S和四氰代二甲基苯醌(TCNQ)之间的反应，蛋白质与茜素红S混合时，在pH=4.35的条件下产生一个新的吸收峰，其最大吸收波长在530nm处，比试剂本身吸收峰

(420nm)红移 110nm。蛋白质与 TCNQ 混合时，在 pH=9.8 的条件下产生一个新的吸收峰，其最大吸收波长在 425nm 处。蛋白质为两性分子(简写为 NH_2—Pr—COOH)，在不同 pH 值条件下存在形式不同，在 pH=9.8 的溶液中，主要存在形式为 NH_2—Pr—COO^-，在 pH=4.36 的溶液中，主要存在形式为 NH_3^+—Pr—COOH，TCNQ 有四个—CN，具有强吸电子作用，使环上电子云密度降低，有接受电子的倾向，在 pH=9.8 的溶液中，蛋白质分子中游离的—NH_2 可以提供电子与 TCNQ 形成荷移配合物。

文献[128]发现 $\alpha,\beta,\gamma,\delta$-四(对磺苯基)卟啉(TPPS4)可以用作蛋白质吸光探针，反应在 pH=2 左右进行，测定范围为 1～10μg/ml，反应速率快。

（三）配合物为显色剂的光度法

在酸性条件下，蛋白质分子与某些金属配合物通过分子间的相互静电作用而缔合成超分子化合物，导致原金属配合物的光谱性能发生变化，进而对蛋白质的含量进行测定，这类配合物称为蛋白质的金属配合物探针，该方法优点是蛋白质检测量差异小，且灵敏度、选择性都较染料探针法优越。其反应历程为：当金属离子与含有—OH、C═O 等配位基团的有机染料相遇时，氧原子及其他配位原子中的孤对电子可顺利进入杂化轨道形成稳定的配合物，在酸性条件下，该体系和结构不对称的蛋白质分子互相极化产生静电作用而结合成新的大分子团，改变了原体系的光谱性能。

1984 年，Fujit[129]等发现利用邻苯二酚紫 Mo(Ⅵ)体系在 680nm 处可测定 0～30μg/ml 的蛋白质，加入表面活性剂聚乙烯醇用于临床尿样中总蛋白的测定。此后，陆续报道了一系列此类体系，如双硫腙-银[130]、铬天青 S 铁(III)[131]、水杨基荧光酮钼(Ⅵ)[132]和二溴羟基苯基荧光酮钼(Ⅵ)[133]等。

茜素红 S(ARS)是常用的有机染料，早已将它直接用于蛋白质的光谱测定，考虑到 ARS 是铝离子的灵敏指示剂，尝试着用 ARS-Al(III)作为蛋白质的显色剂。实验证明 ARS-Al(III)比 ARS 更灵敏[134]。有人[135]以钡(Ⅱ)-对羧基偶氮氯膦（CPA-pK）配合物作为蛋白质的新型光谱探针，在 pH=2.4 的 Britton-Robinson 缓冲溶液中，在乙醇及表面活性剂 Triton X-100 存在下，蛋白质的加入使蓝色的 Ba(II)-(CPA-pK)配合物溶液褪色，且褪色程度与蛋白质的浓度成正比，最大褪色波长在 647.5nm 处。以此为基础，提出了以 Ba(Ⅱ)-CPA-pK 配合物为探针测定微量蛋白质的新方法。方法的灵敏度高，选择性好，牛血清白蛋白（BSA）的表观摩尔吸光系数为 1.13×10^6，BSA 在 0～20mg/L 浓度范围内符合比尔定律，应用于人血清样品中蛋白质总量的测定。

文献[136]研究了，在 pH=4～6 的 KH_2PO_4-NaOH 缓冲介质中，蛋白质与镧(III)-铬天青 S 配合物发生结合反应，引起配合物溶液褪色及吸光度降低，在一定范围内其吸光度降低与蛋白质浓度成正比。牛血清白蛋白(BSA)含量在 0～50mg/L 范围内遵循比尔定律，配合物表观摩尔吸光系数 ε_{478}= 3.3×10^5，4h 内稳定。各种蛋白质检出限为 0.23～1.12mg/L。

（四）分光光度法测定蛋白质应用示例

分光光度法测定蛋白质的应用示例见表 4-20 和表 4-21。

表 4-20 以染料为显色剂分光光度法测定蛋白质的应用示例

显色剂	测量波长/nm	摩尔吸光系数	测量范围/(μg/ml)	被测样品	参考文献
10种变色酸偶氮类染料：偶氮胂Ⅰ,偶氮胂Ⅲ,偶氮氯膦Ⅲ,氨基G酸偶氮胂等	偶氮胂Ⅰ，527；偶氮胂Ⅲ，515；偶氮氯膦Ⅲ，522；氨基G酸偶氮胂,521		偶氮胂Ⅰ，0～30；偶氮胂Ⅲ，0～65；偶氮氯膦Ⅲ，0～60；氨基G酸偶氮胂,0～100（注：原文献无单位）	蛋白质	1

续表

显色剂	测量波长/nm	摩尔吸光系数	测量范围/(μg/ml)	被测样品	参考文献
2-(2,3,5-三氮唑偶氮)-1,8-二羟基-3,6-萘二磺酸	505.8	2.15×10^5	0～80	血清	2
5,5′-二硫代-2-硝基苯甲酸	412			豆浆蛋白,牛奶蛋白,大豆粉蛋白	3
7-苯基偶氮-1,8-二羟萘-3,6-二磺酸	564	1.3×10^5	6.6～132	血清、花生	4
氨基黑 10B	598	2.07×10^6	4.0～20	血清	5
变色酸 2B	567			人血清	6
变色酸 2R		5.53×10^5	0～60	人血清	7
橙皮苷	236		16～260	鲜奶粉，液态纯牛奶	8
二甲苯蓝 FF	双波长：390，560	多种蛋白质：$(2.8～13)\times10^6$	多种蛋白质：0～60 或 0～80	人血清	9
二溴羧基偶氮胂	604	2.548×10^5	10～140	人血清	10
铬蓝 SE		多种蛋白质：8.4×10^4～9.0×10^5	多种蛋白质：0～50 至 0～80	人血清	11
铬偶氮 KS	588	2.971×10^5	10～140	人血清	12
固绿 FCF	660	人血清白蛋白(HSA)：7.87×10^5 牛血清白蛋白(BSA)：9.52×10^5 球蛋白(IgG)：1.60×10^6	5～70	尿液，人血清，含乳饮料	13
虎红，乳化剂 OP	565	牛血清白蛋白：1.836×10^6 人血清白蛋白：2.213×10^6 γ-球蛋白：2.932×10^6	牛血清白蛋白：2～36 人血清白蛋白：2～36 γ-球蛋白 2～40	牛血清白蛋白，人血清白蛋白，γ-球蛋白	14
结晶紫	575	3.25×10^5	0.0～80.0	豆浆，牛奶	15
考马斯亮蓝	595	—	2～15	蛋黄提取物	16
考马斯亮蓝 G-250	610		0～100	样品	17
苦氨酸偶氮变色酸	625	牛血清白蛋白（BSA）：2.728×10^5	10～150	人血清	18
亮绿 SF(淡黄)	665	牛血清白蛋白(BSA)：7.25×10^5 人血清白蛋白(HSA)：7.22×10^5 γ-球蛋白 G(IgG)：1.84×10^6	80	人血清	19
邻硝基苯基荧光酮	493	牛血清白蛋白(BSA)：3.31×10^6	牛血清白蛋白(BSA)：0～2.2×10^{-7}mol/L	脑脊液蛋白	20
偶氮氯膦III	685	1.8×10^5	6.6～66	血清，花生	21
偶氮氯膦-mA	600	牛血清白蛋白(BSA)：1.23×10^5 人血清白蛋白(HSA)：1.06×10^5 γ-球蛋白 G(IgG)：2.13×10^5	75～400	人血清	22

续表

显色剂	测量波长/nm	摩尔吸光系数	测量范围/(μg/ml)	被测样品	参考文献
偶氮氯膦mA-铌	542	牛血清白蛋白（BSA）：3.3×10^5	0～60	人血清	23
偶氮胂III	610	3.60×10^{-5}	0～56.2	人血清	24
偶氮胂I	551	2.5×10^5	13.2～231mg·L^{-1}	血清	25
偶氮胂K	611	牛血清白蛋白(BSA)：1.94×10^5 γ-球蛋白(γ-G)：3.25×10^5 人血清白蛋白(HSA)：2.26×10^5	牛血清白蛋白(BSA)：0～100 γ-球蛋白(γ-G)：0～200 人血清白蛋白(HSA)：0～120	多种蛋白质	26
偶氮胂M	505	4.5×10^5	3.3～254	血清，花生	27
偶氮羧I	529	不同蛋白质 2.3×10^5～1.1×10^6	不同蛋白质0～35或0～50	人血清	28
偶氮胭脂红G	570		15.0	牛血清白蛋白(BSA)，人血清白蛋白(HSA)，免疫球蛋白(IgG)	29
茜素络合腙	540	7.5	50～700	血清	30
水溶苯胺蓝	688	牛血清白蛋白(BSA)：4.25×10^5 人血清白蛋白(HSA)：3.78×10^5 γ-球蛋白G(IgG)：2.50×10^5 酪蛋白(CN)：5.95	牛血清白蛋白(BSA)：10～80 人血清白蛋白(HSA)：10～100 γ-球蛋白 G(IgG)：10～140 酪蛋白(CN)：10～80	人血清	31
水溶性苯胺蓝	558		0～50 或20～80	人血清，尿液	32
水杨酸-靛酚蓝	636		2.82×10^{-6}～0.21×10^{-3}mol/L	芹菜	33
四羧基铝酞菁	691	4.55×10^5	3.7～32.5	人血清	34
四溴荧光素	540		0.05～12	血清	35
酸性品红	545		0～28.0	人血清	36
溴百里酚蓝	615		11.3～800	人血清	37
乙基曙红	520	1.33×10^6	人血清白蛋白(HSA)：0.23～20.0 牛血清白蛋白(BSA)：0.25～17.5	尿液，人血清	38
乙酰丙酮，甲醛	400		0.5～10.0	食品	39
乙酰丙酮，甲醛	400		0～10.0	婴儿奶粉	40
阴离子偶氮染料：变色酸，酸性铬蓝K，埃铬蓝SE，钙镁试剂，偶氮磺III，偶氮胂III，羧基偶氮胂III，溴偶氮磺III				蛋白质	41

本表参考文献：

1. 李进，王红，曹启花. 化学试剂, 2000(03): 129.
2. 单俊，韩德满. 科学技术与工程, 2007(12): 2928.
3. 李丽娜，李军生，阎柳娟.食品科学, 2008(08): 562.
4. 杨平华，杨剑华，张正奇.分析科学学报, 2002(05): 409.

5. 陈冰心, 邱艳. 内江师范学院学报, 2011(06): 29.
6. 胡秋娈, 赵凤林, 李克安. 化学通报, 2000(03): 13.
7. 胡秋娈, 冯爱青, 苏志莉. 化学试剂, 2009(01): 39.
8. 严志红, 龙宁, 唐睿. 化学分析计量, 2009(06): 25.
9. 陈莲惠, 刘绍璞. 西南师范大学学报: 自然科学版, 2003(04): 594.
10. 马卫兴, 李艳辉, 沙鸥. 分析试验室, 2007(02): 48.
11. 胡庆红, 刘绍璞, 范莉. 分析化学, 2002(01): 42.
12. 马卫兴, 钱保华, 杨绪杰. 分析测试学报, 2003(04): 42.
13. 马卫兴, 钱保华, 杨绪杰. 分析化学, 2003(12): 1437.
14. 马卫兴, 沙鸥, 刘英红. 分析试验室, 2007(03): 58.
15. 杜娟. 化学分析计量, 2006(04): 46.
16. 高敏. 光谱实验室, 2003(02): 284.
17. 何保山, 王丹, 左春艳. 河南工业大学学报: 自然科学版, 2011(04): 27.
18. 马卫兴, 钱保华, 杨绪杰. 化学世界, 2003(07): 356.
19. 王颖臻, 丁中涛, 曹秋娥. 分析试验室, 2005(12): 63.
20. 顾彦, 王云峰, 朱圣姬. 武汉科技学院学报, 2006(12): 40.
21. 张正奇, 熊劲芳, 刘跃军. 湖南大学学报: 自然科学版, 2002(06): 19.
22. 王颖臻, 丁中涛, 曹秋娥. 光谱实验室, 2005(06): 191.
23. 陶慧林, 徐金明, 周红霞. 分析试验室, 2007(07): 116.
24. 李卓, 连国军, 赵长容. 现代预防医学, 2007(04): 810.
25. 杨平华, 邹敏芬, 张正奇. 湖南大学学报: 自然科学版, 2001(06): 37.
26. 胡秋娈, 赵凤林, 李克安. 分析测试学报, 2000(01): 45.
27. 张正奇, 陈永湘, 张郁葱. 分析科学学报, 2001(03): 214.
28. 胡庆红, 刘绍璞, 罗红群. 分析科学学报, 2002(02): 115.
29. 王琳琳, 王俊芳, 张媛. 云南大学学报: 自然科学版, 2008(01): 83.
30. 张正奇, 熊劲芳, 王小豹. 湖南大学学报: 自然科学版, 2001(05): 72.
31. 马卫兴, 葛洪玉, 周燕. 淮海工学院学报: 自然科学版, 2004(01): 38.
32. 陈莲惠, 刘绍璞. 分析科学学报, 2004(03): 266.
33. 郭旺源, 杨慧仙, 林应标. 中国卫生检验杂志, 2009(11): 2553.
34. 彭金云, 唐宁莉, 黄小美. 南宁师范高等专科学校学报, 2008(02): 136.
35. 陈艳晶, 王志玲, 田延东. 济南大学学报: 自然科学版, 2007(02): 137.
36. 赵丹华. 光谱实验室, 2012(04): 2273.
37. 翟海云, 高建华, 陈彬. 郑州大学学报: 医学版, 2002(01): 28.
38. 秦宗会, 刘绍璞, 江虹. 西南师范大学学报: 自然科学版, 2003(02): 258.
39. 王永根, 王剑波, 陈淑莎. 中国卫生检验杂志, 2007(02): 236.
40. 牟建平, 章海平. 职业与健康, 2008(10): 942.
41. 李娜, 李克安, 童沈阳. 分析科学学报, 1997(04): 2.

表 4-21 以配合物为显色剂分光光度法测定蛋白质的应用示例

显色剂	测量波长/nm	摩尔吸光系数	测量范围/(μg/ml)	被测样品	参考文献
对乙酰基偶氮氯膦-Ba-OP	362	6.11×10^5	0～20.0	血清	1
镧(III)-铬天青 S	478	3.3×10^5	0～50.0	血清及其他生物样	2
镧(III)-偶氮胂III	650	—	1～40	血清	3
邻苯三酚红-Cu(II)	517	—	—	牛奶	4
铝(III)-铬天青 S-TritonX-100	220 636	$4.23\times10^5\sim2.01\times10^6$ $2.64\times10^5\sim1.64\times10^6$	0～50 10～80	血清、尿液	5
钼-4,5-二溴苯基荧光酮-聚乙烯醇	570	2.79×10^6	0～5	尿液	6
钼-邻苯二酚紫-OP	675	—	0～50.0	尿液、血清、豆浆	7
茜素红 S-Al	515	2.04×10^5	20～180	生物样品	8
茜素红 S-Eu(III)	595	2.25×10^5	$3\times10^{-7}\sim4\times10^{-6}$mol/L	生物样品	9
锌试剂-Zn	328	2.31×10^5 6.63×10^5	0～8.0 10.0～130	麦片、花生、豆类、牛奶	10
溴邻苯三酚红-En(III)	727	4.8×10^6	3.35～60.3	生物样品	11
钇(III)-对乙酰基偶氮胂	653	1.98×10^6	0～20	血清	12
钇(III)-偶氮胂III	652	2.6×10^6	0～20	血清	13

本表参考文献：

1. 翟庆洲, 张静. 分析试验室, 2005, 24(8): 55.
2. 陈韵, 石展望 黄晓敏. 中国公共卫生, 2011, 27(3): 307.
3. 詹国庆, 兰秋月. 分析试验室, 2006, 25(5): 91.
4. 马占玲, 顾佳丽, 曾凌. 食品与发酵工业, 2011, 37(12): 159.
5. Chen Lianhui, Liu Shaopu,Yang Rui.Journal of Southwest China Normal University: Natural Science Edition, 2004, 29(2): 235.
6. 衷明华. 韩山师范学院学报, 2005, 26(3): 62.
7. 肖国荣, 黄选忠. 分析试验室, 2001, 20(3): 63.
8. 衷明华. 光谱实验室, 2004, 21(5): 850.
9. 刘俊轶, 敖登高娃. 内蒙古大学学报: 自然科学版, 2009, 40(2): 173.
10. 卢业玉, 罗宗铭, 等. 理化检验: 化学分册,2001, 37(7): 303.
11. 李浩然, 张素娇, 等. 内蒙古大学学报: 自然科学版, 2009, 40(4): 438.
12. 石展望, 赵书林, 李舒婷. 分析测试学报, 2006, 25(1): 61.
13. 石展望, 赵书林, 李舒婷. 分析科学学报, 2006, 22(2): 141.

二、核酸的光度分析[137~143]

核酸是由核苷酸聚合而成的大分子，核苷酸由一个杂环碱基和一个核糖或脱氧核糖结合而成，核苷再通过核糖中的羟基与磷酸形成磷酸酯。通过磷酸在不同核苷的 3 位或 5 位上结合起来的大分子即为核酸或脱氧核酸，这两类核酸现分别简称为 DNA(脱氧核糖核酸，deoxyribonucleic acid) 和 RNA(核糖核酸，ribonucleic acid)。杂环体系的碱基有腺嘌呤、鸟嘌呤、胞嘧啶、5-甲基胞嘧啶、5-羟甲基胞嘧啶、胸腺嘧啶、尿嘧啶 7 种。核酸或脱氧核酸都形成五元环的呋喃糖的形式，所有的碱基都以 β-苷键的形式在 1 位上结合。因此由以上组分形成的核苷和核酸有下列结构，例如：

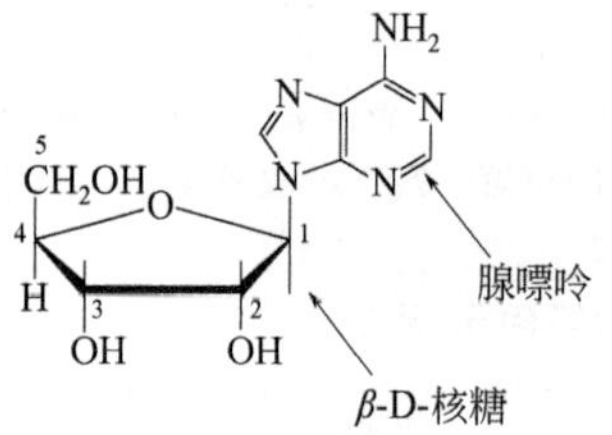

腺嘌呤；β-D-核糖

腺嘌呤核苷或腺苷

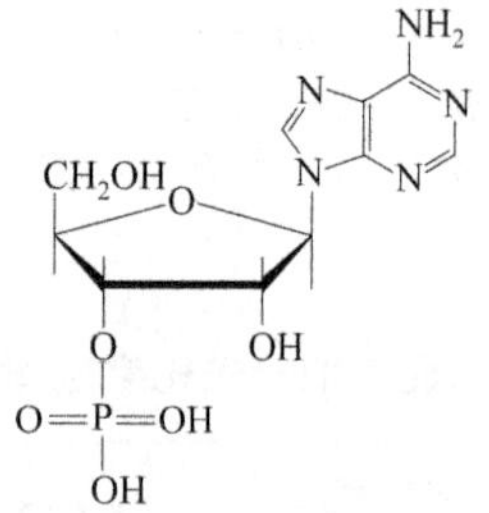

3-腺嘌呤核苷酸或腺苷酸

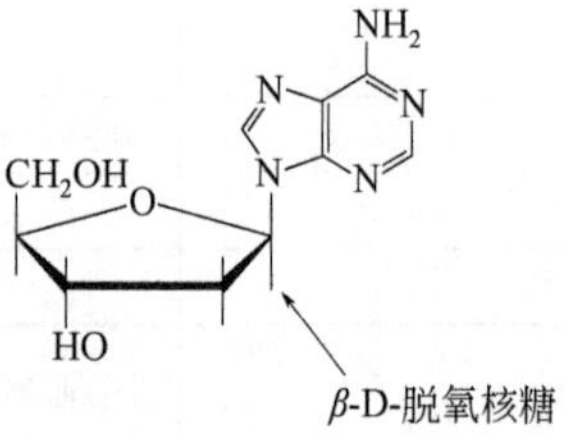

β-D-脱氧核糖

2-脱氧腺嘌呤核苷
或脱氧腺苷

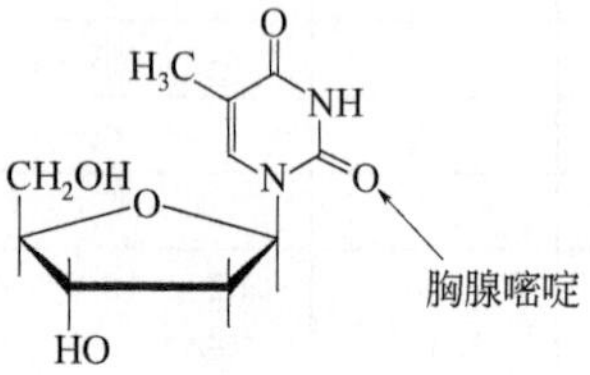

胸腺嘧啶

2-脱氧胸腺嘧啶核苷
或脱氧胸苷

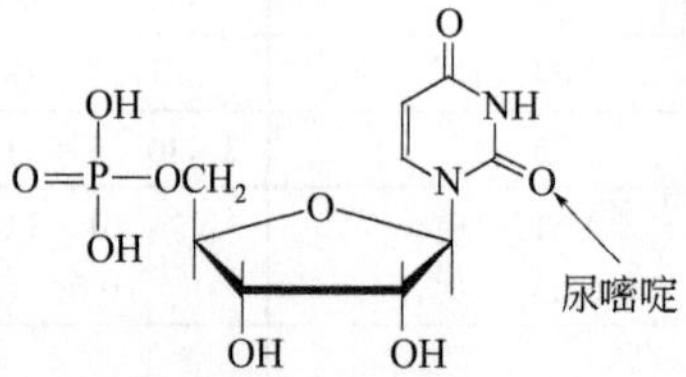

尿嘧啶

5-尿嘧啶核苷酸或尿苷酸

核酸和脱氧核酸是由五个不同的碱基结合而成的大分子。

DNA 的一级结构是由核苷酸通过 3′,5′-磷酸二酯键连接而成的没有支链的直线形或环形结构，二级结构是由2条多脱氧核糖核酸链组成的双螺旋状结构，其中磷酸和糖链在螺旋外侧，碱基在螺旋内侧，以氢键相结合在一起呈互补结构，在二级结构的基础上，可进一步扭曲形成超螺旋的三级结构。

核酸是一切生物都含有的存在于细胞核的重要成分，是生命现象中不可缺少的生物大分子，也是生物遗传信息的载体，它控制着蛋白质的合成和有机体细胞的机能，在生物的生长、发育、繁殖、遗传和变异等生命活动中占有极其重要的地位。1953年Watson(美)和Crick(英)提出的DNA双螺旋结构模型为分子生物学研究拉开了序幕；1960年，Crick提出的遗传信息传递中心法则，是对核酸研究的一个新的里程碑。20世纪70年代初，DNA体外重组技术获得成功，以核酸研究为基本内容的基因工程技术，已成为当前科技领域中发展最快的学科之一，并大大推动了其他学科的发展。核酸中DNA是主要的遗传物质，RNA参与蛋白质的生物合成，在基因调控中起着重要的作用，并与一些疾病（如艾滋病）的诊断与治疗相关联，因此，建立核酸的快速测定对许多研究具有重大意义。常用的核酸测定法有放射标记法、杂交定量法、荧光分析法、电化学发光法、高效液相色谱法、毛细管电泳法、共振光散射法、分光光度法等，其中分光光度法操作简便、信息可靠，又不破坏核酸双链结构，不失为一种无损伤、快速测定核酸的良好方法，在生化及临床分析中应用潜力巨大。

核酸的分光光度法测定方法可以分为以下几类。

（一）直接紫外分光光度法[144]

由于组成DNA的嘌呤碱和嘧啶碱都具有共轭双键，碱基、核苷、核苷酸、核酸在240～290nm范围内有特征吸收。因结构上的差异，各组分紫外吸收也有区别，其中DNA在260nm附近有最大吸收，据此可用紫外吸收法对DNA进行定量、定性测定。紫外吸收法具有简便、快速等特点，样品便于回收，但是由于DNA的摩尔吸光系数仅为10^3数量级，灵敏度不高，不适于微量或痕量DNA片段的检出和DNA序列分析的要求。因此，此法要求DNA样品有相当高的纯度，在检测RNA过程中环境因素使得RNA降解速度太快，很难达到精确的定量。

（二）定磷法[151,152]

由于核酸中都含有磷酸基，且纯的核酸含磷元素的量为9.5%左右，故可通过测定磷元素的分光光度法来测定核酸含量。其过程是先将核酸和核苷酸用强酸消化，使有机磷变成磷酸根，再用一般测定磷的试剂显色。根据磷的含量即可推算出核酸和核苷酸的含量。适用范围为10～100μg/ml核酸。该方法反应灵敏，用于胎盘组织液核酸含量的测定，*RSD*为0.439%，回收率为99.9%。但由于DNA和RNA都含有磷，所以在测定时必须将两者分开。

（三）定糖法

核酸分子含有核糖或脱氧核糖，这两种糖具有特殊的显色反应，据此可进行核酸的定量测定。适用范围为40～400μg/ml，在此范围内吸收值与核酸浓度呈正比。定糖法中常用的光度法有如下几种。

1. 二苯胺法

二苯胺法是测定核酸方法中较为古老且至今仍使用较多的一种方法。1930年被Dische首次提出用于测定DNA，在强酸性条件下，水解后的DNA能与二苯胺反应，生成蓝色产物，其最大吸收波长位于600nm处，由此可测得样品中DNA的含量，测定DNA的浓度范围为25～250μg/ml。与紫外吸收法相比，该方法更准确，灵敏度更高，并且可以测定混合物。然而该方法冗长(需16～20h)，条件苛刻，且在测定过程中容易造成样品的损失。Burton对方法加以改进，从而提高了其灵敏度，并将其用于组织中DNA的测定[145]，文献[146,147]进一步缩短了分析时间。

2. 硫代巴比士酸法[148]

在硫酸中水解后的 DNA，再加入高碘酸和硫代巴比士酸，则有粉红色反应物生成，λ_{max} 位于 532nm 处，可用于 DNA 的测定，RNA 和蛋白质不干扰测定。与二苯胺法相比，该方法灵敏度更高，而且耗时较短。

3. 二氨基苯甲酸法[149]

将 DNA 和二氨基苯甲酸混合液加热至 60℃，30min 后，于 420nm 处测定 DNA。

（四）地衣酚法[150]

地衣酚（3,5-二羟基甲苯，又名苔儿酚）比色法是常用的测定核糖核酸的方法之一，一般生化实验著述均有介绍。其基本原理是：RNA 经过热酸水解，产生的核糖脱水为糠醛，可与地衣酚在浓 HCl 及 Cu(Ⅱ)或 $FeCl_3$ 存在下反应，溶液呈绿色，λ_{max} 位于 670nm 处。在一定范围内，吸收强度与 RNA 的浓度成正比，用于测定 RNA 及其衍生物，灵敏度为 0.015μmol/L。地衣酚法测定 RNA 的光密度值密切依赖盐酸浓度。盐酸浓度关系到核酸的降解与核糖的脱水，特别是核糖脱水为糠醛的反应需要较高的盐酸浓度。盐酸浓度低于 7mol/L 时反应程度距反应完全甚远，高于 7mol/L 时反应接近完全。在 7.2～8.1mol/L 范围内反应测得的吸光度值基本稳定。但即使在此范围内不同浓度下光密度值是不同的，因此进行测定时要求制定标准液的盐酸浓度与配制试剂的盐酸浓度一致，两者应取自同一瓶装的盐酸。地衣酚浓度与试剂用量也值得注意，浓度应该是 0.2%，试剂用量应该是样品用量的 3 倍，才能保证反应体系有足够高的盐酸浓度和地衣酚-三氯化铁浓度。在这些条件下反应 20min 就可进行比色测定。

（五）以染料为显色剂的分光光度法（染料法）

这是目前通常应用的方法，利用核酸与染料结合，然后用分光光度法测定其含量。方法具有简便、快速、灵敏、准确的特点，但蛋白质对体系的测定干扰严重，如有蛋白质存在，需采取适当的方法预先除去。测定核酸的显色剂主要是阳离子染料，其中有亚甲基蓝、结晶紫、噻唑类染料等。

关于核酸与阳离子染料作用机理的研究已有很多报道，对揭示核酸与阳离子染料作用的物理化学本质及核酸的分析测定均有重要意义。从上述对核酸结构的简单描述中可了解到核酸分子中平行堆积的碱基、聚合的阴离子磷酸骨架和两条核苷酸链螺旋形成的大沟和小沟是构成有机小分子与核酸相互结合的位点，作用的方式主要有共价结合、剪切作用、长距组装及非共价结合 4 种类型。绝大多数的有机染料与核酸的作用形式为非共价结合，非共价作用包括以下三种。

1. 静电作用

指有机染料与核酸分子的带负电荷的核糖磷酸基骨架之间通过静电作用而结合。该作用没有选择性，是非特异性的。

多核苷酸中两个单核苷酸残基的电离常数 pK 值较低，当溶液 pH 值高于 4 时全部解离，呈阴离子状态，与某些阳离子染料作用使吸收光谱发生变化而被测量。可用下面的方程式简单表示该过程：

$$染料^{+}+DNA^{-}\longrightarrow 染料-DNA$$

这里静电引力起着重要作用，还有与疏水部位相结合的疏水作用力，以及分子间的范德华力。

2. 嵌入结合

指有机染料嵌入核酸分子双螺旋的碱基对之间的大沟槽与核酸相互作用而结合，结合的作用力来自芳环的离域 π 体系与碱基的 π 体系间形成 π-π 相互作用及疏水相互作用。大部分金属配合物与核酸的相互作用都存在插入方式。

3. 沟面结合

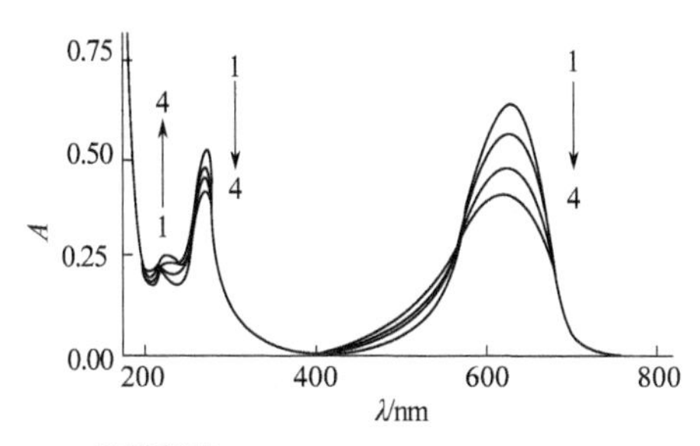

图 4-3　天青 A-RNA 吸收光谱

RNA浓度：1—0.0mg/L；2—1.6mg/L；3—3.2mg/L；4—4.8mg/L

即有机染料与核酸的大沟或小沟的碱基边缘直接发生相互作用，作用形式主要是氢键作用和范德华力。小分子主要在小沟区发生结合，这是因为小沟区为富集区，而且存在水合结构，具有芳香环结构的小分子易于自由扭转来适合小沟区，同时取代沟内的水分子进入小沟区。

例如文献[153]研究了核糖核酸(RNA)与天青 A 的作用机理，天青 A 溶液及加入不同量的 RNA 与天青 A 相互作用后的溶液，在 200～800nm 范围内的吸收光谱如图 4-3 所示。

由图 4-3 可知：天青 A 分子结构中不饱和基团的 $\pi\rightarrow\pi$ 或 $n\rightarrow\pi$ 跃迁产生 243nm、286nm 和 626nm 处吸收峰，260nm 处有峰谷；天青 A 和 RNA 相互作用后，243nm 处的吸收峰微弱增强；286nm 处的吸收峰强度有明显的减弱；而 626nm 处的吸收峰强度随 RNA 量的增加而显著地降低，下降程度与加入的 RNA 的量呈线性关系，且 626nm 处最大吸收波长蓝移，其程度随 RNA 量的增加而增大；同时在可见光区 520nm 处出现一肩峰，其强度随 RNA 量的增加而增大，说明天青 A 和 RNA 相互作用使天青 A 产生结构的变化。天青 A 为吩噻嗪类杂环分子，具有平面共轭芳香结构，在 pH=6.0 的弱酸性溶液中，天青 A 分子中吸电子基═NH 质子化使天青 A 分子带正电荷，供电子基—$N(CH_3)_2$ 进一步质子化，使助色作用消退，天青 A 分子带正电荷增强；RNA 常以单链的形式存在，分子中有磷酸基和碱基，第一磷酸基解离的 pK 值在 0.85，第二磷酸基解离的 pK 值在 6，磷酸基解离使 RNA 带负电荷；静电缔合作用使天青 A 分子与凝聚在 RNA 分子链上的反离子交换，然后，以协同方式与 RNA 分子发生键合，使天青 A 的 π-电子叠合程度降低，颜色变浅，吸收值降低，最大吸收波长蓝移，RNA 和天青 A 的相互作用如图 4-4 所示。

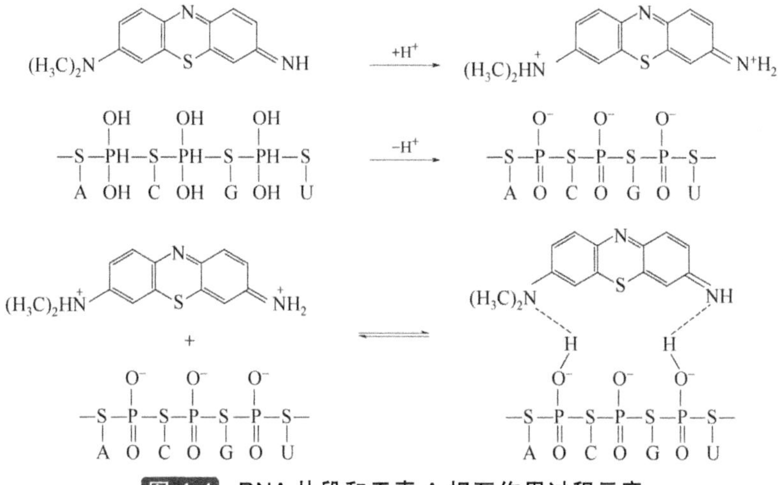

图 4-4　RNA 片段和天青 A 相互作用过程示意

文献[154]研究了喹哪啶蓝(QB)与核酸反应的机理：通常染料与核酸的作用涉及 3 种形式，即沟槽结合、嵌插结合和外部堆积结合，QB 以非嵌插方式与 DNA 作用，即 QB 与核酸之间的作用属外部堆积结合模式，QB 以核酸分子为模板，在其表面形成了 H 聚集，并引起的分子吸收光谱的变化。

染料法的应用例子很多，如文献报道 DNA 的加入，三苯甲烷类阳离子染料甲基紫产生明显的减色效应，可检测 0～5.0mg/L 的小牛胸腺 DNA。Wang 等采用 1,1'-二磺基丁基-3,3,3',3'-四甲基吲哚三碳菁(DSTCY)为探针在 474nm 波长处进行 DNA 的检测，线性范围为 0.5～8.0mg/L，检出限为 45μg/L 等。染料法测定核酸的应用例子见表 4-22。

表 4-22 染料法在核酸测定中的应用

显色剂	测定对象	pH 值	测量波长/nm	线性范围/(μg/mL)	参考文献
乙基紫	ctDNA	6.4～7.4	595	0～3.6	1
甲基紫	ctDNA	7.4	579	0～5.0	2
结晶紫	DNA	9.56	589	0～5	3
喹哪啶蓝	ctDNA	7.3	598		4
灿烂绿	fsDNA ctDNA	8.0～10.5 8.0～10.5	625 625	0.1～8.00 0.15～7.00	5
天青 I	fsDNA ctDNA	8.4 8.4	609 609	0.5～10.0 0.5～8.0	6
灿烂甲酚蓝	ctDNA	8.1	636	0～3.0	7
Pd(Ⅱ)-TZADMAB	fsDNA	6.0	608	1～10	8
甲基青莲 6B	ctDNA	9.0	584.5	0.20～5.00	9
亚甲基蓝	DNA	8.0～8.5	630	0～7	10
	DNA	6.5	666	0～10	11
新品红	ctDNA	9.17	546	0.02～7.00	12
中性红	DNA	5.0	530	0～10	13
二溴羟基卟啉	ctDNA	4.92	425	0.20～1.80	14
吖啶黄	DNA	6.5	444	0～8.0	15
甲基紫	DNA	—	580	0～30	16
溴甲酚绿	DNA			(0.61～7.30)×10^{-7}mol/L	17
多色蓝	DNA			0～50	18
维多利亚蓝 B	ctDNA		616	0～14μmol/L	19
健那绿	ctDNA fsDNA yRNA			0～4.2 0～2.4 0～1.9	20
俾士麦棕	ctDNA fsDNA	6.9～7.6	446	0.1～18 0.1～28	21
地衣酚	yRNA		670	10～100	22
1,1'-二磺基丁基-3,3,3',3'-四甲基吲哚三碳菁	DNA			0.5～8.0	23
阳离子型近红外花菁染料	smDNA yRNA		771	0.06～2 0.1～2	24
喹哪啶蓝	ctDNA yRNA		598	0.08～2.0 0.1～2.0	25
meso-四(对羟基苯基)卟啉	ctDNA fsDNA	4.9～5.4	459.0	0.2～5.0 0.2～6.0	26
天青 A	RNA	6.0	626	0.2～7.2	27

本表参考文献：
1. 李天剑, 沈含熙, 罗云敬. 分析化学, 1998, 26(11): 1372.
2. 宋功武, 方光荣. 分析化学, 2000, 28(1): 128.
3. 方光荣, 宋功武, 李瑛. 分析测试学报, 2000, 19(2): 45.
4. 吴会灵, 李文友, 何锡文, 等. 应用化学, 2002, 19(7): 672.
5. 苏界殊, 龙云飞, 周梅芳, 等. 光谱实验室, 2004, 21(1): 160.
6. 李韧韬, 龙云飞, 张永婷, 等. 光谱实验室, 2004, 21(2): 299.
7. 杨孝荣, 刘志昌, 刘凡, 等. 乐山师范学院学报, 2004, 19(5): 66.
8. 谭英, 胡光富. 高等函授学报: 自然科学版, 2004, 17(2): 13.
9. 林旭聪, 谢增鸿, 郭良洽, 等. 光谱学与光谱分析, 2004, 24(2): 169.
10. 李山, 沈春强, 闫明娟. 分析试验室, 2005, 24(6): 36.
11. 司文会. 理化检验: 化学分册, 2007, 43(11): 968.
12. 苏界殊, 龙云飞, 何格梅, 等. 湘潭大学自然科学学报, 2006, 28(2): 73.
13. 赵丹华, 李淑, 訾言勤. 分析试验室, 2007, 26(1): 62.
14. 段彩虹, 陈欣, 孙舒婷, 等. 光谱学与光谱分析, 2007, 27(5): 969.
15. 司文会. 光谱学与光谱分析, 2008, 28(2): 412.
16. 朱霞萍, 汪敬武, 等. 南昌大学学报理科版, 2001, 25(3): 277.
17. 韩巧菊, 迟燕华, 等. 分析测试学报, 2005, 24(3): 119.
18. 郜洪文, 訾言勤, 等. 物理化学学报, 2002, 18(6): 540.
19. 杨孝容, 万东海, 等. 理化检验-化学分册, 2005, 41(5): 318.
20. 陈莉华, 尹红, 等. 化学世界. 2005, 46(8): 471.
21. 魏琴, 李媛媛, 等. 分析化学, 2005, 33(9): 1279.
22. 钟平, 黄桂萍, 等. 光谱试验室, 2003, 20(4): 611.
23. Wang H, Li W R, et al.Spectrochimica Acta Part A: Molecular and Biomolecular Spectroscopy, 2005, 61(9): 2103.
24. 郑洪, 吴敏, 等. 厦门大学学报: 自然科学版, 2000, 39(2): 191.
25. 吴会灵, 李文友, 等. 应用化学, 2002, 19(7): 972.
26. 黄承志, 李克安, 等. 分析化学, 1997, 25(9): 1052.
27. 訾言勤, 言斌, 等. 分析化学, 2005, 33(12): 1757.

（六）以配合物为显色剂的分光光度法(染料-金属结合法)

核酸与金属配合物作用的研究是核酸研究的一个重要领域，Barton 等利用过渡金属配合物作为研究 DNA 构象的选择性探针。例如 $Ru(phen)_3^{2+}$ 的两种手性对映异构体可以分别识别 *Z*-DNA 和 *E*-DNA，这些金属配合物可用作 DNA 的二级和三级结构的探针，以探测 DNA 构象的细微变化。金属配合物作为显色剂测定核酸的分光光度法近年来也有很多报道，文献[155]报道了 2-(2,3,5-三氮唑偶氮)-5-二甲氨基苯甲酸(TZ)与 Cu(Ⅱ)和 DNA 相互反应生成超分子化合物。实验结果表明，在一定浓度的 KNO_3 介质中，在 pH=2.5 条件下，2-(2,3,5-三氮唑偶氮)-5-二甲氨基苯甲酸与 Cu(Ⅱ)生成蓝紫色配合物，其组成比[Cu(Ⅱ)∶TZ]为 1∶2，稳定常数为 1.0×10^{12}，最大吸收波长为 480nm，常见离子对它不产生干扰，常用显色增敏试剂溴代十四烷基吡啶与 BDH 对它没有增敏效果。TZ-Cu(Ⅱ)与脱氧核糖核酸相互反应生成超分子化合物，Cu(Ⅱ)与 TZ 取量为 1∶2 时有利于超分子化合物的生成。此超分子化合物在 480nm 处的吸光度比 TZ-Cu(Ⅱ)明显降低。因此，利用 DNA 使 TZ-Cu(Ⅱ)-NDA 化合物吸光度降低的性质建立了简便测定 DNA 的新方法。

文献[156]发现 2-(2,3,5-三氮唑偶氮)-5-二甲氨基苯甲酸(TZ)与 Pd(Ⅱ)形成的蓝色配合物与 fsDNA 能迅速生成超分子化合物，使吸光度不断增大，线性范围为 1～10mg/L，检出限为 1mg/L。

在碱性条件下，金属螯合阳离子 Co(Ⅱ)-5-Cl-PADAB 与核酸反应后，有紫红色三元配合物生成，最大吸收峰位于 545nm 处，由此建立了痕量核酸的测定方法[157]，线性范围为 0～4.0μg/ml，检出限位于 40～49ng/ml 之间。方法具有较好的重复性和灵敏度，且提高测定核酸的选择性。

文献[158]用分光光度法研究了桑色素-铝离子-核酸三元体系。在 pH3.25 的 Britton-Robinson 介质中，桑色素在 250nm、300nm 和 350nm 处有吸收峰。铝离子的加入使桑色素 350nm 处的吸收峰下降，在 419nm 处出现桑色素-铝配合物的吸收峰。再往桑色素-铝离子二元体系中加入核糖核酸或脱氧核糖核酸，则进一步引起桑色素 350nm 吸收峰的降低，419nm 处的吸收大大加强，同时在 370nm 处有一等色点。419nm 处吸光度的增加值与加入的核酸量在一定范围内成正比，基于此建立了在较宽范围内测定核酸的方法。其线性范围分别为：ρ(ct DNA)，0.71～35.4μg/ml；ρ(fsDNA)，0.64～25.6μg/ml；ρ(yRNA)，0.94～28.4μg/ml。

三、多糖的光度分析[159~161]

多糖又称为多聚糖(polysaccharide)，通常由醛糖或酮糖如：D-葡萄糖、D-半乳糖、L-鼠李糖、L-阿拉伯糖、D-半乳糖醛酸和葡萄糖醛酸等通过脱水形成糖苷键，并以糖苷键线形或分枝连接而成的链状聚合物，分子量为数万至数百万。多糖结构比蛋白质和核酸的结构更为复杂，可以说是最复杂的生物大分子。

多糖的结构分为初级结构和高级结构，一级结构为初级结构，二级、三级、四级结构为高级结构。多糖的一级结构指糖基的组成、糖基排列顺序、相邻糖基的连接方式、异头碳构型以及糖链有无分支、分支的位置与长短等。多糖的二级结构是指多糖主链间以氢键为主要次级键而形成的有规则的构象。多糖的三级结构和四级结构是指以二级结构为基础，由于糖单位之间的非共价相互作用，导致二级结构在有序的空间里产生的有规则的构象。

天然植物多糖主要包括纤维素、淀粉、果胶质、树胶等，纤维素是由1000～10000个D-葡萄糖残基通过β-1→4-苷键连接成的无分支的线型多糖。纤维素分子中的D-葡萄糖残基是以反向邻接聚合而成的，其中存在许多羟基，形成氢键，纤维素分子间依靠这些氢键彼此相连。纤维素的部分结构如下：

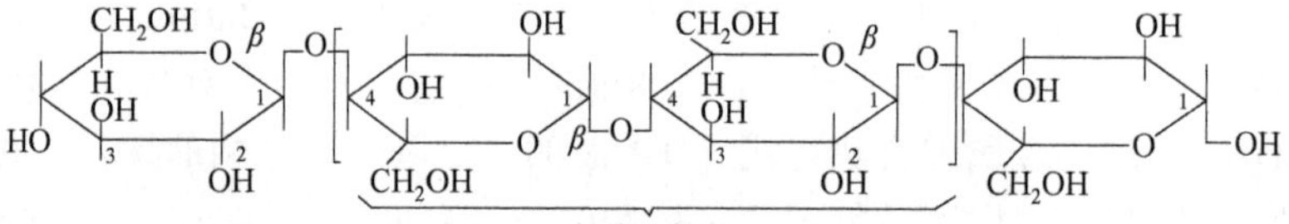

纤维二糖基

淀粉是两种不同结构的α-葡萄多糖的混合物，即直链淀粉和支链淀粉的混合物。直链淀粉呈螺旋状结构，聚合度高于50，支链淀粉平均聚合度为20～25。淀粉在酸性溶液中加热可以水解，先水解为分子量较小的糊精，再水解成麦芽糖，最后水解为葡萄糖，反应式如下：

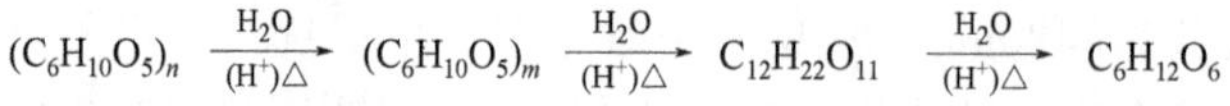

$$\underset{\text{淀粉}}{(C_6H_{10}O_5)_n} \xrightarrow[(H^+)\triangle]{H_2O} \underset{\text{糊精}(m<n)}{(C_6H_{10}O_5)_m} \xrightarrow[(H^+)\triangle]{H_2O} \underset{\text{麦芽糖}}{C_{12}H_{22}O_{11}} \xrightarrow[(H^+)\triangle]{H_2O} \underset{\text{葡萄糖}}{C_6H_{12}O_6}$$

果胶质的基本结构是D-吡喃半乳糖醛酸以α-(1→4)苷键组成的无分支的长链高分子，通常以部分甲酯化状态存在，以及部分或全部成盐型，或者含有半乳聚糖，阿拉伯聚糖等中性糖组成复合多糖类。可溶性果胶的主要成分是半乳糖醛酸甲酯以及少量半乳糖醛酸通过α-(1→4)苷键连接而成的无分支的高分子化合物，水解后产生半乳糖醛酸，在稀酸或原果胶酶的作用下可水解为果胶酸和甲醇。

其他植物多糖类：如树胶(gum)，树胶具有复杂的结构，分子中含有五个或六个不同的单糖，以D-半乳糖β-(1→3)连接成主链，在C-6上有分支，直链上由L-鼠李糖、D-葡萄糖醛酸等组成。菊淀粉是果聚糖的一种，由35个左右D-果糖β-(2→1)连接而成，最后连接D-葡萄糖。Levans果聚糖是由β-(2→6)连接而成的，且有β-(2→1)分支，末端连接D-葡萄糖。昆布多糖是β-(1→3)连接的葡萄吡喃糖的聚合物，在0→6处带有支链。地衣多糖是聚合度为180～200的葡聚糖，其中β-(1→4)连接方式占2/3，β-(1→3)连接方式占1/3。香菇多糖是以β-(1→3)为主链的葡聚糖。

多糖是构成生命活动的四大基本物质之一，近年来研究发现，多糖不仅仅是机体储存能量的物质，并且具有多种生物学功能，如免疫调节功能、抗肿瘤活性、抗病毒功能、抗氧化损伤、抗炎症和降血糖等。因此，植物多糖含量的测定对植物资源开发利用，尤其是草药产业的发展提供了技术支持，在药物和食品加工业中具有重要意义。多糖含量的测定方法多，包括光谱法、质谱法、色谱法、生物传感器法和电化学法等。常用的分子光谱法主要包括紫外-可见分光光度法、荧光分析法、光散射法和圆二色性法等。紫外-可见分光光度法仍是目前最常用的方法之一。多糖测定的紫外-可见分光光度法可以分为以下两类。

（一）利用单糖缩合反应建立的光度分析法

多糖水解生成单糖，单糖可与强酸共热产生糠醛或糠醛衍生物，然后通过显色剂缩合成有色络合物，比色定量，间接求出多糖的含量。这些方法简单、快速，无需多糖纯品和高级仪器，因而被广泛采用。根据所用强酸和显色剂的不同，现将常用的一些方法介绍如下。

1. 苯酚-硫酸法

苯酚-硫酸比色法测定多糖含量是由 Dubois 等提出的[162, 163]，其原理是：多糖或寡糖被浓硫酸在适当高温下水解，产生单糖，并迅速脱水成具有呋喃环结构的糠醛衍生物，由五碳糖生成的是糠醛，甲基五碳糖生成的是 5-甲糠醛，六碳糖生成的是 5-羟甲糠醛。糠醛酸在此条件下往往脱羧，并生成糠醛。糠醛及其衍生物在强酸条件下与苯酚起显色反应，生成橙黄色物质，在波长 490nm 处和一定浓度范围内，其吸光度值与糖浓度呈线性关系，从而可用比色法测定其含量。苯酚-硫酸法在应用中得到不断的改进[164]。

苯酚-硫酸比色法主要用于甲基化的糖、戊糖、寡糖类以及多聚糖的测定，甚至可以用于糖肽和糖蛋白的测定。此法的优势在于可以进行各种多糖样品的测定，实验时基本不受蛋白质存在的影响，且产生的有色化合物在 120min 内颜色稳定。从目前各种文献资料来看，苯酚硫酸法测定的最大吸收波长多在 480～491nm 范围内，而实际应用时会因为水解出单糖种类的不同而出现偏差，如螺旋藻多糖中含有鼠李糖、半乳糖、甘露糖、核糖等成分，最大吸收波长在 480nm 处；茯苓多糖水解后得木糖、核糖、阿拉伯糖、葡萄糖、半乳糖、甘露糖，最大吸收波长于 490nm 处。

在应用苯酚-硫酸法（表 4-23）时要注意以下问题：苯酚-硫酸法的显色物质为橙黄色，而多糖水提液(或水溶液)大多也为橙黄色，故在采用苯酚-硫酸法测定时需事先脱色。但常用脱色方法又会引起多糖的降解。因此，在没有合适的脱色方法时，不能采用苯酚-硫酸法测定多糖；苯酚极易氧化，见光或空气即逐渐氧化变成淡红色，因此，在使用前必须纯化苯酚，在测定中要避光和操作迅速。在纯化苯酚时，应进行沙浴回流，用棕色瓶子收集馏出液，得到纯净苯酚。实验用苯酚溶液(未加硫酸)为现配溶液，并且每次用苯酚浓度一致，否则将会影响实验结果。苯酚液配制时，需按比例加入一定量的铝片和碳酸氢钠蒸馏，所得馏分再加蒸馏水配得；苯酚-硫酸法若以葡萄糖为标准品，在 490nm 处比色测定。这仅仅适用于测定用葡萄糖聚合成的均多糖，勉强可用于测定其他由 6 个碳的醛糖聚合成的均多糖，但不能用于测定杂多糖。

表 4-23　苯酚-硫酸法在多糖测定中的应用

样　品	被测组分	参考文献
扁玉螺	扁玉螺多糖	1
菜子饼粕	多糖	2
刺山柑	刺山柑多糖	3
当归补血汤颗粒	黄芪甲苷和黄芪多糖	4
二味康	多糖	5
复方菌灵芝合剂	多糖	6
枸杞子配方颗粒及药材	枸杞多糖	7

续表

样　品	被测组分	参考文献
贯叶金丝桃	多糖	8
褐蘑菇	水溶性多糖	9
黑骨藤	黑骨藤多糖	10
红毛五加皮	红毛五加皮多糖	11
桦褐孔菌菌核及其粗多糖	桦褐孔菌多糖	12
黄蜀葵	黄蜀葵多糖	13
金钗石斛	金钗石斛多糖	14
桔梗	桔梗多糖	15
雷公藤	多糖	16
灵武长枣	灵武长枣多糖	17
落葵果实	落葵果实多糖	18
洛龙党参	洛龙党参的多糖	19
南瓜	水溶性多糖	20
裙带菜孢子叶	多糖	21
山茱萸	山茱萸多糖	22
糖类油田化学品	多糖	23
藤茶	水溶多糖	24
夏枯草	夏枯草多糖	25
香薷	香薷多糖	26
翼首草	还原糖与多糖	27
远志	远志多糖	28
云南榧子	多糖	29
竹节参	水溶多糖	30

本表参考文献：

1. 杨红丽，刘辉，俞群娣，等. 安徽农业科学，2012(13): 7706.
2. 陈浩，贺小敏，冯睿，等. 食品科学，2005(09): 341.
3. 白红进，赵小亮，蒋卉. 食品研究与开发，2007(03): 120.
4. 涂波，汪志勇. 中国实验方剂学杂志，2011(18): 115.
5. 丁水平，马宝瑕，姚育端，等. 中国医院药学杂志，2002(06): 21.
6. 钱青，张喆，宋毅，张志勇. 中国医院药学杂志，2008(19): 1712.
7. 庄文斌，陈吉生，林洁珊. 中国现代应用药学，2009(S1): 1131.
8. 黎明，孔晓龙，蒋伟哲. 广西医科大学学报，2007(03): 384.
9. 李娜. 光谱实验室，2009(01): 43.
10. 孙磊，乔善义，赵毅民. 中国中药杂志，2009(10): 1241.
11. 钟世红，卫莹芳，古锐，等. 时珍国医国药，2010(02): 266.
12. 李佳佳，鞠玉琳，李杨. 湖北农业科学，2009(12): 3133.
13. 高素莲，张秀真，陈均. 分析测试学报，2002(06): 72.
14. 王燕燕，徐红，施松善，等. 中药材，2009(04): 493.
15. 李妍，魏建和，许旭东，等. 时珍国医国药，2009(01): 5.
16. 梁惠花，刘晓河，王志宝，等. 中国现代应用药学，2004(01): 8.
17. 杨军，章英才，苏伟东，等. 北方园艺，2011(14): 35.
18. 赵建芬，李妍，董基，等. 食品研究与开发，2013(04): 26.
19. 余兰，陈华，娄方明. 贵州农业科学，2010(07): 190.
20. 李佳凤，易春艳，余爱农，等. 食品研究与开发，2006(04): 132.
21. 朱良，王一飞，朱艳梅. 食品科学，2005(10): 184.
22. 张彩莹，张良，惠丰立，等. 时珍国医国药，2007(02): 313.
23. 郭钢，李瑛，张洁. 西安石油大学学报：自然科学版，2010(03): 59.
24. 向东山. 中国公共卫生，2010(09): 1207.
25. 张霞，聂少平，李景恩，等. 食品研究与开发，2013(01): 81.
26. 李景恩，聂少平，杨美艳，等. 食品科学，2008(09): 487.
27. 关昕璐，阎玉凝，任子和，等. 北京中医药大学学报，2003 (04): 66.
28. 裴瑾，万德光，杨林. 华西药学杂志，2005（04）: 337.
29. 陈振德，谢立，何英，等. 中国药房，2005（23）: 1817.
30. 向东山. 江苏农业科学，2010（04）: 279.

2. 蒽酮-硫酸法

蒽酮-硫酸法是测定多糖含量（表 4-24）是常用的方法，其原理是糖(包括寡糖类和多糖类及淀粉、纤维素等)在浓硫酸作用下，经脱水反应(同时反应液中的浓硫酸可把多糖水解成单糖)生成的糠醛或羟甲基糠醛与蒽酮反应生成蓝绿色糠醛衍生物，在一定范围内，颜色深浅与糖含量成正比，以葡萄糖作为对照品，用分光光度法测定总糖的含量。

蒽酮-硫酸法测多糖含量，其特点是几乎可以测定所有的糖类，不但可以测定戊糖与己糖，而且可以测所有寡糖类和多糖类，其中包括淀粉、纤维素等。在没有必要细致划分各种糖类的情况下，用蒽酮法可以一次测出总量，省去许多麻烦，因此，有特殊的应用价值。和苯酚-硫酸法相比，苯酚有毒性，为致癌物质，且对某些多糖可能诱导发生副反应，致使测得结果不准，使用蒽酮则避开了此点的不足。

不同的糖类与蒽酮试剂的显色深度不同，果糖显色最深，葡萄糖次之，半乳糖、甘露糖较浅，五碳糖显色更浅，故测定糖的混合物时，常因不同糖类的比例不同造成误差。蒽酮-硫酸法测定时的最大吸收波长差异范围较大，一般葡萄糖在 580nm 处有最大吸收峰，而从目前文献来看，植物多糖最大吸收波长多在 562～630nm 范围内。在测定过程中，待测液需在冰水浴中缓慢滴加蒽酮-硫酸液，经过一定时间，在沸水浴中反应，冰浴降温后测量。另外，蒽酮-硫酸溶液的加入量要与供试品溶液成一定比例才有较好的显色效果，加热时间要足够。

按《中华人民共和国药典》(2010 年版)，硫酸-蒽酮溶液的配制方法为：精密称取蒽酮 0.1g，加入 80%的硫酸溶液 100ml，搅拌使之溶解，摇匀，即得。临用现配。有文献指出，按该标准配制的硫酸蒽酮溶液实际为一浑浊液，影响显色测定，建议采用 98%的硫酸溶液配制。

表 4-24　蒽酮-硫酸法在多糖测定中的应用

样　品	被 测 组 分	参 考 文 献
白芨多糖溶液	白芨多糖	1
白灵菇菌丝体	多糖	2
北冬虫夏草子实体粗多糖	粗多糖	3
扁玉螺多糖	多糖	4
茶叶	茶多糖	5
	多糖	6
车前子中多糖	多糖	7
慈姑	多糖	8
大蒜籽	多糖	9
大叶白麻叶	大叶白麻叶多糖	10
冬虫夏草	冬虫夏草多糖	11
杜仲水提液多糖	多糖	12
二精丸	多糖	13
二味康	多糖	14
发菜细胞培养液	水溶性多糖	15
复方菌灵芝合剂	多糖	16
枸杞	枸杞多糖	17
	多糖	18
枸杞子	多糖	19
金顶侧耳	金顶侧耳胞外多糖	20

续表

样 品	被 测 组 分	参 考 文 献
空心莲子草	多糖	21
苦瓜	苦瓜多糖	22
库拉索芦荟	芦荟多糖	23
辣木叶	多糖	24
亮菌糖浆	多糖	25
灵丹片	灵芝多糖	26
灵芝	多糖	27
六味地黄生物制剂	多糖	28
马齿苋	水溶性总多糖	29
奶制瑞香狼毒	总多糖	30
南沙参	多糖	31
青钱柳	多糖	32
桑叶	水溶性多糖	33
沙棘叶	水溶性多糖	34
山茱萸	多糖	35
石耳	多糖	36
食用菌	水溶性多糖	37
松茸	松茸多糖	38
酸浆果实	多糖	39
西洋参	多糖	40
银杏叶	多糖	41
蛹虫草子实体	多糖	42
芝芪菌质	多糖	43
紫背天葵	多糖	44

本表参考文献：

1. 匡扶, 朱照静, 马俐丽, 等. 重庆医科大学学报, 2008(05): 570.
2. 王守现, 刘宇, 赵爽, 等. 食品研究与开发, 2011(09): 162.
3. 刘春泉, 李大婧, 刘荣. 江苏农业科学, 2006(02): 122.
4. 杨红丽, 刘辉, 俞群娣, 等. 安徽农业科学, 2012(13): 7706.
5. 王黎明, 夏文水. 食品科学, 2005(07): 185.
6. 傅博强, 谢明勇, 聂少平等. 食品科学, 2001(11): 69.
7. 付志红, 谢明勇, 聂少平, 等. 南昌大学学报: 理科版, 2003 (04): 349.
8. 赵龙, 阮美娟, 秦学会, 等. 食品研究与开发, 2009(12): 118.
9. 梁丽军, 曾哲灵, 熊涛, 等. 食品科学, 2008(09): 499.
10. 史俊友, 索有瑞, 李国梁, 等. 中成药, 2010(01): 102.
11. 涂永勤, 朱华李, 曾纬, 等. 西南大学学报: 自然科学版, 2010(11): 163.
12. 李强, 唐微, 石园园, 等. 食品工业科技, 2010(10): 370.
13. 刘倩, 白素芬, 喇孝瑾, 等. 中国实验方剂学杂志, 2010 (08): 32.
14. 丁水平, 马宝琨, 姚育端, 等. 中国医院药学杂志, 2002 (06): 21.
15. 白雪娟, 苏建宇, 赵树欣, 等. 食品工业科技, 2004(11): 146.
16. 钱青, 张喆, 宋毅, 等. 中国医院药学杂志, 2008(19): 1712.
17. 易剑平, 毕雅静, 宋秀荣, 等. 北京工业大学学报, 2005 (06): 641.
18. 魏苑, 张盛贵. 食品工业科技, 2011(03): 399.
19. 刘晓涵, 陈永刚, 林励, 等. 食品科技, 2009(09): 270.
20. 张桂春, 辛晓林, 梁建光, 等. 食品工业科技, 2005(09): 134.
21. 蔡凌云, 肖德智, 朱晓芳, 等. 中成药, 2013(01): 207.
22. 谢建华, 申明月, 刘昕, 单斌. 中国食品添加剂, 2009 (06): 209.
23. 陈伟, 林新华, 黄丽英, 等. 中国医院药学杂志, 2004 (08): 14.
24. 陈瑞娇, 彭珊珊, 王玉珍, 等. 时珍国医国药, 2007(07): 1700.
25. 李绍平, 黄赵刚, 张平, 等. 中草药, 2002(03): 43.
26. 林世和, 谢岱, 余南才. 时珍国医国药, 2006(09): 1715.
27. 李成元, 蔡晓. 中国药房, 2009(18): 1416.
28. 吴亚军, 朱颖, 夏少秋, 等. 时珍国医国药, 2011(01): 39.
29. 吴光杰, 李玉萍, 皮小芳, 等. 广东农业科学, 2010(11): 174.
30. 韩江伟, 杨夏, 孙丽君, 等. 时珍国医国药, 2011(06): 1332.

31. 梁莉, 王婷, 常威, 等. 中国药房, 2011(11): 1001.
32. 谢建华, 谢明勇, 聂少平, 等. 分析试验室, 2007(08): 33.
33. 张红, 王腾, 李翠清. 食品工业科技, 2012(24): 62.
34. 李芳亮, 王锐, 孙磊, 等. 光谱实验室, 2012(01): 185.
35. 张彩莹, 张良, 惠丰立, 等. 时珍国医国药, 2007(02): 313.
36. 古丽扎尔•阿布都克依木, 买提哈斯木•吾布力艾山, 帕孜来提•拜合提, 等. 中国酿造, 2011(07): 174.
37. 李承范. 光谱实验室, 2012(02): 996.
38. 刘倩, 何法林, 江春花, 等. 时珍国医国药, 2010(05): 1058.
39. 韩阳花, 高莉, 刘丽艳, 等. 食品科学, 2006(02): 154.
40. 陈军辉, 谢明勇, 聂少平, 等. 食品与生物技术学报, 2005 (05): 72.
41. 夏秀华, 王海鸥. 食品研究与开发, 2007(11): 124.
42. 张琳, 邓贵华. 中药材, 20(12, 05): 733.
43. 阮鸣. 安徽农业科学, 2008(26): 11424.
44. 段志芳, 章炜中, 黄丽华.中成药, 2007(02): 274.

3. 地衣酚-盐(硫)酸法和间苯三酚法[165,166]

Albaum 和 Umbreit 在 1947 年提出的地衣酚-盐酸法和 1981 年由 Douglas 提出的间苯三酚法对戊聚糖和糖醛酸测定效果比其余糖类较为理想，故将其一起讨论（表 4-25）。这两种比色法测定戊聚糖的原理是戊聚糖经过酸水解形成的木糖和阿拉伯糖能够与地衣酚或间苯三酚在特定的环境下发生颜色反应，通过标准曲线法对戊聚糖进行定量测定。

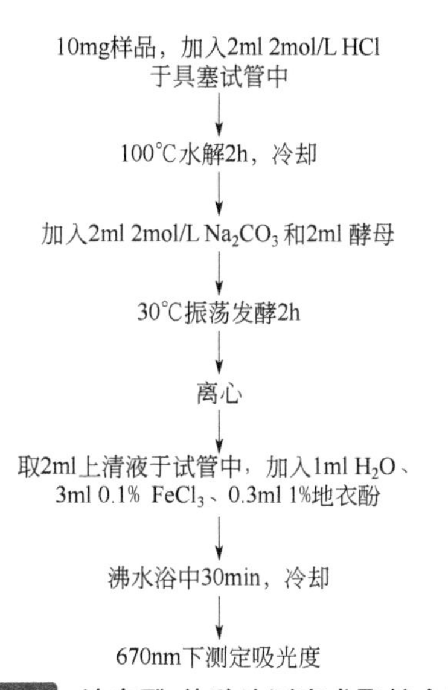

图 4-5 地衣酚-盐酸法测定戊聚糖含量

有研究表明，在地衣酚-盐酸法中，大量已糖的存在会干扰戊糖的测定结果，当葡萄糖浓度超过木糖的 5 倍以上，就有必要除去体系中的葡萄糖。另外，还存在一些其他糖类(如半乳糖、甘露糖、鼠李糖等)也可能会对测定有干扰。而用 Douglas 法测定时，已糖的干扰可以忽略。比较这两种方法，间苯三酚法操作简便，无需酸预水解。在样品溶液中加入冰醋酸、间苯三酚等混合试剂后，沸水浴下反应 25min，然后在 552nm 和 510nm 下比色即可。文献指出用这两种方法对小麦面粉中可溶性戊聚糖的测定结果相近，但总戊聚糖含量后者偏低，分析原因是间苯三酚法对不可溶戊聚糖的测定值偏低。

地衣酚-盐酸法测定戊聚糖含量方法流程如图 4-5 所示。

间苯三酚法测定戊聚糖含量方法流程如图 4-6 所示。

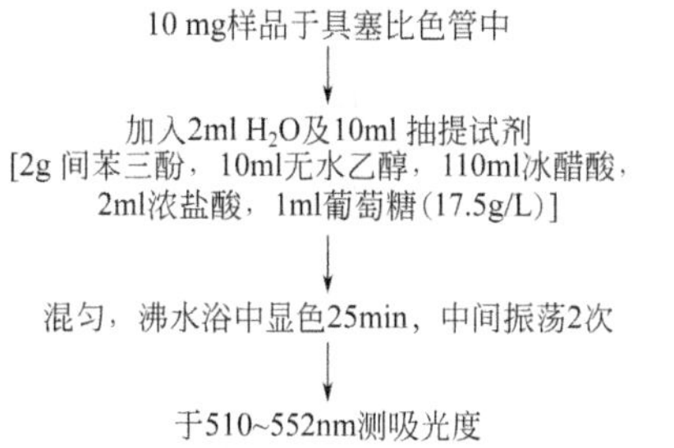

10 mg样品于具塞比色管中

↓

加入2ml H_2O及10ml 抽提试剂
[2g 间苯三酚，10ml无水乙醇，110ml冰醋酸，2ml浓盐酸，1ml葡萄糖(17.5g/L)]

↓

混匀，沸水浴中显色25min，中间振荡2次

↓

于510~552nm测吸光度

图 4-6 间苯三酚法测定戊聚糖含量

地衣酚法比蒽酮-硫酸法重现性好，灵敏度高，同时比苯酚-硫酸法水解条件较易控制。不过，地衣酚法所需试剂昂贵，且用量相对较大，影响了其广泛应用。故当前国内应用于测量植物多糖含量较多的为前两种方法，而地衣酚法应用比较少。地衣酚试液需临用前现配，配制时需加入一定量的 $FeCl_3$。地衣酚法的最大吸收波长因所测糖的种类而有所不同，一般戊聚糖的最大吸收波长在 670nm 左右，糖醛酸或糠醛的最大吸收波长在(660±2)nm 波长处。Eliza Malinow ska 等在应用地衣酚法测定猴头菌中多糖时提出可于 560nm 处测定已糖、脱氧糖类和糖醛酸的含量，也可在 610nm 处测定戊糖与酮糖的含量，且同苯酚法比较有着不错的线性范围和近似的良好的精密度。

表 4-25 地衣酚-盐(硫)酸法和间苯三酚法在多糖测定中的应用

样　品	被测组分	参考文献
谷物	戊聚糖	1
麦芽，麦汁，啤酒	戊聚糖	2
麦汁，啤酒	戊聚糖	3
面粉	戊聚糖	4
小麦杂交组合“郑麦 9405/皖麦 19”F2 单株籽粒全麦粉	水溶性戊聚糖，非水溶性戊聚糖	5
蛹虫草子实体	多糖	6
蛹虫草子实体	植物多糖	7
正常小麦，发芽小麦	戊聚糖	8

本表参考文献：
1. 李利民，朱永义，宫俊华，等. 郑州工程学院学报，2004(03): 64.
2. 刘键，王燕，张彦青，等. 食品与发酵工业, 2012(04): 165.
3. 李胤，陆健，顾国贤. 食品与发酵工业, 2003(09): 35.
4. 周素梅，王璋，许时婴. 食品工业科技, 2000(06): 70.
5. 崔文礼，张平治，张文明，等. 麦类作物学报, 2009(02): 241.
6. 张琳，邓贵华. 中药材, 2012(05): 733.
7. 王建壮，安洁，吕华冲. 海峡药学, 2008(05): 48.
8. 李清峰，马向东. 江苏农业科学, 2011(01): 371.

4. 咔唑-硫酸法和间羟基联苯法[167~169]

咔唑-硫酸法和间羟基联苯法主要用于多糖中糖醛酸含量的测定（表 4-26），糖醛酸的基干是糖，一端是醛基，另一端是羧基。在植物中主要有半乳糖醛酸、葡萄糖醛酸和甘露糖醛酸，它们均呈多聚糖醛酸存在。

咔唑-硫酸法的原理是多糖经水解生成己糖醛酸，在强酸中与咔唑试剂发生缩合反应，生成紫红色化合物，在一定浓度范围内，该衍生物吸收值与糖醛酸含量呈线性关系，可通过比色法对糖醛酸含量进行计算。

间羟基联苯法的原理是：多聚己糖醛酸与含四硼酸钠的硫酸溶液在高温作用下水解，水解产物与间羟基联苯试剂发生缩合反应，生成紫红色化合物。在一定浓度范围内，其吸光度与糖醛酸含量呈线性关系，可通过比色法对糖醛酸含量进行计算。

但在实际工作中发现，采用以上两种经典方法测定酸性杂多糖中糖醛酸的含量时，中性糖对测定结果有干扰，中性糖在 525nm 处有不同程度的吸收，且发现中性糖对咔唑法的干扰更明显。文献报道氨基磺酸可抑制中性糖的干扰。

表 4-26 咔唑-硫酸法和间羟基联苯法在多糖测定中的应用

样　品	被测组分	参考文献
阿里红多糖	半乳糖醛酸	1
方格星虫多糖	糖醛酸	2
人参多糖	糖醛酸	3
天麻多糖	多糖，蛋白质，糖醛酸	4
天然多糖化合物	糖醛酸	5
野木瓜多糖	糖醛酸	6
银耳多糖	糖醛酸	7

本表参考文献：
1. 帕丽达•阿不力孜，丛媛媛，等.食品科技, 2010(03): 284.
2. 刘玉明，钱甜甜，何颖，等. 时珍国医国药，2012(05): 1100.
3. 陈巧巧，万琴，王振中，等. 中国实验方剂学杂志，2012(08): 121.
4. 朱洁平，李峰，沈业寿. 安徽农业科学, 2012(18): 9648.
5. 林颖，黄琳娟，田庚元. 中草药, 1999(11): 817.
6. 王文平，郭祀远，李琳等. 食品科技, 2007(10): 84.
7. 姜瑞芝，陈英红，杨勇杰，等. 中草药, 2004(09): 36.

（二）利用多糖与显色剂直接形成复合物的光度分析法

肝素(heparin，Hep)为糖胺聚糖，是蛋白多糖的一种，它是由葡萄糖胺磺酸、葡萄糖磺酸、艾杜糖醛酸等通过糖苷键连接而成的重复二糖单元组成的线型链状分子，平均相对分子质量为12000。由于硫酸基和羧酸基的存在，肝素的每个重复二糖单元带有3.0～4.0个负电荷，在水溶液中由于其酸性基团的解离而成为带多个负电荷的大阴离子，这一类多糖可和阳离子染料形成复合物而导致溶液吸收光谱发生变化，用分光光度法对其测定。此类多糖的测定实例见表4-27。

表4-27　多糖与显色剂直接形成复合物的光度分析法测定实例

样　品	被测组分	显 色 剂	测量波长/nm	摩尔吸光系数	线性范围/(μg/ml)	参考文献
肝素钠注射剂	肝素钠	吖啶橙	492	1.599×10^5	3.0～15.0	1
面条	藻酸钠	维多利亚蓝4R 维多利亚蓝B 夜蓝	612 616 614	根据染料的不同在4.8×10^6～9.5×10^6之间	5.0以内 3.0 3.0	2
可立凝样品	藻酸钠	乙基紫 结晶紫 孔雀石绿	594 584 616	根据染料的不同在3.6×10^5～4.8×10^6之间	0～5.0 0～3.0 0～2.0	3
尿液	硫酸皮肤素	吖啶橙	490	8.76×10^5	1～3.5	4
芦荟鲜叶和芦荟制品	芦荟多糖	刚果红	540	1.07×10^5	0～3.6	5
芦荟凝胶制品	芦荟多糖	刚果红-人体免疫球蛋白	525			6
糖胺聚糖类精制品	糖胺聚糖类	氯化十六烷基吡啶	680		40～200或10～100	7
康得灵复方片 鲨鱼软骨胶囊	硫酸软骨素	天青A	625		0～30	8
肝素钠注射液	肝素钠	灿烂甲酚蓝	592	1.03×10^6	0.6～6.0	9
		中性红	523	2.037×10^6	0.10～15.0	10

本表参考文献：

1. 孙伟，雅勤，等. 光谱学与光谱分析, 2007, 27(1): 116.
2. 王祥洪，杨季冬，刘绍璞. 理化检验：化学分册，2007, 43(10): 811.
3. 王祥洪，杨季冬，刘绍璞. 分析科学学报, 2006, 22(6): 679.
4. 王祥洪，张世娜. 中国医药工业杂志, 2008, 39(5): 373.
5. 杜海燕，孙家跃，周威. 理化检验: 化学分册, 2004, 40(1): 15.
6. 杜海燕，庚梅，孙家跃. 化学试剂, 2005, 27(6): 347.
7. 赵锐，张源潮，等. 中国医药工业杂志, 2000, 31(10): 447.
8. 高贵珍，焦庆才，等. 光谱学与光谱分析, 2003, 23(3): 600.
9. 孙伟，焦奎，等. 光谱学与光谱分析, 2005, 25(8): 1322.
10. 孙伟，丁雅勤，等. 光谱学与光谱分析, 2006, 26(7): 1322.

参 考 文 献

[1] 周名成，俞汝勤. 紫外与可见分光光度法. 北京：化学工业出版社,1986.

[2] Howell J A, Sutton R E. Anal Chem, 1998, 70: 107R.

[3] Gilpin R K, Pachla L A. Anal Chem, 1997, 69(12): 145R.

[4] 马卫兴，许瑞波，等. 时珍国医国药, 2008, 19(2): 266.

[5] 郑健，陈焕文，等. 分析科学学报，2002, 18(2): 158.

[6] 杨晓芬，赵美萍，等. 内蒙古石油化工, 2002, 27: 31.

[7] 杨晓芬，赵美萍，等. 分析化学, 2002, 30(5): 540.

[8] 张志贤，张瑞镐. 有机官能团定量分析，北京：化学工业出版社, 1990.

[9] 余倩，陈小康，等. 光谱学与光谱分析, 2004, 24(8): 991.

[10] 杜冰帆，谢家理，等. 四川大学学报：自然科学版. 2001, 38(1): 87.

[11] 吴乾丰，刘鹏飞.分析化学.1981, 10(5): 263.

[12] 田孟魁，李爱梅. 河南职业技术师范学院学报，1996, 24(3): 29.
[13] 梁基智，傅军，等.中国药房, 2006, 17(10): 775.
[14] 李引，叶曦雯，等. 青岛科技大学学报：自然科学版, 2012, 33(4): 341.
[15] 郭旭，翁连进，等. 化工科技, 2006, 14(5): 4.
[16] 李楠，秦学孔，等. 大连理工大学学报, 2000, 40(4): 425.
[17] 周礼花，李方实，等. 当代化工, 2001, 30(4): 242.
[18] 北京医学院有机化学教研室. 基础有机化学. 北京：人民卫生出版社, 1983.
[19] 邢其毅，等. 基础有机化学：下册. 北京：高等教育出版社, 1983.
[20] 张振华. 邵阳高等专科学校学报, 2000, 13(1): 42.
[21] 范婉萍，吴婕. 中国测试技术, 2007, 33(3): 117.
[22] 曹玮娟，杨竹雅，等. 云南中医学院学报，2010, 33(1): 41.
[23] 胡京枝，董小海，中国食品添加剂, 2007(6): 164.
[24] 关洪亮，熊倩. 武汉工程大学学报, 2012, 34(11): 40.
[25] 周国兰，刘晓霞，等. 贵州茶叶, 2007(1): 28.
[26] 张丽萍，李伟辉，等. 酿酒科技, 2007(7): 134.
[27] 黄威娜，杨勇，等. 香料香精化妆品, 2001(3): 35.
[28] 吴家红，靳凤云，等. 微量元素与健康研究，2006, 23 (5): 45.
[29] 常高峰，王菲，等. 发酵科技通讯, 2003, 32(4): 14.
[30] 曾正策，吴昊，等. 广东化工, 2010, 37(11): 155.
[31] 刘沐生. 光谱实验, 2012, 29(5): 2897.
[32] 涂常青，吴馥萍，等. 广东化工, 2005, 32(3): 47.
[33] 杨艳. 广州化工, 2010, 38(10): 161.
[34] 向建军 姚艳艳. 中国粮油学报, 2011, 26(11): 18.
[35] 李凌凌，吕早生，等. 化学与生物工程, 2010, 27(5): 89.
[36] 岳义田，董立巍，等. 中国公共卫生, 2005, 21(12): 1434.
[37] 路纯明，赵二伟，等. 郑州工程学院学报, 2004, 25(1): 29.
[38] 丁光月，阎子春，等. 煤炭转化, 1997, 20(4): 90.
[39] 王锦玉，孙晓丽，等. 中国实验方剂学杂志，2009, 15(8): 3.
[40] 李侠，柳玉英. 山东理工大学学报：自然科学版, 2006, 20(4): 71.
[41] 曾令峰，刘学良，等. 分析试验室, 2010, 29(增刊): 210.
[42] 陈耀祖，王昌益. 近代有机定量分析，北京：科学出版社, 1987.
[43] 高景芝，房华. 首都师范大学学报：自然科学版, 1999, 20(3): 48.
[44] 杨志斌，叶青华. 南昌大学学报：理科版，1996, 20(2): 180.
[45] 魏礼芝，尹文光，等. 安徽医药, 2001, 5(3): 231.
[46] 高成庄，吴云玲，等. 化学研究与应用, 2008, 20(7): 939.
[47] 金青哲，岳金焕，等. 理化检验：化学分册. 2008, 44 (12): 1193.
[48] 田树革，刘丛. 新疆师范大学学报：自然科学版，2006, 25(4): 38.
[49] 赵平，刘俊英，等.中国食品添加剂, 2011(3): 219.
[50] 陈彦君，程素霞，等.郑州大学学报：医学版，2008, 43(3): 602.
[51] Mulliken R S. Am Chem Soc, 1950, 72: 600.
[52] 陈智娴.临床合理用药, 2010, 3(12): 138.
[53] 孟德素，李红英，等. 化工生产与技术, 2009, 16(6): 44.
[54] 赵辉，李占灵. 化学试剂, 2008, 30(9): 657.
[55] 郭福庆. 天津药学, 2008, 20(1): 61.
[56] 宋秀丽，李省云，等. 山西中医学院学报, 2011, 12(3): 28.
[57] 李省云，杨毅萍，等.理化检验：化学分册，2007, 43(12): 1048.
[58] 王峰，黄薇，等. 药物分析杂志, 2007, 27(10): 1654.
[59] 马美仙， 李省云，等. 光谱实验室, 2009, 26(3): 583.
[60] 陈朝艳，陈效兰，等. 分析实验室, 2008, 27(11): 36.
[61] 郑莉，赵坤. 分析实验室, 2008, 27(5): 73.
[62] 于丽丽，李华侃，等. 分析科学学报, 2010, 26(5): 584.
[63] 刘佳川，方芳，等. 化学研究与应用, 2010, 22(7): 826.
[64] 戈延茹，陈智娴. 中国抗生素杂志, 2009, 34(10): 640.
[65] Li Yanwei, Zhao Yansheng , et al. J Chinese Pharm Sci, 2001, 10(4): 196.
[66] 赵桂芝，李华侃，等. 分析化学, 2000, 28(3): 365.
[67] 袁东，付大友，等. 四川理工学院学报：自然科学版, 2005, 18(4): 27.
[68] 俞凌云，孙冬梅，等. 皮革科学与工程, 2009, 19(2): 72.
[69] 虞精明，谢勤美，等. 中国卫生检验杂志，2007, 17(7): 1330.
[70] 虞精明，谢勤美，等. 理化检验：化学分册，2007, 43(9): 794.
[71] 周能，邓春丽. 玉林师范学院学报, 2005, 26(3): 51.
[72] 汤园平，沈含熙. 化学试剂, 1996, 18(5): 285.
[73] 冯泳兰. 分析科学学报, 1999, 15(2): 150.
[74] 江虹，刘绍璞，等. 分析化学, 2003, 31(9): 1053.
[75] 陈培珍， 马春华. 齐鲁药事, 2007, 26(7): 409.
[76] 秦宗会，刘绍璞，等. 分析化学, 2003, 31(6): 702.
[77] 阳泽平，刘忠芳，等. 分析化学, 2006, 34(2): 269.
[78] 江虹. 化学研究及应用, 2005, 5: 651.
[79] 江虹，胡小莉，等. 应用化学, 2003, 20(9): 883.
[80] 罗庆尧，邓延倬，等. 分光光度分析.北京：科学出版社, 1992.
[81] 张志贤，张瑞镐. 有机官能团定量分析. 北京：化学工业出版社, 1990.
[82] 张渝阳，王鑫，等. 辽宁化工, 2006, 35(10): 618.
[83] 牛金刚，楔晓静，等. 应用化学, 2010, 27(3): 342.
[84] 严赞开. 食品研究与开发, 2007, 28(9): 64.
[85] 陶玉龙，敖登高娃等. 内蒙古大学学报：自然科学版, 2006, 37(1): 23.
[86] 董学畅，戴云，等. 云南化工, 2000, 27(6): 22.
[87] 袁华，邓良，等. 生物加工过程, 2007, 5(1): 71.
[88] 高金波，李国清，等. 黑龙江医药科学, 2002, 25(6): 28.
[89] 张淑敏，赫春香. 光谱实验室, 2001, 18(3): 328.
[90] 李继珩，王鲁燕，等. 中国药科大学学报, 2000, 31(4): 278.
[91] 乔善宝. 南京师大学报：自然科学版, 2000, 23(4): 71.

[92] 何春燕, 黄敏华, 等. 啤酒科技, 2006, (11): 13.
[93] 江虹, 胡小莉, 等. 西南师范大学学报: 自然科学版, 2002, 27(6): 913.
[94] 张志红, 徐理民, 等. 北京石油化工学院学报, 2005, 13(4): 15.
[95] 孙宏, 张泽. 生物质化学工程, 2008, 42(3): 55.
[96] 任翠领, 陈兴国. 中国无机分析化学, 2011, 1(1): 32.
[97] 彭红珍, 宋世平, 等. 生物物理学报, 2010, 26(11): 1047.
[98] 王萍, 毛红菊. 中国生物工程杂志, 2011, 31(9): 88.
[99] 嵇大圣, 熊汉国, 等. 中国食品添加剂, 2008(1): 143.
[100] 梁月园, 蒋治良, 等. 分析测试技术与仪器, 2007, 13(3): 163.
[101] 于黎娟, 槎林海, 等. 分析科学学报, 2010, 26(6): 719.
[102] 王楠, 徐淑坤, 等. 化学进展, 2007, 19(2/3): 408.
[103] 初凤红, 蔡海文, 等. 激光与光电子学进展, 2009(11): 58.
[104] 吴维明, 蔡强, 等. 国外医学: 生物医学工程分册, 2003, 26(5): 193.
[105] 李慧, 钟文英, 等. 广州化工, 2010, 38(7): 3.
[106] 原弘, 蔡汝秀. 武汉大学学报: 理学版, 2003, 49(2): 162.
[107] 乐萍, 雷颉, 等. 江西化工, 2007(2): 50.
[108] 刘宝湘. 中国公共卫生, 2003, 19(5): 627.
[109] 翟庆洲, 张晓霞, 等. 长春理工大学学报: 自然科学版, 2009, 32(1): 165.
[110] 杨敏, 宋晓锐, 等. 广州化工, 2000, 28(4): 121.
[111] 张玉平, 魏永巨. 河北师范大学学报: 自然科学版, 2002, 26(5): 501.
[112] 罗宗铭, 崔英德, 等. 光谱学与光谱分析, 2001, 21(2): 251.
[113] Lowry O H, Rosebrough N J, et al. J Biol Chem, 1951, 193: 265-275.
[114] Bradford M M. Anal Biochem, 1976, 72: 248.
[115] Krystal G, Macdonald C, Munt B, et al. Anal Biochem, 1985, 148(2): 451.
[116] Moeremans M, Daneels G, et al. Anal Biochem, 1985, 145(2): 315.
[117] Stoscheck C H. Anal Biochem, 1987, 160(1): 301.
[118] 马卫兴, 钱保华, 等, 化学世界, 2003(7): 356.
[119] 马卫兴, 贾海红, 等, 淮海工学院学报: 自然科学版, 2005, 14(1): 43.
[120] 张红医, 刘保生, 王甫丽. 光谱学与光谱分析, 2003, 23(2): 342.
[121] 陈艳晶, 王志玲, 等, 济南大学学报: 自然科学版, 2007, 21(2): 137.
[122] 李进, 王红, 等. 化学试剂, 2000, 22(3): 129.
[123] 张正奇, 陈永湘, 张郁葱. 分析科学学报, 2001, 17(3): 214.
[124] 胡秋娈, 赵凤林, 李克安. 分析试验室, 2000, 19(1): 48.
[125] 胡秋娈, 曹向阳, 刘尚才. 分析测试学报, 2004, 23(3): 83.
[126] 胡秋娈, 赵凤林, 李克安. 分析测试学报, 2000, 19(1): 45.
[127] 冯喜兰, 李娜, 等. 化学学报, 2003, 61(4): 603.
[128] Li N, Tong S Y. Talanta, 1994, 41(10): 1657.
[129] Fujit A Y, Morii K S.Chem Pharm Bull, 1984, 32(10): 4161.
[130] Boratynski J. Anal Biochem, 1985, 148(1): 213.
[131] 魏永巨, 李克安, 童沈阳. 高等学校化学学报, 1994, 15(10): 1470.
[132] 沈含熙, 刘玉国. 光谱学与光谱分析, 1999, 19(3): 444.
[133] Guo Z X, Hao Y M, Shen H X, et al.Anal Chim Acta, 2000, 403(1-2): 225.
[134] 衷明华. 光谱实验室, 2004, 21(5): 849.
[135] 刘典梅, 张琳, 赵书林. 广西师范大学学报, 2003, 21(2): 153-155.
[136] 陈韵, 石展望 黄晓敏. 中国公共卫生, 2011, 27(3): 307.
[137] 胡文英, 郑敏. 广东化工, 2008, 35(7): 144.
[138] 武鑫, 李生泉, 等, 化学与生物工程, 2009, 26(7): 11.
[139] 王娅, 王哲, 等, 动物医学进展, 2006, 27(7): 1.
[140] 叶子弘, 金荣愉, 等. 中国计量学院学报, 2012, 23 (1): 1.
[141] 蔡朝霞, 宋功武, 等. 化学与生物工程, 2003(5): 19.
[142] 刘绍璞, 龙秀芬. 理化检验: 化学分册, 2002, 38(2): 101.
[143] 栾吉梅, 张晓东. 理化检验: 化学分册, 2006, 42(11): 964.
[144] 沈同, 王镜岩. 生物化学. 第 2 版, 北京: 高等教育出版社, 1990.
[145] Burton K. In methods in Enzymology. Grossman L, Moldave K Eds. Vol. 12, part B[A]. New York: Academic Press, 1971.
[146] Decallonoe J R. Anal Biochem, 1976, 74: 448.
[147] Gendimenico J, Bouquin L, Tramposch K M. Anal Biochem, 1988, 173: 45.
[148] Gold D V. Anal Biochem, 1980, 105: 121.
[149] Setaro E. Anal Biochem, 1977, 81: 467.
[150] Karklina V. Khim Farm Zh, 1980, 14(2): 111(Russ).
[151] Skidmore W D. Anal Biochem, 1964, 9: 370.
[152] 刘笑美, 陈惠敏, 许暾为, 等. 沈阳药学院学报, 1991, 9(3): 175.
[153] 訾言勤, 言斌, 等. 分析化学, 2005, 33(12): 1757.
[154] 吴会灵, 李文友, 等. 应用化学, 2002, 19(7): 672.
[155] 李爱晓, 李晓勤, 等. 光谱学与光谱分析, 2003, 23(5): 1002.
[156] 谭英, 胡光富. 高等函授学报: 自然科学版, 2004, 17(2): 13.
[157] Huang C Z. Anal Chim Acta, 1997, 345: 235.
[158] 赵凤林, 王亚婷, 等. 北京大学学报: 自然科学版, 2001, 37(6): 741.
[159] 计时华. 中国公共卫生, 2000, 16(5): 425.

[160] 苏玉顺, 李艳君, 等. 光谱实验室, 2011, 28(3): 1101.
[161] 张胜, 李湘洲, 等. 林产化学与工业, 2009, 29(增刊): 238.
[162] Dubois M, Gilles K A, Hamilton J K, et al. Anal Chem, 1956, 28: 350.
[163] Dubois M, Gilles K A, Hamilton J K, et al. Nature, 1951, 168: 167.
[164] 董群, 郑丽伊, 方积年. 中国药学杂志, 1996, 31: 550.
[165] Douglas S G. Food Chemistry, 1981, 7: 139-145.
[166] Cerning J. Guilbot A A. Cereal Chem ,1972,23 (1): 177-184.
[167] Dische Z. Biol Chem, 1947, 167: 189-198.
[168] Bitter T, Muir H M. Anal Biochem, 1962, 4: 330.
[169] Blumenkrantz N, Asboe-Hansen G. Anal Biochem, 1973, 54: 484.

第五章　紫外-可见定量分析方法

紫外-可见吸收光谱主要用于定量分析，因此，对其定量分析方法的研究一直是人们最关注的课题，建立新的定量分析方法始终贯穿于紫外-可见吸收光谱发展的全过程。例如，以二元显色体系为基础的定量分析方法发展为三元或多元配合物显色体系的多元配合物光度法；建立了将分离和富集技术与光度分析相结合的萃取光度法、固相光度法和浮选光度法等；采用将共存干扰组分不经分离而是通过求导、双波长和三波长测定、选择适当的正交多项式和褶合变换等技术手段加以消除后，建立了对某一组分进行定量分析的导数光度法、双波长和三波长光度法、正交函数法及褶合光谱法等；应用化学计量学的各种计算方法对测定数据进行处理后，同时得出所有共存组分各自含量的计量学分光光度法；利用接近试样浓度（稍低或稍高）的参比溶液来调节分光光度计的透射比为 0 和 100%以进行光度测量的差示分光光度法；以测量反应物浓度和反应速率之间的定量关系为基础的动力学吸光光度法；与流动注射技术相结合的流动注射分光光度法；应用全内反射长毛细管吸收池的分光光度法；基于热透镜效应和光声效应建立和发展起来的热透镜光谱分析法和光声光谱分析法。近几年，纳米材料在光度分析中的应用引起广泛关注，为光度分析提供了新的探针材料，以上的种种方法极大地丰富了紫外-可见定量分析方法的内容。本章将对以上的部分方法做扼要介绍，并给出近十多年来国内发表的应用文献供参考。

第一节　常规法

一、单组分测定的常规法

常规法是定量分析的基本方法，用于单组分测定的常规法有以下几种[1]。

（一）绝对法

根据比尔定律：　　$c_x=A/\varepsilon b$　　或　　$c_x=A/\alpha b$

若吸收池光路长度 b 和待测化合物的吸光系数 α 或摩尔吸光系数 ε 已知，在测定样品溶液的吸光度后，根据比尔定律求出样品溶液浓度。待测物质的吸光系数或摩尔吸光系数可从有关手册或文献中查找，但文献数据仅是在某具体测定条件下的比例常数，当样品测量条件和文献测量条件不一致时就会产生误差。因此一般情况下都不用绝对法，该法只有在无标准样品时才采用。

（二）标准对照法（直接比较法）

在同样条件下，分别测定标准溶液（浓度为 c_s）和样品溶液（浓度为 c_x）的吸光度 A_s 和 A_x。由下式求出待测物质的浓度：

$$c_x=\frac{A_x}{A_s}c_s \tag{5-1}$$

用该法时除测量条件要严格保持一致外，标准溶液浓度要接近被测样品浓度，以避免因吸光度与浓度之间线性关系发生偏离带来误差。

（三）比吸收系数法

比吸收系数 $E_{1cm}^{1\%}$ 定义为：当浓度为 1%，吸收池光路长度为 1cm 时的吸光度。当标准样品的比吸收系数为已知时，通过测定样品的比吸收系数，即可由下式求出样品的质量分数（w），

$$w=\frac{E_{1cm(样)}^{1\%}}{E_{1cm(标)}^{1\%}}\times 100\% \tag{5-2}$$

这个方法在药物分析时采用较多，通常在药典中会给出该药物的比吸收系数。在其他物质分析时很少采用。

（四）标准曲线法

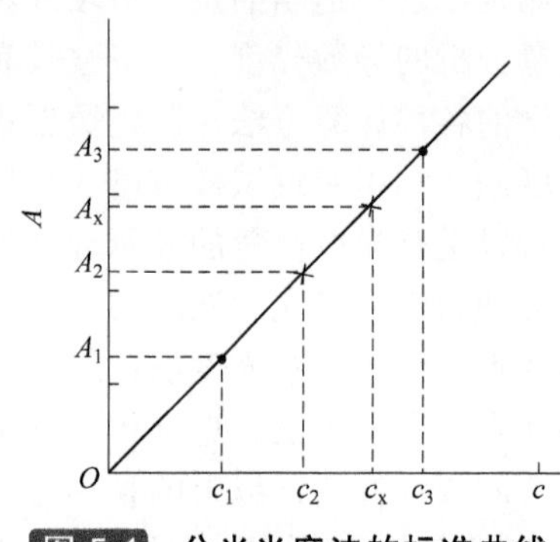

图 5-1 分光光度法的标准曲线

该法是最常用的定量方法，先配制一系列浓度不同的标准溶液，在与试样相同的条件下，分别测量其吸光度，以吸光度值为纵坐标，标准溶液对应的浓度值为横坐标，绘制标准曲线（见图 5-1），然后测定样品的吸光度，从标准曲线上查出试样溶液的浓度。

标准曲线通常绘制在坐标纸上，绘制时要注意两个问题：①纵坐标和横坐标的取值要准确反映所测吸光度值和标准溶液浓度的有效数字；②由于测定误差，测出的值不可能绝对地分布在过原点的直线上，因此所画直线要使测定的值尽可能均匀地分布在直线的两侧。为避免在绘制标准曲线时的人为因素，通常采用最小二乘法拟合出反映吸光度与浓度关系的一元线性回归方程：

$$c = aA+b$$

式中，a 为回归系数；b 为截距。a、b 分别由以下公式计算：

$$a=\frac{S_{(cA)}}{S_{(AA)}} \tag{5-3}$$

$$b=\bar{c}-a\bar{A} \tag{5-4}$$

式中，$\bar{A}=\frac{1}{n}\sum_{i=1}^{n}A_i$；$\bar{c}=\frac{1}{n}\sum_{i=1}^{n}c_i$；$S_{(AA)}=\sum_{i=1}^{n}(A_i-\bar{A})$。

$$S_{(cA)}=\sum_{i=1}^{n}(A_i-\bar{A})(c_i-\bar{c})$$

c 与 A 之间线性关系的密切程度用相关系数 r 来度量：

$$r=\frac{S_{(cA)}}{\sqrt{S_{(cc)}-S_{(AA)}}} \tag{5-5}$$

式中，$S_{(cc)}=\sum_{i=1}^{n}(c_i-\bar{c})^2$。

在光度法中相关系数要尽可能接近 1，最好能达到 0.999。

（五）标准加入法

这种方法是先测量样品的吸光度 A_x，此时，

$$A_x = \varepsilon b c_x \tag{5-6}$$

式中，c_x 是待测样品的浓度。

然后在待测样品的溶液中加入标准溶液，其浓度为 c_Δ，再测其吸光度 $A_{x+\Delta}$。根据吸光度的加和性应有：

$$A_{x+\Delta} = A_x + A_\Delta = A_x + \varepsilon b c_\Delta$$

故

$$A_{x+\Delta} - A_x = \varepsilon b c_\Delta \tag{5-7}$$

式（5-6）和式（5-7）两式相除得：

$$A_x/（A_{x+\Delta}-A_x）=c_x/c_\Delta \text{即 } c_x=[A_x/（A_{x+\Delta}-A_x）]c_\Delta \tag{5-8}$$

由式（5-8）可计算出待测样品的浓度 c_x。

标准加入法通常的做法是将已知的不同浓度的几个标准溶液加入到几个相同量的待测样品溶液中去，然后分别测定其总的吸光度 $A_{x+\Delta i}$，然后以 $A_{x+\Delta i}$ 为纵坐标，$c_{\Delta i}$ 为横坐标绘制标准曲线，见图 5-2。将绘制的直线延长，与横轴相交，交点至原点所相应的浓度即为待测样品的浓度。在绘制标准曲线时亦需遵照上述所说的绘制标准曲线时的两点要求。当遇到干扰不易消除、标准溶液配制麻烦、分析样品数量少时，可以采用标准加入法。

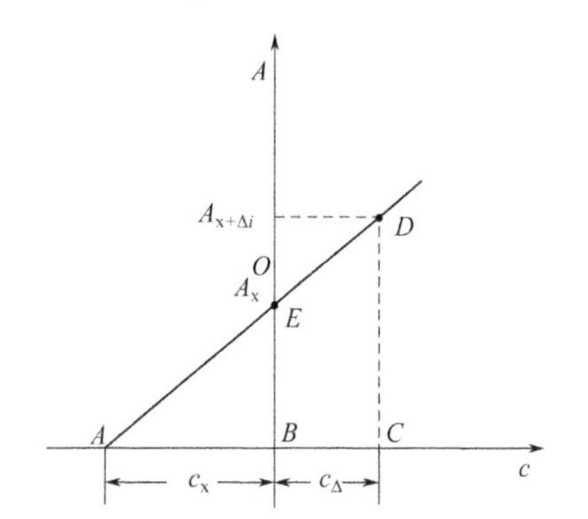

图 5-2　标准加入法的直线外推作图法

二、多组分同时测定的常规法

解联立方程法：在同一试样中同时测定两个或两个以上的待测组分时，而且它们的吸收光谱在测定波长处有重叠，可以采用解联立方程法。如果样品中有 n 个组分，其浓度分别为 c_1、c_2、…、c_n，选择 n 个波长位置作为测量波长。根据吸光度加和性得到如下联立方程组：

$$\begin{cases} A_1 = \varepsilon_{11}c_1 + \varepsilon_{12}c_2 + \cdots + \varepsilon_{1n}c_n \\ A_2 = \varepsilon_{21}c_1 + \varepsilon_{22}c_2 + \cdots + \varepsilon_{2n}c_n \\ \cdots\cdots \\ A_n = \varepsilon_{n1}c_1 + \varepsilon_{n2}c_2 + \cdots + \varepsilon_{nn}c_n \end{cases} \tag{5-9}$$

$$\text{即 } A_i = \sum_{j=1}^{n} \varepsilon_{ij} c_j \quad (i=1,2,\cdots,n)$$

式中　A_i——第 i 个波长处 n 个组分的总吸光度；

ε_{ij}——第 j 个组分在第 i 个波长位置处的摩尔吸光系数；

c_j——第 j 个组分浓度。

可以用克莱姆法则通过行列式运算求解，也可用矩阵法求解。该法一般只适合组分数 n=2~3，为提高测定的准确度，必须增加测定的点数，即选择的测量波长的数目 m 更大于被测组分数 n，此时建立的联立方程组为矛盾方程组，可以用各种化学计量学方法处理，以选择最好的处理方法及获得最好的分析结果。

第二节　差示分光光度法

当被测组分含量过高或过低时，测得的吸光度常常偏离比尔定律，即使不发生偏离，也因吸光度太高或太低超出了适宜的读数范围而引起较大误差，采用差示分光光度法就能解决上述问题。差示分光光度法是利用接近试样浓度（稍低或稍高）的参比溶液来调节分光光度计的透射比为 0 和 100%以进行光度测量的一种方法。在高吸光度差示法中，此时测得的样品的差示吸光度值 A_D 可由下式表示：

$$A_D = \varepsilon b(c_x - c_r) = \varepsilon b\Delta c \tag{5-10}$$

式中，c_x 为被测试样溶液浓度；c_r 为标准参比溶液浓度。

差示法测得的差示吸光度 A_D 与被测试样溶液和参比溶液的浓度差 Δc 成正比，这就是差示法的理论基础。定量时常采用常规法中的标准曲线法，其具体步骤为：

用浓度为 c_r 的标准溶液作参比，然后测定一系列 Δc 已知的标准溶液的相对吸光度 A_D，绘制 A_D~Δc 标准曲线，则由测得的试样的相对吸光度 A_D 即可从标准曲线上查得 Δc，可由 $c_x = c_r + \Delta c$ 计算试样的浓度。

一、差示分光光度法操作方法[2]

按照使用参比溶液份数，及参比溶液浓度高于或低于待测溶液，差示分光光度法可分为 4 种操作方法。

（一）高吸光度差示法

1949 年 Hiskey 首次提出用于高含量组分精确测定的高吸光度差示法，该方法使用一个浓度稍低于待测溶液的参比溶液，先在检测器未受光照时，调节透射比为 0，然后打开光路，用参比溶液调节透射比为 100%，之后测定试样的吸光度值，该操作方法用于高浓度试样测定。

在高吸光度差示法中，浓度为 c_x 的样品溶液的差示透射比 T_D 为：

$$T_D = T_x / T_r$$

式中，T_x、T_r 分别表示样品溶液和参比标准溶液的普通透射比。其相应的差示吸光度为：

$$A_D = -\lg T_D = -\lg (T_x / T_r) = -\lg T_x + \lg T_r = A_x - A_r = \varepsilon b c_x - \varepsilon b c_r = \varepsilon b\Delta c \tag{5-11}$$

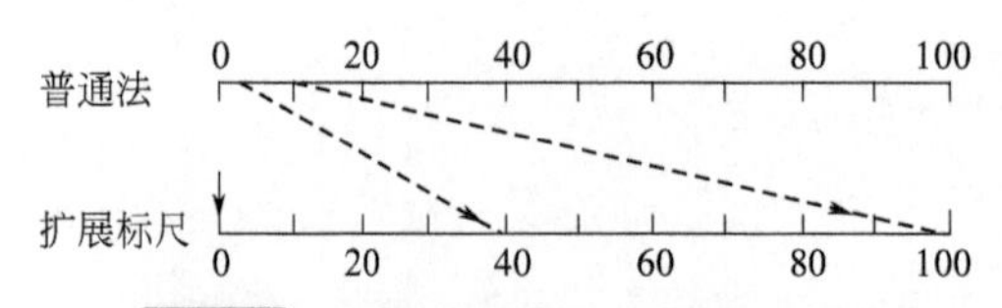

图 5-3　高吸光度差示法标尺扩展示意

式（5-11）表明差示吸光度 A_D 与被测试样溶液和参比溶液的浓度差 Δc 成正比。

用高吸光度差示法可以提高测量准确度的原理可用图 5-3 来说明。

假设以空白溶液作参比时，浓度为 c_r 的标准溶液的透射比为 10%，浓度为 c_x 的试液的透射比为 4%，见图 5-3 上部普通光度法的情况。在差示法中用浓度为 c_r 的标准溶液作参比调节 100%，相当于将透射比标尺扩展了 10 倍，此时试液的差示透射比为 40%，此读数落入了适宜读数范围内，因而相对地提高了测量的准确度。为了更深入了解在差示光度法中对相对浓度误差的影响，下面给出高吸收差示光度法误差函数关系。

由分光光度计透射比读数误差引起的被测组分浓度的相对误差为：

$$\frac{\Delta c_x}{c_x} = \frac{\Delta A_x}{A_x} = \frac{dA_x}{A_x} \approx \frac{d[-\lg(T_D T_r)]}{-\lg(T_D T_r)} = \frac{-0.434 d\ln(T_D T_r)}{-\lg(T_D T_r)} = \frac{0.434 dT_D}{T_D \lg(T_D T_r)}$$

即

$$\frac{\Delta c_x}{c_x} = \frac{0.434\Delta T_D}{T_D \lg(T_D T_r)} \tag{5-12}$$

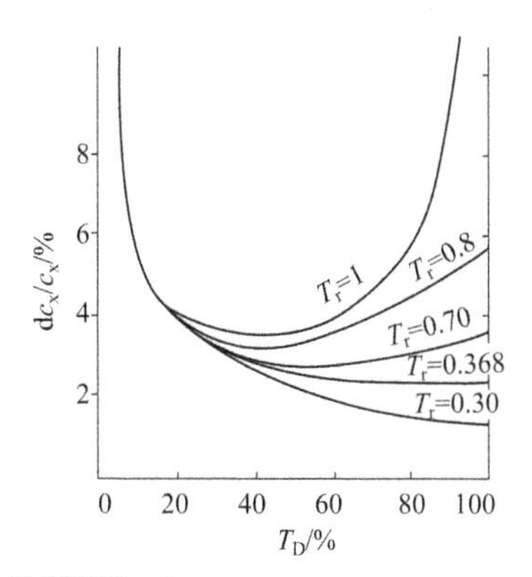

图 5-4　高吸收差示光度法误差曲线

式中，T_D 为浓度为 c_x 的样品溶液的差示透射比，即标尺放大后样品溶液的透射比读数；T_r 为调百参比标准溶液（c_r）的普通透射比（即在原标尺上的读数）。

假定仪器透射比读数的绝对误差 ΔT_D=0.5%，按式（5-12）绘制在不同的参比溶液的普通透射比时，相对浓度误差随差示透射比 T_D 而变化的误差曲线，见图 5-4。

从图 5-4 可以看出高吸收差示光度法仍未能改善低差示透射比部分的测量准确度，最小相对浓度误差出现在差示透射比 T_D 为 36.8%~100%的范围内。随着参比溶液浓度的增加，即 T_r 减小，相对浓度误差也随之减小。参比溶液的透射比 T_r 愈接近待测组分的透射比，测量相对浓度误差也愈小。因此，当采用高吸收差示光度法时，参比溶液的浓度要尽可能大一些，即 T_r 要尽可能小一些，而所测样品的 T_D 至少要大于 36.8%，以使测量误差尽可能地小。

（二）低吸光度差示法

浓度过低的试样溶液可以采用低吸光度差示法，是由 Reilley 等在 1955 年提出的，该法使用两种参比溶液，先以空白溶液（纯溶剂、蒸馏水或试剂空白）调节透射比为 100%，再以浓度稍高于待测溶液的参比溶液调节透射比为 0，之后测定试样的吸光度值。

在低吸光度差示法中，浓度为 c_x 的样品溶液的差示透射比 T_D 为：

$$T_D = T_x - T_r/(1-T_r)$$

式中，T_x 和 T_r 分别表示样品溶液和参比标准溶液的普通透射比。

此时相应的待测组分的差示吸光度 A_D 为：

$$A_D = -\lg T_D = -\lg[T_x - T_r/(1-T_r)]$$

待测组分的吸光度 A_x 为：

$$A_x = -\lg T_x = -\lg(10^{-A_D} - T_r 10^{-A_D} + T_r) = \varepsilon b c_x \tag{5-13}$$

由式（5-13）可知，A_D 与样品浓度 c_x 不成正比关系，使标准曲线出现弯曲。这是低吸光度差示法在实际应用中的一个重要局限。

低吸光度差示法提高测量准确度的原理可以用图 5-5 说明。

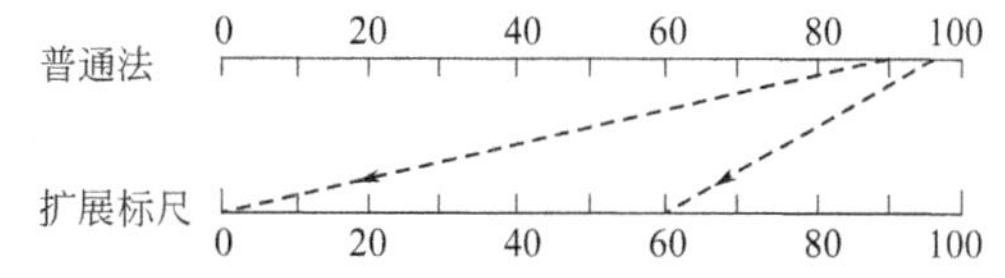

图 5-5　低吸光度差示法标尺扩展示意

假设浓度为 c_r 的标准溶液的透射比在普通光度法时为 90%，浓度为 c_x 的试液的透射比为 96%，在差示法中用浓度为 c_r 的标准溶液作参比调节透射比为 0，此时试液的差示透射比为 60%，处于扩展标尺的中心位置，因而提高了测量准确度。

采用上述相同的方法推导出的低吸收差示光度法的相对浓度误差函数关系为：

$$\Delta c_x/c_x = 0.434（1-T_r）\Delta A_D/[（T_D - T_D T_r + T_r）\lg（T_D - T_D T_r + T_r）] \tag{5-14}$$

假定仪器透射比读数的绝对误差 ΔT_D=0.5%，按式（5-14）绘制在不同的参比溶液的普通透射比时，相对浓度误差随差示透射比 T_D 而变化的误差曲线。

图 5-6 表示在不同的调零参比标准溶液的普通透射比时，$\Delta c_x/c_x$ 与 T_D 的关系曲线（此时假定仪器透射比读数的绝对误差 ΔT_D=0.5%）。由图可知，低吸光度差示法并未能改善高差示

透射比部分的测量准确度，最小相对浓度误差出现在差示透射比 T_D 为 0~36.8%的范围内，随着参比溶液浓度的减小，即 T_r 的增大，相对浓度误差也就减小。因此，在采用低吸光度差示法时，参比溶液的浓度要尽可能小一些，即 T_r 要尽可能大，而所测样品的 T_D 要小于 36.8%，以使测量误差为最小。

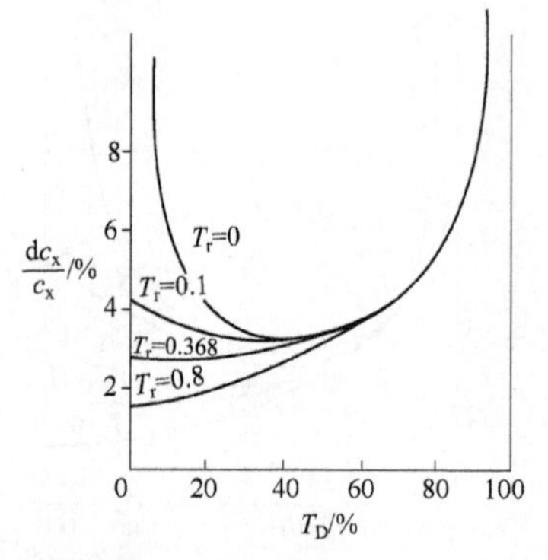

图 5-6 低吸光度差示法误差曲线

（三）最高精密度差示光度法

以一个浓度稍低于待测液的参比溶液调节透射比为 100%，再以另一个浓度稍高于待测液的参比溶液调节透射比为 0，之后测定试样的吸光度值。如果两个参比溶液的浓度选择合适而且两者浓度差值较小，则待测溶液的吸光度值可以控制在 A=0.4343 左右，此时浓度测量的相对误差为最小，故称为最高精密度法。图 5-7 表示最高精密度差示光度法的标尺扩展情况。

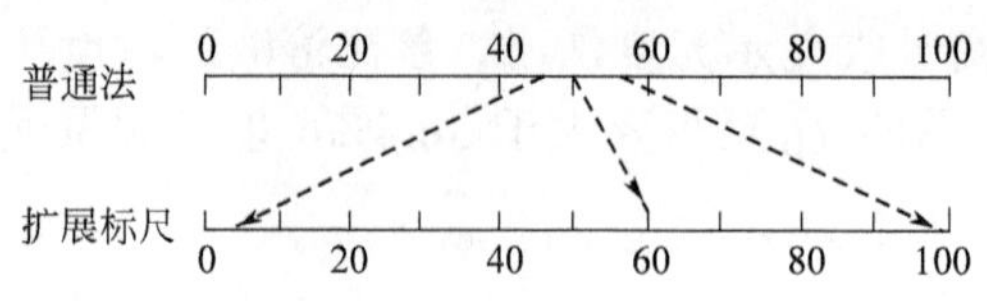

图 5-7 最高精密度差示光度法的标尺扩展示意图

在最高精密度差示法中，浓度为 c_x 的样品溶液的差示吸光度 T_D 为：

$$T_D = T_x - T_{r_2} / (T_{r_1} - T_{r_2})$$

式中，T_x、T_{r_1}、T_{r_2} 分别表示样品溶液和两个参比标准溶液的普通透射比。

此时相应的待测组分的差示吸光度为：

$$A_D = -\lg T_D = -\lg[(T_x - T_{r_2}) / (T_{r_1} - T_{r_2})]$$

待测组分的吸光度为：

$$A_x = -\lg T_x = -\lg(T_{r_1}10^{-A_D} - T_{r_2}10^{-A_D} + T_{r_2}) = \varepsilon bc_x$$

由上式可知 A_D 与样品浓 c_x 不成正比关系，与低吸光度差示法存在着相同的缺点。

最高精密度差示光度法的相对浓度误差的函数关系为：

$$\Delta c_x/c_x = 0.434(T_{r_1} - T_{r_2})\Delta T_D/(T_x \lg T_x) \quad (5\text{-}15)$$

式中，T_x、T_{r_1} 和 T_{r_2} 分别表示样品溶液（c_x）、调百参比溶液（c_1）和调零参比溶液（c_2）的普通透射比，由式（5-15）可知，两个参比溶液的浓度差（c_1-c_2）愈小，即（$T_{r_1}-T_{r_2}$）愈小，则测量的相对浓度误差就愈小，当两个参比溶液的平均浓度对应的透射比为 36.8%时，误差最小。假定仪器透射比读数的绝对误差 ΔT_D=0.5%，按式（5-15）绘制在不同的 T_{r_1} 和 T_{r_2} 时，相对浓度误差随差示透射比 T_D 变化的误差曲线，见图 5-8。

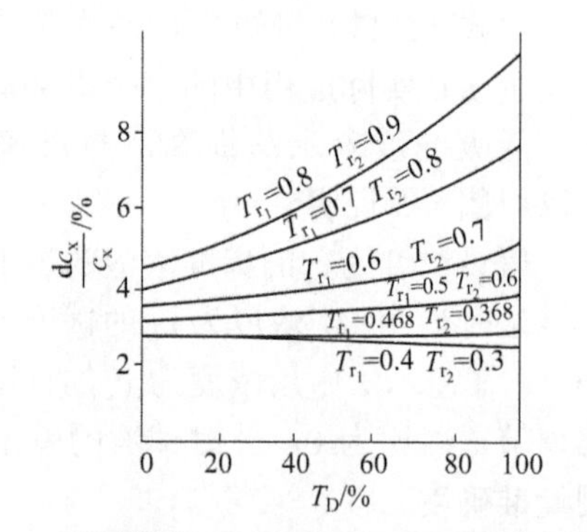

图 5-8 最高精密度差示光度法误差曲线

由图 5-8 可知，只要两个参比溶液的普通透射比 T_{r_1} 和 T_{r_2} 小于 0.6，其误差在整个标尺内是近乎均匀分布的，即在全标尺范围内都能提高测量准确度，这是最高精密度差示光度法的理论优点

最精密差示光度法的缺点：要使用两个参比溶液来调零和调百，这两个操作的相互制约，需多次反复调节，甚至受调节器功能限制不易实现，另外由于使用两个参比，吸光度 A 和透射比 T 的数学关系复杂，试液浓度 c 与吸光度之间的关系也常因两个参比的变动而超出精度要求。

（四）全差示光度法[3~7]

1. 全差示光度法基本参数的选择

为了克服最精密差示法实际应用中的局限，杜治坤等提出了全差示光度法，并设计了全差示光度计。1978 年以来曾先后研制出 771、772 和 82 型等三种型号的滤片式全差示光度计，并用于常量和高含量分析，其后，将差示功能调节机构与棱境分光系统相结合研制成一种结构紧凑合理、操作简便的全差示分光光度计，最初型号为 82 型，改进型号为 7213 型。

该仪器可以规定以某一特定值的反向微电流 i 向左（透射比为 0 的一端）扩展一恒定值，再用一参比溶液调节透射比为 100%，结果同样可以达到在标尺左右两个方向上放大标尺的目的，收到最高精密度差示光度法的效果，同时又克服了最高精密度差示光度法的缺点。据此原理设计的全差示光度计可用于高、中、低和微量组分测定。

在应用全差示光度法时，首要的问题是确定全差示法中的三大参数：反向微电流 i、调百参比 T_r 和标尺放大倍数 x。x 不是全差示设定参数，但可由式 $x=(1+i)/T_r$ 导出。全差示之所以能改进精密度，提高灵敏度，应归因于标尺放大，倍数愈大，优越性愈大。因此，在一定测试条件下，x 是表征测定相对误差的数值化指标。根据 $x=(1+i)/T_r$，在不同的 i 值下，以 T_r 和 x 为横纵坐标作方框图，在横轴对边框标以 T_r 对应的吸光度值，利用计算机辅助设计技术，编制绘图程序，得 x、T_r、i 三者的函数图（见图 5-9），利用图 5-9 可直观地设计测试条件。

全差示光度法的相对浓度误差的函数关系为：

$$\frac{\Delta c_x}{c_x}=\frac{\Delta T_D}{(T_D\ln T_D)x} \tag{5-16}$$

由式（5-16）可知，相对误差与放大倍数成反比，x 越大，$\Delta c_x/c_x$ 越小。以 $\Delta c_x/c_x$ 对 T_D（%）作与图 5-9 一样的方框图，见图 5-10。.

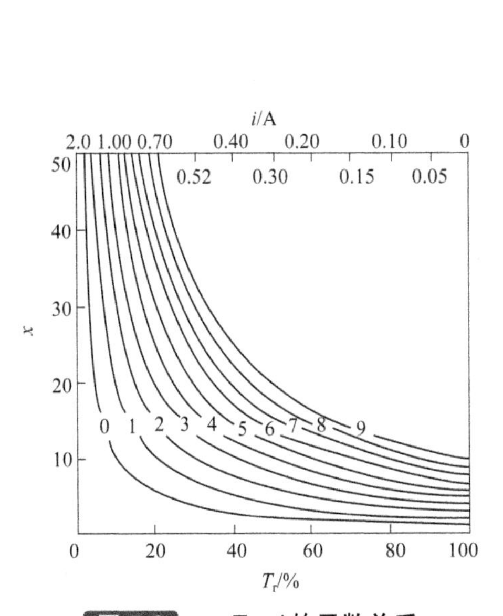

图 5-9 x、T_r、i 的函数关系

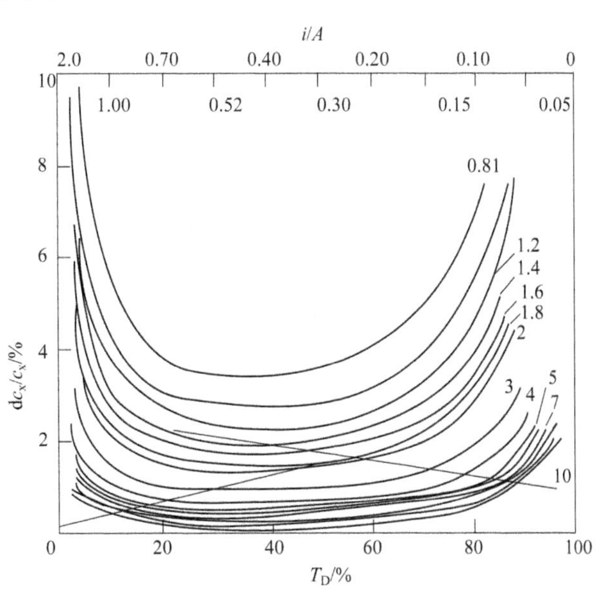

图 5-10 全差示不同放大倍数时的误差曲线

图 5-10 是全差示不同放大倍数时相对误差的函数图，根据对相对误差的要求，可以在图 5-10 上找出合适的放大倍数 x，再由图 5-9 可找到与 x 相对应的 i 和 T_r，据此可以建立一种测

试条件的图示测算方法。

2. 全差示光度法中的定量方法

标准曲线法是光度法中最基本的定量方法。但是，在全差示光度法中标准曲线法的使用遇到了一些问题。因为全差示光度法的灵敏度高，影响精度的参数因素多，各种参量的选取误差都将使测定结果产生明显的变动性。如波长 λ 和微电流参量的选取误差将引起灵敏度变化，使曲线斜率发生变动，参比误差将引起曲线原点位置变化，使标准曲线产生平行漂移。因此，标准曲线工作法难以适应全差示光度法高精度测定的需要。

在全差示光度法中，使用介绍的直接比较计算法可较好地克服参量选取误差、参比误差等因素对测定结果的影响，而且操作简便，在基体因素影响不明显的情况下，精度和可靠性都很高。

（1）全差示光度法中的直接比较计算法[8]

① 正向测定中的直接比较法　令已知浓度为 c_r 的试液作调百参比，在设定的全差示条件下，正向测定某一已知浓度为 c_s 的标准样品的全差示吸光度值 A_s'（标准样品应尽量与未知试液具有相似的基体组成）。此时要求满足 $c_r<c_s$、$\frac{1}{2}\Delta c_{T_{0\sim100}} \leqslant c_s - c_r \leqslant \Delta c_{T_{0\sim100}}$（$\Delta c_{T_{0\sim100}}$ 为全差示浓度区间）及 $A_s' \geqslant 0.5$ 的条件。再以 c_r 为调百参比在完全相同的全差示条件下，正向测定浓度为 c_x 的未知待测试液，得全差示吸光度值 A_x'。可按下式计算出 c_x：

$$c_x = c_r + (c_s - c_r) \times \frac{A_x'}{A_s'} \tag{5-17}$$

式中，c_r，c_s 和 A_s'是设定全差示条件下的已知量，故可用一个常数 K 表示，即令：

$$K = \frac{c_s - c_r}{A_s'}$$

所以上式可写成：

$$c_x = c_r + KA_x' \tag{5-18}$$

K 值的可靠性对测定结果有一定的影响。根据一个参比点所确定的 K 值，有可能影响实测结果的可靠性。为了提高实测结果的准确度，通常的方法应使用三个以上比较参比点的数据，求 K 的平均值进行计算。由 K 的计算公式可以看出 K 是全差示吸光度值为 1 时的差示浓度区间，即 $K = \Delta c_{T_{0\sim100}}$。因此，计算公式可写为：

$$c_x = c_r + \Delta c_{T_{0\sim100}} A_x' \tag{5-19}$$

由于 $K = \Delta c_{T_{0\sim100}}$ 是全差示特征参量微电流 i 的函数，即

$$\Delta c_{T_{0\sim100}} = \frac{1}{ab} \lg \frac{i+1}{i} \tag{5-20}$$

根据式（5-20）计算 $\Delta c_{T_{0\sim100}}$，可以不测定已知浓度为 c_s 的标准样品的全差示吸光度值 A_s' 来求得 K 值，从而减少测定 K 值时的偶然误差给测定结果的影响。

② 反向测定中的直接比较法　令全差示光度法反向测定中设定的调零参比浓度（或含量）为 c_r，直接比较参比的标准浓度（或含量）为 c_s，要求满足 $c_r<c_s$、$\frac{1}{2}\Delta c_{T_{0\sim100}} \leqslant c_s - c_r \leqslant \Delta c_{T_{0\sim100}}$。未知待测试液浓度（或含量）为 c_x。在全差示分光光度计上，选定设定的全差示条件，以 c_r 调零，反向测定比较参比 c_s，得全差示吸光度值为 A'_s（此时 $A'_s \geqslant 0.5$），测未知试液 c_x，得全差示吸光度值 A'_x。反向测定中的直接比较法的计算公式为：

$$c_x = \frac{c'_r(A'_x - A'_s) + c_s(1 - A'_x)}{1 - A'_s} \tag{5-21}$$

与正向比较法一样，在反向比较法测定中，也有一个可以利用差示浓度区间 $\Delta c_{T_{0\sim100}}$ 这一特殊参量作因子进行计算，其公式为：

$$c_x = c'_r - \Delta c_{T_{0\sim100}}(1 - A'_x) \tag{5-22}$$

（2）全差示光度法中的标准加入计算法[9]　该计算方法是在上述介绍的直接比较法基础上，将一般标准加入法与全差示光度法的理论相结合的一种方法。其目的是消除可能存在的基体因素的影响。

① 正向测定标准加入法　从同一份待测试液中平行吸取两份试液。设其待测成分的浓度（或含量）为 c_x，向其中一份待测试液中准确加入浓度为 c_s 的待测成分的标准物质。设调百参比浓度（或含量）为 c_r（条件：$c_r \leqslant c_x$，且 $c_x + c_s - c_r \leqslant \Delta c_{T_{0\sim100}}$），在设定的全差示条件下，以 c_r 调百，正向测定两份待测试液的全差示吸光度 A'：设加入标准物质的一份待测试液的全差示吸光度值为 A'_s，另一份未加入标准物质的待测试液的全差示吸光度值为 A'_r。

很显然，如果把加入标准物质的一份待测试液看做是正向直接比较法中的比较参比，其浓度或含量为 $c_x + c_s$，则将其直接代入正向直接比较法的基本公式，得：

$$c_x = c_r + (c_s + c_x + c_r) \times \frac{A'_x}{A'_s}$$

整理得：

$$c_x = c_r + c_s \times \frac{A'_x}{A'_s - A'_x} \tag{5-23}$$

这就是全差示光度法中正向测定标准加入法的基本计算公式。

② 反向测定标准加入法　在设定的全差示条件下，以 c_r 调零，用全差示分光光度计反向测定两份待测试液的全差示吸光度 A'_s 和 A'_x。很显然，加入标准物质的一份待测试液刚好与反向测定直接比较法的比较参比相当，因此，将其浓度 $c_x + c_s$ 代入反向测定比较法计算公式即得全差示光度法中反向测定标准加入法的基本计算公式：

$$c_x = c_r - c_s \times \frac{1 - A'_x}{A'_s - A'_x} \tag{5-24}$$

二、差示分光光度法的应用

差示分光光度法的应用见表 5-1。

表 5-1 差示分光光度法应用示例

试样	被测组分	差示方法	显色剂	测量波长 λ/nm	线性范围或测量范围	微电流 i/μA	参比溶液	参考文献
精铝	铁 硅 钛	全差示	邻菲咯啉 钼酸铵 DAM	510 790 400		1 1 2		1
水和废水	氰化物	全差示	3-甲基-1-苯基-5-吡唑啉酮	617	0.001～0.25μg/ml (CN^-)	2		2
环境样品	硫化物	全差示	*N*,*N*-二甲基对二苯胺	667	0～0.9μg/ml	4		3
水	铜	全差示	新亚铜灵	457	0.1～19μg/ml	6		4
	锰	全差示	高碘酸钾氧化	525		2～6 视灵敏度定		5
废水	氰化物	全差示	异烟酸-吡唑啉酮	638	0～1μg/ml	6		6
环境水样	铬(Ⅲ、Ⅵ)	全差示	对氨基二甲基苯胺	554	0～0.16μg/ml	4		7
锗富集物	锗 硅	全差示	苯芴酮 硅钼蓝					8
血液	氰化物	全差示	吡唑啉酮	617	0.068μg/ml	4		9
水土壤沉积物	铁	全差示	邻二氮菲	508	0～0.04μg/ml 0～0.04μg/ml 6～7.6μg/ml	4 4 1		10
天然矿泉水	硼	全差示	铍试剂Ⅲ		0～6.0μg/ml	1		11
含铀废水	铀	全差示	偶氮胂Ⅲ	668	0～0.04μg/ml	4		12
水	硫化物	全差示	$K_2Cr_2O_7$+对二甲氨基苯胺	664	0～0.8μg/ml	6		13
矿石	金	全差示	金试剂	555	0～0.05μg/ml	4		14
	银	全差示	硫代米蚩酮	530	0～0.6μg/ml	4		15
耐火材料、膨润土和煤灰	硅	高吸光度差示法	硅钼蓝	680			以低标样作参比	16
Al_2O_3-SiC-C 砖	SiC	高吸光度差示法	硅钼蓝	680	SiC 质量分数为 14%～16%，称样量 0.1～0.2g		以低标样作参比	17
光亮镍镀液	镍	高吸光度差示法		708	34～46mg/ml		稀释 2.5 倍的配方液	18
化肥尿素液相	尿素	高吸光度差示法	对二甲氨基苯甲醛	440	尿素含量为 50%～100%的样品取样 2ml 尿素含量为 20%～40%的样品取样 5ml		以 1 号标准样为参比	19
钛铁	钛	高吸光度差示法	过氧化氢	410	10.00%～30.00%		以遮光 1.65 为参比	20

续表

试 样	被测组分	差示方法	显色剂	测量波长 λ/nm	线性范围或测量范围	微电流 i/μA	参比溶液	参考文献
水	NO_2^-	高吸光度差示法	对氨基苯磺酸及盐酸萘乙二胺	540			1.00μg NO_2-N 标准管作参比溶液	21
磷铵	P_2O_5	高吸光度差示法	钒钼显色剂	420	P_2O_5 含量在 43%～48%		低浓度的磷标准溶液	22
砂岩矿	三氧化二铝	高吸光度差示法	铝试剂	530～540	扩大到 6μg/ml		以 10ml 标准溶液作参比	23
高浓度皮革废水	铬	高吸光度差示法	二苯碳酰二肼	540			40mg/ml Cr 标准溶液	24
矿样	铁	高吸光度差示法	巯基乙酸	530	60～130μg/25ml 或 110～180μg/25ml		60μg/25ml(或 110μg/25ml)	25
三氧化钼	钼	高吸光度差示法	硫氰酸钾-硫脲	510	66.50%～66.70%			26
钨精矿	钨	高吸光度差示法	硫氰酸钾	420	4～20μg/ml		含三氧化钨 200μg 的标准溶液	27
水	二氧化氯	低吸光度差示法	氯酚红	574	0.10～0.50mg/L、0.60～1.31mg/L、0.50～2.70μg/ml			28
自来水	铁	低吸光度差示法	磺基水杨酸	465	0.04～0.8μg/ml			29

本表参考文献：

1. 周维. 新疆有色金属, 2005, 增刊: 43.
2. 黄兰芳, 汪炳武. 中国环境监测, 1998, 14(2): 23.
3. 王亚丽, 郭方遒, 等. 黄金, 2003, 24(3): 44.
4. 杨志敏. 中国环境监测, 2000, 16(5): 32.
5. 宋薇, 赵钦勋, 等. 农业环境与发展, 2000, 17(1): 45.
6. 张亚丽, 徐忠, 等. 工业水处理, 2002, 22(8): 35.
7. 郭方遒, 黄兰芳, 等. 分析化学, 2003, 31(10): 1250.
8. 刘星星, 李兵, 等. 湖南有色金属, 2001, 17(6): 44.
9. 黄兰芳, 何跃武. 湖南医科大学学报, 1998, 23(1): 21.
10. 黄兰芳, 汪炳武. 理化检验: 化学分册, 1997, 33(7): 324.
11. 何炼, 马欣. 辽宁地质, 1996(1): 75.
12. 游建南. 铀矿冶, 2000, 19(2): 116.
13. 黄兰芳, 汪炳武. 分析化学, 1997, 25(10): 1192.
14. 薛光.黄金, 1998, 19(7): 46.
15. 薛光. 黄金地质, 1998, 4(2): 77.
16. 张会兵. 理化检验: 化学分册, 2005, 41(11): 733.
17. 张会兵, 王红磊, 等. 耐火材料, 2007, 41(6): 478.
18. 董奋强. 理化检验: 化学分册, 1997, 33(9): 419.
19. 潘习银. 大氮肥, 2004, 27(4): 283.
20. 龙如成, 孟平. 江西冶金, 2004, 24(3): 35.
21. 郭颖燕. 中国卫生检验杂志, 2003, 13(1): 71.
22. 徐再汉. 磷肥与复肥, 2002, 17(2).
23. 熊维巧, 张霞. 中国非金属矿工业导刊, 2005, 6: 40.
24. 曹世萍, 胡新华. 新疆环境保护, 2004, 26(3): 47.
25. 刘青山, 吴晓滨. 内蒙古石油化工, 2002, 27: 35.
26. 路庆祥. 中国钼业, 1997, 21(6): 56.
27. 王桂珍. 韶关学院学报: 自然科学版, 2004, 25(3): 64.
28. 孙大辉. 中国卫生工程学. 2010, 9(5): 370.
29. 赵良, 南海娟, 等. 农产品加工, 2010(3): 80.

第三节 双波长分光光度法和三波长分光光度法

一、双波长分光光度法[10]

（一）双波长分光光度法原理和特点

双波长分光光度法是以样品溶液本身做参比，用两束强度相等的单色光 λ_1 和 λ_2 交替入射到同一样品溶液，对于波长为 λ_1 的单色光，根据比尔定律有：

$$A_{\lambda_1}=\varepsilon_{\lambda_1}bc_{\mathrm{s}}$$

同理 $A_{\lambda_2}=\varepsilon_{\lambda_2}bc_{\mathrm{s}}$

上两式相减得：

$$\Delta A=A_{\lambda_1}-A_{\lambda_2}=\varepsilon_{\lambda_1}bc_{\mathrm{s}}-\varepsilon_{\lambda_2}bc_{\mathrm{s}}=bc_{\mathrm{s}}(\varepsilon_{\lambda_1}-\varepsilon_{\lambda_2}) \tag{5-25}$$

说明样品溶液对两个波长为 λ_1 和 λ_2 光束的吸光度差值与溶液中待测物浓度 c_{s} 成正比，这就是双波长分光光度法进行定量分析的依据。

双波长分光光度法具有以下特点：

①可以消除光源不稳定、吸收池位置、吸收池常数及污染情况的差异及试样溶液和参比溶液之间的差别等因素引起的误差，有利于提高测定准确度；②只要选择两个适当的波长 λ_1 和 λ_2，就能消除背景吸收的影响，直接用于浑浊试样的测定；③依靠波长的适当组合就可以用于互有干扰的二组分体系甚至三组分体系的测定，大大简化了混合物同时测定的手续和数据处理；④测定单组分时应用双波长法有利于提高测定灵敏度。

在双波长分光光度法测量中，首先要选择测量波长 λ_1 和参比波长 λ_2。在不同的测定中，选择的原则各有不同。下面讨论在不同情况下波长的选择方法。

（二）双波长分光光度法的波长选择

1. 单组分样品测定的波长选择

若样品中仅存在一种组分或不存在干扰组分，但测定用的显色剂的对比度比较小，此时因试剂空白大，将降低测定灵敏度，若采用双峰双波长法可提高测定灵敏度。所谓双峰双波长法即以配合物的最大吸收波长作为测定波长，显色剂的最大吸收波长作为参比波长。其提高灵敏度的原因可由以下公式说明。

假设显色反应为：

$$\mathrm{M}+n\mathrm{R}=\!=\!=\mathrm{MR}_n$$

待测金属离子的浓度为 c_{M}，显色剂总浓度为 c_{R}，若反应生成的配合物很稳定，反应达到平衡时消耗的显色剂量为 nc_{M}。以试剂空白为参比，在配合物最大吸收波长 λ_1 和显色剂最大吸收波长 λ_2 处，用 1cm 吸收池测定其吸光度，则得：

$$A_{\lambda_1}=c_{\mathrm{M}}\varepsilon_{\lambda_1}^{\mathrm{MR}_n}+(c_{\mathrm{R}}-nc_{\mathrm{M}})\varepsilon_{\lambda_1}^{\mathrm{R}}-c_{\mathrm{R}}\varepsilon_{\lambda_1}^{\mathrm{R}}$$

$$A_{\lambda_2}=c_{\mathrm{M}}\varepsilon_{\lambda_2}^{\mathrm{MR}_n}+(c_{\mathrm{R}}-nc_{\mathrm{M}})\varepsilon_{\lambda_2}^{\mathrm{R}}-c_{\mathrm{R}}\varepsilon_{\lambda_2}^{\mathrm{R}}$$

式中，$\varepsilon_{\lambda_1}^{\mathrm{MR}_n}$ 和 $\varepsilon_{\lambda_2}^{\mathrm{MR}_n}$ 分别为配合物在 λ_1 和 λ_2 处的摩尔吸光系数；$\varepsilon_{\lambda_1}^{\mathrm{R}}$ 和 $\varepsilon_{\lambda_2}^{\mathrm{R}}$ 分别为显色剂在

λ_1和λ_2处的摩尔吸光系数。

以上两式相减得：

$$\Delta A=A_{\lambda_1}-A_{\lambda_2}=(c_M\varepsilon_{\lambda_1}^{MR_n}-nc_M\varepsilon_{\lambda_1}^{R})+c_M(n\varepsilon_{\lambda_2}^{R}-\varepsilon_{\lambda_2}^{MR_n}) \quad (5\text{-}26)$$

式中，ΔA仅和待测金属离子浓度c_M有关；$c_M\varepsilon_{\lambda_1}^{MR_n}-nc_M\varepsilon_{\lambda_1}^{R}$项就是单波长法测量的吸光度，而在第二项中，因$n\geqslant 1$，而且对大多数显色剂来说$\varepsilon_{\lambda_2}^{R}>\varepsilon_{\lambda_2}^{MR_n}$，故此项为正值。由此可见，用双峰双波长法进行单组分测定其灵敏度比单波长法高。

2. 浑浊样品测定的波长选择

具有背景吸收的浑浊试样，在波长λ_1和λ_2时有下列关系：

$$A_{\lambda_1}=\varepsilon_{\lambda_1}bc_s+A_{\lambda_1}^{背景}$$

$$A_{\lambda_2}=\varepsilon_{\lambda_2}bc_s+A_{\lambda_2}^{背景}$$

假设在波长λ_1和λ_2处$A_{\lambda_1}^{背景}=A_{\lambda_2}^{背景}$则：

$$\Delta A=A_{\lambda_1}-A_{\lambda_2}=(\varepsilon_{\lambda_1}-\varepsilon_{\lambda_2})bc_s \quad (5\text{-}27)$$

式中，ΔA仅与溶液中待测物质浓度成正比，而和存在的背景吸收即光的散射无关。但研究表明，光散射的相对强度和波长有关，背景吸收$A^{背景}=\tau bc_t$，τ是浑浊度常数，b是吸收池厚度，c_t是浑浊物物质的量浓度；τ是波长函数，随波长增加而下降，在紫外光区下降幅度大，在可见光区趋于平稳。所以在测定浑浊试样时，波长的选择原则是测量波长最好选择在可见光区，与参比光的波长差要小，$\Delta\lambda$在40～60nm范围内。

3. 双组分样品测定的波长选择

根据两组分的吸收光谱的形状及相互重叠的情况，有两种波长选择的方法：等吸收点法和系数倍率法。

（1）等吸收点法　若在干扰物质的吸收光谱上能找到一个或几个等吸收点，就可以采用此法。

对于互有干扰的双组分体系，在波长λ_1和λ_2处的吸光度（b=1）分别为：

$$A_{\lambda_1}=\varepsilon_{\lambda_1}^{x}c_x+\varepsilon_{\lambda_1}^{y}c_y$$

$$A_{\lambda_2}=\varepsilon_{\lambda_2}^{x}c_x+\varepsilon_{\lambda_2}^{y}c_y$$

式中，$\varepsilon_{\lambda_1}^{x}$和$\varepsilon_{\lambda_1}^{y}$分别为组分x和y在波长$\lambda_1$处的摩尔吸光系数；$\varepsilon_{\lambda_2}^{x}$和$\varepsilon_{\lambda_2}^{y}$分别为组分x和y在波长$\lambda_2$处的摩尔吸光系数。将上两式相减得：

$$\Delta A=A_{\lambda_1}-A_{\lambda_2}=(\varepsilon_{\lambda_1}^{x}-\varepsilon_{\lambda_2}^{x})c_x+(\varepsilon_{\lambda_1}^{y}-\varepsilon_{\lambda_2}^{y})c_y$$

如果在选择的两个波长λ_1和λ_2处，干扰组分y具有相同的吸光度，亦即具有相同的摩尔吸光系数，则上式的第二项为零，即：

$$\Delta A = (\varepsilon_{\lambda_1}^{x} - \varepsilon_{\lambda_2}^{x})\ c_x \tag{5-28}$$

此时测得的 ΔA 只与待测组分 x 的浓度成线性关系，而与干扰组分 y 无关。

在等吸收点法中所选择的波长 λ_1 和 λ_2 必须符合两个基本条件：①在可能存在的浓度范围内，干扰组分在这两个波长处应具有相同的吸光度：②待测组分在这两个波长处的吸光度差值 ΔA 应足够大。

寻找能满足上述两个基本条件的等吸收点的常用方法是作图法（见图 5-11）。其具体做法如下：首先将两组分的吸收光谱绘制于同一图中，在图 5-11 中 1 是被测物 x 的吸收光谱，2 是干扰物 y 的吸收光谱，通常选择 x 的 λ_{max} 作为测量波长 λ_1，过 x 的最大吸收峰 a 点作垂直于横坐标的垂线和 y 的吸收光谱交于 b 点，过 b 点作平行于横坐标的平行线和 y 的吸收光谱交于 c 和 d。对组分 y 来说，c 和 d 就是 b 的等吸收点，这些交点对应的波长 λ_2（或 λ_2'）即为参比波长。如待测成分的最大吸收波长不宜选作测量波长，也可以选择其他测量波长，但要使被测组分在该处吸光度差 ΔA 足够大。

作图法中没有考虑干扰组分 y 浓度变化时可能对 ΔA 的影响，如干扰组分浓度变化而产生聚合或解离等物理化学变化，其吸收光谱形状发生改变，从而影响 ΔA 值。为此可采用一波长固定，一波长扫描法。其方法为：先配制一系列 x-y 混合物溶液，其中被测物 x 的浓度不变，而干扰物 y 的浓度是不同的。通常可选择 x 的 λ_{max} 作为测量波长 λ_1，将 λ_1 固定，然后以 λ_2 进行波长扫描，测定一系列 x-y 混合物溶液的吸收曲线，如图 5-12 所示。在所得的一组吸收曲线上，除在 270nm 处外，还在 286nm 和 325nm 处有两个等吸收点。这些点共处于基线上（图 5-12 中虚线为基线），故 286nm 或 325nm 可作为参比波长 λ_2。此时在一定范围内可消除干扰组分 y 浓度变化时对 ΔA 的影响。

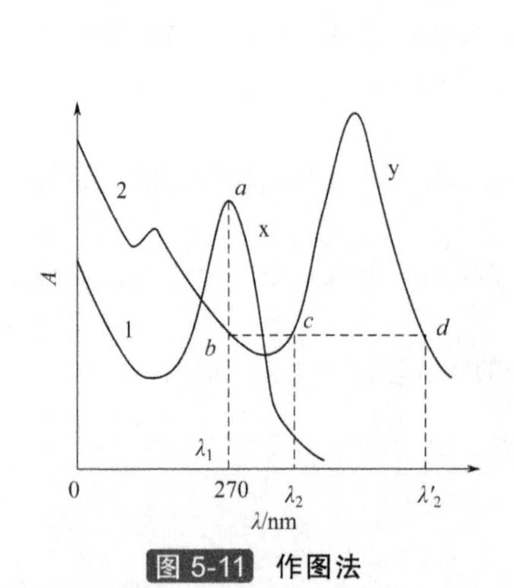

图 5-11 作图法

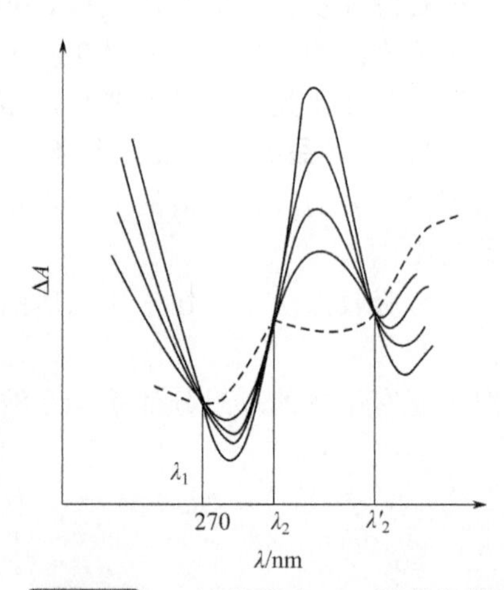

图 5-12 一波长固定，一波长扫描法

（2）系数倍率法[11] 在找不到等吸收点的情况下（如图 5-13 所示），可以采用系数倍率法确定 λ_1-λ_2 波长组合，该法又称为 K 系数法。此时要消除 y 成分的干扰，要先求出 b/a 的比值 K 作为在 λ_2 吸收值的系数，由下式求出 ΔA，即在测定 x 组分时，消除了 y 组分的影响。

$$\Delta A = A_{\lambda_1} - (b/a)\ A_{\lambda_2} = A_{\lambda_1} - KA_{\lambda_2} \tag{5-29}$$

采用这个方法需要装备有函数放大器的双波长分光光度计或带有相应计算机程序的双波长分光光度计来完成。

设被测组分是A，干扰组分是B，任选两个波长λ_1和λ_2，测定混合试样在λ_1和λ_2处的吸光度A_{λ_1}和A_{λ_2}，然后用双波长分光光度的系数倍率器（亦称函数放大器）使在λ_1和λ_2处的吸光度分别按所选择的倍数k_1和k_2放大，最后在差分放大器中得到差分信号S。

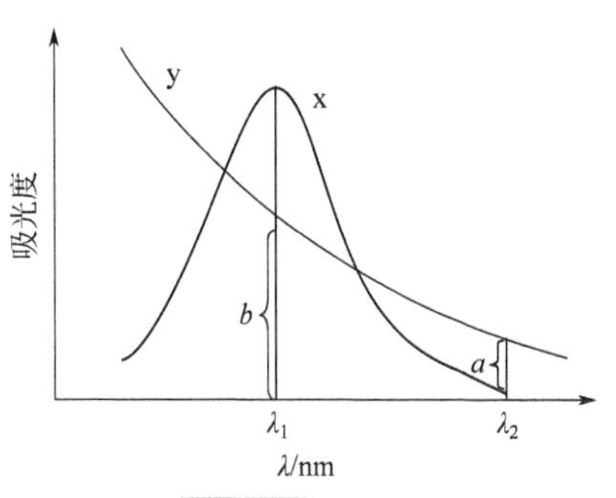

图 5-13 *K* 系数法

$$S = k_1 A_{\lambda_1} - k_2 A_{\lambda_2}$$

式中，$A_{\lambda_1}=A_{\lambda_1}^{A}+A_{\lambda_1}^{B}$；$A_{\lambda_2}=A_{\lambda_2}^{A}+A_{\lambda_2}^{B}$。

所以 $S = k_1 A_{\lambda_1}^{A} + k_1 A_{\lambda_1}^{B} - k_2 A_{\lambda_2}^{A} - k_2 A_{\lambda_2}^{B}$

调节仪器中的信号放大器，使组分B在波长λ_1和λ_2的信号差为零，即：

$$k_1 A_{\lambda_1}^{B} - k_2 A_{\lambda_2}^{B} = 0 \quad (5\text{-}30)$$

则

$$S = k_1 A_{\lambda_1}^{A} - k_2 A_{\lambda_2}^{A} \quad (5\text{-}31)$$

此式表明，测量信号仅与被测组分的吸光度有关，而与干扰组分无关，这就是系数倍率法的原理。

令系数$K=k_1/k_2$

则由式（5-30）得， $K= k_1/k_2 = A_{\lambda_2}^{B} / A_{\lambda_1}^{B} = \varepsilon_{\lambda_2}^{B} c_B b / (\varepsilon_{\lambda_1}^{B} c_B b) = \varepsilon_{\lambda_2}^{B} / \varepsilon_{\lambda_1}^{B}$ （5-32）

系数K的物理意义就是干扰组分在两个波长处的摩尔吸光系数的比值，如果K=1，即$\varepsilon_{\lambda_2}^{B}=\varepsilon_{\lambda_1}^{B}$，此时即为双波长等吸收点。利用式（5-32）可以在单波长手动分光光度计上实现系数倍率法在两组分体系测定中的应用，其测定步骤如下。

第一步，根据系数倍率法选择波长对的原则，确定测定波长对λ_1-λ_2。

第二步，确定K值。一般配制三份浓度不同的干扰组分溶液，在选定的波长对处测定吸光度，按公式$K= k_1/k_2 = A_{\lambda_2}^{B} / A_{\lambda_1}^{B}$计算各浓度下的$K$值，然后取其平均值作为$K$值。

第三步，绘制工作曲线。配制一系列被测样品的标准溶液，直接或显色后在选定的波长对处测定吸光度，按公式$\Delta A = K A_{\lambda_1}^{A} - A_{\lambda_2}^{A}$计算，然后以$\Delta A$为纵坐标，被测标准样品浓度$c_A$为横坐标绘制工作曲线；

第四步，样品测定。配制样品溶液，直接或显色后在选定的波长对处测定吸光度，计算ΔA，从工作曲线上求出样品浓度。

系数倍率法选择波长对应遵循以下原则：①K值愈大，信噪比愈差，ΔA值读数愈不稳定，因此所选的波长对应使K<1或使K值接近1；②所选的波长对应使待测组分相应的ΔA尽可能大一些；③应尽量避免在吸收光谱曲线的陡坡上选择波长对，以减小吸光度的测量误差，并确保由实验确定系数K的准确度。

如遇到吸收曲线十分相近且重叠严重的体系，例如应用5-Br-PADAP显色剂测定Zn和Cd时两条吸收曲线严重重叠，见图5-14。此时选择最佳波长对就十分困难，必须借助计算机来完成，选择波长对的方法可以用图 5-15 来说明。

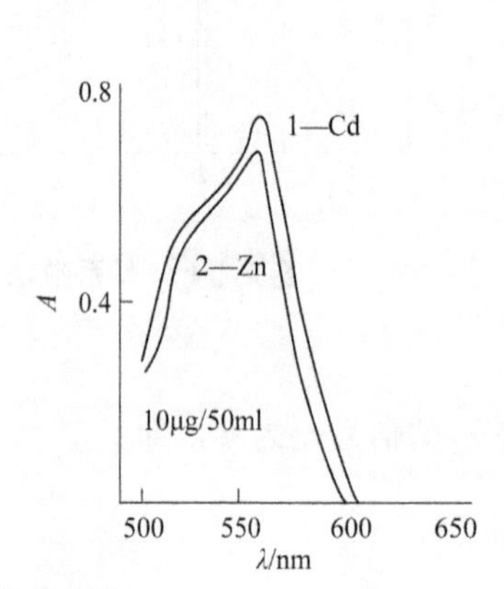

图 5-14 Zn、Cd 的吸收曲线

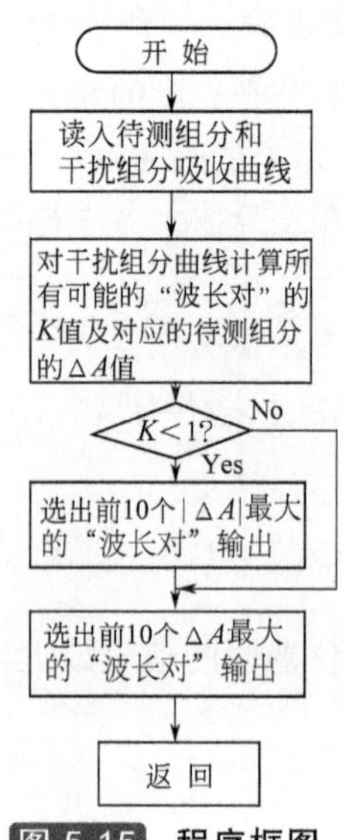

图 5-15 程序框图

其步骤是：①读入待测组分和干扰组分的吸收光谱；②计算出所有可能的波长对的干扰组分的 K 值及对应的待测组分的 ΔA；③选出前 10 个 ΔA 最大的值，并输出其相应波长对及 ΔA 和 K 值；④在满足 $K<1$ 条件下，选出 10 个绝对值最大的 ΔA，并输出其相应波长对及 ΔA 和 K 值。

以计算机选出的 20 个波长对为依据，再考虑试剂空白的吸收、仪器误差、信噪比等因素，并通过进一步实验作出最终的选择。

4. 三组分样品测定的波长选择

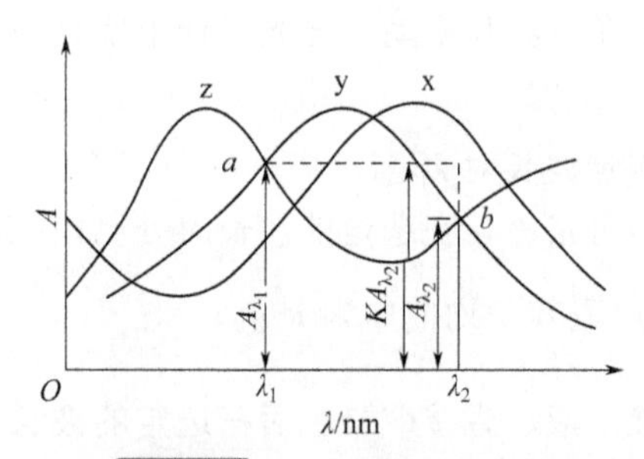

图 5-16 三组分测定体系

双波长法用于三组分样品测定，波长的选择要根据三组分吸收光谱的形状和相互重叠情况来决定，假设两个干扰组分的吸收光谱存在两个交叉点，如图 5-16 所示。

图 5-16 中 y、z 为干扰组分，其两个交叉点分别为 a 和 b，此时可选择 a 和 b 对应的波长 λ_1 和 λ_2 作为测量波长对，然后用系数倍率法测定被测组分 x。

由图可知，混合物样品在 λ_1 处的总吸光度为：

$$A_{\lambda_1}=A_{\lambda_1}^{x}+A_{\lambda_1}^{y}+A_{\lambda_1}^{z}$$

在 λ_2 处的总吸光度值为：

$$A_{\lambda_2}=A_{\lambda_2}^{x}+A_{\lambda_2}^{y}+A_{\lambda_2}^{z}$$

因 y 和 z 相交点对应波长为 λ_1 和 λ_2，所以 $A_{\lambda_1}^{y}=A_{\lambda_1}^{z}$， $A_{\lambda_2}^{y}=A_{\lambda_2}^{z}$，则：

$$A_{\lambda_1}^{y}/A_{\lambda_2}^{y}=A_{\lambda_1}^{z}/A_{\lambda_2}^{z}=K$$

将混合物在波长 λ_1 处的总吸光度值 A_{λ_1} 减去混合物在波长 λ_2 处的总吸光度值 A_{λ_2} 乘 K 值得：

$$\Delta A = A_{\lambda_1} - KA_{\lambda_2} = A_{\lambda_1}^{x} + A_{\lambda_1}^{y} + A_{\lambda_1}^{z} - KA_{\lambda_2}^{x} - KA_{\lambda_2}^{y} - KA_{\lambda_2}^{z} = A_{\lambda_1}^{x} - KA_{\lambda_2}^{x} \quad (5\text{-}33)$$

上式表明 ΔA 只与待测组分 x 有关。

该法只能用于两干扰组分的吸收光谱存在两个交叉点的情况下，若不存在两个交叉点或选取交叉点作测量波长对，在所得 K 值和待测组分 ΔA 值不满足要求的情况下，就不能用交叉点法，可以采用等比例点法。

（三）双波长分光光度法的应用

双波长分光光度法的应用见表 5-2 和表 5-3。

表 5-2　双波长分光光度法的应用（有机物）

被测组分	显色体系	ε	测定波长 λ/nm	参比 λ/nm	线性范围/(μg/ml)[①]	样品	参考文献
5′-肌苷酸二钠，5′-鸟苷酸二钠			250，280			呈味核苷酸二钠混合物	1
D-木糖	间苯三酚		550		0.6～6μmol/ml	兔血清	2
PVA，淀粉磷酸酯			PVA：624 淀粉磷酸酯：560	500 772	PVA：0～28 淀粉磷酸酯:0～110	组合浆料	3
百里香酚			241	259.5	2.76～22.1	百里香霜	4
苯巴比妥钠			240.0	289.6	4～20	勃氏合剂	5
丙酸氯倍他索，硝酸咪康唑			丙酸氯倍他索：262 硝酸咪康唑：272	277 265		倍咪搽剂	6
丙烯腈	吡啶		406	500	0～8	冷凝液	7
草酸铂			214	274	120～900	草酸铂	8
胆固醇	乙酸酐，浓硫酸		630	720	8.0～40.0	废弃油脂	9
低聚糖阿魏酸酯			345,375			低聚糖	10
地塞米松磷酸钠，盐酸麻黄碱			地塞米松磷酸钠：242.0 盐酸麻黄碱：256.0	265.3 226.5		地麻滴鼻液	11
对乙酰氨基酚			243	～290		速效伤风胶囊	12
对乙酰氨基酚，乙酰水杨酸			对乙酰氨基酚：243.5 乙酰水杨酸：232.5	283.5 252.0	2.3～15.7 2.2～15.3	小儿退烧片	13
二甲基乙酰胺			194.0	219.0		含硝酸盐水样	14
菲，菲醌			菲：292.6 菲醌：415.6	351.5		菲氧化成菲醌监测	15
酚红			558	570	1.0～8.0	大鼠小肠循环液	16

续表

被测组分	显色体系	ε	测定波长 λ/nm	参比 λ/nm	线性范围/(μg/ml)①	样品	参考文献
氟尿嘧啶，盐酸达克罗宁			氟尿嘧啶：265 盐酸达克罗宁：282	295 245		祛白灵凝胶	17
环丙沙星			277.0	223.8	3.0～7.0	乳酸环丙沙星滴眼液	18
磺胺间甲氧嘧啶钠，甲氧苄啶			磺胺间甲氧嘧啶钠：262 甲氧苄啶：288	303.5 —		复方磺胺间甲氧嘧啶钠注射液	19
磺胺嘧啶，甲氧苄啶			242.5，228.0			双嘧啶片	20
加替沙星，替硝唑			加替沙星：290.3 替硝唑：317.9	344.3 369.3	加替沙星：4～8 替硝唑：10～20	加替沙星加替硝唑葡萄糖注射液	21
甲醇	5-Br-PADAP		552	444	<26%(体积分数)	假冒酒及工业酒精	22
甲硝唑			277	302	3.2～19.2	复方甲硝唑片	23
间苯二酚，水杨酸			间苯二酚：275.35 水杨酸：300.10	321.20 —		薄荷脑洗剂	24
金丝桃素		桑德尔灵敏度：0.0206 $\mu g/cm^2$	589	647	1.30～29.75	贯叶连翘	25
卡那霉素，地塞米松			卡那霉素：333 地塞米松：242	— 268.2	卡那霉素：8～20 地塞米松：12～20	卡那霉素眼药水	26
芦荟苷			361.4	480.9	1～100μmol/L	芦荟	27
氯霉素，联苯苄唑			氯霉素：276 联苯苄唑：256	237 295	1.30～29.75	复方联苯苄唑霜剂	28
氯唑沙宗，对乙酰氨基酚			氯唑沙宗：243 对乙酰氨基酚：263	271 302		复方氯唑沙宗片	29
日落黄，柠檬黄			日落黄：481 柠檬黄：427	358 525	日落黄：5～55 柠檬黄：1～60	食品	30
十二烷基磺酸钠	维多利亚蓝B (VBB)	3.48×10^4	690		0.2～8.2	垃圾渗滤液	31
士的宁			254	276	1.6～14.4	金钱白花蛇药酒	32
			254	276	1.7288～17.288	风湿马钱片	33
士的宁，马钱子碱			士的宁：254.5 马钱子碱：265.7	278.5 243.5	士的宁：5.1～30 马钱子碱：5.7～35	番木鳖	34
鼠李糖(甲基戊糖)	半胱氨酸-硫酸		430	400	2～90	发酵液中甲基戊糖	35
双氢青蒿素			250	273.5	4～12	复方双氢青蒿素片	36

续表

被测组分	显色体系	ε	测定波长 λ/nm	参比 λ/nm	线性范围/(μg/ml)①	样品	参考文献
水杨醛，苯酚			水杨醛：328 苯酚：271		水杨醛、苯酚：0.5～30	水杨醛合成产物	37
水杨酸，呋喃西林			水杨酸：296.6 呋喃西林：375.0	314.4 —	水杨酸：10.77～43.08 呋喃西林：2.58～10.32	呋喃西林拉氏糊	38
水杨酸甲酯苷	香草醛、高氯酸		500.5	622.5		透骨香	39
替硝唑，醋酸氯己定			替硝唑：317 醋酸氯己定：260	— 350.8	替硝唑：5～25 醋酸氯己定：2～7.5	复方替硝唑溶液	40
替硝唑，氯霉素			替硝唑：318 氯霉素：278	235 356	替硝唑：6.4～12.8 氯霉素：8.0～16.0	复方替硝唑洗液	41
替硝唑，氧氟沙星			替硝唑：316 氧氟沙星：288	265 343	替硝唑：5～25 氧氟沙星：10～50	复方替硝唑口腔膜剂	42
替硝唑，环丙沙星			替硝唑：317 环丙沙星：277	297.6 354.2	替硝唑：4～20 环丙沙星：2～10	替硝唑环丙沙星注射液	43
酮康唑，氧氟沙星			酮康唑：222.4 氧氟沙星：293.5	277.9		复方酮康唑软膏	44
头孢米诺钠			273	293	15～50	头孢米诺钠	45
王浆酸(10-HAD)			210	235	0.052～0.312	金王胶囊	46
			208	233.6		蜂王浆口服液	47
硝基酚	pH=9 pH=9 pH=5		对硝基酚：400 邻硝基酚：410 2,4-二硝基酚：360		对硝基酚：0～4 邻硝基酚：0～10 2,4-二硝基酚：0～12	废水	48
溴化十六烷基三甲基铵	二甲酚橙(XO)		590	509	0～1200	水	49
亚甲基蓝			660	720		光催化降解有机染料溶液	50
胭脂红，柠檬黄等6色素			508/559.4 428/561.5		10～40 4～13	彩色水笔的色素组分	51
盐酸金霉素，盐酸丁卡因			盐酸金霉素：368 盐酸丁卡因：311	— 387.5	盐酸金霉素：9.90～29.71 盐酸丁卡因：5.99～17.98	复方盐酸金霉素软膏	52
盐酸萘甲唑啉			221	280		鼻眼净滴鼻剂	53
盐酸普鲁卡因			289	259.7	4～14	盐酸普鲁卡因溶液	54
			289	241	2～12	盐酸普鲁卡因注射液	55

续表

被测组分	显色体系	ε	测定波长 λ/nm	参比 λ/nm	线性范围/(μg/ml)①	样品	参考文献
盐酸普鲁卡因			297	314	3～15	蜂蜜普鲁卡因合剂	56
阳离子表面活性剂	*meso*-四(4-磺基苯基)卟啉		434，490		CTMAB：1.0～7.0μmol/L 氯化十四烷基苄基二甲铵：0～5.0μmol/L	合成和实际水样	57
氧氟沙星			293.0	271.5		氧氟沙星葡萄糖注射液	58
氧氟沙星，甲硝唑			氧氟沙星：293.0 甲硝唑：277.0	259.6 306.6		地氧唑滴耳液	59
氧氟沙星，地塞米松磷酸钠			氧氟沙星：293 地塞米松磷酸钠：261	— 地塞米松磷酸钠：266.9		氧氟沙星、地塞米松磷酸钠滴眼液	60
氧氟沙星，甲硝唑			氧氟沙星：293.0 甲硝唑：277.0	259.6 300.6		氧麻滴鼻液	61
乙酸乙酯	盐酸羟胺、乙醇、$FeCl_3$		530	800		反应液	62
吲哚美辛，吡罗昔康			吲哚美辛：282 吡罗昔康：353	327附近等吸收点	吲哚美辛：8～56 吡罗昔康：3.2～22	仙草风湿胶囊	63
愈创甘油醚			272	285	30～70	愈美颗粒剂	64
直链淀粉，支链淀粉			直链淀粉：620 支链淀粉：540	470 735		油莎豆	65
	碘试剂		直链淀粉：617，476 支链淀粉：415，532			葛根	66
	碘试剂		直链淀粉：633 支链淀粉：557	493 744	30 100	木薯块根	67
总黄酮	亚硝酸钠、硝酸铝		506	572		树莓叶	68
	亚硝酸钠、硝酸铝		510	584		山丹叶	69
			510	580	2.5～25	奶花芸豆	70
	亚硝酸钠、硝酸铝		510	584	8.0～40	黑玉米花粉	71
			510	584	11.16～55.80	油菜蜂花粉	72
总糖，戊糖，己糖			总糖：425 戊糖：553 己糖：425			半纤维素提取液	73

① 未特殊注明的单位为μg/ml。

本表参考文献：

1. 黄亚光，黄永嫦，王焕章，等. 食品与发酵工业，2004(07): 108.
2. 李篮，何群，王欢欢，等. 中成药, 2010(12): 2165.
3. 范雪荣，荣瑞萍，高卫东，等. 棉纺织技术, 1998(02): 24.
4. 兰婉玲，张向崇，谭凯. 中国医院药学杂志, 1996 (11): 33.
5. 玉峰，王新桃，毛础云，等. 中国医院药学杂志，1996(05): 222.
6. 黄荣飞，王沛松，宋钟娟. 中国药学杂志, 2005 (23): 1838.
7. 王卫东. 环境科学与技术, 1996(03): 24.
8. 王晨，张霞，刘红云. 中国新药杂志, 2005(02): 189.
9. 刘佳娣，许书军，徐春祥，等. 安徽农业科学，2012(18): 9871.
10. 赵阳阳，欧仕益，林奇龄，等. 食品科学, 2010(18): 329.
11. 陈璇，王丽梅，傅秀娟. 中国医院药学杂志, 1997 (08): 23.
12. 杨冬青. 中国医药工业杂志, 1999(10): 30.
13. 董钰明，陈晓峰，陈瑶，等.兰州大学学报, 2005(05): 70.
14. 宋玉栋，常风民，周岳溪.中国环境监测, 2010(01): 8.
15. 王仲英. 光谱实验室, 2001(06): 774.
16. 吴刚，孙长海，吴洪斌，等. 中国现代应用药学，2001(02): 123.
17. 傅秀娟，翟丽杰，唐开智，等. 中国医院药学杂志，1998(12): 19.
18. 王劲. 华西药学杂志, 1999(Z1): 393.
19. 张桂枝，靳双星，焦喜兰. 西北农业学报, 2010(04): 21.
20. 李彤，张振华，杨彩琴，等. 光谱学与光谱分析，1997(04): 125.
21. 杨继章，刘瑞琴，杨树民. 中国医院药学杂志，2006(09): 1061.
22. 鲍霞，张小玲. 理化检验：化学分册, 2008(04): 345.
23. 孔红梅. 山东医药, 2008(16): 76.
24. 方维军，陈坚，吴芳. 中国医院药学杂志, 2001(12): 23.
25. 王利宾，王旭东. 中成药, 2001(11): 44.
26. 黄荣飞，赵建华，王沛松，等. 中国现代应用药学，2000(03): 245.
27. 陈伟，林新华，黄丽英，等. 中国现代应用药学，2002(05): 398.
28. 王章阳，罗东，陈莉敏，等. 中国医院药学杂志，2001(01): 17.
29. 刁勇. 中国医药工业杂志, 1998(01): 25.
30. 陈海春，高洪波，何文鹏. 辽宁化工, 2001(11): 505.
31. 江虹，曾凡海，陈列. 理化检验：化学分册, 2009 (03): 313.
32. 朱天明，曹惊雷，向宁，等. 中成药, 2001(10): 24.
33. 朱天明，陈启锦，向宁. 中成药, 2003(10): 79.
34. 黄竹芳，白小红. 中国医院药学杂志, 2000(03): 16.
35. 钱欣平，孟琴. 分析测试学报, 2000(05): 41.
36. 江武城，张辉珍，詹利之，等. 中药材, 2010(11): 1806.
37. 姚宏亮，李方实，董江水. 理化检验：化学分册，2010(01): 41.
38. 王延鹏，侯庆源，张婷. 中国药房, 2009(07): 542.
39. 龙庆德，张旭，卢秋莎，等. 贵州农业科学, 2010 (09): 209.
40. 周桂芳，夏建洪. 中国现代应用药学, 2006(S2): 801.
41. 曹绍聪，李钢洪，欧阳丽英. 中国药房, 2005(09): 673.
42. 范晓萍，计明珠，戴其昌. 中国医院药学杂志，1999(06): 49.
43. 周燕萍，郭吉荣，蒋均德，等. 中国医院药学杂志，1999(05): 27.
44. 张守尧，沈霞，王桂芳，等. 中国现代应用药学，1998(04): 43.
45. 周延安，张先洲，周健. 中国医院药学杂志，2005 (10): 93.
46. 宋玉良，陈建真，吕圭源. 中成药, 2001(09): 23.
47. 陈秀芬，陈鹏际. 食品研究与开发, 2006(01): 114.
48. 栾金义，李昕，王宜军. 化工环保, 2004(S1): 379.
49. 于晓彩，徐微，蔡丽芬，高艳萍. 分析试验室, 2008 (05): 58.
50. 谢晓峰，陈爱英，施利毅，等. 材料科学与工艺，2007(03): 429.
51. 齐宗韶. 理化检验：化学分册, 2009(04): 454.
52. 郑利光，牛桂田. 中国药房, 2008(10): 780.
53. 苗爱东，王本富，费鸿珍. 中国医药工业杂志，1999(11): 34.
54. 高新富，魏传梅，张循格. 中国现代应用药学，1999(02): 53.
55. 林涛，陈洁，杨青平，詹先成. 四川大学学报：医学版，2005(04): 578.
56. 陈楚城. 中国医院药学杂志, 1996(09): 25.
57. 黄承志，张玉梅，黄新华，等. 分析化学, 1998(07): 823.
58. 周红娇. 昆明理工大学学报：理工版, 2005(03): 100 .
59. 张进东，陈建，胡柳娥. 中国医院药学杂志，2000 (06): 53.
60. 王军，何文，刘环香. 中国医院药学杂志, 2000(12): 19.
61. 但菊开，朱蕙，张进东. 中国医院药学杂志，2003 (10): 57.
62. 张俊华，林鹿，张蓓笑. 华南理工大学学报：自然科学版, 2009(12): 64.
63. 鲁秋红，符洪，谢世祺. 中国现代应用药学, 2002(04): 319.
64. 钱文，唐树荣. 中国医药工业杂志, 1999(04): 30.
65. 陈丽娜，石矛. 食品科技, 2010(08): 325.
66. 常虹，周家华，兰彦平. 食品工业科技, 2009(11): 239.
67. 黄惠芳，罗燕春，田益农，等. 中国粮油学报, 2012 (10): 113.
68. 陈晓慧，徐雅琴. 食品研究与开发, 2007(02): 35.
69. 薛长晖，端允. 粮油加工, 2009(10): 144-146.
70. 李慕春，王飞. 广东农业科学, 2010(12): 110.
71. 张兰杰，辛广，张维华. 食品科学, 2006(02): 230.
72. 郑敏燕，魏永生，卢挺. 商丘师范学院学报 2004 (02): 113.
73. 迟聪聪，张曾，柴欣生，等. 光谱学与光谱分析，2010(04): 1084.

表 5-3 双波长分光光度法的应用（无机物）

被测组分	显色体系	ε	测定波长 λ/nm	参比 λ/nm	线性范围/(μg/ml)①	样品	参考文献
Al,Fe	铁试剂(7-碘-8-羟基喹啉-5-磺酸)		Al：390.0 Fe：630	445.1 —	Al：0～4.0 Fe：0～20	硅铁	1
	甲基百里酚蓝(MTB)	Al: 2.836×10^4 Fe: 3.817×10^4	526, 539, 437		Al：0～1.0 Fe：0～1.2	合成水样和硅石	2
Br^-	次氯酸钠		337	310	$(1.0\sim1.5)\times10^{-4}$mol/L	卤水	3
Ca	偶氮胂Ⅲ		600	540		血清	4
	DBC-偶氮氯膦	3.69×10^4	620	560	0～12	天然水	5
	偶氮胂Ⅰ	6.16×10^4	570	480	0～1.3	食品	6
	偶氮胂Ⅰ		565, 470		0～1.5	模拟胃液	7
Ca, Mg	二甲酚橙-CTMAB		Ca：592 Mg：610	Ca：520 Mg: 564		芦荟	8
Cd, Pb	四(对三甲铵苯基)卟啉(TAPP)		Cd：436 Pb：464	Pb 等吸收点：492	Cd：0～0.1 Pb：0～0.5	合成液和陶瓷食具容器浸泡液	9
Co, Ni	8-羟基喹啉		Co：388 Ni：395	407 381	Co：0～4.0 Ni：0～5.0	标准样品和合成样品	10
	4-(2-吡啶偶氮)间苯二酚(PAR)		Co：512 Ni：496	482 526	Co：0.32～0.88 Ni：0.16～0.56	电镀液	11
	7-[6-甲氧基-(2-苯并噻唑偶氮)]-8-羟基喹啉-5-磺酸	Co：6.08×10^4 Ni：6.16×10^4	Co：560 Ni：580	595	Co：0～0.8 Ni：0～1.0	合金钢标样	12
COD(化学需氧量)			443	552		水样	13
Cr	茜素蓝 S(ABS)	7.4×10^4	510	575	0.4～1.0	废水	14
Cr(Ⅲ)、Cr(Ⅵ)			Cr(Ⅲ)：572 Cr(Ⅵ)：351	441		水样	15
			Cr(Ⅲ)：542 Cr(Ⅵ)：352	— 441	Cr(Ⅲ)：1～140 Cr(Ⅵ)：1～120	电镀废液用水、及废铬酸洗液	16
Cr(Ⅵ)	二苯碳酰二肼		430, 540		0.004～0.2	水	17
Cr、Mo	5-Br-PADAP		593, 609		Cr：0～16 Mo：0～1.52	钢铁试样	18
Cu	2-(5-硝基-2-吡啶偶氮)-5-二甲氨基苯胺	6.74×10^4	550	450	0～1.0	矿样	19
	5-Br-PADAP	1.03×10^5	560	440	0～0.8	粮食	20
	铬天青 S	1.12×10^5	624	420	0～20.0	钢样	21
Cu, Fe	5-Br-PADAP		563, 592, 450			电镀废液、工业氧化镁、矿样	22
Cu, Cr	水杨基荧光酮	Cu：1.408×10^5 Cr：1.66×10^5	Cu：562 Cr：576	584		低合金钢	23
Cu, Fe, Zn	5-Br-PADAP		545, 566, 760		Cu：0～0.6 Fe：0～0.8 Zn：0～0.6	人发	24

续表

被测组分	显色体系	ε	测定波长 λ/nm	参比 λ/nm	线性范围/(μg/ml)①	样品	参考文献
Cu, Zn	PAR		Cu：475 Zn：465	458 487	0～12.0μmol/L	氰化仿金镀液	25
	5-Br-PADAP		Cu：555 Zn：538	561 568	0～0.8	锡铜锌合金镀液	26
F^-	氟试剂，硝酸镧		450, 630			水	27
Fe(Ⅲ), Fe(Ⅱ)	5-Br-PADAP		Fe(Ⅲ)：593, 468 Fe(Ⅱ)：611, 592	508	0～25.0	模拟混合试样	28
Fe, Co	EDTA，过氧化氢		Fe：516 Co：600	636.4 461.5	Fe：2.0～38.0 Co：4.0～36.0	合成水样	29
Fe, Al	邻苯二酚紫	Fe：3.77×10^4 Al：4.52×10^4	610 580	548 631	Fe：0～1.2 Al：0～0.24	灌木饲料	30
Ga	7-(对甲酰基苯偶氮)-8-羟基喹啉-5-磺酸	6.89×10^4	392	500	0～20.0μmol/L	掺硅的GaAS材料及岩石	31
Ge	水杨基荧光酮	1.63×10^5	500, 510		0～40	湿法炼锌净化液	32
Hg	4-硝基-4′-氟苯基重氮氨基偶氮苯	1.89×10^5	485	425	0～0.88		33
I	Ag^+-邻菲啰啉-曙红	1.18×10^5	514	548	0.05~0.4	土壤	34
	碘化物-番红花红T	1.27×10^5	360	513	0～0.7	食盐	35
Mn	5-Br-PADAP	1.79×10^5	570	440	0～10mg/L	钢样	36
Mo, Sn	三甲氧基苯基荧光酮		524	503	Mo：0～0.8 Sn：0～0.6	合成样和铝合金	37
Ni	4-硝基-4′-氟苯基重氮氨基偶氮苯	2.17×10^5	504	424	0～0.16	混合标准溶液和不锈钢	38
	1-(4-硝基苯基)-3-(5,6-二甲基-1,2,4三氮唑)三氮烯	7.29×10^5	475, 540		0～0.12	粉煤灰	39
	5-Br-PADAP	1.63×10^5	560	440	0～0.6	钢样	40
Ni、V	5-Br-PADAP		Ni：559 V：590	444	Ni：0～0.6 V：0～0.4	原油	41
NO_3^-、I^-			220.0, 231.5		NO_3^-：0～0.12 mmol/L I^-：0～0.10mmol/L	溶液	42
P	Mo(Ⅵ)、Mo(Ⅴ)		826.0	791.5	P_2O_5：0～4.0	铝土矿	43
	偏钒酸铵，钼酸铵		800	700	0～0.16	高纯硫酸钠	44
Pb、Bi	DBC-偶氮胂	Pb：4.46×10^4 Bi：1.03×10^5	Pb：620 Bi：630	640 612	Pb：0～2.4 Bi：0～1.2	纯金属和纯试剂	45

续表

被测组分	显色体系	ε	测定波长 λ/nm	参比 λ/nm	线性范围/(μg/ml)①	样品	参考文献
Pd	二苄基二硫代乙二酰胺		454	548		高铂物料	46
Pt、Pd	二苄基二硫代乙二酰胺		Pt：521, 500 Pd：454, 548			矿样	47
Se	1-(2-吡啶偶氮)-2-萘酚(PAN)	3.38×10^5	410	529	0～0.12	食盐	48
	碘化钾，番红花红T	1.05×10^5	405	521	0～0.6	大蒜	49
Sn	苯芴酮		505, 540		0.1～1.0	矿石	50
Ti	偶氮氯膦-mK	4.7×10^4	672	550	0～1.2	硅石	51
Tl	4-硝基-4'-氟苯基重氮氨基偶氮苯	2.65×10^5	464	563		钢厂废液、岩矿	52
V	5-Br-PADAP	3.76×10^4	600	470	0～1.2	钢样	53
W	硫氰酸铵		420	370	0～80.0	镍钨合金镀液	54
Zn	硫氰酸钾，中性红(NR)	5.66×10^4	462	574	0～1.0	河水	55
	硫氰酸钾，中性红(NR)	5.67×10^4	462, 575		0.0～1.0	电镀废水	56
Zn、Ni	XO		Zn：570 Ni：585	594 547	0～0.04mmol/L	锌镍合金镀液	57
高锰酸盐指数	碘酸钾		530, 580			水样	58
化学需氧量	高锰酸钾，碘化钾		530, 580			水样	59
稀土	偶氮胂III	9.8×10^4	660	540	0～2.0	合金样	60
	偶氮氯膦-MA	1.3×10^5	670	530	0～0.8	铁基样	61
	4,6-二溴偶氮胂	1.56×10^5	638, 516		0～2	粮食和水果	62
	二溴羧基偶氮胂	$(1.54～1.75)\times10^5$	636	534	0～0.8	铁基样品、全脂甜奶粉	63
	二溴羧基偶氮胂	$(1.54～1.75)\times10^5$	636	534	0～0.8	绿茶和大米	64
	偶氮氯膦-MA	1.3×10^5	670	530	0～0.8	铁基样品	65
稀土(铈组)	二溴对甲基偶氮甲磺	$(1.5～2.6)\times10^5$	640	530		钢铁	66
硝酸盐、亚硝酸盐			202.5, 216.5		硝酸盐：0～2.5 亚硝酸盐：0～3.5	水	67
一氧化碳	牛血红蛋白		431, 420		0～0.15	罗非鱼发色池水	68

①未做特殊说明的单位均为 μg/ml。

本表参考文献：
1. 郝铭，李岩，孟繁魁. 齐齐哈尔大学学报, 2000(01): 92.
2. 李天增，王艳玲，杨铭枢. 现代仪器, 2004(06): 22.
3. 唐仕明，于剑峰，袁存光. 盐业与化工, 2012(07): 16.
4. 杨文初，周华方. 分析化学, 1997(10): 1181.
5. 王丽华，彭延湘，邵光玓. 冶金分析, 1997(02): 14.
6. 王玉宝，陈玉静，候法菊. 食品科学, 2009(06): 216.
7. 李吉妍，薛云，张卫，马荔. 实验室研究与探索, 2011(11): 40.
8. 储召华. 安徽农业科学, 2009(17): 7826.
9. 陈建军，黎源倩. 中国公共卫生学报, 1999(06): 371.
10. 包莉，朱霞石，郭荣. 分析仪器, 2006(02): 34.
11. 王宏. 辽宁化工, 2008(02): 134.
12. 邵红，夏心泉. 冶金分析, 1998(04): 11.
13. 杨孝容. 武汉理工大学学报, 2010(02): 177.
14. 陈亚红，田丰收，马青青. 冶金分析, 2009(01): 67.
15. 张世芝，杨晓琴，张明锦. 重庆理工大学学报：自然科学, 2012(08): 21.
16. 徐红纳，王英滨. 分析试验室, 2008(05): 34.
17. 李子江，林涛，邓铁娥. 疾病监测与控制, 2012(06): 370.
18. 于少明，陆亚玲. 稀有金属, 1996(03): 228.
19. 李山，刘根起. 冶金分析, 2004(06): 16.
20. 莎仁，宝迪，塔娜，嘎日迪. 内蒙古师大学报：自然科学汉文版, 2001(04): 337.
21. 庄晓娟，嘎日迪. 内蒙古师范大学学报：自然科学汉文版, 2006(01): 74.
22. 王志畅，陆宽. 华东地质学院学报, 1997(02): 54.
23. 高俊杰，余萍，张东. 冶金分析, 2004(04): 13.
24. 赵书林，夏心泉，赵秀玲. 环境化学, 1996(06): 560.
25. 冯立明，张殿平. 材料保护, 2001(08): 40.
26. 罗序燕，朱传华，成荣超. 材料保护, 2008(08): 69.
27. 付学红. 中国卫生检验杂志, 2012(06): 1309.
28. 郑海金，马步伟. 光谱实验室, 2001(02): 172.
29. 张淑芳，聂毅. 曲阜师范大学学报：自然科学版, 2003(03): 75.
30. 马莎，何蓉，王琳，尹家元，等. 分析试验室, 2003(01): 69.
31. 马会民，黄月仙，梁树权. 分析化学, 1996(02): 208.
32. 吴玉霜，赵新那. 分析化学, 1998(08): 977.
33. 俞善辉，李四劼，白云飞，等. 化学试剂, 2011(07): 631.
34. 李人宇，李咏梅，周家宏，等. 冶金分析, 2009(07): 53.
35. 李人宇，李咏梅，韦芳，等. 中国调味品, 2010(02): 88.
36. 庄晓娟，吕卫华. 内蒙古大学学报：自然科学版, 2007(02): 234.
37. 邵谦，曾艳，葛圣松. 冶金分析, 2012(01): 60.
38. 俞善辉，冯卿，吴斌才. 冶金分析, 2010(01): 61.
39. 胡忠于，罗道成. 分析试验室, 2011(12): 78.
40. 莎仁，吴哈申，嘎日迪. 内蒙古石油化工, 2001(03): 37.
41. 李天增，杨铭枢，王成元，等. 化学分析计量, 2006(04): 40.
42. 张慧芳，郭探，李权，等. 中国无机分析化学, 2011(04): 24.
43. 石磊. 分析试验室, 2010(12): 87.
44. 彭悦，聂基兰. 南昌大学学报：理科版, 2002(01): 75.
45. 陈怀侠. 湖北大学学报：自然科学版, 2002(03): 241.
46. 李振亚，洪英. 贵金属, 1996(01): 41.
47. 李振亚，马媛，吴立生. 分析试验室, 2000(04): 5.
48. 李人宇，李咏梅，吴俊杰，等. 中国调味品, 2010(09): 83.
49. 李咏梅，李人宇. 中国调味品, 2012(07): 80.
50. 刘磊夫，张孟星，曲淑凡. 分析试验室, 2008(S1): 69.
51. 余协瑜，贾云，邱会东. 岩矿测试, 2004(03): 191.
52. 俞善辉，许宝海，吴斌才. 理化检验：化学分册, 2009(01): 1.
53. 庄晓娟，邢艳菲，吕卫华. 内蒙古师范大学学报：自然科学汉文版, 2009(02): 191.
54. 陈海春. 材料保护, 2012(05): 75.
55. 李人宇，卢洋，李咏梅. 冶金分析, 2010(11): 46.
56. 罗道成，刘俊峰. 化学试剂, 2011(07): 637.
57. 冯立明，孙华，常乃峰. 材料保护, 2001(02): 41.
58. 齐爱玖，李万海，王红. 吉林化工学院学报, 2002(04): 32.
59. 李俊生，谷芳. 哈尔滨商业大学学报：自然科学版, 2009(04): 408.
60. 李北罡. 中国稀土学报, 2002(S2): 181.
61. 李北罡，莎仁，嘎日迪. 稀土, 2002(04): 67.
62. 李北罡. 食品科学, 2007(05): 290.
63. 李北罡，宫玉红. 冶金分析, 2004(03): 20.
64. 李北罡，程建芳. 稀土, 2005(06): 57.
65. 李北罡，莎仁，嘎日迪. 稀土, 2002(04): 67.
66. 朱建芳，余协瑜. 分析试验室, 2006(02): 36.
67. 于少明，陆亚玲. 环境化学, 1996(05): 463.
68. 陈德慰，孙亚楠，李俊华，任杰. 食品科技, 2011(11): 283.

二、三波长分光光度法

（一）三波长分光光度法的基本原理

三波长分光光度法是在干扰组分的吸收光谱中，在具有线性吸收的三个波长上进行待测组分的吸光度测量，然后求得待测组分含量。设样品溶液在具有线性吸收的 λ_1、λ_2、λ_3 处的吸光度为 A_1、A_2、A_3，此时，待测组分的吸光度 ΔA 与 A_1、A_2、A_3 有如下关系：

$$\Delta A = A_2-(mA_1+nA_3)/(m+n)=[\varepsilon_{\lambda_2}-(m\varepsilon_{\lambda_1}+n\varepsilon_{\lambda_3})/(m+n)]cb \tag{5-34}$$

式中，$m=\lambda_2-\lambda_3$；$n=\lambda_1-\lambda_2$；ε_{λ_1}、ε_{λ_2}、ε_{λ_3} 分别为待测组分在三个波长处的摩尔吸光系数；

c 为待测组分的浓度，mol/L；b 为吸收池厚度。

三波长分光光度法常用于测定两组分的混合物，其测定步骤一般为：先根据被测组分和干扰组分的吸收光谱确定三波长组合；然后用已知待测组分不同浓度的标准溶液分别在三波长处测定吸光度，按公式计算出 ΔA 并建立工作曲线的回归方程；在三个波长处测定样品溶液的吸光度并计算 ΔA，从回归方程计算出被测组分含量。

波长选择在三波长分光光度法中和在双波长分光光度法中是同样重要的，其波长组合的选择原则是：①干扰组分的 ΔA 为零；②待测组分的 ΔA 值尽可能大。

（二）三个波长组合的选择方法

1. 等吸收点法

如果在干扰组分的吸收光谱上能找到三个等吸收点，且在此三个波长处，待测成分有较大的 ΔA，可应用此法选择，见图 5-17。

图 5-17 中曲线 1 是待测组分吸收光谱，曲线 2 是干扰组分吸收光谱，被测组分在 626.5nm 处有一个最大吸收峰，过此点作横坐标的垂线与曲线 2 相交，由交点作横坐标平行线和曲线 2 相交于 654.0nm 和 688.0nm，此两点和 626.5nm 的点即为干扰组分吸收曲线上的三个等吸收点。用这三个波长进行测定就可消除干扰组分的干扰，并且待测组分有较大的 ΔA。

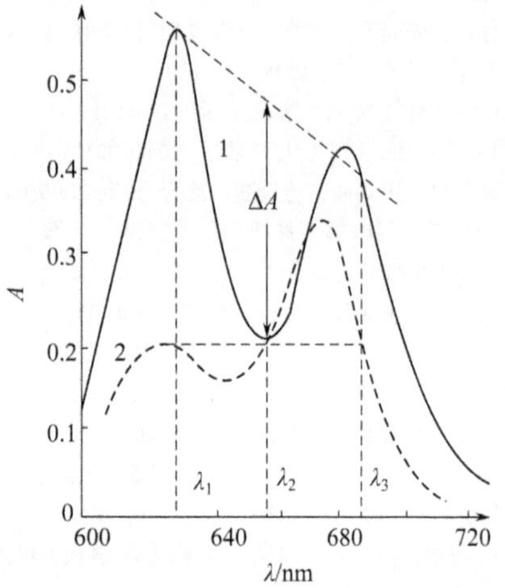

图 5-17 3 个测定波长的等吸收点法选择

2. 作图计算法

若在干扰组分的吸收光谱上找不到三个等吸收点，或在此三个波长处待测成分的 ΔA 太小，此时可采用作图计算法，见图 5-18。

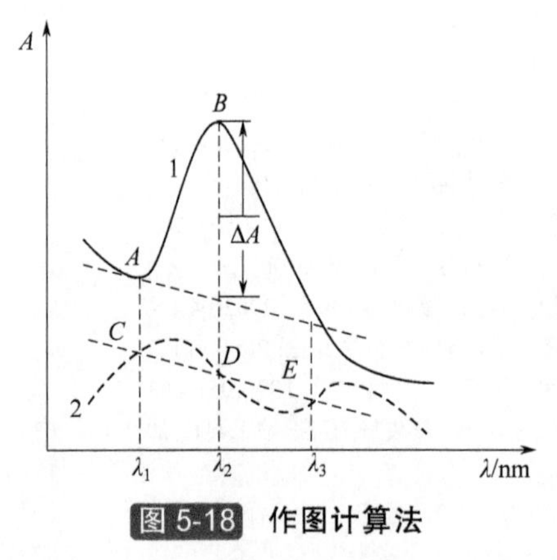

图 5-18 作图计算法

图 5-18 中实线为待测组分吸收光谱，虚线为干扰组分吸收光谱。过待测组分吸收光谱峰值 B 处作横坐标的垂线与虚线相交于 D，若过 D 点作横坐标的平行线，和虚线只有两个交点，找不到三个等吸收点。此时可过 D 点作一斜线，与虚线有三个交点 C、D 和 E，其对应的三个波长 λ_1、λ_2、λ_3 即为测量波长。此时干扰组分的 $\Delta A=0$，但为了使不同浓度时干扰组分 $\Delta A=0$，可对 λ_3 作精选。可配制 2~3 个不同浓度的干扰组分的溶液，在 λ_3 附近精确测定吸光度，按式（5-34）计算，以求得使 $\Delta A=0$ 的那个 A_3 值所对应的 λ_3。

3. 计算机选择法

当两个组分的吸收光谱相近或重叠严重时，应用计算机选择效果较好。下面给出三波长最佳分析波长组合选择程序框图（图 5-19），其程序清单见罗国安等编著的《可见紫外定量分析及微机应用》。

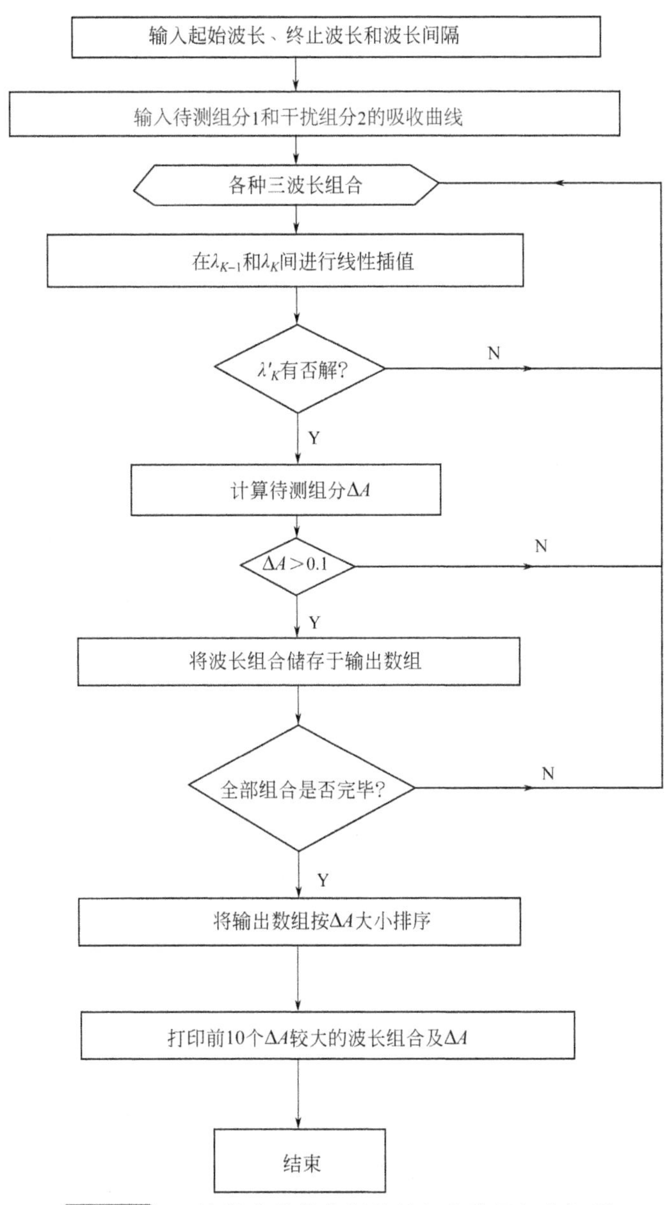

图 5-19　三波长法最佳分析波长组合选择程序框图

（三）三波长分光光度法的应用

三波长分光光度法的应用见表 5-4。

表 5-4　三波长分光光度法的应用

被测组分	显色体系	测定波长 λ/nm	线性范围/(μg/ml)	样　品	参考文献
Cd	邻苯二酚紫-溴化十六烷基三甲基铵	661，733，788		镧镉混合溶液	1
Cd,Ni	3,3′-二磺酸基联苯氨基重氮氨基偶氮苯	Cd：521.0, 597.5, 674.0 Ni：494.0, 588.5 和 680.0	Cd：0～15 Ni：0～14	污染土壤和人发标样	2

续表

被测组分	显色体系	测定波长 λ/nm	线性范围/(μg/ml)	样　品	参考文献
Cu	双环己酮草酰二腙	580, 610, 660		镀镍溶液	3
Fe		Fe(Ⅳ)：560, 605, 669 Fe(Ⅵ)：507, 695.8	Fe(Ⅳ)：1.12×10^{-4}～3.31×10^{-4}mol/L Fe(Ⅵ)：2.88×10^{-4}～8.42×10^{-4}mol/L	高铁酸盐	4
Mo, W	4-(6-溴-2-苯并噻唑偶氮)邻苯二酚，二苯胍	Mo：515.0, 575.0, 632.3 W：535.0, 595.0, 671.1	Mo：0～0.8 W：0～1.8	合金钢样	5
P, As, Si	结晶紫，钼酸铵		P：0.04～0.24 As：0.032～0.12 Si：0.032～0.32	合成样品	6
Pd	2-(3,5-二氯-2-吡啶偶氮)-5-二甲氨基苯胺	621, 547, 434	0～12	钯精矿，合金，含钯分子筛	7
S		259, 285, 301		硫软膏	8
亚硝酸根	硫堇	599.1, 420.6, 283.4	0～0.560		9
阿司匹林，扑热息痛，咖啡因		阿司匹林：248 扑热息痛：220 咖啡因：262		解热镇痛药	10
阿昔洛韦，环胞苷		阿昔洛韦：277, 250, 235 环胞苷：279, 268, 246		复方阿昔洛韦溶液	11
茶多酚		882, 546, 440	0～0.48	沱茶	12
陈皮苷		318.0, 279.0, 275.0	9～45	化痰糖浆	13
雌三醇		296, 281, 276		雌三醇栓	14
大豆异黄酮		240, 260, 280	2～10	大豆胚芽粉, 全豆粉	15
		243, 263, 283	1.0～40		16
		240, 260, 280		大豆	17
多菌灵		278, 281, 290	0～50	水果蔬菜	18
蒽醌		470, 436, 388		顺气口服液	19
黄芩苷		233.5, 284.5, 292.5	2～12	粉刺合剂	20
		250.0, 275.5, 298.0	0.5～12.0		21
		258.0, 278.3, 303.0	3.968～49.60	愈风Ⅱ号合剂	22
黄酮	三氯化铝	495, 415, 368	0～800	沙棘果汁	23
		460, 420, 380	30～300	芹菜叶	24
	硝酸铝	315, 420, 500			25
	三氯化铝	270, 290, 320		覆盆子	26
		470, 420, 370	1000～3000	红茶及其饮料	27
甲基橙		420, 476, 516		二氧化钛悬浮体系	28
氯霉素		237, 277, 350		氯霉素片	29
		300, 272, 251.5	5～25	氯霉素滴眼液	30
麦角甾醇		272, 282, 292	0～50	姬松茸	31
木脂素		267, 287, 300	芝麻素：0～44	芝麻饼	32

续表

被测组分	显色体系	测定波长 λ/nm	线性范围/(μg/ml)	样 品	参考文献
萘普生		331, 310, 354		萘普生凝胶剂	33
氢化可的松		222, 242, 262.7	6.0～12.0	氢化可的松软膏	34
日落黄，柠檬黄		日落黄：305, 347, 464 柠檬黄：345, 444, 508	日落黄：3～95 柠檬黄：4～85		35
色氨酸		295.0, 279.0, 269.3			36
酪氨酸		307.0, 291.8, 284.6			36
双氢青蒿素		250, 271, 301	6～30		37
维生素 C		214, 261.8, 289.8	2～10	复方芦丁片	38
盐酸小檗碱		280, 345, 390		连蒲双清片	39
乙醛酸，乙二醛	羟胺	207, 233, 263			40
异黄酮		242, 262, 282	2.0～12.0	红车轴草	41
右美沙芬		254, 278, 287			42
脂蟾毒配基		320, 299, 280	5.0～60. 0	牙痛一粒丸	43
芝麻油		299, 291, 310	0～5000	小磨香油	44
总氮	碱性过硫酸钾	220, 275, 340			45
总黄酮		463, 417, 382	0～40.6	山楂叶、果	46
		314, 362, 409.5	0～50	含荞麦保健肉制品	47
	三氯化铝		0～10.0	大叶落地生根	48
	三氯化铝	310, 340, 250	1.12～13.44	黑沙蒿	49
		463, 417, 382	0～40.6	千山刺五加叶、果	50
		316, 358, 412	1.92～19.20	金银花、叶	51
		495, 415, 368		新疆沙棘果实	52
		370, 420, 480	3.92～39.2	普洱茶	53
					54
		470, 420, 370	600～1600mg/L	苦丁茶	55
总皂苷		525, 555, 585		鹰嘴豆	56

本表参考文献：

1. 张逢源，刘翔宇，胡奇林．石油化工应用, 2009(02): 87.
2. 刘永文，宋金萍，孟双明，等．冶金分析, 2006(06): 14.
3. 冯立明．电镀与精饰, 1999(04): 34.
4. 李国亭，贾汉东，鲍改玲，等．分析测试学报, 2004(01): 61.
5. 姚成，王镇浦，陈国松，等．分析试验室, 1998(04): 3.
6. 王佩玉，刁国旺，蔡蕃．分析化学, 1998(09): 1163.
7. 刘根起，韩玲，张小玲，等．光谱学与光谱分析, 2004(11): 1422.
8. 樊丽蓉，邱泉清，徐铭甫．药学实践杂志, 1998(02): 104.
9. 訾言勤，陈立国，李月英．光谱学与光谱分析, 2000(03): 437.
10. 覃洁萍，刘进．分析化学, 1997(02): 244.
11. 秦玉花，阚全程．中国医院药学杂志, 1996(06): 265.
12. 回瑞华，侯冬岩，关崇新，等．分析测试学报, 2003(06): 60.
13. 马平勃．时珍国医国药, 2002(08): 458.
14. 李开兰，陈玉，潘晓鸥．中国药房, 2003(05): 43.
15. 董怀海，谷文英．中国油脂, 2002(04): 75.
16. 鞠兴荣，袁建，汪海峰．食品科学, 2001(05): 46.
17. 魏福华，张永忠，井乐刚，等．理化检验：化学分册, 2006 (06): 461.
18. 于彦彬，苗在京，万述伟，等．理化检验：化学分册, 2005 (05): 353.
19. 许良，席海山，娜仁花，等．光谱实验室, 2005(01): 123.
20. 陈珍凤，焦正，郑基蒙，等．上海医科大学学报, 1998(03): 67.
21. 王晓琴，赵瑛，支德娟，等．时珍国医国药, 2006(10): 1898.
22. 刘明乐，王洪军，黄德红．湖北中医学院学报, 2003(01): 34.
23. 回瑞华，侯冬岩，关崇新，等．光谱学与光谱分析, 2005(02): 266.
24. 肖坤福，张春牛．食品研究与开发, 2005(04): 134.
25. 谢婷，李智利，贺琼．食品研究与开发, 2011(09): 66.
26. 孙金旭，朱会霞，肖冬光，等．中国酿造, 2011(12): 173.

27. 回瑞华, 侯冬岩, 关崇新, 等. 食品科技, 2004(05): 67.
28. 张红漫, 陈国松, 段鹤君, 等. 分析化学, 2005(10): 1417.
29. 胡清宇, 周家胜, 朱虹云. 中国医药工业杂志, 1996(02): 76.
30. 萧溶, 隋波, 罗利平. 华西药学杂志, 1996(03): 140.
31. 高虹, 谷文英. 分析化学, 2007(04): 586.
32. 魏安池, 杨玲玲, 代红丽, 等. 河南工业大学学报: 自然科学版, 2011(04): 10.
33. 李娟, 李运曼, 龚涛, 等. 中国医药工业杂志, 1997(08): 21.
34. 高新富, 王玉, 张循格, 等. 中国药业, 1999(07): 48.
35. 张春丽, 王艳君, 王昕. 化学工程师, 2004(10): 33.
36. 杜琪, 杨戒骄, 朱永泉. 中国医院药学杂志, 2001(09): 22.
37. 肖文中, 詹利之, 张美义, 等. 药学实践杂志, 2003(02): 92.
38. 邹桂欣, 尤献民, 姚燕. 华西药学杂志, 1999(01): 58.
39. 岳淑梅, 何颖, 张启明. 中成药, 1999(02): 20.
40. 徐嘉凉, 王诚瑜, 汤晓东. 分析化学, 1997(09): 1086.
41. 陈寒青, 金征宇. 食品科学, 2005(05): 194.
42. 刘芸, 沈素, 王晓华. 药物分析杂志, 1996(04): 52.
43. 宋宝鹏, 王志光. 中草药, 2001(01): 35.
44. 吴广臣, 赵志磊, 庞艳苹, 等. 食品科技, 2009(06): 270.
45. 蒋然, 柴欣生, 张翠. 中国环境监测, 2012(04): 45.
46. 张兰杰, 辛广, 陈华, 等. 食品与生物技术学报, 2009(04): 483.
47. 尉立刚, 张生万, 齐尚忠, 等. 食品与发酵工业, 2010(03): 144.
48. 庆伟霞, 王勇, 姚素梅, 等. 分析试验室, 2010(10): 90.
49. 李明静, 张卫, 赵东保, 等. 分析试验室, 2007(03): 99.
50. 张兰杰, 辛广, 陈华, 等. 食品科学, 2008(03): 393.
51. 王柯, 王勇, 赵东保, 等. 分析试验室, 2011(02): 28.
52. 曹红, 杨金凤, 单丽娜, 等. 食品与生物技术学报, 2011(03): 348.
53. 董树国, 曹宏梅, 陶然. 光谱实验室, 2012(02): 1005.
54. 侯冬岩, 回瑞华, 杨梅, 等. 分析化学, 2004(06): 783.
55. 周菊峰, 彭爱姣. 西北药学杂志, 2011(03): 165.
56. 吴敏, 俞阗, 袁建, 等. 中国粮油学报, 2009(05): 143.

第四节　导数分光光度法[1,10,12]

现代紫外-可见分光光度计都具有对吸收光谱进行微分处理的功能，可以获得导数光谱。利用导数光谱进行分光光度测定，称为导数分光光度法。导数分光光度法具有放大微弱吸收峰、分辨重叠吸收带、识别肩峰、消除背景干扰和确定宽阔吸收带的最大峰位等能力，故得到广泛应用。本节对导数分光光度法做初步讨论。

一、导数分光光度法的原理和特点

导数吸收光谱（简称导数光谱）是吸收光谱对波长的一阶或多阶导数对波长的函数曲线。

高斯型吸收光谱其 0～4 阶导数光谱如图 5-20 所示。

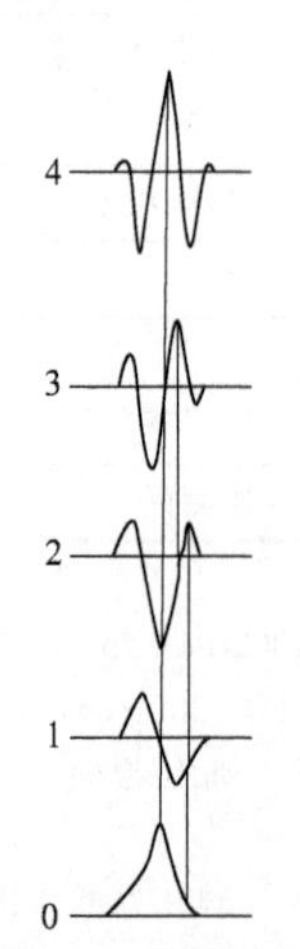

图 5-20　0～4 阶导数光谱

零阶导数光谱就是未经求导的原来样品的吸收光谱，由图 5-20 可知，零阶光谱中的极大值在奇数阶导数光谱中为零，而在偶数阶导数光谱中为极值。随着导数阶数的增加，谱带数目增加而宽度变小，在第 n 阶产生 $n+1$ 个极值。

（一）获得导数光谱的方法

获得导数光谱的方法可分为光学法和电子学法两大类。光学法包括双波长扫描法、波长调制法、固定狭缝法等；属电子学方法的有模拟微分法和数值微分法，目前常用的是数值微分法。

数值微分法是将谱线信号转换为数字信号，通过电子计算机存储、拟合、平滑和求导等数学处理，然后输出导数光谱。

在计算机中导数的测量转化为离散的差分形式，其一阶和二阶导数的计算公式如下：

$$dA/d\lambda=\Delta A/\Delta\lambda=[A(\lambda+0.5\Delta\lambda)-A(\lambda-0.5\Delta\lambda)]/\Delta\lambda$$

$$d^2A/d\lambda^2=\Delta^2A/\Delta\lambda^2=[A(\lambda+\Delta\lambda)-2A\lambda+A(\lambda-\Delta\lambda)]/\Delta\lambda^2$$

$\Delta\lambda$ 可在 1～10nm 之间选择。

目前生产的含计算机的紫外-可见分光光度计一般都能得到一阶至四阶导数光谱。

（二）导数分光光度法定量测定原理

用 $A=\varepsilon cb$ 对 λ 求导可得：

$$\mathrm{d}A/\mathrm{d}\lambda = \mathrm{d}\varepsilon/\mathrm{d}\lambda cb$$

$$\mathrm{d}^2A/\mathrm{d}\lambda^2 = \mathrm{d}^2\varepsilon/\mathrm{d}\lambda^2 cb$$

$$\vdots \qquad \vdots$$

$$\mathrm{d}^nA/\mathrm{d}\lambda^n = \mathrm{d}^n\varepsilon/\mathrm{d}\lambda^n cb$$

以上各式说明各阶导数始终与浓度呈直线关系，这就是导数分光光度法定量测定原理。

在一定条件下，各阶导数值 $\mathrm{d}^nA/\mathrm{d}\lambda^n$ 与样品溶液待测组分浓度 c 成正比，故可在一定波长下利用导数值与对应的样品组分标准溶液浓度绘制标准曲线，然后在同样波长下测定样品溶液中待测组分导数值，由标准曲线查出对应待测组分浓度。

（三）导数分光光度法的特点

基于样品的吸收曲线随导数阶数的增加、谱带数目增加而谱带宽度变窄这一特点，从而赋予导数分光光度法一些特有的功能，其特点主要表现在以下几个方面。

（1）提高灵敏度，放大微弱吸收峰　同一测定体系导数分光光度法比普通分光光度法灵敏度提高几倍，甚至 2～3 个数量级，因此，有利于痕量组分的测定。

（2）具有分辨重叠谱带的能力，提高了方法的选择性　导数分光光度法能分辨和确认两个或两个以上完全重叠的吸收峰，因此可以同时测定两种或多种组分。

（3）具有识别肩峰的能力 所谓肩峰是指在大峰急剧上升部分所掩盖的弱小的锐锋，导数分光光度法可以识别这类肩峰。这种识别效应常常同时具有放大效应，因而提高了方法的选择性和灵敏度，这个特点在无机分析中十分有用。

（4）具有消除背景干扰的能力　背景可以表示为波长的幂级数函数，当背景为线性函数时，一阶导数就可以消除背景干扰。当背景为抛物线时，二阶导数就可以消除它的干扰。对于不同的背景函数可以取相应阶数的导数以消除它的干扰。

（5）具有确定宽吸收带最大峰位的能力。

二、导数分光光度法测量参数的选择

在导数分光光度法中，不同的微分方法其影响的主要因数是不同的。在数值微分法中，主要影响因数是导数阶数、$\Delta\lambda$ 值和半峰宽；电子模拟微分法的主要影响因数是导数阶数、时间常数、扫描速度和半峰宽。为获得最好的灵敏度、分辨率和最佳信噪比，恰当地选择导数阶数和各种仪器的参数是十分重要的。

（一）导数阶数的确定

带有微处理机的分光光度计，一般可以获得 1～4 阶导数光谱，选择几阶导数光谱必须根据测定目的和被测物的组成而定。在进行多组分混合物测定时，为消除共存物质的干扰和背景吸收，应该选择几阶导数光谱主要取决于干扰物质的吸光度与波长之间的函数关系，若干扰物吸光度与波长呈一次函数关系，如线性背景干扰，则有：

$$A = \varepsilon bc + a\lambda + b$$

对 λ 求一阶导数得：

$$\frac{\mathrm{d}A}{\mathrm{d}\lambda} = \frac{\mathrm{d}\varepsilon}{\mathrm{d}\lambda}cb + a \tag{5-35}$$

即一阶导数与待测组分浓度 c 成正比，而一次干扰组分成为常数，与待测物浓度无关，一次干扰被消除了。所以当存在一次干扰时，可选择一阶导数光谱。

若干扰物吸光度与波长呈二次函数关系，如抛物线干扰，则有：

$$A=\varepsilon cb+u\lambda^2+u\lambda+t$$

对 λ 求二阶导数，得

$$\frac{d^2A}{d\lambda^2}=\frac{d^2\varepsilon}{d\lambda^2}cb+2u \tag{5-36}$$

即二阶导数与待测组分浓度 c 成正比，而二次干扰组分成为常数，这意味着一个抛物线干扰背景被消除了，所以当存在二次干扰时，可选择二阶导数光谱。

因任何一个函数都可以近似地表示为一个幂级数，如：

$$A=c_0+c_1\lambda+c_2\lambda^2+\cdots+c_n\lambda^n$$

此函数对 λ 求 n 阶导数，得到常数 $n\times(n-1)\times\cdots\times2c_n$，这就意味着 n 次干扰被消除。

频率不同的波形求导后其变化是不同的，高频的弱吸收峰相对提高，而低频的强吸收峰相对降低。对高斯型谱带，经过 n 次求导后，其振幅 A_n 反比于原谱带半峰宽 H_w 的 n 次方：

$$A_n\propto1/H_w^n \tag{5-37}$$

因此，导数光谱可以放大窄的吸收带而压缩宽的吸收带，峰愈窄即 H_w 愈小，导数光谱的灵敏度愈高，并且随导数阶次的增大而增大。但导数光谱灵敏度与导数阶次、半峰宽和 $\Delta\lambda$ 有相互制约的复杂关系，一般说来只有半峰宽小于 30nm 的体系才有可能通过导数光谱提高灵敏度。

利用此性能导数光谱还可将两种不同频率吸收的物质加以区别，可用来识别肩峰。当大的宽峰和小的锐峰重叠时，弱小的锐峰被急剧上升的大峰掩盖，如图 5-21（a）所示，经过二次求导后微弱吸收带得到显著放大，如图 5-21（b）所示。

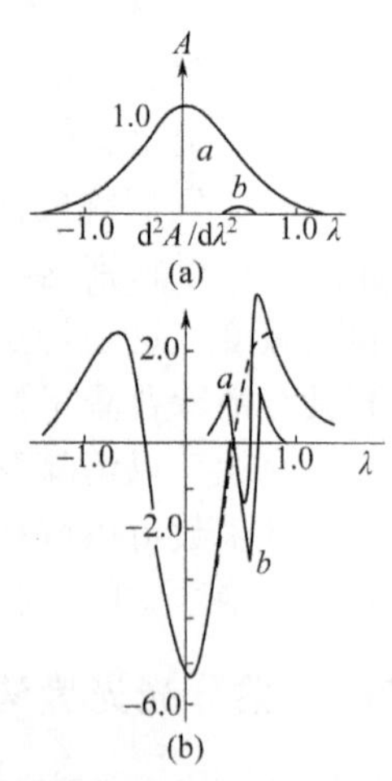

图 5-21 微弱吸收带的放大

（a）高斯型函数；（b）二阶导数光谱

对于两个完全重叠的等高但不等宽的高斯型谱带 X 和 Y，其半峰宽 H_w^x ∶ H_w^y =1∶3，如图 5-22 所示。

随导数阶数 n 增加 X 谱带逐渐变高变窄而 Y 谱带逐渐拉宽，至四阶导数时 Y 谱带接近零线，即消除了宽谱带的干扰。

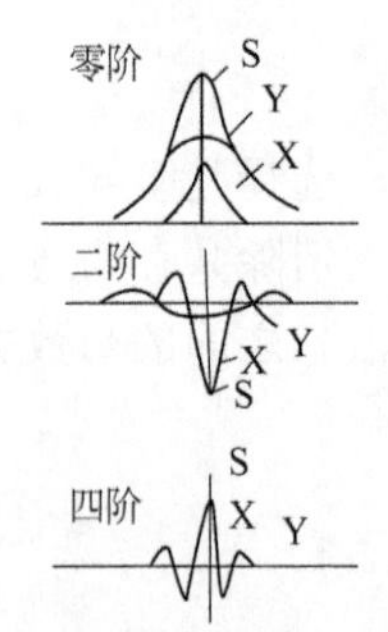

图 5-22 导数阶数对两等高谱带 X、Y（带宽=1∶3）的影响（S 为混合谱）

导数分光光度法对重叠谱带理论分辨问题的研究已有很多报道，对于两个完全重叠的不等高不等宽的高斯型吸收谱带，若其中一个为干扰组分，另一个为待测组分，欲使干扰组分对待测组分测定引起的相对误差在±5%以内，则两吸收谱带的半峰宽和峰高之间必须满足下列关系。

一阶导数光谱：

$$(H_{w_2}/H_{w_1})^2e^{-(H_{w_2}/H_{w_1})0.5}\leqslant0.0303A_2/A_1$$

二阶导数光谱：

$$H_{w_2}/H_{w_1} \leqslant (0.05\,A_2/A_1)^{0.5}$$

三阶导数光谱：

$$(H_{w_2}/H_{w_1})^4[3-0.550(H_{w_2}/H_{w_1})^2]\,e^{-0.275(H_{w_1}/H_{w_2})^2} \leqslant 0.093\,A_2/A_1$$

四阶导数光谱：

$$H_{w_2}/H_{w_1} \leqslant (0.05\,A_2/A_1)^{0.25}$$

式中，H_{w_1}、H_{w_2} 和 A_1、A_2 分别为待测组分和干扰组分的半峰宽和峰高。

以上所述为导数阶数的选择提供了理论依据，在一般情况下可以根据如下的经验来选择导数阶数。

为了准确确定待测组分宽吸收带最大吸收波长位置，通常选用一阶导数光谱最合适；在消除浑浊背景时选用一阶导数光谱即可，但对高浑浊样品应采用二阶以上的高阶导数光谱；对多组分混合物分析，一般需要用二阶以上的高阶导数光谱；气体样品分析时二阶导数光谱最常采用。

但是实际上选择阶数并非如此简单，取几阶导数光谱既要考虑干扰物质的吸收光谱，又要考虑被测组分的吸收光谱，以及两者的相似程度和重叠的情况，况且导数光谱又受光谱通带、扫描速度、步长、时间常数及横轴扩展因子等仪器参数的影响，同时还要考虑所采用的导数光谱的测量方法，必须在综合分析以上各种因数的基础上，通过实验来确定所取导数的阶数。

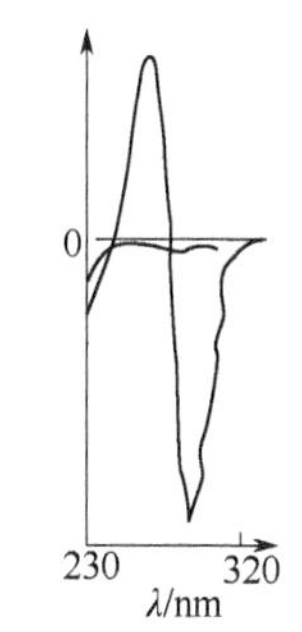

图 5-23 茶碱和辅料的一阶导数光谱

例如测定复方茶碱片中的茶碱，为确定其导数阶数，可以绘制其辅料及茶碱的一阶导数光谱，见图 5-23。此时辅料的一阶导数光谱在 230～320nm 范围内是一条接近 0 的直线，因此取一阶导数就可以消除辅料的干扰。

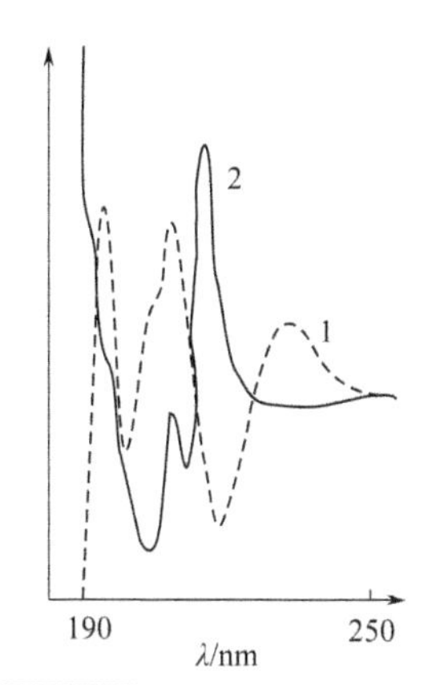

图 5-24 盐酸苯海拉明和盐酸麻黄碱的二阶导数光谱

1—盐酸苯海拉；2—盐酸麻黄碱

采用二阶导数光谱可以测定百喘明片中盐酸苯海拉明和盐酸麻黄碱两种组分，其二阶导数光谱如图 5-24 所示，采用峰零法测定盐酸苯海拉明在 230nm 处和盐酸麻黄碱在 216nm 处的导数值，两种成分几乎相互不干扰。

用一般的紫外光谱法测定复方氯喘片中盐酸去氯羟嗪时受盐酸氯喘和盐酸溴乙胺的干扰，这三种物质的三阶导数光谱如图 5-25 所示。盐酸去氯羟嗪的三阶导数光谱在 260～270nm 间有峰形尖锐、振幅最大的峰，而盐酸氯喘和盐酸溴乙胺在此范围峰形平坦，故此测定可取三阶导数。

稀土元素的测定是个难点，采用四阶导数光谱可以直接测定 15 种稀土共存时的钆，钆(Ⅲ)、1mol/L $HClO_4$ 溶液的四阶导数光谱如图 5-26 所示，在 270.9nm、272.3nm、273.5nm、275.1nm 和 276.2nm 各峰均可作为钆的测量波长。

以上例子说明要确定导数的阶数和测量波长，一般的步骤是绘制样品中各组分的1～4阶导数光谱，然后对谱图进行分析，从中确定导数阶数和测量波长。

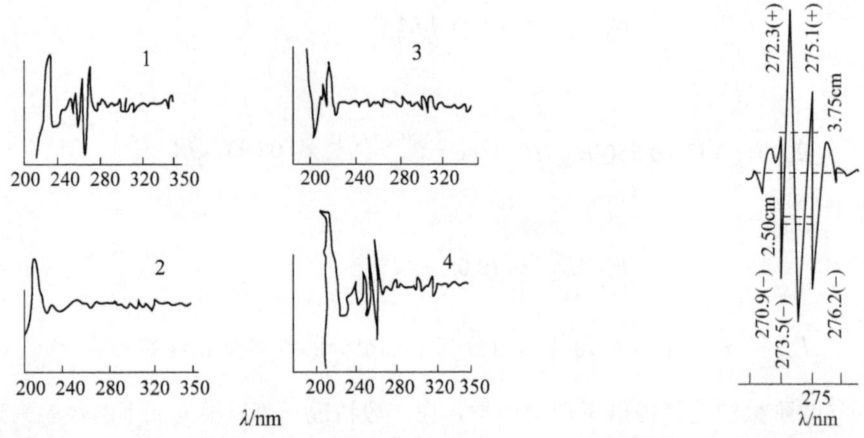

图 5-25 复方氯喘片中各组分的三阶导数光谱

1—盐酸去氯羟嗪；2—盐酸氯喘；3—盐酸溴乙胺；4—样品

图 5-26 钆-高氯酸溶液的四阶导数光谱

（二）其他测量参数的选择

导数光谱条件的改变会影响到导数光谱，在导数光谱的条件确定后，在测定过程中不能随意变动。仪器的主要参数如下。

（1）光谱带宽 灵敏度随光谱带宽变小而减小，光谱带宽太小时，信噪比变坏，一般选用0.5～2nm的光谱带宽。

（2）$\Delta\lambda$值 灵敏度随$\Delta\lambda$增大而增高，但$\Delta\lambda$过大，分辨率降低。导数光谱的灵敏度和导数阶次、$\Delta\lambda$以及半峰宽存在着复杂的关系，只有半峰宽小于30nm的体系，才有可能通过导数光谱提高灵敏度，灵敏度随导数阶次和$\Delta\lambda$的增加而增加。

（3）扫描速度 增大扫描速度能增大灵敏度，但分辨率下降。

（4）时间常数 为获得好的分辨率，选用小的时间常数，在高阶导数光谱中，为提高信噪比，可采用较大的时间常数。

（5）横轴扩展因子 增大横轴扩展因子降低灵敏度；反之，提高灵敏度。

三、导数光谱的几何测量法

在一定条件下，导数信号与待测物浓度成正比，导数信号的几何测量法是以导数光谱上合适的振幅作为定量信息，振幅的测量方法有以下几种。

1. 切线法

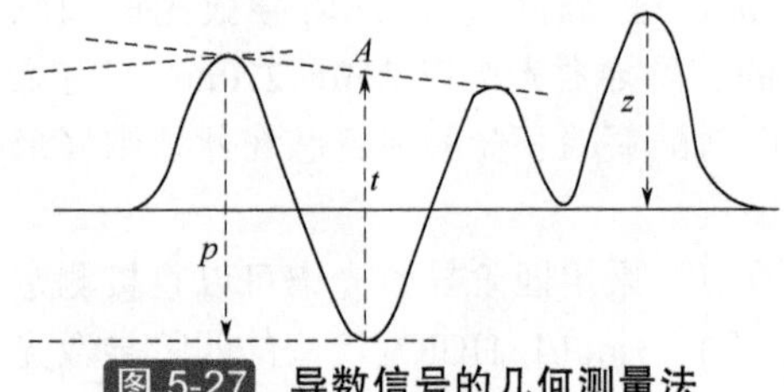

图 5-27 导数信号的几何测量法

对相邻两峰作切线，测量两峰间的谷到切线的距离，见图5-27中的t，用这种方法时，可不管基线是否倾斜。

2. 峰谷法

该法是测量相邻峰谷间的距离，见图5-27中的p。此法灵敏度最高，在多组分混合物的定量测定中是最常用的方法。

3. 峰零法

这是测量峰与基线间的垂直距离，见图5-27中的z，根据情况可以选择峰与基线的距离

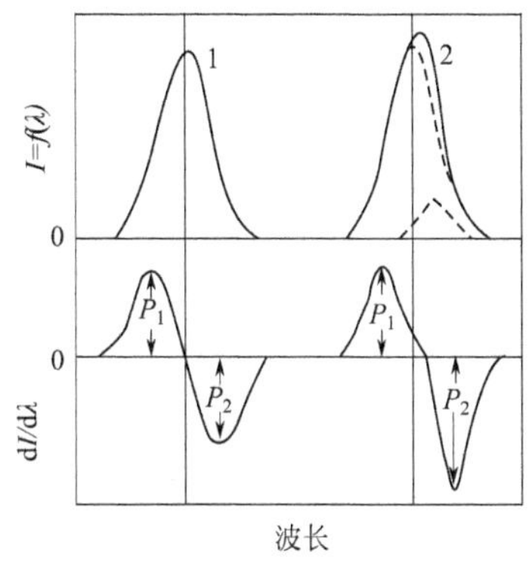

图 5-28 峰比率法原理示意

（正峰），也可以是谷到基线的距离（负峰），这种方法的选择性较好。

4. 峰比率法

测量的是其一阶导数的极大（正峰）和极小（负峰）的比率 P_1/P_2，见图 5-28。当被测组分的吸收光谱呈对称时，比率 $P_1/P_2=1$，当 $P_1/P_2\neq1$ 时，说明样品中存在另一组分或背景干扰。因此可以由 P_1/P_2 对百分含量作标准曲线，由样品的比率 P_1/P_2 求出被测组分含量。

5. 零交截距法

当 A、B 两组分的吸收光谱呈高斯型并互相严重重叠时，用导数光谱也不能将两峰完全分开，此时可以采用此法。

高斯曲线的导数光谱，其零交点必定在基线上，设组分 A 的零交点为 a，组分 B 的零交点为 b，见图 5-29。则以 b 点作为 A 组分的导数测量波长，过 b 点做对基线的垂线与 A、B 混合液的导数光谱 C 相交，交点和 b 点的距离为截距 D_1，D_1 只与 A 组分浓度成正比，即消除了 B 组分干扰，同理以 a 点作为 B 组分的导数测量波长，截距 D_2 只与 B 组分浓度成正比，即消除了 A 组分干扰。

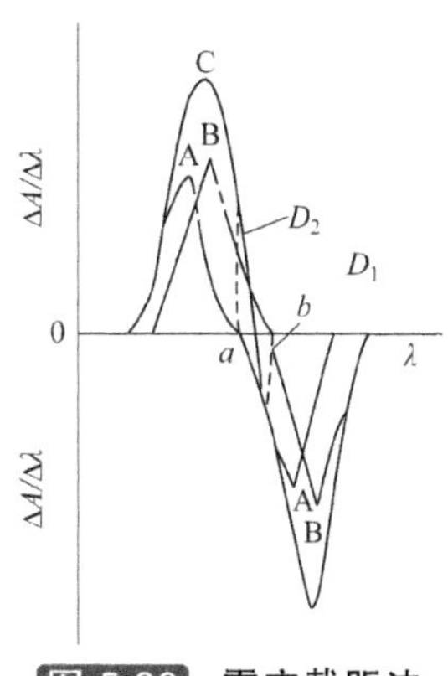

图 5-29 零交截距法

四、导数光谱的应用

导数分光光度法的应用见表 5-5 和表 5-6。

表 5-5 导数分光光度法的应用（无机物）

被测组分	显色体系	测定波长 λ/nm	导数阶数	ε	线性范围 /(μg/ml)	样品	参考文献
Al	铬天青 S(CAS)-OP	633	一阶		0～20	铝材着色槽液	1
	8-羟基喹啉-5-磺酸	252	三阶	7×10^4	0～40μmol/L	胃药	2
Co，Ni	PAR	514, 560	一阶		Co：0～1.2 Ni：0～1.0	催化剂	3
	5-Br-PADAP	570, 640	一阶	Co：4.96×10^5 Ni：1.14×10^5		原油，渣油	4
Cu	*Meso*-四(对三甲氨基苯基)卟啉	420	二阶		0～0.056	水	5
	Meso-四(对三甲氨基苯基)卟啉		四阶		0～0.004	矿样	6
Cu，Zn	5-Br-PADAP	Cu：563 Zn：553	三阶	Cu：1.0×10^3 Zn：3.0×10^5		人发	7
					Cu：0～0.8 Zn：0～0.4	水	8
Fe	非离子型 O/W 微乳液，磺基水杨酸	249	三阶		0～0.6	分析纯试剂	9
Fe, Ni	二甲酚橙	380, 502	一阶			镀层	10

续表

被测组分	显色体系	测定波长 λ/nm	导数阶数	ε	线性范围 /(μg/ml)	样品	参考文献
Fe，Al	乙二醇二乙醚二氨基四乙酸(EGTA)，邻苯三酚红(PR)，溴化十六烷基吡啶(CPB)	Fe：670.5 Al：625.8	一阶		Fe：0.4～4.0 Al：0.1～4.0	石英砂	11
Fe，Pd	亚硝基 R 盐(NRS)		一阶	Fe：$1.94×10^4$ Pd：$1.63×10^4$		记忆合金电镀液和电镀层	12
H_2O_2	Ti-5-Br-PADAP	560	二阶		0.2～10μmol/L	雨水	13
Hg	*meso*-四(3-氯-4-甲氧基苯基)卟啉	452.6，461.6	二阶	$9.98×10^6$	0.0051～0.104	工业废水	14
KI		234.3	一阶		2.084～6.252	碘化钾溶液	15
Mn	5-Br-PADAP，OP	554	二阶	$1.72×10^5$	0～0.2	铝和铝合金	16
N（硝酸盐态）		219，220	一阶		0.1～2.0	水	17
N（氨态）	奈氏试剂	370.0	一阶		0～3.6	炼油厂污水	18
Nd	依诺沙星(ENX)十六烷基三甲基溴化铵(CTMAB)		二阶		0.012～0.27 mol/L	稀土	19
NO_3^-		223.5	二阶		0～2.6	饮用水	20
Sm	偶氮胂III	655，677	二阶			镍铁合金电镀液	21
V	5-Br-PADAP	630	一阶	$3.0×10^5$		原油	22

本表参考文献：

1. 马毅红，叶晓萍，毛露甜．冶金分析, 2002(03): 67.
2. 张震宇，梁维安，苗伟．山东大学学报：自然科学版, 1996 (02): 202.
3. 张金生，李丽华，尹学博，等．分析试验室, 2000(05): 59.
4. 马继平，刘立行，李萍，等．分析化学, 1996(06): 737.
5. 纪翠荣，林琳，唐亚男．郑州粮食学院学报, 1999(03): 19.
6. 丁亚平，吴庆生.分析化学, 1998(03): 294.
7. 刘广东，袁存光，刘文钦，等．环境科学, 1996(03): 75.
8. 刘广东，刘文钦，袁存光，等．石油大学学报：自然科学版, 1996(02): 93.
9. 朱霞石，张晓红，郭荣．光谱学与光谱分析, 1999 (05): 747.
10. 王尊本，陈晓芳．分析化学, 1997(06): 740.
11. 张淑芳，秦梅，曲立强．光谱学与光谱分析, 2002(01): 113.
12. 王尊本，王润棠．分析化学, 1999(03): 312.
13. 胡锡琨，关玉群，冯洁玲，等．中国公共卫生, 1999(11): 76.
14. 易建宏，陈同森．中国环境监测, 1998(06): 32.
15. 冯志祥，郭军，张俊美．现代应用药学, 1996(04): 52.
16. 王淑华，路培乾，郭永恒．冶金分析, 2000(05): 12.
17. 徐青华．中国公共卫生, 2000(04): 39.
18. 王林，穆青山．石油化工, 1998(01): 52.
19. 冯玉，姜玮，王乃兴，等．分析化学, 2003(01): 92.
20. 王林．环境科学, 1999(01): 99.
21. 黄炎琳，王尊本．1997(03): 88.
22. 李萍，张明，赵杉林．理化检验：化学分册, 2003(04): 209.

表 5-6 导数分光光度法的应用（有机物）

待测物质	显色体系	测定波长 λ/nm	导数阶数	线性范围 /(μg/ml)	样品	参考文献
5-羟甲基糠醛(5-HMF)，糠醛(FUR)	硫代巴比酸	412, 428	一阶	0.4～3.2	纤维素水解液	1
6-溴靛红，4-溴靛红		265.6, 255.8	二阶	6-溴靛红：2～60 4-溴靛红：2～80	溴代靛红异构体	2
阿达帕林		279	一阶	6.12～36.72	阿达帕林脂质体	3
阿米洛利，氢氯噻嗪，阿替洛尔		243.6, 308.6, 375.0	一阶	阿米洛利：0.033 氢氯噻嗪：0.038 阿替洛尔：0.111	片剂或胶囊	4

续表

待测物质	显色体系	测定波长 λ/nm	导数阶数	线性范围 /(μg/ml)	样　　品	参考文献
苯甲酸		270, 289	四阶	苯甲酸：20～220 阿斯巴甜：200～700	软饮料	5
阿司匹林，扑热息痛，水杨酸		200～325	零阶 一阶		混合物	6
阿维菌素 B_1		252.2, 256.8	一阶	5～40	阿维菌素 B_1	7
氨茶碱，西咪替丁		氨茶碱：271 西咪替丁：240.2		氨茶：2～12 西咪替丁：1～10	注射液	8
安钠咖		287	一阶		匹咖卡因注射液	9
		287	一阶	15～75	匹咖卡因注射液	10.
安乃近		274	一阶	5～30	复方安乃近灌肠剂	11
安乃近，盐酸氯丙嗪			一阶	安乃近：5～30 盐酸氯丙嗪：20～140	微型灌肠剂	12
氨曲南，氨甲苯酸		219.0, 301.0	一阶		注射液	13
奥硝唑		296, 339	一阶	6～20	奥硝唑漱口液	14
巴比妥		251.9	一阶	2.85～22.8	复方氨基比林注射液	15
白藜芦醇		330～340	一阶	0～7.0	虎杖	16
苯胺	4-氨基安替吡啉		一阶	0～0.8	炼油厂污水	17
苯丙酸衍生物		340		54.19～270.94	云香精	18
					正骨水	19
苯酚		269～273	二阶		废水	20
盐酸苯海拉明，盐酸麻黄碱		228, 214	二阶		苯海拉明麻黄碱滴鼻液	21
苯，甲苯，二甲苯		255, 269, 273	一阶	苯：8.46～196.8 甲苯：8.34～207.8 二甲苯：8.27～193.0	车间空气	22
苯乙烯-*N*, *N'*-二异丙烯酰胺		269.6	二阶		苯乙烯-*N*, *N'*-二异丙烯酰胺共聚物	23
苯扎溴铵		266.3, 268.8	二阶	≤300	器械消毒液含量	24
布洛芬		265	二阶		布洛芬溶液	25
茶碱		259	一阶	4.4～17.6	复方茶碱甲麻黄碱片	26
茶碱，头孢哌酮钠		茶碱：226.1 头孢哌酮钠：240.2	一阶	茶碱：2～10 头孢哌酮钠：4～24	输液	27
促肝细胞生长素		281	一阶		注射用促肝细胞生长素	28
醋酸氢化可的松		241	一阶	11～19	祛白酊	29
醋酸曲安缩松		267	一阶	10～30	醋酸曲安缩松注射液	30
达克罗宁		283.4	二阶		利巴韦林软膏	31
大扶康		265	一阶	79.5～397.5	大扶康眼膏	32
丹皮酚		262, 282	一阶	0～7.5	滋肾胶囊	33

续表

待测物质	显色体系	测定波长 λ/nm	导数阶数	线性范围 /(μg/ml)	样　品	参考文献
敌鼠钠		285.2	二阶	1.0～5.0	毒饵	34
地巴唑		257.4	一阶	1～20	地巴唑片	35
地塞米松		243.0	二阶		地塞米松眼液	36
靛蓝		626	一阶	0.576～2.88	固精片	37
东贝母，伊贝母		东贝母：212 伊贝母：204 235, 244	一阶		东贝母和伊贝母	38
对乙酰氨基酚		235, 265	一阶	4.8～11.2	扑感片	39
对乙酰氨基酚，盐酸金刚烷胺		270, 274	一阶		复方氨酚烷胺片	40
酚类，苯胺类		206	四阶	酚类：0～2.0 苯胺类：0～3.3	污水	41
氟康唑		268	一阶		氟康唑滴耳凝胶	42
		274	二阶	130～450	氟康唑霜	43
		265	一阶	95～317	氟康唑滴鼻剂	44
葛根素		316	一阶		葛根总黄酮	45
测铬天青 S 离解常数		400～650	一阶		铬天青 S	46
过氧化苯甲酰		279, 283	二阶	0～9000	小麦粉	47
		244	二阶		痤疮乳膏	48
耗氧量		549.6	一阶		水	49
花锚素		257	二阶	1.68～8.40	乙肝宁片	50
华法林		328	二阶	检测下限 尿：0.5～1 血浆：2～4	尿和血浆	51
磺胺甲噁唑		265	二阶		复方磺胺甲噁唑片	52
黄芩苷		296	二阶	10～50	蓝芩口服液黄芩苷	53
		290	一阶	2～10	兽用中药制剂	54
		278	二阶	10.4～31.2	黄芩维 E 防护乳膏	55
		230, 310	一阶	16～80	湿疹喷雾剂	56
肌苷		265	一阶	2.5～20.0	肌苷注射液	57
甲硝唑		291	一阶		甲硝唑凝胶	58
甲硝唑，维生素 B_6		290.6	三阶	1.6～22.4	甲硝唑，维生素 B_6	59
替硝唑，交沙霉素		替硝唑：317 交沙霉素： 235.6～231	二阶	替硝唑：4～24 交沙霉素：3～18	复方替硝唑凝胶	60
酒石酸美托洛尔		224, 234	二阶	5～60	酒石酸美托洛尔	61
咖啡因		287	一阶		溴咖合剂	62
		292.4, 273.6	二阶	0.5～40	可乐型饮料	63
糠醛		287.6	一阶	0～20	白酒	64
苦杏仁苷		262～267	二阶		苦杏仁	65
辣椒碱		281	一阶		辣椒碱	66
赖氨酸		251	一阶	75～220	复方赖氨酸冲剂	67
利巴韦林		226.5	一阶	5～45	利巴韦林滴眼液	68

续表

待测物质	显色体系	测定波长 λ/nm	导数阶数	线性范围 /(μg/ml)	样品	参考文献
利巴韦林		227	一阶		利巴韦林喷鼻剂	69
邻氨基苯甲酸		353.2	一阶	10～50	大青叶	70
磷酸可待因		270	一阶	40～140	小儿镇咳合剂	71
硫酸阿托品		258	二阶	100～1400	硫酸阿托品胶浆剂	72
硫酸庆大霉素	二氢吡啶衍生物		一阶	5.475～32.85	胃炎合剂	73
硫唑嘌呤		274, 293	二阶		人血清	74
氯磷定		279	一阶		解磷注射液	75
氯霉素		298	一阶	5～40	复方氯霉素洗剂	76
		303.0	一阶	0～65.2	氯地滴耳液	77
		297	一阶		复方氯霉素乳膏	78
		300	一阶	8～64	氯霉素滴眼液	79
		293.8	一阶		氯霉素滴眼液	80
		310	二阶		复方地塞米松霜	81
		296	一阶	8～64	复方氯霉素凝胶	82
马来酸氯苯那敏		264	一阶	8～48.0	马来酸氯苯那敏凝胶剂	83
美沙芬，布洛芬		美沙芬：292.3, 288.2 布洛芬：260.8, 263.8	二阶	美沙芬：3.07～15.35 布洛芬：39.88～199.40	复方美沙芬布洛芬	84
米诺地尔		298	一阶	6～14	斑秃擦剂	85
纳他霉素		303	二阶	检出限：0.0986 mg/kg	酸奶	86
奈韦拉平		275, 299	一阶	2.5～25.0	奈韦拉平片	87
喃呋唑酮		414	一阶	5～25.0	中西复方制剂	88
脑脉康		268, 272	二阶		脑脉康颗粒剂	89
诺氟沙星		266	二阶	4～16	诺氟沙星片	90
		264	一阶	3～7	诺氟沙星滴耳液	91
培氟沙星		292, 278	二阶		培氟沙星片	92
扑尔敏		271		15.0～105.0	感冒通	93
芪类		331, 333	一阶	$(1.98\sim11.88)\times10^3$	虎杖	94
青藤碱凝胶		292	一阶	25.125～50.25	青藤碱凝胶剂	95
炔雌醚，炔诺孕酮		245	二阶	炔雌醚：18～42	炔诺孕酮炔雌醚片	96
乳酸环丙沙星		288.8	一阶	2.5～40	乳酸环丙沙星凝胶滴耳剂	97
		288	一阶	5～35	乳酸环丙沙星凝胶剂	98
色氨酸		282, 288	三阶	4.0～40.0	复方氨基酸胶囊	99
色氨酸，酪氨酸		292, 283	四阶		大豆水溶性蛋白	100
		285.5	四阶		谷物	101
色度	500度铬钴标准溶液	251	一阶		制浆废水	102
麝香草脑		238～254	二阶	2.8～22.1	麝香草脑霜剂	103

续表

待测物质	显色体系	测定波长 λ/nm	导数阶数	线性范围 /(μg/ml)	样品	参考文献
生物碱		241	一阶		制川乌,制草乌,附子	104
石杉碱甲		318	一阶		石杉碱甲片	105
食用菌多糖	苯酚-硫酸	475～501	一阶	2.22～13.33	食用真菌水提液	106
石油类，苯酚		241.5, 283	二阶	0～8	炼油厂污水	107
士的宁		264.2	二阶	0～1.82×10^4	疏风定痛丸	108
双氯芬酸		300	一阶	5.01～30.0	双氯芬酸凝胶	109
		294	一阶		复方双氯芬酸片	110
双氯芬酸钠		340～220	一阶	5～30	双氯芬酸钠凝胶剂	111
水飞蓟宾		277, 294	一阶	0.5～30.0	水飞蓟宾脂质体	112
苏丹红		251	四阶	2.5～15	番茄红素	113
盐酸小檗碱，黄芩苷		365, 247	二阶	盐酸小檗碱：4～12 黄芩苷：5～15	葛根芩连微丸	114
特非那定		237	一阶	7～35	特非那定片	115
替加氟		290～293	二阶	26～82	替加氟口服乳剂	116
替硝唑		344	一阶		复方替硝唑栓	117
酮康唑		282	一阶	$(0.4\sim3.2)\times10^8$	酮康唑脂质体凝胶	118
		233	二阶	5～30	复方酮康唑霜	119
酮康唑，依诺沙星		酮康唑：231 依诺沙星：338	二阶		复方酮康唑软膏	120
酮洛芬		259	二阶		酮洛芬	121
桐油		291.3	一阶		花生油等食用植物油	122
头孢拉定		247	一阶	10～70	头孢拉定胶囊	123
头孢哌酮钠（头），舒巴坦钠（舒）		头：279 舒：234	一阶 二阶	5～50	注射用头孢哌酮钠	124
		头：272.6, 290 舒：222.6	二阶	8～32	头孢哌酮钠和舒巴坦钠	125
脱氢枞酸，枞酸，新枞酸，左旋海松酸，长叶松酸		252.2, 256.8			歧化松香	126
烷基酚聚氧乙烯醚（OP）		282～284	二阶	25～700	DTY 油剂	127
维甲酸		387	一阶	2～6	维甲酸霜	128
		378	一阶		维甲酸凝胶	129
维生素 E		288, 292	二阶		维生素 E 乳膏	130
		286	一阶	3.75～37.5	强力施尔康	131
		230	一阶	14.98～24.96	慕颜胶囊	132
		285	二阶	100～400	维生素 E 微球凝胶	133
		287.4	一阶		维生素 E 霜	134
维生素 B_2		386, 554	一阶	11.9～23.8	复方蛋黄乳膏	135
乌头碱		224～214	二阶	40～260	通络祛痹丸	136
乌头碱，次乌头碱，新乌头碱		239, 235, 235	一阶		附子	137

续表

待测物质	显色体系	测定波长 λ/nm	导数阶数	线性范围 /(μg/ml)	样品	参考文献
吴茱萸碱		288, 291	二阶	5.2～20.8	复方吴茱萸碱纳米乳	138
戊二醛		302	一阶		戊二醛消毒剂	139
西咪替丁		228.5	一阶		西咪替丁注射液	140
香油		299.3	二阶		植物油	141
硝苯地平		241	一阶	5～45	硝苯地平片	142
硝酸匹鲁卡品		222	一阶	10～60	硝酸匹鲁卡品眼膏	143
硝酸益康唑		231	三阶	12.24～28.56	肤宁乳膏	144
辛伐他汀		224.0, 250.0	一阶	4.0～12.0	辛伐他汀胶囊	145
溴吡斯的明		287	二阶	16.68～38.92	溴吡斯的明聚乳酸微球	146
溴甲贝那替秦		268	一阶	200～1700	溴甲贝那替秦片	147
血红蛋白		450～423	一阶			148
盐酸苯海拉明，盐酸麻黄碱			二阶		苯海拉明麻黄碱滴鼻液	149
盐酸地尔硫䓬		250	一阶	2.4～16.8	盐酸地尔硫䓬缓释片	150
盐酸丁卡因		214～234	一阶	5～25	盐酸丁卡因滴眼液	151
盐酸酚苄明		267, 270	一阶		“竹林胺”制剂	152
盐酸环丙沙星		264～283	一阶	3.5～20	盐酸环丙沙星乳膏	153
		282	一阶	1.6～8	福美仙	154
盐酸黄连素		361～348	二阶		盐酸黄连素片	155
盐酸金霉素（金），盐酸达克罗宁（达）		金：368 达：308	金:零阶 达:二阶		复方金霉素涂剂	156
盐酸利多卡因		271	二阶	0.2～0.6g/L	盐酸利多卡因胶浆	157
盐酸洛美沙星		272.5～293.5	一阶		盐酸洛美沙星凝胶	158
盐酸氯己定		257	二阶		盐酸氯己定含片	159
盐酸麻黄碱		251, 253	一阶	120～250 0.8～16.7	咳喘平口服液	160
盐酸麻黄碱		215.7	一阶	5.15～25.75	盐酸麻黄碱强的松龙滴鼻液	161
盐酸麻黄碱，盐酸苯海拉明		216, 222, 230	二阶	5.0～25.0	抗喘合剂	162
盐酸麻黄素		216	一阶	7.56～17.64	盐酸麻黄素滴鼻剂	163
盐酸奈福泮		200～350	一阶		盐酸奈福泮片	164
盐酸普鲁卡因		307.9	一阶		盐酸普鲁卡因注射液	165
盐酸普萘洛尔		298～288	二阶	8～28	盐酸普萘洛尔片	166
盐酸小檗碱		365	二阶	2～10	葛根芩连微丸	167
盐酸异丙嗪		323	一阶		盐酸异丙嗪糖浆	168
氧氟沙星		299	一阶		氧氟沙星滴眼液	169
		302	一阶	2～12	氧氟沙星凝胶剂	170
		283.0, 302.5	一阶	2～10	氧氟沙星片	171
氧氟沙星，盐酸麻黄碱		278, 216.8	一阶 二阶		氧麻滴鼻液	172

续表

待测物质	显色体系	测定波长 λ/nm	导数阶数	线性范围 /(μg/ml)	样　品	参考文献
氧氟沙星，甲硝唑		293.8	一阶		栓剂	173
一氧化碳血红蛋白	保险粉	427	一阶		血液	174
		565	一阶	0～100%	血液	175
淫羊藿苷		250～300	一阶	0～0.96	健肾宝口服液	176
制霉素		319	一阶	9.8～49	制霉素胶囊	177
紫杉醇		256	三阶	4.0～40.0	紫杉肽	178
总黄酮		273	一阶		沙苑子	179
总绿原酸		357.9	二阶	4.67～23.35	银黄清	180
麻黄总碱		220	二阶		草麻黄	181
总生物碱		265.3	一阶	3～15	骆驼蓬片	182
左氧氟沙星		350～360	二阶	2～18	尿液	183

本表参考文献：

1. 常春, 马晓建, 岑沛霖. 理化检验: 化学分册, 2008(03): 223.
2. 杜红霞, 张越, 牛玉环, 等. 分析测试学报, 2006(05): 116.
3. 安原初, 刘利萍.等. 中国新药杂志, 2010(06): 534.
4. 李森. 国外医学: 药学分册, 1999(01): 62.
5. 孟醒, 刘茜, 焦庆才. 食品工业科技, 1997(06): 79.
6. 丁家梅, 杨圣, 陆霄雄, 等. 分析测试学报, 2011(06): 612.
7. 阿木古楞, 吴晓薇, 孟根达来. 光谱学与光谱分析, 2001(01): 84.
8. 陈鸣. 现代应用药学, 1997(06): 40.
9. 刘燕, 罗英辉. 中国医院药学杂志, 1999(03): 8.
10. 刘燕, 甘柯林. 中国现代应用药学, 2006(07): 637.
11. 王章阳, 王亮明, 孟晓红, 等. 华西药学杂志, 1998(04): 261.
12. 王章阳, 王亮明, 孟晓红, 等. 中国医药工业杂志, 1999(07): 9.
13. 罗宇芬, 曾颖. 中国新药与临床杂志, 2001(03): 226.
14. 张碧玫, 杨瑞. 中国医院药学杂志, 2006(02): 232.
15. 平星, 刘建晖, 刘佩玉. 中国兽药杂志, 1999(04): 22.
16. 叶秋雄, 黄苇. 食品工业科技, 2010(05): 359.
17. 王林, 庞荔元. 石油化工, 1998(08): 40.
18. 陆敏仪, 谢培德, 李梅. 中药材, 2002(05): 351.
19. 陆敏仪, 谢培德, 李梅. 中药材, 2002(08): 592.
20. 张红兵, 贾晓津, 娄颖. 染料工业, 1998(03): 35.
21. 吴飞华, 潘九英. 中国医药工业杂志, 1996(06): 270.
22. 吴昊, 杨建军, 钱立群. 中国公共卫生, 1996(01): 28.
23. 项苏留, 陆振荣, 吴建军, 等. 化学世界, 1996(08): 428.
24. 王晓杰. 中国消毒学杂志, 2004, (04): 45.
25. 张小玲, 邵青. 中国医药工业杂志, 1996(06): 262.
26. 马立夫. 时珍国医国药, 2005(08): 746.
27. 陈鸣. 中国医院药学杂志, 1996(02): 73.
28. 黄树立, 高培平, 卢贞. 中国药学杂志, 2001(02): 134.
29. 盛国荣, 谢勇. 中国医院药学杂志, 2001(06): 370.
30. 傅利道, 曾茂法. 中国医药工业杂志, 1996(03): 121.
31. 刘玉梅, 季红, 王瑛韬, 等. 中国医院药学杂志, 2000(06): 16.
32. 李伟, 李会轻, 王本敏, 等. 中国新药杂志, 2000(04): 243.
33. 张林松, 谢东浩. 中国现代应用药学, 1999(03): 44.
34. 谢连宏, 董子珍. 理化检验: 化学分册, 2005(04): 264.
35. 傅应华, 徐宏祥. 中国医院药学杂志, 1996(08): 364.
36. 管玫, 郑明兰. 华西药学杂志, 1999(03): 41 182.
37. 修佳, 刘平香. 中国现代应用药学, 1998(04): 52.
38. 东玉宝, 付玉恒. 辽宁中医杂志, 1997(02): 37.
39. 黄诺嘉, 黄小瑜, 王晓钰. 中成药, 2001(04): 255.
40. 张锦, 张晓松. 光谱学与光谱分析, 2002(04): 665.
41. 李美蓉, 袁存光. 中国环境科学, 1998(05): 427.
42. 王珩, 李冰, 王崇静. 北京医学, 2003(04): 234.
43. 霍玉, 王凤玲, 马克勤. 中国医药工业杂志, 2003(04): 34.
44. 孙国栋. 药物分析杂志, 2010(04): 752.
45. 李剑君, 李稳宏, 李多伟, 等. 西北大学学报: 自然科学版, 2001(04): 311.
46. 张淑芳, 秦梅. 分析化学, 1998(08): 931.
47. 唐小兰, 杨代明. 食品与机械, 2005(01): 53.
48. 李正翔, 王忠民. 中国医院药学杂志, 1996(12): 557.
49. 宋远志. 环境与健康杂志, 1997(06): 272.
50. 高笑范, 张起龙, 王弘. 中草药, 1998(03): 164.
51. 叶文鹏, 刘俊亭, 刁尧. 中国公共卫生, 2002(03): 113.
52. 戴敏. 中国医院药学杂志, 1999(08): 20.
53. 娄红祥, 程秀民, 苑辉卿, 等. 中国中药杂志, 1996(02): 97.
54. 高光. 中国兽医杂志, 2001(11): 54.
55. 张援, 夏学励, 罗利民, 等. 中国药房, 2004(04): 221.
56. 邹渭洪, 付成效, 毕津莲, 等. 中国现代医学杂志, 2012(22): 32.
57. 王灵杰, 梅蓉芬, 吴春丽. 中国现代应用药学, 1998(04): 50.
58. 刘忠, 陈冠容. 中国医院药学杂志, 1997(03): 24.
59. 张淑芳, 李怀娜, 张冬梅, 等. 光谱学与光谱分析, 1998(04): 489.
60. 刘剑刚, 胡秀萍, 徐培诚. 中国医院药学杂志, 1998(09): 393.
61. 王文刚, 恽榴红, 王睿. 中国药房, 2005(18): 1379.
62. 王灵杰. 中国现代应用药学, 1998(05): 48.

63. 朱强华, 黄奕, 张可扬. 中国公共卫生, 2001(05): 467.
64. 宋远志, 罗启华, 万家亮. 中国公共卫生, 1996(10): 466.
65. 吴迪, 王建中, 赵云霞, 等. 食品工业科技, 2006(02): 184.
66. 汤佩莲, 龙晓英, 林丹, 等. 中药材, 2005(08): 719.
67. 赵庄, 许扬彪, 陶宙镕. 中国医药工业杂志, 1996(03): 127.
68. 郭毅, 韩学静, 王丽萍. 中国医药工业杂志, 1998(08): 366.
69. 卢建, 潘树芬, 丁俊杰. 中国现代应用药学, 2001(01): 66.
70. 王寅, 乔传卓. 中草药, 2000(09): 664.
71. 何光明, 揭金阶, 王宗春. 华西药学杂志, 1997(02): 121.
72. 王彦, 张燕. 药物分析杂志, 2007(01); 139.
73. 陶敏艳, 关海桥, 吴汉斌, 等. 中国药房, 2007(07): 542.
74. 汤建林, 周世文, 翁鹭娜, 等. 药学学报, 1996(05): 371.
75. 宋小毓. 中国医院药学杂志, 2000(07): 23.
76. 杨新建, 王雷, 王世臣, 等. 中国医院药学杂志, 2004(06): 21.
77. 马虹英, 谭桂山, 张志华, 等. 湖南医科大学学报, 1998(04): 78.
78. 陈双璐. 药物分析杂志, 1998(S1): 236.
79. 冀宛丽, 赵家太. 中国现代应用药学, 2008(S2): 723.
80. 董亚琳, 闫正华, 王茂义, 等. 华西药学杂志, 1999(02): 59.
81. 全山丛, 石力夫, 张德莉. 中国医院药学杂志, 1998(01): 19.
82. 王雪明, 李俊山, 谭贺文. 中国新药杂志, 2003(01): 41.
83. 景利, 曾仁杰, 孙伟张, 等. 中国医院药学杂志, 2000(07): 404.
84. 赵庆华, 姜自彬, 唐宽晓, 等. 中国现代应用药学, 2000(04): 313.
85. 田华, 葛勤, 曹健, 等. 第三军医大学学报, 2004(08): 743.
86. 周玉虎, 赵慧芬. 中国乳品工业, 2008(03): 54.
87. 买买提明•买合木提, 吐尔洪•买买提, 尤努斯江•吐拉洪, 等. 药物分析杂志, 2011(10): 1950.
88. 谢梅冬, 崔艳莉. 中国兽药杂志, 1996(02): 22.
89. 胡碧波, 尹忠. 中国医院药学杂志, 2001(01): 48.
90. 王蕾, 唐建杰. 中国医药工业杂志, 1996(02): 73.
91. 唐开智, 付秀娟, 崔效勤, 等. 中国医药工业杂志, 1997(01): 32.
92. 冯琳, 张黎明, 王景祥. 中国医院药学杂志, 1998(02): 16.
93. 张琴, 李小军, 朴晋华. 药物分析杂志, 1996(06): 403.
94. 朱立贤 , 金征宇. 中国饲料, 2004(08): 30.
95. 马俊玲, 余道敏, 刘环香, 等. 中国医院药学杂志, 2000(11): 660.
96. 陈京海, 唐树荣. 中国药科大学学报, 1997(02): 90.
97. 王明丽, 胡祥珍. 中国医院药学杂志, 2004(05): 286.
98. 赵懿清, 张碧霞. 中国医院药学杂志, 2004(12): 70.
99. 陈桂良, 张顺妹. 中国医药工业杂志, 1998(04): 178.
100. 程霜. 中国粮油学报, 2002(05): 61.
101. 臧荣春, 王凯雄. 浙江农业大学学报, 1998(04): 433.
102. 陈洪雷, 陈元彩, 詹怀宇. 中国造纸, 2009(12): 10.
103. 张向崇, 兰婉玲. 中国医药工业杂志, 1997(04): 179.
104. 龙沛霞, 王玉珍. 中草药, 1996(09): 531.
105. 郑力行, 王以俭, 周洁. 中国现代应用药学, 1998 (02): 42.
106. 陈悦娇, 马应丹, 谢武珊. 食品与发酵工业, 2004(06): 108.
107. 王林, 隋向云. 石油化工, 2000(01): 46.
108. 张云哲, 李云霞. 中草药, 2003(08): 718.
109. 张先洲, 李国英, 颜玉莲. 中国医药工业杂志, 1996(03): 123.
110. 戴月华. 中国医院药学杂志, 1996(03): 103.
111. 何光明, 施震, 陈书新, 等. 中国医药工业杂志, 1996(06): 272.
112. 余江南, 徐希明, 朱源, 等. 中国中药杂志, 2003(11): 34.
113. 韩彬彬, 金嘉敏, 吴秋燕, 等. 药物分析杂志, 2009(05): 710.
114. 徐英瑜, 毛书征. 中国医院药学杂志, 2001(12): 27.
115. 程斌, 刘启, 王秀英. 中国医院药学杂志, 2001(11): 703.
116. 武凤兰, 李金玺, 李海淑. 中国医药工业杂志, 1999(09): 27.
117. 尚校军, 吴艳芳, 卢乙众. 中国医院药学杂志, 2007(10): 1482.
118. 王雪明, 陆维艾, 李新芝. 中国医院药学杂志, 2002(12): 760.
119. 左晖, 康鲁平, 于西全. 中国医药工业杂志, 1997(10): 461.
120. 何光明, 施震, 孟君, 等. 中国医院药学杂志, 2001(11): 663.
121. 胡晋红, 朱宇, 薛佩华. 药学学报, 1997(07): 542.
122. 朱炳辉, 莫金垣, 黄润心. 光谱学与光谱分析, 1998(03): 121.
123. 肖松, 李常洲. 中国医药工业杂志, 2000(02): 78.
124. 姜红, 范艺腾. 华西药学杂志, 1999(Z1): 401.
125. 卢晓阳, 王临润, 史美甫. 现代应用药学, 1997(05): 36.
126. 李文霞, 严宝珍, 焦书科. 分析科学学报, 2001(03): 203.
127. 李洪赞, 胡婉华. 合成纤维工业, 1997(05): 56.
128. 王茂义, 董亚琳, 阎正华, 等. 中国医药工业杂志, 1997(09): 417.
129. 王雪明, 陆维艾, 魏荣. 中国现代应用药学, 2003(01): 45.
130. 陈雅, 陈钧, 何凤慈. 中国医院药学杂志, 2003(01): 51.
131. 李允武, 陈桂良. 中国医药工业杂志, 2000(05): 223.
132. 曹健, 黄林清, 王芳, 等. 中国药房, 2007(22): 1732.
133. 黄冬, 吴雪梅, 李朝晖, 等. 第四军医大学学报, 2009(02): 153.
134. 庄志铨, 陈志良, 李国锋. 中国医院药学杂志, 1996(09): 31.
135. 罗兰, 陈迹, 张茂慧, 等. 中国医院药学杂志, 2007(05): 672.
136. 蒋云根, 陈长生, 宋彦蓉, 等. 第四军医大学学报, 2005(03): 235.
137. 刘春叶, 于周龙, 田凯, 等. 时珍国医国药, 2012(04): 960.
138. 柳珊, 谭群友, 吴建勇, 等. 中成药, 2012(04): 670.
139. 朱至明, 杨华. 中国医院药学杂志, 2002(04): 64.
140. 陈鸣. 中国医药工业杂志, 1996(01): 22.
141. 杜红霞, 赵华. 中国调味品, 2007(12): 65.
142. 袁国平, 朱宝琬, 金乃宝. 中国医药工业杂志, 1996(04): 171.
143. 邹小琴. 中国现代应用药学, 2000(03): 226.
144. 曹健, 张倩, 黄林清. 中国药房, 2006(13): 1009.
145. 李忠红, 唐树荣. 中国药学杂志, 2000(08): 50.
146. 徐美玲, 谭群友, 罗彦凤, 等. 中国医院药学杂志, 2011(05): 372.
147. 韩学静, 郭毅, 陈汝红, 等. 药物分析杂志, 1998(S1): 28.
166. 张君仁, 庞华, 王唯红, 等. 中国医药工业杂志,

148. 朱传福, 申华, 苗翠英, 等. 山东医药, 2001(20): 75.
149. 吴飞华, 潘九英. 中国医院药学杂志, 1996(05): 218.
150. 李玉兰, 等. 中国现代应用药学, 1999(01): 49.
151. 翁晓明, 孙瓦克. 现代应用药学, 1997(03): 34.
152. 曹书霞, 戴晓弘, 韩华云. 郑州大学学报: 医学版, 2004(01): 121.
153. 王玉, 奚明宝. 中国医药工业杂志, 1996(11): 514.
154. 李书宏, 梁文涛, 李海金. 中国兽药杂志, 1998, (03): 31.
155. 袁波, 沙沂, 黄永, 等. 沈阳药科大学学报, 1998(02): 128.
156. 张丽梅, 沈刚, 原永芳. 中国现代应用药学, 2003(04): 300.
157. 夏曙辉, 陆崟, 曹凌燕, 等. 中国医院药学杂志, 2007(04): 564.
158. 谷杰, 李佳, 周仲强. 化工劳动保护: 工业卫生与职业病分册, 1997(04): 175.
159. 方灿. 中国医院药学杂志, 2001(10): 36.
160. 吴文飞. 中国医院药学杂志, 2007(01): 114.
161. 陈华文. 中国实验方剂学杂志, 2009(08): 29.
162. 陈学锋. 中国现代应用药学, 2001(02): 134.
163. 杜斌. 河南医科大学学报, 2000(02): 139.
164. 张继川, 何卫民, 孟凡明, 等. 中国医药工业杂志, 1998(07): 313.
165. 罗俊芳. 中国医院药学杂志, 1996(02): 67.
1996(11): 516.
167. 徐英瑜, 张家康. 中国医院药学杂志, 1999(01): 31.
168. 于维钧, 汪玉凤, 佟志清, 等. 中国医院药学杂志, 1996(09): 417.
169. 管明英, 杨水新. 中国医院药学杂志, 1996(04): 168.
170. 张先洲, 文为, 姜俊勇, 等. 中国医药工业杂志, 1997(07): 314.
171. 臧志和, 陈代勇, 辛志伟, 等. 中国抗生素杂志, 2001(03): 230.
172. 黄建楷. 中国医院药学杂志, 1998(06): 27.
173. 张秀芝, 姚晓敏. 中国药科大学学报, 1996(08): 480.
174. 易钢, 钟梁, 舒朝忠, 等. 临床检验杂志, 2006(04): 308.
175. 陈南. 光谱实验室, 2010(04): 1655.
176. 龚青, 蔡新彪. 中国中药杂志, 1997(08): 483.
177. 郭伶, 徐楚鸿. 中国现代应用药学, 2003(06): 513.
178. 权莹, 刘三康, 付春梅, 等. 华西药学杂志, 2006(01): 77.
179. 李洪娟. 湖北农业科学, 2012,(10): 2104.
180. 周波林, 冯国栋. 时珍国医国药, 2007(02): 383.
181. 郭鸿宜, 陈康. 中药材, 2004(10): 738.
182. 陈鸣. 中国中药杂志, 1996(05): 282.
183. 陈少锋, 刘满荣. 中国药房, 2007(29): 2277.

第五节　正交函数分光光度法

一、正交函数分光光度法原理概述[13]

正交函数分光光度法（orthogonal function spectrophotometry，OFS）是利用正交多项式回归分析来消除分光光度分析中光谱干扰的一种方法，该法由 Ashton 等人于 1956 年提出。20 世纪 70 年代后，随着电子计算机的日益普及，正交函数分光光度法计算工作量大的问题已不复存在，于是该法得到迅速发展和广泛应用。

要把正交多项式用于分光光度分析，也就是对光谱曲线进行回归，假如有一待测溶液，其中含有待测组分和数个干扰组分。这些组分的光谱互相重叠，组成一条复杂的光谱曲线。这条曲线可以表达成吸光度对波长的函数。它可用一个多项式来逼近，又进而可以化成一组正交多项式的线性组合，表达如下：

$$A(\lambda)=b_0P_0(\lambda)+b_1P_1(\lambda)+\cdots+b_nP_n(\lambda)$$

由上式可见，任意给定函数 $A(\lambda)$（即成分固定后的吸光度），都可用若干个函数分量，即正交多项式 $P_0(\lambda)$，$P_1(\lambda)$，…，$P_n(\lambda)$的线性组合来逼近。$P_j(\lambda)$ 的 j 值取到多少，由具体情况而定。一般情况下 j 取到 5 已足够。以下用函数图像来说明这一问题。每一个正交多项式都对应有自己的基本图像。图 5-30 为 j=0～5 的各正交多项式的基本曲线形状。用这些曲线的线性组合可以构成相当复杂的一类曲线。

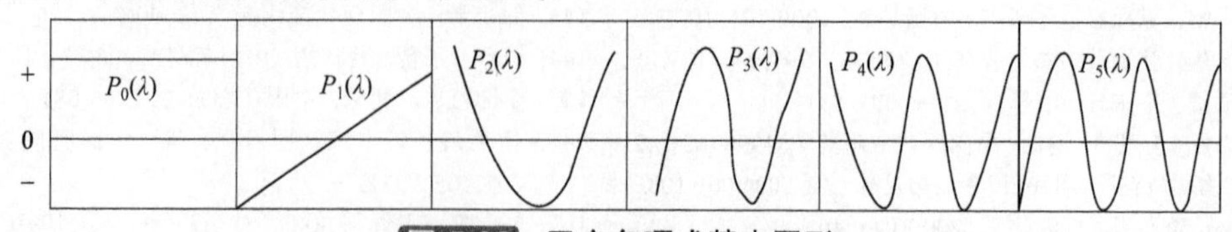

图 5-30　正交多项式基本图形

所以任一已知函数 $A(\lambda)$ 的曲线图形都可以由若干个正交多项式 $P_0(\lambda)$，$P_1(\lambda)$，…，$P_n(\lambda)$ 以各自的回归系数（b_0，b_1，…，b_n）为权重（相当于组分的吸光系数）加和而成。

正交多项式系数 b_0，b_1，…，b_n 的值采用最小二乘法来确定，可由式（5-38）计算：

$$b_j = \sum_{i=1}^{N} A(\lambda_i)P_j(\lambda_i)/N_j,\ \text{其中} N_j = \sum_{i=1}^{N} P_j^2(\lambda_i) \tag{5-38}$$

由此式可以求出 b_j，其中 $A(\lambda_i)$为各波长点 λ_i 处的吸光度值，由测定得到（i 值数目由具体情况而定）。$P_j(\lambda_i)$是正交多项式，可查表求得（其中 $i=N$ 是选取的测定波长点数目，j 是正交多项式的次数）。由中国科学院数学研究所统计组和概率统计室分别编著的“常用数理统计方法”和“常用数理统计表”中给了正交多项式数值表，可供查找。例如求 $N=3$、$j=2$ 的回归系数 b_2：

在三个波长点处测定的吸光度分别为 A_1、A_2 和 A_3，查正交多项式数值表，$N=3$，$P_2(\lambda)$ 这一栏为：+1，−2，+1，由式（5-38）计算 b_2 为：

$$b_2=[(+1)A_1+(-2)A_2+(+1)A_3]/6$$

由式（5-38）可知 $P_j(\lambda_i)$和 N_j 都是固定的数值，因此 b_j 是吸光度 A 的一次函数，故 b_j 与浓度之间存在类似比尔定律的正比关系：

$$b_j=\alpha_j c$$

式中，α_j 是常数，数值上等于其纯物质的 1%（质量浓度）的溶液在一定等间隔波长范围内，光路长为 1cm 时的 b_j 值，称为该物质的正交多项式百分回归系数值，通常以 b_j（1%，1cm）表示。将上式和我们熟知的 $A=E_{1\text{cm}}^{1\%}c$ 公式比较，a_j 类似比吸光系数，而 b_j 就相当于吸光度。这就是可以用 b_j 作为定量信息的理论依据。

把吸光度 A 用正交函数法换为 b_j 的目的是消除光谱干扰，当有干扰组分存在时，混合物的 b_j 可表示为：

$$b_j(\text{混})=b_{jx}(1\%,1\text{cm})c_x+b_{jz}(1\%,1\text{cm})c_z$$

式中，x 为待测组分；z 为干扰组分。当对正交多项式次数 j 和波长区间、测试点数目 N、波长间隔 $\Delta\lambda$ 和中间波长 λ_m 作了合理选择后，能满足 $|b_{jz}(1\%,1\text{cm})/b_{jx}(1\%,1\text{cm})|<1\%$，即可认为 z 的存在不干扰 x 组分的测定。这就是正交函数分光光度法区别于经典分光光度法的地方。

二、正交函数分光光度法实验参数的选择

（一）正交多项式次数 j 和测量波长区间的选择

正交多项式次数 j 和测量波长区间决定于待测组分和所有共存组分的吸收曲线的形状，选择在待测组分吸收曲线回归模型中的 b_j（x）尽可能地大，而共存干扰组分吸收曲线回归模型中的 b_j（z）尽可能小的 j 值作为测定用正交多项式的次数。例如，在盐酸麻黄碱存在下测定盐酸苯海拉明，其吸收光谱如图 5-31 所示。

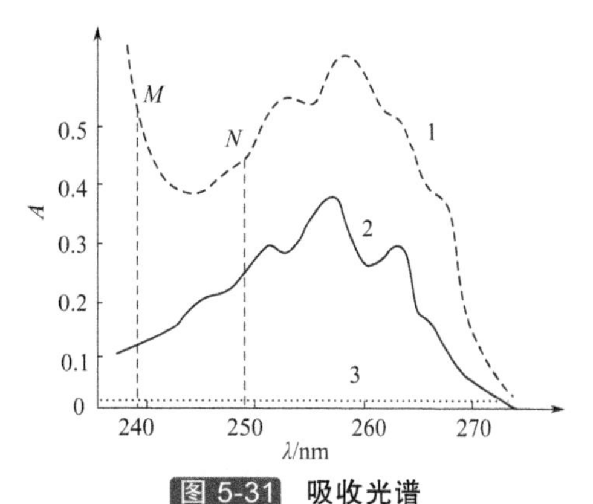

图 5-31 吸收光谱

1—盐酸苯海拉明吸收光谱；2—盐酸麻黄碱吸收光谱；3—辅料的吸收光谱

辅料吸收几乎不随波长改变，即近于一个恒量，很易扣除，关键是如何扣除盐酸麻黄碱的干扰。在 250nm 以上盐酸麻黄碱的吸收曲线与盐酸苯海拉明基本一致，但在 240～250nm 间盐酸苯海拉明吸收

曲线呈二次型，而盐酸麻黄碱吸收曲线基本呈直线形，所以选择 MN 段 240～250nm 作为测量波长区间，正交多项式次数 j=2。正交多项式次数 j 一般在 1～5 之间为宜，次数过高，图形复杂不常采用。

（二）测定波长点数 N 的选择

由多项式曲线的基本形状得知，要想将一个曲线的基本形状确定下来，至少应测定点数 $N \geqslant j+1$。从数学意义上讲，波长点数越多正交多项式拟合得越逼真，b_j 值就越精确。但波长点数增多，b_j 的计算也就越麻烦，所以应统筹兼顾，如果曲线不复杂，就可少取几点，使之能反映出曲线的基本形状即可。如果曲线较复杂，为了更好地反映曲线的全貌，就需要多取几点。据文献对 36 种试样用本法测定的统计，N 选 6 点占 52.8%，所以通常选 6 点左右较为合适。

（三）波长间隔 $\Delta\lambda$

波长间隔 $\Delta\lambda$ 的大小是由吸收曲线形状是否复杂和波长点数多少决定的。$\Delta\lambda$ 和 N 相互制约。如果吸收曲线很规则，$\Delta\lambda$ 可大些，如不规则，$\Delta\lambda$ 可适当小些，以便能充分反映出曲线的变化情况。在一定条件下，$\Delta\lambda$ 越大，由波长不准确引入的误差越小，b_j 值也越精确，有利于提高测定的准确度。

（四）中间波长 λ_m 的选择

要选择中间波长，必须首先做出 b_j（Δb_j 或 b_w）对中间波长 λ_m 的转换曲线，即给定一个中间波长，由相应一组波长点的吸光度求出一个 b_j，由一系列 λ_m 得到一系列 b_j，以 b_j 为纵坐标，λ_m 为横坐标绘制出转换曲线。然后按下述原则选择中间波长，使在该 λ_m 处满足以下条件。

① b_j（z）/b_j（x）[或 Δb_j（z）/Δb_j（x），b_w（z）/b_w（x）]≤（0±1）%。

② 使得 b_j（x）[或 Δb_j（x）、b_w（x）]尽可能地大，比较系数 $|q_j|$（$=b_jN_j^{1/2}$），或 $|\Delta q_j|$（$=\Delta b_jN_j^{1/2}$）大于 0.14；在 b_w 法中，或者待测组分 $|q_j|$、$|q_k|$ 均大于 0.14，或者 $|q_j|$ 大于 0.14，而 $|q_k|$ 尽可能小，干扰组分的 $|q_j|$、$|q_k|$ 都应尽可能小，这样才能使变异系数小于 1%。

③ 在转换曲线上，要尽可能选择组分转换曲线的峰、谷、平台所处的中间波长[即待测组分 b_j(x)绝对值尽可能大的中间波长]，且对应在干扰组分 b_j(z)近于零的平坦位置上。

为了能更有效地寻找到最佳正交条件，已编制了正交函数法最佳测定条件的选择程序可供参考[14]。

三、正交函数法的几种常用方法[11]

用 j 次正交多项式的回归系数 b_j 代替吸光度对组分进行定量分析的方法称为 b_j 法。

当测定单一组分时，大体可分如下几个步骤：

① 画出样品中所有组分的吸收曲线，根据待测成分和干扰组分的曲线选 b_j（即 j 值）和确定波长范围；

② 根据曲线复杂程度，确定波长点数 N 和波长间隔 $\Delta\lambda$，并确定各测定波长点；

③ 分别在被确定的波长处测定待测组分纯品和各干扰组分纯品的吸光度；

④ 分别计算 b_j(x)和 b_j(z)；

⑤ 以 b_j(x)和 b_j(z)为纵坐标，λ_m（每一组 λ_i 的中间波长）为横坐标，绘出转换曲线，由转换曲线确定定量用的中间波长；使在此中间波长下的 b_j（z）相对于 a_jc_x 小到可忽略不计，从而当用样品 b_j 作为待测组分 x 的定量信息时共存组分 z 不干扰测定（因它对样品的 b_j 几乎

无贡献）；

⑥ 用通常的工作曲线法或已知浓度标准对照法、比吸收系数法、回归方程计算法等求出被测物的含量。

二组分同时定量时，计算同一波长组合内的两个不同次项的回归系数 b_j、b_k。或者计算不同波长组合内两个相同次项的回归系数 b_j、b_j'，可得如下联立方程：

$$\begin{cases} b_j = a_j c_x + a_j' c_z \\ b_k = a_k c_x + a_k' c_z \end{cases} \text{或} \begin{cases} b_j = a_j^x c_x + a_j^z c_z \\ b_j' = a_j^{x'} c_x + a_j^{z'} c_z \end{cases}$$

式中，a_j、a_j'、a_k、a_k'(a_j^x、a_j^z、$a_j^{x'}$、$a_j^{z'}$) 需用纯品事先求出；b_j、b_k 为用样品吸光度求得值，将它们代入联立方程，解方程即可求 c_x、c_z。

上面介绍的 b_j 法是最常用的方法，此外，还有 Δb_j 法和复合多项式法（b_w 法）。Δb_j 法是应用于差示分光光度法中的正交函数法，b_w 法是在 b_j 法无法找到合适条件时可以试用的方法。以上两种方法请参阅相关文献[11]。

四、正交函数分光光度法的应用

自 1963 年 Glenn 提出 b_j 法（正交函数法），1972 年 Abdine 提出 Δb_j 法和 1974 年 Wahbi 与 Eble 提出 b_w 法后，此法已被广泛用于各种复方制剂中主要成分的含量测定；尤其是在计算机的辅助下，实验条件的建立和数据处理变得更为容易，进一步扩展了它的使用。但近年来在我国的应用报道明显减少，这里列出近十年来的部分应用文献（表 5-7）。

表 5-7　正交函数分光光度法应用实例

样品名称	待测组分	P_j	N	$\Delta\lambda$/nm	波长区间或 λ_m/nm	参考文献
生脉注射液	人参总皂苷	P_2	9	9	579	1
盐酸苯福林滴眼液	盐酸苯福林	P_1	7	4	235～272	2
维生素 E 胶丸	维生素 E	P_2	6	4	250～300	3
麦味地黄丸	丹皮酚	P_2	6	4	273.8	4
马来酸氯苯那敏乳膏	马来酸氯苯那敏	P_2	6	3	266.5	5
氯霉素片	氯霉素	P_2	6	10	277	6
甲硝唑漱口液	甲硝唑	P_2	6	4	270	7～9
混合氨基酸	苯丙氨酸	P_1	4	2	263～269	10
甘草浸膏和甘草流浸膏	甘草酸	P_2	6	9	258	11
复方甲硝唑复合膜	甲硝唑	P_2	6	4	317	12
碘化钾溶液	碘化钾	P_2	6	4	226	13
地塞米松磷酸钠注射液	地塞米松磷酸钠	P_2	6	4	238	14
苯扎溴铵消毒液	苯扎溴铵	P_3	6	4	270	15
安痛定注射液	氨基比林	P_2	6	4	267	16
安钠咖注射液	苯甲酸钠 咖啡因	P_2 P_2	6 6	2 8	229 268	17
复方磺胺甲噁唑片	磺胺甲噁唑	P_1	6	5	249～274	18
复方新诺明片	磺胺甲基异噁唑 甲氧苄氨嘧啶	P_2 P_2	9 9	2 2	257 265	19

本表参考文献：
1. 张梅, 陈海红, 等. 黑龙江医药, 1998, 11(4): 197.
2. 何振伟. 中华医学写作杂志, 2001, 8(16): 1927.
3. 李湘玲, 汪洋. 安徽医药, 2002, 6(2): 59.
4. 王焕云, 温爱平, 等. 中国药业, 1999, 8(2): 31.
5. 夏文斌. 数理医药学杂志, 1998, 11(4): 346.
6. 林守阵, 李枝端. 海峡药学;1997, 9(1): 47.
7. 袁国文, 王会堂. 中国药业, 1998, 7(5): 46.
8. 赖飚, 李晖. 河北医学, 2000, 6(6): 570.
9. 谢六生, 马秋莲, 等. 西北药学杂志, 1998, 13(2): 96.
10. 林如, 李宁, 等. 沈阳药学院学报, 1991, 8(4): 242.
11. 魏有良, 党创世. 基层中药杂志, 1998, 12(2): 29.
12. 朱虹, 王森. 中国药业, 1998, 7(12): 56.
13. 任正纬. 首都医药, 1999, 6(6): 25.
14. 李光明, 江贵珍. 中国药业, 1998, 7(8): 20.
15. 任正纬. 首都医药, 1999, 6(7): 24.
16. 王春英, 张兰桐, 等. 光谱学与光谱分析, 1999, 19(5): 758.
17. 陈爱民, 顾春沫, 等. 农垦医学, 1999, 21(1): 63.
18. 黄双路, 陈伟, 等. 中华医学写作杂志, 2002, 9(3): 172.
19. 尚京川, 欧阳瑜. 重庆医科大学学报, 1998, 14(4): 330.

第六节 褶合光谱分析法

一、褶合光谱分析法原理概述[15~17]

20 世纪 80 年代末吴玉田教授以 Glenn 氏正交函数法为基础，从理论和实践两方面入手，提出一种新的数学变换方法，并吸收国际流行的各种数值计算方法的优秀内核，建立了褶合光谱分析法（早期又称褶合曲线分析法），并根据该法原理研制出了新一代智能型多功能分光光度计“UV / Vis-W 褶合光谱仪”。

褶合光谱法的基本原理是利用褶合变换技术将化合物的原始吸收光谱转变为褶合光谱，显示出原始吸收光谱在构成上的局部细节特征，从而为化学结构相似的物质紫外吸收光谱的定性定量提供新的手段。利用多项式拟合理论，可以把紫外吸收曲线用一组正交多项式来拟合。即吸收曲线可表示为：

$$A_{\alpha} = Q_0 + Q_1\Phi_{1(\lambda)} + Q_2\Phi_{2(\lambda)} + \cdots + Q_i\Phi_{i(\lambda)} + \cdots$$

式中，Q_i 是其组合系数，而 Q_0 是常数项，统称为数学分量；$\Phi_{i(\lambda)}$是以波长 λ 为自变量的 i 次多项式。对于任何物质的吸收光谱，相同波长点对应的$\Phi_{i(\lambda)}$值是相同的，故吸光度 A 值取决于数学分量值，即不同物质的吸光度的不同，是由部分 Q_i 的不同而造成的。由多项式拟合的数学算法可以推出：

$$Q_j = [\sum_{n=1}^{i} -\lg(I/I_0)\lambda_i \times \Phi_{(ij)}] / N_j^{\frac{1}{2}} \qquad (i=2\sim30,\ j=1\sim5)$$

式中，Q_j 为数学分量；I_0, I 分别为波长为 λ_i 的入射单色光和透射单色光的强度；Φ_{ij}，$N_j^{1/2}$ 为数学模型参数。由此可以看出数学分量 Q_j 是物质内在固有性质的一种数值反映。褶合曲线是用数学分量随平均波长的变化轨迹描绘成的曲线。如果将多项式拟合时的邻域改变，就可以得到一系列的褶合曲线，形成褶合光谱群。这些曲线一定程度上扩大了物质对光吸收的差异及吸收曲线的细微差别，也就是把相似曲线中实际存在的“不相似性”用褶合曲线的形式表现出来。利用物质的吸收特性，可进一步变换为：

$$Q_j = Q_{1\text{cm}}^{1\%} cL \qquad (5\text{-}39)$$

式中，Q_j 为数学分量（褶合光谱值）；$Q_{1\text{cm}}^{1\%}$ 为褶合系数（浓度为 1%，厚度为 1cm 时的 Q_j 值）；c 为物质的浓度；L 为液层厚度。即紫外分光光度法中吸收度与浓度的线性关系在这里转变成数学分量与浓度的线性关系，利用褶合曲线之间的差异的形式来量化，从而为物质的定性定量提供了理论基础。

褶合曲线法实质上是一种新的复合差分方法，数学分量 Q_j 可用 $F(\lambda)$的 j 阶差分表示。$F(\lambda)$的 N 阶差分通式为：

$$\Delta nf(\lambda)=f(\lambda+n\Delta\lambda)-\binom{n}{1}f[\lambda+(n-1)\Delta\lambda]+\binom{n}{2}f[\lambda+(n-2)\Delta\lambda]+\cdots+(-1)\binom{n}{n-1}f[\lambda+\Delta+(-1)]Qf(\lambda)$$

在褶合曲线法中，比如当 n=6，$\Delta\lambda$=h 时，用差分表示的各数学分量是：

$$Q_1=[5\Delta F(\lambda)+8\Delta F(\lambda+\Delta\lambda)+9\Delta F(\lambda+2\Delta\lambda)+8\Delta F(\lambda)+3\Delta\lambda)+5\Delta F(\lambda+4\Delta\lambda)]/70^{\frac{1}{2}}$$

$$Q_2=[5\Delta^2F(\lambda)+9\Delta^2F(\lambda+\Delta\lambda)+9\Delta^2F(\lambda+2\Delta\lambda)+5\Delta^2F(\lambda+3\Delta\lambda)]/84^{\frac{1}{2}}$$

$$Q_3=[5\Delta^3F(\lambda)+8\Delta^3F(\lambda+\Delta\lambda)+5\Delta^3F(\lambda+2\Delta\lambda)]/180^{\frac{1}{2}}$$

$$Q_4=[\Delta^4F(\lambda)+\Delta^4F(\lambda+\Delta\lambda)]/128^{\frac{1}{2}}$$

$$Q_5=\Delta^5F(\lambda)/252^{\frac{1}{2}}$$

由于褶合曲线法中 $\Delta\lambda$ 一般都比较小，在这种情况下，差分与导数之间有如下关系：

$$F(\lambda)\approx\Delta F(\lambda)/\Delta\lambda$$
$$F(\lambda)\approx\Delta^2F(\lambda)/\Delta^2\lambda$$
$$\vdots \qquad \vdots$$
$$F(\lambda)\approx\Delta^nF(\lambda)/\Delta^n\lambda$$

所以褶合曲线法与导数光谱之间有密切的联系，用模拟的高斯型吸收曲线进行实验，模拟的高斯型吸收曲线通过褶合获得的 Q_j 褶合曲线完全吻合，这就在实验上证实了通常意义上的导数光谱就是某种条件下的褶合曲线。高斯型吸收曲线的 Q_j 褶合的波形特征是：①在高斯形曲线极大处其相应的奇阶曲线通过零点，在高斯曲线的两拐点处，奇阶曲线各为极大与极小；②偶阶褶合曲线具有与高斯曲线相类似的形状，高斯型曲线的峰值对应于偶阶曲线的极值（极大极小随褶合阶次交替出现），高斯曲线的拐点在偶阶曲线上通过零点；③随着褶合阶次的增加，谱带变锐，带宽变窄。高斯形吸收曲线的 1～2 阶 Q_2 褶合曲线有与相应的褶合曲线类似的波形特征，但其 3～4 阶 Q_2 褶合曲线有渐趋复杂的特征性细微变化。当测试点 N 逐渐增大，褶合曲线的细微变化减小，其高阶褶合曲线有迅速向中心收缩的趋势。

Q_3～Q_5 褶合曲线的波形特征也有规律可循，但比较复杂，由于高斯型曲线过于简单，需要改用高次曲线来研究。

二、褶合光谱仪的主要功能

褶合光谱仪是由我国学者吴玉田教授等人所研制的一种全新概念的智能型多功能紫外-可见分光光度计，以下对该仪器的主要功能做简要介绍。

（一）定性鉴别及杂质限量检查

褶合光谱法的定性是根据空间理论提出的一种量化判别法——相关系数判别法。比较待测样品和参考样品的褶合光谱是否一致，就是比较 m 维（m 为测试点波长数）空间中两个矢量是否重合。两个矢量间夹角（相关系数）的大小，就是一致性的量度。如果是同一物质，则相关系数为1，该两矢量的夹角为零，相互重合；否则为不同物质。

采用褶合光谱仪的定性鉴别功能，能直接为用户提供标准对照品与待鉴别样品三维褶合光谱差谱图显示的定性鉴别结果。

具体操作方法如下。

① 确定线性范围　在做两个化合物的定性鉴别分析时，首先要确定两个化合物在测定波长范围内的浓度线性范围，以便尽可能获得误差最小的测量信息。

② 自我训练　配制多个（不少于 3 个）不同浓度的标准品溶液，在一定波长范围和间隔内重复测定（不少于 9 次）吸光度信息，通过褶合光谱定性鉴别功能系统，构组数据文件 1 和数据文件 2，然后进行自我训练，匹配比较，绘制三维差谱图，如果得到同一性认定的定性鉴别结论，则被认为自我训练完成，标准图谱群已建立。

③ 定性分析　取待测样品溶液，在与自我训练相同的条件下测定吸收度信息，构组数据文件 3，与标准图谱群（由数据文件 1 产生）匹配比较得到新的三维谱图，得出是否非同一性的定性鉴别结果。

用褶合光谱法做杂质限量（或纯度）检查的原理及方法，与定性鉴别分析相同。根据褶合光谱法的定性鉴别分析原理，以经过自我训练的纯品做对照标准，与含限量杂质的非纯品匹配比较建立杂质限量判据，可以对药物杂质进行限量检查。

（二）单组分样品的定量

根据褶合光谱法理论可知，浑浊背景通常只有常数项贡献而待测组分有主贡献，故可认为背景干扰已被消除，利用定量公式可直接在含有背景干扰的情况下对样品进行定量分析。

① 吸收光谱曲线的绘制　按样品比例配制待测组分的标准对照溶液、干扰组分溶液及混合溶液，为了减少测量误差，其浓度控制在线性范围内，绘制吸收光谱，考察干扰情况。

② 寻找最佳测试条件　为了寻找最佳测试条件，需配制 5 个不同浓度待测组分的模拟溶液（按样品比例加入干扰组分），使在测定波长范围内最大吸光度值不超过仪器能测准的限值。由褶合光谱进行褶合变换，通过仪器的单组分定量分析功能系统，计算出 5 个模拟溶液的回收率和相对标准差，以回收率接近 100%、相对标准差接近 0 为前提，寻找最佳测试条件。

③ 样品测定　配制适当浓度的样品溶液，在上述最佳测试条件下进行测定，仪器自动给出测定结果。

（三）双组分定量分析功能

褶合光谱与吸收光谱不同之处还在于它是围绕平均波长轴上下起伏的曲线，特定组分的褶合光谱有固定的过零点，这种特性为双组分定量提供了有利的基础。褶合光谱法在定量分析双组分混合体系中某一组分（比如为 A）时，可以自动查找另一组分（比如为 B）褶合光谱的交零点，并测定 A 在该点的贡献，计算出相应的浓度 c，反之则找出组分 A 褶合光谱的过零点，测定 B 在该点的贡献，计算出 B 的浓度 c。这些可能的测试点往往有很多，众多可以相互印证的结果也反映了测试的准确性，褶合光谱法可以从中选择最佳的测试结果。

具体操作方法如下。

① 吸收光谱曲线的绘制　按样品处方比例配制两个待测组分的标准对照溶液及混合溶液，为了减少测量误差，其浓度应控制在线性范围内，绘制吸收光谱，考察浓度线性范围及

干扰情况。

② 寻找最佳测试条件 配制5份不同浓度的混合模拟样品液，各组分浓度在处方比例±10范围内波动。使在测定波长范围内最大吸光度值不超过仪器能测准的限值。由褶合光谱进行褶合变换，用褶合光谱仪双组分析定量分析功能系统，计算出5个模拟样品的回收率和相对标准差，以回收率接近100%，相对标准差接近0为前提，寻找最佳测试条件。

③ 样品测定 配制适当浓度的样品溶液，在上述最佳测试条件下进行测定，仪器自动给出测定结果。

（四）多组分定量

由于多组分药物中各物质的过零点都可能不同，所以不能用共同的过零点来定量，褶合光谱法的多组分定量分析功能是以褶合光谱为基础采用当前优秀的数值计算方法（WCI型采用PLS法）进行分析的，将数学变换法与数值计算法有机结合是当前计算分光光度法的最新发展和最佳选择。

具体操作如下。

① 吸收光谱曲线的绘制 准确配制n个待测组分（$n \geqslant 3$，n为待测组分数）对照品溶液各一份，为了减少测定误差，其浓度控制在线性范围内，绘制吸收曲线。

② 寻找最佳测试条件 为了寻找最佳测试条件，按正交设计原则，依样品处方比例±20浓度范围内配制9个（n为3～4个组分，三水平）或18个（n为5～7个组分，三水平）混合校正样品液，再按处方比例±10范围内配制5个混合模拟液（加相应的辅料）。使各混合液在测定波长范围内的最大吸光度值不超过仪器能测准的限值。将n个待测组分溶液和相应的9个校正溶液、5个模拟溶液的原始文件构组为模拟样本文件，由褶合光谱进行褶合变换，通过仪器的多组分定量分析功能系统，计算出5个模拟样品溶液的回收率和相对标准差，以回收率接近100%，相对标准差接近0为前提，寻找最佳测试条件。

③ 样品测定 配制适当浓度的样品溶液，在最佳测试条件下进行测定，仪器自动给出测定结果。

三、褶合光谱分析法的应用

褶合光谱分析法在药物分析领域得到了广泛应用，已发表了很多有关应用的综述[18~23]可供参考。这里仅列出近几年在杂质检测、药物配伍稳定性考察及组分定量等方面的部分文献（见表5-8和表5-9）。

表5-8 褶合光谱分析法在杂质检测、药物配伍稳定性考察中的应用

样品	参考文献	样品	参考文献
白花蛇舌草与水线草的鉴别	1	喹诺酮类药物与注射用头孢曲松钠的配伍稳定性研究	7
麻黄碱-伪麻黄碱的鉴别	2	硫酸长春新碱与6种药物配伍的稳定性研究	8
DNA样品中杂质的限量检查	3	诺氟沙星与常用注射液的配伍稳定性研究	9
利巴韦林注射液与其他4种注射液配伍稳定性研究	4	乳酸环丙沙星与常用注射液的配伍稳定性研究	10
氟罗沙星与常用注射液的配伍稳定性研究	5	穿琥宁与常用注射液的配伍稳定性研究	11
环丙沙星与常用注射液的配伍稳定性研究	6	褶合光谱法考察药品的配伍稳定性	12

本表参考文献：
1. 黄庆华，温金莲，等. 广东药学院学报, 2006, 22(6): 589.
2. 陈建达，徐辉，等. 第二军医大学学报, 2004, 25(10): 1151.
3. 郑红，吴玉田，等. 药学学报, 2000, 35(11): 847.
4. 侯巍，滕杨. 黑龙江医药科学, 2005, 28(5): 14.
5. 高金波，杨铭，等. 中国临床药学杂志, 2006, 15(1): 57.
6. 高金波，丁立新，等. 中国现代应用药学杂志，2006，23(7): 676.
7. 侯巍，焦淑清，等. 中国临床药学杂志, 2008, 17(4): 242.
8. 侯巍，滕杨，等. 第二军医大学学报, 2010, 31(10): 1155.
9. 高金波，张羽男，等. 药学实践杂志, 2005, 23(5): 302.
10. 李国清，李抒诗，等. 药学实践杂志, 2006, 24(5): 291.
11. 李抒诗，李国清，等. 中医药学报, 2007, 35(5): 40.
12. 楚振升. 黑龙江医药科学, 2005, 28(3): 28.

表 5-9 褶合光谱分析法在组分测定中的应用

药名	主成分	平均回收率/%	*RSD*/%	参考文献
头孢羟氨苄甲氧苄啶胶囊	头孢羟氨苄 甲氧苄啶	99.5 100.0	1.02 1.53	1, 2
复方磺胺甲噁唑片剂	磺胺甲噁唑 甲氧苄啶	100.42 96.83	0.37 2.55	3
β-半乳糖苷酶	*β*-半乳糖苷酶活性	—	—	4
氢化可的松麻黄碱滴鼻液	氢化可的松 盐酸麻黄碱	99.81 100.16	0.42 0.20	5
美洛西林舒巴坦钠注射液	美洛西林 舒巴坦钠	100.62 99.93	1.07 0.93	6
呋麻滴鼻液	盐酸麻黄碱	100.00	0.05	7
复方茶碱片	咖啡因 非那西丁 苯巴比妥 可可碱 茶碱 氨基比林	101.6 99.7 100.9 99.9 100.2 100.8	1.46 0.10 1.31 0.81 0.81 0.48	8
银黄含片	绿原酸 黄芩苷	97.28 98.11	0.88 0.45	9
安痛定片剂	非那西丁 氨基比林 和苯巴比妥	99.73 99.35 100.3	0.84 0.73 1.85	10, 11
咳喘灵气雾剂	沙丁胺酮 丙酸培氯米松 异丙溴阿托品	100.03 99.91 101.27	0.61 0.12 1.85	12
头孢哌酮钠舒巴坦钠注射剂	哌酮钠 舒巴坦钠	99.71 100.05	1.33 0.28	13, 14
泻痢停片	磺胺甲噁唑 甲氧苄氨嘧啶	99.85 102.01	0.53 3.14	15
血清	钙 镁	99.07 98.33	2.32 2.58	16
血清	尿酸	99.86	0.29	17

本表参考文献：
1. 谢庆君，李坚. 广东药学学报, 2005, 21(2): 158.
2. 张羽男，高金波，等. 黑龙江医药科学, 2005, 28(5): 34.
3. 闻俊，陆峰，等. 第二军医大学学报, 2004, 25(7): 797.
4. 郑红，吴玉田，等. 分析化学, 2001, 29(5): 583.
5. 刘世军，杨樊辉，等. 武警医学, 2004, 15(6): 419.
6. 冯威，蔡雪桃，等. 中国医药导报, 2010, 7(16): 65.
7. 宋洪杰，吴玉田，等. 中国药房, 1998, 9(5): 227.
8. 张守尧，王桂芳，等. 药学学报, 1993, 28(2): 126
9. 李坚. 郧阳医学院学报, 2006, 25(2): 88.
10. 丁立新，韩宁，等. 黑龙江医药科学, 2004, 27(5): 9.

11. 丁立新, 高金波, 等. 中国现代应用药学杂志, 2005, 22(4): 321.
12. 金文祥, 吴玉田. 药学情报通讯, 1994, 12(3): 49.
13. 杨铭. 黑龙江医药科学, 2006, 29(3): 25.
14. 郑红, 吴玉田, 等. 中国抗生素杂志, 2001, 26(2): 106.
15. 赵玉佳, 高金波, 等. 药学实践杂志, 2006, 24(2): 101.
16. 郑红, 吴玉田, 等. 分析试验室, 2000, 19(3): 8.
17. 郑红, 吴玉田, 等. 理化检验: 化学分册, 2001, 37(2): 75.

第七节 动力学光度法

动力学光度法是以测量受均相催化加速的某一化学反应速率与催化剂浓度（或活化剂浓度、抑制剂浓度等）的定量关系为基础，用紫外-可见分光光度计为检测手段的一种光度法。该方法在反应未达平衡时便可进行测定，因而扩大了可利用的化学反应的范围，提高了方法的灵敏度，一般可达 10^{-6}~10^{-9}g/ml，甚至可高达 10^{-12}g/ml 并提高了方法的选择性，有些方法甚至是特效的。

动力学光度法一般可分为三类：①催化动力学方法，包括酶催化动力学分析法；②非催化动力学分析法，包括速差动力学分析法；③诱导方法。

一、催化动力学光度法[1,2,24~28]

（一）催化动力学光度法原理

某均相催化反应如下：

$$A + B \xrightarrow{Cat} X + Y$$

式中，Cat 为催化剂，即为被测定的物质。上述反应称为被测物质的指示反应，参与反应的物质 A、B、X、Y 称为指示物质。指示物质可以选反应物 A 或 B，也可以选生成物 X 或 Y，视具体情况而定，在催化动力学光度法中常选择有色物质。假设上述反应产物 X 为有色物质，此时可选 X 为指示物质。对于上述催化反应，其反应的速率方程式可表示为：

$$d[X]/dt=\eta[X][Y][C_K]$$

在反应初期，如控制[X]和[Y]较大，其浓度基本上可视为不变，则该反应的速率将仅决定于 Cat 的浓度$[C_K]$，即：

$$d[X]/dt=\eta'[C_K]$$

将上式积分可得：

$$[X]=\eta'[C_K]t \tag{5-40}$$

根据光吸收定律：

$$[X]=A/\varepsilon b \tag{5-41}$$

将式（5-40）代入式（5-41）并合并常数项得：

$$A=\eta''[C_K]t \tag{5-42}$$

式（5-42）就是催化动力学光度法测定催化剂含量的基础。

现以微量 W 对 H_2O_2 氧化 I^-反应的催化作用测定钨为例作进一步说明。

反应为：

$$H_2O_2+I^- \xrightarrow{W} I_2+H_2O$$

在酸度固定时，该反应的速率方程式可表示为

$$d[I_2]/dt=\eta[H_2O_2][I^-][W]$$

在反应初期，如控制 H_2O_2 和 I^-浓度较大，其浓度基本上可视为不变，则该反应的速率将仅决定于 W 的浓度，即：

$$d[I_2]/dt=\eta'[W]$$

将上式积分可得：

$$[I_2]=\eta'[W]t \tag{5-43}$$

根据光吸收定律：

$$[I_2]=A/\varepsilon b \tag{5-44}$$

将式（5-43）代入式（5-44）并合并常数项得：

$$A=\eta''[W]t \tag{5-45}$$

在式（5-45）的基础上，通过不同的测量方法测定碘的吸光度值，即可求得 W 的浓度。

（二）活化剂与抑制剂

催化反应的速率因加入某些少量的物质而增大，加入的物质称为活化剂或称为助催化剂，活化剂的加入常常可提高测定方法的灵敏度。例如，利用钒催化 $KClO_3$ 氧化对氨基苯乙醚的反应可检出 1μg 钒，当加入活化剂酒石酸氢钾后可以检出 10^{-4}μg 钒，灵敏度提高了 1 万倍。

按作用机理不同，活化剂大致可分为三类：①影响催化剂-反应物相互作用的活化剂；②参与催化剂再生的活化剂；③在催化反应中起间接作用的活化剂。

活化剂影响催化剂与反应物的相互作用：在这一类反应中，催化剂（M）常与反应物（S）先形成中间配合物 M-S，中间配合物进一步分解而得反应产物。活化剂的作用可以是促进中间配合物的形成，或者是促进中间配合物的分解。不论是哪一步的作用，都能使催化反应速率增加，但催化剂与活化剂（A）也能形成配合物 M-A 是必要条件。在 M-A 中，活化剂（A）可以影响催化剂（M）起不同的作用。钒催化卤酸盐氧化芳香胺类，8-羟基喹啉及其衍生物是此反应的有效活化剂。这里活化剂的作用被证明是增加催化剂与反应物形成中间配合物 M-S 的速度，即形成钒与芳香胺的配合物。8-羟基喹啉及其衍生物之所以有这样的作用，是因为这类活化剂对钒的配位球体的 *xy* 平面有对位效应。

活化剂影响催化剂的再生：用过硫酸盐氧化对氨基苯磺酸，银是催化剂，此体系是测定银的很灵敏的方法。实验结果说明，决定催化反应速率的是 Ag(Ⅰ)氧化到 Ag(Ⅱ)，有几方面的因素可能促进 Ag(Ⅰ)的氧化。如降低 Ag(Ⅰ)/Ag(Ⅱ)的氧化电位，或在氧化后使 Ag(Ⅱ)稳定，因 Ag(Ⅰ)的配位数是 2，Ag(Ⅱ)的配位数是 4，多价配位体有可能起稳定 Ag(Ⅱ)的作用。有接受电子倾向的配位体可以形成（M→A）π 键，效果应更显著，这些配位体亦可能是很好的活化剂。一些文献的实验结果证明，用含氮配位体作为活化剂，效果很好。配位体的存在也降低了 Ag(Ⅰ)/Ag(Ⅱ)的氧化电位，例如 Ag(Ⅰ)/Ag(Ⅱ)的标准氧化电位分别为：4mol/L $HClO_4$，2.00V；2mol/L HNO_3，1.914V，有联吡啶存在时，为 0.453V。有活化剂存在时银的测定灵敏度提高了 100 倍，同时也扩大了干扰元素的允许量。

活化剂的间接作用：某些催化反应可因活化剂参加平行反应而增加其反应速率。如在芳香胺类的氧化过程中，酚类的存在常使氧化加快，因而酚类是这类反应的活化剂。用氯酸钾氧化对乙氧基苯胺，钒是催化剂，可以苯酚为活化剂，作钒的催化测定。

用活化剂不仅能提高催化法的灵敏度，还可用活化剂改善给定的催化反应的选择性，即提高被测离子的催化活性，同时熄灭或降低其他有干扰的催化剂离子的活性，达到一箭双雕的目的。如催化法测定 V(V)时，Cu(Ⅱ)和 Fe(III)也催化指示反应，加入柠檬酸作活化剂，使测 V(V)的灵敏度提高约 15 倍，而干扰离子的催化活性完全被抑制。

反应速率与活化剂浓度的关系曲线有一极大值。这是因为在活化剂的浓度很高时，催化剂的配位数完全被活化剂所占有，而催化剂与底物的配位作用被阻止。然而，在许多情况下，配位数的这种封锁不能造成催化活性的完全熄灭。如下列取代过程：

$$MA_n+S \longrightarrow MA_{n-1}S+A$$

若该过程以可测量的速度进行，它将提供一定浓度的催化剂-底物配合物，所以有一定的催化活性。在此条件下，催化剂的配位数中，部分活化剂被底物取代，它将成为限制总的催化反应速率中的一步。当活化剂的作用与 $MA_{n-1}S$ 型三元配合物的形成关联时，反应速率与活化剂浓度[A]的关系曲线存在极大是所有类型活化反应的特性。活化剂浓度的测定，就是利用上述曲线的前半部分。当对某一指示反应，应用固定量的催化剂时，在一定活化剂的浓度范围内，反应速率的增大与活化剂的浓度呈线性关系，从而可用来测定低含量的活化剂，扩大了催化动力学分析法的应用。例如，Mn^{2+}催化的下列反应，可被 NTA（氨三乙酸）活化，在不含 NTA 时可测定 1～2μg Mn^{2+}，存在 NTA 时可测定 4～40ng Mn^{2+}。当固定 Mn^{2+}浓度时，也可用来测定纳克级的 NTA。

$$IO_4^- + Sb(III) + 2H^+ \xrightarrow{Mn^{2+}} IO_3^- + Sb(V) + H_2O$$

某些物质能与催化剂作用生成无催化活性的物质，从而降低催化反应速率，这些物质称为抑制剂。例如 Hg^{2+}能抑制 I^-催化 Ce^{4+}氧化 AsO_3^{3-}的反应，Hg^{2+}就是该催化反应的抑制剂。利用这种抑制作用也可以用催化动力学光度法测定抑制剂含量。

（三）指示反应的类型

作为催化动力学光度法的指示反应要符合以下几点要求：①要有适当的反应速率，太慢会延长测定时间，过快无法精确测定；②反应物的吸收光谱要有异于产物的吸收光谱；③在测量的浓度范围内，指示物质的吸光度应符合比尔定律；④在测量吸光度瞬间，指示物质的吸光度应基本保持不变，其变化应在光度测量的误差范围内。

在催化动力学光度法中，指示反应的选择是十分重要的，它决定了该催化动力学光度法的灵敏度和选择性。目前，用于催化动力学分析法的指示反应，其灵敏度大多在 μg/ml～ng/ml，少部分在 ng/ml～pg/ml。研究新的高灵敏度的指示反应是十分重要的，一般要求指示物质的摩尔吸光系数要大，即有色物质的分子截面要大，例如，偶氮染料及一些大分子量的有色物质常有较大的摩尔吸光系数，因而有较高的方法灵敏度。

催化动力学光度法的选择性和特效性的决定因素是指示反应的选择性，如果在不同的反应条件下各催化剂具有很不相同的催化活性，或者各种催化剂按不同的反应机理参与反应，则该催化测定将具有选择性。利用配位作用的差异可以来调节催化反应的选择性，在底物分子中引进适当的取代基，就可能使它只对某种特定的离子有效，从而使催化反应具有较高的选择性。例如，从各种多元酚被 H_2O_2 催化氧化的反应中可以看到底物对各催化剂的某种选择性。上述反应被 Cu^{2+}、Ni^{2+}、Co^{2+}催化加速，如两个羟基处于对位，则 Cu^{2+}的催化活性特别强；处于邻位，特别是间位，其催化活性就弱得多。相反，Ni^{2+}特别是 Co^{2+}强烈催化两个羟基处于邻位的多元酚。

目前可利用的指示反应的类型主要有三类：氧化还原催化反应、非氧化还原催化反应（包括配位体交换、分解、水解和代替）和酶催化反应。

（1）氧化还原催化反应　这是应用最多的一类指示反应，作为指示反应的氧化还原对的实际电位和作为催化剂的被测金属离子的氧化还原对的实际电位之间的关系应符合以下条件：

$$U_H(Ox_1/Red_1) > U_H[M^{(n+1)+}/M^{n+}] > U_H(Ox_2/Red_2)$$

即催化剂的氧化还原对的实际电位应处在指示反应的氧化还原对的实际电位的中间，才能发生催化反应。

在氧化还原催化反应中常采用的氧化剂除氯胺T等少数有机物外大多为无机物，其中有H_2O_2、过硫酸铵、过硫酸钾、$KBrO_3$、KIO_4、Ce(Ⅳ)等。还原剂可以是无机物质，也可以是有机物质，但多数是有机物质。

表5-10列出了一些用来测定某些元素（作为催化剂）的氧化还原指示反应。

表5-10 测定某些元素（作为催化剂）的氧化还原指示反应

指示反应	被测元素(催化剂)
过硫酸钾-甲基红(溴酚蓝、溴甲酚绿、考马斯亮蓝、胭脂红、偶氮荧光桃红等) 过硫酸铵-还原型罗丹明B[还原型酚酞、Mn(Ⅱ)等]	Ag(Ⅰ)
甲酸-钼磷酸、$Hg_2(NO_3)_2$-$Ce(SO_4)_2$、Ce(Ⅳ)-Hg(Ⅰ)	Au(Ⅲ)
PbO_2^--$SnCl_2$	Bi
Co(Ⅱ)-四(4-磺基苯)卟啉	Cd(Ⅱ)
H_2O_2-对氨基二乙基苯胺硫酸盐(溴酚红、二苯胺磺酸钠、邻苯三酚红、胭脂红酸、对氨基苯磺酸、茜素红、PV、PR、苯基荧光酮、XO、硝基苯基荧光酮、溴苯基荧光酮、氯磺酚等)	Co(Ⅱ)
H_2O_2-甲基红(邻氨基苯酚、酚藏红花、α-萘胺、溴酚蓝、溴邻苯三酚红、刚果红、亮绿SF、中性红、酸性品红、苯酚红、铬蓝黑R、对苯二酚等)	Cr(Ⅵ)
H_2O_2-亚甲基蓝(溴甲酚绿、茜素红、还原型酚酞、溴酚红、溴酚蓝、曙红、偶氮氯膦、邻苯二酚紫、甲基橙、溴甲酚紫等)	Cu(Ⅱ)
H_2O_2-二苯胺磺酸钠(没食子酸、偶氮胂Ⅰ、酸性靛蓝、酚藏花红、二甲基黄、中性红、酸性铬蓝K、溴酚蓝、邻苯二酚紫等) $KBrO_3$-偶氮胂Ⅲ(伊文思蓝、中性红、三溴偶氮胂) Cr(Ⅵ)-KI-淀粉	Fe(Ⅲ)
亚铁氰化钾-硫脲(phen)	Hg(Ⅱ)
KIO_3-亮绿(酸性铬蓝K、中性红、盐基品红、罗丹明B、次甲基绿、二甲基黄、亚甲基蓝、对氨基苯磺酸、耐尔蓝、甲基绿、结晶紫、酸性品红、甲基紫等) H_2O_2-水杨醛肟(水杨醛、茜素S等)	Mn(Ⅱ)
$KBrO_3$-依来铬青R(甲基黄、甲基紫、罗丹明B、中性红、溴邻苯三酚红、甲基红、茜素绿、孔雀绿、碘绿等)	NO_2^-
过硫酸钾-苏木精[儿茶素、3-(3, 4-二羟基苯)丙氨酸、对硝基偶氮-α-萘酚、偶氮胂Ⅰ等]	Pb(Ⅱ)
H_2O-罗丹明B(桑色素) phen-空气-二苯硫腙	Pd(Ⅱ)
偶氮氯膦(Ⅲ)-钼(Ⅵ)-亚硫酸钠 偶氮氯膦(Ⅲ)-铜-亚硫酸钠	RE
KIO_3-钍试剂(罗丹明B)	Rh(Ⅲ)
$KClO_3$-苯肼-H酸(变色酸、α-萘酚、间苯二胺)	Se(Ⅳ)
Cr(Ⅲ)-茜素红S	Si(Ⅳ)
$Cr_2O_7^{2-}$-I^--淀粉 磷钼酸-KI	U(Ⅳ)
$KBrO_3$-邻苯二酚紫(邻氨基苯酚、邻苯二酚-对氨基苯磺酸、邻苯二胺-磺基水杨酸、藏花红、铬蓝黑R、溴酚蓝、钙试剂羧酸钠、劳氏紫、甲基红、伊文思蓝、酸性铬蓝K、溴邻苯三酚红、二甲基黄等)	V(Ⅴ)

（2）非氧化还原催化反应　此类反应包括有机化合物或无机化合物的催化型重排、分解、

水解、取代等反应，在此过程中，催化剂的价态不变。例如：氨基酸酯的水解作用被 Cu^{2+}、Zn^{2+}、Cd^{2+}、Mn^{2+}等离子催化加速；草酸基代乙酸的脱羧反应可被 Al^{3+}、Zn^{2+}、Mg^{2+}、Mn^{2+}、Cu^{2+}等离子催化。催化水解、催化脱羧反应主要取决于金属离子的正电荷，因而同是二价的金属离子，其总的催化作用将因配位能力的不同而有所差异。催化水解反应和催化脱羧反应的主要缺点是灵敏度低，选择性也差，一般只能测定微克量级，因而实际应用意义不大。

非氧化还原催化反应中灵敏度较高的是单配位基配位体和多配位基配位体配合物的均相催化交换反应，配合物中的配位体的一些交换反应可以被某些金属离子催化。

多配位基配位体配合物也可以与其他金属离子或其他多配位基配位体发生交换反应，而某些物质会催化这些交换反应，例如 Cu^{2+}可催化 Ni-EDTA 配合物与 Zn^{2+}的交换反应，从而可测定痕量 Cu^{2+}。

钙对 PAR 与 Cu-EGTA 的反应有催化作用，可借配位体交换做钙的测定：

$$\text{PAR} + \text{Cu-EGTA} \longrightarrow \text{EGTA} + \text{Cu-PAR}$$

反应产物 Cu-PAR 为红紫色物质，可用光度法观察反应进程。

（3）酶催化反应　酶是生物体产生并在体内发挥作用的生物催化剂，故酶的测定主要是利用它的催化作用，它与一般催化剂一样也可用催化动力学光度法测定。这部分内容将以单独一节在下面介绍。

（四）动力学光度法常用的测量方法

（1）起始斜率法　起始斜率法又称正切法，它是根据线性曲线斜率来测定未知物浓度的方法，利用的基本动力学方程是 $A=\eta''[\mathrm{C_K}]t$。该法的具体步骤是：先配制一系列被测物标准溶液，至少三个，然后每隔一定时间测定反应产物的吸光度 A 并绘制 A-t 关系图，得到一组直线，见图 5-32（a）；再用外推法将时间外推到零而求出各直线的起始斜率 $\tan\alpha$。然后将 $\tan\alpha$ 值与对应的被测物标准溶液浓度作图，见图 5-32（b），即为标准曲线。未知样品的浓度 c_k 可由所测样品的 $\tan\alpha$ 值从标准曲线上得到。

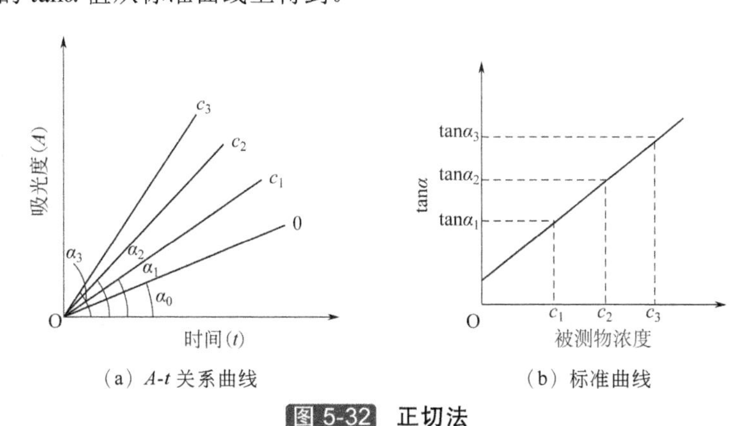

（a）A-t 关系曲线　（b）标准曲线

图 5-32　正切法

该方法的标准曲线是由较多的实验值先作出 A-t 关系曲线的斜率后作出的，虽比较费时但准确度较高。这方法可以在反应开始后的一段短时间后才开始计算时间，从而避开反应刚开始阶段可能出现的异常现象，这也是准确度提高的原因。

（2）固定时间法　所谓固定时间法就是将反应限制在某一时间间隔内进行，例如，当反应进行到 t 时间时，可采用某种方法使反应“冻结”，然后测定反应产物的吸光度 A。因此时 t 为常数，故式（5-42）可写成：

$$A=\eta'''[\mathrm{C_K}] \tag{5-46}$$

这表明测得的吸光度 A 与被测物浓度成正比。

该法的具体步骤为：先配制一系列被测物的标准溶液，然后都在固定的反应时间 t 测定反应产物的吸光度 A。以吸光度 A 对被测物的标准溶液浓度$[C_K]$绘制标准曲线，然后在相同条件下测得试样的吸光度，从标准曲线上求出试样的浓度。

（3）固定浓度法 固定浓度法测量的是反应进行到所生成的反应产物浓度达到某一固定值时所需的时间 t，亦即测量反应进行到溶液的吸光度达到某一预定值所需时间 t。此时公式（5-42）可以写成：

$$[C_K]=\eta'''(1/t) \tag{5-47}$$

式（5-47）表明被测物浓度正比于所需时间 t 的倒数，同样可以从预先配制若干个不同浓度的被测物标准溶液所绘制的 $1/t$-$[C_K]$标准曲线中求出待测液中被测物含量。

以上三种测量方法依据的式（5-42）、式（5-46）和式（5-47）是在假设反应物的浓度在反应初期基本上保持不变的前提下推导出的，但是在反应进程中，如果反应物浓度变化与初始浓度比较起来不可忽略，即 η 不再是一个常数，此时则需要将反应速率方程式积分，由此求出下式：

$$\lg(A_0/A)=\eta[C_K]t \tag{5-48}$$

式中，A_0 为测量吸光度物质原始浓度时的吸光度值；A 为时间 t 时测量吸光度物质的吸光度值。在式（5-48）的基础上同样可以用上述三种测量方法测定催化剂含量。

（五）催化动力学光度法的应用

催化动力学光度法的应用见表 5-11~表 5-14。

表 5-11 催化动力学光度法的应用（无机物）

被测组分	指示反应体系	测定波长 λ/nm	线性范围 /(μg/ml)	检出限/(μg/ml)	样 品	参考文献
Ag	过硫酸铵		0.05～2.0	1.5×10^{-2}	矿样，废水	1
	高碘酸钾-甲基紫		0～0.12	6.5×10^{-4}	金矿地质样品	2
	亚铁氰化钾-邻菲咯啉		0.01～0.20	1.20×10^{-3}	饮用水	3
	邻甲氧基酚		0～1.2	8.08×10^{-5}	铅锌矿废渣	4
Al	铜(Ⅱ)-过氧化氢-邻苯二酚	360	0.0040～0.20	8.2×10^{-4}	水样，茶叶	5
	过氧化氢-灿烂甲酚蓝		0～0.1	0.9×10^{-3}	样品	6
	过氧化氢-高碘酸钾-二甲苯胺蓝 FF		0～0.04	6.1×10^{-4}	水样	7
	溴酸钾-棓花青	620	0～0.16	1.0×10^{-3}	人发，茶叶，污水	8
Au	溴酸钾-偶氮氯膦		0～0.1	1.12×10^{-5}	矿样	9
Bi	碘酸钾-生物染料曙红 B		0～0.18	8.04×10^{-4}		10
	碘酸钾-生物染料曙红 B		0.2～1.2	7.22×10^{-8}	水体	11
	高碘酸钾-二溴硝基偶氮胂		0～0.028	2.4×10^{-3}	水	12
Br	过氧化氢-酸性铬蓝 K	525	0.4～11.2	0.321	河水	13
	溴酸钾-甲基橙		0.5×10^{-3}～1.8×10^{-3}	1.0×10^{-3}	井水，精盐	14
	溴酸钾-丁基罗丹明 B		0～10.0	0.151×10^{-4}	药物	15
Cd	α,α′-联吡啶-溴酸钾-靛蓝胭脂红	610	0.02～0.4	2.72×10^{-3}	土壤	16
	过硫酸铵-邻苯三酚红		0～0.4	6.9×10^{-3}		17

续表

被测组分	指示反应体系	测定波长 λ/nm	线性范围 /(μg/ml)	检出限/(μg/ml)	样　品	参考文献
Ce	高碘酸钾-天青 I		0～0.08	4.58×10^{-4}	稀土氧化物	18
	过氧化氢-结晶紫		1.9×10^{-4}～2.0×10^{-3}		人发，鸡毛	19
	重铬酸根-EDTA		0～2.4×10^{-2}	5.2×10^{-4}	人发	20
	溴酸钾-偶氮胂 M		0～0.02	1.5×10^{-4}	人发，茶叶，大米	21
	溴酸钾-溴甲酚紫		0～4.0×10^{-3}	9.2×10^{-5}	人发，茶叶，大米	22
Co	过氧化氢-4, 5-二溴邻硝基苯基荧光酮		0～3.2×10^{-4}	8.5×10^{-6}	维生素 B_{12}	23
	过氧化氢-橙黄 G		2.4×10^{-4}～8.0×10^{-2}	1.36×10^{-4}	维生素 B_{12}	24
	溴酸钾-茜素红		2×10^{-4}～4.2×10^{-3}	0.002	湖水，生产排水	25
	过氧化氢-溴甲酚紫	590	0～0.048	1.6×10^{-4}	维生素 B_{12}	26
	高碘酸钾-酸性铬蓝 K		0～0.1	9.06×10^{-4}	茶叶，维生素 B_{12}	27
	过氧化氢-5-溴水杨基荧光酮		(2.5～80)$\times10^{-3}$	1.1×10^{-7}	维生素 B_{12}，人发，菜叶	28
	铁(III)-硫代硫酸根-1, 10-二氮菲		0～0.72	4.87×10^{-4}	人发	29
	过氧化氢-镁试剂 I		2.4×10^{-4}～1×10^{-2}	1.15×10^{-5}	酒类	30
	过氧化氢-镁试剂 II		0～0.15	3.37×10^{-4}	维生素 B_{12}	31
	氟化钠-过氧化氢-中性红		3.2×10^{-5}～4.0×10^{-3}		人发	32
	高碘酸钾-铍试剂 II		0～0.048	3.36×10^{-6}		33
	过硫酸钠-甲基紫	580	0.002～0.12	0.002		34
Cr	过氧化氢-胭脂红		0.5～1.5	0.045	镀铬液	35
	溴酸钾-乙基紫		0.004～0.094	0.001	茶叶，茶叶浸出液	36
	过氧化氢-酸性铬蓝 K		0～0.48	0.001	铁标样	37
	过氧化氢-酸性品红		0.02～0.30	7.8×10^{-4}	纺织品	38
	过氧化氢-靛红		0～0.12	6.0×10^{-5}	玉米麸质	39
	过硫酸钾-酸性大红 GR		0.008～0.4	2.96×10^{-3}	自来水，钢厂废水，污水	40
	过氧化氢-4,5-二溴荧光素		0.0044～0.3	6.304×10^{-7}	水样	41
	过氧化氢-间甲酚紫		0.04～0.36	6.40×10^{-4}	水样	42
	溴酸钾-H 酸-钠盐		0.16～0.04	1.04×10^{-2}		43
	过氧化氢-亚甲基蓝		5.0×10^{-5}～4.8×10^{-2}	4.7×10^{-5}	水样，钢样	44
	高碘酸钾-偶氮羧 I		0～0.08	8.2×10^{-4}	水样	45
	2, 2′-联吡啶-过氧化氢-中性红		0～0.1	2×10^{-3}	矿井水样，电镀废水	46
	溴酸钾-罗丹明 B		0～0.2	1.24×10^{-3}	水样，电镀废水	47
	过氧化氢-偶氮胂 I		0～0.004	7.27×10^{-5}	环境	48
	过氧化氢-邻苯二酚紫		0～0.032	1.28×10^{-3}	环境水样，钢样，电镀废水	49
	过氧化氢-中性红		8.0～96.0	2.3×10^{-3}		50

续表

被测组分	指示反应体系	测定波长 λ/nm	线性范围 /(μg/ml)	检出限/(μg/ml)	样品	参考文献
Cu	抗坏血酸-偶氮胂III		$8.0\times10^{-4}\sim4.8\times10^{-3}$	4.53×10^{-4}		51
	过氧化氢-溴甲酚紫	588	$0\sim1.6\times10^{-3}$	1.08×10^{-5}	水样	52
	过氧化氢-2, 7-双(5-羧基-1, 3, 4-三氮唑偶氮)-H 酸	540	0.001～0.04	1.32×10^{-5}	河水，管网水，井水	53
	邻菲啰啉-过氧化氢-茜素红		0～0.8	6.3×10^{-3}	茶叶，自来水	54
	过氧化氢-甲基蓝	560	0～0.08	1.3×10^{-4}	水	55
	过氧化氢-溴甲酚紫		0～40	2.65×10^{-5}	环境样品	56
	抗坏血酸-三氯偶氮胂		0～70	3.1×10^{-6}	草药	57
	过氧化氢-碱性品红		$2.0\times10^{-3}\sim2.8\times10^{-2}$	3.6×10^{-4}	水样	58
	过氧化氢-考马斯亮蓝 G250		0.02～0.20	1.34×10^{-3}	发样	59
	过氧化氢-亮绿 SF		0～0.02	2.3×10^{-4}	铜尾矿	60
	过氧化氢-伊文思蓝		0.008～0.120	5.75×10^{-3}	水样，茶叶，蔬菜	61
	氯酸钾-盐酸苯肼-α-萘胺		0～0.08	6.26×10^{-4}	管网水	62
	α,α'-联吡啶-抗坏血酸-偶氮氯膦 I	540	0～0.014	7.1×10^{-4}	自来水和茶叶	63
	过氧化氢-天青II		0.016～0.056	9.36×10^{-5}	人发	64
	过氧化氢-伊文思蓝		$4.8\times10^{-4}\sim0.02$	2.06×10^{-5}	管网水，污水	65
	过氧化氢-二溴羧基偶氮胂		0～0.032	6.4×10^{-4}	土豆，黄豆，小红豆	66
	高碘酸钾-偶氮胂III		$1.2\times10^{-4}\sim0.1$	9.5×10^{-5}	水样，钢样	67
	过氧化氢-孔雀绿	615	$0\sim2.2\times10^{-4}$	1.92×10^{-3}	水，茶叶奶粉，苹果	68
	高锰酸钾-二安替比林对甲基苯基甲烷		0.02～0.2	0.004	环境样	69
	过氧化氢-中性红		0～0.004	9.4×10^{-5}	食品	70
Er	过氧化氢-溴甲酚紫	580	0～0.04	1.46×10^{-4}	人工晶体	71
Fe	过氧化氢-2-(1,3,4-三氮唑偶氮)-5-二乙氨基苯甲酸	488	0.01～0.20	6.62×10^{-4}	头发，面粉	72
	抗坏血酸-3,3',5,5'-四溴联苯-双(重氮氨基偶氮苯)		0～0.080	4.3×10^{-4}	发样，茶叶，面粉	73
	高碘酸钾-三溴偶氮胂	530	$5.0\times10^{-4}\sim4.5\times10^{-3}$	3.93×10^{-4}	海鱼	74
	过氧化氢-丽春红		0～0.06	7.9×10^{-4}	水	75
	过氧化氢-甲基紫		0～0.028	4.0×10^{-3}		76
	过氧化氢-2-(5-羧基-1, 3, 4-三氮唑偶氮)-5-二乙氨基苯甲酸	581	0.0008～0.04	3.78×10^{-4}	头发，面粉	77
	邻菲啰啉-过氧化氢-茜素红	422	0～0.02	6.3×10^{-4}	一次蒸馏水，分析纯盐酸	78
	溴酸钾-酚藏花红		0.02～0.32	6.6×10^{-4}	玻璃，陶瓷	79
	过氧化氢-甲基红		0.004～0.02	4.0×10^{-3}	发酵调味品	80
	过氧化氢-亮绿 SF		0.012～0.112	9.65×10^{-3}	水，煤	81

续表

被测组分	指示反应体系	测定波长 λ/nm	线性范围 /(μg/ml)	检出限/(μg/ml)	样　品	参考文献
Fe	过氧化氢-茜素绿		0.002～0.04, 0.04～1.90	2.04×10^{-5}	面粉，水样	82
	过氧化氢-对氨基二甲替苯胺盐酸盐-H 酸钠盐		0～0.02	2.1×10^{-4}	自来水，湖水	83
	高碘酸钾-偶氮氯膦Ⅲ		0～0.004	9.1×10^{-5}	纯有机溶剂	84
	高碘酸钾-偶氮氯膦-mA		0～0.05	5.72×10^{-5}	水	85
	过硫酸铵-邻甲氧基酚		0.07～1.1 2.8×10^{-3}～4.4×10^{-2}	5.4×10^{-5}	自来水，河水，城市污水，豆奶粉，茶叶	86
	高碘酸钾-二溴对甲基偶氮羧		0～7.2×10^{-3}	8.22×10^{-5}	岩石，粮食	87
	过氧化氢-溴氯酚蓝		0～0.084	4.1×10^{-4}	水样，人发	88
	过氧化氢-邻氨基酚	424	5.0×10^{-4}～4.0×10^{-2}	1.6×10^{-4}	水，人发，食品	89
Hg	硫脲-亚铁氰化钾-番红花红 T		2.2×10^{-4}～0.1	1.39×10^{-4}		90
	亚铁氰化钾-盐酸羟胺		0.002～0.048	1.9×10^{-3}	牛奶	91
	藏红 T-碘化钾		500～2000	0.025		92
I	高碘酸钾-亮绿 SF		0.5～10	0.26	天然水	93
	过氧化氢-甲基红		0～0.4	8.8×10^{-5}	粗盐	94
	高碘酸钠-丁基罗丹明 B		0.02～2.00	0.0177	蔬菜	95
	高碘酸钾-亮绿 SF	630	0.02～0.50	2.9×10^{-4}	食盐	96
	重铬酸钾-罗丹明 B		0～16	0.02	海带，食盐	97
Ir	高碘酸钾-丽春红 G	500	0～0.4	1.81×10^{-6}	冶金产品，岩矿	98
	高碘酸钾-橙黄 G		2.0×10^{-4}～6.0×10^{-2}	3.1×10^{-4}	冶金产品和岩矿石	99
	过氧化氢-亮绿		<0.06	1.152×10^{-4}	分子筛，活性炭	100
	高碘酸钾-孔雀绿		0～0.1	7.63×10^{-4}	分子筛，活性炭	101
	高碘酸钾-甲基紫		0～0.06	2.833×10^{-4}	分子筛，活性炭	102
	高碘酸钾-二甲苯蓝 FF		2.87×10^{-4}～4.00×10^{-3}	1.828×10^{-5}	分子筛催化剂，活性炭	103
	高碘酸钾-二安替比林间氯苯基甲烷		0～0.028	3.84×10^{-3}	水样，钢样，铝合金	104
	高碘酸钾-甲基绿		0～0.08	2.97×10^{-4}		105
	高碘酸钾-甲基蓝		0.01	1.8×10^{-3}	矿石，冶金产品	106
	高碘酸钾-吖啶红		1.6×10^{-4}～3.2×10^{-2}	1.2×10^{-4}	冶金产品，岩矿石	107
	高碘酸钾-结晶紫		0.006～2.00	3.2×10^{-4}	分子筛催化剂，活性炭	108
	高碘酸钾-二甲基黄		$(3.2\sim8.8)\times10^{-2}$	7.54×10^{-4}	岩矿和冶金产品	109
Li	过氧化氢-苋菜红		0.01～10.0	0.3×10^{-4}	工业废水	110

续表

被测组分	指示反应体系	测定波长 λ/nm	线性范围/(μg/ml)	检出限/(μg/ml)	样品	参考文献
Mn	高碘酸钾-丁基罗丹明B		0～0.04	$2.87\times10^{-6}g\cdot L^{-1}$	水	111
	溴酸钾-镁试剂		1×10^{-4}～6×10^{-4}	$5.34\times10^{-11}g\cdot mL^{-1}$	多种样品	112
	高碘酸钾-甲基蓝		4.0×10^{-4}～8.0×10^{-3}	$2.07\times10^{-5}mg\cdot L^{-1}$	面粉，人尿	113
	高碘酸钠-隐色孔雀绿-氨三乙酸		0～25.00nmol/L	$2.72nmol\cdot L^{-1}$	海水中溶解态锰	114
	氨三乙酸-高碘酸钾-耐尔蓝		4.0×10^{-4}～5.6×10^{-3}	$0.054g\cdot L^{-1}$	水，蔬菜	115
	1,10-邻菲啰啉-高碘酸钾-偶氮胂III		1×10^{-4}～3×10^{-4}	$6.38\times10^{-8}g\cdot L^{-1}$	茶叶	116
	高碘酸钾-PAR		0.001～0.14	7.03×10^{-5}	环境水，人发	117
	高碘酸钾-偶氮胂III		0.001～0.15	2.86×10^{-5}	钢铁	118
	高碘酸钠-靛蓝		0～0.004	6.4×10^{-5}		119
	过氧化氢-二甲酚橙		0.04～0.40	0.0096	茶叶	120
	高碘酸钾-亚甲蓝		0.0002～0.008	8.2×10^{-5}	粮食	121
	氮三乙酸-高碘酸钾-刚果红	496	0～2.8×10^{-3}	2.76×10^{-5}	大米，绿豆，小米，水	122
	1,10-邻菲啰啉-高碘酸钾-偶氮胂III	540	6.0×10^{-5}～2.4×10^{-3}	4.4×10^{-5}	饮用水，地面水	123
	溴酸钾-甲基紫		0.0002～0.014	2.3×10^{-4}		124
	氨三乙酸-高碘酸钾-三溴偶氮氯膦		0～0.01	2.3×10^{-3}	环境水体	125
	高碘酸钾-二溴羧基偶氮胂		0～0.014	4.10×10^{-5}	食品，铝合金	126
	高碘酸钾-罗丹明B		0～0.02	4.8×10^{-4}	人发，水样	127
	高碘酸钾-7-(2-硝基-4-甲基苯偶氮)-8-羟基喹啉-5-磺酸	509	0～3.2×10^{-3}	3.8×10^{-5}	大米、绿豆、小米，土壤	128
	过氧化氢-苋菜红		0～0.096	2.7×10^{-4}	井水	129
Mo	盐酸肼-劳氏紫	620	0～0.35	6.2×10^{-8}	煤矸石	130
	盐酸肼-劳氏紫		0～0.34	6.23×10^{-3}		131
	过氧化氢-邻氨基酚	424	0.005～2.0	2.0×10^{-3}	豆类	132
	过氧化氢-季铵[4, 4′-对(二甲氨基)二苯基甲烷]		0～0.04	4.84×10^{-4}	黑豆，绿豆	133
	溴酸钾-胭脂红	525	0～0.05	1.6×10^{-4}	石煤渣	134
Nb	氨三乙酸-溴酸钾-对氯苯基荧光酮	480	0.0004～0.016	1.3×10^{-4}	合金钢	135
	溴酸钾-偶氮氯膦III		0.004～0.2	2.6×10^{-3}	煤渣	136
	溴酸钾-偶氮氯膦-mA		0.005～0.03	2.92×10^{-4}	矿石	137
	溴酸钾-氯磺酚S	560	0.005～0.1	2.9×10^{-3}	合金钢	138
	溴酸钾-氯磺酚S	565	0.05～0.15	3.1×10^{-3}	石煤渣	139
Ni	过硫酸钠-靛红		0.04～0.4	4.8×10^{-2}	土壤	140
	过氧化氢-2, 3, 7-三羟基-9-水杨基荧光酮		0～0.15	7.63×10^{-4}	生铁	141
	过氧化氢-茜素红S	520	0.02～2.8	0.008	合金标准品	142
	高碘酸钾-靛蓝胭脂红		0～0.045	5.4×10^{-4}	饮用水	143

续表

被测组分	指示反应体系	测定波长 λ/nm	线性范围 /(μg/ml)	检出限/(μg/ml)	样　品	参考文献
Ni	高碘酸钾-靛红		0～0.4	3.68×10^{-4}	油品	144
	过氧化氢-罗丹明 B	550	4.0×10^{-4}	0～0.30	非晶态铁镍铬	145
Os	过氧化氢-水杨基荧光酮		8.0×10^{-5}～8.0×10^{-4}	8.0×10^{-5}		146
	高碘酸钾-偶氮氯膦-mA		0.0070～0.0250	0.0020	贵金属精矿	147
	抗坏血酸-三溴偶氮胂		0～4.0×10^{-3}	3.65×10^{-5}	合金，催化剂	148
Pb	高碘酸钾-愈创木酚		0～0.9	9.9×10^{-3}	烟草	149
	过氧化氢-胭脂红		0.004～0.036	3.64×10^{-3}	汽油	150
	高碘酸钾-三溴偶氮胂		8.0～40.0	3.6×10^{-4}	茄子，南瓜，黄瓜等	151
	过硫酸铵-邻苯三酚红	540	0～0.2	1.46×10^{-4}	茶叶	152
Pd	溴酸钾-酸性铬蓝 K		0～0.15	1.21×10^{-6}	合成样品，含钯催化剂	153
	溴酸钾-5-Br-PADAP		0～0.75	7.62×10^{-5}	钯碳催化剂	154
	过氧化氢-靛红		8.0×10^{-4}～1.28×10^{-2}	5.3×10^{-6}	矿样	155
	硫脲-高碘酸钾-偶氮胂 I		0～0.60	4.24×10^{-2}	钯催化剂,活性炭	156
	溴酸钾-二安替比林对二乙氨基苯基甲烷		0～1.6×10^{-3} 1.6×10^{-3}～4.4×10^{-3}	8.4×10^{-5}		157
	溴酸钾-偶氮胂		0～0.008	1.3×10^{-4}	矿石	158
	过氧化氢-酸性铬蓝 K		5.97×10^{-4}～2.60×10^{-2}	5.97×10^{-4}	含钯催化剂	159
	次亚磷酸钠-孔雀绿		0～0.01	9.78×10^{-5}	含钯催化剂	160
	溴酸钾-甲基绿		0～0.004	5.67×10^{-6}	矿石	161
	高碘酸钾-甲基红		0～0.600	2.48×10^{-3}	含钯催化剂	162
	高碘酸钾-二甲基黄		0～0.24	2.19×10^{-3}	催化剂	163
Pt	溴酸钾-5-Br-PADAP		0～0.008	9.0×10^{-5}	含铂催化剂	164
	溴酸钾-溴甲酚紫	434	1.6×10^{-4}～4.0×10^{-3}	2.5×10^{-5}	矿石，药物顺铂	165
	重铬酸钾-偶氮胂III		3.1×10^{-4}～2.0×10^{-3}	3.1×10^{-4}	含铂催化剂，矿石	166
Re	碲酸-氯化亚锡		0.004～1.2	0.98	钼灰，钼精砂	167
	碲酸钠-二氯化锡	400	0.4～1.2		钼矿，钼灰	168
Rh	高碘酸钾-孔雀绿		0.004～0.060	9.8×10^{-5}	分子筛催化剂，活性炭	169
	高碘酸钾-亚甲基蓝		0～0.16	7.7×10^{-3}	铑铝基催化剂	170
	高碘酸钾-吖啶红		0.005～0.096	5.32×10^{-3}		171
	高碘酸钾-耐尔蓝		0～0.24	3.80×10^{-4}		172
Ru	高碘酸钾-偶氮氯膦-mK		0.0048～0.044	6.19×10^{-4}	冶金产品，矿石	173
	高碘酸钾-溴酚蓝	591	9.60×10^{-4}～4.4×10^{-2}	1.506×10^{-4}	分子筛，活性炭	174
	高碘酸钾-二甲苯蓝 FF	610	0～0.060	2.698×10^{-4}	分子筛，活性炭	175

续表

被测组分	指示反应体系	测定波长 λ/nm	线性范围 /(μg/ml)	检出限/(μg/ml)	样 品	参考文献
Ru	高碘酸钾-亚甲基蓝		0～0.06	2.37×10^{-4}	分子筛	176
	氯酸钾-氯磺酚偶氮罗丹宁	425	0.007～0.15	8.1×10^{-3}	钌炭催化剂	177
	高碘酸钾-吉氏色素		0.002～0.008	1.88×10^{-4}		178
	高碘酸钾-吖啶红		0～2.8×10^{-3}	1.47×10^{-5}	冶金产品，矿石	179
	高碘酸钾-固绿 FCF		0～0.001，0.001～0.0025	9.53×10^{-5}	钌精矿，合成样	180
	高碘酸钾-龙胆紫		0.002～0.01	5.0×10^{-4}	矿石	181
	高碘酸钾-孔雀绿		5.0×10^{-4}～8.0×10^{-3}	1.43×10^{-4}	冶金产品	182
	高碘酸钾-橙黄 G	470	5.0×10^{-4}～6.0×10^{-3}	4.4×10^{-5}	冶金产品，岩矿	183
	溴酸钾-二安替比林对氨基苯基甲烷		0～0.02	2.10×10^{-3}	贵金属精矿	184
Se	次磷酸钠-偶氮胂 I	500	0.0～0.001	5.3×10^{-5}	食品，人发	185
	溴酸钾-亚甲基蓝		0～0.012	3.63×10^{-4}	茶叶	186
	高碘酸钾-中性红	530	0～0.008		食品，人发	187
	过氧化氢-甲基橙		0～0.0657	7.61×10^{-4}	茶叶	188
	溴酸钾-亚甲基蓝		0～0.02	1.25×10^{-4}	牛乳，大蒜，黑木耳	189
	溴酸钾-甲基紫		1.4×10^{-4}～8.0×10^{-3}		海藻，双壳贝	190
	溴酸钾-亚甲基蓝		0～0.008	3.8×10^{-4}		191
	溴酸钾-甲基橙		8.0×10^{-4}～8.4×10^{-3}	6.87×10^{-3}	抗癌草药	192
Sm	邻菲啰啉-高碘酸钾-亮绿	620	0～0.2	0.017	人发	193
Sn	溴酸钾-邻苯二酚紫		0～0.12	4.51×10^{-3}	水样，人发	194
	溴酸钾-偶氮氯膦III		0～0.008	2.5×10^{-4}	环境水样、人发，岩石	195
	溴酸钾-二溴羧基偶氮胂		0～0.008	2.3×10^{-4}	环境水样，人发，岩石	196
	高碘酸钾-变色酸 2R		0～0.008	2.4×10^{-4}	环境水样，人发	197
	溴酸钾-中性红		0～0.02	8.2×10^{-4}		198
	溴酸钾-偶氮胂 M		2.2×10^{-4}～8.0×10^{-3}	2.2×10^{-4}		199
	溴酸钾-铍试剂 I		0～0.04	1.63×10^{-5}		200
Ti	过氧化氢-甲基绿	631	0.0012～0.06	7.488×10^{-4}		201
	α,α'-联吡啶-溴酸钾-考马斯亮蓝 G		0～0.028	4.08×10^{-6}	农业用水，大米，马铃薯	202
	过氧化氢-亮绿	625	0.021～0.08	7.87×10^{-4}	炼钢烧结矿样	203
	溴酸钾-二溴羧基偶氮胂		0～0.008	1.5×10^{-4}	人发，植物，茶叶，岩石	204
	溴酸钾-固绿		0.04～1.2	0.009	铝合金标样	205
	高碘酸钾-瑞士色素(曙红亚甲基蓝)		0.08～1.0	0.056	硅铁	206
	高碘酸钾-靛红	610	0～0.008	5.05×10^{-6}	人发	207
	过氧化氢-铬蓝黑 R		8.0×10^{-4}～4.8×10^{-2}	7.82×10^{-4}	人发	208

续表

被测组分	指示反应体系	测定波长 λ/nm	线性范围 /(μg/ml)	检出限/(μg/ml)	样　品	参考文献
V	溴酸钾-2-(5-羧基-1, 3, 4-三氮唑偶氮)-5-二乙氨基苯酚	455	0.004～0.04	2.99×10^{-4}	面粉，花生	209
	溴酸钾-DBS-偶氮胂	522	0～0.02	1.06×10^{-7}	水样	210
	溴酸钾-对乙酰基偶氮胂		0～0.01	1.41×10^{-8}	自来水，湖水，芹菜	211
	溴酸钾-甲基红		9.0×10^{-5}～7.0×10^{-3}	2.9×10^{-5}		212
	过氧化氢-亮绿 SF		0～0.04	5.2×10^{-6}	水样，茶叶	213
	高碘酸钾-结晶紫		0～0.06	5.421×10^{-4}	烧结矿	214
	高碘酸钾-亚甲基蓝	659	0.004～0.06	1.78×10^{-4}	炼钢烧结矿样	215
	高碘酸钾-偶氮胂 M		0～8.0×10^{-3}	1.7×10^{-4}	食品	216
	重铬酸钾-偶氮胂III		0～0.02	1.5×10^{-4}	人发，植物，茶叶	217
	抗坏血酸-溴酸钾-三溴偶氮氯膦		0～1.0×10^{-3}	1.33×10^{-3}	环境水体	218
	溴酸钾-耐尔蓝 A	640	0.00020～0.0040	7.1×10^{-6}	自来水，大米	219
	溴酸钾-核固红		0.0012～0.06	1.9×10^{-3}	草药，食品	220
	溴酸钾-三溴偶氮胂		0～0.008	7.78×10^{-6}	人发	221
	溴酸钾-二苯碳酰二肼		0.0016～0.60（25℃）	8.3×10^{-7}（25℃）	岩石	222
V、Cr	氯酸钾-鸡冠花红	520	V:0～0.008 Cr:0～0.6	V:1.79×10^{-4} Cr:0.0236	环境水样，钢样，废水	223
V、亚硝酸根	溴酸钾-考马斯亮蓝 G250		0～4.0×10^{-4}	5.2×10^{-5}	水样	224
Zn	过硫酸钾-靛蓝胭脂红		0.01～0.14	0.0418	黄豆，豌豆，奶粉	225
	过氧化氢-甲基紫		0～0.06	1.54×10^{-5}	人发	226
	溴酸钾-酸性铬蓝 K		0.0016～0.08	1.1×10^{-4}	水样，农产品	227
	过氧化氢-溴甲酚绿		1.0×10^{-4}～6.0×10^{-3}	5.6×10^{-5}	奶粉，火腿，牛肉	228
	过氧化氢-溴酚红		0～4.8×10^{-2}	1.5×10^{-4}	头发	229
	过氧化氢-钙试剂	530	0.0008～0.04	6.8×10^{-4}	蒙药，发样	230
	过氧化氢-铬黑 T		0.002～0.064	6.9×10^{-3}	人发，食品	231
Zr	过氧化氢-棓花青		0～0.11	4.0×10^{-4}	锆青铜	232
	溴酸钾-考马斯亮蓝 G	650	0～0.0104	8.98×10^{-5}		233
硫离子	痕量铬-过氧化氢-中性红	525	0～0.32	0.022		234
硫氰酸根	碘-叠氮化钠	352	0.001～0.7	0.001	生物样品	235
亚硝酸根	碘酸钾-偶氮胂 I		0～0.08	6.8×10^{-4}	水样	236
	氯酸钾-甲基紫		0.004～0.26	9.24×10^{-4}	水样，蔬菜	237
	溴酸钾-甲基红		5.0×10^{-4}～0.01	1.0×10^{-4}	废水	238
	溴酸钾-甲基红		0.005～0.3	5.9×10^{-4}	食品	239
	溴酸钾-偶氮胂 I		<0.05	8.2×10^{-4}	腌菜	240
	溴酸钾-氨基黑 10B		0～0.1	4.88×10^{-3}	地面水,雨水	241
	溴酸钾-藏红 T		0.01～0.14	0.006	水	242

续表

被测组分	指示反应体系	测定波长 λ/nm	线性范围 /(μg/ml)	检出限/(μg/ml)	样品	参考文献
亚硝酸根	溴酸钾-吡罗红B		0.005～0.15	0.004	水，蔬菜	243
	溴酸钾-中性红		0.04～0.28	0.015	化学试剂，唾液	244
	过氧化氢-中性红		0.002～0.01	2.7×10^{-4}	水	245
	溴酸钾-甲基紫		0.005～0.24	0.0032	水样，标准样品	246
	溴酸钾-百里酚蓝		0～0.26	6.7×10^{-4}	新鲜果蔬	247

本表参考文献：

1. 吕菊波，徐强，孙琳. 分析试验室, 2006(04): 76.
2. 陈玉静，王玉宝，李桂华. 冶金分析, 2007(11): 48.
3. 周建伟，周勇，陈改荣. 分析试验室, 2000(04): 71.
4. 黄湘源，章晨峰，万小芬，等. 分析化学, 1999(11): 1264.
5. 孙登明，计芳. 光谱学与光谱分析, 2003(02): 351.
6. 龚仁敏，陈秋宜，刘志礼. 分析试验室, 2004(03): 71.
7. 陈国树，孙中强. 南昌大学学报：理科版, 2004(03): 236.
8. 何荣桓，王建华，张瑾华，等. 分析试验室, 2000(03): 38.
9. 李慧芝，周长利，罗川南，等. 分析科学学报, 2002(04): 330.
10. 凌立新，王林. 冶金分析, 2010(07): 58.
11. 徐强，何家洪，宋仲容.工业水处理, 2010(08): 69.
12. 于京华，雷亚春. 理化检验：化学分册, 2001(08): 349.
13. 李志英，程昌宇. 化学研究与应用, 2012(04): 635.
14. 张大伦，赵春阳，王建英. 分析科学学报, 2003(01): 78.
15. 缪吉根，吴小华，方克鸣，等. 分析试验室, 2005(09): 26.
16. 严进. 冶金分析, 2008(02): 69.
17. 黄湘源，陈永晖，徐春秀. 南昌大学学报：理科版, 2001(02): 143.
18. 王晓菊，李志宏，战德胜. 冶金分析, 2009(09): 44.
19. 汪效祖，郭会明，汤涛，黄或. 分析试验室, 2001(02): 47.
20. 周之荣，张丽珍，张建军. 上海环境科学, 1997(10): 42.
21. 周之荣，张丽珍，王黎. 食品科学, 2005(03): 192-195.
22. 周之荣，张丽珍，许文苑，王黎. 理化检验：化学分册, 2006(11): 894.
23. 刘利平，其木格，阿娟. 内蒙古农业大学学报：自然科学版, 2012(01): 240.
24. 高芝，高楼军，柴红梅. 江西师范大学学报：自然科学版, 2009(04): 437.
25. 赵丽杰，赵丽萍. 化学试剂, 2006(04): 232.
26. 孙登明，马伟，丁李. 稀有金属, 2006(04): 556.
27. 王晓菊，郭飞君，盖永胜. 食品科学, 2008(01): 228.
28. 龙文清，邱澄铨. 分析化学, 1996(04): 411.
29. 李萍，郭健，陈雪梅，等. 理化检验：化学分册, 1998(04): 166.
30. 字明显，赵青岚，李勇民，等. 理化检验：化学分册, 1998(09): 397.
31. 李益民. 理化检验：化学分册, 1998(09): 408.
32. 汪效祖，于文涛，张伟，等. 理化检验：化学分册, 2000(03): 120.
33. 李慧芝，孔伟，杨军，张西英. 化学世界, 1997(09): 489.
34. 张丹扬，杨亚玲，崔邶周，等. 分析科学学报, 2010(04): 491.
35. 郭振良，杨迎霞. 材料保护, 2004(11): 63.
36. 李刚，徐刚，邱会东. 食品与机械, 2006(04): 78.
37. 何池洋，岳从永，陈友存. 冶金分析, 2004(04): 4.
38. 刘斌，郁翠华，文娇利，等. 印染, 2012(03): 43.
39. 陈玉静，王玉宝，徐强. 分析试验室, 2006(02): 66.
40. 李侠，柳玉英. 分析试验室, 2006(09): 53.
41. 王洪福，刘家琴，吴星. 冶金分析, 2007(06): 55.
42. 柴红梅，高楼军，连锦花，等. 分析试验室, 2008(10): 31.
43. 黄湘源，陈虹，李志梅. 南昌大学学报：理科版, 2003(02): 138.
44. 莎仁，韩明梅. 冶金分析, 2005(03): 48.
45. 于京华，欧庆瑜，寿崇琦，等. 理化检验：化学分册, 2004(03): 148.
46. 吕菊波，王建华，王锁. 理化检验：化学分册, 1999(09): 392.
47. 严进，奚张华，郭周健. 分析试验室, 2000(01): 42.
48. 黄阳辉，陈国树. 南昌大学学报：理科版, 2001(04): 365.
49. 刘峥，王学燕. 分析化学, 1996(02): 164.
50. 马丽丽，杨承义. 分析化学, 1999(08): 990.
51. 于京华，张智军. 食品与发酵工业, 1999(01): 27.
52. 杨风霞，王雪静，王爱荣，等. 化学试剂, 2010(01): 46.
53. 葛昌华，潘富友，梁华定，等. 冶金分析, 2011(05): 49.
54. 陈贤光，邹小勇，梁起，等. 分析试验室, 2006(05): 40.
55. 余倩，黄典文，李小如，等. 冶金分析, 2005(04): 73.
56. 杨承义，马丽丽. 城市环境与城市生态, 1999(01): 59.
57. 缪吉根，陈建荣，吴小华. 理化检验：化学分册, 1999(08): 350.
58. 吴湘江，雷建斌. 理化检验；化学分册, 1999(08): 364.
59. 严进. 分析试验室, 2012(08): 83.
60. 陈宗保，蔡恩钦，谢建鹰. 冶金分析, 2010(06): 54.
61. 赵二劳，张晶，范建凤. 分析科学学报, 2010(06): 716.
62. 任健敏，林壮森，彭珊珊. 冶金分析, 2006(05): 81.
63. 葛慎光，张丽娜，于京华，等. 济南大学学报：自然科学版, 2008(01): 46.
64. 王洪福，苏智先，张素兰，等. 分析试验室, 2008(12): 115.
65. 申湘忠，郭军，刘志成. 冶金分析, 2008(05): 57.
66. 李北罡，祁姣. 分析试验室, 2008(10): 49.
67. 莎仁，李北罡. 冶金分析, 2005(04): 61.
68. 郑怀礼，龙腾锐，祝艳. 光谱学与光谱分析, 2004(01): 114.
69. 何严萍，杨光宇，尹家元，等. 干旱环境监测, 1999(01): 2.
70. 周之荣，王文敏，章水萍. 食品工业科技, 2005(05): 162.
71. 李慧芝，周长利，罗川南，等. 稀有金属, 2002(02): 143.

72. 陈素清, 葛昌华, 梁华定, 等. 分析科学学报, 2011(04): 491.
73. 刘月成, 刘永文, 郭永, 等. 分析化学, 2003(12): 1482.
74. 王清爽, 胡伟华, 翟庆洲. 湿法冶金, 2012(05): 329.
75. 龚仁敏, 朱升学, 李恩, 等. 理化检验: 化学分册, 2000(10): 445.
76. 吴湘江. 化学世界, 1997(06): 328.
77. 葛昌华, 梁华定, 潘富友, 等. 分析试验室, 2010(04): 60.
78. 陈贤光, 邹小勇, 梁起欧, 等. 分析化学, 2006(03): 371.
79. 谢建鹰, 陈宗保, 雷明建. 冶金分析, 2011(08): 36.
80. 冯启利, 刘大群, 吕锋. 食品与发酵工业, 2007(07): 139.
81. 谢建鹰, 彭杰, 何俊鸿. 冶金分析, 2007(08): 73.
82. 倪秀珍, 王晓菊. 食品研究与开发, 2008(09): 11.3.
83. 黄湘源, 陈虹. 分析化学, 2003(02): 175.
84. 陈国树, 利家平. 南昌大学学报: 理科版, 2003(03): 242.
85. 冯尚彩. 冶金分析, 2005(04): 49.
86. 郑怀礼, 李方, 王文元. 光谱学与光谱分析, 2003(06): 1217.
87. 于京华, 赵国强. 分析试验室, 2000(05): 50.
88. 周原, 刘新玲, 王东海. 化学世界, 1996(10): 551.
89. 孙登明, 刘俊英, 阮大文. 分析化学, 1998(02): 196.
90. 王洪福, 苏智先, 张素兰, 等. 分析试验室, 2011(09): 108.
91. 谭洪涛, 黄湘源. 分析试验室, 2005(01): 70.
92. 王建华, 吕菊波. 分析化学, 1996(06): 717.
93. 涂建平. 理化检验: 化学分册, 2001(11): 495.
94. 倪秀珍, 王晓菊. 食品科技, 2008(05): 226.
95. 董学芝, 晋晓苹, 赵永福, 等. 分析试验室, 2007(05): 92.
96. 涂建平. 食品科学, 2002(04): 114.
97. 张大伦, 马燕, 余有平.分析科学学报, 2001(02): 141.
98. 侯能邦, 李祖碧, 李崇宁, 等. 冶金分析, 2002(05): 17.
99. 郭洁, 杨志毅, 赵霞, 等. 化学试剂, 2006(01): 43.
100. 魏成富, 唐杰, 王洪福, 等.理化检验: 化学分册, 2012(04): 471.
101. 王洪福, 张素兰, 罗娅君, 等. 四川师范大学学报: 自然科学版, 2009(01): 89.
102. 王洪福, 魏成富, 罗娅君, 等. 四川师范大学学报: 自然科学版, 2010(05): 672.
103. 何黎明, 苏智先, 王洪福, 等. 冶金分析, 2008(09): 47.
104. 匡云艳, 徐其亨, 刘家琴. 冶金分析, 2000(05): 1.
105. 王洪福, 张素兰, 罗英, 等. 分析试验室, 2010(04): 111.
106. 杨孝容, 曹秋娥. 冶金分析, 2006(02): 28.
107. 郭洁, 杨志毅, 赵霞, 等. 冶金分析, 2006(03): 25.
108. 王洪福, 魏成富, 何黎明, 等. 冶金分析, 2008(11): 57.
109. 杨明惠, 杨孝容, 郭洁, 等. 分析试验室, 2003(05): 76.
110. 郭凡财, 张丹扬, 杨亚玲. 分析试验室, 2010(12): 102.
111. 赵霞, 郭洁, 曹秋娥, 等. 理化检验: 化学分册, 2005(08): 593.
112. 孙彩兰, 姜维民, 曹军. 化学试剂, 2001(02): 103.
113. 宁明远. 冶金分析, 1998(03): 22.
114. 郭洲华, 胡馨月, 吴镇, 等. 厦门大学学报: 自然科学版, 2009(02): 255.
115. 高峰, 张德兴, 葛治清, 等. 分析化学, 2003(10): 1217.
116. 余萍, 高俊杰, 张东. 化学试剂, 2006(09): 531.
117. 崔丽君, 曹平芳, 姜运田, 等. 化学世界, 1996(04): 209.
118. 崔丽君, 李慧芝, 于京华, 等. 冶金分析, 1997(02): 21.
119. 王晓玲, 张萍, 陈燕, 等. 光谱实验室, 2011(04): 1808.
120. 崔华莉, 柴红梅, 折延刚. 江西师范大学学报: 自然科学版, 2011(05): 529.
121. 王昕. 光谱实验室, 2009(05): 1138.
122. 宋桂兰, 任皞, 李国保, 等. 分析试验室, 2006(04): 54.
123. 余萍, 高俊杰, 都基泉. 冶金分析, 2007(05): 44.
124. 赵丽杰, 赵丽萍. 分析试验室, 2007(05): 89.
125. 刘长增, 付艳, 徐文军. 冶金分析, 2008(08): 32.
126. 罗川南, 周长利, 李慧芝, 等. 分析科学学报, 2003(03): 246.
127. 丁素芳. 冶金分析, 1999(02): 18.
128. 宋桂兰, 任皞, 李国宝, 等. 光谱学与光谱分析, 2006(08): 1536.
129. 柳玉英, 王发刚, 孟波, 等. 分析试验室, 2001(01): 24.
130. 罗道成, 易平贵, 陈安国, 等. 岩矿测试, 2002(02): 152.
131. 刘峥. 分析化学, 2000(05): 601.
132. 朱庆仁, 孙登明, 李海燕. 光谱学与光谱分析, 2002(01): 107.
133. 李建国, 崔洪华, 史丽颖. 分析化学, 2003(07): 812.
134. 李晓湘, 唐冬秀, 宋和付. 分析化学, 2002(06): 765.
135. 李慧芝, 翟殿棠, 林璜. 冶金分析, 2006(05): 66.
136. 冯尚彩. 冶金分析, 2003(02): 17.
137. 冯尚彩, 韩长秀. 分析试验室, 2004(08): 69.
138. 陶慧林, 李建平, 李文慧. 分析化学, 2000(06): 696.
139. 罗道成, 易平贵, 李佳秋, 等. 分析试验室, 2001(06): 32.
140. 刘洪泉, 杨亚玲, 张丹扬. 光谱实验室, 2010(01): 77.
141. 王洪福, 张素兰, 苏智先, 等. 分析试验室, 2011(05): 73.
142. 庄晓娟, 赵雪梅, 吕卫华, 等. 冶金分析, 2011(07): 58.
143. 高玉华, 陈传祥. 江苏科技大学学报: 自然科学版, 2006(05): 45.
144. 王知彩, 崔平, 李峰波. 石油化工, 2002(01): 42.
145. 夏畅斌, 黄念东, 王红军, 等. 光谱学与光谱分析, 2004(11): 1484.
146. 贾丽, 夏冰, 胡之德. 分析化学, 1996(03): 315.
147. 许红平, 马智兰, 陈兴国, 等. 兰州大学学报, 2001(01): 43.
148. 缪吉根, 吴小华, 蔡汝秀. 分析化学, 2002(04): 443.
149. 王文元, 者为, 段焰青, 等. 湖北农业科学, 2012(07): 1447.
150. 赵云霞, 董云会. 分析科学学报, 2003(06): 573.
151. 马美华, 李小华, 杨爱萍, 等. 江苏农业科学, 2012(11): 325.
152. 黄湘源, 陈永晖, 季明德. 分析化学, 2001(12): 1484.
153. 周之荣, 张丽珍. 稀有金属, 1997(05): 14.
154. 王园朝, 黄亚珍. 分析试验室, 2006(05): 85.
155. 杨雪静, 杨亚玲, 刘谋盛, 等. 分析试验室, 2010(05): 86.
156. 王洪福, 何黎明, 刘家琴, 等. 冶金分析, 2007(08): 62.
157. 罗道成, 易平贵, 刘俊峰. 稀有金属, 2004(02): 446.
158. 周之荣, 彭道锋. 分析试验室, 2001(04): 9.
159. 汪效祖, 张荣, 沈玉蓉. 分析试验室, 2002(03): 24.
160. 李建国, 钱晓锋, 魏永前. 光谱学与光谱分析, 2002(01): 110.

161. 周之荣. 稀有金属, 1998(05): 36.
162. 王洪福, 罗娅君, 陈忠萍. 四川师范大学学报: 自然科学版, 2007(04): 516.
163. 杨明惠, 刘满红, 曹秋娥, 赵霞, 李祖碧. 分析科学学报, 2002(04): 315.
164. 周之荣, 魏家文. 冶金分析, 2001(04): 45.
165. 丁宗庆, 刘光东, 吕丽丽. 冶金分析, 2008(09): 77.
166. 周之荣.稀有金属, 2001(05): 392.
167. 蒋克旭, 邓桂春, 赵丽艳, 等. 分子科学学报, 2009(03): 220.
168. 蒋克旭, 邓桂春, 赵丽艳, 等. 分析化学, 2009(02): 312.
169. 王洪福, 魏成富, 何黎明, 等. 分析试验室, 2008(11): 98.
170. 杨孝容, 黄允中, 曹秋娥. 武汉理工大学学报, 2005(09): 60.
171. 杨志毅, 郭洁, 自俊青, 等. 化学试剂, 2003(06): 343.
172. 李祖碧, 李崇宁, 徐其亨, 等. 冶金分析, 1999(03): 5.
173. 杨志毅, 郭洁, 赵霞, 等. 冶金分析, 2007(01): 51.
174. 王洪福, 苏智先, 罗英, 等. 冶金分析, 2012(06): 56.
175. 王洪福, 何黎明, 张素兰, 等. 冶金分析, 2009(02): 56.
176. 王洪福, 魏成富, 罗娅君, 等. 分析试验室, 2009(12): 59.
177. 王园朝, 吴小君, 邱苗, 等. 冶金分析, 2010(01): 69.
178. 宋学省. 冶金分析, 2010(04): 66.
179. 杨志毅, 郭洁, 杜建华, 等. 分析试验室, 2006(02): 10.
180. 林秋华. 分析试验室, 2007(02): 60.
181. 宋学省, 张金宝. 冶金分析, 2008(10): 68.
182. 宋学省, 崔玉理. 冶金分析, 2008(05): 51.
183. 郭洁, 杨明惠, 杨志毅, 等. 分析试验室, 2005(02): 38.
184. 黄章杰, 杨光宇, 尹家元, 等. 分析化学, 2000(06): 712.
185. 周之荣, 王群, 章淑媛. 食品研究与开发, 2010(05): 126.
186. 赖海涛, 苏国成, 张锦龙. 食品科学, 2012(20): 282.
187. 周之荣, 熊艳, 王群, 等. 分析试验室, 2010(04): 68.
188. 王秀梅, 单金缓, 周海洋. 分析科学学报, 2003(05): 480.
189. 赖海涛, 白月. 食品与发酵工业, 2006(02): 102.
190. 许卉, 贺萍. 海洋科学, 2004(02): 36.
191. 许卉, 贺萍. 分析化学, 1999(05): 540.
192. 单金缓, 王秀梅, 丁良. 理化检验: 化学分册, 2004(10): 605.
193. 柳玉英, 张少全. 中国稀土学报, 2005(S1): 87.
194. 许文苑, 刘淑娟, 陈中胜. 分析试验室, 2009(04): 26.
195. 周之荣, 周瑜芬, 牛建国, 等. 理化检验: 化学分册, 2007(03): 187.
196. 周之荣, 牛建国. 分析试验室, 2005(10): 21.
197. 周之荣, 熊艳. 冶金分析, 2005(06): 17.
198. 周之荣, 彭道锋, 乐淑葵. 冶金分析, 2004(05): 11.
199. 周之荣, 周利民, 王黎. 稀有金属, 2004(06): 1109.
200. 李慧芝, 周长利, 罗川南, 等. 分析化学, 2001(12): 1461.
201. 魏成富, 唐杰, 王洪福, 等. 分析试验室, 2012(06): 74.
202. 罗川南, 罗宏道, 贾明, 等. 农业环境保护, 1998(02): 39.
203. 王洪福, 魏成富, 罗娅君, 等. 冶金分析, 2011(08): 52.
204. 周之荣, 牛建国, 罗明标, 等. 广西师范大学学报: 自然科学版, 2005(04): 65.
205. 柳玉英, 王玉金, 周丽. 冶金分析, 2010(01): 55.
206. 柳玉英, 张少全. 冶金分析, 2008(11): 71.
207. 汪燕芳, 周松茂, 陈国树. 岩矿测试, 1997(04): 68.
208. 罗川南, 杨勇, 管邦臣. 理化检验: 化学分册, 1998(08): 367.
209. 葛昌华, 梁华定, 潘富友, 等. 化学试剂, 2010(10): 914.
210. 翟庆洲, 张晓霞, 于辉, 等. 兵工学报, 2006(04): 762.
211. 翟庆洲, 江天肃, 袁克英, 等. 稀有金属材料与工程, 2004(02): 222.
212. 沈淑君, 邹小勇. 分析试验室, 2012(07): 87.
213. 陈宗保, 谢建鹰. 岩矿测试, 2009(04): 397.
214. 王洪福, 苏智先, 陈德, 等. 冶金分析, 2010(03): 72.
215. 王洪福, 苏智先, 张素兰, 等. 冶金分析, 2010(04): 54.
216. 王黎, 周之荣. 食品研究与开发, 2006(03): 92.
217. 徐琼, 周之荣. 食品科技, 2007(01): 174.
218. 刘长增, 解伟欣, 徐文军. 分析试验室, 2007(08): 61.
219. 王晨璐, 孙登明, 高翔. 分析试验室, 2008(10): 28.
220. 杨志毅, 李祖碧, 郭洁, 等. 理化检验: 化学分册, 2005(05): 324.
221. 陆茜, 蔡汝秀. 分析化学, 2000(11): 1417.
222. 孙登明, 阮大文. 分析化学, 1996(05): 551.
223. 张爱梅. 分析化学, 1998(03): 325.
224. 刘长增, 刘庆利, 徐文军. 冶金分析, 2009(05): 45.
225. 黄湘源, 黄小兵, 朱敏, 等. 南昌大学学报: 理科版, 2006(01): 36.
226. 王玉宝, 吕菊波, 陈玉静, 等. 分析试验室, 2006(01): 33.
227. 莎仁. 冶金分析, 2007(05): 65.
228. 俞洁敏, 傅晓航, 李成平.食品科技, 2008(08): 200.
229. 金建忠. 理化检验: 化学分册, 2005(09): 656.
230. 莎仁, 宝迪, 乌地, 等. 光谱学与光谱分析, 2004(12): 1646.
231. 陈宁生, 丁纯梅, 王世银. 理化检验: 化学分册, 2002(02): 70.
232. 何荣桓, 王建华, 乔艳冰. 稀有金属材料与工程, 2000(03): 207.
233. 罗川南, 杨勇, 田俊京. 分析化学, 1998(04): 470.
234. 孙登明, 马伟, 陈盼盼. 中国公共卫生, 2006(11): 1384.
235. 李文, 张惠静, 任建敏, 等. 理化检验: 化学分册, 1998(11): 488.
236. 张江, 陈玉静, 叶松, 等. 信阳师范学院学报: 自然科学版, 2006(01): 64.
237. 谢建鹰, 邓经营, 汤冬梅. 光谱实验室, 2012(01): 353.
238. 崔英, 谢国红. 化工环保, 2010(03): 270.
239. 卢菊生, 田久英, 缪小青. 食品科技, 2007(07): 222.
240. 陈玉静, 王玉宝, 姜华, 等. 理化检验: 化学分册, 2008(07): 627.
241. 庄会荣. 中国环境监测, 2003(01): 26.
242. 陈兰化, 马伟, 唐红娟. 岩矿测试, 2000(03): 232.
243. 张爱梅, 王术皓, 崔慧. 分析化学, 2001(02): 202.
244. 严进, 张春风, 朱春俭. 理化检验: 化学分册, 2000(11): 504.
245. 孙彩兰, 蹇瑞红, 姜维民. 分析试验室, 2001(02): 34.
246. 张敏. 环境化学, 1996(02): 165.
247. 许卉. 理化检验: 化学分册, 2002(09): 454.

表 5-12 催化动力学光度法的应用(有机物)

被测组分	指示反应体系	测定波长 λ/nm	线性范围/(μg/ml)	检出限/(μg/ml)	样品	参考文献
α-萘酚	碘-硫酸铈-亚砷酸	520	0.20～2.3	5.77μg/cm² (Sandell 灵敏度)		1
氨三乙酸	溴酸钾-偶氮氯膦Ⅲ	560	10～135μmol/L	1.67×10^{-6}mol/L		2
对苯二胺	碘酸钾-3, 5-diBr-PADAP	463	1.5～15	0. 018	染发剂，环境废水	3
对苯二酚	碘酸钾-5-溴-(2-吡啶偶氮)二乙氨基酚(5-Br-PADAP)	457	0.02～1.5	0.00261	显影废液	4
	草酸-碘酸钾-天青Ⅱ		0.04～1.20	0.008	自来水，实验室废水，显影液	5
	高碘酸钾-靛红	360	0.04～0.18,0.28～0.54	0.0068	显影废液	6
槲皮素	溴酸钾-乙基橙	507	0.14	0.0029	银杏叶	7
黄酮(总)	芦丁-高碘酸钠-茜素红	510	0.1～2.0	0.002	槐花米	8
甲醛	溴酸钾-吖啶黄		0.005～0.15	5.7×10^{-4}	纺织品	9
	二甲酚橙-溴酸钾	435	0～20		废水	10
	溴酸钾-天青Ⅰ	602	0.20～6.00		饮料，河水	11
	高碘酸钾-甲基红		2.25×10^{-4}～1.35×10^{-2}	4×10^{-5}	腐竹	12
	煌焦油蓝-溴酸钠		0.16～2.00	0.008	海产品水发液	13
	酸性铬蓝 K-溴酸钾		0.0041～0.20	4.6×10^{-4}	废水，空气	14
	伊文思蓝-溴酸钾		0.015～0.30	0.086	废水，空气	15
	溴酸钾-甲基橙	510	0.08～0.48	5.18×10^{-3}	水样	16
	溴酸钾-铬黑 T	522	0.8～3.0	9.6×10^{-3}	废水，2D 醚化树脂，交联剂 32	17
	溴酸钾-中性红		0～0.04	4.08×10^{-3}	食品	18
抗坏血酸	重铬酸钾-罗丹明 B		0.20～4.0	0.050	水果，果汁	19
	钒-溴酸钾-还原型罗丹明 B	555	0～7.0	0.25	维生素 C 片，西红柿	20
	对氨基苯磺酸-亚硝酸根-8-羟基喹啉	495	0.16～6.3	0.005	维生素 C 片剂，荔枝晶	21
邻菲咯啉	高碘酸钾-玫瑰桃红 R		0.005～0.1	0.003	合成水样，废水，河水	22
	过氧化氢-酸性铬蓝 K	530	2.0×10^{-5}～1.2×10^{-4}mol/L	0.675μmol/L	邻菲咯啉	23
芦丁	高碘酸钾-丁基罗丹明 B		0.02～2.0	0.01	芦丁片剂	24
青霉素 G	双氧水-苋菜红	520	0.20～4.00 4.00～50.0	10	牛奶	25
双酚 A	溴酸钾-罗丹明 B		0.1～0.4	—	塑料包装杯，地表水	26
维生素 C	钒-溴酸钾-罗丹明 B		0.12～0.64mg/g	0.004mg/g	黄瓜，青椒	27
维生素 P_4	溴酸钾-丙基红	521	0.01～0.9	8.9×10^{-3}	维脑路通片剂，槐米	28
异抗坏血酸钠	罗丹明 B-偏钒酸铵-溴酸钾	555		5×10^{-3}	锅炉给水	29
阴离子表面活性剂	高碘酸钠-罗丹明 B		0.08～0.20	0.0193	水样	30

本表参考文献：
1. 孙衍华，杨景芝，曲祥金，等. 山东农业大学学报，1999(04): 381.
2. 刘海玲，郑里华，刘树深. 冶金分析，1996(06): 25.
3. 赖仁玲，王园朝，欧明慧. 化学研究与应用，2010(11): 1392.
4. 王园朝，项青雅. 冶金分析 2008 (06): 53.
5. 贾丽萍，张爱梅.分析化学，2003(12): 1508.
6. 黄湘源，徐春秀. 分析试验室，2003(06): 37.
7. 赖晓绮，刘新祥，梁丽媛. 理化检验：化学分册，2007(12): 1079.
8. 吕艳阳，许春萱，崔定伟，等. 理化检验：化学分册，2007 (12): 1083.
9. 梁恕坤. 光谱实验室，2011(04): 1933.
10. 施先义，谢桂花，黎海兰. 分析科学学报，2012(02): 291.
11. 方夏，黄余改，李玲玲，曹连云. 食品科学，2009(06): 199.
12. 周福林，宋少飞，张稳婵，等. 食品科学，2009(10): 191.
13. 郭艳丽，阎宏涛，裴若会，等. 分析试验室，2006(10): 92.
14. 申湘忠，李家其，刘志成. 冶金分析，2007(03): 58.
15. 申湘忠，刘志成. 冶金分析，2008(10): 53.
16. 王知彩，孙康，何春根. 理化检验：化学分册，2008(03): 237.
17. 解凤霞，周蓓蓓，张逢星. 理化检验：化学分册，2008(08): 790.
18. 黄湘源，徐春秀. 南昌大学学报：理科版，2003(01): 78.
19. 陈燕清，曾桂生，倪永年. 食品科学，2009(08): 204.
20. 张振新，孙登明，荣振海. 光谱学与光谱分析，2004(07): 873.
21. 李建平，曹香玉. 分析测试学报，2001(04): 26.
22. 张爱梅，田林芹. 分析化学，2004(01): 60.
23. 刘峥，丁时晨. 理化检验：化学分册，1999(03): 129.
24. 刘道杰，张爱梅，田林芹. 分析化学，2003(10): 1224.
25. 毕莉，张丹扬，张尹，杨亚玲. 分析试验室，2011(05): 22.
26. 施梅，陈昌云，马美华. 光谱实验室，2009(06): 1672.
27. 武文，周俊敏，宣亚文. 广东农业科学，2010(06): 151.
28. 徐浩龙，党民团，焦更生. 分析试验室，2011(10): 51.
29. 关晓辉，尹荣. 理化检验：化学分册，2002(04): 174.
30. 吕艳阳，赵正森，张小亚. 分析试验室，2007(10): 69.

表 5-13 阻抑动力学光度法的应用(无机物)

被测组分	指示反应体系	测定波长 λ/nm	线性范围 /(μg/ml)	检出限/(μg/ml)	样　品	参考文献
Ag	高碘酸钾-玫瑰桃红 R		0～2.0		镀银溶液	1
	高碘酸钾-玫瑰桃红 R		0～2.0		水	2
	碘离子-亚硝酸-亚砷酸		0.002～0.067	1.0×10^{-3}	黑白相纸	3
Al	高碘酸钾-间甲酚紫		0.04～0.32	2.32×10^{-3}	面食品	4
As	银(Ⅰ)-过硫酸钾-罗丹明 B		0.08	1.23×10^{-3}	环境水	5
	碘化钾-碘酸钾-甲酚红		0～0.08	1.08×10^{-3}	环境水样	6
	铬-高碘酸钾-间磺酸基偶氮氯膦		0～0.016	4.0×10^{-4}	大米，黄豆，豌豆，玉米	7
Bi	过氧化氢-考马斯亮蓝	600	0.0008～0.112	9.37×10^{-4}	水，合金	8
	过氧化氢-结晶紫		0～0.008	2.77×10^{-5}	环境水样	9
	溴酸钾-结晶紫		0～0.012	0.9×10^{-4}	草药	10
Ce	高碘酸钾-靛蓝胭脂红		0～0.14	3.88×10^{-2}	大米食品	11
	高碘酸钾-维多利亚蓝		0～0.06	6.09×10^{-4}	茶叶	12
	溴酸钾-茜素红		0～0.28	2.0×10^{-4}	大米，人发	13
	高碘酸钾-维多利亚蓝		0～0.06	6.09×10^{-4}	大米，茶叶，食品	14
	高碘酸钾-孔雀绿		0～0.104	1.22×10^{-4}	大米，人发	15
	过氧化氢-甲基紫	640	8×10^{-4}～4.4×10^{-3}	5.0×10^{-5}	人发，食品	16
Co	邻菲咯啉-铬(Ⅵ)-过氧化氢-茜素红 S	422	<0.08	3.9×10^{-3}	维生素 B_{12}	17
	柠檬酸-过氧化氢-罗丹明 B	552	0～8.0×10^{-3}	2.795×10^{-5}	维生素 B_{12} 针剂	18
	对乙二胺四乙酸-重铬酸-丁基罗丹明 B		0～0.024	2.65×10^{-3}	实际样品	19
Cr	过氧化氢-PAN		0.015～0.08	5.24×10^{-3}	水样	20

续表

被测组分	指示反应体系	测定波长 λ/nm	线性范围 /(μg/ml)	检出限/(μg/ml)	样品	参考文献
Cu	高碘酸钾-灿烂绿		0.05～2.0	0.0089	钢铁	21
	过氧化氢氧化钙羧酸钠		0～0.12	2.41×10^{-2}	饮用水，河水	22
	空气-碘化钾		0～0.002	5.3×10^{-6}	人发	23
	溴酸钾-亮绿 SF		0.004～0.048	8.63×10^{-4}	人发	24
	高碘酸钾-玫瑰桃红 R	520	0～0.008	0.39×10^{-3}	食品	25
	α,α′-联吡啶-抗坏血酸-偶氮胂 K		0～0.014	5.41×10^{-7}		26
	锰(Ⅱ)-铬(Ⅵ)-二安替比林对甲基苯基甲烷	485	0.004～0.2	8.9×10^{-3}	土壤，水样，人发	27
	铬-二安替比林基-(3-溴)苯基甲烷		0.4～2.4		铝合金	28
	铁(Ⅱ)-碘酸钾-罗丹明 4G	546	0～0.14	4.3×10^{-4}	标准环境水样，自来水样	29
F	过氧化氢-甲基红	520	0.5～5.0	0.038	牙膏，水	30
	铁(III)-过氧化氢-2,4-二氨基苯酚	500	<9.0	—	桑叶	31
Fe	溴酸钾-中性红	520	0.0004～0.064	1.41×10^{-4}	天然水	32
	溴酸钾-甲基橙		0.0080～0.088	3.18×10^{-3}	—	33
	过氧化氢-钙羧酸钠	342	0～0.12	9.12×10^{-6}	饮用水	34
		540	0～0.16	2.18×10^{-7}	河水	
	过氧化氢-结晶紫	590	0～0.025	2.73×10^{-8}	水	35
Hg	溴酸钾-亚甲基蓝	602	3.08×10^{-4}～6.0×10^{-2}	2.21×10^{-4}	废水	36
	邻菲咯啉-铬(Ⅵ)-过氧化氢-茜素红 S		0～1.6	0.026	污水	37
I	溴酸钾-酸性品红		0～0.04	1.1×10^{-3}	乳品	38
	亚硝酸根-溴酸钾-亚甲基蓝		0～0.48	3.7×10^{-4}	粗盐	39
	亚硝酸根-溴酸钾-亚甲基蓝		0.040～0.48	0.017	盐	40
	亚硝酸根-溴酸钾-维多利亚蓝		0～0.6	1.09×10^{-9}	食品	41
	硫代硫酸钠-溴酸钾-亚甲基蓝		0.01～0.2	0.0062	海带，紫菜	42
Ir	高碘酸钾-四硼酸钠-亮绿		0.0002～0.08	2.969×10^{-4}	分子筛和活性炭	43
La	高碘酸钾-硫酸耐尔蓝		0.0004～0.12	3.36×10^{-4}	稀土氧化物	44
	溴酸钾-甲基红		1.0×10^{-5}～4.0×10^{-4}	2.21×10^{-3}	合成样品，镧汞齐	45
Mn	过氧化氢-间甲酚紫		0.04～0.4	4.7×10^{-3}	豇豆，绿豆，小米，赤豆	46
	高碘酸钾-孔雀绿		0.02～0.11	8.9×10^{-4}		47
Mo	高碘酸钾-溴酚蓝		0～0.050	3.85×10^{-4}	煤	48
	过氧化氢-酸性铬蓝 K		0～0.136	3.1×10^{-7}	蔬菜	49
	过氧化氢-乙基紫		0～0.292	3.4×10^{-3}	蔬菜	50
Nb	溴酸钾-二甲基黄		0～0.003	4.21×10^{-5}	矿石	51
Ni	溴酸钾-亚甲基蓝	602	0.004～0.06	2.44×10^{-4}	含钒生铁和低合金钢	52
	过氧化氢-溴甲酚紫	590	0.0017～0.14	1.7×10^{-3}	食品	53
	过氧化氢-溴甲酚紫	590	1.7×10^{-3}～0.14	1.7×10^{-3}	环境水体	54

续表

被测组分	指示反应体系	测定波长 λ/nm	线性范围 /(μg/ml)	检出限/(μg/ml)	样品	参考文献
Ni	高碘酸钾-碱性中性红		0～0.06	3.71×10^{-4}	环境水样	55
	溴酸钾-甲基紫		0～0.1	8.4×10^{-4}	铝合金，环境水样	56
	溴酸钾-藏花红		0～0.4	1.42×10^{-4}	草药	57
	过氧化氢-溴甲酚紫		0.0026	—	海带	58
	钴(Ⅱ)-过氧化氢-邻联甲苯胺	370	1.0×10^{-4}～3.0×10^{-2}	4.1×10^{-4}	环境水样，自来水，铝合金，人发	59
	邻菲啰啉-铜(Ⅱ)-过氧化氢-邻氨基酚		0.001～0.08	9.1×10^{-4}	环境水样，铝合金，人发	60
	过氧化氢-甲基紫		0～0.04	4.4×10^{-5}	生物样品	61
	过氧化氢-碱性品红		0～0.04	1.88×10^{-5}	人发	62
Pb	铜(Ⅱ)-过氧化氢-茜素红 S		0～0.35	7.5×10^{-3}	皮蛋，茶叶	63
	铬-过氧化氢-茜素红 S	422	0.2～2.0		皮蛋	64
Pb,Cd	过氧化氢-偶氮胂Ⅰ		Pb:0.005～0.50 Cd:0.002～0.80			65
Pd	次磷酸钠-结晶紫		0～0.032	4.7×10^{-3}	乙醛催化剂	66
	二安替比林对溴苯基甲烷-钒		0～0.48	0.056	冶金产品，催化剂	67
	二安替比林对甲基苯基甲烷-钒	485	0.08～0.48	0.021	钯催化剂	68
	钒(Ⅴ)-二安替比林对氯苯基甲烷		0.08～0.48	0.08	冶金产品，钯催化剂	69
Rh	溴酸钾-番红花红 O		0.0002～0.0008	1.93×10^{-5}	催化剂	70
	溴酸钾-水溶性苯胺蓝		0.0004～0.0008	2.73×10^{-5}		71
S^{2-}	铁(Ⅲ)-过氧化氢-二甲酚橙	570	0.0020～0.044	1.6×10^{-3}	废水	72
Sb	过氧化氢-硫堇		0.004～0.40	1.71×10^{-3}	环境水样	73
	过氧化氢-劳氏青莲	610	0.0004～0.0028	4.0×10^{-4}	环境水样	74
	过氧化氢-偶氮胂Ⅰ		0.004～0.048	2.53×10^{-4}	环境水样	75
	溴酸钾-2-[2′-(5-硝基吡啶)-偶氮]变色酸	495	0～0.36	9.6×10^{-3}	水样	76
SCN^-	溴酸钾-甲基绿		0～2×10^{-4}	4.93×10^{-4}	尿	77
Se	溴邻苯三酚红(BPB)-溴酸钾	283	0.004～0.012	8.0×10^{-4}	大蒜，黑木耳	78
	过氧化氢-碱性品红		0～0.04	2.04×10^{-5}	矿样	79
Sm	溴酸钾-瑞士色素		0～0.32	6.47×10^{-3}		80
Sn	溴酸钾-酸性品红		0～0.2	1.6×10^{-5}	天然水	81
Th	高碘酸钾-酸性靛蓝		0～0.04		环境水样	82
Ti	高碘酸钾-溴酚蓝		0.6～2.0	7.87×10^{-4}	炼钢烧结矿样	83
	铁(Ⅲ)-过氧化氢-番红花红 T-灿烂甲酚蓝	520,630	0.004～0.11	1.03×10^{-4}		84
	溴酸钾-二甲基黄	530	0～8.0×10^{-3}	2.1×10^{-4}	人发,植物，茶叶，岩石	85
	铁-过氧化氢-中性红		0.06～0.60	0.075	人发	86
	溴酸钾-2-(5-溴-2-吡啶偶氮)-5-二乙氨基酚		0～4.0×10^{-3}	4.2×10^{-5}	植物，岩石	87
	过氧化氢-碱性品红		0～4.0×10^{-3}	1.67×10^{-12}	人发	88

续表

被测组分	指示反应体系	测定波长 λ/nm	线性范围 /(μg/ml)	检出限/(μg/ml)	样品	参考文献
V	抗坏血酸-亚甲基蓝		0.0872～43.6	0.0061	井水，矿泉水	89
	溴酸钾-2-(5-溴-2-吡啶偶氮)-5-二乙氨基酚		0～0.004	4.3×10^{-5}	人发，茶叶	90
	次磷酸钠-偶氮胂III	535	0～0.004	5.8×10^{-5}	人发，茶叶	91

本表参考文献：

1. 张东，宋恩军．电镀与精饰, 2006(01): 50.
2. 张东，郝清伟，周力．广东微量元素科学, 2005(06): 49.
3. 刘传湘，廖力夫．南华大学学报：理工版, 2002(01): 67.
4. 柴红梅，张美丽，高楼军，等．江西师范大学学报：自然科学版, 2009(03): 282.
5. 艾智，艾文司，高翠香，等．理化检验：化学分册, 2009(03): 273.
6. 艾智，高翠香，幺林．光谱实验室, 2009(01): 110.
7. 彭欣，陈国树．分析化学, 2003(01): 38.
8. 王晓菊，李志宏，高烨，等．冶金分析, 2011(06): 58.
9. 张丽，杨迎春，徐洁，等．分析试验室, 2007(02): 52.
10. 季剑波．沈阳理工大学学报, 2008(01): 83.
11. 王晓菊，李志宏．食品研究与开发, 2010(12): 148.
12. 赵仑，王晓菊，唐栋．中国茶叶, 2010(07): 22.
13. 郭飞君，王晓菊．稀土, 2009(02): 74.
14. 赵仑，王晓菊，王彬彬．食品科技, 2009(11): 318.
15. 郭飞君，王晓菊，赵仑．稀有金属, 2008(03): 395.
16. 陈宁生，王岚岚，左治炯，等．稀有金属, 2003(04): 517.
17. 黄美珍，丁健华．理化检验：化学分册, 2011(08): 978.
18. 王洪福，张素兰，何黎明，等．化学研究与应用, 2009(04): 531.
19. 艾智，刘艳娟．理化检验：化学分册, 2005(09): 669.
20. 孙彩兰，宋波，丁宝宏，等．理化检验：化学分册, 2002(09): 441.
21. 吴芳辉．安徽工业大学学报：自然科学版, 2011(02): 158.
22. 李艳辉，孙吉佑，马卫兴，等．冶金分析, 2006(02): 64.
23. 晏细元．江西师范大学学报：自然科学版, 2006(05): 464.
24. 谢建鹰，程国平，陆伟峰．分析试验室, 2007(02): 37.
25. 张东，程岩．广东微量元素科学, 2004(10): 46.
26. 于京华，葛慎光，李德宝，等．济南大学学报：自然科学版, 2005(01): 29.
27. 谢启明，杨红卫，罗琴．云南大学学报：自然科学版, 1999(S2): 50.
28. 龙莉，袁建勇，徐其亨．冶金分析, 2001(01): 10.
29. 吴宪龙，穆柏春，牟娟 ．冶金分析, 2001(03): 52.
30. 张爱梅，贾丽萍．分析化学, 2003(06): 765.
31. 刘红梅，侯文龙，鲁勖琳．食品科技, 2006(07): 219.
32. 赵登山，高明，高强，等．冶金分析, 2012(11): 36.
33. 李占灵，李艳霞，王金中．分析试验室, 2006(10): 59.
34. 李艳辉，孙吉佑，许兴友，等．淮海工学院学报：自然科学版, 2008(02): 59.
35. 金贞淑，赵晔，达古拉，等．内蒙古民族大学学报：自然科学版, 2001(03): 247.
36. 王洪福，苏智先，张素兰，等．冶金分析, 2011(10): 62.
37. 黄美珍，邹小勇．分析科学学报, 2009(03): 357.
38. 申湘忠，李宪平，刘志成．分析试验室, 2007(05): 103.
39. 倪秀珍，王晓菊．食品科学, 2008(12): 549.
40. 孙登明，薛建伟．冶金分析, 2004(05): 56.
41. 王晓菊，倪秀珍，张丽辉．食品研究与开发, 2009(08): 135.
42. 陈燕清，颜流水，陈刚．南昌航空大学学报：自然科学版, 2009(03): 24.
43. 王洪福，苏智先，张素兰，等．分析试验室, 2012(02): 101.
44. 王晓菊，赵仑．冶金分析, 2010(04): 73.
45. 李侠，柳玉英．冶金分析, 2006(04): 69.
46. 王爽，邓天龙．广东微量元素科学, 2008(02): 10.
47. 陈中兰，杨柳．四川师范学院学报：自然科学版, 2000(02): 150.
48. 谢建鹰，何如霞，林挺．光谱实验室, 2011(06): 2991.
49. 高杰．食品科学, 2005(07): 183.
50. 高杰．理化检验：化学分册, 2005(04): 253.
51. 韩长秀．分析科学学报, 2005(02): 182.
52. 王洪福，苏智先，张素兰，等．冶金分析, 2011(04): 61.
53. 赵丽杰，赵丽萍，白晓琳，等．食品科学, 2011(12): 204.
54. 赵丽杰，赵丽萍，常勇，等．环境科学与技术, 2010(10): 101.
55. 王晓菊，盖永胜．食品科学, 2007(03): 271.
56. 王晓菊，高烨，孙凌晨，等．冶金分析, 2008(02): 40.
57. 倪秀珍，王晓菊．食品科技, 2008(11): 275.
58. 马建强，陈实源，姚翰英，等．化工技术与开发, 2005(01): 27.
59. 孙登明，张宏兵．分析化学, 2002(11): 1401.
60. 孙登明．分析化学, 1999(07): 821.
61. 汪燕芳，陈国树．分析试验室, 2001(01): 26.
62. 周松茂，汪燕芳．江西科学, 1997(03): 143.
63. 黄美珍，邹小勇．分析试验室, 2009(03): 19.
64. 黄美珍．佛山科学技术学院学报：自然科学版, 2008(02): 36.
65. 田久英，卢菊生，吴宏．分析试验室, 2008(S1): 413.
66. 董慧茹，雒丽娜，朱大伟．光谱实验室, 2003(01): 39.
67. 刘家琴，徐其亨，李祖碧，朱利亚.岩矿测试, 1999(01): 40.
68. 谢启明，李红卫，罗琴．分析科学学报, 2000(05): 440.
69. 刘家琴，徐其亨，李祖碧．黄金, 1998(06): 47.
70. 张金宝．冶金分析, 2012(02): 6.
71. 宋学省．冶金分析, 2010(10): 51.
72. 孙登明，马伟，石文风．分析科学学报, 2007(01): 73.
73. 柴红梅，高楼军，丁博利．环境与健康杂志, 2010(03): 259.
74. 朱复红，邱凤仙．环境与健康杂志, 2006(06): 549.

75. 杨迎春，张丽，吉爱军，等．冶金分析, 2008(08): 66.
76. 柴红梅，高楼军，孙雪花．化学研究与应用, 2008(11): 1461.
77. 刘秀娟，王歌云．江西教育学院学报：自然科学, 1998(03): 32.
78. 张亚琴．科技信息, 2011(36): 116.
79. 周松茂，汪燕芳，陈国树．冶金分析, 1997(01): 18.
80. 李侠，柳玉英．分析试验室, 2006(08): 72.
81. 周之荣，金立志．环境保护科学, 2000(03): 41.
82. 蔡龙飞，徐春秀．江西化工, 2004(04): 102.
83. 黎国兰，魏成富，王洪福．冶金分析, 2012(08): 42 .
84. 陈宁生，王胜忠，傅应强．分析科学学报, 2010(06): 685.
85. 周之荣，张丽珍，王黎．分析试验室, 2005(02): 25.
86. 刘连伟．分析试验室, 2001(04): 34.
87. 周之荣，黄湘源．岩矿测试, 2001(03): 199.
88. 周松茂，汪燕芳，陈国树．南昌大学学报：理科版, 1996(02): 165.
89. 丁素芳，彭家平．淮北煤炭师范学院学报：自然科学版, 2007(01): 28.
90. 周之荣．理化检验：化学分册, 2003(01): 39.
91. 周之荣，许文苑，彭道锋，等．冶金分析, 2004(06): 22.

表 5-14 阻抑动力学光度法的应用(有机物)

被测组分	指示反应体系	测定波长 λ/nm	线性范围 /(μg/ml)	检出限 /(μg/ml)	样 品	参考文献
EDTA	铁(III)-过氧化氢-溴邻苯三酚红		0～0.9	0.0017		1
	铁(III)-过氧化氢-罗丹明 B	555	0～0.9	0.0011	罐头等食品	2
	铁(III)-过氧化氢-变色酸	434	0～1.0	0.0025	罐头食品	3
	铁(III)-过氧化氢-溴百里酚蓝	430	0～1.0	0.002	罐头食品	4
	α,α'-双吡啶-Fe(III)-碘酸钾-二溴对甲基偶氮羧	550	0～0.9	0.0017	罐头等食品	5
	铁(III)-高碘酸钾-二溴硝基偶氮肿	510	0～1.0	0.002	罐头等食品	6
	铁(III)-溴酸钾-甲基百里酚蓝	445	0～1.0	0.0021	罐头食品	7
	铁(III)-过氧化氢-茜素红	474	0～1.0	0.0022	罐头等食品	8
	铁(III)-高碘酸钾-紫脲酸铵	520	0～0.9	0.0018	罐头等食品	9
	铁(III)-过氧化氢-变色酸	436	0～1.4		食品	10
2,4-二甲基苯酚	钌-过氧化氢-碱性品红		<8.0	3.49×10^{-4}	水	11
氨三乙酸	高碘酸钾-玫瑰桃红 R		0.01～0.12	0.0023	合成样品，实验室废水	12
	高碘酸钾-玫瑰桃红 R		0.01～0.12	0.0023	合成样品，实验室废水	13
苯胺	高碘酸钾-维多利亚绿		0～0.1	0.002	废水	14
	过氧化氢-溴甲酚绿		0～0.045	0.0043		15
	高碘酸钾-孔雀绿		0～9.2×10^{-3}	3.8×10^{-4}	废水	16
	甲醛-溴酸钾-鸡冠花红	525	0.03～2.5	0.01	环境废水	17
苯胺类	过氧化氢-溴酸钾-二甲苯蓝		0～0.048	3.62×10^{-3}	废水	18
苯酚	溴酸钾-鸡冠花红		0.0008～0.06	2.97×10^{-4}	—	19
	过氧化氢-邻苯二酚紫		0.01～0.20	0.0099	实验样品	20
	溴酸钾-溴甲酚绿		0.01～5.0	0.01415	废水	21
	高碘酸钾-苯胺蓝		0～0.04	0.0012	环境水样	22
	高碘酸钾-中性红	523	0～1.0	4.143×10^{-5}	环境水样	23
草酸	过氧化氢-靛红		0.005～0.50		菠菜，尿样	24
	高碘酸钾-玫瑰桃红 R		0.008～0.500	0.004	菠菜，尿样	25
	过氧化氢-溴甲酚紫	430	0~80	2.18	水果，蔬菜，粮食	26
草酸根	钒(V)-溴酸钾-靛蓝胭脂红		0～8.8	0.16	菠菜，草莓	27

续表

被测组分	指示反应体系	测定波长 λ/nm	线性范围 /(μg/ml)	检出限 /(μg/ml)	样　品	参考文献
单宁	溴酸钾-曙红 Y		0.02～0.35	0.01	茶叶，啤酒	28
蛋白质	溴酸钾-二甲酚橙	430	0.2～2.0	0.141	—	29
对苯二胺	铜(Ⅱ)-高碘酸钾-孔雀绿		0.6～4.0	0.33	模拟废水	30
对苯二酚	溴酸钾-罗丹明 B		0.06～0.8	0.03	水样	31
	铁(Ⅲ)-中性红-过氧化氢		0.20～6.0	0.23	废水	32
对硝基酚	锌(Ⅱ)-过氧化氢-酸性铬蓝 K	530	0～0.05	0.02	实验样品	33
对乙氧基苯胺	铜(Ⅱ)-过氧化氢-茜素红		0～0.04	8.54×10^{-4}	环境水样	34
二苯胺	高碘酸钾-甲基绿		0.08～0.64	2.8×10^{-3}	纺织品	35
槲皮素	过氧化氢-亚甲基蓝		1.5×10^{-5}～4.5×10^{-4}	1.2×10^{-5}		36
甲酚红	过氧化氢-甲基紫		0～0.4μmol/ml	8.4pmol/ml	氧化分解废液	37
甲醛	溴酸钾-碱性品红		0.08～1.0	0.015	食品	38
间苯二酚	罗丹明 B-溴酸根		0.20～3.00	0.09	环境水样	39
	铁(Ⅲ)-高碘酸钾-棉红		0.02～1.20		水样	40
	高碘酸钾-中性红		0.1～3.0	0.082		41
	铁(Ⅲ)-过氧化氢-棉红		0.06～1.00		水样	42
	铁-过氧化氢-罗丹明 B	564	0.20～3.0		水样	43
	铁(Ⅲ)-过氧化氢-甲基红		0～0.04	0.0012		44
间二硝基苯	间二硝基苯-铁(Ⅲ)-过氧化氢-中性红	530	0～0.048	1.03×10^{-4}	环境水样	45
	铁(Ⅲ)-高碘酸钾-孔雀绿		0.0～0.01	1.8×10^{-3}	环境水样	46
	铁(Ⅲ)-高碘酸钾-甲基蓝		0～0.008	1.6×10^{-3}	环境水样	47
抗坏血酸	抗坏血酸-高碘酸钾-龙胆紫		0~0.128	6.98×10^{-4}	维生素片 C 片，西红柿	48
	亚硝酸根-溴酸钾-二甲酚橙		0.010～0.40	6.8×10^{-3}	维生素 C 片和西红柿	49
	高碘酸钾-曙红 Y	515	0.020～1.6	0.01	蔬菜	50
	亚硝酸根-溴酸钾-孔雀石绿	620	0.2～1.40	0.25	维生素片	51
	EDTA-重铬酸钾-丁基罗丹明 B	560	0.01～0.1mmol/L		维生素 C 注射液，药片	52
邻苯二胺	铁(Ⅲ)-双氧水-甲基红		0～0.004	2.4×10^{-3}	环境水样	53
邻苯二酚	铜(Ⅱ)-过氧化氢-偶氮氯膦肿		0.2～1.8	0.084	废水	54
	Mn(Ⅱ)-高碘酸钾-二甲酚橙		0.02～0.2 0.24～0.44	0.0123	污水	55
	铜(Ⅱ)-过氧化氢-偶氮胂(Ⅰ)	518	0～0.2	9.07×10^{-5}		56
邻苯二甲酸二辛酯	过氧化氢-中性红		0.26～4.10	0.038	一次性塑料袋，塑料拖鞋，河泥	57
邻二硝基苯	溴酸钾-二甲基黄		0～0.024		环境水样	58
	溴酸钾-甲基红		0～0.16	1.15×10^{-4}	环境水样	59
	高碘酸钾-中性红		0～0.004	7.7×10^{-4}	环境水样	60
邻菲咯啉	过氧化氢-铬黑 T		0.003～0.08	0.004	水样	61
芦丁	高碘酸钾-玫瑰桃红 R		0.02～0.4	0.005	槐米	62

续表

被测组分	指示反应体系	测定波长 λ/nm	线性范围 /(μg/ml)	检出限 /(μg/ml)	样品	参考文献
尿素	亚硝酸根-溴酸钾-维多利亚绿 G		0～0.14	0.005	废水	63
	亚硝酸根-过氧化氢-亚甲基蓝	660	0.004～0.08	5.4×10^{-4}	废水	64
柠檬酸	铁(III)-过氧化氢-孔雀绿		0.004~0.24	3.27×10^{-3}	—	65
	铁(III)-过氧化氢-酚红		0.70～4.0	0.10	汽水	66
	痕量铁(III)-过氧化氢-酚藏花红		0.60～4.20	0.090	汽水	67
普卢利沙星	过氧化氢-罗丹明 B		2.0～30	0.5	药物	68
壬基酚	铁(III)-过氧化氢-氨基黑		0～8.0	4.45×10^{-4}	纺织品	69
双酚 A	亚甲基蓝	665	0.15～4.2	0.0074	饮料瓶，保鲜膜浸取液	70
水杨酸	铁(Ⅱ)-过氧化氢-孔雀绿	617	0.072～0.396	0.0237	化妆品紧肤水，药用软膏	71
	溴酸钾-曙红 Y		0.040～0.50	0.020	复方苯甲酸搽剂	72
	碘离子-亚砷酸-锰(III)-邻联甲苯胺	440	0.01～0.30	0.003	护肤品	73
硝基苯	二氯化锡-碘酸钾-甲基橙	515	0.02～30.0	1.82×10^{-4}	—	74

本表参考文献：

1. 衣秀娟，秦宏伟，陈凌，等.预防医学论坛, 2009(02): 145.
2. 于立娜，孙秀霞，陈伟，等.现代科学仪器, 2009(05): 105.
3. 陈伟，陈惠，王桐，等．中国食品添加剂, 2006(06): 190.
4. 陈伟，陈惠，李英．理化检验：化学分册, 2007(08): 690.
5. 宫维娜，于惠春．食品与药品, 2008(03): 43.
6. 杨杰，于惠春．预防医学论坛, 2008(08): 744.
7. 陈伟，王胜，王培娟，等.中国食品添加剂, 2008(05): 153.
8. 陈伟．分析试验室, 2006(01): 87.
9. 姜炳芳，陈伟. 预防医学论坛, 2005(05): 557.
10. 王慧琴，黄振中，章磊. 仪器仪表与分析监测, 2003(03): 29.
11. 李光源，英荣建．理化检验：化学分册, 2010(11): 1263.
12. 黄天利，郭利兵，张海洋.河南科学, 2008(06): 665.
13. 贾丽萍，张爱梅，牛学丽.分析科学学报, 2004(02): 172.
14. 陈玉静，王玉宝，李桂华，等.分析试验室, 2006(08): 76.
15. 李成平，陈雪松，许惠英，等．理化检验：化学分册, 2007(01): 40.
16. 唐冬秀，宋和付，李晓湘．工业水处理, 2004(01): 50.
17. 张爱梅，贾丽萍，牛学丽．理化检验：化学分册, 2005(01): 48.
18. 阳小燕，陈国树，彭在姜．分析化学, 2000(02): 215.
19. 李艳霞，谢东坡，庄鹏飞．光谱实验室, 2010(03): 1226.
20. 李彩云，程定玺．河南科技学院学报：自然科学版, 2008(02): 53.
21. 黄余改，李平，谈杰，等．2007(04): 26.
22. 单伟光, 李成平，付丽芳，等．化学分析计量, 2002(04): 9.
23. 黄志勇，陈国树，彭在姜．南昌大学学报：理科版, 1997(03): 83.
24. 张爱梅，贾丽萍，牛学丽．分析化学, 2003(09): 1115.
25. 张爱梅，贾丽萍，牛学丽，等．聊城大学学报：自然科学版, 2003(02): 35.
26. 刘连伟，孙衍华，王秀峰．应用化学, 2004(03): 316-318.
27. 白林山，张伟，唐珂．安徽工业大学学报：自然科学版, 2007(03): 278.
28. 刘连伟，刘成磊，翟衡，等．理化检验：化学分册, 2008(06): 507.
29. 孙晓艳，李贤珍，李建平．分析科学学报, 2009(05): 609.
30. 张建．化学分析计量, 2005(06): 29.
31. 吴春来，张秋芬，陈华军．洛阳理工学院学报：自然科学版, 2009(02): 17.
32. 刘连伟．分析化学, 2000(09): 1088.
33. 徐敏，郝义，郭丽华．化学工程师, 2001(06): 30.
34. 陈国树，阳小燕．分析科学学报, 2001(01): 39.
35. 刘斌，段红娟，郁翠华，等．印染, 2011(16): 43.
36. 杨远奇，薛珺，赖晓绮．赣南师范学院学报, 2008(06): 58.
37. 陈国树，罗智明．南昌大学学报：理科版, 2001(03): 273.
38. 孔继川，缪娟，张会菊．分析科学学报, 2009(02): 205.
39. 王涛，樊静，王海波，等．分析试验室, 2011(09): 89.
40. 徐文军，袁兆岭．江西师范大学学报：自然科学版, 2006(03): 223.
41. 王术皓，牛学丽，季宁宁，等．环境污染与防治, 2004(05): 379.
42. 王爱香，韩长秀，宋学省．分析科学学报, 2005(01): 117.
43. 姜聚慧，冯素玲，樊静，等．分析试验室, 2001(05): 35.
44. 黄志勇，陈国树，彭在姜．分析化学, 1998(11): 1298.
45. 王维，许惠英，周轩宇．化学分析计量, 2010(05): 22.
46. 李成平，单伟光．化学分析计量, 2002(03): 9.
47. 刘钦伟，陈国树．分析科学学报, 2001(02): 123.
48. 倪秀珍，王晓菊．食品科技, 2010(12): 260.
49. 孙登明，马伟．中国公共卫生, 2006(05): 596.
50. 柳玉英，张少全．化学研究与应用, 2008(11): 1520.

51. 孙登明, 张振新, 朱庆仁, 等. 淮北煤炭师范学院学报: 自然科学版, 2004(04): 34.
52. 刘海玲, 欧水平. 分析化学, 2002(01): 122.
53. 陈国树, 阳小燕, 彭在姜. 分析测试学报, 2000(06): 21.
54. 陈宁生, 陈培根, 傅应强, 等. 环境与健康杂志, 2007(02): 111.
55. 黄湘源, 徐春秀. 分析科学学报, 2003(06): 561.
56. 陈国树, 黄志勇, 彭在姜. 分析测试学报, 1999(03): 25.
57. 樊静, 王广军, 叶存玲, 等. 分析试验室, 2006(07): 39.
58. 徐文军, 韩长秀. 分析试验室, 2005(06): 56.
59. 韩长秀, 王爱香. 环境工程, 2005(06): 61.
60. 刘钦伟, 陈国树. 分析化学, 2001(03): 258.
61. 周运友, 高峰, 余世科, 等. 光谱学与光谱分析, 2005(09): 1493.
62. 张爱梅, 田林芹. 分析试验室, 2004(04): 64.
63. 孙登明, 马伟. 分析试验室, 2006(02): 100.
64. 张振新, 孙登明, 朱庆仁, 等. 淮北煤炭师范学院学报: 自然科学版, 2005(04): 38.
65. 倪秀珍, 王晓菊. 中国酿造, 2010(10): 154.
66. 叶青. 食品工业科技, 2006(03): 179.
67. 叶青. 上饶师范学院学报: 自然科学版, 2006(03): 44.
68. 符飞燕, 韩永和, 王龙彪, 等. 现代仪器, 2012(02): 85-87.
69. 宋兴良. 印染, 2010(04): 35.
70. 蔡文开, 李娜, 梁晶晶, 等. 中国卫生检验杂志, 2008(12): 2559.
71. 曹金秀, 蔡文开, 梁晶晶, 等. 中国卫生检验杂志, 2009(08): 1725.
72. 刘连伟, 高吉刚, 孙衍华. 分析试验室, 2005(12): 52.
73. 廖力夫, 周昕. 中国卫生检验杂志, 2001(05): 528.
74. 姚绍龙. 化学研究与应用, 2002(03): 322.

二、酶催化动力学光度法[1,2,29]

酶催化动力学光度法在临床检验和生物化学研究中得到广泛应用，酶的催化反应与一般的催化反应在本质上并无区别，故可以用催化动力学光度法来测定酶。

（一）酶催化动力学光度法测定原理

酶的测定原理：根据测量底物在酶的催化下转化为反应产物的反应速率来测定酶的浓度。

酶和底物的作用一般可表示为：

$$\underset{\text{酶}}{E}+\underset{\text{底物}}{S}\underset{k_2}{\overset{k_1}{\rightleftharpoons}}[ES]\xrightarrow{k_3}\underset{\text{酶}}{E}+\underset{\text{产物}}{P}$$

即酶 E 和底物 S 结合生成配合物 ES，然后配合物分解成产物 P，并重新释放出酶。

其总反应速率为：

$$v = d[P]/dt = k_3[ES]_t \tag{5-49}$$

对 ES 的形成反应，其反应速率为：

$$d[ES]_t/dt = k_1([E]_0-[ES]_t)[S]_t$$

式中，$[E]_0$ 为酶的初始或总浓度。ES 又可分解为 E、S 及 P，其反应速率为：

$$-d[ES]_t/dt = k_2[ES]_t+k_3[ES]_t$$

当测定起始反应速率时，底物和游离酶的浓度实际上是近似恒定的，$[E]_0$ 是一不变量。在稳态条件下，形成的 ES 量与分解的 ES 量可认为相等，即

$$k_1([E]_0-[ES]_t)[S]_t = k_2[ES]_t+k_3[ES]_t$$

移项整理得

$$([E]_0-[ES]_t)[S]_t/[ES]_t = (k_2+k_3)/k_1 = K_m \tag{5-50}$$

式中，K_m 称为米氏常数，是酶和底物形成配合物的一种解离常数，K_m 越小则表示酶与底物的反应越趋于完全。在稳态条件下的[ES]由式（5-50）求出：

$$[ES]_t = [E]_0[S]_t/(K_m+[S]_t)$$

将式（5-50）代入式（5-49）可得

$$v = -d[S]_t/dt = k_3[E]_0[S]_t/(K_m+[S]_t) \tag{5-51}$$

式（5-51）就是酶催化反应的 M-S（Michaelis-Menten）速率方程。式中，k_3 为酶-底物

的配合物转化为产物的常数，与 v 呈线性关系，并与酶浓度相关。

如用光度法测定产物 P，则得：

$$dA_t/dt = \varepsilon b k_3[E]_0[S]_t/(K_m+[S]_t)$$

如底物浓度值大于 K_m 很多，则可认作准一级反应：

$$dA_t/dt = \varepsilon b k_3[E]_0 \approx 常数\times[E]_0 \quad (5\text{-}52)$$

反之如底物浓度小于 K_m 很多，则：

$$dA_t/dt = \varepsilon b k_3[E]_0[S]_t/K_m \approx 常数\times[S]_t \quad (5\text{-}53)$$

通常测定底物时，必须满足底物浓度远小于 K_m 的条件。

（二）酶催化动力学光度法的测定

1. 酶的测定

由公式（5-52）可知当被酶作用物的浓度足够大时，反应初始速率正比于酶的浓度，这就是酶测定的定量依据。

（1）三聚氰胺脱氨酶活性的测定　测定原理[30]：三聚氰胺脱氨酶可催化三聚氰胺基质液产生不可逆的脱氨反应。释放出的氨气采用靛酚蓝显色反应测定，即氨与水杨酸、次氯酸钠在碱性条件下反应生成靛酚蓝，由光度法测定。其反应如下：

三聚氰胺（NH_2、H_2N、NH_2 取代的三嗪环）$\xrightarrow{三聚氰胺脱氨酶}$ （OH、H_2N、NH_2 取代的三嗪环）$+NH_3$

$NH_3+NaClO+$ 水杨酸（COOH、OH） $\xrightarrow[NaOH]{亚硝基铁氰化钠}$ 靛酚蓝

三聚氰胺脱氨酶活性测定过程：取 4 支试管，分别标明“测定”“对照”“标准”和“空白”；另取 4 支试管做平行实验，按下表分别加入不同试剂。

加入顺序	试剂	试剂用量/ml			
		测定管	对照管	标准管	空白管
1	粗酶液	60	60	0	0
2	硫酸铵标准液	0	0	60	0
3	无氨蒸馏水	0	0	0	60
4	三聚氰胺基质液	200	0	200	200
5	—	混匀，置 37℃水浴 30min			
6	三聚氰胺基质液	0	200	0	0
7	水杨酸溶液	1200	1200	1200	1200
8	次氯酸钠溶液	300	300	300	300

然后混匀，置 37℃水浴 40min，于 650nm 处用蒸馏水调零，测定各管吸光度。三聚氰胺脱氨酶酶活单位：1L 三聚氰胺脱氨酶溶液在 37℃条件下与三聚氰胺底物作用 1min 产生 1μmol 氨为一个酶活单位，按下式计算三聚氰胺脱氨酶的酶活。

$$三聚氰胺脱氨酶比活力/(U/L)=\frac{测定管吸光度-对照管吸光度}{标准管吸光度-空白管吸光度}\times\frac{1500\mu mol/L}{30min}$$

（2）葡萄糖氧化酶的测定　最常用的方法是利用葡萄糖氧化酶-辣根过氧化物酶-苯胺衍

生物或染料隐性体偶联反应体系来进行测定。过氧化物酶在有氧存在时，催化葡萄糖氧化，生成的过氧化氢分解，分解出的氧又将苯胺衍生物或染料隐性体（如邻联二茴香胺）氧化变成红色或棕色物质，颜色深浅与葡萄糖氧化酶活性呈线性关系。这种方法非常灵敏，但存在显色物质不稳定、在 1min 内有明显褪色、数据重复性不好、测定成本高等不足。另外一种测定葡萄糖氧化酶活力的简便方法[31]是采用靛蓝胭脂红褪色法测定葡萄糖氧化酶活力。其机理是：葡萄糖氧化酶催化葡萄糖氧化产生的过氧化氢在一定 pH 值的缓冲溶液中和加热条件下，能使靛蓝胭脂红发生褪色反应，并且其反应速率在一定范围内和过氧化氢浓度成正比，据此测定出产生的过氧化氢的量，进而计算出葡萄糖氧化酶活力。

2. 底物的测定

由公式（5-53）可知，当底物的浓度很小时，反应初始速率正比于底物的浓度。以上例葡萄糖氧化酶测定所依据的反应体系为例来说明。

葡萄糖氧化酶催化葡萄糖被氧化为葡萄糖酸和 H_2O_2，生成的 H_2O_2 在过氧化酶催化下使无色的还原型染料如邻甲苯胺或邻二茴香胺氧化成有色氧化型染料，前者为蓝色（λ_{max}=600nm），后者为棕色（λ_{max}=450nm）。反应如下：

$$\text{葡萄糖}+O_2 \xrightarrow{\text{葡萄糖氧化酶}} \text{葡萄糖酸}+H_2O_2$$

$$H_2O_2+\text{还原型染料（无色）} \xrightarrow{\text{过氧化酶}} H_2O_2+\text{氧化型染料（有色）}$$

当氧、染料和过氧化酶过量存在且葡萄糖氧化酶活性保持不变时，测得的吸光度正比于葡萄糖浓度，由此可以从标准曲线求得试样中葡萄糖的含量。

3. 激活剂的测定

能使无活性的酶转变为活性酶的物质称为激活剂。许多无机离子对某些酶反应有激活作用，故可用来测定这些元素，表 5-15 列出了一些对酶系有激活作用的无机物质。

表 5-15 对酶系有激活作用的无机物质

物质	酶系	物质	酶系
Ba^{2+}	碱性磷酸酯酶①	Mn^{2+}	异柠檬酸脱氢酶
Ca^{2+}	α-酮戊二酸脱氢酶		脱氧核糖核酸酶
	高峰淀粉酶		丙酮酸脱氢酶
Co^{2+}	异柠檬酸脱氢酶		α-酮戊二酸脱氢酶
K^{+}	磷酸果糖激酶	Zn^{2+}	异柠檬酸脱氢酶
Mg^{2+}	荧光素酶（萤火虫）	CN^{-}	转化酶①
	α-酮戊二酸脱氢酶	I^{-}	转化酶①
	丙酮酸脱氢酶	O_2	荧光素酶（萤火虫）
	脱氧核糖核酸酶	S^{2-}	转化酶①
Sr^{2+}	高峰淀粉酶		

① 此方法系根据被抑制酶的激活原理来测定的。

当酶的浓度保持不变，底物浓度过量到不会限制反应速率并也保持不变时，激活剂浓度对酶反应的初始速率影响如图 5-33 所示。

由图 5-33 可见，当激活剂浓度较小时，酶反应的初始速率正比于激活剂浓度。

现以 Mn^{2+} 激活以下反应来说明作为激活剂锰的测定。

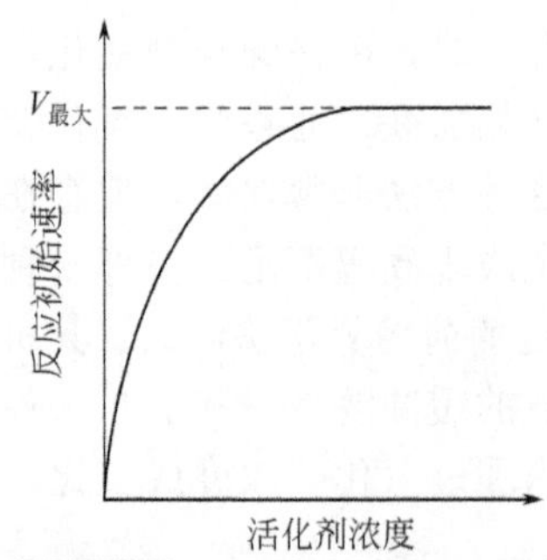

图 5-33 激活剂浓度对酶反应初始速率的影响

$$TPN+D\text{-}异柠檬酸 \xrightarrow[ICD]{Mn^{2+}} CO_2+TPNH$$

$$TPNH+氧化型染料（有色）\xrightarrow{心肌黄酶} TNP+还原型染料（无色）$$

式中，TPN为三磷酸吡啶核苷酸；TPNH为其还原型；ICD为异柠檬酸脱氢酶。当ICD、D-异柠檬酸、TPN、染料及心肌黄酶的浓度均保持过量并固定时，通过测量有色染料吸光度下降即可求得Mn^{2+}含量。

4. 抑制剂的测定

会减慢酶催化反应速率的物质称为抑制剂，抑制剂可分为可逆的与不可逆的两种。但不论是那一种抑制剂，酶反应初速率都将随着其浓度的增加而降低，在抑制剂浓度低时成直线关系。因此，在一定的酶促反应体系中可以应用动力学方法测出极其微量的可作为抑制剂的物质，且灵敏度很高。作为抑制剂的物质可以是有机物也可以是无机离子，可用抑制剂原理来进行无机离子的微量分析的至少有：Al^{3+}、Be^{2+}、Bi^{2+}、Ce^{2+}、Cd^{2+}、Co^{2+}、Cu^{2+}、Fe^{2+}、Fe^{3+}、In^{2+}、Mn^{2+}、Ni^{2+}、Pb^{2+}、Zn^{2+}、$Cr_2O_7^{2-}$、F^-、S^{2-}等。

对一些酶系有抑制作用的无机物质见表5-16。

表 5-16 对一些酶系有抑制作用的无机物质

酶系	无机物质（包括部分有机物）	酶系	无机物质（包括部分有机物）
异柠檬酸脱氢酶	Ag^+、Al^{3+}、Ce^{3+}、Cd^{2+}、Cu^{2+}、Fe^{2+}、Fe^{3+}、Hg^{2+}、In^{2+}、Ni^{2+}、Pb^{2+}	碱性磷酸酯酶	Be^{2+}、Bi^{3+}
		透明质酸酶	Cu^{2+}、Fe^{2+}、Fe^{3+}、CN^-
尿素酶	Ag^+、Cd^{2+}、Co^{2+}、Cu^{2+}、Hg^{2+}、Mn^{2+}、Ni^{2+}、Pb^{2+}、Zn^{2+}	黄嘌呤氧化酶	Ag^+、Hg^{2+}、对氯汞苯甲酸、邻亚碘酰基苯甲酸
过氧化物酶	Cd^{2+}、Co^{2+}、Cu^{2+}、Fe^{2+}、Fe^{3+}、Mn^{2+}、Pb^{2+}、$Cr_2O_7^{2-}$、S^{2-}、CN^-、羟胺、抗坏血酸	肝酯酶	F^-
		胆碱酯酶	杀虫剂（有机磷及氨基甲酸酯类化合物）
转化酶	Ag^+、Hg^{2+}、硫脲	碳酸酐酶	DDT
葡萄糖氧化酶	Ag^+、Hg^{2+}、Pb^{2+}		

当酶的浓度保持不变，底物浓度过量到不会限制反应速率并也保持不变时，抑制剂浓度对酶反应的初始速率影响如图5-34所示。

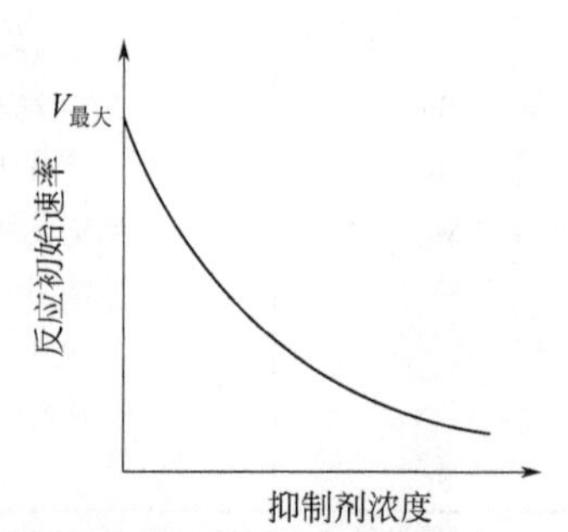

图 5-34 抑制剂浓度对酶反应的初始速率的影响

由图5-34可见，当抑制剂浓度较小时，酶反应的初始速率反比于抑制剂浓度。

例如，基于肾上腺素对血红蛋白酶催化体系的抑制作用，建立了酶催化动力学光度法测定肾上腺素的新方法[32]。在碱性介质中，血红蛋白对H_2O_2氧化酸性铬蓝K具有强烈的催化作用，而肾上腺素对该体系具有强烈的抑制作用，通过测定肾上腺素对体系的抑制率来实现对肾上腺素含量的测定。其实验方法为：在10ml比色管中依次加入2.0ml pH=9.8的NH_3-NH_4Cl缓冲溶液、2.0ml 100μmol/L的酸性铬蓝K溶液、0.7ml浓度为1.0×10^{-3}mol/L的H_2O_2溶液、不同浓度的盐酸肾上腺素标准溶液、2.0ml 5.0μmol/L的牛血红蛋白，用水定容。在室温下放置15min后，用

1cm 吸收皿，以蒸馏水作参比，在 546nm 处测量吸光度。以不加牛血红蛋白和肾上腺素的试剂溶液为空白，其吸光度为 A_0，不加肾上腺素的试剂溶液的吸光度为 A_1，加盐酸肾上腺素的试剂溶液的吸光度为 A_2，计算抑制率 I（%）=（A_2–A_1）/（A_0–A_1），用所得抑制率对盐酸肾上腺素的浓度作标准曲线。以相同的方法测定试样的抑制率，由标准曲线测得肾上腺素的浓度。

（三）酶催化动力学光度法的应用

酶催化动力学光度法的应用见表 5-17。

表 5-17 酶催化动力学光度法的应用

被测组分	指示反应体系	测定波长 λ/nm	线性范围	检出限	样品	参考文献
Ag	葡萄糖氧化酶-过氧化物酶-4-氨基安替比林-2,4-二氯苯酚	505	5～200μg/L	9.8×10^{-2}μg/L	感光材料废水	1
Cd	醇脱氢酶	340		0.02μmol/L	蔬菜	2
H_2O_2	过氧化氢酶-4-氨基安替比林-苯酚-过氧化氢	505	0.003～0.3000μmol/ml	2μmol/L	雨水	3
	过氧化氢-刚果红-血红蛋白酶	497	0.08～80μmol/L	1.97nmol/L	雨水，消毒水	4
	过氧化物酶-氨基二乙基苯胺硫酸盐	551	1.29～64.5μmol/L	0.85μmol/L	牛奶	5
	辣根过氧化物酶-过氧化氢-碘化钾-罗丹明 S	526	36.72～734.4μg/L	10μg/L	废水	6
	过氧化氢-茜素红-血红蛋白酶	525	0.3～80μmol/L	52μmol/ml	雨水，消毒水	7
	过氧化氢-结晶紫-血红蛋白酶	582	0.1～30μmol/L	12μmol/ml	雨水，消毒水	8
Hg	醇脱氢酶-乙醇-氧化型烟酰胺腺嘌呤二核苷酸-汞离子	340	0.6～25μg/L	0.5μg/L	湖水	9
	辣根过氧化物酶-过氧化氢-4-氨基安替比林-2,4-二氯苯酚		1.0～5.0μg/ml	0.578μg/ml		10
	葡萄糖氧化酶-过氧化物酶-3,5-二氯-2-羟基苯磺酸钠	508	25～300μg/L	8.7ng/L		11
	乳酸脱氢酶-丙酮酸-还原型烟酰胺腺嘌呤二核苷酸	340		0.18μg/L	湖水	12
L-半胱氨酸	血红蛋白模拟酶		0.22～8.8μmol/L	54nmol/L	明胶	13
L-酪氨酸	血红蛋白-过氧化氢-酸性铬蓝 K	538	0.5～100μmol/L	0.26μmol/L	啤酒，葡萄酒	14
N-乙酰-*β*-D-氨基葡萄糖苷酶	氯硝基酚	405	活力小于 200 U/L		成人尿液	15
超氧化物歧化酶	席夫碱-Cu(Ⅱ)-十二烷基硫酸钠	505	0～900μmol/L	6.28μmol/L	超氧化物歧化酶(SOD)活性	16
超氧化物歧化酶(SOD)活性	2-羟基-1-萘醛缩 2-氨基噻唑-铜（Ⅱ）-过氧化氢-4-氨基安替比林-2,4-二氯苯酚		0～500μmol/L	5.0μmol/L	人体血液	17
次黄嘌呤	黄嘌呤氧化酶-辣根过氧化物酶-苯酚-4-氨基安替比林	508	0.2～3.0mmol/L	0.05mmol/L	血清	18
胆固醇	胆固醇氧化酶-过氧化氢-过氧化物酶-4-氨基安替比林-苯酚	500	20～600mg/ml		禽蛋	19
蛋白质	辣根过氧化物酶-过氧化氢-邻苯二酚紫	430	0.04～0.5μmol/L	8.6nmol/L	牛血清白蛋白	20

续表

被测组分	指示反应体系	测定波长 λ/nm	线性范围	检出限	样品	参考文献
谷胱甘肽 S-转移酶	还原型谷胱甘肽-2,4-二硝基氯苯	340			人血清	21
过氧乙酸	辣根过氧化物酶-苯酚-4-氨基安替比林	505		0.235μg/25ml	空气消毒剂	22
黄嘌呤	黄嘌呤氧化酶-辣根过氧化物酶-苯酚-4-氨基安替比林	508	0.2～10.0mmol/L	0.05mmol/L	血液	23
甲胺磷	植物淀粉酶-α-乙酸萘酯-三氯化铁	516	0～25μg/10ml	0.1mg/L	蔬菜	24
甲醛	NAD-FDH（氧化型烟酰胺腺嘌呤二核苷酸-甲醛脱氢酶）	340	0.01452～0.2904 μmol/ml	10.0nmol/ml	酒	25
	NAD-FDH	340		1.0μg/L	啤酒	26
卡托普利	血红蛋白-过氧化氢-酸性铬蓝 K	550	6.23×10^{-8}～1.25×10^{-5}mol/L	3.88×10^{-9}mol/L	卡托普利片	27
抗坏血酸		550	0.2～59.0μmol/L	7.0×10^{-8}mol/L	药剂，蔬菜	28
醌氢醌	脲酶-尿素-对二甲基氨基苯甲醛		0～1.2μmol/L	1.8nmol/L	高纯乙醇	29
辣根过氧化物酶	1-氯萘酚-过氧化氢	580	3.0×10^{-9}～5.0×10^{-7}g/ml	2.0ng/ml	植物体内的抗原和抗体	30
	对氨基联苯-过氧化氢	455	3.0×10^{-10}～8.0×10^{-8}g/ml	3.0×10^{-10}g/ml		31
	过氧化氢-还原型罗丹明 B-邻苯二胺	556	15～250pg/10ml	12pg/ml	辣根过氧化物酶(HRP)及其酶标记结合物	32
邻苯二酚	漆酶	315	1～10mg/L		焦化废水	33
3-磷酸甘油醛脱氢酶	1,3-二磷酸甘油酸-还原型辅酶Ⅰ-氧化成氧化型辅酶Ⅰ	340	0～140U/L		血清	34
尿海藻糖酶	葡萄糖氧化酶-过氧化物酶-4-氨基安替比林-过氧化氢-2,4-二氯苯酚	510			尿液	35
农药残留毒性（乙酰胆碱酯酶）	乙酰胆碱酯酶-碘化硫代酰胆碱-5,5′-二硫代-2,2′-二硝基苯甲酸	410		2.2×10^{-2}μg/ml（敌敌畏等 16 种农药）	蔬菜	36
葡萄糖	葡萄糖氧化酶-过氧化氢-蛋壳膜固定酶-纳米银膜		0.06～0.66mmol/L	18μmol/L	血清	37
去甲肾上腺素	牛血红蛋白-过氧化氢-酸性铬蓝 K	548	0.0072～7.2 μmol/L	2.4nmol/L	重酒石酸去甲肾上腺素注射液	38
三聚氰胺脱氨酶	三聚氰胺-水杨酸-亚硝基铁氰化钠-次氯酸钠	650	标准氨：0～0.18 μmol/L		三聚氰胺脱氨酶	39
肾上腺素	牛血红蛋白-过氧化氢-酸性铬蓝 K	546	0.45～14.0μmol/L	0.52nmol/L	盐酸肾上腺素注射液	40
血红蛋白	过氧化氢-铬黑 T		0.02～2.0μmol/L	3.6nmol/L	血浆	41
	过氧化氢-酸性铬蓝 K		0.7～90.0nmol/L	1.7nmol/100L	尿液	42

续表

被测组分	指示反应体系	测定波长 λ/nm	线性范围	检出限	样　品	参考文献
血清过氧化氢酶活性	过氧化氢-钼酸铵-碘化钾-淀粉		0.025～100.0μmol/ml	0.02μmol/ml	人血清	43
盐酸多巴胺	牛血红蛋白-过氧化氢-酸性铬蓝K	544	0.11～11.0μmol/L	61.0nmol/L	盐酸多巴胺注射液	44
盐酸多巴酚丁胺	牛血红蛋白-过氧化氢-酸性铬蓝K	549	9.47×10^{-8}～2.35×10^{-5}mol/L	2.58nmol/L	盐酸多酚丁胺药剂	45
盐酸甲氧氯普胺	牛血红蛋白-过氧化氢-酸性铬蓝K	551	3.0～120.0μmol/L	2.8×10^{-8}mol/L	盐酸甲氧氯普胺注射液	46
盐酸氯丙嗪	牛血红蛋白-过氧化氢-酸性铬蓝K	548	0.25～25.00μg/ml	0.026μg/ml	动物性食品	47
乙醇	醇氧化酶-过氧化氢酶-苯酚-4-氨基安替比林	505	0.0686～5.115mmol/L	0.0172mmol/L	饮酒者唾液	48
异丙肾上腺素	牛血红蛋白-过氧化氢-酸性铬蓝K	549	0.081～120.0μmol/L	2.2×10^{-9}mol/L	盐酸异丙肾上腺素注射液	49
异烟肼	牛血红蛋白-过氧化氢-酸性铬蓝K	548	0.0365～3.65μmol/L	5.4nmol/l	异烟肼注射液	50
总胆固醇	胆固醇酯酶-胆固醇氧化酶-过氧化酶-4-氨基安替比林	500	20～600mg/100g		食品	51

本表参考文献：

1. 翟彤宇，马清河，王洁，等. 分析化学, 1998(04): 404.
2. 柳畅先，梁曦，何进星. 化学通报, 2008(05): 398.
3. 廖丽霞，宋丹丹，陈碧华，等. 环境科学与技术, 2006(07): 17.
4. 陈亚红，卜彦林，田丰收，等. 分析试验室, 2008(10): 34.
5. 柯叶芳，李在均. 江南大学学报：自然科学版, 2011 (06): 726.
6. 梁月园，潘励合，蒋治良. 冶金分析, 2009(01): 56.
7. 陈亚红，刘红梅，田丰收，等. 理化检验：化学分册, 2009(04): 401.
8. 陈亚红，田丰收，韩俊. 冶金分析, 2010(02): 47.
9. 柳畅先，吴美玉，吴士筠. 分析化学, 2002(03): 346.
10. 李囡，姜子涛，李荣. 光谱实验室, 2006(06): 1311.
11. 翟彤宇，王春，杨容，等. 分析化学, 2003(06): 764.
12. 柳畅先，关春秀. 分析试验室, 2005(01): 80.
13. 陈亚红，李占灵，张会霞. 分析试验室, 2008(01): 38.
14. 陈亚红，田丰收，周盼. 中国酿造, 2012(02): 180.
15. 高树森，王贤俊. 中国冶金工业医学杂志, 2004(03): 75.
16. 唐波，刘阳，唐晓玲. 高等学校化学学报, 2001(06): 919.
17. 唐波，刘阳，梁芳珍，等. 化学学报, 2000(08): 1031.
18. 李忠琴，许小平，王武. 光谱学与光谱分析, 2008(09): 2169.
19. 葛庆联，葛庆丰，刘迪，等. 食品科学, 2009(02): 208.
20. 宋桂兰，任皞，贾素贞，等. 分析化学, 2007(05): 731.
21. 袁亚莉，邓健，许金生. 数理医药学杂志, 2002(06): 564.
22. 毛陆原，罗成果，李玉娜，等. 郑州大学学报：工学版, 2005(01): 73.
23. 李忠琴，邬敏辰，许小平. 化学通报, 2007(07): 536.
24. 邱会东，唐黎琼，昝陆军. 分析试验室, 2008(06): 72.
25. 廖丽霞，宋丹丹. 食品科技, 2006(01): 11.
26. 吴勤民. 食品科技, 2007(11): 172.
27. 陈亚红，田丰收，卢艳丽. 分析试验室, 2011(11): 78.
28. 张建夫，陈亚红，田丰收，等. 光谱实验室, 2010(01): 213.
29. 林新华，李清禄，黄金英. 福建农业大学学报, 1996(01): 114.
30. 王彤，魏西莲，尹宝霖，等. 青岛大学学报：自然科学版, 2007(03): 46.
31. 王彤，李增新. 化学试剂, 2005(03): 155.
32. 魏永锋，阎宏涛. 光谱学与光谱分析, 2001(05): 704.
33. 钟平方，彭惠民，彭方毅，等. 环境科学, 2010(11): 2673.
34. 时娟，张一兵，罗喜钢，等. 中国医学工程, 2011(10): 14.
35. 邓健，廖力夫，吕笑笑，等. 中国公共卫生, 2008(01): 64.
36. 黄文风，蔡琪，林而立，等. 现代科学仪器, 2000(02): 29.
37. 夏晓东，易平贵. 分析测试学报, 2009(12): 1424.
38. 陈亚红，陈春华，田丰收，等. 周口师范学院学报, 2011(02): 62.
39. 季艳伟，许杨，黄志兵，等. 食品科学, 2011(18): 234.
40. 陈亚红，田丰收. 分析试验室, 2009(08): 66.
41. 王全林，吕功煊. 分析化学, 2003(08): 945.
42. 陈亚红，张建夫，翟向娜. 理化检验：化学分册, 2008(10): 957.
43. 陈大义，余蓉，许沧，等. 四川省卫生管理干部学院学报, 2000(04): 249.
44. 陈亚红，田丰收，曹丽娟. 药物分析杂志, 2010(02): 314.
45. 田丰收，陈亚红，周娟，等. 理化检验：化学分册, 2012(11): 1374.

46. 陈亚红，田丰收，冯莉莉，等. 理化检验: 化学分册，2011(05): 542.
47. 陈亚红, 田丰收, 徐锐, 等. 安徽农业科学, 2011(29): 18240.
48. 廖丽霞，宋丹丹，方涛，等. 分析试验室, 2008(01): 70.
49. 陈亚红，田丰收，庞纪磊. 理化检验: 化学分册，2010(04): 422.
50. 陈亚红, 张建夫, 田丰收, 等. 分析试验室, 2010(08): 57.
51. 余碧钰, 刘向龙, 陆小龙, 等. 光谱实验室, 1999(06): 653.

三、速差动力学光度法[1, 2]

速差动力学光度法是根据被测的多种组分与同一试剂反应速率的不同而进行测定的一种方法，该方法适用于性质相近的混合物的测定。

（一）速差动力学光度法基本原理

设 A、B 两组分在一定条件下与试剂 R 经不可逆双分子反应生成 P 和 P′，如果 A 和 B 性质十分相似，即其生成物 P=P′，当[R]≫[A]+[B] 或 [R]≪[A]+[B]时，上述反应为假一级反应，其速率方程为：

$$-\mathrm{d}[\mathrm{A}]/\mathrm{d}t = k_{\mathrm{A}}[\mathrm{A}]$$

$$-\mathrm{d}[\mathrm{B}]/\mathrm{d}t = k_{\mathrm{B}}[\mathrm{B}]$$

式中，k_{A} 和 k_{B} 分别为 A 和 B 的假一级反应的速率常数，对时间积分得：

$$[\mathrm{A}]_t = [\mathrm{A}]_0\mathrm{e}^{-kt}$$

$$[\mathrm{B}]_t = [\mathrm{B}]_0\mathrm{e}^{-kt}$$

此时，A 和 B 的浓度之和 c_t 为：

$$c_t = [\mathrm{A}]_t+[\mathrm{B}]_t=[\mathrm{P}]_\infty-[\mathrm{P}]_t = [\mathrm{A}]_0\exp(-k_{\mathrm{A}}t)+[\mathrm{B}]_0\exp(-k_{\mathrm{B}}t) \quad (5\text{-}54)$$

生成物 P 在时刻 t 时的浓度为：

$$[\mathrm{P}]_t = ([\mathrm{A}]_0-[\mathrm{A}]_t)+([\mathrm{B}]_0-[\mathrm{B}]_t) = [\mathrm{A}]_0[1-\exp(-k_{\mathrm{A}}t)]+[\mathrm{B}]_0[1-\exp(-k_{\mathrm{B}}t)] \quad (5\text{-}55)$$

以上各式中$[\mathrm{A}]_0$和$[\mathrm{B}]_0$分别为反应物 A 和 B 的原始浓度；$[\mathrm{P}]_\infty$为时间无穷大时生成物 P 的浓度。式（5-54）和式（5-55）是速差动力学光度法的定量基础。

根据 A 和 B 与 R 的反应速率的差异，速差动力学光度法有不同的测定方法。

1. 反应速率差别大的混合物分析

（1）忽略慢反应组分　若 B 为慢反应组分，在时间 t 内，其浓度无明显变化，则式（5-54）可简化为：

$$([\mathrm{P}]_\infty-[\mathrm{P}]_t)/[\mathrm{A}]_0 = \exp(-k_{\mathrm{A}}t)$$

利用上式就可以计算出$[\mathrm{A}]_0$，如固定反应时间，测定不同浓度标准溶液时的（$[\mathrm{P}]_\infty-[\mathrm{P}]_t$），绘制标准曲线，然后由样品溶液的（$[\mathrm{P}]_\infty-[\mathrm{P}]$）求出$[\mathrm{A}]_0$。

（2）忽略快反应组分　若反应到时刻 t 时，A 组分已反应完成，则式（5-54）变为：

$$[\mathrm{B}]_0 = ([\mathrm{P}]_\infty-[\mathrm{P}]_t)/\exp(-k_{\mathrm{B}}t)$$

2. 反应速率差别较小的混合物分析

反应速率差别较小的混合物分析的测定方法有很多种，如对数外推法、线性图解法、单点法、比例方程法和图解内插法等。其中，比例方程法在双组分测定中应用较多，多组分测定时可采用多元线性回归法。目前化学计量学中的许多多元校正方法，如偏最小二乘法、主成分回归法等也应用于速差动力学光度法中。

（1）比例方程法　如设 $1-\exp(-k_{\mathrm{A}}t) = G_{\mathrm{A}}$，$1-\exp(-k_{\mathrm{B}}t) = G_{\mathrm{B}}$；由式（5-55）可知：在 t_1 和 t_2 两个不同时刻所生成的总产物 P 的浓度应分别为：

$$[\mathrm{P}]_{t_1} = G_{\mathrm{A}_1}[\mathrm{A}]_0+G_{\mathrm{B}_1}[\mathrm{B}]_0$$

$$[\mathrm{P}]_{t_2} = G_{\mathrm{A}_2}[\mathrm{A}]_0+G_{\mathrm{B}_2}[\mathrm{B}]_0$$

如果在 t_1 和 t_2 时刻分别测量产物 P 的吸光度为 A_{t_1} 和 A_{t_2}，G_{A_1}、G_{B_1} 和 G_{A_2}、G_{B_2} 可以先用已知浓度的 A 和 B 在 t_1 和 t_2 时分别求得，由上述联立方程组即可求解$[A]_0$和$[B]_0$。

（2）多元线性回归法 计算机的普遍应用使多元校正的各种方法用于速差动力学光度法计算，多元线性回归是常用方法之一。设 A、B、C 三组分体系经假一级反应生成 P，则在时间 t_j（j=1，2，…，N）处测得产物浓度与各组分初始浓度的关系：

$$[P]_j = a_j[A]_0+b_j[B]_0+c_j[C]_0$$

式中，a_j、b_j 和 c_j 仅为时间的函数，在不同时间进行 N 次测量，得到 N 组数据（a_j、b_j、c_j、$[P]_j$），根据最小二乘法可求得$[A]_0$、$[B]_0$、$[C]_0$。

（二）速差动力学光度法的应用

速差动力学光度法的应用见表 5-18。

表 5-18 速差动力学光度法的应用

被测组分	指示反应体系	测定波长 λ/nm	线性范围/(μg/ml)	检出限/(μg/ml)	样品	参考文献
Cr,Mn	玫瑰桃红 R	520	Cr：0~10.0 Mn：0~8.0	Cr：2.8 Mn：1.89	工业废水	1
	鸡冠花红	510	Cr：0~9.0 Mn：0~8.0	Cr：0.78 Mn：0.12	工业废水,合金钢标样	2
	棓花青	530	Cr：0~10.0 Mn：0~8.0		钢铁	3
Cu,Ag	高碘酸钾-玫瑰桃红 R		Cu：0.01~0.20 Ag：2.00~50.00		电解银阳极泥	4
Mo,Ti	水杨基荧光酮（SAF）-溴化十六烷基三甲基铵	530	Mo：0～0.8 Ti：0.06～0.36		模拟样品	5
Ni,Zn	5-Br-PAN-S	560			电镀废液	6
Sn,Sb	水杨基荧光酮-溴化十六烷基三甲铵	510	0.02～0.32		铅基合金、铜合金	7
葡萄糖,果糖	斐林试剂-磷钼酸	690	2～8	1.0×10^{-6}	合成样品	8
	2,4-二硝基酚	500	葡萄糖：0～9.6×10^{-3}mol/L 果糖：0～2.0×10^{-3}mol/L		果葡糖浆	9

本表参考文献：

1. 王雷，刘志江，张东. 材料保护, 2007(02): 72.
2. 张东，张春丽，万莉. 冶金分析, 2008(04): 39.
3. 姜华，张江. 分析试验室, 2004(01): 61.
4. 张东，余萍，高俊杰，等. 冶金分析, 2005(04): 10.
5. 何荣桓，王建华. 稀有金属, 1996(01): 35.
6. 叶明德，陈忠秋. 分析试验室, 2003(01): 72.
7. 陈亚华，毛红艳，等. 分析试验室, 1997(02): 37.
8. 余燕影，黄湘源，熊文华，等. 南昌大学学报：理科版, 1999(01): 83.
9. 詹汉英，许小青. 陕西师范大学学报：自然科学版, 1999(03): 81.

第八节 固相分光光度法[10,33~35]

固相分光光度法（solid-phase spectrophotometry）是日本科学家于 1976 年首先提出并发展起来的一种光度分析方法，它直接测量吸附在固相上待测离子的有色物质的吸光度。根据所用的固相材料的不同又可分为树脂相分光光度法、凝胶相分光光度法、泡沫塑料相分光光度法、萘相分光光度法、石蜡相分光光度法和聚氯乙烯膜光度法等。该法的特点是将富集和显色结合在一起，简化了操作步骤，提高了灵敏度和选择性。

一、固相分光光度法测量原理

（一）树脂相光度法测量原理

对已显色的固定相进行吸光度测量时，树脂相、凝胶相和萘相的测量原理是相似的，吸光度测量公式可以统一使用。

显色树脂的总吸光度为：$A_{总}=A_{配}+A_{树}+A_{显}+A_{溶}$

当待测离子的配合物几乎完全吸附在树脂上时，固相树脂微粒间隙中溶液的吸光度 $A_{溶}$ 可以忽略，如果显色剂在测量波长处无吸收，固相中游离的显色剂的吸光度 $A_{显}$ 也可以忽略，$A_{树}$ 是固相中树脂背景和基体物质本身的吸光度，可以用在相似条件下制备的空白树脂作参比来扣除，此时：

$$A_{总}=A_{配}=\varepsilon_{配}b_{树}c_{配} \tag{5-56}$$

式中，$\varepsilon_{配}$ 为待测离子有色配合物摩尔吸光系数；$b_{树}$ 为经过树脂相的平均光程长度；$c_{配}$ 为配合物浓度。

根据树脂-试液吸附平衡公式，被吸附的待测离子浓度 $c_{配}$ 为：

$$c_{配}=c_0V/[m(1+V/Dm)] \tag{5-57}$$

式中，c_0 是原始试样中待测离子浓度，mol/L；m 是树脂的质量，g；V 是试液的体积，ml；D 是待测离子的分配系数，ml/g。将式（5-57）代入式（5-56）得：

$$A_{总}=A_{配}=\varepsilon_{配}b_{树}c_{配}=\varepsilon_{配}b_{树}c_0V/[m(1+V/Dm)] \tag{5-58}$$

当 D 值很大时，上式可简化为 $A_{总}-\varepsilon_{配}b_{树}c_0V/m$ （5-59）

在试液体积 V 和树脂质量 m 固定时 $A_{总}$ 和 c_0 成正比，这就是树脂相光度法进行定量测定的理论基础。

（二）泡沫塑料相光度法测量原理

在泡沫塑料相光度法中，在实现完全萃取的前提下，以泡沫塑料空白作参比，显色泡沫塑料的吸光度与泡沫塑料的长度 a 和宽度 b 成反比，与泡沫塑料厚度无关，其关系式为：

$$A_{总}=kx/ab \tag{5-60}$$

式中，k 为常数；x 为待测离子量。上式为泡沫塑料相光度法定量的基础。

二、固相显色的方法

根据待测离子和显色剂的性质，可采用不同的显色方法。常用的显色方法有以下三种。

（1）当被测离子生成的有色配合物能被固相吸附剂吸附且显色剂有较高的选择性时，采用的显色方法是将固体吸附剂与显色剂同时一起加入到试液中。这是最常用的显色方法，如用氯型阴离子交换树脂吸附钴-硫氰酸铵配合物，用葡聚糖凝胶吸附硅钼蓝等都采用这种显色方法。

（2）当固体吸附剂不能直接从试液中吸附有色配合物时，可以将显色剂先吸附于固体吸附剂上，然后加入试液。采用这种方法，显色剂必须在测量条件下被固体吸附剂不可逆吸附。可以将显色剂预先吸附在树脂上做成负载型螯合树脂，使用时更为方便。例如，可将锌试剂吸附在阴离子交换树脂上做成负载型螯合树脂，加入到酸性的含铜试液中，在树脂上形成铜-锌试剂配合物而显色。

（3）若显色剂的选择性较差，可以将被测离子先吸附于固体吸附剂上，然后加到显色剂溶液中。

对于萘相光度法，其显色方法是将固体萘放入含有待测离子的显色剂溶液中，加热并搅拌至萘熔化，冷却至析出萘微晶，将固液相分离后可进行固相光度测定。

无论是应用树脂、凝胶或泡沫塑料，固-液相平衡速度均较慢，在振荡或搅拌下一般需要15～20min，甚至1h。吸附速度与固体微粒大小、试液体积及温度有关，颗粒小，试液体积小，平衡速度快。温度以20～40℃为宜。固相的吸附率与溶液体系的性质密切相关，包括被测离子状态、离子交换树脂类型、凝胶类型、显色剂类型、溶液酸度和缓冲介质等因素，以上条件都要通过实验确定。

对于萘相光度法，在热溶液中萘萃取有色配合物的速度很快，仅需20s左右，冷却后有色配合物随萘微晶一起析出，无需等待。

三、固相分光光度法测量方式和方法

固相分光光度法常用测量方式有两种：透射法和反射法。

（1）透射法　透射法要求固相测量体系具有一定的透光性，对于不透光的固相介质，不能用透射法测量。以树脂相光度法为例，为了让入射光较好地透过树脂相，比色皿不能太厚，目前大多采用0.5cm比色皿，山本胜已和吉村和久等提出使用制作复杂的1mm比色皿，如此薄的比色皿给装样带来了很大的不便，同时，树脂相中的水分不容易去掉，需要在比色皿底部打一微孔，以便水分漏出。总之，运用透射法测量，操作过程不易掌握，并且导致重现性差，一般需运用双波长等吸收点法来扣除背景误差。郦贵德等提出了采用模型压片法。即在厚1mm的有机玻璃板上打出规格为2cm×0.5cm的矩形窗口模型，显色树脂压于此模型，移去模板，晾干30min后进行透射测量，则可以在保持很高的灵敏度和选择性的条件下，大大简化实验操作而克服局限性。

（2）反射法　若将分光光度计与反射附件联用，选择一定波长的入射光照射到被测物质的固相表面，在检测器上测得反射-散射光强度。根据Kubelka-Munk定律：

$$F(R)=(1-R)^2/2R=K/S \tag{5-61}$$

式中，R为散射光与入射光强度比，$R=I_R/I_0$；S为反射系数；K为线性吸收系数，$K=\varepsilon c$（ε为吸附物的摩尔吸光系数，c为吸附物浓度）。故式（5-61）可改写为：

$$F（R）=\varepsilon c/S \tag{5-62}$$

反射系数S仅与入射光及界面的性质有关，这部分光强度可以通过对应的空白参比消除，在光度计上检测到的信号为反射吸光度$\lg(I_0/I_R)$与浓度c在一定浓度范围内呈线性。

固相光度法常用测量方法有三种：单波长法，双波长法和导数光度法。

（1）单波长法　式（5-59）是单波长固相光度法的理论基础，以相应的固相吸附剂为参比，在吸附在固相上的有色配合物的最大吸收波长（λ_{max}）处测量$A_{配}$。该测量方法简便，但往往不能完全抵消固相背景吸收。在固相上的有色配合物的最大吸收波长（λ_{max}）可通过绘制固相吸收曲线来得到。在固相吸附剂上由于配位体浓度的增大，容易形成高配位数配合物，故有色配合物的最大吸收波长λ_{max}发生红移并且有增色效应。

（2）双波长法　双波长分光光度法具有消除背景吸收的能力，因此双波长法在固相光度法中得到广泛的应用。

在固相分光光度法中，假设背景在波长λ_1和λ_2处的吸光处分别为A'_{λ_1}和A'_{λ_2}。配合物在两波长处的吸光度为A_{λ_1}和A_{λ_2}。在两波长处的总吸光度分别为A''_{λ_1}和A''_{λ_2}。并定义$K=A'_{\lambda_2}/A'_{\lambda_1}$，

将 λ_2 处的总吸光度减去 λ_1 处的总吸光度的 K 倍，所得结果如下：

$$\Delta A= A''_{\lambda_2} - KA''_{\lambda_1} = A_{\lambda_2} + A'_{\lambda_2} - K(A_{\lambda_1} + A'_{\lambda_1}) = (A_{\lambda_2} - KA_{\lambda_1}) + (A'_{\lambda_2} - KA'_{\lambda_1}) \tag{5-63}$$

在式（5-63）中，当 K=1 时，背景干扰吸收可完全消除（即 $A'_{\lambda_2}=KA'_{\lambda_1}$），此时，式（5-63）变为

$$\Delta A= A_{\lambda_2} - A_{\lambda_1} = (\varepsilon_{\lambda_2} - \varepsilon_{\lambda_2})bc_{配} \tag{5-64}$$

上式是固相分光光度法进行定量测定的基础，ΔA 与固相中待测离子有色配合物的浓度成正比。但是，在选择“波长对”时，并不一定使 K 正好为 1，必须同时兼顾 ΔA 的值。所选择的波长对必须满足既能较好地消除背景的干扰，又能使 ΔA 取得较大的值。考虑到误差范围，定义 K 的取值界限为 0.980～1.02。

波长对可以采用计算机选择，其程序框图如图 5-35 所示。

现以 Co-硫氰酸盐-CTMAB-明胶显色体系为例来说明。该体系的吸收曲线见图 5-36，曲线 1 是空白树脂的吸收曲线，曲线 2 是吸附在树脂上 Co 配合物的吸收曲线。由图 5-36 可知，在曲线 1 上可以找到等吸收点，因此可采用双波长等吸收点法进行测量。可选 Co 配合物的 λ_{max}=644nm 为测量波长，等吸收点 λ=690nm 为参比波长。

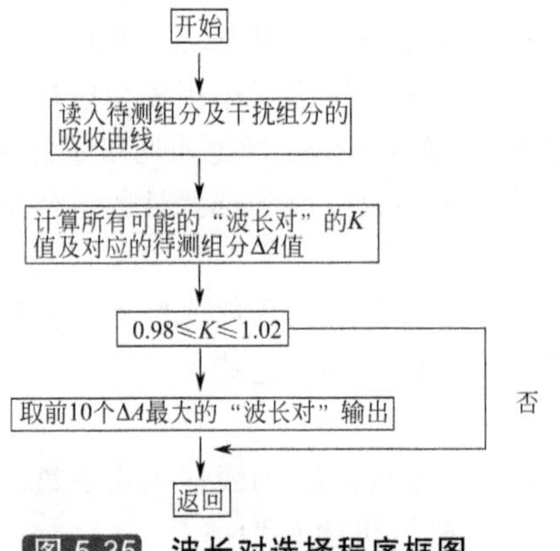

图 5-35 波长对选择程序框图

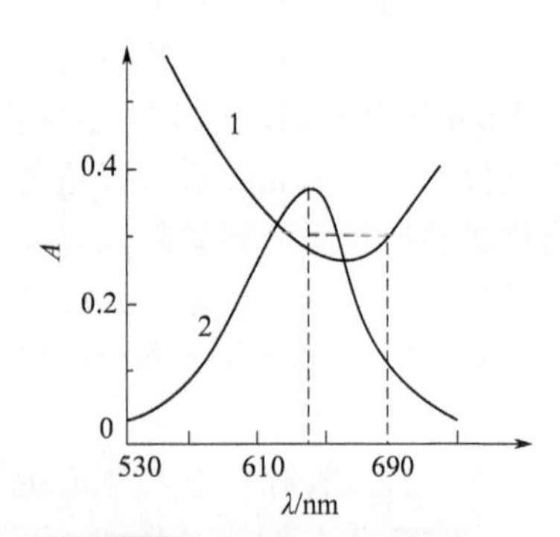

图 5-36 树脂相吸收曲线

1—空白树脂吸收曲线（吸光度为1.5的中性滤光片为参比）；
2—Co配合物的吸收曲线（空白树脂为参比）

（3）导数光度法　根据固相背景吸收曲线的情况，可以选择不同的导数阶数来消除背景的干扰。通常树脂背景的吸收曲线在配合物吸收曲线附近的波长范围内呈倾斜下降，并在一定范围内呈线性，若对其取一阶导数，斜线变为基线，树脂背景即可消除。

四、固相分光光度法的应用

固相分光光度法的应用见表 5-19。

表 5-19 固相分光光度法的应用

被测组分	显色体系	固　相	测定波长 λ/nm	线性范围	检出限	样　品	参考文献
Al	茜素红	H^+型阳离子交换树脂	475	0～10μg/50ml	2.68μg/L	化学试剂，水	1

续表

被测组分	显色体系	固 相	测定波长 λ/nm	线性范围	检出限	样 品	参考文献
Bi		Cl^-型 717 阴离子交换树脂	460	0～1.2μg/ml	1.4nmol/L	天然水	2
	邻苯二酚紫	苯乙烯阴离子交换树脂		0～10μg/50ml	3.2μg/L	水	3
Ca	乙酰基偶氮羧	Na^+型 732 阳离子交换树脂	720	0～9.0μg/ml	1.4μg/L	二次精制盐水	4
Ce	8-羟基喹啉	石蜡		0～100μg/50ml		混合稀土合成样	5
Co	水杨醛缩氨基硫脲	β-环糊精交联聚合树脂	432	0～700μg/L	3.34μg/L	紫菜	6
	1-(2-吡啶偶氮)-2-萘酚	环糊精树脂	573	0.04～0.36mg/L		紫菜	7
Cr	二苯碳酰二肼	732 型阳离子交换树脂	540	0～4.0μg/ml	0.012μg/L	工业废水和天然水	8
Cu	4-(5-氯-2-吡啶偶氮)-1,3-二氨基苯	强酸性阳离子交换树脂	500	0～9μg/25ml			9
	8-羟基喹啉萘相	萘		0～60μg/40ml		铜矿	10
	铬天青 S	萘	650	0～8μg/25ml		原油	11
	1-(5-溴-2-吡啶偶氮)-2-萘酚-6-磺酸	阴离子交换树脂	测定：584 参比：800	0～10μg/mg		水样，人发	12
Fe	5-Cl-PADAB	强酸性阳离子交换树脂	540	0～18μg/25ml		蒙药	13
	邻苯二酚	Cl^-型 717 型阴离子交换树脂	520	0～25μg/50ml	1.47μg/L	水	14
	紫脲酸	717 型阴离子交换树脂	620	0～0.66μg/ml	2.7μg/L	天然水	15
	邻二氮菲	萘	650	2.0～12.0μg/ml			16
	2,2′-联吡啶	强酸性阳离子交换树脂	522	0～1.5mg/L		蒙药苏斯-12	17
	邻苯二酚紫	201×4 苯乙烯阴离子交换树脂	648	0.004～0.24μg/ml	4.1μg/L	水	18
	邻二氮菲	萘	650	0.08～0.48mg/L		渣油	19
	硫氰酸根	阴离子交换树脂		0～1.28mg/L		天然水，马奶酒	20
Fe,Mo	邻苯二酚	717 型强碱性阴离子交换树脂	Fe：520 Mo：400	Fe：0～2.2mg/L Mo：0～1.6mg/L		地下水	21
Fe,Co	硫氰酸铵	阴离子交换树脂	Fe：490 Co：630	Fe：0～8μg/25ml Mo：0～15μg/25ml		天然水	22
Ge	二溴邻硝基苯基荧光酮	树脂	565	0～240μg/L		煤矸石	23
	苯基荧光酮	树脂	535	0～250μg/L		枸杞	24
Hg	2-(5-溴-2-吡啶偶氮)-5-二乙氨基酚	β-环糊精交联聚合物树脂		0～10μg/25ml		工业废水	25
	2-(5-溴-2-吡啶偶氮)-5-二乙氨基酚	D152H 型弱酸性阳离子交换树脂	630	0～8μg/25ml		污水	26

续表

被测组分	显色体系	固相	测定波长 λ/nm	线性范围	检出限	样品	参考文献
La	DBC-偶氮氯膦	201×7 型苯乙烯阴离子树脂	650	0～0.44μg/ml		分子筛	27
Mg	偶氮氯膦 I	阳离子交换树脂	570	0～12μg/ml	0.15μg/L	二次精制盐水	28
Mn	1-(2-吡啶偶氮)-2-萘酚	石蜡		0～10μg/30ml	1.6×10^{-9} g/ml	茶叶	29
Mo	硫氰酸盐	强碱性阴离子交换树脂	475	0～1.8mg/L		钢样	30
Nb	邻苯三酚红	717 型阴离子交换树脂	530	0.01～0.4μg/ml		合金，钢铁	31
Ni	丁二酮肟-碘	阴离子交换树脂	460	0～0.84mg/L		天然水	32
	4-(5-氯-2-吡啶偶氮)-1,3-二氨基苯	强酸性阳离子交换树脂	535	0～0.44mg/L		水	33
	2-(5-溴-2-吡啶偶氮)-5-二乙氨基苯酚	β-环糊精交联聚合物树脂	556	0.06～12μg/25ml		钢样	34
	丁二酮肟	萘相	548	<400μg/L		原油	35
P		717 型阴离子交换树脂	705	0～1.2μg/ml		钢铁，水	36
	磷钒钼蓝	葡聚凝胶(Sephadex)G-25	800 700	0～8μg/50ml		高纯硫酸钠	37
Pb,Bi	双硫腙	石蜡		0～20μg/30ml			38
Sc	邻苯三酚红	717 型阴离子交换树脂	500	0.01～0.6μg/ml		合金，矿石，煤矸石	39
	间羧基偶氮氯膦	阴离子交换树脂	675	1～7μg/50ml		合金	40
Se	邻苯二胺	树脂	344	0～50μg/L		小麦，菠菜，奶粉，猪肉	41
Sn	邻苯二酚紫	717 型阴离子交换树脂	570	0～150μg/L		食品	42
Ta	5-Br-PADAP	树脂	575	0～200μg/L		石煤渣	43
Zn	2-[5-溴-(2-吡啶偶氮)]-5-二乙氨基苯酚	β-环糊精交联聚合物树脂	570	4～720μg/L		人发	44
稀土	DCS-偶氮胂	强碱性阴离子交换树脂	630	0～3μg/25ml		牧草	45
	8-羟基喹啉	石蜡		0～80μg/50ml		稀土矿	46
亚硝酸根	对氨基苯磺酸-甲萘胺	717 型强碱性阴离子交换树脂	500	14～240μg/L	12μg/ml	江湖水，雨水	47
茶多酚	钼酸铵	环糊精树脂	396			茶叶	48
苋莱红		聚酰胺				药物	49
苦味酸		717 型阴离子交换树脂	375	0～7.0μg/ml	0.14μg/ml	水样	50

本表参考文献:

1. 吕明. 冶金分析, 2003(05): 3.
2. 赵干卿, 闫永胜, 谢吉民. 冶金分析, 2006(04): 53.
3. 吕明, 崔克宇, 冯桂荷. 离子交换与吸附, 2006(03): 273.
4. 闫永胜, 黄卫红, 陆晓华. 分析试验室, 2004(06): 35.
5. 万益群, 郭岚. 分析科学学报, 2000(04): 304.
6. 马丹丹, 倪刚, 许美茹, 杜娟.食品科技, 2011(03): 286.

7. 姜子涛，李荣. 食品科学, 2000(12): 107.
8. 曹丽华，闫永胜，赵干卿，等. 冶金分析, 2006(05): 72.
9. 刘颖，丁鲁刚，红霞，等. 冶金分析, 1999(02): 21.
10. 万益群，沈玲霞，郭岚. 冶金分析, 2000(02): 17.
11. 刘芳，沈春玉. 冶金分析, 2008(01): 68.
12. 陈建荣，周静芬，吴小华. 分析化学, 1999(04): 471.
13. 宝迪，萨仁，李景峰，等. 光谱学与光谱分析, 2003 (01): 199.
14. 闫永胜，黄卫红，陆晓华. 冶金分析, 2003(03): 9.
15. 闫永胜，赵干卿，陆晓华. 冶金分析, 2003(04): 9.
16. 杨大蔚，沈春玉. 冶金分析, 2009(09): 78.
17. 峰山，石东辉. 光谱实验室, 2010(02): 477.
18. 吕明，唐璐. 冶金分析, 2008(03): 75.
19. 张铁瀚，马忠革. 理化检验: 化学分册, 2011(11): 1362.
20. 嘎日迪，刘颖. 分析化学, 1996(11): 1309.
21. 刘颖，乌地，李景峰，等. 光谱学与光谱分析, 1999(05): 694.
22. 嘎日迪，刘颖，李景峰，等. 光谱学与光谱分析，1997 (05): 122.
23. 罗道成，易平贵，陈安国. 稀有金属, 2003(02): 314.
24. 倪刚，袁莉，高锦章. 分析试验室, 2001(05): 17.
25. 赵桦萍，赵丽杰，白丽明. 离子交换与吸附, 2007(05): 464.
26. 云秀玲，马广兰，李北罡. 分析化学, 1999(11): 1362.
27. 邵晶，翟庆洲，胡伟华，等. 稀有金属材料与工程，2006 (02): 329.
28. 周丰群，闫永胜，凌麒，等. 冶金分析, 2004(04): 7.
29. 万益群，刘江磷，陈卫玲. 分析科学学报, 2000(05): 394.
30. 宁明远. 冶金分析, 1998(02): 50.
31. 李慧芝，庄海燕，许崇娟. 冶金分析, 2009(04): 50.
32. 刘颖，吴红英，嘎日迪. 黄金, 1999(10): 43.
33. 包桂兰，刘颖，宝迪. 分析测试学报, 2001(05): 68.
34. 赵立杰，汪建新，赵桦萍. 冶金分析, 2008(03): 46.
35. 张维，沈春玉.理化检验: 化学分册, 2010(09): 1013.
36. 周丰群，何超，赵公宜，等. 冶金分析, 2002(03): 16.
37. 彭悦，聂基兰. 南昌大学学报: 理科版, 2002(01): 75.
38. 许逸敏，万益群，徐招娣，等. 南昌大学学报: 理科版, 2000 (01): 77.
39. 李慧芝，解文秀，王建彬. 稀有金属, 2008(01): 125.
40. 许群，徐钟隽，潘教麦. 华东师范大学学报: 自然科学版, 1996(03): 77.
41. 陈懿. 贵州农业科学, 2012(04): 62.
42. 倪刚，袁丽，高锦章. 光谱学与光谱分析, 2002(01): 118.
43. 罗道成，陈安国，胡忠于. 冶金分析, 2004(02): 13.
44. 赵桦萍. 环境与健康杂志, 2006(04): 363.
45. 李北罡，王义，张敏. 稀土, 2001(05): 40.
46. 郭岚，万益群，万小芬. 冶金分析, 2001(01): 12.
47. 刘峥，曾嵘. 分析化学, 2001(04): 492.
48. 陆兰丽，胡宇凡，李荣，等. 食品研究与开发, 2005(02): 133.
49. 宋雅茹，徐建平，邴贵德，等. 光谱学与光谱分析, 1997(04): 117.
50. 谢祖芳，陈渊，晏全，等. 化工环保, 2005(02): 140.

第九节　浮选光度法[36~38]

浮选光度法是将浮选技术和光度测定方法相结合的一种光度分析法。浮选技术是利用气泡的作用使溶液中有表面活性的成分或能与表面活性剂结合的非表面活性成分聚集在气-液界面与母液分离的方法。浮选光度法是一种灵敏度高、选择性好的分析方法，具有处理样品量大、分离系数大、回收率高、易于实现自动化等优点。常用的浮选技术有沉淀浮选法、离子浮选法和溶剂浮选法。

一、沉淀浮选法

该方法是由 Baarson 等人于 1963 年提出的，利用待测元素与加入的试剂生成沉淀或被吸附在胶体沉淀上而被浮选。沉淀浮选中有的需要加入表面活性剂以帮助生成的沉淀上浮至液面；有的不需要加入表面活性剂，而是利用待测元素与加入的亲水性试剂生成的疏水性物质附着在气泡上被浮选。

沉淀浮选的分离和富集效果与捕集沉淀剂的种类、溶液酸度、表面活性剂性质、溶液离子强度及中性盐的加入与否有关。在沉淀浮选法中常用的无机沉淀剂多为能在水中水解形成胶体氢氧化物的盐类，如氯化铁、氯化铝及某些硫化物等。常用的有机沉淀剂同在萃取光度法螯合物萃取体系中介绍的常用萃取剂，如双硫腙、铜铁试剂、水杨醛肟、黄原酸盐等。在选择沉淀剂时还必须考虑被测元素的回收率及在定量阶段载体元素的干扰问题。

在浮选过程中，表面活性剂起两种作用：一是中和捕集沉淀剂的表面电荷，使亲水性表面变成疏水性；二是在溶液表面形成稳定的泡沫层以支撑浮起的沉淀物，这对沉淀物的定量捕集来说是很重要的。最常用的阴离子表面活性剂是油酸钠和十二烷基硫酸钠，带有与表面活性剂相同电荷离子的存在，会对沉淀浮选起抑制作用。例如，用十二烷基硫酸钠浮选铝矾土时，NaCl 有抑制作用，Na_2SO_4 抑制作用更大。中性盐的存在会降低表面活性剂的临界胶束浓度而导致胶束形成，降低浮选率。在沉淀浮选中气泡不宜太大，添加少量乙醇（1%）和其他有机溶剂可使气泡变小。沉淀浮选的分离速度快，一般数分钟即可完成。沉淀浮选分离得到的泡沫，通常可以加酸溶解氢氧化物和消泡。

在使用无机沉淀剂时，表面活性剂用量很少，只需形成稳定泡沫即可。在用有机试剂沉淀的浮选中，一般不用表面活性剂。

二、离子浮选法

离子浮选法是 Sebba 于 1959 年提出的，它利用表面活性物质（常称为捕收剂）与离子形成疏水性配合物附着在气泡上，而后浮选分离。通常是在欲分离的金属离子溶液中加入适当配合剂，调至一定酸度使之形成稳定的配离子，再加入与配离子带相反电荷的表面活性剂，使其形成离子缔合物。通入气泡后，它被吸附在气泡表面而上浮至溶液表面，将其与母液分开后便可达到分离的目的。若加入的配合剂为螯合显色剂，则与表面活性剂生成有色缔合物，经浮选后收集泡沫层并溶于适当的有机溶剂即可进行光度测定。

离子浮选分离的富集效果与体系酸度、表面活性剂种类、溶液离子强度、螯合剂的性质及气泡大小、通气速度有关。①一般情况下，酸度对浮选分离效果影响很大，溶液的最佳 pH 范围应从待测离子同螯合剂及表面活性剂反应的角度进行选择。②表面活性剂选用恰当与否直接影响着浮选分离的成败。通常使用一种与待测离子或其配合离子有相反电荷并具有选择性反应的表面活性剂，其用量要比化学计算量稍大一点，但不宜超过临界胶束浓度，否则将产生胶束增溶作用而降低气-液界面吸附。③溶液中离子强度对泡沫分离有很大的影响，离子强度大对浮选分离不利。④气泡的大小影响浮选效率，过大不容易形成稳定的泡沫层。采用微孔玻璃砂芯或塑料筛板（额定孔径 5～10μm），气泡直径控制在 0.1～0.5nm 为宜。为了防止细小气泡重新聚集，可在浮选池中加入少量（1%）有机溶剂，如甲醇、乙醇、丙酮或甲基溶纤剂等。

三、溶剂浮选法

溶剂浮选法是 Sebba 于 1962 年提出的，其原理和离子浮选法相似，不同之处是将浮升物直接溶于试液表层的有机溶剂中。溶剂浮选法是指在待浮选的溶液表层加入一定量非极性、弱极性或混合有机溶液，水中具有表面活性的待分离组分（或加入表面活性剂作为捕收剂使待分离组分具有表面活性）吸附在水中形成的微小气泡表面，随着气泡的上升被带入选浮柱的顶部，从而提取待测离子的一种新型富集分离方法。溶剂浮选法可分为振荡浮选和通气浮选。

溶剂浮选法和溶剂萃取相比有很多优点：①在溶剂浮选中，只是在水-有机相界面建立平衡，它不涉及萃取的分配平衡问题，故它的分离量大，富集倍数高；②在溶剂浮选过程中，活性物质随着气泡的上升被带入有机溶剂中，不会使水相与有机相混合，没有乳化现象；③溶剂浮选中溶剂与水相是非平衡溶解，相比于溶剂萃取有机溶剂在水相的损失较少；溶液表面的有机溶剂具有消泡作用，可以使浮选速度加快；④设备简单、操作简便，能够快速地处理大量试样，实现连续化和自动化，能与其他方法联用。

四、影响浮选分离的主要因素

影响浮选分离体系的因素很多，其中包括系统的操作参数，如气体流速、回流比、泡沫高度、温度等；溶液的性质，如 pH 值、溶液表面活性剂初始浓度、离子强度以及气泡尺寸等。已经有很多学者从理论和实验的角度对各种参数的影响及影响程度进行了深入研究和讨论，现从以下几个主要方面做初步讨论。

（1）捕集剂浓度 在典型的离子浮选及溶剂浮选过程中需要加入捕集剂，其浓度影响浮选率。若浓度太低则待分离的离子不能完全形成离子对、配合物、缔合物等疏水性物质，从而不能被吸附到气泡上而达到分离目的；若浓度太高，则过量的表面活性剂将竞争气泡表面的吸附点。所以一般要按两者的计量比投加。而在沉淀浮选中，捕集剂浓度须足够大，以形成稳定而持久的泡沫，从而确保沉淀的悬浮，捕集剂浓度与计量比无关。

（2）溶液 pH 值 对于金属离子的浮选，溶液的 pH 值是一个至关重要的影响参数，它决定待分离金属离子存在的形式和表面电荷密度，也可以影响金属离子的电荷及两者化学计量比。pH 值还可以影响离子浮选及沉淀浮选过程中形成泡沫的稳定性。

（3）离子强度 离子强度对不同浮选技术的影响是有差异的，但通常分离效率随离子强度的增加而降低，这可能是待浮选的离子与其他离子竞争捕集剂而引起的。但对于表面活性剂自身，在气液界面的吸附随离子强度的增加而增加。离子强度对沉淀浮选影响较大，除了竞争捕集剂外，离子强度增加还会使沉淀的溶解度变大而降低分离效率。

（4）气流速率 气流速率是浮选过程中最重要的影响因素之一。在离子浮选和溶剂浮选中，需用较小孔径的布气板，在较低的气流速率下，分离效率随速率的增加而增加，但是在较高气流速率下，分离效率的增加与气流速率并不成比例。因为气泡的直径随气流速率增加而增大，单位体积的气液界面面积降低，同时大气泡具有更高的上浮速率而减少了气泡在柱中的停留时间。太高的气流速率还可引起有机层的微扰，故需在保证气泡尺寸较小的情况下，提高气流速率。一般而言，加大气流速率可以缩短分离时间，降低分离后溶液的浓度，提高回收率，但同时会增加泡沫中液体的含量，降低富集比，所以应根据不同需要调节气流速率。

以上浮选方法均用通气鼓泡以达到浮选目的，所用气体可以是压缩空气或氮气等。借助微细气体分散器（通常为 G_4 或 G_3 玻砂滤板）产生直径在 0.5nm 以下的气泡，通气速度多为 20～30ml/min，通气时间为几分钟到 20min。泡沫层（离子浮选）或浮渣（沉淀浮选）与母液的分离可用倾出法或用玻璃刮铲、吸量管等器具分离。有关实验室用浮选分离器和连续式泡沫分离器请参看相关文献。

五、浮选分光光度法的应用

浮选分光光度法的应用见表 5-20。

表 5-20 浮选分光光度法的应用

被测组分	浮选体系	测定波长 λ/nm	线性范围	检出限	样品	参考文献
Al	(1-丁基-3-甲基咪唑六氟磷酸盐)-乙酸乙酯-四环素		0.1～52.4μg/L	0.02μg/L	环境水样	1
As	钼酸铵-结晶紫-甲苯-丙酮	576	0.01～0.4μg/ml		重整原料油	2
Au	氯化钠-四丁基溴化铵-2-异丙醚-罗丹明 B	550			合成水样[Au(III)、U(VI)、Ce(III)、Mg(II),Cu(II)]	3
	溴化钾-四丁基溴化铵-2-异丙醚-罗丹明 B	550			合成水样（与 10 种离子分离）	4

续表

被测组分	浮选体系	测定波长 λ/nm	线性范围	检出限	样品	参考文献
B	苦杏仁酸-孔雀绿-苯	630	0～1.8μg/200ml	0.56μg/ml	钢样和人发	5
Cd	碘化钾-十八烷基三甲基溴化铵-PAR	495			工业废水（与10种离子分离）	6
	正丙醇-氯化钠-碘化钾-罗丹明B	592	1.10×10^{-5}～1.52×10^{-5}mol/L	4.93×10^{-8}mol/L	天然水	7
	碘化钾-亚甲基蓝-丙酮	657	1.0～5.0μg/25ml			8
Cr	二苯碳酰二肼-苯		0～12μg/50ml			9
	胡椒基荧光酮-苯	585	5～50μg/L	0.23μg/L	工业废水	10
	碘离子-罗丹明B-苯		0～15μg/50ml	1.2×10^{-9}mol/L	环境样品	11
	碘化钾-甲基紫-聚乙烯醇	540	0～0.8mg/L	0.08mg/L	废水	12
Co	亚硝基R盐-十六烷基三甲基溴化铵-水				合成水样[与Zn(Ⅱ)、Mn(Ⅱ)、Ni(Ⅱ)、Cd(Ⅱ)、Pb(Ⅱ)分离]	13
Cu,Pb,Cd,Ag	碘离子-甲基蓝-甲苯			Cu：0.9ng/ml Pb：0.8ng/ml Cd：0.5ng/ml Ag：0.4ng/ml	高盐溶液	14
Cu	（1-丁基-3-甲基咪唑六氟磷酸盐）-乙酸乙酯-四环素	373	0.08～0.56mg/L	0.3μg/L	环境水样	15
	邻二氮菲-溴酚蓝-丁基罗丹明B		0.944～86mol/L		氯化钠，乙酸铅	16
	2,2′-联喹啉-溴酚蓝-结晶紫	590	0～0.4mg/L		自来水	17
Fe	硫氰酸铵-四丁基溴化铵				合成水样[与Ga(Ⅲ)、Bi(Ⅲ)、Rh(Ⅲ)和In(Ⅲ)分离]	18
Ge，Pt，Fe	四溴荧光素-罗丹明6G-甲苯	530			各类样品	19
Ge	锗钼杂多酸-甲苯-罗丹明6G-四溴荧光素-丙酮	530	0～0.085mg/L		铅锌矿，蔬菜	20
Hg	碘化钾-四丁基溴化铵-水				合成水样[与Ce(Ⅲ)、Ga(Ⅲ)、Zr(Ⅳ)、U(Ⅵ)分离]	21
	氯化钠-硫氰酸铵-丁基罗丹明B-5-Br-PADAP	565		0.005μg/ml	合成水样，工业废水	22
	碘离子-亚甲基蓝-苯	657	12.0～22.0mg/25ml	0.51μmol/L	水	23
I	二氧化碳-溴化十六烷基三甲基铵				高碘蛋	24
In	溴化四丁基铵-碘化钾-水				合成水样[与Zr(Ⅳ)、Ce(Ⅲ)、Rh(Ⅲ)、Ga(Ⅲ)分离]	25
	溴铟酸与罗丹明6G-四溴荧光素-甲苯-铜试剂		0～0.5mg/L			26
Mn	1,10-二氮杂菲-四碘荧光素-氮气-苯	542			天然水和酒	27
	1,10-二氮杂菲-碘化钾-孔雀绿-氮气-苯	642	0～8.4μg/200ml		井水，自来水，天然水	28

续表

被测组分	浮选体系	测定波长 λ/nm	线性范围	检出限	样品	参考文献
Ni	硫酸铵-丁二酮肟-十六烷基三甲基溴化铵				合成水样[与K(Ⅰ)、Na(Ⅰ)、Ca(Ⅱ)、Mg(Ⅱ)、Zn(Ⅱ)、Mn(Ⅱ)、Cu(Ⅱ)、Cd(Ⅱ)分离]	29
P	钼酸盐-孔雀绿-乙酸丁酯	670	0～0.12μg/ml	9.96μg/L	铁(Ⅱ)，镍，铜	30
Pb	碘化钾-亚甲基蓝	657	3.0～18.0μg/25ml	5.18μg/L	环境水样	31
	碘化钾-孔雀绿-硝酸钠-乙醇、正丙醇等		0.5～17.7μmol/L	32.2μmol/ml	水	32
	碘离子-罗丹明B-氮气-苯	565	0～125μg/L		电镀废水	33
	二乙基二硫代氨基甲酸钠-十二烷基硫酸钠-甲基异丁酮	429	0～0.75mg/L		工业废水	34
Pd	溴化钾-四丁基溴化铵-碘化钾	410			合成水样[与Sb(Ⅲ)、Zr(Ⅳ)、Ce(Ⅲ)分离]	35
	2-巯基-*β*-萘并噻唑-氮气-甲苯	440	0.1～100μg/ml	0.169mg/ml	钛合金，天然水	36
	PAN	660	0～1.0μg/ml		乙醛催化剂（氯化钯，氯化铜）	37
	氯化亚锡-罗丹明B-双十二烷基二硫代乙二酰胺	550	0～2.0μg/ml		催化剂	38
	三氯化锡-四溴荧光素-甲苯	530	0～2.0μg/10ml		催化剂	39
S	铜(Ⅱ)-丙醇-水		2.2×10^{-2}～3.2μg/ml	16ng/ml	污水，温泉水	40
Sb	四丁基溴化铵-碘化钾				合成水样[与Ce(Ⅲ)、Zr(Ⅳ)、U(Ⅵ)分离]	41
Se	碘离子-孔雀绿-氮气-苯			0.47ng/ml		42
V	氢氧化铁-十二烷基磺酸钠-氮气-异戊醇-过氧化氢-5-Br-PADAP	590	0～0.8mg/L		水	43
	磷钨钒杂多酸-3,3′,5,5′-四甲基联苯胺-丙磺酸	450	0.02～1μg/ml			44
硅酸盐	硅钼杂多酸-3,3′,5,5′-四甲基联苯胺	458	0.02～1mg/L		废水	45
亚硫酸根	碘-十六烷基三甲基溴化铵	365	0～0.6μg/ml		食品	46
亚硝酸根	重氮化盐-*N*,*N*-二甲基苯胺-十二烷基硫酸钠-正丁醇		0.041～0.0041μg/ml		纯净水	47
草甘膦铵盐	铁(Ⅲ)-孔雀石绿-异辛醇	240	4～10g/L		废水	48
红景天苷	氮气-正丁醇	250			红景天	49
活性染料活性艳红-X-3B	十六烷基三甲基溴化铵-正己醇	550	1～50mg/L	16mmol/L	印染废水	50

续表

被测组分	浮选体系	测定波长 λ/nm	线性范围	检出限	样品	参考文献
抗坏血酸	碘离子-CTMAB-苯	365	<0.5μg/ml		环境水样	51
罗红霉素	氮气-异丙醇		8.2～40.2mg/L	0.26mg/L	环境水样	52
氯化十六烷基吡啶	硫氰酸根-氯化十六烷基吡啶-异丙醇-PAR	510	0.01～0.12mmol/L			53
尼古丁	Cu(Ⅱ)-DDTC-四氯化碳	435	0～6.0ng/ml	0.06ng/ml	烟草	54
强力霉素	正丙醇-无水乙醇-氯化钠	383	0.31～20μmol/L	0.26μmol/L	水样	55
活性艳红X-3B	十六烷基三甲基溴化铵(CTAB)-正己醇		1～50mg/L		印染废水	56
四环素	氯化钠-四氢呋喃		0.22～7.9μmol/L	34.7nmol/L	污水	57
四环素类	镧-1-丁基-3-甲基咪唑六氟磷酸盐-乙酸乙酯	389	0～13.0mg/L	0.3μg/L	鱼塘水,河水	58
	铝(Ⅲ)-1-丁基-3-甲基咪唑六氟磷酸盐-乙酸乙酯		0.2～10.3μg/ml		环境水样	59
	镧(Ⅲ)或钸(Ⅲ)-1-丁基-3-甲基咪唑六氟磷酸盐乙酸乙酯		0～34μg/L 0～23.0μg/L		鱼塘水样	60
头孢哌酮钠	铜(Ⅰ)-丙醇		0.80～32.0μg/ml	0.60μg/ml	针剂和尿样	61
头孢曲松钠	铜(Ⅰ)		0.60～35μg/ml		头孢曲松钠注射剂	62
土霉素氯化钠	铁(Ⅲ)-氯化钠-四氢呋喃+无水乙醇(4+1)		0.66～34μmol/L	0.363μmol/L	环境水样	63
土霉素	锌(Ⅱ)-氯化钠-四氢呋喃		0.17～93μmol/L	7.16mol/L	废水	64
维生素C	碘离子-孔雀绿-氮气-苯	642	0～16μg/200ml		食品(蔬菜)	65
溴化十六烷基吡啶	铜(Ⅱ)-硫氰酸铵-PAR	510	0.2～120μmol/L		工业废水	66
烟碱	甲基橙-氮气-苯	420	0～80μg/50ml	1.8×10^{-2}mol/L	烟草	67
盐酸麻黄碱	甲苯-正丁醇-氮气	276	0～0.172g/L		麻黄草	68
总厚朴酚	氮气-正丁醇	290		0.017μg/ml	厚朴	69
总香豆素	氮气-正辛醇	320		23.3μg/L	茵陈	70
总甾酮	氮气-正丁醇	247	0.017～18μmol/L		怀牛膝	71

本表参考文献：

1. 马春宏, 朱红, 王良, 等. 冶金分析, 2010(06): 69.
2. 刘嘉敏, 汪惊奇, 张敏. 理化检验: 化学分册, 1999(09): 428.
3. 宋世林, 司学芝, 马万山. 光谱实验室, 2010(04): 1526.
4. 马万山, 司学芝. 冶金分析, 2008(02): 27.
5. 闫永胜, 徐婉珍, 王德萍, 等. 冶金分析, 2006(02): 25.
6. 温欣荣, 涂常青. 分析试验室, 2011(04): 115.
7. 侯延民, 闫永胜, 谢吉民, 等. 冶金分析, 2009(12): 53.
8. 李春香, 陈婷玉, 闫永胜. 化学试剂, 2006(09): 527.

9. 张胜华, 闫永胜, 陈婷玉, 等. 冶金分析, 2005(04): 18.
10. 闫永胜, 李春香, 刘燕, 等. 冶金分析, 2004(05): 23.
11. 李松田, 张明芝, 邢朝, 晖等. 化学试剂, 2005(04): 229.
12. 彭娜, 王开峰, 涂常青, 等. 化工环保, 2010(06): 549.
13. 涂常青, 温欣荣. 冶金分析, 2010(09): 70.
14. 李春香, 徐婉珍, 李松田, 等. 冶金分析, 2007(03): 75.
15. 马春宏, 朱红, 姜大雨, 等. 冶金分析, 2011(01): 74.
16. 贾欣欣, 梁淑轩, 于朝云. 河北农业大学学报, 1999 (03): 94.
17. 刘保生, 陈彩萍, 左本成. 光谱学与光谱分析, 1999 (01): 103.
18. 宋世林, 司学芝, 马万山. 光谱实验室, 2011(04): 1782.
19. 刘保生, 陈彩萍, 左本成. 光谱学与光谱分析, 1999 (03): 232.
20. 刘保生, 陈彩萍, 左本成. 冶金分析, 1998(02): 13.
21. 牛明改, 夏新奎, 马万山. 光谱实验室, 2010(01): 148.
22. 涂常青. 冶金分析, 2010(06): 45.
23. 程永华, 吕鹏飞, 陈婷玉, 等. 理化检验: 化学分册, 2008 (07): 655.
24. 杨昭毅, 张国玺, 吕海芸, 等. 理化检验: 化学分册, 1998(08): 359.
25. 段香芝, 司学芝, 王卓琳, 等. 光谱实验室, 2011(06): 3117.
26. 曹冬林, 刘保生, 王云科. 河北大学学报: 自然科学版, 2006(06): 616.
27. 闫永胜, 秦永超, 陆晓华. 分析科学学报, 2003(01): 48.
28. 闫永胜, 李春香, 赵干卿, 等. 分析试验室, 2000(02): 53.
29. 温欣荣, 涂常青. 冶金分析, 2010(11): 66.
30. 孙玉凤, 黄莉莉. 冶金分析, 2004(02): 42.
31. 陈婷玉, 李春香, 闫永胜. 化学试剂, 2006(08): 485.
32. 侯延民, 谢吉民, 闫永胜, 等. 化学试剂, 2009(09): 701.
33. 闫永胜, 陆晓华, 李春香, 等. 分析科学学报, 2000(03): 227.
34. 刘志明. 分析化学, 1996(09): 0.
35. 刘小玉, 李少东, 贾海东, 等. 光谱实验室, 2010(01): 184.
36. 闫永胜, 徐婉珍, 贾立群, 等. 冶金分析, 2006(03): 77.
37. 董慧茹, 张敬畅, 胡少成. 光谱学与光谱分析, 2004(03): 345.
38. 高云涛, 王伟. 分析试验室, 2002(03): 31.
39. 刘保生, 陈彩萍, 左本成. 光谱学与光谱分析, 1998(04): 109.
40. 苏永祥, 王京芳, 李全民, 等. 分析试验室, 2007(03): 55.
41. 牛明改, 司学芝, 马万山. 光谱实验室, 2010(03): 1110.
42. 闫永胜, 张国营, 陆晓华. 分析试验室, 2001(05): 56.
43. 王宗廷, 董晓芳, 金军昌. 石油大学学报: 自然科学版, 1999(05): 113.
44. 狄俊伟, 屠一锋, 吴莹, 等. 光谱学与光谱分析, 2002(05): 800.
45. 狄俊伟, 刘全德, 李文遐. 光谱学与光谱分析, 2000(06): 863.
46. 李松田, 邢朝晖, 闫永胜. 理化检验: 化学分册, 2005(02): 77.
47. 祝优珍. 化学世界, 2003(09): 468.
48. 余龙, 姜志锋, 陈敏, 等. 光谱实验室, 2009(05): 1273.
49. 刘西茜, 韩鸿萍, 庆易微. 化学世界, 2011(08): 463.
50. 李海燕. 理化检验: 化学分册, 2009(02): 166.
51. 陈会利, 吕鹏飞, 闫永胜. 理化检验: 化学分册, 2007 (06): 476.
52. 戈延茹, 曹恒杰, 傅海珍, 等. 理化检验: 化学分册, 2011 (06): 653.
53. 王春风, 孙东, 李全民. 理化检验: 化学分册, 2010 (10): 1138.
54. 阎永胜, 李春香, 赵干卿, 等. 理化检验: 化学分册, 2001 (02): 78.
55. 侯延民, 闫永胜, 赵晓军, 等. 理化检验: 化学分册, 2009 (04): 380.
56. 李海燕, 阮新潮, 曾庆福. 工业水处理, 2006(12): 67.
57. 侯延民, 谢吉民, 李春香, 等. 中国给水排水, 2009(08): 80.
58. 王良, 闫永胜, 朱文帅, 等. 分析化学, 2009(01): 72.
59. 王良, 马春宏, 李华明, 等. 分析科学学报, 2010(01): 39.
60. 王昕, 马春宏, 王良, 等. 环境科学与技术, 2010(07): 1.
61. 张西军, 冯霄, 占海红, 等. 化学研究与应用, 2011(07): 947.
62. 占海红, 张美芸, 李全民. 分析试验室, 2011(07): 36.
63. 侯延民, 谢吉民, 闫永胜, 等. 分析科学学报, 2009(05): 551.
64. 侯延民, 谢吉民, 李春香, 等. 应用化学, 2009(12): 1492.
65. 陈敏, 闫永胜, 王言, 余龙, 等. 食品科学, 2008(02): 284.
66. 王春风, 孙东, 李全民. 理化检验;化学分册, 2010 (10): 1222.
67. 闫永胜, 陆晓华. 化学试剂, 2004(02): 87.
68. 董慧茹, 王士辉. 理化检验: 化学分册, 2010(04): 341.
69. 刘西茜, 董慧茹. 分析试验室, 2008(10): 96.
70. 刘西茜, 董慧茹. 理化检验: 化学分册, 2009(04): 482.
71. 李思睿, 董慧茹. 理化检验: 化学分册, 2008(12): 1187.

第十节 热透镜光谱分析法[2,39,40]

热透镜光谱分析法（thermal lens spectrometry，TLS）是 20 世纪 80 年代基于热透镜效应建立和发展起来的一种光热光谱分析技术，该法灵敏度高、检出限低，受到分析工作者的重视。

一、热透镜光谱分析法原理

当分子受波长为 λ 的激光束照射后，跃迁到能级较高的受激态，受激态分子以无辐射弛豫方式将所吸收的辐射能量全部或部分地转换成热能，使样品池内溶液或气体温度升高，并随之产生折射率的变化。这种折射率的径向强度梯度分布等效于一个透镜，即为溶液热透镜，因大多数溶剂折射率的温度系数小于零，形成的热透镜相当于一个发散的负透镜，高斯光束通过热透镜而发散，远场光斑扩大。对于高斯光束，束斑中心强度反比于束斑面积，因此监测光斑中心光强的相对变化，就可以检测到热透镜强度 S_{TL}。

$$S_{TL}=[I(0)-I(t)]/I(t) \tag{5-65}$$

稳态时，$t\to\infty$，

$$S_{TL}=[I(0)-I(\infty)]/I(\infty) \tag{5-66}$$

式中，$I(0)$、$I(\infty)$、$I(t)$分别为光束刚入射样品池时、$t\to\infty$时和时间 t 时的远场光束中心光强。

根据抛物线模型，S_{TL} 可表示为：

$$S_{TL}=[I(0)-I(\infty)]/I(\infty)=2.303EA \tag{5-67}$$

式中，A 为样品的吸光度；E 为相对于比尔定律线性响应的增强因子，它表示相对于比尔定律灵敏度提高倍数。

根据上式可知，我们只要配制一系列被测物质的标准溶液，按照实验方法显色后，于激光热透镜光谱仪上测定 S_{TL}，建立工作曲线。再在相同条件下测定样品的 S_{TL}，由工作曲线测得样品含量。

二、热透镜光谱分析测量装置概述

热透镜光谱分析测量装置有多种类型，按通过样品池的光束数可分为单光束和双光束；按照加热光束和探测光束的传播方向可分为共线式和斜交式；依据测定波长个数又可分为单波和多波长。20 世纪 90 年代以来，热透镜光谱分析测量装置取得了一系列新的进展。

（一）单光束热透镜光谱仪

图 5-37 是单光束热透镜光谱仪的基本结构和光学构型示意图，其基本结构由激光器、光路系统、光探测器和信号测量系统三部分组成，加热光束和探测光束为同一 CW 激光束。当光闸骤然打开，激光束经透镜聚焦入射于装有能吸收该激光辐射的透明溶液的样品池，在 $t>0$ 时，随着热透镜的形成，导致光束本身发散，探测器探测到的光强逐渐下降，达稳态时，其信号强度 $S_{TL}=2.303EA$。

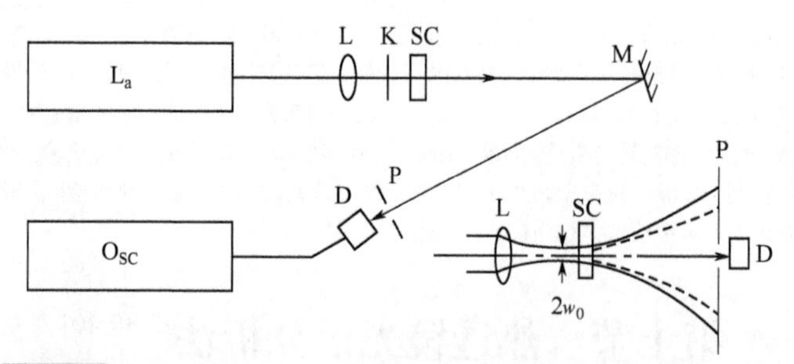

图 5-37 单光束热透镜光谱仪的基本结构和光学构型示意图

L_a—激光器；K—光闸；L—透镜；SC—样品池；M—反射镜；P—小孔光阑；D—光探测器；O_{SC}—示波器（信号测量系统）

特点：①不同于普通分光光度计，样品池的位置对灵敏度有显著影响，按照像差理论模型，最佳位置在离束腰为$\pm(3)^{1/2}$个共焦距 Z_C 处。②光探测器的位置必须远离样品池 1～3m，称为远场探测。以上两个特点为热透镜光谱仪所共有。③单光束热透镜光谱仪结构简单，容易调节，但灵敏度低。

图 5-37 右下角为单光束热透镜光谱仪的光学构型示意，图中 ω_0 为高斯光束的最小半径，

称为束腰。

（二）双光束热透镜光谱仪

图 5-38 是一种双束共轴同向热透镜光谱仪，加热束和探测束采用不同的激光器，探测束通常用功率低的 He-Ne 激光器（632.8nm）或 He-Cd 激光器（441.6nm），加热束可根据需要选用不同的激光器。加热束和探测束经结合器共线结合后通过透镜和试样池，在用滤光片滤去加热光束后测量探测束中心光强的相对变化。

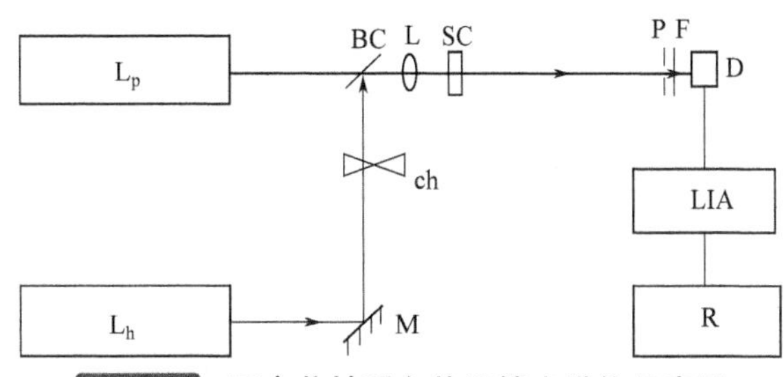

图 5-38 双束共轴同向热透镜光谱仪示意图

L_h—加热激光器；L_p—探测激光器；BC—光束结合器；ch—斩波器；F—滤光片；LIA—锁相放大器；R—记录仪；其他符号与图5-37同

双光束的特点：可选择不同特性的激光束作加热束；加热束是强度调制的；可采用锁相放大器、积分器或瞬态记录仪来测量微弱信号，提高了信噪比。

（三）模失配热透镜光谱仪

所谓模失配是指加热束和探测束的束腰不匹配，两光束束腰失配的光学构型如图 5-39 所示。

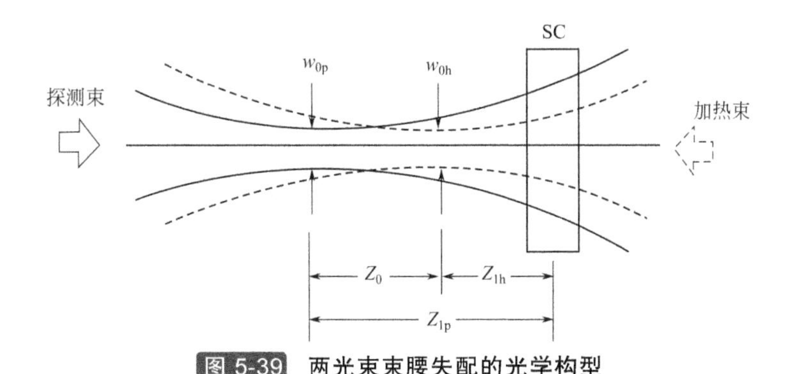

图 5-39 两光束束腰失配的光学构型

实验和理论证明，当探测束束腰离样品池为 $Z_{1p}=\pm(3)^{1/2}Z_C$，加热束束腰落在样品池中央时，热透镜仪器的灵敏度最高。按照两光束的夹角 α 不同，可以形成各种不同构型的仪器。例如：

$\alpha=0°$，构成同向共线热透镜光谱仪；

$\alpha=180°$，构成反向共线热透镜光谱仪；

$0°<\alpha<180°$，构成交叉束热透镜光谱仪。

双束模失配热透镜光谱仪示意图见图 5-40。

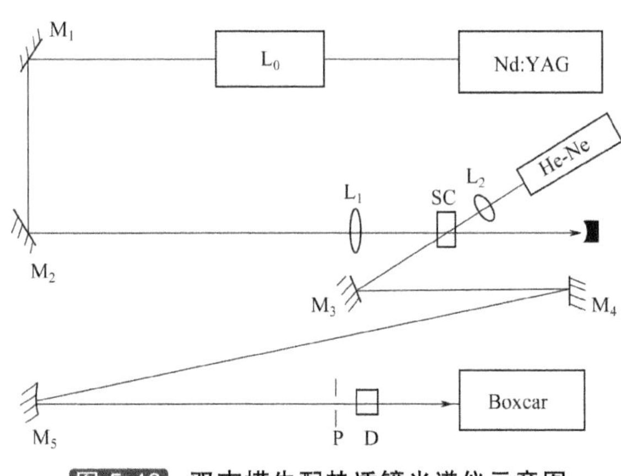

图 5-40 双束模失配热透镜光谱仪示意图

M_1~M_5—反射镜；Nd：YAG—钕铝石榴石红宝石；L_0—染料激光器；He-Ne—氦氖激光器；Boxcar—Boxcar积分器；其他符号与图5-37同

交叉束热透镜光谱仪具有较高的空间分辨率，适用于微池分析，在光热显微分析中有很好的应用前景。常规激光热透镜光谱测量装置样品池离检测器距离通常大于 2m，使其应用和发展受到限制，所以缩短样品池离检测器的距离具有重要意义。Faubel 等建立了近场热透镜光谱测量装置，把样品池与针孔之间的距离缩短至通常距离的 1/100。

激光器波长单一限制了热透镜光谱分析的应用，Kawaski 用计算机化的光参量振荡器作光源，制成了一种波长在 420nm～2μm 范围内连续可调的热透镜测量装置；Tran 等提出了基于声光可调滤光片（AOTF）的多波长热透镜测量装置；Xu 等用多谱线 Ar^+激光束经棱镜分光并利用其中 4 条谱带实现四组分混合物的同时分析。

三、热透镜光谱分析法的应用

热透镜光谱分析法的应用见表 5-21。

表 5-21 热透镜光谱分析法应用实例

被测组分	显色剂	激光器输出波长/nm	线性范围	检出限	试样	参考文献
稀土	氮偶胂(III)	638.8	0.4～10μg/25ml	15ng/ml	恐龙蛋化石	1
多巴胺	四氯苯醌	488	0.04～2mg/L	20μg/L	针剂	2
铂	2-(3,5-二氯-2-吡啶偶氮)-5-二甲氨基苯胺	632	0.005～0.04mg/L 和 0.025～0.4mg/L	0.002mg/L	铂催化剂和二次合金管理样-88	3
锌	锌试剂	632.8	0～1.6μg/ml	1ng/ml	人体血清	4
铌	2-(5-溴-2-吡啶偶氮)-5-二乙氨基苯酚(5-Br-PADAP)和酒石酸	632.8	0～500ng / ml	5ng/ml	钢样及铌矿样	5
磷	孔雀绿	632.8	0～80ng/ml	1ng/ml	河水、自来水和土壤样品	6
	钼酸铵	632.8	1.5～30μg/ml	0.3μg/ml	土壤	7
	钼酸铵	632.8	2～60ng/ml	0.4ng/ml	雨水和地下水	8
核酸	钼酸铵	632.8	0.02～2ng/ml	10ng/ml	脱氧核糖核酸、酵母核糖核酸	9
铜、钴和镍	2-(5-NO_2-吡啶-2-偶氮)-1-羟基-8-氨基萘-3,6-二磺酸	632.8	0～200ng/ml、0～200ng/ml 和 0～100ng/ml	2ng/ml、2.5ng/ml 和 1ng/ml	合成样品及人发	10
铱	铱催化高碘酸钾氧化耐尔蓝 A	632.8	0.05～2.4μg/ml	6.2pg/ml	矿样	11
铜	铜催化邻苯二胺氧化反应	488	0.2～1.2μg/L	0.05μg/L		12
钯	2-(3,5-二氯-2-吡啶偶氮)-5-二甲氨基苯胺	632.8	0.005～0.04mg/L 0.03～0.25mg/L	0.002mg/L	活性炭载体催化剂	13

本表参考文献：

1. 阎宏涛，郑荣，等. 光谱学与光谱分析, 1997, 17(5): 16.
2. 韩权，阎宏涛，等. 分析测试学报, 2002, 21(6): 59.
3. 张小玲，闫宏涛. 分析测试学报, 2003, 22(1): 34.
4. 闫宏涛，李楠. 分析试验室, 2006, 25(7): 46.
5. 韩权，阎宏涛，等. 分析试验室, 2003, 22(4): 11.
6. 韩权，阎宏涛，等. 陕西师范大学学报：自然科学版, 2001, 29(3): 79.
7. 杨胜科，阎宏涛. 分析测试学报, 1996, 15(3): 43.
8. 杨胜科，朱小云. 西安地质学院学报, 1996, 18(1): 93.
9. 崔大方，林德球. 新疆师范大学学报：自然科学版, 1996, 15(4): 46.
10. 阎宏涛，张英，等. 分析试验室, 2003, 22(6): 76.
11. 韩权，阎宏涛. 分析化学, 2003, 31(5): 608.
12. 阎宏涛，田欣. 分析化学, 2000, 28(5): 559.
13. 张小玲，闫宏涛，等. 分析化学, 2002, 30(1): 75.

第十一节 计量学分光光度法[41~43]

计量学分光光度法是指应用化学计量学中的一些计算方法对分光光度法测定数据进行数学处理后，同时得出共存组分各自含量的一种计算分光光度法。处理分光光度法测定数据所用的方法主要是多元校正方法，紫外-可见分光光度计属一阶仪器，因此采用二维校正（一般意义的多元校正），目前已发展了不少多元校正方法，其中多元线性回归（MLR）、主成分回归（PCR）、偏最小二乘回归（PLSR）以及人工神经网络等是最常用的多元校正方法。

多元校正能实现混合复杂化学体系在不完全分离下的多个感兴趣组分的同时定量分析，但几乎所有的多元校正方法都要求校正建模阶段和预测阶段的量测体系必须保持高度一致，也就是说，建模的校正样品集要包含待测样品中可能含有的所有有响应成分。这样建立的回归模型用于预测未知样时才能获得准确可靠的结果。否则，如果预测样中存在干扰但却不存在于校正样品中，校正建模得到的预测结果将不准确，且依干扰程度的不同将产生不同程度的系统预测偏差甚至是错误结果。因此，二维校正要准确预测成分不明或完全未知复杂样品中特定物质的含量依然存在较大难度。

一、多组分光度分析模型

基于比尔定律与吸收加和性原理，可建立多组分光度分析的量测模型：

$$b_i=a_{i1}c_1+a_{i2}c_2+\cdots+a_{in}c_n+\boldsymbol{e}$$

式中，a_{ij}为组分j在波长点i上的吸光系数，混合物中共存组分数为n，故j=1，2，…，n；b_i为混合物样品在波长点i上的吸光度；c_j为组分j的浓度，为未知待测量；n为混合物中共存组分数；j=1，2，…n；i=1，2，…l，l为测量波长点数；$\boldsymbol{e}$为量测误差矢量，一般假设为服从正态分布的等方差白噪声误差。如果采用矩阵表示，可写为：

$$\boldsymbol{b}=\boldsymbol{Ac}+\boldsymbol{e}$$

上式即为多组分光度分析体系的数学模型。式中，b为混合物样品吸光度测量矢量；A为纯物质吸光系数矩阵；c为待测组分浓度矢量；$\boldsymbol{e}$为量测误差矢量。当n=l时，上式为常规方程组，可采用联立方程组解法；当n<l时，上式为矛盾方程组，可采用多种算法求解。现分别以直接校正、间接校正为分类分别介绍各种校正中采用的数学方法。

二、直接校正方法

所谓直接校正法，在光度分析中是指先用标准样品测定其在各波长点处的吸光度，然后构造吸光系数矩阵A，再测定样品在各波长点处的吸光度，并求算样品中各组分浓度。直接校正方法根据采用的不同数学方法，可分为多元线性回归（MLR）、卡尔曼滤波方法（KF）和加权最小二乘法（WLSR）等。

（一）多元线性回归方法

设有n个组分的混合物，在1个波长点（n<1）测定混合物的吸光度，可得超定线性方程组：

$$\begin{cases} a_{11}c_1+a_{12}c_2+\cdots+a_{1n}c_n=b_1 \\ a_{21}c_1+a_{22}c_2+\cdots+a_{2n}c_n=b_2 \\ \vdots \quad \vdots \quad \vdots \quad \vdots \\ a_{l1}c_1+a_{l2}c_2+\cdots+a_{ln}c_n=b_l \end{cases}$$

式中，a_{ij}为组分j在波长点i上的吸光系数，可由测定纯组分标准溶液获得；c_j为组分j的浓度；b_i为混合物样品在波长点i上的吸光度。上式用矩阵表示为：

$$\boldsymbol{Ac}=\boldsymbol{b}$$

利用最小二乘法原理可得方程组：

$$\boldsymbol{A}^{\mathrm{t}}\boldsymbol{Ac}=\boldsymbol{A}^{\mathrm{t}}\boldsymbol{b}$$

亦即

$$\boldsymbol{c}=(\boldsymbol{A}^{\mathrm{t}}\boldsymbol{A})^{-1}\boldsymbol{A}^{\mathrm{t}}\boldsymbol{b} \tag{5-68}$$

式（5-68）所求解一般称为最小二乘解。式中，$\boldsymbol{A}$和$\boldsymbol{b}$均为已知量，如果采用Matlab编程，只需要一个语句就可得到结果。

最小二乘估计具有很好的统计学特性，该方法虽古老，但至今仍在广泛应用。这种方法直接用纯物质的吸光系数来进行混合体系的浓度校正，故有直接校正之称。

在用上法测定时，要多取些测量点来进行校正。测量点越多，估计浓度的方差越小。对于二组分和三组分分析体系，当只取2个或3个测量点来校正时，估计值方差较大，测量点数目在10以上时，估计值均方差变小并趋于稳定。

（二）卡尔曼滤波法

卡尔曼滤波法是一种以递推公式为基础的数学方法，其首先定义了两个模型：一个是系统模型，另一个为测量模型。应用于光度分析时，其系统模型可表示为：

$$\boldsymbol{c}(k)=\boldsymbol{F}(k,\ k-1)\boldsymbol{c}(k-1)+\boldsymbol{w}(k) \tag{5-69}$$

式中，变量k代表一个波长测量点；$\boldsymbol{c}(k)$代表分析体系在测量点k处的浓度矢量，即为n个待测组分的浓度；$\boldsymbol{F}(k,\ k-1)$称为系统的转移矩阵，它表达了系统如何由$k-1$点过渡到k点的状态，因体系的浓度矢量在整个分析过程中不发生变化，故转移矩阵可作为单位矩阵$\boldsymbol{I}$，$\boldsymbol{F}(k,\ k-1)=\boldsymbol{I}$；$\boldsymbol{w}(k)$为系统的动态随机误差，此处可认为$\boldsymbol{w}(k)=0$。

其测量模型可表示为：

$$\boldsymbol{b}(k)=\boldsymbol{a}(k)^{\mathrm{t}}\boldsymbol{c}(k-1)+e(k) \tag{5-70}$$

式中，$\boldsymbol{b}(k)$为多组分体系在测量波长k处的吸光度值b_k，$b_k=a_{k1}c_1+a_{k2}c_2+\cdots+a_{kn}c_n+e_k$；$\boldsymbol{a}(k)$为吸光系数矩阵$\boldsymbol{A}$的第$k$行的行矢量；$e(k)$为多组分体系在$k$点的测量误差，测量模型相当于比尔定律。

卡尔曼滤波方法是利用系列点的测量值来进行体系浓度估计，它的递推估计方程如下：

$$\boldsymbol{c}(k)=\boldsymbol{c}(k-1)+\boldsymbol{g}(k)[\boldsymbol{b}(k)-\boldsymbol{a}(k)^{\mathrm{t}}\boldsymbol{c}(k-1)] \tag{5-71}$$

式（5-71）中，$\boldsymbol{g}(k)$称为卡尔曼滤波中的增益矢量，由下式给出：

$$\boldsymbol{g}(k)=\boldsymbol{P}(k-1)\boldsymbol{a}(k)[\boldsymbol{a}(k)^{\mathrm{t}}\boldsymbol{P}(k-1)\boldsymbol{a}(k)+\boldsymbol{r}(k)]^{-1} \tag{5-72}$$

式（5-72）中，$\boldsymbol{r}(k)$是测量噪声$\boldsymbol{e}(k)$的方差，是一个标量；$\boldsymbol{P}(k-1)$是从前$k-1$个测量点估计所得的系统协方差矩阵，其自身在第k点的估计由式（5-73）给出：

$$\boldsymbol{P}(k)=[\boldsymbol{I}-\boldsymbol{g}(k-1)\boldsymbol{a}(k)^{\mathrm{t}}]\boldsymbol{P}(k-1)[\boldsymbol{I}-\boldsymbol{g}(k-1)\boldsymbol{a}(k)^{\mathrm{t}}]^{\mathrm{t}}+\boldsymbol{g}(k-1)\boldsymbol{r}(k)\boldsymbol{g}(k-1)^{\mathrm{t}} \tag{5-73}$$

式中，$\boldsymbol{I}$为单位矩阵。

上述一套递推公式就构成了一个卡尔曼滤波器。

卡尔曼滤波的基本算法可分成以下两部分。

1. 置初值

先用被测系统中各待测组分的纯物质求出在波长k（k=1，2，…，l）处的吸光系数矢量$\boldsymbol{a}(k)$，$\boldsymbol{a}(k)=[a_{k1},\ a_{k2}\cdots,\ a_{kn}]^{\mathrm{t}}$，并给定滤波初值：

$$\boldsymbol{c}(0)=0$$

$$P_0=\begin{bmatrix}\sigma_1^2 & & 0\\ & \ddots & \\ 0 & & \sigma_n^2\end{bmatrix}$$

σ_i（i=1，2，…，n）按下式计算：

$$\sigma_i=\alpha(R/a^2_{ki})^{1/2} \tag{5-74}$$

式（5-74）中，α 的选取与计算机的精度有关，通常取 10～100；在紫外-可见光度法中，常取 $R=10^{-6}$；a_{ki} 为第 i 组分在第一测定点的吸光度。因在紫外-可见分光光度计产生的信号中其测量噪声平均值为零，方差约为 10^{-6}。

2. 启动计算

其具体计算步骤如下：

① 确定吸光系数矩阵 $\boldsymbol{A}_{1\times n}$，并输入到程序中；

② 给定滤波初始值 $\boldsymbol{c}(0)$、$\boldsymbol{P}(0)$和 R；

③ 令 k=1，由式（5-73）计算预测误差协方差 P_k；

④ 按式（5-72）计算增益矢量 $\boldsymbol{g}(k)$，因 $\boldsymbol{a}(k)^{\mathrm{t}}\boldsymbol{P}(k-1)\boldsymbol{a}(k)+\boldsymbol{r}(k)$为一标量，不需求逆，是倒数关系；

⑤ 输入多组分体系在测量波长 k 处的吸光度值 $b(k)$，按式（5-71）计算新估计值 $c(k)$；

⑥ 按式（5-73）计算误差协方差当前估计值 P_k；

⑦ 令 $k=k+1$，若 $k<1$ 则重返③，直至 1 次测量值计算完毕，此时浓度估计值应趋于稳定。

滤波结果是否可靠可通过新息序列来判断，新息序列由式（5-75）表示：

$$\boldsymbol{v}(k)=\boldsymbol{b}(k)-\boldsymbol{a}(k)^{\mathrm{t}}\boldsymbol{c}(k-1) \tag{5-75}$$

它实际上就是在 k 点上测量值与估计值之差，如果滤波正常，新息序列为一零均白噪声系列，若不正常，则将成为相关的（见图 5-41），说明体系存在背景或未知干扰物，滤波结果不可靠。

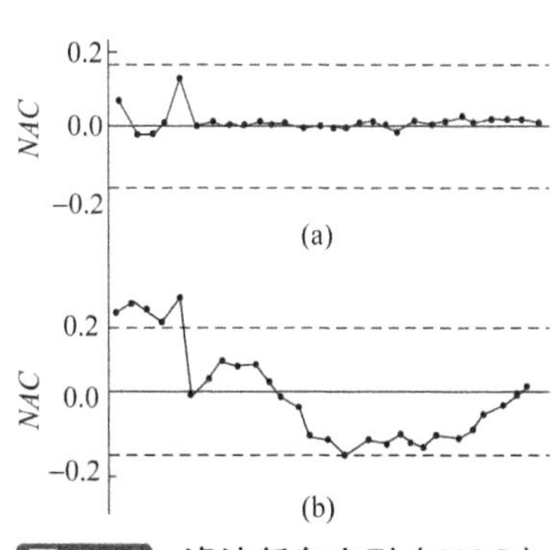

图 5-41　滤波新息序列（NAC）

（a）正常滤波；（b）存在干扰物质

对卡尔曼滤波法作少许改进后，可以得出并扣除恒定系统误差的影响，其方法是：将原先 n 维的待测组分的浓度矢量增加到 n+1 维，即 $\boldsymbol{c}$=（c_1，c_2…c_n，c_b），c_b 为未知系统误差，同时将 n 维的 $\boldsymbol{a}(k)$增加到 n+1 维，即 $\boldsymbol{a}(k)$=[$a_1(k)$，$a_2(k)$，…$a_n(k)$，1]，用上述相同的方法计算，对 n 个组分将给出 n+1 个组分浓度，最后一个组分值就是估算得到的系统误差。

三、间接校正法

从直接校正法介绍的两个方法可知任意波长下各被测组分的吸光系数构成的测量矢量 $\boldsymbol{a}(k)$ 必须准确地予以确定。在混合体系中由于可能存在的各组分的相互作用，各组分的性质与单纯存在的性质发生变化，因此简单地用各纯组分的某个浓度下所得的吸光系数来计算就会造成对比尔定律和吸光度加和性的偏离，使浓度估计的可靠性有所下降，另外直接校正法也不利于实验设计。对于很多试样往往知道它们大致的浓度变化范围，因此，可以采用实验设计的一些方法，如正交设计或因子设计，由已知浓度的各组分组成的混合物的吸光度来构成校正矩阵 $\boldsymbol{Y}$（训练集），利用此校正矩阵来求出混合物中各组分纯物质的吸光系数矩阵，由此来估计被测样品中各组分的浓度。这类方法不直接采用纯物质的吸光系数来进行校正，故称为间接校正法，最常用的间接校正法是 K-矩阵法、P-矩阵法、主成分回归法和偏最小二乘法。

（一）K–矩阵法

该方法的思路是先通过混合物的校正矩阵借最小二乘法求得各组分的吸光系数，然后再利用如此求得的吸光系数去求未知待测物的各组分浓度。K-矩阵法的基本数学模型为：

$$\boldsymbol{Y}=\boldsymbol{KC} \tag{5-76}$$

式中，矩阵 $\boldsymbol{C}$ 为（$n\times p$）阶的浓度矩阵，它由 p 个混合物的 n 个组分的浓度构成，它的每一列表示一个混合物对应的组分浓度矢量。每一列中各组分的取值是根据被测未知样品中可能存在的浓度范围及所采用的实验设计的方法来确定的，浓度矩阵是已知的；矩阵 $\boldsymbol{Y}$ 为（$m\times p$）阶的校正矩阵，m 是波长测量点数，它是由在 m 个波长处测量 p 个标准混合样的吸光度值构成的，也是已知的；矩阵 $\boldsymbol{K}$ 为（$m\times n$）阶的吸光系数矩阵。一般要求 $m>p$ 和 $m>n$，否则无法求解。上述数学模型，在光度分析中可以看成是比尔定律。

K-矩阵法的计算步骤如下。

① 用最小二乘法求出 $\boldsymbol{K}$，即

$$\boldsymbol{K}=\boldsymbol{Y}\boldsymbol{C}^{\mathrm{t}}(\boldsymbol{C}\boldsymbol{C}^{\mathrm{t}})^{-1} \tag{5-77}$$

② 用求得的 $\boldsymbol{K}$ 借最小二乘法求出未知混合体系的浓度矢量 $\boldsymbol{c}_{未知}$。

$$\boldsymbol{c}_{未知}=(\boldsymbol{K}^{\mathrm{t}}\boldsymbol{K})^{-1}\boldsymbol{K}^{\mathrm{t}}\boldsymbol{y}_{未知} \tag{5-78}$$

或

$$\boldsymbol{C}_{未知}=(\boldsymbol{K}^{\mathrm{t}}\boldsymbol{K})^{-1}\boldsymbol{K}^{\mathrm{t}}\boldsymbol{Y}_{未知} \tag{5-79}$$

从上述计算步骤可以看出 K-矩阵法需要两次求逆，使计算误差变大，为此提出了 P-矩阵法。

（二）P–矩阵法

由式（5-76）可得

$$\boldsymbol{K}^{\mathrm{t}}\boldsymbol{Y}=\boldsymbol{K}^{\mathrm{t}}\boldsymbol{KC}$$

则

$$\boldsymbol{C}=(\boldsymbol{K}^{\mathrm{t}}\boldsymbol{K})^{-1}\boldsymbol{K}^{\mathrm{t}}\boldsymbol{Y}$$

令

$$\boldsymbol{P}=(\boldsymbol{K}^{\mathrm{t}}\boldsymbol{K})^{-1}\boldsymbol{K}^{\mathrm{t}}$$

则

$$\boldsymbol{C}=\boldsymbol{P}A \tag{5-80}$$

式（5-80）就是 P-矩阵法的数学模型，直接以校正矩阵的浓度阵为预测目标，当 $\boldsymbol{P}$ 矩阵已知后，对未知样只要求得其中各波长下的吸光度，只要用简单的矩阵乘法便可求出混合物的组分浓度，避免了两次求逆过程。

P-矩阵法的计算步骤如下。

① 用最小二乘法求出 $\boldsymbol{P}$：

$$\boldsymbol{P}_{(n\times m)}=\boldsymbol{C}_{(n\times p)}\boldsymbol{Y}^{\mathrm{t}}_{(m\times p)}[\boldsymbol{Y}_{(m\times p)}\boldsymbol{Y}^{\mathrm{t}}_{(m\times p)}]^{-1} \tag{5-81}$$

② 再用求得的 $\boldsymbol{P}$ 直接计算未知混合体系的浓度矢量 $\boldsymbol{c}_{未知}$：

$$\boldsymbol{c}_{未知}=\boldsymbol{P}_{(n\times m)}\boldsymbol{y}_{未知} \tag{5-82}$$

P-矩阵法的问题是对混合物的测量矩阵的协方差阵（$\boldsymbol{YY}^{\mathrm{t}}$）求逆，而它是一个（$m\times m$）阶的矩阵，为一奇异矩阵，解决办法只有从 m 个波长点中选出 n 个组成新的混合物测量矩阵 $\boldsymbol{Y}$，以保证其协方差阵满秩，但这样做会丢失信息，另外，在一般情况下，只要不引进非线性测量点，测量点越多，估计浓度的方差越小。为克服 P-矩阵法的这一弱点产生了主成分回归和偏最小二乘法。

（三）主成分回归法

主成分回归采用主成分分析方法，先对混合物的测量矩阵 $\boldsymbol{Y}$ 直接进行分解，然后只取其中的主成分来进行回归分析，故称其为主成分回归。设 $\boldsymbol{Y}$ 为 p 个校正混合样品在 m 个波长处

的吸光度矩阵，将 $\boldsymbol{Y}$ 分解为两个矩阵 $\boldsymbol{T}$ 和 $\boldsymbol{B}$ 的乘积：

$$\boldsymbol{Y}_{(p\times m)}=\boldsymbol{T}_{(p\times a)}\boldsymbol{B}_{(a\times m)}+\boldsymbol{E}_{(p\times m)} \tag{5-83}$$

式中，$a<<p$；$\boldsymbol{E}$ 表示误差矩阵；$\boldsymbol{T}$ 中的列和 $\boldsymbol{B}$ 中的行都分别是相互正交的，在分解过程中，所取主成分数 a 要使 $T\cdot B$ 尽可能接近 Y。由于已设 n 是体系的组分数，如果体系确为线性体系，这种情况下 $a=n$。如有非线性因素存在，主成分数 a 可大于 n，可以采用交叉校验方法来确定主成分数。将含有吸光度矩阵大部分信息的矩阵 $\boldsymbol{T}$ 和浓度矩阵 $\boldsymbol{C}$ 作线性回归：

$$\boldsymbol{C}_{(p\times n)}=\boldsymbol{T}_{(p\times a)}\boldsymbol{P}_{(a\times n)} \tag{5-84}$$

用最小二乘法求出 $\boldsymbol{P}$

$$\boldsymbol{P}_{(a\times n)}=(\boldsymbol{T}^{t}\boldsymbol{T})^{-1}\boldsymbol{T}^{t}C \tag{5-85}$$

测定未知样品的吸光度矢量 $\boldsymbol{y}_{未知}$，则未知样的浓度矢量 $\boldsymbol{c}_{未知}$为：

$$\boldsymbol{c}_{未知}=\boldsymbol{t}_{未知}\boldsymbol{P}=\boldsymbol{y}_{未知}B^{t}P \tag{5-86}$$

该法由于用相互正交矢量组成的 $\boldsymbol{T}$ 代替了 $\boldsymbol{Y}$，用该式作回归时不存在矩阵奇异无法求算这类问题，并除去了部分噪声影响，使估计的准确性有所提高。

$\boldsymbol{Y}$ 矩阵分解常采用的方法是非线性迭代偏最小二乘算法（NIPALS），另一种方法是线性代数中常用的奇异值分解法（SVD）。

奇异值分解法将 $\boldsymbol{Y}$ 分解为 3 个矩阵的积，即

$$\boldsymbol{Y}=\boldsymbol{U}\boldsymbol{S}\boldsymbol{V}^{t} \tag{5-87}$$

式中，$\boldsymbol{S}$ 为对角矩阵，由 $\boldsymbol{Y}$ 矩阵的特征值构成；$\boldsymbol{U}$ 和 $\boldsymbol{V}^{t}$ 分别为标准列正交和标准行正交矩阵。对式（5-87）可以直接剔除了主成分模型误差的重构混合物量测矩阵的广义逆：

$$\boldsymbol{Y}^{0+}=\boldsymbol{V}^{*}(\boldsymbol{S}^{*})^{-1}\boldsymbol{U}^{t*} \tag{5-88}$$

式中，$\boldsymbol{S}^{*}$为只取 n 个特征值的 $\boldsymbol{S}$ 矩阵；只取 n 个特征矢量的 $\boldsymbol{U}$ 和 $\boldsymbol{V}$ 记为 $\boldsymbol{U}^{*}$和 $\boldsymbol{V}^{*}$。然后由 $\boldsymbol{Y}^{0+}$求出回归系数矩阵 $\boldsymbol{P}$：

$$\boldsymbol{P}=\boldsymbol{C}\,\boldsymbol{Y}^{0+}=\boldsymbol{C}\,\boldsymbol{V}^{*}(\boldsymbol{S}^{*})^{-1}\boldsymbol{U}^{t*} \tag{5-89}$$

由此，可以直接计算未知混合体系的浓度矢量或浓度矩阵：

$$\boldsymbol{c}_{未知}=\boldsymbol{P}\boldsymbol{y}_{未知} \tag{5-90}$$

$$\boldsymbol{C}_{未知}=\boldsymbol{P}\boldsymbol{Y}_{未知} \tag{5-91}$$

（四）偏最小二乘法

偏最小二乘法不仅把 p 个校正样品在 m 个波长处的吸光度矩阵 $\boldsymbol{Y}$ 分解为吸光度隐变量矩阵 $\boldsymbol{T}$ 和载荷矩阵 $\boldsymbol{B}$ 的乘积，还把浓度矩阵 $\boldsymbol{C}$ 分解为浓度隐变量矩阵 $\boldsymbol{U}$ 和载荷矩阵 $\boldsymbol{V}$ 的乘积：

$$\boldsymbol{Y}_{(p\times m)}=\boldsymbol{T}_{(p\times a)}\boldsymbol{B}_{(a\times m)}+\boldsymbol{E}_{(p\times m)} \tag{5-92}$$

$$\boldsymbol{C}_{(p\times n)}=\boldsymbol{U}_{(p\times a)}\boldsymbol{V}_{(a\times n)}+\boldsymbol{F}_{(p\times n)} \tag{5-93}$$

式中，$\boldsymbol{E}$、$\boldsymbol{F}$ 为残差矩阵；n 为样品的组分数；a 为主因子数。

分解后得到的 $\boldsymbol{T}$ 和 $\boldsymbol{U}$ 矩阵代表了除去大部分噪声后的响应和浓度信息，而且，在分解时考虑了 $\boldsymbol{T}$ 矩阵和 $\boldsymbol{U}$ 矩阵之间应有的线性关系，这就是与主成分回归的不同之点。然后将 $\boldsymbol{T}$ 和 $\boldsymbol{U}$ 作线性回归：

$$\boldsymbol{U}_{(p\times a)}=\boldsymbol{T}_{(p\times a)}\boldsymbol{D}_{(a\times a)} \tag{5-94}$$

式中，$\boldsymbol{D}$ 为对角矩阵，代表了 $\boldsymbol{U}$ 和 $\boldsymbol{T}$ 之间的内部关系，通常由校正模型可以确定 $\boldsymbol{B}$、$\boldsymbol{V}$、$\boldsymbol{D}$ 和 a。

若预测样品的吸光度矢量为 $\boldsymbol{y}_{样}$，则

$$\boldsymbol{y}_{样}=\boldsymbol{T}_{(1\times a)}\boldsymbol{B}_{(a\times m)} \tag{5-95}$$

确定 $\boldsymbol{T}_{(1\times a)}$ 后，由 $\boldsymbol{U}_{(1\times a)}=\boldsymbol{T}_{(1\times a)}\boldsymbol{D}_{(a\times a)}$ 求出样品 C 的特征矢量 $\boldsymbol{U}_{(1\times a)}$。由式（5-96）即可求得样品中各组分的浓度：

$$C_{样}=\boldsymbol{U}_{(1\times a)}\boldsymbol{V}_{(a\times n)} \tag{5-96}$$

偏最小二乘法的迭代过程是由 H. Wold 提出的非线性迭代偏最小二乘法（NIPALS）完成的，计算步骤如下：

① $\boldsymbol{u}=\boldsymbol{C}$ 中的第一列，迭代时一般将浓度矩阵的第一列作为特征矢量的起始矢量；

② $w=Y^{\mathrm{T}}u/(u^{\mathrm{T}}u)$，由 u 和 Y 算出 Y 的权重；

③ $w=w/\|w\|$，标准化；

④ $\boldsymbol{t}=Yw$，算出特征矢量 $\boldsymbol{t}$；

⑤ $\boldsymbol{v}=C^{\mathrm{T}}t/(t^{\mathrm{T}}t)$，算出 C 的载荷矢量 $\boldsymbol{v}$；

⑥ $v=v/\|v\|$；

⑦ $u=Cv/(v^{\mathrm{T}}v)$ 算出新的特征矢量 $\boldsymbol{u}$；

⑧ $\|u-u_{旧}\|/\|u\|<e$（$e=10^{-8}$），如果收敛转到⑨，否则转到②；

⑨ $b=Y^{\mathrm{T}}t/(t^{\mathrm{T}}t)$；

⑩ $v=C^{\mathrm{T}}u/(u^{\mathrm{T}}u)$；

⑪ $d=(u^{\mathrm{t}}t)/(t^{\mathrm{T}}t)$；

⑫ $Y=Y-tb^{\mathrm{T}}$，$C=C-btv^{\mathrm{T}}$，求残差矩阵；

⑬ 计算下一维，转到①，直至求得所需维数。

通过以上计算确定了 $\boldsymbol{B}$、$\boldsymbol{V}$、$\boldsymbol{D}$ 和 a，在预报时利用公式可依次求出 $\boldsymbol{T}_{(1\times a)}$、$\boldsymbol{U}_{(1\times a)}$，最后可求出 $C_{样}$。

上面介绍了直接校正法和间接校正法中常用的一些方法，在实际应用中，这些传统方法因其难以较彻底去除原始吸光度量测数据中的噪声干扰，计算分析结果的准确性和稳定性往往不高，影响这类方法的进一步推广。因此，改进除噪算法，抽提更可靠的特征信息，是推动计算光度分析法进步的关键。

近年来，小波变换技术作为一种有效的噪声滤除方法得到分析化学界的热切关注，将变尺度小波分解降噪技术与以上的方法，特别是其中的主成分回归法的特征提取技术结合起来，先通过空间变换去除原始测量数据中的噪声，再利用线性变换提取特征信息，从而发展形成一类新的多组分计算光度分析方法。

（五）小波变换–主成分回归法[44~46]

UV-Vis 原始吸光度测量数据中同时包含成分分析信号和噪声。根据小波变换的特性，当原始信号经变换后，成分分析信号与噪声在小波基空间具有不同的性态，即两者具有差异性分布，噪声聚集在低尺度小波基空间上，而成分分析信号多分布在高尺度小波基空间中。据此，可先对吸光度量测矩阵进行多尺度小波变换，再从各尺度小波基空间中逐次抽取低频段分量，组成小波基量测矩阵，弃除噪声分量，继而对小波基量测矩阵进行主成分回归，这可克服主成分回归法仅通过线性变换抽取特征信息手段进行除噪的不足。

根据离散小波变换（DWT）原理和 Mallat 算法，原始信号 C_0 经 j 尺度分解后可表示为：

$$C_0=C_1+D_1=C_2+D_2+D_1=\cdots=C_{\mathrm{j}}+\sum_{k=1}^{j}D_k \tag{5-97}$$

式中，$C_j=HC_{j-1}$，$D_j=GC_{j-1}$。

算子 H 和 G 分别为低通和高通滤波器；C_j 和 D_j 分别为 C_0 在 2^j 分辨率下的离散逼近（低频系数）和离散细节（高频系数），C_0 在 j 尺度下分解所得到 C_j 和 D_j 数据量各为原始数据的 $1/2^j$。由于小波变换是一种线性变换，C_j 和 D_j 是 C_0 在小波空间的线性映射，因此我们可以用较少的小波系数（C_j 或 D_j）代替原始数据 C_0 进行分析。

PCRW（小波基主成分回归）算法的步骤如下。

（1）校正阶段

首先将吸光度矩阵和浓度矩阵进行标准化。

① 对小波分解次数 j 赋值。

② 对校正样的吸光度量测矩阵进行一次小波分解。

③ 保存被分解矩阵各向量的低频模糊分量 C^j，舍弃高频细节分量 D^j。

④ 用低频的模糊分量 C^j 构组小波基量测矩阵 $\boldsymbol{Y}$，并对其协方差矩阵进行特征值分析。

⑤ 用多个因子数判据对所得特征值进行计算处理，分别进行因子数判定并保存判定结果。

⑥ 若分解次数少于 j，用小波基量测矩阵 $\boldsymbol{Y}$ 替代原量测矩阵，转步骤②；否则，执行下步。

⑦ 对 j 个尺度上的因子数判定结果进行统计，取出现频次最高的为主因子数 a。

⑧ 按步骤⑦所求得的主因子数 a，将所得小波基量测矩阵 $\boldsymbol{Y}$ 分解成隐变量矩阵 $\boldsymbol{T}$ 与载荷矩阵 $\boldsymbol{W}$ 并加上一个随机误差矩阵 $\boldsymbol{E}$：$\boldsymbol{Y}_{(n\times m)}=\boldsymbol{T}_{(n\times d)}\times\boldsymbol{W}^{\mathrm{W}}{}_{(d\times m)}+\boldsymbol{E}_{(n\times m)}$，对 $\boldsymbol{T}$ 回归，用最小二乘法求解回归系数矩阵 $\boldsymbol{B}=(\boldsymbol{T}^{\mathrm{t}}\times\boldsymbol{T})^{-1}\times\boldsymbol{C}_{kWn}$。

（2）预测阶段

① 按校正步骤对预测样品的吸光度矩阵进行小波分解 j 次，求取 $\boldsymbol{Y}_{\mathrm{unk}}$。

② 用求得的 $\boldsymbol{W}$、$\boldsymbol{B}$ 和 $\boldsymbol{Y}_{\mathrm{unk}}$ 求取待测样品的浓度矩阵，$\boldsymbol{C}_{\mathrm{unk}}=\boldsymbol{Y}_{\mathrm{unk}}\times\boldsymbol{W}^{\mathrm{t}}\times\boldsymbol{B}$。

四、非线性体系校正方法

以上计算方法用于光度分析是建立在比尔定律和吸收的加和性基础上的，若发生偏离必然会对计算结果带来很大影响，因此，非线性多元校正成为研究热点。已出现了不少非线性校正方法，其中人工神经网络法得到广泛应用，在这里仅对 Rumelhart 等人提出的多层前传网络误差反传算法（BP 算法）做简要介绍。

人工神经网络（ANN）是一个以有向图为拓扑结构的动态系统，它模拟人脑神经系统对连续或间断的数值输入做出反馈，从而完成线性的或非线的学习及预测工作。一个典型的基于误差反传算法的三层前传网络如图 5-42 所示。

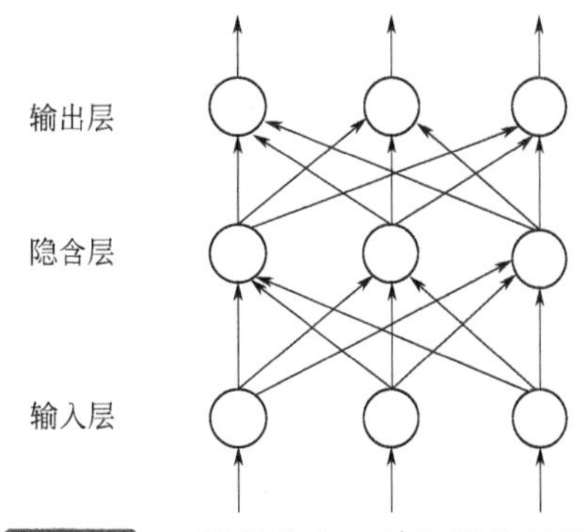

图 5-42 3 层前传人工神经网络示意

图 5-42 中圆圈表示神经元，又称节点，它是 ANN 的信息处理单元，BP-ANN 中，每层节点之间无连接，信号前向传递，由输入层传递至隐含层学习后，经输出层输出。网络是否停止学习由学习目标函数决定。

含有 N 个样本的训练集的学习目标函数为：

$$E_{\mathrm{AV}}=\frac{1}{2N}\sum_{j=1}^{n}[d_j(n)-y_j(n)]^2 \tag{5-98}$$

式中，$d_j(n)$为节点 j 在第 n 次迭代中的期望输出；$y_j(n)$为实际输出。当输出达到函数要求时，网络停止学习，并构建好各网络参数。当输出未达到要求时，计算误差，并将误差信号沿各层反向传播，同时按梯度下降法修正权值，开始新一轮学习，直到误差达到要求。权值修正公式为：

$$\omega_{ji}(n+1)=\omega_{ji}(n)+\eta\Delta_j(n)y_i(n) \quad (5\text{-}99)$$

输出层（k 为输出节点）$\delta_k(n)=y_k(n)[1-y_k(n)][d_k(n)-y_k(n)]$ （5-100）

隐含层（j 为隐节点） $\delta_j(n)=y_j(n)[1-y_j(n)]\delta_k(n)\,\omega_{jk}(n)$ （5-101）

式中，$\omega_{ji}(n)$为第 n 次迭代时节点 i、j 之间的连接权值；η 为学习步长（速率）；$\delta_j(n)$为局部梯度；$y_i(n)$为来自 i 节点的输出（作为 j 节点的输入）。图 5-43 为人工神经网络 BP 算法示意。

BP-ANN 方法用于多组分光度分析时输入信号为多组分混合溶液的吸光度值，输出信号为各组分含量。一般来说，三层 ANN 拓扑结构能满足要求，输入层的节点数为测量点数，输出层节点数为组分数，隐含层节点数目前多依据经验确定，随机取值并预测，取最佳预测结果时的隐含层节点数。学习速率 η 过小，收敛速度慢，在训练初期容易陷入局部极小；速率过大，易引起网络振荡，通常取小于 1 的值。学习误差（目标函数）不是越小越好，可根据监督样本决定。权值采用随机赋值。

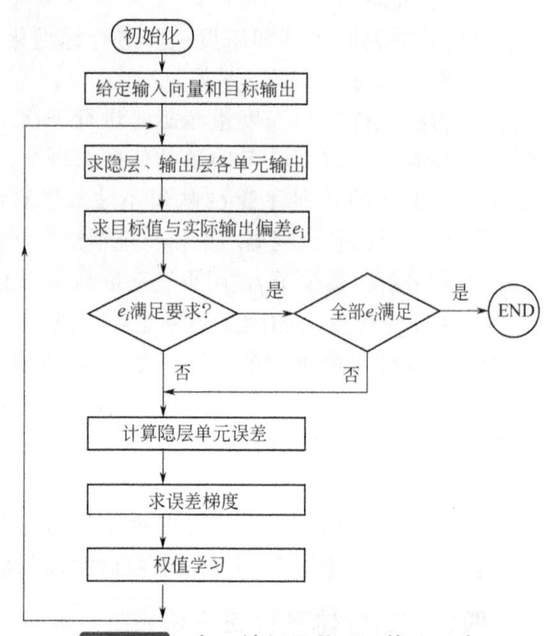

图 5-43 人工神经网络 BP 算法示意

五、有偏估计方法

在光度分析中经常遇见被测组分的吸收光谱十分相近的情况，其光谱之间的差别与测量误差相近，这种情况在数学上称为病态，即存在着共线性关系。在用最小二乘法求逆时将带来很大误差，由此所测样品中各组分浓度是不可靠的，为此提出了有偏估计方法，岭回归是其中最著名的方法。

在最小二乘法中已经给出样品中各组分的浓度估计值为：

$$\boldsymbol{c}=(\boldsymbol{A}^t\boldsymbol{A})^{-1}\boldsymbol{A}^t\boldsymbol{b} \quad (5\text{-}102)$$

当正规方程系数矩阵 $\boldsymbol{S}=\boldsymbol{A}^t\boldsymbol{A}$ 接近退化时，用通常最小二乘法，浓度 $\boldsymbol{c}$ 接近不可估。

岭回归的基本思路是：当 $\boldsymbol{S}$ 的最小特征根接近零时，$\|\boldsymbol{c}-\boldsymbol{c}_{\text{真值}}\|^2$ 很大，为克服这一缺点，用 $\boldsymbol{S}+K\boldsymbol{I}$ 替代 $\boldsymbol{S}$，人为地将最小特征根由 $\min\lambda_i$ 变为 $\min\lambda_i+K$，以减小均方误差。K 是可调参数，$\boldsymbol{I}$ 是单位矩阵。由于 K 的引入，岭回归失去了最小二乘回归所具有的无偏估计的特点，故称为有偏估计，其基本公式为：

$$\boldsymbol{c}(K)=(\boldsymbol{A}^t\boldsymbol{A}+K\boldsymbol{I})^{-1}\boldsymbol{A}^t\boldsymbol{b} \quad (5\text{-}103)$$

K 的选择方法有十几种，通常采用岭迹图法，因 $\boldsymbol{c}(K)$是 K 的函数，用 $\boldsymbol{c}(K)$对 K 作图，当 K 从 0 开始变大时，各浓度估计值发生显著变化，随着 K 值变大，岭回归浓度估计值趋于平稳，由此可确定 K 值。图 5-44 为多组分体系的岭迹图。

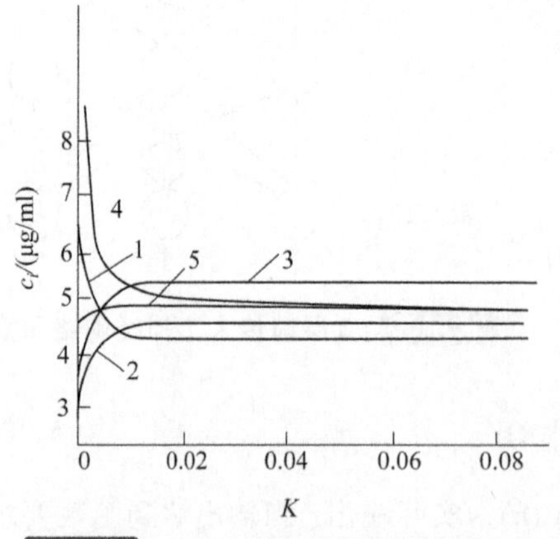

图 5-44 5 组分体系岭迹图(皆为 5μg/ml)

若岭迹图不能完全趋于平稳，说明此病态体系不宜采用岭回归法，需采用别的有偏估计方法，如广义岭回归等。

下式可方便计算出岭迹：

$$\hat{C}_{j-1}(K)=-[\sum_{i=1}^{m+1}x_{i1}x_{ij}/(\lambda_i+K)]/\sum_{i=1}^{n+1}[x_{i1}^2/(\lambda_i+K)]$$

式中，$(j=2,\cdots,m+1)x_{ij}$为使$\boldsymbol{U}=\begin{vmatrix}\boldsymbol{B}^{\mathrm{T}}\boldsymbol{B} & \boldsymbol{B}^{\mathrm{T}}\boldsymbol{A}\\ \boldsymbol{A}^{\mathrm{T}}\boldsymbol{B} & \boldsymbol{A}^{\mathrm{T}}\boldsymbol{A}\end{vmatrix}$成为对角矩阵的正交阵$\boldsymbol{X}$的元素；$\lambda_i$为$\boldsymbol{U}$矩阵的特征值。

六、计量学分光光度法的应用

计量学分光光度法的应用见表 5-22。

表 5-22　计量学分光光度法的应用

方　法	被测组分	样　品	参考文献
多元线性回归	Cr，Mn	铁矿石	1
	Cr，Mn	冶金物料	2
	Fe，Cu，Zn	采矿废水	3
	苯甲酸钠，山梨酸钾	果味饮料	4
	洛美沙星，司帕沙星	模拟样品	5
	柠檬黄，日落黄	模拟样品饮料	6
	硝基苯，对硝基甲苯，间硝基甲苯，对硝基氯苯，2,4-二硝基氯苯	硝基苯类	7
卡尔曼滤波	Cr(Ⅲ)，Cr(Ⅳ)		8
	Cu，Cd，Zn，Pb	长江、嘉陵江地表水	9
	Mn，Fe，Cu，Zn	大米	10
	Mo，W，Sn	钢样	11
	Ti，Mo，W	模拟样，低合金钢标样	12
	Ti，Sn，Mo，W	合金钢样	13
	Zn，Mn，Cd		14
	α-羰基烯酮环，二硫代缩酮		15
	苯酚，苯胺	炼油废水	16
	对乙酰氨基酚，对硝基酚，对氨基酚，乙酸	扑热息痛	17
	对乙酰氨基酚，咖啡因	咳喘感冒片	18
	对乙酰氨基酚，异丙安替比林，咖啡因	复方对乙酰氨基酚片	19
	芦丁，槲皮素	槐米	20
	氯霉素，氢化可的松	复方氯霉素滴耳液	21
	硝酸根，亚硝酸根		22
	盐酸伪麻黄碱，氢溴酸右美沙芬，扑尔敏	复方美沙芬片	23
	盐酸异丙嗪，盐酸氯丙嗪	模拟样品	24
	氧氟沙星，甲硝唑	复方氧氟沙星滴耳液	25
K-矩阵法	Ca，Mg	牛乳	26
P-矩阵法	Mo，Sn，Sb	模拟样，铸铁标样	27
	Ti(Ⅵ)，Mo(Ⅵ)，W(Ⅵ)	模拟样，低合金钢标样	28
	氨基比林，咖啡因	脑清片	29
	咖啡因，苯甲酸钠	安钠咖注射液	30

续表

方　法	被测组分	样　品	参考文献
主成分回归	Ba，Sr，Ca	合成样	31
	Cu，Co，Ni，V	合成样	32
	Fe	稀土物料	33
	P，Si		34
	Y	混合稀土	35
	Zn，Cd，Co	合成样	36
	安赛蜜，阿斯巴甜，糖精	甜味剂	37
	苯甲酸，水杨酸	复方苯甲酸制剂	38
	对乙酰氨基酚，扑尔敏，咖啡因，对氨基酚，愈创木酚甘油醚	感冒液	39
	非那西丁，氨基比林，咖啡因	克感敏片	40
	5′-肌苷酸二钠，5′-鸟苷酸二钠	鲜味剂	41
	麦芽酚，乙基麦芽酚	食用香料	42
	诺氟沙星，氧氟沙星	饲料	43
	诺氟沙星，氧氟沙星，洛美沙星	饲料	44
	山梨酸，苯甲酸钠，香兰素，$NaNO_2$，$NaNO_3$，糖精钠	食品	45
	西维因，异丙威	水样	46
	盐酸曲马多，对乙酰氨基酚	曲马氨酚缓释片	47
	药根碱，巴马亭，小檗碱	黄连生物碱	48
偏最小二乘法	Al，Fe，Cu		49
	As，P		50
	Ba(Ⅱ)，Sr(Ⅱ)	合成试样，除氧剂	51
	Co，Ni，Zn		52
	Cr，Mn	钢铁中铬和锰	53
	Cu，Co，Ni，V	合成样	54
	Cu，Ni，Zn	人工样品	55
	Fe，Al		56
	Fe，Mn，Cu，Zn	合成试样，饲料	57
	Fe，Mn，Cu，Zn，Co，Ni	合成试样，饲料	58
	Fe，Ni，V	原油，渣油	59
	Fe，Ni，V	重油	60
	Mn，Fe，Cu，Zn	模拟样，铝合金，饲料添加剂	61
	Mo，Sn，Sb	模拟样和铸铁标样	62
	Os，Ru		63
	P，Si	酸性钼酸铵，混合还原剂	64
	Ru，Ir，Pd	模拟地质样	65
	Ti，Mo，W	模拟样和低合金钢标样	66
	W，Mo	合金钢	67
	Zn，F，Cu，Mn	施尔康	68
	氨基甲酸甲酯，尿素		69

续表

方 法	被测组分	样 品	参考文献
偏最小二乘法	苯胺，联苯胺，α-萘胺，对硝基苯胺	合成水样，环境水样	70
	苯胺，联苯胺，α-萘胺	苯胺类化合物	71
	残杀威，异丙威	对氨基甲酸酯类杀虫剂	72
	单环芳烃，多环芳烃	白油中单环及多环芳烃	73
	丁烯二酸的顺、反异构体	反-丁烯二酸	74
	对硝基苯酚，邻硝基苯酚，2,4-二硝基苯酚		75
	福美锌，代森锰	水果，大米和自来水	76
	复方芦丁片	芦丁，维生素 C	77
	黑加仑色素 4 组分	黑加仑皮	78
	碱性品红，甲基紫，结晶紫，中性红	多组分染料混合物	79
	利福平，异烟肼，吡嗪酰胺	复方利福平注射剂	80
	邻甲基苯甲醛，间甲基苯甲醛，对硝基苯酚	甲基苯甲醛	81
	邻硝基苯酚，间硝基苯酚，对甲基苯甲醛		82
	邻苯二酚，间苯二酚，对苯二酚		83
	邻苯二酚，间苯二酚，邻苯三酚，间苯三酚	模拟混合样	84
	邻硝基苯酚，间硝基苯酚，对硝基苯酚		85
	芦丁，槲皮素	槐米	86
	扑热息痛，扑尔敏，咖啡因，对氨基酚，愈创木酚甘油醚	感冒液	87
	色氨酸，酪氨酸	复方氨基酸注射液	88
	水杨酸，间苯二酚，苯酚	复方水杨酸搽剂	89
	四环素，土霉素，甲稀土霉素	合成样品	90
	香兰素，乙基香兰素	食品	91
	酸枣仁皂苷 A 和 B	酸枣仁	92
小波变换	Co，Ni，Zn		93
	Co，Ni，Zn		94
	Cu，Fe，Ni	合金	95
	Cu 的相态	珲春金铜矿	96
	Fe，Ni，V，Co	石油制品	97
	Fe，Zn，Cu	模拟水样	98
	W，Mo		99
	W，Mo，Ti		100
	苯甲酸，水杨酸	复方苯甲酸酊	101
	硫酸阿托品	硫酸阿托品滴眼液	102
	芦丁，维生素 C	复方芦丁片	103
	维生素 B_1，维生素 B_2，维生素 B_3，维生素 B_6	维生素 B 混合样品	104
人工神经网络	Au，Pd	废水	105
	Au 的形态	化探样品	106
	Cd，Co，Cr，Fe	废水	107
	Cd，Ni	电池厂废水	108
	Ce 组 5 元素	合金钢	109
	Ce 组稀土	合成样品，合金钢样品	110
	Cr(III)，Cr(VI)	合成样，实际样	111
	Cr，Fe	工业废水	112

续表

方法	被测组分	样品	参考文献
人工神经网络	Cr，Mn	钢铁	113
	Cu，Cd，Ni，Zn		114
	Cu，Co，Ni		115
	Mo，Cr	合金钢	116
	Mn，Fe，Cu，Zn	模拟样，粮谷样	117
	Mn，Ni	工业废水	118
	Pb，Cd，Ni	土壤	119
	Pb，Zn	铜精矿	120
	Ti，Nb	合金钢	121
	Ti，Zr	合金钢	122
	W，Mo		123
	Zr，Cr	合成样品	124
	Zr，Ti	钢样	125
	氨基比林，非那西丁，咖啡因，苯巴比妥	去痛片	126
	苯酚，间苯二酚，间氨基酚	环境水样	127
	苯和甲苯及二甲苯		128
	复品红，结晶紫，藏红 T	染料溶液	129
	甲基紫，酸性红 B，酸性橙Ⅱ，酸性嫩黄，碱性桃红	混合染料	130
	邻苯二酚，间苯二酚，对苯二酚	苯二酚异构体混合液	131
	邻苯二酚，间苯二酚，对苯二酚		132
	氯霉素，醋酸地塞米松，尼泊金乙酯		133
	柠檬黄，胭脂红，果绿	混合合成色素	134
	秦皮甲素，秦皮乙素	秦皮	135
	色氨酸，酪氨酸，苯丙氨酸	复方氨基酸注射液	136
	糖精钠，苯甲酸，山梨酸	饮料	137
	替硝唑，制霉素	复方替硝唑	138
	五味子甲素，五味子醇甲，五味子乙素	五味子	139
	腺嘌呤，黄嘌呤，次黄嘌呤，鸟嘌呤	嘌呤	140
	硝基苯，对硝基氯苯	废水	141
岭回归	阿魏酸钠，乙酰水杨酸，脑益嗪，维生素 B_1	复方阿魏酸钠胶囊	142
	对乙酰氨基酚，对氨基酚，对硝基酚，对乙酰氨基酚乙酸酯，对硝基酚乙酸酯	五组分	143
	对乙酰氨基酚，对硝基酚，对氨基酚，对乙酰氨基酚乙酸酯，对硝基酚乙酸酯，乙酸	六组分	144
	扑热息痛，扑尔敏，咖啡因，愈创木酚甘油醚，对氨基酚	感冒液	145
	五味子甲素，五味子乙素，五味子醇甲	五味子液	146
	乙酰氨基酚，对硝基酚，对氨基酚	三组分样品	147

本表参考文献：

1. 乔元彪，李春明. 冶金分析, 1998(06): 56.
2. 唐书天，任慧萍，谭兴荣，等. 冶金分析, 2008(11): 75.
3. 高云霞，张一陈，李秀平. 工业水处理, 2012(08): 79.
4. 汪显阳，冯伟，胡岩岩，等. 食品科学, 2009(24): 337.
5. 李树伟，潘建章，何艺，等. 化学研究与应用, 2005(04): 471.
6. 张永生，魏新军，南海娟，等. 食品研究与开发, 2009(08): 138.
7. 邵明武，林君，邱雪梅，等. 中国环境监测, 2000(01): 30.
8. 李方，李艳廷. 分析化学, 2000(08): 989.
9. 刘信安，左江帆. 环境化学, 2009(01): 136.
10. 曾锋，崔昆燕，王良清. 理化检验: 化学分册, 1997(01): 9.
11. 沈洪达，王耀光，陈玉绶. 冶金分析, 1996(01): 24.
12. 陈国松，王镇浦，侯晋. 冶金分析, 1999(05): 6.

13. 陈同森, 陈展光, 何波, 等. 中国有色金属学报, 1997(01): 55.
14. 曾锋, 崔昆燕, 应敏, 等. 分析化学, 1996(06): 736.
15. 张卓勇, 刘思东, 李宝环, 等. 光谱学与光谱分析, 1998(05): 111.
16. 叶芝祥, 江奇, 成英, 等. 分析科学学报, 2002(04): 349.
17. 余煜棉, 张音波, 刘春英, 等. 光谱学与光谱分析, 2003(05): 1005.
18. 董艳丽, 马力. 中国医药工业杂志, 1999(10): 25.
19. 蔡卓, 赵静, 江彩英, 等. 时珍国医国药, 2010(01): 135.
20. 王丽琴, 党高潮, 顾莹. 药物分析杂志, 2000(01): 60.
21. 金克宁, 张本全, 汤伟. 中国医院药学杂志, 1996(05): 210.
22. 刘劭钢, 贾平静, 刘开学, 等. 中国公共卫生学报, 1997(01): 55.
23. 唐树荣, 黄榕珍, 等. 中国药科大学学报, 1996(05): 65.
24. 蔡卓, 赵静, 江彩英, 等. 广西大学学报: 自然科学版, 2009(03): 340.
25. 马慧萍, 何晓英, 葛欣, 等. 中国药科大学学报, 1998(06): 440.
26. 于建忠, 何北菁, 赵鸿蕊. 食品工业科技, 2004(08): 136.
27. 陈国松, 王镇浦, 侯晋. 理化检验: 化学分册, 1998(06): 243.
28. 陈国松, 王镇浦, 侯晋. 冶金分析, 1999(05): 6.
29. 郭金鹏, 黄喜茹, 李彤, 等. 光谱学与光谱分析, 1996(02): 111.
30. 黄喜茹, 王云志, 侯海妮, 等. 光谱学与光谱分析, 1997(02): 120.
31. 樊明德, 谢巧勤, 陈天虎, 等. 分析测试学报, 2006(06): 39.
32. 马继平, 朱世昌. 分析测试学报, 2000(04): 32.
33. 刘德龙. 计算机与应用化学, 2000(06): 545.
34. 胡利芬, 曹顺安. 分析测试学报, 2004(01): 74.
35. 刘德龙. 稀有金属, 2000(05): 391.
36. 王勇, 倪永年. 南昌大学学报: 理科版, 2007(01): 82.
37. 叶姗, 倪永年, 邱萍. 南昌大学学报: 理科版, 2007(02): 132.
38. 周彤, 钟家跃, 袁萍. 分析试验室, 2004(02): 57.
39. 张立庆, 吴晓华, 唐曦, 等. 光谱学与光谱分析, 2002(03): 427.
40. 王煜, 刘世庆, 丁德荣, 等. 沈阳药科大学学报, 1999(03): 62.
41. 叶姗. 理化检验: 化学分册, 2010(07): 784.
42. 张国文, 倪永年. 理化检验: 化学分册, 2004(08): 438.
43. 黄喜根, 康念铅, 李铭芳. 安徽农业科学, 2007(18): 5346.
44. 黄喜根, 李艳霞, 张恒松, 等. 分析试验室, 2011(06): 66.
45. 张国文, 潘军辉, 王福民, 等. 分析试验室, 2007(07): 52.
46. 张国文, 王福民, 潘军辉. 理化检验: 化学分册, 2008(08): 715.
47. 李玉柱, 万晓璐, 王国东, 等. 中国药学杂志, 2006(20): 1594.
48. 陈闽军, 程翼宇, 刘雪松. 化学学报, 2003(10): 1623.
49. 王凡凡, 任守信, 周新荣, 等. 冶金分析, 2010(06): 7.
50. 齐玲. 冶金分析, 2002(02): 42.
51. 郑静, 周伟良, 潘教麦. 理化检验: 化学分册, 1999(09): 417.
52. 陈莉莉, 金继红, 秦孙巍. 光谱学与光谱分析, 2003(03): 597.
53. 翟虎, 陈小全, 邵辉莹. 冶金分析, 2008(05): 40.
54. 马继平, 朱世昌. 分析测试学报, 2000(04): 32.
55. 王玉枝, 张银堂, 周毅刚. 分析测试学报, 2001(01): 40.
56. 彭书传, 黄川徽, 陈天虎, 等. 光谱学与光谱分析, 2005(06): 942.
57. 白玲, 刘超. 分析试验室, 2006(09): 81.
58. 白玲, 倪永年. 分析试验室, 2002(01): 39.
59. 孔庆池, 刘广东, 刘文钦, 等. 石油大学学报: 自然科学版, 1996(06): 71.
60. 孔庆池, 张雨华, 刘文钦, 等. 石油炼制与化工, 1996(11): 64.
61. 王镇浦, 陈国松. 分析化学, 1996(01): 61.
62. 陈国松, 王镇浦, 侯晋. 理化检验: 化学分册,1998 (06): 243.
63. 宋浩威, 王洪艳, 王多禧, 等. 分析化学, 1996(10): 1162.
64. 胡利芬, 曹顺安. 理化检验: 化学分册, 2005(01): 37.
65. 王洪艳, 吴敬, 沙志芳, 等. 岩矿测试, 1998(03): 3.
66. 陈国松, 王镇浦, 侯晋. 冶金分析, 1999(05): 6.
67. 于洪海, 张新平, 胡云峰. 冶金分析, 2004(02): 10.
68. 王燕, 陈国松, 王镇浦. 理化检验: 化学分册, 2000(04): 148.
69. 林宏业, 孙建军, 杨伯伦, 等. 石油化工, 2004(12): 1177.
70. 范华均, 张薇, 王世龙. 分析化学, 1996(07): 824.
71. 刘桂荣, 李东华. 河南师范大学学报: 自然科学版, 2006(04): 118.
72. 白玲, 倪永年. 分析化学, 2002(09): 1088.
73. 唐军, 韩晓强, 栾利新. 化学试剂, 2011(06): 531.
74. 李彦威, 方慧文, 梁素霞, 等. 分析化学, 2008(01): 95.
75. 高玲, 任守信. 光谱学与光谱分析, 1997(05): 116.
76. 张国文, 潘军辉, 阙青民. 分析试验室, 2006(11): 27.
77. 蔡卓, 赵静, 江彩英, 等. 中国药房, 2009(31): 2454.
78. 咸漠, 李华, 任玉林, 等. 吉林大学自然科学学报, 1999(02): 103.
79. 朱志华. 丝绸, 2006(07): 38.
80. 薛大权, 谢云, 高绪侠, 等. 现代应用药学, 1997(01): 38.
81. 李彦威, 续健, 方慧文, 等. 分析试验室, 2010(08): 9.
82. 李华, 张雅雄, 张四纯, 等. 西北大学学报: 自然科学版, 2001(03): 220.
83. 倪永年, 梁志华. 计算机与应用化学, 2000(Z1): 101.
84. 加列西•马那甫, 米拉吉古丽, 等. 新疆农业科学, 2010(10): 2097.
85. 李华, 田敏. 分析化学, 1997(08): 992.
86. 尚永辉, 李华, 孙家娟, 等. 分析测试学报, 2011(04): 457.
87. 张立庆, 吴晓华, 唐曦, 等. 分析科学学报, 2002(04): 318.
88. 徐澜, 安伟. 光谱实验室, 2011(05): 2320.
89. 王青梅, 林建设, 周国华. 中国医院药学杂志, 1996(08): 23.
90. 斯琴, 敖登高娃, 李虎东. 内蒙古大学学报: 自然科学版, 2007(01): 28.
91. 张国文, 倪永年. 南昌大学学报: 理科版, 2003(04): 341.
92. 王桢, 陈冠华, 郝庆红, 等. 黑龙江大学自然科学学报, 2012(01): 106.

93. 陈莉莉，金继红，秦孙巍. 光谱学与光谱分析，2003(03): 597.
94. 陈莉莉，金继红，秦孙巍. 光谱学与光谱分析，2003(03): 597.
95. 申明金. 冶金分析, 2008(02): 1.
96. 王延勇，陈淑桂，王洪艳，等. 长春科技大学学报，1999(02): 202.
97. 申明金. 理化检验: 化学分册, 2009(02): 210.
98. 张玉泉, 侯振雨, 刘解放, 等. 光谱实验室, 2008(02): 269.
99. 金继红，陈家玮，张永文. 理化检验: 化学分册，2001(10): 443.
100. 金继红，陈家玮，张永文. 分析化学, 2000(06): 791.
101. 项迎春，祁建伟. 中国现代应用药学, 2008(04): 333.
102. 张春泉，祁建伟. 中国医院药学杂志, 2007(06): 841.
103. 王艳，相秉仁. 理化检验: 化学分册, 2007(10): 863.
104. 董进义，孟晓玲，王国庆. 河南师范大学学报: 自然科学版, 2006(01): 82.
105. 郑静，曾嘉，林开利，等. 分析试验室, 2006(12): 19.
106. 王英华，陈淑桂，王洪艳，等. 分析化学, 2002(01): 62.
107. 管棣，谢青兰，王纪明，等. 西南交通大学学报，2007(01): 129.
108. 沈锋，刘俊康，李东虎，等. 计算机与应用化学，2010(11): 1539.
109. 林开利, 周伟良, 潘教麦, 等. 分析科学学报, 2001(03): 193.
110. 郑静，林开利，周伟良，等. 分析试验室, 2004(11): 14.
111. 林亚萍，金继红. 理化检验: 化学分册, 2006(11): 908.
112. 管棣, 姚鹏, 张媛媛, 等. 化学研究与应用, 2006(11): 1283.
113. 翟虎, 陈小全, 邵辉莹. 计算机与应用化学, 2009(05): 637.
114. 何琴，王淑敏，宋杰，等. 理化检验: 化学分册，2011(12): 1377.
115. 何池洋，孙益民，吴根华，等. 光谱学与光谱分析，2001(05): 719.
116. 高礼让，吴秀红，高志明，等. 光谱学与光谱分析，1999(02): 117.
117. 侯晋，陈国松，王镇浦. 分析测试学报, 2001(02): 9.
118. 管棣，张媛媛，王纪明，等. 理化检验: 化学分册，2008 (09): 821.
119. 朱金林, 陈奕卫, 曹永生, 等. 分析试验室, 2003(01): 39.
120. 于建忠，于凯妍，史晓燕，等. 冶金分析, 2009(03): 52.
121. 高志明，李井会，高礼让，等. 理化检验: 化学分册，2001(01): 21.
122. 高礼让，高志明，吴秀红，等. 理化检验: 化学分册，1999(02): 55.
123. 高志明，李井会，高礼让，等. 冶金分析, 1999(06): 1.
124. 于洪梅，宫子林，邹忠胜. 化学世界, 2002(01): 16.
125. 于洪梅, 陈刚, 朱晓明. 理化检验: 化学分册, 2005(05): 355.
126. 陈振宁. 分析化学, 2001(11): 1322.
127. 曹永生，陈奕卫，祖金凤，等. 光谱学与光谱分析，2003 (04): 751
128. 吴军，杨梅. 理化检验: 化学分册, 2006(07): 511
129. 林生岭，谢春生，王俊德，等. 光谱学与光谱分析，2003(06): 1135.
130. 林生岭, 徐绍芬, 谢春生, 等. 分析化学, 2004(11): 1481.
131. 方艳红，王琼，徐金瑞. 分析试验室, 2001(06): 76.
132. 开小明，沈玉华，张谷鑫，等. 光谱学与光谱分析，2005(12): 2070.
133. 钟建毅，程翼宇，陈闽军. 光谱学与光谱分析，2000(01): 102.
134. 冯江，冯宇川. 卫生研究, 2003(04): 389.
135. 白立飞，张海涛，张寒琦，等. 光谱学与光谱分析，2007(01): 126.
136. 王志有，于洪梅，李井会，等. 生物数学学报, 2005(02): 240.
137. 冯江，冯宇川. 中国公共卫生, 2003(03): 97.
138. 严拯宇，姜新民，康继宏，等. 中国药科大学学报，1998(02): 50.
139. 张立庆, 程志刚, 李菊清. 精细石油化工, 2008(05): 68.
140 李楠，马成有，程庆红，王英华. 吉林大学学报: 理学版, 2007(05): 865.
141. 邵明武, 林君, 张波, 等. 北京工业大学学报, 2000(02): 54.
142. 杨劲涛，余煜棉. 华南理工大学学报: 自然科学版，1997(02): 95.
143. 刘春英，方岩雄，余煜棉，等. 光谱学与光谱分析，1999(04): 118.
144. 刘春英，方岩雄，余煜棉，等. 中国医药工业杂志，2000(03): 33.
145. 张立庆，唐曦，朱仙良. 理化检验: 化学分册，2001(06): 244.
146. 张立庆，李萍，穆洁，等. 光谱学与光谱分析，2004(10): 1238.
147. 刘春英，方岩雄，余煜棉，等. 光谱学与光谱分析，1999(02): 120.

第十二节　流动注射分光光度法[40,47,48]

一、流动注射分光光度法概述

流动注射（FIA）分光光度法是 FIA 技术与分光光度检测技术相结合的一种方法，在此方法中，FIA 技术主要作为样品前处理及各种化学操作的手段，分光光度法作为检测手段。自 1972 年 Ruzicak 和 Hansen 创立了流动注射分析以来，由于它具有分析速度快、消耗样品试剂少、操作简便、精度好等一系列优良性能，得到了迅速发展。

流动注射分析是把试样溶液直接以“试样塞”的形式注入到管道的试剂载流中，然后被载流推动进入反应管道。试样塞在向前运动过程中靠对流和扩散作用被分散成一个具有浓度梯度的试样带，试样带与载流中某些组分发生化学反应形成某种可以检测的物质。该方法不要求反应达到稳定状态，可在非平衡的动态条件下进行，从而提高了分析速度。

流动注射分光光度分析的示意图见图 5-45。

如图 5-45 中，（a）所示是最简化的 FIA 分析系统，由蠕动泵、注射器（进样阀）、反应盘管、检测器（由流动池和某些传感器组成）和记录仪组成；（b）是典型的 FIA 输出信号，峰高 h、峰宽 W 或峰面积 A 都与待测物浓度有关。t_c 是化学反应的存留时间，是从注入试样 S 点到出现峰的最高点所经历的时间。t_c 反映了 FIA 系统的响应情况，一般在 5～20s 的范围内。t_b 为基线处峰宽。

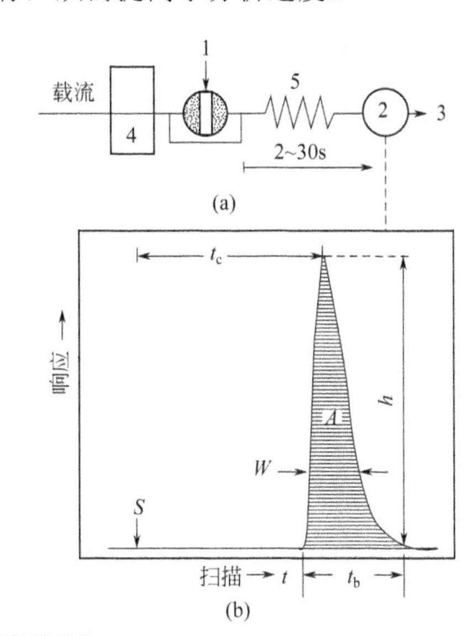

图 5-45 流动注射分光光度分析的示意图

（a）以试剂为载流的最简单的单道FIA流路；（b）典型的FIA输出信号

1—注射器（进样阀）；2—检测器；3—记录仪；4—蠕动泵；5—反应盘管

在 FIA 分析中，分散混合过程都是以层流为前提条件的，如果形成湍流，试样塞的浓度梯度将被破坏，FIA 中的分散混合过程就很难控制，也就不再有 FIA 的高度重现性。为了描述“试样塞”与载流之间分散混合程度，引入了分散度 D_t 的概念：

$$D_t=c_0/c_{max}$$

式中，D_t 为样品的分散度；c_0 为样品溶液原始浓度；c_{max} 为在体系中与注入样品后所录峰值相当的溶液浓度。如 D_t=2，表示样品被载流以 1∶1 稀释。分散度是 FIA 系统的一个重要参数，不同的检测方法要求采用不同分散度的 FIA 系统。

分散度可分为低、中、高三个分散范围。

（1）低分散体系（D_t=1～2） 适用于把流动注射技术仅作为传输样品的手段，因测定中无需引入试剂，希望保持样品溶液的原有组成和尽量不稀释样品。在以离子选择电极、电导、原子吸收光谱和等离子体发射光谱等为检测器时常采用此体系。

（2）中分散体系（D_t=2～10） 若在分析中需要加入试剂与被测样品生成可测定的反应物，为确保样品与试剂之间的反应能正常进行，这两者之间必须有一定程度的混合，因此光度分析时常采用中分散体系。

（3）高分散体系（D_t>10） 用于对高浓度样品进行必要稀释及某些流动注射梯度分析技术。

在流动注射分析中影响分散度的因素主要包括以下方面。

① 样品体积 改变样品体积是影响分散度的有效途径，增大体积降低分散度。

② 输送距离 分散度随输送距离的平方根而增大，缩短管道的尺寸和降低泵速可降低分散度。

③ 流路的几何构型 分散度受流路几何构型的影响很显著，任何带有混合室的连续流动分析装置都会增大分散度。为降低轴向分散，输送（或反应）管道应均匀，呈螺旋状，充填或三维变向。

在实验中，分散度的确定是以获得适当的信号响应和测量频率为依据的。

在流动注射分光光度法中，为了得到高度的重现性应注意掌握以下几点：①样品注射体积要准确，保证注射体积变化小于 1%；②流速要稳定，分析管长度确定后，只要流速不变，就能提供准确再现的反应时间；③正确地控制样品的分散度。

二、流动注射分析仪简介

（一）流动注射分析仪结构概况

流动注射分析仪主要包括五个主要部分：自动取样器、化学反应单元、多通道蠕动泵、光度检测器和数据处理单元。其结构框图如图 5-46 所示：

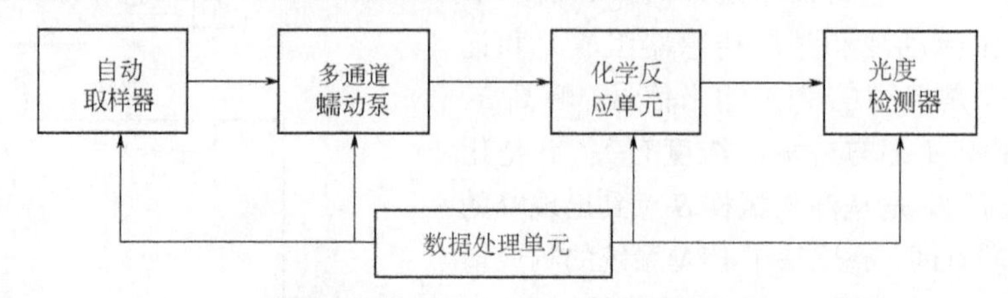

图 5-46 流动注射分析仪结构框图

现代的流动注射分析仪由计算机软件控制全自动完成每一个样品分析过程，包括标准系列配制、取样、前处理、化学反应、检测和数据报告。许多仪器在结构设计上采用了模块式组合系统，可根据要求组合不同的模式，以完成不同的分析需要。例如，我国自行设计的 FIA6000 流动注射分析仪的基本构造包括：自动进样器、蠕动泵、自动倍率稀释器、主机（包括化学分析箱体和检测箱体）以及软件控制部分（计算机）。

FIA6000 主机的化学分析箱体基本配置为两个化学分析模板，可根据用户需要选用不同的化学分析模板来测定总磷、总氮、挥发酚、氰化物、阴离子表面活性剂等。不同的化学分析模板配置有不同的在线预处理模块，例如：挥发酚和氰化物的方法配用在线蒸馏模块，总磷、总氮方法配用在线消解前处理装置，阴离子表面活性剂配用在线萃取模块，硝酸盐方法配用在线镉柱还原模块，等等。通过在线处理的样品不需要再进行手工的消解、蒸馏或萃取等操作。

（二）流动注射分析仪主要部件

1. 蠕动泵

蠕动泵是提供若干通道稳定而具有一定流量的液体流的设备，它起驱动载流与汇入载流的样品流动及吸入样品的作用。蠕动泵由泵头、压盖、调压体、泵管和驱动电机组成，见图 5-47。

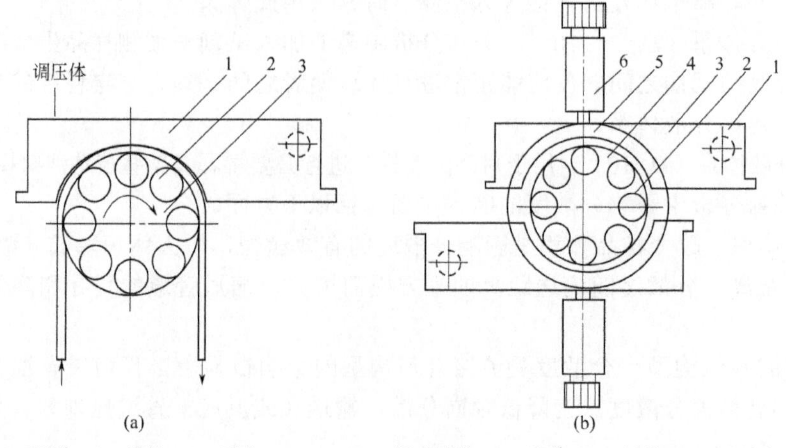

1—压盖；2—滚柱；3—泵头　　1—蠕动滚轮；2—滚柱；3—压盖；4—调压体；5—驱动电机；6—压盖定位轴

图 5-47 蠕动泵

在压盖上沟槽总数是蠕动泵的通道数，通常为 4～12。泵管是消耗材料，其材质为聚氯乙烯，但不宜用于强酸和多数有机溶剂。相同孔径的泵管在不同蠕动泵上使用其流量也不同，故生产厂都有各自的泵管流量表，有的厂家利用泵管两端卡头色标表示泵管内径和流量。

2. 采样阀

采样阀也称注样阀，其功能是采集一定体积的试样溶液，并以高度重现的方式把试样注入到连续流动的载流中。目前较为通用的是十六孔八通道阀，其结构示意图见图 5-48。

阀分为转子和定子两部分，转子和定子壁圆周各均匀分布八个孔道，孔道入口处设计成 M6mm 螺孔，用来连接系统管道，孔道内一般为 ϕ0.5～1.0mm 细孔，转子和定子的细孔在水平方向分别向下或向上转角 90°，而在转子和定子的阀面上分别对应相通，所以这种阀称为十六孔八通道双层多功能采样阀。

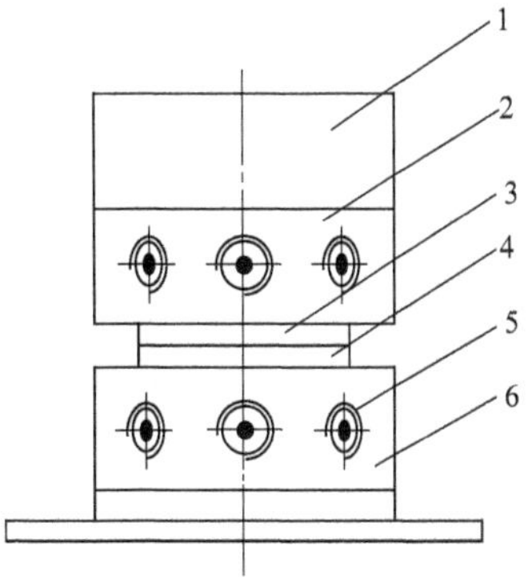

图 5-48　采样阀

1—上盖；2—转子外壳；3—转子；4—定子；5—孔道；6—定子外壳

3. 流通式检测器

流动注射技术可以和多种检测手段结合，在流动注射分光光度法中紫外-可见分光光度计就是检测器，但要配备特制流通池。

三、流动注射分光光度法的应用

流动注射分光光度法的应用见表 5-23 和表 5-24。

表 5-23　流动注射分光光度法的应用（无机物）

被测组分	显色剂	测定波长 λ/nm	测定范围 /(μg/ml)	检出限 /(μg/ml)	样　品	参考文献
Al	桑色素，OP-10	420	0.002～0.3	1.24×10^{-4}	自来水，河水	1
Al_2O_3	水杨基荧光酮 CTB	560	0.2～18	2.3×10^{-3}	制革鞣液	2
As	钼酸铵，乙基罗丹明 B，聚乙烯醇	605	0.001～0.1	1×10^{-4}	地表水	3
As(V)	钼酸铵，甲基绿，聚乙烯醇	655	0.005～0.24	4.42×10^{-4}	环境水样	4
	钼酸铵，丁基罗丹明 B	590	0～0.16	7.5×10^{-3}	废水	5
B	3-甲氧基-甲亚胺 H 酸	420	0.033～5	0.033	食品	6
	4-甲氧基-甲亚胺 H 酸	420	0.02～10	2×10^{-3}	油气田水	7
Ca	甲基麝香草酚蓝，8-羟基喹啉	610	10～400	10	血清	8
Cl^-	硫氰酸汞，硝酸铁	465		0.02	电厂炉水	9
ClO_2	亚甲基蓝	664	0～1.91	0.028	水	10
CN^-	氯胺 T，异烟酸-巴比妥酸	600	0～0.1	3.3×10^{-4}	水	11
	氯胺 T，吡啶，巴比妥酸	580	—	—	水	12
	异烟酸-巴比妥酸				生活饮用水	13
CNCl(氯化氰)	异烟酸，巴比妥酸	600	0.01～0.80	0.002(以 CN^- 计)	生活饮用水	14
Co	5-Br-PADAT	510	2.16×10^{-6}～4.32×10^{-5}mol/L	2.16×10^{-6}mol/L	合金	15

续表

被测组分	显色剂	测定波长 λ/nm	测定范围 /(μg/ml)	检出限 /(μg/ml)	样品	参考文献
Cr	二苯碳酰二肼	540	0.05～0.8mg/L	0.004	水	16
Cr(Ⅵ)	茜素蓝 S	520			制革排放污水	17
	二苯基碳酰二肼	525	0～0.05	9.8×10^{-5}	水	18
	二苯基碳酰二肼	540	0.0002～0.008	1.22×10^{-4}	水	19
Cr(Ⅵ,Ⅲ)	二苯基碳酰二肼	540	0.03～1.80	0.014	工业废水	20
Cu	双环已酮草酰二腙(BCO)	603	0.025～0.2		水	21
	5-Br-PADAP 微乳液	558	0～2.0		柴油	22
	二乙氨基二硫代甲酸钠(DDTC)		$(0.25\sim45)\times10^{-3}$	8.2×10^{-5}	河水	23
Fe	邻菲啰啉	—	0.100～10.0	0.04	水	24
	1-(2-吡啶偶氮)-2-萘酚(PAN)	760	0～7	0.10	汽油	25
	邻菲啰啉	—	0.10～10.0	0.04	水	26
Ge	苯基荧光酮	530	0～10		茶叶	27
Mn	5-Br-PADAP，乳化剂	562	0～2.2	6.7×10^{-3}	汽油	28
P	钼酸铵，抗坏血酸	710	0.5～12	0.05	铝合金	29
	酒石酸锑钾，钼酸铵，抗坏血酸	880		0.007	水	30
	钼酸铵，抗坏血酸	880		0.0011	生活污水	31
Pb	1-(2-吡啶偶氮)-2-萘酚(PAN)		0.001～0.08	2×10^{-4}	水溶液	32
Pd	邻磺酸基苯偶氮若丹宁	521	0.1～4.0	0.018	钯炭催化剂	33
Pt	氯化亚锡	403			助燃剂	34
S(硫化物)	硫化物显色剂	400	0～10		废水	35
U	2-(3-羧基苯偶氮)-7-(4-氯-2-膦酸基苯偶氮)-1,8-二羟基-3,6-萘二磺酸	650	0～35	0.032 0.026	环境水样 煤灰	36 37
Zn	1-(2-吡啶偶氮)-2-萘酚(PAN)	560	0.002~0.36	4.2×10^{-4}	水	38
氨氮	水杨酸钠，亚硝基铁氰化钾，二氯异氰酸钠	660	0.10～5.0	7.0×10^{-3}	水	39
	次氯酸钠，水杨酸钠，亚硝基铁氰化钾	660	0.10～5.0	4.2×10^{-3}	生活饮用水	40
	亚硝基铁氰化钠，水杨酸，次氯酸钠	697	0～1.50		海水，鱼塘水	41
	甲酚红，溴百里酚蓝，溴甲酚紫	580	$(0.2\sim1.0)\times10^{3}$		发酵液	42
硝酸盐	镉柱还原，α-萘胺和对氨基苯磺酸		$(0.20\sim2.5)\times10^{6}$	0.02	烟丝	43
	紫外线照射还原	540	0.009～3.0	4.63×10^{-3}	海水	44
亚硝酸根	水溶性苯胺蓝	603	0.04～4.42		合成样品	45
	对氨基苯磺酰胺，*N*-(1-萘基)乙烯二胺	540	0.002～0.3	0.5	水体	46
亚硝酸盐	硫酸锌，亚铁氰化钾，对氨基苯磺酸，盐酸萘乙二胺	—	0.04～2	0.03	生鲜乳	47
	对氨基苯磺酰胺，*N*-(1-萘基)乙二胺盐酸盐	540	0.01～1.2	4.78×10^{-3}	水样	48
游离余氯(Cl)，总余氯(Cl)	*N*,*N*-二乙基-1,4-苯二胺，硫代乙酰胺	510	0.1～3.2	总余氯：0.035 游离余氯：0.038	自来水	49

续表

被测组分	显色剂	测定波长 λ/nm	测定范围 /(μg/ml)	检出限 /(μg/ml)	样　品	参考文献
总氮	过硫酸钾，磺胺，萘基乙二胺	540	—	0.009	地表水	50
	磺胺，*N*-(1-萘基)乙二胺盐酸盐	540	0.2～10.0	0.018	水	51
	镉柱，磺胺，萘乙二胺盐酸盐			0.050	水	52
总硬度	铬黑 T	520	5～500	1.66	水	53

本表参考文献：

1. 袁东，付大友，张新申，等. 化工环保, 2007(04): 379.
2. 袁东，张新申，张丽萍，等. 中国皮革, 2007(07): 50.
3. 陈国和，张新申，龚正君，等. 冶金分析, 2006(03): 44.
4. 魏良，代以春，张新申. 冶金分析, 2010(12): 60.
5. 吴英华，孟杰，马廷升，等. 皮革科学与工程, 2009(03): 67.
6. 李紫薇，陶冠红，高红艳. 食品研究与开发, 2008(05): 99.
7. 邹玉权，张新申，涂杰. 广东化工, 2009(06): 172.
8. 张舵. 科技信息, 2010(04): 30.
9. 李永生，董宜玲，吕淑清. 华北电力技术, 2003(02): 18.
10. 王改珍，苗凤智，王晓辉，等. 河北科技大学学报, 2005(01): 21.
11. 黄国坚. 中国新技术新产品, 2012(06): 14.
12. 田芹，江林，王丽平. 分析试验室, 2010(05): 82.
13. 慕先锋，赵博文，朱灵敏，等. 中国科技信息, 2012(08): 161.
14. 谭鑫易，徐鸿，马莹莹. 当代化工, 2010(06): 726.
15. 张永清，陈焕光. 冶金分析, 2003(04): 12.
16. 强洪，朱红霞，朱若华. 分析试验室, 2009(12): 104.
17. 林海燕，缪存杰. 科技与企业, 2012(13): 299.
18. 姜瑞芬，张新申. 皮革科学与工程, 2006(04): 27.
19. 肖凯，张新申. 皮革科学与工程, 2008(01): 48.
20. 吴宏，王镇浦，陈国松. 分析试验室, 2001(05): 65.
21. 代仕均，张新申. 皮革科学与工程, 2011(01): 62.
22. 余萍，高俊杰，张东. 冶金分析, 2006(01): 66.
23. 赵欢欢，张新申，曹凤梅，等. 分析试验室, 2012(07): 16.
24. 笪海文，洪陵成，刘爱平，等. 环境监测管理与技术, 2009(04): 48.
25. 余萍，郝清伟，高俊杰，等. 冶金分析, 2003(06): 43.
26. 笪海文，洪陵成，刘爱平，等. 环境监测管理与技术, 2009(04): 48.
27. 丁利华，庞国伟，李晖. 化学研究与应用, 2001(05): 574.
28. 余萍，张东，耿琳. 沈阳理工大学学报, 2006(06): 80.
29. 王胜天，丁兰，李景虹. 分析化学, 2002(07): 895.
30. 范丽花，黄振荣. 环境研究与监测, 2008(02): 29.
31. 王铎，马东哲. 油气田地面工程, 2007(11): 32.
32. 孙冬梅，张新申，佟玲，等. 皮革科学与工程, 2008(06): 52.
33. 刘仁江，葛爱景，潘教麦. 分析科学学报, 2000(02): 138.
34. 张衍林，王立，杜云，等. 光谱实验室, 2004(06): 1097.
35. 刘经才，胡波，郭影仪，等. 中国环境监测, 2003(01): 28.
36. 罗道成，杨运泉. 化学试剂, 2004(01): 25.
37. 邓昌爱. 光谱实验室, 2011(04): 2107.
38. 魏良，代以春，李辉，等. 分析测试学报, 2008(12): 1386.
39. 黄振荣，范丽花. 污染防治技术, 2008(02): 83.
40. 徐鸿，谭鑫易，王毅. 当代化工, 2008(03): 336.
41. 汪数学，陈甲蕾，訾言勤. 现代测量与实验室管理, 2009(01): 9.
42. 宁长发，杨树林，沈薇. 分析化学, 2005(06): 895.
43. 杨斌. 福建分析测试, 2007(03): 21-23.
44. 杨颖，程祥圣，刘鹏霞. 理化检验: 化学分册, 2011 (05): 514.
45. 贺江南. 光谱实验室, 2004(03): 522.
46. 苏克曼，马汀. 化学世界, 2005(02): 91.
47. 刘琴，谢丽锟，成玉梅，等. 中国奶牛, 2012(03): 35.
48. 孙西艳，洪陵成，刘爱平，等. 化学研究, 2009(03): 54.
49. 镇浦，吴宏，高秀平，等. 分析试验室, 2000(01): 13.
50. 叶新广，严雪峰，谢淑萍. 广州化工, 2012(13): 129.
51. 廖国沂. 中国新技术新产品, 2012(02): 206.
52. 潘玲，陆春霞，冯少英. 广州化工, 2010(12): 202.
53. 王林芹，洪陵成，石宁宁，等. 水资源保护, 2009(04): 61.

表 5-24　流动注射吸光光度法的应用（有机物）

被测组分	显色剂	测定波长 λ/nm	测定范围	检出限/(μg/ml)	样　品	参考文献
DNA	三(羟甲基)氨基甲烷，甲基紫	580	0～30μg/ml	2.64	合成样品	1
苯胺	亚硝酸盐，溴化钾，淀粉-碘化钾	590	0～1mmol/L		棉纺厂、印染厂废水和河水	2

续表

被测组分	显色剂	测定波长 λ/nm	测定范围	检出限/(μg/ml)	样　品	参考文献
蛋白质	刚果红	500	牛血清白蛋白和人血清白蛋白：2～90μg/ml	牛血清白蛋白：0.42 人血清白蛋白：0.44	尿液,人血清	3
	考马斯亮蓝 G250	595	0.5～15.0mg/L	0.05	乳制品	4
对苯二酚		297.5	3.5～500μmol/L	2.53μmol/L	二羟基苯磺酸钙	5
过氧化苯甲酰	I^-，亚甲基蓝	530		1.72×10^{-2}	面粉	6
挥发酚	4-氨基安替比林	500	2.0～200μg/L	2.0×10^{-3}	水	7
	4-氨基安替比林，铁氰化钾	510	2.0～200.0μg/L	0.9×10^{-3}	饮用水	8
	4-氨基安替比林，铁氰化钾	500	5～200μg/L	1.38×10^{-3}	环境样品	9
	4-氨基安替比林，铁氰化钾				生活饮用水	10
甲醇	变色酸	420	0.05～5mg/L，5～200mg/L	1×10^{-3}	白酒	11
甲醛	磺胺，盐酸萘乙二胺	—	0.2～10mg/L	0.068	啤酒	12
	乙酰乙酸甲酯	415	8.0～80μmol/L	18.0mg/kg	纺织品	13
利血生[2-(α-苯基-α-乙氧羰基-甲基)噻唑烷-4-羧酸]	强碱性	300	0.01～0.2mg/ml		利血生制剂	14
TNT（2,4,6-三硝基甲苯）	双表面活性剂(CPC+乳化剂 OP)，微乳液	470	0.05～20μg/ml	—	土壤，合成水样	15
烷基苯磺酸钠	亚甲基蓝，三氯甲烷		0～1.00mg/L	$1.7μg/100cm^2$	毒食(饮)具	16
维生素 K_3	二甲胺	510	4～100μg/ml	0.2	药物制剂	17
乙草胺		214	1～10μg/L	0.3×10^{-3}	水	18
阴离子表面活性剂十二烷基苯磺酸钠	聚乙烯醇，乙基紫	550	0.08～3.5mg/L	4.39×10^{-3}	环境水	19
阴离子合成洗涤剂	亚甲基蓝，三氯甲烷				生活饮用水	20
阴离子合成洗涤剂（十二烷基苯磺酸钠）	亚甲基蓝，氯仿	650	0.01～0.4mg/L	0.01	饮用水	21

本表参考文献：

1. 朱霞萍，汪敬武，傅敏恭，等．南昌大学学报：理科版，2001(03): 277.
2. 訾言勤，覃淑琴，施宏亮．分析化学，2001(12): 1483.
3. 过治军，张玮玮，王太霞，等．河南师范大学学报：自然科学版，2010(04): 101.
4. 梁琴琴，李永生．分析化学，2011(09): 1412-1417.
5. 魏永锋，张苏敏，楠晓渭．理化检验：化学分册，2006(01): 43.
6. 王瑜，王立霞，孙觅．化学研究与应用，2011(03): 370.
7. 曲海琳．山西科技，2009(04): 129.
8. 丁宇，周睿，劳宝法．上海预防医学，2010(07): 349.
9. 杨晓雪．云南环境科学，2006(S1): 175.
10. 慕先锋，赵博文，朱灵敏，等．中国科技信息，2012(07): 147.
11. 邹玉权，李华，涂杰，等．广东化工，2009(07): 206.
12. 俞凌云，王书园，赵甜甜．啤酒科技，2008(07): 26.
13. 朱红霞，聂润秋，田雯，等．首都师范大学学报：自然科学版，2011(02): 27.
14. 焦更生，郎惠云，谭峰，等．分析试验室，2001(04): 61.
15. 余萍，高俊杰．沈阳工业学院学报，2001(03): 88.
16. 郝莉鹏，闵巍，李宏亮．中国卫生检验杂志，2012(08): 1772
17. 曹晓霞，倪哲明．科技通报，2003(04): 316.
18. 李蛟，刘俊成．理化检验：化学分册，2009(10): 1189.
19. 魏良，张新申，代以春，等．理化检验：化学分册，2009(09): 1077.
20. 慕先锋，赵博文，朱灵敏，等．中国科技信息，2012(09): 151.
21. 苏占峰．中国卫生检验杂志，2007(07): 1223.

参考文献

[1] 陈国珍, 黄贤智, 等.紫外-可见分光光度法. 北京: 原子能出版社, 1983.
[2] 罗庆尧, 黄贤智, 等. 分光光度分析, 北京: 科学出版社, 1992.
[3] 管宗颉. 分析测试通报, 1987, 6(2): 71.
[4] 管宗颉. 分析测试通报, 1987, 6(3): 69.
[5] 管宗颉. 分析测试通报, 1987, 6(4): 67.
[6] 管宗颉. 分析测试通报, 1987, 6(5): 65.
[7] 顾靖飞. 高等学校化学学报, 1989, 10(4): 351.
[8] 管宗颉. 分析测试通报, 1986, 5(6): 1.
[9] 管宗颉. 分析化学, 1988, 16(10): 942.
[10] 杨泉生, 聂基兰. 双波长分光光度法的原理与应用.北京: 化学工业出版社, 1992.
[11] 罗国安, 邱家学, 等. 可见紫外定量分析及微机应用. 上海: 上海科学技术文献出版社, 1988.
[12] 黄君礼, 鲍治宇. 紫外吸收光谱法及其应用. 北京: 中国科学技术出版社, 1992.
[13] 刘世庆. 沈阳药学院学报, 1985, 2(3): 242.
[14] 张世轩, 鞠秀兰. 分析试验室, 1993, 12(5): 34.
[15] 吴玉田, 方慧生. 光谱仪器与分析, 1995(1): 47.
[16] 吴玉田, 方慧生, 等. 第二军医大学学报, 1995, 16(6): 501.
[17] 孙黎明, 颜祥成. 工业技术经济, 1996, 15(2): 112.
[18] 王建军, 吴玉田. 药学进展, 2002, 26(1): 1.
[19] 王昕. 天津药学, 2004, 16(4): 45.
[20] 茅志安, 汪建民, 等. 药学实践杂志, 2000, 18(3): 165.
[21] 魏道智, 宁书菊, 等. 生物技术通报, 2001(4): 42.
[22] 吴玉田, 刘荔荔. 光谱仪器与分析, 1997(1): 16.
[23] 朱臻宇, 吴玉田. 第二军医大学学报, 2000, 21(3): 260.
[24] 周名成, 俞汝勤. 紫外与可见分光光度分析法. 北京: 化学工业出版社, 1986.
[25] 阮大文. 分析试验室, 1986, 5(7): 51.
[26] 阮大文. 分析试验室, 1986, 5(8): 47.
[27] 阮大文. 分析试验室, 1986, 5(9): 42.
[28] 阮大文. 分析试验室, 1986, 5(10): 53.
[29] 阮大文. 分析试验室, 1987, 6(1): 51.
[30] 季艳伟, 许杨, 等. 食品科学, 2011, 32(18): 234.
[31] 周建芹, 陈韶华, 等. 实验技术与管理, 2008, 25(12): 58.
[32] 陈亚红, 田丰收. 分析试验室, 2009, 28(8): 66.
[33] 万益群, 郭岚, 等. 分析科学学报, 20014, 17(5): 424.
[34] 方国桢, 张波. 有色矿冶, 1997, 1: 55.
[35] 倪刚, 熊楚明, 等. 光谱学与光谱分析, 2002, 22(2): 301.
[36] 王良, 闫永胜, 等. 冶金分析, 2008, 28(7): 36.
[37] 侯延民, 闫永胜, 等. 冶金分析, 2007, 27(9): 25.
[38] 姜大雨, 张丽滢, 等. 化学试剂, 2011, 33(10): 899.
[39] 韩权, 阎宏涛. 化学进展, 2002, 14(1): 24.
[40] 朱良漪. 分析仪器手册. 北京: 化学工业出版社, 1997.
[41] 梁逸曾, 俞汝勤, 分析化学手册: 第十分册. 化学计量学. 北京: 化学工业出版社, 2000.
[42] 朱尔一, 杨芃原. 化学计量学技术及应用, 北京: 科学出版社, 2001.
[43] 胡育筑. 化学计量学简明教程. 北京: 中国医药科技出版社, 1997.
[44] 程翼宇, 陈闽军, 等. 化学学报, 1999, 57: 1351.
[45] 程翼宇, 陈闽军, 等. 分析化学, 1999, 27(2): 170.
[46] 钟建毅 程翼宇.光谱学与光谱分析, 2000, 20(1): 103.
[47] Ruzicka J, Hansen E H.流动注射分析.第 2 版. 北京: 北京大学出版社, 1991.
[48] 马玉凤.仪器仪表用户, 2004: 11(4): 4.

第六章　紫外-可见吸收光谱分析测量不确定度评定

从计量学的观点来看，一切测量结果必须附有测量不确定度，才算是完整的测量结果。没有不确定度的测量结果不能判定测量技术的水平和测量结果的质量，也失去或减弱了测量结果的可比性。由于化学测量的特殊性和复杂性，不确定度的评定具有很大困难。本章将结合紫外-可见吸收光谱分析法测量的特点介绍不确定度评定的基础知识和不确定度评定的一般步骤，并通过实例详细介绍紫外-可见吸收光谱分析法测量不确定度评定的方法。

第一节　不确定度评定基础[1~4]

鉴于不确定度的重要性，为解决测量不确定度表示的国际统一性问题，在 1981 年第 70 届国际计量委员会（CIPM）上讨论通过了建议书《实验不确定度的表示》。经过多年研究、讨论和反复修改，由 ISO 计量技术顾问组第三工作组起草，于 1993 年发布了《测量不确定度表示指南》（简称 GUM），1995 年又发布了 GUM 的修订版，这个文件是有关不确定度的最重要的权威文献，在 2000 年由欧洲分析化学活动中心（EURACHEM）和分析化学国际溯源性合作组织（CITAC）共同组织出版了《化学分析中不确定度的评估指南》，其已成为全球性化学分析测量的不确定度评估指南。

我国在 1998 年发布了 JJF 1001—1998《通用计量术语及定义》（JJF 1001—2011 为现行版本），1999 年发布了 JJF 1059—1999《测量不确定度评定与表示》（JJF 1059.1—2012 为现行版本），这两个文件是我国进行测量不确定度评定的基础。2002 年 7 月出版了由中国实验室国家认可委员会主编的《分析化学中不确定度的评估指南》，其已成为我国现阶段分析化学测量不确定度评定的指导性文件。

文献[5]指出：将以物理量测为基础的经典 GUM 方法移植到化学测量领域时会遇到很多困难，除了方法步骤冗杂之外，主要困难还在于：其一，不确定度来源广泛且结构复杂；其二，获取方法和系统引入的不确定度所设计的试验非常复杂而有时不得不求助于 B 类评定方法，而此类评定方法的主观性很强。

目前，国内大量有关化学量测的不确定度评定文献主要基于 GUM 的方法，关于非 GUM 方法的评述见文献[6～8]，下面做简单介绍：

（1）Fitness Function 方法　它是通过精密度试验建立 Fitness 函数，直接由分析浓度/量推算不确定度。该方法简便易行，但需要大量的宽浓度范围的精密度试验以考察不同浓度范围内不确定度与 Horwitz 函数的符合性。

（2）Top-down 方法[9]　该方法利用协作试验的数据评定方法的不确定度。实验室的系统误差被作为随机误差加以考察。该重复性标准偏差直接作为不确定度的估计。该方法简便可行，缺点是需要多个实验室的协作试验，有时需要额外的试验设计以考察可能的不确定度来源，以避免低估分析不确定度。

（3）Validation-based 方法[10] 该方法采用单个实验室方法验证的数据评定不确定度，该方法考察精密度（*P*）、准确性（*T*）和稳健性（*R*）三方面的不确定度来源。该方法准确性采用加标回收或标准物质分析的方法评定，最后合成总的不确定度。

（4）Robustness-based 方法[11] 该方法直接采用单个实验室稳健性试验的数据评定不确定度，类似于 Top-down 方法。该方法只是采用单个实验室的稳健性试验替代了协作试验中的重现性试验。该方法虽然简便但同样需要注意避免忽视一些重要不确定度分量，而且必须在确保方法的稳健性前提下该法才适用。

一、不确定度的基本术语及定义

（一）（测量）不确定度

“不确定度”一词意指“可疑”，意味着对测量结果正确性或准确度的可疑程度。不确定度的定义如下：“表征合理地赋予被测量值的分散性，它是与测量结果相关联的一个参数。”不确定度是表达分散性的一个量，这种分散性是给定条件下（重复性条件或/和某种给定的复现条件）所得到的重复观测结果的分散性。该参数可以是标准偏差也可以是可信区间。该可信区间表示真值以指定概率落在该区间，且在该区间内结果是准确、精密的。

不确定度和误差两者既相关但又有差别，误差是被测量值与真值之差，真值不可知，误差也无法知道。不确定度可以量化，是对测量误差的估计，是在对测量误差产生的各种因素透彻了解后，才能准确表达不确定度。测量误差与测量不确定度的主要区别见表 6-1。

表 6-1 测量误差与测量不确定度的主要区别[12]

序号	测量误差	测量不确定度
1	有正号或负号的量值，其值为测量结果减去被测量的真值	无符号的参数，用标准差或标准差的倍数或置信区间的半宽表示
2	表明测量结果偏离真值	表明被测量值的分散性
3	客观存在，不以人们的认识程度而改变	与人们对被测量、影响量及测量过程的认识有关
4	由于真值未知，往往不能准确得到，当用约定真值代替真值时，可以得到其估计值	可以由人们根据实验、资料、经验等信息进行评定、评定方法有 A、B 两类
5	按性质可分为随机误差和系统误差两类，按定义随机误差和系统误差都是无穷多次测量情况下的理想概念	不确定度分量评定时，一般不必区分其性质，若需要区分时应为：“由随机效应引入的不确定度分量”和“由系统效应引入的不确定度分量”
6	已知系统误差的估计值时，可以对测量结果进行修正，得到已修正的结果	不能用不确定度对测量结果进行修正，在已修正测量结果的不确定度中应考虑修正不完善而引入的不确定度

不确定度可作如下的分类：

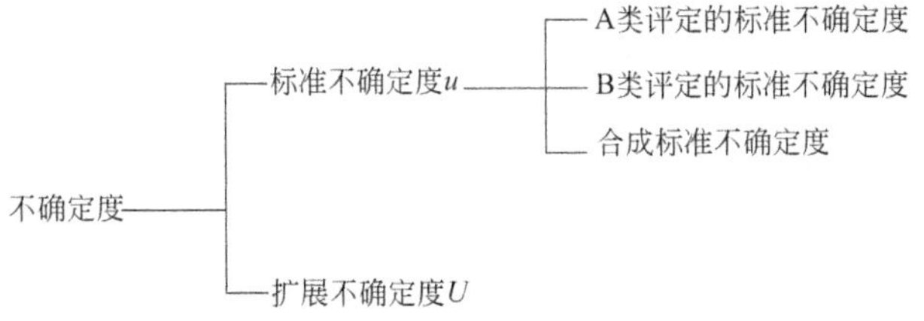

（二）标准不确定度（standard uncertainty）

以标准差表示的测量不确定度，标准不确定度符号恒为小写字母 u。包含了 A 类评定和 B 类评定的标准不确定度。

A 类不确定度评定：用对测量列进行统计分析的方法，来求标准不确定度。

B 类不确定度评定：用不同于对测量列进行统计分析的方法，来求标准不确定度。

（1）A 类评定　标准不确定度的 A 类评定是指按直接测定数据用统计方法计算的标准不确定度，通过重复测量试验以测量列的标准偏差 s 表示其标准不确定度。一般情况下其标准偏差 s 按贝塞尔公式计算。

单次测定的标准不确定度就是所得到的标准偏差 $u(x_i)$。

$$u(x_i) = s = \sqrt{\frac{\sum_{i=1}^{n}(x_i - \bar{x})^2}{n-1}} \tag{6-1}$$

对于经过平均的结果，平均值的标准不确定度采用平均值的标准差：

$$u(\bar{x}) = \frac{s(x_i)}{\sqrt{n}} \tag{6-2}$$

（2）B 类评定　标准不确定度的 B 类评定是指用不同于 A 类评定的其他方法计算的标准不确定度。

B 类评定的标准不确定度一般不需要在统计控制状态下或重复性和再现性条件下，对被测的量进行重复观测，而是按照现有信息加以评定。

B 类不确定度评定的通用计算公式如下：

$$u_{\rm B}(x_i) = \alpha / k \tag{6-3}$$

式中　α——被测量可能值的区间半宽度（x_i 变化半范围）；

　　　k——包含因子。

当输入量的最佳值 x_i 的标准不确定度分量在正态分布时，

$$u_{\rm B}(x_i)=\alpha/k_p \tag{6-4}$$

B 类不确定度评定的通用计算公式中的 α 可利用以前的测定数据，说明书中的技术指标，校准证书、检定证书、测试报告及其他材料提供的数据，手册中的参考数据及根据经验和一般知识来确定。

包含因子 k 根据输入量在区间[$-\alpha$, α]内的概率分布来确定。若概率分布为正态分布，其置信概率 p 与包含因子 k_p 间的关系见表 6-2。

表 6-2　正态分布其置信概率 p 与包含因子 k_p 间的关系

p/%	50	68.27	90	95	95.45	99	99.73
k_p	0.67	1	1.645	1.96	2	2.576	3

其他分布时，置信概率为 100%时的 k 值见下表：

表 6-3　常用分布置信概率为 100%时的 k 值

分布类型	p/%	k	$u(x_i)$
正态	99.73	3	$\alpha/3$
均匀(矩形)	100	$\sqrt{3}$	$\alpha/\sqrt{3}$
三角形	100	$\sqrt{6}$	$\alpha/\sqrt{6}$
梯形 β=0.71	100	2	$\alpha/2$
反正弦	100	$\sqrt{2}$	$\alpha/\sqrt{2}$

下面具体来说明如何根据某一不确定分量的输入量 x_i 的信息来获得式中的 α 和 $k(k_p)$，如：

① 已知某一量值源于以前的结果和数据，已经用标准偏差表示，带有扩展不确定度 U 和包含因子 k，则其标准不确定度按 $u_B(x_i)=U/k$ 来评定。

例：河流沉积物标准物质 A_s 的标准值是(56±10)μg/g，置信概率 95%，n=148，即包含因子 k_p=2，则其标准不确定度 $u_B(x_{A_s})=5$μg/g。

② 如果不确定度估计值给出已知某一量值的扩展不确定度 U_p、置信概率 p 和有效自由度 ν_{eff}，一般按正态分布处理，则其标准不确定度为 $u_B(x_i)=U_p/k_p$。

③ 按在分析测量中最通用的分布函数的标准不确定度估计值计算，可查看分布函数与标准不确定度计算表（表 6-3）。常见的类型有下列情况：

a．如果只给出 $\pm\alpha$ 上下项而没有置信水平，并且假定每个量值都可以相同的可能性落在上、下项之间的任何地方，即呈矩形分布或均匀分布则其标准差为 $u_B(x_i)=\alpha/\sqrt{3}$；

b．如果只给出 $\pm\alpha$ 上下项而没有置信水平，但如果已知测量的可能性出现在$-\alpha$至$+\alpha$中心附近的可能性大于接近区间边界时，一般可按其为三角形分布，则其标准差为 $u_B(x_i)=\alpha/\sqrt{6}$；

c．在一些方法文件中，按规定的测量条件，当明确指出同一实验室两次测量结果之差的重复性限 r 和两个实验室测量结果平均值之差的重复性限 R 时，则测量结果的标准不确定度为 $u_B(x_i)=r/2.83$ 或 $u_B(x_i)=R/2.83$；

d．在容量器具检定时，一般都给出该量具的最大允许误差，即允许误差限（从含义上讲与示值的可能误差相同）。按照 JJG 2053—2006《质量计量器具检定系统》，所给出的置信概率为 99.73%，取 $k_p=3$ 得到其标准不确定度是：$u_B(x_i)=\Delta/k_p=\Delta/3$。

④ 已知仪器示值的最大允许误差为α，若不知道具体分布时一般按均匀分布处理，则示值允许差引起的标准不确定度为 $u_B(x_i)=\alpha/\sqrt{3}$。知道实际分布，按实际分布计算。

例：使用 10ml A 级容量瓶稀释分析试液，证书给出 A 级容量瓶为±0.2ml，则由此引起的标准不确定度分量为 $u_B(x_i)=0.2/\sqrt{3}=0.12$ml。

文献[12]指出：不确定度 B 类评定中涉及概率分布，在实际工作中，经常碰到的一个问题是如何确定其概率分布？可根据以下情况加以判断：

① 根据“中心极限定理”，尽管被测量的值 x_i 的概率分布是任意的，但只要测量次数足够多，其算术平均值的概率分布为近似正态分布；

② 如果被测量受多个相互独立的随机影响量的影响，这些影响量变化的概率分布各不相同，但每个变量影响均很小时，不测量的随机变化将服从正态分布；

③ 如果被测量既受随机影响，又受系统影响，对影响量又缺乏任何其他信息的情况下，一般将假设视为均匀分布（矩形分布）；

④ 如果已知被测量的可能值出现在$-\alpha$至$+\alpha$中心附近的概率，大于接近区间的边界时，则最好按三角分布计算。三角分布是均匀分布与正态分布之间的一种折中。

B 类不确定度评定的可靠性取决于可利用信息的质量，在可能的情况下，应尽量利用长期实际观察的值来估计其概率分布。

要进一步了解不确定度的 B 类评定方法请参阅文献[13]。

（三）合成标准不确定度（combined standard uncertainty）

合成标准不确定度：当测量结果由若干个其他量的值求得时，根据不确定度传播定律，合成标准不确定度是按其他各量的方差或（和）协方差算得。其符号为 $u_c(x)$。由上述定义可知，如各量彼此独立，则协方差为零；在相关情况下，协方差不为零，必须加进去。当某个量的不确定度只以一个分量为主，其他分量可以忽略不计时，就不存在合成标准不确定度了。

当各输入量 x_i 彼此无关时，合成标准不确定度计算公式如下：

$$u_c^2(x)=\sum_{i=1}^{m}\left(\frac{\partial f}{\partial x_i}\right)^2 u^2(x_i)=\sum_{i=1}^{m}[c_i u(x_i)]^2 \tag{6-5}$$

上式称无关时不确定度传播定律。式中右方中 $u(x_i)$可由 A 类评定得到，也可由 B 类评定得到。偏导数 $c_i=\left(\frac{\partial f}{\partial x_i}\right)$是 x_i 变化单位量时引起 y 的变化值，称为灵敏度系数或不确定度传递系数。

计算合成标准不确定度时，若各输入量 x_i 无关，此时 $u_c(x)$与输入量的分组无关。即 $u_c(x)$与不确定度来源取 x_1，x_2，x_3 或（x_1，x_2），x_3 无关。不确定度能直接从影响它的分量导出，并与这些分量如何分组无关，也与这些分量如何进一步分解为下一步分量无关。

（四）扩展不确定度（expanded uncertainty）

扩展不确定度也称展伸不确定度或范围不确定度，其定义为：确定测量结果区间的量，合理赋予被测量之值分布的大部分可望含于此区间。根据所乘的包含因子 k 的不同，分成 U 或 U_p 两种，当包含因子 k 值取 2 或 3 时，扩展不确定度用符号 U 表示，此时 U 只是合成标准不确定度 u_c 的 k 倍，其包含的信息并未因乘以 k 后有所增多；若包含因子为 k_p，扩展不确定度用符号 U_p 表示，下角标 p 为置信概率，一般取 $p=95\%$或 99%或其他值。扩展不确定度由合成不确定度 u_c 乘以包含因子 k 或 k_p，即：

$$U=ku_c 或 U_p=k_p \cdot u_c \tag{6-6}$$

当对分布有足够了解是接近正态分布时，$k_p=t_p(\nu_{eff})$。ν_{eff} 是有效自由度，当 ν_{eff} 足够大，可近似地取 $U_{95}=2u_c$ 或 $U_{99}=3u_c$。如果是均匀分布，概率 p 为 57.4%、95%、99%和 100%的 k_p 分别是 1.0、1.65、1.71、1.73。

（五）相对标准不确定度（related standare uncertainty）

测量不确定度与估计值的比值称为相对标准不确定度，输入量估计值 x_i 的相对标准不确定度为：

$$u_{rel}(x_i)=u(x_i)/|x| \tag{6-7}$$

若输入量测量结果的估计值有效数字较多，在评定中宜采用相对标准不确定度形式，因为 GUM 不确定度有效数字的位数最多只保留两位，所以将输入量测量结果的估计值有效数字修约成两位数后，再进行合成、扩展等运算，必然增大了误差，采用相对标准不确定度可避免上述问题。

二、测量不确定度的评定步骤

评定不确定度的基本程序可用下述框图（图 6-1）表示。

对某一测量结果进行不确定度评定时，其基本步骤如下。

（1）概述　对试验方法、环境条件、测量的计量器具和仪器设备、被测对象和测量过程等作完整的表述。

（2）建立数学模型，即建立被测量 y 与各输入量 x_i 之间的函数关系：

$$y=f(x_i, x_2, \cdots, x_N)$$

式中　y ——被测量，即输出量；

x_i ——第 i 个输入量，i=1，2，3，…，N。

测量结果 y 的不确定度来源为 x_1，x_2，…，x_N，即 y 的标准不确定度 $u(y)$决定于 x_i 的标准不确定度。

数学模型不能简单地认为就是测量结果的计算公式。数学模型中还应包括那些在计算公式中不出现，但对测量不确定度有影响的输入量。对于最简单的直接测量，若各种影响不确定度的因素均可忽略不计，则数学模型可以简单到例如 $y=x$。

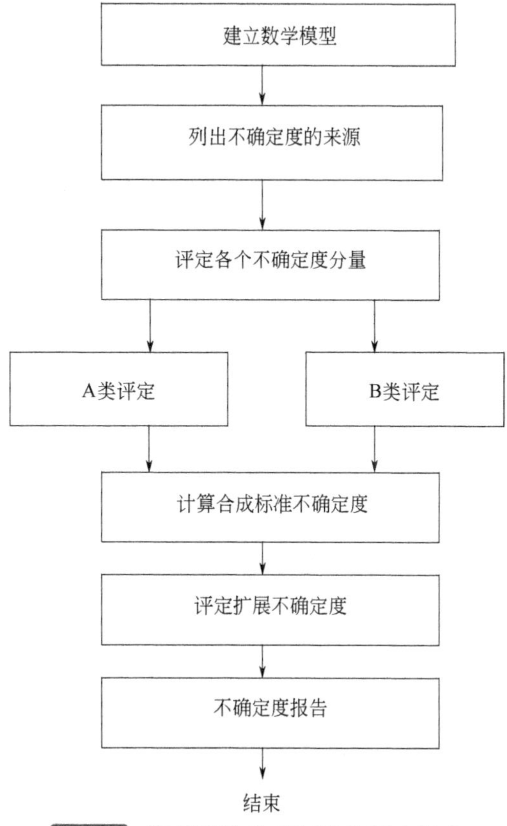

图 6-1　测量不确定度评定的基本程序

（3）测量不确定度的来源分析　根据测量方法、测试条件和数学模型列出各不确定度分量的来源（即输入量 x_i），找出测量不确定度的主要来源，尽可能做到不遗漏、不重复，如测量结果是修正后的结果应考虑由修正值所引入的不确定度分量。

（4）评定各输入量的标准不确定度 $u(x_i)$根据输入量的性质确定其属 A 类评定或属 B 类评定。属 A 类评定，按式（6-1）计算其标准不确定度；如属 B 类评定，可利用以前的测定数据；说明书中的技术指标；校准证书、检定证书、测试报告及其他材料提供的数据；手册中的参考数据及根据经验和一般知识来确定 x_i 的变化半范围 α_i，包含因子 k_i 根据 x_i 属何种分布来确定，然后按式（6-3）或式（6-4）计算其标准不确定度。

（5）计算合成标准不确定度　引入标准不确定度分量，并通过由数学模型得到的灵敏系数 $c_i\left(c_i=\dfrac{\partial y}{\partial x_i}\right)$，进而给出与各输入量对应的标准不确定度分量 $u(x)$。然后按公式（6-5）计算合成标准不确定度。

（6）计算扩展不确定度 U　将合成标准不确定度乘以包含因子 k 可得扩展不确定度［式（6-6）］，包含因子 $k_p=t_p(\nu_{\text{eff}})$，$t_p(\nu_{\text{eff}})$为置信水准 p 自由度 ν_{eff} 时的 t 分布临界值。当无法获得自由度 ν_{eff} 时，取 2～3。

（7）给出不确定度报告　分下列两类。

（a）用标准不确定度表示　在报告中，当采用合成标准不确定度 u_c（即作为单个标准差）或合成相对标准不确定度 $u_{c,\text{rel}}$ 表示结果时，可以用如下形式：y 的值（单位），合成标准不确定度 $u_c(x)$的值（单位）。

当只考虑 A 类不确定度时，还应给出参加统计的数据组数。

（b）用扩展不确定度表示　一般情况下，扩展不确定度 U 与测量结果连在一起表示其形式为：$y \pm U$（单位），还应同时给出 u_c，k，p 和 ν_{eff}。

第二节 紫外-可见吸收光谱分析法中不确定度的评定步骤与实例

一、紫外-可见吸收光谱分析法中不确定度的评定步骤[14]

（一）紫外-可见光度法测量不确定度的来源

紫外-可见吸收光谱分析是一个复杂的系统过程，一般情况下，其测量过程包括以下步骤：

了解分析对象的性质—取样—样品制备—标准物质选择、标准溶液配制及标准工作曲线的制备—仪器的校准—分析测量—数据获取及处理—结果表示。

每一个步骤都可能对测定结果带来误差，要对测定结果的不确定度作出准确的评定，必须对分析测量过程的每一步骤中可能产生的不确定度来源加以识别。

① 取样时被测试样可能不代表所定义的被测对象。

② 基体影响和干扰。

③ 在抽样或试样制备过程中的玷污。

④ 称量和容量仪器的不确定度。

⑤ 仪器的分辨率或单色性不合适，仪器的漂移等。

⑥ 标准物质、化学试剂所给定的不确定度值。

⑦ 常数或其他参数所具有的不确定度。

⑧ 测试方法和测试过程中的某些近似和假设、某些不恰当的校准模式的选择。例如使用一条直线校准一条弯曲的响应曲线、数据计算中的舍入影响。

⑨ 随机变化。在整个测试过程中随机影响对不确定度都有贡献。

此外，这些不确定度因素不一定都是独立的，它们之间还存在一定的相互关系，所以还必须考虑交互影响对不确定度的贡献。

确定紫外-可见吸收光谱分析不确定度来源时主要从以下两方面考虑：①从测量过程和数学模型上分析不确定度来源；②从对不确定度有贡献的共性影响因素来分析。

（二）建立数学模型

紫外-可见吸收光谱法是在试料分解后，将试料溶液稀释到一定体积。分取部分试液经显色并稀释至一定体积后，在紫外-可见分光光度计上测量有色物质的吸收光度，并用待测物质的标准溶液（或标准物质溶液）同操作绘制标准工作曲线，然后通过工作曲线计算试料中该物质的质量分数。

紫外-可见吸收光谱法的数学模型通式（分析结果计算式）可表示为：

$$A = a + bc$$

式中 A ——测量溶液的吸光度；

a ——工作曲线截距；

b ——工作曲线斜率；

c ——测量溶液中元素（成分）的浓度。

将被测溶液浓度转换成样品的质量分数：

$$w_{\mathrm{M}} = \frac{cVf}{m_0 \times 10^6} \times 100$$

或　$w_M = \dfrac{cVV_0}{m_0 V_1 \times 10^6} \times 100$，其中 $\dfrac{V_0}{V_1} = f$

式中　w_M ——被测元素（成分）的质量分数，%；

c ——测量溶液中元素（成分）的浓度，μg/ml；

V ——测量溶液体积，ml；

V_1 ——分取试料溶液的体积，ml；

V_0 ——试料溶液定容体积，ml；

f ——试料溶液的稀释比（即试料溶液定容体积与分取试料溶液的体积比，V_0/V_1）；

m_0 ——试料质量，g。

当 f=1，即试料溶液不稀释，直接用于测量时，可简化为：

$$w_M = \frac{cV}{m_0 \times 10^6} \times 100$$

测量溶液的浓度 c：由测量的吸光度在由最小二乘法回归的工作曲线（A=a+bc）上计算求得。

（三）不确定度分量的评定

根据分析方法的数学模型，c 是通过工作曲线计算得出的被测试液中被测元素（成分）的质量浓度。因此，在评定测量重复性不确定度的同时，应对 c 的不确定度分量进行合理评定。浓度 c 受校准曲线线性拟合及绘制校准曲线所用标准溶液（或标准物质/标准样品）本身的不确定度等因素的影响。此外，还应对显色液体积 V、试液总体积 V_0、分取试液体积 V_1 和试料量 m 等的不确定度分量进行识别和描述。当用萃取光度法测量时，应考虑分取有机溶剂体积的不确定度分量。

1. 测量重复性不确定度分量的评定（A 类评定）

A 类评定的数据来源是重复性试验的观测列，然后求算样本标准偏差、标准不确定度。求算样本标准偏差的方法主要采用贝塞尔法。

对被测量 X，在重复性条件下进行 n 次独立重复观测，得 x_1，x_2，…，x_n（观测列），其算术平均值为：

$$\bar{x} = \sum_{i=1}^{n} x_i / n$$

单次测量结果的标准差为：

$$s(x_i) = \sqrt{\frac{\sum_{i=1}^{n}(x_i - \bar{x})^2}{n-1}}$$

当测量结果取 n 次的算术平均值时，x_i 的标准不确定度 A 类评定为：

$$u(x_i) = s(x_i)/\sqrt{n} = \sqrt{\frac{1}{n(n-1)}\sum_{i=1}^{n}(x_i - \bar{x})^2}$$

A 类评定 $u(x_i)$的自由度为 ν=n−1。

2. 测量溶液浓度 c 的标准不确定度的评定

（1）工作曲线变动性的不确定度分量的评定［$u(c)$］　由工作曲线变动性引起浓度 c 的标准不确定度分量 $u(c)$为：

$$u(c)=\frac{s_{\mathrm{R}}}{b}\sqrt{\frac{1}{P}+\frac{1}{n}+\frac{(c-\overline{c})^2}{\sum_{i=1}^{n}(c_i-\overline{c})^2}}$$

$$s_{\mathrm{R}}=\sqrt{\frac{\sum_{i=1}^{n}\left[A_i-(bc_i+a)^2\right]}{n-2}}$$

$$\overline{c}=\frac{\sum_{i=1}^{n}c_i}{n}$$

式中 s_{R} ——工作曲线变动性的标准差；

$\overline{c}$ ——工作曲线各校准浓度的平均值；

n ——工作曲线的校准溶液测量次数，如工作曲线有 5 个校准点，每点测量 3 次，则 $n=15$；

P ——被测样品溶液的测量次数，如某试样称量 2 份，每份试液测量 2 次，则 $P=2\times2=4$。

相对标准不确定度：

$$u_{\mathrm{rel}}(c)=\frac{u(c)}{c}$$

（2）标准溶液（c_{B}）不确定度分量的评定[$u(c_{\mathrm{B}})$] 标准溶液（c_{B}）不确定度分量由标准溶液浓度的不确定度和分取标准溶液的体积和溶液稀释体积的不确定度构成。

① 标准溶液浓度的不确定度分量[$u(c_{\mathrm{B}})$] 标准溶液浓度的不确定度分量，按以下条件分别评定。

a．当已知标准溶液浓度的不确定度分量时，可直接引用并计算其标准不确定度分量。

b．当该标准滴定溶液由纯物质直接配制，应评定：纯物质本身的标准不确定度分量；称取纯物质的称量不确定度分量；配制该标准溶液所用容量器皿的不确定度分量。

c．当该标准溶液由数个标准物质配制时，可将所用标准物质的标准不确定度和相对标准不确定度列出，并将各标准物质相对标准不确定度的均方根作为标准物质的相对标准不确定度：

$$u_{\mathrm{rel}}(c_{\mathrm{B}})_1=\sqrt{\frac{\sum_{i=1}^{n}u^2{}_{\mathrm{rel}}(c_{\mathrm{B}i})}{n}}$$

式中，$u_{\mathrm{rel}}(c_{\mathrm{B}_i})$是第 i 个标准物质的相对标准不确定度。

② 分取标准溶液的体积和溶液稀释体积的不确定度分量[$u(c_{\mathrm{B}})_2$] 配制标准溶液时，通常用一支移液管（或滴定管）操作，移液管（或滴定管）体积的变动性以各分取溶液体积相对不确定度的均方根计算。

$$u(c_{\mathrm{B}})_2=\sqrt{\frac{\sum_{i=1}^{n}u^2{}_{\mathrm{rel}}(V_i)}{n}}$$

式中，$u_{\mathrm{rel}}(V_i)$ 是分取第 i 个标准溶液体积误差的相对标准不确定度。

由于需分取数份标准溶液，其体积读数的不确定度已包括在工作曲线的变动性中，不再评定。

工作曲线通过多个标准溶液测量和绘制，各标准溶液稀释在数个同体积的容量瓶中，可认为各容量瓶的体积误差、稀释重复性的不确定度已包括在工作曲线的变动性中，不再评定。

③ 温差引入的不确定度分量$[u(c_B)_3]$当分取标准溶液时温度与配制标准溶液时存在温差，需评定其温差引入的不确定度分量$u_{rel}(c_B)_3$。标准溶液(c_B)不确定度分量$[u(c_B)]$由下式计算：

$$u(c_B)=\sqrt{u^2(c_B)_1+u^2(c_B)_2+u^2(c_B)_3}$$

3. 测量溶液体积(V)的不确定度分量 $u(V)$

测量溶液体积（V）的不确定度包括体积本身的误差、体积稀释的重复性和温差对体积影响等分量。

当已评定了测量的重复性，由于重复测量时通常使用的是不同的容量瓶，因此其体积误差、稀释的不确定度已包括在测量重复性中，不必再评定。而溶液温差的影响在各测量溶液间是一致的，亦可不考虑其分量。

4. 试料溶液体积（V_0）的不确定度分量 u（V_0）

本条的评定同上。当已评定了测量的重复性，可不考虑试料溶液体积（V_0）的不确定度分量。

5. 分取试料溶液的体积(V_1)的不确定度分量 $u(V_1)$

试料溶液的分取通常使用同一支移液管，因此要考虑移液管本身体积误差的不确定度分量。而移液管读数误差则已体现在测量重复性中，不再评定。

当用标准物质校准工作曲线，所取标准物质与试料按分析方法同时操作，由于是相对测量方法，移液管本身体积的误差对工作曲线和试料溶液测量结果的影响是一致的，可不考虑移液管本身的体积误差和读数的变动性。

溶液温差的影响在各测量溶液间是一致的，亦可不考虑其分量。但是，在用标准溶液绘制校准曲线时，应考虑分取标准溶液时温度与配制标准溶液是否存在温差，评定其温差引入的不确定度分量。用标准物质/标准样品绘制校准曲线时，可不考虑温差引入的不确定度分量。

6. 萃取光度法中分取有机溶剂体积的不确定度分量

萃取光度法通常用同一支移液管分取有机溶剂进行校准曲线溶液和试样溶液萃取操作，移液管的体积误差不影响测量不确定度，而移液管读数的不确定度已包括在校准曲线线性拟合和测量重复性不确定度中，不再评定。

萃取光度法中被测物质的萃取率一般小于 100%。如果绘制校准曲线和样品均全过程同时操作，则可认为分析结果不受萃取率的影响，而萃取率的不确定度分量则包括在样品的测量重复性和校准曲线线性拟合的不确定度中，不再评定。

7. 试料质量（m）的不确定度分量 u（m）

包含天平称量误差的不确定度分量和天平称量重复性的不确定度分量。如果已评定了测量重复性分量，本项分量已包括在其中，不再评定。

8. 仪器变动性的不确定度分量

在测量过程中，仪器输入的电流、电压、仪器分光性能的微小变化都会使仪器读出的吸光度有一定的变动性。当已计算了测量重复性不确定度分量，仪器读数的变动性已包括在其中，不再评定。

仪器示值分辨力（δx）不确定度分量，如果重复测量所得若干结果的末位数存在明显的差异，由此计算的重复性标准不确定度中已包含了分辨力效应的分散性，分辨力的不确定度分量可忽略不计。当末位数无明显出入甚至相同，这时应将 $u(\delta x)=\dfrac{\delta x}{\sqrt{6}}$ 作为一个分量计算在合成不确定度中。

（四）合成标准不确定度的评定

① 各分量不相关时，以各分量的相对标准不确定度的方和根方法求相对合成标准不确定度：

$$u_{crel}(w_M)=\sqrt{u^2{}_{rel}(s_C)+u^2{}_{rel}(c)+u^2{}_{rel}(c_B)+u^2{}_{rel}(V)+u^2{}_{rel}(V_0)+u^2{}_{rel}(V_1)+u^2{}_{rel}(m)+u^2{}_{rel}(\delta x)}$$

当 $f=1$，即试料溶液不稀释直接用于测量，$u_{rel}(m)$、$u_{rel}(\delta x)$可忽略时：

$$u_{crel}(w_M)=\sqrt{u^2{}_{rel}(s_C)+u^2{}_{rel}(c)+u^2{}_{rel}(c_B)+u^2{}_{rel}(V)}$$

② 由相对合成标准不确定度 $u_{crel}(w_M)$计算合成标准不确定度 $u_c(w_M)$:

$$u_c(w_M)=w_M\times u_{crel}(w_M)$$

（五）扩展不确定度的评定

通常取 95%置信水平，包含因子 $k=2$，计算扩展不确定度：

$$U=u_c(w_M)\times 2$$

如果取 99%置信水平，包含因子 $k=3$，计算扩展不确定度：$U=u_c(w_M)\times 3$。

（六）测量结果及不确定度表达

测量结果的不确定度以扩展不确定度表示。通常扩展不确定度与测量结果一起表示，并说明包含因子 k 值。

例如，用紫外-可见吸收光谱法测定某低合金钢中铜的质量分数为 0.133%，评定的扩展不确定度 U 为 0.005%，则铜量的测量结果及不确定度可表示为：

w_{Cu}＝0.133%±0.005%，k＝2；

或 w_{Cu}＝0.133%，U=0.005%，k＝2；

或 w_{Cu}＝0.133×(1%±0.016%)，k＝2。

注：①表示测量不确定度时一定要注明包含因子 k 值，以明确评定不确定度的置信水平；②测量结果和不确定度表达时应注明其计量单位。

测量不确定度通常取一位或两位有效数字，修约时可采用末位后面的数都进位而不舍去的规则，也可采用一般修约规则。测量结果和扩展不确定度的数位一致，计算过程中为避免修约产生的误差可多保留一位有效数字。

二、紫外-可见吸收光谱分析法中不确定度的评定实例

（一）紫外-可见分光光度计透射比示值误差不确定度评定[15,16]

1. 测量依据和方法

（1）测量依据　JJG 178—2007《紫外、可见、近红外分光光度计检定规程》。

（2）环境条件　温度 10～30℃，相对湿度≤85%。

（3）测量标准　可见光区透射比标准滤光片，透射比标称值 10%，不确定度 0.3%，包含因子 k=2。

（4）被测对象　紫外-可见分光光度计，型号：TU1801。

（5）测量过程　用透射比标称值为 10%的标准滤光片，在 440nm 波长处，以空气为参比，连续测量 3 次，得到 3 次示值的算术平均值，与相应波长下的透射比的标准值之差，即为透射比的示值误差。

（6）评定结果的使用 符合上述条件的测量结果，一般可直接使用本不确定度的评定结果。

2. 数学模型

$$\Delta\tau = \tau - \tau_s$$

式中 $\Delta\tau$ ——紫外-可见分光光度计透射比示值误差；

τ ——紫外-可见分光光度计透射比示值的算术平均值；

τ_s——紫外-可见分光光度计标准滤光片的实际值。

3. 输入量的标准不确定度评定

（1）测量重复性引入标准不确定度 $u(\tau)$的评定 输入量 τ 的不确定度主要来源是可见分光光度计的测量不重复性，可以通过连续测量得到测量列，采用 A 类方法进行评定。

对上述紫外-可见分光光度计，若选择透射比标称值为 10.0%的透射比标准滤光片，连续测量 10 次，得到测量列 10.4%、10.4%、10.2%、10.4%、10.4%、10.2%、10.2%、10.4%、10.2%、10.0%，由单次测量组引入的测量重复性标准偏差 S=0.14%，在实际的检定工作中，透射比示值检测一般为 3 次，用 3 次测量结果的平均值作为测量结果的最佳估计值。故测量重复性引入的标准不确定度分量：

$$u(\tau) = \frac{0.14\%}{\sqrt{3}} = 0.08\%$$

（2）输入量的标准不确定度 $u(\tau_s)$的评定 输入量 τ_s 的不确定度主要来源于透射比标准滤光片的定值不确定度，可根据定值证书给出的定值不确定度来评定，因此应采用 B 类方法进行评定。

透射比标准滤光片的证书给出透射比定值的不确定度为 0.3%，包含因子 k=2。透射比标准滤光片引入的不确定度分量：

$$u_B(\tau_s) = \frac{\alpha}{k} = \frac{0.3\%}{2} = 0.15\%$$

4. 合成标准不确定度的评定

（1）灵敏系数 数学模型 $\Delta\tau=\tau-\tau_s$

灵敏系数 $c_1 = \dfrac{\partial\Delta\tau}{\Delta\tau} = 1$ $c_2 = \dfrac{\partial\Delta\tau}{\Delta\tau_s} = -1$

（2）标准不确定度汇总表 输入量的标准不确定度汇总见表 6-4。

表 6-4 输入量的标准不确定度

标准不确定度分量 $u(x_i)$	不确定度来源	标准不确定度	c_i	$\lvert c_i \rvert u(x_i)$
$u(\tau)$	测量不重复性	0.08%	1	0.08%
$u(\tau_s)$	透射比标准滤光片的定值不确定度	0.15%	−1	0.15%

输入量与彼此独立不相关，所以合成标准不确定度可按下式得到。

$$u_c^2(\Delta\tau) = [c_1 u(\tau)]^2 + [c_2 u(\tau_s)]^2$$

则 $u_c(\Delta\tau)$=0.17%。

5. 扩展不确定度的评定

取 k=2，则扩展不确定度 $U=2u_c(\Delta\tau)=2\times0.17\%=0.34\%$。

6. 测量不确定度的报告与表示

可见分光光度计的透射比示值误差测量结果的扩展不确定度 U=0.34%(k=2)。

（二）高碘酸盐光度法测定低合金钢中锰含量测量不确定度评定[14]

1．方法和测量参数简述

称取 0.1000g 样品两份于锥形瓶中，用酸溶解，加磷酸-高氯酸冒烟，在稀硫酸介质中，以高碘酸盐将锰（Ⅱ）氧化为紫色的锰（Ⅶ），用流水冷却，稀释于 100ml 容量瓶中，测量吸光度。

用 10ml 滴定管分别加入 0.50ml、0.70ml、1.00ml、1.50ml 和 2.00ml 锰标准溶液[(1000±3)μg/ml，k=2]于锥形瓶中，与试样同样操作，绘制工作曲线。每个工作曲线溶液测量 3 次，试液测量 2 次。由工作曲线得出试液中锰的浓度，计算锰的质量分数为 0.762%和 0.766%。

该实验室在重复性条件下，对同类低合金钢的 7 次重复测量结果分别为 0.726%、0.722%、0.724%、0.728%、0.723%、0.720%、0.728%。

使用天平的感量为 0.1mg，检定允许差为±0.1mg。

2. 被测量与输入量的函数关系

$$w_{\mathrm{Mn}}=\frac{cV}{m\times10^{6}}\times100\%$$

式中 w_{Mn}——锰的质量分数，%；

c——由校准曲线得出的试液中锰的浓度，μg/ml；

V——试液的体积，ml；

m——试料的质量，g。

3. 标准不确定度的来源和分量的评定

根据被测量与输入量的函数关系式，测量结果的不确定度来源于测量重复性、试液中锰的浓度、试液体积和试料量的不确定度分量。试液中锰的浓度由校准曲线计算得出，其不确定度包括校准曲线线性拟合的不确定度和标准溶液的不确定度等。

（1）测量重复性不确定度分量$u(s)$　根据7次重复测量结果，计算标准差$s=\sqrt{\dfrac{\sum_{i=1}^{n}(x_i-\bar{x})^2}{n-1}}=0.00305\%$。

样品 2 次测量的平均值为 0.764%，则其标准不确定度$u(s)=\dfrac{s}{\sqrt{2}}=\dfrac{0.00305\%}{\sqrt{2}}=0.0022\%$，

相对标准不确定度$u_{\mathrm{rel}}(s)=\dfrac{u(s)}{\bar{x}}=\dfrac{0.0022}{0.764}=0.0029$。

（2）试液中锰浓度不确定度分量 $u(c)$

① 工作曲线线性拟合的不确定度分量 $u(c_1)$　取 5 份锰标准溶液绘制工作曲线，工作曲线中锰量与相应的吸光度见表 6-5。

表 6-5　工作曲线中锰量与相应的吸光度

标准溶液浓度/（μg/ml）	吸光度（A）	$a+bc_i$
5	0.205，0.205，0.213	0.2088
7	0.288，0.292，0.293	0.2906
10	0.412，0.413，0.417	0.4133
15	0.617，0.617，0.620	0.6178
20	0.823，0.822，0.821	0.8223

根据表 6-5 的测量结果，计算 $A=a+bc$ 式中的 a 和 b：

$$b=\frac{\sum_{i=1}^{n}(c_i-\bar{c})(A_i-\bar{A})}{\sum_{i=1}^{n}(c_i-\bar{c})^2}=0.04090$$

$$a=\bar{A}-b\bar{c}=0.004300$$

按最小二乘法进行统计，得到线性回归方程为：$A=0.004300+0.04090c$

由校准曲线线性拟合对试液中锰浓度 c 产生的标准不确定度为：

$$u(c_1)=\frac{s_R}{b}\sqrt{\frac{1}{p}+\frac{1}{n}+\frac{(c-\bar{c})^2}{\sum_{i=1}^{n}(c_i-\bar{c})^2}}$$

式中　p ——试液的测量次数；

n ——工作曲线溶液的测量次数；

c ——被测试液中锰的浓度，μg/ml；

$\bar{c}$ ——工作曲线溶液中锰浓度的平均值，μg/ml；

s_R ——残余标准差，$s_R=\sqrt{\frac{\sum_{i=1}^{n}\left[A_i-(a+bc_i)\right]^2}{n-2}}=\sqrt{\frac{8.5\times10^{-5}}{15-2}}=0.0026$。

由测量参数计算可得 $\bar{c}=11.4\mu g/ml$，$c=7.64\mu g/ml$

$$u(c_1)=\frac{0.0026}{0.04090}\sqrt{\frac{1}{4}+\frac{1}{15}+\frac{14.1376}{448.04}}=(6.36\times0.5901)\mu g/ml=0.0375\mu g/ml$$

$$u_{rel}(c_1)=\frac{0.0375}{7.64}=0.0049$$

② 标准溶液的不确定度分量 $u(c_2)$

a．锰标准溶液为（1000±3）μg/ml（k=2），其标准不确定度 $u(c_{21})=(3/2)\mu g/ml=1.5\mu g/ml$，相对标准不确定度 $u_{rel}(c_{21})=1.5/1000=0.0015$。

b．用 10ml 滴定管分别加入 0.50ml、0.70ml、1.00ml、1.50ml 和 2.00ml 上述锰标准溶液。按 GB/T 12805，0.50～2.00ml 范围内，A 级滴定管容量允差为±0.01ml，按三角形分布处理，标准不确定度为 $(0.01/\sqrt{6})ml=0.0041ml$，5 次分取标准溶液的相对标准不确定度可近似用其均方根计算：

$$u_{rel}(c_{22})=\sqrt{\frac{\left(\frac{0.0041}{0.50}\right)^2+\left(\frac{0.0041}{0.70}\right)^2+\left(\frac{0.0041}{1.00}\right)^2+\left(\frac{0.0041}{1.50}\right)^2+\left(\frac{0.0041}{2.00}\right)^2}{5}}=0.0051$$

标准溶液引起的相对标准不确定度：

$$u_{rel}(c_2)=\sqrt{0.0015^2+0.0051^2}=0.0053$$

试液中锰浓度的不确定度：

$$u_{rel}(c)=\sqrt{u^2_{rel}(c_1)+u^2_{rel}(c_2)}=\sqrt{0.0049^2+0.0053^2}=0.0072$$

（3）试液体积的不确定度分量 u（V） 试液稀释在100ml容量瓶中，根据GB/T 12806，100ml A级容量瓶的容量允差为±0.10ml，按三角形分布，其体积误差的不确定度为 $0.10/\sqrt{6}\text{mL}=0.041\text{ml}$；稀释重复性的不确定度已包含在测量重复性中，不再评定。

因此，试液体积的相对标准不确定度 $u_{rel}(V)=0.041/100=0.00041$。

（4）试料量的不确定度分量 u（m） 用感量为0.1mg天平，按证书规定，称量允许差为±0.1mg，按均匀分布，天平称量误差的不确定度为 $(0.1/\sqrt{3})\text{mg}$；天平称量需进行两次（一次调零，一次称样）。

$$u(m)=\sqrt{\left(\frac{0.1}{\sqrt{3}}\right)^2\times 2}\text{mg}=0.082\text{mg}$$

$$u_{rel}(m)=0.082/(0.1000\times1000)=0.00082$$

称量读数的不确定度已包括在测量重复性中，不再重复评定。

（5）合成标准不确定度的评定 各分量互不相关，计算合成相对标准不确定度和合成标准不确定。

$$u_{crel}(w_{Mn})=\sqrt{u^2_{rel}(s)+u^2_{rel}(c)+u^2_{rel}(V)+u^2_{rel}(m)}$$

$$=\sqrt{0.0029^2+0.0072^2+0.00041^2+0.00082^2}$$

$$=0.0078$$

$u_c(w_{Mn})=0.764\%\times0.0078=0.0060\%$

4. 扩展不确定度的评定

取95%的置信水平，包含因子 k=2，则扩展不确定度 $U(w_{Mn})=0.0060\%\times2=0.012\%$

5. 测量结果及不确定度表达

测定低合金钢中锰量的结果可表示为：

$w_{Mn}=0.764\%\pm0.012\%$，$k=2$；

或 $w_{Mn}=0.764\times(1\%\pm0.016\%)$，$k=2$。

第三节 紫外-可见吸收光谱分析法中不确定度的评定应用

紫外-可见吸收光谱分析法中不确定度的评定应用见表6-6。

表6-6 紫外-可见吸收光谱分析法中不确定度的评定应用

题 目	参考文献
紫外-可见分光光度计透射比示值误差的不确定度评定	1
紫外-可见分光光度计检测结果的不确定度评定	2
可见-分光光度计透射比示值误差测量结果的不确定度评定	3
紫外-可见分光光度计的测量结果不确定度分析	4
紫外-可见分光光度计的测量不确定度评定	5
紫外-可见分光光度计测量不确定度评定	6
紫外-可见分光光度计不确定度分析与表示	7

续表

题　目	参考文献
紫外-可见分光光度计波长示值误差不确定度分析	8
紫外-可见分光光度计波长不确定度分析	9
单光束紫外-可见分光光度计测量结果的不确定度评定	10
电解-分光光度法测定铜的测量不确定度评定	11
分光光度法测定水中芥子气浓度的不确定度评定	12
分光光度法测定土样中总氰化物的测量不确定度评定	13
碘化钾分光光度法测定锑含量测量不确定的评定	14
硅钼黄分光光度法测定地下水中偏硅酸的不确定度评定	15
硫氰酸盐分光光度法测定钛合金中钼的测量不确定度评定	16
异烟酸-吡唑啉酮分光光度法测定地下水中氰化物的不确定度评定	17
钼锑抗分光光度法测定水中总磷的不确定度评定	18
分光光度法测定室内空气中甲醛含量不确定度评定	19
磺基水杨酸光度法测定金属锌中铁含量不确定度的评估和计算	20
分光光度法测定空气中乙二醇分析不确定度评定	21
陶瓷结合剂中二氧化钛的高灵敏度光度分析的不确定度评定	22
用分光光度法检测作业环境盐酸的测量不确定度评定	23
乙酰丙酮法测定水产品中甲醛含量结果不确定度研究	24
磷钼蓝光度法测定铬铁中磷量的不确定度评定	25
盐酸副玫瑰苯胺法测量食品中亚硫酸盐的不确定度评定	26
比色法测定空气中三氧化铬的不确定度评定	27
硅钼蓝分光光度法测定钢样中硅量的不确定度评定	28
靛酚蓝分光光度法测量空气中氨浓度的不确定度评定	29
二苯碳酰二肼分光光度法测水中六价铬的不确定度评定	30
紫外分光光度法测定水中总氮的不确定度评定	31
分光光度法测定水中亚硝酸盐氮的不确定度评定	32
钼蓝光度法测定不锈钢中硅的测量不确定度评定	33
硅钼蓝分光光度法测定钛铁矿中二氧化硅不确定度评定	34
紫外分光光度法测定沙棘中总黄酮含量的不确定度评定	35
硫氰酸汞分光光度法检测工作场所空气中氯化氢的不确定度评定	36
分光光度法测定地下水中亚硝酸根的不确定度评定	37
磷钒钼黄分光光度法测定炉水磷酸盐含量的不确定度评定	38
乙酰丙酮分光光度法测定纤维板甲醛释放量的不确定度评定	39
纳氏试剂分光光度法测定室内环境空气中氨的测量结果不确定度评定	40
碱性过硫酸钾氧化-钼酸铵分光光度法测定水中的总磷及其不确定度的评定	41
分光光度法测定水质总氰化物含量的不确定度评定	42
分光光度法测定配合饲料中总砷含量的不确定度评定	43
钼蓝分光光度法测定铜合金中硅量的不确定度评定	44
分光光度法测定钼矿石中钼不确定度评定	45
邻菲咯啉法测定循环水中铁离子含量的不确定度评定	46
分光光度法测定原矿中铜含量不确定度的评定	47
多潘立酮片含量测定的不确定度分析	48

本表参考文献：
1. 刘盾，郭晓芳. 工业测量, 2006, 16(5): 37.
2. 杨晓东，李志锋. 科技信息, 2011, 20: 385.
3. 牟青蓉. 川化, 2007, 4: 40.
4. 郑灵芝，奉冬文，等. 粉末冶金材料科学与工程, 2005, 10(6): 370.
5. 蒋雪凤，张瑞云. 浙江预防医学, 2008, 20(4): 96.
6. 侯会杰. 中国科技博览, 2010, 31: 88.
7. 宋雨. 计量与测试技术, 2007, 35(3): 50.
8. 马丹，宋俊泽，等. 品牌与标准化, 2009, 12: 21.
9. 杨力荣，邹倩. 计量与测试技术, 2011, 38(6): 61.
10. 董艳华. 计量与测试技术, 2006, 34(3): 35.
11. 曹宏燕，闻向东，等. 中国机械工程学会年会, 2002: 202.
12. 黎明，李杰，等. 中国环境科学学会学术年会论文集, 2009: 576.
13. 宝霞，刘波，等. 中国环境科学学会学术年会论文集, 2009: 581.
14. 朱智，薛孝民，等. 第十二届全国铸造年会暨 2011 中国铸造活动周论文集, 2011: 676.
15. 王亚平，许春雪，等. 岩矿测试, 2010, 29(5): 601.
16. 张殿凯，李满芝，等. 冶金分析, 2010, 30(10): 79.
17. 潘河，王亚平，等. 岩矿测试, 1010;29(4): 438.
18. 刘蓉. 中国科技信息, 2009, 12: 49.
19. 朱佐刚，胡玢. 分析科学学报, 2009, 25(2): 238.
20. 冯先进. 矿冶, 2004, 13(1): 107.
21. 杨明光，赵建平. 现代科学仪器, 2009(4): 118.
22. 陈金身，王改民. 中国陶瓷, 2007, 43(7):50.
23. 张惠军，董会君，等. 现代测量与实验室管理, 2003 (6):41.
24. 周德庆，马敬军，等. 海洋水产研究, 2003, 24(3): 55.
25. 陆军，龙如成. 冶金分析, 2004, 24(4): 67.
26. 周德庆，张双灵. 现代测量与实验室管理, 2004(4): 18.
27. 倪蓉，杨龙彪，等. 中国卫生检验杂志, 2005, 15 (8): 975.
28. 张艳. 冶金分析, 2005, 25(4): 83.
29. 黄斐. 建材标准化与质量管理, 2006(1): 25.
30. 张丽. 浙江预防医学, 2006, 18(8): 76.
31. 周能芹，曹骞. 中国环境监测, 2006, 22(4): 20.
32. 谢勇坚. 城镇供水, 2007(2): 32.
33. 郭寿鹏，王向阳，等. 山东冶金, 2007, 29(2): 55.
34. 蔡玉曼. 岩矿测试, 2008(4): 123.
35. 严华，张萍，等. 中国药事, 2009, 23(4): 339.
36. 吴欣，丘章鸿. 广东化工, 2009, 36(5): 167.
37. 刘建坤，朱家平，等. 分析试验室, 2009, 28(增刊): 113.
38. 董朝敏，旷运坤. 中国计量, 2009(10): 92.
39. 韩井伟，孙敬忠，等. 广东化工, 2009, 36(11): 149.
40. 张桂鑫，许创新，等. 广东化工, 2010, 37(7): 269.
41. 梁巧玲，吴银笑，等. 环境科学与管理, 2010, 35(9): 148.
42. 顾宗理. 化学世界, 2011(7): 397.
43. 曹莹，蒋音，等. 上海畜牧兽医通讯, 2011(6): 17.
44. 晏高华，杨浩义，等. 广东化工，2011, 38(12): 126.
45. 段英楠，王佳丽，等. 吉林地质, 2011, 30(4): 83.
46. 卢晓红. 化工技术与开发, 2012, 41(1): 32.
47. 段爱霞，孟祥中，等. 金川科技, 2012(1): 28.
48. 孙旌文. 安徽医药, 2010, 14(4): 411.

参考文献

[1] 刘智敏. 不确定度及其实践. 北京：中国标准出版社, 2000.
[2] 倪晓丽. 化学分析测量不确定度评定指南. 北京：中国计量出版社, 2008.
[3] 国际标准化组织. 测量不确定度表达指南. 北京：中国计量出版社, 1994.
[4] 中国合格评定国家认可中心，宝山钢铁股份有限公司研究院组编. 材料理化检验测量不确定度评估指南及实例(CNAS-GL10: 2006). 北京：中国计量出版社, 2007.
[5] 郑波，张克荣，等. 中国卫生检验杂志, 2007, 17(1): 184.
[6] Hund E, Massart D L, et al. Trends Anal Chem, 2001, 20(8): 394.
[7] Aroto A M, Boqu R, et al. Trends Anal Chem, 1999, 18 (9-10): 577.
[8] Hund E, Massart D L, et al. Anal Chim Acta, 2003, 480(14): 39.
[9] Analytical Methods Committee. Analyst (Cambridge, UK), 1995, 120: 23031.
[10] Ellison S L R, Rosslein M, Williams A.Eurachem/CITAC Guide: Quantifying Uncertaintyin. Analytical Measurement, seconded, 20001. A vailable from: http: //www.Eurachem.bam.de.
[11] Hund E, Massar D L, et al. Trends Anal Chem, 2001, 20(8): 394.
[12] 柯瑞华.冶金分析, 2004, 24(1): 63.
[13] 刘智敏，刘凤. 中国计量学院学报, 1995, 2: 51.
[14] 臧慕文，柯瑞华. 成分分析中的数理统计及不确定度评定概要. 北京：中国质检出版社, 2012.
[15] 杨晓东，李志锋. 科技信息, 2011, 20: 385.
[16] 刘盾，郭晓芳. 工业计量, 2006, 16(5): 37.

第二篇

红外与拉曼光谱分析法

第七章　红外吸收光谱基础知识

第一节　红外吸收光谱的基本原理[1~16]

一、红外吸收光谱的产生

当用红外线去照射样品时，此辐射不足以引起分子中电子能级的跃迁，但可以被分子吸收引起振动和转动能级的跃迁。在红外光谱区实际所测得的谱图是分子的振动与转动运动的加和表现，故红外光谱亦称为振转光谱。按红外线波长不同，往往将红外吸收光谱划分为三个区域，如表 7-1 所示。

表 7-1　红外区的划分

区　域	σ/cm^{-1}	λ/μm	能级跃迁类型
近红外区	13300～4000	0.75～2.5	分子化学键振动的倍频和组合频
中红外区	4000～400	2.5～25	化学键振动的基频
远红外区	400～10	25～1000	骨架振动、转动

物质的分子吸收红外光发生振动和转动能级跃迁，必须满足以下两个条件：① 红外辐射光量子具有的能量等于分子振动能级能量差 ΔE；② 分子振动时必须伴随偶极矩的变化，具有偶极矩变化的分子振动是红外活性振动，否则为非红外活性振动。

由经典力学或量子力学均可推出双原子分子振动频率（Hz）的计算公式为：

$$\nu = \frac{1}{2\pi}\sqrt{\frac{k}{\mu}} \tag{7-1}$$

用波数（cm^{-1}）作单位时：

$$\sigma = \frac{1}{2\pi c}\sqrt{\frac{k}{\mu}} \tag{7-2}$$

式中　k——键的力常数，dyn/cm；

μ——折合质量（$\mu = \frac{m_1 m_2}{m_1 + m_2}$，$m_1$ 和 m_2 分别为两原子质量），g；

c——光速。

若力常数 k 单位用 N/cm，折合质量 μ 采用原子质量单位 $m=1.65\times10^{-24}$g，上式可简化为

$$\sigma = 1307\sqrt{\frac{k}{\mu}} \tag{7-3}$$

表 7-2 给出了部分化学键的伸缩振动力常数，表中的力常数除已注明者外，都是由简谐振动频率推算出来的。

表 7-2　化学键的伸缩振动力常数[①]

化学键	化学式	K /(N/cm)	化学键	化学式	K /(N/cm)	化学键	化学式	K /(N/cm)
H−H	H_2	5.75	C−C	CH_3CN	5.16	P−P	P_2	5.56
Be−H	BeH	2.27	C−F	CF	7.42	P−O	PO	9.45
B−H	BH	3.05		CH_3F	5.71[②④]	O−O	O_2	11.77
C−H	CH	4.48	C−Cl	CCl	3.95		O_3	5.74[②]
	CH_4	5.44[③]		CH_3Cl	3.44[②④]	S−O	SO	8.30
	C_2H_6	4.83[②~④]		$CCl_2{=}CH_2$	4.02[③]		SO_2	10.33[②]
	CH_3CN	5.33[③]	C−Br	CH_3Br	2.89[②④]	S−S	S_2	4.96
	CH_3Cl	5.02[②~④]	C−I	CH_3I	2.34[②④]	F−F	F_2	4.70
	$CCl_2{=}CH_2$	5.57[③]	C−O	CO	19.02	Cl−F	ClF	4.48
	HCN	6.22		CO_2	16.00	Br−F	BrF	4.06
N−H	NH	5.97		OCS	16.14	Cl−Cl	Cl_2	3.23
O−H	OH	7.80		CH_3OH	5.42[②④]	Br−Cl	BrCl	2.82
	H_2O	8.45	C−S	CS	8.49	Br−Br	Br_2	2.46
P−H	PH	3.22		CS_2	7.88	I−I	I_2	1.72
S−H	SH	4.23		OCS	7.44	Li−Li	Li_2	0.26
	H_2S	4.28	C−N	CN	16.29	Li−Na	LiNa	0.21
F−H	HF	9.66		HCN	18.78	Na−Na	Na_2	0.17
Cl−H	HCl	5.16		CH_3CN	18.33	Li−F	LiF	2.50
Br−H	HBr	4.12		CH_3NH_2	5.12[②④]	Li−Cl	LiCl	1.43
I−H	HI	3.14	C−P	CP	7.83	Li−Br	LiBr	1.20
Li−H	LiH	1.03	Si−Si	Si_2	2.15	Li−I	LiI	0.97
Na−H	NaH	0.78	Si−O	SiO	9.24	Na−F	NaF	1.76
K−H	KH	0.56	Si−F	SiF	4.90	Na−Cl	NaCl	1.09
Rb−H	RbH	0.52	Si−Cl	SiCl	2.63	Na−Br	NaBr	0.94
Cs−H	CsH	0.47	N−N	N_2	22.95	Na−I	NaI	0.76
C−C	C_2	12.16		N_2O	18.72	Be−O	BeO	7.51
	$CCl_2{=}CH_2$	8.43	N−O	NO	15.95	Mg−O	MgO	3.48
	C_2H_6	4.50[②④]		N_2O	11.70	Ca−O	CaO	3.61

① 表引自 Handbook of Chemistry and Physics，CRC Press Inc.。
② 由基频振动推算出，未作非简谐性校正。
③ 对称和不对称（或简并）模式的平均值。
④ 由局部对称力场算出。

二、简正振动和振动类型

（一）简正振动

描述分子振动状态的自由度有 $3n-6$ 个，线形分子有 $3n-5$ 个，即分子有 $3n-6$ 或 $3n-5$ 个简正振动方式，n 为分子中的原子数。

所谓简正振动是指这样一种振动状态：分子质心保持不变，整体不转动，每个原子都在其平衡位置附近作简谐振动，其振动频率和位相都相同，只是振幅可能不同，即每个原子都在同一瞬间通过其平衡位置，而且同时到达其最大位移值。每一个简正振动都有一定的频率，称为基频。分子中任何一个复杂振动都可以看成是不同频率的简正振动的叠加。水分子和二氧化碳分子的简正振动模式，如图 7-1 所示。

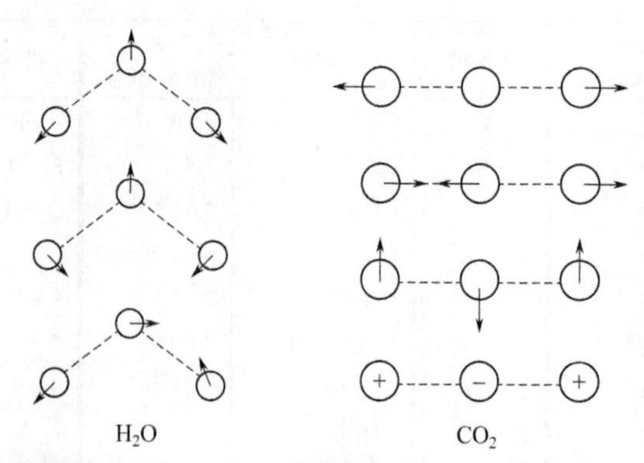

图 7-1 水分子与二氧化碳分子的简正振动模式

每种简正振动都有其特定的振动频率，但红外光谱中基频谱带的数目常小于振动自由度，其原因有：①简并，不同振动类型有相同的振动频率；②非红外活性振动；③由于仪器分辨率低，灵敏度不够，测量波长范围窄。

红外光谱的吸收峰除基频峰外，还有倍频峰和组合频峰。倍频峰是由基态（ν=0）跃迁到ν=2，3，…激发态引起的，一般一级倍频峰（ν=2）的强度仅是基频峰的 1/10～1/100。组合频峰是在两个以上基频峰波数之和（$\sigma_1+\sigma_2+\cdots$）或差（$\sigma_1-\sigma_2-\cdots$）处出现的吸收峰，吸收强度比基频峰弱得多。

（二）红外光谱中振动类型及其表示符号

为了更直观地描述分子振动，可采用化学键键长或键角的改变来表示，并引入对称的概念。分子的振动类型可分为两大类：伸缩振动，是指原子沿键轴方向伸缩，键长发生变化而键角不变的振动；变形振动（又称弯曲振动或变角振动），是指原子与键轴成垂直方向，键角发生周期变化而键长不变的振动。

各种振动形式的中、英文名称和符号，如表 7-3 所示。

表 7-3 各种振动形式的中、英文名称和符号

振动类型	英文名称	符号
伸缩振动	stretching vibration	ν
对称伸缩振动	symmetrical stretching vibration	ν^{s}
不（或反）对称伸缩振动	asymmetrical stretching vibration	ν^{as}
变形振动（或弯曲振动）	deformation vibration（bending vibration）	δ
对称变形振动	symmetrical deformation vibration	δ^{s}
不（或反）对称变形振动	asymmetrical deformation vibration	δ^{as}
面内弯曲振动	in-plane bending vibration	β
面外弯曲振动	out-of-plane bending vibration	γ
卷曲振动	twisting vibration	τ
平面摇摆振动	rocking vibration	ρ
非平面摇摆振动	wagging vibration	ω

伸缩振动和变形振动方式，如图 7-2 所示。

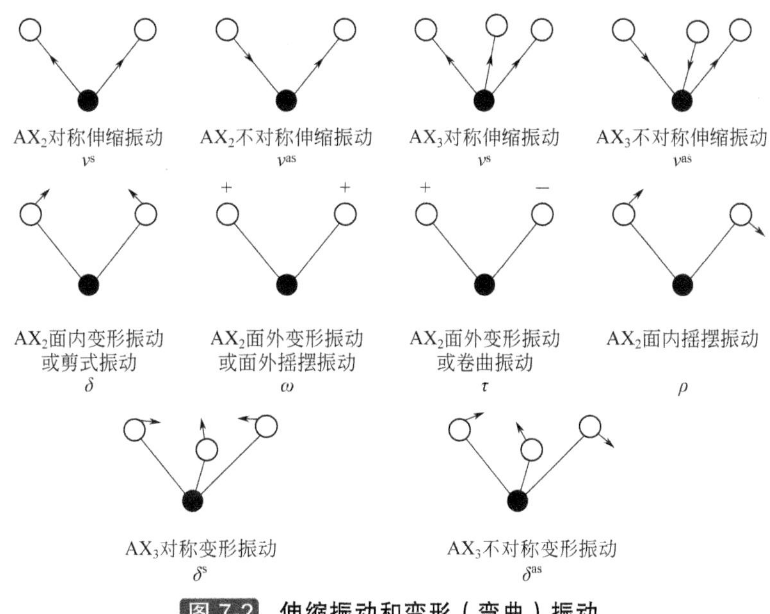

图 7-2　伸缩振动和变形（弯曲）振动

+ 代表由纸面向外；— 代表由纸面向内

三、振动频率理论和振动谱带强度理论简介

以 Wilson 为代表，发展了振动频率理论——简正坐标分析。该方法的第一步是必须根据振动光谱的选律求出全部的振动基频在对称类中的分类，即求出每一种振动类型的基频数。第二步是选取坐标系建立分子的动能矩阵 ***G***，常用的坐标系是笛卡尔位移坐标系、内坐标系和对称坐标系，在建立对称坐标系时可以采用 Wilson 方法（经验法）、Woodward 法（正交归一法）或 Califano 法。简正坐标分析的第三步是选取力场建立 ***F*** 矩阵（势能矩阵）。选取的力场有简单键力场（SFF），简化广义键力场（SGVFF）、广义键力场（GVFF）、中心键力场（CFF）、岛内-Urey-Bradley 力场（SUBFF）和改良的 SUB 力场（MSUBFF）等，其中 SUBFF 的力常数具有一定的互换性，其物理意义明确，被广泛应用。当求出分子振动的 G 矩阵和 F 矩阵后即可列出久期方程 $|GF-I\lambda|=0$，解久期方程即可求出本征值 λ（振动频率）和本征矢量（振动振幅），最后根据势能分布可以求出振动的归属。简正坐标分析的计算机程序相继问世，最早的由 Schachtschneider 在 1964 年提出，其后是 Shimanouchi 的研究，直至 1976 年加拿大国家研究委员会 Fuhrer 等发表了一个分子振动分析的软件包[4]，使简正坐标分析为有机化学工作者所用。我国石油化工科学研究院王宗明等对此软件包进行了两次开发，使之可用于微型计算机，该程序已被国内一些研究单位和高校采用。

以 Волькенштейн 为代表提出了谱带强度理论——价键光学理论，后经 Свердлов 和 Грибов 等发展。该理论把光谱谱带的强度与分子中价键的特性相关联，能够给出键矩、键极化率以及这些量在分子振动时所产生的变化，并可预示光谱谱带的强度分布。该理论选用电-光学参数来表示偶极矩对简正坐标的导数。由 Gribov 等发展的光学光谱软件包可用简正坐标方法和强度的光-电参数法处理红外和拉曼光谱数据，给出计算频率、势能分布、振动归属以及分子键矩和键极化率张量对简正振动坐标的导数，生成分子碎片库数据，也能用来解反向电-光学参数问题，以及用于生成预示光谱图。

第二节 红外光谱分析常用数据

一、波长与波数的互换[17]

波长与波数换算见表 7-4。

表 7-4 波长与波数的换算

λ/μm	0	1	2	3	4	5	6	7	8	9
	σ/cm⁻¹									
1.00	10000	9902	9804	9709	9616	9524	9434	9346	9260	9175
1.10	9091	9010	8930	8847	8770	8696	8620	8549	8474	8405
1.20	8333	8264	8196	8130	8065	8000	7936	7874	7812	7754
1.30	7692	7635	7575	7518	7463	7407	7353	7300	7246	7194
1.40	7143	7092	7042	6993	6944	6897	6847	6803	6756	6711
1.50	6667	6622	6580	6536	6494	6452	6410	6369	6328	6290
1.60	6250	6212	6173	6135	6098	6061	6024	5988	5953	5917
1.70	5882	5834	5815	5768	5748	5714	5682	5649	5618	5586
1.80	5556	5525	5494	5464	5436	5405	5376	5348	5319	5290
1.90	5263	5236	5208	5181	5154	5128	5101	5076	5051	5024
2.00	5000	4975	4951	4926	4902	4878	4854	4831	4808	4785
2.10	4762	4739	4717	4695	4673	4651	4630	4608	4587	4566
2.20	4545	4525	4505	4484	4465	4444	4425	4405	4386	4367
2.30	4348	4329	4310	4292	4274	4255	4237	4219	4202	4184
2.40	4167	4149	4132	4115	4098	4082	4065	4049	4032	4016
2.50	4000	3984	3968	3953	3937	3922	3906	3891	3876	3861
2.60	3846	3831	3817	3802	3788	3774	3759	3745	3731	3718
2.70	3704	3690	3677	3663	3650	3636	3623	3610	3597	3584
2.80	3571	3559	3546	3534	3521	3509	3497	3484	3472	3460
2.90	3448	3436	3425	3413	3401	3390	3378	3367	3356	3345
3.00	3333	3322	3311	3300	3290	3279	3268	3257	3247	3236
3.10	3226	3215	3205	3195	3185	3175	3165	3155	3145	3135
3.20	3125	3115	3106	3096	3086	3077	3068	3058	3049	3040
3.30	3030	3021	3012	3003	2994	2985	2976	2967	2957	2950
3.40	2941	2933	2924	2916	2907	2899	2890	2882	2874	2865
3.50	2857	2849	2841	2833	2825	2817	2809	2801	2793	2786
3.60	2778	2770	2762	2755	2747	2740	2732	2724	2717	2710
3.70	2703	2695	2688	2681	2674	2667	2660	2653	2646	2639
3.80	2632	2625	2618	2611	2604	2597	2591	2587	2577	2571
3.90	2564	2558	2551	2545	2538	2532	2525	2519	2513	2506
4.00	2500	2494	2488	2481	2475	2469	2463	2457	2451	2445
4.10	2439	2433	2427	2421	2416	2410	2404	2398	2392	2387
4.20	2381	2375	2370	2364	2359	2353	2347	2342	2336	2331
4.30	2326	2320	2315	2309	2304	2299	2294	2288	2283	2278
4.40	2273	2268	2262	2257	2252	2247	2242	2237	2232	2227
4.50	2222	2217	2212	2208	2203	2198	2193	2188	2183	2179
4.60	2174	2169	2165	2160	2155	2151	2146	2141	2137	2132
4.70	2128	2123	2118	2114	2110	2105	2101	2096	2092	2088
4.80	2083	2079	2075	2070	2066	2062	2058	2053	2049	2045

续表

λ/μm	0	1	2	3	4	5	6	7	8	9
	σ/cm^{-1}									
4.90	2041	2037	2033	2028	2024	2020	2016	2012	2008	2004
5.00	2000	1996	1992	1988	1984	1980	1976	1972	1969	1965
5.10	1961	1957	1953	1949	1946	1942	1938	1934	1930	1927
5.20	1923	1919	1916	1912	1908	1905	1901	1898	1894	1890
5.30	1887	1883	1880	1876	1873	1869	1866	1862	1859	1855
5.40	1852	1848	1845	1842	1838	1835	1832	1828	1825	1822
5.50	1818	1815	1812	1808	1805	1802	1799	1795	1792	1789
5.60	1786	1783	1779	1776	1773	1770	1767	1764	1761	1758
5.70	1754	1751	1748	1745	1742	1739	1736	1733	1730	1727
5.80	1724	1721	1718	1715	1712	1709	1707	1704	1701	1698
5.90	1695	1692	1689	1686	1684	1681	1678	1675	1672	1669
6.00	1667	1664	1661	1658	1656	1653	1650	1647	1645	1642
6.10	1639	1637	1634	1631	1629	1626	1623	1621	1618	1616
6.20	1613	1610	1608	1605	1603	1600	1597	1595	1592	1590
6.30	1587	1585	1582	1580	1577	1575	1572	1570	1567	1565
6.40	1563	1560	1558	1555	1553	1550	1548	1546	1543	1541
6.50	1538	1536	1533	1531	1529	1527	1524	1522	1520	1518
6.60	1515	1513	1511	1508	1506	1504	1502	1499	1497	1495
6.70	1493	1490	1488	1486	1484	1482	1479	1477	1475	1473
6.80	1471	1468	1466	1464	1462	1460	1458	1456	1454	1451
6.90	1449	1447	1445	1443	1441	1439	1437	1435	1433	1431
7.00	1429	1427	1426	1423	1421	1418	1416	1414	1412	1410
7.10	1408	1407	1405	1403	1401	1399	1397	1395	1393	1391
7.20	1389	1387	1385	1383	1381	1379	1377	1376	1374	1372
7.30	1370	1368	1366	1364	1362	1361	1359	1357	1355	1353
7.40	1351	1350	1348	1346	1344	1342	1340	1339	1337	1335
7.50	1333	1332	1330	1329	1327	1325	1323	1321	1319	1317
7.60	1316	1314	1312	1311	1309	1307	1306	1304	1302	1300
7.70	1299	1297	1295	1294	1292	1290	1289	1287	1285	1284
7.80	1282	1280	1279	1277	1276	1274	1272	1271	1269	1267
7.90	1266	1264	1263	1261	1259	1258	1256	1255	1253	1252
8.00	1250	1248	1247	1245	1244	1242	1241	1239	1238	1236
8.10	1235	1233	1232	1230	1229	1227	1226	1224	1223	1221
8.20	1220	1218	1217	1215	1214	1212	1211	1209	1208	1206
8.30	1205	1203	1202	1201	1199	1198	1196	1195	1193	1192
8.40	1191	1189	1188	1187	1185	1183	1182	1181	1179	1178
8.50	1177	1175	1174	1172	1171	1170	1168	1167	1166	1164
8.60	1163	1161	1160	1159	1157	1156	1155	1153	1152	1151
8.70	1149	1148	1147	1146	1144	1143	1142	1140	1139	1138
8.80	1136	1135	1134	1133	1131	1130	1129	1127	1126	1125
8.90	1124	1122	1121	1120	1119	1117	1116	1115	1114	1112
9.00	1111	1110	1109	1107	1106	1105	1104	1103	1101	1100
9.10	1099	1098	1097	1095	1094	1093	1092	1091	1089	1088
9.20	1087	1086	1085	1083	1082	1081	1080	1079	1078	1076

续表

λ/μm	0	1	2	3	4	5	6	7	8	9
	σ/cm^{-1}									
9.30	1075	1074	1073	1072	1071	1070	1068	1067	1066	1065
9.40	1064	1063	1062	1060	1059	1058	1057	1056	1055	1054
9.50	1053	1052	1050	1049	1048	1047	1046	1045	1044	1043
9.60	1042	1041	1041	1038	1037	1036	1035	1034	1033	1032
9.70	1031	1030	1029	1028	1027	1026	1025	1024	1023	1022
9.80	1020	1019	1018	1017	1016	1015	1014	1013	1012	1011
9.90	1010	1009	1008	1007	1006	1005	1004	1003	1002	1001
10.0	1000	990	980	971	962	952	943	935	926	917
11.0	909	901	893	885	877	870	862	855	847	840
12.0	833	826	820	813	806	800	794	787	781	775
13.0	769	763	758	752	746	741	735	730	725	719
14.0	714	709	704	699	694	690	685	680	676	671
15.0	667	663	658	654	649	645	641	637	633	629
16.0	625	621	617	614	610	606	602	599	595	592
17.0	588	585	581	578	575	572	568	565	562	559
18.0	556	553	549	546	543	541	538	535	532	529
19.0	526	524	521	518	515	513	510	508	505	503
20.0	500	498	495	493	490	488	485	483	481	478
21.0	476	473	472	470	467	465	463	461	459	457
22.0	455	453	450	448	446	444	442	441	439	437
23.0	435	433	431	429	427	426	424	422	420	419
24.0	417	415	413	412	410	409	407	405	403	402
25.0	400									

二、红外光谱区的透光材料

在红外光谱区，需要选用不同的光学材料作为窗片、基质和棱镜等，不同光学材料透过红外线的波长范围、物理性能均有所不同。表 7-5 介绍了比较常用的红外透光材料的一些性能。表 7-5 中材料的红外透光范围以图的形式表示，见图 7-3，图 7-3 中▩部分表示其厚度为2mm时 $T<10\%$，▧部分表示尚无数据提供，图 7-3 中的数字和表 7-5 中的数字一致，代表同一种材料。

适用于近红外光谱区的光学材料比中红外光谱区的多得多，参见表 7-5，其中熔融石英、石英、火石玻璃、CaF_2、NaCl、AgCl、KBr 等都适用于近红外光谱区，特别是一些透红外线的玻璃。

图 7-4 给出了一些窗片材料在远红外光区的透射光谱，可以看出几种晶体窗片中透光性能最好的是碘化铯，因而可以用碘化铯晶体粉末作固体样品稀释剂。硅晶片在整个远红外光区是透明的。高密度聚乙烯窗片在 470cm^{-1} 和 170cm^{-1} 附近有宽的吸收峰。碘化铯晶片可测 500～200cm^{-1} 之间的光谱。

耐高压的红外透光材料中金刚石是最好的材料，金刚石材料分 Ⅰ 型和 Ⅱ 型两种，其红外吸收光谱如图 7-5 所示。Ⅱ 型金刚石在中红外区对测定干扰小，Ⅱ 型金刚石还分为 $Ⅱ_a$ 型与 $Ⅱ_b$ 型。$Ⅱ_a$ 型除在 3μm 和 4～5.5μm 处有吸收外，直至 10cm^{-1} 远红外都是透光的，而 $Ⅱ_b$ 型在 3～5.5μm 和 7.7μm 有很强的吸收。蓝宝石能在中红外光区 2～6μm 取代金刚石，在温度低于 70K 时，蓝宝石还可用于远红外区。

表 7-5 红外光区常用光学材料透光范围和物理性能[18]

序号	材料名称	透光范围 λ/μm	折射率 (λ/μm)	Knoop 硬度值 (m/g, T/K)	水中溶解度 /(g/100ml) (T/K)	熔点/K	密度/(g/ml) (T/K)	热导率 /10^{-2} cgs⑤ (T/K)	热线膨胀系数/$10^{-6}K^{-1}$ (T/K)	杨氏模量 /10^6psi④	介电常数 ε(ν/Hz, T/K)
1	金刚石	0.25～2 7～1000	2.41(5)		不溶	＞3800	3.51	478	1.1		
2	硅	1.2～15 20～1000	3.40(5)	1000(—, 293)	不溶	1683	2.0～2.4(298)	39(313)	3.9②(250)	19	13(9.4×10^9, —)
3	锗	1.8～23 50～1000	4.01(5)	176(—, 873)	不溶	1210	5.33 (298)	14(293)	5.7(290)	14.9	16.6(9.4×10^9, —)
4	硒	1～30	2.42(5)		不溶	308	4.82	0.31(308)	48(280)		6(10^2～10^{10}, —)
5	碲	3.5～8①	4.8～6.3①		不溶	725	6.24 (298)	1.5	②		
6	MgO	0.25～8.5 120～1000	1.63(5)	692(600, —)	不溶	3125	3.57 (298)	14(300)	11.2(300)	36.1	9.7(10^2～10^8, —)
7	蓝宝石 (Al_2O_3)	0.14～6.5① 150～1000	1.61①(5)	1370(1000, —)	不溶	2303	3.98	6(300)	约 6②(323)	50	约 9②(10^2～10^{10}, 298)
8	尖晶石 (MgO/Al_2O_3)	0.6～6	1.73(0.5)	1140(100, —)	不溶	2303	3.61	3.3(308)	5.9(313)		8.5
9	TiO_2	0.43～6.2	2.29(5)	879(500, —)	不溶	2113	4.25	约 2.5②(310)	约 8②(313)		约 180②(10^4 ～ 10^7, 298)
10	结晶石英	0.12～4.5① 约 100～1000	1.50①(3)	741(500, —)	不溶	1696	2.65 (298)	约 2②(293)	约 10②(300)	11～14②	4.3②(3×10^7, 293)
11	熔融石英	0.12～4.5 约 80～1000	1.42 (3)	461(200, —)	不溶	约 1700	2.20 (293)	0.3(300)	0.5(300)	10.6	3.8(10^2～10^{10}, 300)
12	LiF	0.12～9.0	1.33(5)	108(600, —)	0.27(291)	1143	2.64 (298)	2.7(314)	37(300)	9.4	9(10^2～10^{10}, 298)
13	NaF	0.19～15	1.30(5)		4.22(291)	1266	2.79 (293)	12.4(83)	36(300)		6(2×10^6, 292)
14	MgF_2	0.11～7.5 200～1000	1.38(5)		0.007(291)	1534	2.9～3.2(298)		约 19②(300)		约 5②(10^6, —)
15	CaF_2	0.13～12 300～1000	1.40(5)	158(500, —)	0.002(299)	1696	3.18 (298)	9.3 (83)	约 18(250)	11	6.8(10^5, —)

续表

序号	材料名称	透光范围 $\lambda/\mu m$	折射率 ($\lambda/\mu m$)	Knoop 硬度值 (m/g, T/K)	水中溶解度 /(g/100ml) (T/K)	熔点/K	密度/(g/ml) (T/K)	热导率 /10^{-2} cgs⑤ (T/K)	热线膨胀系数/$10^{-6}K^{-1}$ (T/K)	杨氏模量 /10^6psi④	介电常数 ε(ν/Hz, T/K)
16	SrF_2	0.12～14	1.43(1)		0.011(273)	1750	4.24 (293)				7.7(2×10^6, —)
17	BaF_2	0.15～15	1.45(5)	82(500, —)	0.17	1553	4.89 (298)	2.8(286)	约 18(300)	7.7	7.3(2×10^6, —)
18	LaF_3	0.4～11	1.80①(1)		不溶	1766	5.94				
19	PbF_2	0.25～16	1.76		0.06—	1128	8.24 (298)				3.6(10^6, —)
20	NaCl	0.21～26	1.52(5)	16(200, —)	35.7(273)	1074	2.16 (293)	1.55(289)	44(300)	5.8	5.9(10^2～10^{10}, 298)
21	KCl	0.21～30	1.47(5)	8(200, —)	34.7(293)	1049	1.98 (293)	1.56(315)	36(300)	4.3	4.6(10^6, 300)
22	AgCl	0.4～28	2.00(5)	10(200, —)	不溶	728	5.56 (293)	0.26(295)	30(298)	0.02	12.3(10^6, 293)
23	AgBr	0.166～40	2.23(0.7)		不溶	432	6.47 (298)				
24	KBr	0.25～40	1.54(5)	6(200, —)	53.5(273)	1003	2.75 (298)	0.7(299)	43(300)	3.9	4.9(10^{-2}～10^{-10}, 298)
25	CsBr	0.3～55	1.66(5)	20(200, —)	124(298)	909	4.44 (293)	0.23(298)	48(300)	2.3	6.5(2×10^6, 298)
26	TlBr	0.42～48	2.35(0.75)	12(500, —)	0.05(298)	753	7.45 (298)	0.14(316)	51(300)	4.3	30(10^3～10^7, 298)
27	KI	0.25～45	1.63(3)		128(273)	954	3.13	0.5 (299)	43(313)	4.6	4.9(2×10^6, —)
28	CsI	0.24～70	1.74(5)		44(273)	899	4.53	0.27(298)	50(300)	0.75	5.7(10^6, 298)
29	KRS-5	0.5～40	2.38(5)	40(200, —)	0.05(293)	688	7.37 (289)	0.13(293)	58(300)	2.3	33(10^2～10^7, 298)
30	KRS-6	0.5～30	2.20(5)	34(500, —)	0.32(293)	697	7.19 (289)	0.17(329)	51(293)	3.0	32(10^2～10^5, 298)
31	方解石 ($CaCO_3$)	0.2～5.5①	1.47～1.62①(3)		0.002(298)	③	271 (293)	约 1.2(273)	②	约 12②	8.3②(10^4, 293)
32	$SrTiO_3$	0.4～6.8	2.30(1)	595	不溶	2353	5.12 (293)		9.4		306(10^2～10^5, 298)
33	$BaTiO_3$	0.5～7.5	2.40(1)			1873	5.90	0.16(401)	19(300)	4.9	1200(10^2～10^8, 298)
34	$CaAl_2O_3$ 玻璃	0.4～5.5	1.63(2)	600		约 1170	2.9	0.3(298)	9.3(300)	15.2	9.6(10^{10}, 293)
35	AsS_3 玻璃	0.6～12	2.41(5)	109(100, —)	不溶	483	3.20	0.04(313)	25(350)	2.3	8.1(10^3～10^6, —)
36	ZnS	0.4～14.5									
		约 200～1000	2.22(5)	178	不溶	2103	4.08	4(298)	7.85	10.8	
37	CdS	0.52～16	2.30(1.5)	62	不溶	1560	4.82 (293)	3.8(287)	4(300)		
38	PbS	3～7	4.1(3)		不溶	1387	7.5	0.16(—)			17.9(10^6, 288)
39	CdTe	0.9～15	2.56(10)	50	不溶	约 1320	6.20 (298)	1.5 (—)	4.5(323)		约 11(<10^5, —)

续表

序号	材料名称	透光范围 λ/μm	折射率 (λ/μm)	Knoop 硬度值 (m/g,T/K)	水中溶解度 /(g/100ml) (T/K)	熔点/K	密度/(g/ml) (T/K)	热导率 $/10^{-2}$ cgs⑤ (T/K)	热线膨胀系数 $/10^{-6}K^{-1}$ (T/K)	杨氏模量 $/10^{6}$psi④	介电常数 ε(ν/Hz, T/K)
40	As 改性的 Se 玻璃	0.8～18	2.48(5)		不溶	约 340		0.03	34		
41	ZnSe	0.45～21.5				1788	5.27(298)	3.1(327)	7.6(300)		
		约 250～1000	2.43(5)	137	不溶						
42	InP	1～14	3.04(5)	430		约 1340	4.8		4.5		
43	InSb	7～16	3.5(10)	225	不溶	808	5.78	8.5 (293)	5(300)	6.2	
44	GaAs	1～15	3.34(5)	721	不溶	1511	5.32 (298)	12.5 (300)	5.7(300)		$11(10^{6}$, —)
45	GaSb	τ ＜10%									
		2～3	3.80(2)	469	不溶	993		10.5 (300)	6.9	9.2	
46	氟化镁	1～8.5									
		200～1000	1.34(5)	576	不溶	1528	3.18 (298)	3.5 (329)	11(300)	16.6	
47	硫化锌	0.4～14.5									
		约 200～1000	2.22(5)	354	不溶	2103	4.09 (298)	3.7(327)	7(300)	14	
48	氟化钙	0.4～12									
		300～1000	1.40(5)	200	不溶	1692	3.18 (298)	1.9(353)	20(300)	14.3	
49	艾尔特兰-4	0.45～21.5									
		约 250～1000	2.43(5)	150	不溶	1788	5.27 (298)	3.1(327)	8(300)	10.3	
50	氧化镁	0.4～9									
		120～1000	1.64(5)	640	不溶	3220	3.58 (298)	10.4(298)	12(300)	48.2	
51	聚乙烯	16～1000	1.52(5)		不溶	～383	0.93	0.11	130	约 0. 03	$2.3(10^{6}$, 298)
52	TPX	23～1000	1.43(5)		不溶	518	0.83	0.04	117	约 0.7	$2.1(10^{6}$, 298)

① 双重折射。
② 各向异性。
③ 分解。
④ 1 psi = 0.6895Pa。
⑤ cgs 是指国际通用单位。

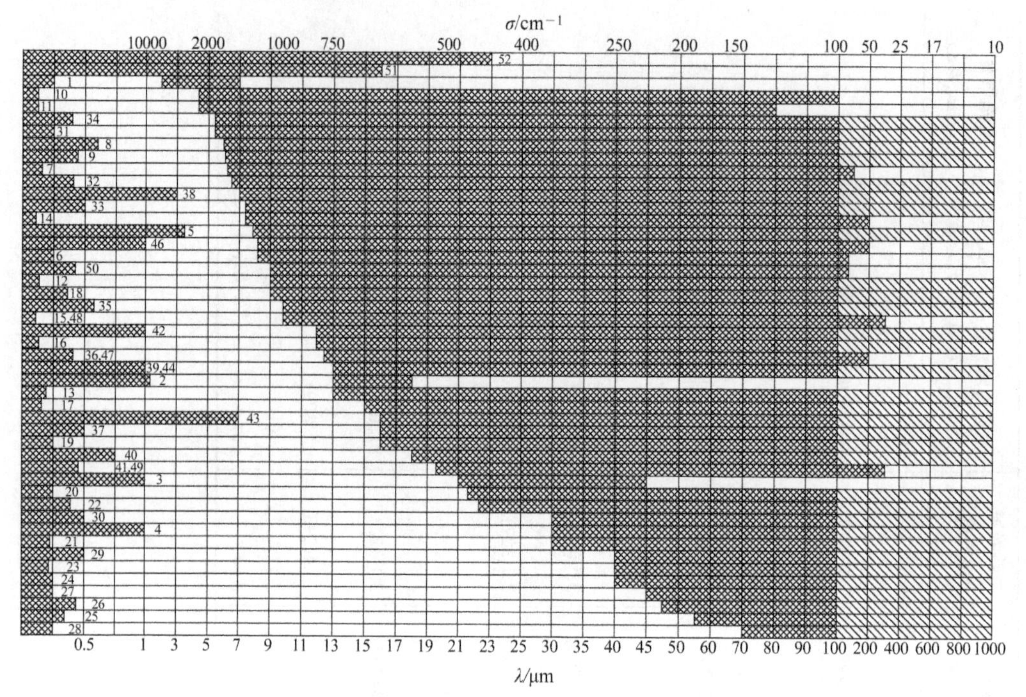

图 7-3 各种材料的红外透光范围

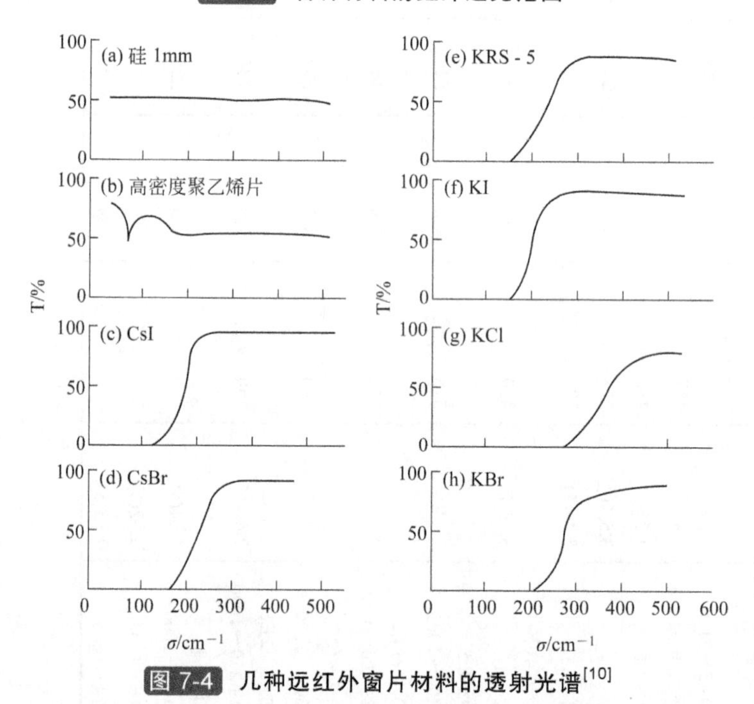

图 7-4 几种远红外窗片材料的透射光谱[10]

当用压片法制样时，固相分散剂的折射率若与样品折射率相差较大，克里斯蒂森（Christiansan）效应会使压片测得的红外光谱产生谱峰的位移和变形。因此采用固体样品测谱时，要选用折射率尽可能与样品折射率接近的分散剂。如果找不到折射率相近的分散剂，应磨碎样品使粒度与入射光波长相当（2～3μm），以减小散射损失。红外光学材料折射率在一定温度下与波长的关系见表 7-6。

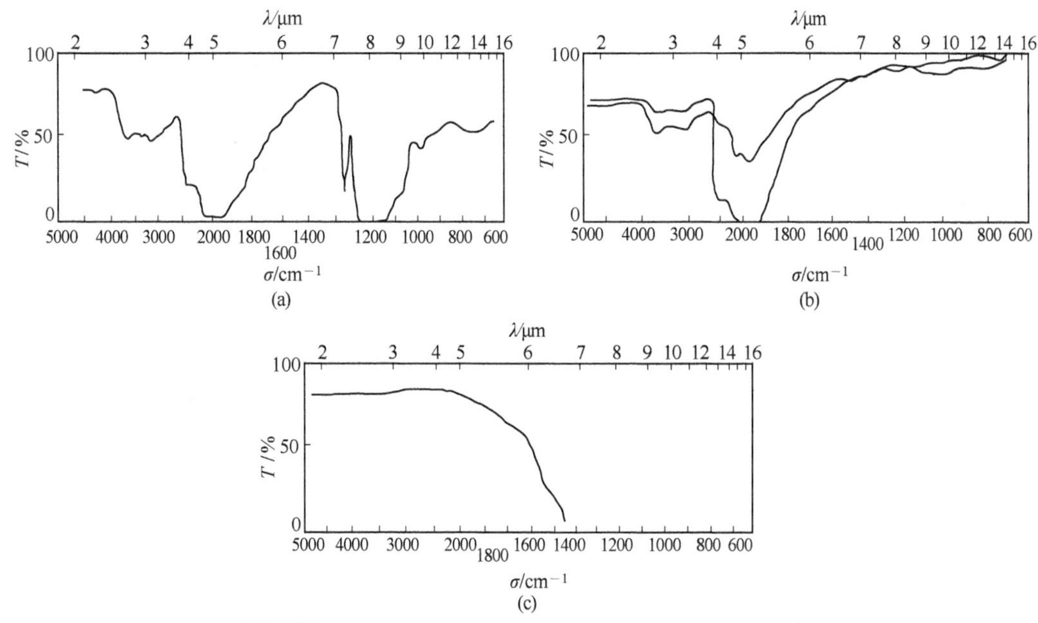

图 7-5 Ⅰ、Ⅱ型金刚石和蓝宝石的红外吸收光谱[10]

（a）金刚石Ⅰ型；（b）金刚石Ⅱ型；（c）蓝宝石

表 7-6 红外光学材料折射率与波长的关系[17]

λ/μm	折射率	λ/μm	折射率	λ/μm	折射率	λ/μm	折射率	λ/μm	折射率
氯化钡	25℃	4.258	1.40713	17.0	1.65062	21.0	1.72602	3.422	1.408180
0.2534	1.5122	5.3034	1.39520	19.0	1.64600	23.0	1.72258	3.7067	1.399389
0.28035	1.5067	6.0140	1.38539	21.0	1.64080	25.0	1.71880	蓝宝石(Al_2O_3)	
0.34662	1.4916	6.8559	1.37186	23.0	1.63500	27.0	1.71465	0.30215	1.81351
0.54607	1.4759	7.268	1.36443	25.0	1.62856	29.0	1.71014	0.64385	1.76547
1.01398	1.4685	8.662	1.33500	27.0	1.62146	31.0	1.70525	0.85212	1.75885
1.52952	1.4662	9.724	1.30756	29.0	1.61365	33.0	1.69996	1.12866	1.75339
2.1526	1.4641	溴化铯	27℃	31.0	1.60510	35.0	1.69427	1.52952	1.74660
2.576	1.4626	1.0	1.67793	33.0	1.59576	37.0	1.68815	1.81307	1.74144
3.2434	2.4602	2.0	1.67061	35.0	1.58558	39.0	1.68159	2.1526	1.73444
3.7067	1.4588	3.0	1.66901	37.0	1.57450	41.0	1.67457	2.4374	1.72783
5.138	1.4501	4.0	1.66813	39.0	1.56245	43.0	1.66707	3.3026	1.70231
5.343	1.4488	5.0	1.66737	碘化铯	24℃	45.0	1.65905	3.7067	1.68746
6.16	1.4436	6.0	1.66659	1.0	1.75721	47.0	1.65051	4.954	1.62665
9.724	1.4209	7.0	1.66573	3.0	1.74400	49.0	1.64139	5.349	1.60202
11.035	1.4142	8.0	1.66477	5.0	1.74239	熔融石英	20℃	5.577	1.58638
氟化钙	24℃	9.0	1.66370	7.0	1.74122	0.894350	1.451835	氯化钾	
1.01398	1.42879	10.0	1.66251	9.0	1.73991	1.12866	1.448869	0.200090	1.71870
1.52952	1.42612	11.0	1.66120	11.0	1.73835	1.39506	1.445836	0.410185	1.50907
2.1526	1.42306	12.0	1.65976	13.0	1.73650	1.6606	1.442670	0.88398	1.481422
2.4374	1.42147	13.0	1.65820	15.0	1.73436	1.81307	1.440699	1.1786	1.478311
3.3026	1.41561	14.0	1.65651	17.0	1.73190	2.0581	1.437224	1.7680	1.475890
3.7067	1.41229	15.0	1.65468	19.0	1.72913	2.4374	1.430954	2.9466	1.473834

续表

λ/μm	折射率	λ/μm	折射率	λ/μm	折射率	λ/μm	折射率	λ/μm	折射率
4.7146	1.471122	4.00	1.34942	5.0092	1.51883	2.5000	1.3683	10.000	1.3073
5.8932	1.468804	5.00	1.32661	5.8932	1.51593	3.0000	1.3640	11.000	1.3002
8.2505	1.462726	6.00	1.29745	6.80	1.51200	4.0000	1.3526	12.000	1.2694
10.0184	1.45672	8.05	1.215	7.22	1.51020	5.0000	1.3374	Irtran4	
12.965	1.44346	9.18	1.155	8.04	1.5064	6.0000	1.3179	1.5000	2.456
14.144	1.43722	氯化银	23.9℃	9.00	1.5010	7.0000	1.2934	2.000	2.447
17.680	1.41403	0.5	2.09648	10.0184	1.49462	8.0000	1.2634	2.500	2.442
18.8	1.401	0.8	2.03485	12.50	1.47568	9.0000	1.2269	3.000	2.440
20.4	1.389	1.0	2.02239	13.50	1.4666	Irtran2		4.000	2.435
22.2	1.374	1.5	2.01047	14.7330	1.45427	1.5000	2.2706	5.000	2.432
24.1	1.352	2.0	2.00615	17.93	1.4149	2.0000	2.2631	6.000	2.428
25.7	1.317	2.5	2.00386	22.3	1.3403	2.5000	2.2589	7.000	2.423
28.2	1.254	3.0	2.00230	溴-碘化铊 KRS-5	25℃	3.0000	2.2558	8.000	2.418
溴化钾	22℃	3.5	2.00102			4.0000	2.2504	9.000	2.413
0.404656	1.589752	4.0	1.99983	1.00	2.44620	5.0000	2.2447	10.000	2.407
0.706520	1.552447	5.0	1.99745	2.00	2.39498	6.0000	2.2381	11.000	2.401
1.36728	1.54061	6.0	1.99483	4.00	2.38204	7.0000	2.2304	12.000	2.394
2.44	1.53733	7.0	1.99185	6.00	2.37797	8.0000	2.2213	14.000	2.378
3.419	1.53612	9.0	1.98464	8.00	2.37452	9.0000	2.2107	16.000	2.361
4.258	1.53523	11.0	1.97556	10.0	2.37069	10.0000	2.1986	18.000	2.343
6.692	1.53225	13.0	1.96444	12.0	2.36622	11.000	2.1846	20.000	2.323
9.724	1.52695	15.0	1.95113	14.0	2.36101	12.000	2.1688	Irtran5	
11.862	1.52200	17.0	1.93542	16.0	2.35502	13.000	2.1508	1.5000	1.7156
14.98	1.51280	20.0	1.90688	18.0	2.34822	Irtran3		2.000	1.7089
18.16	1.50076	氯化钠	20℃	20.0	2.34058	1.5000	1.4263	2.5000	1.7012
19.01	1.49703	0.589	1.54427	22.0	2.33206	2.000	1.4239	3.000	1.6920
23.86	1.47140	1.0084	1.53206	24.0	2.32264	2.5000	1.4211	4.000	1.6683
氟化锂		1.2016	1.53014	26.0	2.31229	3.0000	1.4179	5.000	1.6368
0.21	1.4346	1.5552	1.52815	28.0	2.30098	4.000	1.4097	6.000	1.5962
0.80	1.38896	2.0736	1.52649	30.0	2.28867	5.000	1.3990	7.000	1.5452
1.50	1.38320	2.2464	1.52606	32.0	2.27531	6.000	1.3856	8.000	1.4824
2.00	1.37875	2.9466	1.52466	Irtran1		7.000	1.3693	9.000	1.4060
2.50	1.37327	3.5359	1.52312	1.5000	1.3749	8.000	1.3498		
3.00	1.36660	4.1230	1.52156	2.000	1.3720	9.000	1.3269		

注：Irtran—艾尔特兰。

三、红外光谱分析常用溶剂

固体和液体样品均可选用合适的溶剂配成溶液进行红外光谱定性和定量分析。选用溶剂的一般要求：①溶质应有较大的溶解度；②与溶质不发生明显的溶剂效应；③在被观测的区域内，溶剂应透明或只有弱的吸收，其次要求沸点低，易于清洗等。能满足上述要求的溶剂大多是分子组成简单的化合物。

近红外波段所用溶剂，如图 7-6 所示。图中实线表示近红外光谱的有用范围，线条上数字表示最大液层厚度（cm）。在近红外光区内透明的溶剂只有 CCl_4 和 CS_2。

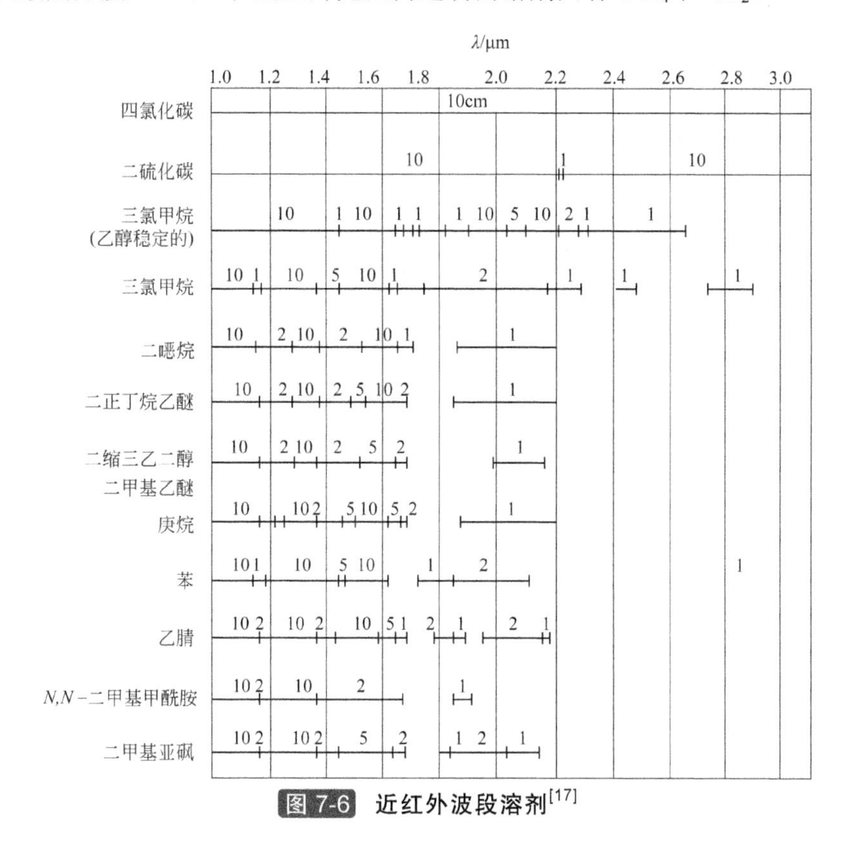

图 7-6　近红外波段溶剂[17]

中红外波段所用溶剂，如图 7-7 所示。中红外波段常用溶剂的红外吸收光谱见图 7-8～图 7-23[9]。

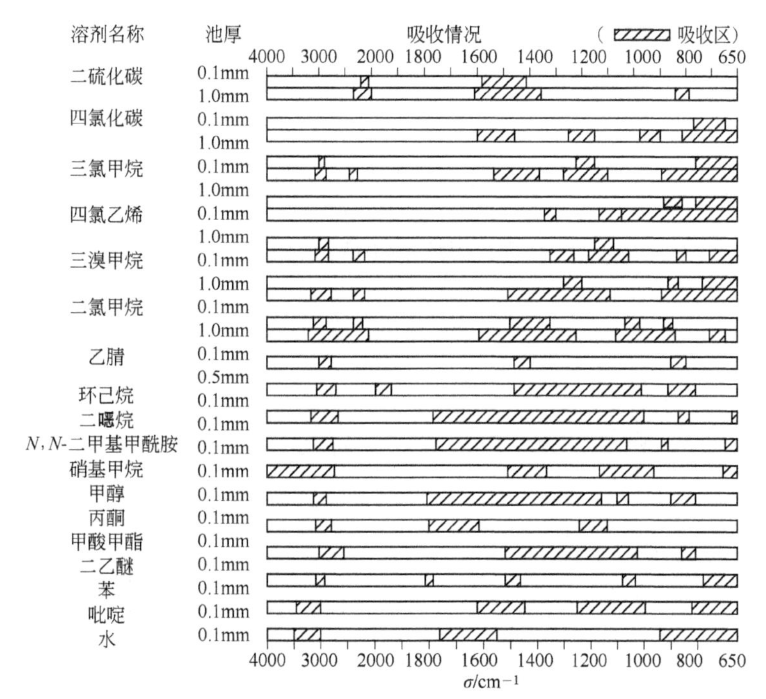

图 7-7　中红外波段溶剂[17]

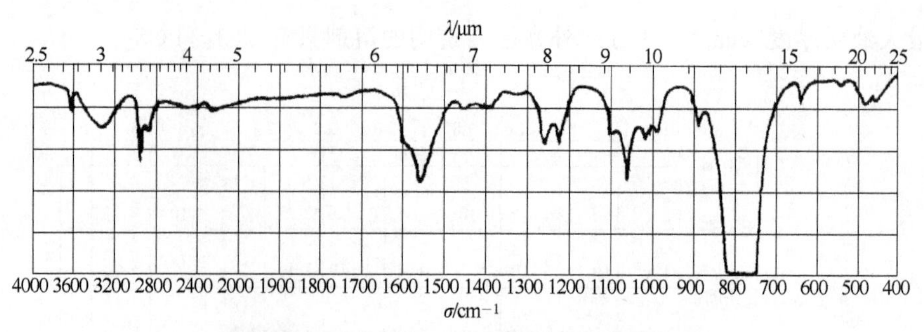

图 7-8 四氯化碳（CCl_4）的红外吸收光谱

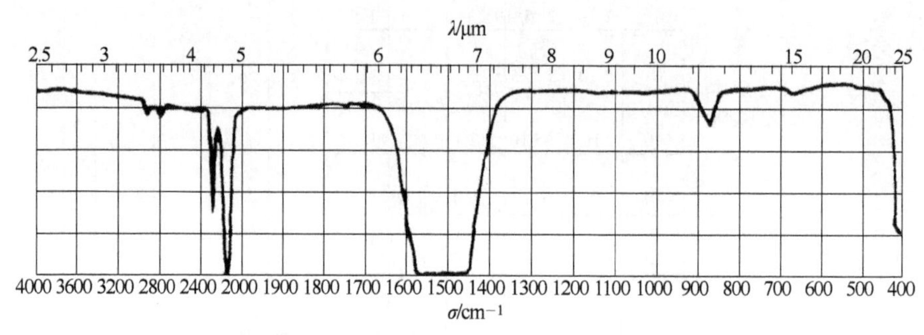

图 7-9 二硫化碳（CS_2）的红外吸收光谱

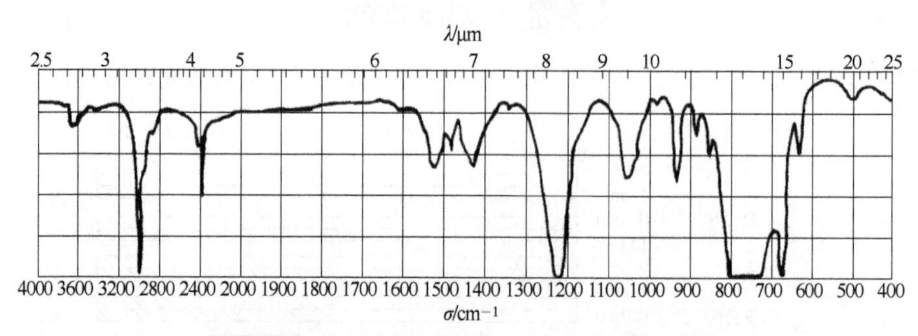

图 7-10 三氯甲烷（$CHCl_3$）的红外吸收光谱

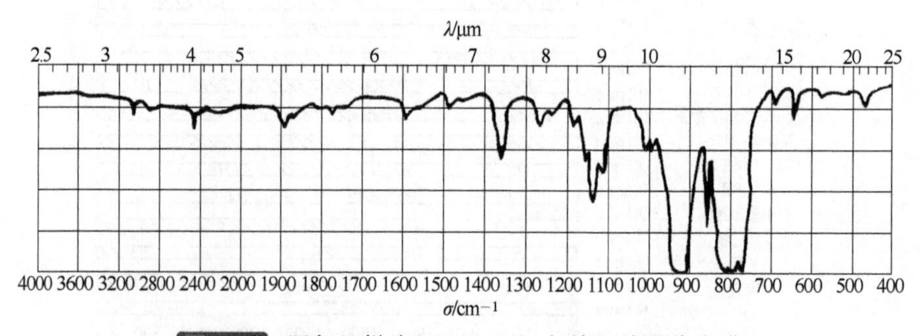

图 7-11 四氯乙烯（$CCl_2{=}CCl_2$）的红外吸收光谱

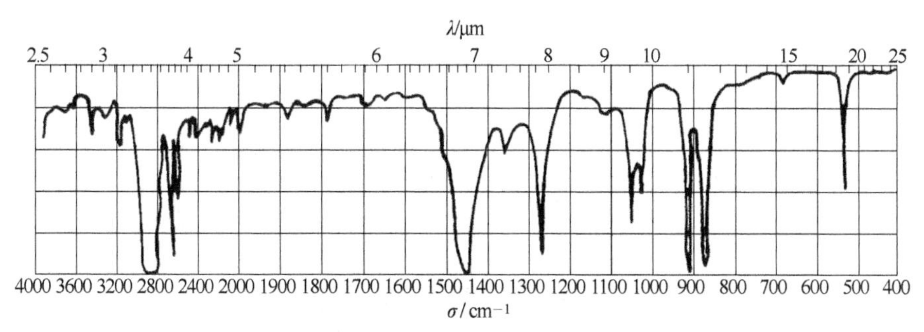

图 7-12 环己烷的红外吸收光谱

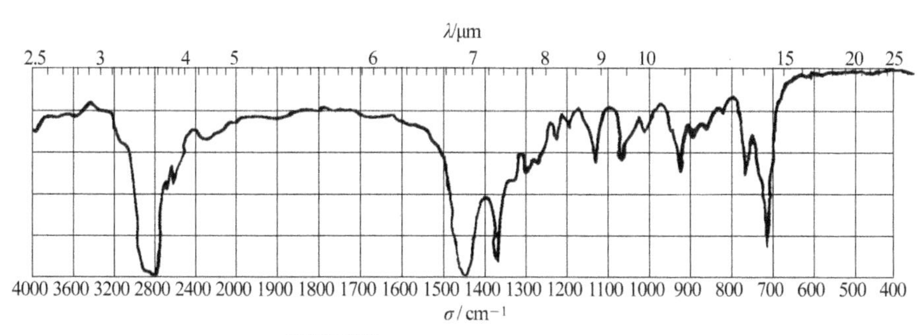

图 7-13 正庚烷的红外吸收光谱

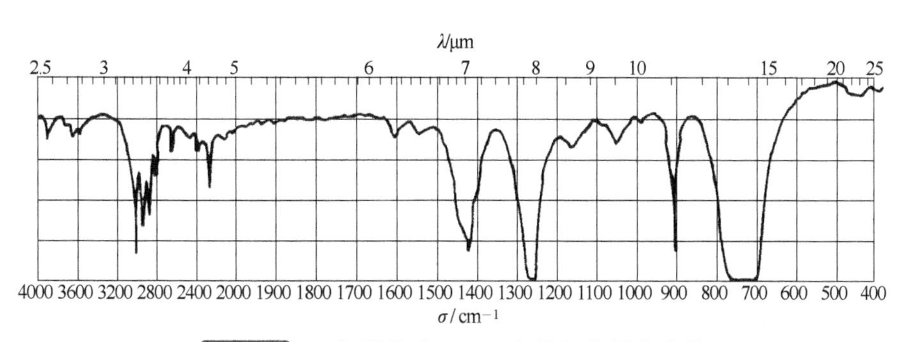

图 7-14 二氯甲烷（CH_2Cl_2）的红外吸收光谱

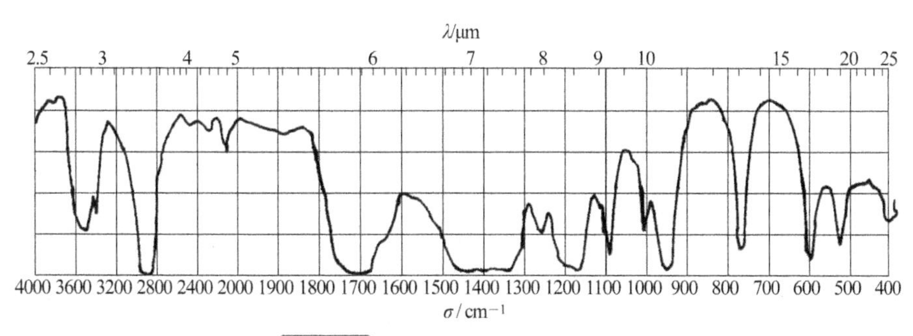

图 7-15 甲乙酮的红外吸收光谱

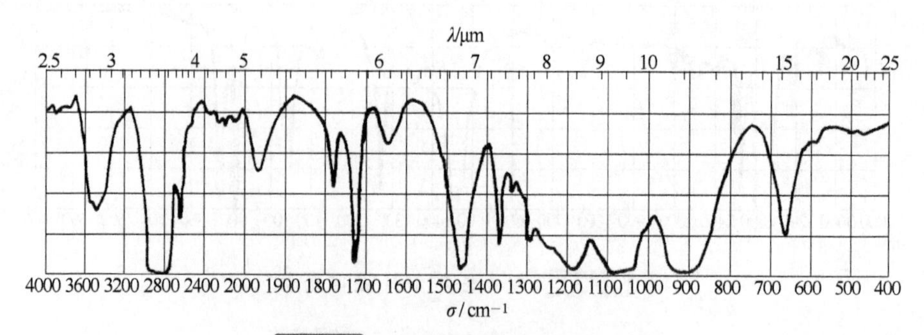

图 7-16 四氢呋喃的红外吸收光谱

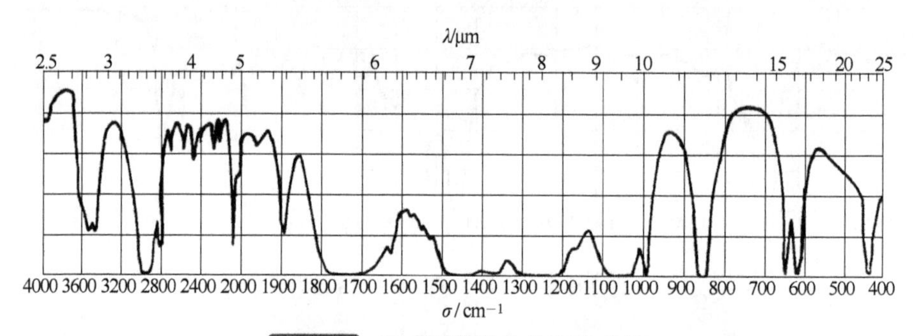

图 7-17 乙酸甲酯的红外吸收光谱

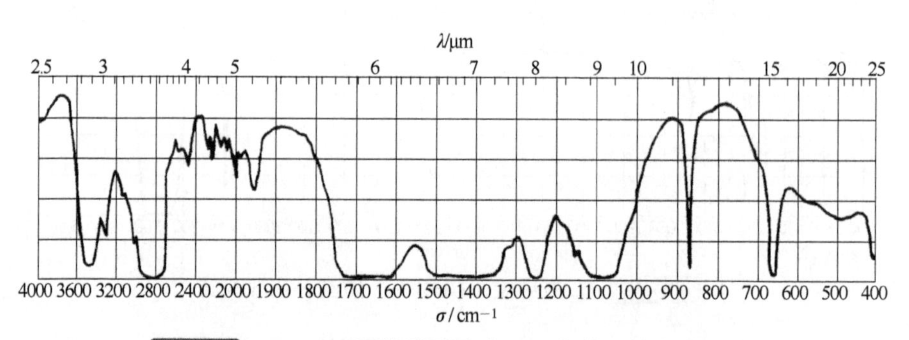

图 7-18 *N*，*N*-二甲基甲酰胺（DMF）的红外吸收光谱

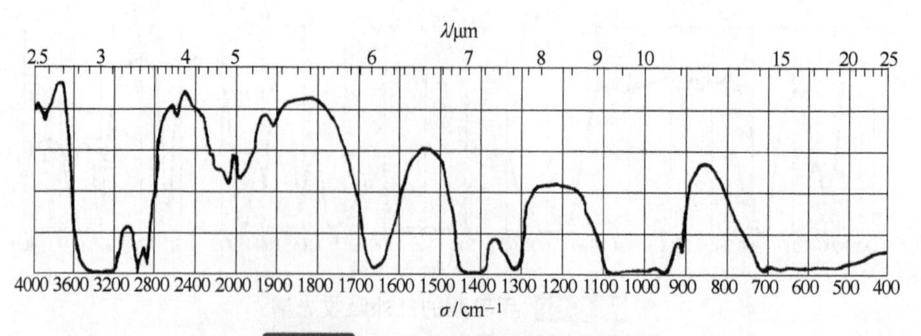

图 7-19 二甲亚胺的红外吸收光谱

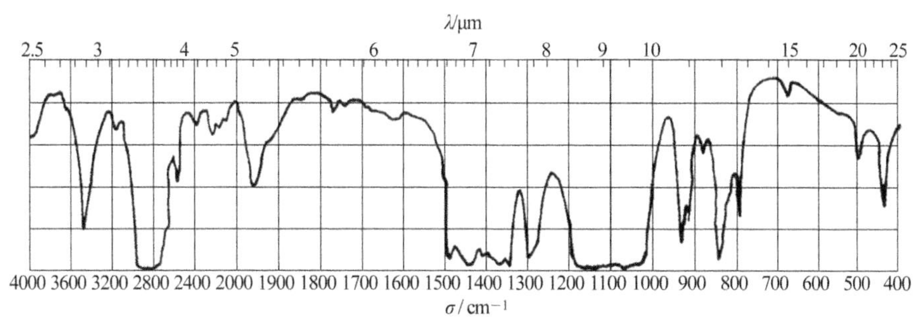

图 7-20　乙醚的红外吸收光谱

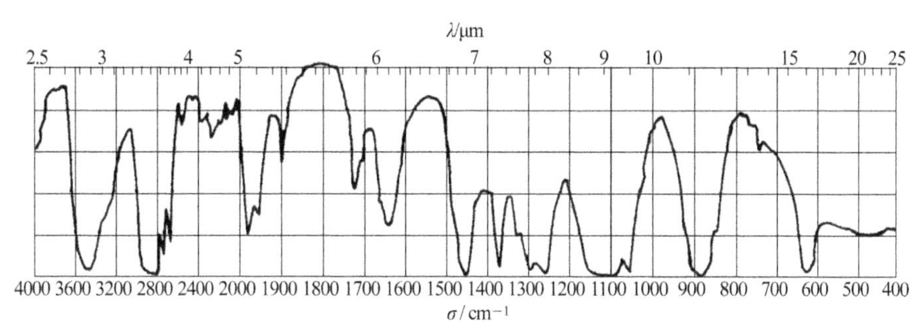

图 7-21　二噁烷的红外吸收光谱

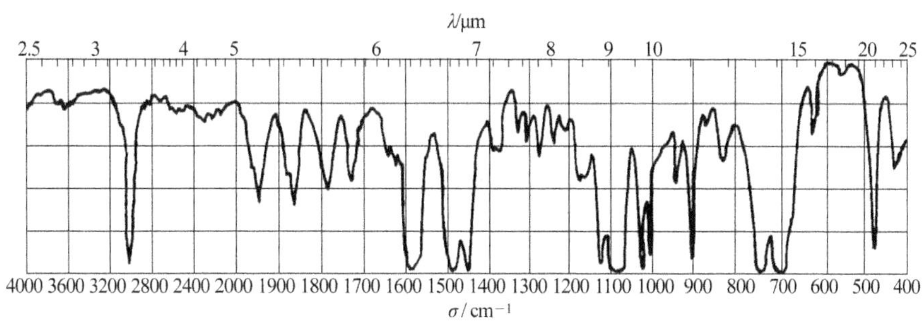

图 7-22　氯苯的红外吸收光谱

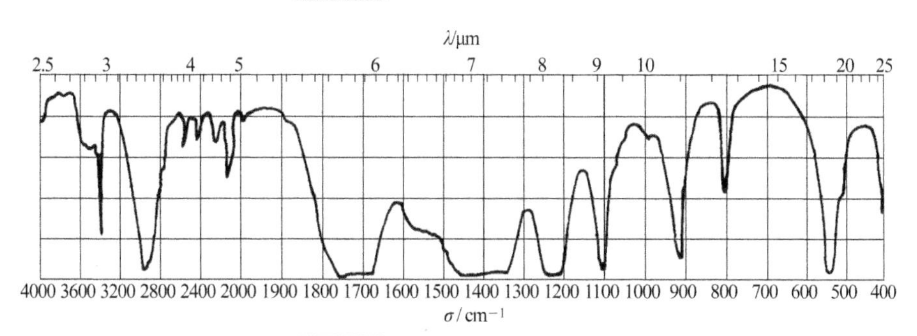

图 7-23　丙酮的红外吸收光谱

远红外波段所用溶剂见图 7-24，黑线表示溶剂的有用范围，比较理想的溶剂是正己烷和环己烷。不管使用哪种溶剂，最好用差减法把溶液光谱中的溶剂吸收峰减掉。图 7-25 给出 10 种常用溶剂的远红外吸收光谱[10]。

在糊状法制样时，当分散液与样品的折射率相差较远时，入射光在样品粒子上散射严重，特别是在样品有强而尖锐的吸收峰波长上，折射率变化剧烈，散射的能量损失严重，导致峰形畸变，峰形偏移，这就是在压片法中同样存在的克里斯蒂森效应。糊状法制样时常用的溶剂有石蜡油、氟油或全氟煤油、六氯丁二烯等。石蜡油结合氟油或六氯丁二烯等的使用可观察样品的红外全信息。石蜡油和氯化石蜡油的红外吸收光谱如图 7-26 和图 7-27 所示。

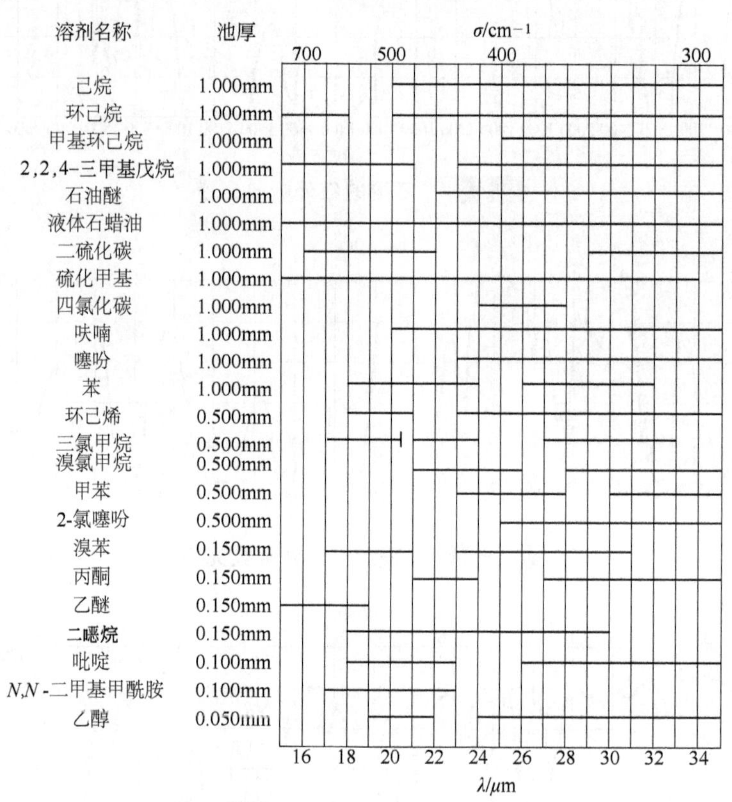

图 7-24 远红外波段溶剂[17]

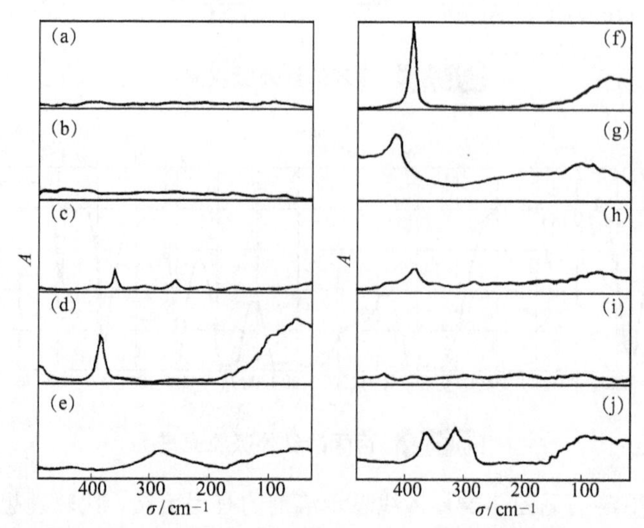

图 7-25 10 种常用溶剂的远红外吸收光谱（σ = 500～300cm^{-1}，A = 0～1.4）

（a）环己烷（1.0mm）；（b）石油醚（1.0mm）；（c）氯仿（200μm）；（d）丙酮（100μm）；（e）四氢呋喃（200μm）；（f）吡啶（200μm）；（g）乙醇（100μm）；（h）苯（1.0mm）；（i）正己烷（1.0mm）；（j）二甲基亚砜（200μm）

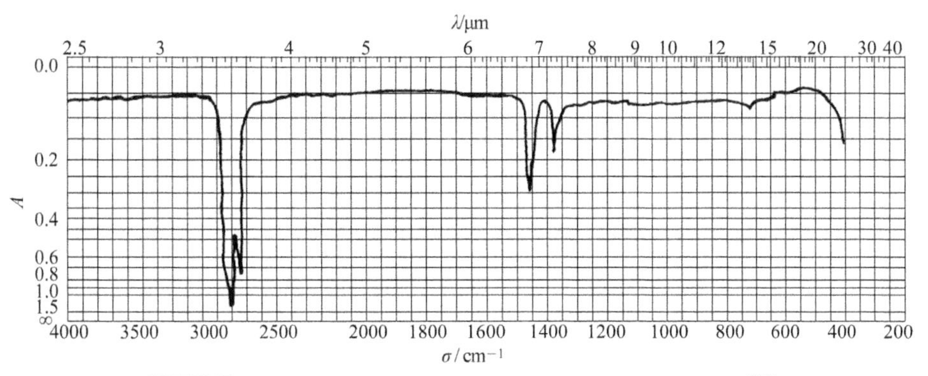

图 7-26　液体石蜡油（在 KBr 上涂膜）的红外吸收光谱[17]

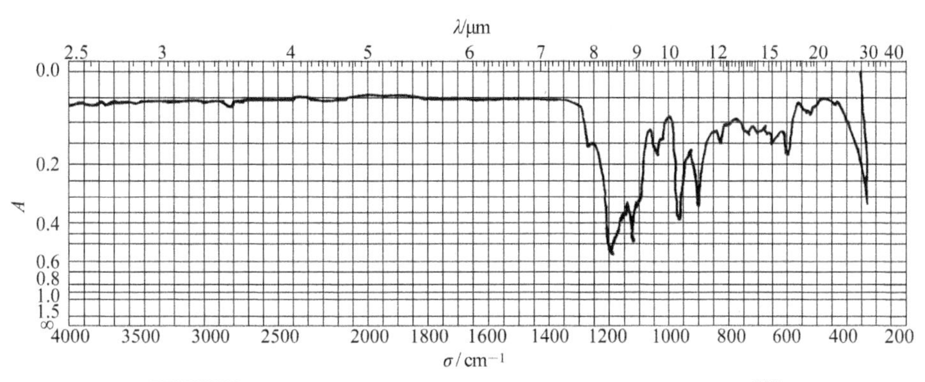

图 7-27　氯化石蜡油（在 KBr 上涂膜）的红外吸收光谱[17]

第三节　红外光谱仪

自 1908 年 Coblentz 设计出氯化钠棱镜的红外光谱仪后，100 多年来红外光谱仪得到了飞速的发展，至今已发展了三代。第一代是棱镜色散型红外光谱仪。20 世纪 60 年代以后，分光元件从棱镜逐步发展到红外光栅，出现了第二代光栅型色散式红外光谱仪。70 年代中期计算机控制的色散型红外光谱仪（computerised dispersive infrared spectroscopy，CDS）问世，使数据处理和操作更为简便。同期，作为第三代的干涉型傅里叶变换红外光谱仪（Fourier transform infrared spectrometer，简称 FTIR 光谱仪）开始投入市场，但因价格昂贵无法与低价的色散型仪器匹敌；随着计算机技术的发展，很多低价高性能产品推出，到 80 年代中期逐渐取代了色散型红外光谱仪。40 多年来，傅里叶变换红外光谱技术发展迅速，FTIR 光谱仪的更新换代很快，世界上生产 FTIR 光谱仪的公司每 3～5 年就有新型号仪器推出。因此，本节不介绍各厂家生产的各种型号 FTIR 光谱仪的具体结构和性能指标，只对 FTIR 光谱仪的基本结构和工作原理进行概述。

一、红外光谱仪结构概述

红外光谱仪可分为色散型和干涉型两大类[18]。

（一）色散型红外光谱仪

色散型红外光谱仪（又称色散型红外分光光度计），按测光方式的不同，可以分为光学零位平衡式与比例记录式两类。

光学零位平衡式的结构如图 7-28 所示。光学零位平衡式仪器是把调制光信号（I_0～I）经检测与放大后，用以驱动参比光路上的光学衰减器，使两束光的能量达到零位平衡，同时记录仪与光学衰减器同步运动以记录样品的透光率。

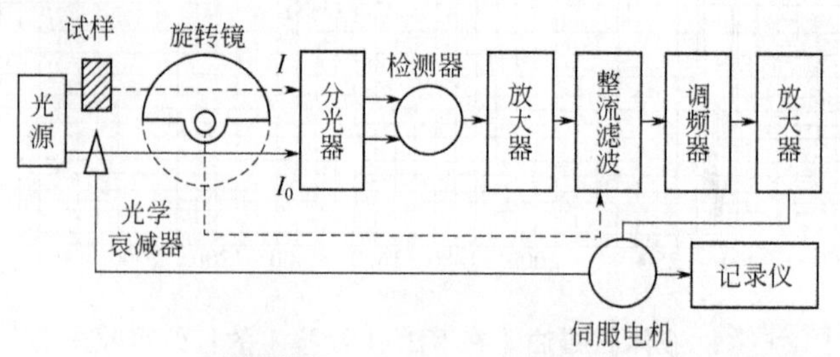

图 7-28 光学零位平衡式[19]

比例记录式的结构如图 7-29 所示。比例记录式仪器是把调制光信号（I→零→I_0→零）经检测与放大后分离。通过测量两个电信号的比例而得出样品的透光率。

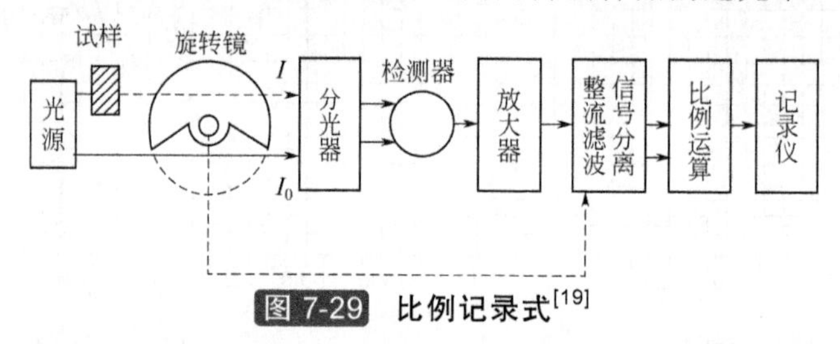

图 7-29 比例记录式[19]

（二）干涉型红外光谱仪

干涉型红外光谱仪为傅里叶变换红外光谱仪，它没有单色器和狭缝，主要由迈克尔逊干涉仪和计算机两部分组成。FTIR 仪器的整机工作原理如图 7-30 所示。

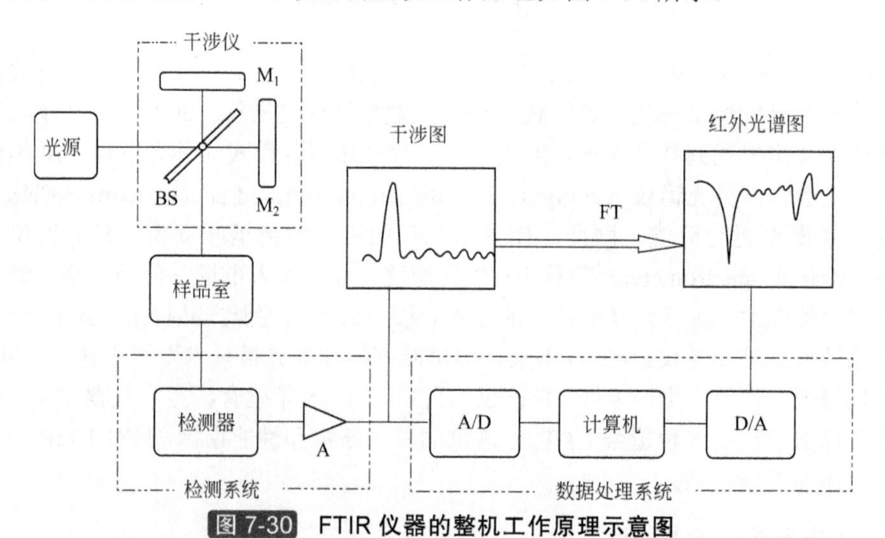

图 7-30 FTIR 仪器的整机工作原理示意图

M_1—定镜；M_2—动镜；BS—分束器；A—放大器；
A / D—模数转换器；D / A—数模转换器

由光源发出的红外线经准直为平行光束进入干涉仪，经干涉仪调制后得到一束干涉光。干涉光通过样品，获得含有光谱信息的干涉光到达检测器。由检测器将干涉光信号变为电信号，并经放大器放大。此处的干涉信号是一时间函数，即由干涉信号绘出的干涉图，其横坐标是动镜移动时间，对这种包含光谱信息的时域干涉图，人们难以进行光谱解析。因而需通过模数转换器进入计算机，由计算机进行傅里叶变换的快速计算，即获得以波数为横坐标的红外光谱图（频域光谱），并通过数模转换器送入绘图仪绘出光谱图，这就是人们十分熟悉的红外光谱图。

二、红外光谱仪的基本部件

（一）光源

光源是红外光谱仪的关键部件之一，红外辐射能量的高低直接影响检测的灵敏度。理想的红外光源应能够测试整个红外波段，但目前要测试整个红外波段至少需要更换三种光源，即中红外、远红外和近红外光源，其中用得最多的是中红外光源。每种光源只能覆盖一定的波段，故红外的全波段测量常需几种光源，常用的光源如表 7-7 所示。

表 7-7 红外光谱仪常用光源[10]

光源	使用波数范围 σ/cm^{-1}	主要性能
钨灯	15000～4000(近红外)	能量高、寿命长、稳定性好
卤钨灯	15000～4000(近红外)	同钨灯
Nernst 棒	4000～400(中红外)	以氧化锆为主体，加有 15%钇和钍等稀土金属氧化物的棒状体，工作温度 1400～2000K，辐射强度集中在短波长处，在 5000～1666cm^{-1} 处发射系数为 0.8～0.9，具有较长的寿命(约 2000h)
硅碳棒	4000～400(中红外)	能量高,功率大，工作温度 1300~1500K,热辐射强，使用寿命很长，需通冷却水冷却
金属丝光源	4000～400(中红外)	小功率，风冷却
金属陶瓷棒	4000～400(中红外)	大功率，1550K，120mW，风冷却，寿命长
EVER-GLO 光源	4000～400(中红外)	大功率，低热辐射，1525K，150mW，风冷却
大功率水冷硅碳棒	400～50(远红外)	大功率，水冷却
金属陶瓷棒（Ceramic）	400～50(远红外)	大功率，水冷却
EVER-GLO 光源	400～50(远红外)	大功率，风冷却
高压汞弧灯	100～10(远红外)	高功率，5000K，水冷却

目前，低档中红外光谱仪光学台中只安装一个光源，即中红外光源；高档傅里叶变换红外光谱仪光学台中通常都安装两个光源，其中一个是中红外光源，另一个是远红外光源或近红外光源。在双光源系统中，两个光源之间的切换由计算机控制。

（二）单色器

色散型红外光谱仪中单色器的作用是将辐射光分散成单色光。单色器通常是指从入射狭缝开始至出射狭缝射出单色光的部分，其结构与紫外-可见分光光度计相同，但采用的棱镜材料不同。色散型红外光谱仪中目前大多采用闪耀光栅，在进行光谱级次分离时可用滤光片或棱镜。滤光片采用截止或通带透射式滤光片。常用红外区棱镜材料的最适宜的波长范围参见表 7-5。一些短波长截止透射式滤光片的截止短波界限见表 7-8。

表 7-8 短波长截止透射式滤光片[9]

透射式滤光片	截止短波界限 σ/cm^{-1}
硅（Si）	10000
锗（Ge）	6400

续表

透射式滤光片	截止短波界限 σ/cm^{-1}
砷化铟（InAs）	2650
锑化铟（InSb）	1300

（三）干涉仪

干涉仪是傅里叶变换红外光谱仪光学系统中的核心部分，它决定了光谱仪的最高分辨率及其他性能指标。在傅里叶变换红外光谱仪中，首先是将光源发出的光经干涉仪变成干涉光，干涉仪分多种类型，但其内部的基本组成是相同的，都包含有动镜、定镜和分束器三个主要部件。

各类分束器覆盖的波段范围见图 7-31。

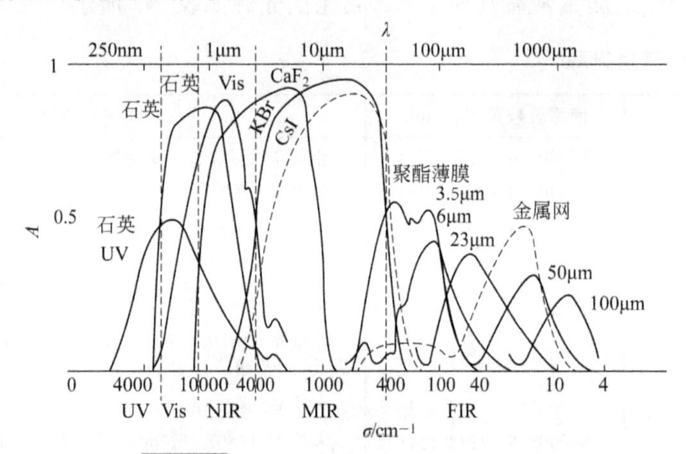

图 7-31 各类分束器覆盖的波段范围

目前，傅里叶变换红外光谱仪使用的干涉仪主要有：空气轴承干涉仪，机械轴承干涉仪，双动镜机械转动式干涉仪，双角镜耦合、动镜扭摆式干涉仪，角镜型迈克尔逊干涉仪，角镜型楔状分束器干涉仪，悬挂扭摆式干涉仪，皮带移动式干涉仪等。

近几年来干涉仪在不断地改进与发展，在干涉仪的简化、提高光的利用率、增加光程差、提高分辨率、增加仪器稳定性、测量波段的延长和干涉仪的自动调整、干涉仪的防护、高速扫描和步进扫描技术等方面都有很大的进展。

（四）检测器

检测器（又称探测器）的作用是检测红外光通过样品后的能量。对检测器的要求是：灵敏度高、噪声低、响应速度快、测量范围宽。色散型红外光谱仪常用的检测器是真空热电偶和高莱池，FTIR 光谱仪常用的检测器有两类，一类是通用型热释电检测器，另一类是 MCT 检测器。

通用型热释电检测器目前主要有 TGS [硫酸三苷肽$(NH_2CH_2COOH)_2 \cdot H_2SO_4$]、LATGS（L-丙氨酸 TGS）、DLATGS（氘化 L-丙氨酸 TGS）和 DTGS（氘化 TGS）四类。

MCT 检测器是由宽频带的半导体碲化镉和半金属化合物碲化汞混合制成的。改变混合物成分的比例，可以获得测量范围不同、检测灵敏度不同的各种 MCT 检测器。目前用于测量中红外光谱的 MCT 检测器有三种，即 MCT/A（窄带检测器）、MCT/B（宽带检测器）和 MCT/C（中带检测器）。常用的近红外检测器为锑化铟（InSb）检测器，有光电导型和光伏型；常用的远红外检测器为带聚乙烯窗口的 DTGS 和液氦冷却的电阻式量热辐射计（He-cooled bolometer）。

常用探测器的类型、工作温度、适用波数和探测率 D，见表 7-9。

表 7-9 FTIR 光谱仪中常用的探测器

探测器名称	类型	工作温度/K	适用范围 σ/cm^{-1}	探测率 D/（cm·Hz$^{1/2}$/W）
DTGS(带 KBr 窗口)	热电型	295	5000~400	1.8×10^{9}
DTGS(带 CsI 窗口）	热电型	295	5000~200	1.8×10^{9}
DTGS(带 KRS-5 窗口)	热电型	295	5000~200	1.8×10^{9}
DTGS(带聚乙烯窗口)	热电型	295	400~10	1.8×10^{9}
MCT-A	光电导型	77(液氮)	5000~720	2×10^{10}
MCT-B	光电导型	77(液氮)	5000~400	2×10^{10}
InSb	光电型	77(液氮)	10000~1850	1×10^{11}
PbSe	光伏型	195 或 77	10000~2000	
InAs	光电导型	77(液氮)	10000~3500	
Si	P-N 结	259	25000~8000	
氦冷电阻式测热辐射计	电阻式	4(液氦)	500~10	
InSb/MCT	复合式			

各类检测器对调制频率的响应、覆盖的波段和检出相对灵敏度分别见图 7-32 和图 7-33。光源、分束器、检测器的种类和覆盖波段的综合比较见图 7-34。

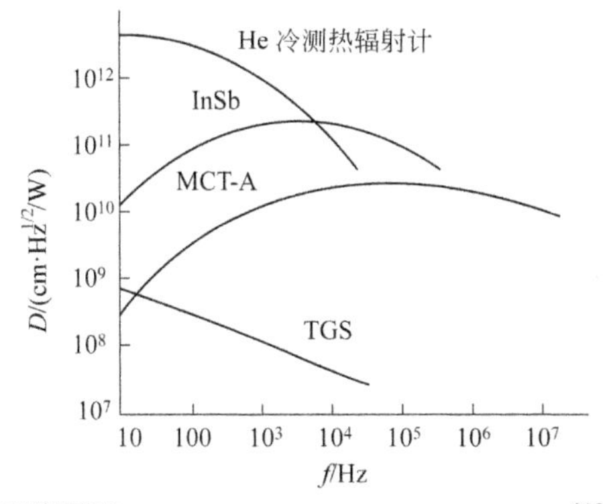

图 7-32 各类检测器对调制频率的响应[10]

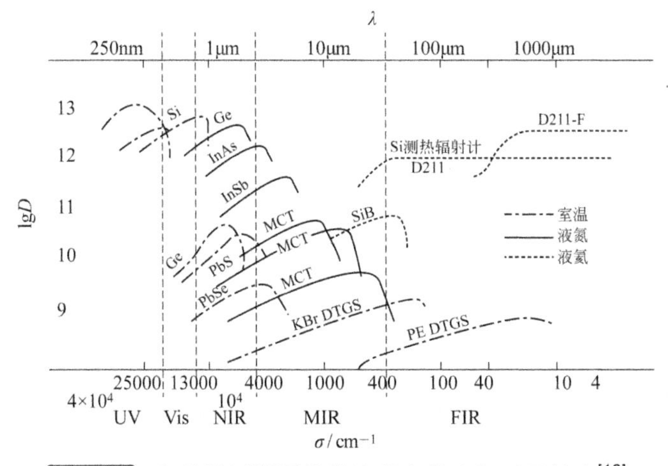

图 7-33 各种检测器覆盖的波段和检出相对灵敏度[10]

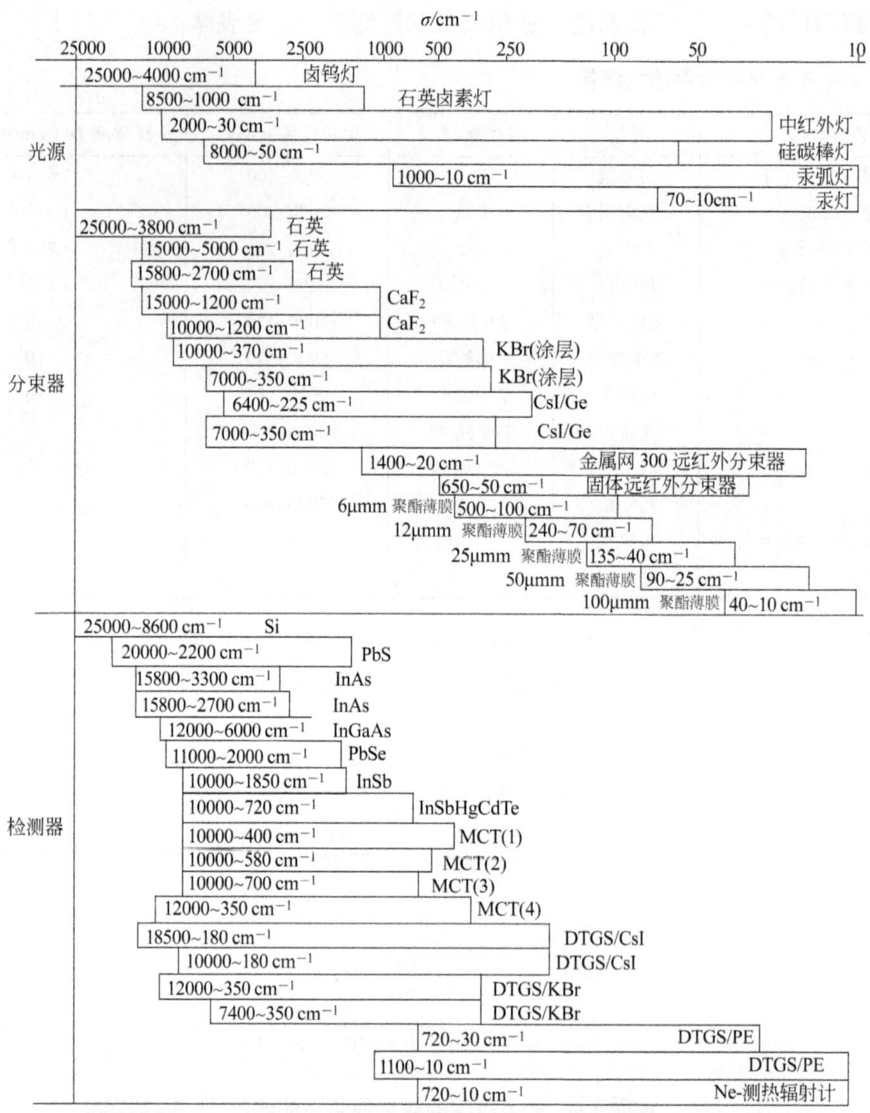

图 7-34 FTIR 光源、分束器、检测器的种类和覆盖波段范围[10]

三、FTIR 光谱仪检定规程[20]

国家计量检定规程 JJG（教委）001—1996 规定了傅里叶变换红外光谱仪检定规程，现将其主要内容摘录如下。

（一）范围

适用用于新安装、使用中和修理后的傅里叶变换红外光谱仪（以下简称仪器）的检定。

（二）计量要求

1. 计量特性

仪器技术指标见表 7-10。

2. 等级评定

等级评定见表 7-11。1～10 项中如有 2 项以上（包括 2 项）达不到指标，要按降挡处理。

表 7-10 FTIR 光谱仪技术指标

序号	项目	要 求
1	仪器能量值	单光谱最高值/最低值 （3∶1）～（5∶1）
2	基线噪声	P-P（峰-峰） （6000∶1）～（2000∶1）
3	基线倾斜	（0.1%～0.5%）T
4	波数范围	中红外 4000～400cm^{-1} 截止频率噪声＜2% T 近红外 ＞4000cm^{-1} 截止频率噪声＜1% T 远红外 ＜400cm^{-1} 截止频率噪声＜2% T
5	分辨率	高级研究型 >0.1cm^{-1} 研究型 0.1～0.5cm^{-1} 分析型 0.5～1cm^{-1} 通用型 >1cm^{-1}
6	波数准确度	1～4cm^{-1} 分辨率 4cm^{-1} 分辨率符合聚苯乙烯峰值表或测 2924cm^{-1} 峰位移优于设定分辨率的 50% 用 CO 测量优于设定分辨率的 50% 1cm^{-1} 以下分辨率
7	透光率准确度	0.1% T
8	基线重复性	(99.8%～99.3%)T
9	基线倾斜重复性	0.3% T
10	波数重复性	小于设置分辨率的 1/2
11	透光率重复性	(0.1%～0.5%)T
12	吸光度重复性	＜0.005
13	扫描速率	＞1 次/s(4000～400cm^{-1}，分辨率为 4cm^{-1})

表 7-11 FTIR 光谱仪等级评定

序号	项目	高级研究型	研究型	分析型	通用型
1	仪器能量值	高/低：3∶1	高/低：3∶1	高/低：4∶1	高/低：5∶1
2	基线噪声	P-P：6000∶1	P-P：6000∶1	P-P：4000∶1	P-P：2000∶1
3	基线倾斜	0.1% T	0.1% T	0.3% T	0.5% T
4	波段范围	50000～4cm^{-1}	15000～20cm^{-1}	7800～400cm^{-1}	4000～400cm^{-1}
5	分辨率	0.002～0.1cm^{-1}	0.1～0.5cm^{-1}	0.5～1cm^{-1}	＞1cm^{-1}
6	波数准确度	所设分辨率的 1/2			
7	透光率准确度	T＝0.1%			
8	基线重复性	T=99.8%	T=99.8%	T=99.5%	T=99.3%
9	基线倾斜重复性	T=0.3%			
10	波数重复性	小于所设分辨率的 1/2			
11	透光率重复性	T<0.1%	T<0.1%	T<0.3%	T<0.5%
12	吸光度重复性	<0.005			
13	扫描速率	>1 次/s (4000～400cm^{-1}，分辨率为 4cm^{-1})			
14	干涉仪特点	空气轴承扫描中动态准直步进扫描	空气或机械轴承扫描后动态准直	机械轴承	机械轴承

续表

序号	项目	高级研究型	研究型	分析型	通用型
15	计算机	内存 32MB 外存 1000MB A/D>22 位 自动控制仪器 多 CPU 控制，实时处理	内存>8MB 外存>500MB A/D>20 位 自动控制仪器 多 CPU 控制，实时处理	内存>4MB 外存>200MB A/D>16 位 控制仪器 多 CPU 控制	内存>1MB 外存>50MB A/D>16 位 控制仪器
16	联机功能	机内可装多种附件，有几条可从仪器输出的测量光路和输入外光源的光路，最少能外联 4 种以上的大型附件	机内可装多种附件，有几条可从仪器输出的测量光路，最少能外联 3 种以上的大型附件	机内可装多种附件，有几条可从仪器输出的测量光路，最少能外联 2 种以上的大型附件	机内可装多种附件，机外能联 1 种大型附件或不能联附件

（三）技术要求

1. 外观要求

仪器应有下列标志：仪器名称、型号、制造厂名、出厂日期和仪器编号，使用说明书齐全。仪器及附属设备外观应完好无损，联结牢固，特别注意的是应有清楚醒目的警示标志。

2. 安装条件

仪器应安装在清洁无尘、无振动、无电磁干扰、无腐蚀性气体、通风良好、恒温恒湿的实验室。室温 20～25℃之间；相对湿度≤60%；有良好的独立地线。供电应有稳压设备，电压(220 ± 5)V，频率 50Hz；如采用独立稳压电源，输出功率应为仪器额定功率的两倍左右。

3. 检定环境

检定环境按“2.安装条件”。

4. 检定设备

① 电压表：0～220V，10A。

② 示波器：20kHz。

③ 10cm 长气体池，CO 气体（分析纯），真空装置。

5. 检定项目和检定方法

在以下各检定项目中，凡是用计算机或绘图仪输出的数据，均不使用数据点平滑。

（1）波段范围　检定方法：仪器调至能量最佳状态，在 $4cm^{-1}$ 分辨率条件下测量单光谱，决定波段范围的方法是用单光谱截止区波段的能量与最高能量的比值来决定波段范围，其值应不小于 1/10，小于 1/10 处即是光谱的截止区，计算方法为：

$$E = E_{截止区}/E_{最高} \geqslant 1/10$$

式中，E 为能量比；$E_{截止区}$为单光谱截止区能量值；$E_{最高}$为单光谱最高能量值。

用噪声水平决定波段范围应符合下列要求，其最大噪声峰-峰值应不超过：

近红外　+ 1% T

中红外　+ 2% T

远红外　+ 2% T

截止区波数范围选择：近、中红外自截止区选择 $200cm^{-1}$ 作为噪声水平测量区，远红外从长波截止端选取 $50cm^{-1}$，作为噪声水平测量区。

（2）基线噪声　在 $4cm^{-1}$ 分辨率条件下（光阑可最大），扫描 5 次，以 2100～$2000cm^{-1}$ 区 100%线的峰值表示基线噪声。各类仪器的基线噪声应符合表 7-12 规定的指标。

表 7-12　各类型仪器的基线噪声（峰-峰值）

仪器	基线噪声（2100～2000cm^{-1}）
研究型	6000∶1
分析型	4000∶1
通用型	2000∶1 以上

（3）分辨率检定

① 4cm^{-1} 分辨率检定　设定 4cm^{-1} 分辨率条件下，扫描 5 次，测量 0.03mm 厚的聚苯乙烯薄膜。在 2800～3150cm^{-1} 区内应有 7 个吸收谱带，计算 2850cm^{-1} 和 2924cm^{-1} 谱带的分辨程度，按图 7-35 量取 X、Y 值，Y/X 应≤0.2。

② 2cm^{-1} 分辨率检定　设定 2cm^{-1} 分辨率，在扫描 5 次的条件下，测量水汽的光谱。在 3670～3660cm^{-1} 范围内应有 7 个吸收谱带，读出 X、Y 的值，计算它们的比值，Y/X 应≤0.15。

③ 高于 1cm^{-1} 分辨率测定　用 10cm 长气体池，装入不同压力的 CO 气体，分别在 1、0.5、0.1、…波数分辨率条件下，检查仪器的分辨能力。测定 2103.25cm^{-1} 或 2107.46cm^{-1} 的吸收峰，谱带半高宽对应的波数值的差值即仪器的分辨率。

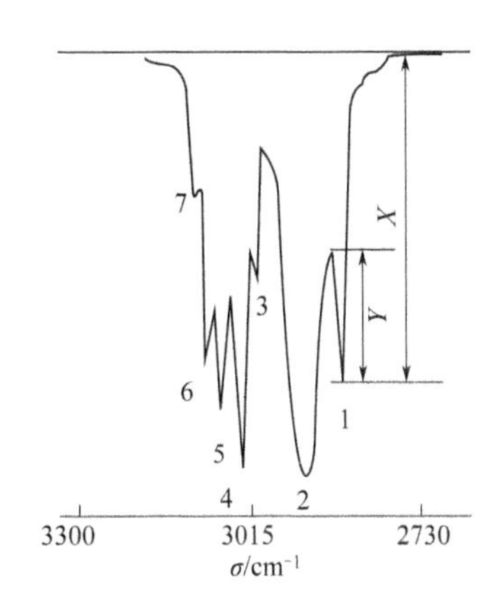

图 7-35　4cm^{-1} 分辨率（聚苯乙烯）谱

不同分辨率对应的气体压强参见表 7-13。

表 7-13　CO 气体检定分辨率时的气体压强

分辨率/cm^{-1}	1	0.5	0.1	0.05	0.01
压强 p/10^{2} Pa	100	40	12	7	2

高分辨率仪器可以从仪器的最高分辨率开始检定，达到指标后，低分辨可以免检。

（4）准确度检定

① 波数准确度检定　设定 4cm^{-1} 分辨率条件下，测量 0.03mm 厚聚苯乙烯的光谱图，扫描 5 次。用计算机输出各谱带的波数值，各谱峰值应符合表 7-14 所列的值。

表 7-14　聚苯乙烯峰值　　单位：cm^{-1}

编号	1	2	3	4	5
峰值	3102.0 ± 0.5	3027.1 ± 0.3	2924 ± 4	2850.5 ± 0.3	1944 ± 1
编号	6	7	8	9	10
峰值	1601.4 ± 0.3	1583.1 ± 0.3	1181.4 ± 0.3	1154.3 ± 0.3	1069.1 ± 0.3
编号	11	12	13	14	
峰值	1028.0 ± 0.3	906.7 ± 0.3	699.5 ± 0.5	540.3 ± 0.5	

用 CO 气体检定高于 1cm^{-1} 分辨率，测定准确度时，参见表 7-13。2103.25cm^{-1} 或 2107.46cm^{-1} 的准确度应大于设定分辨率的 50%。

谱带位移只允许同时向高频或低频位移。

② 透光率准确度检定 在 $4cm^{-1}$ 分辨率下，测量 5 次 0.03mm 厚聚苯乙烯的光谱图，每次扫描 5 次，其 $2924cm^{-1}$ 峰的透光率变动应小于 0.1% T。

（5）重复性检定

① 基线重复性 检定方法：仪器稳定后，在 $4cm^{-1}$ 分辨率条件下，扫描 5 次，测量 100% 线；每间隔 10min 测量 1 次，共测量 6 次。纵坐标扩展，由计算机或绘图仪输出每次的测量噪声最高值和最低的百分值。中红外取 2100～$2000cm^{-1}$ 区间的峰峰值。B_{max} 为 6 个最高值中的最大值；B_{min} 为 6 个最低值中的最小值。

基线重复性 = 100% − (B_{max} − B_{min})

基线重复性应优于 99.5%。

② 基线倾斜率 检定方法：按上述（5）①的取值方法，计算检定波数范围两端截止区内 $100cm^{-1}$ 范围的基线值。取一端 6 次测量最大值与另一端最小值之差作为基线倾斜率，基线倾斜率应小于（偏离或倾斜）0.3%。

③ 波数重复性 检定方法：仪器稳定后，设定 $4cm^{-1}$ 分辨率，测量聚苯乙烯标样的吸收光谱，扫描 5 次，每次间隔 10min，共测量 6 次。用计算机输出各吸收谱带值。波数重复性应不小于测量时设定分辨率的 50%。

④ 吸收强度重复性 检定方法：仪器稳定后，在 $4cm^{-1}$ 分辨率条件下，测量 0.03mm 聚苯乙烯标样的吸收光谱，扫描 5 次，每次间隔 10min，共测量 6 次。读出吸光度的最大值和最小值，最大相对偏差应小于 0.005 吸光度值。

⑤ 透光率重复性 按（5）④测量条件及检定方法，在 4000～$400cm^{-1}$ 范围内透光率变动不大于 0.1% T。

⑥ 仪器能量检定 检定方法：将仪器测量的干涉图值调整到最大（检测器此时不应饱和过载），测量单光谱图，其图应平滑，谱峰最高值与高频截止部位谱峰高的比值，研究型应小于 4∶1，通用型应小于 5∶1。

（6）计算机功能检查

① 仪器控制功能检定 仪器控制功能包括：变换扫描速率，干涉仪动态准直，检测器自动转换，联机检测功能及时间分辨，步进扫描，谱图输出（无此项功能的可以不检）等。

② 数据处理功能检定 数据处理功能必须检查的项目有：透光率-吸光度转换、差谱、加谱、积分、微分、基线校正、数据平滑。

仪器具有或申报项目有谱图检索、多组分自动定量分析及其他功能等，应按项目逐项检查。

（四）计量管理

1. 检定结果处理

经检定后的仪器，发给检定证书。在检定结论中需明确说明被检定的仪器应属于何种级别、是否合格、存在的问题和建议等。

2. 检定周期

① 新安装和修理后的仪器应按本规程进行首次检定。

② 仪器检定周期为 2 年。

四、FTIR 光谱仪分类和主要功能

FTIR 光谱仪是利用干涉装置来测定样品光谱的，这就克服了色散型仪器由于使用单色器所造成的弊端，与红外分光光度计相比具有以下特点。

① 扫描速度快，如果光谱元总数为 M，用色散型分光光度计检测一个光谱元需时间 t，则记录整个光谱所需时间为 Mt，而在 FTIR 上检测全部 M 个光谱元仅需要时间 t，记录速度快了（$M-1$）倍，一般在 1s 内即可完成光谱范围的扫描。

② FTIR 中没有狭缝，光束全部通过，辐射通量大，比光栅仪器要高出近百倍，因而检测灵敏度高。

③ 具有多路通过的特点，所有频率同时测量。

④ 具有很高的分辨能力，目前生产的 FTIR 仪器分辨力多在 4～0.05cm^{-1} 之间，大多数高中档仪器分辨率在 4～0.15cm^{-1} 之间。随着仪器精密度的提高，部分公司在分辨率方面达到了很高的指标，如 Bruker IFS120H 最佳分辨率为 0.0008cm^{-1}，Bomen 公司 DA 系列可达 0.0026cm^{-1}。

⑤ 具有极高的波数准确度，这是因为采用单色性极高的 He-Ne 激光来控制和测量干涉图并取样，使光谱计算得到很高的波数准确度，目前 FTIR 仪器均可达到 0.01cm^{-1} 的测量精度。

⑥ 光学部件简单，只有一个动镜在实验过程中运动。

⑦ 使用调制音频测量，具有极低的杂散光，一般低于 0.3%。

⑧ 具有强大的计算机功能，可进行检索、定量、谱图识别及谱图处理等。

⑨ 适合各种联机，如 GC-FTIR、HPLC-FTIR、SFC（超临界色谱）-FTIR、MIC（显微分析）-FTIR、TGA（热重分析）-FTIR 和 Raman-FTIR 等。

根据 FTIR 光谱仪的功能，可分为 4 种类型：研究型、分析型、通用型和专用型，见表 7-15。

表 7-15　FTIR 光谱仪的分类[10]

功能	研究型	分析型	通用型	专用型
干涉仪类型	连续动态调整型干涉仪	计算机控制自动调整型干涉仪	手动调整型干涉仪	自动/手动调整型干涉仪
最高分辨率	优于 0.5cm^{-1}	0.5～2cm^{-1}	2～4cm^{-1}	2～4cm^{-1}
测量范围	近中远红外或更宽 15800～50cm^{-1}	中红外 7400～400cm^{-1}	中红外 7400～400cm^{-1}	中红外 4000～400cm^{-1}
信噪比①②（峰-峰值）	优于 5000∶1	（3000∶1）～（5000∶1）	（1000∶1）～（3000∶1）	（1000∶1）～（3000∶1）
扫描速率	>20 次/s 多挡可变	>10 次/s 多挡可变	>4 次/s 2～3 挡	4～10 次/s
联机功能	GC-FTIR MIC-FTIR TGA-FTIR SFC-FTIR HPLC-FTIR	GC-FTIR MIC-FTIR TGA-FTIR	无	无 （有专用附件及专用软件）

① 信噪比 $S/N=\dfrac{U_T Q\zeta\Delta v t^{1/2}D^*}{S_0^{1/2}}$，式中，$U_T$ 为黑体光源在指示温度时的能量分布；Q 为光通量；ζ为干涉仪效率；Δv 为仪器分辨率；t 为测量时间；D^*为检测器探测效率；S_0 为检测器探头面积，由此可知 S/N 和一系列因素有关，因此在比较仪器时要选用相同条件。

② 4cm^{-1} 分辨率，5s 测量，2150～2050cm^{-1}。

近年来 FTIR 光谱仪器发展很快，性能上有了很大提高，各种新的红外附件的开发，使红外光谱技术如近红外光谱，远红外光谱、二维相关红外光谱、红外光声光谱、红外发射光谱、红外反射光谱、动态红外光谱、显微红外光谱及红外光谱联用技术等得到了广泛应用，现将 FTIR 光谱仪的各种功能汇总于表 7-16。

表7-16 FTIR光谱仪各种功能汇总[10]

测试功能及附件

样品穿梭器(时间双光束)

微量样品测量聚光器(透射式)
(多镜反射式)

固定角反射附件
- 10°角小角反射式
- 30°角反射式
- 80°角掠角反射式

可变角反射式

漫反射附件
- 固定式漫反射附件
- 可连续测样漫反射附件
- 可翻转漫反射附件

衰减全反射附件
- 固定角ATR
- 可变角ATR
- 浸入式ATR
- 水平式ATR(液体、固体、粉末)
- 流动池式ATR

偏振附件

变温附件（高温、高压、低温）

基体隔离测量附件

光声光谱附件（气体、液体、固体）
（透射、漫反射）

长程气体测量附件

发射光谱及光纤远距离检测附件

近红外光纤远距离检测附件

时间分辨光谱附件

快速扫描技术

步进扫描技术

控制停止扫描技术

FTIR

联用：
- 色谱联机：GC-FTIR、HPLC-FTIR、TLC-FTIR、SFC-FTIR、GPC-FTIR
- 红外显微镜：透射式、反射式、扫描式
- 热重红外联机
- 红外拉曼联机
- 质谱红外联机：GC-FTIR-MS

数据处理及输出

多种显示功能：
1. 仪器状态（能量值，各种参数）
2. 干涉图和单光谱
3. 各类谱显示（透射谱，吸收谱，ATR谱，漫反射谱，光声谱，近红外谱，远红外谱等）
4. 积分谱，微分谱，多重谱，三维谱，堆积谱
5. 光谱吸收值扩大及归一化
6. 谱图的扩大、缩小
7. 选取某段谱
8. 消除某些峰，空白一段谱区
9. 基线的人工和自动校正
10. GC联机显示(程序，窗口谱，重整色谱，检索谱)
11. 软件程序

处理功能：
1. 基线的人工和自动校正
2. 消除多余峰、空白一段曲线
3. 波数和波长坐标转换
4. 加谱，减谱，积分谱，微分谱
5. 谱归一化
6. 计算峰高、峰面积
7. 谱修正（ATR，漫反射、镜反射）K-K变换、K-M变换
8. 分峰处理混合峰
9. 多组分混合物自动定量

数据的输出和打印
1. 画各种谱的标准图
2. 谱图的放大、缩小、改换坐标
3. 绘制三维图、重叠图、堆积图
4. 谱图平滑
5. 测试数据打印输出
6. 联机操作程序与相应图谱
7. 高级语言数据与程序
8. 一般红外计算数据输出

存储和编辑功能
1. 存15万张谱
2. 用户自建谱库
3. 多积软件
4. 高级语言
5. 仪器操作的显示说明
6. 红外研究文献
7. 研究报告自动插入图表
8. 谱峰指认程序

五、FTIR 光谱仪的最新进展

近 10 年来，FTIR 光谱仪器有了快速发展，无论是产品的智能化程度、产品联用、还是产品的小型化等都显示出很强的发展势头。目前，FTIR 光谱仪在数据采集、存储及处理，工作智能化等方面都有了很大进展。从第九届 BCEIA 展览会上各公司展出的仪器及提供的资料看，FTIR 光谱仪的最新进展可归纳为以下几点。

1. 仪器高度智能化和自动化

计算机技术和自动化技术在仪器中的广泛使用，使得红外光谱仪的调整、控制、测试及结果分析等大部分工作都是由计算机程序控制和完成的，如显微红外光谱中的图像技术。各公司的显微红外光谱仪均能对样品的某一区域进行面扫描，并最后给出该区域化学成分的分布图，如 AIM8800（Shimadzu）、Continuum（Nicolet）、EquinoxTM55（Bruker）、Spectrum2000（PerkinElmer）和 Stingray Imaging（Bio-Rad）等显微红外光谱仪均有此功能。Continuum 和 EquinoxTM55 在对某一点样品进行测量时，可同时观察样品状况。AIM8800 可自动记录样品检测点及背景的位置。Stingray Imaging 将步进扫描功能与焦平面阵列式检测器结合起来，可在短时间内测定红外化学图像。

2. 仪器性能指标的提高

随着仪器精密度的改善，分辨率和扫描速度等性能指标有了很大提高。如 Bruker IFS120H 光谱仪的最佳分辨率为 $0.0008cm^{-1}$，Bomen 公司 DA 系列可达 $0.0026cm^{-1}$。扫描速度 Bruker 的可达每秒 117 张谱图，利用步进扫描技术可得到 $250\times10^{-21}s$ 时间分辨光谱；Nicolet Nexus 的可达每秒 70 次扫描，利用步进扫描技术可达优于 10ns 的时间分辨光谱。这些很高的技术指标标志着材料、光路设计、加工技术和软件都达到了很高的水平。

3. 专用仪器及多功能联用技术的发展

各公司为适应不同用途的需要，设计了各种不同类型的仪器。如 Bruker 公司不同类型的傅里叶变换红外仪器达 17 种之多，该公司与制造热重分析仪的 Netisch 公司共同设计了光谱仪与热重分析仪的接口，使联用测试的灵敏度大大提高，并可同时采集热重和红外数据。Nicolet 公司有研究型、分析型和普及型等不同类型的仪器，该公司的 Nexus 光谱仪，除了高度自动化外，还配上不同类型的附件，可满足不同的测量需求。有些公司将同一仪器增加外光路出口，增加联用功能。如 Bruker 的 EquinoxTM 55 多达 6 个外光路，可与拉曼附件、GC、TG 和红外显微镜四机联用。Nicolet 的 Nexus 有 5 个外光路，可提供多机联用及发射光谱分析。PerkinElmer 公司的 Programm 2000 有 4 个外光路接口，用于不同类型的联机。

4. 国产 FTIR 光谱仪的进展

近年来，国内 FTIR 光谱仪厂家（如北京瑞利、天津港东）的生产技术也有了较快发展，与国外的差距正在不断缩小。如天津港东的 FTIR-650 型傅里叶变换红外光谱仪，采用立体角锥镜干涉光路，有效地降低了振动和导轨偏移引起的干涉变形，同时新型的红外光源设计有效地提高了指纹区的能量，并大大提高了仪器整体的信噪比。北京瑞利公司先后开发了 WQF-400/300、WQF-410/310、WQF-400N、WQF-200、WQF-510/520、WQF-660/600N、WQF-510A 等多种型号的傅里叶变换红外/近红外光谱仪。国产 WQF 系列 FTIR 光谱仪是集光学、精密机械、电子学、计算机等多学科为一体的大型精密光学仪器。它采用模块化积木式结构，各模块之间相互独立，便于扩展和升级，从而大大提高了仪器的使用灵活性。瑞利公司改进后的干涉仪光通量提高了 2 倍，而抗震性能提高了 7 倍。

5. 傅里叶变换红外光谱仪的新技术

（1）动镜驱动方式　迈克尔逊干涉仪是傅里叶变换红外光谱仪的核心组成部件，在红外数据的采集过程中，动镜必须保持进行直线往复运动，并在移动过程中同 FTIR 干涉仪内部的光轴保持非常高的精度。使用机械轴承和空气轴承的直接式动镜驱动系统均可达到这一目的，但前者易发生磨损而使精度下降，后者需要使用干燥空气，价格昂贵，维护烦琐。灵活连接系统（flexible joint system，FJS）是新出现的设计，采用了平行四边形的连接结构。由于使用了非接触的结构，从而可以保持动镜驱动实现长时间的平滑、线性操作，有优秀的稳定性和精度，并且造价低廉。

（2）动态校准系统　为了保证干涉仪在数据采集过程中的稳定性，需要非常精密的校正，几秒的角度偏差都是不能容忍的。由于动镜移动过程中会产生微小的偏差，为了保证干涉的最佳状态，需要持续监控并动态校准干涉仪工作状态。现代的 FTIR 光谱仪采用 He-Ne 激光器，其发出的光同红外线一样，经过干涉仪，并通过一系列的光电二极管接收记录干涉状态。当发现干涉状态下降时，会计算偏差的程度，并反馈相应的电信号给控制压电元件，控制定镜的角度，从而达到最佳的干涉状态。反馈的频率非常高，已经可以高达每秒几千次。

（3）检测器的发展　DLATGS（deuterated L-alanine triglycine sulfate，氘化 L-丙氨酸硫酸三苷肽）是一种新型的高灵敏度热电检测器，它是在 DTGS（deuterated triglycine sulfate，氘化硫酸三苷肽）中掺杂了 0.1% L-Alanine（L-丙氨酸）。热电材料在感受到热量时会产生自极化，从而产生电荷，称为热电效应。热电效应同温度有关，在居里温度时，其热电系数最大，灵敏度最高；超过居里温度，热电效应消失，检测器损坏。DLATGS 的居里温度是 61℃。新型的 FTIR 仪器，如岛津的 IR Prestige-21 和 IR Affinity-1 都采用了有温控单元的 DLATGS 检测器，保证了检测的高灵敏度和稳定性。

（4）干涉仪除湿功能　由于 KBr 有良好的红外光透过特性，因而 FTIR 干涉仪通常采用 KBr 作为分束器材料。但 KBr 的最大缺点是怕潮，很容易潮解，因此干涉仪的防潮至关重要。岛津公司在 FTIR 干涉仪防潮设计上是领先的，其在 1984 年就设计了世界上第一款密封干涉仪的 FTIR-4000 光谱仪，在 2002 年和 2008 年又分别推出了配备自动除湿器的 IRPrestige-21 和 IR Affinity-1 光谱仪，这是世界独一无二的设计。除湿器的耗电量很低，只需要 4.5V・A，在待机电力下就可正常工作，大大减轻了干涉仪的干燥维护工作。

第四节　红外光谱的样品制备技术[10,21~23]

红外光谱分析技术的优点之一是应用范围非常广泛，任何样品，如固体、液体、气体、单一组分的纯净物和多组分的混合物都可以用红外光谱法测定。红外光谱法既可以测定有机物、无机物、聚合物、配合物，也可以测定复合材料、木材、粮食、饰物、土壤、岩石、矿物、包裹体等。对不同的样品需采用不同的红外制样技术；对同一样品也可以采用不同的制样技术，但所得谱图会有差异。因此，要根据测试目的和测试要求，采用合适的制样方法及制样技术，方可获得一张高质量的红外光谱图。

一、气体样品的制样方法

气态样品通常使用直径 4cm、长 10cm 的玻璃气体吸收池，它的两端配有透红外线的窗片（一般为溴化钾或氯化钠），为了防止漏气，玻管两端需仔细磨平，并用黏合剂将其与盐窗结合，池体焊有两个带活塞的支管以便充入气样。进样时一般先用真空泵将气体吸收池抽真空，然后再充注样品。吸收峰的强度可以通过调节吸收池内样品的压力来达到（由与吸收池相连的压力计来指示）。对于强吸收的气体（如四氟化碳），只要充入 5mmHg（1mm Hg=133.322Pa）或更少的气体即可；对于弱吸收气体（如氯化氢），则需达 0.5atm（1atm=101325Pa）或更多；而对大多数气体而言，有 50mmHg 的压力就可得到满意的谱图。

当气体样品量较少时，可使用池体截面积不同、带有锥度的小体积气体吸收池；当被测气体组分浓度较小时，可选用长光程气体吸收池（光程规格有 10m、20m 和 50m），也可用 GC-FTIR 直接进样分析。

在进行气体测定时，需注意以下两点：

①水蒸气在中红外区的吸收峰会干扰样品的测定，因此样品在注入吸收池前必须保证干燥。

②样品测定完毕后，应该用干燥空气彻底冲洗吸收池和连接吸收池入口的管道，有时甚至需要重涂吸收池上的活塞润滑油，以免它们所吸附的样品污染下次测定的结果。

二、固体样品的制样方法

固体样品可以不同形态存在，如粉末、粒状、块状、薄膜、硬度小的、硬度大的、脆的、坚韧的，等等。固体样品的测试方法有常规的透射光谱法、显微红外光谱法、ATR 光谱法、漫反射光谱法、光声光谱法、高压红外光谱法等。红外光谱附件的制样技术将在本篇第八章做详细介绍。本节只介绍用于常规透射红外光谱的固体制样方法，即压片法、糊状法和薄膜法。

1. 压片法

压片法是一种简便易行、常用的制样方法。该法只需要稀释剂、玛瑙研钵、压片磨具和压片机。稀释剂有溴化钾和氯化钾（两者的操作过程相同），常用的为溴化钾，此处仅介绍溴化钾压片法。

（1）研磨　将约 1mg 固体粉末样品与约 150mg 溴化钾粉末（溴化钾粉末在使用前应经 120℃烘干，置于干燥器中备用）置于玛瑙研钵中，研磨均匀（粒度要小于 2.5μm）。

（2）压片　压片需要使用压片模具，如图 7-36 所示。用不锈钢小扁铲将研磨好的样品与溴化钾混合物转移至压片模具中，然后使用压片机给压片模具施加压力。通常，施加 8t 左右的压力并保持十几秒钟，即可压出透明或半透明的锭片。

（3）测试　从压片模具中取出锭片后要及时测试，如果不能及时测试，应将锭片暂时保存于干燥器中。

2. 糊状法

采用卤化物压片，所测得的红外光谱中很难除去位于 $3400cm^{-1}$ 和 $1640cm^{-1}$ 附近的水峰，会干扰样品中结晶水、羟基和氨基的测定；采用糊状法制样可以克服这个缺点。糊状法是在玛瑙研钵中将样品与糊剂一起研磨，使样品微粒均匀地分散在糊剂中。最常用的糊剂有石蜡油（液体石蜡）和氟油。用石蜡油或氟油与样品一起研磨的方法又称作石蜡油研磨法或氟油研磨法。

（1）石蜡油研磨法　该法制样速度快，不足之处是：石蜡油糊剂是饱和直链碳氢化合物，在光谱中会出现碳氢键的特征吸收峰，干扰样品的测定；样品用量比压片法多，至少需要几毫克样品。

制备样品时，将几毫克样品放在玛瑙研钵中，滴加半滴石蜡油研磨。研磨好后，用硬质塑料片将糊状物从玛瑙研钵中刮下，均匀地涂在两片溴化钾晶片之间，然后测其红外光谱。

（2）氟油研磨法　所谓氟油就是全氟代石蜡油（即石蜡油中的氢原子全部被氟原子取代），黏度比石蜡油大一些。采用氟油研磨法制备样品得到的光谱没有碳氢吸收峰，但在

1300cm^{-1} 以下的光谱区间出现非常强的碳氟吸收峰。因此，采用该法只能得到 4000～1300cm^{-1} 区间样品的光谱。

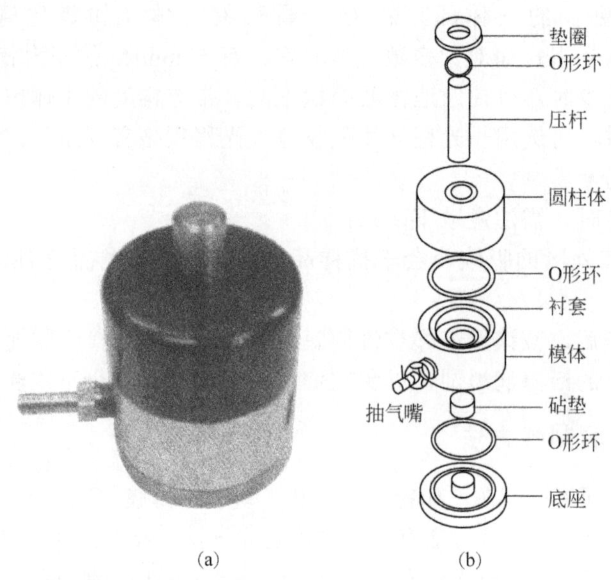

图 7-36 常用压片模具实物图（a）和装配图（b）[23]

石蜡油研磨法和氟油研磨法可以得到互补。氟油在 1300cm^{-1} 以上没有吸收峰，而石蜡油在 1300cm^{-1} 以下没有吸收峰（除了在 720cm^{-1} 出现一个弱的吸收峰外）。氟油研磨法的制样方法与石蜡油研磨法相同，此处不再重复。

3. 薄膜法

薄膜法主要用于高分子材料的红外光谱测定，分为溶液制膜和热压制膜两种方法。

（1）溶液制膜法　将样品溶解于适当的溶剂中，然后将溶液滴在红外晶片（如溴化钾、氯化钠等）、载玻片或平整的铝箔上，待溶剂完全挥发后即可得到样品的薄膜。最好的溶液制膜法是将溶液滴在溴化钾晶片上，这样制得的薄膜可以直接测定。

所配制溶液的浓度要适中，如果配制 2%的溶液，滴 1～2 滴溶液，膜的直径在 13mm 左右，膜的厚度为 5～10μm，这样制得的膜适合红外光谱测定。

（2）热压制膜法　可以将较厚的聚合物薄膜热压成更薄的薄膜，也可以从粒状、块状或板材聚合物上取下少许样品热压成薄膜。

热压模具可以购买，也可以自制。购买的薄膜制样器可以将少许聚合物热压成直径为 20mm，厚为 15μm、25μm、50μm、100μm、250μm 和 500μm 的薄膜。图 7-37 为薄膜制样器的热压模具示意图。热压模具采用内加热器，上、下压模板内安装有电加热板。热压模具的温度由温度控制器自动控制，温度可以从室温加热到 300℃。不同的聚合物需设定不同的热压温度，表 7-17 为常用聚合物设定的热压温度。

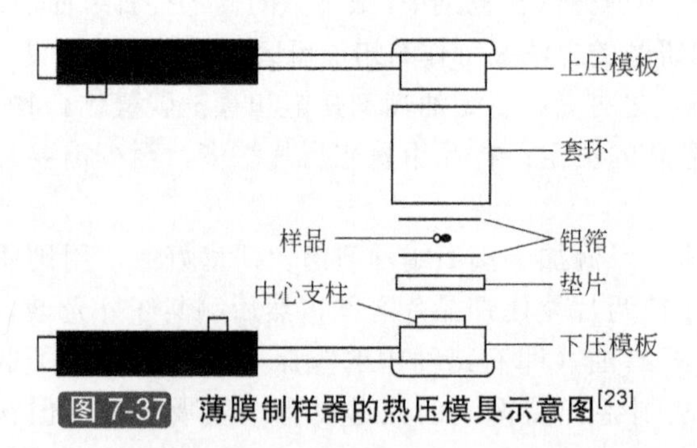

图 7-37 薄膜制样器的热压模具示意图[23]

图 7-37 中的套环将上、下两块压模板对齐。铝箔将样品与上、下压模板隔开，热压好的样品薄膜夹在两片铝箔之间，将两片铝

箔分开即可取出样品薄膜。热压不同厚度的薄膜使用不同的金属垫片。

表 7-17 常用聚合物设定的热压温度[23]

聚合物名称	设定的热压温度/℃	聚合物名称	设定的热压温度/℃
低密度聚乙烯	110	尼龙 12	170
线型低密度聚乙烯	130	尼龙 6	200
高密度聚乙烯	150	尼龙 610	200
聚丙烯	170	尼龙 66	240
聚苯乙烯	140	聚甲基丙烯酸甲酯	150
聚氯乙烯	160	聚缩醛树脂	100
尼龙 11	160	聚碳酸酯	210

三、液体样品的制样方法

液体样品可装在红外液体池里测试，也可用红外显微镜或 ATR 附件测试，本节只介绍装在红外液体池里的测试方法。液体样品分为纯有机液体样品和溶液样品，溶液样品又分为有机溶液样品和水溶液样品。

1. 液池窗片材料

液池窗片材料分为测试有机液体窗片材料和测试水溶液的窗片材料。表 7-18 列出了中红外区常用液池材料的物理性质。

表 7-18 中红外区常用液池材料的物理性质[23]

液池材料名称	化学组成	适用范围/cm^{-1}	溶解度/[g/100ml（H_2O）]	折射率
溴化钾	KBr	5000~400	53.5（0℃）	1.56
氯化钾	KCl	5000~400	23.8（10℃）	1.49
氯化钠	NaCl	5000~650	35.7（0℃）	1.54
氟化钡	BaF_2	5000~800	0.17（20℃）	1.46
氟化钙	CaF_2	5000~1300	0.0016（20℃）	1.43
氯化银	AgCl	5000~400	不溶	2.0
溴化银	AgBr	5000~285	不溶	2.2
碘化铯	CeI	5000~200	44.0（0℃）	1.79
KRS-5	TlBr，TlI	5000~250	0.02（20℃）	2.37
硒化锌	ZnSe	5000~650	不溶	2.4
硫化锌	ZnS	5000~500	不溶	2.2
金刚石(Ⅱa 型)	C	4000~400	不溶	2.42
硅	Si	5000~660	不溶	3.4
锗	Ge	5000~680	不溶	4.0
盖玻片(18μm)	SiO_2，GaO	5000~1350	不溶	1.5

注：表中适用范围与液池的厚度有关，厚度越大，适用范围的低频端截止波数越高。折射率与光的波长有关，光的波长不同，折射率会有变化。

表 7-18 所列液池材料中，适于有机液体红外光谱测试的是溴化钾、氯化钾和氯化钠，而最常用的是溴化钾和氯化钠。对于水溶液样品红外光谱测试，最常用的窗片材料是氟化钡，其次是氟化钙。

2. 液池种类

液体池的种类很多，可以从红外仪器公司购买，也可以自行加工制作。液体池通常分为三类，即可拆式液池、固定厚度液池和可变厚度液池。

（1）可拆式液池　测定液体样品的红外光谱一般使用可拆式液池。图 7-38 是圆形可拆式液池实物图和装配图。可拆式液池中的两片晶片和晶片之间的垫片可以取下来清洗。

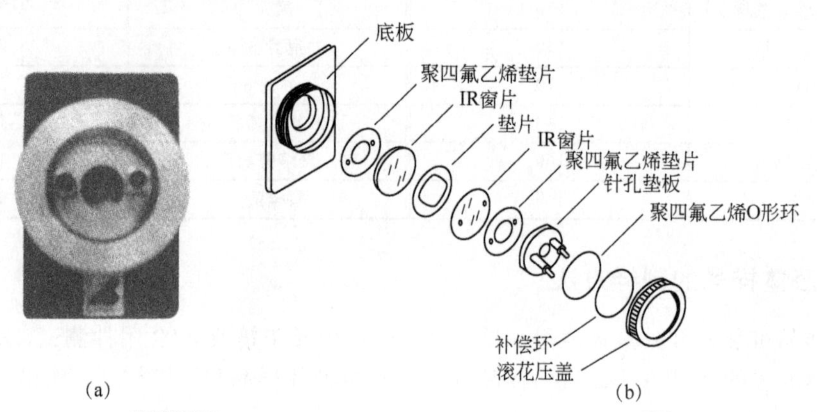

图 7-38　圆形可拆式液池实物图(a)和装配图(b)[23]

（2）固定厚度液池　指液池中两块窗片之间的厚度是固定不变的。两块窗片之间夹着中空的垫片，垫片的厚度就是液池的厚度。固定厚度液池一定要有液体的进口和出口，以便注入待测液体和清洗液池。图 7-39 是一种固定厚度液池的分解示意图。

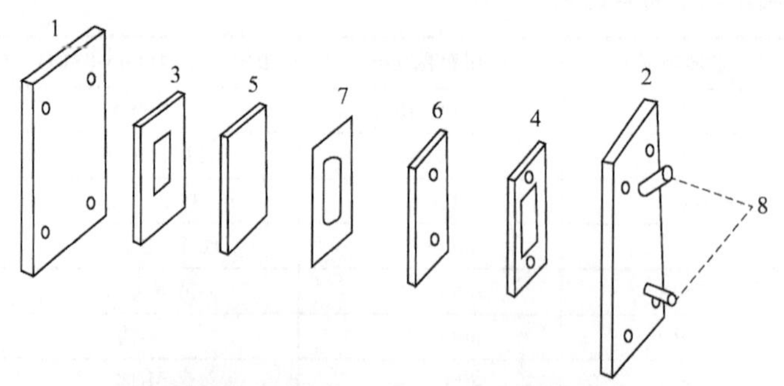

图 7-39　固定厚度液池分解示意图[23]

1—底板；2—面板；3, 4—垫片；5—无孔晶片；6—有孔晶片；7—汞齐化铅垫片；8—样品进、出孔

固定厚度液池的窗片和垫片不能取下来清洗。每测完一个样品，都要将液池彻底清洗干净。通常，只有进行定量分析时才采用固定厚度液池。

（3）可变厚度液池　液池中两块晶片之间液膜的厚度可以改变。可变厚度液池可以通过旋转旋钮，调节液膜的厚度来改变液体红外光谱的吸光度。图 7-40 是可变厚度液池示意图和实物图。可变厚度液池的清洗比固定厚度液池容易，清洗时可将窗片之间的距离调大。

3. 有机液体样品

对于黏稠状样品，取少量样品置于溴化钾晶片中间，用另一晶片压紧，使样品形成均匀的薄膜即可测试。对于黏度小、流动性好的液体样品，可以用小玻璃棒蘸一点液体置于溴化钾晶片中间，再放上另一块溴化钾晶片，液池架的螺钉不能拧紧。液膜的厚度为 5～10μm 时，测得的光谱吸光度比较合适。对于易挥发的液体样品，在溴化钾晶片上滴一大滴样品，马上盖上另一块晶片，并尽快测试。

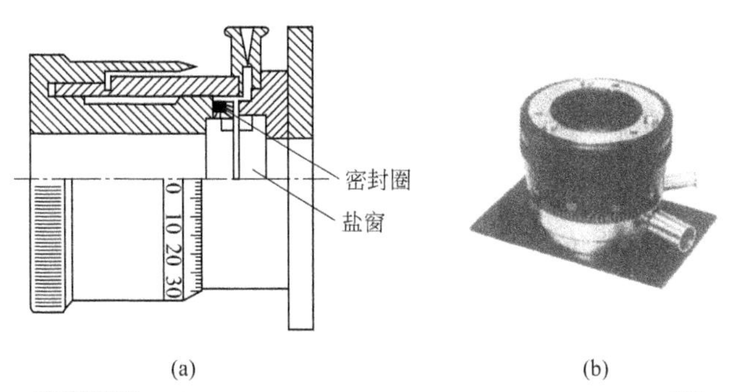

(a)　(b)

图 7-40　可变厚度液池示意图（a）和实物图（b）[23]

4. 水和重水溶液样品

测定水溶液样品光谱，窗片材料最好选用氟化钡晶片。水溶液浓度在 1%以上时，可采用液膜法测定水溶液光谱。为了避免水溶液中水的吸收峰对溶质吸收峰的干扰，可将溶质溶解在重水中，测试重水溶液的光谱。水和重水的红外光谱是互补的，可以根据需要选择水或重水作溶剂。

表 7-19 汇总了各种物相试样的制样方法及其适用的样品。

表 7-19　红外光谱制样方法

试样物相	制样方法	适用的样品
气相样品	通常使用玻璃气体吸收池，也可用 GC-FTIR 直接进样分析	气体样品，低沸点液体样品和某些蒸气压较大的样品
液相样品	液膜制样法：将液体夹于两块晶面之间，展开成液膜层，然后置于样品架上	不适于沸点在 100℃以下或挥发性强的样品，无法展开的黏胶类及毒性大或腐蚀性、吸湿性强的液体
	吸收池制样法：用注射器将样品注入池中	低沸点的液体样品或溶液样品
	涂膜制样法：将少量液体样品涂于溴化钾晶片，再合上另一晶片，置于样品架上	黏度适中或偏大的液态样品，黏度较大而又不能采用加热加压法展薄的样品
固相样品	压片法：固样加入溴化钾研磨，在专用压片模具上加压成片	适用于绝大部分固体试样，不宜用于鉴别有无羟基存在
	糊状法：固样加入石蜡油磨匀，然后按涂膜制样法操作	适用于固体样品，特别是易吸潮或遇空气产生化学变化的样品，需对羟基或氨基进行鉴别的情况
	溶液制样法：将固样溶于适当溶剂中，然后按液相样品吸收池制样法操作	易溶于常用溶剂的固体试样，在定量分析中常应用
	熔融成膜法：固样置于晶面上，加热熔化，合上另一晶片，置于样品架上	适用于熔点较低的固体样品
	升华法：样品和溴化钾晶片置于同一个带透红外窗口的升华装置中	适用于某些遇空气不稳定、在高温下能升华的样品
聚合物样品	液膜法、液液挥发成膜法、熔融成膜法等	适用于黏稠液体样品
	透射法	适用于膜片状样品
	压片法	适用于能磨成粉的样品
	溶解成膜法、溶液法	适用于能溶解的样品
	热裂解法	不熔不溶的高聚物，如硫化橡胶、交联聚苯乙烯等

四、微量样品的制样方法

在红外光谱分析中，有时提供的样品量极少，如果用于测定的固体量小于 1mg，液体量小于 1 滴，气体量小于 25ml，一般就认为属于微量样品范围。

1. 样品制备

样品制备包括微量样品分离收集和转移技术，在红外光谱分析中最常用的微量分离方法是液相色谱法、气相色谱法和薄层色谱法。有关“在线”联机检测将在红外光谱联用技术一节中介绍，这里仅简要介绍微量分离收集与转移技术。

（1）气相色谱分离收集和转移技术　气相色谱分离后组分的收集常采用直接收集法[24,25]、集存收集法、KBr 粉末收集法等，因收集技术困难，以上所述的收集方法使用不便。

（2）薄层色谱分离转移技术　薄层色谱分离后组分的收集可采用直接洗脱法[24]，其中的点状转移法如图 7-41 所示，仪器洗脱法如图 7-42 所示。另一种洗脱转移技术，可采用 TLC 吸样管，其结构如图 7-43 所示。吸样管由带有弯曲斜口的吸样头、带有砂板的收集洗脱两用管以及抽气尾管组成，使用时把抽气尾管接上抽气泵，让吸样管接触已标出的吸收带区，带有样品的吸附剂即进入收集管，取下吸样头和吸管尾管，竖起收集管即可用溶剂洗脱样品。

对洗脱溶剂有如下要求：对洗脱样品有良好的溶解性，要有足够强的极性，易于挥发，对光谱测量无干扰，不洗脱吸附剂组分。要特别注意 TLC 中微粒硅胶混入样品中对 IR 谱图中 1100cm^{-1} 峰的影响。

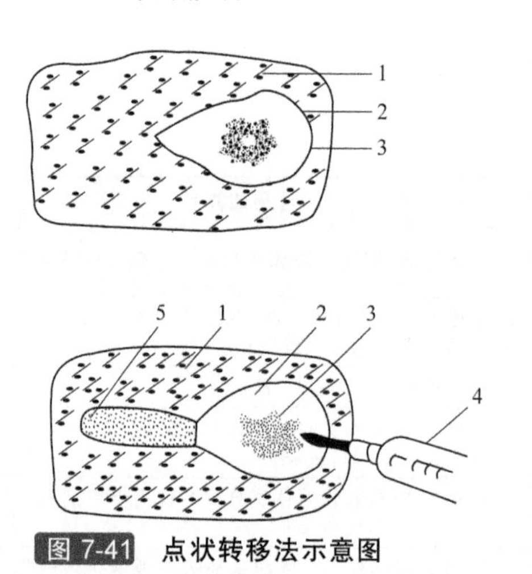

图 7-41　点状转移法示意图

1—去掉硅胶层的TLC板；2—硅胶层；3—TLC斑点；4—注溶剂的针筒；5—KBr粉

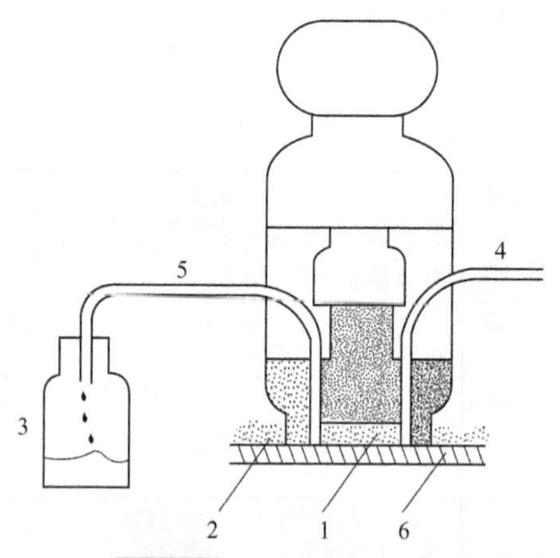

图 7-42　仪器洗脱法示意图[22]

1—样品斑点；2—吸附剂；3—接液瓶；4—溶剂入口；5—溶剂出口；6—玻璃板

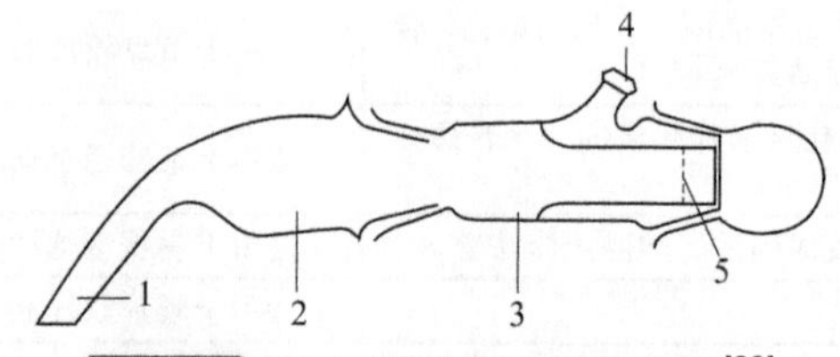

图 7-43　TLC 吸样管结构示意图[22]

1—吸样口；2—吸样管；3—接样管；4—吸气口；5—砂板

2. 微量制样技术

（1）微量固体制样　常用的有微型压模法[25](其微量压片模具见图 7-44，最小压片直径为 0.5mm)、无模具微量压片法[26~28]、二次压片法（夹心法）[29,30]、糊状法和金刚石高压法等。

（2）微量液体样品 对于黏度大的高沸点微量液体样品，可采用微量压片法，也可用聚光器配合微反射法测量或采用微量漫反射法测量[31, 32]；对易挥发的液体样品，可用微量液体池和毛细管池[33]。常见的微量液池有两种，一种是与常量密封液池结构相同的微型池；另一种是可自行加工的微量液池，如图 7-45 所示。微量液池的有效体积为 6μl 左右，超微量液池甚至可以小至 1μl。

（3）微量气体样品 可充注入小体积的气池中测定。小体积气池是一个长 75mm、有效体积为 25ml、主体呈方锥形的金属池，两端镶有直径不同的盐窗。

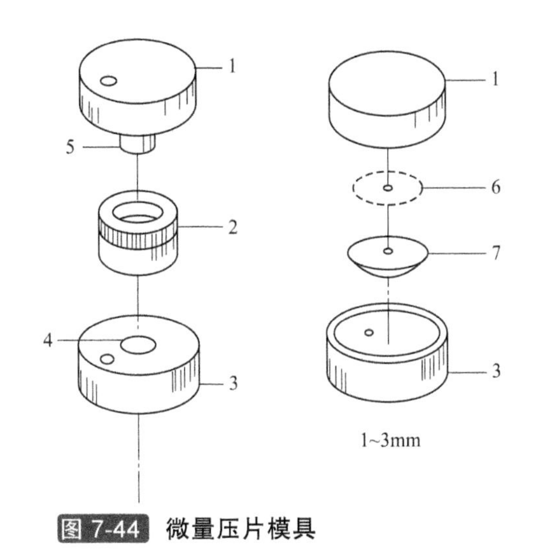

图 7-44 微量压片模具

1—上膜；2—样品圈；3—下膜；4—下芯；5—上芯；6—样品板；7—硅橡胶弹性片

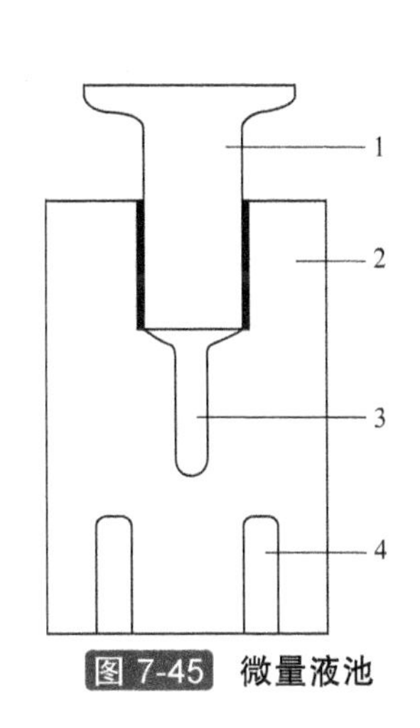

图 7-45 微量液池

1—塞子；2—池体；3—样品孔；4—定位孔

3. 微量测量技术

在微量测量中经常使用红外聚光附件以增加光通量，提高检测灵敏度。常用的红外聚光附件有透射式和反射式两种类型。透射式聚光附件是用透红外光的晶体材料加工成聚光透镜来使样品光束收敛，见图 7-46。反射式红外聚光装置是用凹面反射镜和平面镜组合而成的光学系统，见图 7-47。

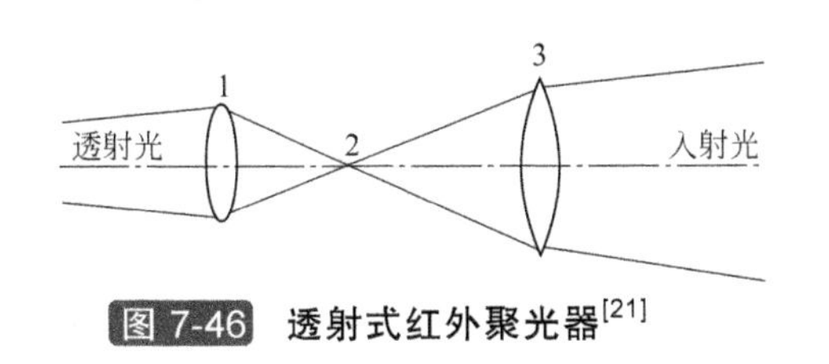

图 7-46 透射式红外聚光器[21]

1,3—透红外光材料制成的透镜；2—样品

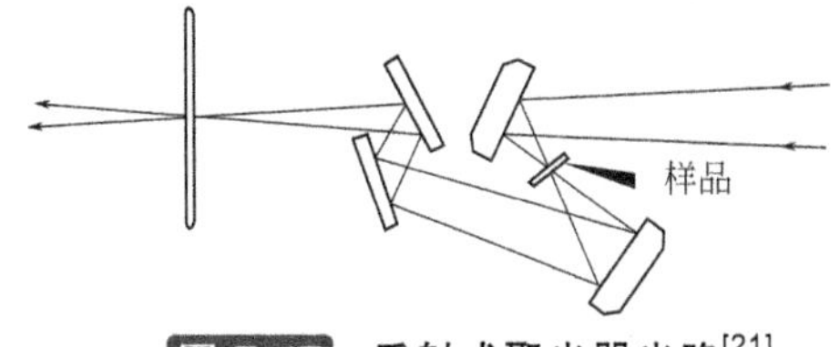

图 7-47 反射式聚光器光路[21]

在微量样品的测定中要注意仪器条件的设定，对色散型仪器应选用宽狭缝、慢扫描和足够的时间常数。对 FTIR 仪器，应注意光能利用和累加技术，采用计算机处理技术，如应用差谱技术、微分光谱技术、因子分析和拟合法等数据处理技术及纵坐标扩展技术。

参 考 文 献

[1] Herzberg G. Molecular Spectra and Molecular Structure Vol Ⅱ: Infrared and Raman Spectra of Polyatomic Molecules. Van Nostrand，Princeton: NJ, 1945.

[2] Herzberg G. Molecular Spectra and Molecular Structure Vol I: Spectra of Diatomic Molecules. Van Nostrand, Princeton：NJ, 1950.

[3] Woodward L A. Introduction to the Theory of Molecular Vibrations and Vibrational Spectroscopy. London：Oxford University Press, 1972.

[4] Norman B C, et al. Introduction to Infrared and Raman Spectroscopy. Third edition. New York: Academic Press, 1990.

[5] Hall I H. Group Theory and Symmetry in Chemistry. New York: McGraw-Hill, 1969.

[6] Cotton F A. Chemical Application of Group Theory. 2nd ed. New York: Wiley-Interscience, 1971.

[7] Orchin M, et al. Symmetry, Orbitals and Spectra. New York: Wiley, 1971.

[8] Ferraro J R, et al. Introductory Group Theory and Its Application to Molecular Structure. 2nd ed. New York: Plenum Press, 1975.

[9] 王宗明，等. 实用红外光谱学. 北京：石油化学工业出版社, 1978.

[10] 吴瑾光. 近代傅里叶变换红外光谱技术及应用. 上卷. 北京：科学技术文献出版社, 1994.

[11] Wilson E B, et al. Molecular Vibrations. New York: McGraw-Hill Book Co, 1955；New York: Dover Publications, Inc, 1980.

[12] Fuhrer H, et al. Computer Programs for Infrared Spectrophotometry. Ottawa: NRCC, 1976.

[13] Волькенцгтеûн и ДР. Колебаниа, Москово: гостехздат, 1949.

[14] Свердлов Л М и др. Колебательные Спектры Многоатомных Молекул. Москово: Наука, 1970.

[15] Грибов Л А. Методы ц Алгорцтмы Выщцсленцû В Теорцц Колебатедых Спектров Молькул. Москово: Наука, 1981.

[16] Gribov L A, Orville-Thomas. Theory and Methods of Calculation of Molecular Spectra. New York: John-Wiley & Sons, 1988.

[17] 杭州大学化学系分析化学教研室. 分析化学手册：第三分册. 电化学分析与光学分析. 北京：化学工业出版社, 1983.

[18] Willis H A. Laboratory Methods in Vibrational Spectroscopy. Third edition. Chichester: John-Wiley & Sons, 1987.

[19] JJG 681—90-色散型红外分光光度计检定规程.

[20] 国家教育委员会. JJG 001—1996-傅里叶变换红外光谱仪检定规程. 北京：科学技术文献出版社, 1997.

[21] 张叔良，等. 红外光谱分析与新技术. 北京：中国医药科技出版社, 1993.

[22] 林林，吴平平，等. 实用傅里叶变换红外光谱学. 北京：中国环境科学出版社, 1991.

[23] 翁诗甫. 傅里叶变换红外光谱分析. 第 2 版. 北京：化学工业出版社, 2010.

[24] Self R. Nature, 1961, 189: 223.

[25] Shearer D A, et al. Analyst, 1963, 88: 147.

[26] Corth A B. Chem and Indu, 1967, 26(52): 1782.

[27] Bissett F, et al. Anal Chem, 1959, 31: 1927.

[28] 田村喜藏，等. 分析化学, 1963, 12: 372.

[29] 荆煦瑛. 分析化学, 1980, 3(8): 269.

[30] Brannon W L. Microchim Acta, 1970, 2: 237.

[31] Mills A L. Anal Chem, 1963, 35: 416.

[32] Black E D, et al. Anal Chem, 1957, 29: 169.

[33] Black E D. Anal Chem, 1960, 32: 735.

第八章　红外光谱新技术

第一节　红外反射光谱技术

红外反射光谱通常分为外反射光谱和内反射光谱，外反射光谱包括镜面反射光谱、反射吸收光谱以及漫反射光谱，内反射光谱则主要指衰减全内反射光谱。

一、镜面反射[1~4]

（一）镜面反射的原理

镜面反射（specular reflection）是外反射技术的一种。当红外光以一定的入射角照到样品上时，在界面上就形成光线的反射和折射，其中反射角等于入射角。如果将样品附着在光亮的金属表面，当红外光照射样品时光线就会穿过样品，在金属表面形成反射，并再次穿过样品，此时出射光即带有样品信息。镜面反射原理如图 8-1 所示。

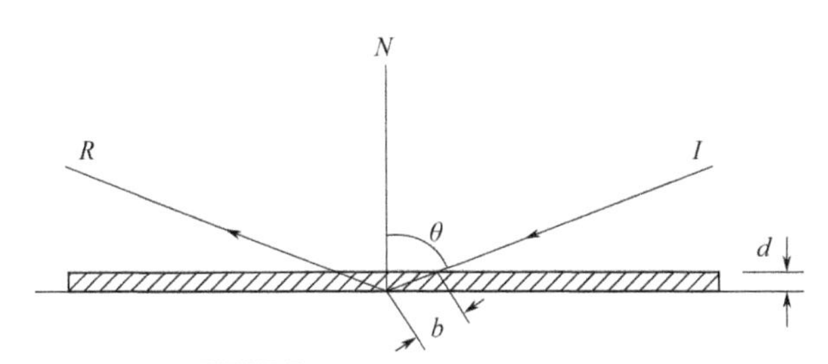

图 8-1　镜面反射原理示意图

N—法线；I—入射线；R—反射线；θ—入射角；d—样品厚度；b—1/2光程

当红外光照射到样品后，一部分光被反射，一部分光发生折射，还有一部分光被样品吸收。根据能量守恒定律有：

$$E_{\text{incidence}} = E_{\text{reflection}} + E_{\text{refraction}} + E_{\text{absorption}} \tag{8-1}$$

式中，$E_{\text{incidence}}$ 为入射光的强度；$E_{\text{reflection}}$ 为反射光强度；$E_{\text{refraction}}$ 为折射光强度；$E_{\text{absorption}}$ 为被物质吸收的光线强度。可见，当入射光强度一定时，反射光强度与样品的折射率（n）和吸收系数（a）有密切关系。反射光强度通常用反射率（R）来表示，定义为反射光强度（R_R）与入射光强度（R_I）之比：

$$R = \frac{R_R}{R_I} \tag{8-2}$$

结合折射率和吸收系数推导出：

$$R = \frac{(n-1)^2 + a^2}{(n+1)^2 + a^2} \tag{8-3}$$

其中样品分子的吸收系数 a 以及物质的折射率 n 均是 λ 的函数，即可记为 $a(\lambda)$和 $n(\lambda)$，故此，式（8-3）可写为：

$$R=\frac{\left[n(\lambda)-1\right]^2+a^2(\lambda)}{\left[n(\lambda)+1\right]^2+a^2(\lambda)} \tag{8-4}$$

当不考虑折射作用时，反射光谱的反射率峰值与吸收光谱的吸收系数峰值一致。但由于异常色散导致 $n(\lambda)$发生变化，两者的波数位置往往存在差异。这种现象可通过 Kramers-Kronig 变换来对异常色散进行校正，这种校正在商品红外光谱仪中只需一个指令即可实现，从而可和普通透射红外光谱一样用于分析。

（二）镜面反射红外光谱的测定

镜面反射通常以附件形式用于红外光谱测定，分为固定角反射附件、可变角反射附件以及掠角反射附件，其中掠角反射技术在下节专门介绍。固定角反射附件的入射角固定，通常有 10°、30°、45°、70°等；可变角反射附件的角度在一定范围内可调。图 8-2 是一个固定角为 30° 的镜面反射附件光路示意图。

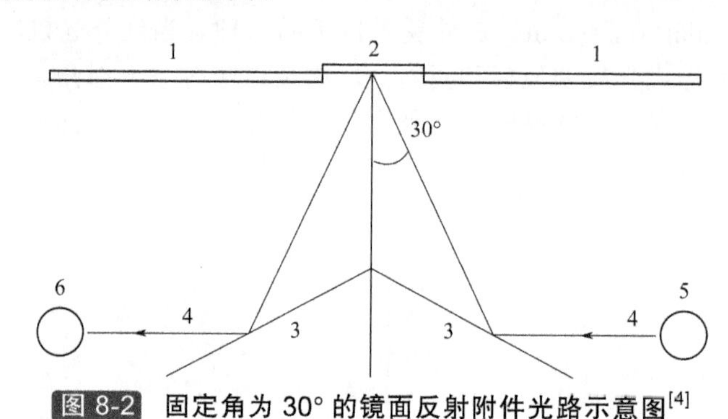

图 8-2 固定角为 30° 的镜面反射附件光路示意图[4]

1—样品支撑台；2—样品；3—反射镜；4—红外线；5—光源；6—检测器

式（8-4）表明，当样品固定时，镜面反射强度取决于入射角和金属镜面的材质。图 8-3 给出了反射率与入射角及金属镜面镀层材料的关系[3]，可以看出，当入射角小于 75° 时，不同镀层材料的反射率没有区别，但角度再大时反射率则表现出显著的差异。通常镜面反射实验都采用金属衬底的镜面，这是因为金属不吸收红外光，因此反射光谱无干扰谱带。在金属镀层中铂和金的反射率最高，银次之，镀镉和铝的最低，但镉和铝价廉易得，在小于 75° 的镜面反射实验中可以采用。

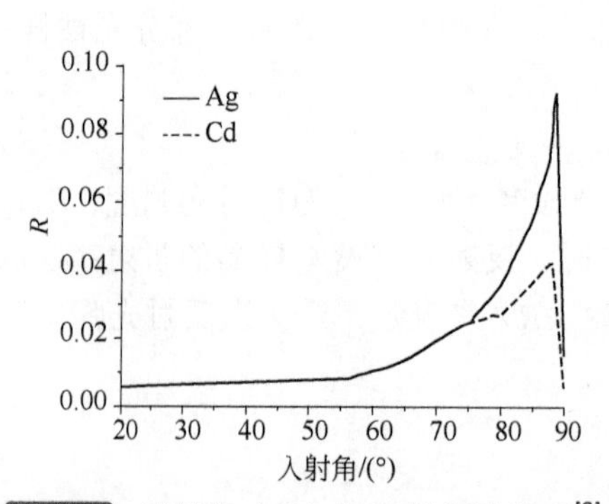

图 8-3 反射率（R）与入射角的关系[3]

镜面反射的样品通常先溶解于适当溶剂后均匀涂覆于金属镜面（或表面光亮的铝箔）上，用另一块相同的未涂覆镜面采集背景光谱，其他采集参数与普通透射光谱相同。表面光亮的固体样品（如宝石鉴定）可直接置于光路，而不需任何制样过程。

需要指出的是，镜面反射得到的光谱经常会出现一些突跃峰（类似于一阶导数谱）或负峰，使得镜反射光谱很难直接与透射谱比较，这是异常色散引起的折射率突变所致，因此该反射光谱一般都需要进行 Kramers-Kronig 校正，校正后的光谱与吸收光谱一致。

（三）镜面反射红外光谱的应用

镜面反射红外光谱在聚合物、无机物、宝石鉴定等方面取得成功的应用，特别是与偏振技术结合在材料各向异性的研究方面发挥了较重要作用。一些镜面反射红外光谱的应用见表 8-1。

表 8-1 镜面反射红外光谱的应用实例

样品种类	测定对象	测试方法	主要结果	参考文献
宝石	黄玉	不处理样品，镜反射图经 Kramers-Kronig 转换	对黄玉结构中Si—O基团的振动谱图结合群论分析结果进行了归属，对不同颜色的样品谱图进行了对比，发现了一些明显的变化并分析了原因	1
	巨晶水晶、显晶质石英岩、隐晶质玉髓、欧泊、熔炼石英玻璃	红外显微-镜面反射	随着宝石结晶程度的变化，Si—O 键的伸缩振动谱带及合频谱带具有一定的递变规律，而且在巨晶水晶的红外光谱中，Si—O 键表现出了明确的方向性。此外，OH 伸缩振动谱带(3600～3200cm^{-1})也与宝石的结晶程度呈现出递变规律	2
	水热合成的 KTP 晶体	对 KTP 的三个晶面（100）、（011）和（201）分别进行测定	水热法合成KTP晶体中OH的伸缩振动存在方向性特征，其中（100）方向吸收明显，并且其频率比助熔剂法合成 KTP 提高约 30cm^{-1}。羟基的存在抑制了 KTP 晶体的生长	3
	钻石	红外显微-镜面反射，扫描 512 次，分辨率为 4cm^{-1}	结合漫反射、透反射对钻石进行了分析，基于光谱特征对钻石进行了分类、缺陷和杂质的测定以及完成了一些处理过程	4
聚合物	液晶聚酯胺	10°入射角，铝镜采集背景光谱，用偏振片来获取二向色性	结合 ATR 以及偏振技术得到液晶聚合物聚酯胺的表面三维取向	5
	液晶聚酯片	红外显微-镜面反射	结合 ATR 以及偏振技术研究了液晶聚合物的表面取向，获得了其吸收率和折射率。液晶片的表面取向函数比内部取向函数大。这种方法得到的取向函数比 XRD 法得到的晶体取向函数低，表明晶体取向函数比非晶分子链的取向函数高	6
	聚氯乙烯	11°入射角，铝镜采集背景光谱，扫描 200 次，分辨率 2cm^{-1}等	结合镜反射和共振拉曼光谱研究了工业级 PVC 的分子取向	7
	液晶共聚酯	30°入射角，金线栅偏振片	研究了熔融温度(265～315℃)和填料（云母、硅石和玻璃珠）对液晶聚合物取向的影响，证明取向与液晶聚合物在加工过程中的流型有关	8
	聚对苯二甲酸乙二醇酯	20°入射角，扫描 128 次，分辨率为 4cm^{-1}	提出了一种表面不规则度影响的校正方法，从取向度和反式构象含量计算了取向函数	9
		红外显微-镜面反射，入射角可调	结合偏振技术，用 1019cm^{-1} 谱带的二向色性测定了 PET 的取向函数	10
	聚醚醚酮，聚对苯二甲酸乙二醇酯，聚乙烯，聚甲基丙烯酸甲酯	红外显微-镜面反射，入射角可调，ZnSe 金线栅偏振片，扫描 100～500 次，分辨率为 4cm^{-1}	结合偏振技术对不同聚合物的结晶度、分子取向、化学组成等进行了定性定量研究	11
	淬火尼龙 66	45°入射角，光谱不用 Kramers-Kronig 变换	结合光声光谱技术研究了不同淬火温度下尼龙 66 结构上的微小变化	12
	碳纤维填充聚合物	红外显微-镜面反射，Kramers-Kronig 变换	测试了各种含碳量为 2%～25%的聚合物光谱，该法不适合漫发射占主导的碳纤维/聚合物复合材料	13

续表

样品种类	测定对象	测试方法	主要结果	参考文献
聚合物	聚对苯二甲酸乙二醇酯	前表面-镜面反射FTIR	用于分子构象和取向的定性和定量，通过对羰基或酯基的研究可获取构象变化和分子取向的信息	14
	三元乙丙橡胶	扫描32次，分辨率为$4cm^{-1}$	实验结果表明，在人工老化环境下表面生成了羰基化合物	15
	尼龙6膜下DL-天冬氨酸	30°入射角，扫描512次，分辨率为$4cm^{-1}$	结合中子反射法研究了尼龙6膜下DL-天冬氨酸的结晶情况	16
无机物	蒙脱土	10°入射角，扫描100次，分辨率为$2cm^{-1}$	结合电子自旋共振光谱分析了经300℃加热24h后Li(Ⅰ)、Cu(Ⅱ)、Cd(Ⅱ)离子在蒙脱土中的位点	17
	Li-蒙脱土，Cs-蒙脱土	10°入射角，扫描100次，分辨率为$2cm^{-1}$	对80～220℃之间热处理的Li-蒙脱土，Cs-蒙脱土进行光谱分析，揭示了Si—O—Si桥键不对称伸缩振动的横向和纵向光学成分等信息	18
	氧化铝陶瓷	AgCl基线栅偏振器，分辨率$6cm^{-1}$，镀铝镜采集参比谱	结合漫反射和光谱模拟方法研究了表面粗糙的烧结氧化铝陶瓷的光谱。该法适合表面粗糙的样品，特别是在大入射角时特别可靠	19
	土壤	扫描范围4000～$400cm^{-1}$，分辨率$4cm^{-1}$，64次扫描	研究了土壤的镜反射和漫反射光谱。实验结果表明：可以用IR光谱对土壤进行定性定量分析，而且中红外校正方法比近红外法更稳健	20
	钛植入物上磷灰石的生长	分辨率$4cm^{-1}$，Harrick反射附件	结合SEM、XRD分析了钛植入物上磷灰石的仿生生长。在SBF中，含有碳酸根的磷灰石产生，而在高Ca^{2+}浓度的SBF中，只生成磷灰石，没有碳酸根产生	21
	大理石文物	便携式红外仪，光纤探头，分辨率$4cm^{-1}$，铝镜采集背景	对大理石文物表面材料进行了识别	22

本表参考文献：

1. 王柏松, 屠荆. 光谱学与光谱分析, 2000, 20(1): 40.
2. 李建军, 刘晓伟, 王岳, 等. 红外, 2010, 31(12): 31.
3. 谢浩, 裴景成, 亓利剑, 等. 光谱学与光谱分析, 2010, 30(5): 1198.
4. Thongnopkun P, Ekgasit S. Diam Relat Mater, 2005, 14: 1592.
5. Kaito A, Nakayama K. Macromolecules, 1992, 25: 4882.
6. Kaito A, Kyotani M, Nakayama K. J Polym Sci Polym Phys, 1993,31(9): 1099.
7. Voyiatzis G A, Andrikopoulos K S, Papatheodorou G N, et al. Macromolecules, 2000, 33: 5613.
8. Bensaad S, Jasse B, Noel C. Polymer, 1999, 40: 7295.
9. Guhremont J, Ajji A, Cole K C, et al. Polymer, 1995, 36 (17): 3385.
10. Everall N J, Chalmers J M, Local A, et al. Vib Spectrosc, 1996, 10: 253.
11. Chalmers J M, Everall N J, Ellison S. Micron, 1996, 27 (5): 315.
12. Jawhari T, Quintanilla L, Pastor J M. J Appl Polym Sci, 1994, 51: 463.
13. Claybourn M, Colombel P, Chalmers J. Appl Spectrosc, 1991, 45 (2): 279.
14. Cole K C, Guèvremont J, Ajji A, et al. Appl Spectrosc, 1994, 48 (12): 1513.
15. Zhao Q, Li X, Gao J. Polym Degrad Stabil, 2007, 92: 1841.
16. Jamieson M J, Cooper S J, Miller A F, et al. Langmuir, 2004, 20：3593.
17. Karakassides M A, Madejova J, Arvaiova B, et al. J Mater Chem, 1999, 9: 1553.
18. Karakassides M A, Petridis D. Gournis D. Clays Clay Miner, 1997, 45: 649.
19. Hopfe V, Korte E H, Klobes P, et al. Appl Spectrosc, 1993, 47 (4): 423.
20. Reeves J B, Francis B A, Hamilton S K. Appl Spectrosc, 2005, 59 (1): 39.
21. Stoch A, Jastrzebski W, Brozek A, et al. J Mol Struct, 2000, 555: 375.
22. Ricci C, Miliani C, Brunetti B G, et al. Talanta, 2006, 69: 1221.

二、掠角反射[3~11]

掠角反射是镜面反射技术的一种特殊情况，和镜面反射一样，它得到的也是反射吸收光谱（reflection absorption spectroscopy，RAS），但和普通镜面反射不同的是，该技术采用的入射角非常大，接近 90°，因此通常被形象地称为掠角反射（grazing-angle reflection）。

（一）掠角反射的原理

从图 8-3 中可以看到，当入射角小于 75° 时，银镜和镉镜的反射率基本一样，但随着角度的继续增大，银镜显示了更高的反射率，因此掠角反射技术对反射镜有很高的要求，掠角反射-红外光谱中都使用镀金、铂、银的反射镜。这种反射技术特别适用于厚度非常薄的样品光谱采集。

从图 8-1 可见，光一次进入样品并经反射后进入检测器时经过的光程为 $2b$，b 与入射角 θ 和样品厚度 d 的关系为：

$$b=\frac{d}{\cos\theta} \tag{8-5}$$

当 d 一定时，θ 越大，b 越大，根据 Lambert-Beer 定律，此时光谱强度越高。当 θ=85° 时，光谱强度是膜厚的 23 倍，因此掠角反射技术的灵敏度远高于透射光谱。

值得一提的是，由于掠角反射技术中的入射角非常大，入射光线接近平行于样品表面，因此入射光的偏振状态对光谱图有较大影响。当偏振光在金属表面发生反射时，反射光和入射光的相位差也会发生变化，图 8-4 表明，S 偏振光（偏振方向平行于反射镜面，垂直于入射线和反射线组成的入射平面）的相位差在 180° 附近，几乎不随入射角变化；而 P 偏振光（偏振方向垂直于反射镜面，平行于入射平面）在入射角＜60° 时相位差几乎保持不变，接近于 0，从 60° 起相位差逐渐增大，当入射角＞80° 时相位差变化出现突跃，入射角在 85°～88° 时相位差接近 90°。因此当采用 S 偏振光时，无论入射角多大，入射线和反射线都将在反射表面发生相消干涉，电场强度几乎为零；而采用 P 偏振光且当入射角大于 80° 时，在反射表面会发生相长干涉，使电场振幅增加一倍，电场强度增大 4 倍，从而被样品吸收得到所需的红外光谱。S 偏振光和 P 偏振光在反射镜面上的相位变化如图 8-5 所示。

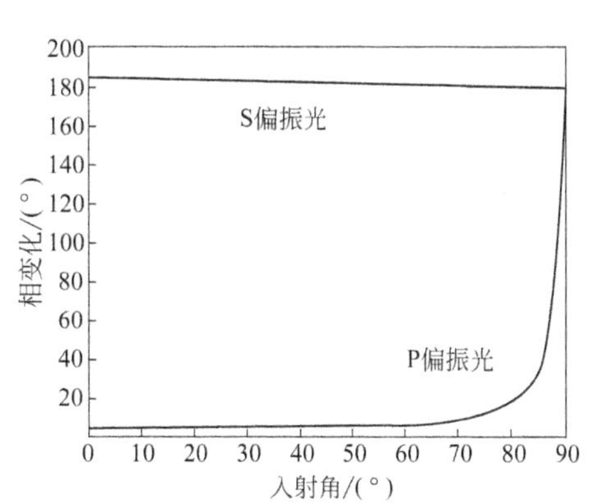

图 8-4 金属镜基板反射相角变化对入射角和光偏振的依赖关系[7]

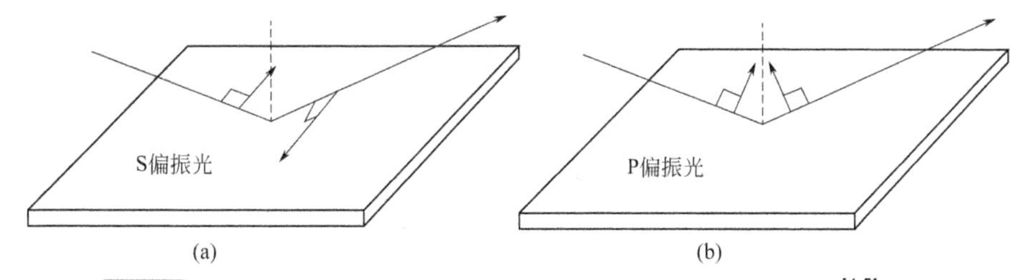

图 8-5 S 偏振光和 P 偏振光在反射镜面上的相位变化示意图[4,5]

（二）掠角反射红外光谱的特点[3,10]

掠角反射红外光谱具有以下几个特点。

（1）光的偏振特性　入射平面的电场强度与入射光的偏振性有关，掠角入射条件下，P偏振光在反射表面产生一个强场，而S偏振光则产生一个很弱的电场。

（2）表面选择原则　由于P偏振光的方向几乎与反射镜面垂直，因此只有分子振动的偶极矩变化矢量垂直于反射镜面的振动模式才会被激发，且其吸收强度比透射法测定的要大很多（理论上大4倍）；而偶极矩变化矢量平行于反射镜面的振动模式则不会被激发，因此其吸收强度很弱或根本不出现。根据这个原理，如果表面样品分子排列规则，取向有序，则其掠角反射光谱与透射谱会有差别，该差别能反映出分子的取向行为；反之，如果样品分子排列无序，则两种光谱一致。

（3）高的信噪比和灵敏度　尽管样品膜厚度很薄，但在掠角测量时实际的光程远大于膜厚，因此该技术具有较高的信噪比和灵敏度，特别适合研究纳米量级薄膜的光谱。

（4）掠角反射谱与透射光谱相似，但不完全相同　掠角反射光谱本质上也是吸收谱，因此其光谱与透射光谱相似。但由于P偏振光的相长干涉作用，某些谱带的强度会与透射谱不同，正是根据这些变化，该技术在研究薄膜、单晶等的三维取向方面才有重要作用。

掠角反射技术的限制主要在以下两方面。

（1）光谱测量范围　掠角反射技术的测量范围一般只能在800cm^{-1}以上，低于此范围的振动很难被研究，因为在这一区间光源的能量低，检测器灵敏度差。

（2）非金属界面的测定　当进行偏振研究时，非金属界面上的反射光与入射光不能产生完全的相消干涉，使灵敏度降低，峰形状扭曲，取向研究也变得复杂。

（三）掠角反射红外光谱法的应用

和镜面反射一样，用掠角反射技术结合起偏器研究界面分子的取向是这种技术的一个重要应用。掠角反射红外光谱的应用实例见表8-2。

表8-2　掠角反射红外光谱的应用实例

测定对象	测试方法	主要结果	参考文献
自组装膜上DNA光反应		结合紫外光谱分析表明：光照后DNA与重氮树脂发生了反应	1
倒浮萍聚合物ES-3LB膜	分辨率4cm^{-1}，扫描1000次。采集CQ型掠角装置和KRS-5线偏振器，调节P偏振光入射角为80°	研究了ES-3 LB膜的取向和相变行为。实验结果表明：在金表面上制备的ES-3 LB膜中烷基链基本垂直于基面；ES-3 LB膜有3个相变点，分别在65℃、105℃和140℃	2
无规聚甲基丙烯酸甲酯（PMMA）	*α*-PMMA的丙酮溶液甩膜到表面镀金载玻片的基底上，甩膜厚度约为200nm，分辨率2cm^{-1}，扫描128次，入射角84°	结合原子力显微镜研究了在基底上无规PMMA立构复合结构的形成和结构特征。结果表明：基底表面薄膜中无规PMMA主链结构比在本体厚膜中的更加伸展，更有利于立构复合结构的生成	3
偶氮苯衍生物自组装单分子膜	分辨率为4cm^{-1}，扫描1000次，采用P偏振光，入射角86°，空白金片扫描背景，高纯氮气吹扫	研究了金表面一系列具有不同碳链长度的偶氮苯巯基衍生物的自组装单分子膜。当烷基链长度增大时，碳链和偶氮苯基团相对于法线的倾斜逐渐加剧。当分子中亚甲基数目增多时，烷基链的倾角迅速增大而偶氮苯倾角增大较缓慢，这反映了它们在空间需求和本身刚性上的不同	4
铝表面硅烷试剂膜	分辨率为4cm^{-1}，扫描32次，入射角80°	研究了铝表面涂覆几种硅烷试剂溶液成膜后，结构及膜与金属表面之间的结合状态	5
铁表面硅烷试剂膜	分辨率为4cm^{-1}，扫描32次，入射角80°	研究了铝表面涂覆几种硅烷试剂溶液成膜后，结构及膜与金属表面之间的结合状态	6
LY12铝合金表面DTMS硅烷膜	分辨率为4cm^{-1}，扫描120次，入射角80°	DTMS硅烷试剂与铝合金基体表面发生了化学键合作用，生成—SiOAl键	7

续表

测定对象	测试方法	主要结果	参考文献
硅烷化预处理铝合金/环氧胶黏剂		结合扫描电镜、XPS 等技术研究了铝合金表面复合硅烷化预处理对铝合金与环氧胶黏剂粘接强度和粘接耐久性的影响；结合透射电镜观察了铝合金表面复合硅烷化膜层的结构	8
气相沉积水-冰膜	分辨率为 $8cm^{-1}$，扫描 128 次，入射角 83°。红外光束在反射前通过线栅偏振器起偏	研究了 94～120K 间气相沉积水-冰膜中自由 OH 的伸缩（或摇摆键）信号。摇摆键信号反映的是冰中微孔的表面情况。信号在膜增长时对温度和压力的依赖可用于估算水在无定形冰上的扩散（E_{dif}）。在 100nm 厚的冰膜中观察到摇摆键随时间增加而衰减（对应于微孔的坍塌）等信息	9
固态底物上肽支持的双分子脂膜	分辨率 $4cm^{-1}$，扫描 2500 次，入射角 80°。干态样品在氩气氛室温条件下测定	结合 X 射线反射和等离子体共振光谱研究了固态底物上肽支持的双分子脂膜的层-层形成	10
等规 PMMA 的 LB 膜	入射角 80°，用 Ge 布儒斯特角 IR 偏振器进行掠角反射	在高的表面压力下，等规 PMMA 以结晶形式转移到基板，这种 LB 层构建的膜比无规 PMMA 更易结晶。该技术也可用于推断 Langmuir 膜晶体结构的取向特征	11
聚(偏氟乙烯-三氟乙烯)[P(VDF-TrFE)]超薄膜	入射角 80°，一个特殊的可加热样品固定器用于实现光谱采集时的原位加热和还原	研究了 P(VDF-TrFE)超薄膜的铁电行为。从铁电相到顺电相的居里转变点可通过 $849cm^{-1}$ 谱带强度的突跃变化来证实。当膜厚低于 100nm 的临界值时，居里温度显著下降	12
石英晶体微天平（QCM）的金电极	分辨率为 $4cm^{-1}$，扫描 4000 次，入射角 83°	研究了 QCM 金电极的表面化学活化，验证了羟烷基硫醇存在于 QCM 金电极上，还研究了巯基的碳二亚胺活化以及活化表面的抗体结合	13
聚（2,6-萘二酸乙二醇酯）（PEN）	分辨率为 $4cm^{-1}$，扫描 4000 次	结合掠角 X 射线衍射技术研究了 PEN 超薄膜的结晶取向。和厚膜相比，在超薄膜中 PEN 分子的主链倾向于与基体平行	14
基于丙烯酸 2-羟乙酯的两性聚合物 LB 膜	分辨率为 $4cm^{-1}$，扫描 2000 次，入射角 79°。金刚石-锗偏振器起偏红外光，样品台控制加热	结合光谱法、椭圆偏光法等对两性聚合物 LB 膜在加热情况下的相转变进行了研究，发现当加热到 60℃时相态会从高度有序向较无序态突变，这种行为类似于液晶材料的相变行为	15
偶氮苯自组装单层（SAMs）	分辨率为 $4cm^{-1}$，扫描 500 次，入射角 86°	研究了金基体上的偶氮苯 SAMs 的分子取向。所有偶氮苯 SAMs 都形成了高度有序和紧密堆积的结构，随着末端烷基链链长的增加，分子会逐渐偏离法线方向	16
金表面对硝基苯硫醇自组装单层	分辨率为 $4cm^{-1}$，扫描 200 次，入射角 65°，单次 Ge 晶体	结合接触角法、椭圆偏光法、角分辨 X 射线光电子能谱法等研究了对硝基苯硫醇从乙醇稀溶液中在金表面上的吸附动力学，用十八烷基硫醇的吸附数据作为膜增长的动态研究参考	17
N-十八酰-L-丙氨酸 LB 膜	分辨率为 $4cm^{-1}$，扫描 1000 次，KRS-5 偏振片	N—H 和 C═O 基团与基底平面几乎平行；烃链有规则地倾斜，其 C—C—C 链优先与基底平面平行	18
吸附在金箔上的硝酸水合物和硝酸铵	入射角 75°，真空检测	研究结果表明，硝酸盐和氧鎓离子优先与相互平行的 C_3 轴对准，而垂直于基板	19
玻璃上的阿司匹林和对乙酰氨基酚	分辨率为 $4cm^{-1}$，扫描 50 次，入射角 80°，光谱用光纤采集	对玻璃上 0～$2g/cm^2$ 的两种痕量药物进行了原位分析；偏最小二乘对其进行了定量，检测限为 $2g/cm^2$	20
硬脂酸 LB 膜	分辨率为 $4cm^{-1}$，扫描 3000 次，入射角 85°	结合 ATR、透射法证明在 Ag 岛膜上，只有在电场面内的成分才能够增强硬脂酸 LB 膜的红外吸收	21
聚（2,6-萘二酸环丙酯）（PTN）	入射角 80°，P 偏振光入射	结合宽角 X 射线衍射，通过分析掠角红外中平行带（$1602cm^{-1}$）和垂直带（$917cm^{-1}$）的强度证明了 PTN 膜的晶体取向依赖于厚度	22
金基体上 *N*-羟基琥珀酰亚胺酯二硫化物	分辨率为 $4cm^{-1}$，扫描 1024 次，入射角 87°	结合接触角法研究了金基体上 *N*-羟基琥珀酰亚胺酯二硫化物在自组装单层膜（SAM）限域内的反应活性，讨论了链长对其水解的影响	23

续表

测定对象	测试方法	主要结果	参考文献
2-、3-官能化六烷氧基三亚苯基衍生物LB膜	分辨率为 8cm^{-1}，扫描 5000 次，入射角 80°	结合 X 射线衍射、原子力显微镜以及红外二向色性，研究了这些 LB 膜的相行为	24
一种转运葡萄糖的甲基丙烯酸酯	入射角 80°，P 偏振光用于测量	结合其他技术，证明了在原子转移自由基聚合中，转运葡萄糖的甲基丙烯酸酯上的异亚丙基经甲酸处理后定量转化为羟基	25
氧化铟锡表面交替层-层自组装的聚二烯丙基二甲基氯化铵（PDDA）和镍酞菁染料（NiPc）	分辨率为 2cm^{-1}，入射角 70°	结合 X 射线反射法和循环伏安法，监测了导电氧化物上的多层膜 PDDA/NiPc 的增长	26
空气-水界面上的不溶单层膜	分辨率为 8cm^{-1}，扫描 4096 次，入射角 80°，金线栅偏振器起偏	对单层膜的定量检测方法及检测原理进行了探究	27
方解石	分辨率为 8cm^{-1}，扫描 1024 次，采用原位技术分析	对有机模板导向方解石的结晶动力学进行了研究。结果表明，当晶体增长进行时，有机模板的结构发生了变化	28

本表参考文献：

1. 侯学良，孙璐，吴立新，等．高等学校化学学报，2002, 23(8): 1601.
2. 王强，徐蔚青，赵冰．高等学校化学学报，2003, 24(1): 174.
3. 王继君，卢咏来，沈德言．高等学校化学学报，2003, 24(5): 932.
4. 张浩力，张锦，李海英，等．化学学报, 1999, 57：760.
5. 徐溢，唐守渊，陈立军．分析化学, 2002, 30(4)：464.
6. 徐溢，唐守渊，陈立军．分析测试学报, 2002, 21(2): 72.
7. 胡吉明，刘倞，张鉴清，等．高等学校化学学报，2003, 24(1): 1121.
8. 王云芳，郭增昌，王汝敏．中国胶粘剂, 2007, 16(5): 4.
9. Zondlo M A, Onasch T B, Warshawsky M S, et al. J Phys Chem B, 1997, 101: 10887.
10. Bunjes N, Schmidt E K, Jonczyk A, et al. Langmuir, 1997, 13: 6188.
11. Brinkhuis R H G, Schouten A J. Macromolecules, 1991, 24: 1496.
12. Jin X Y, Kim K J, Lee H S. Polymer, 2005,46: 12410.
13. Geddes N J, Paschinger E M, Furlong D N, et al. Thin Solid Films, 1995, 260: 192.
14. Zhang Y, Mukoyama S, Mori K, et al. Surf Sci, 2006, 600: 1559.
15. Penner T L, Schildkraut J S, Ringsdorf H, et al. Macromolecules, 1991, 24: 1041.
16. Zhang J, Zhao J, Zhang H L, et al. Chem Phys Lett, 1997, 271: 90.
17. Jakubowicz A, Jia H, Wallace R M, et al. Langmuir, 2005, 21: 950.
18. Du X, Liang Y. Chem Phys Lett, 1999, 313: 565.
19. Koch T G, Holmes N S, Roddis T B, et al. J Chem Soc, Faraday Trans, 1996, 92: 4787.
20. Perston B B, Hamilton M L, Williamson B E, et al. Anal Chem, 2007, 79: 1231.
21. Kamata T, Kato A, Umemura J, et al. Langmuir, 1987, 3: 1150.
22. Liang Y, Zheng M, Park K H, et al. Polymer, 2008, 49: 1961.
23. Dordi B, Schonherr H, Vancso G J. Langmuir, 2003, 19: 5780.
24. Henderson P, Beyer D, Jonas U, et al.J Am Chem Soc, 1997, 119: 4740.
25. Ejaz M, Ohno K, Tsujii Y, et al. Macromolecules, 2000, 33: 2870.
26. Li L S, Wang R, Fitzsimmons M, et al. J Phys Chem B, 2000, 104: 11195.
27. Dluhy R A. J Phys Chem, 1986, 90: 1373.
28. Ahn D J, Berman A, Charych D. J Phys Chem, 1996, 100: 12455.

三、漫反射[3,4,12~21]

漫发射（diffuse reflection）也是一种外反射技术，和镜面反射不同的是，该技术主要针对粉末样品，并需尽可能减小镜面反射情况的发生。将其与傅里叶变换红外光谱联用是较常用的红外分析方法之一。

（一）漫反射红外光谱的原理

当红外光照射到粉末样品时，一部分光会在样品表面产生镜面反射而未能进入到样品内部，因此不带有样品信息；大部分光经折射、透射或颗粒内表面反射等方式进入样品内部，与样品分子作用而发生反射、折射、散射、吸收等现象，最后由样品表面辐射出来。经过多次折射、透射、散射等方式后的红外光在样品表面空间的各个方向辐射，称为漫反射。由于漫反射光与样品分子发生了作用，因此载有样品分子的结构信息。这是漫反射红外光谱（diffuse reflectance infrared Fourier transform spectroscopy，DRIFTS）技术的工作基础。

（二）漫反射红外光谱的特点

（1）漫反射与镜面反射共存　如果样品表面粗糙，镜反射会降低，漫反射能量会提高。因此在测量漫反射红外光谱时要尽可能降低镜反射。

（2）漫反射光强通常很弱　这是因为漫反射的光在各个方向都有，能检测到的只是一个很小方向的光，因此漫反射附件的设计须尽可能提高其信噪比。

（3）漫反射光谱和透射光谱很相似　漫反射光谱通常用不同波数下的漫反射率 R（%）来表示，定义为检测器收集到的样品漫反射光强度（I）与背景漫反射光强度（I_0，代表入射光强度）之比：

$$R = \frac{I}{I_0} \times 100\% \tag{8-6}$$

漫反射光谱的纵坐标也可用漫反射吸光度（A）表示：

$$A = \lg \frac{1}{R} \tag{8-7}$$

这两种形式的漫反射红外光谱分别与透射法中的透射率谱和吸光度谱相似。不过由于镜面反射的存在，漫反射红外光谱的吸光度与样品组分浓度之间不符合朗伯-比尔定律。若要使二者成线性关系，则必须减少或消除镜反射光，这些将在“漫反射红外光谱的测定”中介绍。

（三）漫反射装置

漫反射红外光谱的测定都需要配备漫反射附件，这种附件能方便地插入到红外光谱仪的样品室中。图 8-6（a）和图 8-6（b）分别为一种漫反射附件装置的示意图及 Thermo Fisher 公司的漫反射附件实物图。

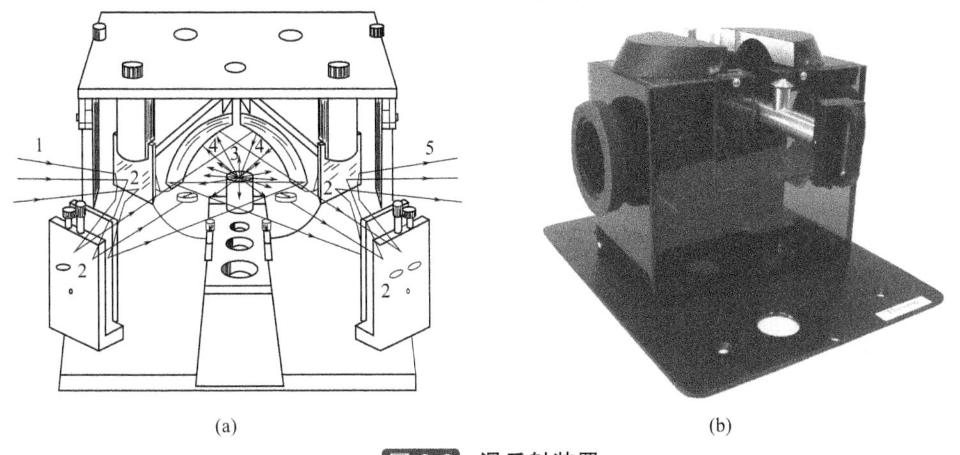

图 8-6　漫反射装置

1—入射光线；2—平面反射镜；3—样品台及漫反射光；4—凹面镜；5—出射光线

某些漫反射附件一次可放置多个样品，通过软件控制实现自动多样品光谱采集。漫反射附件根据不同的分析目的可分为：①常温常压附件；②高温高压附件；③高温真空附件；④低温真空附件。后面三种在催化剂原位分析、相变研究等方面发挥了重要作用。

（四）漫反射红外光谱的测定

漫反射红外光谱测量的是粉末样品的散射信息，样品一般不需要特别处理，通常只需将样品与漫反射介质（如 KBr、NaCl 等）按一定比例混合研磨到一定细度即可直接装入样品杯中进行测定，背景单光束谱用仔细研磨好的 KBr 粉末采集。样品浓度与其对红外光的吸收特性、折射率以及粉末粒度等有关，通常浓度不要超过 10%，粒径在 2～5μm 之间。浓度过大则镜反射严重；粒径越大，镜反射也越严重，而且会引起样品散射系数发生变化。另外样品装杯时应疏松，不要压实，这样可增加漫反射次数，提高灵敏度。装满杯后用小铲将粉末表面刮平即可，装杯厚度一般在 3mm 左右。

由于漫反射红外光谱的漫反射吸光度不符合朗伯-比尔定律，不能直接用于定量分析[19]。为使浓度与光谱强度成线性关系，须降低样品浓度，并将样品与 KBr 粉末一起研磨至非常细而均匀。此外，很重要的是，要采用 Kubelka-Munk 方程将漫反射率转换为 K-M 函数，以消除或减小与波长相关的镜面反射。K-M 函数的定义是：

$$KM=\frac{(1-R_{\infty})^2}{2R_{\infty}}=\frac{K}{S} \tag{8-8}$$

式中，K 为样品的吸光系数；S 为样品的散射系数；R_{∞}为样品层无限厚时的漫反射率。红外光照射到粉末样品表面时，其穿透深度（光强衰减到 $1/e$ 时的深度）大约为 1mm，因此实际测定时样品厚度只需 2～3mm 即可。

当样品浓度较低时，K 与浓度 C 成正比，如果 S 保持不变，则 KM 与 C 成线性关系，这是漫反射红外光谱定量的基础。因此，采用式（8-8）进行定量分析时，为了得到尽可能准确的定量数据，需要满足以下几个条件：

① 样品粉末必须要用 KBr 粉末稀释，高浓度区域该方程不适用；

② 样品浓度<10%，最好在 1%左右；

③ 用 KBr 作参比时，$R_{\infty}=\frac{R_{\infty}(\text{样品})}{R_{\infty}(\text{参比})}$；

④ 样品和基体均必须仔细研磨到 2～5μm，否则会对散射系数 S 产生影响；

⑤ 样品厚度至少为 3mm。

（五）漫反射红外光谱的应用实例

漫反射红外光谱在催化剂、煤、土壤等领域有广泛应用，表 8-3 给出一些应用实例。

表 8-3 漫反射红外光谱的应用实例

样品种类	测定对象	测试方法	主要结果	参考文献
催化剂	Ni_2P/SiO_2 催化剂	采用 P/NOO30-102 原位池	表征了水蒸气处理前后 Ni_2P/SiO_2 催化剂的结构，并在常压固定床反应器上评价了其催化氯苯加氢脱氯活性	1
	钛硅分子筛 TS-1	在 673 K 下，纯 TS-1 分子筛以氦气吹扫 1h，降至 343K 吸附苯乙烯蒸气 30min，再吸附 H_2O_2，每 5min 摄谱 1 次，分辨率为 $4cm^{-1}$，扫描 150 次	TS-1 的骨架钛在 673K 下具有一定的高温稳定性，而分子筛骨架振动会发生偏移。吸附 H_2O_2 的研究表明骨架钛可能存在 Ti═O 结构。原位漫反射红外光谱考察 TS-1 催化苯乙烯氧化反应表明，催化氧化的关键是 H_2O_2 吸附在 TS-1 的骨架钛上形成活性中心	2

续表

样品种类	测定对象	测试方法	主要结果	参考文献
催化剂	Cu-ZSM-5催化剂	在773K下氦气吹扫1h，先降至不同实验温度摄取单通道光谱为背景，然后通入配制好的气体(0.44%NO+0.18% C_3H_6+3.6%O_2)于不同温度摄谱，分辨率4cm^{-1}，扫描150次	采用漫反射红外光谱在298～773K范围原位考察了以C_3H_6为还原剂及富O_2条件下，NO在Cu-ZSM-5催化剂上的表面吸附及选择性催化还原。NO在Cu-ZSM-5上还原为N_2的过程中，一系列NO_x吸附态形式与丙烯的活化物种反应，生成有机中间体，再进一步反应，最终生成N_2	3
	Ag-ZSM-5催化剂	方法同Cu-ZSM-5催化剂	在298～773K原位考察了以丙烯为还原剂，NO在Ag-ZSM-5催化剂的吸附态及选择性催化还原过程。NO选择性催化还原的关键是形成有机-氮氧化物（R—NO_2或R—ONO）中间体	4
	Ag/Al_2O_3催化剂	分辨率为4cm^{-1}，称取约0.03g待测催化剂置于陶瓷小坩埚中，反应气体预先混合通入原位池，通过质量流量控制计来控制流量，通过控温仪来控制反应温度	研究了Ag/Al_2O_3催化乙醇和甲醚选择性还原NO_x的反应机理，在反应过程中，烯醇式和NO_3^-是主要的反应中间体，二者可以生成反应关键中间体异氰酸酯表面吸附物种，因此NO_x的去除率很高；而在甲醚选择性还原NO_x的反应过程中，甲酸盐和NO_3^-是主要的反应中间体，二者之间反应生成—NCO的活性较弱，因而NO_x的去除率较低	5
	Ag/Al_2O_3催化剂	分辨率4cm^{-1}，扫描100次。催化剂粉末置于原位池的样品台，反应前于600℃用N_2和O_2吹扫60min。反应气以N_2为平衡气进入原位池与催化剂作用，采样间隔为30min	研究了稀燃条件下低温等离子体（NTP）协同丙烯在Ag/Al_2O_3催化剂上选择性催化还原NO_x反应，结果表明，丙烯的活化是Ag/Al_2O_3上选择性催化还原反应的关键步骤。NTP活化反应气体后，Ag/Al_2O_3表面—NCO、R—NO_2和有机酸根等的数量大幅度增加，并且其催化还原NO_x的低温活性也显著提高	6
	Pt/TiO_2催化剂	分辨率4cm^{-1}，扫描64次，扫描范围4000～400cm^{-1}。先将样品脱除吸附水分，之后室温下通入0.005%甲醛-20%O_2-79.995% N_2混合气在30～100℃范围进行原位研究	Pt/TiO_2催化剂在室温条件下即可将甲醛氧化成H_2O和CO_2，100℃以下甲酸根的分解为决速步骤，低温下催化剂失活是由于表面未能及时分解的甲酸根占据了催化剂的活性位，升温至100°C即可将甲酸根完全分解并恢复催化剂的活性	7
	掺杂了碱金属与碱土金属的$CuO-CeO_2$催化剂	分辨率4cm^{-1}，扫描64次，扫描范围4000～500cm^{-1}。样品池分析前用氦气吹扫，在室温下吸附CO 1h，吸附前后红外光谱的差谱为不同温度下催化剂的反应谱峰	通过原位漫反射红外光谱对掺杂碱金属和碱土金属氧化物的$CuO-CeO_2$催化剂表面的吸附物进行研究。低温下催化剂表面吸附的CO主要以可逆形式脱附，而高温下CO则以不可逆形式脱附。对一些新产生的峰也进行了归属	8
	Ni_2P/介孔分子筛	分辨率4cm^{-1}，扫描128次，扫描范围4000～600cm^{-1}。样品池分析前用氦气吹扫，在室温下吸附CO1h	在介孔分子筛表面CO存在着较弱的物理吸附。在Ni_2P/MCM-41催化剂样品表面有四种CO的吸附态，而在Ni_2P/MCM-48、Ni_2P/SBA-15和Ni_2P/SBA-16催化剂样品表面有两种CO的吸附态	9
	多组分钼铋催化剂	分辨率4cm^{-1}，扫描32次，扫描范围4000～650cm^{-1}，采用原位池在线分析	对丙烯选择氨氧化反应进行了研究。结果表明：①丙烯氨氧化反应的速率控制步骤是丙烯脱除—H生成烯丙基中间物，其吸收峰在1487cm^{-1}；②催化剂表面上氨中间物存在四种结合方式；③丙烯腈生成路线有两种	10

续表

样品种类	测定对象	测试方法	主要结果	参考文献
催化剂	$Cu_{1-x}Zn_xFe_2O_4$	分辨率 $4cm^{-1}$，扫描500次。样品池分析前用 N_2 吹扫，原位采集333～623K的光谱	详细研究了苯胺与甲醇在催化剂上的选择性*N*-甲基化机理	11
	η-氧化铝催化剂	分辨率 $2cm^{-1}$，扫描128次。50mg催化剂放入漫反射池，甲醇在293K下加到催化剂上。采集不同温度下的光谱，谱图不做基线补偿和校正	*η*-氧化铝催化剂表面由物理吸附的甲醇和化学吸附的甲氧基组成；甲醇在673K下形成甲酸酯。与程序升温及质谱联合，详细讨论了甲醇在氧化铝上生成二甲醚的反应机制，指出了其反应中间体的生成和分解机制	12
	铜交换沸石催化剂	分辨率 $4cm^{-1}$，原位采集300～573K的光谱	研究了1，3-丁二烯在铜交换沸石催化下发生的狄尔斯-阿尔德环二聚反应	13
	$Pt/BaCO_3/Al_2O_3$ NO_x 储存催化剂	分辨率 $2cm^{-1}$，所有光谱都在350℃下原位采集	研究了在贫乏和富足条件下，有水和无水时，SO_2 与 $Pt/BaCO_3/Al_2O_3$ NO_x 储存催化剂的相互作用，讨论了不同条件下的氧化或还原产物	14
	Amberlyst-15催化剂	100mg催化剂放入漫反射反应池内，含有10%醇的 N_2 流通过反应池，池可一直加热到500℃	研究了叔戊基甲基醚和叔戊基乙基醚在Amberlyst-15上的合成机理。吸附的异戊烯分子在吸附醇和催化剂的—SO_3H 位点间形成桥式结构。醇浓度增加，异戊烯吸附位点降低很快	15
	酸性沸石HZSM-5	30mg催化剂放入原位漫反射反应池内，反应气依次引入到漫反应池。分辨率 $1cm^{-1}$，扫描40次，记录不同时间的光谱	研究了HZSM-5上 NO_2 被异丁烷和丙烷选择性还原的催化性和机理。原位DRIFTS实验表明，NO_2 和异丁烷反应形成了 NO^+、异氰酸酯、不饱和烃及胺类	16
	SiO_2 基锆石/全氟苯基硼酸酯催化剂	分辨率 $4cm^{-1}$，扫描范围6000～$400cm^{-1}$	研究了 SiO_2 与 $PhNEt_2$(N)和 $B(C_6F_5)_3$(B)的相互作用，以及其后的 SiO_2/[N+B]与 $Me_2Si(2\text{-}Me\text{-}Ind)_2ZrMe_2$("Zr")的相互作用，并获得催化剂在合成两阶段的表面化合物组成	17
	V_2O_5/TiO_2 催化剂	样品研磨成粉后放入样品盘中，首先在550℃空气氛中活化1h，然后进行实验和原位光谱采集。分辨率 $4cm^{-1}$，扫描200次	原位法研究了 V_2O_5/TiO_2 催化剂在脱除NO的选择性催化还原中的表面酸性	18
	介孔材料	分辨率 $2cm^{-1}$，通过吡啶的脱附来监测介孔材料的酸性位点	研究了几种MCM-41介孔材料上无定形态和结晶态铝硅酸盐上羟基的基频和组频。Al-MCM-41上的SiOH是酸性的，在所有MCM-41上均未发现桥式羟基。Al-MCM-41上的中等酸性不是由桥式Al(OH)Si引起的，而是由SiOH所致	19
煤	易自燃煤	波数范围为400～$4000cm^{-1}$，扫描32次；以1mg/cm有机物质为标准归一化，并进行光谱基线的修正和差减低温灰光谱以消除灰分的影响	分析了自燃倾向性不同的原煤及低温氧化煤的化学基团，探讨了煤样中芳烃、脂肪烃和含氧官能团在低温氧化过程中的变化规律。结果表明：漫反射红外光谱法研究颗粒表面氧化过程中的化学成分变化比透射法更加灵敏，得出了易自燃煤与不易自燃煤低温氧化前后的微观结构差异	20

续表

样品种类	测定对象	测试方法	主要结果	参考文献
煤	褐煤	先采集原煤在室温时的谱图，再通入氩气测其室温下达到水分平衡后的谱图，非室温状态下的谱图分别在 50℃、80℃、110℃、140℃下采集，相邻温度点间的升温速率为 6℃/min，分辨率 8cm^{-1}，500 次扫描	原位 DRIFTS 表明，褐煤中水分的含量与光谱图相应区域的积分面积呈线性关系。根据漫反射光谱，可将煤中的水分分为：①游离态的水及以弱氢键与煤表面结合的水；②与煤形成强氢键的水。低于 80℃时主要脱除前者，而高于 80℃则主要脱除后者	21
	煤岩显微组分	样品从室温开始，以 6℃/min 的升温速率加热至 440℃，间隔 30℃测图，分辨率为 8cm^{-1}，100 次扫描累加，采用自制小瓷片原位池装样	研究了两种煤的镜质组和丝质组中的氢键分布及热稳定性。两种显微组分间氢键分布的规律相似，镜质组中 SH—N、羧酸二聚体和自缔合羟基等的热稳定性比丝质组中的高，但对 OH—N、羟基四聚体和 OH—OR_2 的热稳定性随煤岩组分的变化无明显规律；显微组分中氢键的变化规律反映了其结构上的差异	22
	煤	至 440℃，间隔 30℃测图，分辨率为 8cm^{-1}，100 次扫描累加，采用自制小瓷片原位池装样	通过 *O*-烷基化预处理煤，并结合热重法研究了处理前后煤中氢键的变化规律及热解特性。提出了采用煤中高岭土、伊利石等在 3690cm^{-1} 附近的红外吸收峰作为标准，校正煤的漫反射红外谱图的方法	23
土壤	高岭土	波长范围 4000～400cm^{-1}，透射吸收时分辨率为 4cm^{-1}，扫描 32 次；漫反射吸收时分辨率为 8cm^{-1}，扫描 64 次	解析了各高岭土的结构特征与吸收峰值的关系。发现利用漫反射技术，经 K-M 函数校正的红外谱图比压片法灵敏度高，也更准确，解析更简单；依据对高频区 3700～3600cm^{-1} 波数段高岭土—OH 特征的吸收情况，可快速判断高岭土结晶度	24
	土壤有机磷污染物	分辨率 4cm^{-1}，扫描 128 次。干涉图进行相校正和切趾。定量称取含磷酸酯的土壤与 KBr 混合均匀，然后疏松地装入样品池中	针对 K-M 谱图中出现的一些伪峰，提出了一种 K-M 校正方案。数学处理方法包括乘法散射校正和基线补偿校正，这些方法有助于 K-M 方程中使用定量漫发射数据。所述方法既保留了漫反射数据的精度，又保留了好的线性关系	25
珠宝	出土古玉	光谱分辨率 4cm^{-1}，测量范围 4000～400cm^{-1}，扫描次数 64 次	研究了 19 件出土古玉残片的成分，结果表明这些古玉可分为透闪石玉和蛇纹石玉两类，说明所述方法特别适用于古玉材质的检测	26
	翡翠	分辨率为 8cm^{-1}，扫描范围 4000～400cm^{-1}，采集 128 次，红外显微测试	对翡翠的漫反射红外光谱特征进行了归属，并对不同档次翡翠的填充物进行了鉴定	27
	具猫眼效应的宝石		总结了漫反射光谱法快速准确鉴别具猫眼效应、外观相似宝石的鉴定特征（分布在 1500～400cm^{-1} 间的指纹峰差异可作为鉴定特征）	28
陶瓷	氮化硅		研究了液体介质（水、乙醇、丙酮）对氮化硅粉料表面基团的改变和对其悬浮特性的影响。氮化硅粉料在不同介质中球磨后，粉料的表面基团和悬浮特性的变化各不相同	29
	铝硅酸盐陶瓷纤维	分辨率为 4cm^{-1}，采集 256 次，样品放在改进的漫反射样品池中	采用改进的样品池可以完成深度轮廓分析（depth profiling）。该法较好地阐明了铝硅酸盐纤维在矿物油中淬火的影响与在空气流中淬火时的异同	30

续表

样品种类	测定对象	测试方法	主要结果	参考文献
天然产品	剑麻果胶	分辨率 4cm^{-1}，测量范围 4000～400cm^{-1}，扫描 64 次，图谱经 K-M 变换。测量时首先用标准品建立酯化度的标准曲线；然后对样品进行测定，各样品平行测定 10 次	结合小波变换建立了快速测定剑麻果胶酯化度(DE)的漫反射红外光谱分析方法。建立了 DE 与 $KM_{1740}/(KM_{1740}+KM_{1630})$间的标准曲线，线性相关系数 r = 0.988。3 种不同工艺提取的剑麻果胶的酯化度分别为 72.09%、62.98%和 35.31%。F 检验、t 检验及配对 t 检验显示，该法的测定结果与酸碱滴定法无显著差异	31
	果胶	分辨率 4cm^{-1}，扫描 100 次，各样品平行测定 10 次	建立了商品果胶酯化度的测定方法。1756cm^{-1} 谱带的强度与平均酯化度之间的相关性最高（R^2=0.822）。该法测定值与滴定法基本相同	32
	蜂蜜	分辨率 2cm^{-1}，采集 64 次，范围为 4000～600cm^{-1}。计算平均光谱的一阶和二阶导数并归一化。样品数为 82	结合多元统计分析对不同植物群来源的意大利蜂蜜进行了识别。判别分析和分类树分析的准确度接近 100%	33
无机物	纳米 SiO_2	透射法：分辨率 8cm^{-1}，扫描 10 次，KBr 压片。 漫反射法：分辨率 8cm^{-1}，扫描 20 次。将适量的纯 SiO_2 粉末或 KBr 稀释后的粉末均匀铺于样品杯	对两种纳米 SiO_2 及其改性物的透射及漫反射红外光谱进行了研究。漫反射红外光谱法更能表征出纳米 SiO_2 材料及其改性物结构的表面状态特征。当样品取样量受限时，表征结果明显优于透射法	34
	矿质氧化物	分辨率 4cm^{-1}，扫描 100 次，波数范围 4000～650cm^{-1}。采用原位分析技术	结合离子色谱、程序升温脱附、XRD、BET 等研究了羰基硫(OCS)在大气颗粒物中较常见的几种矿质氧化物成分上的非均相氧化反应，确定了反应中间体和产物，讨论了反应动力学过程和反应机理	35
	碱式硝酸锌	分辨率 4cm^{-1}，扫描 512 次，波数范围 3800～600cm^{-1}。样品用金刚石粉末(6μm)稀释，光谱经 K-M 转换	报道了三种碱式氧化锌的 IR 谱图，其在 1600～1000cm^{-1} 区域的谱带与这些化合物的结构相关；另外也报道了这些光谱随温度升高而发生的变化	36
	碳酸钙	分辨率 2cm^{-1}	研究了各种硅烷偶联剂与碳酸钙的相互作用，在表面有机官能团形成了笼形、多环、低分子量的结构；也研究了硅烷改性碳酸钙与聚合物之间的黏合性	37
其他	HMX 炸药	分辨率 4cm^{-1}，扫描 4 次，波长范围 4000～650cm^{-1}，升温速率(℃/min)分别为 5、10、20 和 40，载气为氮气，载气流速 4mL/min	采用原位漫反射红外光谱研究了炸药 HMX 分别在 5℃/min、10℃/min、20℃/min 和 40℃/min 升温速率下的热分解行为。结果表明：在 5℃/min 升温速率下，断裂的 HMX 环发生分子内结合，在 10℃/min、20℃/min 和 40℃/min 升温速率下，断裂的 HMX 发生分子间成环，形成稳定的八元环结构；升温速率的变化未改变 HMX 的分解机理	38
	碳纤维	分辨率 8cm^{-1}，扫描 400 次，波数范围 4500～500cm^{-1}，扫描温度(℃)为 100、200、300、400、500 和 600	在线分析了碳纤维表面谱图变化，当温度升至 500℃后，3260cm^{-1} 处吸收峰减弱，在 3157cm^{-1}、3048cm^{-1}、2829cm^{-1} 和 1405cm^{-1} 处新增吸收峰。这些结果表明，在高温时碳纤维表面的羟基和羧基与氨气发生反应，形成了氨基官能团	39
	黄铁矿	分辨率 4cm^{-1}，扫描 100 次	研究了重金属在黄铁矿中的相态及其释放。结果表明：黄铁矿在表面氧化过程中表面羟基增强，表明存在表面溶解及表面酸化现象	40

本表参考文献：
1. 郭提，陈吉祥，李克伦. 催化学报, 2012, 33(7): 1080.
2. 张平，王乐夫，陈永亨. 光谱学与光谱分析，2007，27(5): 886.
3. 张平，王乐夫，陈永亨. 光谱学与光谱分析，2007，27(6): 1102.
4. 张平，王乐夫. 分析化学, 2002, 30(12): 1469.
5. 吴强，余运波，贺泓. 催化学报, 2006, 27(11): 993.
6. 柯锐，李俊华，郝吉明，等. 催化学报, 2005, 26(11): 951.
7. 何运兵，纪红兵. 催化学报, 2010, 31(2): 171.
8. 邹汉波，陈胜洲，王琪莹，等. 光谱学与光谱分析，2010，30(3): 672.
9. 刘倩倩，季生福，吴平易，等. 光谱学与光谱分析，2009，29(5): 1227.
10. 汪洋，陈飞，陈丰秋，等. 高校化学工程学报，2008，22(3): 423.
11. Vijayaraj M, Murugan B, Umbarkar S, et al. J Mol Catal A-Chem, 2005, 231: 169.
12. McInroy A R, Lundie D T, Winfield J M, et al. Langmuir, 2005, 21: 11092.
13. Voskoboinikov T V, Coq B, Fajula F, et al. Micropor Mesopor Mater, 1998, 24: 89.
14. Abdulhamid H, Fridell E, Dawody J, et al. J Catal, 2006, 241: 200.
15. Boz N, Dogu T, Murtezaoglu K, et al. Catal Today, 2005, 100: 419.
16. Zhao D, Ingelsten H H, Skoglundh M, et al. J Mol Catal A-Chem, 2006, 249: 13.
17. Panchenko V N, Danilova I G, Zakharov V A, et al. J Mol Catal A-Chem, 2005, 225: 271.
18. Lin C H, Bai H. Appl Catal B. Environ, 2003, 42: 279.
19. Zholobenko V L, Plant D, Evans A J, et al. Micropor Mesopor Mater, 2001, 44-45: 793.
20. 杨永良，李增华，尹文宣，等. 煤炭学报, 2007, 32: (7): 729.
21. 李东涛，李文，李保庆. 高等学校化学学报，2002，23(12): 2325.
22. 李东涛，李文，孙庆雷，等. 高等学校化学学报，2002，23(4): 703.
23. 李文，李东涛，陈皓侃，等. 燃料化学学报, 2003, 31(6): 513.
24. 李小红，江向平，陈超，等. 光谱学与光谱分析，2011，31(1): 114.
25. Samuels A C, Zhu C, Williams B R, et al. Anal Chem, 2006, 78: 408.
26. 刘卫东，徐家跃，江国健，等. 应用激光, 2009, 29(6): 540.
27. 宋绵新，潘兆橹. 中国矿业, 2004, 13(12): 78.
28. 胡爱萍，狄敬如，孙静昱. 宝石和宝石学杂志, 2008,10(1): 63.
29. 代建清，黄勇，谢志鹏，等. 硅酸盐学报, 2001,2 9(4): 299.
30. Fondeur F, Mitchell B S. Spectrochim Acta A, 2000, 56: 467.
31. 姚先超，张雪红，韦金锐，等. 分析测试学报，2011，30(3): 274.
32. Gnanasambandam R, Proctor A. Food Chem, 2000, 68: 327.
33. Bertelli D, Plessi M, Sabatini AG, et al. Food Chem, 2007, 101: 1582.
34. 张进，姚思童，刘洋，等. 光谱实验室, 2008, 25(5): 869.
35. 刘永春，刘俊锋，贺泓，等. 科学通报, 2007,52(5): 525.
36. Chouillet C, Krafft J M, Louis C, et al. Spectrochim Acta A, 2004, 60: 505.
37. Demjen Z, Pukanszky B, Foldes E, et al. J Colloid Interf Sci, 1997, 190: 427.
38. 刘学涌，王蔺，郑敏侠，等. 光谱学与光谱分析, 2007, 27(10): 1951.
39. 胡培贤，温月芳，杨永岗，等. 合成纤维, 2008, 37(6): 9.
40. 张平，姚焱，杨春霞，等. 分析化学, 2007, 35(1): 83.

四、衰减全内反射[3,22~27]

和外反射不同，衰减全内反射（attenuated total internal reflection，ATR）是一种内反射，即入射光束要进入到样品内一定距离后再被反射出来，该技术已获得广泛的应用。

（一）衰减全内反射技术的基本原理

1. 全反射

当光由一种光学介质进入到另一种光学介质时，在两种介质的界面会发生反射和折射现象。如图 8-7 所示，当 I_0 以入射角 i 照射到界面时，反射光 I_r 和折射光 I_t 的方向和大小分别由反射定律和折射定律确定。其中反射角等于入射角，而折射角 r 为：

$$r = \arcsin\frac{n_1 \sin i}{n_2} \tag{8-9}$$

式中，n_1 和 n_2 分别为介质 1 和介质 2 的折射率。当 $n_1 > n_2$ 时，有 $r > i$，即光由光密介质进入光疏介质时，折射角将大于入射角，反之，折射角小于入射角。

当光由光密介质进入光疏介质，且入射角逐渐增加到一定程度时，$\frac{n_1 \sin i}{n_2} = 1$，此时 r=90°；

如果继续增大入射角，则 $r>90°$，此时光不再被折射，而出现全反射现象。全反射现象与入射角以及两种介质的折射率有关。

不仅反射光束和折射光束的方向与入射角有关，反射光和折射光的强度也受到入射角影响。光从两种不同的入射介质进入到样品中时的反射率变化情况，如图 8-8 所示。可以看出，当 $n_1>n_2$ 时（图 8-8A），随着入射角 i 的逐渐增大，反射率（I_r/I_0）起初变化缓慢，这时折射光占主导地位；i 到一定角度时，R 迅速增加并很快上升到 1，这时折射光不再出现，$I_r=I_0$，即发生全反射；而当 $n_1<n_2$ 时（图 8-8B），无论入射角增大到多少，也没有全反射现象发生。

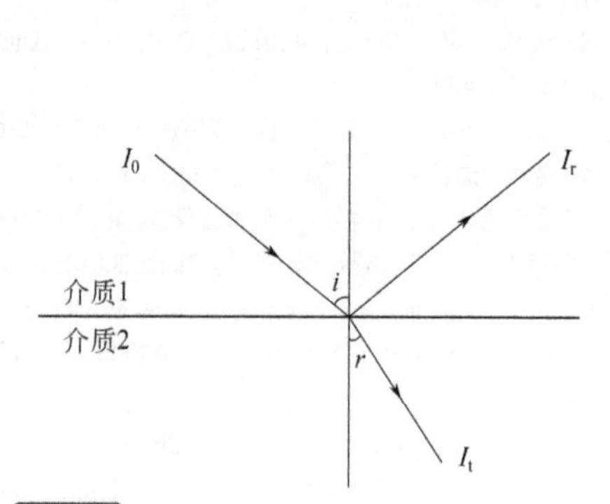

图 8-7 光在介质界面上的反射与折射

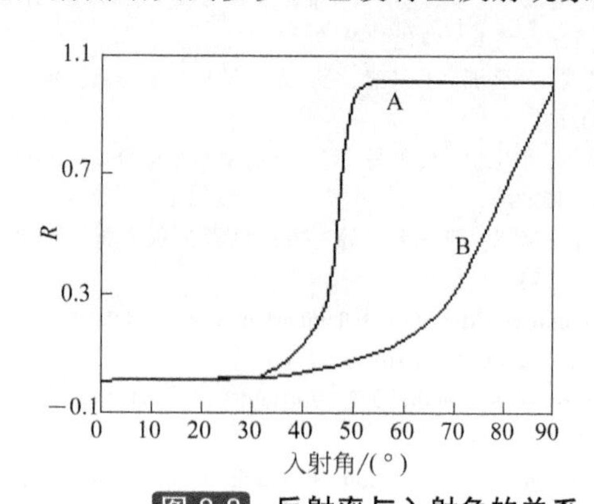

图 8-8 反射率与入射角的关系

A：n_1=1.95，n_2=1.45；B：n_1=1.00，n_2=1.45

完全发生全反射的入射角称作临界角（critical angle）i_e，i_e 可从下式计算：

$$i_e=\arcsin\frac{n_2}{n_1} \tag{8-10}$$

可见发生全反射必须满足两个条件：

① 介质 1 折射率必须大于介质 2 折射率，即光必须从光密介质进入光疏介质；

② 入射角大于临界角。

2. 衰减全内反射

根据近场光学原理，全反射现象不完全是在两种介质的界面上进行的，部分光束要进入到介质 2 一段距离后才反射回来，如果介质 2 对红外光有选择性吸收，则透入样品的光束在吸收波数处强度会减弱，强度的减弱随透入深度的增加按指数规律衰减，这就是衰减全内反射。

在物理上称界面上小于 1μm 的光波为隐失波（evanescent wave），隐失波振幅衰减到初始振幅的 1/e 时的距离称为穿透深度（d_p, penetration depth）。穿透深度 d_p 与入射光波长 λ、晶体折射率 n_1 及样品的折射率 n_2、入射角 i 有关[4,22]：

$$d_p=\frac{\lambda}{2\pi n_1\left[\sin^2 i-(n_2/n_1)^2\right]^{0.5}} \tag{8-11}$$

（二）衰减全内反射的晶体材料

绝大多数有机物的折射率在 1.5 以下，因此根据全反射条件（$n_1>n_2$），晶体材料的折射率必须大于 1.5，且在中红外区应该对红外光无吸收。常用的 ATR 晶体材料如表 8-4 所示，对不同分析目的可选择不同的 ATR 晶体。当样品固定时（即 n_2 固定），对不同波长下的临界角 i_e、穿透深度 d_p 即可方便的计算得出。

表 8-4　常用 ATR 晶体材料的化学组成及光学性质[3]

材料名称	化学组成	波长范围/μm	折射率(n_1)①
锗	Ge	1.8～23	4.01
硅	Si	1.2～15	3.40
金刚石	C	2.5～15.3	2.40
艾尔特兰 6	CdTe	2.0～28.57	2.67
艾尔特兰 4	ZnSe	0.45～21.5	2.43
艾尔特兰 2	ZnS	2.0～14.0	2.26
KRS-5	TlBr 和 TlI 混晶	0.5～40	2.38
溴化银	AgBr	0.166～40	2.23
氯化银	AgCl	0.4～28	2.00
蓝宝石	Al_2O_3	0.14～6.5	1.61

① 折射率与波长有关。

（三）衰减全内反射的光路设置以及样品采集方法

衰减全内反射分为单次衰减全内反射和多次衰减全内反射两种方法。

单次衰减全内反射是单点反射，通常采用金刚石、锗或者半球形的单晶硅做反射晶体，体积小，折射率高，入射光线只穿过样品一次即被反射进入检测器中，方便快捷。测样时液体样品只需滴一滴于晶体之上即可进行光谱采集，固体样品则需要加适当的压力使之与晶体紧密接触以获取信噪比高的红外光谱。

多次衰减全内反射采用平面反射，反射晶体一般为 ZnSe、KRS-5 等易于制成平面的材料，ATR 晶体呈倒梯形水平放置，与样品接触面为长方形，标准配置晶体的入射角为 45°，如图 8-9 所示。测试时入射光线在晶体和样品界面上经多次全反射后进入到检测器。平面反射 ATR 晶体又分为槽型和平板型。槽型晶体用于液体样品测试，测样时，只需将液体在晶体之上平铺一层即可（要铺满整个晶体表面），如果是易挥发液体，还需在槽上加盖；对固体或薄膜样品，可不要求其覆盖住晶体表面，但样品表面必须平整，采集时需要加一定压力使样品与晶体紧密接触。

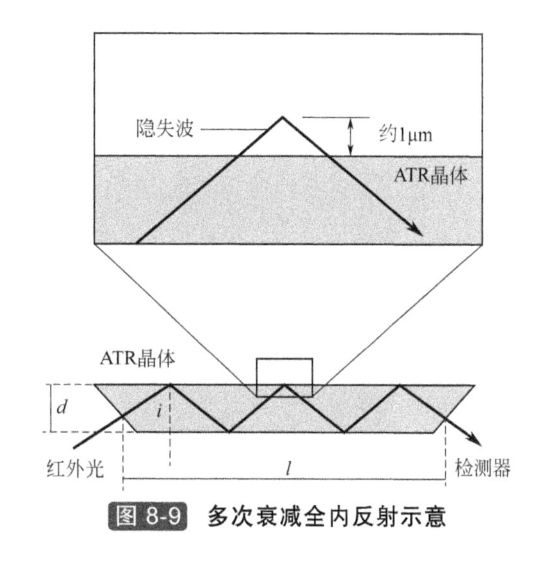

图 8-9　多次衰减全内反射示意

单次衰减全内反射的光透入深度，可通过式（8-11）计算，其透入深度非常有限，在 $2000cm^{-1}$（即 λ=5μm）处一般只有约 1μm，因此光谱信号有时较弱。多次全内反射 ATR 由于增加了反射次数，因此也增加了光程长，从而可提高测定的信噪比。从图 8-9 可以计算多次全内反射的反射次数：若入射角为 i，晶体材料厚度为 d，长度为 l，则反射次数为：

$$N = \frac{l}{d}\cos i \tag{8-12}$$

除了固定角度（通常为 45°）ATR 以外，其入射角也可以根据不同的实验要求进行变化。图 8-10（a）为 PIKE Technologies 公司的连续可变角 ATRMax Ⅱ 实物图，其结构示意如图 8-10（b）所示，入射角度从 15°～70° 可连续变化，选用的晶体材料为 ZnSe。

(a)

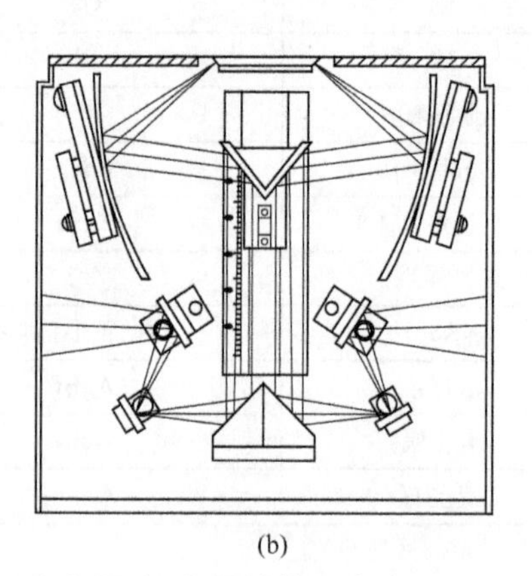

(b)

图 8-10 PIKE 公司的 ATRMax Ⅱ 可变角 ATR 实物图（a）及结构示意（b）

需要注意的是，ATR 晶体的斜面角是固定的（一般为 45°），除 45° 入射角（即法线入射）外，其他角度的光线均会发生折射，因此进入样品的有效入射角与仪器显示值不一致，必须进行校正，校正公式如下[28]：

$$i_{\mathrm{eff}} = i_{\mathrm{scale}} - \arcsin\frac{\sin\left(i_{\mathrm{scale}} - i_{\mathrm{face}}\right)}{n_{\mathrm{c}}} \qquad (8\text{-}13)$$

式中，i_{eff} 为有效入射角；i_{scale} 为仪器标示入射角；i_{face} 为 ATR 晶体的斜面角；n_{c} 为晶体折射指数。

另外需要强调的是，采用可变角 ATR 时，首先须根据式（8-10）计算出临界角，最终的入射角应大于临界角才具有衰减全内反射效应。

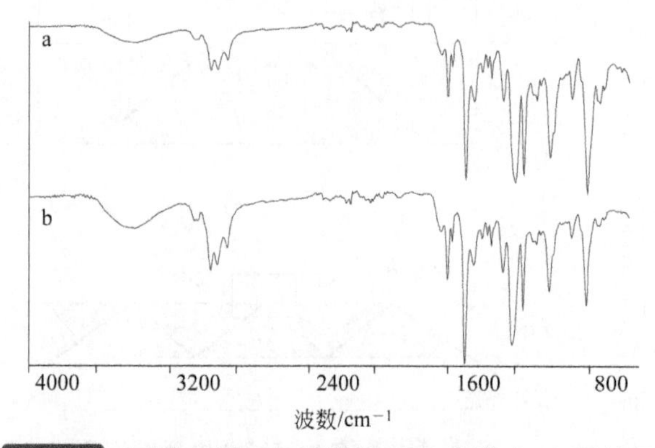

图 8-11 双酚 A 型环氧树脂的 ATR 光谱（a）及校正后光谱（b）

（四）ATR 光谱特点

根据式（8-11），当样品和晶体材料固定时，红外光线的透入深度 d_{p} 与波长成正比，对中红外而言，其波长从 2.5μm 变化到 25μm，意味着其光程长也增加了 10 倍，因此，直接通过 ATR 采集到的光谱图与透射光谱图有一定差别，前者的高波数区域吸收弱，低波数区域吸收强。为了使 ATR 谱与透射谱匹配，需对其进行校正，图 8-11 是双酚 A 型环氧树脂的 ATR 光谱及校正光谱，可以看出二者之间有一定差别。

（五）衰减全内反射的应用实例

ATR-FTIR 的应用非常广泛，表 8-5 给出 ATR 的一些应用实例。

表 8-5 ATR-FTIR 的应用实例

样品种类	测定对象	测试方法	主要结果	参考文献
食品	燕窝	通用衰减全反射附件,分辨率 $4cm^{-1}$，扫描 16 次	采用微钻石 ATR 探头 FTIR 法无损快速鉴别了 6 种燕窝，结果表明:各种燕窝均有自己的红外特征谱，据谱吸收峰的波数位置和相对峰强度的差异可实现对燕窝种类和伪品的鉴别	1
	酒精饮品	采用水平 ZnSe ATR 槽型板，分辨率 $4cm^{-1}$，扫描 32 次，镜速 0.6329cm/s，波数范围 4000～$650cm^{-1}$。样品需覆盖整个板面，盖上不锈钢盖进行光谱采集	建立了快速测定酒精饮品中乙醇含量的 ATR-FTIR 法。以 $1045cm^{-1}$ 的 C—OH 伸缩振动为特征峰，分别建立了低浓度区(0～24%，体积分数)和高浓度区(24%～84%，体积分数)两条标准曲线，其线性相关系数均大于 0.999，检测限为 0.20%。对啤酒、干红以及白酒进行分析仅需 1～2min	2
	葡萄酒	分辨率 $4cm^{-1}$，扫描 16 次	ATR-FTIR 结合二阶导数测定了葡萄酒中的酒精和糖含量。含糖量低的葡萄酒，酒精度高，1120～$1010cm^{-1}$ 处 C—O 键峰值大；含糖量高，成分中的多种糖特征峰多在 1200～$830cm^{-1}$ 间	3
	蔬菜	采用 ZnSe ATR 晶体，分辨率 $4cm^{-1}$，扫描 25 次，波数范围 4000～$650cm^{-1}$	对青菜表面残留的氯氰菊酯进行了定性、定量分析，研究了氯氰菊酯在白菜类蔬菜表面残留情况	4
	苹果	水平 ATR，ZnSe 晶体，分辨率 $4cm^{-1}$，扫描 64 次，波数 3250～$800cm^{-1}$	结合电子舌和 HPLC 对苹果品种进行了识别和定量分析。用 HPLC 的结果校正电子舌和 FTIR。识别和分类用 PCA、PLS 以及 DISCRIM 等方法，有机酸定量用 PLS 回归	5
	啤酒	水平 ZnSe 晶体，分辨率 $4cm^{-1}$，扫描 25 次，波数范围 4000～$600cm^{-1}$，镜速 0.6329cm/s	结合偏最小二乘法测定了几种啤酒的质量参数，两组样品用于建立该方法，一组用于建立模型，另一组用于评价稳健性。用于评价三个参数的最大误差为 2.5%	6
	食用油	分辨率 $4cm^{-1}$，扫描 32 次，波数范围 4000～$600cm^{-1}$	结合气相色谱建立了食用油中饱和和不饱和脂肪酸的测定方法	7
	西红柿	水平 ZnSe 晶体，分辨率 $4cm^{-1}$，扫描 64 次，波数范围 3250～$800cm^{-1}$	结合电子舌技术建立了西红柿中糖和酸的测定方法，多元统计分析方法用于化学组成的预测	8
聚合物	聚丙烯酸（PAAc）接枝聚四氟乙烯（PTFE）	分辨率 $4cm^{-1}$，扫描 32 次，扫描范围 4000～$400cm^{-1}$	结合 XPS 技术对 PAAc 改性 PTFE 膜表面进行表征。证明了 PTFE-g-PAAc 膜的表面亲水性及其表面稳定性比等离子改性 PTFE 膜具有较大的改善	9
	BOPP 薄膜	采用 ZnSe 晶体，扫描范围 4000～$650cm^{-1}$，分辨率 $8cm^{-1}$，扫描 32 次	结合偏最小二乘法建立了预测 BOPP 薄膜厚度和定量等物理指标的校正模型；预测结果与标准方法测定结果不存在显著性差异	10
	LLDPE/SMA 共混膜表面接枝 PEG	反射晶体为 ZnSe，扫描 64 次，分辨率 $2cm^{-1}$，采用变角 ATR 方法测量	研究发现 PEG400 通过与 SMA 发生酯化反应而接枝到 LLDP/SMA 共混膜表面，浸入 PEG 可促进 SMA 富集在膜表面	11
	PET 与 SAN/PAN 复合膜界面	反射晶体为 ZnSe，分辨率为 $4cm^{-1}$，扫描次数为 32	研究了 PET 表面形成超薄 SAN/PAN 共混物膜厚度以及界面层 PET 亚甲基的构象变化。PET 表面共混物膜的厚度随 SAN 含量的增加而增加；在成膜过程中，PET 分子链的亚甲基构象由反式向旁式转变	12
	医用橡胶	分辨率为 $4cm^{-1}$，扫描次数为 32	结合 XPS 对两种表面改性医用橡胶进行了研究，结果表明两种样品表面层和体相组成完全不同，表面层为氟化聚合物，体相为丁基橡胶	13

续表

样品种类	测定对象	测试方法	主要结果	参考文献
聚合物	复合薄膜	单次反射 ATR OMNI 采样器（Ge 晶体），分辨率为 $4cm^{-1}$，扫描 32 次，光谱范围为 4000～$675cm^{-1}$	对海关截获的多层复合膜进行了层层分析，得到了每一层以及层间黏合剂的成分	14
	聚 3-羟基丁酸酯（PHB）	Ge 晶体，扫描频率范围 4000～$650cm^{-1}$，扫描 32 次，分辨率 $4cm^{-1}$；实验中还通过在光路中放置线栅偏振器对 PHB 薄膜样品进行了偏光 ATR 研究	观测了不同厚度 PHB 薄膜的结晶过程，并通过偏光 ATR-FTIR 对薄膜中 PHB 分子的取向进行了研究。结果显示，PHB 在薄膜中的结晶速率及结晶度均随薄膜厚度的减小而逐渐降低。偏光 ATR-FTIR 结果表明，随膜厚减小，薄膜中结晶部分的 PHB 分子逐渐倾向于沿垂直于基板表面方向取向，膜越薄，倾向越明显	15
	聚醚硅油改性聚苯乙烯	ZnSe 反射晶体，薄膜用夹具固定在晶体表面，用扭矩扳手控制样品与反射晶体间的压力；分辨率 $2cm^{-1}$，扫描 32 次	检测了聚醚硅油中硅油链段在共混物薄膜表面的“靶向”作用，分析了不同接触介质对聚醚硅油改性作用的影响。结果表明，玻璃介质通过诱导作用促使聚醚硅油产生表面迁移行为；而在空气介质中，硅油链段的良好靶向作用引导聚醚硅油分子在聚合物表面充分富集	16
	重氮高分子逐层组装膜	ATR 晶体为单晶硅，45°入射，分辨率 $8cm^{-1}$，512 次扫描，4000～$600cm^{-1}$，实验在高纯氩保护下进行	对逐层组装含氮高分子膜进行了分步定量分析。利用—CH_2—逐层变化规律确认了组装过程中每层吸附高分子的量是一致的。通过—$N{=}N^+$特征吸收峰定量计算了特征实验条件下分解生成共价键的比例	17
	环氧丙烯酸酯		结合接触角测定和表面能计算，对固化膜的表面组成进行了表征。结果表明：固化过程中组分发生了迁移，其含量由表及里存在分布不均现象，最终对固化层的表面能产生了影响	18
	聚乙二醇/聚乙烯共混物（PEG/PE）		对 PEG/PE 薄膜的表面组成进行测试。以相应的特征峰强度比作为定量测定的基准；通过工作曲线法，定量分析了共混物薄膜表面层中聚乙二醇链节和聚乙烯链节的相对组成	19
	药物包装袋	金刚石 ATR 晶体，分辨率 $4cm^{-1}$，256 次扫描，扫描范围 4000～$600cm^{-1}$	结合 DSC 对 50 个药物包装袋进行了测试。识别了 96%的样本，该技术可用于追踪违禁药物	20
	聚乙二醇和聚丙烯酸（PEG 和 PAA）	红外显微镜，ATR 晶体为单晶硅或锗，分辨率 $4cm^{-1}$	采用显微 ATR-FTIR 法分析了水溶液中的溶质。PEG 和 PAA 的检测限在 10^{-6}，该法在几个数量级范围都呈线性	21
	聚对苯二甲酸乙二醇酯（PET）	用 ZnSe 偏振器起偏，单次反射 ATR 法，Ge 晶体，入射角 45°，分辨率 $4cm^{-1}$，32 次扫描	采用偏振 ATR-FTIR 法对 21 种 PET 瓶的详细取向进行了研究。$1340cm^{-1}$ 谱带吸光度能快速可靠地指示出链取向的趋势；相反，平行于底面的苯环取向程度几乎不变	22
药物	胆结石中的胆固醇和胆红素	采用 ZnSe 晶体，扫描范围 4000～$650cm^{-1}$，胆固醇和胆红素分别选 $1049cm^{-1}$ 和 $1245cm^{-1}$ 为特征谱带	建立了同时测定胆结石中胆固醇和胆红素含量的测定方法。考察了它们的线性范围、回收率等，并与 HPLC 法进行比较，发现二者测定结果相符	23
	海南霉素	复合金刚石探头，无水乙醇为背景，分辨率 $8cm^{-1}$，扫描 256 次	对海南霉素的水-乙醇溶液进行了在线测定，建立了其定量研究的偏最小二乘法。导数光谱比红外光谱更能灵敏地反映出浓度的变化	24
	化学促进剂	ATR 晶体为锗单晶，扫描 200 次，分辨率 $4cm^{-1}$，扫描范围 4000～$675cm^{-1}$	研究了四种化学促进剂与鼠角质层脂质的相互作用。通过监测 CH_2 伸缩振动的位移以及角质层脂含量的变化来解释促进剂对角质层的影响。四种促进剂都能增加脂构象异构体含量	25

续表

样品种类	测定对象	测试方法	主要结果	参考文献
药物	西咪替丁	波数范围 4000～650cm^{-1}，分辨率 4cm^{-1}，扫描 32 次	建立了测定西咪替丁 A 晶型含量的方法，相关系数 r=0.9991，回收率 101.0%，RSD=2.5%	26
	彝药大红袍、鸡根	扫描次数 64 次，分辨率 4cm^{-1}	对 2 种彝药材进行了快速无损测定，并对其主要特征峰进行了指认，实验发现 2 类块根类药材光谱有一共同点，即由 C—O—C 振动在 1034cm^{-1} 处产生的吸收峰最强	27
	皮肤渗透促进剂油酸（OA）和月桂氮䓬酮（azone）	室温 18～20℃，RH 39%，反射晶体 ZnSe，入射角 45°，扫描次数 64 次，分辨率 8cm^{-1}	通过测定人体在体皮肤表面不同深度角质层的—CH_2—伸缩振动峰的波数位移和角质层中脂质的分布，来考察两种 OA 和 azone 对角质层固有脂质的影响。两种渗透促进剂均使得—CH_2—发生蓝移，但 azone 的作用更强	28
	尼氟灭酸	反射晶体 ZnSe，入射角 45°，扫描次数 32 次，分辨率 0.5cm^{-1}，样品不经任何处理直接铺在 ZnSe 上	结合偏最小二乘法建立了一种测定药物凝胶中尼氟灭酸的方法。尼氟灭酸的光谱范围是 2300～1100cm^{-1}，该法的加标回收率在 96.60%～101.02%之间	29
生物/医学样品	蚕丝蛋白	分辨率为 4cm^{-1}，扫描次数为 128 次	结合拉曼光谱研究了蚕丝蛋白与类动物丝蛋白聚合物共混膜的振动光谱。在蚕丝蛋白中共混入类动物丝蛋白聚合物后，由于共混膜中各组分间形成分子间氢键作用而相互诱导原先处于无规线团/α-螺旋构象的分子链部分向 β-折叠构象转变，使共混膜处于无规线团/α-螺旋和 β-折叠构象共存状态	30
	结节性甲状腺肿	将带 ATR 探头的光导纤维连在红外光谱仪上，使 ATR 探头与甲状腺结节的表面皮肤密切接触。分辨率 4cm^{-1}，扫描 64 次	在结节性甲状腺肿体表红外光谱中：①约 2925cm^{-1}、约 1250cm^{-1} 谱带峰位均明显向低波数位移；②谱带相对强度比 H_{1740}/H_{1460}、H_{1160}/H_{1460}、H_{1160}/H_{1120} 较正常甲状腺明显降低；③H_{1040}/H_{1460} 比值明显升高	31
	羟基磷灰石与牛血清白蛋白	锗单晶作反射晶体，45°斜面入射，分辨率 4cm^{-1}，扫描次数 128，扫描范围 4000～625cm^{-1}	采用原位 ATR-FTIR 研究牛血清白蛋白在羟基磷灰石表面的吸附和成键行为，探索 HA 生物材料/生物环境界面过程和生物相容性的微观本质	32
	乳腺癌组织	ATR 探头与组织标本接触，分辨率 8cm^{-1}，扫描 32 次，范围 4000～800cm^{-1}	研究了乳腺新鲜离体组织的光谱，比较了良性、恶性肿瘤的各谱带的峰高和相对峰强度，发现癌组织和良性组织有明显差异	33
	蛋白和小分子	反射晶体为硅单晶，光束反射 25 次，分辨率 8cm^{-1}，扫描次数 1024	对硅表面用寡核苷酸改性，研究了两个模型体系，一个是抗凝血酶适体的识别，另一个是有机分子与 DNA 的键合	34
	玉米上的镰刀霉菌	水平 ATR 法，3 次反射，金刚石晶体装在用于聚焦的 ZnSe 晶体之上，分辨率 4cm^{-1}，光谱范围 4500～650cm^{-1}，扫描次数 32 次，镜速 10kHz	提出一种检测玉米上镰刀霉菌的新方法。研磨样品粉末粒径在 250～100μm 之间。光谱用主成分分析和聚类分析处理，光谱间的变化反映蛋白、糖以及脂的含量变化。该法可以将仅含 310g/kg 毒素的样品与无污染样本区分开来，对单个样品的识别正确率达到 100%	35
其他	水-针铁矿界面	样品以湿膏状进行 ATR 分析。水平 ATR 晶体为金刚石，入射角 45°，分辨率为 4cm^{-1}，扫描 100 次	研究了水-针铁矿界面草酸盐和丙二酸盐的竞争吸附。当同时吸附时，ATR-FTIR 光谱能分辨单个光谱特征，四种表面配合物的特征峰也都被识别；这些竞争吸附与 pH 值有关	36
	碱性液体清洁剂	金刚石 ATR 池，波数范围 4000～600cm^{-1}，分辨率 8cm^{-1}，扫描 50 次，水作参比	测定了高 pH 值清洁剂中的螯合剂氨三乙酸钠。5 种商品清洁剂的分析结果与标称值一致，回收率在 98.4%～102.4%之间。该方法每小时可完成 50 个样品分析，而且每次只需 0.2ml	37
	土壤中的硝酸盐	水平 ZnSe 晶体，波数范围 4000～800cm^{-1}，分辨率为 2cm^{-1}，扫描 32 次	提出一种同时测定土壤膏体中硝酸盐含量和识别土壤种类的方法，土壤识别用 PCA-神经网络法，硝酸盐测定用偏最小二乘法	38

本表参考文献：
1. 孙素琴，梁曦云，杨显荣．分析化学, 2001, 29(5): 552.
2. 张普敦，董蔚潇．化学研究与应用, 2009, 21(3): 334.
3. 肖璞，孙素琴，周群等. 光谱学与光谱分析, 2004, 24(11): 1352.
4. 徐琳，王乃岩，宋东明. 光谱实验室, 2003, 20(6): 888.
5. Rudnitskaya A, Kirsanov D, Legin A, et al. Sens Actuat, B.-Chem, 2006, 116: 23.
6. Llario R, Inon F A, Garrigues S, et al. Talanta, 2006, 69: 469.
7. Christy A A, Egeberg P K. Chemomet Intell Lab, 2006, 82: 130.
8. Beullens K, Kirsanov D, Irudayaraj J, et al. Sens Actuat B-Chem, 2006,116: 107.
9. 刘小冲，易佳婷，王琛. 化工技术与开发, 2006, 35(4): 13.
10. 王家俊，汪帆，马玲．光谱实验室, 2005, 22(6): 999.
11. 陈谷峰，张艺，祝亚非，等. 高分子学报, 2006, 6: 829.
12. 徐立恒，袁昌明，许潮江. 光谱实验室, 2004, 21(2): 229.
13. 罗传秋，刘泳，杨继萍，等. 光谱学与光谱分析，1999, 19(4): 553.
14. 王成云，杨左军，龚丽雯，等. 光谱实验室, 2002, 19(6): 795.
15. 王震，杨睿，徐军，等. 高分子学报, 2005, 4：611.
16. 黄胜梅，张莹雪，林志勇，等. 应用化学，2006, 23(10): 1120.
17. 廖伟，魏芳，曹维孝，等. 物理化学学报, 2004, 20（4）：405.
18. 王德海，骆燕,蔡延庆. 辐射研究与辐射工艺学报，2006, 24(4): 214.
19. 钱浩，祝亚非，许家瑞. 光谱学与光谱分析, 2003, 23(4): 708.
20. Causin V, Marega C, Carresi P, et al. Forensic Sci Int, 2006, 164: 148.
21. Sommer A J, Hardgrove M. Vib Spectrosc, 2000, 24: 93.
22. Smith M R, Cooper S J, Winter D J, et al. Polymer, 2006, 47: 5691.
23. 孙会敏，岳志华，田颂九，等．药物分析杂志, 2005, 25(7): 769.
24. 邱江，丁乐洪，叶勤，等．高等学校化学学报, 1999, 19(2): 218.
25. 张志慧，周雪琴，许晶，等．化学研究与应用, 2005, 17(1): 64.
26. 张雅军，田颂九．中国药学杂志, 2005, 40(20): 1587.
27. 杨群，王怡林，姚杰，等. 光谱学与光谱分析，2006, 26(12): 2219.
28. 丁平田，郝劲松，郑俊民．生物物理学报, 2000, 16(1): 48.
29. Boyer C, Bregere B, Crouchet S, et al. J Pharm Biomed Anal, 2006, 40: 433.
30. 姚晋荣，陈新，周平，等. 高等学校化学学报，2003, 24(11): 2113.
31. 凌晓峰，徐智，徐怡庄，等. 光谱学与光谱分析，2005, 25(12): 1955.
32. 叶青，胡仁，林种玉，等. 高等学校化学学报，2006, 27(8): 1552.
33. 周苏，徐智，凌晓峰，等. 中华肿瘤杂志, 2006, 28(7): 512.
34. Liao W, Wei F, Liu D, et al. Sens Actuat B-Chem, 2006, 114: 445.
35. Kos G, Lohninger H, Krska R. Anal Chem, 2003, 75: 1211.
36. Axe K, Vejgården M, Persson P. J Colloid Interf Sci, 2006, 294: 31.
37. Ventura-Gayete J F, de la Guardia M, Garrigues S. Talanta, 2006, 70：870.
38. Linker R, Weiner M, Shmulevich I, et al. Biosystems Engineering, 2006, 94: 111.

第二节　表面增强红外吸收光谱

一、表面增强红外吸收光谱简介

1980 年，Hartstein 等人首次报道了硅基板上对硝基苯甲酸薄膜的红外吸收信号能通过在其上蒸镀 Ag 或 Au 而得到显著增强[29]，这种现象被称为表面增强红外吸收效应(surface-enhanced infrared absorption，SEIRA)，相应的光谱称作表面增强红外吸收光谱(surface-enhanced infrared absorptive spectroscopy，SEIRAS)[30]。由于与表面增强拉曼光谱（SERS）相比该增强因子较小（SERS 可增强 10^{12} 倍），因此 SEIRA 一直未引起足够的注意，直到 20 世纪 90 年代才有几篇文献对该现象进行了理论和实际应用的研究[30~34]。最近 10 多年来，SEIRAS 得到了快速发展。

SEIRA 现象最先在币族金属（金、银、铜）膜上实现，此后在铂、锡、钯、钌等其他金属表面也获取了 SEIRA 效应。这些金属在基体表面形成一层纳米岛状膜，样品吸附在金属薄膜上，当采用一定共振频率的光子照射该表面时，由于局域光场的能量密度增加，导致单位体积的吸收率也增加（二者成正比关系）。这种局域场强随金属岛的尺寸、形状、介电性等而发生变化，其增强效应也相应地发生改变。局域场的极化程度取决于金属岛的表面选择规则，它能改变吸附分子的偶极矩，从而引起红外强度的变化。

二、表面增强红外吸收光谱的产生原理

1. 产生原理[30,35~37]

SEIRA 效应和 SERS 都是基于金属岛或金属颗粒表面上的信号增强，因此其产生原理也相似。对 SEIRA 现象的最好解释是电磁场增强机理[35~37]，它已为大家所接受。

当在基板表面镀有一层非常薄的金属膜时（约 10nm 厚），这些金属膜本质上是由一层呈扁圆形椭球体的金属小岛组成，椭球体的长轴与基板表面平行。当入射红外光垂直照射时，入射光电场与金属岛长轴平行（即与金属表面平行），因而引起金属岛表面上的自由电子产生振荡，形成等离子波，从而在垂直于金属岛表面的方向产生强电磁场，如图 8-12 所示[35,36]，其强度呈指数衰减。表面等离子波的穿透深度大约为 10nm 量级，远小于入射红外光波长，这样在金属岛中的光场就被高度局域化，相应的金属岛也被极化。岛中心引发的偶极矩 P 可表示为：

$$P=\alpha VE_{\mathrm{local}} \tag{8-14}$$

式中，α 为金属岛的极化率；V 为金属岛结构的体积；E_{local} 为入射光诱导产生的局域电场强度，由入射场和增强场组成。

通过物理或化学方式吸附到金属岛表面上的分子被诱导电场激发，其局域电场的强度可表示为：

$$\left|E_{\mathrm{local}}\right|^2=\frac{4p^2}{l^6} \tag{8-15}$$

式中，l 为距金属岛中心的距离。式(8-15)说明距金属岛中心距离的微小变化即会引起局域电场强度的很大变化。由于红外吸收强度取决于跃迁概率，而跃迁概率又与跃迁偶极矩及局域电场强度的平方成正比，因此 l 的微小变化就会引起表面上相应谱带的红外光强度发生很大变化。

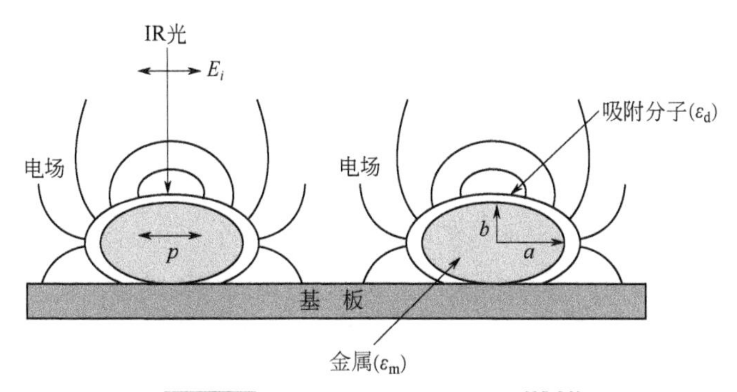

图 8-12　电磁场增强机理示意[35,36]

2. 表面增强红外吸收效应的表面选择规则[30,35,36]

由于入射光诱导的电场方向沿表面法线，表面增强红外吸收的概率正比于沿着光子偏振方向的跃迁偶极矩的平方。表面增强红外吸收效应的表面选择规则是：只有那些垂直于表面方向且可给出偶极矩变化的分子振动才是 SEIRA 活性振动。平行于表面的偶极矩变化会被反方向的偶极变化抵消，而垂直于表面方向的偶极矩变化则被增强。

三、表面增强红外吸收光谱的实现

1. 制备表面增强红外吸收的基板

表面增强红外吸收效应的大小取决于金属岛膜的形貌（尺寸、形状以及粒子密度，这些主要由金属种类决定）、基板、沉积速率以及岛膜厚度。目前最为广泛使用的样品-金属-基板构型中，膜的形态受支持基板的表面结构以及构建膜的过程中的实验条件影响，如支持基板的温度、蒸发速度等。通常采用的支持基板包括一些红外透明材料，如 Si、Ge、CaF_2、BaF_2、KBr、ZnSe、ZnS、KRS-5、蓝宝石和 MgO 等，以及其他一些非红外透明材料，如玻璃、玻碳、聚合物、金属等。红外透明材料基板可用于透射或反射光谱采集，而非红外透明材料只能用于外反射光谱的测定。需要注意的是，低反射材料能够减小 SEIRA 光谱的谱带变形而较受欢迎。

具有 SEIRA 活性的金属岛一般通过在支持基板上对金属进行高真空蒸发获取。比较经典的制备系统包括不锈钢室、玻璃钟罩、放置金属的钨篮、监测膜厚度的石英晶体微天平（QCM）以及真空泵。通过对钨舟进行电阻加热使低熔点金属蒸发，或者直接电阻加热高熔点金属的金属丝使其蒸发。金属沉积速率是决定岛形状和大小的重要参数，低速（0.5nm/min）一般能给出最好的增强效应，最大增强效应的最佳膜厚度取决于沉积速率。实际上每个金属-基板体系都要对这两个参数（沉积速率和膜厚）进行优化。在控制蒸发膜的形态学，亦即控制相关的表面共振区域时，可采用纳米球光刻法（nanosphere lithography, NSL）制备周期性粒子阵列膜模板。

一种比较便宜的方法是采用电化学沉积法制备 SEIRA 的金属岛，即在恒电势、恒电流或者循环电势条件下，在待沉积的金属盐电解质溶液上施加适当的电压或电流。表面粗糙度（或岛的尺寸）可通过改变溶液浓度、施加的电压或电流，以及沉积时间控制，某些情况下可使用添加剂来控制形态学。膜厚度可通过沉积过程中通过的电荷量估计。不过在这种方法中待沉积金属的基板必须具有高的电导率，因此玻碳、块体金属经常使用。

胶体金属也用于具有 SEIRA 活性的纳米结构。如将胶体银涂于 KRS-5 基板并干燥，如此重复操作可得到厚的团聚的胶体膜[38]，另外胶体金也在免疫分析方面具有明显的 SEIRA 效应[39]。除此以外，金属溅射技术也用于 Ag、Au、Pt 等金属的纳米粒子沉积以实现 SEIRA 实验。

化学沉积法是将基板浸入到适当的金属电镀液中的一种技术，它也用于 Ag、Au、Pt、Cu 纳米粒子膜的制备，该技术可获得比真空蒸镀更大的岛尺寸。化学沉积法简单、成本低，具有好的 SEIRA 增强效应，并且该技术能使金属与基板更好地黏合并减小对基板的污染。

当分子无极性基团而无法吸附到金属表面时得不到 SEIRA 光谱。此时可对其进行修饰，即在金属基板上涂一层不同硫醇化合物的自组装单层膜[40~42]。硫和硒化合物对过渡金属表面有强的亲和性，金和银上的硫醇分子自发吸附形成紧密堆积、结构有序的单层膜。

币族金属（Au、Ag、Cu）上的 SEIRA 效应研究最多，但 SEIRA 理论模型预测在过渡金属上也能得到和币族金属一样的增强效应。当前在多个金属表面已观察到 SEIRA 增强[43~47]，其中铂族金属（Pt、Pd、Rh）由于在电化学、异相催化等领域广泛使用而研究较多[47~49]。

2. 制备表面增强红外光谱样品

已报道有多种方法将待研究样品置于 SEIRA 活性基板上。其中最容易的是“涂膜法”或

“液滴干燥法”，即用微量注射器将样品稀溶液滴在金属表面，随溶剂慢慢蒸发在活性表面形成一层样品的单分子膜。样品单分子膜也可通过在真空下蒸发形成，或先在水平位置处形成 Langmuir 膜，然后转移到 SEIRA 活性基板上。

当所研究样品在 SEIRA 活性基板的金属上产生化学吸附时，则可采用“自组装单分子膜法”，即将 SEIRA 活性基板浸入样品溶液并浸泡一个时期，然后用溶剂完全冲洗基板以使样品的自组装单分子膜仍保留在金属岛表面。

3. 表面增强红外吸收光谱的实现

透射、内反射、外反射 FTIR 都可用于 SEIRA 的测量。漫反射法也偶尔用于分散的金属胶体研究。在电化学研究里，采用 Kretschmann 构型（棱镜/薄金属膜/溶液）采集 ATR-SEIRAS 是最佳选择。

四、表面增强红外吸收光谱的应用

表面增强红外吸收光谱是一种表面敏感光谱分析技术，表 8-6 给出这种方法的一些应用实例。

表 8-6 表面增强红外吸收光谱的一些应用实例

测定对象	基板/样品	测试方法	主要结果	参考文献
异烟酸	金电极	0.1mol/L$KClO_4$ 和 0.1mol/L KCl 碱性溶液(pH10)。ATR-SEIRAS 法,电压扫描,吸脱附平衡后采集光谱。扫描 256 次， 分辨率 $4cm^{-1}$	−0.5～0.2V 间异烟酸阴离子通过其羧酸根上的两个氧原子垂直吸附在 Au 电极表面，特性吸附 Cl^-对上述吸附结构无实质影响	1
CO 和 CH_3OH	镀金 Si 表面/Pt-Ru 合金薄膜	1mmol/LH_2PtCl_6+1mmol/L $RuCl_3$+0.1mol/L H_2SO_4。ATR-SEIRAS 法	观察到电极上 Pt 位和 Ru 位上的 CO 峰，且表现出 Pt-Ru 二元金属良好的协同催化性能	2
对硝基苯甲酸(PNBA)和吡啶(Py)	镀金 Si 表面/Pt 合金薄膜	0.1mol/L $HClO_4$ 中 PNBA，0.1 mol/L $KClO_4$ 中 Py。ATR-SEIRAS 法，进行电压扫描，吸脱附平衡后采集光谱。每个谱扫描 256 次，分辨率 $4cm^{-1}$	在较高电位下 PNBA 通过羧基脱质子后羧酸根的两个氧原子等位吸附在 Pt 电极表面，随着电位负移， 除 PNBA 逐步脱附外，还呈现出单个氧原子吸附的谱学特征。Py 吸附主要通过氮原子的孤对电子及脱氢后的碳原子与 Pt 电极表面键合	3
甲醇	Au/Si 表面/Pt 纳米薄膜	0.1mol/L $HClO_4$ 作电解质。ATR-SEIRAS 法，电压扫描，吸脱附平衡后采集光谱。扫描 256 次，分辨率 $4cm^{-1}$	以 CO 作探针，铂纳米薄层的红外吸收增强了约 10 倍；该法可应用于诸如甲醇电催化氧化的吸附中间体的灵敏检测	4
抗体/抗原	胶体金	胶体金/抗体/抗原复合物过滤到多孔 PE 膜上采集透射谱，扫描 64 次，分辨率 $16cm^{-1}$	对几种胶体金/抗体体系均显示光谱带在 $1080cm^{-1}$ 和 $990cm^{-1}$ 处增强；而对胶体金/抗体/抗原体系，则在 $1540cm^{-1}$、$1395cm^{-1}$ 以及 $1250cm^{-1}$ 产生增强效应。当用沙门氏菌抗原时，$1015cm^{-1}$ 也增强	5
硝基酚	CaF_2 或 Ge/铜、银膜	几种硝基酚滴到 Cu 或 Ag 膜上形成 1nm 厚膜，采集透射谱，分辨率 $4cm^{-1}$	观察到不同硝基酚在 Cu 或 Ag 膜上的 SEIRA 效应。光谱变化是由硝基和金属之间的供体-受体相互作用引起的	6
病原体	Si/Au（10nm 薄膜）	用戊二醛将抗体固载在 Si/Au 膜上，然后固载牛血清蛋白。波数范围 4000～$400cm^{-1}$，扫描 64 次，分辨率 $4cm^{-1}$。采集 75° 的外反射光谱，ZnSe 线栅偏振器	抗体在 $1085cm^{-1}$ 和 $990cm^{-1}$ 处显示增强效应， 这些谱带在 P 偏振光下可观察，但在 S 偏振光下观察不到。用于葡萄糖氧化酶及其抗体的研究时，还在 $1397cm^{-1}$、$1275cm^{-1}$、$930cm^{-1}$ 处观察到增强。对沙门氏菌，则在 $1045cm^{-1}$ 观察到增强	7

续表

测定对象	基板/样品	测试方法	主要结果	参考文献
硫酸	Si/Au-Ti 双层膜	原位光谱电化学法，入射角60°，慢速电位扫描，光谱采用快扫描模式，扫描次数230次，分辨率8cm^{-1}	电化学修饰后的Au-Ti双层表面较粗糙，具有岛型结构，适于SEIRAS。吸附硫酸根后膜的SEIRA活性得到显著增强，可用于检测膜上亚单层的吸附物	8
CO、吡啶	Si/Au(60nm)-Ni(40nm)	三电极系统电化学ATR-SEIRAS法，入射角70°，分辨率分别为4cm^{-1}（多步）和8cm^{-1}（动态），扫描256次	Ni纳米颗粒薄膜对CO分子显示了超常的红外吸收增强效应，观测到自由水分子与CO在Ni电极上的共吸附。Ni电极上吡啶吸附层的强度增加，保留了吡啶的光谱特征	9
CO、苯并三唑	Si/Au(60nm)-Fe(40nm)	入射角70°，分辨率4cm^{-1}，扫描128次	Fe纳米膜上CO吸附层吸收增强了34倍；对苯并三唑(BTA)进行研究，表明形成了耐腐蚀的聚合物表面$Fe^{II}{}_m$-$(BTA)_n$	10
自组装单层膜（SAM）/十六烷基三甲基氯化铵（CTAC）	Si/Au（10nm）	入射角75°，分辨率4cm^{-1}，扫描128次，测量其时间分辨的ATR-SEIRAS	3-巯基丙酸(MPA)SAM按照Langmuir单层吸附理论形成；CTAC在MPA SAM上的吸附动力学是初期先快速吸附，然后慢速吸附。实验证明CTAC在MPA SAM上从羧酸向羧酸盐过渡，最后通过静电作用形成离子对	11
组氨酸标记细胞色素C氧化酶	Si/Au	采用原位电化学ATR-SEIRAS法。入射角60°，扫描100～640次。循环伏安扫描	监测了在化学改性Au表面固载了组氨酸标记细胞色素C氧化酶的过程，包括①金表面修饰；②蛋白吸附；③脂双层膜的重组	12
十八烷基硫醇（ODT）	Ag月牙/聚苯乙烯(PS)纳米球	两个入射角，分别为60°和45°	利用Ag月牙独特的可调局部等离子共振功能对烷基硫醇的最大SEIRA信号进行了最大化，这种增强使吸收谱带的形状更对称	13
二甲氨基吡啶（DMAP）	Si/Au	P偏振光，入射角70°，分辨率4cm^{-1}	研究了DMAP及其共轭酸$DMAPH^+$在金表面上的吸收强度与电位和pH的关系；SEIRAS证明即使在pH低于pK_a 5个单位时，也能形成DMAP单层膜	14
对硝基苯甲酸(pNBA)	平面卤化银（AgX）	7000～600cm^{-1}，分辨率分别为4cm^{-1}，扫描300次	SEIRA增强效应随表面的距离而变化。pNBA的表面取向有平行于表面的长、短轴，“切片”光谱不同于表面pNBA和其他层	15
CO	Si/Au-Pt族金属(Pt、Pd、Rh和Ru)	入射角70°，分辨率4cm^{-1}（静态电势下采集）或8cm^{-1}（动态电势采集）	提出一种两步构建用于研究电化学界面的Pt族金属的ATR-SEIRAS法，观察到CO在这些界面上的氧化	16
pNBA(对ATR模式)；KSCN（透射模式）	Si/自组装Au	电化学ATR-SEIRAS模式时：入射角70°，分辨率4cm^{-1}。透射模式下：分辨率4cm^{-1}	通过自组装和胶体颗粒增长实现了对SEIRA的调节。透射SEIRAS用于评价2D胶体金阵列的表面增强，pNBA的原位电化学ATR-SEIRAS表明Au膜增长会产生好的表面增强	17
氨基苯甲酸异构体(ABA)	CaF_2/Ag	透射SEIRAS法，分辨率为4cm^{-1}，扫描16次	SEIRA增强吸附物红外信号的能力与沉积溶剂的极性有关。从烷烃溶剂中沉积的*m*-ABA和*p*-ABA会增加单层中相邻ABA分子间的吸引。纳米银上的吸附强度依次为*p*-ABA＞*m*-ABA＞*o*-ABA	18
十八烷基硫醇（ODT）	Si/Au	P偏振光，S偏振光，30°角入射，ATR-SEIRAS法	Au岛的形态发展不同阶段，其ODT的光谱显示SEIRA效应，增强程度强烈依赖于结构细节，最强增强发生在二维岛系统的穿透域	19

续表

测定对象	基板/样品	测试方法	主要结果	参考文献
链状球菌标记的膜蛋白	Si/Au	ATR-SEIRAS 法，60°入射	SEIRAS 表明，生物素层在连接到半胱胺单层时从同向到紧密堆积层经历了相变，形成紧密堆积层减弱了链状球菌和生物素之间的相互作用	20
甲酸	Pd 电极	原位 ATR-SEIRAS，单次反射入射角 65°，快扫描模式，分辨率 $4cm^{-1}$	研究了硫酸和高氯酸中甲酸在 Pd 上的电催化氧化机理。观察到 CO、甲酸盐、碳酸氢盐以及支持阴离子的吸附，吸附次序为：SO_4^{2-} > HCO_3^- > ClO_4^-。在双电层区 SO_4^{2-} 明显抑制甲酸的氧化。只有甲酸氧化被抑制时才能检测到吸附的甲酸盐。这些结果表明甲酸盐是甲酸氧化过程中的一个短寿命中间体	21

本表参考文献：

1. 薛晓康，霍胜娟，严彦刚，等. 化学学报，2007, 65(15): 1437.
2. 李巧霞，周小金，李金光，等. 物理化学学报，2010, 26(6): 1488.
3. 严彦刚，徐群杰，蔡文斌. 化学学报，2006, 64(6): 458.
4. 严彦刚，霍胜娟，李巧霞，等. 复旦学报，2004, 43(4): 564.
5. Seelenbinder J A, Brown C W, Pivarnik P, et al. Anal Chem, 1999, 71：1963.
6. Merklin G T, Griffiths P R. Langmuir, 1997, 13: 6159.
7. Brown C W, Li Y, Seelenbinder J A, et al. Anal Chem, 1998, 70: 2991.
8. Ohta N, Nomura K, Yagi I. Langmuir, 2010, 26(23): 18097.
9. Huo S J, Xue X K, Yan Y G, et al. J Phys Chem B, 2006, 110: 4162.
10. Huo S J, Wang J Y, Yao J L, et al. Anal Chem, 2010, 82: 5117.
11. Imae T, Torii H. J Phys Chem B, 2000, 104: 9218.
12. Ataka K, Giess F, Knoll W, et al. J Am Chem Soc, 2004, 126: 16199.
13. Bukasov R, Shumaker-Parry J S. Anal Chem, 2009, 81: 4531.
14. Rosendahl S M, Danger B R, Vivek J P, et al. Langmuir, 2009, 25: 2241.
15. Kosower E M, Markovich G, Borz G. J Phys Chem B, 2004, 108: 12873.
16. Yan Y G, Li Q X, Huo S J, et al. J Phys Chem B, 2005, 109: 7900.
17. Huo S J, Li Q X, Yan Y G, et al. J Phys Chem B, 2005, 109: 15985.
18. Perry D A, Cordova J S, Smith L G, et al. J Phys Chem C, 2009, 113: 18304.
19. Enders D, Nagao T, Pucci A. Phys Chem Chem Phys, 2011, 13: 4935.
20. Jiang X, Zuber A, Heberle J, et al. Phys Chem Chem Phys, 2008, 10: 6381.
21. Miyake H, Okada T, Samjeske G, et al. Phys Chem Chem Phys, 2008, 10: 3662.

第三节　偏振红外光谱法

一、偏振红外光谱法的基本原理[4,50]

偏振红外光谱法（polarized FTIR）是利用偏振红外光采集样品红外光谱的一种方法。当采用不同偏振光照射样品时，不同区域的红外吸收谱带强度可能会发生变化，偏振红外光谱法就是研究这些谱带的性质和归属情况，并进一步研究晶体（包括液晶）的结构，长链或大分子链的构象、取向度等信息。

1. 偏振光

波有纵波和横波之分，光源发出的光是一种横波，其传播方向与传播时产生的交替电磁场振动方向垂直。组成光源的每个分子在某一时刻产生的光波，其振动方向一定，因此具有偏振性，但是大量分子在不同时刻产生的光波在各个方向的振动是均匀分布的，即整束光却无偏振性，因此将光源发出的光称为自然光。采用一定的方法将自然光中不同振动方向的光波分开，得到只在一个方向振动的光，此时光的振动电矢量偏在某一平面内，称为偏振光。如果光波中光束的振动电矢量完全集中在一个平面内，则这种偏振光称为完全偏振光，或平面偏振光，电场矢量与光传播方向组成的平面称为偏振平面。从光传播方向看过去，这种偏振光的振动电矢量在同一条直线上，因此又称为线偏振光。如果光束中光波只是相对集中在某一方向，则这种偏振光称为部分偏振光。

如果两束频率相同、光矢量振动方向相互垂直的线偏振光以恒定的相位差传播时，两束线偏振光叠加则可以产生椭圆偏振光。当相位差为 $\pi/2$ 和 $3\pi/2$ 时，得到的是圆偏振光。对圆偏振光而言，其左右旋转方向不同，从光的传播方向看过去是一个圆圈，这与自然光无区别。但一些具有左旋、右旋结构的旋光分子（手性分子）对左旋、右旋的圆偏振光吸收性质不同，因此可以采用圆偏振光进行研究。所谓右旋或左旋与观察方向有关，通常规定逆着光传播的方向看，顺时针方向旋转时，称为右旋圆偏振光，反之则称为左旋圆偏振光。

2. 红外二向色性比

红外光谱是由分子中不同振动模式的偶极矩变化引起的，偶极矩变化越大，振动吸收越强，红外谱带的强度就越大；但另外，由于振动偶极矩是矢量，红外吸收谱带的强弱也与偶极矩变化的方向（即振动方向）有关。如果某一官能团的偶极矩矢量方向与入射光电矢量方向平行，则产生最强吸收谱带，称为平行谱带；反之，若其偶极矩矢量方向与入射光电矢量方向垂直，就不产生红外吸收，因此称作垂直谱带。

当偏振光与分子的取向（如晶体的晶轴、高分子链的拉伸等）方向垂直时，就称为垂直偏振光；相反，如果与分子取向方向平行则称为平行偏振光。显然，平行谱带在用平行偏振光采集的红外光谱中吸收最强，此时垂直谱带强度低；而垂直谱带在用垂直偏振光采集的红外光谱中吸收最强，相应的平行谱带强度低。这种谱带强度随偏振光方向改变而发生明显变化的现象称为谱带的红外二向色性[51]。图 8-13 所示为红外二向色性的原理示意。

在采用平行偏振光和垂直偏振光对同一样品测得的两种红外光谱中，某一谱带的吸光度 $A_{/\!/}$ 和 $A_{\perp}$ 的比值 R 定义为该谱带的红外二向色性比：

$$R = A_{/\!/}/A_{\perp} \tag{8-16}$$

可以看出，随着样品性质的不同，R 可从 0（即垂直谱带）到∞（即平行谱带）变化。对非取向样品（如液体、气体、各向同性固体等），其任何谱带的 R 均为 1。通常也把 $R>1$ 的谱带叫平行谱带，而把 $R<1$ 的谱带叫垂直谱带。

3. 偏振红外光谱的产生

如图 8-13 所示，红外光源发出的自然光经偏振器起偏后得到偏振光，当官能团（如羰基）的跃迁偶极矩 M 与电场矢量 E 平行时可得到强的红外吸收谱带，而 M 和 E 垂直时，得到很弱的红外吸收谱带。对给定的振动模式而言，其跃迁矩 M 的方向一定，假定 M 和 E 的夹角为 β，则其吸光度 A 与 $\cos^2\beta$ 成正比。如长链大分子的偏振红外光谱不仅与入射光的偏振方向以及振动模式的跃迁偶极矩有关，还与分子链的取向程度有关，即与分子链轴与取向方向的夹角有关。分子链取向度高，分子链与取向方向夹角小，则平行谱带的吸光度增强，垂直谱带吸光度减弱。

4. 高分子的取向函数

高分子取向度测量是高分子研究中的一项重要内容。理想的高分子是完全取向的，即分子链完全在拉伸方向取向，如图 8-14（a）所示。此时的红外二向色性比 R_0 为：

$$R_0=2\cot^2\alpha \tag{8-17}$$

式中，α 为振动跃迁矩方向与分子链的夹角。

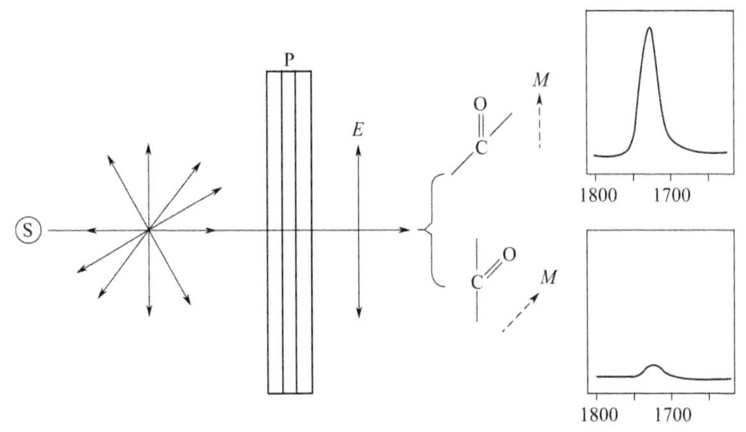

图 8-13 偏振红外光谱（红外二向色性）示意[2]

S—红外光源；P—偏振器；M—跃迁偶极矩矢量；E—偏振光电场矢量

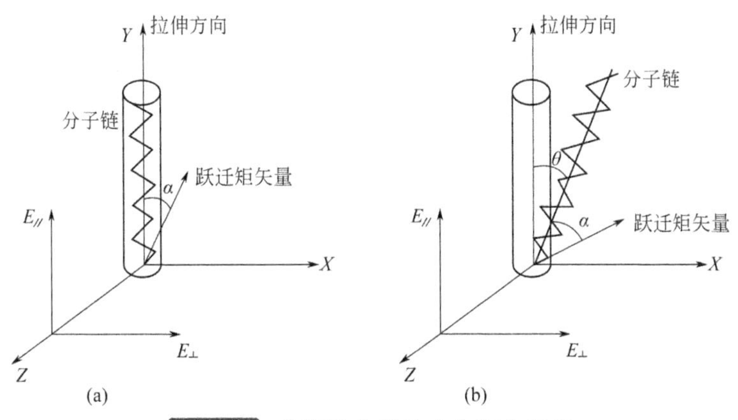

图 8-14 分子链在拉伸方向取向示意

(a) 分子链与拉伸方向平行；(b) 分子链与拉伸方向成θ夹角

E—电场矢量；α—跃迁矩与分子链夹角；θ—取向角

在一般聚合物中，不可能达到完全取向。假设聚合物中完全取向分子的百分数为 f，那么完全无规的分子的百分数就为 $1-f$，此时的红外二向色性比 R 为：

$$R=\frac{1+\frac{1}{3}(R_0-1)(1+2f)}{1+\frac{1}{3}(R_0-1)(1-f)} \tag{8-18}$$

相应的 f 为：

$$f=\frac{R-1}{R+2}\times\frac{R_0+2}{R_0-1} \tag{8-19}$$

式中，f 为取向函数，又称作取向因子。式（8-17）～式（8-19）是根据振动谱带在完全取向时的 $A_{//}$ 和 $A_{\perp}$ 与其振动偶极矩矢量关系通过式（8-16）推导而来的[52]。

当分子链和拉伸方向不平行时，如图 8-11（b）所示，设其夹角为 θ（称作取向角），则取向函数 f 为：

$$f=\frac{3\cos^2\theta-1}{2}=\frac{R-1}{R+2}\times\frac{R_0+2}{R_0-1} \tag{8-20}$$

当谱带给定时，式（8-17）中的α为定值，因此式（8-20）中的$\frac{R_0+2}{R_0-1}$项也是常数，故此可用$f'=\frac{R-1}{R+2}$来表征聚合物分子的取向情况；如果知道了f，也可通过式（8-20）求出取向角θ。这是偏振红外光谱法用于高分子材料分析的基础。

二、偏振红外光谱的测定

偏振红外光谱都是通过在普通红外光谱仪的光路上安放偏振器，从而获得两束振动电矢量相互垂直的完全偏振红外线以实现对样品分子的分别激发。当偏振光垂直于样品分子取向时，得到垂直偏振红外光谱；相反，如果偏振光平行于样品分子的取向，则得到平行偏振红外光谱。

（一）红外偏振器

偏振器是用来将红外光源发出的自然光转变为完全偏振光的。偏振器必须具备两个条件：一是产生的偏振光的偏振度要高，理论上应达到100%；二是偏振光强度要足够大，即通过偏振器后的光损失要尽量小。偏振度的定义是：

$$p=\frac{I_{/\!/}-I_{\perp}}{I_{\text{total}}}\times 100\% \tag{8-21}$$

式中，$I_{/\!/}$、$I_{\perp}$以及I_{total}分别是自然光通过偏振器后产生的平行偏振光强度、垂直偏振光强度以及总自然光强度（即二者之和）。当前的红外偏振器产生的偏振光其偏振度都能达到99%以上，完全能满足偏振红外光谱的测试要求。

偏振红外光谱中采用的起偏器均为线偏振器，最常用的线偏振器有两种：电介质偏振器和线栅偏振器。

1. 电介质偏振器

电介质偏振器的起偏原理是：当自然光照射到电介质或晶体表面上时，其反射光是偏振光。反射光的偏振度与入射角有关，如果入射角为Brewster角（布儒斯特角，即$\theta=\arctan n$，n为偏振片材料的折射率），反射光偏振度接近100%。如果入射角大于Brewster角，反射强度会增强很多，光损失减小[50,53]。除此以外，透过光则是部分偏振。不过采用使其通过一组偏振薄片的方式能提高该部分光的偏振度。

电介质偏振器可分为透射式和反射式[如图8-15（a）和（b）所示]。透射式偏振器是一组呈扇形排开的楔形片。偏振器材料不同，偏振度和偏振光强度也不同。氯化银片得到的偏振度达到99%，强度为52%；而硒片得到的偏振光其偏振度为98%，强度为37%。反射式偏振器由一组真空喷涂高折射率材料的玻璃片组成，当以Brewster角入射时，得到的偏振光偏振度很高，不过光强损失较大。

2. 线栅偏振器

线栅偏振器[图8-15（c）]实际上是一种复制光栅，光栅材料是对红外光透明的一些薄膜（如硫化锌、硒化锌薄膜等），薄膜表面镀有很多相互平行的金属线，当其间距小于1/4入射光波长时，只有电矢量垂直于光栅狭缝的光才可通过，平行于光栅狭缝的光则被全部反射。根据此原理人们近些年还发展了一些金属纳米线阵列红外偏振器[54~56]。

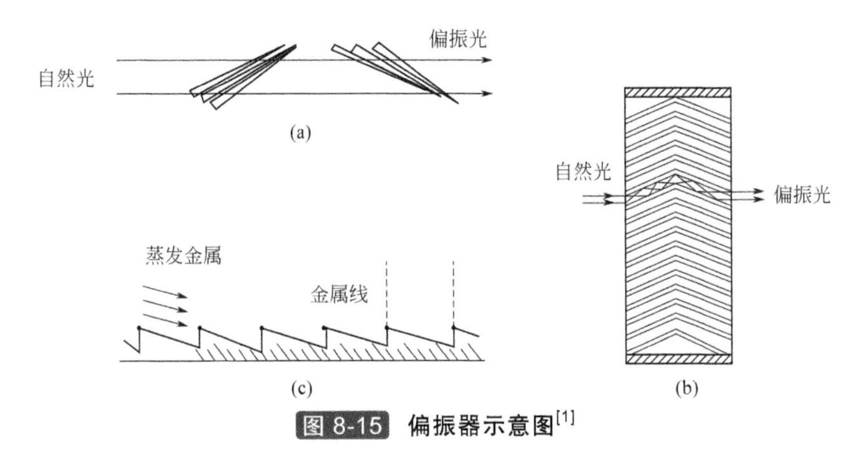

图 8-15 偏振器示意图[1]

（a）透射式偏振器；（b）反射式偏振器；（c）线栅偏振器

（二）样品制备

偏振红外光谱法可用于对晶体样品、取向高分子样品和生物大分子样品进行研究，测量时不同样品的制备方法也不相同。

1. 晶体样品

如果晶体样品较大，可用刀片顺着晶体的解理面剖开，取得合适厚度的单晶体进行测定；如果是小颗粒晶体，则需要采用晶体培养方法使晶粒尽可能长大，然后对不同晶粒采用不同方法进行表面剖光，得到厚度合适且表面光滑的颗粒。

2. 取向高分子样品

根据不同的研究目的，取向高聚物样品的制备方法也有所不同。

① 对纤维、薄膜样品，按一定方向进行拉伸，即可制得取向样品。

② 对热塑性树脂，采用挤出、热压等方法制备取向样品膜。

另外，改变制样条件，如温度、拉伸速度、拉伸比等，可以研究不同取向条件和加工条件对高分子取向度和结构的影响。

3. 取向生物膜的制备

偏振红外光谱在生物膜的研究中有重要作用[57~63]。由于生物膜的生物活性大多在界面，因此生物膜偏振红外光谱均采用 ATR 法，其中 ATR 晶体作为生物膜的支持体。一般均采用将生物样品溶于氯仿或水中制成溶液或悬浮液，再滴于 ATR 晶体之上，于真空或室温空气气氛下干燥即可得到所需的取向生物膜。

三、振动圆二色谱

振动圆二色谱（vibrational circular dichroism，VCD）最早在色散型红外光谱仪上得以实现[64,65]，Nafie 等首先将傅里叶变换红外光谱仪用于 VCD[66,67]，经过不断的改进后该技术在最近十年已得到长足发展。振动圆二色谱用于研究那些只在三维结构上存在差别的分子在光谱上的一些细微差别，因此它特别适合研究生物大分子（如蛋白质和核酸）以及一些手性药物分子的构象。如果与从头计算法结合，还可用于测定新合成分子的绝对构型以及绝对构型已知分子的光学活性纯度。

1. 振动圆二色谱的原理

振动圆二色谱是检测振动手性分子在红外区域内圆偏振光左右两侧吸光度差的一种光谱技术[68~74]。它是测量手性分子绝对光学活性的一种方法。该方法在生物大分子的构象研究中特别有用[73,74]。振动圆二色谱用公式表示为：

$$\Delta A(v)=A_{\mathrm{L}}(v)-A_{\mathrm{R}}(v) \tag{8-22}$$

式中，v为分子振动谱带的频率，cm^{-1}；A_L和A_R分别为谱带左旋和右旋偏振光的吸光度。通常 VCD 光谱的强度（10^{-4}～10^{-5}吸光度）要比常规红外光谱低 4～5 个数量级，因此 VCD 测定时需要使用高灵敏度的偏振调制。

2. 振动圆二色谱的实现

傅里叶变换红外-振动圆二色谱（FTIR-VCD）的光路模块示意见图 8-16[75]。红外干涉光来自于传统傅里叶变换红外光谱仪，PEM 是光弹调制器（photo-elastic modulator），它用于将线偏振光转变为圆偏振光[76]。PEM 本质上是一种压电传感器，在交变电流作用下它可对 ZnSe 单晶产生周期性压缩，产生双折射现象，当 ZnSe 晶体厚度合适时，即可得到对左右旋光状态的调制。由于需要对高频偏振调制具有高速响应的检测器，因此 VCD 的检测器都采用带有聚焦透镜的液氮冷却型 MCT 检测器。

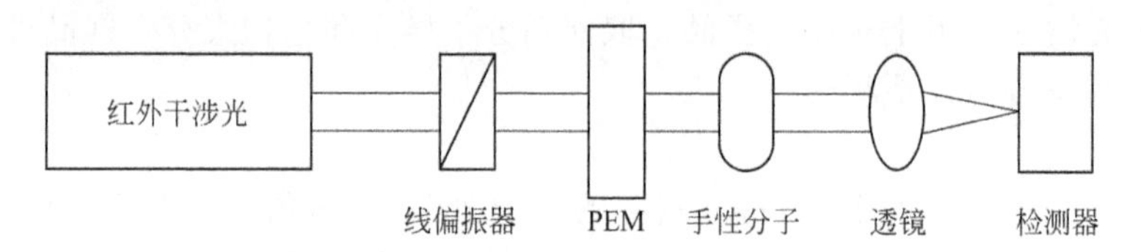

图 8-16 振动圆二色谱模块原理示意[75]

PEM—光弹调制器

在 FTIR-VCD 中，FTIR 干涉仪将每个波长调制成一个不同的傅里叶频率，当扫描速度中等时，干涉仪将中红外光调制为小于几千赫兹的傅里叶频率。而偏振调制（PEM）比最高的傅里叶频率还快 10 倍以上。检测器得到的信号被分别处理，从而获得平均光谱和差谱，其中平均信号按照标准 FTIR 系统的传统方法计算。而差谱信号的获取是首先将信号预放大，并使其通过一个高通滤波器以衰减掉傅里叶调制信号，然后再将其输出到锁相放大器，这部分被称作 PEM 频率。锁相放大器解调的信号被送到 FTIR 标准电子元件进行快速傅里叶变换。经过相位校正后，最终的 VCD 谱即从差谱与平均谱的比率和 VCD 强度的校准中获得。红外及振动圆二色谱信号获取的电路模块示意见图 8-17[75]。

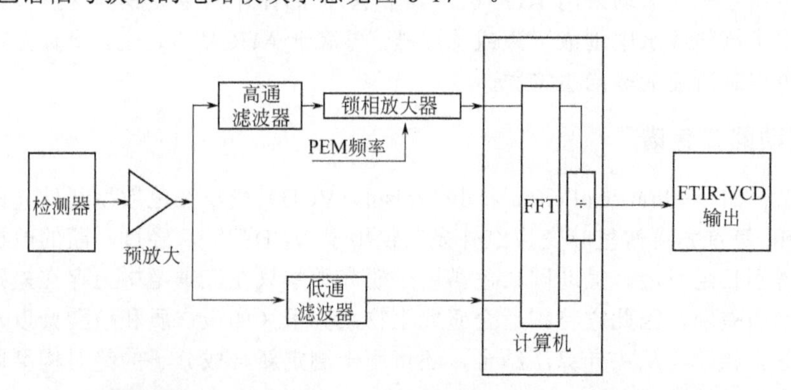

图 8-17 红外及振动圆二色谱信号获取电子模块示意[75]

FFT—快速傅里叶变换

FTIR-VCD 采用了双调制模式，即干涉调制和 PEM 偏振调制，两个调制频率一般差 10 倍以上，这在近红外区内用快扫描方式很难实现。当两种频率差不够大时，会出现锁相叠加等问题，增加相误差，从而限制 FTIR 的扫描速度。不过这些问题可通过采用步进扫描 FTIR 模式减小甚至消除。快扫描（rapid-scan）和步进扫描（step-scan）将在本章第四节到第六节中进行介绍。

四、偏振红外光谱法的应用

偏振红外光谱法的一些应用实例见表 8-7。

表 8-7 偏振红外光谱法的一些应用实例

样品种类	测定对象	测试方法	主要结果	参考文献
聚合物	聚对苯二甲酸丙二醇酯（PPT）	水平 ATR 法,Ge 晶体,加偏振片，分别测 0°和 90°、5°和 95°、10°和 100°…时的偏振红外谱，范围 4000～650cm^{-1}，分辨率 4cm^{-1}，扫描 32 次	对不同拉伸工艺条件下的 PPT 纤维进行了取向研究。结果表明，PPT 纤维的二向色性比和取向函数都随拉伸速度提高而增大，但拉伸速度高于 2500m/min 以后二向色性比基本不变	1
	涤纶（PET）丝	使纤维牵伸方向与溴化银线栅偏振器上的刻线平行。采集 1700～700cm^{-1} 范围内纤维牵伸方向与偏振光方向平行(0°)和垂直(90°)的偏振光谱，分辨率 4cm^{-1}，扫描 64 次	对涤纶工业丝样品的反式构象含量、非晶取向、整体取向等结构参数进行了表征，对制备涤纶工业丝各阶段中结构变化规律进行了探索	2
	聚甲基丙烯酸甲酯（PMMA）	制备的 PMMA 旋涂于 CaF_2 基底上，测定其偏振光谱	结合偏振紫外光谱对制备的 PMMA 型非线性光学膜中生色团极化前后的取向进行了研究	3
	聚酰亚胺	入射角 70°照射，检测器分辨率为 4cm^{-1}，扫描 400 次。偏振光电矢量 E 分别置于平行与垂直纳米微线条方向	在平行与垂直纳米线条的方向上测试聚合物表面分子 IR 吸收谱，发现 1722cm^{-1} 和 1231cm^{-1} 处的吸收有明显的二向色性，表明微线条内聚合物分子链部分呈现取向排列，且聚酰亚胺分子链方向与微线条方向垂直	4
	电纺丝尼龙 6 纳米纤维	ZnSe 偏振器，波数范围 4000～500cm^{-1}，分辨率 4cm^{-1}，扫描 128 次	研究了电纺丝尼龙 6 纳米纤维的分子取向。当纺丝线速度从 0 增加到 300m/min 时，偏振光谱中 NH 伸缩振动谱带、酰胺Ⅰ、酰胺Ⅱ等的强度发生了变化；另外随线速度的增加，酰胺Ⅱ带强度在平行偏振光的光谱中逐渐增加，而在垂直偏振光的光谱中逐渐减小。这表明聚合物链优先沿纤维轴取向	5
	聚(2,6-萘二酸戊二醇酯)(PPN)	ATR 晶体为 GaAs，入射角 45°，分辨率 2cm^{-1}，扫描 32 次，KRS-5 线栅偏振器起偏	研究了 PPN 薄膜在熔融淬火结晶过程中的表面取向行为。结晶过程中结晶相内的链取向与膜表面平行，而萘环垂直于膜表面，结合偏光显微镜和 XRD 可知，PPN 显示了很慢的结晶动力学，其结晶诱导期大于 150min，且表面取向优先发生在诱导期的早期阶段	6
	聚(对苯二甲酸丙二醇酯)(PTT)	ATR 晶体为 KRS-5，入射角 45°，在样品上施加固定压力。分辨率 2cm^{-1}，扫描 32 次，加热样品到特定温度后至少维持 3min，然后再测定光谱	提出了一种 PTT 三维取向的定量分析方法。每次测量均需将样品或偏振器旋转 90°。对单轴拉伸 PTT，选择 1410cm^{-1} 作参比谱带。通过将归一化磁场吸光度与理论有效厚度比（$d_{e,TM}/d_{e,TE}$）相乘，能成功获取单轴拉伸 PTT 样品的三个正交方向的衰减指数	7
	高密度聚乙烯/无机晶须纤维复合物(HDPE/SMCW)	ZnSe 偏振器，分辨率 4cm^{-1}，扫描 64 次	随晶须含量增加，在纺丝纤维中能观察到取向降低。当晶须含量低于 10%时，观察到"肉串式"结构，说明 HDPE 和 SMCW 之间有强界面作用；含量在 10%～20%时，这种作用几乎观察不到	8

续表

样品种类	测定对象	测试方法	主要结果	参考文献
聚合物	间规聚丙烯	透射法测量，KRS-5 线栅偏振器，分辨率 $4cm^{-1}$，扫描 64 次	结合拉曼光谱研究了机械和热诱导的间规聚丙烯的螺旋态Ⅰ和反平面态Ⅲ之间的构象变化。当螺旋态 PP 拉伸超过 100%时即向反平面态转变，拉伸率>500%时，螺旋态完全消失；另外当温度在 60～90℃之间变化时，样品由反平面态转变为螺旋态	9
	聚(2,6-萘二酸乙二醇酯)(PEN)	透射模式，分辨率 $2cm^{-1}$	研究了经热处理双向拉伸 PEN 的分子取向，计算了 $767cm^{-1}$ 和 $1138cm^{-1}$ 的取向因子，表明无定形相在 260℃淬火时会严重地去取向化	10
	羟丙基纤维素（HPMC）	ATR 模式，分辨率 $2cm^{-1}$，扫描 128 次	研究了 HPMC 在干湿条件的结构取向。记录在 Si、Ge、ZnSe 上 HPMC 膜的 C—H、O—H 伸缩振动吸收。对 C—H 振动，在 Ge 和 Si 上的三种偏振谱没有变化，但在 ZnSe 上平行于表面的光谱强度增加；对 O—H 带对平行于三种 ATR 晶体表面的振动均增加，在干膜上更大	11
液晶	反铁电液晶 TFMHxPOCBC-D_2	分辨率为 $4cm^{-1}$，扫描 50 次；应用 Mini-60 θ 型红外线性偏振片起偏，红外显微镜测量	研究了铁电与反铁电液晶分子 TFMHxPOCBC-D_2 在垂直排列取向液晶盒中 CD_2 基团绕手性烷基链转动的受阻行为。实 CD_2 的偏振红外吸收在 Sm-C*相不同于 Sm-C*$_A$相。建立了 CD_2 转动受阻模型	12, 13
	反铁电液晶 Chisso-1	KRS5 偏振片，分辨率 $4cm^{-1}$，扫描 500 次。时间分辨及偏振光谱测量的时间段为 0～100μs，间隔 5μs，红外显微镜测量	手性反铁电液晶分子中的各个不同片段、不同基团在电场诱导下展现不同的取向与取向分布。在交变电场的作用下，分子中各个部分的翻转动力学行为也表现的不同	14
	聚合物分散液晶（PDLC）	范围 3500～$1000cm^{-1}$，分辨率 $4cm^{-1}$，扫描 32 次。偏振器旋转不同角度测吸收光谱。对 PDLC 膜施加 6V/μm 直流电场，同时采集红外光谱	结合变温红外光谱研究了 PDLC 膜中液晶分子取向随外加电场及温度的变化。利用线阵列检测技术表征了聚合物与液晶界面处的成分分布。通过该成分分布图可以解释 PDLC 在温度场作用下分子取向的变化	15
	4-氯-2′-羟基-4′-己氧基偶氮苯	范围 4000～$500cm^{-1}$，分辨率 $1cm^{-1}$，扫描 128 次，KRS-5 线栅偏振器起偏，温度范围 25～120℃	研究了液晶化合物从结晶相到各向同性变化的偏振红外光谱，分析了 ν(OH)、δ(OH)、γ(OH)带的行为。氢键螯合环之间的核-核相互作用对谱带强度和形状变化起很大作用，给出了特别振动模式的瞬态偶极矩方向	16
LB 膜	两性有机物分子，黏土矿物纳米粒子用作亚相	ATR-FTIR 法，垂直 ATR 池，ZnSe 和 Ge 晶体；掠角反射法，入射角 80°； 线栅偏振器用于起偏，分辨率 $2cm^{-1}$，扫描 256 次	用两种方法结合原子力显微镜测量了黏土-有机混合单层膜，对 Ge 和 ZnSe 上皂石和蒙脱土的 ν(Si—O)、ν(OH)的强度用薄膜近似法进行定量分析，计算了其二向色比；结果证明黏土颗粒在 LB 单层中高度取向	17
	$F(CF_2)_4(CH_2)_2COOH$，乙酸镉水溶液作亚相	透射法采用 CaF_2 基板，掠角反射光谱在镀金玻璃表面测定，P 偏振光，入射角 85°，分辨率 $4cm^{-1}$，扫描 500 次；Cd^{2+}亚相的 ERS 谱分辨率为 $8cm^{-1}$，扫描 1000 次；P 偏振光和 S 偏振光的 ERS 测量，入射角为 80°和 55°	对空气-水界面上的单轴单层膜的偏振红外外反射谱（ERS）的最佳入射角、取向-频率关系以及表面选律进行了描述；重要的是获得了单层膜的各向异性折射率	18
	7-(2-十八烷氧基羰乙基)鸟嘌呤（ODCG）纯水或胞啶作亚相	透射法采集光谱，KRS-5 偏振器，分辨率为 $4cm^{-1}$，扫描 500 次	研究了 ODCG 在胞啶水溶液中的单层行为；提出了在 ODCG 单层和胞啶之间通过氢键进行分子识别；两亲分子对溶解胞啶的头部基团识别影响其尾部链的取向	19

续表

样品种类	测定对象	测试方法	主要结果	参考文献
生化样品	噬菌调理素（BR）	BaF_2偏振片放在MCT检测器前	揭示了在视黄发色团的光异构化作用下BR的结构变化；获取了蛋白如何对发色团替代进行响应的振动光谱信息	20
	蛋白螺旋状二级结构		综述了用线性和非线性振动光谱研究蛋白螺旋状二级结构的方法，包括偏振红外光谱和偏振拉曼光谱	21
	与Mn簇相连的羧酸盐	偏振ATR-FTIR	研究与Mn簇相连的羧酸盐的取向。采集S1到S2瞬态转变时的偏振ATR-FTIR差谱。在S1到S2瞬态转变中，由于与Mn簇相连而受到干扰的羧酸盐官能团取向角在34°～48°的较窄范围	22
	丙甲菌素	水平ATR，ZnSe晶体，扫描512次，Ge线栅偏振器，二向色比用α-螺旋的$1655cm^{-1}$与$2920cm^{-1}$的CH强度比表示	结合自旋标记EPR光谱研究了构成磷脂膜的丙甲菌素的取向及肽-脂相互作用	23
	α-Synuclein（突触核蛋白）与脂质膜突变体	水平ATR晶体为ZnSe，分辨率$4cm^{-1}$，扫描512次，Ge线栅偏振器用于起偏	研究了野生型蛋白和脂质膜的相互作用以及用于表征纤维的形态。膜键合30%～40%的野生型蛋白的酰胺Ⅰ带强度是由于β-结构，其余的是α-螺旋结构和残余的无规结构。纤维状α-Synuclein包含62%的β-结构，在基板表面取向，但不与沉积的脂质膜作用	24
	丝状病毒Pf1	采用红外显微光谱，使膜的取向轴（即病毒轴）与偏振辐射的电矢量始终成45°	结合偏振拉曼光谱研究了Pf1的蛋白与DNA残基的取向。单链DNA的基因组相对于超螺旋病毒衣壳是特别有序的，亚组的α-螺旋倾向于与病毒轴成16°±4°角	25
	Shiga毒素	ATR-FTIR法，Ge晶体，KRS-5线栅偏振器，分别采集P偏振光和S偏振光谱，分辨率$4cm^{-1}$，扫描1000次	研究了Shiga毒素A1区域C末端合成肽与酸性磷脂膜的相互作用。在pH=7时肽段的α-螺旋几乎垂直于膜平面，不过在pH5.0～5.4时，α-螺旋优先与膜平面平行	26
	HIV-1 gp 41蛋白	掠角反射：分辨率$4cm^{-1}$或$8cm^{-1}$，扫描200～300次，入射角75°；偏振ATR- FTIR：双层膜用Ge ATR晶体，多层膜用金刚石晶体，分辨率$4cm^{-1}$，扫描1000次，两种方法均采集P偏振光和S偏振光谱	研究了HIV-1gp 41蛋白上的FP23肽段在不同脂质膜中的结构和取向。实验结果证明FP23具有结构多态性，并能从α-螺旋瞬变到反平行的β-结构	27
	血型糖蛋白A转型膜螺旋二聚体	Ge ATR晶体，分辨率$1cm^{-1}$或$4cm^{-1}$，扫描1000次	建立了一种合并血型糖蛋白A转型膜到膜双层的稳健方案。分析$1655cm^{-1}$的二向色比表明转型膜有<35°的螺旋交叉角取向	28
	奎宁和奎纳定	振动圆二色谱模块，分辨率$4cm^{-1}$，线偏振器起偏IR光，并用50kHz的ZnSe光弹模块调制，MCT检测	结合激光诱导荧光、共振增强多光子离子化及IR-UV双共振实验，研究了气相中的奎宁和奎纳定。第一电子跃迁为π-π*跃迁，两种物质在气相中差异有限，不过溶液中的VCD实验表明，奎纳定在凝聚相中存在附加的构象成分，这在奎宁中没有观察到	29

本表参考文献：

1. 杨睿，郭宝华，汪昆华，等. 光谱学与光谱分析，2003, 23(3): 491.
2. 江渊，国风敏，孙琳，等. 光谱学与光谱分析，2000, 20(5): 665.
3. 张韬，王世伟，赵莉莎，等．高等学校化学学报，2008, 29(10): 2083.
4. 路庆华，Hiraoka H，王宗光．高等学校化学学报，1999, 20(10):1642.
5. Lee K H, Kim K W, Pesapane A, et al. Macromolecules, 2008, 41: 1494.
6. Lee D H, Park K H, Kim Y H, et al. Macromolecules, 2007, 40: 6277.

7. Park S C, Liang Y, Lee H S. Macromolecules, 2004, 37：5607.
8. Su R, Wang K, Ning N, et al. Composite Sci Technol, 2010, 70: 685.
9. Gatos K G, Kandilioti G, Galiotis C, et al. Polymer, 2004, 45: 4453.
10. Hardy L, Stevenson I, Voice A M, et al. Polymer, 2002, 43: 6013.
11. Pedley M E, Davies P B. Vib Spectrosc, 2009, 49: 229.
12. 凌志华. 物理学报, 1998, 47(8): 1318.
13. 凌志华. 物理学报, 2001, 50(2): 227.
14. 赵冰, Verma A L, 尾崎幸洋. 光谱学与光谱分析, 2000, 20(5): 598.
15. 孙国恩, 滕红, 张春玲, 等. 分析化学, 2010, 38(8): 1182.
16. Majewska P, Rospenk M, Czarnik-Matusewicz B, et al. Chem Phys Lett, 2009, 473: 75.
17. Ras R H A, Johnston C T, Franses E I, et al. Langmuir, 2003, 19: 4295.
18. Ren Y, Kato T. Langmuir, 2002, 18: 6699.
19. Miao W, Luo X, Liang Y. Spectrochim, Acta A, 2003, 59: 1045.
20. Kandori H, Kinoshita N, Shichida Y, et al. J Phys Chem B, 1998, 102: 7899.
21. Nguyen K T, Le Clair S V, Ye S, et al. J Phys Chem B, 2009, 113: 12169.
22. Iizasa M, Suzuki H, Noguchi T. Biochemistry, 2010, 49: 3074.
23. Marsh D. Biochemistry, 2009, 48: 729.
24. Ramakrishnan M, Jensen P H, Marsh D. Biochemistry, 2006, 45: 3386.
25. Tsuboi M, Kubo Y, Ikeda T, et al. Biochemistry, 2003, 42: 940.
26. Menikh A, Saleh M T, Gariepy J, et al. Biochemistry, 1997, 36: 15865.
27. Castano S, Desbat B. Biochim Biophys Acta, 2005, 1715: 81.
28. Smith S O, Eilers M, Song D, et al. Biophys J, 2002, 82: 2476.
29. Sen A, Bouchet A, Lepere V, et al. J Phys, Chem, A 2012, 116: 8334.

第四节　红外光声光谱

红外光声光谱结合了光声光谱（photoacoustic spectroscopy，PAS）和红外光谱的优点：不破坏、不接触样品；制样简单或不需制样；对样品要求低；能够对材料进行沿深度的剖析（depth profiling）；提供的分子信息多且具有特征性等。

傅里叶变换红外光声光谱本质上仍以红外光谱仪的光源作为辐射源，结合光声检测器进行光谱数据的采集。根据不同的分析目的，其扫描模式分为快扫描（rapid scan）和步进扫描（step scan）两种。红外光声光谱法已经广泛用于聚合物、纸浆、土壤等的研究，在含碳材料、纳米材料、催化剂等的表征方面也有重要作用。

一、光声效应的发现

光声光谱学所依据的物理现象是光声效应[77~79]，它是一种光与物质的相互作用，是物质吸收光能后转换成声能的过程。光声效应大小是由光子特性（$h\nu$）和物质热学性质（如导热性、热扩散率、比热等）及其被测物质的分子结构决定的。因此，通过对光转换成声的能力大小进行检测可确定物质的热学性质和光谱学性质。

光声效应早在 1880 年就由 Bell 发现并报道[80]，进一步的研究发现固体物质放在连有听筒的密闭玻璃容器中，以快速调制的太阳光照射时，也可以检测到声音信号[81]，据此，贝尔等人发明了光电话机。后来 Bell 和他的助手 S.Tainter 还研究了液体和气体中的光声效应。但由于靠人耳作检测器的灵敏度过低，在做了一些短暂的探索后，他们认为这种现象没有多大价值而终止了研究，此后光声效应在传声器发明之前长达 50 年无人问津。直到 1938 年，Viengerov 开始利用这一现象研究了气体对红外光的吸收并用以测定气体混合物中各成分的浓度[82]。此后光声光谱重新受到关注，但是研究主要集中在气体方面。1975 年，在发现光声效应将近 100 年后，Rosencwaig 等[83,84]系统研究了凝聚态物质的光声光谱理论，又经 Adams 和 Kirkbright 等研究者的进一步深入研究[85~88]，才使该技术得以持续快速的发展。

随着高效光源、高灵敏检测器以及锁相放大器或数字信号处理器等的相继出现，光声光谱检测器及相关仪器性能都有了大幅的提高；化学计量学、二维相关等数学方法也引入到对谱图的分析中，这些都使得光声光谱的质量和应用范围不断提高。

二、光声光谱的基本原理

光声光谱依据的是光声效应，光声效应是光能转换为声能的过程，它与光的波长、样品的热学性质（导热性,热扩散率,比热等）以及样品的分子结构有关。

1. 光声信号的产生[89]

将光辐照在待测样品上，样品分子吸收光能后被激发到激发态，然后很快又衰减掉激发能回到基态。能量衰减过程中的无辐射跃迁将使样品温度升高。若入射光经过调制且其调制速率小于上述无辐射跃迁变化的速率，那么光学调制就能产生样品温度的相应调制，即产生具有相同调制频率的“热波”。通常光学调制频率在音频范围内，因此热波产生的信号是音频信号。

红外光照射样品产生光声信号的过程如图 8-18 所示[90]。在一个密闭的光声池中，其顶端为 KBr 窗，光声池中充满了干燥的热传导气体——氦气。当热波传递到与池内气体相接触的样品界面时，会使样品界面的热波出现周期性涨落变化，在紧挨着固体样品的气体层产生一个声压波，被检测器（扩音器）接收，再经傅里叶变换后转变成光谱数据输出。氦气的热导率高而且在红外光谱中不会产生吸收峰，是红外光声光谱研究中最理想的传导气体；也可以用干燥的氮气代替，但是获得的谱图质量远小于采用氦气，特别是在步进扫描实验中。

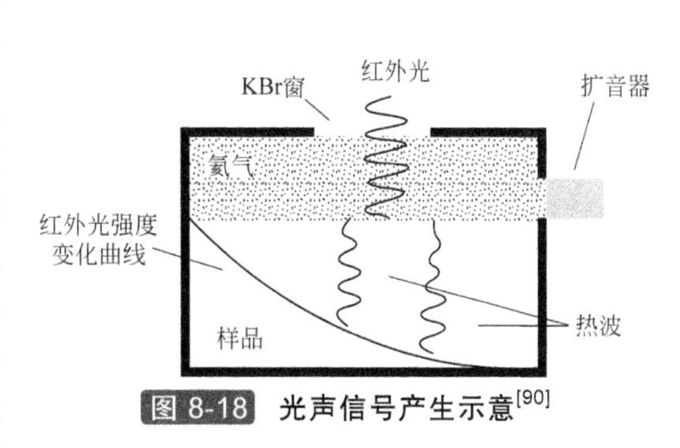

图 8-18　光声信号产生示意[90]

2. 光和热波的强度变化

图 8-19（a）给出了在红外光声光谱中光强度在样品层中的变化。光束通过检测器窗口并穿过气体，在样品表面被反射一部分，反射率是 R，另一部分进入样品。这时在样品表面（即 x=0 处）红外光强度为 $I_0(1-R)$，深度为 x 处光强衰减为 $I_0(1-R)e^{-\beta x}$，β 为样品吸收系数。吸收红外光的每个 dx 层样品都会感受到一个温度变化幅度为ΔT、频率为 f 的热振动，ΔT 正比于 $I_0(1-R)\beta e^{-\beta x}dx$，每个样品层的温度振动都是一个热波源。

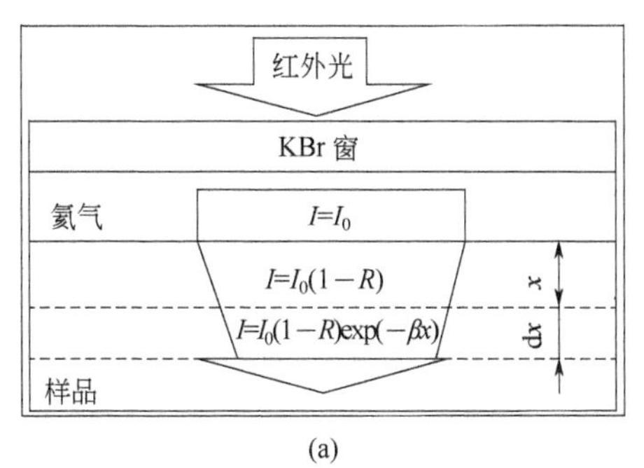

(a)

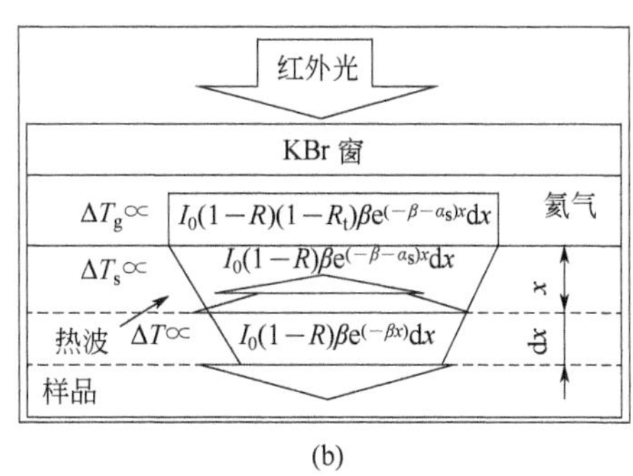

(b)

图 8-19　光声信号产生示意

（a）光强度在样品层中的变化；（b）热波强度的变化

图 8-19（b）所示为光声光谱中的一维能量流程图。来自样品的热波扩散到光辐照的样品表面并进入紧挨着的气体。热波由深层向表层扩散的过程中热衰减系数如下：

$$\alpha_s = (\omega/2D)^{1/2} \tag{8-23}$$

$$\omega = 2\pi f \tag{8-24}$$

式中，α_s为热衰减系数；ω为角速度；D为样品热扩散率；f为调制频率。深度x处产生的热波在扩散进入紧挨着的气体之前样品表面热波的振动幅度ΔT正比于$I_0(1-R)\beta e^{(-\beta-\alpha_s)x}dx$。被反射回样品的热波因子为$R_t$，则样品表面处的气体中的温度振动幅度$\Delta T_g$正比于$I_0(1-R)(1-R_t)\beta e^{(-\beta-\alpha_s)x}dx$。

3. 热扩散方程

气体热膨胀产生的光声信号与所有ΔT_g贡献的总和有关[89,91]，这些贡献来自于每一个样品层，在这些样品层中红外光被吸收，转变为热波传递回样品表面，进而对周围气体产生压力，从而使扩音器产生声音信号而被检测。

红外吸收系数β和热扩散系数α_s在光声信号的产生中起关键作用。当$\beta<<\alpha_s$时温度振动表达式中的$\beta e^{(-\beta-\alpha_s)x}$项依赖于红外吸收的线性光声信号。在这种情况下，光声进样深度与热波的热扩散长度μ(热波的振幅达到其初始振幅1/e所经过的距离)相等。样品表面以下$\mu=1/\alpha_s$深度贡献了63%的信号，其余37%来源于更深层。热扩散长度μ通常被视为红外光声光谱的光声进样深度。μ可通过热扩散方程来计算：

$$\mu = (D/\pi f)^{1/2} \tag{8-25}$$

$$D = K/(\rho C_p) \tag{8-26}$$

式中，μ为热扩散长度，cm；f为红外光调制频率，s^{-1}；D为热扩散率，cm^2/s；K为样品热导率，w/(cm • ℃)；ρ为样品密度，g/cm；C_p为样品的比热容，J/(g·℃)。热扩散率可以由式（8-23）和式（8-24）得到。

4. 光声信号的相位和相位差

光声信号受很多因素影响，包括入射光的强度和频率、样品的热学光学性质和几何形状、光声池、传导介质等。Rosencwaig 和 Gersho 提出了关于凝聚相材料光声效应的一维热活塞模式[85,91]，光声池中气体的压力变化可表示为：

$$\Delta P(t) = \frac{\gamma P_0 \mu_g T_s(0,\omega)}{\sqrt{2} I_g T_0} \exp\left[i\left(\omega t - \frac{\pi}{4}\right)\right] = \frac{\gamma P_0 \mu_g T_{s0}}{\sqrt{2} I_g T_0} \exp\left[i\left(\omega t - \frac{\pi}{4} - \Phi\right)\right] \tag{8-27}$$

式中，ω为入射光角频率；γ为样品比热容比（C_p/C_v）；P_0为光声池气体静态压力；T_0为光声池气体平均温度；$T_s(0, \omega)$为固-气交界处温度（表面）；I_g为样品表面到光声池窗的距离；μ_g为气体热扩散长度；Φ为相角。

式（8-27）表明光声信号既有振幅又有相位，它取决于样品表面温度。振幅代表光声信号强度，相位与信号的空间起源有关。式（8-27）简化后可以用于不同光学和热学环境中样品的研究。一般地，在$-1<\lg(\beta\mu)<1$的范围内光声信号与$\lg(\beta\mu)$近似成正比。

光声信号中的相位包含了信号起源处的空间信息[90]。如图 8-20 所示，在一个层状样品中深层产生的信号到达检测器所需要的时间比浅层所用时间长，因此深层信号的相延迟（phase lag）就大，即光声信号的相角大。反之，如果知道了某些信号相角的相对大小也可以反推出它们起源的相对深浅。同一个热厚层（层厚大于热扩散长度）或光学不透明层（层厚大于光穿透深度）中吸光系数较强的化学键对应的相角较小[92]。

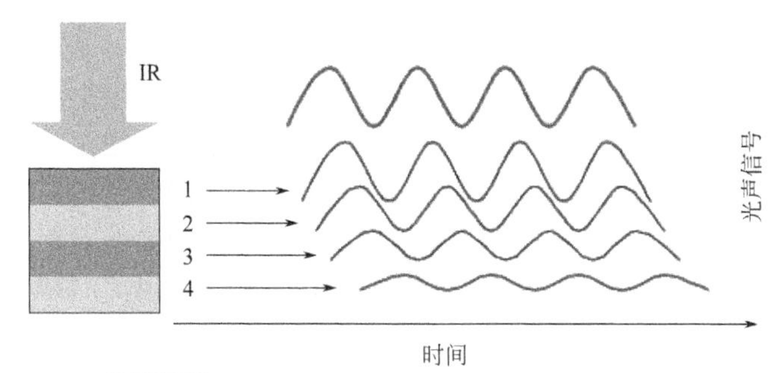

图 8-20　多层材料中光声信号传播的相位示意

利用光声光谱数据可以进行沿深度的剖析。对多层样品或非均质样品，不同层产生的光声信号到达扩音器的时间延迟（time delay）不同，就产生了相位差。由于热扩散时间（10^{-6}～10^{-3}s）比光穿透时间（10^{-15}～10^{-13}s）要慢得多，因此即使是均质样品，不同层的光声信号也会存在相位差。相位差的计算方法如下：

$$\Delta\Phi = 2\pi f(\Delta t) \tag{8-28}$$

式中，$\Delta\Phi$ 为不同信号的相位差；f 为光的调制频率；Δt 为不同信号到达扩音器的时间差。通常，样品较深层产生的相角比浅层产生的大，根据这一性质可以计算出不同层的厚度 d：

$$d = \Delta\Phi\mu \tag{8-29}$$

需要注意的是，相位差是被选中需要计算厚度的层和与其相邻的下层中特征吸收峰的相角差。

三、红外光声光谱的采集模式

傅里叶变换红外光声光谱法有快扫描（rapid-scan）和步进扫描（step-scan）两种采集模式，快扫描又称恒速扫描（continuous-scan）。两种方式来源于干涉仪的两种不同扫描模式。

1. 快扫描红外光声光谱

快扫描模式中干涉仪动镜以恒定的速度运动[91]，其傅里叶频率就是光的实际频率。以迈克尔逊干涉仪为例，光的频率为：

$$f = 2v\sigma \tag{8-30}$$

式中，f 为调制频率，s^{-1}；v 为动镜速度，cm/s；σ 为波数，cm^{-1}。在采集快扫描光谱过程中动镜速度保持恒定，即 v 不变，此时频率只与红外光波数有关。

快扫描方法相对简便省时，得到的光谱图直观，容易理解，但却存在一个问题：热扩散长度 μ（即光声进样深度）在同一张谱图中（波数范围 4000～400cm^{-1}）是变化的，在中红外区 400cm^{-1} 处是 4000cm^{-1} 处光声进样深度的 3.16 倍，因此光声光谱峰的强度会受到影响。对同一样品其热扩散率不变，因此热扩散长度 μ 是波数的函数，如图 8-21 所示。因此，快扫描模式在不均匀样品的研究中受到一定限制。

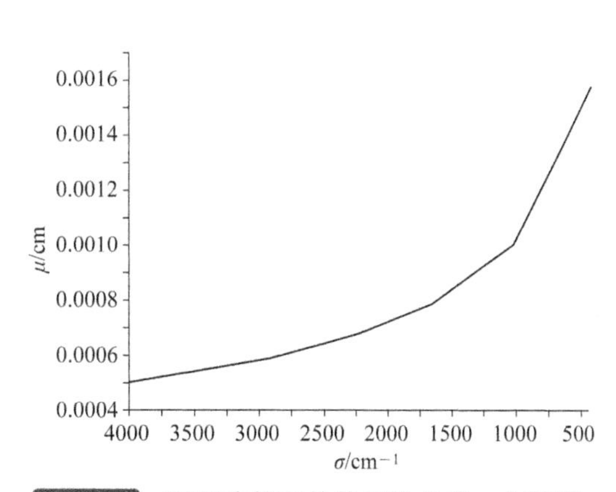

图 8-21　不同波数下的热扩散长度 μ（假定 v=0.1581cm/s，D=0.001cm^2/s）

快扫描红外光声光谱图与红外透射方法的吸收谱类似，主要用于定性分析，可以直接参照红外光谱图库中的透射谱进行研究；如果与适当的分析方法（化学计量学方法、选择内参比峰等）相结合也可以进行一些定量研究。

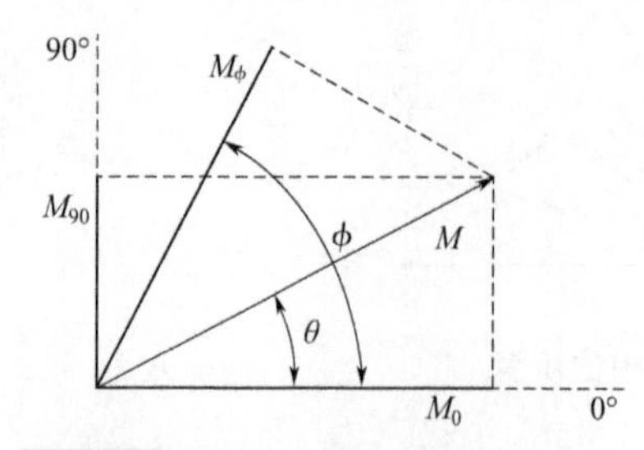

图 8-22 光声信号矢量的振幅（M）、相角（θ）及其他分量的关系

2. 步进扫描相调制红外光声光谱

步进扫描相调制模式中光的调制频率固定，动镜运动速度逐步增加，定镜则以恒定的频率在每个延迟时间抖动。在步进扫描模式中扩音器接收到的信号经数字信号处理器或锁相放大器转化为“同相”谱（in-phase，简称 I 谱）和“正交相”谱（in-quadrature，简称 Q 谱）[90~94]。各种谱图的生成和样品分析都离不开 I 谱、Q 谱。

图 8-22 所示为一个用相角 θ 和振幅 M 表示的信号延迟点，它在 0° 和 90° 轴上的投影由式（8-31）、式（8-32）计算得到：

$$M_0 = M\cos\theta \tag{8-31}$$

$$M_{90} = M\sin\theta \tag{8-32}$$

由检测器采集到的所有点的 M_0 和 M_{90} 构成的谱图即为 I 谱和 Q 谱，其相角分别为 0° 和 90°。

I 谱中表层吸收特征被加强，而 Q 谱中底层吸收特征被加强，这样可以利用 I 谱和 Q 谱直接分析样品的表层和较深层。

进一步，干涉图上相角为 ϕ 的点其矢量 M_ϕ 为 M_0 和 M_{90} 通过式（8-33）和式（8-34）在这个相角矢量上合成得到：

$$M_\phi = M\cos(\phi - \theta) \tag{8-33}$$

$$= M_0\cos\phi + M_{90}\sin\phi \tag{8-34}$$

式（8-33）和式（8-34）说明，由 0° 和 90° 时的分量能够合成点矢量 M_ϕ，那么通过 I 谱、Q 谱也能够得到任意相角 ϕ 时的光谱图，即相转谱（phase rotation，I_ϕ）。相转谱是任意相延迟 ϕ 时的光谱，它给出了不同层的光谱信息：

$$I_\phi = I_0\cos\phi + I_{90}\sin\phi \tag{8-35}$$

对 I 谱和 Q 谱进行三角函数转换，还可得到相谱（phase, Φ）和幅谱（magnitude, M）：

$$\Phi = \arctan(Q/I) \tag{8-36}$$

$$M = \left(I^2 + Q^2\right)^{1/2} \tag{8-37}$$

幅谱 M 是厚度为 0～μ 内所有光声信号的总和，μ 由光谱数据采集时所选定的频率决定。相谱 Φ 反映了每个点的相位，可以对信号的起源进行分析。将相谱和幅谱对应能够灵敏地计算出样品不同层的厚度。

四、影响红外光声信号的因素

红外光声光谱的响应由以下几个条件决定：①光源能量；②FTIR 光谱仪的准直情况；③分束器的光谱特性；④光声检测器的响应灵敏度；⑤干涉仪动镜速度（调制频率）。其中前三项由红外光谱仪性能决定。光声检测器的光谱响应决定光声光谱的灵敏度，固体样品的光声光谱比透射法低 1～2 个数量级，但对强吸收样品，光声光谱法效果更好。

不考虑红外光谱仪的仪器性能因素，影响红外光声光谱的因素有以下几方面。

（1）共振池　任何光声池都有固有的共振频率，如果固有共振频率远离光声信号的波段范围，则共振对光声信号的影响很小，可忽略。但如果共振频率落在光声信号波段范围，则光声信号会受到影响。另外，共振池必须具有良好的减振性能，以尽可能减小或消除环境噪声的影响。

（2）环境噪声　尽管光声检测器在设计时已经考虑到环境噪声以及电噪声的影响，但在具体实验中很难完全避免，如果噪声过大，会导致光声信号中出现“鬼峰”，造成傅里叶变换失败，特别是在步进扫描模式下这种影响会更显著。因此在具体实验中要尽可能保证电流和电压稳定以及实验室安静。

（3）动镜速度　根据式（8-30），动镜速度影响调制频率，因此当在给定波数下需要一定的调制频率时，需要对动镜速度进行相应的设定。

（4）红外光声光谱的本底光谱　本底光谱相当于透射红外光谱法的背景光谱，它必须对所有波数下的红外光都有强吸收，因此红外光声光谱中均采用炭黑或玻碳采集本底光谱。

五、红外光声光谱的实验技术

通常，传统的光发生器产生的紫外光、可见光和远、中、近红外光以及脉冲激光光源均可作为光声光谱的辐射光源[95~98]。由于红外光谱提供的分子结构信息量大，红外光声光谱在最近几十年被研究最多。

进行红外光声光谱实验时，首先将样品或用作参比的炭黑膜（或玻碳膜）放入样品池中，用不同厚度间隔片（铜片或铝片）调整高度使样品或参比片接近（但不能超过）池边沿以减小池体积。另外，为防止实验过程中水汽的干扰，样品池下部放入干燥剂（过氯酸镁或无水氯化钙），并用铜片与样品隔开。然后向光声池中不断通入干燥的高纯氦气（纯度≥99.99%），对池内气氛进行置换，控制氦气流量为 5～10ml/s。每天初次实验时至少用氦气吹扫光声池30s，此后每次放入待测物质或炭黑膜（或玻碳膜）后光声池在打开和关闭状态下都须至少各吹扫 10s，吹扫的目的是充分除去二氧化碳和水汽对实验的影响。如果是粉末样品，氦气流量应该更小，以防止粉末被气体吹起而污染光声池的 KBr 窗片。吹扫完成后即关闭光声池，关掉氦气，进行光声光谱测定。

1. 快扫描红外光声光谱的实验技术

快扫描模式的实验比较简单。测定时首先放入炭黑膜，选择实验参数，采集背景图；然后放入样品，重复相同操作进行光谱采集，采集过程中不需更改参数设置。固体样品光谱采集时的分辨率一般为 $4cm^{-1}$ 或 $8cm^{-1}$，动镜速度根据需要可在 0.0475～1.2659cm/s 范围可变，扫描次数也可在 10～2000 次范围可变。镜速越小，光谱信噪比越好，但耗时越长；同样扫描次数越大，信噪比也越好，但耗时也越长。为了提高信噪比，随着镜速的增加需适当增加扫描次数。

氦气吹扫在红外光声光谱中非常关键。这是因为氦气的热导率高而且在红外光谱中不会产生吸收峰，是红外光声光谱研究中最理想的传导气体。也可以用干燥的高纯氮气代替，但其热导率仅为氦气的 1/4，获得的谱图质量远小于采用氦气的谱图质量。

2. 步进扫描相调制红外光声光谱的实验技术

步进扫描模式中需要设置的实验参数较多。首先要根据样品实际情况以及研究目的选定步进扫描相调制实验的调制频率（如 100Hz、200Hz、400Hz、1000Hz 等），然后再选定其他参数，包括扫描次数、分辨率、相调制振幅、每步平均时间、每步停留时间、停留系数、相计算方法等。由于步进扫描耗时长，因此扫描次数不能太多，一般不超过 10 次，以 4 次较好。

步进扫描相调制实验过程中首先要寻找最佳的初始相角：即先放入玻碳膜（或炭黑膜），在设定频率下寻找最佳的初始相角，初始相角找好后即在实验中保持不变；然后保持实验参数不变采集背景光谱及其干涉图并保存；最后在相同参数设置下采集样品的单光束图以及干涉图。数据经数字信号处理器或锁相放大器处理，同时生成“同相”谱（I 谱）和“正交相”谱（Q 谱）并保存。将 I 谱和 Q 谱与背景光谱相比，得到扣除背景后的 I 谱和 Q 谱。所有的数据处理，包括相谱、幅谱以及相转谱等的获取均通过软件对 I 谱和 Q 谱进行计算得到。

六、红外光声光谱的应用实例

红外光声光谱法的应用实例见表 8-8。

表 8-8 红外光声光谱法的一些应用实例

样品种类	测定对象	测试方法	主要结果	参考文献
聚合物	苯乙烯-丁二烯-苯乙烯嵌段共聚物/聚对苯二甲酸乙二醇酯（SBS/PET）	快扫描：氮气吹扫，炭黑膜做参比，分辨率 $8cm^{-1}$，动镜速度在 0.0475～1.2659cm/s 范围可变，扫描 20～1200 次范围可变。 步进扫描：氮气吹扫，用玻碳膜定初始相角，炭黑膜做参比。分辨率 $8cm^{-1}$。相调制频率从 400～1000Hz 变化	快扫描法比较了相同和不同速率时单一样品以及样品间的光声光谱变化。对不同表层厚度的样品，在同一动镜速度下，表层 SBS 越薄，其光谱信息越小；随着动镜速度的逐渐增大，表层光谱特征被相对加强，同时底层光谱特征相对减弱。步进扫描法对 SBS/PET 双层膜进行了“深度剖析”，用相差分析精确测定了表层 SBS 膜厚；结合广义二维相关分析，对光谱中的重叠峰起源进行了识别	1, 2
	聚丙烯（PP）	快扫描，氮气吹扫，碳纤维做参比，分辨率设定为 $8cm^{-1}$，动镜速度在 0.15～0.63cm/s 范围可变，扫描次数 400 次	研究了 PP 粉末的紫外光氧化，证明光氧化主要发生在样品表面，生成过氧化物、酮、酸、酯等产物。氧化程度随光照时间的增加而不断加强；同时发现和解释了光氧化中聚丙烯的结晶度的变化	3
	硅烷交联聚丙烯	快扫描，分别在 0.15cm/s、0.32cm/s、0.63cm/s 和 1.2cm/s 的动镜扫描速度下扫描 200～1000 次	单体和引发剂在聚丙烯中的扩散情况对硅烷接枝率存在较大影响。增加引发剂和硅烷单体的用量，硅烷的接枝率上升，其增加趋势在单体浓度为 0.026mol/L 和引发剂质量分数大于 0.6% 后逐渐变缓	4
	乙烯-氯三氟乙烯交替共聚物（E-CTFE）	快扫描：氮气吹扫，动镜速度 0.15cm/s。步进扫描：调制频率 100Hz	结合 ATR 法定量研究了增塑剂在聚合物中的分布；特别通过步进扫描相分析确定了增塑剂在共聚物中的分布	5
	聚合物树脂微珠	快扫描：炭黑粉做参比，镜速可变，分辨率 $6cm^{-1}$，扫描 20～50 次。 步进扫描：分辨率 $15cm^{-1}$，相调制频率为 50Hz、100Hz、200Hz	对四种聚合物树脂微珠的快扫描和步进扫描光声光谱进行了研究，对其热扩散长度、幅谱、相谱等的特征进行了分析	6
	胶原改性聚丙烯	快扫描，氮气吹扫，分辨率 $8cm^{-1}$，扫描 200 次	聚丙烯微孔膜经低温等离子体处理后其表面产生了一系列的含羰基结构的极性基团。	7
	聚乙烯	分辨率 $4cm^{-1}$，扫描 400 次，扫描速度 0.15cm/s，碳纤维做参比	结合光电子能谱对光交联聚乙烯表面氧化程度和氧化产物进行了研究。随着光照时间的增加，表面光氧化加剧，氧化产物主要是氢过氧化物和含羰基的化合物	8
	炭黑包埋的聚氨酯/ABS	步进扫描，炭黑膜做参比，分辨率 $8cm^{-1}$，相调制频率从 25Hz 到 1000Hz 变化	提出一种新的异相聚合物表面深度剖析的热导模型。该模型可以预测粒子的相间层信息，如吸附在炭黑粒子表面的 10nm 水可以被检测到	9

续表

样品种类	测定对象	测试方法	主要结果	参考文献
聚合物	聚甲基丙烯酸甲酯/丙烯酸正丁酯/聚乙烯醇(PMMA/nBA/PVOH)	步进扫描，分辨率 $8cm^{-1}$，氦气吹扫，相调制频率分别为 800Hz、400Hz、100Hz 和 50Hz；二维谱通过同相和正交相谱获得	结合二维相关分析和内反射红外成像法对 PVOH 在 PMMA/nBA 胶体合成中的影响以及粒子连贯性的影响进行了研究。PVOH 的存在可以在水性共聚物颗粒表面和分散剂之间产生竞争性的环境。PMMA/nBA/PVOH 膜层化形成富十二烷基硫酸钠膜-空气界面，有一半的—SO_3^-与表面平行取向	10
	乙烯-丙烯-二烯烃三元共聚物（EPDM）		结合扫描电镜和 XPS 研究了 EPDM 的光交联和光热氧化降解；分析了主要的光氧化产物	11
	EPDM 上的全氟甲基环己烷聚合物薄膜	快扫描，氦气吹扫，炭黑膜做参比，分辨率 $8cm^{-1}$，扫描 256 次，扫描速度 0.1580cm/s	结合 XPS 研究了涂有全氟聚合物薄膜的老化情况；在涂层降解中观察到含氧官能团起了主要作用	12
	热塑性聚烯烃（TPO）	步进扫描，氦气吹扫，炭黑膜做参比，相调制频率分别为 1.9vHz、1.3vHz、0.95vHz、0.64vHz、0.32vHz、0.13vHz、0.094vHz 、 0.064vHz 和 0.032vHz(对应 3～50μm 的穿透深度)	对 3～50μm 的 TPO 分析表明，结晶的 PP 相在 TPO 表面下 7～9μm 处，而乙丙橡胶相（EPR）在 15μm 以下。滑石粉的浓度分布更靠近表面，基于这些研究，建立了 TPO 的层化模型	13
	环氧树脂（EP） 和聚氨酯（PUR）	步进扫描，氦气吹扫，炭黑膜做参比，分辨率 $4cm^{-1}$，相调制频率分别为 1000Hz、400Hz、100Hz、50Hz	研究了 EP 和 PUR 膜在分子水平的降解过程。EP 膜的交联程度与深度有关，在表面的降解碎片主要由伯胺组成，其来自于交联双酚 A 型 EP 膜的 C—N 键的链切断。PUR 膜存在两个区域：PUR 和聚尿（PUA）	14
	多层淀粉-蛋白-聚乙烯食品包装材料	快扫描：氦气吹扫，炭黑膜做参比，分辨率 $4cm^{-1}$，扫描 256 次，扫描速度 5kHz。步进扫描：分辨率 $16cm^{-1}$，扫描 2 次，相调制频率分别为 100Hz 和 10Hz	与淀粉、蛋白以及聚乙烯相关的单个峰从红外光声光谱中获取；对复合层的峰进行了确认。蛋白和淀粉的重叠峰通过 G2D 进行了分辨	15
生物医学样品	人类牙表面	快扫描，氦气吹扫，扫描范围 4000～$500cm^{-1}$，镜速 0.098cm/s，分辨率 $8cm^{-1}$，扫描 500～1000 次，炭黑做参比	NaOCl 处理的牙表面慢慢地、不均匀地脱去表面有机相，羟基磷灰石和碳酸磷灰石不变化。用马来酸和 NaOCl 处理 2min 会产生表面既不矿化也不脱蛋白的表面区域。这种连续处理方法能用于将牙表面恢复到自然组成	16
	人角质层	步进扫描，氦气吹扫，玻碳做参比，分辨率 $10cm^{-1}$ 或 $12cm^{-1}$，扫描 8 次或 10 次，相调制频率分别为 13.5Hz、19Hz、32.5Hz、54Hz 和 122Hz	研究了亲脂性的 1-氰基癸烷在人角质层的渗透行为。对该化合物在角质层中的渗透过程进行了可控"深度剖析"，通过曲线拟合获取了深度依赖的扩散系数，1-氰基癸烷在内层区域的扩散系数是外层的 1.6 倍	17
	珠母贝	快扫描：氦气吹扫，分辨率 $4cm^{-1}$。 步进扫描：炭黑片做参比，调制频率 500Hz、400Hz、300Hz、200Hz 及 100Hz	研究了未受干扰珠母贝与红鲍壳珠母贝粉的相互作用。两种物质都显示出霰石和蛋白的特征谱带。在珠母贝粉的光谱中观察到 $1485cm^{-1}$ 的强宽谱带，其强度在未干扰珠母贝中显著减少。这是由霰石与蛋白相互作用所致。$1788cm^{-1}$ 峰起源于 $1797cm^{-1}$、$1787cm^{-1}$、$1778cm^{-1}$ 三个重叠峰，其中 $1787cm^{-1}$ 是酸式蛋白的羧酸盐 C═O 伸缩峰，$1797cm^{-1}$ 和 $1778cm^{-1}$ 则来自霰石，分别是 v_3+v_{4a} 和 v_3+v_{4b} 组频。由于蛋白构象的变化以及界面相互作用，不同层的光谱变化也不相同	18

续表

样品种类	测定对象	测试方法	主要结果	参考文献
生物医学样品	苹果表面的微生物	快扫描，氦气吹扫，炭黑做参比，镜速 5kHz，分辨率 16cm^{-1}，扫描 256 次	结合判别分析法对苹果上的细菌、酵母、真菌等微生物进行了识别。计算了马氏距离，该值越高，差异越大，成功识别了大肠杆菌	19
	硝酸甘油	快扫描，镜速 2.5kHz，分辨率 8cm^{-1}，扫描 20 次，扫描范围 4000～400cm^{-1}	研究了硝酸甘油通过仿生微纤维滤膜的扩散行为，建立了一个简便的模型来测量硝酸甘油在聚乙二醇负载滤膜上的扩散系数	20
	蒽三酚和甲氧沙林	步进扫描，氦气吹扫，炭黑做参比，调制频率 54Hz、77Hz、112Hz、195Hz 及 418Hz	结合 ATR-FTIR 和紫外光声光谱研究了蒽三酚和甲氧沙林从半固状凡士林穿透进入十二醇-胶棉膜的过程。通过监测药物的特征峰与穿透时间的关系来定量药物在膜中的吸收情况，药物在膜中的扩散系数依赖于距离	21
催化剂	钌红催化剂	快扫描，氦气吹扫，分辨率 8cm^{-1}，扫描 1024 次，炭黑做参比	观察到钌红-氧化铝、钌红-EDTA-氧化铝间的相互作用。钌红与氧化铝表面主要通过物理或化学吸附进行相互作用，讨论了 EDTA 对钌红-氧化铝相互作用的影响	22
	金属羰基化合物 $[CpFe(CO)_2]_2$	快扫描，氮气吹扫，分辨率 8cm^{-1}，扫描 256 次，用碳纤维做背景	结合漫反射红外光谱法研究了金属羰基化合物与酸性、中性和碱性 Al_2O_3 及 TiO_2 的相互作用。结果表明，Al_2O_3 表面生成的衍生物种类及浓度与 Al_2O_3 的酸碱度明显相关。在 TiO_2 表面，$[CpFe(CO)_2]_2$ 结构基本未变，在空气中比较稳定，没有观察到衍生物生成	23
	纳米多晶沸石分子筛膜	步进扫描，氦气吹扫，炭黑做参比，分辨率 5cm^{-1}，扫描范围 4000～400cm^{-1}，调制频率在 11～418Hz 间	定量测定了纳米多晶沸石分子筛膜中有机分子的浓度轮廓。通过步进扫描方式获取了一系列深度依赖的红外光谱，对其去卷积并测定谱带强度可测定 TPA 的浓度分布轮廓	24
纸产品	纸浆	步进扫描，氦气吹扫，扫描范围 4000～400cm^{-1}，用炭黑膜做参比。分辨率 8cm^{-1}，每个样品扫描 3 次，相调制频率 100Hz 变化	结合偏最小二乘对纸浆的化学组成进行了分析。采用 4 个主成分建立 PLS 模型，可精确预测糖（即木糖、葡萄糖、甘露糖、树胶醛糖、半乳糖、己烯糖醛酸残基）以及木质素的含量；进一步还对木聚糖、葡甘露聚糖和纤维素的含量进行了预测	25
	牛皮纸纸浆	快扫描，氦气吹扫，炭黑膜做参比，分辨率 8cm^{-1}，镜速 0.05cm/s、0.1cm/s、0.2cm/s、0.5cm/s、1cm/s 时的采样次数分别为 8 次、16 次、32 次、50 次和 100 次	基于不同镜速下的光谱分别建立了测定木质素和羧基含量的偏最小二乘（PLS）模型。评价了模型的稳健性，并用该模型预测了牛皮纸的 Kappa 值和羧基值，在动镜速度 ≤0.5cm/s 时该模型预测精度很高	26，27
	打印纸	快扫描，氦气吹扫，炭黑膜做参比，分辨率为 8cm^{-1}，镜速 0.05cm/s、0.1cm/s、0.2cm/s、0.5cm/s、1cm/s 时的采样次数分别为 8 次、16 次、32 次、50 次、100 次	结合 PLS 和 PCA 建立了一个模型，用于测定打印纸上的墨水浓度。模型中的数据采集区域在 3600～3200cm^{-1}、3000～2800cm^{-1} 以及 1800～1000cm^{-1}。镜速在 0.05～1.00cm/s 之间的预测结果很稳定	28
配合物	乙酰丙酮-取代苯基卟啉稀土配合物	慢速扫描，氮气吹扫，分辨率 8cm^{-1}，扫描 400 次，测试范围 3600～220cm^{-1}，碳纤维做参比	研究了一系列乙酰丙酮-取代苯基卟啉化合物与多种稀土元素的配合物红外光声光谱，对主要谱带进行了归属，并对谱带位移情况进行了讨论	29～31
	四(对烷酰氧基)苯基卟啉过渡金属配合物	快扫描，氮气吹扫，测试范围 3600～190cm^{-1}，扫描 400 次，分辨率为 4cm^{-1}，碳纤维做参比	研究了系列烷酰氧基苯基卟啉与过渡金属配合物的红外光声光谱，对主要谱带进行了归属，并指出了相应的金属敏感带	32～34

续表

样品种类	测定对象	测试方法	主要结果	参考文献
土壤	土壤	快扫描，氦气吹扫，分辨率设定为 $2cm^{-1}$ 或 $4cm^{-1}$，扫描次数在 8 次或 16 次，镜速为 0.6329cm/s	测定了土壤中的有效磷、氮、钾及有机质，构建了偏最小二乘法和人工神经网络模型。两种模型均可以用于土壤有效磷的预测，且偏最小二乘模型优于人工神经网络模型	35, 36
火炸药		快扫描：分辨率 $4cm^{-1}$，镜速 0.279～1.00cm/s，扫描 400～800 次。碳纤维作为参比。步进扫描：He 吹扫，相调制频率为 200Hz、300Hz、400Hz、500Hz，扫描 120 次，分辨率 $16cm^{-1}$，采用玻璃炭黑做参比	分别采用快扫描和步进扫描对火炸药的未知成分、造型粉、热解机理等进行了分析，并对枪药钝感剂的浓度分布、不同层等进行了，深度剖析	37，38
煤	风化的库存焦煤	快扫描，氦气吹扫，炭黑膜做参比，分辨率为 $4cm^{-1}$，扫描次数 800 次	对露天存放含有沥青质的焦煤进行了研究。采用煤的大分子网状的芳香碳含量作为内标进行半定量分析，发现脂肪烃氢含量减少，同时烷基链变短。另外也观察到含氧结构的比例发生变化	39

本表参考文献：

1. 李伯彬，张普敦. 分析测试学报, 2009, 28(7): 814.
2. Li B B, Zhang P D. Sci China-Chem, 2010, 53(5): 1190.
3. 李小俊，胡克良，黄允兰等. 高分子材料科学与工程, 2001, 17(50): 74.
4. 胡淼，王正洲，瞿保钧. 应用化学, 2006, 23(4): 349.
5. Radice S, Toniolo P, Sanguineti A, et al. Polym Degrad Stabil, 2005, 90: 390.
6. Wen Q, Michaelian K H. Spectrochim Acta A, 2009, 73: 823.
7. 胡克良，黄允兰，李凡庆，等. 中国科学技术大学学报, 1999, 29(5): 616.
8. 吴强，瞿保钧，吴强华. 高等学校化学学报, 2001, 22(9): 1610.
9. Katti K S, Urban M W. Polymer, 2003, 44: 3319.
10. Rhudy K L, Su S, Howell H R,et al. Langmuir, 2008, 24: 1808.
11. Wang W, Qu B. Polym Degrad Stabil, 2003, 81: 5317.
12. Tran N D, Dutta N K, Choudhury N Roy. Polym Degrad Stabil, 2006, 91: 1052.
13. Pennington B D, Ryntz R A, Urban M W. Polymer, 1999, 40: 4795.
14. Kim H, Urban M W. Langmuir, 2000, 16: 5382.
15. Irudayaraj J, Yang H. J Food Eng, 2002, 55: 25.
16. Di Renzo M, Ellis T H, Sacher E, et al. Biomaterials, 2001, 22: 793.
17. Hanh B D, Neubert R H H, Wartewig S, et al. J Control Release, 2001, 70: 393.
18. Verma D, Katti K, Katti D. Spectrochim Acta A, 2006, 64: 1051.
19. Irudayaraj J, Yang H, Sakhamuri S. J Mol Struct, 2002, 606: 181.
20. Nakamura O, Lowe R D, Mitchem L, et al. Anal Chim Acta, 2001, 427: 63.
21. Hanh B D, Neubert R H H, Wartewig S, et al. J Pharm Sci, 2000, 89: 1106.
22. Ryczkowski J. Vib Spectrosc, 2004, 34: 247.
23. 王军，赵绪安，许振华. 光谱学与光谱分析, 1997, 17(5): 45.
24. Oh W, Nair S. Phys J Chem B, 2004, 108: 8766.
25. Bjarnestad S, Dahlman O. Anal Chem, 2002, 74: 5851.
26. Dang V Q, Bhardwaj N K, Hoang V, et al. Carbohyd Polym, 2007, 68: 489.
27. Bhardwaj N K, Dang V Q, Nguyen K L. Anal Chem, 2006, 78: 6818.
28. Pan J, Nguyen K L. Anal Chem, 2007, 79: 2259.
29. 师同顺，刘国发，曹锡章. 高等学校化学学报，1994, 15(2): 257.
30. 师同顺，刘国发，于连香，等. 高等学校化学学报，1995, 16(1): 94.
31. 师同顺，刘国发，曹锡章. 光谱学与光谱分析，1995, 15(3): 55.
32. 师同顺，柳巍，王银杰，等.高等学校化学学报，1998, 19(11): 1794.
33. 柳巍，师同顺，安庆大，等. 高等学校化学学报，2001, 22(1): 16.
34. 李金义，柳巍，师同顺. 吉林大学自然科学学报，2001,(2): 91.
35. 杜昌文，周健民. 分析化学, 2007, 35(1): 119.
36. Du C, Zhou J, Wang H, et al. Vib Spectrosc, 2009, 49：32.
37. 潘清，汪渊. 火炸药学报, 2002(1): 78.
38. 潘清，陈智群，王明，等. 光谱实验室，2005，22（5）: 908.
39. Cimadevilla J L G, Alvarez R, Pis J J. Vib Spectrosc, 2003, 31: 133.

第五节 傅里叶变换红外显微成像

随着微区分析技术的发展，只对样品整体进行分析已不能满足科研的要求，人们更希望知道微观区域内样品的存在状态。红外显微成像（FTIR imaging）是将红外光谱与显微分析结合起来的一门新技术，用于对微米到毫米区域的样品进行研究。由于红外成像研究的是微区域内各化学成分的分布情况，这种成像技术又被称作化学成像（chemical imaging）。它本质上属于高光谱图像（hyperspectral image），这是因为红外图像中同时包含了样品中的光谱信息和空间信息。

一、红外显微成像技术的基本原理

FTIR 显微成像技术是对一个选定区域（几十微米到数十毫米）的每一个点（像素）进行红外光谱测定，然后用计算机技术将这些点的红外光谱按区域进行二维或三维图谱绘制。该成像技术依赖于三方面：①扫描；②空间编码和解码；③红外显微镜及多通道检测器。

当进行红外成像时，首先根据不同检测目的选择相应的检测器，并选择感兴趣的微区域。样品微区域被“分割”为很多小的表面区或体相区（surface or volume area），这些被“分割的”小区称作“像素”（pixels）或“体像素”（voxels）。对微区的各个像素进行点、线或面的光谱扫描，得到其干涉图；将采集的所有光谱干涉图进行傅里叶变换，得到其光谱；微区域内的样品分布情况按照透射比或吸光度大小用灰度图或 RGB 格式的彩色图显示，通过颜色的变化反映微区内组分的空间分布及浓度变化情况。样品红外图像的采集可通过自动光阑调节、自动聚焦、自动校正、标记、照明等实现完全自动化。图像采集完成后，计算机实时显示出各种视频图像，如等高线图、瀑布图、总红外吸收图、指定组分定量分布图、官能团分布图、单波数红外吸收图、化合物表面分布及层次分布图等。

红外图像一般以数据立方体（data cube）显示，其中两维（x 和 y）为像素坐标，第三维为光谱维；如果采集多层图像，则需采用数据超立方体（hypercube）表示，此时有三个空间维（x、y 和 z）和一个光谱维，一般采用数学模型来描述这些数据立方体中包含的变化。根据 Beer-Lambert 定律，吸光度与浓度成正比，而任意像素的光谱是由图像中各组分纯光谱按照其浓度权重进行叠加得到的，因此红外图像可以用矩阵表示为[99]：

$$\boldsymbol{D} = \boldsymbol{C}\boldsymbol{S}^{\mathrm{T}} + \boldsymbol{E} \tag{8-38}$$

式中，$\boldsymbol{D}$ 为光谱数据阵；$\boldsymbol{S}^{\mathrm{T}}$ 为图像组分的纯光谱矩阵；$\boldsymbol{C}$ 为每个像素中这些组分的浓度矩阵；$\boldsymbol{E}$ 为信号波动引起的误差矩阵，与化学组分变化无关。

通过对 $\boldsymbol{C}$ 矩阵的行进行提取，就可获取相关像素的化学成分信息，而某种图像成分在像素间的浓度变化也可通过其列提取出来。通过将每一个 $\boldsymbol{C}$ 矩阵的行卷积以恢复其初始的二维（2D）或三维（3D）图像，即可得到每种特定图像成分的分布图。

二、红外显微成像装置的结构

大多数红外显微成像都是通过将红外显微镜与 FTIR 光谱仪联用实现的。该装置主要包括三个部分：干涉仪系统、红外显微光学系统以及多通道检测器，典型的红外显微成像系统如图 8-23 所示[100]。目前大多数红外成像系统都和傅里叶变换红外光谱仪主机相连，依靠红外光谱仪的干涉系统提供红外干涉光，在一些更新的成像仪器中已将红外光学系统与显微镜集成为一体。红外干涉光通过红外显微光学系统的物镜和聚光镜在待分析样品上聚焦，经样品吸收后进入到成像检测器进行检测。通过高性能计算机实现信号记录的同步操作、数据的转换及可视化。

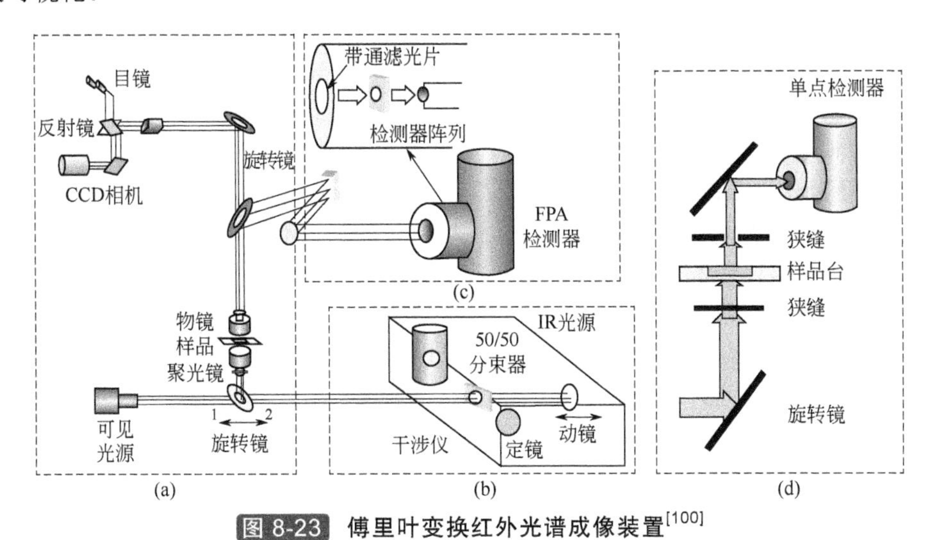

图 8-23 傅里叶变换红外光谱成像装置[100]

（a）干涉仪系统；（b）红外显微光学系统；（c）多通道检测器；（d）单点检测器及其光学通路；（c）和（d）的区别在于后者需要狭缝及精密样品载物台，而前者则不需要

1. 干涉仪系统

干涉仪系统包括两部分：干涉仪和光源。

（1）干涉仪 傅里叶变换红外光谱仪中最常用的是迈克尔逊干涉仪，它由动镜、定镜及分束器组成。分束器是表面镀有一层很薄的锗（几纳米到几十纳米厚）的溴化钾单晶片，它将光源发出的红外光分成能量相等的两束，一束照向动镜，另一束照向定镜。动镜通过位置移动来提供干涉所必需的光学延迟。光束经过干涉仪的调制后产生干涉光，该干涉光经样品吸收后被检测器检测，经傅里叶变换得到红外光谱图。在获取光学延迟时有两种动镜运动模式：连续运动和不连续运动，因此在红外成像时也有两种干涉系统。

① 快扫描（rapid scan）干涉仪 这种干涉仪又称作连续扫描（continuous scan）干涉仪，为绝大多数傅里叶变换红外光谱仪所采用，其特点是动镜以固定速率扫描，因而光学延迟是连续变化，如图 8-24（a）所示。

② 步进扫描（step scan）干涉仪 在这种干涉仪中动镜延迟先快速变化到一定数值并保持恒定，完成测量后又快速进入下一延迟进行测量，如此不断地进行扫描，如图 8-24（b）所示。由于步进扫描模式是逐点采集干涉图，因此其采集周期长，采集速度慢。这种干涉仪模式在第一代红外显微成像系统中发挥了重要作用。

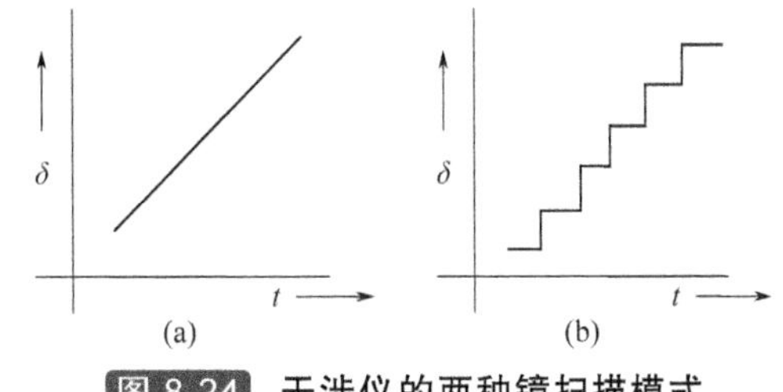

图 8-24 干涉仪的两种镜扫描模式

（a）连续扫描；（b）步进扫描

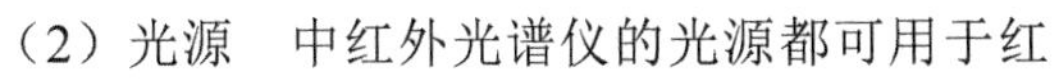

（2）光源 中红外光谱仪的光源都可用于红外成像中，这些光源的工作温度高（＞1400K），能量大。常用红外光源大都是白炽光源，如硅碳棒、金属陶瓷棒、EVER-GLO 光源等。另外，硅化钼或硅化钼钨（$Mo_xW_{1-x}Si_2$）材料的工作温度可达到 1900K 以上，也是较好的红外光源。

除了白炽光源外，采用同步加速器（synchrotron）或自由电子激光（free electron laser, FEL）

作为红外显微成像的光源要比传统光源好很多，因为这两种光源的能量很高、光束很窄。同步加速器是一种回旋加速器，采用同步电场和磁场对其中的电子加速，电子沿回旋通道加速时会产生光子。这种加速器产生的光子能量相当于 10000K 黑体发射的光子[101]，而且光束有效直径只有约 100μm，非常适合显微红外测试[102~105]。自由电子激光器与传统激光器的光学性质一样，但它采用速度接近光速的电子作为发射激光的介质，从而产生最宽的频率范围，其波长从微波到 X 射线范围可调。

2. 红外显微光学系统

红外显微镜与可见光显微镜外观相似，但其光学系统中不采用玻璃折射部件。这种显微镜可分为传统红外显微镜和红外成像显微镜，二者在光路设计上基本一致，但设计目的完全不同。传统的红外显微镜仅仅是为了获得最大光通量，从而获取有价值的微米区域的样品光谱图；而红外成像显微镜则是为了在视场中获得均匀的照射，从而对微观区域内样品的均匀度、化学分布等进行研究，这种成像显微镜的标志是焦平面阵列检测器（FPA）的出现[106]。因此，在红外成像显微镜的光学系统中，从光谱仪到 FPA 检测器的光通路上使用了多个发散透镜以发散光束，增加光斑尺寸，从而提高空间均匀度。在红外显微光学系统中（图 8-23），为了采集红外图像，一般都采用 Cassegranian 光学模式将红外线聚焦到样品面上。另外为了获得可见光区的显微照片，在光路系统中还采用了一个独立的可见光光路系统以及 CCD 相机，CCD 相机通常置于可见光路的末端。由于可见光视场比红外线通路大，因此可以对样品精确定位。可见光图像或红外图像可采用一系列分光镜或旋转镜进行同时观察或交替观察。另外，将红外干涉仪与标准光学显微镜集成为一体还可实现传统光学显示与光谱成像显示的结合。

3. 检测器

红外成像的检测器决定其数据采集速度、数据质量以及最终的红外图像质量。普通红外光谱仪配备的氘代硫酸三甘肽（DTGS）检测器在室温下工作，其检测单元大小为 1mm×1mm 或 2mm×2mm，但其灵敏度太低，用于显微分析时信号太弱而难以检测。中红外显微分析中都采用更灵敏的液氮冷却汞镉碲（MCT）检测器，该检测器在光导模式下工作，即当红外辐射照射到检测器时，光子会促进电子从价带向导带跃迁，通过测量电导率的上升来测量光子流强度。

MCT 检测器的性质取决于其组成，即 Hg∶Cd 的比例。该检测器分为窄带、中带、宽带三种类型。窄带 MCT 检测器最灵敏，但对波数＜750cm^{-1} 的红外光没有响应；中带 MCT 灵敏度稍差，但截止频率可到 600cm^{-1}；宽带 MCT 截止频率可拓宽到 450cm^{-1}，但灵敏度最差。对大多数有机化合物而言，其红外光谱在＜700cm^{-1} 区域的有用谱带很少，因此红外显微镜中都采用窄带 MCT 检测器。

用于红外成像的检测器有三种：单点检测器、线阵列检测器以及焦平面阵列检测器。

（1）单点检测器（single element detector） 这种检测器以绘地图（mapping）方式成像，检测器上只有一个检测单元，其大小一般为 250μm×250μm。进行图像采集时，经快扫描干涉仪调制的红外辐射聚焦到指定的样品区域，通过控制狭缝尺寸限制红外光束的照射面积，然后对限定好的区域进行成像[图 8-23 中的（d）]。为了便于观察样品区域位置，这种红外显微光学系统采用了可见光束与红外光束在同一条直线并且等焦面的设计思想。单点检测器装置最初用于检测微区域上的杂质或缺陷，当用于成像时，需要用一个程序精确控制的显微镜载物台来自动变换样品位置，并使空间位置与采集光谱一一对应（即编码），当所有点的光谱采集完成后，由计算机将其自动组合在一起得到所需要的红外图像（即解码）。

单点检测器光路中采用了双狭缝设计[见图 8-23（d）]，这种设计可以消除由于单狭缝衍射引起的光偏移，但是同时也减小了光通量。为了提高信噪比，就必须增加扫描次数，这又使得每幅图像的采集时间较长，特别是采集较大面积图像时。为了平衡二者的矛盾，可通过优化狭缝尺寸和扫描次数来获取最佳的图像质量[106]。

（2）线阵列检测器（linear array detector） 线阵列检测器于2001年由Perkin Elmer开发成功，主要是为了克服单点检测器的差信噪比、光偏移、长的图像采集时间以及采用焦平面阵列检测器时红外成像必须采用步进扫描干涉仪（第一代基于FPA的红外成像装置）等缺点而设计的。这种检测器一般是将一组或两组16个窄带MCT检测器排列在一起，形成16×1或16×2的线阵列检测器，对线阵列上16（或32）个检测单元（像素）的响应信号同时进行数据处理，并按其空间位置进行编码及解码。和采用单点检测器的装置一样，在这种装置中红外光束和可见光束也在同一条直线并且处于等焦面。采用线阵列检测器的图像采集过程也与单点检测器类似，均需要用计算机精确控制载物台移动，并由计算机将其组合在一起得到红外图像。尽管有这些相似性，线阵列检测器在光学系统仍有几个重要变化：第一，阵列检测器装置不需要狭缝；第二，斑点大小与检测器阵列的尺寸匹配。

线阵列检测器上的检测单元少，图像数据处理速度快，因此能与连续扫描干涉仪相连，从而降低红外成像光谱仪的价格。阵列检测器中每个像素单元的尺寸只有几十微米，远小于单点检测器，因而其信噪比也得到较大提高，因为信噪比与检测单元面积的平方根成反比。另外，线阵列检测器不需要狭缝，光通量高，其空间分辨率由光学系统决定。

（3）焦平面阵列检测器（focal plane array detector） 真正意义的红外成像技术发展是以焦平面阵列检测器（FPA检测器）的出现为标志的[107]。在其最初设计中，采用的检测器为拥有64×64检测单元的锑化铟（InSb）阵列。因InSb截止频率为1800cm^{-1}，中红外指纹区不能测量，因此很快为MCT阵列检测器所代替。FPA检测器一般由数千到数万个独立的检测单元组成，这些检测单元按二维图案排列。单个检测单元的尺寸一般为几十微米，总的检测器芯片大小为几个毫米。当样品采集面积与显微镜光学系统的放大倍数和检测器总大小相匹配时，即可一次成像，而不需显微镜载物台移动，这种采样方式和单点的绘图方式不同，被称作照相（imaging）模式。线阵列检测器也采用照相方式，但和FPA检测器相比，其一次成像的面积小，因此通常需将分析区域"分割"成几块，分别对各块照相，然后将其组合成一幅完整的图像。

FPA检测器中使用最多的红外敏感材料是MCT，此外钡锶钛（BST）也用作中红外FPA检测器的敏感材料，其优点是能在室温下工作，不需冷却，光谱范围宽（2～14μm），检测器成本低，但最大缺点是灵敏度低，因此用得较少。

由于FPA检测器的检测单元数很多，因此相比于单点和线阵列检测器其图像采集时间会大大节省，采集效率得到较大提高。如采集相同尺寸的样品图像时，$p \times p$个像素的FPA检测器采集时间仅为单点检测器的$1/p^2$，为线阵列检测器的m/p^2（m为线阵列检测器的像素数）。基于FPA检测的红外成像，如图8-25所示。

最常用的MCT检测器为64×64像素，另外128×128像素和256×256像素的MCT检测器也有使用，这些主要用于较大样品区域的图像采集。更大像素（1024×1024和2048×2048）的检测器还在开发阶段。不过由于MCT材料是通过铟焊接技术与基板结合的，并且检测器需在液氮冷却下工作，反复的热-冷循环可能导致焊接脱落以及检测器边缘分层，使检测器中出现坏像素点，这使得大像素检测器的开发和应用受到很多挑战。

三、红外显微成像的采集模式

和普通红外光谱的采样模式一样，红外显微成像也有三种采集方式：透射成像、（外）反射成像以及衰减全内反射成像。

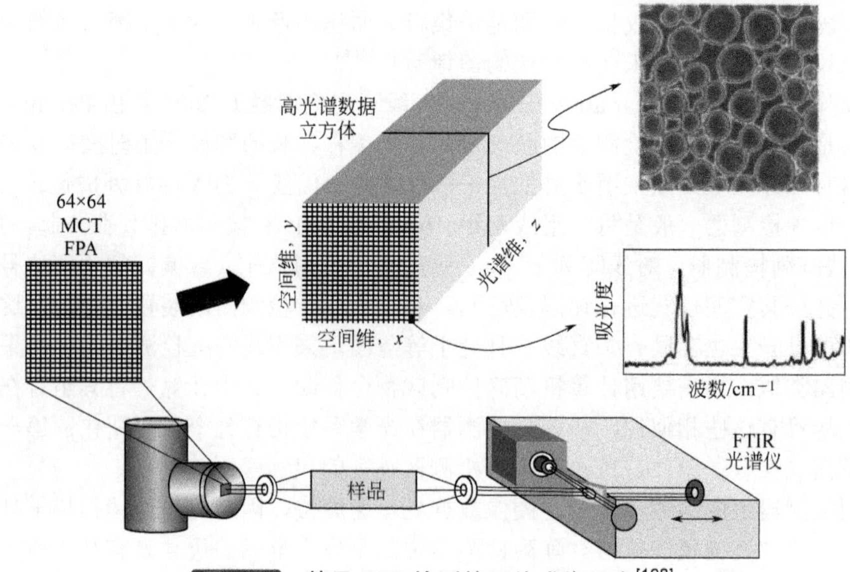

图 8-25 基于 FPA 检测的红外成像示意[108]

1. 透射成像

透射式最先用于红外显微成像。这种采集方式用于测量薄的、可透过红外光的样品，如厚度小于 30μm 的薄膜、固体切片和微量液态样品。测样时将分析样品夹在两个红外透明材料（如 KBr、NaCl、ZnSe 等）之间，然后固定在载物台上；对薄膜或固体切片的样品，也可直接固定在载物台上。载物台是一个可在 x、y、z 三个方向精密移动的平台，其中 x 和 y 用于将样品中感兴趣区域调节至光束中央；z 轴用于调节样品高度，使光束聚焦在样品上，红外线透过样品后经聚焦进入成像检测器。透射成像的信噪比高，应用最广泛，但是对于较厚的固体样品，采用透射模式成像时通常都需要先进行显微切片后方能进行分析。根据不同的分析目的，样品可采用冰冷冻包埋或石蜡包埋的方式进行切片。切片厚度根据样品性质而不同，但一般都应小于 30μm。透射成像膜需要有两个 Cassegrain 聚光镜，分别位于样品的上下两侧。下聚光镜用于将调制的红外光聚焦到样品上，而上聚光镜作为物镜使用，用于将透过的红外光导入到成像检测器。

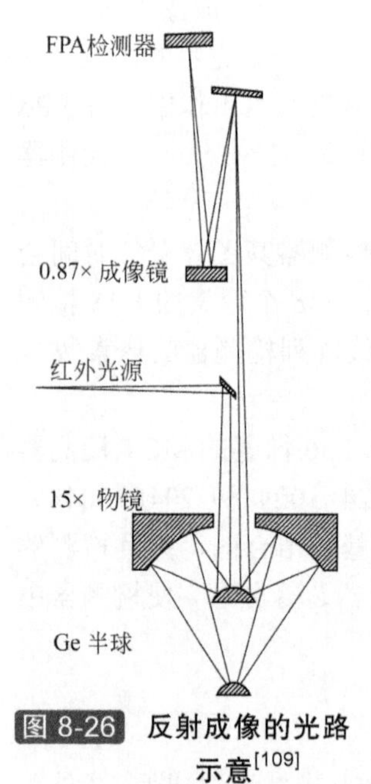

图 8-26 反射成像的光路示意[109]

2. 反射成像

反射成像模式用于样品沉积或附着在一些具有镜面反射效应或者红外反射效应的基体上时的测量。在反射成像模式中，红外光首先透过样品并被下方的镜面反射，反射光再次穿过样品后进入到检测器中，因此反射成像中红外光穿过样品两次，这种反射成像模式实际上是一种透反射模式（transflection）。反射成像的图像采集过程与透射成像类似，但反射成像模式只采用一个 Cassegrain 物镜，它同时也起聚光镜作用，而透射成像有上下两个。需要注意的是，在反射模式装置的设计中，通常只有 1/2 物镜用于照射样品，另一半物镜用于收集反射光，如图 8-26 所示[109,110]。这会使系统的实际 NA 值（数值孔径）发生改变，一般为全照射系统的 50%。镜面反射基板可以为镀有 Au、Pt、Cd、Al 等的玻璃镜面，也可直接为一些表面光亮的金属箔片，如铝箔、铜箔等。为了控制样品环境和期望的一致，在透射和反射样品台上还可加载加热装置以及其他附件。

3. 衰减全内反射成像

衰减全内反射成像模式（ATR-FTIR imaging）用于透射和反射均难以制样的样品以及需要进行表面微区分析的样品，这种成像方式几乎不需要进行样品的预处理或预制备，而且能提高红外成像的空间分辨率。和传统 ATR 方式尽可能采用多次反射来增加光程不同，ATR 成像模式均采用单次反射，以便保留样品的空间特征。

衰减全内反射成像有三种模式：绘地图模式（ATR-FTIR mapping）、显微成像模式（micro-ATR-FTIR imaging）以及大区域成像模式（macro-ATR-FTIR imaging）。图 8-27 给出不同成像模式下 ATR 工作原理示意[110]。

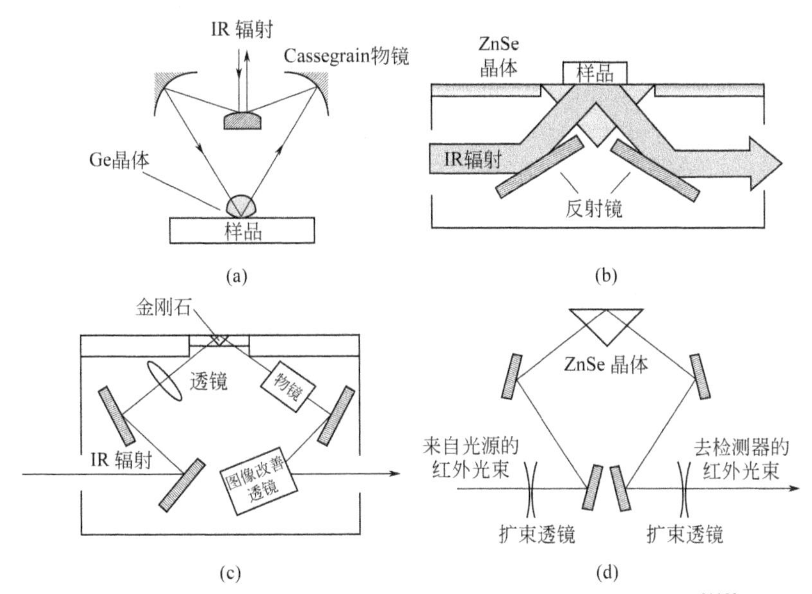

图 8-27 几种不同 ATR 成像模式及其光路系统原理示意[110]

（a）显微ATR物镜（绘地图模式）；（b）用于成像的倒置ATR棱镜采样示意；（c）一种显微成像模式的成像金刚石ATR附件；（d）一种大区域成像模式的大的倒置ZnSe ATR附件

（1）绘地图模式[111~115] 这种成像模式采用单点检测器，ATR 晶体或者作为一个小附件插入到反射成像模式的物镜下，或者直接固定在物镜上制成专门的 ATR 物镜，成像仪器配有一个专门的电子压力传感器，以保证样品与 ATR 晶体紧密接触，且不会损坏晶体，样品置于压力传感器上并随载物台一起移动。通过这样的方式逐点扫描，然后组合为一幅红外图像。通常采用的 ATR 晶体为 Ge、Si 或金刚石。

（2）显微成像模式[116~125] 这种成像模式采用焦平面阵列检测器或线阵列检测器，ATR 晶体呈倒金字塔形，同样是插入到显微镜物镜下用于红外图像的采集，金字塔形晶体的平面部分要与样品紧密接触以保证采集到高质量的图像。这种成像模式不用样品台移动，能够一次成像，不过由于 ATR 晶体具有聚光作用，其成像面积一般不超过 50μm×50μm。显微成像模式的空间分辨率可达到 1μm。

（3）大区域成像模式[126~135] 大区域成像模式采用焦平面阵列检测器，ATR 晶体也呈倒金字塔形，不过这种 ATR 晶体较大，而且与显微成像模式最显著的不同是红外光束经过 ATR

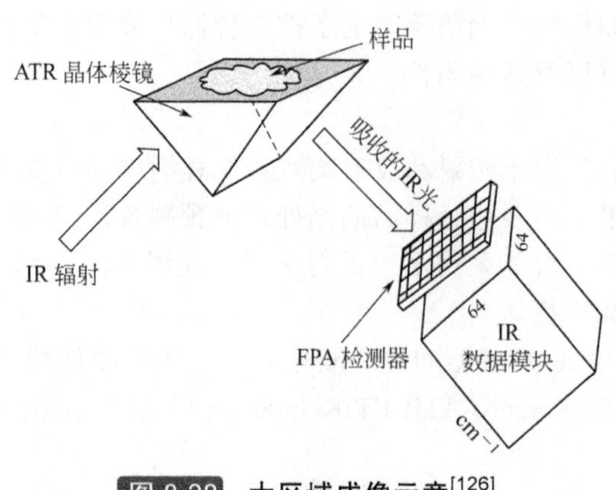

图 8-28 大区域成像示意[126]

晶体内反射后并不需要用显微镜物镜进行聚光，而是直接进入到 FPA 检测器（如图 8-28 所示），因此其成像面积明显增大，另外为了保证大面积成像，在入射光束和出射光束的光路上通常都采用透镜进行扩束[见图 8-27（d）]。大区域成像模式的成像面积随检测器大小的不同可从 500μm×500μm 到 5000μm×5000μm。

四、红外显微成像的数据处理方法

红外图像包含的光谱数据量大，因此须根据分析目标和样品的性质来考虑如何对图像进行处理。

1. 红外图像的显示

如图 8-29 所示，（a）为样品在照明光下的视场，该视场面积较大。（b）和（c）为（a）中红色方框区域的红外图像，这种红外图像通常都以 RGB 图或灰度图显示。RGB 图的不同颜色或灰度图的颜色深浅代表了相应波数下不同区域的红外吸收强弱，在灰度图中颜色从浅到深渐变代表吸光度逐渐增强为获取不同空间位置处的光谱，可将光标放在该位置处，其光谱即实时显示出来；相应地，为了得到某一组分在空间中的分布，只需将光标放在光谱中该组分的特征吸收谱带处，则该谱带所代表的组分在空间中的分布情况也能直观地显现出来。不同谱带处红外图像的变化很大，图 8-29（b）为光标处于 1655cm^{-1}[图 8-29（d）]时显示的红外图像，图 8-29（c）为同一幅图像中光标处于 1384cm^{-1}[图 8-25（e）]时显示的红外图像，二者差异很大。由于不同波数可以代表不同的化学成分，（b）和（c）就反映了相应的化学组分在该微区中的分布情况。同样地，在图像的不同空间位置，其光谱图也可能发生变化。图 8-29（d）和图 8-29（e）分别为红外图像中空间坐标为（69.9μm，−13.5μm）和（−0.7μm，7.5μm）的两点的红外光谱，二者也有很大差异。

2. 红外图像预处理

红外图像包含的信息很丰富，原始图像的质量经常受噪声和仪器变化等因素影响，常见影响因素包括：大的光谱噪声、存在强或不规则的基线以及存在异常像素光谱等。另外红外图像占用的计算机空间很大，可从几兆字节（MB）（单点检测器）到几十吉字节（GB）（FPA 检测器，如 256×256）不等，对如此宏量的数据进行完全分析既不可能，也没必要。因此在信号质量得到保证的前提下，有必要对数据进行处理或进行图像压缩以减少数据量。红外图像的预处理主要包括以下两种。

（1）图像信号预处理　红外图像大多在开放环境中采集，而且其光谱图的信噪比一般也比较低，因此需要对图像信号进行预处理。信号预处理包括滤噪、光谱平滑、基线校正、异常像素和异常光谱抑制、CO_2 抑制等，如果采用 ATR 成像模式，必要时还可以对图像进行 ATR 校正。滤噪和平滑可通过多项式函数（如 Savitzky-Golay 方法）、傅里叶变换滤噪或小波滤噪等方式进行，也可通过主成分分析（PCA）将原始数据分解为隐藏变量的双线性模型和噪声，再经过数据恢复将噪声去掉。基线校正可通过线性模型或更复杂的数学函数进行，也可通过采用导数谱代替原始谱的方式进行。采用导数谱有助于消除一些和图像化学成分无关的仪器变化，如偏移和线性基线，并能看到光谱间的一些微小差异。更高级的基线校正方法，如不对称最小二乘法（AsLS）[136]，也用于处理像素间不规则形状的基线变化。异常像素和异常光谱现象是指由于不同的仪器假象（artifact）存在，某些像素在图像测量时会显示出不期望的光谱读数（如光谱增强或降低）或出现完全异常的光谱（坏像素）[137]。检测异常像素和异常光谱的常用方法是设定阈值法。异常读数可用内插替换值代替，坏像素则可用内插替换光谱代替，内插替换值或内插替换光谱来自于相邻的正常光谱维读数或相邻的正常像素。CO_2 抑制和 ATR 校正与传统红外光谱处理方法相似。

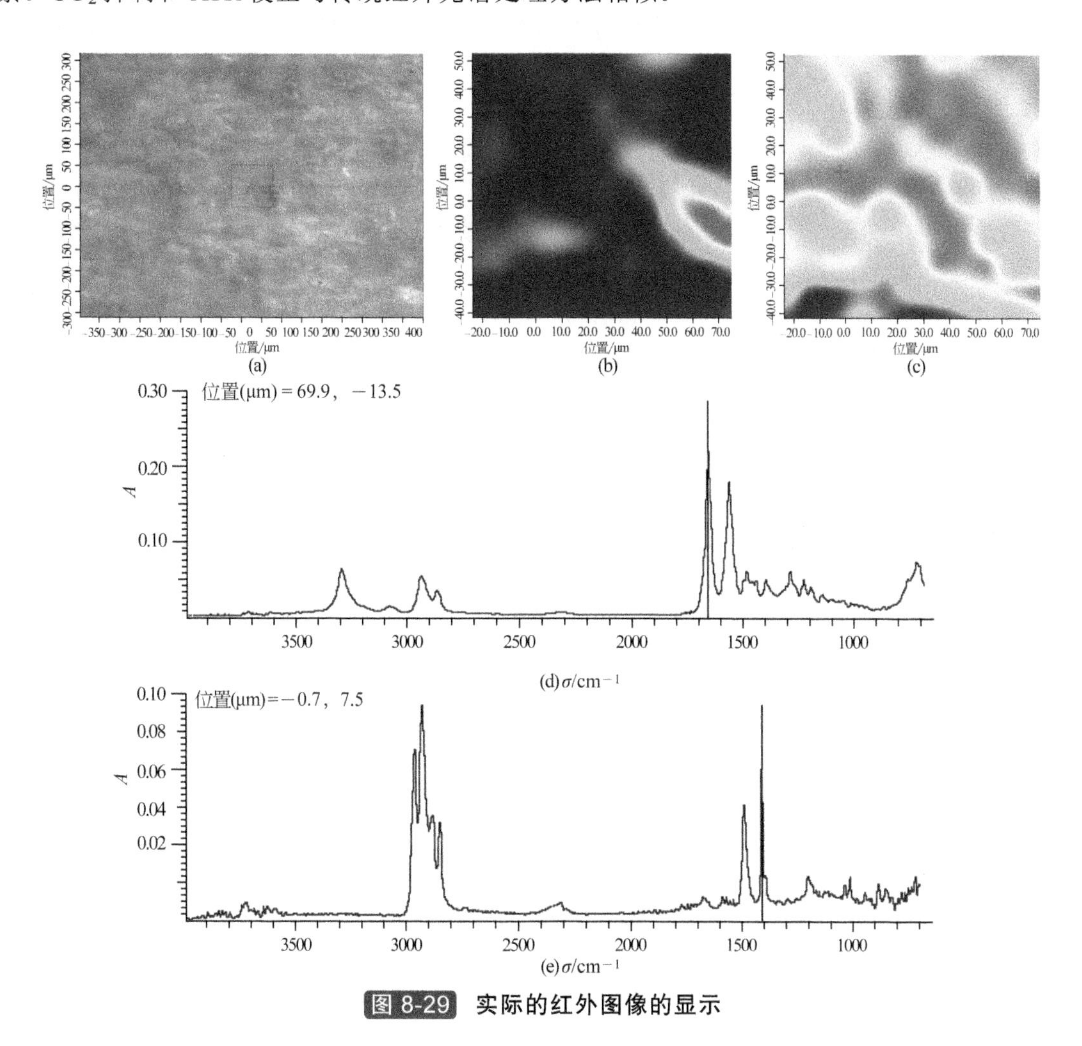

图 8-29 实际的红外图像的显示

（2）图像压缩　图像压缩可在光谱维和空间维两个方向进行，具体是哪个方向则取决于图像分辨率和优先分析哪类信息。虽然压缩图像仍包含了所有光谱维或空间维的信息，但空间或光谱的分辨率会受损失。比较好的能包含所有光谱维信息的图像压缩方法是主成分分析法，在这种方法中，原始光谱通道被少数几个变量（称作主成分，PC）代替，这几个变量仅仅是原始变量的线性组合，它们能非常有效的表达图像。

用于光谱维特征提取或代表性像素子集分析的方法有多种，如 SIMPLISMA 方法直接选择最纯的像素或最纯的光谱维[138, 139]，而遗传算法采用搜索寻优的策略[140]。这些方法也可用于经过傅里叶变换或小波变换后的光谱维选择[141, 142]。如果经过压缩的图像包含了原始图像的相关信息，那么无论哪种方法都不会使图像分析结果的质量变差。

图像信号预处理和图像压缩可以结合起来使用。

3. 传统图像分析方法

由于基线漂移、样品厚度不均匀等因素的影响，即使经过预处理后再采用图 8-29 中的方法对红外图像进行显示仍往往与实际情况不符。为了准确地反映实际样品情况，可对图像做以下处理。

（1）化学图提取　即在光谱中选择要显示的谱带，并对该谱带选择合适基线，以校正峰面积或校正峰高显示该谱带在空间中的分布情况，经过校正的吸光度能比较真实地反映化学组分的分布情况。

（2）峰面积比　化学图提取法不能消除样品厚度不均匀对化学图像的影响，采用峰面积比法则能解决这个问题。其做法是在图像的光谱中选择两个特征谱带，分别对其按（1）法求校正峰面积，然后将二者相比，用其比值来显示采样区域的化学图像。通常选择的特征谱带要能代表图像中的不同化学组分，这样其比值就能直接反映采样区里两种组分的相对含量，直观，易于理解。

上述处理方法只选择图像的某一光谱特征进行分析，而将其他光谱维信息忽略，因此也称作一元图像分析（univariate image analysis）。当图像中所有组分都完全已知时，这种方法比较可靠，但组分不完全已知或即使完全已知但某些组分没有完全独立的谱带时，这种方法得到的组分图像将与真实情况不符。

4. 红外图像处理常用的化学计量学方法

为了利用图像中尽可能多的数据和特征，可以采用化学计量学方法对图像进行分析。红外图像的大数据量为化学计量学方法提供了训练和验证机会，不过其在光谱、样品以及数据集水平上的稳健性校正和扩展性验证的测量更为复杂，通常需对数据分析流程和目标结果的评估进行设计。如果要从原始图像中提取尽可能多的信息，采用的化学计量学方法应当同时考虑红外图像的空间特性和光谱特性，因此这种方法也称作多元图像分析（multivariate image analysis, MIA）。红外图像分析中常用的化学计量学方法有以下几种[99]。

（1）主成分分析法　主成分分析（principal component analysis, PCA）将原始数据分解为隐藏变量的双线性模型和噪声，这些隐藏变量称作主成分（PC）。PCA 表达式为：

$$\boldsymbol{D}=\boldsymbol{T}\boldsymbol{P}^{\mathrm{T}}+\boldsymbol{E} \tag{8-39}$$

式中，$\boldsymbol{D}$ 为光谱数据阵；$\boldsymbol{P}^{\mathrm{T}}$ 为载荷阵；$\boldsymbol{T}$ 为得分阵；$\boldsymbol{E}$ 为误差矩阵。

主成分是原始变量的线性组合，因此，在图像分析中，即使一幅图像包含了成百上千的光谱维（波数），所有这些光谱维的相关信息也都包含在少数几个主成分中，这是因为原始图像的光谱维中存在多个重复信息。因此，尽管计算所得的主成分数等于光谱维数，但实际上只有前几个主成分描述了和化学组成有关的光谱变化，其余的都是噪声信号。

PCA 表达式在形式上与图像的 Beer-Lambert 矩阵模型［式（8-38）］一致。PCA 中载荷阵（$\boldsymbol{P}^{\mathrm{T}}$）的行可解释为抽象的纯光谱，得分阵（$\boldsymbol{T}$）的列可形成抽象的分布图。多数情况下真实化学模型与抽象的 PCA 模型很像，比如真实光谱中的主要特征在载荷谱中均能体现，而各个主成分的得分图也与真实化学图像相似。不过两者之间仍存在一些差异，如载荷谱中经常存在一些负谱带（倒峰）、载荷谱的化学意义不明确、得分图也会出现负值等。这些结果的出现是由于 PCA 通常首先要做平均中心化以保证各载荷谱之间完全不相关，因此得到的主成分不能直接与真实化合物相关。

尽管如此，对图像进行 PCA 分析仍很有用。对载荷谱而言，其高绝对值表示图像的相关光谱特征；得分分布图也有助于理解图像中哪些区带与载荷谱中检测到的特征最相关。还有，PCA 虽然使原始数据的维数大大降低，但所有相关信息都仍保留在抽象的主成分里。PCA

不同于传统图像分析方法，传统法只选择少数几个光谱维进行可视化，其他维信息全都被扔掉。而 PCA 中所有波数都体现在不同的 PC 组合里，这样，得分和载荷就能在小维数空间中对图像进行表达而不用丢失原始数据的丰富信息。

在 PCA 模型中，像素不再由完整的光谱表示，而是由少量能提供完整的化学组成信息的得分值代表。因此，图像中相似组成的像素应具有相似的得分值。这种思想已用于图像分割，即在分割算法中用得分值代替完全像素谱作为输入信息。

（2）图像分割　红外图像分析的一个目的是识别图像中具有相似光谱的像素，这种识别技术称作图像分割（image segmentation）。图像中具有相似光谱的像素说明其具有相似的组成以及相似的化学、生物学性质。对图像中的光谱进行聚类分析可将具有相似光谱的像素从其他组中区别出来，将这些像素指定为某一官能团就可基于官能团而不用基于吸光度来显示图像。图像分割技术包括以下两类。

① 无监督和监督分割法　这两种方法的区别是：无监督法采用所有未知图像来寻找像素簇或像素种类，而监督法采用提前定义的像素种类，即种类模型先用已识别的像素生成，然后再用于未知像素的种类指认。

当像素谱足够相似时无监督法即将这些像素指认为同一簇，相似度根据采用的算法可用不同方法评估。PCA 的得分散点图是较好的无监督分割法，在这些 2D 散点图中，两个主成分作为两个坐标轴，每个像素按照其相应的得分坐标用一个点表示，不同散点图可用不同的主成分组合生成。散点图中，相似的像素在显示的 PCA 空间中聚在一起形成一簇（cluster）。不同的簇通过对散点图观察来定义。PCA 用于聚类分析的优点是不仅能获得不同簇，而且从其载荷谱中还能够检测到与不同官能团相联系的光谱特征。

其他经典的无监督聚类分析法依赖于数学指标，如采用距离来量化像素谱之间的相似度。每个像素都被当作原始波数空间或主成分空间中的一个点。像素坐标可以是原始图像中不同波数的光谱读数，也可是主成分空间中的得分值，相似像素在空间中应当非常接近。距离计算有多种方法，如欧氏距离（Euclidean distance）、马氏距离（Mahalanobis distance）、曼哈顿距离（Manhattan distance）、闵氏距离（Minkowski distance）等。欧氏距离是最易于理解的一种距离计算方法，来自欧氏空间中两点间的距离公式为：

$$d_{\mathrm{E}}(x_i,x_j)=\sqrt{\sum_{l=1}^{n}(x_{il}-x_{jl})^2} \tag{8-40}$$

式中，x_i 和 x_j 为两个像素；n 为总变量数（波数、得分值等）。基于距离测量的无监督聚类法的主要区别在于是采用集结法还是采用划分法，后者要用预设定的簇数目来优化聚类方案。

集结聚类法或分层聚类法首先把每个像素当作一个单独的种类，然后两个最相似的像素联结起来组成一个新种类，每一步，种类数目都会通过合并两个最接近的簇或合并一个簇与最接近的像素而减少一个，直到所有像素都最终组成一个单独的种类。由于在每一个集结步都要计算像素和簇之间的距离，因此图像压缩很有必要。虽然这些方法提供了非常稳健的聚类方案，但是嵌套的簇使聚类过程的灵活性降低。划分法则采用预先选择的簇数目来优化聚类方案，这些方法一般从一组初始像素开始，通过迭代循环不断优化目标值。划分法不进行簇的嵌套，快速灵活，不过要严格选择簇数目，而且聚类过程的开始点不同可能会得到不同的结果。

监督分割法预先用一系列识别好的像素来限定不同的像素种类。每个不同种类都用一个模型描述，这些模型用于将未知像素指认为预定义种类。自交互建模分类类比法（self-interactive modeling class analogy，SIMCA）或偏最小二乘-判别分析（PLS-DA）是监督分割法中的算法。

② 硬分割和模糊分割法　在硬聚类分析中，一个像素属于一个种类，各个簇之间完全分开；而在模糊聚类分析中，一个像素可能有不同的概率来归属于不同种类，即它对所有的簇而言都有一个分数值，亦即允许簇间产生交叠。

采用哪种分割模式需要考虑几个因素。一方面，硬聚类对图像组进行了定义，因此更适合进行清晰分割。不过这需要假定已定义种类之间没有交叠，即每一种群的像素谱都有完全明确且一致的光谱形状。这种情况只在每个种群的像素都由单一化合物组成或每个分离区域都有一个非常均匀的组成时才会发生。很多真实图像中像素谱反映的是图像空间上几种化合物重叠的信号贡献，因此在非均相图像中模糊聚类法更适合描述真实的图像性质。

本部分的所有方法都有一个共同特征，即聚类方案只通过光谱信息，即像素间的光谱相似度来获得，这种方法用于发现独立样品光谱中的官能团。不过图像分析中像素之间相互并不独立，相邻像素比相互间隔较远的像素更相似，因此像素在图像中的空间位置可以作为图像分割的某些潜在信息使用[143]。

（3）多元图像回归　虽然红外图像主要用于提供样品的化学组成和分布信息，但也可用于定量。图像领域的定量方法学通常称作多元图像回归（multivariate image regression，MIR）。传统光谱分析中的多元校正方法均适用于图像分析，而且传统光谱分析用于建立多元校正模型时应注意的事项也都适用于图像分析。

将多元校正方法用于传统光谱分析和图像分析之间的主要差别是：传统光谱分析中每个光谱都有一个参考浓度值，但在图像分析中数千张像素谱仅对应一个浓度，而在分析微区域内某一化合物的浓度可能会随像素的变化而发生改变。

建立 MIR 模型用到的信息是一组校正图像和相关浓度值，对图像进行校正分析的理想情况是给每个像素都赋予一个参比浓度。由于像素间的多样性，每幅图像选择一个像素谱建立模型既无代表性也不可靠。Geladi 提出从图像感兴趣区域（ROI）提取中位谱作为图像的代表光谱[144,145]，采用中位谱预测图像中总样品浓度得到的结果可以与传统光谱分析相媲美。提取中位谱时，选择的 ROI 区应较大，且应包括很多像素。中位谱不是真实光谱，而是通过提取测量的每个光谱维中所有光谱读数的中位数而构建的。中位谱优于平均谱的一点是其能避免光谱中由于异常像素或异常光谱维而出现的极端光谱读数，这种极端值会对建立校正模型产生影响。从同一样品的重复图像中得到的中位谱可用来与同一浓度值关联（图 8-30）。当获得校正模型后，再用从一组验证图像中提取的中位谱进行验证，验证图像的参考浓度已知。校正模型用于其他图像的预测时，得到的预测值可通过测定偏差和预测值的根均方误差（RMSEP）来评价总的浓度估值的精确度和准确度。当所有像素谱在预测步骤都被用到时，图像能提供关于样品复杂性的更详细信息以及组分纯度和不均匀性等方面的信息。

多元图像回归的结果用柱状图分析能较直观地反映样品中的情况。柱状图中 x 轴为预测浓度值，y 轴为像素计数。柱状图能提供样品特性以及校正模型质量的信息。如化合物分布的均匀性就很容易从分布图的宽度来观察，宽度越窄，样品越均匀；而异常像素可在柱状图极值处检测到。另外，虽然样品的不均匀性是限定柱状图宽度的主要因素，但模型中的组分数选择不合适或其他原因也会使柱状图中心值与校正样品参比浓度值之间产生偏差，因此柱状图宽度也能指示校正模型的精密度。通过在校正模型中选择正确的组分数可以在柱状图宽度和偏差之间寻找平衡。

（4）图像分辨 图像分辨的目的是获取每个特定成分的空间信息（分布图）和化学信息（纯光谱）[146~148]。图像分辨法将最初的原始图像分解为 Beer-Lambert 双线性模型[式（8-38）]，然后通过将展开的浓度轮廓卷积到高维空间而恢复图像的空间结构。这种方法既可用于单样品的多层图像，也可用于一系列具有相关化学组成的图像。

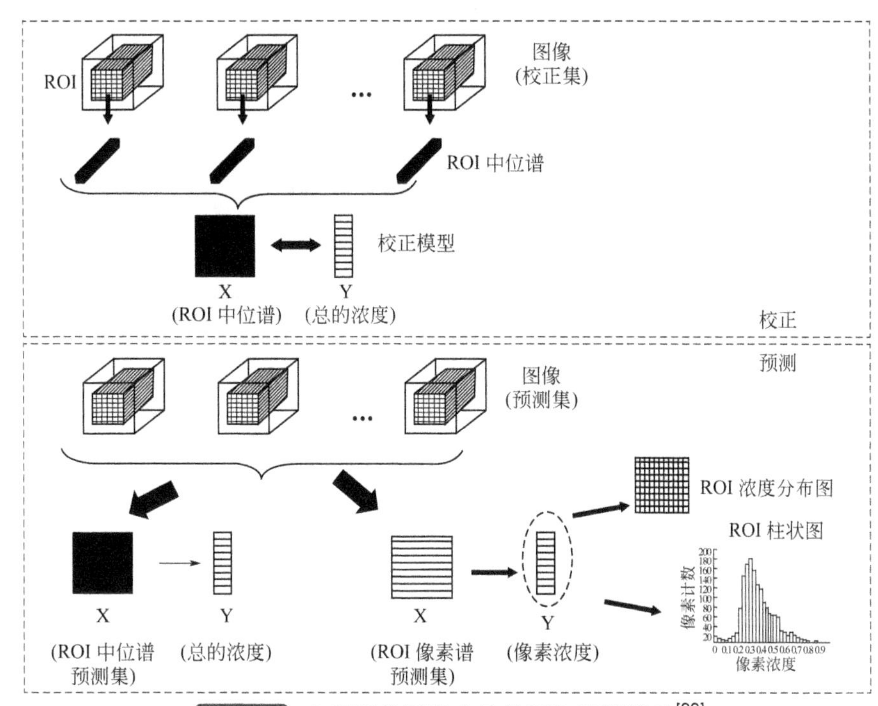

图 8-30 多元图像回归中的校正和预测策略[99]

很多图像分辨法要求先推测一个浓度轮廓或纯组分的光谱，然后对真实情况进行迭代搜索。由于这些信息都包含在原始测量中，因此现有方法均致力于在原始图像中寻找“最纯的”光谱维或像素。

SIMPLISMA 是主要的图像分辨方法，可用于识别图像中的最纯像素或最纯光谱维[149]。在寻找最纯像素时，需不断计算每个像素谱的纯度指数并依次进行选择。每选择一个纯光谱后，其余光谱需重做归一化和纯度指数计算，依此类推，直到最后选择的纯光谱形状与前一个非常相似时才停止搜索，这种方法是一种自模型混合物分析方法，不需提前知道图像成分的个数。图像的最纯光谱在像素方向获得；同样，最纯分布图也能在识别最纯光谱维时得到。

对整个图像进行 PCA 分析能提供数据集中的总成分数信息，虽然这些信息来自于整体图像的分析，但并不是所有成分都存在于所有像素中。为对局部区域进行考察，PCA 分析应当针对小区域的数据集，并逐次扫描直到整个图像都被 PCA 分析。

固定尺寸图像窗口-渐进因子分析（fixed-size image window-evolving factor analysis, FSIW-EFA）是固定尺寸移动窗口-渐进因子分析（fixed size moving window-EFA）的演变，它是专门为研究图像中局部像素的复杂性而设计的。FSIW-EFA 通过在图像的每个单独像素区域周围移动小窗口来完成 PCA 分析。每个窗口都是由一个特定像素和所有分布在二维或三维图像中的相邻像素组成的。将通过局部分析获得的奇异值一起显示在奇异值图里，这样即可保存图像的空间结构。奇异值图中，大值代表与化学成分有关的信号贡献，而小值代表实验噪声。

多元曲线分辨-交替最小二乘（multivariate curve resolution-alternating least squares, MCR-ALS）能满足图像分辨的要求。它是一种迭代方法，通过交替最小二乘优化矩阵 $\boldsymbol{C}$ 和 $\boldsymbol{S}^{\mathrm{T}}$ 将图像分解为双线性模型 $D=\boldsymbol{CS}^{\mathrm{T}}$，步骤如下：

① 确定原始图像 D 中的化合物数；

② 生成初始估计值（如 $\boldsymbol{S}^{\mathrm{T}}$ 型矩阵）；

③ 给出 D 和 $\boldsymbol{S}^{\mathrm{T}}$，在约束条件下计算 $\boldsymbol{C}$；

④ 给出 D 和 $\boldsymbol{C}$，在约束条件下计算 $\boldsymbol{S}^{\mathrm{T}}$；

⑤ 从 $\boldsymbol{C}$ 和 $\boldsymbol{S}^{\mathrm{T}}$ 的乘积中再现 D；

⑥ 回到③迭代，直到数据收敛。

以上图像分辨过程中，图像组分数目可以事先知道，也可以通过对全图像做 PCA 分析得到。交替优化应当通过用初始测量值 D 及 $\boldsymbol{C}$ 或矩阵的初始估计值开始。图像中初始估计值大都是一个 $\boldsymbol{S}^{\mathrm{T}}$ 矩阵，它是从图像感兴趣区域或者为化学计量学方法（如 SIMPLISMA 法）选出的最纯像素中挑选出的像素谱。由于图像组分可能已知，因此光谱的初始估值更常用。

同样，图像分辨也可用于压缩图像以及多层图像或多个图像的分辨分析。

五、红外显微成像技术的应用

红外成像技术在聚合物、生物医学、农业化学、法医学、考古学等领域获得了重要应用，表 8-9 给出了一些应用实例。

表 8-9 红外显微成像技术的一些应用实例

样品种类	测定对象	测试方法	主要结果	参考文献
聚合物	EVA/C_5 石油树脂	外反射成像模式，16×2 阵列 MCT 检测器，分辨率 8cm^{-1}，8 次扫描	通过研究羰基的空间分布情况对 EVA 与 C_5 石油树脂的相容性进行了表征，得到了最好相容性下的最佳配比	1
	PP/PP-*g*-MAH/PA6	ATR 单点绘地图模式成像，单点 MCT 检测器，分辨率 8cm^{-1}，16 次扫描	通过考察 PA6 上的 1640cm^{-1} 的空间分布，研究了相容剂 PP-*g*-MAH 对 PP/PA6 共混材料相容性的影响，得出加入 6 份相容剂时可获得最佳的相容性	2
	聚丙烯（PP）光氧化	透射成像模式，16×2 阵列 MCT 检测器，分辨率 8cm^{-1}，16 次扫描	结合 PCA 法对 PP 光氧化过程进行了研究，识别了不同氧化时期的光氧化产物，发现了未报道过的氧化产物酸酐	3
	PA6，6/PTFE/硅油共混物（80/18/2）	透射成像，64×64 阵列 MCT 检测器，采样面积 266μm×266μm。ATR 模式的采样面积 50μm×50μm，分辨率均 8cm^{-1}，20 次扫描	结合拉曼成像、SEM/EDX 以及微热分析等证明了 10～30μm 的 PTFE 随机分布在 PA6,6 中，硅油聚在簇界面上	4
	聚丁二烯/邻苯二甲酸二烯丙酯（PBD/DAP）	64×64 阵列 MCT 检测器，采样面积 500μm×500μm；空间分辨率 7.8μm	研究了硫化和未硫化的 PBD/DAP 共混物的相形态和界面区域。域尺寸和结构通过监测 C—H、C═O 以及 C—O 特征得到	5
	聚合物分散液晶（PDLC）	64×64 阵列 MCT 检测器，采样面积 500μm×500μm，光谱分辨率 4cm^{-1}	考察了两步法减少液晶在聚合物中溶解度的方法。实验结果表明，将该法与统计方法结合能够很好地测定多相体系的相组成	6
	聚甲基苯乙烯（PAMS）/聚氧乙烯（PEO）	64×64 阵列 MCT 检测器，采样面积 400μm×400μm；光谱分辨率 8cm^{-1}	研究了缠结聚合物 PAMS 在两相溶剂混合物（MIBK/C_6D_{12}）中的溶解行为，结果显示溶解过程并不均匀发生，而是引起聚合物界面碎裂及变粗糙，以及溶剂的分离。另外，也对 PEO 在 D_2O 中的溶解行为进行了研究	7，8

续表

样品种类	测定对象	测试方法	主要结果	参考文献
聚合物	玻璃纤维/环氧树脂	64×64 阵列 MCT 检测器，采样面积 400μm× 400μm；光谱范围 1000～3850cm^{-1}，光谱分辨率 8cm^{-1}	研究了硅烷涂层玻璃纤维/环氧树脂界面上的硫化过程，获取了界面区羟基和氨基的化学图像，图像显示从纤维表面到聚合物内环氧基体的结构存在梯度变化	9
	聚丙烯酸(PAA)/聚乙烯醇（PVA）水凝胶	ATR 成像模式，光谱范围 3600～950cm^{-1}，光谱分辨率 4cm^{-1}，11 次扫描	原位研究了水凝胶的溶胀行为，用 PCA 评价了整个光谱，对几个主成分进行了识别	10
	水凝胶	透射成像，光谱范围 4000～900cm^{-1}，光谱分辨率 4cm^{-1}，16 次扫描	研究了水凝胶光聚合反应中的氧抑制，这种新的研究方法有助于反应过程的优化	11
	金基板上的 PMMA	64×64 阵列 MCT 检测器，采样面积 270μm× 270μm；光谱范围 3600～950cm^{-1}，分辨率 2cm^{-1}，21 次扫描	获取了金基板上微构造的 PMMA 薄膜的横向化学信息，用 C═O 基谱带表征微观结构。有小量的 PMMA 残留在微孔里。C═O 基谱带向下位移 5cm^{-1} 表明 PMMA 残留物与金基板发生相互作用，观测到的其他谱带都表明在 PMMA 微结构化过程中形成了羧酸盐	12
医学	骨折愈合及病理	64×64 阵列 MCT 检测器，采样面积 400μm×400μm；光谱范围 3850～1000cm^{-1}，光谱分辨率 8cm^{-1}，扫描 81 次	研究了骨折愈合及骨疾病，监测了正常组织和病理组织上的两个光谱参数：矿化程度及结晶的尺寸/完整度比。病理组织的矿化水平比正常的减少了40%，而且其尺寸/完整度比在病态组织被充分增强。该法用于老鼠腿骨骨折治愈的研究	13
	骨关节炎软骨	64×64 阵列 MCT 检测器，采样面积 400μm×400μm；光谱范围 4000～500cm^{-1}，光谱分辨率 16cm^{-1}，扫描 32 次	测定了骨关节炎软骨中的胶原、蛋白多糖的分布及组成变化。采集了表面、中间以及深层的红外图像。用 II 型蛋白和硫酸软骨素（CS-6）做参比进行了欧氏距离和 PLS 分析，结果显示骨关节炎软骨中胶原和蛋白多糖浓度较低	14，15
	聚乳酸/生物活性玻璃复合物（PDLLA/BG）	ATR 成像模式，64×64 阵列 MCT 检测器，采样面积 50μm×50μm；光谱范围 1800～900cm^{-1}，光谱分辨率 8cm^{-1}，扫描 20 次	研究了 PDLLA/BG 复合物在 PBS 溶液中降解时产生羟基磷灰石（HA）的形成、尺寸及微区分布。当降解 14d、28d、63d 后可在复合物表面观察到约 10μm 的 HA 区域以及其增长情况	16
	淀粉醋酸酯中的药物释放	ATR 绘地图模式，Ge 晶体，波数范围 2000～600cm^{-1}，分辨率 1cm^{-1}，扫描 4 次，单像素尺寸为 100μm×100μm	该法可从淀粉醋酸酯基体中识别药物咖啡因和核黄素磷酸钠，并对其释放过程进行定性定量的研究。核黄素的图像表明其在基体中分布均匀，且释放轮廓比咖啡因更均匀	17
	单个人前列腺癌细胞	透反射成像模式，64×64 阵列 MCT 检测器，或 16×1 线阵列 MCT 检测器，光谱范围 4000～748cm^{-1}，光谱分辨率 8cm^{-1}，扫描 60 次，以及同步加速器 FTIR 图像采用单点 MCT 检测器	单个人前列腺癌细胞在人造细胞外基质薄膜上的红外图像表明，一个细胞上的蛋白强度分布随浓度和细胞外基质层厚而存在较大变化。低蛋白浓度或薄表面细胞展示出比周围层更高的蛋白强度，而那些高蛋白浓度或厚表面则显示较低的蛋白强度信号	18
	单个人间叶干细胞	透射成像模式，64×64 阵列 MCT 检测器，光谱范围 1800～900cm^{-1}，光谱分辨率 4 cm^{-1}，扫描 21 次	结合线性判别分析区分了四种细胞类型。未加刺激时两种细胞类型占主要地位，在细胞外围显示有肝糖积聚；给予刺激后，细胞内的蛋白组成发生改变，一些细胞表达出磷酸钙盐。在非刺激态时很少有细胞被识别出	19

续表

样品种类	测定对象	测试方法	主要结果	参考文献
医学	异种移植人克隆癌	透射成像模式，肿瘤样本切成 7mm 薄片，放于 2mm 厚的 ZnSe 上。光谱范围 2000～648cm^{-1}，光谱分辨率 8cm^{-1}，扫描 2 次	结合化学计量学和对光谱数据进行统计多元分析，研究了组织的内在化学组成。重建颜色编码的图像能揭示肿瘤的异质性，识别了 3 种与肿瘤相关的光谱簇。9 个其他簇被指认为坏死组织或移植受体组织	20
	C6 胶质母细胞瘤	透射成像模式，16 像素的 MCT 线阵列检测器，空间分辨率 25μm，光谱分辨率 4cm^{-1}，光谱范围 4000～720cm^{-1}	结合多元统计分析对胶质母细胞瘤的分子变化进行了研究，识别了正常、肿瘤、近肿瘤以及坏死组织的结构，这些结构变化与脂含量、蛋白及核酸的定性定量变化有关，可作为这种病理学的标记物。提出一种定量这些化学变化的光谱模型	21，22
	高通量药物筛选	ATR 成像模式，64×64 阵列 MCT 检测器，光谱范围 1850～900cm^{-1}/3950～900cm^{-1}，光谱分辨率 8cm^{-1}/16cm^{-1}，扫描 20 次	采用该法对>100 种分布在空间限定阵列上的不同聚合物/药物（如聚乙二醇/布洛芬）在相同条件下进行了"化学快照"，实现了高通量优化和设计材料的直接测量	23，24
	药物多态性	透射成像模式，128×128 阵列 MCT 检测器，光谱分辨率 8cm^{-1}，扫描 32 次	研究了湿度和温度对硝苯吡啶和尼群地平两相混合物的影响。该法可用于很多样品的高通量研究	25
	心肌炎	反射成像模式，16像素检测器，像素尺寸 6.25μm，光谱分辨率 4cm^{-1}，扫描 4 次	研究了心肌炎的化学组成，在像素分辨率为 6.25m 时获取了蛋白和脂的组成和分布，测定了脂/蛋白比（$A_{3000\sim2800}/A_{1700\sim1600}$）和胶原含量（1400～1000$cm^{-1}$）。结果表明：在两个老鼠模型中的炎症响应的化学差异有助于了解为什么某些疾病能自我控制而另一些却能致命	26
	肝组织	透射成像模式，64×64 阵列 MCT 检测器，光谱范围 1800～900cm^{-1}，光谱分辨率 4cm^{-1}，扫描 21 次	结合正交投影判别分析法（OPLS-DA）对肝组织的原位红外图像进行了建模，识别了变化的来源	27
	肺组织	透射成像模式，64×64 阵列 MCT 检测器，每像素对应面积 63μm×63μm，光谱范围 3900～950cm^{-1}，光谱分辨率 4cm^{-1}，扫描 11 次	结合拉曼成像考察了病婴的肺组织，通过一些数据分析方法减小血色素对蛋白、核酸以及脂的干扰，两种图像的显著变化由红血细胞的浓度不同所致，另外黏液和血管也能被识别	28
	肝脏纤维变性	单点绘地图模式，同步加速器光源，光谱分辨率 4cm^{-1}，扫描 64 次	基于胶原在 1340cm^{-1} 的特征强吸收，表征了老鼠早期肝脏的纤维病变，这种方法可用于肝脏纤维变性的早期检测	29
生物	木材上的真菌	单点检测时，分辨率 4cm^{-1}，扫描 30 次；阵列检测时，采用 64×64 阵列 MCT 检测器，分辨率 12cm^{-1}，扫描 16 次	检测和识别了山毛榉木材上的两种真菌，半定量地分辨了真菌菌丝体在木材中的分布。采用聚类分析揭示了木材纤维和真菌菌丝体纤维的主要区别。这种方法可用于识别在腐烂木材上的菌种	30
	蛋白结晶	ATR 成像模式，64×64 阵列 MCT 检测器，分辨率 8cm^{-1}，扫描 64 次	可靠识别了蛋白结晶过程中的蛋白晶体，通过高通量筛选方式研究了索玛甜蛋白和溶菌酶从六种不同溶液中的结晶过程	31
农业化学	玉米、向日葵等的植物组织、种子等	同步加速器光源，单点绘地图模式，分辨率 4cm^{-1}，扫描 64 次，光谱范围 4000～800cm^{-1}	分别对玉米、向日葵等的一些植物组织、植物种子的细胞微结构、化学特征、蛋白及其二级结构等进行了研究，并用化学计量学方法对其进行深度研究	32～38

续表

样品种类	测定对象	测试方法	主要结果	参考文献
考古与艺术品	尼泊尔神庙油漆断面	单点绘地图模式，MCT-A检测器，X-Y-Z平台的步进精度为1μm，光谱范围4000～650cm^{-1}，分辨率4cm^{-1}，扫描64次，每步大小为20μm	对油漆断面进行分析以表征存在的化合物性质以及在各层进行定位，获取了涂料技术中的有机物信息以及其在不同层的分布情况	39
	早期荷兰油画的油料断面	64×64阵列MCT检测器，光谱分辨率16cm^{-1}	结合静态次级离子质谱（SIMS）对早期荷兰油画的油料断面进行了分析，将断面分为7层，分别研究了每层中的成分分布	40
	非洲祭祀木雕	反射绘地图模式，一次成像区域40μm×40μm，范围4000～450cm^{-1}，分辨率8cm^{-1}，扫描512次	结合TOF-SIMS、SEM-EDX对非洲祭祀木雕上的组成、有机物及矿物的分布进行了研究，识别了矿物、蛋白、淀粉、尿酸盐及脂的分布	41
环境	沙尘暴微粒	ATR成像模式，Ge半球形内反射晶体，16×1的MCT检测器，光谱分辨率4cm^{-1}，波数范围4000～720cm^{-1}，扫描4次，光谱信息用PCA提取	结合能量散射X射线微分析（EPMA）技术对非均相矿物的单个粒子矿物学进行研究。对6种沙尘暴微粒进行表征，识别了矿物类型	42
	气溶胶颗粒	除了光谱分辨率8cm^{-1}外，其他方法同“沙尘暴微粒”	结合EPMA技术对单个气溶胶样品进行了分析，对118个颗粒进行观察可知其主要含$NaNO_3$、Ca和Mg、硅酸盐以及含碳颗粒	43
液晶	聚甲基丙烯酸异丁酯/E7共晶型液晶	256×256阵列MCT检测器，光谱分辨率8cm^{-1}，波数范围3950～0cm^{-1}，扫描4次	结合时间分辨，定量描述了聚合物液晶复合物的形成、微结构以及分子动力学，测定了电场作用下液晶的相图、分子取向和构象次序以及分子的重组	44
法医学	指纹提取	64×64阵列MCT检测器，分辨率8cm^{-1}，波数4000～900cm^{-1}，扫描128次	ATR成像模式，用明胶分别转移门扶手和水杯上的指纹，并对其进行快速变角成像，成功提取了指纹	45

本表参考文献：

1. Zhou X, Zhang P D, Li Z F, et al. Anal Sci, 2007, 23: 877.
2. Zhou X, Zhang P D, Jiang X T, et al. Vib Spectrosc, 2009, 49: 17.
3. Oh S J, Koenig J L. Anal Chem, 1998, 70: 1768.
4. Gupper A, Wilhelm P, Schmied M, et al. Appl Spectrosc, 2002, 56: 1515.
5. Zhou Y M, Li B B, Zhang P D. Appl Spectrosc, 2012, 66: 566.
6. Bhargava R, Wang S Q, Koenig J L. Macromolecules, 1999, 32: 2748.
7. Miller-Chou B A, Koenig J L. Macromolecules, 2002, 35: 440.
8. Couts-Lendon C, Koenig J L. Appl Spectrosc, 2005, 59: 717.
9. González-Benito J. J Colloid Interf Sci, 2003, 267: 326.
10. Sorber J, Steiner G, Schulz V, et al. Anal Chem, 2008, 80: 2957.
11. Biswal D, Hilt J Z. Macromolecules, 2009, 42: 973.
12. Steiner G, Zimmerer C, Salzer R. Langmuir, 2006, 22: 4125.
13. Mendelsohn R, Paschalis E P, Sherman P J, et al. Appl Spectrosc, 2000, 54: 1183.
14. David-Vaudey E, Burghardt A, Keshari K, et al. Eur Cells Mater, 2005, 10: 51.
15. Potter K, Kidder L H, Levin I W, et al. Arthritis Rheum, 2001, 44: 846.
16. Kazarian S G, Chan K L A, Maquet V, et al. Biomaterials, 2004, 25: 3931.
17. Pajander J, Soikkeli A M, Korhonen O, et al. J Pharm Sci,2008, 97: 3367.
18. Lee J, Gazi E, Dwyer J, et al. Analyst, 2007, 132: 750.
19. Krafft C, Salzer R, Seitz S, et al. Analyst, 2007, 132: 647.
20. Wolthuis R, Travo A, Nicolet C, et al. Anal Chem, 2008, 80: 8461.
21. Beljebbar A, Amharref N, LevequesA. Anal Chem, 2008, 80: 8406.
22. Beljebbar A, Dukic S, Amharref N, et al. Anal Chem, 2009, 81: 9247.
23. Chan K L A, Kazarian S G. J Comb Chem, 2005, 7: 185.
24. Chan K L A, Kazarian S G. J Comb Chem, 2006, 8: 26.
25. Chan K L A, Kazarian S G, Vassou D. Vib Spectrosc, 2007, 43: 221.

26. Wang Q, Sanad W, Miller L M, et al. Vib Spectrosc, 2005, 38: 217.
27. Stenlund H, Gorzsas A, Persson P. Anal Chem, 2008, 80: 6898.
28. Krafft C, Codrich D, Pelizzo G, et al. Vib Spectrosc, 2008, 46: 141.
29. Liu K Z, Man A, Shaw R A, et al. Biochim Biophys Acta, 2006, 1758: 960.
30. Naumann A, Navarro-González M, Peddireddi S, et al. Fungal Genet Biol, 2005, 42: 829.
31. Chan K L A, Govada L, Bill R M. Anal Chem, 2009, 81: 3769.
32. Yu P Q, Agric J. Food Chem, 2005, 53: 2872.
33. Yu P Q, McKinnon J J, Christensen C R, et al. J Agric Food Chem, 2004, 52: 7345.
34. Yu P, Wang R, Bai Y. J Agric Food Chem, 2005, 53: 9297.
35. Dokken K M, Davis L C. J Agric Food Chem, 2007, 55: 10517.
36. Yu P Q, Mckinnon J J, Christensen C R, et al. J Agric Food Chem, 2003, 51: 6062.
37. Yu P Q, Mckinnon J J, Christensen C R, et al. J Agric Food Chem, 2004, 52: 7353.
38. Yu P Q, Mckinnon J J, Christensen C R, et al. J Agric Food Chem, 2004, 52: 1484.
39. Mazzeo R, Joseph E, Prati S, et al. Anal Chim Acta, 2007, 599: 107.
40. Keune K, J, Boon J. Anal Chem, 2004, 76: 1374.
41. Mazel V, Richardin P, Touboul D, et al. Anal Chim Acta, 2006, 570: 34.
42. Malek M A, Kim B W, Jung H J, et al. Anal Chem, 2011, 83: 7970.
43. Song Y C, Ryu J Y, Malek M A, et al. Anal Chem, 2010, 82: 7987.
44. Bhargava R, Levin I W. Vib Spectrosc, 2004, 34: 13.
45. Ricci C, Bleay S, Kazarian S G. Anal Chem, 2007, 79: 5771.

第六节 二维相关红外光谱技术

二维相关红外光谱的概念是在二维核磁共振（2D NMR）的基础上提出来的。但由于红外光谱来自于分子键上的原子振动，其振动弛豫速率比核磁共振中的原子核自旋弛豫速率要高好几个数量级，因此基于多重射频脉冲技术激发产生 2D NMR 的方法很难用于产生二维相关红外光谱。与这种二维光谱技术不同，1986 年，Noda 提出了一种基于正弦波微扰方法的二维相关红外光谱概念[150]，并于 1993 年将这一思想推广到红外光谱以外的其他领域，建立了广义二维相关光谱[151]。广义二维相关光谱的微扰不限于正弦波，而是推广到任意的外部扰动；另外光谱技术也不限于红外光谱，任何其他光谱技术，如拉曼光谱、荧光光谱、X 射线衍射甚至凝胶渗透色谱等都可用这种二维相关技术进行分析。Noda 方法的创新之处在于将核磁共振中的多重射频脉冲看作一种对体系的外部扰动，这样施加于体系的外扰就可以是多种多样的。施加外扰后采集的一系列动态光谱将会发生一些变化，Noda 又将数学上的交叉-相关分析方法用于对动态光谱的分析中。这种基于相关分析方法的二维光谱技术与二维核磁共振的二维技术有本质区别。

一、二维相关光谱的基本概念[151~162]

传统意义的光谱都是二维平面图形，其横坐标为波长、波数等物理参数，纵坐标为测定的一些光谱学性质，如吸光度、透光率、发光强度等，光谱学性质与测定参数一一对应。但实际上其他变量也可能影响着这种谱学性质，如温度、电磁场等。当多变量同时作用于体系，或几个因素之间存在相关时，这种二维平面图形就不能反映这些影响因素之间的联系，为此引入三维光谱分析的概念。三维光谱图形的两个自变量轴代表影响体系光谱学性质的因素，一个因变量轴代表体系的光谱学性质。这种三维图能给出体系的光谱学性质随两个变量的变化情况，以及两变量之间的相关性。

三维光谱又分为相关光谱和非相关光谱，其测定方法、物理意义等均都有较大区别。三维非相关光谱的自变量通常为两个不同的物理量，如时间分辨光谱中的时间和频率，三维荧光光谱中的激发波长和发射波长等，其因变量为在相应的两个条件下体系光谱学性质的强度（如吸光度），具有实际物理意义。如果将其中一个自变量固定，得到的三维光谱的截面图就是一个传统二维谱图，可以按传统二维谱图分析方法进行分析。三维相关光谱的核心思想是将交叉-相关分析（cross-correlation analysis）方法运用于对体系中动态光谱数据的处理，从而得到一系列非常有用的三维相关谱图。谱图的两个变量通常是同一物理量（如波数、激发波长等），彼此之间是相关的，其因变量代表相关峰的相关性强弱。如果将其中一个自变量固定，得到三维谱图截面图没有任何实际意义。这种三维相关光谱图通常称作二维相关光谱（two-dimensional correlation spectroscopy, 2D COS），因为在实际应用中，三维相关光谱图中的相关峰位置非常重要，而峰强度仅代表相关性的强弱关系。

二维相关光谱有两种表示方法：渔网图（fishnet map）和等高线图（contour map）。渔网图是一种三维立体图，将因变量和两个自变量都包括在内，通过 z 轴信号的高低反映相关性的强弱；而等高线图将因变量在两个自变量平面上进行了投影，并通过颜色的深浅来反映其强度。

在二维相关光谱分析中，还有以下几个基本概念。

（1）外部扰动　简称外扰、微扰等，用于对感兴趣样品进行刺激，使样品中的不同化学成分被选择性激发，从而使光谱在不同时间或不同相位时发生强度变化、谱带位移或谱带形状的改变等。外扰的形式多种多样，如磁场、电场、热场、声场、浓度、化学反应、机械力等。外扰的波形没有任何限制，从简单的正弦波、脉冲、随机发生的噪声到一些静态的物理变化（如温度或压力变化）均可作为外部扰动。每种外扰对体系的影响由这种外扰与分子相互作用的机理决定，因此施加外扰后采集的一系列动态光谱也由外扰的方式和电磁波（如红外光）的种类决定。

（2）动态光谱　动态光谱是一系列在外扰作用下按一定顺序采集到的光谱，如在一定范围的温度扰动下，每隔一定温度间隔采集到的光谱。动态光谱是一组光谱集，可用 $\tilde{y}(v,t)$表示，其中 v 为光谱变量（如波数），t 为外扰变量。t 在 $T_{\min}$ 和 $T_{\max}$ 之间变化时的 $\tilde{y}(v,t)$定义为：

$$\tilde{y}(v,t)=\begin{cases} y(v,t)-\overline{y}(v), & T_{\min}\leqslant t\leqslant T_{\max} \\ 0 & t\ \text{为其他值时} \end{cases} \tag{8-41}$$

式中，$\overline{y}(v)$是体系的参考光谱。$\overline{y}(v)$的选择并没有严格限定，但大多数情况下习惯采用静态光谱或平均光谱。平均光谱定义为：

$$\overline{y}(v)=\frac{1}{T_{\max}-T_{\min}}\int_{T_{\min}}^{T_{\max}} y(v,t)\mathrm{d}t \tag{8-42}$$

在某些应用中，也可选择 t 在某一固定参考点（$t=T_{\mathrm{ref}}$）时的光谱做参考光谱。参考点可以为实验初始状态，即施加外扰前的足够长时间（$T_{\mathrm{ref}}\rightarrow-\infty$），或是在测量过程开始（$T_{\mathrm{ref}}=T_{\min}$）和结束时（$T_{\mathrm{ref}}=T_{\max}$），甚至也可以在外扰效应完全弛豫后（$T_{\mathrm{ref}}\rightarrow+\infty$）。参考光谱也可简单的设为零，此时动态光谱与观察到的光谱强度变化一致。

（3）二维相关函数　二维相关光谱的基本原理非常简单。二维相关就是对外扰 t 在有限区间（$T_{\min}$，$T_{\max}$）内变化时对两种不同的光学变量观察到的光谱强度变化的定量比较。相关光谱用公式表达为：

$$X(v_1,v_2)=\left\langle \tilde{y}(v_1,t)\,\tilde{y}(v_2,t')\right\rangle \tag{8-43}$$

式中，$X(v_1, v_2)$为 2D 相关强度，代表了对在不同光谱变量 v_1 和 v_2 以及在外扰 t 的固定区间内测得的光谱强度变化 $\tilde{y}(v,t)$ 的比较；符号<>代表任何级别的数学运算，称作相关函数，目的是用来比较两个在 t 上的选定数量的依赖性。式（8-43）定义的相关函数是在两个独立的光谱变量 v_1 和 v_2 下测得的光谱强度变化之间进行计算的函数，这就导致了这种特定相关分析的二维本质。

二、二维相关光谱学的数学处理[151,152,158~164]

式（8-43）是计算两个独立光谱变量 v_1 和 v_2 的光谱强度的变化的，$X(v_1,v_2)$可以转变为复相关函数形式：

$$X\left(v_1,v_2\right)=\Phi\left(v_1,v_2\right)+\mathrm{i}\Psi\left(v_1,v_2\right) \tag{8-44}$$

式（8-44）中实部 $\Phi(v_1, v_2)$和虚部 $\Psi(v_1, v_2)$相互正交，分别被称作同步二维相关强度和异步二维相关强度。广义二维相关函数定义的同步和异步相关强度如下：

$$X\left(v_1,v_2\right)=\frac{1}{\pi\left(T_{\max}-T_{\min}\right)}\times\int_0^{\infty}\tilde{Y}_1(\omega)\tilde{Y}_2^*(\omega)\mathrm{d}\omega \tag{8-45}$$

式中，$\tilde{Y}_1(\omega)$是在光谱变量 v_1 处观察到的动态光谱强度变化 $\tilde{y}(v_1,t)$的傅里叶变换：

$$\tilde{Y}_1\left(\omega\right)=\int_{-\infty}^{+\infty}\tilde{y}\left(v_1,t\right)\mathrm{e}^{-i\omega t}\mathrm{d}t \tag{8-46}$$

这里傅里叶频率 ω 代表 $\tilde{y}(v_1,t)$ 随外扰 t 变化的个体频率。相似地，在光谱变量 v_2 处观察到的动态光谱强度变化 $\tilde{y}(v_2,t)$的傅里叶变换共轭为：

$$\tilde{Y}_2^*\left(\omega\right)=\int_{-\infty}^{+\infty}\tilde{y}\left(v_2,t\right)\mathrm{e}^{-i\omega t}\mathrm{d}t \tag{8-47}$$

在实际的实验过程中，得到的实验结果都是一系列离散的数值，对每个点都进行二维相关强度计算时工作量巨大，因此要对式（8-45）进行变换。假设在微扰 t 作用下，$T_{\min}$ 到 $T_{\max}$ 等间距地测得 m 个数据点，则此时的同步相关强度 $\Phi(v_1, v_2)$ 可表示为：

$$\Phi\left(v_1,v_2\right)=\frac{1}{m-1}\sum_{j=1}^{m}\tilde{y}_j\left(v_1\right)\tilde{y}_j\left(v_2\right) \tag{8-48}$$

$\tilde{y}_j(v_i)$是外扰 t 点的光谱强度：

$$\tilde{y}_j(v_i)=\tilde{y}_j(v_i,t_j)\qquad i=1,2 \tag{8-49}$$

如果光谱系列不是在外扰 t 上等间隔选取的，那么须进行一定调整使本来不均匀的光谱系列变得均匀，然后再采用式（8-48）计算同步光谱。

异步二维相关光强的计算更为复杂，有多种方法可以对异步光谱进行合理估算，最简单有效的估算方法为：

$$\Psi\left(v_1,v_2\right)=\frac{1}{m-1}\sum_{j=1}^{m}\tilde{y}_j\left(v_1\right)\sum_{k=1}^{m}N_{jk}\tilde{y}_k\left(v_2\right) \tag{8-50}$$

式中，N_{jk} 代表 Hilbert-Noda 转变矩阵的第 j 行第 k 列的元素，表示为：

$$N_{jk}=\begin{cases}0 & \text{当 j=k 时}\\ \dfrac{1}{\pi\left(k-j\right)} & \text{其他值时}\end{cases} \tag{8-51}$$

在广义二维相关光谱的思想指导下，近年来又发展了多种二维相关技术，如混合二维相关光谱[165~168]、样本-样本二维相关光谱[169~174]、移动窗口二维相关光谱[175~178]等。比如在同一微扰下用两种技术测得的动态光谱 $\tilde{x}(\mu,t)$和 $\tilde{y}(v,t)$的二维相关为：

$$X\left(\mu_1,v_2\right)=\left\langle\tilde{x}\left(\mu_1,t\right)\tilde{y}\left(v_2,t'\right)\right\rangle \tag{8-52}$$

这些新的相关技术将二维相关光谱提高到一个新的高度。

三、二维相关光谱学的实验方法

图 8-31 为基于外扰的二维相关红外光谱实验的基本流程示意。根据二维相关光谱的思想，需要引进一个外扰对样品体系的化学组成进行选择性激发。尽管最早的二维相关红外光谱采用正弦波形的低频扰动，但随着广义二维相关光谱对理论的修正，现在可使用的外扰形式已多种多样，只要其能使光谱信号发生某种动态改变即可。在红外光谱中观察到的动态谱的典型变化包括：吸收强度变化、吸收谱带位移、二向色性吸收的变化等。动态光谱是一系列与时间或相位相关的瞬时现象，对这种动态谱进行二维相关分析，就可以得到一系列的二维红外光谱。

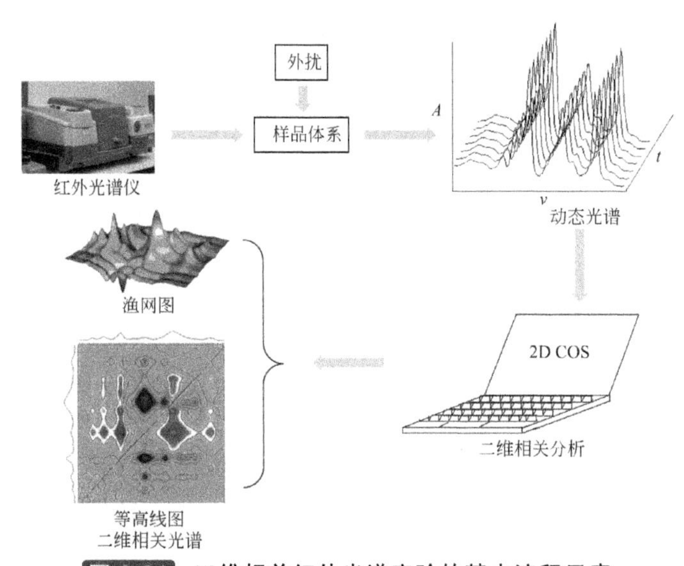

图 8-31 二维相关红外光谱实验的基本流程示意

四、二维红外相关谱的性质及读谱规则[151,152,154]

二维相关光谱图最常见的表示形式是二维等高线图，如图 8-32 所示。图 8-32（a）和图 8-32（b）分别是同步相关谱和异步相关谱。

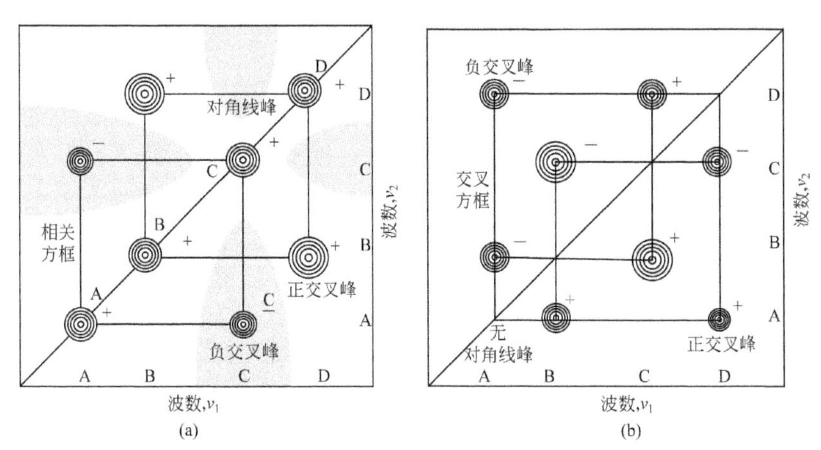

图 8-32 同步 2D 相关谱（a）和异步 2D 相关谱（b）[152]

1. 同步相关谱

同步相关谱 $\Phi(v_1,v_2)$代表当 t 改变时，在不同波数下两个分别测得的光谱强度变化的总相似性，即在外扰 t 的 T_{min} 到 T_{max} 区间内，在波数 v_1 和 v_2 处测得的光谱强度的同时或同步变化情况。同步相关谱是关于主对角线对称的光谱，相关峰在对角线和非对角线区域均会出现。

在对角线上出现的相关峰与光谱强度变化的自相关函数相对应，叫自相关峰（autopeaks）。自相关峰的强度总是正的，其大小代表光谱强度在指定光谱变量 v 时变化的总程度，反映出外扰对样品中不同官能团影响的大小。在给定微扰下，光谱强度变化程度大的区域显示出强自相关峰，而强度基本保持不变的区域仅显示小的自相关峰或无自相关峰。图 8-32 (a)中在主对角线有 A、B、C、D 四个自相关峰。

对角线以外的相关峰叫做交叉峰（cross peaks），代表在两个不同光谱变量 v_1 和 v_2 时光谱强度的同时或同步变化，交叉峰的存在意味着两个峰的变化可能有共同的机理和起源。二维相关红外光谱同步谱上的交叉峰是由不同官能团振动同时取向而产生的，表明基团之间可能有强的协同作用或者强的相互作用。当两个官能团受激发偶极矩取向方向相同，或者两波数处的光谱强度同时增大或减小时，同步交叉峰为正，即 $\Phi(v_1, v_2)>0$；而如果基团受激发偶极矩取向方向互相垂直，或者一个波数的光谱强度增大的同时另一个波数的光谱强度减小，则交叉峰为负，即 $\Phi(v_1,v_2)<0$。

2. 异步相关谱

异步相关谱 $\Psi(v_1, v_2)$ 代表光谱强度变化的相异性，反映的是在不同波数 v_1 和 v_2 处测得的光谱强度的连续变化情况。异步相关谱关于主对角线反对称，由于其反映的是两个波数之间的不同步性，在异步相关谱中没有自动峰，只在非对角线位置出现交叉峰，交叉峰可正可负。图 8-32(b)中能够观察到 A/B、A/D、B/C、C/D 四个异步交叉峰。

只有当两个波数的动态光谱强度变化之间存在不同相位时才出现异步交叉峰，这种特性特别适用于区分由不同光谱起源所形成的重叠谱带。例如多相材料的非均相、混合物中各个不同成分以及不同外场作用下的化学官能团等对异步交叉峰的不同光谱强度的贡献都能方便地鉴别出来，甚至在传统的一维谱图中靠得很近而无法识别的重叠峰，只要其光谱强度连续变化的信号或模型不同，都可以被非常清晰地分辨出来。

3. 二维相关谱的读谱规则[151,179~184]

以图 8-32 为例说明，其中 v_1 为横坐标，v_2 为纵坐标。将同步相关谱与异步相关谱中的相关峰信息结合起来可获取各个吸收峰在外扰作用下的变化信息，并能对不同波数的吸收峰所发生的变化顺序进行推断。具体的读谱规则如下。

① 如果 $\Phi(v_1,v_2)>0$，在 $v_1>v_2$ 区域（即异步谱对角线的左上方），正异步交叉峰 $\Psi(v_1,v_2)>0$ 说明光谱强度变化在高波数 v_1 处先于 v_2 处发生；负异步交叉峰 $\Psi(v_1,v_2)<0$ 说明光谱强度变化在高波数 v_1 处晚于 v_2 处发生。

② 如果 $\Phi(v_1,v_2)<0$，则上述规则相反。

③ 如果只有同步相关峰 $\Phi(v_1,v_2)$，而异步相关交叉峰强度消失，即 $\Psi(v_1,v_2)=0$，说明两个基团受激发偶极矩的取向同时发生。

④ 如果同步相关光谱中的相应同步相关强度消失，即 $\Phi(v_1,v_2)=0$，则两个基团受激发偶极矩的取向关系不能确定。

4. 二维相关谱的特点

① 提高光谱分辨率。通过将原有的光谱信号扩展到第二维上，可以检测到某些在一维谱图中无法得到的光谱信息，并能有效地分离重叠的吸收峰。

② 通过谱线之间相关性分析，能够研究不同分子间或分子内的相互作用及其变化。并通过检测光谱强度的变化次序，能对化学反应过程和分子振动的动力学过程进行研究。

③ 通过分析不同光谱区域内各吸收峰之间的相互关联，可以解决吸收峰的归属问题。

④ 可以在不同类型的光谱之间进行相关性分析。

五、二维红外相关光谱的应用

二维红外相关光谱的应用见表 8-10。

表 8-10 二维红外相关光谱的一些应用实例

样品种类	测定对象	测试方法	主要结果	参考文献
中药材	各类中药材	光谱范围 4000～400cm^{-1}，DTGS 检测器，分辨率 4cm^{-1}，扫描 16 次。动态光谱采用变温附件，温度范围为室温～120℃，升温速度 2℃/min，每 10℃采集一次光谱	对各种中药材的指纹特征、峰形状、药材真伪、产地及生长环境、配方颗粒、注射剂等进行了分析，每种药材均给出一维谱图以及二维的渔网图和等高线图，并对主要的峰特征进行了归属	1
	黄芪及其伪品刺果甘草/阿胶/当归的归头和归尾/半夏/大黄	同各类中药材的测试方法	通过一维光谱、二阶导数光谱以及二维相关红外光谱等技术分别鉴定了几种中药的真伪，并对真伪药材的差异谱带进行了描述	2～5
	芦丁	方法同上，除扫描 32 次、温度范围 20～160℃，每 20℃采集一次光谱	考察了芦丁的热微扰过程，二维相关谱提高了谱图分辨率，将芦丁分子中不同苯环的骨架振动峰区分开来，同时还揭示了芦丁分子内各官能团之间的相互作用	6
聚合物	无规聚苯乙烯(a-PS)	KBr 压片，光谱范围 4000～400cm^{-1}，分辨率 2cm^{-1}，扫描 32 次。动态光谱采用变温附件加热测试	研究了 a-PS 等温实验过程中链缠结的变化情况以及官能团之间的变化顺序，推断在 a-PS 等温时，与链结构单元的堆积相联系的苯环振动首先发生，其次才是与链缠结相关联的 CH_2 振动发生变化	7
	尼龙 6	KBr 涂片法，光谱范围 4000～650cm^{-1}，分辨率 4cm^{-1}。每隔 5℃记录从 25℃到 245℃的升温红外光谱数据	尼龙 6 中酰胺氢键的吸收峰和主链上亚甲基的伸缩振动对温度变化所导致的结构变化十分敏感，通过对二维红外相关谱图的分析，可确定尼龙 6 在升温过程中酰胺氢键的解离与碳氢链段结构变化的先后顺序	8
	聚酰亚胺/SiO_2 纳米复合物(PI/SiO_2)	ATR 法，样品覆盖在 ZnSe 晶体上并用滴水的滤纸覆盖。分辨率 4cm^{-1}，扫描 16 次，光谱范围 4000～650cm^{-1}，光谱采集间隔 40s	研究了水在 PI/SiO_2 复合膜上的扩散，识别了不同氢键强度下水分子的三种状态，氢键的数量和强度决定不同状态水分子的扩散速率。为获得动态扩散行为的信息，也估算了扩散系数	9
	聚(*N*-异丙基-2-甲基丙烯酰胺)(PN*i*PMA)	50mg/ml 的聚合物 D_2O 溶液注入间隙为 50μm 的 CaF_2 加热池中。分辨率 2cm^{-1}，MCT 检测器	基于 PN*i*PMA 在升温和降温两个过程中测得的变温红外光谱构筑样本-样本杂合二维相关光谱，揭示其在热诱导相变过程中初始组分的恢复程度、相转变温度以及转变速率等物理参数的可逆性	10
	对苯二甲酸二羟乙酯(BHET)	金刚石 ATR 探针插入到聚合反应管，光谱范围 1900～650cm^{-1}，分辨率 1.93cm^{-1}，扫描 128 次，反应温度 250℃	用 ATR 法原位监控了 BHET 的缩聚反应。用广义样品-样品及波数-波数二维相关光谱分析了数据，前者揭示了缩聚反应体系中的浓度变化，并将样品分为两组，而后者解释了三种成分的光谱特征变化	11

续表

样品种类	测定对象	测试方法	主要结果	参考文献
聚合物	聚(乙烯-共聚-乙烯醇)接枝聚己内酯(EVOH-g-PCL)	四氢呋喃溶液 KBr 涂膜，在 30～69℃范围每3℃采集一次光谱，DTGS 检测器，分辨率 $4cm^{-1}$，扫描 32 次	研究了 EVOH-g-PCL 的热行为，分析了温度依赖的光谱变化，揭示了氢键和构象变化的细节。OH 和 CH_2 基频的光谱变化顺序从异步峰中得到，另外亚甲基构象变化优先于氢键的松弛	12
	无规聚苯乙烯/聚(2,6-二甲基-1,4-苯醚)共混物(PS/PPE)	溶液铸膜，分辨率 $2cm^{-1}$，扫描 16 次	研究了PS/PPE的构象变化和共混物的相互作用，同步谱区分了两者的 3130～$2810cm^{-1}$ 谱带，异步谱识别相容相的谱带变异。相互作用通过芳基CH“相内”面外摇摆振动峰位移以及环谱带和甲基谱带强度变化来反映	13
	聚(*N*-异丙基丙烯酰胺)(PNIPAM)	PNIPAM 密封在两 CaF_2 片中，分辨率 $4cm^{-1}$，扫描 32 次。光谱在 28～40℃采集，间隔 0.5℃	通过 2D IR 结合移动窗法研究了 PNIPAM 的链崩塌及恢复热力学机理，相转变温度在 33.5～35℃之间，链崩塌沿着一些中间态或连续相转变发生。在水分子被驱出前凝胶已经开始崩塌；冷却时，水分子在链沿着骨架恢复前首先扩散进入到 PNIPAM 的网络中	14
	聚苯乙烯-聚(乙烯-共聚-1-丁烯)-聚苯乙烯(SEBS)	KBr 片溶剂铸膜，分辨率 $4cm^{-1}$，扫描 40 次。光谱在 30～166℃采集，间隔 2℃	用移动窗二维红外相关分析研究了 SEBS 的链运动和转变。在 120℃附近，S 链段的运动在 EB 链段运动之前发生，在 142℃，分散相 S 嵌段的基本链开始完全移动，且这种移动会驱使一部分 S 嵌段变为球形	15
	环氧树脂/环氧-双马来酰亚胺互穿网络	透射红外测量，DTGS 检测器，分辨率 $4cm^{-1}$，采集 1 次，4000～$400cm^{-1}$，采集间隔 5min，共采集 200 张谱图，二维相关的波数范围分别是 3800 ～ $2600cm^{-1}$ 和 1950～$1400cm^{-1}$	研究了环氧树脂和环氧-双马来酰亚胺互穿网络的热氧化降解，增加了光谱分辨率并揭示了反应机理细节，对纯环氧树脂识别了自氧化位点和降解过程的竞争通道，互穿网络环氧树脂的热降解和纯环氧树脂一致，但也检出一些马来酰亚胺的降解	16
生物样品	再生蚕丝蛋白膜	分辨率 $4cm^{-1}$，扫描 32 次，光谱范围 4000～$650cm^{-1}$，样品夹于两片 NaCl 盐片间，固定在一热台附件上	从 130℃升温到 220℃(或 180℃恒温)，丝素蛋白分子链的构象会发生变化，不同构象对温度升高过程(或180℃恒温)响应的顺序是无规线团先于 β-折叠和 α-螺旋的形成	17
	丙氨酸	KBr 压片，温度范围室温约 150℃，变温步长 10℃，DTGS 检测器，波数范围 4000～$400cm^{-1}$，分辨率为 $4cm^{-1}$，扫描 32 次	研究了固态丙氨酸的变温过程。在 1650～$1578cm^{-1}$ 范围内，丙氨酸分别出现了 $1625cm^{-1}$ 和 $1589cm^{-1}$ 两个自动峰，$1625cm^{-1}$ 处的自动峰较强，即 $-NH_3^+$随温度升高变化较突出，其热敏程度较大；而 $1589cm^{-1}$ 处的自动峰相对较弱，说明 COO^-随温度升高变化较小	18
	牛血清蛋白(BSA)	MCT 检测器，可调温流动池(CaF_2 窗片)，波数范围 4000～$900cm^{-1}$，分辨率 $2cm^{-1}$，扫描 128 次，320min 内每 2min 记录一次光谱	研究了 BSA 在 60℃下水解时的光谱变化，用多元曲线分辨-交替最小二乘法恢复反应中不同组分的纯光谱和浓度轮廓。观测到蛋白水解前的热诱导展开过程，其中间体显示更无序结构以及 α-螺旋构象的减少，另外也检测到由于加热造成的 β-片团聚	19

续表

样品种类	测定对象	测试方法	主要结果	参考文献
生物样品	亚铁细胞色素 C(Cyt C)	DTGS 检测器，样品池温度 25～81℃。分辨率为 $2cm^{-1}$，扫描 256 次。镜速 0.9494cm/s，对酰胺Ⅰ带(1700～$1600cm^{-1}$)进行广义二维相关分析	研究了马、牛和金枪鱼的 Cyt C 在 25～81℃下的展开情况。马和牛在 α-螺旋展开前扩展链变性和结构反转即已发生，然后是残留的稳定扩展链结构的变性。金枪鱼 Cyt C 的所有扩展链的变性都领先于 α-螺旋。而且在牛的 Cyt C 中，所有螺旋成分的展开作为一个协作单元发生，而马和金枪鱼的螺旋成分则作为一个单独展开的子域进行。在高温下，随着二级结构失去，三种 Cyt C 蛋白均发生凝聚	20
	氧化和还原的细胞色素 C 与磷脂膜的相互作用	DTGS 检测器，分辨率为 $2cm^{-1}$，扫描 250 次。用加热微扰法采集二维谱	研究了在两性全氘化磷脂及负电荷磷脂的两相体系中细胞色素 C 的相互作用和构象。通过监测酰胺Ⅰ带和 CH_2、CD_2 的变化来评估磷脂膜的主要温度相转变对细胞色素 C 构象的影响。心磷脂的相转变对氧化细胞色素 C 的二级结构有影响，但对还原细胞色素 C 无影响，表明在心磷脂和细胞色素 C 之间存在特定的相互作用	21
	β-嘌呤硫素	采用氢-氘交换作为外扰。*β*-嘌呤硫素和 DMPG 分散液混合加载在 ATR Ge 晶体上。采用 MCT 检测器，分辨率为 $2cm^{-1}$，扫描 16 次	研究了 β-嘌呤硫素在有和没有 DMPG 膜时的结构，并对其氘化次序进行了精确测定。该结果暗示 *β*-嘌呤硫素的毒性与细胞膜中形成的功能通道有关，而不是细胞溶解酶现象	22
	β-片	MCT 检测器，可调温流动池(CaF_2 窗片)，分辨率为 $2cm^{-1}$，扫描 128 次，320min 内每 2min 记录一次光谱。FTIR 光谱在 46℃下记录	用飞秒 FTIR-2D COS 研究了反平行 β-片的二级结构，结果显示 2D IR 光谱对结构差异更灵敏。详细讨论了 β-片中的链数目、局域构象无序、振动激发离开原位以及瞬态偶极矩间的夹角如何影响交叉峰和对角峰的位置、分裂、幅度及线型	23
	β-乳球蛋白(BLG)	ATR 测量，水平 ZnSe 晶体，分辨率为 $1cm^{-1}$，扫描 512 次	广义二维红外光谱研究了蛋白的酰胺Ⅰ带的光谱变化，包括吸收依赖和浓度依赖。同步和异步谱观察到晶体表面和蛋白分子的相互作用，浓度依赖谱与亲水部分的二级结构有关。二维谱的定量分析揭示 BLG 溶液浓度变化引起的强度变化是由浓度诱导的二级结构变化引起的	24
	血色素	IR 测量在 H/D 交换完成后进行，DTGS 检测器，分辨率为 $4cm^{-1}$，扫描 256 次。蛋白样品夹在 CaF_2 窗片之间，采集温度 30～70℃，间隔 2℃	二维红外光谱显示牛血色素的变性分为两阶热过渡态，在初始的结构微扰阶段(30～44℃)，α-螺旋的谱带发生快速红移，表明螺旋结构变得越来越溶剂化；在热展开阶段(44～58℃)，溶剂化螺旋结构是主要的过渡态，此时开始团聚；在热团聚阶段(54～70℃)，过渡态形成了团聚	25
	核糖核酸酶 A (RNase A)	蛋白溶液注入到控温池，池窗为 CaF_2，MCT 检测器，分辨率为 $2cm^{-1}$，扫描 256 次	用变量-变量(VV2D)和样品-样品(SS2D)二维光谱技术分析了 RNase A 的热诱导光谱变化。SS2D 观察到在 45℃时即有预转变的发生，VV2D 给出结构变化的信息：在预转变阶段，结构变化与 α-螺旋的局部构象变化以及一定量的 β-片结构改变有关；在主展开时，不规则的 α-螺旋结构变化后面是 β-片的变化，包括反平行 β-片，这些会导致二级结构损失	26
	脂质体	ATR 测量，ZnSe 晶体，分辨率为 $2cm^{-1}$，扫描 128 次，5～60℃加热	研究了两性分子 ICPANs 同族物进入 DPPC 多层囊泡的影响，获取了结构变化的详细信息。与短链同族体相比，在 ICPANs-C16/DPPC 囊泡的界面有明显重组，$1400cm^{-1}$ 的吸光度变化是囊泡形状变化的标志	27

续表

样品种类	测定对象	测试方法	主要结果	参考文献
分子相互作用	4-氨基吡啶/甲基丙烯酸(Apy/MAA)	样品与KBr粉末压片，从25℃升温到50℃，采样间隔30s。DTGS检测器，分辨率$4cm^{-1}$，光谱范围4000～$400cm^{-1}$，扫描16次	采用二维相关红外光谱方法研究了Apy/MAA分子间相互作用。结果表明4-氨基吡啶的C═N与甲基丙烯酸的—OH存在静电作用，Apy的氨基与MAA的羰基存在氢键作用	28
	乙腈-水-高氯酸钠体系	ATR法，ZnSe晶体，波数范围4000～$650cm^{-1}$，分辨率$2cm^{-1}$，扫描64次	以浓度为外扰因素，研究了该体系存在的一些弱相互作用。显示乙腈CH_3与水分子OH有相互作用，高氯酸钠的加入对体系微观结构有较大影响	29
	抗坏血酸	DTGS检测器，光谱分辨率$4cm^{-1}$，测量范围4000～$400cm^{-1}$。扫描32次，升温氧化20～160℃	二维谱中将$1674cm^{-1}$处的单峰分解为两个自相关峰，显示了抗坏血酸的互变异构体中酮式结构的C═O基团和醇式结构的C═C基团的振动；还揭示了分子内各官能团之间的相互作用，反映了在升温氧化过程中这些基团之间的协同关系和变化的先后顺序	30
	二甲亚砜(DMSO)-正癸胺-水体系	透射模式，DTGS检测器，波数范围9000～$4000cm^{-1}$	结合组成-归一化法研究了DMSO-正癸胺-水三组分体系中的分子竞争相互作用，结果表明，DMSO和水的相互作用最强，而且通过DMSO浓度的系统微扰，体系中官能团的响应顺序为：S═O基(DMSO)首先受影响，其次为羟基(水)，最后才是氨基(正癸胺)	31
	聚L-乳酸(PLLA)	样品从200℃以5℃/min降到150℃，每2min采集IR光谱一次，光谱分辨率$2cm^{-1}$，扫描16次	监测了PLLA的等热结晶行为，CH_3的分子间相互作用在熔融结晶的诱导期和成长期即已发生，而C═O的分子间作用只发生在结晶期。在诱导期同步谱中能观察到C—O—C骨架的顺序形成，这些结果证明在α-晶体中有PLLA链扭曲的α-螺旋构象，也证明链间弱相互作用在控制结晶成核时起重要作用	32
食品	奶粉	KBr压片置于变温的样品架上，温度范围为室温至120℃，测定间隔10℃，DTGS检测器，分辨率为$4cm^{-1}$，扫描16次	不同脂肪含量和不同糖含量奶粉的最主要差别表现在$1747cm^{-1}$和1150～$900cm^{-1}$谱带强度的不同。对全脂奶粉和全脂甜奶粉进行了热扰动过程研究，发现由于糖类物质的加入，奶粉蛋白成分在常温下变得相对稳定	33，34
	中国调味酒	DTGS检测器，分辨率为$4cm^{-1}$，扫描32次，波数范围4000～$400cm^{-1}$。红外光谱系列采集在50～120℃范围内，间隔5℃	区分了不同发酵位置(窖池顶部、中部和底部)的中国调味酒，顶部在$1725cm^{-1}$有一强自相关峰，说明含酯；中部在$1695cm^{-1}$、$1590cm^{-1}$和$1480cm^{-1}$有三个自动峰，说明含酸和乳酸盐；底部在$1570cm^{-1}$和$1485cm^{-1}$有两自动峰，说明乳酸盐是主要成分	35
	红酒	水平ATR法，DTGS检测器，分辨率为$4cm^{-1}$，扫描32次，波数范围4000～$650cm^{-1}$。红外光谱系列采集在50～120℃范围内，间隔10℃	分析了不同糖含量的红酒的主要成分，结合PCA法很容易识别干红和甜红葡萄酒，干红的主要成分有甘油、羧酸及酯、盐。该法可以对不同生产商的红酒进行区分，并可评价酒的品质	36
	中国蜂胶和白杨芽提取物(ECP和EPB)	DTGS检测器，分辨率为$4cm^{-1}$，扫描32次，波数范围4000～$400cm^{-1}$。红外光谱系列采集在50～120℃范围内，间隔10℃	建立了快速识别ECP和EPB的方法，两者的主要差别出现在3000～$2800cm^{-1}$处。2D及SIMCA表明其差异是由长链烷基的量引起的，而非类黄酮化合物。ECP比EPB的长链烷基多，ECP中碳原子按Z字排列，而EPB中为无序状态	37

续表

样品种类	测定对象	测试方法	主要结果	参考文献
液晶	铁电液晶		杂合二维相关分析结合平行因子研究了表面稳定化的铁电液晶的切换动力学，对时间依赖和偏振角依赖的红外光谱进行了分析	38
	PMPC 液晶聚合物	光谱分辨率 $4cm^{-1}$，测量范围 $4000\sim400cm^{-1}$，扫描 32 次，池温度 80～220℃	根据二维谱提出了液晶相产生的机理，在相转变前，侧链的构象变化比骨架的快；相转变后，某些流动的骨架会在有序、刚性以及相互作用的侧链之前产生重新调整。即相转变会给链片段带来新的协同限制	39

本表参考文献：

1. 孙素琴，周群，秦竹. 中药二维相关红外光谱鉴定图集. 北京：化学工业出版社，2003，1.
2. 黄冬兰，孙素琴，徐永群，等. 光谱学与光谱分析，2009，29：2396.
3. 许长华，周群，孙素琴，等. 分析化学，2005，33：221.
4. 孙素琴，周群，刘军，等. 光谱学与光谱分析，2004，24：427.
5. 周群，李静，刘军，等. 分析化学，2003，31：1058.
6. 华瑞，孙素琴，周群. 分析化学，2003，31：541.
7. 孙冰洁，武培怡，范仲勇. 化学学报，2006，64：1324.
8. 顾伟星，武培怡，杨玉良. 化学学报，2004，62：2123.
9. Shen Y, Wang H T, Zhong W, et al. Chin J Chem Phys, 2006, 19: 481.
10. 王立旭，王德秋，吴玉清. 高等学校化学学报，2005，26：2319.
11. Sasic S, Amari T, Ozaki Y. Anal Chem, 2001, 73: 5184.
12. Jiang H J, Wu P Y, Yang Y L. Biomacromolecules, 2003, 4: 1343.
13. Nakashima K, Ren Y, Nishioka T, et al. J Phys Chem B, 1999, 103: 6704.
14. Sun S, Hu J, Tang H, et al. Phys J Chem B, 2010, 114: 9761.
15. Zhou T, Zhang A, Zhao C. Macromolecules, 2007, 40: 9009.
16. Musto P. Macromolecules, 2003, 36: 3210.
17. 彭显能，陈新，武培怡，等. 化学学报，2004，62：2127.
18. 秦竹，孙素琴，周群，等. 光谱学与光谱分析，2003，23：685.
19. Dominguez-Vidal A, Saenz-Navajas M P, Ayora-Canada M J, et al. Anal Chem, 2006, 78: 3257.
20. Filosa A, Wang Y, Ismail A A, et al. Biochemistry, 2001, 40: 8256.
21. Bernabeu A, Contreras L M, Villalaín J. Biochim Biophys Acta, 2007, 1768: 2409.
22. Richard J A, Kelly I, Marion D, et al. Biochemistry, 2005, 44: 52.
23. Demirdoven N, Cheatum C M, Chung H S. J Am Chem Soc, 2004, 126: 7981.
24. Czarnik-Matusewicz B, Murayama K, Wu Y, et al. Phys J Chem B, 2000, 104: 7803.
25. Yan Y B, Wang Q, He H W, et al. Biophys J, 2004, 86: 1682.
26. Wang L X, Wu Y, Meersman F. J Mol Struct, 2006, 799: 85.
27. Murawska A, Cieslik-Boczula K, Czarnik-Matusewicz B. J Mol Struct, 2010, 974: 183.
28. 刘学涌，周涛，常昆，等. 光谱学与光谱分析，2008，28：2073.
29. 赖祖亮，武培怡. 化学学报，2006，64：2357.
30. 华瑞，孙素琴，周群，等. 分析化学，2003，31：134.
31. Yu Z W, Chen L, Sun S Q, et al. J Phys Chem A, 2002, 106: 6683.
32. Zhang J, Tsuji H, Noda I, et al.J Phys Chem B, 2004, 108: 11514.
33. 秦竹，许长华，周群，等. 分析化学，2004，32：1156.
34. Zhou Q, Sun S Q, Yu L, et al. J Mol Struct, 2006, 799：77.
35. Li C, Wei J, Zhou Q, et al. J Mol Struct, 2008, 883-884: 99.
36. Zhang Y L, Chen J B, Lei Y, et al. J Mol Struct, 2010, 974: 144.
37. Wu Y W, Sun S Q, Zhao J, et al. J Mol Struct, 2008, 883-884: 48.
38. Wu Y, Yuan B, Zhao J G, et al. J Phys Chem B, 2003, 107: 7706.
39. Shen Y, Chen E, Ye C, et al. J Phys Chem B, 2005, 109: 6089.

第七节 时间分辨红外光谱

一、时间分辨红外光谱的基本原理[185~188]

红外光谱除了能在微米空间区域上进行有效分辨（即红外显微成像）外，同样也可在时间尺度上进行分辨，时间分辨红外光谱（time-resolved FTIR，TR-FTIR）就是在时间尺度上对样品进行红外光谱测定，反映红外吸收强度随时间而发生的变化。主要用于研究物理或化学变化随时间的瞬变过程，如聚合物的形变、化学反应中间瞬变体、快速反应动力学、光化学合成、蛋白质折叠等。它是将光谱仪器的快速多重扫描功能与计算机快速采集、处理数据的功能相结合，在与时间有关的研究领域中获得应用。

用普通傅里叶变换红外光谱仪对静态样品进行采集时，迈克尔逊干涉仪扫描所得的干涉图为一时域函数，表示为$F(\delta)$或$F(t)$，其中δ为干涉仪动镜移动引起的光程差，t为动镜移动时间，该时域函数经傅里叶变换后得到的光谱表示为$B(\omega)$。对时间分辨光谱来说，$F(\delta)$或$F(t)$是随瞬变时间T而变化的时序干涉图，表示为$F(\delta,T)$或$F(t,T)$，这表明在每一时间点都会得到一张红外干涉图。$F(\delta,T)$或$F(t,T)$经傅里叶变换后得到的光谱图亦为一时序光谱图$B(\omega,T)$：

$$B(\omega,T)=\int_0^{\delta_{\max}}F(\delta,T)\exp(-i\omega\delta)\mathrm{d}\delta \tag{8-53}$$

或 $$B(\omega,T)=\int_0^{t_{\max}}F(t,T)\exp(-i\omega t)\mathrm{d}t \tag{8-54}$$

当所研究的动态系统变化非常慢（如高分子固化过程），其反应时间远大于FTIR光谱仪完成一次干涉图的扫描时间时，其动态光谱只需按照普通方法采集即能正确反映化学反应随时间变化的信息。这种情形只是常规扫描在不同时刻的重复动作，不是真正意义上的时间分辨。另外还有一种动态过程变化非常快，其特征变化时间从秒到微秒，甚至纳秒量级，在完成一次干涉图测量的时间段内，系统已发生了很大变化，这样所得的干涉图经傅里叶变换后已不能代表样品当时的光谱，真正意义的时间分辨光谱就是对这种快速或超快体系的红外光谱随时间的变化进行研究。根据动态体系变化时间的长短，时间分辨傅里叶变换红外光谱仪从干涉仪的动镜运动方式着手发展了几种模式对光谱变化进行时间分辨。

二、时间分辨红外光谱的采集方式

根据分析目的和动态体系变化时间长短的不同，时间分辨光谱仪的时间分辨率可从千秒到飞秒（10^{-15}s）之间变化，相应的采集方式也不同。TR-FTIR的采集方式通常有以下几种[188]：快扫描模式（10^3～10^{-2}s）、超快扫描模式（10^0～10^{-3}s）、频闪采样模式（10^{-2}～10^{-6}s）、步进扫描模式（10^0～10^{-9}s）、异步脉冲采样模式（10^{-10}～10^{-12}s）以及非干涉激光采集法（10^{-9}～10^{-15}s）。其中后两种采样模式需要专门的设备，价格昂贵，这里仅对前四种模式进行介绍。

1. 快扫描和超快扫描模式

快扫描（rapid scan）模式中干涉仪的动镜以恒定速度扫描，该速度的选择原则是应确保一次扫描的持续时间至少低于动态体系半衰期一个数量级，这样才能保证每次扫描都及时有效。如果不满足这个条件，在扫描过程中红外信号的强度就会发生改变，其结果就是在扫描开始时采集的干涉点对瞬态光谱带贡献大，而在扫描结束时其强度就会变小，这种不对称的波形给光谱带来大的噪声。为达到时间分辨目的，将单次扫描的干涉图分成系统变化过程中数个不同时刻的干涉信号，即认为动镜在不同光程差处测量到的是系统同一变化过程中不同时刻的干涉信号。通过多次扫描，并将干涉图重新组合计算，即得到时间分辨的光谱。

图8-33显示用快扫描法产生一组时间分辨干涉图的数据采集方案[188]。其中，$\delta[t_1]$表示不同时间的光程差；ΔI表示干涉图强度变化；t_1为时间分辨；t_2为动态体系变化时间，$t_1 \ll t_2$。图中底部的圆圈代表干涉图的数据点，圈内数字代表快扫描中数据采集的顺序。第一张干涉图代表点1～10时的干涉，对应于激发前样品的稳定态，第二幅干涉图代表点11～20时的干涉，对应刚刚激发后的干涉，依此类推。

当物理或化学反应时间小于 40ms 时，快扫描法不能对动态体系进行时间分辨，为此又提出一种超快扫描（ultrarapid scan）采样模式。这种采样方式与快扫描模式不同的是动镜移动方式的改变，在快扫描中动镜以平动方式移动，而在超快扫描中移动方式改为转动[189]，其中转动的镜子为一种楔形镜，由于镜面有一定倾斜角度，当镜子旋转时可使得光程随之改变，这一技术能够得到的最大光程差为 0.25cm，对应的最大光谱分辨为 4cm^{-1}。由于镜子最高旋转频率达 500Hz，该模式每秒可采集 1000 张干涉图，相应的时间分辨即达到 1ms，比快扫描提高了一个数量级。

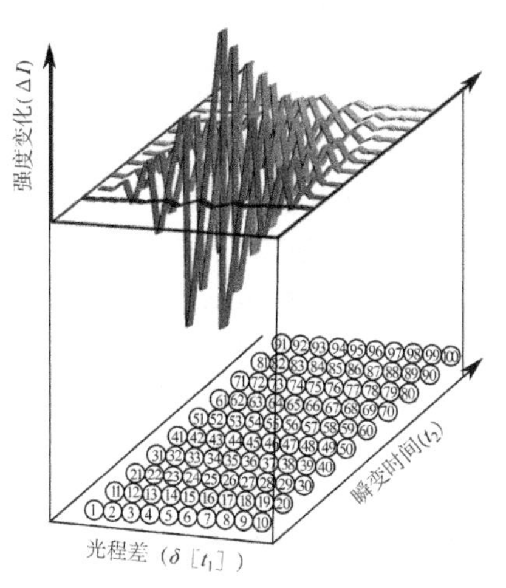

图 8-33 快扫描模式下产生时间分辨干涉图的示意[188]

（干涉图下面的数字圈表示数据采样的顺序，数据采集在光程差方向按行进行）

2. 频闪干涉模式

由于动镜速度不可能无限提高，因此超快扫描法提高时间分辨的能力也有限。采用频闪干涉（stroboscopic interferometry）技术（又称作隔行采样）可进一步将时间分辨提高到数百毫秒到微秒的范围，频闪干涉采样中光程差的改变也采用动镜平动的方式，但数据采集方式发生了改变。在快扫描和超快扫描中，动镜每走完一个光程产生一个干涉图。而频闪采样中动镜走完一个光程并不能得到一个完整干涉图，必须重复多次的采集并通过数据的编组才能得到完整的干涉图，因此有时也将这种技术称作时间编组采样。图 8-34 显示一个如何用频闪技术进行时间分辨的示意。

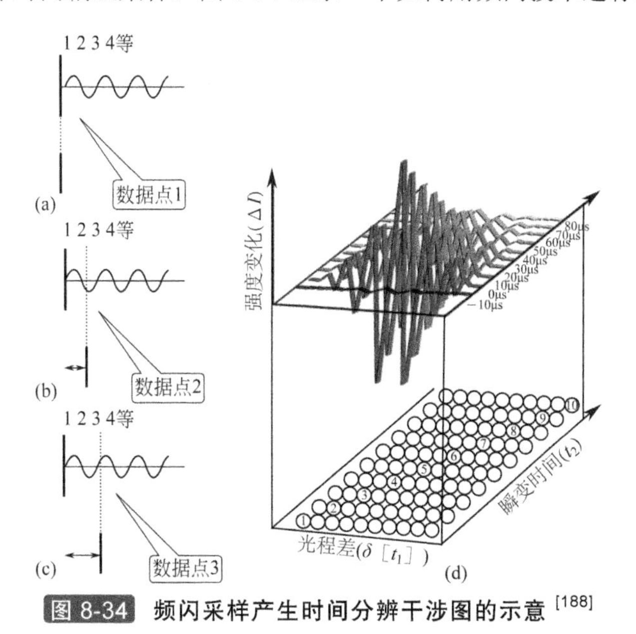

图 8-34 频闪采样产生时间分辨干涉图的示意[188]

（图中数字圈表示采样顺序。采用频闪采样时，数据采集沿光程差轴和瞬变时间轴的对角线进行）

图 8-34 左侧的三幅正弦曲线为 He-Ne 参比激光的干涉图。当正弦曲线与横轴交叉时，称为零交叉点，此时触发仪器采集一次数据。零交叉点从 1 开始编号，假定动镜平动的速度为 3.16cm/s，其对应的时间分辨（即两次零交叉点的间隔时间）即为 10μs。实验从干涉仪动镜位

于零交叉点时开始[图 8-34（a）]，该点的检测器信号对应背景光谱的干涉图，在堆积干涉图中显示为 t_1=−10μs。采样发生在第二个零交叉点处[图 8-34（b）]，此时采集的数据点属于第一次诱发动态体系时的干涉图，t_2=0μs。在第三个零交叉点处 t_3=10μs[图 8-34（c）]产生第三个干涉图。检测器继续以每个数据 10μs 的速率采样，这样即对数据进行了时间编组。动镜一次走完全程后又返回起始位置，重新开始扫描，不过初始闪烁和前一扫描相比推后了一个零交叉点。如此往复地继续下去直至采集到足够的数据来获取每一个时间延迟时的干涉图。

采用频闪采样技术获取时间分辨的红外光谱时应注意以下几个问题：首先，动态事件的时间选择必须严格控制；其次，动态事件的重现要好，因为这种数据采集方式需要多次干涉仪扫描和样品外扰的多次重复，这意味着每次重复的激发光源强度都必须近似一致，而且样品也必须能随着动态事件回到其初始态，且不遭受任何降解或衰减，否则在真实的光谱中可能会出现“假线”；最后，动镜扫描速度必须一直保持定值以保证数据的暂态采集一致。由于很多商业仪器的镜速都有 1%～2%的不确定度，这就给每个时间点数据带来变化，并最终导致变换光谱中产生噪声。

当动态事件的寿命（如<1μs）和 He-Ne 激光条纹的延迟相比非常短时，采用上述方法不能进行时间分辨采集，此时可采用慢扫描频闪采样技术，这种技术中动镜仍然在连续扫描，只是扫描速度非常慢。与前述频闪技术不同的是，这种改进的频闪技术中数据采集是在两个相邻零交叉点之间完成的。如图 8-35 所示，当动镜经过第一个零交叉点时产生一个触发脉冲，引发瞬态红外的产生，同时这一触发脉冲也诱发了另一采集时钟，给出若干个等时间间隔（Δt_2）的采样信号，这样即可采集多个瞬时红外信号；当经过第二个零交叉点时重复上述过程，依次类推。当动镜一次走完全程时，即已得到了所有干涉点的数据。之后计算机分别将对应于触发后相同时间间隔的点（如 t_i）提取，组成时间间隔为Δt_2的 t_i 的干涉图，经傅里叶变换后即得到该点的光谱。此时的时间分辨（Δt_2）完全取决于数据采集的速度。如果采用快的光伏 MCT 检测器和 100MHz 瞬态数字转换器可使时间分辨达到 10ns，而且这种慢扫描技术比经典频闪技术较少产生暂态假线。

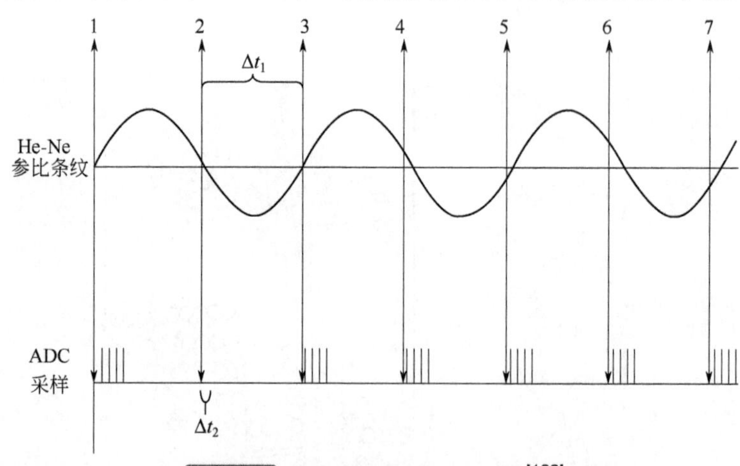

图 8-35 慢扫描频闪采样示意 [188]

[需在每一个He-Ne激光的零交叉点处触发后同时触发等间隔(Δt_2)的模数转换(ADC)采样，其中Δt_2<<Δt_1]

慢扫描频闪技术也有一些限制。首先，数字转换的最小速率受最慢镜速限制，瞬态取样经常限制在小于 5μs；其次，适合这种时间分辨技术的瞬态样品的寿命必须小于 100μs；如果大于该值，当开始下一个触发时，很多分子还处在激发态，这种情况就违反了频闪采样技术的根本要求，即瞬态样品要能重复再生；最后，在每个参比激光条纹处重复激发样品的速率至少为 1kHz，这对重复速率的要求非常严格。总体而言，慢扫描频闪技术有一些特别严格的规定，使得很少有实际应用能满足所有条件。

3. 步进扫描采样模式

步进扫描（step scan）方法在 20 世纪 60 年代初即已发展起来，但直到 20 世纪 90 年代初才开始得到应用。该技术的创新之处在于将时间依赖的红外测量与动力学事件的时间依赖分开。步进扫描技术与慢扫描频闪采样很相似，只不过后者的动镜一直连续在移动，尽管其运动速度非常小；而步进扫描中动镜延迟通过不连续跳跃（即“步”）获取，在每一个延迟点进行数据采集时都保持动镜不动。干涉图每一位置处的时间分辨数据都在被激发后记录下来。

步进扫描方法的具体操作是：动镜先快速变化到某一光程差位置并在系统的某一变化过程中保持固定，在每一固定的光程差位置上，从触发系统变化（即零交叉点时自动触动记录信号）到变化结束，动镜保持静止不动；红外检测器记录此光程差处红外光随时间变化的干涉信号，此干涉信号根据事先设定的时间分辨分成一组随时间的变化数据。

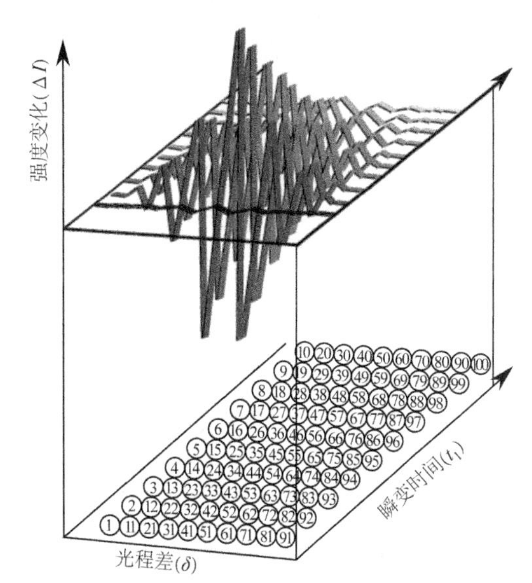

图 8-36 步进扫描模式采集时间分辨干涉示意[188]

（数字圈表示采样顺序，数据采集沿瞬变时间轴的列进行）

图 8-36 为步进扫描模式下的数据采集方案示意。当动镜移动至第一个零交叉点时停止不动，此时触发动态体系，同时触发对动态体系的采集。红外检测器沿着时间轴以设定的时间间隔采样，记录数据的次序即图中第一列的数字圈（点 1～10）。采集完后动镜移至下一个零交叉点，再次触发动态体系和数据采集。此时记录次序为第二列的数字圈（点 11～20）。以此类推，直到动镜以步进的方式扫完整个光程。产生的三维数据阵列被分成时间分辨干涉图并通过快速傅里叶变换得到一组时间分辨光谱。和频闪干涉模式一样，研究的动力学事件必须是可无限次重复并且在实验周期内能精确再生的，否则信噪比会大大降低。

步进扫描红外光谱在采样时动镜不发生移动，因此时间分辨独立于动态体系，与其寿命不相关，步进扫描模式的时间分辨只取决于检测器的时间响应和数据采集的速率。如果要获取高信噪比，则可在固定的动镜延迟处进行多次扫描累加。与频闪技术的复杂计算相比，该技术的计算更简单，因为不用考虑镜速不确定性带来的光谱假线。

目前最先进的检测器和电子技术也只能使步进扫描傅里叶变换红外光谱的分辨率限制在约 1ns，因此其时间分辨还比不上可调激光和混合激光技术。不过从光谱范围和分辨率两方面考虑，对纳秒级分辨的应用使用步进扫描模式仍然优于其他技术，而且其采集时间较短。在很多超快时间分辨红外光谱中采用的激光光源由于光谱范围有限、调节烦琐冗长而使得高分辨、宽带光谱的采集特别困难。目前步进扫描模式的时间分辨红外光谱应用研究最多，步进扫描数据采集的再现性和重复性可对几乎所有动力学事件都能满足。

三、时间分辨红外光谱的实验装置

时间分辨红外光谱通常对光谱仪有较高要求。

1. 快扫描模式

对快扫描模式而言，采用研究型的红外光谱仪即可进行，但是要求仪器的动镜运动速度在一个较宽的范围内可调，特别是动镜速度要能保证一次扫描的持续时间至少小于动态事件半衰期一个数量级。

一般标准商用仪器的镜速在每秒百分之几至几厘米范围，当采集 4cm^{-1} 光谱分辨率的光谱时，对应的时间分辨在 40ms 到数秒之间。假如采用最快的 40ms（25Hz）分辨时，半衰期为 500ms 的动态体系即能用快扫描模式和 MCT 检测器进行观察和表征；对其他一些更慢的动态体系，采用更慢的扫描速度和传统的 TGS 检测器也能满足。

2. 超快扫描模式

超快扫描模式的最大特点是动镜采用了转动方式，而不是平动。图 8-37 为一种超快扫描模式下时间分辨红外光谱的采集装置示意[188]。该装置采用一个高剖光旋转楔形铝盘作为动镜，其反射面与旋转轴成一定角度，在旋转半圈时最大可产生 0.25cm 的光程差，相应产生最大 4cm^{-1} 的光谱分辨。每旋转镜子一圈，光程从最小到最大改变两次，即采集两张干涉图，这相当于双向扫描。楔形镜最大转速可达 500Hz，相应的时间分辨达到 1ms，因此比快速扫描高了一个数量级。图 8-37 中立方角回射器用来保证入射光波阵面的非平面性在离开楔形轮后可通过改变方向来进行倾斜补偿。由于空气阻力影响，该设计的整个执行过程都要求在真空下操作。超快扫描模式的光程改变主要由楔形镜的角度决定，所以超快扫描只能得到固定的光程差和光谱分辨。

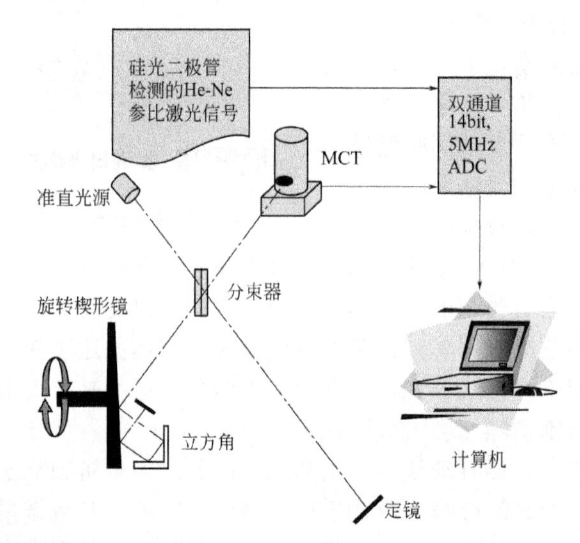

图 8-37 一种超快扫描时间分辨红外光谱装置的示意[188]

图 8-37 中的双通道 14bit，5MHz ADC 用来记录两个检测器的信号：一个是硅光二极管检测到的 He-Ne 激光强度信号，另一个是光导 MCT 检测到的红外干涉图信号，两者在 ADC 的固定采样频率下被同时数字化。激光和红外干涉图都必须进行内插运算以重建在激光信号的计算零交叉点处时的红外干涉图的值。这种数据处理方法在光程差等间隔处产生红外干涉图上的点，这是快速傅里叶变化的先决条件。

3. 频闪采样模式

频闪采样的数据采集也是在快扫描模式下进行的，这种模式对仪器的唯一要求是标准红外光谱仪能够与外部激发源同步，其他参数都由软件控制。和快扫描不同的一点是需对采集软件做一些变化，即将一次采集完整的干涉图改为分 N 次采集，每次只采集一小段。时间分辨的上限通过光谱仪能达到的最大镜速增强。很多高级商品化仪器提供的镜速范围为0.03～6cm/s，这样频闪采样的时间分辨能达到1μs。

4. 步进扫描模式[190,191]

将步进扫描干涉技术用于时间分辨研究时要考虑仪器和电子部件的三方面内容：①需要一种方法使样品激发、数据采集以及干涉仪的步进同步；②必须选择适当的检测器和数字转换器；③在一些步进扫描干涉仪中，步进镜子的“抖动”和用于镜子定位的快速调制必须从感兴趣的瞬态信号中解调出来。

激发源、数据采集及干涉仪运动的同步化可通过两种方法安排。最方便的定时方式是采用外部数字脉冲发生器来作为主要的实验钟。实验中脉冲发生器给FTIR主光学台或瞬态数字转换器发出触发信号来标志数据采集的开始。数字转换器然后按照预设的时间分辨引发一系列检测样品，主定时钟给出的第二个触发信号会在预设的延迟后发送给激发光源。另外，也可采用FTIR光学台软件进行系列定时编程。很多商业软件和光学台的电子部分都允许做内部实验触发和预先设定数据采集的延迟时间，这样就有可能用这些仪器特点使样品激发、瞬态检测和镜子步进同步。

其次要考虑的是如何正确选择检测器、放大器和数字转换器。采集数据的模式一般分为两块：即直流（DC）和交流（AC）。直流法是最便宜最简单的采集数据方法，它使用FTIR光学台的内部ADC作为数据数字转换器。交流法通常用以消除仪器运行中的缓慢变化，因此可以限制传统快扫描中的光谱噪声，同时使ADC的数字化分辨率最大化。为了利用好最高时间分辨，必须采用一个专门的瞬态数字转换器，而为了实现瞬态数字化器的高采样速率以及最大化其灵敏度，还要求有一个带预放大器的AC/DC双输出PV MCT检测器。该检测器的速度至少要和记录的瞬态数字化速率一样大，否则时间分辨就会与检测器的爬升时间相混淆。不过要指出的是，交流干涉图的采集会给采集后的数据处理带来另一种复杂化，这是因为AC信号强度有正有负，但快速傅里叶变化的相校正不能处理含有负信号的干涉图数据。因此直流信号在每个镜位置处单独采集，产生的直流干涉图用于AC干涉图的相校正。

图8-38是一种采集纳秒闪烁光解时间分辨光谱的实验装置示意。该装置包括一个步进扫描FTIR光谱仪、数字脉冲发生器、AC/DC双通道PV MCT检测器以及瞬态数字转换器。时间分辨测量从步进镜在ZPD处（零光程差）开始，脉冲发生器通过触发激光闪烁灯引发实验，经过一定的延迟后，脉冲发生器发出第二个触发信号给瞬态数字转换器以激活数据采集。从PV MCT来的AC信号以一个预先选择的固定时间间隔进行记录，单个DC数据点也从第二个DC耦合的检测放大器上记录。第三个触发信号激活样品激发源，激光脉冲在实验的时间尺度上立刻产生瞬态物种。整个实验过程中，AC信号的数字化在软件选择的速率下一直继续，这样即在样品的激发前后都产生瞬态数据。如果要求多次累加，则软件会识别并允许在当前镜子位置处多次触发事件。

四、时间分辨红外光谱的应用实例

时间分辨红外光谱常采用差谱法进行数据处理，即将各时刻测得的一维光谱与参考时刻的一维光谱（通常选择某一动态过程的第一条或最后一条谱线）进行差减，得到的差谱能突显体系红外吸收谱带的变化趋势，同时还能在一定程度上区分重叠谱带中的多重振动模式。

时间分辨傅里叶变换红外光谱的重要应用是跟踪动态过程，一般是通过观察某一个或某一些特征谱带红外吸收强度随时间的变化而实现，主要应用于研究激发态电子结构、蛋白质构象转变、快速反应中间体跟踪等。表8-11给出了时间分辨红外光谱的一些应用实例。

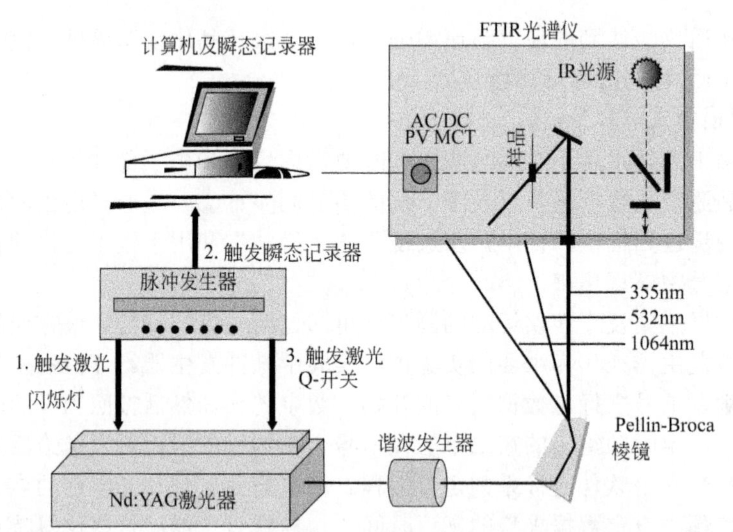

图 8-38 用步进扫描 FTIR 仪采集激光诱导瞬态物种的纳秒宽带中红外时间分辨光谱的实验装置示意[188]

表 8-11 时间分辨红外光谱的一些应用实例

样品种类	测定对象	测试方法	主要结果	参考文献
催化剂	负载 Rh、Ru、Ir 的催化剂	分辨率 $16cm^{-1}$，扫描 2～4 次，以引入 $CH_4/O_2/He$ 混合气或 ^{13}CO 吸附气前的催化剂样片为背景，摄谱时间间隔 0.28～0.60s	研究了在催化剂 Rh/SiO_2、Ru/Al_2O_3、Ru/SiO_2 及 Ir/SiO_2 上甲烷部分氧化(POM)制合成气的机理，时间分辨率优于 0.3s，得到了几种催化剂上的初级产物和不同反应途径	1，2
	炭载 PtSn 催化剂(PtSn/C)	光谱分辨率 $16cm^{-1}$，扫描 10 次	结合电化学原位法研究了乙醇在 PtSn/C 催化剂上的吸附和氧化过程，线性吸附态 CO 是主要的乙醇解离吸附物种；当电位增大到 0.3 V 时，出现了乙醛和乙酸的红外峰；电位进一步增大至 0.4 V 时有微弱 CO_2 峰出现；是乙醇电氧化的最终产物	3
	Pt/TiO_2	MCT 检测器，UV 脉冲诱发吸光度变化	研究了水溶液中在 Pt/TiO_2 上 2-丙醇氧化为丙酮的光催化氧化反应的微秒动力学。带-隙激发产生的空穴在第一个 0.5μs 内黏附于吸附的反应物，TRIR 表明其后原子在空穴-吸附反应物内发生重排。在时间推迟 0～20μs 时出现 C═O 伸缩谱带的反应中间体，其频率在 $1640cm^{-1}$	4
生物样品	丝蛋白膜构象、转变动力学	透射或 ATR 法，分辨率 $4cm^{-1}$，分别扫描 64 次、128 次、32 次，光谱采集间隔分别为 0.15min、0.58min、0.089min	分别研究了在碱金属离子、醇溶液以及醋酸诱导下蜘蛛丝或蚕丝蛋白的构象转变过程，研究了构象转变方式，并对构象转变动力学进行了探讨	5～7
	感官视网紫质膜中的抗衡离子突变	Nd:YAG 脉冲激光激发。大部分实验的时间分辨为 600ns，少部分为 30ns，光谱分辨率 $8cm^{-1}$，每步累加扫描 8 次	研究了突变体光反应的分子变化。随着在 14-15 单键周围的发色团的强烈扭曲，光反应中形成了红移中间体，另外光循环缩短了 2 个数量级。尽管如此，仍观察到与野生型相似的蛋白变化的跃迁。野生型的这种跃迁在毫秒范围，而在突变体中缩短到 200μs	8
	丙氨酸基 α-螺旋肽	温度跳跃 Nd:YAG 脉冲激光激发，50MHz MCT 检测器用于检测过渡态	结合远紫外圆二色谱(CD)研究了合成丙氨酸基 α-螺旋肽的螺旋-盘绕转变，时间分辨光谱显示有两相或多相弛豫动力学，快的相在 20ns 内上升，慢的相衰减寿命为 140ns，并显示对温度为单调依赖性，其表观活化能为 15.5kcal/mol	9

续表

样品种类	测定对象	测试方法	主要结果	参考文献
生物样品	巯基肽异构化和氢键断裂	中红外飞秒脉冲分为两部分，一部分与 UV 泵浦光束重合，另一部分用于强度波动的校正。2×32 像素的 MCT 阵列检测，每像素分辨率为 $4cm^{-1}$	结合同位素标记研究了巯基肽的光异构化。在乙腈溶液中由于分子内氢键作用有一半为环形构象，另一半则为展开构象，UV 光照削弱分子内氢键后，在分子以 130ps 弛豫到基态时对那些回到初始全反射构象的分子观察到延迟的分子内氢键的再形成，而当分子异构化为顺式构象时环形结构被破坏	10
	环β-发夹肽	Q 切换的 T-跳跃脉冲，10ns，波长 1.91μm，中红外连续波二极管调节其输出范围在 1700～$1600cm^{-1}$之间，透射法测量	研究了一系列 6-、10-、14-聚的环状环 β-发夹肽，表征了其转变热力学，并研究了肽对激光诱导 T-跳跃的弛豫动力学。环形肽的折叠速率比线型肽形成 β-发夹提高了两个数量级	11
	RNA 折叠	Q 切换 Nd:YAG 的 T-跳跃脉冲(1.9μm)，MCT 检测器，CaF_2 样品池装在线性平动的台上，瞬态样品为超过 2000 次激光照射的平均谱	研究了 RNA 的折叠和去折叠过渡态。探测了激光器调到 RNA 的特定红外吸收处，用以监测相应的弛豫动力学，结果表明每种振动过渡态有三个截然不同的动力学相，建立了两种模型来描述这些数据	12
	α-螺旋肽的折叠	Q 切换 Nd:YAG 的 T-跳跃脉冲(1.9μm)，MCT 检测器，CaF_2 样品池装在线性平动的台上，瞬态样品为超过 2000 次激光照射的平均谱	研究了一个有 21 个残基的神经活性螺旋肽 Con-T 的弛豫动力学。其温度跳跃弛豫动力学明显慢于之前研究的丙氨酸基肽，表明 α-螺旋的折叠是序列依赖的。而且，这种慢速折叠归因于其螺旋构象是由电荷-电荷相互作用或盐桥稳定的	13
	同型二聚体 DsbC 的分解和伸展	1.9μm T-跳跃脉冲通过 Nd:YAG 激光的拉曼基频位移获取，MCT 检测器，瞬态 IR 吸光度变化用中红外 CO 激光测量，分辨率＞$4cm^{-1}$，时间分辨 30ns，CaF_2 样品池，扫描 50 次	研究了 DsbC 在原核外周胞质的热稳定性，DsbC 在 D_2O 中的热诱导去折叠红外吸光度变化曲线显示有三态转变，第一态中点温度为(37.1±1.1)℃，与分解有关；第二态在>74.5℃，与整体伸展和团聚有关；在磷酸盐缓冲液中 DsbC 的分解中点温度位移至(49.2±0.7)℃。DsbC 分解为相关的单体对，其时间常数为(40±10)ns，且不受浓度影响；77%的新形成单体对经历进一步的螺旋/环转变，其时间常数为(160±10)ns	14
	聚 L-谷氨酸盐(polyGlu)	动态激发波长 266nm 或 307.5nm，激发脉冲为 Q-切换的 532nm Nd:YAG 激光器的两倍输出频率，两次激发之间样品移开一个光束直径大小的区域	用 pH 跳跃结合 TR-FTIR 研究了 polyGlu 在 40ns 到 10s 范围内的螺旋-盘绕动力学，重水中多肽的折叠用光解对硝基苯甲醛(o-NBA)来引发，通过改变 IR 探测波长来监测侧链氘化和构象改变，酰胺Ⅰ带观察到的肽构象变化动力学依赖于螺旋残基的初始分数，无初始螺旋链时，螺旋初始化在小于 40ns 时发生；当初始螺旋分数为 0.13 时，折叠态寿命延长为 625ns	15
	阿尔茨海默病 $Aβ_{1-28}$ 肽	MCT 检测器，光谱分辨率 $4cm^{-1}$，扫描速度为每光谱 65 ms。Xe 频闪前样品在 295K 下平衡 10min。TRIR 按设定方式采集光解后最终 pD 值＜6.0	通过快速亚毫秒 pH 跳跃诱导 $Aβ_{1-28}$ 肽的团聚，并在毫秒到秒范围内用 TRIR 监测。通过光解 NPE-硫酸酯诱导质子释放，pH 从 8.5 跳跃到＜6 会诱导 $Aβ_{1-28}$ 肽的团聚，产生反平行 β-片结构。结构转变动力学是两阶段变化，初始快速阶段从随意盘绕转变为低聚 β-片，时间常数为 3.6s；第二阶段是慢速转变，在 48.0s 产生更大团聚	16
光反应	$Cp^*Rh(CO)_2$		研究了 $Cp^*Rh(CO)_2$ 与烷烃(RH)在液 Kr 或液 Xe 中反应时的 C—H 键的活化，光照射会导致在液 Kr 中形成吸收在 $1947cm^{-1}$ 的过渡态，测定了过渡态转变为 C—H 活化产物 $Cp^*(CO)Rh(R)(H)$的反应速率，过渡态是两种溶剂化物的混合物。对每种烷烃，总反应都分为两步：结合和氧化加成	17

续表

样品种类	测定对象	测试方法	主要结果	参考文献
光反应	苯甲酰自由基	Nd:YAG 脉冲激光激发，步进扫描模式，PV MCT 检测，光谱分辨率 $8cm^{-1}$，每步累加扫描 4 次或 8 次	研究了取代苯甲酰自由基作为自由基聚合光引发剂的反应活性，在乙腈溶液中测定了几个反应的绝对速率常数，该结果表明自由基加成机理为 α-切断发生在三线激发态，其寿命小于等于单线态	18
	有机金属稀有气体络合物	Nd:YAG 脉冲激光引发，连续红外二极管激光监测瞬态红外吸收，通过在不同 IR 频率下重复“点-点”测量建立 IR 光谱	研究了室温下超临界稀有气体溶液中一系列 7 族金属的有机金属稀有气体络合物，测定了这些络合物与 CO 反应的动力学及活化参数，并与烷烃络合物进行比较。结果显示稀有气体与 CO 络合反应主要通过分离或分离交换机理发生	19
	芳香 *N*-氧化物	样品溶液在 BaF_2 或 CaF_2 样品池中循环，用 355nm 的 Nd:YAG 脉冲激光激发(97Hz 重复速率，每脉冲 0.5～0.7mJ)	研究了几种 *N*-氧化物三线态的电子转移化学。几种电子转移产物的结构用激光闪烁光解和时间分辨红外光谱以及 DFT 计算等进行了识别	20
	N-甲基硫代乙酰胺(NMTAA)	NMTAA 溶液在 CaF_2 流动池中循环。1600～$1200cm^{-1}$ 的中红外脉冲分为两部分，一部分与 UV 脉冲混合，另一部分用于强度波动的校正。两束光都经过仪器，并用 2×32 像素的 MCT 阵列检测，每像素分辨率为 $3cm^{-1}$	研究了 NMTAA 在 D_2O 中选择性地进行 n-π*(S_1)和 π-π*(S_2)的电子跃迁时的反-顺和顺-反两方向的光聚合。研究结果认为异构化通过一个常见的独立于电子激发能和初始构象的中间态发生	21
	核黄素四乙酸酯(RBTA)和核苷	CaF_2 池，用 355nm 的 Nd:YAG 脉冲激光激发，PV MCT 检测，$16cm^{-1}$ 分辨率	结合激光闪烁光解、荧光猝灭、吸收光谱以及密度泛函理论研究了 RBTA 和核苷的光化学反应	22
	胸腺嘧啶和胸苷	纳秒 TRIR：CaF_2 池，266nm Nd:YAG 脉冲激发，16 cm^{-1} 光谱分辨率，MCT 检测器。飞秒 TRIR：BaF_2-CaF_2 池，光程长 1mm，270nm 泵浦脉冲。32 单元线阵列 MCT 检测器，光谱分辨率 8 cm^{-1}	报道了测定对象的振动光谱，用飞秒和纳秒泵浦技术记录了 300fs 到 3s 间的 TRIR 光谱。室温氘代乙腈溶液中，三线态羰基伸缩带出现在 $1603cm^{-1}$ 和 $1700cm^{-1}$，$1300cm^{-1}$ 和 $1450cm^{-1}$ 之间的峰被溶解氧猝灭，猝灭时间在纳秒范围，三线态中，C_4═O 显示了较强的单键特征，从而解释了该振动的大红移特性(约 $70cm^{-1}$)。实验证明三线态在激发后 10ps 内完全形成	23
	$Co_2(CO)_6(PMePh_2)_2$	XeCl 或 Nd:YAG 激光激发，CaF_2 样品池，MCT 检测器	频闪光解 TRIR 用以证明加氢醛化催化剂 $Co_2(CO)_6(PMePh_2)_2$ 的光反应活性。提出了一种模型来计算两个初始光解产物的净反应性，TRIR 能够直接观察瞬态物种以及某些反应的动力学	24
	9-顺视黄醛	MCT 检测器，时间分辨率 50ns，采样速率为每 40ns 采集一次，连续波 Q-切换 Nd:YLF 激光，用于光激发，光谱分辨率 $16cm^{-1}$，BaF_2 样品池	用纳秒 TRIR 研究了 9-顺视黄醛的光异构化机理。样品的环已烷溶液被 349nm 光激发，跟踪了其光动力学。对 TRIR 数据进行奇异值分解表明有两个明显的异构化途径。一个是三线态途径，由 9-顺到全反式转变，皮秒范围；另一个是全反式和 9-顺式基态之间的能量转移，量子链过程发生在微秒范围	25

续表

样品种类	测定对象	测试方法	主要结果	参考文献
动力学	自组装介孔膜	红外显微透射模式，范围 6000～500cm^{-1}，分辨率 8cm^{-1}，MCT检测器，每光谱采集一次，采集时间133ms，采集间隔160ms	快扫描 TR-FTIR 原位研究以聚醚 F127 做模板制得的 SiO_2 和 TiO_2 自组装介孔膜的化学过程中的动力学，清楚地观察到时间依赖溶剂蒸发和浓缩，识别了膜形成的不同阶段	26
	W-羰基体系的C—F键活化	步进模式，快速MCT检测(响应时间10ns)，Nd:YAG脉冲激光激发，266nm 或 355nm	研究了钨-羰基体系的分子内 C—F 键活化，用 C═O 伸缩振动来监测溶剂化络合物的形成。反应速率受钨和溶剂分子之间形成络合物的限制	27
	$W(CO)_6$	泵浦脉冲聚焦到样品，MCT 检测器，光谱分辨率 4cm^{-1}	用单色亚皮秒TRIR研究了9个烷烃溶剂中 $W(CO)_6$ 的分子间和分子内振动能量从三重态 CO 伸缩谱带的转移，所有溶剂中，振动弛豫过程用三个时间常数表征：τ_1(<1ps)、τ_2(3～13ps)及 τ_3(124～160ps)。τ_2(3～13ps)及 τ_3(124～160ps)的溶剂依赖性不能用宏观性质解释	28
液体蒸发	乙醇、乙醇-水混合物	红外显微透射模式，范围 4000～600cm^{-1}，分辨率 8cm^{-1}，MCT 检测器，快扫描 TR 实验中，每光谱采集一次，采集时间 133ms，采集间隔 160ms	快扫描 TR-FTIR 原位研究了乙醇及乙醇-水液滴在 ZnSe 基板上的蒸发。乙醇液滴中水的吸附和蒸发服从一个复杂的行为，基于此用二维红外相关分析了这种行为，从水的弯曲谱带中分辨了三个不同成分	29
	聚醚 F127	红外显微透射模式，范围 7000～600cm^{-1}，分辨率 8cm^{-1}，MCT 检测器，每光谱采集4次，采集时间0.8s，两次采集间隔2s	快扫描 TR-FTIR 原位研究了三嵌段聚醚 F127 的蒸发诱导结晶。水蒸发速率与嵌段聚合物的变化有关。在蒸发阶段共聚物由无定形胶束态变为部分结晶态，只有当水完全蒸发后才会由无定形态完全变为结晶态	30
电化学原位法	Pt(100)电极上乙二醇(EG)的吸附和氧化	反射光谱法，光谱分辨率 16cm^{-1}，扫描10次	研究了 EG 在 Pt 电极上吸附和氧化的动力学过程。在 0.10V 的时间分辨光谱中，当 t>5s 时 EG 解离产生吸附态 CO；当 t>70s EG 直接氧化产生 CO_2。随着电位升高，直接氧化逐渐成为主要反应途径。当电位高于 0.40V 以后，EG 氧化主要是通过活性中间产物(—COOH)的途径进行	31

本表参考文献：

1. 翁维正, 陈明树, 严前古, 等. 科学通报, 2000, 45: 1732.
2. 翁维正, 罗春容, 李建梅, 等. 化学学报, 2004, 62: 1853.
3. 王琪, 孙公权, 姜鲁华, 等. 光谱学与光谱分析, 2007, 28: 47.
4. Yamakata A,Ishibashi T,Onishi H. Chem Phys Lett,2003, 376: 576.
5. 陈新, 邵正中, Knight D P, 等. 化学学报, 2002, 60: 2203.
6. 陈新, 周丽, 邵正中, 等. 化学学报, 2003, 61: 625.
7. 莫春丽, Dicko C, 邵正中, 等. 2009,67: 2641.
8. Hein M, Radu I, Klare J P, et al. Biochemistry, 2004, 43: 995.
9. Huang C Y,Klemke J W,Getahun Z, et al. J Am Chem Soc, 2001,123: 9235.
10. Cervetto V, Pfister R, Helbing J. J Phys Chem B, 2008, 112: 3540.
11. Maness S J, Franzen S, Gibbs A C, et al. Biophys J, 2003, 84: 3874.
12. Brauns E B, Dyer R B. Biophys J, 2005, 89: 3523.
13. Du D, Bunagan M R, Gai F.Biophys J, 2007, 93: 4076.
14. Li H, Ke H, Ren G, et al. Biophys J, 2009, 97: 2811.
15. Causgrove T P, Dyer R B. Chem Phys, 2006, 323: 2.
16. Perálvarez-Marín A, Barth A, Gräslund A. J Mol Biol, 2008, 379: 589.
17. McNamara B K, Yeston J S, Bergman R G, et al. J Am Chem Soc, 1999, 121: 6437.
18. Colley C S, Grills D C, Besley N A. J Am Chem Soc, 2002, 124: 14952.
19. Grills D C, Sun X Z, Childs G I, et al. J Phys Chem A, 2000, 104: 4300.
20. Shi X, Platz M S. J Phys Chem A, 2004, 108: 4385.

21 Cervetto V, Bregy H, Hamm P, et al. J Phys Chem A, 2006, 110: 11473.
22. Martin C B, Shi X, Tsao M L, et al. J Phys Chem B, 2002, 106: 10263.
23. Hare P M, Middleton C T, Mertel K I, et al. Chem Phys, 2008, 347: 383.
24. Marhenke J, Massick S M, Ford P C. Inorg Chim Acta, 2007, 360: 825.
25. Yuzawa T, Hamaguchi H O. J Mol Struct, 2010, 976: 414.
26. Innocenzi P, Kidchob T, Bertolo J M, et al. J Phys Chem B, 2006, 110: 10837.
27. Asplund M C, Johnson A M, Jakeman J A. J Phys Chem B, 2006, 110: 20.
28. Banno M, Sato S, Iwata K, et al. Chem Phys Lett, 2005, 412: 464.
29. Innocenzi P, Malfatti L, Costacurta S, et al. J Phys Chem A, 2008, 112: 6512.
30. Innocenzi P, Malfatti L, Piccinini M, et al. J Phys Chem A, 2010, 114: 304.
31. 樊友军, 周志有, 范纯洁, 等. 科学通报, 2005, 50: 1073.

第八节 红外光谱联用技术

在红外光谱联用技术中光谱仪作为检测器使用，它主要与各种色谱仪器联用，也可与流动注射、热分析（热重、差热分析）联用。最近 10 多年来，随着高分辨和高灵敏的色谱-质谱联用技术的成熟发展，红外光谱联用技术的地位已不如以前那么重要，但在某些分析领域仍然具有鲜明特色。

一、气相色谱-傅里叶变换红外光谱联用技术（GC-FTIR）

作为高效的分离分析手段，气相色谱（gas chromatography, GC）可以在几十分钟内分离含有数百甚至上千种组分的混合物，但是单独采用传统色谱检测器（如 FID、TCD 等）时必须有标准样品才能对各组分准确定性；而将 GC 与 FTIR 联用，则只需通过对红外光谱图进行解析即可对各组分进行定性分析，准确、简单。对 GC-FTIR 联用技术来说，要解决的主要问题是两种仪器的接口设计、数据高速采集以及色谱图重建等问题。

图 8-39 是一种 GC-FTIR 联用系统的示意[192]，实验时红外光经干涉仪调制为干涉光，并经凹面镜反射进入到联用接口（光管），联用接口一端直接与 GC 色谱柱相连。红外光经接口内各组分吸收后从管另一端射出，并被 MCT 检测器检测。色谱分离组分从接口另一端流出后可以继续进入到传统色谱检测器（FID、TCD 等）内进一步检测，也可直接排空。得到的数据经计算机软件处理后即得到其色谱图及各组分的 FTIR 图。GC-FTIR 中气红联用接口是将气相色谱与傅里叶变换红外光谱联结起来的一个部件，是 GC-FTIR 的关键部分。

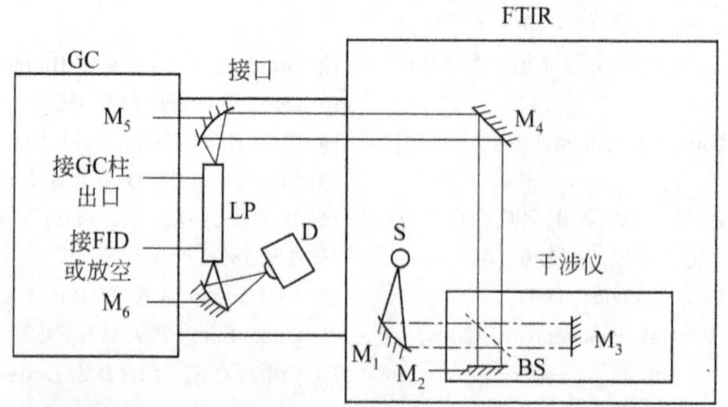

图 8-39 采用光管的 GC-FTIR 联用系统示意[192]

S—红外光源；BS—分束器；LP—光管；D—红外检测器；
M_1，M_4，M_5—凹面镜；M_2—定镜；M_3—动镜；M_6—椭球面反射镜

1. 气红联用接口

气红联用接口主要有两种：镀金光管和冷冻捕集接口。

（1）镀金光管接口 镀金光管是一种内部镀金的硬质玻璃管，两端用 KBr 盐片密封，结构简单，价格低廉，应用也最多。从色谱柱到光管通过传输管线连接。光管和传输管线均有加热系统，以保证联机检测过程中各组分一直保持气体状态。光管和传输管线的温度要高于 GC 炉温 10～20℃，但一般不要超过 300℃，以防止被分离组分热分解。

光管的体积直接决定联机检测的效果，体积过大，容易造成色谱分离度下降；而体积太小又容易降低红外光谱检测灵敏度。综合考虑多组色谱峰的存在以及它们之间的分离度时，选用的光管体积略小于色谱峰半宽体积的平均值为最好[193]。当光管体积确定后，其长径比不同也会导致不同的联机效果，因此其尺寸大小的设计也需要优化。一般增加光管长度会增加光程，因而会提高灵敏度，但这样会使光管内径减小，从而导致一些非样品吸收增加，使透射比降低。

在进行联用分析之前，应将光管和传输管线预热 40 min，使系统达到稳定；另外在所有色谱峰流出后，不要立即关闭色谱仪和载气，应使载气继续吹扫 30 min，以防止传输管线和光管的污染。

（2）冷冻捕集接口 图 8-40（a）是一种采用冷冻捕集接口的 GC-FTIR 联用系统示意图[194～196]，该系统中最关键的部分是用于捕集样品的冷盘[197]，如图 8-40（b）所示。冷盘是由表面镀金的高热导率无氧铜材制成的圆盘。冷盘置于高真空的舱里，并借助氦冷冻机使其保持在极低温度（12K）。实验时 GC 分离样经保温的传输管进入真空喷嘴并喷向冷盘的反射面，所用载气含 98%氦和 2%氩，氦气不在冷盘上冷凝，而氩气和样品被冷冻在反射面上。冷盘在步进电机带动下匀速旋转（旋转一周需 110 min），即可在冷盘上形成一条凝固的氩带，每出一个色谱峰即在氩带上形成一个样品斑点[图 8-40（b）]。在喷嘴的相对位置处设有红外窗口，红外干涉光照射到氩带并被反射后进入到检测器进行检测。凝固氩带可保留数小时，这样即可通过多次扫描提高红外谱图的质量。

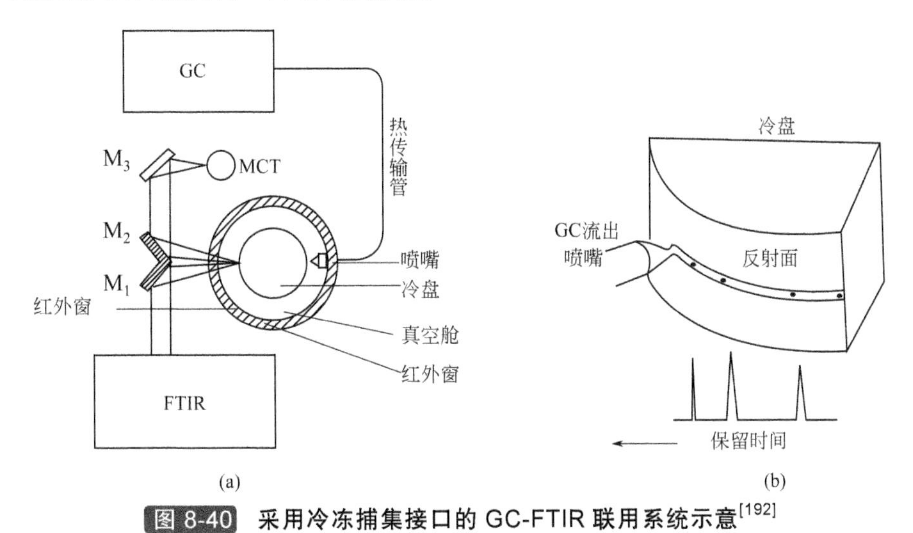

图 8-40 采用冷冻捕集接口的 GC-FTIR 联用系统示意[192]

（M_1、M_2、M_3均为反射镜）

镀金光管接口和冷冻捕集接口各有其优缺点：光管接口实时、便宜且方便操作，但细内径光管由于光晕损失会使透射比下降，且为了满足色谱的分辨能力，防止相邻色谱峰在光管中重合，往往还采用稀释技术，即在 GC 管出口光管的入口旁引入尾吹气，这将导致红外光谱测量信号降低和噪声增大；另外光管保持很高温度会使光能量损失较大，红外信号降低。和光管接口方式不同，冷冻捕集接口具有高的信噪比和低的检测限，这是因为样品分子被冷冻固定后，分子间无相互作用，分子也不转动，因此得到的红外谱带尖锐，强度高（称为基体隔离技术）。但是冷冻捕集接口不能实时记录，操作烦琐、时间长，而且仪器价格昂贵，实验费用高，因此目前大多数 GC-FTIR 联用仍然采用光管接口。

2. 数据采集[192,198,199]

采用光管接口的 GC-FTIR 联用方式需要实时采集红外光谱数据随色谱分离时间发生的变化。由于干涉图包含的数据点很多（如分辨率为 $4cm^{-1}$ 时每个干涉图需采集 4096 个数据），而色谱分离时间较长，完全进行采集时得到的数据量很宏大，因此通过建立一种官能团色谱图（又称化学图）可降低实时采集的数据量。官能团色谱图是一种从实时收集的全部光谱信息中选取感兴趣的官能团信息进行显示的方法，其作用类似于色谱的官能团检测器。这里官能团的选取是人为的，最多可设定 5 个窗口。官能团色谱图的横坐标为色谱流出时间，纵坐标则为相应官能团的吸收强度，在采集时需要先设定一个阈值，只有当官能团的吸收值超过该阈值时才采集干涉图。

3. 色谱图重建[192]

官能团色谱图只显示含有某种官能团的物质的色谱流出曲线，选择性高。但对色谱工作者而言，更希望得到和传统检测器一样的色谱图。因此须对 GC-FTIR 数据进行色谱图重建。重建方法有总吸光度法（total integrated absorbance，TIA）、最大吸光度法（maximum absorbance construction，MAC）、Gram-Schmidt 重建法（Gram-Schmidt construction，GSC）等。

TIA 法类似于 GC-MS 的总离子流色谱图，重建过程与官能团色谱图相似，只是将窗口设置很宽，以便各类化合物的主要红外吸收都包括进去。这种方法得到的色谱信号是很宽波数范围内的吸光度平均值，一般来说这种方法的信噪比低。MAC 法在 TIA 法的基础上做了改进[200]，该法选取预设波数窗口内的吸光度最大值作为色谱信号，因而能提高信噪比。最为广泛使用的是 GSC 法，它基于 Gram-Schmidt 矢量正交化法[201]，从干涉谱数据中直接取得与光管中馏分浓度相关的信号作为色谱响应值。

二、高效液相色谱-傅里叶变换红外光谱联用技术（HPLC-FTIR）

HPLC 和 FTIR 联用的关键也是接口。由于高效液相色谱存在大量流动相，这会对 FTIR 检测造成很大干扰，甚至会腐蚀 FTIR 的盐片，因此该联用技术接口主要解决的问题是如何消除流动相干扰。HPLC-FTIR 的接口有流动池法和流动相去除法两类。

1. 流动池

流动池法的工作原理是使色谱流出物顺序通过流动池并对其红外光谱进行实时监测，然后采用差谱法扣除流动相干扰以获取分析物的光谱图。由于流动池法是在线检测，因此池的设计应保证色谱的柱外效应尽可能小，同时还能得到质量较好的红外光谱图。已报道的流动池有透射和衰减全反射两类。

（1）透射式流动池　透射式流动池又分为两种，一种是平板式流动池，该种流动池结构和红外光谱法测定液体时使用的液体池很相似，如图 8-41 所示。这种流动池用于正相色谱时其窗片材料为 KBr、KRS-5、ZnSe 等，而用于反相色谱时则只能为 ZnSe、CaF_2 等。池体积和红外光的光程应根据不同分析对象采用不同厚度聚四氟乙烯垫片以及不同大小的孔调节。

另一种透射式流动池是柱式流动池，其结构如图 8-42 所示[203]。该流动池由一个钻有

0.75mm 孔道的 KBr 或 CaF_2 晶体构成，晶体尺寸为 10mm×10mm×6mm。液相色谱微孔柱直接插入流动池的入口，因此这种池无死体积。一般为了提高灵敏度，红外光束经会聚后照射到样品区。

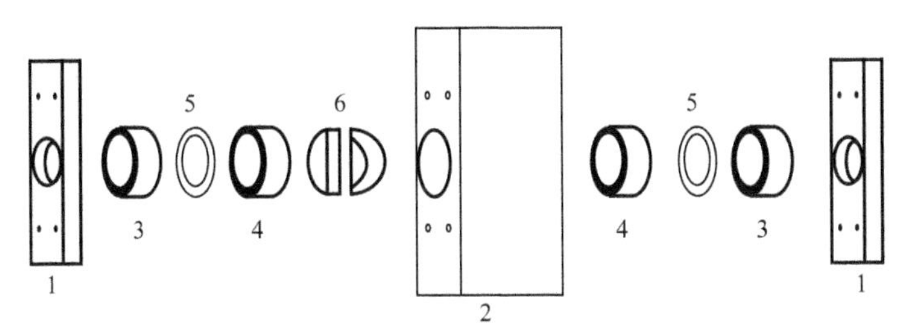

图 8-41　平板式透射流动池拆卸示意[202]

1—流动池板；2—池体；3—垫片；4—ZnSe窗；5—聚四氟乙烯O形环；6—聚四氟乙烯垫片

图 8-42 经改进后可用于反相 HPLC-FTIR 的测定。这主要是在联用系统上加了一个流动萃取接口，采用膜相分离器将有机相和水相分开，如图 8-43 所示[202,204]。图 8-43（b）为膜相分离器的截面图。采用该装置时，色谱流出液先与有机萃取溶剂混合，经萃取管后流出物分成两相，分析物进入有机相，经疏水膜相分离器后与水相分开，有机相进入流动池检测，而水相流入废液池。

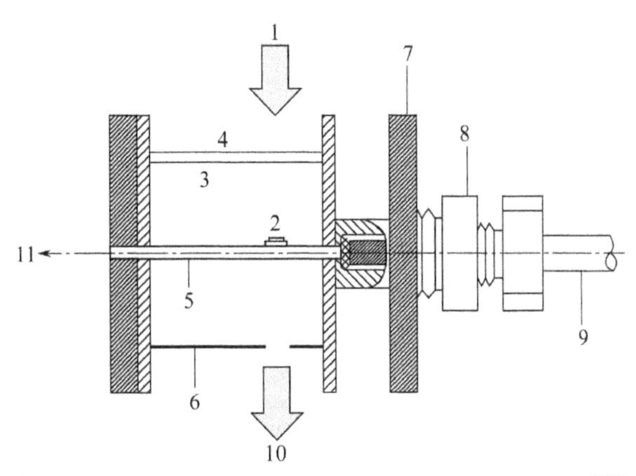

图 8-42　零死体积微孔柱 HPLC-FTIR 的柱式流动池[203]

1—红外光束；2—取样区；3—KBr窗片；4—聚四氟乙烯垫片；5—钻孔；6—挡板；7—金属池架；8—微孔柱接头；9—微孔HPLC色谱柱；10—去MCT检测器；11—废液排出

（2）ATR 流动池[205]　ATR 流动池采用圆柱状 ZnSe 晶体作为内反射部件，圆柱内体积为 24μl，HPLC 流出液在柱内流过，红外光束以 45° 角入射，光束可以在柱内反射 10 次，对应光程长在 4～22μm 范围，这种流动池对正相和反相色谱均能检测。

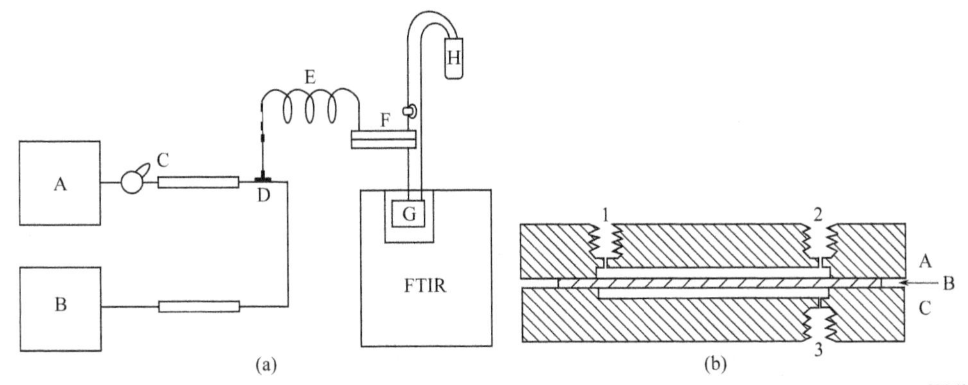

图 8-43　用于反相 HPLC-FTIR 联用的流动萃取接口（a）和膜相分离器截面图（b）[204]

（a）A—流动相（甲醇/水）泵；B—萃取剂泵；C—进样阀及色谱柱；D—T形液流分割器；E—萃取管；F—膜相分离器；G—零死体积流动池；H—废液　（b）A，C—上下膜固定器，不锈钢材质；B—0.2μm膜；1—分割液流入口；2—水相废液出口；3—有机相出口

2. 流动相去除法

这种联用接口方法在进行 FTIR 检测前要将溶剂先转移或除去，并将分析物沉积在一定的介质上然后进行红外光谱测定，流动相去除法有多种。

（1）漫反射转盘　这种设计最早是为了将正相 HPLC 与 FTIR 相连[206]，其主要由计算机控制的样品浓缩器和带有多孔（32～180 孔）的漫反射转盘组成，样品浓缩器与紫外检测器相连，转盘中装有 KBr 或 KCl 粉末。无紫外信号时，流动相通过电磁阀和真空泵除去；而当有紫外信号产生时，说明有组分流出，此时阀切换到转盘，加热雾化条件下去除 90%以上的流动相，并在转盘的样品杯中收集、吹扫和进行漫反射红外光谱测量。这种装置改进后采用细内径柱，流动相用量大大减少，因此可省去样品浓缩器[207]。

这种连接方式与连续萃取装置联用后也能用于反相 HPLC 与 FTIR 相连[208]。其萃取方式与图 8-43（a）有一定的相似，不过漫反射测量中有机萃取液（如 CH_2Cl_2）导入到漫反射的样品杯中进行分析。

漫反射转盘法的检测限比流动池法低 1～2 个数量级，是一种较灵敏的检测方法，不过该法不能对色谱洗脱液连续实时分析，可能会漏检组分，也可能会将几个组分收集到同一样品杯中。

（2）连续雾化接口　该接口由一个直角变速驱动装置及一个厚 1mm、直径 60mm 的圆形铝镜组成，如图 8-44 所示[209]。铝镜在步进马达驱动下匀速转动，HPLC 流出液从紫外检测器流出后通过一个不锈钢管引入到 T 形管的一个口，在 T 形管内与 N_2 混合并压缩，N_2 从 T 形管另一口引入。雾化的流出液通过安装在 T 形管第三个口上的针尖喷射到反射表面，喷射流很细，最终在镜面上留下 1～2mm 的溶质沉积轨迹。

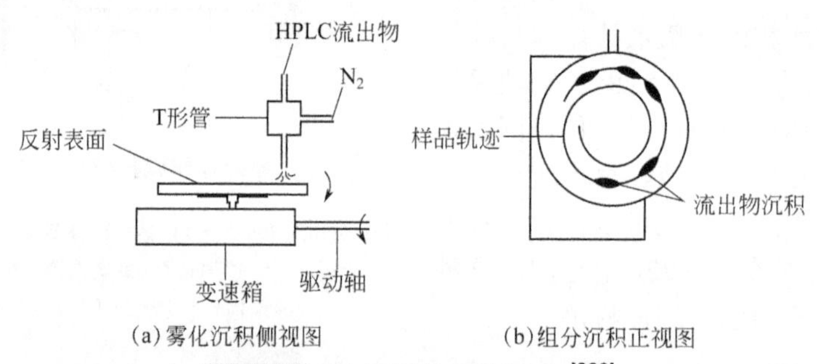

图 8-44　连续雾化采集示意[209]

在这种雾化装置基础上，通过在 T 形管管道外再引入一个可加热的不锈钢管，引入热 N_2，并使雾化器与沉积介质表面成 45° 角，通过控制雾化条件，同样也可将反相细内径 HPLC 的流出液喷射到反射表面[210]。另外通过水与 2,2-二甲氧基丙烷的化学反应使反相 HPLC 的水转变为易挥发的甲醇和丙酮，经加热雾化除去后进行漫反射测定[211]。还有一种同心流雾化装置[212]，其雾化器由两根同轴玻璃管组成，其外管通入热氦气，色谱流出液从内管导入，并在内管出口处被氦气雾化。流动相被真空泵抽到捕集阱，分析物则沉积在雾化器出口下面的 ZnSe 表面。该法的不足之处是所有分析物沉积后需将 ZnSe 晶片取出进行显微 FTIR 分析。

HPLC-FTIR 的色谱图重建与 GC-FTIR 类似，主要通过 Gram-Schmidt 法进行重建。虽然 HPLC 与 FTIR 的联用接口发展了很多种，但都不很成熟，而且相对较为复杂，且存在在线检测、定量等问题，随着高灵敏、稳定的 GC-MS、HPLC-MS 技术的成熟，色谱-红外联用技术逐渐不被重视。

除传统的 HPLC 与 FTIR 联用外，对尺寸排阻色谱（SEC）与 FTIR 的联用也有研究[213,214]，这种联用技术的接口采用流动池设计，其数据采集和色谱图重建类似于 GC-FTIR 和 HPLC-FTIR，即也采用多至 5 个红外区域的窗口来建立化学图，通过不同化学图建立实时的色谱流出曲线。

三、超临界流体色谱-傅里叶变换红外光谱联用技术（SFC-FTIR）

超临界流体色谱-傅里叶变换红外光谱联用技术（SFC-FTIR）与 HPLC-FTIR 联用几乎同时发展起来，SFC 中最广泛使用的流动相是 CO_2，其仅在 2380～2290cm^{-1} 的中红外区出现一个强吸收谱带，此区域绝大多数化合物都没有吸收，因此 SFC-FTIR 的联用较 HPLC-FTIR 联用有较明显优势。不过 SFC 中为了分离极性化合物，通常会在超临界流体中加入一些极性改性溶剂（如甲醇等），这些改性剂会对联用光谱的解析产生影响；另外超临界流体的溶解性与其密度直接相关，而其密度由压强决定，因此压力程升在 SFC 中广泛使用，不同压力下得到的光谱也有区别。SFC 与 FTIR 的联用仪器框图如图 8-45 所示[215]，其接口也有流动池和流动相去除法两类。

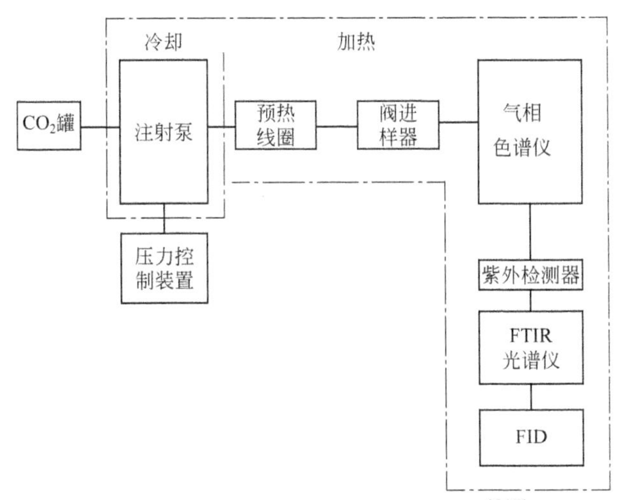

图 8-45 SFC-FTIR 联用仪器示意[215]

1. 流动池法

SFC 流动池与 HPLC 相似，但因为 SFC 中采用 CO_2 做流动相，其光程可以加长。SFC 的流动池内径在 0.5～1mm，内部抛光，池程长在 5～10mm 之间；窗口材料也和 HPLC 的一样，为 ZnSe、CaF_2、KBr、NaCl 等，池窗材料要能耐 SFC 中的高压。

流动池法装置简单，操作方便，但有几处不足[192]：①采用压力程升时会干扰色谱峰，因此在重建色谱图时需使用基线校正方法[216,217]；②由于 CO_2 的影响，一些基于三键区特征的检测无法进行，可以采用红外区完全透明的氙（Xe）代替 CO_2[218]，但其成本高；③流动池法不能加入极性改性剂，否则会对光谱产生严重干扰；④由于分子间作用力的原因，超临界 CO_2 流体中得到的 FTIR 图与气相和凝聚相时采集的谱图有所区别，有时会出现误检。

2. 流动相去除法

SFC 中 CO_2 在室温下可自行挥发除去，因此这种联用技术的流动相去除法比 HPLC 更易实现。大多数情况下只需将 HPLC 的流动相去除法接口稍加改动即可用于 SFC-FTIR 的联用中。流动相去除法接口的基本结构如图 8-46 所示。色谱流出物经加热挥发掉 CO_2 后降压，沉

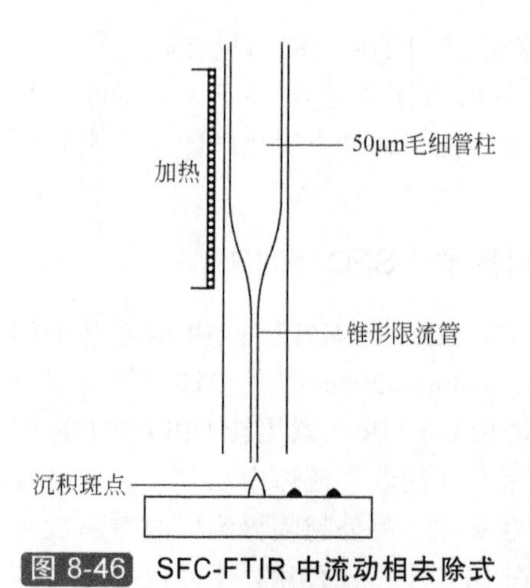

图 8-46 SFC-FTIR 中流动相去除式接口的基本结构[192]

积在一个步进或连续平移或转动的介质表面上，该介质可为漫反射的 KBr、KCl 粉末，也可为透射 KBr、ZnSe 晶片，甚至可为反射-吸收法中的光亮金属镜面。

流动相去除法接口装置复杂，操作需要一定经验，但有几个优点：①流动相不受限制，可以任意改性，因此 SFC 的分离能力得到增加，流动相干扰完全去除；②离线光谱测定时可通过多次扫描来提高光谱质量，降低检测限；③光谱图为凝聚相光谱，易于检索，降低误检率。

四、流动注射分析–傅里叶变换红外光谱联用技术（FIA–FTIR）[219]

流动注射分析与红外光谱的联用研究始于 1985 年[220]，当时的技术采用固定波长检测，与 UV 检测差别不大。后来 de la Guardia 和 Gallignani 对其进行了改进，首次采用了 FTIR 技术，使这种联用可以采集不同时间下流动液中样品完整的红外光谱[221]，该装置采用简单的单通道流通池，如图 8-47（a）所示。此后他们又结合了固相萃取技术，用于提高分析灵敏度和选择性，如图 8-47（b）所示[222]。另外 Kellner 等也设计了一种测定水溶液中蔗糖的 FIA-FTIR 方法[223]，该法是基于蔗糖在转化酶的酶切作用下可以转化为 α-D-葡萄糖和 β-D-葡萄糖而测定的。这种 FIA-FTIR 联用装置由两个内部连接的进样阀组成[图 8-47（c）]，两个进样阀可以同时切换以方便记录酶切反应前后的红外光谱。de la Guardia 等还发展了一种基于气相发生与 FTIR 联用的装置[图 8-47（d）][224~228]，该方法基于从液体和固体样品中在线产生气相成分，气体的透明性、低背景以及采用多通道流通池可提高检测灵敏度等原因使这种方法能提高 FTIR 的检测能力，气体可通过挥发或化学反应得到。基于这种气相发生-FIA-FTIR 的思想，Gallignani 等又开发了一种氢化物发生与 FIA-FTIR 的联用装置[229,230]，如图 8-48 所示，从而实现对一些能形成氢化物的金属（如 Sb、As、Sn）的联用检测。

FIA-FTIR 联用技术与 HPLC-FTIR 的联用相似，都是对流动体系中的样品进行检测并记录其瞬态峰，两者均采用流动池法或流动相去除法接口。不过，二者分析过程不同，FIA-FTIR 主要研究的是流动过程中样品的输送和化学反应，而 HPLC-FTIR 主要研究的是色谱柱内样品的分离和输送。FIA-FTIR 通常用于单组分分析，但是红外光谱包含了宽范围的频率，因此多组分分析在原理上也是可行的。

FIA-FTIR 已用于溶剂[231,232]、汽油[233,234]、药物[235,236]、杀虫剂[237,238]以及乙醇[239]、糖[240]和阴离子[241]等的分析。

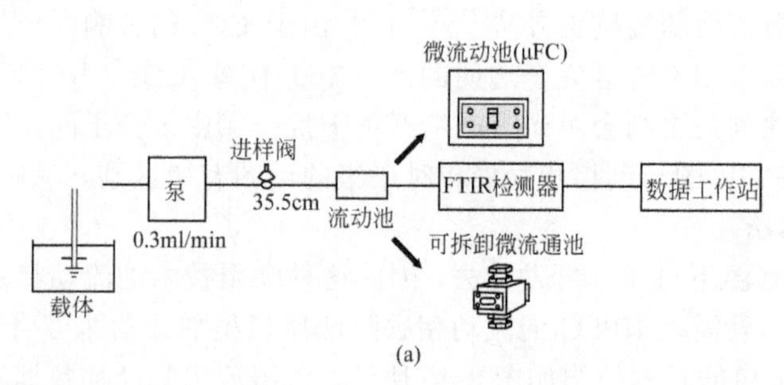

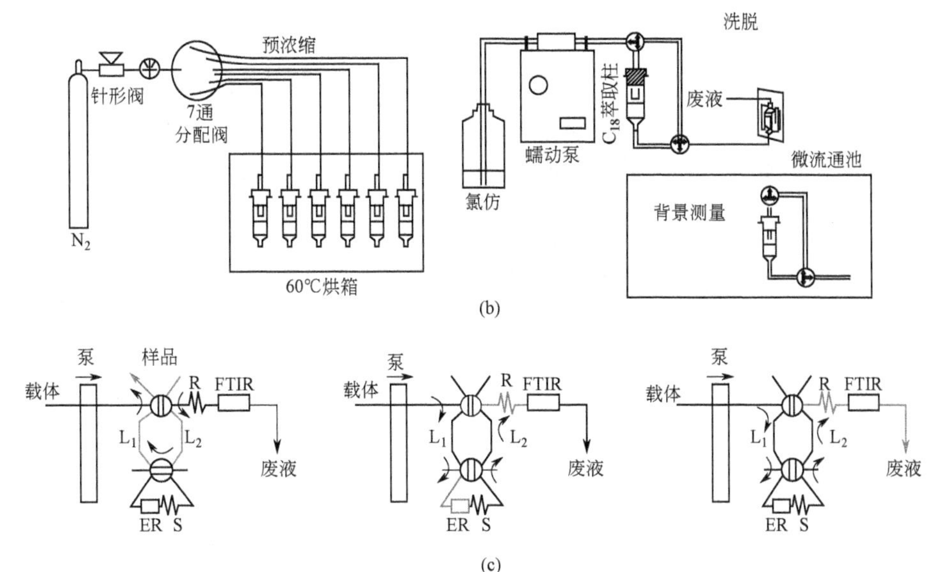

(b)

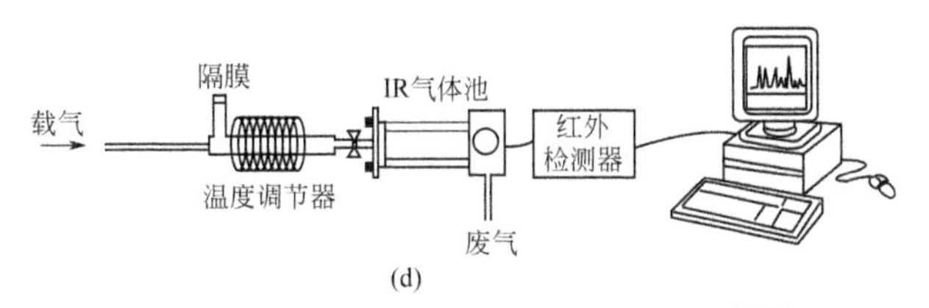

(c)

ER—酶反应器；R—反应线圈；L_1,L_2—连接管；S—间隔器

(d)

图 8-47　几种不同的 FIA-FTIR 示意[222]

(a) 单通道模式；(b) 固相萃取预浓缩-洗脱模式；(c) 蔗糖测定的酶切模式；(d) 气相发生-FTIR模式

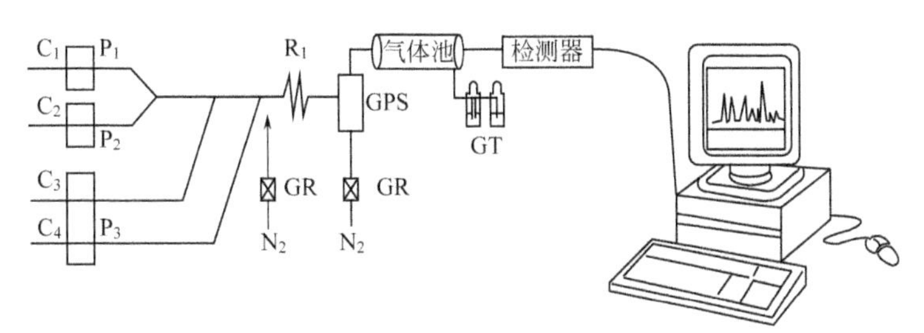

图 8-48　FIA-氢化物发生-FTIR 连接示意[229]

P_1～P_3—蠕动泵；R_1—反应线圈；GPS—气相分离器；GT—气体捕获器；
C_1—样品；C_2—载体（H_2O）；C_3—酸通道；C_4—$NaBH_4$溶液

五、热分析-傅里叶变换红外光谱联用技术（TA-FTIR）

和红外光谱联用的热分析仪器主要有热重分析（TGA）和差示扫描量热分析（DSC）。

1. 热重分析-傅里叶变换红外光谱联用（TGA-FTIR）[192]

热重分析中随着温度升高而释放出来的挥发性物质也可通过 FTIR 进行分析，以帮助判断不同温度下的热分解产物。图 8-49（a）为 TGA-FTIR 联用系统示意，同样地该系统中联用接口也是其关键部分，TGA-FTIR 的专用接口如图 8-49（b）所示。该接口中红外光束经反射镜 M_1、M_2、M_3 反射后进入红外检测器，设定三面反射镜的目的是为了增加裂解气检测过程的光程，整个检测池都处于绝热套中，其温度可根据实验要求进行调节。

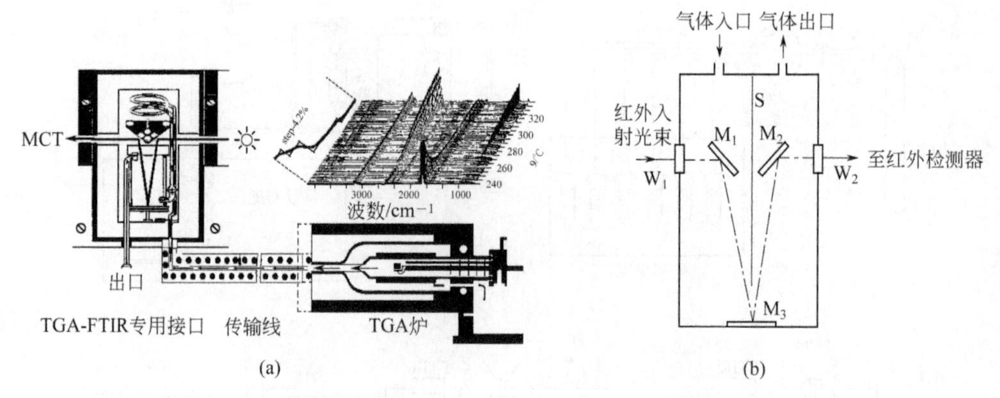

图 8-49 TGA-FTIR 联用装置示意[192]

(a) 右上角为实时采集光谱图；(b) 接口示意图

TGA-FTIR 联用中应注意几个参数：①各单元的死体积要尽可能小；②载气流速要适当，过低或过高都不好；③热解室、传输线、接口的温度要匹配，整个系统气路不应存在温度梯度，以免影响影响热解气在接口或检测室的状态。

TGA-FTIR 联用装置在使用一段时间后要将接口拆下进行清洗，特别要按相应方法仔细清洗红外窗口、反射镜和玻璃池体。

2. 差示扫描量热分析-傅里叶变换红外光谱联用（DSC-FTIR）

将 DSC 与 FTIR 联用可以对同一固体或液体样品在一次测量中实时获取其热力学性质和光谱变化信息[242]。实验中，DSC 测量的是样品的吸放热响应，FTIR 则同时观察化学和物理组成的变化。由于样品斑点很小，通常与 DSC 联用的都是 FTIR 显微镜，其结构示意如图 8-50 所示。DSC 和 FTIR 实验一般包括使用一个微型化的 DSC，并将其置于红外显微光谱仪的物镜下方，DSC 池安在显微镜台上，红外光束通过显微镜穿过 DSC 池的孔，进入到 MCT 检测器，红外显微镜光路中 DSC 池的示意如图 8-51 所示[243]。采样前需要仔细对仪器进行准直，FTIR 可通过透射或反射模式测量，样品包括固体、膜以及溶液。这种方法简单、快速、省时，能同时提供样品结构及构象变化的红外光谱信息与热响应的关联。

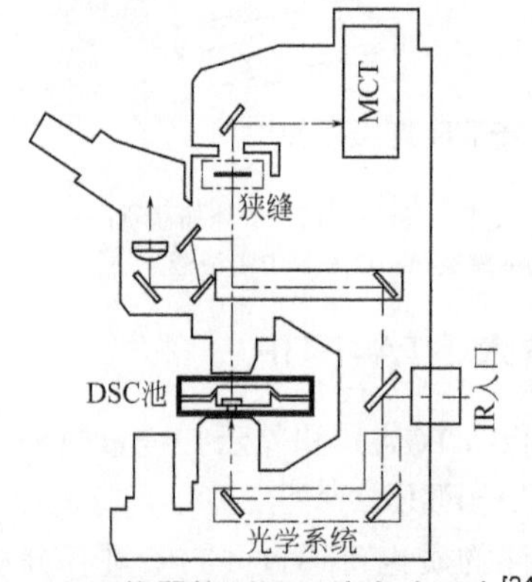

图 8-50 DSC-FTIR 仪器构型及红外光路示意[242]

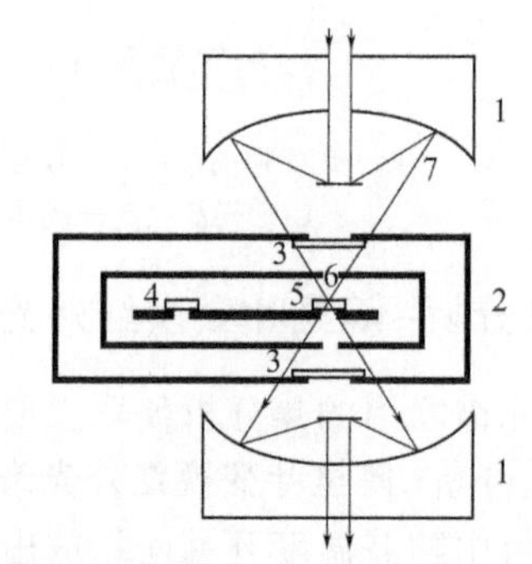

图 8-51 红外显微镜中 DTA/DSC 池的安装示意及显微光路图[243]

1—聚光镜；2—DTA/DSC池；3—KBr窗；4—DSC炉中的参比盘；5—DSC炉中的样品盘；6—光阑；7—红外光线路

DSC-FTIR 联用技术有几个优点：①包含测试样本的基质对两种技术都是相同的；②热环境和化学环境都相同；③样品中发生的热事件能直接和化学事件实时相关。

六、红外光谱联用技术的应用

红外光谱联用技术的应用较多，表 8-12 给出的是其中的一些应用实例。

表 8-12 红外光谱联用技术的一些应用实例

联用方法	测定体系	测试方法	主要结果	参考文献
气相色谱与傅里叶变换红外光谱联用技术	石油化工废水中有机挥发物	(1)样品吹扫 40min，室温捕集；(2)色谱条件：程序升温:45～60℃，5℃/min；60～150℃，15℃/min；进样室温度 180℃；检测室温度 150℃	方法相对标准偏差低于 5%，回收率高于 90%，气相色谱-红外最低检测浓度可达 0.005mg/L	1
	烷基膦酸酯类同分异构体	HP-5MS 型色谱柱，升温程序:60～280℃，6℃/min，进样室温度 250℃；MCT 红外检测器，光谱范围 4000～660cm^{-1}，分辨率 8cm^{-1}	对异丙基膦酸二正丙酯和异丙基膦酸乙基丁基酯进行了分离鉴定，获得满意结果，表明对于同分异构体混合物的分离鉴定，采用 GC-FTIR 有时比 GC-MS 更有效	2
	催化反应机理研究	多相(均相)催化反应机理：SE-54 石英毛细管柱(FFAP 玻璃毛细管极性柱，括号中为均相条件，下同)，升温程序:80～200℃，5℃/min(100～240℃，10℃/min)，汽化室温度 250℃(290℃)，检测器温度 280℃(300℃)，光管温度为 230℃(290℃)	对多相催化反应(如环己烯在 TS-1 分子筛催化剂存在下的双氧水氧化反应)产物及均相催化反应[如 α-(6′-甲氧基-2′-萘)乙醇羰基化合成萘普生]产物进行分析，捕捉到一些对催化反应机理研究产生影响的物种	3
	松油醇	OV-1 石英毛细管柱，进样口温度 250℃，检测器温度 280℃，升温程序为:70～100℃，1.5℃/min；100～160℃，5℃/min；160～220℃，10℃/min，220℃(2min)；光管温度 220℃。光谱范围 4000～400cm^{-1}；分辨率 8cm^{-1}，扫描 16 次	结合 GC-MS 对合成松油醇及其杂质成分、原料松节油、合成过程中间体粗油(红油和黄油)和天然松油醇进行了分析研究，为判断松油醇产品中杂质产生的原因及改进生产工艺提供了依据	4
	环己烯氧化产物	SE-54 石英毛细管柱，升温速率 60～100℃，5℃/min；100～150℃，3℃/min；150～250℃，15℃/min。汽化及检测温度均为 300℃，光管温度为 230℃	结合 GC-MS 方法确认了环己烯在高分子氨基酸席夫碱金属络合物催化剂存在下分子氧氧化环己烯的产物，提出了自由基机理	5
	玫瑰油香气成分	光管温度 300℃；色谱柱为 OV1701，载气为 N_2，柱前压 115kPa，柱流量 1.4 ml/min，分流进样，进样量 1.0μl，程序升温:80～280℃，3℃/min	结合 GC-MS 法，对玫瑰油中分离出的 130 余种化合物进行鉴别，初步鉴定出了 101 种化合物。研究表明，不同品种的玫瑰油形成各自不同的香味，这与栽培品种和土壤、温度、降雨量等综合栽培环境差异有关	6
	环境样品中的四氯丁二烯(TCBD)异构体	光谱范围 4000～750cm^{-1}，分辨率 8cm^{-1}，光管 270℃，0.25μm HP-5 柱，进样室温度 250℃，柱温 40～280℃，10℃/min 升温	结合 GC-MS 和计算化学检测了环境样品中的 TCBD。该法适合于环境样品的标准物光谱不能获取时的分析	7
	垃圾焚化炉飞灰中的多氯联苯-二噁英(PCDD)及氧芴(PCDF)	光谱范围 4000～550cm^{-1}，进样室温度 300℃，柱 130℃保持 1min；130→240℃，20℃/min 升温，240℃保持 54 min	结合 GC-MS 分析了 7 个 PCDD 和 10 个 PCDF，对一些代表性红外光谱的振动谱带通过模拟计算进行了指认	8

续表

联用方法	测定体系	测试方法	主要结果	参考文献
气相色谱与傅里叶变换红外光谱联用技术	饮用水中的臭氧消毒副产物(DBPs)	光谱范围4000～700cm^{-1}，分辨率8cm^{-1}，0.5μm Restek Rtx-5柱，进样室温度280℃，柱在35℃保持4min，35～280℃，以9℃/min升温。转移管和光管均保持280℃	结合GC-MS识别了饮用水中的多种未报道DBPs。除采用XAD树脂萃取外，PFBHA和甲基化衍生法均用于极性DBPs的识别。臭氧DBPs结构中含有氧，但未观察到氯化DBPs，除非二级消毒时采用了氯化物或氯胺化物	9
	甘油三亚油酸酯和油酸酯化的丙氧基化的丙三醇	色谱条件：顶空进样针170℃，转移管175℃。样品在毛细管头-50℃冷聚焦1min，柱温然后以20℃/min升到60℃，再以10℃/min升到120℃，最后以20℃/min升到220℃。He作载气	采用顶空进样和GC/IR-MS技术来对两种加热的模型化合物的氧化和热降解产物进行了采集、分离、识别及定量分析，主要的挥发性物包括戊烷、已醛、2-庚烯醛、1-辛烯-3-醇、2-戊基呋喃、2-辛烯醛及2,4-癸二烯等	10
	3-甲基-2,4-壬二酮光氧化形成的芳香化合物	DB1701柱，He做载气，温度程序为：40℃1min，40～300℃以10℃/min程升，300℃保持10min	结合GC-MS识别了四种已知的芳香化合物：2,3-丁二酮、2,3-辛二酮、乙酸以及已酸，主要氧化产物为3-羟基-3-甲基-2,4-壬二酮	11
	食用香紫苏精油(*S. sclarea* L)	DB-wax柱，进样室250℃，温度程序为：50℃ 2min，50～230℃以3℃/min程升，230℃20min。转移管250℃，分辨率为8cm^{-1}，扫描8次	结合GC-MS分析了精油中的挥发性组分，采用红外差谱技术将GC重叠峰进行了分辨，而不用在极性不同的柱子上进一步分离	12
	安非他命类似物	升温程序：40(0.2 min)～100℃以12℃/s程升，100(1.5min)～300℃(5min)以2℃/s程升。镀金光管270℃，分辨率为8cm^{-1}，扫描32次	识别了非常相似的系列安非他命类似物，并用该法指认了没收的粉末和片剂中的几种安非他命	13
	单糖及相关化合物	进样室温度为300℃，升温程序为：165℃(1min)，3℃/min程升至250℃，保持20min，光管和转移管250℃。光谱分辨率2cm^{-1}，扫描4次	将三甲基硅醚(TMS)用于GC-FTIR对糖的识别。研究了42种单糖及相关化合物，在1108cm^{-1}处峰强度存在统计显著性差异，可用于区分呋喃糖和吡喃糖异构体	14
	乙炔化多环芳烃(E-PAH)热解产物中的PAH同分异构体	HP-5MS毛细管柱，进样室温度250℃，升温程序：120℃(1min)，以10℃/min程升至290℃，保持20min。IR采用冷阱捕集检测，转移管和沉积头温度275℃，红外分辨率为8cm^{-1}，扫描4次	识别了E-PAH热解后形成的CP-PAH、CP-PAH的重排以及异构体之间的相互转变，该法对一些此前未检测出的痕量水平的PAH异构体进行了识别和结构确认，该结果可用于阐述PAH的形成过程	15
高效液相色谱与傅里叶变换红外光谱联用技术	非甾体抗炎药(NSAIDs)混合物；植物提取物蜕皮甾类	HPLC条件：流动相流速1(或0.8)ml/min，Hichrom 5μm C_{18}键合柱(或C_8 XTerra 5μm)，流动相：乙腈/D_2O(1∶1)(或D_2O)，含1%氘带甲酸，pH值约为2。FTIR条件：ATR-FTIR流动池，ZnSe晶体，MCT检测器，分辨率8cm^{-1}，扫描20次(或57次)	将HPLC与紫外二极管阵列、^{1}H NMR、FTIR以及飞行时间质谱联用，用于对NSAIDs模型混合物、植物提取物蜕皮甾类的测定。这种多光谱系统与HPLC的在线联用可对分离药的结构进行完全解析	16，17
	手性固定相(CSP)和外消旋物之间的手性选择相互作用	IR分辨率4cm^{-1}，动镜速度100Hz。流动相为含20%异丙醇的环已烷，实验前系统在0.1ml/min流速下用流动相平衡2h，然后在0.6ml/min下再平衡10min。Chiralpak AS柱，进样10μl，流速0.6ml/min	传统手性柱安装在ATR池上并与调制激发光谱(MES)结合对外消旋全内酯的分子内和分子间氢键进行了识别。该工作基于两步：①手性化合物用手性柱分离，该步与标准HPLC相似，并用ATR-IR检测，该步对每种手性物都提供了一个保留时间；②根据保留差异计算出一个合适频率，并用于第二步，该步采用MES法对柱洗脱物检测	18

续表

联用方法	测定体系	测试方法	主要结果	参考文献
高效液相色谱与傅里叶变换红外光谱联用技术	β-内啡肽(β-END)和半胱氨酸肽(CYSP)/血管紧缩素 I(Ang I)和POMC-X	Zorbax SB 300 C_{18}/Vydac C_{18}柱，流动相：0.1%三氟乙酸(TFA)(A)和0.1%TFA 乙腈溶液(B)/90∶10(体积比)0.1%HFBA-乙腈(A)和80∶20(体积比)乙腈–0.1% HFBA(B)(或A、B中加入少量异丙醇)，流速0.25 ml/min或0.4ml/min，梯度分离。肽样沉积在CaF_2片上，离线FTIR检测，分辨率8cm^{-1}，扫描1000次	采用粒子束HPLC-FTIR结合ESI-MS法对分离多肽的溶液构象进行了研究。几种多肽在相同条件下行为不同，在各种肠胃外溶液中，β-END和CYSP、Ang I和POMC-X均有不同构象，CYSP、Ang I的构象随pH和温度而改变，而β-END、POMC-X构象是稳定的	19，20
	奥美沙坦酯(OLM)降解产物	TSKgel ODS-100V 色谱柱，柱温40℃，乙腈-磷酸盐缓冲液(15mmol/L，pH=3.9)，在25min内乙腈从35%线性增至80%，并保持15min。流出物在150℃和30psi(1psi=6894.76Pa)时雾化，沉积在旋转速率10°/min的Ge盘。红外分辨率4cm^{-1}，扫描10次	LC-FTIR结合LC-MS、LC-^{1}H NMR对OLM的降解产物进行了分析，对降解产物的结构进行了确认	21
	葡萄酒中的五种酚酸	FTIR：红外显微透射法测量，MCT检测，分辨率8 cm^{-1}，扫描100次，CaF_2流动池。 分离：3μm Nucleosil 100 RP C_{18}柱，流速0.15 ml/min，洗脱剂为包含15%甲醇和1%乙酸的水溶液	穿流式微型自动取样装置与μHPLC结合，用于FTIR和拉曼检测时的溶剂去除。采用该装置可产生皮升样品的液滴并沉积到x、y平台的适合目标物上，溶剂和缓冲液的挥发很快，可用红外和拉曼光谱分析沉积物。用该法分析了葡萄酒中的5种酚酸	22
	葡萄酒中的糖、醇和有机酸	离子交换树脂做固定相，0.005mol/L硫酸做流动相，FTIR光谱范围在1600～900cm^{-1}，25μm CaF_2流动池，不用去除溶剂	HPLC与FTIR结合用于直接测定葡萄酒中的主要成分，即葡萄糖、果糖、甘油、乙醇、乙酸、柠檬酸、乳酸、马来酸、琥珀酸和酒石酸。对含有1～10mg/ml分析物的标准溶液，平均标准偏差为66μg/ml，该法进一步用于实际的葡萄酒测定	23
超临界流体色谱与傅里叶变换红外光谱联用技术	清洁粉中的非离子表面活性剂	毛细管SFC-FTIR的压力程序：100bar(1bar=10^5Pa)10min，然后以7bar/min升到350bar并保持15 min；FTIR分辨率8cm^{-1}，扫描范围3500～800cm^{-1}，采用MCT检测器	改变SFE条件按照极性对萃取物分级，级数a在萃取时不需加任何改性剂来增强$scCO_2$的极性，级数b则需加入5%甲醇。SFC-FTIR证明级数a包含了6类活性剂，其中4类为乙氧基化合物，结合SFC-MS对每种烷基聚乙二醇醚组分进行了识别	24
	硅氧烷-乙氧化物共聚物	用流动池将SFC与FTIR联用，样品溶于甲苯，进样量0.2ml，10m毛细管柱，SB-Biphenyl-30。压力程序：100bar 10min，然后以7bar/min升到350bar并保持35min；炉温120℃，IR分辨率8cm^{-1}，扫描范围3500～800cm^{-1}	结合SFC-APCI-MS、MALDI-TOF-MS对乙氧化物改性的PDMS进行了表征	25
	$(PhSiO_{3/2})_{0.35}$ $(MeSiO_{3/2})_{0.40}$ $(Me_2ViSiO_{1/2})_{0.25}$树脂(A树脂)	采用离线方式。样品首先溶解于CCl_4并分散于KBr片制膜，进行FTIR测定。SFE的回收率达到94.3%	用超临界萃取将A树脂分成13个组分，并用MS、NMR、FTIR及SEC等技术进行了分析。获取了其母体及单个组分的详细组成、结构以及分子量等信息	26

续表

联用方法	测定体系	测试方法	主要结果	参考文献
流动注射分析与傅里叶变换红外光谱联用技术	在线测定转化大肠杆菌中的细胞外聚 β-羟基丁酸(β-PHB)含量和 PHB 生产中的葡萄糖	FTIR：金刚石 ATR 流动池，分辨率 $4cm^{-1}$，扫描 128 次，光谱范围 4000～$700cm^{-1}$。 实验过程：水采集背景；将 3ml 细菌液泵入 ATR 池，获取葡萄糖和 PHB 总量的浓度信息；然后流动系统停止 15min，再采集细胞光谱；同时用生物反应器内的发酵液采集参比光谱，最后用 5%$NaHCO_3$、水清洗系统 25min	通过对活细菌细胞中 PHB 以及 27h 发酵过程中溶解糖的定性和定量，阐述了一种快速在线监测生物加工过程中固体和液体相的中红外方法。该法可以测定 3.8～10.3g/L 的葡萄糖，当系统停止时，细胞停留在 ATR 表面，从而可在 0.005～0.766g/L 范围测定大肠杆菌的细胞间 PHB 含量。糖和 PHB 的交叉验证误差分别为 0.264g/L 和 0.037g/L。通过 PHB 羰基峰的位置和形状推断出大肠杆菌中 PHB 微粒主要是无定形态	27
	对乙酰氨基酚	连续采集 FTIR 光谱，用水做参比扣除背景，分辨率 $8cm^{-1}$，TKO 软件控制阀切换和光谱采集，采用校正峰高吸光度定量	对乙酰氨基酚碱性水解生成对氨基酚，它与铁氰化钾氧化生成对苯醌单亚胺，该物质最终氧化为对苯醌。用 FI-FTIR 研究了水介质中该反应中的化学变化，分别以 $1274.1cm^{-1}$ 和 $1498.2cm^{-1}$ 的谱带进行定量计算	28
	医药中的锑	分辨率 $2cm^{-1}$，每个样品扫描 3 次，ZnSe 样品池。流动注射及氢化物发生均在密闭容器中	建立了测定医药中锑的 FI-HG(氢化物发生)-FTIR 测定法。SbH_3 产生前有机锑先在线氧化，然后 Sb(Ⅴ)预还原为 Sb(Ⅲ)；SbH_3 通过气相分离器后用 N_2 转移到 IR 气体池检测，用 $1893cm^{-1}$ 谱带进行定量。方法线性范围为 0～600mg/L，检测限 0.9mg/L，定量限 3mg/L，*RSD*＜1%，采样频率 28 个/h。该法可用于例行分析中	29
	农药中的噻嗪酮(Bu)、灭菌丹(Fl)和甲霜灵(Ma)	ZnSe 和 CaF_2 微流通池，波数范围 4000～$900cm^{-1}$，分辨率 $4cm^{-1}$，扫描 2 次	建立了 FI-FTIR 在线萃取及测定农药中几种活性成分的方法，包括 $CHCl_3$ 在线萃取和 FTIR 测量。Bu 采用 1465.7～$1342.3cm^{-1}$ 峰面积，Fl 采用 $1798cm^{-1}$ 峰高，Ma 采用 1677～$1667cm^{-1}$ 峰面积定量。Bu、Fl、Ma 的检测限分别为 20μg/ml、17μg/ml、16μg/ml，方法 *RSD* 均＜0.1%	30，31
热分析与傅里叶变换红外光谱联用技术	纤维素热裂解机理	热天平出口与 FTIR 气体池用 PTFE 管连接，通以高纯氮气(流速 40ml/min)，预热到 180℃。光谱范围为 4000～$400cm^{-1}$，分辨率为 $1cm^{-1}$。TGA 的升温速率为 20K/min，温度范围是 303～1273K	研究了纤维素的热裂解行为。结果表明纤维素热分解主要发生在 550～670K，680K 以后热失重很缓慢，在此温度下固体残留物的质量分数为 14.7%。在线红外分析表明，纤维素热裂解过程中先析出游离水，随后发生解聚和脱水反应，形成各种烃类、醇类、醛类和酸类等物质，随后这些大分子物质二次降解为以甲烷和一氧化碳为主的气体产物	32

续表

联用方法	测定体系	测试方法	主要结果	参考文献
热分析与傅里叶变换红外光谱联用技术	纳米掺铁二氧化钛	样品以 10K/min 的升温速率进行动态实验。将不同的升温阶段的样品做红外分析，以考察样品的分解状况	分析了不同煅烧温度下的纳米掺铁二氧化钛样品，研究了溶胶-凝胶(sol-gel)方法制备的纯二氧化钛和掺铁二氧化钛干凝胶的热分解和晶化过程	33
	多组分混合气体定量分析	联用装置同文献[85]，FTIR 条件：DTGS 检测，光谱范围为 4000～400cm^{-1}，动镜速度 0.6329cm/s，扫描 4 次，分辨率 4cm^{-1}	提出一种依据气体混合物的红外特征吸收谱带强度的时间分布来确定 TG-FTIR 联用中多组分气体产物逸出体积流量的定量计算方法，并以氧气气氛中炭黑固体样品反应生成 CO_2、CO、SO_2 等气体的实验为例，讨论了载气流速对定量结果的影响	34
	玉米秸秆热解物	保护气和吹扫气(高纯氮气)流量分别为 20ml/min 和 130ml/min，升温速率 20℃/min。气体输送管温度 180℃，气体池温度 220℃。装样后用氮气吹扫 1h，升温至 40℃恒温 5min，继续升温至 105℃恒温 5min，最后加热至 900℃恒温 10min	研究了玉米秸秆各部分(秸秆皮、秸秆瓤、叶子及苞叶)的热解产物主要为 CO_2、CO、CH_4、H_2O 以及少量丙酸类物质；秸秆皮和秸秆瓤热解气体的析出呈单峰形状，而叶子和苞叶热解气体析出呈双峰形状。各部分热解最大失重率对应的热解温度为 360～371℃，相差较小；对玉米秸秆的同一部分，主要热解产物的最大失重率对应的热解温度基本相同	35
	混煤热解	TG-FTIR 接口和气体传输管的温度均为 180℃。载气为高纯 N_2，流量 90ml/min。两段加热：25～1000℃，加热速率 25℃/min；1000～1200℃ 加热速率为 10℃/min。IR 分辨率为 4cm^{-1}，扫描次数 20 次	混煤在惰性气氛中的热解与单煤的热解相似，但热解组分析出量不是单煤热解析出量的简单叠加。IR 分析表明，混煤热解气体析出规律受掺混煤种的影响很大，高活性煤种的存在会降低混煤热解的初析温度。增加热解气体的析出量，其掺混比例越高，影响也越明显	36
	垃圾衍生燃料(RDF)	取干燥样品 5～10 mg 置于铂坩埚，升温速率 20℃/min，热解终温为 800℃，氮气流速为 30ml/min。红外光谱条件：扫描 32 次，分辨率 1cm^{-1}，N_2 吹扫，流量 20ml/min	研究了中小城市 RDF 的热解特性，求解了热解反应动力学参数。结果表明 RDF 具有较高热值，煤的混入具有良好的助燃效果，单一组分及 RDF 混合组分的热解服从动力学基本方程规律，可用来获得动力学参数	37
	乙酰化淀粉(SA)	样品量 8～11mg，加热速率分别为 5℃/min (50～400℃)和 10℃ (400～600℃)。氮气吹扫(60ml/min)。连接管和气体池均为 225℃。光谱分辨率 4cm^{-1}，时间分辨率 14s	结合水解、^{1}H NMR 分析了 SA 的取代度。用 DTG 预测取代度百分比系数为 98，如果和红外结合可测得更精确的值为 98.7	38
	丙二酸镉(CdPA)水合物	10mg 样品放入铂坩埚，加热速率 5℃/min，红外光谱范围 4000～500cm^{-1}，KBr 压片，分辨率 4cm^{-1}	结合 TG-MS 研究发现，水合水含量强烈影响分解反应方式，CdPA 水合物在 80～170℃ 脱水，无水 CdPA 在 250℃ 分解，分解的固体产物主要是金属镉，气体产物为 CO_2、丙酮、异丁烯和丙炔以及痕量的水、乙酸及 O_2	39

续表

联用方法	测定体系	测试方法	主要结果	参考文献
热分析与傅里叶变换红外光谱联用技术	EVA，PVC，纤维素	样品放入 Pt 坩埚，加热速率 1～30℃/min，氮气氛围，加热管和气体池 250℃，红外光谱范围 4000～400cm^{-1}，分辨率 8cm^{-1}	研究了不同加热速率下聚合物的裂解行为。提出了失重的动力学模型，实验结果和动力学参数与发表数据进行了对比，IR 分析证实 EVA 初始损失为乙酸，而 PVC 的为 HCl	40
	聚氰化氢(PHC)	甲酰胺在油浴中 220℃加热搅拌 17 h，变黑。用 FTIR 识别裂解产物	热处理甲酰胺会产生 PHC，在 300～850℃下会连续释放 HCN，从 200℃有 NH_3、350℃起有异氰酸一起释放，这种释放和彗星发射 HCN 或 CN 自由基类似。甲酰胺热分解产物除 PHC 外，还有 CO、NH_3、HCN，另外还有氨基甲酸铵和碳酸铵形成。异氰酸和异构体是甲酰胺分解的二级产物	41
	阻燃剂 PMEPP	加热速率 20℃/min，光谱范围 4000～400cm^{-1}，分辨率 4cm^{-1}，扫描 64 次	结合限定氧指数、UL-94 测试、EDS 以及热分析等表征了新型阻燃剂 PMEPP。热学特征用 DSC 和 TGA 表征，热分解产物证实为酚、醛、RCHO、CO_2、CO、水以及烷烃。提出了 PMEPP 热降解机理	42
	聚酰亚胺/马来酸酐改性碳纳米管(mCNT/PI)	光谱范围 4000～700cm^{-1}	讨论了 mCNT/PI 纳米复合物降解的动力学行为。并基于活化能和 mCNT 含量的关系计算了 Ozawa 和 Kissinger 定理	43
	微藻类样品，微绿球藻	氮气氛下热解，加热速率 35℃/min，转移管及气体池可加热到 473K	研究了微绿球藻热解中气化产物随时间的演变。微藻细胞破碎后用己烷提取，用 TG-FTIR 分析了萃取物和萃取残基	44
	内生微孔聚合物(C-PIMs)的脱羧诱导交联	样品置于陶瓷舟中，在 200℃下干燥 0.5h，以 5℃/min 升到 375℃，保持 40min	结合 FTIR、TGA-MS 及凝胶含量分析研究了 C-PIMs 的脱羧交联。提出了最佳交联温度以及可能的交联通道	45
	乙酸盐插层的羟基双层盐(HDS)	加热速率 20℃/min，温度 50～600℃	研究了两种 HDS 的热降解。物理吸附和层间水在 50～150℃失去，乙酸、丙酮、水、CO_2 在高温下释放，酮化通过 ZnO 表面的乙酸吸附分解产生	46
	十二烷基化单壁碳纳米管	热降解在一个同时记录 DSC-TGA 的仪器上进行，释放的气体物质进入 FTIR 仪器进行分析	不同金属(Li、Na)制备的十二烷基化 SWNTs 在脱烷基转变为原始 SWNT 的温度范围不同，Na 比 Li 高，但是 K 的温度范围很宽，在 180～500℃之间	47
	金属膨胀阻燃石蜡(IFR)	加热速率 20℃/min，30～600℃，氮气氛，气体池和转移管温度 230℃	不同金属(Fe、Mg、Al、Zn)能影响石蜡/IFR 作为相转换材料的热降解并增加烧焦量。有金属时挥发分会减少，CO_2 增加，同时阻燃效率增加。提出了石蜡/IFR 的阻燃机理	48

续表

联用方法	测定体系	测试方法	主要结果	参考文献
热分析与傅里叶变换红外光谱联用技术	废棕榈油的裂解	热解物用载气(120ml/min)吹扫到气体池，气体池和转移管温度为230℃，光谱范围 4000～500cm^{-1}，分辨率 2.5cm^{-1}	测定了棕榈油的裂解特征和热解气体，这些废油很容易分解，大多数热失重在220～340℃之间，裂解过程分为4个阶段：湿气蒸发、半纤维分解、纤维素分解、木质素降解	49
	Eudragit E膜中六元环酐的形成	DSC 加热速率为 10℃/min，样品盘置于反射红外显微镜上，MCT 检测器，DSC/反射 FTIR 体系在 30～320℃下操作，入射角 30°，分辨率 4cm^{-1}	通过加热引起膜分子间酯缩合形成六元环酐。从 180℃起酐相关 IR 峰 1801cm^{-1}、1763cm^{-1}、1007cm^{-1} 即出现，且随温度升高而增加，而二甲氨基的 2820cm^{-1} 和 2770cm^{-1} 峰逐渐减少，说明酐通过酯缩合形成。1801cm^{-1} 和 1763cm^{-1} 不仅仅证明酐羰基的不对称和对称振动，也显示在加热过程中形成六元环	50
	玻璃态PET结构弛豫对结晶过程的影响	样品先以 10℃/min 升到 300℃，并立刻淬火到室温，然后再加热到 200℃。FTIR：光谱范围 4000～650cm^{-1}，样品置于两 KBr 片之间，并夹于 Al DSC 池，分辨率 2cm^{-1}，扫描 32 次。时间分辨率 15s	DSC-FTIR 结合 DSC-XRD 同时研究玻璃态 PET 结构弛豫对结晶过程的影响。成核和构象排序过程快于淬火，未淬火 PET 在冷结晶过程中的放热主要由构象排序引起，而对淬火 PET 来说，长程排序引起冷结晶后期的结晶放热	51
	在固态马来酸依那普利(EM)中二酮哌嗪(DKP)的分子间环化形成	氮气保护，EM 粉末样品加压密封于两 KBr 片之间，置于显微镜热台上加热，MCT 检测，透射模式检测。DSC 显微镜池温度用中央处理器监测，加热速率 3℃/min。记录热响应红外光谱	研究了固态 EM 中 DKP 的形成路径，3250cm^{-1}、1738cm^{-1} 和 1672cm^{-1} 的 IR 谱带表明 DKP 通过分子间环化形成。而且 3215cm^{-1}、1728cm^{-1} 以及 1649cm^{-1} 的消失也证明了 DKP 的形成。DSC-FTIR 显微分析表明，DKP 从 128℃开始形成，达到最大时是 137℃，该法证明 DSC-FTIR 能定性检测 DKP 衍生物的形成	52
	α-晶状体球蛋白膜(α-CM)的二级构象	金属箔片上的 α-CM 样品直接置于 DSC 显微池，并装于 FTIR 显微镜，反射模式分析。加热速率 3℃/min，加热程序 25～120℃，IR 分辨率 4cm^{-1}，通过曲线拟合定量计算酰胺 I 带中的每种成分的组成	研究了 α-CM 在加热-冷却-再加热中的热转变及构象变化。当温度从 25℃升到 120℃时，二级结构成分也在改变，但冷却到 25℃时又回到初始值，加热过程中，α-螺旋、无规芯以及 β-片结构随温度而下降，但 β-反转结构增加。所有这些在冷却后都会恢复，说明 α-CM 具有高的热稳定性和可逆性	53
	甲基纤维素(MC)膜上的水脱附行为	MC 膜涂于铝箔，置于显微热台上，然后装于 FTIR 显微镜，加热速率 3℃/min，反射模式，温度范围 25～200℃，IR 分辨率 4cm^{-1}，扫描 20 次	结合 TGA 研究了水在 MC 上的温度诱导脱附行为。水脱附分两步：35～65℃，峰从 3461cm^{-1} 位移到 3477cm^{-1}，且热失重最大，这是自由水的失去；第二步，＞65℃，为氢键结合水的失去，一直位移至 3481cm^{-1}，失重较慢	54

本表参考文献：

1. 张荣贤，孙桂芳. 分析化学, 2000, 28: 915.
2. 丁亚平，车自有，吴庆生，等, 分析化学, 2003, 31: 1022.
3. 谢宝汉，夏春谷，牛建中，等, 分子催化, 1998, 12: 299.
4. 梁鸣，陈敏，蔡春平，等. 色谱, 2002, 20：577.
5. 王荣民，俞天智，何玉凤，等. 高等学校化学学报, 1999, 20: 1772.
6. 周围，周小平，赵国宏，等, 色谱, 2002, 20: 560.
7. Gurka D F, Titus R, Robins K, et al. Anal Chem, 1996, 68: 4221.
8. Sommer S, Kamps R, Schumm S, et al. Anal Chem, 1997, 69: 1113.
9. Richardson S, Thruston A D, Caughran T V, et al. Environ Sci Technol, 1999, 33: 3368.
10. Mahungu S M, Hansen S L, Artz W E, et al. Food Chem, 1999, 47: 690.
11. Sigrist I A, Manzardo G G G, Amado R, et al. Food Chem, 2003, 51: 3426.
12. Cai J,Lin P,Zhu X,et al. Food Chem,2006,99: 401.
13. Dirinck I, Meyer E, Van Bocxlaer J, et al. J Chromatogr A, 1998, 819: 155.
14. Veness R G, Evans C S. J Chromatogr A, 1996, 721: 165.
15. Vissera T, Sarobeb M, Jenneskens L W. Fuel, 1998, 77: 913.
16. Louden D, Handley A, Taylor S, et al. Anal Chem, 2000, 72: 3922.
17. Louden D, Handley A, Lafont R, et al. Anal Chem, 2002, 74: 288.
18. Wirz R, Ferri D, Baiker A. Anal Chem, 2008, 80: 3572.
19. Venkateshwaran T G, Stewart J T, de Haseth J A, et al. J Pharm Biomed Anal, 1999, 19: 709.
20. Venkateshwaran T G, Stewart J T, Bishop R T, et al. J Pharm Biomed Anal, 1998, 17:57.
21. Murakami,T. Konno H, Fukutsun, et al. J Pharm Biomed Anal, 2008, 47: 553.
22. Surowiec I, Baena J R, Frank J, et al. J Chromatogr A, 2005, 1080: 132.
23. Vonach R, Lendl B, Kellner R. J Chromatogr A, 1998, 824: 159.
24. Auerbach R H, Dost K, Jones D C, et al. Analyst, 1999, 124: 1501.
25. Just U, Jones D J, Auerbach R H,et al. J Biochem Biophys Methods, 2000, 43: 209.
26. Bujalski D R, Chen H, Tecklenburg R E, et al. Macromolecules, 2003, 36: 180.
27. Jarute G, Kainz A, Schroll G, et al. Anal Chem, 2004, 76: 6353.
28. Ramos M L, Tyson J F, Curran D J. Anal Chim Acta, 1998, 364: 107.
29. Gallignani M, Ayala C, Brunetto M R, et al. Talanta, 2003, 59: 923.
30. Armenta S, Quintás G, Moros J, et al. Anal Chim Acta,2002, 468: 81.
31. Quintás G, Armenta S, Morales-Noé A, et al. Anal Chim Acta, 2003, 480: 11.
32. 王树荣，刘倩，骆仲泱等. 浙江大学学报:工学版, 2006, 40(7): 1154.
33. 岳林海，刘清，徐铸德等. 无机化学学报, 2000, 16(6): 933.
34. 陈玲红，吴学成，周昊等. 浙江大学学报:工学版, 2010, 44(8): 1579.
35. 徐砚，朱群益，宋绍国. 热能动力工程, 2012, 27(1): 126.
36. 周俊虎，平传娟，杨卫娟等. 燃料化学学报, 2004, 32(6): 658.
37. 陈江，黄立维，章旭明. 环境科学与技术, 2008, 31(1): 29.
38. Elomaa M, Asplund T, Soininen P, et al. Carbohydrate Polym, 2004, 57: 261.
39. Małecka B, Łacz A, Małecki A. J Anal Appl. Pyrolysis, 2007, 80: 126.
40. Soudais Y, Moga L, Blazek J, et al. J Anal Appl Pyrolysis, 2007, 78: 46.
41. Cataldo F, Lilla E, Ursini O, et al. J Anal Appl Pyrolysis, 2010, 87: 34.
42. Wang G A, Cheng W M, Tu Y L, et al. Polym Degrad Stabil, 2006, 91: 3344.
43. Chou W J, Wang C C, Chen C Y. Polym Degrad Stabil, 2008, 93: 745.
44. Marcilla A, Gómez-Siurana A, Gomis C, et al. Thermochim Acta, 2009, 484: 41.
45. Du N, Dal-Cin M M, Robertson G P. Macromolecules, 2012, 45: 5134.
46. Kandare E, Hossenlopp J M. Inorg Chem, 2006, 45: 3766.
47. Liang F, Alemany L B, Beach J M, et al. J Am Chem Soc, 2005, 127: 13941.
48. Zhang P, Song L, Lu H, et al. Ind Eng Chem Res, 2010, 49: 6003.
49. Yang H, Yan R, Chin T, et al. Energy Fuels, 2004, 18: 1814.
50. Lin S Y, Yu H L,Li M J. Polymer, 1999, 40: 3589.
51. Yoshii T, Yoshida H, Kawai T. Thermochim Acta,2005, 431: 177.
52. Lin S Y, Wang S L, Chen T F, et al. Eur J Pharm Biopharm, 2002, 54: 249.
53. Lin S Y, Ho C J, Li M J, Biophys Chem, 1998, 74: 1.
54. Lin S Y, Wang S L, Wei Y S, et al. Surf Sci, 2007, 601: 781.

参考文献

[1] 袁心强，亓利剑，郑南. 宝石和宝石学杂志, 2005, 7(4)：17.
[2] 付金栋，韦亚兵，施书哲. 高分子通报, 2002(5): 54.
[3] 王海水，席时权. 红外光谱反射技术及其在 LB 膜研究中的应用. 见吴瑾光主编. 近代傅里叶变换红外光谱技术及应用. 上卷. 北京：科学技术文献出版社, 1994: 136.
[4] 翁诗甫. 傅里叶变换红外光谱仪. 北京：化学工业出版

社, 2005.
[5] 陈铁峰, 唐季安, 江龙. 化学通报, 1996,(9): 58.
[6] 陈铁峰, 唐季安. 光谱实验室, 1996,13(1): 6.
[7] Hamilton M. Applications of grazing-angle reflection absorption Fourier transform infrared spectroscopy to the analysis of surface contamination. Doctor Thesis, University of Canterbury, New Zealand, 2007.
[8] 王强, 徐蔚青, 赵冰, 高等学校化学学报, 2003, 23 (1): 174.
[9] Porter M D, Anal Chem, 1988, 60: 1143A.
[10] 周金芳, 杨生荣. 分析测试技术与仪器, 2004, 10(4): 204.
[11] Vandevyver M, barraud A, Maillard P. J Colloid Interf Sci, 1982, 85(2): 571.
[12] 张平, 王乐夫, 李雪辉, 等. 分析化学, 2002, 30(9): 1096.
[13] 李东涛, 李文, 李保庆. 高等学校化学学报, 2002, 23(12): 2325.
[14] McInroy A R, Lundie D T, Winfield J M, et al. Langmuir, 2005, 21: 11092.
[15] Chouillet C, Krafft J M, Louis C, et al. Spectrochim Acta Part A, 2004, 60: 505.
[16] Fondeur F, Mitchell B S. Spectrochim Acta Part A, 2000, 56: 467.
[17] Zholobenko V L, Plant D, Evans A J, et al. Micropor Mesopor Mater, 2001, 44-45: 793.
[18] Bertelli D, Plessi M, Sabatini A G, et al. Food Chem, 2007, 101: 1582.
[19] Panchenko V N, Danilova I G, Zakharov V A, et al. J Mol Catal A-Chem, 2005, 225: 271.
[20] Samuels A C, Zhu C J, Williams B R, et al. Anal. Chem, 2006, 78: 408.
[21] Averett L A, Griffiths P R, Anal Chem, 2006, 78: 8165.
[22] Averett L A, Griffiths P R, Nishikida K. Anal Chem, 2008, 80: 3045.
[23] Janatsch G, Kruse-Jarres J D, Marbach R, et al. Anal Chem, 1989, 61: 2016.
[24] Salari A, Young R E, Int J Pharmaceut, 1998, 163: 157.
[25] Buffeteau T, Desbat B, Eyquem D. Vib Spectrosc, 1996, 11: 29.
[26] Zhu Y, Uchida H, Watanabe M. Langmuir, 1999, 15: 8757.
[27] Kamata T, Kato A, Umemura J, et al. Langmuir, 1987, 3: 1150.
[28] ATR Max II 可变角水平 ATR 附件用户说明书.
[29] Hartstein A,Kirtley J R,Tsang J C, Phys Rev Lett, 1980, 45: 201.
[30] Aroca R F,Ross D J,Domingo C. Appl Spectrosc,2004,58(11): 324A.
[31] Ross D, Aroca R, J Chem Phys, 2002, 117 (17): 8095.
[32] Johnson E, Aroca R, J Phys Chem, 1995, 99: 9325.
[33] Kellner R, Mizaikoff B, Jakusch M, et al. Appl Spectrosc, 1997, 51: 495.
[34] Bjerke A E, Griffiths P R, Theiss W. Anal Chem, 1999, 71: 1967.
[35] Osawa M. Bull Chem Soc Jpn, 1997, 70: 2861.
[36] Osawa M, Ataka K, Yoshii K, et al. Appl Spectrosc, 1993, 47(9): 1497.
[37] Nishikawa Y, Fujiwara K, Ataka K, et al. Anal Chem, 1993, 65: 556.
[38] Kang S Y, Jeon I C, Kim K. Appl Spectrosc, 1998, 52: 278.
[39] Kamnev A A, Dykman L A, Tarantilis P A, et al. Biosci Rep, 2002, 22: 541.
[40] Seelenbinder J A, Brown C W. Appl Spectrosc, 2002, 56: 295.
[41] Seelenbinder J A, Brown C W, Urish D W. Appl Spectrosc,2000, 54: 366.
[42] Domingo C, Garcia-Ramos J V, Sanchez-Cortes S, et al. J Mol Struct,2003, 661-662: 419.
[43] Yoshidome T, Kamata S, Anal Sci, 1997, 13: 351.
[44] Priebe A, Fahsold G, Pucci A. Surf Sci, 2001, 482-485: 90.
[45] Watanabe M, Zhu Y, Uchida H. J Phys Chem B, 2000, 104: 1762.
[46] Lu G Q, Sun S G, Cai L R, et al. Langmuir, 2000, 16: 778.
[47] Seelenbinder J A, Brown C W, Pivarnik P, et al. Anal Chem, 1999, 71: 1963.
[48] Hahn F, Melendres C A. Electrochim Acta, 2001, 46: 3525.
[49] Bjerke A E, Griffiths P R. Appl Spectrosc, 2002, 56: 1275.
[50] 吴平平. 偏振红外光谱法. 见：吴瑾光主编. 近代傅里叶变换红外光谱技术及应用. 北京：科学技术文献出版社, 1994: 302.
[51] 沈德言. 化学通报, 1978(5): 55.
[52] 吴贵芬, 王镇平, 李浪等. 合成纤维工业, 1982(6): 15.
[53] 张荣君, 周鹏, 李莉等. 半导体光电, 2003, 24(6): 399.
[54] 闫金良. 仪器仪表学报, 2007, 28(2): 313.
[55] 周云, 申溯, 叶燕等. 光学学报, 2010, 30(4): 1158.
[56] 张俊喜, 张立德, 常明等. 中国科学院研究生院学报, 2005, 22(4): 401.
[57] Saraga L F, Okamura E, Umemura J. Biochim Biophys Acta, 1988, 946: 417.
[58] Nabedrylc E, Gingold M P, Breton J. Biophys J, 1982, 38: 243.
[59] Menikh A, Saleh M T, Gariepy J, et al. Biochemistry, 1997, 36: 15865.
[60] DeLange F, Bovee-Geurts P H M, Pistorius A M A, et al. Biochemistry,1999, 38: 13200.
[61] Marsh D. Biochemistry, 2009, 48: 729.
[62] Schweitzer-Stenner R. Biophys J, 2002, 83: 523.
[63] Binder H, Lindblom G. Biophys J, 2004, 87: 332.
[64] Holzwarth G, Hsu E C, Mosher H S, et al. J Am Chem

Soc, 1974, 96: 252.

[65] Nafie L A, Cheng J C, Stephens P J, J Am Chem Am Soc, 1975, 97: 3842.

[66] Nafie L A, Diem M, Vidrine D W. J Am Chem Soc, 1979, 101: 496.

[67] Lipp E D, Zimba C G, Nafie L A. Chem Phys Lett, 1982, 90: 1.

[68] Malon P, Kobrinskaya R, Keiderling T A. Biopolymers, 1988, 27: 733.

[69] Keiderling T A, Yasui S C, Narayanan U, et al. "Vibrational Circular Dichroism of Biopolymers" in Spectroscopy of Biological Molecules New Advances ed. Schmid E D, Schneider F W, Siebert F, 1988:73.

[70] Yasui S C, Keiderling T A, Mikrochimica Acta, 1988, Ⅱ: 325.

[71] Keiderling T A. "Vibrational Circular Dichroism of Proteins Polysaccharides and Nucleic Acids", Chapter 8 in Physical Chemistry of Food Processes, Vol. 2 Advanced Techniques, Structures and Applications., eds I C Baianu, Pessen H, Kumosinski T, et al. New York, 1993: 307.

[72] Polavarapu P L, Shanmugam G. Chirality, 2011, 23: 801.

[73] Hilario J, Drapcho D, Curbelo R, et al. Appl Spectrosc, 2001, 55: 1435.

[74] Ranjbar B, Gill P. Chem Biol Drug Des, 2009, 74: 101.

[75] Keiderling T A. Curr Opin Chem Biol, 2002, 6: 682.

[76] HINDS Instruments Inc,用户应用材料.

[77] Michaelian K H, Photoacoustic infrared spectroscopy. Hoboken, New Jersey:Wiley Interscience, 2003.

[78] 罗森威格 A. 光声学和光声谱学. 王耀俊, 张淑仪, 卢宗桂译. 北京: 科学出版社, 1986.

[79] 泽田嗣郎. 光声光谱法及其应用. 赵贵文, 苏庆德, 齐文启等译. 合肥: 安徽教育出版社, 1985.

[80] Bell A G. Am J Sci, 1880, 20: 305.

[81] Bell A G. Philos Mag, 1881, 11(5): 510.

[82] Viengerov M L. Dokl Akad Nank SSSR, 1938, 19: 687.

[83] Rosencwaig A, Gersho A. Science, 1975, 190: 556.

[84] Rosencwaig A, Gersho A. J Appl Phys, 1976, 47: 64.

[85] Adams M J, King A A, Kirkbright G F. Analyst, 1976, 101: 73.

[86] Adams M J, Beadle B C, King A A. Analyst, 1976, 101: 553.

[87] Adams M J, Kirkbright G F. Analyst, 1977, 102: 281.

[88] Adams M J, Kirkbright G F. Analyst, 1977, 102: 678.

[89] 张元福. 傅里叶变换红外光热光声光谱技术. 见: 吴瑾光. 近代傅里叶变换红外光谱技术及应用. 上卷. 北京: 科学技术文献出版社, 1994, 348.

[90] Jiang E Y.Advanced FT-IR Spectroscopy. Thermo Electron Corporation, 2003, 15.

[91] Mcclelland J F, Jones R W, Luo S,et al.A Practical Guide to FT-IR photoacoustic spectroscopy. in:P. B. Coleman, Practical Sampling Techniques for Infrared Analysis. CRC Press, 1992.

[92] Jiang E Y, Palmer R A. J Appl Phys, 1995, 78: 460.

[93] Kiland B R, Urban M W, Ryntz R A. Polymer, 2000, 41: 1597.

[94] Jones R W, Mcclelland J F. Appl Spectrosc, 1996, 50: 1258.

[95] Pol V G, Srivastava D N, Palchik O, et al. Langmuir, 2002, 18: 3352.

[96] Michaelian K H, Billinghurst B E, Shaw J M, et al. Vib Spectrosc, 2009, 49: 28.

[97] McQueen D H, Wilson R, Kinnunen A. Trend Anal Chem, 1995, 14: 482.

[98] Schmid T, Panne U,Niessner R,et al. AnalChem, 2009, 81:2403.

[99] de Juan A, Maeder M, Hancewicz T, et al. Chemometric tools for image analysis, in Salzer R, Siesler H W, ed. Infrared and Raman Spectroscopic Imaging, Wiley-VCH Verlag GmbH & Co. KGaA, Weinheim, 2009:65.

[100] Levin I W, Bhargava R. Annu Rev Phys Chem, 2005, 56: 429.

[101] Dumas P, Tobin M J. Spectrosc Eur, 2003, 15 (6): 17.

[102] Yu P Q, Agric J. Food Chem, 2005, 53: 2872.

[103] Yu P Q, McKinnon J J, Christensen C R, et al. J Agric Food Chem, 2004, 52: 7345.

[104] Yu P, Wang R, Bai Y. J Agric Food Chem, 2005, 53: 9297.

[105] Dokken K M, Davis L C. J Agric Food Chem, 2007, 55: 10517.

[106] Griffiths P R. Infrared and Raman Instrumentation for mapping and imaging, in Salzer R, Siesler H W, ed. Infrared and Raman Spectroscopic Imaging, Wiley-VCH Verlag GmbH & Co. KGaA, Weinheim, 2009:3.

[107] Lewis E N, Treado P J, Reeder R C, et al. Anal Chem, 1995, 67: 3377.

[108] Snively C M, Oskarsdottir G, Lauterbach J. Catalysis Today, 2001, 67: 357.

[109] Sommer A J, Tisinger L G, Marcott C, et al. Appl Spectrosc, 2001, 55: 252.

[110] Kazarian S G, Chan K L A. Appl Spectrosc, 2010, 64: 135A.

[111] Bhargava R, Wall B G, Koenig J L. Appl Spectrosc, 2000, 54: 470.

[112] Lewis L L, Sommer A J. Appl Spectrosc, 2000, 54: 324.

[113] Lewis L L, Sommer A J. Appl Spectrosc, 1999, 53: 375.

[114] Mazzeo R, Joseph E, Prati S, et al. Anal Chim Acta, 2007, 599: 107.

[115] Zhou X, Zhang P D, Jiang X T, et al. Vib Spectrosc, 2009, 49: 17.

[116] Spring M, Ricci C, Peggie D A, et al. Anal Bioanal Chem, 2008, 392: 37.

[117] Van Dalen G, Heussen P C M, Den Adel R, et al. Appl Spectrosc, 2007, 61: 593.

[118] Chan K L A, Kazarian S G. Appl Spectrosc, 2003, 57: 381.
[119] Song Y C, Ryu J Y, Malek M A,et al. Anal Chem, 2010, 82: 7987.
[120] Jung H J, Malek M A, Ryu J Y,et al. Anal Chem, 2010, 82: 6193.
[121] Malek M A, Kim B W, Jung H J, et al. Anal Chem, 2011, 83: 7970.
[122] Gupper A, Wilhelm P, Schmied M, et al. Appl Spectrosc, 2002, 56: 1515.
[123] Sommer A J, Tisinger L G, Marcott C, et al. Appl Spectrosc, 2001, 55: 252.
[124] Nagle D J, George G A, Rintoul L, et al. Vib Spectrosc, 2010, 53: 24.
[125] Kazarian S G, Chan K L A, Maquetb V, et al. Biomaterials, 2004, 25: 3931.
[126] Tetteh J, Mader K T, Andanson J M, et al. Anal Chim Acta, 2009, 642: 246.
[127] Sorber J, Steiner G, Schulz V, et al. Anal Chem, 2008, 80: 2957.
[128] Chan K L A, Kazarian S G. Lab Chip, 2006, 6: 864.
[129] Chan K L A, Govada L, Bill R M, et al. Anal Chem, 2009, 81: 3769.
[130] Kazarian S G. Anal Bioanal Chem, 2007, 388: 529.
[131] Chan K L A, Kazarian S G. J Comb Chem, 2005, 7: 185.
[132] Chan K L A, Kazarian S G. J Comb Chem, 2006, 8: 26.
[133] Chan K L A, Niu X, de Mello A J, et al. Lab Chip, 2010, 10: 2170.
[134] Kazarian S G, van der Weerd J. Pharm Res, 2008, 25: 853.
[135] Kazarian S G, Chan K L A. Macromolecules, 2003, 36: 9866.
[136] Eilers P. Anal Chem, 2004, 76: 404.
[137] Burger J, Geladi P. J Chemom, 2006, 20: 106.
[138] Gallagher N B, Shaver J M, Martin E B, et al. Chemom Intell Lab Syst, 2004, 73: 105.
[139] Batonneau Y, Bremard C, Laureyns J, et al. J Phys Chem, 2003, 107: 1502.
[140] Chtioui Y, Bertrand D, Barba D. J Sci Food Agric, 1998, 76: 77.
[141] Ramos P M, Ruisánchez I. Anal Chim Acta, 2006, 558: 274.
[142] Liu J J, McGregor J F. Chemom Intell Lab Syst, 2007, 85: 119.
[143] Krooshof P W T, Tran T N, Postma G J, et al. Trends Anal Chem, 2006, 25: 1067.
[144] Burger J, Geladi P. J Chemometrics, 2006, 20: 106.
[145] Burger J, Geladi P. Analyst, 2006, 131: 1152.
[146] de Juan A, Tauler R, Dyson R, et al. Trends Anal Chem, 2004, 23: 70.
[147] Wang J H, Hopke P K, Hancewicz T M, et al. Anal Chim Acta, 2003, 476: 93.
[148] Duponchel L, Elmi-Rayaleh W, Ruckebusch C, et al. J Chem Inform Comput Sci, 2003, 43: 2057.
[149] Windig W, Guilment J. Anal Chem, 1991, 63: 1425.
[150] Noda I. Bull Am Phys Soc, 1986, 31: 520.
[151] Noda I. Appl Spectrosc, 1993, 47: 1329.
[152] Noda I, Dowrey A E, Marcott C, et al. Appl Spectrosc, 2000, 54: 236A.
[153] 王琪，胡鑫尧. 光谱学与光谱分析, 2000, 20: 175.
[154] 孙素琴，周群，秦竹. 中药二维相关红外光谱鉴定图集, 北京: 化学工业出版社, 2003: 1.
[155] Sasic S, Ozaki Y. Anal Chem, 2001, 73: 2294.
[156] 彭云，沈怡，武培怡,等. 分析化学,2005, 33: 1499.
[157] 王梦吟，武培怡. 化学进展, 2010, 22: 962.
[158] Noda I. J Am Chem Soc, 1989, 111: 8116.
[159] Noda I. Appl Spectrosc, 1990, 44: 550.
[160] Noda I. Vib Spectrosc, 2004, 36: 143.
[161] Noda I. J Mol Struct, 2006, 799: 2.
[162] Noda I. J Mol Struct, 2008, 883-884: 2.
[163] 吴强，王静. 化学通报, 2000, 8: 45.
[164] 窦晓鸣，袁波，赵海鹰，等. 中国科学: B, 2003, 33: 449.
[165] Noda I. Chemtract-Macromol Chem, 1990, 1: 89.
[166] Muik B, Lendl B, Molina-Diaz A, et al. Anal Chim Acta, 2007, 593: 54.
[167] Hu B W, Zhou P, Noda I, et al. J Phys Chem B, 2006, 110: 18046.
[168] Jung Y M, Czarnik-Matusewicz B, Ozaki Y. J Phys Chem B, 2000, 104: 7812.
[169] Sasic S, Muszynski A, Ozaki Y. J Phys Chem A, 2000, 104: 6380.
[170] Sasic S, Muszynski A, Ozaki Y, J Phys Chem A, 2000, 104: 6388.
[171] Ferreira A P, Menezes J C Biotechnol Prog, 2006, 22: 866.
[172] Hu Y, Zhang Y Li B et al. Appl Spectrosc, 2007, 61: 60.
[173] Wang L X, Wu Y Q Meersman F Vib Spectrosc, 2006, 42: 201.
[174] Wang L X, Wu Y Q, Meersman F. J Mol Struct, 2006, 799: 85.
[175] Thomas M, Richardson H, Vib Spectrosc, 2000, 24: 225.
[176] Morita S, Shinzawa H, Noda I. Appl Spectrosc, 2006, 60: 398.
[177] Watanabe A, Morita S, Ozaki Y. Appl Spectrosc, 2006, 60: 611.
[178] Zhou Q, Sun S Q, Zhan D Q, et al. J Mol Struct, 2008, 883-884: 109.
[179] Noda I. Appl Spectrosc, 2000, 54: 994.
[180] Noda I, Dowrey A E, Mareott C, Appl Spectrosc, 1993, 47: 1317.
[181] Sun B J, Jin Q, Tan L S, et al. J Phys Chem B, 2008, 112:

14251.
[182] Sun B J, Shang W, Jin Q, et al. Vib Spectrosc, 2009, 51: 93.
[183] Li B B, Zhang P D, Sci China Chem, 2010, 53: 1190.
[184] Huang H, Anal Chem, 2007, 79: 8281.
[185] 王琪，胡鑫尧. 光谱学与光谱分析, 2000, 20: 175.
[186] 李红志，孔繁敖. 光谱学与光谱分析, 1998, 18: 152.
[187] 韩哲文，王学斌，李红志等. 傅里叶变换红外动态光谱和时间分辨光谱. 见：吴瑾光主编. 近代傅里叶变换红外光谱技术及应用. 上卷. 北京：科学文献出版社, 1994: 394.
[188] Smith G D, Palmer R A , “Handbook of Vibrational Spectroscopy”, eds Chalmers J M, Griffths P R, John Wiley&Sons, 2002, Vol. 1.
[189] Griffiths P R, Hirsche B L, Manning C J, Vib Spectrosc, 1999, 19: 165.
[190] Palmer R A, Smith G D, Chen P Y, Vib, Spectrosc 1999, 19: 131.
[191] Rammelsberg R, Boulas S, Chorongiewski H, et al. Vib Spectrosc, 1999, 19: 143.
[192]宋果男，傅里叶变换红外光谱联用技术. 见. 吴瑾光主编. 近代傅里叶变换红外光谱技术及应用. 上卷. 北京：科学文献出版社, 1994: 187.
[193] Griffiths P R, Appl Spectrosc, 1977, 31: 284.
[194] Reedy G T, Bourne S, Cunningham P T. Anal Chem, 1979, 51: 1535.
[195] Bourne S A, Reedy G T, Coffey P, et al. Am Lab, 1984, 16: 90.
[196] Borman S A, Anal Chem, 1984, 56: 936A.
[197] Reedy G T, Ettinger D G, Schneider J F, et al. Anal Chem, 1985, 57: 1602.
[198] 林水水，刘友婴. 分析仪器, 1986 (3), 49.
[199] 连詠明. 广州化工, 1986 (1): 65.
[200] Bowater I C, Brown R S, Cooper J R, et al. Anal Chem, 1986, 58: 2195.
[201] de Haseth J A, Isenhour T L, Anal Chem, 1977, 49: 1977.
[202] Hellgeth J W, Taylor L T. Anal Chem, 1987, 59: 295.
[203] Johnson C C, Taylor L T, Anal Chem, 1984, 56: 2642.
[204] Johnson C C, Hellgeth J W, Taylor L T , Anal Chem, 1985, 57, 610.
[205] Sabo M, Gross J, Wang J S, et al. Anal Chem, 1985, 57: 1822.
[206] Kuehi D, Griffiths P R, J Chromatogr Sci, 1979, 17: 471.
[207] Conroy C M, Griffiths P R, Jinno K, Anal Chem, 1985, 57: 822.
[208] Conroy C M, Griffiths P R, Duff P J, et al. Anal Chem, 1984, 56: 2636.
[209] Gagel J J, Biemann K, Anal Chem, 1986, 58: 2184.
[210] Gagel J J, Biemann K, Anal Chem, 1987, 59: 1266
[211] Kalasinsky K S, Smith J A S, Kalasinsky V F, Anal Chem, 1985, 57: 1969.
[212] Lange A J, Griffiths P R, Fraser J J, Anal Chem, 1991, 63: 782.
[213] Brown R S, Hausler D W, Taylor L T, Anal Chem, 1980, 52: 1511.
[214] Brown R S, Hausler D W, Taylor L T, et al. Anal Chem, 1981, 53: 197.
[215] Shafer K H, Griffiths P R, Anal Chem, 1983, 55: 1939.
[216] Wieboldt R C, Hanna D A, Anal Chem, 1987, 59: 1255.
[217]黄威东，王清海，朱道乾，等，光谱学与光谱分析, 1992,12: 37.
[218] French S B, Novotny M, Anal Chem, 1986, 58: 164.
[219] Gallignani M, Brunetto M del R, Talanta, 2004, 64: 1127.
[220] Curran D J, Collier W G. Anal Chim Acta, 1985, 177: 259.
[221] de la Guardia M, Garrigues S, Gallignani M, et al. Anal Chim Acta, 1992, 261: 53.
[222] Garrigues S, Vidal M T, Gallignani M, et al. Analyst, 1994, 119: 659.
[223] Lendl B, Kellner R, Mikrochim Acta, 1995, 119: 73.
[224] Lopez-Anreus E, Garrigues S, de la Guardia M, Anal Chim Acta, 1995, 308: 28.
[225] Lopez-Anreus E, Analyst, 1998, 123: 1247.
[226]Perez-Ponce A, Garrigues S, de la Guardia M. Vib Spectrosc, 1998, 16:61.
[227]Casella A R, de Campos R C, Garrigues S, et al. Fresenius J Anal Chem, 2000, 367: 556.
[228]Cassella A R, Garrigues S, Campos R C, et al. Talanta, 2001, 54: 1087.
[229]Gallignani M, Ayala C, Brunetto M R, et al. Analyst, 2002, 127: 1705.
[230]Gallignani M, Ayala C, Brunetto M R, et al. Talanta, 2003, 59: 923.
[231]Garrigues S, Gallignani M, de la Guardia M. Anal Chim Acta, 1993, 281: 259.
[232]Lopez-Anreus E,Garrigues S, de la Guardia M. Fresenius J Anal Chem, 1995, 351: 724.
[233]Gallignani M, Garrigues S, de la Guardia M. Anal Chim Acta, 1993, 274: 267.
[234]Gallignani M, Garrigues S, de la Guardia M. Analyst, 1994, 119: 653.
[235]Ramos M L, Tyson J F, Curran D J. Anal Chim Acta, 1998, 364: 107.
[236]Sanchez-Masi M J, Garrigues S, Cervera M L, et al. Anal Chim Acta, 1998, 361: 253.
[237]Armenta S, Quintas G, Moros J, et al. Anal Chim Acta, 2002, 468: 81.
[238]Quintas G, Armenta S, Morales Noe A, et al. Anal Chim Acta, 2003, 480: 11.

[239] Gallignani M, Garrigues S, de la Guardia M. Anal Chim Acta, 1994, 296: 155.
[240] Petibois C, Rigalleau V, Melin A M, et al. Clin Chem, 1999, 45: 1530.
[241] Max J, Trudel M, Chapados C. Appl. Spectrosc, 1998, 52: 226.
[242] Lin S Y, Wang S L. Adv Drug Deliver Rev, 2012, 64: 461.
[243] Ziegler B, Herzog K, Salzer R, J Mol Struct, 1995, 348: 457.

第九章 化合物的特征红外频率和红外光谱图

第一节 化合物的特征红外频率

对红外吸收光谱的研究已逾百年，在长期的发展过程中积累了大量的已知化合物的红外吸收光谱图以及各种官能团的特征频率资料，这是解析红外光谱图和红外定性分析的基础。本节给出了一些小分子的基频振动频率、部分双原子分子和构成多原子分子和离子的双原子单元的伸缩振动频率、无机化合物的红外特征频率和有机化合物官能团的红外特征频率。

一、一些小分子的基频振动频率

表 9-1 给出了一些小分子的基频振动频率，包括三、四、五原子的稳定分子和不稳定的自由基，表中给出的数据一般来自气相红外和拉曼光谱，其中，有一部分是来自液相或基体自由光谱。分子按结构类型分类。

表 9-1 一些小分子的基频振动频率 单位：cm^{-1}

XY_2 分子点群 $D_{\infty h}$(线形)和 C_{2v}（弯曲形）									
分子	结构	对称伸缩	弯曲	不对称伸缩	分子	结构	对称伸缩	弯曲	不对称伸缩
CO_2	线形	1333	667	2349	NH_2	弯曲形	3219	1497	3301
CS_2	线形	658	397	1535	NO_2	弯曲形	1318	750	1618
C_3	线形	1224	63	2040	NF_2	弯曲形	1075	573	942
CNC	线形	—	321	1453	ClO_2	弯曲形	945	445	1111
NCN	线形	1197	423	1476	CH_2	弯曲形	—	963	—
BO_2	线形	1056	447	1278	CD_2	弯曲形	—	752	—
BS_2	线形	510	120	1015	CF_2	弯曲形	1225	667	1114
KrF_2	线形	449	233	590	CCl_2	弯曲形	721	333	748
XeF_2	线形	515	213	555	CBr_2	弯曲形	595	196	641
$XeCl_2$	线形	316	—	481	SiH_2	弯曲形	2032	990	2022
H_2O	弯曲形	3657	1595	3756	SiD_2	弯曲形	1472	729	1468
D_2O	弯曲形	2671	1178	2788	SiF_2	弯曲形	855	345	870
F_2O	弯曲形	928	461	831	$SiCl_2$	弯曲形	515	—	505
Cl_2O	弯曲形	639	296	686	$SiBr_2$	弯曲形	403	—	400
O_3	弯曲形	1103	701	1042	GeH_2	弯曲形	1887	920	1864
H_2S	弯曲形	2615	118	2626	$GeCl_2$	弯曲形	399	159	374
D_2S	弯曲形	1896	855	1999	SnF_2	弯曲形	593	197	571
SF_2	弯曲形	838	357	813	$SnCl_2$	弯曲形	352	120	334
SCl_2	弯曲形	525	208	535	$SnBr_2$	弯曲形	244	80	231

续表

XY_2 分子点群 $D_{\infty h}$(线形)和 C_{2v}（弯曲形）

分 子	结 构	对称伸缩	弯 曲	不对称伸缩	分 子	结 构	对称伸缩	弯 曲	不对称伸缩
SO_2	弯曲形	1151	518	1362	PbF_2	弯曲形	531	165	507
H_2Se	弯曲形	2345	1034	2358	$PbCl_2$	弯曲形	314	99	299
D_2Se	弯曲形	1630	745	1696	ClF_2	弯曲形	500	—	576

XYZ 分子点群 $C_{\infty v}$(线形)和 C_s（弯曲形）

分 子	结 构	XY 伸缩	弯 曲	YZ 伸缩	分 子	结 构	XY 伸缩	弯 曲	YZ 伸缩
HCN	线形	3311	712	2097	CCN	线形	1060	230	1917
DCN	线形	2630	569	1925	CCO	线形	1063	379	1967
FCN	线形	1077	451	2323	HCO	弯曲形	2485	1081	1868
ClCN	线形	744	378	2216	HCC	线形	3612	—	1848
BrCN	线形	575	342	2198	OCS	线形	2062	520	859
ICN	线形	486	305	2188	NCO	线形	1270	535	1921
NNO	线形	2224	589	1285	HOF	弯曲形	3537	886	1393
HNB	线形	3675	—	2035	HOCl	弯曲形	3609	1242	725
HNC	线形	3653	—	2032	HOO	弯曲形	3436	1392	1098
HNSi	线形	3583	523	1198	FOO	弯曲形	579	376	1490
HBO	线形	—	754	1817	ClOO	弯曲形	407	373	1443
FBO	线形	—	500	2075	BrOO	弯曲形	—	—	1487
ClBO	线形	676	404	1958	HSO	弯曲形	—	1063	1009
BrBO	线形	535	374	1937	NSF	弯曲形	1372	366	640
FNO	弯曲形	766	520	1844	NSCl	弯曲形	1325	273	414
ClNO	弯曲形	596	332	1800	HCF	弯曲形	—	1407	1181
BrNO	弯曲形	542	266	1799	HCCl	弯曲形	—	1201	815
HNF	弯曲形	—	1419	1000	HSiF	弯曲形	1913	860	834
HNO	弯曲形	2684	1501	1565	HSiCl	弯曲形	—	808	522
HPO	弯曲形	2095	983	1179	HSiBr	弯曲形	1548	774	408

对称 XY_3 分子点群 D_{3v}（角锥形）和 D_{3h}(平面形)

分 子	结 构	对称伸缩	对称变形	简并伸缩	简并伸缩	分 子	结 构	对称伸缩	对称变形	简并伸缩	简并伸缩
NH_3	角锥形	3337	950	3444	1627	AsI_3	角锥形	219	94	224	71
ND_3	角锥形	2420	748	2564	1191	$AlCl_3$	角锥形	375	183	595	150
PH_3	角锥形	2323	992	2328	1118	SO_3	平面形	1065	498	1391	530
AsH_3	角锥形	2116	906	2123	1003	BF_3	平面形	888	691	1449	480
SbH_3	角锥形	1891	782	1894	831	BH_3	平面形	—	1125	2808	1640
NF_3	角锥形	1032	647	907	492	CH_3	平面形	—	606	3161	1396
PF_3	角锥形	892	487	860	344	CD_3	平面形	—	453	2369	1029
AsF_3	角锥形	741	337	702	262	CF_3	角锥形	1090	701	1260	510
PCl_3	角锥形	504	252	482	198	SiF_3	角锥形	830	427	937	290
PI_3	角锥形	303	111	325	79						

线形 XYYX 分子点群 $D_{\infty h}$

分 子	对称 XY 伸缩	不对称 XY 伸缩	YY 伸缩	弯 曲	
C_2H_2	3374	3289	1974	612	730
C_2D_2	2701	2439	1762	505	537
C_2N_2	2330	2158	851	507	233

续表

平面 X_2YZ 分子点群 C_{2v}						
分 子	对称 XY 伸缩	YZ 伸缩	YX_2 剪式	不对称 XY 伸缩	YX_2 平面摇摆	YX_2 非平面摇摆
H_2CO	2783	1746	1500	2843	1249	1167
D_2CO	2056	1700	1106	2160	990	938
F_2CO	965	1928	584	1249	626	774
Cl_2CO	567	1827	285	849	440	580
O_2NF	1310	822	568	1792	560	742
O_2NCl	1286	793	370	1685	408	652

四面体 XY_4 分子点群 T_d							
分 子	对称伸缩	简并变形(e)	简并变形(f)	分 子	对称伸缩	简并变形(e)	简并变形(f)
CH_4	2917	1534	3019,1306	GeH_4	2106	931	2114, 819
CD_4	2109	1092	2259,996	GeD_4	1504	665	1522, 596
CF_4	909	435	1281,632	$GeCl_4$	396	134	453, 172
CCl_4	459	217	776,314	$SnCl_4$	366	104	403, 134
CBr_4	267	122	672,182	$TiCl_4$	389	114	498, 136
CI_4	178	90	555,125	$ZrCl_4$	377	98	418, 113
SiH_4	2187	975	2191,914	$HfCl_4$	382	102	390, 112
SiD_4	1558	700	1597,681	RuO_4	885	322	921, 336
SiF_4	800	268	1032,389	OsO_4	965	333	960, 329
$SiCl_4$	424	150	621,221				

二、部分双原子分子和构成多原子分子及离子的双原子单元的伸缩振动频率

表 9-2 给出了部分双原子分子和构成多原子分子和离子的双原子单元的伸缩振动频率，所列频率范围的上限是文献中给出的最大值，下限是文献中的最小值。

表 9-2 部分双原子分子和双原子单元的伸缩振动频率

双原子单元	实 例	频率 σ/cm^{-1}	参考文献	双原子单元	实 例	频率 σ/cm^{-1}	参考文献
AgC	Ag(Ⅰ)—C	390～360	1	AsD	As—D	1534～1529	1,10,11
AgO	Ag—O	645	3	AsF	As—F	740～644	1,3,11
AlBr	Al—Br	491～407	1		$[AsF_6]^-$	706～682	3,6
AlC	Al—C	690～508	2,12	AsH	As—H	2185～2122	1,9～11
AlCl	Al—Cl	625～484	1,3		$[AsH_4]^+$	2174～2146	11
	$[AlCl_4]^-$	580～349	1～3,11	AsI	As—I	226～201	1,3,11
AlF	Al—F	935	11	AsO	As—O	500	3
	$[AlF_4]^-$	599	2		As═O	880～840	10
AlH	Al—H	1832～1675	2,6		$[AsO_4]^{3-}$	878～800	1,6,11
	$[AlH_4]^-$	1790～1740	1,7	AsPd	Pd—As	342～268	3
AlI	Al—I	406～344	1	AsPt	Pt—As	334～242	3
AlO	Al—O	699～499	3	AsS	As—S	480	6
AsAu	Au—As	268～265	3		As═S	490～470	6
AsBr	As—Br	284～275	1,3,11		$[AsS_4]^{3-}$	419～386	1
AsCl	As—Cl	412～307	1,3,11	AsSe	As═Se	360～330	6
	$[AsCl_4]^+$	500～422	3,11	AsT	As—T	1258～1256	1,11

续表

双原子单元	实 例	频率 σ/cm⁻¹	参考文献	双原子单元	实 例	频率 σ/cm⁻¹	参考文献
AuBr	Au(Ⅰ)—Br	233～210	2	BiBr	Bi—Br	196～169	3,11
	Au(Ⅱ)—Br	258	2	BiCl	Bi—Cl	288～242	2,3,11
	$[AuBr_4]^-$	252～196	1,2,11	BiI	Bi—I	145～115	3,11
AuC	Au(Ⅰ)—C	532～427	1,2	BiO	Bi—O	645	3
	Au(Ⅱ)—C	541～477	2	BrBr	Br—Br	317	1,3
AuCl	Au(Ⅰ)—Cl	329～311	2	BrC	C—Br	757～267	1,5,6,8,11,12
	Au(Ⅱ)—Cl	362～342	2	BrCd	Cd(Ⅱ)—Br	315～122	2,3,11
	$[AuCl_2]^-$	340	2,3		$[CdBr_3]^-$	184～168	11
	$[AuCl_4]^-$	356～324	1～3,11		$[CdBr_4]^{2-}$	185～166	1～3
AuI	Au(Ⅲ)—I	203	2	BrCl	Br—Cl	439	1,3
	$[AuI_4]^{2-}$	192～110	3,11		$[BrCl_2]^-$	305～272	3,11
AuN	Au(Ⅲ)—N	306～234	3	BrCo	Co(Ⅱ)—Br	396～232	2,3
AuO	Au—O	607	3		$[CoBr_4]^{2-}$	231	2,3
AuP	Au—P	424～348	3	BrCu	Cu(Ⅱ)—Br	254	3
BB	B—B	1162～680	12		$[CuBr_2]^-$	190	2,3
BBr	B—Br	1080～240	1,6,11		$[CuBr_4]^{2-}$	216～174	2,3
	$[BBr_4]^-$	600～240	6,12	BrD	D—Br	1840	10
BC	B—C	1450～620	1,6,12	BrF	F—Br	690～528	1,3
BCl	B—Cl	1090～290	1,6,11		$[BrF_4]^-$	542～449	11
	$[BCl_4]^-$	760～645	6,11,12	BrFe	Fe(Ⅱ)—Br	203	3
BD	B—D	1985～1837	1,10		$[FeBr_4]^-$	289	2,3
	$[BD_4]^-$	1707～1570	1,11		$[FeBr_4]^{2-}$	219	2,3
BF	B—F	1505～840	1,6,7,10～12	BrGa	Ga(Ⅲ)—Br	290～223	3
	$[BF_4]^-$	1158～769	1,6,11,12		$[GaBr_4]^-$	288～209	1～3,11
BH	B—H	2640～2267	1,6,10～12	BrGe	Ge—Br	328～234	1～3,11
	B—H···B	2140～1540	6,12	BrH	H—Br	2558	1,9,10
	$[BH_4]^-$	2400～2195	1,6,11,12	BrHf	Hf—Br	255～211	11
BI	B—I	740～190	1,11		$[HfBr_6]^{2-}$	201～193	3
BN	B—N	1550～1330	6,10,12	BrHg	Hg(Ⅱ)—Br	293～209	1～3,11
	B···N	780～680	6		$[HgBr_3]^-$	179	2,3
	$[BN]^-$	1390～1390	6		$[HgBr_4]^{2-}$	170～166	2,3
BO	B—O	1470～1065	6,12	BrI	Br—I	267	1,3
	$[BO_2]^-$	1350～1300	6		$[BrI_2]^-$	168～117	3,11
	$[BO_3]^{3-}$	1490～648	1,7,11		$[IBr_2]^-$	180～143	11
	$[B_4O_7]^{2-}$	1380～980	6	BrIn	$[InBr_4]^-$	239～197	1～3,11
BP	B—P	869～550	4	BrMg	Mg—Br	490	3
	B═P	1497～1412	4	BrMn	Mn(Ⅱ)—Br	248～198	3
BS	B—S	955～905	6,12		$[MnBr_4]^{2-}$	221	2,3
BaO	Ba—O	503	3	BrMo	Mo—Br	255～244	3
BeBr	Be—Br	1010	3,11	BrN	N—Br	687	11
BeCl	Be—Cl	1113	2,3,11	BrNb	Nb—Br	241	3
BeF	Be—F	1555～1520	2,3,11	BrNi	Ni(Ⅱ)—Br	415～227	3
BeI	Be—I	873	11		Ni(Ⅳ)—Br	340	2

续表

双原子单元	实 例	频率 σ/cm⁻¹	参考文献
BrNi	$[NiBr_4]^-$	231～224	2,3
BrO	$[BrO_2]^-$	750～630	3,11
	$[BrO_3]^-$	849～762	1,6,11
	$[BrO_4]^-$	878～801	11
BrP	P—Br	495～299	1,3,4,6,8,11
	$[PBr_4]^+$	474～227	11
BrPd	Pd(Ⅳ)—Br	208～178	3
	$[PdBr_4]^{2-}$	260～165	3,11
BrPt	Pt(Ⅱ)—Br	242～230	3
	Pt(Ⅳ)—Br	259～180	2,3
	$[PtBr_4]^{2-}$	232～190	3
	$[PtBr_6]^{2-}$	244～207	1,2,3,
BrRe	Re—Br	195	1,3
	$[ReBr_6]^{2-}$	217～213	2,3
BrS	S—Br	531～302	1,11
BrSb	Sb—Br	254～205	1,3,11
BrSe	Se—Br	292～204	1,11
	$[SeBr_6]^{2-}$	222～215	3
BrSi	Si—Br	487～249	1,6,7,11,12
BrSn	Sn(Ⅳ)—Br	315～220	1～3,11
	$[SnBr_3]^-$	211～181	1～3,11
	$[SnBr_6]^{2-}$	185～138	1～3
BrTe	Te—Br	1519	1,10
	Te—Br	250～222	3,11
	$[TeBr_6]^{2-}$	198～166	3
BrTi	Ti—Br	412～229	1～3,11
	$[TiBr_6]^{2-}$	256～192	3
BrTl	$[TlBr_4]^-$	209～190	1～3,11
BrV	V—Br	400～271	1,3
BrW	W—Br	403～220	3
	$[WBr_6]^{2-}$	229～214	3
BrZn	Zn(Ⅱ)—Br	404～205	3,11
	$[ZnBr_3]^-$	182	11
	$[ZnBr_4]^{2-}$	210～172	1～3
	$[ZnBr_6]^{2-}$	376～198	3,12
CC	C—C	1210～837	5,6,12
	C═C	1938～1390	2,6,8～10,12
	C═C═C	2022～1915	5,6～10,12
	C═C═O	2197～2049	5,12
	C≡C	2310～1961	2,5,6,8,12
CCd	Cd(Ⅱ)—C	538～316	1,2
CCl	C—Cl	890～459	1,5,6,8,10～12
CCo	Co(Ⅲ)—C	532～357	1,2
CCr	Cr(Ⅲ)—C	457～330	1,2
CCu	Cu(Ⅰ)—C	365～288	1,2
CD	—C—D	2259～2083	1,7,10,11
	═C—D	2337～2225	10,12
	≡C—D	2630～2585	1,7,10,11
CF	C—F	1450～904	1,6～8,11,12
CFe	Fe(Ⅱ)—C	550～364	1,2
CGa	Ga—C	620～535	2,6
CGe	Ge—C	645～510	6
CH	—C—H	3101～2760	1,5～12
	═C—H	3158～2981	5,6,8,9,12
	≡C—H	3340～3288	1,5～8,11,12
CHg	Hg(Ⅱ)—C	577～330	1,2
CI	C—I	602～178	1,5,6,8,10,11,12
CIn	In—C	570～465	2,6
CIr	Ir(Ⅲ)—C	463～401	2
CLi	Li—C	528～508	10
CMn	Mn(Ⅲ)—C	433～405	2
CMo	Mo—C	401～368	1,2
CN	C—N	1433～1020	4,5,8,12
	═C—N	1490～1050	6
	C═N	1690～1480	6,8～10,12
	N═C═S	2199～1934	5,9,12
	N═C═N	2260～2125	5
	N═C═O	2304～2250	5,9
	—C≡N	2305～2094	5～10,12
	—N≡C	2183～2115	5,6,9
	$[CN]^-$	2239～1985	1,6,8,11
	$[OCN]^-$	2200～2000	6,8
	$[SCN]^-$	2200～2000	6,8,10
CNi	Ni(Ⅱ)—C	543～381	1,2,10
CO	C—O	1300～895	5,6,8,12
	C═O	1928～1550	1,3,6,8～10,12
	O═C═O	2349	1,3
	O═C═S	2062	11
	O═C═Se	2021	11
	$[COO]^-$	1690～1300	1,5,6,9,10,12
	$[CO_3]^{2-}$	1580～1053	1,6,8,11
	$[HCO_3]^-$	1420～1290	6
	C≡O	2143～1788	1,8,10
COs	Os(Ⅱ)—C	465	2
CP	—C—P	910～409	4,6,12
	═C—P	1450～1425	4

续表

双原子单元	实 例	频率 σ/cm^{-1}	参考文献	双原子单元	实 例	频率 σ/cm^{-1}	参考文献
CP	P═C	1570～900	4	ClCo	$[CoCl_4]^{2-}$	297	2,3
CPb	Pb—C	480～420	2,6	ClCr	Cr—Cl	497～319	1～3
CPd	Pd(Ⅱ)—C	534～435	2		$[CrCl_6]^{3-}$	315	3
CPt	Pt(Ⅱ)—C	576～455	1,2	ClCu	Cu(Ⅱ)—Cl	496～294	2,3
CRh	Rh(Ⅲ)—C	445	2		$[CuCl_2]^-$	296	2,3
CRu	Ru(Ⅳ)—C	425	2		$[CuCl_4]^{2-}$	267	2
CS	C—S	1035～245	5,6,8,12	ClD	D—Cl	2091	1,10
	═C—S	1030～670	6	ClF	F—Cl	774～528	1,3
	C═S	1570～843	1,5,6,8,9,12		$[ClF_2]^-$	661～470	11
	S═C═S	1532	11		$[ClF_4]^-$	680～417	11
	S═C═Se	1435	11	ClFe	Fe(Ⅱ)—Cl	499～268	2,3
	S═C═Te	1347	11		$[FeCl_4]^-$	385～330	1～3,11
	$[CS_3]^{2-}$	1010～505	11		$[FeCl_4]^{2-}$	286	2,3
CSb	C—Sb	600～475	6		$[FeCl_6]^{3-}$	248～227	3
CSe	≡C—Se	545～520	6	ClGa	Ga(Ⅲ)—Cl	418～334	3
	C—Se	750～505	6		$[GaCl_4]^-$	453～346	1～3,11
	C═Se	1303～800	1,6,9	ClGe	Ge—Cl	453～355	1～3,7,11
	Se═C═Se	1303	11		$[GeCl_3]^-$	320～253	1～3,11
	$[CSe_3]^{2-}$	802～316	11		$[GeCl_5]^-$	348～319	3
CSi	Si—C	900～305	6,8,12		$[GeCl_6]^{2-}$	312～293	2,3
CSn	C—Sn	610～450	2,6	ClH	H—Cl	2886	1,9,10
CT	—C—T	1937～1796	10	ClHf	Hf—Cl	393～347	3,11
	≡C—T	2460	1,7,11		$[HfCl_6]^{2-}$	333～273	3
CW	W—C	432～431	1,2	ClHg	Hg(Ⅱ)—Cl	413～292	1～3,11
CZn	Zn(Ⅱ)—C	615～342	1,2		$[HgCl_3]^-$	294～245	2,3,11
CaF	Ca—F	595～520	3		$[HgCl_4]^{2-}$	276～228	2
CaO	Ca—O	400	3	ClI	Cl—I	381	1,3
CdCd	Cd—Cd	183	3		$[ICl_2]^-$	282～218	3,11
CdCl	Cd(Ⅱ)—Cl	427～199	2,3,11		$[ICl_4]^-$	288	1
	$[CdCl_3]^-$	287～265	11	ClIn	$[InCl_4]^-$	337～321	1～3,11
	$[CdCl_4]^{2-}$	260	2,3		$[InCl_5]^{2-}$	295～267	2,3
CdCo	Cd—Co	161	3		$[InCl_6]^{3-}$	275～248	2,3
CdFe	Cd—Fe	266～216	3	ClIr	Ir(Ⅱ)—Cl	322	2
CdI	Cd(Ⅱ)—I	265～88	2,3,11		$[IrCl_6]^{2-}$	333～316	2,3
	$[CdI_3]^-$	161～124	11		$[IrCl_6]^{3-}$	300～290	2,3
	$[CdI_4]^{2-}$	145～117	1～3	ClMg	Mg(Ⅱ)—Cl	597	2,3,11
CdN	Cd(Ⅱ)—N	381～277	1～3	ClMn	Mn(Ⅱ)—Cl	477～227	2,3
CdO	Cd(Ⅱ)—O	199	3		$[MnCl_4]^{2-}$	284	3
CeCl	$[CeCl_6]^{2-}$	295～265	3		$[MnCl_6]^{3-}$	342	3
CeN	Ce—N	553	3	ClMo	Mo—Cl	401～299	2,3
CeO	Ce—O	525	3		$[MoCl_6]^{2-}$	340～325	3
ClCl	Cl—Cl	557	1,3	ClN	Cl—N	803～536	11,12
ClCo	Co(Ⅱ)—Cl	493～279	2,3	ClNb	Nb—Cl	500～319	1,2,3

续表

双原子单元	实 例	频率 σ/cm^{-1}	参考文献	双原子单元	实 例	频率 σ/cm^{-1}	参考文献
ClNb	$[NbCl_6]^-$	336～333	2,3	ClSn	$[SnCl_5]^-$	331～326	3
ClNi	Ni(Ⅱ)—Cl	521～224	2,3,11		$[SnCl_6]^{2-}$	318～295	1～3
	Ni(Ⅳ)—Cl	408～403	2,3	ClT①	T—Cl	1739～1375	1,10
	$[NiCl_4]^{2-}$	289	3	ClTa	Ta—Cl	490～402	3
ClO	Cl—O	1111～688	1,7,10,11		$[TaCl_6]^-$	330～319	2,3
	$[ClO_2]^-$	860～786	11	ClTc	Tc—Cl	343～304	3
	$[ClO_3]^-$	1028～892	1,6,11	ClTe	Te—Cl	376～342	3,11
	$[ClO_4]^-$	1170～928	1,3,6,11		$[TeCl_3]^+$	412～385	3
ClOs	Os—Cl	325～288	2,3		$[TeCl_6]^{2-}$	301～226	3
	$[OsCl_6]^{2-}$	346～240	2,3	ClTh	Th—Cl	335	2,3
ClP	P—Cl	607～393	1,3,4,6～8,10,11		$[ThCl_6]^{2-}$	263	2,3
	$[PCl_4]^+$	658～458	3	ClTi	TiCl	506～388	1～3,11
	$[PCl_6]^-$	449～360	3		$[TiCl_6]^{2-}$	463～330	1～3
ClPa	Pa—Cl	396～324	3	ClU	$[UCl_6]^-$	310～303	2,3
	$[PaCl_6]^-$	310～305	2,3		$[UCl_6]^{2-}$	260	2,3
	$[PaCl_8]^{3-}$	290	3		$[UCl_8]^{3-}$	310	3
ClPb	Pb(Ⅱ)—Cl	352～300	11	ClV	V—Cl	504～366	1～3,7,11
	Pb(Ⅳ)—Cl	348～327	1～3	ClW	W—Cl	407～300	2,3
	$[PbCl_3]^-$	288～218	3,11		$[WCl_6]^-$	329～305	2,3
	$[PbCl_6]$	285～265	2,3		$[WCl_6]^{2-}$	324～306	2,3
ClPd	Pd(Ⅱ)—Cl	351～288	2,3	ClXe	XeCl	313	11
	Pd(Ⅳ)—Cl	362～306	2	ClZn	Zn(Ⅱ)—Cl	516～284	2,3,11
	$[PdCl_4]^{2-}$	336～275	3,11		$[ZnCl_3]^-$	286	11
	$[PdCl_6]^{2-}$	358～317	1～3		$[ZnCl_4]^{2-}$	298～272	1～3
ClPt	Pt(Ⅱ)—Cl	322～298	2,3	ClZr	Zr(Ⅳ)—Cl	421～388	1～3,11
	Pt(Ⅳ)—Cl	344～302	2		$[ZrCl_6]^{2-}$	333～276	2,3
	$[PtCl_4]^{2-}$	335～306	1～3,11	CoD	Co—D	1396	2
	$[PtCl_6]^{2-}$	345～330	1,2,3	CoGe	Co—Ge	273	3
ClRe	Re—Cl	293～279	1,3	CoH	Co—H	1985～1884	2
	$[ReCl_6]^{2-}$	346～300	2,3	CoHg	Co—Hg	152	3
ClRu	Ru(Ⅱ)—Cl	340～316	3	CoI	$[CoI_4]^{2-}$	197～192	2
	$[RuCl_6]^{2-}$	346～332	3	CoN	Co(Ⅱ)—N	318～264	3
ClS	S—Cl	541～362	1,3,11		Co(Ⅲ)—N	594～345	1～3
	$[SCl_3]^+$	543～519	3	CoO	Co(Ⅱ)—O	499～316	3
ClSb	Sb—Cl	399～307	1,3,11		Co═O	655	3
	$[SbCl_4]^+$	399～353	3,11	CoSn	Co—Sn	213～168	3
	$[SbCl_6]^-$	337～277	1,3	CrF	Cr—F	789～727	1～3
ClSe	Se—Cl	590～288	1,3,11	CrGe	Ge—Cr	191	3
	$[SeCl_3]^+$	437～390	3	CrN	Cr(Ⅲ)—N	495～444	1～3
	$[SeCl_6]^{2-}$	346～273	1,3		Cr(Ⅳ)—N	378～343	3
ClSi	Si—Cl	650～370	1,6～8,12	CrO	Cr(Ⅲ)—O	625～446	3,10
ClSn	Sn(Ⅳ)—Cl	558～367	1～3,11		Cr═O	1016～925	1,2
	$[SnCl_3]^-$	297～256	1～3,11		$[CrO_4]^{2-}$	950～770	1～3,6,11

续表

双原子单元	实 例	频率 σ/cm^{-1}	参考文献	双原子单元	实 例	频率 σ/cm^{-1}	参考文献
CrO	$[Cr_2O_7]^{2-}$	900～480	6	FF	F—F	892	1,3
	$[CrO_8]^{3-}$	875～870	11	FGe	Ge—F	800～689	1～3,7,11
CrS	Cr—S	421	3		$[GeF_6]^{2-}$	627～600	2,3
CrSn	Cr—Sn	183～174	3	FH	H—F	3961	1,9
CuN	Cu(Ⅱ)—N	488～267	1～3		$[HF_2]^-$	1700～1400	1,6
CuO	Cu(Ⅱ)—O	462～336	1,3	FHf	Hf—F	645	2,3
	Cu═O	615～610	3		$[HfF_6]^{2-}$	589	3
DD	D—D	2994	1	FI	F—I	721～604	1
DF	$[DF_2]^-$	1102～1045	1	FIr	Ir—F	718～643	1～3,7
DFe	Fe—D	1336～1259	2		$[IrF]^-$	667	2
DGe	Ge—D	1530～1504	1,7,10,11		$[IrF]^{2-}$	568	2
DH	D—H	3632	1	FKr	Kr—F	588～449	3,11
DIr	Ir—D	1584～1515	2	FMg	Mg—F	875	3
DMn	Mn—D	1287	2	FMo	Mo—F	741～493	1～3,7,11
DMo	Mo—D	1285	2		$[MoF_7]^{2-}$	645	3
DN	N—D	2600～2400	1,6,7,10	FN	N—F	1050～869	1,3,7,11
	$[ND_4]^+$	2350～2035	1,7,11		$[NF_4]^+$	1159～813	11
DO	O—D	2788～1970	1,4,6,10	FNb	Nb—F	684～543	2,3
	$[OD]^-$	2681	1		$[NbF_6]^-$	683～585	2,3
DOs	Os—D	1509～1505	2		$[NbF_7]^{2-}$	524	3
DP	P—D	1795～1650	1,4,6,10,11	FNi	Ni(Ⅱ)—F	780	11
	$[PD_4]^+$	1740～1625	1,10,11		$[NiF_6]^{2-}$	654～562	3
DPt	Pt—D	1610～1504	2	FNp	Np—F	648～528	1～3,7,11
DRe	Re—D	1458～1318	2	FO	O—F	928～831	11
DRh	Rh—D	1485～1465	2	FOs	Os—F	733～632	1,2,3
DRu	Ru—D	1457～1291	2		$[OsF]^-$	616	2
DS	S—D	2000～1892	1,11		$[OsF]^{2-}$	548	2
DSb	Sb—D	1362～1359	1,7,10,11	FP	P—F	1025～695	1,3,4,6～8,11
DSe	Se—D	1696～1630	1,6,11		$[PF_6]^-$	915～741	1,3,6
DSi	Si—D	1690～1545	1,6,7,11,12	FPa	$[PaF_7]^{2-}$	438～356	3
DSn	Sn—D	1368	11		$[PaF_8]^{3-}$	468～395	3
DW	W—D	1322～1306	2	FPb	$[PbF_6]^{2-}$	543～502	3
DyN	Dy—N	254～247	3	FPd	$[PdF_6]^{2-}$	602	3
DyO	Dy—O	261	3	FPt	Pt—F	655～601	1～3
	Dy═O	550	3		$[PtF_6]^{2-}$	600～571	2,3
ErN	Er—N	260～248	3	FPu	Pu—F	628～522	1～3,7
ErO	Er—O	266	3	FRe	Re—F	755～596	1～3,7
	Er═O	563	3		[Re—F]	755～596	1～3,7
EuN	Eu—N	249～235	3		$[ReF]^-$	627	2
EuO	Eu—O	239	3		$[ReF]^{2-}$	541	2
	Eu═O	630	3		$[ReF_7]^{2-}$	598	3

续表

双原子单元	实 例	频率 σ/cm^{-1}	参考文献	双原子单元	实 例	频率 σ/cm^{-1}	参考文献
FRh	Rh—F	724～634	2,3	GdN	Gd—N	249～235	3
FRu	Ru—F	735～675	2,3	GdO	Gd—O	535～241	3
	$[RuF]^-$	640	2	GeGe	Ge—Ge	273	3
	$[RuF]^{2-}$	581	2	GeH	Ge—H	2160～1990	1,6,7,9～11
FS	S—F	932～644	1,3,6,7,11	GeI	Ge—I	264～159	1,2,11
FSb	Sb—F	716～264	1,3	GeMo	Ge—Mo	184～178	3
FSe	Se—F	780～662	1,3,7,11	GeN	Ge—N	672～551	2
FSi	Si—F	1031～800	1,6～8,11,12	GeO	Ge—O	900～585	3,6
	$[SiF_6]^{2-}$	725～655	1,3,6		$[GeO_4]^{3-}$	808～700	11
FSn	Sn—F	532～490	2,3	GeP	Ge—P	402～297	4
	$[SnF_6]^{2-}$	593～556	2,3	GeSn	Ge—Sn	235～225	3
	$[SnF_3]^-$	458～382	3	GeW	Ge—W	177～169	3
FSr	Sr—F	490～485	3	HH	H—H	4161	1
FT	T—F	2444	1	HI	H—I	2230	1,9
FTa	Ta—F	550～513	2,3	HIr	Ir—H	2245～1745	2
	$[TaF_6]^-$	692～560	3	HMn	Mn—H	1782	2
	$[TaF_7]^{2-}$	526～518	3	HMo	Mo—H	1905～1790	2
FTc	Tc—F	705～551	1～3	HN	N—H	3555～3300	1,5～10,12
FTe	Te—F	752～674	1～3,7,11		N—H···	3400～3049	3～6,8,12
FTh	Th—F	520	2,3		$[NH]^+$	3380～1800	6,8,12
FTi	Ti—F	600～521	2,3		$[NH_4]^+$	3335～3030	1,6～8,11,12
	$[TiF_6]^{2-}$	613～560	3	HO	O—H	3756～3500	1,5,6,8～12
FU	U—F	668～532	1～3,7,11		O—H···	3600～2200	1,4,5,6,8,12
	$[UF_6]^-$	506～503	3		$[OH]^-$	3698～3563	1
FV	V—F	805～557	2,3	HOs	Os—H	2105～1720	2
FW	W—F	772～480	1～3,7,11	HP	P—H	2540～2265	1,4,6～8,10～12
	$[WF_7]^{2-}$	620	3		$[PH_4]^+$	2370～2304	1,7
FXe	Xe—F	586～502	3,11	HPt	Pt—H	2200～1670	2,6
FZn	Zn(Ⅱ)—F	758～750	11	HRe	ReH	2070～1832	2,6
FZr	Zr(Ⅳ)—F	725～600	1～3	HRh	Rh—H	2140～1969	2
	$[ZrF_6]^{2-}$	581	3	HRu	Ru—H	2020～1615	2
FeH	Fe—H	1872～1726	2	HS	S—H	2627～2400	1,5,6,8,9,11,12
FeHg	He—Fg	219～196	3	HSb	Sb—H	1894～1891	1,7,9～11
FeI	$[FeI_4]^{2-}$	186	2,3	HSe	Se—H	2360～2260	1,6,9,11,12
FeN	Fe(Ⅱ)—N	445～294	2,3	HSi	Si—H	2315～2050	1,6～10,11
FeO	Fe—O	570～438	3	HSn	Sn—H	1910～1800	1,2,6,9,11
	$[FeO_4]^{2-}$	870～790	1～3,11	HTa	Ta—H	1735	2
FeSn	Fe—Sn	235～174	3	HW	W—H	1943～1828	2
GaH	Ga—H	1853～1823	2	HfI	Hf—I	185～142	11
GaI	Ga—I	264～150	3	HfO	Hf—O	755～567	3
	$[GaI_4]^-$	222～145	3,11	HgHg	Hg—Hg	169～113	3
GaO	Ga—O	663	3	HgI	Hg(Ⅱ)—I	237～111	2,3,11
GaP	Ga—P	370～320	4	HgI	$[HgI_3]^-$	125	2,3

续表

双原子单元	实 例	频率 σ/cm^{-1}	参考文献
HgI	$[HgI_4]$	126～117	2,3
HgN	Hg(Ⅱ)—N	573～408	1,2
HgO	Hg—O	588～573	3
HoN	Ho—N	256～246	3
HoO	Ho—O	265	3
	Ho═O	559	3
II	I—I	213	1,3
IIn	$[InI_4]^-$	185～139	1～3,11
IMn	$[MnI_4]^{2-}$	185	2,3
INi	Ni(Ⅳ)—I	280	2
	$[NiI_4]^{2-}$	189	2,3
IO	$[IO_3]^-$	827～650	1,6,11
	$[IO_4]^-$	853～791	1,11
IP	P—I	350～290	1,4,11
IPt	$[PtI_4]^{2-}$	180～126	3,11
	$[PtI_6]^{2-}$	186	3
ISb	Sb—I	177～146	3,11
ISe	$[SeI_6]^{2-}$	142	3
ISi	Si—I	405～168	1,6,11
ISn	Sn(Ⅳ)—I	219～149	1～3,11
	$[SnI_6]^{2-}$	165	3
ITe	Te—I	172～140	3,11
	$[TeI_6]^{2-}$	160～142	3
ITl	Tl—I	176～136	3
IZn	Zn(Ⅱ)—I	346～337	3,11
	$[ZnI_4]^{2-}$	170～122	1～3
InN	In—N	257～232	3
IrN	Ir—N	527～390	2,3
IrSn	Sn^{4+}	165	3
LaN	La—N	218～215	3
LaO	La—O	644	3
LuN	Lu—N	263～248	3
LuO	Lu—O	570～226	3
MgO	Mg—O	445	3
MnN	Mn(Ⅱ)—N	343～295	2,3
MnO	Mn(Ⅱ)—O	418～231	3
	Mn(Ⅱ)═O	615～600	3
	$[MnO_4]^-$	940～838	1,3,6,11
MnSn	Mn—Sn	201～170	3
MoMo	Mo—Mo	260～210	3
MoN	Mo—N	552	2
MoO	Mo═O	971～660	3
	Mo═O	950～938	2
MoO	$[MoO_4]^{2-}$	936～805	1～3,6,11
MoS	Mo—S	402～380	3
	$[MoS_4]^{2-}$	480～460	11
MoSn	Mo—Sn	190～166	3
NN	N—N	1111～873	3,5,6,12
	N═N	1630～1380	5,6,8～10
	N═N═N	2144～2080	6,9,12
	N≡N	2331～2202	1,6,10
	$[N_3]^-$	2189～2008	1,6,11
NNa	Na—N	435	2
NNd	Nd—N	218～217	3
NNi	Ni(Ⅱ)—N	614～286	3
	Ni(Ⅲ)—N	412～334	1,2
NO	N—O	1380～810	1,3,5,6,8～12
	N═O	1876～1205	1,2,3,5,6,8～12
	$[NO_2]^-$	1468～1048	1,3,6,8,11,12
	$[NO_3]^-$	1420～1018	1,6,8,11,12
	$[NO]^+$	2370～1575	1,6
	$[NO_2]^+$	2360	1
NOs	Os—N	482～410	2,3
	Os═N	917～867	2
	Os≡N	1098～1021	2
NP	P—N	1055～605	4,8
	P═N	1500～1055	4,6
NPd	Pd(Ⅱ)—N	500～261	1～3
NPt	Pt(Ⅱ)—N	603～298	1～3
	Pt(Ⅳ)—N	526～394	2,3
NRh	Rh—N	524～362	2,3
NRu	Ru—N	500～417	3
NS	N—S	1070～831	6,10
NSe	N—Se	590～540	6
NSi	Si—N	1235～570	2,3,6,12
NSm	Sm—N	249～216	3
NSn	Sn—N	556～250	2,3
NT	N—T	2163～2016	1,3,11
	$[NT_4]^+$	2022～1889	1,7,11
NTh	Th—N	527	3
NTi	Ti—N	565～532	2,3
NTl	Tl—N	294～280	3
NTm	Tm—N	287～248	3
NU	U—N	590～582	3
NV	V—N	560～556	2
NW	W≡N	1084～1068	2

续表

双原子单元	实 例	频率 σ/cm^{-1}	参考文献
NY	Y—N	281～214	3
NZn	Zn(Ⅱ)—N	437～224	1,2,3
NbO	Nb—O	575～478	3
	$[NbO_3]^-$	675～510	7
	$[NbO_8]^{3-}$	814	11
	Nb═O	943～884	2
NdO	Nd—O	655	3
	Nd—O	237	3
NiO	Ni(Ⅰ)—O	650～444	3
	Ni(Ⅱ)—O	458～397	1
NiP	Ni—P	426～343	3
NiS	Ni—S	435～408	3
OO	O—O	1000～771	1,2,3,5,6,8,11,12
	O═O	1555	1
OOs	Os—O	527～492	2
	Os═O	971～954	1,2
	$[OsO_4]^{2-}$	350～300	6
OP	P—O	1070～900	4,6,8
	P═O	1415～1080	1,4,6,7,8,9,10
	$[PO_2]^-$	1323～995	4,6,8
	$[PO_3]^{2-}$	1242～893	4,6,8
	$[PO_5]^-$	1240～1050	4,6
	$[HPO_4]^{2-}$	1100～1000	4,6,8
	$[H_2PO_4]^-$	1100～1020	6,8
	$[PO_4]^{3-}$	1180～938	1,3,4,6,8,11
OPb	Pb═O	650～500	3,6
OPr	Pr(Ⅲ)—O	237	3
	Pr═O	655	3
ORe	Re═O	1028～960	1,2
	$[ReO_4]^-$	973～874	1,2,3,11
ORu	Ru═O	920～913	1,2
	$[RuO_4]^-$	848～826	2,3,11
	$[RuO_4]^{2-}$	856～790	2,11
OS	S—O	910～734	6,12
	S═O	1510～980	1,5～12
	$[SO_3]^{2-}$	1010～910	1,6,11
	$[SO_4]^{2-}$	1200～971	1,3,6,8,11,12
	$[HSO_4]^-$	1190～1000	6
	$[S_2O_3]^{2-}$	1120～1100	6
	$[S_2O_5]^{2-}$	1190～1170	6
	$[S_2O_8]^{2-}$	1300～1250	6
OSb	Sb—O	740	3
OSc	Sc—O	625	3
OSe	Se—O	1040～500	6
	Se═O	1005～800	6,11
	$[SeO_3]^{2-}$	807～710	1,6,11
	$[SeO_4]^{2-}$	875～750	1,3,6,11
OSi	Si—O	1100～775	3,4,6,8,12
	$[SiO_3]^{2-}$	1030～960	6
	$[SiO_4]^{2-}$	1050～800	1
	$[SiO_4]^{3-}$	1001～819	11
OSm	Sm—O	237	3
	Sm═O	640	3
OSn	Sn—O	780～302	2,3,6,11
OSr	Sr═O	590	3
OT	O—T	2370	1
OTa	Ta—O	612～540	3
	$[TaO_8]^{3-}$	814	11
OTb	Tb—O	244	3
OTc	$[TcO_4]^-$	912	2,11
OTe	$[TeO_3]^{2-}$	758～703	1
OTh	Th═O	645	3
OTi	Ti═O	1087～695	2,3
	Ti(Ⅳ)—O	625～310	3,11
	$[TiO_3]^{2-}$	610～495	7
OTm	Tm—O	565～266	3
OU	$[UO_2]^{2+}$	996～824	1,2,6,11
	$[UO_4]^{2-}$	775～705	11
	$[U_2O_7]^{2-}$	768～754	11
OV	V(Ⅳ)—O	595～450	1～3
	V═O	1035～890	1,2,7
	$[VO_2]^+$	1030～875	11
	$[VO_3]^-$	960～920	6
	$[VO_4]^{3-}$	874～825	1,2,11
	$[VO_8]^{3-}$	846	11
OW	W—O	355	3
	W═O	976～954	2
	$[WO_4]^{2-}$	931～780	1～3,6,11
OXe	Xe═O	928～820	3
OY	Y—O	561	3
OYb	Yb—O	240	3
	Yb═O	569	3
OZn	Zn—O	431～336	3
OZr	Zr—O	745～559	3

续表

双原子单元	实 例	频率 σ/cm^{-1}	参考文献	双原子单元	实 例	频率 σ/cm^{-1}	参考文献
OZr	Zr(Ⅳ)—O	335～250	11	PtSn	Pt—Sn	210～193	3
PP	P—P	510～340	4	ReRe	Re—Re	120	3
PPd	Pd—P	444～341	3	ReS	Re—S	373～338	3
PPt	Pt—P	428～346	3	RhSn	Rh—Sn	217～209	3
PS	P—S	613～440	4		Rh—Sn	165	3
	P═S	847～600	1,4,5,9	SS	S—S	543～354	1,5～7,11,12
	$[PS_2]^-$	742～476	4		S—S	719	11
	$[PS_4]^{3-}$	560～413	11	SSb	$[SbS_4]^{3-}$	380～366	1
PSe	P═Se	599～421	4,9	SSi	Si—S	515～441	12
	$[PSe_2]^-$	610～449	4	STe	Te—S	264～229	3
PSi	P—Si	515～380	4,12	SV	V—S	406～385	3
PSn	P—Sn	529～284	4		$[VS_4]^{2-}$	470～404	11
PT	P—T	1401～1398	1,11	SW	W—S	403～369	3
PTe	P—Te	518～400	4		$[WS_4]^{2-}$	485～450	11
PdPd	Pd—Pd	195～179	3	SbT	Sb—T	1125	11
PdS	Pd—S	401	3	SeSe	Se—Se	367～265	1,11
PdSe	Pd—Se	270～193	3	SiSi	Si—Si	404	3
PtPt	Pt—Pt	195～180	3	SnSn	Sn—Sn	208～190	3
PtS	Pt—S	405～310	3	SnW	Sn—W	166～158	3
PtSe	Pt—Se	295～214	3	WW	W—W	150	3

注：T=^{3}H（氚）。

本表参考文献：

1. Nakamoto K. Infrared Spectra of Inorganic and Coordination Compounds. New York：Wiley, 1963; Infrared and Raman Spectra of Inorganic and Coordination Compounds. 4th edition. New York: Wiley Interscience, 1986.
2. Adams D M. Metal-Ligand and Related Vibrations. London: Edward Arnold, 1967.
3. Ferraro J R. Low-frequency Vibrations of Inorganic and Coordinations Compounds. New York: Plenum Press, 1971.
4. Thomas L C. Interpretation of the Infrared Spectra of Organophosphorus Compounds. London: Heyden, 1974.
5. Dollish F R, et al. Characteristic Raman Frequencies of Organic Compounds. New York: Wiley, 1974.
6. Socrates G. Infrared Characteristic Group Frequencies. New York: Wiley, 1980.
7. Lawson K E. Infrared Absorption of Inorganic Substances. New York: Rheinhold, 1961.
8. Bellamy L J. The Infrared Spectra of Complex Molecules Ⅰ. London: Chapman and Hall, 1975.
9. Bellamy L J. The Infrared Spectra of Complex Molecules Ⅱ. London: Chapman and Hall, 1980.
10. Pinchas S, et al. Infrared Spectra of Labelled Compounds. London: Academic Press, 1971.
11. Ross S D. Inorganic Infrared and Raman Spectra. London: McGraw-Hill, 1972.
12. Miller R G J, et al. IRSCOT: Infrared structural Correlation Tables. London: Heyden, 1969.

三、无机化合物的特征红外频率

无机化合物在红外光谱中通常只显示分子中阴离子的信息，金属离子对其特征频率影响较小。

表 9-3 给出了部分无机阴离子的红外特征频率，表中缩写符号的含义：O——通常；OWK——通常是弱的，并不总能检出；D——双峰；SD——有时为双峰；OD——通常是双峰；M——多重峰；SM——有时为多重峰；SMAX——次强；stg——强；m——中；wk——弱；OM——通常是多重峰；Om——通常是中等强度的峰；bd——宽峰；sp——峰形尖；sh——肩峰。

表 9-4 给出了部分无机阴离子的基频振动，括号中的符号是其振动类型。

表 9-3 无机化合物特征吸收谱带 单位：cm^{-1}

元素	离子	特征吸收谱带
铝	AlH_4^-	≈1785stg，≈1645m，≈710m
	AlO_2^-	800～920m，620～670wk，515～560wk，450～480wk，370～380wk
砷	AsO_2^-	450～860(M)
	AsO_3^{2-}	700～840stg
	$As_2O_7^{4-}$	750～880stg(M)，≈540m，≈400stg
	$HAsO_4^{2-}$	≈840stg，720～740m，≈400
	AsO_4^{3-}	770～850stg(OM 或 SMAX)
锑	SbO_3^-	≈700，≈635，≈560，≈490
硼		60～100
	$B_2O_7^{2-}$	1340～1480stg(SMAX)，1100～1150wk(OD)，1000～1050wk(OD)，900～950w，≈825wk，520～545wk，500～505wk，450～470wk
碳	CN^-	2130～2230stg(SD)
	$Fe(CN)_6^{3-}$	-2140 和约 395
	$Fe(CN)_5NO^{2-}$	2130～2170wk-m(m)，约 1929stg
	$Fe(CN)_6^{4-}$	2020～2130stg(SM)，580～610wk，410～500wk
	OCN^-	2180～2250stg，590～630m
	SCN^-	2040～2160stg，420～490(OD)
	CN_2^{2-}	≈2000stg，≈1935stg，≈1300，≈1215，≈640，≈630
	HCO_3^-	2000～3300(SMAX)，1840～1930wk，1600～1700stg(SMAX)，940～1000m，830～840m，690～710m，640～670wk
	CO_3^{2-}	1320～1530stg(OD), 1040～1100wk(OD), 800～890wk-m, 670～745(OWK 或 WD)
	CS_3^{2-}	≈931stg，≈910stg，≈518wk
铬	$Cr_2O_4^{2-}$	≈620～720stg, 515～550m stg
	$Cr_2O_7^{2-}$	880～990stg，（om, 1 或 2wk, 880～920），720～840stg，（555～580Owk），340～380wk
	CrO_4^{2-}	850～930stg，（OM 或 SMAX800～980）
钴	CoO_2^-	≈660m, ≈570stg
卤素	F^-	
	HF_2^-	2050～2122m, ≈1600 stg，1200～1235m stg
	BF_4^-	1000～1100(最大值近于 1050)stg, 760～780OWK, 510～560wk(O 或 M)
	AlF_6^{3-}	550～650stg, 380～410
	GaF_6^{3-}	≈475m

续表

元素	离子	特征吸收谱带
卤素	SiF_6^{2-}	700～760stg，460～530wk-m(OM)
	GeF_6^{2-}	590～620stg，320～380m –stg(OD)
	SnF_3^-	450～490，340～450
	SnF_6^{2-}	540～610stg，200～280(1 或更多)
	PF_6^-	820～860stg，550～565m
	AsF_6^-	≈695stg，390m
	SbF_6^-	650～670stg，280～300
	TiF_6^{2-}	540～600stg，200～350(2 或更多)
	FeF_6^{3-}	460～510stg，280～300m
	ZrF_5^-	450～500stg，≈300
	ZrF_6^{2-}	440～500stg，270～320m
	Cl^-	
	$SnCl_6^{2-}$	300～325stg
	$FeCl_5^{2-}$	440～460m，340～380m，250～300stg，170～195m
	$CuCl_4^{2-}\cdot 2H_2O$	530～570wk-m，310～320m，255～275wk，100～110wk，95～100wk，58～65wk，
	$MoCl_6^{3-}$	≈305stg
	$PdCl_4^{2-}$	300～350stg(M)，160～220m-stg
	$PdCl_6^{2-}$	≈360stg
	$PtCl_4^{2-}$	315～325stg，190～220m-stg，110～130m
	ClO_2^-	800～850stg(D)
	ClO_2^-	900～1050stg(D 或 M)，610～630m sp，475～525m(OD)
	ClO_2^-	1050～1150stg(O SMAX)，600～660wk-m(OD)
	Br^-	
	BrO_3^-	740～850stg(OD 或 SMAX)，390～450wk-m，(OD) 350～380m
	I^-	
	IO_3^-	690～830stg(O SMAX 或 M)，300～420(OD 或 M)
	IO_4^-	830～860stg，310～330m，260～270wk-m
铁	$Fe_2O_4^{2-}$	550～610stg，400～450m
氮	N_3^-	3150～3400wk-m(OD)，2025～2150stg，620～660wk-m(OD 或 M)
	NO_2^-	1170～1350stg(OD)，820～850wk (OD 或 M)
	NO_3^-	1730～1810wk (SM)，1280～1520stg(OD 或 M)，1020～1060(OWK)，800～850 (W-M)，715～770wk-m(OD)

续表

元素	离子	特征吸收谱带
氮	$Ce(NO_3)_8$	1465～1550stg，1275～1300stg，1030～1045m，800～820m，740～750m
锰	MnO_3^{2-}	≈635m，≈550stg
	MnO_4^{2-}	800～900stg(M)
	MnO_4^-	870～950stg(OM 或 SMAX)，(OWK 830～840)，370～400wk(OD)
钼	MoO_4^{2-}	750～835stg(OM 或 SMAX740～970)，(370～450OWK)，308～350wk，(268～315OWK)
氧	OH^-	3750～2000stg(M)
	$Sn(OH)_6^{2-}$	3000～3400stg, 2200～2300wk, 950～1150stg, 650～800m, 500～550stg, 250～300stg
	$Sb(OH)_6^-$	≈3200stg, ≈1340wk, 1075～1150wk, 720 与≈580stg, ≈450, 300～350
	BiOX	480～530wk, 240～375stg, 70～150m
	UO_2X_2	850～1020stg(M,SMAX), 380～470, 250
磷	$H_2PO_2^-$	2300～2400m-stg(SMAX2200～2430)，1950～1975(OWK)，1140～1220stg(OD), 1075～1102wk(OD)，1035～1065wksp(OD)，800～825m-stg，440～510wk-m
	HPO_3^{2-}	2340～2400m-stg, 1070～1120stg，1005～1020wk，970～1000m，570～600wkm，450～500wk(D)
	PO_3^-	1200～1350stg，1040～1150m-stg，650～800wk-stg(M)，450～600w-m(M)
	$H_2PO_4^-$	≈2700wk，≈2400wk，≈1700，≈1250，≈1100，≈900bd，530～560，≈450
	HPO_4^{2-}	2750～2900wk，2150～2500wk，1600～1900wk，1200～1410wk-m，1040～1150stg(OD), 950～1110wk-m，830～920wk-m，530～570m(OM)，390～430wk(OM)
	PO_4^{3-}	940～1120stg(OM)，540～650m(OD)
	$P_2O_7^{4-}$	1100 ～ 1220stg(OM), 960 ～ 1060wk-m(OD), 850 ～ 980m, 705 ～ 770w-m, 545 ～ 580 m-stg(m500～600)
	PO_3S^{3-}	≈1050, ≈945, ≈500
	PO_3F^{2-}	1010～1080stg，1000～1020msp，900～950wk，700～770m，525～540m-stg
	$PO_2F_2^-$	≈1315stg，≈1150stg，≈800stg，≈500stg
硫	HSO_4^-	3400～2000(最大值近于≈2900；SMAX 2200～2600)，850～900，605～620，565～585，450～480
	$S_2O_3^{2-}$	1080～1150stg(M 或 SMAX)，990～1010stg，640～690m-stg，540～570wk(OM)
	$S_2O_5^{2-}$	≈1175stg，1040～1090m，970～990stg，650～660m，560～570m，510～540m，440～450m
	SO_3^{2-}	990～1090stg(OM 或 SMAX)，615～660m(O SMAX)，470～525m(OD)
	$S_2O_6^{2-}$	≈1240stg，≈995m-stg，≈570m-stg，≈520m
	$S_2O_7^{2-}$	≈1325wk，≈1100stg，≈920m，≈700wk，≈550m
	SO_4^{2-}	1040～1210stg(OM 或 SMAX)，960～1030，570～680m(OD 或 M)
	$S_2O_6^{2-}$	1260～1310stg，1050～1070m，690～740m，580～600wk-m(sp)，≈560m
	SO_3F^-	1260～1300stg，1070～1080m，≈740m，≈580m，≈480wk
硒	SeO_3^{2-}	700～770stg(SMAX 700～850)，430～540m-stg(OD)，360～410(OD)

续表

元素	离子	特征吸收谱带
硒	SeO_4^{2-}	840～910stg(Owksh810～850), 390～450wk-m
硅		60～110
	SiO_4^{4-}	860～1175stg(SMAX)，470～540stg
钛	TiO_3^{2-}	500～700stgbd，360～450，200～400bd(SMAX)
锆	ZrO_3^{2-}	700～770(OWK)，500～600stg，300～500stg(SMAX)，230～240wk
锡	SnO_3^{2-}	600～700stg，300～450
钨	WO_4^{2-}	(920～970OWK)，750～900stg(OM)，270～500wk
	WS_4^{2-}	465
	$PW_{12}O_{40}^{3-}$	1080m-stg，975m-stg，890～922m，810～820stg，590～600wk，≈390wk，≈340wk，260～270wk
铀	$U_2O_7^{2-}$	880～900stg，470～480m-stg，270～280wk
钒	VO_4^{3-}	700～900stg(O SMAX)

表 9-4 无机阴离子的基频振动

元素	离子	点群	频率(振动类型)σ/cm^{-1}
铝	AlH_4^-	T_d	$\sigma_1(a_1)$1790,$\sigma_2(e)$799,$\sigma_3(f_2)$1740,$\sigma_4(f_2)$764
碳	CN^-		$\sigma_{C\equiv N}$(2080～2239)
	$Fe(CN)_6^{3-}$	O_h	$\sigma_6(f_{1u})$2105，$\sigma_7(f_{1u})$511w，1460vw，$\sigma_8(f_{1u})$387st
	$Fe(CN)_5NO^{2-}$	C_{4v}	IR：a_1 2173，2163，1945，653，468，408 b_1 2157，b_2-e2145，663,424，417，321 a_1 2174，2162，1947，656，493，472，408，123 拉曼：b_1 2157，410 e2144，422，415，164，100
	$Fe(CN)_6^{4-}$	O_h	$\sigma_6$2021 和 2033,$\sigma_7(f_{1u})$585s,$\sigma_8(f_{1u})$414m
	OCN^-	$C_{\infty v}$	$\sigma_1(\Sigma^+)$1292.6 和 2$\sigma_2(\Sigma^+)$1205.5，$\sigma_2(\pi)$629.4，$\sigma_3(\Sigma^+)$2169.6
	SCN^-	$C_{\infty v}$	$\sigma_1(\Sigma^+)$743，$\sigma_2(\pi)$470，$\sigma_3(\Sigma^+)$2066
	CN_2^{2-}	$D_{\infty h}$	$\sigma_1(\Sigma_g^+)$860，$\sigma_2(\pi_u)$210，$\sigma_3(\Sigma_g^+)$930
	CO_3^{2-}	D_{3h}	$\sigma_1(a'_1)$1087，$\sigma_2(a''_2)$874，$\sigma_3(e)$1432，$\sigma_4(e')$706
	CS_3^{2-}	D_{3h}	IR：$\sigma_1(a'_1)$488～520，$\sigma_2(a''_2)$325，$\sigma_3(e)$920，$\sigma_4(e')$ 475～520 拉曼：516，510，420，325
硅	SiO_4^{4-}	T_d	$\sigma_1(a_1)$800，$\sigma_2(e)$500，$\sigma_3(f_2)$1050，$\sigma_4(f_2)$625
钛	TiO_3^{2-}	O_h	$\sigma_1(f_{1u})$≈540 be，$\sigma_2(f_{1u})$≈400 bd
氮	N_3^-	$D_{\infty h}$	$\sigma_1(\Sigma_g^+)$1344，$\sigma_2(\pi_u)$645，$\sigma_3(\Sigma_g^+)$2041
	NO_2^-	D_{2v}	$\sigma_1(a_1)$1320～1365,$\sigma_2(a_1)$807～818,$\sigma_3(b_1)$1221～1251
	NO_3^-	D_{3h} C_{2v}	$\sigma_1(a'_1)$1018～1050，$\sigma_2(a''_2)$807～850，$\sigma_3(e)$1310～1405，$\sigma_4(e')$697～716

第二篇

续表

元素	离子	点群	频率(振动类型)σ/cm^{-1}
磷	HPO_3^{2-}	C_{3v}	晶体：$\sigma_1(a_1)2410$，$\sigma_2(a_1)977$，$\sigma_3(a_1)591$，$\sigma_4(e)1110$ 和 1083，$\sigma_5(e)1021$ 和 1006，$\sigma_6(e)498$ 和 471
			溶液 $\sigma_1(a_1)2315$，$\sigma_2(a_1)979$，$\sigma_3(a_1)567$ 和 $\sigma_4(e)1085$，$\sigma_5(e)1027$，$\sigma_6(e)465$
	$H_2PO_4^-$	S_4	σ_{PO_4} (4b,4e)540 和 450
	HPO_4^{2-}	C_{3v}	$\sigma_1(a_1)2900$，$\sigma_2(a_1)988$，$\sigma_3(a_1)862$，$\sigma_4(a_1)537$，$\sigma_5(e)1230$，$\sigma_6(e)1076$，$\sigma_7(e)537$，
	PO_4^{3-}	T_d	拉曼：$\sigma_1(a_1)935$，$\sigma_2(e)420$，$\sigma_3(f_2)1080$，$\sigma_4(f_2)550$
	$P_2O_7^{4-}$	D_{3h}	$(a'_1)1212$，909，477，(a''_2) 1165，940，553 (e'') 999，573，432，(e') 1124，707，615，201
	PO_3S^{3-}	C_{3v}	$\sigma_1(a_1)960$，$\sigma_2(a_1)611$，$\sigma_3(a_1)480$，$\sigma'_1(e)1038$，$\sigma_5(e)515$，$\sigma_6(e)367$
砷	$As_2O_7^{4-}$	D_{3d}	900～920，≈850，≈450，≈300
	AsO_4^{3-}	T_d	$\sigma_1(a_1)813$，$\sigma_2(e)342$，$\sigma_3(f_2)813$，$\sigma_4(f_2)402$
钒	VO_4^{3-}	T_d	$\sigma_1(a_1)870$，$\sigma_2(e)345$，$\sigma_3(f_2)825$，$\sigma_4(f_2)480$
硫	$S_2O_3^{2-}$	C_{3v}	$\sigma_1(a_1)995$，$\sigma_2(a_1)669$，$\sigma_3(a_1)446$，$\sigma_4(e)1123$，$\sigma_5(e)541$，$\sigma_6(e)335$
	SO_3^{2-}	C_{3v}	$\sigma_1(a_1)1010$，$\sigma_2(a_1)633$，$\sigma_3(e)961$，$\sigma_4(e)496$
	SO_4^{2-}	T_d	$\sigma_1(a_1)983$，$\sigma_2(e)450$，$\sigma_3(f_2)1105$，$\sigma_4(f_2)983$
硒	SeO_3^{2-}	C_{3v}	$\sigma_1(a_1)807$，$\sigma_2(a_1)432$，$\sigma_3(e)737$，$\sigma_4(e)374$
	SeO_4^{2-}	T_d	$\sigma_1(a_1)833$，$\sigma_2(e)335$，$\sigma_3(f_2)875$，$\sigma_4(f_2)432$
铬	$Cr_2O_7^{2-}$	C_{2v}	$(a_1,a_2,b_1,b_2)924$～966，$(a_1)900$～910，$(b_1)880$～892，$(b_1)760$～780，$(a_1)550$～570，$(a_1,a_2,b_1,b_2)365$；$(a_1)220$
	CrO_4^{2-}	T_d	$\sigma_1(a_1)847$，$\sigma_2(e)348$，$\sigma_3(f_2)884$，$\sigma_4(f_2)368$
钼	MoO_4^{2-}	T_d	$\sigma_1(a_1)940$，$\sigma_2(e)220$，$\sigma_3(f_2)895$，$\sigma_4(f_2)365$
钨	WO_4^{2-}	T_d	$\sigma_1(a_1)928$，$\sigma_2(e)320$，$\sigma_3(f_2)833$，$\sigma_4(f_2)405$
	WS_4^{2-}	T_d	$\sigma_1(a_1)487$，$\sigma_2(e)179$，$\sigma_3(f_2)440$～465
氟	BF_4^-	T_d	$\sigma_1(a_1)769$，$\sigma_2(e)353$，$\sigma_3(f_2)984(B^{11})1016(B^{10})$，$\sigma_4(f_2)524(B^{11})529(B^{10})$
	SiF_6^{2-}	O_h	IR：$\sigma_3(f_{1u})720$，$\sigma_4(f_{1u})470$
			拉曼：$\sigma_1(A_{1g})656$，$\sigma_2(E_g)510$，$\sigma_5(f2_g)402$，$\sigma_6(f_{2u})260$
	GeF_6^{2-}	O_h	IR：$\sigma_3(f_{1u})600$，$\sigma_4(f_{1u})$
			拉曼：$\sigma_1(A_{1g})527$，$\sigma_2(E_g)454$，$\sigma_5(f_{2g})318$
	SnF_6^{2-}	D_{3d}	$\sigma_1(A_{1g})572$，$\sigma_3(a_{2u}$ 或 $E_u)555$，$\sigma_2(E_g)460$，$\sigma_4(a_{2u}$ 或 $E_u)256$，$\sigma_5(A_{2g}$ 或 $E_g)247$
	PF_5^-	O_h	IR$\sigma_3(f_{1u})830$，$\sigma_4(f_{1u})550$
			拉曼：$\sigma_1(A_{1g})735$，$\sigma_2(E_g)563$，$\sigma_5(f_{2g})462$，$\sigma_6(f_{2u})317$
	$TiFe^{2-}$	D_{3d}	$\sigma_1(A_{1g})608$～613，$\sigma_5(A_{2g}$ 或 $E_g)275$～281
	ZrF_6^{2-}	D_{3d}	$\sigma_1(A_{1g})576$～581，$\sigma_3(a_{2u}$ 或 $E_u)500$，$\sigma_4(A_{2u}$ 或 $E_u)230$，$\sigma_5(A_{2g}$ 或 $E_g)$
氯	$SnCl_6^{2-}$	O_h	拉曼：$\sigma_1(A_{1g})311$，$\sigma_2(E_g)229$，$\sigma_5(F_{2g})158$

续表

元素	离子	点群	频率(振动类型)σ/cm^{-1}
氯	$CuCl_4^{2-}$	T_d	$\sigma_1(a_1)$270～300，$\sigma_2(e)$130～150，$\sigma_3(f_2)$290～300，$\sigma_4(f_2)$110～130
	$PdCl_4^{2-}$	D_{4h}	(a_{2u})170，(e_u)334
	$PdCl_6^{2-}$	O_h	拉曼：$\sigma_1(A_{1g})$317，$\sigma_2(E_g)$292，$\sigma_5(f_{2g})$164
	$PtCl_4^{2-}$	D_{4h}	拉曼：$\sigma_1(A_{1g})$335，$\sigma_2(B_{1g})$164，$\sigma_4(B_{2g})$304
	ClO_2^-	C_{2v}	$\sigma_1(a_1)$790，$\sigma_2(a_1)$400，$\sigma_3(b_1)$840
	ClO_3^-	C_{3v}	$\sigma_1(a_1)$910，$\sigma_2(a_1)$617，$\sigma_3(e)$960，$\sigma_4(e)$493
	ClO_4^-	T_d	$\sigma_1(a_1)$935，$\sigma_2(e)$460，$\sigma_3(f_2)$1050～1170，$\sigma_4(f_2)$630
溴	BrO_3^-	C_{3v}	$\sigma_1(a_1)$806，$\sigma_2(a_1)$421，$\sigma_3(e)$836，$\sigma_4(e)$356
碘	IO_3^-	C_{3v}	$\sigma_1(a_1)$779，$\sigma_2(a_1)$390，$\sigma_3(e)$826，$\sigma_4(e)$330
	IO_4^-	T_d	$\sigma_1(a_1)$791，$\sigma_2(e)$256，$\sigma_3(f_2)$853，$\sigma_4(f_2)$325
锰	MnO_4^{2-}		σ_3≈840
	MnO_4^-	T_d	$\sigma_1(a_1)$840，$\sigma_2(e)$ 340～350，$\sigma_3(f_2)$≈900，$\sigma_4(f_2)$≈387

四、有机化合物官能团的特征红外吸收频率

表 9-5～表 9-54 列出了各类有机化合物官能团的特征红外频率[1～3]，表中所用符号：s——强；vs——特强；m——中；w——弱；v——可变。

（一）烃类化合物

1. 链烷烃和环烷烃

当 CH_3、CH_2 直接和 N、O 等电负性高的原子相连时，其伸缩振动和变形振动都要发生显著的位移，为便于集中讨论，在烷烃这一节中同时给出了与杂原子相连的 C—H 伸缩振动和变形振动。

表 9-5 烷烃 C—H 伸缩振动

官能团	范围		强度	备注
	σ/cm^{-1}	λ/μm		
$>C-CH_3$	2975～2950	3.36～3.39	m～s	不对称 C—H 伸缩
—C—CH_2—C—	2885～2865	3.47～3.49	m	对称 C—H 伸缩
	2940～2915	3.40～3.45	m～s	不对称 C—H 伸缩
	2870～2840	3.49～3.52	m	对称 C—H 伸缩
$>CH$	2890～2880	3.46～3.47	w	伸缩;无实际用处
Ar—CH_3	2985～2965	3.35～3.37	m～s	不对称伸缩
	2955～2935	3.38～3.41	m～s	不对称伸缩;邻位取代出现在范围的低的部分
	2930～2920	3.41～3.42	m～s	对称伸缩
	2870～2860	3.48～3.50	m	变形振动倍频
	2830～2740	3.53～3.65	w～m	变形振动倍频

第二篇

续表

官能团	范围		强度	备注
	σ/cm^{-1}	$\lambda/\mu m$		
环丙烷—CH_2—	3100～3070	3.23～3.26	m	不对称伸缩
	3035～2995	3.30～3.34	m	对称伸缩
环丁烷—CH_2—	3000～2975	3.33～3.36	m	不对称伸缩
	2925～2875	3.42～3.48	m	对称伸缩
环戊烷—CH_2—	2960～2950	3.38～3.39	m	不对称伸缩
	2870～2850	3.48～3.51	m	对称伸缩
环己烷—CH_2—	同—C—CH_2—C—			

表 9-6 烷烃 C—H 变形振动

官能团	范围		强度	备注
	σ/cm^{-1}	$\lambda/\mu m$		
—CH_3	1465～1440 1390～1370	6.83～6.94 7.19～7.30	m、m～s	不对称变形 对称变形；C—CH_3的特征
＞$C(CH_3)_2$	1385～1380	7.22～7.25	m～s	对称变形；两峰强度几乎相等
	1370～1365	7.30～7.33		
—$C(CH_3)_3$	1395～1385	7.17～7.22	m	对称变形；一般是低频率谱带强
	1370～1365	7.30～7.33	m～s	
＞CH_2	1480～1440	6.76～6.94	m	剪式振动
＞CH—	≈1340	≈7.46	w	变形；无实际用处
—C—$(CH_2)_n$—C—($n\geqslant4$)	725～720	13.79～13.89	w～m	CH₂面内摇摆；固态烃(结晶)CH_2面内摇摆分裂为732cm^{-1}、722cm^{-1}双峰，强度剧烈增加
—$C(CH_2)_3$—	735～725	13.61～13.79	w～m	
—$(CH_2)_2$—	745～735	13.42～13.61	w～m	
—CH_2—	785～770	12.74～12.99	w～m	

表 9-7 烷烃 C—C 骨架振动

官能团	范围		强度	备注
	σ/cm^{-1}	$\lambda/\mu m$		
＞$C(CH_3)_2$	1175～1165	8.51～8.58	m	骨架振动，若中心碳原子没有氢则大约1190cm^{-1}
	1150～1130	8.90～8.85	m	
	840～790	1190～12.66	w	
	495～490	20.20～20.41	w	
—$C(CH_3)_3$	1255～1245	7.98～8.03	m	骨架振动
	1225～1165	8.17～8.58	m	
—$CH(C_2H_5)_2$	510～505	19.61～19.80	w	
直链烃	540～485	18.52～20.62	w	正戊烷没有
	≈455	≈21.98	w	
支链烷烃	570～445	17.54～22.47	w	至少一个谱带

续表

官能团	范围		强度	备注
	σ/cm^{-1}	$\lambda/\mu m$		
单支链烷烃	560～540	17.86～18.52	w	
	470～445	21.28～22.47	w	
双支链烷烃(非甲基或乙基)	555～535	18.02～18.69	w	
3,3-双支链烷烃	≈530	≈18.87	w	
2,2-双支链烷烃	≈490	≈20.41	w	
具有三个或以上支链烷烃	≈515	≈19.42	w	
甲基苯	390～260	25.64～38.46	m	芳香 C—CH_3 键面内弯曲
乙基苯	560～540	17.70～18.52	m～s	═C—C—C 基的面内弯曲
异丙基苯	545～520	18.32～19.23	m	═C—C—C 基的面内弯曲
丙基和丁基苯	585～565	17.09～17.70	m	两个谱带
环丙烷	1030～1000	9.71～10.00	w	常在大约 $1020cm^{-1}$ 处
	870～850	11.49～11.76	v	常不存在
	540～500	18.52～20.00	v	
环丁烷	1000～960	10.00～10.42	w	
	930～890	10.75～11.24	w	
	580～490	17.24～20.41	s	
环戊烷	1000～960	10.00～10.42	w	
	930～890	10.75～11.24	w	
	595～490	16.81～20.41	s	
环己烷	1055～1000	9.48～10.00	w	
	1015～950	9.86～10.53	w	
	570～435	17.54～22.99	v	

表 9-8　连于杂原子上的 C—H 伸缩振动

官能团	范围		强度	备注
	σ/cm^{-1}	$\lambda/\mu m$		
—O—CH_3(醚)	2995～2955	3.34～3.38	s	不对称 CH_3 伸缩
	2900～2865	3.45～3.49	s	对称 CH_3 伸缩
	2835～2815	3.53～3.55	s	对称 CH_3 伸缩
$RSCH_3$	2995～2955	3.34～3.38	m	不对称 CH_3 伸缩
	2900～2865	3.45～3.49	m	对称 CH_3 伸缩
N—CH_3(胺和亚胺)	2820～2760	3.55～3.62	s	对称 CH_3 伸缩
N—CH_3 (脂肪族胺)	2805～2780	3.56～3.60	s	对称 CH_3 伸缩
N—CH_3 (芳香族胺)	2820～2810	3.55～3.56	s	对称 CH_3 伸缩
—N$(CH_3)_2$(脂肪族胺)	2825～2810	3.54～3.56	s	对称 CH_3 伸缩
	2775～2765	3.60～3.62	s	
—N$(CH_3)_2$(芳香族胺)	2830～2800	3.53～3.57	s	对称 CH_3 伸缩
CH_3—CO—(酮)	3000～2900	3.33～3.45	w	对称 CH_3 伸缩
X—CH_2—(X═卤素)	≈3050	≈3.28	w	C—H 伸缩

续表

官能团	范围		强度	备注
	σ/cm^{-1}	λ/μm		
—O—CH_2—O—	2820～2710	3.55～3.69	m	C—H 伸缩
H_2C—C 环氧（O 桥）	3050～3030	3.28～3.03	w	不对称 C—H 伸缩
—HC—C 环氧（O 桥）	3000～2990	3.33～3.34	w	C—H 伸缩
C—CH_2 环亚胺（NH 桥）	≈3050	≈3.28	m～s	不对称 C—H 伸缩

表 9-9 连于杂原子上的 C—H 变形振动

官能团	范围		强度	备注
	σ/cm^{-1}	λ/μm		
—O—CH_3	1470～1430	6.80～6.99	m	不对称变形
	1445～1430	6.92～6.99	s	对称变形
	≈1030	≈9.71	w～m	C—C 振动，常观察到
—O—CH_2—(酯)	1475～1460	6.78～6.89	m～s	CH_2 对称变形
酯(无环的)	1470～1435	6.80～6.97	m～s	CH_2 对称变形
酯(环,小环)	1500～1470	6.67～6.80	中	对称变形，几个带
—O—CO—CH_3	1450～1400	6.90～7.14	s	不对称变形
	1389～1340	7.22～7.46	s	对称变形
—CO—CH_3(酮)	1450～1400	6.90～7.14	s	不对称变形
	1360～1355	7.35～7.38	s	对称变形
—CO—CH_2—(小环酮)	1475～1425	6.78～7.02	s	不对称变形，几个带
—CO—CH_2—(无环酮)	1435～1405	6.97～7.12	s	不对称变形
—CH_2—COOH	≈1200	≈8.33	m	CH_2 变形
乙酰丙酮化物	1415～1380	7.07～7.25	s	不对称变形
	1360～1355	7.35～7.38	s	对称变形
C—CH_2 环氧（O 桥）	≈1500	≈6.67	w～m	不对称弯曲
CHOH(仲醇)	1410～1350	7.09～7.41	w	CH 变形
(游离态)	1300～1200	7.69～8.33	w	CH 变形
仲醇(键合)	1440～1400	6.94～7.14	w	CH 变形
	1350～1285	7.41～7.78	w	CH 变形
—$(CH_2)_n$—O—(n>4)	745～735	13.42～13.61	m～s	CH_2 变形
N—CH_3	1440～1390	6.94～7.19	m	对称变形
N—CH_3(胺盐酸盐)	1475～1395	6.78～7.17	m	对称变形
N—CH_3(氨基酸盐酸盐)	1490～1480	6.71～6.76	m	对称变形

续表

官能团	范围		强度	备注
	σ/cm^{-1}	$\lambda/\mu m$		
N—CH_3(酰胺)	1420～1405	7.04～7.12	s	对称变形(不对称变形 1500～1450cm^{-1})
N—CH_2—(酰胺)	≈1440	≈6.94	m	
N—CH(胺)和具有—O—CH的基团,如乙缩醛、原甲酸酯和过氧化物	1350～1315	7.41～7.61	w	CH变形
N—CH_2—	1480～1450	6.76～6.90	s	对称变形(两个带)
	1400～1350	7.14～7.41	m～s	
—CH_2—NO_2	1425～1415	7.02～7.07	s	对称变形
—CH_2—CN	1430～1420	6.99～7.04	s	对称变形
—CH_2—C═C	1445～1430	6.92～6.99	m	
X—CH_2—(X═Cl,Br,I)	1435～1385	6.97～7.22	m	CH_2 的面外摇摆在 1300～1240cm^{-1}(强)
F—CH_3	≈1475	≈6.78	m	对称变形
Cl—CH_3	≈1355	≈7.38	m	对称变形
Br—CH_3	≈1305	≈7.61	m	对称变形
I—CH_3	≈1250	≈7.98	m	对称变形
P—CH_3	1320～1280	7.58～7.81	s	对称弯曲
S—CH_3	1325～1300	7.55～7.69	m～w	对称变形
S—CH_2—	1440～1415	6.04～7.07	s	对称变形[CH_2 面外摇摆在 1270～1220cm^{-1}(强)]
Se—CH_3	≈1280	≈7.81	m	对称变形
B—CH_3	1460～1405	6.85～7.12	m	不对称变形
	1320～1280	7.58～7.81	m	对称变形
Si—CH_3	1265～1250	7.91～8.00	m～s	对称弯曲 } CH_3 的面内摇摆在 900～700cm^{-1} 处有强谱带
Sn—CH_3	1200～1180	8.33～8.48	m	对称弯曲
Pb—CH_3	1170～1155	8.55～8.66	m	对称弯曲
As—CH_3	1265～1240	7.91～8.07	m	对称变形
Ge—CH_3	1240～1230	8.07～8.13	m	对称变形
Sb—CH_3	1215～1195	8.23～8.37	m	对称变形
Bi—CH_3	1165～1145	8.58～8.73	m	对称变形
—CH_2—SO_2—	≈1250	≈8.00	m	对称变形
—CH_2—M(M=Cd，Hg，Zn，Sn)	1430～1415	6.99～7.07	m	CH_2 变形

2. 烯烃

表 9-10 烯烃 C═C 伸缩振动

官能团	范围		强度	备注
	σ/cm^{-1}	$\lambda/\mu m$		
C═C(孤立)	1680～1620	5.95～6.17	w～m	具有对称中心的化合物可能不存在
C═C(与芳基共轭)	1640～1610	6.10～6.21	m	

续表

官能团	范围		强度	备注
	σ/cm^{-1}	$\lambda/\mu m$		
与 C═C 或 C═O 共轭的 C═C	1660～1580	6.02～6.33	s	
CH_2═CH—C≡C—（共轭）	1620～1610	6.17～6.21	s	
乙烯基端基				
—CH═CH_2	1645～1640	6.08～6.10	w～m	烯烃
X—CH═CH_2(X═卤素或氰基)	1620～1595	6.17～6.27	s	X═F，$\sigma\approx1650cm^{-1}$
—O—CH═CH_2(乙烯基醚)	1640～1630	6.49～6.54	s	通常在 $1640\sim1610cm^{-1}$ 处呈现双峰
	1620～1610	6.12～6.21	s	
—CO—CH═CH_2(乙烯基酮)	1620～1615	6.17～6.19	s	
CH_2═CHOCOR (乙烯基酯)	1700～1645	5.88～6.08	s	
CH_2═CHCOOR (丙烯酸酯)	1640～1635	6.10～6.12	s	
	1625～1620	6.16～6.17	s	
1,2-亚乙烯基				
—CH═CH—(顺式)	1665～1635	6.01～6.12	w～m	烃类
—CH═CH—(反式)	1675～1665	5.97～6.02	w～m	烃类
亚乙烯基				
>C═CH_2	1660～1664	6.02～6.10	w～m	
卤代和氰基取代 >C═CH_2	1630～1620	6.14～6.17	v	二氟取代在大约 $1730cm^{-1}$ 处
—CO—C═CH_2，酮	≈1630	≈6.14	m～s	
—CO—O—C═CH_2，酯	1675～1670	5.97～5.99	s	
α,β-不饱和胺，CH_2═CHN<	1700～1660	5.88～6.02	m	
三取代烯烃				
>C═CH—	1690～1665	5.92～6.01	w～m	邻位 C═O 降低频率，增加强度
CH_2═CF—	1650～1645	6.06～6.08	m	
CF_2═CF—	1800～1780	5.56～5.62	m	
>C═CF_2	1755～1735	5.70～5.76	m	
>C═CH—N<	1680～1630	5.95～6.13	m～s	比正常的 C═C 伸缩带强
四取代烯烃				
>C═C<	1690～1670	5.92～5.99	w	具有对称中心的化合物可能不存在
内双键				
环丙烯	≈1655	≈6.04	w～m	
环丁烯	≈1565	≈6.39	w～m	
环戊烯	≈1610	≈6.21	w～m	
环己烯	≈1645	≈6.08	w～m	
环庚烯	≈1650	≈6.06	w～m	
1,2-二烷基环丙烯	1900～1865	5.26～5.36	w～m	
1,2-二烷基环丁烯	1685	≈5.93	w～m	

续表

官能团	范围		强度	备注
	σ/cm^{-1}	λ/μm		
1,2-二烷基环戊烯	1685～1670	5.93～5.65	w～m	
1,2-二烷基环己烯	1685～1675	5.93～5.63	w～m	
环外双键：$>C=C(CH_2)_n$				
$n=2$	1780～1730	5.62～5.78	m	随环的增大向低频移动
$n=3$	≈1680	≈5.95	m	
$n=4$	≈1655	≈6.04	m	
$n=5$	≈1650	≈6.06	m	
亚甲基环戊二烯	≈1645	≈6.08	m	
亚甲基茚 $C_6H_4CH=CHC=CH_2$	≈1630	≈6.13	m	
$A—CH=CH_2$	1650～1580	6.23～6.33	v	A=重元素或包含重元素的基团和C=C直接相连
$M(C_2H_4)$	1530～1500	6.54～6.67		M=金属元素，例如 $Pt(C_2H_4)$

表 9-11 烯烃 C—H 伸缩振动和变形振动

官能团	范围		强度	备注
	σ/cm^{-1}	λ/μm		
乙烯基端基				
乙烯基烃类化合物	3095～3075	3.23～3.25	m	CH_2 的 CH 伸缩振动
$—CH=CH_2$	3030～2995	3.30～3.34	m	CH 的 CH 伸缩振动
	1985～1970	5.04～5.08	w	倍频
	1850～1800	5.41～5.56	w	倍频
	1420～1410	7.04～7.09	w	CH_2 的面内变形，剪式
	1300～1290	7.69～7.75	w	CH 面内变形
	995～980	10.05～10.20	m	CH 面外变形
	915～905	10.93～11.05	s	CH_2 面外变形，对共轭不敏感
乙烯基卤化物	945～925	10.58～10.83	m	CH 面外变形(氰基取代化合物，960cm^{-1})
	905～865	11.05～11.56	s	CH_2 面外变形(乙烯基氰化物，960cm^{-1})
乙烯基醚，$—O—CH=CH_2$	965～960	10.36～10.42	s	CH 面外变形
	945～940	10.58～10.64	m	CH 面外变形
	820～810	12.20～12.35	s	CH_2 面外变形
乙烯基酮，$—COCH=CH_2$	995～980	10.05～10.20	s	CH 面外变形
	965～955	10.36～10.47	m	CH_2 面外变形
乙烯基酯，$CH_2=CHOCOR$	950～935	10.53～10.70	s	CH 面外变形
	870～850	11.49～11.76	s	CH_2 面外变形
丙烯酸酯，$CH_2=CHCOOR$	985～980	10.15～10.20	s	面外变形
	965～960	10.36～10.42	s	面外变形
1,1-亚乙烯基				
烃类，$>C=CH_2$	3095～3075	2.53～2.67	m	CH 不对称伸缩
	2985～2970	3.35～3.37	m	CH 对称伸缩
	1800～1780	5.56～5.62	w	倍频

续表

官能团	范围		强度	备注
	σ/cm^{-1}	λ/μm		
烃类，$\rangle$C═CH$_2$	1420～1410	7.04～7.09	w	CH$_2$面内变形,剪式
	1320～1290	7.58～7.75	w	CH$_2$面内变形
	895～885	11.17～11.30	s	CH$_2$面外变形
单和双卤代 $\rangle$C═CH$_2$	880～865	11.36～11.56	s	CH$_2$ 面外变形(双氟取代在大约805cm^{-1}处)
氰基取代 $\rangle$C═CH$_2$	930～895	10.75～11.17	s	CH$_2$面外变形
—CO—CH═CH$_2$(酮和酯)	≈930	≈11.07	s	CH$_2$面外变形
—CO—O—CH═CH$_2$(酯)	880～865	11.36～11.56	s	CH$_2$面外变形
1,2-亚乙烯基				
顺式 —CH═CH—(烃类)	3040～3010	3.29～3.32	m	CH 伸缩
	1420～1400	7.04～7.14	w	CH 面内变形
	730～665	13.70～15.04	s	CH 面外变形,共轭增加频率范围至820cm^{-1}
卤代顺式 —CH═CH—	780～770	12.82～12.99	s	
反式—CH═CH—(烃类)	3040～3010	3.29～3.32	m	CH 伸缩
	1325～1290	7.55～7.75	w	CH 面内变形,有时不存在
	980～955	10.20～10.47	s	CH 面外变形(通常≈965cm^{-1})，共轭使频率稍增加，极性基团显著地降低频率，对反式-反式系统可能至大约1000cm^{-1}
卤代反式—CH═CH—	≈930	≈10.75	s	CH 面外变形
反式—CH═CH—与 C═C 或 C═O 共轭	≈990	≈10.10	s	CH 面外变形
反式—CH═CH—O—(醚)	940～920	10.64～10.87	s	
三取代烯烃				
$\rangle$C═CH—(烃类)	3040～3010	3.29～3.32	m	CH 伸缩
	1680～1600	5.95～6.25	w	倍频
	1350～1340	7.41～7.46	m	CH 面内变形
	850～790	11.76～12.66	m	CH 面外变形,电负性基团取代出现在频率范围的低频
环烯(内双键)	3060～2995	3.27～3.34	m	═C—H 伸缩，随环变小向高频移动
	780～665	12.82～15.04	m	面外变形
CH$_2$═CH—M（M=金属）	1410～1390	7.09～7.19	w	CH$_2$变形
	1265～1245	7.91～8.03	w～m	CH 面内摇摆
	1010～985	9.90～10.15	m	CH 面外振动
	960～940	10.42～10.64	s	CH$_2$面外振动
亚甲基环戊二烯	≈765	≈13.07	s	CH 面外变形(在 1370～1340cm^{-1}处有一强带，这是不饱和五元环的特征)
亚甲基茚	≈790	≈12.66	s	CH 面外变形

表 9-12 烯烃的骨架振动

官能团	范围		强度	备注
	σ/cm^{-1}	$\lambda/\mu m$		
R—CH═CH_2	≈635	≈15.75	s	卷曲振动
	≈550	≈18.18	s	
	485～445	20.62～22.47	m～s	
顺式烯烃	670～455	14.93～2.98	s	两个带
反式烯烃	455～370	21.98～27.03	m～s	通常为一个带
无支链顺式 R—CH═CH—CH_3	490～465	20.41～21.51	s	
无支链反式 R—CH═CH—CH_3	325～285	30.77～35.09	s	
顺式 RCH═CHR_2	630～575	15.87～17.39	s	
	500～475	20.00～21.05	s	
反式 RCH═CHR_2	580～515	17.24～19.42	m～s	
	500～480	20.00～20.83	m～s	
	455～370	21.98～27.03	m～s	
R^1R^2C═CH_2	560～530	17.86～18.87	s	
	470～435	21.28～22.99	m	
R^1R^2C═CHR^3	570～515	17.54～19.42	s	平面摇摆振动,强度可能为中等
	525～470	19.05～21.28	s	可能为面外弯曲振动
芳基烯烃	450～395	22.22～25.32	m～s	
	≈550	≈18.18	m	

3. 炔烃

表 9-13 炔烃 C—H 伸缩振动、C≡C 伸缩振动

官能团	范围		强度	备注
	σ/cm^{-1}	$\lambda/\mu m$		
≡C—H	3340～3330	2.99～3.03	s	峰形尖，ν_{OH}和ν_{NH}出现在同一范围，ν≡C—H
单取代炔烃				
—C≡CH	2140～2100	4.67～4.76	w～m	C≡C 伸缩振动
双取代炔烃	2260～2190	4.43～4.57	v	随分子对称性的增加强度减弱($\nu_{C≡C}$)
共轭炔烃	2270～2220	4.41～4.51	m	和 C═C 共轭($\nu_{C≡C}$)
	≈2250	≈4.43		和 COOH 或 COOR 共轭($\nu_{C≡C}$)

表 9-14 炔烃的其他谱带

官能团	范围		强度	备注
	σ/cm^{-1}	$\lambda/\mu m$		
单取代炔烃	1375～1225	7.27～3.03	w～m	CH 非平面摇摆振动倍频
—C≡CH	695～575	14.39～17.39	m～s	CH 变形,若分子有轴对称呈现两个带
烷基单取代炔烃	≈630	≈15.87	s	C≡C—H 弯曲振动

续表

官能团	范围		强度	备注
	σ/cm⁻¹	λ/μm		
烷基单取代炔烃	355～335	28.17～29.85	v	C—C≡CH 变形
—C≡CH	510～260	19.61～38.61	v	非烷基取代
R—C≡C—CH_3	520～495	19.23～20.20	m～s	
R—C≡C—C_2H_5	495～480	20.20～20.83	s	宽
R—C≡C—$(CH_2)_2CH_3$	475～465	21.05～21.51	m	
—C≡C—取代苯	≈550	≈18.18	m	
	≈350	≈28.57	v	
C≡C—X（X=Cl，Br 或 I）	185～160	54.05～62.50	v	C≡C—X 弯曲振动

4. 芳烃

表 9-15 芳烃═C—H 和环 C═C 伸缩振动

官能团	范围		强度	备注
	σ/cm^{-1}	λ/μm		
═C—H	3080～3010	3.25～3.32	m	出现一组谱峰(3～4 个) ν═C—H
—C═C—	1625～1590	6.16～6.29	v	通常在大约 1600cm⁻¹
	1590～1575	6.29～6.35	v	若共轭在 1580cm⁻¹ 处出现强谱带
	1520～1470	6.56～6.80	v	有吸电子基团取代时通常在大约 1470cm⁻¹，有给电子基团取代时在大约 1510cm⁻¹ 处
	1465～1430	6.38～6.99	v	

表 9-16 芳环上═C—H 非平面变角振动频率 单位：cm⁻¹

邻位 H 数目	取代类型	振动频率	强度
5	单取代	770～730	vs
		710～690	s
4	(邻位 1,2-二取代)	770～735	vs
3	1,3-二取代 1,2,3-三取代	810～750 710～690	vs
2	1,4-二取代 1,2,4-三取代 1,2,3,4-四取代	860～800	vs
1	1,3-二取代 1,2,4-三取代 1,3,5-三取代 1,2,3,5-四取代 1,2,4,5-四取代 1,2,4,6-四取代 1,2,3,4,5-五取代	900～860 1,2,4-三取代还有 825～805cm⁻¹ 吸收带 1,3,5-三取代还有 860～810cm⁻¹(强)和 730～675cm⁻¹(强)吸收带 1,2,3,5-四取代还有 850～840cm⁻¹ 吸收带	m

芳香族化合物在 2000～1660cm⁻¹ 区域出现数量为 2～6 个的一组吸收带。它是由苯环上═C－H 面外弯曲（γ═CH）振动的倍频和合频（泛频）产生的。各种不同取代类型的芳香族化合物具有典型的吸收图形，如图 9-1 所示。

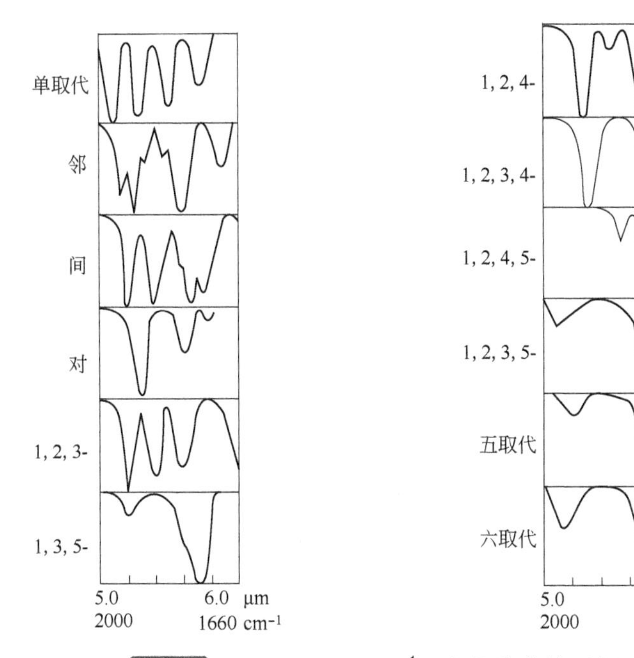

图 9-1　2000～1660cm^{-1} 区间取代苯的泛频

（二）含 C=N 和 N=N 基团的化合物

1. 肟、亚胺及脒等

表 9-17　肟、亚胺、脒等的 C=N 伸缩振动

官能团	范　围		强度	官能团	范　围		强度
	σ/cm^{-1}	λ/μm			σ/cm^{-1}	λ/μm	
脂肪肟和亚胺 >C=N—	1690～1650	5.92～6.06	w	吖嗪 >C=N—N=C<	1670～1600	5.99～6.25	
α,β-不饱和肟、芳香肟和亚胺共轭环系统(肟和亚胺)	1650～1620 1660～1480	6.06～6.17 6.02～6.76	m v	苯甲脒 $C_6H_5C(=NH)NH_2$	1630～1590	6.14～6.29	
R^1R^2C=N—H	1650～1640	6.06～6.10	s①	—CO—C=N—N	1600～1530	6.25～6.54	vs
Ar(R)C=N—H	1635～1620	6.12～6.17	m	脒和胍 >N—C=N—	1685～1580	5.93～6.33	v
R—CH=N—$R^2$②	1690～1630	5.92～6.13	v	亚氨基醚—O—C=N—	1690～1645	5.92～6.08	v④
Ar—CH=N—Ar	1645～1605	6.08～6.23	v③	—S—C=N—	1640～1605	6.10～6.23	v
胍 >N—C(=N)N	1725～1625	5.80～6.15	s	亚氨基氧化物 C=N^+—O^-	1620～1550	6.17～6.45	s

①尖峰。
②席夫碱。
③常为双峰。
④由于旋转异构常为强的双峰。

表 9-18 肟、亚胺、脒等其他键的伸缩振动

官能团	范围		强度	备注
	σ/cm⁻¹	λ/μm		
肟	3650～3500	2.74～2.86	v	游离 O—H 伸缩稀溶液
	3300～3130	3.03～3.20	v	缔合 O—H 伸缩
	1475～1315	6.78～7.60	m	O—H 变形
	960～930	10.42～10.75	s	N—O 伸缩
醌肟	3540～2700	2.82～3.70	s	缔合 O—H 伸缩
	1670～1620	5.99～6.17	s	C═O 伸缩
O═(C₆H₄)═N—OH	1560～1520	6.37～6.58	s	C═N 伸缩
亚胺	3400～3300	2.94～3.03	v	游离 N—H 伸缩
	3400～3100	2.94～3.23	m	缔合 N—H 伸缩
—N—D	2600～2400	3.85～4.15	w～m	游离 N—D 伸缩

2. 偶氮化合物

表 9-19 偶氮化合物的振动

官能团	范围		强度	备注
	σ/cm⁻¹	λ/μm		
烷基偶氮化合物	1575～1555	6.35～6.43	v	N═N 伸缩
α,β-不饱和偶氮化合物	≈1500	≈6.67	v	
反式芳香偶氮化合物	1440～1410	6.94～7.09	w	N═N 伸缩
顺式芳香偶氮化合物	≈1510	≈6.62	w	N═N 伸缩
脂肪氧化偶氮化合物	1530～1495	6.54～6.69	m～s	吸电子基团的存在使频率增加
$—N═N^+—O^-$	1345～1285	7.43～7.78	m～s	
芳香氧化偶氮化合物	1480～1450	6.76～6.90	m～s	反对称 N═N—O 伸缩
$—N═N^+—O^-$	1340～1315	7.46～7.60	m～s	对称 N═N—O 伸缩
	1465～1445	6.83～6.92	w	N═N 伸缩
$—N═N^+—S^-$	1070～1055	9.35～9.48	w	N—S 伸缩
>C(N═N)（双吖丙啶）	≈1620	≈6.17	w	N═N 伸缩

（三）含 X≡Y 基团的叁键化合物和含 X═Y═Z 基团的连双键化合物

含 X≡Y 基团的叁键化合物有腈、氰酸盐、硫氰酸盐、异腈和重氮化合物等，异氰酸酯和异硫氰酸酯是含有 X═Y═Z 基团的连双键化合物的两个重要例子。各种类型的 X≡Y 和 X═Y═Z 基团的振动频率见表 9-20。

表 9-20 各种类型的 X≡Y 和 X═Y═Z 基团的振动频率

官能团	范围		强度	备注
	σ/cm⁻¹	λ/μm		
—C≡N 脂肪族	2260～2240	4.42～4.46	m	当氰基与其他不饱和基团共轭或与氨基直接相连时，$\nu_{C≡N}$ 向低频位移,强度增加。当 α-碳原子上有极性取代基团(如 Cl、OH、OCH_3、C═O、NH_2 等)时,其强度变得很弱。当—C≡N 接到叔碳原子上时,强度极弱,以致看不到吸收
—C≡N 芳香族	2240～2215	4.46～4.51	s	（同上）

续表

官能团	范围		强度	备注
	σ/cm^{-1}	λ/μm		
—O—C≡N(氰酸酯)	2250	4.44	s	—O—C≡N 的反对称伸缩振动，常为多重峰
—S—C≡N(硫氰酸酯)				
—S—C≡N(脂肪族)	≈2140	4.67	vs	—S—C≡N 的反对称伸缩振动
—S—C≡N(芳香族)	2175～2160	4.60～4.63	vs	—S—C≡N 的反对称伸缩振动
—N=C=O(异氰酸酯)	2275～2250	4.40～4.44	vs	—N=C=O 反对称伸缩振动，共轭对该吸收无影响
	1350	7.41	w	—N=C=O 对称伸缩振动，由于强度弱，又与 δ_{CH} 吸收带重叠，无实用价值
—N=C=S(异硫氰酸酯)				
—N=C=S(脂肪族)	2140～2080	4.67～4.81	vs	—N=C=S 反对称伸缩振动 有时变宽，常常分裂,在主要吸收带两旁常伴有肩带。脂肪族 1090cm^{-1}(强)；芳香族 1250cm^{-1} (弱)和 930 cm^{-1} (强)
—N=C=S(芳香族)	2090～2040	4.78～4.90	vs	
二氧化碳	2350	4.26	s	O=C=O 反对称伸缩振动；其他两吸收带为720cm^{-1}和 667cm^{-1}，三组吸收带均可用于波数校正
烯酮	2150	4.65		C=C=O 反对称伸缩振动
丙二烯	2000～1915	5.00～5.22	m	C=C=C 反对称伸缩振动
	1100～1000	9.09～10.0	w	C=C=C 对称伸缩振动
				当与极性基团(如 COOH、COOR、$CONH_2$、CN、CF_3 等)相连时，往频率较高的一侧位移，在液相中分裂为双峰；当处于端基时($C=C=CH_2$ 或 C=C=CHR)，在 870～840cm^{-1}出现较强的 δ_{CH} 频率
乙烯亚胺	2000	5.00		C=C=N 反对称伸缩振动
碳二亚胺	2155～2115	4.64～4.73	vs	脂肪族为单峰，芳香族为多重峰
重氮盐 $RCH=N^{\oplus}=N^{\ominus}$	2050～2035	4.88～4.91		=N=N 反对称伸缩振动
$R_2C=N^{\oplus}=N^{\ominus}$	2030～2000	4.93～5.00		
重氮酮 —CO—CHN_2	2100～2090	4.76～4.78		=N=N 反对称伸缩振动；脂肪族和芳香族 $\nu_{C=O}$ 分别在 1645cm^{-1}和 1630～1605cm^{-1}
—CO—CRN_2	2070～2060	4.83～4.85		
重氮离子盐	2280～2240	4.39～4.46		—$N_2^{\oplus}$反对称伸缩振动
叠氮化合物	2120～2080	4.72～4.81	s	—N_3 反对称伸缩振动，尖锐，有少数化合物为双峰

（四）醇和酚

表 9-21　羟基 O—H 伸缩振动

官能团	范围		强度	备注
	σ/cm^{-1}	λ/μm		
游离 O—H	3670～3580	2.73～2.80	v	尖峰，OH 伸缩
氢键缔合 O—H(分子间)，—O—H…H—O— 或 H…O—H…O—H…O 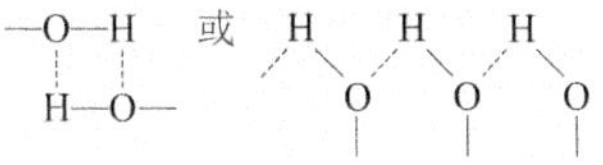	3550～3230	2.82～3.10	m～s	通常峰形宽，振动频率与浓度有关
氢键缔合 O—H(分子内)，O—H…O 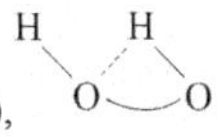	3590～3400	2.79～2.94	v	通常峰形窄，振动频率与浓度无关

续表

官能团	范围		强度	备注
	σ/cm^{-1}	λ/μm		
螯合 O—H, (C—O…H…O=C 螯合环)	3200～2500	3.13～4.00	v	通常峰形宽，振动频率与浓度无关
O—D	2780～2400	3.60～4.17	v	O—D 伸缩
OH(β-二酮的醇式)	2700～2500	3.71～4.00	v	螯合 OH
分子内缔合的邻位酚	3200～2500	3.13～4.00	m	游离酚≈3610cm^{-1}
羧酸(—COOH)	3300～2500	3.03～4.00	w～m	O—H 伸缩，氢键缔合，在 2700～2500cm^{-1} 范围有时出现几个弱带，振动频率与浓度有关
OH(结晶水)	3600～3100	2.78～3.23	w	在固态光谱中
	1630～1615	6.13～6.19	v	
OH(在稀溶液中的水)	≈3760	≈2.66	w～m	在非极性溶剂中
游离肟(>C=N—OH)	3600～3570	2.78～2.79	w～m	尖峰
游离氢过氧化物(—O—O—H)	3560～3530	2.82～2.83	m	
过酸(—CO—O—OH)	≈3280	≈3.05	m	
环庚三烯酚酮	≈3100	≈3.23	w～m	
磷酸 >P(=O)OH	2700～2560	3.70～3.91	m	宽峰

表 9-22 羟基 O—H 变形振动

官能团	范围		强度	备注
	σ/cm^{-1}	λ/μm		
伯醇、仲醇	1350～1260	7.41～7.94	s	面内变形
叔醇	1410～1310	7.09～7.63	s	面内变形
醇	700～600	14.29～16.67		宽,面外变形
酚	1410～1310	7.09～7.63	s	O—H 变形和 C—O 伸缩的合频
羧酸	955～915	10.47～10.93	s	面外变形,宽
氘代羧酸	≈675	≈14.81	s	O—D 面内变形

表 9-23 醇 C—O 伸缩振动

官能团	范围		强度	备注
	σ/cm^{-1}	λ/μm		
饱和伯醇—CH_2—OH	1085～1030	9.22～9.71	s	
饱和仲醇 >CH—OH	1125～1085	8.90～9.22	s	
饱和叔醇 —C(<)—OH	1205～1125	8.30～8.90	s	

续表

官能团	范　围		强度	备　注
	σ/cm^{-1}	$\lambda/\mu m$		
伯醇				
RCH_2CH_2OH	≈1050	≈9.52	s	乙醇≈$1065cm^{-1}$
$R^1R^2CH\ CH_2OH$	≈1035	≈9.66	s	
$R^1R^2R^3CCH_2OH$	≈1020	≈9.80	s	
(不饱和基团)—CH_2CH_2OH	≈1015	≈9.85	s	乙烯基或丙烯基取代
仲醇 RH_2C＼CHOH／H_3C	≈1085	≈9.22	s	异丙醇≈$1100cm^{-1}$，每增加一个烷基，波数增加约 $15cm^{-1}$
(不饱和基团)—$CH_2CH(OH)CH_3$	≈1070	≈9.35	s	
[(不饱和基团)—CH_2]$_2$—CHOH	≈1010	≈9.90	s	
(芳基- CH_2)$_2$CHOH	≈1050	≈9.52	s	
叔醇				
$RCH_2(CH_3)_2COH$	≈1135	≈8.81	s	叔丁醇≈$1150cm^{-1}$
$(R^1CH_2)(R_2CH_2)_2COH$	≈1120	≈8.93	s	每增加一个烷基波数增加约 $15cm^{-1}$
(不饱和基团)—$CH_2(CH_3)_2COH$	≈1120	≈8.93	s	
[(不饱和基团)—CH_2]$_2$$CH_3COH$	≈1060	≈9.43	s	
[(不饱和基团)—CH_2]$_3$COH	≈1010	≈9.90	s	
芳基和 α-不饱和仲醇	1085～1030	9.22～9.71	s	
α-不饱和醇和环叔醇	1125～1085	8.90～9.22	s	
脂环仲醇(三元或四元环)	1060～1020	9.43～9.80	s	
脂环仲醇(五元或六元环)	1085～1030	9.22～9.71	s	
酚	1260～1180	7.94～8.48	s	O—H 变形和 C—O 伸缩合频

表 9-24　酚 O—H 伸缩振动

官能团	范　围		强度	备　注
	σ/cm^{-1}	$\lambda/\mu m$		
游离	3620～3590	2.76～2.79	m	在稀溶液中，尖
缔合	3250～3000	3.08～3.33	v	在溶液中，宽和浓度与溶剂有关
邻位取代 (OH, X 邻位取代苯环) (X=—C=O, —NO_2)	3200～2500	3.13～4.00	m	分子内氢键

表 9-25　酚 O—H 变形和 C—O 伸缩振动

官能团	范　围		强度	官能团	范　围		强度
	σ/cm^{-1}	$\lambda/\mu m$			σ/cm^{-1}	$\lambda/\mu m$	
缔合	1390～1330	7.19～7.52	m	间烷基酚(溶液)	1175～1150	8.51～8.70	s
	1260～1180	7.94～8.48	s		1285～1270	7.78～7.87	s
游离(稀溶液)	1360～1300	7.35～7.69	m		1190～1180	8.40～8.48	s
	1225～1150	8.17～8.70	s		1160～1150	8.62～8.70	s

续表

官能团	范围		强度	官能团	范围		强度
	σ/cm⁻¹	λ/μm			σ/cm⁻¹	λ/μm	
邻烷基酚(溶液)	≈1320	≈7.58	s	对烷基酚(溶液)	1260～1245	7.94～8.03	s
	1255～1240	7.97～8.07	s		1175～1165	8.51～8.58	s

表 9-26 酚的其他谱带

官能团	范围		强度	备注
	σ/cm⁻¹	λ/μm		
酚	≈1660	≈6.02	s	通常呈双峰，为芳环的 C═C 伸缩
	≈1110	≈9.01	v	芳环，C═H 变形
	720～600	13.89～16.67	s	宽，O—H 面外弯曲(氢键)
	450～375	22.22～26.67	w	芳环 C—OH 键的面内弯曲

（五）醚和过氧化物

表 9-27 醚 C—O 伸缩振动

官能团	范围		强度	备注
	σ/cm⁻¹	λ/μm		
饱和脂肪醚 C—O—C	1150～1060	8.70～9.43	vs	不对称 C—O 伸缩
	1140～900	8.77～11.11	v	对称 C—O 伸缩
烷基芳基醚═C—O—C	1270～1230	7.87～8.13	vs	不对称═C—O 伸缩
	1120～1020	8.93～9.80	s	对称 C—O 伸缩
乙烯基醚 CH_2═CH—O—	1225～1200	8.16～8.33	s	不对称 C—O 伸缩≈1205cm⁻¹
氧杂环丁烷	≈1030	≈9.71	w	对称 C—O 伸缩
	980～970	10.20～10.31	s	
Ar—O—CH_2—O—Ar	1265～1225	7.91～8.17	s	═C—O 伸缩
	1050～1025	9.52～9.76	s	
环醚	1270～1030	7.87～9.71	s	
无环二芳基醚	1250～1170	8.00～8.55	s	
环状═C—O—C═	1200～1120	8.33～8.93	s	
	1100～1050	9.09～8.70	s	
环氧衍生物 ＞C—C＜（O 桥连）	1260～1240	7.94～8.07	m～s	C—O
单取代环氧化物 —CH—CH_2（O 桥连）	880～805	11.36～12.42	m	环振动
反式环氧衍生物	950～860	10.53～11.63	v	环振动
顺式环氧衍生物	865～785	11.56～12.74	m	环振动
三取代环氧衍生物	770～750	12.99～13.33	m	环振动
缩酮和乙缩醛 ＞C(O—C)(O—C)	1190～1140	8.40～8.77	s	C—O—C—O—C 振动
	1195～1125	8.37～8.89	s	C—O—C—O—C 振动
	1100～1060	9.09～9.43	s	C—O—C—O—C 振动强带
	1060～1035	9.43～9.65	s	C—O—C—O—C 振动有时能见到

续表

官能团	范围		强度	备注
	σ/cm⁻¹	λ/μm		
乙缩醛	1115～1105	8.96～9.02	s	C—H 变形
(苯并二氧五环结构式)	915～895	10.93～11.17	s	
	1265～1235	7.90～8.10	S	

表 9-28 过氧化物的伸缩振动

官能团	范围		强度	备注
	σ/cm⁻¹	λ/μm		
过氧化物	900～830	11.11～12.05	w	C—O
烷基过氧化物	1150～1030	8.70～9.71	m～s	C—O
芳基过氧化物	≈1000	≈10.00	m	C—O
过酸	≈3450	≈2.90	m	O—H
	1785～1755	5.60～5.70	vs	C═O
	≈1175	≈8.51	m～s	C—O 伸缩
脂肪族二酰基过氧化物	1820～1780	5.50～5.62	vs	C═O
(—CO—OO—CO—)	1300～1050	7.69～9.52	m～s	C—O (两个带)
芳基和不饱和二酰基过氧化物	1805～1755	5.54～5.70	vs	C═O
	1300～1050	7.69～9.52	m～s	C—O (两个带)
臭氧化物(臭氧化物五元环结构式)	1065～1040	9.39～9.62	m	C—O

（六）胺、胺盐和亚胺盐

表 9-29 胺 N－H 伸缩振动

官能团	范围		强度	备注
	σ/cm⁻¹	λ/μm		
伯胺(—NH_2) (稀溶液光谱)	3550～3330	2.82～3.00	w～m	不对称 NH_2 伸缩
	3450～3250	2.90～3.08	w～m	对称 NH_2 伸缩
伯胺(凝缩相光谱)	3450～3250	2.90～3.08	w～m	宽
仲胺(脂肪族) >NH	3500～3300	2.86～3.03	w	
仲胺(芳香族)	3450～3400	2.90～2.94	m	比脂肪族化合物强
N—D (游离)	2600～2400	3.85～4.15	w	
二胺(凝缩相)	3360～3340	2.98～2.99	w～m	不对称 N—H 伸缩
	3280～3270	3.05～3.06	w～m	对称 N—H 伸缩
亚胺(C═NH)	3400～3300	2.94～3.03	m	

表 9-30 胺 N—H 变形振动

官能团	范围		强度	备注
	σ/cm^{-1}	λ/μm		
伯胺	1650～1580	6.06～6.33	m～s	芳香族伯胺在频率范围的低端
	900～650	11.11～15.40	s	宽，N—H 面外弯曲通常是多重谱带
脂肪族伯胺	850～810	11.76～12.35	m～s	
R—CH_2NH_2 和 $R^1R^2R^3CNH_2$	795～760	12.58～13.10	m	
脂肪族伯胺	≈830	≈12.05	s	
$R^1R^2CHNH_2$	≈795	≈12.58	s	
仲胺	1580～1490	6.33～6.71	w	可能被在 1580cm^{-1} 处的芳香谱带掩蔽
	750～700	13.33～14.29	s	宽，N—H 非平面摇摆
脂肪族仲胺 R^1—CH_2—NH—CH_2—R^2 和 $R^1R^2R^3$C—NH—$CR^4R^5R^6$	750～710	13.33～14.08	s	
R^1R^2CH—NH—RHR^3R^4	735～700	13.61～14.29	s	
亚胺 >C=N—H	1590～1500	6.29～6.67	m	N—H 弯曲

表 9-31 胺 C—N 伸缩振动

官能团	范围		强度	官能团	范围		强度
	σ/cm^{-1}	λ/μm			σ/cm^{-1}	λ/μm	
脂肪族伯胺	1090～1020	9.17～9.80	w～m	脂肪族叔胺	1230～1030	8.13～9.71	m①
脂肪族伯胺	1090～1065	9.17～9.39	m	脂肪族叔胺	1210～1150	8.25～8.70	m
—CH_2—NH_2				$(—CH_2)_3$N	1100～1030	9.10～9.70	m
脂肪族伯胺	1140～1080	8.77～9.26	w～m				
>CH—NH_2	1045～1035	9.57～9.66	w				
脂肪族伯胺	1240～1170	8.07～8.55	w～m	脂肪族叔胺	约 1270	约 7.87	m
≡CNH_2	1040～1020	9.62～9.80	w	$(CH_3)_2$N—CH_2—	约 1190	约 8.40	m
脂肪族仲胺	1190～1170	8.40～8.55	m		约 1040	约 9.62	m
	1145～1130	8.73～8.85	m	脂肪族叔胺	约 1205	约 8.30	m
脂肪族仲胺	1145～1130	8.73～8.85	m～s	$(C_2H_5)_2$N—C≡	约 1070	约 9.35	m
—CH_2—NH—CH_2—				芳香族伯和仲胺	1360～1250	7.36～8.00	s②
脂肪族仲胺	1190～1170	8.40～8.55	m	芳香族叔胺 >N—	1380～1330	7.25～7.52	s
>CH—NH—CH<				亚胺，>C=N—	1690～1640	5.92～6.10	v③

① 双峰。
② 灵敏带。
③ C=N 伸缩。

表 9-32 胺的其他振动

官能团	范围		强度	备注
	σ/cm^{-1}	λ/μm		
$>N-CH_3$ 和 $>N-CH_2$	2820～2760	3.55～3.62	m～s	C—H 伸缩
$CH_3-N<$	1370～1310	7.30～7.64	m	
脂肪族伯胺	495～445	20.20～22.47	m～s	宽
	≈290	≈34.48	s	宽
芳香族伯胺	445～345	22.47～28.99	w	芳香—NH_2 面内变形
脂肪族仲胺	455～405	21.98～24.69	w～m	C—N—C 变形
脂肪族叔胺	510～480	19.61～20.83	s	
$>C=C(-)-N<$	1680～1630	5.95～6.14	m～s	C=C 伸缩,比正常的 C=C 伸缩振动谱带强

表 9-33 胺和亚胺氢卤化物 N—H$^+$ 伸缩振动

官能团	范围		强度	备注
	σ/cm^{-1}	λ/μm		
$-NH_3^+$	3350～3100	2.99～3.23	m	宽，固相光谱
$>NH_2^+$, $-NH^+<$, $>C=NH^+-$	2700～2250	3.70～4.44	m	宽，有时为一组尖谱带,固相光谱
$-NH_3^+$	≈3380	≈2.96	m	不对称伸缩,稀溶液光谱
	≈3280	≈3.05	m	对称伸缩,稀溶液光谱
$>NH_2^+$	3000～2700	3.33～3.70	m～m	稀溶液光谱,两个谱带
$-NH^+<$	2200～1800	4.55～5.56	w～m	稀溶液光谱
$>C=NH^+-$	2700～2330	3.70～4.29	m～s	稀溶液光谱，倍频带出现在 2500～2300cm^{-1}
铵盐 NH_4^+	3300～3030	3.03～3.30	s	宽

表 9-34 胺和亚胺氢卤化物 N—H$^+$ 变形振动和其他振动

官能团	范围		强度	备注
	σ/cm^{-1}	λ/μm		
$-NH_3^+$	≈2500	≈4.00	w	倍频（有时不存在）
	≈2000	≈5.00	w	倍频（有时不存在）
	1625～1560	6.15～6.41	m	不对称 NH_3^+ 变形
	1550～1500	6.45～6.67	m	对称 NH_3^+ 变形
	≈800	≈12.50	w	NH_3^+ 平面摇摆
$>NH_2^+$	≈2000	≈5.00	w	倍频（有时不存在）
	1620～1560	6.17～6.41	m～s	
	≈800	≈12.50	w	NH_2^+ 平面摇摆

续表

官能团	范围		强度	备注
	σ/cm^{-1}	$\lambda/\mu m$		
亚胺 $\rangle C{=}N^{+}{-}H$	2200～1800	4.55～5.56	m	一个或几个谱带
	≈1680	≈5.95		$C{=}N^{+}$伸缩
铵盐 NH_4^+	1430～1390	6.99～7.19	s	N—H 变形

（七）羰基化合物

1. 酮

表 9-35 酮的振动吸收

官能团	范围		强度	备注
	σ/cm^{-1}	$\lambda/\mu m$		
饱和脂肪酮				
$-CH_2-C(=O)-CH_2-$	1725～1705	5.80～5.87	s	$\nu_{C=O}$，该振动频率还与邻接碳原子的结构有关 $CH_3-C(=O)-CH_3$ 1720 cm^{-1} $CH_3-C(=O)-CH(CH_3)_2$ 1718 cm^{-1} $(CH_3)_2CH-C(=O)-CH(CH_3)_2$ 1709 cm^{-1} ${}^tBu-C(=O)-{}^tBu$ 1697 cm^{-1} $C_2H_5-C(C_2H_5)_2-C(=O)-C(CH_3)_2-{}^tBu$ 1674 cm^{-1}
	1225～1075 (1 个至数个吸收带)	8.16～9.30		$C-C(=O)-C$ 中 C—C—C 的变角振动与 C—C 伸缩振动
共轭酮	3450		w	尖锐弱吸收，$\nu_{C=O}$ 倍频，有时没有
$C{=}C-C(=O)-$	1685～1660	5.93～6.02	s	$\nu_{C=O}$，在 1650～1600 cm^{-1} 处还可以清楚地看到 C═C 伸缩振动吸收带，共轭使其强度增加
$Ar-C(=O)-$	1700～1680	5.88～5.95	s	$\nu_{C=O}$，强，其吸收位置受到苯环取代基电效应和空间效应的影响
	1325～1215 (1 个至几个吸收带)	7.55～8.23		$-C-C(=O)-C-$ 变角振动和 C—C 伸缩振动

续表

官能团	范围		强度	备注
	σ/cm^{-1}	λ/μm		
C=C—C=C—C(=O) C=C—C(=O)—C=C Ar—C(=O)—Ar	1670～1660	5.99～6.02	s	强，$\nu_{C=O}$共轭使$\nu_{C=O}$向低频位移
环丙基—C(=O)—R	1690	5.92	s	环丙烷中心的高电子密度使它的性质类似于烯类双键
邻位X取代苯基—C(=O)—R(X=ON,NH$_2$)	1655～1635	6.04～6.12	s	$\nu_{C=O}$，邻位基团形成螯合氢键后，移向低频
环酮				$\nu_{C=O}$，强，随着环张力增加，$\nu_{C=O}$向高频位移
七元环酮	1705	5.87	s	
六元环酮	1715	5.83	s	
五元环酮	1745	5.73	s	
四元环酮	1780	5.62	s	
三元环酮	1815	5.51	s	
卤代酮 —C(X)—C(=O)—	位移 0～+25			取决于卤原子的电负性 —Cl：0～+25cm^{-1} —Br：0～+20cm^{-1} —I：0～+10cm^{-1} 在溶液中测定光谱时，C=O伸缩振动受卤素(如氯)空间场效应的影响，出现双峰，顺式比旁式高约20cm^{-1}
—CX$_2$—C(=O)— —CX—C(=O)—CX—	位移 0～+45			双峰(异构体) 三重峰(异构体)
二酮				
α-二酮 —C(=O)—C(=O)—	1720±10	5.81±0.03	s	
β-二酮 —C(=O)—CH$_2$—C(=O)—	1755～1695	5.70～5.90	s	接近1720cm^{-1}，有时为双峰，形成六元环螯合氢键后，1615cm^{-1}和1605cm^{-1}，宽强吸收带
醌				
1,4-苯醌或1,2-苯醌	1690～1660	5.72～6.02	s	强，通常在1675cm^{-1}处，1~2个吸收带
其他醌类	1655～1635	6.04～6.12	s	
邻位—OH(NH$_2$)取代苯基—C=O	1630	6.13	s	

2. 醛

表 9-36 醛的振动吸收

官能团	范围		强度	备注
	σ/cm^{-1}	$\lambda/\mu m$		
脂肪醛				
—CH_2CHO	1735～1715	5.76～5.83	s	通常在 $1725cm^{-1}$ 处，其他特征吸收带为 $2820cm^{-1}$ 和 $2720cm^{-1}$，弱而尖锐，$2720cm^{-1}$ 吸收带特征性很强，是鉴定醛基最有用的吸收带
α,β-不饱和醛 C═C—CHO	1705～1680	5.87～5.95	s	
A,β,γ,δ-不饱和醛 C═C—C═C—CHO	1685～1660	5.93～6.02	s	共轭使 $\nu_{C=O}$ 频率下降，强度增加，共轭的双键越多，$\nu_{C=O}$ 频率下降越多，但下降的幅度逐渐减少
芳香醛 ArCHO	1715～1695	5.83～5.90	s	苯环共轭不如双键共轭影响大，苯环上有吸电子基团时，$\nu_{C=O}$ 频率升高，推电子基团使 $\nu_{C=O}$ 频率下降
卤代醛				
$ClCH_2CHO$	1748	5.72	s	α-位存在电负性基团时，诱导效应使 $\nu_{C=O}$ 频率升高，电负性越强，频率升高越多
Cl_2CHCHO	1742	5.74	s	
Cl_3CCHO	1762	5.68	s	
α,β-不饱和-β-羟基醛 HO—C═C—CHO	1670～1645	5.99～6.08	s	羟基与醛基形成六元环螯合氢键

3. 羧酸和羧酸盐

表 9-37 羧酸的特征红外频率

官能团	范围		强度	备注
	σ/cm^{-1}	$\lambda/\mu m$		
—COOH 中 OH 伸缩振动	3560～3500(单体)	2.81～2.86	m～w	气态或非极性稀溶液中，以单体形式存在
	3000～2500(二聚体)	3.33～4.00	m	一组非常特征的宽吸收带，其主峰在 $3000cm^{-1}$ 处，低频一侧存在许多小的副峰，副峰中最强的在 $2650cm^{-1}$ 处，高频一侧的吸收是由强烈缔合的 OH 伸缩振动产生的。其他部分是由 $\nu_{C=O}$ 和 δ_{OH} 的合频与 ν_{OH} 的基频之间发生费米共振产生的
—COOH 中 C═O 伸缩振动：				
饱和脂肪族羧酸	1800～1740(单体)	5.56～5.75	s	$\nu_{C=O}$ 强度比酮强，除几个最低级的二元酸(单酸、丙二酸、丁二酸)外，二元酸的 $\nu_{C=O}$ 频率在正常位置
	1725～1700(二聚体)	5.80～5.88	s	
芳香族羧酸	1700～1680(二聚体)	5.88～5.95	s	与酮相反，芳香环与 C═O 共轭比 α,β-不饱和共轭影响大
α,β-不饱和脂肪族羧酸	1715～1690(二聚体)	5.83～5.92	s	
α-卤代羧酸	1740～1720(二聚体)	5.75～5.81	s	α-Br 和 α-Cl 位移+10～+$20cm^{-1}$，α-F 位移+$50cm^{-1}$
分子内氢键羧酸	1680～1650	5.95～6.06	s	由于分子内形成螯合氢键 $\nu_{C=O}$ 向低频位移更大

续表

官能团	范围		强度	备注
	σ/cm^{-1}	λ/μm		
α-不饱和二元羧酸	1700～1685	5.88～5.93	s	
过氧酸—CO—OOH	1760～1730	5.68～5.78	s	大多数 1748cm^{-1}
α-,β-和 γ-酮酸	≈1745	5.73	s	α-酮酸，可视作双酮
	1754～1727	5.70～5.79	s	α-酮酸，羧酸的羟基易与 β 位上酮基构成氢键，使 $\nu_{C=O}$ 上升
	≈1800	5.56	s	γ-酮酸，形成羟基内酯，出现内酯的 $\nu_{C=O}$
—COSH	1700～1690	5.88～5.92	s	
—COOH 中 OH 平面变角振动	1410	7.09	w	OH 平面变角振动与 C—O 伸缩振动偶合
—COOH 中 C—O 伸缩振动	1300～1200	7.69～8.33	m～s	
—COOH 中 OH 非平面变角振动	940～900	10.63～11.11	m	宽
固体结晶长链饱和脂肪酸中反式构象排列的 $\leftarrow CH_2 \rightarrow_n$ 平面摇摆振动	1330～1180	7.52～8.74	m	由 1330～1180cm^{-1} 区域吸收带数目可推断饱和脂肪酸的链长,亚甲基数目 n 与吸收带数目 m 有如下关系：当 n 为偶数时,$m=\frac{n}{2}$；当 n 为奇数时,$m=\frac{n+1}{2}$

表 9-38 羧酸盐的特征红外频率

官能团	范围		强度	备注
	σ/cm^{-1}	λ/μm		
$—COO^-$	1610～1550	6.21～6.45	vs	$\nu_{as}(COO^-)$
	1420～1400	7.04～7.14	s	$\nu_s(COO^-)$,此外在 694cm^{-1} 处有一弱吸收属于 COO^-非平面变角, COO^-伸缩振动频率及吸收带形状与金属离子有关
$—CF_2COO^-$	1695～1615	5.90～6.19	s	
$—CO—S^-$	≈1525	≈6.56	s	COS^-伸缩振动
$R—O—CO—S^-$	≈1580	≈6.33	s	COS^-伸缩振动
α-卤代羧酸盐	1625～1560	6.15～6.41	s	氟代羧酸盐在吸收频率范围的高端
$—CCl_2COO^-$	1680～1640	5.95～6.10	s	

4. 酯和内酯

表 9-39 酯和内酯的特征红外频率

官能团	范围		强度	备注
	σ/cm^{-1}	λ/μm		
饱和脂肪酸酯	1750～1720	5.71～5.81	vs	$\nu_{C=O}$，甲酸酯例外
	1275～1185	7.84～8.44	vs	$\nu_{as}(C—O—C)$强度高、形状宽、对于不同的酯、是十分稳定的。HCOOR 1200～1180cm^{-1}，CH_3COOR 1265～1230cm^{-1}，CH_3CH_2COOR 1190cm^{-1}，RCOOR(长链酸酯)1170 cm^{-1}
	1060～1000	9.43～10.00	s	$\nu_s(C—O—C)$强度较低，—COOR(乙酯或大于乙酯)1030cm^{-1}，$—COOCH_3$ 1015cm^{-1}

续表

官能团	范围		强度	备注
	σ/cm^{-1}	$\lambda/\mu m$		
甲酸酯	1725～1720	5.80～5.81	vs	$\nu_{C=O}$
乙酸酯	1750～1740	5.71～5.75	vs	$\nu_{C=O}$
不饱和脂肪酸酯	1730～1715	5.78～5.83	s	不饱和双键与羰基共轭，$\nu_{C=O}$向低频方向位移，ν_{as}(C—O—C)向高频方向位移，当高于1250cm^{-1}，可以认为C═O与双键或苯环共轭
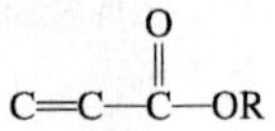 $C=C-C(=O)-OR$	1720	5.81	s	$\nu_{C=O}$，ν_{as}(C—O—C)在1300～1250cm^{-1}处，ν_{s}(C—O—C)在1200～1050cm^{-1}处
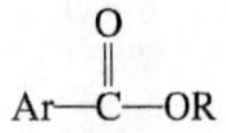 $Ar-C(=O)-OR$	1720	5.81	s	$\nu_{C=O}$，ν_{as}(C—O—C)在1300～1250cm^{-1}处特强，ν_{s}(C—O—C)在1180～1100cm^{-1}
$Ar-C(=O)-O-Ar$	1740～1730	5.75～5.78	s	$\nu_{C=O}$ 邻位取代苯甲酸酯1265～1250cm^{-1}，肩峰在大约1300cm^{-1}，1120～1070cm^{-1} 间位取代苯甲酸酯1295～1280cm^{-1}，肩峰在大约1305cm^{-1}，1135～1150cm^{-1} 对位取代苯甲酸酯≈1310cm^{-1}，≈1275cm^{-1}(很强的双峰)，1180cm^{-1}，1120～1100cm^{-1}
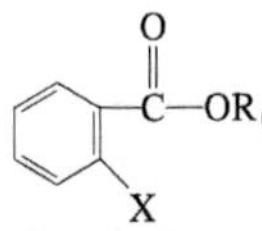 邻-X-C$_6$H$_4$—C(=O)—OR(X=OH,NH$_2$)	1690～1670	5.92～5.99	s	$\nu_{C=O}$，由于形成分子内螯合氢键，向低频位移
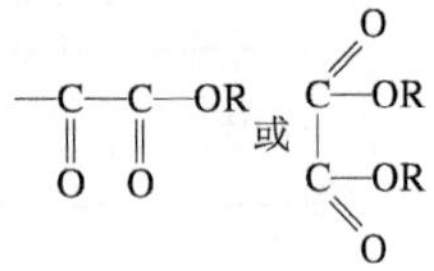 $-C(=O)-C(=O)-OR$ 或 $(C(=O)-OR)-(C(=O)-OR)$	1755～1740	5.70～5.75	s	$\nu_{C=O}$
β-酮酯				
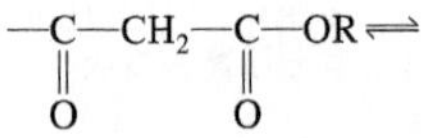 $-C(=O)-CH_2-C(=O)-OR \rightleftharpoons$	1740～1710	5.75～5.85	s	两个吸收带，分别为酯和酮羰基的伸缩振动
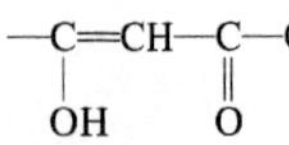 $-C(OH)=CH-C(=O)-OR$(烯醇式)	1650	6.06	s	$\nu_{C=O}$，$\nu_{C=C}$在1630cm^{-1}附近
$X-CH_2-C(=O)-OR$				
X＝卤素	1770～1745	5.65～5.73	s	羰基α位有吸电子基团时，$\nu_{C=O}$向高频移动，位移量与电负性和吸电子基团数目有关
X＝N≡C	1755～1750	5.70～5.71	s	
—CF$_2$COO—	1800～1775	5.56～5.63	vs	
内酯				
四元环内酯(β-内酯)	1840～1815	5.43～5.51	s	$\nu_{C=O}$
五元环内酯(γ-内酯)	1790～1770	5.59～5.65	s	$\nu_{C=O}$
六元环内酯(δ-内酯)	1750～1735	5.71～5.76	s	$\nu_{C=O}$
α,β-不饱和γ-内酯	1790～1775	5.59～5.63	s	$\nu_{C=O}$ } 因费米共振出现双峰
	1765～1740	5.67～5.75	s	$\nu_{C=O}$ }
β,γ-不饱和γ-内酯	1815～1785	5.51～5.60	s	$\nu_{C=O}$
α,β-不饱和δ-内酯	1745～1730	5.73～5.78	s	$\nu_{C=O}$

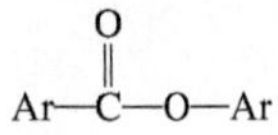

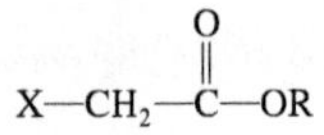

续表

官能团	范围		强度	备注
	σ/cm^{-1}	$\lambda/\mu m$		
A, *β*-, *γ*, *δ*-不饱和 *δ*-内酯	1775～1740	5.63～5.75	s	$\nu_{C=O}$ } 因费米共振出现双峰
	1740～1715	5.75～5.83	s	$\nu_{C=O}$
3-Ar-3-R-苯并呋喃-2-酮（O, O, Ar, R）	1820～1800	5.49～5.56	s	$\nu_{C=O}$
苯并五元环内酯（C, O, C=O）	1775～1710	5.63～5.85	s	$\nu_{C=O}$
	1290～1280	7.75～7.81	m～s	
	1120～1100	8.93～9.09	m～s	
	1020～1010	9.80～9.90	w～m	
	515～490	19.42～20.40	w～m	特征的 2-苯并[*c*]呋喃酮环的振动
	490～470	20.40～21.27	w～m	
内酯	1370～1160	7.30～8.62	s	$\nu_{C=O}$
烷基碳酸酯 —O—C(=O)—O—	1760～1740	5.68～5.75	s	$\nu_{C=O}$，ν_{C-O-C} 在 1250 cm^{-1} 和 1000 cm^{-1}
烷基芳基碳酸酯	1790～1755	5.59～5.70	s	$\nu_{C=O}$
双芳基碳酸酯	1820～1775	5.49～5.63	s	$\nu_{C=O}$
五元环碳酸酯	1860～1750	5.38～5.71	s	$\nu_{C=O}$ 环上有卤素取代向高频移动
—C=C—O—C(=O)—O—C=C—	1770	5.65	s	$\nu_{C=O}$，ν_{C-O-C} 在 1250 cm^{-1} 和 1160 cm^{-1}
乙烯酯和酚酯				
—C(=O)—O—C=C—	1780～1760	5.62～5.68	s	$\nu_{C=O}$，$\nu_{C=C}$ 在 1685 cm^{-1}
（O, =O 六元环内酯）				
R—C(=O)—O—C₆H₅				
过氧酯 —C(=O)—O—O—R	1770	5.65	s	$\nu_{C=O}$

5. 酰卤

表 9-40　酰卤的振动吸收

官能团	范围		强度	备注
	σ/cm^{-1}	$\lambda/\mu m$		
R—C(=O)—X	1815～1770	5.51～5.65	vs	该吸收位置对 —C(=O)—Cl 而言，常在 1800 cm^{-1} 处,有时分裂,有些酰氯在 1750～1700 cm^{-1} 还有一弱吸收，ν_{C-X} 在 1000～910 cm^{-1}，δ_{C-X} 在 645cm^{-1}
—HC=CH—C(=O)—X 或 C₆H₅—C(=O)—X	1780～1750	5.62～5.71	vs	该吸收位置是对酰氯而言的，酰氟在更高的频率吸收，酰溴或酰碘在稍低的频率吸收

6. 酸酐

表 9-41 酸酐的特征红外频率

官能团	范围		强度	备注
	σ/cm^{-1}	$\lambda/\mu m$		
开链脂肪族酸酐	1860～1800	5.38～5.56	s	分别为 $\nu_{as}(C=O)$ 和 $\nu_s(C=O)$；通常在 1820cm^{-1} 和 1760cm^{-1}，$\Delta\nu_{C=O}$=60cm^{-1}，高频吸收带强，此外 C—O—C 伸缩振动在 1175～1050cm^{-1}，有 1～2 个吸收带，强
R—C(=O)—O—C(=O)—R	1800～1740	5.56～5.75	s	
芳香酸酐和 α,β-不饱和酸酐	1830～1780	5.46～5.62	s	较相应的饱和酸酐低 40～20cm^{-1}，丙烯酸酐或苯甲酸酐分别为 1785cm^{-1} 和 1725cm^{-1}
	1755～1710	5.70～5.85	s	
环状酸酐				随着环张力增加，$\nu_{C=O}$ 频率向高频位移，具有张力环的 C—O—C 伸缩振动频率在 1300～1200cm^{-1}。此外，六元环酸酐在 1100～1000cm^{-1} 有一分裂吸收，五元环酸酐，无论是脂肪族或芳香族的，均在 910cm^{-1} 有一宽强吸收
六元环(饱和)	1820～1780	5.49～5.62	s	
	1780～1740	5.62～5.75	s	
五元环(饱和)	1870～1820	5.35～5.49	s	
	1800～1755	5.56～5.70	s	
α, β-不饱和五元环酸酐	1860～1850	5.38～5.41	s	
	1780～1760	5.62～5.68	s	
α-卤代酸酐				
氯代物	1820～1750	5.49～5.71	s	
氟代物	1900～1870	5.26～5.35	s	
过氧酸酐				
R—C(=O)—O—O—C(=O)—R	1820～1810	5.49～5.52	s	高频吸收带弱
	1800～1760	5.56～5.68	vs	低频吸收带强
Ar—C(=O)—O—O—C(=O)—Ar	1800～1780	5.56～5.62	s	
	1780～1760	5.62～5.68	vs	
顺丁烯二酸酐	1850～1790	5.41～5.59	—	高频吸收带强度弱，低频吸收带强，且分裂成双峰，在不同溶剂中强度可相反
邻苯二甲酸酐	1850 和 1770	5.41 和 5.65	—	1770 cm^{-1} 吸收带分裂为双峰，同时还有 1300～1200cm^{-1} 和 910 cm^{-1} 吸收带，910 cm^{-1} 吸收带是五元环酸酐特征
丙烯酸酐或苯甲酸酐	1785	5.60	—	
	1725	5.80	—	

7. 酰胺

表 9-42 酰胺的振动吸收

振动基团	振动频率 σ/cm^{-1}		强度	备注
	游离态	缔合态		
$—CONH_2$				
ν(NH)	3500 和 3400	3350 和 3180	m	$\nu_{as}(NH_2)$和$\nu_s(NH_2)$，强度相近，间距大于 120cm^{-1}(缔合态)
ν(C=O)	1690	1650	s	酰胺吸收带 I
$\delta(NH_2)$	1620～1590	1650～1610	s	酰胺吸收带 II，$\delta(NH_2)$与ν(C—N)偶合

续表

振动基团	振动频率 σ/cm^{-1}		强度	备　注
	游离态	缔合态		
ν(C—N)	1430～1400	1430～1400	m～w	酰胺吸收带III，ν(C—N)与$\delta(NH_2)$偶合
γ(NH)	700	700		酰胺吸收带IV
—CONH—				
ν_{NH}	3500～3400	3320～3060	—	仲酰胺中C═O与NH可以分别位于分子链的同侧或异侧，因而有顺式和反式之别，顺式比反式频率低，由于含量不同，两峰强度可能相差较大
反式	3460～3400	3320～3070	m	
顺式	3440～3420	3180～3140	m	
顺式和反式	3100～3070	3100～3070	—	NH_2平面变角振动的倍频
$\nu_{C=O}$	1700～1670	1680～1630	s	酰胺吸收带Ⅰ，当N上有吸电子取代基时，$\nu_{C=O}$频率向高频位移
δ_{NH}				
键状	1550～1510	1570～1510	—	酰胺吸收带II
环状	1430	1430		
ν_{C-N}	1260	1335～1200	—	酰胺吸收带III
γ_{NH}	700	700		酰胺吸收带IV
—CON<	1670～1630	1670～1630	s	$\nu_{C=O}$酰胺吸收带Ⅰ，因无氢键缔合，不受相态的影响，这点和伯、仲酰胺不同
内酰胺 C═O				
[O═C—NH 环，$(CH_2)_n$]				
n=4	1680			
n=3	1710～1700	在溶液中	—	环张力增加，$\nu_{C=O}$向高频位移
n=2	1760～1730			
酰亚胺 C═O				
开链		1790～1720 1710～1670	—	
环状		1790～1735 1745～1680	—	
脲的 C═O		1670～1650	—	
氨基甲酸酯的 C═O		1740～1690	—	

8. 氨基酸

表 9-43　氨基酸的振动吸收

化合物	振动方式	振动频率 σ/cm^{-1}	备　注
氨基酸			
$NH_3^+(CH_2)_nCOO^-$	$\nu_{as}(NH_3^+)$	3130～3030，宽强	3100～2000cm^{-1}很宽的一组吸收带，主峰在3000cm^{-1}，低频为弱吸收峰
$RNH_2^+(CH_2)_nCOO^-$	$\nu_{as}(NH_2^+)$	3000～2750	
$R^1R^2NH^+(CH_2)_nCOO^-$	$\nu_{as}(NH^+)$	2700	
	$\nu_s(NH_3^+，NH_2^+，NH^+)$	2760～2530	

续表

化合物	振动方式	振动频率 σ/cm⁻¹	备 注
$R^1R^2NH^+(CH_2)_nCOO^-$	$\delta_{as}(NH_3^+)$	1660～1590	氨基酸吸收带Ⅰ
	$\delta_s(NH_3^+)$	1550～1480	氨基酸吸收带Ⅱ，如将氨基酸与碱反应，可用于区别COO^-基团的吸收
	$\nu_{as}(COO^-)$	1600～1560	强吸收带
	$\nu_s(COO^-)$	1470～1370	弱，且不特征
氨基酸盐酸盐			
$NH_3^+(CH_2)_nCOOH\cdot Cl$	$\nu_{as}(NH_3^+)$	3130～3030	宽强吸收带，与 COOH 吸收带重叠
	$\nu_s(NH_3^+)+2\nu(C{=}O)$	3030～2500 2000	宽，强吸收带 弱吸收带
	$\delta_{as}(NH_3^+)$	1660～1590	
	$\delta_s(NH_3^+)$	1550～1480	
	$\nu(C{=}O)$	1755～1700	
	$\nu(C{=}O)$	1220～1190	
氨基酸金属盐			
$NH_2(CH_2)_nCOO^-\cdot Na^+$	$\nu(NH_2)$	3500～3200	双峰
	$\nu_{as}(COO^-)$	1600～1560	
	$\nu_s(COO^-)$	1420～1300	

羰基红外吸收谱带汇总见图 9-2。

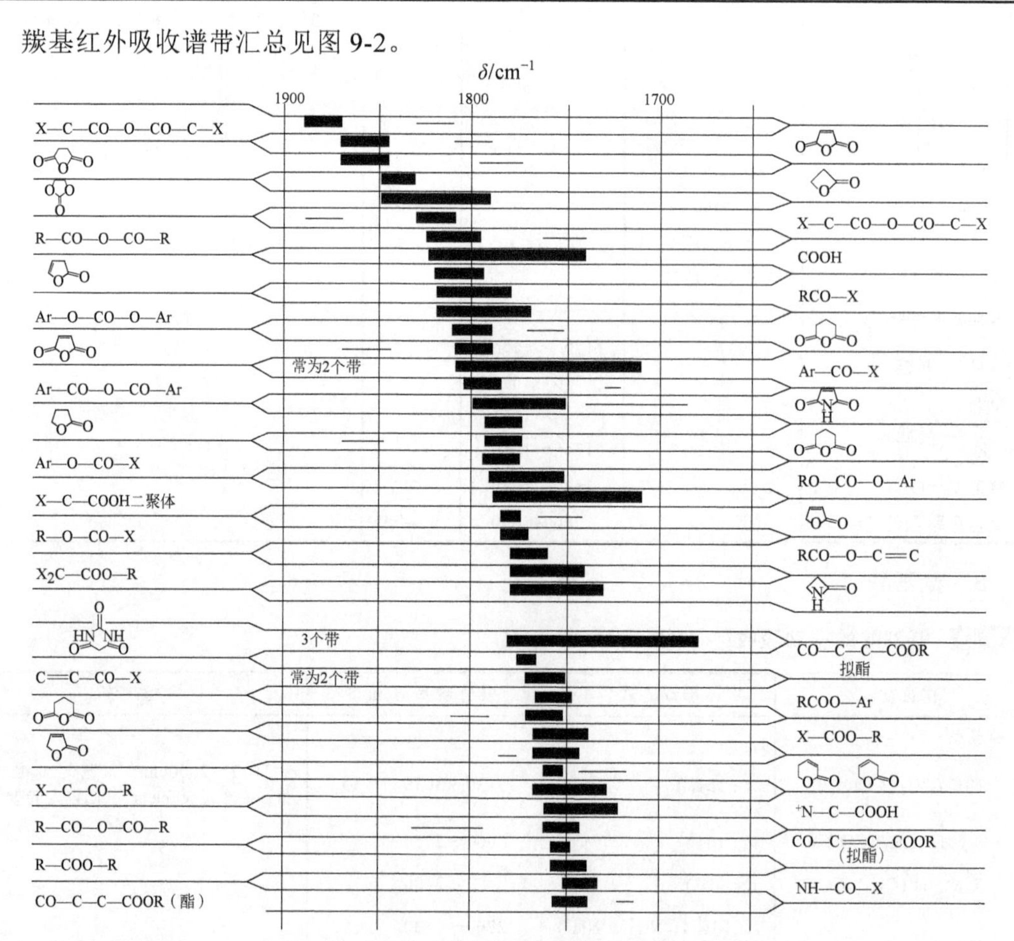

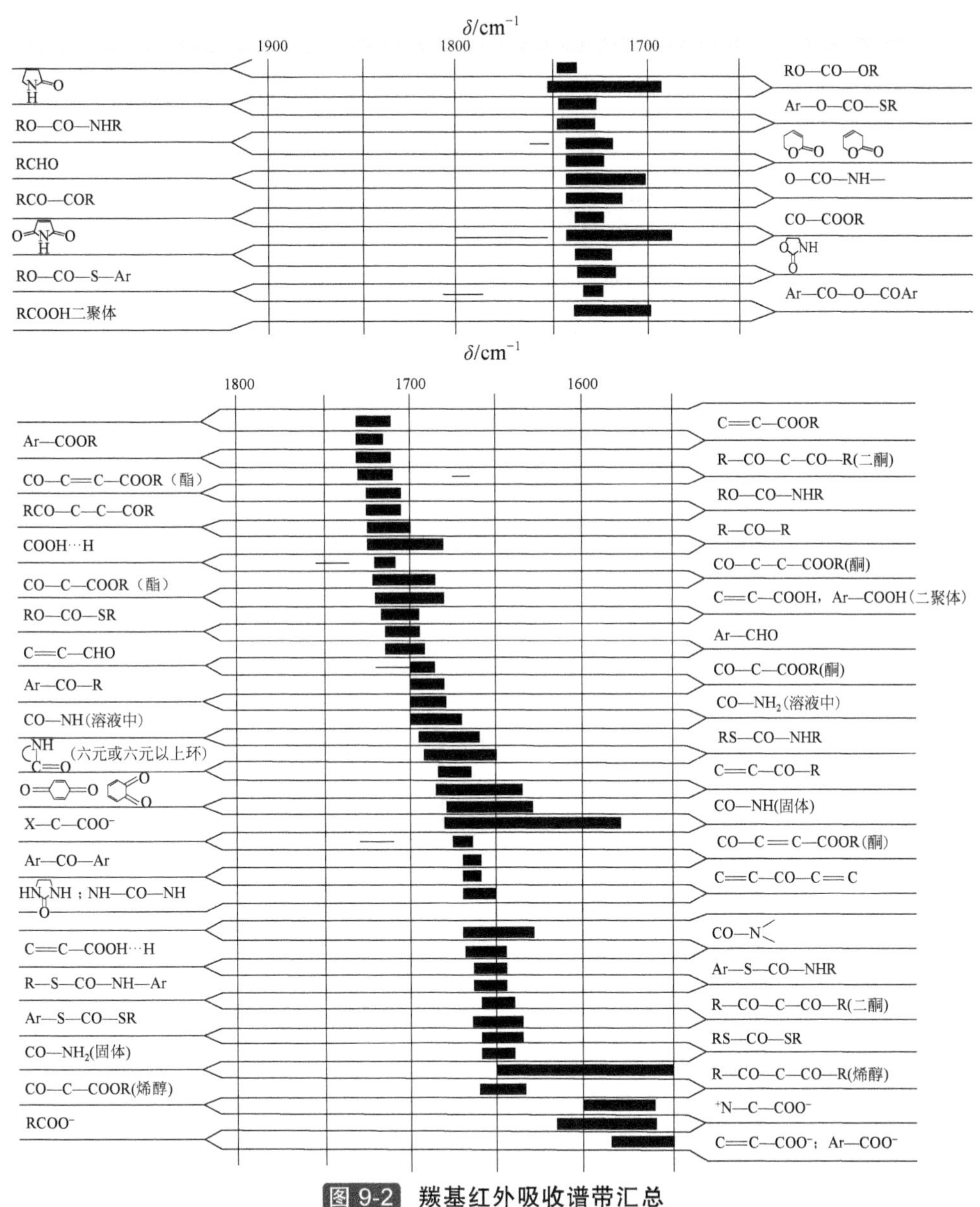

图 9-2 羰基红外吸收谱带汇总

X—任何取代基；R—烷基；Ar—芳基

（八）硝基、亚硝基化合物

表 9-44 硝基化合物的特征红外频率

官能团	范围		强度	官能团	范围		强度
	σ/cm^{-1}	$\lambda/\mu m$			σ/cm^{-1}	$\lambda/\mu m$	
—C—NO_2	1575～1500①	6.35～6.67①	s	R—C(R)(X)—NO_2	1580～1570	6.33～6.37	s
	1380～1300②	7.25～7.69②	s		1360～1340	7.35～7.46	s
	920～830③	10.87～12.05③					
脂肪族 R—NO_2	1565～1530	6.39～6.54	s	R—C(X)(X)—NO_2	1600～1570	6.25～6.37	s
	1380～1340	7.25～7.46	s				
α-电负性取代					1337～1327	7.48～7.54	s

续表

官能团	范围		强度	官能团	范围		强度
	σ/cm^{-1}	$\lambda/\mu m$			σ/cm^{-1}	$\lambda/\mu m$	
X_3C—NO_2	1625～1595 1315～1305	6.15～6.27 7.60～7.66	s s	$ArNO_2$④	1365～1335	7.33～7.49	s
C=C—NO_2	1530～1510 1355～1335	6.54～6.62 7.38～7.49	s s	R—O—$NO_2$⑤	1650～1600 1300～1250	6.06～6.25 7.69～8.00	s s
$ArNO_2$④	1550～1500	6.45～6.67	s	R—N—NO_2	1630～1530 1312～1250	6.13～6.54 7.62～8.00	s s

①NO_2不对称伸缩振动。②NO_2对称伸缩振动。③C—N 伸缩。④ν_{C-N}在 870～840cm^{-1}。⑤ν_{C-N}在 870～855cm^{-1}。

表 9-45 亚硝基化合物、亚硝酸酯和亚硝基胺 N═O 伸缩振动

官能团	范围		备注
	σ/cm^{-1}	$\lambda/\mu m$	
脂肪族 R—N═O	≈1600	≈6.25	游离态
芳香族 Ar—N═O	1500	6.67	游离态
脂肪族 R—N═O（反式）	1290～1190	7.75～8.40	固态或液态（二聚体）
芳香族 Ar—N═O（顺式）	1425～1380	7.02～7.25	固态或液态（二聚体）
C—O—N═O	1680～1610	5.95～6.21	高频（1680～1650cm^{-1}）吸收带属于反式 R—O—N═O（反式） 低频（1625～1605cm^{-1}）吸收带属于顺式 R—O—N═O（顺式）
R—N—N═O	1500～1430	6.67～6.99	吸收频率低于其他 N═O 伸缩振动

（九）含硫化合物

表 9-46 含硫化合物的特征红外频率

官能团	范围		强度	备注
	σ/cm^{-1}	$\lambda/\mu m$		
硫醇 —SH	2600～2500	3.85～4.00	w	游离ν_{SH}吸收峰位置偏于高波数，多数在 2590cm^{-1}左右，在浓溶液中移至 2574cm^{-1}，芳香硫醇的峰比脂肪硫醇的强
	≈5000	2.00		SH 伸缩振动倍频
	2700～2630	3.70～3.80		CH_2S基频［δ（CH_2—S）］的倍频，一般在长链化合物中出现较多
二硫化合物	1420～1450	7.04～6.90	m	巯基同CH_2相连的面外摇摆
直链 R—S—S—R′	525～510	19.04～19.60	w	S—S 伸缩振动，两个弱峰
⬡—S—S—⬡	510	19.60		
支链 —C—S—S—C—	＞545	18.34	w	
芳香 Ar—S—S—Ar	540～520	18.52～19.23		

续表

官能团	范围		强度	备注
	σ/cm^{-1}	λ/μm		
硫羰基化合物				
R—CS—R′	≈1150	≈8.70	s	C═S 伸缩
Ar—CS—Ar	1225～1140	8.16～8.30	w～m	C═S 伸缩
α,β-不饱和硫酮	1155～1140	8.66～8.77	s	C═S 伸缩
$(RS)_2C$═S	1060～1050	9.43～9.52	s	C═S 伸缩
	≈850	≈11.76	s	S—C—S 不对称伸缩
	≈700	≈14.29	w～m	
	≈500	≈20.00	w～m	2 个谱带，S—C—S 对称伸缩和 C—S 面外变形
$(RO)_2C$═S	1235～1210	8.10～8.26	s	C═S 伸缩
R—CS—SH	≈1220	≈8.20	s	C═S 伸缩
R—CS—SR	1225～1185	8.16～8.44	s	C═S 伸缩
	≈870	≈11.49	m～s	CS—S 不对称伸缩
黄原酸酯 RO—C(═S)—SR	1200～1100	8.33～9.09	m～s	至少 2 个谱带
	1060～1040	9.43～9.62	vs	C═S 伸缩
R—O—CS—S$^-$	1100～1000	9.10～10.00	s	在 1250～1030cm^{-1} 范围内有 3 个强带
硫脲，缩氨基硫脲	1570～1395	6.37～7.71	s	宽 C═S 和 C—N 振动之间强烈偶合的结果
>N—C(═S)—	1420～1260	7.04～7.94	v	
	1140～940	8.77～10.64	v	
	850～680	11.78～14.70		
硫代酰胺 R—C(═S)—NH_2	1300～1100	7.69～9.09	w	C═S 伸缩
亚砜 R—SO—R 或 Ar—SO—Ar	1060～1040	9.43～9.62	s	SO 伸缩，强宽吸收带，形成氢键向低频位移，当与卤素或氧相接时，向高频位移
亚磺酸 R—SO—OH	≈1090	≈9.17	s	强吸收带
亚磺酸酯 R—SO—OR′	1135～1125	8.81～8.89	s	强吸收带
亚硫酸酯 RO—SO—OR′	1215～1150	8.23～8.70	s	强吸收带，此外，ν_{as}(S—O—C)和ν_s(S—O—C)分别在 1020～950cm^{-1} 和 830～690cm^{-1} 吸收
亚磺酰氯 R—SO—Cl	≈1150	8.70	s	强吸收带
砜 R—SO_2—R	1350～1290, 1160～1120	7.41～7.75 8.62～8.93		分别为$\nu_{as}(SO_2)$和$\nu_s(SO_2)$(下同)，反对称伸缩振动吸收带常常分裂成一组峰
磺酸 R—SO_2OH	1352～1342, 1165～1150	7.40～7.45 8.58～8.70		
磺酰胺 RSO_2N<	1380～1310 1180～1140	7.25～7.63 8.47～8.77		
磺酸酯 R—SO_2—OR′	1370～1355 1175～1165	7.30～7.38 8.51～8.58		
磺酰氯 R—SO_2—Cl	1390～1360 1185～1168	7.19～7.35 8.44～8.56		
硫酸酯 RO—SO_2—OR′	1415～1390 1200～1187	7.07～7.19 8.33～8.42		此外ν_{as}(S—O—C)和ν_s(S—O—C)分别在 1020～850cm^{-1} 和 830～690cm^{-1}
磺酸盐 R—SO_2—O^-M^+	1192～1175	8.39～8.51		

（十）含卤化合物

表 9-47 有机氟化物的特征红外频率

官能团	范围		强度	备注
	σ/cm^{-1}	$\lambda/\mu m$		
C—F	1400～1000	7.14～10.00	s	C—F 伸缩(一般范围)
	830～520	12.05～19.23	s	C—F 变形(一般范围)
脂肪单氟化合物	1110～1000	9.01～10.00	vs	C—F 伸缩
	780～680	12.81～14.71	s	C—F 变形
脂肪族双氟化合物	1250～1050	8.00～9.52	vs	两个带 C—F 伸缩
多氟烷烃	1360～1090	7.36～9.18	vs	许多带
CF_3—CF_2—	1365～1325	7.33～7.55	m～s	C—F 伸缩
	745～730	13.42～13.70	s	C—F 变形
—CF_3	1350～1120	7.41～8.93	vs	许多带
	780～680	12.82～14.71	s	
	680～590	14.71～16.95	s	不对称 CF_3 变形
	600～540	16.67～18.52	s	对称 CF_3 变形 } α-不饱和化合物可能不存在
	555～505	18.02～19.80	s	不对称 CF_3 变形 } α-不饱和化合物可能不存在
	460～200	21.74～50.00	s	不对称和对称平面摇摆振动 2 个带
环—CF_2—(四元环或五元环)	1350～1140	7.41～8.77	s	
>C=CF_2	1755～1735	5.70～5.76	vs	C=C 伸缩
	525～505	19.05～19.80	m～s	弯曲振动
	515～355	19.42～28.17	s	
	455～345	21.98～28.99	m～s	平面摇摆振动
—CF=CF_2	1800～1780	5.55～5.62	s	C=C 伸缩
	1340～1300	7.46～7.69	vs	C—F 伸缩
三氟甲基芳香族化合物 Ar—CF_3	1330～1310	7.52～7.63	m～s	C—F 伸缩
	600～580	16.67～17.24	s	—CF_3 平面摇摆振动

表 9-48 有机氯化物的特征红外频率

官能团	范围		强度	备注
	σ/cm^{-1}	$\lambda/\mu m$		
C—Cl	760～505	13.10～19.80	s	C—Cl 伸缩(一般范围)
	450～250	22.22～40.00	s	C—Cl 变形(一般范围)
R—$(CH_2)_2$Cl }	730～720	13.70～13.89	s	—CH_2Cl 在 1300～1240cm^{-1} 有强带
Cl—$(CH_2)_{n>3}$Cl }	655～645	15.27～15.50	s	CH_2 非平面摇摆
R$(CH_2)_2$CH(CH_3)Cl	680～670	14.71～14.93	s	
	≈625	≈16.00	w～m	容易忽略
	615～610	16.26～16.39	s	

续表

官能团	范围		强度	备注
	σ/cm^{-1}	$\lambda/\mu m$		
$R(CH_2)_2CR'(CH_3)Cl$	630～610	15.87～16.39	m～s	
(R'=Me 或 Et)	580～560	17.24～17.86	m～s	
多氯化合物	800～700	12.50～14.29	vs	
$\rangle C=CCl_2$	500～320	20.00～31.25	m	弯曲振动
	265～235	37.74～42.55	w	
	260～180	38.46～55.56	s	平面摇摆
氯甲酸酯 RO—COCl	≈690	≈14.49	s	C—Cl 伸缩
	485～470	20.62～21.28	s	C—Cl 变形
RS—COCl	≈580	≈17.24	s	C—Cl 伸缩
	350～340	28.57～29.41	s	C—Cl 变形
$\rangle N—Cl$	805～690	12.42～14.49		
平伏键 C—Cl	780～740	12.80～13.51	s	
直立键 C—Cl	730～580	13.70～17.25	s	
伯卤代烃	730～720	13.70～13.89	s	氯原子相对于 C 原子为反式
	660～650	15.15～15.38	s	氯原子相对于 H 原子为反式
	685～680	14.60～14.71	s	在支链烷烃中氯原子相对于 H 原子为反式
仲卤代烃	≈760	≈13.10	m	Cl 原子对 2 个 C 原子为反式
	675～655	14.81～15.27	m～s	Cl 原子对 C 和 H 原子为反式
	640～625	15.63～16.00	w	在弯曲分子中 Cl 原子对 2 个 H 原子为反式
	615～605	16.26～16.53	s	Cl 原子对 2 个 H 原子为反式
叔卤代烃	580～560	17.24～17.86	m～s	Cl 原子对 3 个 H 原子为反式
	635～610	15.75～16.39	m～s	Cl 原子对 1 个 C 和 2 个 H 原子为反式

表 9-49　有机溴化物的特征红外频率

官能团	范围		强度	备注
	σ/cm^{-1}	$\lambda/\mu m$		
C—Br	650～485	15.38～20.62	s	C—Br 伸缩(一般范围)
	300～140	33.33～71.43	m	C—Br 变形 (一般范围)
$R—(CH_2)_2Br$	645～635	15.50～15.75	s	C—Br 伸缩[$C—(CH)_2Br$]
	565～555	17.70～18.02	s	
	440～430	22.73～23.26	v	$—CH_2Br$ 在近 $1230cm^{-1}$ 有强带(CH_2 的非平面摇摆)
$Br(CH_2)_{n>3}Br$	645～635	15.50～15.75	s	C—Br 伸缩
	565～555	17.70～18.02	s	C—Br 伸缩
	490～480	20.41～20.83	w～m	
	445～425	22.47～23.53	w～m	
$R—CH_2CHR'CH_2Br$	650～645	15.38～15.50	s	C—Br 伸缩,反式

续表

官能团	范围		强度	备注
	σ/cm⁻¹	λ/μm		
(R=Me 或 Et)	620～610	16.13～16.39	s	C—Br 伸缩,旁式
	515～500	19.42～20.00	v	
R—$(CH_2)_2CH(CH_3)Br$	620～605	16.13～16.53	s	
	590～575	16.95～17.39	m～w	
	540～530	18.52～18.87	s	
R—$(CH_2)_2C(CH_3)_2Br$	600～595	16.67～16.81	m～s	
	525～505	19.05～19.80	s	
>C═CBr_2	310～250	32.26～40.00	s	弯曲振动
	185～135	54.05～74.07	m	
	160～120	62.50～83.33	s	平面摇摆
平伏键 C—Br	750～685	13.33～14.60	s	
直立键 C—Br	690～550	14.50～18.20	s	

表 9-50 有机碘化物的特征红外频率

官能团	范围		强度	备注
	σ/cm⁻¹	λ/μm		
C—I	600～200	16.67～50.00	s	C—I 伸缩(一般范围)
	300～50	33.33～200.00	v	C—I 变形 (一般范围)
$R(CH_2)_2I$	600～585	16.67～17.09	s	C—I 伸缩，—CH_2I 在近 1170cm⁻¹ 有强谱带(CH_2 非平面摇摆)
	515～500	19.42～20.00	s	C—I 伸缩
$I(CH_2)_{n>3}I$	≈595	≈16.81	s	C—I 伸缩
	≈500	≈20.00	s	C—I 伸缩
仲碘代烷烃	≈575	≈17.39	s	
	550～520	18.18～19.23	s	
	490～480	20.41～20.83	s	
叔碘化物	580～560	17.24～17.86	s	C—I 伸缩
	510～485	19.61～20.62	m	C—I 伸缩
	485～465	20.62～21.51	s	
>C═CI_2	≈200	≈50.00		弯曲振动
	≈100	≈100.00		
	≈50	≈200.00		平面摇摆
平伏键 C—I	≈655	≈15.27	s	液相
直立键 C—I	≈640	≈15.63	s	液相

表 9-51 芳香族卤化物的特征红外频率

官能团	范围		强度	备注
	σ/cm⁻¹	λ/μm		
芳香族卤化物 (X=Cl,Br,I)	≈1050	≈9.52	m	灵敏带
芳香族氟化物	1270～1100	7.87～9.09	m	近似范围，灵敏带

续表

官能团	范围		强度	备注
	σ/cm^{-1}	λ/μm		
	680～520	14.71～19.23	m～s	芳香 C—F 伸缩和环变形
	420～375	23.81～26.67	v	面内芳香族 C—F 弯曲
	340～240	29.41～41.67	s	面外芳香族 C—F 弯曲
芳香族氯化物	1060～1035	9.43～9.66	m	邻位取代苯
	1080～1075	9.26～9.30	m	间位取代苯　（邻位、间位、对位取代苯：敏感谱带）
	1100～1090	9.09～9.17	m	对位取代苯
	760～395	13.10～25.32	s	不总是存在
	500～370	20.00～27.03	m～s	芳香 C—Cl 伸缩和环的变形
	390～165	25.64～60.61	m～s	面外芳香 C—Cl 弯曲　（以下两项：并不总是存在）
	330～230	30.30～43.48	m～s	面内芳香 C—Cl 弯曲
芳香族溴化物	1045～1025	9.57～9.76	m	邻位取代苯　（以下两项：敏感谱带）
	1075～1065	9.30～9.39	m	间位和对位取代苯
	400～260	25.00～38.46	s	芳香族 C—Br 伸缩和环变形
	325～175	30.77～57.14	m～s	面外芳香 C—Br 弯曲
	290～225	34.48～44.44	m～s	面内芳香 C—Br 弯曲
芳香族碘化物	1060～1055	9.43～9.48	m～s	对位取代苯的敏感带
	310～160	32.26～62.50	s	面外芳香 C—I 弯曲
	265～185	37.74～54.05		芳香 C—I 伸缩和环变形
	≈200	≈50.00		面内芳香 C—I 变形

（十一）有机硼化合物

表 9-52　有机硼化合物的特征红外频率

官能团	范围		强度	备注
	σ/cm^{-1}	λ/μm		
B—H(游离)	2565～2480	3.90～4.03	m～s	B—H 伸缩
	1180～1110	8.48～9.01	s	B—H 面内变形
	920～900	10.87～11.11	m～w	面外弯曲
烷基二硼烷 B—H_2(游离)	2640～2570	3.79～3.89	m～s	对称 B—H_2 伸缩
	2535～2485	3.95～4.02	m～s	不对称 B—H_2 伸缩
	1205～1140	8.30～8.77	m～s	B—H_2 变形,有时宽
	975～920	10.26～10.87	m	B—H_2 非平面摇摆
烷基二硼烷	2140～2080	4.67～4.81	w～m	H 原子的面内对称运动
B…H…B(桥连的 H)	1990～1850	5.03～5.41	w	H 原子的面外对称运动,几个键
	1800～1710	5.56～5.85	w～m	H 原子的面外不对称运动
	1610～1540	6.21～6.49	vs	H 原子的面内不对称运动
B—H_3	2380～2315	4.20～4.32	s	不对称 B—H_3 伸缩
	2285～2265	4.38～4.42	s	对称 B—H 伸缩
	≈1165	≈8.58	s	B—H_3 变形
BH_4^-(离子)	2310～2195	4.33～4.56	s	B—H 伸缩,两个谱带(其中之一是由费米共振产生的)

续表

官能团	范围		强度	备注
	σ/cm^{-1}	λ/μm		
B—R	1270～620	7.87～16.13	v	B—C 伸缩，BR_3化合物中，由不对称 C—B—C 伸缩产生一强谱带，由对称 C—B—C 伸缩产生一弱谱带(有时不存在)
B—O	1380～1310	7.25～7.63	s	B—O 伸缩
$B(RO)_3$	1350～1310	7.41～7.63	vs	宽，由于 C—O 伸缩在 1070～1040cm^{-1}处有强谱带
$(RO)_2BPh$[①]	1435～1425	6.97～7.02	m～s	B—C 伸缩
	1330～1310	7.52～7.63	s	不对称 C—O—B—O—C 伸缩
	1180～1120	8.48～8.93	s	对称 C—O—B—O—C 伸缩
	675～600	14.81～16.67	m～s	B—O 变形
R_2BOR	1350～1310	7.41～7.63	s	B—O 伸缩
	1500～1435	6.67～6.97	s	B—N 伸缩
OR B R—N N—R RO—B B—OR N R	1330～1310	7.52～7.63	m～s	B—O 伸缩
OG B O O GO—B B—OG O （G=烷基或芳基）	1380～1335	7.25～7.49	s	B—O 伸缩
	1225～1080	8.16～9.26	s	C—O 伸缩
X O—B X—B O O—B （X=卤素） X	1470～1180	6.80～8.48	s	B—O 伸缩
(邻苯二氧基)B—Ar[②]	1360～1330	7.35～7.52	s	不对称 B—O 伸缩
	1240～1235	8.07～8.10	s	不对称 C—O 伸缩
	1075～1065	9.30～9.39	s	对称 C—O 伸缩
R O—B R—B O O—B R	1390～1355	7.19～7.38	s	B—O 伸缩
	1255～1145	7.97～8.74	m	B—C 伸缩
$M_x(BO_3)_y$	1280～1200	7.82～8.34	s	宽，不等称 B—O 伸缩
	≈900	≈11.11	w	对称 B—O 伸缩
X R B—N R—N B—X B—N X R	1510～1400	6.62～7.14	s	B—N 伸缩
	720～635	13.89～15.75	—	B—N 变形
硼氟化合物	1500～840	6.67～11.9	v	B—F 伸缩
XBF_2	1500～1410	6.67～7.09	s	不对称 B—F 伸缩
	1300～1200	7.69～8.33	s	对称 B—F 伸缩
X_2BF	1360～1300	7.35～7.69	s	B—F 伸缩

续表

官能团	范围		强度	备注
	σ/cm^{-1}	λ/μm		
BF_3	1260～1125	7.94～8.89		不对称 B—F 伸缩
	1030～800	9.71～12.50	s	对称 B—F 伸缩
BF_4^-	≈1030	≈9.71	vs	不对称 B—F 伸缩，肩峰在 1060cm^{-1}
—S—B(—S)—S—	955～905	10.47～11.05	s	不对称 B—S 伸缩

① Ph——苯环。

② Ar——芳基。

第二篇

（十二）有机磷化合物

表 9-53 有机磷化合物的特征红外频率

官能团	范围		强度	备注
	σ/cm^{-1}	λ/μm		
P—H 振动				
P—H	2455～2265	4.07～4.42	m	P—H 伸缩
	1150～965	8.70～10.36	w～m	P—H 变形
烷基膦	2285～2265	4.38～4.42	m	P—H 伸缩
	1100～1085	9.09～9.21	m	P—H_2 剪式振动
	1065～1040	9.39～9.62	w～m	P—H 变形
	940～910	10.64～10.99	m	PH_2 非平面摇摆
芳基膦	2285～2270	4.38～4.41	m	P—H 伸缩
	1100～1085	9.09～9.21	m	P—H 变形
膦酸酯 $(GO)_2HP═O$	2455～2400	4.07～4.17	m	P—H 伸缩
膦氧化物 $G_2HP═O$	2340～2280	4.27～4.39	m	P—H 伸缩
	990～965	10.10～10.36	m～s	P—H 非平面摇摆
$G_2HP═S$	950～910	10.53～10.99	m～s	P—H 非平面摇摆
$(RO)_2HP═O$	980～960	10.20～10.42	vs	可能是由于 P—O—C 伸缩和 P—H 非平面摇摆的相互作用
P—D	1795～1650	5.57～6.06	m	P—D 伸缩
	745～615	13.42～16.26	w～m	P—D 弯曲
P—C 和 PC—H 振动				
P—C	795～650	12.85～15.38	m～s	P—C 伸缩
P—CH_3	1430～1390	6.99～7.19	m～s	不对称 CH_3 变形
	1345～1275	7.49～7.85	m～s	对称 CH_3 变形
	980～840	10.20～11.90	s	CH_3 变形，常为双峰，P(V)化合物在 935～870cm^{-1}，P(Ⅲ)在 905～860cm^{-1}，>$PHCH_3$，在约 845cm^{-1}
>$PHCH_3$	790～770	12.66～12.99	s	P—C 伸缩
	850～840	11.76～11.90	m～s	
$P(CH_3)_2$	960～835	10.42～10.70	m～s	双峰或 3 个峰
$(RO_2)PCH_3$	1285～1270	7.77～7.87	m～s	P—CH_3 带
	870～865	11.49～11.56	s	P—CH_3 带

续表

官能团	范围		强度	备注
	σ/cm^{-1}	$\lambda/\mu m$		
$CH_3(RO)HP{=}O$	1300～1295	7.69～7.72	m～s	P—CH_3 带
	850～840	11.76～11.90	s	
$CH_3(RO)_2P{=}O$	1320～1305	7.58～7.66	m～s	P—CH_3 带
	930～885	10.75～11.30	s	
	1310～1280	7.63～7.81	m～s	P—CH_3 带
	900～875	11.11～11.43	s	
$CH_3(RO)P(=O)—O^-$	1315～1300	7.60～7.69	m～s	P—CH_3 带
$CH_3(RO)ClP{=}O$	925～885	10.81～11.30	s	
P—C_2H_5	1285～1225	7.78～8.17	w	双峰 P(III)化合物在 1235～1205cm^{-1} 有中强带
P—CH_2—P	845～780	11.83～12.82	m～s	不对称 P—C—P 振动
	770～720	12.99～13.89	m～s	对称 P—C—P 振动
P—CH_2—	1440～1405	6.94～7.12	m	CH_2 变形
	780～760	12.82～13.16	s	P—C 伸缩
P—CH_2—Ar①	795～740	12.58～13.51	s	P—C 伸缩
P—Ar	≈3050	≈3.33	m～w	C—H 伸缩
	≈1600	≈6.25	m～w	芳香环面内伸缩
	≈1500	≈6.67	m～w	
	1455～1425	6.90～7.02	m～s	
	1010～990	9.09～10.10	m～s	芳香环振动和 P—C 伸缩的相互作用
	560～480	17.86～20.83	m～s	
P—Ph	1130～1090	8.85～9.71	s	
	750～680	13.33～14.71	s	
P—N—Ph	1425～1380	7.02～7.25	w～m	
P—O—H 振动				
>P(=O)OH	2725～2525	3.76～3.96	w～m	宽，OH 伸缩，氢键
	2350～2080	4.26～4.81	w～m	宽，芳香族亚磷酸可能是双峰
	1740～1600	5.75～6.25	w～m	宽，OH 变形
	1335～1080	7.55～9.26	s	P═O 伸缩
	1040～910	9.62～10.99	s	尖，P—O 伸缩
	540～450	18.52～22.22	w～m	常是双峰
>P(=S)OH	3100～3000	3.23～3.33	W	宽，OH 伸缩
	2360～2200	4.24～4.55	W	宽，OH 伸缩
	935～910	10.70～10.99	s	P—O 伸缩
	810～750	12.35～13.33	m～s	P═S 伸缩
	655～585	15.27～17.12	v	P═S 伸缩

续表

官能团	范围		强度	备注
	σ/cm^{-1}	λ/μm		
P—O—C 振动				
P—O—R	1050～970	9.52～10.31	vs	不对称 P—O—C 伸缩
	850～740	11.76～13.51	w～m	有时十分弱
P—O—CH_3	1190～1170	8.40～8.55	w～m	CH_3 变形
	1090～1010	9.17～9.90	vs	不对称 P—O—C 伸缩变形
	830～740	12.05～13.51	s	对称 P—O—C 伸缩(不对称伸缩,≈1050cm^{-1})
P—O—C_2H_5	1165～1155	8.59～8.68	w～m	CH_3 平面摇摆
	830～740	12.05～13.51	s	对称 P—O—C 伸缩
P—O—CH_2R	1170～1100	8.55～9.09	w～m	许多带
^{i}Pr—O—P	1190～1170	8.40～8.55	w	
	1150～1135	8.70～8.81	w	
	1115～1100	8.97～9.09	w	
P—O—Ar	1460～1445	6.85～6.92	w～m	
	1260～1160	7.94～8.62	s	尖 O—C 伸缩
	995～915	10.05～10.93	vs	宽 P—O—C 伸缩(5 价)
	875～855	11.43～11.70	s	P—O—C 伸缩(3 价)
	790～740	12.66～13.51	s	对称 P—O—C 伸缩
	625～570	16.00～17.54	s	P—O—Ar 变形
烷基亚磷酸酯$(RO)_3P$	1050～990	9.52～10.10	vs	P—O—C 伸缩
芳基亚磷酸酯$(ArO)_3P$	1240～1190	8.07～8.40	vs	P—O—C 伸缩
亚磷酸酯$(GO)_3P$	580～510	17.24～19.61	m	
	580～400	17.24～25.00	s	
	400～295	25.00～33.90	s	
亚磷酸氢酯	560～545	17.86～18.35	s	
	540～500	18.52～20.00	w～m	
P═O 振动				
P═O(未缔合)	1350～1175	7.41～8.51	vs	P═O 伸缩
P═O(缔合)	1250～1150	8.00～8.70	vs	P═O 伸缩
烷基磷酸酯$(RO)_3P$═O	1285～1255	7.78～7.97	vs	P═O 伸缩
	1050～990	9.52～10.10	vs	P—O—C 伸缩
	595～520	16.81～19.23	m	宽
	495～465	20.20～21.51	m	宽
	430～415	23.26～24.10	w	
	395～360	25.32～27.78		
芳基磷酸酯$(ArO)_3P$═O	1315～1290	7.61～7.75	vs	P═O 伸缩
	1240～1190	8.07～8.40	vs	P—O—C 伸缩
	625～575	16.00～17.39	s	
	570～540	17.54～18.52	s	
	510～490	19.61～20.41		
	460～430	21.74～23.26	m～w	

续表

官能团	范围		强度	备注
	σ/cm^{-1}	λ/μm		
酸式磷酸酯				
$(RO)_2(HO)P{=}O$	1250～1210	8.00～8.26	vs	P═O 伸缩
	590～460	16.95～21.74	m	宽
	400～380	25.00～26.32	w	在磷酸酯中观察不到
$(ArO)_2(HO)P{=}O$	600～580	16.67～17.24	s	对环的取代敏感
	565～535	17.70～18.69	s	
	515～500	19.42～20.00	s	
	490～470	20.41～21.28	s	
	400～380	25.00～26.32	w	在磷酸酯中观察不到
$(RO)(HO)_2P{=}O$	≈1250	≈8.00	vs	P═O 伸缩(芳香化合物≈1200cm^{-1})
膦酸酯 $G(RO)_2P{=}O$	1265～1230	7.91～8.13	vs	P═O 伸缩
	800～750	12.50～13.33	w～m	P—O—C 伸缩
烷基膦酸酯 $R(RO)_2P{=}O$	570～500	17.54～20.00	m	宽
	490～410	20.41～24.39	m	宽
	440～400	22.73～25.00	w	
芳基膦酸酯 $Ar(ArO)_2P{=}O$	620～600	16.13～16.67	m	
	535～515	18.69～19.42	s	
	500～480	20.00～20.83	vw	
	425～415	23.53～24.10	vw	
二烷基芳基膦酸酯	585～565	17.09～17.70	s	
$(RO)_2ArP{=}O$	530～520	18.87～19.23	s	
	435～420	22.99～23.81	w	
	320～310	31.25～32.26	w	
膦酸氢酯				
$R(RO)(HO)P{=}O$	1215～1170	8.23～8.55	vs	P═O 伸缩
	570～540	17.54～18.52	m	宽
	500～450	20.00～22.22	m	宽
	320～300	31.25～33.33	w	
$Ar(ArO)(OH)P{=}O$	1220～1205	8.20～8.30	vs	P═O 伸缩
	605～570	16.53～17.54	s	
	550～535	18.18～18.69	s	
	495～485	20.20～20.62	m	
	≈460	≈21.74	m	
	430～420	23.26～23.81	m	
	370～350	27.03～28.57	w	
	315～290	31.75～34.48	w	
$(RO)(HO)HP{=}O$	1215～1200	8.23～8.33	vs	P═O 伸缩
$(RO)_2HP{=}O$	1265～1250	7.97～8.00	vs	P═O 伸缩
$(RO)_2FP{=}O$	1315～1290	7.61～7.75	vs	P═O 伸缩
$(ArO)_2FP{=}O$	1330～1325	7.52～7.55	vs	P═O 伸缩
$(RO)_2ClP{=}O$	1310～1280	7.63～7.81	vs	P═O 伸缩(CN 取代的化合物在大约1290cm^{-1})

续表

官能团	范围		强度	备　注
	σ/cm^{-1}	λ/μm		
$(RO)_2(RS)P=O$	1270～1245	7.87～8.06	vs	P=O 伸缩
$(RO)_2(NH_2)P=O$	1250～1220	8.00～8.20	vs	P=O 伸缩
$(ArO)_2(NH_2)P=O$	≈1250	≈8.00	vs	P=O 伸缩
$(RO)_2(NHR)P=O$	1260～1195	7.94～8.36	vs	P=O 伸缩
$(RO)_2(NR_2)P=O$	1275～1250	7.84～8.00	vs	P=O 伸缩
$R_2(R'O)P=O$	1220～1180	8.20～8.48	vs	P=O 伸缩
$R_2(HO)P=O$	1190～1140	8.40～8.77	vs	P=O 伸缩
$Ar_2(HO)P=O$	1205～1085	8.30～9.21	vs	P=O 伸缩
R(HO)HP=O	1175～1135	8.51～8.81	vs	P=O 伸缩
$R_3P=O$	1185～1150	8.44～8.70	vs	P=O 伸缩
$Ar_3P=O$	1190～1175	8.40～8.51	vs	P=O 伸缩
$R_2HP=O$	≈1155	≈8.66	vs	P=O 伸缩
$Ar_2HP=O$	1185～1170	8.44～8.55	vs	P=O 伸缩
$R_2ClP=O$	≈1215	≈8.23	vs	P=O 伸缩
$Ar_2ClP=O$	≈1235	≈8.10	vs	P=O 伸缩
$R_2BrP=O$	≈1250	≈8.00	vs	P=O 伸缩
$(RS)_3P=O$	≈1200	≈8.33	vs	P=O 伸缩
$(ArS)_3P=O$	≈1210	≈8.26	vs	P=O 伸缩
$R_2(RS)P=O$	≈1200	≈8.33	vs	P=O 伸缩
$(RNH)_3P=O$	1230～1215	8.18～8.23	vs	P=O 伸缩
$(R_2N)_3P=O$	1245～1190	8.03～8.40	vs	P=O 伸缩
$R_2(NHR)P=O$	1180～1150	8.48～8.66	vs	P=O 伸缩
$R(NHR)_2P=O$	1220～1160	8.20～8.62	vs	P=O 伸缩
P(=O)—O—P(=O)	1310～1205	7.63～8.30	vs	P=O 伸缩(通常是一个带，若不对称可出现两个谱带)
$(RO)_2P(=O)—O—P(=O)(RO)_2$	1240～1205	8.07～7.63	vs	P=O 伸缩(通常一个带)
	1310～1280	7.63～7.81	vs	P=O 伸缩
	1270～1250	7.87～8.00	vs	P=O 伸缩
R(RO)P(=O)—O—P(=O)(RO)R	930～915	10.75～10.93	s	宽，不对称 P—O—P 伸缩
P—O—P	1025～870	9.85～11.49	s	通常宽，不对称伸缩出现在 945～925cm^{-1} (在 700cm^{-1} 附近还可看到弱带)
P(=O)—S—C	615～555	16.26～18.18	m	
	575～510	17.39～19.61	m	
P=S 振动				
P=S	865～655	11.56～15.27	m～s	
	730～550	13.70～18.18	v	
(OH)P=S	810～750	12.35～13.33	m	
	655～585	15.27～17.09	v	

续表

官能团	范围		强度	备注
	σ/cm⁻¹	λ/μm		
$>P(=O)-OP<$	865～770	11.56～12.99	m	
	610～585	16.39～17.09	v	
$>P(=S)-X$ (X=F或Cl)	835～750	11.98～13.33	m～s	
	730～590	13.70～16.95	v	
$>P(=S)-S-C$	545～510	18.35～19.61	m～s	
	520～475	19.23～21.05	m	
$>P(=S)-N<$	860～725	11.63～13.79	m～s	
	715～570	13.99～17.54	v	
$-P(Cl)(=S)-N$	810～765	12.35～13.07	m～s	
	670～605	14.93～16.53	v	
P═Se	590～515	16.95～19.42	m	P═Se 伸缩
	535～420	18.69～23.81	m	
P═Te	470～400	21.28～25.00		P═Te 伸缩
$R_3P═S$	770～685	12.99～14.60	m	
	595～530	16.81～18.87	v	$(RS)_3P═S$ ≈690cm^{-1}
$(RO)_3P═S$	845～800	11.83～12.50	m	
	665～600	15.04～16.67	v	
$R(RO)_2P═S$	805～770	12.42～12.99	m	
	650～595	15.38～16.81	v	
$R_2(RO)P═S$	795～770	12.58～12.99	m	
	610～580	16.39～17.24	v	
$(RO)_2(RS)P═S$	835～790	11.98～12.66	m	
	665～645	15.04～15.50	m～s	
$(RO)_2(RS)P═Se$	≈590	≈16.95	s	P═Se 伸缩
$(RO)_2(SH)P═S$	865～835	11.56～11.98	m	S—H 弯曲振动
	780～730	12.82～13.70	m	
	660～650	15.15～15.38	m～s	
$R_2ClP═S$	775～750	12.90～13.33	m	
	625～590	16.00～16.95	m～s	
$RCl_2P═S$	780～775	12.82～12.90	s	$(RO)Cl_2P═S$ 在约 830cm^{-1}
	670～640	14.93～15.63	m～s	
$(R_2N)_3P═S$	840～790	11.90～12.66	m	
	715～690	13.99～14.49	m～s	
	660～635	15.15～15.75	s	可能由 P═S 引起
$(MS)(RO)_2P═S$ (M=Zn,Cd,Ni)	555～535	18.02～18.69	s	可能由 P—S—M 基团引起
P—N 振动				
P—N	1110～930	9.01～10.75	m～s	可能是 P—N—C 不对称伸缩
	750～680	13.33～14.71	m～s	对称 P—N—C 伸缩
P(Ⅲ)—N	1010～790	9.90～12.66	m～s	

续表

官能团	范围		强度	备注
	σ/cm^{-1}	λ/μm		
P—N—CH_3	1320～1260	7.58～7.94	m	
	1205～1155	8.30～8.66	w～m	
	1080～1050	9.26～9.52	w～m	
	1010～935	9.90～10.70	s	
P—N$(C_2H_5)_2$	1225～1190	8.16～8.40	—	P(Ⅴ)，m～s；P(Ⅲ)，w
	1190～1155	8.40～8.66	—	P(Ⅴ)，m；P(Ⅲ)，s
	1110～1085	9.01～9.22	w～m	
	1075～1055	9.30～9.48	w～m	
	1050～1015	9.52～9.85	m～s	
	975～930	10.26～10.75	m～s	
	930～915	10.75～10.93	w	不总是见到
P═N(环状化合物)	1440～1170	6.94～8.55	vs	P═N 伸缩
P═N(无环化合物)	1500～1230	6.67～8.13	s	P═N 伸缩
$(RO)_3$P═N—Ar R$(RO)_2$P═N—Ar	1385～1325	7.22～7.55	s	P═N 伸缩
R—NH—P(O)Cl_2	≈560	≈17.86		
—O—NH—P(O)Cl_2	545～520	18.35～19.23		
＞N—P(S)Cl_2	525～490	19.05～20.41		
—O—O—PCl_2	510～495	19.61～20.20		
	475～465	21.05～21.51		
—O—O—P(O)Cl_2	≈590	≈16.95		
—O—O—P(S)Cl_2	560～535	17.86～18.69		
(RO)Cl_2P=O	≈570	≈17.54		
(RO)Cl_2P=S	≈535	≈18.69	s	
$R_2PO_2^-$	1200～1100	8.33～9.09	s	不对称 PO_2 伸缩
	1075～1000	9.30～10.00	s	对称 PO_2 伸缩
$RHPO_2^-$				
$(RO)_2PO_2^-$ (盐)	1285～1120	9.78～8.93	s	不对称 PO_2^- 伸缩
	1120～1050	8.93～9.52	s	对称 PO_2^- 伸缩
$P(RO)_2PO_2^-$	1245～1150	8.03～8.70	s	不对称 PO_2^- 伸缩
	1110～1050	9.01～9.52	s	对称 PO_2^- 伸缩
PRO_2^{3-}	1125～970	8.89～10.31	s	不对称 PO_3^{2-} 伸缩
	1000～960	10.00～10.42	w～m	对称 PO_3^{2-} 伸缩
$ROPO_2^{3-}$	1140～1055	8.77～9.48	s	不对称 PO_3^{2-} 伸缩
	995～945	10.05～10.58	w～m	对称 PO_3^{2-} 伸缩
R_2POS^-	1140～1050	8.77～9.52	s	P—O 伸缩
	570～545	17.54～18.35	m	P—S 伸缩
$(RO)_2POS^-$ R(RO)POS^-	1215～1110 660～575	8.24～9.01 15.15～17.39	s m	P—O 伸缩 P—S 伸缩
无机盐 PO_2^-	1300～1150	7.69～8.70	s	
无机盐 PO_3^{2-}	1030～970	9.71～10.31	s	不对称伸缩
	990～920	10.10～10.87	m	对称伸缩

续表

官能团	范围		强度	备注
	σ/cm^{-1}	$\lambda/\mu m$		
无机盐 PO_4^{3-}	1100～1000	9.09～10.00	s	
PS_2^{-}	585～545	17.09～18.35		
P(Ⅲ)—F	770～760	12.99～13.10	m～s	
P(Ⅴ)—F	930～805	10.75～12.42	m～s	
$R_2P(O)F$	835～805	11.98～12.42	m～s	P—F 伸缩
$RP(O)F_2$	930～895	10.75～11.17	m～s	P—F 伸缩
P—Cl	605～435	16.53～22.99	m～s	
P—Br	485～400	20.62～25.00	m～s	
PCl_2	590～485	16.95～20.62	s	
	545～420	18.35～23.81	m～s	
P—Cl(P 与 O、C 或 F 键合)	565～440	17.70～22.73	m～s	
P—Cl(P 与 N 或 S 键合)	540～435	18.52～22.99	m～s	
P—S—H	550～525	18.18～19.05	m	
	525～490	19.05～20.41	m	
P—S—C	1050～970	9.52～10.31		(在脂肪族化合物中可见到)
	565～550	17.70～18.18	m	
	490～440	20.41～22.73	m	
P—O—P	1025～870	9.85～11.49	s	通常宽不对称伸缩在 945～925cm^{-1} (在 700cm^{-1} 附近可看到弱带)
P—S—P	≈500	≈20.00	m	
	495～460	20.20～21.74	m	
P—O—S	930～815	10.75～12.27		不对称 P—O—S 伸缩
	765～700	13.07～14.29		
P—O—Si	1070～855	9.35～11.70		
P—C═C	1645～1595	6.08～6.27	m	C═C 伸缩
P—C—C═C	1660～1630	6.02～6.14	m	C═C 伸缩
P—C≡N	2220～2180	4.51～4.59	m	C≡N 伸缩

① Ar——芳基。

（十三）有机硅化合物

表 9-54 有机硅化合物的特征红外频率

官能团	范围		强度	备注
	σ/cm^{-1}	$\lambda/\mu m$		
硅烷				
Si—H	2250～2100	4.44～4.76	s	Si—H 伸缩,一般范围
	985～800	10.15～12.50	s	Si—H 变形，一般范围
$—SiH_3$	2160～2140	4.63～4.67	s	Si—H 伸缩
	945～910	10.58～10.99	s	两个谱带，不对称和对称变形
	680～540	14.71～18.52	s	平面摇摆振动

续表

官能团	范围		强度	备注
	σ/cm^{-1}	λ/μm		
$>SiH_2$	2150～2115	4.65～4.73	s	Si—H 伸缩
	945～920	10.58～10.87	s	Si—H 变形
	895～840	11.17～11.90	s	非平面摇摆振动
	745～625	13.42～16.00	w～m	卷曲振动
	600～460	16.67～21.74	m	平面摇摆，尖峰
$-\!\!>SiH$	2135～2095	4.68～4.77	s	Si—H 伸缩
	845～800	11.83～12.50	s	非平面摇摆
Si—D	1690～1570	5.92～6.37	s	Si—D 伸缩
	710～665	14.08～15.04	s	Si—D 变形
R_4Si	1280～1240	7.81～8.07	s	对称 Si—C 弯曲振动
	850～800	11.76～12.50	s	Si—C 平面摇摆
	760～750	13.10～13.33	s	Si—C 平面摇摆
$Si(CH_3)_n$	1280～1250	7.81～8.00	s	对称 CH_3 变形，尖峰
(n=1,2,3,4)	860～760	11.63～13.61	s	Si—CH_3 平面摇摆
$>SiCH_3$	≈765	≈13.07	s	Si—C 平面摇摆
$>Si(CH_3)_2$	≈855	≈11.70	vs	Si—C 平面摇摆
	815～800	12.27～12.50	vs	Si—C 平面摇摆
—$Si(CH_3)_3$	≈840	≈11.90	vs	Si—C 平面摇摆
	≈765	≈13.07	vs	Si—C 平面摇摆
	330～240	30.30～41.67	w	$Si(CH_3)_3$ 平面摇摆
Si—C_2H_5	1250～1220	8.00～8.20	m	CH_2 非平面摇摆
	1020～1000	9.80～10.00	m	
	970～945	10.31～10.58	m	
Si—CH_2R	1250～1175	8.00～8.51	w～m	长链脂肪族吸收在范围的低频末端
	760～670	13.10～14.93	m	CH_2 平面摇摆
Si—CH═CH_2	≈1925	≈5.20	w	倍频
	1610～1590	6.21～6.29	m	C═C 伸缩
	1410～1390	7.09～7.19	s	CH_2 面内变形
	1010～1000	9.90～10.00	m	反式 CH 非平面摇摆
	980～940	10.20～10.64	s	CH_2 非平面摇摆
	580～515	17.24～19.42	w	H 的面外变形
Si—Ph	3080～3030	3.25～3.30	m	C—H 伸缩
	≈1600	≈6.25	m	环的伸缩
	1480～1425	6.99～7.02	m	环的振动，尖峰
	1125～1090	8.89～9.17	vs	灵敏带
	≈730	≈13.70	s	面外 C—H 振动
R_3SiPh	700～690	14.29～14.49	s	面外 C—H 振动
	670～625	14.93～16.00	w	环面内弯曲
	490～445	20.41～22.47	s	Si—C—C 面外弯曲
	405～345	24.69～28.99	w	Si—C 伸缩和环面内变形
	≈290	≈34.48	v	Si—Ph 面内变形

续表

官能团	范围		强度	备注
	σ/cm⁻¹	λ/μm		
R_2SiPh_3	635～605	15.75～16.53	w	环面内弯曲
	495～470	20.20～21.28	s	Si—C—C 面外弯曲
	445～400	22.47～25.00	w	不对称 Si—C 伸缩
	380～305	26.32～32.79	w	对称 Si—C 伸缩
$RSiPh_3$	625～605	16.00～16.53	w	环面内弯曲
	515～485	19.42～20.62	s	Si—C—C 面外弯曲
	445～420	22.47～23.81	w	不对称 Si—Ph 伸缩
	≈330	≈30.30	v	对称 Si—Ph 伸缩
环五亚甲基二烷基硅	495～480	20.20～20.83	m～s	可能由六元环引起，但环五亚甲基硅和二苯基衍生物无此峰
硅烷醇 Si—OH	3700～3200	2.70～3.13	m	C—H 伸缩；宽
	955～835	10.47～11.98	s	Si—O 伸缩，对于凝相样品，在近 $1030cm^{-1}$ 出现宽 m～w 的带，属 SiOH 变形振动
甲硅烷基酯和醚				
$RCOSiR_3$	≈1620	≈6.17	s	C═O 伸缩
Si—O—R	1110～1000	9.01～10.00	vs	不对称 Si—O—C 伸缩，至少 1 个带，Si—O—Si 亦在这范围吸收
Si—O—CH_3	≈2860	≈3.50	m	对称 CH_3 伸缩
	≈1190	≈8.40	s	CH_3 平面摇摆
	≈1100	≈9.09	vs	不对称 Si—O—C 伸缩
	850～800	11.76～12.50	s	对称 Si—O—C 伸缩
>$Si(OCH_3)_2$	390～360	25.64～27.78	s	不对称 Si—O—C 伸缩
—$Si(OCH_3)_3$	480～440	20.83～22.73	s	不对称 Si—O—C 伸缩
	470～330	21.20～30.30	w	
Si—O—CH_2—	1190～1140	8.40～8.77	s	
	1100～1070	9.09～9.35	vs	不对称 Si—O—C 伸缩，通常是双峰
	990～945	10.10～10.64	s	对称 Si—O—C 伸缩
>$Si(OC_2H_5)_2$	475～405	21.05～24.69	w	不对称 Si—O—C 变形
—$Si(OC_2H_5)_3$	500～440	20.00～22.73	s	
Si—O—Ar	1135～1090	8.81～9.17	vs	几个尖峰,可能是 Si—O—C 伸缩
	970～920	10.31～10.87	s	
Si—O—Si Si—O—C	1090～1020	9.17～9.80	vs	Si—O 伸缩，2 个几乎等强的谱带，硅氧烷链的吸收近于 $1085cm^{-1}$ 和 $1020cm^{-1}$，随链长度增加其强度亦增加。环硅氧烷仅有 1 个强带，在四元或环更大时，有时能见到第二个谱带
二硅氧烷				
Si—O—Si	625～480	16.00～20.83	w	宽，对称 Si—O—Si 伸缩，取代二硅氧烷和线形聚合硅氧烷，该谱带出现在低频处
硅氧烷				
—$OSiCH_3$(末端基团)	850～840	11.76～11.90	s	Si—C 伸缩
—$OSiC_2H_5$(线形聚合物)	810～800	12.35～12.50	s	Si—C 伸缩
—$OSiCH_3$(环化合物)	820～780	12.20～12.82	s	Si—C 伸缩
甲硅烷基胺				

续表

官能团	范围		强度	备注
	σ/cm^{-1}	$\lambda/\mu m$		
Si—NH_2	3570～3475	2.80～2.88	m	NH_2 伸缩
	3410～3390	2.93～2.95	m	NH_2 伸缩
	1550～1530	6.45～6.54	m	NH_2 变形
Si—NH—Si	≈3400	≈294	m	NH_2 伸缩
	≈1175	≈8.51	m	
	≈935	≈10.70	m	
氨基硅烷	880～835	11.36～11.98	s	不对称 N—Si—N 伸缩
H_2N—Si—NH_2 (Si 上下各一键)	800～785	12.50～12.74	m	对称 N—Si—N 伸缩
硅卤化物				
>SiF	920～820	10.87～12.22	m	Si—F 伸缩(一般范围：Si—F 伸缩 1000～800cm^{-1}；Si—F 变形 425～265cm^{-1})
>SiF_2	945～915	10.58～10.93	s	可能是不对称伸缩
	910～870	10.99～11.49	m	可能是对称伸缩
—SiF_3	980～945	10.20～10.58	s	可能是不对称伸缩
	910～860	10.99～11.63	m	可能是对称伸缩
>SiCl	550～470	18.18～21.28	s	Si—Cl 伸缩 (Si—Cl 变形 250～150cm^{-1})
>$SiCl_2$	595～535	16.81～18.69	s	不对称 Si—Cl 伸缩
	540～460	18.52～21.74	m	对称 Si—Cl 伸缩
—$SiCl_3$	625～570	16.00～17.54	s	不对称 Si—Cl 伸缩
	535～450	18.69～22.22	m	对称 Si—Cl 伸缩
>SiBr	430～360	23.26～27.78	w	Si—Br 伸缩
>$SiBr_2$	460～425	21.74～23.53	w	不对称 Si—Br 伸缩
	395～330	25.32～30.30	w	对称 Si—Br 伸缩
—$SiBr_3$	480～450	20.83～22.22	w	不对称 Si—Br 伸缩
	360～300	27.78～33.33	w	对称 Si—Br 伸缩
>SiI	365～280	27.40～35.71	w	对称 Si—I 伸缩
>SiI_2	390～330	25.64～30.30	w	Si—I 伸缩
	325～275	30.77～36.36	w	
—SiI_3	410～365	24.39～27.40	w	Si—I 伸缩
	280～220	35.71～45.45	w	
其他基团				
Si—Ph	1125～1090	8.89～9.17	s	
Ge—Ph	≈1080	≈9.26	s	
Sn—Ph	1080～1050	9.26～9.52	s	通常在 1065cm^{-1}
Pb—Ph	≈1050	≈9.52	s	
有机锗 Ge—O—Ge	900～700	11.11～14.29	s	不对称 Ge—O—Ge 伸缩，三元环≈850cm^{-1}，四元环≈860cm^{-1}，线型聚合物≈870cm^{-1}
有机锡 Sn—O	780～580	12.82～17.24	s	宽
有机铅 Pb—O	≈625	≈16.00	s	

五、有机化合物的远红外吸收频率

一些有机化合物的远红外区吸收频率见表 9-55。

表 9-55 一些有机化合物的远红外区吸收频率

化合物	吸收频率 σ/cm^{-1}
烷烃	
正烷烃	540～460(弱)，460～450(弱)
支化烷烃	570～480(变化)
单取代烷烃	565～540(中等)，435～425(中等)
二取代烷烃	555～535(强)
3,3-二取代	510～505(中等)
2,2-二取代	495～490(中等)
烯烃	
n-R—CH=CH_2	635～630(强)，555～545(强)，455～425(弱)
R—CH(R)—CH_2—CH=CH_2	675～620(强)，550～530(弱)，465～420(弱)
R—C(R)=CH_2	540～510(强)，430～300 以下(变化)
(R)(H)C=C(R)(H)(顺式)	700 以上～675(强)，650～575(中等)，500～465(弱、宽)
(R)(H)C=C(H)(R)(反式)	无相关吸收带
(R)(R)C=C(R)(H)	700～300(3～4 个弱至中等吸收带)
(n-R)(H)C=C(CH_3)(H)(顺式)	580～575(强)、490～465(强)
(n-R)(H)C=C(H)(CH_3)(反式)	420～380(强)、325～300 以下(强)
环烷烃	
环丙烷	540～500(变化)
烷基环丙烷	540～500(中等)，475～460(强)
环戊烷	580～490(强)
烷基环戊烷	580～530(强)
环己烷	555～430(变化)
芳烃	
取代苯	575～420(强)
单取代苯	575～440(强)
1,2-二取代苯	480～425(强)
1,3-二取代苯	460～425(强)
1,4-二取代苯	550～460(强)
胺	410～345，335～320
酚	515～490(强)，440～360，340～320
1,2,4-三取代苯	455～430(强)
1,3,5-三取代苯	520～500(强)
萘	500～465
1-烷基萘	590～565(中等)，535～525(强)、495～465(强)，435～400(强)
2-烷基萘	630～610(中等)，475～465(强)、410～360(弱)
烷基四氢苯	600～560(中等)，460～425(强)
二甲基萘	640～615(变化)，420～385(强)
1,2-；1,3-等	550～525(中等～强) 480～470(强)
2,3-；2,6-；2,7-联苯	625～615(强)，490～440(强)，410～390(中等)
2-烷基联苯	670～660(中等)，625～675(强)，575～520(强)，490～440(强)，410～395(中等)
3-烷基联苯	675～670(强)，625～615(强)，575～520(强)，460～440(强)，410～400(中等)
杂环化合物	
2-取代吡啶	630～600(中等)，425～390(强)
3-取代吡啶	640～610(中等)，410～385(强)
4-取代吡啶	565～455(强)
溴代烷	
R—Br	665～500(强)
Br—CH_2CH_2—Br	645～630(强)，565～555(强)、440～430(弱)
R—CH_2—CH(Br)—CH_3	635～585(强)，555～530(强)、365～350(变化)
R—CH_2—C(R)(R)—Br	515～505(强)

续表

化合物	吸收频率 σ/cm^{-1}	化合物	吸收频率 σ/cm^{-1}
$R-CH(R)-CH_2-Br$	555～545(强)，675～665(强)、510～465(强)	**脂肪胺**	
$R-CH(R)-CH_2CH_2Br$	665～645(强)，570～555(强)	伯胺	490～440(中等至强，宽)
碘代烷		仲胺	440～415(弱，宽)
$R-I$	605～475(强)	叔胺	550～420(弱至中等，宽)
$R-CH_2CH_2I$	600～580(强)，505～495(强)	**脂肪氨基酸**	560～520(强)，440～410(强)，330～290
$R-CH_2-CH(I)-CH_3$	585～575(强)，440～435(很强)	**硝基烷烃**	615～590(变化)
$R-CH_2-C(R)(R)-I$	440～435(很强)	**烷基氰化物**	580～525(变化)，390～360(强)
$R-CH(R)-CH_2I$	605～595(强)，590～580(强) 430～415(中等)	**有机金属化合物**	
$R-CH(R)-CH_2CH_2I$	600～585(很强)，515～505(强) 485～480(强)	$R-Si-CH_3$	585～575(强)，570～560(强)、485～470(强)
醚醇酮	550～500(强) 470～420(弱)	环状 $Si(R)(R)$	650～630(中等)，500～475(强)
脂肪酮	685～580(强)，550～515(强)、425～400(弱)	三茂铁	500～465(强，常常为双峰)
多氟酮	680～580(强)，550～515(强)、410～355(变化)	**有机磷化物**	
酯		$P-Cl$	600～450
甲酸烷酯	640～610(弱、尖锐)	$P-S-C$	675～525
乙酸烷酯	640～625(强)，610～600(强)，470～420(强)	$P-O-R$	600～510
脂肪酸		$P-C$	510～400
液体	675～600(强)，490～470(强)	$P-OH$	625～460
固体	700～660(强)，550～525(强)	$P-C(=S)-H$	700～615

第二节 红外光谱图

本节提供了 30 个常见无机化合物（含矿物）、308 个有机化合物和 158 个聚合物的红外光谱图，可供一般查找之用，但其主要目的还是希望读者结合本章第一节官能团的红外光谱特征频率进一步了解光谱与结构之间的经验规律，从而能很好地掌握红外光谱解析的基本知识和方法。

图 9-3～图 9-498 中纵坐标为透光率（$T/\%$），横坐标为波数（σ/cm^{-1}）。谱图有两条虚线代表整个波段（4000～400cm^{-1}）分为三部分，横坐标不同波段是不均等分的，从左至右标尺比例为 1∶2∶4，但在每一部分对应的波数范围内，波数间隔是均等的。

一、典型无机化合物及矿物的红外光谱图

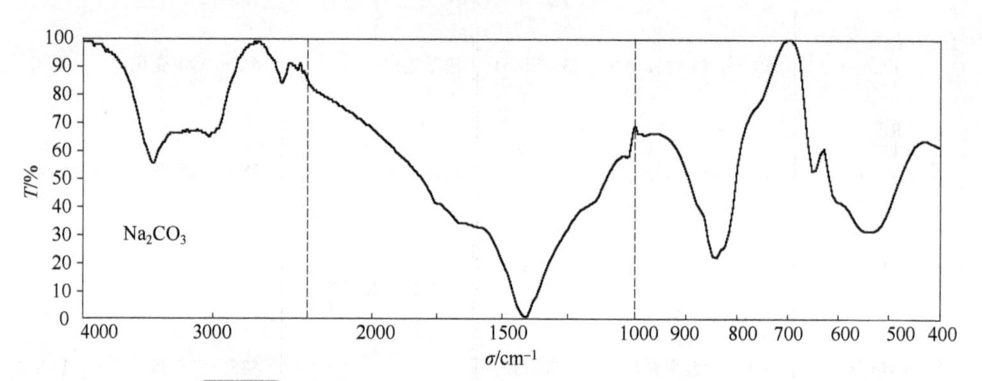

图 9-3 碳酸钠（sodium carbonate，溴化钾压片）

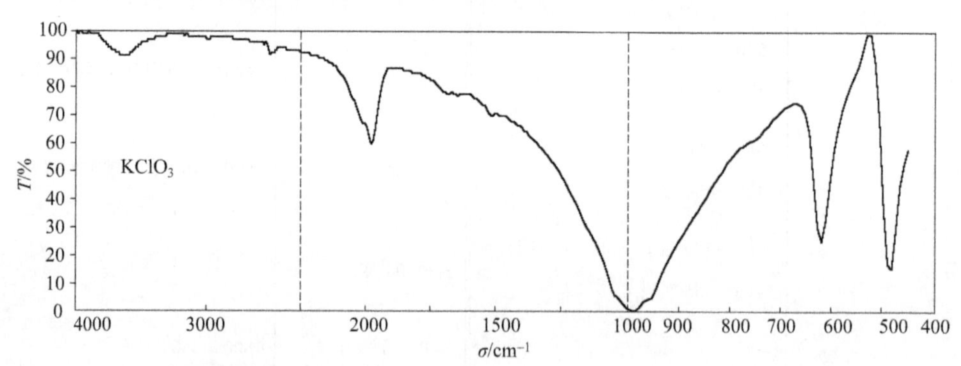

图 9-4 氯酸钾（potassium chlorate，溴化钾压片）

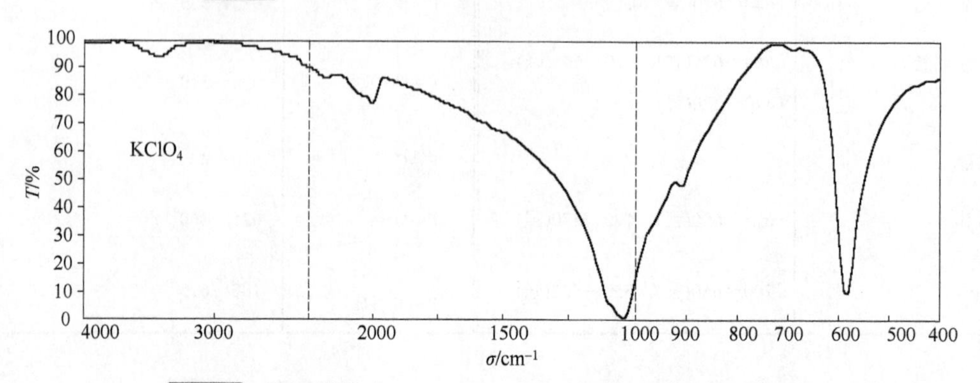

图 9-5 高氯酸钾（potassium perchlorate，溴化钾压片）

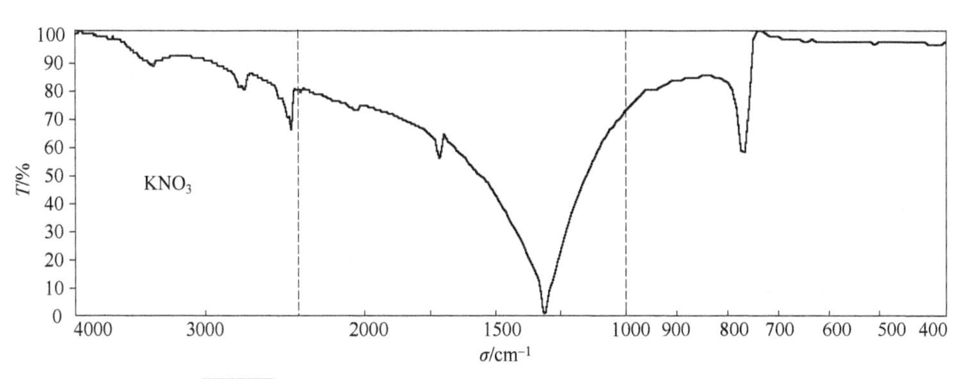

图 9-6　硝酸钾（potassium nitrate，溴化钾压片）

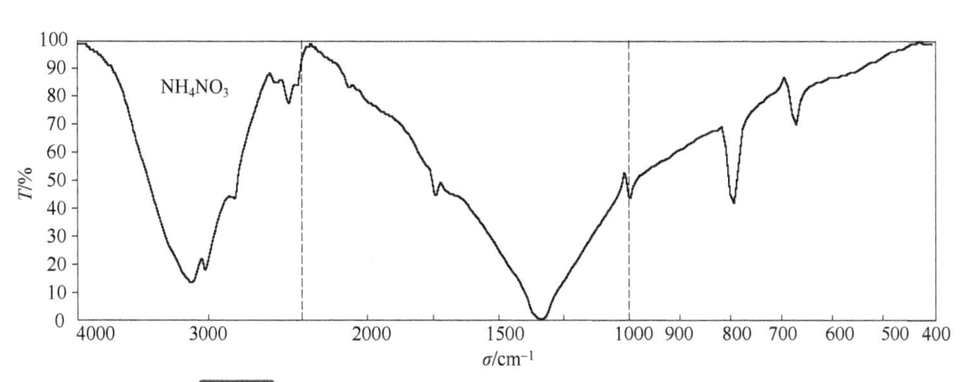

图 9-7　硝酸铵（ammonium nitrate，溴化钾压片）

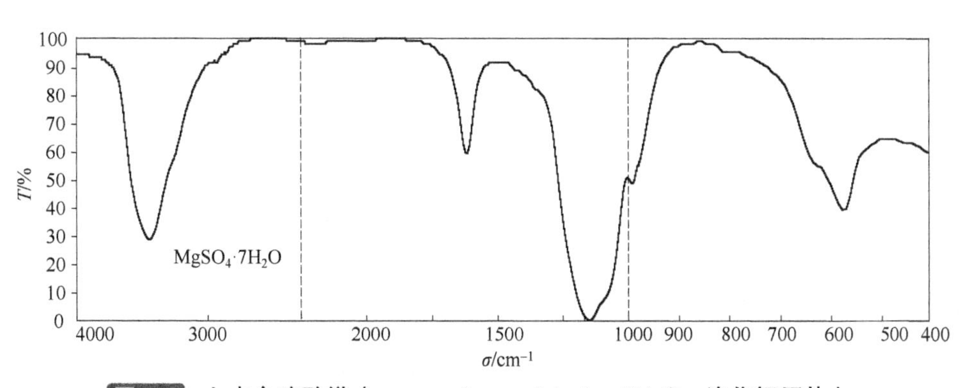

图 9-8　七水合硫酸镁（magnesium sulphate · 7H_2O，溴化钾压片）

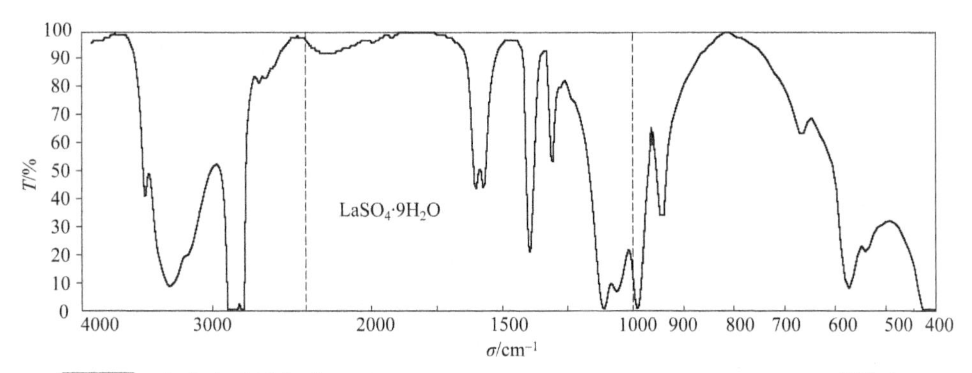

图 9-9　九水合硫酸镧（lanthanum sulfate nonahydrate，99.999%，石蜡糊）

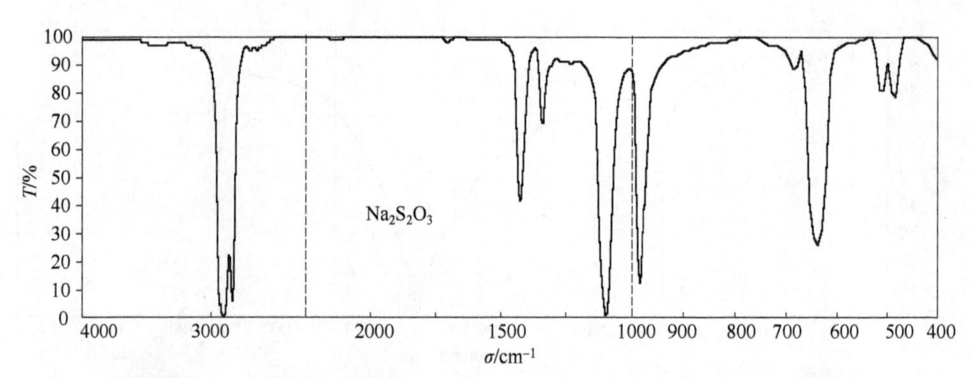

图 9-10 无水硫代硫酸钠（sodium thiosulfate, anhydrous，石蜡糊）

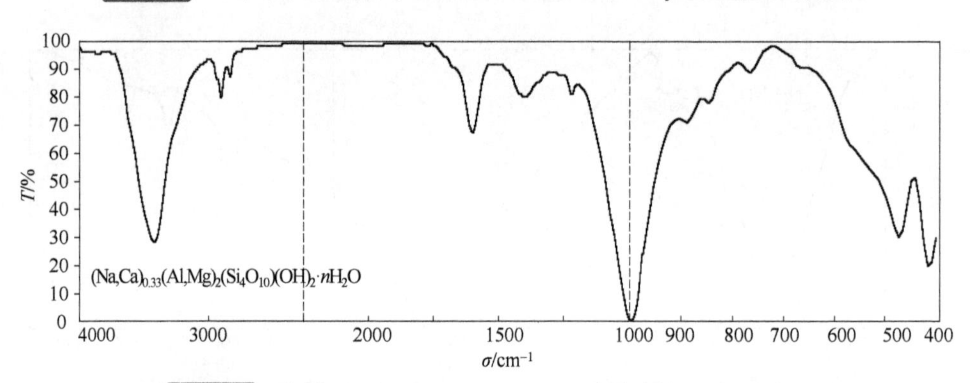

图 9-11 蒙脱石 （montmorillonite，质量分数 0.099%）

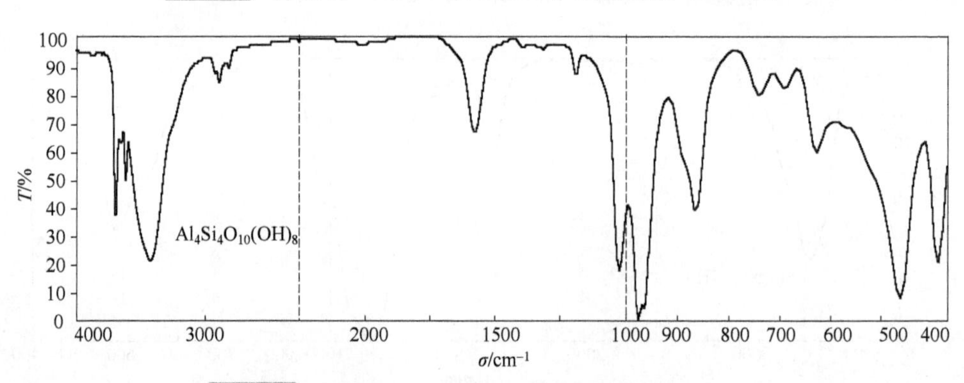

图 9-12 高岭石（kaolinite，质量分数 0.041%）

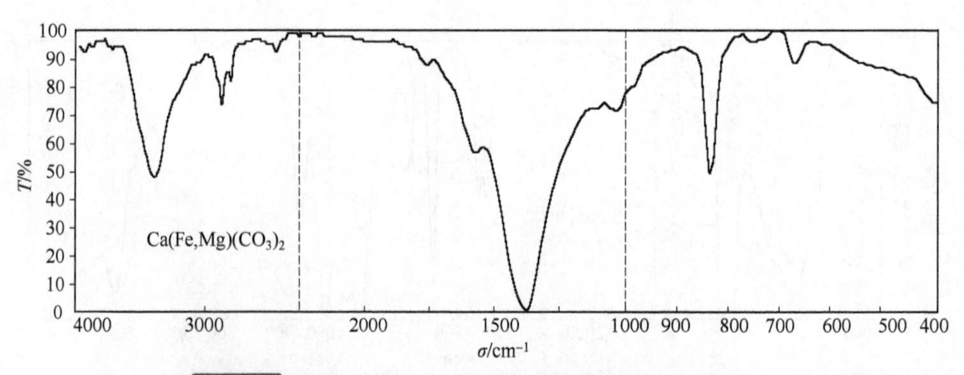

图 9-13 铁白云石 （ankerite，质量分数 0.079%）

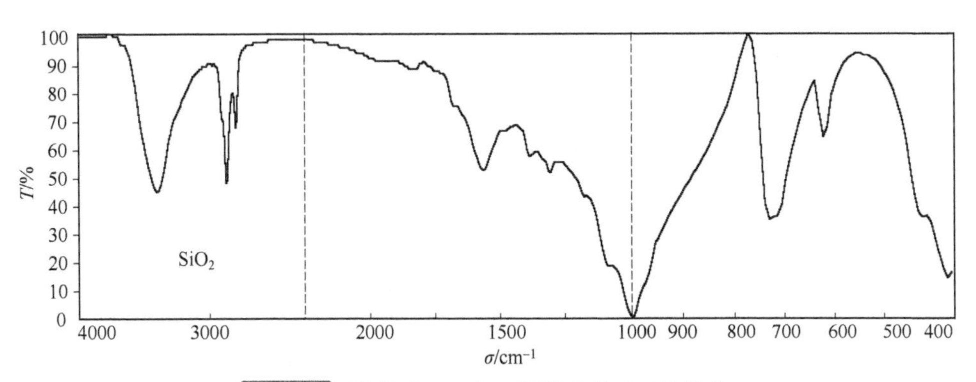

图 9-14　石英（quartz，质量分数 0.163%）

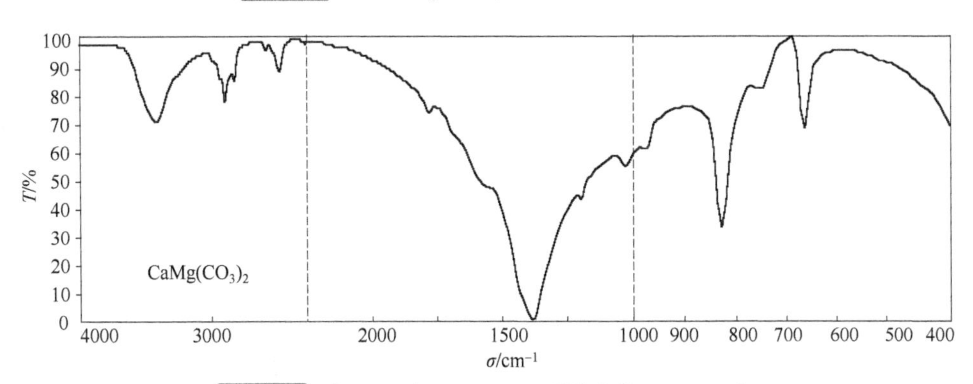

图 9-15　白云石（dolomite，质量分数 0.269%）

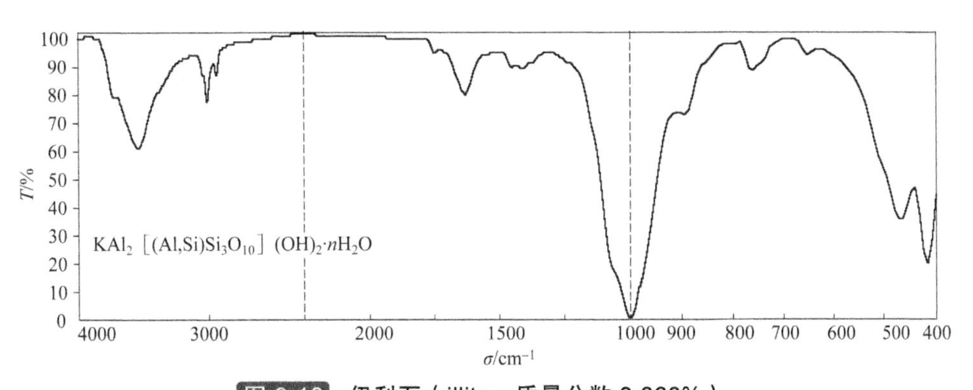

图 9-16　伊利石（illite，质量分数 0.063%）

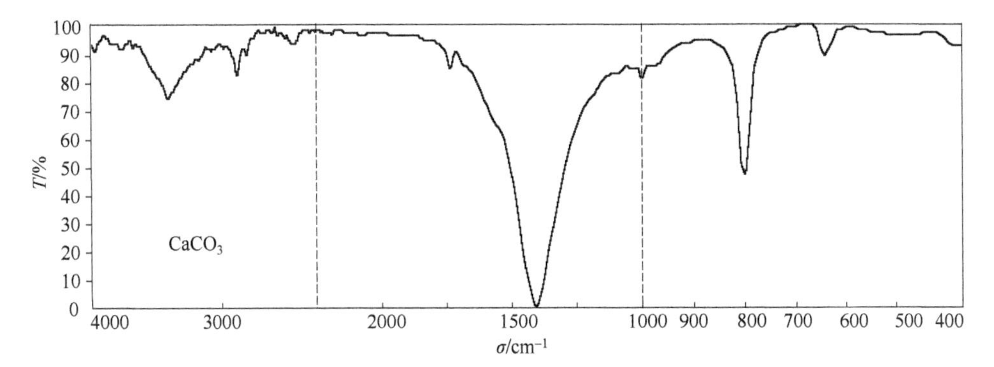

图 9-17　文石（aragonite，质量分数 0.088%）

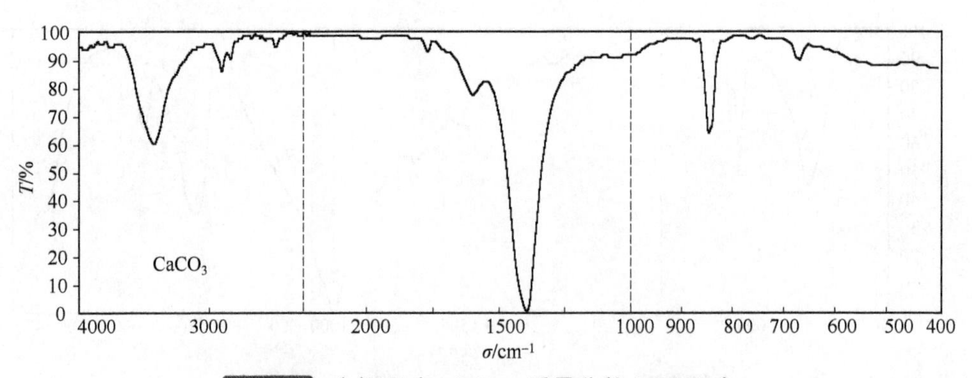

图 9-18 方解石（calcite，质量分数 0.053%）

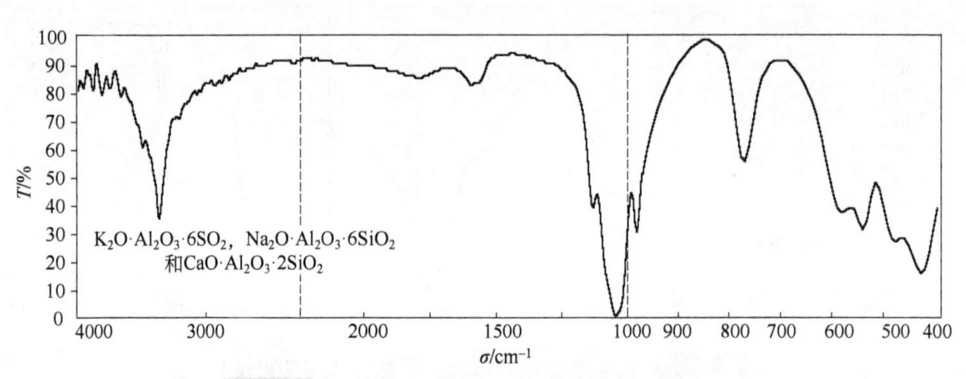

图 9-19 长石（feldspar，质量分数 0.129%）

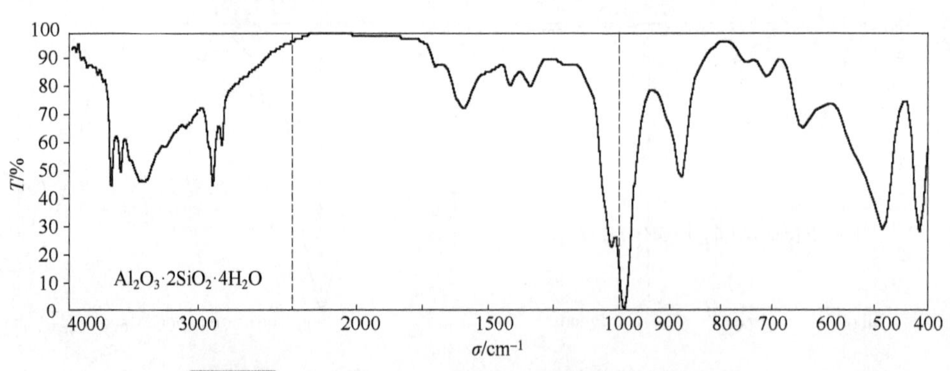

图 9-20 埃洛石 （halloysite，质量分数 0.045%）

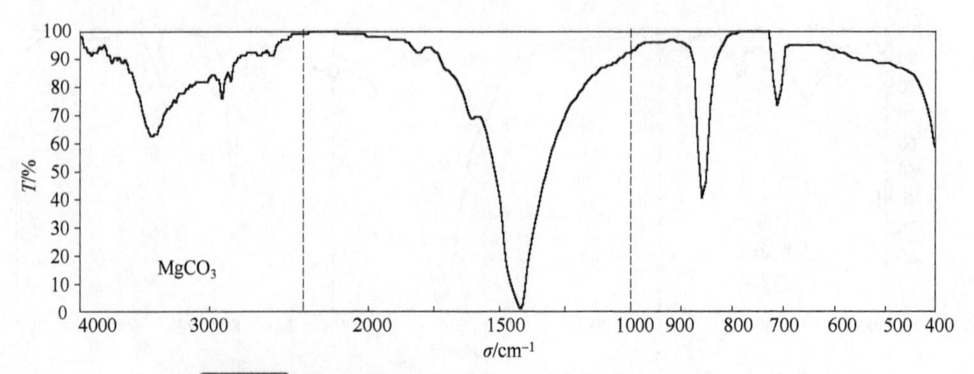

图 9-21 菱镁矿（magnesite，质量分数 0.199%）

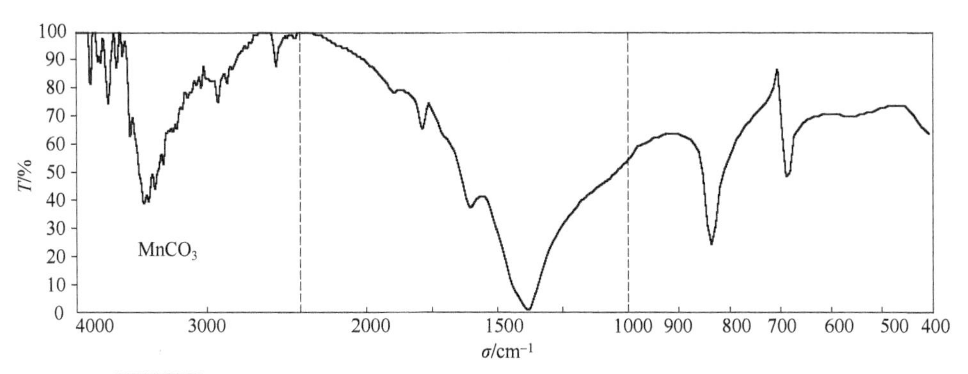

图 9-22 玫瑰红石（碳酸锰）(rhodochlosite，质量分数 0.219%)

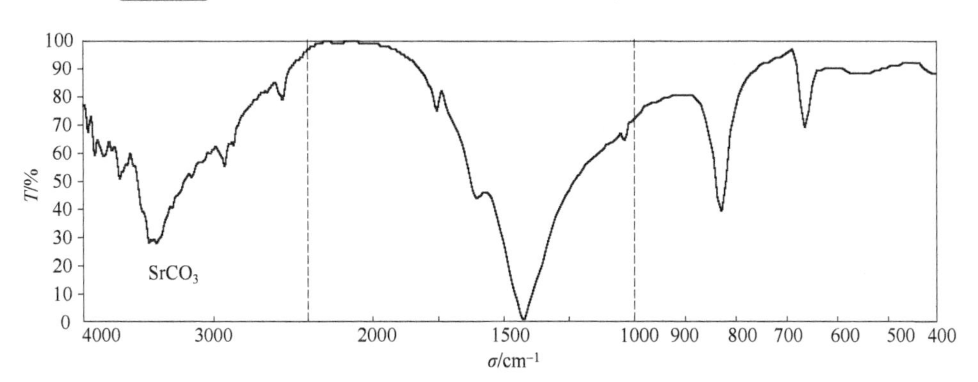

图 9-23 菱锶矿（strontianite，质量分数 0.224%）

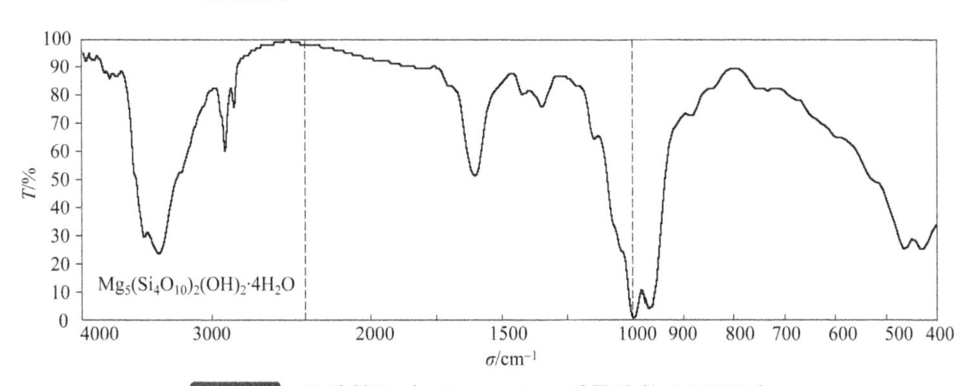

图 9-24 绿坡缕石（attapulgite，质量分数 0.074%）

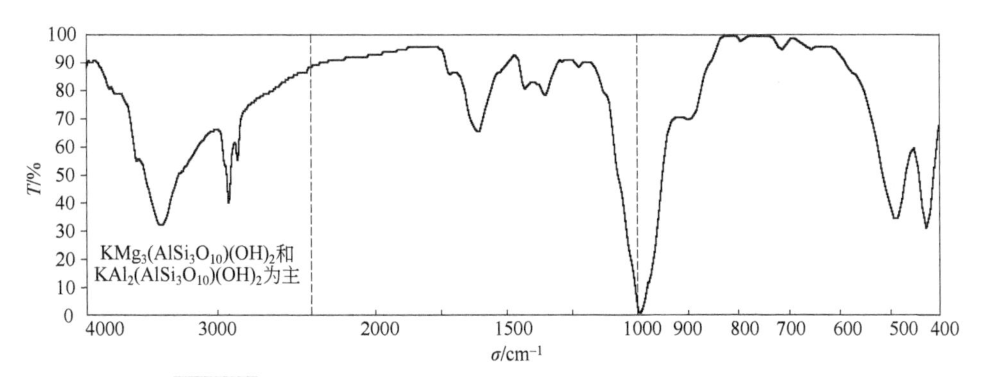

图 9-25 云母（黑云母）[mica(biotite)，质量分数 0.081%]

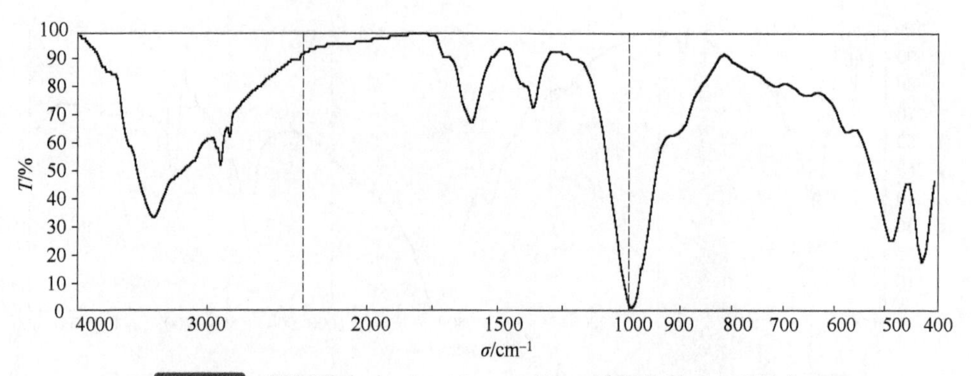

图 9-26 混层黏土（mixed layer clay，质量分数 0.075%）

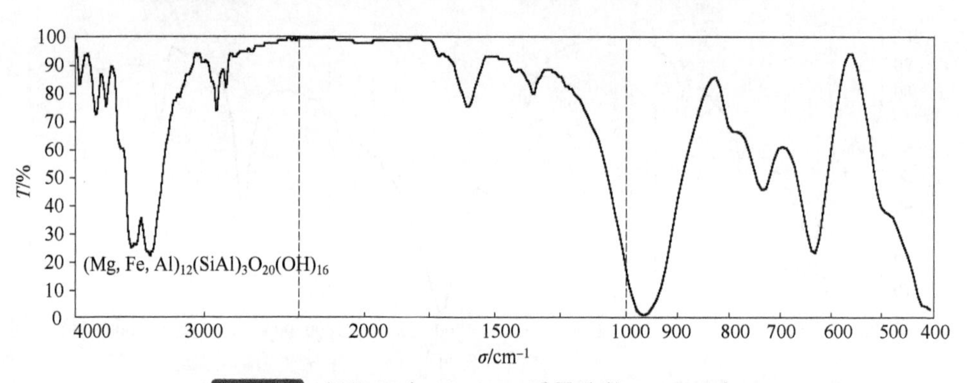

图 9-27 绿泥石（chlorite，质量分数 0.219%）

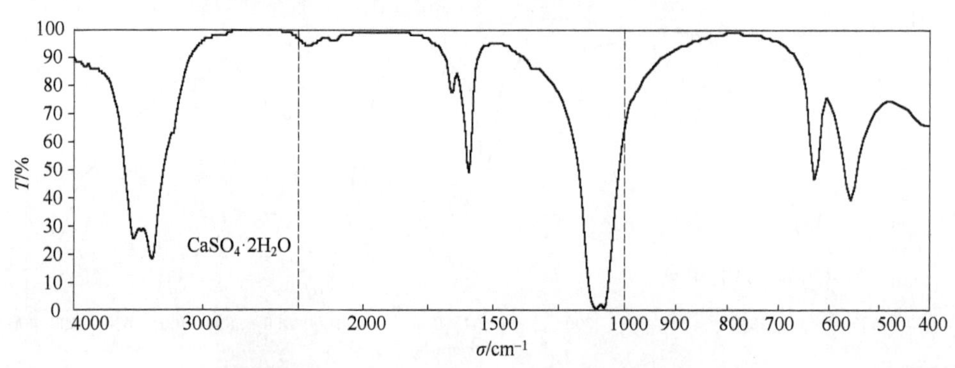

图 9-28 石膏（gypsum，质量分数 0.333%）

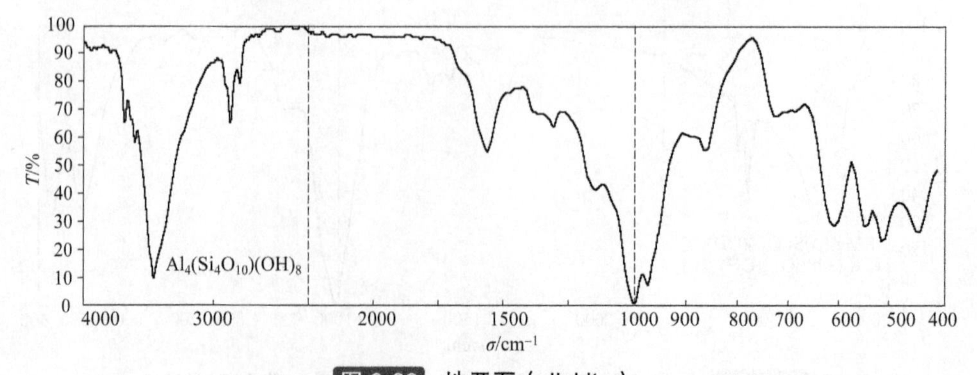

图 9-29 地开石（dickite）

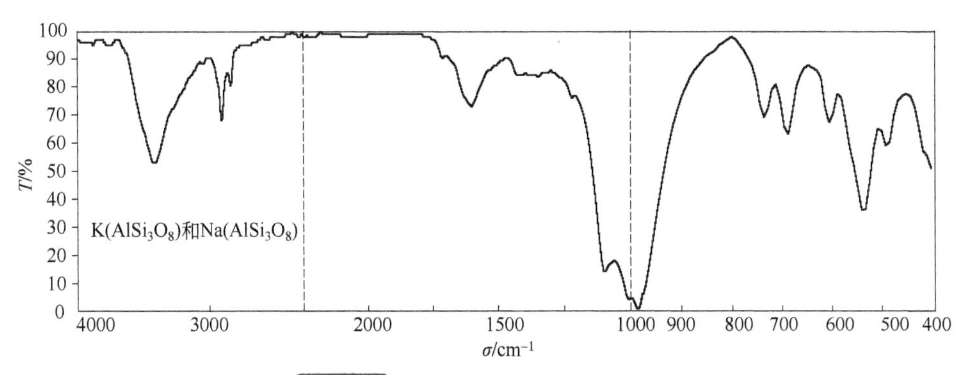

图 9-30　微斜长石（microcline）

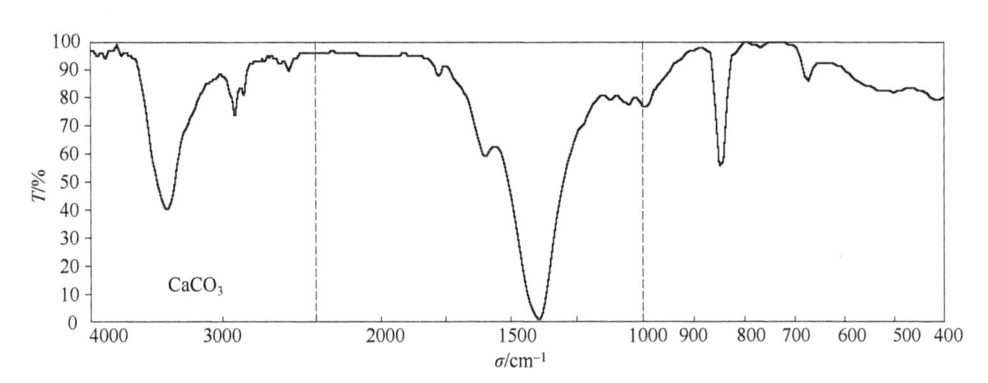

图 9-31　石灰华（travertine，质量分数 0.064%）

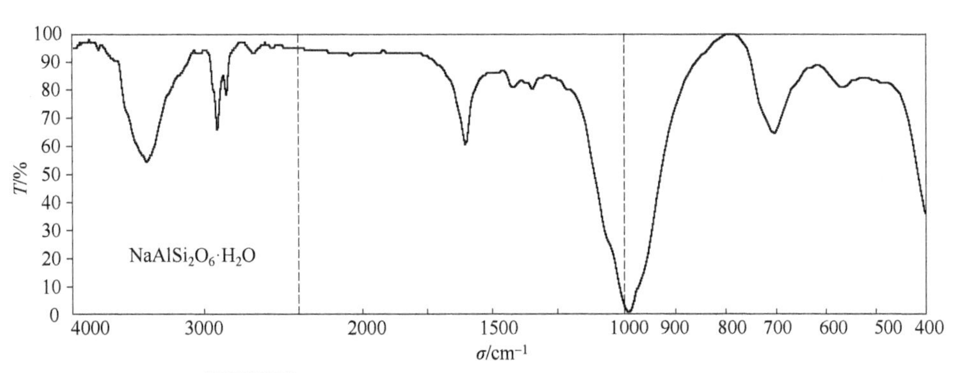

图 9-32　方沸石（analcime，质量分数 0.086%）

二、典型有机化合物的红外光谱图

本节按化合物分类共分 24 类，其内容和谱图号见表 9-56。

表 9-56　部分有机化合物红外光谱图索引

内　容	谱 图 号	内　容	谱 图 号
1. 烷烃类化合物	9-33～9-39	6. 醇类化合物	9-76～9-87
2. 烯烃类化合物	9-40～9-49	7. 醚类化合物	9-88～9-91
3. 炔烃类化合物	9-50～9-55	8. 酚类化合物	9-92～9-100
4. 卤代烃化合物	9-56～9-61	9. 醛类化合物	9-101～9-111
5. 芳烃类化合物	9-62～9-75	10. 酮类化合物	9-112～9-123

续表

内 容	谱 图 号	内 容	谱 图 号
11. 酯类化合物	9-124～9-144	18. 硫醚类化合物	9-201～9-208
12. 羧酸、羧酸盐	9-145～9-151	19. 亚砜、砜等含硫化合物	9-209～9-219
13. 酸酐类化合物	9-152～9-159	20. 含磷化合物	9-220～9-226
14. 胺类化合物	9-160～9-168	21. 含硅化合物	9-227～9-234
15. 酰胺类化合物	9-169～9-174	22. 含硼化合物	9-235～9-237
16. 含氮化合物	9-175～9-192	23. 有机金属化合物	9-238～9-249
17. 硫醇（酚）类化合物	9-193～9-200	24. 染料、指示剂	9-250～9-264

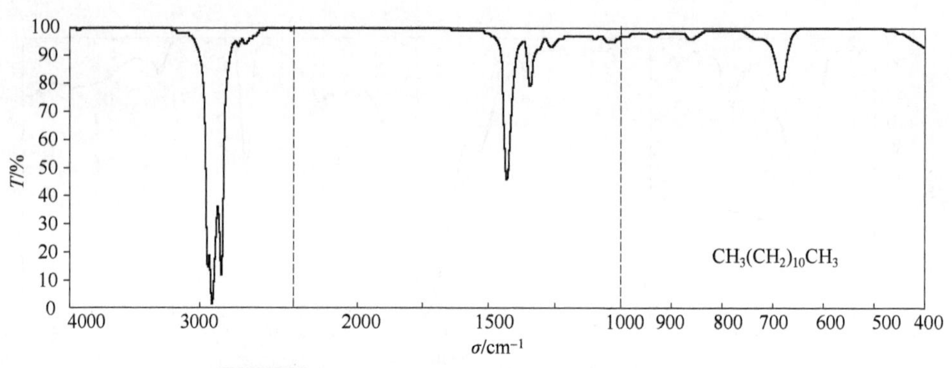

图 9-33 正十二烷（dodecane，99%，液膜）

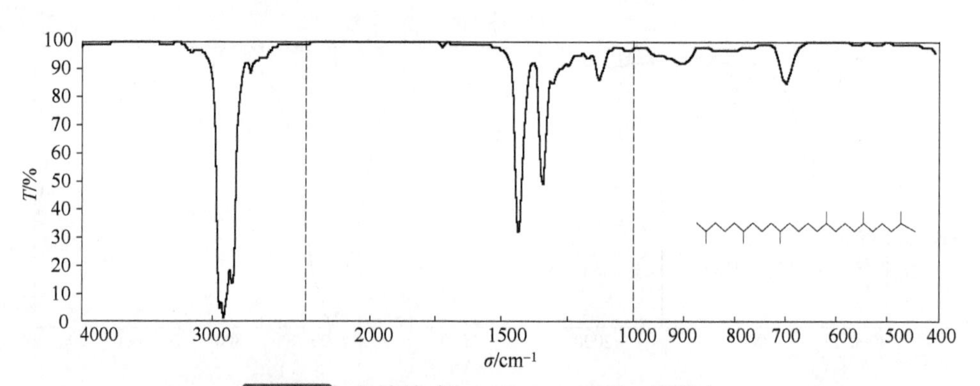

图 9-34 角鲨烷（squalane，99%，液膜）

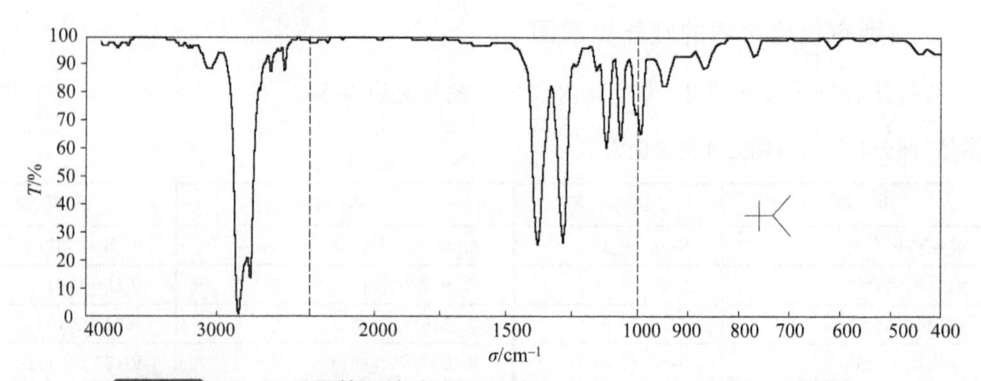

图 9-35 2,2,3-三甲基丁烷（2,2,3-trimethylbutane，>99%，液膜）

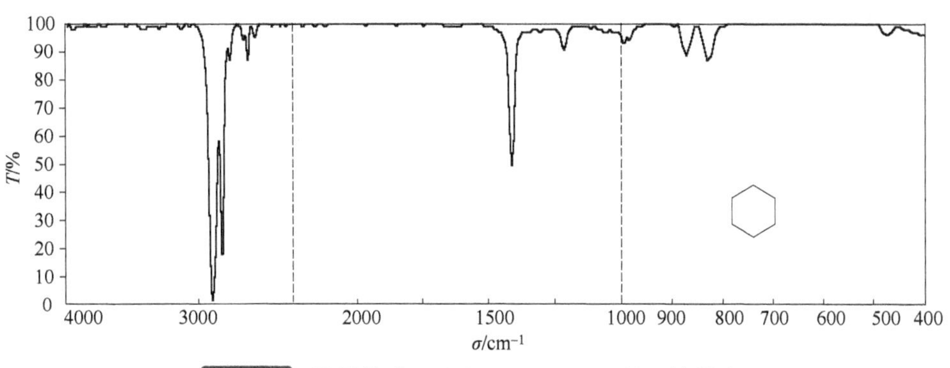

图 9-36　环己烷（cyclohexane，>99%，液膜）

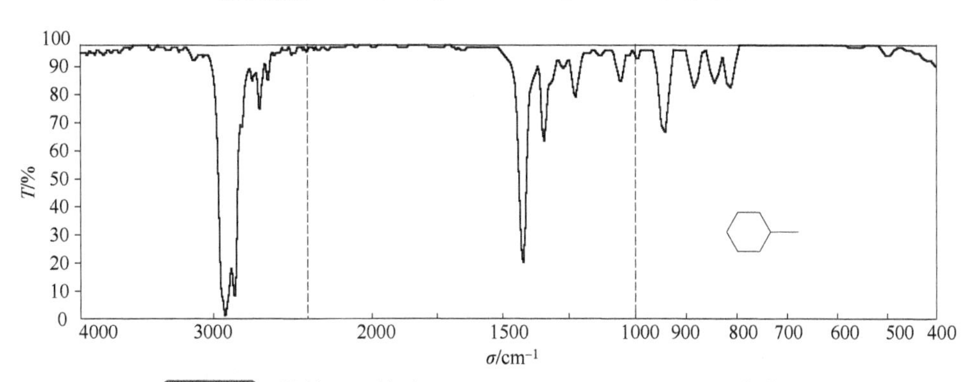

图 9-37　甲基环己烷（methylcyclohexane，99%，液膜）

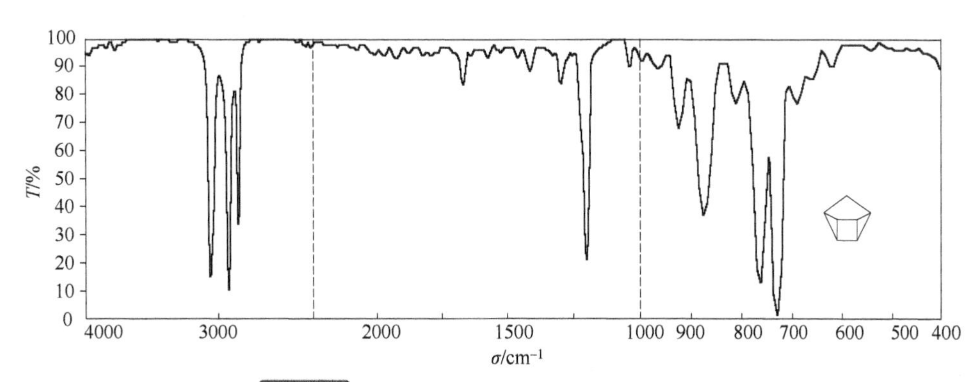

图 9-38　四环烷（quadricyclane，液膜）

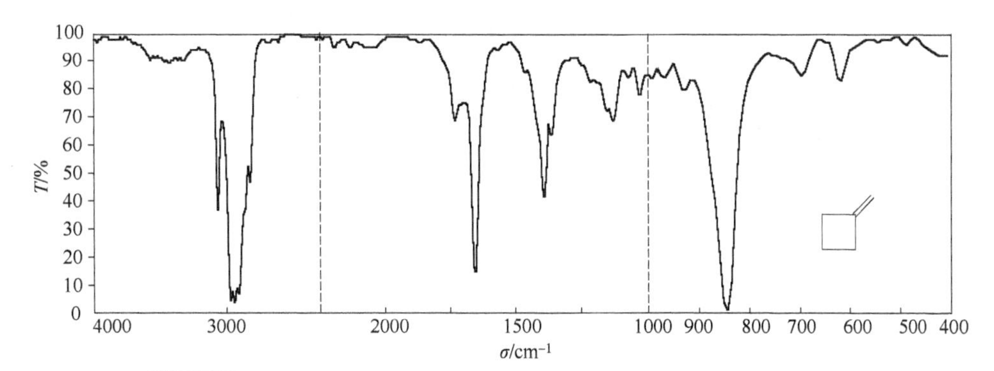

图 9-39　亚甲基环丁烷（methylenecyclobutane，96%，液膜）

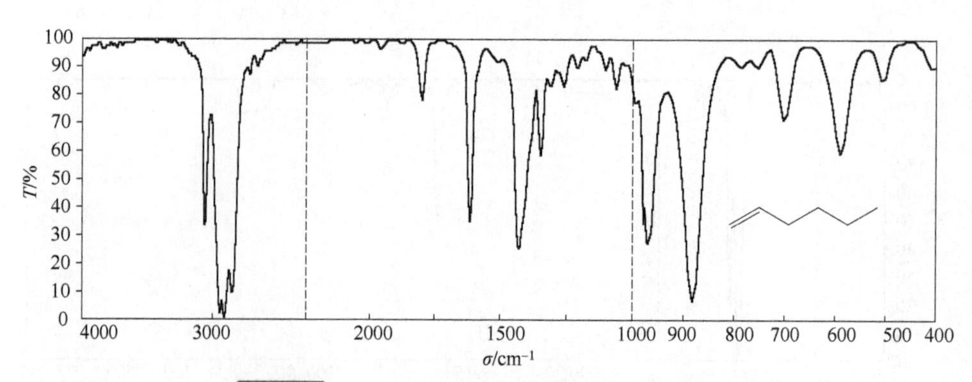

图 9-40 1-己烯 （1-hexene，99%，液膜）

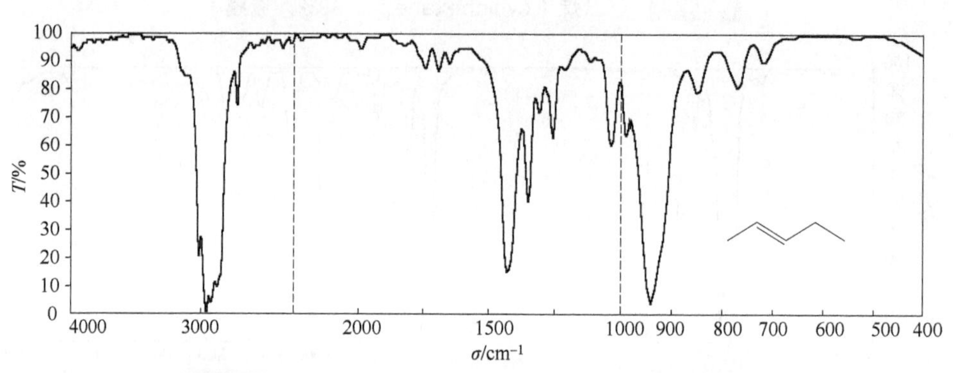

图 9-41 反-2-戊烯（*trans*-2-pentene，99%，液膜）

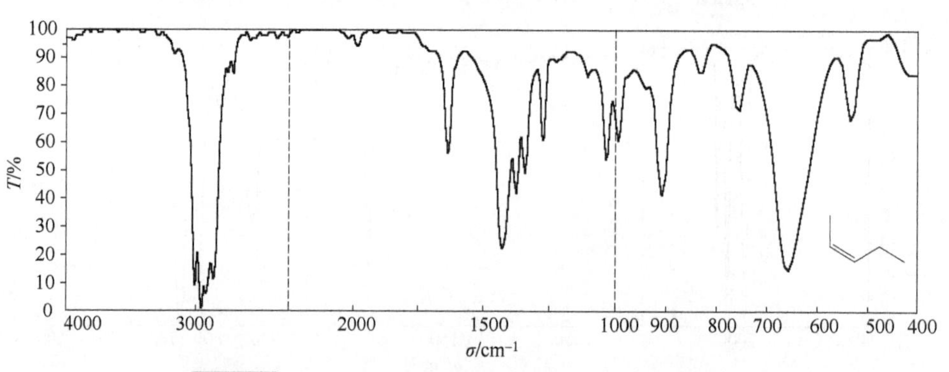

图 9-42 顺-2-戊烯（*cis*-2-pentene，99%，液膜）

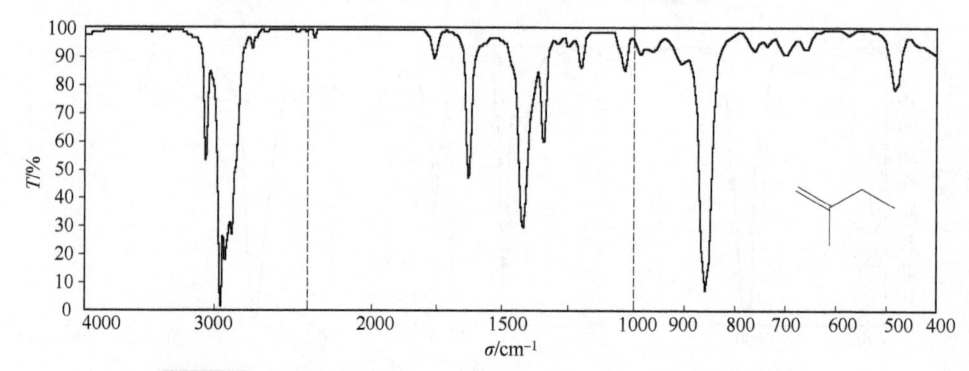

图 9-43 2-甲基-1-丁烯（2-methyl-1-butene，99%，液膜）

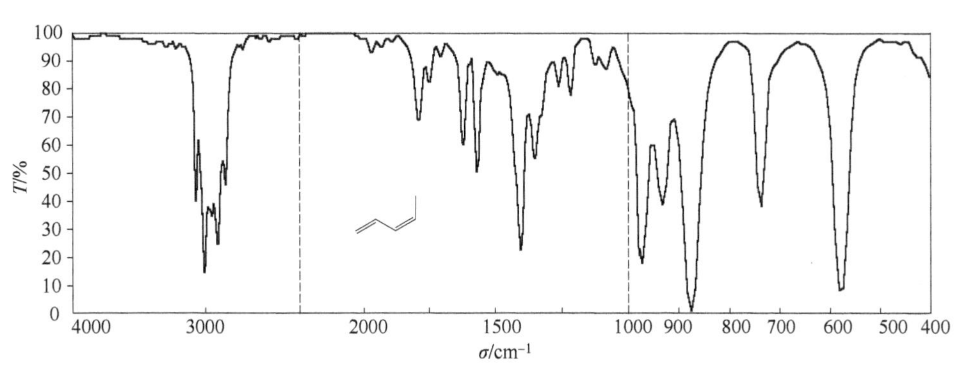

图 9-44　顺-戊间二烯（*cis*-piperylene，98%，液膜）

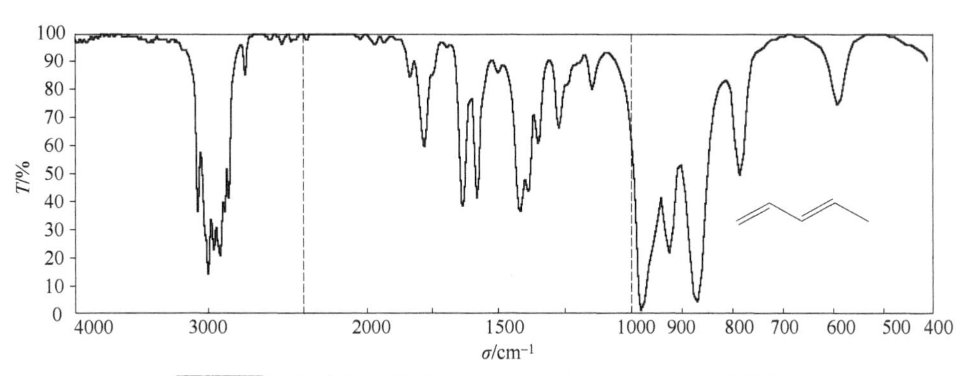

图 9-45　反-戊间二烯（*trans*-piperylene，98%，液膜）

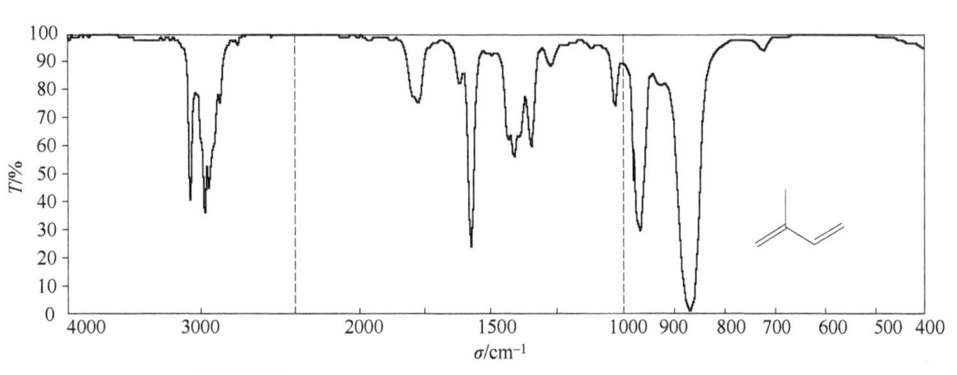

图 9-46　异戊间二烯（isoprene，>99%，液膜）

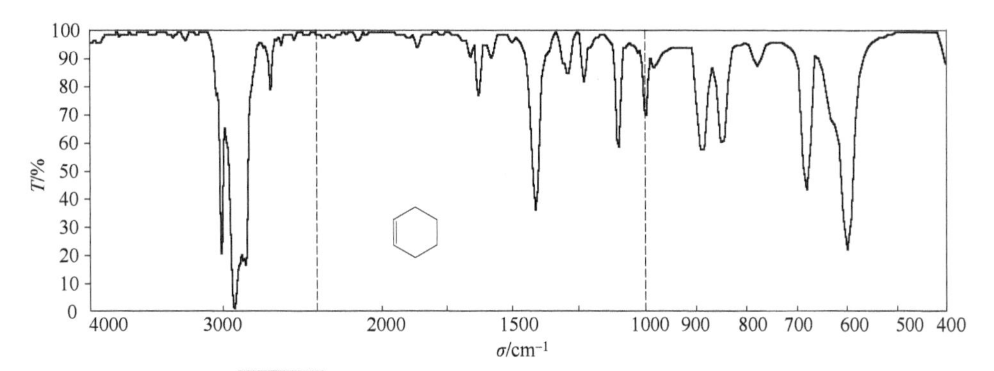

图 9-47　环己烯（cyclohexene，99%，液膜）

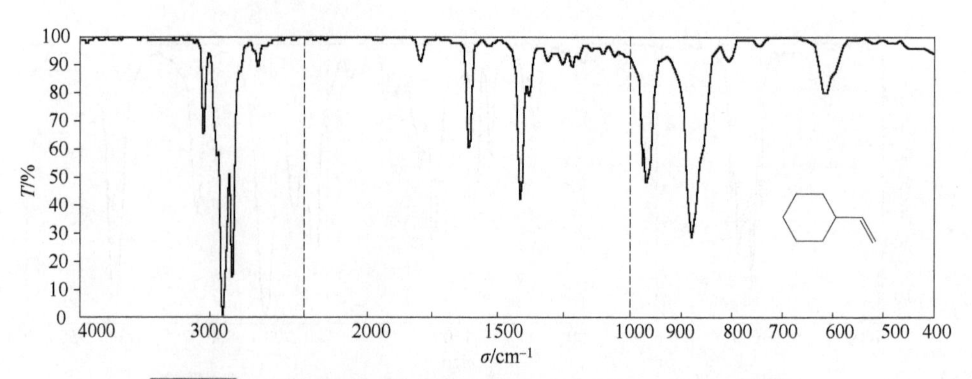

图 9-48 乙烯基环己烷（vinylcyclohexane，>99%，液膜）

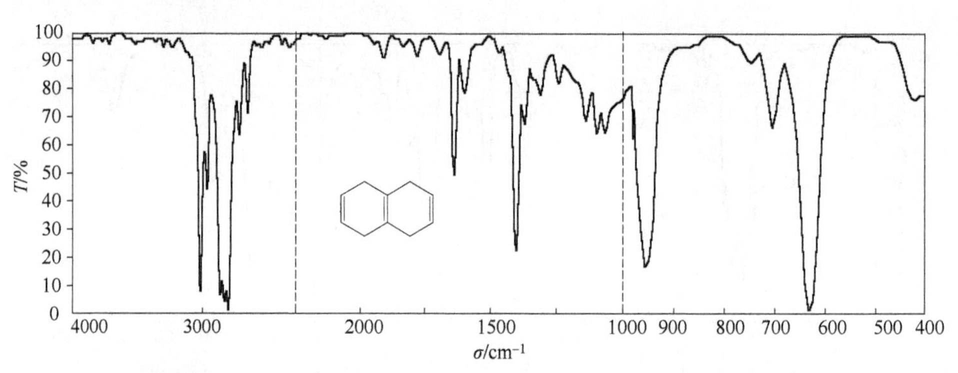

图 9-49 1,4,5,8-四氢化萘（isotetralin，>98%，溴化钾压片）

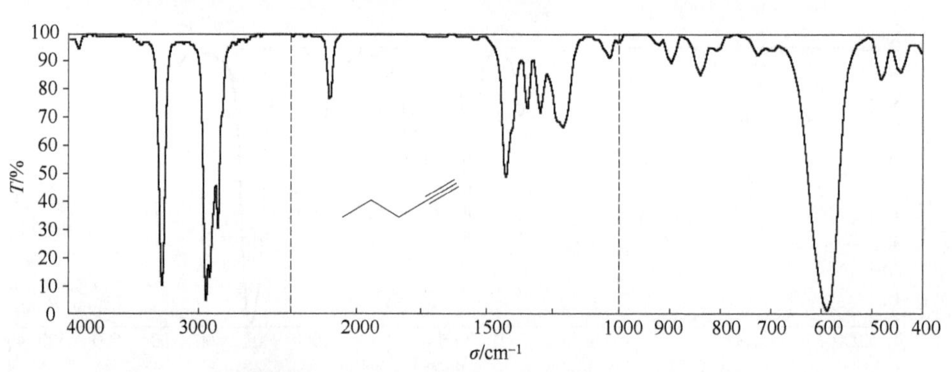

图 9-50 1-戊炔（1-pentyne，>99%，液膜）

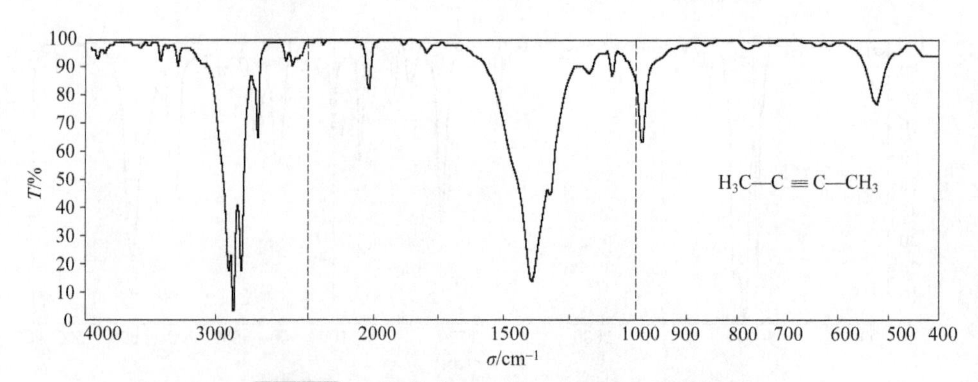

图 9-51 2-丁炔（2-butyne，99%，液膜）

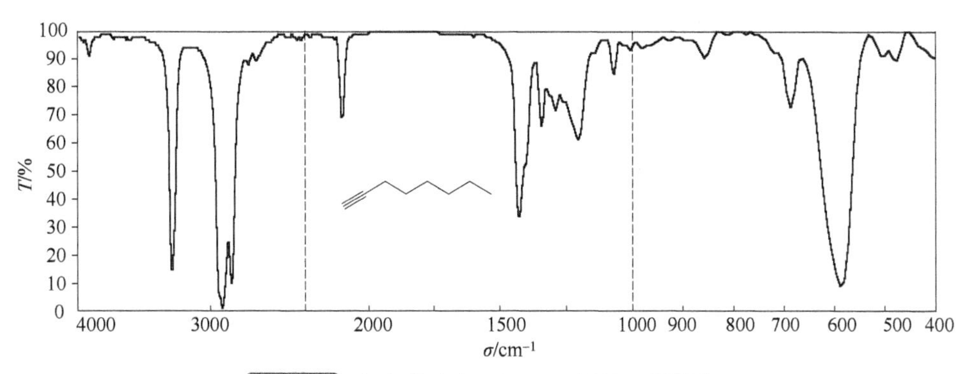

图 9-52　1-辛炔（1-octyne，99%，液膜）

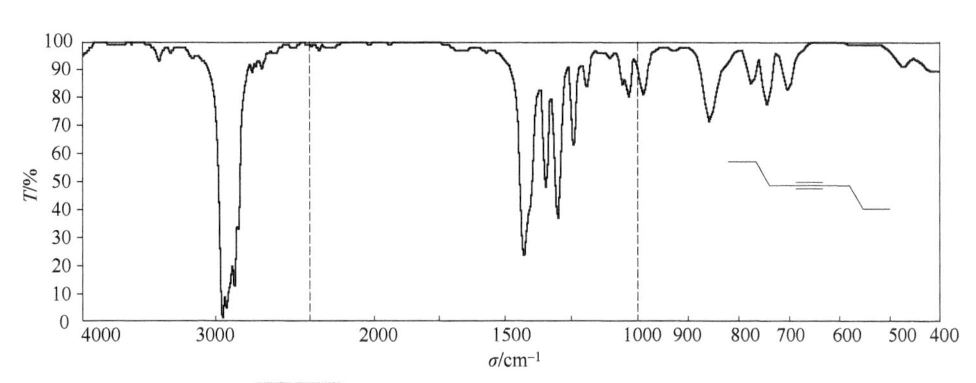

图 9-53　4-辛炔（4-octyne，99%，液膜）

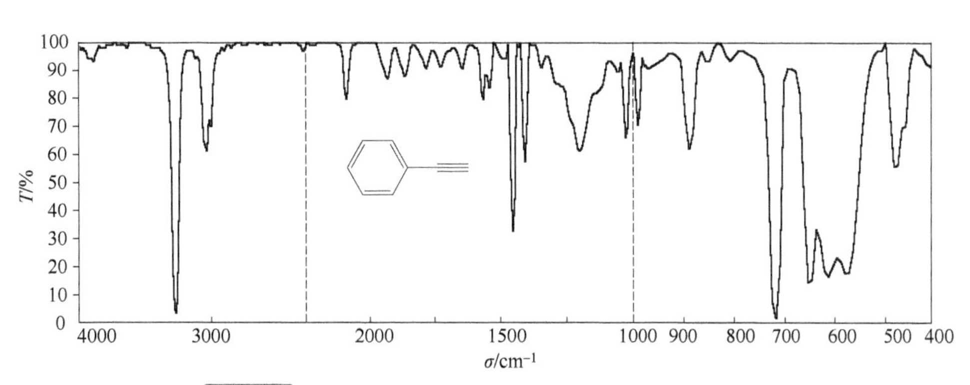

图 9-54　苯乙炔（phenylacetylene，98%，液膜）

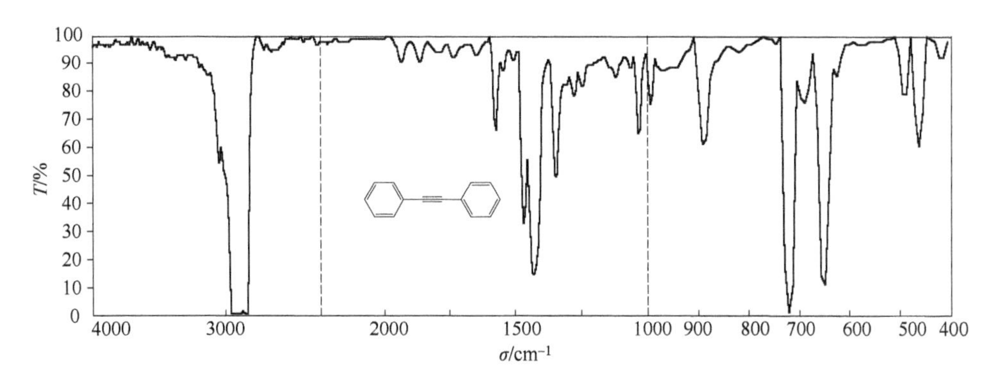

图 9-55　二苯乙炔（diphenylacetylene，99%，石蜡糊）

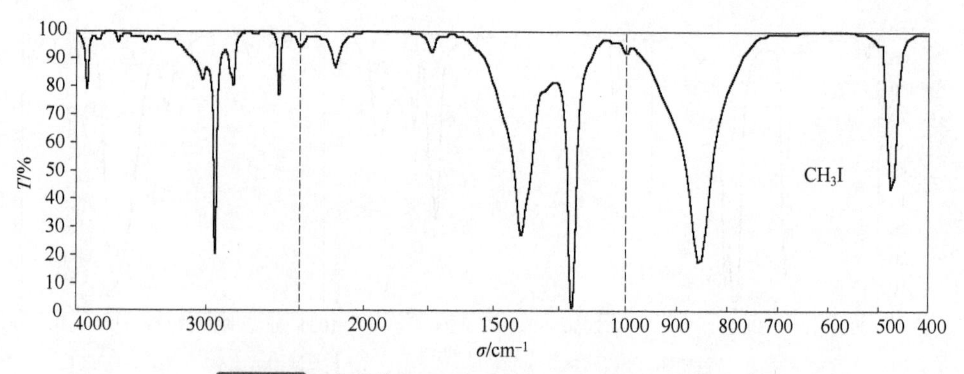

图 9-56 碘甲烷（iodomethane，99%，液膜）

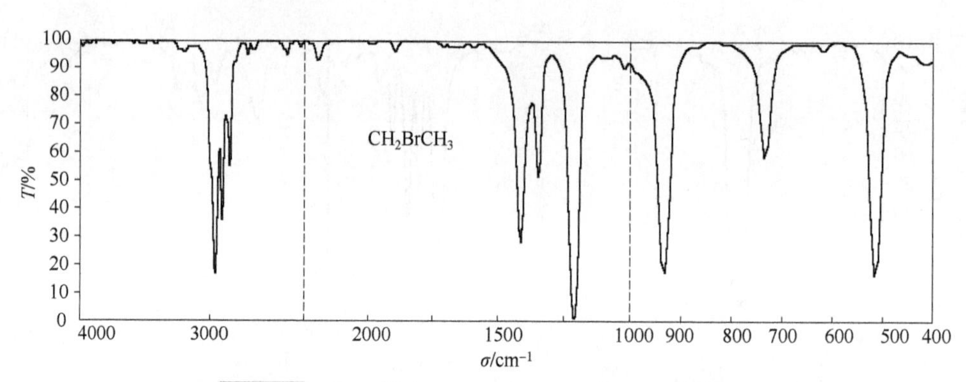

图 9-57 溴乙烷（bromoethane，98%，液膜）

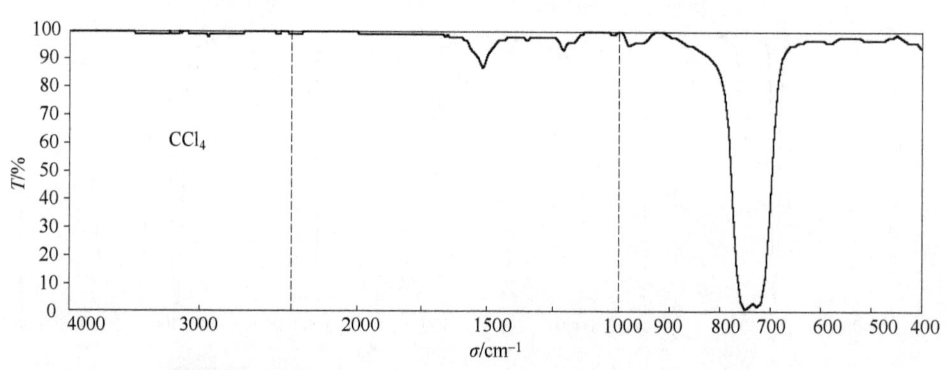

图 9-58 四氯化碳（carbon tetrachloride，99%，液膜）

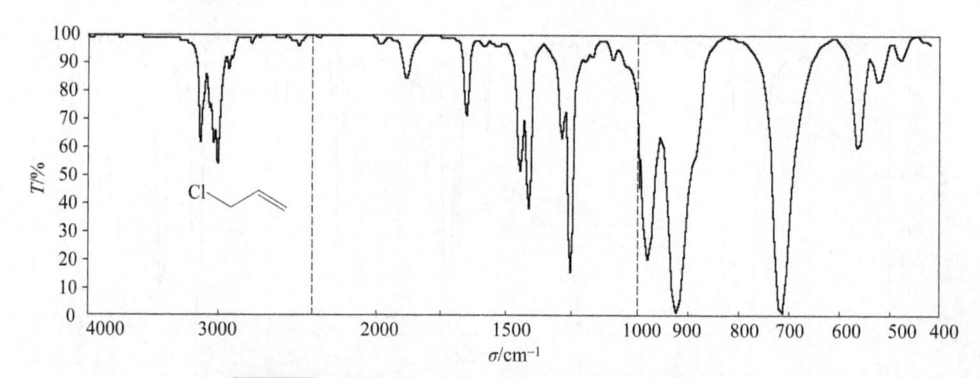

图 9-59 氯丙烯（allyl chloride，99%，液膜）

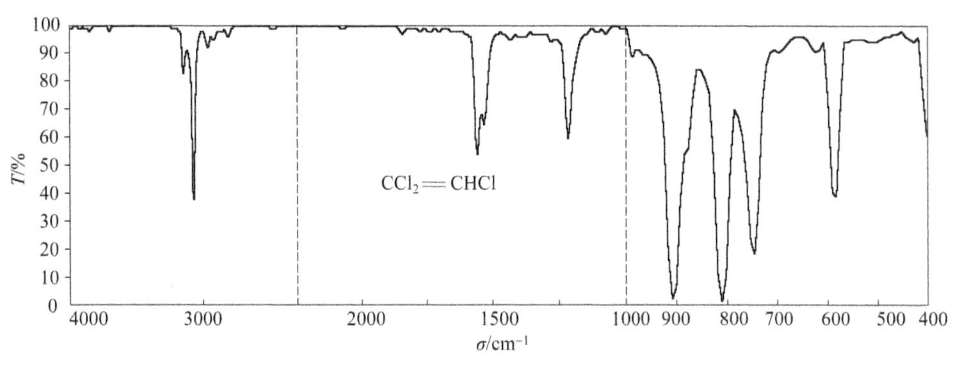

图 9-60　三氯乙烯（trichloroethylene，98%，液膜）

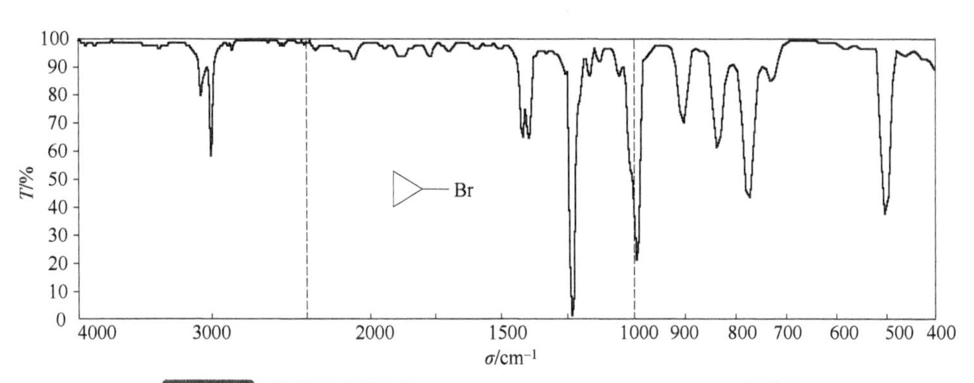

图 9-61　溴代环丙烷（cyclopropyl bromide，99%，液膜）

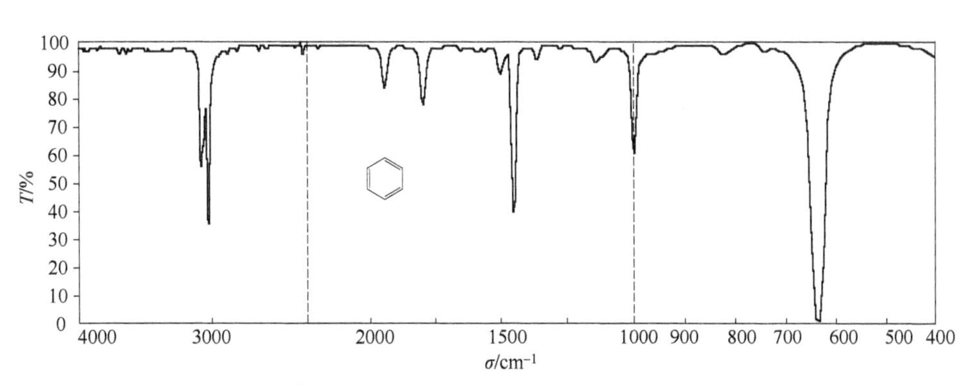

图 9-62　苯（benzene，>99%，液膜）

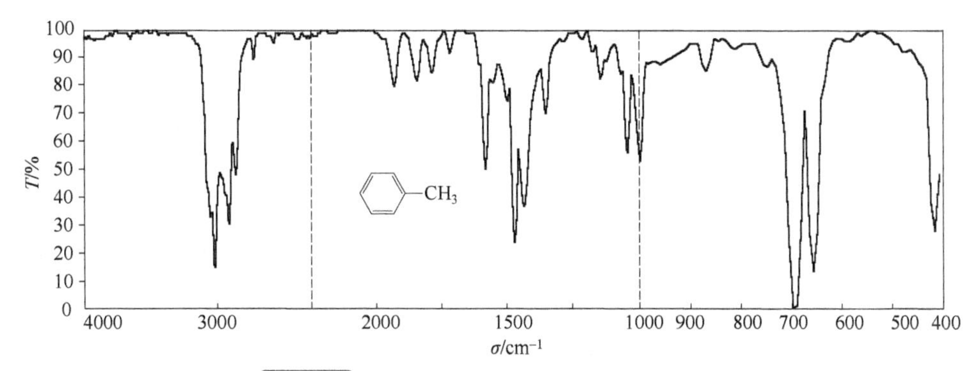

图 9-63　甲苯（toluene，>99%，液膜）

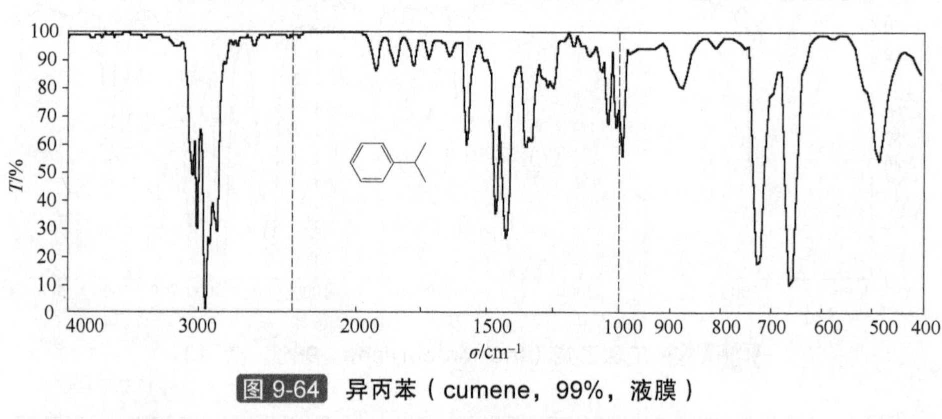

图 9-64 异丙苯（cumene，99%，液膜）

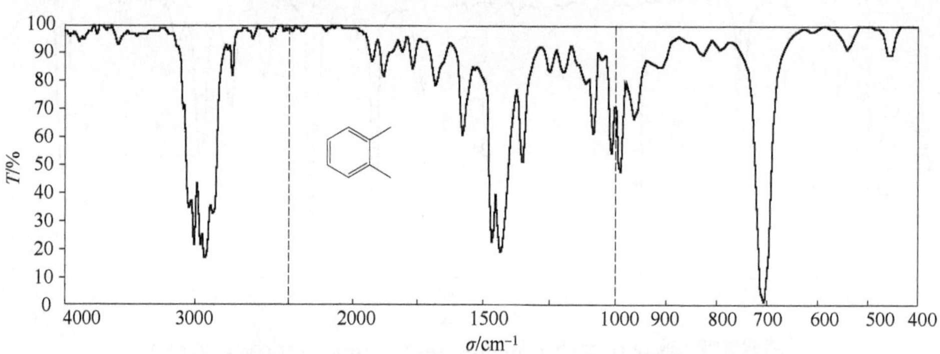

图 9-65 邻二甲苯（*o*-xylene，97%，液膜）

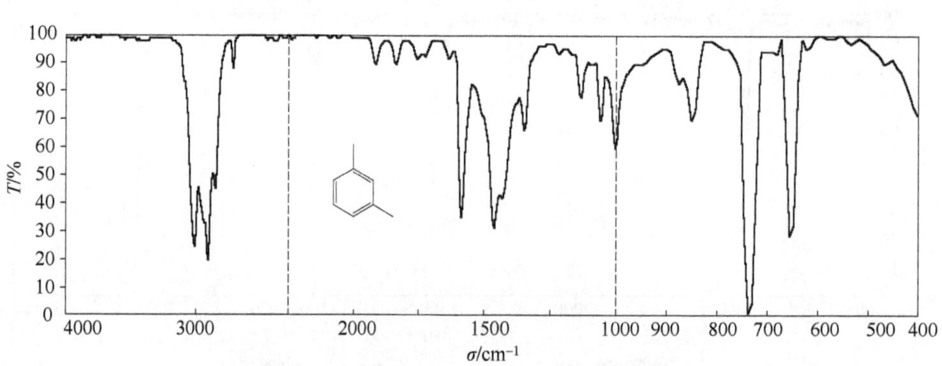

图 9-66 间二甲苯（*m*-xylene，99%，液膜）

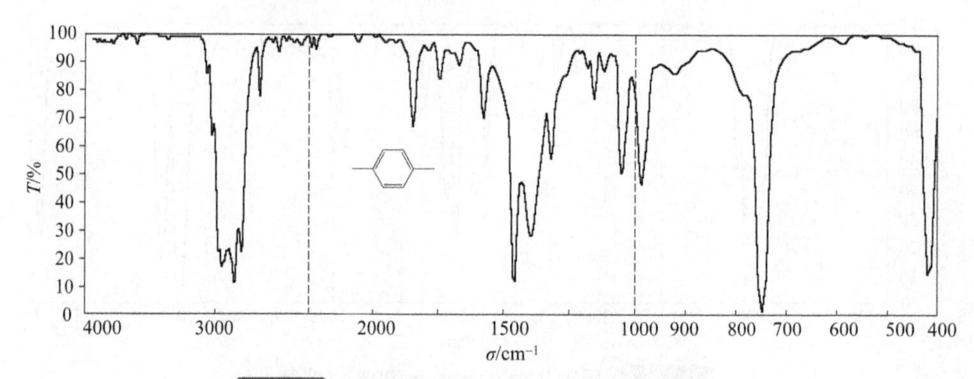

图 9-67 对二甲苯（*p*-xylene，99%，液膜）

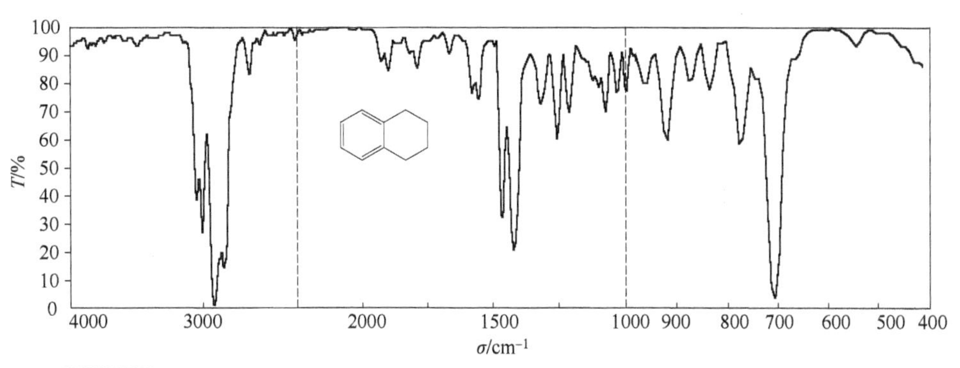

图 9-68　1,2,3,4-四氢化萘（1,2,3,4-tetrahydronaphthalene，99%，液膜）

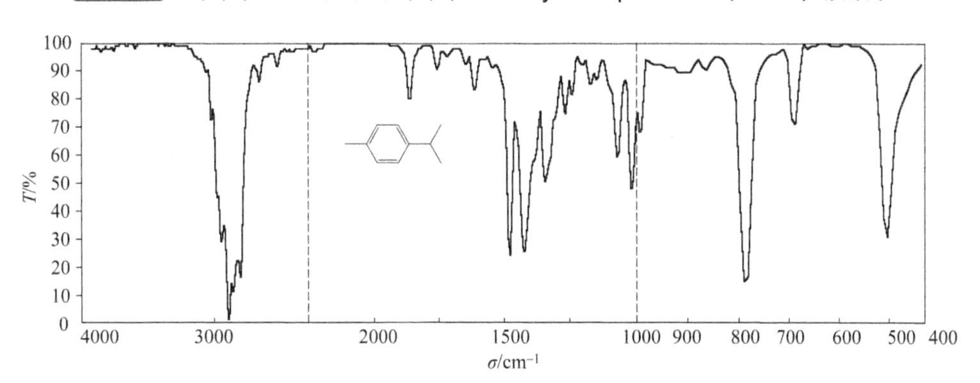

图 9-69　对甲基异丙苯（*p*-cymene，98%，液膜）

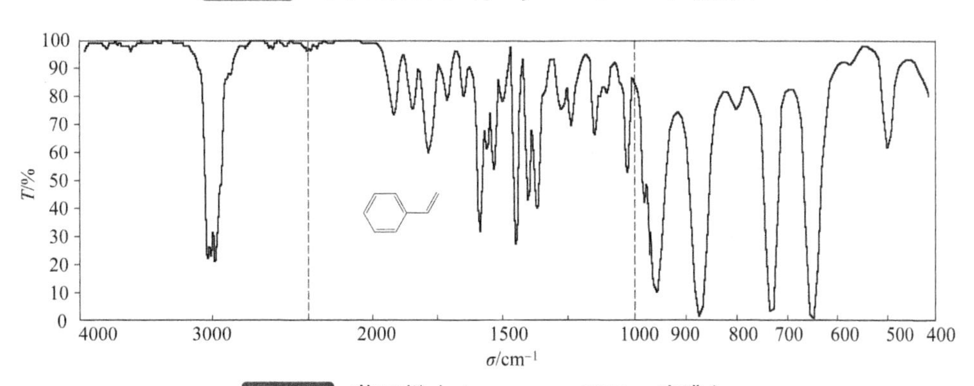

图 9-70　苯乙烯（styrene，>99%，液膜）

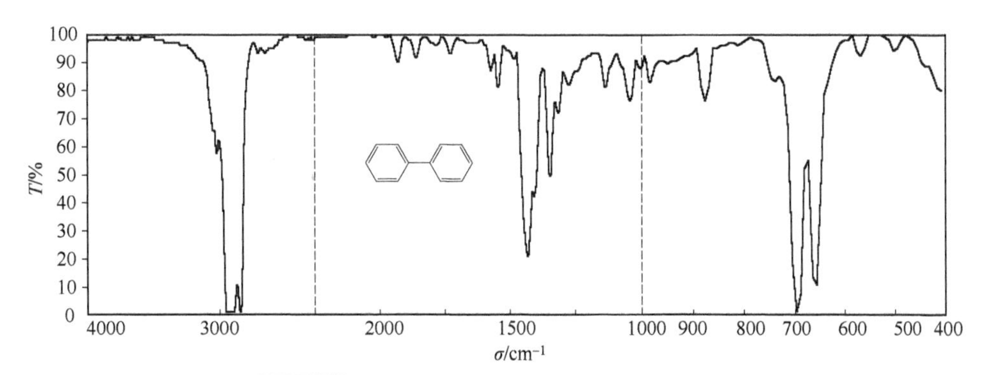

图 9-71　联苯（biphenyl，99%，石蜡糊）

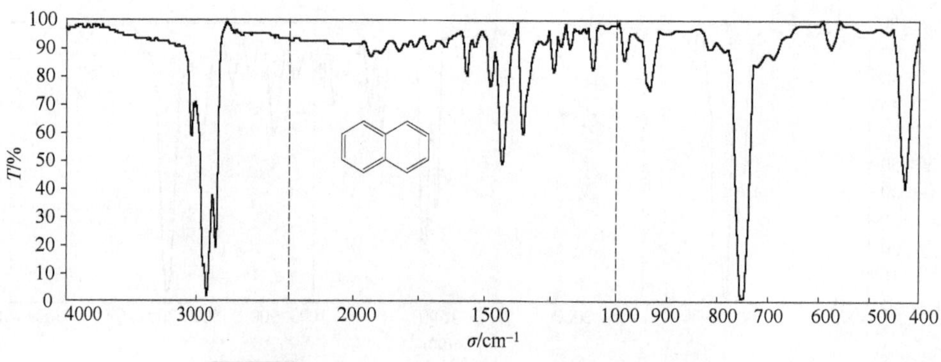

图 9-72 萘（naphthalene，＞99%，石蜡糊）

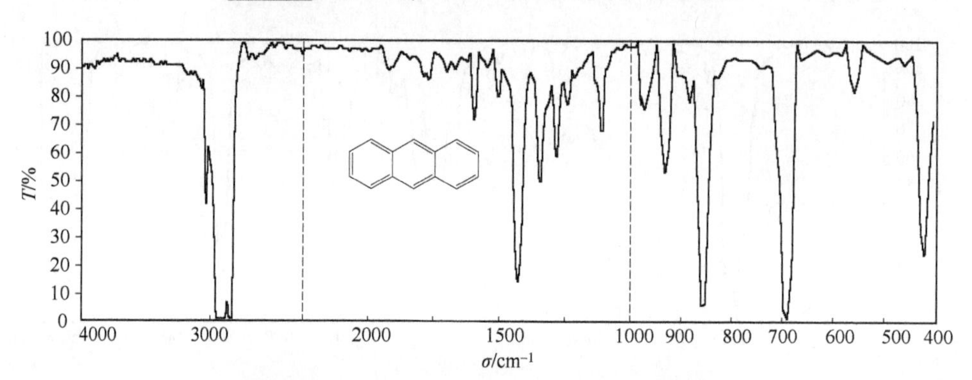

图 9-73 蒽（anthracene，99.9%，石蜡糊）

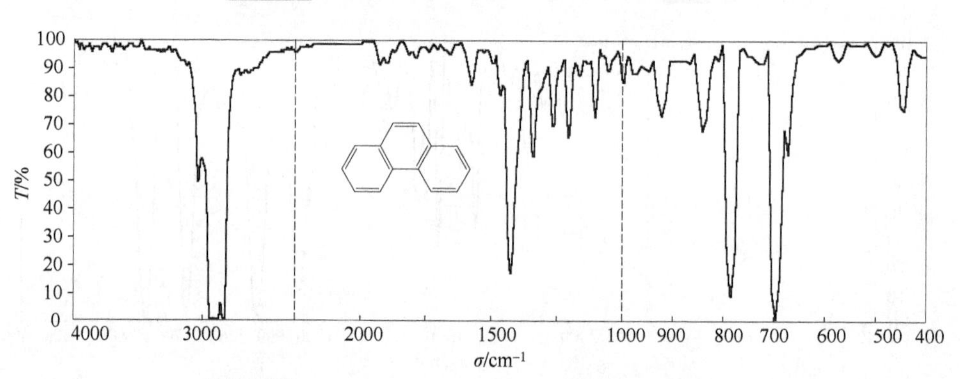

图 9-74 菲（phenanthrene，＞98%，石蜡糊）

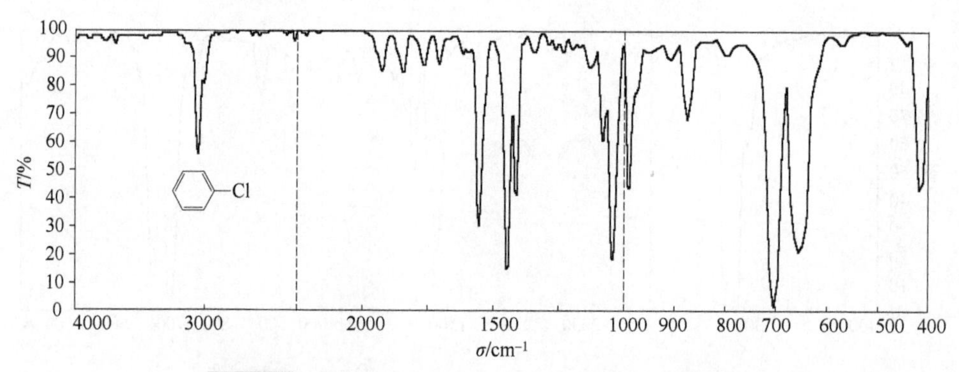

图 9-75 氯苯（chlorobenzene，＞99%，液膜）

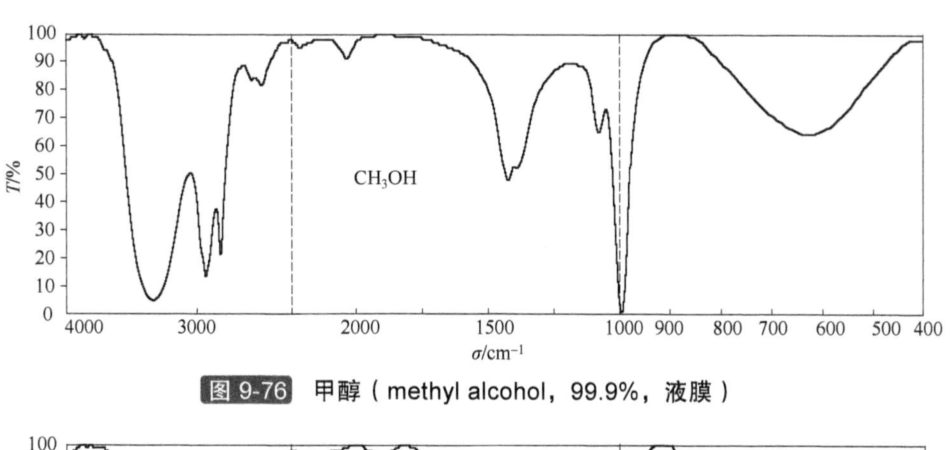

图 9-76　甲醇（methyl alcohol，99.9%，液膜）

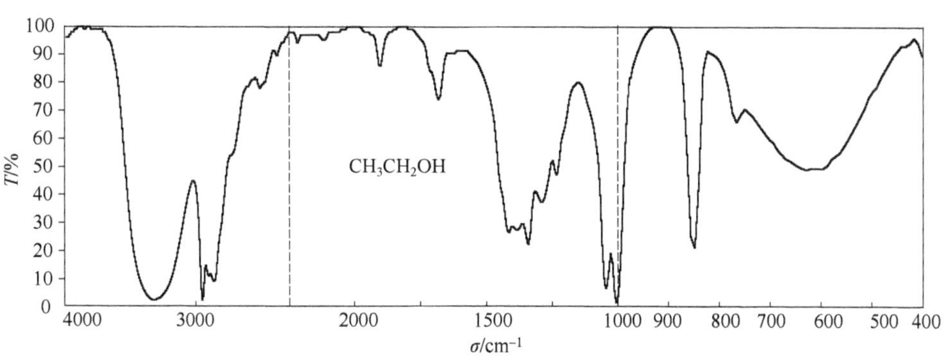

图 9-77　乙醇（ethyl alcohol，液膜）

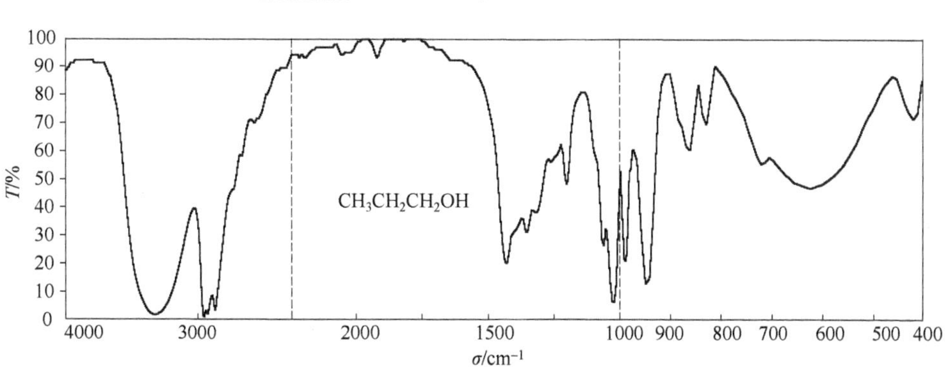

图 9-78　1-丙醇（1-propanol，>99%，液膜）

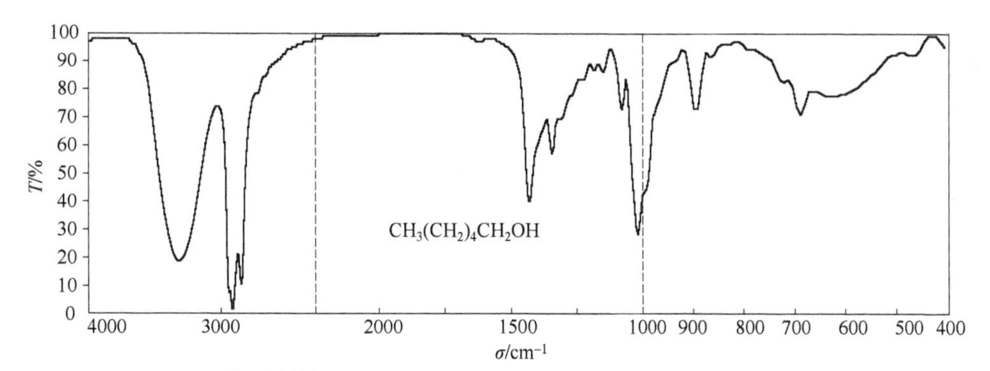

图 9-79　正己醇（hexyl alcohol，98%，液膜）

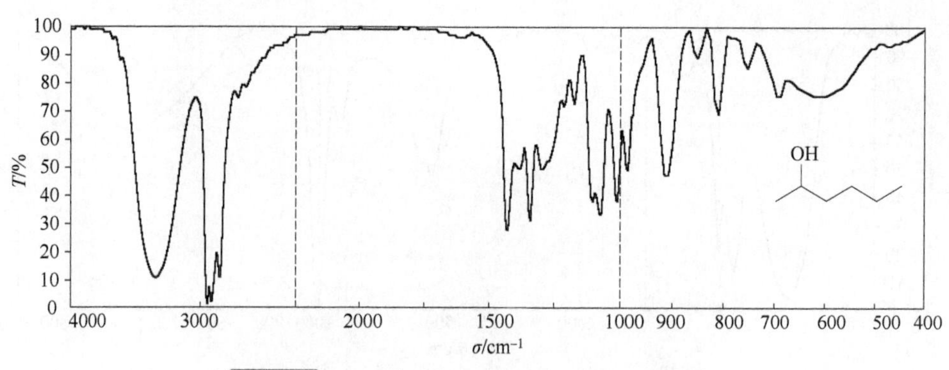

图 9-80 2-己醇（2-hexanol，99%，液膜）

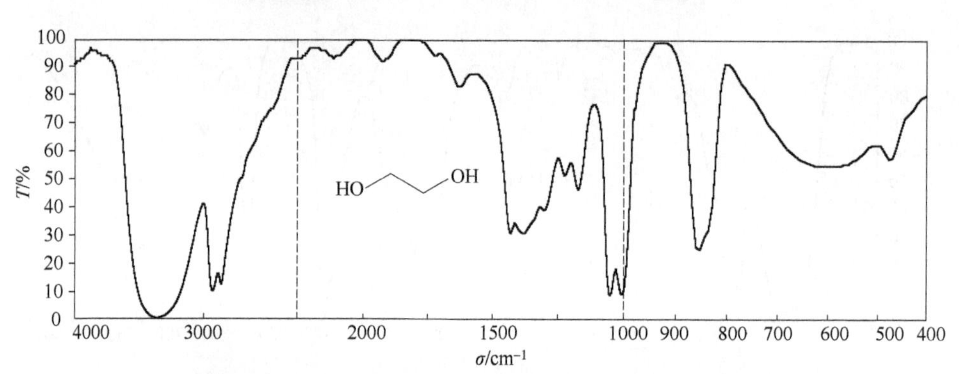

图 9-81 乙二醇（1,2-ethanediol，>99%，液膜）

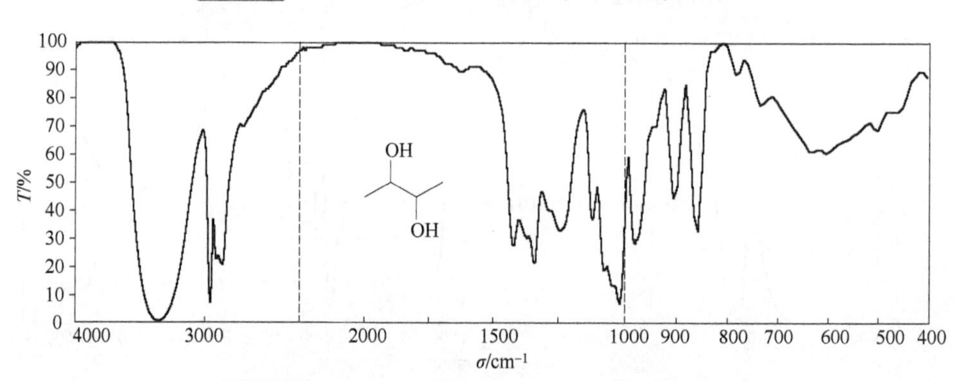

图 9-82 2,3-丁二醇（2,3-butanediol，液膜）

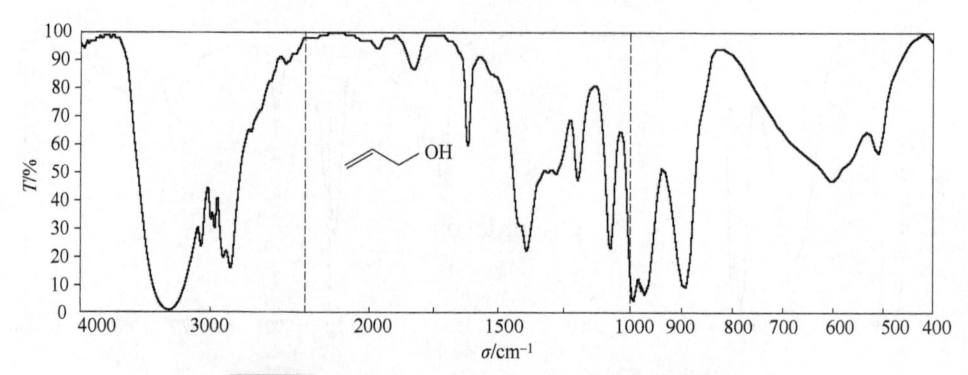

图 9-83 烯丙醇（allyl alcohol，99%，液膜）

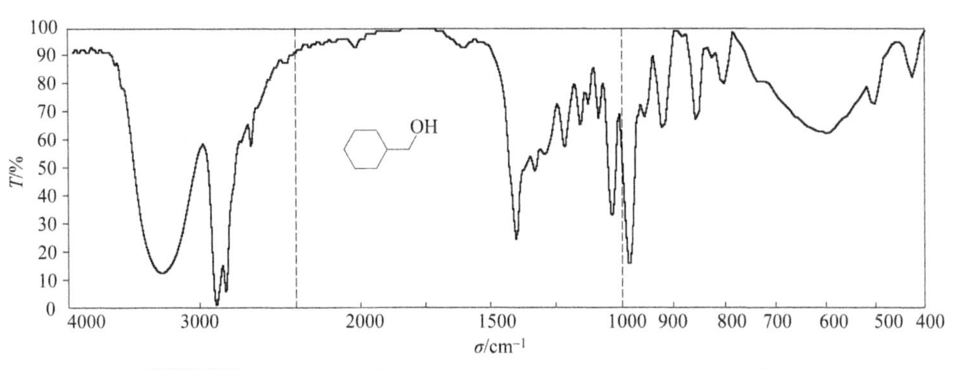

图 9-84 环己基甲醇（cyclohexylmethanol，99%，液膜）

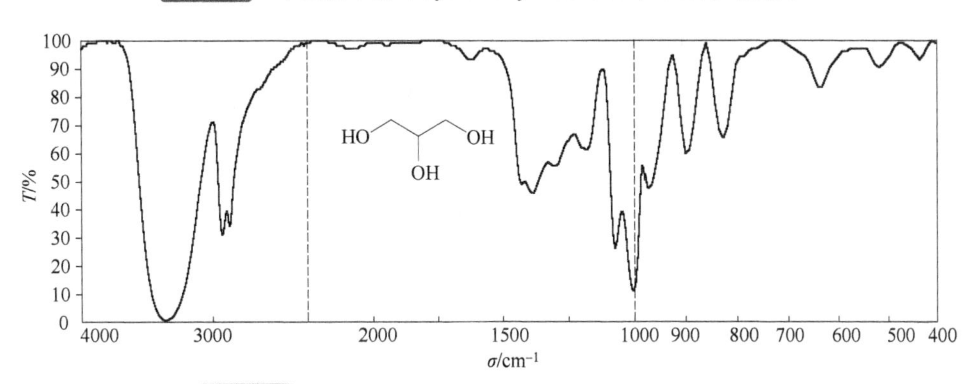

图 9-85 甘油（丙三醇）(glycerol，99.5%，液膜）

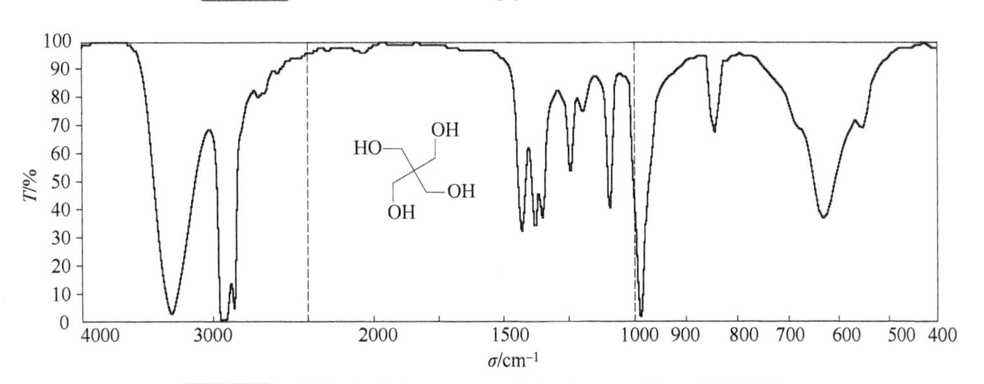

图 9-86 季戊四醇（pentaerythritol，>99%，石蜡糊）

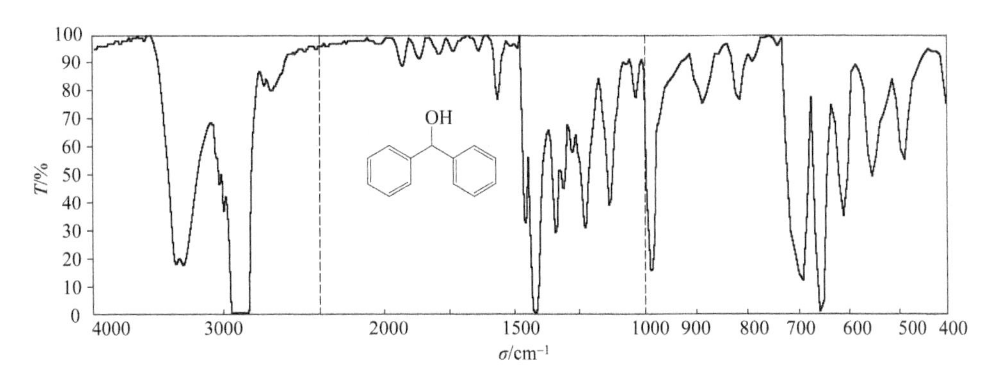

图 9-87 二苯基甲醇（benzhydrol，99%，石蜡糊）

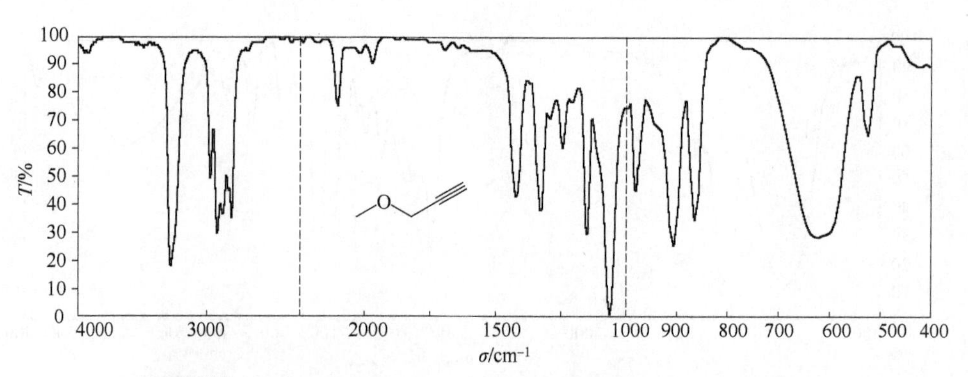

图 9-88 甲基炔丙醚（methyl propargyl ether，98%，液膜）

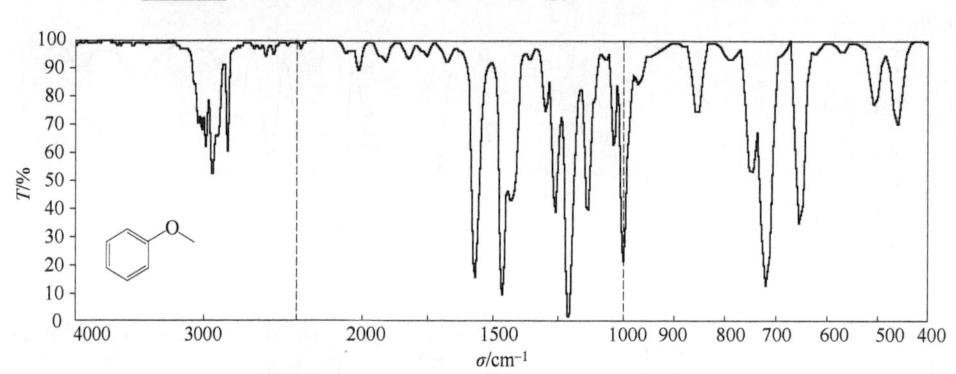

图 9-89 苯甲醚（anisole，99%，液膜）

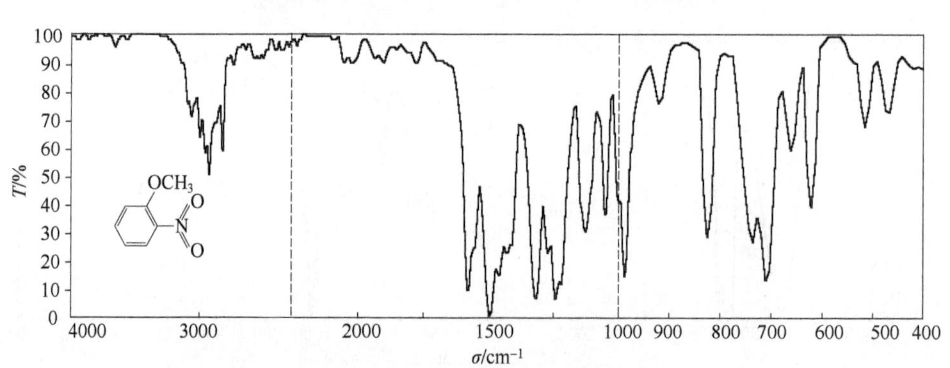

图 9-90 2-硝基苯甲醚 （2-nitroanisole，99%，液膜）

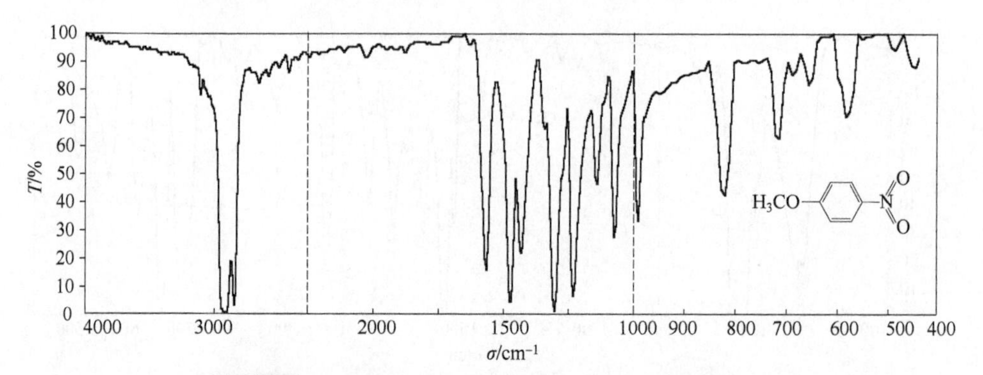

图 9-91 4-硝基苯甲醚（4-nitroanisole，石蜡糊）

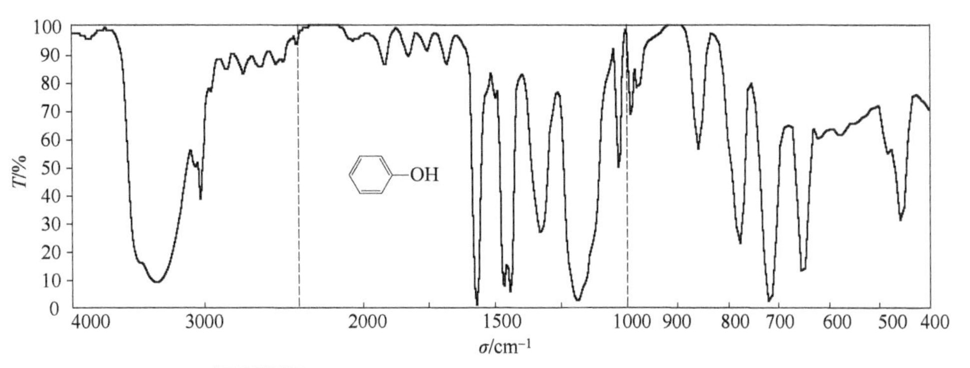

图 9-92　苯酚（phenol，>99%，溴化钾压片）

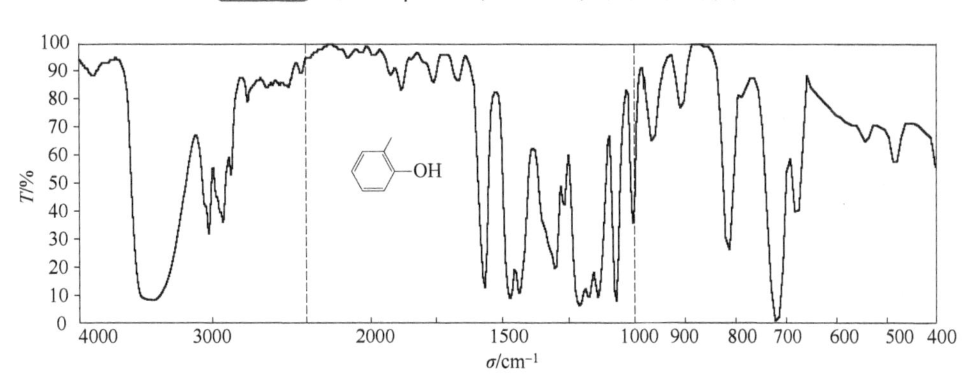

图 9-93　邻甲苯酚（*o*-cresol，>99%，液膜）

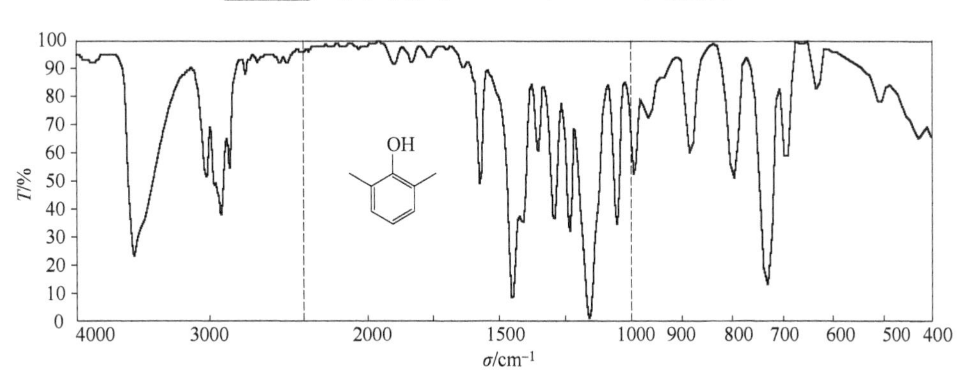

图 9-94　2,6-二甲基苯酚（2,6-dimethylphenol，>99.8%，溴化钾压片）

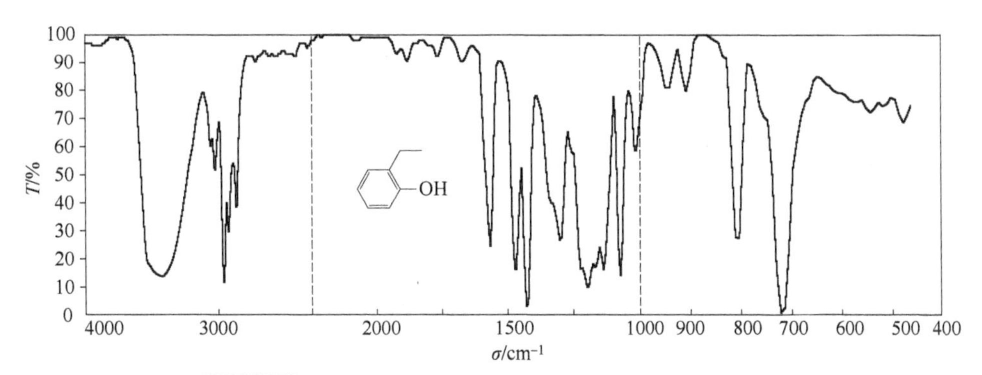

图 9-95　2-乙基苯酚（2-ethylphenol，99%，液膜）

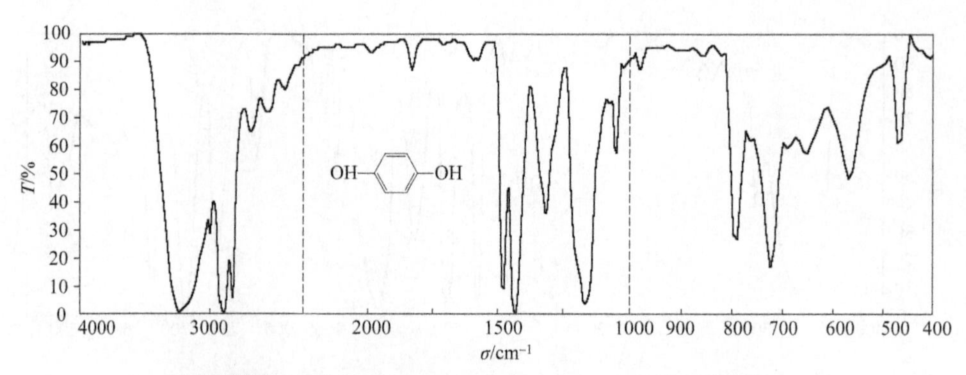

图 9-96 对苯二酚（hydroquinone，>99%，石蜡糊）

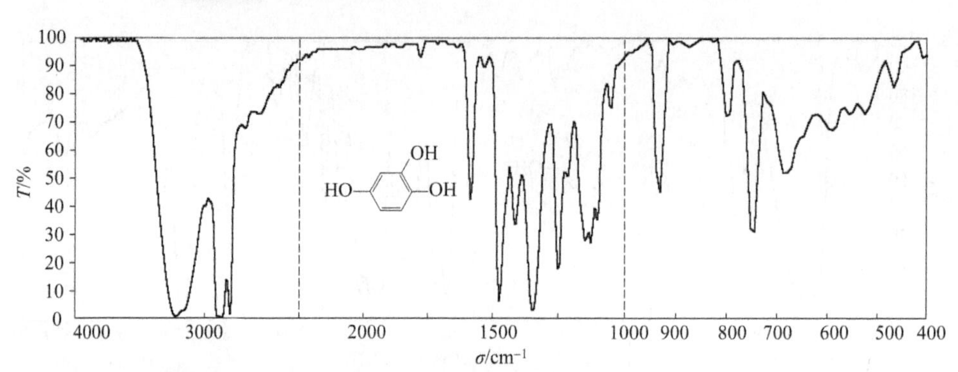

图 9-97 1,2,4-苯三酚（1,2,4-benzenetriol，99%，石蜡糊）

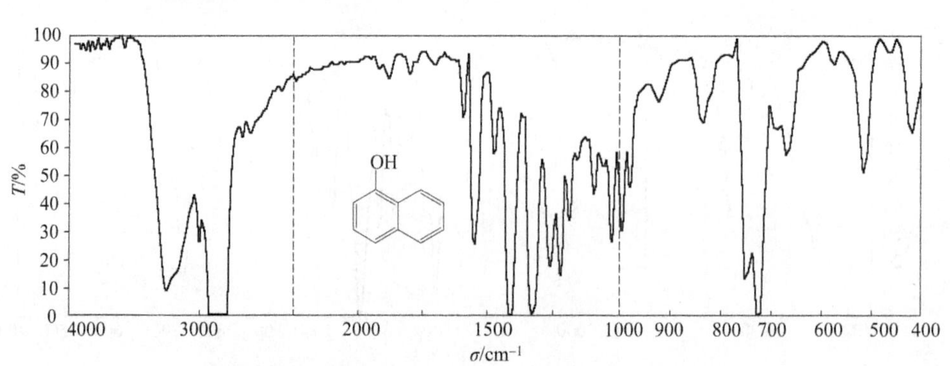

图 9-98 1-萘酚（1-naphthol，>99%，石蜡糊）

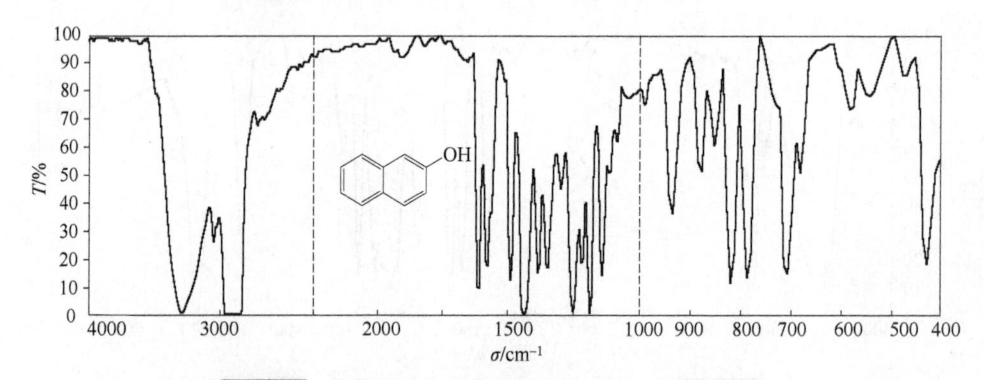

图 9-99 2-萘酚（2-naphthol，>99%，石蜡糊）

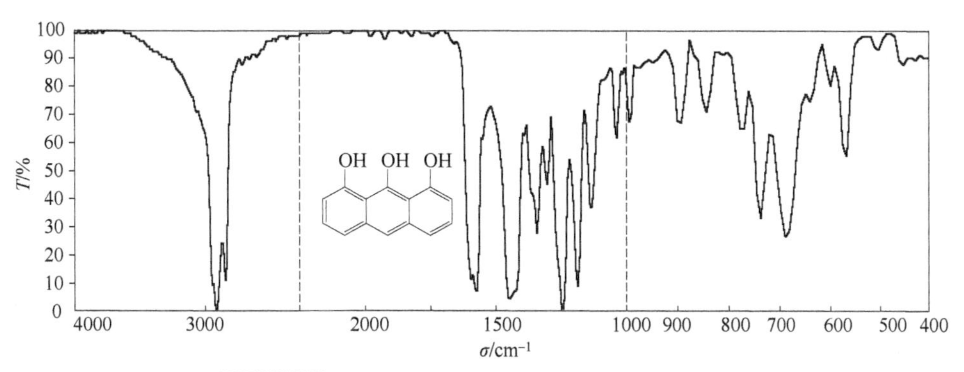

图 9-100　蒽三酚（dithranol，99%，石蜡糊）

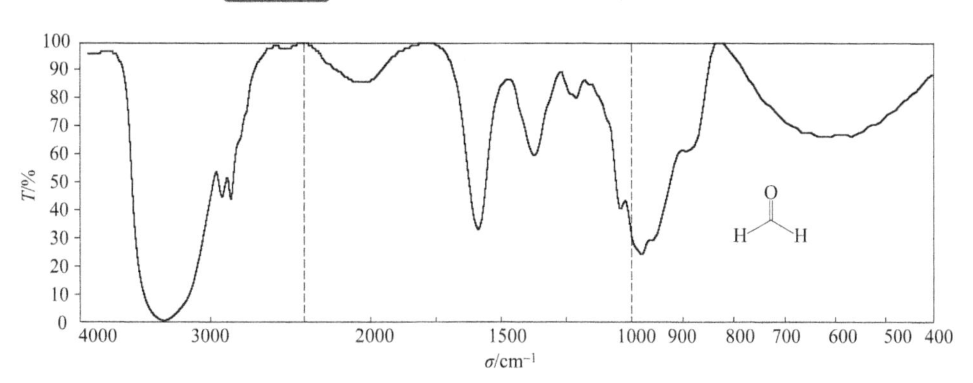

图 9-101　甲醛（formaldehyde，37%水溶液）

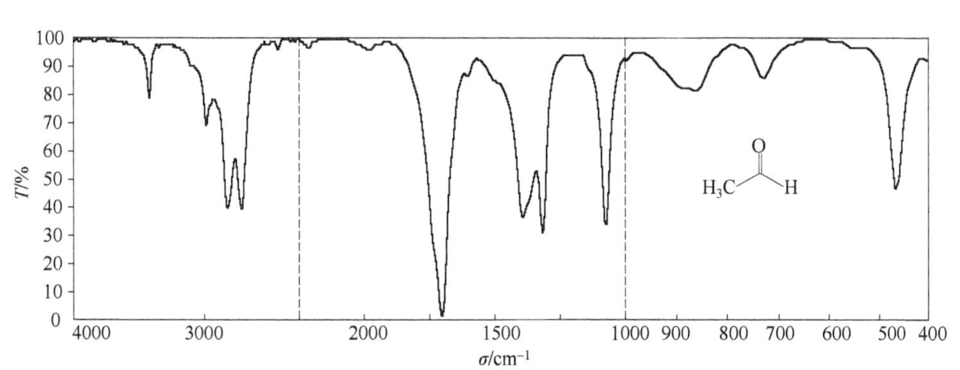

图 9-102　乙醛（acetaldehyde，99%，液膜）

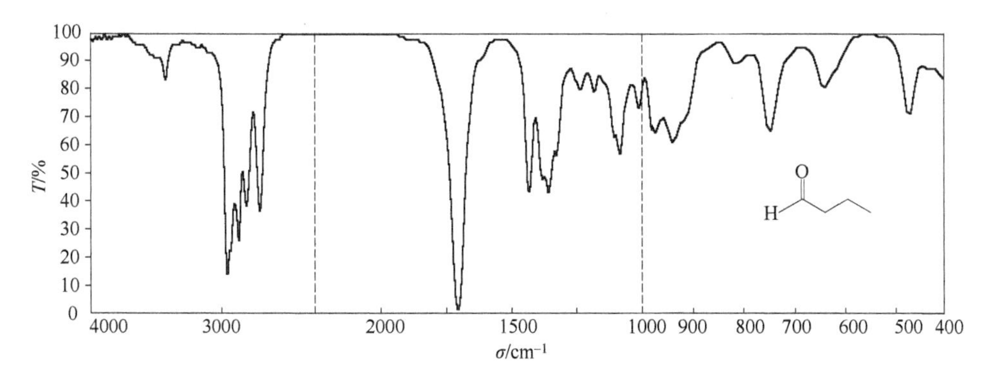

图 9-103　丁醛（butyraldehyde，99%，液膜）

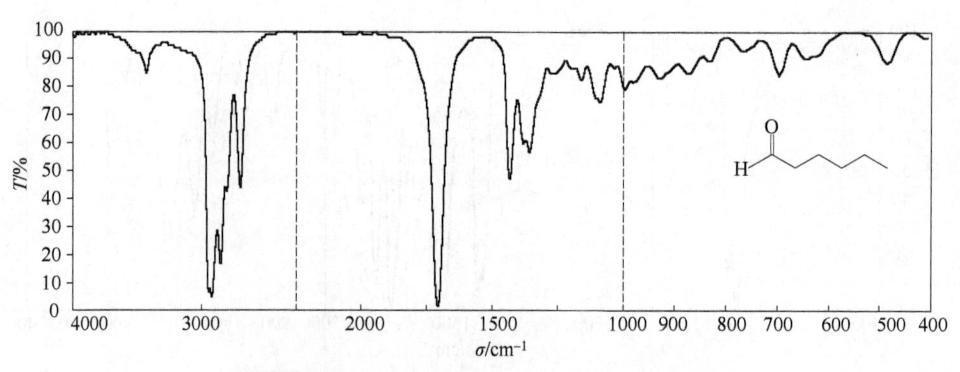

图 9-104 己醛（hexanal，99%，液膜）

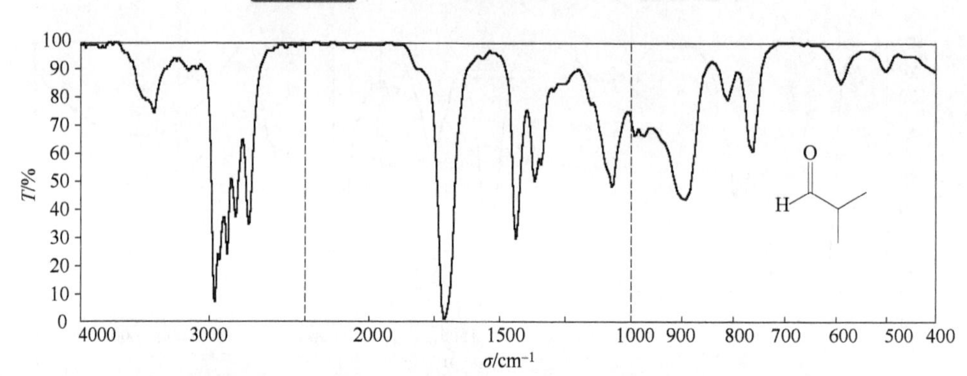

图 9-105 异丁醛（isobutyraldehyde，98%，液膜）

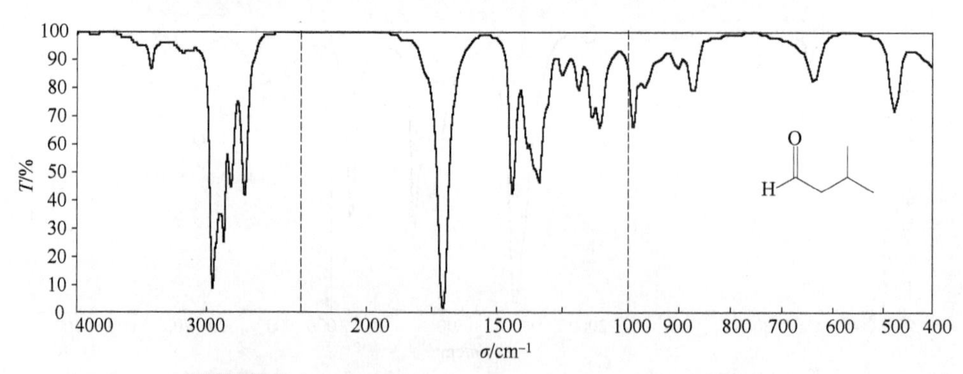

图 9-106 异戊醛（isovaleraldehyde，98%，液膜）

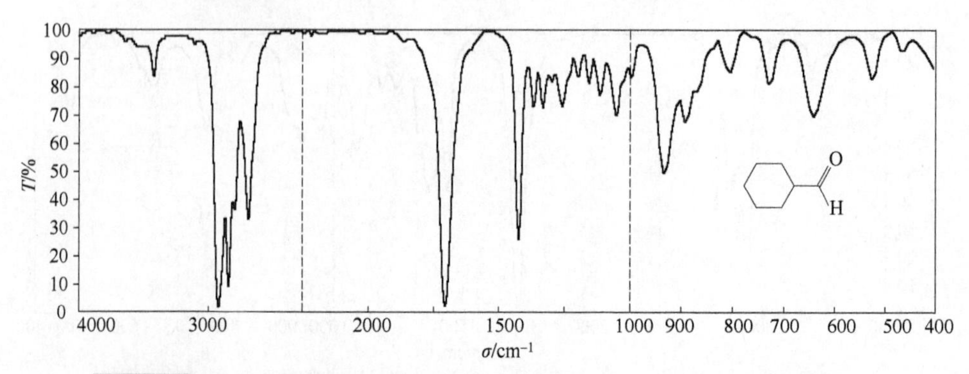

图 9-107 环己烷基甲醛（cyclohexanecarboxaldehyde，98%，液膜）

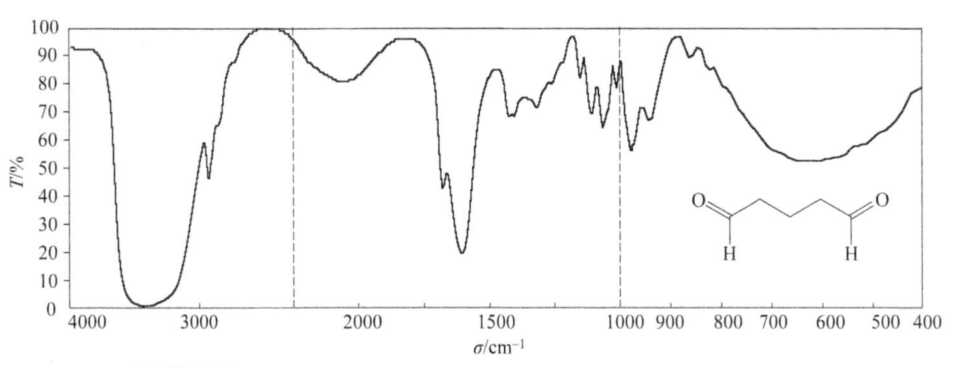

图 9-108　戊二醛（glutaric dialdehyde，液膜，25%水溶液）

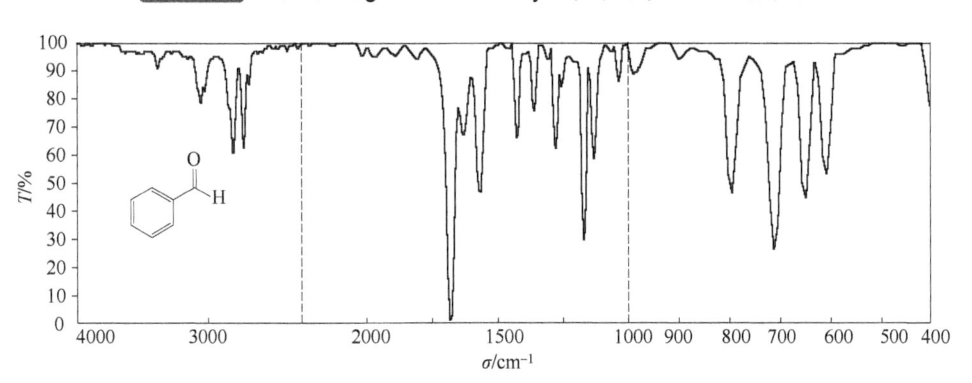

图 9-109　苯甲醛（benzaldehyde，>98%，液膜）

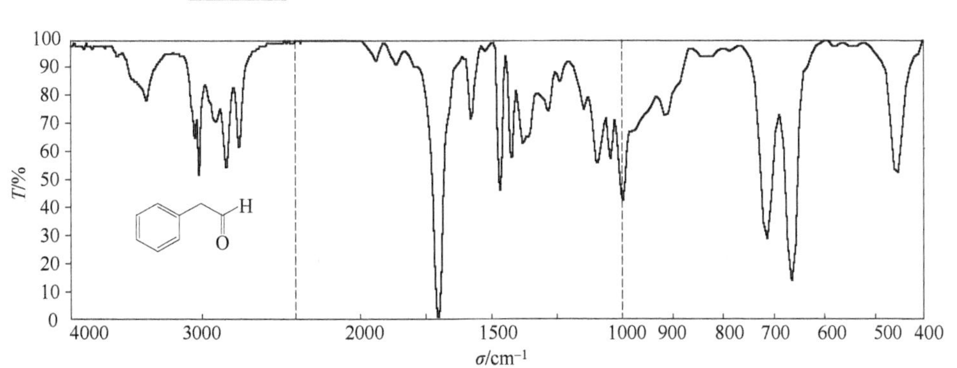

图 9-110　苯乙醛（phenylacetaldehyde，液膜）

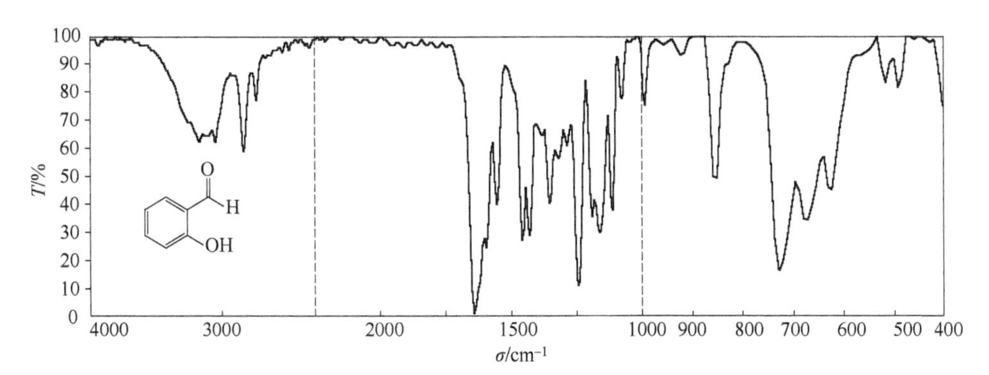

图 9-111　水杨醛（salicylaldehyde，98%，液膜）

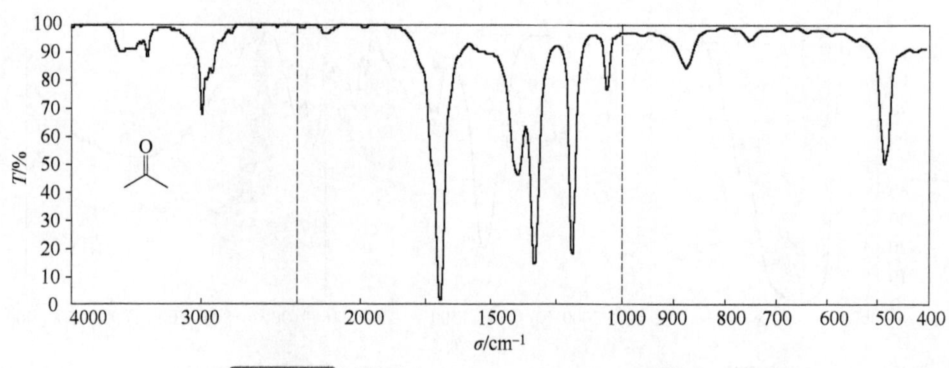

图 9-112 丙酮（acetone，>99%，液膜）

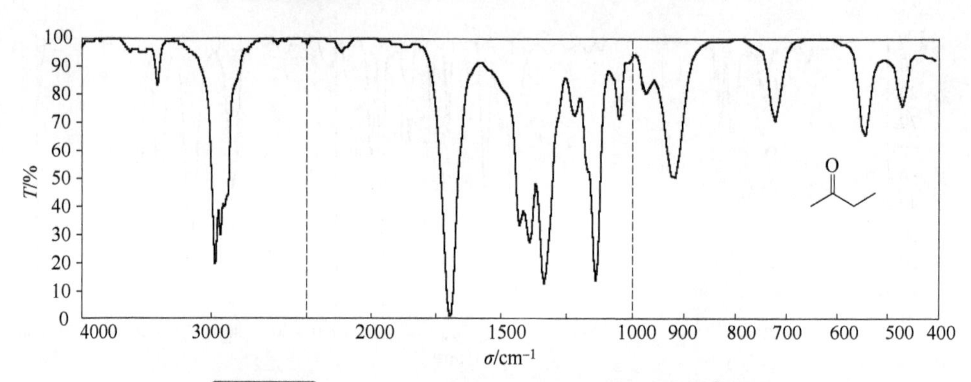

图 9-113 2-丁酮（2-butanone，>99%，液膜）

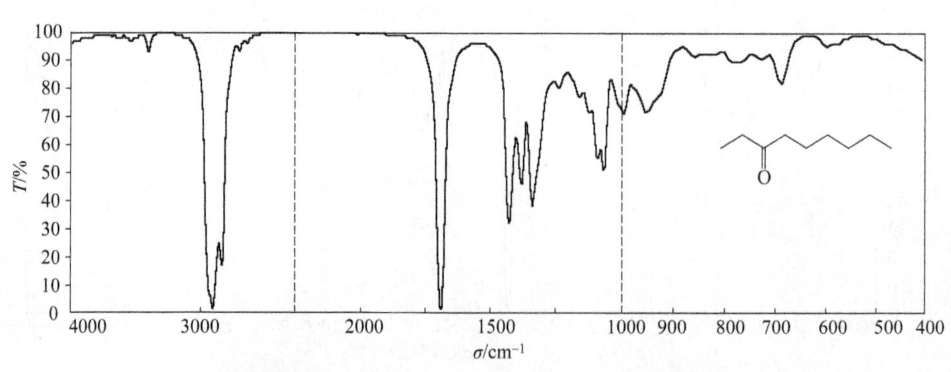

图 9-114 3-壬酮（3-nonanone，99%，液膜）

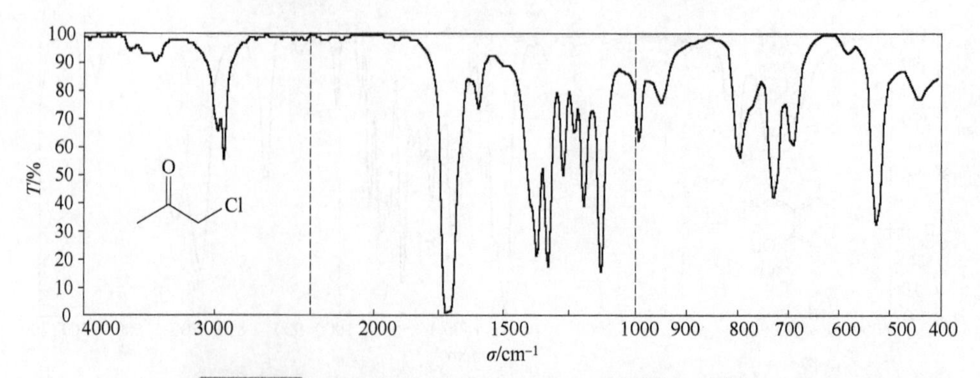

图 9-115 氯丙酮（chloroacetone，>90%，液膜）

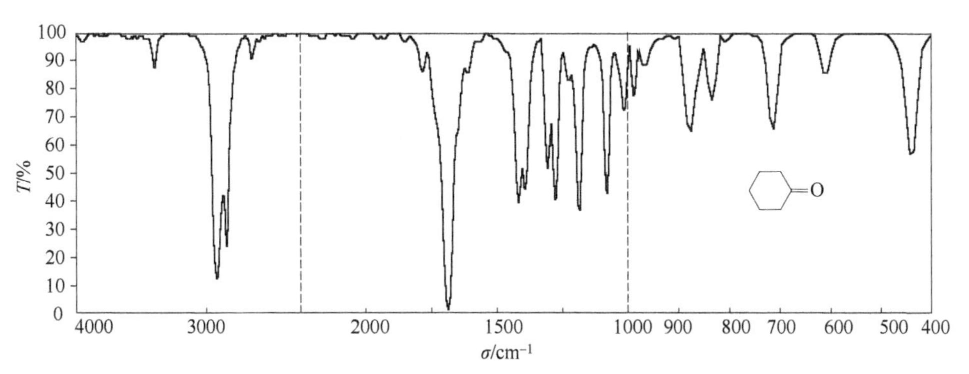

图 9-116　环己酮（cyclohexanone，99.8%，液膜）

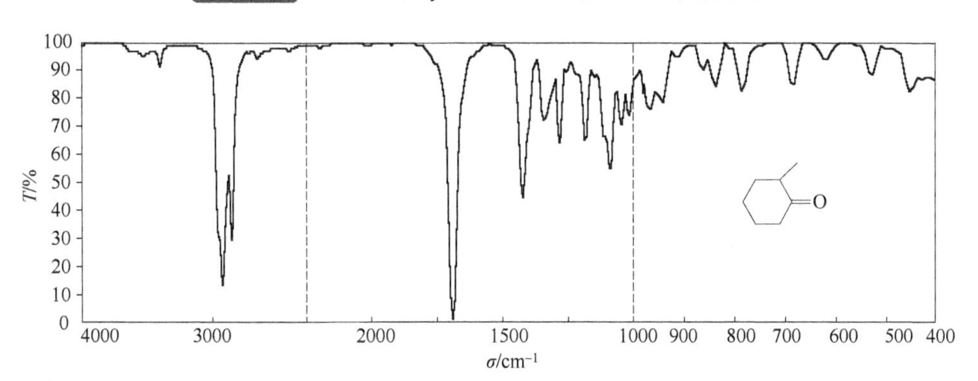

图 9-117　2-甲基环己酮（2-methylcyclohexanone，98%，液膜）

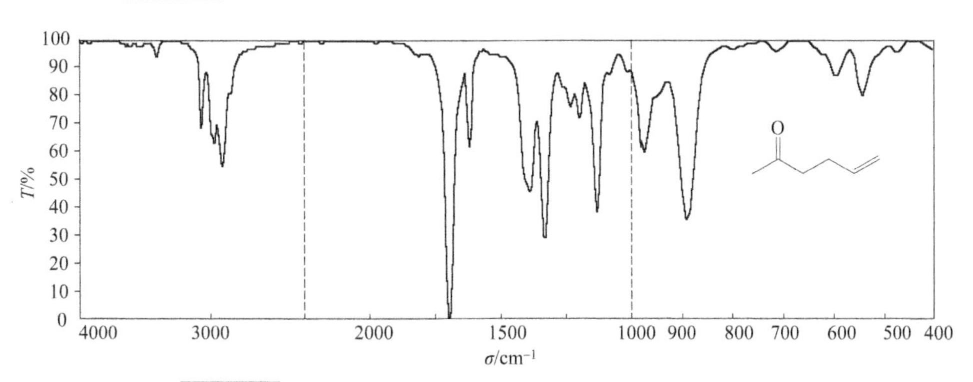

图 9-118　5-己烯-2-酮（5-hexen-2-one，98%，液膜）

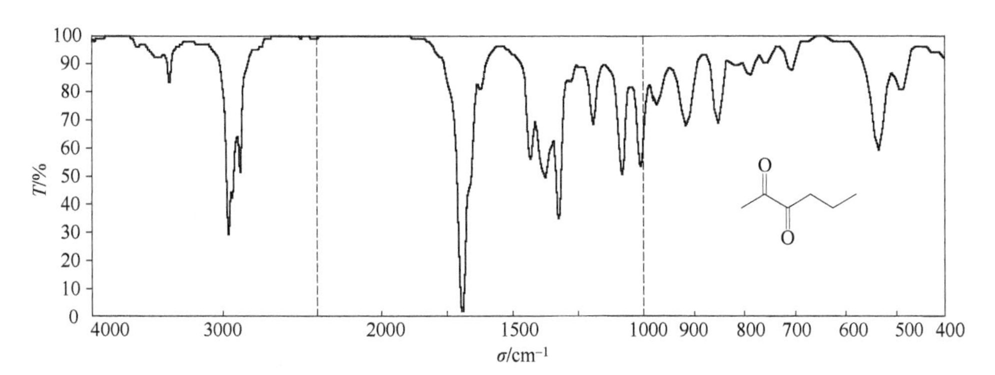

图 9-119　2,3-己二酮（2,3-hexanedione，90%，液膜）

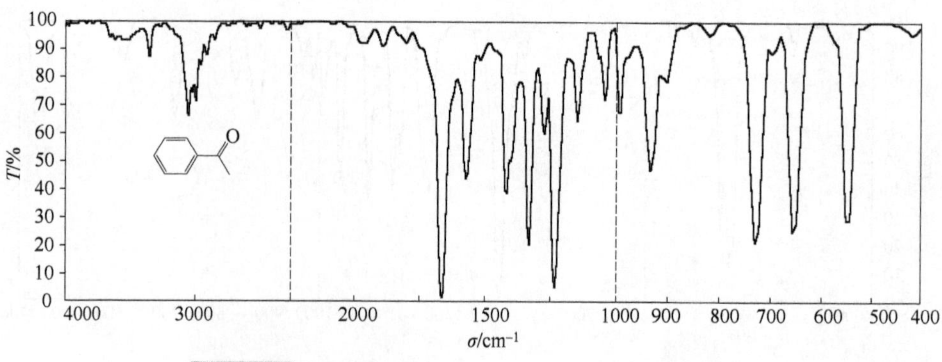

图 9-120 苯乙酮（acetophenone，99%，液膜）

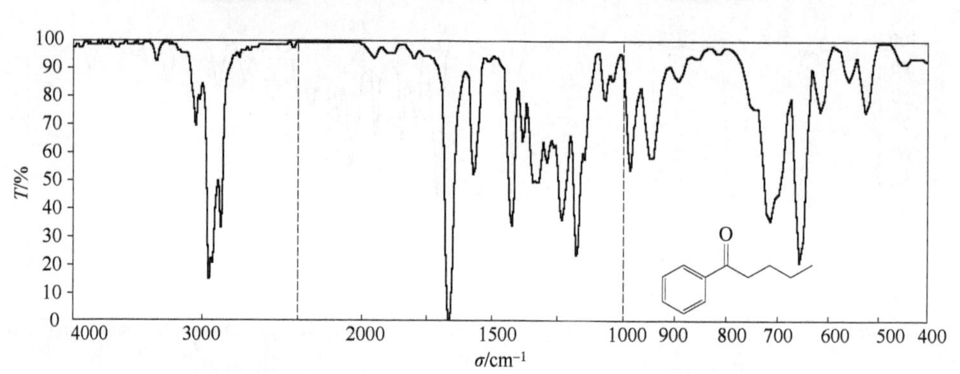

图 9-121 苯戊酮（valerophenone，99%，液膜）

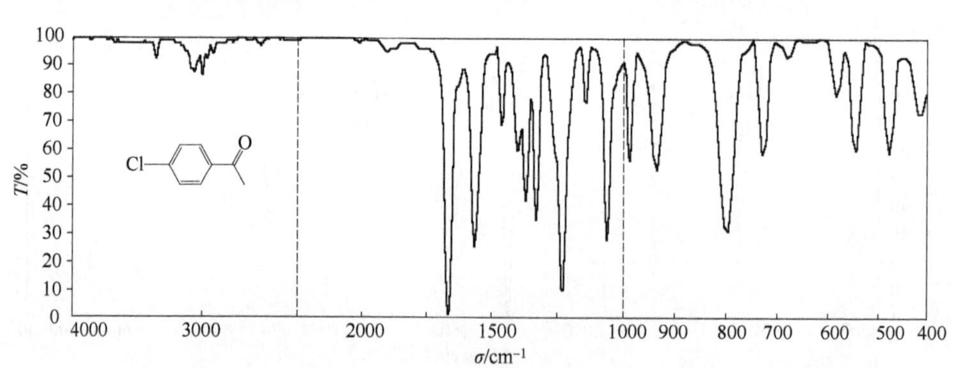

图 9-122 4-氯苯乙酮（4-chloroacetophenone，97%，液膜）

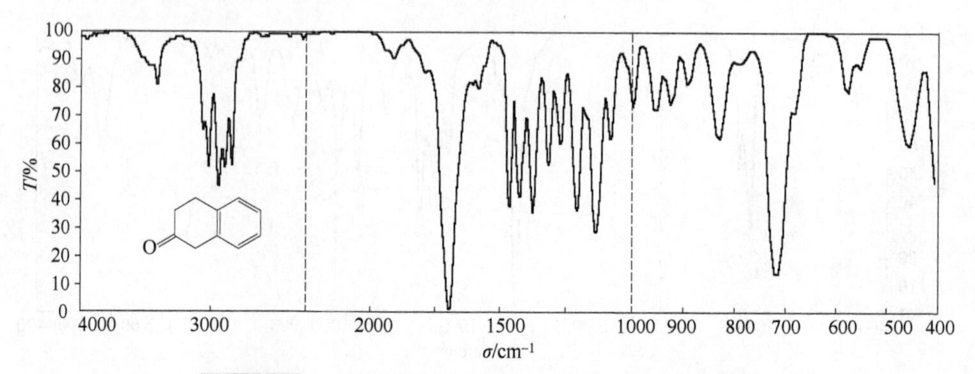

图 9-123 2-四氢萘酮（β-tetralone，99%，液膜）

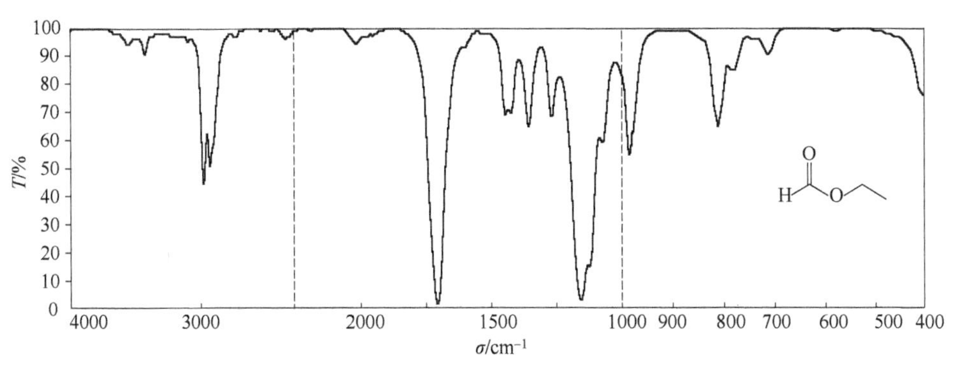

图 9-124　甲酸乙酯（ethyl formate，97%，液膜）

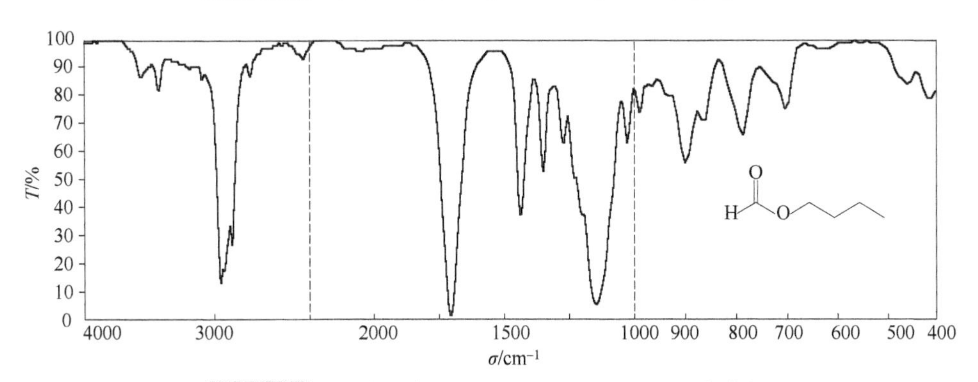

图 9-125　甲酸丁酯（butyl formate，97%，液膜）

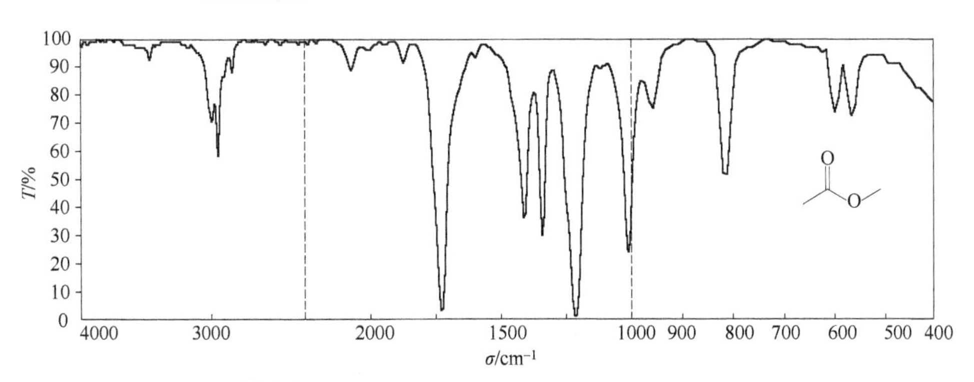

图 9-126　乙酸甲酯（methyl acetate，99%，液膜）

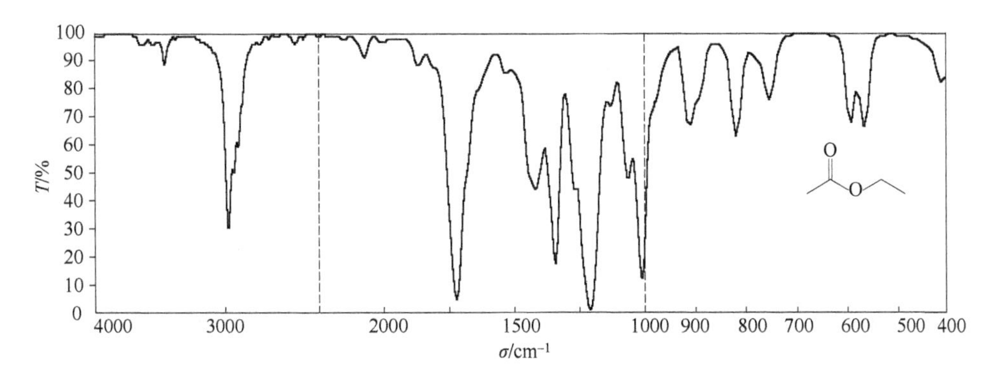

图 9-127　乙酸乙酯（ethyl acetate，>99.5%，液膜）

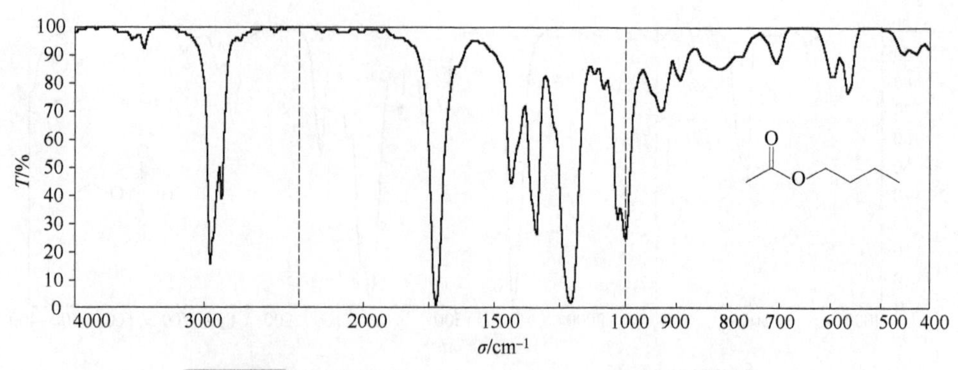

图 9-128 乙酸丁酯（butyl acetate，>99%，液膜）

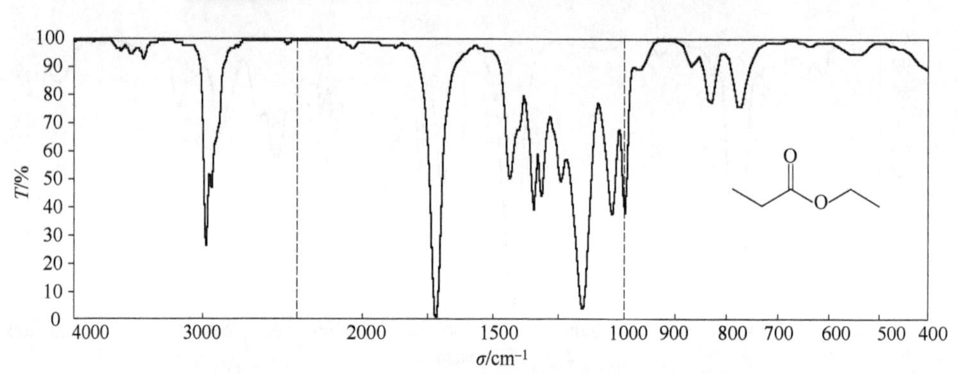

图 9-129 丙酸乙酯（ethyl propionate，97%，液膜）

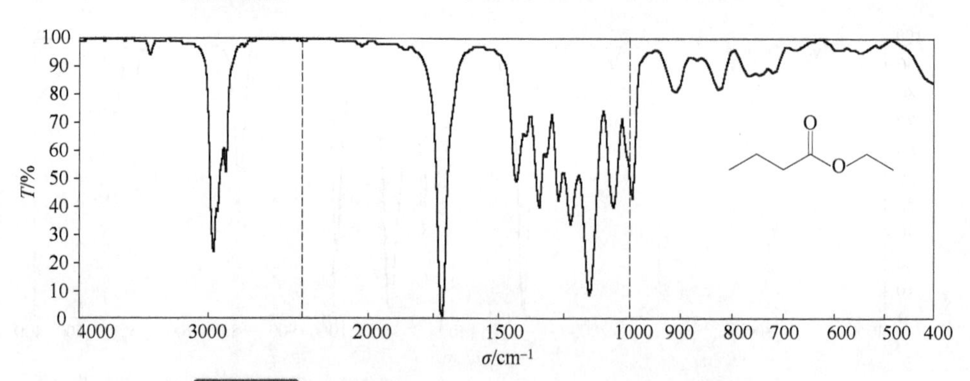

图 9-130 丁酸乙酯（ethyl butyrate，99%，液膜）

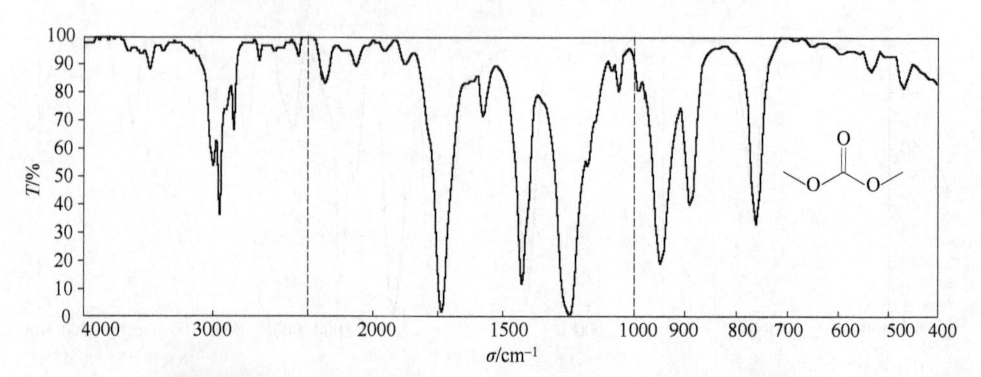

图 9-131 碳酸二甲酯（dimethyl carbonate，99%，液膜）

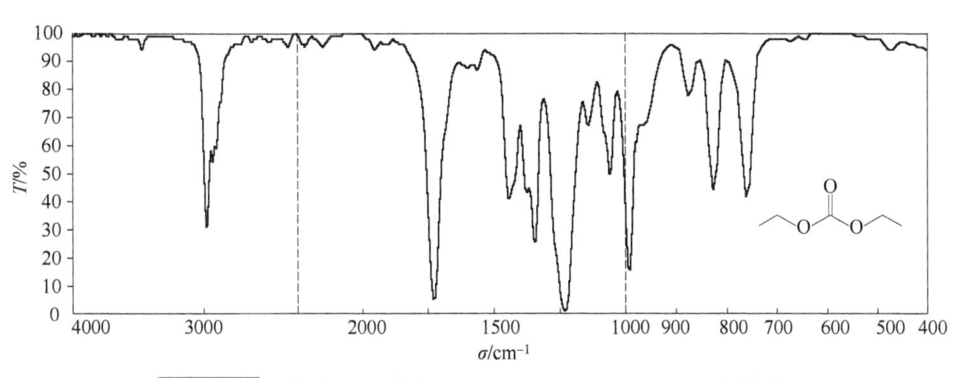

图 9-132　碳酸二乙酯（diethyl carbonate，99%，液膜）

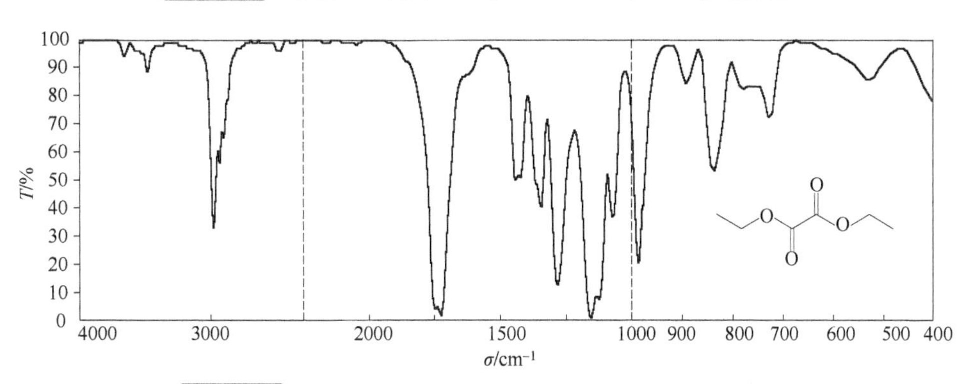

图 9-133　草酸二乙酯（diethyl oxalate，99%，液膜）

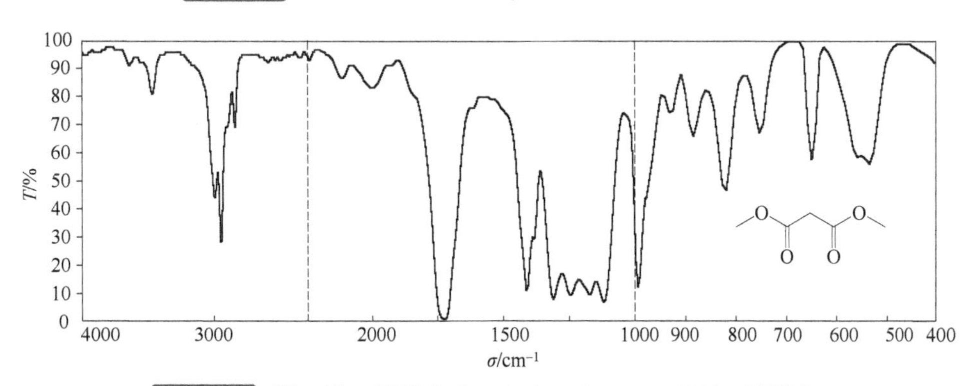

图 9-134　丙二酸二甲酯（dimethyl malonate，97%，液膜）

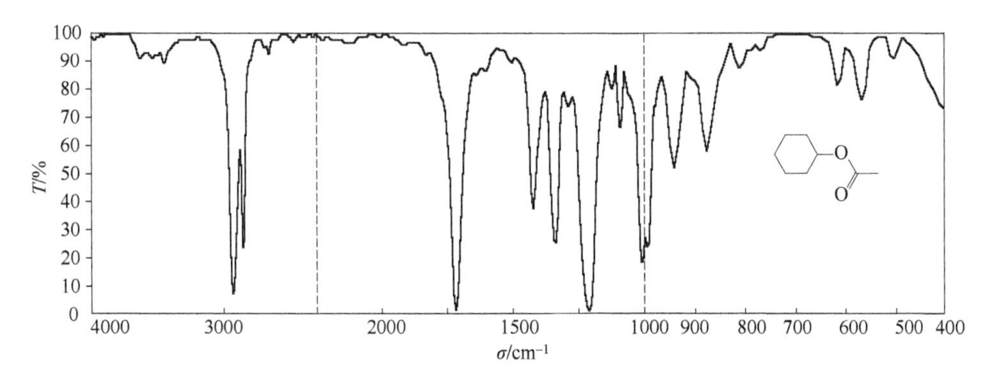

图 9-135　乙酸环己酯（cyclohexyl acetate，99%，液膜）

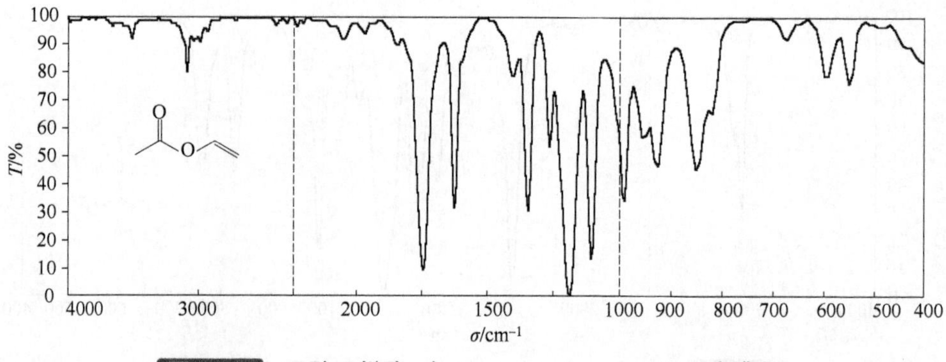

图 9-136 乙酸乙烯酯（vinyl acetate，>99%，液膜）

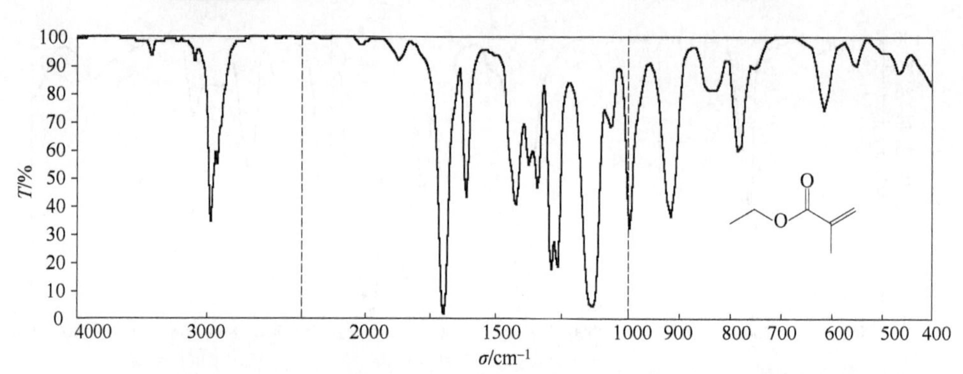

图 9-137 甲基丙烯酸乙酯（ethyl methacrylate，99%，液膜）

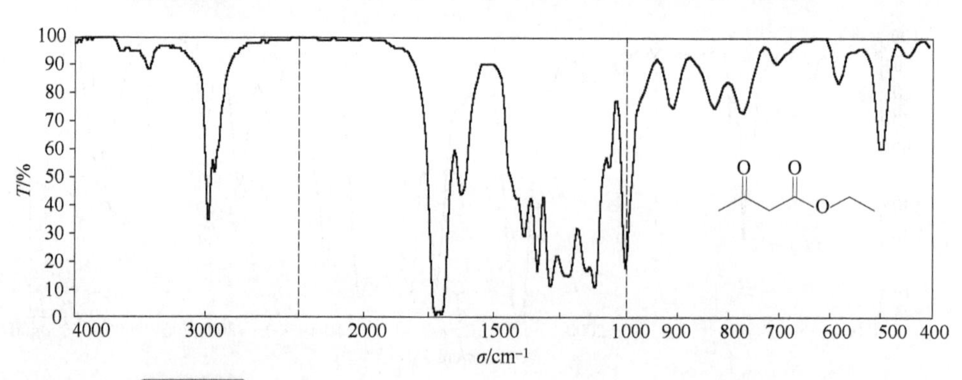

图 9-138 乙酰乙酸乙酯（ethyl acetoacetate，99%，液膜）

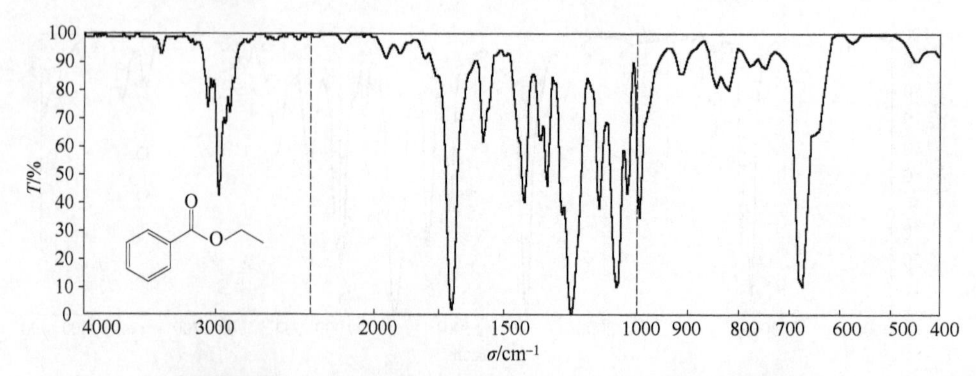

图 9-139 苯甲酸乙酯（ethyl benzoate，>99%，液膜）

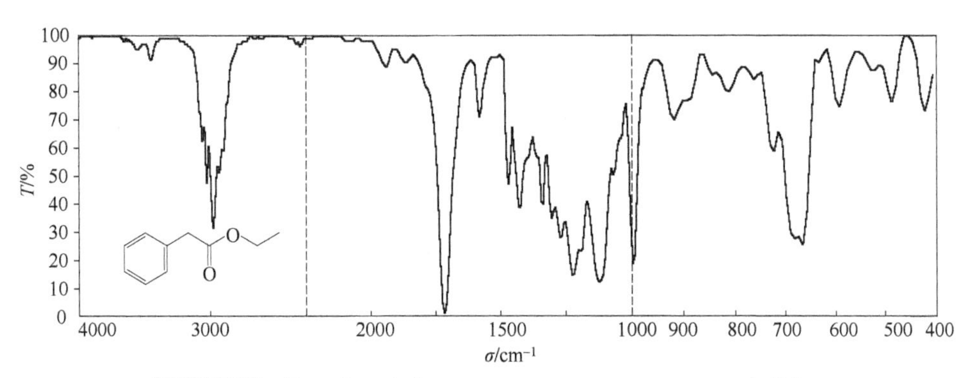

图 9-140　苯乙酸乙酯（ethyl phenylacetate，99%，液膜）

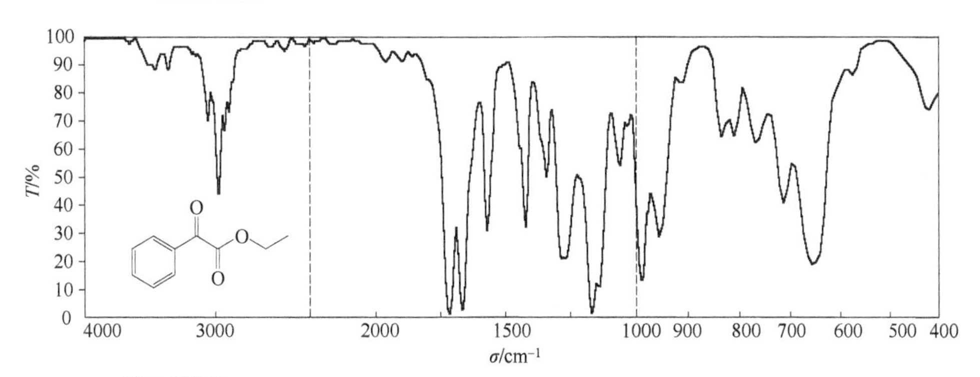

图 9-141　苯甲酰甲酸乙酯（ethyl benzoylformate，95%，液膜）

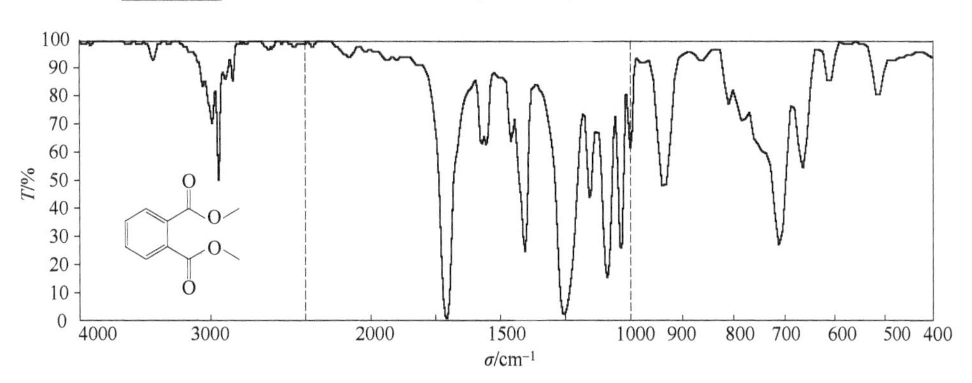

图 9-142　邻苯二甲酸二甲酯（dimethyl phthalate，99%，液膜）

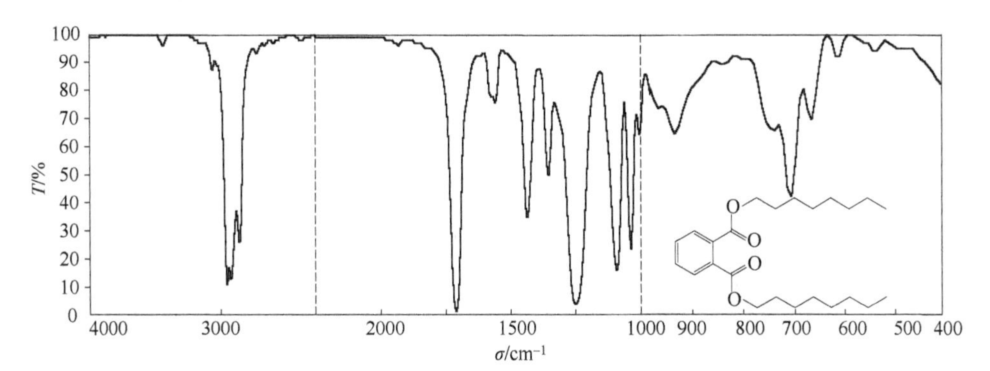

图 9-143　邻苯二甲酸二丁酯（dibutyl phthalate，99%，液膜）

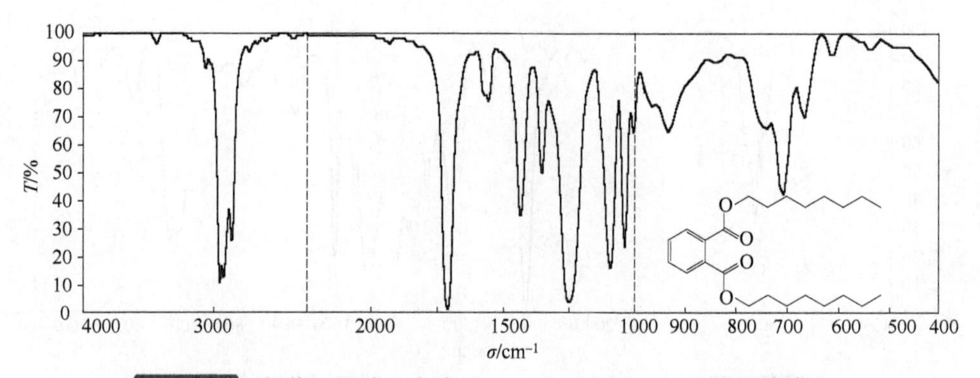

图 9-144 邻苯二甲酸二辛酯（dioctyl phthalate，98%，液膜）

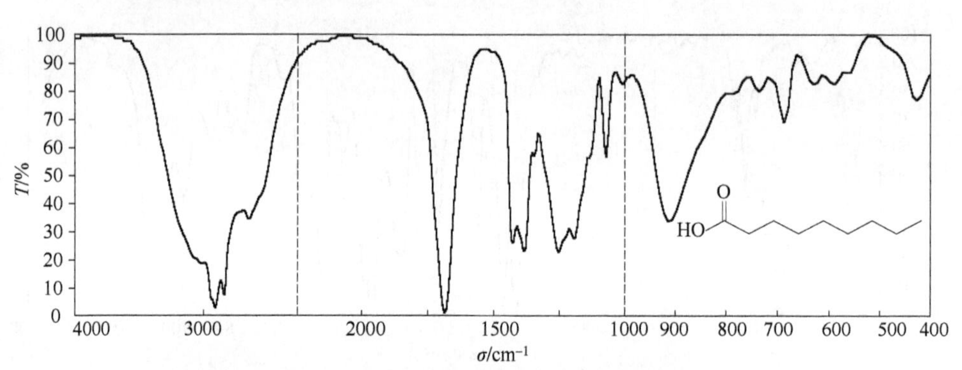

图 9-145 壬酸（nonanoic acid，98%，液膜）

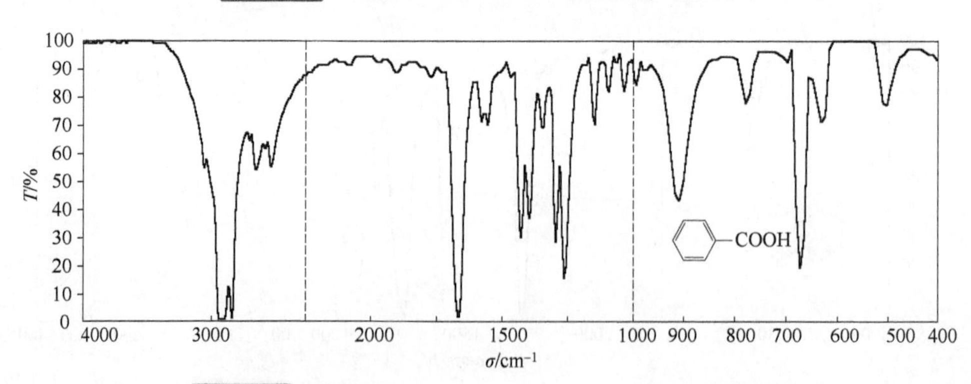

图 9-146 苯甲酸（benzoin acid，>99%，石蜡糊）

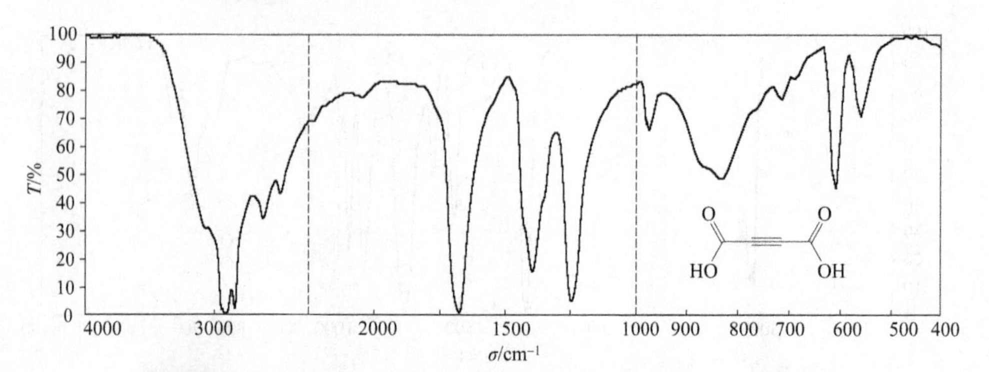

图 9-147 丁炔二酸（acetylenedicarboxylic acid，95%，液膜）

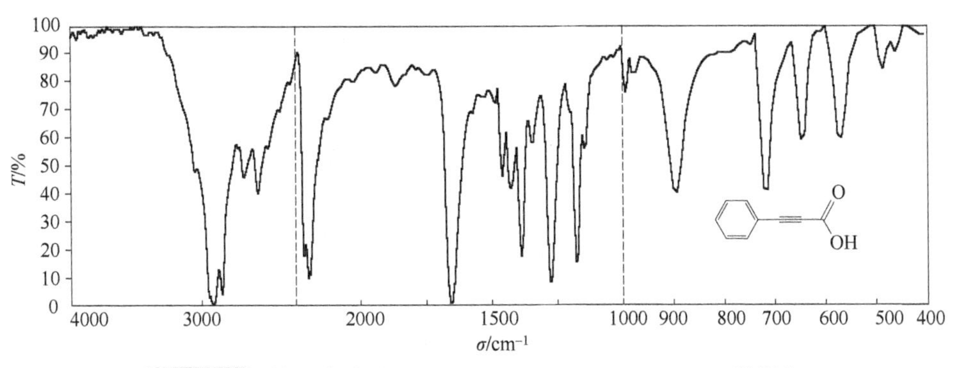

图 9-148　苯丙炔酸（phenylpropiolic acid，99%，石蜡糊）

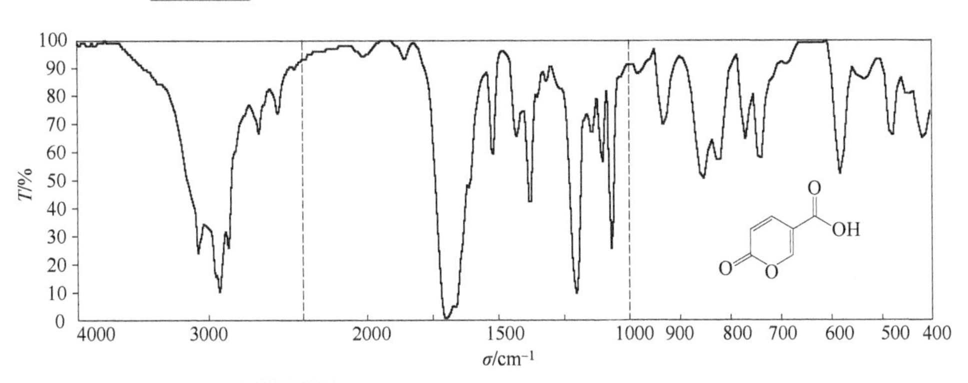

图 9-149　阔马酸（coumalic acid，石蜡糊）

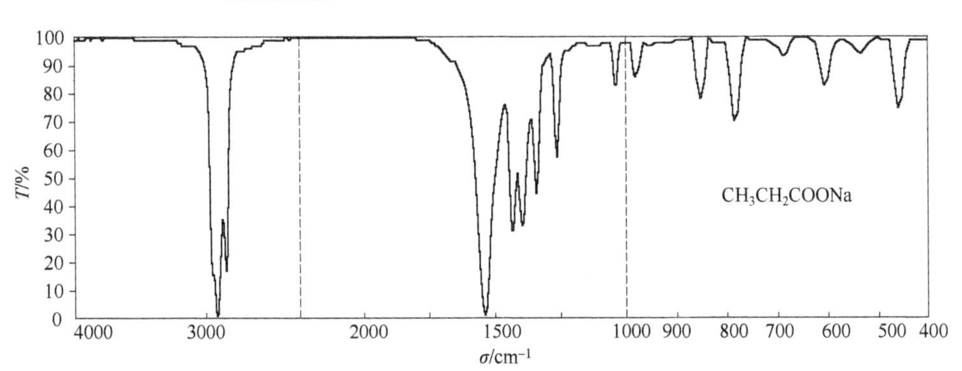

图 9-150　丙酸钠（propionic acid, sodium salt，99%，石蜡糊）

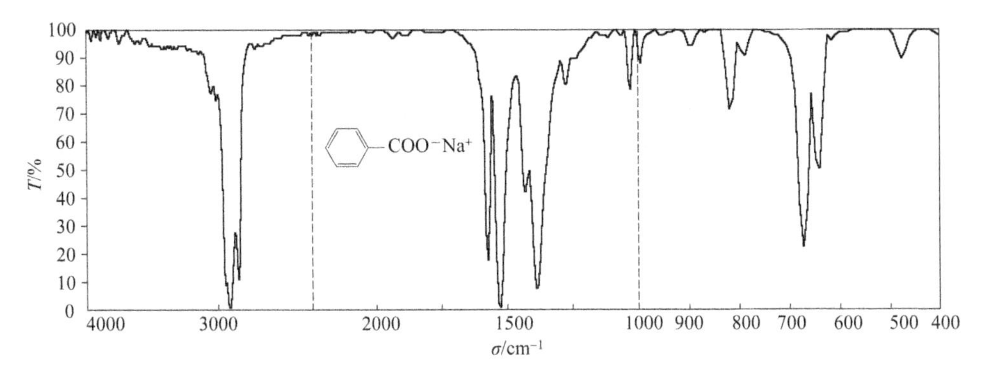

图 9-151　苯甲酸钠（benzoic acid, sodium salt，>99%，石蜡糊）

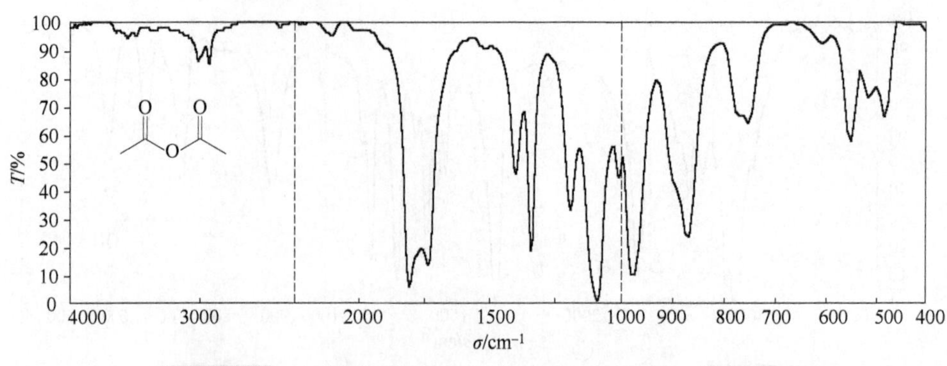

图 9-152 乙酸酐（acetic anhydride，>99%，液膜）

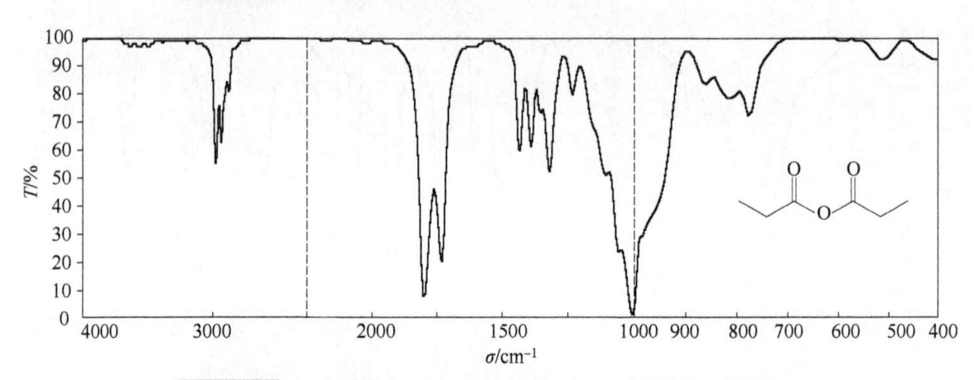

图 9-153 丙酸酐（propionic anhydride，97%，液膜）

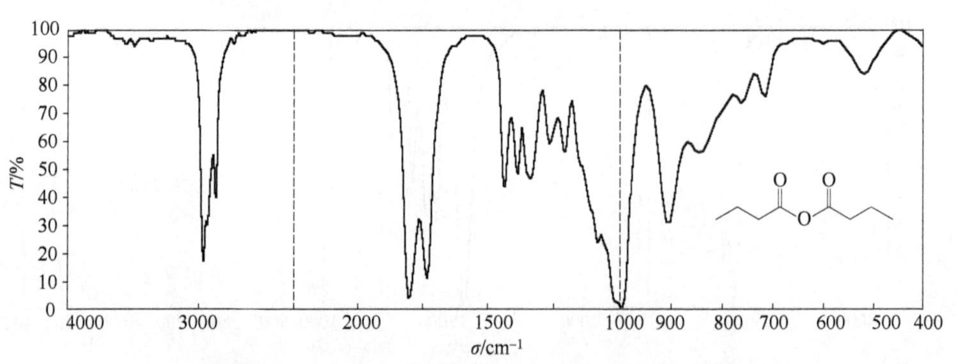

图 9-154 丁酸酐（butyric anhydride，99%，液膜）

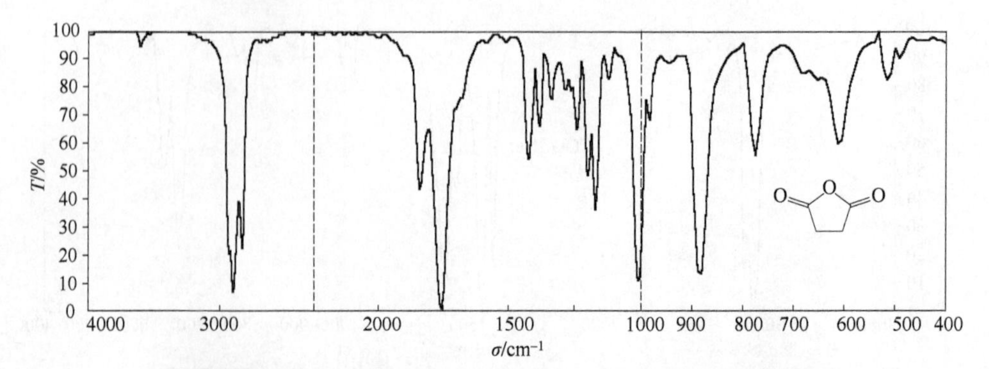

图 9-155 丁二酸酐（succinic anhydride，99%，石蜡糊）

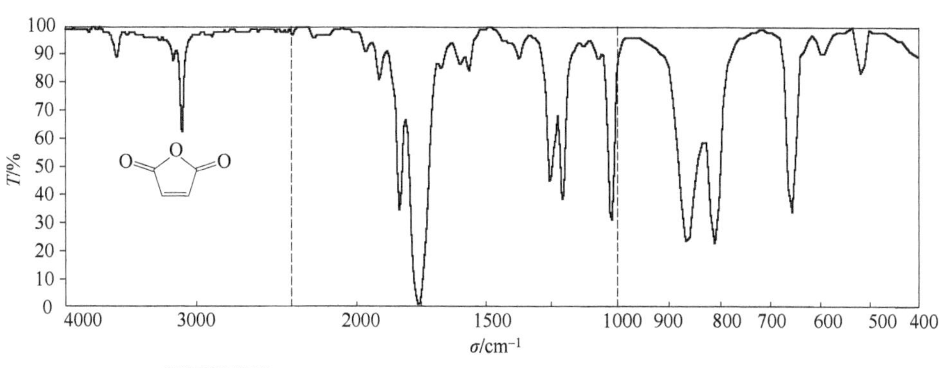

图 9-156　马来酸酐（maleic anhydride，99%，液膜）

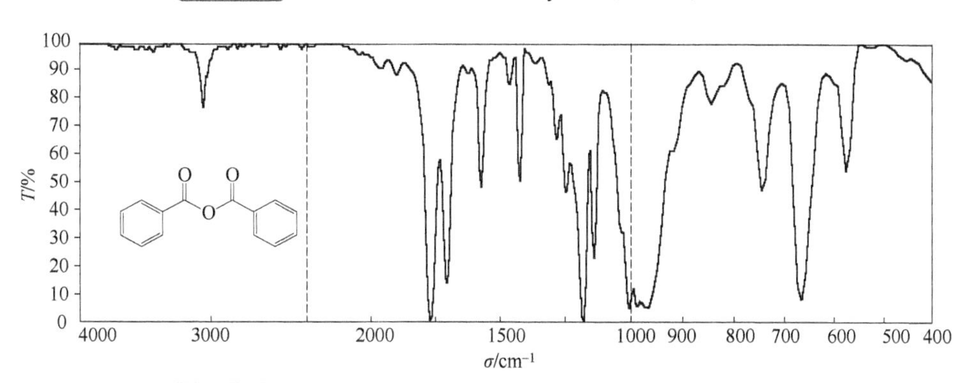

图 9-157　苯甲酸酐　（benzoic anhydride，98%，液膜）

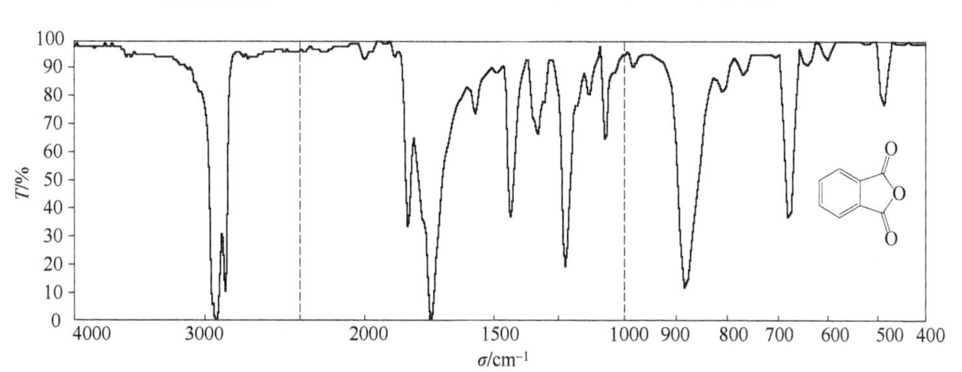

图 9-158　邻苯二甲酸酐（phthalic anhydride，99%，石蜡糊）

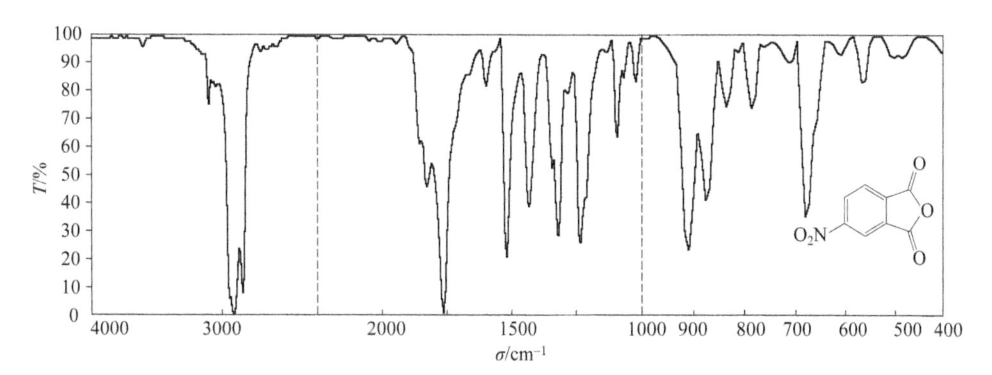

图 9-159　4-硝基邻苯二甲酸酐（4-nitrophthalic anhydride，石蜡糊）

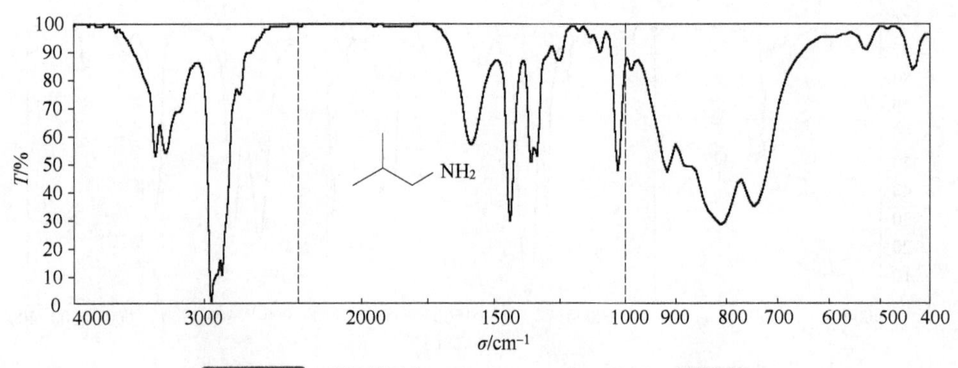

图 9-160 异丁胺（isobutylamine，99%，液膜）

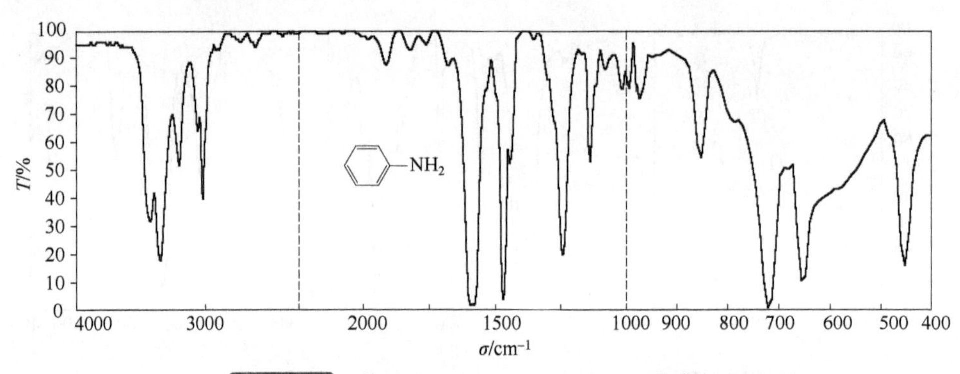

图 9-161 苯胺（aniline，＞99.5%，液膜）

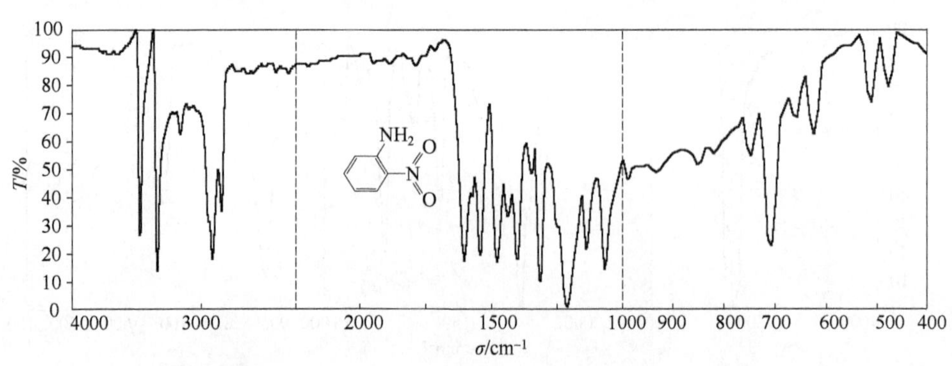

图 9-162 2-硝基苯胺（2-nitroaniline，98%，石蜡糊）

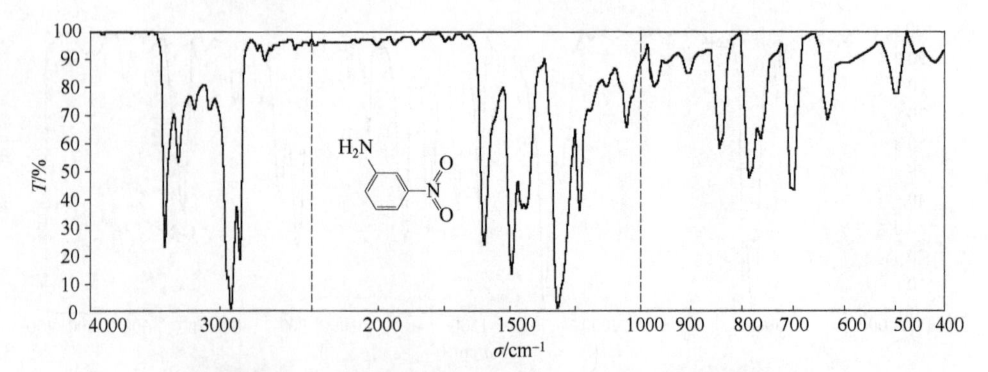

图 9-163 3-硝基苯胺（3-nitroaniline，98%，石蜡糊）

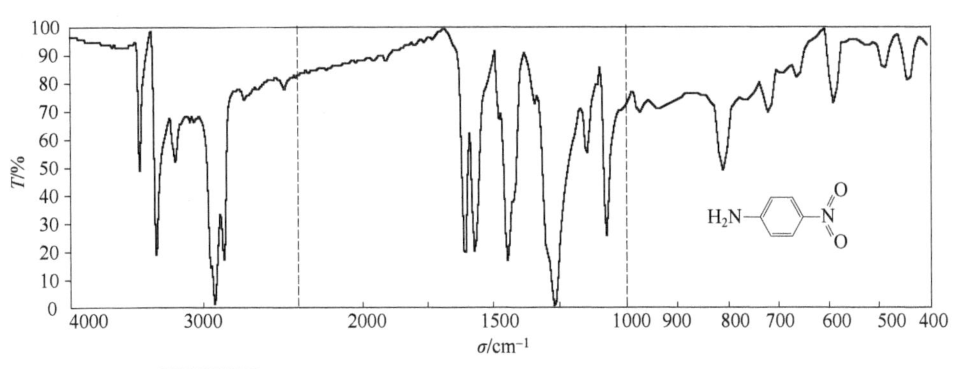

图 9-164　4-硝基苯胺（4-nitroaniline，>99%，石蜡糊）

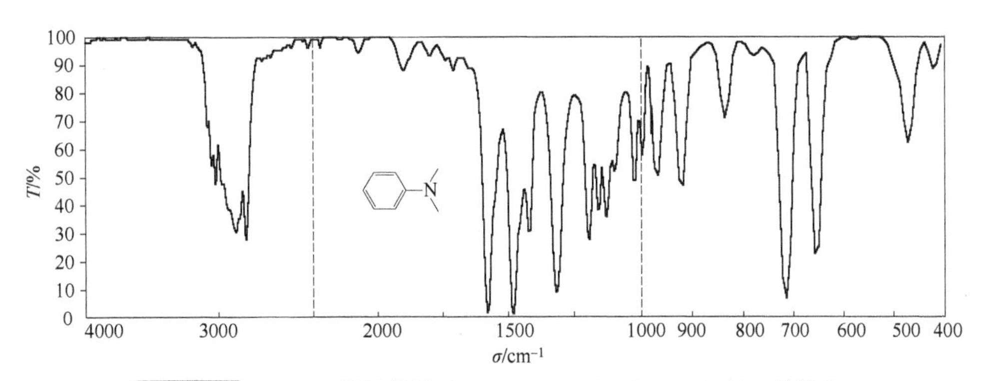

图 9-165　*N*,*N*-二甲基苯胺（*N*,*N*-dimethylaniline，99%，液膜）

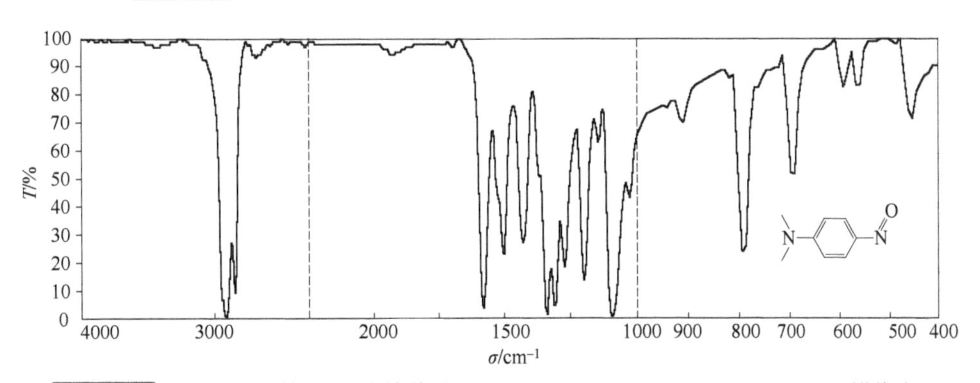

图 9-166　*N*,*N*-二甲基-4-亚硝基苯胺（*N*,*N*-dimethyl-4-nitrosoaniline，石蜡糊）

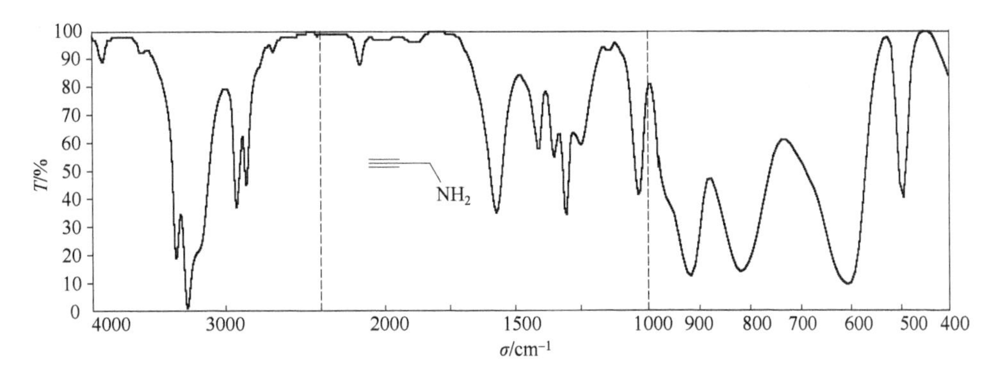

图 9-167　炔丙胺（propargylamine，99%，液膜）

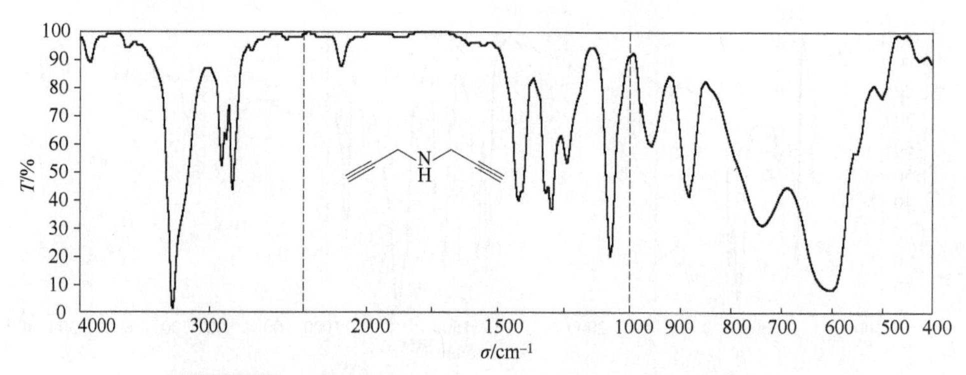

图 9-168 二炔丙胺（dipropargylamine，97%，液膜）

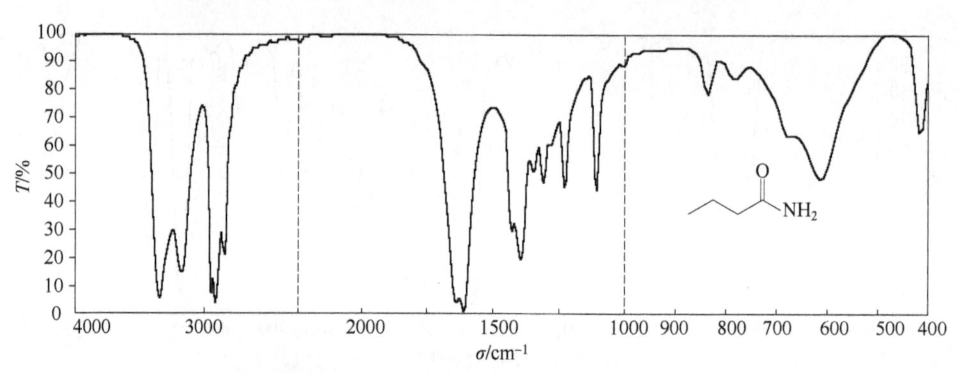

图 9-169 丁酰胺（butyramide，石蜡糊）

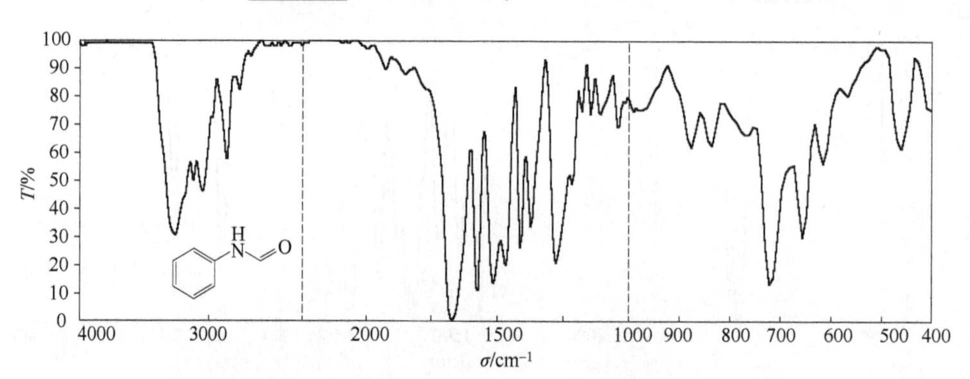

图 9-170 *N*-甲酰苯胺（formanilide，97%，溴化钾片）

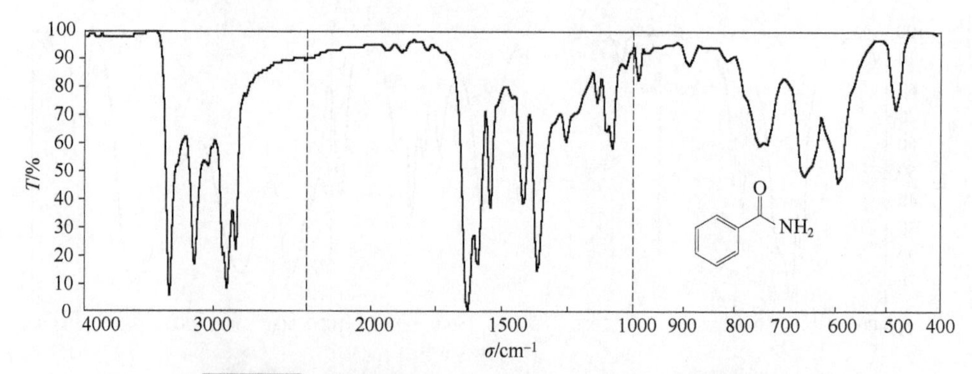

图 9-171 苯甲酰胺（benzamide，99%，石蜡糊）

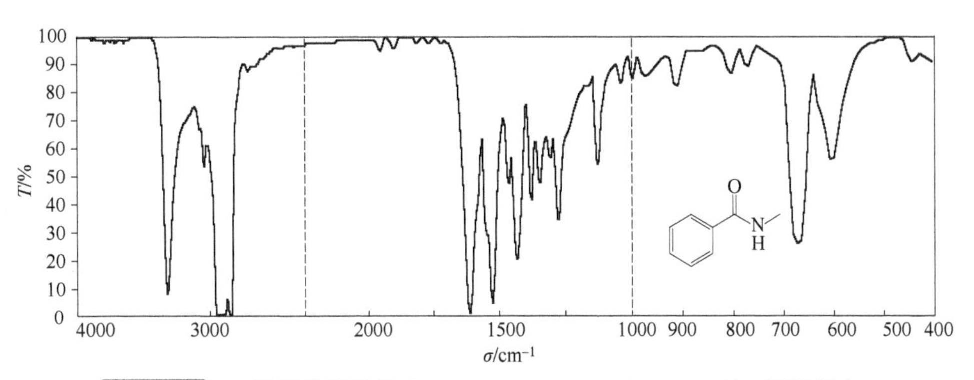

图 9-172　*N*-甲基苯甲酰胺（*N*-methylbenzamide，>99%，石蜡糊）

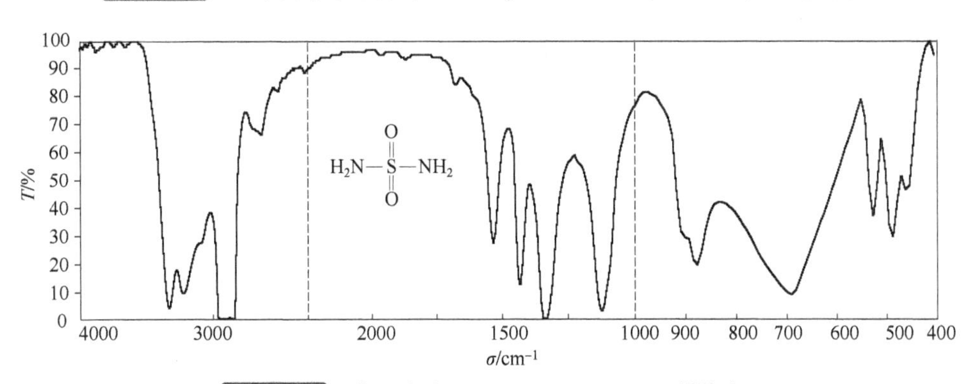

图 9-173　磺酰胺（sulfamide，99%，石蜡糊）

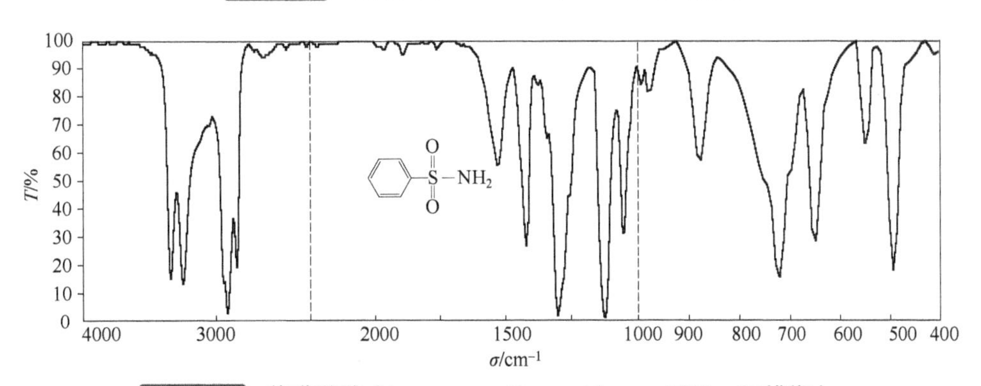

图 9-174　苯磺酰胺（benzenesulfonamide，>98%，石蜡糊）

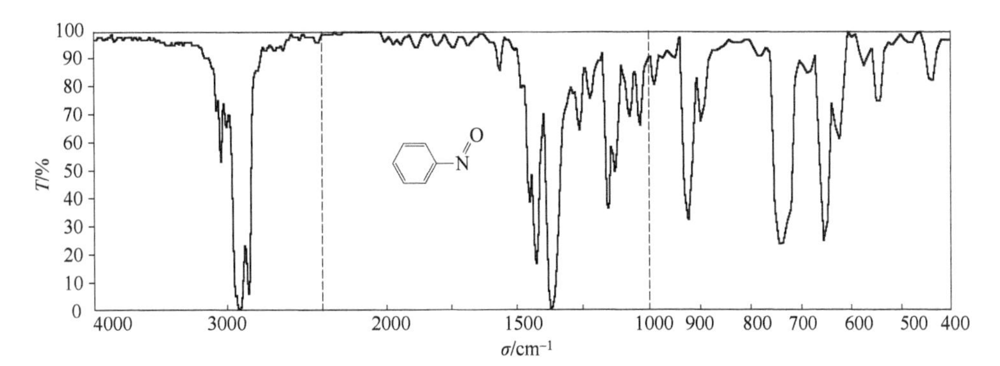

图 9-175　亚硝基苯　（nitrosobenzene，97%，石蜡糊）

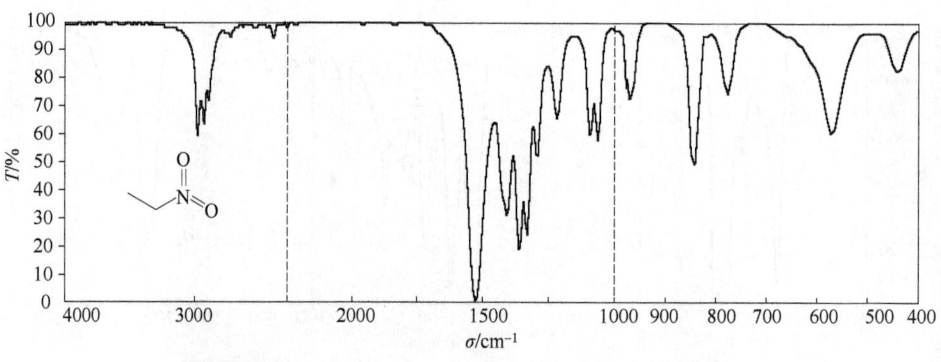

图 9-176 硝基乙烷（nitroethane，99.5%，液膜）

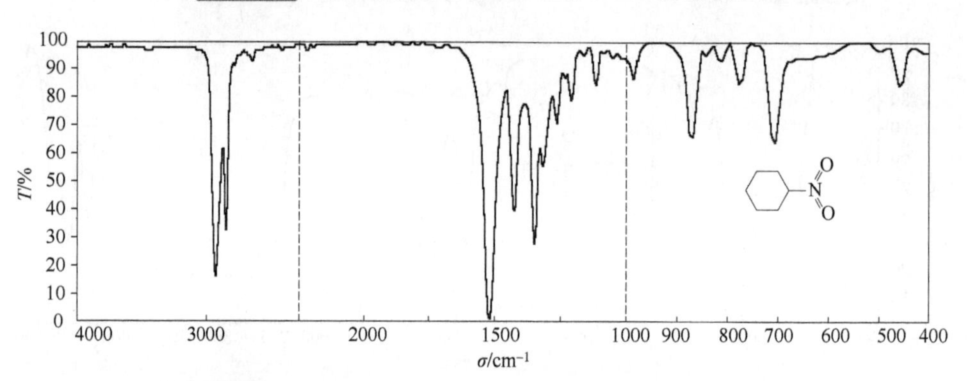

图 9-177 硝基环己烷（nitrocyclohexane，97%，液膜）

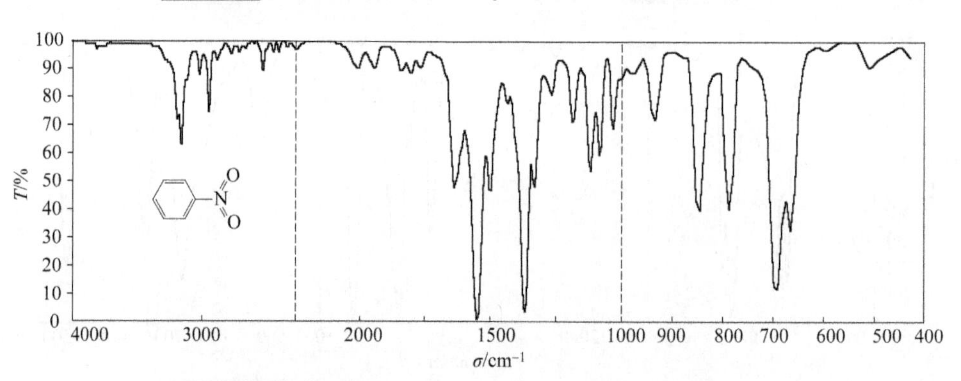

图 9-178 硝基苯（nitrobenzene，>99%，液膜）

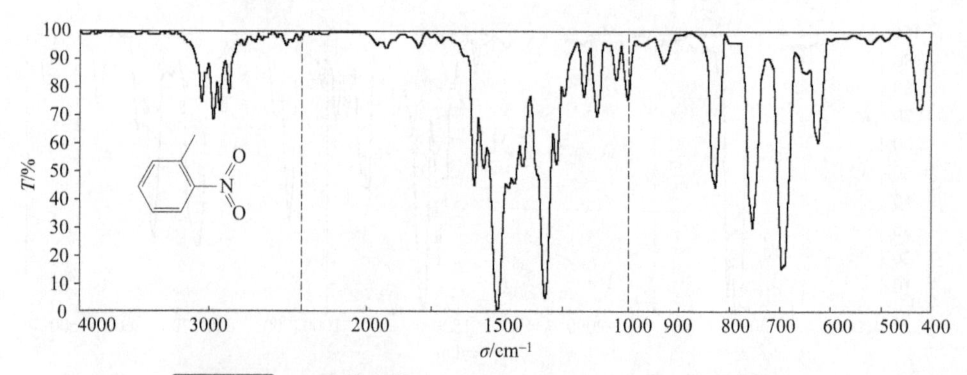

图 9-179 2-硝基甲苯（2-nitrotoluene，>99%，液膜）

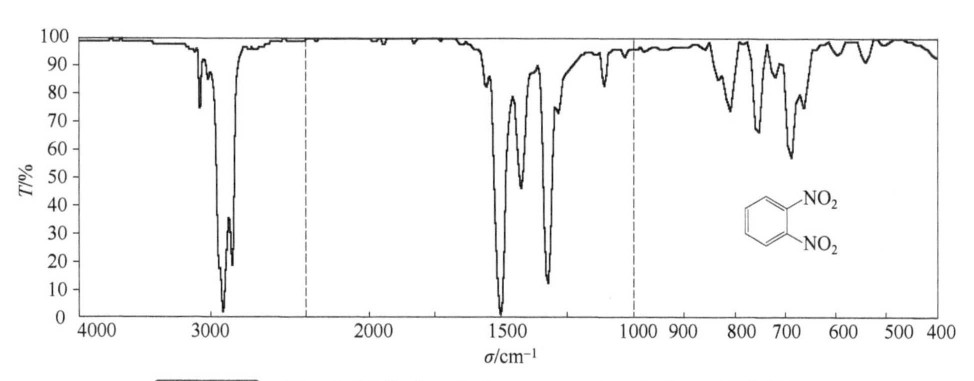

图 9-180 邻二硝基苯（*o*-dinitrobenzene，99%，石蜡糊）

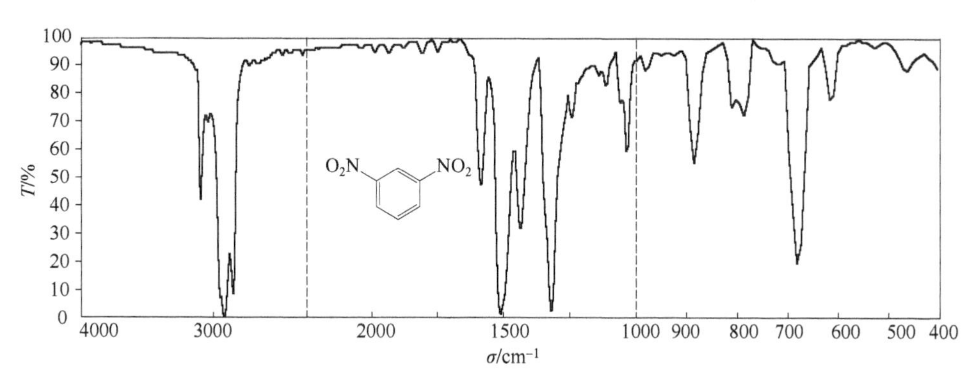

图 9-181 间二硝基苯（*m*-dinitrobenzene，97%，石蜡糊）

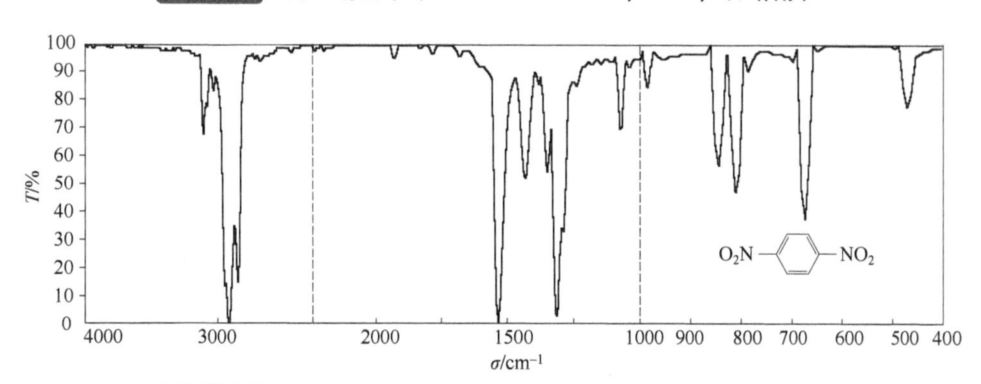

图 9-182 对二硝基苯（*p*-dinitrobenzene，98%，石蜡糊）

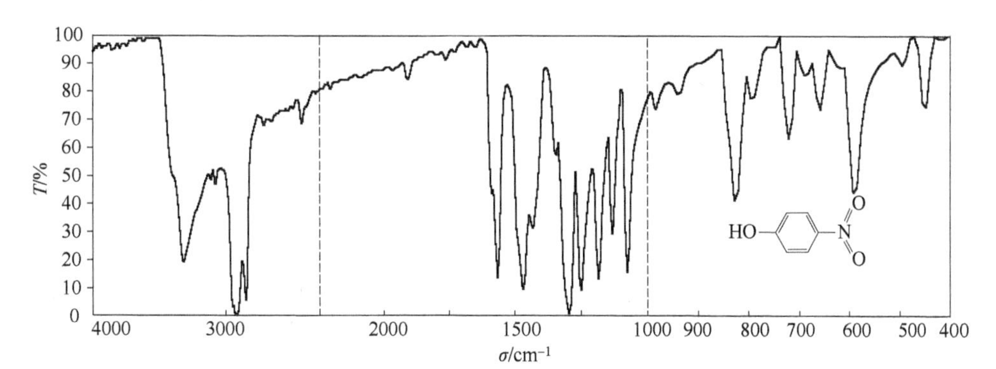

图 9-183 4-硝基酚（4-nitrophenol，石蜡糊）

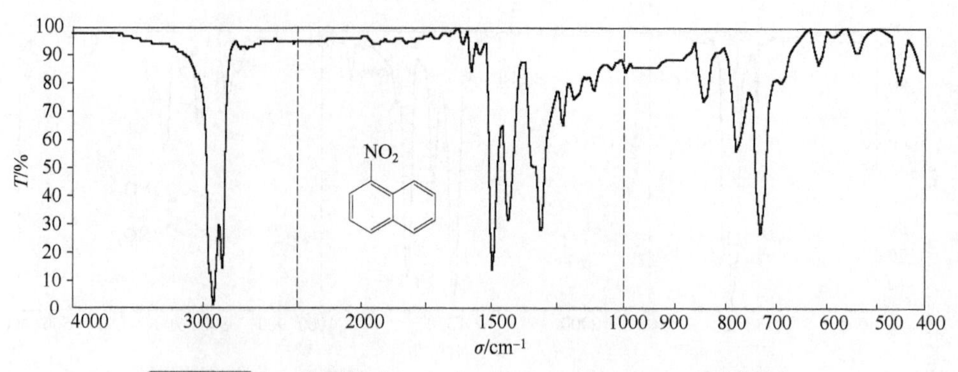

图 9-184 1-硝基萘（1-nitronaphthalene，99%，石蜡糊）

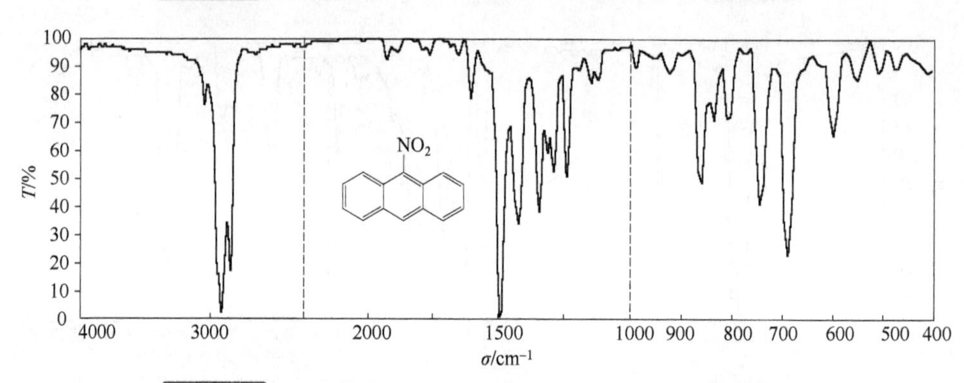

图 9-185 9-硝基蒽（9-nitroanthracene，97%，石蜡糊）

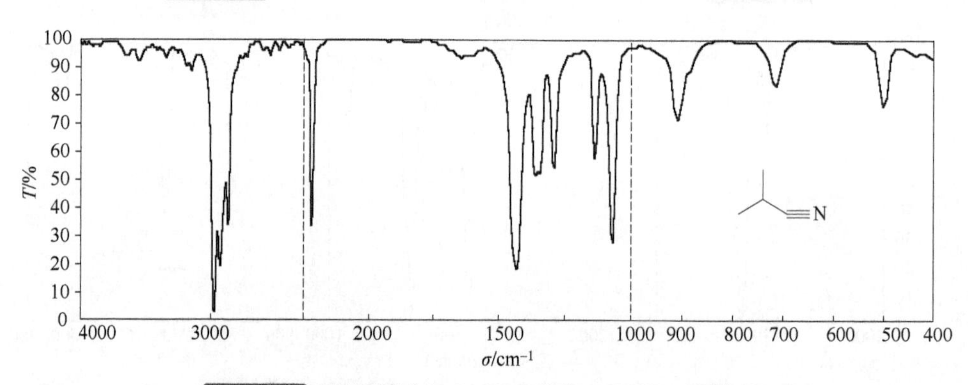

图 9-186 异丁腈（isobutyronitrile，99%，液膜）

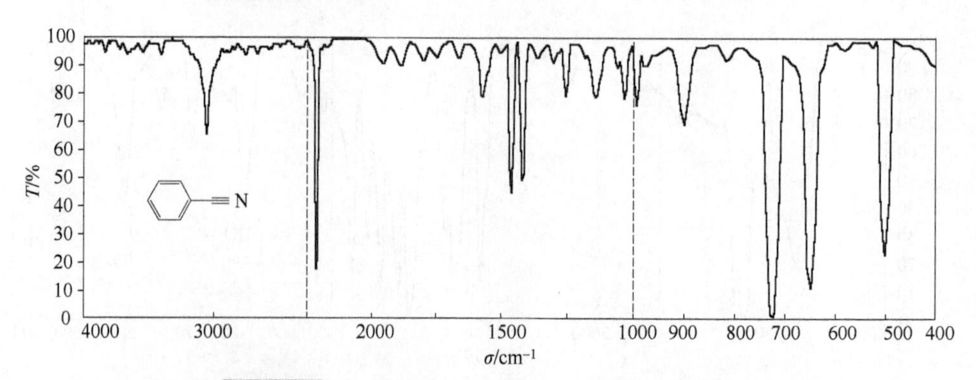

图 9-187 氰苯（benzonitrile，>99%，液膜）

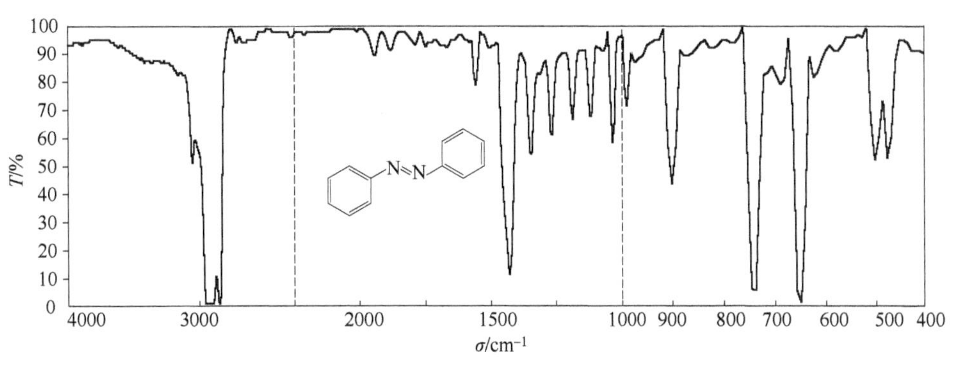

图 9-188 偶氮苯 （azobenzene，99%，石蜡糊）

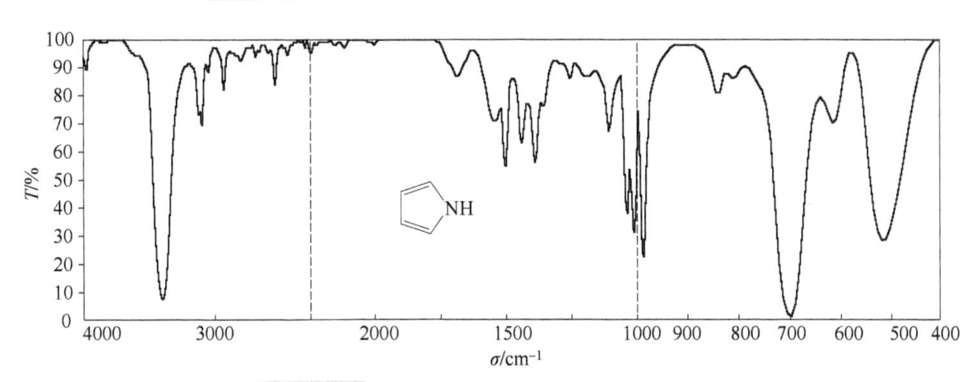

图 9-189 吡咯（pyrrole，98%，液膜）

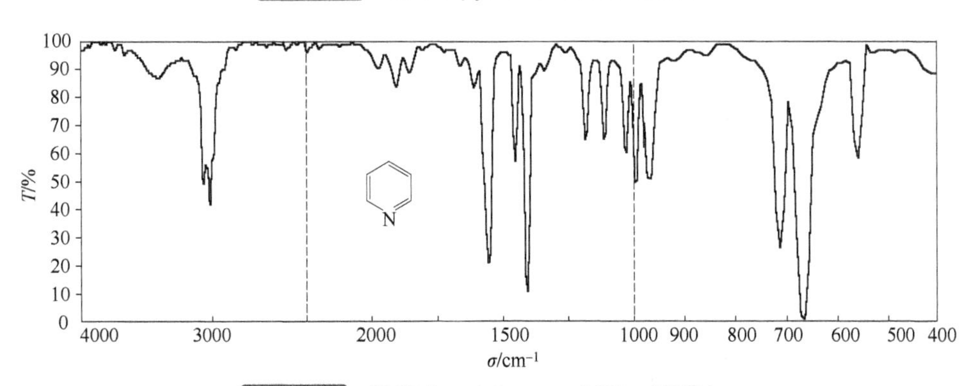

图 9-190 吡啶（pyridine，>99%，液膜）

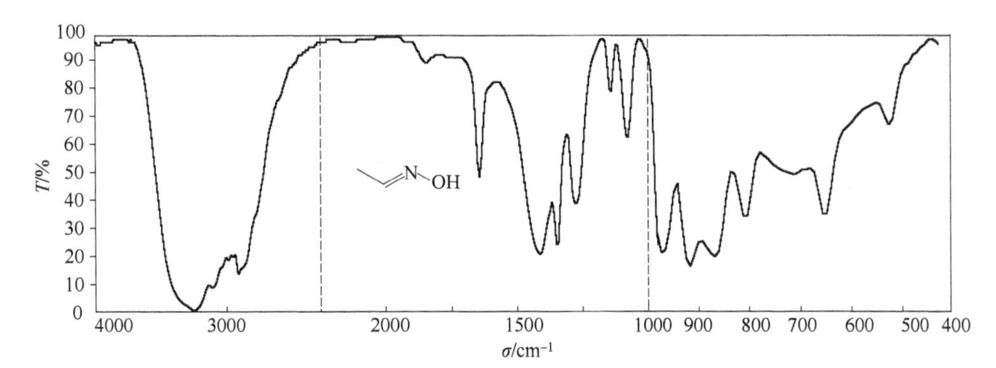

图 9-191 乙醛肟（acetaldoxime，95%，液膜）

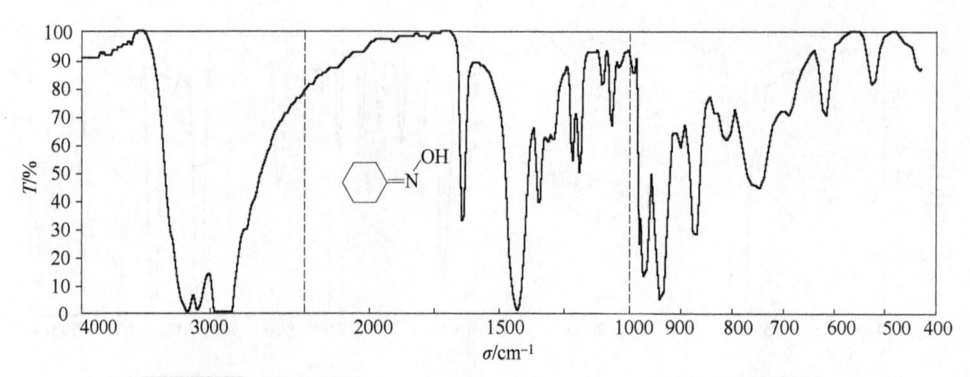

图 9-192 环己酮肟（cyclohexanone oxime，97%，石蜡糊）

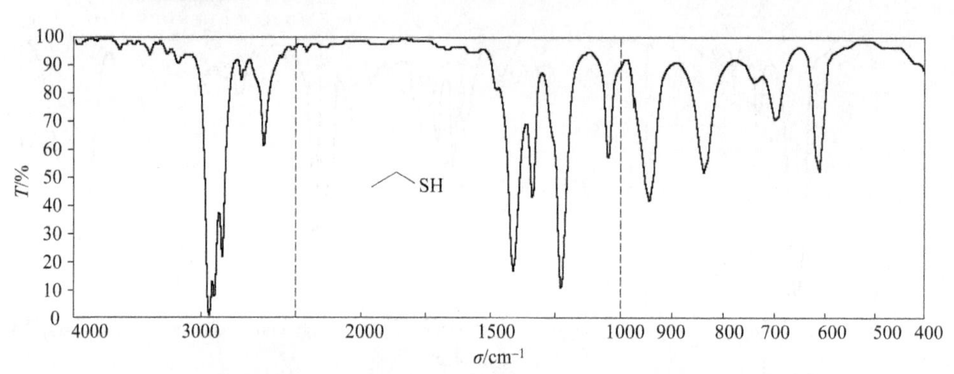

图 9-193 乙硫醇（ethanethiol，97%，液膜）

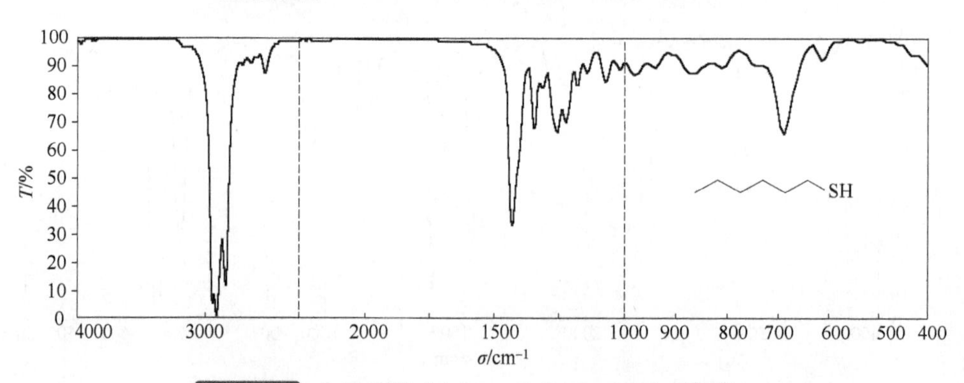

图 9-194 1-己硫醇（1-hexanethiol，96%，液膜）

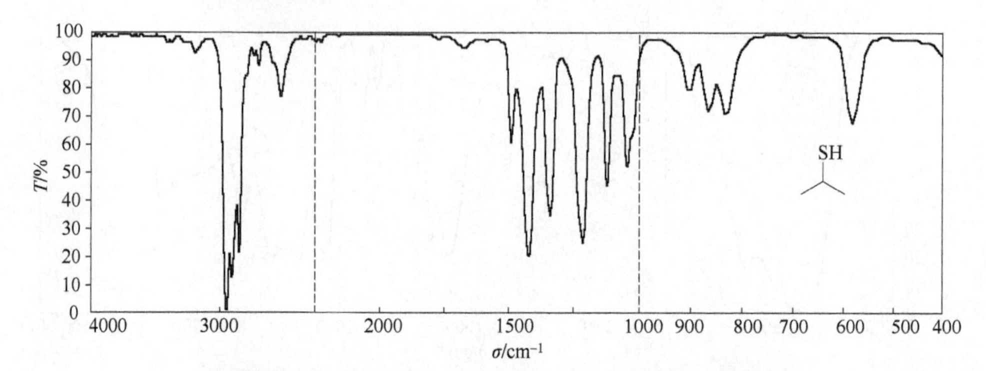

图 9-195 2-丙硫醇（2-propanethiol，98%，液膜）

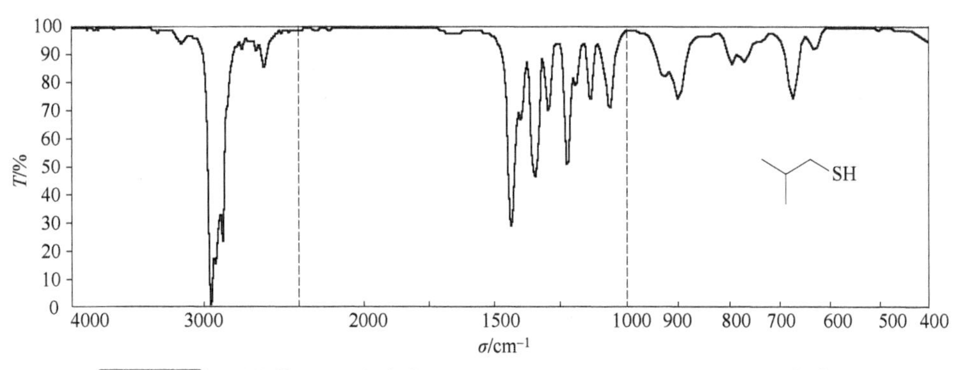

图 9-196　2-甲基-1-丙硫醇（2-methyl-1-propanethiol，97%，液膜）

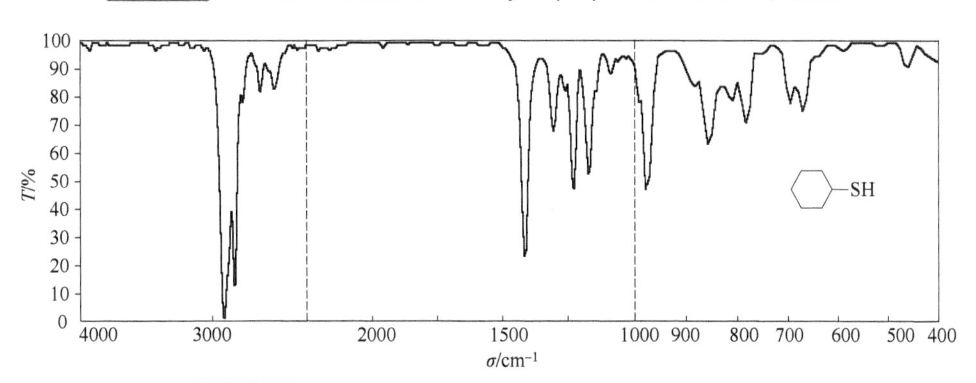

图 9-197　环己硫醇（cyclohexyl mercaptan，液膜）

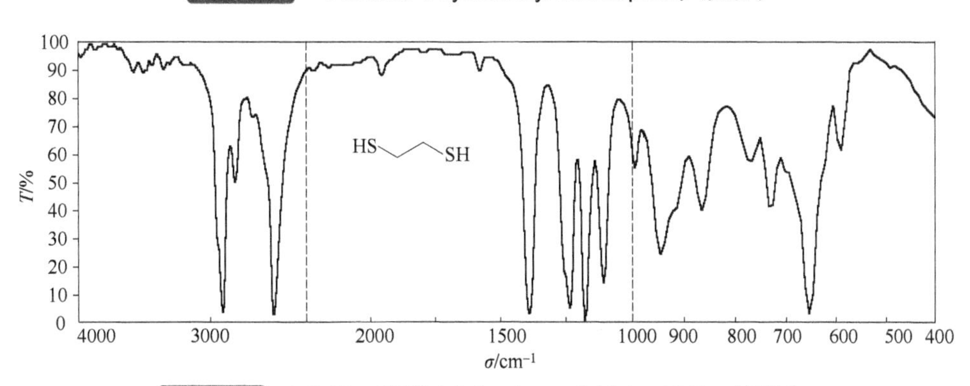

图 9-198　1,2-乙二硫醇（1,2-ethanedithiol，96%，液膜）

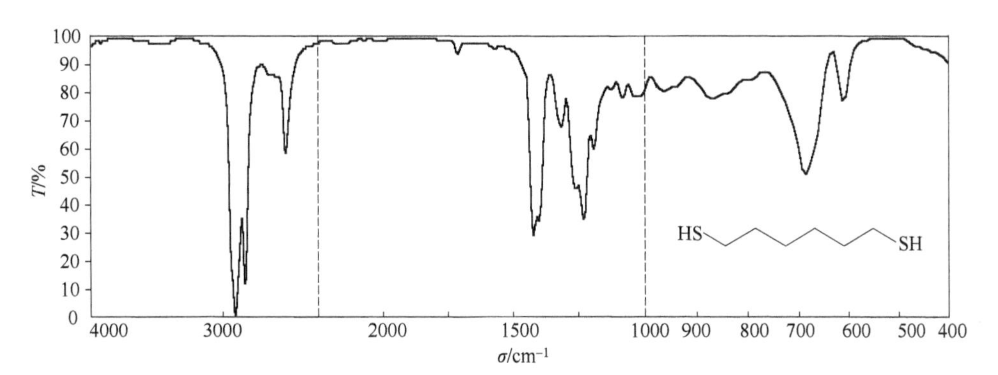

图 9-199　1,6-己二硫醇（1,6-hexanedithiol，97%，液膜）

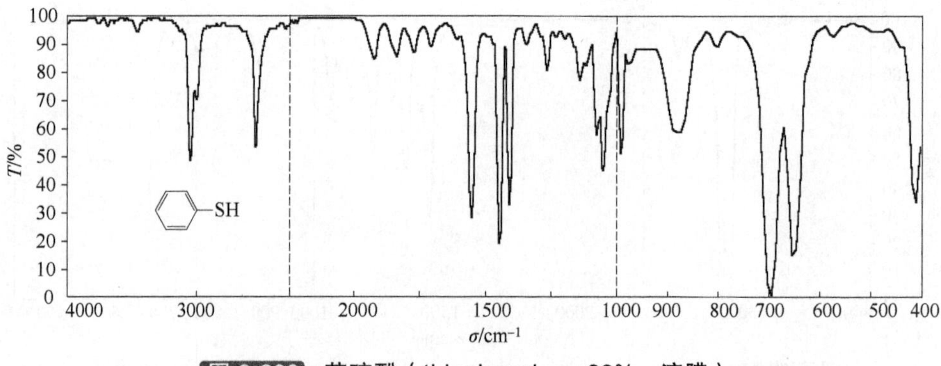

图 9-200 苯硫酚（thiophenol，>99%，液膜）

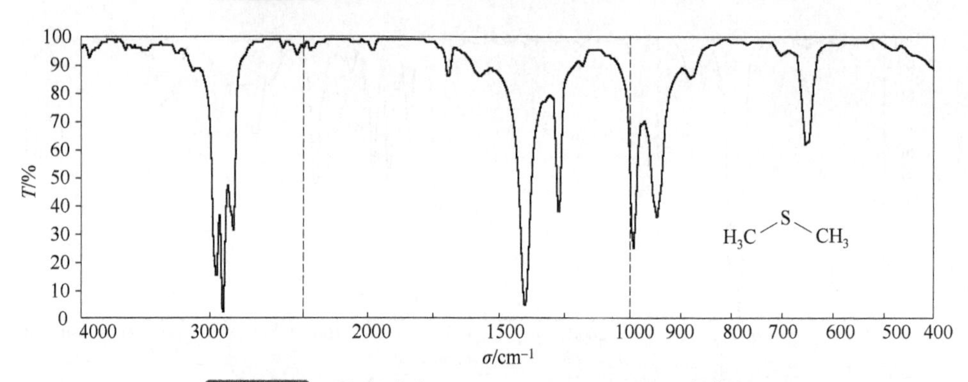

图 9-201 甲硫醚（methyl sulfide，98%，液膜）

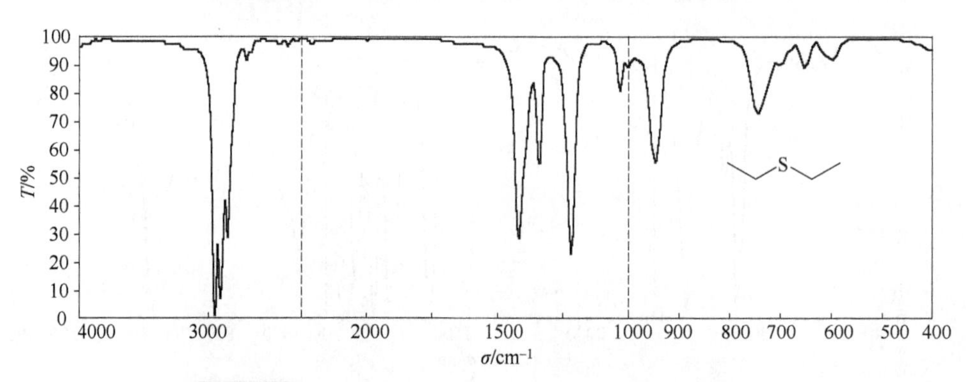

图 9-202 二乙硫醚（diethyl sulfide，98%，液膜）

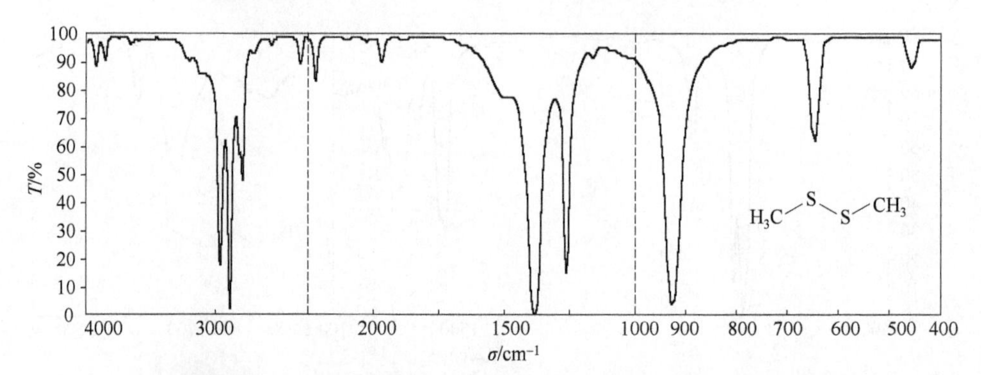

图 9-203 二甲基二硫醚（dimethyl disulfide，99%，液膜）

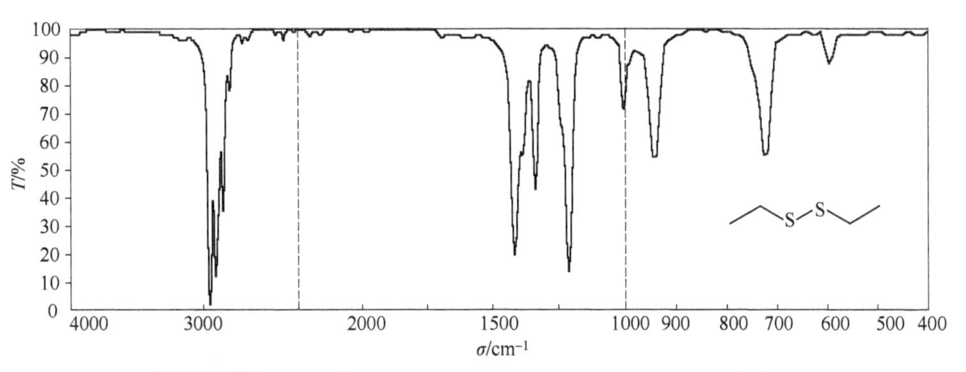

图 9-204　二乙基二硫醚（diethyl disulfide，99%，液膜）

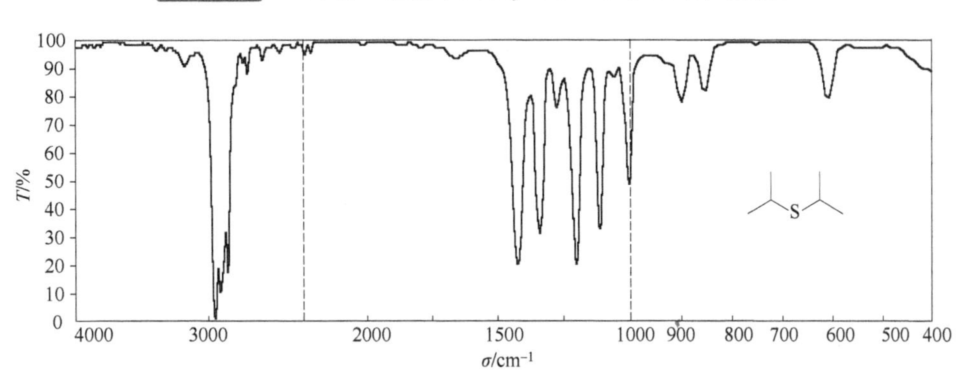

图 9-205　二异丙基硫醚（diisopropyl sulfide，98%，液膜）

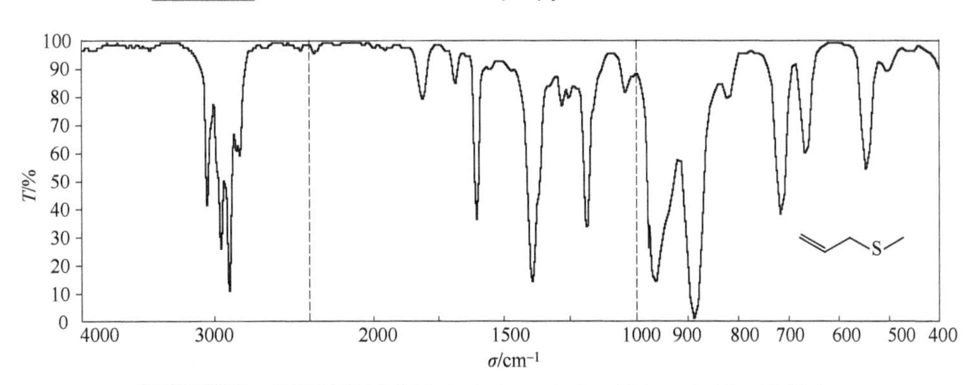

图 9-206　烯丙基甲基硫醚（allyl methyl sulfide，99%，液膜）

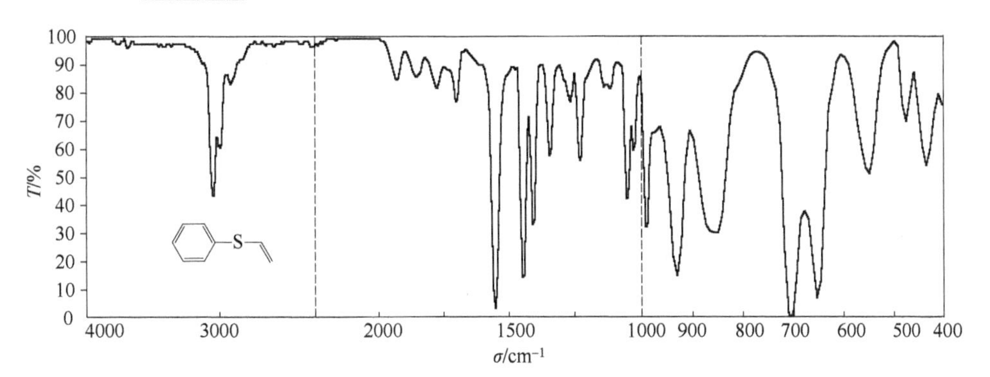

图 9-207　苯基乙烯基硫醚（phenyl vinyl sulfide，97%，液膜）

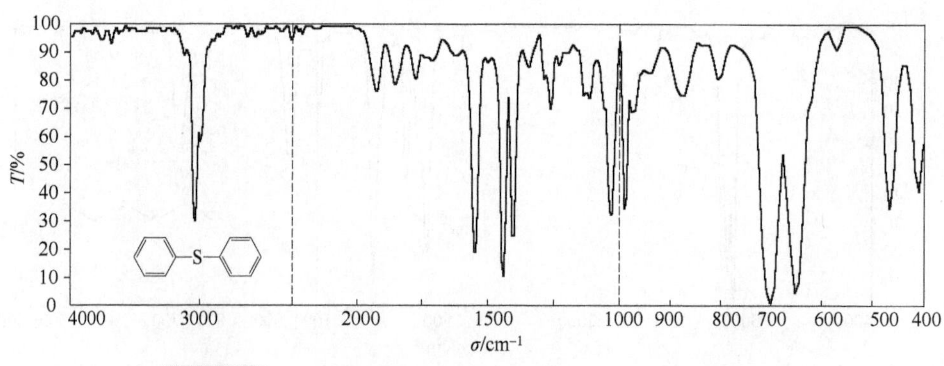

图 9-208 二苯基硫醚（diphenyl sulfide，98%，液膜）

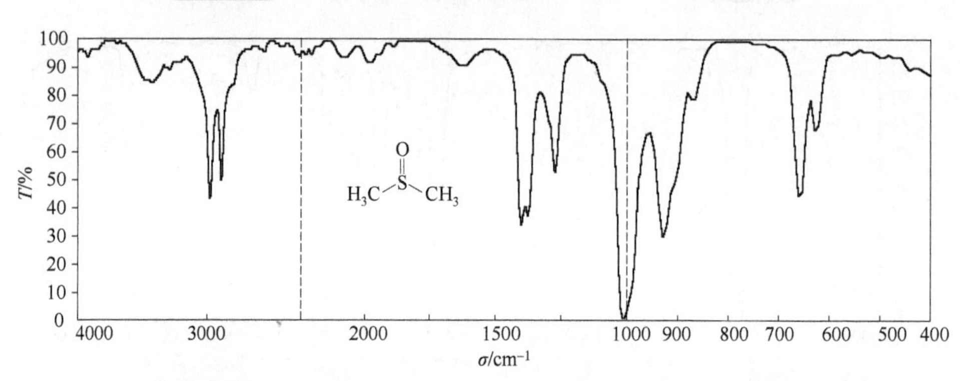

图 9-209 二甲基亚砜（dimethyl sulfoxide，99.9%，液膜）

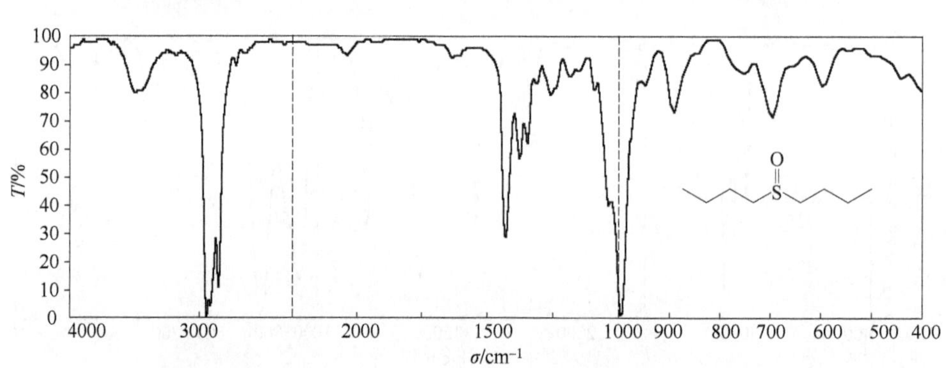

图 9-210 二丁基亚砜（dibutyl sulfoxide，93%，液膜）

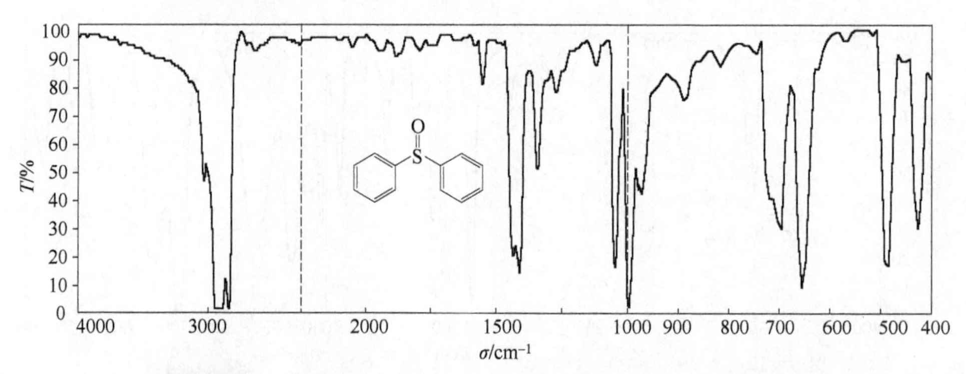

图 9-211 二苯亚砜 （diphenyl sulfoxide，97%，石蜡糊）

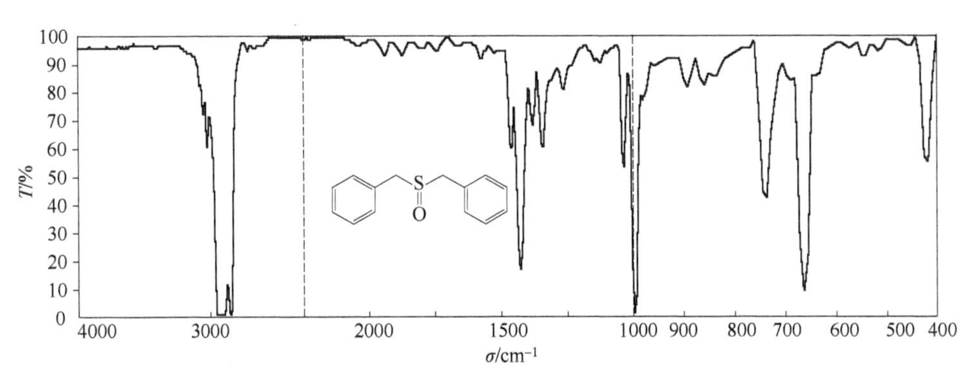

图 9-212　二苄亚砜　(benzyl sulfoxide，98%，石蜡糊)

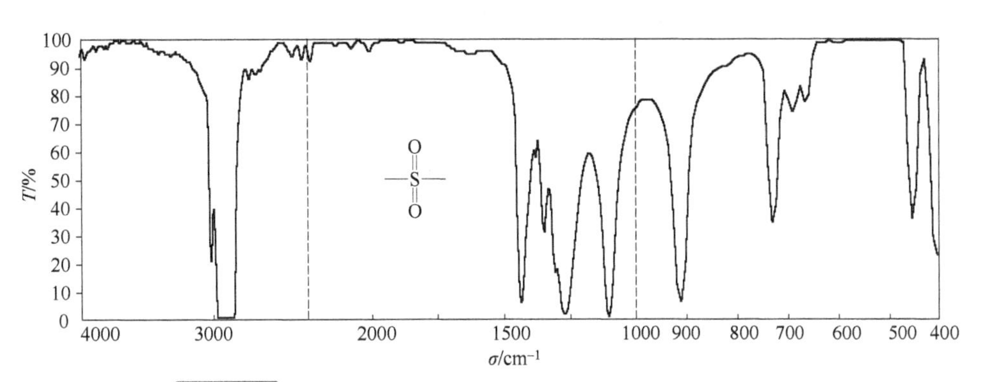

图 9-213　二甲基砜 (dimethyl sulfone，98%，石蜡糊)

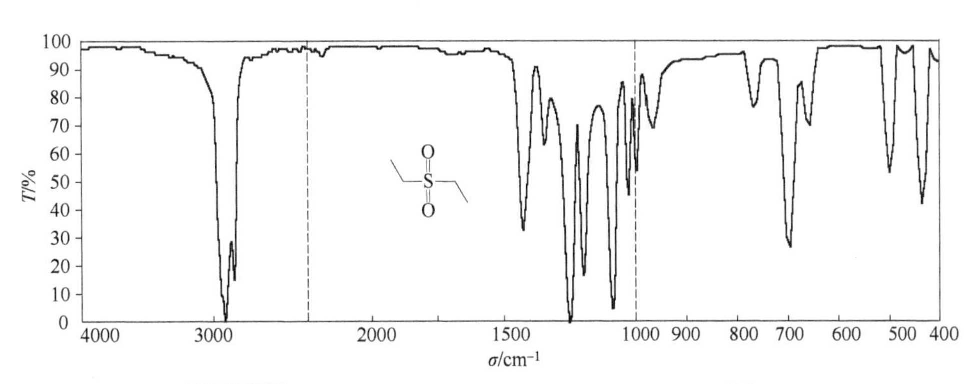

图 9-214　二乙基砜 (diethyl sulfone，97%，石蜡糊)

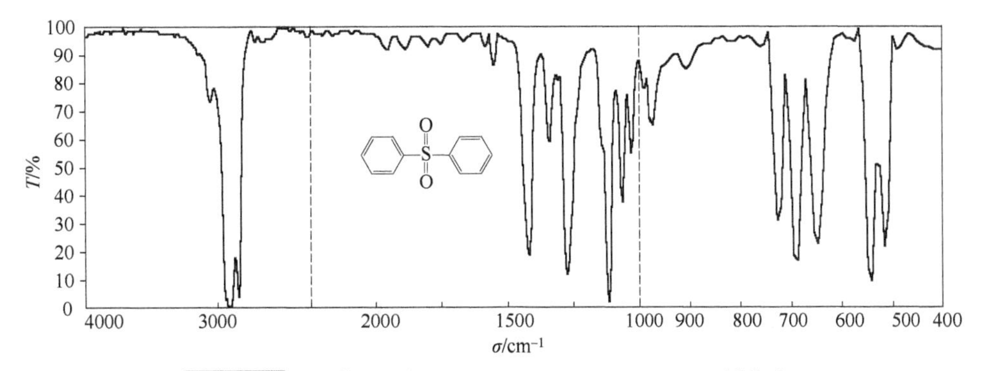

图 9-215　二苯砜　(diphenyl sulfone，97%，石蜡糊)

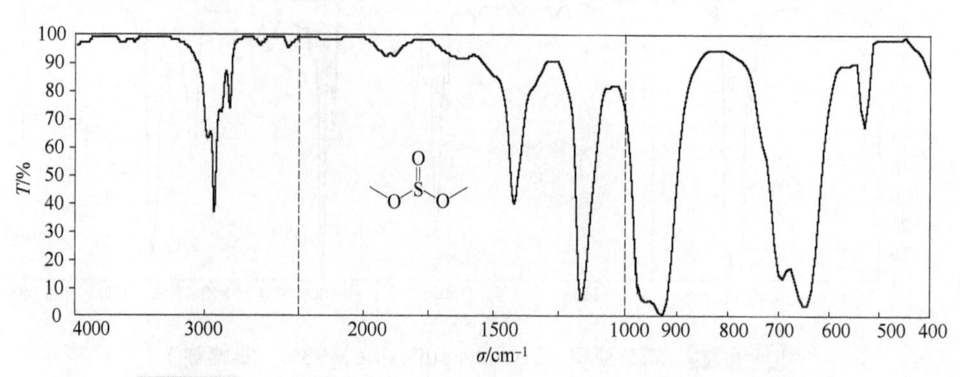

图 9-216 亚硫酸二甲酯（dimethyl sulfite，>99.7%，液膜）

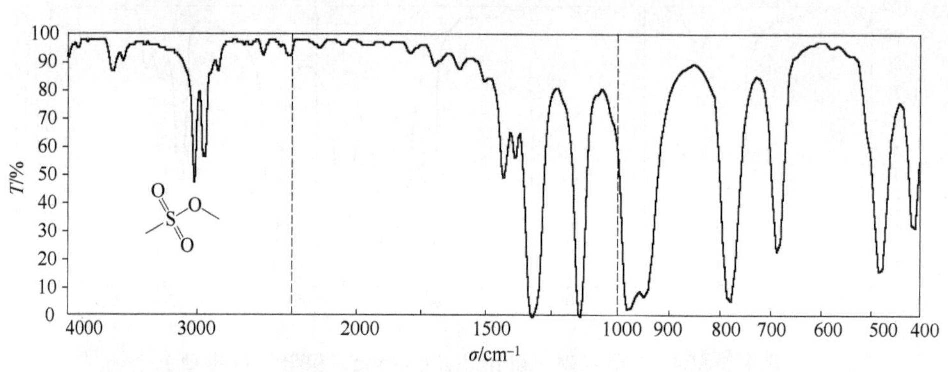

图 9-217 甲基磺酸甲酯（methyl methanesulfonate，99%，液膜）

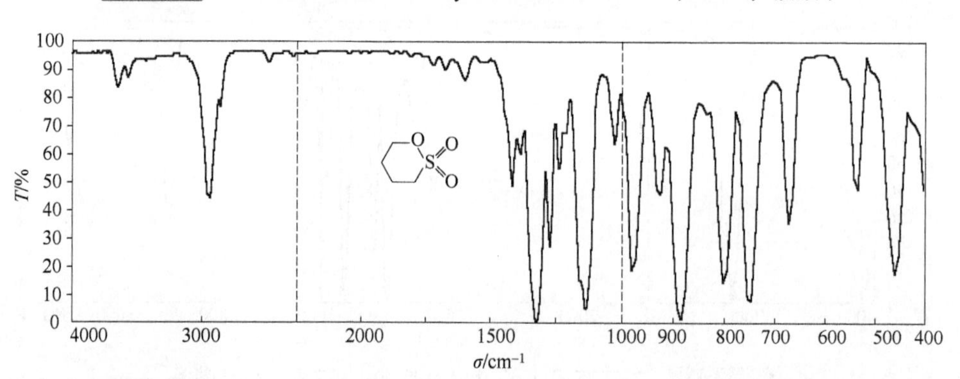

图 9-218 1, 4-丁磺酸内酯（1, 4-butane sultone，>99%，液膜）

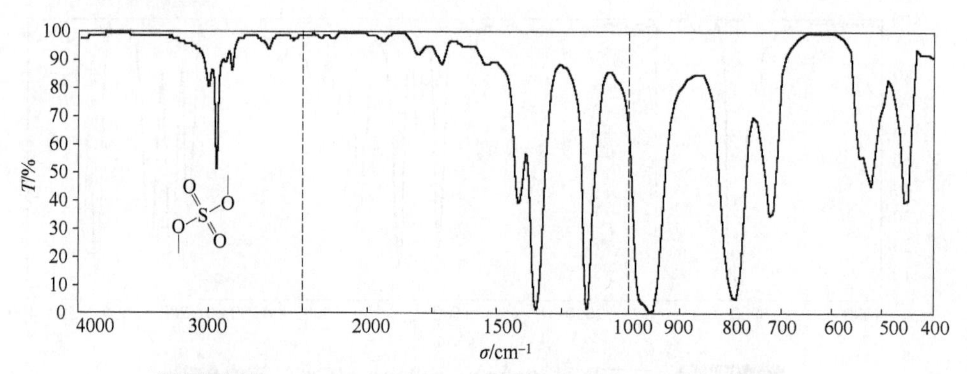

图 9-219 硫酸二甲酯（dimethyl sulfate，>99%，液膜）

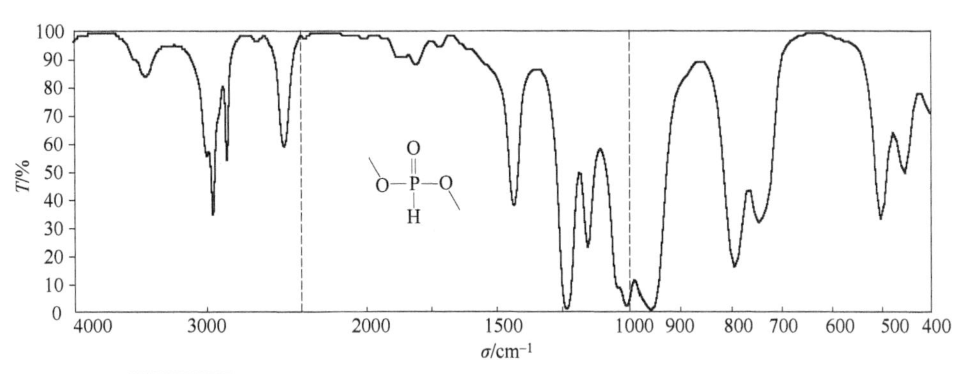

图 9-220　亚磷酸二甲酯（dimethyl phosphite，>99%，液膜）

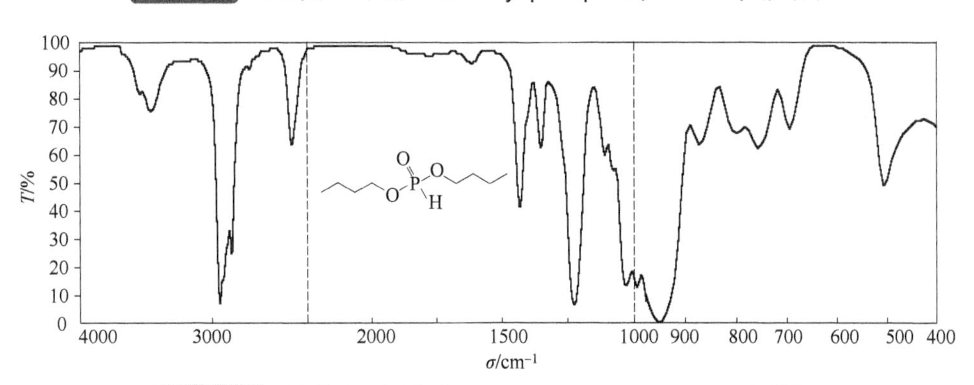

图 9-221　亚磷酸二丁酯（dibutyl phosphite，96%，液膜）

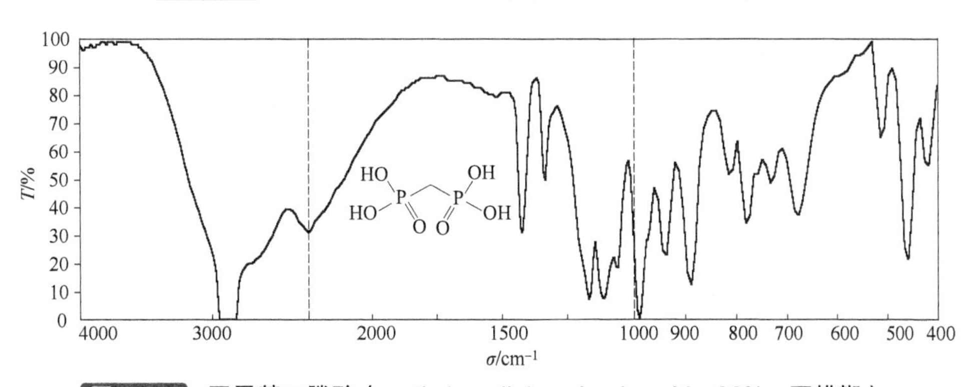

图 9-222　亚甲基二膦酸（methylenediphosphonic acid，98%，石蜡糊）

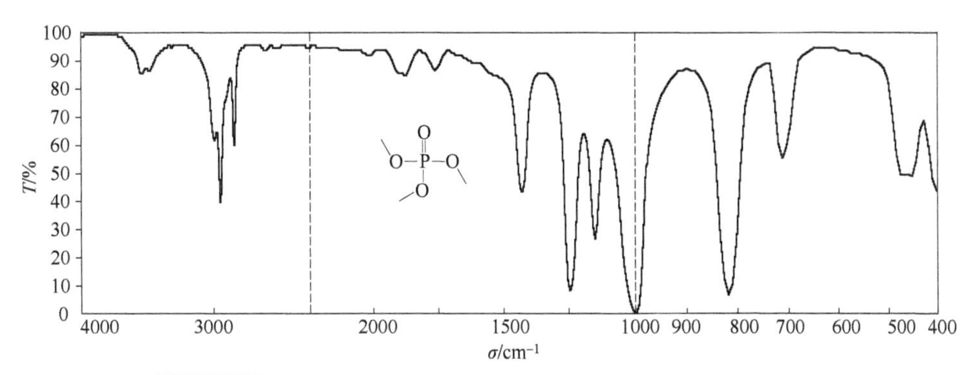

图 9-223　磷酸三甲酯（trimethyl phosphate，97%，液膜）

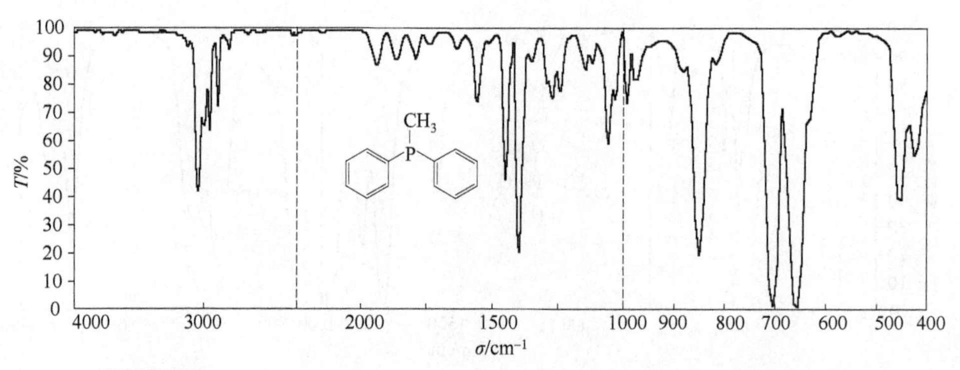

图 9-224 甲基二苯基膦（methyl diphenylphosphine，99%，液膜）

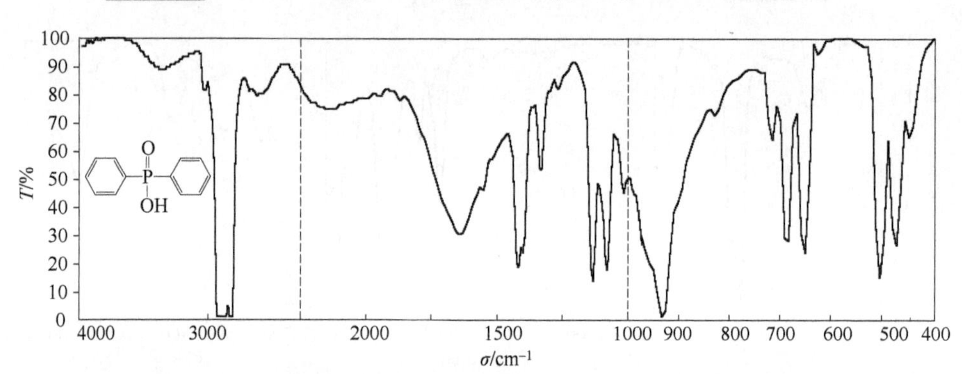

图 9-225 二苯基膦酸（diphenylphosphinic acid, 99%，石蜡糊）

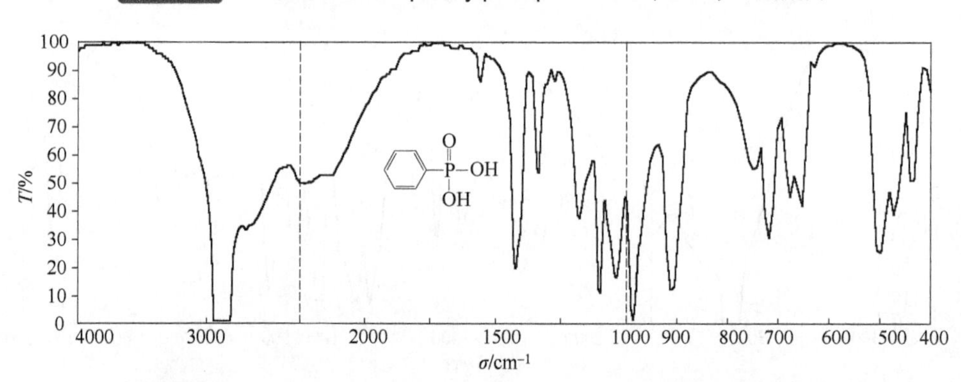

图 9-226 苯基膦酸（phenylphosphonic acid，98%，石蜡糊）

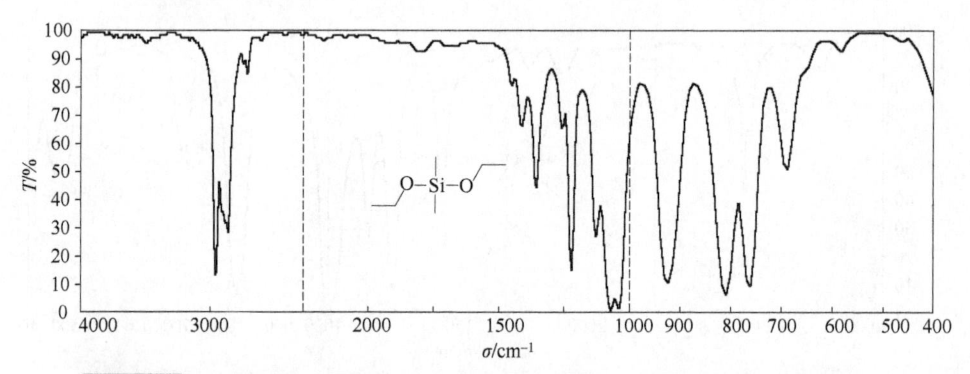

图 9-227 二甲基二乙氧基硅烷 （diethoxydimethylsilane，99%，液膜）

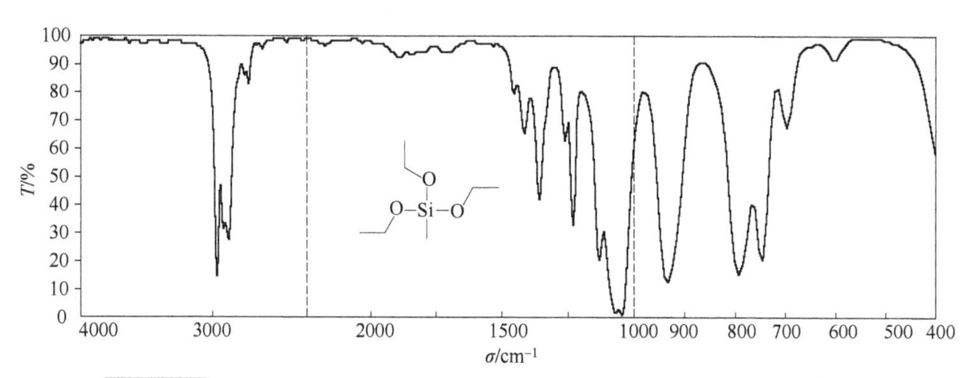

图 9-228 三乙氧基甲基硅烷 （methyltriethoxysilane，95%，液膜）

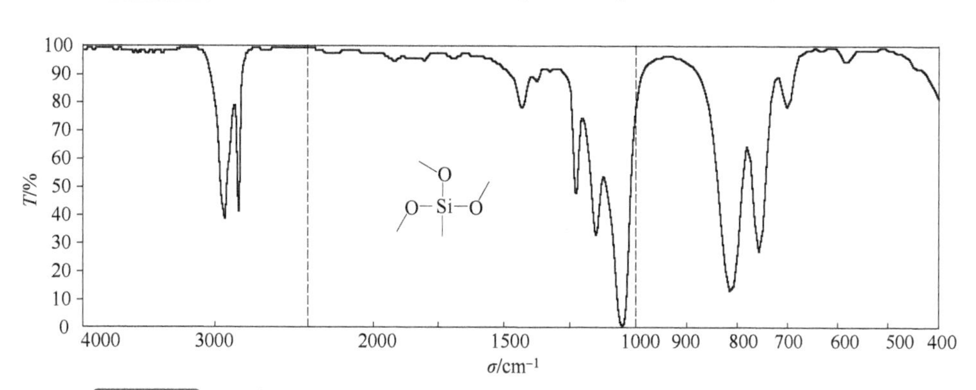

图 9-229 甲基三甲氧基硅烷 （methyltrimethoxysilane，99%，液膜）

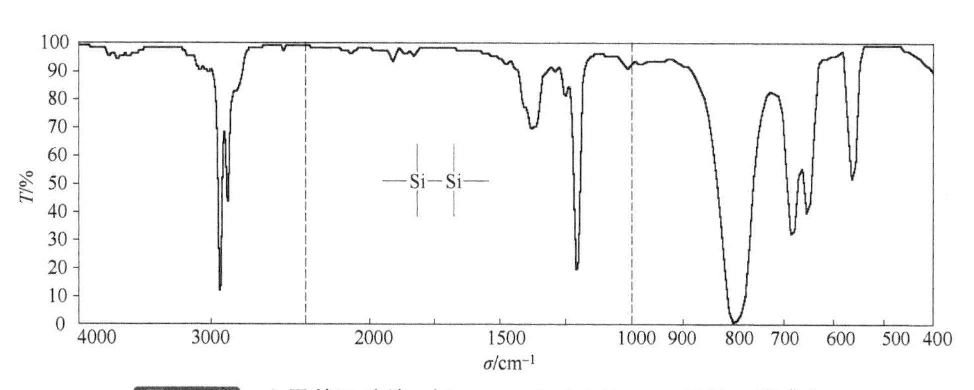

图 9-230 六甲基二硅烷 （hexamethyldisilane，95%，液膜）

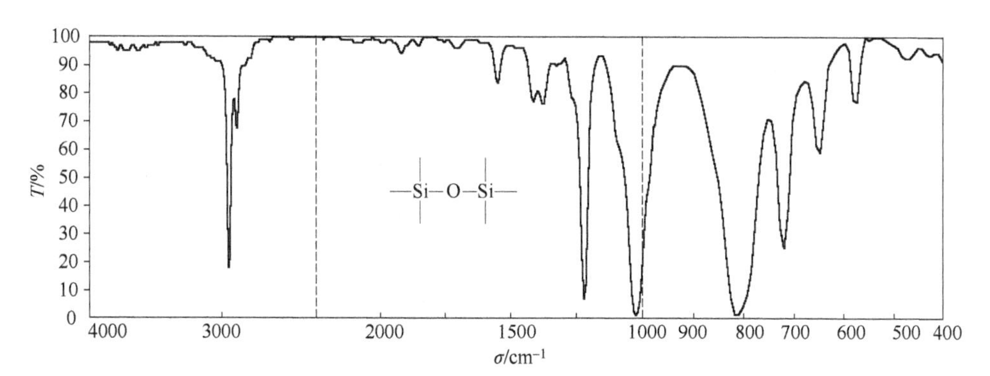

图 9-231 六甲基二硅氧烷 （hexamethyldisiloxane，>98%，液膜）

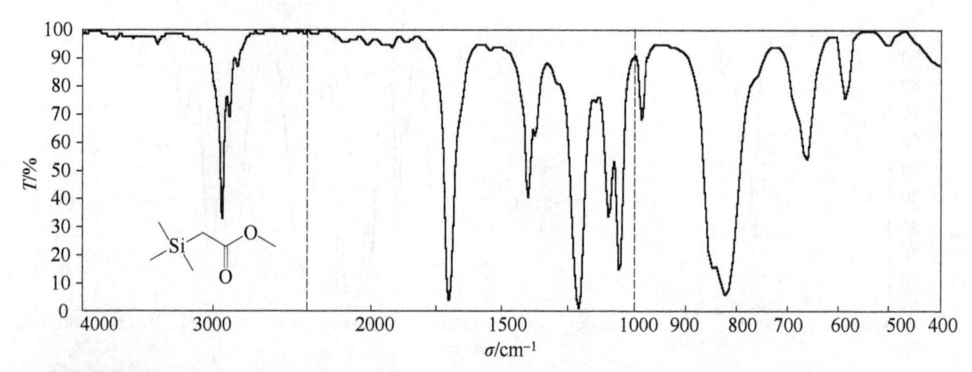

图 9-232 (三甲硅烷基)乙酸甲酯 [methyl (trimethylsilyl)acetate，98%，液膜]

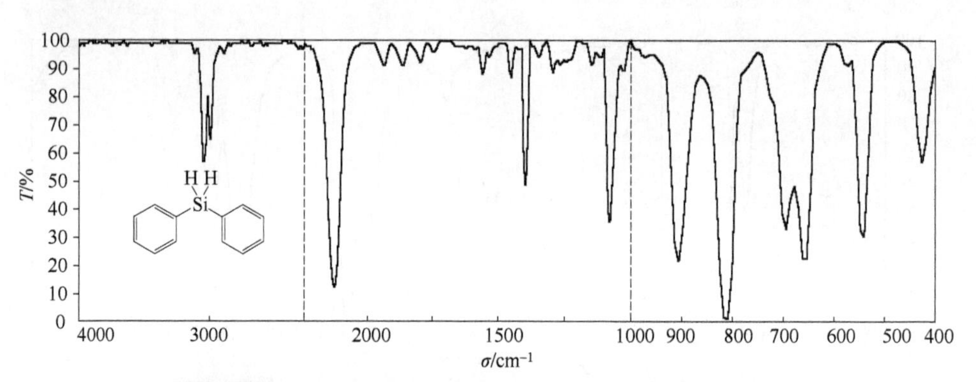

图 9-233 二苯基硅烷 (diphenylsilane，99%，液膜)

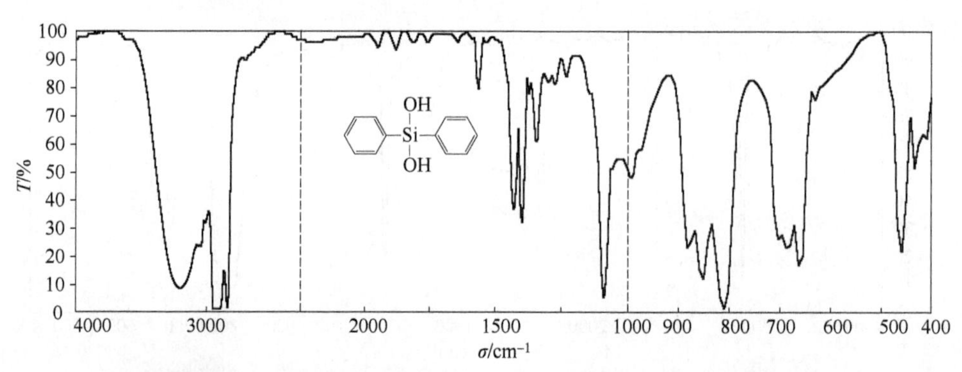

图 9-234 二苯基硅二醇(diphenylsilanediol，95%，石蜡糊)

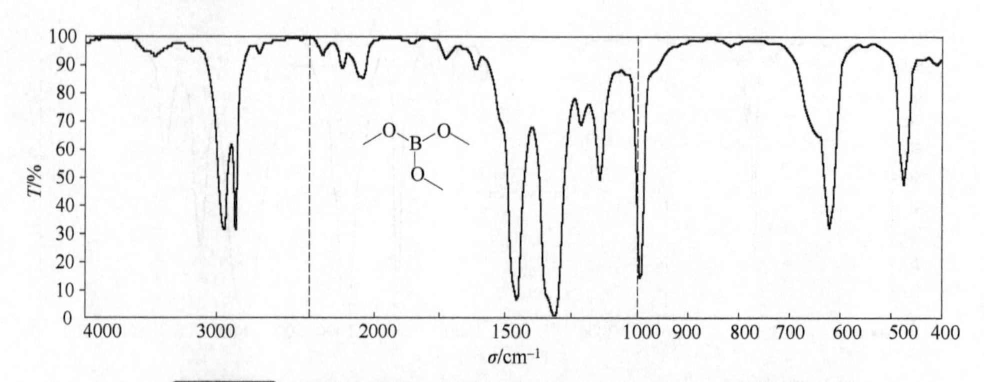

图 9-235 硼酸三甲酯 (trimethyl borate，99%，液膜)

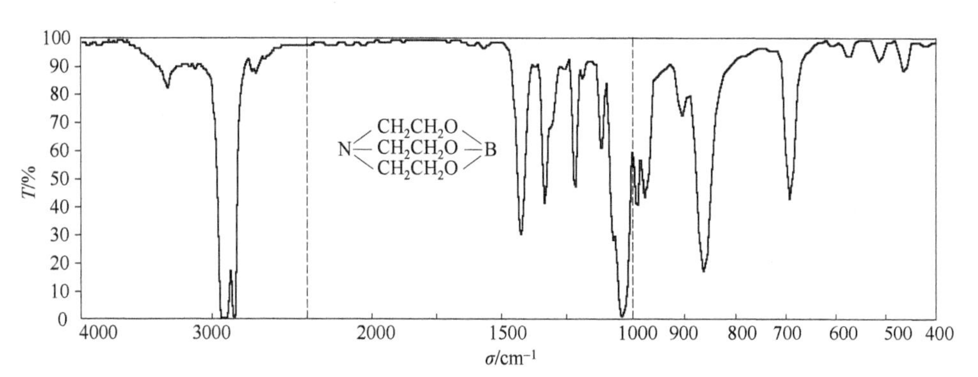

图 9-236 三乙醇胺硼酸酯 （triethanolamine borate，97%，石蜡糊）

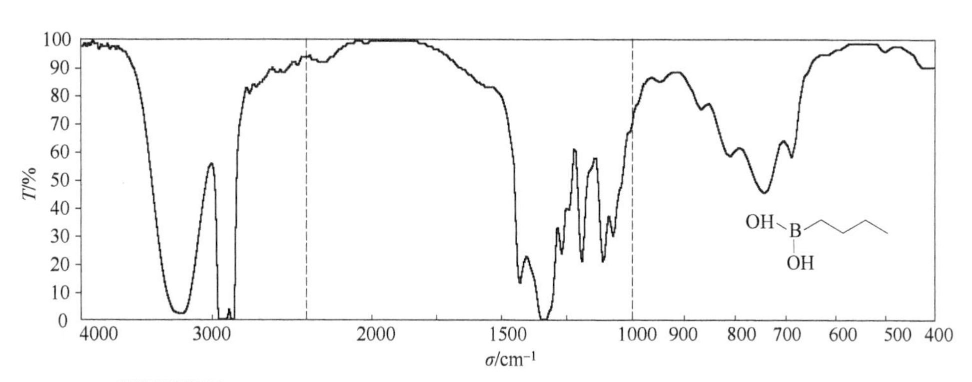

图 9-237 1-丁基硼酸 （1-butaneboronic acid，>99%，石蜡糊）

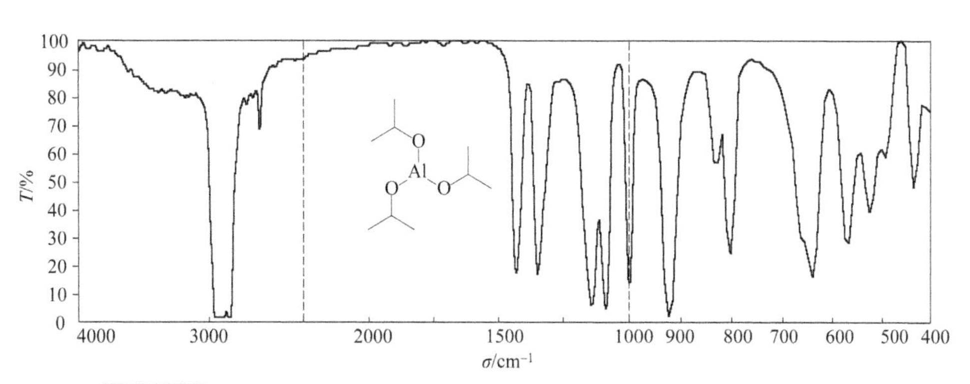

图 9-238 异丙醇铝 （aluminum triisopropoxide，>98%，石蜡糊）

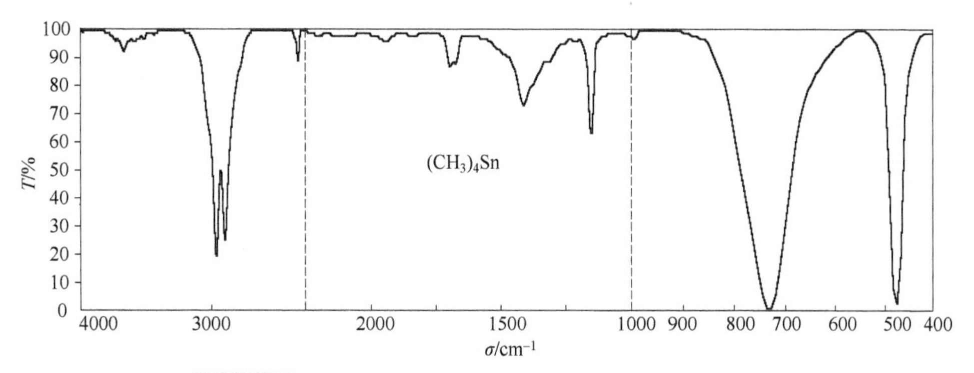

图 9-239 四甲基锡 （tetramethyltin，99%，液膜）

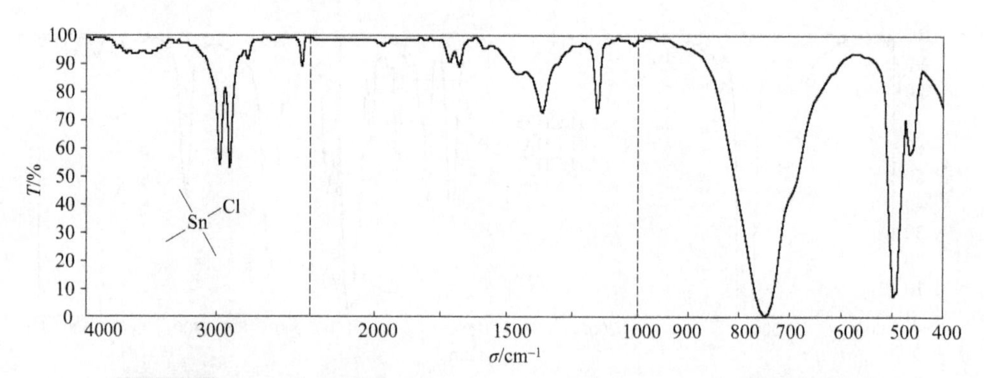

图 9-240 三甲基氯化锡 （trimethyltin chloride，99%，溴化钾片）

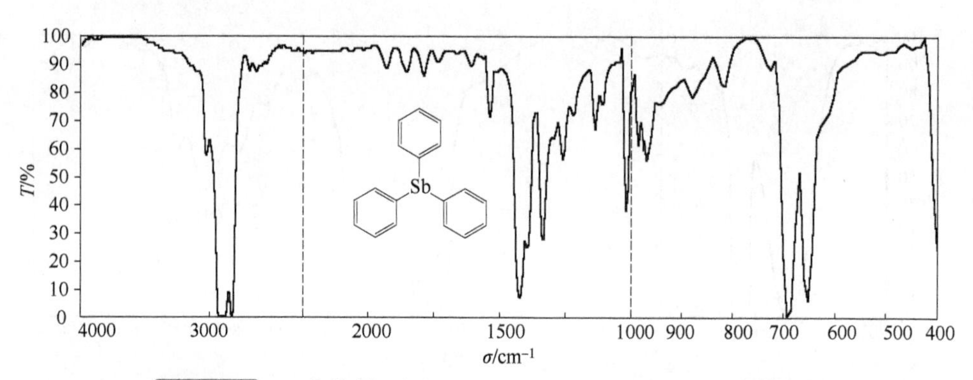

图 9-241 三苯基锑 （triphenylantimony，97%，石蜡糊）

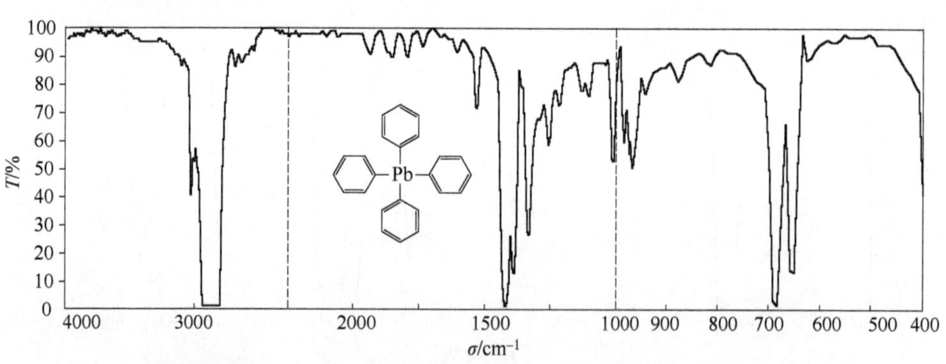

图 9-242 四苯基铅 （tetraphenyllead，97%，石蜡糊）

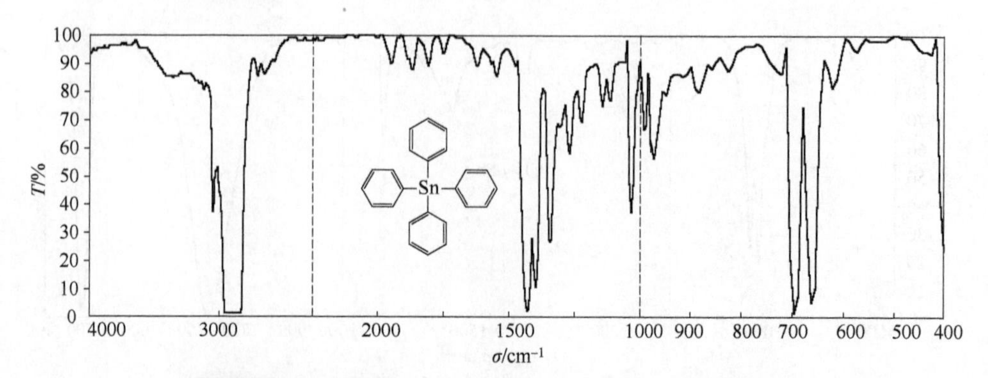

图 9-243 四苯基锡 （tetraphenyltin，97%，石蜡糊）

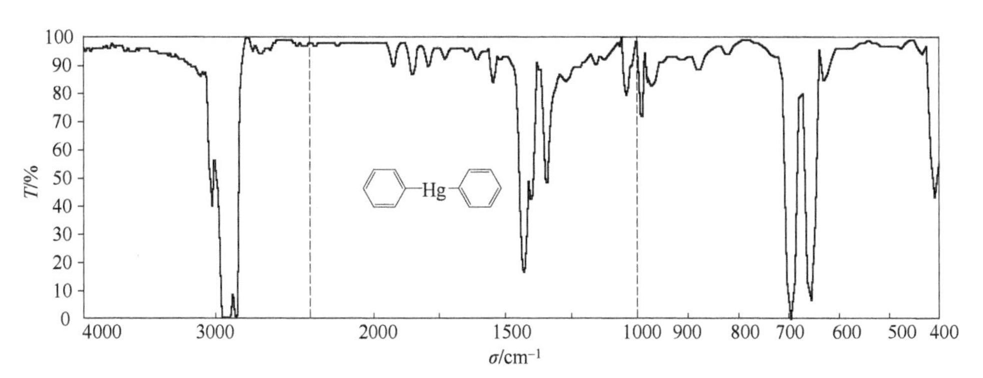

图 9-244　二苯基汞（diphenylmercury，石蜡糊）

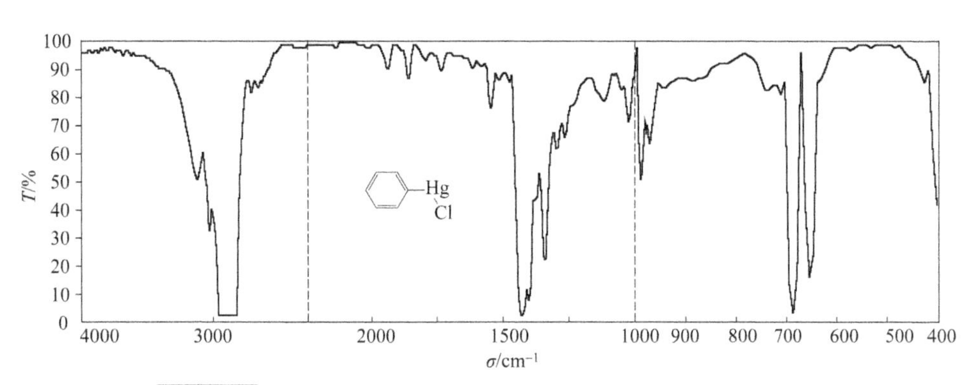

图 9-245　苯基氯化汞（phenylmercuric chloride，石蜡糊）

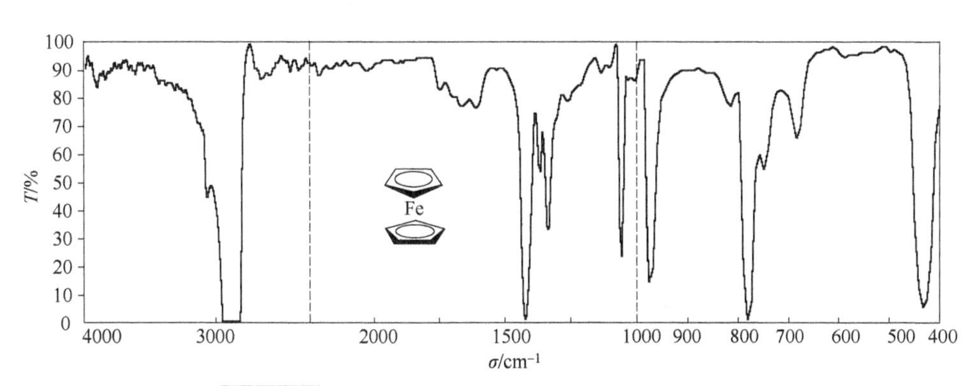

图 9-246　二茂铁　（ferrocene，98%，石蜡糊）

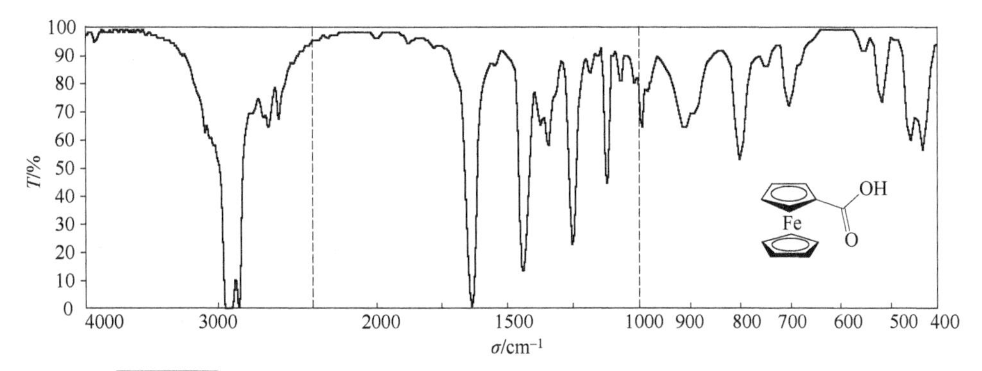

图 9-247　二茂铁甲酸　（ferrocenecarboxylic acid，97%，石蜡糊）

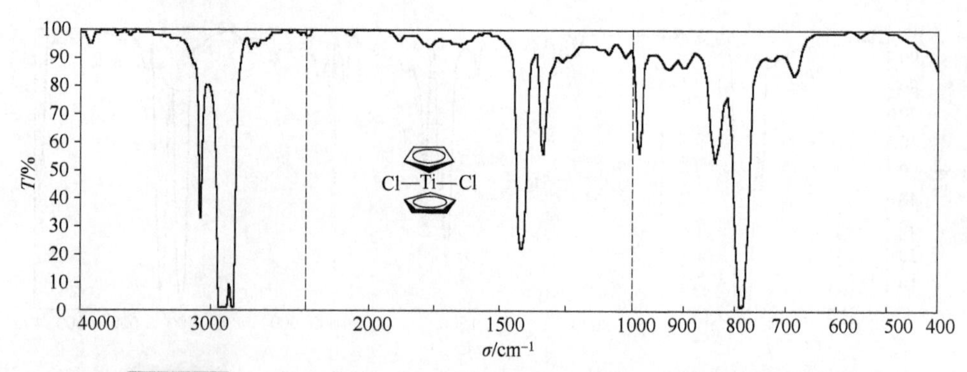

图 9-248 二氯二茂钛（titanocene dichloride，97%，石蜡糊）

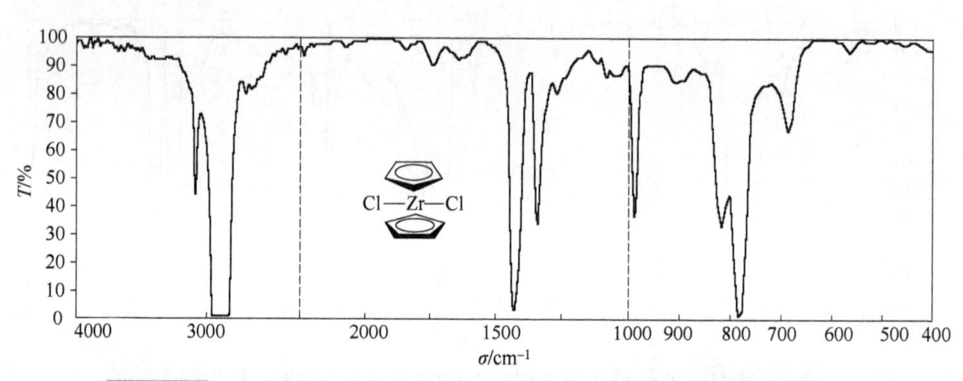

图 9-249 二氯二茂锆（zirconocene dichloride，>98%，石蜡糊）

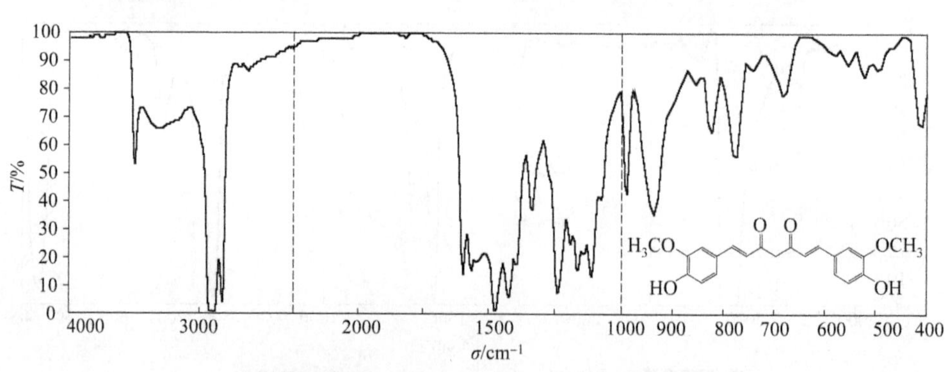

图 9-250 姜黄素（curcumin，石蜡糊）

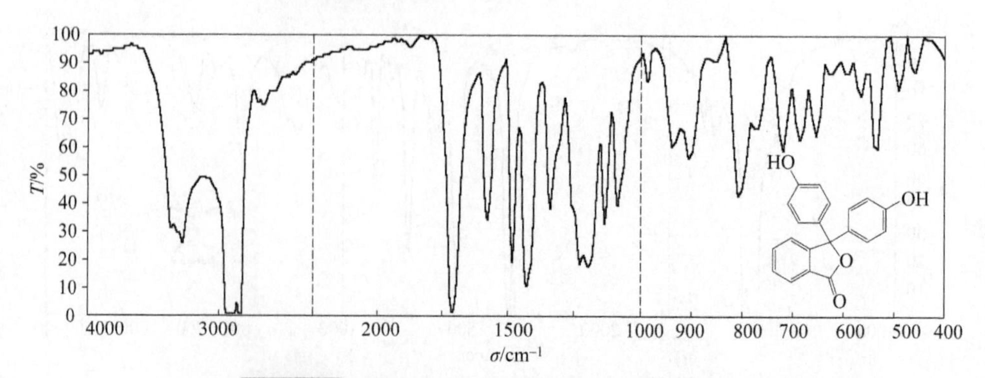

图 9-251 酚酞（phenolphthalein，石蜡糊）

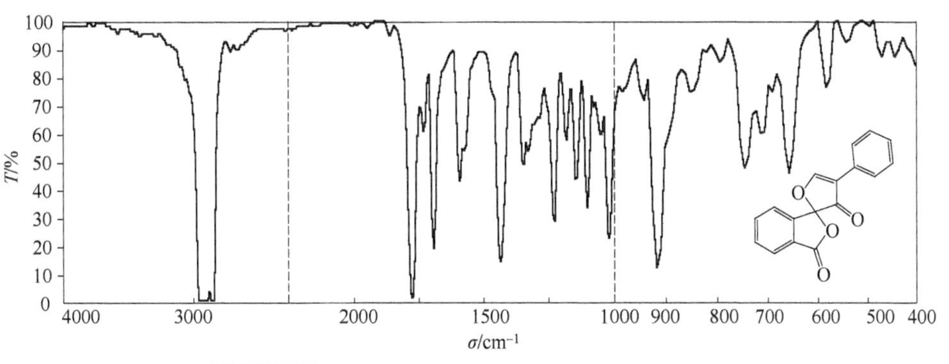

图 9-252　荧光胺（fluorescamine，石蜡糊）

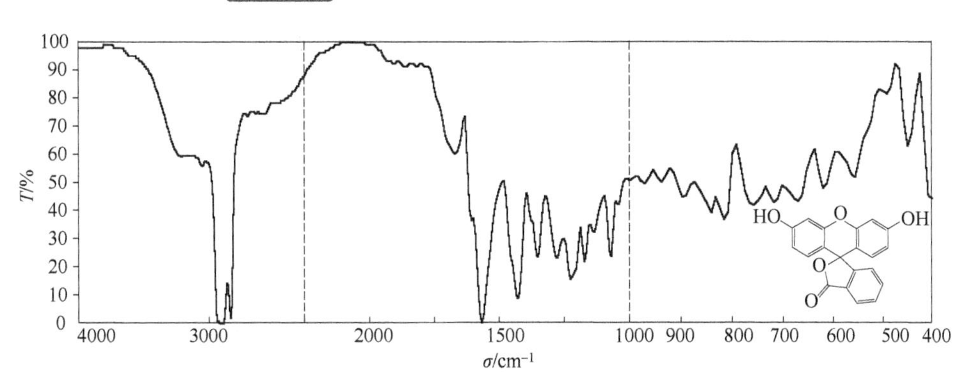

图 9-253　荧光素（fluorescein，石蜡糊）

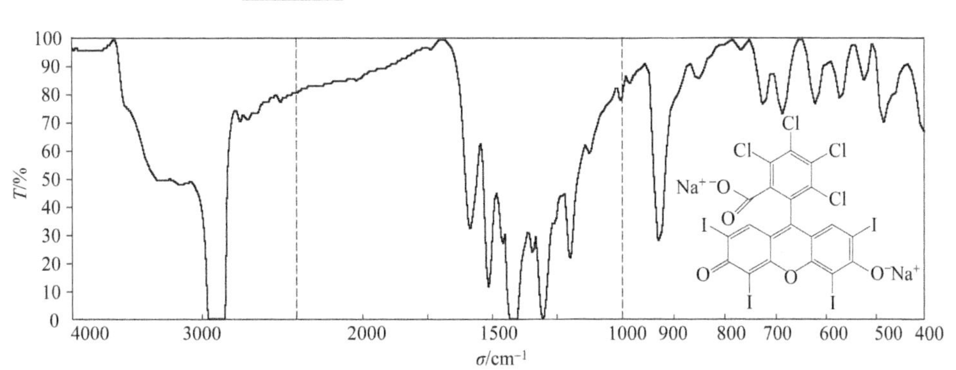

图 9-254　玫瑰红（rose bengal，石蜡糊）

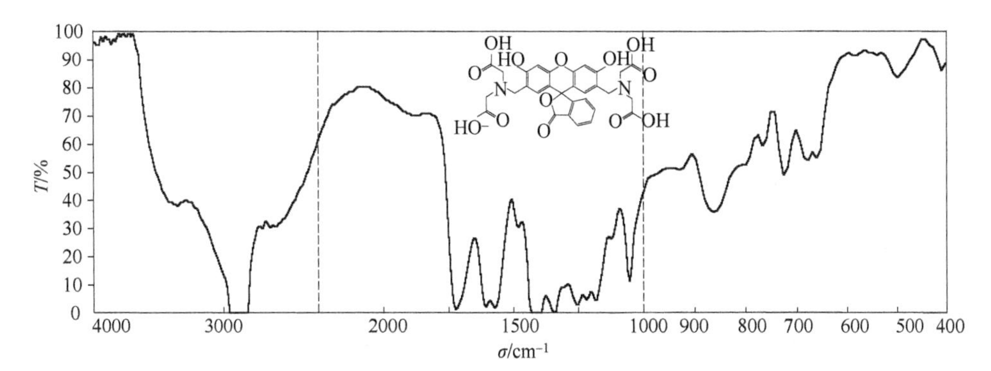

图 9-255　钙黄绿素（fluorexon，石蜡糊）

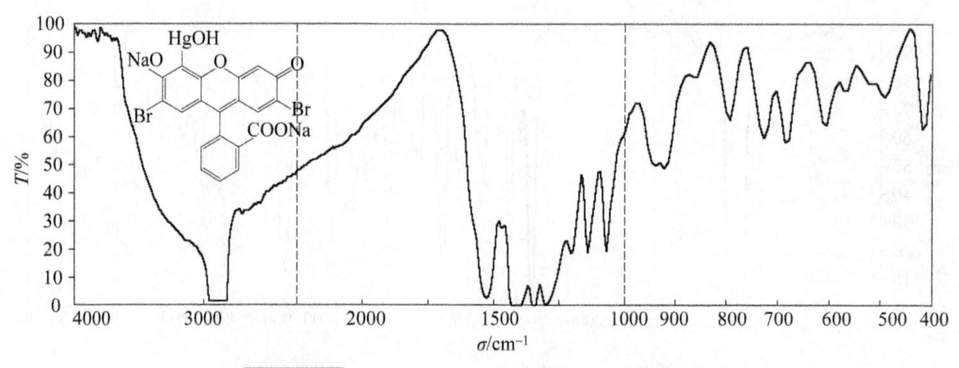

图 9-256 汞溴红（merbromin，石蜡糊）

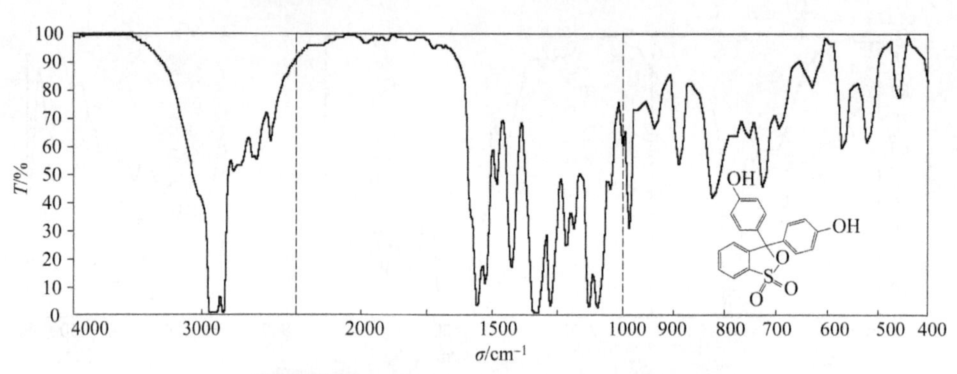

图 9-257 酚红（phenol red，石蜡糊）

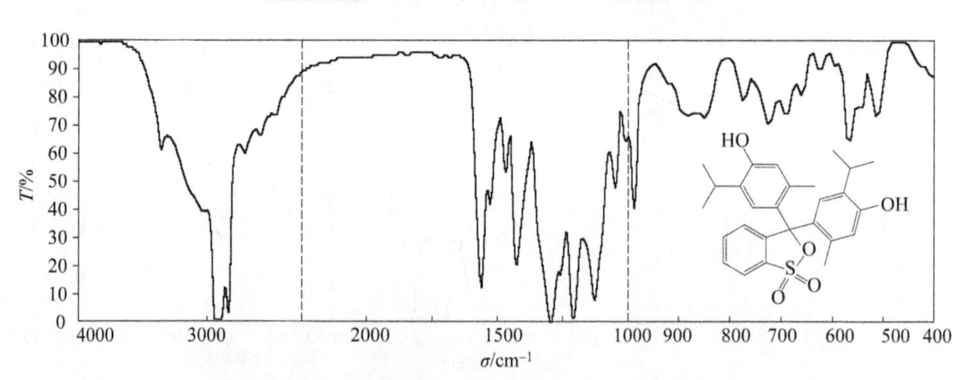

图 9-258 百里酚蓝（thymol blue，溴化钾片）

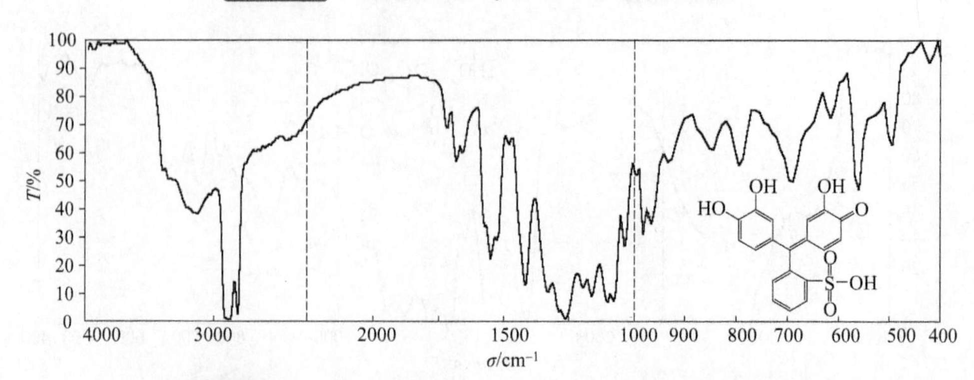

图 9-259 邻苯二酚紫（pyrocatechol violet，石蜡糊）

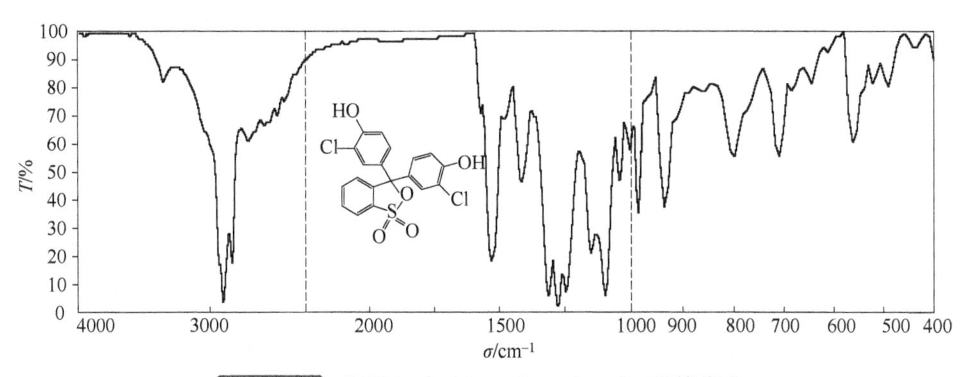

图 9-260　氯酚红（chlorophenol red，石蜡糊）

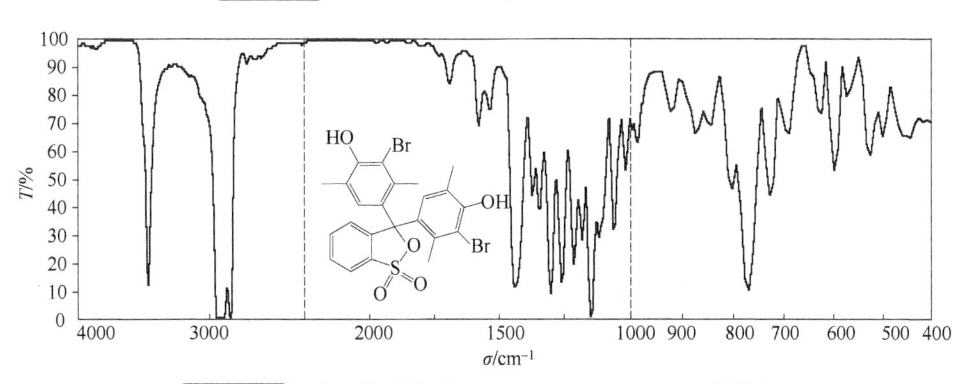

图 9-261　溴二甲酚蓝（bromoxylenol blue，石蜡糊）

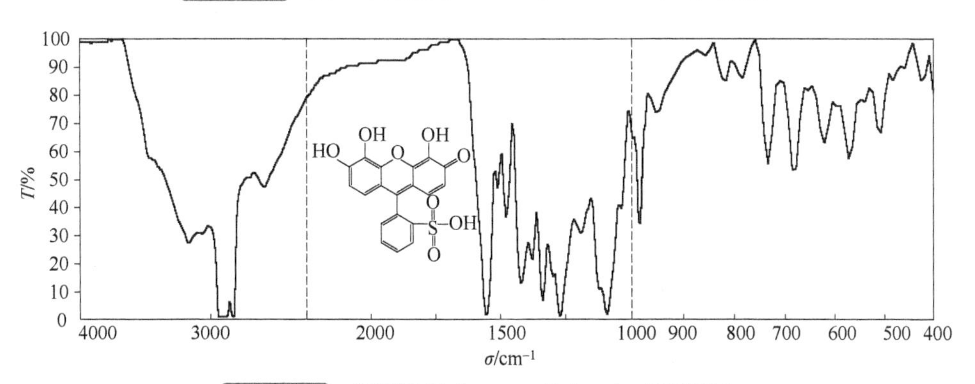

图 9-262　焦棓酚红（pyrogallol red，石蜡糊）

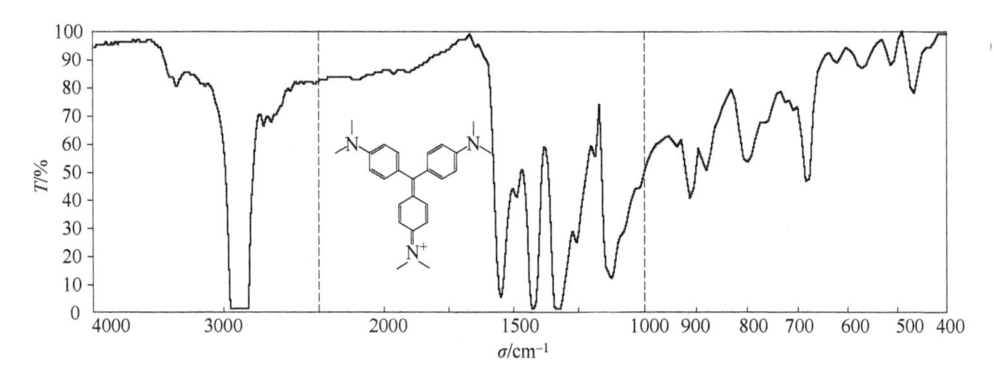

图 9-263　结晶紫（crystal violet，石蜡糊）

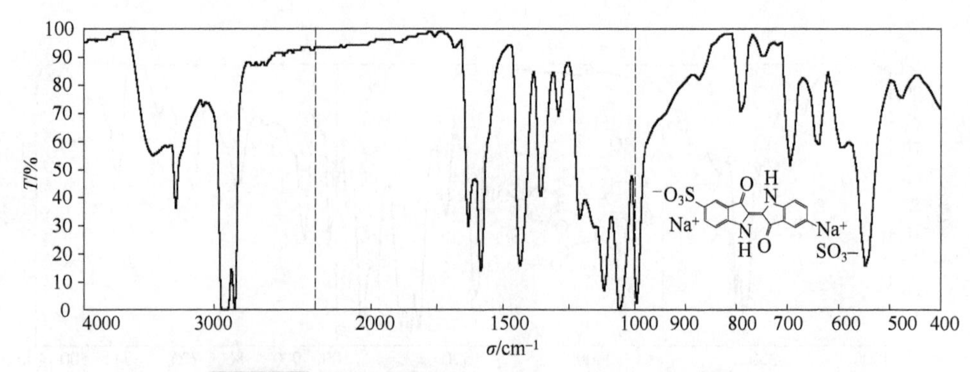

图 9-264 靛蓝胭脂红（indigo carmine，石蜡糊）

三、天然产物有效成分的红外光谱图

本节将天然产物有效成分分为 11 类，提供了 76 张红外光谱图，仅供一般查找时参考，其内容和谱图号见表 9-57。

表 9-57 部分天然产物有效成分红外光谱图索引

内　　容	谱图号	内　　容	谱图号
1. 烯醇类化合物	9-265~9-272	7. 香豆素	9-311~9-317
2. 苷类化合物	9-273~9-275	8. 黄酮类化合物	9-318～9-327
3. 糖类化合物	9-276～9-278	9. 蒽醌类化合物	9-328～9-330
4. 酚类化合物	9-279～9-285	10. 酯类化合物	9-331～9-335
5. 醛类化合物	9-286～9-295	11. 生物碱	9-336～9-340
6. 酮类化合物	9-296~9-310		

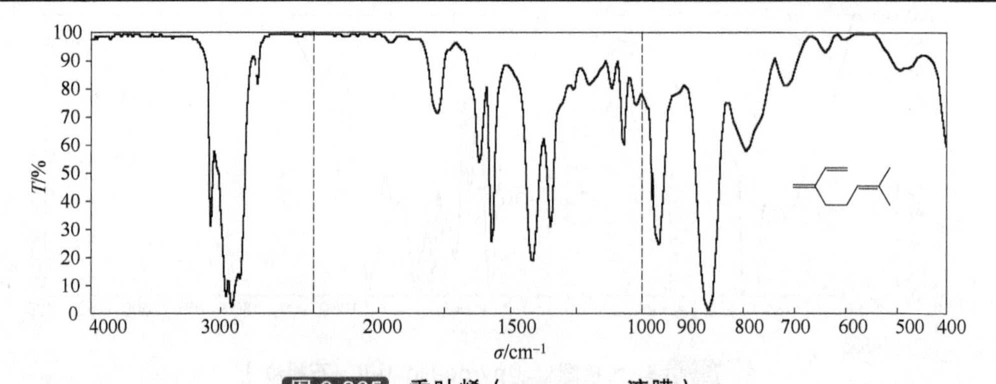

图 9-265 香叶烯（myrcene，液膜）

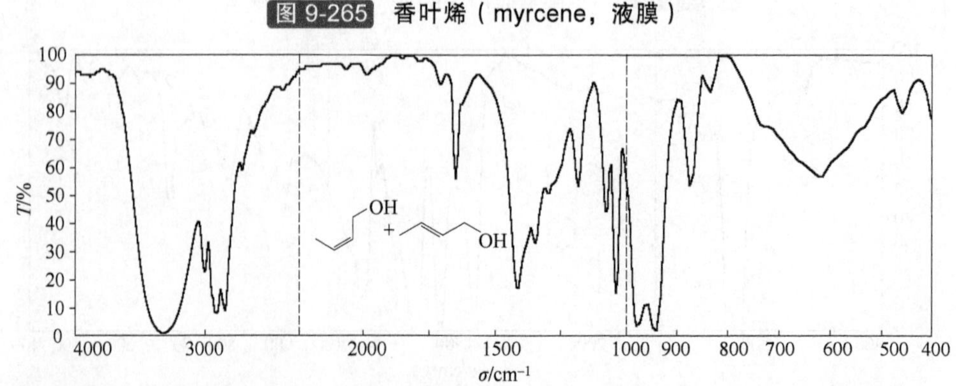

图 9-266 巴豆醇（异构体混合物）（crotyl alcohol, mixture of isomers，97%，液膜）

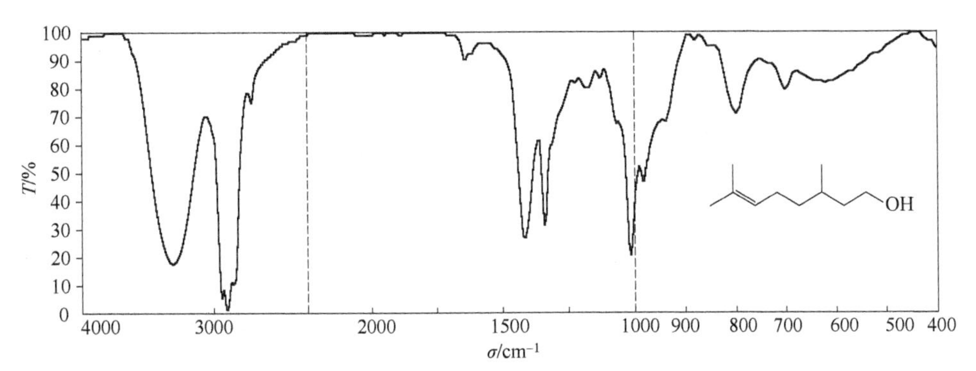

图 9-267 (+)-β-香茅醇[(+)-β-citronellol，95%，液膜]

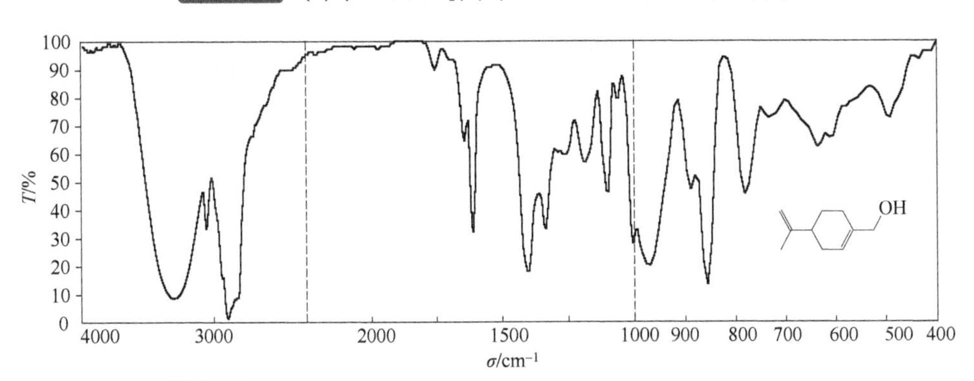

图 9-268 (*S*)-(—)-紫苏醇[(*S*)-(—)-perillyl alcohol，85%，液膜]

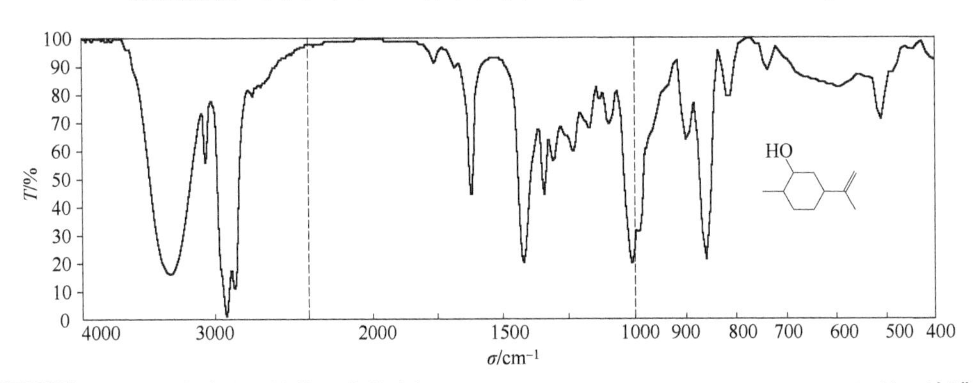

图 9-269 二氢香芹醇（异构体混合物）(dihydrocarveol, mixture of isomers，>95%，液膜)

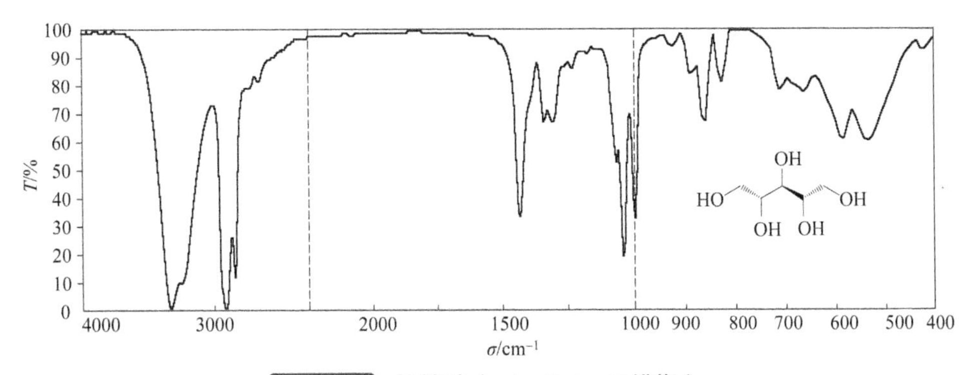

图 9-270 核糖醇（adonitol，石蜡糊）

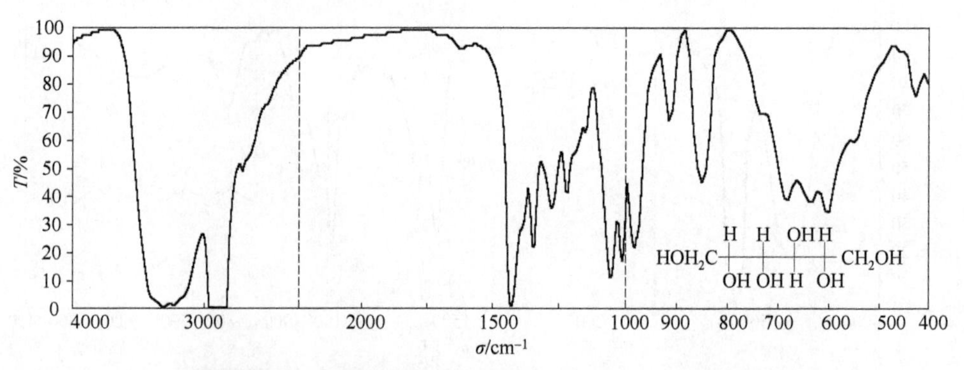

图 9-271 葡萄糖醇（D-glucitol，＞99%，石蜡糊）

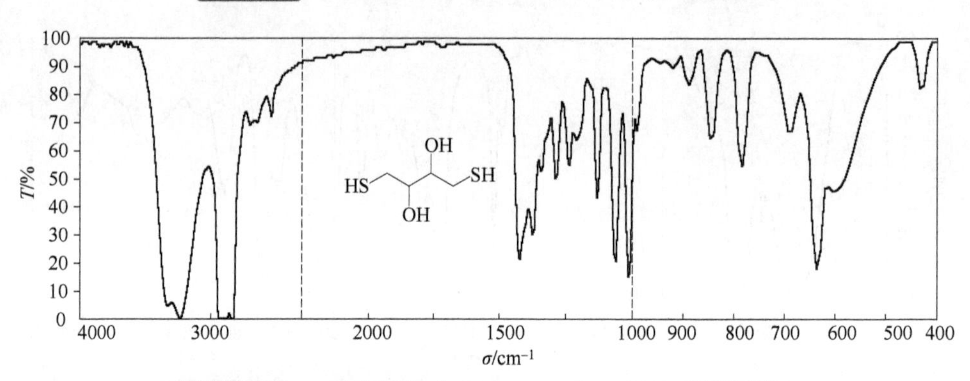

图 9-272 二硫苏糖醇（dithiothreitol，99%，石蜡糊）

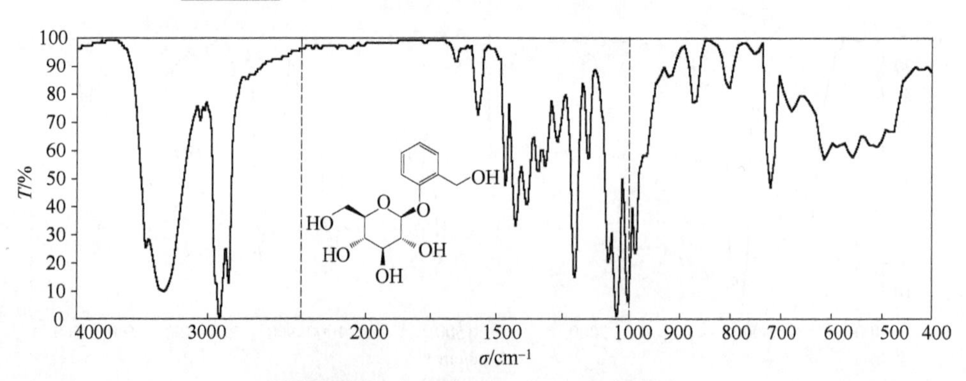

图 9-273 水杨苷（salicin，石蜡糊）

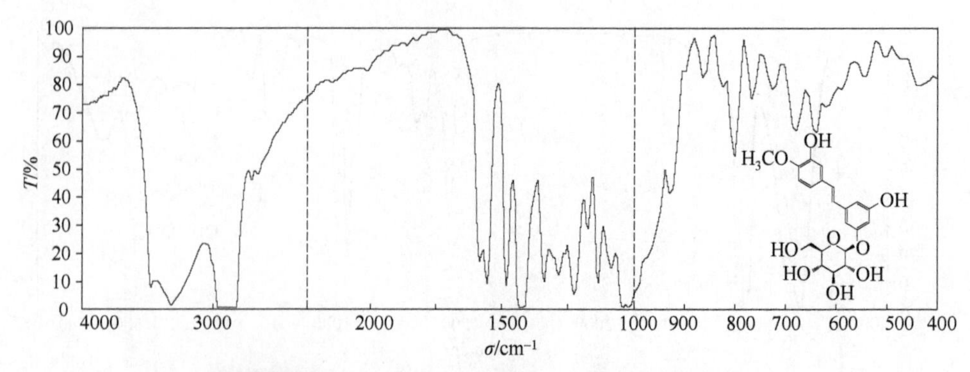

图 9-274 土大黄苷（rhapontin，95%，石蜡糊）

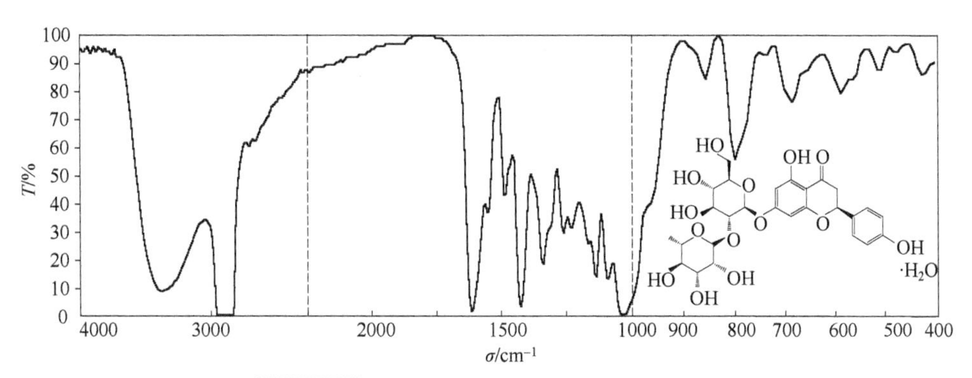

图 9-275　柚皮苷（naringin，溴化钾片）

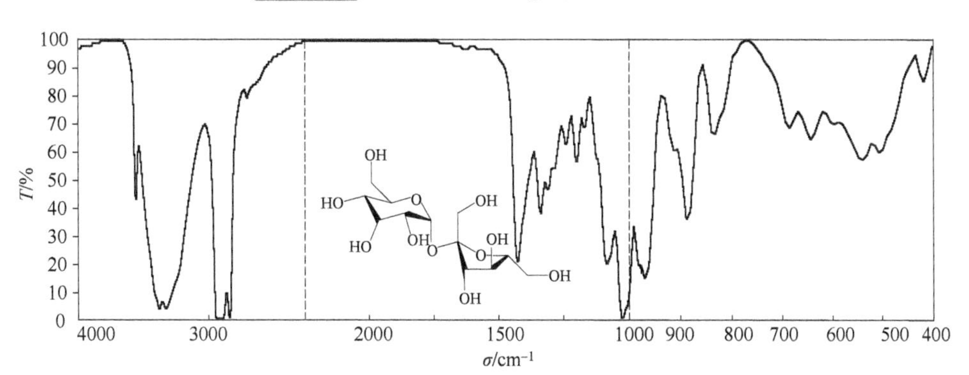

图 9-276　蔗糖（sucrose，>99%，石蜡糊）

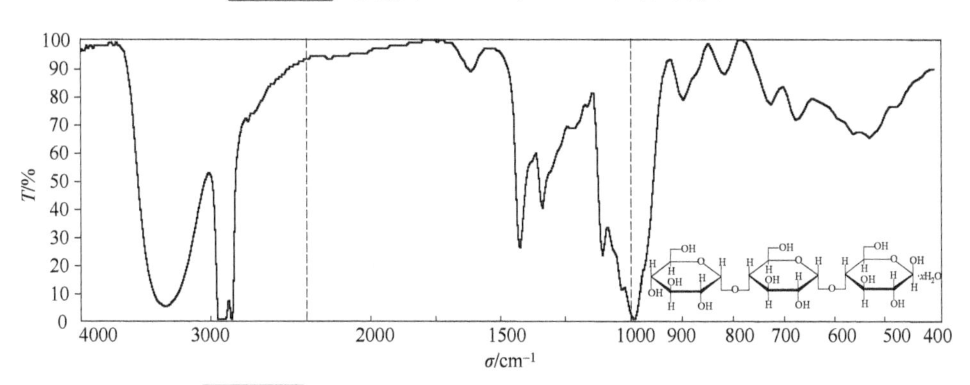

图 9-277　麦芽三糖（maltotriose，93%，石蜡糊）

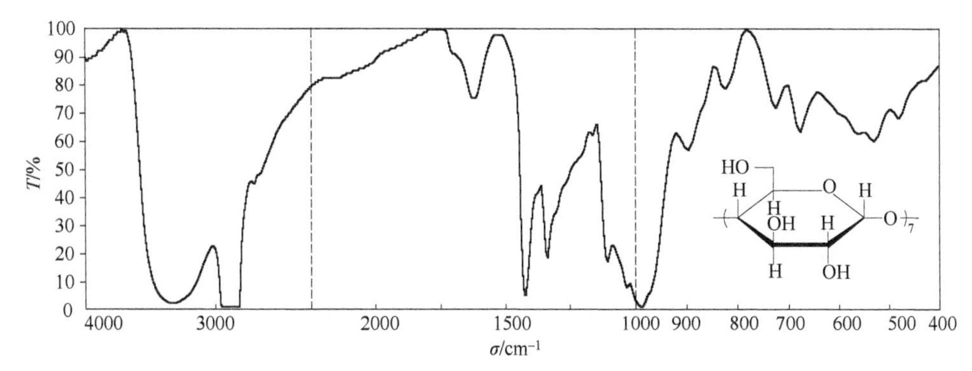

图 9-278　β-环糊精（beta-cyclodextrin，石蜡糊）

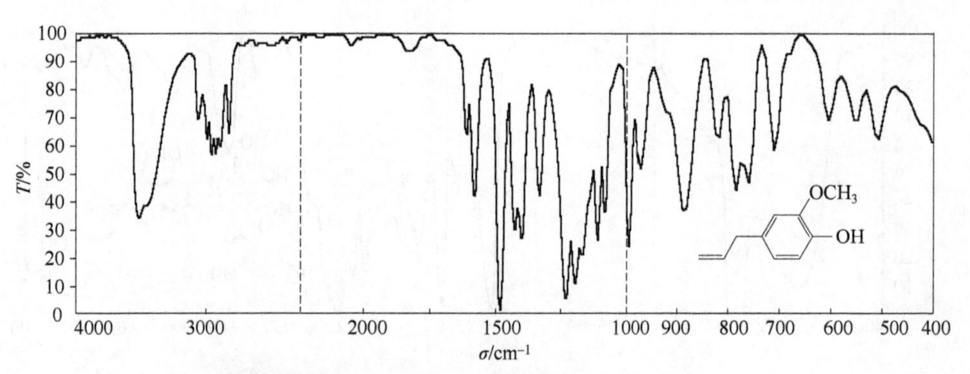

图 9-279 丁子香酚（eugenol，99%，液膜）

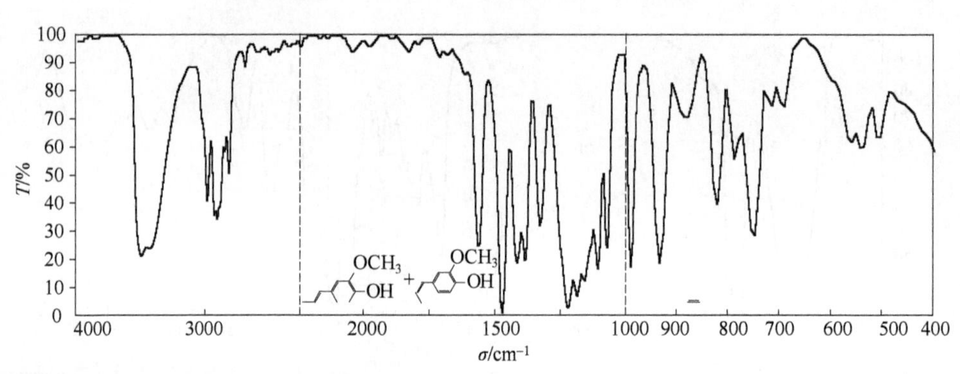

图 9-280 异丁子香酚（顺反混合物）（isoeugenol, mixture of cis and trans，99%，液膜）

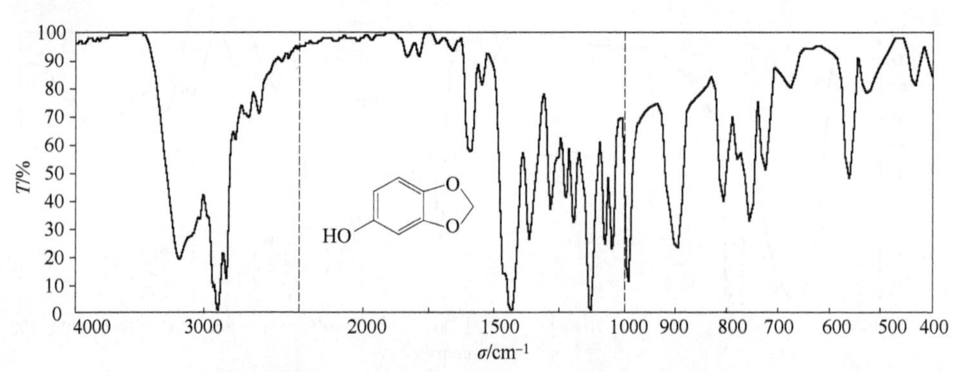

图 9-281 芝麻酚（sesamol，98%，石蜡糊）

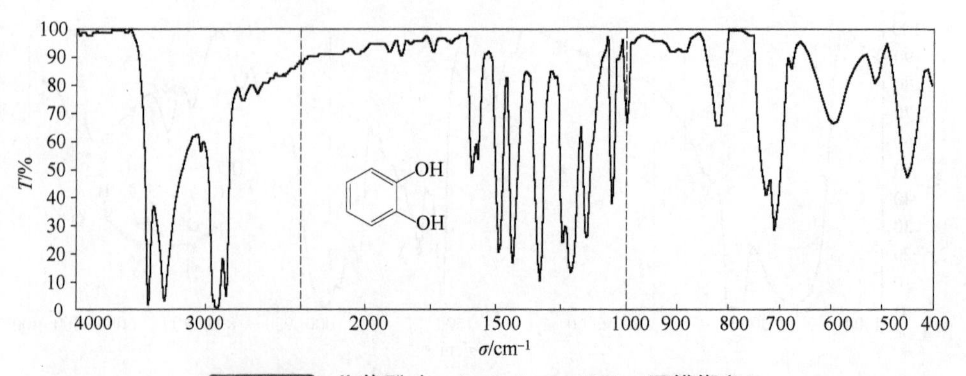

图 9-282 儿茶酚（catechol，>99%，石蜡糊）

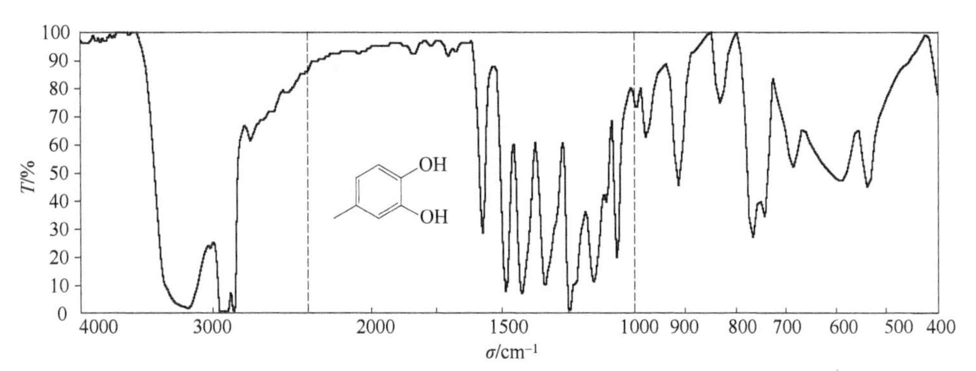

图 9-283　4-甲基儿茶酚（4-methylcatechol，99%，石蜡糊）

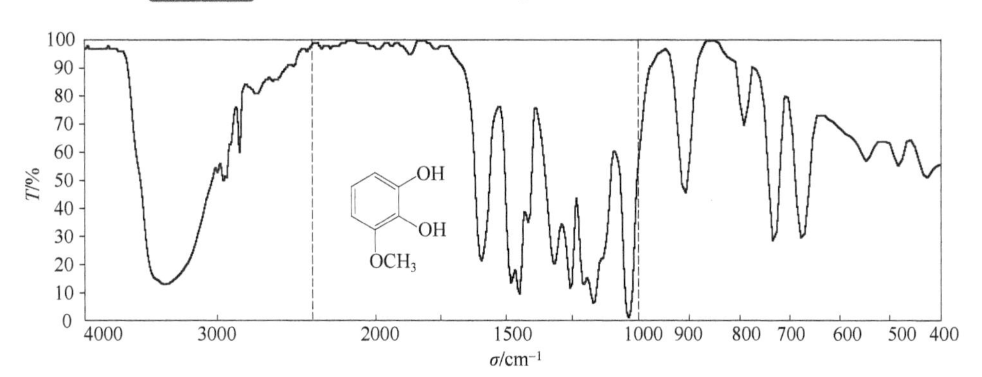

图 9-284　3-甲氧基儿茶酚（3-methoxycatechol，99%，液膜）

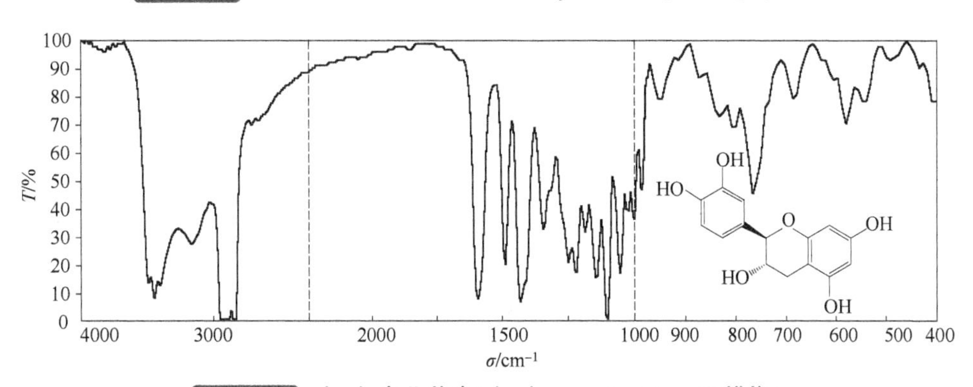

图 9-285　(－)-表儿茶素[(－)-epicatechin，石蜡糊]

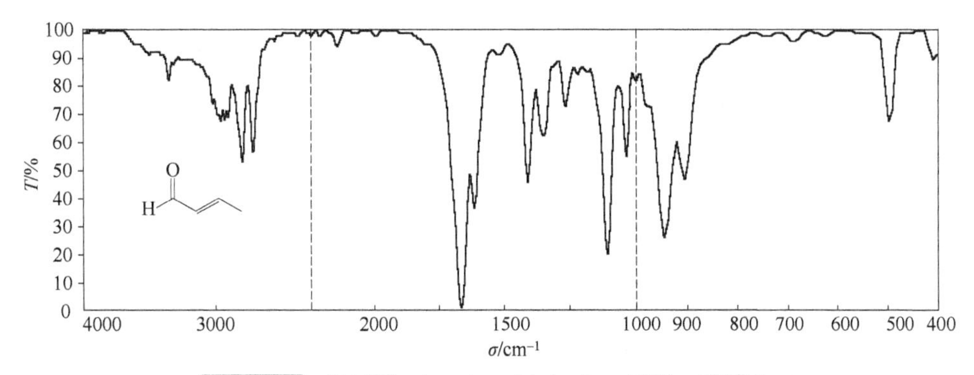

图 9-286　巴豆醛　(crotonaldehyde，85%，液膜)

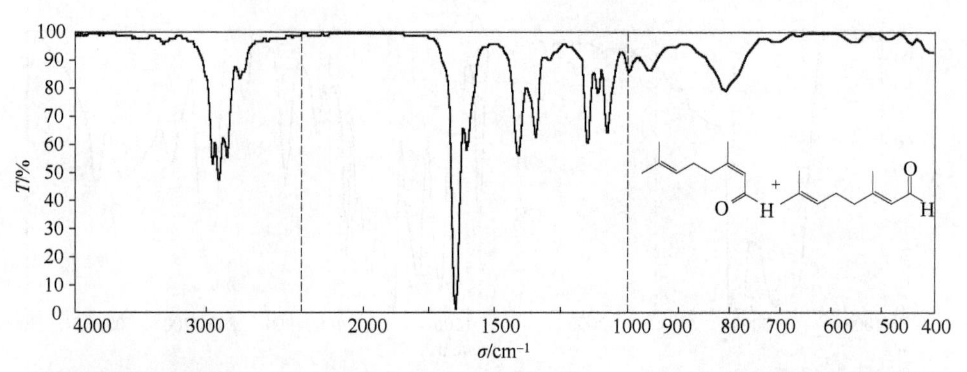

图 9-287 柠檬醛（顺反混合物）（citral, mixture of cis & trans，95%，液膜）

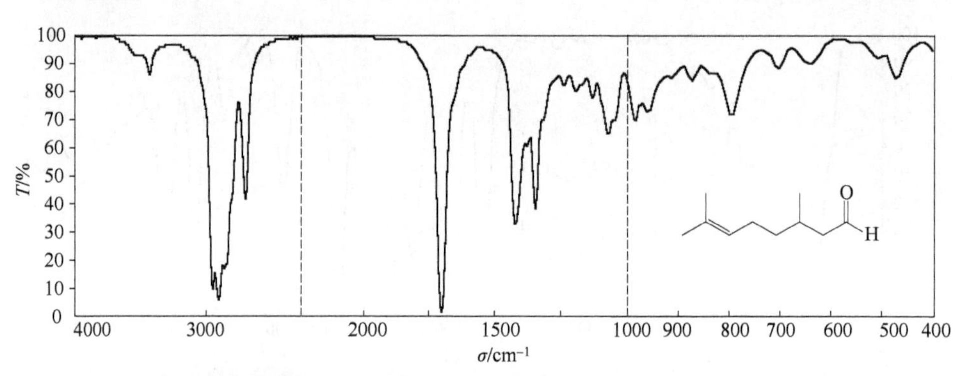

图 9-288 (−)-香茅醛 [(−)-citronellal，99%，液膜]

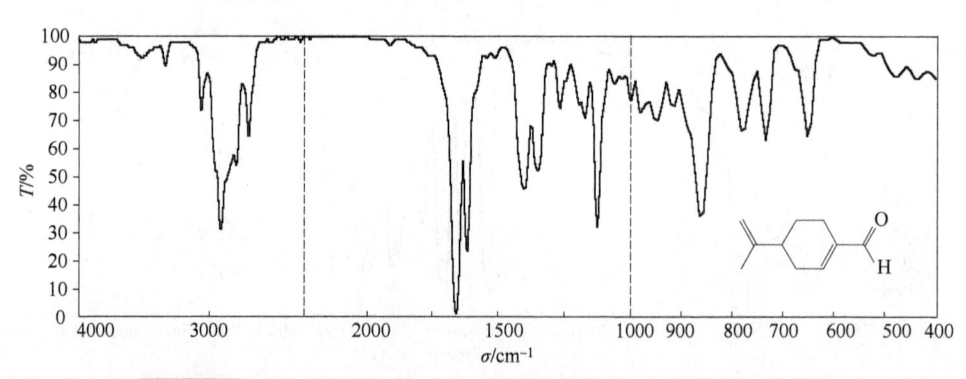

图 9-289 (*S*)-(−)-紫苏醛 [(*S*)-(−)-perillaldehyde，96%，液膜]

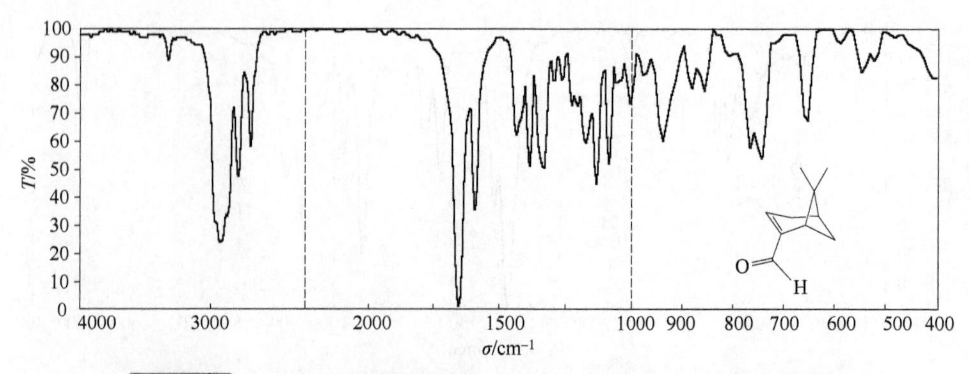

图 9-290 (1*S*)-(−)-桃金娘烯醛 [(1*S*)-(−)-myrtenal，98%，液膜]

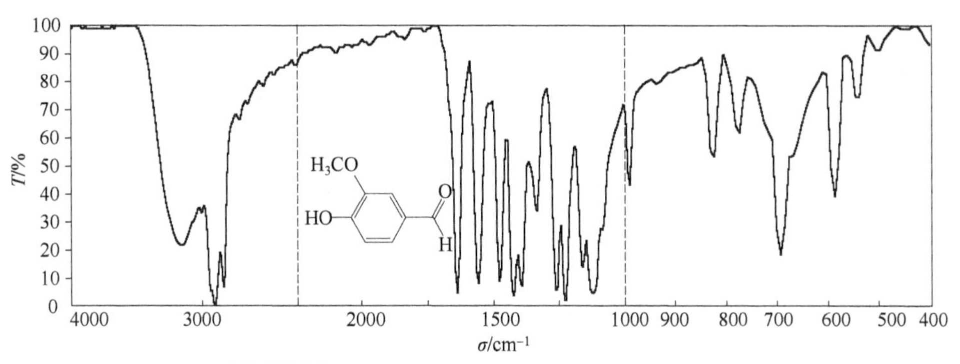

图 9-291 香草醛（vanillin，99%，石蜡糊）

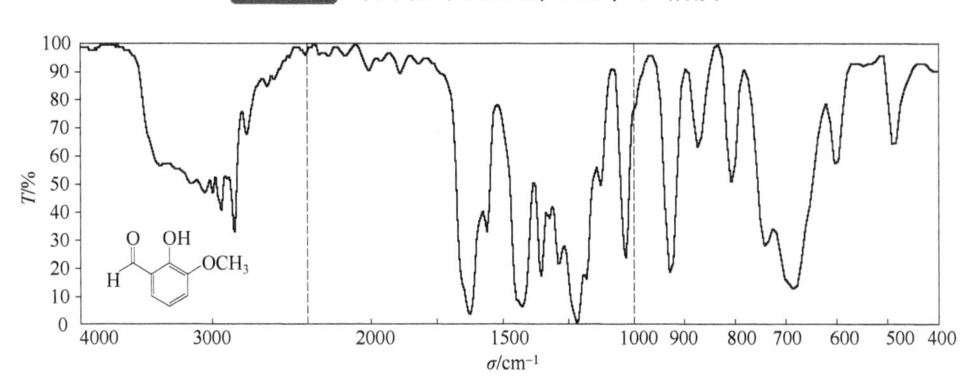

图 9-292 邻香草醛（*o*-vanillin，99%，溴化钾压片）

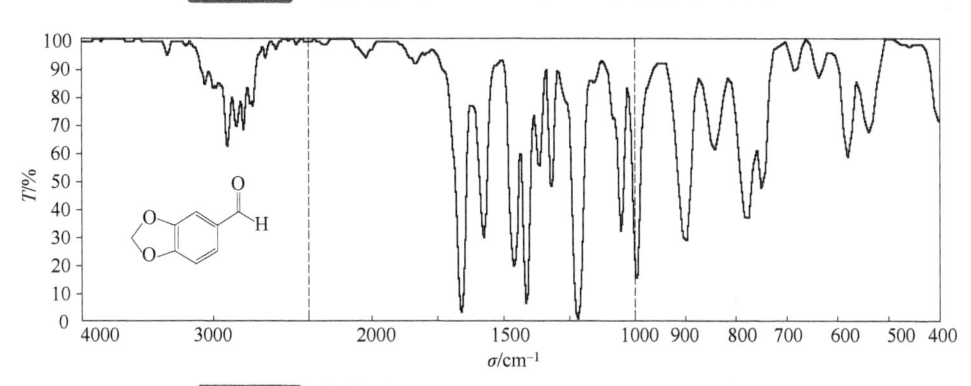

图 9-293 胡椒醛（piperonal，99%，溴化钾压片）

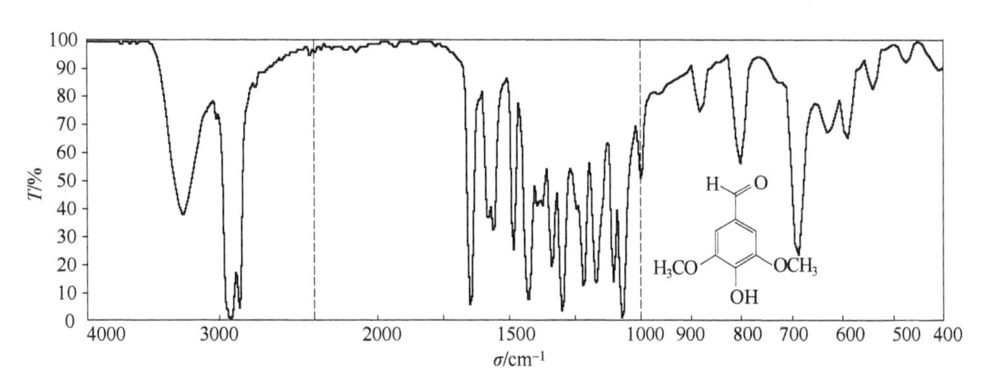

图 9-294 丁香醛（syringaldehyde，98%，石蜡糊）

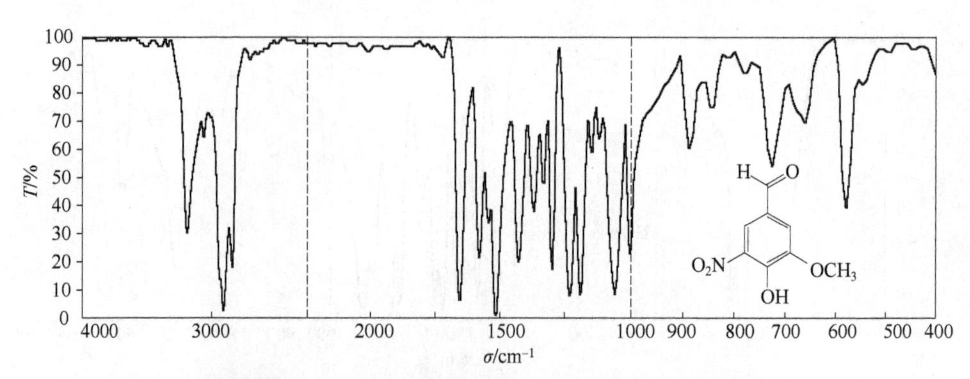

图 9-295 5-硝基香草醛（5-nitrovanillin，石蜡糊）

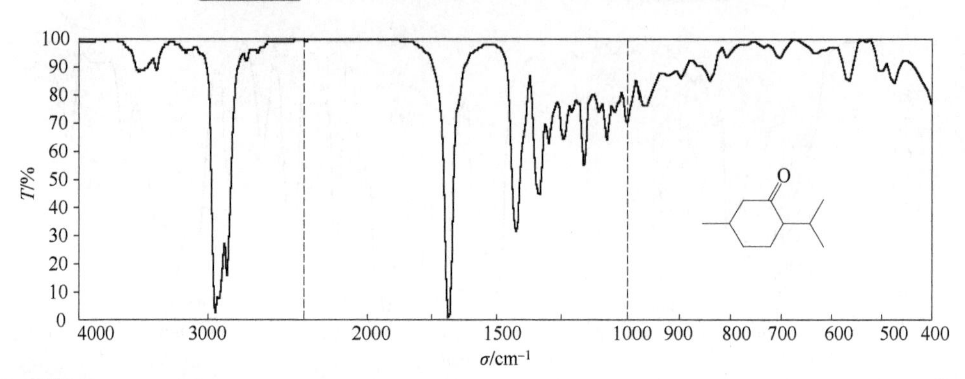

图 9-296 (−)-薄荷酮（异构体混合物）[(−)-menthone, mixture of isomers，>90%，液膜]

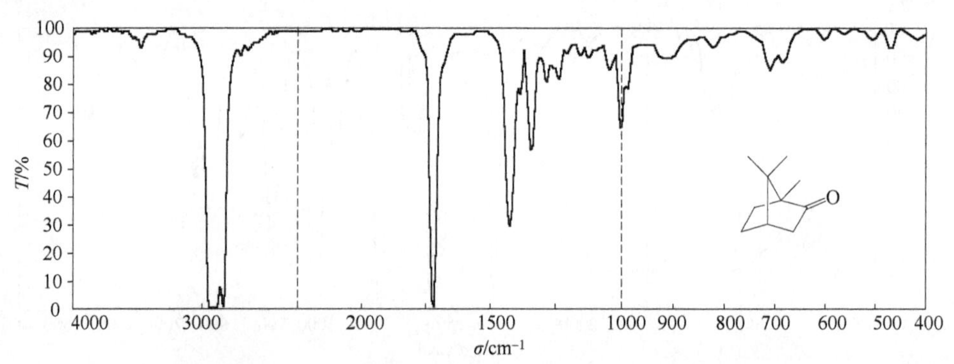

图 9-297 (+/−)-樟脑 [(+/−)-camphor，97%，石蜡糊]

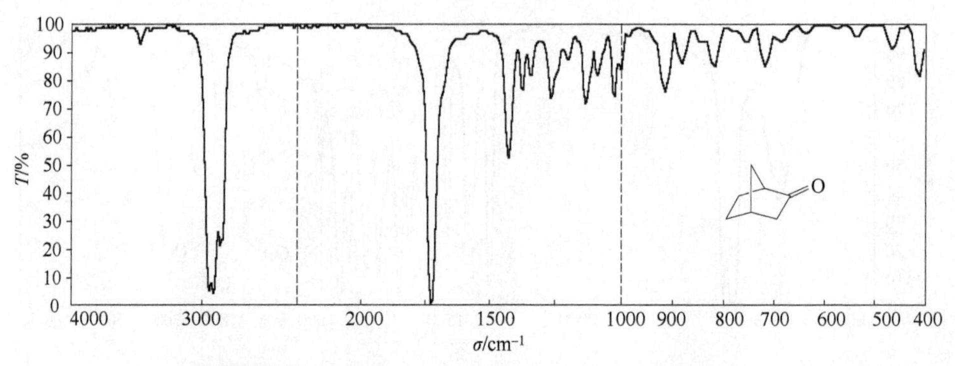

图 9-298 降樟脑（norcamphor，97%，石蜡糊）

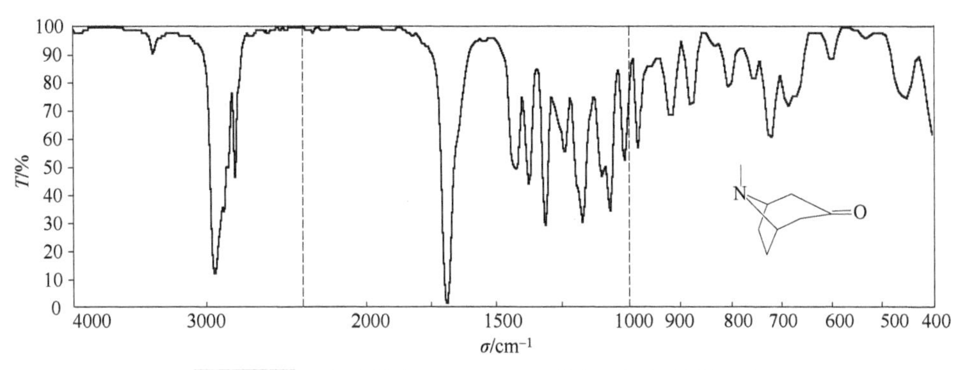

图 9-299　托品酮（tropinone，97%，溴化钾压片）

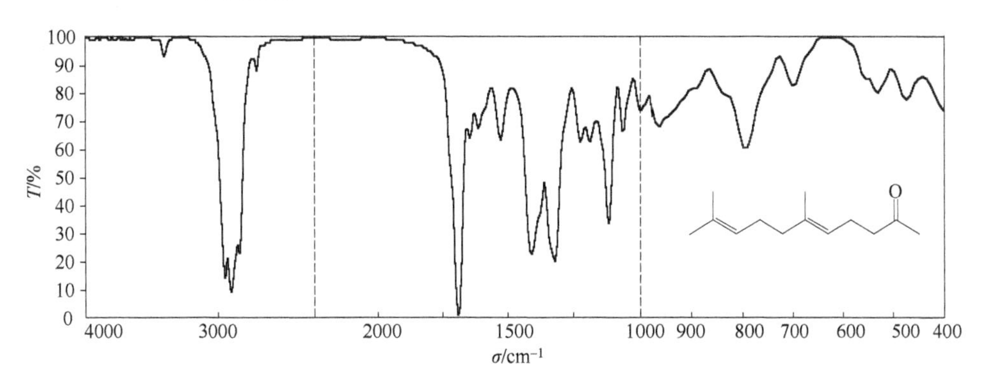

图 9-300　香叶基丙酮（geranylacetone，液膜）

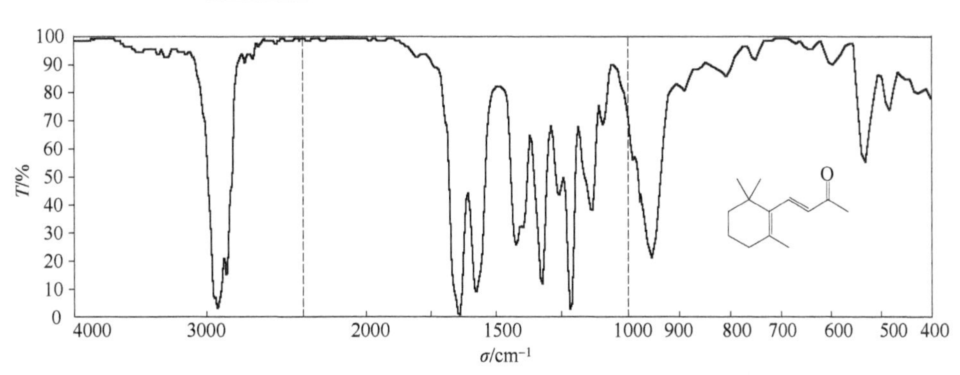

图 9-301　β-紫罗兰酮（β-ionone，98%，液膜）

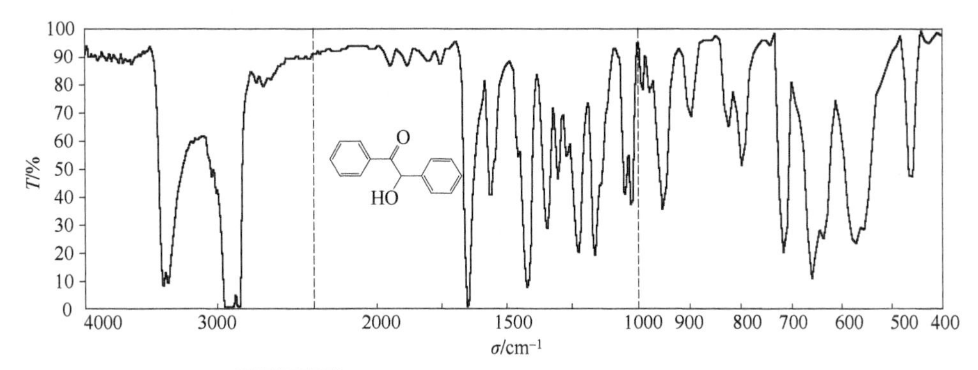

图 9-302　安息香（benzoin，98%，石蜡糊）

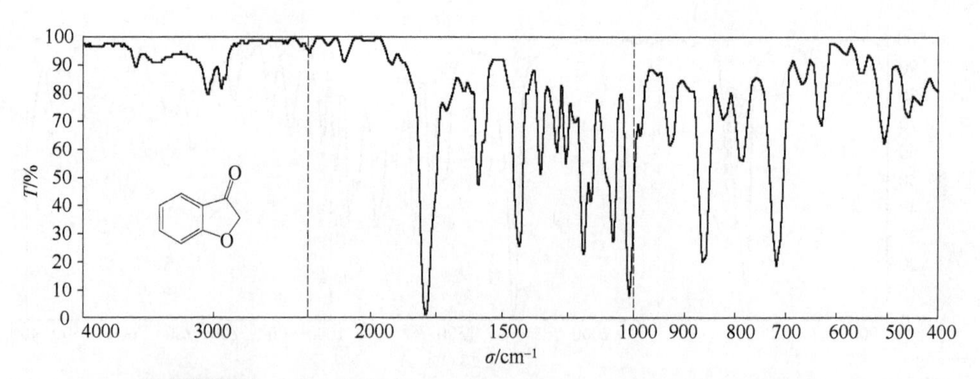

图 9-303 2-香豆冉酮（2-coumaranone，97%，溴化钾压片）

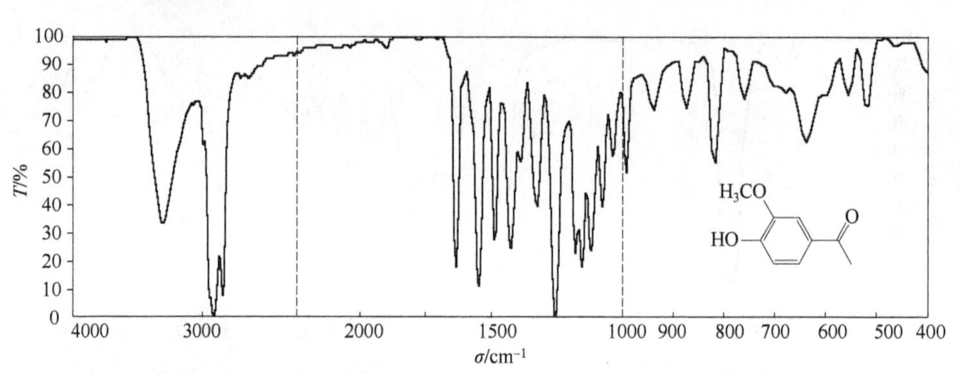

图 9-304 乙酰香草酮（acetovanillone，98%，石蜡糊）

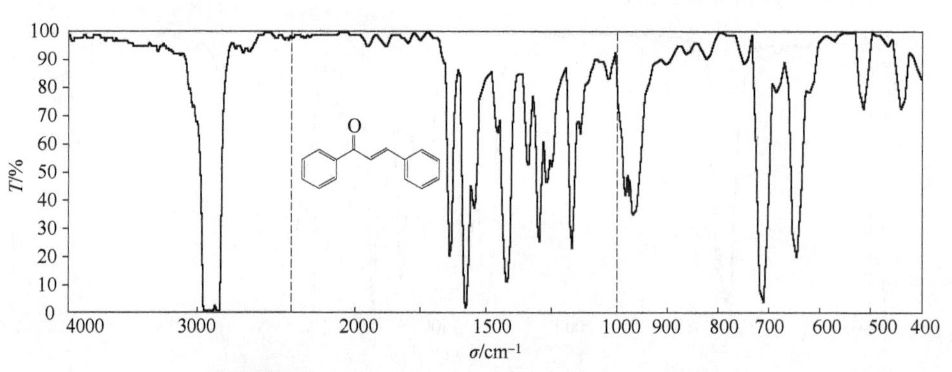

图 9-305 查尔酮（chalcone，97%，石蜡糊）

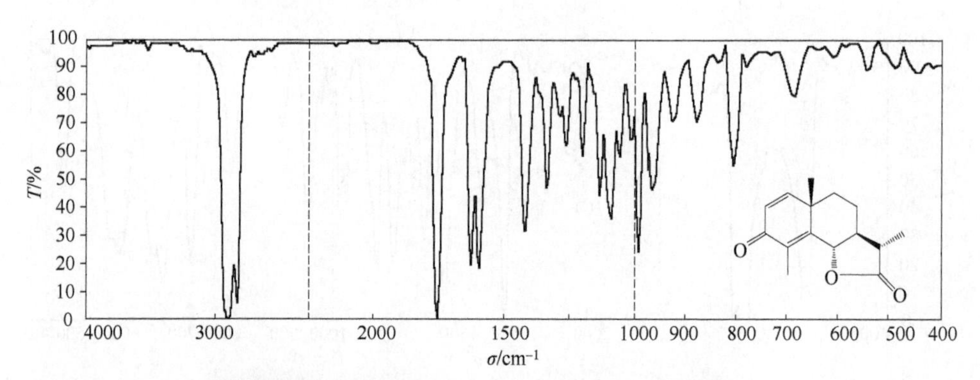

图 9-306 山道酸酐（santonin，99%，石蜡糊）

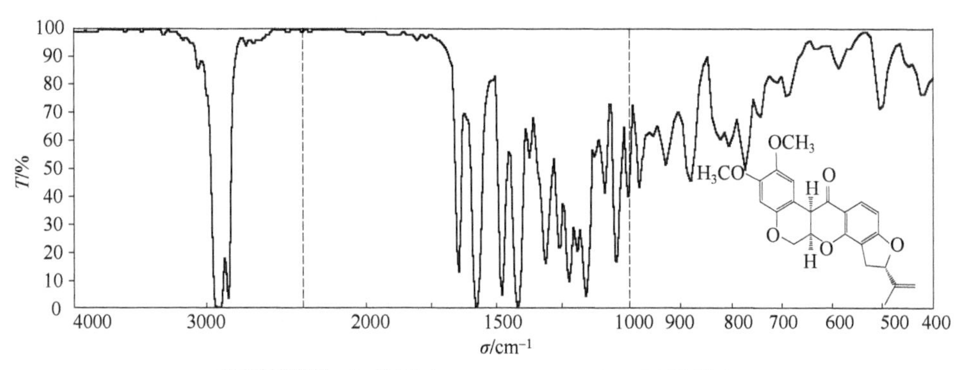

图 9-307　鱼藤酮（rotenone，97%，石蜡糊）

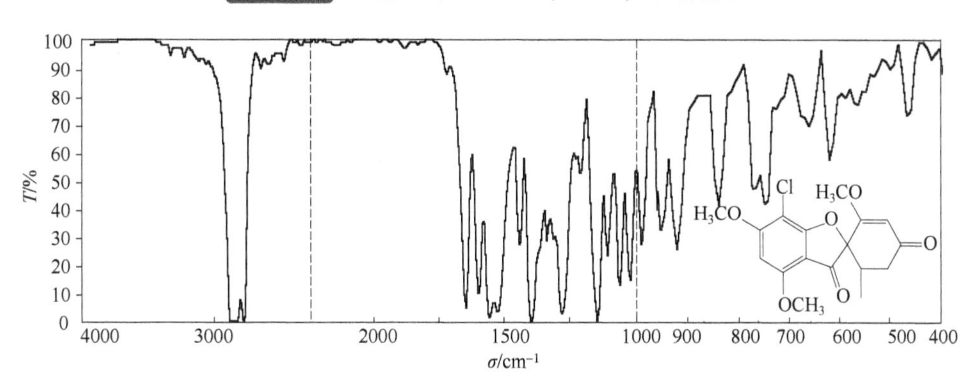

图 9-308　(+)-灰黄霉素[(+)-griseofulvin，石蜡糊]

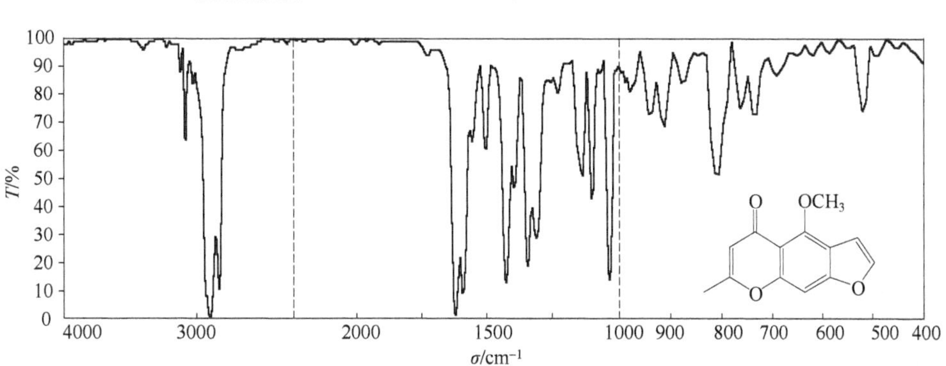

图 9-309　齿阿米素（visnagin，97%，石蜡糊）

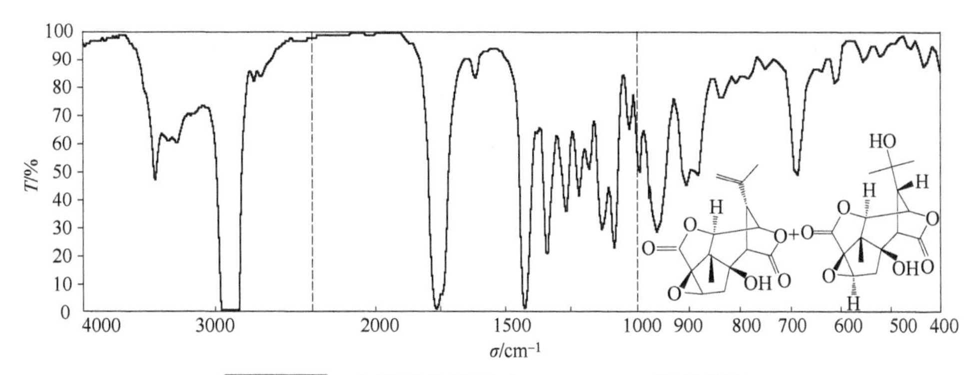

图 9-310　木防己苦毒素（picrotoxin，石蜡糊）

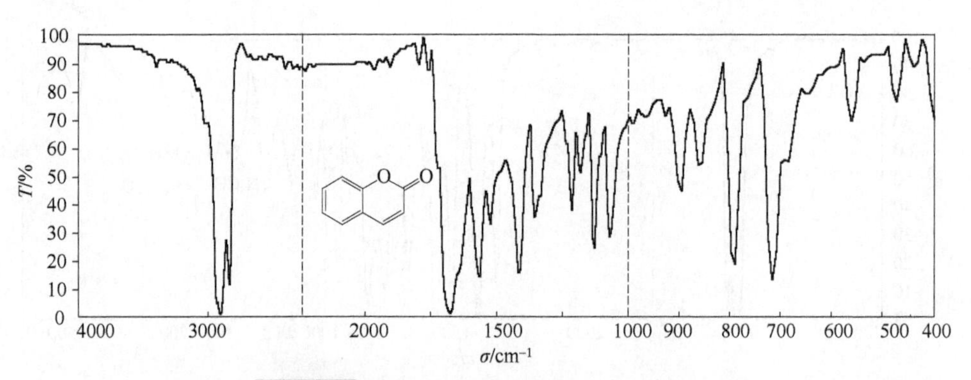

图 9-311 香豆素（coumarin，石蜡糊）

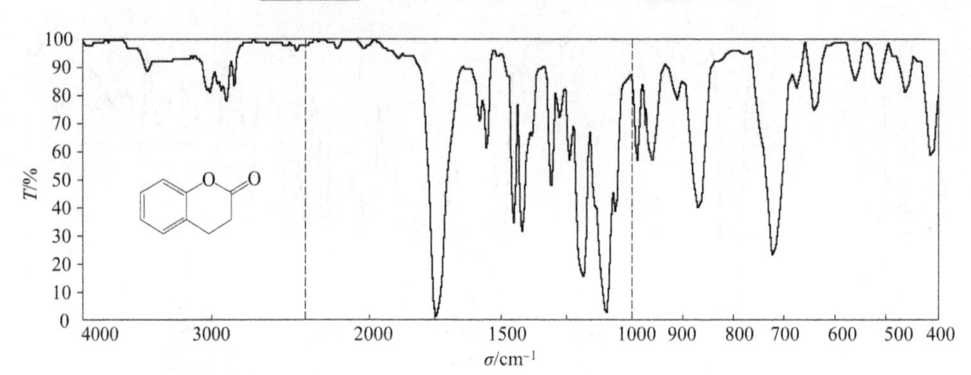

图 9-312 二氢香豆素（dihydrocoumarin，99%，液膜）

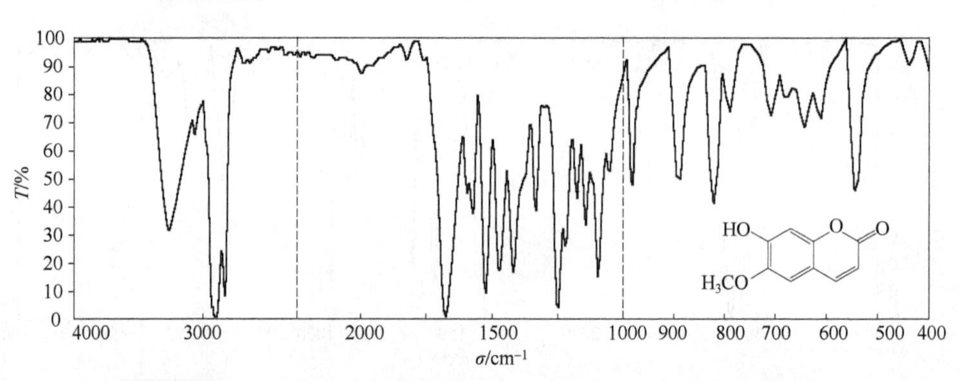

图 9-313 7-羟基-6-甲氧基香豆素（scopoletin，95%，石蜡糊）

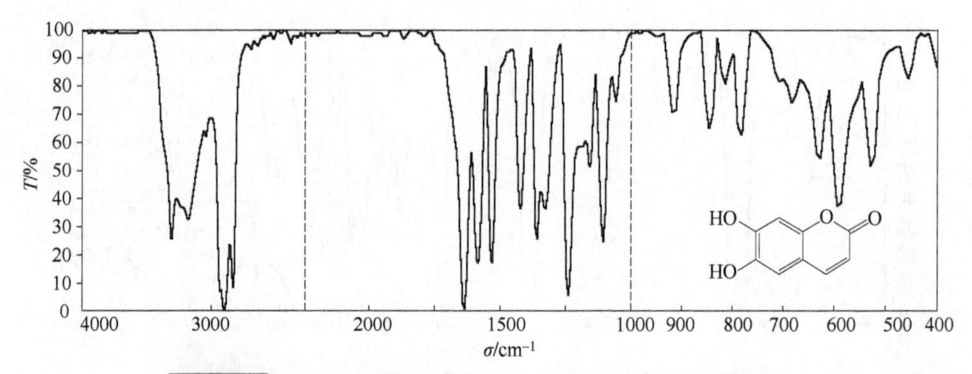

图 9-314 6,7-二羟基香豆素（esculetin，98%，石蜡糊）

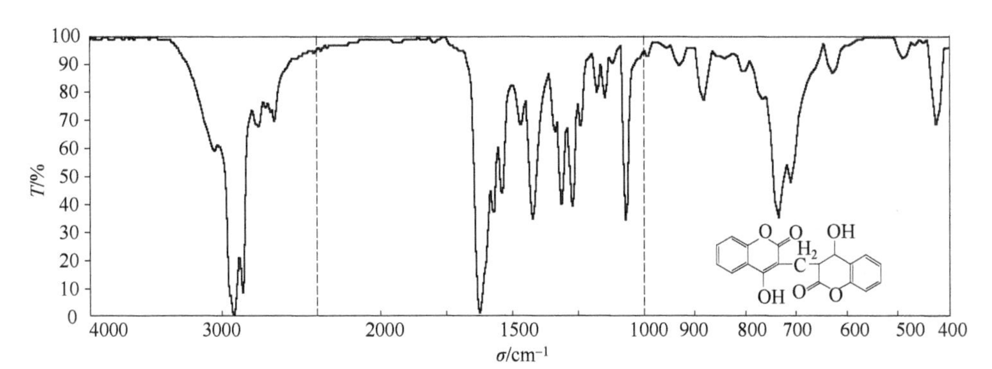

图 9-315　双香豆素（dicumarol，99%，石蜡糊）

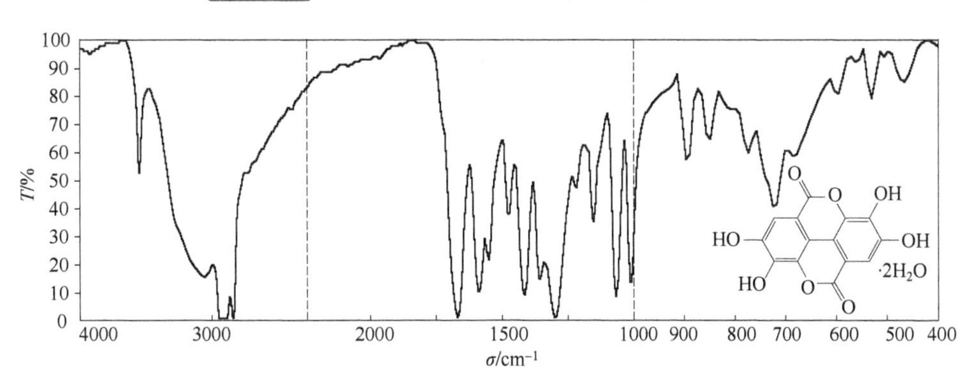

图 9-316　二水合鞣花酸　（ellagic acid · $2H_2O$，97%，石蜡糊）

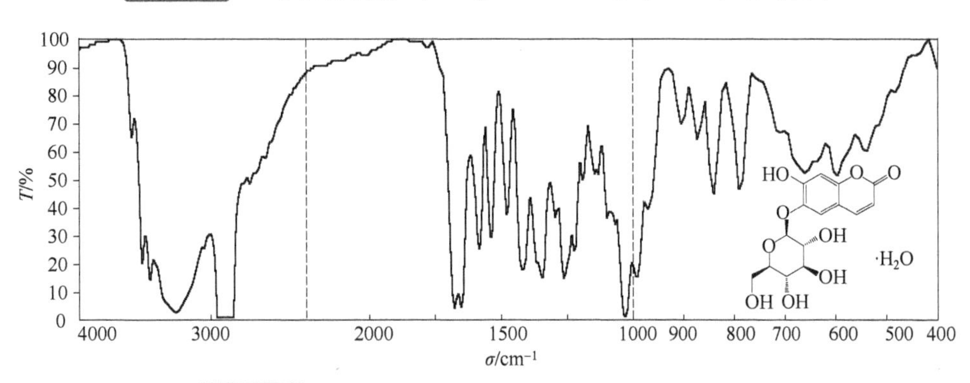

图 9-317　七叶灵（esculin · H_2O，97%，石蜡糊）

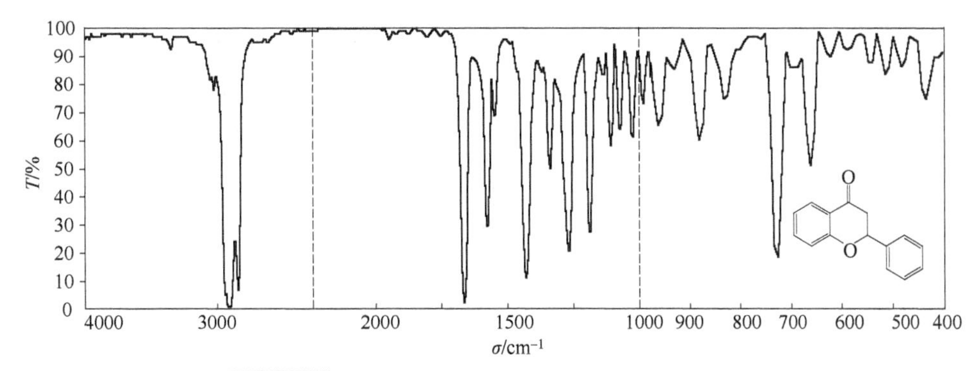

图 9-318　黄烷酮（flavanone，98%，石蜡糊）

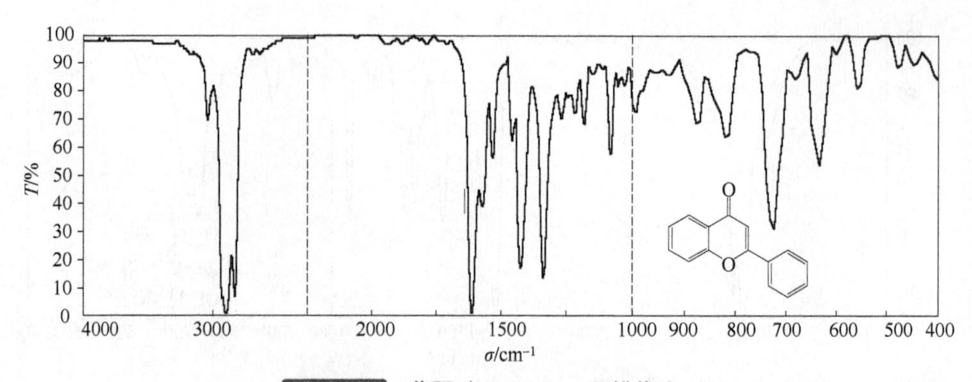

图 9-319 黄酮（flavone，石蜡糊）

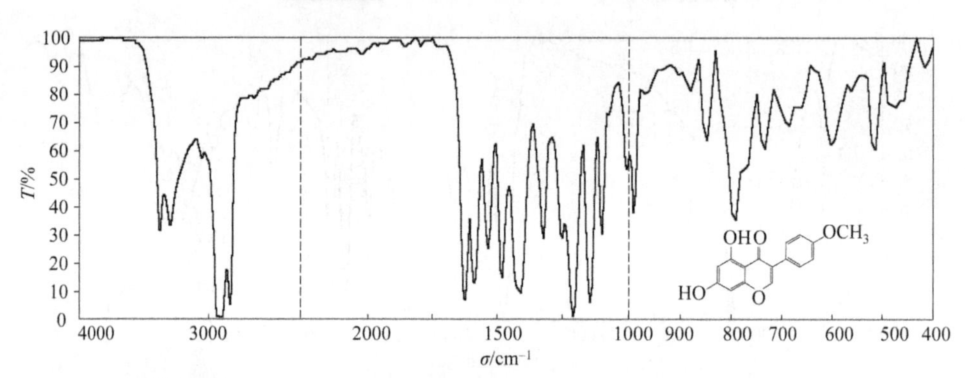

图 9-320 5,7-二羟基-4′-甲氧基异黄酮（biochanin A，石蜡糊）

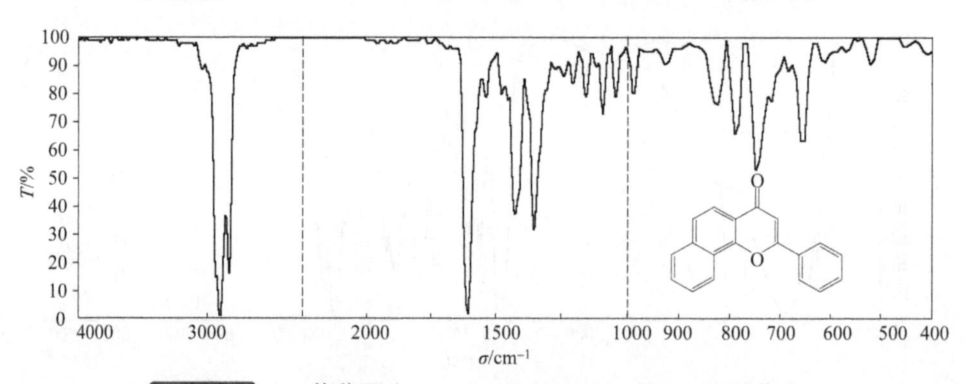

图 9-321 α-萘黄酮（α-naphthoflavone，97%，石蜡糊）

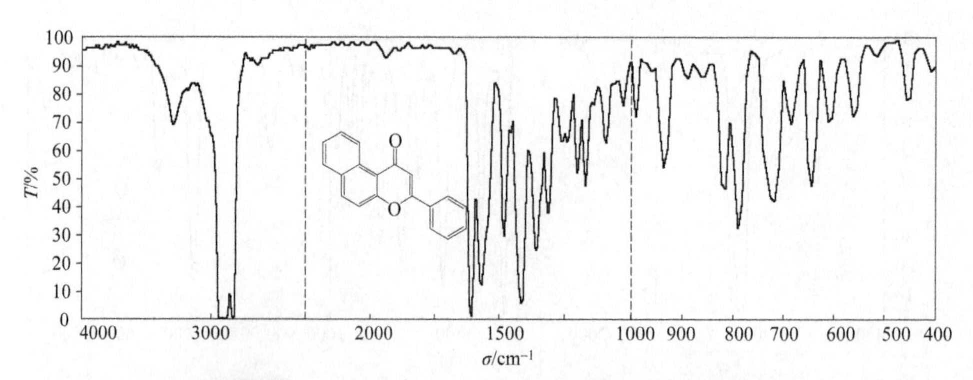

图 9-322 β-萘黄酮（β-naphthoflavone，石蜡糊）

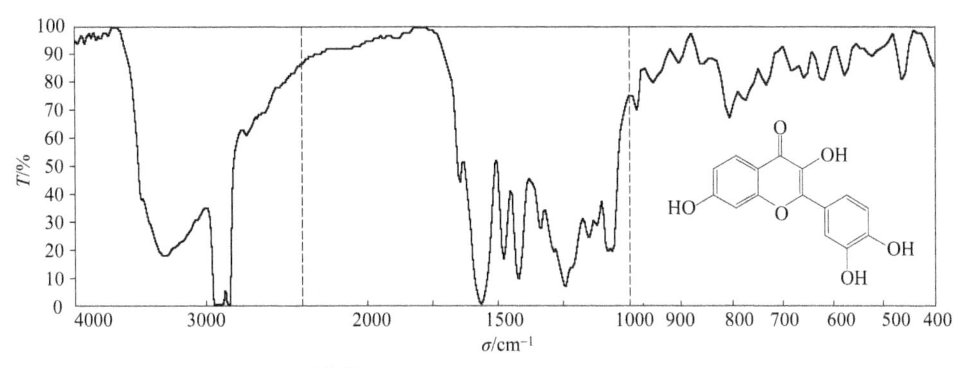

图 9-323　非瑟酮（fisetin，石蜡糊）

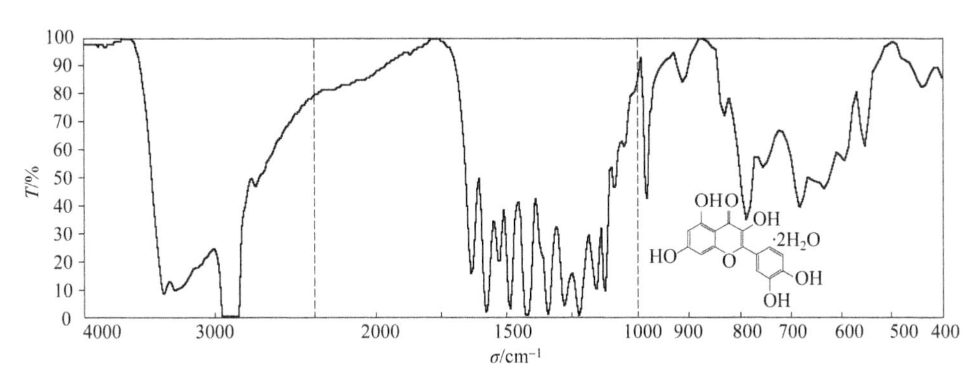

图 9-324　栎精（quercetin · $2H_2O$，98%，石蜡糊）

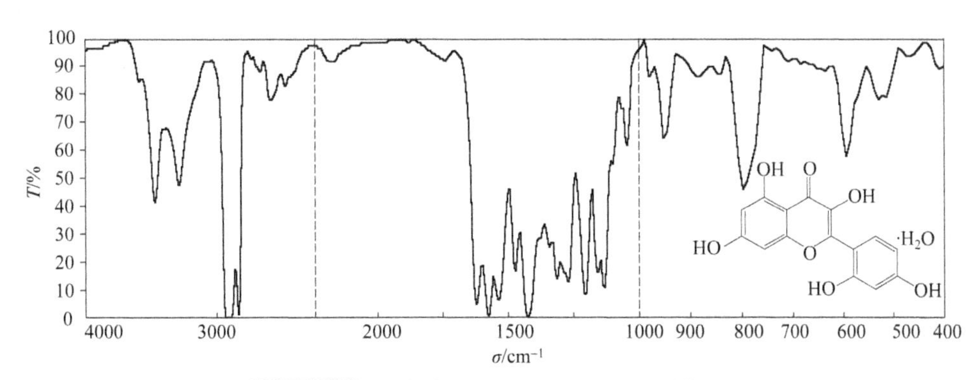

图 9-325　桑色素（morin · H_2O，石蜡糊）

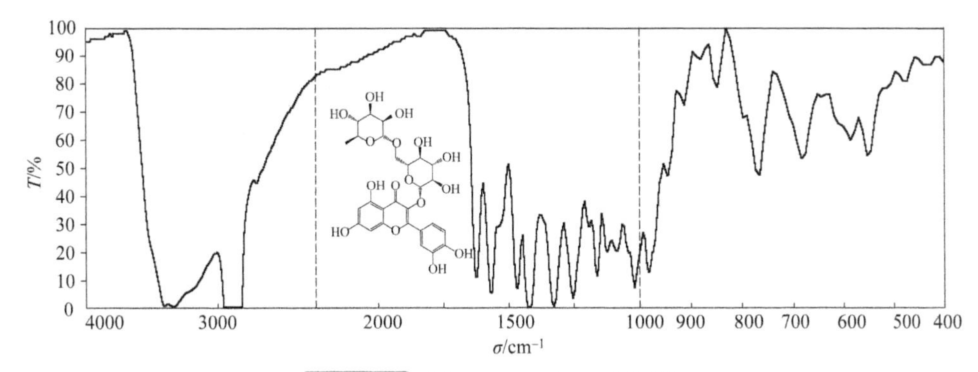

图 9-326　芦丁[(+)-rutin，石蜡糊]

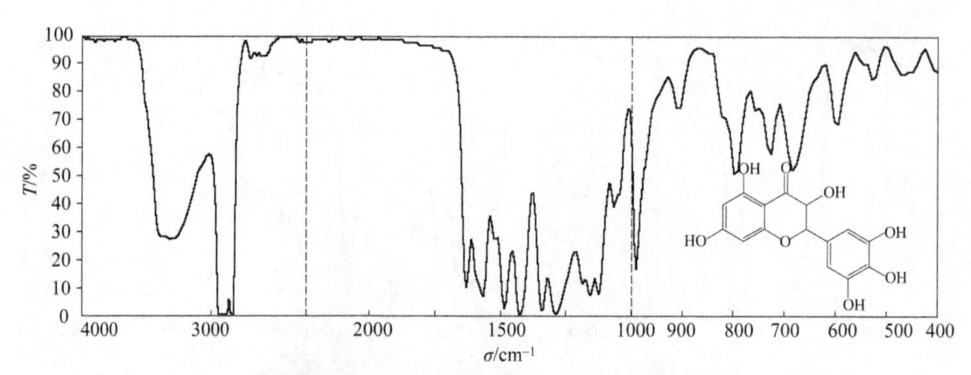

图 9-327 杨梅酮（myricetin，石蜡糊）

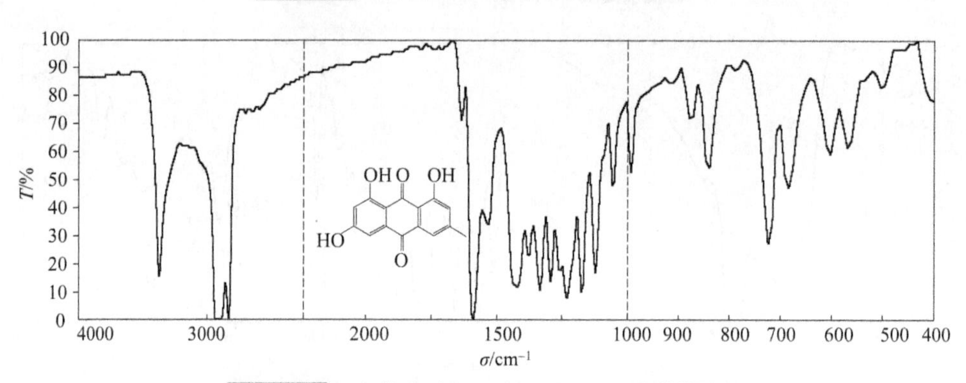

图 9-328 大黄素（emodin，99%，石蜡糊）

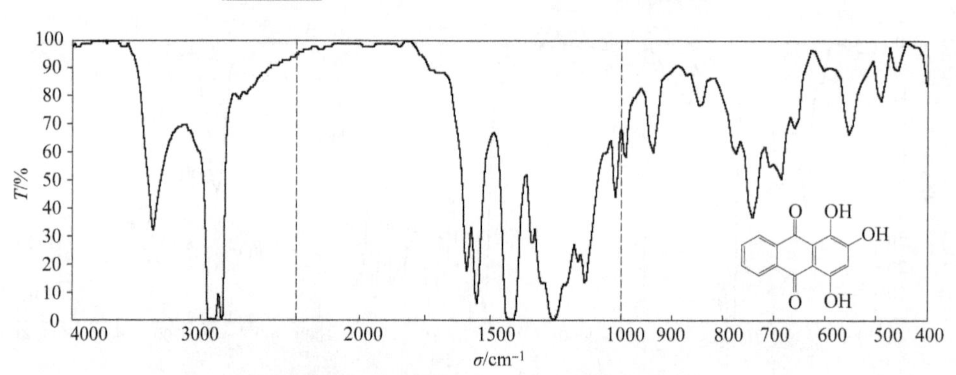

图 9-329 红紫素（purpurin，石蜡糊）

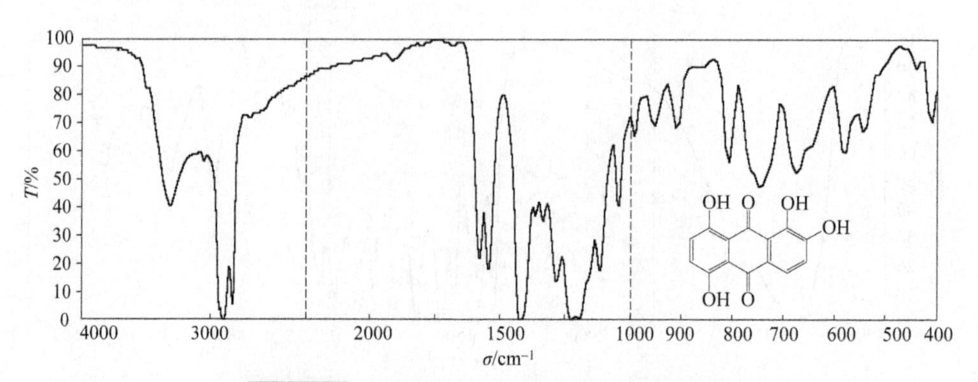

图 9-330 醌茜素（quinalizarin，石蜡糊）

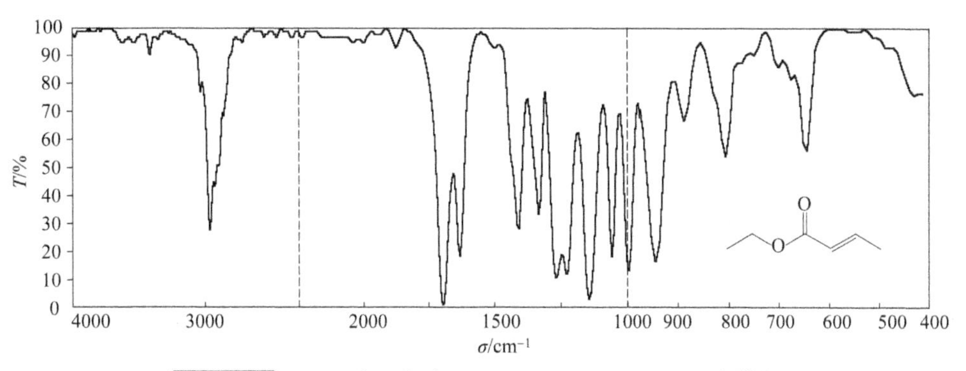

图 9-331　巴豆酸乙酯（ethyl crotonate，96%，液膜）

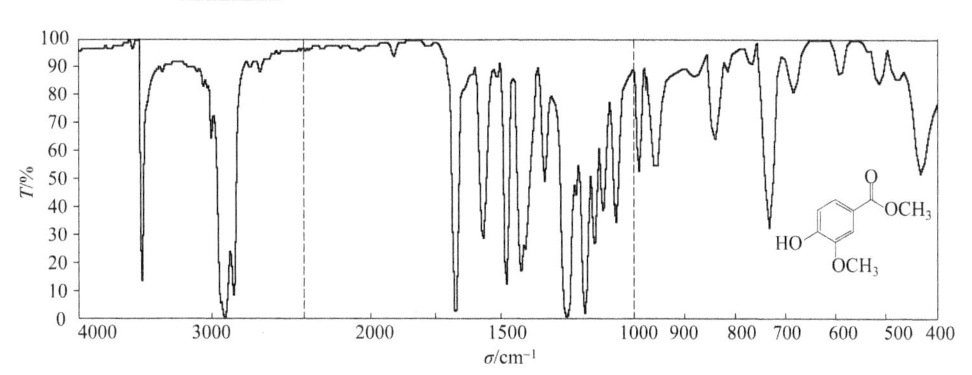

图 9-332　香草酸甲酯（methyl vanillate，99%，石蜡糊）

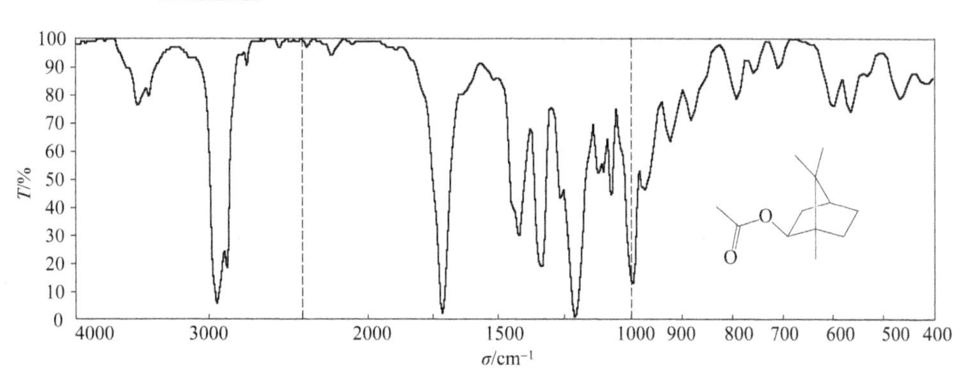

图 9-333　L-乙酸冰片酯（L-bornyl acetate，97%，液膜）

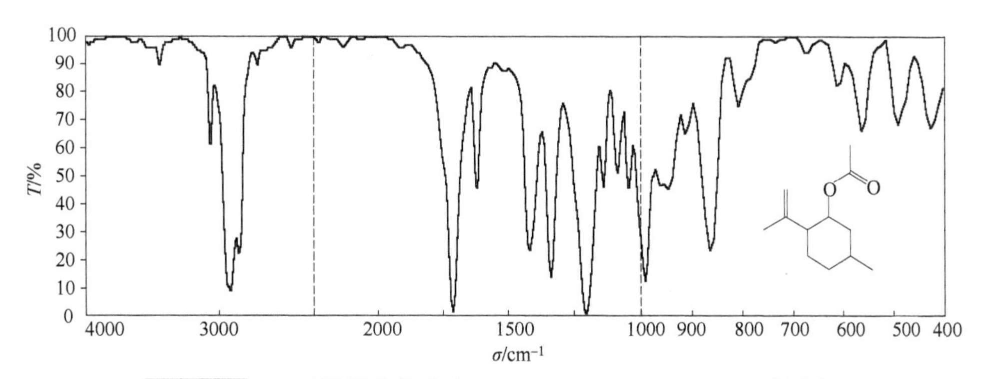

图 9-334　乙酸异胡薄荷酯（isopulegyl acetate，98%，液膜）

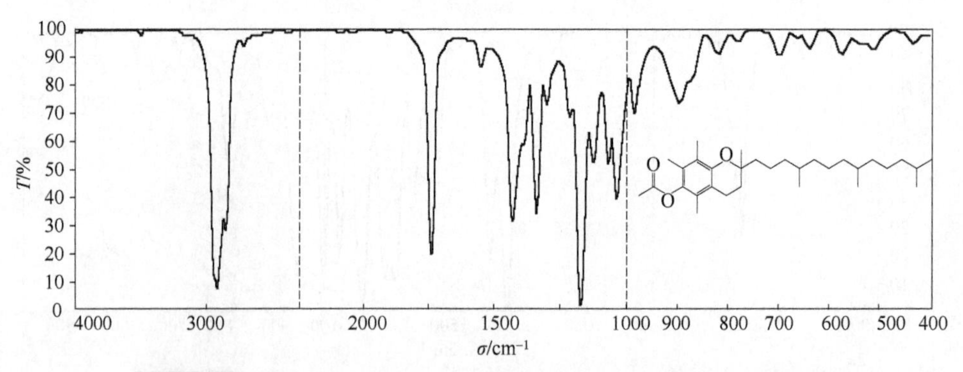

图 9-335 维生素 E 醋酸酯（vitamin E acetate，98%，液膜）

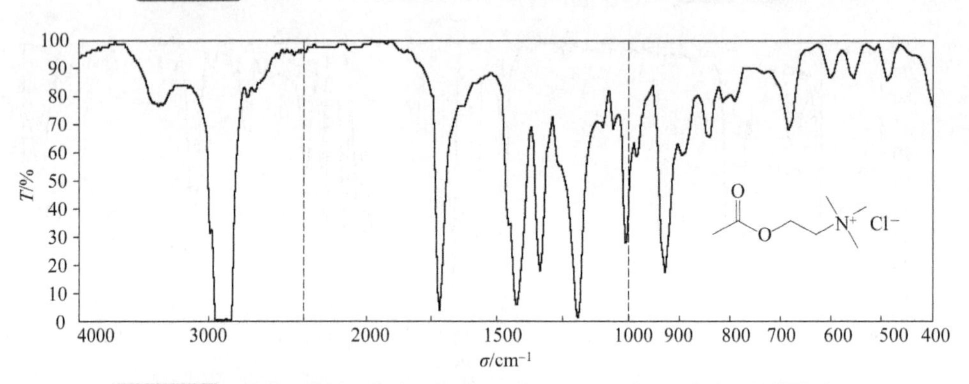

图 9-336 氯化乙酰胆碱（acetylcholine chloride，97%，石蜡糊）

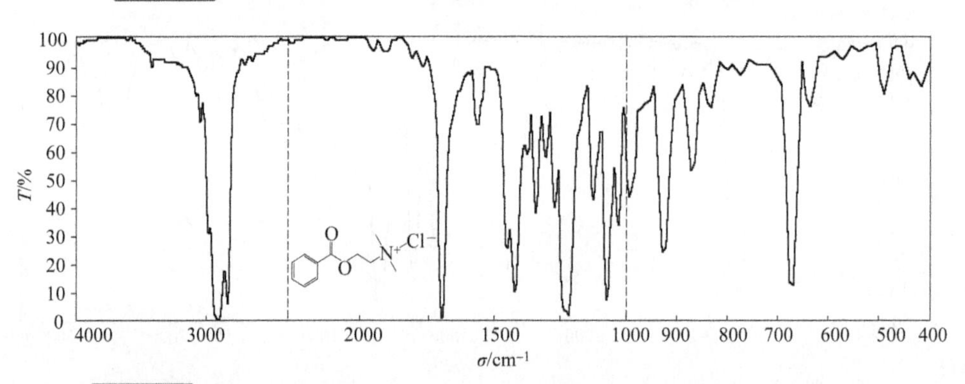

图 9-337 氯化苯甲酰胆碱（benzoylcholine chloride，99%，石蜡糊）

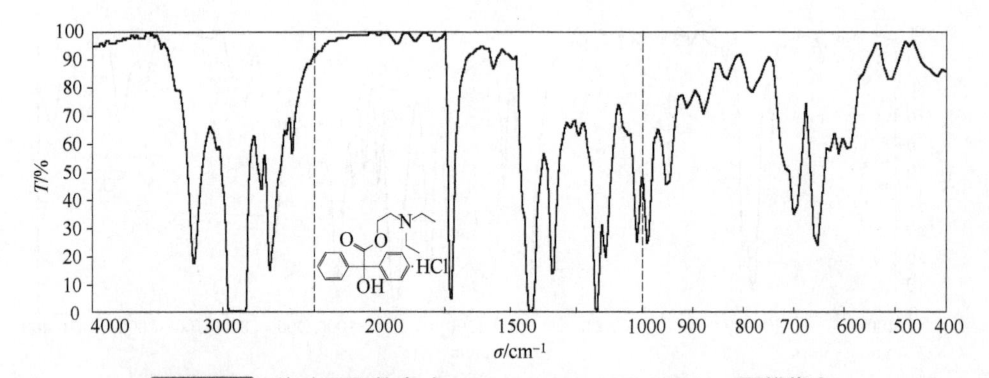

图 9-338 盐酸贝那替秦（benactyzine · HCl，98%，石蜡糊）

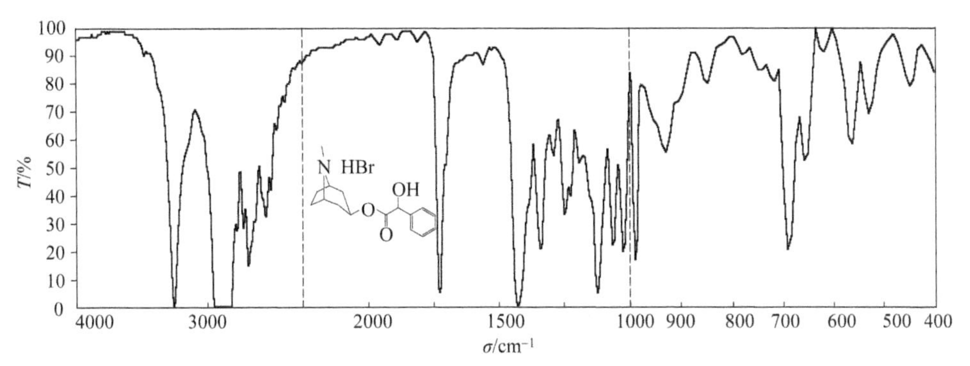

图 9-339 DL-氢溴酸后马托品（DL-homatropine·HBr，石蜡糊）

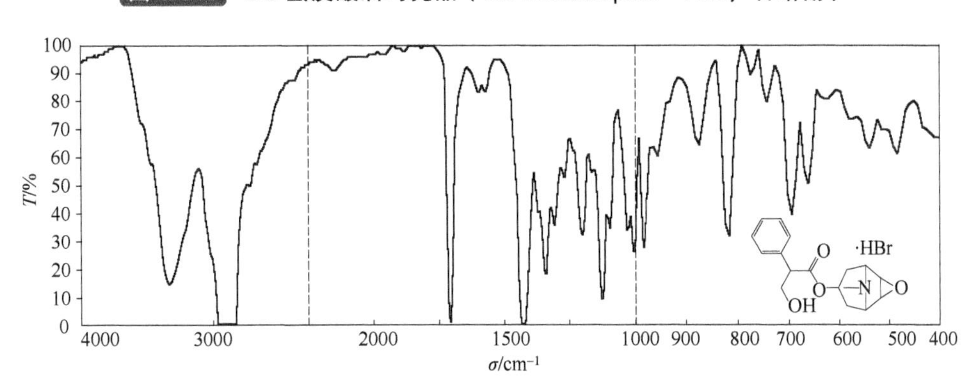

图 9-340 氢溴酸东莨菪碱（scopolamine·HBr，98%，石蜡糊）

四、典型聚合物的红外光谱图

本节将聚合物分为12类，其内容和谱图号见表9-58。

表 9-58 部分聚合物红外光谱图索引

内　容	谱图号	内　容	谱图号
1．脂肪族聚烃类	9-341～9-359	7．聚酯类	9-391～9-423
2．芳香族聚烃类	9-360～9-371	8．尼龙、聚氨酯、聚酰胺	9-424～9-434
3．聚丙烯腈、聚吡啶类	9-372～9-374	9．聚缩醛	9-435～9-439
4．聚醇类	9-375～9-381	10．聚酮类及其他	9-440～9-449
5．聚醚类	9-382～9-388	11．共聚物	9-450～9-482
6．聚羧酸类	9-389～9-390	12．树脂类	9-483～9-498

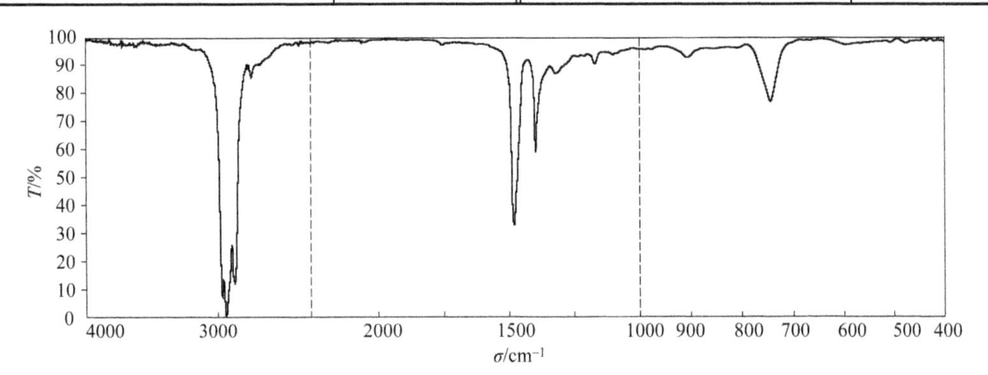

图 9-341 聚1-丙基环丁烷（poly-1-propyltetramethylene，薄膜）

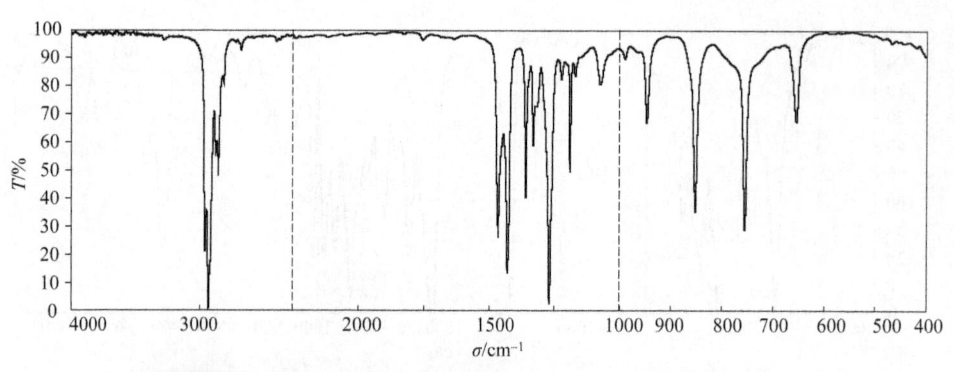

图 9-342 聚硫化环丙烷（polytrimethylene sulfide，薄膜）

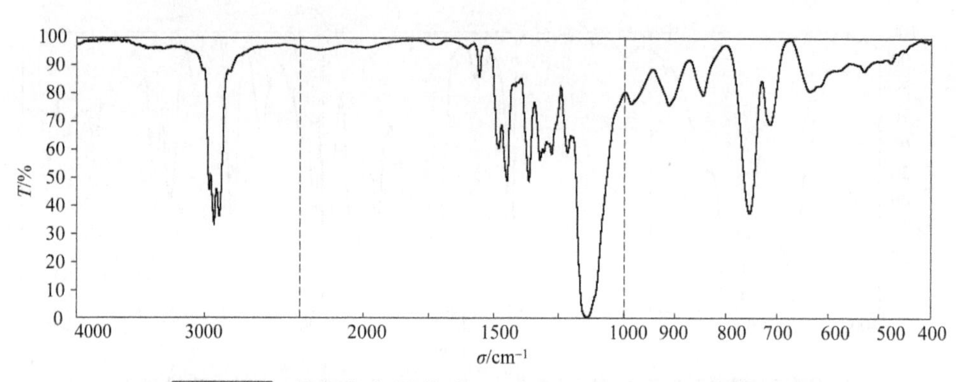

图 9-343 聚环氧氯丙烷（polyepichlorohydrin，薄膜）

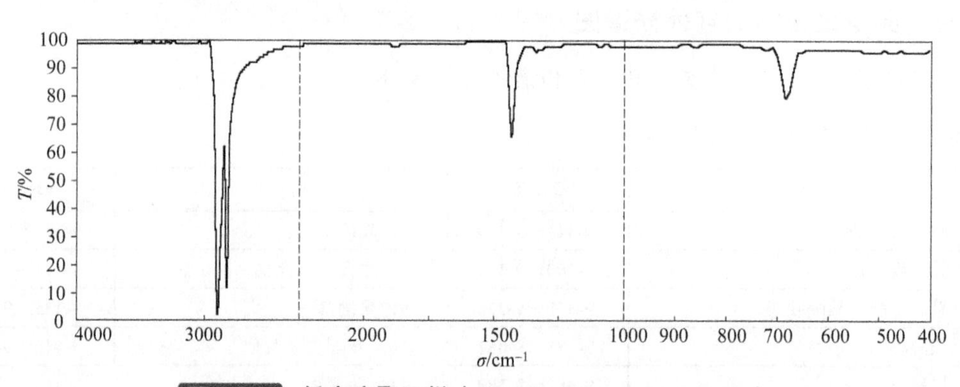

图 9-344 低密度聚乙烯（polyethylene, low density）

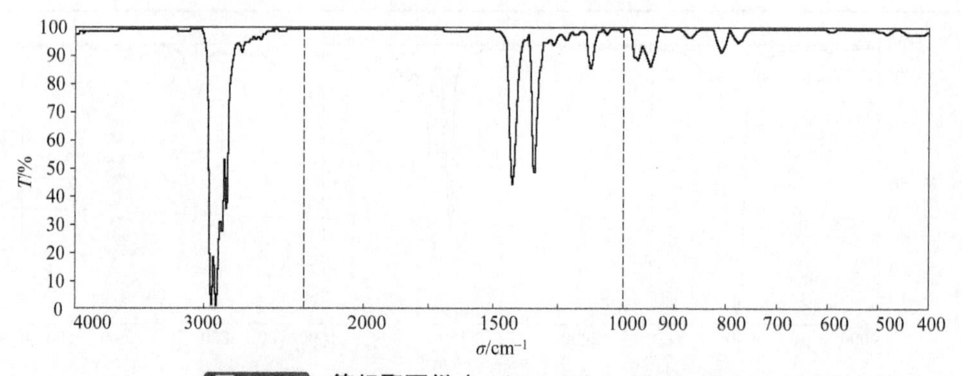

图 9-345 等规聚丙烯（polypropylene, isotactic)

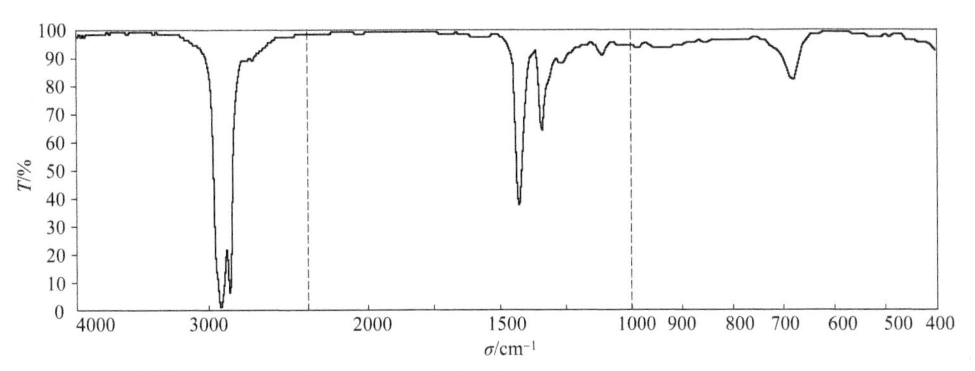

图 9-346　乙丙共聚物（低分子量）(ethylene-propylene copolymer)

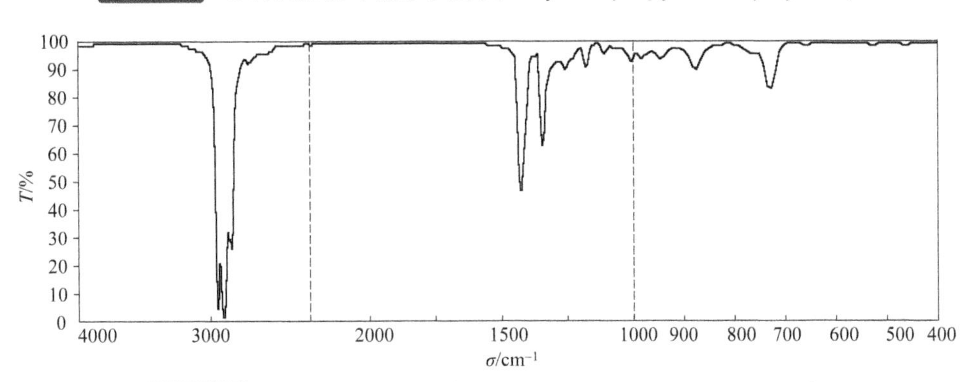

图 9-347　等规聚 1-丁烯（高分子量）(polybutene, isotactic)

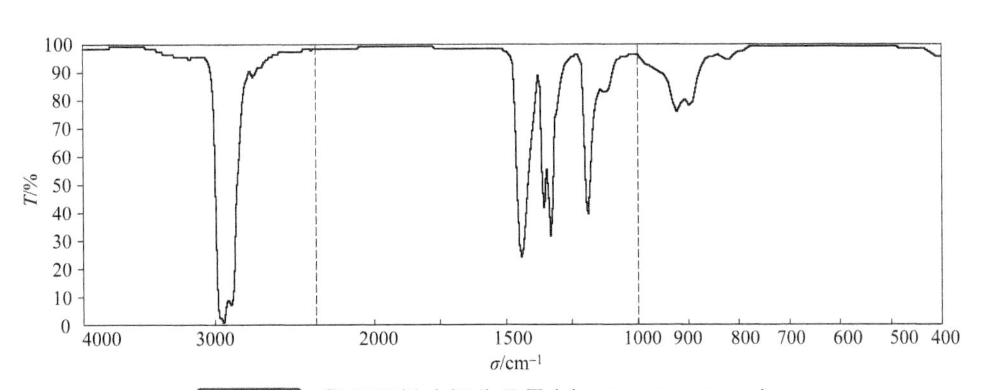

图 9-348　聚异丁烯（低分子量）(polyisobutylene)

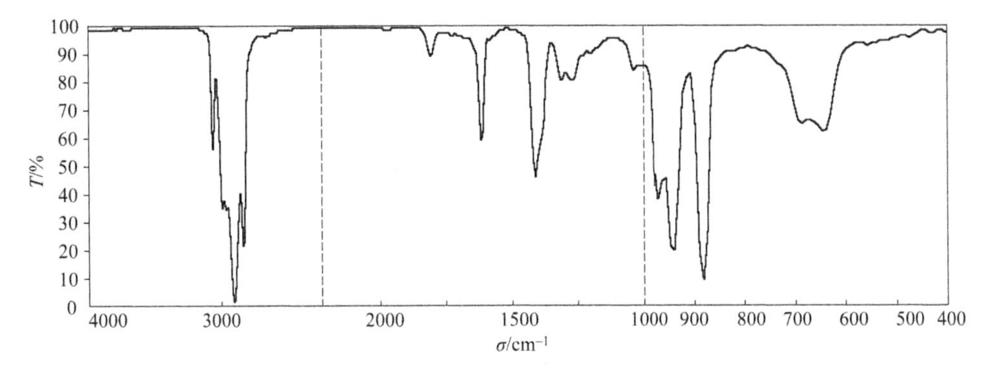

图 9-349　聚丁二烯 (polybutadiene)

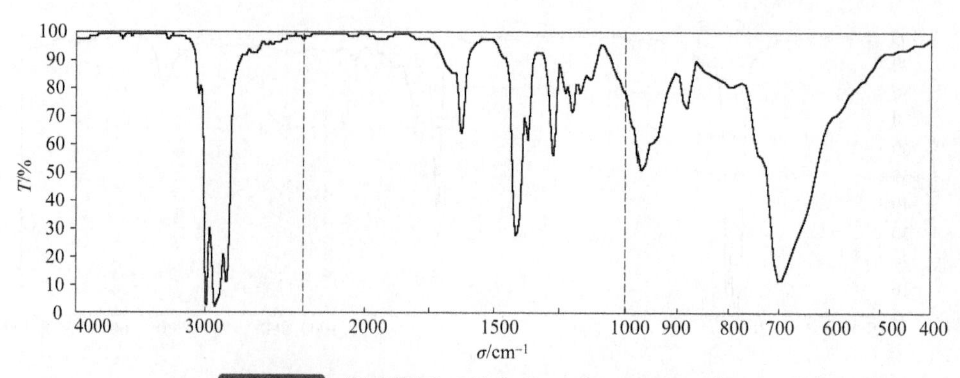

图 9-350 顺式聚丁二烯（*cis*-polybutadiene）

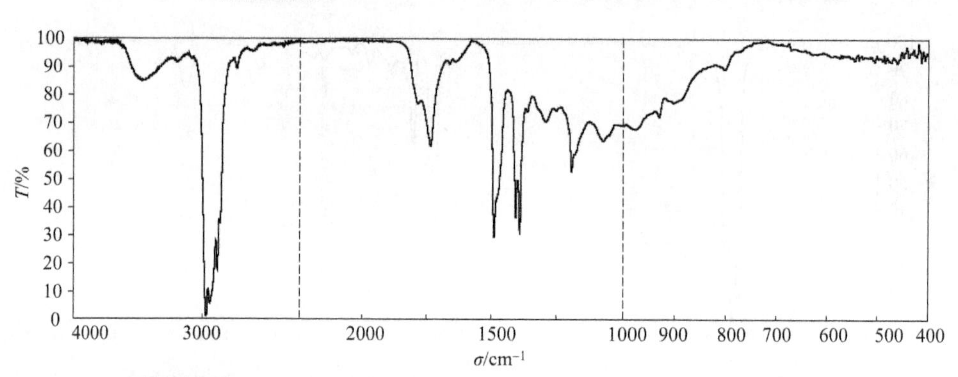

图 9-351 聚 4-甲基-1-戊烯（poly-4-methyl-1-pentene，薄膜）

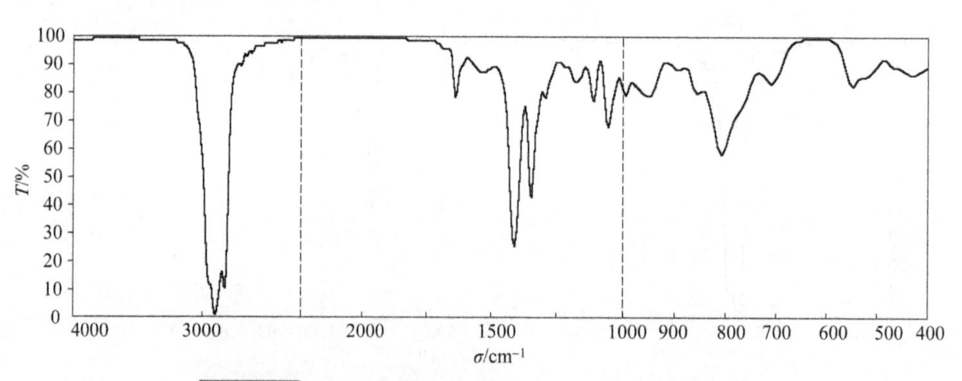

图 9-352 反式聚异戊二烯（*trans*-polyisoprene）

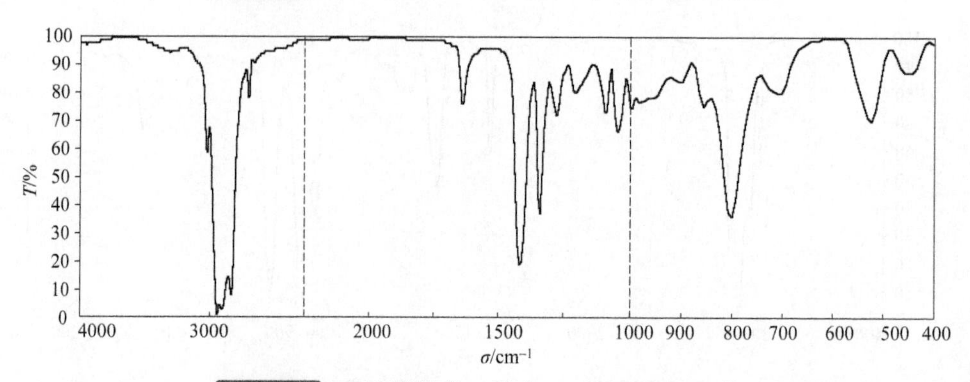

图 9-353 顺式聚异戊二烯（*cis*-polyisoprene）

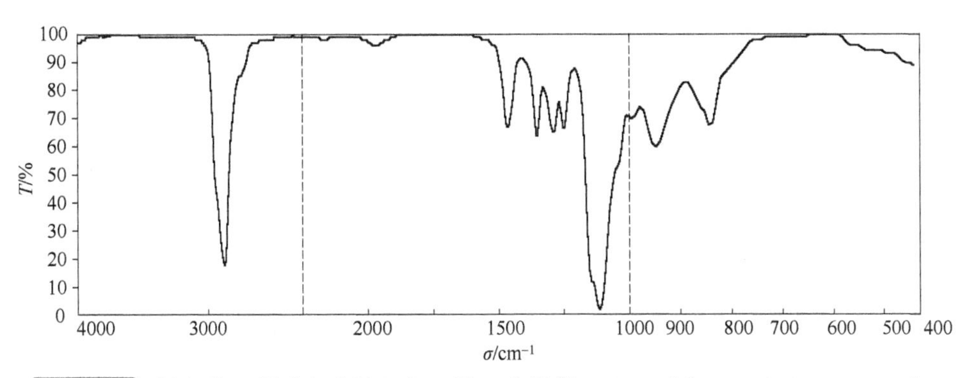

图 9-354　聚氧化乙烯（又称聚环氧乙烷，分子量 900000）(polyethylene oxide)

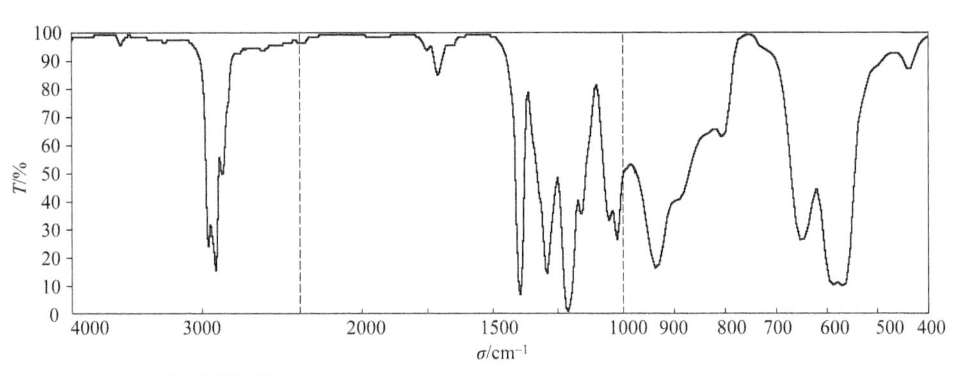

图 9-355　聚氯乙烯（polyvinyl chloride，溴化钾压片）

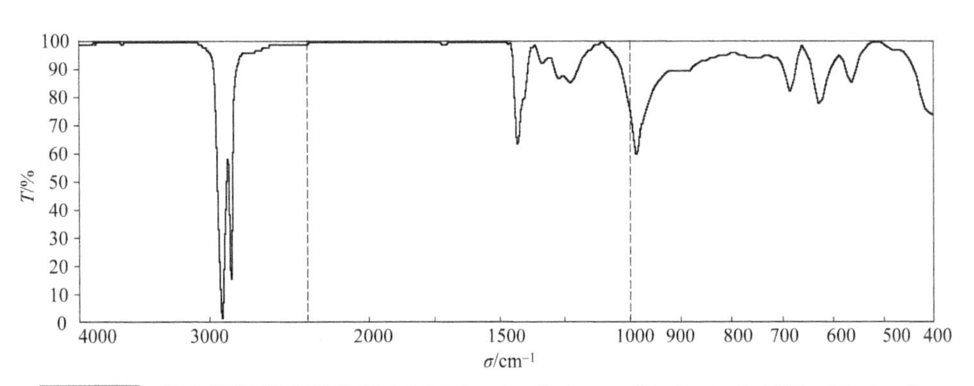

图 9-356　氯化聚乙烯（氯化度 25%）(polyethylene, chlorinated, 25% chlorine)

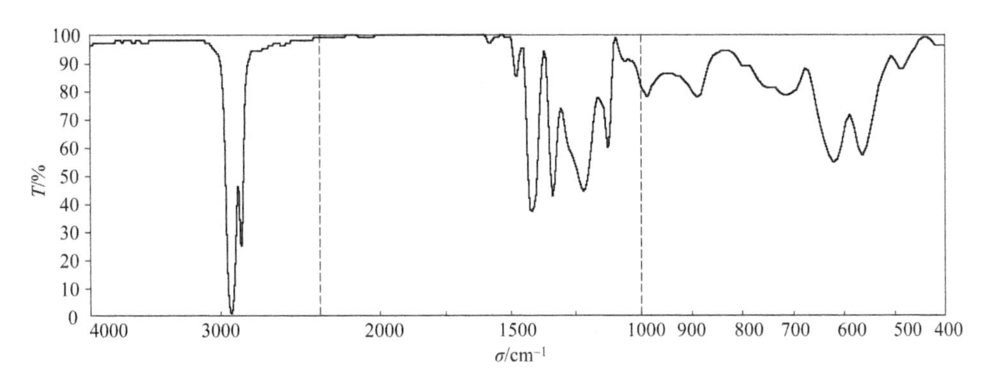

图 9-357　氯磺化聚乙烯（polyethylene, chlorosulfonated）

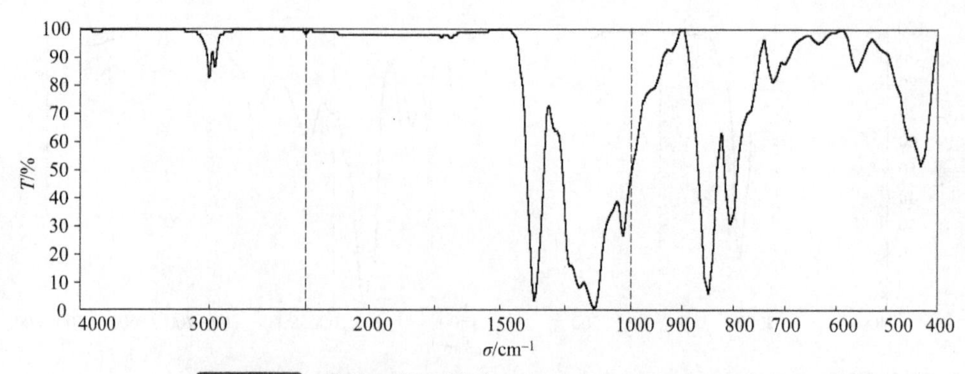

图 9-358 聚偏二氟乙烯（polyvinylidene fluoride）

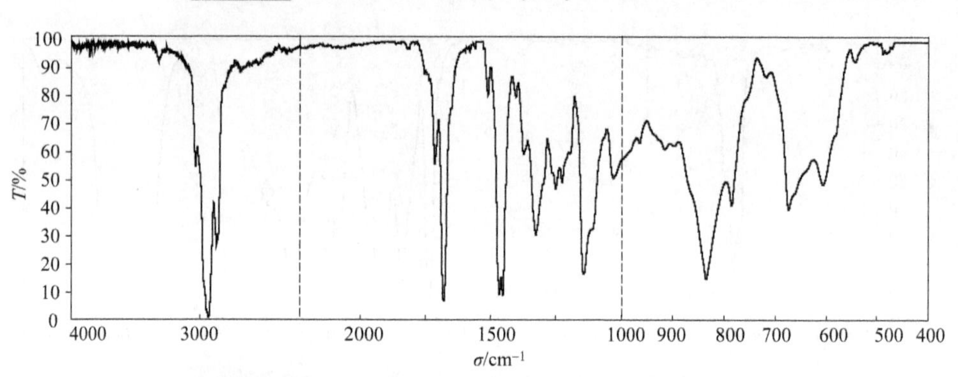

图 9-359 聚氯丁烯（polychloroprene，薄膜）

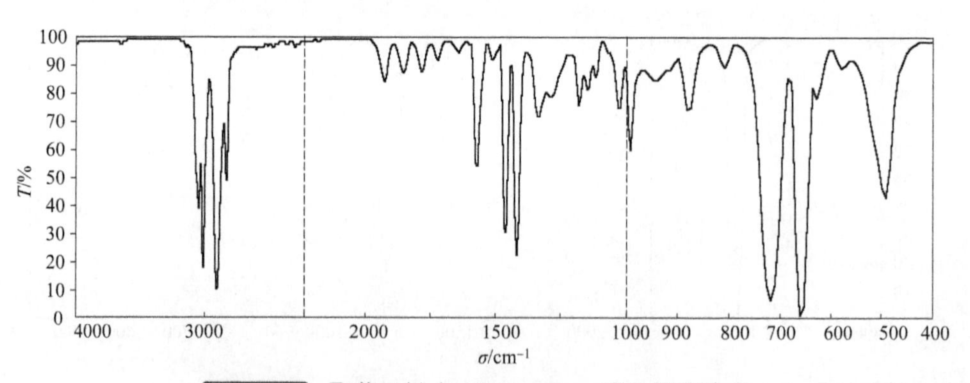

图 9-360 聚苯乙烯（polystyrene，溴化钾压片）

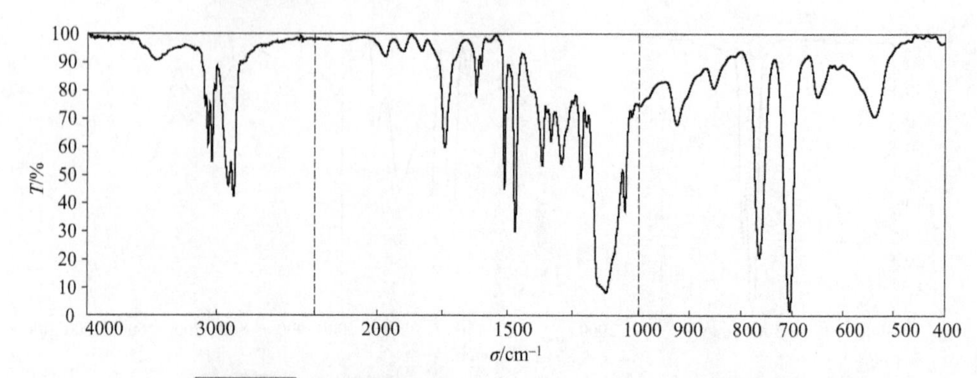

图 9-361 聚氧化苯乙烯（polystyrene, oxide，薄膜）

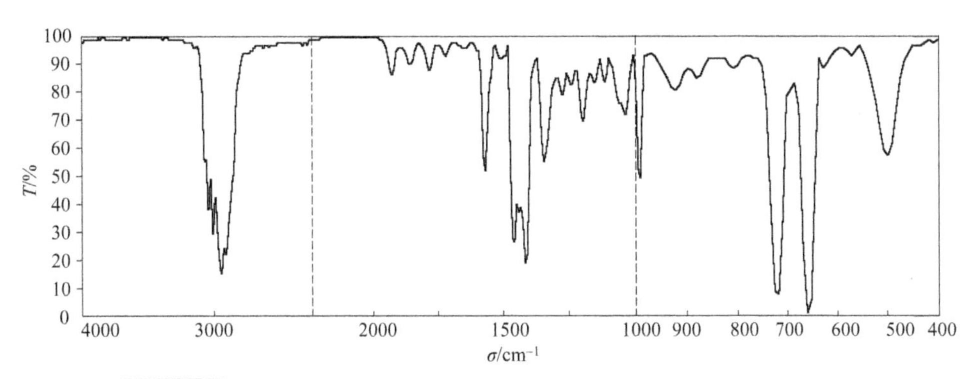

图 9-362　聚 α-甲基苯乙烯（低分子量）(poly-α-methylstyrene)

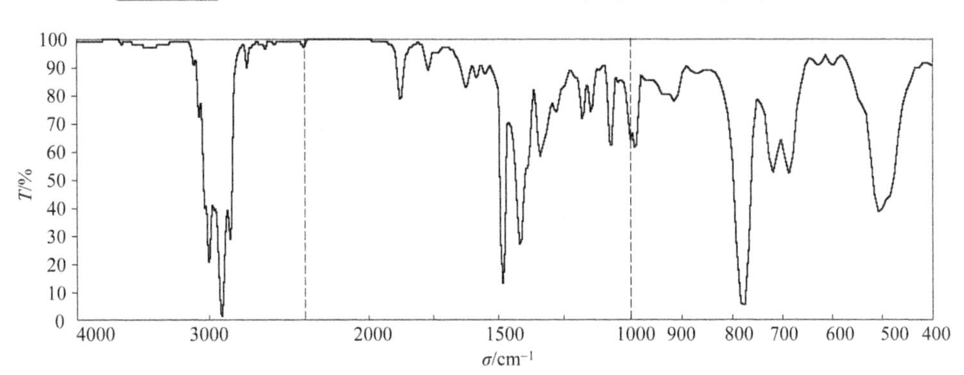

图 9-363　聚 4-甲基苯乙烯（poly- 4-methylstyrene）

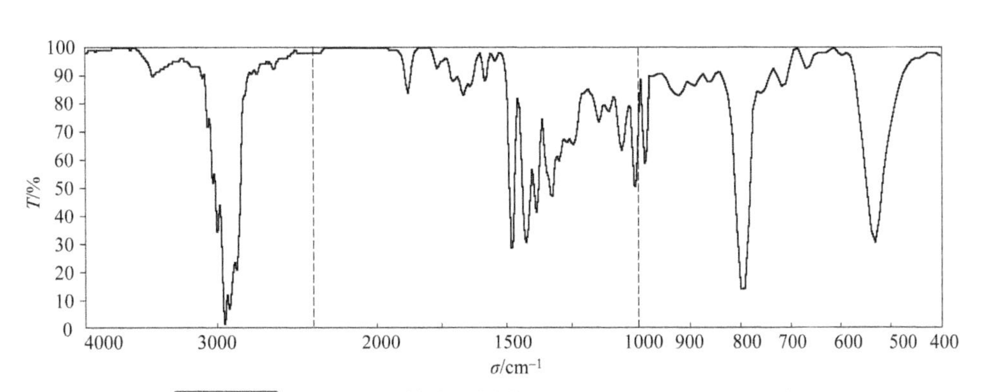

图 9-364　聚 4-异丙基苯乙烯（poly-4-isopropylstyrene）

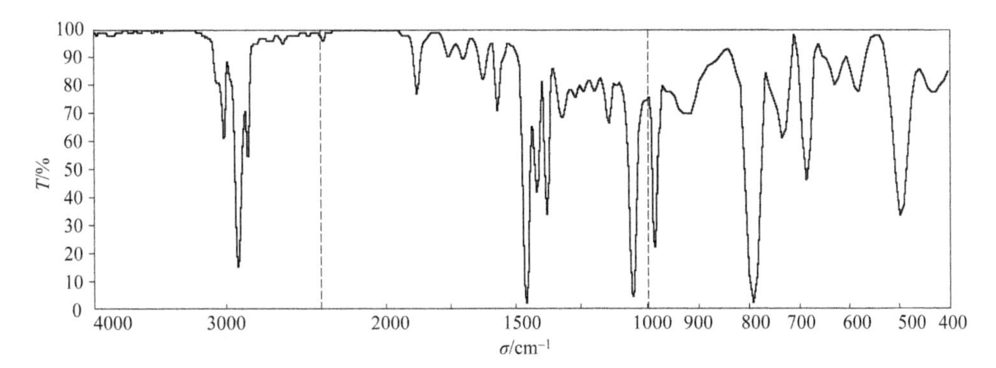

图 9-365　聚 4-氯苯乙烯（poly-4-chlorostyrene）

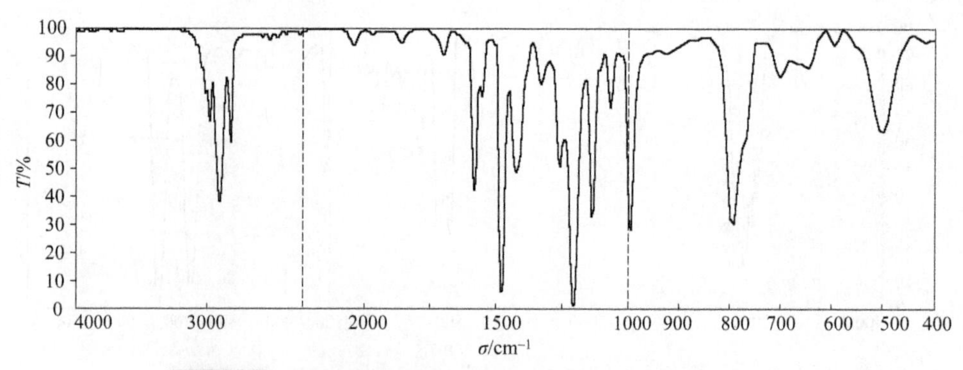

图 9-366 聚 4-甲氧基苯乙烯（poly-4-methoxystyrene）

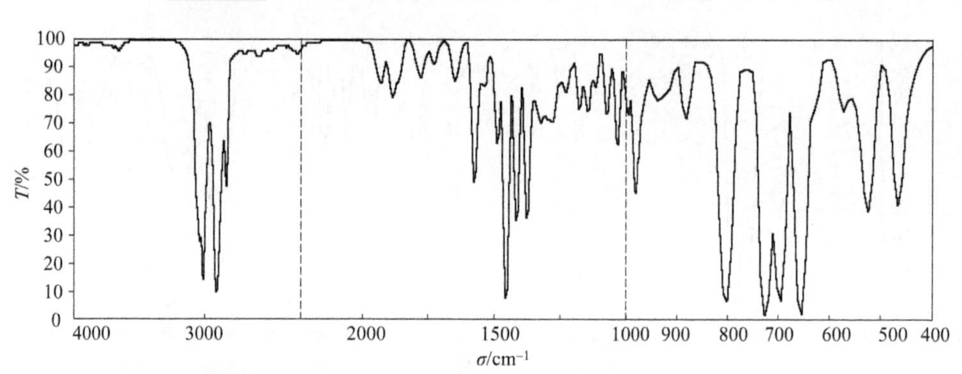

图 9-367 聚 4-乙烯基联苯（poly-4-vinylbiphenyl ）

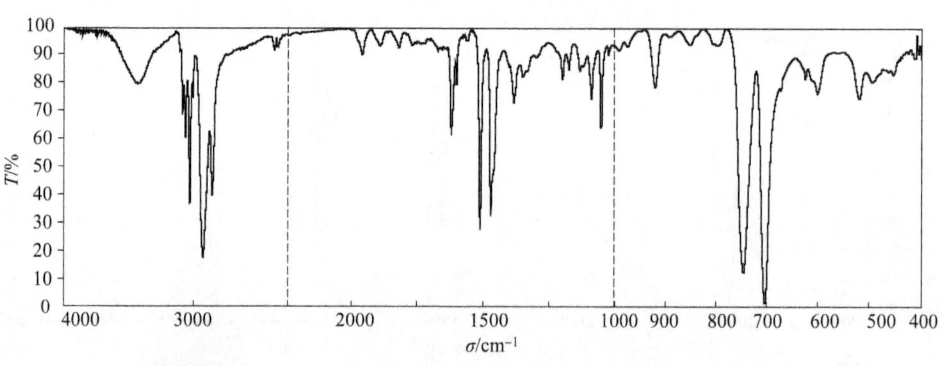

图 9-368 聚己二烯苯 （polydiallylbenzene，溴化钾压片）

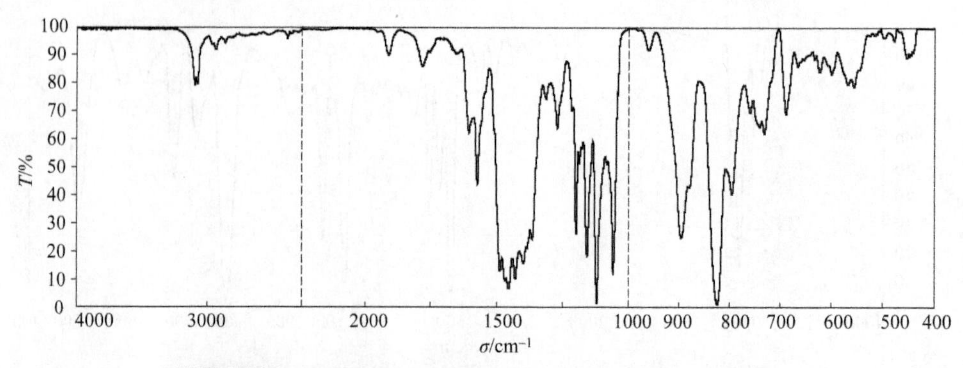

图 9-369 氯化聚苯（polyphenyl, chlorinated，薄膜）

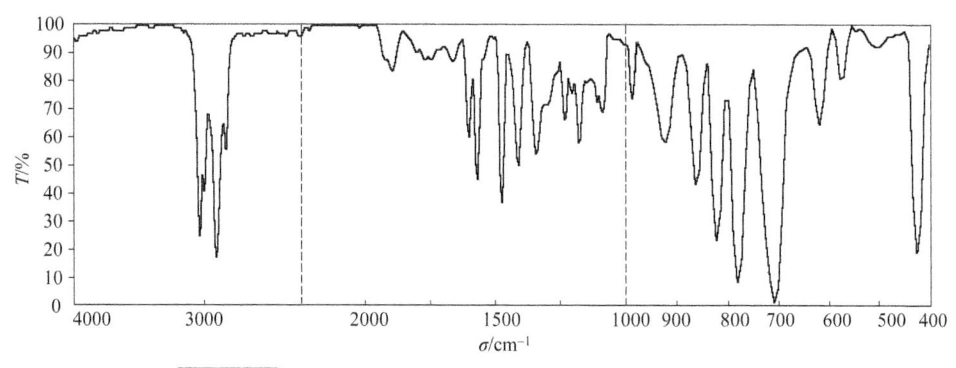

图 9-370 聚 2-乙烯基萘（poly-2-vinyl naphthalene ）

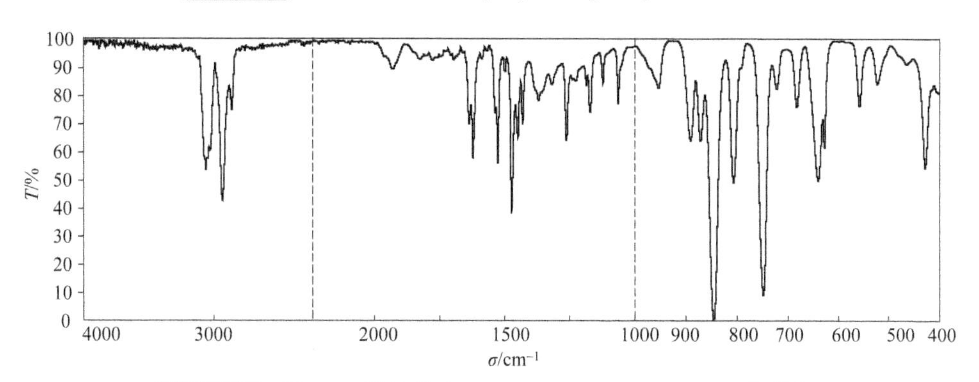

图 9-371 聚 3-乙烯基菲（poly-3-vinylphenanthrene 薄膜）

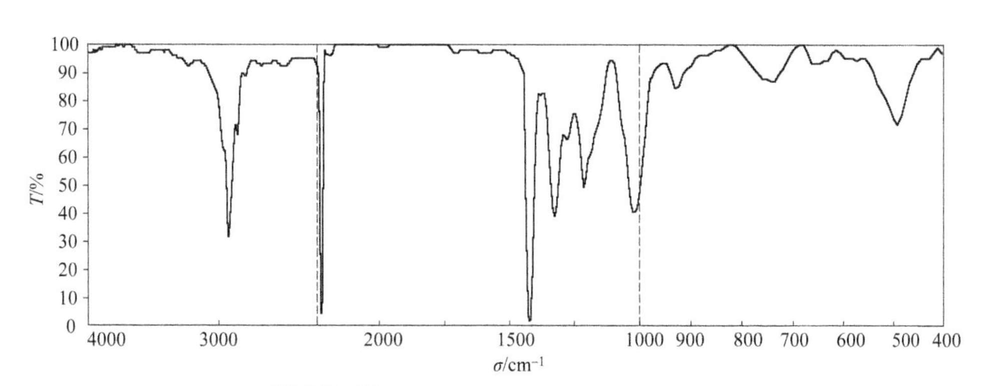

图 9-372 聚丙烯腈（polyacrylonitrile）

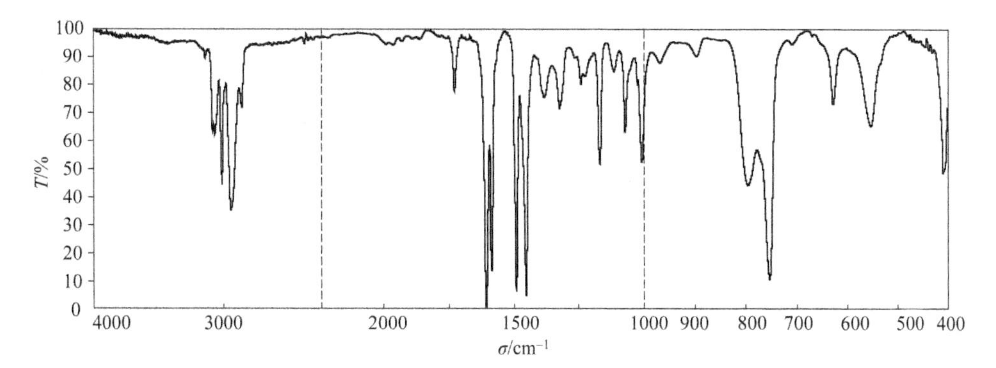

图 9-373 聚 2-乙烯基吡啶（poly-2-vinyl pyridine 薄膜）

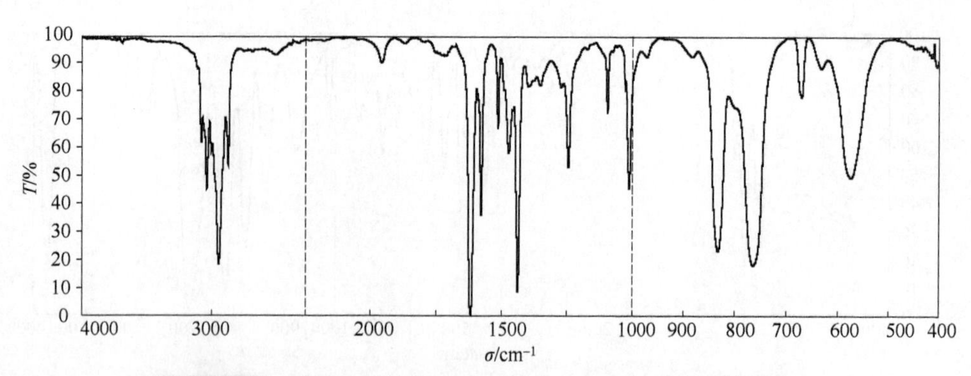

图 9-374 聚 4-乙烯基吡啶（poly-4-vinyl pyridine，薄膜）

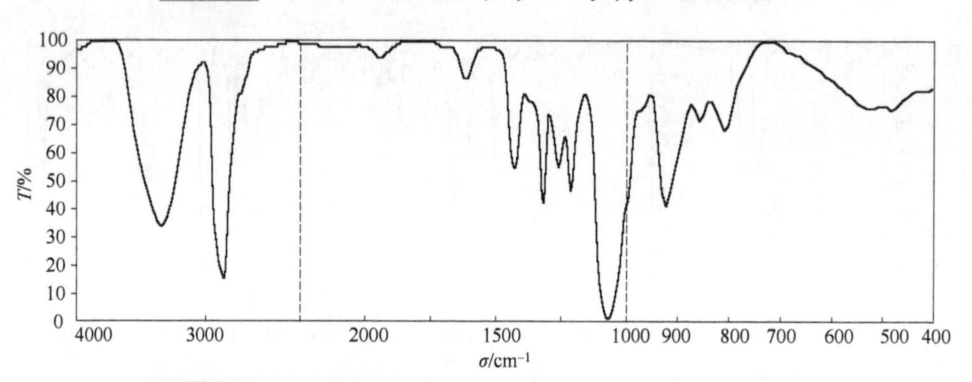

图 9-375 聚乙二醇（平均分子量 400）（polyglycol，液膜）

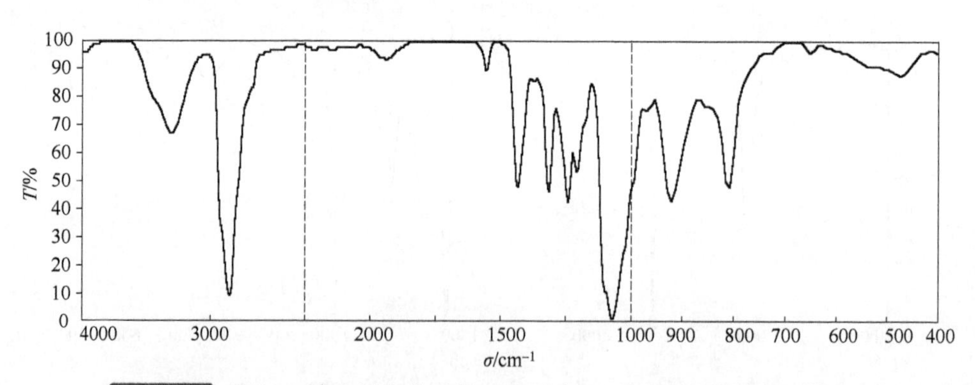

图 9-376 聚乙二醇（平均分子量 1000）（polyglycol，溴化钾压片）

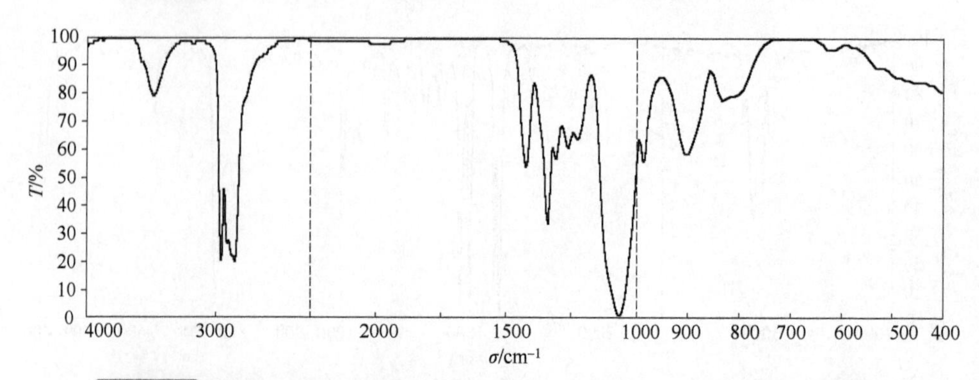

图 9-377 聚丙二醇（平均分子量 1000）（polypropylene glycol，液膜）

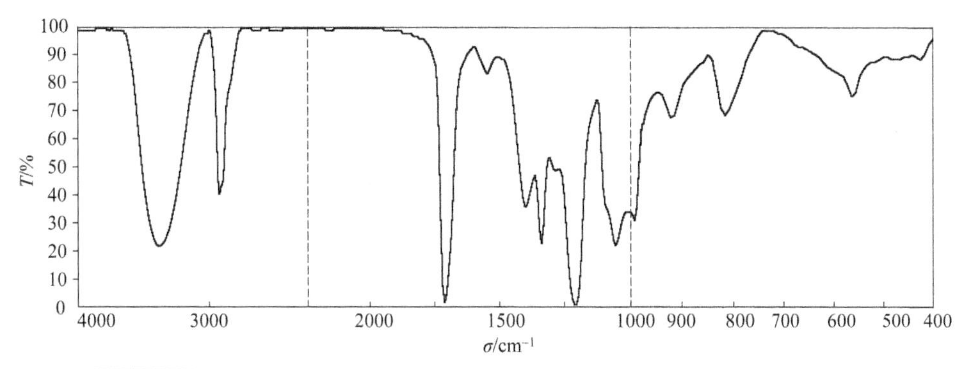

图 9-378　聚乙烯醇（水解度 75%，分子量 2000）(polyvinyl alcohol)

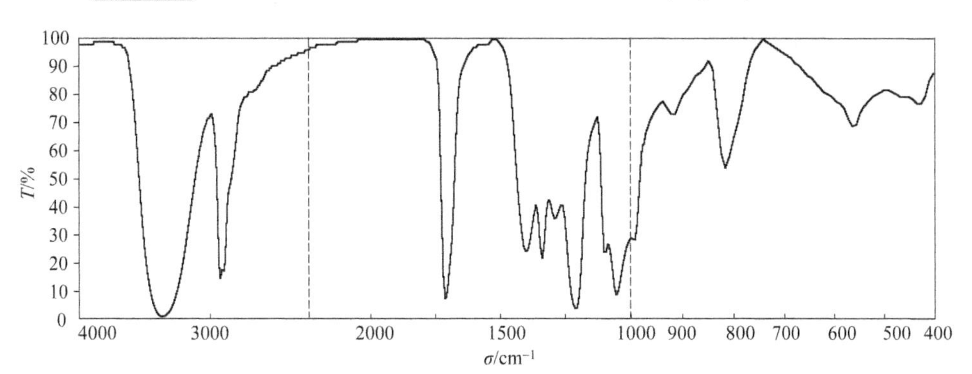

图 9-379　聚乙烯醇（水解度 88%，分子量 10000）(polyvinyl alcohol)

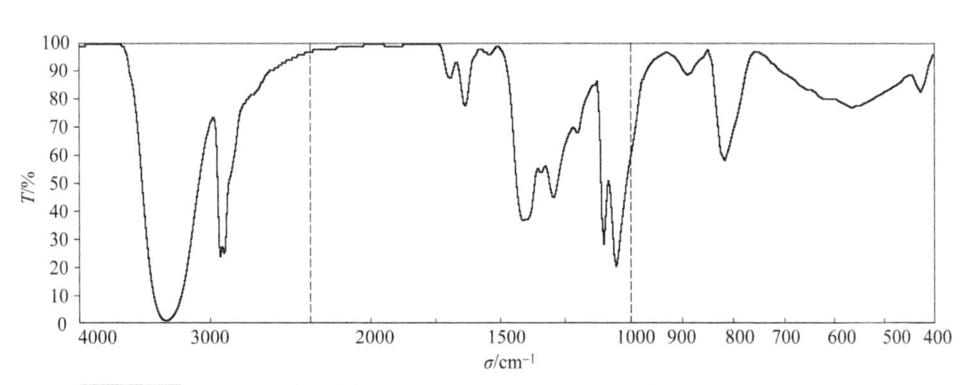

图 9-380　聚乙烯醇（水解度 98%，分子量 126000）(polyvinyl alcohol)

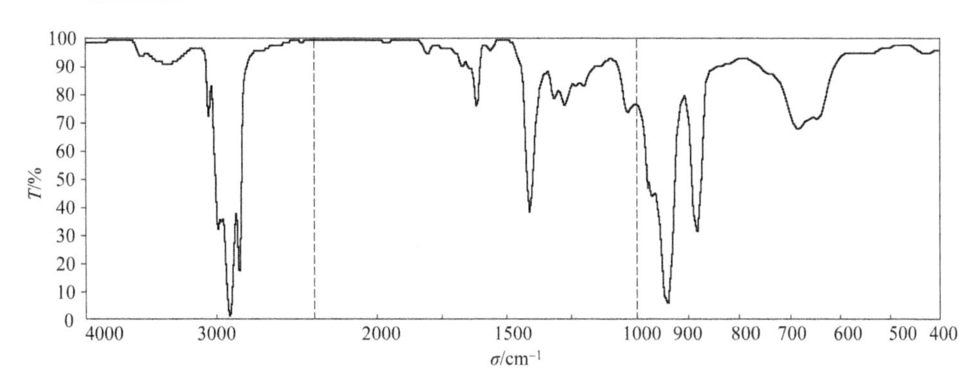

图 9-381　聚丁二烯二醇 (polybutadiene diol)

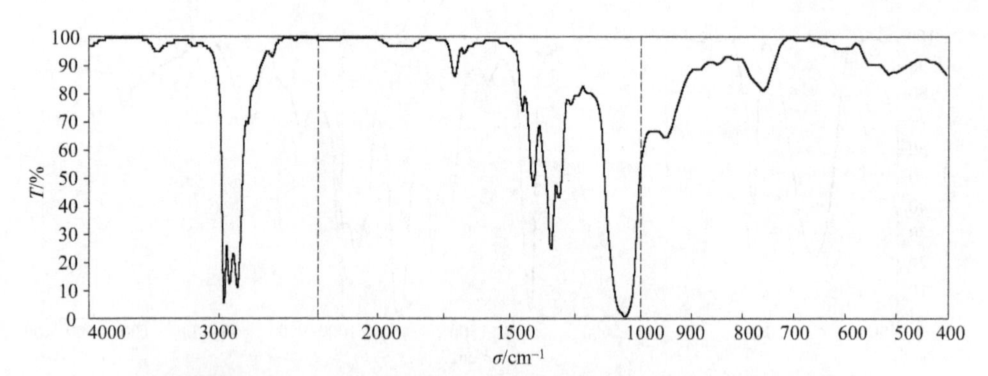

图 9-382 聚乙烯基乙醚（低分子量）（poly-vinyl ethyl ether）

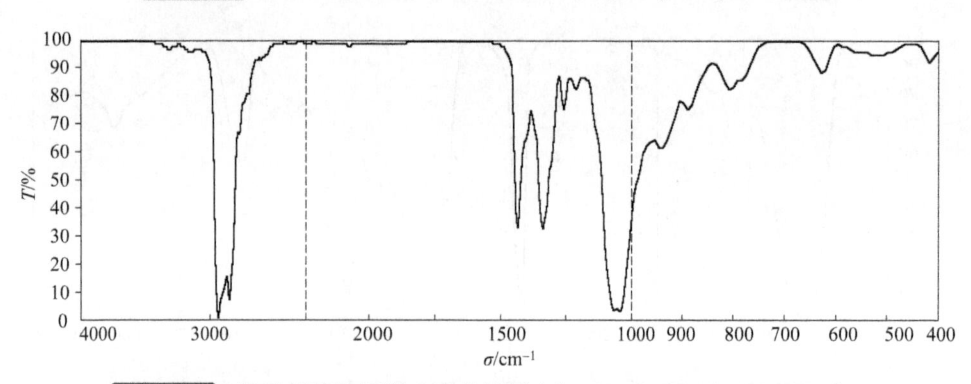

图 9-383 聚乙烯基异丁醚（高分子量）（poly-vinyl isobutyl ether）

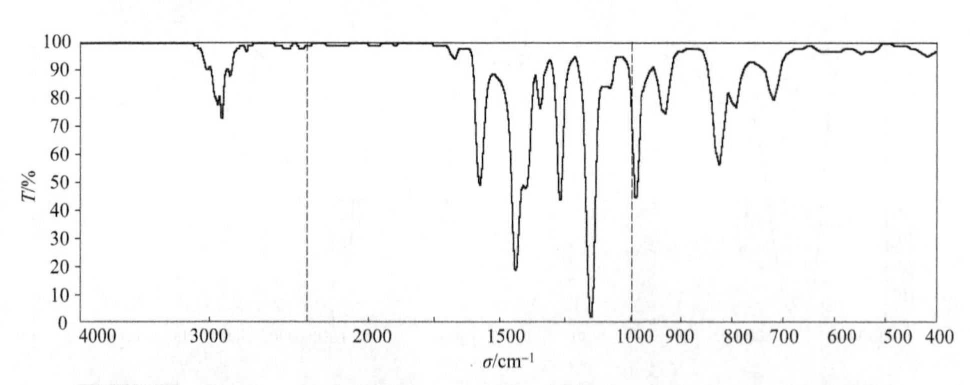

图 9-384 聚 2,6-二甲基对苯醚（poly-2,6-dimethyl-1,4-phenylene oxide）

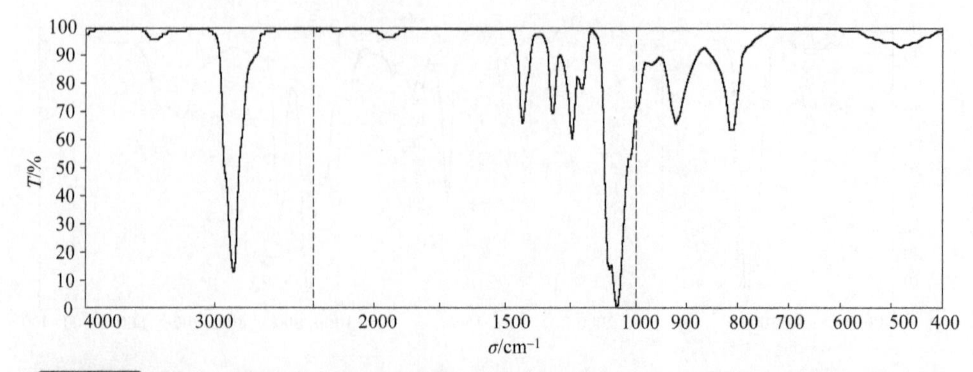

图 9-385 聚乙二醇甲醚（平均分子量 1900）（poly-ethylene glycol methyl ether）

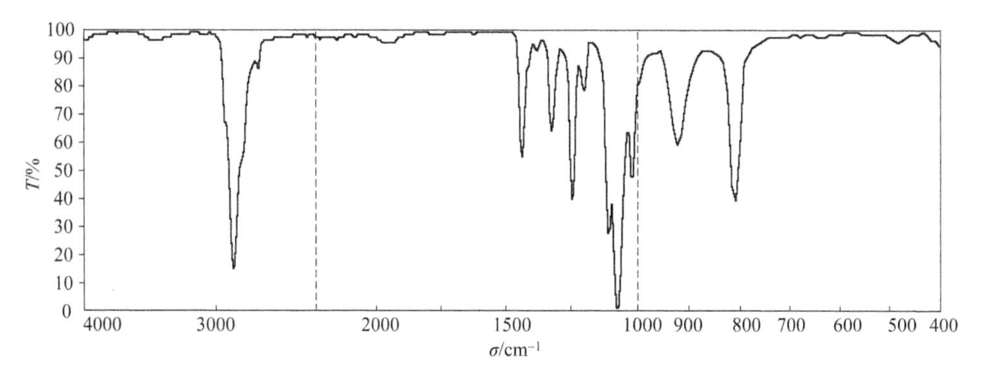

图 9-386　聚乙二醇甲醚（平均分子量 5000）(poly-ethyleneglycol methyl ether)

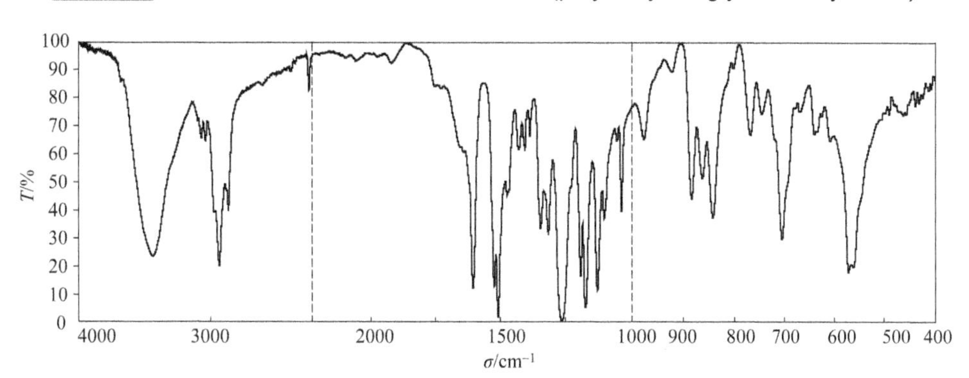

图 9-387　聚芳醚（polyaryl ether，溴片钾压片）

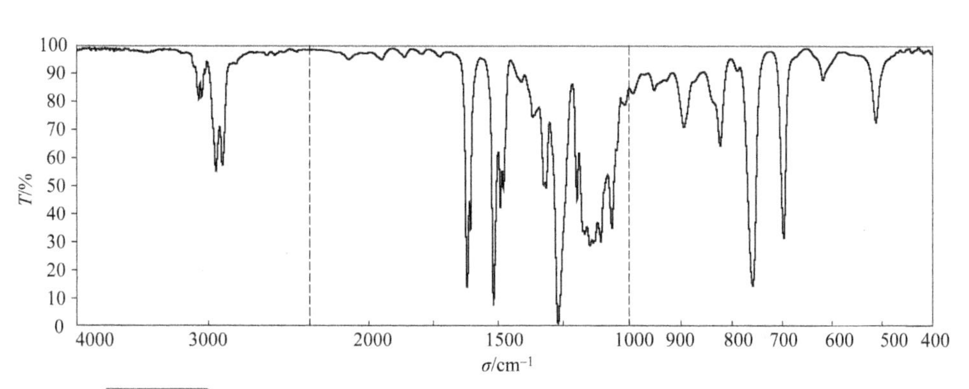

图 9-388　聚（苯基缩水甘油醚）(poly-phenyl glycidyl ether，薄膜）

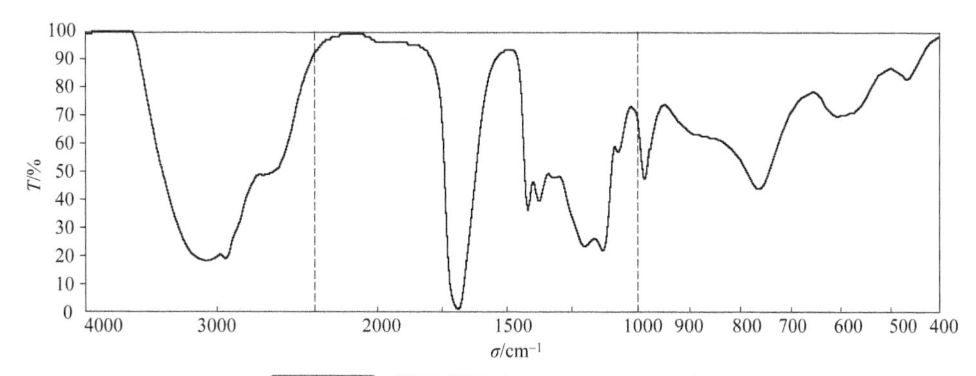

图 9-389　聚丙烯酸（polyacrylic acid）

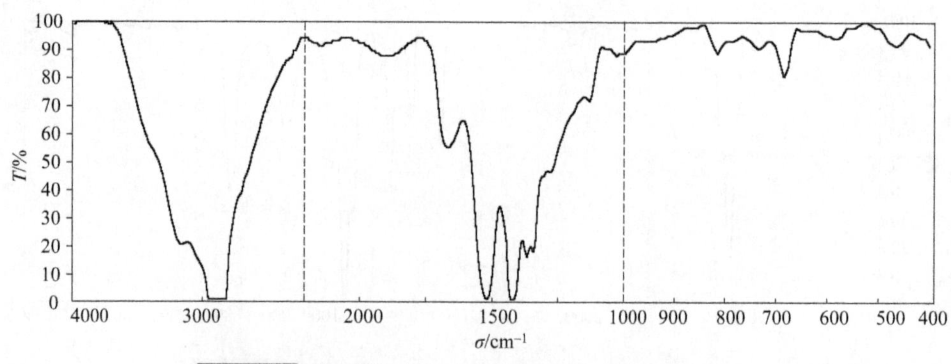

图 9-390 聚丙烯酸铵（polyacrylate ammonium）

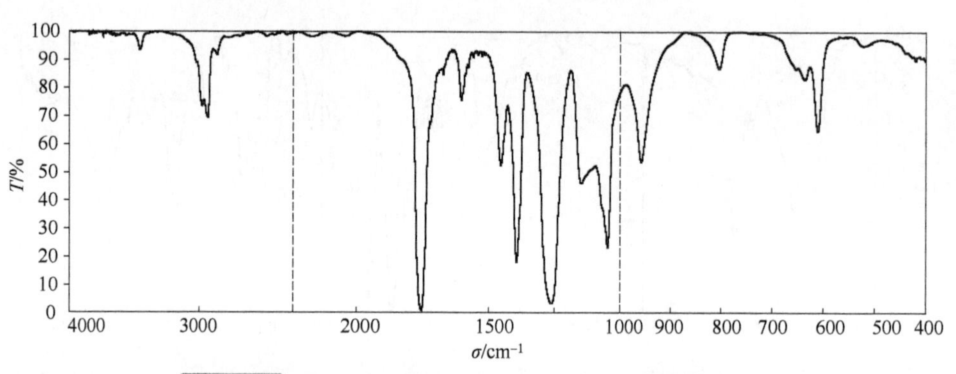

图 9-391 聚乙酸乙烯酯（polyvinyl acetate，薄膜）

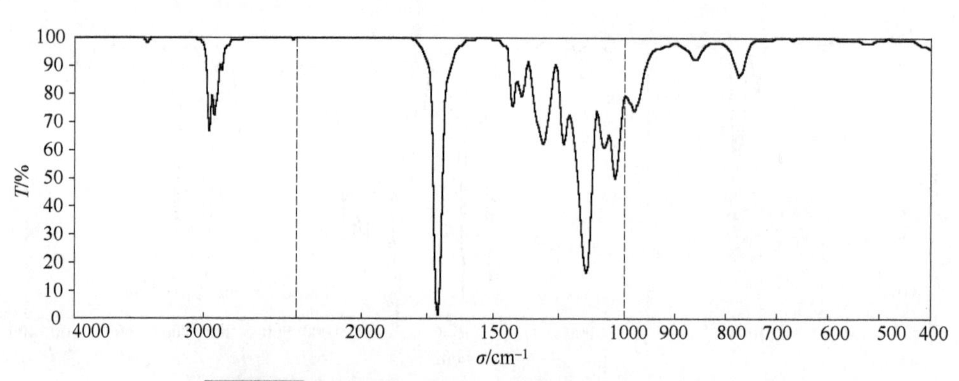

图 9-392 聚丙酸乙烯酯（polyvinyl propionate）

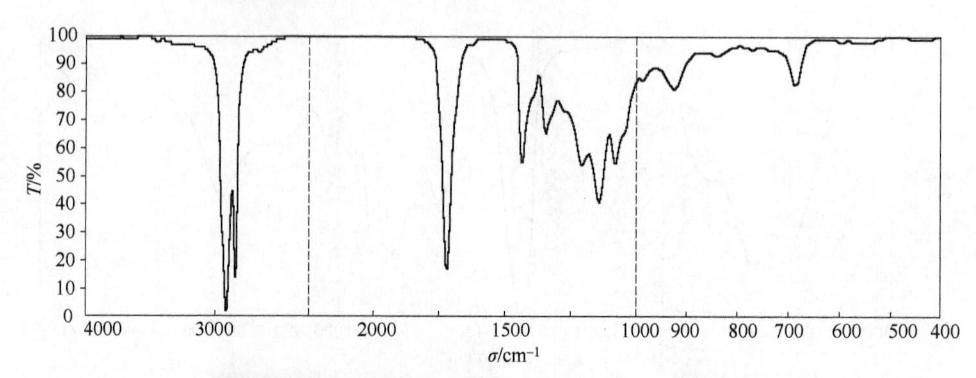

图 9-393 聚硬脂酸乙烯酯（polyvinyl stearate）

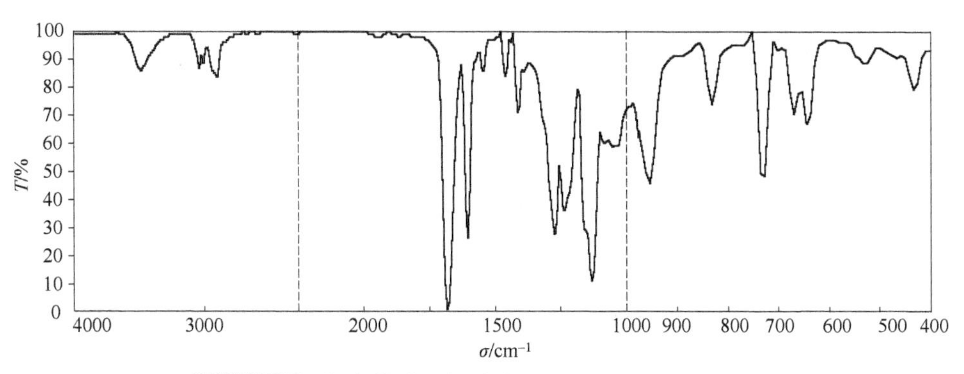

图 9-394　聚肉桂酸乙烯酯（polyvinyl cinnamate）

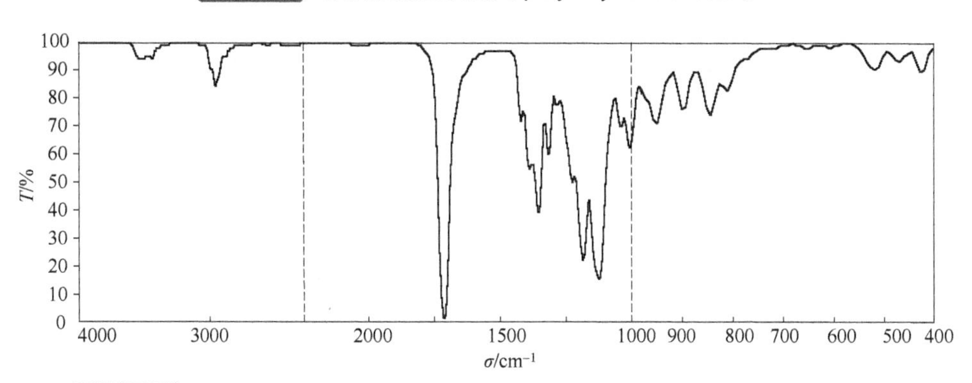

图 9-395　聚丁二酸乙二酯（polyethylene glycol succinate，溴化钾压片）

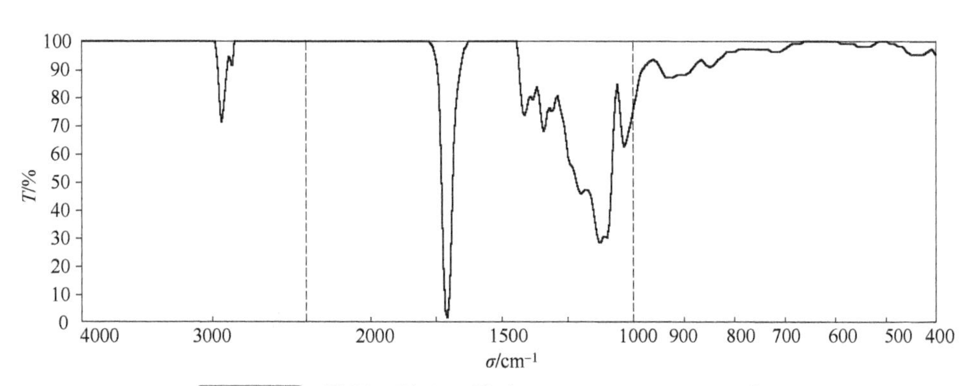

图 9-396　聚己二酸乙二酯（polyethylene adipate）

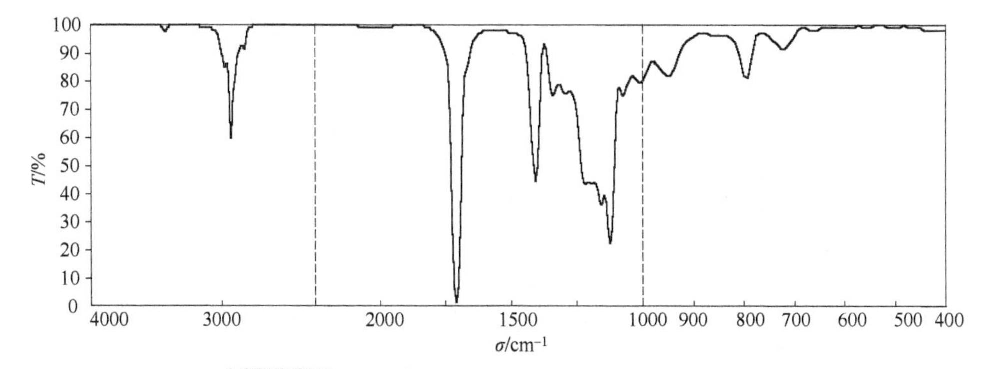

图 9-397　聚丙烯酸甲酯（polymethyl acrylate）

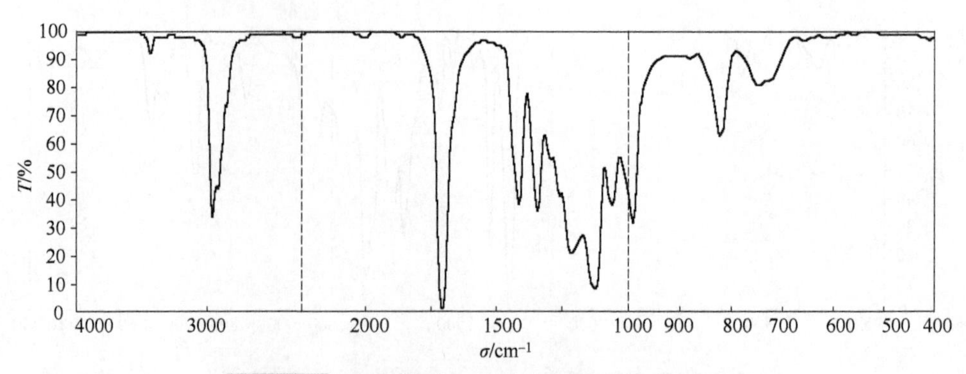

图 9-398 聚丙烯酸乙酯（polyethylacrylate）

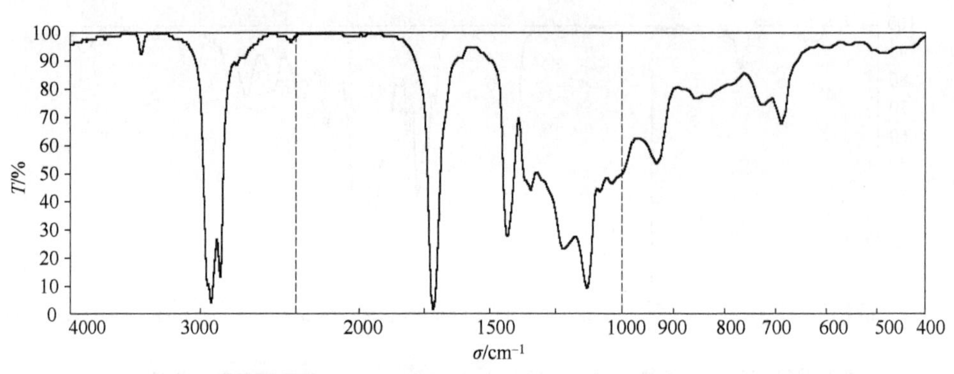

图 9-399 聚丙烯酸辛酯（polyoctyl acrylate）

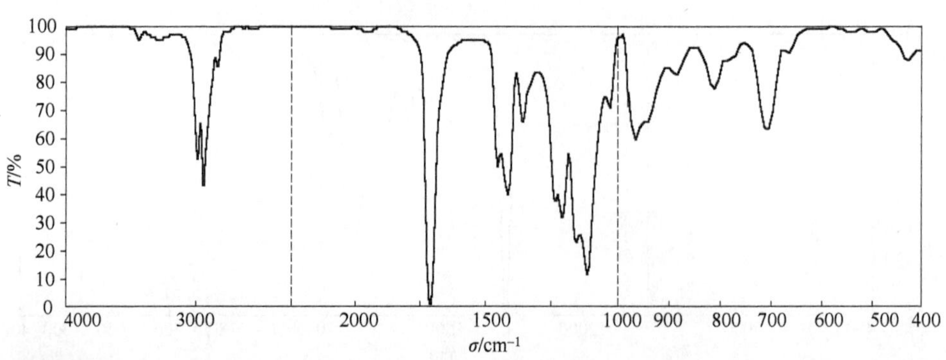

图 9-400 聚甲基丙烯酸甲酯（低分子量）（polymethyl methacrylate，溴化钾压片）

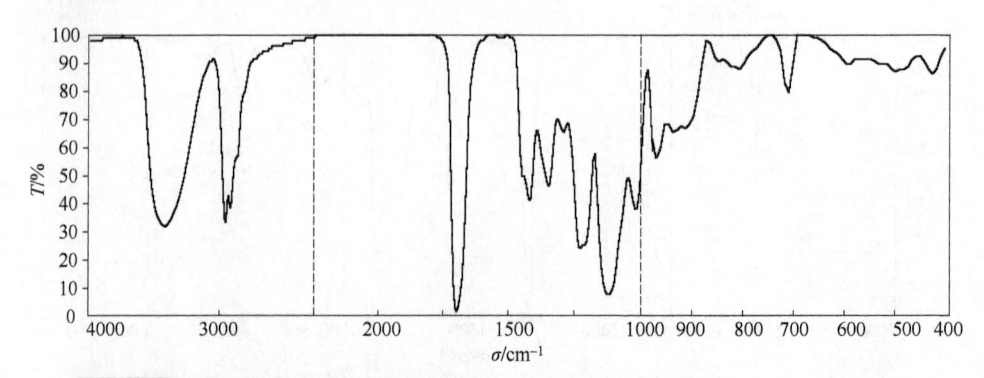

图 9-401 聚甲基丙烯酸-2-羟基丙酯（poly-2-hydroxypropyl methacrylate）

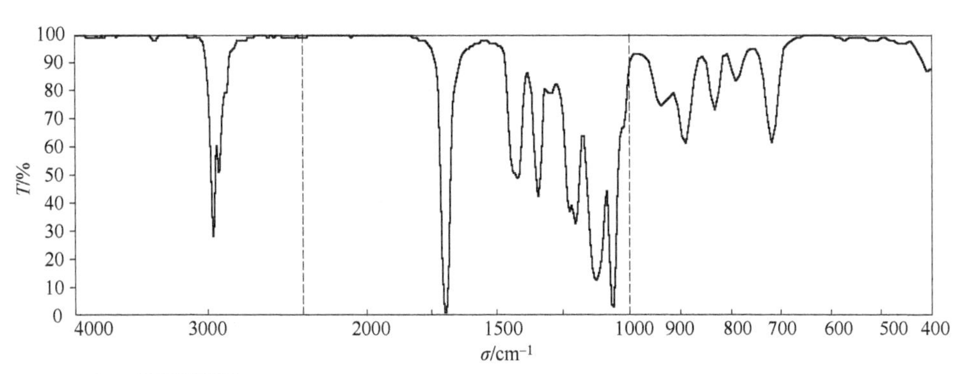

图 9-402 聚甲基丙烯酸异丙酯（polyisopropyl methacrylate）

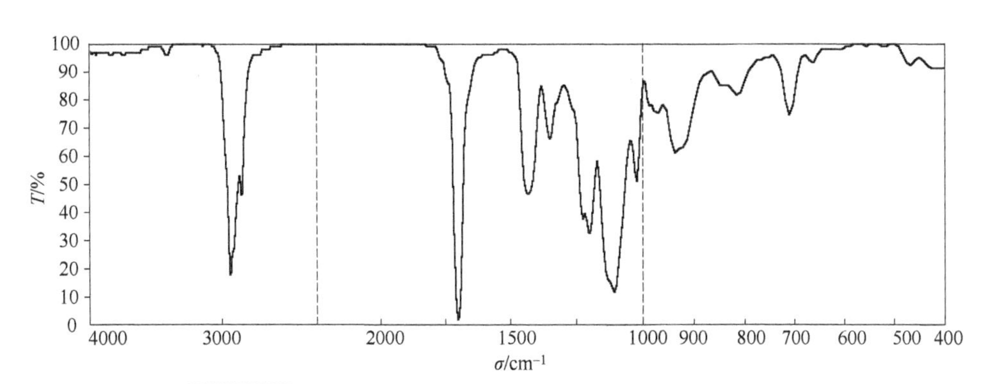

图 9-403 聚甲基丙烯酸丁酯（polybutyl methacrylate）

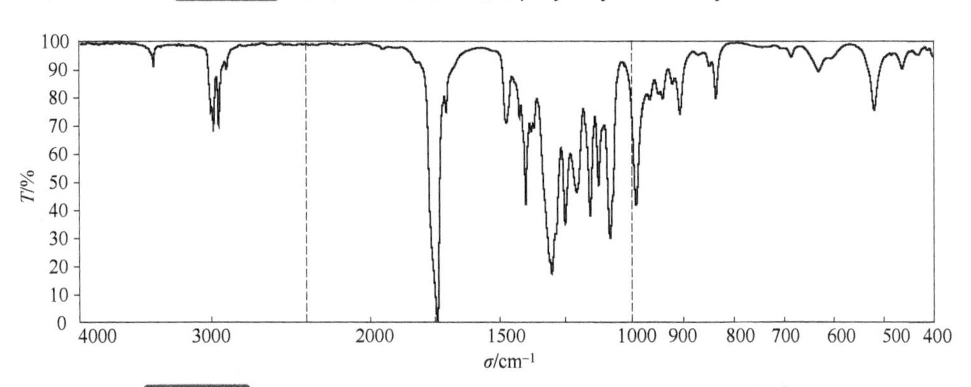

图 9-404 聚 3-羟基丁酸酯（poly-3-hydroxybutyrate，薄膜）

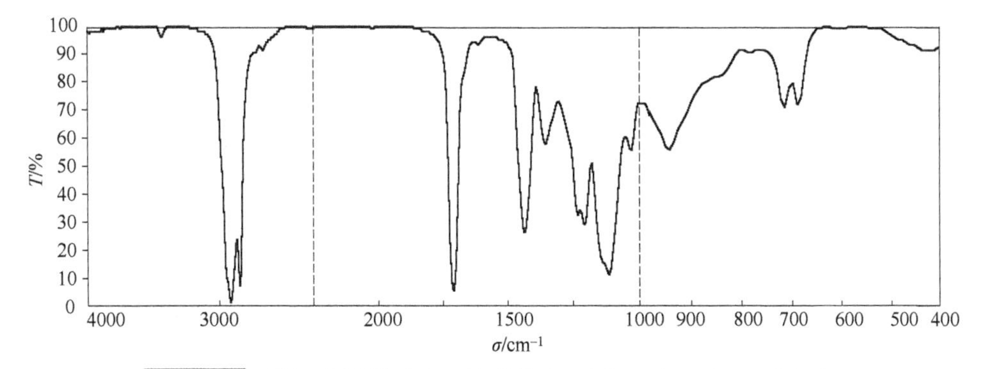

图 9-405 聚甲基丙烯酸十二烷基酯（polylauryl methacrylate）

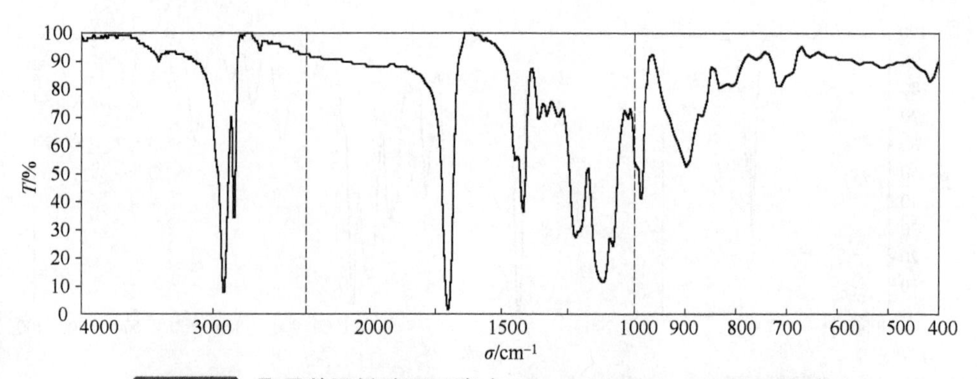

图 9-406 聚甲基丙烯酸环己酯（polycyclohexyl methacrylate）

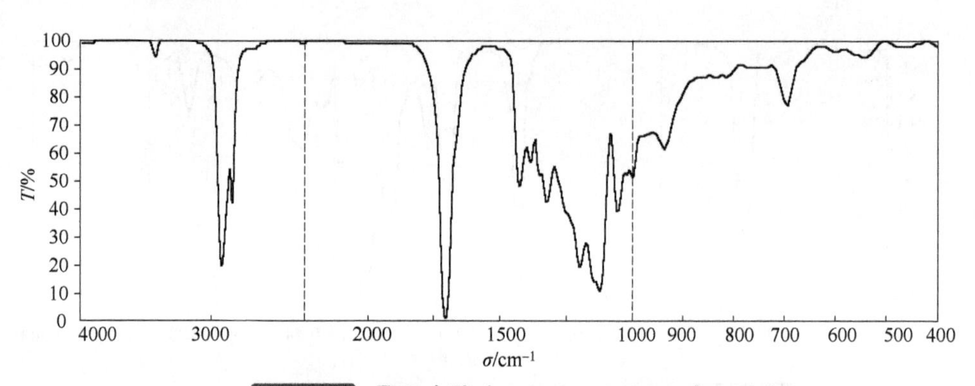

图 9-407 聚己内酯（polycaprolactone）

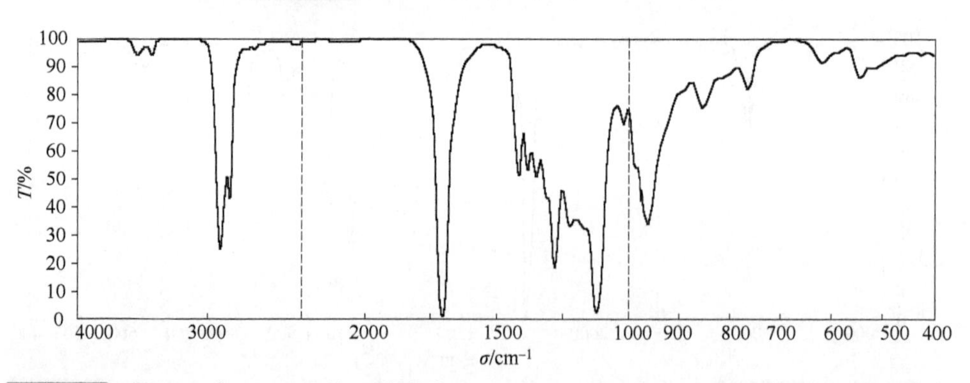

图 9-408 聚丁二酸 1,4-环己烷二甲酯（poly-1,4-cyclohexanedimethylene succinate）

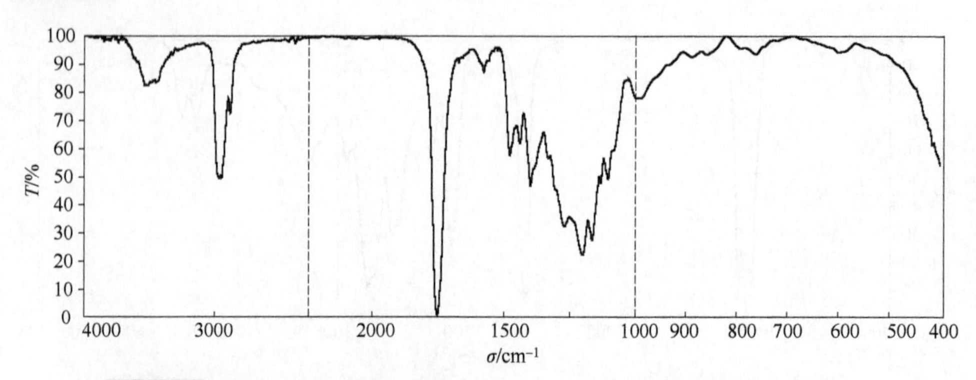

图 9-409 聚己二酸 1,3-丁二酯（poly-1,3-butanediyl adipate，薄膜）

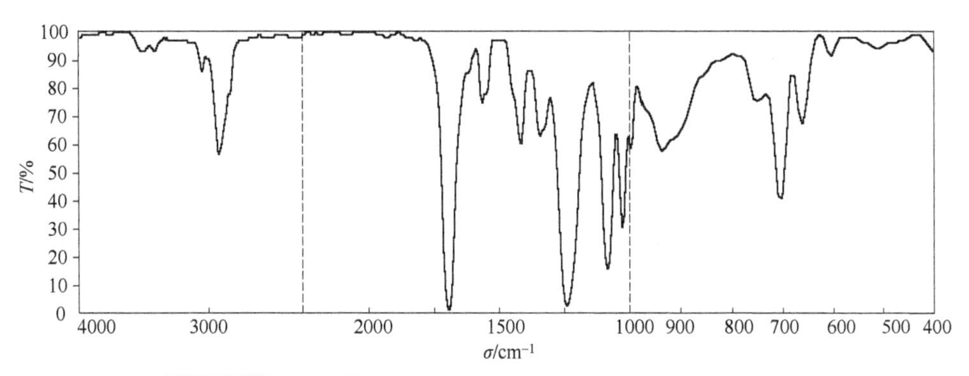

图 9-410　聚邻苯二甲酸二烯丙酯（polydiallyl phthalate）

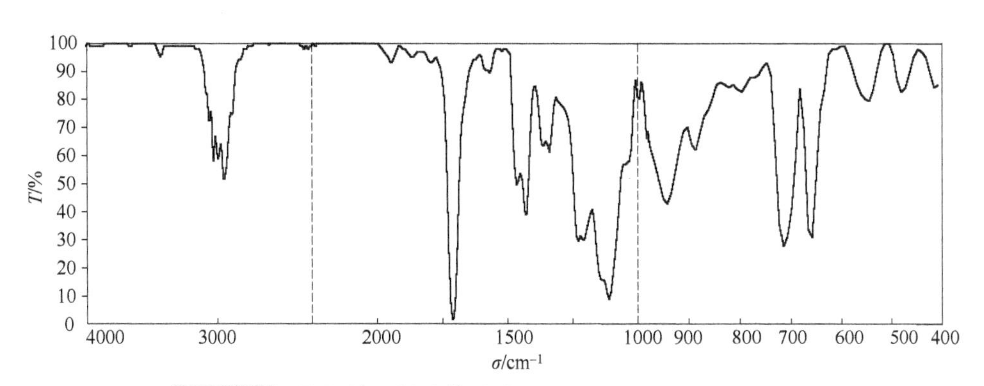

图 9-411　聚甲基丙烯酸苄酯（polybenzyl methacrylate）

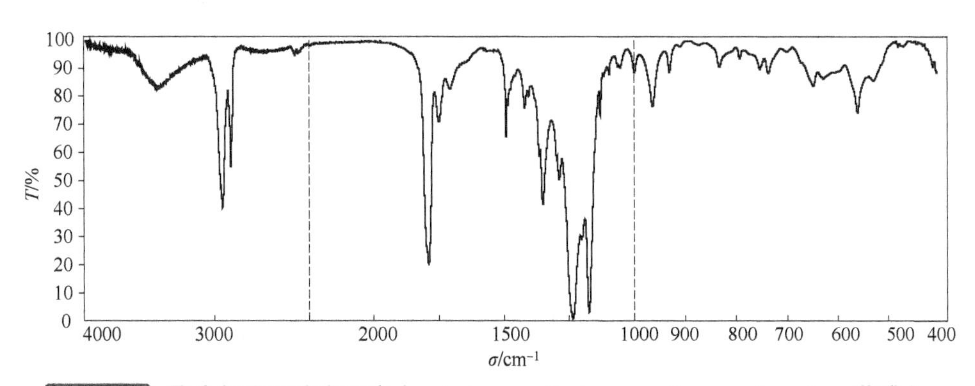

图 9-412　聚全氟癸二酸癸二酯（polydecamethylene perfluorosebacate，薄膜）

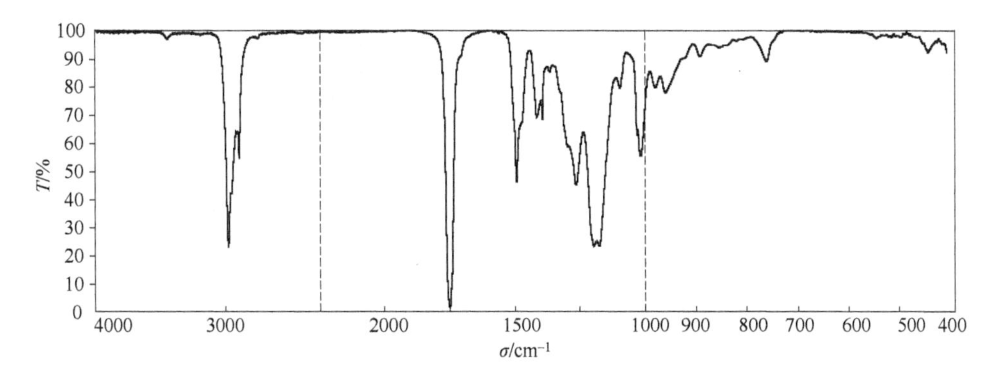

图 9-413　聚甲基丙烯酸异丁酯（polyisobutyl methacrylate，薄膜）

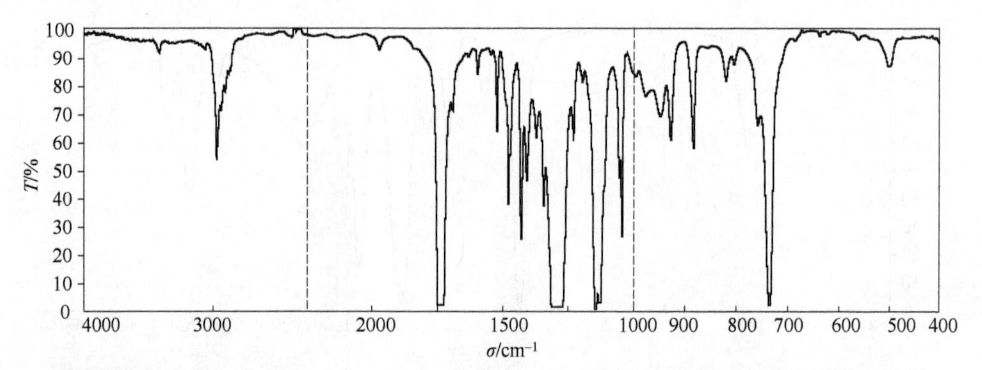

图 9-414 聚对苯二甲酸-1,4-丁二酯（poly-1,4-butylene terephthalate，薄膜）

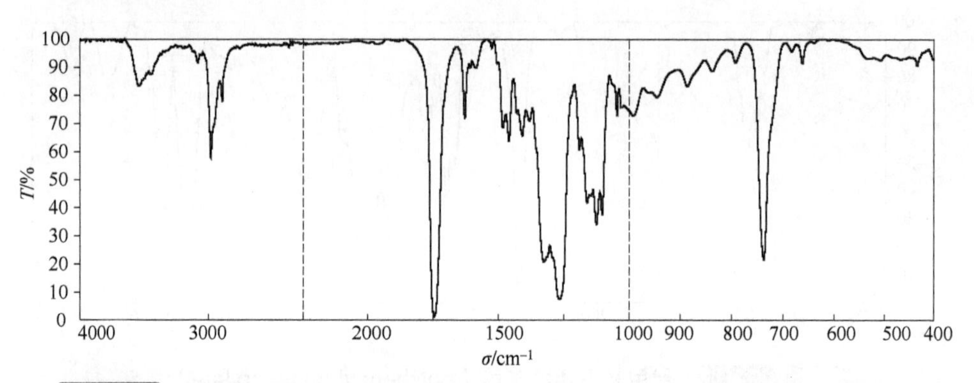

图 9-415 聚间苯二甲酸-1,2-丁二酯（poly-1,2-butylene isophthalate，薄膜）

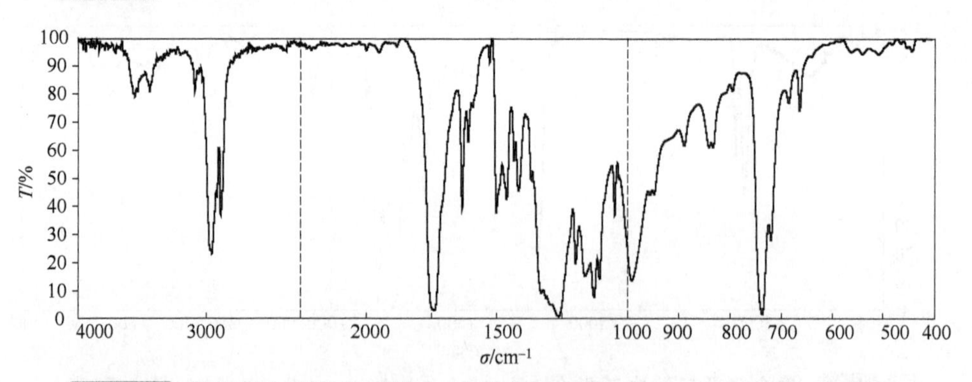

图 9-416 聚间苯二甲酸己二酯（polyhexamethylene isophthalate，薄膜）

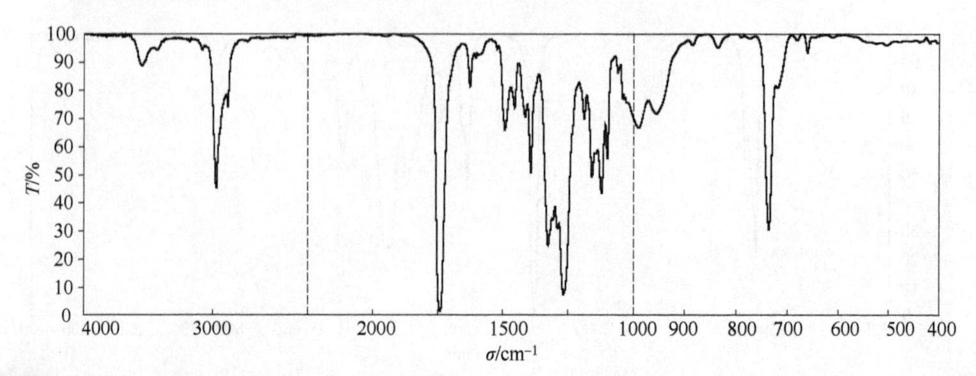

图 9-417 聚间苯二甲酸-2,2,4-三甲基-1,3-戊二酯(poly-2,2,4-trimethyl-1,3-pentanediyl isophthalate，薄膜)

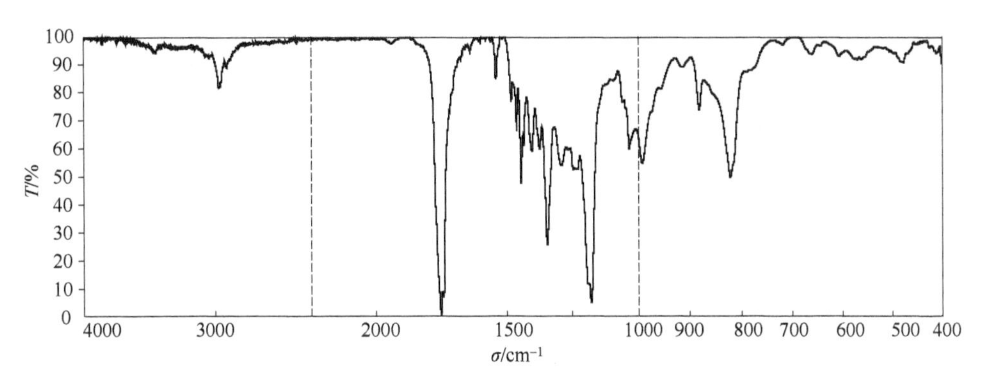

图 9-418 聚对苯二甲基琥珀酸酯（poly-*p*-xylylendiyl succinate，薄膜）

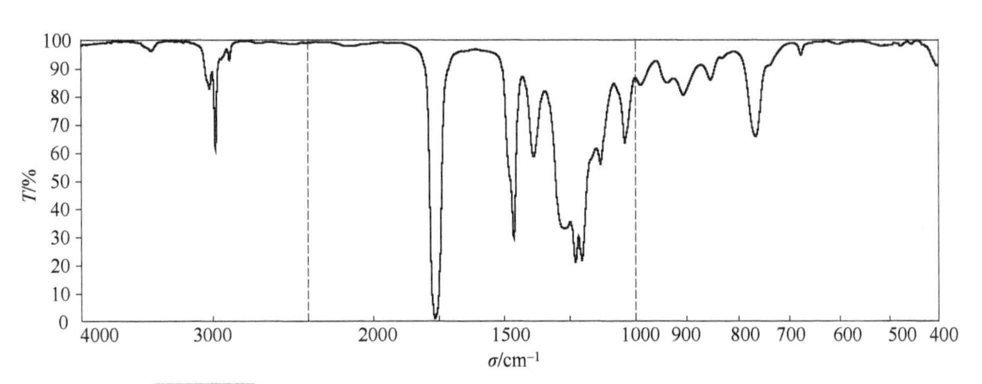

图 9-419 聚衣康酸二甲酯（polydimethyl itaconate，薄膜）

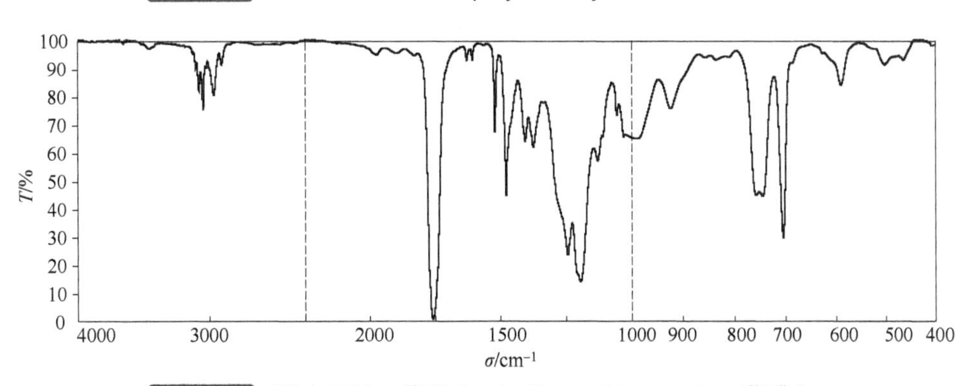

图 9-420 聚衣康酸二苄酯（polydibenzyl itaconate，薄膜）

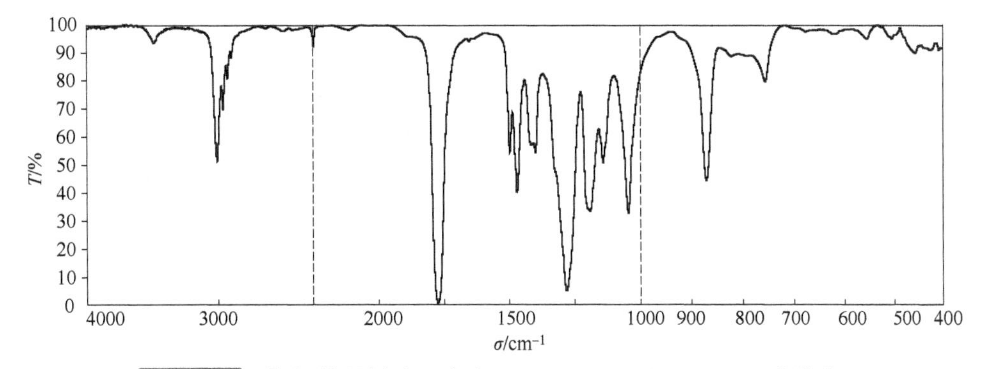

图 9-421 聚氰基丙烯酸乙酯（polyethyl cyanoacrylate，薄膜）

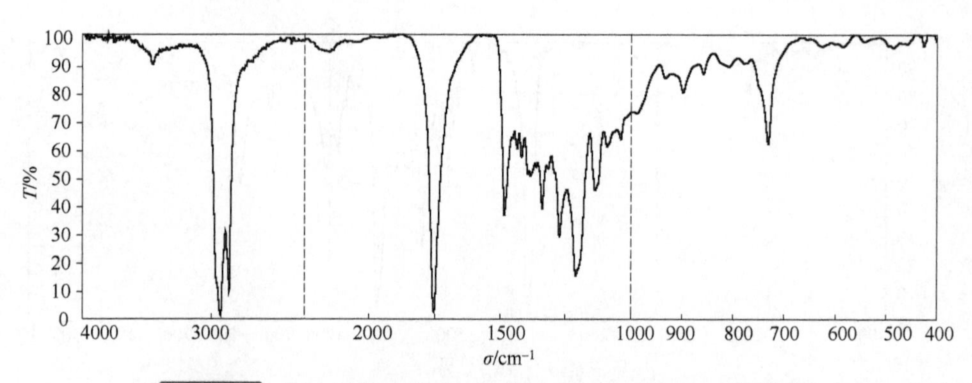

图 9-422 聚二乙炔二酯（polydiacetylene diester，薄膜）

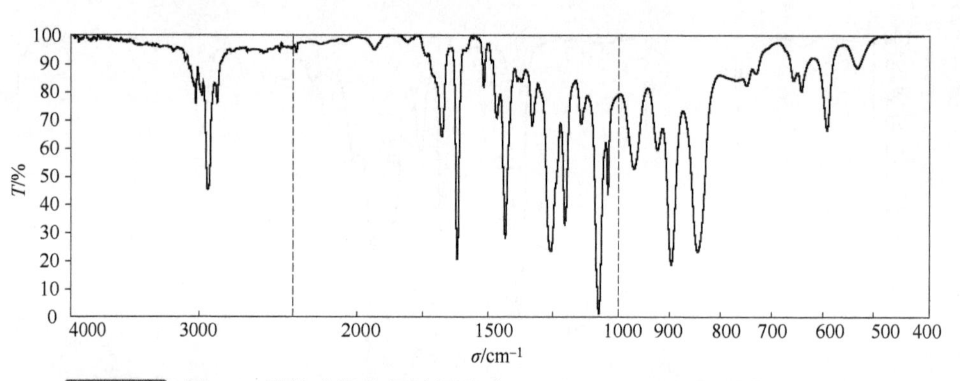

图 9-423 聚 4-乙烯基硫代苯甲酸甲酯（poly-methyl 4-vinylthiobenzoate）

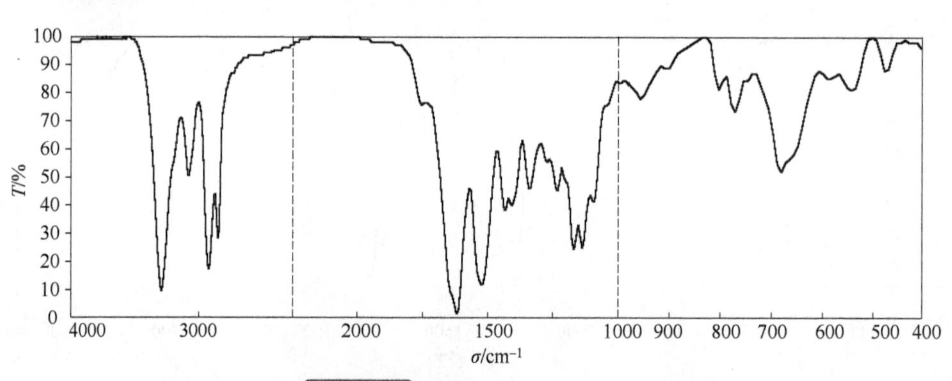

图 9-424 尼龙 6（nylon 6）

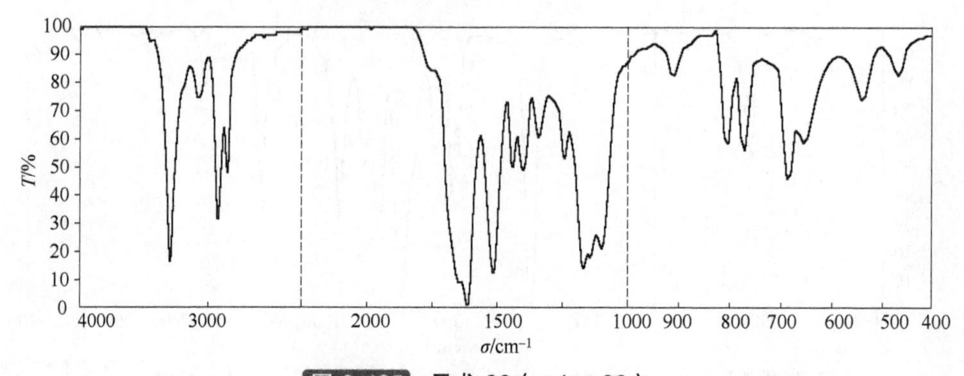

图 9-425 尼龙 66（nylon 66）

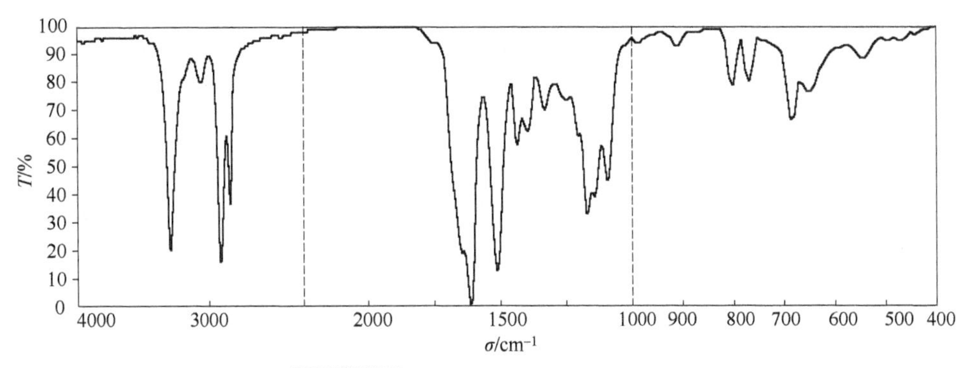

图 9-426 尼龙 610 (nylon 610)

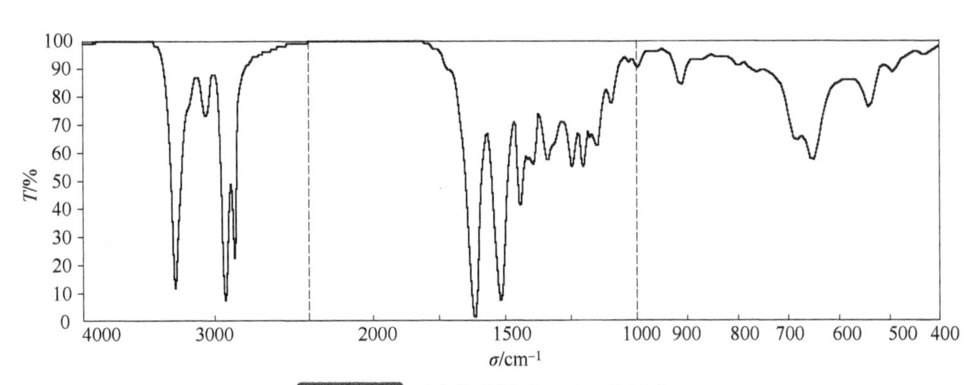

图 9-427 尼龙 612 (nylon 612)

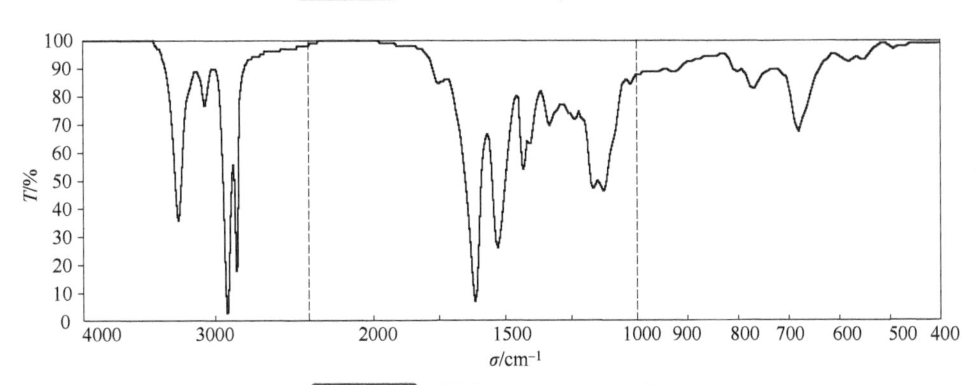

图 9-428 尼龙 12 (nylon 12)

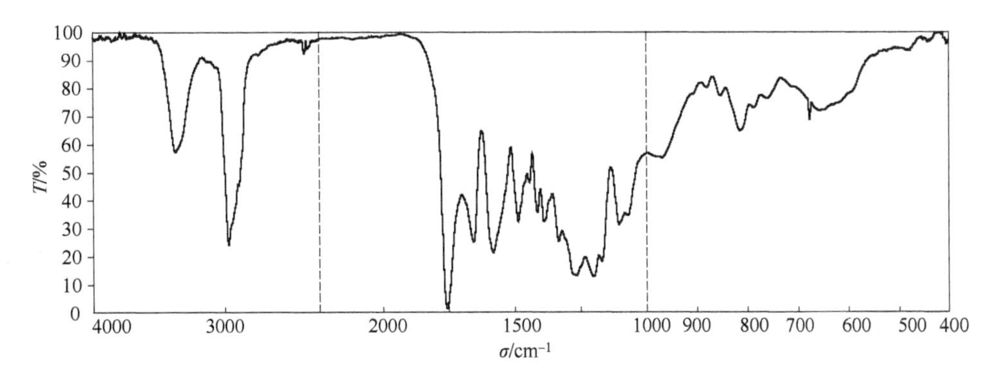

图 9-429 聚氨酯（线型、脂肪族）(polyurethane, linear, aliphatic，薄膜)

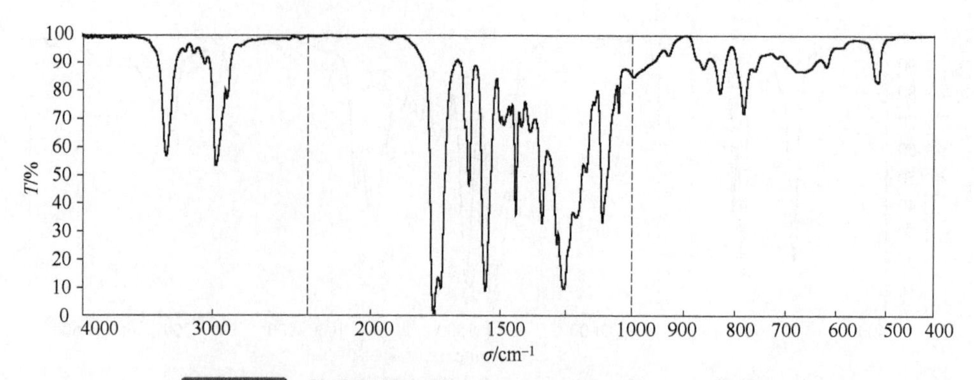

图 9-430 聚酯型聚氨酯（polyester urethane，薄膜）

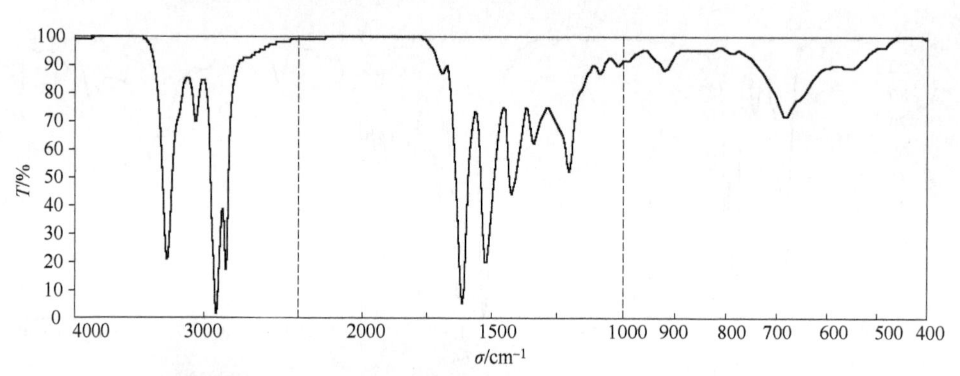

图 9-431 聚酰胺树脂（熔点 200℃）（polyamide resin）

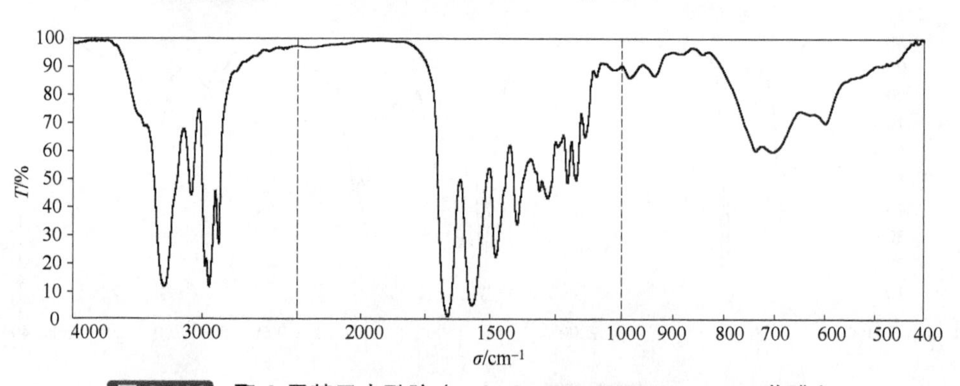

图 9-432 聚 6-甲基己内酰胺（poly-6-methylcaprolactam，薄膜）

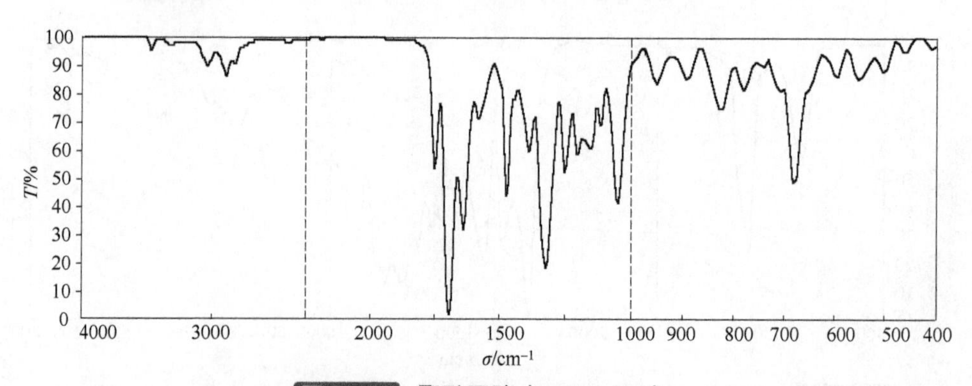

图 9-433 聚酰亚胺（polyimide）

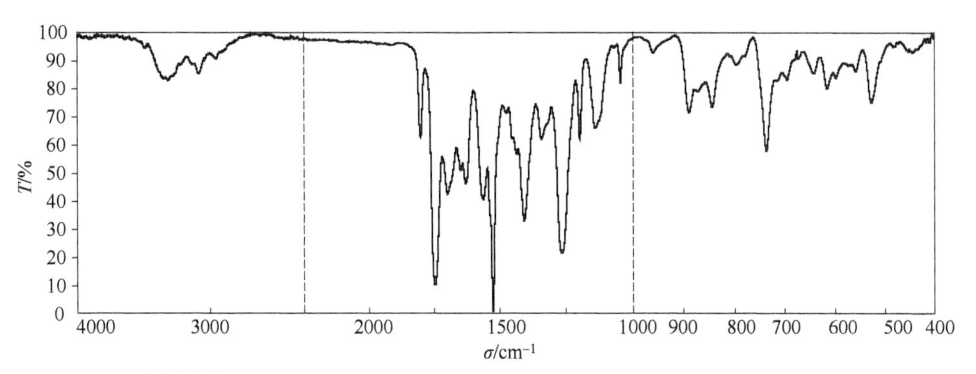

图 9-434 聚偏苯三甲酸酰亚胺（polytrimellitamide imide，薄膜）

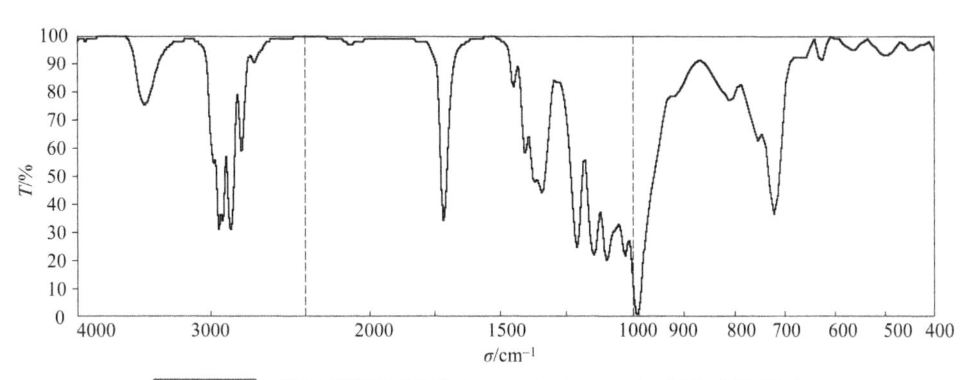

图 9-435 聚乙烯醇缩甲醛（polyvinylformal，溴化钾压片）

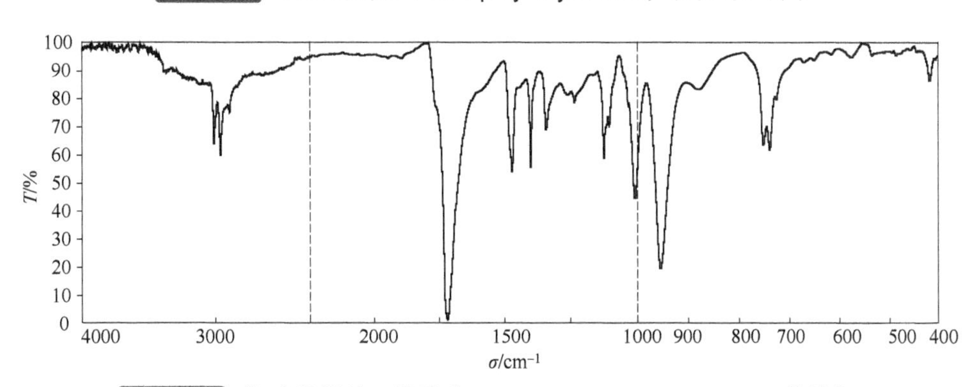

图 9-436 聚硫代羰基乙缩醛（polythiocarbonylethylidene，薄膜）

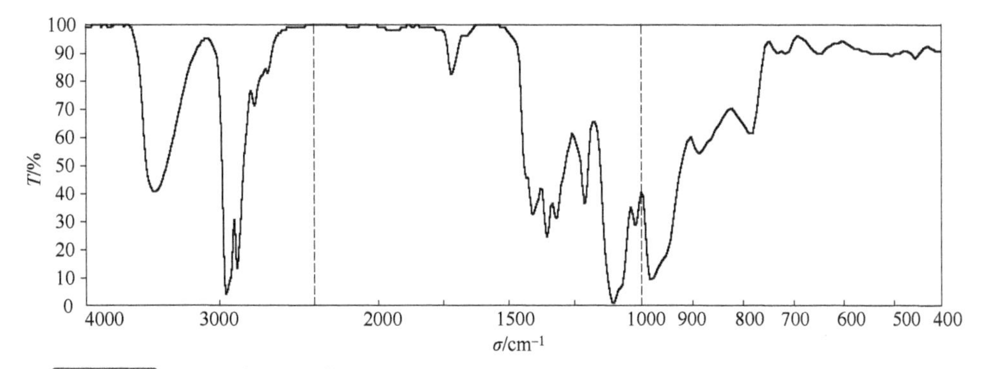

图 9-437 乙烯醇-乙烯醇缩丁醛共聚物（vinyl alcohol-vinyl butyral copolymer）

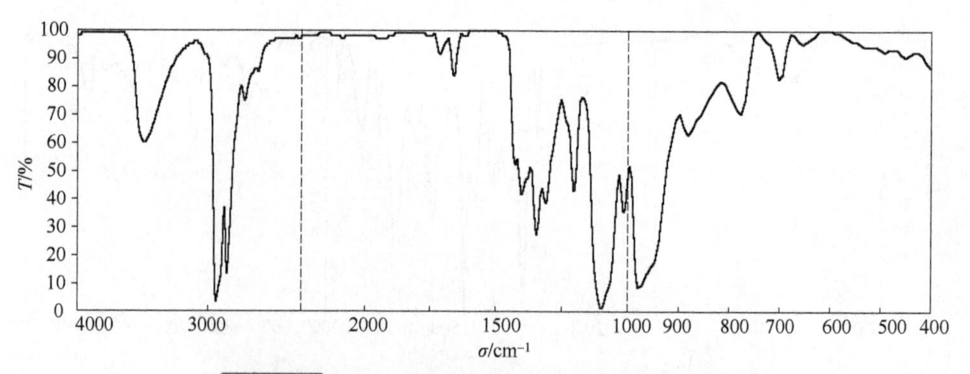

图 9-438 聚乙烯醇缩丁醛（polyvinylbutyral）

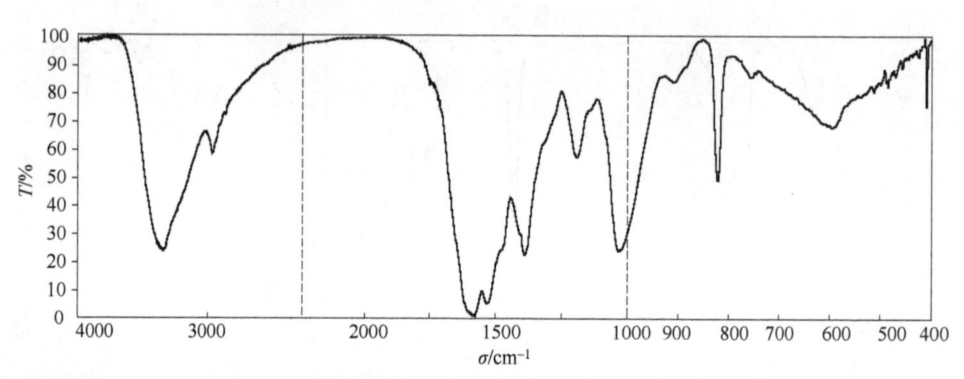

图 9-439 三聚氰胺-甲醛缩聚物（melamine-formaldehyde condensate，溴化钾压片）

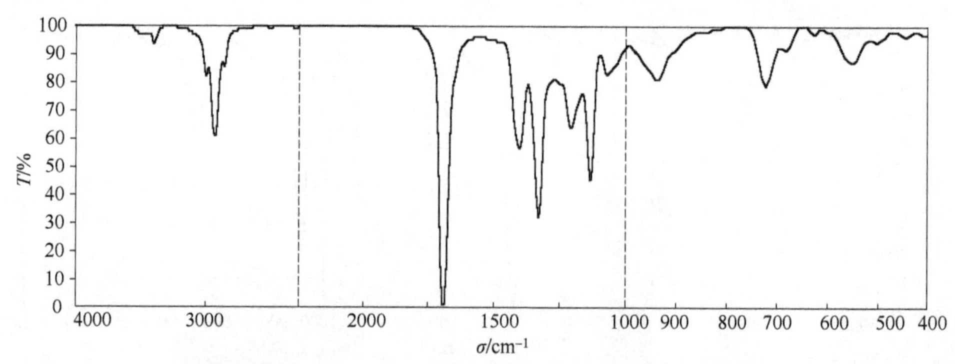

图 9-440 聚乙烯基甲基酮（poly-vinyl methyl ketone）

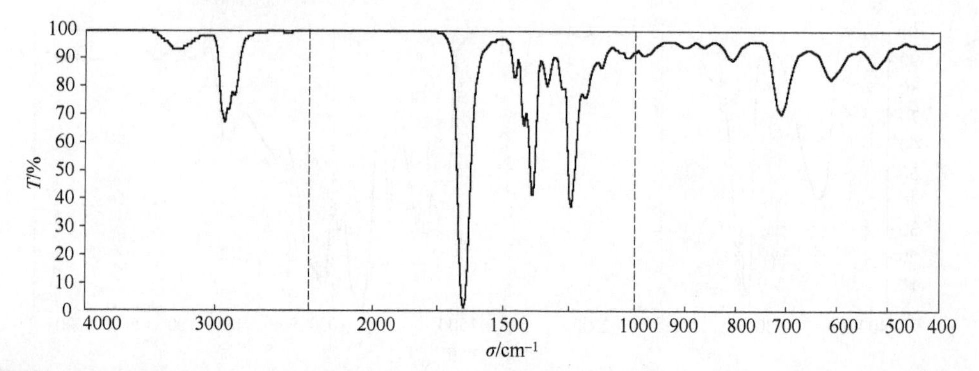

图 9-441 聚乙烯吡咯烷酮（平均分子量 10000）（polyvinylpyrrolidone, avg. m.w. 10000，溴化钾压片）

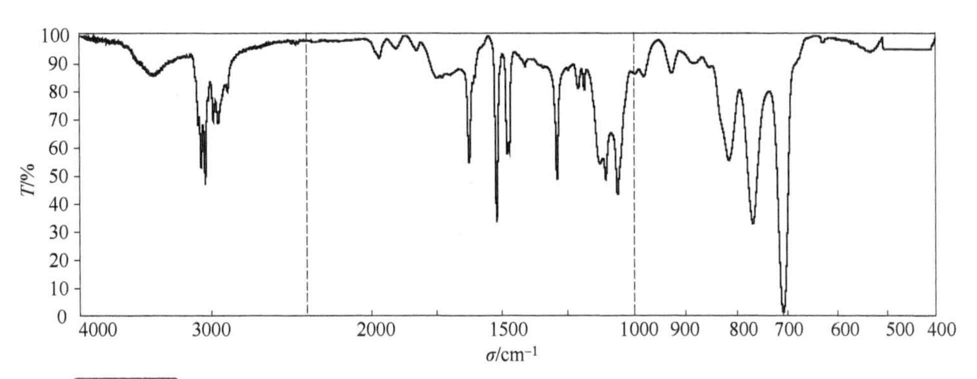

图 9-442　聚 3-氨基苯乙炔（poly-3-aminophenylacetylene，溴化钾压片）

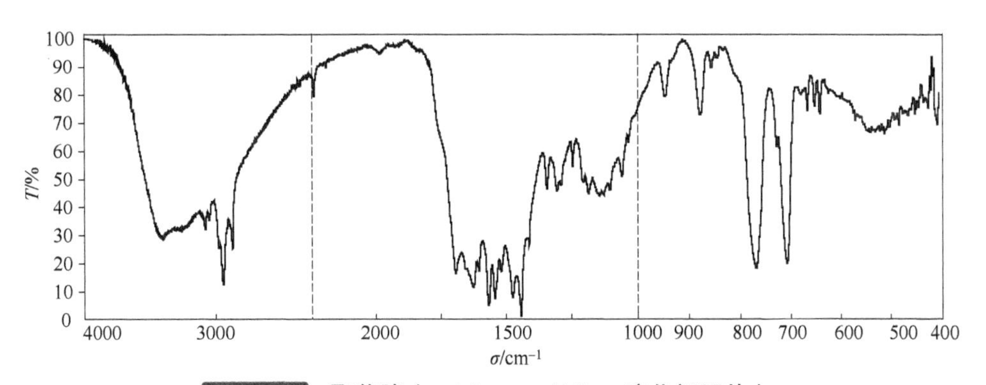

图 9-443　聚苄腈（polybenzonitrile，溴化钾压片）

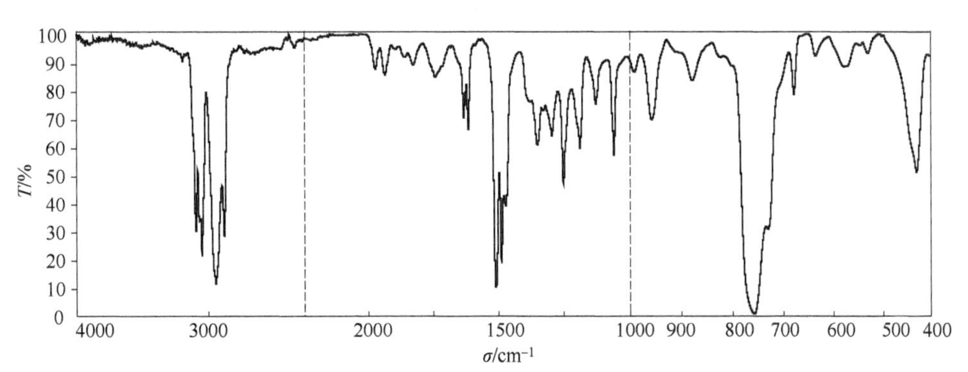

图 9-444　聚茚（polyindene，薄膜）

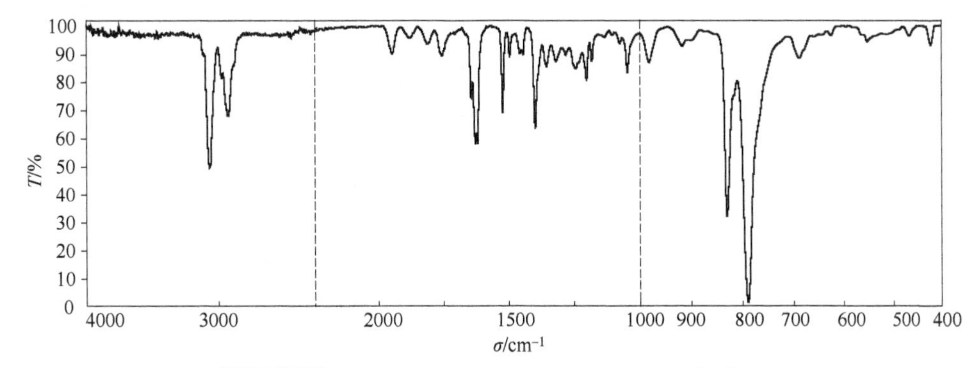

图 9-445　聚苊烯（polyacenaphthalene，薄膜）

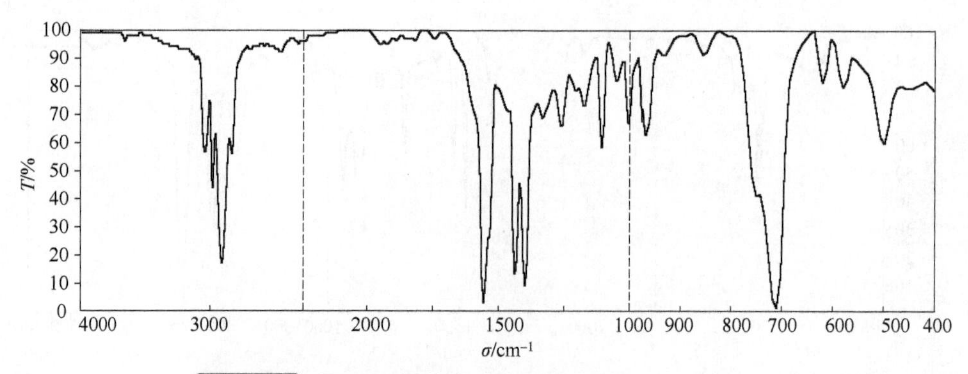

图 9-446 聚 2-乙烯基吡啶（poly-2-vinyl pyridine）

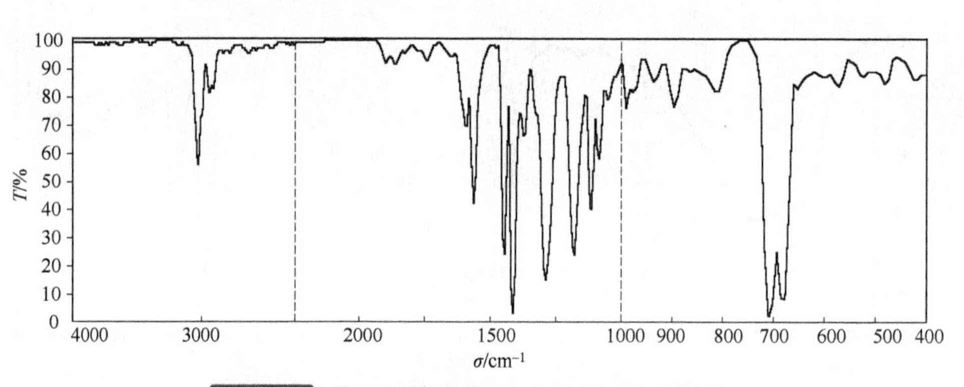

图 9-447 聚乙烯基咔唑（polyvinylcarbazole）

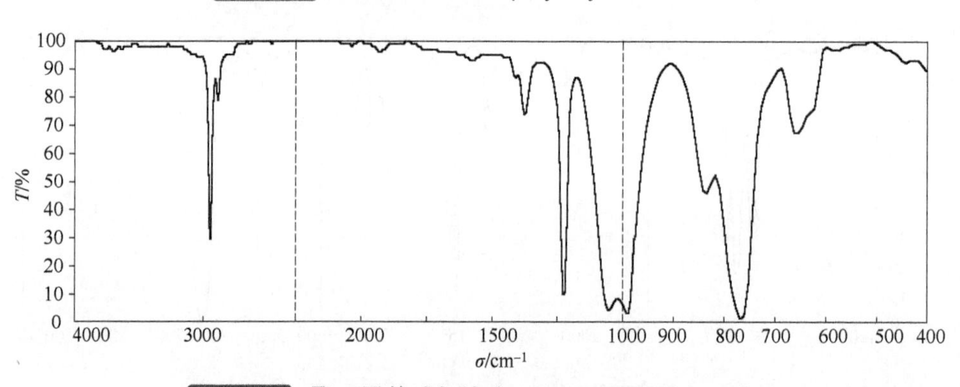

图 9-448 聚二甲基硅氧烷（polydimethylsiloxane）

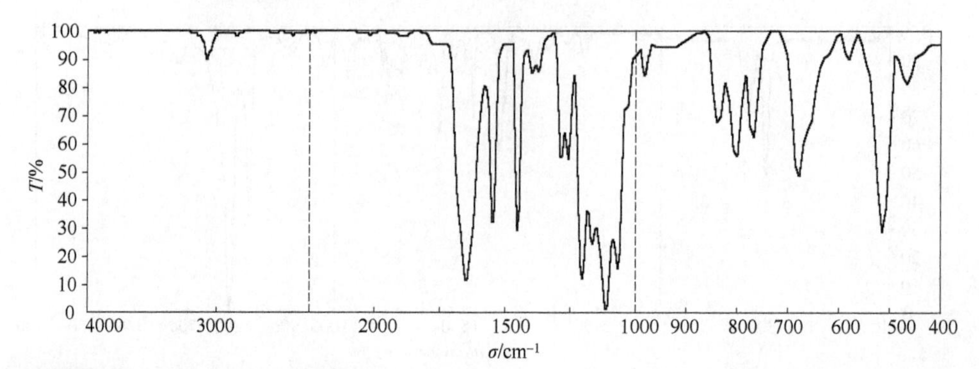

图 9-449 1,4-亚苯基醚-砜聚合物（低分子量）（poly-1,4-phenylene ether-sulfone）

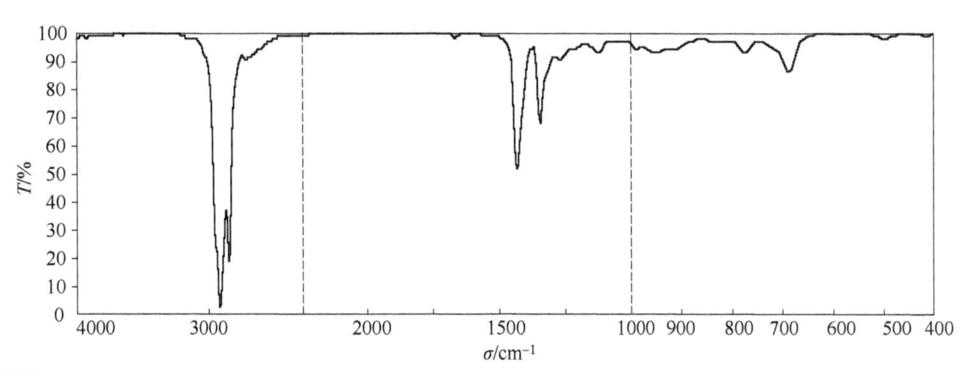

图 9-450　乙烯-丙烯-二烯三元共聚物（又称三元乙丙橡胶）(ethylene-propylene-diene terpolymer)

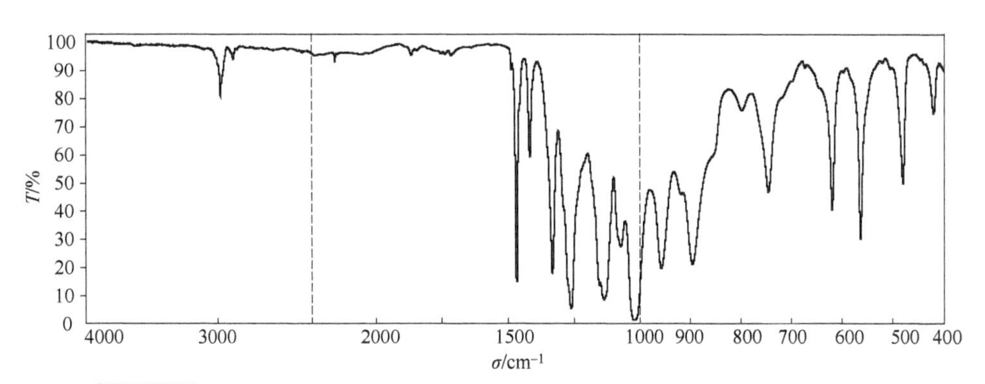

图 9-451　氯三氟乙烯-乙烯共聚物 (poly-chlorotrifluoroethene-ethylene)

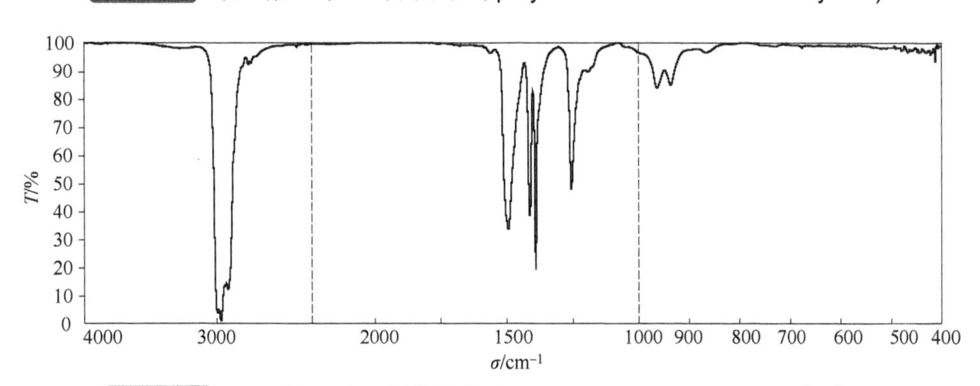

图 9-452　异丁烯-异戊二烯共聚物 (poly-isobutene-isoprene，薄膜)

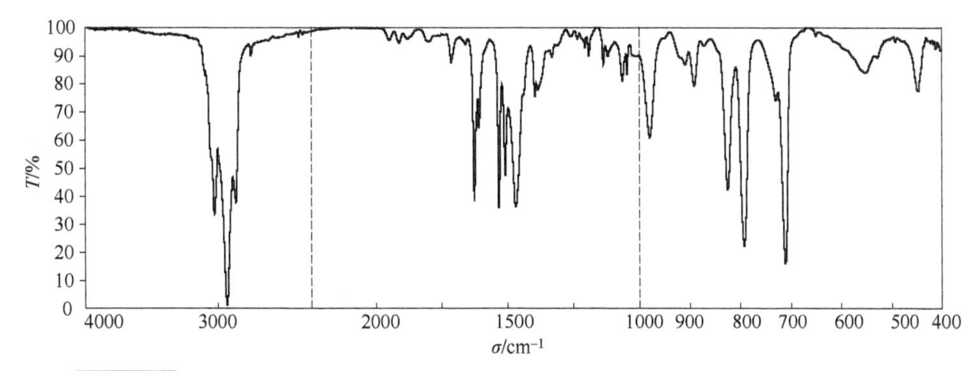

图 9-453　乙烯基甲苯-丁二烯共聚物 (poly-vinyltoluene-butadiene，薄膜)

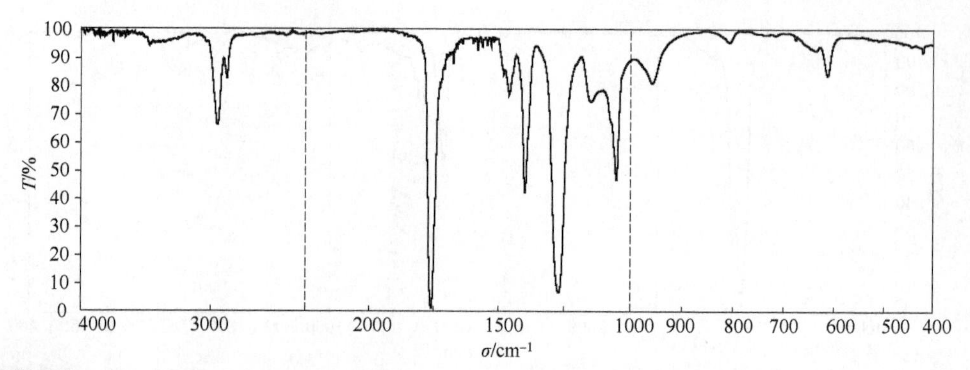

图 9-454 乙酸乙烯酯-乙烯共聚物（聚合比为 8∶2）(poly-vinyl acetate-ethylene 8∶2，薄膜)

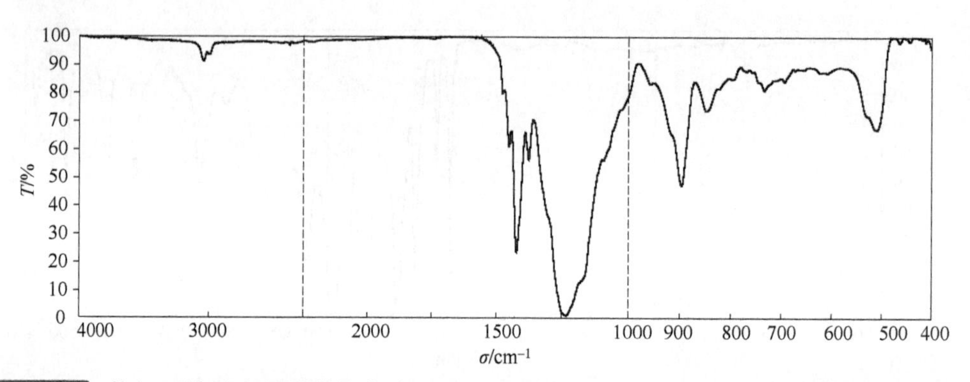

图 9-455 偏氟乙烯-六氟丙烯共聚物（poly-vinylidene fluoride-hexafluoropropene，薄膜）

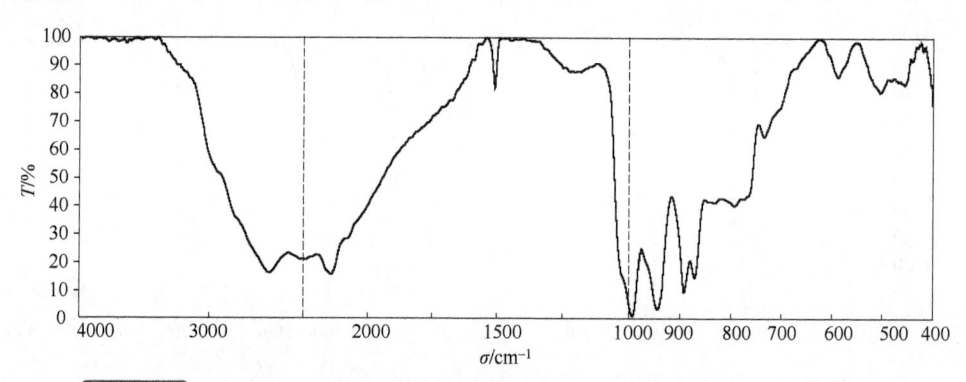

图 9-456 丙烯酸酯-丙烯酰胺共聚物（poly-acrylate-acrylamide，薄膜）

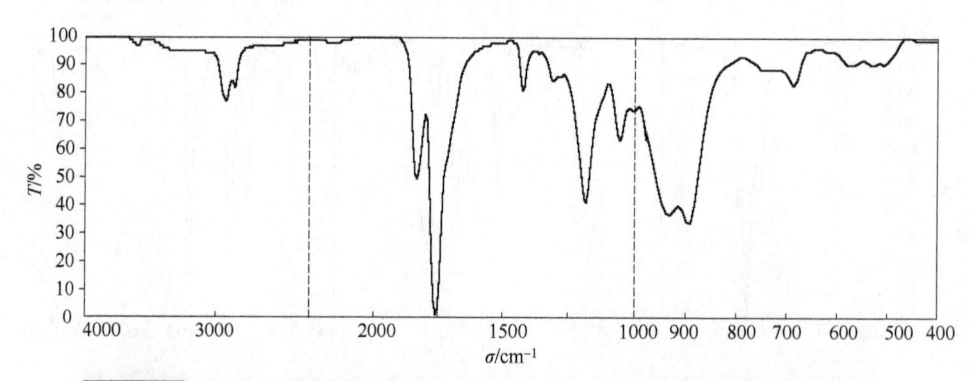

图 9-457 乙烯-马来酸酐共聚物（ethylene-maleic anhydride copolymer）

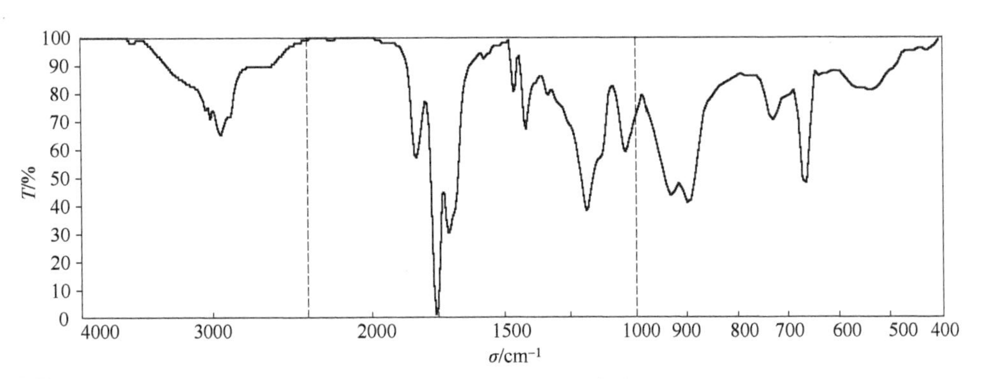

图 9-458　苯乙烯-马来酸酐共聚物（聚合比 1∶1，平均聚合度 50000）(styrene-maleic anhydride copolymer, 1∶1)

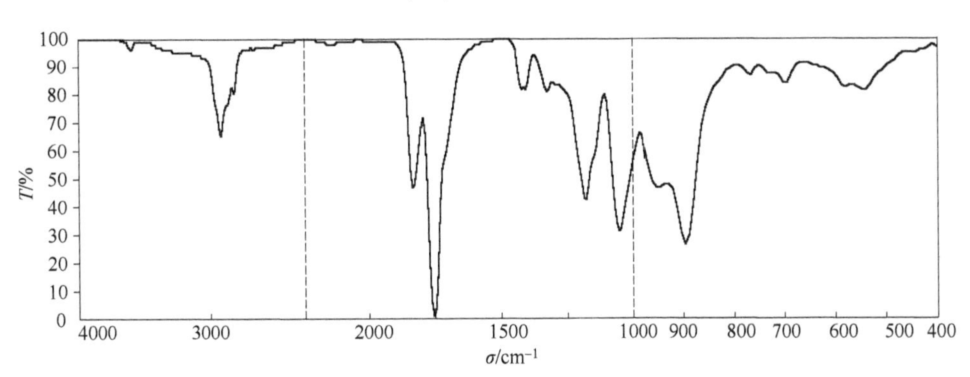

图 9-459　乙烯基甲醚-马来酸酐共聚物(中等分子量)(methyl vinyl ether-maleic anhydride copolymer)

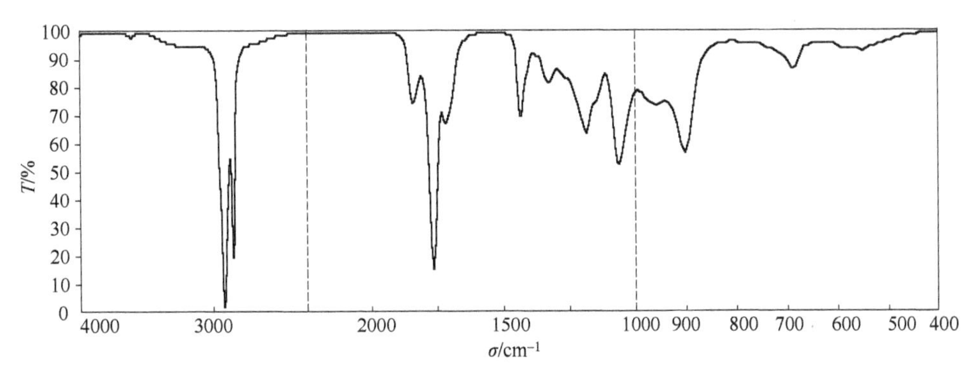

图 9-460　十八烷基乙烯醚-马来酸酐共聚物（octadecyl vinyl ether-maleic anhydride copolymer）

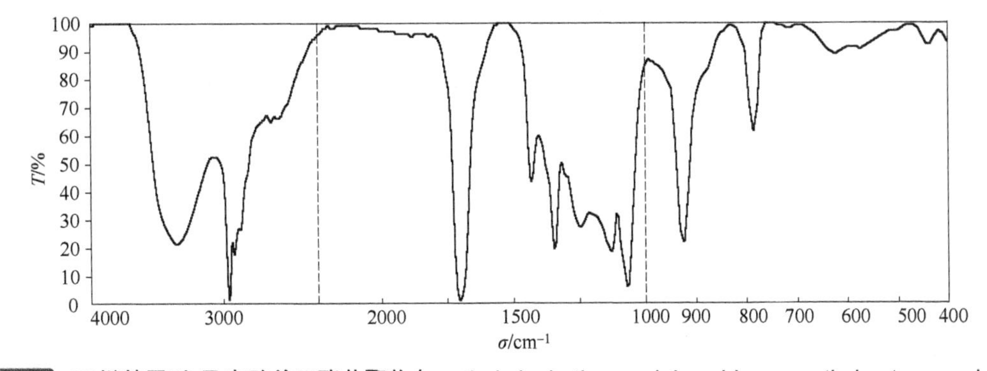

图 9-461　乙烯基甲醚-马来酸单乙酯共聚物（methyl vinyl ether-maleic acid, monoethyl ester copolymer）

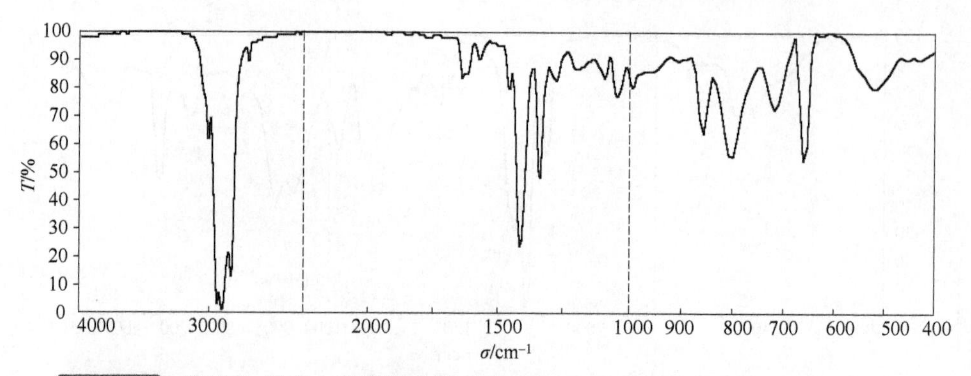

图 9-462 苯乙烯-异戊二烯嵌段共聚物（styrene-isoprene block copolymer）

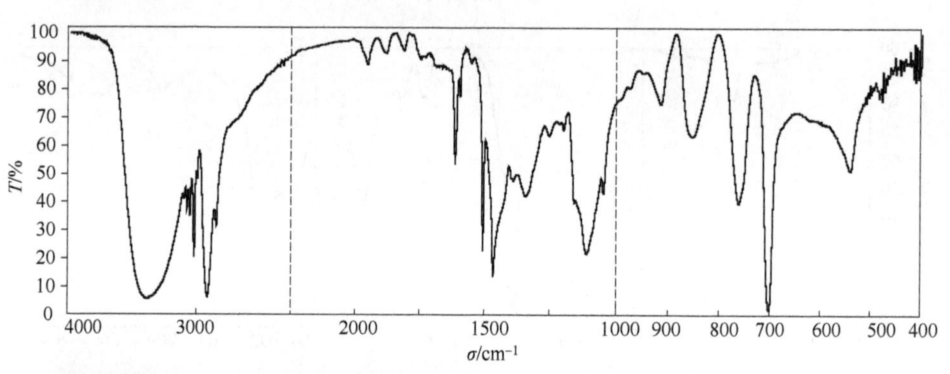

图 9-463 苯乙烯-乙烯醇共聚物（poly-styrene-vinyl alcohol，溴化钾压片）

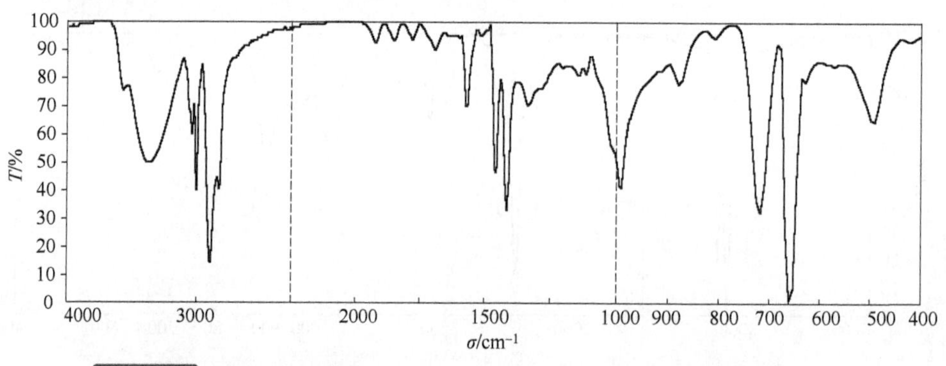

图 9-464 苯乙烯-烯丙醇共聚物（styrene-allyl alcohol copolymer）

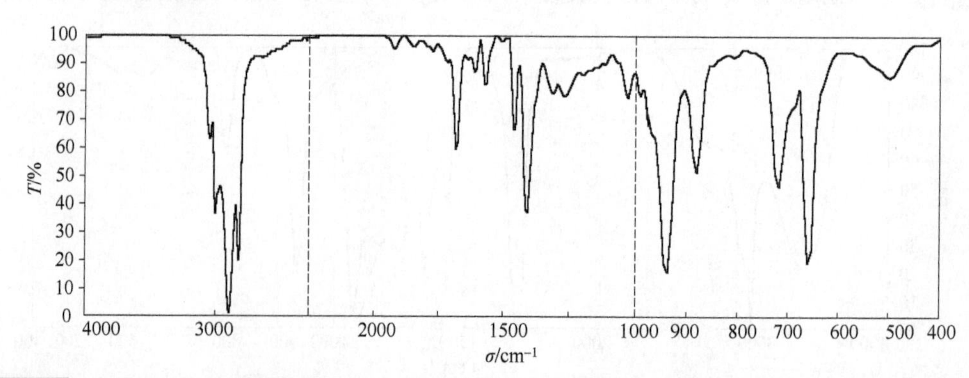

图 9-465 苯乙烯-丁二烯共聚物（45% 苯乙烯）（styrene-butadiene copolymer, 45% styrene）

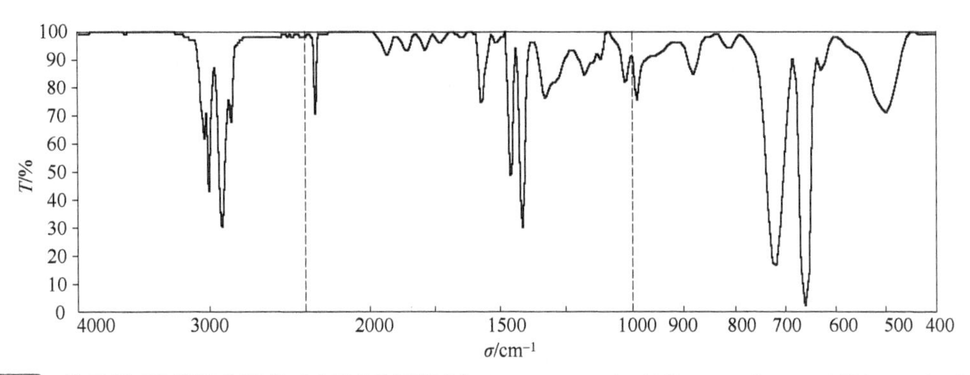

图 9-466 苯乙烯-丙烯腈共聚物（25%丙烯腈）（styrene-acrylonitrile copolymer, 25% acrylonitrile）

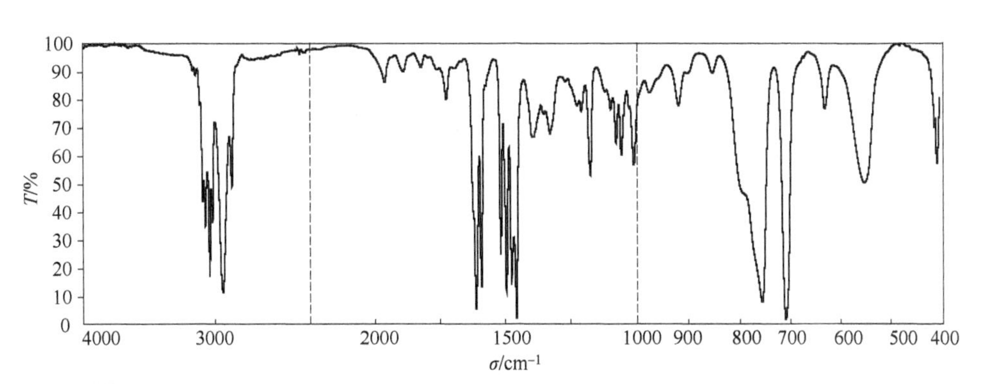

图 9-467 苯乙烯-4-乙烯基吡啶聚合物（poly-styrene-4-vinylpyridine，薄膜）

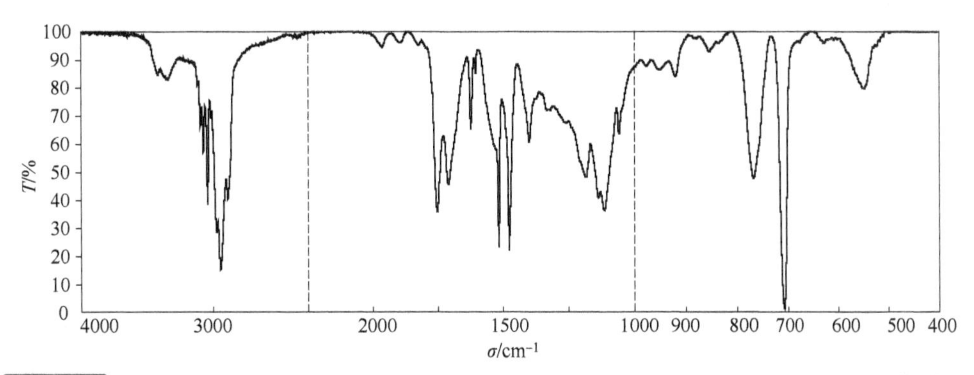

图 9-468 苯乙烯-丙烯酸酯-丙烯酰胺共聚物（poly-styrene-acrylate-acrylamide，薄膜）

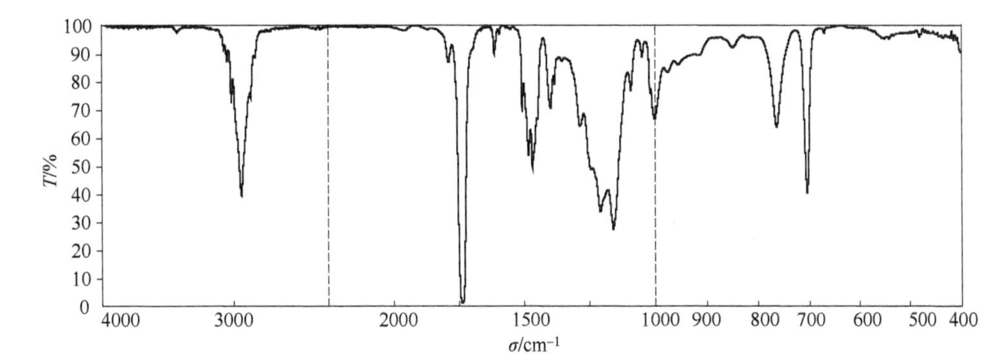

图 9-469 甲基丙烯酸甲酯-苯乙烯共聚物（poly-methyl methacrylate-styrene，薄膜)

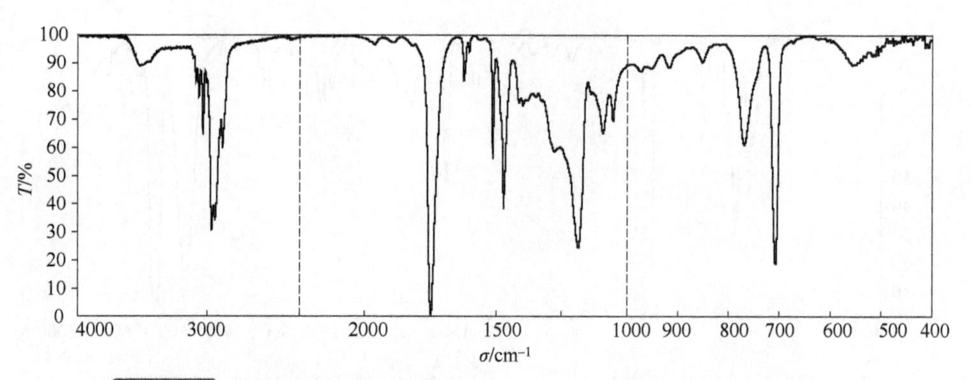

图 9-470 丙烯酸酯-苯乙烯共聚物（poly-acrylate-styrene，薄膜）

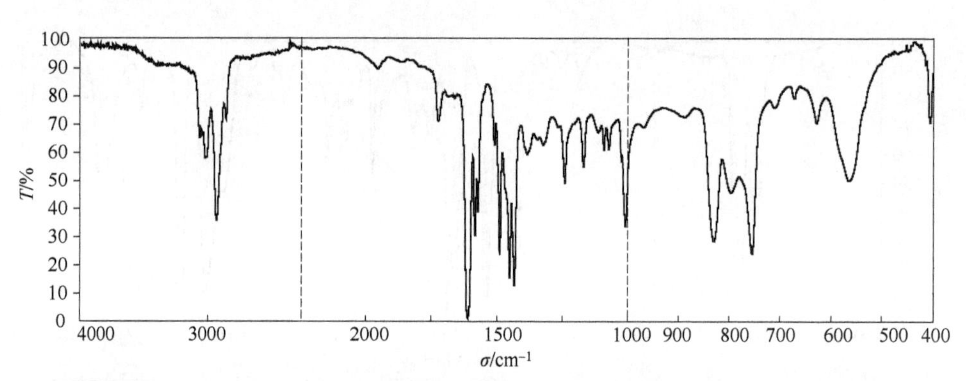

图 9-471 2-乙烯基吡啶-4-乙烯基吡啶聚合物（poly-2/4-vinylpyridine，薄膜）

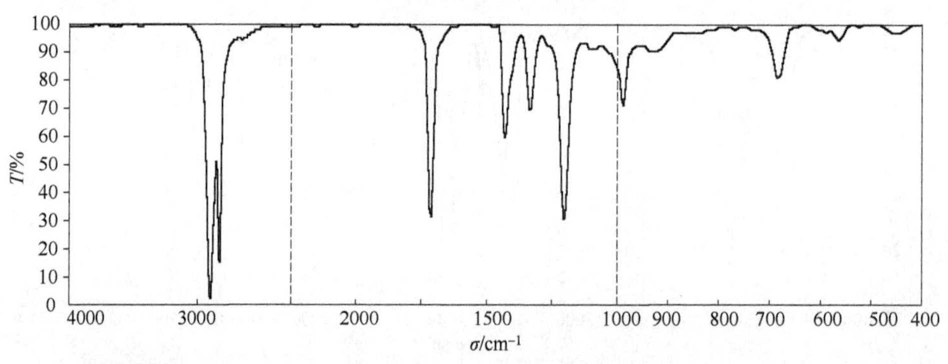

图 9-472 乙烯-乙酸乙烯酯共聚物（ethylene-vinyl acetate copolymer）

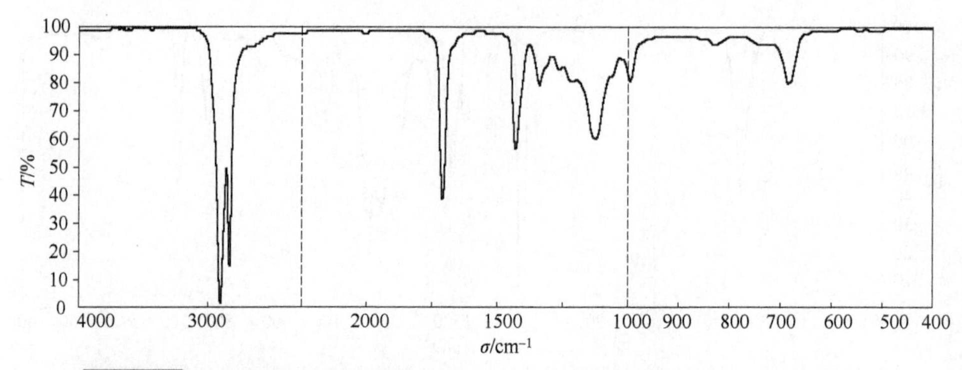

图 9-473 乙烯-丙烯酸乙酯共聚物（ethylene-ethyl acrylate copolymer）

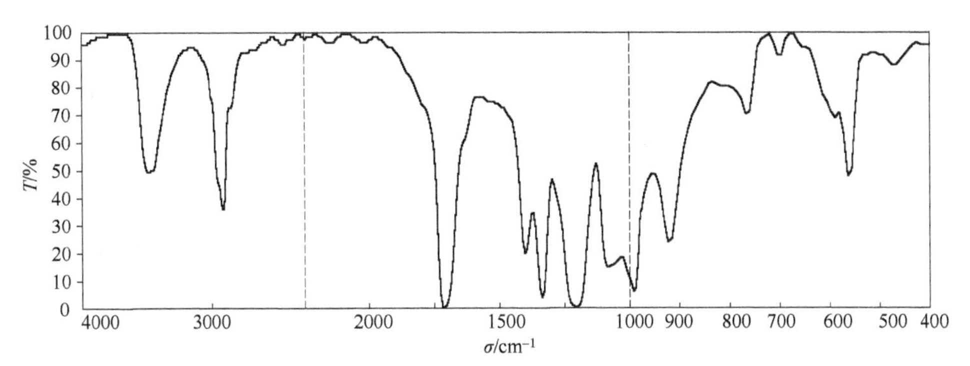

图 9-474 乙烯醇-乙酸乙烯酯共聚物（vinyl alcohol-vinyl acetate copolymer）

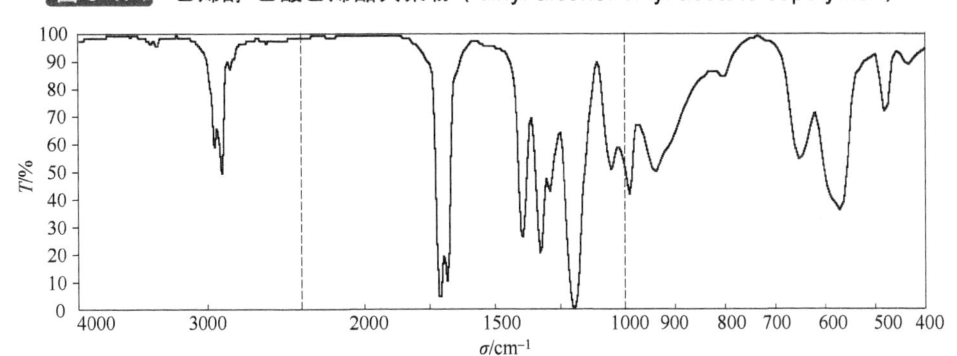

图 9-475 氯乙烯-乙酸乙烯酯共聚物（乙酸乙烯酯含量 10%）

（vinyl chloride-vinyl acetate copolymer, 10% vinyl acetate）

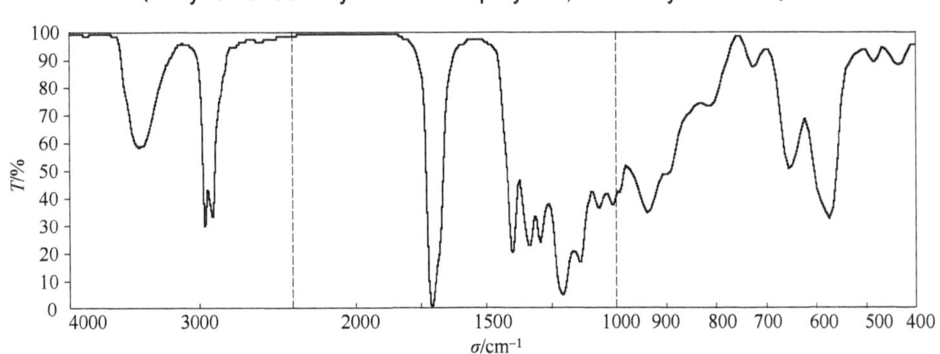

图 9-476 氯乙烯-乙酸乙烯酯-乙烯醇三元共聚物（氯乙烯含量 80%）

（vinyl chloride-vinyl acetate-vinyl alcohol terpolymer, 80% vinyl chloride）

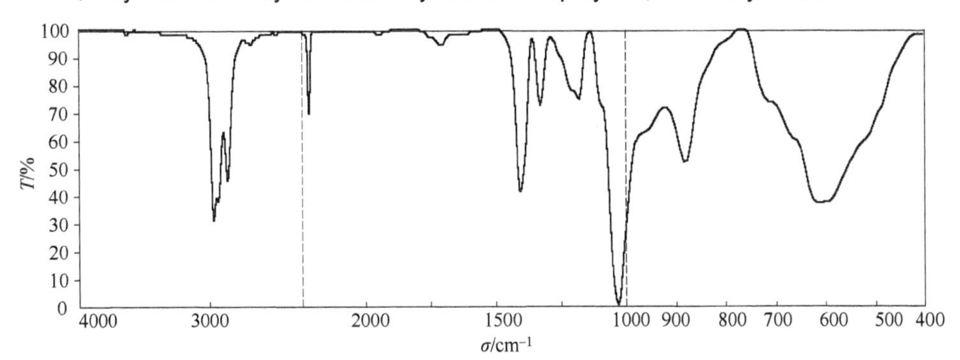

图 9-477 偏二氯乙烯-丙烯腈共聚物（低分子量）（vinylidene chloride-acrylonitrile copolymer）

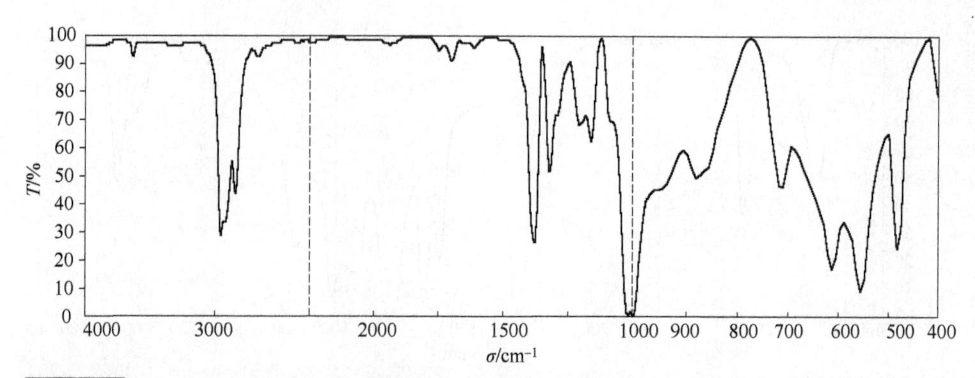

图 9-478 偏二氯乙烯-氯乙烯共聚物（vinylidene chloride-vinyl chloride copolymer）

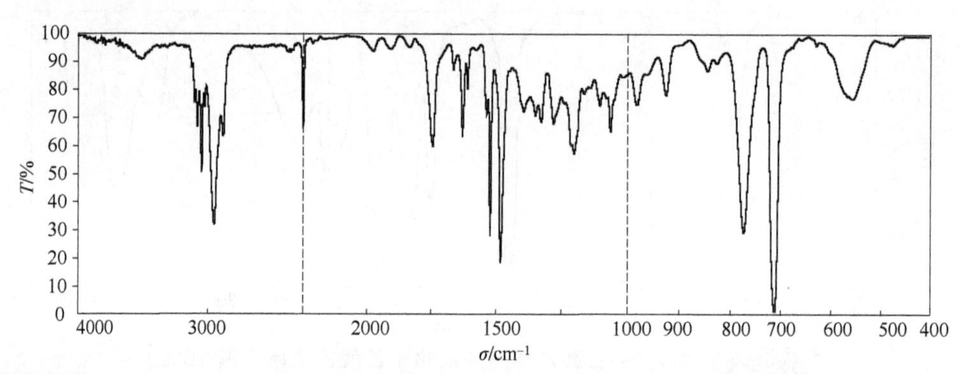

图 9-479 丙烯腈-丁二烯-苯乙烯三元聚合物（poly-acrylonitrile-butadiene-styrene，薄膜）

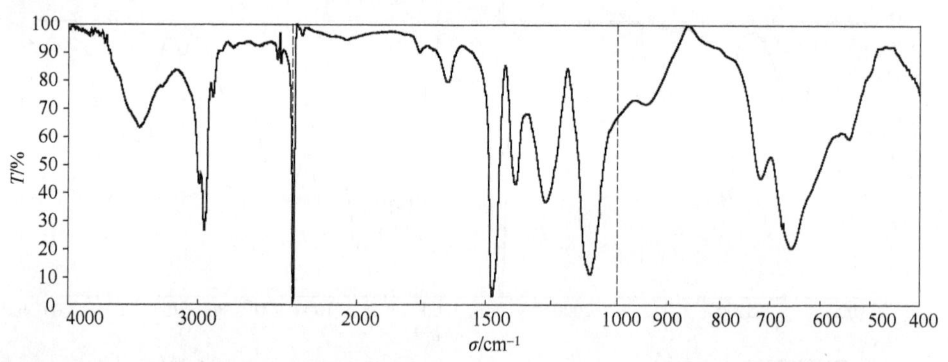

图 9-480 丙烯腈-偏二氯乙烯二元聚合物（3∶1）（poly-acrylonitrile-vinylidene chloride, 3∶1）

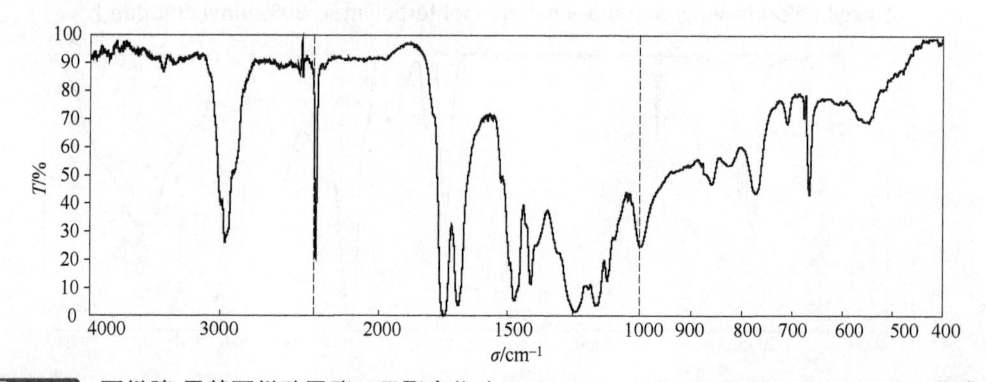

图 9-481 丙烯腈-甲基丙烯酸甲酯二元聚合物（poly-acrylonitrile-methyl methacrylate，薄膜）

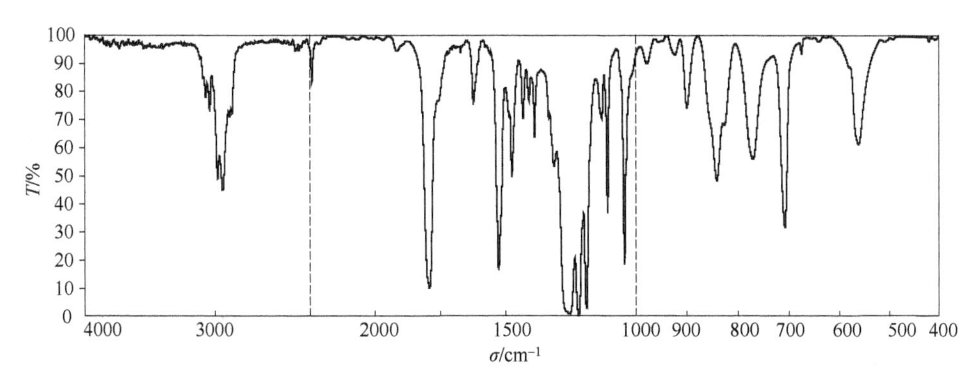

图 9-482　聚碳酸酯 + 苯乙烯-丙烯腈-丁二烯共聚物，两者共混（polycarbonate + poly-styrene-acrylonitrile-butadiene，薄膜）

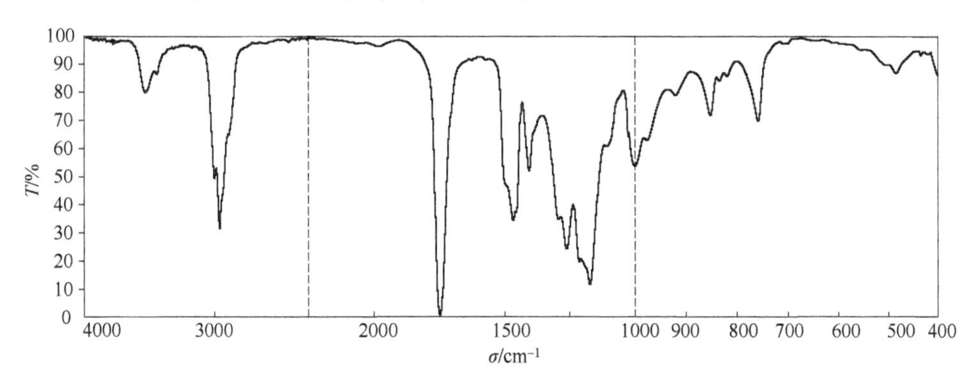

图 9-483　甲基丙烯酸树脂（含羟基）（methacrylate resin, with hydroxide group，薄膜）

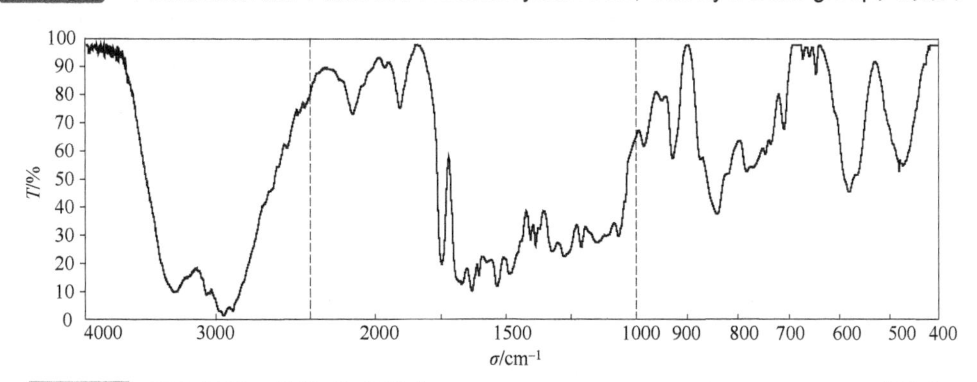

图 9-484　环氧树脂、酰胺-胺交联（epoxy resin, amide-amine cross-linked，薄膜）

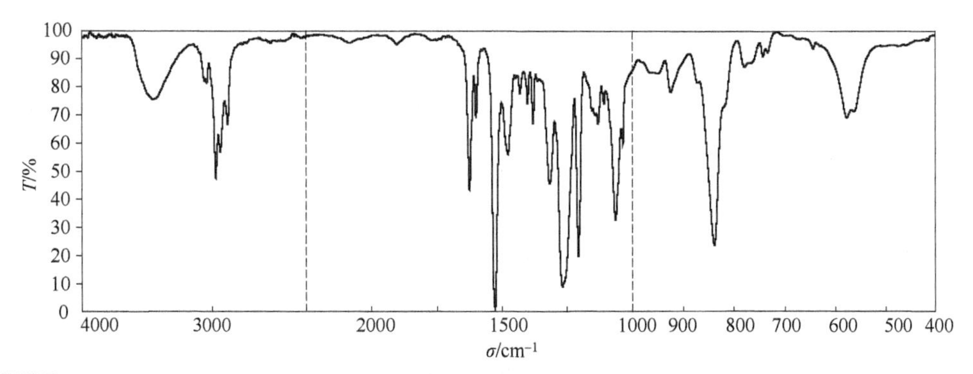

图 9-485　环氧树脂，双酚 A + 环氧氯丙烷（epoxy resin, bisphenol A + epichlorohydrin，薄膜）

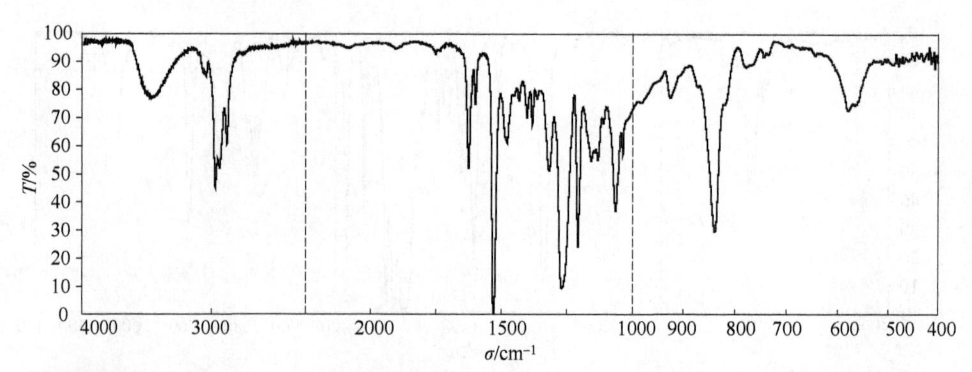

图 9-486 环氧树脂 + 聚乙烯醇缩丁醛（epoxy resin + polyvinyl butyral，薄膜）

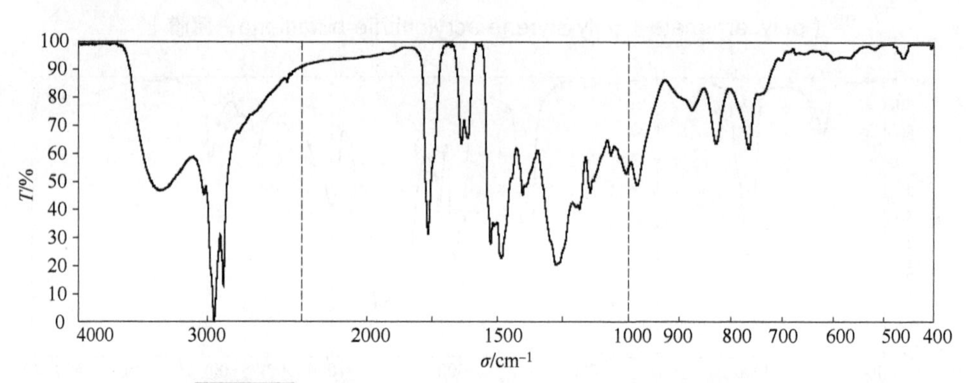

图 9-487 甲酚甲阶酚醛树脂（cresol resol，薄膜）

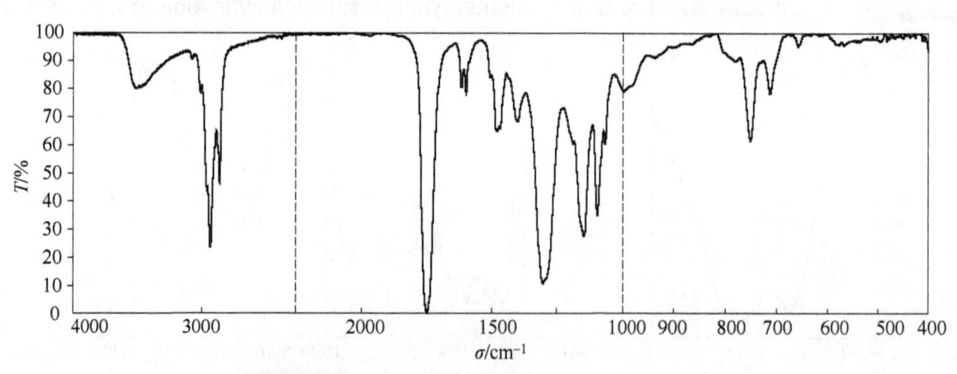

图 9-488 醇酸树脂（alkyd resin，薄膜）

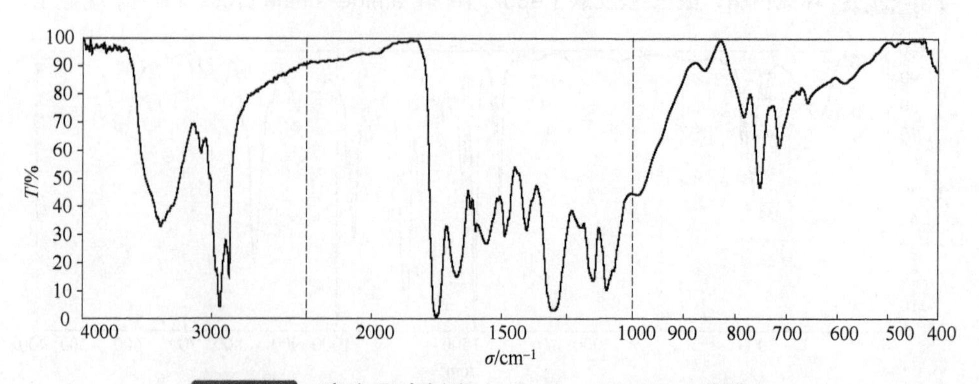

图 9-489 醇酸-尿素树脂（alkyd-urea resin，薄膜）

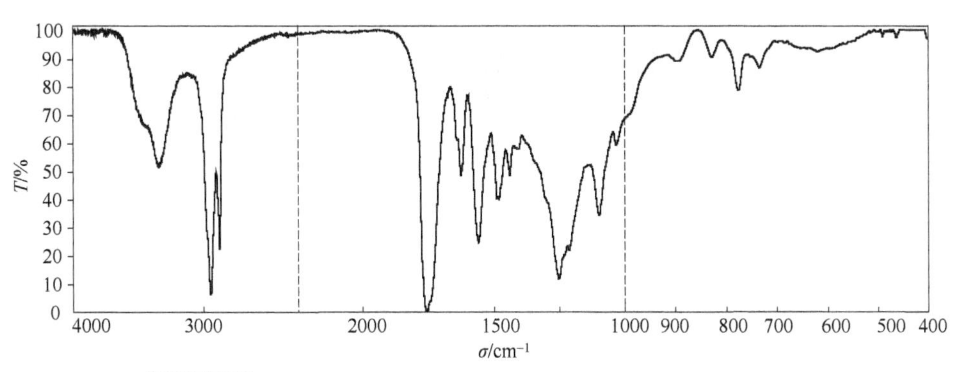

图 9-490 氨基甲酸乙酯醇酸树脂（urethane alkyd，薄膜）

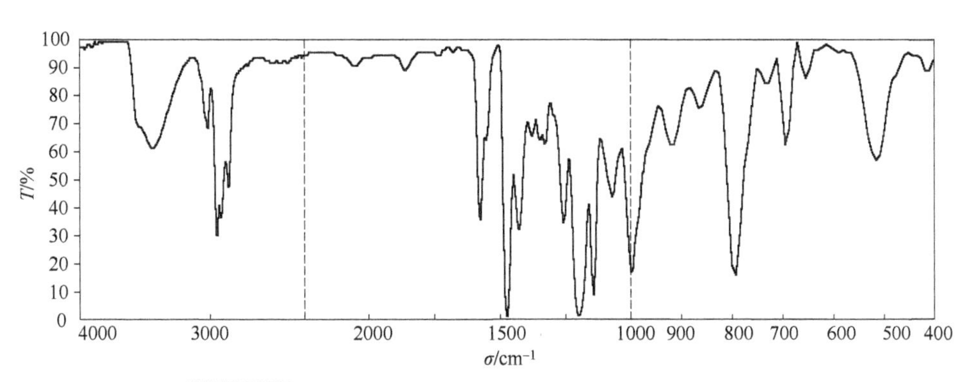

图 9-491 苯氧基树脂（低分子量）(phenoxy resin)

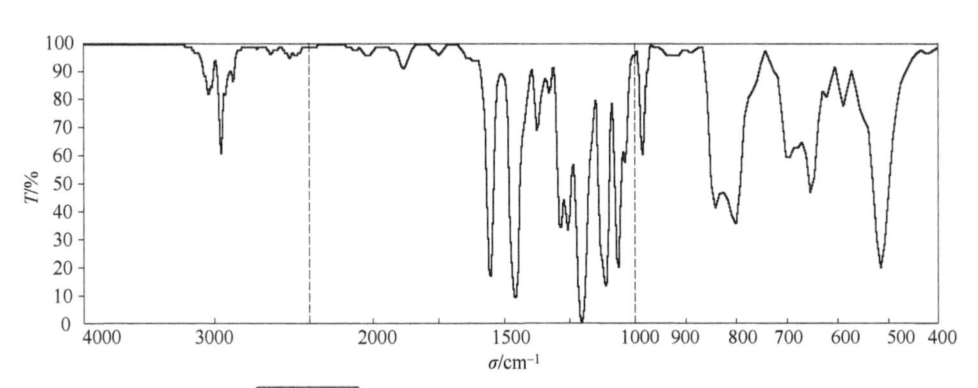

图 9-492 聚砜树脂（polysulfone resin）

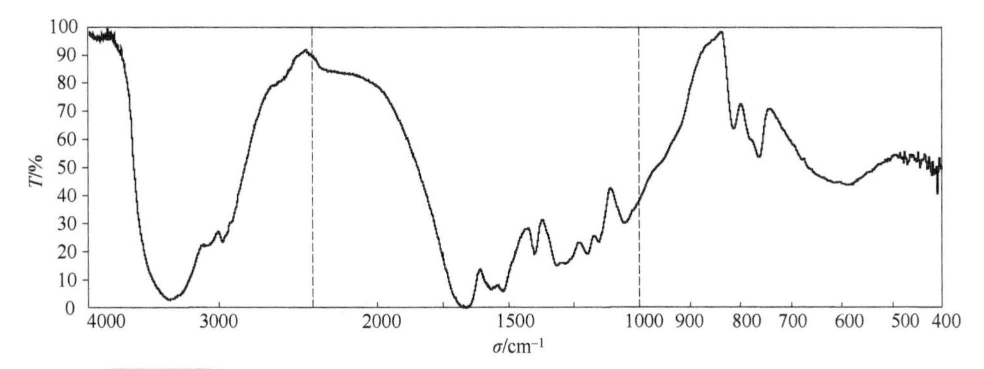

图 9-493 脲醛树脂（urea-formaldehyde condensate，溴化钾压片）

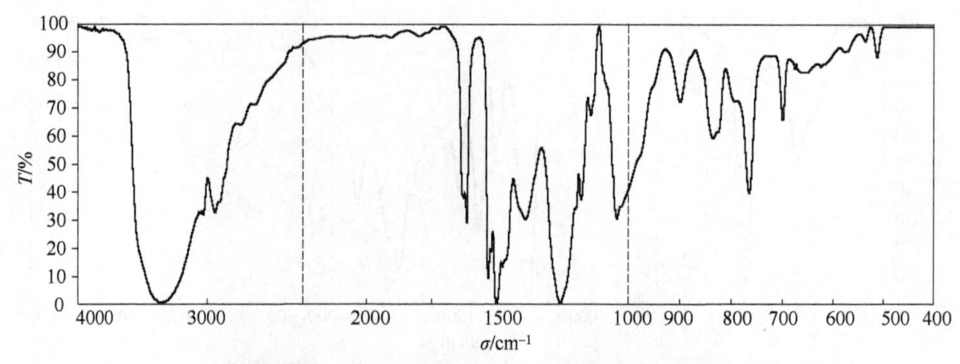

图 9-494 甲阶酚醛树脂（phenol resol，薄膜）

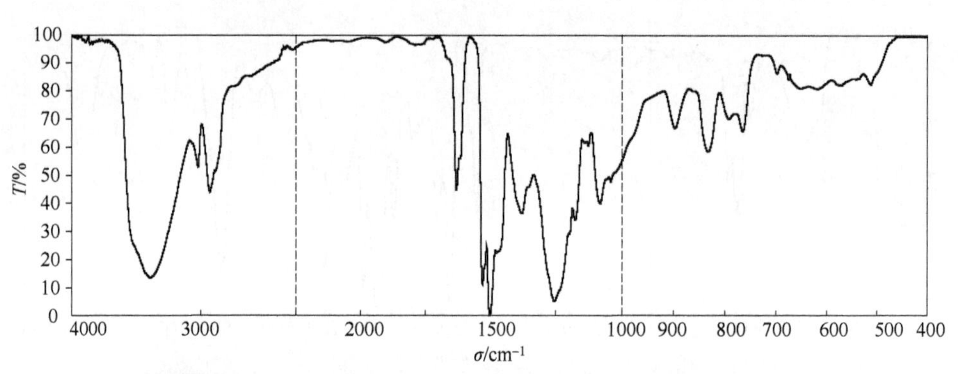

图 9-495 固化甲阶酚醛树脂（phenol resol, cured，薄膜）

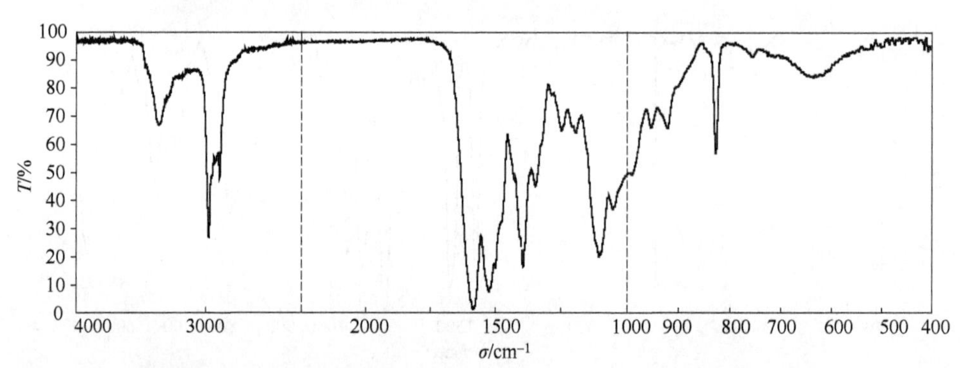

图 9-496 醚化三聚氰胺树脂（melamine resin, etherified，薄膜）

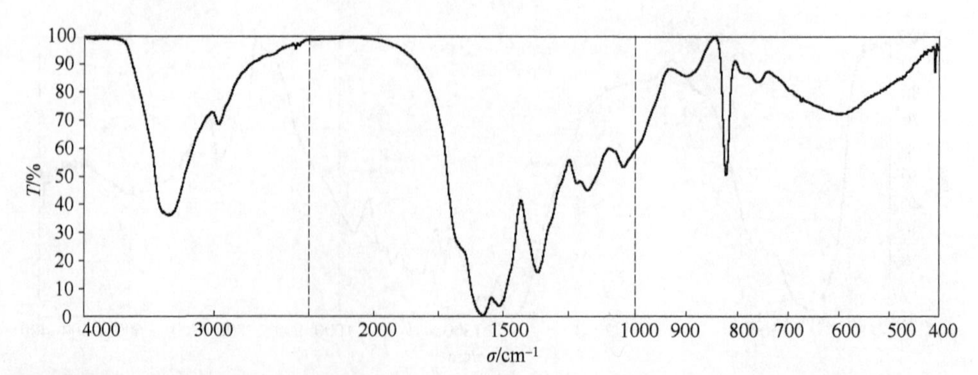

图 9-497 三聚氰胺-尿素-甲醛树脂（melamine-urea-formaldehyde resin，溴化钾压片）

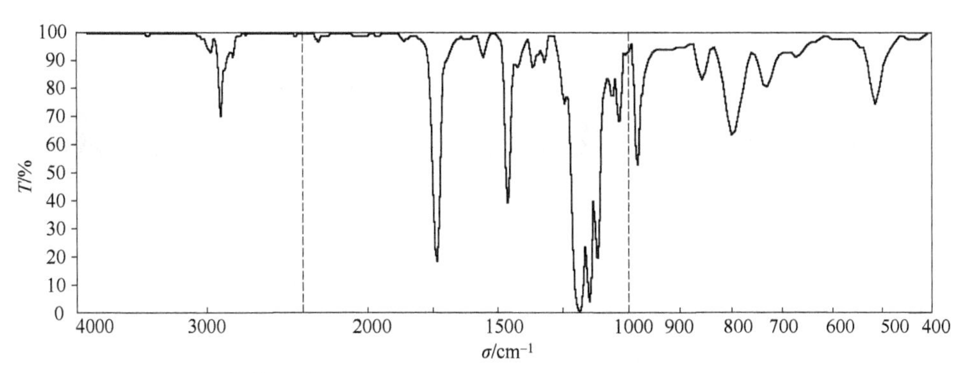

图 9-498 聚碳酸酯树脂（polycarbonate resin）

参考文献

[1] Socrates G. Infrared Characteristic Group Frequencies. Chichester: John Wiley & Sons, Ltd, 1980.

[2] 吴瑾光. 近代傅里叶变换红外光谱技术及应用: 上卷. 北京: 科学技术文献出版社, 1994.

[3] 谢晶曦, 常俊标, 王绪明. 红外光谱——在有机化学和药物化学中的应用. 北京: 科学出版社, 2001.

第十章　红外光谱分析方法与应用

第一节　红外光谱定性分析

一、红外光谱的初步解析方法

反映红外光谱特征的是谱带的数目和位置，谱带的形状和谱带的相对强度，并通过这些特征来获得化合物结构信息就是光谱的解析。但至今并没有建立起一套完整的解析图谱的系统方法。早在1958年日本学者岛内武彦曾做过使官能团定性分析系统化的尝试，提出了所谓“八区法”[1]。南京药学院主编的《分析化学》一书中对红外光谱解析程序提出了所谓“四先、四后、一抓”法[2]，即将解析程序归纳为五句话：“先特征，后指纹；先最强峰，后次强峰；先粗查，后细找；先否定，后肯定；一抓，即抓一组相关峰”。这个解析程序，其实质就是从特征区开始，从最强峰入手，先否定可以逐步缩小化合物范围，并结合相关峰，从而确定化合物的类别。目前被大家更多采用的是否定法和肯定法[3]。如果已知某波数范围的谱带对于某个基团是特征的，那么当这个波数区没有出现谱带时，可以判断不存在这个基团。肯定法是根据某波数区出现的谱带来判断存在的基团，一般是从强谱带开始，然后再分析其他较特征的谱带。当同一波数区可能有很多基团都会出现时，就需要根据一个基团的各种振动频率，从几个波数区谱带的组合来判断某基团的存在。更具体地来说，红外光谱的初步解析程序大致如下。

第一步，首先将整个红外光谱由高频区至低频区分为几个波数区段来检查吸收峰存在的情况。先将红外光谱区划分为特征官能团区（即4000～1333cm^{-1}区）和指纹区（即1333～667cm^{-1}区）；再将特征官能团区分为3个波段进行检查，即4000～2400cm^{-1}区、2400～2000cm^{-1}区和2000～1333cm^{-1}区；将指纹区再分为两个波数区进行检查，即1333～900cm^{-1}区和900～667cm^{-1}区。

在做第一步分析时可参照表10-1～表10-8：表10-1为负相关表，在表中所列的波数范围若无峰，则不存在相应的基团或化合物；表10-2～表10-6为正相关表，按以上5个波数区，分别给出了可能存在的官能团或化合物；另外在表10-7中给出了特征的倍频或合频谱带，在表10-8中给出了特征的宽谱带。

利用以上各表中的数据可以对红外光谱做出初步分析，确定该化合物是无机物还是有机物；是饱和的还是不饱和的；是脂肪族、脂环族、芳香族、杂环化合物，还是杂环芳香族。可以根据存在的基团进一步确定为哪一类化合物及可能存在的结构单元，为查找标准谱图或对谱图做进一步分析做准备。

在进行谱图分析时，有时在判别特征峰的归属时会遇到困难，这时需要依靠一些辅助手段，其中比较常用的有：同位素取代法，溶剂移动法，形成复合物法，氢化、成盐、酯化和酰胺化、酰化等化学方法和模型化合物对比法等。

第二步，在确定了化合物类型和可能存在的官能团与结构单元后，可以按类细致查阅各类化合物的特征吸收谱带的特征频率表，并考虑影响特征频率移动的各种因素：质量效应、偶合效应、费米共振、立体因素（包括空间障碍、场效应和环的张力等）、电性因素（包括诱导效应和中介效应）及氢键因素等，进一步研究结构细节。

第三步，当以上步骤确定了化合物的可能结构后，应对照相关化合物的标准谱图或者用标准化合物在同样条件下绘制红外谱图进行对照。一般来说，只有在知道未知样品的分子式，而且该样品是仅含有单官能团的简单化合物的情况下，才有可能单凭红外光谱对化合物结构做出确认。通常需要结合质谱、核磁共振波谱，以及元素分析等结果才能推断化合物结构。

在解析谱图时，需注意以下几点：

① 某吸收带不存在，可以确信某官能团不存在；相反，吸收带存在时不一定是该官能团存在的确证。

② 不需要往往也不可能对光谱中的所有吸收峰指出其归属，首先要注意强峰，但也不可忽略某些特征的弱峰和肩峰。

③ 要注意峰的强度所提供的结构信息，两个特征峰相对强度的变化有时可为确证复杂官能团的存在提供线索。

④ 要注意红外光谱中可能出现的杂质等因素引起的多余谱带和假的吸收谱带（见表 10-9 和表 10-10）。

表 10-1 特征基团频率的负相关表[4]

无吸收带的波数范围		谱带的归属	不存在的基团或化合物
σ/cm^{-1}	$\lambda/\mu m$		
4000～3200	2.50～3.13	O—H 和 N—H 伸缩	伯胺和仲胺，醇，酰胺，有机酸和酚
3310～3300	3.02～3.03	C—H 伸缩(不饱和)	炔烃
3100～3000	3.23～3.33	C—H 伸缩(不饱和)	芳族化合物和烯族化合物
3000～2800	3.33～3.57	C—H 伸缩(脂族)	甲基,亚甲基,次甲基
2500～2000	4.00～5.00	X≡Y, X═Y═Z 伸缩①	炔②，丙二烯，氰酸盐，异氰酸盐(或酯)，腈，异氰化物，叠氮化物，重氮盐，乙烯酮，硫氰酸盐(酯或根)，异硫氰酸盐
1870～1550	5.35～6.45	C═O 伸缩	酯、酮，酰胺，羧酸及其盐，醛，酸酐，酰卤
1690～1620	5.92～6.17	C═C 伸缩	烯族化合物
1680～1610	5.95～6.21	N═O 伸缩	有机亚硝酸盐化合物
1655～1610	6.04～6.21	$—O—NO_2$ 不对称伸缩	有机硝酸盐化合物，对称伸缩出现在 1300～1255cm^{-1} (7.69～7.97μm)
1600～1510	6.25～6.62	$—NO_2$ 不对称伸缩	有机硝基化合物，对称伸缩出现在 1385～1325cm^{-1} (7.22～7.55μm)
1600～1450	6.25～6.90	芳环的骨架振动	芳环系统
1490～1150	6.71～8.70	H—C—H 变形	甲基，亚甲基
1420～990	7.04～10.10	S═O 伸缩	硫代氧化物，硫酸盐，亚硫酸盐(酯)，亚磺酸或酯，磺酸盐(或酯)，磺酸、砜，磺酰氯，磺酰胺
1310～1020	7.63～9.80	C—O—C 伸缩	醚
1225～1045	8.16～9.67	C═S 伸缩	硫酯，硫脲，硫代酰胺
1000～780	10.00～12.82	C═C—H 变形	脂肪族不饱和
900～670	11.11～14.93	C—H 变形	取代芳香族

续表

无吸收带的波数范围		谱带的归属	不存在的基团或化合物
σ/cm^{-1}	λ/μm		
850～500	11.76～20.00	C—X 伸缩(X=Cl, Br 或 I)	有机卤化物
730～720	13.70～13.90	$(CH_2)_n(n\geqslant4)$	亚甲基$(CH_2)_n(n\geqslant4)$

① X、Y 和 Z 表示 C、N、O 和 S 中的任一种。

② 因官能团的对称性该谱带可能不存在。

表 10-2 4000～2400cm^{-1} 波数区出现的主要特征吸收谱带

范围 σ/cm^{-1}	官能团或化合物	范围 σ/cm^{-1}	官能团或化合物
3700～3500	—OH 醇(强), 酚(强)(游离)	3210～3150	$—NH_2$ 伯酰胺(强)
3520～3320	$—NH_2$ 芳香胺(强), 伯胺(中), 酰胺(中)	3200～3000	$—NH_3^+$ 氨基酸(中)
3420～3250	—OH 醇(强), 酚(强)	3100～2400	—COOH 羧酸(强、宽)
3370～3320	伯酰胺(强)	3100～3000	芳香 C—H, $=CH_2$ 和 HC=CH
3320～3250	=NOH 肟(中), C≡C—H 炔(中)	2990～2850	$C—CH_3$(中); $—CH_2—$(强)
3300～3280	—NHR 仲酰胺(强)	2850～2700	$O—CH_3$(中); $N—CH_3$(中); 醛(中)
2750～2350	$—NH_3^+X$(强)	2600～2540	S—H 硫醇(弱)
2720～2560	—P(=O)—OH(中)	2410～2280	P—H 膦(中)
3260～3150	NH_4^+(强)		

表 10-3 2400～2000cm^{-1} 波数区出现的主要特征吸收谱带

范围 σ/cm^{-1}	官能团或化合物	范围 σ/cm^{-1}	官能团或化合物
2305～2285	—C≡N→O(强)	2175～2150	—N≡C(强)
2300～2230	重氮盐 $—N\equiv N^+X^-$(中～强)	2175～2140	S—C≡N(中～强)
2260～2240	腈—C≡N(弱～中)	2180～2100	Si—H(强), $—N=N^+=N^-$(中)
2260～2190	炔—C≡C—C(不定)	2150～2100	N=C=N(特强)
2225～2210	>N—C≡N(强)		

表 10-4 2000～1333cm^{-1} 波数区出现的主要特征吸收谱带

范围 σ/cm^{-1}	官能团或化合物	范围 σ/cm^{-1}	官能团或化合物	范围 σ/cm^{-1}	官能团或化合物
2000～1650	酚(弱)	1760～1725	酐(特强)	1680～1620	伯酰胺(强)
1980～1950	—C=C=C—(强)	1750～1730	δ-内酯(强)	1680～1650	亚硝酸酯
1870～1650	C=O	1750～1740	酯(特强)	1680～1655	>C=C<(强)
1870～1830	β-内酯(强)	1740～1720	醛(强)	1680～1660	>C=N—(中～强)
1870～1790	酐(特强)	1720～1700	酮(强)	1670～1655	仲酰胺(特强)
1820～1800	R—CO—X(强)	1710～1690	羧酸(强)	1670～1650	$C_6H_5—C(=O)—$(强)
1780～1760	γ-内酯(强)	1690～1640	>C=N—		

续表

范围 σ/cm⁻¹	官能团或化合物	范围 σ/cm⁻¹	官能团或化合物	范围 σ/cm⁻¹	官能团或化合物
1670～1640	叔酰胺(强)	1610～1580	氨基酸(宽)	1430～1395	NH_4^+(中～强)
1670～1630	>C=C(中～强)	1610～1560	羧酸盐(特强)	1420～1400	—CO—NH_2
1650～1590	尿素衍生物(强)	1590～1580	—NH_2,脂肪伯酰胺(中)	1400～1370	叔丁基(中)
1640～1620	C=N—(中～强)	1570～1545	—NO_2(特强)	1400～1310	羧酸盐(宽)
1640～1610	R—O—N=O	1565～1475	仲酰胺(特强)	1390～1360	—SO_2Cl(强)
1640～1580	—NH_3^+(强)	1560～1510	三氮杂苯(强、尖)	1380～1370	C—CH_3(强)
1640～1530	β-二酮, β-酮酯	1550～1490	—NO_2(强)	1380～1360	C—$(CH_3)_2$(中)
1620～1595	伯胺(强)	1530～1490	—NH_3^+(强)	1375～1350	—NO_2(强)
1615～1605	乙烯醚(强)	1510～1485	酚(中)	1360～1335	—SO_2NH_2
1615～1590	酚(中)	1475～1450	—CH_2—(特强);CH_3(强)	1360～1320	—NO_2(特强)
1615～1560	吡啶(强)	1440～1400	羧酸(中)		

表 10-5　1333～900cm⁻¹ 波数区出现的主要特征吸收谱带

范围 σ/cm⁻¹	官能团或化合物	范围 σ/cm⁻¹	官能团或化合物	范围 σ/cm⁻¹	官能团或化合物
1335～1295	O=S=O (特强)	1255～1250	叔丁基(中)	1120～1030	—C—NH_2(强)
		1245～1155	—SO_3H(特强)	1095～1015	Si—O—Si(特强), Si—O—C(特强)
		1240～1070	—C—O—C(强～特强)	1080～1040	—SO_3H(强)
1330～1310	—CH_3 (强)	1230～1100	—C—N—(强)	1075～1020	—C—O—C—(强)
1310～1250	—N=N(O)— (强)	1200～1165	—SO_2Cl(强)	1065～1015	>CH—OH (强)
1300～1175	P=O (特强)	1200～1015	C—OH(特强)	1060～1025	—CH_2—OH(特强)
1300～1000	C—F (特强)	1190～1140	Si—O—C(强)	1060～1045	>S=O (特强)
1285～1240	Ar—O (特强)	1170～1145	—SO_2NH_2	1055～915	P—O—C(特强)
1280～1250	Si—CH_3 (特强)	1170～1140	—SO_2—	1030～950	环振动(弱)
1280～1240	>C—C< (—O— 桥) (强)	1170～1130	Ar—CF_3(强)	1000～970	—CH=CH_2(特强)
		1160～1100	>C=S (中)	980～960	—CH=CH—(特强)
1280～1180	—C—N— (强)	1150～1070	C—O—C(特强)	960～910	—C—OH
1280～1150	—C—O—C— (特强)	1140～1090	—C—O—H(强)	920～910	—CH=CH_2(特强)

表 10-6　900～667cm⁻¹ 波数区出现的主要特征吸收谱带

范围 σ/cm⁻¹	官能团或化合物	范围 σ/cm⁻¹	官能团或化合物
900～815	CH_2=C(R)(R′) (特强)	850～830	1,3,5-三取代苯(特强)
		850～810	Si—CH_3(特强)
890～805	1,2,4-三取代苯(特强)	835～800	—CH=C< (中)
860～760	R—NH_2(特强, 宽)	830～810	对二取代苯(特强)
860～720	—Si—C—(特强)	825～805	1,2,4-三取代苯(特强)

第二篇

续表

范围 σ/cm^{-1}	官能团或化合物	范围 σ/cm^{-1}	官能团或化合物
820～800	三氮杂苯(强)	760～740	邻二取代苯(强)
810～790	1,2,3,4-四取代苯(特强)	760～510	C—Cl(强)
785～680	1,2,3-三取代苯(特强)	740～720	—$(CH_2)_n$—(弱)
770～690	单取代苯(特强)	730～675	—CH═CH—(强)

表 10-7 倍频或合频谱带

范围 σ/cm^{-1}	化合物类别	归属和说明
3450	酯	$\nu_{C=O}$ 的倍频
3100～3060	仲酰胺	δ_{NH} 的倍频
2700	环己烷	CH 弯曲振动的合频
2700	醛	费米共振引起的双峰 2800～2700cm^{-1}
2200～2000	氨基酸和胺的氢卤化物	$^+NH_3$ 的扭转和$^+NH_3$ 不对称变形振动的合频
2000～1650	芳香族化合物	有若干个带
1900～1960 和 1830～1800	乙烯基化合物	高频带较强
1800～1780	亚乙烯基化合物	CH_2 面外摇摆的倍频

表 10-8 特征宽谱带

谱带中心或范围[①] σ/cm^{-1}	化合物类别	归属和说明
3600～3200(vs)	醇，酚	ν_{OH}
3400～3000(vs)	伯胺	通常是双峰
3400～2400(s)	羧酸和其他含羟基的化合物	形成氢键的 ν_{OH}
3300～2200(vs)	氮杂茂(—NH—互变异构体)	NH 伸缩
3200～2400(vs)	氨基酸	十分宽的不对称的谱带
	胺的盐酸盐	
	嘌呤	
	嘧啶	
3000～2800(vs)	碳氢化合物，所有含 CH_3 和 CH_2 的化合物	ν_{CH}
1700～1350(s)	氨基酸	
1650～1500(vs)	羧酸盐	—C(=O)(O) 的不对称和对称的伸缩振动
1400～1300(s)		
1250(vs)	全氟化合物	
1200(vs)	酯，酚	
1150(vs)		
1150～950(vs)	糖	
1100	醚	C—O—C 桥
1100～900	二醇	
1050	酐	
1050～950	亚磷酸酯，磷酸酯	常常是两个带
920	羧酸	C—OH 变形

续表

谱带中心或范围[①] σ/cm^{-1}	化合物类别	归属和说明
830	伯脂肪胺	
730	仲脂肪胺	

① vs——特强，s——强。

表 10-9 在红外光谱中可能出现的多余谱带[5]

σ/cm^{-1}	化合物或结构	来源
3704	H_2O	在近红外区使用厚吸收池，可画出在四氯化碳或烃溶剂中非缔合水的—OH 吸收，谱带很锐
3650	H_2O	某些熔融石英窗出现由附着水引起的锐谱带
3450	H_2O	溴化钾压片中含微量水引起的宽谱带。很常见，真空干燥可以除去
2347	CO_2(气体)	当双光束没有调整平衡，将出现正的或负的大气 CO_2 的吸收
2326	CO_2(溶解的)	长期保存在干冰中的液体样品有时出现由于溶解的 CO_2 引起的谱带
1996	BO_2^-	某些天然氯化钠晶体中所含杂质偏硼酸离子引起的谱带
1810	$COCl_2$	除去乙醇的氯仿(用作红外溶剂)曝露在空气中和日光下氧化生成光气引起的谱带，强度随时间而逐渐增强
1754～1695	>C═O	某些瓶盖、衬里的涂层或釉被溶剂溶解，引起假的 C═O 基谱带，或来自色层分离时，连接管增塑剂及其分解产物的污染
1639	H_2O	在矿物、某些无机盐、纤维素、糖类和烷基、芳基磺酸表面活性剂中的夹带水引起的谱带
1613～1515	—C(O⁻)═O	卤化碱金属红外窗片，特别是溴化钾，能与羧酸，特别是二元羧酸(如马来酸)反应生成少量的碱金属羧酸盐而出现羧酸阴离子引起的假谱带。溴化钾压片也有类似情况
1428	CO_3^{2-}	某些碱金属晶体和溴化钾压片的无机碳酸盐杂质引起的弱谱带
1379	KNO_3	溴化钾中的杂质 KNO_3 引起的吸收，有时会误认为是甲基对称弯曲振动谱带
1355	$NaNO_3$	靠近能斯特光源的 NaCl 窗片与光源点燃时形成的氧化氮及窗片吸着的水汽生成的 $NaNO_3$ 引起的吸收谱带
1265	Si—CH_3	活塞上的硅油脂被溶剂洗下造成的污染
1110	Me—O	由振动磨或玛瑙研钵中的灰尘造成的对溴化钾的污染，出现一宽谱带
1110～1053	Si—O	有些人用玻璃研钵研磨样品制成白油浆糊，有时可能看到在所得光谱中由玻璃粉末引起的宽谱带
980	K_2SO_4	在无机硫酸盐溴化钾压片光谱中有时会看到，此谱带系由于溴化钾与无机硫酸盐的离子交换反应生成 K_2SO_4 引起的
837	$NaNO_3$	来源同 1355cm^{-1} 谱带
823	KNO_3	此谱带有时出现在无机硝酸盐溴化钾压片的光谱中。这是由于溴化钾与无机硝酸盐反应生成了硝酸钾
794	CCl_4(气)	由于液池泄漏，溶剂四氯化碳挥发成气体流入光谱仪器中而引起
787	CCl_4	测定四氯化碳溶液之后，或用四氯化碳清洗液池后没有吹干除净溶剂就测试其他样品将引起此谱带的出现
730	聚乙烯	现在聚乙烯广泛用于制作各种实验室制品，很少作为样品的污染物而出现
727	Na_2SiF_6	SiF_4 沉积于氯化钠窗片上生成 Na_2SiF_6 引起窗片污染
719	聚乙烯	来源同 730cm^{-1} 谱带
697	聚苯乙烯	用于机械振荡磨中混合固体样品和溴化钾的聚苯乙烯瓶，容易磨损，所得的溴化钾锭片，常出现聚苯乙烯的这一谱带
668	CO_2	当仪器两光束不平衡，将出现由大气中的二氧化碳引起的正或负的吸收

表 10-10 在任何波长可能发生的假谱带[5]

原 因	来 源
克里士丁生(Christiansen)效应	在用溴化钾压片法或用浆糊法制样时，如果晶体颗粒的大小与辐射波长的大小在同一数量级，有时在真实吸收带的短波侧看到一假谱带
差示分析	如果在参比光束中用一充满溶剂的液池作差示分析，在溶剂有强吸收的区域，由于辐射能量不足或没有能量，记录笔便停死了。在浏览光谱图时，往往被误认为是谱带，因此，在实验中应对这些无用的范围做出明确的标记
干涉条纹	很平的固体薄片，如果其厚度与红外波长相近，往往出现干涉条纹而被误认为是吸收带。例如，用反射技术观测在金属上面的有机涂层时就是如此
熔融固体	熔融固体的观察有其缺陷，例如，突然结晶(甚至在结晶以后的相变)能引起透光率的快速下降而误认为是吸收带
外界气体	在做双光束实验时，在实验室空气中的一些气体一般不会引起多大干扰，然而当进行校准试验时(如单光束，或测试信号实验)，将遇到空气以外的某些气体如空调机漏出的氟利昂气、溶剂蒸气等的谱带
晶体的取向	晶体的取向对光谱有决定性影响。在有一定取向的晶体膜中，某些功能基可处于不同于光源发出的辐射作用的位置，此外在光谱仪中的入射辐射往往是部分偏振的，而在转动晶体样品时，吸收带的相对强度将发生变化
光学衰减器	光梳齿的非线性将在吸收带的边上出现台阶或肩带，在 0～10%透光率范围内此效应最明显
多晶现象	同一物质的不同晶型显示不同的红外光谱。当解释晶体的红外光谱时，这点应该经常记住。有时将晶体溶于溶剂，然后借蒸发溶剂使之沉淀于盐片上就可以得到不同的晶型。浆糊法或 KBr 锭片法也能引起原始试样晶型的变化
光学切换	光栅和滤光片的切换可在切换点造成假峰

二、标准红外光谱谱图集和红外光谱索引书

在红外光谱定性分析中，无论是分子结构的鉴定还是验证，都需要标准谱图作对照，下面列出一些常用的标准红外光谱谱图集。

（1）“萨特勒”红外标准图谱集（Sadtler，Catalog of Infrared Standard Spectra） 1956 年由美国费城“萨特勒”研究室编辑出版，到 1995 年已经收集谱图约 150000 张，共分为两大类，即标准图谱（分为棱镜光谱、光栅光谱和傅里叶变换红外光谱）和商品光谱。如按化合物相态分类，又可分为凝聚相（液-固相）和气相两大类，前者 13 万张，后者 1 万张。标准光谱（standard spectra）是指纯度在 98%以上的化合物的光谱，约有 6.5 万张。商品光谱(commercial spectra)是指工业产品的光谱，按 ASTM 分类法分成 23 类，共有 7 万张，其中包括：①农业化学品；②多元醇；③表面活性剂；④单体和聚合物；⑤增塑剂；⑥香料和香味剂；⑦脂肪、蜡和衍生物；⑧润滑剂；⑨橡胶化学品；⑩纤维；⑪溶剂；⑫中间体；⑬石油化学品；⑭药物；⑮甾体；⑯纺织化学品；⑰食品添加剂；⑱颜料、染料和着色剂；⑲松脂、天然树脂及树胶；⑳涂料化学品；㉑处理水的化学试剂；㉒常用麻醉品；㉓无机物。此外还有蒸气相光谱、聚合物裂解物谱图、ATR 光谱、生物化学光谱等。商品光谱中的图谱所代表的化合物不一定是纯物质，有些谱图上并不提供化合物的名称和结构，而提供商品牌号。该图谱逐年增印，每年增添纯化合物谱图约 2000 张。光谱图采用波长线性和百分透光度线性坐标，波长范围 2～15μm，同时给出了化合物名称、分子式、分子量、结构式、熔点或沸点、样品来源和制样方法。萨特勒红外标准图谱集是世界上收集谱图最多的红外图谱集，被普遍采用。

（2）ALDRICH 红外光谱库（The Aldrich Library of Infrared Spectra） Pouchert C J（Ed.）， Aldrich Chemical Company，Inc，P O Box 355，Milwaukee，WI53210．该谱图集

包括各类有机化合物的谱图共 8000 张，按官能团分类，最后备有名称字顺索引和分子式索引，谱图合订为一卷本，查找方便，格式是横坐标为线性波长 2.5～16μm，每页包含 8 张谱图。

（3）DMS 穿孔卡片（Documemtation of Molecular Spectra） Butterworth and Co. Ltd. London WC2，England. 该卡片由英国和前西德编制，分 3 种类型：有机化合物卡片（桃红色）、无机物卡片（淡蓝色）和文摘卡片（淡黄色），带有谱图（线性波数格式）、峰位波数表、结构信息、分子量、熔点、沸点和密度，约有 23000 张谱图。根据两种方式穿孔：化合物结构（碳原子数、分子的基本骨架结构和取代基类型等）穿孔，孔开在卡片的顶端和一侧；主要峰位置穿孔，在卡片的底边和另一侧，利用一根细棒根据化合物结构或主要峰位置，挑选出所要谱图，该类卡片目前已停止出版，并很少使用。

（4）Selected Infrared Spectral Data American Petroleum Institute（API）Research Project 44，Department of Chemistry，Texas A & M University，College Station TX77843，为美国石油研究院第 44 研究计划，从 1943 年开始出版，其中约 80%是烃类的光谱，其他则是卤代烷、硫化物、含氮化合物及少量简单的醛、酮、醇、酯的光谱，至 1971 年共收集 3000 多张谱图。早期谱图为线性波长，近期改为线性波数，附有结构信息、样品来源及状态。有两种索引：谱图编号和分子式索引。

（5）IRDC 卡片（Infrared Data Committee Japan） Sanyo Shuppan Boeki Co. Hoyu Bldg，8，2-Chome，Takara-Cho，Chuo Ku，Tokyo，Japan. 该卡片大约有 14000 张光谱，类似于 DMS 数据卡片，边缘穿孔，近期的谱图是光栅光谱，带有结构式及其他数据，该卡片已很少使用。

（6）聚合物、树脂和添加剂的红外分析（Infrared Analysis of Polymer，Resins and Additives） Hummel D O，Scholl F. 该谱图集包括 1745 张高聚物及树脂的谱图及 1000 张添加剂的谱图，这是一本在高聚物剖析工作中常用的谱图集。

（7）聚合物和塑料分析的 Atlas 红外图谱集（Atlas of Polymer and Plastics Analysis，second，completely revised edition） Vol 1，Polymer，Structures and Spectra (1978)；Vol 2，Plastics，Fibres，Rubbers，Resins (1983)；Vol 3，Additives and Processing Aids (1981)；Hummel D O，Scholl F，(Eds)，Carl Hanser Verlag，Munich，Venna.该书第二版分为三册：第一册为聚合物的结构与红外光谱图；第二册为塑料、纤维、橡胶及树脂的红外光谱图和鉴定方法；第三册为助剂和加工助剂的红外光谱图和鉴定方法。该图谱集约有 1100 张谱图，分为十一部分：增塑剂，无机填料和颜料，有机颜料，紫外稳定剂和增亮剂，抗氧剂，聚氯乙烯稳定剂，抗静电剂，防腐剂，加速剂，加工助剂和溶剂。

（8）用在涂层工业上的红外光谱(An Infrared Spectroscopy Atlas for the Coatings Industry) Vandeberg J T. Federation of Societies for Coatings Technology 1315 Walnut Street，Philadelphia，Pennsylvania 19107，1980. 该谱图按聚合物、单体、溶剂、无机颜料和填充剂、有机颜料和其他各类助剂排列，总计有 1433 张谱图，有谱图号索引和字顺索引。

（9）Coblentz Society Spectra（P O Box 9952，Kirkwood，MO631 22） 该谱图集共收集 10000 张谱图，每卷 1000 张，另有 Coblentz Society Desk Book of Infrared Spectra Clara Craver，870 张光栅光谱，按化学分类编制，带有文本说明，可做教学辅助。

（10）The Aldrich Library of FT-IR Spectra Pouchert C J（Ed），Aldrich Chemical Company，Inc P O Box 355，Milwaukee，W153201. 此谱图集为两卷本，包括 10780 张傅里叶变换红外光谱，每页 4 幅，线性波数为横坐标，附有字顺及分子式索引。

（11）航空油料及其添加剂实用红外光谱图集　傅俊娥等. 北京：中国水利水电出版社，1999. 本图集汇集了国内外航空油料、石油产品添加剂及部分石油化工产品的谱图，内容分润滑油、液压油、润滑脂、清净剂和分散剂等 14 个部分。

（12）矿物红外光谱图集　彭文世，刘高魁. 北京：科学出版社，1982. 收集了 583 种矿物的红外光谱。

（13）药品红外光谱集（第一卷，1995）　中华人民共和国卫生部药典委员会编. 北京：化学工业出版社，1996. 共收载了 685 种红外光谱图。书后附中文名索引、英文名索引和分子式索引。

（14）波谱数据表——有机化合物的结构解析（Structure Determination of Organic Compounds——Tables of Spectral Data）　Pretsch E，Bühlman P，Affolter C. Springer-Verlag Berlin Heidelberg，2000. 本书是将各类有机化合物在红外、核磁、质谱、UV-Vis 波谱中的图式数据分布予以归类终结而编撰成的一本手册类工具书，因其提供的各种数据和图式翔实完整、编排合理、查阅方便，而深受世界各国化学工作者的欢迎。

目前出版的标准红外光谱谱图集，所收集谱图的数量总是有限，大量的谱图分散在期刊或专著中。如果在标准谱图集中查不到自己所要的谱图，可以利用红外光谱的索引书查找其线索，也可以通过 C A 的化学物质索引（Chemical Abstracts Index）查找。下面列出的红外光谱索引，仅供查阅时参考。

（1）已发表红外光谱的化合物分子式名称和参考文献索引（Molecular Formula List of Compounds Names and References to Published Infrared Spectra）　美国材料试验学会（ASTM）编写(1969)包括 92000 种化合物的红外光谱的出处，有分子式和名称索引。

（2）红外吸收光谱索引（Infrared Absorption Spectra Index）　Hershenson H M. Indices for 1945—1957 and 1958—1962，Academic Press，New York，1959 and 1964。

（3）已发表的红外光谱索引（An Index of Published Infrared Spectra）　英国航空部技术情报和图书馆出版（1960）包括截至 1957 年发表的 10000 篇文献中所讨论的光谱（第一卷及第二卷）。

三、萨特勒图谱集的索引及其使用

根据检索的途径不同，萨特勒图谱集索引共有以下五种。

（1）字顺索引（Alphabetical Index）　这种索引是按化合物名称的字母顺序排列的，知道了化合物的名称就可以找出光谱的号码。但要注意，索引中全部化合物都是按先母体，后衍生物、取代基的字顺排列，如二氯乙醛（dichloracetaldehyde），在索引中写成 acetaldehyde, dichloro 这个化合物，排在 acetaldehyde 处而不是在 dichloro 处。

（2）分子式索引（Molecular Formula Index）　若知道了化合物的分子式就可以利用这种索引。它查找方便，是最常用的一种索引。分子式索引按 C、H、Br、Cl、F、I、N、O、P、S、Si、M（M 表示金属）的顺序排列。

（3）化学分类索引（Chemical Classes Index）　知道了化合物的名称和分子式，利用上述两种索引是很方便的，但是我们往往不知道分析的样品是什么，这样就不能利用上面的两种索引，这时可以利用化学分类索引。它是按化合物类别排列的一种索引，利用它可以方便地查出同系物的一组光谱，这对查结构不十分清楚的化合物的光谱有一定的帮助。这个索引的形式见表 10-11。

表 10-11 化学分类索引

Name (名称)	C	H	Br	Cl	F	I	N	O	P	S	Si	M	FUNCTIONALITY (官能团功能性)	PRISM (棱镜)	GRATING (光栅)	UV (紫外)	NMR (核磁)	DTA (差热)
Acetic acid / *p*-CHLOROPHENOXY/–	8	7		1				3					6 72 83 3 3	13139	259	457	V500	
Acetic acid/ *p*-CHLOROPHENOXY/–	8	7		1				3					6 72 83 3 3	1590	259	457	V500	1067
Acetic acid/ 4-CHLORO-*m*-PHENYLENE-DI-OXY-DI-, *m*	10	9		1				6					6 72 83 3 3	11931	—	—		
Acetic acid/ 4-CHLORO-*o*-TOLYL-OXY/–	9	9		1				3					6 72 83 3 3	5667	—	3794	5679	1506

这个索引是按“官能团功能性”(functionality)这一栏的数字序列编排的，若数字序列相同，则按化合物名称字顺排列。“官能团功能性”一栏共分为五列，表中第一行前三列中的6、72、83分别为官能团的类号，第四列的“3”表示有3种官能团，（最多为9种，甲基、苯基等取代基不予计数），第五列的“3”表示该化合物属芳香族（共分6类：1——脂环族；2——脂肪族；3——芳香族；4——杂环化合物；5——杂环芳香族；6——无机化合物）。

官能团如何分类可以参考该索引中所给出的官能团分类指南（Key to the Functional Group Nutation）。由这个分类指南知道上述前三列的6、72、83分别为羧酸、醚和氯化物的分类号。由此可见6、72、83、3、3实际上是带有羧基、醚、氯三种官能团的芳香族氯代醚酸的分类号。若化合物只有两种官能团，则第三列空白。在实际使用中，为便于查出化合物中各官能团的类号，该索引还附有“官能团字顺索引”(Functional Group Alphabetical Index)和官能团图表（Graphic Description of Functional Group)，以供使用。

下面举例说明该索引的使用。

某化合物的红外光谱如图10-1所示，从这个光谱中我们看到，在1725cm^{-1}有一强吸收峰，这通常是C═O的吸收峰，而在2700cm^{-1}附近有峰，说明这个羰基是醛羰基，此外1600cm^{-1}、1500cm^{-1}、740cm^{-1}和694cm^{-1}的吸收峰表明有一单取代苯环。据此我们可初步估计该未知物可能是一单取代芳香族醛，为了确切知道该化合物的结构，可利用“化学分类索引”，按单取代芳香醛编类为46、—、—、1、3，再按此分类号查索引，得到约40个芳香醛的光谱号，然后逐一核对得知红外棱镜标准光谱No17410苯丙醛的光谱与此最相似。由此可见该化合物很可能就是苯丙醛。

（4）号码索引（Numerical Index） 这个索引只是一个完整的清单，无实用价值。

除了以上几种索引外，还有一种专门设计的索引，即红外标准光谱的谱线索引（Wave length Index，又叫Spec-Finder）。

（5）谱线索引（Spec-Finder） 红外棱镜标准光谱和红外光栅标准光谱都各自编有“谱线索引”，使用方法大致相同。下面介绍棱镜的谱线索引。红外棱镜光谱的谱线索引形式，如

表 10-12 所示。

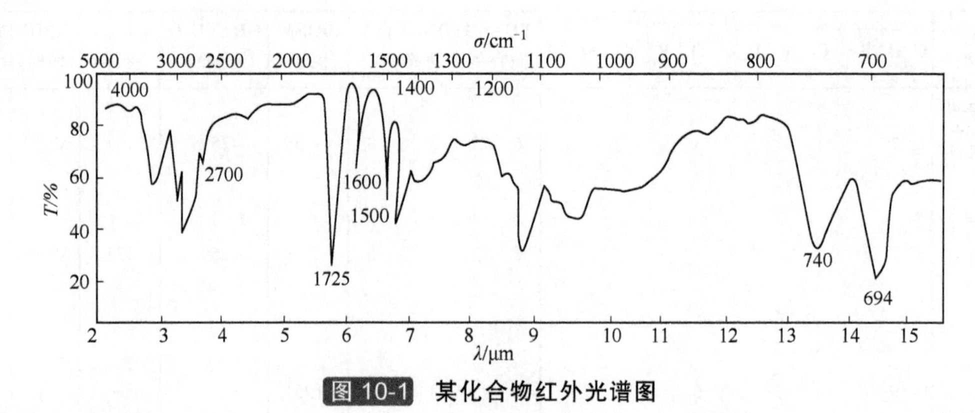

图 10-1 某化合物红外光谱图

表 10-12 谱线索引

14	13	12	11	10	9	8	7	6	5	4	3	2	STRONGEST BAND (最强峰)	CHEMICAL CLASS (化合物分类号)				INDEX NUMBER (光谱图号)
4	5	—	—	4	6	8	1	9	8	—	4	9	14.4	46		1	3	17410
4	5	—	—	—	7	—	0	7	—	—	3	—	14.4	36		1	3	42069
4	5	—	—	—	—	—	—	9	—	—	—	—	14.4	73	84	2	3	34471
4	5	—	—	—	—	—	—	7	—	—	—	—	14.4	74		6		25580

由表 10-12 可知，从 2μm 到 15μm 范围内分成 13 个波长区段，右面的第 3 列是最强峰的位置，第 2 列是该化合物的分类号，第一列为光谱图号。仍以上例（图 10-1)来说明谱线索引的使用。

第一步：编数码

把未知物光谱中出现的吸收峰编成数码，并按如下方式写在小纸条上，把最强峰的位置记在旁边。

14	13	12	11	10	9	8	7	6	5	4	3	2	最强峰
4	5	—	—	4	6	8	1	9	8	—	4	9	14.4

在编写数据时必须注意以下几点：

① 如果未知物的光谱图以波数为等间隔并以 cm^{-1} 表示吸收峰位置时，应利用下式换算成以 μm 为单位：

$$\lambda / \mu m = \frac{10000}{\sigma / cm^{-1}}$$

② 当一个吸收峰比较弱时，即透光率大于 60%时，这个吸收峰通常不编码。除非这样的吸收峰是有影响的特殊吸收。如果这一区没有透光率小于 60%的吸收峰，则以横线“—”表示，绝对不能用“0”表示。

③ 如果在同一区有两个强度相似的吸收峰，一般来说任取其一都可以，因为在谱线索引中把各种可能的情况都编入。但为了扩大查到的可能性，最好把各种可能的情况都编写成数码。

④ 吸收峰的位置应尽可能写正确（误差±0.1μm），为扩大查到机会，应把±0.1μm 的各

种可能都考虑进去，尤其是最强峰更应如此，在本例中的最强峰为 14.4μm，那么我们应取 14.3μm、14.4μm、14.5μm 三种情况进行查对。

⑤ 在萨特勒标准光谱中最强峰一般在透光率 0～20%这个范围内，故我们也应使要查对的未知物的最强峰达到这一透光率范围。

第二步：与索引核对数码

把编好的未知物光谱的数码与谱线索引核对，先比较最强峰，然后再依次比较；找出数码基本相符的光谱，再核对光谱图。本例中数码基本相符的光谱号为 17410，再核对光谱图完全一致，由此可知该未知物为苯丙醛。

四、红外光谱数据库、红外检索系统及专家系统

（一）红外光谱数据库

早在 1951 年，为了利用计算机进行自动谱图检索，已经提出将光谱的数字化表示形式存放在 IBM 计算机穿孔卡片上的想法，目前已建立的红外光谱数据库主要有如下几种。

（1）ASTM 红外光谱卡片 在 20 世纪 50 年代初到 1974 年间，美国 ASTM 编辑 145000 张机读红外光谱卡片，1970 年发展为磁带形式，这是世界上最早、也是最大的红外光谱数据库。ASTM 所包括的子文件为：① 美国石油研究院第 44 研究计划；② Sadtler 实验室谱图集；③ 美国国家科学研究委员会——国家标准局（NBS）的 Atlas；④ 摘自文献的谱图；⑤ 分子光谱学文档；⑥ Coblentz 学会谱图集；⑦ 企业部门所收集的谱图；⑧ 日本红外光谱委员会的谱图集。

ASTM 红外光谱数据库的缺点是该数据库重复谱图较多，仅以谱峰位置进行二进制编码，未考虑峰的强度及形状。目前该数据库已不再更新，仍由美国 Sadtler 实验室以 Sadtler/ASTM IR 光谱索引磁带方式发行。

（2）http://www.bio-rad.com/ir.html 这是 Bio-Rad's 信息公司 Sadtler 红外谱图数据库（Sadtler IR Database）检索网址，这是世界上最大的、最有权威的红外谱图库，可提供约 259380 张红外谱图，包括聚合物、纯有机化学物质、工业化合物、染料、颜料、药物与违禁毒品、纤维与纺织品、香料与香精、食品添加剂、农药、重要污染物、多醇类和有机硅等。其中聚合物和相关化合物 50570 张，纯有机化学物质 158780 张；工业化学品 21950 张，刑侦技术 19200 张，环保科技 6340 张，无机物和有机金属类 2540 张。在 84 个数据库中有 363364 个条目。通过输入化合物的英文名，可检索到要查找的化合物的红外谱图。Sadder 谱库在未知物鉴定、化学产品质量控制、刑侦、环境保护、食品安全、石油、塑料工业、教学和矿物分析等各个领域有着广泛的应用，已被不少仪器生产厂家的红外光谱检索系统采用。

（3）http://www.verycd.com/topics/2743894/ 这里包含了尼高力公司约 20 万张红外标准谱图，还包含 OMNIC 8.0 红外光谱处理软件，这是 Thermo Nicolet 公司的旗舰产品，也是市场上最好的红外光谱处理软件，它可以读取和处理世界上大多数厂家的红外图谱，功能强大。

（4）http://riodb01.ibase.aist.go.jp/sdbs/ 这是日本 National Institute of Advanced Industrial Science and Technology 的有机化合物光谱数据库（Spectral Database for Organic Compounds, SDBS）的网址，可免费查阅很多有机化合物的谱图及相关信息。谱库含 FTIR 谱图约 52500 张、^{1}H NMR 谱图约 15400 张、^{13}C NMR 谱图约 13600 张、Raman 谱图约 3500 张、ESR 谱图约 2000 张。可通过输入化合物名称（英文）、分子式、分子量、CAS 登录号、SDBS 编号进行检索，非常方便实用。

（5）http://www.chemexper.be/ 这是 ChemExper 的网址，这个数据库含有 70000 种化学

试剂、16000 张 MSDS、5000 多张红外谱图。可以通过输入化合物的分子式、IUPAC 名、常用名、CAS 登记号等，检索到所需要的红外谱图。

（6）http://www.chemcpd.csdb.cn（http://202.127.145.134/default.htm） 这是中国科学院上海有机化学研究所化学专业数据库访问网址。上海有机化学研究所的数据库群是服务于化学化工研究和开发的综合性信息系统，可以提供化合物有关的命名、结构、基本性质、毒性、谱学、鉴定方法、化学反应、医药农药应用、天然产物、相关文献和市场供应等信息。

化学专业数据库包括化合物结构数据库、化学反应数据库、红外谱图数据库、质谱谱图数据库、化学物质分析方法数据库、药物与天然产物数据库、中药与有效成分数据库、化学配方数据库、毒性化合物数据库、化工产品数据库、中国化学文献数据库、化学核心期刊（英文）数据库、专业情报数据库、精细化工产品数据库、生物活性数据库、工程塑料数据库等。其中最突出的是红外谱图数据库，收录了大约 160000 张红外谱图。该数据库包括纯有机物的标准谱，高聚物及其单体、表面活性剂、药物、染料、增塑剂、高分子添加剂、溶剂、麻醉剂与兴奋剂、农药、胶黏剂与密封剂、毒性化合物、涂料、阻燃剂、橡胶化合物、润滑剂、石油产品等各类应用红外光谱。有 5 个关系型数据库表（谱图表、化合物名表、化合物结构表、峰值表、主索引表），包含的数据内容有全谱数据、峰位置、峰数目、化合物结构、化合物名称、化合物分子式、CAS 登录号、数据来源号、库登录号、结构分类号等。通过特定格式转化的红外光谱文件以峰位检索、强峰检索、功能团检索以及组合检索，也可以通过化合物名称、化合物分子式检索，获取需要的化合物的红外光谱图、物化性质以及 CA 登录号等信息。改进后的谱图显示功能为用户增加了“打印谱图”功能，用户可以在页面上点击“打印谱图”，即可将谱图放大到全屏，并可直接打印。查阅者注册后，可以免费查阅很多化学相关的数据和信息，对所在单位没有标准谱图库的工作人员来说，这确实是一个不错的资源。

（7）http://www.yaojia.org/forum-viewthread-tid-21328-fromuid-1049.html 这是药品红外光谱图集的下载地址，内含药品红外光谱图集（1995 年）、药品红外光谱图集（2000 年）、药品红外光谱图集（2005 年）、药品红外光谱图集（2010 年），共 4 卷。

（8）http://www.microchem.org.cn/hwjs.htm 这是萨特勒红外光谱数据库联网检索的网址。

（9）Sadtler Spec-Finder 数据库 约有 98000 个化合物光谱的 Sadder 谱库以被压缩的格式进行数字编码，代码以数字顺序排列，用于快速检索。

（10）PE 谱库 由 Perkin-Elmer 公司自己建立，包括 2700 张常见有机和无机化合物谱图。

（11）固相药物 FT-AR 谱库 由 Georgia State Crime Lab 建立，有常见药物谱图 1400 张。

此外，还有 Sigma 生物化学谱库，10411 张；Nicolet 蒸气相谱库，8654 张；Georgia 州犯罪实验室麻醉剂谱库，1940 张；多伦多法庭谱库，3549 张；Aldrich 蒸气相谱库，5010 张；EPA 气相 FTIR 谱库，3300 张；公安部第二研究所建立了炸药、橡胶等方面的专项小型数据库；福建医学研究所建立了 PC-IR 红外微机数据库系统，包括 Sadder 标准红外谱图 59000 张。

（二）红外光谱检索系统

多年来已经发展了相当数量的红外光谱检索系统，其中的一些主要检索系统如下。

（1）FIRST-1 系统 由 Erley 在道化学公司负责建成，程序按 IBM 系列计算机设计。

（2）SPIR 系统 由 Jones 等研制，其谱图为 ASTM 的数据源，该系统由加拿大国家研究委员会（NRCC）科学和信息研究院与化学部共同管理，SPIR 可通过加拿大网络系统检索。

（3）IRGO 系统 由 Crave 建立，现由 Chemir 实验室管理，它是商业性检索系统，运行在 Tymshare Sigma 7 计算机上，通过国际分时网络系统检索，系统拥有 150000 张红外谱图。

（4）IRIS 系统 由 Sadtler 实验室研制，数据库包括部分 ASTM 的文件和 Sadtler 标准棱镜红外谱图，共 110000 张，运行在 Univa 机上，并已加入网络。

（5）COSMOSS 系统 由前南斯拉夫 Zupan 等研制，为一综合谱图库系统，红外谱图为 92000 张，主要部分来自 ASTM，还收集了高聚物谱图，运行在 CDC CYBER172 计算机上，检索结果可模拟谱显示在屏幕上。

（6）CISOC-IR 系统 由中国科学院上海有机化学研究所建立，目前拥有红外谱图 100000 张，运行机型为 VAX11/780，程序语言为 FORTRAN 77。

（7）NKIR-I 系统 由南开大学中心实验室建立，在全光谱检索前，利用由若干强峰信息建立的多级索引库进行预筛选，大大缩短检索时间，检索 10000 张仅需 30 s 左右，运行在 IBM PC/AT 计算机上，全部采用中文菜单式操作。

（8）Nicolet 公司的 FTIR 光谱检索系统 该检索系统包括多种数据库和检索程序，还提供谱图解释软件、分子结构数据库和应用文献数据库，运行在 Intel 386 DX 或 486 DX 高速 PC 机上。检索方法包括全光谱检索（full spectrum search）、全面性检索（OMNI-search）、预筛选检索（pre-filtered search），PIN-NIC 检索和 SPEC-FINDER 代码检索。

（9）Bio-Rad 公司的 FTIR 光谱检索系统——Search-32 Search-32 检索系统采用该公司 Sadtler 实验室提供的 Sadtler 谱库，该检索软件提供 Sadtler 谱图格式，采用全光谱检索，此外还有名称及字符串检索、二次检索、子结构检索以及峰值检索等功能。“掩蔽”检索是其特点，即可以在检索过程中忽略光谱的一定范围，以排除干扰。标准库及金属有机化合物库含有化合物的结构图形。商业谱库中含有样品来源、制样方法、熔点、沸点、黏度及简单的化学意义与用途介绍。该软件运行在 Spc-3200 数据站，亦可运行在 IBM PC/AT、PS/2 机上，其软件称 PC-Search。

（10）Perkin-Elmer 公司的 FTIR 检索软件——PC-SEARCH PC-SEARCH 使用匹配和解释互相补充的方法，谱库除 PE 公司自建的外，还有 Sadtler 的 100000 多张数字化谱图，谱库中还存储峰位及强度表和 5000 多个化合物中可能存在的结构单元，运行在 IBM-PC 机上，要求硬件配置为 80386 以上，4 兆 RAM，硬盘存储容量 120 兆。

（三）红外谱图解析中的专家系统

红外光谱计算机检索技术是一种归纳的方法，它离不开预先存储的红外光谱数据库，因此它受存储数据量和数据质量的制约。为了完全不依赖任何标准数据库，而是从未知物的光谱数据入手，根据已总结出来的分子结构与谱带特征频率及其他光谱信息之间的关系进行演绎和推理，确定存在的结构单元并最终确定其结构。这就是红外谱图解析中的专家系统。专家系统主要由三部分组成，即知识库、推理机和用户接口，这三个部分彼此是相互独立的。

目前根据红外谱图信息和结合其他谱图信息建立起来的有机化合物结构解析的专家系统有 Woodruff H 等建立的 PAIRS 系统、Munk M E 等建立的 CASE 系统和佐佐木慎一等的 CHEMICS 系统等。我国光谱学工作者在计算机辅助红外谱图解析方面也做了不少有价值的工作。PAIRS (Program for the Analysis of Infrared Spectra)系统是具有一定代表性的红外光谱解释程序，它包括三个部分——解释规则、规则编译器和解释程序。它可以根据谱图数据和样品状态，最终给出未知物中可能存在的各种官能团及相应的置信度。PAIRS 系统共收入 194 个官能团和结构单元、69 个判别树和 11000 多个解释规则。PAIRS 现有 IBM 和 DEC/VAX 两种版本，PAIRS 软件已经配置在 Nicolet、DIGILAB 和 IBM 等公司的 FTIR 谱仪上。

红外光谱本身只能提供分子的官能团信息，不能给出完整的分子结构，因此要建立化合物结构解析的专家系统，必须将化合物分子式，红外、拉曼、紫外光谱，以及质谱和核磁共振谱等各种光谱数据联合应用才有可能得到准确完整的结构信息。因面对的分子结构可能是很复杂的，要完成这样的专家系统的整体设计是很困难的，但通过众多光谱学工作者的不懈努力是能建立起来的。目前在我国已建立起来的有中国科学院长春应化研究所结构解析专家系统 ESESOC、胡鑫尧等人完成的解析程序 SGSSP、南京大学忻新泉等的结构解析专家系统 ESSESA 等。

五、聚合物、表面活性剂和增塑剂的红外光谱系统鉴定

（一）高聚物红外吸收光谱的系统分类和鉴定

红外光谱在聚合物的鉴定中得到广泛应用，国外已经出版了许多标准聚合物的红外光谱汇编。其中部分已在本章第一节中介绍，但将谱图逐一查对是十分费时和枯燥的。为此，目前已提出了许多谱图分类鉴定表，它们有助于我们做出初步的判断。在“An Infrared Spectroscopy ATLAS for the Coatings Industry”一书中提供的一种聚合物谱图分类鉴定表，如表 10-13 所示[6]，该表对鉴定涂料聚合物较为适用。

在朱善农等著的《高分子材料的剖析》一书中对原来的分类图作了修订和补充，能适用于新型聚合物的鉴定，其分类鉴定表见表 10-14。

表 10-14 中所用的各吸收频率的谱带解释，见表 10-15。

王正熙编著的《红外光谱分析和鉴定》一书中，按照吸收带位置和强度不同，编制了聚合物系统鉴定表，见表 10-16。表中第一强吸收带共分为 13 个区，然后再按第二和第三强吸收带确定聚合物。

表 10-13 聚合物谱图分类鉴定表（一）

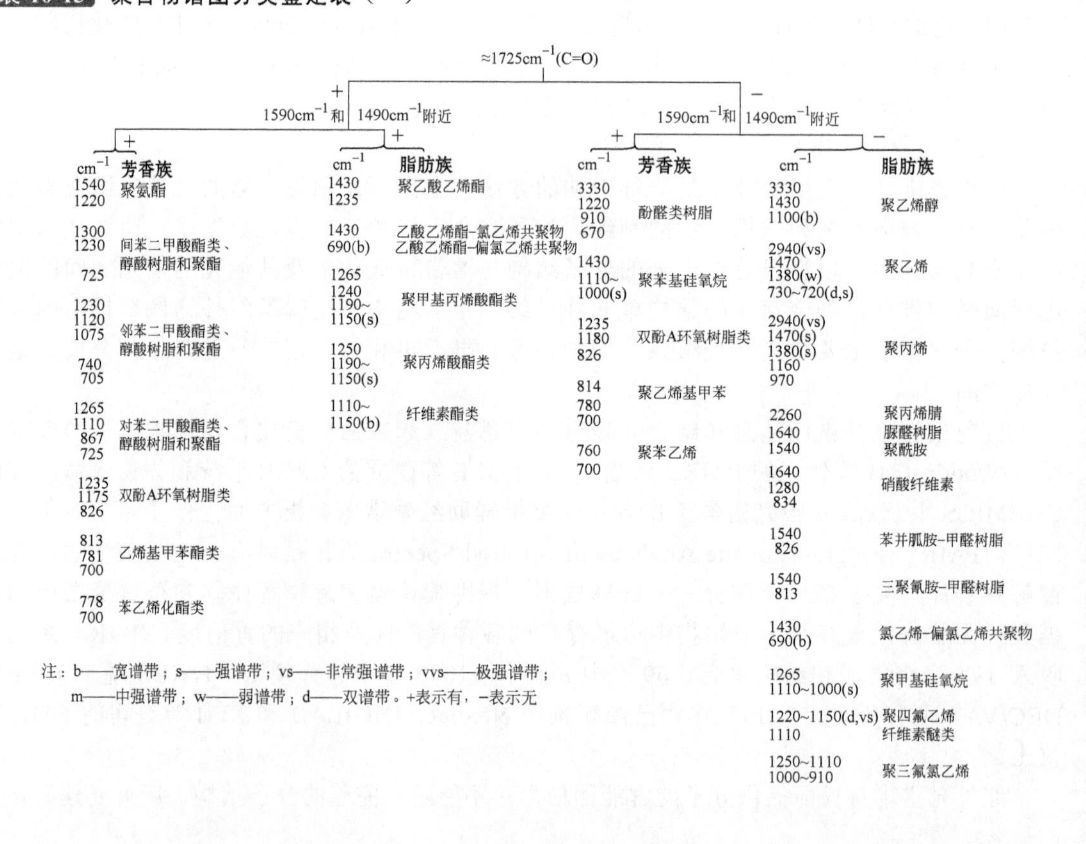

注：b——宽谱带；s——强谱带；vs——非常强谱带；vvs——极强谱带；m——中强谱带；w——弱谱带；d——双谱带。+表示有，−表示无

表 10-14　聚合物谱图分类鉴定表[3, 7]（二）

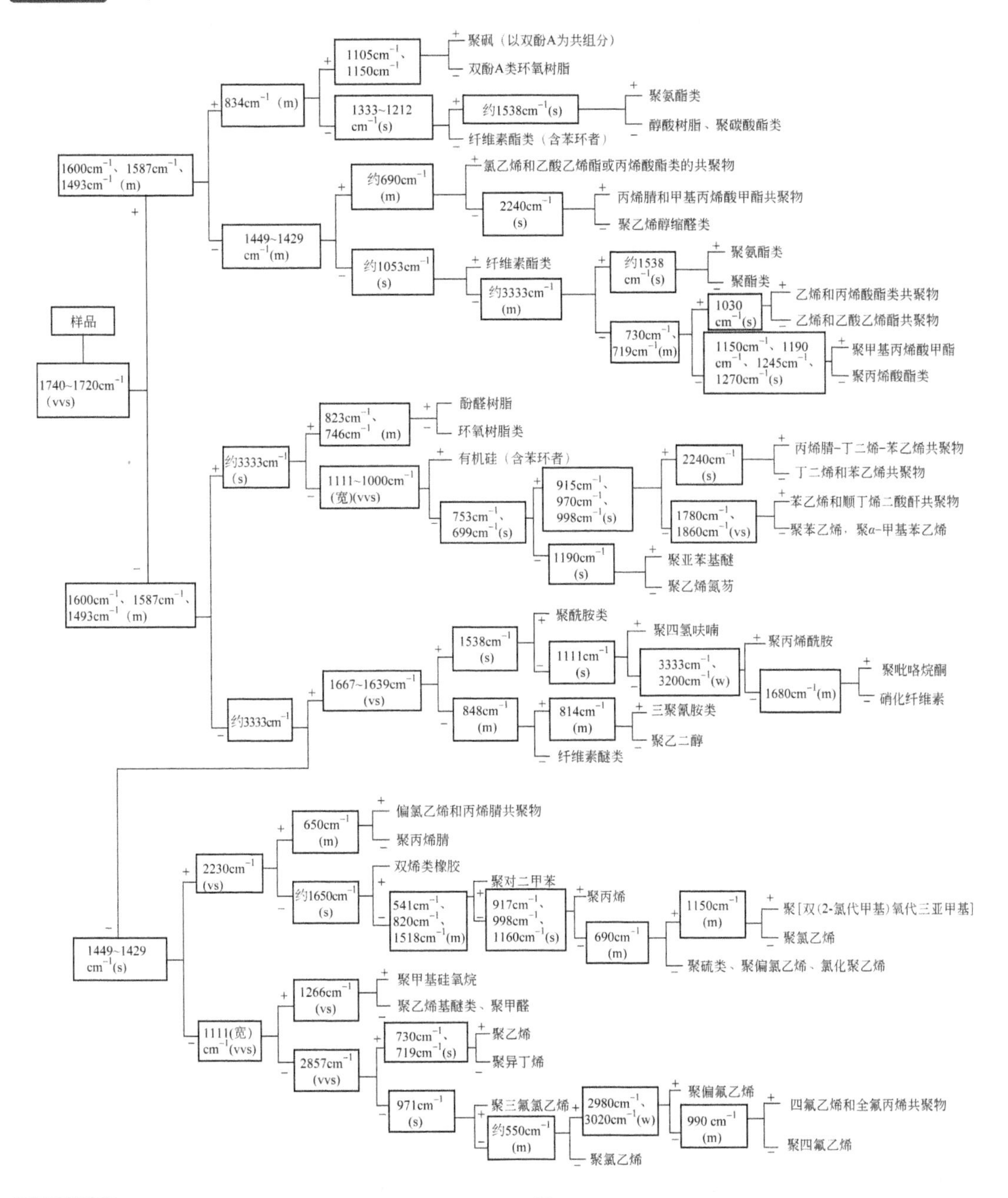

表 10-15　表 10-14 中所用的各吸收频率的谱带解释[3]

σ/cm^{-1}	λ/μm	谱 带 解 释
≈3333	3.0	氢键结合的 O—H 伸缩振动
3200	3.13	NH_2 伸缩振动
3020	3.31	—CH_2—CF_2—的 CH_2 伸缩振动
2857	3.50	CH 伸缩振动
2240	4.46	C≡N 伸缩振动
1780, 1860	5.62, 5.38	五元环酸酐中的 C═O 伸缩振动

续表

σ/cm^{-1}	$\lambda/\mu m$	谱带解释
1740～1720	5.75～5.81	C═O 伸缩振动
1667～1639	6.00～6.10	$-C(=O)-NH_2$ 的 C═O 伸缩振动
≈1650	≈6.06	非共轭的 C═C 伸缩振动
1600, 1587, 1493	6.25, 6.30, 6.70	苯环的骨架振动
≈1538	≈6.50	$-NH_2$ 的 N—H 变角振动, $C(=O)-NH_2$ 的 N—H 变角振动和 C—N 伸缩环动的合频
1518	6.59	苯环的 C═C 伸缩振动
1449～1429	6.90～7.00	C—H 变角振动,因邻近的碳原子上有电负性强的氯、氧和 C≡N, C═C 由 $1465cm^{-1}$ 移向此波数
1333～1212	7.50～8.25	$C(=O)-O-$ 的 C—O 伸缩振动
1266	7.90	Si—C 变角振动
1270, 1245, 1190, 1150	7.87, 8.03, 8.40, 8.70	C—C—O—C 伸缩振动
1190	8.40	苯环—O—C 伸缩振动
1150, 1105	8.70, 9.05	S═O 伸缩振动
≈1111	9.0	Si—O 伸缩振动, C—O—C 伸缩振动
1111～1000	9.0～10.0	Si—O 伸缩振动
1053	9.50	环状 C—O—C 的 C—O 伸缩振动
1030	9.71	$-C(=O)-O-C$ 的 C—O—C 伸缩振动
998, 971	10.02, 10.30	聚丙烯的结晶带
990	10.10	与 C—F 有关的吸收带
971	10.30	C—Cl 伸缩振动, 因邻近碳原子上有氟原子而位移到此
848	11.80	含氮的杂环化合物中的 C—H 变角振动
834	12.00	苯环的 C—H 面外振动(苯环上有两个取代基)
820	12.20	苯环的 C—H 面外振动(苯环上有对位取代基)
814	12.29	三嗪环(N—C═N—C═N—C)骨架振动
823, 746	12.15, 13.40	苯环的 C—H 面外振动(苯环上有多个取代基)
730, 719	13.70, 13.91	$-(CH_2)_n-$ 的 CH_2 摇摆振动
752, 699	13.30, 14.31	苯环的 C—H 面外振动(苯环上有一个取代基)
690	14.50	C—Cl 伸缩振动
650	15.38	C—Cl 伸缩振动
≈500	≈20.0	C—F 的振动

表 10-16　聚合物按强度系统鉴别法[7]

第一强吸收 σ/cm^{-1}	第二、三强吸收		聚合物
	λ/μm	σ/cm^{-1}	
3400～3200 (2.94～3.19μm)	8.00 3.17	1250 1090	部分乙酰化的聚乙烯醇
	5.75 8.00	1740 1250	低水解度的聚乙酸乙烯酯
	6.90～7.00 9.09～9.26 或 3.42	1450～1430 1100～1080 或 2925	聚乙烯醇
	6.21 9.52	1610 1050	羧甲基纤维素钠盐
	9.35 9.52	1070 1050	纤维素、羟乙基纤维素
	8.13～8.20 6.80～6.90 (或 6.67)	1230～1220 1470～1450 (或 1500)	酚醛树脂
	6.21 8.62～8.70	1610 1160～1150	间苯二酚甲醛树脂
	6.10 6.41	1640 1560	聚酰胺
3000～2800 (3.33～3.57μm)	6.80 13.9	1470 720	聚乙烯，合成蜡
	5.75 8.07	1740 1240	乙烯乙酸乙烯酯共聚物 乙烯芳香酸酯共聚物
	5.75 6.80 (或 8.62)	1740 1470 (或 1160)	乙烯和酯类共聚物
	6.80 7.25	1470 1380	聚丙烯、乙丙橡胶、聚丁烯、聚异乙烯、多萜、氯磺化聚乙烯
	10.31,10.99 10.1 或 6.90	969, 910 990 或 1450	聚丁二烯
	14.18,12.82 (或 10.36)	705,780 (或 965)	乙烯基甲苯、丁二烯共聚物
	7.00 7.30	1430 1370	聚异戊二烯
	6.9,13.24 (14.29 或 10.36)	1450, 755 (700 或 965)	聚苯乙烯、苯乙烯丁二烯共聚物
	6.80 5.88 (或 6.41)	1470 1700 (或 1560)	乙烯、丙烯酸盐共聚物
3000～2800 (3.33～3.57μm)	6.60 12.27	1515 815	聚对甲基苯乙烯
	6.60 12.00	1515 833	聚对异丙基苯乙烯
	6.02 7.00 (或 8.97)	1660 1430 (或 1115)	聚 2-氯丁二烯
	6.90 7.93	1450 1260	氯化聚乙烯(无规氯化)
	12.70 13.16	787 760	氯化聚乙烯
	5.75 8.20	1740 1220	长链脂肪酸酯改性的聚氨酯
	6.10 6.41	1640 1560	长链脂肪族二元酸与乙二胺缩合物
	6.67 8.26	1500 1210	酚醛树脂
	5.75 7.81	1740 1280	醇酸树脂
2350～2200 (4.25～4.55μm)	8.20 (或 6.53) (或 7.00)	1200 (或 1530) (或 1430)	聚异氰酸酯或聚氨酯
1800～1750 (5.56～5.71μm)	5.80 8.33	1725 1200	乙烯马来酸酐共聚物
	10.90 9.22	917 1085	甲基乙烯基醚 马来酸酐共聚物
	14.3,10.87 (或 6.90) (或 8.20)	700,920 (或 1450) (或 1220)	苯乙烯马来酸酐共聚物
1750～1700 (5.71～5.88μm)	2.94～3.33 8.62	3400～3000 1160	聚丙烯酸
	8.62～8.73 8.40 (或 8.0)	1160～1145 1190 (或 1250)	聚甲基丙烯酸酯，聚丙烯酸酯
	8.62 3.33～3.57	1160 3000～2800	聚丙烯酸高级烷酯(≥丁酯)-丙烯酰胺丙烯酸共聚物
	8.00 9.01	1250 1110	聚 α-氯代丙烯酸甲酯

续表

第一强吸收 σ/cm^{-1}	第二、三强吸收		聚合物
	λ/μm	σ/cm^{-1}	
1750～1700 (5.71～5.88μm)	8.51 9.30	1175 1075	聚丙酸乙烯酯
	8.00 7.25	1250 1380	聚乙酸乙烯酯
	8.0～8.1 8.55 (或 9.52)	1250～1235 1170 (或 1050)	纤维素酯
	8.51 8.70	1175 1150	聚氨酯
	7.86 8.89	1272 1125	邻苯二甲酸酯类聚合物
	8.59～8.00 8.79～9.18 (或 13.79)	1265～1250 1150～1090 (或 725)	聚对苯二甲酸乙二醇酯及共聚物
	7.69 8.06	1300 1240	间苯二甲酸聚酯
	7.35 9.01	1360 1110	聚酰亚胺
	7.25 13.98	1380 715	聚*N*-乙烯基邻苯二甲酰亚胺
	8.00 6.90	1250 1450	聚 *N*-乙烯基-5-甲基-2-噁唑烷二酮
	8.55 6.01	1170 1665	乙烯吡咯烷酮-丙烯酸乙酯共聚物
1700～1600 (5.88～6.25μm)	7.69 7.15	1300 1400	聚乙烯吡咯烷酮
	6.49 9.80	1540 1020	脲醛树脂
	3.03 6.49	3300 1540	脲、硫脲甲醛树脂
	7.25 11.90	1380 840	硝酸纤维素酯
	6.31 8.89 (或 2.94)	1585 1125 (或 3400)	聚丙烯酰胺
	6.31 8.30 (或 2.99)	1585 1205 (或 3344)	聚甲基丙烯酰胺
	3.00 6.49	3330 1540	聚酰胺
	6.60 12.98 (或 3.03)	1515 770 (或 3300)	芳香族聚酰胺
1600～1500 (6.25～6.67μm)	8.48～10.2 2.95	1180～980 3390	羧甲基纤维素
	6.67 7.25	1500 1380	三聚氰胺甲醛树脂
	6.10 3.33～3.57	1640 3000～2800	聚酰胺
	8.00 12.05	1250 830	环氧树脂
	7.00 5.95	1430 1680	丙烯酸类聚合物
	7.09 3.03	1410 3300	聚丙烯酸钠
1500～1350 (6.67～7.41μm)	8.06 12.12	1240 825	环氧树脂
	6.25 11.90	1600 840	聚(2-甲基-5-乙烯基)吡啶
	8.20 3.03 (或 3.33～3.57)	1220 3300 (或 3000～2800)	酚醛树脂
	3.33～3.57 10.42	3000～2800 960	丁二烯丙腈共聚物
	7.30 3.33～3.57	1370 3000～2800	聚丙烯
	3.33～3.57 6.02 (或 9.01)	3000～2800 1660 (或 1110)	聚氯丁二烯
	8.00 7.61	1250 1315	氯乙烯-偏二氯乙烯共聚物
	8.40 8.00	1190 1250	聚硫橡胶
	5.80 6.41	1725 1560	三聚氰胺丙烯酸树脂
1350～1200 (7.41～8.33μm)	5.80 8.85	1725 1130	醇酸树脂
	6.06 11.90	1650 840	硝酸纤维素酯
	6.58 12.05	1520 830	环氧树脂
	5.78 9.90	1730 1010	聚对苯二甲酸乙二醇酯

续表

第一强吸收 σ/cm^{-1}	第二、三强吸收		聚合物
	λ/μm	σ/cm^{-1}	
1350～1200 (7.41～8.33μm)	8.55 13.33～14.29	1170 750～700	聚四氟乙烯
	6.67 6.85 (或 3.03)	1500 1460 (或 3300)	酚醛树脂
	8.59 8.33	1165 1200	聚碳酸酯
	5.71 6.45	1750 1550	聚氨酯
	5.80 7.25	1725 1380	聚乙酸乙烯酯
	5.75 5.95	1740 1680	乙烯吡咯烷酮-乙酸乙烯酯共聚物
	5.75 6.95	1740 1440	氯乙烯-醋酸乙烯酯共聚物
	5.75 3.03	1740 3300	聚乙烯醇(部分水解的聚醋酸乙烯酯)
	6.95 7.46	1440 1340	聚氯乙烯
	7.00 14.30	1430 700	氯化聚氯乙烯
	5.75 9.52	1740 1050	醋酸纤维素酯
1200～1150 (8.33～8.7μm)	7.09 11.30	1410 885	聚偏二氟乙烯
	7.25 11.24	1380 890	四氟乙烯、偏二氟乙烯共聚物
	10.20 13.33～13.90	980 750～720	四氟乙烯-六氟丙烯共聚物
	8.85 10.30	1130 970	聚三氟氯乙烯
	8.93 10.36	1120 965	Kel-F
	7.25 7.04	1380 1420	三氟氯乙烯,偏二氟乙烯共聚物
	8.13 8.59	1230 1165	聚碳酸酯

第一强吸收 σ/cm^{-1}	第二、三强吸收		聚合物
	λ/μm	σ/cm^{-1}	
1200～1150 (8.33～8.7μm)	7.09 8.03	1410 1245	聚硫橡胶
	7.25 11.30	1380 885	六氟丙烯偏二氟乙烯共聚物
1150～1000 (8.7～10μm)	8.77 9.80	1140 1020	聚氟乙烯
	8.20 9.80	1220 1020	硅氟橡胶
	9.35 9.01	1070 1110	聚硫橡胶
	3.33～3.57 8.40	3000～2800 1190	聚乙烯甲基醚
	3.33～3.57 7.25	3000～2800 1380	聚乙烯乙基醚、聚乙烯正丁基醚、聚乙烯异丁基醚、聚丙二醇
	9.43 8.85	1060 1130	聚乙烯环甲醚
	3.33～3.57 10.00	3000～2800 1000	聚乙烯环丁醚
	3.33～3.57 6.85	3000～2800 1460	聚乙二醇
	3.33～3.57 4.35～4.55	3000～2800 2300～2200	聚醚型聚氨酯
	3.33～3.57 6.49	3000～2800 1540	聚氧乙基与1,5-萘二异氰酸缩合物
	3.33～3.57 11.83	3000～2800 845	聚醚型环氧树脂
	8.13 7.25	1230 1380	聚乙烯环乙醚
	8.20 6.67	1220 1500	聚醚型环氧树脂
	3.33～3.57 13.42	3000～2800 745	聚环氧氯丙烷
	2.94 3.33～3.57	3400 3000～2800	甲基纤维素、羟乙基纤维素
	3.33～3.57 7.30	3000～2800 1370	乙基纤维素、乙基羟乙基纤维素、羟丙基甲基纤维素、天然纤维素、羟甲基羟乙基纤维素钠盐、羧甲基纤维素钠盐

续表

第一强吸收 σ/cm^{-1}	第二、三强吸收 λ/μm	第二、三强吸收 σ/cm^{-1}	聚合物
1150～1000 (8.7～10μm)	9.80 12.5	1020 800	甲基硅橡胶
	13.16 7.94	760 1260	甲基硅树脂
	7.94 12.5	1260 800	甲基苯基硅树脂
	11.24 11.90	890 840	甲基氢硅油
	3.33～3.57 13.51	3000～2800 740	硅烷醇酸树脂
	2.94 8.47	3400 1180	聚丙烯醛
	9.35 7.04	1070 1420	聚偏二氯乙烯
	7.00 8.00 (或 14.92)	1430 1250 (或 670)	偏二氯乙烯、氯乙烯共聚物
	7.00 13.33	1430 750	偏二氨乙烯丙烯腈共聚物
	5.75 8.55	1740 1170	偏二氯乙烯丙烯酸酯共聚物
	3.33～3.57 8.00	3000～2800 1250	氯乙烯异丁基醚共聚物
	12.66 8.89	790 1125	糠醇糠醛树脂
1000～900	3.33～3.57 6.85 (或 10.1)	3000～2800 1460 (或 990)	聚丁二烯丁腈橡胶
	8.93 8.40	1120 1190	聚三氟氯乙烯
	10.99 9.09	910 1100	聚甲醛
900～670 (11.11～14.92μm)	3.33～3.57 6.95	3000～2800 1440	顺-1,4-聚丁二烯
900～670 (11.11～14.92μm)	9.8 9.17	1020 1090	甲基硅橡胶
	6.25 13.33	1600 750	2-乙烯基吡啶橡胶
	13.79 6.85	725 1460	聚 *N*-乙烯基咔唑
	13.16 6.90	760 1450	聚苯乙烯
	3.33～3.57 14.29	3000～2800 700	聚 *α*-甲基苯乙烯
	13.16 6.85	760 1460	苯乙烯丙烯共聚物、ABS 树脂
	3.33～3.57 13.16	3000～2800 760	苯乙烯丁二烯共聚物
	5.75 6.85	1740 1460	苯乙烯丙烯酸酯共聚物
	6.02 6.85	1660 1460	苯乙烯乙烯吡咯烷酮共聚物
	10.75 10.42	930 960	苯乙烯马来酸酐共聚物
	3.33～3.57 5.80	3000～2800 1725	苯乙烯醇酸树脂共聚物
	8.27 6.95	1210 1440	氯化聚丙烯
	8.27 7.88	1210 1270	氯化天然橡胶
	8.00 7.00	1250 1430	氯化聚氯乙烯
	3.33～3.57 6.80	3000～2800 1470	低压聚乙烯
	3.33～3.57 6.75	3000～2800 1480	库马龙-茚树脂

上述的系统鉴定是按第一强谱带来分类的。大多数饱和碳氢化合物的第一吸收带在3000～2900cm^{-1}，一些醇类和酚类的第一吸收带在3500～3200cm^{-1}。这些区域的谱带容易受KBr压片的散射、石蜡糊本身的吸收、水的吸收等外界因素的影响。因此，可以按其第二强谱带来分类，共分为6类，见表10-17～表10-22[3]。

表10-17～表10-22分别为每个区所包含的聚合物。表中前面一列是最强谱带的位置，后面一列是能够反映出这个聚合物存在的特征谱带位置。最特征谱带下面划“－”，以示特别注意。对于双峰，在其波数位置下面用“└┘”表示。

表 10-17　Ⅰ区（1800～1700cm^{-1}）的聚合物

聚合物名称	谱带位置(σ/cm^{-1})及对应基团振动		聚合物名称	谱带位置(σ/cm^{-1})及对应基团振动	
	最强谱带	特征谱带		最强谱带	特征谱带
聚乙酸乙烯酯	1740 $\nu_{C=O}$	1240　1020　1375 ν_{C-O}　δ_{SCH_3}	以己二酸为基的醇酸树脂	1735 $\nu_{C=O}$	1165　1140　1250　1080 ν_{C-O}　一系列小峰
聚丙烯酸甲酯	1730 $\nu_{C=O}$	1170　1200　1260 ν_{C-O}	以 HET 酸为基的醇酸树脂	1740 $\nu_{C=O}$	1605　1335　1190　1110 ν_{C-O}　ν_{C-O}
聚丙烯酸丁酯	1730 $\nu_{C=O}$	1165　1245　940　960 ν_{C-O}　丁酯特征	植物油	1740 $\nu_{C=O}$	1165　1235　1100　965～998 ν_{C-O}　在主峰两侧　$\gamma_{=CH}$
聚甲基丙烯酸甲酯	1730 $\nu_{C=O}$	1150　1190　1240　1268 ν_{C-O}　一对双峰	松香酯	1730 $\nu_{C=O}$	1240　1175　1130　1100 ν_{C-O}　双峰
聚甲基丙烯酸乙酯	1725 $\nu_{C=O}$	1150　1180　1240　1268 同　上 1022 乙酯特征	聚酯型聚氨酯	1735 $\nu_{C=O}$	1540 $\delta_{N-H}+\nu_{C-N}$　其他特征同聚酯
聚甲基丙烯酸丁酯	1730 $\nu_{C=O}$	1150　1180　1240　1268 同　上 950　970 丁酯特征	聚酰亚胺	1725 $\nu_{C=O}$	1780 $\nu_{C=O}$
聚邻苯二甲酸乙二醇酯	1740 $\nu_{C=O}$	1280　1125　1070　745　710 ν_{C-O}　δ_{C-H}　γ_{C-H}	聚丙烯酸	1700 $\nu_{C=O}$	1170　1250 ν_{C-O}
聚对苯二甲酸乙二醇酯	1730 $\nu_{C=O}$	1265　1100　1020　730 ν_{C-O}　γ_{C-H}	聚酮	1710 $\nu_{C=O}$	1450 δ_{CH_2}
聚间苯二甲酸乙二醇酯	1730 $\nu_{C=O}$	1230　1300　730 ν_{C-O}　γ_{C-H}	聚马来酸酐	1785 $\nu_{C=O}$	1850　1240　950 $\nu_{C=O}$　ν_{C-O}

表 10-18　Ⅱ区（1700～1500cm^{-1}）的聚合物

聚合物名称	谱带位置(σ/cm^{-1})及对应基团振动		聚合物名称	谱带位置(σ/cm^{-1})及对应基团振动	
	最强谱带	特征谱带		最强谱带	特征谱带
聚酰胺	1640 $\nu_{C=O}$	1550　3090　3300 ν_{C-N}　上面倍频　ν_{N-H}	硫脲-甲醛树脂	1640 $\nu_{C=O}$	3230　1350　1290　1010
聚丙烯酰胺	1650　1600 $\nu_{C=O}$　δ_{NH_2}	3300　3175　1020 ν_{NH_2}	三聚氰胺-甲醛树脂	1555　1510 $\nu_{C=N}$	1370　815　1020 环振动
聚乙烯吡咯烷酮	1665 $\nu_{C=O}$	1280　1410	明胶	1640 $\nu_{C=O}$	1530　3300
聚 6-脲	1625　1565 $\nu_{C=O}$　δ_{NH}	1250 $\nu_{C-H}+\delta_{N-H}$	松香酸的钠盐	1543 $\nu_{as(C=O)}$	1400　1670 $\nu_{s(C=O)}$　$\nu_{C=C}$
脲-甲醛树脂	1640 $\nu_{C=O}$	1540　1250 $\nu_{C-N}+\delta_{N-H}$	聚丙烯酸钠盐	1575 $\nu_{as(C=O)}$	1410 $\nu_{s(C=O)}$

表 10-19 Ⅲ区（1500～1300cm^{-1}）的聚合物

聚合物名称	谱带位置(σ/cm^{-1})及对应基团振动		聚合物名称	谱带位置(σ/cm^{-1})及对应基团振动	
	最强谱带	特征谱带		最强谱带	特征谱带
聚乙烯	1470 δ_{CH_2}	731 720 γ_{CH_2}	天然橡胶	1450 δ_{CH_2}	835 γ_{CH}
等规聚丙烯	1376 $\delta_{s(CH_3)}$	1166 998 841 1304 与结晶有关	氯丁橡胶	1440 δ_{CH_2}	1670 1100 820 $\nu_{C=C}$ ν_{C-C} γ_{C-H}
聚异丁烯	1365 1385 $\delta_{s(CH_3)}$	1230 ν_{C-C}	氯磺化聚乙烯	1475 δ_{CH_2}	1250 1160 1316 δ_{C-H} $\nu_{S=O}$
等规聚1-丁烯	1465 δ_{CH_2}	760 γ_{CH_2}	石油烷烃树脂	1475 δ_{CH_2}	750 700 1700 强度变化很大 $\nu_{C=O}$
萜烯树脂	1465 δ_{CH_2}	1365 1385 3400 1700 $\delta_{s(CH_3)}$	聚丙烯腈	1440 δ_{CH_2}	2240 $\nu_{C\equiv N}$

表 10-20 Ⅳ区（1300～1200cm^{-1}）的聚合物

聚合物名称	谱带位置(σ/cm^{-1})及对应基团振动		聚合物名称	谱带位置(σ/cm^{-1})及对应基团振动	
	最强谱带	特征谱带		最强谱带	特征谱带
双酚A型环氧树脂	1250 ν_{C-O}	1510 1604 2980 830 1300 1188 苯环 $\nu_{as(CH_3)}$ γ_{CH}	聚氯乙烯	1250 δ_{C-H}	1420 1330 600—700 δ_{CH_2} $\delta_{CH}+\gamma_{CH_2}$ ν_{C-Cl}
酚醛树脂	1240 ν_{C-O}	1510 1610 1590 815 3300 苯环 γ_{CH}	聚苯醚	1240 ν_{C-O}	1600 1500 1160 1020
双酚A型聚碳酸酯	1240 ν_{C-O}	1780 1190 1165 830 $\nu_{C=O}$ γ_{CH}	硝化纤维素	1285 ν_{N-O}	1660 845 1075 硝酸酯特征
二乙二醇双烯丙基聚碳酸酯	1250 ν_{C-O}	1780 790 $\nu_{C=O}$	三乙酸纤维素	1240 ν_{C-O}	1740 1380 1050 乙酸酯特征
双酚A型聚砜	1250 ν_{C-O}	1310 1160 1110 830 $\nu_{S=O}$ γ_{CH}			

表 10-21 Ⅴ区（1200～1000cm^{-1}）的聚合物

聚合物名称	谱带位置(σ/cm^{-1})及对应基团振动		聚合物名称	谱带位置(σ/cm^{-1})及对应基团振动	
	最强谱带	特征谱带		最强谱带	特征谱带
聚乙烯基醚类	1100 ν_{C-O}	只有碳氢吸收	纤维素	1050 ν_{C-OH}	1158 1109 1025 1000 970 在主峰两侧的一系列突起
聚氧乙烯	1100 ν_{C-O}	945	纤维素醚类	1100 ν_{C-O}	1050 3400 残存OH吸收
聚乙烯醇缩甲醛	1020 ν_{C-O}	1060 1130 1175 1240 缩甲醛特征	乙酸纤维素	1050 ν_{C-O}	1740 1240 1380 乙酸酯特征
聚乙烯醇缩乙醛	1140 ν_{C-O}	940 1340 缩乙醛特征	乙酸丁酸纤维素	1075 ν_{C-O}	1150 920 750 丁酸酯特征
聚乙烯醇缩丁醛	1124 ν_{C-O}	995	聚醚型聚氨酯	1110 ν_{C-O}	1540 1690 1730 δ_{N-H} $\nu_{C=O}$

续表

聚合物名称	谱带位置(σ/cm^{-1})及对应基团振动		聚合物名称	谱带位置(σ/cm^{-1})及对应基团振动	
	最强谱带	特征谱带		最强谱带	特征谱带
乙烯-SO_2共聚物（聚砜）	1110 $\nu_{S=O}$	1300 785 聚砜特征	聚偏氯乙烯	1070 1045 ν_{C-C} $\nu_{C-C}+2\nu_{as(C-Cl)}$	1405 δ_{CH_2}
LP型聚硫	1070 ν_{C-O}	1030 1112 1152 1195 $\nu_{-O-C-O-}$	聚四氟乙烯	1250～1100 ν_{C-F}	770 638 554 非晶带 晶带
A型聚硫	1190	1410 1250 1105	聚三氟氯乙烯	1198 1130 ν_{C-F}	970 1285 657 ν_{C-Cl} 晶带 非晶带
甲基有机硅树脂	1100 1020 $\delta_{as(Si-O-Si)}$	1260 800 $\delta_{s(CH_3)}$ $\nu_{as(C-Si-C)}$	聚偏氟乙烯	1175 ν_{C-F}	875 1395 1070
甲基苯基硅树脂	1100 1020 同上	1260 3066 3030 1440 $\delta_{s(CH_3)}$ 苯环特征			

表 10-22 Ⅵ区（1000～600cm^{-1}）的聚合物

聚合物名称	谱带位置(σ/cm^{-1})及对应基团振动		聚合物名称	谱带位置(σ/cm^{-1})及对应基团振动	
	最强谱带	特征谱带		最强谱带	特征谱带
聚苯乙烯	760 700 单取代苯特征	3000 3022 3060 3080 3100 五条尖锐谱带	顺-1,4-聚丁二烯	738 $\gamma_{=C-H}$	1653 $\nu_{C=C}$
聚茚	750 γ_{C-H}	1250～850 很多弱的尖锐谱带	聚甲醛	935 900 ν_{C-O}	1100 1240
聚对甲基苯乙烯	815 γ_{C-H}	720	（高）氯化聚乙烯	670 ν_{C-Cl}	760 790 1266 ν_{C-Cl} δ_{C-H}
1,2-聚丁二烯	909 $\gamma_{=CH_2}$	993 1650 700 $\gamma_{=CH_2}$ $\nu_{C=C}$	氯化橡胶	790 ν_{C-Cl}	760 736 1280 1250 ν_{C-Cl} δ_{C-H}
反-1,4-聚丁二烯	967 $\gamma_{=C-H}$	1660 $\nu_{C=C}$			

红外光谱法鉴定橡胶已制定了国家标准（GB/T 7764—2001）。该标准利用红外分光光度计对橡胶裂解物、橡胶薄膜和 200℃降解物进行鉴定。表 10-23 汇总了橡胶裂解物的红外光谱特征；表 10-24 汇总了橡胶薄膜的红外光谱特征。

表 10-23 橡胶裂解物的红外光谱特征[8]

名 称	峰强度	σ/cm^{-1}	有关官能团	名 称	峰强度	σ/cm^{-1}	有关官能团
异戊二烯橡胶	很强	885	亚乙基 $\backslash C=CH_2$ /	丁苯橡胶	强	909	$-CH=CH_2$
	强	1370	$-CH_3$		次强	990	$-CH=CH_2$
	中	800	芳香族取代物		中	1490	芳香族$-CH=CH-$
	中	1640	脂肪族$-CH=CH-$		中	962	反式$-CH=CH-$
	肩峰	909	$-CH=CH_2$		中	1590	芳香族$-CH=CH-$
丁苯橡胶	很强	699	芳香族取代物	丁腈橡胶	中强	2220	$-C\equiv N$
	强	775	芳香族取代物		中	962	反式$-CH=CH-$

续表

名称	峰强度	σ/cm^{-1}	有关官能团
丁腈橡胶	中	1610	脂肪族$-CH=CH-$
	中	1590	芳香族$-CH=CH-$
	中	909	$-CH=CH_2$
氯丁橡胶	较强	885	亚乙基 $>C=CH_2$
	较强	699	芳香族取代物
	中	820	γ_{CH}
	弱,有时消失	747	
	弱,有时消失	769	芳香族取代物
乙丙橡胶	强	1370	$-CH_3$
	强	909	$-CH=CH_2$
	强	885	
	中	962	反式$-CH=CH-$
	中	725	$-CH=CH_2$
聚丁二烯橡胶	强	909	$-CH=CH_2$
	强	962	反式$-CH=CH-$
	中	990	$-CH=CH_2$
	弱	813	
	弱	695	
聚乙烯氯磺化橡胶	强	909	$-CH=CH_2$
	中	962	反式$-CH=CH-$
	中	990	$-CH=CH_2$
	中	741	$-SO_2Cl$
	弱	813	$-SO_2Cl$
	弱	720	
	弱	695	

名称	峰强度	σ/cm^{-1}	有关官能团
聚醚型聚氨酯橡胶	最强	1100	$R-O-R'$
	中	1720	$RO-C(=O)-$
丁基橡胶	强	1370	亚异丙基 $>C(CH_3)_2$
	强	1390	亚异丙基 $>C(CH_3)_2$
	强	885	亚乙基 $>C=CH_2$
	双中峰,有时消失	1250～1220	$>C(CH_3)_2$
	很弱,有时消失	725	反式$-CH=CH-$
聚酯型聚氨酯橡胶	强	1720	$RO-C(=O)-$
	强	1300～1100	$C-O$
	中	1530	$N-H$
甲基乙烯基硅橡胶	特强	1109～1018	$Si-O$
	强	800	$-Si(CH_3)_2$
	强	1258	$Si-CH_2$
氟橡胶-23	极强	1200～1100	$C-F$
	中	1700	
	中	950	
	中	720	
	弱	1770	
氟橡胶-26	极强	1200～1100	$C-F$
	中	1700	
	中	880	
	中	720	
氟橡胶-246	极强	1200～1100	$C-F$
	中	880	
	中	720	

表 10-24 橡胶薄膜的红外光谱特征[8]

名称	峰强度	σ/cm^{-1}	有关官能团	名称	峰强度	σ/cm^{-1}	有关官能团
异戊二烯橡胶	强	833		乙丙橡胶	强	1370	$-CH_3$
	强	1370	$-CH_3$		中	722	$-CH=CH_2$
	中	1665	脂肪族$-CH=CH-$		中	1185	
	弱	855	亚乙基 $C=CH_2$	聚丁二烯橡胶	很强	635	
丁基橡胶	很强	1370	亚异丙基 $>C(CH_3)_2$		中	909	$-CH=CH_2$
	很强	1390	亚异丙基 $>C(CH_3)_2$		中	962	反式$-CH=CH-$
	次强	1250～1220	$>C(CH_3)_2$		中	990	$-CH=CH_2$
聚酯型聚氨酯橡胶	强	1720	$RO-C=O$	氯磺化聚乙烯橡胶	中	1350	
	强	1300～1100	$C-O$		中	1160	
	中	1530	$N-H$		中	1265	
丁苯橡胶	很强	699	芳香族取代物		中	722	$-SO_2Cl$
	很强	962	反式$-CH=CH-$	聚醚型聚氨酯橡胶	最强	1100	$R-O-R'$
	强	758	芳香族取代物		中	1720	$RO-C=O$
	中	1490	芳香族$-CH=CH-$	天然橡胶(烟片)	强	833	
	中	1590	芳香族$-CH=CH-$		强	1370	$-CH_3$
丁腈橡胶	很强	962	反式$-CH=CH-$		中	1665	脂肪族$-CH=CH-$
	中	2220	$-C\equiv N$		弱	885	亚乙基 $>C=CH_2$
	中	917	$-CH=CH_2$	古塔波胶	强	848	
氯丁橡胶	强	1630	脂肪族$-CH=CH-$		强	1390	$-CH_3$
	强	820	$C-Cl$		中	1150	
	强	1110	$C-C$		中	1665	脂肪族$-CH=CH-$
	中	1300			中	885	亚乙基 $>C=CH_2$

硫化橡胶200℃降解物的红外光谱特征如下。

裂解法会使橡胶分子发生键转移、环化、异构化、缩合等反应，导致橡胶分子结构发生较大变化。例如，聚丁二烯橡胶在波数为 $730cm^{-1}$ 处的顺式结构特征吸收峰，会因裂解而异构成波数为 $960cm^{-1}$ 的反式结构特征吸收峰，因此，当聚丁二烯橡胶与其他丁二烯类橡胶并用时，往往不能被检出，如采用 200℃不完全降解法，就可以解决类似问题，除对含有氟和硅元素的耐热性橡胶不适用之外，所有硫化橡胶采用 200℃不完全降解法所得到的红外光谱与生橡胶制膜法所得到的红外光谱图基本一致。

橡胶或弹性体的谱图分类鉴定表，见表 10-25。表 10-25 中所用的各吸收频率的谱带解释，见表 10-26。图 10-2～图 10-48 给出了常见橡胶的裂解、制膜和 200℃降解的红外光谱[8]。

部分纤维的光谱分类鉴定见表 10-27。表 10-27 中所用的各吸收频率的谱带解释见表 10-28。

表 10-25 橡胶或弹性体的谱图分类鉴定表[3]

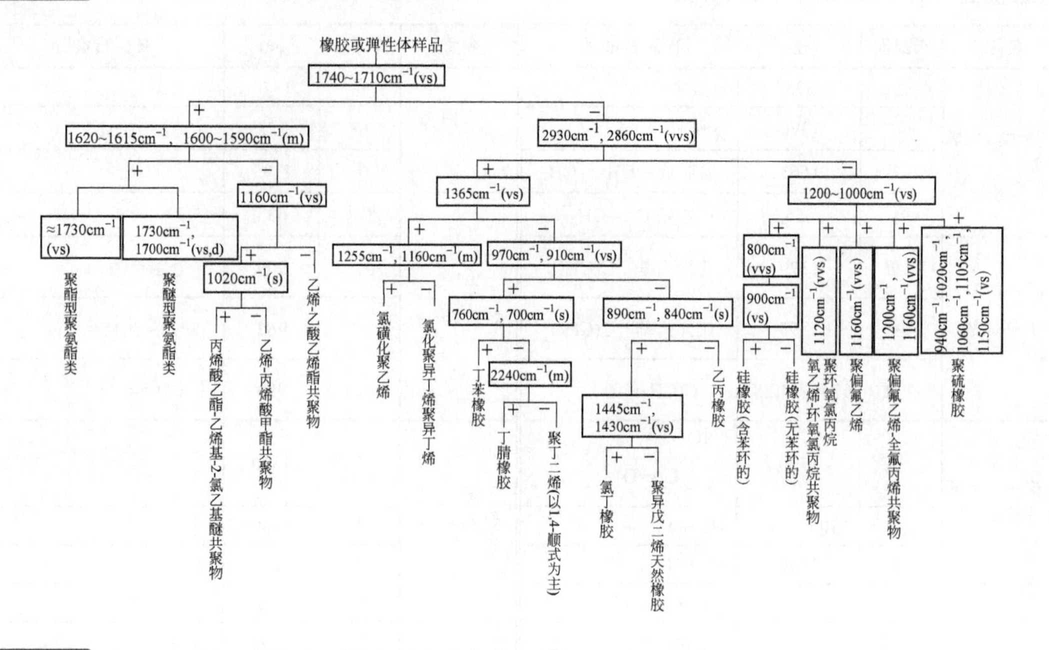

表 10-26 表 10-25 中所用的各吸收频率的谱带解释[3]

σ/cm^{-1}	λ/μm	谱 带 解 释
2930, 2860	3.41, 3.50	CH_2 的伸缩振动
2240	4.46	C≡N 的伸缩振动
1740～1710	5.75～5.85	C═O 伸缩振动(酯基)
1700	5.88	C═O 伸缩振动
1620～1615	6.17～6.19	C_6H_6 的 C═C 伸缩振动
1600～1590	6.25～6.29	同上
1445, 1430	6.92, 7.00	C—H 变角振动，因邻近的碳原子有氯原子而位移到此
1365	7.33	$>C(CH_3)_2$ 的 CH_3 变角振动
1255, 1160	7.97, 8.62	—SO_2 的伸缩振动
1200～1000	8.33, 10.0	—Si—O 伸缩振动；C—F 伸缩振动 C—O—C 伸缩振动；O—C—O 伸缩振动
1160	8.62	—C—C—O—C 伸缩振动
970, 910	10.31, 10.99	$>C{=}CH_2$ 的 CH 弯曲振动(反式和顺式)
900	11.11	C_6H_5—Si— 的伸缩振动
890, 840	11.24,11.90	$>C{=}C(R)H$ 的 CH 弯曲振动(反式和顺式)
760, 700	13.16,14.29	C_6H_6 的 CH 面外振动(苯环上有一个取代基)

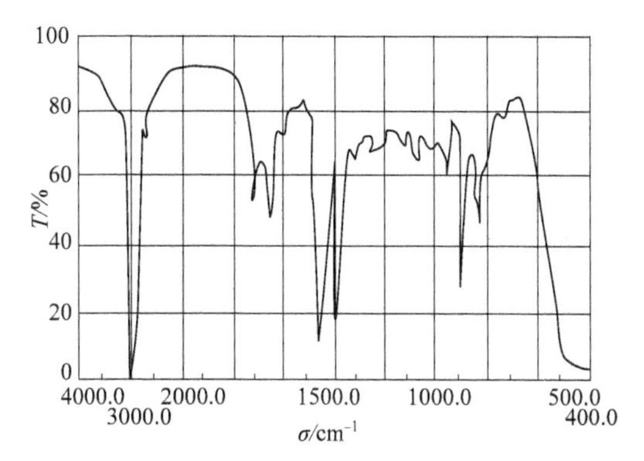

图 10-2　异戊二烯橡胶（生胶裂解）

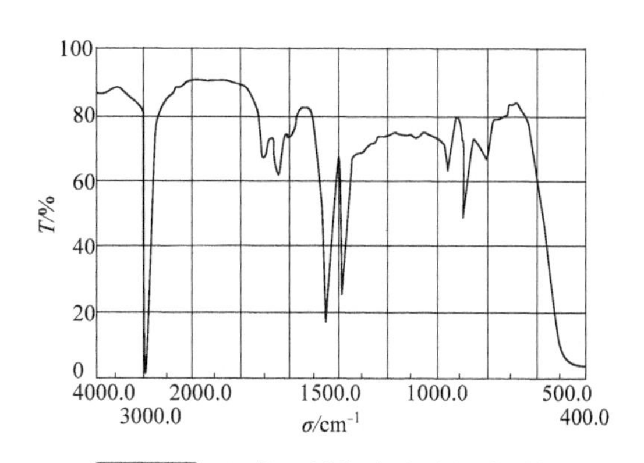

图 10-3　异戊二烯橡胶（硫化胶裂解）

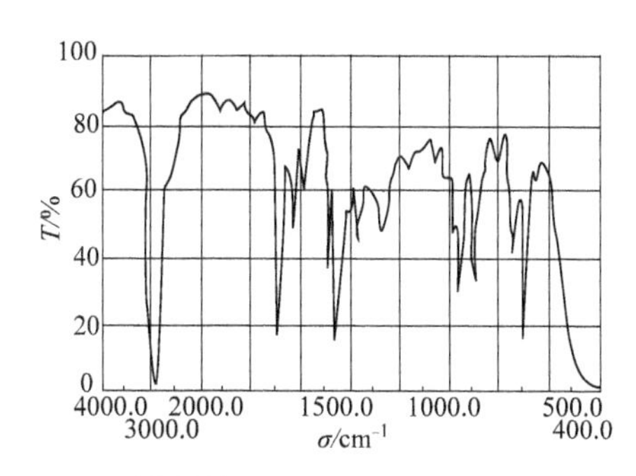

图 10-4　丁苯橡胶（生胶裂解）

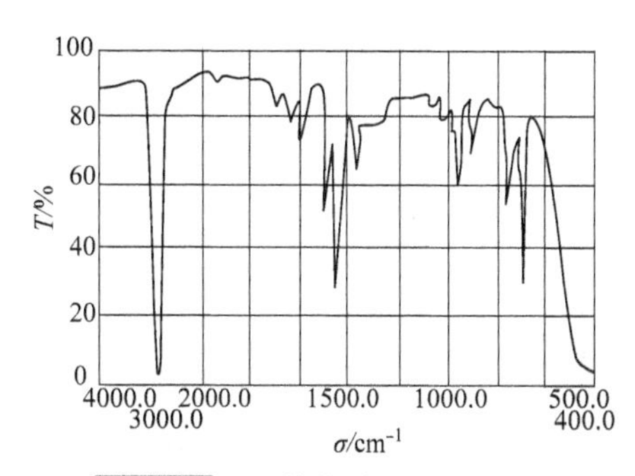

图 10-5　丁苯橡胶（硫化胶裂解）

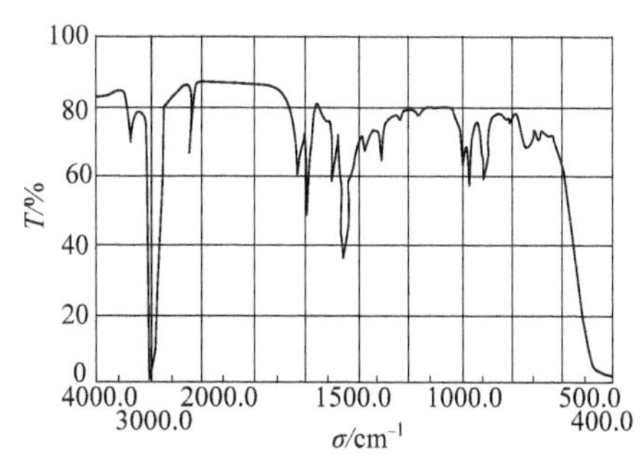

图 10-6　丁腈橡胶（生胶裂解）

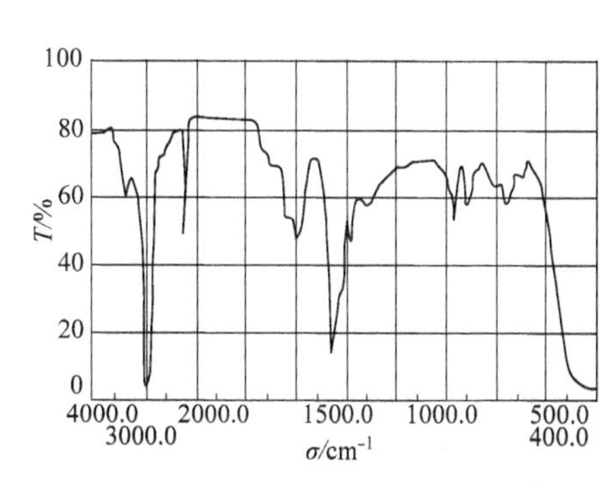

图 10-7　丁腈橡胶（硫化胶裂解）

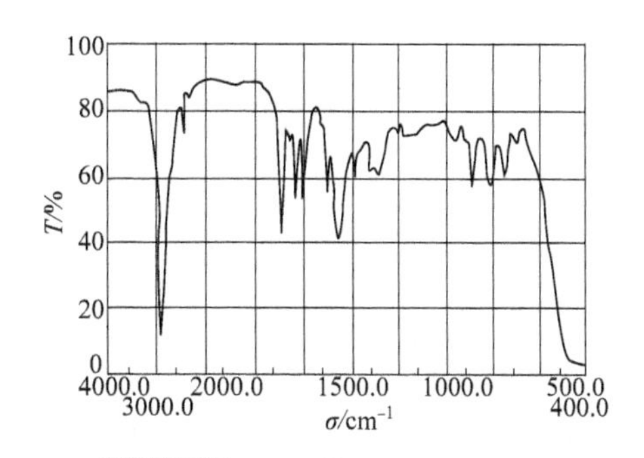

图 10-8　氯丁橡胶（生胶裂解）

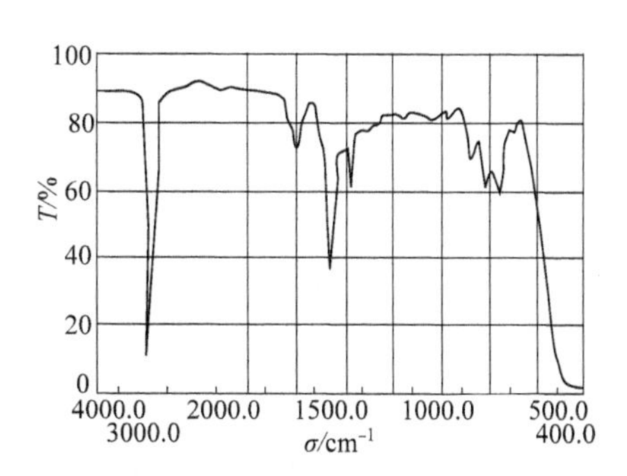

图 10-9　氯丁橡胶（硫化胶裂解）

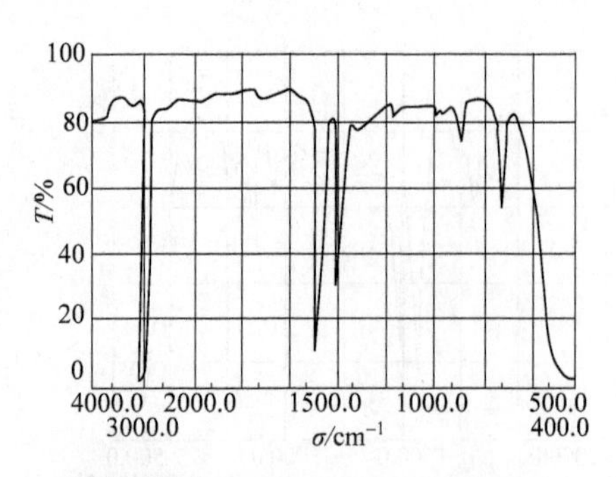

图 10-10 乙丙橡胶（生胶裂解）

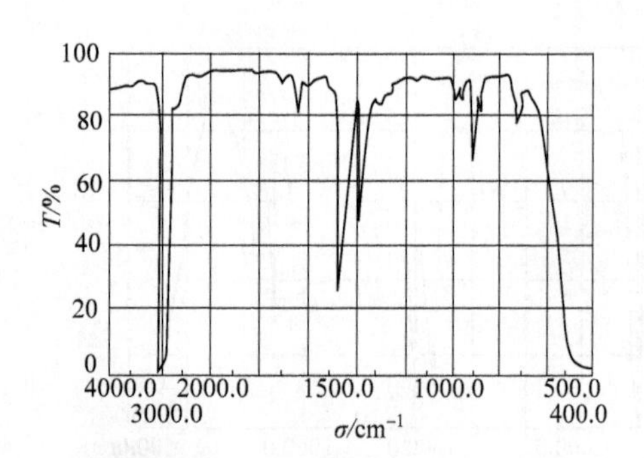

图 10-11 乙丙橡胶（硫化胶裂解）

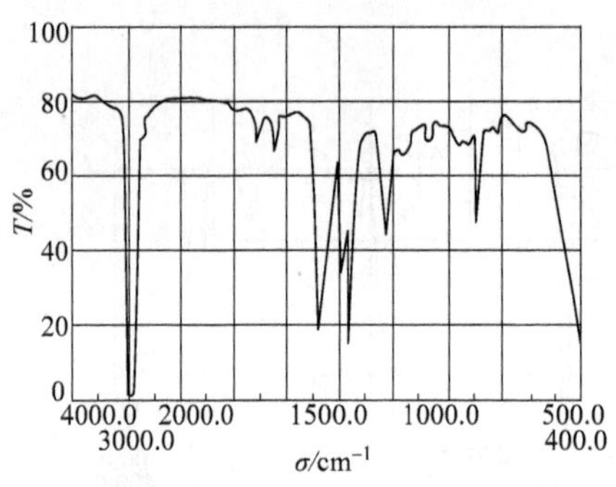

图 10-12 丁基橡胶（生胶裂解）

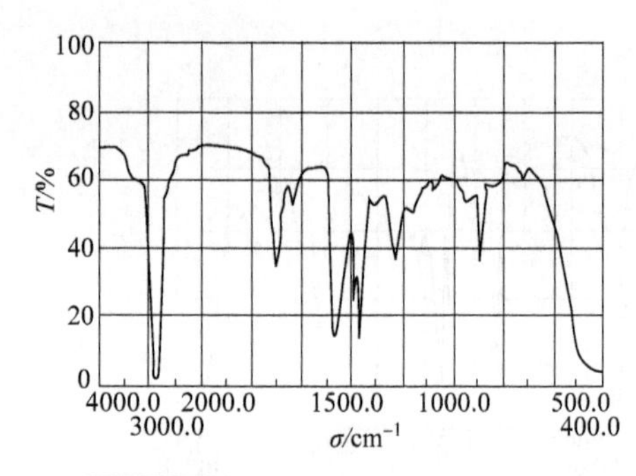

图 10-13 丁基橡胶（硫化胶裂解）

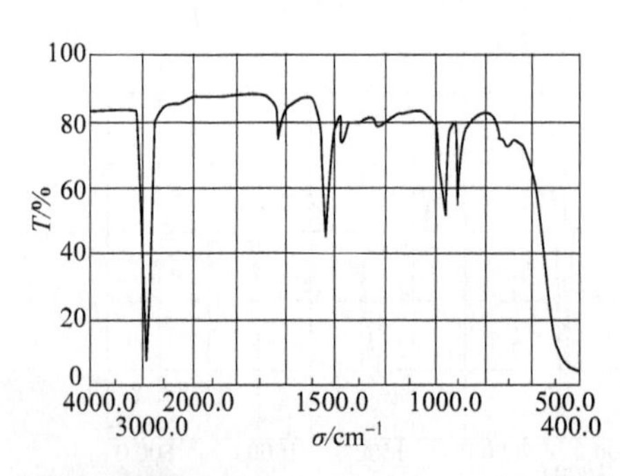

图 10-14 聚丁二烯橡胶（生胶裂解）

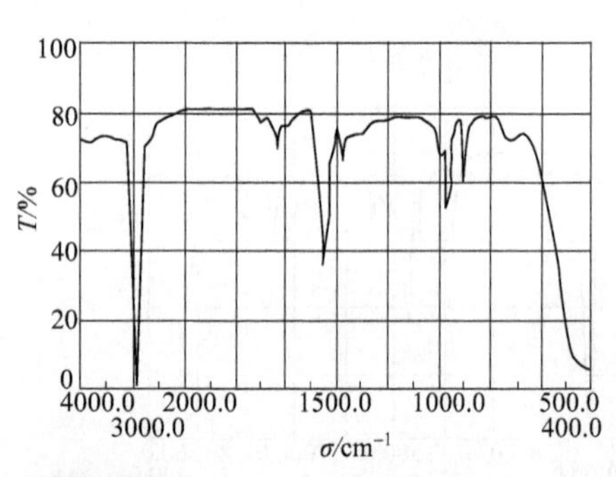

图 10-15 聚丁二烯橡胶（硫化胶裂解）

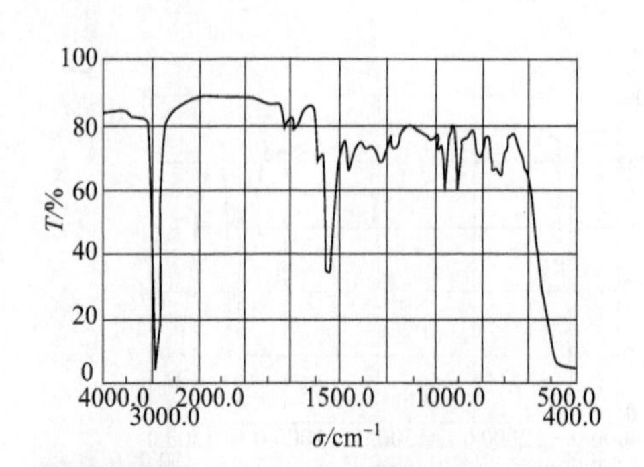

图 10-16 氯磺化聚乙烯橡胶（生胶裂解）

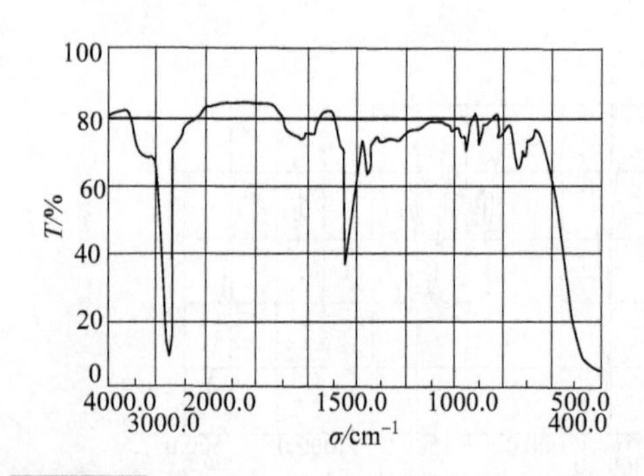

图 10-17 氯磺化聚乙烯橡胶（硫化胶裂解）

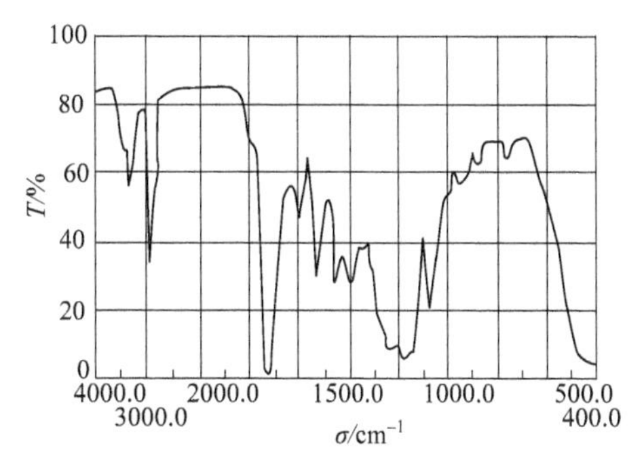

图 10-18 酯型聚氨酯橡胶（生胶裂解）

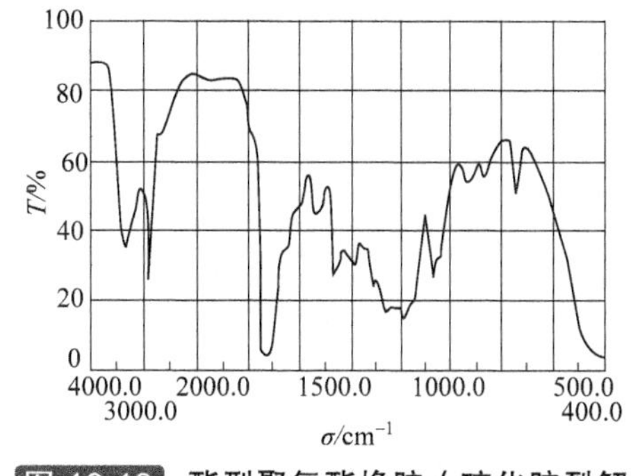

图 10-19 酯型聚氨酯橡胶（硫化胶裂解）

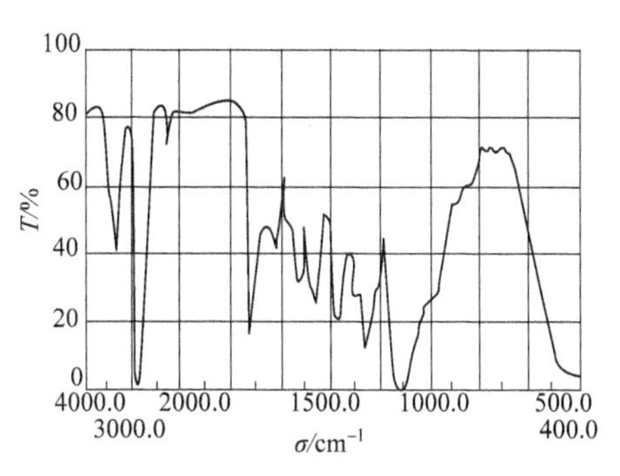

图 10-20 醚型聚氨酯橡胶（生胶裂解）

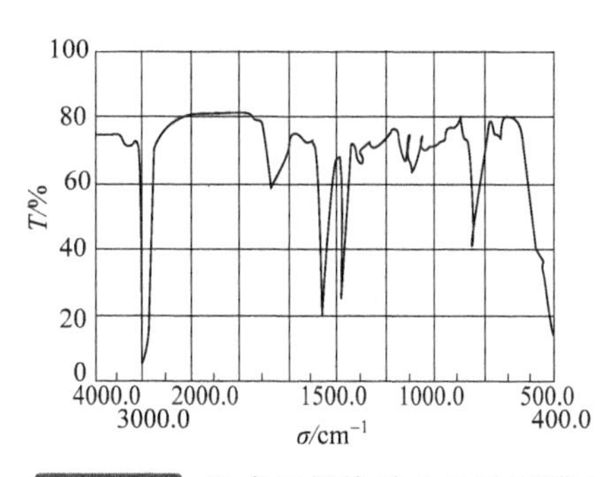

图 10-21 异戊二烯橡胶（生胶制膜）

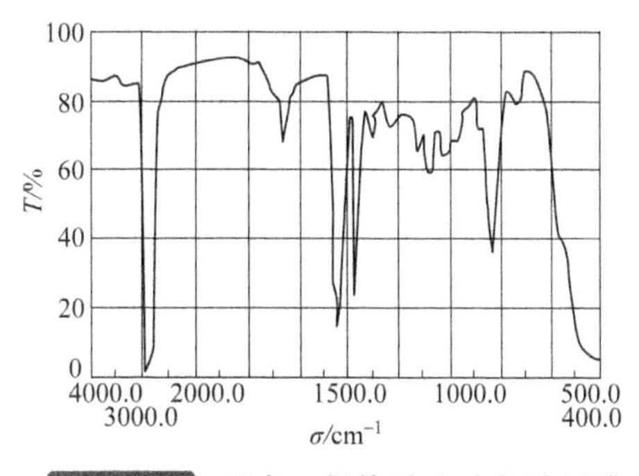

图 10-22 异戊二烯橡胶（硫化胶制膜）

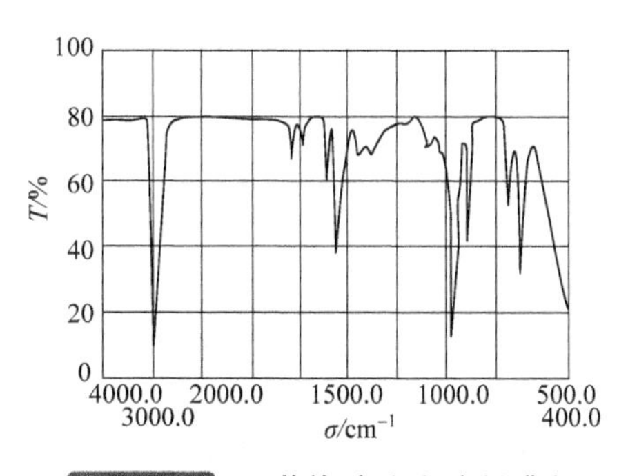

图 10-23 丁苯橡胶（生胶制膜）

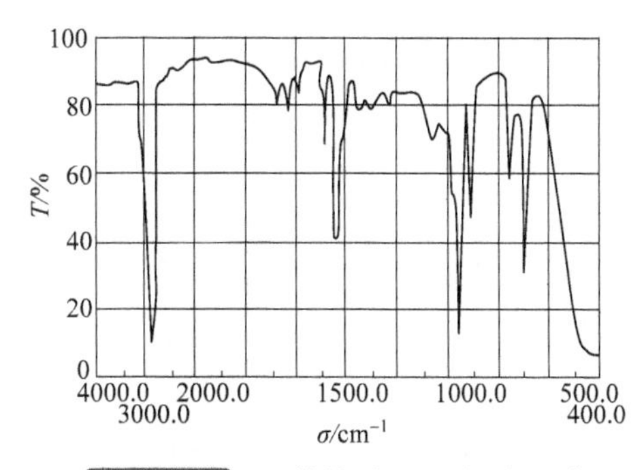

图 10-24 丁苯橡胶（硫化胶制膜）

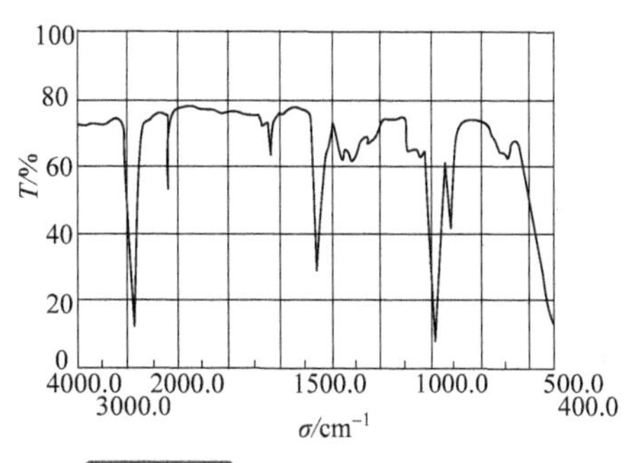

图 10-25 丁腈橡胶（生胶制膜）

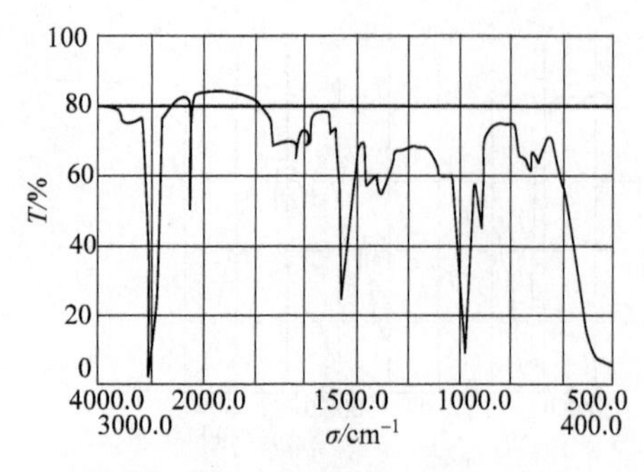

图 10-26 丁腈橡胶（硫化胶制膜）

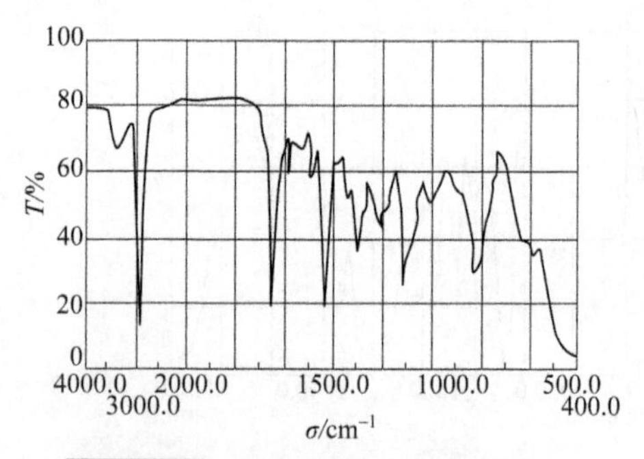

图 10-27 氯丁橡胶（生胶制膜）

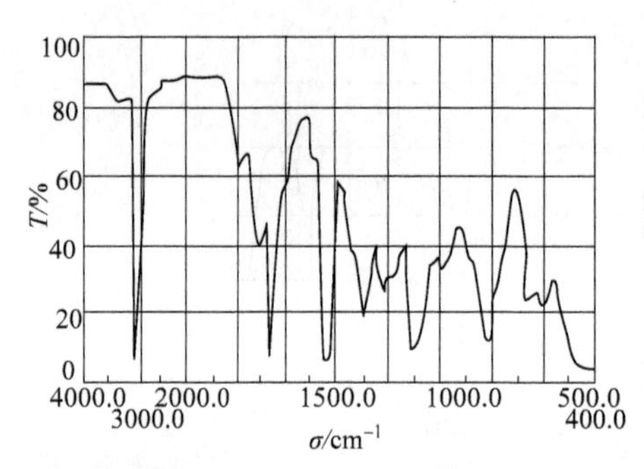

图 10-28 氯丁橡胶（硫化胶制膜）

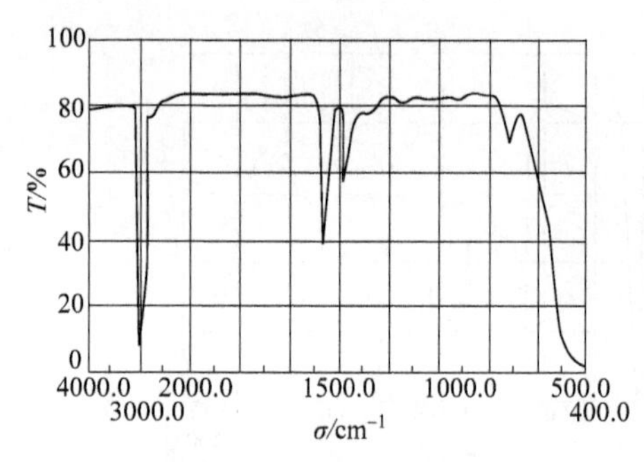

图 10-29 乙丙橡胶（生胶制膜）

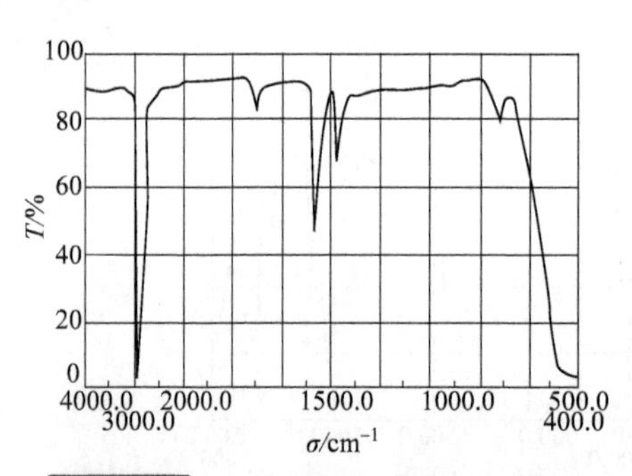

图 10-30 乙丙橡胶（硫化胶制膜）

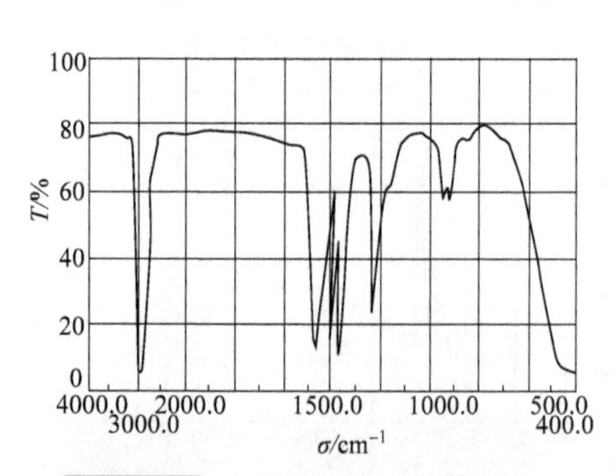

图 10-31 丁基橡胶（生胶制膜）

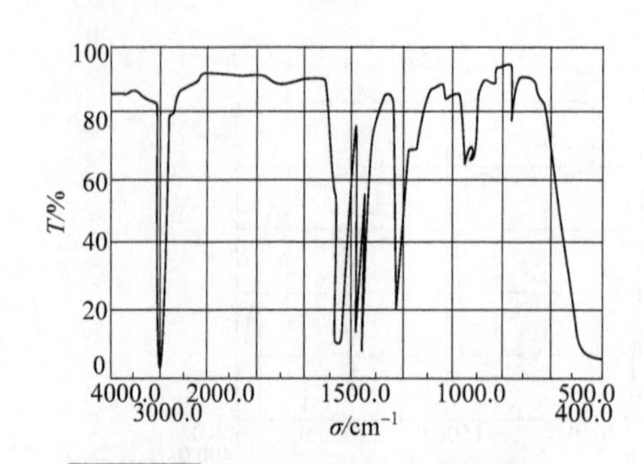

图 10-32 丁基橡胶（硫化胶制膜）

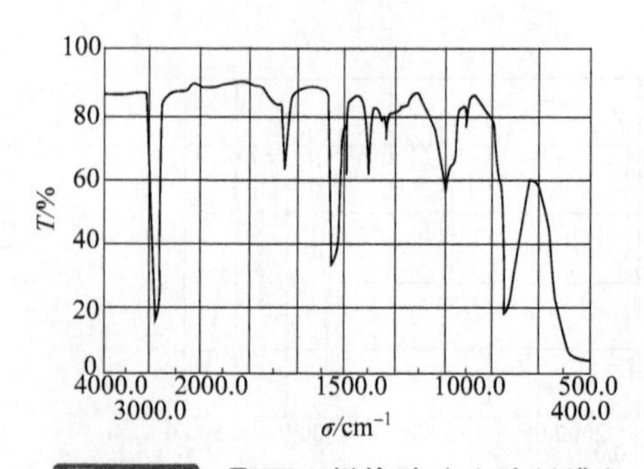

图 10-33 聚丁二烯橡胶（生胶制膜）

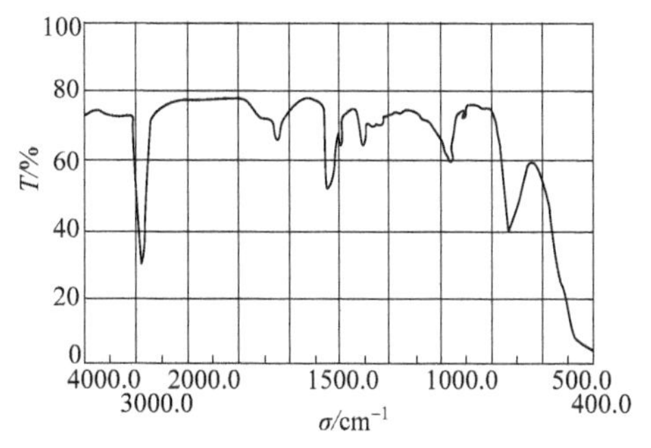

图 10-34 聚丁二烯橡胶（硫化胶制膜）

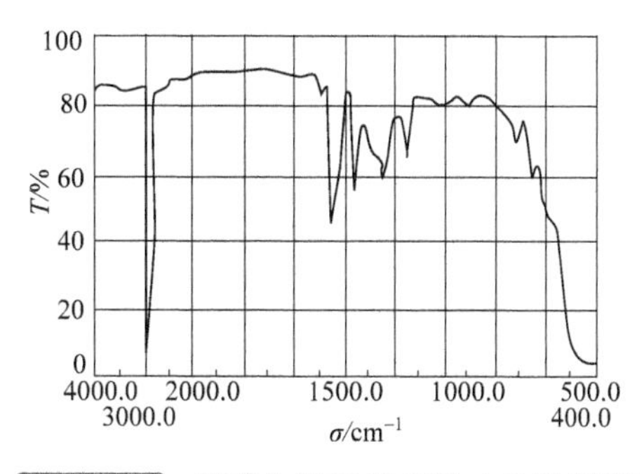

图 10-35 氯磺化聚乙烯橡胶（生胶制膜）

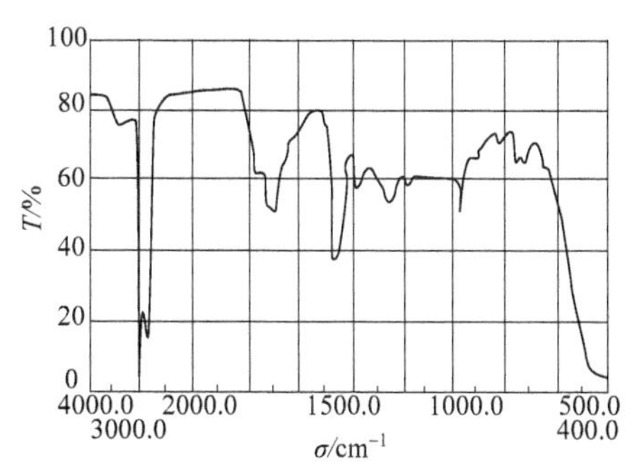

图 10-36 氯磺化聚乙烯橡胶（硫化胶制膜）

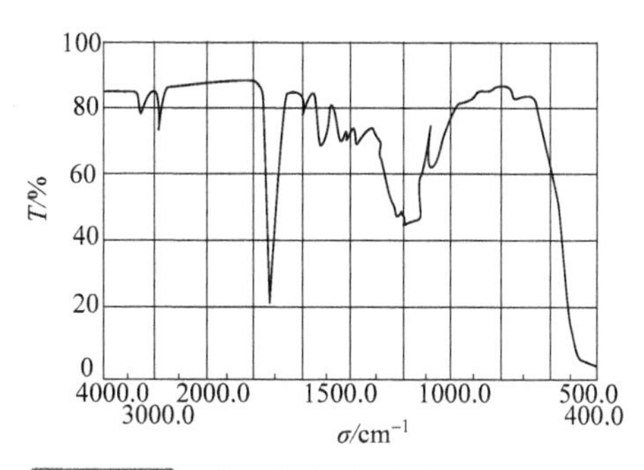

图 10-37 酯型聚氨酯橡胶（生胶制膜）

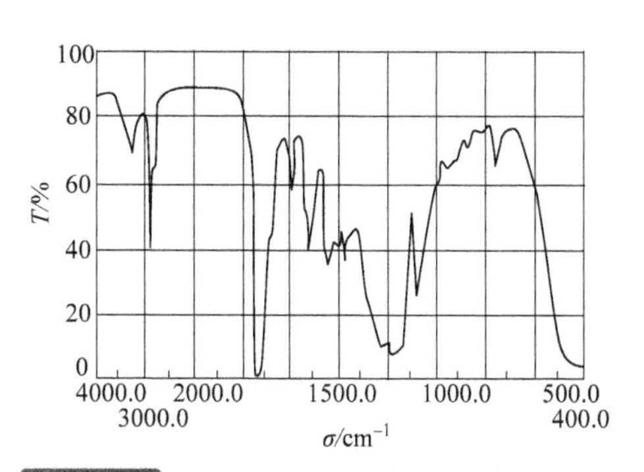

图 10-38 酯型聚氨酯橡胶（硫化胶制膜）

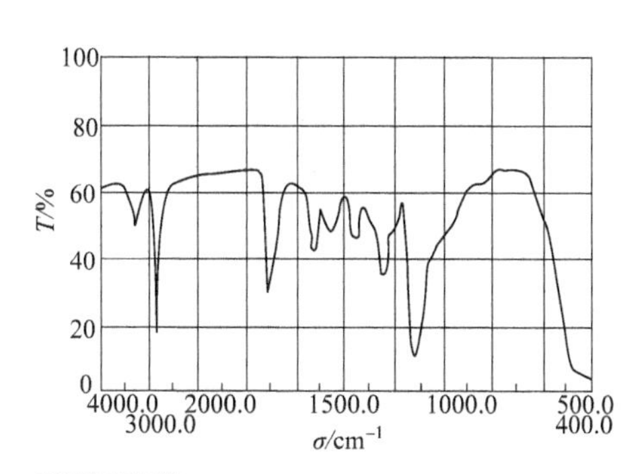

图 10-39 醚型聚氨酯橡胶（生胶制膜）

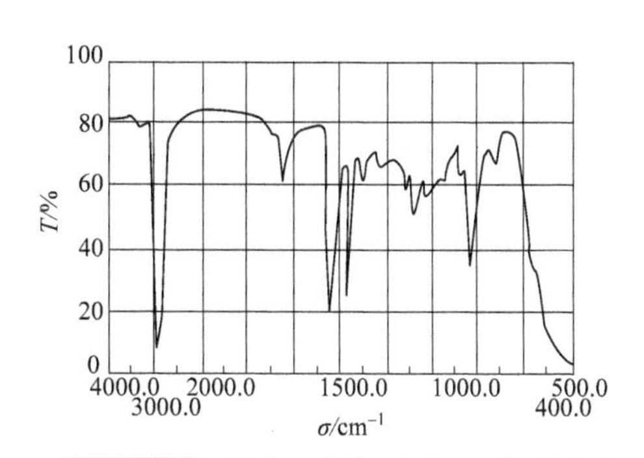

图 10-40 异戊二烯橡胶（200℃降解）

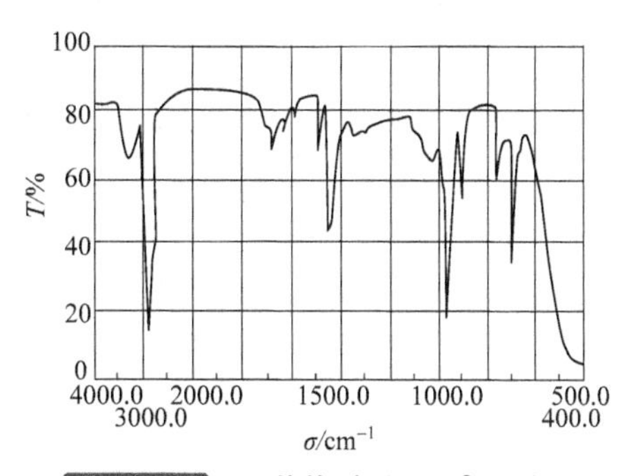

图 10-41 丁苯橡胶（200℃降解）

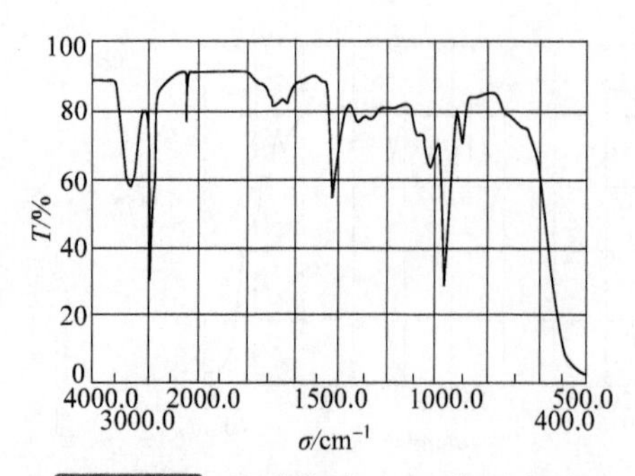

图 10-42 丁腈橡胶（200℃降解）

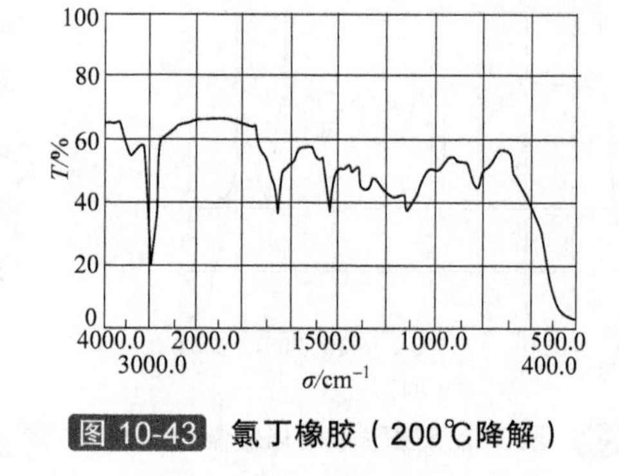

图 10-43 氯丁橡胶（200℃降解）

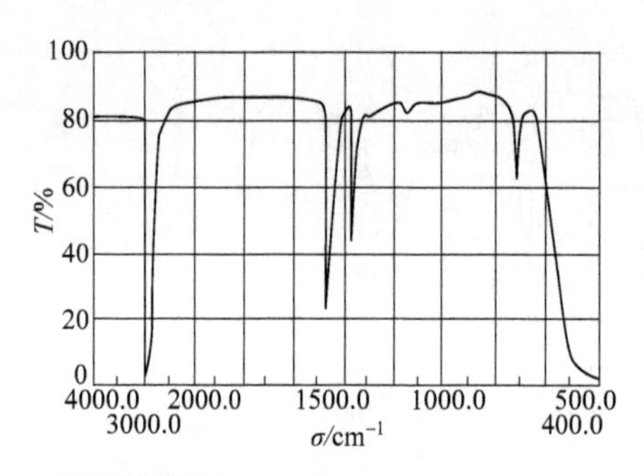

图 10-44 乙丙橡胶（200℃降解）

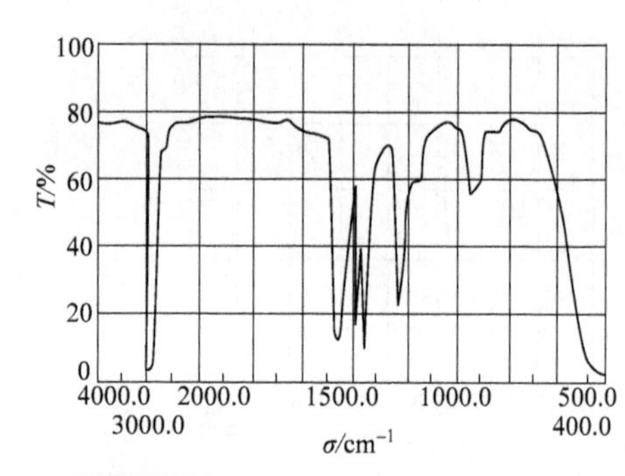

图 10-45 丁基橡胶（200℃降解）

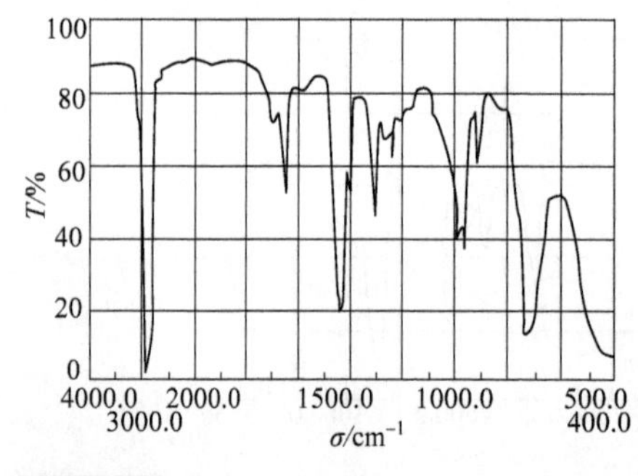

图 10-46 聚丁二烯橡胶（200℃降解）

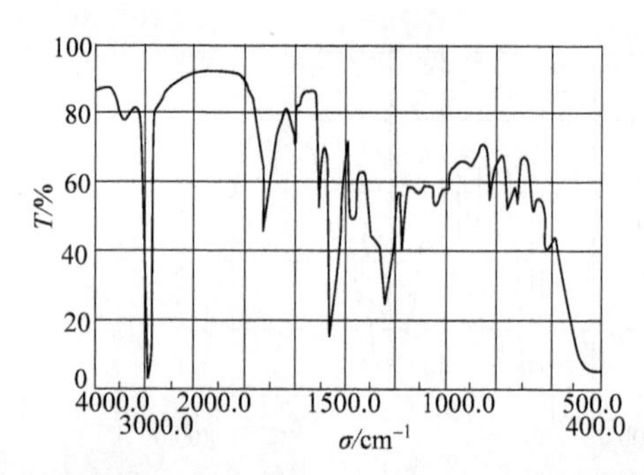

图 10-47 氯磺化聚乙烯橡胶（200℃降解）

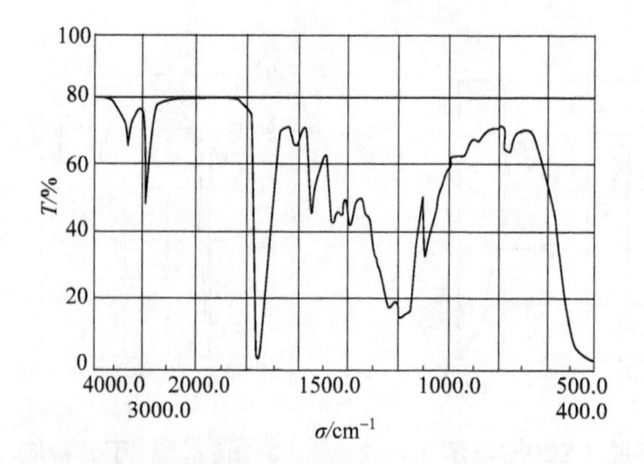

图 10-48 酯型聚氨酯橡胶（200℃降解）

表 10-27 纤维的光谱分类鉴定表[3]

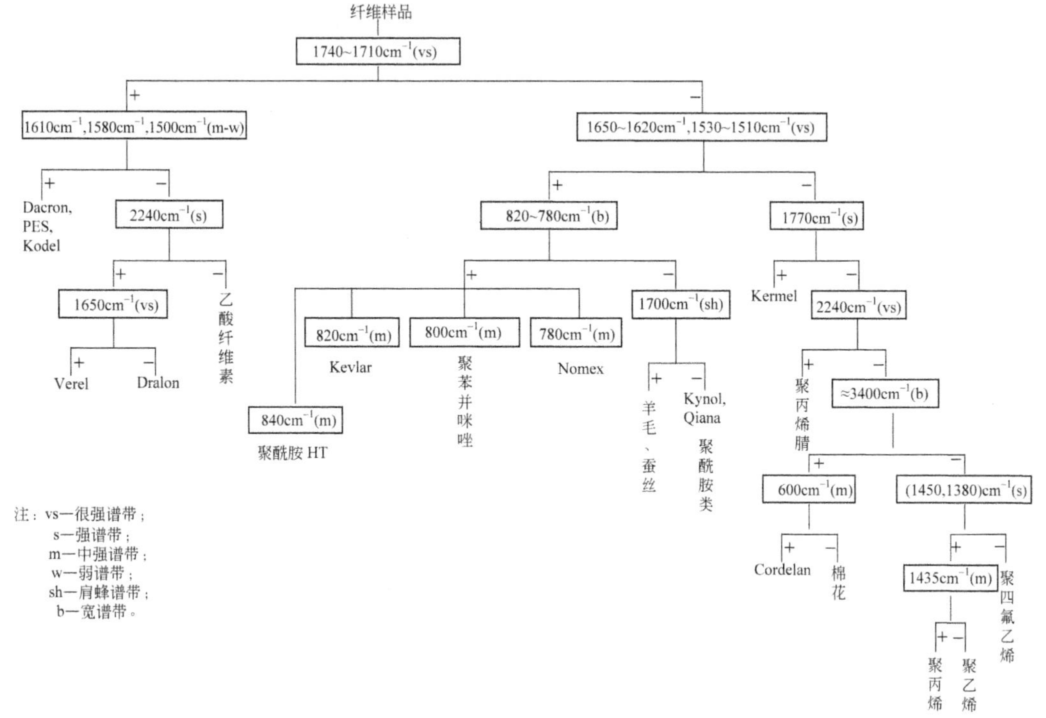

表 10-28 表 10-27 中所用的各吸收频率的谱带解释[3]

σ/cm^{-1}	$\lambda/\mu m$	谱带解释
≈3400	2.94	O—H 伸缩振动
2240	4.46	C≡N 伸缩振动
1770	5.65	(苯环-C(=O)-N-C(=O)-) N—的 C═O 伸缩振动
1740～1710	5.75～5.85	C═O 伸缩振动(酯基)
1700	5.88	C═O 伸缩振动(羧基)
1650	6.06	C═O 伸缩振动($CONH_2$)
1650～1620	6.06～6.17	(苯环)的 C═C 伸缩振动
1610,1580,1500	6.21,6.33,6.67	(苯环)的骨架振动
1530～1510	6.54～6.62	(苯环)的 C═C 伸缩振动
1435	6.97	CH_2 的变角振动
1450,1380	6.90,7.25	CH_3 的变角振动
840,820,800,780	11.90,12.20,12.50,12.82	取代苯的 C—H 面外弯曲振动
600	16.67	C—Cl 伸缩振动

（二）表面活性剂红外光谱系统鉴别[9]

先对表面活性剂进行离子型鉴定，再测定是否含有 N、S、P 等非金属元素和 Na、K、Ca、Mg 等金属元素后，即可根据其红外光谱，按表 10-29～表 10-37 所列的程序，对未知表面活性剂做出推断。

表 10-29 无 N、S、P 及无金属元素的非离子表面活性剂（NSAA）的红外光谱分析（Ⅰ）

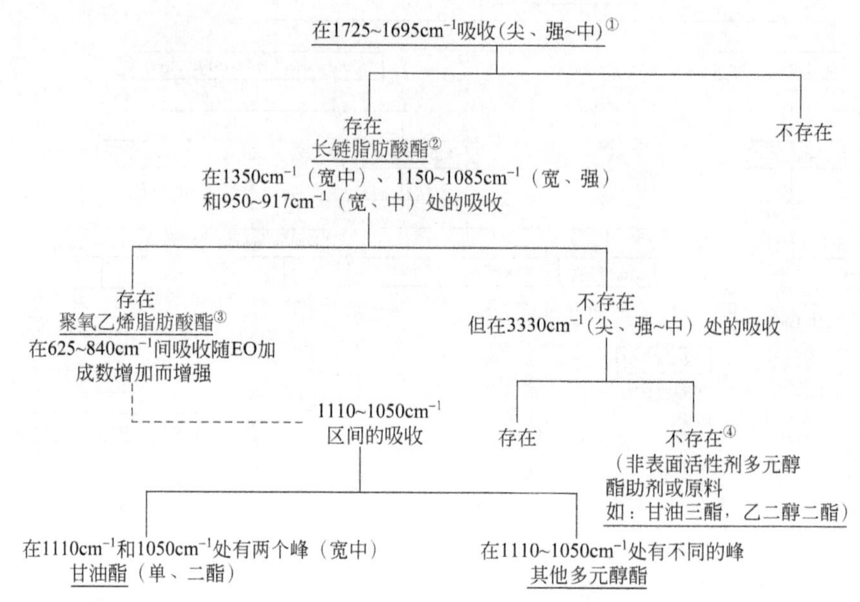

① 1175～1160cm^{-1}（宽、中）吸收也应当存在，但 1150～1085cm^{-1} 吸收存在时，前者可能被遮盖。

② 720cm^{-1} 的吸收随脂肪酸直链长度的增加而增加。

③ 聚氧乙烯化合物，1380～1370cm^{-1}/1350cm^{-1} 吸收强度比＜1，而聚氧丙烯化合物≥1。

④ 如 3330cm^{-1} 吸收不存在，则终端羟基已被反应掉。

表 10-30 无 N、S、P 及无金属元素的非离子表面活性剂的红外光谱分析（Ⅱ）

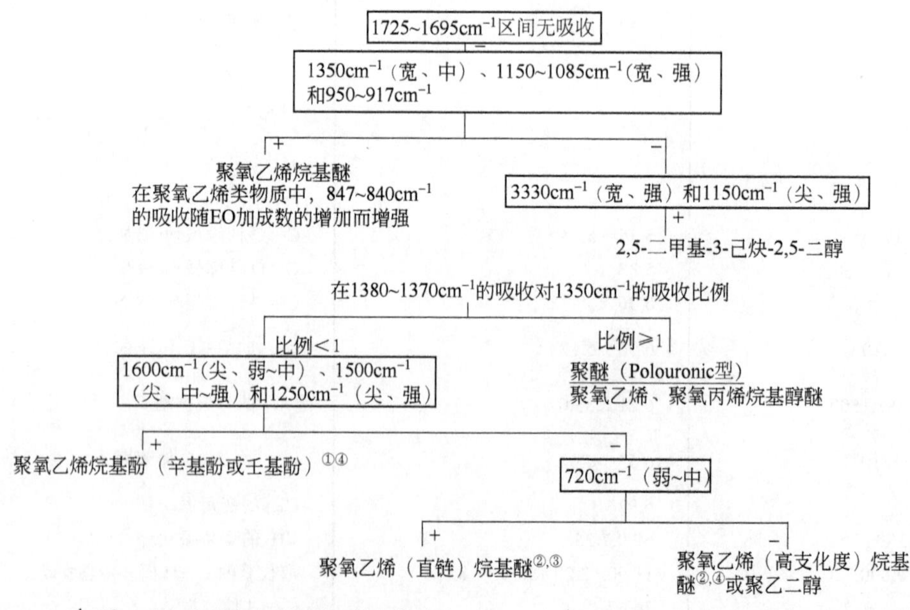

① 在 825cm^{-1}（宽、中）的吸收为对聚氧乙烯烷基酚醚；在 750cm^{-1}（宽、中）的吸收为邻聚氧乙烯烷基酚醚；在约 885cm^{-1} 和约 833cm^{-1} 处的吸收为间聚氧乙烯烷基酚醚。

② 720cm^{-1} 的吸收随脂肪酸直链长度的增加而增加。

③ 在 820cm^{-1} 的吸收（尖、弱）指示为脱水松脂衍生物。

④ 若 3330cm^{-1} 吸收不存在，则终端羟基已被反应掉。

表 10-31 含 S，无 N、P 的阴离子表面活性剂（ASAA）的红外光谱分析（有机硫酸酯盐类）

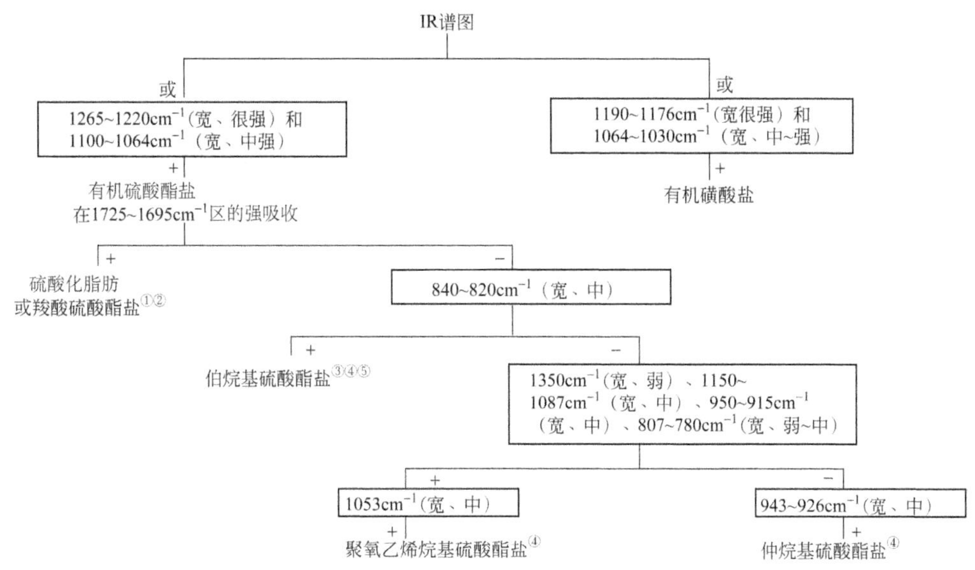

① 在 1587～1538cm^{-1} 间的吸收指示有某些非酯化羧酸盐。
② 在 1724cm^{-1} 吸收指示某些羧酸酯存在。
③ 在约 1000cm^{-1}（宽、中）吸收也存在。
④ 如 3330cm^{-1} 吸收不存在，则终端羟基已被反应掉。
⑤ 在 970cm^{-1} 的强吸收，指示在伯烷基硫酸酯盐 α 碳上有支链。

表 10-32 含 S，无 N、P 的阴离子表面活性剂的红外光谱分析（有机磺酸盐类或磺酸酯类）

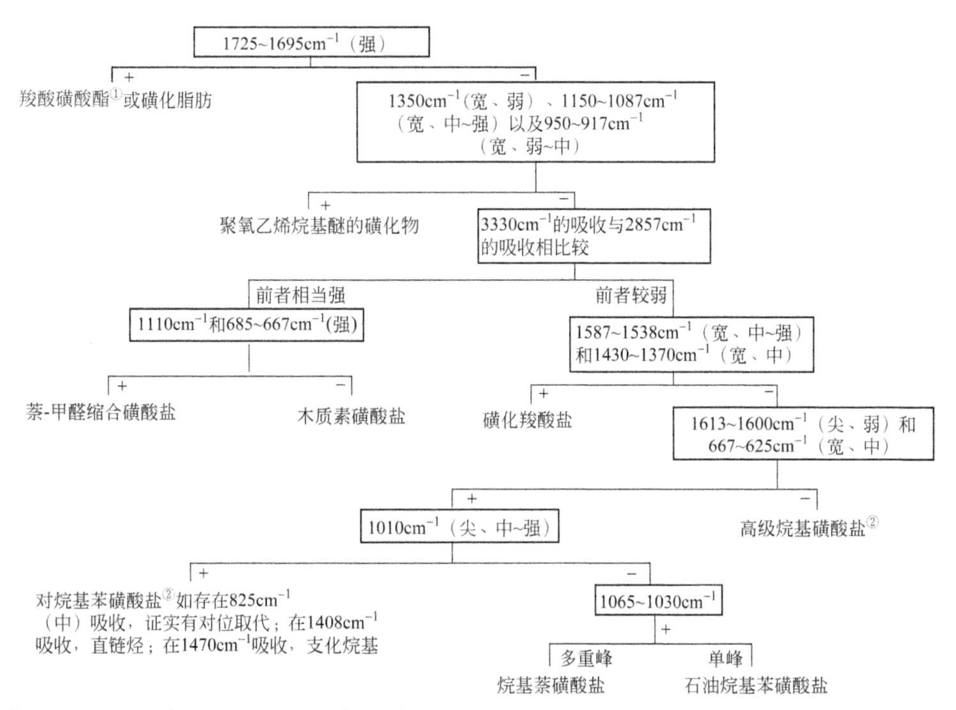

① 在 1587～1538cm^{-1} 和 1430～1370cm^{-1} 的吸收，指示有某些非酯化羧酸盐。
② 在 720cm^{-1} 的吸收指示有直链烷基。

表 10-33 含 N，无 S、P 的阳离子表面活性剂（CSAA）的红外光谱分析（Ⅰ）

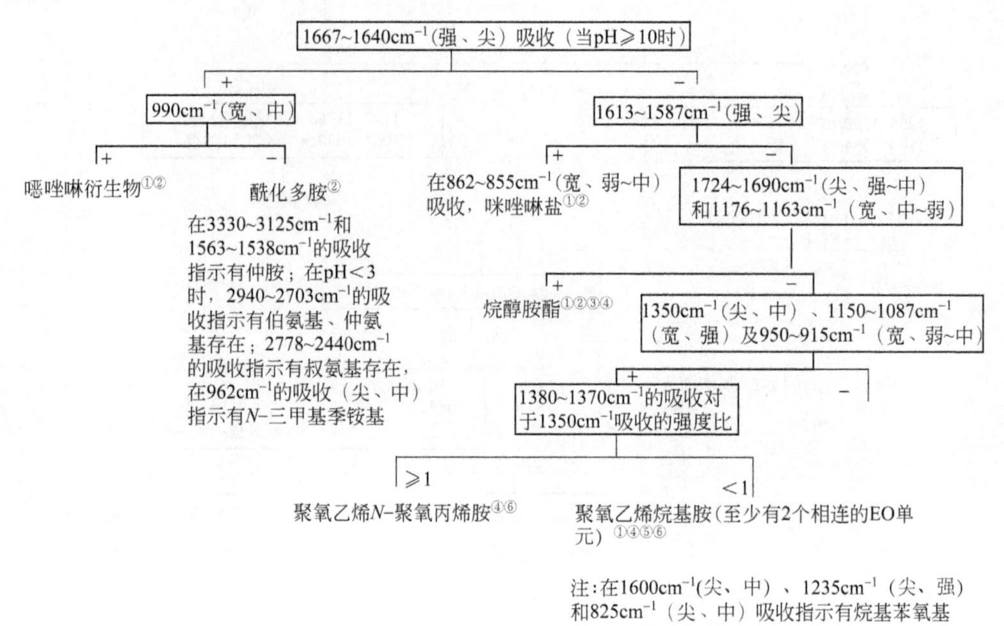

① 720cm^{-1} 吸收指示烷基直链长度。

② 3330～3225cm^{-1}（宽、强）和 1050cm^{-1}（宽、中）吸收通常指 *N*-烷羟基。

③ 聚氧乙烯基显示 1350cm^{-1}（尖、中）、1150～1085cm^{-1}（宽、中～强）、950～915cm^{-1}（宽、弱）吸收。

④ 在 860～840cm^{-1} 的吸收随 EO 数增加而加强。

⑤ 820cm^{-1} 的吸收（尖、弱）指示为脱水松脂衍生物。

⑥ 具有高 EO 数（>10 mol）的物质，其谱图中含 N 阳离子的吸收可能被掩盖。

表 10-34 含 N，无 S、P 的阳离子表面活性剂的红外光谱分析（Ⅱ）

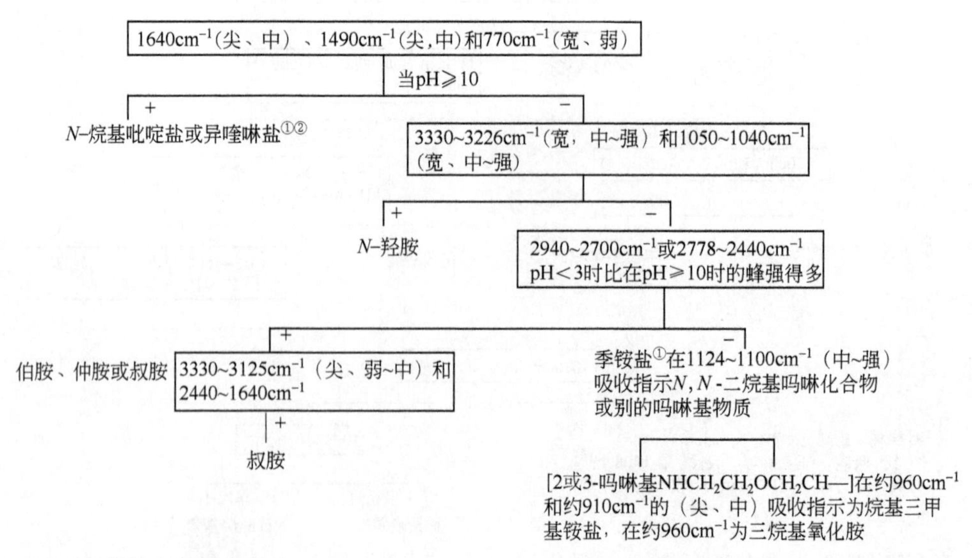

① 720cm^{-1} 吸收指示烷基直链长度。

② *N*-烷基吡啶盐显示 680cm^{-1}（宽、中）吸收。

表 10-35 含 N，无 S、P，无金属元素的非离子、阴离子或两性型（AmSAA）表面活性剂的红外光谱分析

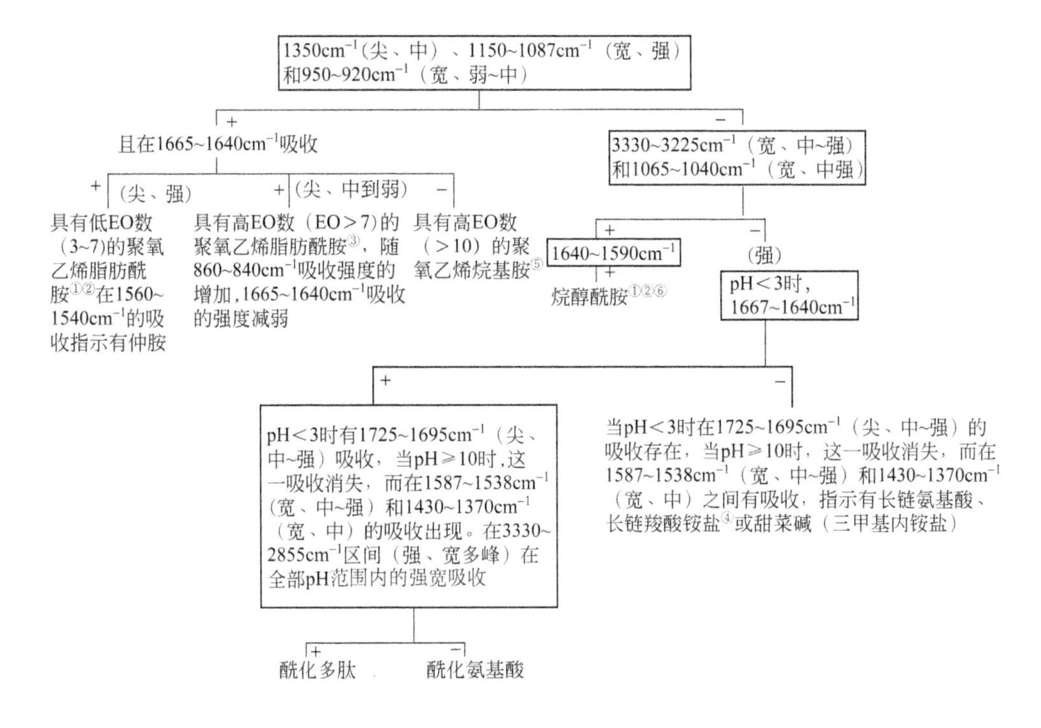

① $720cm^{-1}$ 吸收指示烷基直链长度。

② 在 $1725 \sim 1695cm^{-1}$ 的吸收和在 $3330 \sim 3226cm^{-1}$ 的弱吸收，指示有部分酯化了的羟基。

③ $860 \sim 840cm^{-1}$ 的吸收随 EO 数增加而加强。

④ *N*-烷基氨基酸类和铵盐类在 $3030 \sim 2700cm^{-1}$ 或 $2780 \sim 2440cm^{-1}$（pH<3）有相当强的吸收，长链羧酸铵盐类（在 pH<3）会生成一种不含 N 的不溶性羧酸。

⑤ 当这些化合物的 EO 数增加时其阳离子型的行为更为减弱，趋向非离子型。聚氧乙烯、*N*-聚氧丙烯胺类，$1380 \sim 1370cm^{-1}/1350cm^{-1}$ 的吸收比例≥1。

⑥ 在 $1560 \sim 1540cm^{-1}$（pH<3）指示有烷醇酰胺。

表 10-36 含 N 和金属元素，无 S、P 的阴离子型或两性型表面活性剂的红外光谱分析

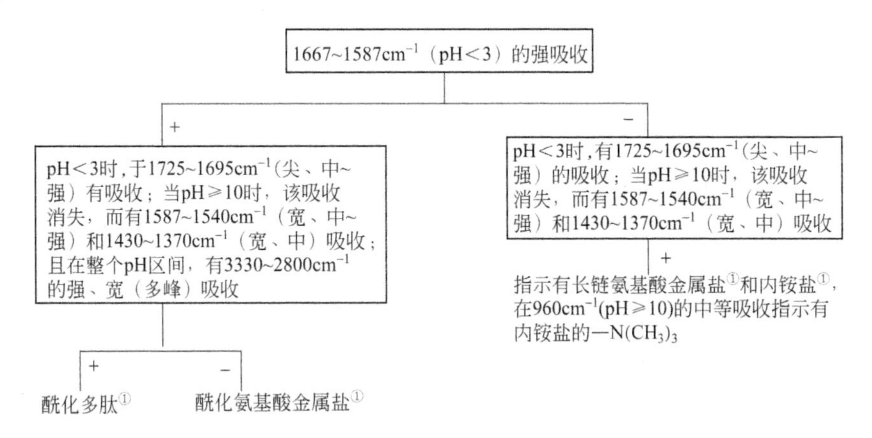

① $720cm^{-1}$ 吸收指示烷基直链长度。

表 10-37 含 N 和 S，无 P 的阴离子表面活性剂的红外光谱分析

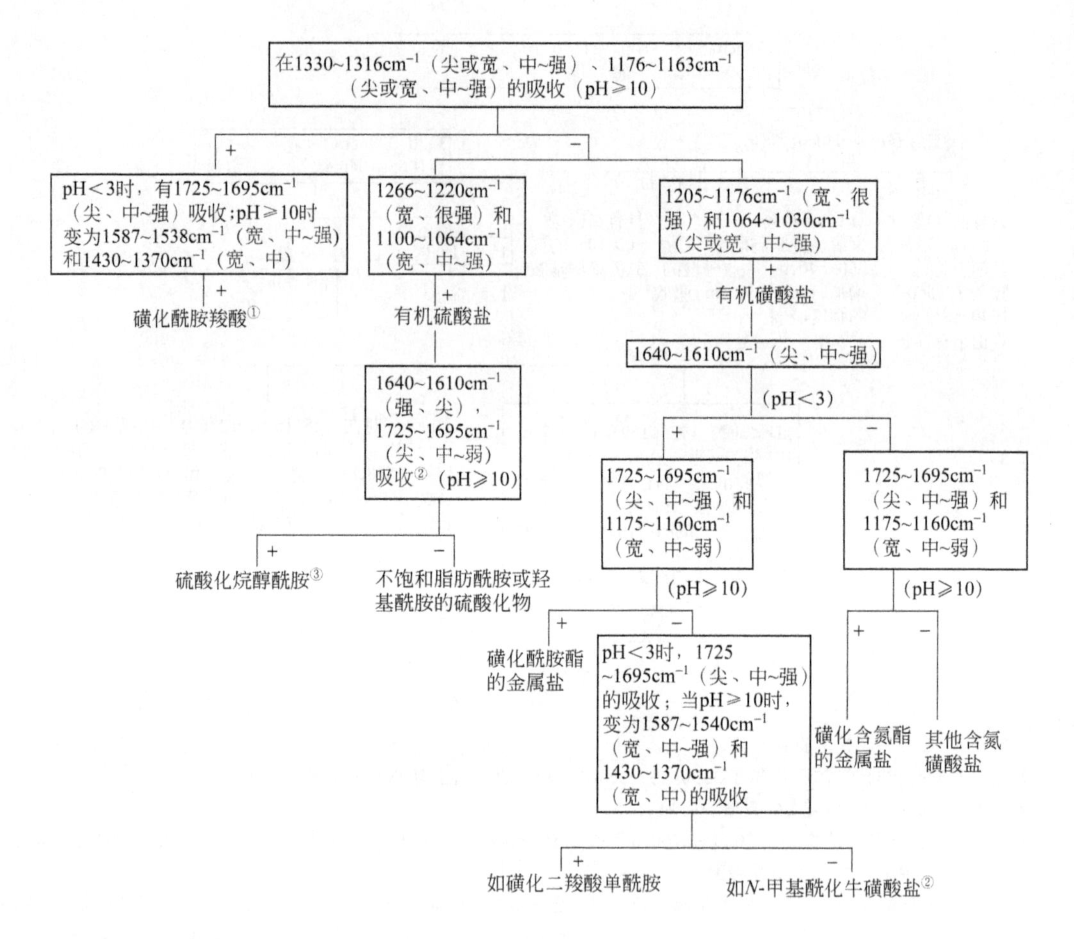

① 多酞的磺酰衍生物有 1640～1610cm^{-1} 的吸收，而氨基酸的磺酰衍生物无此吸收。

② 烷醇酰胺中有部分羟基被酯化。

③ 720cm^{-1} 的吸收示有直链烷基。

（三）增塑剂红外光谱系统鉴别

表 10-38 给出了增塑剂红外光谱系统鉴别表。

六、染料与药物的红外光谱特征及鉴定

（一）染料的红外光谱特征及鉴定

红外光谱能够提供丰富的结构信息，适用于所有的染料样品，在合成染料的结构鉴定及生产控制中已成为不可缺少的重要手段。红外光谱在染料分析中的作用主要有三个：一是提供染料的基团；二是推测染料的类型；三是确定染料的结构。

本文以染料的化学结构分类并参阅有关文献[10]，对以偶氮、蒽醌、三苯、酞菁、苝四甲酰胺及萘四甲酰胺等为骨架结构的染料的红外光谱特征进行归纳总结，以便更有效地利用红外光谱解决染料的结构鉴定问题。

表 10-38 增塑剂红外光谱系统鉴别表[3]

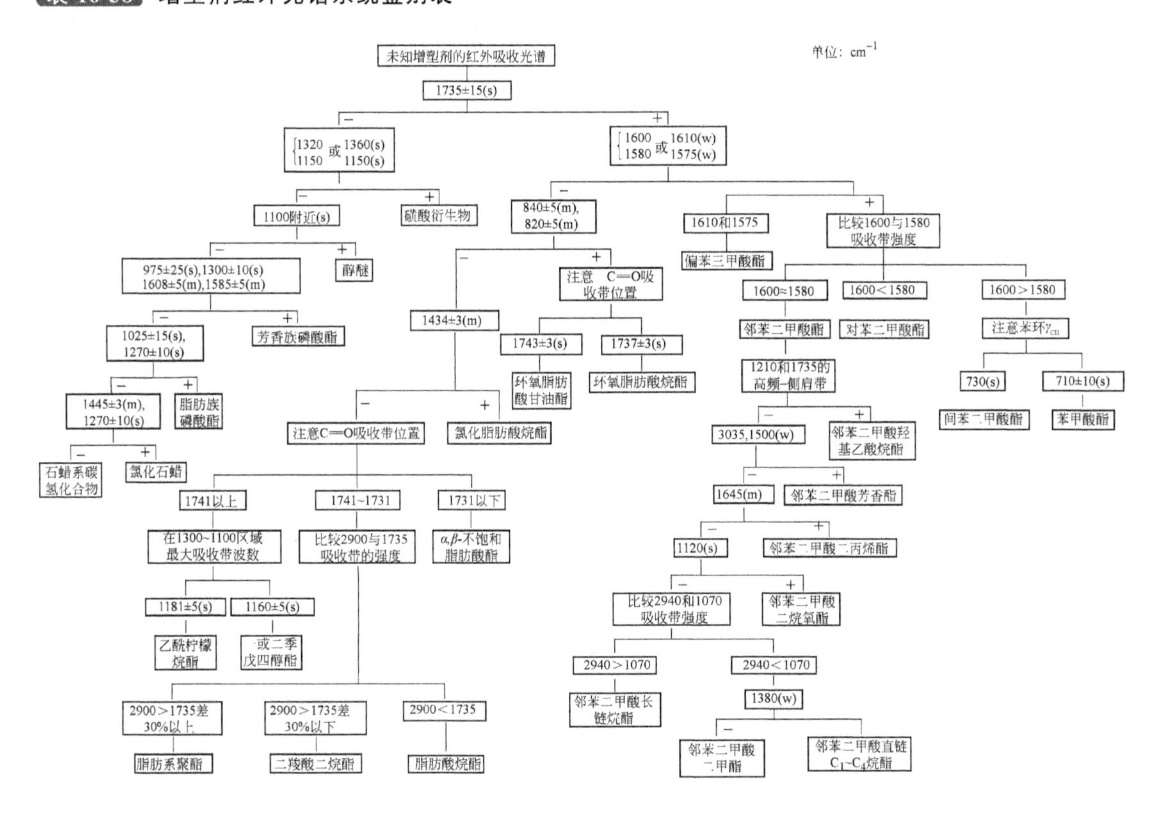

1. 偶氮染料

偶氮染料是染料中产量最大、品种最多的一类。它们的发色团偶氮基无明显的红外特征吸收，但含某些中间体的偶氮染料常出现很特征的红外吸收峰，对偶氮染料的结构鉴定十分有用。

含乙酰芳胺的偶氮染料多为黄色或橙色，其红外光谱的特征是强尖吸收峰很多，在 $1660cm^{-1}$ 显羰基的强吸收峰，在 $1500cm^{-1}$ 显强宽峰或挤得很紧的几个强吸收峰。

含吡唑酮的偶氯染料在 $1650cm^{-1}$ 显中等强度的羰基吸收峰，在 $1600\sim1500cm^{-1}$ 间显强峰，$1500cm^{-1}$ 附近的吸收峰常常由肩峰形成一个宽谱带。此外，在 $1150cm^{-1}$、$1250cm^{-1}$ 及 $1350cm^{-1}$ 有三个强度几乎相等的强吸收峰。

鲜艳的嫩黄色染料多含吡啶酮，它的特征是在 $1670cm^{-1}$ 与 $1630cm^{-1}$ 处出现两个几乎相等的强吸收峰。

2. 蒽醌染料

蒽醌染料颜色鲜艳的多为亮蓝色，也有些是紫色和红色。蒽醌染料中重要的发色团是醌基。蒽醌核在 $1670cm^{-1}$ 显强吸收峰，在 $1280cm^{-1}$ 附近有一特强宽吸收峰。但当蒽醌 α 位有羟基和氨基助色团时，由于与其邻近的羰基生成分子内氢键，其吸收频率降低，吸收峰强度变小，吸收峰峰形变宽，较难鉴别。但仔细观察 $1640\sim1560cm^{-1}$ 间的吸收峰与 $1300\sim1250cm^{-1}$ 间的强吸收峰，仍可辨认。含有蒽醌环的稠环还原染料也有此特征吸收峰。

3. 三苯甲烷染料

分子结构对称性很强的三苯甲烷染料，如盐基性三苯甲烷染料，红外光谱较简单，在

1580cm^{-1}、1370cm^{-1}与1170cm^{-1}附近明显有三个较宽的强峰，很容易辨认。例如，罗丹明B的红外光谱，在1585cm^{-1}、1340cm^{-1}与1175cm^{-1}处就有三个明显的强峰。酸性染料也能看到此特征吸收峰，酸性媒染染料此特征不明显。

4. 酞菁染料

许多鲜艳的蓝染料为铜酞菁衍生物，是油漆、塑料、彩色印刷中最常用的一种有机染料。铜酞菁核在700～800cm^{-1}间有尖锐的强吸收峰，在1100cm^{-1}附近有一簇强吸收峰。此外在1700～1600cm^{-1}间没有羰基吸收峰，以此与蒽醌类蓝色染料和颜料相区别。在2100cm^{-1}附近没有碳氮三键吸收峰，据此可与普鲁士蓝相区分。

5. 苝及萘的四甲酰胺染料

苝是重要的红色染料母体，该结构的染料多见于还原染料及颜料，苝四甲酰胺在1700cm^{-1}与1670cm^{-1}有两个强吸收峰，通常1670cm^{-1}峰稍强于1700cm^{-1}峰，很容易鉴别，黄橙色的萘四甲酰胺染料也同样出现这两个吸收峰。

6. 硫靛染料

硫靛染料多为红色与紫色还原染料。硫靛染料的红外光谱特征是在1650～750cm^{-1}区间呈现较均匀分布的强吸收峰；在1650cm^{-1}处有很强的羰基吸收峰，可与其他含羰基的染料相区别，在1450cm^{-1}和1550cm^{-1}处还有两个吸收峰，这三个吸收峰的强度变化较大，特别是1550cm^{-1}附近的峰。

7. 吖啶酮染料

吖啶酮染料在1620～1550cm^{-1}有四个靠得很紧的吸收峰，以1580cm^{-1}为最强，形成一个特征强宽谱带，此外在1330cm^{-1}与1460cm^{-1}处还有两个强峰，有取代基时这些吸收峰的位置变化不大。

8. 活性染料的活性基鉴定

活性染料的特点是分子中含有活泼原子或活泼基团，能使染料与纤维化合从而提高染料的坚牢度。商品染料的活性基有一氯和二氯三嗪、二氯嘧啶、氟氯嘧啶、*β*-乙基砜硫酸酯及亚磷酸等。这些活性染料的母体都是酸性染料，带有较多可溶性基团，因此在指纹区除明显的磺酸基吸收峰外，其他谱峰往往重叠。如一氯和二氯三嗪活性染料，在1550cm^{-1}显三嗪杂环的强吸收峰；二氯嘧啶或氟氯嘧啶活性染料也在1550cm^{-1}附近显嘧啶六元杂环的特征吸收峰，不易与三嗪型活性基区别，而且仲酰亚胺（ArNHCOR）的NH弯曲振动的特征吸收也在这个波段，使这两个活性基的鉴定受干扰。含磷酸基的活性染料，其P═O吸收峰受磺酸基1200cm^{-1}附近的强宽吸收峰干扰，不显特征吸收峰。而*β*-乙基砜硫酸酯型活性染料在1140～1120cm^{-1}显—SO_2—的强尖吸收峰，在1270～1200cm^{-1}显—OSO_3H—的特征吸收峰。

9. 酸性染料

许多酸性染料是磺酸盐，一般在1250～1000cm^{-1}有特征吸收峰。例如，蓝色酸性染料通常有1030cm^{-1}、1050cm^{-1}、1090cm^{-1}和1190cm^{-1}四个峰，其中1190cm^{-1}是谱图中的最强峰。

（二）药物的红外光谱特征及鉴定

大量临床用的药物是有机化合物，每种化合物都有其独特的红外吸收光谱，尤其在1300～650cm^{-1}区间出现相当复杂的吸收峰，每一个有机药品在该区内的吸收峰位置、强度和形状都不一样，如同人的指纹，作为药物鉴定的依据，准确度极高。因此，红外光谱法已成为各国药典共同采用的方法。红外光谱法用于药物鉴定，通常采用的是标准对照法，具体做法是将经分离、纯化了的药物组分绘制红外光谱图，进行谱图解析和查找标准谱图，若与标准谱图完全一致，则表明二者为同一药品，据此可确定该组分的化学结构。

药物品种繁多，在 Sadtler 标准谱图集中药物按照治疗使用方法就可以分成 50 类，而在同一类药物中又含有各不相同的基团。因此，很难建立药物的红外光谱系统鉴定方法。这里只介绍几类常用药物的红外光谱特征，以供进行药物鉴定时参考。

1. 安眠药

常见安眠药分为三类，巴比妥类安眠药，如苯巴比妥、异戊巴比妥等；非巴比妥类安眠药，如利眠宁、安眠酮、眠尔通、安定等；吩噻嗪类安眠药，如氯丙嗪、异丙嗪等。安眠药鉴定对象常为生化检材，如人体脏器、血液、尿液等，另一类检材是没有进入人体的原药，如药片、药液等。

（1）分离提取　安眠药按其化学性质有酸性、中性和碱性之分，因此，分离提取需在相应条件下进行，才能得到纯品或分解产物。若对被检安眠药的种类一无所知，此时就需要对检材做系统的分离纯化。以血液为例，将 5ml 血液放入具塞三角烧瓶中，加少许水稀释之，加 20% 的三氯乙酸 5ml，在水浴上挥至近干，放冷，加 6mol/L 的盐酸 5 滴，用乙醚提取，分出乙醚液，过吸附柱（柱内装 20～30g 氧化铝、1～3g 活性炭、15～20g 无水硫酸钠），用乙醚淋洗，挥去醚液得酸性安眠药。将提取后的残渣用氢氧化钠中和至中性，用乙醚提取得中性安眠药，如安眠酮等。继而将提取后的残渣用氢氧化钠液调至碱性，用乙醚提取得碱性安眠药，如氯丙嗪等。如此分离提取得到的安眠药有时还含有杂质，可用薄层色谱进一步纯化。

（2）安眠药的红外光谱特征及鉴定

① 巴比妥类　此类安眠药是丙二酰脲衍生物，是结晶型化合物，均可用溴化钾压片法绘制红外谱图。红外光谱形状相似，由于取代基的不同，在 3300～2800cm^{-1}、1800～1650cm^{-1}、1500～1200cm^{-1}、900～700cm^{-1} 和 550～400cm^{-1} 五个区域的红外吸收各不相同，见表 10-39。

表 10-39　巴比妥类安眠药红外特征吸收　　单位：cm^{-1}

安眠药名称	3300~2800cm^{-1}	1800~1650cm^{-1}	1500~1200cm^{-1}	900~700cm^{-1}	550~400cm^{-1}
巴比妥	2850(w) 2920(w) 3070(m) 3150(m)	1650(s) 1740(s) 1760(s)	1240 1370 1330 1420 1460	870(m) 760(w) 740(w)	480(m) 440(w)
戊巴比妥	2880(w) 2900(w) 2950(w) 2980(w) 3125(m) 3250(m)	1720 1740 1770	1220 1320 1370 1440	820(s) 850(s) 740 760	500 520 420
异戊巴比妥	2900 2925 2970 2990 3125(m) 3250(m)	1704 1728 1764	1220 1250 1330 1360 1380 1440	820 855 740 760	500 420

续表

安眠药名称	3300~2800cm⁻¹	1800~1650cm⁻¹	1500~1200cm⁻¹	900~700cm⁻¹	550~400cm⁻¹
苯巴比妥	2850 2920 2950 3070 3200	1670 1700 1760	1220(s) 1300(s) 1400(s)	760 830	500 480
硫喷妥	2870 2920(s) 2960(s) 3050 3150(s) 3270(s)	1760 1740	1220 1300 1360 1430	760(s) 840	500(s) 550
速可眠	2870 2926 2960 3060(w) 3180(w)	1680 1710	1270 1310 1350 1440	770(s)	520(m) 430

② 非巴比妥类

a. 眠尔通　是氨基甲酸酯类药物，白色结晶。其红外光谱在 3440cm^{-1}、3320cm^{-1}（NH_2）、1330cm^{-1}（C—N）、1700cm^{-1}（—C═O）和 1384cm^{-1}（C—O—）处有特征吸收峰。

b. 安眠酮　甲苯基喹唑酮，白色结晶粉末。其红外光谱图形很有特点，在 1700～800cm^{-1} 区间有 15 个尖的吸收峰，而且吸收强度渐弱；在 800～400cm^{-1} 区间有 10 个尖吸收峰，吸收强度也渐弱。另外，在 2800～3100cm^{-1} 有弱吸收，在 3080cm^{-1}、1600cm^{-1} 和 1500cm^{-1} 处有苯环特征吸收峰。

c. 安定　苯甲二氮䓬，白色结晶。其红外光谱在高波数区没有明显吸收，在 1684cm^{-1} 处有最强吸收峰（—C═O），在 3080cm^{-1} 和 1600cm^{-1} 处有苯环特征吸收峰；另外，在指纹区有 1485cm^{-1}、1341cm^{-1}、1323cm^{-1}、1316cm^{-1}、1130cm^{-1} 和 838cm^{-1} 吸收峰。

③ 吩噻嗪类　这类药物主要有氯丙嗪、异丙嗪和三氟拉嗪等，化学结构都有苯并噻嗪环，易氧化成亚砜。因此，分离提取后得到的产物是原形药物与其亚砜的混合物，可用薄层色谱将其分开，也可将原形药物用硝酸氧化，使其完全变为亚砜，而后用红外光谱检验亚砜的存在。

盐酸氯丙嗪红外光谱在 3450cm^{-1} 和 3625cm^{-1} 有一个钝的双吸收；在 3080cm^{-1}、1600cm^{-1} 和 1570cm^{-1} 处有苯环特征吸收峰；在 2475cm^{-1}、2600cm^{-1} 处有强吸收；第一吸收为 1460cm^{-1}，其次是 760cm^{-1}。在碱性条件下提取物的红外光谱中，3075cm^{-1}、1600cm^{-1} 和 1570cm^{-1} 为强吸收；在 750cm^{-1}、800cm^{-1}、850cm^{-1} 和 930cm^{-1} 处有强吸收。氯丙嗪的亚砜在 1030cm^{-1}、1060cm^{-1}（S═O）有钝的双吸收；在 3075cm^{-1}、1590cm^{-1} 和 1550cm^{-1} 处有吸收；在 750cm^{-1}、800cm^{-1}、850cm^{-1} 和 930cm^{-1} 有中强吸收；3075cm^{-1} 处的吸收要比氯丙嗪吸收弱得多。氯丙嗪和异丙嗪常混合使用，分离提取得到其混合物，在混合物的红外光谱上可找到各自的特征吸收，异丙嗪在 600cm^{-1} 和 670cm^{-1} 附近有两个弱的双吸收。氯丙嗪在 800cm^{-1} 有强吸收，在 1420cm^{-1} 有弱吸收；另外，在 2775cm^{-1}、2825cm^{-1}、2875cm^{-1}、2950cm^{-1} 和 2975cm^{-1} 处出现 5 个吸收峰，也很有特征。

2. 生物碱

生物碱是一类含氮的碱性有机化合物，具有特殊的生理活性和毒性，大多数生物碱含有氮杂环结构。常见生物碱有马钱子、士的宁、阿托品、海洛因、吗啡、可待因等。生物碱被检对象多为原形药物和人的血、尿等。

（1）分离提取　生物碱药物片剂等，可用有机溶剂提取，并经薄层色谱纯化后供红外光谱分析。对人体脏器组织中的生物碱提取，可用硅钨酸进行快速分离。如尿液，用稀盐酸浸泡片刻，过滤，滤液用稀盐酸调成pH 1.2～1.8，用5%硅钨酸沉淀，过滤，取沉淀物，用氨水溶解，再用氯仿或乙醚提取。如分离吗啡可用含10%乙醇的氯仿提取，再用无水硫酸钠脱水，挥去溶剂后，测其红外光谱，若蛋白质含量较多，可先用三氯乙酸沉淀后用本法分离。

（2）生物碱的红外光谱特征及鉴定

① 鸦片生物碱　鸦片中含有多种生物碱，其中最主要的有吗啡、可待因、罂粟碱、那可汀等。

吗啡是白色结晶体，在 $3000cm^{-1}$、$3020cm^{-1}$、$3070cm^{-1}$ 及 $1620cm^{-1}$ 处有弱吸收峰；在 $1490cm^{-1}$ 和 $1560cm^{-1}$ 处有强的双峰；在 $820cm^{-1}$、$940cm^{-1}$、$1120cm^{-1}$ 和 $1250cm^{-1}$ 处有强吸收峰。

盐酸吗啡在 $3400cm^{-1}$ 处有强吸收峰；$2700cm^{-1}$、$2750cm^{-1}$ 和 $3080cm^{-1}$ 为弱吸收峰；在 $1080cm^{-1}$、$1560cm^{-1}$、$1340cm^{-1}$ 和 $780cm^{-1}$ 处呈现强的尖锐吸收峰。

海洛因在 $1190cm^{-1}$、$1200cm^{-1}$ 和 $1230cm^{-1}$ 处有三个强吸收峰；在 $1735cm^{-1}$ 和 $1755cm^{-1}$、$1030cm^{-1}$ 和 $1050cm^{-1}$ 处有两个强的双峰，很特征。

可待因在 $1730cm^{-1}$ 处有吸收峰；在 $1440cm^{-1}$、$1490cm^{-1}$、$1270cm^{-1}$、$1100cm^{-1}$、$1040cm^{-1}$ 和 $740cm^{-1}$ 处有强吸收峰；在 $3000cm^{-1}$、$3025cm^{-1}$、$1630cm^{-1}$ 和 $1600cm^{-1}$ 处有弱吸收峰。

② 番木鳖生物碱　主要有士的宁和马钱子，是中枢神经兴奋剂，纯品为白色结晶。

士的宁的红外光谱有6个较强吸收峰，分别为 $1664cm^{-1}$、$1480cm^{-1}$、$1392cm^{-1}$、$1310cm^{-1}$、$1110cm^{-1}$ 和 $764cm^{-1}$。

马钱子是士的宁的二甲基衍生物，红外吸收峰较多，在 $1650cm^{-1}$ 和 $1500cm^{-1}$ 处有强吸收峰；在 $1440cm^{-1}$ 和 $1460cm^{-1}$、$1100cm^{-1}$ 和 $1110cm^{-1}$、$830cm^{-1}$ 和 $845cm^{-1}$ 处有三个强的双峰；在 $540cm^{-1}$ 和 $550cm^{-1}$、$500\ cm^{-1}$ 和 $520cm^{-1}$ 处有很特征的两个弱的双峰。

③ 奎宁　是白色晶体粉末，人工合成的有氯喹和伯氨奎宁等。红外吸收特征是在 $1235cm^{-1}$ 和 $1233cm^{-1}$ 处有强的双峰，$1619cm^{-1}$、$1510cm^{-1}$、$1450cm^{-1}$ 和 $1030cm^{-1}$ 为强吸收。氯喹在 $1580cm^{-1}$ 处有强吸收峰，在 $1610cm^{-1}$、$1450cm^{-1}$、$1380cm^{-1}$、$1340cm^{-1}$ 和 $810cm^{-1}$ 处有中强吸收峰。

④ 阿托品　存在于茄科植物中，如洋金花等，纯品为白色晶体。阿托品是酯类化合物，红外光谱在 $1720cm^{-1}$、$1153cm^{-1}$ 和 $1035cm^{-1}$ 处有酯的特征吸收峰；在 $1500～1000cm^{-1}$ 区间有8个由弱渐强的峰；在 $800～650cm^{-1}$ 区间有4个弱吸收峰，很特征。

3. 磺胺类药物的红外光谱特征

磺胺类药物具有相近的基本母核，它们红外光谱的特征峰也十分相似，在 $3500～3300cm^{-1}$ 区间有 NH_2 的两个伸缩振动峰，在 $1650～1600cm^{-1}$ 区间有一个较强的 NH_2 面内变形振动峰；在 $1600～1450cm^{-1}$ 区间有苯环的骨架伸缩振动峰；在 $1350cm^{-1}$ 和 $1150cm^{-1}$ 附近有两个强的吸收峰，此为磺酰基特征峰；在 $850～800cm^{-1}$ 区间的强峰为苯环芳氢的面外变形振动峰，表示磺胺类药物为对位二取代。

第二节 红外光谱的定量分析

红外光谱定量分析，相对于紫外-可见光谱，其应用范围是有限的。色散型的仪器单次测量噪声大、分辨低、杂散光的影响、尖峰测量上的困难、仪器的非线性（包括化学非线性，谱带强度范围的非线性和干扰造成的非线性）等原因造成测量误差较大，FTIR 仪器的使用及采用计算机处理数据等措施，使以上困难得以克服。化学计量学中多组分同时定量分析计算方法的发展，为复杂混合物的定量分析提供了有力的工具，并在速度和准确度方面均得到很大提高，其应用领域也在不断扩大。

一、红外光谱定量分析原理

进行定量分析的基础是吸收定律：

$$A = \lg\frac{1}{T} = \lg\frac{I_0}{I} = abc$$

必须注意，透光率 T 和浓度 c 没有正比关系，当用 T 记录的光谱进行定量时，必须将 T 转换为吸光度 A 后进行计算。

测量谱带吸光度的方法常用的是基线法，所谓基线法就是用基线来表示该分析物不存在时的背景吸收，并用它来代替记录纸上的 100%（透光率）坐标。具体做法是：在吸收峰两侧选透光率最高处 a 与 b 两点作基点，过这两点的切线称为基线，通过峰顶 c 作横坐标的垂线，和 0 线交点为 e，和切线交点为 d（见图 10-49），则：

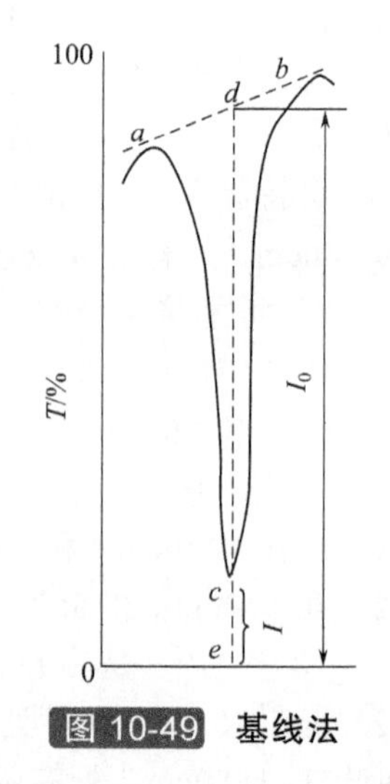

图 10-49 基线法

$$A = \lg\frac{I_0}{I} = \lg\frac{de}{ce}$$

基线还有其他几种画法（见图 10-50），但每当确定一种画法后，在以后的测量中就不应改变。

用基线法测定吸光度受仪器操作条件的影响，因此从一种型号仪器获得的数据，如摩尔吸光系数往往不能运用到另外一种型号的仪器上，另外，它不能反映出宽的和窄的谱带之间的吸收差异。更精确的测定可采用积分吸光度法，即吸光度为线性波数条件下所记录的吸收曲线所包含的面积。这个方法是测量由某一振动模式所引起全部吸收能量，它具有理论意义，而且给出更准确的测量数据。峰面积的测量可以通过数学的、机械的或电子积分技术完成，在 FTIR 仪上只要给出积分范围参数，即可算出其面积。

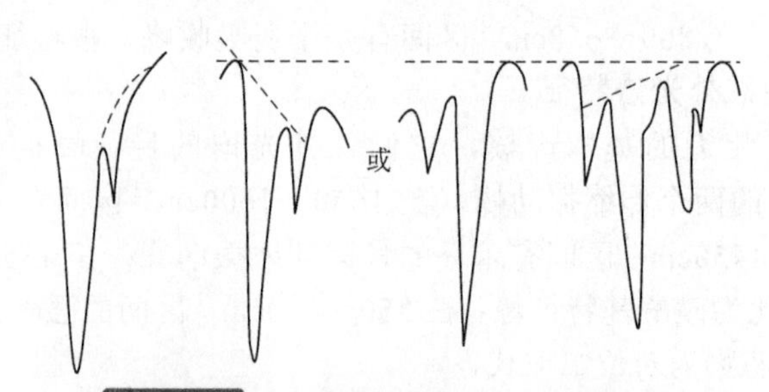

图 10-50 不同形状吸收峰的基线画法

吸光度的可能误差，见表 10-40。

表 10-40 吸光度的可能误差

误差类型	10	20	30	40	50	60	70	80	90
I_0的测量	0.43	0.62	0.83	1.09	1.44	1.96	2.80	4.48	9.49
I的测量	0.43	0.62	0.83	1.09	1.44	1.96	2.80	4.48	9.49
杂散光	4.14	2.56	1.98	1.67	1.47	1.33	1.22	1.13	1.07
吸收池不匹配	0.43	0.62	0.83	1.09	1.44	1.96	2.80	4.48	9.49
共线性	1.56	1.99	2.33	2.62	2.88	3.14	3.36	3.58	3.80
最大总误差	6.99	6.41	6.80	7.56	8.67	10.4	13.0	18.2	38.3

注：数据引自：Robinson J W. “Handbook of Spectroscopy”，Vol Ⅱ，1974。

二、定量分析测量和操作条件的选择

（一）定量谱带的选择

理想的定量谱带应是孤立的，吸收强度大，遵守吸收定律，不受溶剂和样品其他组分干扰，尽量避免在水蒸气和 CO_2 的吸收峰位置测量。当对应不同定量组分而选择两条以上定量谱带时，谱带强度应尽量保持在相同数量级，对于固体样品，由于散射强度和波长有关，所以选择的谱带最好在较窄的波数范围内。

（二）溶剂的选择

所选溶剂应能很好地溶解样品，与样品不发生反应，在测定范围内溶剂不产生吸收。为了消除溶剂吸收带的影响，参比池可用可变光程吸收池来补偿，或用计算机差谱技术。

（三）选择合适的透光率区域

透光率应控制在 20%～65%范围之内。

（四）测量条件的选择

在色散型仪器上通常要求狭缝宽、增益低、时间常数大、扫描速度慢，以确保测量准确度。狭缝、增益和扫描速度三者的匹配要经过多次测试确定。仪器的分辨率 A、测量精确度 G 和扫描速度 R 三者之间的关系可用如下经验式表示：

$$A^2 \times G \times \sqrt{R} = \text{常数}$$

由上式可知，只有两个量可以任意选择，而第三个量已由此决定了。例如欲以原来 2 倍的精确度来记录光谱而不降低分辨能力，则必须把记录时间延长为原来的 4 倍。

FTIR 仪的光源不稳定性可引起光谱的误差，包括镜速度的误差，会产生鬼峰，动镜传动装置的倾斜会降低光谱分辨率，因此做定量分析前要对仪器的 100%线、分辨率、波数精度等各项性能标准进行检查。

用 FTIR 仪进行定量分析，其光谱是把多次扫描的干涉图进行累加平均得到的。因为噪声是随机的，信号是有规律的，所以经过多次累加平均可以使随机噪声互相抵消，提高信噪比。根据统计理论，信噪比和累加次数的平方根成正比，只要实验数据重复性好，利用信号平均技术可检出淹没在噪声中的非常弱的实验信号。

定量分析要求 FTIR 仪器的室温恒定，否则光通量变化太大，影响测量准确度，因而每次开机后，均应检查仪器的光通量，保持相对恒定。另外，在每次样品测试前，先测参比（背景）光谱可减少 CO_2 和水的干扰。仪器的长期稳定性也影响定量分析的重现性和准确度。

（五）吸收池厚度的测定

采用干涉条纹法测定吸收池厚度的具体做法是：将空液槽放于测量光路中，在一定的波数范围内进行扫描，这时就得到干涉条纹，如图10-51所示。利用下式计算液槽厚度 L：

$$L=\frac{n}{2(\sigma_2-\sigma_1)}$$

式中，n 为干涉条纹个数；$\sigma_2-\sigma_1$ 为波数范围。

例如在1825～625cm^{-1}范围中出现24个干扰条纹，则：

$$L=\frac{24}{2\times(1825-625)}\text{cm}=0.01\text{cm}$$

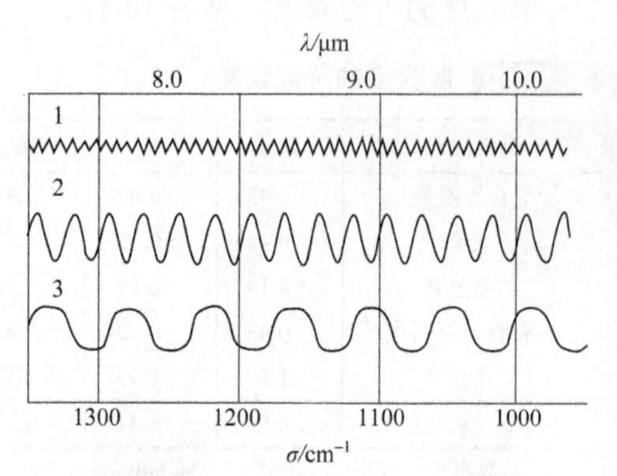

图 10-51 三个吸收池的干涉波纹

根据液槽厚度可选择不同的扫描光谱范围，见表10-41。

表 10-41 液槽厚度 L 与光谱范围

L/mm	σ/cm^{-1}	L/mm	σ/cm^{-1}
0.0125	5000～1666	0.10	2500～833
0.025	5000～1666	0.30	1666～833
0.050	5000～1250	0.50	1428～714
0.075	3333～1000		

三、红外光谱定量分析方法

（一）单一组分样品的定量分析方法

1. 工作曲线法

用红外光谱定量时，往往所用狭缝较宽，光的单色性差，用直接计算法进行测定不易得到准确的结果，通常采用工作曲线法。工作曲线的横坐标为样品的浓度，纵坐标为对应分析谱带的吸光度。工作曲线是由测量一系列已知浓度的标准样品得到的，在制作工作曲线和测定样品时必须在同一液体池中进行。在正常情况下，如果测量和操作条件选择合适，保持仪器操作条件恒定，使用相同的液体池，就可以得到准确的结果。

2. 比例法

在有些情况下，要求分析二元混合物中两个组分的相对含量，例如：分析二元共聚物或二元异构体混合物，这时可以采用比例法。对于二元体系，若两组分定量谱带不重叠，则：

$$A_1=a_1bc_1 \qquad A_2=a_2bc_2$$

$$R=\frac{A_1}{A_2}=\frac{a_1bc_1}{a_2bc_2}=\frac{a_1c_1}{a_2c_2}=K\frac{c_1}{c_2}$$

$$K=\frac{a_1}{a_2} \qquad c_1+c_2=1$$

$$c_1=\frac{R}{K+R} \qquad c_2=\frac{K}{K+R}$$

K 值可由标准样品测得，R 是被测样品二组分定量谱带峰顶处的吸光度比值，由此就可

以计算 c_1 和 c_2。若测定样品的浓度变化范围大，K 值往往是不恒定的，这时可以 R 对 c_1/c_2 作图测定未知样品的 R 值，由图求 c_1/c_2 。

3. 内标法

当用溴化钾压片或油糊法、液膜法时，因为光通路厚度不易确定，在有些情况下可采用内标法。内标法是比例法的特殊情况。这个方法是选择一标准化合物，它的特征吸收峰与样品的分析峰互不干扰。取一定量的标准物质与样品混合，将此混合物制成溴化钾片或油糊，绘制红外谱图，则有：

$$A_s = a_s b_s c_s \qquad A_r = a_r b_r c_r$$

将两式相除，因 $b_s = b_r$，则得：

$$\frac{A_s}{A_r} = \frac{a_s}{a_r} \times \frac{c_s}{c_r} = Kc_s$$

通常是将样品和内标按不同比例混合做工作曲线。

在选用内标时，应考虑下列几点：①其红外光谱比较简单，不干扰样品测定；②热稳定，不吸潮；③易纯化；④具有不受样品谱带干扰的强谱带；⑤适合于样品制备技术。

常用的内标物有：$Pb(SCN)_2$ 2045cm^{-1}；$Fe(SCN)_2$ 1635cm^{-1}，2130cm^{-1}；KSCN 2100cm^{-1}；NaN_3 640cm^{-1}，2120cm^{-1}；C_6Br_6 1300cm^{-1}，1255cm^{-1}。

（二）多组分样品的定量分析

1. 解联立方程方法

多组分样品定量分析的经典方法是解联立方程组，该法主要用于处理二元或三元混合体系。若方程组出现“病态”时，往往出现较大的偏差，为避免这种现象，应考虑以下条件：

① 在分析峰位置处的吸光度 A 对浓度 c 的关系尽量符合吸收定律；

② 分析峰处各组分之间的吸收系数差别要大；

③ 分析峰的位置应尽量选在“峰尖”，而不要选择“峰肩”位置；

④ 尽量选择该组分的特征峰作为分析峰或选择该组分的相对较强峰为分析峰。

2. 差示法

该法可用于测量样品中的微量杂质，例如有两组分 A 和 B 的混合物，微量组分 A 的谱带被主要组分 B 的谱带严重干扰或完全掩蔽，这时可以利用差示法来测量微量组分 A。早期主要采用光学差谱技术，即在参比光路中放入只含有 B 组分样品的溶液，在 B 组分的光谱中选择一条不受 A 组分谱带干扰的谱带作为补偿标准，逐渐改变参比光路中液体池的厚度，直至两光路中 B 组分的吸收相等。即此内标谱带在测量的光谱中完全消失，其后在 A 组分分析谱带区内扫描，就可以把 B 组分谱带的干扰去掉，可直接测量 A 组分分析谱带的吸光度。但这时 A 组分分析谱带的强度很弱，可使用纵坐标扩展，以提高测量准确度。但光学差谱技术受吸收池特性的影响很大。在实际工作中远远不能满足需要，随着计算机的发展，目前在很多红外光谱仪中都配有能进行差谱的计算机软件功能，另外对差谱前的光谱采用累加平均数据处理技术，对所得差谱图进行平滑处理和纵坐标扩展，因而可以得到十分优良的差谱图，为应用差示法于定量分析提供了很好的条件。

3. 化学计量学方法

目前常用的化学计量学求解联立方程组的方法有十多种，可参阅文献[10]。每一种方法都各有其特点和适用范围，可根据以下指标进行选择：

① 计算结果的准确度；

② 计算时间；

③ 对方程数目的依赖性；

④ 对光谱定量峰位置选择的依赖性；

⑤ 对病态方程的适应性；

⑥ 由于化学原因造成的体系非线性所要求的特定解法。

4. 红外定量分析的绝对标准

由于红外光谱中每一条谱带的吸收率都是不同的，因此，在大多数情况下，红外光谱定量工作需要和其他分析方法或标准物对照，以得到绝对的测量数据。

红外定量分析校准的方法很多，主要有如下几种。

（1）化学分析法　在测量高聚物的端基（如羧基、羟基）时，可采用化学滴定方法；在测量某些共聚物（如丙烯腈或氯乙烯的共聚物）的组分时，可采用元素分析方法，从氮或氯的含量可计算出共聚物的组分比。

（2）核磁共振法　使用 ^{1}H 的核磁共振波谱仪测量，其各谱线的强度和对应的 H 原子数目成正比，因此可得到绝对的测量结果，可用来作为红外定量的标准。

（3）放射性同位素法　在测量共聚物（如乙烯-丙烯共聚物）的组分比时，可以合成某些带有 ^{14}C 标记单体（一般为乙烯）的共聚物。这种共聚物的红外光谱和原来的相同，可作红外测量，而共聚物的绝对组分比可由放射性测量决定。从这种共聚物的红外定量测量所得到的谱带吸收率或吸收率之比可转用到一般的共聚物中。用这种方法所测得的数据是很精确的。

（4）均聚物的混合物　经常应用一定配比的均聚物的混合物作为测量共聚物组分比的绝对标准。这是一种很简便的方法，但有时不够精确。

（5）模型化合物　模型化合物是一种特殊选定的化合物，其结构和所测量的高聚物某个特定基团相似。如采用正戊醇作为测量羟基封头的聚丁二烯中羟基含量的模型化合物。

（三）无需标准试样的红外光谱定量方法

该方法基于同时测定大量组成各异的待测试样的各定量谱带的吸光度，运用最小二乘法求各组分的定量谱带吸收系数的最佳值，以此计算各试样的组成。现以二组分体系来说明其定量原理。

设两组分的定量谱带彼此不干扰，则对组分 1 得：

$$A_1 = a_1 c_t c_1 b$$

式中，A_1 为组分 1 在其定量谱带处的吸光度；a_1 为组分 1 在其定量谱带处的吸收系数；c_t 为溶液总浓度，mol/L 或 g/L；c_1 为组分 1 在试样中含量，以摩尔分数或质量分数表示；b 为吸收池厚度，cm。

令
$$\frac{A_1}{c_t b} = A_1^0$$

所以
$$A_1^0 = a_1 c_1$$

同样对于组分 2 有
$$A_2^0 = a_2 c_2$$

因混合物中只有两组分，故
$$c_1 + c_2 = 1$$

所以
$$A_1^0 \frac{1}{a_1} + A_2^0 \frac{1}{a_2} = 1$$

设有 m 个组成各异的待测试样，则得到如下的条件方程组

$$\begin{cases} A_{11}^0 \dfrac{1}{a_1} + A_{21}^0 \dfrac{1}{a_2} = 1 \\ A_{12}^0 \dfrac{1}{a_1} + A_{22}^0 \dfrac{1}{a_2} = 1 \\ \qquad \vdots \\ A_{1m}^0 \dfrac{1}{a_1} + A_{2m}^0 \dfrac{1}{a_2} = 1 \end{cases}$$

运用最小二乘法原理，将条件方程组变换成标准方程组，得

$$\begin{cases} \sum_{i=1}^{m}(A_{1i}^0)^2 \dfrac{1}{a_1} + \sum_{i=1}^{m}(A_{1i}^0 A_{2i}^0)\dfrac{1}{a_2} = \sum_{i=1}^{m} A_{1i}^0 \\ \sum_{i=1}^{m}(A_{1i}^0 A_{2i}^0)^2 \dfrac{1}{a_1} + \sum_{i=1}^{m}(A_{2i}^0)\dfrac{1}{a_2} = \sum_{i=1}^{m} A_{2i}^0 \end{cases}$$

解上述方程，即可得 a_1 和 a_2，由此即可求得 c_1 和 c_2。

根据同样的原理，可测三组分或更多组分含量。

第三节 红外光谱法的应用

一、红外光谱法在天然产物、中药材及提取物分析中的应用

样品	分析指标	分析结果	参考文献
三七	不同等级三七的红外光谱比较	所测三七红外光谱的峰形和峰位基本相同，但特征峰的吸光度之比存在差异	1
黄芪	真伪、产地等鉴别	利用 FTIR 指纹图谱，可鉴别黄芪真伪、生长年限和产地	2
	产地鉴别	产地鉴别的正确率为 100%	3
黄芪多糖	真伪鉴别	可利用红外光谱鉴别黄芪多糖和掺伪黄芪多糖	4
黄花蒿	成分及青蒿素含量	可判断栽培与野生黄花蒿主要成分与青蒿素含量的差异	5
灵芝	特征峰分析	不同产地和品种灵芝 IR 谱特征峰的共有峰率＞91.67%	6
灵芝产品	分类鉴别	36 种灵芝产品均可根据红外的特征谱图进行分类鉴别	7
赤芝、黑芝、松杉灵芝和树舌灵芝	糖苷类和氨基酸多肽类化合物含量	一维 IR 谱鉴定，糖苷类化合物含量：赤芝＞黑芝＞松杉灵芝＞树舌灵芝；三级鉴定证明 4 种灵芝中糖苷类和氨基酸多肽类化合物的含量是不一致的	8
甘草	真伪鉴别	可对甘草和伪品刺果甘草进行鉴别	9
甘草及其提取物	甘草酸和甘草苷含量	野生甘草相应指标成分含量高，栽培甘草相应成分含量低	10
炙甘草	质量鉴定	可鉴别药材的真伪优劣，还可以判别各批次质量的相关性	11
追风箭	鉴别化学成分	追风箭含有三萜类化合物、生物碱、芳香族化合物和醇等	12
3 种肉苁蓉	3 种药材的鉴别	肉苁蓉与管花肉苁蓉的一维红外谱图有明显区别，肉苁蓉与盐生肉苁蓉的二阶导数谱存在明显差异，可以区分	13
肉苁蓉种子	种子成分及活力	含有蛋白质、酯类和糖类，前两者含量与活力相关	14
	层积前后成分含量	层积前后不同部位成分含量有变化	15
肉苁蓉醇提物	肉苁蓉醇提物评价	70%乙醇提取物中苯乙醇苷类等物质高于其他浓度提取物	16
	苯乙醇苷等含量	与原药材相比，醇提物中苯乙醇苷类物质得到了有效富集	17
肉苁蓉	鉴别肉苁蓉来源	对不同来源肉苁蓉的识别率和拒绝率达到 90%以上	18
杜鹃属植物	不同亚属鉴别分类	所建方法能够准确地鉴别分类 4 个亚属植物	19
杜鹃花科植物	鉴别分类	FTIR 结合主成分分析法可以用来鉴别分类杜鹃花科植物	20

续表

样品	分析指标	分析结果	参考文献
太空板蓝根	多种活性成分含量	太空板蓝根中多糖类、甾体、三萜类及黄酮类化合物含量有不同程度的增加，苷类和有机酸含量有所减少	21
羚羊角	品质鉴别	可有效鉴别羚羊角、角塞以及掺有角塞的羚羊角样品	22
鸡骨草	年限及产地鉴别	同一产地成分相似，同一产地不同年限化学成分差异较大	23
	不同部位成分含量	根部黄酮类少于茎部，而皂苷类和多糖类成分则高于茎部	24
江西和安徽大血藤药材	大血藤及其不同提取物药效成分比对分析	两产地大血藤含有大量药效成分蒽醌类和糖类物质，所建方法还能区分不同产地药材提取物药效成分含量的高低	25
鸡血藤与大血藤	鸡血藤与大血藤识别	用偏最小二乘法建立两者的判别模型，识别率达 100%	26
大血藤等水煎液	宏观指纹特征	不同配伍方式复方水煎液 IR 谱均具有显著的变化规律	27
前胡	鉴别前胡及伪品防风	两者可鉴别，并指出其含酯、芳香和糖苷类化合物的差异	28
党参与夜关门	党参与夜关门的鉴别	可有效鉴别与区分党参及其伪品夜关门	29
纹党参和白条党参	两者的识别与分类	对纹党参和白条党参的识别率分别达到 92%和 96%	30
金银花	内在品质评价	新品种金银花的黄酮类、挥发油等酯类物质的含量均较高	31
	不同产地 IR 谱比较	由于产地不同，其 IR 谱的吸收峰频率和形状均有所差异	32
黄连及水、醇提物	活性成分的半定量	黄连经提取，小檗碱含量明显增高，醇提明显高于水提	33
黄连药材	整体质量分析与评价	盐酸小檗碱含量为：根茎＞叶柄＞须根，并随生长年限变化	34
黄连-吴茱萸	该类方剂 IR 谱分析	黄连在左金丸、甘露散及茱萸丸水提物中均占绝对优势	35
表儿茶素类	4 种儿茶素类单质的红外光谱特征	研究了表儿茶素、表没食子儿茶素、表儿茶素没食子酸酯和表没食子儿茶素、没食子酸酯的红外光谱特征	36
鹿茸	不同商品等级鹿茸的品质评价	一等品鹿茸酯类、氨基酸、蛋白质类含量较高,二等品糖类物质较多,三等品几种成分的含量都相对较低	37
梅花鹿茸片	品质鉴别	该法适合梅花鹿茸片的质量鉴别	38
黄芩	太空黄芩品质评价	太空黄芩活性成分黄酮类化合物含量比地面黄芩明显提高	39
黄芩根、茎、叶	UV-B 辐射的影响	根及叶中醇、酚类和类黄酮含量增加，茎中 3 者含量降低	40
栽培黄芩、野生黄芩和粘毛黄芩	栽培黄芩、野生黄芩和粘毛黄芩的识别	当隐含层节点数为 3 时，所述方法对栽培黄芩、野生黄芩和粘毛黄芩的识别正确率超过了 97%	41
黄姜	皂素含量	皂素含量测定的加标回收率为 99.12%, *RSD* 为 0.22%	42
灯盏细辛	总黄酮含量	可用 3436cm^{-1}、1639cm^{-1} 和 1250cm^{-1} 三个特征峰强来判断黄酮含量	43
当归	果胶多糖的酯化度	所测结果与滴定法测定结果的相对误差为 7%	44
刺五加的根茎叶	根茎叶的 IR 谱鉴定	一维谱图显示根、茎、叶三者共有成分为酚苷类化合物，二阶导数谱图说明叶中黄酮类成分含量高于根和茎	45
八角茴香	八角茴香及其伪品莽草的鉴别	八角茴香及其伪品莽草的一维谱、二阶导数谱和二维相关红外谱均有差异，可以鉴别	46
虫草素	虫草素的 IR 谱分析	证实了虫草素的多晶型现象,不同虫草素的 IR 谱差异明显	47
冬虫夏草	真伪鉴别	真伪冬虫夏草在各级谱图中存在显著差异，据此可鉴别	48
野生冬虫夏草	真伪鉴别	得到了野生虫草的红外特征峰，据此可对伪品进行鉴别	49
红花	红花主成分聚类分析	红花样品分为 4 个产区，同一产区内红花的化学组分相似	50
野生酸枣	果硒多糖	野生酸枣的红外光谱具有明显的多糖特征吸收峰	51
羌活种子	羌活种子鉴别	对羌活和宽叶羌活种子的识别率分别达到 96%和 97%	52
麝香	真伪鉴别	天然麝香与麝香伪品的 IR 谱差异明显，据此可以鉴别	53
青翘	炮制方法等的鉴别	利用 FTIR 指纹图谱，可鉴别青翘的炮制方法与炮制时间	54

续表

样　品	分析指标	分析结果	参考文献
硫黄熏蒸白芍	硫熏与非硫熏鉴别	可以快速简便、直观有效地鉴别和区分硫黄熏蒸白芍药材	55
荔枝核提取物	主成分及抗氧化活性	荔枝核提取物主要为黄酮类物质，具有很强的抗氧化活性	56
黄柏	真伪鉴别	将其红外光谱与标准图谱进行比较，据此进行鉴别	57
	产地鉴别	可以快速、无损地鉴别不同产地黄柏	58
两面针	产地鉴别	识别率＞90%；识别率和拒绝率均达到或接近 100%	59,60
	主要化学成分比较	可以快速鉴别出不同丘陵地区两面针主要化学成分的差异	61
虎掌南星	虎掌南星的快速鉴别	可对虎掌南星药材进行快速鉴别	62
仙鹤草及提取物	主要成分鉴定	主要成分为半乳糖、葡萄糖、鼠李糖、阿拉伯糖等	63
	主要成分及产地区分	测得七种仙鹤草主要化学成分，并可对产地进行很好区分	64
仙鹤草商品药材	产地鉴别	利用八种产地仙鹤草的指纹特征峰，可对其进行鉴别	65
罗汉果	总苷含量	测得的总苷含量与紫外分光光度法的测定结果差异不显著	66
枸杞子	野生和栽培的鉴别	可对野生和栽培的枸杞子进行快速准确鉴别	67
石椒草和夏枯草	红外光谱分析	石椒草和夏枯草 IR 谱的部分特征峰与其疗效有着直接关系	68
阳春砂	杂交子代与母本鉴别	经导数和傅里叶自解卷积转化的 IR 谱差异明显，可以鉴别	69
板栗壳棕色素	抗氧化性	研究了不同溶液提取的板栗壳棕色素的抗氧化性	70
丹参	产地鉴别	根据丹参二阶导数谱，可鉴别产地	71
	产地和等级鉴别	丹参产地和等级的识别率和拒绝率均达 97%以上	72
白花丹参	不同部位 IR 谱鉴定	不同部位化学成分种类及含量有所差异，茎、叶、花值得开发	73
	储藏品的分析与评价	储藏 5 年其主体化学成分基本未变，各成分含量略有不同	74
滇丹参与丹参	滇丹参与丹参的鉴别	利用滇丹参与丹参红外峰形的差异，可对两者进行鉴别	75
人参	种类鉴别	对白参、高丽参、西洋参、红参、野山参等进行了鉴别	76
花旗参、高丽参等	三种参的鉴别	建立了快速鉴别花旗参、高丽参及三七参的红外光谱法	77
白芷和丹参	产地鉴别	白芷和丹参产地鉴别的交叉验证准确率达 99%	78
苦参	抗辐射成分鉴定	分析结果表明，苦参中的抗辐射成分是氧化苦参碱	79
短序与阔叶十大功劳	不同部位化学组分及小檗碱含量	可快速测得两种十大功劳化学成分的差异；另外，还测得短序十大功劳小檗碱含量要高于阔叶十大功劳	80
蜡梅叶及其炒制品	药材种类鉴别	所测 26 个样品被归为四类，判别准确率为 96%	81
葛根及同属植物根	两类植物根的鉴别	葛根及同属植物根的 IR 谱各具特征，据此可以鉴别区分	82
葛粉	葛粉掺假鉴别	葛粉掺假红薯或马铃薯粉的验证准确率为 93.3%和 100%	83
续断和龟板	两者的 IR 谱分析	续断含淀粉、纤维素、生物碱等；龟板含脂肪、胶质等	84
矮地茶、大黄等	来源鉴别	矮地茶、大黄、黄芩、夏枯草有不同 IR 谱特征，可以鉴别	85
中药水蛭	炮制前后成分的变化	部分脂肪酸和甾醇类组分在炮制中发生氧化分解	86
曼地亚和南方红豆杉	不同部位紫杉醇含量	曼地亚红豆杉叶片与南方红豆杉根中的紫杉醇含量高	87
百合知母汤	建立 IR 指纹图谱	所建 IR 指纹图谱可为百合知母汤的鉴别提供参考	88
中药地枫皮	真伪鉴别	可对地枫皮、假地枫皮和大八角进行分析鉴别	89
天然麝香	真伪鉴别	天然麝香与伪品的 IR 谱有明显差异，可据此进行鉴别	90
沉香	真伪鉴别	沉香及其伪品的 IR 谱差异明显，可据此进行鉴别	91
肉桂油	主要成分的鉴定	对肉桂油的主要成分进行鉴定，发现其主要成分为肉桂醛	92

续表

样　品	分析指标	分析结果	参考文献
淫羊藿和人参	产地鉴别	淫羊藿和人参产地鉴别的正确率均达92%以上	93
淫羊藿易混淆药材	易混物种的快速鉴别	不同物种淫羊藿IR谱特征不同，可对易混物种快速鉴别	94
安息香药材	安息香的鉴别	可对安息香药材进行快速准确的鉴别	95
延胡索	品种鉴别	延胡索与全叶延胡索的IR谱有明显差异，据此可鉴别区分	96
菟丝子与金灯藤子	两者的识别	采用人工神经网络可对同科属菟丝子与金灯藤子进行识别	97
天麻及其伪品	真伪鉴别	可将天麻粉末、天麻提取物粉末与其相应的伪品区分开来	98
野生及家种天麻、天麻伪品	野生、家种天麻与天麻伪品的鉴别	野生天麻、家种天麻及天麻伪品均有自己的特征红外光谱，据此可对三者进行鉴别	99
陈皮挥发油	产地鉴别	对七个不同产地的陈皮挥发油进行了鉴别	100
蔓荆子	产地鉴别	可对不同产地的蔓荆子进行产地鉴别	101
祁菊花和大怀菊	品种鉴别及硫黄残留	可快速鉴别菊花是否有硫残留，还能进行菊花的品种鉴别	102
药用菊花	产地鉴别	不同产地药用菊花IR谱特征性明显，可以鉴别	103
不同产地野菊花	蒙花苷含量	可以根据IR谱的差异，判断不同产地野菊花中蒙花苷含量	104
干燕窝产品	品质分析	经分析发现，干燕窝产品中添加了不同量的明胶等物质	105
大黄	真伪测定与鉴别	对45种样品进行了测定和鉴别，正确率可以达到97.78%	106
	鉴别正品与非正品	对正品大黄和非正品大黄进行鉴别，鉴别正确率达到98%	107
大黄与洋铁酸模	两者的鉴别	聚类分析结果显示，所有大黄与洋铁酸模样品被分为两类	108
生地黄	品种识别	生地黄品种识别率高于90%	109
蛇足石杉	物种鉴别	应用FTIR直接测定法能够鉴别蛇足石杉及其近缘物种	110
酸枣仁	真伪鉴别	酸枣仁与其伪品滇枣仁的IR谱存在明显差异，可以鉴别	111
中药砂仁	真伪鉴别	可对砂仁及其伪品红壳砂仁、海南假砂仁等进行鉴别区分	112
牛膝	道地与非道地性鉴别	相关系数大于0.9840为道地牛膝，小于者为非道地牛膝	113
麦冬	真伪鉴别	该法可用于中药材麦冬的真伪鉴别	114
败酱	真伪鉴别	真伪败酱IR谱有明显差别，可以鉴别	115
龙爪和库拉索芦荟	两种芦荟的鉴别	两种芦荟的IR谱在$2100cm^{-1}$处有明显差异，据此可鉴别	116
血竭	产地及来源鉴别	所测结果与经典形态分类学鉴别法的结果基本一致	117
青葙子	真伪鉴别	青葙子与其伪品鸡冠子等的IR谱差别较大，可以鉴别区分	118, 119
肉豆蔻	真伪鉴别	肉豆蔻及伪品长形肉豆蔻的IR谱吸收差别较大，可以鉴别	120
紫苏子	真伪鉴别	紫苏子与伪品石荠苧等的IR谱吸收差别较大，可以鉴别	121
艾、野艾及细叶艾	种类鉴别	艾、野艾及细叶艾的IR谱吸收差别较大，可以准确鉴别	122
道地山药	道地山药鉴别	预测了11个样本，正确率达90.9%	123
银杏叶提取物	总内酯含量	测定结果与HPLC法接近，平均回收率为96.8%，*RSD*为5.5%	124
虎舌红提取物	总黄酮含量	总黄酮含量19.47mg/g，回收率为98.72%，*RSD*为2.09%	125
巴戟天及其伪品	真伪鉴别	可准确、快速地对巴戟天药材的真伪进行鉴别	126
天花粉与苦花粉	真伪鉴别	可对天花粉及伪品苦花粉进行快速准确鉴别	127
陕西“七药”	“七药”的鉴别	“七药”的IR谱及二阶导数谱有特征吸收峰，可用于鉴别	128
草乌花及提取物	化学成分分析	两者均具有明显的多糖类化合物及脂肪酸(酯)类化合物	129
	化学成分变化规律	可观测药材化学成分的整体变化规律，有助于质量控制	130

续表

样品	分析指标	分析结果	参考文献
何首乌	不同产地何首乌预测	FTIR 结合 SIMCA 预测未知样品的准确率可达 100%	131
药材瓜蒌	不同部位的成分分析	瓜蒌各部位均含糖及苷，瓜蒌皮和子中含黄酮及酯类成分	132

本表参考文献：

1. 刘飞，邱武跃，刘刚．安徽农业科学，2010，17：8835，8850.
2. 李桂兰，赵慧辉，刘养清，等．光谱学与光谱分析，2010(6)：1493.
3. 张磊，聂磊，王唯红．中国药房，2010(19)：1772.
4. 赵玉丛，李利红．中国兽医杂志，2011，47(6)：71.
5. 孔德鑫，韦记青，邹蓉，等．基因组学与应用生物学，2010，29(2)：349.
6. 何晋浙，邵平，孙培龙．光谱学与光谱分析，2010(5)：1202.
7. 孙素琴，梁曦云，等．分析化学，2001，29(3)：309.
8. 陈小康，黄冬兰，孙素琴，等．光谱学与光谱分析，2010(1)：78.
9. 阿依古丽·塔西，周群，董晓鸥，等．光谱学与光谱分析，2006，26(7)：1238.
10. 索婧侠，孙素琴，王文全．光谱学与光谱分析，2010(5)：1218.
11. 高燕菁，林佳佳，张剑平，等．中国药业，2011，20(19)：36.
12. 刘朝兰，司民真．光散射学报，2010，22(1)：72.
13. 徐荣，孙素琴，刘友刚，等．光谱学与光谱分析，2010(4)：897.
14. 徐荣，孙素琴，陈君，等．光谱学与光谱分析，2009，(1)：97.
15. 徐荣，孙素琴，陈君，等．种子，2009，28(3)：1.
16. 张声俊，许长华，陈建波，等．光谱学与光谱分析，2011，31(11)：2923.
17. 刘友刚，王威，徐荣，等．中国医院药学杂志，2010 (15)：1257.
18. 徐荣，孙素琴，刘友刚，等．光谱学与光谱分析，2009，29(7)：1860.
19. 罗庇荣，刘刚，张玉宾，等．光谱学与光谱分析，2010(4)：943.
20. 罗庇荣，刘刚，时有明，等．红外技术，2009，31(1)：39.
21. 朱艳英，关颖，王立鹏，等．光谱学与光谱分析，2010(2)：345.
22. 刘炎，张贵君，孙素琴．光谱学与光谱分析，2010(1)：42.
23. 孔德鑫，黄庶识，黄荣韶，等．光谱学与光谱分析，2010(1)：45.
24. 孔德鑫，黄荣韶，王一兵，等．时珍国医国药，2010(1)：140.
25. 尹泉，李惠芬，周群，等．光谱学与光谱分析，2010(1)：54.
26. 陈燕清，颜流水，邓春健，等．南昌航空大学学报，2011，25(3)：89.
27. 徐茂玲，李惠芬，周群，等．光谱学与光谱分析，2010(3)：640.
28. 黄冬兰，徐永群，陈小康．韶关学院学报，2009，30(12)：50.
29. 黄冬兰，孙素琴，徐永群，等．现代仪器，2008，14(5)：22.
30. 黄冬兰，陈小康，徐永群，等．分析测试学报，2009，28(12)：1440.
31. 徐荣，孙素琴，刘友刚，等．安徽农业科学，2009，37(12)：5477.
32. 赵花荣，温树敏，王晓燕，等．光谱学与光谱分析，2005，25(5)：705.
33. 武彦文，肖小河，孙素琴，等．光谱学与光谱分析，2009(1)：93.
34. 李英明，王立群，邓芬，等．中国医学科学院学报，2004，26(6)：614.
35. 武彦文，孙素琴，肖小河，等．光谱学与光谱分析，2009，29(7)：1797.
36. 张连水，聂志矗，赵晓辉，等．茶叶，2009，35(3)：152.
37. 唐慧英，鄢丹，武彦文，等．世界科学技术：中医药现代化，2009(2)：283.
38. 吴信子，王思宏，吴丽花，等．安徽农业科学，2010(35)：20123.
39. 丁喜峰，高华娜，郭西华，等．光谱学与光谱分析，2009，29(5)：1286.
40. 唐文婷，刘晓，房敏峰，等．光谱学与光谱分析，2011，31(5)：1220.
41. 徐永群，孙素琴，等．光谱学与光谱分析，2002，22(6)：945.
42. 岳霞丽，李雪刚．化学与生物工程，2009，26(5)：70-71，78.
43. 李清玉，司民真，饶高雄，等．光散射学报，2009，21(1)：73.
44. 孙元琳，崔武卫，顾小红，等．光谱学与光谱分析，2009，29(3)：682.
45. 金哲雄，徐胜艳，孙素琴，等．光谱学与光谱分析，2008，28(12)：2859.
46. 周晶，孙建云，徐胜艳，等．光谱学与光谱分析，2008，28(12)：2864.
47. 吴明生，唐亮．世界科学技术：中医药现代化，2011，13(3)：579.
48. 张声俊．山地农业生物学报，2011，30(3)：230.
49. 宋文军．天津师范大学学报，2007，27(3)：16.
50. 唐军，王青，王强．中草药，2011，42(6)：1213.
51. 孙延芳，梁宗锁，单长卷，等．农业机械学报，2011，42(6)：147.

52. 沈亮, 蒋舜媛, 黄荣韶, 等. 中草药, 2011, 42(10): 2114.
53. 邓玉群. 中国中医药咨讯, 2011, 3(20): 407.
54. 李宝红, 吴君, 邓妙丽, 等. 光谱实验室, 2011, 28(5): 2670.
55. 刘静静, 刘晓, 李松林, 等. 南京中医药大学学报, 2010, 26(5): 356, 402.
56. 江敏, 胡小军, 陈晓林, 等. 食品工业科技, 2011(10): 170.
57. 蔡卫家, 徐显贵. 中国药业, 2011, 20(20): 34.
58. 袁玉峰, 陶站华, 刘军贤,等. 光谱学与光谱分析, 2011, 31(5): 1258.
59. 毛晓丽, 郑娟梅, 李自达, 等. 光谱学与光谱分析, 2011, 31(10): 2697.
60. 黄庶识, 李自达, 毛晓丽, 等. 光谱学与光谱分析, 2012, 32(2): 364.
61. 郑娟梅, 韦文俊, 黄庶识, 等. 光谱实验室, 2010, 27(6): 2325.
62. 李志勇, 李彦文, 周凤琴, 等. 中国药房, 2011, 22(31): 2919.
63. 李强, 张荣强. 北方药学, 2011, 8(6): 4.
64. 武晓丹, 金哲雄, 孙素琴, 等. 光谱学与光谱分析, 2010(12): 3222.
65. 金蕊, 金哲雄. 黑龙江医药, 2010, 23(6): 901.
66. 郑娟梅, 李武钢, 毛晓丽, 等. 广西科学, 2011, 18(4): 355.
67. 姚霞, 孙素琴, 许利嘉, 等. 医药导报, 2010, 29(8): 1065.
68. 杨永安, 李加金, 司民真. 光谱实验室, 2011, 28(3): 1031.
69. 张丹雁, 梁欣健, 石莹莹, 等. 中草药, 2011, 42(5): 996.
70. 李莉, 顾欣, 崔洁, 等. 食品与发酵工业, 2011, 37(3): 41.
71. 王凌, 龚慕辛, 王智民, 等. 中国实验方剂学杂志, 2010(5): 34.
72. 张福强, 唐向阳, 王俊全, 等. 计算机与应用化学, 2010(9): 1301.
73. 王鹏, 郭庆梅, 赵启韬, 等. 中国实验方剂学杂志, 2011, 17(9): 113.
74. 康玉秋, 郭庆梅, 赵启韬, 等. 光散射学报, 2011, 23(4): 387.
75. 颜茜, 王昆林, 沙育年. 光散射学报, 2011, 23(4): 396.
76. 吴建华, 罗宗铭, 郑建国, 等. 分析测试学报, 2003, 22(3): 75.
77. 郭建, 许彩芸, 李忠, 等. 中国卫生检验杂志, 2005, 15(10): 1215.
78. 刘沭华, 张学工, 周群, 等. 光谱学与光谱分析, 2005, 25(6): 878.
79. 骆伟, 骆传环, 黄荣清, 等. 中华临床医药杂志, 2004, 5(16): 7.
80. 孔德鑫, 黄庶识, 王满莲, 等. 基因组学与应用生物学, 2011, 30(2): 224.
81. 童伟, 罗浩华, 麦曦, 等. 中药材, 2011, 34(2): 202.
82. 曾明, 张汉明. 中药材, 1998, 21(8): 392.
83. 刘嘉, 李建超, 陈嘉, 等. 食品科学, 2011, 32(8): 226.
84. 柏爱春, 杨永安, 司民真. 光散射学报, 2010, 22(4): 391.
85. 侯艳艳, 张丽, 马林, 等. 中国药房, 2011, 22(15): 1388.
86. 李冰宁, 武彦文, 欧阳杰, 等. 光谱学与光谱分析, 2011, 31(4): 979.
87. 孔德鑫, 黄夕洋, 李锋, 等. 光谱学与光谱分析, 2011, 31(3): 656.
88. 张丽勤. 中国药房, 2010(47): 4483.
89. 孔德鑫, 唐辉, 韦霄, 等. 光谱实验室, 2010, 27(6): 2417.
90. 周健, 金城, 罗云等. 光谱学与光谱分析, 2010, 30(9): 2368.
91. 黄洁媚. 国际医药卫生导报, 2010, 16(22): 2775.
92. 李好样, 董金龙. 光谱实验室, 2010, 27(5): 2020.
93. 张勇, 谢云飞, 赵冰, 等. 理化检验:化学分册, 2010, (7): 778, 783.
94. 裴利宽, 郭宝林, 孙素琴, 等. 光谱学与光谱分析, 2008, 28(1):55.
95. 董重, 夏厚林, 石战英, 等. 四川中医, 2010, 28(7): 37.
96. 田进国, 陈永林. 中国中药杂志, 1999, 24(6): 327.
97. 程存归, 田玉梅, 张长江. 化学学报, 2008, 66(7): 793.
98. 季晓晖, 李娜, 王俊儒, 等. 西北植物学报, 2008, 28(4): 831.
99. 刘刚, 董勤, 俞帆, 等. 光谱学与光谱分析, 2004, 24(3): 308.
100. 周欣, 孙素琴, 黄庆华. 光谱学与光谱分析, 2007, 27(12): 2453.
101. 邓月娥, 孙素琴, 牛立元. 河南科技学院学报, 2007, 35(1): 42.
102. 赵花荣, 温树敏, 冯雅琪, 等. 光谱学与光谱分析, 2007, 27(6): 1110.
103. 白雁, 鲍红娟, 王东, 等. 中成药, 2006, 28(12): 1721.
104. 吴明侠, 王晶娟, 张贵君, 等. 中国实验方剂学杂志, 2010(14): 54.
105. 邓月娥, 孙素琴, 周群, 等. 光谱学与光谱分析, 2006, 26(7): 1242.
106. 马书民, 刘思东, 张卓勇, 等. 光谱学与光谱分析, 2005, 25(6): 874.
107. 汤彦丰, 张卓勇, 范国强, 等. 光谱学与光谱分析, 2005, 25(5): 715.
108. 赵丽茹, 蔡广知, 贡济宇, 等. 吉林中医药, 2011, 31(11): 1116.
109. 白雁, 孙素琴, 樊克锋, 等. 中药材, 2005, 28(4): 281.
110. 郭水良, 李沛玲, 方芳, 等. 光谱学与光谱分析, 2005, 25(5): 693.

111. 李彦文，周凤琴，王丽萍，等. 中医药学刊，2005，23(4): 713.
112. 程存归，阮永明，李冰岚. 光谱学与光谱分析，2004，24(11): 1355.
113. 孙素琴，白雁，余振喜，等. 中药材，2005，28(3): 181.
114. 孙跃宗，程存归，李冰岚，等. 医药导报，2004，23(11): 811.
115. 田智勇，余振喜，白雁，等. 中药材，2004，27(4): 252.
116. 张力，陈宝国，达古拉，等. 理化检验:化学分册，2004，40(4): 208, 212.
117. 林培英，肖杰，钟蕾，等. 第二军医大学学报，2003，24(12): 1341.
118. 程存归，李冰岚，等. 中药材，2003, 26(2): 95.
119. 张长江，李丹婷，梁久祯，等. 光谱学与光谱分析，2007, 27(1): 50.
120. 王宜祥，程存归，李冰岚. 中药材，2003, 26(1): 14.
121. 程存归. 光谱学与光谱分析，2003, 23(2): 282.
122. 程存归，陈宗良，等. 中药材，2002, 25(5): 315.
123. 徐永群，孙素琴，等. 分析化学，2002, 30(10): 1231.
124. 姚评佳，梁锦添. 广西农业生物科学，1999, 18(1): 46.
125. 凌育赵，刘经亮. 化学与生物工程，2011, 28(12): 92.
126. 刘元瑞，葛海生，赵康虎，等. 药物分析杂志，2011，31(12): 2213.
127. 孙俊英，郭庆梅，刘会，等. 山东中医药大学学报，2011, 35(6): 555, 565.
128. 韩玲，郭增军，吴楠，等. 现代中药研究与实践，2011，25(6): 32.
129. 李志勇，王朝鲁，孙素琴，等. 中国中药杂志，2011，36(23): 3281.
130. 图雅，白金亮，周群，等. 分析化学，2011, 39(4): 481.
131. 袁玉峰，陶站华，田昌海，等. 时珍国医国药，2011，22(8): 1835.
132. 马艳，周凤琴，郭庆梅，等. 光散射学报，2011，23(2): 168.

二、红外光谱法在药物及临床医学领域中的应用

样品	分析指标	分析结果	参考文献
阿司匹林片	含水量	基于小波消噪的红外透射光谱法可测定阿司匹林片含水量	1
甲氧氯普胺片剂及注射液	真伪鉴别	甲氧氯普胺片剂及注射液的红外光谱均与甲氧氯普胺红外标准图谱一致	2
罗红霉素胶囊	罗红霉素鉴别	可快速鉴别罗红霉素胶囊中的罗红霉素	3
妇炎康胶囊	非法添加物鉴别	结合超HPLC和二级质谱等方法可鉴别非法添加物诺氟沙星	4
盐酸曲马多	结构分析	红外光谱中显示出盐酸曲马多的特征峰，可用于其结构鉴别	5
丁酸氯维地平	结构确证	根据红外特征峰所对应的官能团，确证了丁酸氯维地平结构	6
曲克芦丁	对牛血清白蛋白二级结构的影响	分析结果表明，蛋白质与药物作用后蛋白质分子发生了由螺旋结构向折叠结构的转变	7
头孢氨苄	头孢氨苄含量	头孢氨苄含量测定的平均回收率为98.98%，*RSD*为1.06%	8
头孢克肟分散体	溶出度	在水中(20℃)的溶出度为95.2%，明显高于原料药(24.8%)	9
阿奇霉素片剂	阿奇霉素含量	测得含量为57.15%，平均回收率为99.25%，*RSD*为1.7%	10
溶栓胶囊	质量鉴别	不同批次产品的蛋白酶成分和加入的辅料量均有较明显差异	11
那格列奈片剂	片剂晶型鉴别	该法可用于那格列奈B晶型或H晶型的鉴别	12
复方碳酸钙片	二甲硅油含量	二甲硅油测定的回收率为98.9%，*RSD*为1.5%(n=6)	13
胆舒软胶囊	真伪鉴别	该法可快速鉴别胆舒软胶囊的真伪	14
感冒咳嗽颗粒	蔗糖含量	蔗糖含量测定的回收率为97.8%～101.6%，*RSD*小于5%	15
速效救心丸	质量评价	该法的精密度、重复性和稳定性良好	16
中药	识别率	对平性药识别率为83.33%，非平性药为82.5%	17
麻黄-桂枝汤剂	药物成分鉴别	所含药物成分并不是单味麻黄、桂枝药物成分的简单加和	18
双黄连粉针剂	定性定量分析	平均预测相对误差小于4%	19
灯盏花、刺五加和香丹注射剂	确定其主要成分及所含官能团	三者主要成分是多环芳香烃衍生物，并含大量羟基；此外，刺五加含羧基，灯盏花有含氧环官能团	20

续表

样　品	分析指标	分析结果	参考文献
麻黄-杏仁汤剂	药物成分鉴别	所含药物成分并不是单味汤剂所含药物成分的简单相加	21
炙制大黄饮片	是否加辅料判别	可快速判断饮片中是否加入辅料	22
茵陈配方颗粒	总黄酮含量	总黄酮含量的平均回收率为 97.77%, *RSD* 为 1.34%	23
板蓝根颗粒	蔗糖含量	该法可快速测定板蓝根颗粒中蔗糖含量	24
广藿香	配方颗粒的鉴别	可以快速、准确地鉴别广藿香配方颗粒	25
绿茶多酚	导致口腔收敛性感觉的分子机制	分析结果表明,绿茶多酚可通过结构中大量羟基(易形成氢键)启动口腔收敛性感觉反应	26
丹参配方颗粒	辅料类型与有效成分相对含量	丹参配方颗粒红外光谱的 $1160cm^{-1}$ 和 $1608cm^{-1}$ 特征峰, 可用于判断辅料类型及辅料与有效成分相对含量	27
红花注射剂和野菊花注射剂	质量鉴定	提出花类注射剂 IR 谱的共性, 以及不同注射剂的指纹特征, 据此进行质量鉴定	28
复方四逆汤	配伍研究	提出配伍中君、臣、佐、使间的相互作用和剂量对配伍的影响	29
中药伟哥	检测西地那非	在中药伟哥成药所含的多种草药中未发现西地那非成分	30
尿路结石	成分定性定量	含钙结石 87.36%, 草酸钙检出 84.48%, 等等	31,32
	成分定性分析	单纯结石主要成分为草酸钙; 草酸盐结石主要为碳磷灰石、尿酸盐、磷酸盐等	33,34
尿酸结石	与性别、年龄的关系	尿酸结石多来自于下尿路, 性别和年龄对尿酸结石有一定影响	35
上尿路结石	结石成分及分布	上尿路结石主成分为草酸钙与磷酸钙, 其含量不同层面有差异	36
泌尿系结石	成分定性分析	陕西地区泌尿系结石主要成分为草酸钙、碳酸磷灰石和尿酸类	37
肾结石	主要成分定性	得出典型三聚氰胺肾结石的主要成分为三聚氰胺和尿酸	38
膀胱癌组织	癌、正常组织鉴别	膀胱癌与正常组织分子组成和结构存在差异, 据此可鉴别二者	39
胆囊组织、胆囊组织细胞膜及胆囊癌细胞株	三者 FTIR 谱的相关性	胆囊癌细胞株和癌组织细胞膜的 FTIR 谱发生了显著变化, 癌组织的脂类和蛋白质的相对含量降低, 癌细胞株的脂质和蛋白相对含量增加; 胆囊癌组织细胞膜的脂质和蛋白相对含量升高	40
胆管癌	成分含量	癌组织核酸较脂类含量明显增加, 蛋白质含量相对核酸的含量下降	41
胆囊癌细胞株	细胞株比对	体外培养的胆囊癌细胞株 IR 谱特征与相应癌组织存在异同	42
胃癌	胃癌及正常细胞 FTIR 谱比对	结果表明, 胃癌与癌旁正常组织细胞膜上生物大分子 IR 谱存在差异, 且与胃癌组织、胃癌细胞株的光谱特征存在异同	43
胃镜样品	胃病诊断	正常、炎症及癌症胃镜样品检测的总体准确率达到 81.4%	44
		浅表性、萎缩性胃炎和胃癌组织具有不同的 FTIR 谱, 可判别	45
胃癌细胞株	IR 谱比对	胃癌细胞株与相应癌组织 IR 谱存在异同	46
胃组织	癌变诊断	所述方法可以对良性和恶性胃组织进行鉴别诊断	47
食管癌	良性、恶性鉴别	食管癌组织与正常组织的 IR 谱具有较大差异, 可以鉴别区分	48,49
消化道癌	消化道癌的判别	消化道癌的蛋白质、核酸和磷脂等含量与结构均改变	50
食管癌者指甲	IR 谱比对	食管癌患者指甲与正常人指甲的 IR 谱有差异, 两者可判别	51
食道组织样品	癌化识别	食道组织癌化的平均识别率可达 85.71%	52
溃疡性结肠炎	患者穴位的 IR 谱	上巨虚与合谷穴均能在红外光谱上反映出肠道病变	53
胃肠脱落细胞	胃肠肿瘤诊断	可鉴别胃肠道良、恶性脱落细胞, 尤其对癌前病变的检出率较高	54
结直肠癌	良性、恶性诊断	该法判定正常黏膜以及癌组织的诊断准确率为 94.7%	55
大肠肿瘤	癌组织成分含量	癌组织脂类含量降低, 蛋白质量升高, 核酸较脂类明显增加	56
甲状腺癌转移性颈部淋巴结	转移性淋巴结红外光谱的特征	与非转移性淋巴结相比, 甲状腺癌转移性淋巴结红外光谱中与蛋白质、脂质、糖类、核酸相关的谱带均发生了明显变化	57

续表

样 品	分析指标	分析结果	参考文献
甲状腺癌	甲状腺癌的鉴别	甲状腺良恶性组织的IR谱间存在明显差异，据此可进行判别	58
		该方法对94个预测样本的识别准确率为98.9%	59
人宫颈癌细胞	低能离子的影响	低能离子注入可引起癌细胞中核酸、蛋白质的含量和构象变化	60
	光动力的作用	光动力使核酸、蛋白质、脂类受到损伤，诱导肿瘤细胞凋亡	61
宫颈鳞癌、腺癌	宫颈鳞癌、腺癌等鉴别	该法可用于鉴别宫颈鳞癌、宫颈腺癌及宫颈正常组织	62
宫颈病变	宫颈疾病判别	宫颈癌具有特征的971cm^{-1}峰，可与其他类型宫颈病变相区分	63
宫颈内膜移位	红外线光谱疗效	结论:红外线光谱较冷冻治疗宫颈内膜移位伴感染疗效更满意	64
乳腺组织	良性、恶性病变判别	可以判别正常乳腺组织、乳腺增生、乳腺纤维腺瘤及乳腺癌	65
乳腺癌前哨淋巴结	判断乳腺癌前哨淋巴结转移与否	有无转移的淋巴结IR谱吸收强度存在差异，据此可进行判断	66
女性乳腺肿瘤	良性、恶性鉴别	良性、恶性乳腺肿瘤及正常乳腺组织IR谱有明显差异，可鉴别	67
脑肿瘤	肿瘤性质鉴别	用该法鉴别脑肿瘤的性质与病理诊断结果的符合率超过85%	68
肝癌细胞	对树突细胞影响	肝癌细胞能够抑制树突状细胞的基因转录活性和能量状态	69
肿瘤细胞	对脂含量和蛋白质结构的影响	结论：与肿瘤细胞共培养能够导致mDCs和imDCs的脂含量和蛋白质二级结构发生改变	70
冻存喉癌组织	喉癌组织的特征	可以在分子水平上反映喉癌组织的特征及与正常组织的差异	71
涎腺多形性腺瘤	涎腺多形性腺瘤的IR谱研究	从红外光谱分析可知，多形性腺瘤是正常涎腺组织向多形性腺瘤癌变转化的中间过程	72
良性、恶性多形性腺瘤	两者的区分	良性与恶性瘤IR谱峰位及强度有许多不同之处，据此可区分	73
腮腺肿瘤	良性、恶性判别	正常、良性和恶性腮腺肿瘤体表皮肤的IR谱有显著差异	74
肺癌组织	鉴别诊断	正常与癌变肺组织的IR谱有显著差异，据此可进行鉴别诊断	75, 76
鼻咽癌者指甲	疾病判别	鼻咽癌患者指甲与正常指甲的IR谱存在明显差异，可判别	77
癌症血清	正常和癌症血清的IR谱比对	与正常血清相比,癌症血清的蛋白质、核酸及脂类的相对含量发生了变化，同时蛋白质和核酸的结构也发生了改变	78
手指、血液	血糖	所述方法检测人体血糖具有较高的可靠性	79
血液	血红蛋白含量	所建方法可用于人体血液中血红蛋白的快速定量分析	80
增生性疤痕与正常上皮组织	两者的IR谱比对	通过对两者红外光谱的比对，可以发现疤痕组织中的胶原、蛋白质、核酸等峰强均在不同程度上高于正常皮肤组织	81
手掌皮肤及其表面分泌物	血糖高低判断	可由IR谱中1120cm^{-1}左右峰的强度来判断人体中血糖的高低	82

本表参考文献：

1. 张恒，许兆棠，陈燕. 分析测试学报, 2009, 28(8): 905.
2. 刘红莉，赫晓军，田兰，等. 中国药业, 2009, 18(18): 34.
3. 陈卫，丁于明. 抗感染药学, 2009, 6(2): 111.
4. 邢以文，闵春艳，缪刚，等. 中国药品标准，2011，12(3): 226, 240.
5. 王玮，田京辉，钱佩佩，等. 光谱实验室, 2011, 28(5): 2343.
6. 黄璐，孙华君，杨波. 波谱学杂志, 2011, 28(1): 168.
7. 张付利，敬永升，宋丽. 药物分析杂志, 2011, 31(1): 75.
8. 朱晓军，程存归，陈彬. 中国医院药学杂志，2004，24(4): 224.
9. 严少康，刘永红，黎璐平，等. 武汉工程大学学报，2011，33(11): 27.
10. 程存归. 中国抗生素杂志, 2003, 28(7): 399.
11. 许长华，周群，孙素琴. 现代仪器, 2003, (5): 19.
12. 林克江，陈卫，等. 中国药科大学学报, 2002, 33(2): 124.
13. 唐素芳，袁雯玮. 天津药学, 2000, 12(3): 60.
14. 李荣生，王思寰，王玉. 北方药学, 2012, 9(1): 1.
15. 杨理，闫清华，牛立元. 光谱实验室, 2011, 28(6): 3025.
16. 杨莉丽，王畅，秦旭华，等. 光谱实验室，2010，27(5): 2064.
17. 刘进，邓家刚，覃洁萍，等. 时珍国医国药, 2010, 21(3): 561.
18. 林文硕，郭绍忠，黄浩，等. 光谱学与光谱分析，2009，29(7): 1847.

19. 阎姝，徐茂玲，图雅，等. 光谱学与光谱分析，2009, 29(6): 1558.
20. 周殿凤. 光散射学报, 2009, 21(1): 69.
21. 林文硕，陈荣，郭绍忠. 光谱学与光谱分析，2008, 28(12): 2835.
22. 郭桂明，马莉，穆阳，等. 中国实验方剂学杂志，2010(13): 25.
23. 孙冬梅，谭志灿，毕晓黎，等. 湖北中医药大学学报，2011, 13(6): 30.
24. 梁奇峰，温欣荣，彭梦侠，等. 化学研究与应用，2009, 21(7): 1073.
25. 毕晓黎，罗文汇，谭志灿. 中国医药指南，2011, 9(9): 177, 180.
26. 苏艳君，陈国洋，姚江武. 口腔医学研究，2010, 26(6): 801.
27. 吴婧，孙素琴，周群，等. 光谱学与光谱分析，2007, 27(8): 1535.
28. 张鹏，孙素琴，周群，等. 光谱学与光谱分析，2007, 27(8): 1539.
29. 刘红霞，孙素琴，杨峻山. 光谱学与光谱分析，2007, 27(7): 1316.
30. 宋占军，董方霆，魏开华，等. 解放军药学学报，2003, 19(5): 357.
31. 宋光庆，廖贤平. 临床外科杂志, 2010, 18(4):271.
32. 蒋雷鸣，康彩艳，覃展偶，等. 华夏医学，2006, 19(2): 185.
33. 马凤宁，何家扬，施国伟. 现代泌尿外科杂志，2011, 16(5): 464.
34. 陈卫红，朱建国，刘军，等. 中华腔镜泌尿外科杂志:电子版, 2011, 5(5): 20.
35. 章璟，王国增，姜宁，等. 实用医学杂志，2010(19): 3576.
36. 张鹤, 姜宁, 王国增, 等. 山东医药, 2011, 51(22): 13.
37. 汪珂，范郁会，白燕，等. 现代泌尿外科杂志，2011, 16(6): 530, 547.
38. 司民真，李清玉，刘仁明，等. 光谱学与光谱分析，2010, 30(2): 363.
39. 林宗明，许乐，许文平. 中国临床医学，2008, 15(6): 854.
40. 王健生，张佳，吴文安，等. 高等学校化学学报，2010(3): 484.
41. 尹刚，徐智，徐怡庄，等. 光谱学与光谱分析，2009, 29(12): 3241.
42. 孙学军，孙丰雷，杜俊凯. 光谱学与光谱分析，2009, 29(7): 1750.
43. 王健生，吴文安，张佳. 西安交通大学学报，2009, 30(4): 463.
44. 李庆波，李响，张广军. 光谱学与光谱分析，2009, 29(6): 1553.
45. 李庆波，孙学军，张元福. 高等学校化学学报，2004, 25(9): 1624.
46. 杜俊凯，石景森，徐怡庄. 光谱学与光谱分析，2008, 28(1): 51.
47. Peter R G, 杨虎生，李庆波. 光谱学与光谱分析，2004, 24(9): 1025.
48. 王健生，徐怡庄，石景森，等. 光谱学与光谱分析，2003, 23(5): 863.
49. 童义平，林燕文，等. 分析化学, 2002, 30(6): 726.
50. 石景木，徐怡庄，等. 消化外科, 2003, 2(2): 96.
51. 汪红艳，吕银，王凡，等. 光谱学与光谱分析，2008, 28(2): 331.
52. 童义平，林燕文. 化学研究与应用, 2006, 18(5): 498.
53. 吴焕淦，姚怡，沈雪勇. 中国针灸, 2008, 28(1): 49.
54. 盛剑秋，李世荣，等. 中华实用医学, 2000, 2 (10): 14.
55. 姚宏伟，高秀香，赵梅仙，等. 中国微创外科杂志，2009(1): 59.
56. 姚宏伟，刘亚奇，傅卫，等. 光谱学与光谱分析，2011, 31(2): 297.
57. 刘亚奇，高梅娟，徐怡庄，等. 光谱学与光谱分析，2009, 29(11): 2917.
58. 曾祥泰，徐怡庄，张小青，等. 光谱学与光谱分析，2007, 27(12): 2422.
59. 成则丰，程路遥，金文英，等. 哈尔滨工程大学学报，2006, 27(B07): 366.
60. 杨战国，齐健，张广水，等. 光谱学与光谱分析，2009, 29(9): 2409.
61. 刘婉华，刘健. 激光与光电子学进展, 2010(8): 125.
62. 李炜修，郑全庆，王平，等. 光谱学与光谱分析，2006, 26(10): 1833.
63. 陆晓楣，刘畅浩，卢淮武，等. 热带医学杂志，2010(9): 1065.
64. 严雪梅，张开红，余燕，等. 中国实用医药，2011, 6(14): 80.
65. 赵瑾，刘亚奇，徐怡庄，等. 高等学校化学学报，2011, 32(2): 246.
66. 王健生，段小艺，石景森，等. 现代肿瘤医学，2008, 16(2): 212.
67. 霍红，胡祥等. 分析化学, 2001, 29(1): 63.
68. 潘庆华，万伟庆，贾桂军，等. 高等学校化学学报，2010(9): 1717.
69. 曾柱，龙金华，陈琳. 重庆医科大学学报，2010, 35(12): 1773.
70. 曾柱，龙金华. 中国肿瘤生物治疗杂志，2011, 18(3): 258.
71. 刘亭彦，吴正虎，崔彩霞，等. 浙江医学，2010(2): 163.
72. 王冰冰，潘庆华，张元福，等. 光谱学与光谱分析，2007, 27(12): 2427.
73. 朱京平，胡浩屯，向荣，等. 光谱学与光谱分析，2007, 27(7): 1295.
74. 潘庆华，王冰冰，来国桥，等. 高等学校化学学报，2007, 28(5): 843.

75. 张莉，王健生，杨展澜，等. 高等学校化学学报，2003，24(12): 2173.
76. 孙雷明，唐伟跃，郭克民，等. 激光与红外，2005，35(8): 587.
77. 董勤，刘刚，刘天惠. 光谱学与光谱分析，2004，24(12): 1543.
78. 杨红霞，庞小峰. 生命科学仪器，2011，9(4): 41.
79. 王满满，白仟，潘庆华，等. 光谱学与光谱分析，2010(6): 1474.
80. 尹浩，潘涛，田佩玲，等. 光谱实验室，2009(2): 431.
81. 东野广智，孟庆勇，张培华，等. 光谱学与光谱分析，2003，23(2): 270.
82. 姚维武，郑建明，余丽娟，等. 广州化工，2011，39(7): 113.

三、红外光谱法在食品分析中的应用

样 品	分析指标	分析结果	参考文献
核桃、花生	产地鉴别	二者的一些特征峰吸光度值之比存在差异，据此可鉴别	1
山核桃仁	炒制的影响	炒制使多种营养成分含量降低，饱和脂肪酸含量增加	2
浓缩苹果汁	生产厂家鉴别	对浓缩苹果汁生产厂家进行鉴别，正确率为95%	3
苹果汁	苹果汁掺假鉴别	可鉴别梨汁和蔗糖溶液掺假的苹果汁	4
白酒	香型鉴别	对白酒香型鉴别达到了很高的分类准确率和识别率	5
		浓香型白酒酯类含量高，清香型白酒羧酸盐含量高	6
汾酒	酒龄鉴别	不同酒龄酒的IR谱1597cm^{-1}和1727cm^{-1}峰有差异，可鉴别	7
干白葡萄酒	产地识别	不同产地玫瑰香干白葡萄酒的识别率达98%以上	8
剑南春，真、假茅台	品质与真伪鉴别	剑南春及真、假茅台IR谱的指纹特征差异明显，可鉴别	9
植物油	品种判别	通过绘制三维分布图，可判别花生油、大豆油和棕榈油	10
橄榄油	油酸、亚油酸含量	油酸和亚油酸含量预测结果与气相色谱测量结果一致	11
食用油	过氧化值	灵敏度和精度高于碘量法，速度可达每小时90个样品	12
植物调和油脂	分类识别	调和油分类识别的准确率为100%，最低识别比例为1%	13
玉米油和芝麻油	真伪鉴别	利用FTIR分形维数特征可鉴别玉米油和芝麻油的真伪	14
油脂	碘值	确定了油脂碘值与对应特征峰的关系，据此测定碘值	15
	皂化值	确定油脂皂化值与对应特征峰的关系，据此测定皂化值	16
食品及油脂	反式脂肪酸含量	利用反式双键的特征峰，测定反式脂肪酸含量	17
原料乳	糊精掺假鉴别	可对原料乳中糊精造假行为进行预判	18
牛奶	尿素浓度	该法可检测牛奶中掺杂的尿素	19
婴幼儿奶粉	婴幼儿奶粉IR谱分析与鉴定	同一厂家不同类型婴幼儿奶粉IR谱差异较显著；不同厂家相同类型差异较小	20
奶粉	蛋白质含量	蛋白质含量的预测误差均方根为0.520201	21
	苯甲酸钠含量	苯甲酸钠测定的回收率为103.6%，变异系数小于1.20%	22
巧克力	产品质量评价	利用IR谱特征信息，可准确评价巧克力的食品质量	23
蜂蜜	真伪鉴别	纯蜂蜜与掺葡萄糖、蔗糖等假劣蜂蜜的IR谱差异明显	24
海洋绿藻	海洋藻类分类	FTIR结合聚类分析，可将南极绿藻与浒苔划归两类	25
双色牛肝菌	鉴别分类	可对不同产地的同一种野生双色牛肝菌进行鉴别分类	26
籼米淀粉	淀粉回生程度	一些特征峰的相对强度可作为测定淀粉回生程度的指标	27
普洱茶	级别鉴别	可以区分生普和熟普，还可区分生普或熟普的品质级别	28
	陈化程度鉴别	所述方法可以对不同陈化程度的普洱茶进行鉴别	29
食品	反式脂肪酸含量	回收率为89.26%～106.51%，相对标准偏差为2.29%	30
辣椒	品种鉴别	根据峰位和吸光度比，可鉴别小尖椒、线辣椒及灯笼椒	31

续表

样　品	分析指标	分析结果	参考文献
酿造与配制酱油	两者的鉴别	对 21 份盲样进行了成功鉴别，并能有效检测配制酱油中水解植物蛋白的添加量	32
黑木耳	霉变鉴别	利用霉变前后 IR 谱的特征来鉴别黑木耳是否发生霉变	33
芹菜叶提取物	总黄酮含量	总黄酮含量为 86.62%，加标回收率 92.9%～104.06%	34
燕麦片	品质分析	该法可以分析出燕麦中含有的营养成分及其含量高低	35
灵芝、大球盖菇和香菇	3 种食用菌的鉴别	灵芝、大球盖菇和香菇三种食用菌具有各自特征的 IR 谱，据此可对三者进行鉴别区分	36

本表参考文献：

1. 刘飞，刘刚. 安徽农业科学, 2010(14): 7206, 7215.
2. 邵亮亮，徐佳杰，张亮，等. 食品科学, 2010(24): 424.
3. 黎未然. 贺州学院学报, 2010, 26(2): 134.
4. 高志明，徐怀德，罗杨合. 食品研究与开发，2009(11): 130.
5. 姜安，彭江涛，彭思龙，等. 光谱学与光谱分析，2010, 30(4): 920.
6. 吕海棠，任彦蓉，李春花. 中国酿造, 2010(10): 175.
7. 李长文，魏纪平，李燚，等. 酿酒科技, 2008(12): 70.
8. 张军，王方，魏纪平，等. 光谱学与光谱分析，2011, 31(1): 109.
9. 邓月娥，孙素琴. 现代仪器, 2005, 11(5): 29, 36.
10. 王美美，范璐，钱向明，等. 中国油脂, 2009(10): 72.
11. 王铭义，胡立志，郭建英，等. 农业工程学报，2011, 27(6): 365.
12. 于修烛，杜双奎，李志西，等. 中国食品学报，2011, 11(7): 169.
13. 李娟，范璐，毕艳兰，等. 分析化学, 2010, 38(4): 475.
14. 孙翘楚，肖创柏，郭犇，等. 哈尔滨工业大学学报，2010(11): 1814.
15. 奚奇辉, 金鑫, 赖丽萍. 食品科技, 2010, 35(11): 319.
16. 奚奇辉, 金鑫, 张萌萌, 等. 食品科技, 2011, 36(8): 290.
17. 倪昕路，韩丽，王传现，等. 中国卫生检验杂志， 2008, 18(2): 248, 279.
18. 孙燕，许卓望. 中国奶牛, 2011(16): 51.
19. 杨仁杰，刘蓉，徐可欣. 光谱学与光谱分析，2011, 31(9): 2383.
20. 邓月娥, 周群, 孙素琴. 光谱学与光谱分析, 2006, 26(4): 636.
21. 吴迪，曹芳，冯水娟，等. 光谱学与光谱分析，2008, 28(5): 1071.
22. 回瑞华，侯冬岩，关崇新，等. 食品科学，2003, 24(8): 121.
23. 李梅兰，李文林. 青海大学学报, 2009(4): 85.
24. 梁奇峰，彭梦侠，林鹏. 安徽农业科学，2009, 37(1): 34.
25. 杨佰娟，郑立，韩笑天，等. 海洋环境科学, 2011, 30(5): 724.
26. 周在进，刘刚，任先培. 光谱学与光谱分析，2010, 30(4): 911.
27. 吴跃，陈正行，林亲录，等. 江苏大学学报, 2011, 32(5): 545.
28. 周湘萍，刘刚，时有明，等. 光谱学与光谱分析，2008, 28(3): 594.
29. 宁井铭，张正竹，王胜鹏，等. 光谱学与光谱分析, 2011, 31(9): 2390.
30. 余丽娟，郑建明，姚维武，等. 山东化工, 2011, 40(3): 72.
31. 胡怀生. 科技信息, 2010, (36): I0104, I0106.
32. 邱丹丹，刘嘉，于春焕，等. 食品科学, 2010(24): 322.
33. 时有明，刘刚，孙艳琳，等. 光谱学与光谱分析，2011, 31(3): 644.
34. 何书美，乔兰侠，刘敬兰. 分析科学学报，2008, 24(2): 201.
35. 周旭章，彭昕，张慧恩，等. 中国粮油学报，2011, 26(11): 110.
36. 汪虹，曹晖，崔星明，等. 食用菌学报, 2005, 12(3): 52.

四、红外光谱法在聚合物分析中的应用

样　品	分析指标	分析结果	参考文献
聚异丁烯	α-烯烃含量	α-烯烃含量测定的准确度在±5.2%以内	1
	端基烯含量	端基烯含量的相对标准偏差小于 5%	2
聚酰胺	种类鉴别	分析了不同种类聚酰胺 IR 谱的特征，据此可进行鉴别	3
轴承用聚酰胺	材料类别鉴定	该法操作简单、材料类别鉴定结果可靠、成本低	4
聚酰胺酸	聚酰胺酸的亚胺化过程分析	聚酰胺酸中羧基 H^+ 转移到其 NH 上，形成 NH_2^+，然后脱水环化生成聚酰亚胺	5

续表

样　品	分析指标	分析结果	参考文献
聚丙烯酰胺	真伪鉴别	所测 9 个样品中, 7 个为真品, 2 个为伪品	6
聚氯乙烯	离心母液分析	对离心母液的组成进行了定性、定量分析	7
聚氯乙烯塑料	增塑剂鉴别	可快速鉴别聚氯乙烯塑料中邻苯二甲酸酯类增塑剂	8
聚氯乙烯、聚氨酯与天然革	三种革的定性判别	三种皮革的红外光谱存在较大差异，通过与标准谱图对照，可对三种革进行定性判别	9
聚氨酯材料	聚氨酯类型鉴别	不同聚氨酯材料 IR 谱差异明显,据此可鉴别其类型	10
聚氨酯预聚体	异氰酸酯基含量	预聚体中异氰酸酯基含量随反应时间的增加而减少	11
聚氨酯-尼龙 612 共混物	分子间相互作用及结晶行为	变温红外光谱结果表明，共混体系中能够形成新的氢键作用,使其结晶行为发生变化	12
聚酯型胶黏剂	成分鉴定	经 IR 分析，黏合剂为聚酯型聚氨酯、填料为炭黑粉末	13
聚硅酸铝铁-壳聚糖絮凝剂	结构特征、形成机制	先形成氢键聚合体，然后在酸性环境中脱水，通过羟基配位，生成聚合多核配位化合物	14
橡胶密封材料	成分定性	胶种为硫化甲基硅橡胶，助剂为邻苯二甲酸二辛酯，灰分为氧化锌、硫酸钙，含量为 4%	15
聚烯烃	抗氧剂含量	抗氧剂含量的相对偏差最大为 9.524%	16
	抗氧剂 168 含量	抗氧剂 168 含量测定的回收率高于 94.7%	17
PE、EVA 塑料	光稳定剂含量	光稳定剂含量测定的平均回收率在 100%±20%以内	18
聚乙烯	抗氧剂 A 和 B 含量	抗氧剂 A 含量的相对误差小于 5%，抗氧剂 B 小于 6%	19
低密度聚乙烯	结构鉴定	成功鉴定了以 1-丁烯为共聚单体的线型低密度聚乙烯	20
高压聚乙烯	支化度	支化度分析数据平均值的标准偏差为 0.3	21
增韧聚乙烯	化学结构鉴定	研究了其化学结构，讨论了配比对化学结构的影响	22
控释肥聚乙烯残膜	在模拟土壤条件下降解特性	含控释肥聚乙烯残膜易降解，且残膜中聚乙烯结晶度升高，熔点和分子量下降	23
聚丙烯	抗氧剂 A 含量	抗氧剂 A 含量的相对误差小于 4.5%	24
	晶相鉴别	可通过对聚丙烯 IR 谱进行小波变换而鉴别其晶相	25
聚丙烯管材料	管材类型鉴别	鉴别了吉林石化三种不同类型的聚丙烯产品	26
聚丙烯蜡	接枝率	建立了聚丙烯蜡接枝率的半定量分析方法	27
聚烯烃	抗氧剂 330 含量	抗氧剂 330 含量与其特征峰吸收强度呈良好的线性关系	28
二元乙丙橡胶	结合乙烯量	预测值与 ^{13}C NMR 实测值的误差在±1.5%以内	29
乙丙共聚物	乙烯含量	测定值的最大相对误差为 2.82%, *RSD* 为 0.48%	30
		适于乙烯含量 0～13%的无规共聚物中乙烯含量测定	31
乙烯-乙酸乙烯酯共聚物	乙酸乙烯酯含量	标准曲线线性关系良好，相关系数为 0.99985，方法简单、快速，乙酸乙烯酯含量测定结果可靠	32
聚乙二醇-聚乙烯共混物	共混物组成分析	利用峰强度比与组分浓度的对应关系，可实现聚乙二醇-聚乙烯共混物组分的定量分析	33
聚丙烯-丙烯腈接枝共聚物	丙烯腈含量	聚丙烯-丙烯腈接枝共聚物中丙烯腈含量测定结果的相对误差为 1.26%，回收率为 96.2%～102%	34
氯化聚丙烯-醇酸树脂共混物	相容性研究	当短油醇酸树脂的固含量 *x* 小于 0.5 时，两种树脂基本上是相容的; *x* 大于 0.5 时，共混物是不相容的	35
PVDF-PVP 接枝共聚物	PVP 含量	PVDF-PVP 接枝共聚物中 PVP 含量的测定值与称重法测得的结果基本相符	36
苯乙烯系树脂	树脂组成分析	苯乙烯类二元共聚物组成分析误差约为 1.0%	37
混合树脂	混合树脂结构鉴定	所述方法成功鉴定了 3 种混合树脂的结构	38
增黏树脂	鉴别分类	对松香树脂、石油树脂等的特征峰进行鉴别分类	39

续表

样品	分析指标	分析结果	参考文献
高分子材料	阻燃剂成分	该法可准确定性高分子材料中的阻燃剂成分	40
聚(乳酸-苯丙氨酸)共聚物	聚(乳酸-苯丙氨酸)共聚物含量	聚(乳酸-苯丙氨酸)共聚物含量的测定结果与 ^{1}H NMR 测定值一致，相对误差在 2%以内	41
聚乳酸共聚物	淀粉接枝率	所述方法可用于测定淀粉接枝聚乳酸共聚物的接枝率	42
α-二甲基苄基酚聚氧乙烯醚	分子结构鉴定	解释了各种波谱技术从不同角度对其结构特征进行确证的综合应用	43
聚苯乙烯	影响老化的因素	聚苯乙烯的老化主要受光辐照影响，温度对老化起促进作用,水分对老化的影响不明显	44
卤化丁基胶塞	硬脂酸含量	回收率为 100.7%～104.4%, *RSD* 为 1.59%	45
溴化丁基橡胶	硬脂酸钙含量	建立了测定溴化丁基橡胶中硬脂酸钙含量的分析方法	46
仿瓷餐具	材质与性能分析	蜜胺树脂模塑制品的性能明显优于脲醛树脂	47
	材质鉴别	该方法可以快速鉴别仿瓷餐具的材质和结构	48
醇酸树脂稀料	燃烧残留物	醇酸树脂稀料容易挥发，燃烧后残留量少	49
环氧树脂增韧固化剂	固化反应动力学研究	固化温度越高，反应速率越快，转化率亦越高；反应速率随反应时间的延长，逐渐下降	50
橡实淀粉-聚己内酯复合材料	影响分子结构及力学性能的因素	分析结果表明，增塑剂的添加能改变淀粉分子间的结构，丙三醇基的复合材料具有优异的力学性能	51
聚碳酸酯水瓶	饮用水瓶材质鉴别	可对 5gal(1gal=3.7854L)饮用水瓶聚碳酸酯的材质进行鉴别	52
硅酮二号凝胶	二甲基硅油含量	平均回收率为 99.97%, *RSD* 为 0.94%(n=6)	53
三聚氰胺甲醛树脂	纳米无机物对耐磨性的影响	实验结果表明，纳米无机物能显著提高三聚氰胺甲醛树脂浸渍装饰纸层压板的耐磨性能	54
含氢聚硅氧烷	含氢量	含氢量测定的回收率在 91%～106%之间	55
极性化 SBS	PMMA 含量	回收率为 97.7%～102.8%, *RSD* 为 0.34%～0.75%	56
塑料	塑料种类识别	塑料种类识别的正确率可达 94.6%	57
塑料奶瓶	质量监控	此法简便快速，可对塑料奶瓶质量进行监控	58
废旧塑料	塑料分类	废旧塑料分类的正确率为 92%	59

本表参考文献：

1. 邓景辉, 刘苹. 石油炼制与化工, 1998, 29(12): 38.
2. 于宏伟, 柳越男. 国外分析仪器技术与应用, 2002 (1): 36.
3. 朱昊兰. 塑料, 2009(3): 114.
4. 张素娥, 王子君, 李建星. 轴承, 2011(4): 45.
5. 金盈, 曾广赋, 朱丹阳, 等. 应用化学, 2011, 28(3): 258.
6. 陈和生, 邵景昌. 分析仪器, 2011(3): 36.
7. 王立, 侯斌, 赵沁. 聚氯乙烯, 2011, 39(6): 30.
8. 余丽娟, 郑建明, 孙袁先, 等. 广州化工, 2011, 39(5): 124.
9. 孙世彧, 李海银, 黄仕明. 质量与市场, 2011(12): 47.
10. 武晶, 韩文霞. 特种橡胶制品, 2010, 31(6): 64.
11. 巫淼鑫, 杜郢, 杨阳, 等. 涂料工业, 2010(7): 69.
12. 蔡力锋, 仝丹丹, 林志勇. 高分子材料科学与工程, 2011, 27(3): 79.
13. 杨云翠, 李俊平, 路晓娟. 山西化工, 2011, 31(6): 32.
14. 伍钧, 薛永亮, 杨刚, 等. 环境工程学报, 2010(6):1331.
15. 刘凯, 宫声凯, 陈斌, 等. 化学分析计量, 2010(3):65.
16. 杨素, 周正亚. 塑料助剂, 2008(1): 49.
17. 杨素. 塑料助剂, 2007(3): 45.
18. 张怡, 李建军. 石油化工, 1999, 28(1): 48.
19. 卞丽琴, 谷和平, 丁大喜, 等. 石油化工, 2005, 34(6): 587.
20. 刘伟. 理化检验: 化学分册, 2008, 44(2): 1346.
21. 唐庆余, 李宏宇. 国外分析仪器技术与应用, 2002(4): 45.
22. 樊卫华, 彭志宏, 李贵勋, 等. 工程塑料应用, 2011, 39(6): 14.
23. 包丽华, 张民, 杨越超, 等. 化学试剂, 2011, 33(6): 537.
24. 卞丽琴, 谷和平, 孔宏. 南京工业大学学报, 2006, 28(1): 71.
25. 谢启桃, 胡克良. 化学通报, 1998(2): 61.
26. 迟守峰, 常政刚. 塑料工业, 2011, 39(B04): 93.
27. 侯黎黎, 赵科, 刘大壮. 粘接, 2010(4): 43.
28. 杨素, 周正亚. 塑料助剂, 2009(4): 46.
29. 赵霞, 徐广通, 刘红梅, 等. 石油炼制与化工, 2011, 42(12): 78.
30. 郝军, 王晓娟. 应用化工, 2009, 38(5): 752.
31. 程清. 现代科学仪器, 2008(3): 75.
32. 王成云, 杨左军, 张伟亚, 等. 上海塑料, 2010(3):42.

33. 吴宏，林志勇，钱浩. 光谱学与光谱分析，2006，26(1): 70.
34. 陈国良. 现代仪器, 2006, 12(2): 55.
35. 范忠雷，刘大壮，赵根锁. 光谱学与光谱分析，2003，23(3): 611.
36. 陈鹏，侯铮迟，陆晓峰. 辐射研究与辐射工艺学报，2011, 29(3): 134.
37. 于志省，李杨，王玉荣，等. 塑料科技, 2009, 37(4): 88.
38. 罗丽梅，张华，刘季红，等. 塑料科技, 2010(9): 70.
39. 王宇，何琴玲，林中祥. 涂料工业, 2010(4): 73, 79.
40. 苏晓霞，刘珩，张效礼. 热固性树脂, 2009, 24(2): 44.
41. 刘迎，魏荣卿，刘晓宁，等. 光谱学与光谱分析，2009，29(3): 661.
42. 李智华，杨秀英，张德庆，等. 齐齐哈尔大学学报，2009, 25(1):64.
43. 张倩芝，陈晓红，陈建. 中山大学学报, 2011, 50(3): 141.
44. 张晓东，揭敢新，彭坚，等. 塑料科技, 2010(10): 88.
45. 张书行，秦青，冯敬肖. 橡胶工业, 2011, 58(10): 629.
46. 赵霞，徐广通，刘红梅，等. 分析仪器, 2011, (3): 13.
47. 孙世彧，段晓霞，吴玉銮，等. 中国塑料，2011，25(5): 101.
48. 段晓霞，孙世彧，吴健兴. 塑料科技, 2011, 39(4): 100.
49. 刘厅. 中国高新技术企业, 2011(7): 3.
50. 成煦，刘晓东，陈艳雄，等. 塑料工业, 2011, 39(3): 79.
51. 李守海，庄晓伟，王春鹏，等. 光谱学与光谱分析, 2011, 31(4): 992.
52. 谢文缄，王继才. 质量与市场, 2010(5): 72.
53. 杨婉花，张芳华. 中国药师, 2010(11): 1621.
54. 曾月鸿，王旭，林巧佳，等. 福建林学院学报，2010(4): 353.
55. 盛春荠，蒋可志，倪勇 等. 分析科学学报，2009，25(5): 615.
56. 吴滚滚，贺谷辉. 弹性体, 2004, 14(4): 50.
57. 李晓英，邓文怡，武影影，等. 北京信息科技大学学报，2011, 26(3):49.
58. 靳新慧，范松灿. 科技创新与生产力, 2011(5): 96.
59. 武影影，邓文怡，李晓英，等. 北京信息科技大学学报，2011, 26(1): 89.

五、红外光谱法在石油化工及环境分析中的应用

样　品	分析指标	分析结果	参考文献
润滑油	水分含量	所建方法可快速准确地测定润滑油中含水量	1
	分类识别	对润滑油的分类取得了令人满意的结果	2
	添加单剂与复合剂含量	测量范围为 0.2%～90%，测定相对误差小于 10%	3
	抗氧剂 T501 含量	T501 含量的测定值与液相色谱法的测定值基本相符	4
	100℃黏度	预测了润滑油的 100℃黏度，测定结果符合要求	5
	CCS-15℃黏度	预测了润滑油的 CCS-15℃黏度，测定结果符合要求	6
汽油	馏程	馏程分析的准确度及精密度均符合要求	7
	苯含量	苯含量测定结果的重现性优于气相色谱法	8
醚化汽油	残余乙醇含量	预测误差为 0.1%～1.5%，*RSD* 小于 3%	9
裂解汽油	双烯值	预测结果满足对产品准确度和精密度的要求	10
乙烯裂解汽油	二烯值	预测值与参考方法(UOP326-65)测量值基本相符	11
车用汽油	芳烃和烯烃含量	预测模型的相关系数分别为 0.9896 和 0.9841	12
甲醇汽油	三效催化剂的效果	用三效催化剂的甲醇汽油发动机排放与汽油机相同	13
液化石油气	二甲醚含量	二甲醚含量的预测值与气相色谱分析结果基本相符	14
生物柴油	常规排放检测	二氧化硫排放大幅降低，二氧化碳排放有所降低	15
柴油机油	氧化降解换油指标	得出氧化值、硝化值和磺化值的换油指标	16
	在用油质量	该法可判断运行中船用柴油、机油的质量状况	17
乙烯基硅油	乙烯基含量	乙烯基含量测定值与碘量法接近，*RSD* 为 2%～4%	18
变压器油及纸	热老化过程及机制	从分子角度探索了油纸绝缘老化的过程和机制	19
六氟化硫	四氟化硫	该法可有效检测出六氟化硫中四氟化硫的存在	20
六氟化钨	氟化氢含量	所建方法可测定六氟化钨中氟化氢含量	21
异戊二烯	光氧化产物的组分定性	氧化产物含有醛、酮、羧酸及硝酸类有机化合物	22

续表

样　品	分析指标	分析结果	参考文献
甲烷、乙烷、丙烷混合气	混合气中3种气体浓度	所建方法可用于混合气中甲烷、乙烷、丙烷3种气体的浓度测量，分析时间明显缩短	23
氟碳涂料溶剂	可溶物氟含量	与氟离子选择电极法对比，回收率在可接受范围内	24
工业环烷酸	环烷酸含量	所建方法可快速测定工业环烷酸中环烷酸含量	25
十二烷基硫酸钠	游离十二醇含量	所建方法的回收率为99.8%，变异系数为0.51%	26
磷酸三甲酚酯	邻位异构体含量	最大相对误差小于10%，最大标准误差小于2.15%	27
烷基硫酸盐	游离树脂醇含量	游离树脂醇测定的变异系数为0.51%，回收率99.8%	28
羧甲基纤维素钠	羧基含量	该法可快速测定羧甲基纤维素钠中的羧基含量	29
复配表面活性剂	类型及成分鉴别	该法已用于福州某公司表面活性剂类商品归类分析	30
DTY油剂	脂肪酸聚乙二醇酯含量	回收率为97.5%～98.7%，标准偏差为0.018%	31
化工厂区气体	氨气浓度及排放通量	遥测了某化工厂区氨气的浓度及排放情况	32
	二氧化硫浓度及分布	可实时监测化工厂区域SO_2气体的浓度及分布情况	33
室内污染气体	苯、甲苯、二甲苯浓度	预测集的均方根偏差分别为0.132、0.134和0.0333	34
车内空气	苯系物浓度	所建方法可较准确地测定车内空气中苯系物的浓度	35
废水	酚含量	加标回收率为101.7%～103.2%，*RSD*为0.354%	36

本表参考文献：

1. 曾安，陈仓，陈闽杰. 润滑与密封, 2009, 34(9): 102, 119.
2. 徐继刚，冯新泸，管亮，等. 后勤工程学院学报，2011, 27(5): 51, 83.
3. 金中令，苏颖. 光谱学与光谱分析, 1999, 19(2): 189.
4. 房涛，方伟. 光谱仪器与分析, 2003(4): 20.
5. 冯新泸，史永刚. 光谱实验室, 1999, 16(4): 388.
6. 冯新泸，史永刚. 光谱学与光谱分析, 1999, 19(4): 559.
7. 黄小英，邵波，陈月嫦. 光谱仪器与分析, 2003, (4): 24.
8. 闻环，钟少芳，胡江涌，等. 光谱实验室，2008, 25(4): 621.
9. 李添魁，刘峰友，等. 石油化工, 2002, 31(2): 132.
10. 王勇，陈海，刘文. 现代科学仪器, 2007(6): 105.
11. 张继忠，袁洪福，王京华. 石油化工, 2004, 33(8): 772.
12. 闻环，陈燕，胡江涌，等. 光谱实验室，2011, 28(3): 1306.
13. 张凡，帅石金，肖建华，等. 内燃机工程, 2010(6): 1.
14. 张凤利. 低温与特气, 2011, 29(3): 26.
15. 谭丕强，胡志远，楼狄明. 光谱学与光谱分析，2012, 32(2): 360.
16. 徐金龙，易如娟. 润滑油, 2011(4): 37.
17. 马兰芝，左凤，田松柏，等. 石油商技，2011, 29(3): 64.
18. 初秋亭，王娟娟，刘春杰. 有机硅材料, 2010, 24(3): 161.
19. 廖瑞金，周旋，杨丽君，等. 重庆大学学报, 2011, 34(2): 1.
20. 王德发，盖良京，吴海. 分析仪器, 2010(3):38.
21. 郑秋艳，王少波，李翔宇，等. 舰船科学技术，2009, 31(8): 99.
22. 刘宪云，张为俊，黄明强，等. 红外与毫米波学报，2010, 29(2): 114, 127.
23. 李玉军，汤晓君，刘君华. 光谱学与光谱分析，2009, 29(5): 1276.
24. 徐芸莉，盛春荠. 化工生产与技术, 2011, 18(3): 7.
25. 努尔古丽，张萍，海热古丽，等. 分析测试技术与仪器，2008, 14(4): 226.
26. 党西峰. 广州化工, 1999, 27(2): 42.
27. 沈虹滨，刘婕，等. 国外分析仪器技术与应用，2000(4): 67.
28. 党西峰. 广州化工, 1999, 27(2): 42.
29. 张燕兴，叶君，熊犍. 造纸科学与技术, 2010(1): 71.
30. 何文绚，卢先勇，施晶晶. 精细化工，2008, 25 (11): 1058.
31. 李洪赞，李敬吉. 合成纤维工业, 1998, 21(3): 48.
32. 金岭，高闽光，刘文清，等. 光谱学与光谱分析，2010, 30(6): 1478.
33. 金岭，高闽光，刘志明，等. 激光与红外，2010, 40(10): 1071.
34. 徐立恒，冯燕青，陈剑启. 光谱学与光谱分析，2006, 26(12): 2197.
35. 徐立恒，王承雷. 中国环境监测, 2011(5): 17.
36. 姚淑霞，霸书红. 化工环保, 2009, 29(1): 84.

六、红外光谱法在纺织、农业、林牧业领域的应用

样　品	分析指标	分析结果	参考文献
涤棉混合物	涤纶含量、涤棉混纺比	该法可测定涤棉混合物中涤纶含量及涤棉混纺比	1

续表

样　品	分析指标	分析结果	参考文献
国产芳纶纤维和 Kevlar 49 纤维	国产芳纶纤维和 Kevlar 49 纤维的比对	国产芳纶纤维和 Kevlar 49 纤维的化学结构及成分相同，但国产芳纶纤维的聚合度低于 Kevlar 49 纤维	2
纳米抗菌羊毛	纤维表面结构分析	在纤维表面产生的含氧活性基团与纳米抗菌剂以化学键的形式结合在纤维表面	3
古代丝织品	蛋白质二级结构分析	二级结构的四种构象特征峰向小波数方向发生迁移	4
兔绒与羊绒	两者 IR 谱比对	兔绒与羊绒的 IR 谱相似，大多数官能团相同	5
辽代丝绸	降解特征	辽代蚕丝蛋白无规构象比 β-折叠链降解速度快	6
出土纺织纤维	化学结构分析	出土物为天然纤维素纤维,分为苎麻和大麻两类	7
对位芳纶纤维	本体性能对比	F-12 芳纶拉伸强度和断裂伸长率大于国产芳纶Ⅲ纤维，而拉伸弹性模量小于后者	8
竹、棉、麻、木的纤维素纤维	四者的 IR 谱比对	棉、麻、木纤维在 $1110cm^{-1}$ 处红外吸收都强于竹纤维，而在 $993cm^{-1}$ 处都弱于竹纤维	9
亚麻和竹原纤维	两者的鉴别	利用两者在 $2900cm^{-1}$ 和 $2850cm^{-1}$ 处的明显差异，可鉴别	10
熔纺氨纶	结构和性能研究	通过熔融交联反应，改善了氨纶热稳定性	11
二元混纺纤维	纤维种类鉴定	准确判明了六种二元混纺纤维的种类	12
木棉-棉混纺试样	木棉含量	用本法对未知样品的木棉含量进行测定，结果满意	13
三种芳纶纤维	氢键结构分析	三种芳纶纤维化学结构基本相同，吸收强度的不同取决于大分子链间氢键的缔合程度	14
纺织品	乙纶和丙纶含量	结果表明,该方法分析速度快、灵敏度高	15
大豆	品种鉴别	不同大豆品种的 IR 谱有明显差异，据此可进行鉴别	16
小麦	品种鉴别	不同小麦品种的 IR 谱有明显差异，据此可进行鉴别	17
大香糯水稻	IR 谱比对	激光辐照诱变的大香糯水稻与对照组 IR 谱差异明显	18
烟叶	病害烟叶鉴别	病害烟叶蛋白质含量增加，多糖含量下降，可鉴别	19
	自动分级	测试样本的平均正确吻合率在 91%以上	20
	病害诊断	病斑附近烟叶处于正常和病变的过渡状态，据此诊断	21
农药	吡虫啉含量	该法可快速测定农药中吡虫啉含量	22
	溴氰菊酯含量	近红外和中红外光谱法的溴氰菊酯定量效果接近	23
农药草甘膦	草甘膦含量	可快速检测农药中有效成分草甘膦含量	24
葱蒜锈病叶	病叶与正常叶的鉴别	根据病叶与正常叶的 IR 谱差异，可对两者进行鉴别	25
黄瓜叶片	褐斑病早期检测	可在病症还未表现时进行检测，将褐斑病叶片区分开	26
鸡骨草与毛鸡骨草	产地鉴别	将 FTIR 与模糊聚类和曲线拟合相结合，可准确鉴别鸡骨草与毛鸡骨草产地	27
野生甜茶	甜茶苷含量	可快速鉴别出不同产地甜茶中甜茶苷含量的差异	28
玉米种子	不同部位 IR 谱比对	不同部位蛋白质、脂类和糖类特征峰强弱不同	29
棉籽	油酸单乙醇胺硫酸酯	回收率为 96.8%～97.3%，准确度优于对甲苯胺法	30
甜椒种子	航天诱变的效果	航天诱变使甜椒种子蛋白质和糖类含量增加	31
番茄花粉	航天诱变的影响	航天诱变番茄花粉 IR 谱的个别峰位处发生了变异	32
杏花、油菜花、茶花等花粉	种类鉴别	不同花粉蛋白质、脂肪和糖类的特征吸收峰存在一定差异,二阶导数谱差异更明显，可进行种类鉴别	33
畜禽粪便热解气体	主要成分定性	气体产物主要在 250～500℃析出，其主要成分为 H_2O、CO、CO_2 和 CH_4 等	34
土壤	施肥对土壤的作用	施用有机肥可增加土壤水溶性有机物芳构化程度	35
银杏木材	无性系鉴别	所述方法可鉴别不同无性系银杏木材	36

本表参考文献：
1. 陶丽珍, 潘志娟, 蒋耀兴, 等. 纺织学报, 2010(2): 19.
2. 朱正锋, 齐大鹏, 任永芳, 等. 中原工学院学报, 2011, 22(2): 22.
3. 王淑花. 毛麻科技信息, 2011(10): 6.
4. 罗霄, 车春玲, 王国和. 现代丝绸科学与技术, 2011, 26(5): 161.
5. 林绍建, 奚柏君, 葛烨倩, 等. 毛纺科技, 2011, 39(4): 46.
6. 陈华锋, 龚德才, 刘博. 丝绸, 2011, 48(1): 1.
7. 南普恒, 金普军. 中国文物科学研究, 2010(4): 16.
8. 张淑慧, 严密林, 梁国正, 等. 塑料科技, 2010(12): 52.
9. 刘羽, 邵国强, 许炯. 竹子研究汇刊, 2010(3): 42.
10. 石红, 郎文峰, 邱岳进, 等. 上海纺织科技, 2007, 35(9): 55.
11. 刘伟时, 薛孝川, 司徒建崧, 等. 化纤与纺织技术, 2010, 39(3): 4.
12. 王岩, 杨文利. 化学分析计量, 1999, 8(3): 12.
13. 吴世容. 中国纤检, 2011(23): 64.
14. 杨斌, 张美云, 李涛, 等. 纸和造纸, 2011, 30(12): 47.
15. 杨友红, 陈小莉. 纺织标准与质量, 2011(2): 43.
16. 洪庆红, 李丹婷, 郝朝运. 光谱学与光谱分析, 2005, 25(8): 1246.
17. 赵花荣, 王晓燕, 陈冠华, 等. 光谱学与光谱分析, 2004, 24(11):1338.
18. 颜茜, 王昆林, 沙育年. 激光杂志, 2011, 32(5): 35.
19. 任先培, 刘刚, 周在进, 等. 激光与红外, 2009, 39(9): 944.
20. 刘剑君, 申金媛, 张乐明, 等. 激光与红外, 2011, 41(9): 986.
21. 任先培, 刘刚, 周在进, 等. 光谱学与光谱分析, 2010, 30(8): 2120.
22. 马国欣, 王成龙, 范多旺, 等. 光谱学与光谱分析, 2006, 26(3): 434.
23. 熊艳梅, 唐果, 段佳, 等. 光谱学与光谱分析, 2010, 30(11):2936.
24. 戴郁菁, 姚杰, 冯玉英. 农药, 2011, 50(10): 732, 736.
25. 何志遥, 刘海丽, 吴秋娟, 等. 安徽农业科学, 2011, 39(27): 16659, 16713.
26. 柴阿丽, 李宝聚, 石延霞, 等. 光谱学与光谱分析, 2011, 31(6): 1506.
27. 王一兵, 陈植成, 吴卫红, 等. 光谱学与光谱分析, 2010(4): 937.
28. 唐辉, 孔德鑫, 王满莲, 等. 基因组学与应用生物学, 2010, 29(4): 697.
29. 李占龙, 周密, 左剑, 等. 分析化学, 2007, 35(11): 1636.
30. 唐军, 韩晓强. 新疆大学学报, 2003, 20(4):390.
31. 杨群, 王怡林, 杨爱明, 等. 光谱学与光谱分析, 2006, 26(3): 438.
32. 王怡林, 杨群, 杨德, 等. 光谱学与光谱分析, 2006, 26(12): 2207.
33. 吴杰, 周群, 吴黎明, 等. 光谱学与光谱分析, 2010(2): 353.
34. 尚斌, 董红敏, 朱志平, 等. 农业工程学报, 2010(4): 259.
35. 张玉兰, 孙彩霞, 陈振华, 等. 光谱学与光谱分析, 2010(5): 1210.
36. 胡爱华, 邢世岩, 巩其亮. 中国农学通报, 2009(4): 88.

参 考 文 献

[1] 岛内武彦. 红外线吸收光谱解析法. 北京:科学出版社, 1960.
[2] 南京药学院. 分析化学. 北京:人民卫生出版社, 1979.
[3] 朱善农, 等. 高分子材料的剖析. 北京:科学出版社, 1988.
[4] Socrates G. Infrared Characteristic Group Frequencies. Chicherster:John Wiley & Sons, 1980.
[5] 王宗明, 等. 实用红外光谱学. 北京: 石油化学工业出版社, 1978.
[6] Anderson D G, et al. An Infrared Spectroscopy ATLAS for the Coatings Industry. Philadelphia:Federation of Societies for Coatings Technology, 1980.
[7] 王正熙. 红外光谱分析和鉴定. 成都:四川大学出版社, 1989.
[8] GB/T 7764—2001.
[9] 钟雷, 丁悠丹. 表面活性剂及其助剂分析. 杭州: 浙江科学技术出版社, 1986.
[10] 吴瑾光. 近代傅里叶变换红外光谱技术及应用: 上卷. 北京: 科学技术文献出版社, 1994.

第十一章　近红外光谱分析法

近红外光谱（Near-Infrared Spectroscopy，NIR）是近年来发展最为迅速的高新实用分析技术之一，它具有快速、高效、无损、适合在线分析等诸多优势，目前已在农业、食品、医药、石油化工、纺织印染等领域获得广泛应用。

近红外光谱分析是光谱测量技术、计算机技术与化学计量学技术的有机结合，是将近红外光谱所反映的样品基团、组成或物态信息与用标准方法测得的组成或性质数据，采用化学计量学技术建立校正模型，然后通过对未知样品光谱的测定来快速预测其组成或性质的一种分析方法。

第一节　近红外光谱的基本原理

一、近红外光谱的产生

近红外光区是指波长在 780～2500nm（12821～4000cm^{-1}）范围内的电磁波，习惯上又划分为短波近红外光区（780～1100nm）和长波近红外光区（1100～2500nm），发生在该区域内的吸收谱带对应于分子基频振动的倍频和组合频[1~4]。

近红外光谱属于分子振动光谱，产生于共价化学键非谐能级振动，是非谐振动的倍频和组合频，位于可见光区与中红外光区之间。

当一束连续变化的不同波长的红外光照射样品时，如果被测样品的分子选择性地吸收辐射光中某些频率波段的光，则产生吸收光谱。分子吸收光子后会改变自身的振动能态。由基态振动能级（n=0）跃迁至振动的第一激发态（n=1）时，所产生的吸收峰称为基频峰。按照量子力学理论，倍频和组合频是不允许的，但实际的分子振动并不是理想的简谐振动，而是非简谐振动，因此除基频跃迁外，也可能发生振动能级由基态（n=0）至第二激发态（n=2）、第三激发态（n=3）或更高激发态的跃迁，所产生的吸收峰称为倍频峰；还可能发生由两个光子产生一个振动能级跃迁或由一个光子产生两个振动能级跃迁，所对应的吸收峰称为组合频峰。这些峰多数很弱，一般都不容易辨认。

由于基频、倍频和组合频的相互偶合，多原子分子在整个近红外光区有许多个吸收带，精确地区分近红外光谱带的归属是很困难的，因为每个近红外光谱带都可能包含了若干个不同基频的倍频和组合频谱带。因此，在近红外光谱中，没有锐峰和基线分离的峰，大量的是重叠宽峰和肩峰。

由于氢原子的质量最轻，活动能力最强，所以近红外区域的吸收带主要是含氢的官能团X—H（X 指的是 O、C、N 等）伸缩振动产生的一级倍频和组合频吸收，而 C—O、C—N、C—C 等的伸缩振动只能产生多级倍频，也就是说倍频和组合频构成了近红外光谱的主要部分。

有机化合物在近红外光谱区的吸收带主要是含氢基团的各级倍频与组合频。表 11-1 给出了 C—H、N—H、O—H 的基频、组合频、倍频吸收带的中心近似位置。表 11-2 给出了一些主要基团的基频与倍频吸收谱带。图 11-1 是主要有机化合物主要基团与相应的近红外光谱谱带的对照图。

由于倍频和组合频的吸收强度比基频吸收弱很多，再加上背景复杂、谱峰重叠严重，直接分离解析难以提取出足够的有用信息，所以必须采用化学计量学方法建立较复杂的数学模型才能得到可靠的分析结果。

表 11-1 C—H、N—H、O—H 的基频、组合频、倍频吸收带的中心近似位置

基团		σ/cm^{-1}			λ[1]/nm		
		C—H	N—H	O—H	C—H	N—H	O—H
基频	伸缩振动	3000	3400	3650	3300	2940	2740
	弯曲振动[2]	1450	1600	1350	6900	6250	7700
合 频		4347	4545	5000	2300	2200	2000
一级倍频		5700	6600	7000	1750	1515	1430
二级倍频		8700	10000	10500	1150	1000	950

① 表内波数和波长值非严格对应。

② 表内 C—H、N—H 的弯曲振动特指剪式振动。

表 11-2 一些主要基团的基频与倍频吸收谱带

基团	振动方式	σ/cm^{-1}			λ/nm				
		基频	一级倍频		基频	一级倍频		二级倍频	
			理论	实际		理论	实际	理论	实际
CH_3	不对称伸缩振动	2952～2972	5904～5944	5824～5787	3385～3365	1692～1682	1728～1717	1128～1122	1164～1156
	对称伸缩振动	2862～2882	5724～5764	5609～5649	3494～3470	1747～1735	1783～1770	1165～1157	1200～1192
CH_2	不对称伸缩振动	2920～2930	5840～5860	5714～5754	3425～3413	1712～1707	1750～1738	1142～1138	1178～1170
	对称伸缩振动	2848～2858	5696～5716	5571～5612	3511～3499	1756～1750	1795～1782	1170～1166	1209～1200
$=CH$ $=CH_2$	伸缩振动	3010～3095	6020～6190	5900～5960	3322～3231	1661～1616	1695～1687	1108～1077	1142 1130
$\equiv CH$	伸缩振动	3250	6500	6497	3077	1538	1539	1026	1037
Ph—H	伸缩振动	3050	6100	5938	3279	1639	1684	1093	1134
R—NH_2	不对称伸缩振动	3425	6850	6645	2920	1460	1505	973	1014
	对称伸缩振动	3350	6700	6536	2985	1493	1530	995	1030
R—NH	伸缩振动	3400	6800	6538	2941	1471	1531	980	1030
Ar—NH_2							1545～1509		986～1011
$CONH_2$	不对称伸缩振动	3520	7040	6901	2841	1421	1449	947	976
	对称伸缩振动	3400	6800	6685	2941	1471	1496	980	1007
H_2O	不对称伸缩	3756	7512		2662	1331		887	
	平均			6944			1440		960
	对称伸缩	3657	7314		2735	1368		912	
ROH		3610～3650	7220～7300	7042～7153	2770～2740	1385～1370	1420～1398	923～913	～949

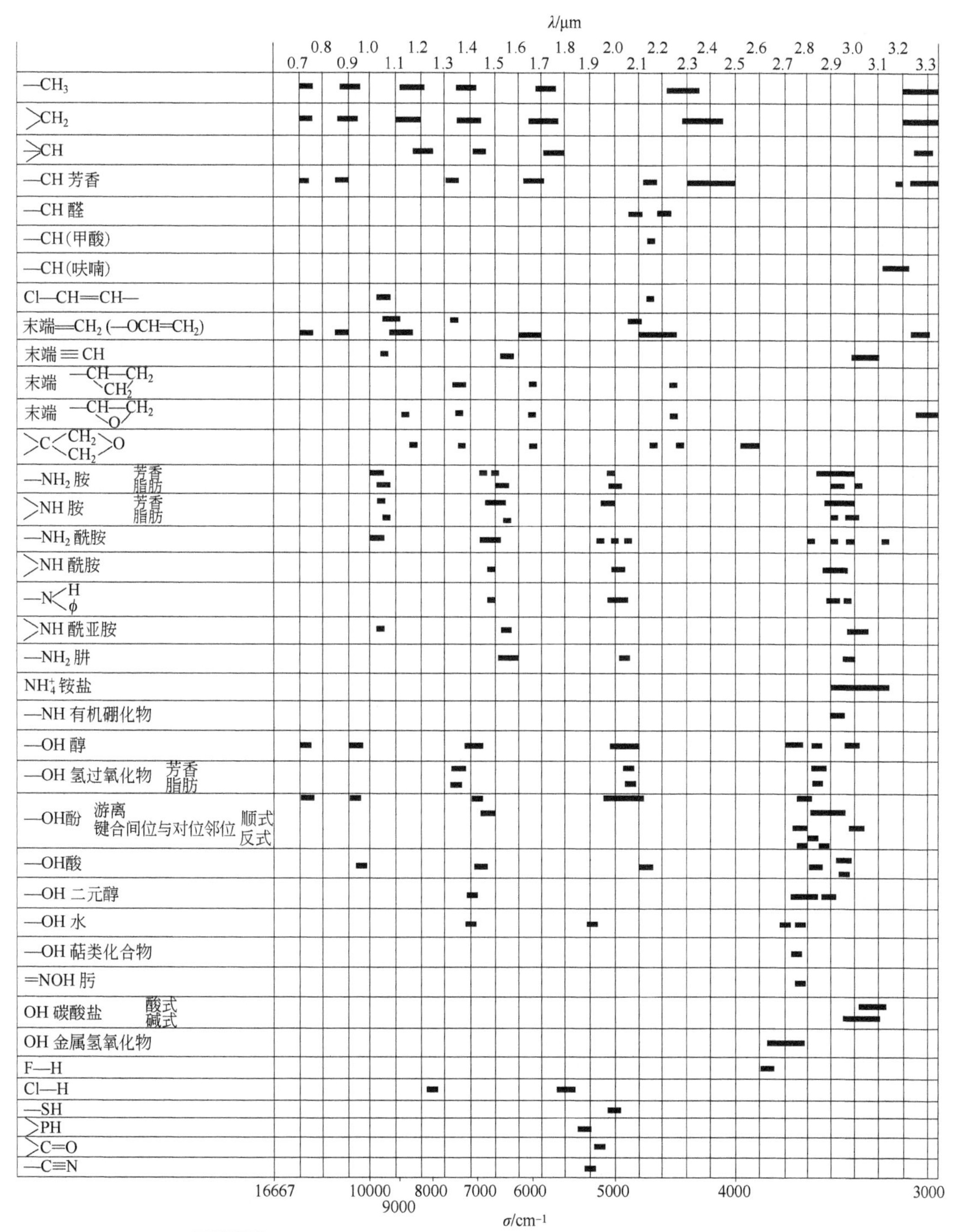

图 11-1　有机化合物主要基团与相应的近红外光谱谱带对照图

二、近红外光谱的测量原理

近红外光谱分析技术由两个要素组成，一是硬件技术，即精密的光谱仪器；二是软件技术，即化学计量学软件。近红外光谱仪器有三种测量方式：透射测量、漫反射测量和漫透射测量。采取哪一种测量方式，主要取决于被测样品的类型。

1. 近红外光谱的透射测量原理

透射光谱法是将待测样品置于光源与检测器之间。若样品是透明的真溶液，则透射光的强度与样品中组分浓度的关系可由比尔定律决定，这就是常规的透射分析法；若样品是浑浊的，由于光散射的原因，透射光的强度与样品浓度间的关系不符合比尔定律，用于测定时称为漫透射分析法。

2. 近红外光谱的漫反射测量原理

漫反射测量可用于各类样品，尤其适用于固体样品。

当入射光照射在固体或者物质颗粒的表面时，通常发生两种不同的反射现象，即镜面反射与漫反射。镜面反射如同镜子反射一样，光线不被物质吸收，反射角等于入射角；而漫反射是指从光源发出的光进入样品内部，经过多次反射、折射、衍射及吸收后返回到样品表面的光。发生漫反射时，每次光线都与样品内部的分子发生作用，样品中的化学物质吸收了一定量的光。因此，漫反射的光线包含了有关样品中物质成分的信息，即不同成分在特定波长下吸收了不同能量的光。

在很多近红外仪器中漫反射测量是通过积分球来完成的。积分球是防尘的金属球，其内表面镀金或聚苯乙烯，壁上装有检测器。积分球的作用是收集各种角度的漫反射光线，把它们集中到检波器上。积分球内表面的金或者聚苯乙烯作为参比材料起标定作用，其反射系数是固定不变的，可以作为测量时每个波长的参考值，消除了系统误差的影响。测量时，大多数样品都是按要求紧密地装载在一个石英或者玻璃样品杯中，因石英和玻璃不吸收红外线。漫反射率（R）按式（11-1）计算：

$$R = \frac{I}{I_0} \times 100\% \tag{11-1}$$

式中，I 为某一波长下样品的漫反射光强度；I_0 为同一波长下参比材料的漫反射光强度。

在近红外区域，反射和吸收的比率很高，所以可以把漫反射的光谱用数学方法转换成吸收光谱。吸收值可以近似地表示为 $\lg(1/R)$。虽然朗伯-比尔定律并不适用于漫反射测量，但是从经验上看，对于粉末样品，把漫反射光谱数据（R）用公式（11-2）转换成吸收光谱数据吸光度（A）还是可行的。

$$漫反射吸光度 = -\lg(漫反射率) \tag{11-2}$$

$$A = \lg\frac{1}{R} \tag{11-3}$$

表 11-3 给出了近红外光谱常用的样品测量方式。

表 11-3 常用的样品测量方式[4]

样品类型	测量方式	备　注
液体(低黏度)	透射、漫透射	保持样品的吸光度在仪器的线性测量范围之内,通常小于 1.5AU
浆状液(高黏度)	透射、漫透射	保持样品的吸光度在仪器的线性测量范围之内,通常小于 1.5AU
固体、较小的颗粒	漫反射	对漫反射测量,样品需具有无限光学厚度
织物	漫反射、漫透射	对漫反射测量,样品需具有无限光学厚度
颗粒状物(大颗粒)	漫反射、漫透射	对漫反射测量,样品需具有无限光学厚度

三、近红外光谱分析基础及分析流程

建立近红外光谱分析方法的第一步是采用近红外光谱仪测量样品的光谱。光谱包含了样品分子的振动信息、样品的物理性质信息以及样品与测量仪器之间特有的交互作用信息。光谱与其化学结构的关联称为光谱-结构相关。第二步光谱解析是将抽象的吸收数据（光谱）转换成用来表述样品分子结构的信息。光谱解析将为建立样品光谱与其分子性质之间的因果关系奠定基础。

在特定波长范围内，样品的吸收光谱由光谱仪检测器测出，数字化后存入计算机。要充分利用光谱所提供的信息必须采用多波长数据，目前常采用全谱数据或几个特定波段的吸收数据，数据采样点也很密集。在未知样品分析前，必须有一组样品作为一个校正集，对校正集的每一个样品测量其光谱和对应的组成或性质，与单波长测定建立校正曲线一样，事先必须用多元校正方法将测量的光谱与性质或组成数据关联，建立校正模型。校正模型的建立一般采用已有的软件。在对未知样品进行分析时，必须使用这一模型及测定的未知样品的光谱，计算其组成或性质。

近红外光谱分析主要通过下述五个步骤来完成，具体流程见图 11-2。

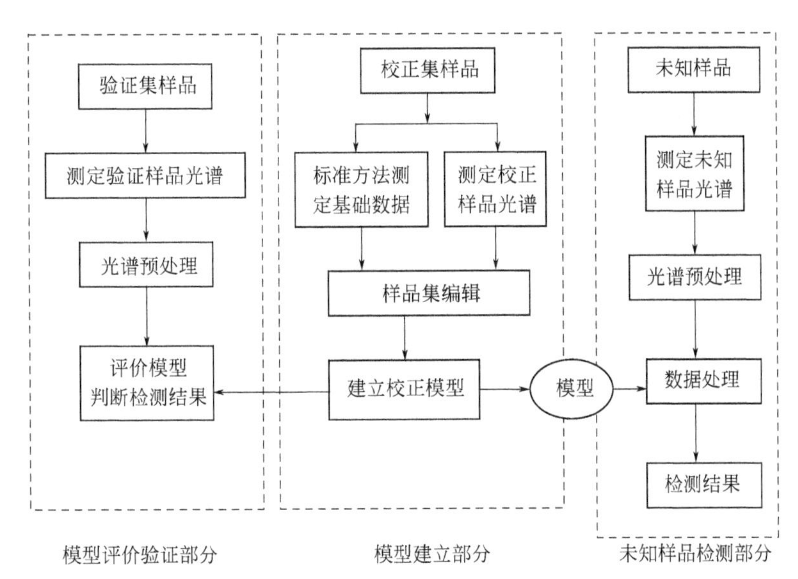

图 11-2　近红外光谱分析流程

① 选择具有代表性的样品（一部分用于建立校正模型，称为校正集样品；另一部分用于验证校正模型，称为验证集样品）测量其近红外光谱。选择的样品应能涵盖以后要分析样品的浓度或性质范围，样品的个数应该是均匀分布的。

② 采用标准或认可的方法测定样品的组成或性质的基础数据。

③ 对校正集样品测量的光谱和用标准方法测得的基础数据，通过化学计量学方法进行关联，建立校正模型。此步骤由专用分析软件完成。

④ 评价验证模型。用已知基础数据的验证集样品对校正模型进行评价。高质量的校正模型，在对验证集样品进行分析时，其预测结果与实际结果应有良好的一致性。模型质量的好坏一般采用残差、相关系数、校正集样本的标准偏差、预测集样本的标准偏差等统计数字来评定。

⑤ 测定未知样本。对验证集测定结果符合误差要求的校正模型，可用于未知样本组成、性质的日常分析检测；否则，将验证集样本加入校正集，重新建立模型。

第二节 近红外光谱定量与定性分析[5, 6]

近红外光谱分析是一种快速分析技术，能够在很短时间内完成样品的分析，但这必须建立在分析模型良好的基础上，模型的好坏直接影响样品测量结果的准确度与精密度。

根据分析结果类型的不同，可将近红外光谱分析方法分为定量分析和定性分析两类。

一、定量分析

近红外光谱的定量分析就是应用化学计量学方法，建立样品光谱与样品浓度或其他分析数据间的定量关系（校正模型），然后用该模型对未知样品的浓度或其他信息进行预测。

（一）定量分析一般过程

近红外光谱定量分析的一般过程，通常包括以下六个步骤：

① 选择足够多的且有代表性的样品组成校正集；

② 采用现行标准方法测定校正集样品的浓度或其他基础数据；

③ 测定校正集样品的近红外光谱；

④ 采用化学计量学方法建立校正模型；

⑤ 用验证集样品对所建模型进行评价验证；

⑥ 对未知样品进行分析与监测。

（二）校正集的选择

校正集是建立模型的基础，建模过程就是根据校正集样品的光谱和分析数据建立数学关系。通常，理想的校正集应满足以下要求：

① 校正集样品的组成应包含未知样品的所有化学组分；

② 校正集样品的浓度范围应大于未知样品的浓度变化范围；

③ 组分浓度在整个变化范围内是均匀分布的；

④ 校正集中具有足够的样品数，以能统计确定光谱变量与浓度（或其他基础数据）间的数学关系。

建模样品应为从总体中抽取的有限个（一般是几十个）能代表研究对象总体的适合分析的样品。这里说的代表性指的是同一材料（如同一种作物）中的不同类型、不同品种、不同来源，以及待测组分含量分布等。以小麦为例，类型指的是硬粒小麦还是软粒小麦，是春小麦还是冬小麦；来源指的是来自不同地区。此外，样品的基体应该是相同的，如样品中所含的水分等物质应趋于一致，否则背景干扰严重，导致模型适应性变差或根本不能适应。

（三）建模样品浓度或其他基础数据的测定

因为校正模型是由建模样品被测组分的化学值和有关近红外光谱的吸光度值经回归得来的，所以模型预测结果的准确性很大程度上取决于标准方法测得的化学值的稳定性，只有准确的化学值才能得到可靠的回归常数，也才能保证未知样品测定的准确性。要保证化学值的准确性，必须注意下列各点：

① 选用国际或国内标准方法测定建模样品；

② 在不同时间测定 2～3 个平行样品，平行样品之间的相对误差不能大于方法允许的误差范围；

③ 测定结果最好以干基含量表示，这样表示的结果不会因空气湿度的变化而波动。

（四）测定样品的近红外光谱

校正集、验证集和未知样品的近红外光谱测定，必须采用相同的方式，否则会给校正带来误差。

在进行光谱测定时，应注意到仪器的状态实际上每时每刻都在变化，即使同一天，光谱数据也可能由于光源的温度变化而变化，因此测量条件应尽量保持一致。在测量光谱时最好不要按浓度顺序进行测量，以免仪器条件的变化使某个局部浓度区域的光谱发生变化，而影响了模型的建立。另外，测量者应该熟悉样品的物化性质，从而能在测量时选择最适合该样品的检测方法。

（五）光谱数据的预处理

光谱数据的预处理是建模的一个重要阶段，可以消除偏移或基线变化等，从而保证光谱数据与浓度或其他基础数据之间有很好的相关性。

由检测器检测到的光谱信号除含样品待测成分信息外，还包括仪器噪声、基线漂移、杂散光、样品背景等。因此，在进行数据分析前，应对测量的光谱进行合理的处理，以减弱或消除各种非目标因素对光谱信息的影响，为建立一个稳定、可靠的校正模型奠定基础。常用的预处理方法包括：多元散射校正，高频噪声滤除（卷积平滑、傅里叶变换、小波变换等），光谱信号的代数运算（中心化、标准化处理等），光谱信号的微分，基线校正，光谱信号的坐标变换（横轴的波长、波数等的单位变换，纵轴的吸光度、透射比、反射率等的单位变换）等。

多元散射校正是通过数学方法将光谱中的散射光信号与化学吸收信息进行分离，可以去除样品的镜面反射及不均匀性造成的噪声，消除漫反射光谱的基线及光谱的不重复性。

卷积平滑法基于最小二乘法原理，能够保留分析信号中的有用信息，消除随机噪声，但是过度的平滑将会失去有用的光谱信息。

数据中心化处理的目的是改变数据集空间的坐标和原点，对以后的回归运算可以简化并使之稳定。

基线校正主要是扣除仪器背景或漂移对信号的影响，可以采取峰谷点扯平、偏置扣减、微分处理和基线倾斜等方法。

（六）建立校正模型

建立校正模型是近红外光谱分析中最为重要的一步，包括以下步骤：

① 数据预处理；

② 光谱区间的选择；

③ 建立数学模型；

④ 对模型进行统计评价及优化；

⑤ 模型的异常点统计检验。

在近红外定量分析中，数据预处理、光谱区间的选择、建立数学模型都有很多方法，包含很多参数。因此，建模过程实际上就是对这些方法和参数的筛选过程，筛选的依据是模型的精度大小和验证的结果。

多元线性回归（MLR）、主成分回归（PCR）和偏最小二乘法（PLS）是常用的三种建立线性校正模型的方法。区域权重回归（LMR）、人工神经网络（ANN）、拓扑方法（TP）和支持向量机方法（SVM）则是常见的非线性校正模型建立技术。

在建立多元线性回归、主成分回归和偏最小二乘模型时，需要确定模型所需的变量数，这是建模的关键步骤。如果采用的变量数过少，则模型的精度不够；如果采用的变量数过多，则不能得到稳定的模型，光谱噪声的变化对预测结果会有明显影响。建模所需的最大变量数与样品中可检测的、光谱可识别的组分数有关，往往小于实际组分数，可以采用交互验证的方法确定建模所需的最佳变量数。

（七）校正模型的验证

对建立起来的校正模型必须进行验证，以确保模型的可用性。常规的做法是将样品集样品分成两部分，一部分用来建立校正模型，另一部分则用来验证模型。模型验证的基本过程是采用已建模型对一组已知参考值的样品（验证集）进行预测，将预测结果与参考值进行统计比较。验证集样品的个数取决于模型的复杂程度，只有在模型覆盖范围之内的样品才能作为验证集样品。验证集样品的光谱测量方式应与校正集光谱测量方式一致，参考值的测定也应采用与校正集相同的方法。然后用已建立的校正模型对验证集样品进行预测，并对预测结果进行统计检验，常用的方法有显著性检验和一致性检验等。

（1）显著性检验　采用 t 检验的方式检验验证集样品预测值与标准方法测定值之间有无显著性差异，若两者无显著性差异，则模型可用。

（2）一致性检验　计算验证集样品的置信限，确定置信区间。考察预测值位于置信区间内的样品数，如果在该范围内的验证集样品数超过总样品数的 95%，那么模型通过一致性检验。

（八）对未知样品进行分析与监测

已通过验证集验证的校正模型，可用于未知样本组成或性质的日常分析与监测。

首先测定未知样品的近红外光谱，其测量方式与校正集相同；然后对测得的光谱进行预处理，用已建的校正模型预测未知样品的组成或性质。

（九）近红外光谱定量分析的误差来源及解决方法

近红外光谱定量分析误差包括：光谱测量误差，采样误差，校正误差和分析误差。表 11-4 列出了主要误差来源及解决方案。

表 11-4　近红外定量分析误差来源与解决方案[6]

误差类型	误差来源	解决方案
光谱测量误差	仪器性能变差	定期监测仪器性能的变化 采用质量控制样品检测仪器性能
	光谱吸收超过仪器线性响应范围	测定仪器线性响应范围 选择光谱吸收没有超出仪器线性响应范围的光谱区间进行校正
	光学元件污染	检查窗口等部件，清除污染
采样误差	样品不均匀	在样品制备过程中改进样品混合方式 研磨样品使颗粒度小于 40μm 多次装样取平均 旋转样品 从大体积样品中取多个部分进行测量
	样品的化学性质随时间变化	冷冻干燥保存样品，在样品制备完毕后立刻进行测量和分析 检查样品压力要求
	液体样品有气泡	引入样品时注意样品池内的流体状态
校正误差	光谱对要建模的浓度/性质不敏感	改换对浓度/性质敏感的光谱区间
	校正集样品数量不足	按要求建立校正集
	校正集中存在异常点	采用异常点检验方法除去光谱异常点或添加新的样品 除去参考数据异常点或重新进行测定
	参考数据错误	重复分析盲样，考察分析精密度 纠正分析误差，提高分析质量 考察并重新校验试剂、仪器等
	非比尔定律关联(由于组分互相干扰而引起非线性)	在更窄的浓度范围内建立模型

续表

误差类型	误差来源	解决方案
校正误差	由于仪器响应而引起的非线性 对基线漂移等因素敏感 录入错误	检查仪器的动态响应范围,尝试使用短光程 对数据进行预处理以消除影响 交叉或反复检查数据
分析误差	校正模型性能差 仪器性能差 模型传递效果较差 样品不在模型范围内	用有代表性的验证集验证模型 用质量控制样品检验仪器/模型性能 通过仪器性能检测方法对仪器进行诊断 对模型传递和仪器标准化过程进行验证 选择对仪器噪声、波长漂移和谱图漂移不敏感的校正方法 采用异常点检验技术检测样品是否在模型范围内

二、定性分析

与红外定性分析不同，近红外定性分析很少用于化合物的结构鉴定，而主要用于物质的聚类分析和判别分析。近红外定性分析是用已知类别的样品建立定性模型，然后用该模型考察未知样品是否是该类物质。

近红外光谱定性分析的主要过程是：

① 采集已知类别样品的光谱；

② 用一定的数学方法处理上述光谱，生成定性判据；

③ 用该定性判据判断未知样品属于哪类物质。

从上述过程可以看出，近红外定性分析依赖于光谱的重复性，包括吸光度和波长的重复性。另外，和定量分析一样，它也要求未知样品和校正集样品的处理方式与采谱过程应完全一致，这样才能保证分析的准确性。

近红外定性分析的基本原理是：由近红外光谱或其压缩的变量（如主成分）组成一个多维的变量空间，同类物质在该多维空间位于相近的位置，未知样品的分析过程就是考察其光谱是否位于某类物质所在的空间。

近红外定性分析常遇到的问题是：在多维变量空间中，不同类样品不能完全分开（说明不同类样品的谱图差别不大）；训练时不同类型样品的变化没有足够的代表性（说明训练集样品的数目或变化范围不够）；不能检测微量物质。

为了避免上述问题的影响，近红外定性分析分为以下三步。

（1）训练过程　采集已知样品的光谱，然后用一定的数学方法识别不同类型的物质。

（2）验证过程　用不在训练集中的样品考察模型能否正确识别样品类型。

（3）使用阶段　采集未知样品的光谱，将它与已知样品的光谱进行比较，判断其属于哪类物质。

在近红外定性分析中，需注意未知样品的测定和处理过程必须和训练集样品完全相同，包括液体样品是否使用溶剂，光程必须一致，固体样品研磨方式、颗粒粒度等都必须一样。

近红光谱定性分析最常用的是模式识别方法，该方法又细分为有监督的方法、无监督的方法和图形显示识别三类。

有监督的方法需要有训练集，通过训练集建立数学模型，用经过训练的数学模型来识别未知样本，未知样本的分类数由训练集确定。具体方法包括距离判别法、线性学习机、线性判别分析、*K*-最邻近法、SIMCA 法、人工神经网络法和支持向量机算法等。

无监督的方法不需要训练集和训练模型，未知样本的分类数可以预先给定，也可以根据实际分类结果确定。聚类分析是无监督方法的典型代表，该方法特别适用于样本归属不清楚的情况。

图形识别是一种直观有效的方法。在实际中，可以利用人类在低维数空间对模式识别能力强的特点，将高维数据压缩成低维数据，实现图形识别。

三、定量和定性分析举例

（一）定量分析举例

陆婉珍等人[6]曾用近红外光谱法成功测定了重整汽油的辛烷值，现以此为例，说明近红外光谱定量分析方法的具体应用。

辛烷值是评价汽油抗爆性能的重要指标之一。目前，国际通用的汽油辛烷值测定方法是由 ASTM-CFR 发动机测量的，我国对应的标准方法为 GB/T 5478。该方法不仅设备昂贵、消耗标准燃料、分析时间长、所用分析样品多，而且设备需要经常维护保养和校准标定，因此较难满足科研和生产对辛烷值快速测定的要求。由于辛烷值与汽油中官能团的类型及数量是直接相关的，因此用近红外光谱方法测定汽油辛烷值成为可能。

1. 实验部分

（1）样品收集与基础数据测定　重整汽油样品取自石油化工科学研究院催化重整中型装置，自 1999 年 6 月至 2004 年 12 月共收集了有标准辛烷值数据的样品 130 个，基本覆盖了不同原料、催化剂和操作条件等因素的变化。重整汽油辛烷值采用标准方法 GB/T 5478 测得，该方法的重复性要求 0.3 个辛烷值单位，再现性要求 0.7 个辛烷值单位。

（2）近红外光谱仪与光谱采集　NIR-3000 近红外光谱仪（石油化工科学研究院研制，北京英贤仪器有限公司生产），5cm 玻璃样品池，光谱范围 700～1100nm，CCD 检测器。以空气为参比，样品放入 2min 后开始扫描。CCD 扫描累加次数为 50，扫描速度 20ms/次。样品恒温（25±0.3）℃；环境温度（22±5）℃。

（3）软件　采用石油化工科学研究院编制的“RIPP 化学计量学光谱分析软件 2.0”建立定量校正模型。

2. 定量校正模型的建立

（1）校正集和验证集样品的选择　从收集到的 130 个样品中，选取 95 个有代表性的样品组成校正集，剩余的 35 个样品作为验证集样品。

（2）建模参数的选择　采用偏最小二乘方法建立定量校正模型。建立模型时，根据近红外光谱与辛烷值相关系数图选择 830～990nm 光谱区间，光谱经一阶微分预处理，以消除样品颜色及基线漂移等因素的影响，最佳主因子数由交互验证法所得的预测残差平方和确定，最佳主因子数选择 5。

（3）校正过程异常样品检测　用公式 $MD=\boldsymbol{s}^{\mathrm{T}}(\boldsymbol{S}\boldsymbol{S}^{\mathrm{T}})^{-1}\boldsymbol{s}$（式中，$MD$ 为马氏距离；$\boldsymbol{s}$ 为得分向量；$\boldsymbol{S}$ 为校正集得分矩阵）计算交互验证过程中校正集样品的马氏距离。结果表明，所有校正集样品的马氏距离都小于 0.16（判据为 $3k/n$，本例中，主因子数 k=5，校正集样品数 n=95），即校正集中不存在极端浓度组分的样品，且样品分布合理。

（4）未知样品分析时异常样品检测所用参数的确定　根据异常样品检测的要求和方法，分别确定了马氏距离、光谱残差均方根和最邻近距离参数的阈值为 0.18、0.38×10^{-4} 和 0.24，其中主成分分析选取 5 个主因子数。如果采用所建模型对未知样品进行预测，若其中一项检测参数超过了上述对应的阈值，则说明该未知样品属于模型界外样品，所得结果不可靠。

如果马氏距离超标，说明未知样品中的组分浓度超出了样品集组分浓度的范围；如果光谱残差均方根超标，说明未知样品中含有校正集样品中所没有的组分；如果最邻近距离超标，说明未知样品落在校正集样品分布比较稀疏的区域。以上异常样品检测分析是基于光谱仪器工作正常的前提条件下进行的。

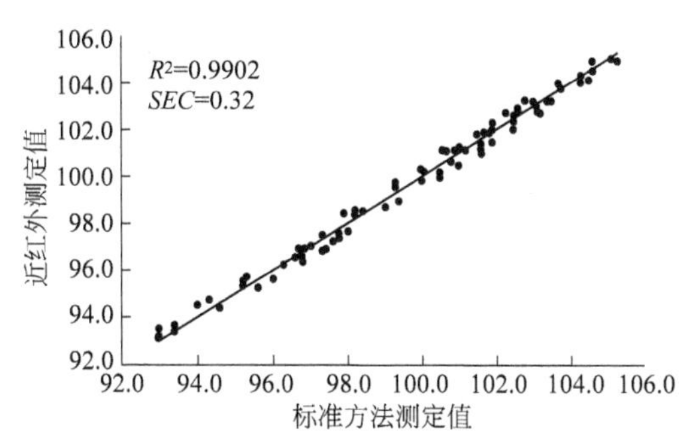

图 11-3　近红外光谱测定结果与标准方法测定结果的相关图

（5）校正模型小结　图 11-3 为交互验证得到的近红外光谱测定结果与标准方法所测结果的相关图。由该图可以看出，校正集样品均匀地分布在回归线的两侧，表明重整汽油的近红外光谱与辛烷值具有显著的线性相关性。

模型建立的校正参数及统计结果见表 11-5。本例校正集样品数为 95 个，PLS 主因子数选择 5（k=5），完全满足样品集数量（6k）的要求。校正集辛烷值的变动范围（标准偏差）是 3.7，满足样品集样品性质变动范围不小于参考方法再现性标准偏差 5 倍的要求。

表 11-5　重整汽油辛烷值校正模型统计结果

项　目	参　数				
校正集组成	样本数 95	最大值 105.3	最小值 93.0	平均值 99.7	标准偏差 3.7
验证集组成	样本数 35	最大值 104.6	最小值 93.0	平均值 99.3	标准偏差 3.5
光谱预处理方法	一阶微分				
光谱区间/nm	830～990				
主因子数	5				
相关系数 R^2	0.9902				
校正标准偏差	0.32				
校正异常样品剔除	0				
马氏距离阈值	0.18				
光谱残差均方根阈值	0.38×10^{-4}				
最邻近距离阈值	0.24				

3. 模型的验证

验证集的样品数为 35 个，满足规定的 4k（k=5）的要求。验证集样本的辛烷值范围覆盖了校正集样本辛烷值范围的 95%以上，且均匀分布。此外，异常样品检测结果表明，验证集所有样品的马氏距离、光谱残差均方根和最邻近距离值都小于模型建立时确立的对应阈值，说明这些样品均在所建模型的覆盖范围之内。

表 11-6 列出了验证集样品的近红外光谱法测定值与标准方法测定值之间的统计结果。其中验证集预测标准偏差（*SEV*）与模型建立时交互验证过程得到的 *SEC* 相当；对于给定显著性水平 0.05，$t_{(0.05,\ 34)}$=2.03，所得的 t 检验值（0.66）小于 2.03，说明两种方法的分析结果没有显著性差异；所有验证集样品的近红外光谱测定结果与标准方法之间的偏差都在标准方法规定的再现性范围以内（0.7 个辛烷值单位），表明两者的分析结果是一致的。以上结果表明，所建模型通过验证，可以用来测定其覆盖范围的未知重整汽油样品的辛烷值。

表 11-6 近红外光谱法（NIR）辛烷值测定结果与标准方法测定结果的比较

序号	NIR 方法	标准方法	偏差
1	93.0	93.1	0.1
2	93.4	93.4	0.0
3	94.0	94.5	0.5
4	94.3	94.8	0.5
5	94.6	94.4	−0.2
6	95.2	95.3	0.1
7	95.6	95.3	−0.3
8	96.0	95.7	−0.3
9	96.6	96.6	0.0
10	96.8	96.5	−0.3
11	97.0	97.1	0.1
12	97.4	97.0	−0.4
13	97.9	97.4	−0.5
14	98.4	98.5	0.1
15	98.5	98.8	0.3
16	98.7	98.9	0.2
17	99.0	98.7	−0.3
18	99.4	99.0	−0.4
19	100.0	100.3	0.3
20	100.5	100.0	−0.5
21	100.6	100.8	0.2
22	100.7	100.4	−0.3
23	100.8	100.7	−0.1
24	101.2	101.1	−0.1
25	101.6	101.3	−0.3
26	101.9	101.5	−0.4
27	102.5	102.3	−0.2
28	102.6	102.8	0.2
29	103.0	103.2	0.2
30	103.4	103.2	−0.2
31	103.7	104.0	0.3
32	103.8	103.8	0.0
33	103.9	103.5	−0.4
34	104.2	104.4	0.2
35	104.3	104.3	0.0
SEV	0.30		
$\|t\|$	0.66		

4. 方法的重复性

对所建立的辛烷值近红外测定方法的精密度进行了考察，从验证集样品中选择了序号为5、12、23、27 和 33 的 5 个样品，每个样品分别测定 6 次近红外光谱，用所建模型预测其辛烷值，预测和统计结果见表 11-7。

表 11-7 近红外光谱方法测定重整汽油辛烷值的重复性结果

测量次数	5 号样品	12 号样品	23 号样品	27 号样品	32 号样品
1	94.6	97.5	100.7	102.5	103.8
2	94.6	97.4	100.8	102.5	103.8

续表

测量次数	5号样品	12号样品	23号样品	27号样品	32号样品
3	94.7	97.5	100.8	102.4	103.7
4	94.6	97.4	100.7	102.5	103.8
5	94.5	97.4	100.7	102.5	103.8
6	94.6	97.4	100.8	102.5	103.8
平均值	94.6	97.4	100.8	102.5	103.8
标准偏差	0.05	0.05	0.05	0.04	0.04
χ^2	0.69				
重复性	$z\times\sqrt{2}\times\sigma$=0.33				

对于给定95%置信水平，$\chi^2_{(0.05,\ 4)}$临界值=7.81，所得的χ^2检验值小于7.81，说明重复测定的所有方差属于同一总体。近红外光谱法测定重整汽油辛烷值的重复性可按：$z\times\sqrt{2}\times\sigma$计算得出，式中，$z$为进行重复测量的样品数（本例为5），$\sigma$为近红外测定的标准偏差。

（二）定性分析举例

在近红外光谱分析技术的实际应用过程中，经常会遇到只需要知道样品的类别、样品的真伪或样品的质量等级，而并不需要知道样品中含有的组分数和含量等问题，这时就需要用到近红外光谱的定性分析方法。

下面以汽油的聚类分析[6]为例，说明近红外光谱定性分析方法的具体应用。

根据原油的不同加工工艺，汽油的种类较多，如原油蒸馏得到的直馏汽油，重整工艺生产的重整汽油，催化裂化装置生产的催化裂化汽油，烷基化装置生产的烷基化汽油，以及异构化汽油和裂解汽油等。由于各类汽油的组成差别很大，因此，采用定性校正方法对汽油进行分类，建立未知样品的类型识别模型，在日常分析中非常重要。

本例采用近红外光谱结合主成分分析和模糊聚类方法对三类汽油（重整汽油、催化裂化汽油和烷基化汽油）进行分类鉴别。

1. 实验部分

（1）样品　150个重整汽油（样本序号1～150），150个催化裂化汽油（样本序号151～300），150个烷基化汽油（样本序号301～450），这些样品均取自我国各大炼油厂。

（2）近红外光谱仪与光谱采集　NIR-3000近红外光谱仪（石油化工科学研究院研制，北京英贤仪器有限公司生产），5cm玻璃样品池，光谱范围700～1100nm，CCD检测器。

以空气为参比，样品放入2min后开始扫描。CCD扫描累加次数为50，扫描速度20ms/次。样品恒温（25±0.3）℃；环境温度（22±5）℃。在此条件下，测定450个汽油样品的近红外光谱。

（3）软件　所用算法均由MATLAB 6.1软件编程运算。

2. 主成分分析——模糊聚类原理简述

由于近红外光谱各波长点处的光谱信息重叠严重，主成分分析（PCA）就是将多波长下的光谱数据压缩到有限的几个因子空间内从而达到数据降维的目的，以消除众多信息共存中相互重叠的信息部分。方法是将数目较少的新变量表达为原变量的线性组合，新变量应最大限度地表征原变量的数据结构特征且不丢失信息。此方法需首先优化选择出适当的两个（三个或多个）主成分，并计算其得分值，再在二维空间中依据两个主成分的得分作图，主成分得分图类似于聚类图，性质相近的样品在图中位置靠近，性质不同的样品在图中则距离较远。对未知样品预测时，根据未知样品在主成分得分图的位置，对其性质归属进行判断。

聚类分析是一种无管理模式识别方法，常用于目标观察对象的分类，即利用表征观测对象的一组变量对目标进行分类。模糊 *K*-均值聚类算法是目前比较流行的，在诸如植物分类、矿物分类、化合物分类及天气预报等方面都获得了广泛应用。

本例将主成分分析与模糊 *K*-均值聚类算法相结合，成功地对汽油样品的品种进行了分类鉴别。

3. 聚类结果

将 450 个近红外光谱组成光谱数据矩阵，在进行主成分分析前，对光谱进行一阶微分处理，并选取 830～990nm 光谱区间参与运算。主成分分析求取的前三个特征值的累积贡献达到了 96.9%。因此，选用前三个主成分得分作为特征变量进行模糊聚类。

图 11-4 是三类汽油的前三个主成分得分（PC1、PC2 和 PC3）的三维图。由该图可以看出，利用前三个主成分得分为特征进行聚类的效果是令人满意的，三种不同类型的汽油没有任何交叠，被完全分开。

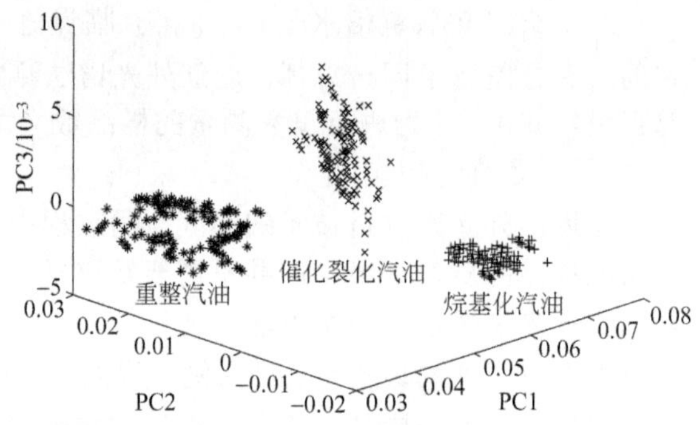

图 11-4 三类汽油 450 个样品前三个主成分得分的三维空间分布

在光谱结合化学计量学的分析方法中，聚类分析的目的是识别未知样品，以便选取适合的校正模型。由于前三个主成分得分较好地将汽油进行分类，因此对一未知样品，可视其散落的区域来判断所属类型。为实现样品类型识别的自动化，用模糊聚类得到的聚类中心建立这三种汽油的识别模型，根据未知样品的隶属度自动识别其类型。具体步骤是：对一汽油样品，首先由上述 450 个标样的主成分模型对其近红外光谱进行主成分变换得到前三个得分，然后计算该样品属于这三类的隶属度，根据隶属度的大小确定其类型，并且规定各类的阈值为 0.7，若该样品属于这三类的隶属度均小于 0.7，则判定该样品不属于这三类汽油。

4. 判别预测分析

为验证已建识别模型的有效性，又分别收集了 20 个汽油样品组成验证集，验证集样品的类型及用已建识别模型的识别结果，见表 11-8。由表 11-8 可以看出，已建的三种汽油（重整汽油、催化裂化汽油和烷基化汽油）的识别模型能快速准确地判别未知汽油的类型，同时对不属于这三种类型的汽油也能做出识别。

表 11-8 验证集汽油样品的判别结果

序号	类 型	u_R①	u_C	u_A	判别结果
1	重整汽油	0.97	0.02	0.01	重整汽油
2	重整汽油	0.96	0.03	0.01	重整汽油
3	重整汽油	0.98	0.01	0.01	重整汽油
4	重整汽油	0.87	0.10	0.03	重整汽油
5	重整汽油	0.92	0.06	0.02	重整汽油
6	重整汽油	1.00	0.00	0.00	重整汽油
7	催化裂化汽油	0.00	1.00	0.00	催化裂化汽油
8	催化裂化汽油	0.00	1.00	0.00	催化裂化汽油
9	催化裂化汽油	0.02	0.90	0.08	催化裂化汽油

续表

序号	类　型	u_R①	u_C	u_A	判别结果
10	催化裂化汽油	0.01	0.97	0.02	催化裂化汽油
11	催化裂化汽油	0.20	0.78	0.02	催化裂化汽油
12	催化裂化汽油	0.02	0.98	0.00	催化裂化汽油
13	烷基化汽油	0.02	0.00	0.98	烷基化汽油
14	烷基化汽油	0.00	0.00	1.00	烷基化汽油
15	烷基化汽油	0.00	0.00	1.00	烷基化汽油
16	烷基化汽油	0.02	0.05	0.93	烷基化汽油
17	烷基化汽油	0.03	0.00	0.97	烷基化汽油
18	烷基化汽油	0.01	0.00	0.99	烷基化汽油
19	异构化汽油	0.02	0.40	0.58	不属于以上三种类型汽油
20	异构化汽油	0.07	0.42	0.51	不属于以上三种类型汽油

① u_R、u_C 和 u_A 分别为样品属于重整、催化裂化和烷基化汽油类的隶属度。

第三节　近红外光谱仪器[5~7]

近红外光谱仪器的发展已经过 50 多年的历程，仪器的设计方式、性能和测量方法都发生了很大变化。随着光学技术、电子技术的迅速发展和应用，近红外光谱仪也不断革新和日趋完善，目前已成为一种具有良好性能价格比的实用分析工具，被广泛应用于各种物质的定性鉴别和定量分析。

一、近红外光谱仪的基本组成

近红外光谱仪一般都是由光学系统、电子系统、机械系统和计算机系统等部分组成的。其中，电子系统由光源电源电路、检测器电源电路、信号放大电路、A/D 变换、控制电路等部分组成；计算机系统则通过接口与光学和机械系统的电路相连，主要用来操作和控制仪器的运行，除此还负责采集、处理、存储、显示光谱数据等。

光学系统是近红外光谱仪的核心，主要包括光源、分光系统和检测器等部分。

1. 光源

光源是近红外光谱仪的重要组成部分，负责提供测量所需的光能。与传统的红外光源相比，近红外光谱仪对光源的要求更高，不仅光强度要大，且稳定性和均匀性也要好。通常高强度不成问题，稳定性主要是控制光源能量，靠光源电路来实现，均匀性则通过光源与分光器之间的滤光片来保证。近红外光谱仪最常用的光源是卤钨灯，价格相对较低。发光二极管（LED）是一种新型光源，波长范围可以设定，线性度好，适于在线或便携式仪器，但价格较高。目前，在一些专用仪器上，也有采用激光发光二极管作光源，其单色性更好。

2. 分光系统

分光系统是光学系统的核心，其主要器件为单色器，单色器的作用是将复合光转化为单色光。常用的单色器有滤光片、光栅、干涉仪、声光调谐滤光器等。根据单色器相对于样品的放置位置，光谱仪的结构可分为前分光和后分光两种形式。前分光方式，是复合光先经单色器色散为单色光，再通过样品；而后分光方式，是复合光先通过样品，再经单色器色散为单色光。

3. 检测器

检测器的作用是将携带样品信息的近红外光信号转变为电信号，再通过 A/D 转变为数字形式输出。用于近红外区域的检测器分为单点检测器和阵列检测器两种。响应范围、灵敏度、线性范围是检测器的三个主要指标，均取决于它的构成材料以及使用条件（如温度）等。检测器的波长响应范围，通常用光谱响应曲线来表示，如图 11-5～图 11-8 所示。表 11-9 列出了一些近红外检测器的主要性能指标，其中在短波区域多采用硅检测器，长波区域多采用 PbS 或 InGaAs 检测器。InGaAs 检测器的响应速度快，信噪比和灵敏度高，但响应范围相对较窄，价格也较贵。PbS 检测器的响应范围较宽，价格约为 InGaAs 检测器的 1/5，但其响应呈较严重的非线性。为了提高检测器的灵敏度及扩展响应范围，在使用时往往采用半导体或液氮制冷，以保持较低的恒定温度。

表 11-9　几种近红外检测器的主要性能指标[7]

检测器	类　型	响应范围/μm	响应速度	灵敏度	备　注
PbS	单点	1.0～3.2	慢	中	非线性甚高
InGaAs（标准）	单点	0.8～1.7	很快	高	可用 TE 制冷
InSb	单点	1.0～5.5	快	很高	必须用液氮制冷
PbSe	单点	1.0～5.0	中	中	可用 TE 制冷
Ge	单点	0.8～1.8	快	高	可用 TE 制冷
HgCdTe	单点	1.0～14.0	快	高	用液氮制冷
Si	单点	0.2～1.1	快	中	可在常温下使用
Si（CCD）	阵列	0.7～1.1	快	中	可在常温下使用
InGaAs（标准）	阵列	0.8～1.7	很快	高	可用 TE 制冷
InGaAs（扩展）	阵列	0.8～2.6	很快	高	可用 TE 制冷
PbS	阵列	1.0～3.0	慢	中	可用 TE 制冷
PbSe	阵列	1.5～5.0	中	中	可用 TE 制冷

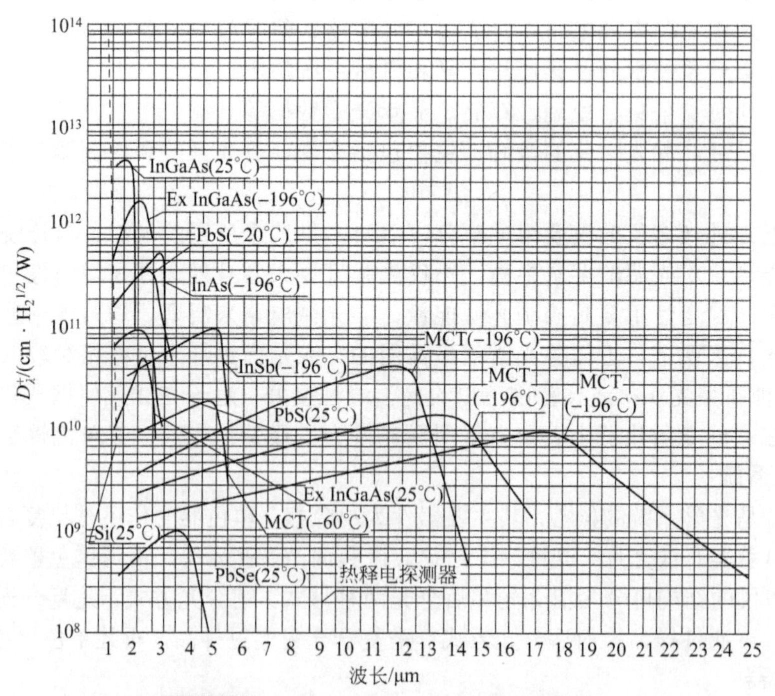

图 11-5　红外检测器光谱响应曲线汇总[7]

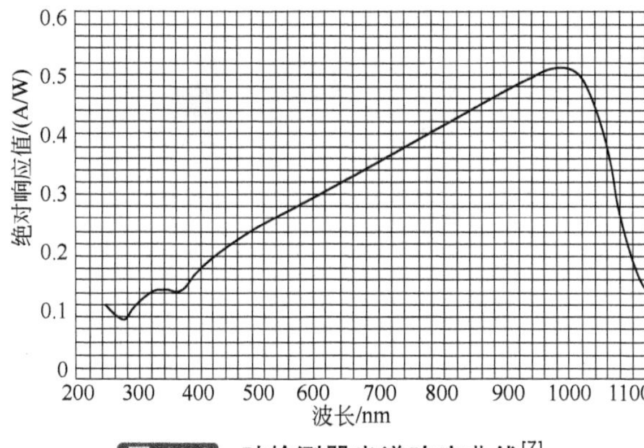

图 11-6 硅检测器光谱响应曲线[7]

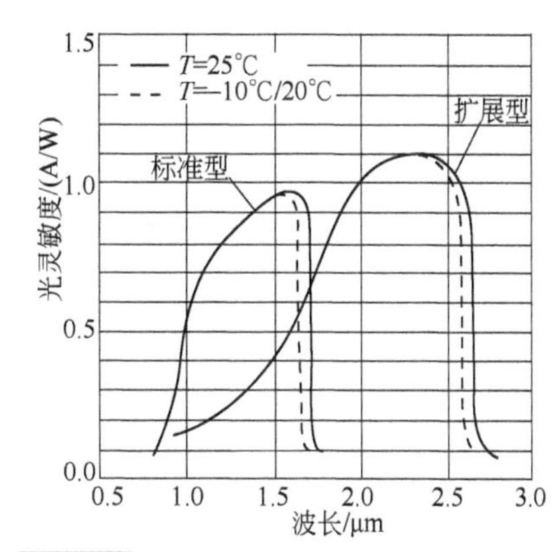

图 11-7 InGaAs 检测器光谱响应曲线（标准型和扩展型）[7]

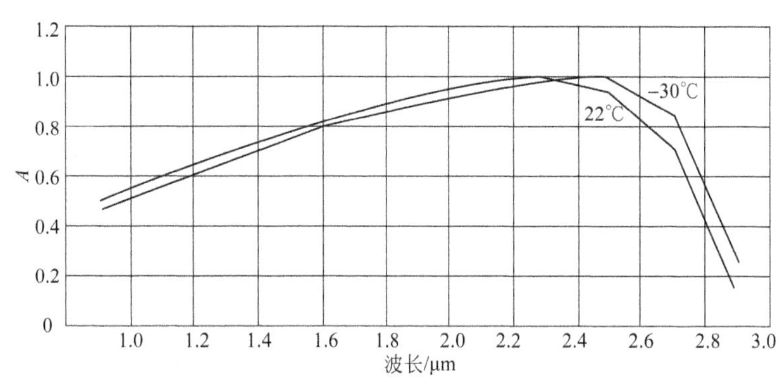

图 11-8 PbS 检测器的光谱响应曲线[7]

二、近红外光谱仪主要类型

近红外光谱仪器种类繁多，有多种分类方法。较为常见的分类方法是依据仪器的分光形式进行分类，可分为滤光片型、色散型（光栅、棱镜）和傅里叶变换型等。

1. 滤光片型近红外光谱仪

滤光片型近红外光谱仪以滤光片作为分光系统，即采用滤光片作为单色光器件。滤光片型近红外光谱仪又分为固定式滤光片和可调式滤光片两种形式，其中固定滤光片型的仪器是近红外光谱仪最早的设计形式。滤光片仪器工作时，由光源发出的光通过滤光片后得到一宽带的单色光，与样品作用后到达检测器。图 11-9 是滤光片型近红外光谱仪配以积分球的光路示意图。

该类型仪器的优点是：仪器的体积小，可以作为专用的便携仪器，制造成本低。其不足之处是：单色光的谱带较宽，波长分辨率差；对温湿度较为敏感；得不到连续光谱；不能对谱图进行预处理，信息量少；故只能作为较低档的专用仪器。

2. 色散型近红外光谱仪

色散型近红外光谱仪的分光元件是棱镜或光栅。为获得较高的分辨率，现代色散型仪器中多采用全息光栅作为分光元件，扫描型仪器通过光栅的转动，使单色光按照波长的高低依次通过样品，进入检测器检测。图 11-10 和图 11-11 分别是单光路和双光路光栅扫描型近红外光谱仪的光路简图。

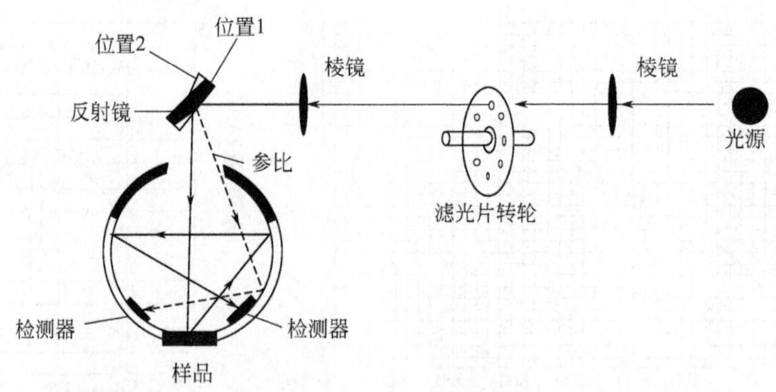

图 11-9 滤光片型近红外光谱仪配以积分球的光路示意图[7]

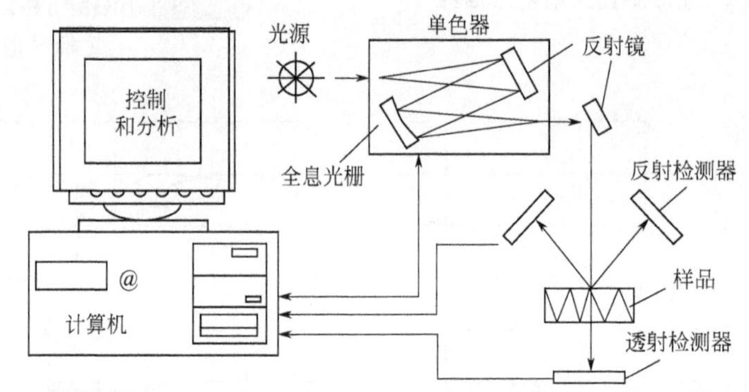

图 11-10 单光路光栅扫描型近红外光谱仪的光路简图[7]

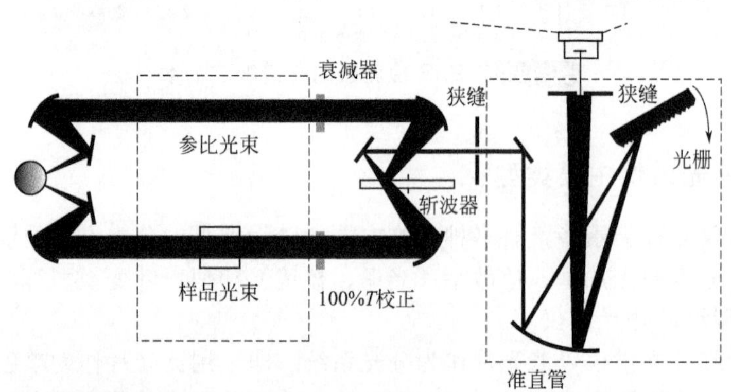

图 11-11 双光路光栅扫描型近红外光谱仪的光路简图[7]

该类型仪器的优点是：可对样品进行全谱扫描，分辨率较高，仪器价格适中，便于维修。扫描的重复性和分辨率较滤光片型仪器有很大程度的提高，可以从近红外谱图中提取大量有用信息。其缺点是：光栅或反光镜的机械轴容易磨损，影响波长的长期重现性，抗震性较差，扫描速度也相对较慢，一般不适合作为过程分析仪器使用。

3. 傅里叶变换近红外光谱仪

傅里叶变换近红外光谱仪的核心部件是迈克尔逊干涉仪，该仪器利用干涉图和光谱图之间的对应关系，通过测量干涉图并对干涉图进行傅里叶变换以获得近红外光谱图。图 11-12 是典型傅里叶变换近红外光谱仪的光路示意图。

由光源发出的光经干涉仪调制得到干涉光，干涉光通过样品到达检测器变成电信号（该电信号是一时间函数，得到的是干涉图），再通过模数转换送入计算机，由计算机进行快速傅里叶变换，获得以波数（或波长）为横坐标的频域光谱，即样品的近红外光谱。

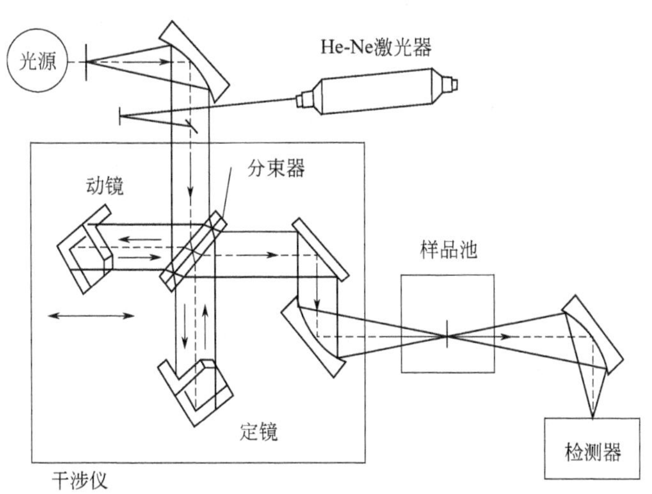

图 11-12 典型傅里叶变换近红外光谱仪的光路示意图[7]

该类型仪器的优点是：扫描速度快，波长精度高，分辨率高。由于短时间内可进行多次扫描，对信号做累加处理，加之光能利用率高，输出能量大，不受杂散光影响，因而仪器的信噪比和测定灵敏度较高。这类仪器的弱点是干涉仪中有移动性部件，在线使用可靠性受到限制，因而对仪器的使用和放置环境有严格要求。

4. 多通道傅里叶变换光谱仪

多通道傅里叶变换光谱仪是在传统傅里叶变换光谱仪和阵列检测器的基础上发展起来的一种新型仪器。与基于动镜扫描的时间调制干涉的传统干涉仪不同，这种类型的仪器依靠的是阵列检测器扫描的空间调制干涉技术，所以文献中常称其为空间调制干涉光谱仪。它兼有光学多通道分析器和传统傅里叶变换光谱仪的优点，因其不需要机械扫描而备受人们的关注。

图 11-13 是一种 Sagnac 型多通道傅里叶变换光谱仪的分光原理。光源 S 经成像透镜 L_1 后成像于棱镜胶合面 S′处，该分光系统由两块胶合在一起的半五角棱镜构成，在胶合面处均匀镀有 50/50 半透半反分束膜 BS，而在两侧面 M_1 和 M_2 处镀有反射膜。入射光在 BS 处分成两束，透过 BS 的光束先后经 M_2 和 M_1 反射后再次透过 BS 分束膜；被 BS 膜反射的光束先后经 M_1 和 M_2 反射后又一次被 M_1 反射，这两束光相互干涉。干涉光被位于变换透镜 L_2 后焦平面处的阵列检测器检测，得到待测光谱的干涉图，对其作离散傅里叶变换便可获得光谱图。

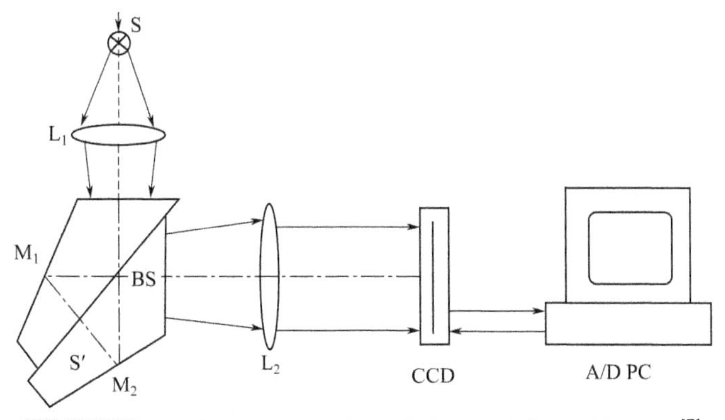

图 11-13 一种 Sagnac 型多通道傅里叶变换光谱仪原理[7]

与传统傅里叶变换光谱仪相比，多通道傅里叶变换光谱仪更加小型化、费用更低、稳定性更好、能量利用率更高，而且有利于克服温度变化、机械振动等环境因素的影响，特别适用于航天遥感、野外现场等恶劣条件下的光谱测量。

三、色散型近红外光谱仪与傅里叶变换型近红外光谱仪的比较

目前市场中的主流近红外光谱仪器有色散型近红外光谱仪和傅里叶变换型近红外光谱仪两类。色散型近红外光谱仪，光源发出的光先照射样品，然后再经光栅分成单色光，由检测器检测后可获得光谱；而傅里叶变换型近红外光谱仪，首先是将光源发出的光经过干涉仪变成干涉光，干涉光再照射样品，检测器得到的是干涉图，而近红外光谱图是由计算机把干涉图进行傅里叶变换后得到的。从两类仪器的原理比较，可知傅里叶变换近红外光谱仪与一般的色散型近红外光谱仪截然不同，对这两类仪器的比较见表 11-10。

表 11-10 色散型近红外光谱仪与傅里叶变换型近红外光谱仪的比较[8]

序号	色散型近红外光谱仪	傅里叶变换型近红外光谱仪
1	光学部件复杂，带有多种易磨损的活动部件，有机械公差	光学部件简单，整个试验过程中只有一个可动的动镜
2	测量波段狭窄	测量谱段宽，只需换用不同的分束器、光源和检测器就可以测试近、中、远波段
3	测量精度低	利用氦-氖激光器提供高质量的检测精度
4	为了获得高分辨光谱需用光阑限制光束，使光通量降低，检测灵敏度下降	光束全部通过，光通量大，检测灵敏度高
5	使用色散法，在某时间间隔内只能测量很窄的波段范围	具有多路通过的特点，所有频率同时测量
6	杂散光容易造成虚假读数	使用调制音频信号，杂散光不影响检测
7	样品受红外光束聚焦加热，容易产生热效应	样品放于分束器后测量，大量辐射由分束器阻挡，样品又接收调制波，故热效应极小
8	样品自身的红外辐射会被检测器接收	检测器仅仅对调制的音频信号有反应

四、近红外光谱仪测样附件

测样附件是指承载样品的器件。液体样品可使用玻璃或石英样品池，固体样品可使用积分球或漫反射探头，现场分析和在线分析常用光纤附件。

针对不同的分析对象，需采用不同的测量方式。常用的测量方式有透射、漫反射和漫透射三种。不同的测量方式，需采用不同的测样附件，目前已有多种形式商品化的测样附件。

（一）液体测样附件

1. 比色皿

对于均匀透明液体，如白酒、汽油等样品，透射是最理想的测量方式。最常用的透射测样附件是比色皿，一般由石英材料制成。依据不同的测量对象和使用波段，可选用不同光程（短波区光程 30～100mm，长波区 0.1～5mm）和结构的比色皿。

市场上有多种构造和类型的比色皿，如测量微量样品的比色皿、自动吸入或进样式的比色皿等。还可根据用户需要，定制特殊用途的比色皿。

2. 浸入透射式光纤探头

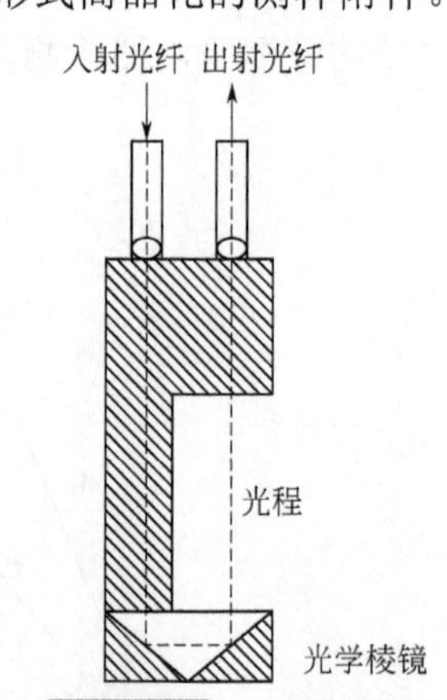

图 11-14 光纤透射探头结构示意图

浸入透射式光纤探头是另一种常用的透射测样附件。有各式各样的商品化透射光纤探头，但其原理基本相似。如图 11-14 所示，

浸入式透射光纤探头的原理是：入射光纤传输的光经透镜耦合准直后变成平行光，照射到棱镜上，经棱镜改变光的传输方向后，进入待测样品，携带样品信息的光再通过透镜耦合进入出射光纤中。光纤探头进行样品测量时较为方便，只需将探头完全浸入液体即可。使用时，应注意不要过度弯曲光纤，以防折断。

（二）固体测样附件

对于固体颗粒（如谷物、高聚物颗粒）、粉末、纸张、织物、饲料、肉类等样品，漫反射是最常用的近红外光谱测量方式。在漫反射过程中，分析光与样品表面或内部作用，光传播方向不断变化，最终携带样品信息又反射出样品表面，由检测器进行检测。

1. 漫反射测样附件

目前，用于近红外漫反射光谱测量的附件，主要有下述三种类型。

（1）普通漫反射附件　图 11-15 所示的附件，是结构相对简单，也是最早使用的一种漫反射测量附件。分析光垂直照射到样品杯或样品瓶中盛放的样品上，检测器在 45° 收集反射光，为有效收集漫反射光，在 45° 方向上可使用 2 个或 4 个检测器。

用于漫反射测量的样品杯通常设计为可旋转式或上下往复运动式，以减少样品的不均匀性给光谱测量带来的影响，得到重复性或再现性好的光谱。

在采用漫反射方式分析样品时，应注意保持每次装样的一致性，如颗粒大小、样品的松紧度等。此外，还应保证装样厚度，对近红外光来说是无穷厚。

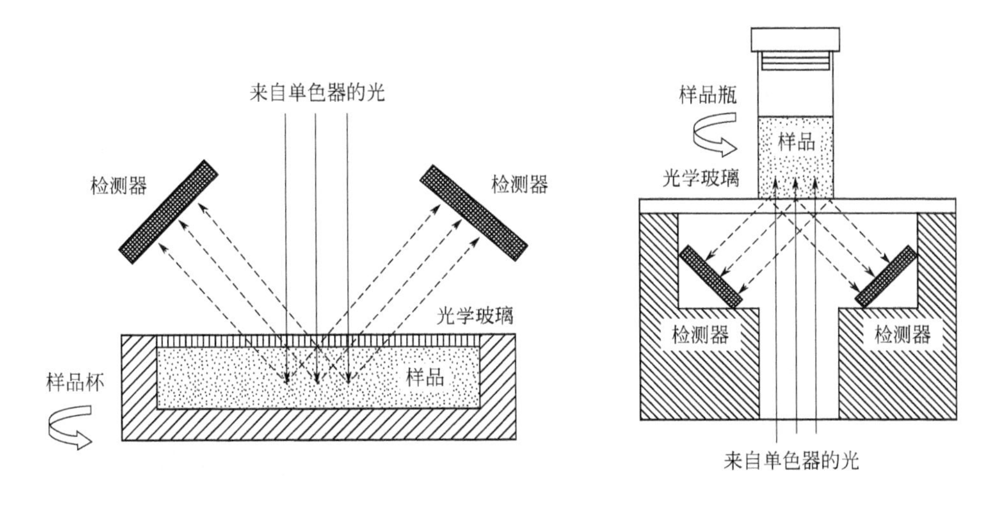

图 11-15　一种普通漫反射附件示意

（2）积分球　在近红外光谱测量中，对固体和小颗粒状样品来说，另一种常见的漫反射测样附件是积分球（见图 11-16）。从固体或粉末样品表面漫反射回来光的方向是向四面八方的，积分球的作用就是收集这些反射光以被检测器检测。显然，积分球的反射光收集率在一定程度上优于以上提到的普通漫反射测样附件，得到的光谱信噪比高、重复性也较好。而且，检测器放置在积分球的出口，不易受到入射光束波动的影响。为进一步提高反射光收集率，也有积分球使用多个检测器。

如图 11-17 所示，积分球可提供内部光度参比，制成伪双光束的近红外光谱仪器。积分球的载样器件可采用通用的漫反射样品杯，也可选用一次性样品瓶。同样，旋转式的样品杯或样品瓶有利于获得稳定可靠的漫反射光谱。

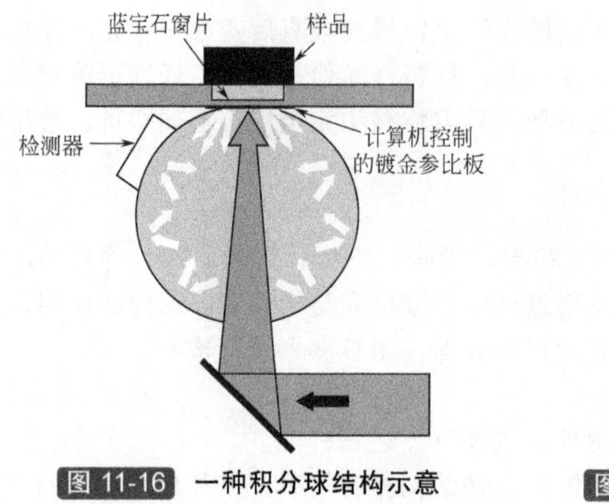

图 11-16 一种积分球结构示意

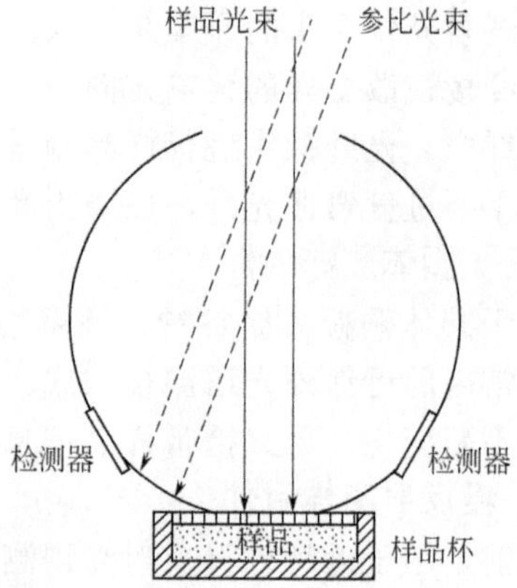

样品光束
参比光束
检测器
检测器
样品
样品杯

图 11-17 一种可同时测量参比和样品的积分球光路示意

（3）漫反射光纤探头 漫反射光纤探头可以用来测量各种类型的固体样品，如塑料、水果、药片和谷物等。图 11-18（a）给出了一种漫反射光纤探头的光学原理示意。为有效收集样品漫反射的光，漫反射探头多采用光纤束，如图 11-18（b）所示。由于采用光纤束，光能量衰减严重，传输距离不宜过长，一般在 50m 以内。

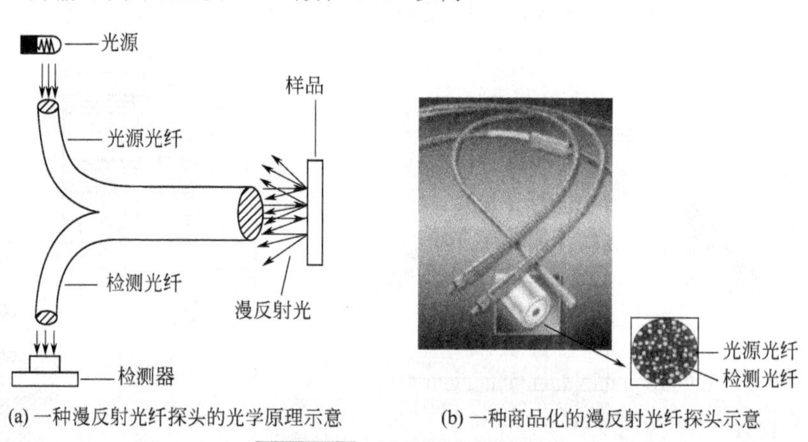

(a) 一种漫反射光纤探头的光学原理示意　(b) 一种商品化的漫反射光纤探头示意

图 11-18 漫反射光纤探头

采用光纤探头可以方便地对固态样品进行测量，如它可以直接插入到原料桶，也可以对包装袋中的样品直接进行测量。

2. 漫透射测样附件

对于浆状、黏稠状，以及含有悬浮物颗粒的液体，如牛奶、涂料和油漆等，多采用漫透射方式进行测量。漫透射的测量方式与透射相同，只是光与样品的作用形式不同。

上面介绍的透射附件，如比色皿和透射式光纤探头也可以对这类液体进行测量。

对于谷物（如小麦、玉米、大豆）、高分子聚合物颗粒（如聚丙烯颗粒）和水果（如苹果、柑橘），也可采用漫透射方式进行测量。

图 11-19 是测量黄瓜的内部漫反射附件示意图，通过透射和内部漫反射方式几乎可以得到整个黄瓜的组成信息，同时避免了黄瓜表面反射光和外部光线的干扰，因此，测定精度比其他方式高。采用这种方式测量水果，可消除由果实不同部位的糖、酸等成分造成的测定误差，而且还能测定果皮较厚的甜瓜、小个西瓜及大形柑橘等水果的内部品质。

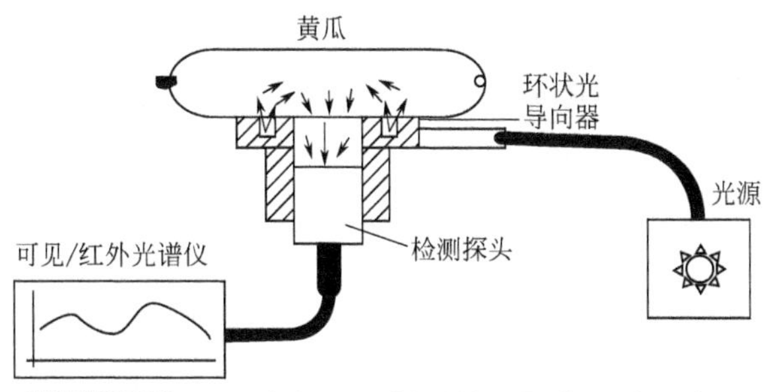

图 11-19 利用内部漫反射附件测量黄瓜的示意图

第四节 近红外光谱数据及近红外光谱图

一、化合物的近红外光谱特征频率

化合物在近红外光区的吸收带主要是含氢基团的各级倍频与组合频，反映的是分子中官能团与结构的信息。表 11-11 是以波长升序及波数降序排列的近红外光谱特征吸收峰与分子结构对照表。

二、化合物的近红外光谱图

图 11-20～图 11-65 是 10500～6300cm^{-1}（952～1587nm）区间光谱与分子结构的对照，图 11-66～图 11-106 是 7200～3800cm^{-1}（1389～2632nm）区间光谱与分子结构的对照[4]。表 11-12 是图 11-20～图 11-65 光谱-分子结构对照图（10500～6300cm^{-1}，952～1587nm）索引，表 11-13 是图 11-66～图 11-106 光谱-分子结构对照图（7200～3800cm^{-1}，1389～2632nm）索引。

表 11-11 近红外光谱特征吸收峰与分子结构对照（以波长升序及波数降序排列）

波长/nm	波数/cm^{-1}	官能团	光谱-结构	物质类型
513	19500	烷基醇(R—C—OH)，CCl_4 溶液，无氢键的 O—H	短链醇(R—C—OH),CCl_4 溶液，无氢键的 O—H(6ν)	烷基醇
599	16700	烷基醇(R—C—OH)，CCl_4 溶液，无氢键的 O—H	短链醇(R—C—OH),CCl_4 溶液，无氢键的 O—H(5ν)	烷基醇
714	13986	芳烃(ArCH)的 C—H	芳烃的 C—H(5ν)	烃类，芳烃
741	13500	烷基醇(R—C—OH)，CCl_4 溶液，无氢键的 O—H	短链醇(R—C—OH),CCl_4 溶液，无氢键的 O—H(4ν)	烷基醇
747	13387	甲基(·CH_3)的 C—H	甲基(·CH_3)的 C—H(5ν)	烃类，脂肪烃
755	13250	酚的 O—H,CCl_4 溶液	酚 CCl_4 溶液的 O—H(4ν)	酚 O—H
762	13123	亚甲基(·CH_2)的 C—H	亚甲基(·CH_2)的 C—H(5ν)	烃，脂肪烃
764	13400 和 12788 双峰	酚的 O—H，CCl_4 溶液	*o*-碘代酚的 O—H(4ν)	酚 O—H
767	13038	伯醇(—CH_2—OH)的 O—H	伯醇(—CH_2—OH)的 O—H(4ν)	伯醇
773	12937	仲醇(—CH—OH)的 O—H	仲醇(—CH—OH)的 O—H(4ν)	仲醇
776	12887	叔醇(—C—OH)的 O—H	叔醇(—C—OH)的 O—H(4ν)	叔醇
796	12563	直链烷烃[$CH_3(CH_2)_nCH_3$]甲基的 C—H	C—H 组合频(4ν CH_3+δCH_3)	烃类，脂肪烃
803	12453	芳烃($ArCH_3$)甲基的 C—H	C—H 组合频(4ν CH_3+δCH_3)	烃类，芳烃
813	12300	支链烷烃[$RC(CH_3)_3$ 或 $RCH(CH_3)_2$]甲基的 C—H	C—H 组合频(4ν CH_3+δCH_3)	烃类，脂肪烃

续表

波长/nm	波数/cm^{-1}	官能团	光谱-结构	物质类型
830	12048	直链烷烃[$R(CH_2)_nR$]的亚甲基 C—H	C—H 组合频($4\nu CH_2+\delta CH_2$)	烃类，脂肪烃
836	11962	支链烷烃[$RC(CH_3)_3$或$RCH(CH_3)_2$]亚甲基的 C—H	C—H 组合频($4\nu CH_2+\delta CH_2$)	烃类，脂肪烃
876	11655	芳烃(ArCH)的 C—H	芳烃(ArCH)的 C—H(4ν)	烃类，芳烃
908	11052	甲基($\cdot CH_3$)的 C—H	甲基($\cdot CH_3$)的 C—H(4ν)	烃类，甲基
915	10929	甲基($\cdot CH_3$)的 C—H	甲基($\cdot CH_3$)的 C—H(4ν)	烃类，脂肪烃
930	10753	亚甲基($\cdot CH_2$)的 C—H	亚甲基($\cdot CH_2$)的 C—H(4ν)	烃类，脂肪烃
930	10800	亚甲基($\cdot CH_2$)的 C—H	亚甲基($\cdot CH_2$)的 C—H(4ν)	烃类，亚甲基
962	10400	烷基醇(R—C—OH)CCl_4溶液中无氢键的 O—H	短链醇烷基醇(R—C—OH)CCl_4溶液中无氢键的 O—H(3ν)	烷基醇
990	9911 和 10288 双峰	酚的 O—H,CCl_4溶液	*o*-碘代酚的 O—H(3ν)	酚 O—H
996	10040	伯醇($—CH_2—OH$)的 O—H	伯醇($—CH_2—OH$)的 O—H(3ν)	伯醇
1000	10000	酚的 O—H，CCl_4溶液	酚CCl_4溶液的 O—H(3ν)	酚 O—H
1003	9970	伯芳胺(*o*-NO_2)的 N—H	伯芳胺(*o*-NO_2)CCl_4溶液的 N—H(3ν反对称)	芳胺
1004	9960	仲醇(—CH—OH)的 O—H	仲醇(—CH—OH)的 O—H(3ν)	仲醇
1006	9940	叔醇(—C—OH)的 O—H	叔醇(—C—OH)的 O—H(3ν)	叔醇
1015	9852	伯芳胺(*m*-NO_2)的 N—H	伯芳胺(*m*-NO_2)CCl_4溶液的 N—H(3ν反对称)	芳胺
1017.5	9828	伯芳胺(*o*-Cl)的 N—H	伯芳胺(*o*-Cl)CCl_4溶液的 N—H(3ν反对称)	芳胺
1018.5	9818	伯芳胺(*m*-Cl)的 N—H	伯芳胺(*m*-Cl)CCl_4溶液的 N—H(3ν反对称)	芳胺
1018.5	9818	伯芳胺(*o*-OCH_3)的 N—H	伯芳胺(*o*-OCH_3)CCl_4溶液的 N—H(3ν反对称)	芳胺
1019	9813	伯芳胺(*p*-Cl)的 N—H	伯芳胺(*p*-Cl)CCl_4溶液的 N—H(3ν反对称)	芳胺
1021	9796	芳烃($ArCH_3$)甲基的 C—H	C—H 组合频($3\nu CH_3+\delta CH_3$)	烃类，芳烃
1021	9794	支链烷烃[$RC(CH_3)_3$或$RCH(CH_3)_2$]甲基的 C—H	C—H 组合频($3\nu CH_3+\delta CH_3$)	烃类，脂肪烃
1021	9795	直链烷烃[$CH_3(CH_2)_nCH_3$]甲基的 C—H	C—H 组合频($3\nu CH_3+\delta CH_3$)	烃类，脂肪烃
1021	9794	伯芳胺(无取代基)的 N—H	伯芳胺(无取代基)CCl_4溶液的 N—H(3ν反对称)	芳胺
1023	9775	伯芳胺(*p*-CH_3)的 N—H	伯芳胺(*p*-CH_3)CCl_4溶液的 N—H(3ν反对称)	芳胺
1026.5	9741	伯芳胺(*p*-NH_2)的 N—H	伯芳胺(*p*-NH_2)CCl_4溶液的 N—H(3ν反对称)	芳胺
1029	9720	含多官能团的烷基醇 O—H/C—O	组合频(2νO—H+3νC—O)	含有醇的醚和酯
1041	9606	直链烷烃[$R(CH_2)_nR$]亚甲基的 C—H	C—H 组合频($3\nu CH_2+\delta CH_2$)	烃类，脂肪烃
1042	9600	支链烷烃[$RC(CH_3)_3$或$RCH(CH_3)_2$]亚甲基的 C—H	C—H 组合频($3\nu CH_2+\delta CH_2$)	烃类，脂肪烃
1047	9550	醇(R—C—OH)带氢键的 O—H	短链醇(R—C—OH)带氢键的 O—H(3ν)	烷基醇
1065	9386	醇或水的 O—H 组合频	组合频(2νO—H+δC—H 甲基)	醇，R—C—O—H
1142	8754	芳烃(ArCH)的 C—H	芳烃的 C—H(3ν)	烃类，芳烃

续表

波长/nm	波数/cm^{-1}	官能团	光谱-结构	物质类型
1143	8749	芳烃的 C—H	ArC—H 的 C—H(3ν)	烃类，芳烃
1160	8621	羰基 >C═O	C═O(5ν)	烃类，脂肪烃
1170	8547	烯烃(·HC═CH)的 C—H	烯烃(·HC═CH)的 C—H(3ν)	烯烃，多烯
1194	8375	甲基(·CH_3)的 C—H	甲基(·CH_3)的 C—H(3ν)	烃类，脂肪烃
1195	8368	甲基(·CH_3)的 C—H	甲基(·CH_3)的 C—H(3ν)	烃类，脂肪烃
1211	8258	亚甲基(·CH_2)的 C—H	亚甲基(·CH_2)的 C—H(3ν)	烃类，脂肪烃
1215	8230	亚甲基(·CH_2)的 C—H	·C—H_2 的 C—H(3ν)	烃类，脂肪烃
1225	8163	仲碳或叔碳(·CH)的 C—H	·C—H 的 C—H(3ν)	烃类，脂肪烃
1360	7353	甲基(·CH_3)的 C—H	·C—H_3 的 C—H 组合频	烃类，脂肪烃
1370	7300	芳烃($ArCH_3$)甲基的 C—H	C—H 组合频($2\nu CH_3+\delta CH_3$)	烃类，芳烃
1390	7194	直链烷烃[$CH_3(CH_2)_nCH_3$]甲基的 C—H	C—H 组合频($2\nu_s CH_3+\delta CH_3$)	烃类，脂肪烃
1390	7194	SiOH	SiOH	二氧化硅，光纤
1395	7168	亚甲基(·CH_2)的 C—H	·C—H_2 的 C—H 组合频	烃类，脂肪烃
1396	7163	支链烷烃[$RC(CH_3)_3$或$RCH(CH_3)_2$]甲基的 C—H	C—H 组合频($2\nu CH_2+\delta CH_2$)	烃类，脂肪烃
1408	7100	甲醇无氢键的 O—H	甲醇 CCl_4 溶液无氢键的 O—H(2ν)	甲醇 O—H，无氢键
1410	7092	直链烷烃[$R(CH_2)_nR$]的亚甲基 C—H	C—H 组合频($2\nu CH_2+\delta CH_2$)	烃类，脂肪烃
1410	7092	醇(RO—H)的 O—H	·O—H 的 O—H(2ν)	烃类，脂肪烃
1410	7090	无氢键游离羟基 O—H	CCl_4 溶液的游离羟基 O—H	无氢键的 O—H
1411	7085	支链烷烃[$RC(CH_3)_3$或$RCH(CH_3)_2$]亚甲基的 C—H	C—H 组合频($2\nu CH_2+\delta CH_2$)	烃类，脂肪烃
1415	7067	亚甲基(·CH_2)的 C—H	·C—H_2 的 C—H 组合频	烃类，脂肪烃
1415	7065	醇的无氢键 O—H	二醇无氢键的 O—H(2ν)	烷基醇(二醇)
1416	7060(主要) 7200～7015	醇带氢键的羟基 O—H	丁醇带氢键的 O—H(2ν)	烷基醇(含 1 个 O—H)
1417	7057	芳烃的 C—H	Ar·C—H 的 C—H 组合频	烃类，芳烃
1420	7042	芳烃(ArO—H)的 O—H	·O—H 的 O—H(2ν)	烃类，芳烃
1420	7040	CCl_4 溶液单体酚的 O—H	CCl_4 溶液单体酚的 O—H(2ν)	酚 O—H
1420	7140～6940	酚的 O—H	酚和芳醇(Ar—OH)的 O—H(2ν)	酚 O—H
1430	6995	伯酰胺(R—C═O—NH_2)的 N—H	伯酰胺(R—C═O—NH_2)的 N—H(2ν对称)	伯酰胺，N—H
1432	6982	伯芳胺(*o*-NO_2)的 N—H	伯芳胺(*o*-NO_2)CCl_4 溶液的 N—H(2ν反对称)	芳胺
1440	6944	亚甲基(·CH_2)的 C—H	·C—H_2 的 C—H 组合频	烃类，脂肪烃
1441	6940	伯芳胺(*m*-NO_2)的 N—H	伯芳胺(*m*-NO_2)CCl_4 溶液的 N—H(2ν反对称)	芳胺
1441	6940	晶体蔗糖的 O—H	晶体蔗糖 C4 羟基的 O—H(2ν)	晶体蔗糖
1443	6930	伯芳胺(*o*-Cl)的 N—H	伯芳胺(*o*-Cl)CCl_4 溶液的 N—H(2ν反对称)	芳胺
1445	6920	伯芳胺(*m*-Cl)的 N—H	伯芳胺(*m*-Cl)CCl_4 溶液的 N—H(2ν反对称)	芳胺
1446	6916	芳烃(ArC—H)的 C—H	ArC—H 的 C—H 组合频	烃类，芳烃
1446	6916	伯芳胺(*o*-OCH_3)的 N—H	伯芳胺(*o*-OCH_3)CCl_4 溶液的 N—H(2ν反对称)	芳胺

续表

波长/nm	波数/cm^{-1}	官能团	光谱-结构	物质类型
1448	6906	伯芳胺(*p*-Cl)的 N—H	伯芳胺(*p*-Cl)CCl_4 溶液的 N—H (2ν反对称)	芳胺
1448.5	6904	伯芳胺(无取代)的 N—H	伯芳胺(无取代)CCl_4 溶液的 N—H(2ν反对称)	芳胺
1450	6897	羰基 C═O	C═O(4ν)	醛和酮
1450	6897	聚合体(·O—H)的 O—H	·O—H 的 O—H(2ν)	淀粉/聚合醇
1452	6887	伯醇(—CH_2—OH)的 O—H	伯醇(—CH_2—OH)的 O—H(2ν)	伯醇
1452.5	6885	伯芳胺(*p*-CH_3)的 N—H	伯芳胺(*p*-CH_3)CCl_4溶液的 N—H (2ν反对称)	芳胺
1459.5	6852	伯芳胺(*p*-NH_2)的 N—H	伯芳胺(*p*-NH_2)CCl_4 溶液的 N—H (2ν反对称)	芳胺
1460	6849	酰胺(·NH 或·NH_2)的 N—H	N—H(2ν对称)	尿素
1460	6850	醇的分子内键合的 O—H	二醇分子内键键合的 O—H(2ν)	烷基醇(二醇)
1461	6844	仲胺(R—NH—R)的 N—H	N—H(2ν), 仲胺(R—NH—R), 吲哚, 一级倍频强度对比, CCl_4 溶液	N—H 仲胺
1463	6835	酰胺·NH 或·NH_2 的 N—H	N—H(2ν), ·$CONH_2$	酰胺/蛋白质
1464	6831	仲醇(—CH—OH)的 O—H	O—H(2ν), 仲醇(—CH—OH)	仲醇
1464	6830	酚 O—H,卤素邻位取代	O—H(2ν), 卤素邻位取代的酚	酚 O—H
1465	6826	仲胺(R—NH—R)的 N—H	N—H(2ν), 仲胺(R—NH—R), 咔唑, 一级倍频强度对比, CCl_4 溶液	N—H 仲胺
1468	6812	叔醇(—C—OH)的 O—H	O—H(2ν), 叔醇(—C—OH)	叔醇
1470	6803	尿素(NH_2—C═O—NH_2)的 N—H	N—H(2ν非对称), 尿素	尿素的 N—H
1470	6805	伯酰胺(NH_2—C═O—NH_2)的 N—H 组合频	N—H 组合频(νNH—H 对称 +νN—H 反对称), 伯酰胺	伯酰胺的 N—H 组合频
1470	6800	甲醇 O—H,无氢键	甲醇 CH_3—OH 的 O—H(2ν), 无氢键, CCl_4 溶液	甲醇
1471	6798	酰胺 N—R 官能团的 N—H	N—H(2ν), ·CONHR	酰胺/蛋白质
1472	6791	伯芳胺(*o*-NO_2)的 N—H	N—H 反对称(2ν), 伯芳胺, *o*-NO_2 取代, CCl_4 溶液	芳胺
1480	6760	尼龙 11 的非键合 N—H	N—H(2ν), 尼龙 11 的非键合 N—H	尼龙 11
1481	6751	仲胺(R—NH—R)的 N—H	N—H(2ν), 仲胺(R—NH—R), N—苄胺, 一级倍频强度对比, CCl_4 溶液	仲胺 N—H
1483	6743	酰胺(·NH 或·NH_2)的 N—H	N—H(2ν), ·$CONH_2$	酰胺/蛋白质
1485	6736	尿素(NH_2—C═O—NH_2)的 N—H	N—H 对称(2ν), 尿素	尿素
1486	6729	仲胺(R—NH—R)的 N—H	N—H(2ν), 仲胺(R—NH—R), 二苯胺, 一级倍频强度对比, CCl_4 溶液	仲胺
1487	6725	伯芳胺(*m*-NO_2)的 N—H	N—H 对称(2ν), 伯芳胺, *m*-NO_2 取代, CCl_4 溶液	芳胺
1489.5	6713	伯芳胺(*m*-Cl)的 N—H	N—H 对称(2ν), 伯芳胺, *m*-Cl 取代, CCl_4 溶液	芳胺
1490	6711	酰胺 N—R 官能团的 N—H	N—H(2ν), ·CONHR	酰胺/蛋白质
1490	6710	伯酰胺(R—C═O—NH_2)的 N—H	N—H 反对称(2ν), 伯酰胺(R—C═O—NH_2)	伯胺 N—H
1490	6711	聚合醇(·O—H)的 O—H	O—H(2ν), ·O—H	淀粉/聚合醇
1491.5	6705	伯芳胺(*o*-Cl)的 N—H	N—H 对称(2ν), 伯芳胺, *o*-Cl 取代, CCl_4 溶液	芳胺

续表

波长/nm	波数/cm^{-1}	官能团	光谱-结构	物质类型
1491.5	6705	伯芳胺(*p*-Cl)的 N—H	N—H 对称(2ν)，伯芳胺，*p*-Cl 取代，CCl_4 溶液	芳胺
1492	6702	酰胺(·NH 或·NH_2)的 N—H	N—H(2ν)，·$ArNH_2$	酰胺/蛋白质
1492.5	6700	伯芳胺(*o*-OCH_3)的 N—H	N—H 对称(2ν)，伯芳胺，*o*-OCH_3 取代，CCl_4 溶液	芳胺
1493	6698	伯胺和仲胺(苯胺和 *N*-乙基苯胺混合物的 CCl_4 溶液)的 N—H	N—H 对称(2ν)，伯芳胺，*o*-OCH_3 取代，CCl_4 溶液	芳胺
1493	6698	无取代基伯芳胺的 N—H	N—H 对称(2ν)，伯芳胺，无取代基，CCl_4 溶液	芳胺
1496.5	6683	伯芳胺(*p*-CH_3)的 N—H	N—H 对称(2ν)，伯芳胺，*p*-CH_3 取代，CCl_4 溶液	芳胺
1500	7100～6240	醇或水的 O—H 伸缩谱带	O—H(2ν)，不同聚合醇，如单醇、二醇和多醇	醇或水的 O—H
1500	6667	酰胺(·NH 或·NH_2)的 N—H	N—H(2ν)，·NH_2	酰胺/蛋白质
1500	6666	尿素(NH_2—C═O—NH_2)的 N—H 组合频	N—H(νN—H 反对称和νN—H 对称组合频)，尿素	尿素的 N—H
1500	6850～6240	氢键键合醇的 O—H	O—H(2ν),氢键键合的烷基醇(R—C—OH)	烷基醇(含一个 O—H)
1502.5	6656	伯芳胺(*p*-NH_2)的 N—H	N—H(2ν对称)，伯芳胺，*p*-NH_2 取代，CCl_4 溶液	芳胺
1510	6623	酰胺(·NH 或·NH_2)的 N—H	N—H(2ν)，·$CONH_2$	酰胺/蛋白质
1515	6600	尼龙 11 键合的 N—H	N—H(2ν)，无序状尼龙 11 键合的 N—H 伸缩	尼龙 11
1520	6579	酰胺(·NH 或·NH_2)的 N—H	N—H(2ν)，·$CONH_2$	酰胺/蛋白质
1520	6580	仲胺(R—NH—R)的 N—H	N—H(2ν)，仲胺(R—NH—R)，二甲基胺(气态)，一级倍频强度对比，CCl_4 溶液	仲胺
1530	6536	次甲基(R—C—C≡C—H)的 C—H	C—H，次甲基(R—C—C≡C—H)的 C—H，1-己炔	次甲基或乙炔
1530	6536	酰胺(·NH 或·NH_2)的 N—H	N—H(2ν)，RNH_2	酰胺/蛋白质
1530	6536	仲胺(R—NH—R)的 N—H	N—H(2ν)，仲胺(R—NH—R)，吗啉，一级倍频强度对比，CCl_4 溶液	仲胺
1534	6250	氨水的 N—H	N—H(2ν)，氨水 NH_3	氨水
1538	6500	尼龙 11 键合的 N—H	N—H(2ν)，有序状尼龙 11 键合伸缩 NH	尼龙 11
1540	6494	聚合醇(·O—H)的 O—H	O—H(2ν)，·O—H	淀粉/聚合醇
1545	6471	仲胺(R—NH—R)的 N—H	N—H(2ν)，仲胺(R—NH—R)，二乙基苯胺，一级倍频强度对比，CCl_4 溶液	仲胺的 N—H
1550	6450	卵白蛋白酰胺 NH 伸缩一级倍频振动和键合水的 O—H	卵白蛋白胺类 NH 伸缩一级倍频振动和键合水的 O—H	卵清蛋白酰胺 N—H,键合水的O—H
1550	6540~6250	蛋白质仲酰胺的 N—H	N—H 伸缩(2ν)，蛋白质的仲酰胺	蛋白质 N—H
1570	6369	酰胺(·NH)的 N—H	N—H(2ν)，·CONHR	蛋白质/酰胺
1570	6368	尼龙 11 键合的 N—H	N—H，尼龙 11[键合 N—H 伸缩和 2×酰胺Ⅱ变形(N—H 面内弯曲)的组合频]	尼龙 11
1580	6330	醇或水的 O—H 组合频	O—H(2ν)，氢键 O—H 的宽吸收带	醇 R—C—O—H
1583	6319	烷基醇或水的 O—H 伸缩振动	文献称其为νO—H+δO—H 组合频，乙烯-乙烯醇共聚物光谱，将其归属为 O—H(2ν)可能更合适	醇或水的 O—H

续表

波长/nm	波数/cm^{-1}	官能团	光谱-结构	物质类型
1598	6256	尼龙 11 的 C═O/N—H 组合频	C═O/N—H，尼龙 11[酰胺Ⅰ($2\nu_s$C═O 伸缩)和 3×酰胺 N—H(N—H 面内弯曲)的组合频]	尼龙 11
1613	6200	与 >C═O相连的乙烯基的 C—H，如 CH_2═CH—C═O—	C—H，与氧相连的乙烯基(丁基乙烯基醚)，如 CH_2═CH—C═O—	乙烯基(丁基乙烯基醚)，如 CH_2═CH—C═O—
1618	6180	尼龙 11 的 N—H	N—H，尼龙 11[4×酰胺Ⅱ(N—H 面内弯曲)]	尼龙 11
1620	6173	烯烃═CH_2 的 C—H	C—H(2ν)，═CH_2	烯烃
1621	6169	丙烯酸酯(CH_2═$CHCOO^-$)的 C—H	C—H，两种伸缩振动的组合频	丙烯酸酯
1621	6170	与 N 相连的乙烯基，如 CH_2═CH—N—C═O—C 的 C—H	C—H，与 N 相连的乙烯基(1-乙烯-2-吡咯烷酮)，如 CH_2═CH—N—C═O—C	吡咯烷酮的乙烯基
1630	6130/6140	乙烯基和亚乙烯基[CH_2═C(CH_3)—CH═CH_2]的 C—H	C—H，乙烯基和亚乙烯基(2-甲基-1,3-丁二烯)，异戊二烯[CH_2═C(CH_3)—CH═CH_2]	异戊二烯乙烯基和亚乙烯基的 C—H
1631	6130	与 CH_2═C< 相连的亚乙烯基的 C—H	C—H，亚乙烯基(仲烷基)，CH_2═C<	烃类，脂肪烃
1635	6120	与 CH_2═CH—相连乙烯基的 C—H	C—H，乙烯基(己烯)，CH_2═CH—	烃类，脂肪烃
1637	6110	乙烯基(CH_2═CH—)的 C—H	C—H，液态羧化(丙烯腈-丁二烯)共聚物或丁腈橡胶(NBR)中 1,2-单元的悬挂双键	乙烯基的 C—H
1654	6045	硝基甲烷(CH_3NO_2)甲基的 C—H	甲基 C—H，CH_3NO_2	硝基甲烷 CH_3NO_2
1655	6025/6060 双峰	溴甲烷(CH_3Br)甲基的 C—H	甲基 C—H，CH_3Br	卤代烃 CH_3Br
1661	6020	碘甲烷(CH_3I)甲基的 C—H	甲基 C—H，CH_3I	卤代烃 CH_3I
1661	6000/6040 双峰	氯甲烷(CH_3Cl)甲基的 C—H	甲基 C—H，CH_3Cl	卤代烃 CH_3Cl
1664	6011	醇($ROHCH_3$)中与 OH 相连的甲基的 C—H	甲基 C—H，醇($ROHCH_3$)中与 OH 相连的甲基	醇，二醇
1671	5985(5988)	芳烃的 C—H	CH(ν)+CH(ν)(12+1)，苯	芳基 C—H
1678	5960	羰基(·C═OCH_3)相连甲基的 C—H	甲基 C—H，羰基(·C═OCH_3)相连的甲基	酮
1680	5952	芳烃(ArCH)的 C—H	C—H(2ν)，芳烃 C—H	烃类,芳烃
1680	5952	滤光片仪器的参比波长	芳烃 C—H，用作滤光片仪器的参比波长	参比波长
1682	5946	与羰基间隔一个碳相连甲基(·C═OCH_2CH_3)的 C—H	甲基 C—H，与羰基间隔一个碳相连的甲基(·C═OCH_2CH_3)	酮
1685	5935	芳烃的 C—H	C—H(2ν)，ArC—H	烃类,芳烃
1688	5925	与羟基($ROHCH_3$)相连甲基的 C—H	甲基 C—H，与羟基相连的甲基($ROHCH_3$)	醇，二醇
1689	5920(5914)	芳烃 ArCH 芳基的 C—H	CH(ν)+CH(ν)(15+5)，苯	芳基 C—H
1690	5925～5915	$CONH_2$，β-折叠结构中与肽主链呈直角的 N—H 和 C═O	$CONH_2$，肽的 β-折叠结构	蛋白质水溶液二阶微分归一化光谱
1693	5905	支链甲基的 C—H	C—H，支链 RCH_3CHR	脂肪烃 C—H
1693	5905	端甲基的 C—H	C—H，端甲基 R—CH_3	脂肪烃 C—H
1693	5908	与羰基间隔一个碳相连甲基(·C═OCH_2CH_3)的 C—H	与羰基间隔一个碳相连的甲基 C—H	酮

续表

波长/nm	波数/cm^{-1}	官能团	光谱-结构	物质类型
1694	5903	甲基(·CH_3)的 C—H(非对称)	甲基 C—H 非对称(2ν)	烃,脂肪烃
1694	5902	碘甲烷(CH_3I)甲基的 C—H	甲基 C—H, CH_3I	卤代烃 CH_3I
1695	5900	甲基(·CH_3)的 C—H	甲基 C—H(2ν), ·CH_3	烃, 甲基
1695	5900(气态)	溴甲烷(CH_3Br)甲基的 C—H	甲基 C—H, CH_3Br	卤代烃 CH_3Br
1695	5898	羰基(·C=OCH_3)相连甲基的 C—H	甲基 C—H, 羰基(·C=OCH_3)相连的甲基	酮
1700	5882(气态)	氯甲烷(CH_3Cl)甲基的 C—H	甲基 C—H, CH_3Cl	卤代烃 CH_3Cl
1701	5880	与醚(R—OCH_3)相连甲基的 C—H	甲基 C—H, 与醚(ROCH_3)相连的甲基	醚
1701	5880	与醇(ROHCH_3)相连甲基的 C—H	甲基 C—H, 与醇(ROHCH_3)相连的甲基	醇, 二醇
1702	5874	硝基甲烷(CH_3NO_2)甲基的 C—H	甲基 C—H, CH_3NO_2	硝基甲烷(CH_3NO_2)
1703	5872	支链甲基的 C—H	支链甲基 C—H, RCH_3CHR	脂肪烃 C—H
1704	5869	甲基(·CH_3)的 C—H	甲基 C—H 对称(2ν)	烃, 脂肪烃
1705	5865	甲基(·CH_3)的 C—H	C—H(2ν),CH_3	烃, 甲基
1709	5853	端甲基的 C—H	端甲基 C—H, R—CH_3	脂肪烃 C—H
1711	5845	碘甲烷(CH_3I)甲基的 C—H	C—H,甲基, CH_3I	卤代烃 CH_3I
1725	5797	亚甲基(·CH_2)的 C—H	C—H(2ν), ·CH_2	烃, 亚甲基
1727	5787	亚甲基(·CH_2)的 C—H 反对称振动	亚甲基 C—H 反对称(2ν)	烃, 脂肪烃
1732	5773	与醇(ROHCH_3)相连甲基的 C—H	甲基 C—H, 与醇(R—OHCH_3)相连的甲基	醇,二醇
1733	5770	与醚(R—OCH_3)相连甲基的 C—H	甲基 C—H, 与醚(R—OCH_3)相连的甲基	醚
1735	5765	与胺(NH_2CH_3)相连甲基的 C—H	甲基 C—H, 与胺[RN$(CH_3)_2$]相连的甲基	胺
1736	5760	与芳烃(ArCH_3)相连甲基的 C—H	甲基 C—H, 芳烃(ArCH_3)	芳烃(ArCH_3)
1738	5755	$CONH_2$, α-螺旋结构中氢键键合到肽键 N—H 的 C=O	$CONH_2$, 肽的 α-螺旋结构	蛋白质水溶液二阶微分归一化光谱
1740	5747	硫醇(·S—H)的 S—H	S—H(2ν), ·S—H	硫醇
1744	5735	与芳烃相连甲基(ArCH_3)的 C—H	甲基 C—H, 芳烃(ArCH_3)	芳烃(ArCH_3)
1748	5721	二甲基硅氧烷的 C—H(2ν)	C—H 伸缩(2ν),二甲基硅氧烷	二甲基硅氧烷
1762	5675	亚甲基(·CH_2)的 C—H 对称振动	亚甲基 C—H 对称(2ν)	烃, 脂肪烃
1765	5666	亚甲基(·CH_2)的 C—H	C—H(2ν), ·CH_2	烃, 亚甲基
1770	5650	与芳烃(ArCH_3)甲基的 C—H	甲基 C—H, 芳烃(ArCH_3)	芳烃(ArCH_3)
1780	5618	亚甲基(·CH_2)的 C—H	C—H(2ν), ·CH_2	纤维素
1790	5587	水的 O—H	O—H 组合频	水
1820	5495	O—H/C—H 组合频	O—H 伸缩和 C—O 伸缩($3\nu_s$)组合频	纤维素
1860	5376	氯化有机物(·C—Cl)的 C—Cl	C—Cl(7ν), ·C—Cl	氯化有机物
1892	5285	水和聚乙烯醇之间氢键键合的 O—H	O—H, 因水合作用以 OH…OH_2方式一对一键合到孤立的OH基团上, 归属于水与乙烯-乙烯醇共聚物之间的相互作用	聚乙烯醇和水的 OH
1900	5263	羧基[·C(=O)OH]的 C=O	C=O(3ν), C(=O)OH	酸, 羧酸

续表

波长/nm	波数/cm^{-1}	官能团	光谱-结构	物质类型
1908	5241	磷酸盐(·P—OH)的P—OH	O—H(2ν),·P—OH	磷酸
1920	5208	酰胺[·C(═O)NH]的C═O	C═O(3ν),·C(═O)NH	酰胺
1923	5200	分子水[O—H(·O—H和HOH)]的O—H	O—H,分子水(O—H伸缩和HOH弯曲振动的组合频)	分子水的O—H
1928	5186	O—H(·O—H和HOH)	3-氨丙基三乙氧基硅烷-乙醇-水溶液中水分子的O—H伸缩和HOH变形的组合频	3-氨丙基三乙氧基硅烷-乙醇-水溶液
1930	5181	O—H(·O—H和HOH)	O—H伸缩和HOH变形的组合频	多糖
1933	5173	聚硅氧烷的Si—O—H伸缩+Si—O—Si组合频	Si—O—H伸缩+Si—O—Si变形的组合频,聚硅氧烷	聚硅氧烷
1940	5155	OH—用于滤光片仪器	滤光片仪器所用的波长	水分
1940	5155	水(H—O—H)的O—H	O—H伸缩和HOH弯曲的组合频	水
1942	5150	水和聚乙烯醇OH之间的氢键O—H	聚(乙烯-乙烯醇)多个氢原子与(水)OH连接的O—H	水和聚乙烯醇OH
1950	5128	酯和羧酸[·C(═O)OR]的C═O	C═O(3ν),·C═OOR	酯和羧酸
1960	5100	伯胺(R—CONH$_2$)的N—H	N—H,伯胺[νN—H反对称和酰胺Ⅱ变形(N—H面内弯曲)组合频]	伯胺的N—H组合频
1960	5102	聚(·O—H)的O—H	O—H伸缩和HOH弯曲组合频	多糖
1963	5095	伯胺(m-NO$_2$)N—H的组合频	N—H(νN—H+δN—H组合频),m-NO$_2$取代芳胺,CCl$_4$溶液	芳胺
1965	5090	甲醇O—H和C—H的组合频	CH$_3$OH(νO—H+δC—H的组合频)	甲醇
1967	5084	伯胺(o-NO$_2$)N—H的组合频	N—H(νN—H+δN—H组合频),o-NO$_2$取代芳胺,CCl$_4$溶液	芳胺
1968	5082	伯胺(m-Cl)N—H的组合频	N—H(νN—H+δN—H组合频),m-Cl取代芳胺,CCl$_4$溶液	芳胺
1970.5	5075	伯胺(p-Cl)N—H的组合频	N—H(νN—H+δN—H组合频),p-Cl取代芳胺,CCl$_4$溶液	芳胺
1971.5	5072	伯胺(无取代)N—H的组合频	N—H(νN—H+δN—H组合频),无取代芳胺,CCl$_4$溶液	芳胺
1971.5	5072	伯胺(o-Cl)N—H的组合频	N—H(νN—H+δN—H组合频),o-Cl取代芳胺,CCl$_4$溶液	芳胺
1972	5071	伯胺和仲胺(苯胺和N-乙基苯胺混合物的CCl$_4$溶液)N—H的组合频	N—H(νN—H+δN—H组合频),p-Cl取代的伯胺和仲胺的芳胺,CCl$_4$溶液	伯胺和仲胺
1975.5	5062	伯胺(p-CH$_3$)N—H的组合频	N—H(νN—H+δN—H组合频),p-CH$_3$取代芳胺,CCl$_4$溶液	芳胺
1977.5	5057	伯胺(o-OCH$_3$)N—H的组合频	N—H(νN—H+δN—H组合频),o-OCH$_3$取代芳胺,CCl$_4$溶液	芳胺
1980	5051	酰胺Ⅱ(·CONH$_2$)的N—H	N—H反对称伸缩和N—H面内弯曲的组合频	酰胺/蛋白质
1980.5	5049	伯胺(p-NH$_2$)N—H的组合频	N—H(νN—H+δN—H组合频),p-NH$_2$取代芳胺,CCl$_4$溶液	芳胺
1990	5025	酰胺[NH$_2$—C(═O)NH$_2$]的N—H	N—H伸缩和N—H面内弯曲的组合频	尿素
1990	5025	尿素[NH$_2$—C(═O)NH$_2$]的N—H/C—N组合频	伯酰胺N—H[νN—H和酰胺Ⅲ变形(C—N伸缩/N—H面内弯曲振动的组合频)]	尿素
2000	5000	氨水的N—H	N—H(νN—H+δN—H组合频),氨水NH$_3$	氨

续表

波长/nm	波数/cm^{-1}	官能团	光谱-结构	物质类型
2010	4975	伯酰胺($R-\overset{O}{\overset{\parallel}{C}}-NH_2$)的 N—H/C—N 组合频	伯酰胺 N—H[νN—H 和酰胺Ⅲ变形(C—N 伸缩/N—H 面内弯曲振动的组合频)]	伯酰胺
2012	4970	尼龙 11 的 N—H/C=O 的组合频	N—H/C=O, 尼龙 11[键合 NH 伸缩和酰胺Ⅰ(2νC=O 伸缩)的组合频]	尼龙 11
2016	4960	甲醇的 O—H 伸缩和弯曲的组合频	甲醇 νO—H+δO—H 的组合频	甲醇 O—H
2024	4940	天然核糖核酸酶 A 的 N—H/C=O 的组合频	N—H/C=O, 天然核糖核酸酶 A[键合 NH 伸缩和酰胺Ⅰ(2νC=O 伸缩)组合频]	核糖核酸酶 A
2030	4926	酰胺(NH_2-CONH_2)的 C=O	C=O(3ν), $\cdot C=ONH_2$	尿素
2030	4925	伯酰胺($R-CONH_2$)N—H/C—N 的组合频	N—H, 伯酰胺[νN—H 反对称和酰胺Ⅲ变形(C—N 伸缩/N—H 面内弯曲振动的组合频)]	伯酰胺
2040	4902	尿素(NH_2-CONH_2)N—H 的组合频	N—H, 伯胺[νN—H 对称和酰胺Ⅱ变形(N—H 面内弯曲振动)的组合频]	尿素
2050	4878	核糖核酸酶 A 酰胺Ⅰ($-\overset{O}{\overset{\parallel}{C}}$)N—H 的组合频	N—H, 天然核糖核酸酶 A 在 4867cm^{-1} 处组合频因热展开(C=O 酰胺Ⅰ)位移至此	蛋白质 N—H
2050	4878	天然核糖核酸酶 A(热展开)中酰胺(· CONH · 和 · $CONH_2$)的 N—H/C=O	天然核糖核酸酶 A 热展开观测到的 N—H 伸缩和 C=O 伸缩(酰胺Ⅰ)的组合频	核糖核酸酶 A
2050	4878	酰胺Ⅱ和酰胺Ⅲ(· CON H · 和 · $CONH_2$)的 N—H/C—N/N—H 组合频	N—H 面内弯曲和 C—N 伸缩及 N—H 面内弯曲组合频	酰胺/蛋白质
2053	4870	尼龙 11 的 N—H 组合频	尼龙 11 键合 NH 伸缩和酰胺Ⅱ(N—H 面内弯曲)的组合频	尼龙 11
2053	4878～4867	天然核糖核酸酶 A 的 4867cm^{-1}N—H 吸收峰因热展开位移到 4878cm^{-1}	核糖核酸酶 A 热展开中 $CONH_2$ 的 NH, 水溶液, 归属为 N—H 的组合频	蛋白质热展开
2055	4865	$CONH_2$, β-折叠结构中与肽主链呈直角的 N—H 和 C=O	$CONH_2$, 肽的 β-折叠结构	蛋白质水溶液二阶微分归一化光谱
2055	4867	—C=O 酰胺Ⅰ(核糖核酸酶 A)的 N—H 组合频	天然核糖核酸酶 A(—C=O 酰胺Ⅰ)的 N—H 组合频	蛋白质的 N—H
2055	4865	γ-戊内酰胺的 N—H	N—H(νN—H+δN—H 组合频), γ-戊内酰胺	γ-戊内酰胺
2055	4866	(· CONH · 和 · $CONH_2$)的 N—H /C=O	N—H 伸缩和 C=O 伸缩(酰胺Ⅰ)的组合频	酰胺/蛋白质
2055	4867	天然核糖核酸酶 A 的(· CONH ·)和(· $CONH_2$)的 N—H/C=O 组合频	天然核糖核酸酶 A 的 N—H 伸缩和 C=O 伸缩(酰胺Ⅰ)组合频	天然核糖核酸酶 A
2060	4855	酰胺 A 的 HN···O=C	$CONH_2$, 酰胺 A 和酰胺Ⅱ的组合频	蛋白质(多肽)
2060	4854	酰胺(· CONH ·)和(· $CONH_2$)的 N—H	N—H(3δ)和 N—H 伸缩的组合频	酰胺/蛋白质
2060	4850	蛋白质仲酰胺 N—H 的组合频	N—H[νN—H 和酰胺Ⅱ变形(N—H 面内弯曲)的组合频], 蛋白质的仲酰胺	蛋白质 N—H
2070	4831	酰胺的 N—H 变形	N—H(δ)	尿素

续表

波长/nm	波数/cm^{-1}	官能团	光谱-结构	物质类型
2075	4820	天然核糖核酸酶A中仲酰胺N—H的组合频	N—H[νN—H 和酰胺Ⅱ变形(N—H面内弯曲)组合频]，天然核糖核酸酶A中的仲酰胺	天然核糖核酸酶A
2080	4808	尿素(NH_2—C═O—NH_2)N—H/C—N的组合频	N—H/C—N[νN—H 反对称和酰胺Ⅲ变形(C—N伸缩和N—H面内弯曲)的组合频]，尿素	尿素
2080	4808	甲醇O—H伸缩和O—H弯曲的组合频	甲醇的νO—H+δO—H组合频	甲醇
2080	5550/4550(宽)	多元醇、乙醇、水、乙烯醇和含O—H共聚物的O—H宽峰	O—H宽峰，νO—H+δO—H的组合频	多醇、醇和水
2083	4800	卵清蛋白与水相变化相关的O—H组合频及尿素(NH_2—C═O—NH_2)N—H/C—N的组合频	pH值大于2.8，与蛋白质浓度增加水相变化相关的O—H组合频与N—H/C—N[ν_sN—H 反对称和酰胺Ⅲ变形(C—N伸缩、N—H面内弯曲)组合频]的重叠谱带	卵清蛋白蛋白质
2090	4785	γ-戊内酰胺的N—H	N—H, γ-戊内酰胺[N—H伸缩和酰胺Ⅱ变形(N—H面内弯曲)组合频]	γ-戊内酰胺
2090	4785	聚合体(·O—H)的O—H	O—H组合频	聚合体的O—H
2096	4770	醇或水的O—H变形	中红外1420cm^{-1}的3δO—H	醇或水的O—H
2100	4762	CHO—滤光片仪器选用的波长	滤光片仪器选用的波长	糖类
2100	4762	聚合体(C═O和C—O伸缩) C(═O)—O	C(═O)—O(4ν)	多糖
2100	4762	聚合体(·O—H和·C—O)的O—H/C—O	O—H伸缩和C—O伸缩组合频	多糖
2120	4715	γ-戊内酰胺的N—H/C—N	γ-戊内酰胺的N—H/C—N[νN—H反对称和酰胺Ⅲ变形(C—N伸缩/N—H面内弯曲)的组合频]	γ-戊内酰胺
2123	4710	甲醇O—H/C—O伸缩的组合频	甲醇的νO—H和νC—O组合频	甲醇O—H
2127	4701	尼龙11的N—H/C═O组合频	N—H/C═O[2×酰胺Ⅱ(N—H面内弯曲)和酰胺Ⅰ(2νC═O伸缩)的组合频]，尼龙11	尼龙11
2140	4673	油脂(·RC═CH和RC═O)的C—H/C═O	C—H伸缩和C═O伸缩的组合频与C—H变形的组合频	油脂
2145	4660	γ-戊内酰胺的N—H/C—N/C═O组合频	N—H/C—N/C═O[2×酰胺Ⅰ(2νC═O伸缩)和酰胺Ⅲ变形(C—N伸缩/N—H面内弯曲)的组合频]，γ-戊内酰胺	γ-戊内酰胺
2148	4655(4675)	芳烃(芳基)的C—H	CH(ν)+CC(ν)(15+9)，苯的吸收谱带	芳基C—H
2154	4642(4644)	芳烃(芳基)的C—H	CH(ν)+CC(ν)(12+16)，苯的吸收谱带	芳基C—H
2167	4615(4625)	芳烃(芳基)的C—H	CH(ν)+CC(ν)(16+5)，苯的吸收谱带	芳基C—H
2167	4615	$CONH_2$，α-螺旋结构中氢键键合到肽键N—H的C═O	$CONH_2$，肽的α-螺旋结构	蛋白质水溶液二阶微分归一化光谱
2170	4608	烯烃(·CH═CH)的C—H	C—H伸缩和C—H变形的组合频	烯烃
2174	4600	卵清蛋白($CONH_2$)的酰胺B和酰胺Ⅱ(酰胺B/酰胺Ⅱ)的组合频	$CONH_2$，酰胺B和酰胺Ⅱ(酰胺B/酰胺Ⅱ)的组合频	酰胺
2174	4600	卵清蛋白蛋白质($CONH_2$)侧链的酰胺B和酰胺Ⅱ(酰胺B/酰胺Ⅱ)的组合频，pH值降低(pH=5.0降为2.4)向低波数位移，峰变宽	卵白蛋白的酰胺B和酰胺Ⅱ(酰胺B/酰胺Ⅱ)的组合频，$CONH_2$	低pH值下的蛋白质

续表

波长/nm	波数/cm^{-1}	官能团	光谱-结构	物质类型
2180	4590	蛋白质仲酰胺的 N—H/C—N/C═O	N—H/C—N/C═O[2×酰胺Ⅰ(2νC═O 伸缩)和酰胺Ⅲ变形(C—N 伸缩/N—H 面内弯曲)的组合频]，蛋白质仲胺	蛋白质
2180	4587	N—H 滤光片仪器选用的波长	滤光片仪器选用的波长	蛋白质
2180	4587	蛋白质的 N—H($3\nu_B$)	N—H(3δ)	蛋白质/氨基酸
2180	4587	尿素(NH_2—C═O—NH_2)的 N—H/C—N/C═O	N—H/C—N/C═O[2×酰胺Ⅰ(2νC═O 伸缩)和酰胺Ⅲ变形(C—N 伸缩/N—H 面内弯曲)组合频]，尿素	尿素
2183	4586	尼龙 11 的 N—H/C—N/N—H	N—H/C—N/N—H[键合的 NH 伸缩和酰胺Ⅲ变形(C—N 伸缩/N—H 面内弯曲)组合频]，尼龙 11	尼龙 11
2188	4570(4584)	芳烃(芳基)的 C—H	CHν+CCν(13+1)，苯的吸收谱带	芳基 C—H
2200	4545	糖类(·CHO)的 CHO	C—H 伸缩和 C═O 的组合频	糖类
2205	4535	二氨基化合物中伯胺的 N—H	N—H(3ν)，4,4′-二氨基二苯砜(Ⅱ)固化的双酚 A(Ⅰ)树脂的伯胺	伯胺
2206	4532(4549)	芳烃(芳基)的 C—H	CH(ν)+CC(ν)(13+15)，苯的吸收谱带	芳基 C—H
2207	4525～4540	$CONH_2$，β-折叠结构中与肽主链呈直角的 N—H 和 C═O	$CONH_2$，肽的 β-折叠结构	蛋白质水溶液二阶微分归一化光谱
2210	4525	氨水的 N—H	N—H(3ν)，氨水 NH_3	氨水
2212	4521	尼龙 11 的 N—H/C—N/C═O	N—H/C—N/C═O[2×酰胺Ⅰ(2νC═O 伸缩)和酰胺Ⅲ(C—N 伸缩/N—H 面内弯曲)的组合频]，尼龙 11	尼龙 11
2220	4505	尿素(NH_2—C═O—NH_2)的 N—H 组合频	N—H(νN—H 反对称和 NH_2 摇摆)的组合频	尿素 N—H
2230	4484	CHO—滤光片仪器选用的波长	滤光片仪器选用的波长	参比波长
2270	4405	CHO—滤光片仪器选用的波长	滤光片仪器选用的波长	木质素
2270	4405	$CONH_2$，β-折叠结构中与肽主链呈直角的 N—H 和 C═O	$CONH_2$，肽的 β-折叠结构	蛋白质水溶液二阶微分归一化光谱
2270	4405	纤维素(·OH 和·C—O)的 O—H/C—H	O—H 伸缩和 C—O 伸缩组合频	纤维素
2273	4400	葡萄糖的 O—H/C—O	O—H/C—O，葡萄糖 O—H 伸缩和 C—O 伸缩的组合频	葡萄糖
2280	4386	淀粉(·C—H 和 CH_2)的 C—H	C—H 伸缩和 CH_2 变形	多糖
2290	4365～4370	$CONH_2$，α-螺旋结构中氢键键合到肽键 N—H 的 C═O	$CONH_2$，肽的 α-螺旋结构	液态蛋白质的二阶微分归一化光谱
2294	4360(4379)	芳烃(芳基)的 C—H	CH(ν)+CC(ν)(12+3)，苯的吸收谱带	芳基 C—H
2295	4357	聚硅氧烷的 C—H(3δ)	C—H(3δ)弯曲，聚硅氧烷(聚二甲基硅氧烷)	聚硅氧烷(聚二甲基硅氧烷)C—H
2300	4348	C—H(·C—H 弯曲)	C—H(3δ)	酰胺
2308	4333	直链烷烃 $R(CH_2)_nR$ 亚甲基的 C—H	C—H($2\nu CH_2$ 反对称伸缩+δCH_2)的组合频	烃类，脂肪烃
2310	4329	C—H(·C—H 弯曲)	C—H(3δ)	油脂
2310	4329	CHO—滤光片仪器选用的波长	滤光片仪器选用的波长	油脂/油

续表

波长/nm	波数/cm^{-1}	官能团	光谱-结构	物质类型
2318	4314	支链烃 $RC(CH_3)_3$ 或 $RCH(CH_3)_2$ 亚甲基的 C—H	C—H(2νCH_2 反对称伸缩+δCH_2)的组合频	烃类，脂肪烃
2322	4307	(·C—H 和 CH_2)的 C—H	C—H 伸缩和 CH_2 变形的组合频	多糖
2330	4292	(·C—H 和 CH_2)的 C—H	C—H 伸缩和 CH_2 变形的组合频	多糖
2335	4283	(·C—H 和 CH_2)的 C—H	C—H 伸缩和 CH_2 变形的组合频	多糖
2336	4281	CHO—滤光片仪器选用的波长	滤光片仪器选用的波长	纤维素
2345	4265	卵清蛋白质侧链亚甲基的 C—H (pH=5.0)	pH=5.0 时，卵清蛋白质侧链亚甲基 C—H(2νCH_2 对称伸缩+δCH_2)的组合频	卵清蛋白质侧链 C—H
2347	4261	直链烷烃 $R(CH_2)_nR$ 亚甲基的 C—H	C—H(2νCH_2 对称伸缩+δCH_2)的组合频	烃类,脂肪烃
2352	4252	(·C—H 弯曲)C—H	C—H(3δ)	多糖
2352	4252(4263)	芳烃(芳基)的 C—H	CH(ν)+CC(ν)(12+17)，苯的吸收谱带	芳基 C—H
2363	4232	支链烃 $RC(CH_3)_3$ 或 $RCH(CH_3)_2$ 亚甲基的 C—H	C—H(2νCH_2 对称伸缩+δCH_2)的组合频	烃类，脂肪烃
2380	4202	(·C—H 和·C—C)的 C—H/C—C	C—H 伸缩和 C—C 伸缩的组合频	油脂
2387	4190(4198)	芳烃(芳基)的 C—H	CH(ν)+CC(ν)(17+5)，苯的吸收谱带	芳基 C—H
2407	4155(4175)	芳烃(芳基)的 C—H	CH(ν)+CC(ν)(15+10)，苯的吸收谱带	芳基 C—H
2440	4099	芳烃(芳基)的 C—H	CH(ν)+CC(ν)(14+1)，苯的吸收谱带	芳基 C—H
2444	4091	芳烃(芳基)的 C—H	CH(ν)+CC(ν)(12+2)，苯的吸收谱带	芳基 C—H
2445	4090	$CONH_2$，α-螺旋结构中氢键键合到肽键 N—H 的 C═O	$CONH_2$，肽的 α-螺旋结构	蛋白质水溶液二阶微分归一化光谱
2458	4068	直链烷烃 $CH_3(CH_3)_nCH_3$ 亚甲基的 C—H	C—H(3δCH_3)	烃类，脂肪烃
2463	4060	$CONH_2$，β-折叠结构中与肽主链呈直角的 N—H 和 C═O	$CONH_2$，肽的 β-折叠结构	蛋白质水溶液二阶微分归一化光谱
2469	4050(4060)	芳烃(芳基)的 C—H	CHν+CCν(14+15)，苯的吸收谱带	芳基 C—H
2470	4049	C—H(·CH_2)	C—H 组合频	油脂，脂肪化合物
2470	4049	支链烃 $RC(CH_3)_3$ 或 $RCH(CH_3)_2$ 亚甲基的 C—H	C—H(3δCH_3)	烃类，脂肪烃
2470	4049	酰胺(·C—N—C)的 C—N—C	C—N—C(2ν)	蛋白质
2477	4037	芳环相连甲基($ArCH_3$)的 C—H	C—H(3δCH_3)	烃类，芳烃
2488	4019	(·C—H 和·C—C)C—H/C—C	C—H 伸缩和 C—C 伸缩的组合频	纤维素
2500	4000	(·C—H、·C—C 和·C—O—C)的 C—H/C—C/C—O—C	C—H 伸缩、C—C 伸缩和 C—O—C 伸缩的组合频	多糖
2413	3980	芳烃(芳基)的 C—H	CHν+CCδ(15+6)，苯的吸收谱带	芳基 C—H
2525	3960	芳烃(芳基)的 C—H	CHω+CCν(19+15)，苯的吸收谱带	芳基 C—H
2530	3953	酰胺(·C—N—C)的 C—N—C	C—N—C(2ν)反对称	酰胺
2540	3937	芳烃(芳基)的 C—H	CHω+CCν(11+12)，苯的吸收谱带	芳基 C—H
2679	3733	芳烃(芳基)的 C—H	CHω+CCν(4+1)，苯的吸收谱带	芳基 C—H
2687	3722	芳烃(芳基)的 C—H	CHω+CCν(7+5)，苯的吸收谱带	芳基 C—H
2708	3693	芳烃(芳基)的 C—H	CHω+CCν(8+5)，苯的吸收谱带	芳基 C—H
2740	3650	伯醇(—CH_2—OH)的 O—H	O—H(ν)，伯醇(—CH_2—OH)	伯醇

续表

波长/nm	波数/cm^{-1}	官能团	光谱-结构	物质类型
2747	3640	芳烃(芳基)的 C—H	CHν+CCδ(12+18), 苯的吸收谱带	芳基 C—H
2762	3620	仲醇(—CH—OH)的 O—H	O—H(ν), 仲醇(—CH—OH)	仲醇
2768	3613	芳烃 C—H 的 C—H	CHω+CCν(18+5), 苯的吸收谱带	芳基 C—H
2770	3610	叔醇(—C—OH)的 O—H	O—H(ν), 叔醇(—C—OH)	叔醇
3030	3300	酰胺 A 的 $CONH_2$(HN…O═C 谱带)	多肽酰胺 A 的 $CONH_2$	蛋白质(多肽)的酰胺 A
3049	3280	绿松石矿石中结合水氢键的水分子 O—H 伸缩振动(ν)	O—H(ν)强和宽峰, 绿松石矿石[产自亚利桑那州和塞内加尔, 分子式为 $Cu(Al_{6-x}Fe_x)(PO_4)_4(OH)_{8.4}H_2O$]中结合水的氢键水分子的 O—H 伸缩振动($\nu$)	矿物
3067	3260	蛋白质-水氢键 O—H 伸缩(ν)	O—H(ν), 因强度和宽谱带归属为蛋白质-水间氢键的 O—H	蛋白质
3521	2840	水-水氢键中水分子的 O—H 伸缩(ν)	O—H(ν), 水-水氢键强和宽的吸收峰	水

表中的缩写和符号:

ν—伸缩振动基频吸收谱带;

2ν—伸缩振动基频的一级倍频谱带;

3ν—伸缩振动基频的二级倍频谱带;

4ν—伸缩振动基频的三级倍频谱带;

5ν—伸缩振动基频的四级倍频谱带;

6ν—伸缩振动基频的五级倍频谱带;

δ—弯曲振动基频吸收谱带;

2δ—弯曲振动基频的一级倍频谱带;

3δ—弯曲振动基频的二级倍频谱带;

4δ—弯曲振动基频的三级倍频谱带;

ω—变形振动(面内或面外摇摆)。

表 11-12 光谱-分子结构对照图(10500～6300cm^{-1})索引

序号	内容	谱图号	序号	内容	谱图号
1	化合物类型比较	图 11-20	24	X—H 系列比较	图 11-43
2	醇类化合物	图 11-21	25	烷基胺类	图 11-44
3	二醇类化合物	图 11-22	26	芳胺类化合物	图 11-45
4	丁二醇系列化合物	图 11-23	27	酰胺-1	图 11-46
5	醚类化合物-1	图 11-24	28	酰胺-2	图 11-47
6	醚类化合物-2	图 11-25	29	氨基酸和蛋白质	图 11-48
7	戊醇系列化合物	图 11-26	30	含氮、硫的杂环化合物	图 11-49
8	醛类化合物	图 11-27	31	脂肪族系列	图 11-50
9	酮类化合物	图 11-28	32	芳香族化合物-1	图 11-51
10	碳四基团系列-1	图 11-29	33	芳香族化合物-2	图 11-52
11	多官能团系列	图 11-30	34	芳香族化合物-3	图 11-53
12	取代的芳香醛	图 11-31	35	环醚类化合物	图 11-54
13	链烷烃	图 11-32	36	比较系列	图 11-55
14	碳四基团系列-2	图 11-33	37	羧酸及其衍生物	图 11-56
15	环烷烃	图 11-34	38	杂环化合物	图 11-57
16	碳二基团系列	图 11-35	39	五元杂环化合物	图 11-58
17	异构系列	图 11-36	40	官能团比较	图 11-59
18	甲基基团系列	图 11-37	41	聚烯烃	图 11-60
19	碳三基团系列	图 11-38	42	聚合物和橡胶-1	图 11-61
20	环烯烃	图 11-39	43	聚合物和橡胶-2	图 11-62
21	烯烃系列化合物	图 11-40	44	聚合物颗粒-1	图 11-63
22	内烯与端烯化合物	图 11-41	45	聚合物颗粒-2	图 11-64
23	炔类化合物	图 11-42	46	化合物的三级倍频比较	图 11-65

（一）光谱-分子结构对照图（10500～6300cm⁻¹，952～1587nm）

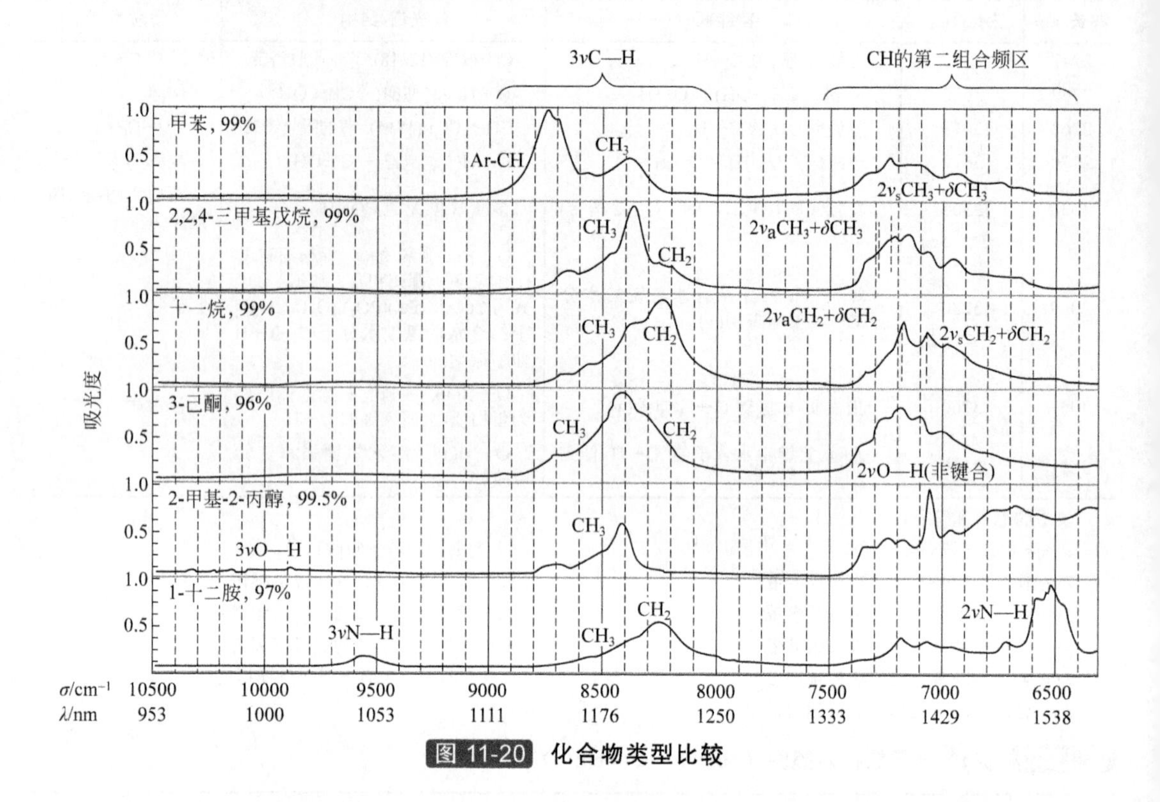

图 11-20 化合物类型比较

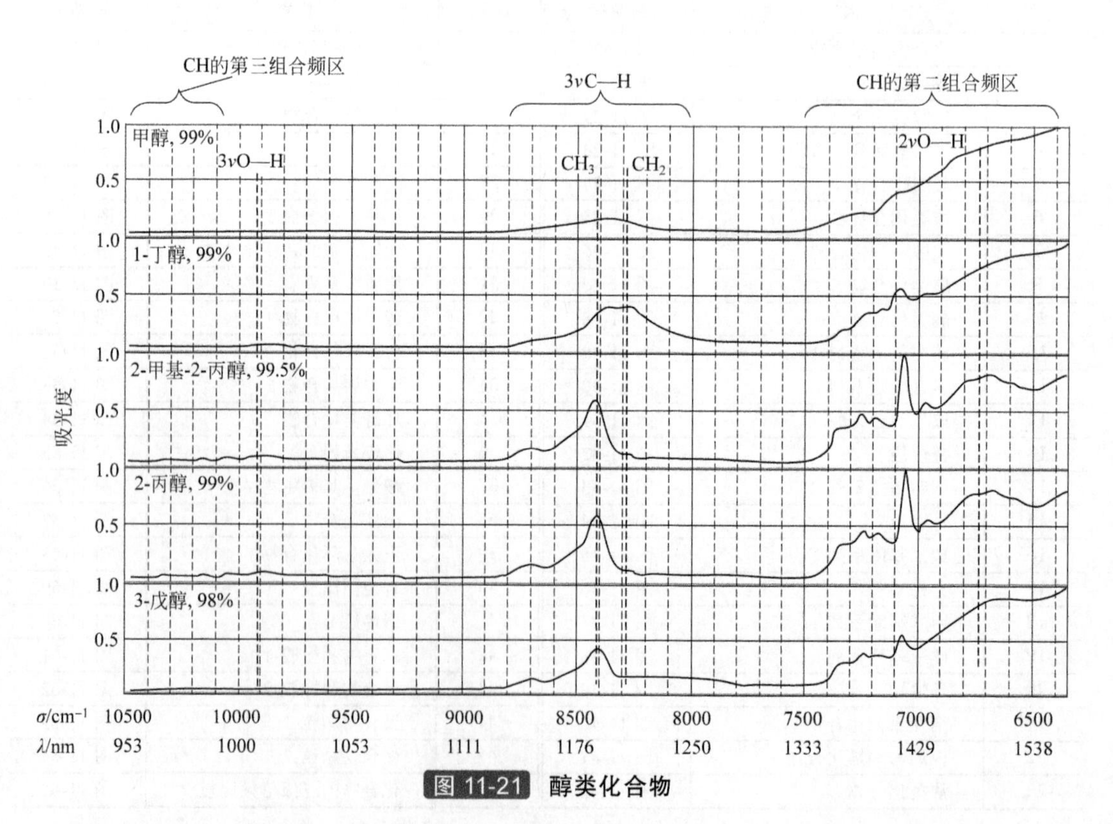

图 11-21 醇类化合物

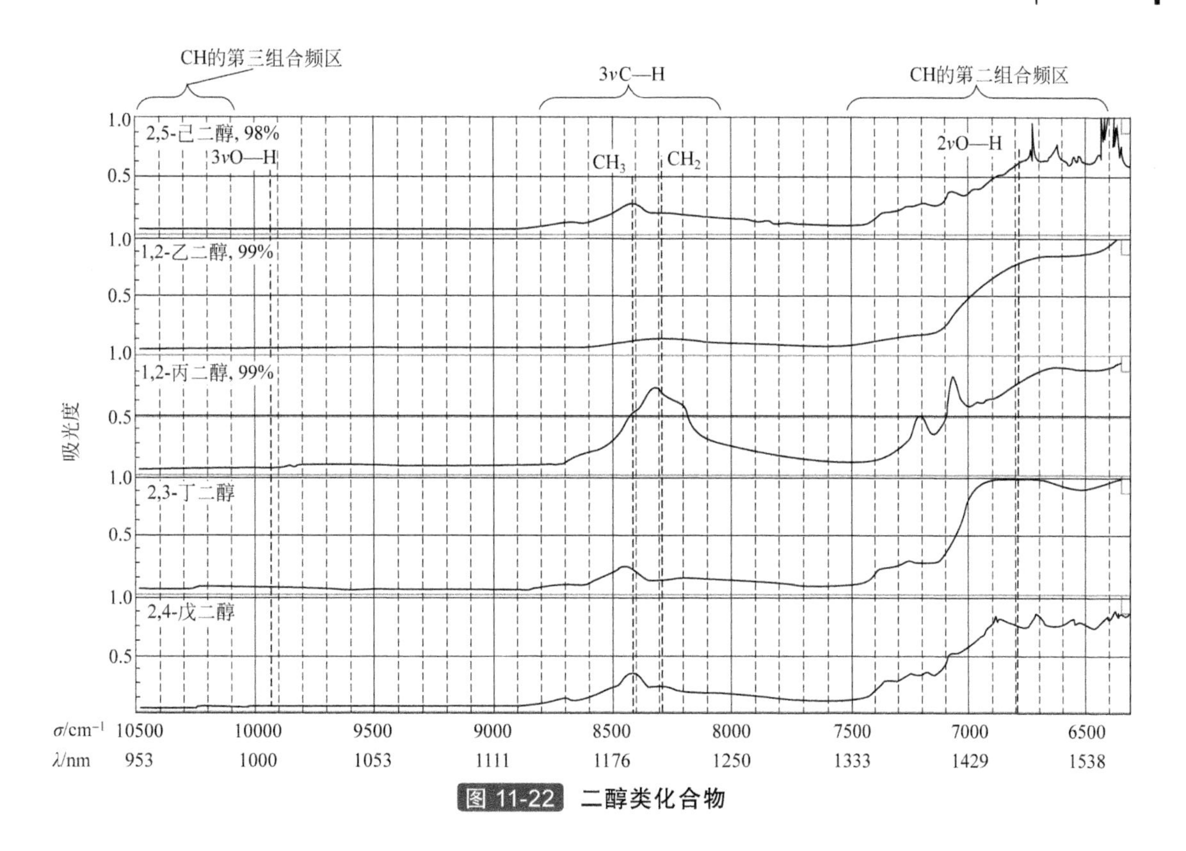

图 11-22　二醇类化合物

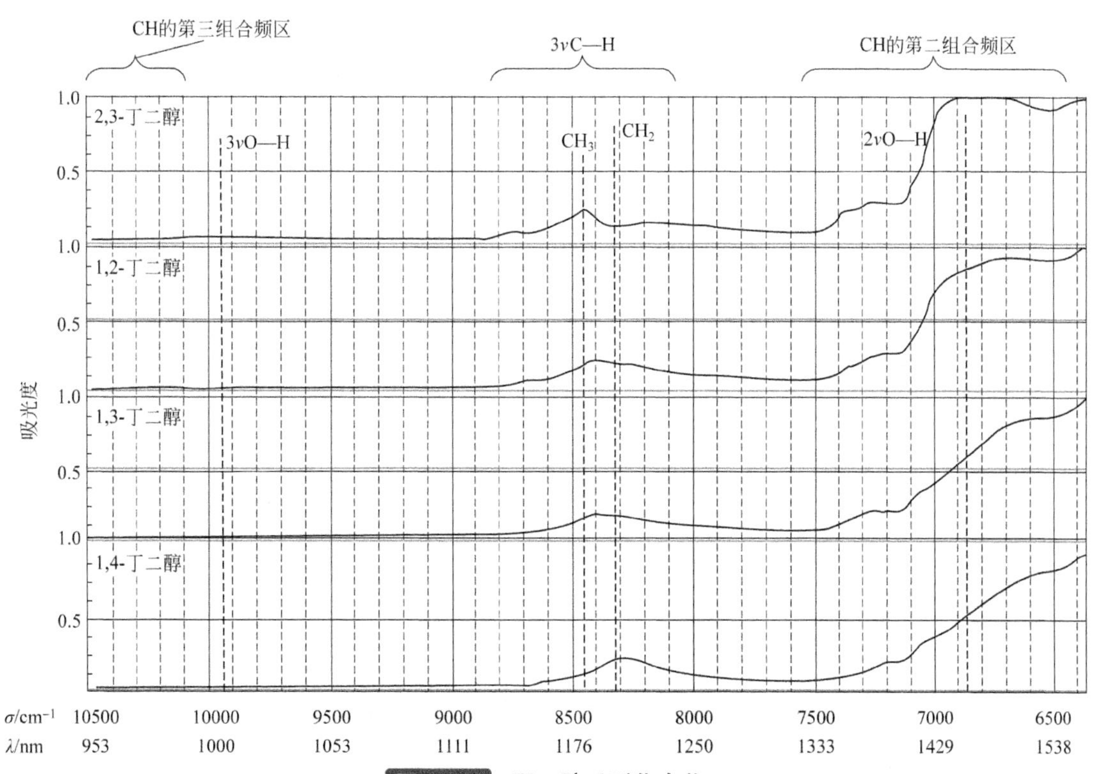

图 11-23　丁二醇系列化合物

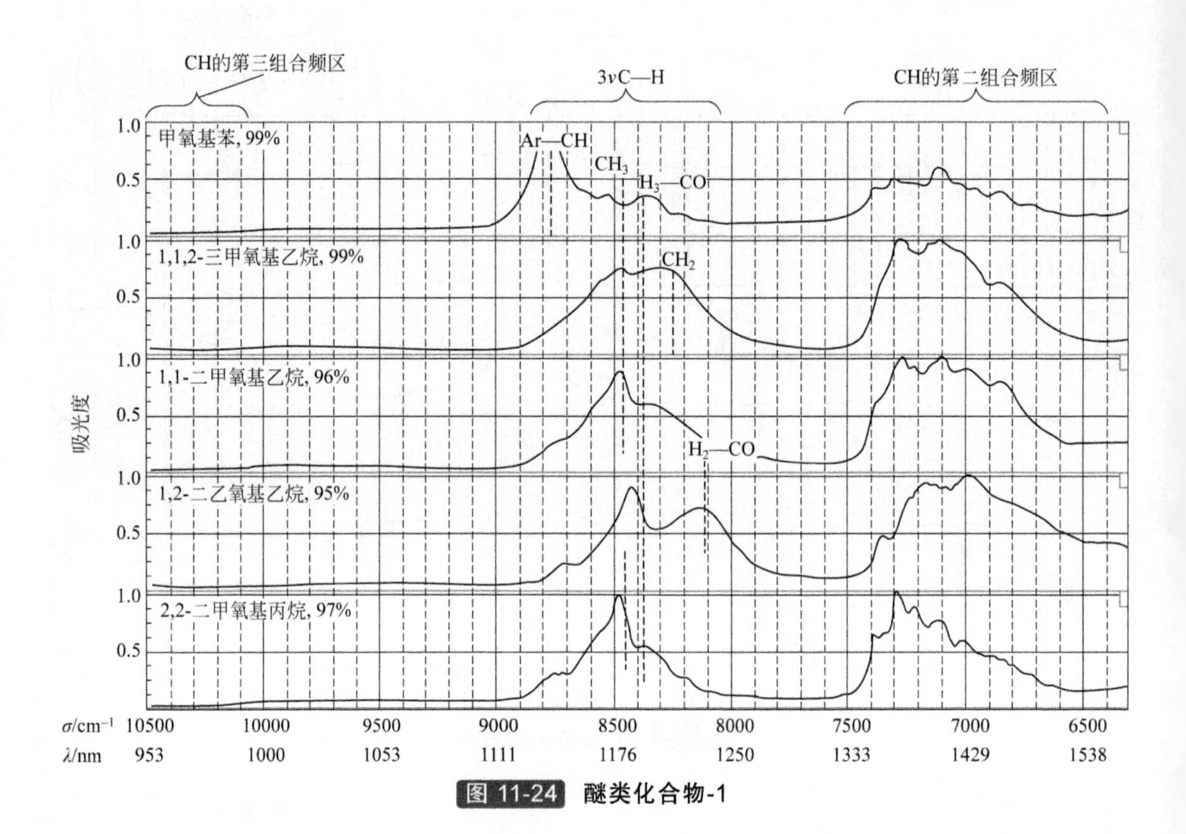

图 11-24 醚类化合物-1

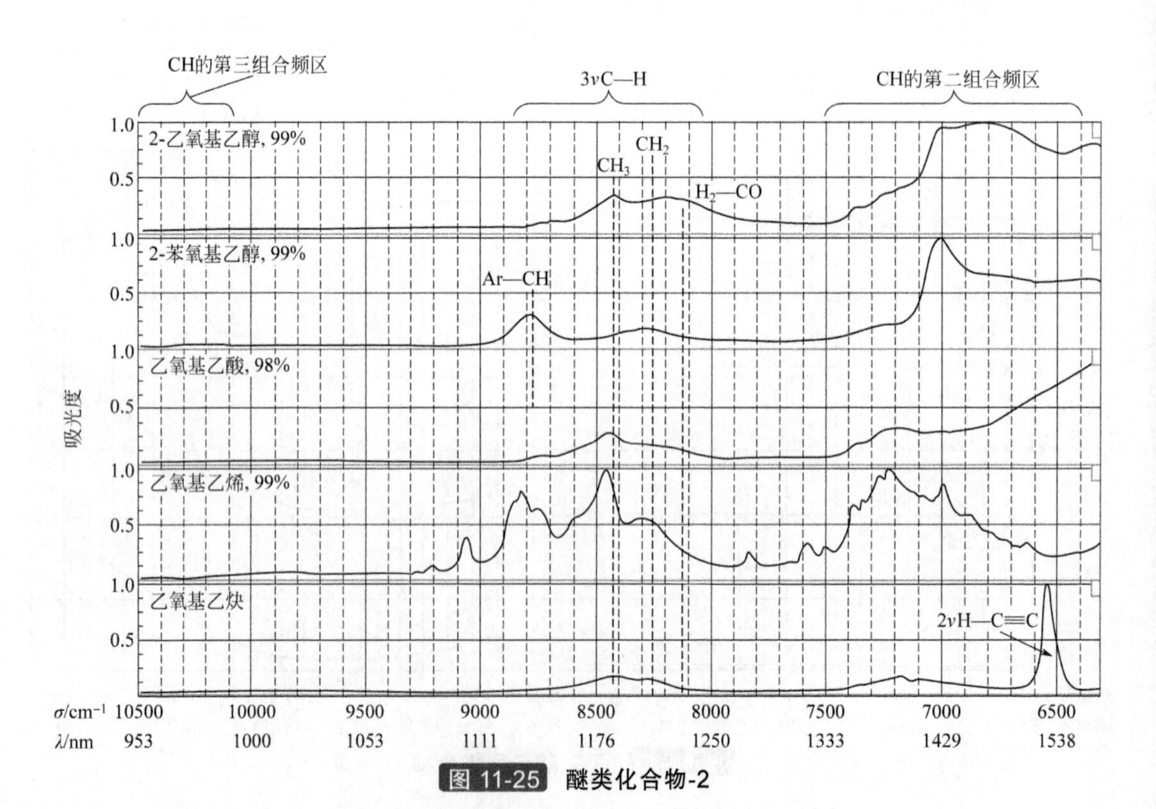

图 11-25 醚类化合物-2

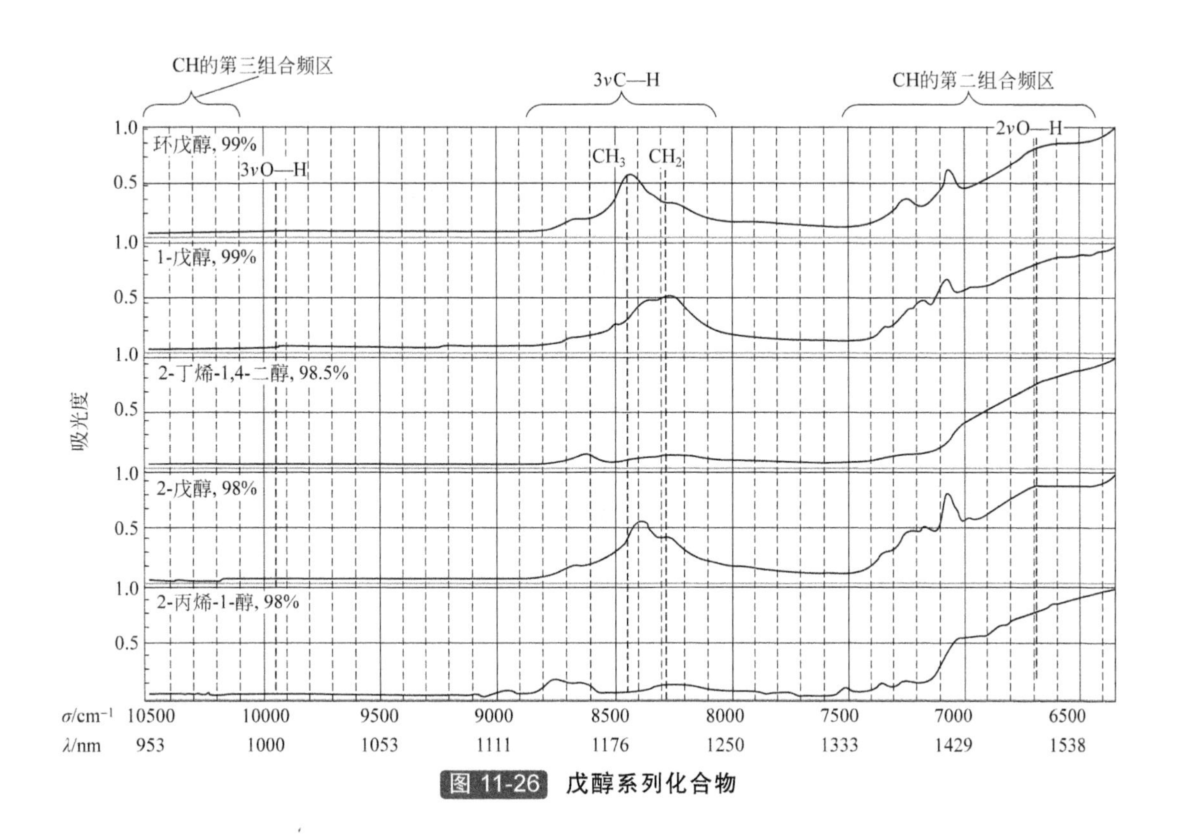

图 11-26 戊醇系列化合物

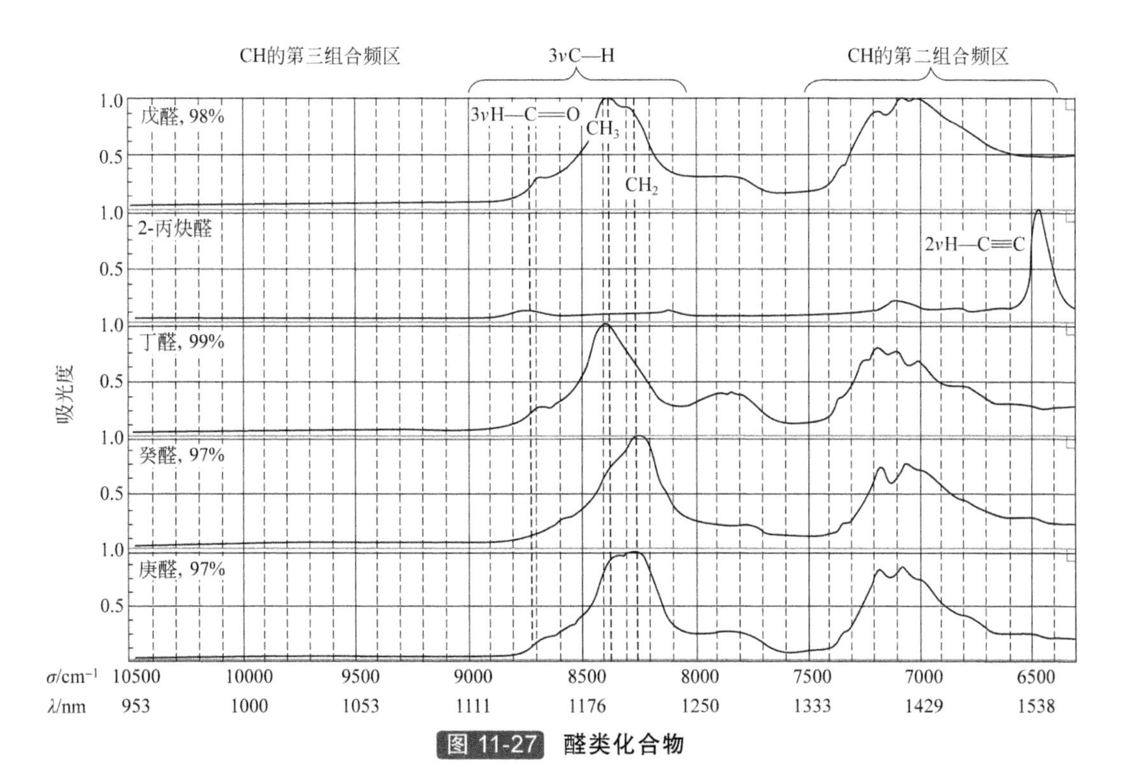

图 11-27 醛类化合物

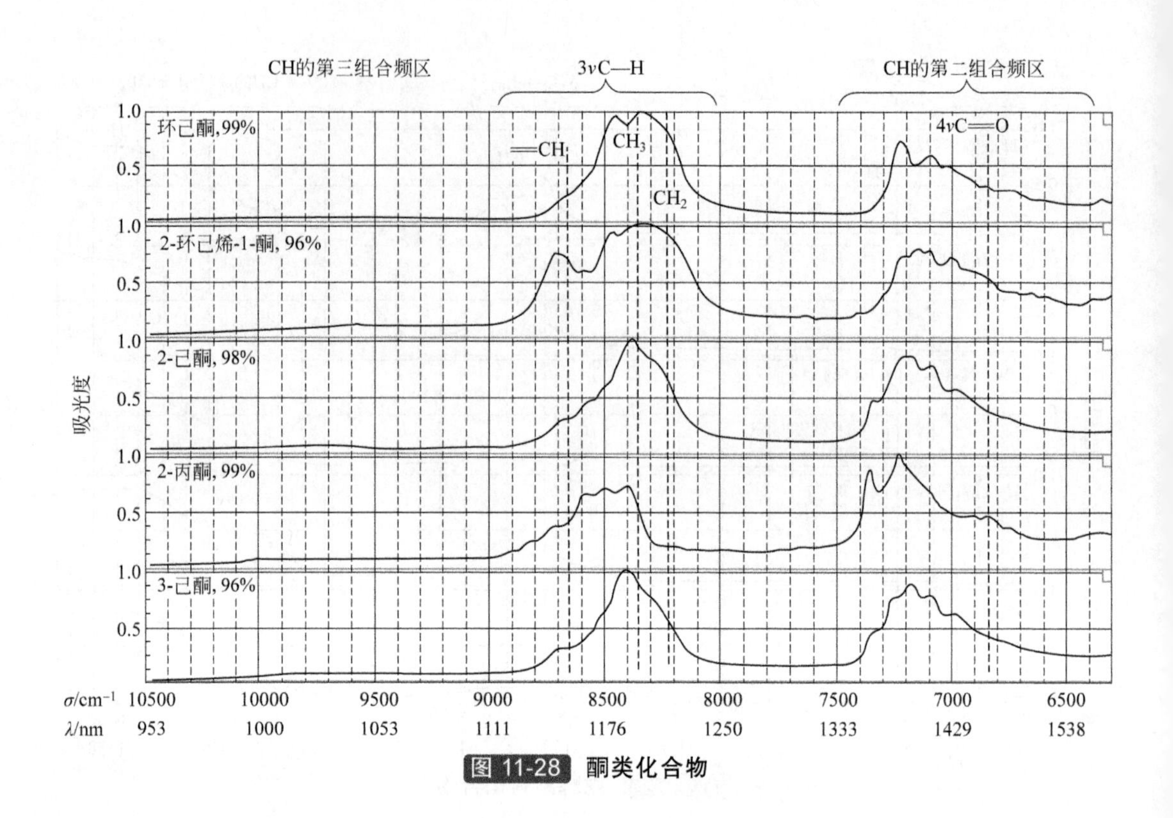

图 11-28 酮类化合物

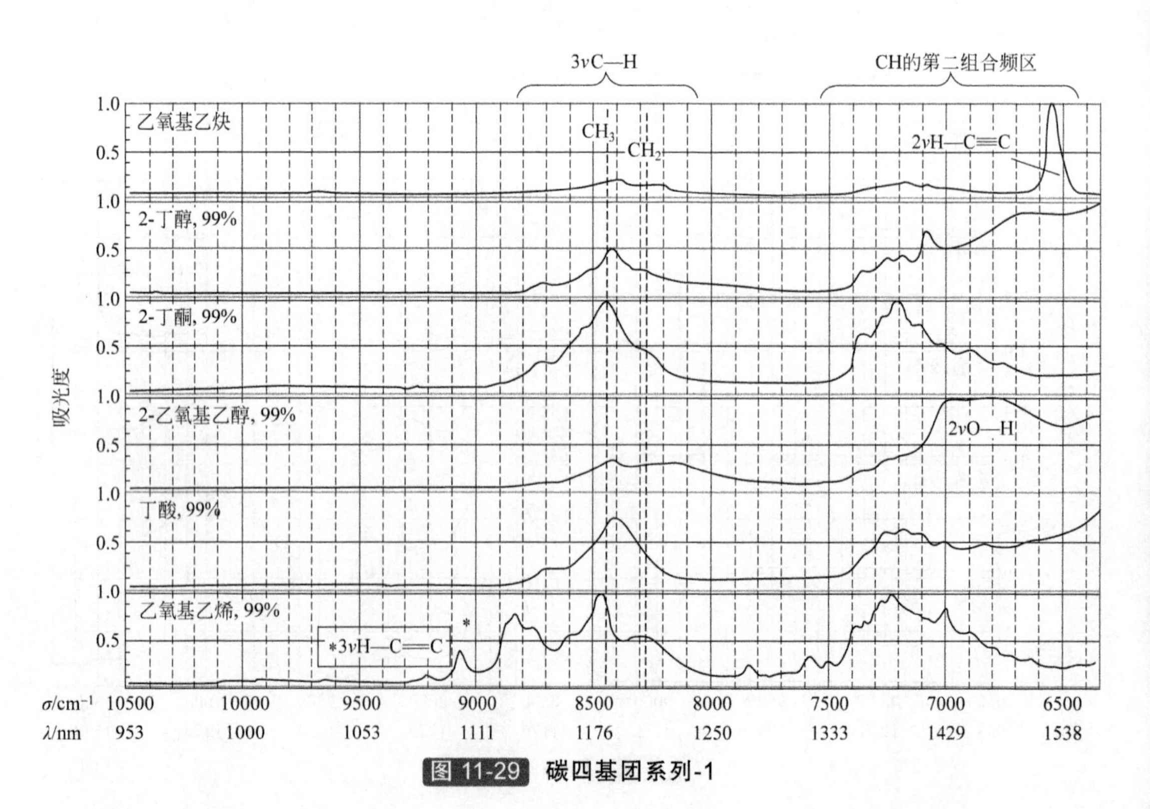

图 11-29 碳四基团系列-1

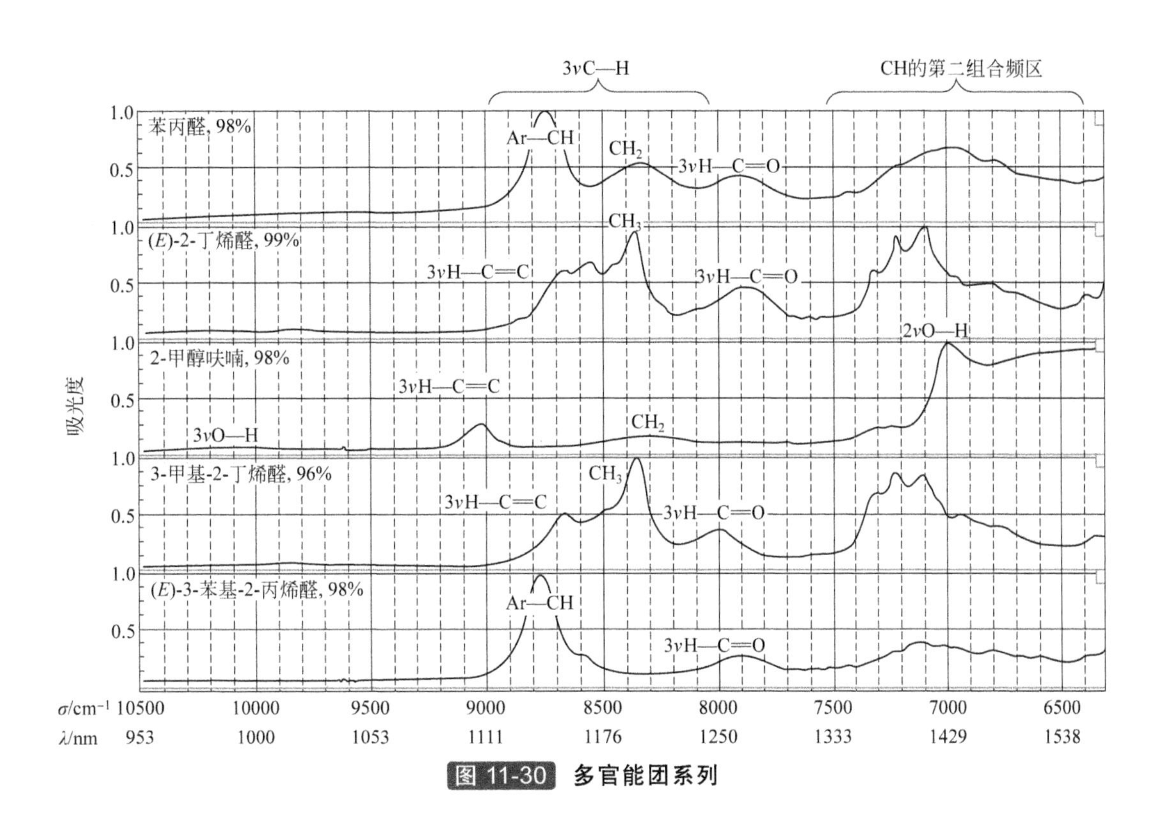

图 11-30 多官能团系列

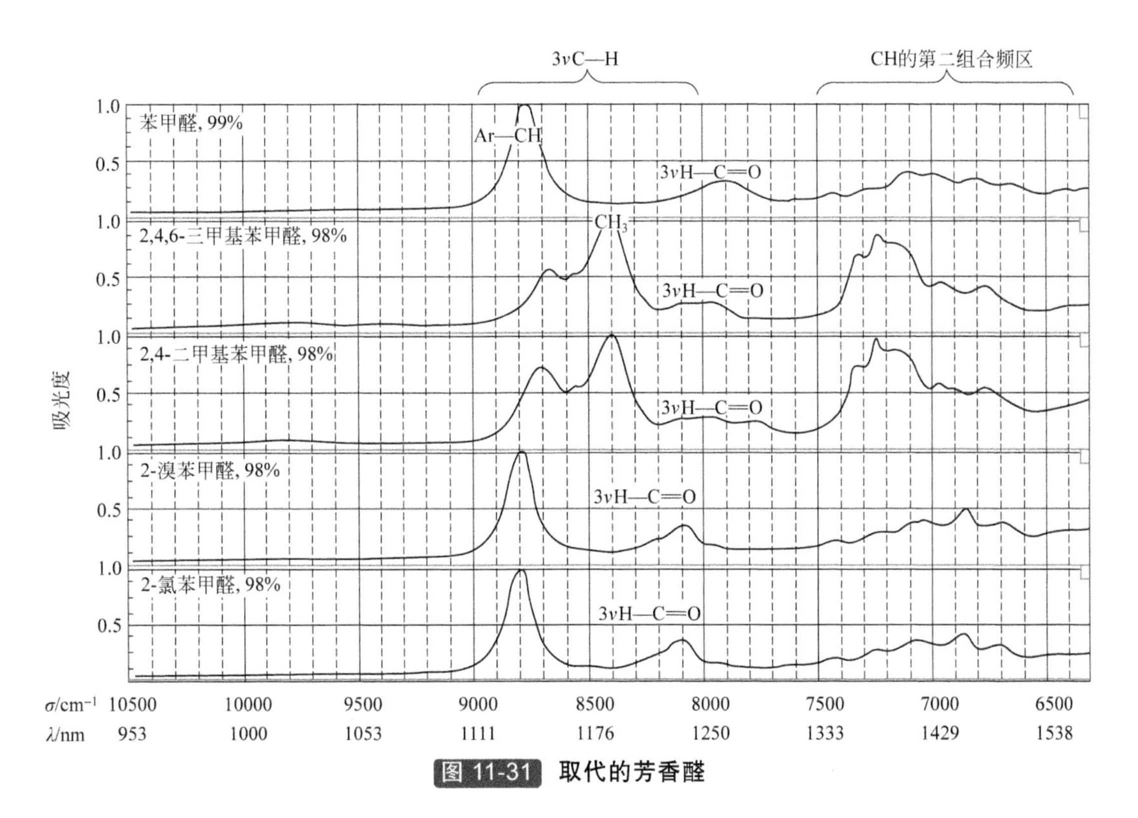

图 11-31 取代的芳香醛

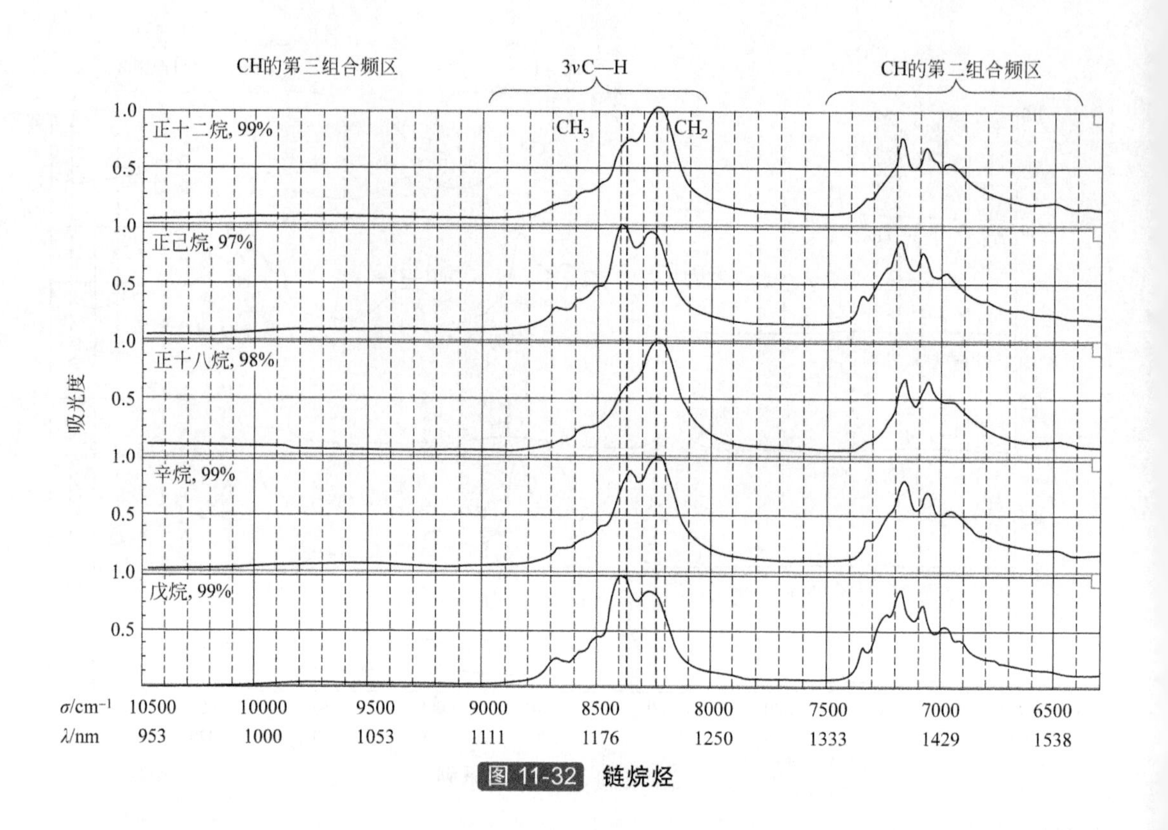

图 11-32 链烷烃

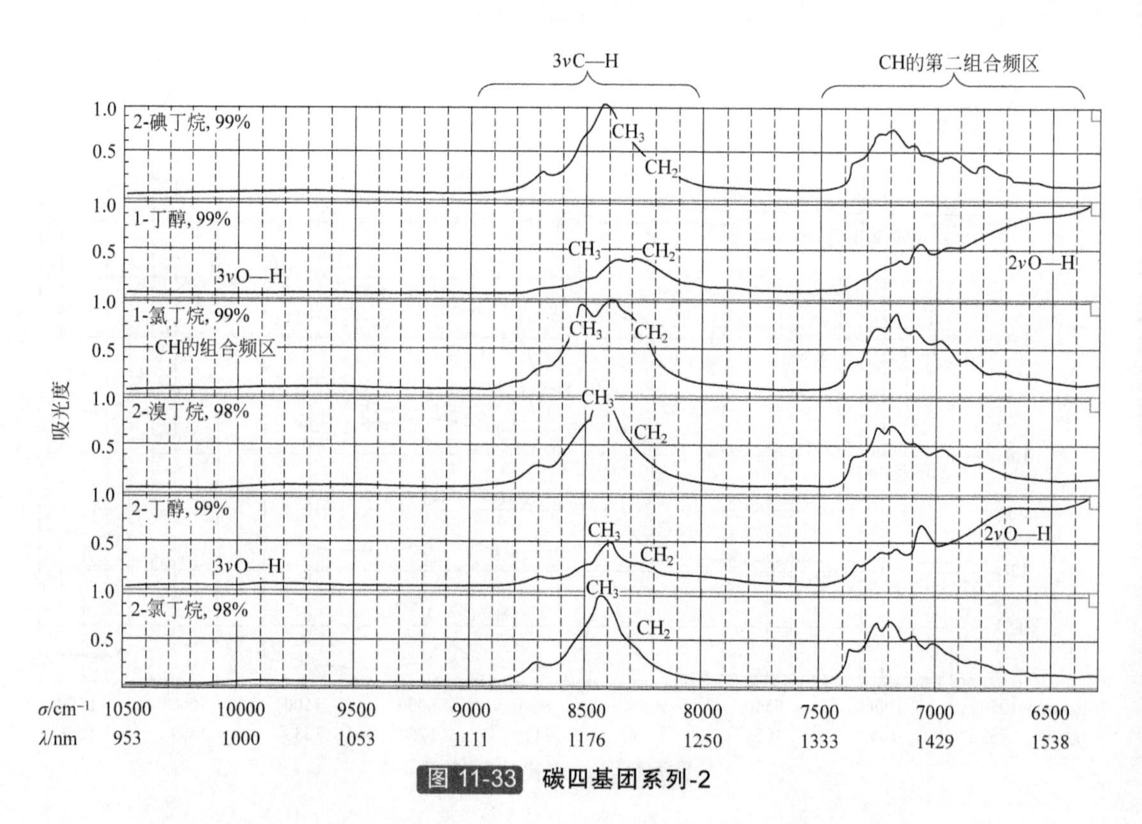

图 11-33 碳四基团系列-2

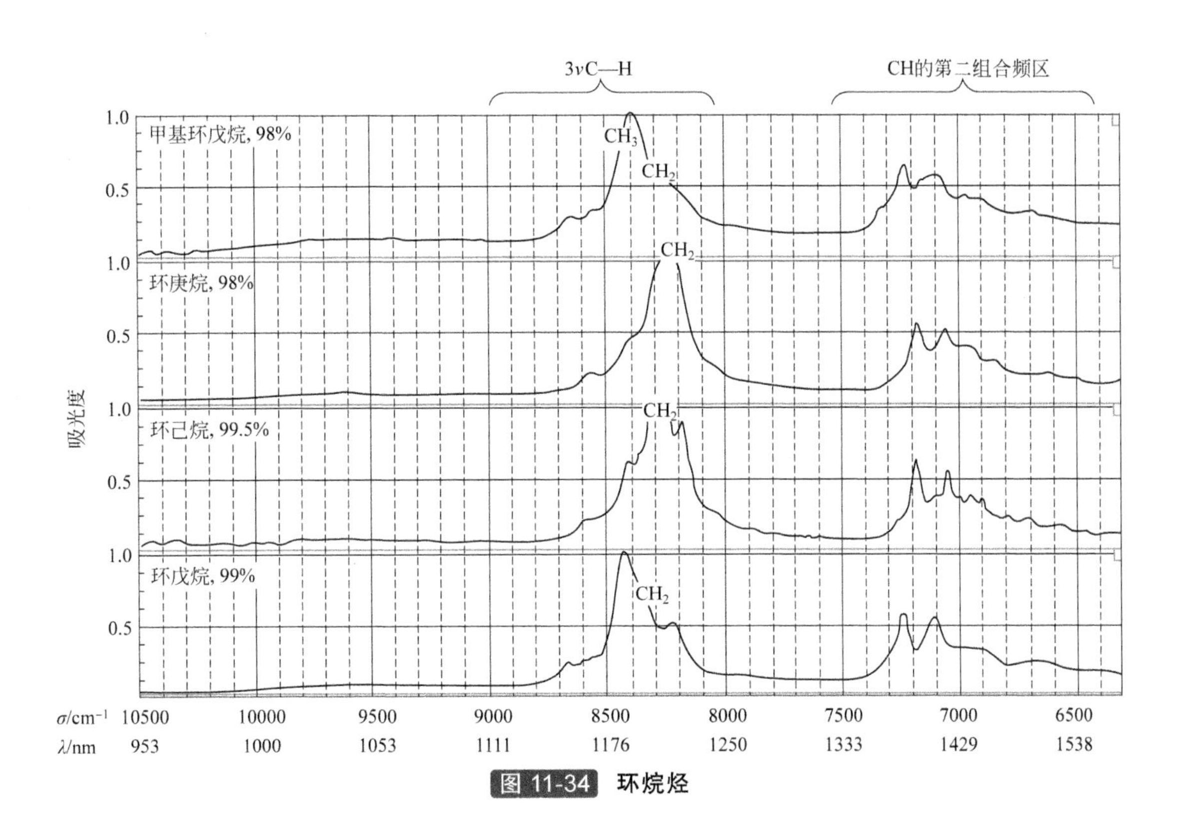

图 11-34　环烷烃

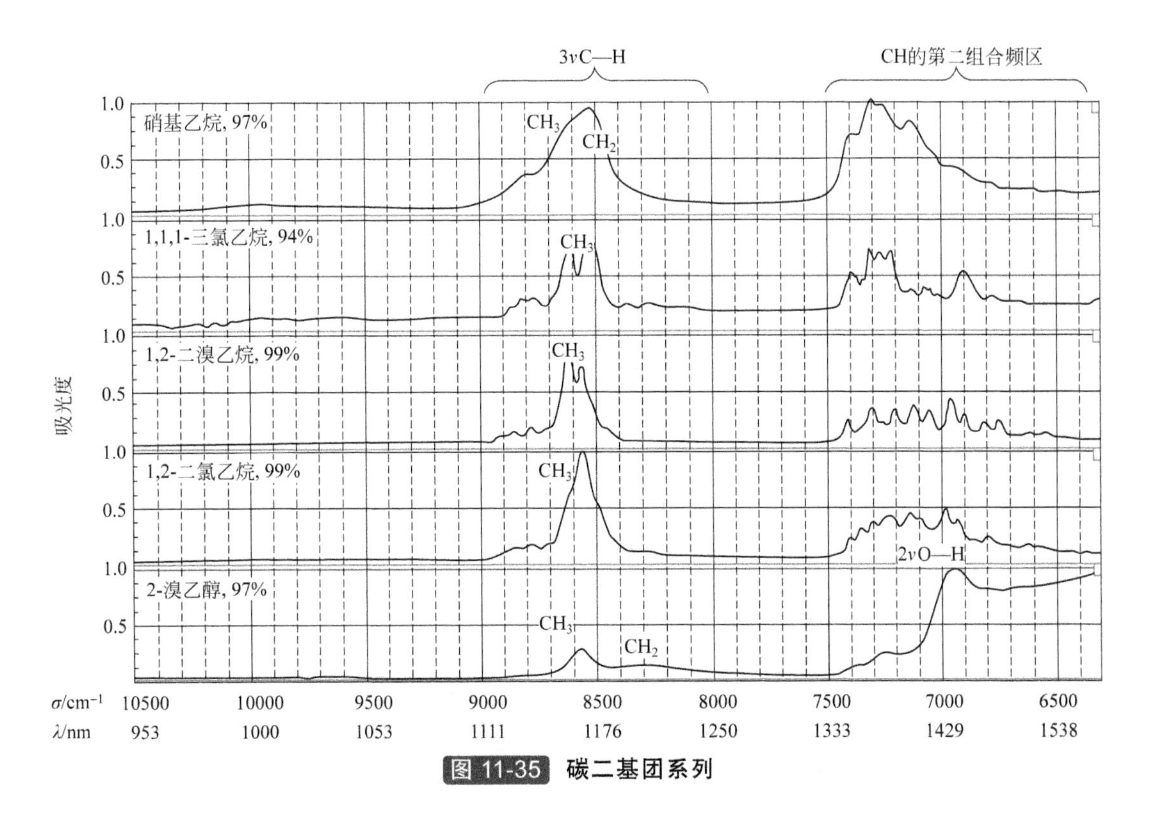

图 11-35　碳二基团系列

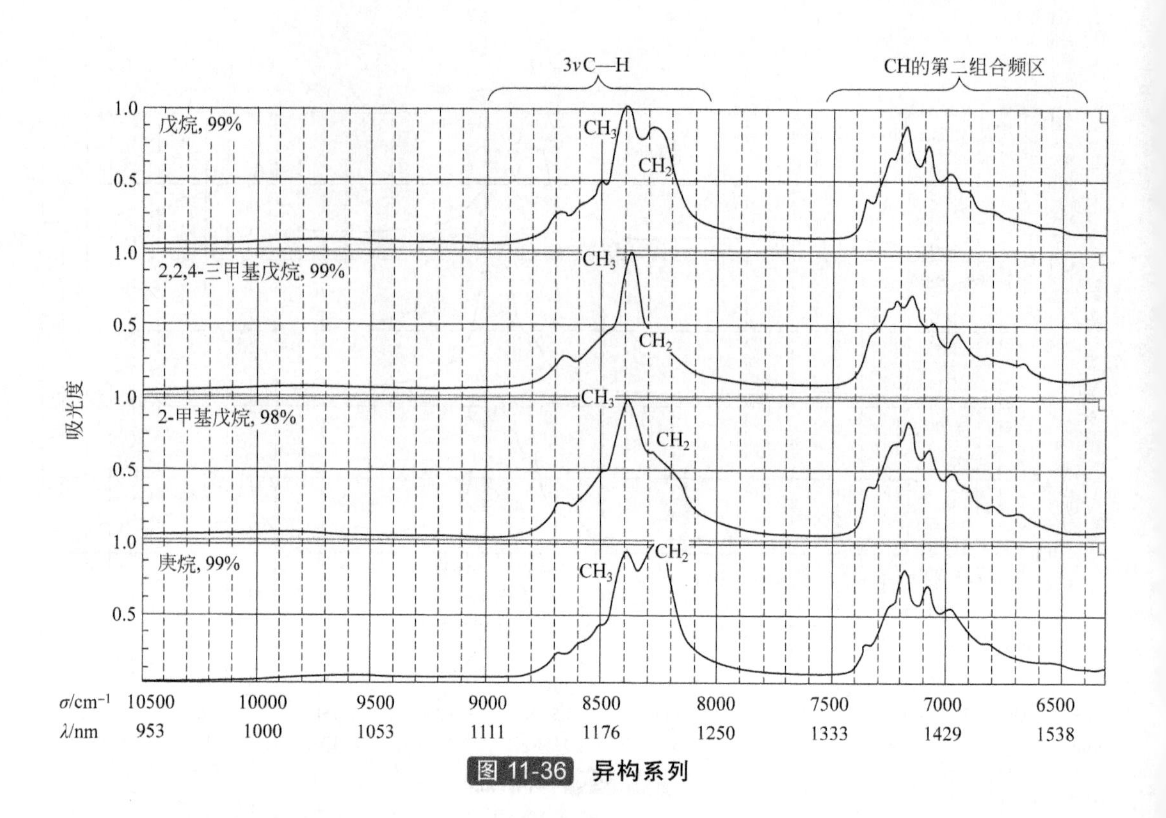

图 11-36 异构系列

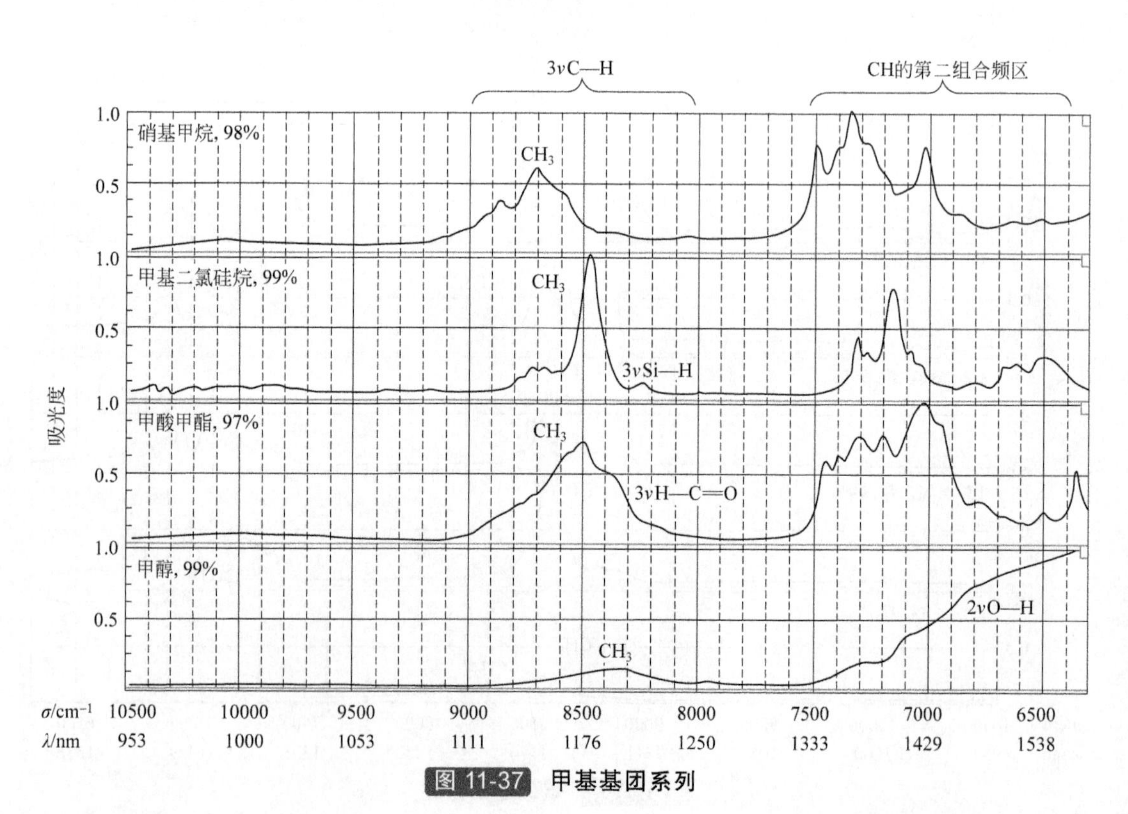

图 11-37 甲基基团系列

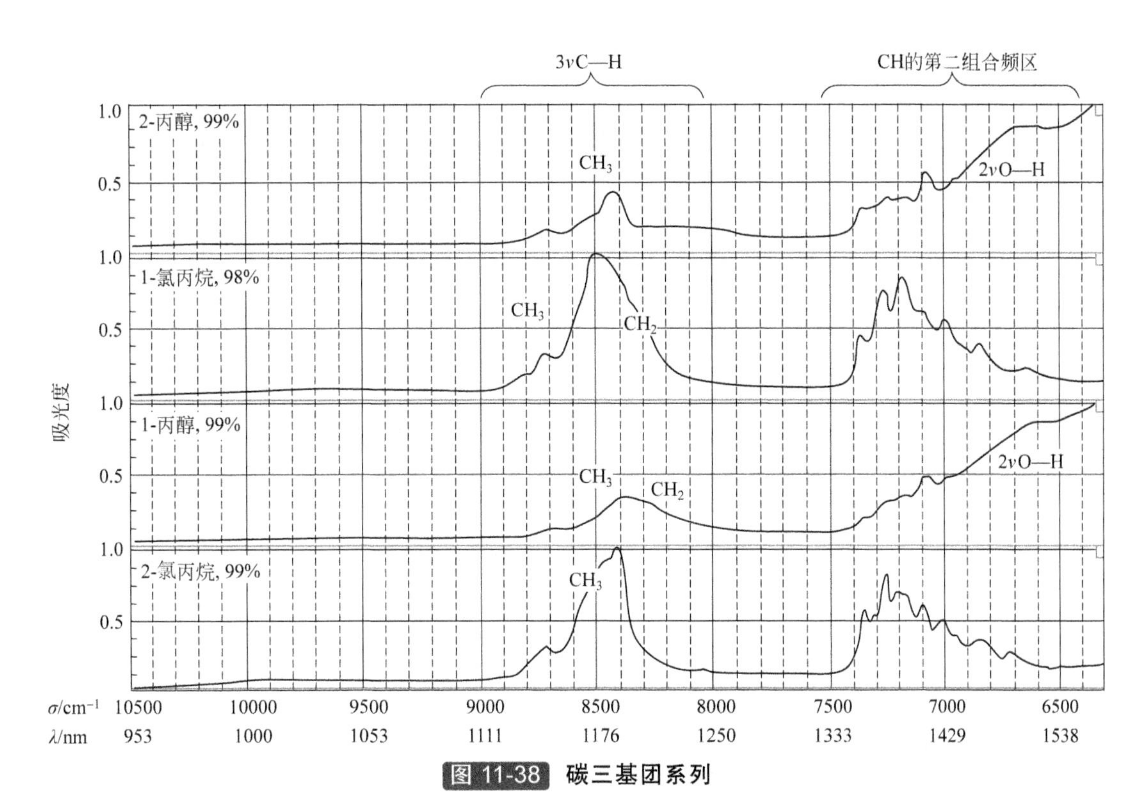

图 11-38 碳三基团系列

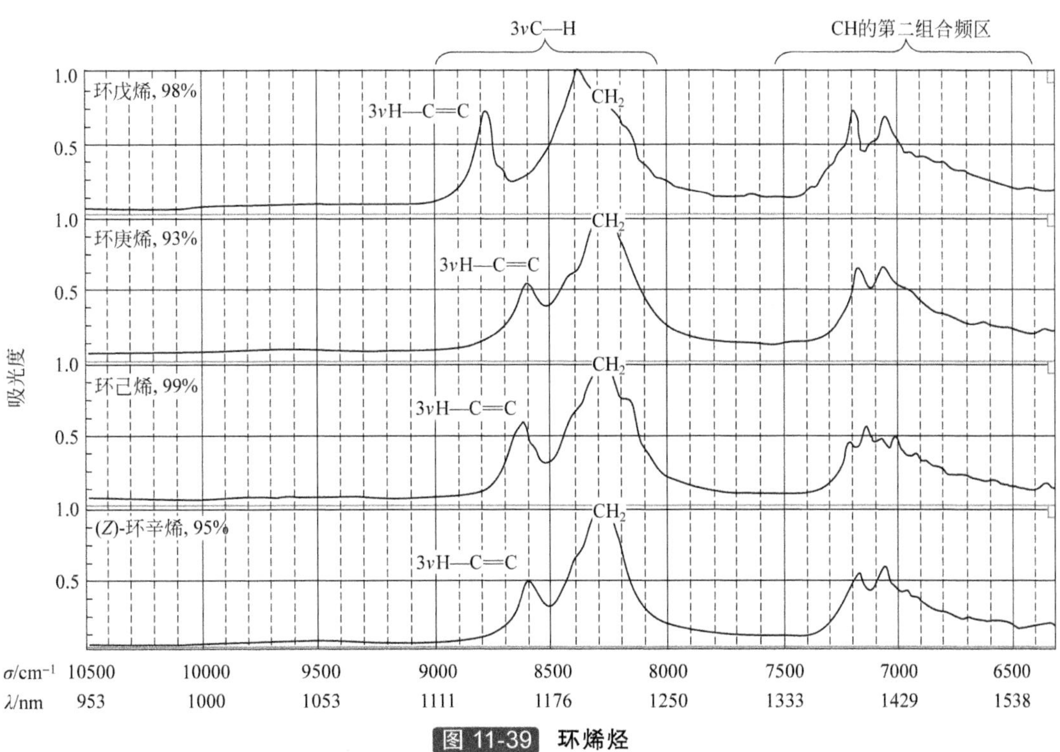

图 11-39 环烯烃

第二篇

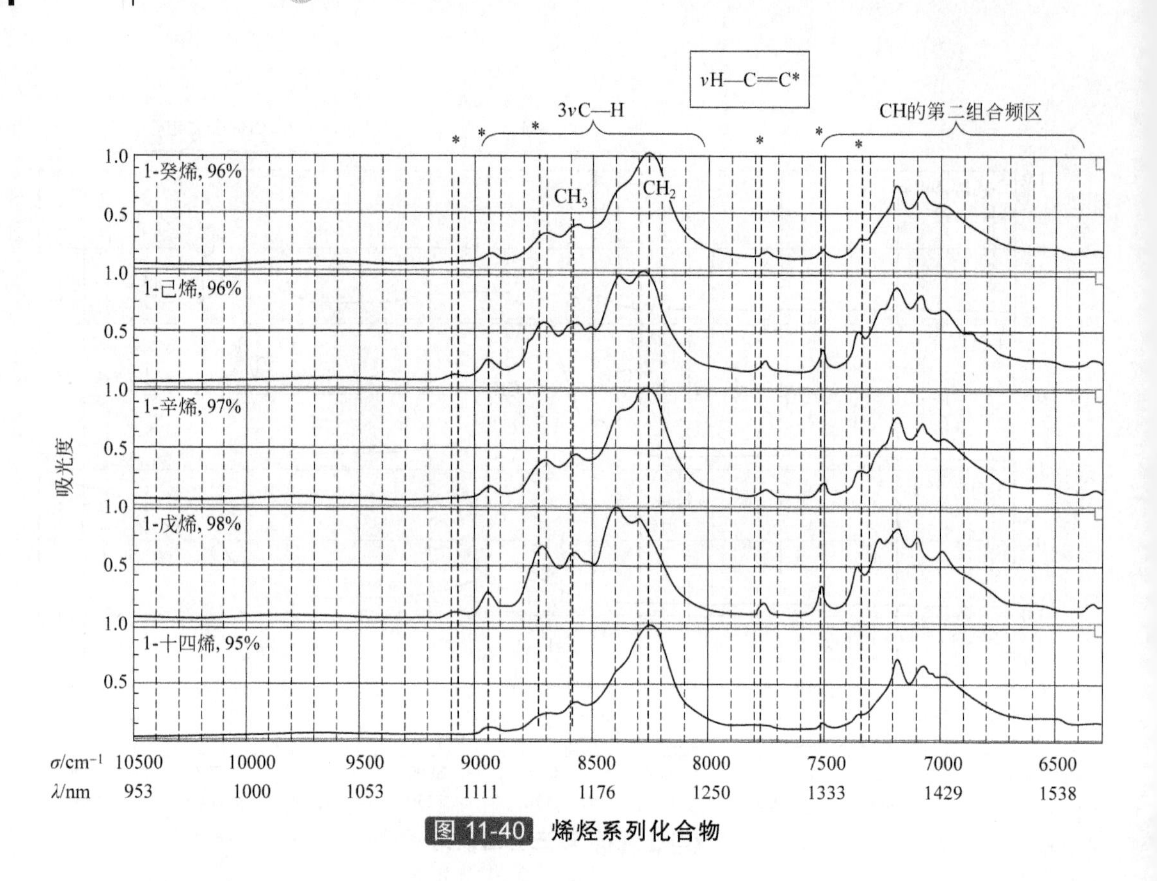

图 11-40 烯烃系列化合物

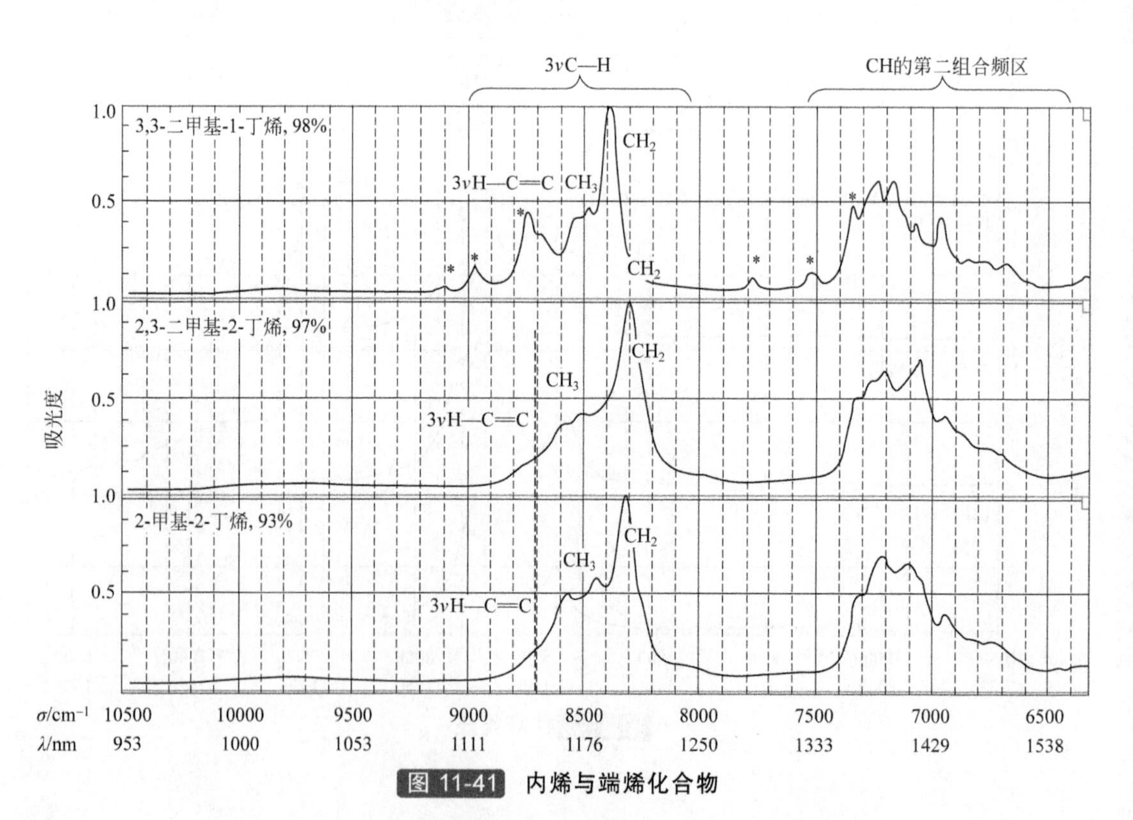

图 11-41 内烯与端烯化合物

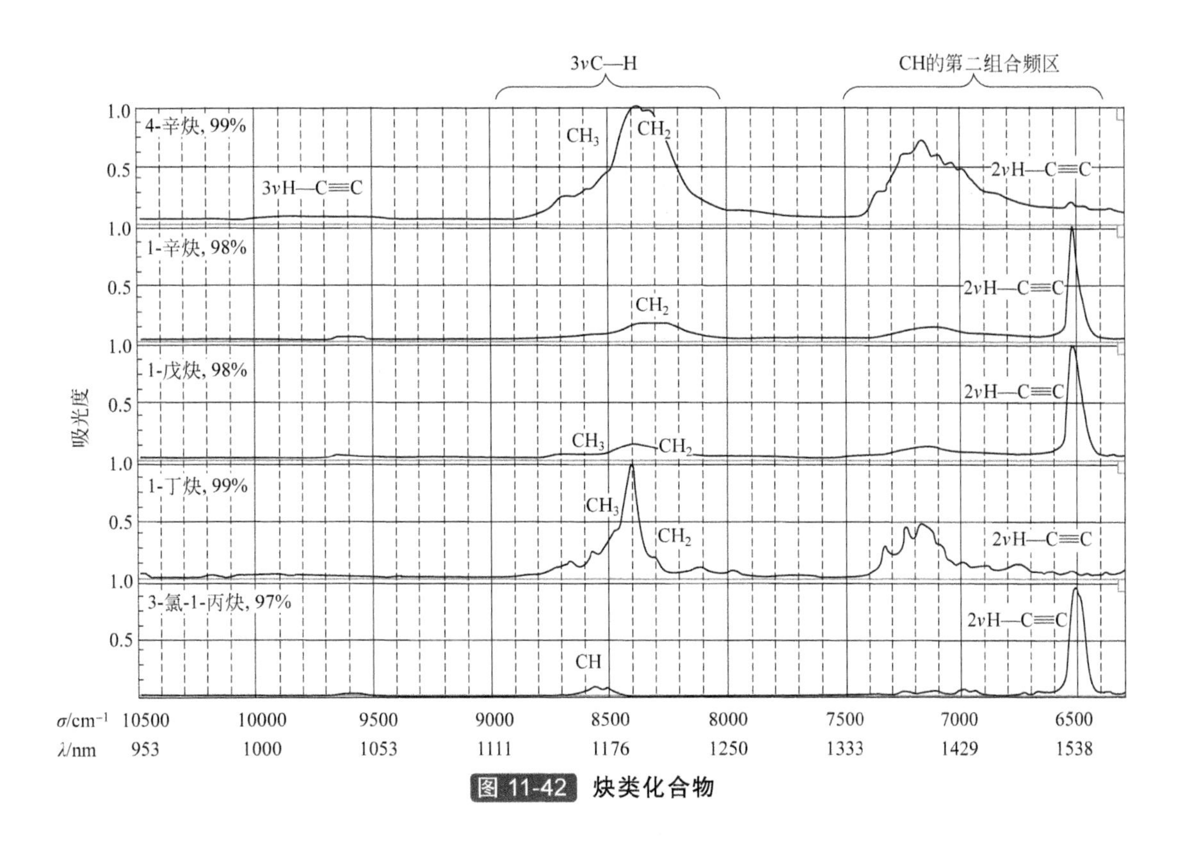

图 11-42　炔类化合物

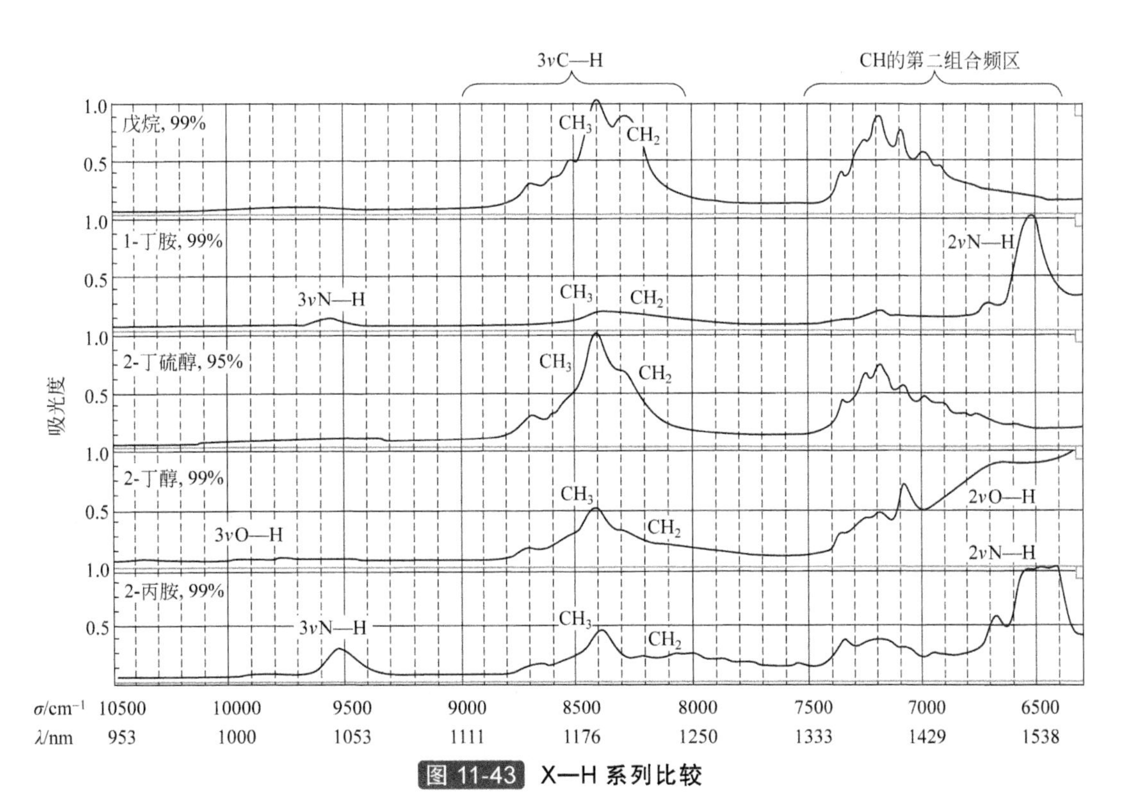

图 11-43　X—H 系列比较

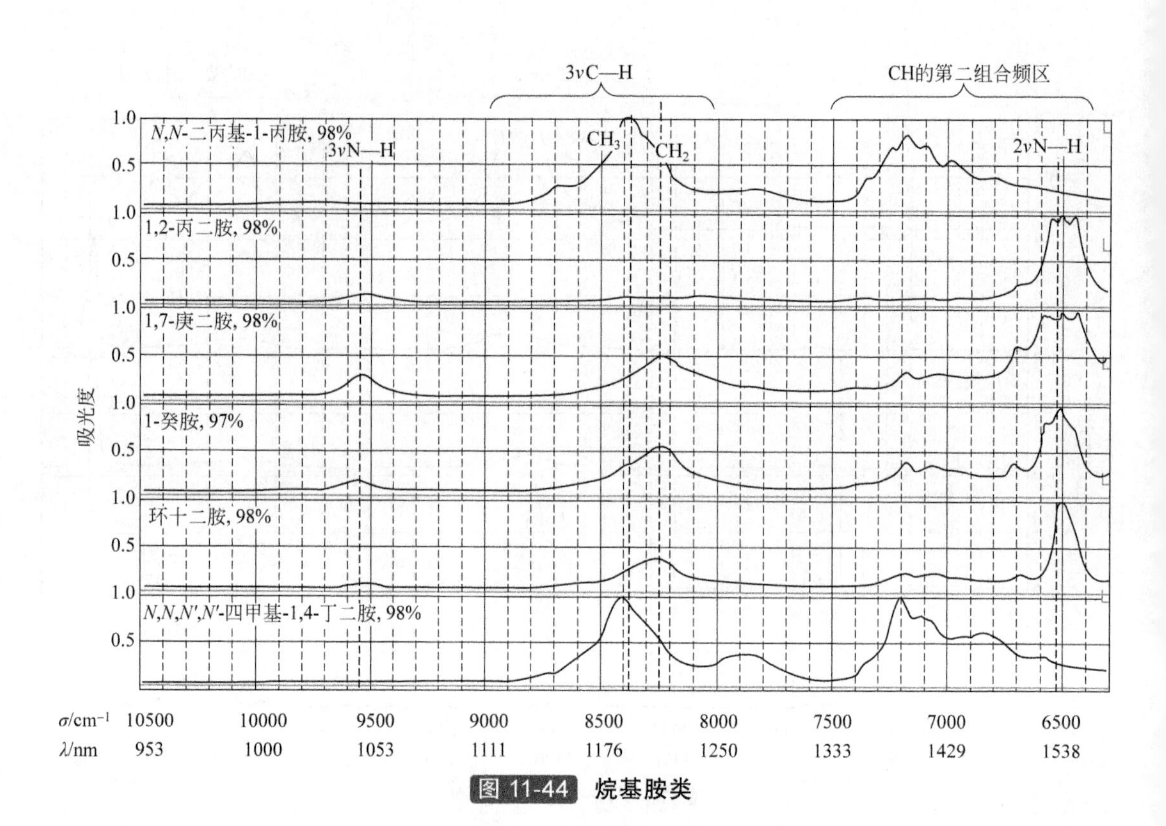

图 11-44 烷基胺类

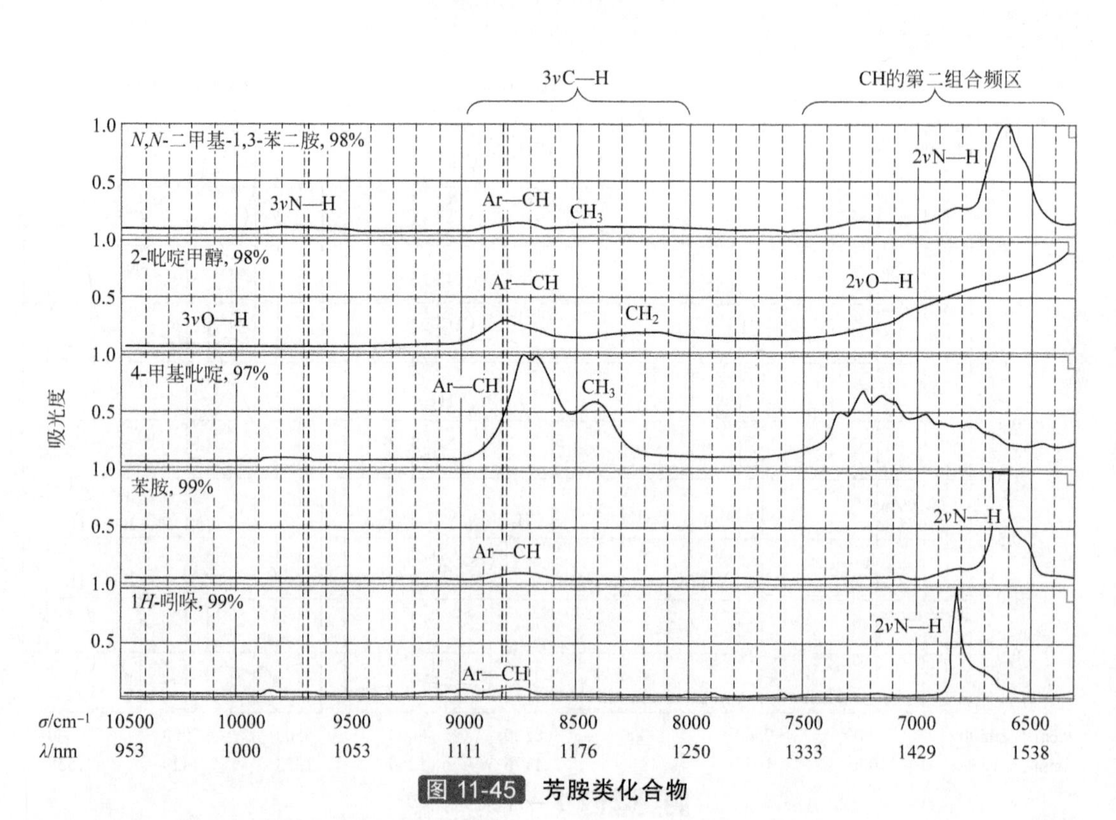

图 11-45 芳胺类化合物

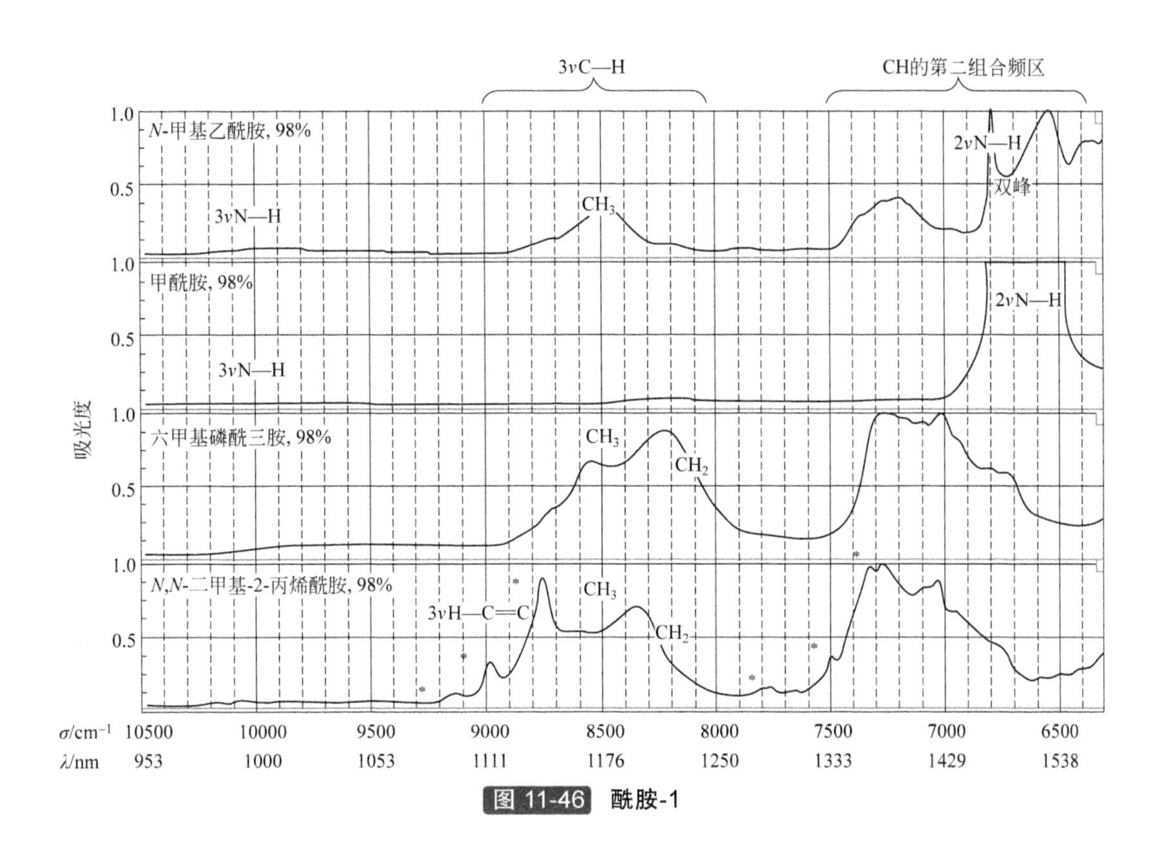

图 11-46 酰胺-1

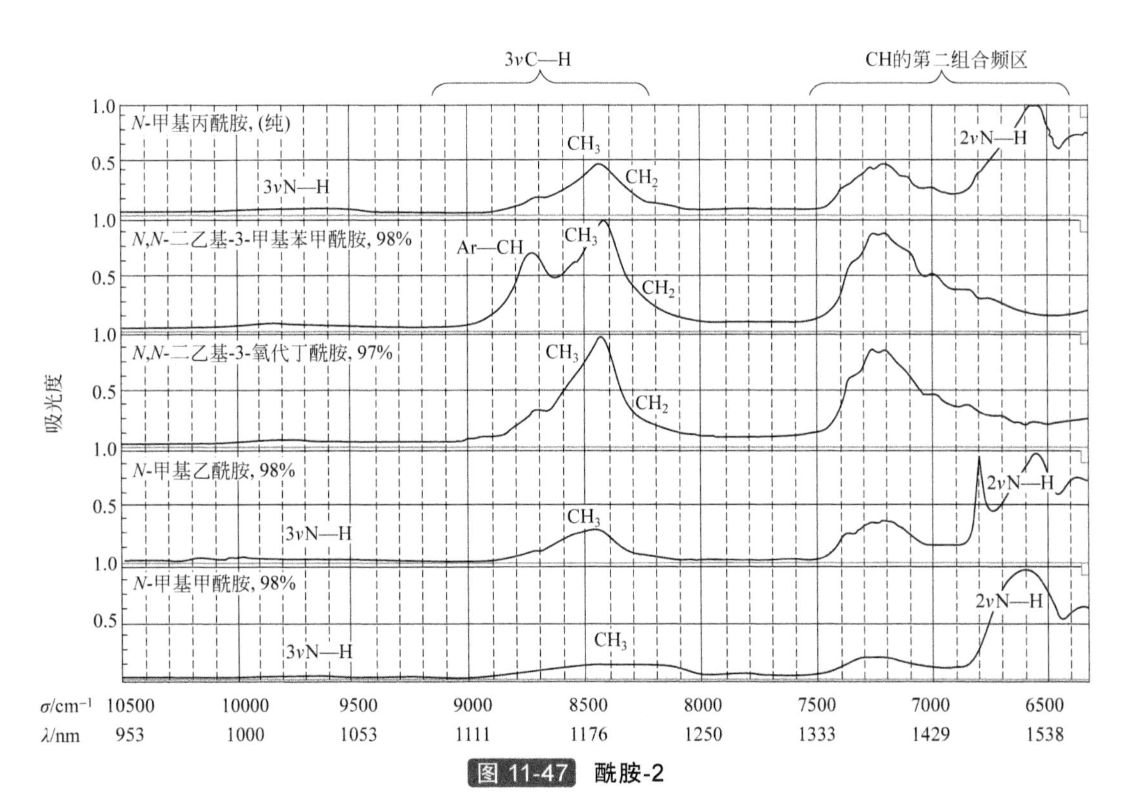

图 11-47 酰胺-2

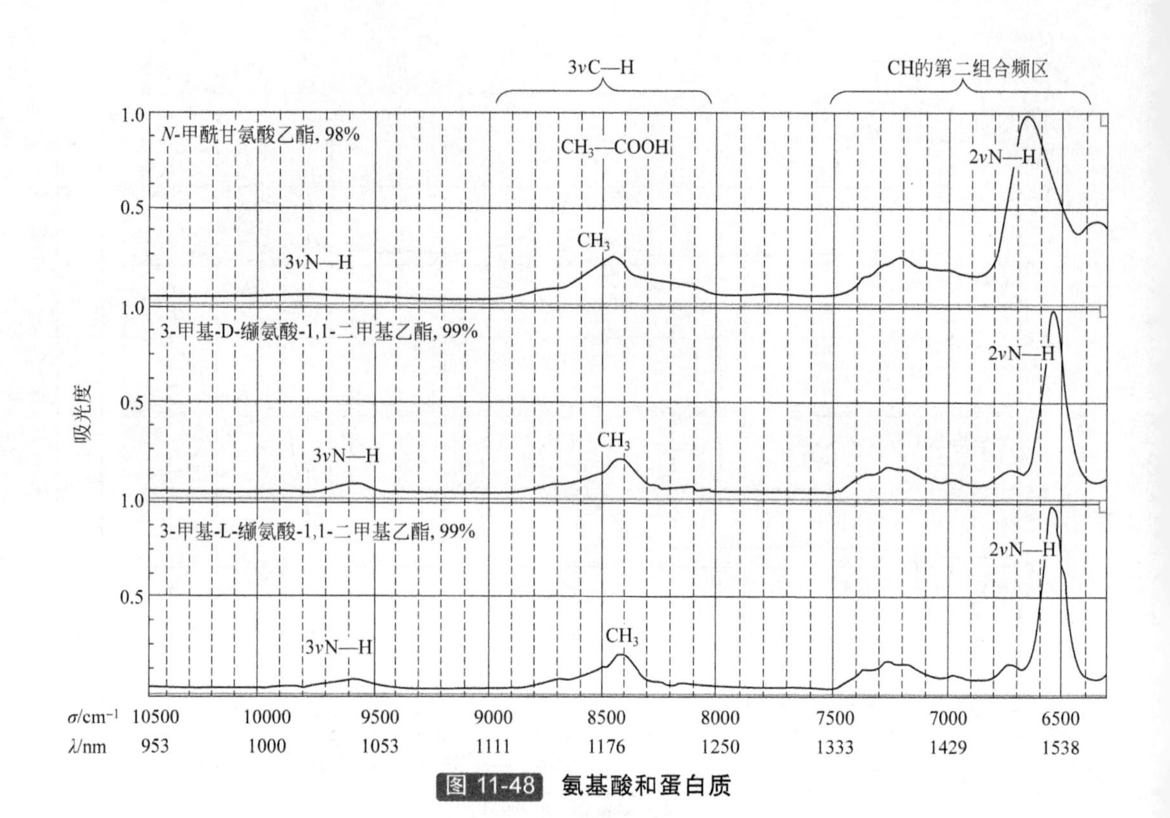

图 11-48 氨基酸和蛋白质

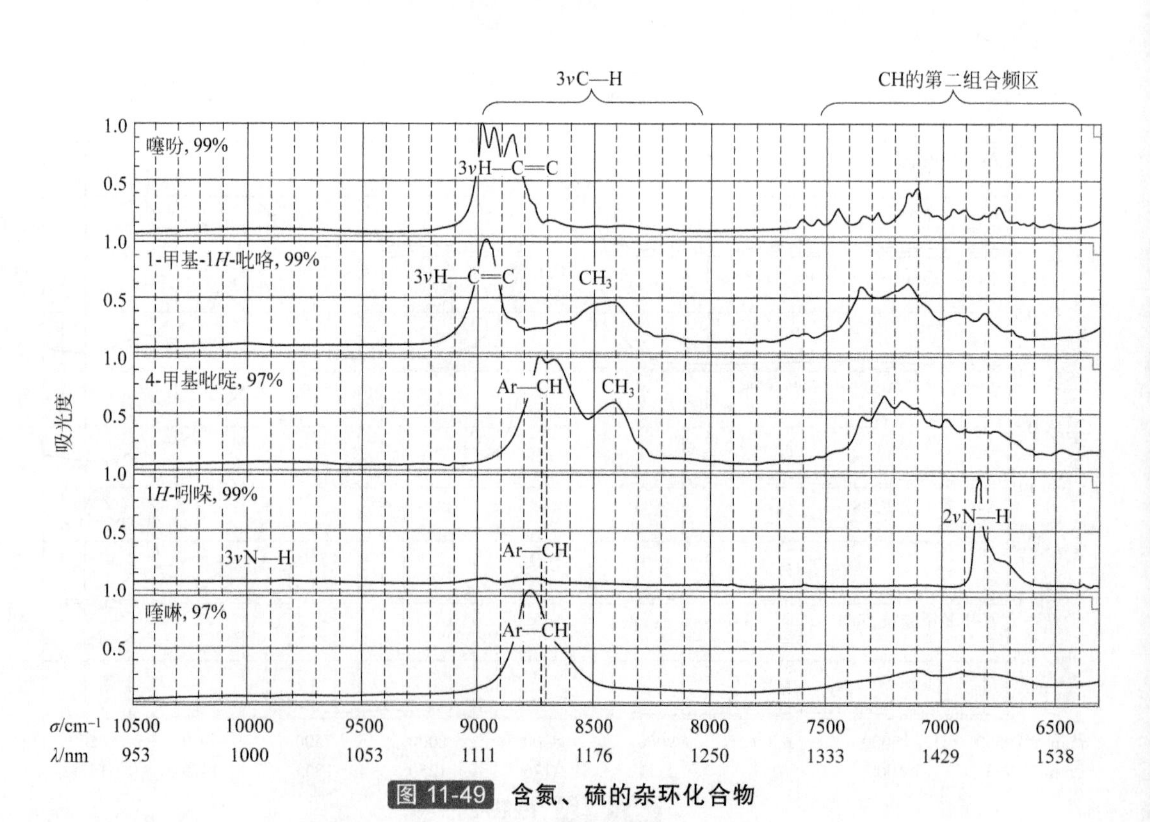

图 11-49 含氮、硫的杂环化合物

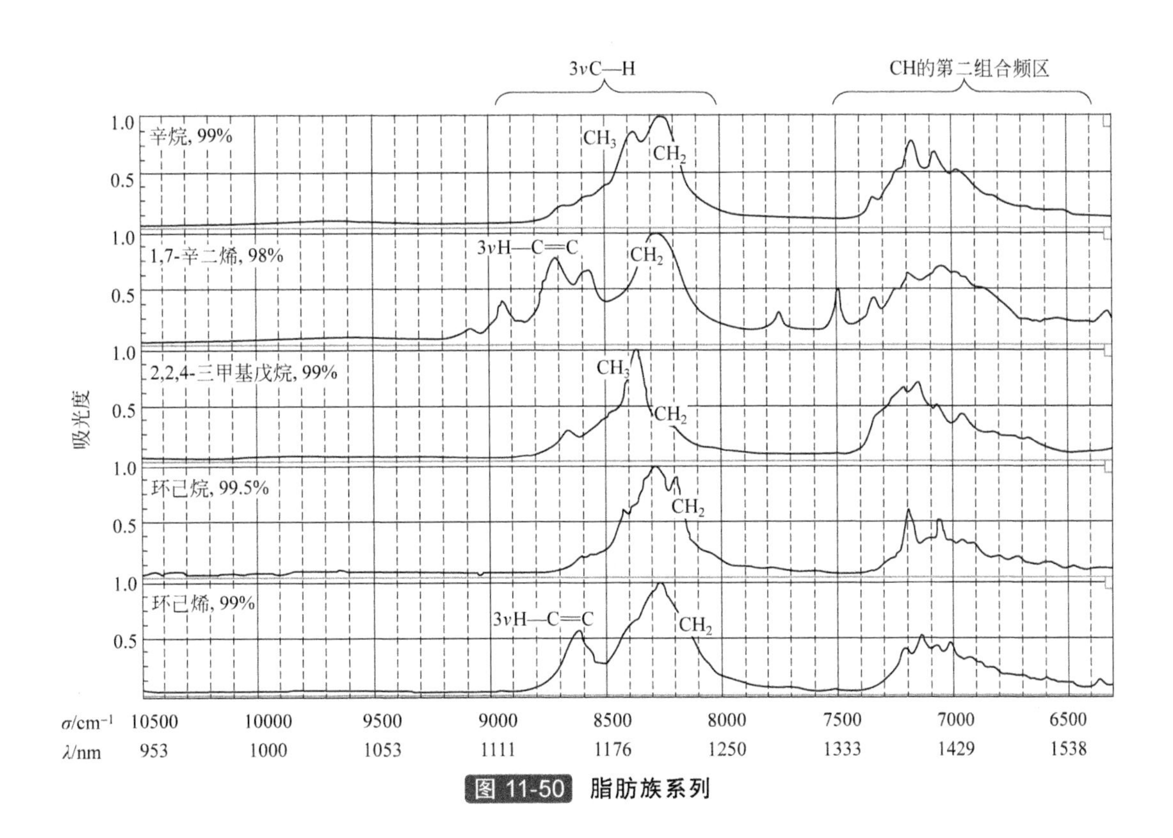

图 11-50 脂肪族系列

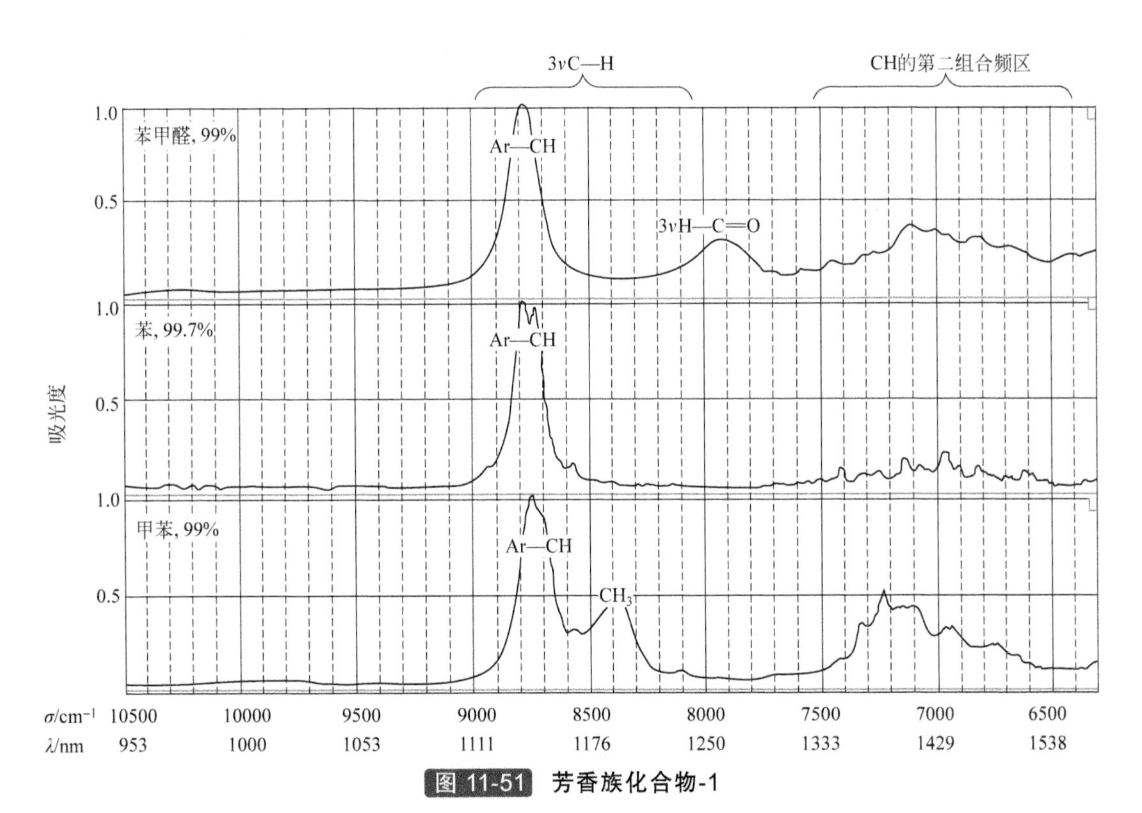

图 11-51 芳香族化合物-1

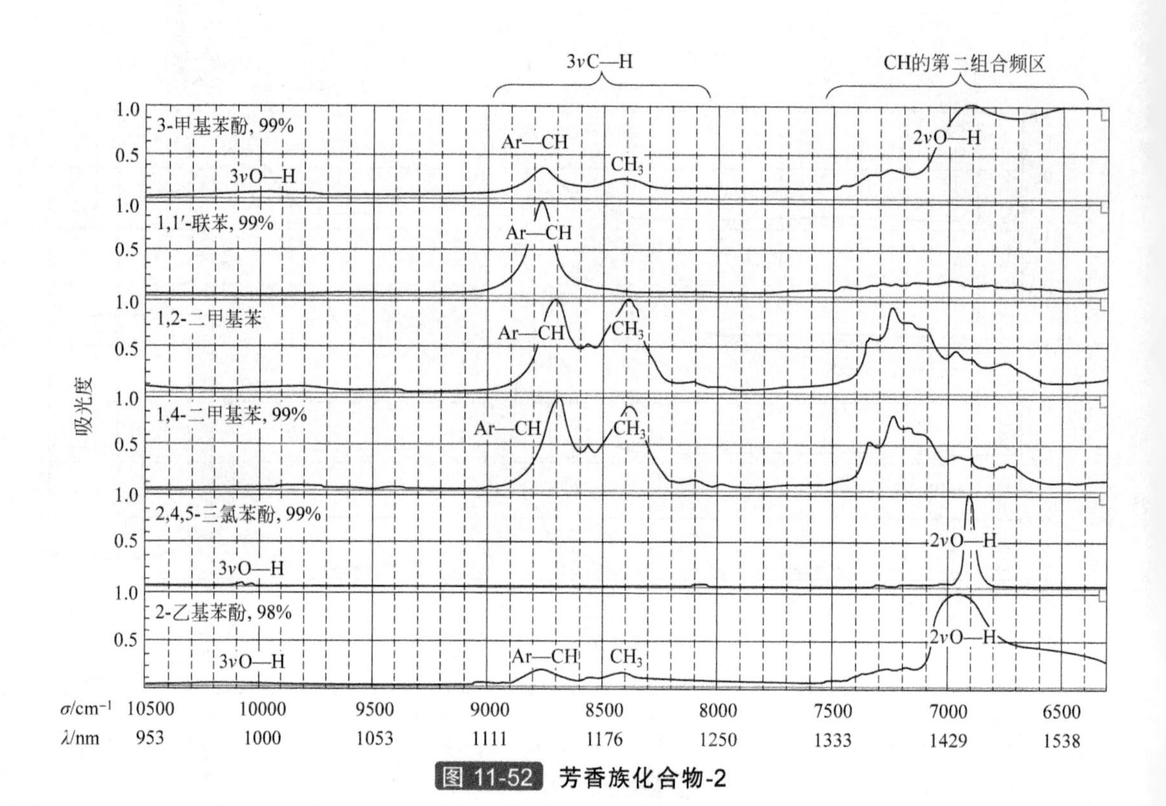

图 11-52 芳香族化合物-2

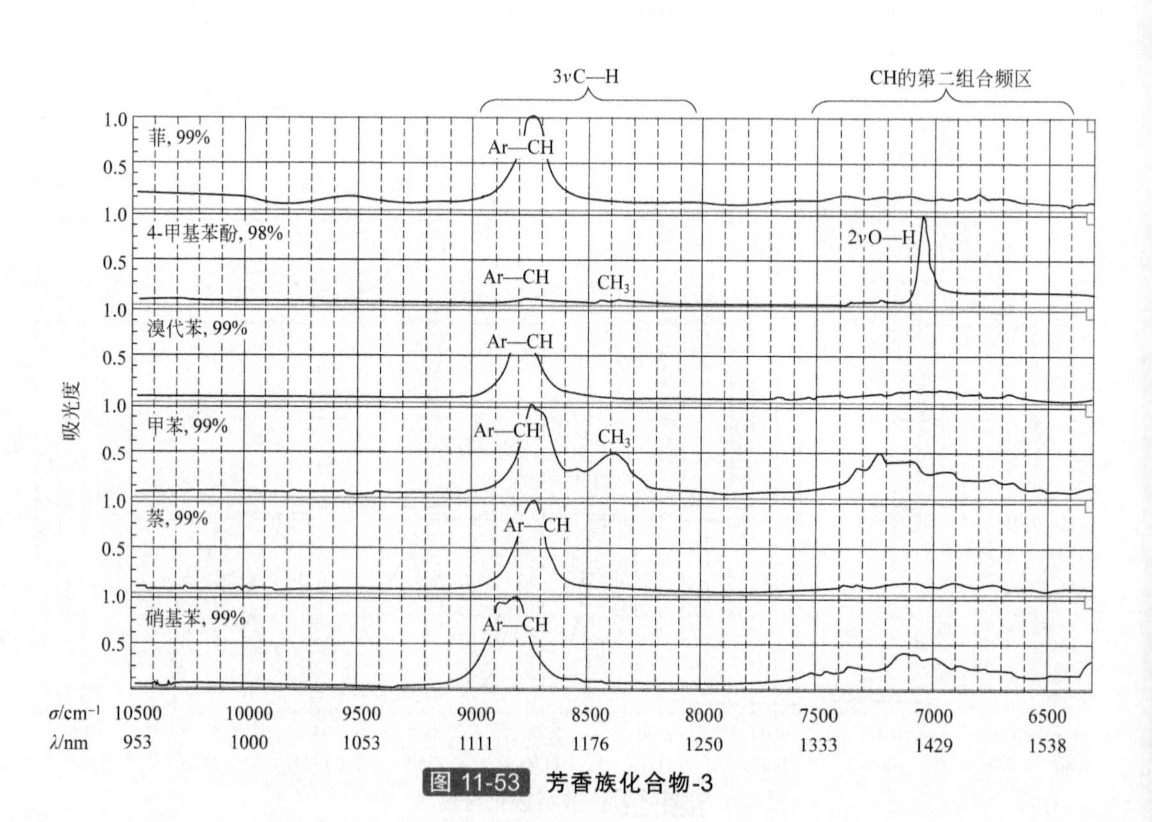

图 11-53 芳香族化合物-3

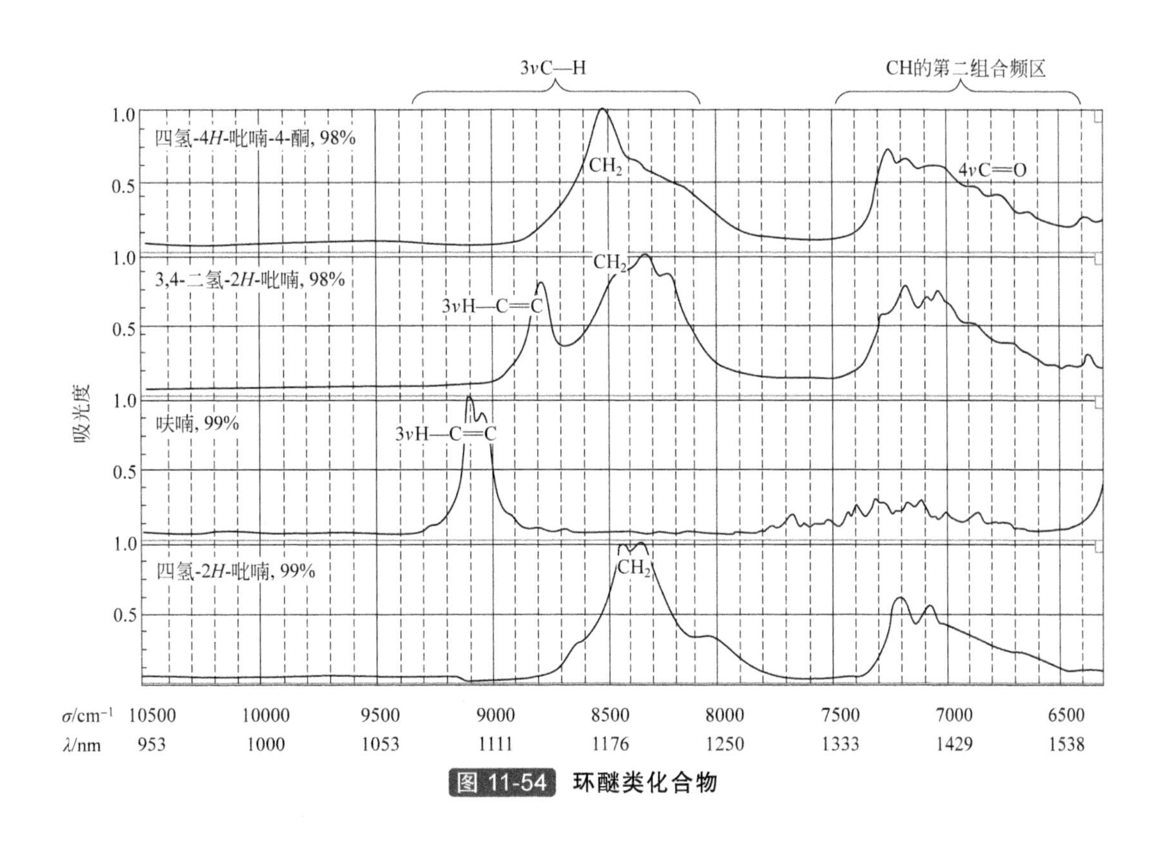

图 11-54 环醚类化合物

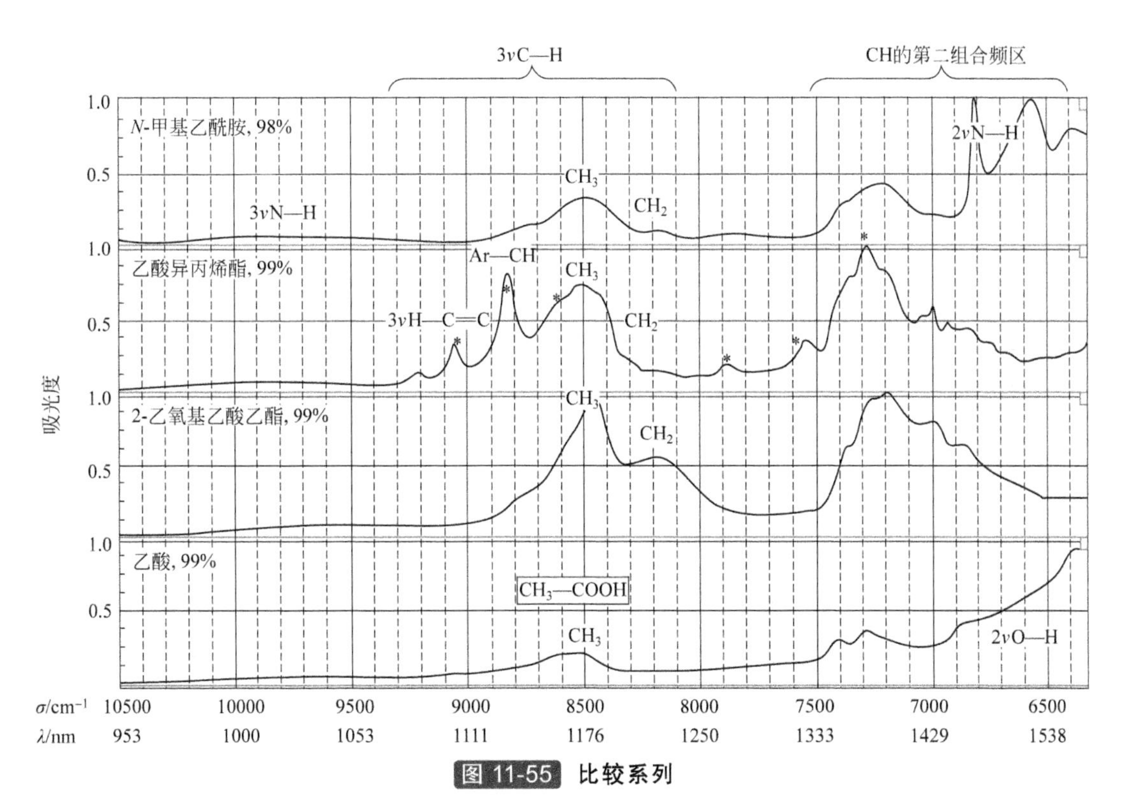

图 11-55 比较系列

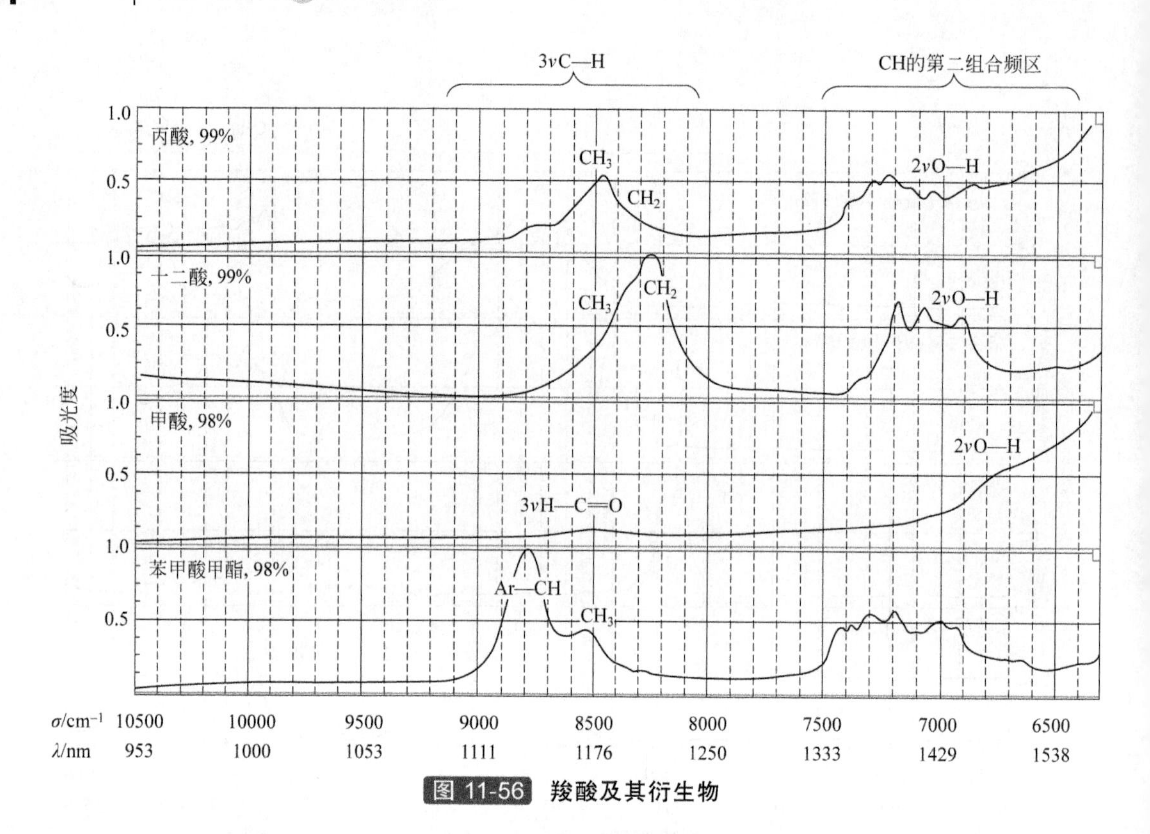

图 11-56 羧酸及其衍生物

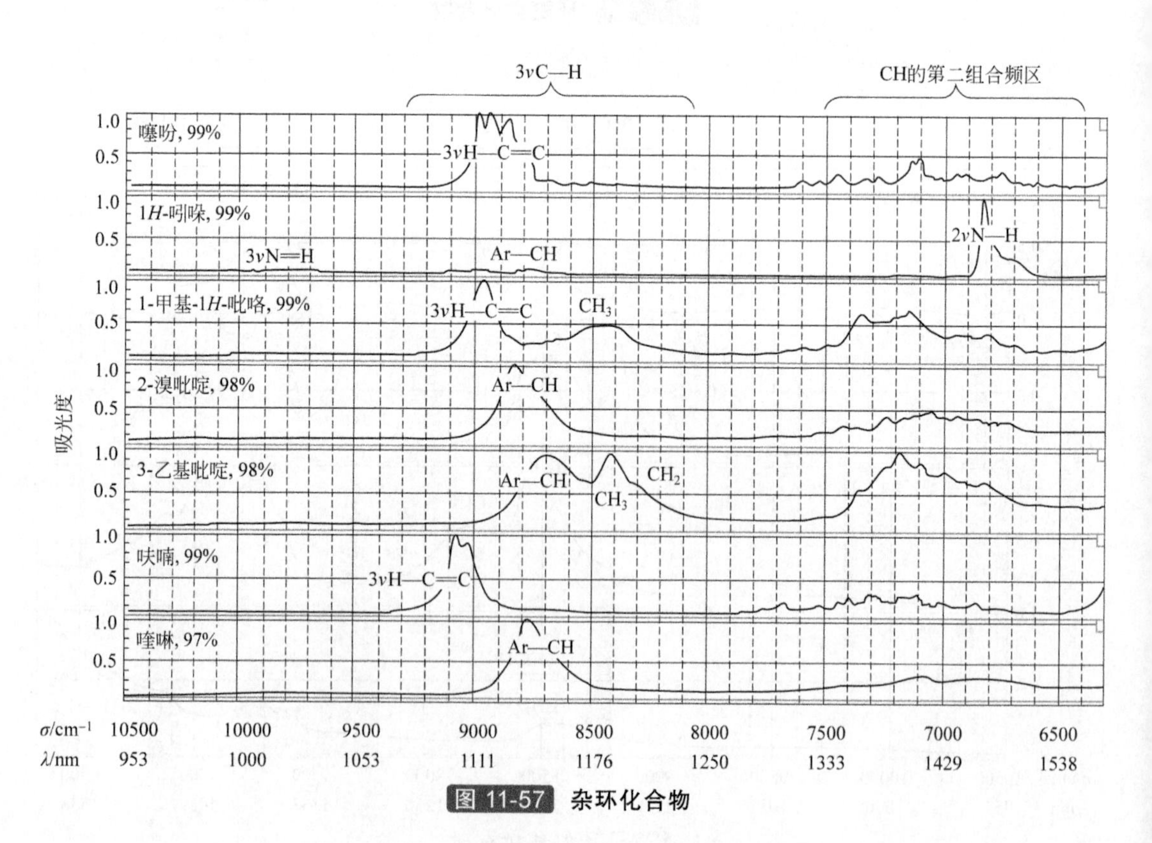

图 11-57 杂环化合物

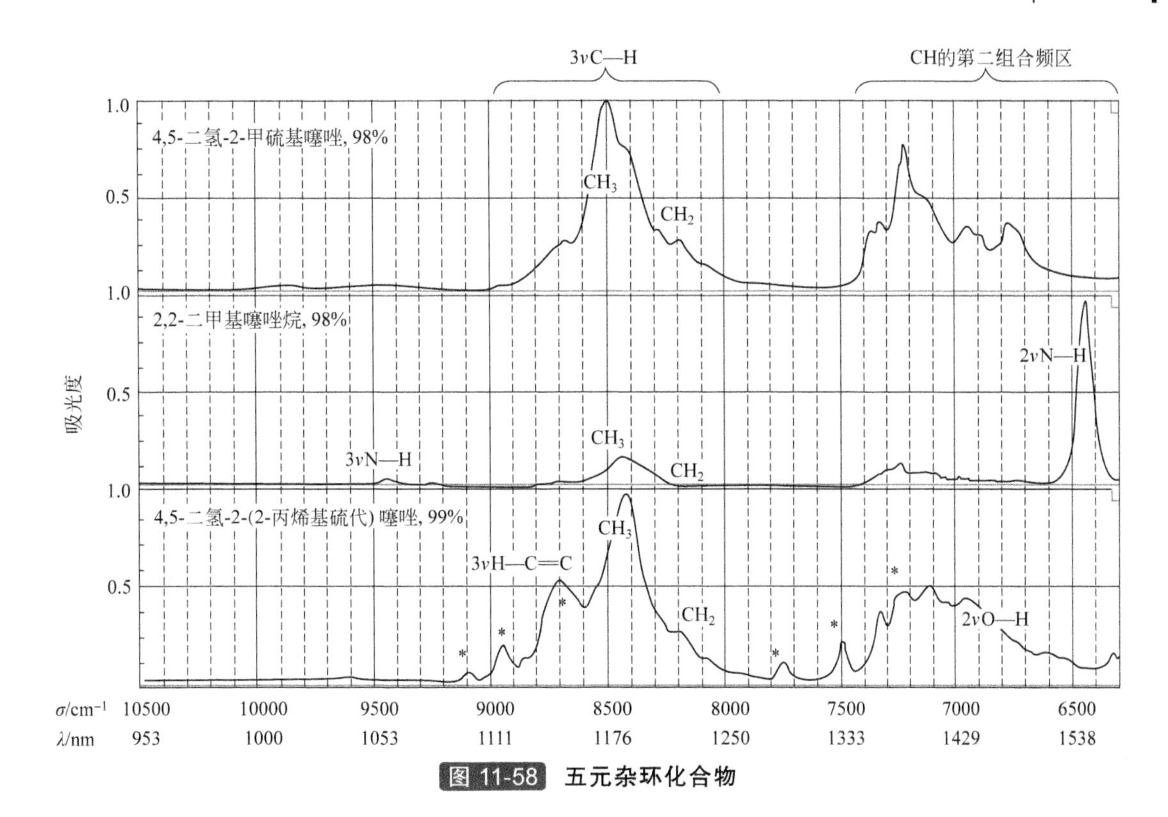

图 11-58 五元杂环化合物

图 11-59 官能团比较

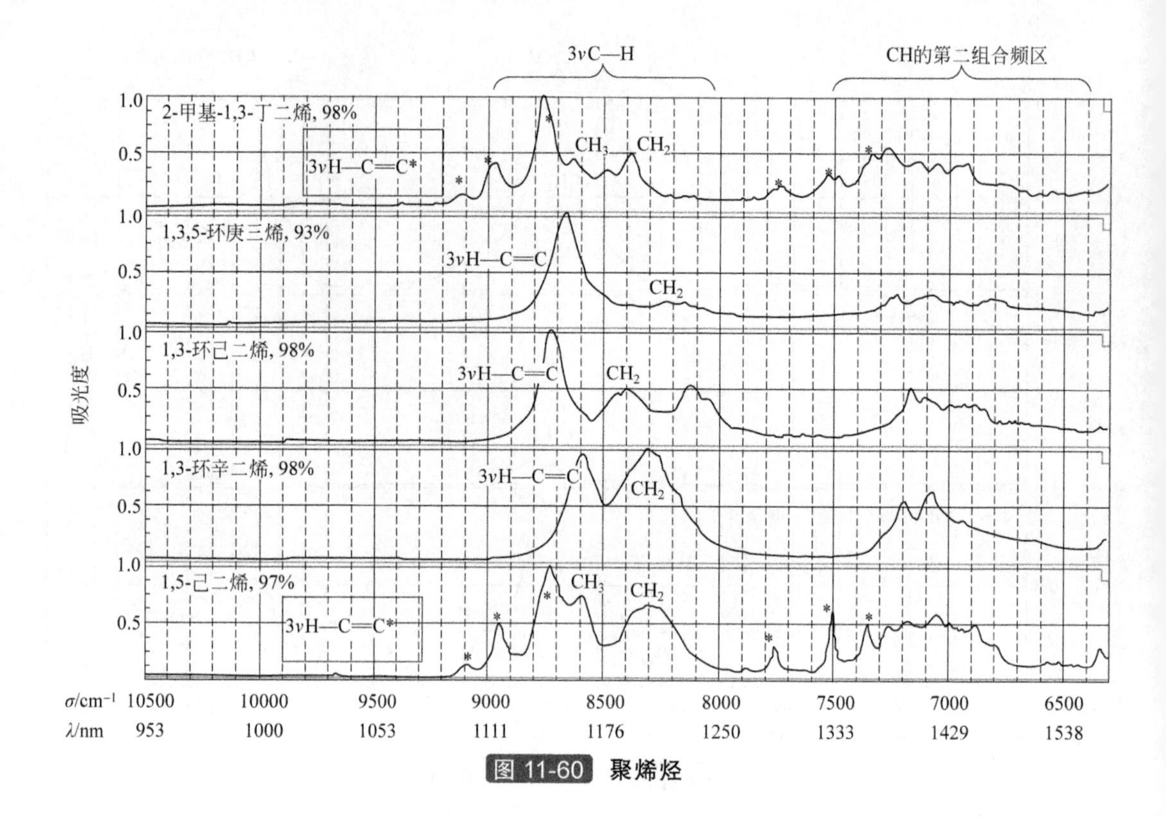

图 11-60 聚烯烃

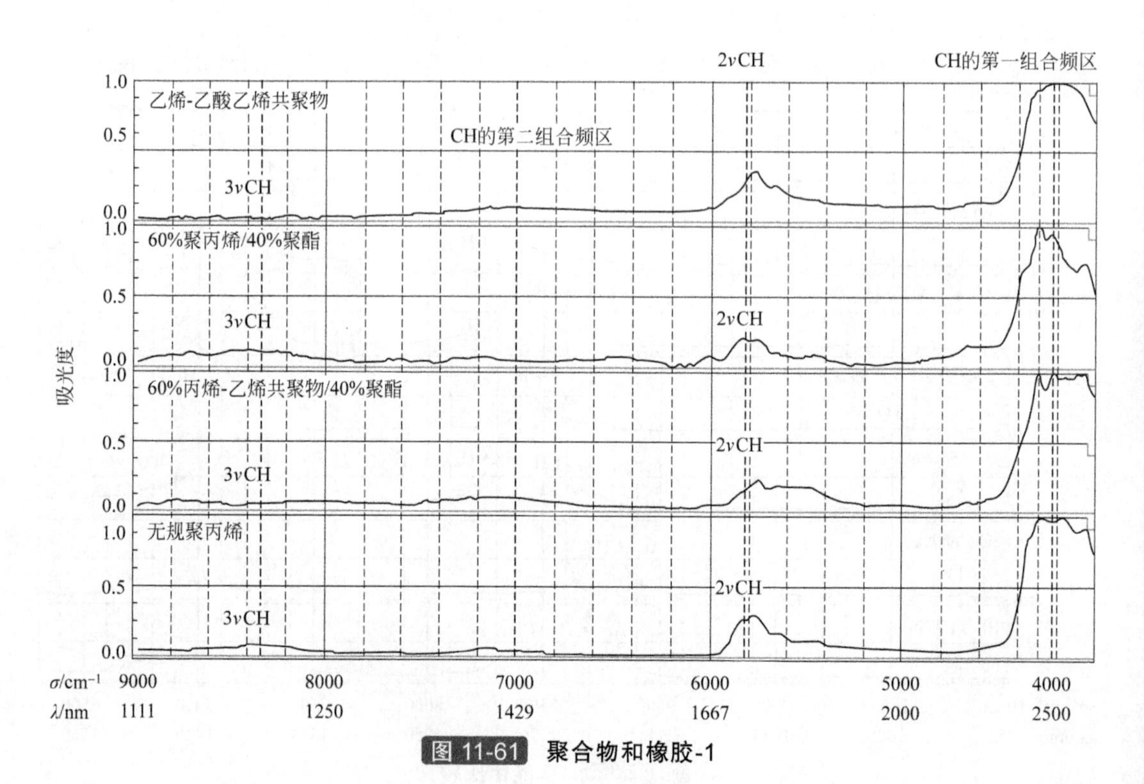

图 11-61 聚合物和橡胶-1

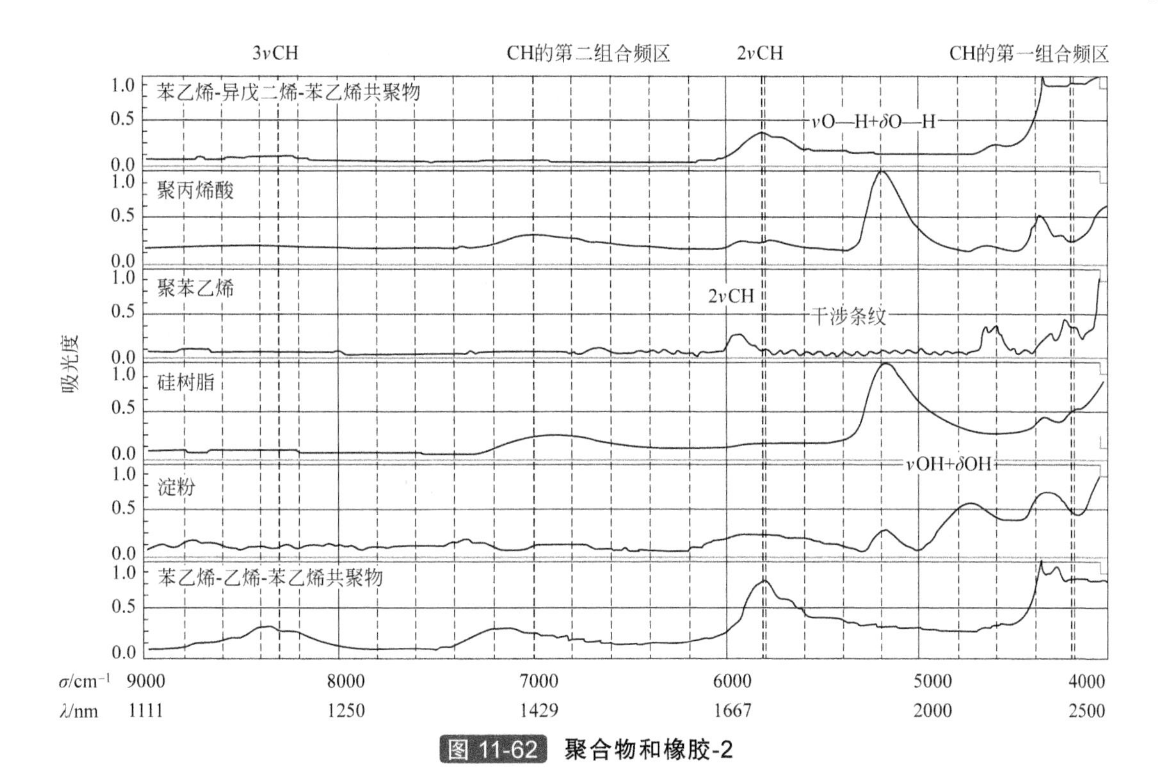

图 11-62 聚合物和橡胶-2

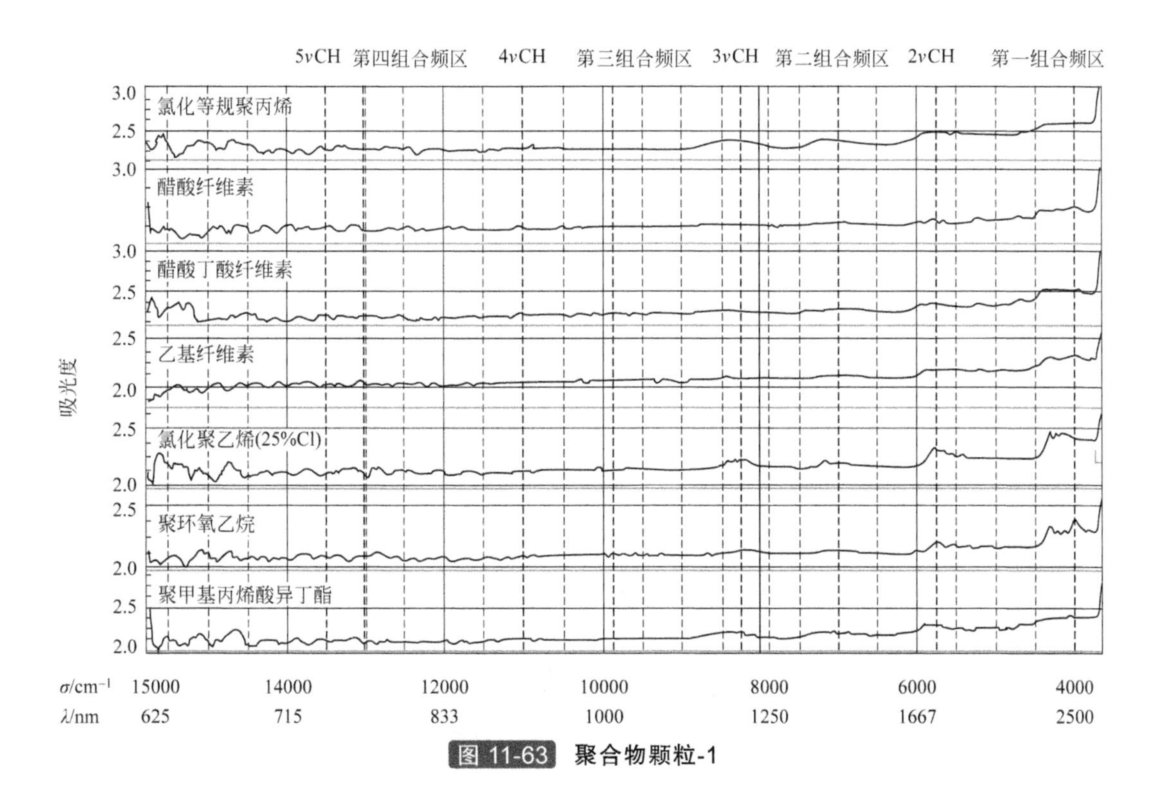

图 11-63 聚合物颗粒-1

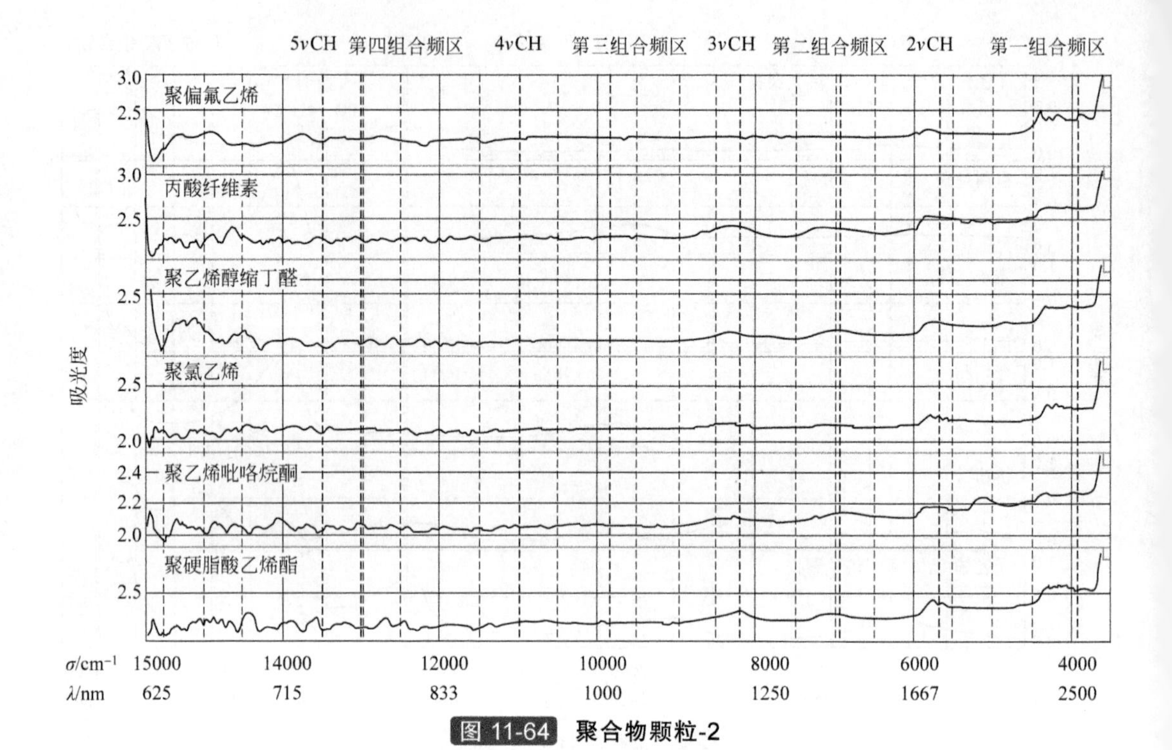

图 11-64 聚合物颗粒-2

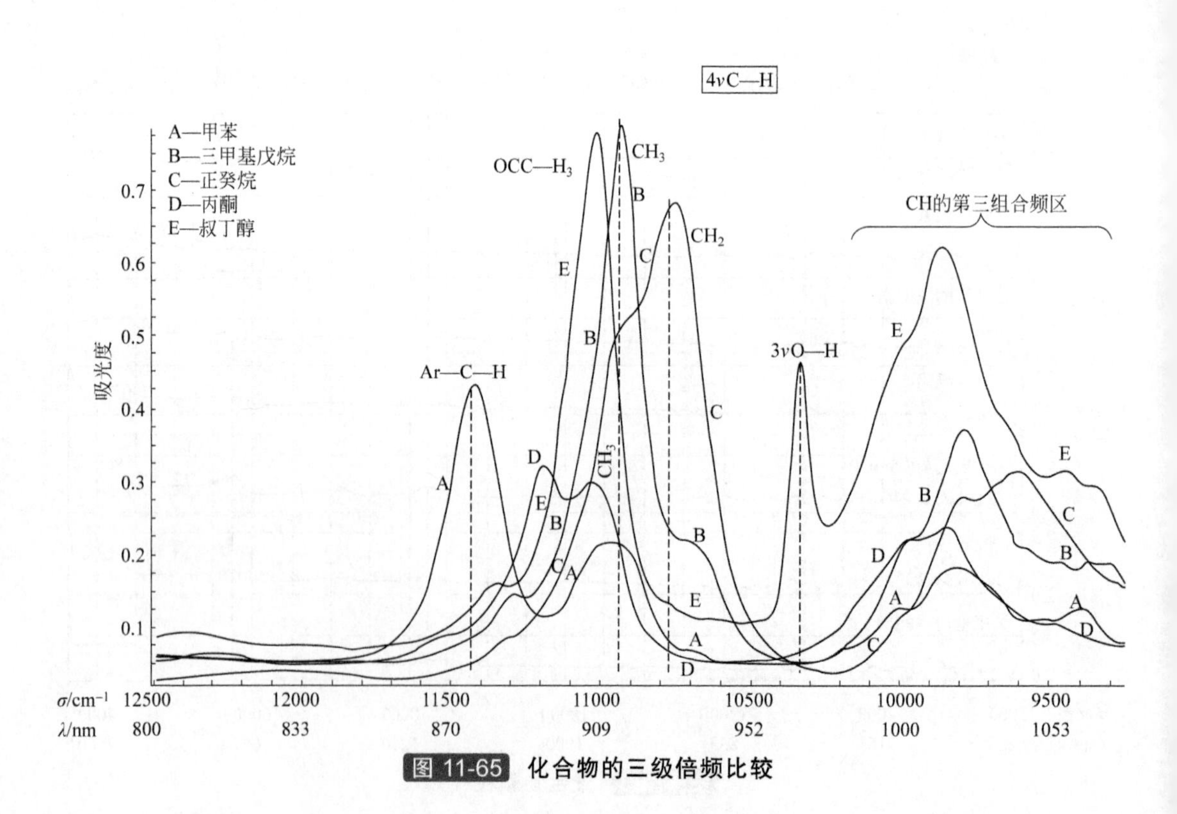

图 11-65 化合物的三级倍频比较

（二）光谱-分子结构对照图（7200～3800cm^{-1}，1389～2632nm）

表 11-13　光谱-分子结构对照图（7200～3800cm^{-1}）索引

序号	内容	谱图号	序号	内容	谱图号
1	化合物类型比较	图 11-66	22	内烯与端烯化合物	图 11-87
2	醇类化合物	图 11-67	23	炔类化合物	图 11-88
3	二醇类化合物	图 11-68	24	X—H 系列比较	图 11-89
4	丁二醇系列化合物	图 11-69	25	烷基胺	图 11-90
5	醚类化合物-1	图 11-70	26	芳胺类化合物	图 11-91
6	醚类化合物-2	图 11-71	27	酰胺-1	图 11-92
7	戊醇系列化合物	图 11-72	28	酰胺-2	图 11-93
8	醛类化合物	图 11-73	29	氨基酸和蛋白质	图 11-94
9	酮类化合物	图 11-74	30	含氮、硫的杂环化合物	图 11-95
10	碳四基团系列-1	图 11-75	31	脂肪族系列	图 11-96
11	多官能团系列	图 11-76	32	芳香族化合物-1	图 11-97
12	取代的芳香醛	图 11-77	33	芳香族化合物-2	图 11-98
13	链烷烃	图 11-78	34	芳香族化合物-3	图 11-99
14	碳四基团系列-2	图 11-79	35	碳氧杂环化合物	图 11-100
15	环烷烃	图 11-80	36	比较系列	图 11-101
16	碳二基团系列	图 11-81	37	羧酸及其衍生物	图 11-102
17	异构系列	图 11-82	38	杂环化合物	图 11-103
18	甲基基团系列	图 11-83	39	五元杂环化合物	图 11-104
19	碳三基团系列	图 11-84	40	碳氢化合物比较	图 11-105
20	烯烃系列化合物	图 11-85	41	聚烯烃	图 11-106
21	环烯烃	图 11-86			

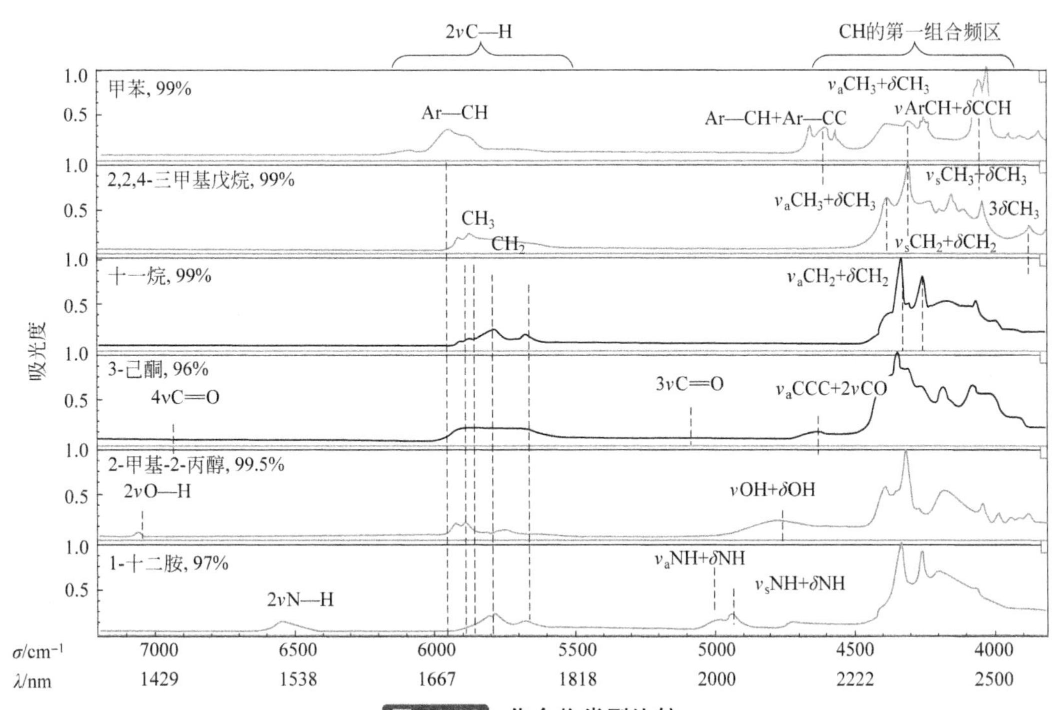

图 11-66　化合物类型比较

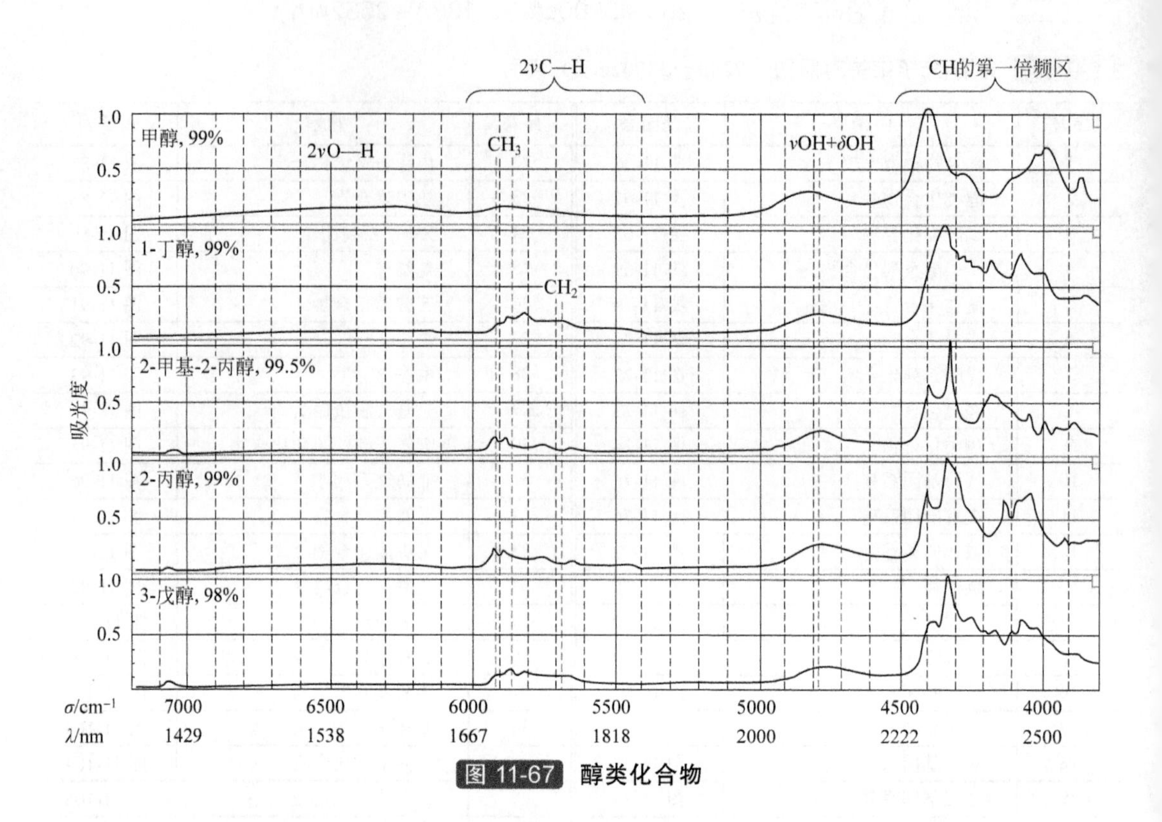

图 11-67 醇类化合物

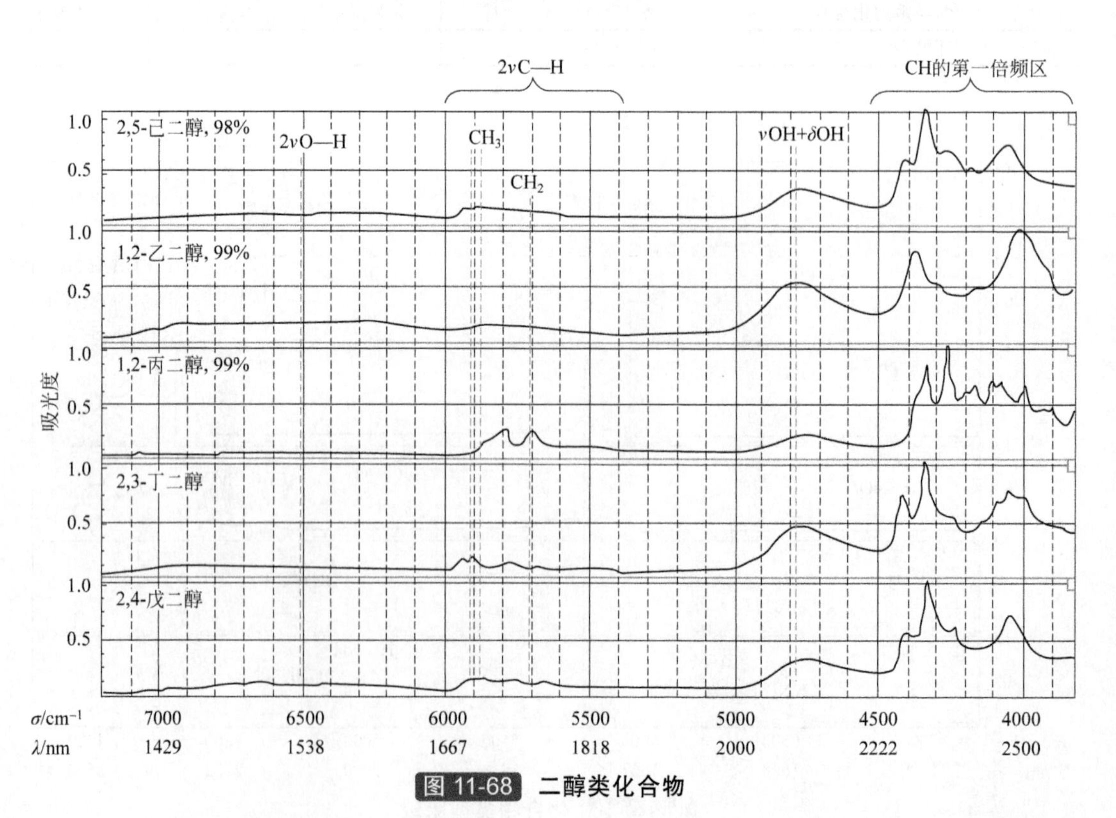

图 11-68 二醇类化合物

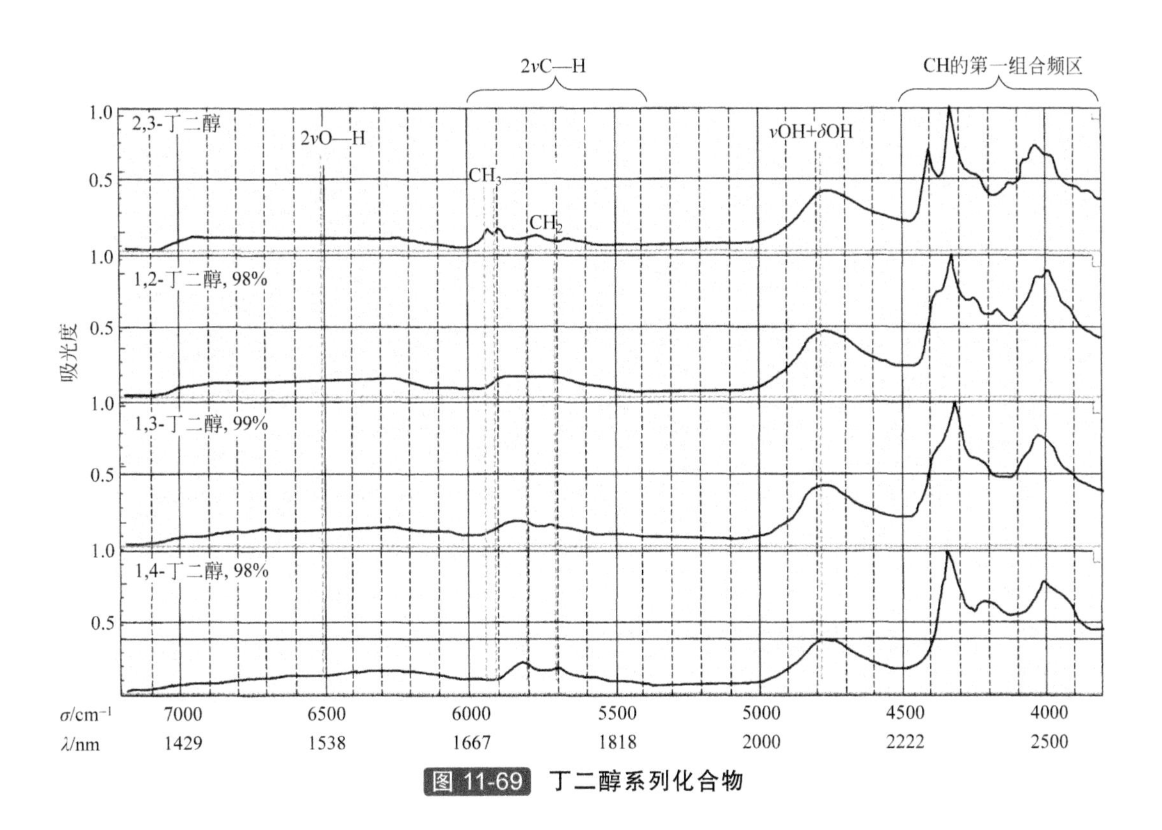

图 11-69 丁二醇系列化合物

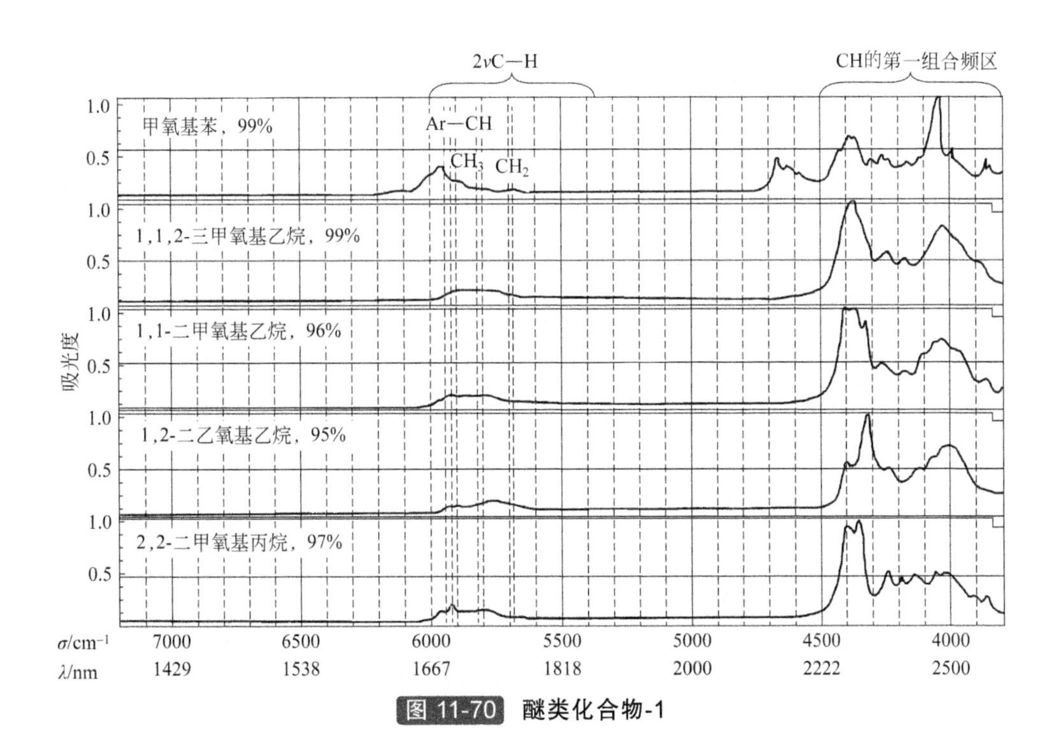

图 11-70 醚类化合物-1

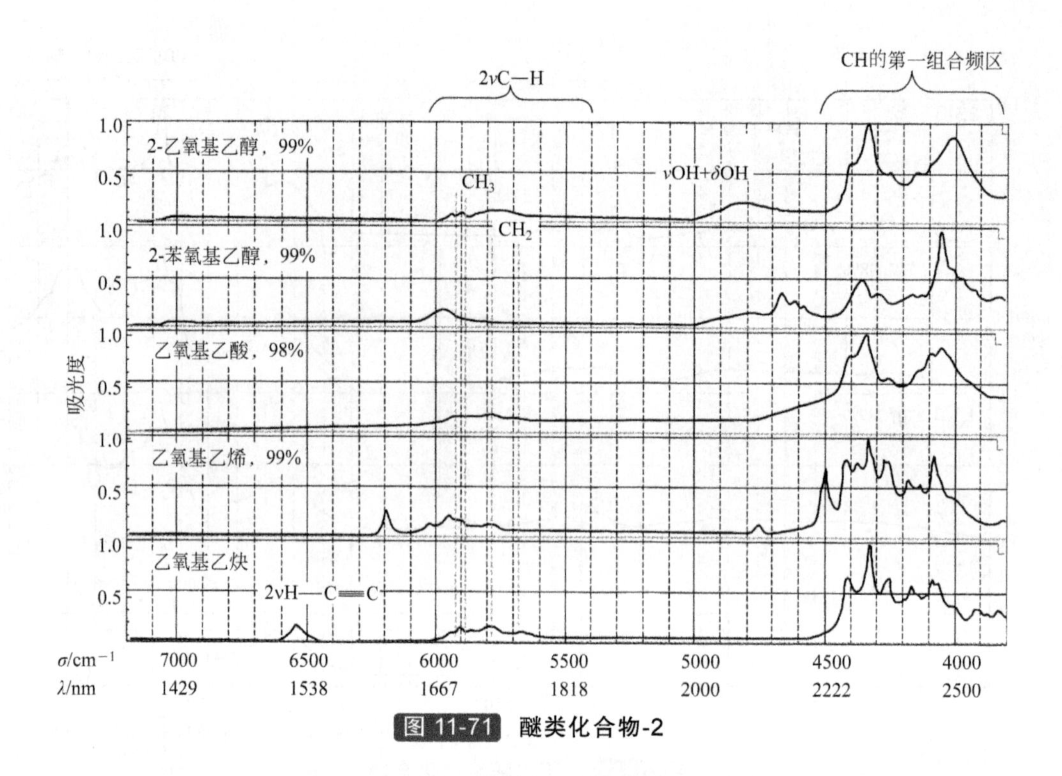

图 11-71 醚类化合物-2

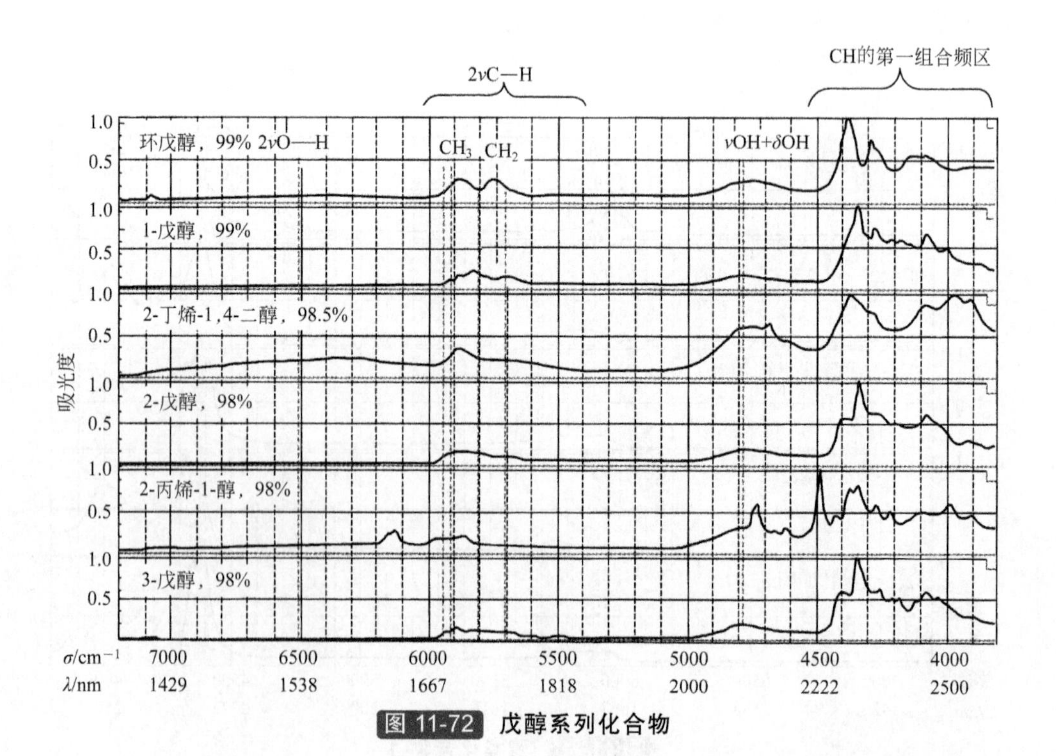

图 11-72 戊醇系列化合物

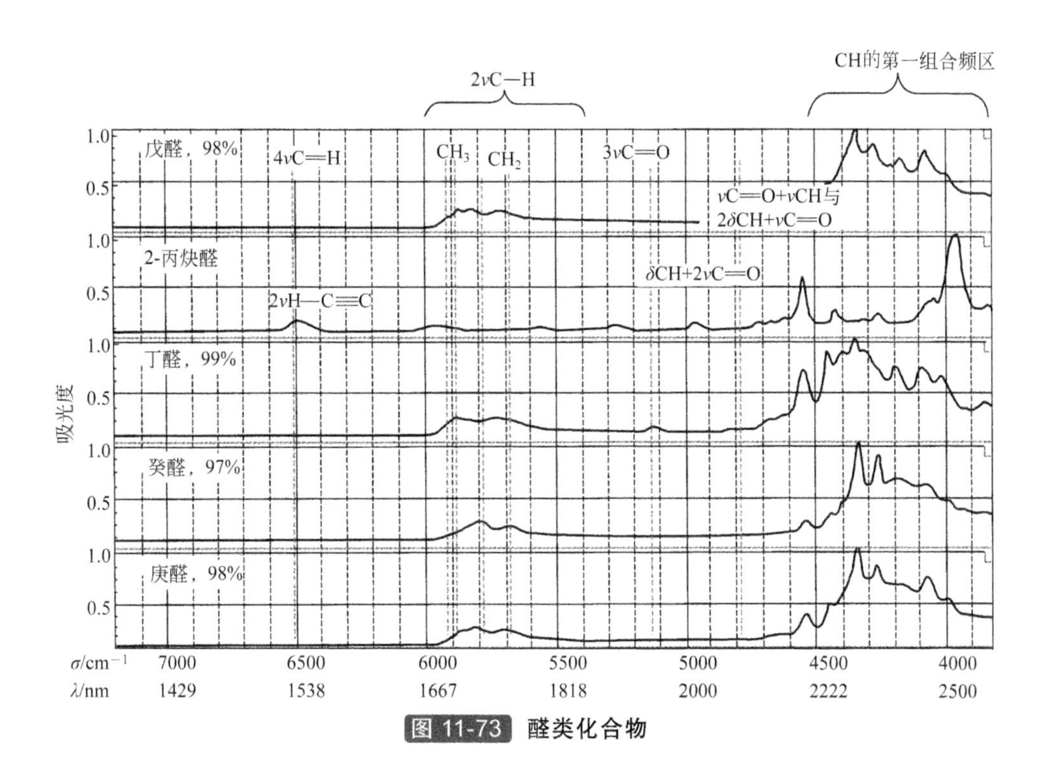

图 11-73　醛类化合物

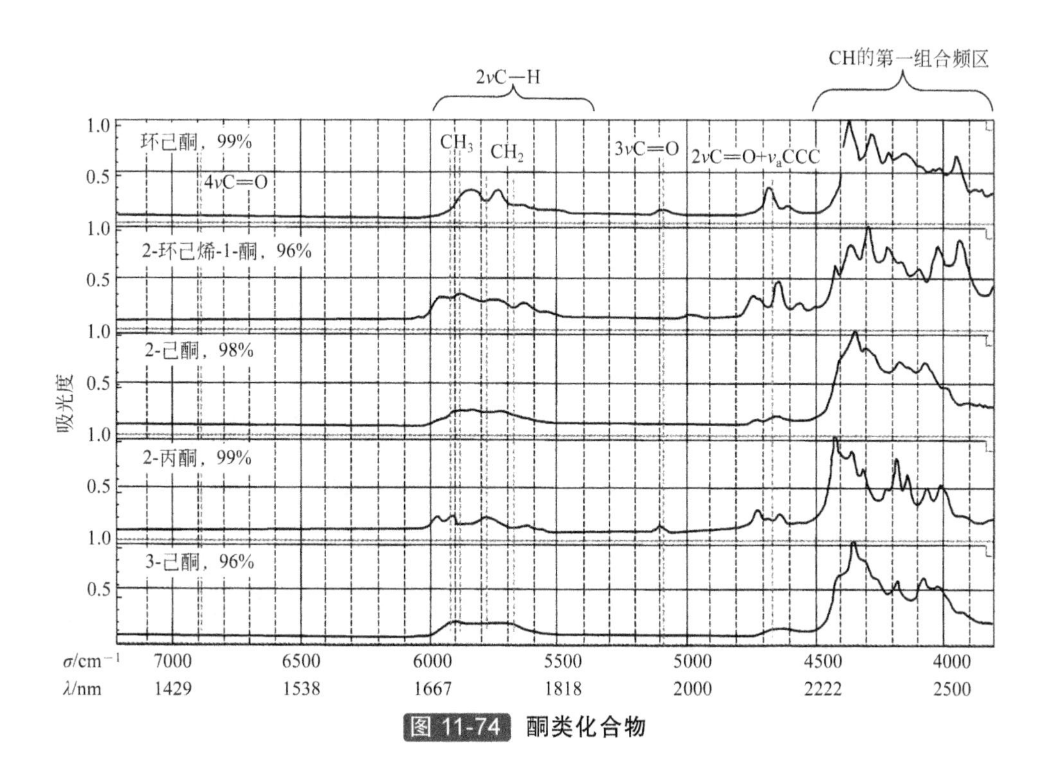

图 11-74　酮类化合物

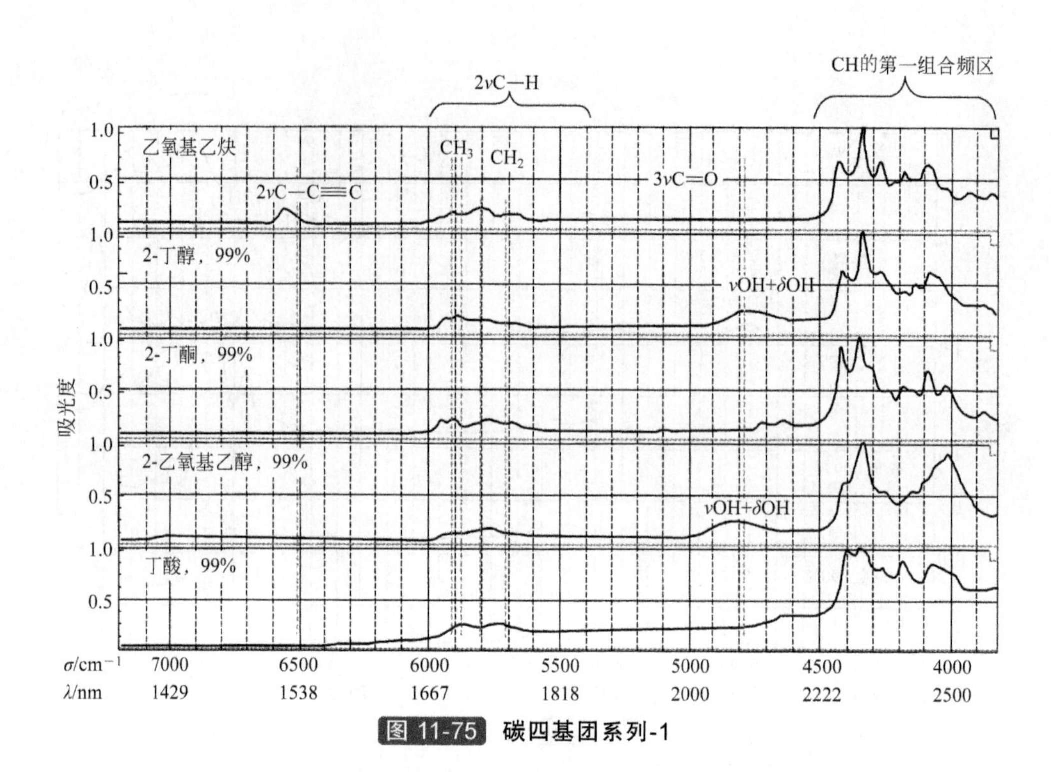

图 11-75 碳四基团系列-1

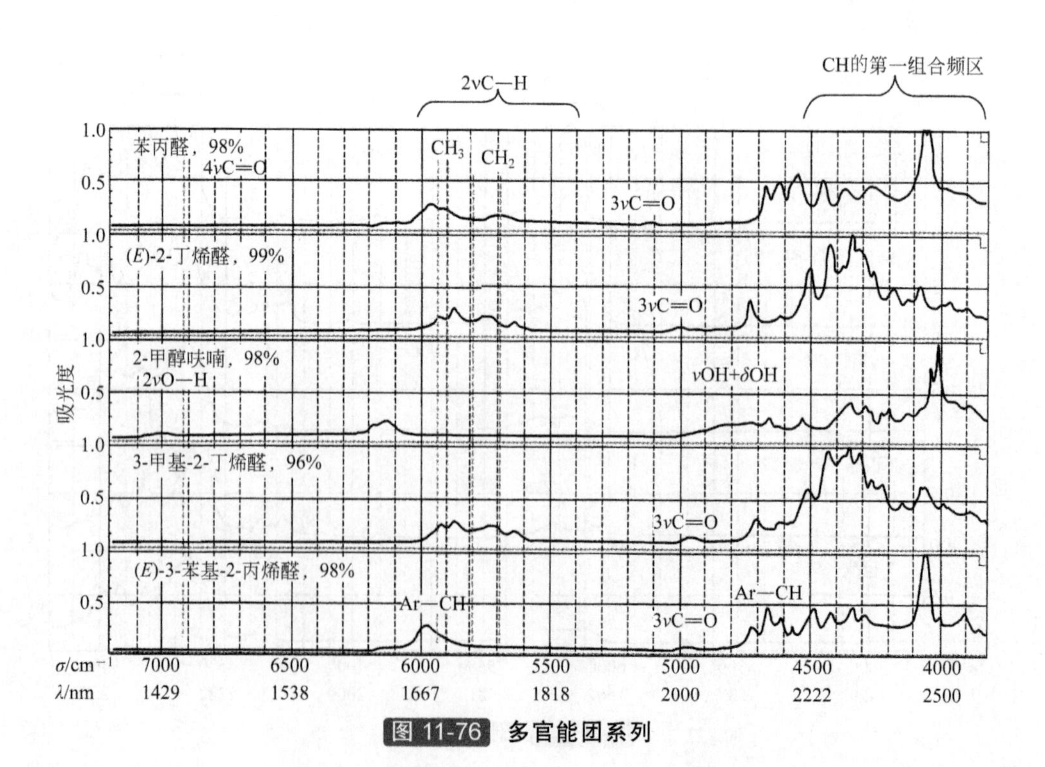

图 11-76 多官能团系列

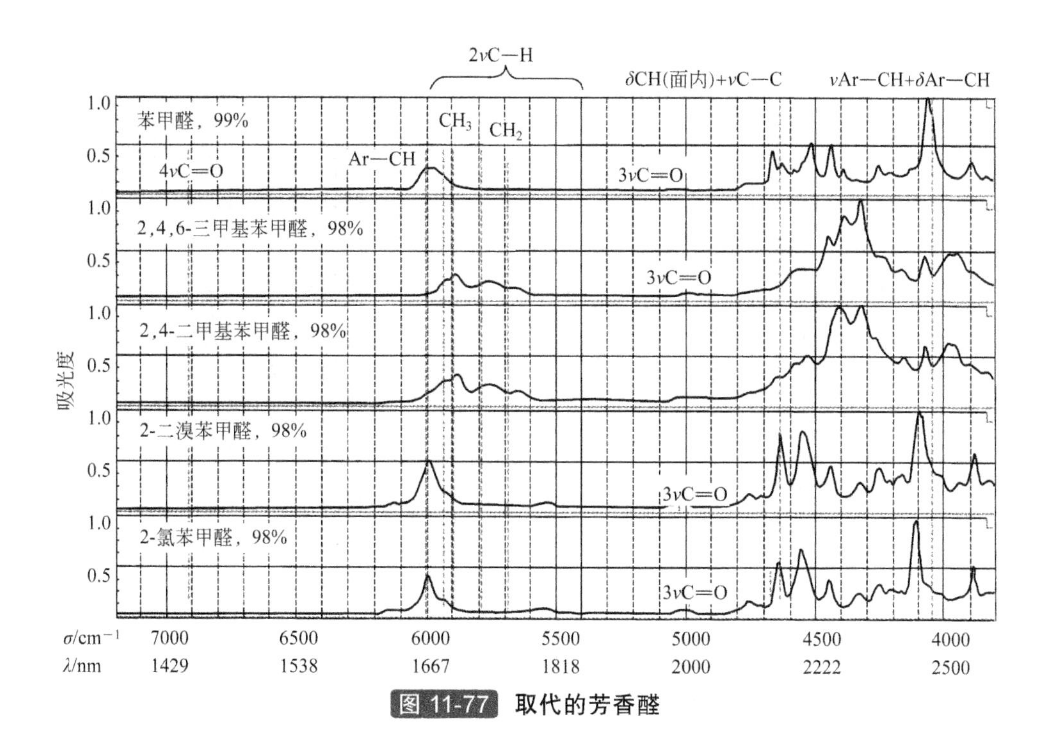

图 11-77　取代的芳香醛

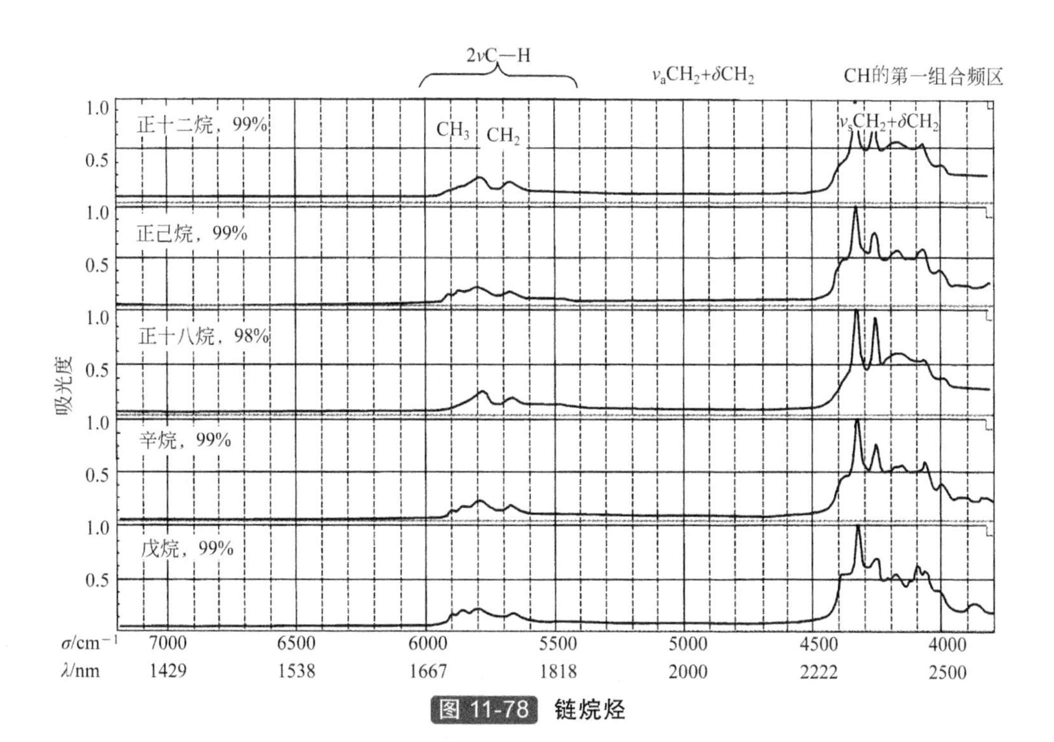

图 11-78　链烷烃

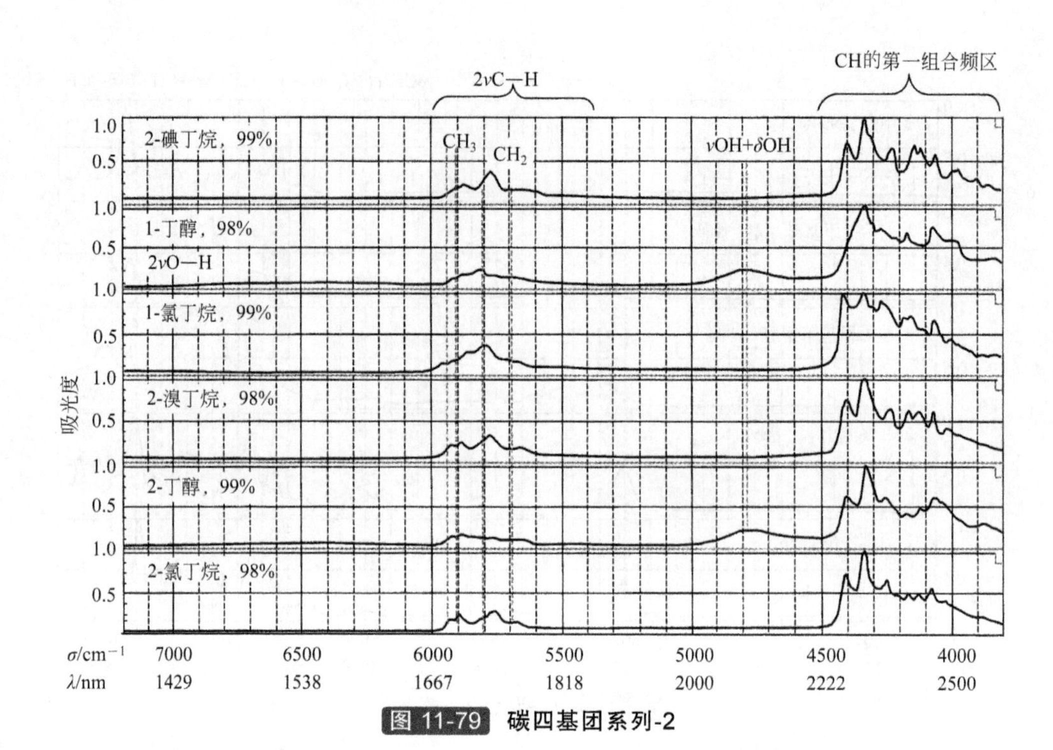

图 11-79 碳四基团系列-2

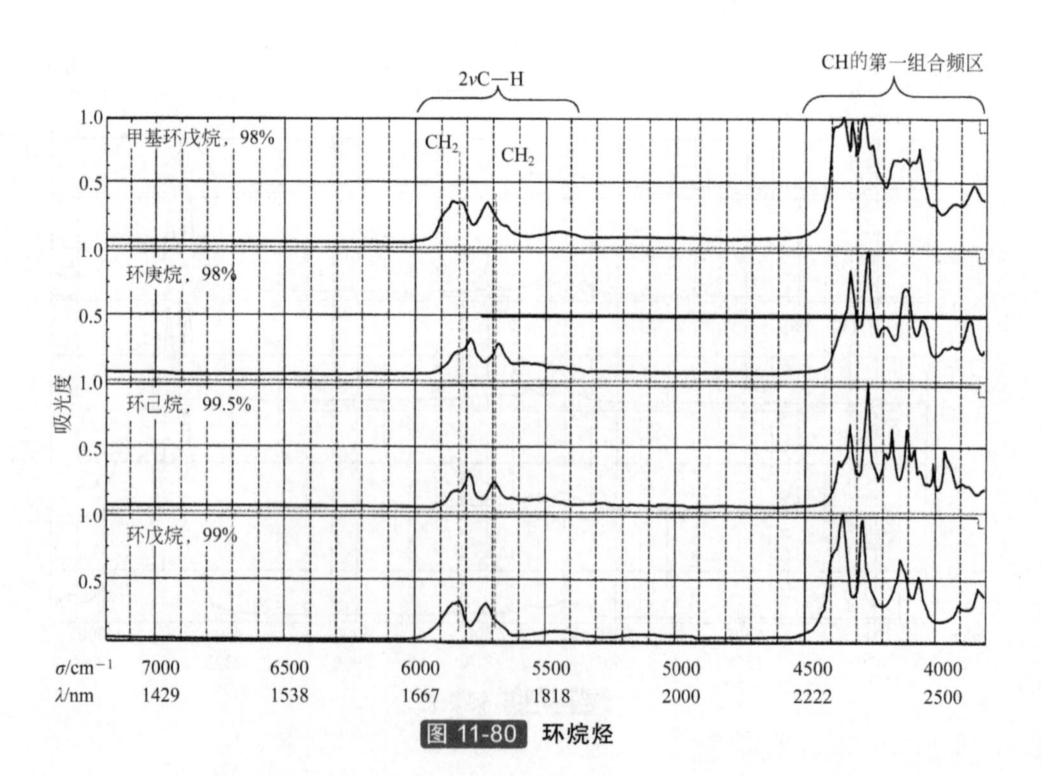

图 11-80 环烷烃

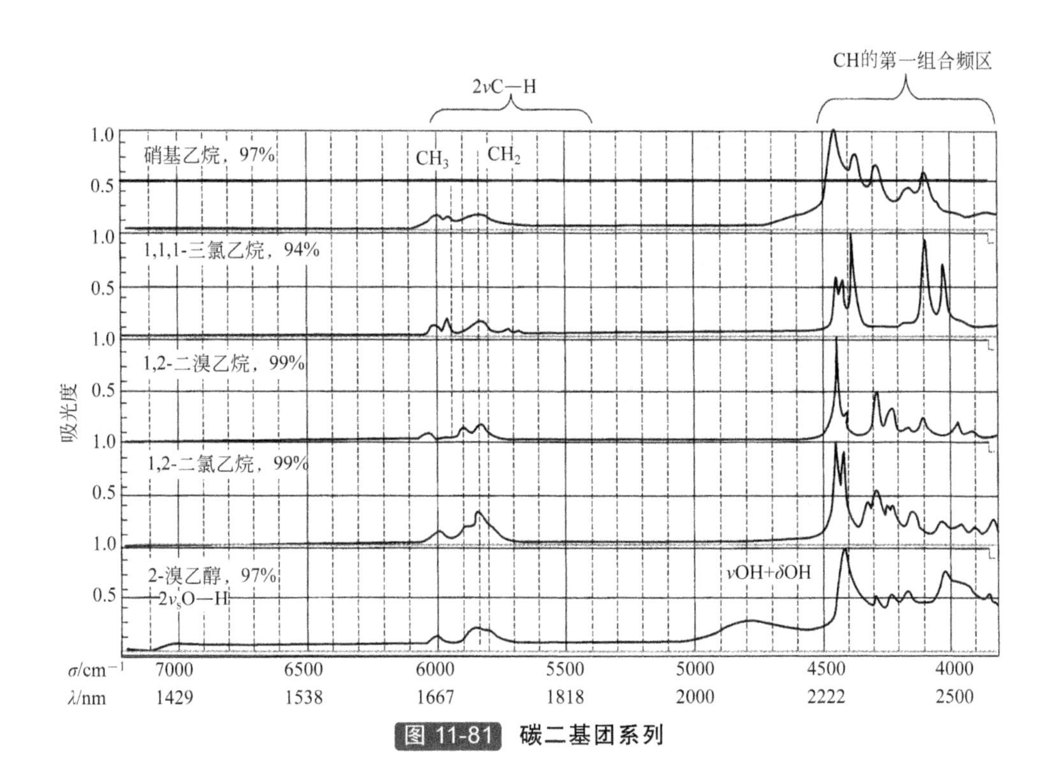

图 11-81 碳二基团系列

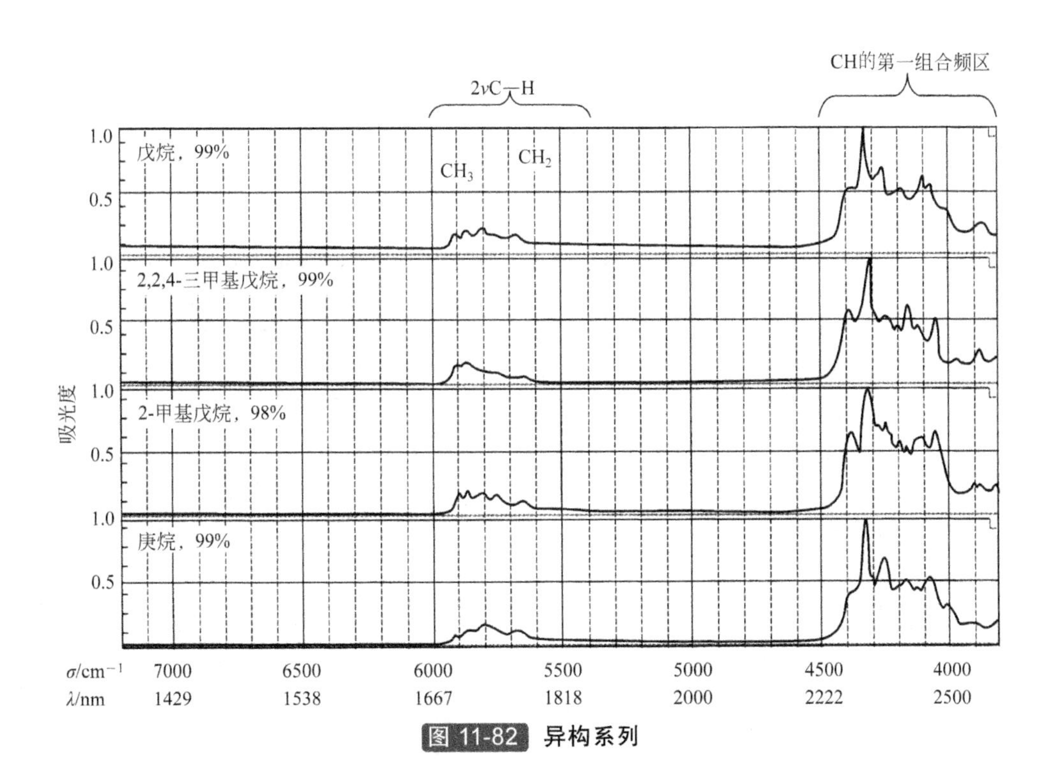

图 11-82 异构系列

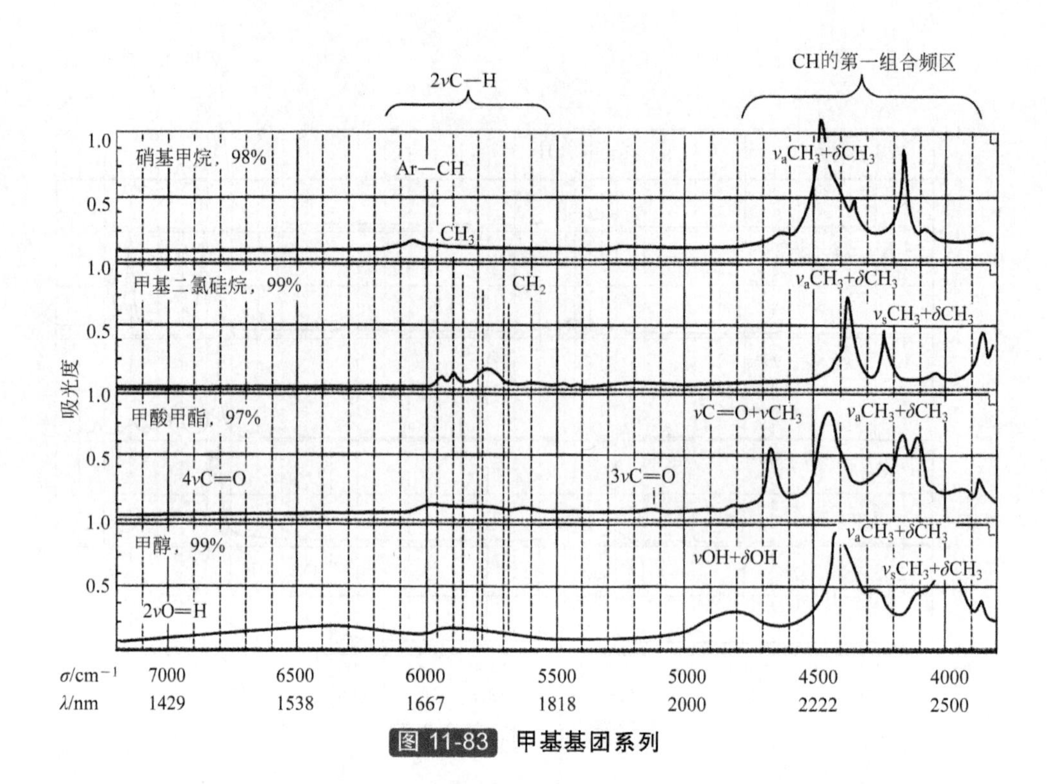

图 11-83 甲基基团系列

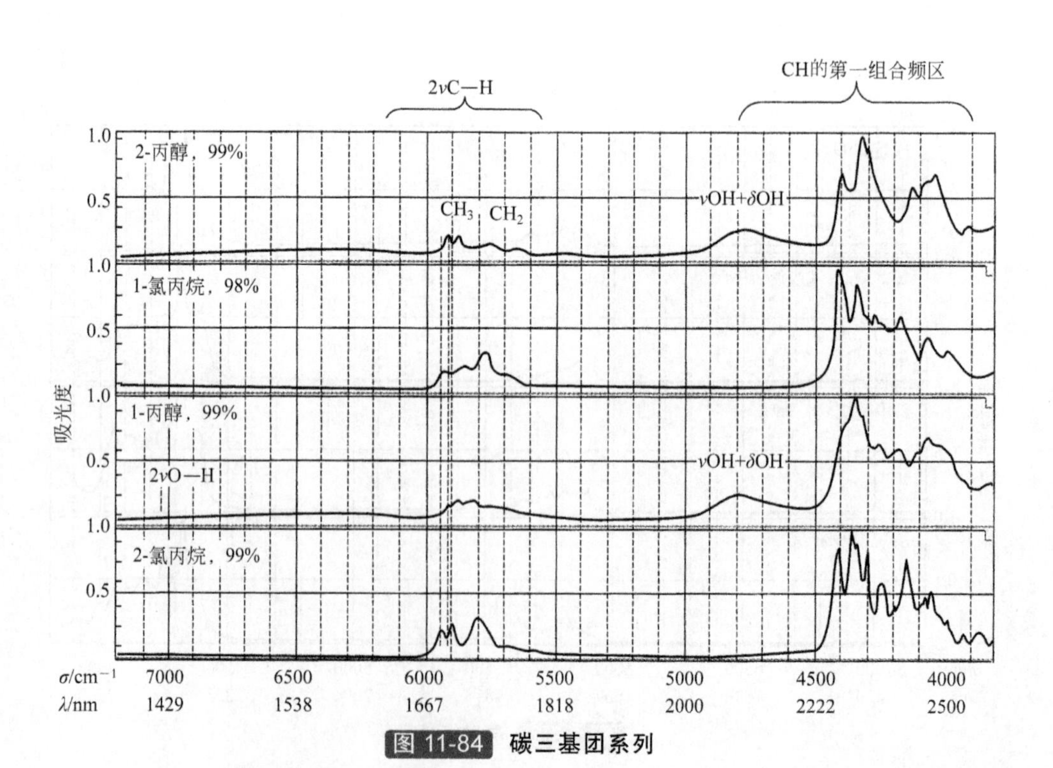

图 11-84 碳三基团系列

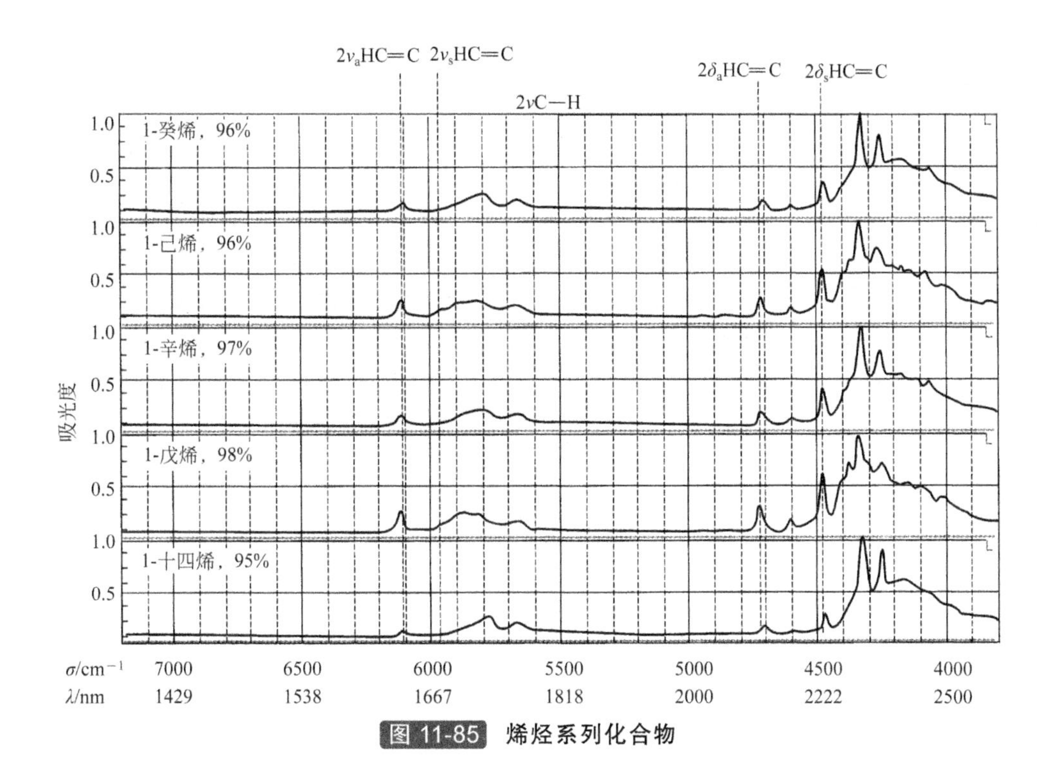

图 11-85 烯烃系列化合物

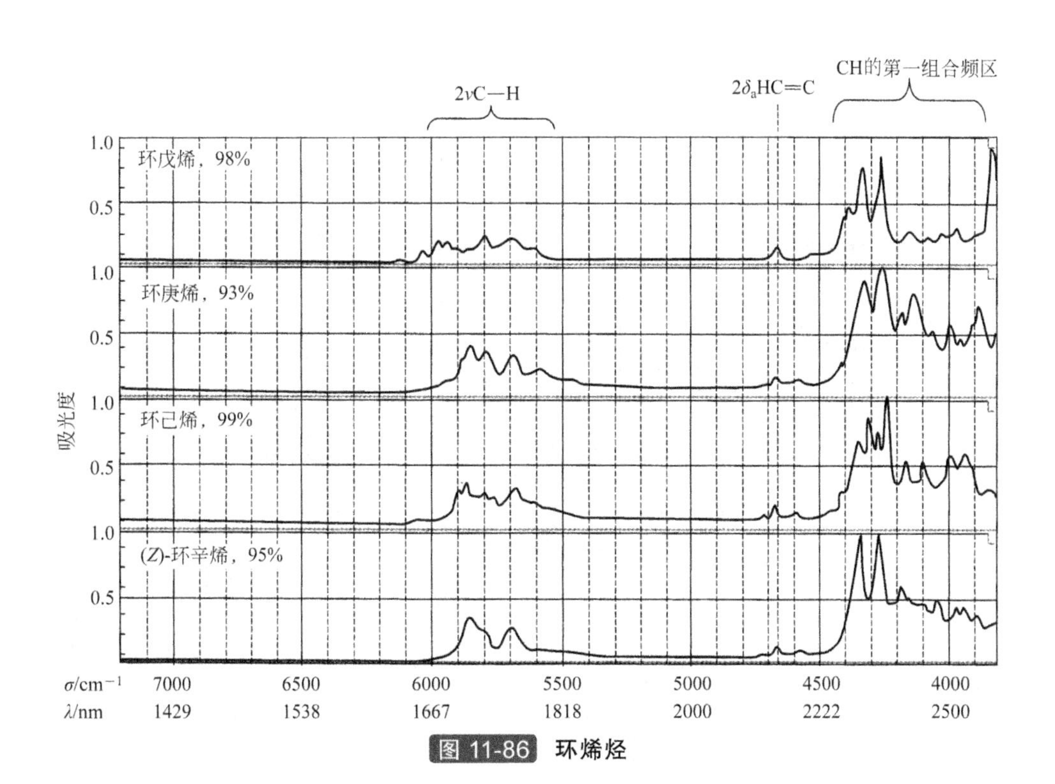

图 11-86 环烯烃

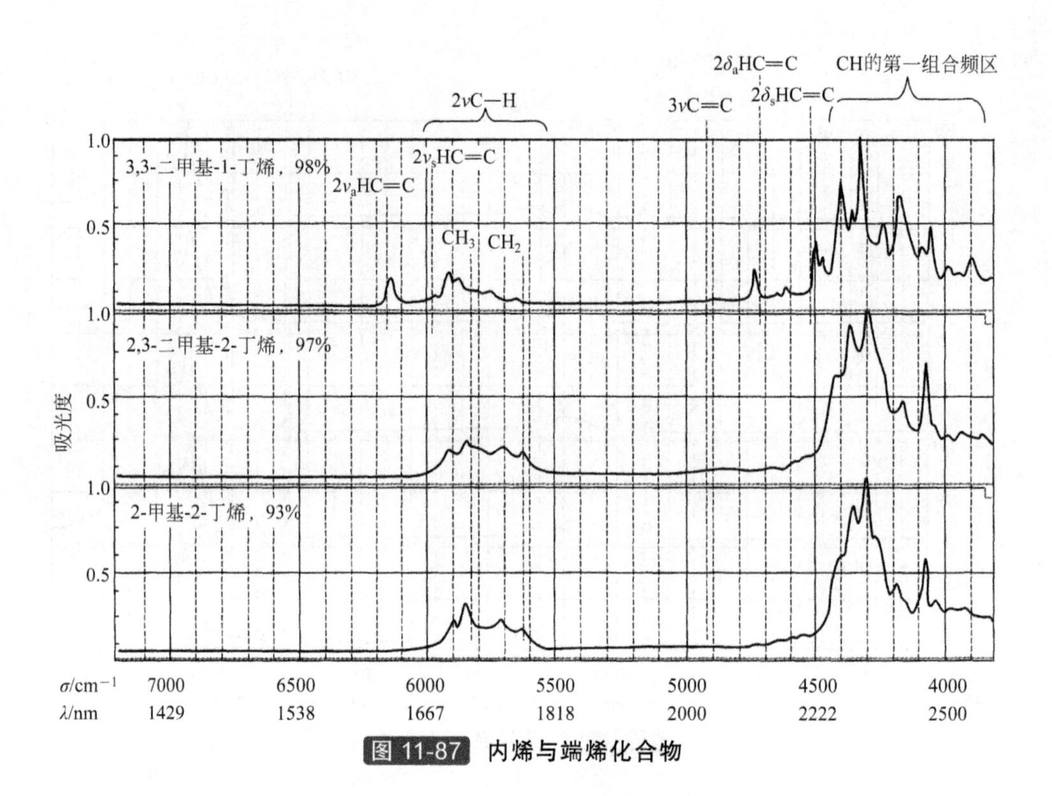

图 11-87 内烯与端烯化合物

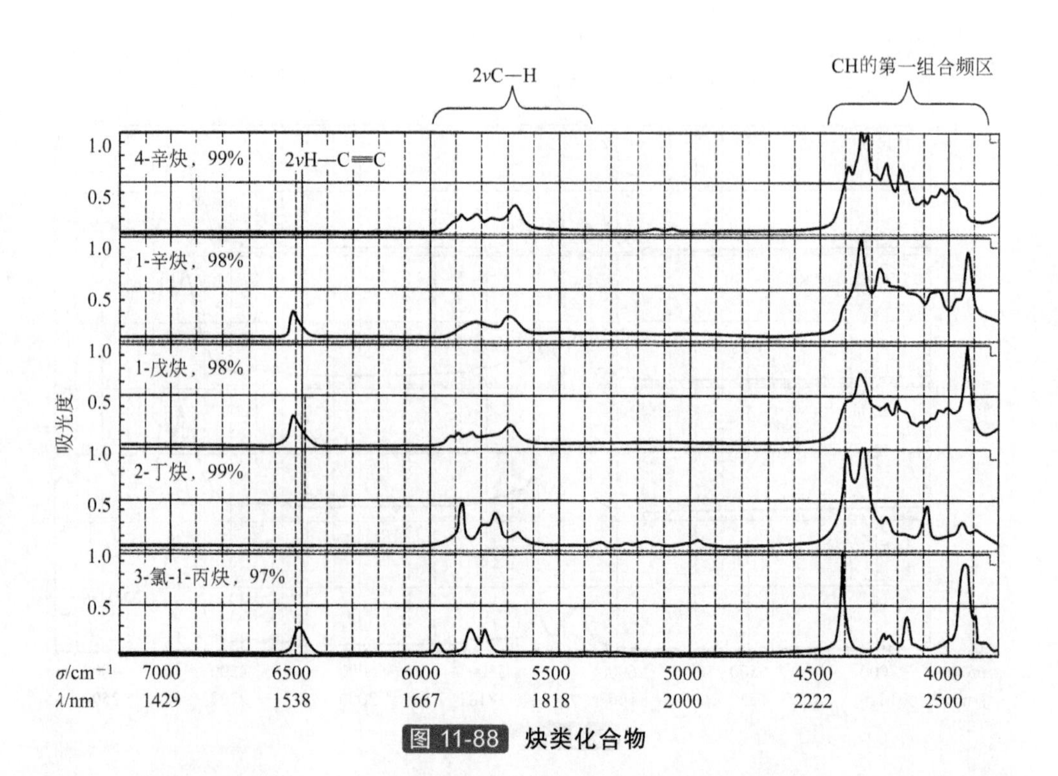

图 11-88 炔类化合物

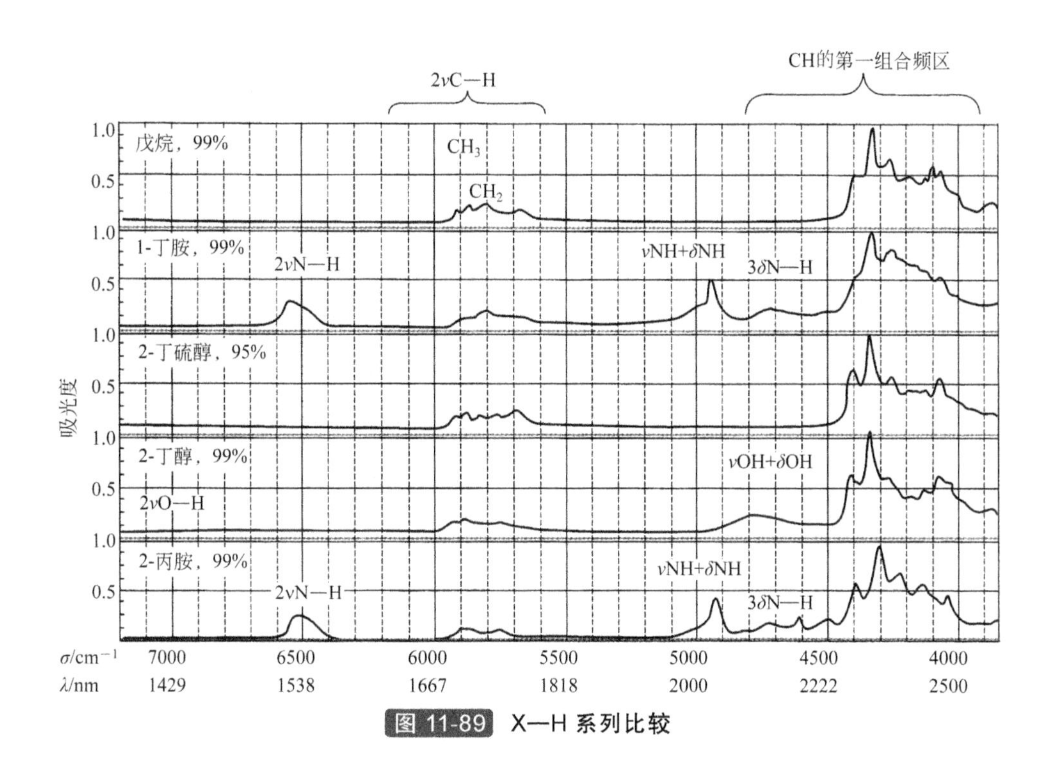

图 11-89　X—H 系列比较

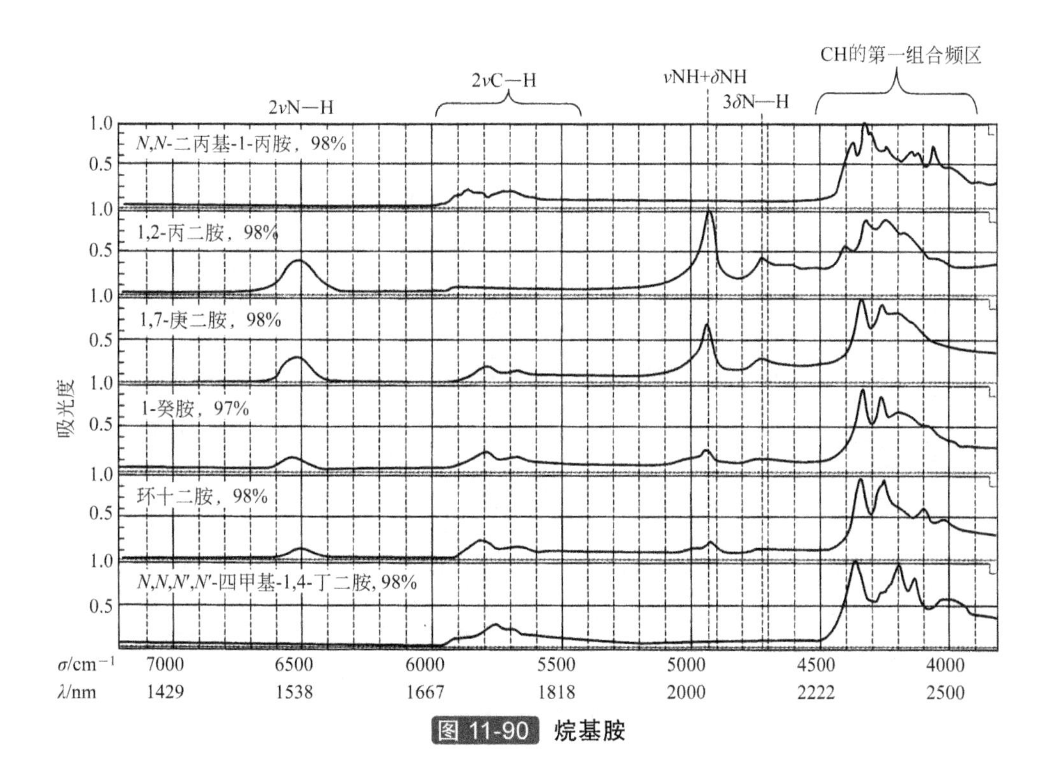

图 11-90　烷基胺

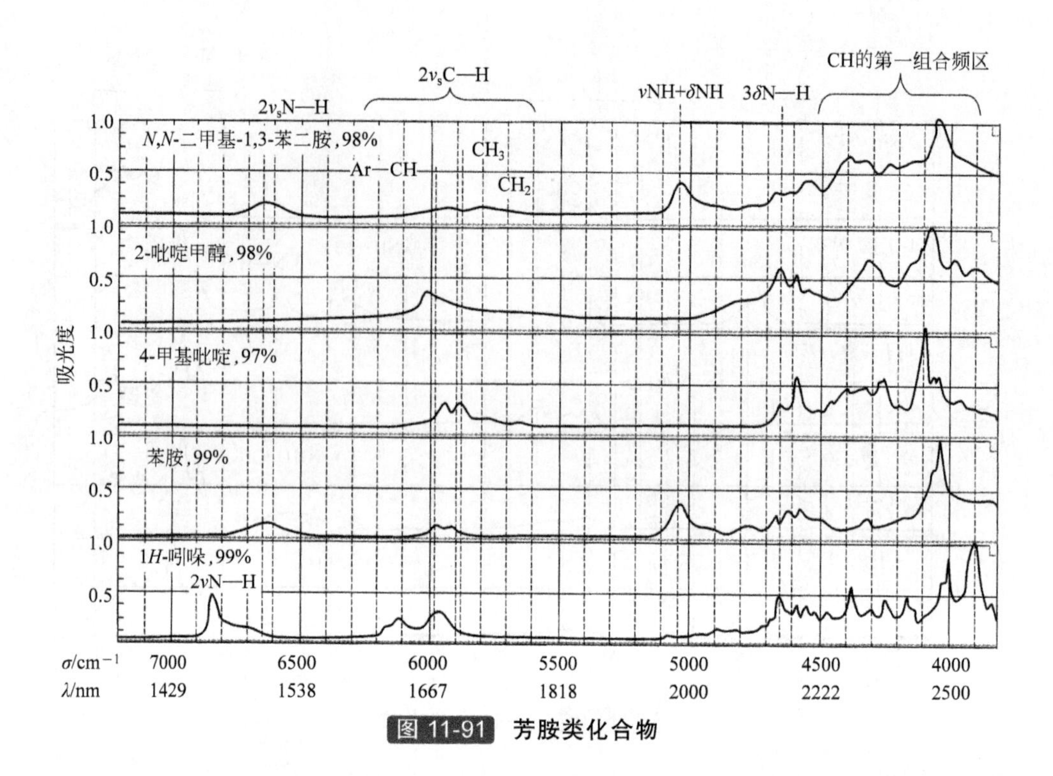

图 11-91 芳胺类化合物

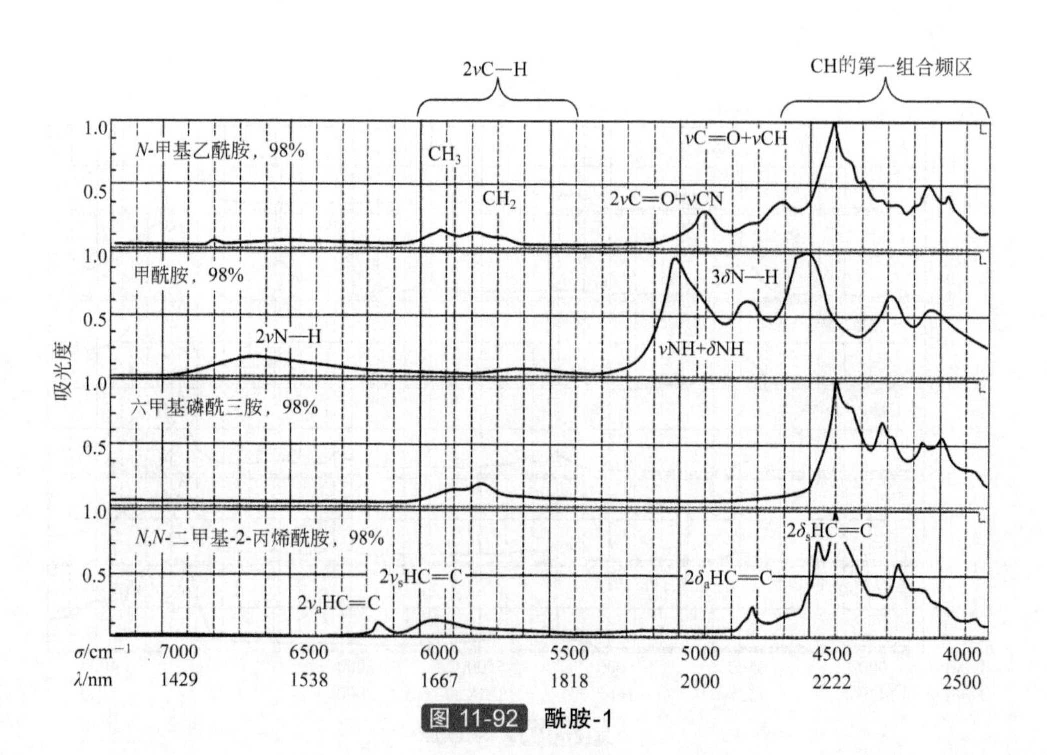

图 11-92 酰胺-1

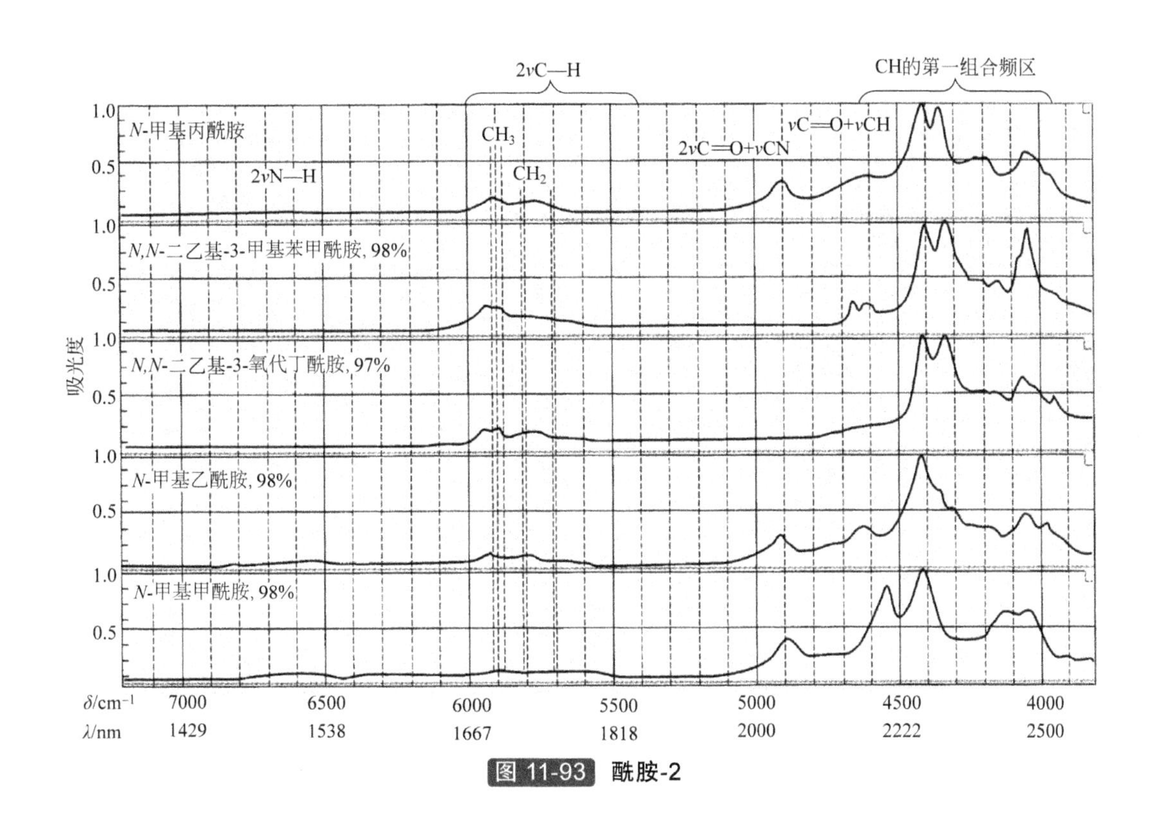

图 11-93 酰胺-2

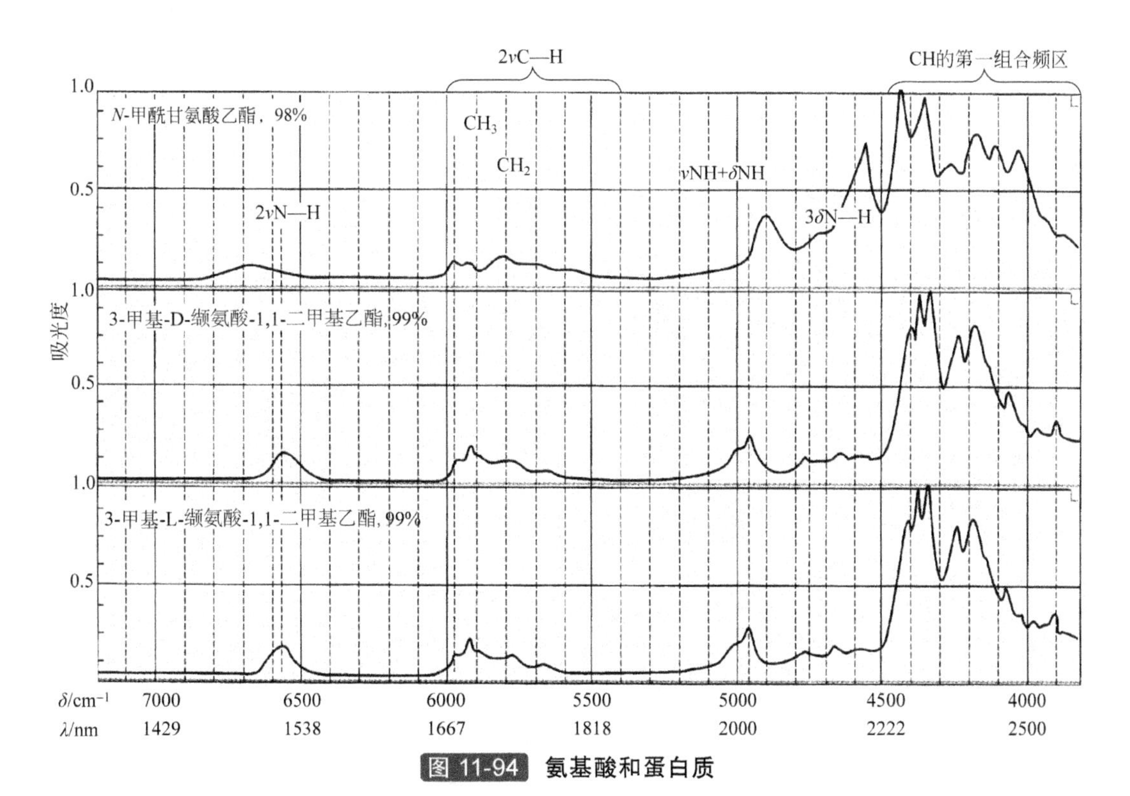

图 11-94 氨基酸和蛋白质

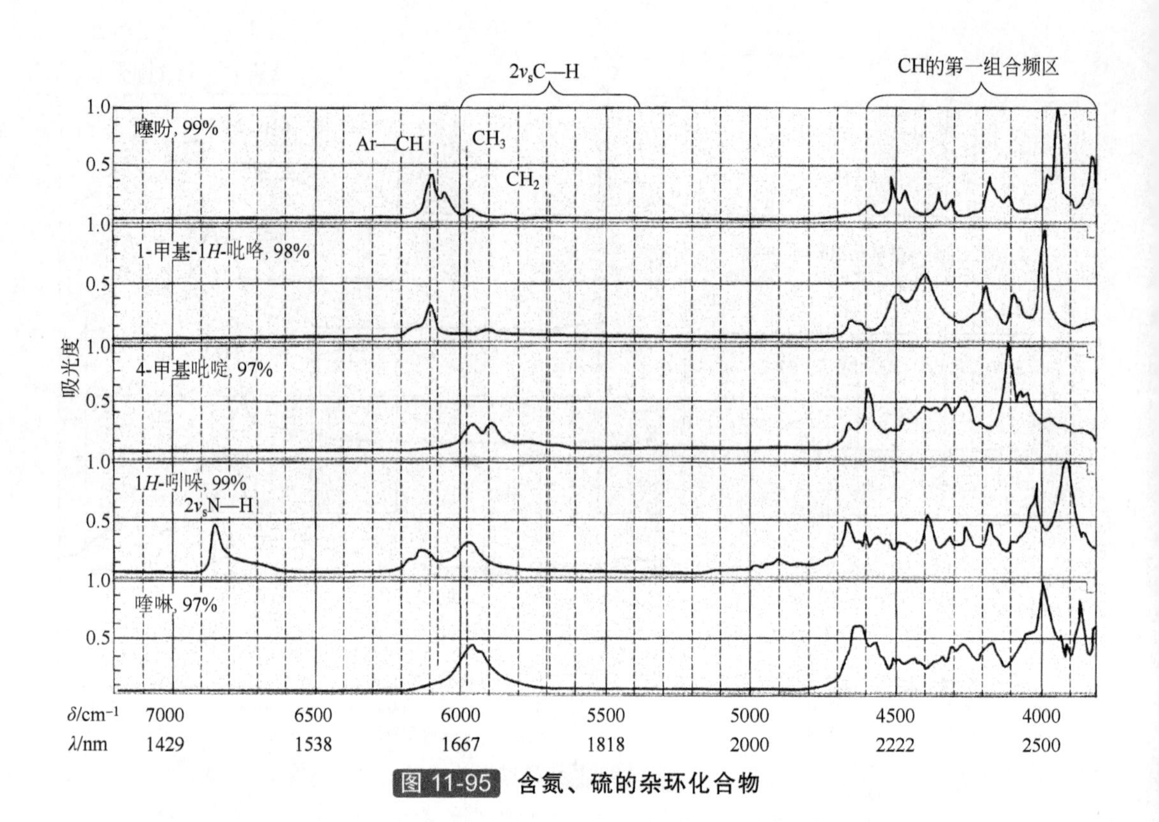

图 11-95 含氮、硫的杂环化合物

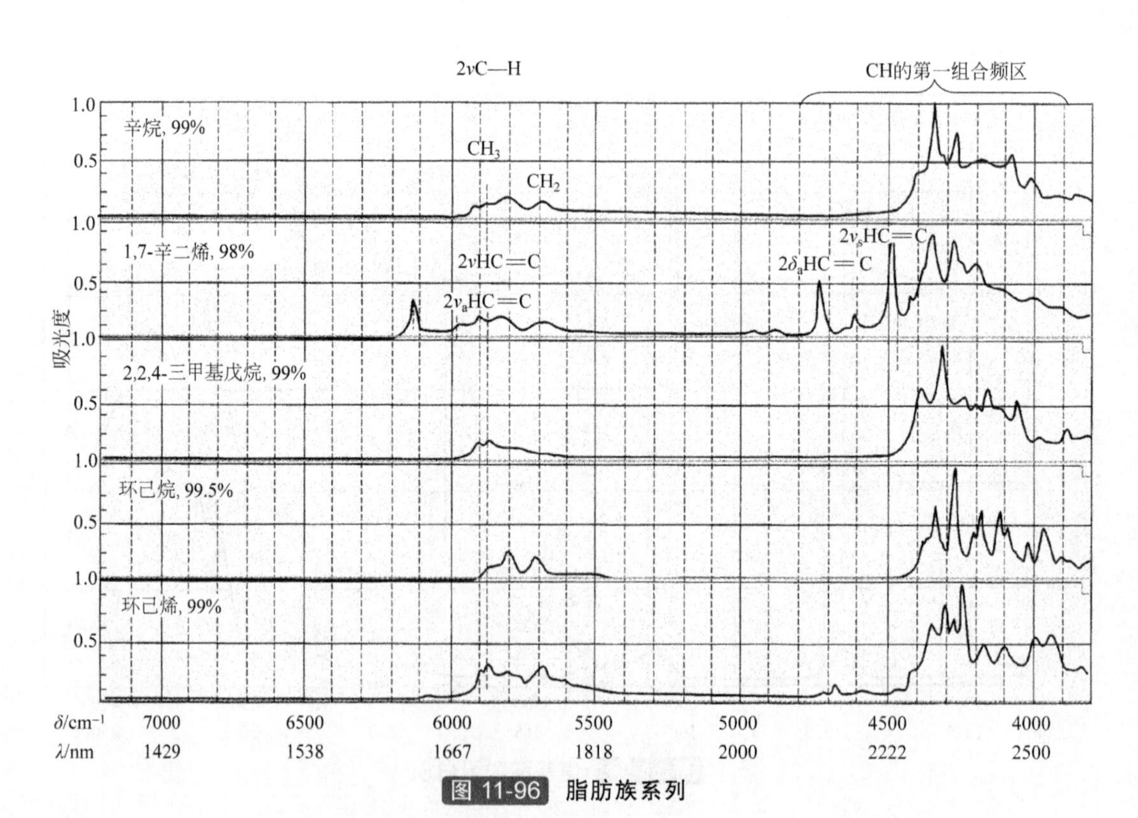

图 11-96 脂肪族系列

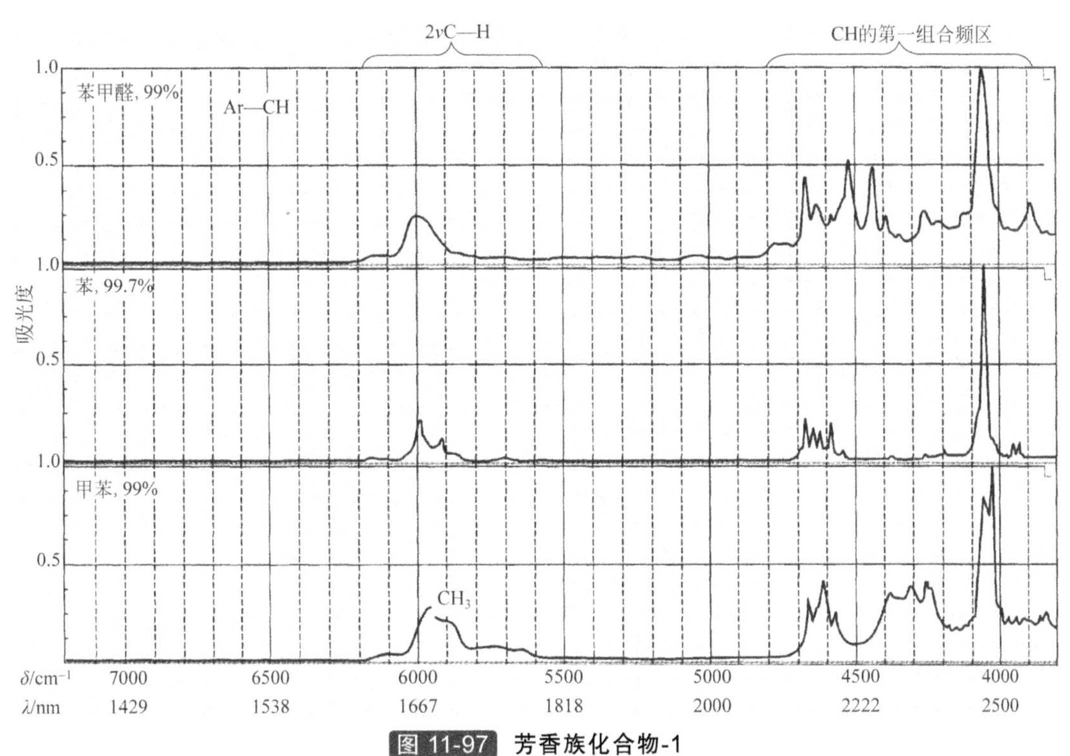

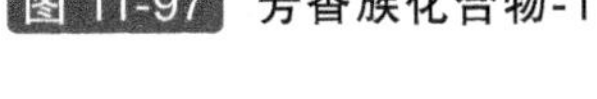
图 11-97 芳香族化合物-1

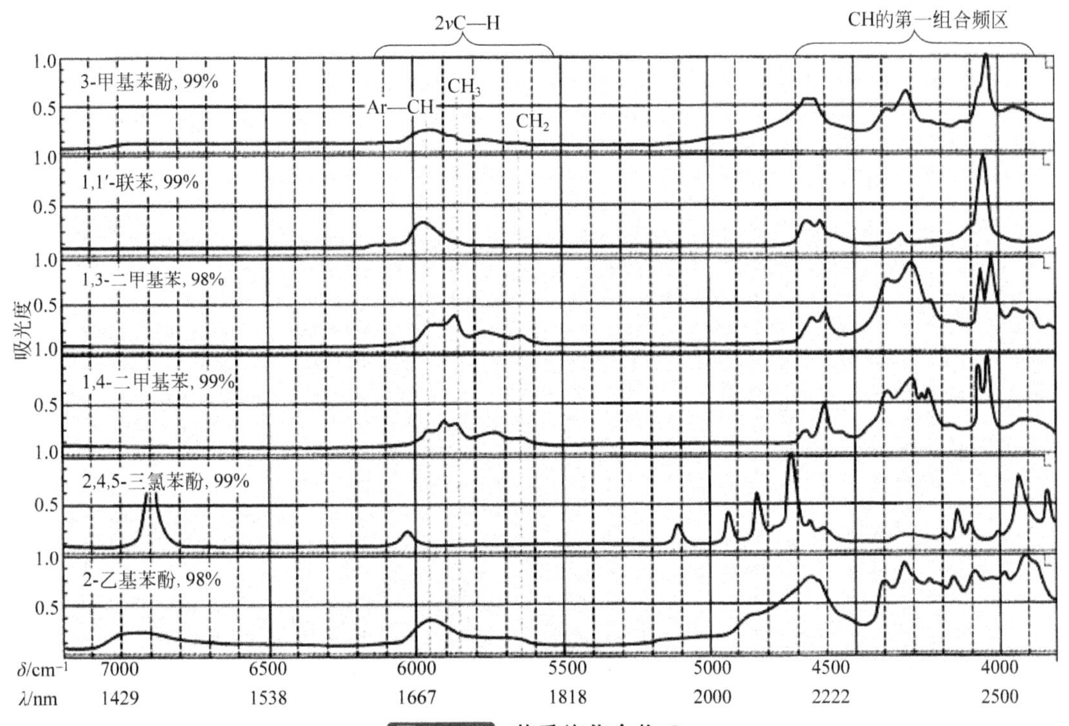

图 11-98 芳香族化合物-2

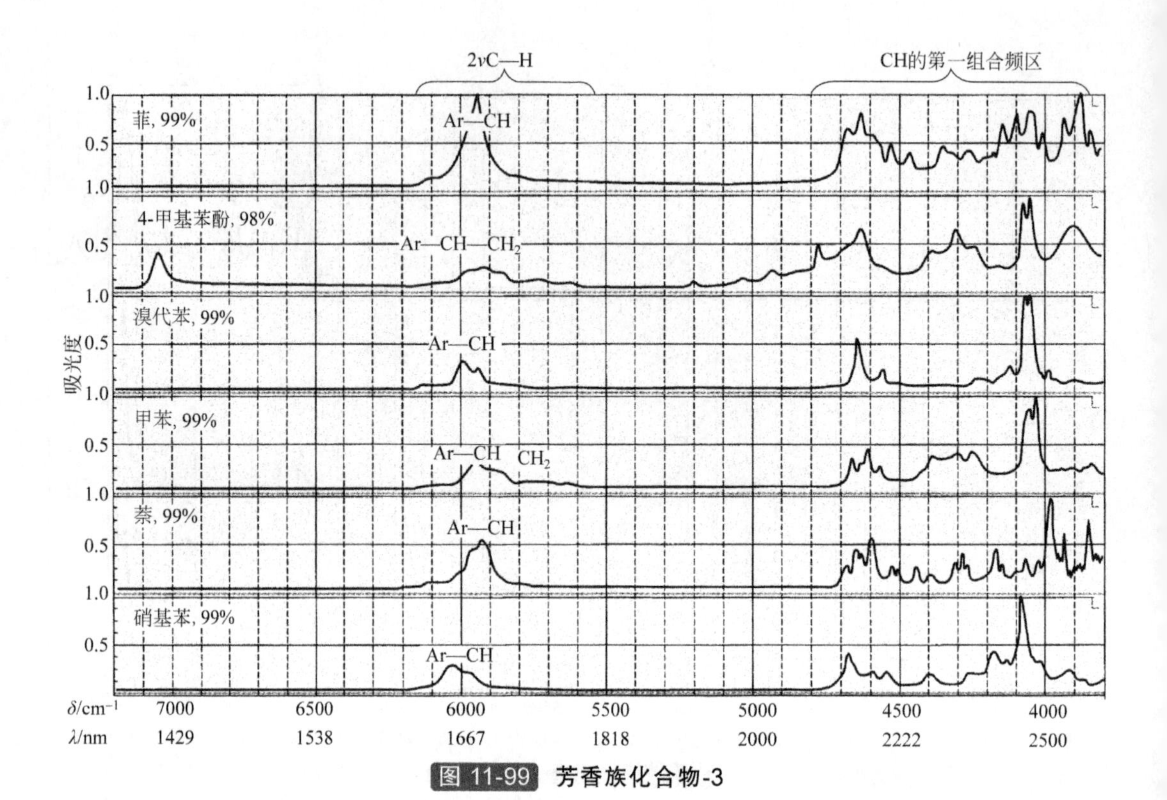

图 11-99 芳香族化合物-3

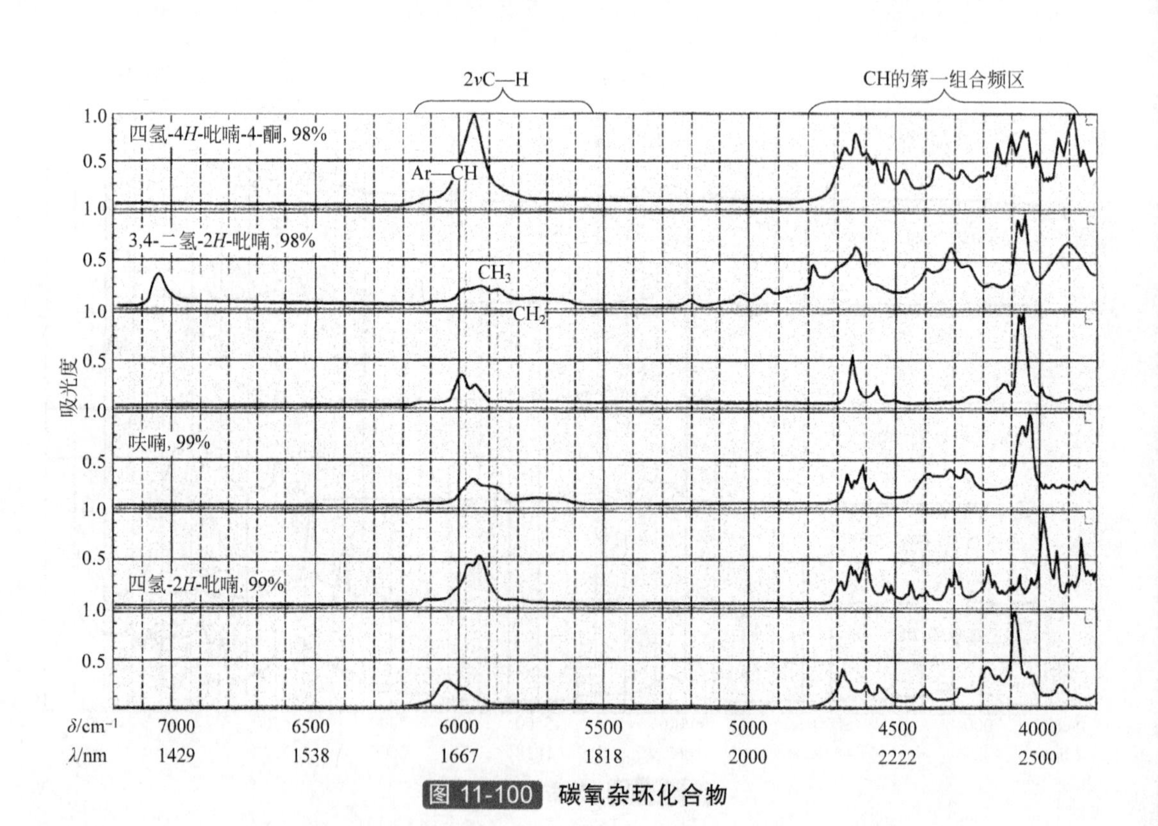

图 11-100 碳氧杂环化合物

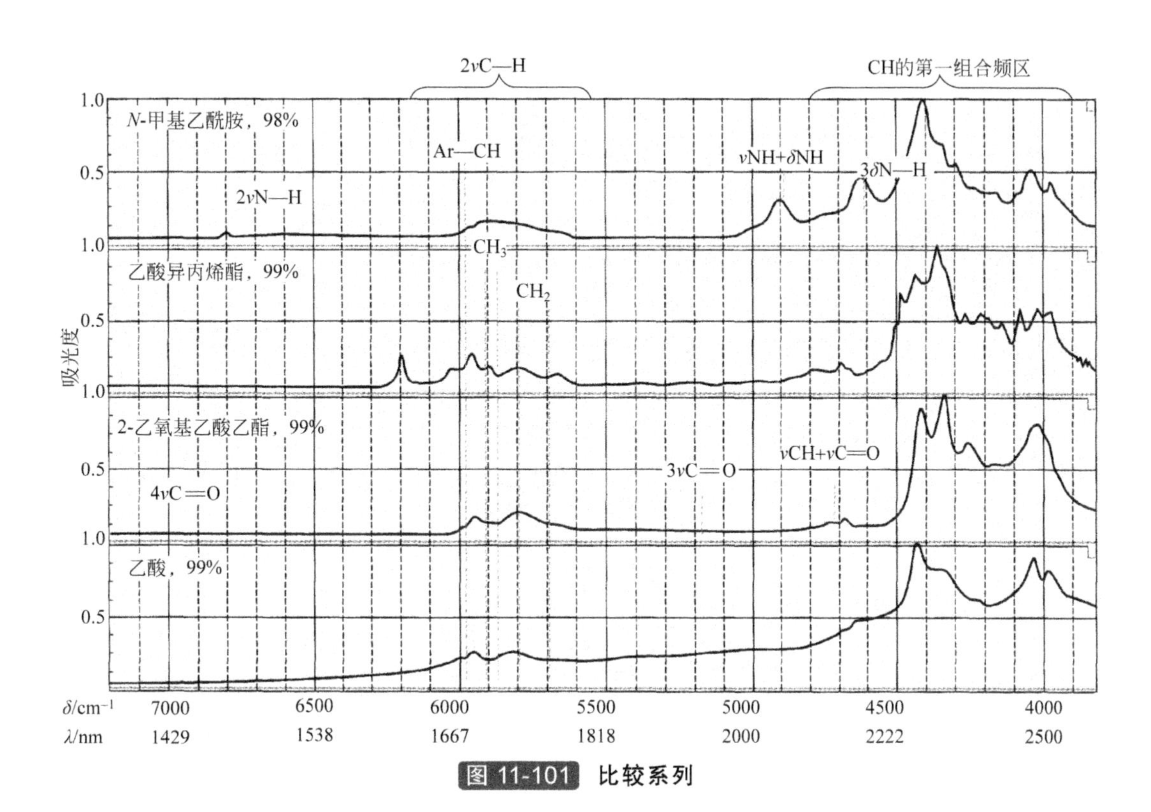

图 11-101　比较系列

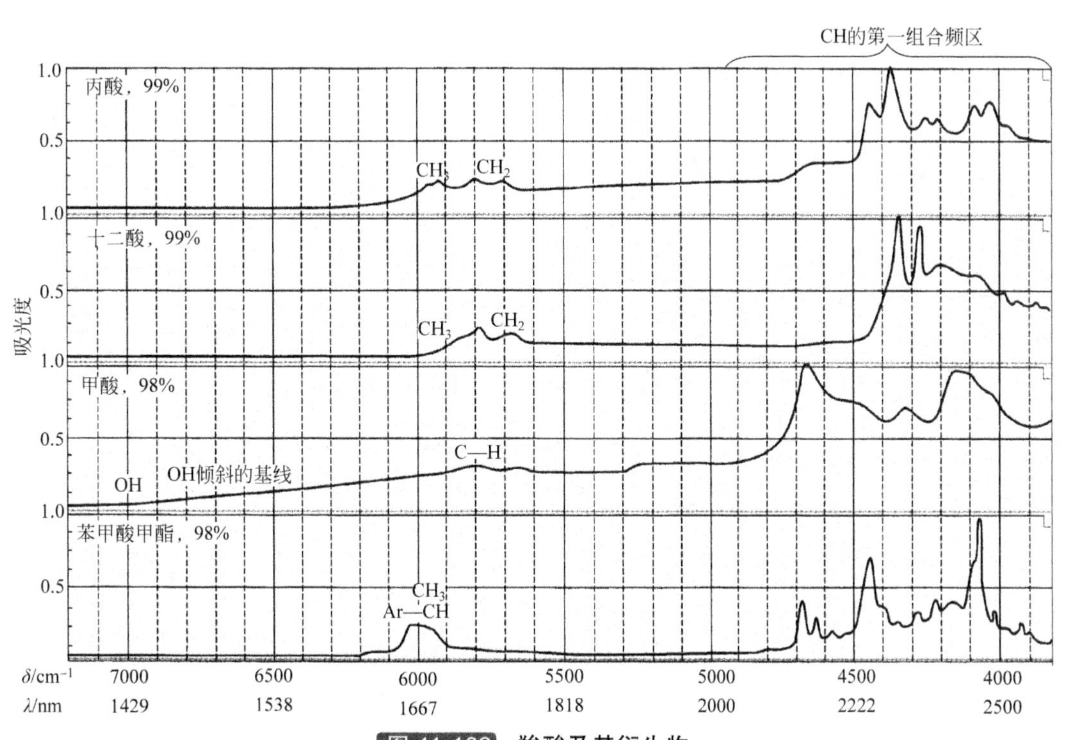

图 11-102　羧酸及其衍生物

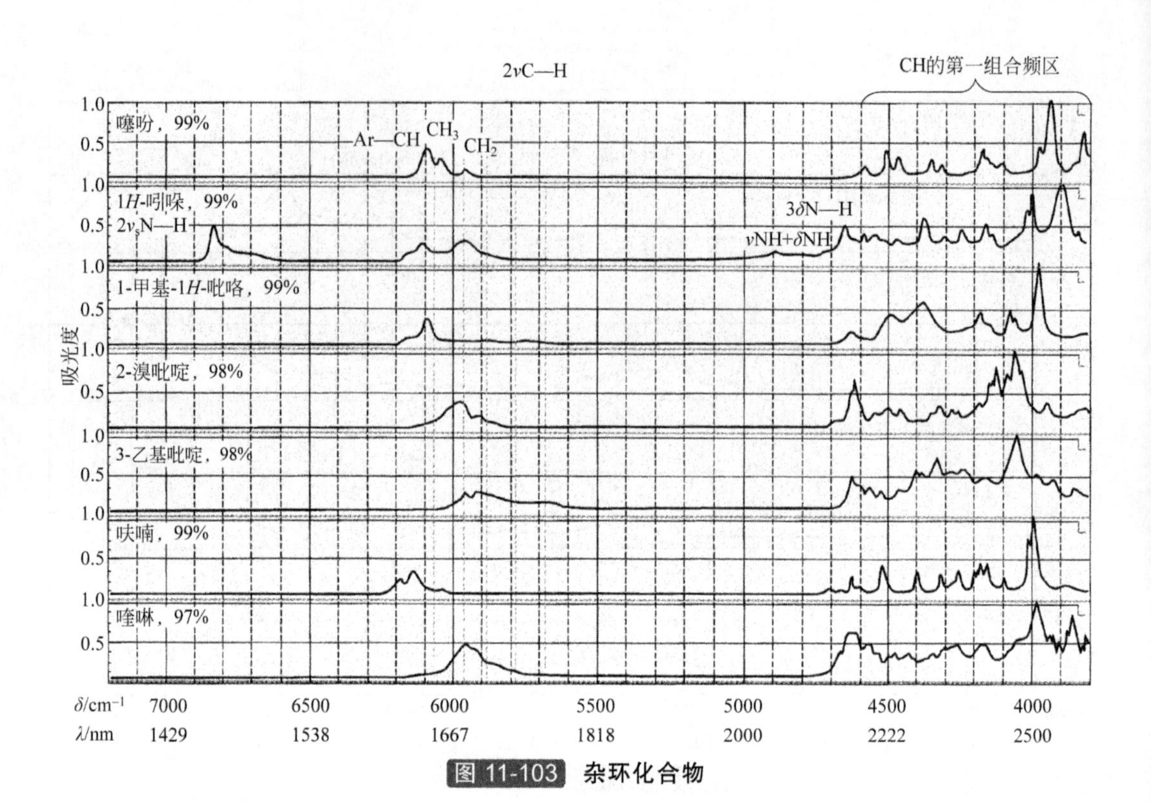

图 11-103 杂环化合物

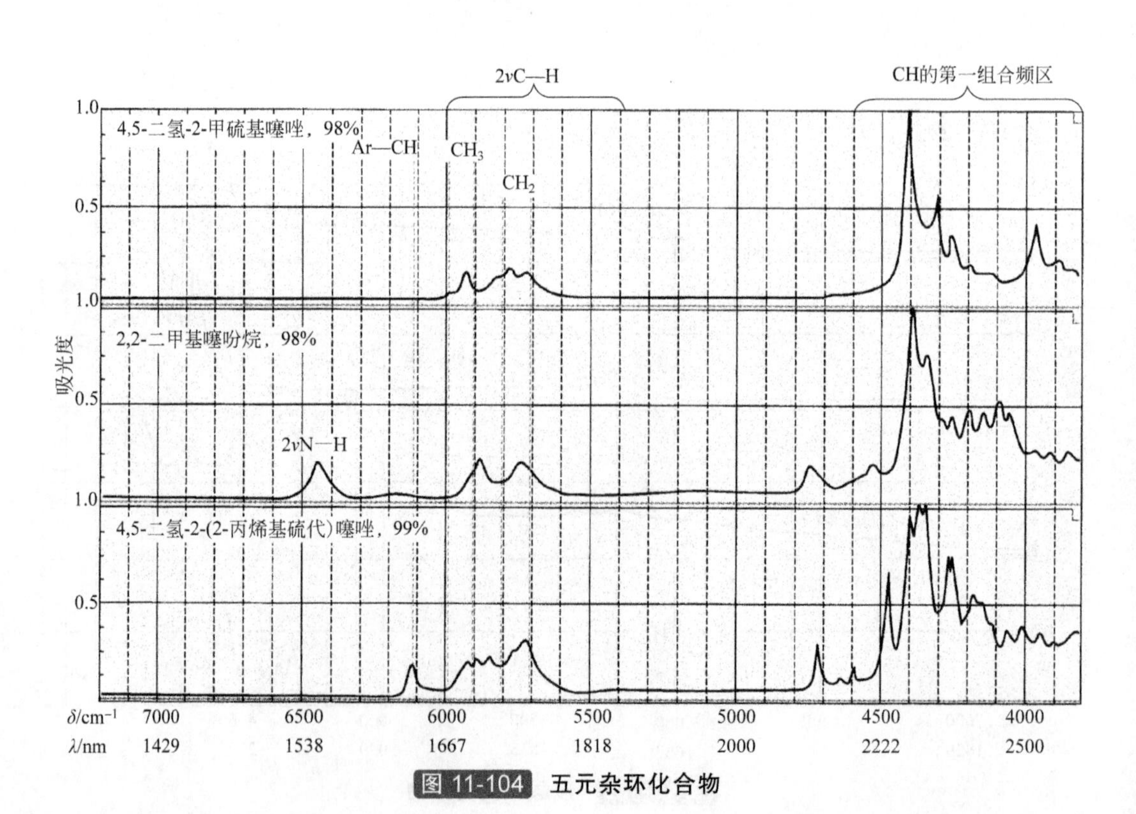

图 11-104 五元杂环化合物

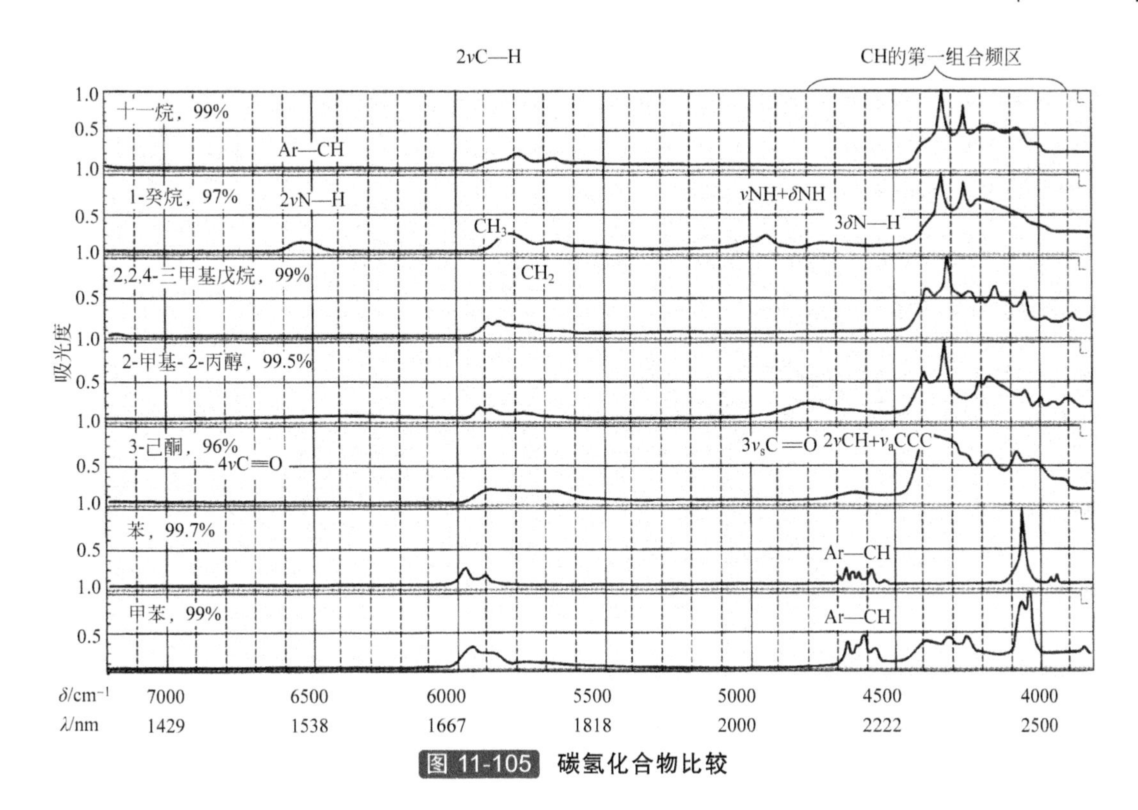

图 11-105　碳氢化合物比较

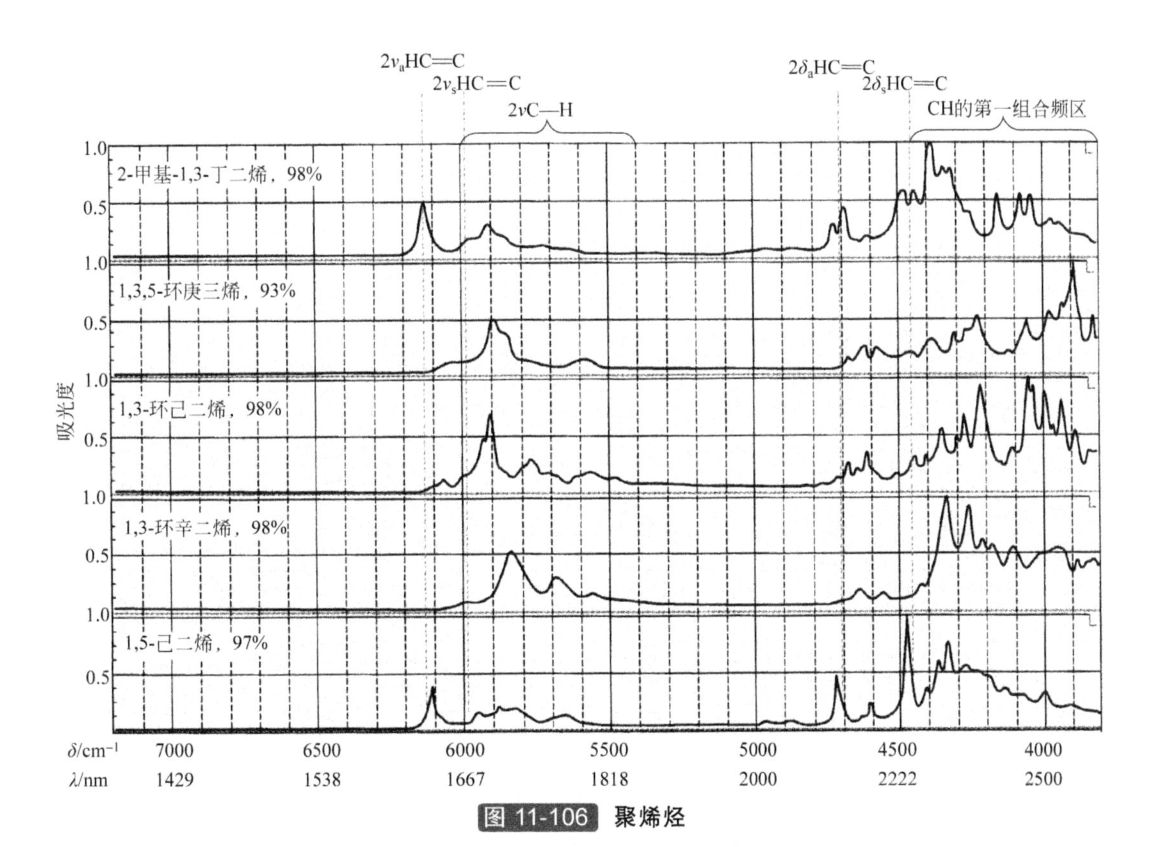

图 11-106　聚烯烃

第五节 近红外光谱法的应用

近红外光谱法的应用详见表 11-14～表 11-19。

一、近红外光谱法在石油化工、聚合物及环境分析中的应用

表 11-14 在石油化工、聚合物及环境分析中的应用

样品	化学计量学方法	分析指标	分析结果	参考文献
汽油	偏最小二乘法等	辛烷值	辛烷值的分析精度达到≤±1.0	1
	主成分分析法	产品牌号识别	可快速识别汽油产品牌号	2
	偏最小二乘法	芳烃含量	芳烃含量的相对平均误差为 0.45%	3
成品汽油	主成分分析法等	成品汽油的鉴别	鉴别成品汽油的准确率高、方法可行	4
	偏最小二乘法	辛烷值、烯烃和芳烃	预测值与标准方法测定值基本一致	5
	偏最小二乘法	芳烃和烯烃含量	与荧光指示剂吸附法测定结果相符	6
甲醇汽油	偏最小二乘法	甲醇含量	甲醇含量交叉检验均方误差为 0.62	7
柴油	支持向量机法	十六烷值	预测精度优于 LS-SVM 方法	8
	逐步回归法	十六烷值	十六烷值预测相对误差≤2.85%	9
	偏最小二乘法	十六烷值	预测值与标准方法测定值相符	10
	偏最小二乘法	芳烃含量	芳烃含量预测的平均偏差为 0.23%	11
生物柴油	偏最小二乘法	预测脂肪酸甲酯等	适合于生产过程的中间控制分析	12
		调和比及理化指标	预测值与标准测定值之间线性相关	13
润滑油	连续投影法等	品牌鉴别	品牌鉴别正确率为 91.7%	14
	连续投影法等	含水量	可用于发动机润滑油含水量的检测	15
	主成分分析法等	黏度	预测相关系数分别为 0.971 和 0.964	16
	最小支持向量机法	酸值	酸值预测均方根误差为 0.0081	17
发动机润滑油	偏最小二乘法	含水量	含水量预测均方根误差为 0.013565	18
	聚类分析法等	品牌与种类鉴别	预测分辨率达 95.71%	19
	广义神经网络法	黏度与含水量	确定系数达到了 0.9818 和 0.9999	20
	最小支持向量机	动力黏度值	适于检测发动机润滑油动力黏度值	21
火箭煤油	偏最小二乘法	馏程	预测值准确度和再现性均符合要求	22
		密度、馏程、黏度等	准确度符合标准分析方法的要求	23
航空煤油	偏最小二乘法	闭口闪点	闭口闪点预测均方根误差为 0.8088	24
	BP-神经网络	总酸值	总酸值预测标准偏差为 0.00066	25
内燃机油	*K*-近邻法等	品种鉴别	可鉴别机油的品种及结构组成信息	26
机油	主成分分析法等	品种鉴别	品种识别准确率达到 100%	27
乙烯原料油	偏最小二乘法	乙烯原料油族组成	适合在线生产中对样品的快速检测	28
原油	偏最小二乘法	种类识别	可对原油种类进行识别评价	29
成品油	主成分分析法等	定性鉴别	识别率分别为 95.8%、97.6%、99.0%	30
油品	偏最小二乘法	水分	预测值与国标法测定值基本相符	31
重质馏分油	偏最小二乘法	化学组成	与色谱-质谱联用测定结果基本一致	32
海洋溢油	支持向量机法	溢油的种类鉴别	对 90 个样本识别正确率达 97.78%	33
甲烷、乙烷和丙烷混合气体	核偏最小二乘(KPLS)回归法	气体中 2 种组分含量	与偏最小二乘回归分析结果对比，KPLS 回归更具优越性	34
丙烷和异丁烷	偏最小二乘法	丙烷和异丁烷含量	2 种气体浓度预测相对误差小于 5%	35

续表

样 品	化学计量学方法	分析指标	分析结果	参考文献
甲苯、氯苯和正庚烷	独立成分回归法	甲苯、氯苯和正庚烷浓度	甲苯、氯苯和正庚烷浓度预测相对误差分别为 4.5030、6.0231 和 9.6042	36
对二乙基苯	线性回归法	纯度	纯度测定的平均相对误差为 2.72%	37
沥青	偏最小二乘法	蜡含量	预测值与标准方法测定值一致	38
助剂生产样品	RESULT 软件	羟值	与化学法测定值之差＜0.30mg/g	39
石油产品	模糊神经网络法	测定产品组成	产品组成的预测均方误差小于 10^{-6}	40
有机气体	偏最小二乘法	多组分含量	可测多组分气体含量	41
聚丙烯树脂	偏最小二乘法	熔体流动速率	验证均方差分别为 0.0495 及 0.94	42
聚丙烯粉料	偏最小二乘法	二甲苯可溶物	预测值与化学法测定值无显著差异	43
高能硝酸酯增塑聚醚	间隔偏最小二乘和遗传算法等	丁三醇三硝酸酯、聚乙二醇等含量	测定值与标准法测定值之差小于 1%	44
聚四氢呋喃液	偏最小二乘法	固含量及分子量	与标准方法测定结果无显著性差异	45
二甲基二烯丙基氯化铵与丙烯酰胺共聚物	偏最小二乘法	残留丙烯酰胺含量	对预测值与实测值进行 t 检验，结果显示预测值与实测值差异不显著	46
	RBF 神经网络法	PDA 阳离子度		47
丙烯腈-丁二烯-苯乙烯树脂	偏最小二乘法	氮含量	氮含量测定值与标准方法的测定值无显著性差异	48
天然水	人工神经网络法	总氮、总磷含量	与国标法的测定结果无显著性差异	49,50
污水	偏最小二乘法	COD 测定波段选择	最优模型的对应波段为 820～850nm	51
城市湖泊水	主成分分析法等	化学需氧量	表明该模型预测效果较好	52
水质	偏最小二乘法	化学需氧量	该法可用于测定水质的化学需氧量	53
废水	偏最小二乘法	COD、BOD_5 和 pH	误差为 37.9mg/L、29.4mg/L 和 0.208	54
		化学需氧量	化学需氧量预测标准差 35.4mg/L	55
		生化需氧量	化学需氧量预测标准差 29.1mg/L	56
生化废水	偏最小二乘法	化学需氧量	实测值与预测值相关系数为 0.9348	57

本表参考文献：

1. 曹动，谭吉春. 光谱学与光谱分析, 1999, 19(3): 314.
2. 张其可，戴连奎. 化工自动化及仪表, 2005, 32(4): 53.
3. 高俊，徐永业，姚成. 南京工业大学学报, 2005, 27(3): 51.
4. 张军，姜黎，陈哲，等. 光谱学与光谱分析, 2010, 30(10): 2654.
5. 田蛟，赵军霞. 山东化工, 2010, 39(10): 35.
6. 肖学喜. 化学分析计量, 2008, 17(5): 21.
7. 淡图南，戴连奎. 计算机与应用化学, 2011, 28(3): 329.
8. 许剑良. 光谱实验室, 2011, 28(3): 1054.
9. 张金生，李丽华. 抚顺石油学院学报, 1999, 19(1): 1.
10. 徐广通，陆婉珍. 石油学报, 1999, 15(4): 62.
11. 徐广通，陆婉珍. 石油化工, 1999, 28(4): 263.
12. 孔翠萍，褚小立，杜泽学，等. 分析化学, 2010, 38(6): 805.
13. 段敏伟，王佰华，黄宏星，等. 分析化学, 2012, 40(2): 263.
14. 蒋璐璐，邵咏妮，张瑜，等. 光谱实验室, 2010(4): 1507.
15. 张瑜，蒋璐璐，吴迪，等. 光谱学与光谱分析, 2010, 30(8): 2111.
16. 蒋璐璐，张瑜，刘飞，等. 石油学报, 2011, 27(1): 112.
17. 张瑜，吴迪，何勇，等. 红外, 2011, 32(12): 39.
18. 蒋璐璐，张瑜，谈黎虹. 农机化研究, 2010, 32(7): 222.
19. 李增芳，陆江锋，虞佳佳，等. 山西农业大学学报, 2010, 30(3):285.
20. 张瑜，吴迪，蒋璐璐，等. 光谱实验室, 2010(4): 1629.
21. 赵芸，蒋璐璐，张瑜，等. 光谱学与光谱分析, 2010, 30(9): 2496.
22. 李霞，周友杰，慕晓刚. 化学推进剂与高分子材料, 2010, 8(2):62.
23. 夏本立，丛继信，李霞，等. 光谱学与光谱分析, 2011, 31(6): 1502.
24. 邢志娜，王菊香，申刚，等. 兵工学报, 2010(8): 1106.
25. 韩晓，王菊香，刘洁. 分析科学学报, 2011, 27(6): 751.
26. 雷猛，冯新泸. 分析测试学报, 2009, 28(5): 529.
27. 周子立，张怡芳，何勇，等. 软件工程师, 2010(5): 53.
28. 高风格，李克忠，王宏伟. 化学分析计量, 2008, 17(5): 46.
29. 褚小立，田松柏，许育鹏，等. 石油炼制与化工, 2012, 43(1): 72.
30. 王豪，林振兴，郭蓓蕾. 计算机与应用化学, 2010(9): 1187.

31. 焦昭杰, 张贤明, 梁新元, 等. 光谱实验室, 2011, 28(6): 3120.
32. 杨素, 黄贤平, 杨苏平. 红外, 2006, 27(4): 20.
33. 谈爱玲, 毕卫红, 赵勇. 光谱学与光谱分析, 2011, 31(5): 1250.
34. 郝惠敏, 曹建安, 于志强, 等. 光谱学与光谱分析, 2009, 29(8): 2087.
35. 杜振辉, 齐汝宾, 张慧敏, 等. 天津大学学报, 2008, 41(5): 589.
36. 张世芝, 张明锦, 杜一平. 计算机与应用化学, 2010(12): 1684.
37. 陆道礼, 陈斌. 红外与激光工程, 2003, 32(6): 580.
38. 王艳斌, 罗爱兰, 等. 石油学报, 2001, 17(3): 68.
39. 唐建忠. 石油化工技术与经济, 2011, 27(4): 41.
40. 钱平, 孙国琴, 张存洲. 光谱学与光谱分析, 2008, 28(12): 2851.
41. 齐汝宾, 尹新, 杨立, 等. 光谱学与光谱分析, 2008, 28(12): 2855.
42. 林振兴, 王松青, 刘文涵, 等. 理化检验:化学分册, 2007, 43(2): 98.
43. 张雪梅. 广东化工, 2011, 38(11): 126.
44. 程福银, 秦芳, 曹庆伟, 等. 固体火箭技术, 2009, 32(6): 706.
45. 高俊, 徐建强, 高桂枝, 等. 应用化学, 2008, 25(12): 1435.
46. 郑怀礼, 张鹏, 朱国成, 等. 光谱学与光谱分析, 2011, 31(11): 2944.
47. 郑怀礼, 张鹏, 陈雨喆, 等. 光谱学与光谱分析, 2012, 32(2): 334.
48. 杨文潮, 邬蓓蕾, 王豪, 等. 理化检验:化学分册, 2011, 47(3): 336.
49. 张诚飚. 科技信息, 2009, 26:379.
50. 刘宏欣, 张军, 王伯光, 等. 分析科学学报, 2008, 24(6): 664.
51. 陈维维, 潘涛, 廖辛炎. 佳木斯大学学报, 2011, 29(3): 370.
52. 兰月来, 粟晖, 韦丽华, 等. 水电能源科学, 2011, 29(8): 29.
53. 吴国庆, 毕卫红, 吕佳明, 等. 光谱学与光谱分析, 2011, 31(6): 1486.
54. 何金成, 杨祥龙, 王立人, 等. 环境科学学报, 2007, 27(12): 2105.
55. 何金成, 杨祥龙, 王立人, 等. 浙江大学学报, 2007, 41(5): 752.
56. 何金成, 李素青, 张性雄, 等. 福建农林大学学报, 2007, 36(2): 190.
57. 粟晖, 姚志湘, 黎国梁, 等. 光谱实验室, 2011, 28(6): 3040.

二、近红外光谱法在食品分析中的应用

表 11-15 在食品分析中的应用

样品	化学计量学方法	分析指标	分析结果	参考文献
菜籽油	偏最小二乘法	水分含量	所测水分含量与卡尔·费休法测定值一致	1
		芥酸含量	芥酸含量的预测均方根误差为 0.963	2
油茶籽油	偏最小二乘法	饱和脂肪酸、油酸、亚油酸含量	饱和脂肪酸、油酸、亚油酸含量的预测均方根误差分别为 0.18、0.598 和 0.269	3
茶油	偏最小二乘法	棕榈油掺入量	棕榈油掺入量的预测均方根误差为 0.464	4
	主成分分析法等	纯茶油真伪鉴别	纯茶油真伪鉴别的准确率达 98.8%	5
橄榄油	偏最小二乘法等	掺杂量检测	预测相对误差在−5.67%～5.61%之间	6
	BP 神经网络法和偏最小二乘法	掺杂芝麻油、大豆油、葵花籽油含量	3 种掺杂油交叉验证的均方根误差分别为 1.3、1.1 和 1.04	7
	遗传算法等	产地鉴别	对 30 个橄榄油产地预测准确率达 100%	8
	主成分分析法	掺杂鉴别	掺杂鉴别预测的正确率达到 100%	9
食用油	偏最小二乘法	棕榈酸、油酸等含量	预测值优于 OPUS 软件自动优化建模法	10
	系统聚类法	种类鉴别等	识别率和预测率可达 100%	11
植物油	偏最小二乘法	油酸、亚油酸等含量	预测值与实测值的相关系数大于 0.99	12
	BP 神经网络法	品种鉴别	对植物油品种的鉴别率为 100%	13
食用调和油	偏最小二乘法	大豆油、花生油、玉米油含量	调和用 3 种油预测值的均方根误差分别为 1.09%、1.17%和 1.48%	14
纯花生油	支持向量机算法	掺伪快速鉴别	对纯花生油掺伪的识别率达到 100%	15

续表

样　品	化学计量学方法	分析指标	分析结果	参考文献
花生油	偏最小二乘法	棕榈油含量	棕榈油含量的校正均方根误差为 0.937	16
大豆油	偏最小二乘法	油脂酸值检测	酸值预测的相对误差均值为 2.26%	17
	BP 神经网络法	油脂酸值检测	酸值预测的均方根误差为 0.1036	18
大豆油等	偏最小二乘法	过氧化值	该法可快速测定食用植物油的过氧化值	19
芝麻油	主成分分析法等	掺伪鉴别	对芝麻油掺伪的判别率为 96.15%	20
	BP 神经网络法	品牌鉴别	对芝麻油品牌的鉴别率为 83.33%	21
地沟油等	一阶导数预处理	地沟油鉴别	利用 885nm 与 897nm 两峰强之比,可鉴别	22
大豆油脂	偏最小二乘法	过氧化值	过氧化值的预测相对误差为 2.12%	23
茶叶	偏最小二乘法	咖啡碱含量	预测值与化学测定值的相关系数为 0.999	24
	偏最小二乘组合	品种鉴定	对茶叶品种的识别准确率为 83.5%	25
	K 最近邻法	类别识别	茶叶类别的识别率达到 100%	26
	主成分分析法等	品种鉴别	对茶叶品种识别准确率达到 100%	27
	偏最小二乘法	茶多酚、咖啡碱含量	预测值与国家标准方法测定值一致	28
绿茶	偏最小二乘法等	含水率	含水率预测的相关系数为 0.9875	29
		滋味品质检测	预测均方根误差为 4.66	30
	偏最小二乘法	茶多酚含量	茶多酚含量的预测偏差为 0.375%	31
绿茶汤	偏最小二乘法等	茶多酚含量	茶多酚含量的预测值相对误差为 3.22%	32
茉莉花茶、苦丁茶等	主成分分析法和偏最小二乘法等	定性鉴别，水分、茶多酚和咖啡碱含量	定性识别率为 100%,定量分析相对分析误差均大于 3%	33
茶饮料	BP 神经网络法	茶饮料鉴别	对茶饮料的鉴别率达到 98.33%	34
奶茶	偏最小二乘法	品种鉴别	对预测集样本品种判别准确率为 98.7%	35
奶粉	神经网络法等	脂肪和蛋白质含量	预测均方根误差分别为 0.007 与 0.004	36
	聚类分析法等	添加的乳糖或蔗糖	盲样检测的正确率可达 90%以上	37
	偏最小二乘法	蛋白质含量	蛋白质含量的预测均方根误差为 0.3159	38
	支持向量机法	真假奶粉判别	真假奶粉判别的准确率可达到 100%	39
幼儿奶粉	偏最小二乘法等	品种鉴别	品种鉴别的预测准确率为 100%	40
配方奶粉	偏最小二乘法	蛋白质、脂肪等含量	预测均方根误差为 0.842、1.925 和 2.324	41
牛奶	主成分分析法等	掺假奶鉴别	对预测集 21 个样本的鉴别率为 95.24%	42
	偏最小二乘法	三聚氰胺鉴别	对掺入三聚氰胺牛奶识别率为 100%	43
	支持向量机法等	三聚氰胺	预测标准误差分别为 0.0304 和 0.0467	44
	偏最小二乘法	脂肪、蛋白质等含量	测量值与浓度参考值的相关系数大于 0.9	45
生鲜牛奶	偏最小二乘法	植物性填充物鉴别	对植物性填充物的判别率为 94.44%	46
鲜乳	偏最小二乘法等	植物奶油添加量	预测值与真值 t 检验,两者差异不显著	47
液态纯牛奶	偏最小二乘法	品牌鉴别	对校正样本和独立预测样本的预测准确率分别达到了 100%和 96.7%	48
酸奶	神经网络法	品种鉴别	对酸奶品种的识别率为 100%	49
玉米	仿生模式识别法	品种鉴别	对于 37 个玉米品种的识别率为 94.3%	50
	主成分分析法	品种鉴别	品种识别准确率为 94.3%、97.67%	51,52
	神经网络法等	品种鉴别	对玉米品种的鉴别率为 100%	53
	遗传算法等	品种鉴别	品种鉴别的平均正确识别率为 99.30%	54
	频率选择方法	品种鉴别	对玉米品种可达到 94.16%的识别率	55

续表

样品	化学计量学方法	分析指标	分析结果	参考文献
玉米	神经网络法	淀粉、蛋白质等含量	预测值与化学法检测值基本相符	56
	偏最小二乘法	淀粉含量	淀粉含量的预测误差为 0.27%	57
冻玉米	偏最小二乘法	水与淀粉含量	测量值与参考值基本相符	58
杂交玉米	偏最小二乘法	杂交玉米纯度	玉米纯度预测值的平均相对误差 2.73%	59
玉米籽粒	神经网络法等	不同油含量识别	总体正确识别率平均达到 95%以上	60
	偏最小二乘法	粗淀粉含量	粗淀粉含量的预测标准差为 0.666	61
	仿生模式识别	品种判别	平均正确判别率为 91.8%	62
大豆	偏最小二乘法等	异黄酮含量	异黄酮含量的预测均方误差为 0.599	63
		叶绿素含量	三种回归模型都取得了较好的估算结果	64
黄豆籽粒	偏最小二乘法	蛋白质、脂肪含量	最大相对误差分别为 2.45%和 4.25%	65
大米	主成分分析法等	品种鉴别	对大米品种的识别准确率为 100%	66
	偏最小二乘法	淀粉含量	预测值与化学值间的相关系数为 0.9498	67
	BP 神经网络法	直链淀粉含量	预测值与测定值基本相符	68
稻米	偏最小二乘法	脂肪酸值、水分含量	预测值与标准方法测定值无显著性差异	69
		脂肪含量	脂肪含量的平均相对误差为 4.11%	70
		直链淀粉含量	直链淀粉含量预测平均误差为 2.30%	71
面粉	偏最小二乘法	水分含量	水分含量预测标准偏差为 0.381%	72
小麦粉	偏最小二乘法	灰分含量	预测值与真实值相关系数为 0.9094	73
小麦	偏最小二乘法	产地来源判别	产地来源总体正确判别率为 82.5%	74
		蛋白质含量	预测值与标准法测定值间无显著性差异	75
	Elastic net 法	蛋白质含量	蛋白质含量的平均相对误差为 2.48%	76
小麦籽粒	偏最小二乘法	蛋白质含量	预测值与化学法测定值基本相符	77
		淀粉含量	预测值与化学法测定值相关系数为 0.9786	78
大麦	偏最小二乘法	蛋白质含量	蛋白质含量预测值标准偏差为 0.545	79
高粱籽粒	偏最小二乘法	总酚、总黄酮、缩合单宁等 6 成分含量	6 种成分含量的预测相对偏差分别为 6.99%、4.54%、7.13%、2.68%、5.46%和 5.81%	80
花生籽仁	偏最小二乘法	蛋白质含量	蛋白质含量预测标准误差为 0.4153	81
淀粉	偏最小二乘法	含水量	预测均方根误差为 0.0784,偏差为 0.132	82
	聚类分析法等	定性和定量分析	预测准确率达 90%以上	83
	聚类分析法	淀粉种类鉴别	分类准确率达到 100%	84
方便面	偏最小二乘法	油脂含量	油脂含量预测误差为 0.4456	85
	聚类分析法	品牌鉴别	品牌识别率为 100%	86
	偏最小二乘法	水分含量	水分含量预测误差为 0.2322	87
芝麻	标准化处理法等	水分含量	水分含量预测标准偏差为 0.238	88
蜂花粉	最小支持向量机法	储存时间预测	储存时间预测标准误差为 1.310	89
蜂蜜	主成分分析法	蜜源分类	所建分类器对蜜源分类正确率为 91.95%	90
	偏最小二乘法	果糖和葡萄糖含量	预测误差分别为 1.9144%和 2.5319%	91
		真伪鉴别	预测样本的识别准确率为 86.96%～93.75%	92,93
		固形物含量和水分	两者预测误差均方根分别为 0.127 和 0.125	94
		果糖含量	校正和预测均方差分别为 1.21 和 1.64	95

续表

样品	化学计量学方法	分析指标	分析结果	参考文献
蜂蜜	主成分分析法等	品种及真伪鉴别	品种和真伪鉴别的正确率为90%、93.1%	96
	BP神经网络法	品牌鉴别	对蜂蜜品牌鉴别的准确率达100%	97
	主成分分析法	蜜源鉴别	蜜源鉴别的正确率可达96.67%	98
白酒	偏最小二乘法	酒精度	酒精度的预测值与实测值相符	99
			酒精度预测的标准偏差为0.264%	100
	人工神经网络法	总酸和总酯	预测标准偏差分别为0.074g/L和0.134g/L	101
葡萄酒	逐步回归分析法	产地鉴别	产地鉴别的准确率均达80%以上	102
	主成分分析法等	真伪鉴别	对葡萄酒样品的预测识别率达到100%	103
干红葡萄酒	主成分分析法等	品种鉴别	对25个样本进行预测,准确率为100%	104
啤酒	PCA-BP神经网络	酒精度	酒精度预测的平均相对误差为1.131%	105
	逐步回归分析法	乙醇含量	乙醇含量预测的平均相对误差为4.529%	106
黄酒	主成分分析法等	品种鉴别	对黄酒品种鉴别的正确率为97.78%	107
妙府老酒	偏最小二乘法	酒精度和总酸	两者的预测均方差分别为0.058和0.081	108
白醋	主成分分析法和BP神经网络法	判别白醋品牌和测定pH值	品牌鉴别准确率为100%,pH预测值与实测值偏差小于5%	109
食醋	最小支持向量机	总酸含量	总酸含量的预测均方根误差为0.3226	110
果醋	主成分分析法	糖度值	糖度值的预测均方根误差为0.363	111
酱油	BP神经网络法	品牌鉴别	品牌鉴别的正确率为98.75%	112
	偏最小二乘法	总酸和氨基酸态氮	预测结果的标准偏差分别为0.09和0.07	113
榨菜酱油	主成分分析法和偏最小二乘法	总酸、氨基酸态氮和食盐浓度	总酸、氨基酸态氮和食盐浓度的预测集标准偏差分别为0.0174、0.0129和0.48	114
料酒	主成分分析法等	品牌鉴别	对料酒品牌鉴别的准确率均达100%	115
橙汁	偏最小二乘法等	柠檬酸含量	预测相关系数为0.901,预测标准偏差为0.937	116
杨梅汁	偏最小二乘法	可溶性固形物含量	可溶性固形物预测均方根误差为0.925	117
	人工神经网络等	酸度	酸度的预测均方根误差为0.218	118
蔗汁	人工神经网络法	锤度和旋光度	预测的标准偏差分别为0.159和0.137	119
番茄汁	最小支持向量机	糖度和有效酸度	糖度和酸度预测误差为0.0056和0.0245	120
沙棘汁	主成分回归法等	品种鉴别	所测样本的均方根误差为0.0392	121
新鲜苹果汁	主成分回归法等	可溶性固形物含量	预测均方根误差为0.603	122
可乐	主成分分析法等	品牌鉴别	对可乐品牌鉴别的准确率为100%	123
咖啡	主成分分析法等	咖啡品牌鉴别	对咖啡品牌的鉴别率均为100%	124
碳酸饮料	偏最小二乘法等	日落黄含量	方法的回收率为95.1%、105.8%和99.5%	125
果珍	偏最小二乘法	二氧化钛含量	二氧化钛含量的预测标准误差为0.05	126
白砂糖	人工神经网络法	白砂糖粒度	白砂糖粒度预测的均方根误差为3.5244	127
	人工神经网络法	色值	色值预测的偏差基本为±10	128
	偏最小二乘法	二氧化硫含量	二氧化硫含量预测的标准偏差为2.519	129
甜菊糖	偏最小二乘法	有效成分含量	该法可检测甜菊糖中6种有效成分含量	130
糖类	偏最小二乘法	预测糖的类别	糖类别预测的准确率为100%	131

续表

样　　品	化学计量学方法	分析指标	分析结果	参考文献
豆酱	主成分分析法等	品牌鉴别	可判别不同品牌的豆酱,识别率为95%	132
鲜猪肉	偏最小二乘法	脂肪、蛋白质和水分	预测均方差分别为0.110、0.238和0.193	133
		pH值	pH值的预测均方根误差为0.051	134
		肌内脂肪含量	肌内脂肪含量的相对误差最高为1.738	135
冷鲜猪肉	偏最小二乘法	脂肪、蛋白质和水分	可准确检测脂肪和水分,蛋白质结果较差	136
真空包装猪肉	偏最小二乘法	系水力	预测值与常规法的相关系数为0.73～0.79	137
		蒸煮损失和嫩度	预测值与测定值的相关系数为0.81和0.78	138
猪眼肌脂肪	偏最小二乘法	脂肪酸含量	该法可快速测定肌内脂肪中脂肪酸含量	139
猪肉肉糜	偏最小二乘法和支持向量机算法	肌内脂肪、蛋白质和水分含量	三者的预测相对分析误差均小于3.0	140
			预测集判别正确率为96%	141
瘦肉	偏最小二乘法	5种脂肪酸含量	5种脂肪酸含量的预测值与测定值相符	142
腌腊肉	偏最小二乘法	酸值和水分	酸值和水分的预测值与标准值基本相符	143
金华火腿	偏最小二乘法	过氧化值和水分	两者的预测均方差分别为0.436和0.0184	144
猪肉和牛肉	模式判别方法	猪肉和牛肉鉴别	该法能够准确地鉴别出猪肉和牛肉	145
牛肉	偏最小二乘法	脂肪、蛋白质等	预测值与实测值的差异性不显著	146
	主成分分析法	地域和饲养期鉴别	可将不同地域来源和饲养期牛肉区分开	147
	多元线性回归	嫩度分级鉴定	牛肉嫩度分级的正确率为84.21%	148
羊肉	SIMCA模式识别	产地识别	四产地识别率分别为100%、83%、100%和92%	149
	偏最小二乘法	羊肉嫩度	预测值与实测值的相关系数为0.87	150
	主成分分析法等	产地来源鉴别	对来源样本的整体正确判别率为91.2%	151
鸭肉	BP神经网络法	谷氨酸含量	谷氨酸含量的均方根误差为0.058572	152
鸡蛋	主成分分析法等	新鲜度识别	对新鲜蛋和非新鲜蛋的识别率均为80%	153
	熵特征提取法	特种品质鸡蛋鉴别	特种品质鸡蛋鉴别的最高识别率达100%	154
鱼糜	偏最小二乘法	定性分析	定性预测率达100%	155
带鱼糜	支持向量机算法	蛋白质和水分含量	蛋白质和水分相关系数为0.90和0.96	156
狭鳕鱼糜	偏最小二乘法	水分和蛋白质含量	相对标准偏差＜10%,分析误差＞3%	157
白鲢鱼糜	偏最小二乘法	水分含量	水分含量的预测误差为0.485	158
鱼粉	散射校正方法等	是否掺肉骨粉鉴别	外部验证正确判断率为95.6%	159
干海参	主成分聚类法	产地鉴别	成功鉴别了来自不同产地的干海参样品	160
黑木耳	偏最小二乘法等	产地鉴别	黑木耳产地的正确判别率为98.3%	161
涪陵榨菜	因子法和聚类法	品牌鉴别	对6种涪陵榨菜品牌均能很好地鉴别	162
	偏最小二乘法	果胶、总糖含量	可同时测定果胶和总糖的含量	163
花椒	偏最小二乘法	麻味物质含量	麻味物质含量的预测相对误差为3.1670	164
		挥发油含量	挥发油含量的预测相对分析误差为6.28	165
豆腐干	偏最小二乘法	总酸、蛋白质和水分	预测标准偏差依次为0.0208、0.121、0.121	166
板栗	最小支持向量机	霉变板栗识别	识别率分别为95.89%、100%和98.25%	167
	BP神经网络方法	分级识别	识别率分别为86.25%、83.75%和90.00%	168
脐橙	偏最小二乘法	农药污染程度预测	农药污染程度预测均方根误差为0.1564	169, 170
		糖酸比	糖酸比的交叉验证均方差为0.767	171

续表

样　品	化学计量学方法	分析指标	分析结果	参考文献
脐橙	线性回归法等	脐橙内部的糖度	预测样本均方根误差为 0.2421	172
	偏最小二乘法等	品种识别	实现 4 种脐橙的 100%识别	173
奥林达夏橙	偏最小二乘法	可溶性固形物含量	可溶性固形物预测标准偏差为 0.075%	174
苹果	偏最小二乘法	品质预测	预测苹果品质的准确度和稳定性均满意	175
	主成分分析法等	可溶性固形物含量	98%以上样本的预测相对误差小于 5%	176
	BP 神经网络法等	糖度	糖度的预测均方根误差为 1.3030	177
	偏最小二乘法	糖度和酸度	标准预测误差分别为 0.9407 和 0.0204	178
富士苹果	主成分分析法等	货架期鉴别	预测样品准确率高于 93%	179
桃	偏最小二乘法	甜度、酸度和硬度	预测值与真实值之间没有显著性差异	180
大久保桃	主成分分析法等	真伪鉴别	平谷大久保桃鉴别的正确率高于 95%	181
水蜜桃	主成分分析法等	品种鉴别	水蜜桃品种鉴别的准确率为 100%	182
	偏最小二乘法	糖度和有效酸度	标准预测误差分别为 0.534 和 0.124	183
鲜枣	主成分分析法和人工神经网络法	品种鉴别和测定其可溶性固形物含量	鉴别准确率为 100%,可溶性固形物含量预测相对偏差小于 10%	184
鲜长枣	偏最小二乘法	糖度	糖度的预测模型标准差为 1.38	185
黄骅冬枣	主成分分析法	真伪鉴别	真伪鉴别的准确率为 93.3%	186
砂糖橘	偏最小二乘法	水分含量	水分含量的预测均方根误差为 0.6767	187
	连续投影算法等	可溶性总糖含量	可溶性总糖预测均方根误差为 0.5111	188
南丰蜜橘	偏最小二乘法	糖度	糖度预测的均方根误差为 0.5577	189
		可溶性固形物含量	预测均方根偏差分别为 0.899 和 0.749	190
柑橘类水果	偏最小二乘法等	可溶性固形物含量	可溶性固形物预测均方根误差为 0.538%	191
西瓜	偏最小二乘法	正常瓜与催熟瓜的判别	正常瓜误判率为 1.67%,催熟瓜未出现误判	192
	主成分回归法等	坚实度	坚实度的预测平方根标准偏差为 0.589	193
梨	变量消除法	硬度和表面色泽	所述方法的预测均方根误差为 0.90	194
水晶梨	偏最小二乘法等	可溶性固形物及大小	预测均方根误差为 0.58%和 1.93mm	195
蓝莓	偏最小二乘法	总酚含量	总酚含量的预测标准偏差为 0.93	196
草莓	偏最小二乘法	坚实度	坚实度的预测均方根误差为 $0.673N/cm^2$	197
杨梅	主成分分析法等	品种鉴别	结果表明,品种识别准确率达到 95%	198
水果	逐步线性回归法	糖度	糖度预测的相对标准误差为 6.0%	199
番茄	主成分分析法等	有机磷农药残留	有机磷农药残留的预测识别率达到 96%	200
	偏最小二乘法	总糖含量	总糖含量的预测标准差为 0.260%	201
	BP 神经网络法	施氮量	预测模型对施氮量有很高的预测精度	202
	偏最小二乘法	可溶性固形物含量	预测值与实测值的相关系数为 0.954	203
土豆	偏最小二乘法等	淀粉、蛋白质等含量	预测决定系数分别为 0.945、0.992、0.938	204
生菜	偏最小二乘法	硝酸盐含量	硝酸盐含量相对误差为 0.56%～6.79%	205

本表参考文献：

1. 王玲，李志西，于修烛，等. 中国油脂, 2010(3): 74.
2. 陈蛋，陈斌，陆道礼，等. 农业工程学报，2007，23(1): 234.
3. 张菊华，朱向荣，尚雪波，等. 食品科学，2011，32(18): 205.
4. 张菊华, 朱向荣, 尚雪波, 等. 湖南农业科学, 2011(9): 105.

5. 张菊华, 朱向荣, 李高阳, 等. 分析化学, 2011, 39(5): 748.
6. 庄小丽, 相玉红, 强洪, 等. 光谱学与光谱分析, 2010, 30(4): 933.
7. 翁欣欣, 陆峰, 王传现, 等. 光谱学与光谱分析, 2009, 29(12): 3283.
8. 陈永明, 林萍, 何勇. 光谱学与光谱分析, 2009, 29(3): 671.
9. 王传现, 褚庆华, 倪听路, 等. 食品科学, 2010(24): 402.
10. 吴静珠, 徐云. 农业机械学报, 2011, 42(10): 162.
11. 吴静珠, 刘翠玲, 李慧, 等. 北京工商大学学报, 2010, 28(5): 56.
12. 李建蕊, 李九生. 中国粮油学报, 2010(6): 107.
13. 梁丹, 李小昱, 李培武, 等. 湖北农业科学, 2011, 50(16): 3383.
14. 刘福莉, 陈华才. 光谱学与光谱分析, 2009, 29(8): 2099.
15. 吴静珠, 刘翠玲, 李慧. 北京工商大学学报, 2011, 29(1): 75.
16. 罗香, 刘波平, 冯利辉, 等. 分析科学学报, 2010, 26(6): 673.
17. 王立琦, 张礼勇, 王铭义. 光谱实验室, 2011, 28(2): 911.
18. 王铭义, 郭建英, 张佳宁, 等. 食品科学, 2011, 32(22): 171.
19. 毕艳兰, 鲍丹青, 田原, 等. 中国油脂, 2009, 34(3): 71.
20. 梁丹. 食品工程, 2011(2): 40.
21. 梁丹. 电子测试, 2011(11): 30.
22. 谢梦圆, 张军, 陈哲, 等. 中国油脂, 2011, 36(12): 80.
23. 王立琦, 孔庆明, 李贵滨, 等. 食品科学, 2011, 32(9): 97.
24. 赵红波, 谭红, 徐玮, 等. 中国酿造, 2011(8): 169.
25. 周健, 成浩, 曾建明, 等. 光谱学与光谱分析, 2010, 30(10): 2650.
26. 蔡健荣, 吕强, 张海东, 等. 安徽农业科学, 2007, 35(14): 4083.
27. 李晓丽, 何勇, 裘正军. 光谱学与光谱分析, 2007, 27(2): 279.
28. 徐立恒, 吕进, 林敏, 等. 理化检验: 化学分册, 2006, 42(5): 334.
29. 李晓丽, 程术希, 何勇. 农业工程学报, 2010(5): 195.
30. 吴瑞梅, 赵杰文, 陈全胜, 等. 光谱学与光谱分析, 2011, 31(7):1782.
31. 林新, 牛智有, 马爱丽. 中国茶叶, 2008(2): 23.
32. 吴瑞梅, 岳鹏翔, 赵杰文, 等. 农业机械学报, 2011, 42(12): 154.
33. 牛智有, 林新. 光谱学与光谱分析, 2009, 29(9): 2417.
34. 艾施荣, 吴瑞梅, 吴燕. 安徽农业科学, 2010(14): 7658.
35. 刘飞, 王莉, 何勇. 浙江大学学报, 2010(3): 619.
36. 单杨, 朱向荣, 许青松, 等. 红外与毫米波学报, 2010, 29(2): 128.
37. 周晶, 孙素琴, 李拥军, 等. 光谱学与光谱分析, 2009, 29(1): 110.
38. 张华秀, 李晓宁, 范伟, 等. 计算机与应用化学, 2010(9): 1197.
39. 吴静珠, 王一鸣, 张小超, 等. 农机化研究, 2007(1): 155.
40. 黄敏, 何勇, 岑海燕, 等. 光谱学与光谱分析, 2007, 27(5): 916.
41. 颜辉, 陈斌, 朱文静. 中国乳品工业, 2009, 37(3): 49.
42. 李亮, 王雷鸣, 丁武. 食品工业, 2009(6): 67.
43. 董一威, 屠振华, 朱大洲, 等. 光谱学与光谱分析, 2009, 29(11): 2934.
44. 袁石林, 何勇, 马天云, 等. 光谱学与光谱分析, 2009, 29(11): 2939.
45. 李庆波, 王斌, 等. 食品科学, 2002, 23(6): 121.
46. 李亮, 丁武. 光谱学与光谱分析, 2010, 30(5): 1238.
47. 刘波平, 荣菡, 邓泽元, 等. 分析测试学报, 2008, 27(11): 1147.
48. 吕建波. 现代电子技术, 2011, 34(17): 166.
49. 何勇, 冯水娟, 李晓丽, 等. 光谱学与光谱分析, 2006, 26(11): 2021.
50. 邬文锦, 王红武, 陈绍江, 等. 光谱学与光谱分析, 2010, 30(5): 1248.
51. 苏谦, 邬文锦, 王红武, 等. 光谱学与光谱分析, 2009, 29(9): 2413.
52. 王徽蓉, 陈新亮, 李卫军, 等. 光谱学与光谱分析, 2010, 30(12): 3213.
53. 陈建, 陈晓, 李伟, 等. 光谱学与光谱分析, 2008, 28(8): 1806.
54. 王徽蓉, 李卫军, 刘扬阳, 等. 光谱学与光谱分析, 2011, 31(3): 669.
55. 陈新亮, 王徽蓉, 李卫军, 等. 光谱学与光谱分析, 2010, 30(11): 2919.
56. 方利民, 林敏. 分析化学, 2008, 36(6): 815.
57. 沈林峰, 沈掌泉. 分析测试技术与仪器, 2008, 14(4): 214.
58. 董秀玲, 钱世凯, 杨维旭. 粮食与饲料工业, 2004(11): 43.
59. 黄艳艳, 朱丽伟, 马晗煦, 等. 光谱学与光谱分析, 2011, 31(10): 2706.
60. 张愿, 张录达, 白琪林, 等. 光谱学与光谱分析, 2009, 29(3): 686.
61. 方彦. 作物杂志, 2011(2): 25.
62. 郭婷婷, 王守觉, 王红武, 等. 光谱学与光谱分析, 2010, 30(9): 2372.
63. 王力立, 段灿星, 双少敏, 等. 食品科技, 2011, 36(1): 242.
64. 汤旭光, 宋开山, 刘殿伟, 等. 光谱学与光谱分析, 2011, 31(2): 371.

65. 李宁，闵顺耕，覃方丽，等. 光谱学与光谱分析，2004, 24(1): 45.
66. 周子立，张瑜，何勇，等. 农业工程学报, 2009, 25(8): 131.
67. 徐泽林，金华丽. 农产品加工, 2011(3): 74.
68. 刘建学，吴守一，等. 农业机械学报, 2001, 32(2): 55.
69. 林家永，范维燕，薛雅琳，等. 中国粮油学报，2011, 26(7): 113.
70. 王海莲，万向元，胡培松，等. 中国农业科学，2005, 38(8): 1540.
71. 张洪江，吴金红，梅捍卫，等. 植物遗传资源学报，2005, 6(1): 91.
72. 闫李慧，王金水，金华丽，等. 现代食品科技，2011, 27(2): 235.
73. 金华丽，王金水. 河南工业大学学报, 2010, 31(1): 14.
74. 赵海燕，郭波莉，魏益民，等. 中国农业科学，2011, 44(7): 1451.
75. 王旭，张凤清，林家永，等. 粮食与饲料工业，2012(1): 13.
76. 陈万会，刘旭华，何雄奎，等. 光谱学与光谱分析，2010, 30(11): 2932.
77. 金华丽，许春红，徐泽林. 河南工业大学学报，2010, 31(6): 21.
78. 金华丽，许春红，李漫男，等. 河南工业大学学报, 2011, 32(6):24.
79. 侯瑞，吉海彦，张录达. 光谱学与光谱分析，2009, 29(7): 1840.
80. 刘敏轩，王赟文，韩建国. 分析化学，2009, 37(9): 1275.
81. 宋丽华，刘立峰，陈焕英，等. 中国农学通报，2011, 27(15): 85.
82. 孙晓荣，刘翠玲，吴静珠，等. 食品工业科技，2011(10): 441.
83. 孙晓荣，刘翠玲，吴静珠，等. 农机化研究，2011, 33(9): 162.
84. 孙晓荣，刘翠玲，吴静珠，等. 北京工商大学学报，2010, 28(6): 53.
85. 陈洁，魏立立，王春，等. 粮食与油脂, 2010(2): 41.
86. 宋尚新，梁灵. 现代食品科技, 2010, 26(10): 1153.
87. 魏立立，陈洁，王春，等. 河南工业大学学报，2009, 30(6): 6.
88. 郭蕊，王金水，金华丽，等. 现代食品科技, 2011, 27(3): 366.
89. 金航峰，黄凌霞，吴迪，等. 红外与毫米波学报，2010, 29(3): 216.
90. 杨燕，聂鹏程，杨海清，等. 农业工程学报，2010(3): 238.
91. 屠振华，籍保平，孟超英，等. 光谱学与光谱分析，2009, 29(12): 3291.
92. 陈兰珍，赵静，叶志华，等. 光谱学与光谱分析，2008, 28(11): 2565.
93. 李水芳，单杨，朱向荣，等. 食品科技, 2010(12): 299.
94. 李水芳，张欣，单杨，等. 光谱学与光谱分析，2010, 30(9): 2377.
95. 陈兰珍，孙谦，赵静，等. 中国蜂业, 2008, 59(12): 17.
96. 钟艳萍，钟振声，陈兰珍，等. 现代食品科技，2010, 26(11): 1280.
97. 邵咏妮，何勇，鲍一丹. 光谱学与光谱分析, 2008, 28(3): 602.
98. 谈爱玲，毕卫红. 激光与红外, 2011, 41(12): 1331.
99. 徐玮，谭红，包娜，等. 中国农学通报, 2010, (19): 70.
100. 彭帮柱，龙明华，岳田利，等. 农业工程学报，2007, 23(4): 233.
101. 彭帮柱，龙明华，岳田利，等. 农业工程学报，2006, 22(12): 216.
102. 刘巍，李德美，刘国杰，等. 酿酒科技，2010(7): 65, 69.
103. 郭海霞，王涛，刘洋，等. 光谱学与光谱分析，2011, 31(12): 3269.
104. 吴桂芳，蒋益虹，王艳艳，等. 光谱学与光谱分析，2009, 29(5): 1268.
105. 冯尚坤，徐海菊. 红外技术, 2008, 30(1): 58.
106. 陆道礼，林松，陈斌. 酿酒科技, 2005(4): 87.
107. 刘飞，王莉，何勇，蒋益虹. 光谱学与光谱分析，2008, 28(3): 586.
108. 王家林，张颖，于秦峰. 中国酿造, 2011(11): 168.
109. 王莉，刘飞，何勇. 光谱学与光谱分析，2008, 28(4): 813.
110. 邹小波，陈正伟，石吉勇，等. 中国酿造, 2011(3): 63.
111. 王莉，李增芳，何勇，等. 光谱学与光谱分析，2008, 28(8): 1810.
112. 童晓星，鲍一丹，何勇. 光谱学与光谱分析，2008, 28(3): 597.
113. 郭峰，王斌，陆洋. 食品科学, 2006, 27(12): 699.
114. 朱乾华，杨琼，刘冰，等. 西南师范大学学报，2011, 36(5): 88.
115. 陈燕清，颜流水，倪永年. 化学研究与应用，2011, 23(9): 1250.
116. 岑海燕，何勇，张辉，等. 光谱学与光谱分析，2007, 27(9): 1747.
117. 谢丽娟，刘东红，张宇环，等. 光谱学与光谱分析，2007, 27(7): 1332.
118. 邵咏妮，何勇. 红外与毫米波学报, 2006, 25(6): 478.
119. 王欣，叶华俊，黎庆涛，等. 光谱学与光谱分析，2010, 30(7): 1759.
120. 黄康，汪辉君，徐惠荣，等. 光谱学与光谱分析，2009, 29(4): 931.
121. 张海红，张淑娟，介邓飞，等. 山西农业大学学报，2010, 30(1): 46.
122. 陆辉山，应义斌，傅霞萍，等. 光谱学与光谱分析，2007, 27(3): 494.
123. 裘正军，陆江锋，毛静渊，等. 光谱学与光谱分析，2007, 27(8): 1543.

124. 王艳艳, 何勇, 邵咏妮, 等. 光谱学与光谱分析, 2007, 27(4): 702.
125. 李积慧, 杜国荣, 康俊, 等. 分析化学, 2011, 39(6): 898.
126. 段敏, 鲍一丹, 何勇. 光谱学与光谱分析, 2010, 30(1): 74.
127. 陈刚, 王远辉, 黎庆涛, 等. 食品科技, 2011, 36(5): 268.
128. 黎庆涛, 王远辉, 卢家炯. 食品科技, 2011, 36(1): 271.
129. 黎庆涛, 王远辉, 潘路路, 等. 食品科技, 2010(9): 324.
130. 陈雪英, 李页瑞, 陈勇, 等. 中国食品学报, 2009, 9(5): 195.
131. 林萍, 陈永明, 何勇. 光谱学与光谱分析, 2009, 29(2): 382.
132. 张宝, 涂德浴, 陈全胜. 现代食品科技, 2011, 27(4): 486.
133. 刘炜, 俞湘麟, 孙东东, 等. 养猪, 2005(3): 47.
134. 廖宜涛, 樊玉霞, 伍学千, 等. 光谱学与光谱分析, 2010, 30(3): 681.
135. 廖宜涛, 樊玉霞, 伍学千, 等. 农业机械学报, 2010(9): 104.
136. 刘魁武, 成芳, 林宏建, 等. 光谱学与光谱分析, 2009, 29(1): 102.
137. 胡耀华, 郭康权, 野口刚, 等. 光谱学与光谱分析, 2009, 29(12): 3259.
138. 胡耀华, 熊来怡, 蒋国振, 等. 光谱学与光谱分析, 2010, 30(11): 2950.
139. 胡耀华, 郭康权, 野口刚, 等. 光谱学与光谱分析, 2009, 29(8): 2079.
140. 樊玉霞, 廖宜涛, 成芳. 光谱学与光谱分析, 2011, 31(10): 2734.
141. 成芳, 樊玉霞, 廖宜涛. 光谱学与光谱分析, 2012, 32(2):354.
142. 罗香, 刘波平, 张小林, 等. 分析试验室, 2007, 26(10): 25.
143. 赵丽丽, 张录达, 宋忠祥, 等. 光谱学与光谱分析, 2007, 27(1): 46.
144. 王丽, 韩晓祥, 徐欢, 等. 中国食品学报, 2011, 11(7): 181.
145. 赵红波, 谭红, 史会兵, 等. 中国农学通报, 2011, 27(26): 151.
146. 杨建松, 孟庆翔, 任丽萍, 等. 光谱学与光谱分析, 2010, 30(3): 685.
147. 蔡先峰, 郭波莉, 魏益民, 等. 中国农业科学, 2011, 44(20): 4272.
148. 赵杰文, 翟剑妹, 刘木华, 等. 光谱学与光谱分析, 2006, 26(4): 640.
149. 张宁, 张德权, 李淑荣, 等. 农业工程学报, 2008, 24(12): 309.
150. 张德权, 陈宵娜, 孙素琴, 等. 光谱学与光谱分析, 2008, 28(11): 2550.
151. 孙淑敏, 郭波莉, 魏益民, 等. 光谱学与光谱分析, 2011, 31(4): 937.
152. 赵进辉, 刘木华, 吁芳, 等. 核农学报, 2011, 25(3): 529.
153. 林颢, 赵杰文, 陈全胜, 等. 光谱学与光谱分析, 2010, 30(4): 929.
154. 赵勇, 洪文学. 光谱学与光谱分析, 2011, 31(11): 2932.
155. 陆烨, 王锡昌, 刘源. 水产学报, 2011, 35(8): 1273.
156. 王锡昌, 陆烨, 刘源, 等. 计算机与应用化学, 2010(12): 1621.
157. 王锡昌, 陆烨, 刘源. 食品科学, 2010(16): 168.
158. 黄艳, 王锡昌, 邓德文. 食品工业科技, 2008(2): 282.
159. 杨增玲, 韩鲁佳, 刘贤, 等. 农业工程学报, 2009, 25(7): 308.
160. 陶琳, 武中臣, 张鹏彦, 等. 农业工程学报, 2011, 27(5): 364.
161. 刘飞, 孙光明, 何勇. 光谱学与光谱分析, 2010, 30(1): 62.
162. 刘冰, 杨季冬. 食品工业科技, 2011(8): 397-399, 403.
163. 刘冰, 杨琼, 朱乾华, 等. 食品科学, 2011, 32(10): 186.
164. 祝诗平, 王刚, 杨飞, 等. 红外与毫米波学报, 2008, 27(2):129.
165. 王刚, 祝诗平, 阚建全, 等. 农业机械学报, 2008, 39(3): 79.
166. 张建新, 李慧. 食品与发酵工业, 2008, 34(1): 124.
167. 周竹, 李小昱, 李培武, 等. 农业工程学报, 2011, 27(3): 331.
168. 展慧, 李小昱, 周竹, 等. 农业工程学报, 2011, 27(2): 345.
169. 黎静, 薛龙, 刘木华, 等. 农业工程学报, 2010, 26(2): 366.
170. 黎静, 薛龙, 刘木华. 光学与光电技术, 2010, 8(2): 27.
171. 胡润文, 高海洲, 夏俊芳. 湖北农业科学, 2011, 50(13): 2753.
172. 周文超, 孙旭东, 陈兴苗, 等. 农机化研究, 2009(5): 161.
173. 郝勇, 孙旭东, 高荣杰, 等. 农业工程学报, 2010, 26(12): 373.
174. 毛莎莎, 曾明, 何绍兰等. 果树学报, 2011, 28(3): 508.
175. 史波林, 赵镭, 刘文, 等. 农业机械学报, 2010(2): 132.
176. 周丽萍, 胡耀华, 陈达, 等. 农机化研究, 2009, 31(4): 104, 203.
177. 代芬, 洪添胜, 尹令, 等. 农机化研究, 2011, 33(10): 134.
178. 董一威, 籍保平, 史波林, 等. 食品科学, 2007, 28(8): 376.
179. 刘辉军, 孙斌, 陈华才. 光电工程, 2011, 38(5): 86.

180. 王丽, 郑小林, 郑群雄. 中国食品学报, 2011, 11(3): 205.
181. 庞艳苹, 夏立娅, 左永强, 等. 安徽农业科学, 2010(3): 1122.
182. 李晓丽, 胡兴越, 何勇. 红外与毫米波学报, 2006, 25(6): 417.
183. 刘燕德, 应义斌. 营养学报, 2004, 26(5): 400.
184. 张淑娟, 王凤花, 张海红, 等. 农业机械学报, 2009(4): 139.
185. 苗福生, 马毅, 汪西原, 等. 宁夏大学学报, 2011, 32(2): 130.
186. 张晓瑜, 王庭欣, 谢飞, 等. 食品工业科技, 2010, (11): 111.
187. 代芬, 李岩, 冯栋. 湖南科技学院学报, 2011, 32(8): 36.
188. 代芬, 洪添胜, 岳学军, 等. 农业机械学报, 2011, 42(4): 133.
189. 刘春生, 周华茂, 孙旭东, 等. 河北师范大学学报, 200, 32(6): 788.
190. 刘燕德, 罗吉, 陈兴苗. 红外与毫米波学报, 2008, 27(2): 119.
191. 陆辉山, 傅霞萍, 谢丽娟, 等. 光谱学与光谱分析, 2007, 27(9): 1727.
192. 田海清, 应义斌, 陆辉山, 等. 光谱学与光谱分析, 2009, 29(4): 940.
193. 田海清, 应义斌, 陆辉山, 等. 光谱学与光谱分析, 2007, 27(6): 1113.
194. 郝勇, 孙旭东, 潘圆媛, 等. 光谱学与光谱分析, 2011, 31(5): 1225.
195. 刘燕德, 彭彦颖, 高荣杰, 等. 农业工程学报, 2010, 26(11): 338.
196. 王姗姗, 李路宁, 孙红男, 等. 光谱实验室, 2011, 28(6): 3169.
197. 石吉勇, 殷晓平, 邹小波, 等. 农业机械学报, 2010(9): 99.
198. 何勇, 李晓丽. 红外与毫米波学报, 2006, 25(3): 192.
199. 应义斌, 刘燕德, 傅霞萍. 光谱学与光谱分析, 2006, 26(1): 63.
200. 吴泽鑫, 李小昱, 王为, 等. 湖北农业科学, 2010, 49(4): 961.
201. 马兰, 夏俊芳, 张战锋, 等. 农业工程学报, 2009, 25(10): 350.
202. 韩小平, 左月明, 李灵芝. 光谱学与光谱分析, 2010, 30(9): 2479.
203. 马兰, 夏俊芳, 张战锋, 等. 湖北农业科学, 2008, 47(4): 467.
204. 刘波平, 秦华俊, 罗香, 等. 分析试验室, 2007, 26(9): 38.
205. 王多加, 林纯忠, 钟娇娥. 食品科学, 2004, 25(10): 239.

三、近红外光谱法在天然产物、中药材及提取物分析中的应用

表 11-16 在天然产物、中药材及提取物分析中的应用

样品	化学计量学方法	分析指标	分析结果	参考文献
大黄	人工神经网络法	正品与非正品鉴别	正品与非正品鉴别的正确率可达 96%	1
			正品与非正品大黄分类识别率达 96%	2
	径向神经网络法	蒽醌、蒽苷类等	预测均方差为 4.598、8.657、0.4586 和 5.106	3
大黄醇提取液	偏最小二乘法	大黄素含量等	方法的回收率分别为 99.8%和 95.6%	4
金银花	偏最小二乘法	绿原酸含量	绿原酸含量的回收率为 101.78%	5
		水分含量	水分含量的平均回收率为 98.9%	6
云芝	偏最小二乘法	多糖含量	多糖含量的预测均方根误差为 0.0085	7
		蛋白含量	蛋白含量的预测均方根误差为 0.009	8
白芍	偏最小二乘法	芍药苷含量	芍药苷含量的平均相对误差为 4.9%	9,10
		水分测定	预测值与真实值的相关系数达 0.9997	11
人参和西洋参	偏最小二乘法	主要皂苷总量	预测标准差为 0.519,相对分析误差为 4.07	12
	移动窗口 PLS 法	两者的鉴别	对预测集的正确判别率为 100%	13
人参	偏最小二乘法	总糖含量	总糖含量的定标标准差为 1.90%	14
地黄	偏最小二乘法	梓醇含量	所建方法可快速测定地黄中梓醇含量	15
生地黄	偏最小二乘法	梓醇含量	梓醇含量的均方根偏差为 0.032	16
蛹虫草	偏最小二乘法	胞内多糖浓度	胞内多糖浓度的预测均方根误差为 0.365	17
蛹虫草菌丝	径向基神经网络法	腺苷、蛋白质等	可同时测定腺苷、蛋白质、多糖等的含量	18

续表

样　品	化学计量学方法	分析指标	分析结果	参考文献
发酵冬虫夏草菌粉	BP人工神经网络法	氨基酸、精氨酸和总氨酸含量	预测标准偏差分别为0.08、0.07和0.36	19
	BP、PCR和PLSR	甘露醇含量	预测误差均方根为0.608,优于PCR和PLSR	20
银杏叶提取液	偏最小二乘法	总黄酮含量	预测值与HPLC法测定值无显著性差异	21
银杏提取液	偏最小二乘法	总黄酮和总内酯含量	总黄酮和总内酯含量的回收率分别为95.71%～103.3%和95.29%～104.6%	22
红花逆流提取液	偏最小二乘法	羟基红花黄色素A含量	可测中药红花逆流提取液中有效成分羟基红花黄色素A含量	23
红参提取物	偏最小二乘法	总糖含量	可快速测定红参提取物中总糖含量	24
黄酮类提取物	偏最小二乘法	抗氧化活性	抗氧化活性的预测误差均方根为14.8%	25
黄芩醇浸出物	偏最小二乘法	浸出物含量	真实值与预测值间的相关系数为92.52	26
黄芩提取物	偏最小二乘法	黄芩苷含量	黄芩苷含量的平均回收率为100.19%	27
栀子渗漉液	偏最小二乘法	栀子苷含量	预测回收率分别为100.0%和99.9%	28
沉香	因子化法等	伪劣鉴别	所建方法可准确地鉴别出伪劣沉香	29
八角茴香	偏最小二乘法	莽草酸含量	该模型对莽草酸含量的预测精度高	30
山橿药材	TQAnalyst8.0软件	银松素含量	该法可准确测定山橿药材中银松素含量	31
杏香兔耳风	偏最小二乘法	绿原酸含量	绿原酸含量预测的回收率为104.1%	32
当归	主成分分析法	产地、产期鉴别	产地、产期鉴别的准确率可达94.85%	33
虎掌南星与天南星药材	聚类分析法和主成分分析法	虎掌南星与天南星的鉴别	该法可快速鉴别虎掌南星和天南星药材	34
地骨皮药材	OPUS软件	真伪鉴别	可快速鉴别区分地骨皮和伪品毛叶探春	35
杜仲	偏最小二乘和主成分回归分析法	松脂醇二葡萄糖苷含量	偏最小二乘和主成分回归分析法都可用于杜仲中松脂醇二葡萄糖苷含量的测定	36
菟丝子药材	偏最小二乘法等	分类鉴别	分类正确率达93%;与HPLC测定结果一致	37
淫羊藿	偏最小二乘法	产地鉴别	淫羊藿产地鉴别的误分率为0	38
西红花	偏最小二乘法	西红花苷含量	西红花苷含量预测的相对偏差为3.948	39
连翘	模式识别方法	产地鉴别	对10个未知样品进行产地鉴别,1个被错判	40
连翘提取物	偏最小二乘法	连翘苷含量	连翘苷含量预测的均方差为0.110	41
铁棍山药	矢量归一化法	品种鉴别	该法能准确鉴别出铁棍山药和非铁棍山药	42
铁棍山药和白玉山药	二阶导数＋矢量归一化＋聚类分析	铁棍山药和白玉山药鉴别	该法能准确快速地对铁棍山药和白玉山药进行分类鉴别	43
防己药材	OPUS软件	真伪鉴别	所述方法可区分正品和伪品防己	44
黄花蒿	偏最小二乘法	青蒿素含量	青蒿素含量的预测均方差为0.544‰	45
白芷、野生和栽培丹参	模式识别技术	产地鉴别	白芷、野生和栽培丹参产地鉴别的交叉验证准确率分别达到99%和95%	46
阿胶	马氏距离法	真伪鉴别	所述方法可准确无误地鉴别阿胶真伪	47
甘草	偏最小二乘法	甘草酸含量	甘草酸含量的标准偏差为0.197	48
蓝桉果实	聚类分析法	真伪快速鉴别	可快速鉴别蓝桉果实及其伪品大叶桉果实	49
三七药材	偏最小二乘法	总皂苷含量	总皂苷含量的交叉验证均方差为0.159%	50
枸杞	主成分分析法	产地识别	所测样本枸杞产地的识别率均为100%	51
天麻	偏最小二乘法	天麻素含量	天麻素含量的预测值与真实值相符	52
山橿药材	偏最小二乘法	球松素含量	球松素含量预测值与药典法测定值相符	53
黄连	偏最小二乘法	6种生物碱含量	6种生物碱含量预测标准误差为0.043～0.346	54

本表参考文献：
1. 汤彦丰，张卓勇，范国强. 光谱学与光谱分析，2004, 24(11): 1348.
2. 王贵杰, 杨帆. 西北药学杂志, 2009, 24(1): 19.
3. 于晓辉，张卓勇，马群，等. 光谱学与光谱分析，2007, 27(3): 481.
4. 耿炤，胡浩武，李胜华，等. 应用化工，2011, 40(5): 900.
5. 白雁，李珊，王星，等. 中国实验方剂学杂志，2011, 17(5): 66.
6. 白雁, 李珊, 张威, 等. 中国现代应用药学, 2011, 28(11): 1024.
7. 王艳珍, 王立英, 金元宝. 中国医药指南, 2010, 8(12): 43.
8. 王悦怡, 董媛, 高翔, 等. 食品研究与开发, 2008, 29(5): 114.
9. 张金巍，张延莹，刘岩，等. 中草药，2011, 42(12): 2459.
10. 熊明华, 方少敏, 饶毅, 等. 中国实验方剂学杂志, 2011, 17(21): 52.
11. 魏惠珍，方少敏，饶毅，等. 中草药，2011, 42(10): 1994.
12. 黄亚伟，王加华，Jacqueline J S，等. 分析化学，2011, 39(3): 377.
13. 黄亚伟，王加华，李晓云，等. 光谱学与光谱分析，2010, 30: (11): 2954.
14. 芦永军，曲艳玲，曹志强，等. 光谱学与光谱分析，2006, 26(8): 1457.
15. 许麦成. 中药材, 2011, 34(7): 1072.
16. 白雁，李雯霞，王星，等. 中国实验方剂学杂志，2010(13): 45.
17. 郭伟良，王羚瑶，李伟伟，等. 吉林大学学报，2010, 48(5): 855.
18. 郭伟良, 王丹, 宋佳等. 光学学报, 2011, 31(2): 274.
19. 赵琛，瞿海斌，程翼宇. 光谱学与光谱分析，2004, 24(1): 50.
20. 杨南林, 程翼宇, 瞿海斌. 分析化学, 2003, 31(6): 664.
21. 付友珍，王斌，杨天鸣，等. 化学与生物工程，2009, 26(5): 75.
22. 胡钢亮，吕秀阳，罗玲，等. 分析化学，2004, 32(8): 1061.
23. 陈雪英，李页瑞，陈勇，等. 分析化学，2009, 37(10): 1451.
24. 高荔, 孔伟. 齐鲁药事, 2011, 30(5): 273.
25. 王毅，俞凌燕，范骁辉，等. 光谱学与光谱分析，2009, 29(9): 2401.
26. 白雁，刘乐，王东，等. 时珍国医国药，2009, 20(5): 1081.
27. 张威，白雁，雷敬卫，等. 计算机与应用化学，2010(12): 1697, 1706.
28. 胡浩武，耿炤，李胜华，等. 应用化工，2011, 40(4): 725.
29. 钟建理，饶伟文，谢黔峰，等. 西北药学杂志，2010(4): 273.
30. 范铭然，孟庆繁，王迪等. 时珍国医国药，2009, 20(5): 1199.
31. 雷敬卫，郭艳利，白雁，等. 中国实验方剂学杂志, 2011, 17(17): 75.
32. 王木兰，耿炤，胡浩武，等. 江西中医药, 2011, 42(4): 53.
33. 李波霞，魏玉辉，席莉莉，等. 光谱实验室，2011, 28(4): 2128.
34. 陆丹，邓海山，池玉梅，等. 中成药, 2011, 33(5): 841.
35. 吴志刚，丁华，王吉华. 中国中医药咨讯, 2011, 3(15): 224.
36. 常静，唐延林，徐锦. 计算机与应用化学，2011, 28(3): 288.
37. 孙荣梅，相秉仁，于丽燕，等. 药学与临床研究，2010, 18(6): 534.
38. 范茹军，秦晓晔，宋岩，等. 中国实验方剂学杂志，2010(13): 85.
39. 张聪，胡馨，张英华，等. 中成药, 2010, 32(9): 1559.
40. 张晓慧，刘建学. 激光与红外, 2008, 38(4): 342.
41. 白雁，张威，王星，龚海燕. 实验技术与管理, 2010, 27(8): 34, 59.
42. 龚海燕，宋瑞丽，李珊，等. 计算机与应用化学，2010(7): 967.
43. 龚海燕，白雁，宋瑞丽，等. 中国医院药学杂志，2010(9): 735.
44. 余驰，巩晓宇. 中国药事, 2010(7): 679.
45. 刘浩，黄艳萍，相秉仁，等. 中国医药工业杂志，2007, 38(8): 584.
46. 刘沭华，张学工，周群，等. 光谱学与光谱分析，2006, 26(4): 629.
47. 瞿海斌，杨海雷，程翼宇. 光谱学与光谱分析，2006, 26(1):60.
48. 王丽，何鹰，邱招钗，等. 光谱学与光谱分析，2005, 25(9): 1397.
49. 刘玉明, 柴逸峰, 亓云鹏, 等. 中成药, 2004, 26(12): 1049.
50. 杨南林, 瞿海斌, 等. 浙江大学学报, 2002, 36(4): 463.
51. 汤丽华，刘敦华. 食品科学, 2011, 32(22): 175.
52. 杜伟锋，徐珊珊，王胜波，等. 南京中医药大学学报，2011, 27(6): 568.
53. 雷敬卫，刘建营，白雁，等. 中国现代应用药学，2011, 28(11): 1000.
54. 张静, 耿志鹏, 范刚, 等. 时珍国医国药, 2011, 22(10): 2393.

四、近红外光谱法在药物分析中的应用

表 11-17 在药物分析中的应用

样 品	化学计量方法	分析指标	分析结果	参考文献
银黄颗粒	判别分析法	分类鉴别	分类准确率为 100%	1
	TQ 软件建模	绿原酸含量	预测相关系数和均方差为 0.984 和 0.166	2
六味地黄丸	偏最小二乘法	水分含量	水分含量的平均回收率为 100.75%	3
		定性识别	定性识别的准确率为 98.72%	4
		马钱苷含量	马钱苷含量的预测均方差为 0.0389	5
		水分含量	水分含量的平均回收率为 100.75%	6
		丹皮酚含量	丹皮酚含量的平均回收率为 100.38%	7
双黄连口服液	多元线性回归	绿原酸和连翘苷等含量	均方根误差分别为 0.85726 和 0.88987	8
	偏最小二乘法		相对误差分别为 0.96%、5.62%和 2.75%	9
	主成分分析法	快速定性鉴别	可鉴别双黄连、心通等 10 种口服液	10
黄连上清片	矢量归一法	一致性检验	可准确区分不同厂家生产的黄连上清片	11
藿香正气口服液	偏最小二乘法	厚朴酚与和厚朴酚含量	厚朴酚与和厚朴酚含量的预测相对偏差分别为 0.36 和 0.26	12
风湿骨痛胶囊	OPUS 分析软件	真伪鉴别	可快速、准确地判断风湿骨痛胶囊的真伪	13
乌鸡白凤丸	偏最小二乘法	总氨基酸、芍药苷含量、水分	总氨基酸、芍药苷和水分预测值的均方差分别为 0.199%、0.00436%和 0.386%	14
桂枝茯苓胶囊	主成分分析法	定性定量分析	适于桂枝茯苓胶囊的快速定性定量分析	15
黄芪精口服液	偏最小二乘法	黄芪多糖和黄芪甲苷含量	黄芪多糖和黄芪甲苷含量的预测值与标准方法的测定值无显著性差异	16
冬凌草片	主成分分析法	分类识别	对不同厂家冬凌草片的分类识别率达 100%	17
生脉胶囊	偏最小二乘法	人参皂苷 Rg_1 和 Re 的含量	定量模型的决定系数为 0.97167，人参皂苷 Rg_1 和 Re 含量的均方误差为 0.0275	18
复方丹参片	主成分分析和偏最小二乘法	丹酚酸 B、丹参酮ⅡA 等 4 指标	丹酚酸 B、丹参酮ⅡA 等 4 个指标的预测值与化学法测定值之间无显著性差异	19
	主成分分析法	丹参片的鉴别	该法可快速定性鉴别复方丹参片	20
	偏最小二乘法	丹参酮ⅡA 和丹酚酸 B 含量	丹参酮ⅡA 和丹酚酸 B 含量的预测回收率分别为 103.0%和 99.0%	21
丹参注射液	偏最小二乘法	鞣质浓度	鞣质浓度的预测误差均方根为 1.43g/L	22
注射用丹参(冻干)	偏最小二乘法	丹参素、原儿茶醛及总酚含量	丹参素、原儿茶醛及总酚含量的预测相对偏差分别为 2.7%、7.8%和 6.4%	23
参麦注射液	神经网络法	质量分类鉴别	质量分类鉴别的正确率达到 96.4%	24
	模糊神经网络	产品类别检测	分类准确率达到 94.2%	25
注射用益气复脉(冻干)	偏最小二乘法	人参皂苷总量	预测值与 HPLC 测定值的 RMSEP 为 0.234	26
		人参总皂苷	预测值和真实值基本相符，*RSD* 为 4.1%	27
清开灵注射液中间体	组合的间隔偏最小二乘法	总氮和栀子苷含量	总氮和栀子苷含量的预测误差均方根分别为 0.074 和 0.159	28
消渴丸	OPUS 软件	真伪鉴别	能准确区分消渴丸及其 4 批假冒品	29
消渴丸药粉	偏最小二乘法	葛根素含量	对预测集样品预测平均相对偏差为 3.2%	30
消渴丸浓缩液	偏最小二乘法	葛根素含量	对预测集样品预测平均相对偏差为 1.8%	31
中成药硬胶囊	偏最小二乘法	水分	均方差为 0.76%,平均相对偏差为 6.1%	32

续表

样　　品	化学计量方法	分析指标	分析结果	参考文献
舒血宁注射液	偏最小二乘法	总黄酮醇苷	样品浓度范围为 0.760～0.890mg/ml	33
肾宝合剂	偏最小二乘法	淫羊藿苷含量	淫羊藿苷含量测定的回收率为 99.0%	34
染色黄芩片	因子化法等	黄芩片鉴别	该法可快速、准确地鉴别染色黄芩片	35
茶多酚	偏最小二乘法	总儿茶素含量	总儿茶素含量的均方根误差为 1.71%	36
芦丁药品	人工神经网络	药品质量鉴定	成功地分辨出合格药品和不合格药品	37
熊胆粉	因子化法等	熊胆粉鉴别	鉴别 10 批样品，其准确率达到 100%	38
天然牛黄粉	支持向量机法	人工牛黄掺入量	掺入量测定的相对误差平方和为 0.00135	39
复方氯丙那林胶囊	偏最小二乘法	盐酸氯丙那林等三种成分含量	盐酸氯丙那林等三种成分预测均方根误差分别为 0.055、0.120 和 0.210	40
复方氯丙那林溴己新胶囊	偏最小二乘法	盐酸氯丙那林、盐酸溴己新等含量	回收率为 97.8%～100.78%、98.65%～103.96%和 98.12%～100.34%	41
复方磺胺甲噁唑片	偏最小二乘法	磺胺甲噁唑和甲氧苄啶含量	预测均方差分别为 0.156 与 0.0815	42
	PLS 多元校正法		预测均方根误差分别为 0.310 和 0.418	43
盐酸左西替利嗪片	一致性检验及图谱比对法	真伪鉴别	正品与伪品存在较大差异，可以鉴别区分	44
盐酸左氧氟沙星注射液	偏最小二乘和人工神经网络	盐酸左氧氟沙星注射液含量	预测集样本的标准偏差为 0.2428	45
盐酸吡格列酮片	偏最小二乘法	盐酸吡格列酮含量	盐酸吡格列酮含量的预测均方差为 0.259，平均预测偏差为 0.18%	46
含盐酸二甲双胍假药	利用特征谱段，建立特征模型	盐酸二甲双胍违禁成分判别	判别含盐酸二甲双胍假药，阳性率 100%	47
卡托普利片	马氏距离法等	药品识别	可与其他普利类片剂及安慰剂相区别	48
	偏最小二乘法	卡托普利含量	浓度范围 8.79%～36.82%，均方根误差 0.818	49
利巴韦林片	偏最小二乘法	利巴韦林含量	利巴韦林含量的预测值与真值基本相符	50
双氯酚酸钠粉	偏最小二乘法	双氯酚酸钠含量	对样品含量进行预测，得到满意结果	51
头孢羟氨苄胶囊	偏最小二乘法，内部交叉验证	头孢羟氨苄含量	头孢羟氨苄含量内部交叉和外部验证均方差分别为 0.804 和 1.13	52
头孢氨苄片	内部交叉验证	头孢氨苄含量	预测值与真值的相关系数为 0.9799	53
注射用头孢曲松钠	偏最小二乘法	头孢曲松钠及水分含量	头孢曲松钠及水分含量的外部验证均方差分别为 1.07 和 0.294	54
阿莫西林胶囊	偏最小二乘法	阿莫西林含量	平均回收率为 99.75%，*RSD* 为 0.6%	55
罗红霉素片	偏最小二乘法	罗红霉素含量	罗红霉素含量测定相对标准偏差小于 6%	56
氯霉素注射液	偏最小二乘法	氯霉素含量	平均回收率为 100.3%，*RSD* 为 3.2%	57
奥美拉唑胶囊	偏最小二乘法	奥美拉唑含量	相关系数为 0.978，预测均方差为 0.161	58
吡嗪酰胺片	神经网络法	吡嗪酰胺含量	吡嗪酰胺含量的预测均方根误差为 0.00330	59
	偏最小二乘法	吡嗪酰胺含量	吡嗪酰胺含量的预测均方根误差为 0.563	60
异福片	径向神经网络	利福平和异烟肼	利福平和异烟肼含量预测误差＜2.300%	61
异烟肼片	偏最小二乘法	异烟肼含量	平均回收率为 99.772%，*RSD* 为 0.526%	62
痰咳净散	偏最小二乘法	咖啡因含量	平均(最大)相对误差为 1.0%(3.2%)	63
痰热清注射液	SIMCA 方法	总混中间体判别	总混中间体识别的准确率为 94.1%	64
白加黑感冒药	一致性检验法	真伪鉴别	该模型可准确区分白加黑片的假冒品	65

续表

样　品	化学计量方法	分析指标	分析结果	参考文献
感康	偏最小二乘法	对乙酰氨基酚与盐酸金刚烷胺	对乙酰氨基酚与盐酸金刚烷胺含量的预测均方误差分别为 0.00478 和 0.00603	66
维 C 银翘片	偏最小二乘法	维生素 C 含量	预测集检验均方差为 8.75	67
安乃近片	偏最小二乘法	崩解时限测定	预测集检验均方差为 0.0227	68
前列欣胶囊	偏最小二乘法	欧前胡素、水分、细菌含量	欧前胡素、水分、细菌含量的预测值与化学法测定值之间无显著性差异	69
伊曲康唑胶囊	矢量归一化法	假冒品鉴别	可鉴别正品、假冒品和结构相近的药品	70
氯雷他定胶囊	偏最小二乘法	氯雷他定含量	氯雷他定含量的平均回收率为 100.3%	71
维生素 E	回归方程法	维生素 E 含量	维生素 E 含量相对误差为−0.79%～0.9%	72
药片	小波聚类方法	药片种类判别	药片分类精确度高达 99.2%	73
	神经网络回归	活性成分含量	预测值与化学检测值基本相符	74
葡萄糖注射液	偏最小二乘法	葡萄糖含量	平均预测偏差 0.59，平均相对偏差 1.53%	75
Norvasc 药片	人工神经网络	苯磺酸氨氯地平	苯磺酸氨氯地平预测值相对误差为 4.2%	76
Cofrel 药品	偏最小二乘法	磷酸苯丙哌林	磷酸苯丙哌林含量预测值相对误差为 0.42%	77
Cofrel 粉末	人工神经网络	磷酸苯丙哌林	磷酸苯丙哌林浓度预测相对误差为 4.0%	78

本表参考文献：

1. 白雁，张威，王星，等. 实验室研究与探索，2010(6): 21.
2. 白雁，张威，龚海燕，等. 中国实验方剂学杂志，2010(7): 35.
3. 史会齐，白雁，谢彩侠，等. 实验室研究与探索，2011, 30(5): 38.
4. 臧鹏，李军会，于燕波，等. 中华中医药杂志，2011, 26(12): 2951.
5. 董晓强，魏惠珍，饶毅，等. 中草药，2011, 42(8): 1543.
6. 史会齐，白雁，谢彩侠，等. 实验室研究与探索，2011, 30(5): 38.
7. 白雁，史会齐，龚海燕，等. 中国实验方剂学杂志，2010(17): 63.
8. 戴传云，高晓燕，汤波，等. 光谱学与光谱分析，2010, 30(2): 358.
9. 王宁，武卫红，李中文，等. 药物分析杂志，2010(9): 1689.
10. 王宁，蔡绍松，李中文，等. 中成药，2008, 30(5): 688.
11. 陆凯，崔田. 淮海医药，2011, 29(6): 545.
12. 杨琼，周尚，朱乾华，等. 西南师范大学学报，2011, 36(6): 38.
13. 余俊，张剑锋，左言东，等. 安徽医药，2011, 15(12): 1502.
14. 聂黎行，王钢力，李志猛，等. 红外与毫米波学报，2008, 27(3): 205, 218.
15. 宫凯敏，李家春，徐连明，等. 中国中药杂志，2011, 36(8): 1004.
16. 刘冰，刘振尧，朱乾华，等. 分析科学学报，2011, 27(2): 195.
17. 石杰，李长滨，吴拥军，等. 郑州大学学报，2011, 43(4): 67.
18. 仇永跃，张金英，付迎. 齐鲁药事，2011, 30(10): 585.
19. 武卫红，王宁，石俊英，等. 中成药，2010(7): 1140.
20. 王宁，蔡绍松，武卫红，等. 中国中药杂志，2008, 33(16): 1964.
21. 王宁，蔡绍松，魏红，等. 中国中药杂志，2008, 33(3): 261.
22. 邢丽红，徐金钟，瞿海斌. 药物分析杂志，2010(10): 1813.
23. 蒋受军，刘丽娜，朱斌，等. 药物分析杂志，2008, 28(7): 1094.
24. 刘雪松，施朝晟，程翼宇，等. 分析化学，2007, 35(10): 1483.
25. 刘雪松，程翼宇. 化学学报，2005, 63(24): 2216.
26. 韩晓萍，李德坤，周大铮，等. 中国中药杂志，2011, 36(12): 1603.
27. 韩晓萍，李德坤，周大铮，等. 光谱实验室，2011, 28(4): 1888.
28. 朱向荣，李娜，史新元，等. 高等学校化学学报，2008, 29(5): 906.
29. 韩莹，张永耀，侯惠婵，等. 广东药学院学报，2010, 26(4): 348.
30. 苏碧茹，叶彬，耿春贤，等. 中国中药杂志，2011, 36(6): 672.
31. 石猛，耿春贤，叶彬，等. 中国实验方剂学杂志，2011, 17(11): 48.
32. 徐东来，林光燎. 药物分析杂志，2010(11): 2170.
33. 王润彪，郄冰冰. 中国药事，2010(10): 995.
34. 胡浩武，耿熠，王木兰. 江西中医学院学报，2011, 23(2): 42.

35. 钟建理, 饶伟文, 张治军, 等. 中国药师, 2009(5): 672.
36. 陈华才, 吕进, 俸春红, 等. 中国计量学院学报, 2005, 16(1): 17.
37. 刘福强, 赵文萃, 刘革, 等. 化学分析计量, 2003, 12(3): 11.
38. 钟建理, 饶伟文, 肖聪. 中国药师, 2011, 14(8): 1131.
39. 马群, 郝贵奇, 乔延江, 等. 光谱学与光谱分析, 2006, 26(10): 1842.
40. 印洁红, 顾晓红, 鲁辉, 等. 化学研究与应用, 2010(1): 24.
41. 谢洪平, 徐乃玉, 李一林, 等. 中国医院药学杂志, 2006, 26(10): 1194.
42. 陈雨, 张经硕, 蒋雪, 等. 中国药物与临床, 2005, 5(11): 816.
43. 张经硕, 徐乃玉, 陈雨, 等. 化学研究与应用, 2006, 18(7): 788, 794.
44. 阮治纲. 中国药师, 2011, 14(10): 1542.
45. 宋岩, 谢云飞, 张勇, 等. 光谱学与光谱分析, 2009, 29(10): 2665.
46. 刘利群, 多凯, 姜连阁, 等. 中国药师, 2011, 14(7): 1006.
47. 古海锋, 方颖, 王志斌. 药物分析杂志, 2010, (7): 1225.
48. 高娟, 唐素芳, 高立勤, 等. 天津药学, 2010, 22(1): 9.
49. 黄海, 武洋. 中国药事, 2011, 25(7): 695.
50. 陶虹, 艾买提江, 马晓康. 药物分析杂志, 2008, 28(10): 1705.
51. 李岩梅, 国警月, 王彬, 等. 生命科学仪器, 2008, 6(11): 46.
52. 郄冰冰, 王润彪, 刘云. 中国药事, 2010, (9): 892, 912.
53. 巩丽萍, 王维剑, 杨娜, 等. 药物分析杂志, 2011, 31(8): 1571.
54. 侯少瑞, 冯艳春, 胡昌勤. 药物分析杂志, 2008, 28(6): 936.
55. 沈漪, 潘颖, 刘全, 等. 药物分析杂志, 2005, 25(4): 385.
56. 田洁, 冯艳春, 胡昌勤. 药物分析杂志, 2004, 24(5): 493.
57. 徐东来, 王海华, 兰茜. 中国药事, 2011, 25(9): 933.
58. 林翔, 汪学楷, 代涛, 等. 化学研究与应用, 2011, 23(7): 898.
59. 孟庆繁, 候欣彤, 魏广英, 等. 应用化学, 2007, 24(10): 1153.
60. 滕乐生, 年综潜, 逯家辉, 等. 吉林大学学报, 2006, 36(3): 443.
61. 逯家辉, 张益波, 张卓勇, 等. 光谱学与光谱分析, 2008, 28(6): 1264.
62. 逯家辉, 吕昕, 王跃溪, 等. 吉林大学学报, 2006, 44(3): 485.
63. 雷毅, 罗卓雅, 王彩媚. 药物分析杂志, 2011, 31(6): 1040.
64. 李文龙, 薛东升, 刘绍勇, 等. 中成药, 2010, 32(12): 2137.
65. 吴翔, 韩莹. 北方药学, 2011, 8(7): 10.
66. 张益波, 田鸿儒, 逯家辉, 等. 时珍国医国药, 2011, 22(5): 1137.
67. 金鸣, 王勇. 海峡药学, 2011, 23(12): 67.
68. 王昀, 孟庆华. 海峡药学, 2011, 23(12): 69.
69. 武卫红, 董海平, 周爱敏, 等. 中国药房, 2010(48): 4590.
70. 曾焕俊, 韩莹. 今日药学, 2010, 20(10): 34.
71. 魏京京, 吴建敏, 张启明, 等. 药物分析杂志, 2008, 28(11): 1896.
72. 史月华, 徐光明. 分析化学, 2000, 28(5): 587.
73. 方利民, 林敏. 光谱学与光谱分析, 2010, 30(11): 2958.
74. 方利民, 林敏. 化学学报, 2008, 66(15): 1791.
75. 吴少平, 李小安, 刘海静, 等. 西北药学杂志, 2011, 26(5): 344.
76. 刘名扬, 赵景红, 孟昱. 吉林大学学报, 2007, 45(5): 849.
77. 刘名扬, 孟昱, 任玉林, 等. 光谱学与光谱分析, 2007, 27(6): 1098.
78. 刘名扬, 赵景红, 张晓明, 等. 吉林大学学报, 2007, 45(2): 301.

五、近红外光谱法在临床医学领域的应用

表 11-18 近红外光谱法在临床医学领域的应用

测量对象	分析指标	分析结果	参考文献
胎儿	脑氧合血红蛋白和脱氧血红蛋白及血氧饱和度含量	当血氧饱和度≤2.4%时，提示胎儿宫内缺氧、酸中毒	1
足月儿脑氧合情况	音乐对脑氧合情况的影响	早期给予足月儿音乐刺激可促进其脑发育	2
脑氧饱和度	驾驶员疲劳状态脑氧饱和度	脑氧饱和度与驾驶疲劳有密切相关性	3
妊娠高血压妇女	胎儿脑组织血氧含量	妊高症妇女胎儿脑组织血氧含量偏低	4

续表

测量对象	分析指标	分析结果	参考文献
子宫内膜组织切片	子宫内膜癌诊断	所述方法可用于子宫内膜癌的诊断	5
	癌变、增生和正常内膜鉴别	可区分癌变、增生和正常子宫内膜切片	6
子宫内膜癌	子宫内膜癌的早期诊断	早期诊断总分类正确率约 92%	7
手指组织	无创检测血氧饱和状态	该法可检测生物组织血氧饱和状态	8
颅脑创伤	脑水含量	该法可监测伤后脑水肿的变化	9
舌诊	中医证型快速诊断	区分健康和表寒里热患者准确率为 85.6%	10
	舌诊分类	舌诊分类的预测正确率为 95.8%	11
	对疾病进行诊断	对疾病诊断的平均绝对误差为 13.2%	12
肝炎患者舌诊	健康人与肝炎患者分类	健康人与肝炎患者分类的正确率为 100%	13
肿瘤	热疗过程中的约化散射系数	可在体监测激光诱导肿瘤间质热疗的效果	14
雌、孕激素	同时测定多种雌、孕激素含量	可同时检测雌二醇、雌三醇、雌酚酮等	15
胆酸	胆酸含量	可快速测定胆酸含量	16
压疮易患组织	血氧参数及压力影响分析	血氧参数是压疮风险指标，受压力影响	17
感觉和运动神经	感觉和运动神经束区分	可以达到直观鉴别的目的，准确率 90.0%	18
人体血糖	血糖浓度	血糖浓度预测误差为−0.01～0.03mmol/L	19
全血样品	丙氨酸氨基转移酶含量	定标标准差和预测标准差为 2.42 和 7.22	20
	血糖浓度	血糖浓度预测误差小于 0.13mmol/L	21
血清	胆固醇含量	相对预测误差平均值为 2.9%、3.1%和 4.8%	22
	葡萄糖、总胆固醇、总蛋白等	预测值与生化方法测定值基本相符	23
	胆固醇和甘油三酯含量	预测均方差分别为 0.198 和 157mmol/L	24
		预测值与参考值基本相符	25
血浆	格列齐特血药浓度	该法对格列齐特血药浓度的测定是可行的	26
尿液	微量白蛋白含量	方法的预测标准误差为 5.02mg/L	27
	葡萄糖含量	葡萄糖含量的预测均方差为 10.4mg/dL	28
水貂等动物心脏	水貂心脏真伪鉴别	可鉴别水貂、家鸡、山鸡、野鸭等的心脏	29
胶质瘤大鼠	射频热疗的监测	可在位监测胶质瘤大鼠射频热疗的疗效	30
	测量优化散射系数	可用于胶质瘤的检测	31
帕金森大鼠纹状体区	优化散射系数与局部脑血容量	该法可以测量帕金森大鼠纹状体部的优化散射系数与局部脑血容量变化	32
奶牛乳房炎	乳酸脱氢酶含量	乳酸脱氢酶含量的相对分析误差为 3.059	33

本表参考文献：

1. 方颖，乌丰莲，赵丽娟. 中国医学创新, 2010, 7(13): 51.
2. 于果，刘丽，姜斌. 护理研究：上旬版, 2011(6): 1443.
3. 李增勇，代世勋，张小印，等. 光谱学与光谱分析，2010, 30(1): 58.
4. 方颖，乌丰莲，赵丽娟. 中国医疗前沿, 2010(7): 5, 69.
5. 徐可，相玉红，代荫梅，等. 分析化学, 2009, 37(A01): 113.
6. 徐可，相玉红，代荫梅，等. 高等学校化学学报，2009(8): 1543.
7. 翟玮，相玉红，代荫梅，等. 光谱学与光谱分析，2011, 31(4): 932.
8. 高博，魏蔚，龚敏，王丽. 光谱学与光谱分析，2009, 29(11): 2922.
9. 毛雯岚，钱志余，杨天明，等. 光谱学与光谱分析，2009, 29(4): 922.
10. 林凌，张晶，赵静，等. 光谱学与光谱分析，2011, 31(3): 677.
11. 严文娟，林凌，赵静，等. 激光与红外，2010, 40(11): 1201.
12. 严文娟，李刚，林凌，等. 计算机工程与应用，2011, 47(27):132.
13. 严文娟，张晶，胡广芹，等. 光谱学与光谱分析，2010, 30(10):2628.
14. 钱爱平，花国然，钱志余，等. 中国激光，2011, 38(1): 98.

15. 冯海, 徐光明, 等. 分析化学, 2001, 29(2): 175.
16. 杨阳, 代涛, 汪学楷, 等. 化学研究与应用, 2011, 23(2): 204.
17. 李增勇, 王岩, 辛青, 等. 光谱学与光谱分析, 2011, 31(6): 1490.
18. 卜寿山, 曹晓健, 吕天润, 等. 江苏医药, 2010(24): 2946, I0001.
19. 左平, 李映红, 韩笑, 等. 吉林大学学报, 2008, 46(6): 1131.
20. 黄富荣, 张军, 罗云瀚, 等. 光谱学与光谱分析, 2010, 30(10): 2620.
21. 丁东, 张洪艳, 王丽秋, 等. 激光与红外, 2003, 33(5): 328.
22. 杨皓旻, 卢启鹏. 光谱学与光谱分析, 2011, 31(2): 375.
23. 李刚, 赵喆, 刘蕊, 等. 光谱学与光谱分析, 2010, 30(9): 2381.
24. 黄富荣, 李仕萍, 余健辉, 等. 光谱实验室, 2011, 28(6): 2774.
25. 陈华才, 杨仲国, 李惠英, 等. 激光生物学报, 2004, 13(6): 429.
26. 孙荣梅, 于丽燕. 齐鲁药事, 2010(12): 722.
27. 李刚, 赵喆, 刘蕊, 等. 光谱学与光谱分析, 2011, 31(9): 2412.
28. 刘伟玲, 张思祥, 冉多钢, 等. 光谱仪器与分析, 2004(2): 31.
29. 齐俊生, 姜辉. 特产研究, 2010, 32(4): 30.
30. 刘华亭, 杨天明, 钱志余, 等. 东南大学学报:医学版, 2011, 30(3): 436.
31. 郭凯, 杨天明, 钱志余, 等. 山东医药, 2011, 51(20): 1917.
32. 孙涛, 钱志余, 王文宏, 等. 神经解剖学杂志, 2011, 27(1): 24.
33. 项智锋. 光谱实验室, 2008, 25(4): 633.

六、近红外光谱法在纤维、农业及林牧业领域的应用

表 11-19 在纤维、农业及林牧业领域的应用

测量对象	化学计量学方法	分析指标	分析结果	参考文献
亚麻-棉混纺物	最小二乘方法	亚麻含量	亚麻含量预测值的误差<3%	1
皮棉	偏最小二乘法	分类和杂质量	分类准确度为95.4%,杂质含量准确率为80.9%	2
羊绒与羊毛	主成分分析法等	两者鉴别	相关系数和 *RSD* 分别为 0.9981 和 1.2061	3
山羊绒原料	主成分分析法等	品种鉴别	采用支持向量机的品种鉴别率达 100%	4
棉、麻、毛、丝、天丝	主成分分析法等	纤维种类鉴别	所建方法能准确鉴别预测集的 5 种纤维	5
苎麻	偏最小二乘法	果胶含量	果胶含量的预测标准差为 0.21	6
		纤维素含量	预测值与化学测定值间的相对误差为 1.17%	7
小麦	主成分回归法	蛋白质含量	蛋白质含量的预测值相对误差为 1.5%	8
	主成分分析法等	品种鉴别	所建模型对小麦品种的识别率为 95.6%	9
小麦鲜、干叶	偏最小二乘法等	全氮含量	所建模型均能准确地估测小麦叶片氮含量	10
燕麦种子	马氏距离识别法	活力鉴别	对燕麦种子活力的鉴别率达到 100%	11
稻米	主成分分析法等	品种、真伪鉴别	对稻米品种与真伪鉴别的准确率均达 100%	12
稻谷干粒	偏最小二乘法	干粒质量	干粒质量的预测值与真实值基本相符	13
稻谷	偏最小二乘法	水分含量	预测值与实测值的平均绝对偏差为 0.03	14
籼稻	偏最小二乘法	淀粉和蛋白质含量、碱消值、垩白度	4 个指标的交叉检验均方误差分别为 1.55、0.258、0.283 和 4.14	15
	主成分分析法	分类鉴别	类归属正确率为 96.7%,可进行准确分类	16
水稻	BP 神经网络法	品种鉴别	预测未知的 50 个样本的正确率达到 96%	17
倒伏水稻	主成分分析法和支持向量机法	鉴别导致水稻倒伏的原因	受稻飞虱、穗颈瘟危害而倒伏的水稻识别精度分别为 100%和 90.9%	18
水稻穗	支持向量机法等	染病程度分级	所建方法可对水稻穗颈瘟染病程度进行分级	19
水稻稻叶	偏最小二乘算法	染病程度检测	对叶瘟病染病程度检测正确率达到 96.7%	20
水稻叶片	人工神经网络法	氮素含量	氮素含量的预测相对标准差为 3.109	21
	偏最小二乘法等	氮含量	预测的准确性是干叶粉末比新鲜叶片高	22

续表

测量对象	化学计量学方法	分析指标	分析结果	参考文献
转基因水稻及亲本叶片	偏最小二乘-支持向量机法	快速识别和叶绿素含量测定	叶绿素含量测定的预测均方根误差为1.3121；能快速识别转基因水稻叶片	23
杂交稻种宜香725	一阶导数预处理和偏最小二乘法	杂交稻种宜香725的纯度	校正标准误差与预测标准误差分别为0.0025与0.0066	24
高粱样品	多任务最小二乘法和支持向量机法	蛋白质、赖氨酸及淀粉含量	蛋白质、赖氨酸及淀粉含量的预测值与实际值相对误差分别为1.52%、3.04%和1.01%	25
单粒大豆	独立建模分类法	鉴别大豆品种	对"垦鉴豆43"和"中黄13"识别率为100%	26
玉米单籽粒	偏最小二乘法	品种识别	所建方法的平均正确识别率达到94.6%	27
玉米杂交种	偏最小二乘法	纯度鉴别	纯度的平均鉴别率为99.82%	28
夏玉米叶片	广义神经网络法	氮素含量	能够较为准确地预测夏玉米叶片氮素含量	29
棉籽粉	偏最小二乘法	油分含量	油分含量的预测误差为0.508	30
土壤	偏最小二乘法	有机质含量等	预测均方根误差分别为0.085和0.114	31
		总氮含量	预测值与标准值间的决定系数为0.9819	32
		总氮及磷含量	预测标准误差为0.0095%(N)、0.0086%(P)	33
		含水率	含水率预测误差为2%左右	34,35
	连续投影法	总氮和有机质	两者预测均方差分别为0.019%和0.36%	36
	人工神经网法等	碱解氮、速效磷和速效钾含量	碱解氮、速效磷和速效钾含量测定的相对误差分别为2.67%、6.48%和2.27%	37
	相关系数法	含水量	含水量预测的均方根误差为0.0121	38
柑橘园紫色土	偏最小二乘法等	铁、锰、锌含量	预测精度分别为92.65%、95.59%和95.59%	39
植物	偏最小二乘法	叶绿素含量	预测值与标准值之间的均方根误差为1.1	40
	聚类分析法等	4种植物鉴别	对外表相似的4种植物的分辨率为95.35%	41
航天育种番茄	主成分分析法等	品种鉴别	对航天育种番茄品种鉴别的正确率为97.8%	42
	偏最小二乘法等	品种鉴别	两个模型的鉴别正确率分别为95.6%和97.8%	43
番茄叶片	主成分分析法	灰霉病检测	灰霉病的预测相关系数达到0.930	44
转基因番茄叶	偏最小二乘法	分类鉴别	分类正确率：转基因86.8%,非转基因93.3%	45
茶鲜叶	偏最小二乘法	全氮含量	全氮含量的预测值平均相对误差为4.339%	46
		水分、全氮量等	3项均方根方差分别为0.769、0.332和0.742	47
油菜叶片	偏最小二乘法等	氨基酸总量	决定系数和均方根误差为0.983和0.3964	48
	偏最小二乘法	合成酶含量	预测标准差和偏差分别为0.715和0.079	49
油菜子	偏最小二乘法	芥酸含量	芥酸预测值与标准值的相关系数为0.92	50
黄瓜叶片	最小支持向量机	SPAD值	SPAD值的预测均方根误差为0.9732	51
	偏最小二乘法	叶绿素含量	叶绿素含量预测均方根误差为0.0906mg/g	52
水果黄瓜叶片	人工神经网络	叶片缺磷诊断	缺磷叶片和正常叶片预测准确率均为100%	53
黄瓜植株	遗传算法	氮镁亏缺诊断	预测集的识别率为96%	54
奥林达夏橙叶	偏最小二乘法等	锌含量	锌含量的交互验证预测均方根误差为0.5868	55
农药	偏最小二乘法	辛硫磷含量	所建方法可用于痕量农药辛硫磷的定量检测	56
农药乳油	偏最小二乘法	高盖含量	可准确测定农药乳油中高盖含量	57
有机磷农药	偏最小二乘法等	农药残留检测	农药残留的预测相关系数为0.954	58
烟草	偏最小二乘法	pH值	预测值与实测值之间没有显著性差异	59,60
		葡萄糖、果糖、蔗糖、麦芽糖	均方残差分别为0.240、0.189、0.126和0.049	61
		绿原酸、新绿原酸、芸香苷	相对偏差分别为0.545%、0.709%和1.954%	62
		棕榈酸、亚麻酸	预测值与气相色谱测定值不存在显著性差异	63

续表

测量对象	化学计量学方法	分析指标	分析结果	参考文献
烟草	偏最小二乘法	灰分、总挥发酸	预测结果与行业标准方法的测定结果相符	64
		总挥发碱和酸	相对标准偏差分别为1.120%和0.919%	65
		镁含量	镁含量的平均相对误差为9.09%	66
		钾、氯、总氮等	平均相对误差为3.34%、3.68%、4.13%和3.14%	67
	Unscrambler 软件	总糖、还原糖等	平均相对偏差为2.71%、3.13%、4.04%和6.42%	68
烟叶	偏最小二乘法	钙和镁含量	预测值和化学法测定值间没有明显差异	69
		氮和钾含量	氮和钾的预测标准差分别为0.301和0.278	70
	TQ Analyst 软件	产地鉴别	对云南烟叶产地鉴别的准确率达90%	71
卷烟	主成分分析法	类型识别	检验集样品的识别率为100%	72
		真伪鉴别	对20个未知样品的预测结果准确率为100%	73
	偏最小二乘法	焦油、烟碱、CO	测定值与标准方法的测定结果无显著性差异	74
卷烟烟丝	主成分分析法	分类鉴别	对校验集烟丝分类归属的正确率为100%	75
再造烟叶	偏最小二乘法	烟碱、总糖等	相对偏差为2.10%、2.03%、2.48%、2.91%和2.01%	76
烤烟样品	支持向量机回归	总糖、还原糖等	预测值的误差为6.62%、7.56%、6.11%和8.20%	77
烤烟烟叶	主成分分析法等	产地识别	对6个省烟叶样品识别的正确率高达97%	78
	偏最小二乘法	总烟碱、总糖等	平均相对偏差为4.21%、2.23%、2.91%和3.60%	79
烟叶及烟丝	偏最小二乘法	挥发碱含量	该法与标准方法之间不存在显著性差异	80
奶牛饲料	主成分分析法等	脲醛树脂鉴别	定性分析模型的预测精确率达到97.70%	81
豆粕	偏最小二乘法	尿素酶活性	尿素酶活性测量的重复变异系数为0.09	82
饲料	偏最小二乘法等	4种氨基酸含量	标准偏差分别为0.020、0.029、0.017和0.023	83
	判别分析方法	混合均匀度	预测混合均匀度的准确率达99.98%	84
饲料样品	偏最小二乘法等	氯化物含量等	预测值标准偏差为0.00326、0.0655和0.0314	85
	Elman 神经网络	4种氨基酸含量	预测决定系数为0.960、0.981、0.979和0.952	86
	偏最小二乘法等	水分、灰分、蛋白质和磷含量	水分、灰分、蛋白质和磷预测值的偏差分别为0.02774、0.04853、0.03292和0.02204	87
精饲料补充料	偏最小二乘法	肉骨粉含量	肉骨粉含量的预测标准差为1.764%	88
玉米秸秆	偏最小二乘法	饲用品质评价	相对分析误差大于3%	89
秸秆青贮饲料	偏最小二乘法	pH和发酵产物	预测值与化学值的相关系数均大于0.80	90
紫花苜蓿青贮饲草	偏最小二乘法	干物质、粗蛋白	预测标准误差为1.9～8.3g/kg鲜重	91
		氨态氮,乳酸等	预测标准误差为0.571～3.15g/kg鲜重	92
羊草干草	最小二乘回归法	粗蛋白等	预测结果与化学分析得到的结果十分相近	93
燕麦干草	偏最小二乘法	粗蛋白含量等	各项误差均小于3%,接近化学分析精确度	94
甘草种子	偏最小二乘法	硬实率	预测标准差为10.00,平均绝对误差为7.90%	95
羽衣甘蓝种子	偏最小二乘法等	油含量等	预测值相对误差分别小于3.60%和2.70%	96
苦豆子等种子	偏最小二乘法	生活力鉴别	苦豆子与决明子种子的鉴别率均在90%以上	97
家蚕蚕种	主成分分析法等	品种鉴别	对20个样本的识别准确率达到100%	98
醋糟有机基质	逐步回归法	全氮含量	预测均方根误差分别为0.9334和1.04	99
	偏最小二乘法	含水率	含水率的预测均方根误差为0.0715	100
鸡粪	偏最小二乘法	总氮、总磷和钾	总氮含量误差大于2.0, 总磷和总钾大于3.0	101

续表

测量对象	化学计量学方法	分析指标	分析结果	参考文献
有机堆肥	偏最小二乘法	钾离子含量	钾离子含量的预测均方根误差为 0.1138%	102
苜蓿	主成分分析法	秋眠类型	秋眠类型预测的准确率可达 98.182%	103
慈竹	偏最小二乘法	密度等3项指标	预测标准差分别为 0.0524、0.0185 和 0.0292	104
		纤维素结晶度	相关系数达到 0.88,预测标准差为 0.0117	105
毛竹	人工神经网络法	木质素等含量	预测值均方根误差分别为 0.88%和 1.40%	106
	偏最小二乘法	木质素含量	木质素含量的预测标准误差为 0.59%	107
杉木	偏最小二乘法	木材强度分等	木材强度分等的总正确率为 88.6%	108
		木质素含量等	两者的预测标准误差分别为 0.39 和 0.10	109
	BP 神经网络法	综纤维素等	预测均方根误差为 0.86%、0.33%和 4.99%	110
	支持向量机法	木质素含量	预测相对误差的平方和为 0.001219	111
木材	偏最小二乘法等	纤维素、戊聚糖	均方根偏差分别为 0.40%、0.38%和 0.49%	112
红松木材	偏最小二乘法	含水率	含水率的预测均方根误差为 0.0317	113
落叶松木材	偏最小二乘法	木材密度	木材密度预测的标准误差为 0.021	114
相思树	拟合法	综纤维素含量	综纤维素含量预测值的相对误差为 0.0074	115

本表参考文献：

1. 刘德钧, 任忠海, 寿逸明. 上海毛麻科技, 2010(1): 38.
2. 郭俊先, 饶秀勤, 成芳, 等. 光谱学与光谱分析, 2010, 30(3): 649.
3. 吕丹, 于婵, 赵国樑. 北京服装学院学报, 2010(2): 29.
4. 吴桂芳, 何勇. 光谱学与光谱分析, 2009, 29(6): 1541.
5. 吴桂芳, 何勇. 光谱学与光谱分析, 2010, 30(2): 331.
6. 肖爱平, 李伟, 冷鹃, 等. 中国麻业科学, 2009, 31(4): 238.
7. 肖爱平, 冷鹃, 杨喜爱, 等. 中国麻业科学, 2011, 33(4): 189, 213.
8. 刘旭华, 徐兴忠, 何雄奎, 等. 光谱学与光谱分析, 2009, 29(11): 2959.
9. 翟亚锋, 苏谦, 邬文锦, 等. 光谱学与光谱分析, 2010, 30(4): 924.
10. 姚霞, 汤守鹏, 曹卫星, 等. 植物生态学报, 2011, 35(8): 844.
11. 韩亮亮, 毛培胜, 王新国, 等. 红外与毫米波学报, 2008, 27(2): 86.
12. 梁亮, 刘志霄, 杨敏华, 等. 红外与毫米波学报, 2009, 28(5): 353, 391.
13. 陈坤杰, 龙金星, 宋亮, 等. 农业机械学报, 2009(6): 111, 97.
14. 范维燕, 邢邯, 林家永, 等. 粮油食品科技, 2008, 16(5): 49, 69.
15. 陆艳婷, 俞法明, 严文潮, 等. 生物数学学报, 2010(1): 159.
16. 谢定, 魏玉翠, 欧阳建勋, 等. 粮食科技与经济, 2010, 35(5): 41.
17. 李晓丽, 唐月明, 何勇, 等. 光谱学与光谱分析, 2008, 28(3): 578.
18. 刘占宇, 王大成, 李波, 等. 红外与毫米波学报, 2009, 28(5): 342.
19. 吴迪, 曹芳, 张浩, 等. 光谱学与光谱分析, 2009, 29(12): 3295.
20. 程术希, 邵咏妮, 吴迪, 等. 浙江大学学报, 2011, 37(3): 307.
21. 周萍, 张广才, 王佼, 等. 黑龙江农业科学, 2011(4): 22.
22. 张玉森, 姚霞, 田永超, 等. 植物生态学报, 2010, 34(6): 704.
23. 朱文超, 成芳. 光谱学与光谱分析, 2012, 32(2): 370.
24. 梁亮, 杨敏华, 刘志霄, 等. 光谱学与光谱分析, 2009, 29(11): 2962.
25. 徐硕, 乔晓东, 朱礼军, 等. 光谱学与光谱分析, 2011, 31(5): 1208.
26. 朱大洲, 王坤, 周光华, 等. 光谱学与光谱分析, 2010, 30(12): 3217.
27. 贾仕强, 郭婷婷, 唐兴田, 等. 光谱学与光谱分析, 2012, 32(1): 103.
28. 黄艳艳, 朱丽伟, 李军会, 等. 光谱学与光谱分析, 2011, 31(3): 661.
29. 刘炜, 常庆瑞, 郭曼, 等. 红外与毫米波学报, 2011, 30(1): 48.
30. 汪旭升, 陆燕, 等. 浙江农业学报, 2001, 13(4): 218.
31. 朱登胜, 吴迪, 宋海燕, 等. 农业工程学报, 2008, 24(6): 196.
32. 杨苗, 杨萍果. 山西师范大学学报, 2011, 25(2): 85.
33. 陈鹏飞, 刘良云, 王纪华, 等. 光谱学与光谱分析, 2008, 28(2): 295.
34. 李小昱, 肖武, 李培武, 等. 农业机械学报, 2009(5): 64.

35. 商淑培, 王亚利, 洪爱俊, 等. 光谱实验室, 2011, 28(4): 1603.
36. 高洪智, 卢启鹏. 光谱学与光谱分析, 2011, 31(5): 1245.
37. 李伟, 张书慧, 张倩, 等. 农业工程学报, 2007, 23(1): 55.
38. 宋韬, 鲍一丹, 何勇. 光谱学与光谱分析, 2009, 29(3): 675.
39. 易时来, 邓烈, 何绍兰, 等. 中国农业科学, 2011, 44(11): 2318.
40. 李庆波, 黄彦文, 张广军, 等. 光谱学与光谱分析, 2009, 29(12): 3275.
41. 虞佳佳, 邹伟, 何勇, 等. 光谱学与光谱分析, 2009, 29(11): 2955.
42. 施佳慧, 邵咏妮, 何勇, 等. 光谱学与光谱分析, 2009, 29(11): 2943.
43. 施佳慧, 陈自力, 邵咏妮, 等. 光谱学与光谱分析, 2011, 31(2): 387.
44. 吴迪, 冯雷, 张传清, 等. 光谱学与光谱分析, 2007, 27(11): 2208.
45. 谢丽娟, 应义斌, 应铁进, 等. 光谱学与光谱分析, 2008, 28(5): 1062.
46. 胡永光, 李萍萍, 母建华, 等. 光谱学与光谱分析, 2008, 28(12): 2821.
47. 王胜鹏, 宛晓春, 林茂先, 等. 茶叶科学, 2011, 31(1): 66.
48. 刘飞, 张帆, 方慧, 等. 光谱学与光谱分析, 2009, 29, (11): 3079.
49. 刘飞, 方慧, 张帆, 等. 分析化学, 2009, 37(1): 67.
50. 丁小霞, 李培武, 刘培, 等. 中国油料作物学报, 2010, 32(3): 441.
51. 刘飞, 王莉, 何勇, 等. 红外与毫米波学报, 2009, 2(4): 272.
52. 石吉勇, 邹小波, 赵杰文, 等. 农业机械学报, 2011, 42(5): 178, 141.
53. 石吉勇, 邹小波, 赵杰文, 等. 光谱学与光谱分析, 2011, 31(12): 3264.
54. 石吉勇, 邹小波, 赵杰文, 等. 农业工程学报, 2011, 27(8): 283.
55. 易时来, 邓烈, 何绍兰, 等. 光谱学与光谱分析, 2010, 30(11): 2927.
56. 沈飞, 闫战科, 叶尊忠, 等. 光谱学与光谱分析, 2009, 29(9): 2421.
57. 熊艳梅, 段云青, 王冬, 等. 光谱学与光谱分析, 2010, 30(6): 1488.
58. 陈菁菁, 李永玉, 王伟, 等. 农业机械学报, 2010(10): 134.
59. 葛炯, 王维妙, 张建平. 分析测试学报, 2009, 28(6): 742.
60. 王建民, 刘彦岭, 韩明, 等. 光谱实验室, 2010, 27(6): 2266.
61. 杨式华, 李晓亚, 李伟, 等. 云南化工, 2011, 38(1): 36.
62. 罗琼, 金岚峰, 张媛. 烟草科技, 2008(5): 30, 48.
63. 施丰成, 邓发达, 朱立军, 等. 烟草科技, 2010(1): 32.
64. 李劲松, 李红军, 梁菁菁, 等. 分析测试学报, 2007, 26(5): 655, 661.
65. 蒋锦锋, 赵明月. 烟草科技, 2006(3): 33.
66. 邱军, 王允白, 张怀宝, 等. 光谱实验室, 2005, 22(5): 976.
67. 乐俊明, 陈鹰, 丁映. 贵州农业科学, 2005, 33(3): 62.
68. 何智慧, 练文柳, 吴名剑, 等. 分析化学, 2006, 34(5): 702.
69. 王冬, 丁云生, 袁杏芬, 等. 现代仪器, 2008, 14(5): 19, 28.
70. 郭贺, 金兰淑, 林国林. 黑龙江农业科学, 2008(4): 103.
71. 段焰青, 陶鹰, 者为, 等. 云南大学学报, 2011, 33(1): 77.
72. 邓发达, 朱立军, 戴亚, 等. 安徽农业科学, 2011, 39(12): 7101.
73. 张灵帅, 王卫东, 谷运红, 等. 光谱学与光谱分析, 2011, 31(5): 1254.
74. 王家俊, 梁逸曾, 汪帆. 分析化学, 2005, 33(6): 793.
75. 李维莉, 张亚平. 云南农业大学学报, 2010, 25(2): 268.
76. 王保兴, 邹振民, 刘维涓, 等. 烟草科技, 2011(1): 48, 78.
77. 李林, 徐硕, 安欣, 等. 光谱学与光谱分析, 2011, 31(10): 2702.
78. 束茹欣, 孙平, 杨凯, 等. 烟草科技, 2011(11): 50, 57.
79. 秦志强, 蔡绍松, 谢豪, 等. 烟草科技, 2007(2): 30.
80. 李晓亚, 侯英, 段姚俊, 等. 云南化工, 2008, 35(1): 42.
81. 刘星, 单杨, 李高阳. 食品与机械, 2011(4): 69, 139.
82. 陆月青, 梁明振, 谢梅冬, 等. 黑龙江畜牧兽医, 2008, (5): 50.
83. 刘波平, 秦华俊, 罗香, 等. 分析化学, 2007, 35(4): 525.
84. 王海东, 秦玉昌, 吕小文, 等. 粮食与饲料工业, 2009(1): 43.
85. 刘波平, 秦华俊, 罗香, 等. 光谱学与光谱分析, 2007, 27(11): 2216.
86. 刘波平, 秦华俊, 罗香, 等. 光谱学与光谱分析, 2007, 27(12): 2456.
87. 刘波平, 秦华俊, 罗香, 等. 光谱学与光谱分析, 2007, 27(10): 2005.
88. 杨增玲, 韩鲁佳, 李琼飞, 等. 光谱学与光谱分析, 2008, 28(6): 1278.
89. 郇书静, 张仁和, 史俊通, 等. 农业工程学报, 2009(12): 151.
90. 刘贤, 韩鲁佳, 杨增玲, 等. 分析化学, 2007, 35(9): 1285.
91. 陈鹏飞, 戎郁萍, 韩建国, 等. 光谱学与光谱分析, 2007, 27(7): 1304.
92. 陈鹏飞, 戎郁萍, 韩建国. 光谱学与光谱分析, 2008, 28(12): 2799.

93. 石丹, 张英俊. 光谱学与光谱分析, 2011, 31(10): 2730.
94. 赵秀芳, 李卫建, 黄伟, 等. 光谱学与光谱分析, 2008, 28(9): 2094.
95. 孙群, 李欣, 李航, 等. 光谱学与光谱分析, 2010, 30(1): 70.
96. 田锦兰, 唐章林, 徐新福, 等. 植物遗传资源学报, 2009, 10(3): 461.
97. 朱丽伟, 黄艳艳, 杨丽明, 等. 红外, 2011, 32(4): 35.
98. 黄敏, 何勇, 黄凌霞, 等. 红外与毫米波学报, 2006, 25(5): 342, 359.
99. 朱咏莉, 李萍萍, 孙德民, 等. 农业机械学报, 2011, 42(5): 175, 192.
100. 朱咏莉, 李萍萍, 孙德民, 等. 农业机械学报, 2010, 41(9): 178.
101. 王晓燕, 黄光群, 韩鲁佳. 光谱学与光谱分析, 2010, 30(3): 677.
102. 李自刚, 刘浩, 屈凌波, 等. 光谱学与光谱分析, 2007, 27(8): 1523.
103. 王红柳, 岳征文, 卢欣石. 光谱学与光谱分析, 2011, 31(6): 1510.
104. 刘君良, 孙柏玲, 杨忠. 光谱学与光谱分析, 2011, 31(3): 647.
105. 孙柏玲, 刘君良, 柴宇博. 光谱学与光谱分析, 2011, 31(2): 366.
106. 焦淑菲, 相玉红, 黄安民, 等. 首都师范大学学报, 2010(1): 30.
107. 李改云, 黄安民, 王戈, 等. 光谱学与光谱分析, 2007, 27(10): 1977.
108. 王晓旭, 黄安民, 杨忠, 等. 光谱学与光谱分析, 2011, 31(4): 975.
109. 黄安民, 江泽慧, 李改云. 光谱学与光谱分析, 2007, 27(7): 1328.
110. 丁丽, 相玉红, 黄安民, 等. 光谱学与光谱分析, 2009, 29(7): 1784.
111. 黄安民, 焦淑菲, 任海青, 等. 林产化学与工业, 2009, 29(5): 1.
112. 贺文明, 薛崇昀, 聂怡, 等. 中国造纸学报, 2010(3): 9.
113. 张慧娟, 李耀翔, 张鸿富, 等. 东北林业大学学报, 2011, 39(4): 83.
114. 李耀翔, 张鸿富, 张亚朝, 等. 东北林业大学学报, 2010, 38(9): 27.
115. 刘胜, 张文杰. 红外, 2010, 31(5): 37.

参考文献

[1] Ciurczak E, Drennen J. Near-Infraed Spectoscopy in Pharmaceutical and Medical Application. New York: Marcel-Dekker, Inc, 2002.
[2] Sierler H W, Ozaki Y, Kawano S, Heise H M. Near Infraed Spectoscopy. Wiley-VCH, 2004.
[3] 严衍禄. 近红外光谱分析基础及应用. 北京:中国轻工业出版社, 2005.
[4] 杰尔 •沃克曼, 洛伊斯 •文依. 近红外光谱解析实用指南. 褚小立, 许育鹏, 田高友, 译. 北京:化学工业出版社, 2009.
[5] 刘建学. 实用近红外光谱分析技术. 北京:科学出版社, 2008.
[6] 陆婉珍. 现代近红外光谱分析技术. 第 2 版. 北京:中国石化出版社, 2007.
[7] 陆婉珍. 袁洪福, 褚小立付. 近红外光谱仪器. 北京:化学工业出版社, 2010.
[8] 胡昌勤, 冯燕春. 近红外光谱法快速分析药品. 北京:科学出版社, 2010.

第十二章　拉曼光谱分析法

1923 年德国物理学家 A.Smekal[1] 首先预言了光的非弹性散射，1928 年印度物理学家拉曼观察到苯和甲苯对光的非弹性散射效应，并命名为拉曼效应[2]。随后以拉曼效应为基础，建立了拉曼光谱分析法，到 20 世纪 60 年代，使用激光器作为拉曼光谱的激发光源，使拉曼光谱技术有了很大发展。但在以后的十多年间，仍未得到工业分析人员的广泛应用。1986 年 Hirschfeld[3]首次报告了固体和液体的近红外傅里叶变换拉曼光谱，FT-Raman 光谱仪的问世又一次推动了拉曼光谱的发展，使拉曼光谱在无机和有机分析化学、生物化学、高分子化学、石油化学和环境科学等领域得到日益广泛的重视。

第一节　拉曼光谱的基本原理[4~6]

一、拉曼效应和拉曼位移

当频率为ν_0的单色辐射照射到物质上时，大部分入射辐射透过物质或被物质吸收，只有一小部分辐射被样品分子散射。入射的光子和物质分子相碰撞时，可发生弹性碰撞和非弹性碰撞，在弹性碰撞过程中，光子与分子之间不发生能量交换，光子只改变运动方向而不改变频率（ν_0），这种散射过程叫弹性散射，亦称为瑞利散射（Rayleigh scattering）。而在非弹性碰撞过程中，光子与分子之间发生能量交换，光子不仅要改变运动方向，它还放出一部分能量给予分子，或从分子吸收一部分能量，从而改变光子的频率。由非弹性散射引起含有其他频率的散射光的现象称为拉曼效应，这种散射过程称为拉曼散射（Raman scattering）。比入射辐射频率ν_0低的散射线（$\nu_0-\nu_1$）称为斯托克斯线（Stokes lines），高于入射辐射频率的散射线（$\nu_0+\nu_1$）称为反斯托克斯线（anti-Stokes lines）。

斯托克斯线、反斯托克斯线与入射辐射之间频率差ν_1称为拉曼位移。

$$\nu_1=(\nu_0+\nu_1)-\nu_0=\nu_0-(\nu_0-\nu_1)=\frac{E_1-E_0}{h} \tag{12-1}$$

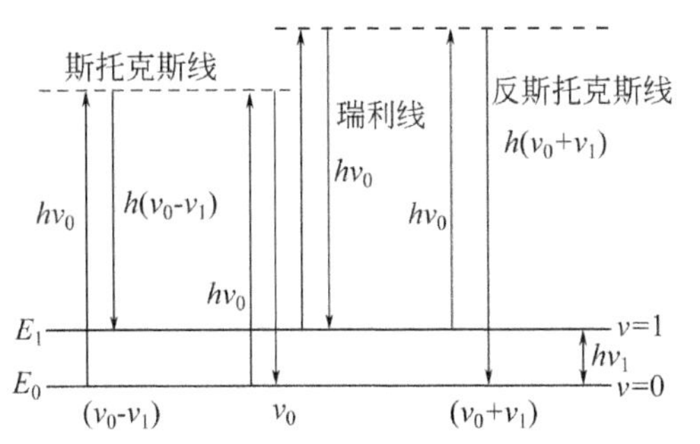

图 12-1　拉曼散射和瑞利散射的能级图

式中，E_1和E_0分别是高低两个不同振动能级的能量。由此可知，拉曼位移与入射光频率无关，而与样品分子的振动能级有关。

上述的光散射过程可用能级跃迁图（图 12-1）说明。

E_0和E_1是分子振动（或转动）能级，一种情况是处于基态E_0的分子受入射光子$h\nu_0$的激发而跃迁到受激虚态（图 12-1 中的虚线表示），然后很快地从虚态跃迁回基态，把吸收的能量$h\nu_0$以光子（频率为ν_0）的形式释放出来，这就是弹性碰撞，对应于瑞利散射。受激虚态的分子还可跃迁回到激发态E_1，这时分子吸收了部分

能量 $h\nu_1$，并释放出能量为 $h(\nu_0-\nu_1)$的光子，这就是非弹性碰撞，对应于拉曼散射，所产生的散射光为斯托克斯线。另一种情况是处于激发态 E_1 的分子受入射光子 $h\nu_0$ 的激发而跃迁到受激虚态，然后跃迁回激发态 E_1，释放出频率为 ν_0 的光子，即瑞利散射，但亦可能跃迁回基态 E_0，这时分子失掉了 $h\nu_1$ 的能量，并释放出能量为 $h(\nu_0+\nu_1)$的光子，即为反斯托克斯线。

斯托克斯线和反斯托克斯线统称为拉曼谱线，由玻尔兹曼定律可知，在通常情况下，分子绝大多数处于振动能级基态，所以，斯托克斯线的强度远远强于反斯托克斯线。

二、拉曼散射的经典理论处理简述[6]

拉曼散射效应是光子撞击分子产生极化而造成的，这种极化是分子内核外电子云的变形，设入射辐射的电场强度为 E，则产生的诱导偶极矩 μ 为：

$$\mu = \alpha E \tag{12-2}$$

式中，α 为分子的极化率，可看成是由外电场引起的分子电子云变形程度。

入射辐射电场 E 与时间 t 的关系为：

$$E = E_0 \cos(2\pi\nu_0 t) \tag{12-3}$$

式中，E_0 为电场振幅；ν_0 为频率；t 为时间。将式（12-3）代入式（12-2）得

$$\mu = \alpha E_0 \cos(2\pi\nu_0 t)$$

在频率很小时，极化率 α 随核间距的变化可用泰勒级数展开：

$$\alpha = \alpha_0 + \left(\frac{\partial\alpha}{\partial Q}\right)_0 Q + \text{高次项} \tag{12-4}$$

式中，Q 为简正坐标，相当于振动位移坐标；α_0 为处于平衡位置时的极化率。当分子以基频振动频率 ν_{vib} 做简谐振动时：

$$Q = Q_0 \cos(2\pi\nu_{\text{vib}} t)$$

则 $\alpha = \alpha_0 + \left(\frac{\partial\alpha}{\partial Q}\right)_0 [Q_0 \cos(2\pi\nu_{\text{vib}} t)]$

$$\begin{aligned}\mu &= \left[\alpha_0 + \left(\frac{\partial\alpha}{\partial Q}\right)_0 Q_0 \cos(2\pi\nu_{\text{vib}} t)\right] E_0 \cos(2\pi\nu_0 t) \\ &= \alpha_0 E_0 \cos(2\pi\nu_0 t) + \left(\frac{\partial\alpha}{\partial Q}\right)_0 E_0 Q_0 \cos(2\pi\nu_0 t)\cos(2\pi\nu_{\text{vib}} t) \\ &= \alpha_0 E_0 \cos(2\pi\nu_0 t) + \frac{1}{2}\left(\frac{\partial\alpha}{\partial Q}\right)_0 E_0 Q_0 \left\{\cos[2\pi(\nu_0-\nu_{\text{vib}})t] + \cos[2\pi(\nu_0+\nu_{\text{vib}})t]\right\}\end{aligned} \tag{12-5}$$

从式（12-5）可得两种情况：

① $\nu=\nu_0$，$\mu = \alpha_0 E_0 \cos(2\pi\nu_0 t)$，为瑞利散射；

② $\nu = \nu_0 \pm \nu_{\text{vib}}$，$\mu = \frac{1}{2} E_0 Q_0 \left(\frac{\partial\alpha}{\partial Q}\right)_0 \left\{\cos[2\pi(\nu_0 \pm \nu_{\text{vib}})t]\right\}$，为拉曼散射。

其中，$\nu_0+\nu_{\text{vib}}$ 为反斯托克斯线；$\nu_0-\nu_{\text{vib}}$ 为斯托克斯线。

诱导偶极矩随三个频率ν_{vib}、$(\nu_0-\nu_{vib})$和$(\nu_0+\nu_{vib})$改变而变化，若振动未引起分子极化率改变，无诱导偶极矩，没有拉曼散射产生，只有瑞利散射。

三、拉曼活性振动

能引起分子极化率改变的振动是拉曼活性振动，分子具有三维空间坐标，其极化作用在x、y及z三个方向上服从下列公式：

$$\left.\begin{aligned} &x\ 方向 && \boldsymbol{\mu}_x=\alpha \boldsymbol{E}_x \\ &y\ 方向 && \boldsymbol{\mu}_y=\alpha \boldsymbol{E}_y \\ &z\ 方向 && \boldsymbol{\mu}_z=\alpha \boldsymbol{E}_z \end{aligned}\right\} \tag{12-6}$$

式中，$\boldsymbol{\mu}_x$、$\boldsymbol{\mu}_y$及$\boldsymbol{\mu}_z$分别表示三个方向的诱导偶极矩；$\boldsymbol{E}_x$、$\boldsymbol{E}_y$和$\boldsymbol{E}_z$分别表示三个方向上的电场。

如果分子诱导偶极矩的变化各向相同，可用式（12-2）表示，但实际上为各向异性，故需采用下面一组关系式表示三个方向的诱导偶极矩。

$$\begin{aligned} \boldsymbol{\mu}_x&=\alpha_{xx}\boldsymbol{E}_x+\alpha_{xy}\boldsymbol{E}_y+\alpha_{xz}\boldsymbol{E}_z \\ \boldsymbol{\mu}_y&=\alpha_{yx}\boldsymbol{E}_x+\alpha_{yy}\boldsymbol{E}_y+\alpha_{yz}\boldsymbol{E}_z \\ \boldsymbol{\mu}_z&=\alpha_{zx}\boldsymbol{E}_x+\alpha_{zy}\boldsymbol{E}_y+\alpha_{zz}\boldsymbol{E}_z \end{aligned} \tag{12-7}$$

式中，极化率α_{xx}、α_{xy}、α_{xz}、α_{yx}、α_{yy}、α_{yz}、α_{zx}、α_{zy}、α_{zz}是比例常数，它们是对称张量。

采用矩阵形式为：

$$\begin{bmatrix} \boldsymbol{\mu}_x \\ \boldsymbol{\mu}_y \\ \boldsymbol{\mu}_z \end{bmatrix}=\begin{bmatrix} \alpha_{xx} & \alpha_{xy} & \alpha_{xz} \\ \alpha_{yz} & \alpha_{yy} & \alpha_{yz} \\ \alpha_{zx} & \alpha_{zy} & \alpha_{zz} \end{bmatrix}\begin{bmatrix} \boldsymbol{E}_x \\ \boldsymbol{E}_y \\ \boldsymbol{E}_z \end{bmatrix} \tag{12-8}$$

右边第一个矩阵称为极化率张量，极化率张量是对称的：$\alpha_{xy}=\alpha_{yx}$，$\alpha_{yz}=\alpha_{zy}$，$\alpha_{xz}=\alpha_{zx}$。

根据量子力学，在振动时，如果极化率张量的6个分量中有一个发生变化，则该振动是拉曼活性的，即至少需要一个非零的这种类型的积分：$\int\psi_v^0\mu\psi_0^j\mathrm{d}\tau$。这类积分中$\mu$是一种笛卡尔坐标的二元函数，即$x^2$、$y^2$、$z^2$、$xy$、$yz$、$zx$。这些二元函数（或这些函数的简单组合）在特征标表的右端列出，即这些表示是由二元函数形成的。由此可以得到简单的关于基频拉曼活性的定则[7]：如果所包含的这个简正振动方式与分子的极化率张量的一个或多个组分属于相同的表示，则这个基频跃迁是拉曼活性的。

例如，甲烷为四面体结构，属于T_d点群，它具有$3n-6=9$个振动自由度，其真实振动为A_1+E+2F_2，由T_d点群的特征标表知，A_1及E振动模式是拉曼活性的，而F_2振动模式是红外及拉曼均活性的。

拉曼活性振动亦可由下列方程决定[8]：

$$N_i(\alpha)=\frac{1}{N_g}\sum n_e\chi_\alpha(R)\chi_i(R) \tag{12-9}$$

式中，$\chi_\alpha(R)$ 是极化率的征数：$\chi_\alpha(R)=2\pm2\cos\phi+2\cos(2\phi)$

专一转动取正号，而非专一转动取负号，同时 $\chi_\alpha(R)$是 $\chi_i(R)$值的线性组合：

$$\chi_\alpha(R)=\sum N_i(\alpha)\chi_i(R) \tag{12-10}$$

式中，$N_i(\alpha)$是在 $\chi_\alpha(R)$中出现的振动形式的征数的倍数。

分子不同构型与基频的关系，如表 12-1 所示。由此可以推断分子构型，这对金属化合物的构型测定是一种好方法。

表 12-1　分子不同构型与基频的关系[5]

配位数	几何构型	点　群	基　频			
			拉曼活性	拉曼偏振	红外活性	拉曼-红外活性
2	直线	$D_{\infty h}$	1	1	2	0
	弯折	C_{2v}	3	2	3	2
3	平面三角	D_{3h}	3	1	3	3
	T 形	C_{2v}	6	3	6	6
	角锥	C_{3v}	4	2	4	4
5	三角双锥	D_{3h}	6	2	5	3
	四方角锥	C_{4v}	9	3	6	6
7	五角双锥	D_{5h}	5	2	5	10
	变形三角棱柱	C_{2v}	18	6	15	15
	变形八面体	C_{3v}	11	5	11	11
	四面锥-三角锥结合体	C_s	18	10 或 11	18	18
8	正方体	O_h	4	1	2	0
	四方反锥	D_{4d}	7	2	5	0
	十二面体	D_{2d}	15	4	9	9
	双变形三角锥体	C_{2v}	21	7	17	17
	双变形三角反锥体	D_{3d}	6	3	7	0
	六面体双锥	D_{6h}	5	2	5	0
9	三变形三角锥	D_{3h}	11	3	8	5
	变形四方反锥	C_{4v}	17	5	11	11
	变形四方锥体	C_{4v}	17	5	11	11
10	双变形四方反锥体	D_{4d}	9	3	7	0
	双变形四方锥体	D_{4h}	9	3	7	0
12	二十面体	I_n	3	1	2	0
	截顶八面体	O_n	5	1	3	0
	截顶四面体	T_d	10	2	5	5

四、退偏度

拉曼谱带的退偏度（ρ）是拉曼光谱的一个重要参数[6]。激光具有线偏振性，将偏振器放在垂直于激光电矢量的方向上，并测定平行及垂直两个方向上某特性谱线的强度，那么两种方向上的谱线强度之比被称为退偏度。

$$\rho = \frac{与激光电矢量垂直的谱线强度}{与激光电矢量平行的谱线强度} = \frac{I_{\perp}}{I_{/\!/}} \qquad (12\text{-}11)$$

在图 12-2(b)中，y 方向入射的是平面偏振光，电矢量只在 z 方向有分量，即入射光为 z 偏振光，此时的退偏度为：

$$\rho_{\mathrm{p}} = \frac{3\beta^2}{45\left(\bar{\alpha}\right)^2 + 4\beta^2} \qquad (12\text{-}12)$$

图 12-2 中，在 y 方向入射光为自然光的情况下的退偏度为[6]：

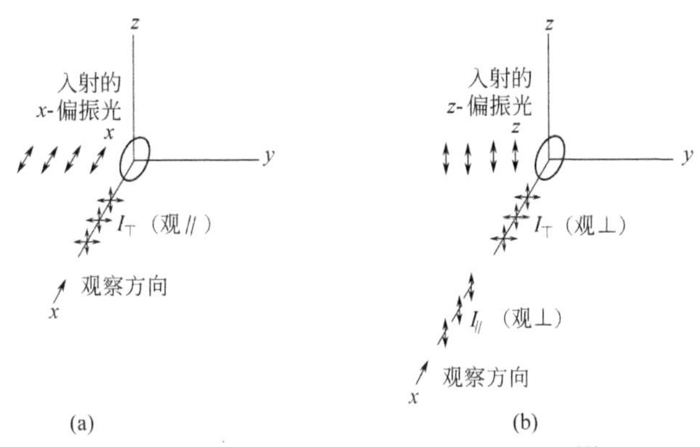

图 12-2　实验观察散射光强度示意图[6]

$$\rho_{\mathrm{n}} = \frac{6\beta^2}{45\left(\bar{\alpha}\right)^2 + 7\beta^2} \qquad (12\text{-}13)$$

式中，$\bar{\alpha} = \frac{1}{3}\left(\alpha_{xx} + \alpha_{yy} + \alpha_{zz}\right)$，

$$\beta^2 = \frac{1}{2}\left[\left(\alpha_{xx} - \alpha_{yy}\right)^2 + \left(\alpha_{yy} - \alpha_{zz}\right)^2 + \left(\alpha_{zz} - \alpha_{xx}\right)^2 + \frac{1}{6}\left(\alpha_{xy}^2 + \alpha_{yz}^2 + \alpha_{zx}^2\right)\right]。$$

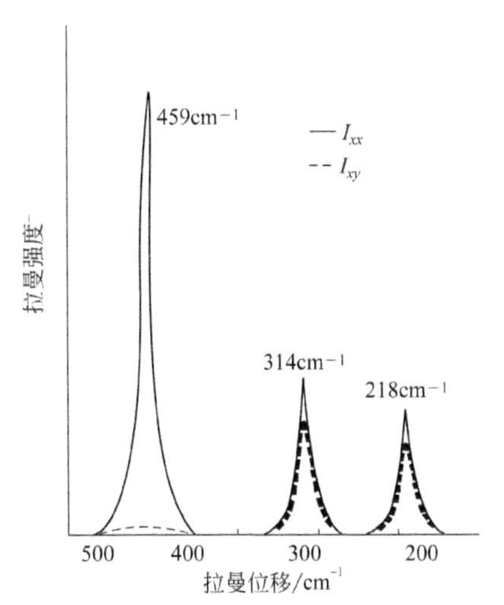

图 12-3　CCl_4 在两个偏振方向的拉曼光谱[6]

由简正振动特征标表可知，只有全对称振动，$\bar{\alpha}$ 才不等于零，因而 ρ_{n}、ρ_{p} 值一定在 $0 \leqslant \rho_{\mathrm{n}} < 6/7$，$0 \leqslant \rho_{\mathrm{p}} < 3/4$ 之间；而对于非全对称振动，$\bar{\alpha}$ 一般为零，故 $\rho_{\mathrm{n}}=6/7$，$\rho_{\mathrm{p}}=3/4$，因此可通过实验测定来了解不同拉曼谱带的偏振情况。若 ρ_{n} 在 0～6/7 之间，ρ_{p} 在 0～3/4 之间，称该谱带是偏振的。退偏度越接近零，产生的拉曼光越接近完全偏振光，表明分子的振动含有对称振动成分越多。若 $\rho_{\mathrm{n}}=6/7$，$\rho_{\mathrm{p}}=3/4$，则该谱带是退偏振的，即分子的振动含有非对称振动成分最多。

图 12-3 是 CCl_4 的部分拉曼光谱，入射光使用 488nm 的激光，图中实线部分为在 xz 平面内的偏振光，虚线部分为 xy 平面内的偏振

光，可以看到它们的强度比 β_p 分别为 0.02(459cm^{-1})、0.75(314cm^{-1})和 0.75(218cm^{-1})，因而 459cm^{-1} 谱带是偏振的，而 314cm^{-1} 和 218csm^{-1} 两谱带是退偏振的。

第二节　拉曼光谱仪

与红外光谱仪相比，拉曼光谱仪发展较缓慢，早期拉曼光谱仪以汞弧灯作激发光源，拉曼信号十分微弱，1960 年后，激光的出现为拉曼光谱仪提供了最理想的光源，使传统色散型激光拉曼光谱仪得到很大的发展。但由于这类仪器使用的激发光源在可见区，对某些荧光很强的物质测量时，拉曼信号被“淹没”在很强的荧光中。傅里叶变换近红外激光拉曼光谱仪的出现消除了荧光对拉曼测量的干扰，FT-Raman 光谱仪以其突出的优点如无荧光干扰、扫描速度快、分辨率高等，越来越受到人们的重视。目前不少厂家已生产出专用的 FT-Raman 光谱仪。将特殊的光学显微镜与拉曼光谱仪组合而成的共焦激光拉曼光谱仪是近年推出的另一类型的拉曼光谱仪，它具有三维分辨能力，可以对地质矿物、生物样品做“光学切片”。

一、拉曼光谱仪结构概述

色散型激光拉曼光谱仪的结构示意见图 12-4。该仪器主要由激光源、外光路系统（样品室）、单色仪、放大系统及检测系统五部分组成。样品经来自激光源的可见激光激发，其绝大部分为瑞利散射光，少量的各种波长的斯托克斯散射光，还有更少量的各种波长的反斯托克斯散射光，后两者即为拉曼散射。这些散射光由反射镜等光学元件收集，经狭缝照射到光栅上，被光栅色散，连续地转动光栅使不同波长的散射光依次通过出口狭缝，进入光电倍增管检测器，经放大和记录系统获得拉曼光谱。

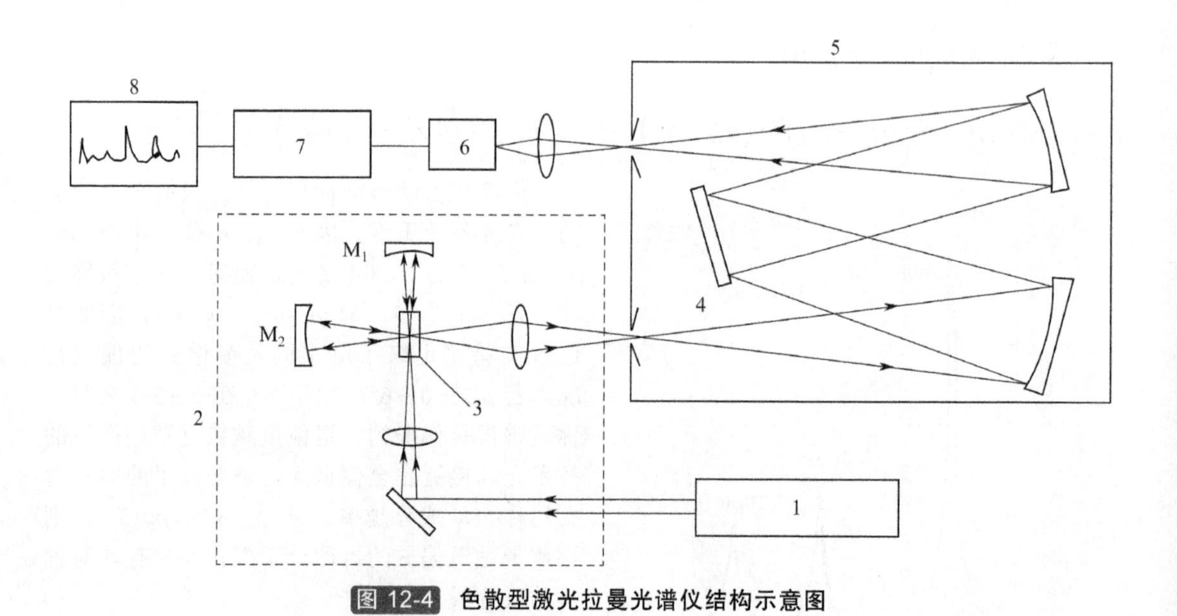

图 12-4　色散型激光拉曼光谱仪结构示意图

1—激光源；2—外光路系统；3—样品室；4—光栅；5—单色仪；6—光电倍增管；7—放大器；8—记录仪

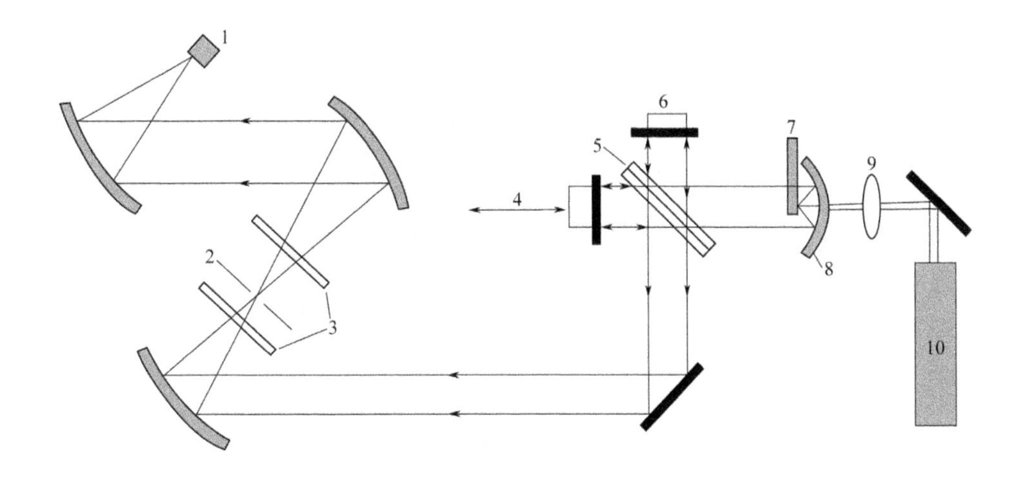

图 12-5 FT-Raman 光谱仪的光路图[10]

1—液氮冷却锗检测器；2—空间性滤光片；3—介电体滤光片；4—移动镜；5—分束器；6—固定镜；
7—样品室；8—抛物面聚光镜；9—200mm透镜；10—Nd:YAG激光器

图 12-5 是 FT-Raman 光谱仪的光路图。干涉仪和 FTIR 光谱仪是相同的，检测器是氮冷却的锗检测器，通常在仪器中使用截断滤光片以限制比光源波长大的辐射到达检测器上。初期的 FT-Raman 光谱仪是在 FTIR 光谱仪上加一 FT-Raman 附件，两者共用一个迈克尔逊干涉仪。图 12-6 是 Nicolet800 型 FTIR 与 FT-Raman 光谱仪光路图，左边是 FTIR 光路系统，右边为 FT-Raman 附件，采用 Nd:YAG 激光器（掺钕的钇-铝-镓石榴石激光器）为激发光源（近红外，1064nm）。被样品散射后的近红外光的收集方式有反射式和折射式两种，激发光与拉曼辐射之间的夹角通常为 90°或者 180°，使用光学过滤器滤去占散射光绝大部分的瑞利散射光，光学系统为迈克尔逊干涉仪，分束器为多层涂 Si 的 CaF_2，检测器为液氮冷却的 Ge 二极管或 InGaAs 检测器。

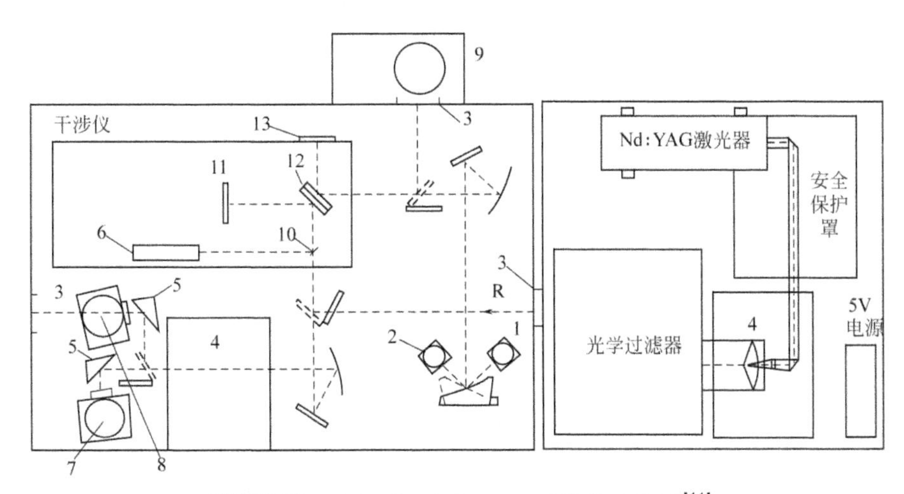

图 12-6 FTIR 及 FT-Raman 光谱仪光路图[11]

R—处于FT-Raman工作状态时，拉曼辐射由此方向进入干涉仪，且反射镜处于虚线状态；
1—红外光源；2—白光光源；3—附加出口；4—样品室；5—检测器聚光镜；6—激光器；7—检测器1；8—检测器2；
9—Nicolet傅里叶变换拉曼检测器；10—激光棱镜；11—动镜；12—分束器；13—固定镜

目前已生产出专用的 FT-Raman 光谱仪，图 12-7 是伯乐公司专用 FT-Raman 光谱仪平面图。其结构由五部分组成：①光源部分，包括 Nd:YAG 激发光源及其快门，光源的可变衰减器，功率表，He-Ne 激光器和白光光源；②样品仓，包括样品架，散射光的半透镜和聚集光学镜以及 x、y、z 三维样品位置调节器，在半透镜上方有安装偏振器的支架；③光学过滤器；④迈克尔逊干涉仪；⑤锗检测器。

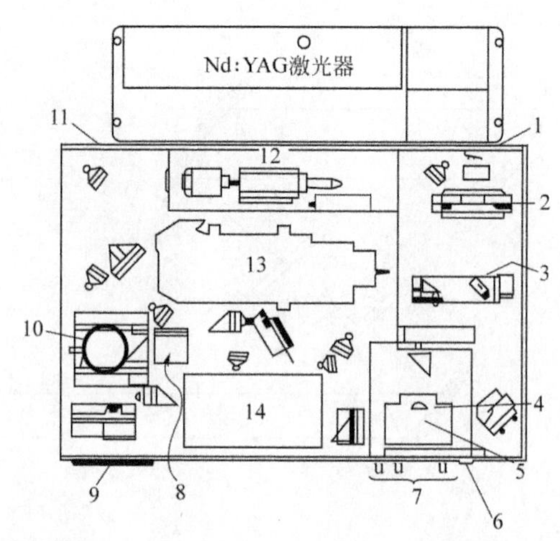

图 12-7 Bio-Rad FT-Raman Ⅰ 光谱仪示意图[6]

1—Nd:YAG激光开关闸；2—可变衰减器；3—白光和Nd:YAG功率表附件；4—收集光学元件；5—样品位置；6—功率调节钮；7—样品台调节控制；8—光阑；9—控制面板；10—检测器；11—后背面板；12—参考激光器；13—干涉仪；14—瑞利线过滤器

二、拉曼光谱仪的基本部件

1. 激发光源

拉曼光谱仪的激发光源使用激光器，传统色散型激光拉曼光谱仪通常使用的激光器有 Kr 离子激光器、Ar 离子激光器、Ar^+/Kr^+激光器、He-Ne 激光器和红宝石脉冲激光器等。

作为激光拉曼光谱仪的光源需符合以下要求：①单线输出功率一般为 20～1000mW；②功率的稳定性好，变动不大于 1%；③寿命长，应在 1000h 以上。Ar^+激光器最常用的波长是 514.5nm（绿色）和 488.0nm（蓝紫色），Kr^+激光器最常用的是 568.2nm 和 647.1nm。表 12-2 给出了不同激发光源的常用激发波长及功率。

表 12-2 几种常用激发光源的激发波长及功率

λ/nm	激光器功率/mW				λ/nm	激光器功率/mW			
	Kr^+	Ar^+	Ar^+/Kr^+	He-Ne		Kr^+	Ar^+	Ar^+/Kr^+	He-Ne
3391	—	—	—	+	514.5	—	1400	200	—
1151	—	—	—	+	501.7	—	250	20	—
1084	—	—	—	+	496.5	—	400	50	—
799.3	30	—	—	—	488.0	—	1300	200	—
793.1	10	—	—	—	482.5	30	—	10	—
752.5	100	—	—	—	476.5	—	500	60	—
676.4	120	—	20	—	476.2	50	—	—	—
647.1	500	—	200	—	472.7	—	150	—	—
632.8	—	—	—	>50	465.8	—	100	—	—
611.8	—	—	—	+	457.9	—	250	20	—
568.2	150	—	80	—	454.5	—	100	—	—
530.9	200	—	80	—	351.1+363.8	—	20	—	—
520.8	70	—	20	—	350.7+356.4	40	—	—	—

目前 FT-Raman 光谱仪大都采用 Nd:YAG 激光器，即掺钕的钇-铝柘榴石激光器（yttrium aluminum garnet doped with neodymium laser），红宝石激光器，掺钕的玻璃激光器等，这些均

属固体激光器。它们的工作方式可以是连续的，也可以是脉冲的，这类激光器的特点是输出的激光功率高，可以做得很小、很坚固，其缺点是输出激光的单色性和频率的稳定性都不如气体激光器。Nd:YAG 激光器的发光粒子是钕离子（Nd^{3+}），其激光波长为 1.06μm，该激光器的突出优点是效率高，阈值低，很适合于用作连续工作的器件，其输出功率可达几千瓦。固体激光器都是采用光泵浦的方式产生激光，早期使用的光泵为闪光灯光泵(flash lamp pump)，如高压氪灯光泵（high-pressure krypton lamp)。这类光泵的激光器效率低，寿命短，目前已采用二极管光泵固体 Nd:YAG 激光器。激光波长可从 1064nm 调到 1300nm，以进一步降低荧光样品的荧光干扰。在光谱范围的另一端，特别是对共振拉曼的研究来说需要使用紫外激光系统。共振拉曼光谱技术和非线性拉曼光谱技术要求激发光源频率可调。染料激光器产品情况见文献[12]。

2. 外光路系统

外光路系统是从激发光源后面到单色仪前面的一切设备，它包括聚焦透镜、多次反射镜、试样台、退偏器等。其中试样台的设计是最重要的一环，激光束照射在试样上有两种方式，一种是 90°的方式，另一种是 180°的同轴方式。90°方式可以进行极准确的偏振测定，能改进拉曼与瑞利两种散射的比值，使低频振动测量较容易；180°方式可获得最大的激发效率，适于浑浊和微量样品测定。两者相比，90°方式比较有利，一般仪器都采用 90°方式，亦有采用两种方式。Spex Ramalog 光谱仪的外光路系统见图 12-8。

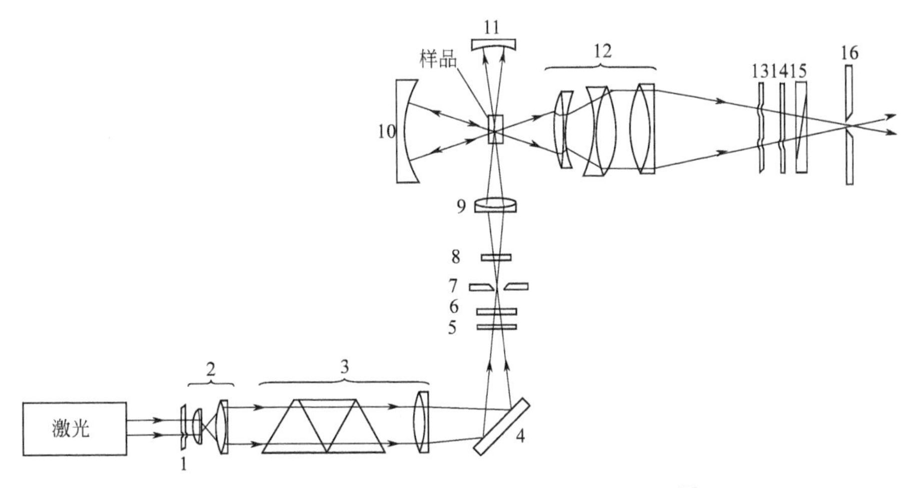

图 12-8 Spex Ramalog 光谱仪的外光路系统[9]

1—旋转偏振面的光学元件；2—加宽光束截面的光学元件；3—消除来自激光束的非激光线的棱镜装置；4—平面镜；5—中性滤光片；6—干涉滤光片；7—狭缝；8—防护滤光片；9—显微镜物镜；10—凹面准直镜；11—凹面镜；12—将散射辐射聚焦于单色器进口狭缝的一组物镜；13—检偏振器；14—长波通滤波器；15—消偏振镜；16—单色进口狭缝

上述外光路系统仅是一个例子，各种激光拉曼光谱仪各有特点，这个部分的变化较多，许多改进装置往往是测试工作者自行设计的。

3. 单色器、瑞利散射光学过滤器和迈克尔逊干涉仪

在色散型激光拉曼光谱仪中要求单色器的杂散光最小和色散性好。为降低瑞利散射及杂散光，通常使用双光栅或三光栅组合的单色器；使用多光栅必然要降低光通量，目前大都使用平面全息光栅；若使用凹面全息光栅，可减少反射镜，提高光的反射效率。双光栅和三光栅单色器的结构示意如图 12-9 和图 12-10 所示。

在 FT-Raman 光谱仪中，在散射光到达检测器之前，必须用光学过滤器将其中的瑞利散射滤去，至少降低 3～7 个数量级，否则拉曼散射光将“淹没”在瑞利散射中。光学过滤器的性能是决定 FT-Raman 光谱仪检测波数范围（特别是低波数区）和信噪比好坏的一个关键因素。常见的光学过滤器有 Chevron 过滤器和介电过滤器，它们的波数范围在 3600～100cm^{-1}；Notch 过滤器的 Stokes 范围在 3600～50cm^{-1}，而 antistokes 范围在 100～2000cm^{-1}。掺铟的 CdTe 光学过滤器配合 Ta:Sa 激发光源及宽带检测器，低波数可达 30cm^{-1}。

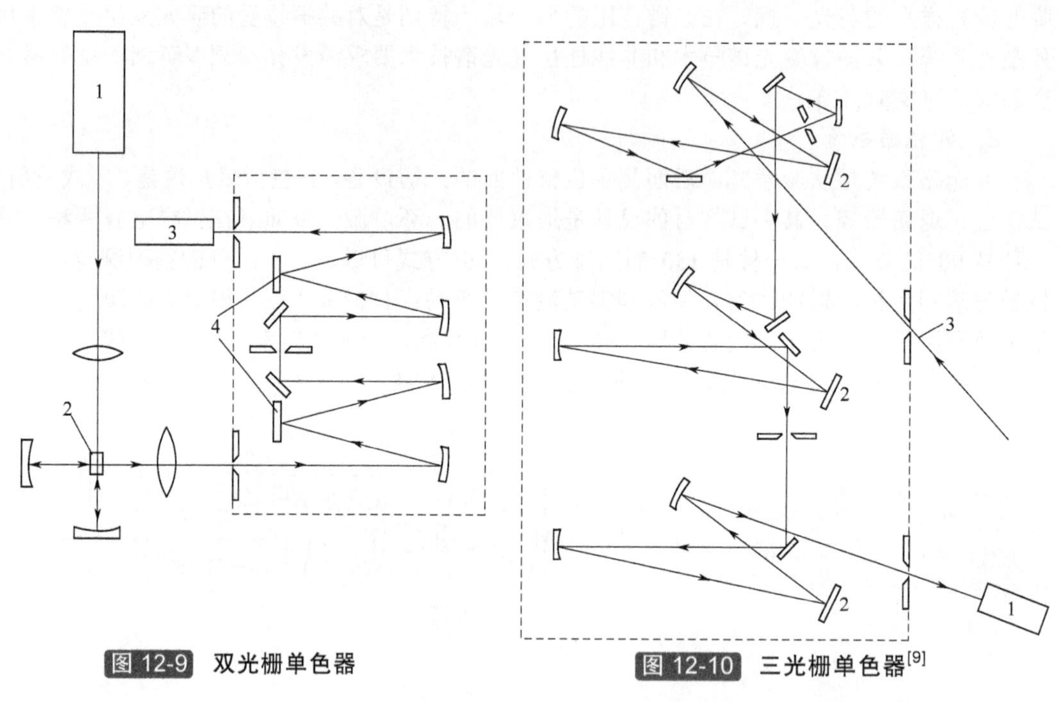

图 12-9 双光栅单色器

1—激光器；2—样品；3—检测器；4—衍射光栅

图 12-10 三光栅单色器[9]

1—激光器；2—衍射光栅；3—散射光束

在 FT-Raman 光谱仪中使用的干涉仪与 FTIR 相同，其中分束器一般为多层镀 Si 的 CaF_2 分束器或镀 Fe_2O_3 的 CaF_2 分束器，也有石英分束器及扩展范围的 KBr 分束器。在专用 FT-Raman 光谱仪中，固定镜和动镜表面均镀金，它对近红外光的反射效率高，动镜驱动有无摩擦电磁驱动及气动轴承两种，并具有动态调整功能。有的仪器具有步进扫描功能，可进行时间分辨拉曼光谱的测定。

4. 检测和记录系统

对于落在可见区的拉曼散射光，可用光电倍增管作检测器，对其要求是：量子效率高（量子效率是指光阴极每秒出现的信号脉冲与每秒到达光阴极的光子数之比值），热离子暗电流小（热离子暗电流是在光束断绝后阴极产生的一些热激发电子）。常用光电倍增管的商品型号见表 12-3。

光电倍增管的输出脉冲数一般有四种方法检出：直流放大、同步检出、噪声电压测定和脉冲计数法，脉冲计数法是最常用的一种。

在 FT-Raman 光谱仪中，常用的检测器为 Ge 或 InGaAs 检测器。图 12-11 给出了 Ge、InGaAs 及 Si 检测器对不同波长近红外光的响应曲线。由图 12-11 可知：Ge 检测器在液氮温度下，它的检测范围在高波数区可达 3400cm^{-1} 拉曼位移；InGaAs 检测器在室温下高波数区可达

$3600cm^{-1}$，用液氮冷却可降低噪声，但高波数区只能到$3000cm^{-1}$拉曼位移；Si检测器低温下检测范围较窄，但在反斯托克斯区的响应良好。为保持检测器良好的信噪比和稳定性，检测器需要用液氮预冷1h左右后再用。

表12-3 常见光电检测器的型号及其波长范围

检测器类别	型号	产地	λ/nm	检测器类别	型号	产地	λ/nm
光电倍增管	GDB-23	中国	300~850，灵敏区在400±20	光电倍增管	RCA-1P28	美国	200~650
	GDB-28B	中国	400~1200，灵敏区在800±100		RCA-6217	美国	330~800
	GD-5	中国	200~625		RCA-7102	美国	400~1000
	GD-6	中国	625~1000		FW-118	美国	320~1000
	MS-9S	日本	300~650		EMI-9592B	英国	190~800
	MS-9SY	日本	190~650		EMI-5952B	英国	200~800
	R-106	日本	160~650		EMI-6256	英国	165~670
	R-456	日本	165~900		EMI-95580	英国	165~850
	RCA-1P21	美国	300~600		ФЭу-18	原苏联	220~680

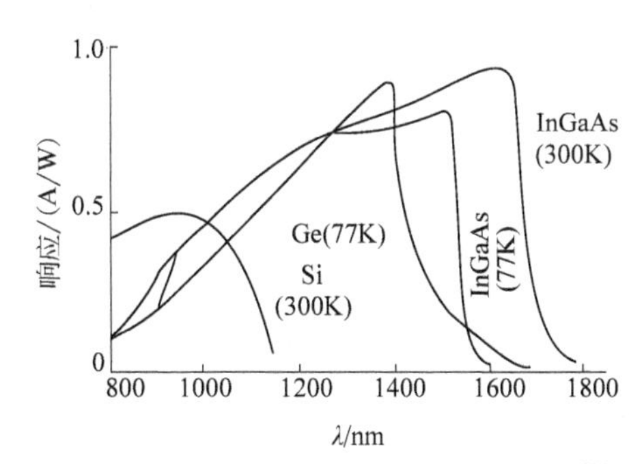

图12-11 不同检测器响应特征曲线[6]

FT-Raman光谱仪的数据系统由于采用了傅里叶变换技术，对计算机的内存和计算速度有更高的要求，它的光谱数据处理功能既具有色散型拉曼光谱仪所具有的如基线校正、平滑、多次扫描平均及拉曼位移转换等功能，还具有光谱减法、光谱检索、导数光谱、退卷积分、曲线拟合和因子分析等数据处理功能。

三、激光拉曼光谱仪检定规程[14]

国家计量检定规程JJG（教委）002－1996规定了激光拉曼光谱仪检定规程，现将其主要内容摘录如下。

（一）范围

本标准适用于中等分辨率、低波数测量的激光拉曼光谱仪的计量检定。本规程规定了激光拉曼光谱仪的检定方法。

（二）构成

激光拉曼光谱仪主要包括激光器、样品装置、单色器、检测和记录系统、控制及数据处理系统五大部分。

（1）激光器　He-Ne激光器、Kr离子激光器、Ar离子激光器和染料激光器。He-Ne激光器主要输出波长为632.8nm的激光；Kr离子激光器能输出多种激光谱线，其中功率最大的为647.1nm激光；Ar离子激光器可输出9条可见谱线，其中功率最大的为514.5nm和488.0nm两条激光线；染料激光器在选用不同的染料时可获得波长在一定范围内能连续可调的激光。

（2）样品装置　样品装置要能够以最有效的方式照射样品和聚集散射光，还应配备能进行各种测量的样品架，同时还应附有检偏装置，以备进行退偏比的测量。根据实际需要，一般应配备：①90°散射毛细管样品架；②粉末固体90°散射样品架；③背散射（180°散射）样品架；④旋转样品架；⑤安放在测角仪上的单晶样品架；⑥高温或低温装置。

（3）单色器　拉曼光谱仪的单色器要求具有高分辨率、高通光本领和低杂散光等特点。典型的双单色器是将两个单色器系统耦合起来，因而它们的色散可彼此相加。同时串联的两个单色器又可使杂散光按平方的关系降低，如一个单色器的杂散光为10^{-5}，两个单色器的杂散光则为$(10^{-5})^2=10^{-10}$，三联单色器的杂散光则为$(10^{-5})^3=10^{-15}$。

（4）检测和记录系统　在可见区，检测器为光电倍增管或阵列探测器（CCD、OMA），近红外区则用红外探测器（PbS 或锗探测器）。为了降低光电元件的暗电流，应采用制冷装置对光电倍增管进行冷却。光电元件采集到的信号经放大后送入计算机作拉曼峰的强度标值。

（5）控制及数据处理系统　用专用计算机或通用计算机（如 IBM-PC）来实现控制单色器和处理数据。计算机能向单色器发送特定的脉冲信号以控制或驱动单色器进行定位、扫描、复位功能。同时计算机能根据起始条件和送往单色器的控制信号，算出各扫描点的波数值，再与检测器送入计算机的光强信号进行同步匹配就可得出要测量的拉曼谱图。若检测器是阵列探测器，则在出射焦平面上不需逐点扫描即可一次测量一定范围内的拉曼谱图。计算机对测得的图谱能进行加、减、乘、除、平滑、微分、求积、移位等多种功能的处理。利用专门软件，计算机还可对各谱进行本底扣除和标峰。通过相连的绘图仪，计算机能按要求将所需图谱打印出来，也能根据需要将图谱储存在计算机存储系统中。

（三）计量单位

表示拉曼位移的单位是波数（cm^{-1}），表示拉曼散射光相对强度的单位是光子个数或光电流。

（四）计量要求

在拉曼光谱测量中要求激发光源具有很好的单色性、偏振性和高的单色功率，能满足这一要求的光源是各类激光器。分光部分要求分辨率高，通光本领高和杂散光低。检测器要求灵敏度高和暗基数低。在精确测量时要求环境温度恒定。

在拉曼光谱测量中，对色散系统的特性要求取决于是测量分子振动光谱，还是测量转动光谱或振动-转动光谱。前者要求分辨率优于$0.15cm^{-1}$，后者则需要分辨率优于$0.02cm^{-1}$。探测器都采用光电倍增管或阵列探测器。光子落到光电倍增管的光敏阴极上，便会释放出光电子，然后光电子被加速轰击到各个倍增电极上使之获得放大。由于通常光电倍增管包含 10 个或 10 个以上的倍增电极，因此只要有一个光子到达光敏阴极，在光电倍增管的最后一级就能出现包含 10^6 个电子的脉冲。这个电子倍增的过程，使得光电倍增管很适合探测弱信号。然而来自光敏阴极和倍增电极的无规发射的电子，它们也会被倍增，从而使信号增加了一个“噪声”成分。如果要使信号可分辨，则信噪比必须比 1 大得多。通过冷却光电倍增管可以大大减弱热噪声。常用的脉冲计数法也可以实现对噪声的辨认，一般信号脉冲达到每秒 10 个脉冲时，即能记录到满意的拉曼光谱，更微弱的信号则需对光谱区进行多次（n）扫描，以使信噪比提高 $n^{1/2}$ 倍。

当激发光源用紫外或染料激光器时，因为它们的稳定度不够理想，所以常在入射光路中引入比例探测器，通过探测器可监测激光的起伏，能对测得的拉曼信号进行同步修正。

（五）技术要求

激光拉曼光谱仪的主要技术指标，如表 12-4 所示。

表 12-4　激光拉曼光谱仪的主要技术指标

序号	技术指标名称	指 标
1	光谱范围	30500～10950cm^{-1} 以上
2	分辨率(在汞 579.1nm 处)	优于 0.2cm^{-1}
3	色散率(在 514.5nm 处)	大于 9.2cm^{-1}/mm
4	杂散光(在距瑞利线 20cm^{-1} 处)	10^{-14} 以下
5	波数精度	±1cm^{-1}(越过 5000cm^{-1})
6	波数重复率	优于±0.2cm^{-1}
7	相对孔径	优于 f/8
8	光栅尺寸/mm	110×110
9	光栅密度/(线/mm)	1800、300～3600(300 的倍数)

1. 外观要求

① 仪器应有以下标志：仪器名称、型号、生产厂名、出厂编号。

② 仪器所有附件、备件完整。

③ 仪器所有紧固部位均紧固良好，连接件均按对应部位连接好，冷却水系统应可靠连接，且做好防漏措施，正确接好地线。

2. 安装条件

为了获得最佳分辨率和稳定的结果，室温（20±5）℃（全年），测量时实验室的温度变化应小于 1℃，同时实验室应避免有腐蚀性气体、尘埃及潮湿气氛，相对湿度≤75%，防震台面积 1040mm×1500mm。实验室应配有良好的独立接地线和暗窗装置。

为了保证计算机能避免外界电磁场干扰，单相 220V 电源最好安装隔离变压器，电压稳定度为±5%。激光器电源采用三相供电，电压（380±380×5%）V，电流不小于 20A。

激光器和光电倍增管制冷器的冷却水最好用去离子水闭路循环系统，这样有利于延长激光器的使用寿命。激光器冷却水的流速不小于 9.5L/min。

3. 检定环境

检定前应检查仪器的外观要求是否完全符合。水、电供应是否达到要求。实验室温度能否稳定在 1℃。

4. 检定设备

① 低压汞灯，取汞灯的一些可见谱线作标准谱线，以便定标和检定仪器性能。

② 激光功率计。

③ 标准样品 CCl_4（保证试剂）；左旋胱氨酸（保证试剂）。

④ 在安装调试时最好另外准备一个读数目镜和光电管。

5. 检定项目和检定方法

检定项目应包含外观检查和按构成部分检定，但检定的主要部分是单色器、激光器和样品室，主要检定光能损耗。

（1）外观检查　按（五）“1. 外观要求”各条逐项检查，特别要仔细检查仪器各个部件之间的连接线的接触状态。接地线是否保持接触良好也应注意检查。

（2）单色器检定　单色器的检定包括分辨率、波数重复率、波数精度、杂散光和综合测试。

① 分辨率的检定　光缝的最佳选择为 W（缝宽）=λH，$H=f/D$，D 是入射镜的孔径；f

为焦距。因为在出射缝的焦平面总有像场弯曲，所以缝高的选择也应以影响最小为佳，一般取 2～5mm。将低压汞灯置于入射缝前，缝宽取 5μm、缝高取 2mm，测量汞的黄双线中的 17268.2cm^{-1} 谱线，扫描参量为步长 0.01cm^{-1}、积分时间 0.5s、扫描范围 17273～17263cm^{-1}，对扫出的图谱测量半高宽，半高宽值 0.15cm^{-1} 为优良（理论值为 0.087cm^{-1}）。

② 波数重复率的检定 波数重复率是测定仪器的复位精度，它是检定多次重复测量时，各次测量值之间的一致程度。将汞灯置于入射缝前，缝宽 5μm、缝高 2mm、步长 0.1cm^{-1}、积分时间 0.1s。用汞的绿线 18312.5cm^{-1} 作为待测线，进行 10 次扫描，测量各次的峰值位置，多次测量的偏差在±0.2cm^{-1} 为优良。

③ 波数精度的检定 将汞灯置于入射缝前，狭缝 5μm、缝高 2mm、步长 0.5cm^{-1}、积分时间 0.2s，扫描范围分 18320～18300cm^{-1} 和 22955～22935cm^{-1} 两段，分别扫描绿、蓝两线（18312.5cm^{-1} 和 22944.3cm^{-1}）。谱线的测量值与标准值之差在±1cm^{-1} 为优良。

④ 杂散光检定 将左旋胱氨酸粉末的压片装于固体样品架上，调整好仪器。缝宽用 73μm～150μm～150μm～73μm、缝高 20mm、三单缝宽 5mm、步长 0.2cm^{-1}、积分时间 1s、扫描范围 8～50cm^{-1}。若 9.6cm^{-1} 和 15cm^{-1} 两条线能清楚识别，且瑞利轮廓在 20cm^{-1} 以下已经明显降低，则此时杂散光达标。

⑤ 综合测定 用 CCl_4 的 4 个同位素峰可以定性地估测仪器的分辨率和透射比，同时可利用 CCl_4 的 3 条拉曼线对仪器进行定标。将 CCl_4 装入毛细管中，用液体样品架将各部分调节到最佳状态，缝宽用 100μm～200μm～200μm～100μm、三单缝宽 5mm、步长 1cm^{-1}、积分时间 0.5s、扫描范围 150～500cm^{-1}、激光功率 200mW，扫描测定 CCl_4 的拉曼谱。若 3 个峰位与标准值相符，则说明仪器工作正常。同时利用检偏器可测量与平面偏振的入射光束垂直或平行的方向上进行观察的结果。利用上述条件将缝宽改成 40μm～80μm～80μm～40μm 或更小、步长 0.1cm^{-1}、积分时间 1s、扫描范围 430～480cm^{-1}，激光功率 200mW，扫描后可得同位素不同配比而形成的 CCl_4 的 4 个峰，它们分别是 $C^{35}Cl_4$（462.4cm^{-1}）、$C^{35}Cl_3{}^{37}Cl$（459.3cm^{-1}）、$C^{35}Cl_2{}^{37}Cl_2$（456.1 cm^{-1}）、$C^{35}Cl^{37}Cl_3$（452.7cm^{-1}）。若 459.3cm^{-1} 的峰高和 456.1cm^{-1} 与 459.3cm^{-1} 两个峰之间的峰谷的比值大于 2，则仪器优良；若峰谷比大于或等于 1.7，则属合格；小于 1.4，则仪器应调整修理。

(3)控制及数据处理系统的检查 光谱仪的 4 个狭缝置于 300μm 处，激光功率 100mW，在 90°配置下收集 CCl_4 液体样品的拉曼光谱，用绘图仪绘出图谱，对图谱进行存盘、平滑、标峰等处理，若峰位与标准结果相符，各项操作顺利，则说明控制及数据处理系统运转正常。

(4) 检测器检定 检查光电倍增管制冷器的工作电流是否指示在正常区，冷却水温度和流量是否符合要求。一切正常后将光电倍增管预冷 3h，加上额定高压(−1450～−1800V)测量光子计数器的暗基数，若暗基数小于 12cps，则属优良。

（六）计量管理

1. 检定结果处理

经检定后的仪器，发给检定证书。在检定结论中需明确说明被检定的仪器应属于何种级别、是否合格、存在的问题和建议等。

2. 检定周期

① 新安装或修理后的仪器应按本规程进行首次检定。

② 检定周期 2 年。

第三节 拉曼光谱的取样技术

一、散射光收集方式

散射光的收集方式有透镜收集和镜面反射收集两种，散射光与激光束之间有三种关系：0°（前散射）、90°与 180°（背散射），见图 12-12。

在实际应用中以 90°和 180°两种较多。180°的镜面反射收集方式收集效率最高，但需要仔细调整样品位置，稍微偏离最佳位置，拉曼信号明显下降。大样品散射光收集一般采用透镜方式。

二、拉曼光谱的一般取样技术

1. 气体样品

由于气体样品的拉曼散射光很弱，为了提高它的拉曼信号强度，样品池中气体要有较大压力或采用多次反射的气体池，两种不同方式的气体试样池见图 12-13。

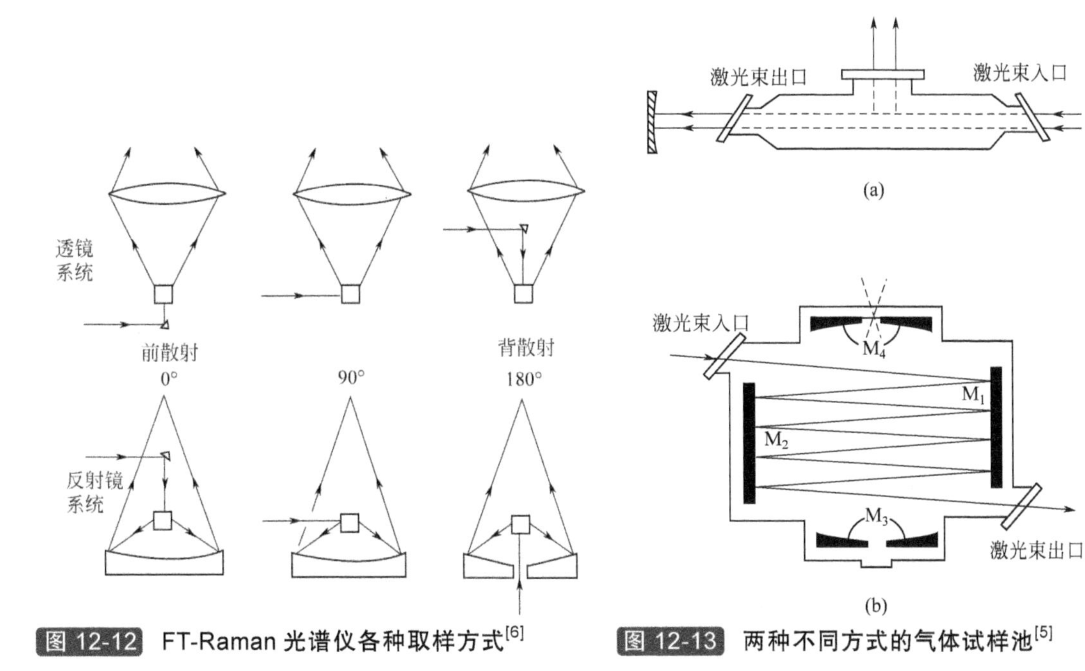

图 12-12 FT-Raman 光谱仪各种取样方式[6]

图 12-13 两种不同方式的气体试样池[5]

(a)垂直式气体池；(b)多次反射式气体池

M_1,M_2—反射镜；M_3,M_4—聚集散射的聚光镜

2. 液体

常量液体样品可用核磁共振样品管或常规样品池。在微量测定中，可用毛细管液体池，根据样品量的多少，可选用不同直径的毛细管，将样品装入毛细管后，放入样品室中，通过调节，使光束正好对准样品。对于低沸点样品，毛细管应封闭。为增加收集效率可用底部为球形的玻璃管，即球形池，球形池的一侧镀银，以增加反射效率，此法适用于拉曼散射较弱及稀溶液样品。Schrader 设计出由宝石材料制成的球形液体池，采用透镜收焦方式，见图 12-14。液体样品池的放置有以下几种方式，见图 12-15。

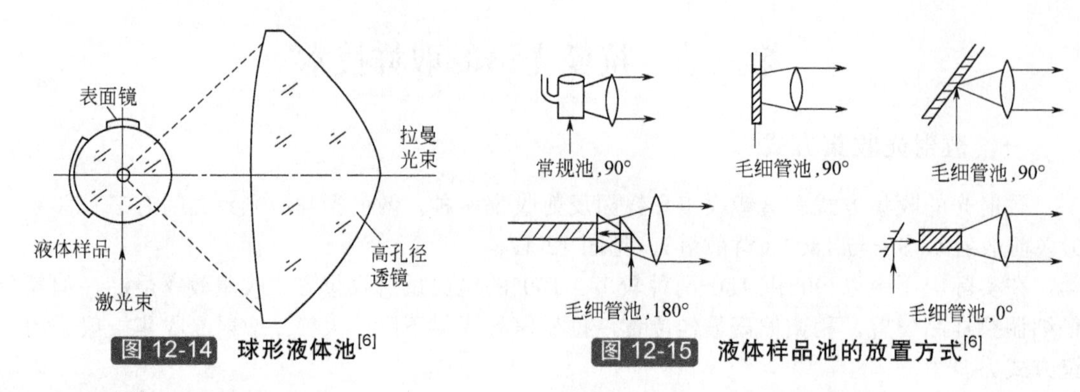

图 12-14 球形液体池[6]

图 12-15 液体样品池的放置方式[6]

3. 固体

对透明的棒状、块状和片状固体样品可直接进行测定，可固定在表面镀金或镀银的样品架载片上(图 12-16)，亦可将固体样品放在水平样品架上或放在 *XYZ* 三维可调的载物台上(图 12-17)，但均需垫一滤纸。

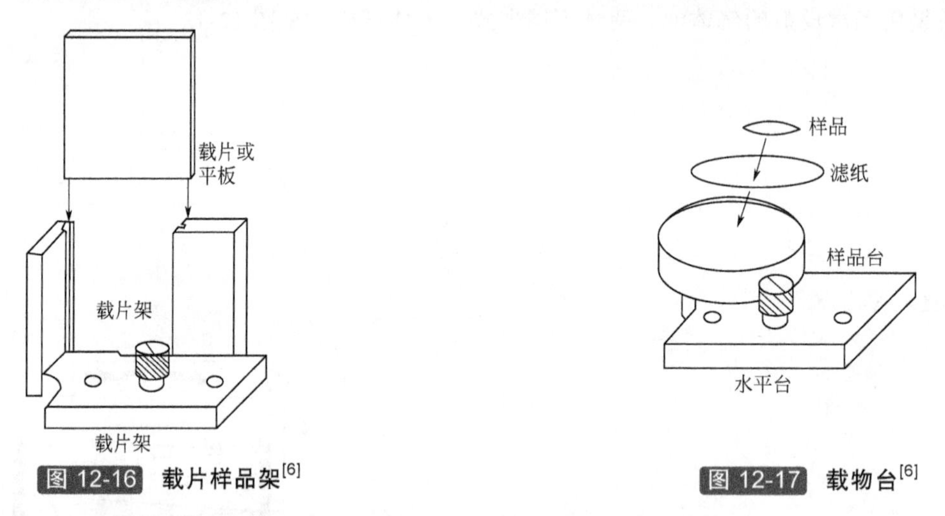

图 12-16 载片样品架[6]

图 12-17 载物台[6]

对粉末状样品常用的样品容器是 5mm 的核磁共振管或毛细管，将装有样品的管插入如图 12-18 所示的样品架中。

粉末样品还可使用样品杯，样品杯放在水平粉末样品架上（图 12-19），为了增加样品密度以提高散射截面，可将粉末压片。

Schrader 设计的晶体粉球形池，如图 12-20 所示。图中 Cp 为晶体粉末，装入不锈钢圆筒，HS_1 和 HS_2 为玻璃或宝石半球，SM 为反射镜，激光束 LB 由小孔进入，RB 为收集的散射光。

4. 样品旋转技术

因使用的激光光源的激发线常常在样品的吸收带内，故能引起样品局部过热，造成样品分解或破坏，特别是对某些聚合物、生物高分子化合物和深色化合物更是如此。用脉冲激光器作光源可防止或减少这种分解。采用旋转技术亦是防止样品分解的有效方法。

固体样品的旋转装置见图 12-21，转速为 1000～4000r/min，激光光束聚焦于样品表面。Kiefer 等人设计了一种用于旋转技术的液体样品池，如图 12-22 所示。它是由石英玻璃制成的圆筒形池，外径 60mm，高 25mm，此池对称地固定于黄铜片上，它有一中心棒，棒由马达带动旋转，转速为 0～3000r/min。当池旋转时，离心力使液体紧贴池壁，激光束用焦距为 50mm 的透镜聚焦，并从下射到池壁的样品上，为减少对拉曼光的自吸收，激光束要尽可能地靠近池壁。

样品旋转技术还能提高分析灵敏度，在不旋转情况下，因样品分解产物沉积在池底，会降低激光功率；另外由于在样品内产生温度梯度，折射率也有一梯度变化，从而妨碍激光聚焦，这就是所谓的激光热透镜效应，也会降低激光功率。样品旋转技术可消除或降低上述影响，增加测定的灵敏度。

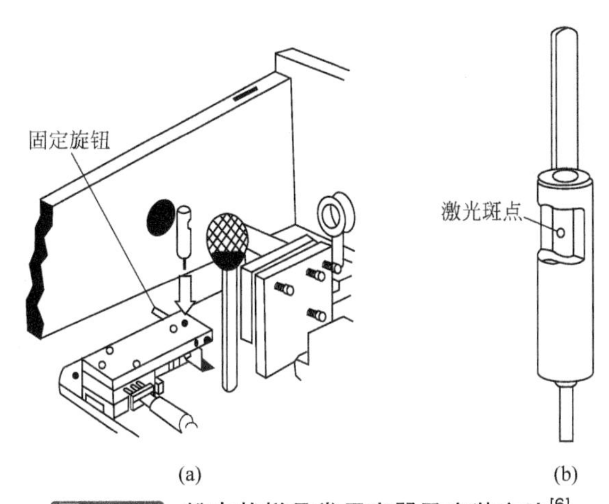

图 12-18　粉末状样品常用容器及安装方法[6]

（a）180°镜面反射收集方式中核磁共振管架安装方法；
（b）核磁共振管及核磁共振管架

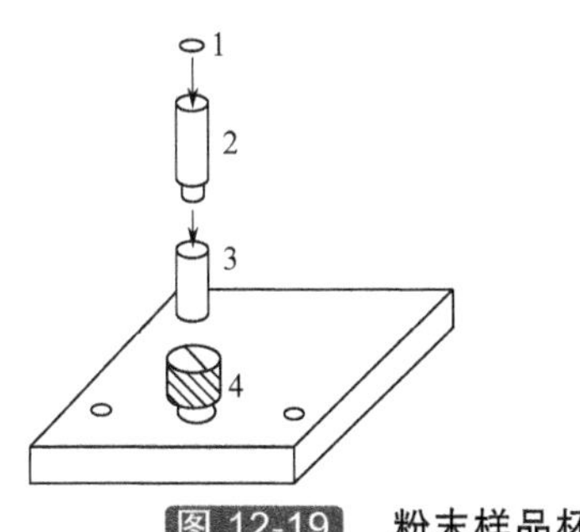

图 12-19　粉末样品杯及其放置[6]

1—样品；2—可移动样品杯；
3—可移动样品杯架；4—粉末样品杯架

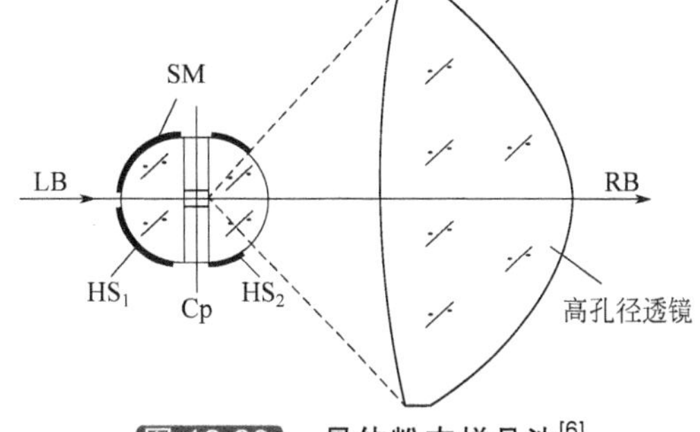

图 12-20　晶体粉末样品池[6]

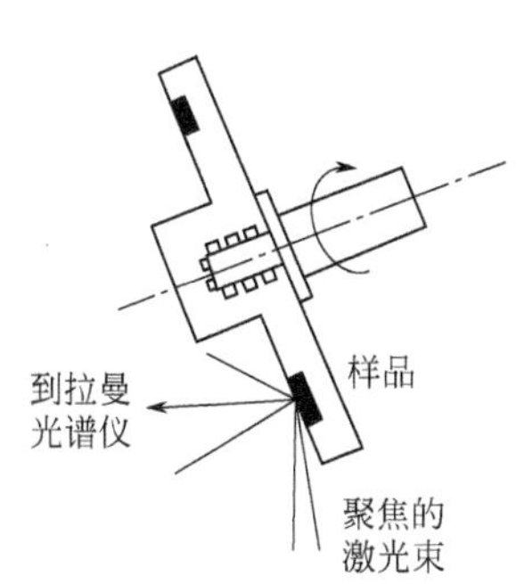

图 12-21　样品旋转技术装置[13]

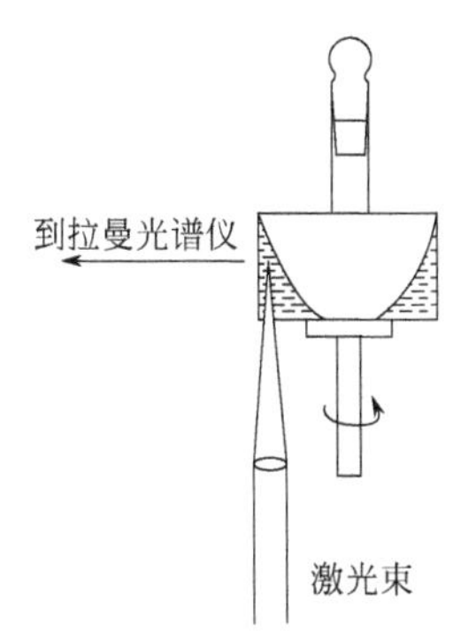

图 12-22　用于旋转技术的液体样品池[13]

三、拉曼光谱的特殊取样技术

1. 激光拉曼光谱的光纤采样技术

光纤采样技术可用于化学反应过程的现场检测和生物活体的分析研究，在激光拉曼光谱中已有不少应用。近红外光在光导纤维中有良好的传导性，传导距离已超过 1000m，因而 FT-Raman 光导纤维取样技术有更好的应用前景。FT-Raman 光导纤维取样技术，如图 12-23 所示。光源为 Nd:YAG 激光器，由微调定位器调节使激光光束进入输入光纤，输入光纤和收集散射光的光纤是捆在一起的（其端面图，见图 12-23 下部），从光纤来的激发光束发散地照射在样品上，收集散射光的光纤出光端与干涉仪连接。

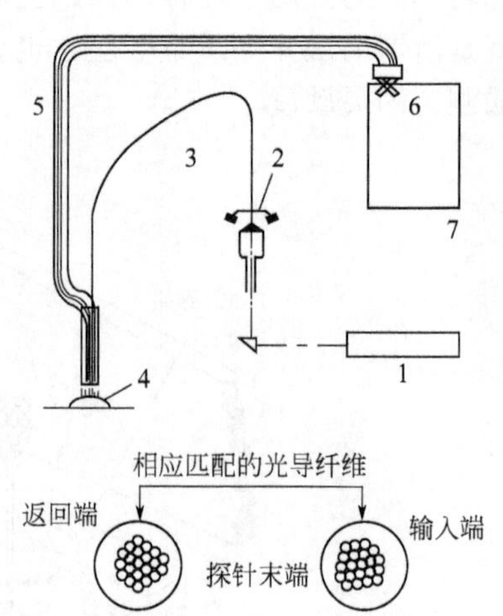

图 12-23 FT-Raman 光谱仪光导纤维取样示意图[6]

1—Nd:YAG激光器；2—微调定位器；3—输入激光光导纤维；4—显微物镜；5—收集光导纤维；6—光阑；7—干涉仪

在光纤采样技术中，光纤探头设计至关重要，光纤的特性指标之一是数字孔径：

$$N_{\mathrm{A}} = \sin Q_{\mathrm{m}} = \sqrt{n_1^2 - n_2^2} \tag{12-14}$$

式中，n_1、n_2 分别为光纤及外包层的折射率；Q_{m} 为光纤接受锥角，只有在 Q_{m} 之内的光才能被接收。光纤探针收集效率主要由激发光纤半径 R_1、收集光纤半径 R_2 和 Q_{m} 决定，高效率的探针需选取较细的入射光纤。由钟发平等设计的一种光纤束拉曼探头以入射光纤为圆心，5μm 的通信光纤（约 2000 根）排列为同心圆，在探针端面 0.4m 处将入射光纤与光纤束分离，用金属细网和塑料外套保护，三个端面仔细抛光。光纤探针设计参数为：入射光纤为直径 30μm 的石英光纤，每米透光率（对 Ar^+的 514.5nm）为 97%，数字孔径 N_{A}=0.4，接受光纤束直径为 2mm，数字孔径 N_{A}=0.56，透光率（500～800nm）为 42%。

2. 退偏度的测量技术

退偏度的测量装置，如图 12-24 所示。放置在单色器入射狭缝前的（1/4）λ 板的作用是将线偏振转变成圆偏振，任何实验装置的性能都可以通过测量纯四氯化碳谱带的退偏度来检验。

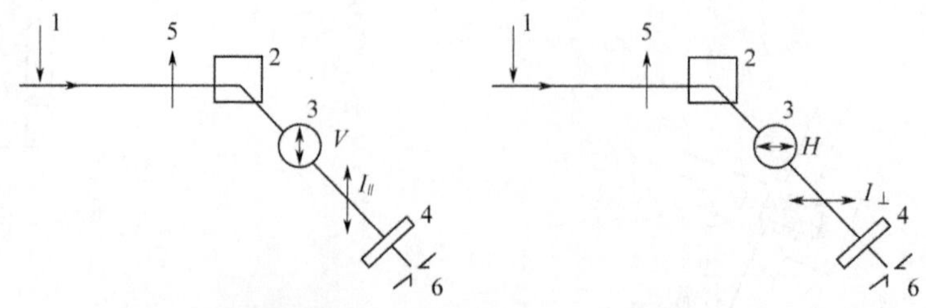

图 12-24 退偏度测量装置示意[10]

1—激光束；2—样品；3—偏振器；4—（1/4）λ板；5—激光束电矢量方向；6—单色器入射狭缝；$I_{//}$ —与激光电矢量相平行的谱线强度；$I_{\perp}$—与激光电矢量相垂直的谱线强度

偏振 FT-Raman 光谱的测定通常是在 FT-Raman 光谱仪上加一偏振调制器。Polavarapu 在 1988 年提出用 Martin-Pulett 干涉仪（MPI）代替迈克尔逊干涉仪，MPI 既是干涉仪，又是偏振调制器，其优点是可同时测定两个 Stoke 参数 $S_1(\overline{\nu}_i)$ 和 $S_3(\overline{\nu}_i)$。$S_1(\overline{\nu}_i)$ 是平行偏振和垂直偏振散射强度的差别，$S_3(\overline{\nu}_i)$ 是左右圆偏振散射强度的差别，圆偏振的测定可用于立体化学研究。

第四节　拉曼光谱技术

一、共振拉曼光谱法

1. 拉曼谱带共振增强原理及其特点

当激发频率接近或重合于分子的一个电子吸收带时，由于拉曼有效散射截面异常增大，某一个或几个特定的拉曼谱带强度急剧增加，一般比正常拉曼谱带强度增大 10^4～10^6 倍，并出现正常拉曼效应中所观察不到的，强度可与基频相比拟的泛频及组合频振动。这种现象称为共振拉曼效应，基于共振拉曼效应的方法叫做共振拉曼光谱法（resonance Raman spectroscopy，RRS）[15]。

从理论上预测共振增强现象是基于 Kramers-Heisenberg-Dirac 色散方程。拉曼散射张量为：

$$\left(\alpha_{ij}\right)_{\rm mn}=\frac{1}{h}\sum_{\rm e}\left[\frac{\left(M_j\right)_{\rm me}\left(M_i\right)_{\rm en}}{\nu_{\rm e}-\nu_0+i\varGamma_{\rm e}}+\frac{\left(M_i\right)_{\rm me}\left(M_j\right)_{\rm en}}{\nu_{\rm e}+\nu_{\rm s}+i\varGamma_{\rm e}}\right] \tag{12-15}$$

式中，m 和 n 分别为分子初始态和终态；e 为激态；$(M_j)_{\rm me}$ 和 $(M_i)_{\rm en}$ 为沿 j 及 i 方向的电偶极跃迁矩；ν_0 为入射频率；$\nu_{\rm s}$ 为散射光子频率。由此可知，共振增强的大小正比于共振电子跃迁矩，反比于其宽度。可以预期，强度大而形状尖的电子吸收带有最大的共振效应。通常可用 Herzberg-Teller 公式解析电子波函数对核位移的依赖关系，以说明哪些振动会得到加强。

共振拉曼光谱法有以下特点：①灵敏度高，由增强的拉曼信号能检测低浓度及微量样品；②不同的拉曼谱带的激发轮廓可给出有关分子振动和电子运动相互作用的新信息；③在共振拉曼偏振测量中，有时可以得到在正常拉曼效应中不能得到的关于分子对称性的情况；④利用标记官能团的共振拉曼效应，可以研究大分子聚集体的部分结构。

共振拉曼光谱法已成为研究有机和无机分子、离子、生物大分子甚至活体组成的有力工具。

2. 共振拉曼光谱法的实验要求

① 共振拉曼光谱法要求激发光源频率可调，以使激发频率 ν_0 接近或重合于各种分子最低允许的电子跃迁频率 $\nu_{\rm e}$，因此，可调谐染料激光器常是获得共振拉曼光谱的必要条件。

② 由于吸收过程对拉曼散射的影响，因此，在实验时要尽可能地将激光聚焦到靠近出口的样品表面上，甚至仅掠过样品表面以减小吸收。从拉曼差分光谱及溶液的可见-紫外光谱中可求得每条拉曼谱带的吸收校正因子。

③ 由于对强激光的吸收而引起的热透镜效应和样品分解，可通过脉冲激发光源，样品旋转技术及激光扫描表面来避免。旋转样品及表面扫描装置见图 12-25。

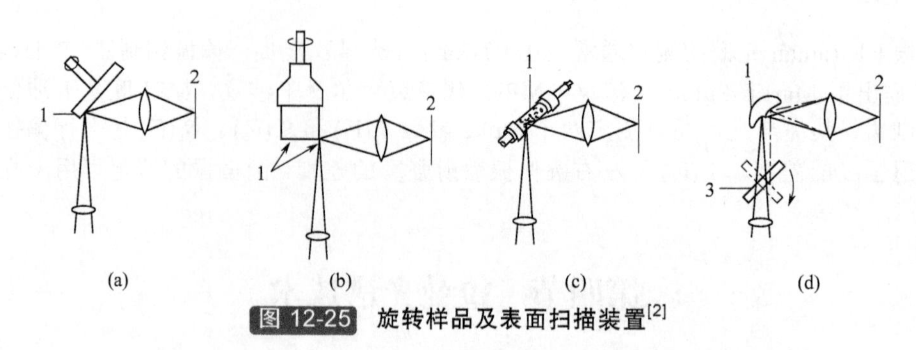

图 12-25 旋转样品及表面扫描装置[2]

（a）粉末；（b）液体；（c）气体；（d）表面扫描技术
1—样品；2—狭缝；3—旋转折射板

④ 荧光背景的干扰可采用时间分辨技术来消除，以多道分析器或二极管阵列作检测手段，以纳秒到皮秒的脉冲激光作光源的拉曼分光计来记录时间，分辨共振拉曼光谱。

二、表面增强拉曼光谱法

1974 年 Fleischmann 等人首次发现在粗糙化的 Ag 电极表面吡啶分子具有极大的拉曼散射现象，其表面增强因子可达 10^6。这种表面增强效应称作表面增强拉曼散射，简称 SERS，现已发展为一种新的光谱分析技术——表面增强拉曼光谱法（surface-enhanced Raman spectroscopy，SERS）[16]。我国在 20 世纪 80 年代初也开始了 SERS 的研究。

（一）SERS 的特性

在对 SERS 效应做了大量研究后，得到了下述的一些规律。

（1）许多分子都能产生 SERS 效应，但只有在少数几种基体上，如 Ag、Cu、Au、Li、Na 和 K 等的表面产生增强效果，其中银基体的 SERS 效应最为明显，可使拉曼散射截面增大 5～6 个数量。SERS 研究大多是在银基上进行的，其中银溶胶和银电极使用最多，也有在化学沉积银膜、真空镀银膜和硝酸蚀刻银膜上进行的。在一些半导体基体上，如 n-CdS 电极、α-Fe_2O_3 溶胶和 TiO_2 电极上也可观察到 SERS 现象。用金或铜作基体的 SERS 研究则较少，它只有在红光下才能显示出 SERS 效应。

（2）SERS 效应与基体的粗糙度有密切关系，金属表面的粗糙化是产生 SERS 的必要条件。不同范围的表面粗糙化相应于不同的 SERS 增强机理。

（3）SERS 效应表现有长程性和短程性，前者分子离开平面几纳米至 10nm 仍有增强效应，而后者离开表面 0.1～0.2nm 增强效应即减弱。

（4）研究了一些化合物的 SERS 的激发谱，发现 SERS 的强度并不与激发光频率 4 次方成正比。大多数分子的 SERS 强度在黄到红激发光区有一个极大值，而且不同分子或同一分子的不同 SERS 谱峰极大时的激发光波长各不相同。

（5）SERS 谱峰的退偏度与正常拉曼谱峰不同，不同类型的正常拉曼峰的退偏度有很大差别，但所有的 SERS 谱峰的退偏度很相近。

（6）分子的振动类型不同，则增强因子也不相同，增强极大和激发频率关系曲线也不相同。

（7）在 SERS 中，有时仅为红外活性的振动类型也会出现在 SERS 光谱中。

（8）在分子的吸收带频率内进行激发时，可获得更大的 SERS 信号，其增强因子可达 10^4～10^8。

（二）SERS 的增强原理

人们认为金属表面粗糙化是产生 SERS 的必要条件，目前主要有两种理论模型来解释

SERS 的增强机理：一种是电磁共振理论，认为超原子级粗糙化(5～100nm)的金属表面与入射光相互作用产生了等离子诱发电磁共振，增加了金属表面的局部电磁场，同时分子的拉曼散射光对等离子的激发也增强了局部电磁场；另一种是化学理论，认为拉曼散射增强是由分子极化率即拉曼散射截面的改变引起的，原子级粗糙化金属表面存在的活性位置引起化合物分子与金属表面原子间的化学吸附而形成复合物，导致分子极化率改变。迄今提出的多种理论模型都能在某一特定情况下解释 SERS，但均存在一定的局限性，SERS 是个复杂过程，可能既有物理增强又有化学增强，还需进一步研究。

我国有关 SERS 机理的理论研究有[17]：郭伟立等提出了一个同时涉及物理增强和化学增强的 SERS 模型，由此导出一个 SERS 增强因子表达式，估算了起源于分子和金属之间电荷转移的增强因子为 10^2～10^3，而起源于局域场的增强因子为 10^3～10^4，用这一模型能较好地解释许多 SERS 特性。从分子间相互作用对分子极化率的影响出发，推导出分子之间电荷转移及极化率公式，该式表明 SERS 效应是由电磁诱导、电荷转移以及电荷转移伴随的分子振动的变化引起的。吴国祯等推导出 SERS 强度和分子键导出极化率的关系，测得并分析了一些化合物的键导出极化率随电极电位变化的数据，指出化学增强和物理增强两因素在 SERS 中同时起作用。

我国学者研究过的具有 SERS 效应的化合物约在 80 种以上[17]，其中吡啶的 SERS 光谱研究得最多，其次对染料分子的 SERS 研究也比较多。

表面增强拉曼光谱技术在生物研究中得到普遍的重视和应用，最早是 Koglin 和 Seqaris 应用 SERS 技术研究核酸碱基和 DNA，Nebiev 研究氨基酸、膜蛋白和核酸，Cotton 研究有色蛋白，至今已有许多综述总结了在生物体系中的应用[18]。

三、非线性拉曼光谱[12]

拉曼效应是光的电磁场与物质分子相互作用产生极化而造成的，分子所感生的偶极矩 μ 与入射光的电场强度 E 有如下关系：

$$\mu = \alpha E + \frac{1}{2}\beta E^2 + \frac{1}{6}\gamma E^3 + \cdots \tag{12-16}$$

在一般拉曼光谱中，入射光的电场强度较小，分子振动的振幅很小，上式中的高次项可以忽略，μ 与 E 之间呈线性关系：

$$\mu = \alpha E$$

但当入射光的电场强度超过 10^9V/m 时，式（12-16）中的高次项不能忽略，就能看到非线性拉曼效应。式中，β、γ 为一级和二级超极化率（从电子平衡构型计算中获得 $\alpha=10^{-24}\text{cm}^3/\text{esu}$，$\beta=10^{-30}\text{cm}^3/\text{esu}$ 及 $\gamma=10^{-36}\text{cm}^3/\text{esu}$）。由于非线性拉曼效应较一般的拉曼效应具有较高的灵敏度和能有效地区分荧光，因此它开拓了许多新的化学应用，其中包括在分析化学中的应用。目前已得到应用的非线性拉曼光谱技术有：受激拉曼光谱（stimulated Raman scattering，SRS），超拉曼效应（hyper-Raman effect），反拉曼散射（inverse Raman scattering，IRS），受激拉曼增益（stimulated Raman gain，SRG），相干反斯托克斯拉曼光谱（coherent anti-Stokes Raman spectroscopy，CARS），相干斯托克斯拉曼光谱（coherent Stokes Raman spectroscopy，CSRS）和拉曼感生克尔效应光谱（Raman-Induced Kerr effect spectroscopy，RIKES）等。

图 12-26 给出非线性拉曼过程的能级图。图中基态振动能级用 G 表示，虚线表示虚态，实线表示真实的振动能级；每一图中左面的箭头表示入射光，右面箭头表示离开样品的光。

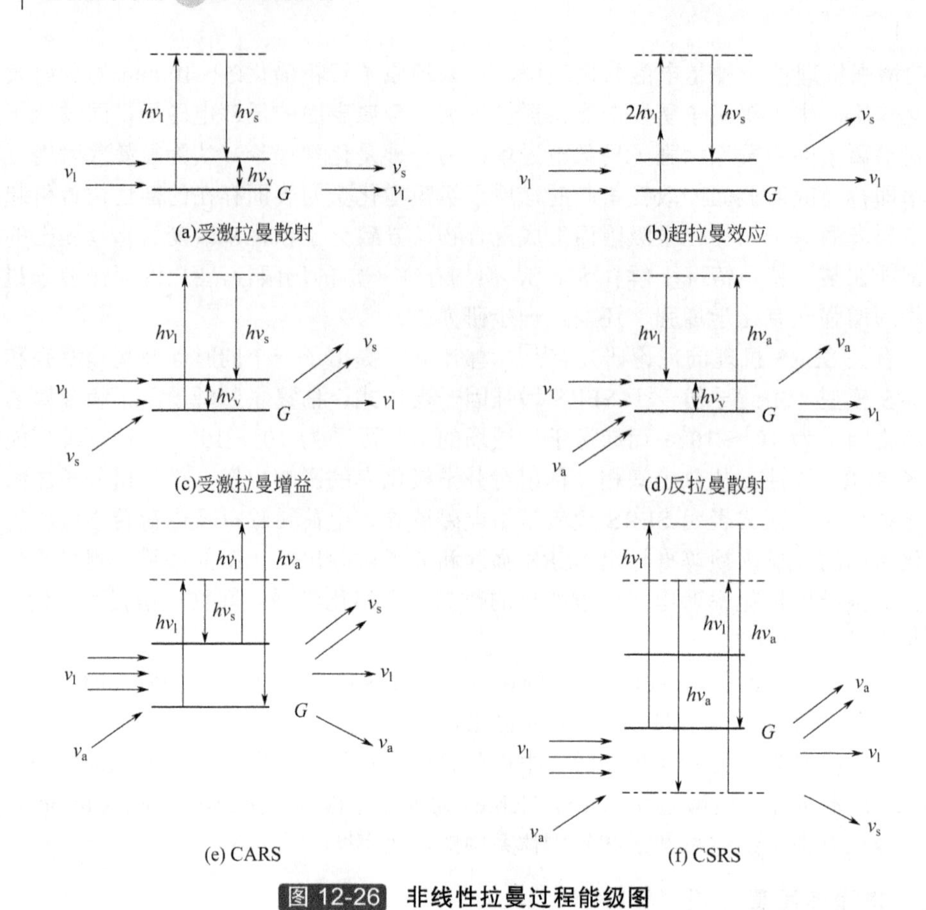

图 12-26 非线性拉曼过程能级图

ν_l—激光频率，ν_s—斯托克斯线频率，ν_a—反斯托克斯线频率，ν_v—振动频率

（一）受激拉曼散射

受激拉曼散射产生的机制如图 12-26(a)所示。当入射光强度增加至某一程度时，频率为 ν_s 的散射光的强度也增加到某一强度，此时能诱发虚态至基态的跃迁而产生受激发射，并迅速自催化增加而成为受激拉曼散射。这一过程使自发拉曼散射放大了 10^{13} 倍，且散射光是相干的，其方向与入射光方向一致。要产生受激拉曼散射，入射光强度必须高于某一阀值。

在一般拉曼效应中，其效率只有 10^{-8}，而在受激拉曼效应中，其效率可达 90%，产生拉曼光的方向又和入射光一致，故可用它作为改变激光频率的一种方法。例如用高能 CO_2 激光束照射含氢或氘的样品池，使之产生受激拉曼效应，从而使激光频率移至 16μm。

有关 SRS 的近代理论已有讨论，SRS 在分析上的应用还很有限，正引起工业分析方面的关注。主要用于检验单个微液滴的成分，包括水、四氯化碳、苯、酒精和燃料液滴等。并且发展了一种理论来解释在微米大小液滴上观察到的主要光谱和空间特征。此外，还可应用 SRS 作为研究碰撞现象和燃烧过程的工具。

（二）超拉曼效应

超拉曼效应产生的机制，如图 12-26(b)所示。当频率为 ν_1 的高强度激光束照射样品时，样品吸收两个光子而跃迁到虚态，然后发射频率为 $\nu_s=2\omega_1\pm\nu_v$ 的拉曼光，这叫做超拉曼效应。

超拉曼效应是在1965年才发现的。超极化率与简正坐标的微分方程式如下：

$$\beta=\beta_0+\left(\frac{\partial\beta}{\partial Q}\right)_0 Q+\cdots$$

Q 的高次项可以略去。$\left(\frac{\partial\beta}{\partial Q}\right)_0$ 不是零，在谐振子场合下：

$$\beta=\beta_0+\left(\frac{\partial\beta}{\partial Q}\right)_0 Q_0\cos(\omega t) \tag{12-17}$$

超拉曼效应的选择定则及偏振性质均不同于一般拉曼效应。一些振动是非红外和拉曼活性而是超拉曼活性的，故对解决某些特殊分子结构有一定的用途。

（三）受激拉曼增益和反拉曼散射

受激拉曼增益和反拉曼散射是密切相关的两种非线性技术，后者亦称为受激拉曼衰减(simulated Raman loss spectroscopy)，其产生机制分别如图12-26(c)和图12-26(d)所示。

在受激拉曼增益光谱技术中，用两个不同取向的激光束入射到样品上，其中一个为较强的泵浦激光，频率为ν_1；另一个为弱的探针激光。调节探针激光频率ν_s，使之$\nu_v=\nu_1-\nu_s$，ν_v为分子振动频率，通过受激拉曼散射过程，样品在ν_s频率处提供一定程度的增益作用，从而使较弱的频率为ν_s的探针光束通过样品后而增强；相反，频率为ν_1的泵浦光通过样品而减弱。

反拉曼散射是受激拉曼增益的逆过程，当探针光束扫描通过反斯托克斯频率ν_a，即$\nu_a=\nu_1+\nu_s$时，则频率为ν_1的强激光引起样品分子的受激拉曼散射跃迁，并同时导致频率为ν_a的探针光束减弱。

SRG和IRS都是相干过程，它们很容易与荧光相分离。反拉曼散射不受荧光的干扰，也不受全对称方式的影响，可获得一张完全的光谱图，这在物质结构的研究上很有用。

（四）相干反斯托克斯拉曼光谱和相干斯托克斯拉曼光谱

相干反斯托克斯拉曼散射首先被Terhune和Maker发现，是目前应用最广的非线性拉曼光谱技术，如图12-26(e)所示。CARS技术使用两个激光光源，泵浦光束频率在ν_1，斯托克斯位移探针光束频率在ν_s，当两个光束以足够的能量聚焦于样品上时，产生频率为$\nu_{as}=2\nu_1-\nu_s$相干的反斯托克斯射线，这就是样品的CARS谱线。CSRS技术类似于CARS技术，此时探针光束频率在反斯托克斯位移频率ν_a，当泵浦光束和探针光束聚焦于样品上时，产生频率为$\nu_s=2\nu_1-\nu_a$相干的斯托克斯射线，如图12-26（f）所示。

相干反斯托克斯拉曼光谱的优点：发射强度高（拉曼效率大于10^{-2}），因而灵敏度高；CARS线是一清晰的光束，故聚焦效率高；CARS线与入射光束在空间上是分开的，用一可变光阑遮去ν_1和ν_s，即可单独测量CARS线，因而不需要单色器；CARS线在入射光的短波方向，而荧光一般在入射光的长波方向，用一干涉滤光片即可消除荧光干扰，一般可使荧光干扰减小至$1/10^9$。

CARS的测量装置如图12-27所示。

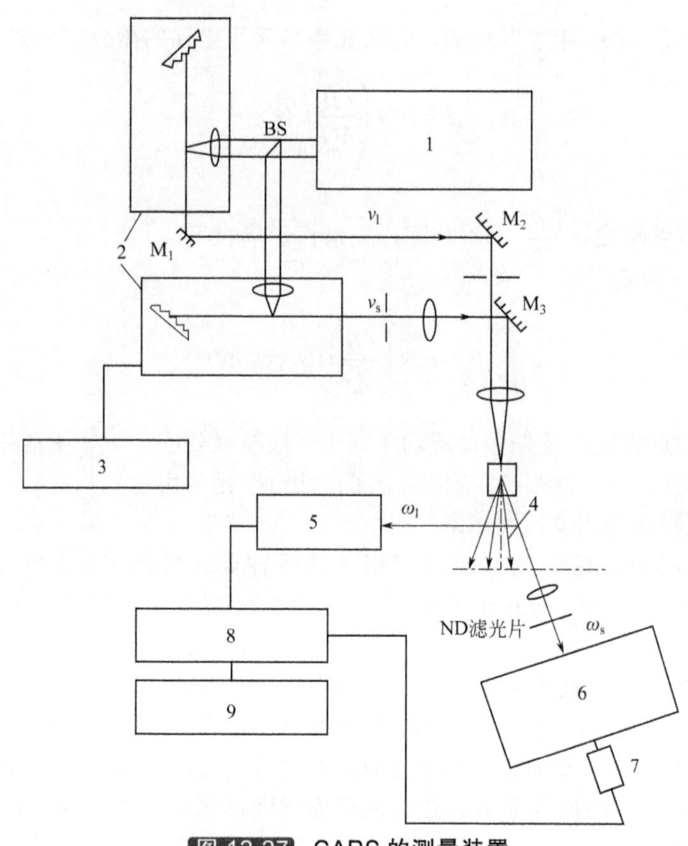

图 12-27 CARS 的测量装置

1—氮激光器；2—染料激光器；3—扫描控制器；4—样品池；5—参比检测器；6—单色器；7—信号检测器；8—光电倍增管；9—记录仪

第五节 特征拉曼频率

一、有机化合物的特征拉曼频率[9, 19]

（一）有机化合物特征拉曼频率的规律

① 非极性或弱极性基团具有强的拉曼谱带，而强极性基团具有强的红外谱带。

② 根据选择偏振定则，具有对称中心的分子产生的谱带在拉曼和红外光谱中其波数是不同的。

③ 脂肪族基团的C—H伸缩振动在拉曼光谱中很强，其强度正比于分子中C—H键的数目，而其弯曲振动谱带很弱。

④ 烯烃和芳环的C—H伸缩振动在拉曼光谱中呈中等强度。

⑤ 炔烃的C—H伸缩振动谱带在拉曼光谱中是弱带。

⑥ 在不饱和系统（烯基和芳香化合物）中，面外C—H弯曲振动仅在红外光谱中具有强带。

⑦ 极性基团，如O—H和N—H的伸缩振动谱带在拉曼光谱中是弱带，甚至很弱。另外，这些基团的弯曲振动谱带在红外光谱中亦比在拉曼光谱中强。

⑧ C—C、N—N、S—N和C—S等单键的伸缩振动在拉曼光谱中是强带。

⑨ C═C、C═N、N═N、C≡C和C≡N等重键的伸缩振动在拉曼光谱中是极强带，而

在红外光谱中是弱带或极弱带。但 C═O 伸缩振动在红外光谱中是极强带，而在拉曼光谱中是中强带。

⑩ 含环化合物的拉曼光谱仅有一个强带，这是环的呼吸振动的特征，其频率取决于环的大小。

⑪ 芳香族化合物在拉曼和红外光谱中均产生一系列尖锐的强谱带。

⑫ H—C—H 和 C—O—C 等基团具有两个伸缩振动，包括对称和不对称的。在拉曼光谱中对称的强于不对称的，而在红外光谱中则相反。

⑬ 倍频和组合频谱带在红外光谱中比在拉曼光谱中强，在拉曼光谱中很少见到。

（二）有机化合物特征拉曼频率表

有机化合物特征拉曼频率如表 12-5～表 12-28 所示，表中强度一栏的符号：s——强，m——中，w——弱，vs——极强，vw——极弱，var——可变，p——偏振性，sh——肩峰，b——宽。

1. 烷烃和环烷烃的特征拉曼频率

表 12-5 烷烃和环烷烃的特征拉曼频率

基　团	频率 σ/cm^{-1}	强度	基　团	频率 σ/cm^{-1}	强度
烷烃			环丙烷及其衍生物		
CH_3　不对称伸缩	2960±10	s	CH_2　不对称伸缩	3105～3085 (3102，3082)	m~w
对称伸缩	2870±10	s			
不对称变形	1460	w			
对称变形	1375	vw	对称伸缩	3040～3020(3038)	m
平面摇摆	1135			3020～3000(3024)	s
CH_2　不对称伸缩	2925±10	s	剪式振动	1420～1400(1438)	w
对称伸缩	2850±10	s	卷曲振动	1170～1070	w
变形振动	1465	m			
非平面摇摆	1300	w	非平面摇摆	1070～1050(1028)	w
CH　伸缩振动	2890±10	w	平面摇摆	1030～990	w
变形振动	1340	w		805～705	w
$(CH_2)_n$　非平面摇摆	1300	s	α-CH　伸缩振动	3060～3020	m～s
C—C 伸缩（2 个键）	1100～1000 (一般在 1075)		弯曲振动	1365～1295	w
C—C 伸缩（3 或 4 个键）	900～800		环戊烷		
$-\overset{R}{\overset{\vert}{C}}-\underset{\underset{R}{\vert}}{C}-$	420～150		环　呼吸振动	1200～1180(1188)	var
扭曲	1170～1160	m	变形振动	960～900(868)	var
	970～960	m		880～800	var
骨架振动	810	m			
$(CH_3)_2CH$　变形振动	1380	—	环丁烷及其单取代衍生物		
	1370	—	CH_2　不对称伸缩	3000～2985(2974)	—
骨架振动	1170	m		2990～2970	var
	1155	m		2956～2945(2965)	s
$(CH_3)_3C$　变形振动	1395	—	对称伸缩	2985～2975	s
	1370	—		2970～2955(2945)	m
骨架振动	1250		剪式振动	1450～1440(1443)	m
	1205		非平面摇摆	1245～1220(1260)	m～w
	750～650	s	卷曲振动	1250～1050(1224)	w
	930	m	平面摇摆	≈800(626)	w

续表

基团		频率 σ/cm^{-1}	强度	基团	频率 σ/cm^{-1}	强度
α-H	伸缩振动	≈2970	w	CH_2 不对称伸缩	2959～2952	s
	弯曲振动	1360～1250	w	对称伸缩	2866～2853	s
环	呼吸振动	960～950	m	剪式振动	1455	m
		(1005vs,926s,901w)		环 呼吸振动	886	vs
	变形振动	1080～1050	w	环己烷(椅式构型)		
		900～880	w	CH_2 不对称伸缩	2933～2915	vs
		780～700	m	对称伸缩	2879～2852	vs
	折叠振动	180～140(199)	w	剪式振动	1452	m
				环 呼吸振动	802	vs

2. 烯烃的特征拉曼频率

表 12-6 烯烃及其取代产物的特征拉曼频率

基团		频率 σ/cm^{-1}	强度
$R(H)C=CH_2$	CH_2 不对称伸缩	3090～3075	m
	CH 伸缩	3020～2995	s,p
	CH_2 对称伸缩	3000～2980	w
	CH_2 倍频	无	
	C═C 伸缩	1650～1638	vs,p
	CH_2 剪式变形	1420～1412	s,p
	CH 平面摇摆	1309～1288	s,p
	CH 面外摇摆	995～985	w
	CH_2 面外摇摆	910～905	w
	顺式 CH 面外摇摆	688～611	w
$R_2C=CH_2$	CH_2 不对称伸缩	3090～3075	w
	CH_2 对称伸缩	3000～3075	s,p
	C═C 伸缩	1660～1640	vs,p
	CH_2 剪式变形	1420～1400	m,p
	CH_2 面外摇摆	900～885	w

基团		频率 σ/cm^{-1}	强度
$R(H)C=C(H)R$ (H、H 同侧)	CH 伸缩	3020～2995	m
	C═C 伸缩	1662～1631	vs,p
	顺式 CH 对称平面摇摆	1270～1250	s
	顺式 CH 面外摇摆	730～650	vw
$R(H)C=C(R)H$ (H、H 异侧)	CH 伸缩	3010～2995	m
	C═C 伸缩	1676～1665	vs,p
	反式 CH 对称平面摇摆	1325～1300	s
	反式 CH 面外摇摆	980～965	vw
$R_2C=CHR$	CH 伸缩	3040～3020	m
	C═C 伸缩	1680～1664	vs,p
	CH 面内摇摆	1360～1322	w
	CH 面外摇摆	840～790	vw
$R_2C=CR_2$	C═C 伸缩	1680～1665	vs,p

3. 炔烃的特征拉曼频率

表 12-7 炔烃的特征拉曼频率

基团①	频率 σ/cm^{-1}	强度	基团①	频率 σ/cm^{-1}	强度
≡C—H 伸缩	3340～3290 (溶液)	w,p	R—C≡C—H	640～625	m～w,dp
R—C≡C—H	3320		M—C≡C—H	707～675, 663～577	
GCH_2—C≡C—H	3320～3310		C≡C 伸缩，单取代	2130～2100	vs,p
M—C≡C—H	3303～3281		R—C≡C—H	2130～2120	vs,p
≡C—H 弯曲	681～610 (溶液)	w	M—C≡C—H	2055～2019	vs,p

续表

基　团①	频率 σ/cm^{-1}	强度	基　团①	频率 σ/cm^{-1}	强度
双取代	2250～2200	vs,p	≡C—C　伸缩，单取代	1000～940	m～w
	2325～2290 (费米共振)	var	双取代	1160～1005	m～w
R—C≡C—R′	2237～2300	vs,p	C—C≡C—C　不对称伸缩	≈1160	
M—C≡C—CH_3	2200～2170	vs,p	对称伸缩	842～758	
—C≡C—C≡C—　不对称伸缩			≡C—C 弯曲		
H—C≡C—C≡C—X	2245～2175		CH_3—$(CH_2)_n$—C≡CH, n=0～5	348～336	m～w
—C≡C—C≡C—　对称伸缩			CH_2XC≡CH	314～311, 186～311	
H—C≡C—C≡C—X	2100～2000		CHO—C≡C—H	261,226	
R—C≡C—C≡C—R′	2257～2231	vs,p	COOH—C≡C—H	245,218	

① 基团中的符号：G 为 H、R、SCH_2Ph、SPh、OPh、NR_2、F、Cl、 Br、I；M 为 P、As、Sb、Si、Ge、Sn；X 为 F、Cl、Br、I。

4. 苯及其衍生物的特征拉曼频率

苯分子具有 D_{6h} 对称性，其基频振动的分配及活性如下：Γ（平面振动）$=2A_{1g}(R)+2B_{1u}(ia)+2B_u(ia)+4E_{2g}(R)+3E_{1u}(IR)+A_{2g}(ia)+A_{2u}(IR)$，Γ（非平面振动）$=2B_{2g}(ia)+E_{1g}(IR)+2E_{2u}(ia)$(R——拉曼活性，IR——红外活性，ia——非活性)，液体苯的拉曼光谱的振动指定列于表 12-8 中。

表 12-8　苯的特征拉曼频率

振动类型	振动的近似描述	频率 σ/cm^{-1}	强度	振动类型	振动的近似描述	频率 σ/cm^{-1}	强度
A_{1g}	CH 伸缩	3062	vs	E_{2g}	CH 伸缩	3047	s
	环“呼吸”	992	s		环伸缩	1606,1585①	s
A_{2g}	CH 变形	1326	vw		CH 变形	1178	s
E_{1g}	CH 变形	849	m		环变形	606	s

① 费米共振。

单取代苯类，如果是单原子取代基并位于环平面内，则这类单取代苯具有 C_{2v} 对称性，其 30 个基频振动分配如下：$11A(IR,R)+10B_2(IR,R)+3A_2(R)+6B_1(IR,R)$，如图 12-28 所示。

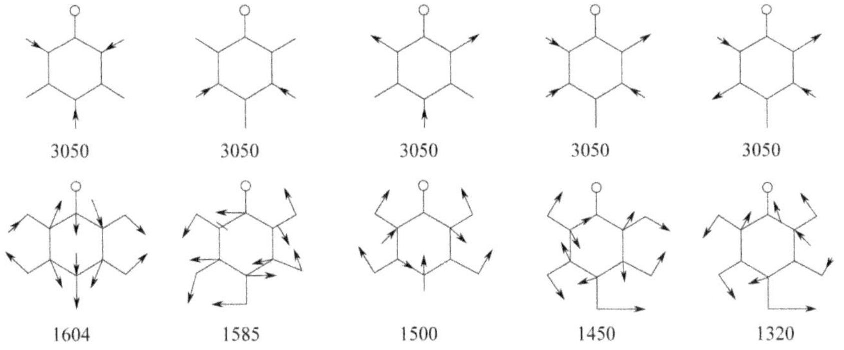

3050　3050　3050　3050　3050

1604　1585　1500　1450　1320

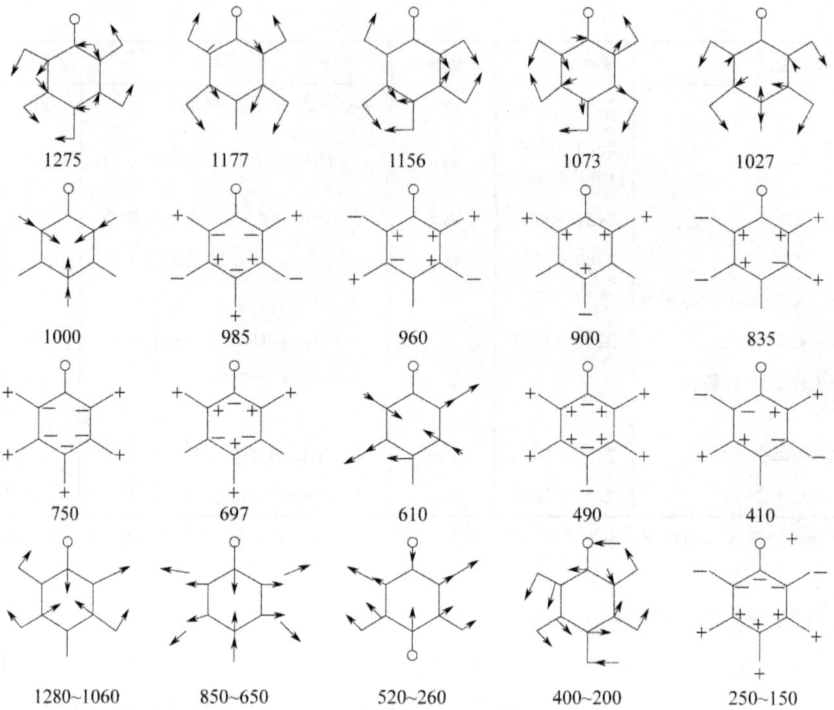

1275 1177 1156 1073 1027

1000 985 960 900 835

750 697 610 490 410

1280~1060 850~650 520~260 400~200 250~150

图 12-28 单取代苯的基频振动（单位：cm^{-1}）

与红外光谱的情况相似，芳香烃的拉曼光谱具有 3050cm^{-1} 及 1400～1650cm^{-1} 的锐利强峰，它们都是偏振的，此外在 1000cm^{-1} 左右的偏振拉曼峰也是芳香烃的特征。苯环及其取代衍生物的特征拉曼频率如表 12-9 和表 12-10 所示。

表 12-9 苯环及其取代衍生物的特征拉曼频率

振动类型	频率 σ/cm^{-1}	强度	振动类型	频率 σ/cm^{-1}	强度
C—H 伸缩振动	3080～3010	m	C═C 伸缩：1	1620～1600	s
C—H 变形振动	1270～980	var	2	1590～1570	s
C—H 面外弯曲振动	900～700	vw	3	1510～1480	w
C═C 对称伸缩	1005～990	vs	4	1450～1430	m

表 12-10 苯环取代类型的特征拉曼频率

取代类型	振动类型	频率 σ/cm^{-1}	取代类型	振动类型	频率 σ/cm^{-1}
无取代	C═C 对称伸缩 C—H 伸缩	995R 670IR	1,2-双取代	骨架振动	680～650R 660～560R 560～540R
单取代	C—H 变形 C═C 对称伸缩 C—H 面外弯曲 C—C 变形	1030R 1000R 770～730IR 710～690IR	1,3-双取代	C═C 对称伸缩 C—H 面外弯曲 C—C 变形 骨架振动	1000R 810～7501R 720～6801R 1260～1210R 1180～1160R 740～700R 540～520R
1,2-双取代	C—H 变形 C—H 面外弯曲 骨架振动	1040R 770～730IR 1230～1210R 740～715R			

续表

取代类型	振动类型	频率 σ/cm^{-1}	取代类型	振动类型	频率 σ/cm^{-1}
1,4-双取代	C═C 伸缩	830～720R	1,2,4-三取代	C—H 面外弯曲	890～870IR
	C—H 面外弯曲	860～800IR		C—H 面外弯曲	820～805IR
	骨架振动	1230～1200R		C—C 变形	750～650R
		1180～1150R		骨架振动	1280～1200R
		650～630R	1,3,5-三取代	C═C 对称伸缩	1000R
1,2,3-三取代	C—H 变形	1100～1050R		C—H 面外弯曲	880～820IR
	C—H 面外弯曲	810～750IR		C—C 变形	730～675IR
	C—C 变形	740～705IR		C—C 变形	570～510R
	C—C 变形	670～500R			

注：R——拉曼活性；IR——红外活性。

表 12-11 稠环芳烃骨架振动的特征拉曼频率

化合物	频率 σ/cm^{-1}	强度	化合物	频率 σ/cm^{-1}	强度
萘	1630～1595	w	菲	1620～1600	m
	1580～1570	vs		1520～1500	m
	1510～1500	vw		1460～1440	s
	1390～1350	vs		1350～1300	vs
蒽	1630～1620	ms			
	1560～1550	vs			
	1400～1390	vs			

5. 醇和酚的特征拉曼频率

表 12-12 醇和酚的特征拉曼频率

基 团	频率 σ/cm^{-1}	强度	基 团	频率 σ/cm^{-1}	强度
游离 OH 伸缩振动(CCl_4 溶液)			伯醇	900～800	vs～m
伯醇	3644～3635	w	仲醇	900～800	vs～m
仲醇	3637～3626	w	叔醇	800～750	vs,p
叔醇	3625～3614	w	C—O—H 弯曲振动	≈1000	w～m
叔双环醇	3612～3606	w	伯醇	1430～1200	m～w
酚	3612～3593	w	仲醇	1430～1200	m～w
氢键 OH 伸缩振动			叔醇	1410～1310	m～w
多聚体(分子间)	3400～3200	w	C—C—O 弯曲振动		
面外 C—C—O 伸缩振动			伯醇	460～430	m～w
伯醇	1075～1000	m～s	仲醇	≈500	m～w
仲醇	1150～1075	m～s	叔醇	≈360	m～w
叔醇	1210～1100	m～s			
面内 C—C—O 伸缩振动					

6. 醚和过氧化物的特征拉曼频率

表 12-13 醚和过氧化物的特征拉曼频率

基团	频率 σ/cm⁻¹	强度	基团	频率 σ/cm⁻¹	强度
脂肪醚			面外伸缩 COC	1225～1200	w
不对称伸缩 COC	1150～1060	w	面内伸缩 COC	850～840	s
对称伸缩 COC	890～820	vs,p	芳醚		
变形振动 COC	500～400	vs,p	芳基—O 伸缩	1310～1210	w
醛缩醇			O—CH_2	1050～1010	w
不对称伸缩 COCOC,	1050～1040	var	环氧化合物		
$ROCH_2OR$, $(RO)_2CHCH_3$	1140～1130	var	CH_2 不对称伸缩	3075～3030	s
对称伸缩 COCOC	870～850	m	CH_2 对称伸缩	3020～2990	s
	1115～1080	m,p	环对称伸缩	1280～1230	s
变形振动 COCOC	660～600	m	环不对称变形	950～815	m～w
	540～450	m～s	环对称变形	880～750	m
	400～320	m～s,p	过氧化物		
乙烯醚			O—O 伸缩	900～700	s

表 12-14 部分过氧化物的特征拉曼频率

化合物	频率 σ/cm⁻¹	化合物	频率 σ/cm⁻¹
H—OO—H	880	MeC(=O)—OO—C(=O)(*p*-C_6H_4—Me)	895, 857
CF_3—OO—H	860	MeC(=O)—OO—C(=O)(*p*-C_6H_4—OMe)	896, 858
CF_3—OO—D	863	MeC(=O)—OO—C(=O)(*p*-C_6H_4—Cl)	894, 856
CF_3—OO—F	875	MeC(=O)—OO—C(=O)(*p*-C_6H_4—Br)	895, 857
Me—OO—Cl	830	MeC(=O)—OO—C(=O)(*p*-C_6H_4—I)	894, 840
Me—OO—Me	779	MeC(=O)—OO—C(=O)(*m*-C_6H_4—NO)	910, 892, 844
CD_3—OO—CD_3	713	MeC(=O)—OO—C(=O)(*m*-C_6H_4—F)	910, 895, 848
Et—OO—Et	882	MeC(=O)—OO—C(=O)(*m*-C_6H_5—Cl)	899, 873
Me_3C—OO—CMe_3	771(或 850)		
$Me(CF_3)_2C$—OO—$C(CF_3)_2Me$	774		
$(CF_3)_3C$—OO—$C(CF_3)_3$	781(或约 850)		
Me(OH)CH—OO—H	881		
$HOCH_2CH_2$—OO—CH_2CH_2OH	883		
$C_6H_5C(=O)$—OO—$C(=O)C_6H_5$	883		
MeC(=O)—OO—$C(=O)C_6H_5$	894, 855		
$MeCH_2CH_2C(=O)$—OO—$C(=O)C_6H_5$	898, 870		

7. 含羰基化合物的特征拉曼频率

表 12-15 含羰基化合物的特征拉曼频率

基　团	频率 σ/cm^{-1}	强度	基　团	频率 σ/cm^{-1}	强度
脂肪醛(CHO)			顺丁烯二酸　粉末	1723,1697	s
费米共振双峰	2720～2695	vs	水溶液	1733～1709	s
(C—H 伸缩+2×C—H 面内弯曲)	2830～2810	m(肩峰)	反丁烯二酸　粉末	1681	s
C═O 伸缩	1740～1720	s	水溶液	1727—1715	s
C—H 面内摇摆	1410～1380	v～m	酒石酸　α-晶体	1745,1737	s
C—C═O 的 C—C 伸缩			内消旋水溶液	1732	s
没有 α-碳支链的	1120～1090	m～sv	酯		
带 α-碳支链的：C_4 基团骨架伸缩	800～700	v	酯的 C═O 伸缩振动		
C_5 基团骨架伸缩	770～750	v	HCOOR	1725～1720	m
C—C═O 面内变形：无 α-碳支链	530～510	m～w	RCOOR	1740～1730	m
α-碳单烷基取代	550～540	m～w	C═CCOOR	1730～1715	m
α-碳双烷基取代	600～580	m～w	RCOOC═C	1770～1760	m
脂肪酮类(RCOR)			ArCOOR	1720	m
C═O 伸缩	1725～1700	vs～s	ArCOOAs	1750	m
不对称 C—C(═O)—C 伸缩	1170～1160	m～w	RCOSR	1720～1670	m
对称 C—C(═O)—C 伸缩	800～700	s～m	ClCOOR	1780～1770	m
—CH_2—C(═O)—基团的 CH_2 变形	1420～1410	s	H_2NCOOR	1695～1690	m
C—C═O 面内变形：甲基酮	600～580	s～m	$ClCH_2COOR$	1750～1740	m
乙基酮	600～585	s～m	$Cl_2CHCOOR$	1755～1750	m
其他脂肪酮	640～620	m	$(COOR)_2$	1760	m
	530～520	m	$CO(OR)_2$	1780～1750	m
C—C(═O)—C 面内变形	430～390	m～w	(环状结构式：O，═O)	1840	m
环酮：环丁酮	1782				
环戊酮	1744		(环状结构式：O，═O)	1790～1770	m
环己酮	1709				
环庚酮	1699		(环状结构式：O，═O)	1790～1780 1765～1740	m
环辛酮	1078				
羧酸(COOH)			(环状结构式：O，═O)	1820～1800	m
单羧酸二聚体对称羰基伸缩	1746～1625	s			
面内 OH 变形	1430～1410	m	(环状结构式：O，═O，O)	1850～1800	m
C—O 伸缩	1305～1270	w			
O—H 伸缩	3200～2500	w	HCOOR		
多羧酸类(C═O 伸缩振动)：			R—C═O 伸缩	1385～1375	s
草酸　α-晶体	1782,1723	s	O═C═O 变形	775～750	s
β-晶体	1711	s	CH_3COOR		
二水合物	1751	s	R—C═O 伸缩	850～825	s
水溶液	1750	s	O═C═O 变形	645～635	s
丙二酸 β-晶体	1681～1645	s	RCOOR		
己二酸	1648	s	R—C═O 伸缩	870～845	s

续表

基团		频率 σ/cm^{-1}	强度	基团		频率 σ/cm^{-1}	强度
O═C═O 变形		610～600	s		C—O 对称伸缩	1000	s
C═CCOOR				$(RCO)_2O$	C—O 不对称伸缩	1100～1040	W
R—C═O 伸缩		850～800	s		C—O 对称伸缩	1100～1040	s
酸酐				环	C—O 不对称伸缩	1300～1200	s
$(RCO)_2O$	C═O 对称伸缩	1825～1810	s		C—O 对称伸缩	950～900	—
	C═O 不对称伸缩	1755～1745	m		环伸缩	650～620	vs
$(C═C—CO)_2O$ }	C═O 对称伸缩	1780～1770	s	酰卤			
$(ArCO)_2O$ }	C═O 不对称伸缩	1725～1715	m	RCOF	C═O 伸缩振动	1840～1830	s
五元环：				ArCOF	C═O 伸缩振动	1810～1800	s
饱和	C═O 对称伸缩	1875～1865	s	RCOCl(Br)	C═O 伸缩振动	1810～1790	s
	C═O 不对称伸缩	1800～1780	s	C═CCOCl	C═O 伸缩振动	1780～1750	s
不饱和	C═O 对称伸缩	1865～1850	s	ArCOCl	C═O 伸缩振动	1785～1765	s
	C═O 不对称伸缩	1780～1770	s	ArCOCl	C═O 伸缩振动倍频	1750～1735	m
六元环：				ArCOCl	C═Cl 伸缩振动	890～850	m
饱和	C═O 对称伸缩	1820～1800	s	RCOCl	C—Cl 伸缩振动	600～565	m
	C═O 不对称伸缩	1770～1750	s		O═C—Cl 变形振动	440～420	s
不饱和	C═O 对称伸缩	1800～1780	s	RCOBr	C—Br 伸缩振动	570～530	m
	C═O 不对称伸缩	1740～1730	s		O═C—Br 变形振动	360～320	s
$(CH_3CO)_2O$	C—O 不对称伸缩	1125	w				

8. 胺的特征拉曼频率

表 12-16 胺的特征拉曼频率

基团		频率 σ/cm^{-1}	强度	基团		频率 σ/cm^{-1}	强度
RNH_2	N—H 不对称伸缩	3550～3350	w	R_3CNH_2	C—N 伸缩	1240～1170	m
	N—H 对称伸缩	3450～3300	s	R_2NH	C—N 伸缩	1145～1130	m
$ArNH_2$	N—H 不对称伸缩	3550～3400	w	R_2NH	C—N 对称伸缩	900～850	s
	N—H 对称伸缩	3400～3300	s	$ArNH_2$	C—N 伸缩	1350～1260	s
$—NH_2$	NH_2 变形振动	1650～1590	w	ArNHR	C—N 伸缩	1340～1320	s
	NH_2 非平面摇摆振动，卷曲振动	850～750	—	$ArNR_2$	C—N 伸缩	1380～1310	s
R_2NH	N—H 伸缩	3500～3300	s	R_3N	C—N 对称伸缩	830	s
ArNHR	N—H 伸缩	3500～3300	s	$N—CH_3$	C—N 对称伸缩	2810～2770	s
RCH_2NH_2	C—N 伸缩	1090～1070	m		CH_3 对称伸缩	1440～1410	w
R_2CHNH_2	C—N 伸缩	1150～1080	m	$N—CH_2$	CH_2 对称伸缩	2820～2763	s

9. 含硝基化合物的特征拉曼频率

表 12-17 含硝基化合物的特征拉曼频率

基团		频率 σ/cm^{-1}	强度	基团		频率 σ/cm^{-1}	强度
$R—NO_2$	NO_2 不对称伸缩	1560～1545	vw	$C═C—NO_2$	NO_2 不对称伸缩	1550～1500	w
	NO_2 对称伸缩	1390～1355	m		NO_2 对称伸缩	1360～1290	s

续表

基 团		频率 σ/cm^{-1}	强度	基 团		频率 σ/cm^{-1}	强度
Ar—NO_2	NO_2不对称伸缩	1530～1500	w		NO_2对称伸缩	1315～1260	m
	NO_2对称伸缩	1370～1330	vs	O—NO_2	NO_2不对称伸缩	1660～1625	—
R—NO_2	C—N 伸缩振动	920～830	vs	—NO_2	NO_2对称伸缩	1285～1270	m
Ar—NO_2	C—N 伸缩振动	850～750	s		NO_2变形振动	700～650	m
$CHXNO_2$	NO_2对称伸缩	1370～1340	m		NO_2面外弯曲	620～610	w
(X═Cl,Br)					NO_2平面摇摆	560～480	m
N—NO_2	NO_2不对称伸缩	1630～1570	m				

10. 酰胺的特征拉曼频率

表 12-18 酰胺的特征拉曼频率

基 团	频率 σ/cm^{-1}		强度	基 团	频率 σ/cm^{-1}		强度
	缔合分子	非缔合分子			缔合分子	非缔合分子	
伯酰胺				N—H 面外弯曲	750～700		w
NH_2不对称伸缩	3350 尖	3500	m	OCN 变形振动	620		s
NH_2对称伸缩	3180 尖	3400	m	叔酰胺			
酰胺Ⅰ带(C═O 伸缩)	1650±20	1685±15	m	酰胺Ⅰ(C═O 伸缩)	1650±20		m
酰胺Ⅱ带(N—H 变形)	1640～1620	1620～1585	w	酰胺Ⅱ(C—N 伸缩)	1500 尖		m
酰胺Ⅲ带(C—N 伸缩)	1430～1390	1430～1390	ms	CNC 伸缩 $HCONR_2$	870～820		vs
NH_2平面摇摆	1150～1100			CNC 伸缩 $RCONR_2$	750～700		vs
OCN 变形振动	600～550		s	OCN 变形振动	650～600		s
仲酰胺				内酰胺			
N—H 伸缩	3320～3270	3460～3400	m	N—H 伸缩	3200 尖		m
酰胺Ⅰ带倍频	3100 尖	3100	w	倍频	3100 尖		w
酰胺Ⅰ带	1680～1630	1700～1660	m	酰胺Ⅰ 六元环	1650		m
酰胺Ⅱ带	1570～1510	1550～1510	vw	五元环	1725±25		m
酰胺Ⅲ带	1300～1250	1250～1200	s	四元环	1745±15		m

11. 氨基酸的特征拉曼频率

表 12-19 氨基酸的特征拉曼频率

基 团	频率 σ/cm^{-1}	强度	基 团	频率 σ/cm^{-1}	强度
NH_4^+			COO^-		
N—H 伸缩	3100～3000	w	CO 不对称伸缩	1610～1560	wm
NH_3不对称变形	1660～1590	mw	CO 对称伸缩	1420～1395	s
NH_3对称变形	1530～1490	m			

12. 含—C≡N和—N≡C基团化合物的特征拉曼频率

表 12-20 —C≡N和—N≡C基团的特征拉曼频率

基团		频率 σ/cm^{-1}	强度	基团	频率 σ/cm^{-1}	强度
腈(C—CN)				RR′C═CR″(CN) 面外	282～223	w
C≡N 伸缩				面内	242～153	ms,dp
R—CN		2250～2230	vs,p	氨腈(N—CN)		
$CH_3(CH_2)_n$—CN		2250～2245	vs,p	C≡N 伸缩	2225～2210	vs,p
环—CN		2242～2230	s,p	氰酸盐(—O—CN)		
XCH_2—CN (X=F, Cl, Br, I)		2260～2244	s,p	C≡N 伸缩	2256～2245	vs,p
—OCH_2—CN		2256～2245	s,p	硫氰酸盐(—S—CN)		
XCH_2—CH_2—CN(X═O,Cl,Br)		2256～2250	s,p	C≡N 伸缩		
RR′C═CR″(CN)(R,R′,R″=H,烷基)		2235～2215	vs	R—S—CN	2157～2155	s,p
ArHC═CAr(CN)		2235～2215	w	Ar—S—CN	2174～2161	s,p
R—C(═O) —CN		2225～2210	vs,p	异氰化物(—C—N≡C)		
苯基氰		2240～2220	s,p	N≡C 伸缩		
C—C≡N 弯曲				R—NC	2146～2134	s,p
CH_3—CN		378	vs,dp	$C_6H_5CH_2$—NC	2152	
GCH_2—CN	面外	378～370	w	RO—C(═O) —CH_2—NC	2166～2164	
	面内	307～106	m～s,dp	(R=Me,Et)		
H_2C═CH(CN):	面内	242	s	Ar—NC	2125～2109	s,p

13. 含硫化合物的特征拉曼频率

表 12-21 含硫化合物的特征拉曼频率

基团		频率 σ/cm^{-1}	强度	基团		频率 σ/cm^{-1}	强度
RSH, ArSH	S—H 伸缩振动	2600～2550	s	R_2SO_2	SO_2 不对称伸缩	1350～1310	w
	C—S 伸缩振动	735～590	vs		SO_2 对称伸缩	1180～1140	s
RSR	C—S 对称伸缩	700～585	vs		C—S 伸缩	700～650	s
	C—S 不对称伸缩	750～700	s		SO_2 变形振动	580～500	s
RSSR	S—S 伸缩振动	540～510	vs	$(RO)_2SO_2$	SO_2 不对称伸缩	1420～1380	vw
	C—S 伸缩振动	715～620	s		SO_2 对称伸缩	1210～1180	s
R_2S═O	S═O 伸缩振动	1060～1040	m	RSO_2NH_2	SO_2 不对称伸缩	1370～1300	vw
	C—S 伸缩振动	700～600	s		SO_2 对称伸缩	1180～1140	s
$(RO)_2S$═O	S═O 伸缩振动	1210～1200	s				

14. 有机磷化合物的特征拉曼频率

表 12-22 有机磷化合物伸缩振动的特征拉曼频率

基团	频率 σ/cm^{-1}	强度	基团		频率 σ/cm^{-1}	强度
P—H	2440～2275	s	P—CH_3		1310～1280	m
P—O	770～650	s	P═S		850～750	s
P—Ar	1130～1090	m	P—O—R	不对称	1050～970	w
P—Cl	580～440	s		对称	830～740	s

续表

基团		频率 σ/cm^{-1}	强度	基团	频率 σ/cm^{-1}	强度
P—O—Ar	不对称	1260～1160	w	对称	770～680	s
	对称	995～855	s	R_3P═O	1190～1150	M
P—N—C	不对称	1190～930	w	$(RO)_3P$═O	1300～1250	M

15. 含硅化合物的特征拉曼频率

表 12-23 含硅化合物的特征拉曼频率

基团		频率 σ/cm^{-1}	强度	基团		频率 σ/cm^{-1}	强度
Si—OH	O—H 伸缩振动	3700~3200	w	Si—O—Si	Si—O 不对称伸缩	1125~1010	w
Si—H	Si—H 伸缩振动	2250~2100	s		Si—O 对称伸缩	540~460	vs
	Si—H 变形振动	950~910	m	Si—O—R	不对称伸缩	1190~1100	m
Si—C	Si—C 不对称伸缩	850~760	w		对称伸缩	850~800	s
	Si—C 对称伸缩	760~560	vs	Si—O—Ar	Si—O 伸缩振动	970~920	m
Si—CH_3	CH_3 对称变形	1280~1255	m	Si—Cl	Si—Cl 伸缩振动	620~450	s
Si—Si	Si—Si 伸缩振动	430~400	vs				

表 12-24 有机化合物特征拉曼频率一览表[19]

频率 σ/cm^{-1}	振动	化合物	频率 σ/cm^{-1}	振动	化合物
3400~3330	氢键反对称的 NH_2 伸缩	伯胺类	2990~2980	对称的═CH_2 伸缩	C═CH_2 衍生物
3380~3340	氢键 OH 伸缩	脂肪醇类	2986~2974	对称的 NH_3^+伸缩	烷基氯化胺类（水溶液）
3374	CH 伸缩	乙炔（气体）	2969~2965	反对称的 CH_3 伸缩	正烷烃类
3355~3325	氢键反对称的 NH_2 伸缩	伯酰胺类	2929~2912	反对称的 CH_2 伸缩	正烷烃类
3350~3300	氢键 NH 伸缩	仲胺类	2884~2883	对称的 CH_3 伸缩	正烷烃类
3335~3300	≡CH 伸缩	烷基乙炔类	2861~2849	对称的 CH_2 伸缩	正烷烃类
3300~3250	氢键对称的 NH_2 伸缩	伯胺类	2850~2700	CHO 基团(2 个谱带)	脂肪醇类
3310~3290	氢键 NH 伸缩	仲酰胺类	2590~2560	SH 伸缩	硫醇类
3190~3145	氢键对称的 NH_2 伸缩	伯酰胺类	2316~2233	C≡C(伸缩 2 个谱带)	R—C≡C—CH_3
3175~3145	氢键 NH 伸缩	吡唑类	2301~2231	C≡C(伸缩 2 个谱带)	R—C≡C—R′
3103	反对称的═CH_2 伸缩	乙烯（气体）	2300~2250	假反对称的 N═C═O 伸缩	异氰酸酯类
3100~3020	CH_2 伸缩	环丙烷	2264~2251	对称的 C≡C—C≡C 伸缩	烷基连二炔类
3100~3000	芳香 CH 伸缩	苯衍生物	2259	C≡N 伸缩	氨基氰
3095~3070	反对称的═CH_2 伸缩	C═CH_2 衍生物	2251~2232	C≡N 伸缩	脂肪腈类
3062	CH 伸缩	苯	2220~2100	假反对称的 N═C═S 伸缩	异硫氰酸烷基酯类
3057	芳香 CH 伸缩	烷基苯类		（2 个谱带）	
3040~3000	CH 伸缩	C═CHR 衍生物	2220~2000	C≡N 伸缩	二烷基氨基氰类
3026	对称的═CH_2 伸缩	乙烯（气体）	2172	对称的 C≡C—C≡C 伸缩	二乙炔

续表

频率 σ/cm^{-1}	振动	化合物	频率 σ/cm^{-1}	振动	化合物
2161~2134	$\overset{+}{E}\equiv\overset{-}{C}$ 伸缩	脂肪胩类	1689~1644	C═C 伸缩	单氟代烯烃
2160~2100	C≡C 伸缩	烷基乙炔类	1687~1651	C═C 伸缩	次烷基环戊烷类
2156~2140	C≡N 伸缩	硫氰酸烷基酯类	1686~1636	酰胺Ⅰ谱带	伯酰胺类(固体)
2104	反对称的 N═N═N 伸缩	CH_3N_3	1680~1665	C═C 伸缩	四烷基乙烯类
2094	C≡N 伸缩	HCN	1679	C═C 伸缩	亚甲基环丁烷
2049	假反对称的 C═C═O 伸缩	乙烯酮	1678~1664	C═C 伸缩	三烷基乙烯类
1974	C≡C 伸缩	乙炔（气体）	1676~1665	C═C 伸缩	反式二烷基乙烯类
1964~1958	反对称的C═C═C伸缩	丙二烯类	1675	对称的 C═O 伸缩（环二聚体）	乙酸
1870~1840	对称的 C═O 伸缩	饱和五元环酐类	1673~1666	C═N 伸缩	醛亚胺
1820	对称的 C═O 伸缩	醋酸酐	1672	对称的 C═O 伸缩（环二聚体）	甲酸(水溶液)
1810~1788	C═O 伸缩	酰卤类	1670~1655	共轭的 C═O 伸缩	尿嘧啶胞嗪和鸟嘌呤衍生物(水溶液)
1807	C═O 伸缩	光气	1670~1630	酰胺Ⅰ谱带	叔酰胺类
1805~1799	对称的 C═O 伸缩	链状酐类	1666~1652	C═N 伸缩	酮肟类
1800	C═C 伸缩	$F_2C{=}CF_2$	1665~1650	C═N 伸缩	缩氨脲(固体)
1795	C═O 伸缩	碳酸乙二醇酯	1663~1636	对称的 C═N 伸缩	醛连氮类，酮连氮类
1792	C═C 伸缩	$F_2C{=}CFCH_3$	1660~1654	C═C 伸缩	顺式二烷基乙烯类
1782	C═O 伸缩	环丁酮	1660~1650	酰胺Ⅰ谱带	仲酰胺类
1730~1700	C═O 伸缩	卤代醛类	1660~1649	C═N 伸缩	醛肟类
1744	C═O 伸缩	环戊酮	1660~1610	C═N 伸缩	脒类(固体)
1743~1729	C═O 伸缩	α-氨基酸阳离子（水溶液）	1658~1644	C═C 伸缩	$R_2C{=}CH_2$
1741~1734	C═O 伸缩	饱和乙酸酯类	1656	C═C 伸缩	环乙烯，环庚烯
1740~1720	C═O 伸缩	脂肪醛类	1654~1649	对称的 C═O 伸缩（环二聚体）	羧酸类
1739~1714	C═C 伸缩	$C{=}CF_2$ 衍生物	1652~1642	C═N 伸缩	硫代缩氨脲类(固体)
1736	C═C 伸缩	亚甲基环丙烷	1650~1590	NH_2 剪式振动	伯胺类
1734~1727	C═O 伸缩	饱和丙酸酯类	1649~1625	C═C 伸缩	烯丙基衍生物
1725~1700	C═O 伸缩	脂肪酮类	1648~1640	N═O 伸缩	亚硝酸烷基酯类
1720~1715	C═O 伸缩	饱和甲酸酯类	1648~1638	C═C 伸缩	$H_2C{=}CHR$
1712~1694	C═C 伸缩	RCF═CFR	1647	C═C 伸缩	环丙烯
1695	非共轭的 C═O 伸缩	尿嘧啶衍生物(水溶液)	1638	C═O 伸缩	二硫碳酸乙二醇酯

续表

频率 σ/cm^{-1}	振动	化合物	频率 σ/cm^{-1}	振动	化合物
1637	对称的C═C伸缩	异戊二烯	1440~1340	对称的 CO_2^- 伸缩	羧酸盐离子类(水溶液)
1634~1622	反对称的 NO_2 伸缩	硝酸烷基酯类	1415~1400	对称的 CO_2^- 伸缩	α-氨基酸偶极离子和阳离子(水溶液)
1630~1550	环伸缩(双峰)	苯衍生物	1415~1385	环伸缩	蒽类
1623	C═C 伸缩	乙烯（气体）	1395~1380	对称的 NO_2 伸缩	伯硝基烷类
1620~1540	两个或多个偶合的C═C 伸缩	多烯类	1390~1370	环伸缩	萘类
1616~1571	C═C 伸缩	氯代烯类	1385~1368	CH_3 对称变形	正烷烃类
1614	C═C 伸缩	环戊烯	1375~1360	对称的 NO_2 伸缩	仲硝基烷类
1596~1547	C═C 伸缩	溴代烯类	1355~1345	对称的 NO_2 伸缩	叔硝基烷类
1581~1565	C═C 伸缩	碘代烯类	1350~1330	CH 变形	异丙基
1575	对称的 C═C 伸缩	1,3-环己二烯	1320	环振动	1,1-二烷基环丙烷类
1573	N═ N 伸缩	偶氮甲烷（溶液）	1314~1290	CH_2 面内变形	反式二烷基乙烯类
1566	C═C 伸缩	环丁烯	1310~1250	酰胺Ⅲ谱带	仲酰胺类
1560~1550	反对称的 NO_2 伸缩	伯硝基烷类	1310~1175	CH_2 扭转和面内摇摆	正烷烃
1555~1550	反对称的 NO_2 伸缩	仲硝基烷类	1305~1295	CH_2 面内扭转	正烷烃
1548	N═N 伸缩	1-吡唑啉	1300~1280	CC 桥键伸缩	联苯类
1545~1535	反对称的 NO_2 伸缩	叔硝基烷类	1282~1275	对称的 NO_2 伸缩	硝酸烷基酯类
1515~1490	环伸缩	呋喃甲基	1280~1240	环伸缩	环氧衍生物
1500	对称的 C═C 伸缩	环戊二烯	1276	对称的 N═N═N 伸缩	CH_3N_3
1480~1470	OCH_3，OCH_2 变形	脂肪醚类	1270~1251	面内 CH 变形	顺式二烷基乙烯类
1480~1460	环伸缩	呋喃亚甲基或呋喃甲酰基	1266	环“呼吸”	环氧乙烷
1473~1446	CH_3，CH_2 变形	正烷烃类	1230~1200	环振动	对位二取代苯
1466~1465	CH_3 变形	正烷烃类	1220~1200	环振动	单-或 1,2-二烷基环丙烷类
1450~1400	假反对称的 N═C═O 伸缩	异氰酸酯类	1212	环“呼吸”	氮杂环丙烷
1443~1898	环伸缩	2-取代噻吩类	1205	C_6H_5—C 振动	烷基苯类
1442	N═N 伸缩	偶氮苯	1196~1188	对称的 SO_2 伸缩	硫酸烷基酯类

续表

频率 σ/cm^{-1}	振动	化合物	频率 σ/cm^{-1}	振动	化合物
1188	环“呼吸”	环丙烷	914	环“呼吸”	四氢呋喃
1172~1165	对称的 SO_2 伸缩	磺酸烷基酯类	906	ON 伸缩	羟胺
1150~950	CC 伸缩	正烷烃类	905~837	CC 骨架伸缩	正烷烃类
1145~1125	对称的 SO_2 伸缩	二烷基砜类	900~890	环振动	烷基环戊烷类
1144	环“呼吸”	吡咯	900~850	对称的 CNC 伸缩	仲胺
1140	环“呼吸”	呋喃	899	环“呼吸”	四氢吡咯
1130~1100	对称的 C═C═C 伸缩（2 个谱带）	丙二烯类	866	环“呼吸”	环戊烷
1130	假 C═C═O 伸缩	乙烯酮	877	OO 伸缩	过氧化氢
1112	环“呼吸”	硫杂环丙烷	851~840	假对称的 CON 伸缩	烷基羟胺
1111	NN 伸缩	肼	836	环“呼吸”	哌嗪
1070~1040	S═O 伸缩（1 个或 2 个谱带）	脂肪亚砜类	835~749	骨架伸缩	异丙基
1065	C═S 伸缩	三硫代羰酸乙二醇酯类	834	环“呼吸”	1,4-二氧六环
1060~1020	环振动	邻位二取代苯	832	环“呼吸”	噻吩
1040~990	环振动	吡唑类	832	环“呼吸”	吗啉
1030~1015	CH 面内变形	单取代苯类	830~720	环振动	对位二取代苯
1030~1010	三角形环“呼吸”	3-取代吡啶类	825~820	C_3O 骨架伸缩	仲醇类
1030	三角形环“呼吸”	吡啶	818	环“呼吸”	四氧吡喃
1029	环“呼吸”	氧杂环丁烷	815	环“呼吸”	哌啶
1026	环“呼吸”	氮杂环丁烷	802	环“呼吸”	环己烷(椅式)
1010~990	三角形环“呼吸”	单，间位和 1,3,5-取代苯	785~700	环振动	烷基环已烷类
1001	环“呼吸”	环丁烷	760~730	C_4O 骨架伸缩	叔醇类
1000~985	三角形环“呼吸”	2-和 4-取代吡啶	760~650	对称的骨架伸缩	叔丁基
992	环“呼吸”	苯	740~585	CS 伸缩(1 个或多个谱带)	烷基硫化物
992	环“呼吸”	吡啶	735~690	“C═S 伸缩”	硫酰胺类，硫脲类(固体)
939	环“呼吸”	1,3-二氧杂环戊烷	733	环“呼吸”	环庚烷
933	环振动	烷基环丁烷	730~720	CCl 伸缩，P_C 构象	伯氯代烷类
930~830	对称的 COC 伸缩	脂肪醚类	715~620	CS 伸缩(1 个或多个谱带)	二烷基二硫化物类

续表

频率 σ/cm^{-1}	振动	化合物	频率 σ/cm^{-1}	振动	化合物
709	CCl 伸缩	CH_3Cl	539	对称的 CBr_3 伸缩	$CHBr_3$
703	环“呼吸”	环辛烷	525~510	SS 伸缩	二烷基二硫化物
703	对称的 CCl_2 伸缩	CH_2Cl_2	523	CI 伸缩	CH_3I
690~650	假对称的N═C═S 伸缩	异硫氰酸烷基酯类	520~510	CBr 伸缩，T_{HHH} 构象	叔溴代烷类
688	环“呼吸”	四氢噻吩	510~500	CI 伸缩，P_H 构象	伯碘代烷类
668	对称的 CCl_3 伸缩	$CHCl_3$	510~480	SS 伸缩	二烷基三硫化物
660~650	CCl 伸缩 P_H 构象	伯氯代烷类	495~485	CI 伸缩，S_{HH} 构象	仲碘代烷类
659	对称的 CSC 伸缩	硫杂环己烷	495~485	CI 伸缩，T_{HHH} 构象	叔碘代烷类
655~640	CBr 伸缩，P_C 构象	伯溴代烷类	484~475	骨架变形	二烷基乙炔类
630~615	环变形	单取代苯类	483	对称的 CI_2 伸缩	CH_2I_2
615~605	CCl 伸缩，S_{HH} 构象	仲氯代烷类	459	对称的 CCl_4 伸缩	CCl_4
610~590	CI 伸缩，P_C 构象	伯碘代烷类	437	对称的 CI_3 伸缩	CHI_3（溶液）
609	CBr 伸缩	CH_3Br	425~150	“椅式伸展”	正烷烃类
577	对称的 CBr_2 伸缩	CH_3Br_2	355~335	骨架变形	单烷基乙炔类
570~560	CCl 伸缩，T_{HHH} 构象	叔氯代烷类	267	对称的 CBr_4 伸缩	CBr_4（溶液）
565~560	CBr 伸缩，P_H 构象	伯溴代烷类	200~160	骨架变形	脂肪腈类
540~535	CBr 伸缩，S_{HH} 构象	仲溴代烷类	178	对称的 CI_4 伸缩	CI_4（固体）

二、无机化合物的特征拉曼频率

表 12-25 一些重要的三、四、五原子无机离子的特征拉曼频率[9]

离子(点群)	ν_1带 σ/cm^{-1}(振动类型，对称类型)				ν_2带 σ/cm^{-1}(振动类型，对称类型)				ν_3带 σ/cm^{-1}(振动类型，对称类型)				ν_4带 σ/cm^{-1}(振动类型，对称类型)			
	在 H_2O 中	晶态	强度 R	强度 IR	在 H_2O 中	晶态	强度 R	强度 IR	在 H_2O 中	晶态	强度 R	强度 IR	在 H_2O 中	晶态	强度 R	强度 IR
$D_{\infty h}$		$\nu_{ym}^{s}(\Sigma^+)$				π				$\nu^{as}(\Sigma^+)$						
N_3^-	1350	1380~1320	vs		635	660~630			2070	2190~2010		vs				
NO_2^+	1400		vs		570				2360			vs				
FHF^-		610~585	vs		1205	1260~1200	m	m	1535	1700~1400		vs				
$C_{\infty v}$																
OCN^-	1292,1205	1215~1200	s	w	615	640~600		m	2190p	2220~2130	s	s				
SCN^-	745		s	w	470	490~420	w	w	2065p	2160~2040	vs	s				
C_{2v}		$\nu_{ym}^{s}(A_1)$				$\delta(A_2)$				$\nu^{as}(B_1)$						
NO_2^+	1330	1380~1320	s	s	815	835~825	m	s	1230	1260~1230	m	vs				
D_{3h}		$\nu_{ym}^{s}(A_1')$				$\pi(A_2'')$				$\nu^{as}(E')$				$\delta(E')$		
BO_3^{3-}	910p	1000~925	vs		700	760~680		s		1460~1240		vs		680~590	m	m
NO_3^-	1050p	1060~1020	vs		825	835~780	w	s	1400		m	vs	720	740~710	m	w
CO_3^{2-}	1060p	1090~1050	vs		880	890~850		m	1415	1495~1380	w	vs	680	740~610	w	m
C_{3v}		$\nu_{ym}^{s}(A_1)$				$\delta(A_1'')$				$\nu^{as}(E)$				$\delta(E)$		
SO_3^{2-}	965p	990~950	vs	s	615p	650~620	w	m	950	970~890	m	s	470	520~470	s	m

续表

离子 (点群)	ν_1 带 σ/cm^{-1} (振动类型，对称类型)				ν_2 带 σ/cm^{-1} (振动类型，对称类型)				ν_3 带 σ/cm^{-1} (振动类型，对称类型)				ν_4 带 σ/cm^{-1} (振动类型，对称类型)			
	在 H_2O 中	晶态	强度		在 H_2O 中	晶态	强度		在 H_2O 中	晶态	强度		在 H_2O 中	晶态	强度	
			R	IR			R	IR			R	IR			R	IR
ClO_3^-	930p	935~915	s		625p	625~600			980	990~965	m	s	480	500~460		
BrO_3^-	800p	805~770	s		440p	445~420			830	830~800	m	s	350			
IO_3^-	780p	780~695	s		390p	415~400	w	w	825	830~760	m	s	350			
OH_3^+	3380~3780		m	vs	1180~1150		m	m	3380~3270		m	vs	1700~1600		m	s
T_d		$\nu_{ym}^s(A_1)$				$\delta(E)$				$\nu^{as}(F_2)$				$\delta(F_2)$		
NH_4^+	3040p		s		1680				3145			s	1400	1430~1390		s
ND_4^+	2215p		s		1215				2350			s	1065			
PO_4^{3-}	935p	975~960	vs		565	600~540	w	m	1080	1100~1080		s	420	500~400		
SO_4^{2-}	980p	1010~970	vs		615	680~610	w	m	1100	1140~1080	w	vs	450		w	
ClO_4^-	930p	940~930	vs		625				1130	1140~1080			460			
IO_4^-	790p		vs		325				850				255			
MnO_4^-	840p	860~840	vs		430				920	940~880			355			
CrO_4^-	850p	860~840	vs		370				885	915~870			350			
AsO_4^{3-}	810p		vs		340				810			vs	400			
AlH_4^-	1740p	1640	s	s	800	900~800	w	m	1740	1785		vs	745	800~700	s	s
BF_4^-	770p		vs	s	525		w	s	985		s	vs	355		w	s

表 12-26 一些结构较复杂的无机离子的特征拉曼频率[9]

离子	振动类型和谱带位置 σ/cm^{-1}	强度		振动类型和谱带位置 σ/cm^{-1}	强度		振动类型和谱带位置 σ/cm^{-1}	强度		振动类型和谱带位置 σ/cm^{-1}	强度		振动类型和谱带位置 σ/cm^{-1}	强度		振动类型和谱带位置 σ/cm^{-1}	强度	
		R	IR		R	IR		R	IR		R	IR		R	IR		R	IR
$S_2O_3^{2-}$	ν_{S-S}			ν_{SO_3} sym			ν_{SO_3} as		s	δ_{SO_3} sym			δ_{SO_3} as			δ_{SSO}		
在H_2O中	670	s	s	995	vs	s	1125		vs	445			540			335	m	
晶态	690～640	s	s	1010～990			1150～1080						570～540					
HSO_3^-	ν_{S-H}			ν_{SO_3} sym			ν_{SO_2} as			δ_{SO_3} sym			δ_{SO_3} as			δ_{HSO}		
在H_2O中	2615	s	w	1040	vs	s	1195	m	vs	510	s	s	625	m	s	1135	m	s
$HO-SO_3^-$	ν_{S-O}			ν_{SO_3} sym			ν_{SO_3} as			δ_{SO_3} sym			δ_{SO_3} as			δ_{OSO}		
在H_2O中	885		s	1050	vs	vs	1200		vs	595	s		595		s	430	s	
晶态	900～850		s	1080～1020	vs	vs	1300～1170		vs	620～565		s	620～656		vs	480～450	s	
HPO_3^{2-}	ν_{P-H}			ν_{PO_3} sym			ν_{PO_3} as			δ_{PO_3} sym			δ_{PO_3} as			δ_{HPO}		
在H_2O中	2315	s	m	980	s	s	1085		vs	565		m	565		m	1025		
				990～920	s	s	1095～970		vs									
$HO-PO_3^{2-}$	ν_{P-O}			ν_{PO_3} sym			ν_{PO_3} as			δ_{PO_3} sym			δ_{PO_3} as					
在H_2O中	890		s	970	vs	s	1085		vs	530			530					
晶态	860		s	990	vs	s	1150～1040		vs	535			535					
$(HO)_2PO_2^-$	ν_{P-O} sym			ν_{PO_2} sym			ν_{PO_2} as			δ_{PO}			τ			δ_{OH}		s
在H_2O中	875	s		1070	s	vs	1150	m	vs	935		s	1030			1300		

续表

离子	振动类型和谱带位置 σ/cm^{-1}	强度		振动类型和谱带位置 σ/cm^{-1}	强度		振动类型和谱带位置 σ/cm^{-1}	强度		振动类型和谱带位置 σ/cm^{-1}	强度		振动类型和谱带位置 σ/cm^{-1}	强度		振动类型和谱带位置 σ/cm^{-1}	强度	
		R	IR		R	IR		R	IR		R	IR		R	IR		R	IR
$HO—CO_2^-$	ν_{C-O}			ν_{CO_2} sym			ν_{CO_2} as			δ_{CO}			δ_{CO}			π		
在H_2O中	960		m	1340	vs	vs	1696	m	vs	710		m	580		w	835	m	
晶态	1050～970		m	1450～1350	s	vs	1680～1615	m	vs	680～635		m						
$O_3POPO_3^{4-}$	ν_{PO_3} sym			ν_{PO_3} as			ν_{OPO} sym			ν_{OPO} as			δ_{PO_3} sym			δ_{PO_3} as		
晶态	1025～985	s	s	1150～1120	s	vs	730	s	w	915		s	520～415	s	m	560	w	s
$O_3CrOCrO_3^{2-}$	ν_{CrO_3} sym			ν_{CrO_3} as			ν_{OCrO} sym			ν_{OCrO} as			δ_{CrO_3} sym			δ_{CrO_3}as		
晶态	910～840	s	s	965～925	s	vs	570～555	s	w	795～765	w	s	365	s	m		w	s

表 12-27 非离子型常见无机化合物的特征拉曼频率[9]

化合物	振动类型	带的位置 σ/cm^{-1}	强度		振动类型	带的位置 σ/cm^{-1}	强度		振动类型	带的位置 σ/cm^{-1}	强度	
			R	IR			R	IR			R	IR
H_2O	ν_{O-H} sym	3450,b	s	vs	ν_{O-H} as	3450,br	s	vs	δ_{OH_2}	1640	m	vs
D_2O	ν_{O-D} sym	2550	s	vs	ν_{O-D} as	2550	s	vs	δ_{OD_2}	1220	m	vs
H_2O_2	ν_{O-H}	3400,b	s	vs	ν_{O-O}	880	vs		δ_{O-H}	1400,1350		
H_2SO_4	ν_{O-H}	3000,b	w	vs	ν_{SO_2}sym	1140	vs	vs	ν_{SO_2}as	1370	w	vs
	ν_{S-O} sym	910	vs	s	ν_{S-O}as	970	w	vs	δ_{SO_2}	560	s	s
	δ_{S-O}	390	s	w								
HNO_3	ν_{O-H}	3400,b	w	s	ν_{NO_2}sym	1300	vs	s	ν_{NO_2}as	1675	m	vs
	ν_{N-O}	925	vs	s	δsym	680	s		δas	610		s
$HClO_4$	ν_{O-H}	3000,b	w	s	ν_{ClO_3}sym	1035	vs	s	ν_{ClO_3}as	1230	w	vs
	ν_{Cl-O}	740	s	s	δ_{ClO_3}	575	s	m				
$SOCl_2$	ν_{S-O}	1230	s	vs	ν_{SCl_2}sym	490	vs	s	ν_{SCl_2}as	440		vs
	δ_{OSCl}	394	m	m	δ_{SCl_2}	195	s					
SO_2Cl_2	ν_{SO_2}sym	1205	vs	s	ν_{SO_2}as	1435	w	vs	ν_{SCl_2}sym	405	vs	s
	ν_{SCl_2}as	580	m	vs	δ_{SO_2}	580			δ_{SCl_2}	210		
PCl_3	ν_{P-Cl} sym	505	vs	s	ν_{P-Cl}as	490	w	vs	δsym	200	s	s
	δ^{as}	250	m	s								
PBr_3	ν_{P-Br} sym	380	vs	s	ν_{P-Br}as	400	w	vs	δsym	115	s	s
	δ^{as}	160	m	s								
$POCl_3$	$\nu_{P=O}$	1290	m	s	ν_{P-Cl} sym	485	vs	s	ν_{P-Cl} as	580	w	vs
Al_2Cl_6	νsym(t)	505	s	w	νsym(b)	340	s	w	δ_{AlCl_2}	215	s	m
	ν^{as} (t)	625	w	s	ν^{as} (b)	420	w	s				

表 12-28 一些常见无机化合物的拉曼谱带位置（σ）和强度

σ/cm^{-1}	强度	σ/cm^{-1}	强度	σ/cm^{-1}	强度	σ/cm^{-1}	强度
$NaBO_2 \cdot 4H_2O$		410	w	950	m	352	w
170	m	510	w	3190	vs	390	w
205	m	530	w	3290	vs	464	w
228	w	545	w	3570	vs	579	s
380	w	745	s	$Na_2B_4O_7 \cdot 10H_2O$		760	w,b

续表

σ/cm^{-1}	强度
950	w
3420	s
3570	s
$K_2B_4O_7 \cdot 4H_2O$	
355	w
402	w
460	w
575	s
770	w
980	w
3270	s
3370	s
3560	s
$NH_4HB_4O_7 \cdot 3H_2O$	
522	m
560	m
926	m
3100	m
3390	m
$NaBO_3 \cdot 4H_2O$	
170	w
265	w
310	w
508	m
710	m
915	s
970	m
3400	s
3570	m
H_3BO_3	
211	m
502	m
882	s
1170	w
3164	s
3240	s
Li_2CO_3	
95	s
126	mw
156	m
192	m
711	vw
748	vw
1089	s
1459	w
Na_2CO_3	

σ/cm^{-1}	强度
700	vw
1078	s
1430	vw
K_2CO_3	
132	m
182	m
235	w
675	vw
700	vw
1059	s
1372	vw
1420	vw
1438	vw
$CaCO_3$	
155	m
280	m
710	w
1084	s
1434	w
$BaCO_3$	
135	s
150	s
690	w
1060	s
$PbCO_3$	
108	s
420	w,b
685	w
1051	s
1395	m,b
3540	m
NH_4HCO_3	
65	w
79	w
97	m
112	s
127	s
150	w
175	w
220	m
650	w
700	m
1042	s
1260	m
1390	mw
1430	w

σ/cm^{-1}	强度
1700	w
2845	m
3070	s,b
$NaHCO_3$	
90	m
111	m
141	m
205	w
225	w
658	w
684	m
1045	s
1267	m
1432	w
$KHCO_3$	
79	s
106	s
137	m
183	m
635	m
675	m
1028	s
1278	m,b
$NaCN$	
1068	w
2085	s
KCN	
2070	s
$KCNO$	
125	vs
638	m
1190	w
1208	s
1300	m
1315	w
2164	m
NH_4SCN	
45	s
52	s
65	m
90	s
165	m,b
752	m
1408	w
1666	w
2062	s

σ/cm^{-1}	强度
2074	s
3045	m
3115	m
$NaSCN \cdot 2H_2O$	
60	s
105	s
120	s
190	m
300	w
754	m
945	w
1610	w
1670	w
2080	vs
3415	m
$KSCN$	
68	s
97	m
122	s
485	w
748	m
970	w
2050	vs
$NaNO_2$	
119	s
154	m
827	m
1325	s
KNO_2	
804	m
1250	sh
1320	s
NH_4NO_3	
82	m
136	m
167	m
710	w
1038	s
1415	w
1455	w
1650	w
3120	w,b
3220	w,b
$NaNO_3$	
102	m
190	m

续表

σ/cm^{-1}	强度
725	w
1069	s
1387	w
KNO_3	
50	s
83	s
124	w
714	w
1049	s
1345	w
1360	w
$AgNO_3$	
134	w
731	w
1044	s
$Ca(NO_3)_2$	
95	m
125	m
157	m
720	w
742	w
750	w
1050	s
1355	w,b
3500	m,b
$Sr(NO_3)_2$	
108	s
131	w
165	m
182	s
737	m
1057	vs
1405	w
1425	w
1631	w
$Ba(NO_3)_2$	
77	s
139	m
220	vw
729	w
1044	s
1385	vw
1401	vw
1630	vw
$Co(NO_3)_2 \cdot 6H_2O$	
1060	s
$Pb(NO_3)_2$	
95	m
124	m
145	m
160	m
731	w
1045	s
1612	w
NH_4Cl	
90	m
140	m
168	m
1400	m
1708	s
2820	m
3045	vs
3140	vs
$Na_3PO_4 \cdot 12H_2O$	
416	w
550	w
940	m
1005	w
3340	m,b
$Ca_3(PO_4)_2$	
430	w
590	w
960	s
1045	w
$Na_2HPO_4 \cdot 12H_2O$	
390	w
510	w
540	w
570	w
863	w
948	s
1065	m
1140	w
3120	m,b
3370	m
3440	m
Na_2HPO_4	
380	w
400	w
515	w,b
860	m
980	m
1065	w,b
3460	m,b
K_2HPO_4	
390	w
440	w
535	w
560	w
574	w
880	m
952	s
1050	w
1083	w
$NaH_2PO_4 \cdot 2H_2O$	
390	w,b
530	m
550	m
913	s
950	m
1000	m
KH_2PO_4	
364	w
395	w
480	w
535	w
917	s
$Na_5P_3O_{10} \cdot 6H_2O$	
165	w
335	m,b
490	w,b
530	w
758	m
964	m
990	s
1100	s
1143	w
3380	m
3630	m
Sb_2O_3	
87	m
120	w
143	w
192	m
256	s
375	w
453	m
715	w
$(NH_4)_2SO_3$	
450	m
615	m
973	s
1415	vw
1660	vw
3140	m,b
Na_2SO_3	
94	w
500	m
642	w
952	m
990	s
K_2SO_3	
482	m
635	w
952	m
975	s
$(NH_4)_2SO_4$	
445	m
610	w
620	w
968	s
1080	w,b
1410	vw
1663	vw
3130	m,b
$Li_2SO_4 \cdot H_2O$	
398	w,b
487	w,b
638	w
1008	s
1100	w
1150	w
1177	w
3450	m,b
$Na_2SO_4 \cdot 10H_2O$	
450	w
464	w
618	w
630	w
645	w
990	s
1100	w
1130	w
1150	w

续表

σ/cm^{-1}	强度
K_2SO_4	
452	m
618	m
980	s
1090	w
1105	w
1143	w
$CaSO_4 \cdot 2H_2O$	
412	w
490	w
617	w
667	w
1005	s
1133	m
3400	m
3490	m
$Fe(NH_4)_2(SO_4)_2 \cdot 6H_2O$	
450	w
610	w
625	w
981	s
3280	m,b
$CuSO_4 \cdot 5H_2O$	
80	m
278	w
460	w
610	w
980	s
1094	w
1140	w
3200	w,b
$ZrSO_4$	
69	m
110	w
119	m
134	m
190	m
215	w
230	w
310	w
334	w
433	m
470	m
645	w
680	w
1027	m
1040	s
1080	w
1130	m
1152	m
1650	vw
3160	m,b
$BaSO_4$	
71	m
451	m
460	m
616	w
627	w
645	w
985	s
1082	vw
1102	vw
1138	w
1164	w
$Fe(NH_4)(SO_4)_2 \cdot 12H_2O$	
175	w,b
307	m
460	w
640	w
1034	s
1268	m
NH_4HSO_4	
410	m
445	m
580	m
610	m
880	m
1014	s
1040	s
3160	m
$NaHSO_4$	
410	m
420	w
435	m
463	m
580	m
600	m
865	m
1005	m
1038	s
1062	s
1130	m
1240	w,b
3470	s
$KHSO_4$	
413	m
447	m
572	w
583	m
591	m
615	w
855	m
874	w
1003	s
1027	s
1167	w
1240	w
$(NH_4)_2S_2O_3$	
72	s
356	m
467	s
534	w
544	w
677	m
985	m
1112	w,b
1440	w
1665	w,b
3090	m,b
$Na_2S_2O_4 \cdot 5H_2O$	
50	m
68	m
321	w
345	w
432	s
545	w
672	w
1015	m
1115	m
1162	w
3415	m
$K_2S_2O_3 \cdot H_2O$	
345	w
443	s
536	w
650	w
665	m
998	m
1126	w
1144	w
1162	m
3420	w,b
$Na_2S_2O_5$	
48	w
63	m
90	m
200	m
225	m
273	s
317	m
429	s
512	w
530	w
552	w
655	s
974	w
1059	s
1083	w
1175	w
1198	w
$(NH_4)_2S_2O_8$	
220	w
322	w
424	w
553	w
570	w
630	w
642	w
806	s
1073	s
1227	w
1280	w
3175	w
$Na_2S_2O_8$	
112	m
243	w
348	w
422	w
559	w
646	w
836	s
855	s
1090	s
1265	w

续表

σ/cm⁻¹	强度	σ/cm⁻¹	强度	σ/cm⁻¹	强度	σ/cm⁻¹	强度
1295	m	64	w	$NaBrO_3$		328	w
$K_2S_2O_8$		129	m	75	w	345	w
65	w	177	w	114	w	370	w
227	w	480	m	131	w	735	s
320	w	622	w	149	w	753	vs
420	w	933	s	358	w	782	m
553	w	955	w	374	w	810	m
567	w	965	w	442	vw	KIO_4	
640	w	985	w	457	vw	71	w
812	s	1024	w	798	s	89	w
1080	s	$KClO_3$		822	vw	275	w
1263	w	98	m	844	w	293	w
1289	m	130	w	$KBrO_3$		336	m
$Na_2S_2O_4$		485	m	157	w,b	795	s
40	w	618	w	357	m	844	m
62	w	937	s	420	vw	855	w
95	m	976	m	777	s	$PbCrO_4$	
132	m	$NaClO_4$		790	s	143	m
177	m	450	m	804	m	340	m
252	s	474	w	834	w	357	m
359	s	632	m	$NaIO_3$		378	m
502	vw	952	s	74	m	828	s
902	vw	1090	w	95	m	835	s
1027	m	1145	w	110	m	$Na_2WO_4 \cdot 2H_2O$	
1040	w	3530	m	310	w	335	m
1064	w	$KClO_4$		350	w	840	w
$Na_2S_2O_6 \cdot 2H_2O$		460	s	377	w	893	w
292	s	627	m	394	w	930	s
333	m	940	s	712	w	3300	w,b
541	w	1083	w	743	vs	S	
555	w	1122	w	758	m	52	s
706	m	$Mg(ClO_4)_2 \cdot 6H_2O$		778	m	84	m
1097	s	468	m	793	m	154	s
1215	m	635	m	815	s	218	s
3475	m	937	s	KIO_3		456	s
3560	m	1115	w,b	302	w	472	s
$NaClO_3$		3530	m,b				

第六节 激光拉曼光谱的定量分析[10]

一、激光拉曼光谱定量分析原理

由 Placzek 理论可知，当气体样品中含 N 个分子，并以 90° 方式收集散射光时，斯托克斯拉曼谱带的强度 I 由下列方程式表示：

$$I = KI_0N\frac{(\nu_0-\nu)^4}{\nu\left(1-\mathrm{e}^{-h\nu/\kappa T}\right)}\sum_{ij}\left(\frac{\partial\alpha_{ij}}{\partial Q}\right)^2 \qquad (12\text{-}18)$$

式中，K 是系数，其值仅和方程中其他量所取单位有关；I_0 和 ν_0 是激发光的强度和频率；ν 是分子的简正振动频率；κ 是 Boltzmann 常数；T 是热力学温度；$\sum_{ij}(\partial_{ij}/\partial Q)^2$ 是对所有的极化率张量的分量对简正坐标 Q 的偏导数的平方求和。若所有的测量条件包括 I_0、ν_0、T、被照射的体积，检测器和记录仪的灵敏度都保持不变，对任何谱带，式(12-18)可简写为：

$$I = a_0c \qquad (12\text{-}19)$$

式中，c 是浓度；a_0 是比例系数。

在液相中散射指数 a_1 由下式确定：

$$a_1 = a_0GFL \qquad (12\text{-}20)$$

式中，G 是光学效应因子，它和液体的折射率 n 有关，$G=1/n^2$；F 是样品中的内部场效应因子，它亦和折射率有关，L 是特殊的分子间相互作用的效应因子，它导致配合物的形成。

实验测量拉曼散射辐射强度 I 可用式（12-21）表示：

$$I = ac \qquad (12\text{-}21)$$

式中，a 是在一定的测量条件和介质下分子指定谱带的特征常数。应用式（12-21)可计算被测物浓度。但在实验中要得到它们之间的直线关系是比较困难的，因为拉曼谱带的强度还受到仪器和样品的许多因素的影响，包括光源功率的稳定性、单色器的光谱狭缝宽度、样品池的大小、样品的自吸收、由于样品浓度不同引起的折射率的变化和溶剂中的背景噪声等。其中有些因素是难以控制的，因此直接比较不同浓度样品间的拉曼谱带强度来定量是困难的，最有效的方法是利用加入内标的方法。

二、激光拉曼光谱定量分析一般步骤

激光拉曼光谱定量分析的一般步骤如下：

① 由拉曼光谱鉴定样品的组分。

② 选择适当强度的分析谱带，该谱带不与样品的其他谱带重叠。

③ 选择内标，内标的谱带与分析谱带邻近，但不重叠。

④ 配制组成近似于样品的一组标准样品，标准样品和被测样品中都加入一定量的内标物。

⑤ 在相同的实验条件下，测定一组标准样品和被测样品中分析谱带与内标谱带的强度比（通常比较拉曼峰的高度或面积）。

⑥ 绘制 C_M/C_K-A_M/A_K 工作曲线，C_M 和 C_K 是标准样品中被测组分和内标物的浓度或含量，A_M 和 A_K 是标准样品中分析谱带和内标谱带强度。

⑦ 测定被测样品的 A_M/A_K，由工作曲线求得被测物的浓度或含量。

在拉曼光谱定量分析中所选择的内标必须满足：a.化学性质稳定，不与样品中被测成分或其他成分发生化学反应；b.内标拉曼线和被分析的拉曼线互不干扰；c.内标应比较纯，不含有被测成分。

对于非水溶液，常用的内标为四氯化碳（459cm^{-1}）；而对于水溶液，常用的内标是硝酸根离子（1050cm^{-1})和高氯酸根离子（930cm^{-1})。在某些情况下，还可用溶剂的拉曼线作内标线，对固体样品，有时可选择样品中某一拉曼线作内标线。

拉曼光谱定量分析可用于水溶液且准确度较高，因为拉曼线的强度（或峰高）直接正比于样品浓度。激光拉曼光谱分析法往往可同时测定多种组分，其缺点是灵敏度较低，一般的检定限在 μg/ml 数量级。为了提高定量分析的灵敏度，克服激光功率波动和溶剂背景强度等限制提高信噪比的问题，可采用激光共振拉曼光谱法和 SERS 光谱法。

第七节　典型有机化合物拉曼光谱图

本节给出 149 张拉曼光谱图（图 12-29～图 12-177），其内容和谱图号见表 12-29。

表 12-29 部分有机化合物拉曼光谱图索引

内容	谱图号	内容	谱图号
一、脂肪族化合物	12-29～12-74	3．羧酸	12-109～12-123
1．烷烃	12-29～12-40	4．氨基酸	12-124～12-130
2．烯烃	12-41～12-51	5．羧酸盐、酸酐	12-131～12-136
3．醇	12-52～12-66	6．酯	12-137～12-154
4．醚	12-67～12-74	四、含氮化合物	12-155～12-171
二、芳香族化合物	12 -75～12 -95	1．胺	12-155～12-160
1．芳烃	12-75～12 -88	2．酰胺、脲	12-161～12-162
2．芳醚	12-89～12-93	3．氮氧化合物	12-163～12-168
3．酚	12 -94～12-95	4．腈	12-169～12-171
三、含羰基化合物	12 -96～12-154	五、含硫、磷化合物	12-172～12-177
1．酮	12-96～12-103	1．含硫化合物	12-172～12-173
2．醛	12-104～12-108	2．含磷化合物	12 -174～12-177

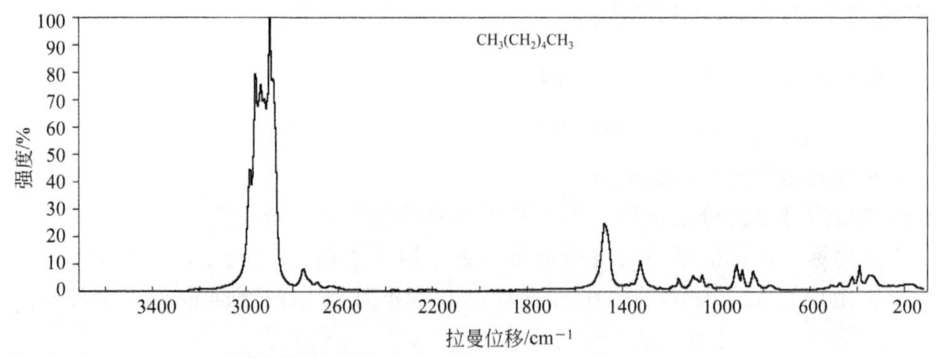

图 12-29 正已烷（hexane，99+%，液体）

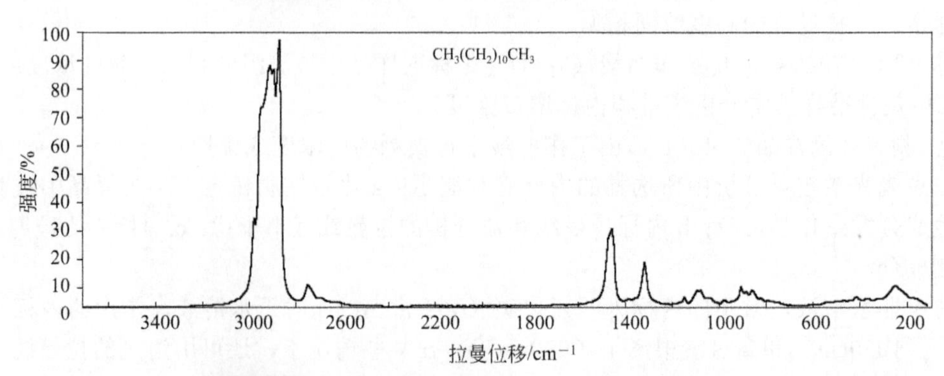

图 12-30 正十二烷（dodecane，99+%，液体）

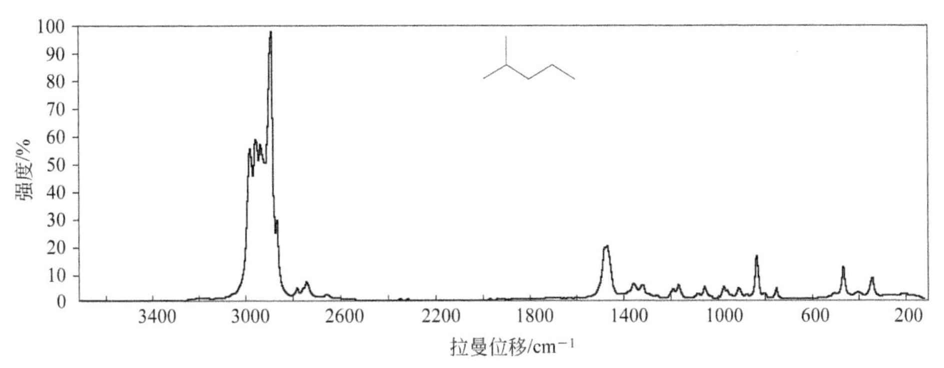

图 12-31　2-甲基戊烷（2-methylpentane，99+%，液体）

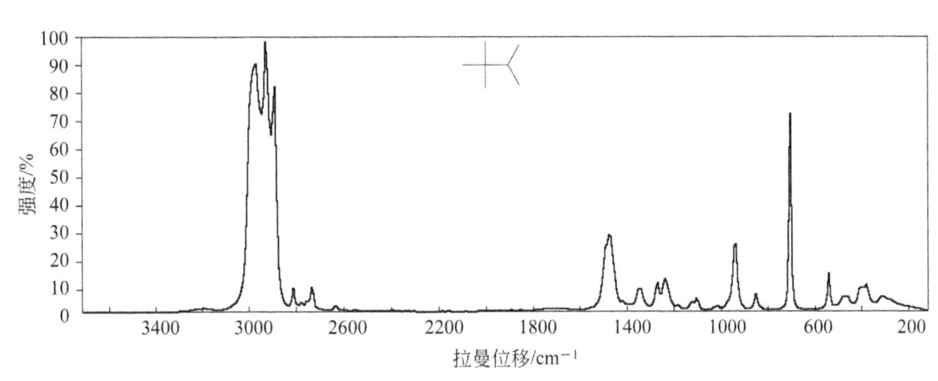

图 12-32　2,2,3-三甲基丁烷（2,2,3-trimethylbutane，99+%，液体）

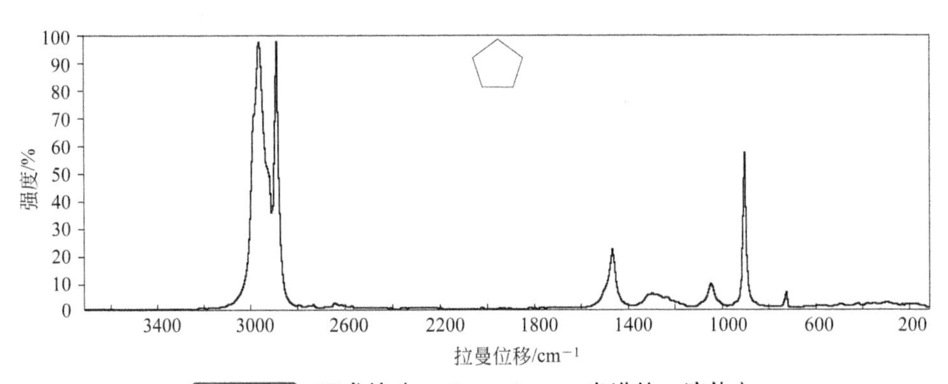

图 12-33　环戊烷（cyclopentane，光谱纯，液体）

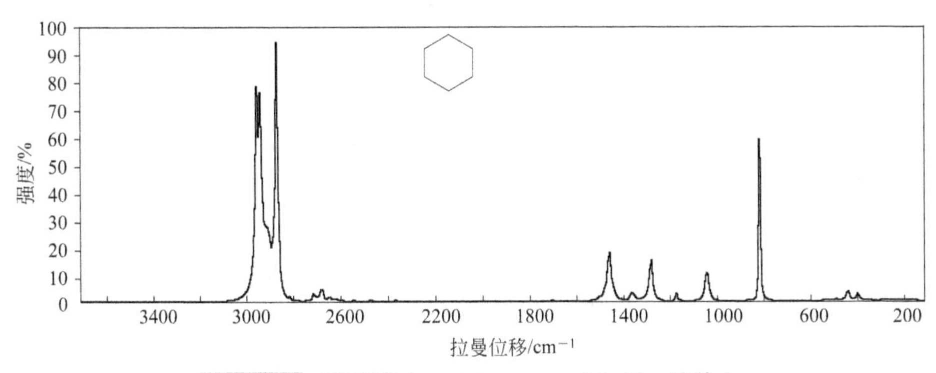

图 12-34　环己烷（cyclohexane，99+%，液体）

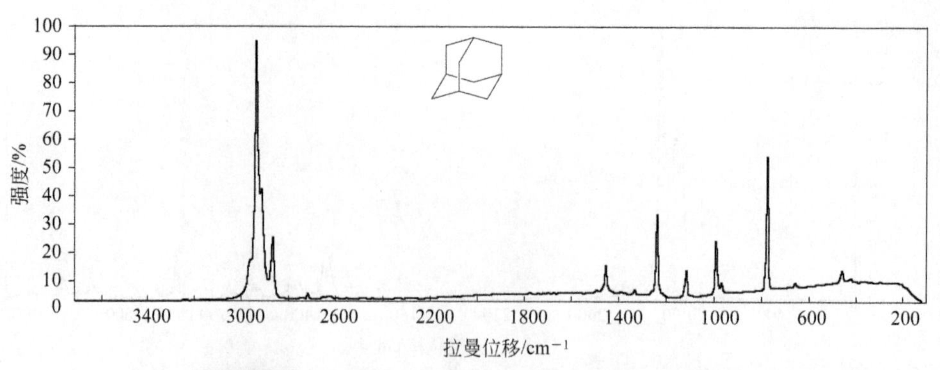

图 12-35 金刚烷（adamantane，99+%，粉末）

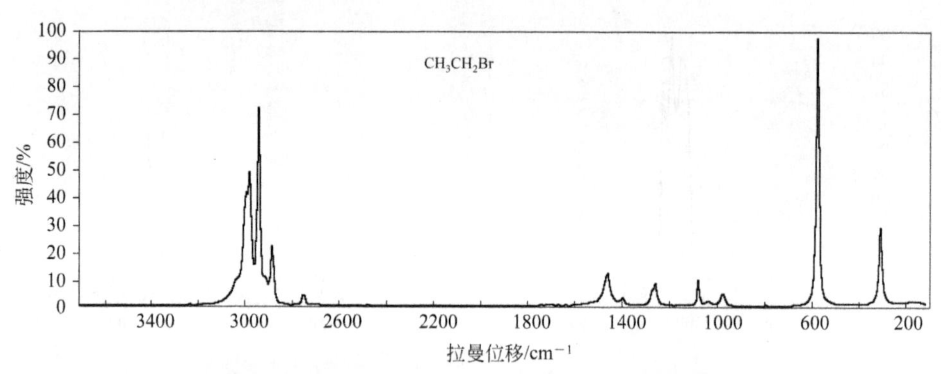

图 12-36 溴乙烷（bromoethane，99+%，液体）

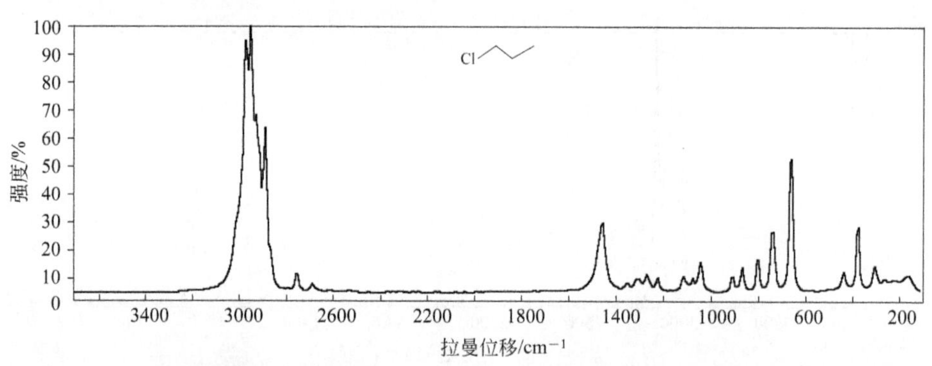

图 12-37 1-氯丙烷（1-chloropropane，99%，液体）

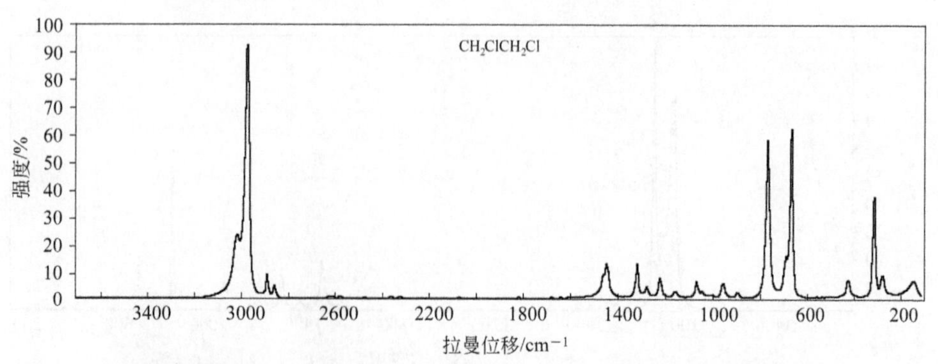

图 12-38 1,2-二氯乙烷（1,2-dichloroethane，99+%，液体）

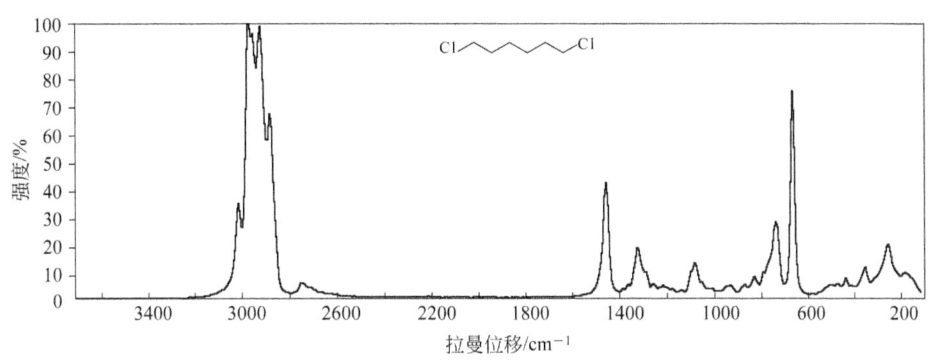

图 12-39　1,6-二氯己烷（1,6-dichlorohexane，98%，液体）

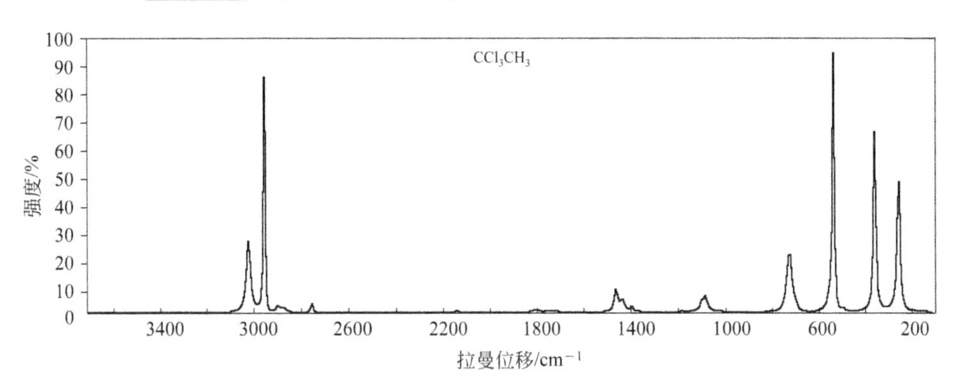

图 12-40　1,1,1-三氯乙烷（1,1,1-trichloroethane，99%，液体）

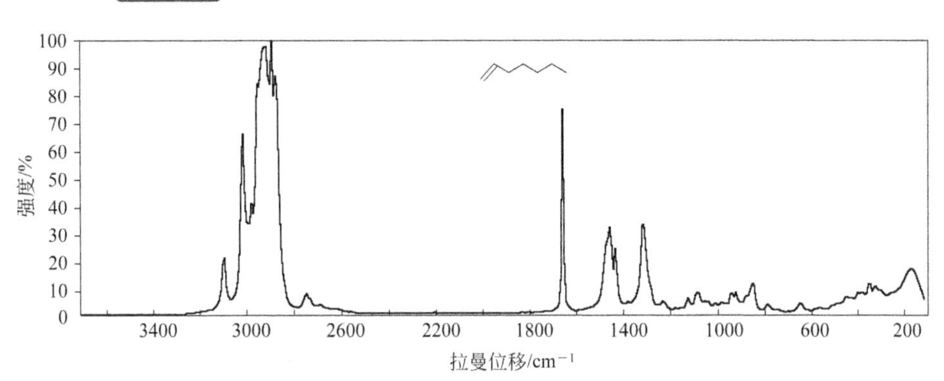

图 12-41　1-庚烯（1-heptene，99+%，液体）

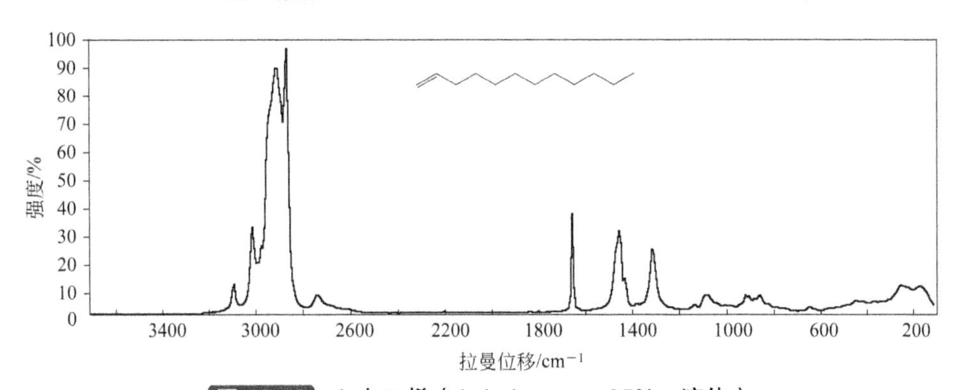

图 12-42　1-十二烯（1-dodecene，95%，液体）

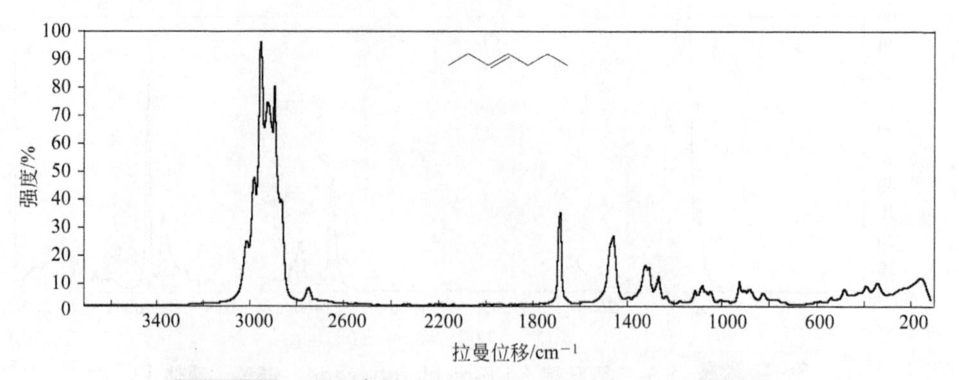

图 12-43 反-3-庚烯（*trans*-3-heptene，99%，液体）

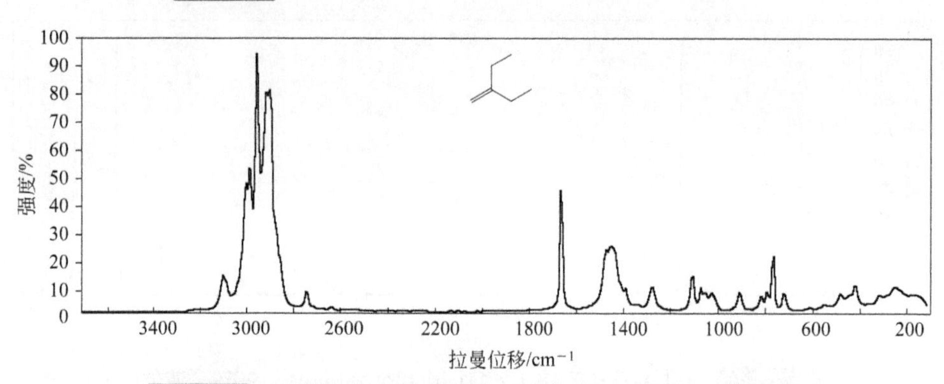

图 12-44 2-乙基-1-丁烯（2-ethyl-1-butene，98%，液体）

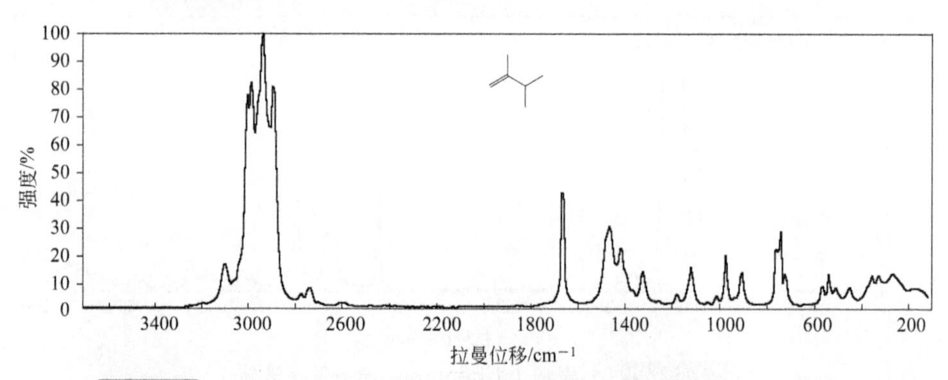

图 12-45 2,3-二甲基-1-丁烯（2,3-dimethyl-1-butene，97%，液体）

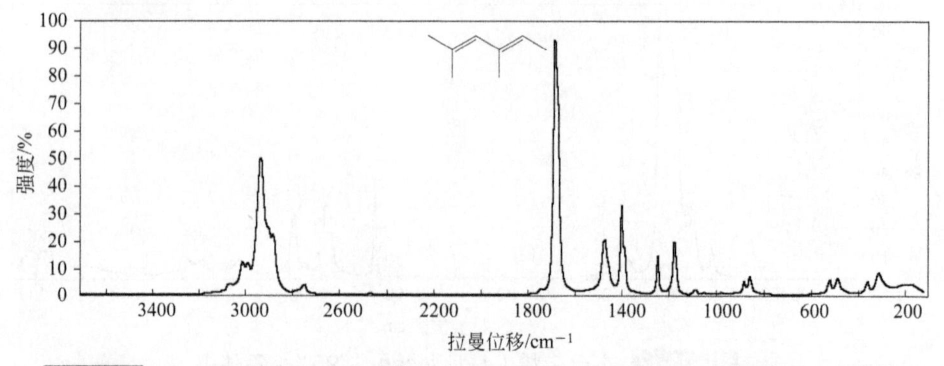

图 12-46 3, 5-二甲基-2,4-己二烯（3,5-dimethyl-2,4-hexadiene, 99%，液体）

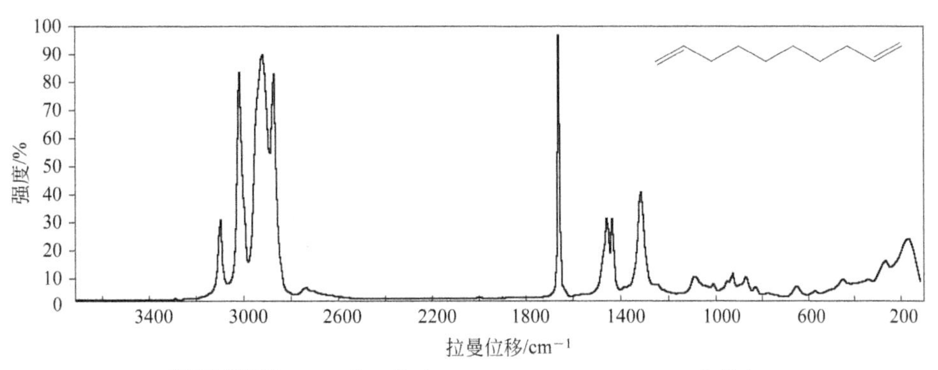

图 12-47　1,9-癸二烯（1,9-decadiene，98%，液体）

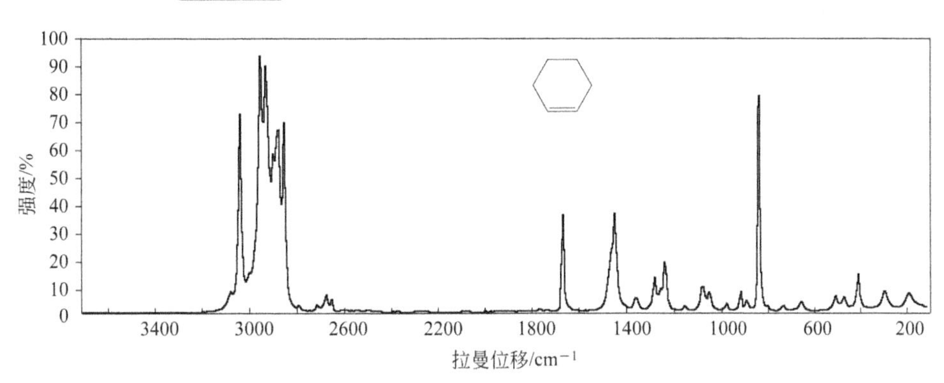

图 12-48　环己烯（cyclohexene，99%，液体）

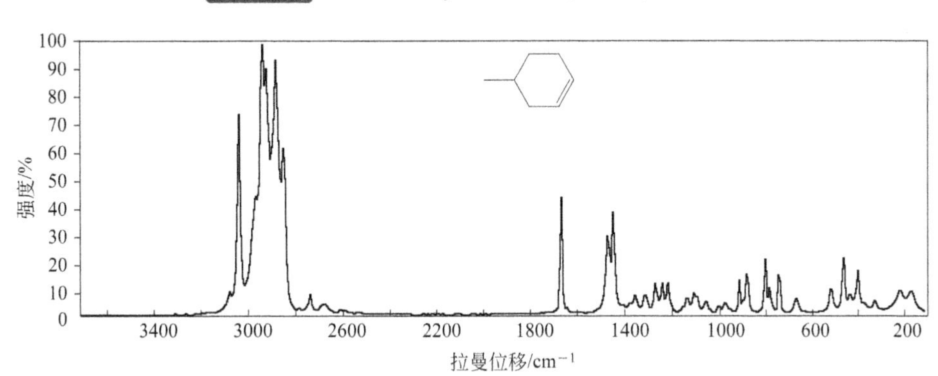

图 12-49　4-甲基-1 环己烯（4-methyl-1-cyclohexene，99%，液体）

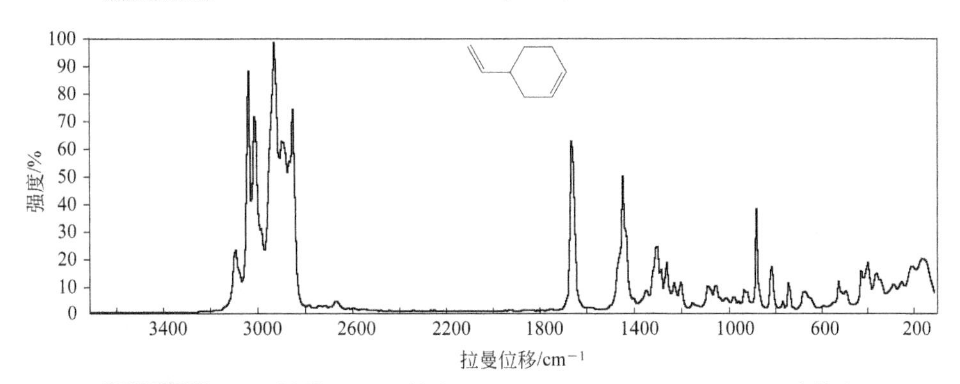

图 12-50　4-乙烯基-1-环己烯（4-vinyl-1-cyclohexene，99%，液体）

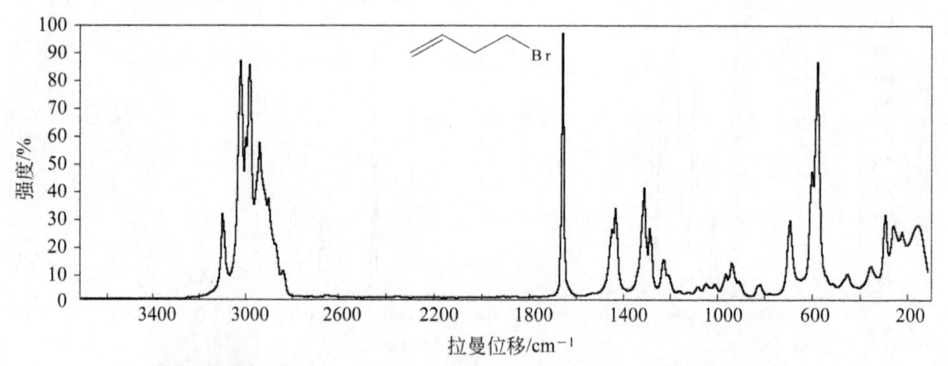

图 12-51 4-溴-1-丁烯（4-bromo-1-butene，97%，液体）

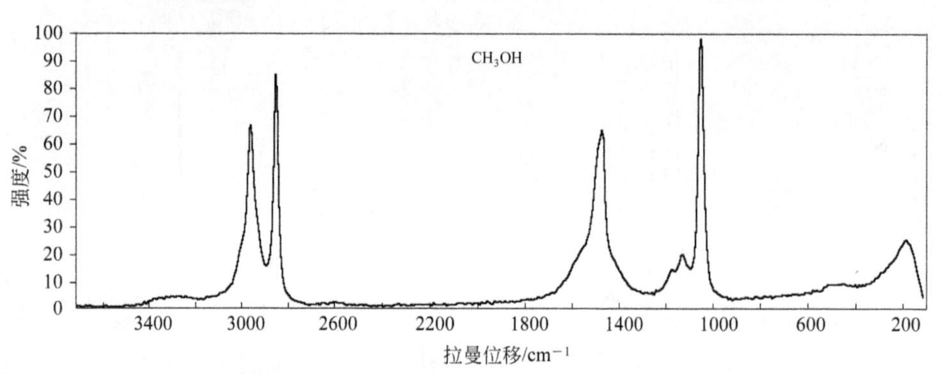

图 12-52 甲醇（methyl alcohol，99.9%，液体）

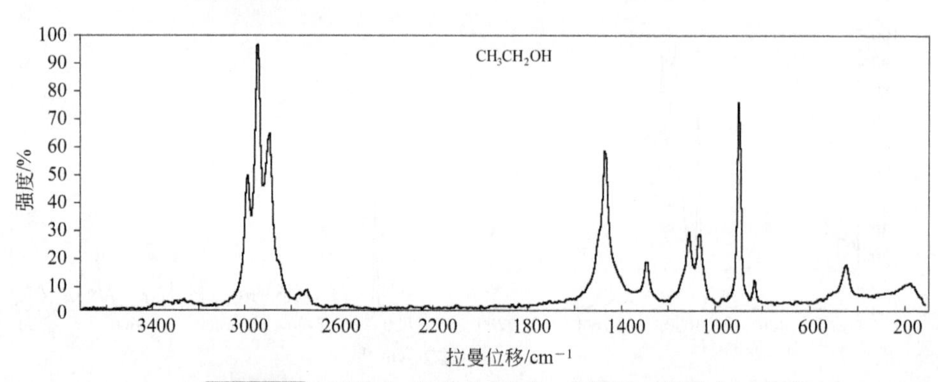

图 12-53 乙醇（ethyl alcohol，光谱纯，液体）

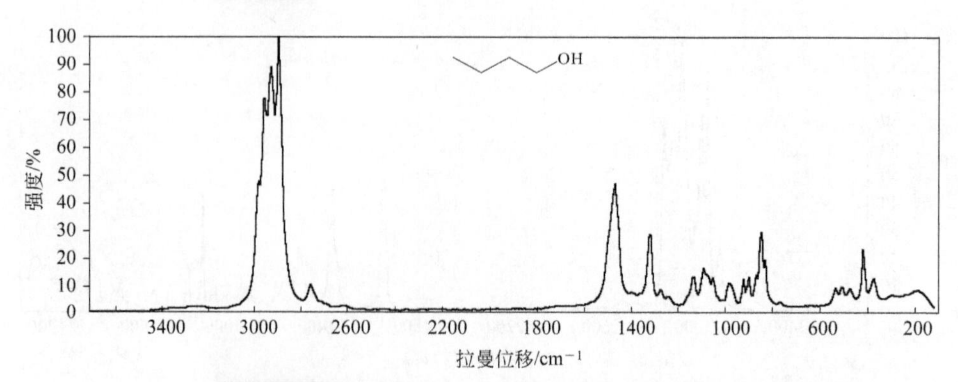

图 12-54 1-丁醇（1-butanol，99.5%，液体）

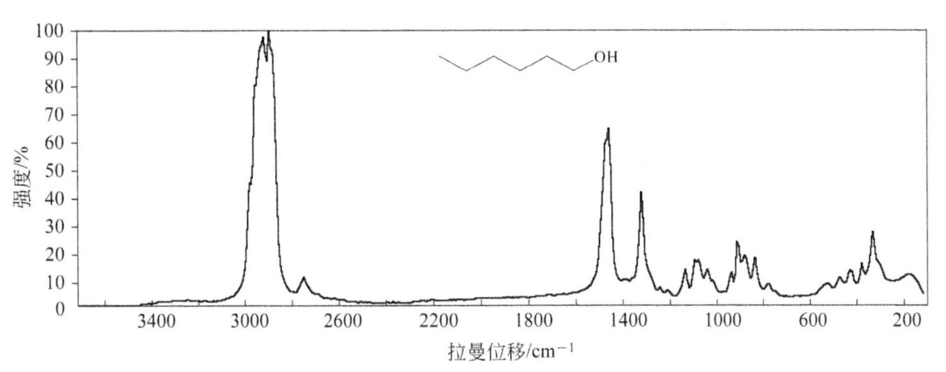

图 12-55　己醇（hexyl alcohol，98%，液体）

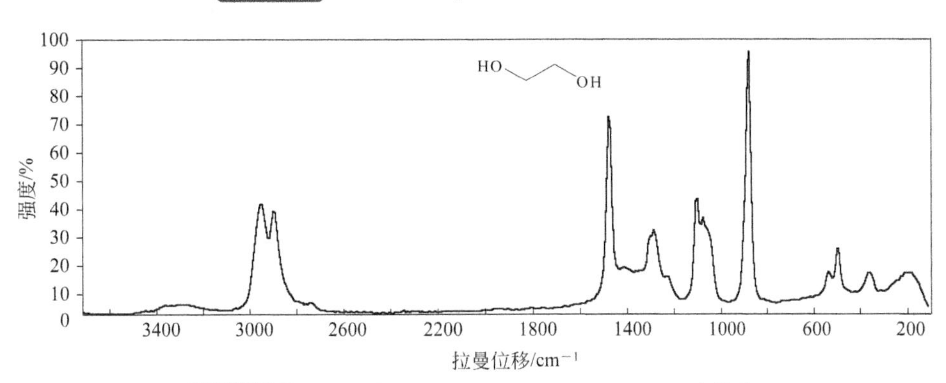

图 12-56　乙二醇（ethylene glycol，99+%，液体）

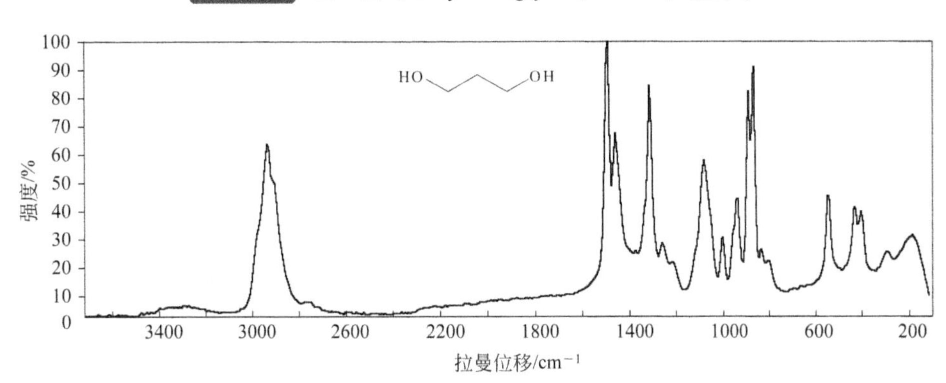

图 12-57　1,3-丙二醇（1,3-propanediol，98%，液体）

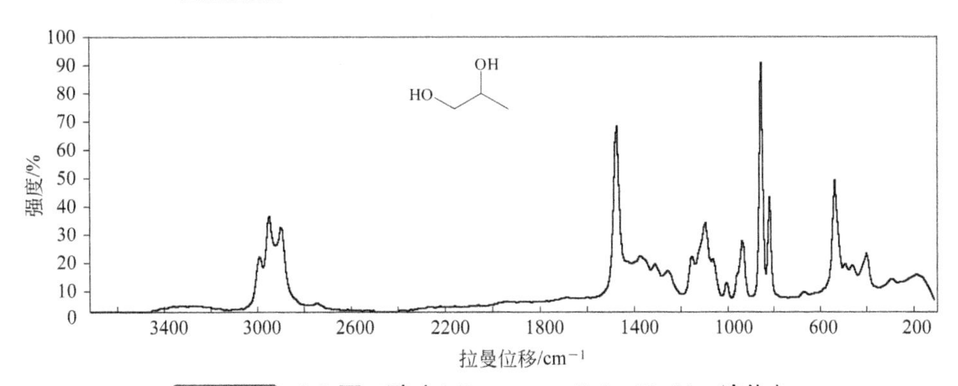

图 12-58　1,2-丙二醇（1,2-propanediol，99+%，液体）

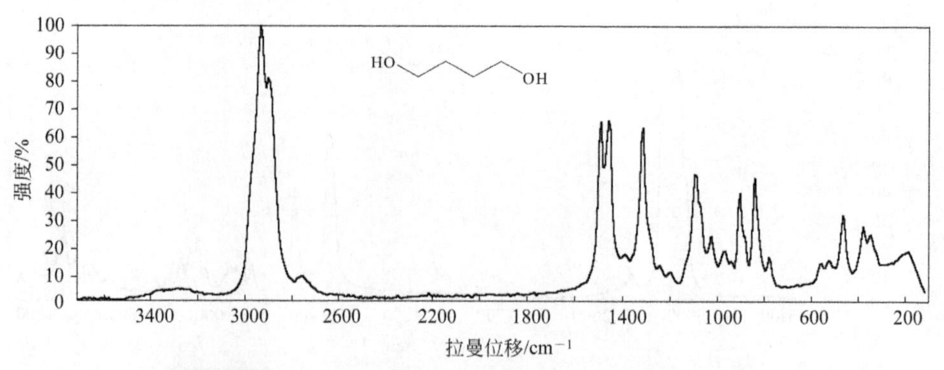

图 12-59 1,4-丁二醇（1,4-butanediol，99%，液体）

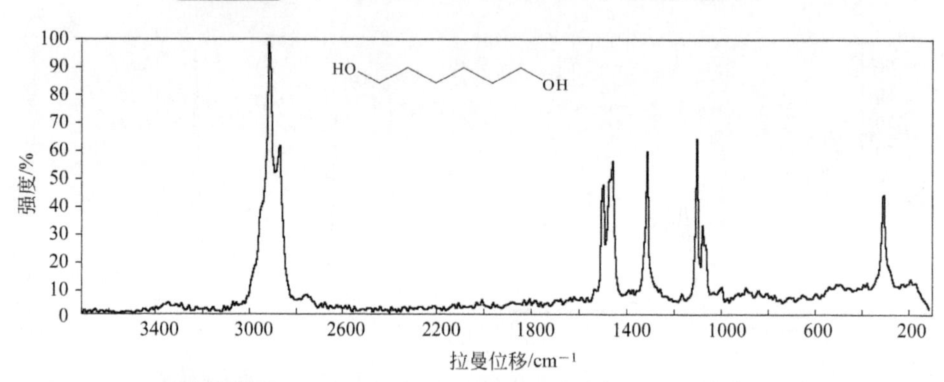

图 12-60 1,6-己二醇（1,6-hexanediol，97%，液体）

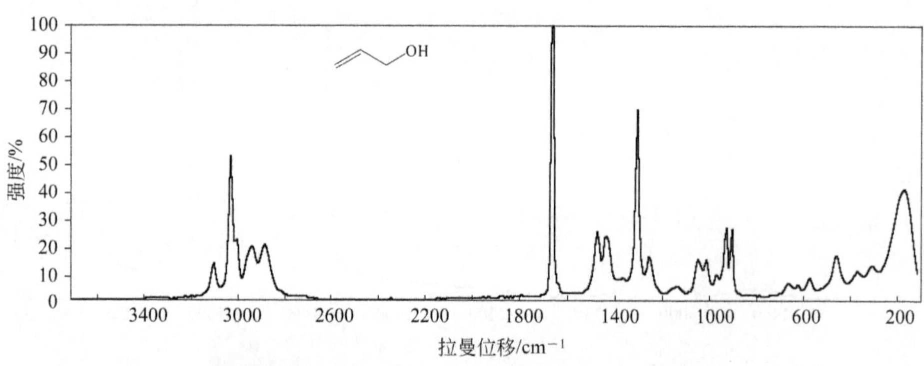

图 12-61 烯丙醇（allyl alcohol，99%，液体）

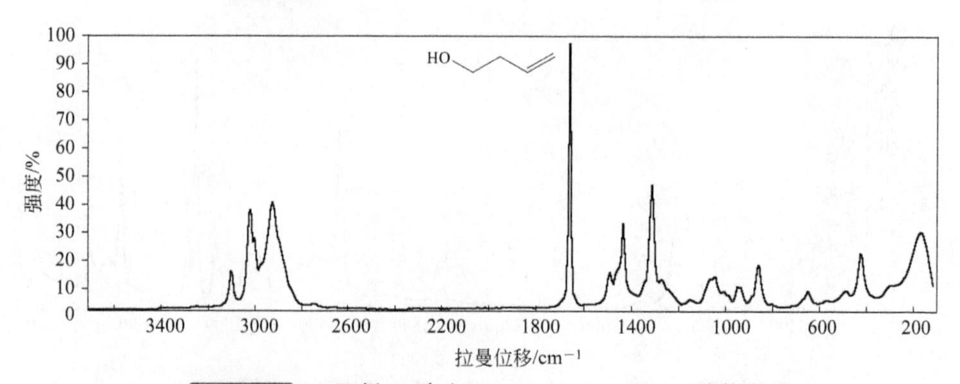

图 12-62 3-丁烯-1-醇（3-buten-1-ol，99%，液体）

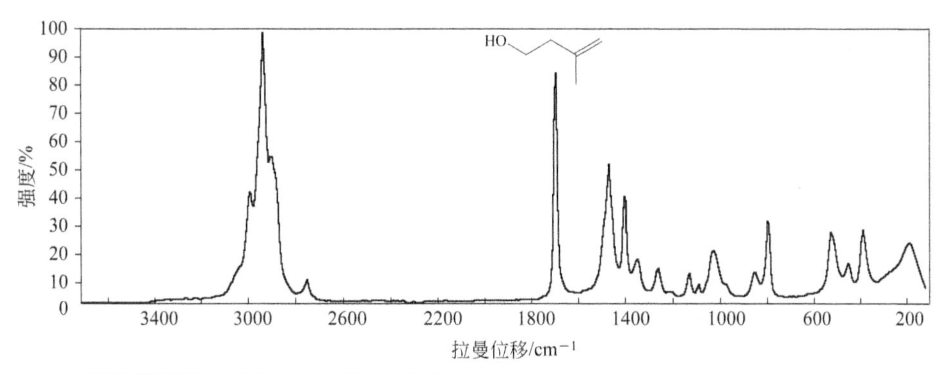

图 12-63　3-甲基-3-丁烯-1-醇（3-methyl-3-buten-1-ol，99%，液体）

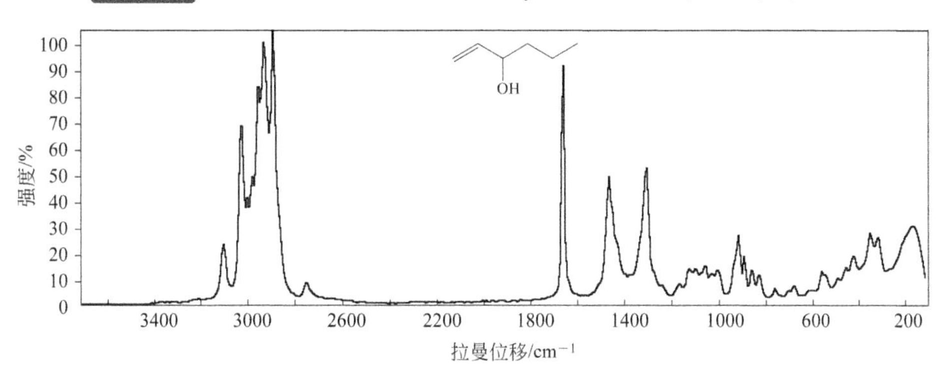

图 12-64　1-己烯-3-醇（1-hexen-3-ol，98%，液体）

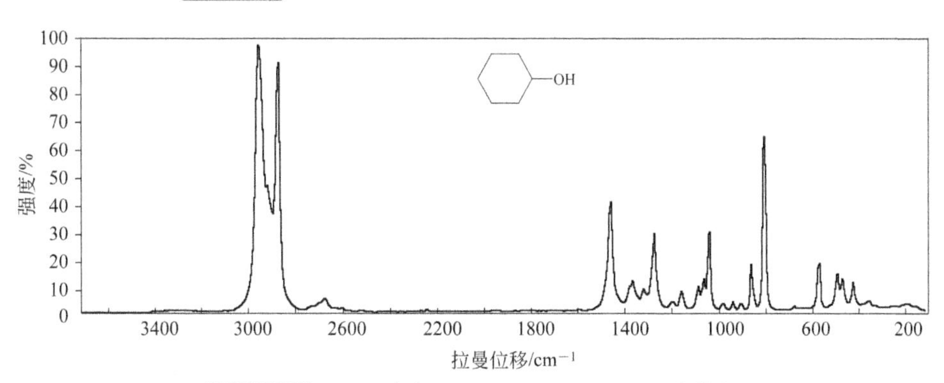

图 12-65　环己醇（cyclohexanol，99%，液体）

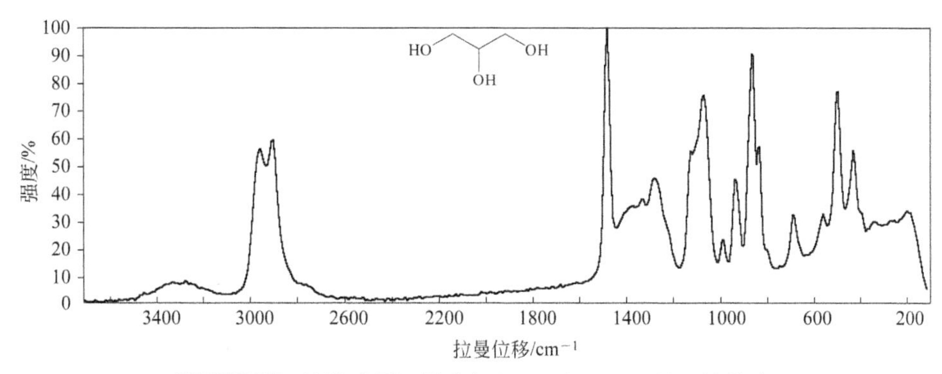

图 12-66　甘油（丙三醇）（glycerol，99.5+%，液体）

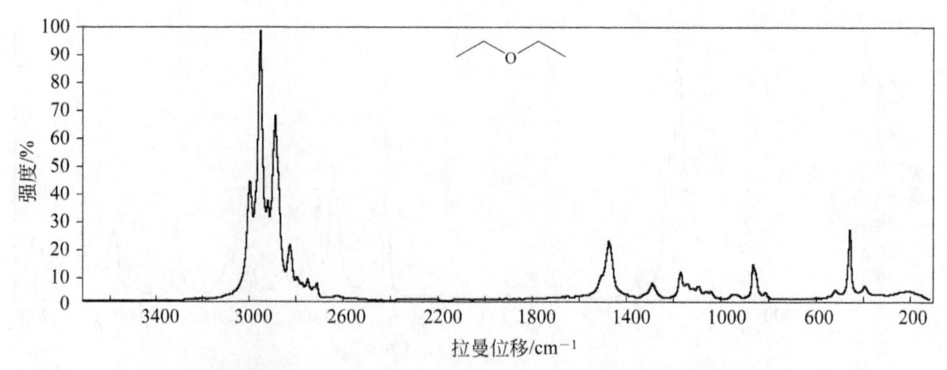

图 12-67 乙醚（ether, anhydrous，99+%，液体）

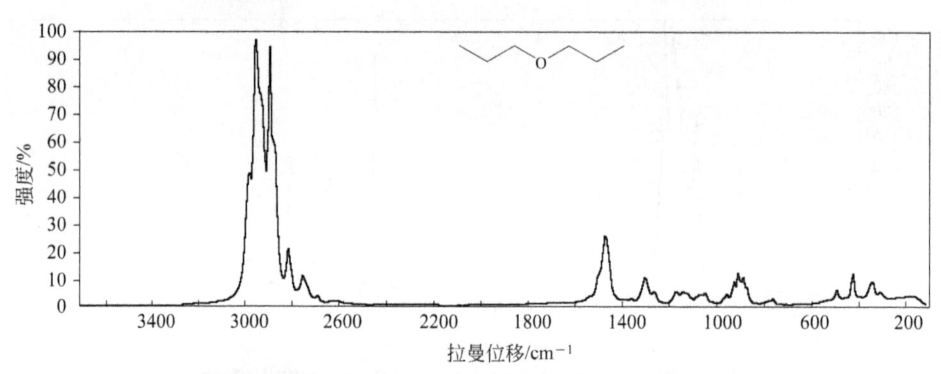

图 12-68 丙醚（propyl ether，99+%，液体）

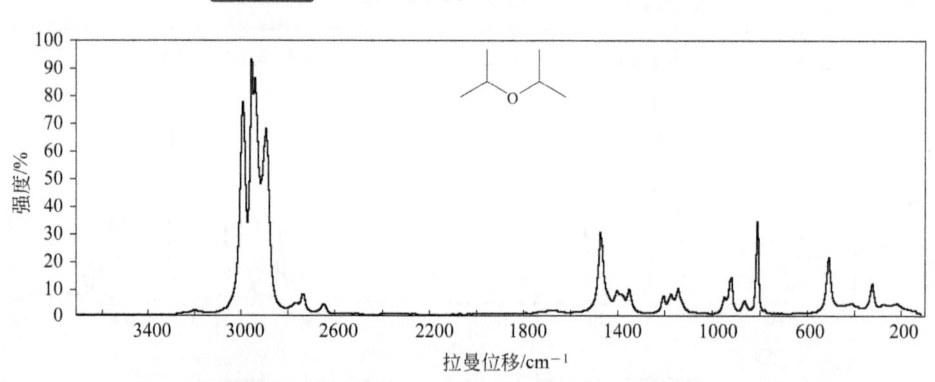

图 12-69 异丙醚（isopropyl ether，99%，液体）

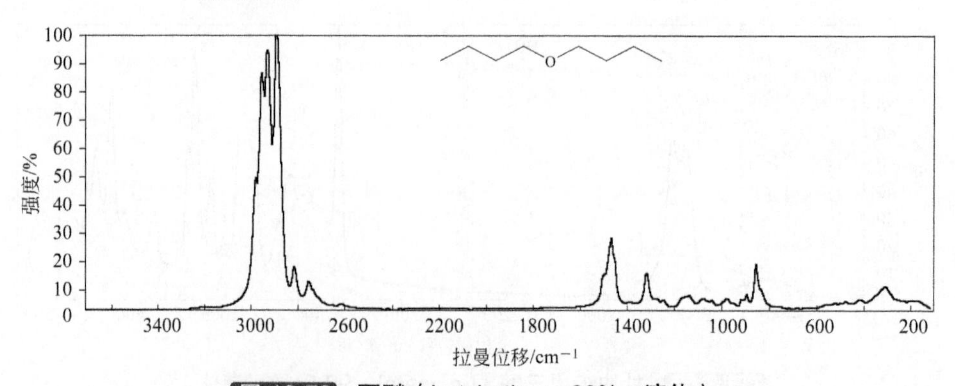

图 12-70 丁醚（butyl ether，99%，液体）

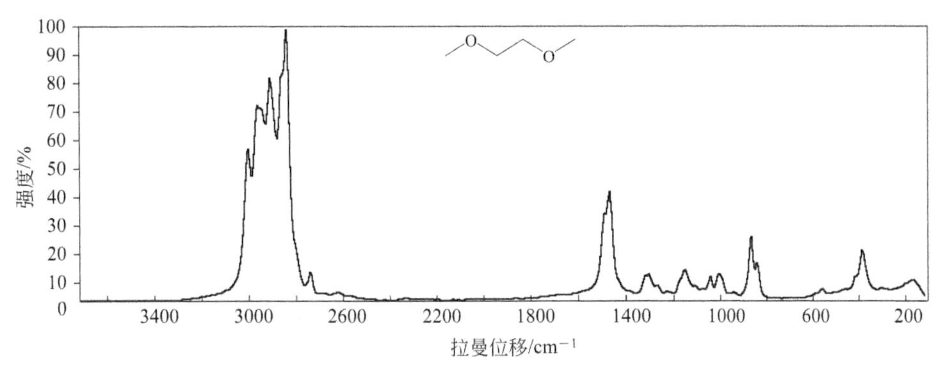

图 12-71　乙二醇二甲醚（ethylene glycol dimethyl ether，99+%，液体）

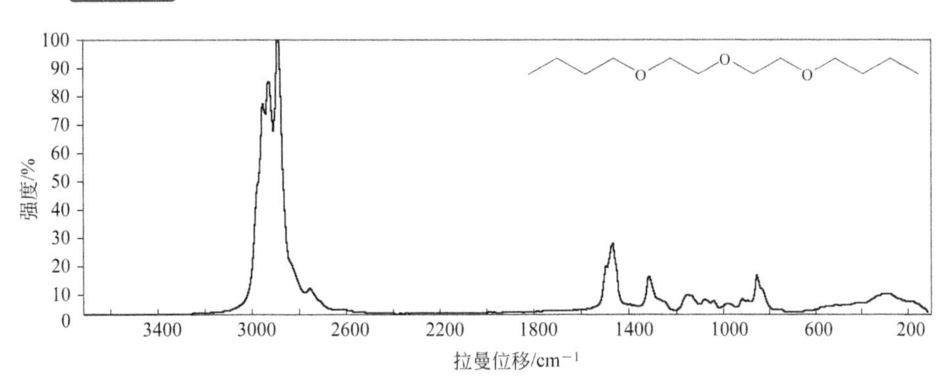

图 12-72　二乙二醇二丁醚（diethylene glycol dibutyl ether，99+%，液体）

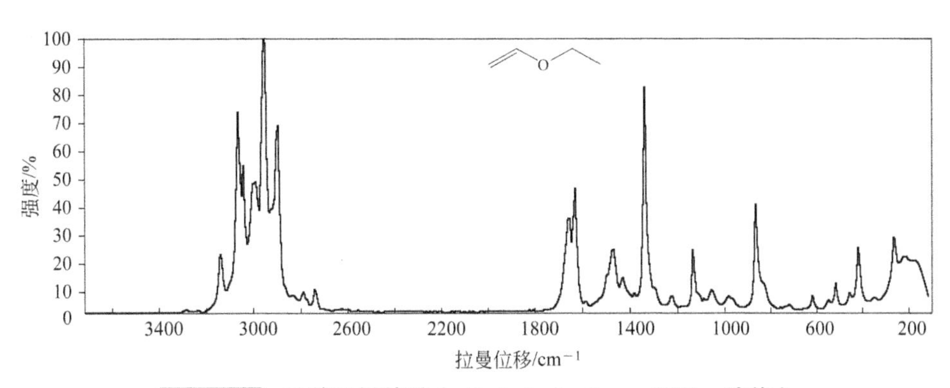

图 12-73　乙基乙烯基醚（ethyl vinyl ether，99%，液体）

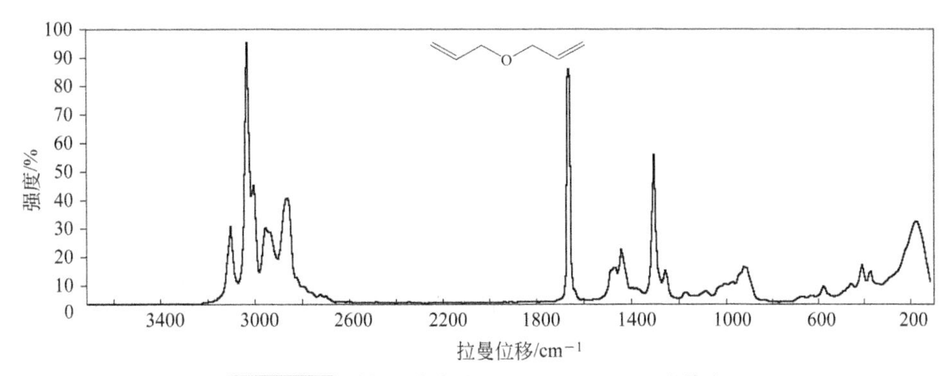

图 12-74　烯丙醚（allyl ether，99%，液体）

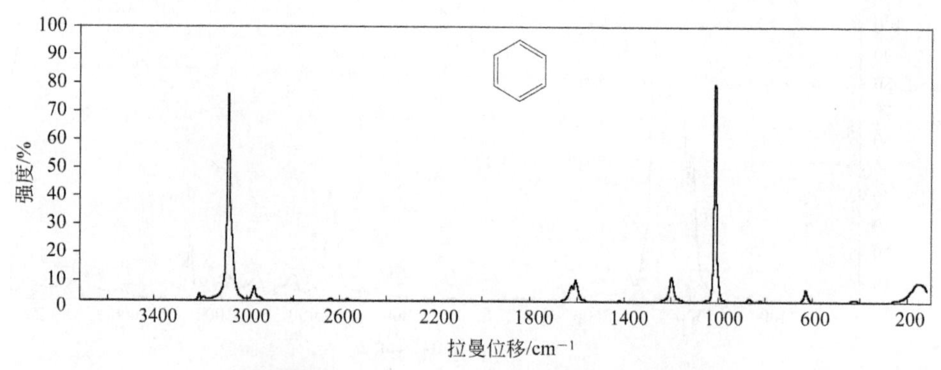

图 12-75 苯（benzene，99+%，液体）

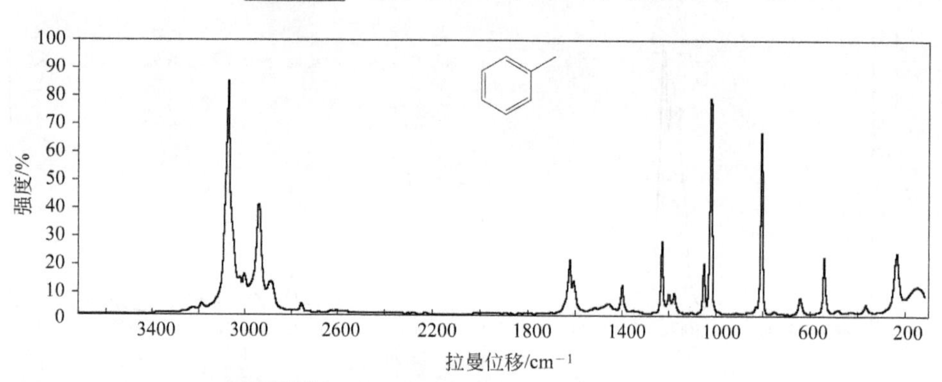

图 12-76 甲苯（toluene，99.5+%，液体）

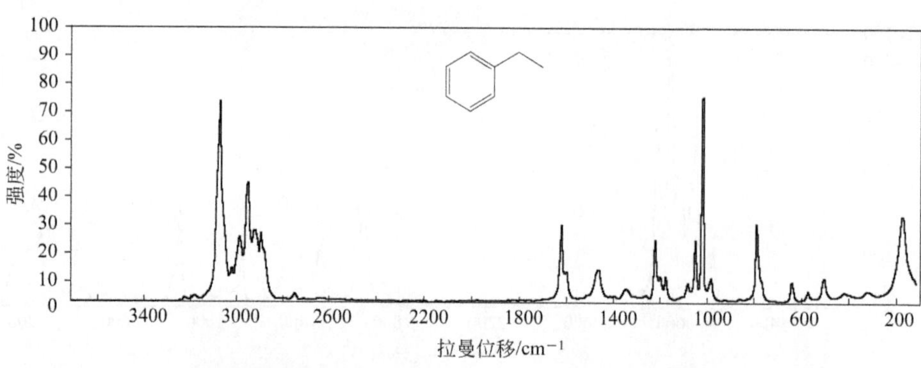

图 12-77 乙苯（ethylbenzene，99%，液体）

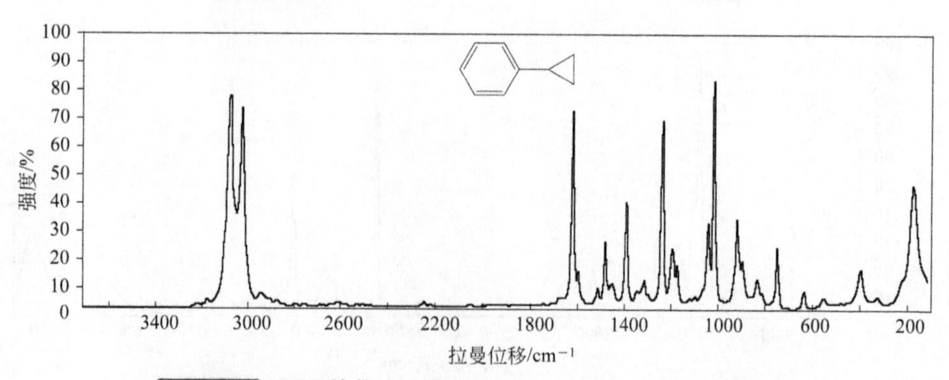

图 12-78 环丙基苯（cyclopropylbenzene，97%，液体）

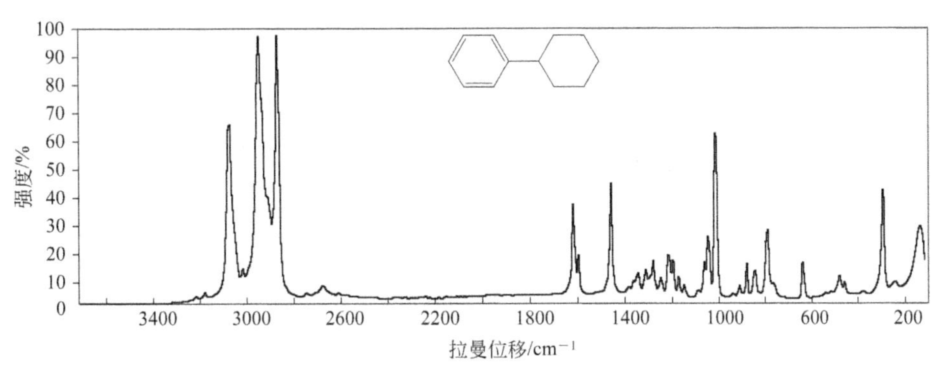

图 12-79　环己基苯（cyclohexylbenzene，98%，液体）

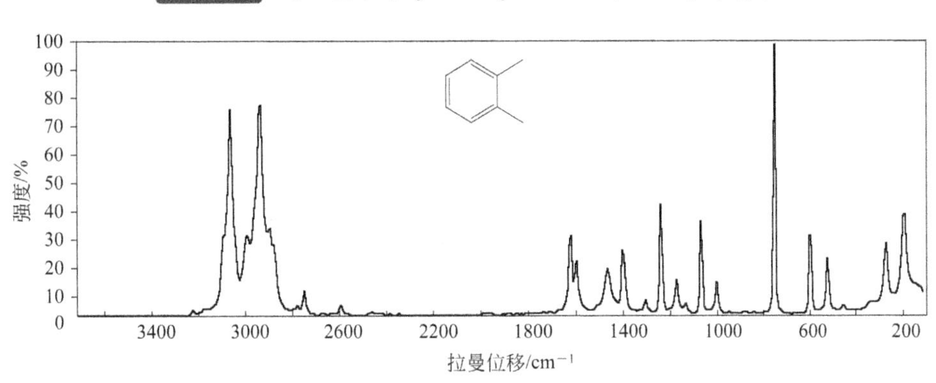

图 12-80　邻二甲苯（*o*-xylene，97%，液体）

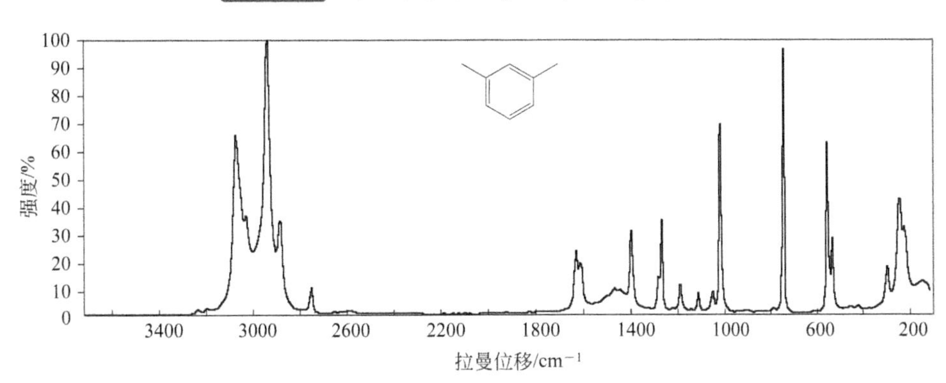

图 12-81　间二甲苯（*m*-xylene，99%，液体）

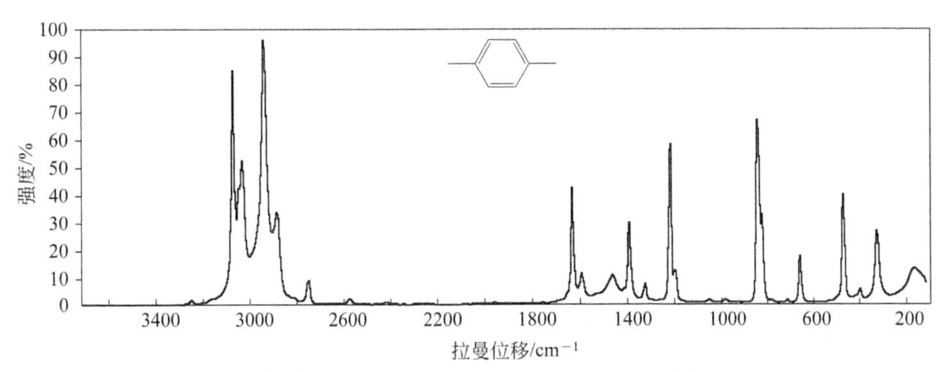

图 12-82　对二甲苯（*p*-xylene，99%，液体）

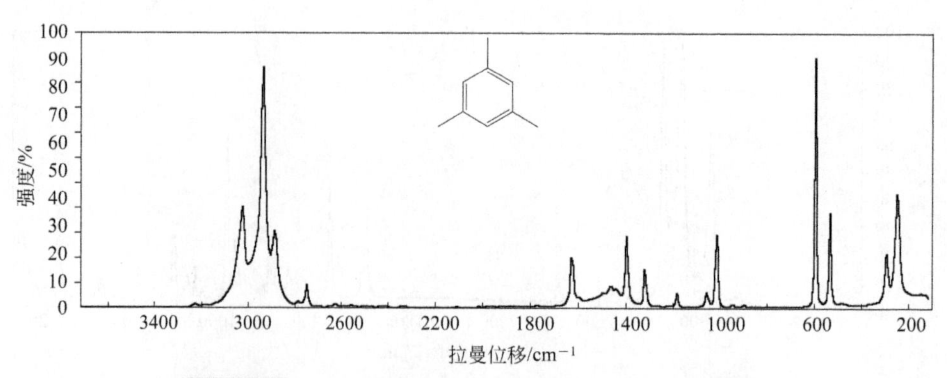

图 12-83 1,3,5-三甲苯（mesitylene，98%，液体）

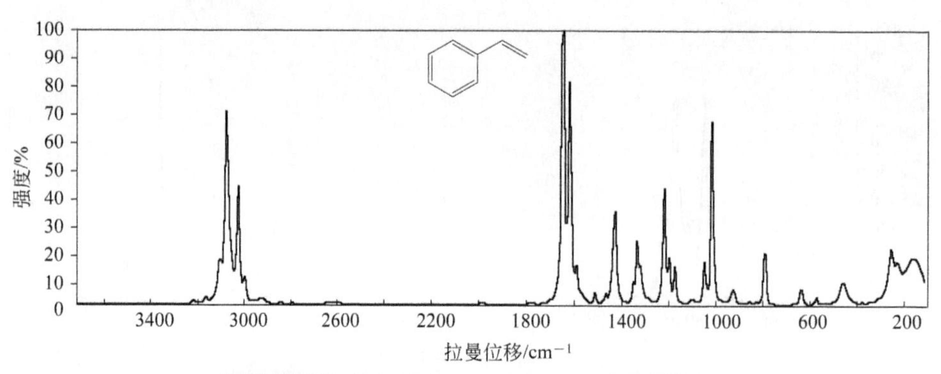

图 12-84 苯乙烯（styrene，99+%，液体）

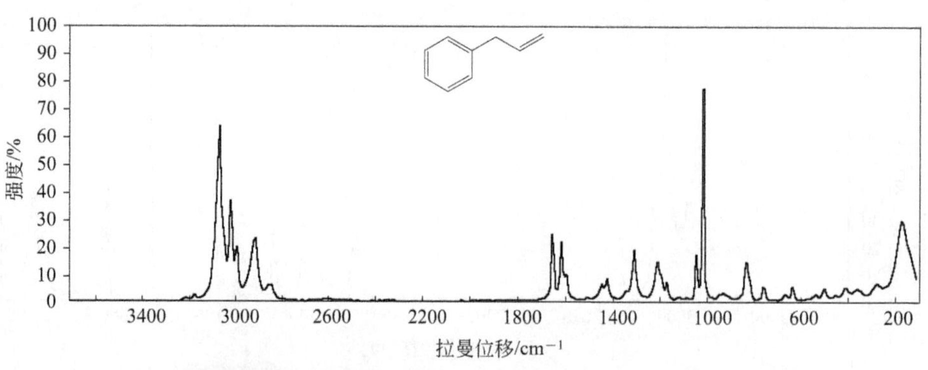

图 12-85 烯丙基苯（allylbenzene，98%，液体）

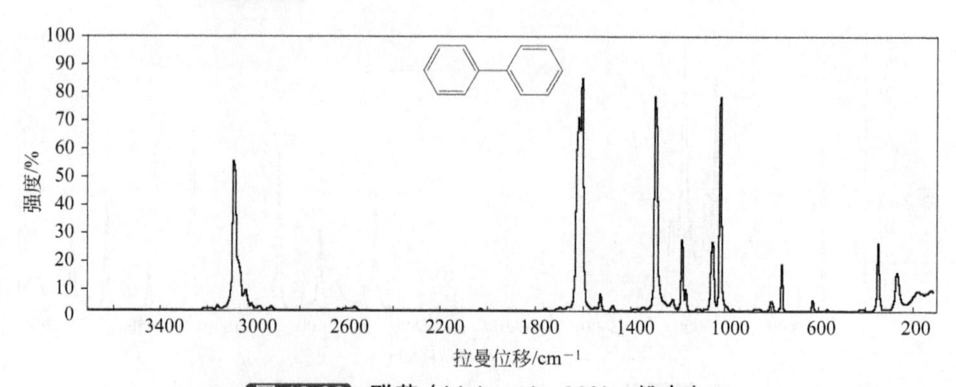

图 12-86 联苯（biphenyl，99%，粉末）

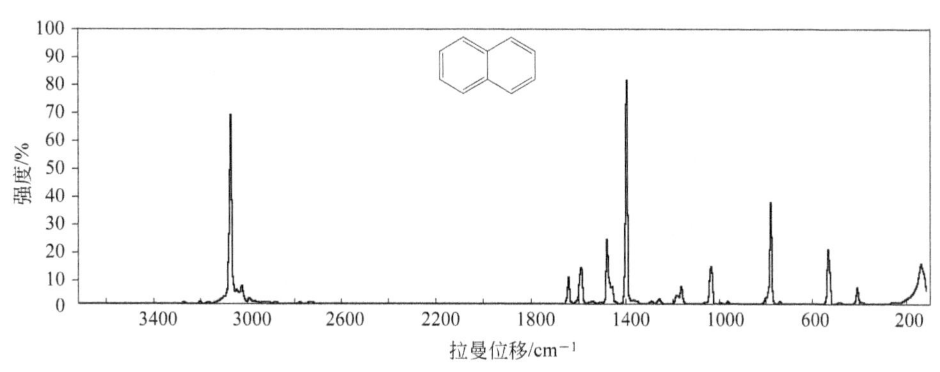

图 12-87 萘（naphthalene，99+%，粉末）

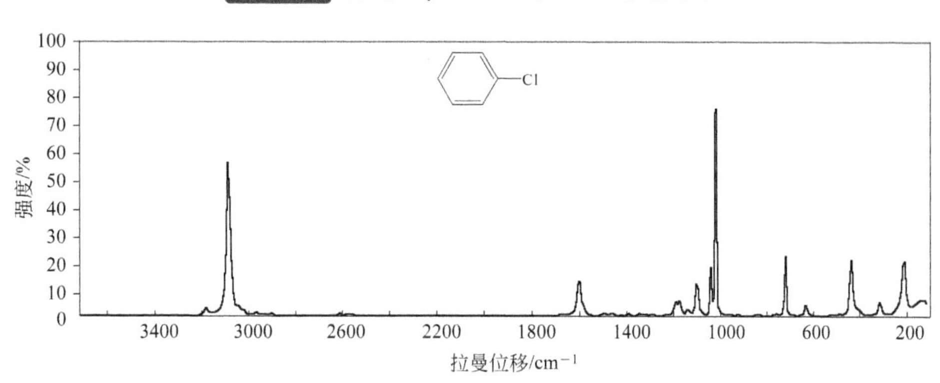

图 12-88 氯苯（chlorobenzene，99+%，液体）

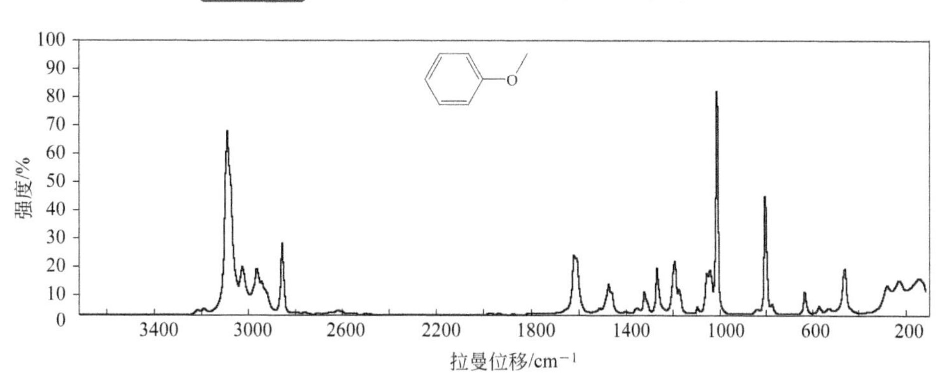

图 12-89 茴香醚（苯甲醚）(anisole，99%，液体）

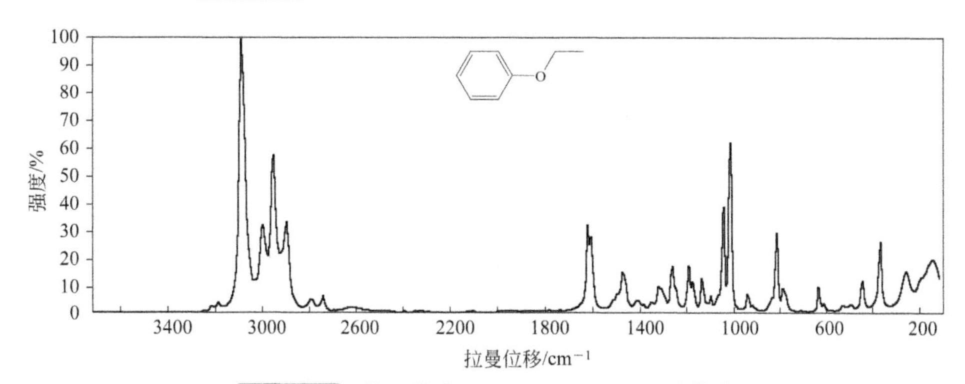

图 12-90 苯乙醚（phenetole，99%，液体）

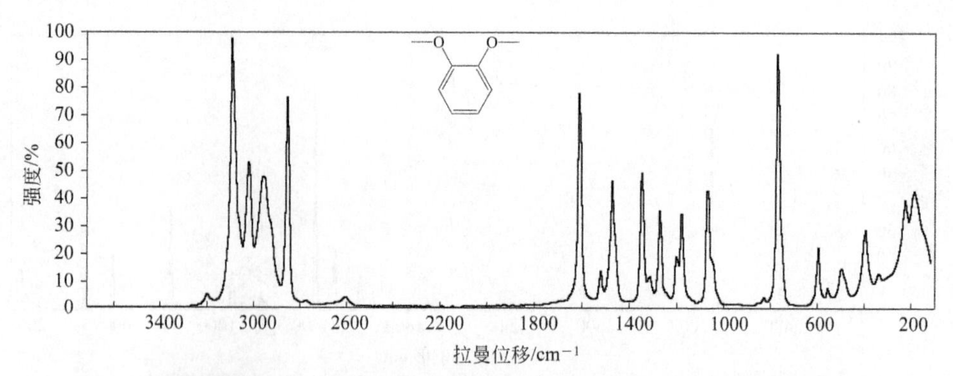

图 12-91 藜芦醚（邻苯二甲醚）(veratrole，99%，液体)

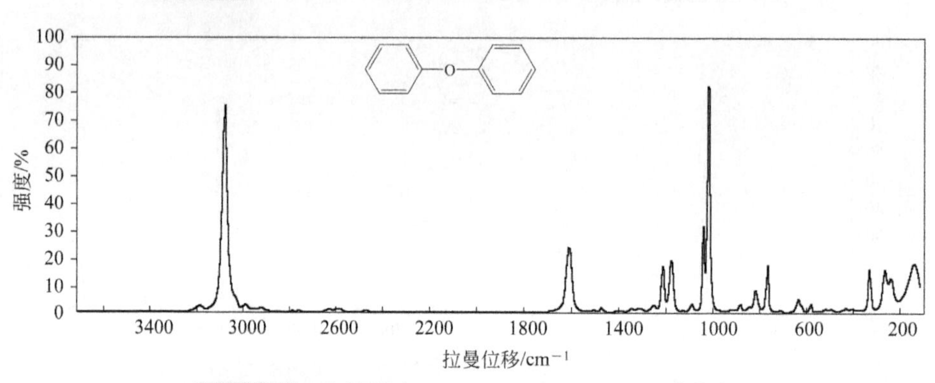

图 12-92 苯基醚（phenyl ether，99+%，液体）

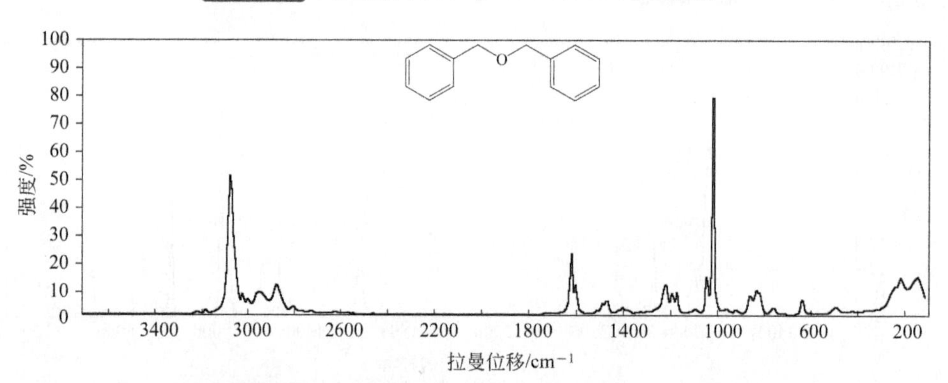

图 12-93 二苄醚（benzyl ether，99%，液体）

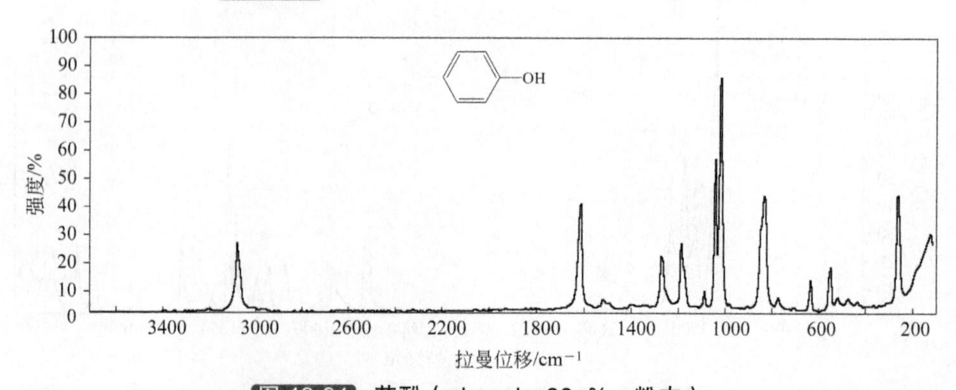

图 12-94 苯酚（phenol，99+%，粉末）

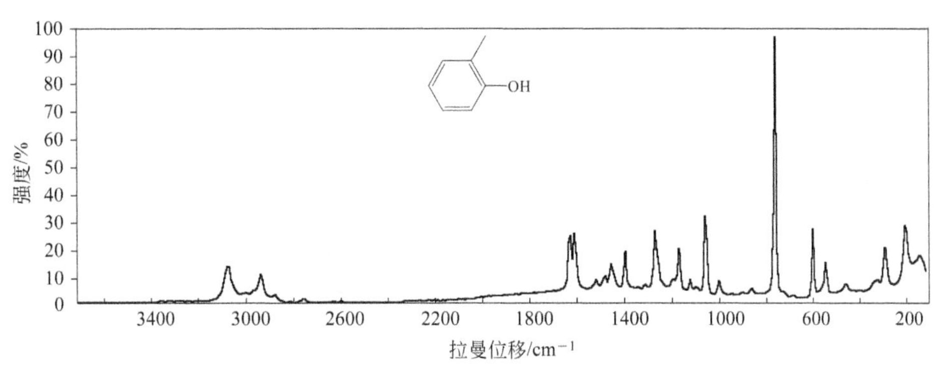

图 12-95 邻甲苯酚（*o*-cresol，99+%，粉末）

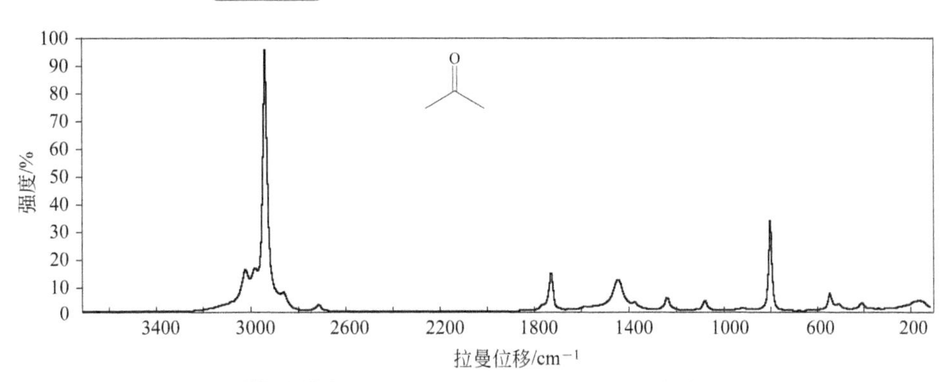

图 12-96 丙酮（acetone，99.5+%，液体）

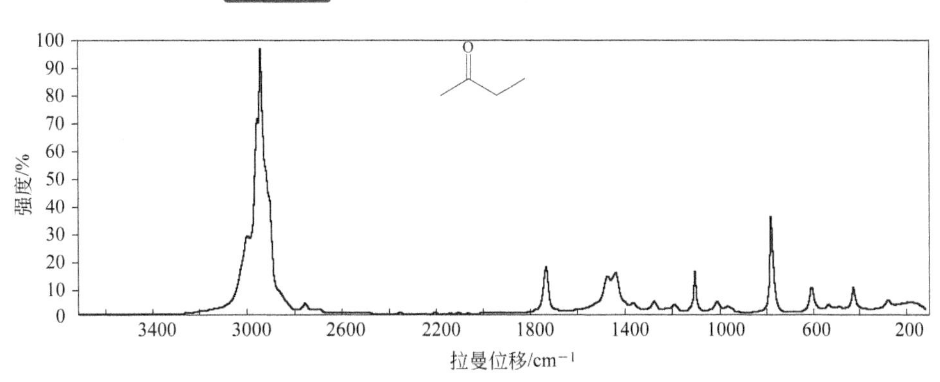

图 12-97 2-丁酮（2-butanone，99+%，液体）

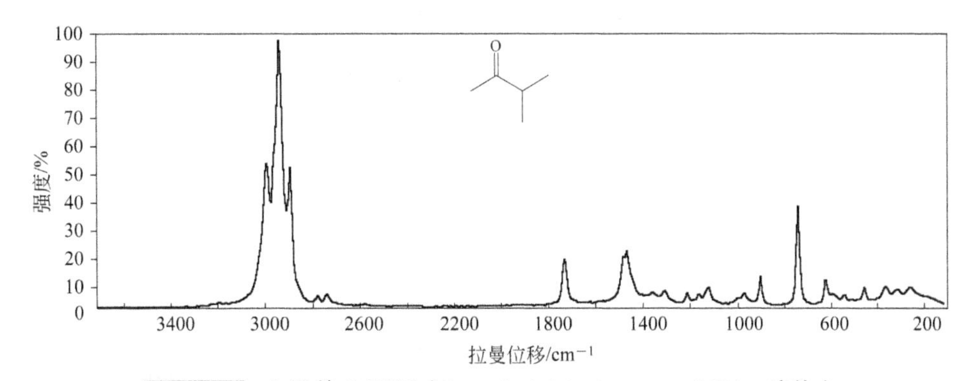

图 12-98 3-甲基-2-丁酮（3-methyl-2-butanone，99%，液体）

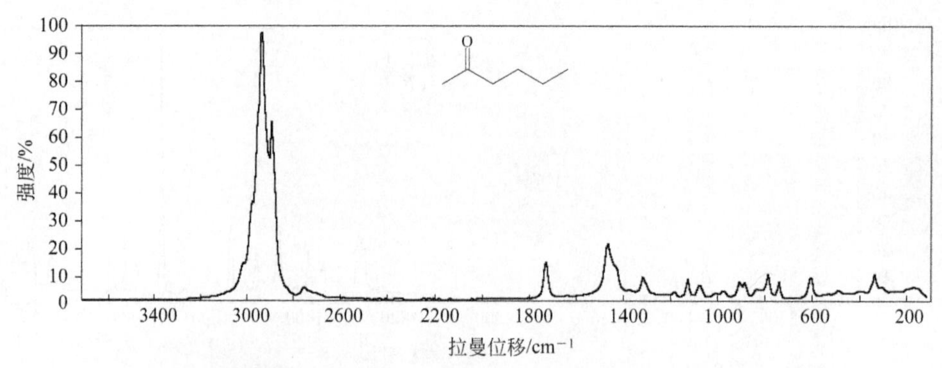

图 12-99 2-己酮（2-hexanone，99+%，液体）

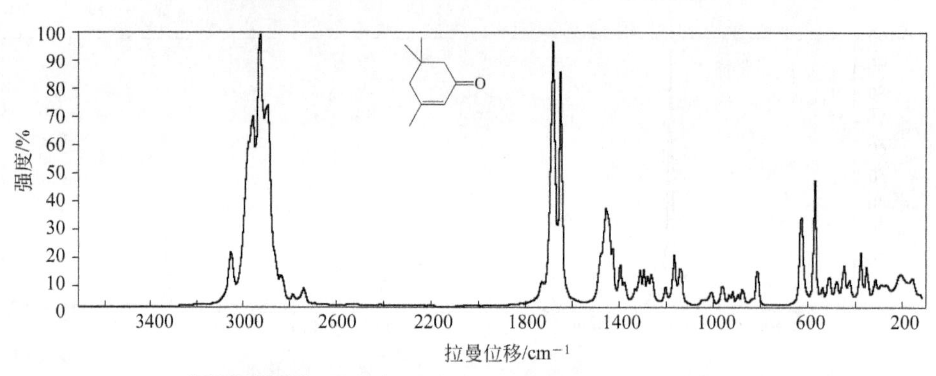

图 12-100 异佛尔酮（isophorone，97%，液体）

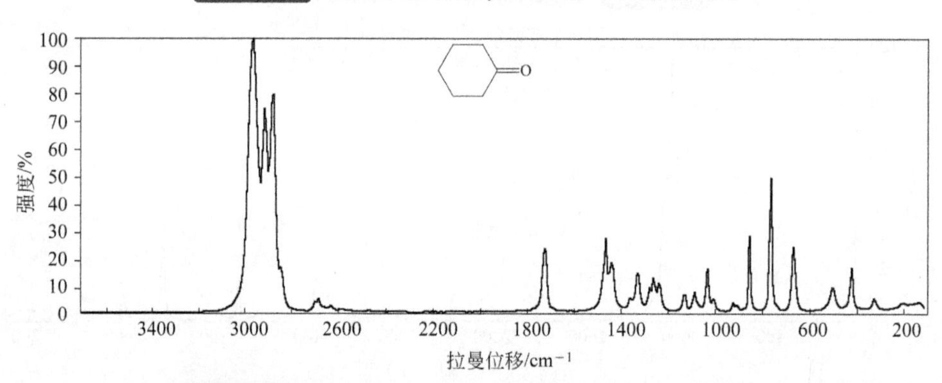

图 12-101 环己酮（cyclohexanone，99.8%，液体）

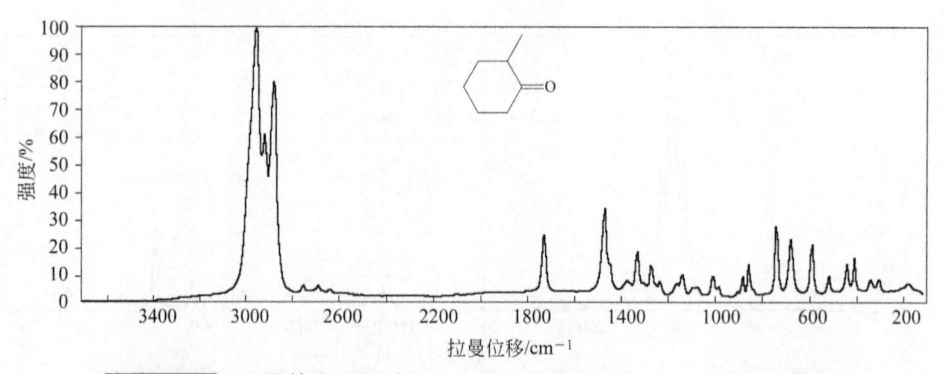

图 12-102 2-甲基环己酮（2-methylcyclohexanone，99%，液体）

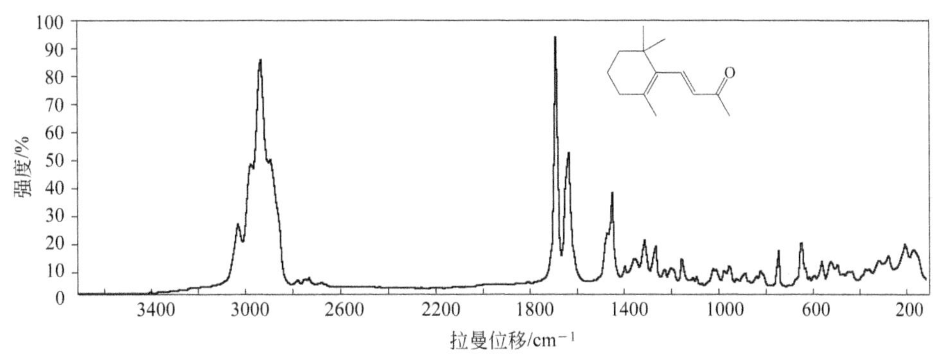

图 12-103 α-紫罗兰酮（alpha-ionone，90%，液体）

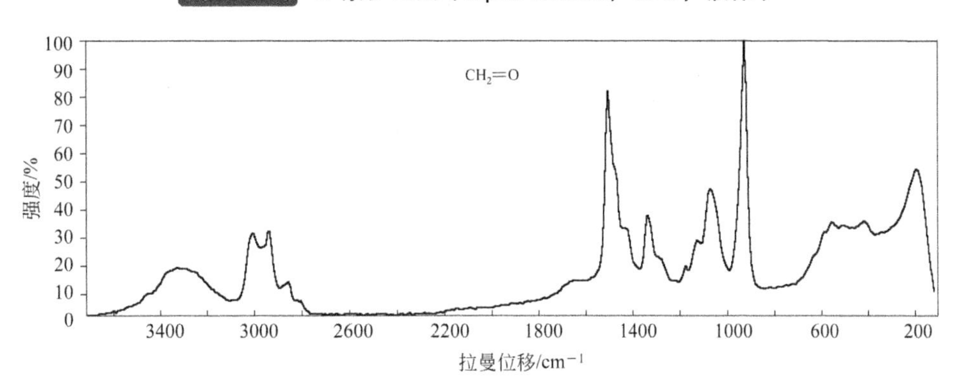

图 12-104 甲醛［formaldehyde，（质量分数）37%水溶液］

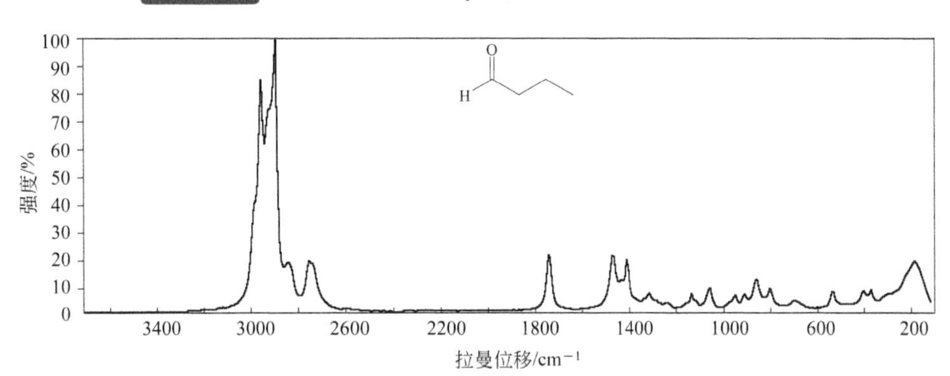

图 12-105 丁醛（butyraldehyde，99%，液体）

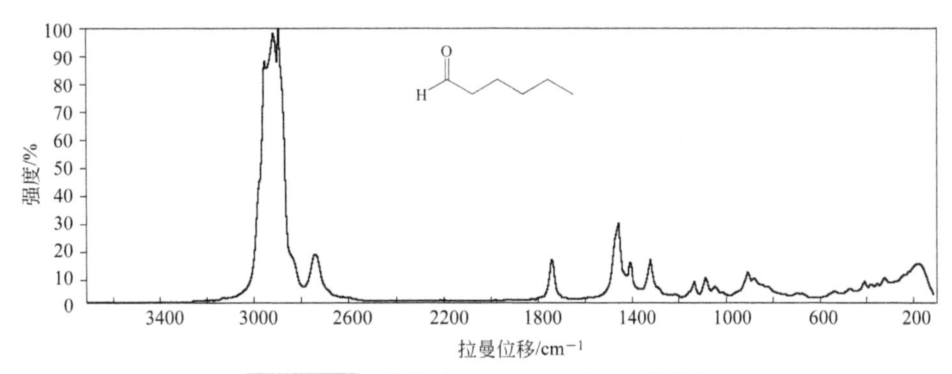

图 12-106 己醛（hexanal，98%，液体）

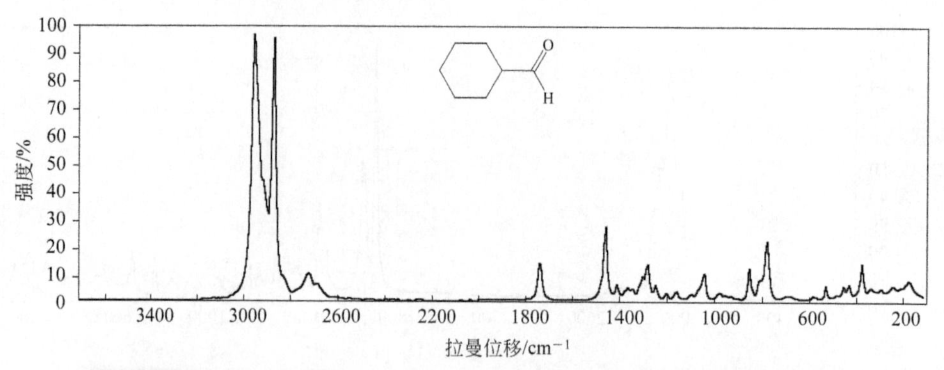

图 12-107 环己基甲醛（cyclohexanecarboxaldehyde，98%，液体）

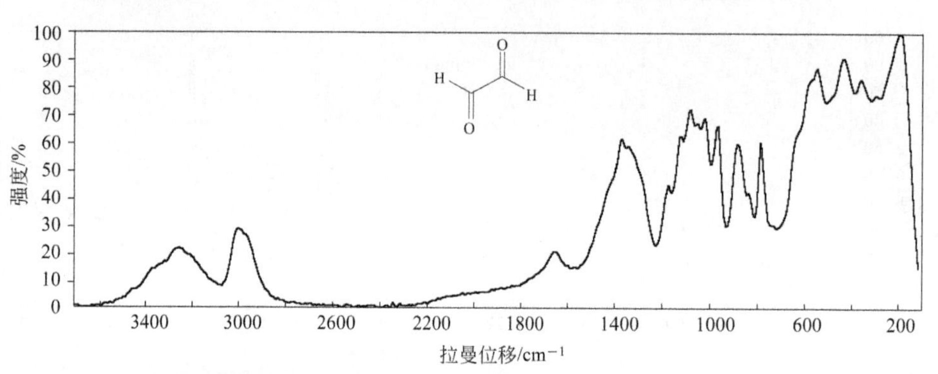

图 12-108 乙二醛［glyoxal，40%（质量分数）水溶液］

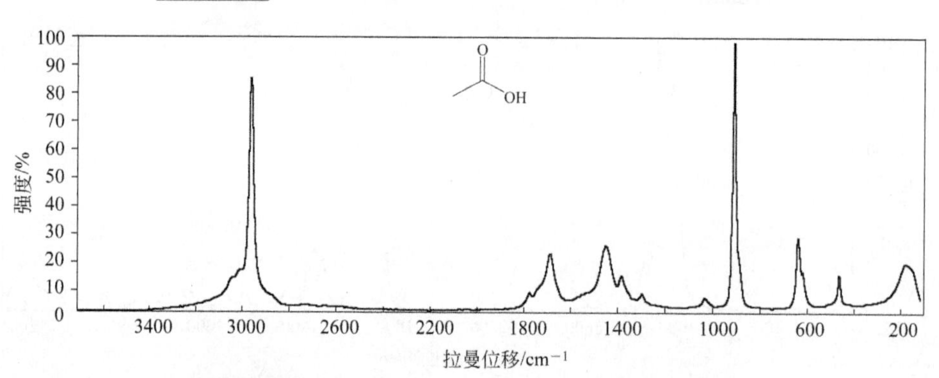

图 12-109 乙酸（acetic acid，99.7+%，液体）

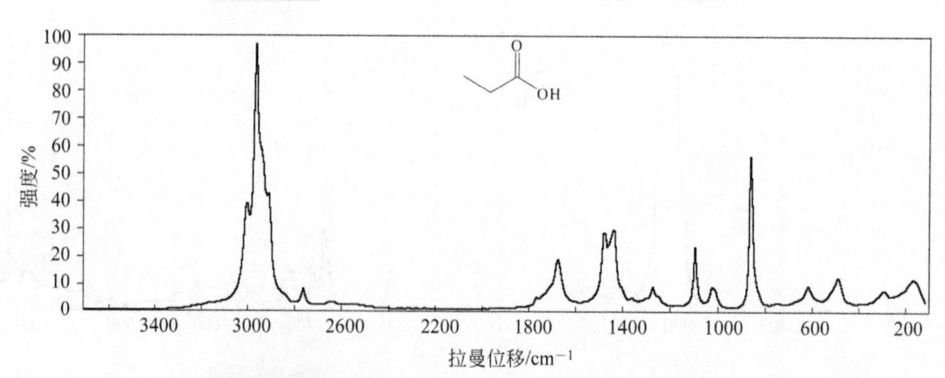

图 12-110 丙酸（propionic acid，99%，液体）

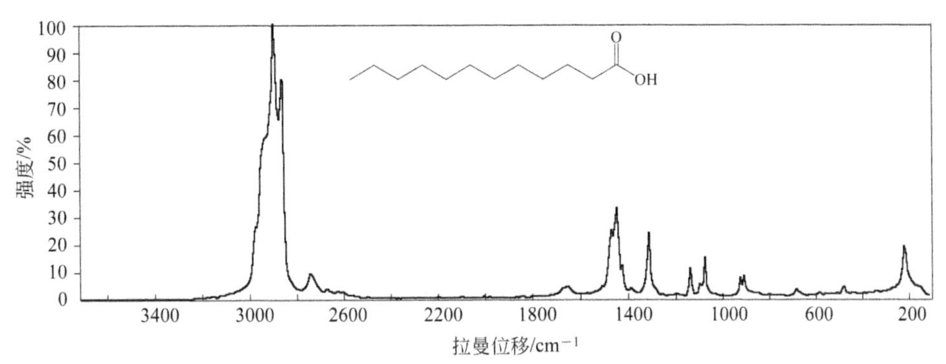

图 12-111　月桂酸（lauric acid，99.5+%，粉末）

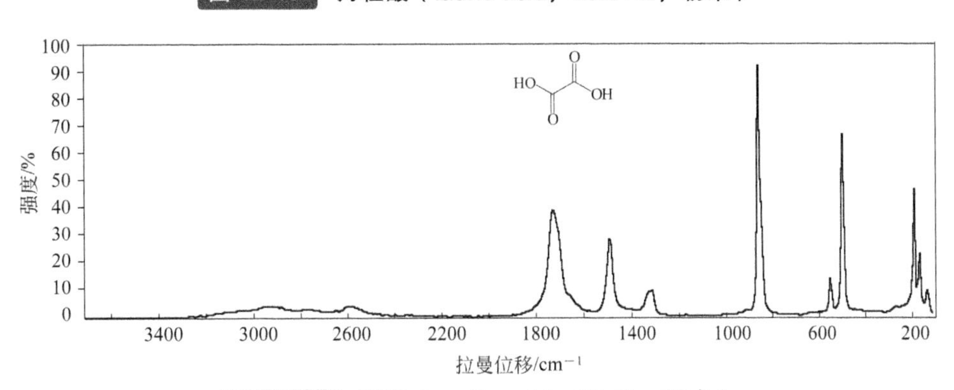

图 12-112　草酸（oxalic acid，99+%，粉末）

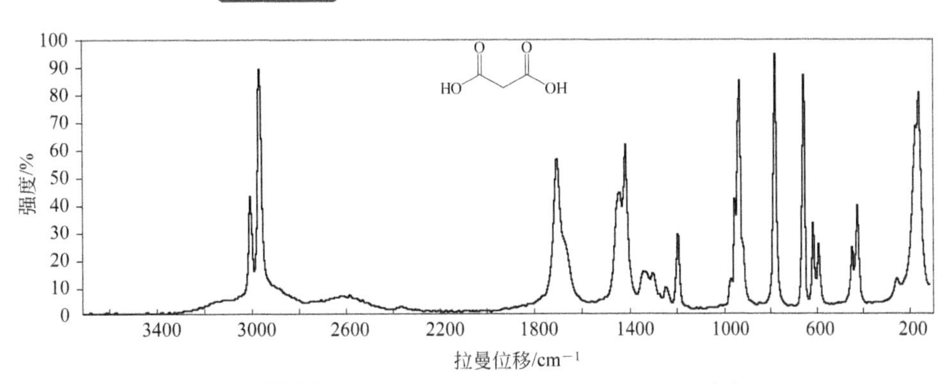

图 12-113　丙二酸（malonic acid，99%，粉末）

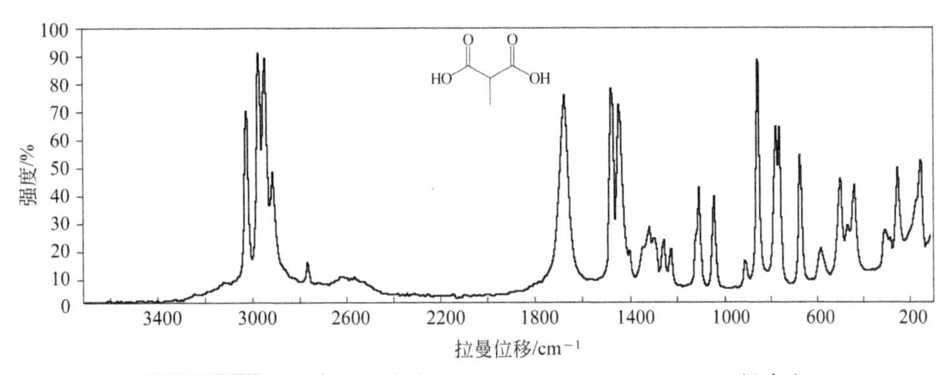

图 12-114　甲基丙二酸（methylmalonic acid，99%，粉末）

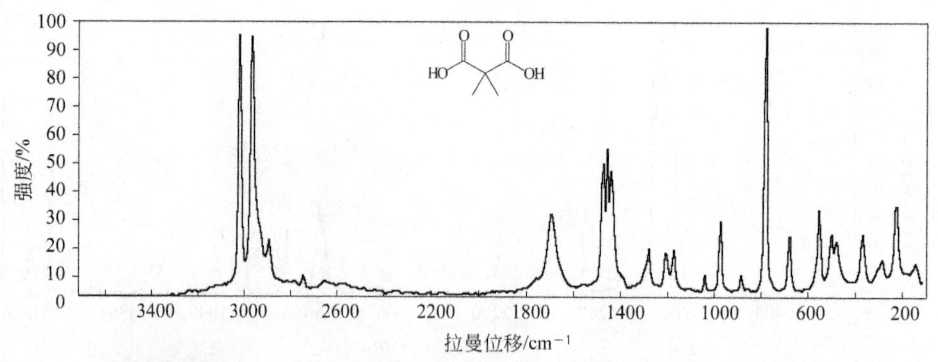

图 12-115 二甲基丙二酸（dimethylmalonic acid，98%，粉末）

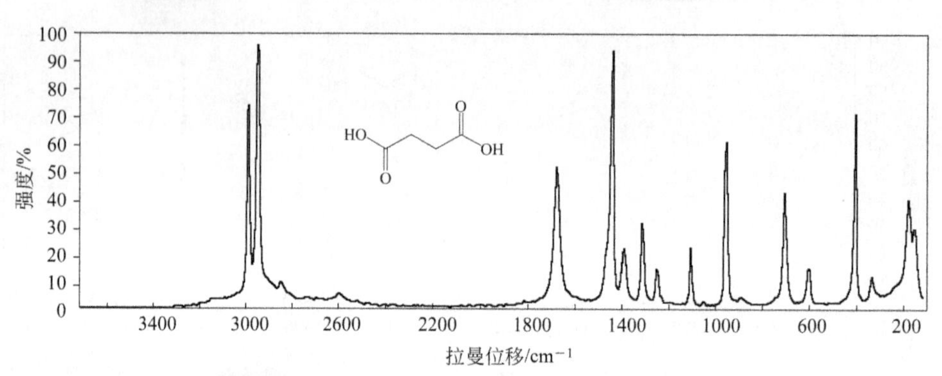

图 12-116 丁二酸（succinic acid，99%，粉末）

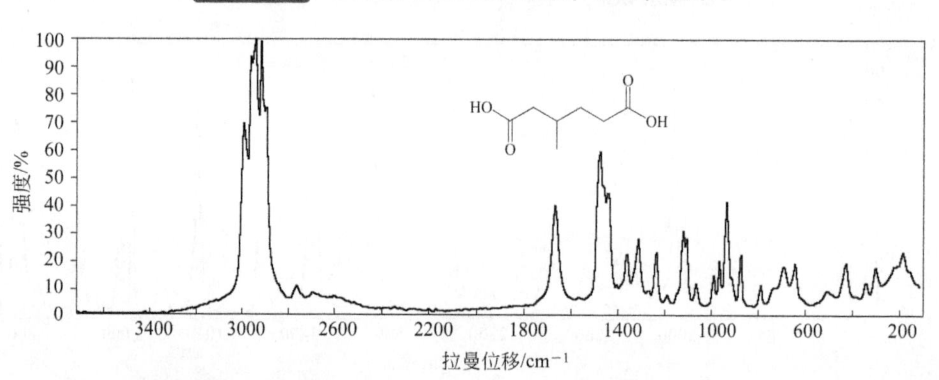

图 12-117 3-甲基己二酸（3-methyladipic acid，99%，粉末）

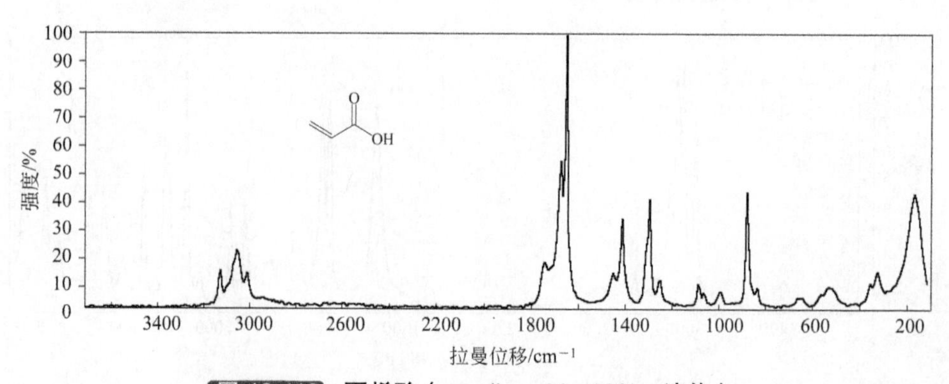

图 12-118 丙烯酸（acrylic acid，99%，液体）

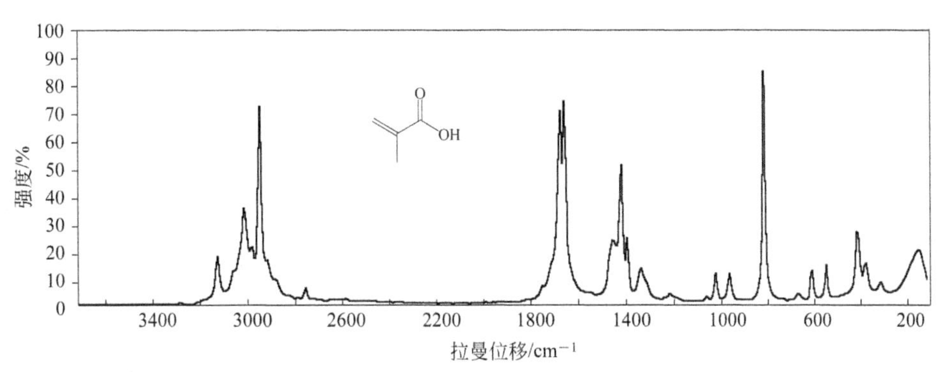

图 12-119　甲基丙烯酸（methacrylic acid，99%，液体）

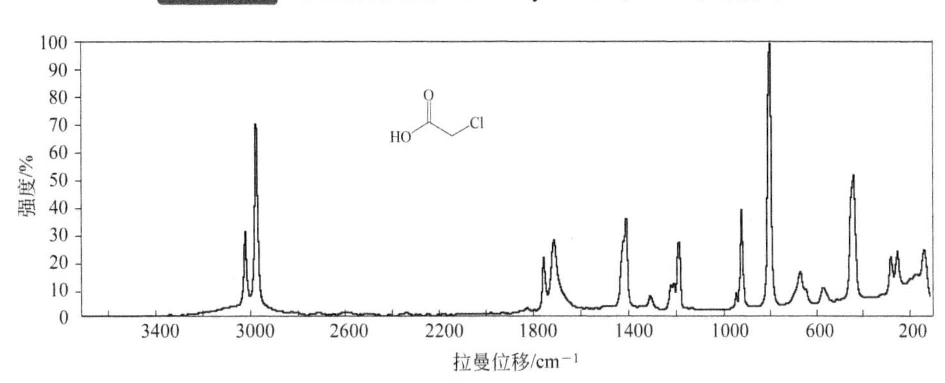

图 12-120　氯乙酸（chloroacetic acid，99+%，粉末）

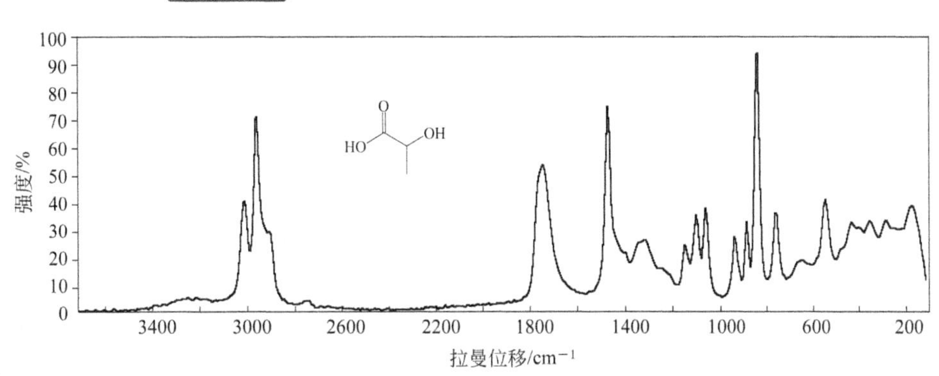

图 12-121　乳酸（lactic acid，85+%，液体）

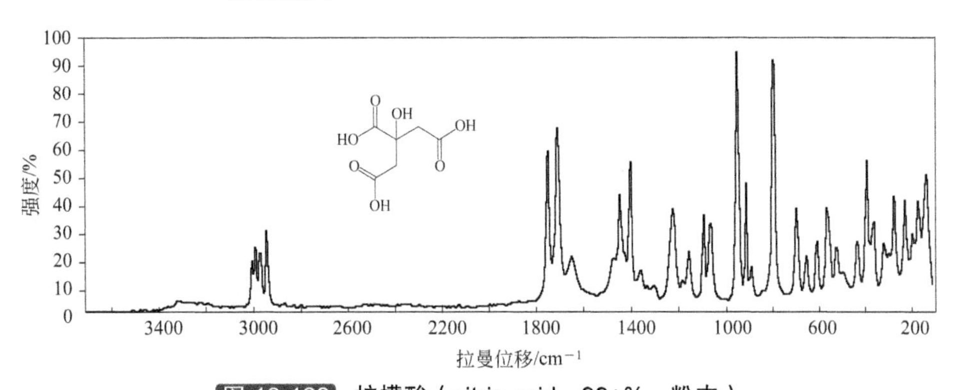

图 12-122　柠檬酸（citric acid，99+%，粉末）

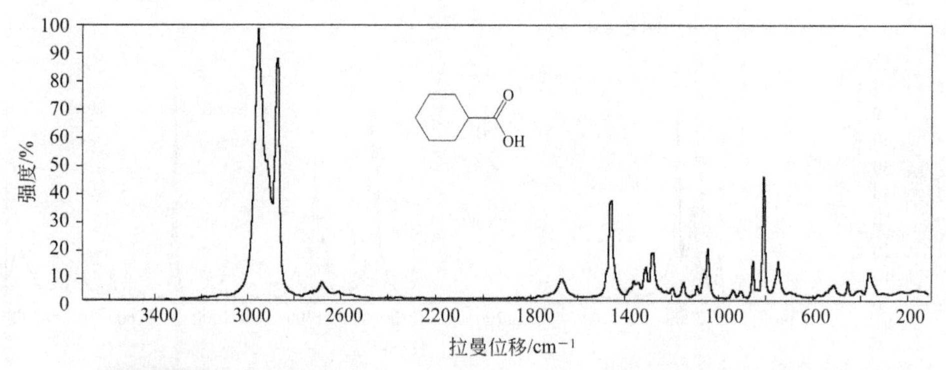

图 12-123 环己基甲酸（cyclohexanecarboxylic acid，98%，粉末）

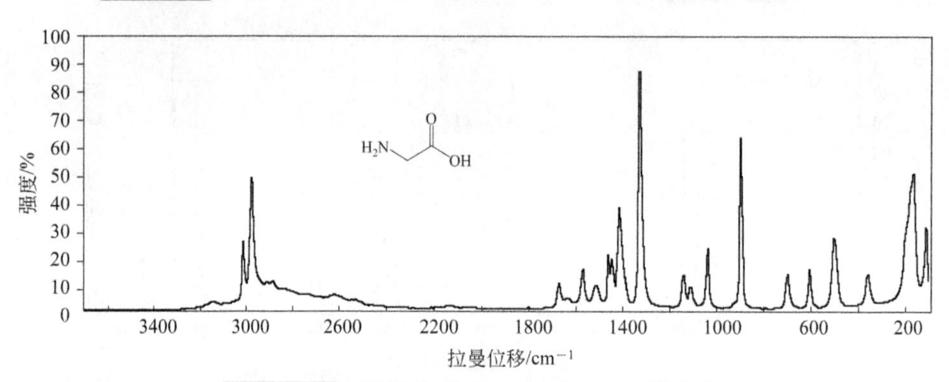

图 12-124 甘氨酸（glycine，99+%，粉末）

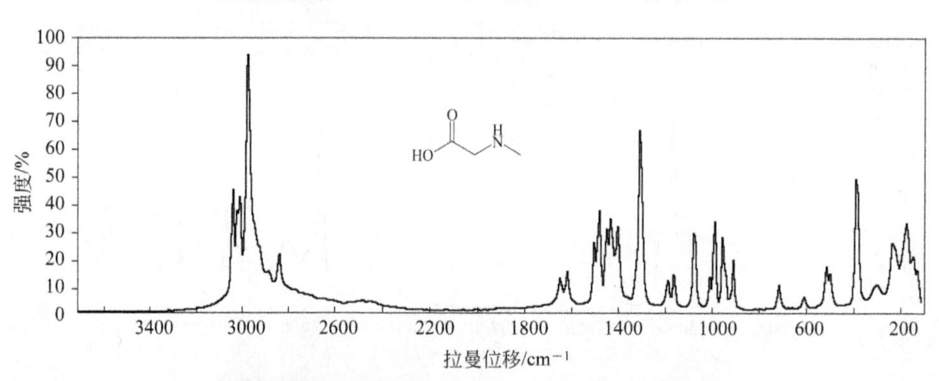

图 12-125 肌氨酸（sarcosine，98%，粉末）

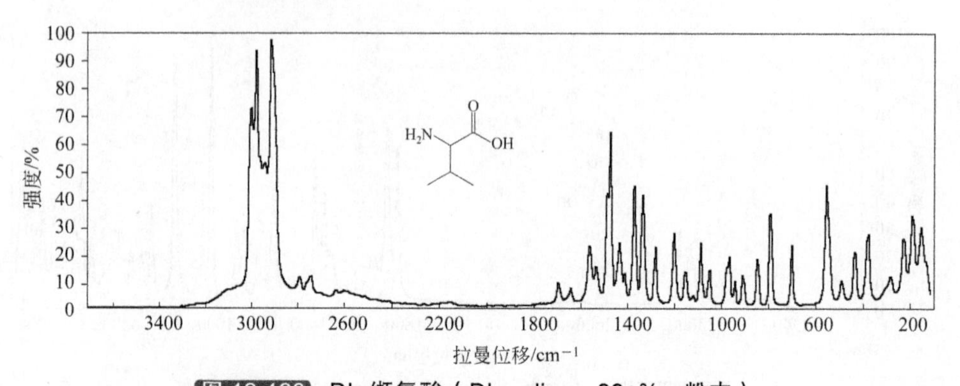

图 12-126 DL-缬氨酸（DL-valine，99+%，粉末）

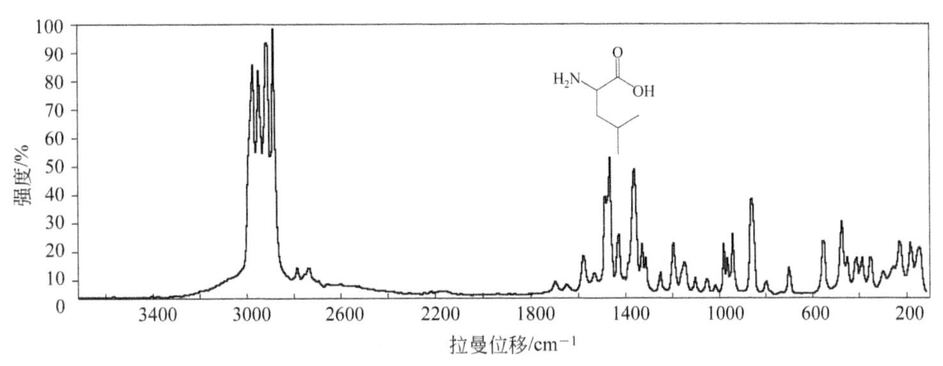

图 12-127 DL-亮氨酸（DL-leucine，99+%，粉末）

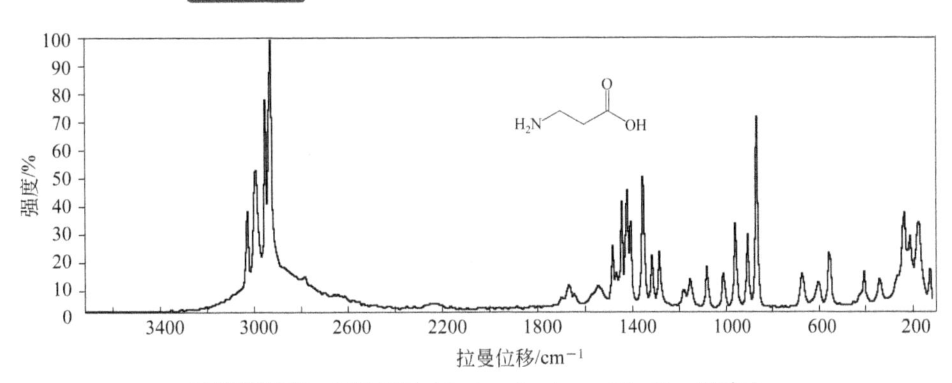

图 12-128 *β*-丙氨酸（beta-alanine，99+%，粉末）

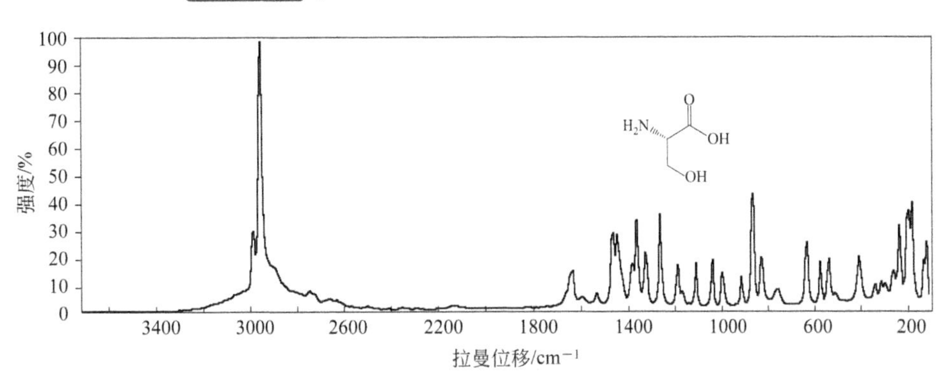

图 12-129 DL-丝氨酸（DL-serine，99%，粉末）

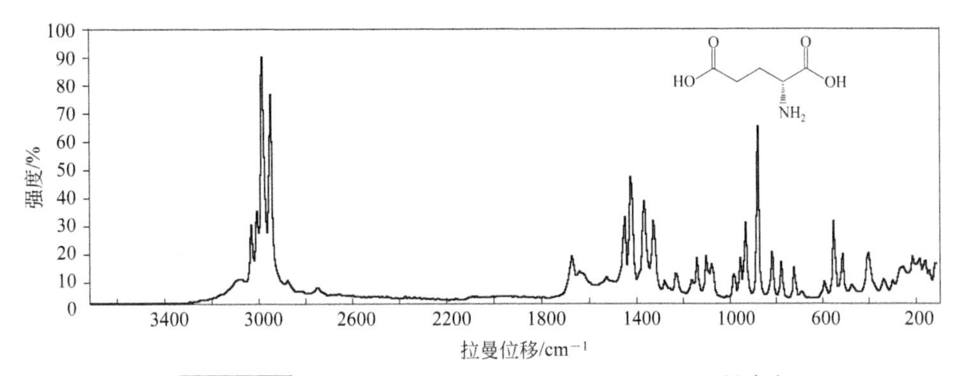

图 12-130 D-谷氨酸（D-glutamic acid，99+%，粉末）

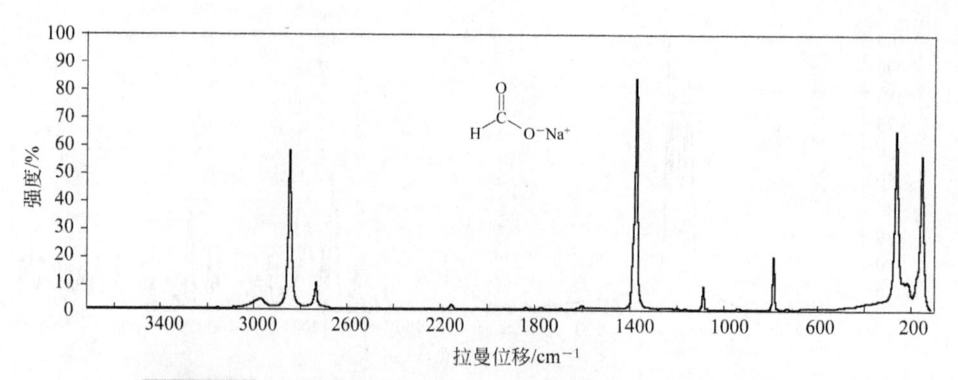

图 12-131 甲酸钠（formic acid,sodium salt，99+%，粉末）

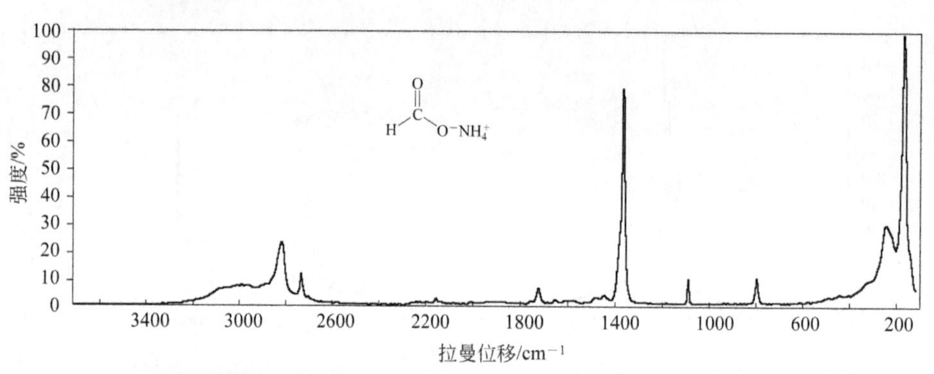

图 12-132 甲酸铵（ammonium formate，97%，粉末）

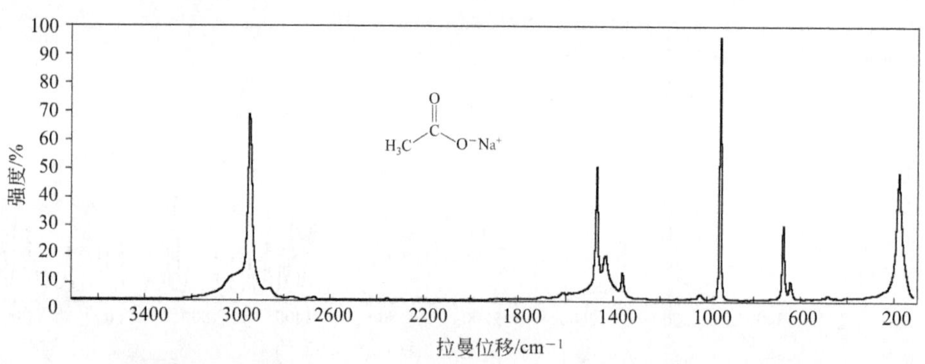

图 12-133 乙酸钠（acetic acid, sodium salt，99.995%，粉末）

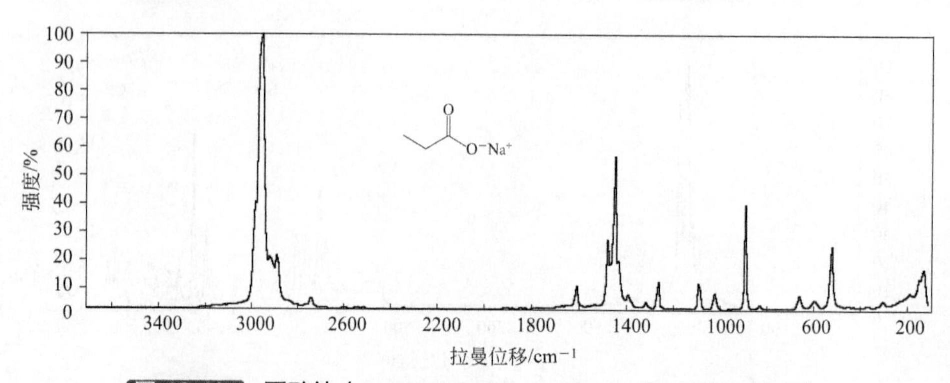

图 12-134 丙酸钠（propionic acid, sodium salt，99%，粉末）

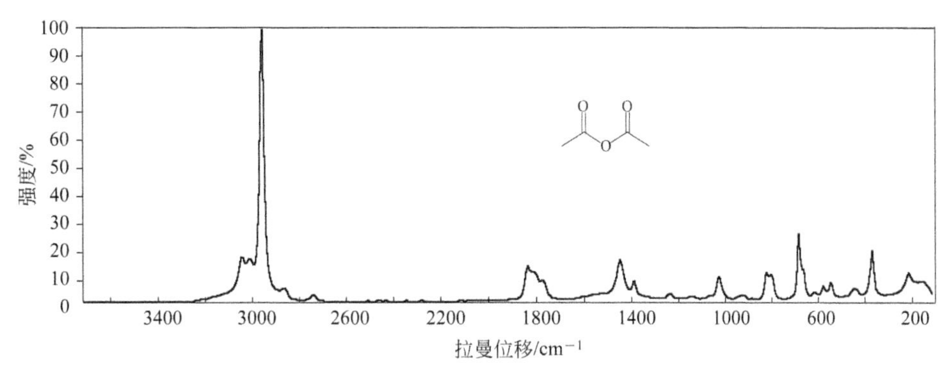

图 12-135　乙酸酐（acetic anhydride，99+%，液体）

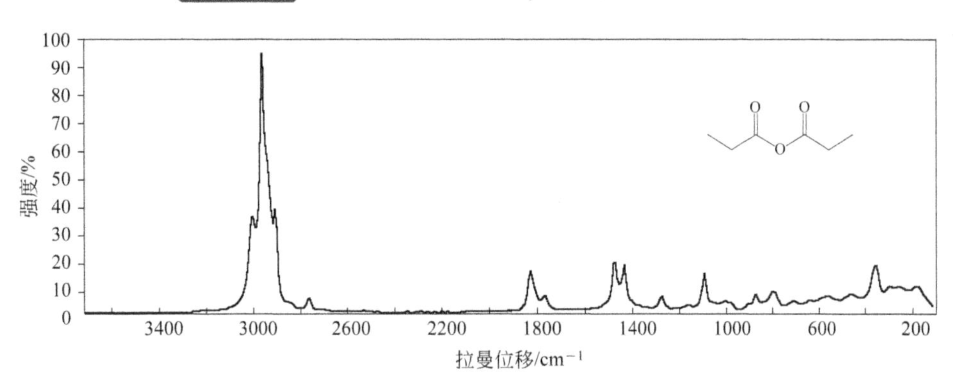

图 12-136　丙酸酐（propionic anhydride，99+%，液体）

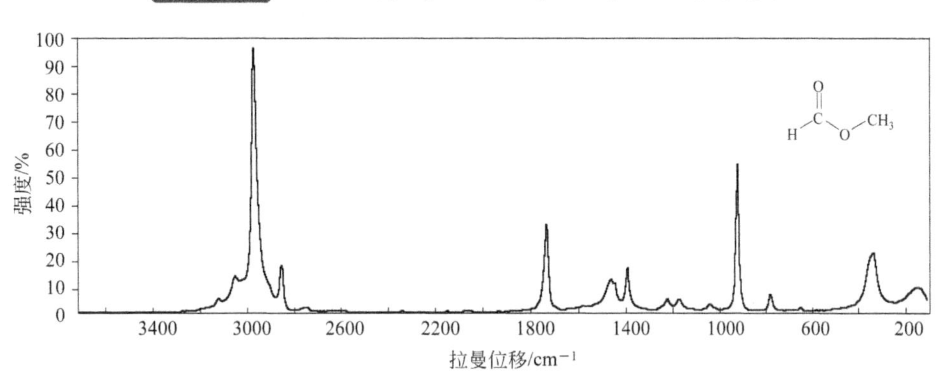

图 12-137　甲酸甲酯（methyl formate，99+%，液体）

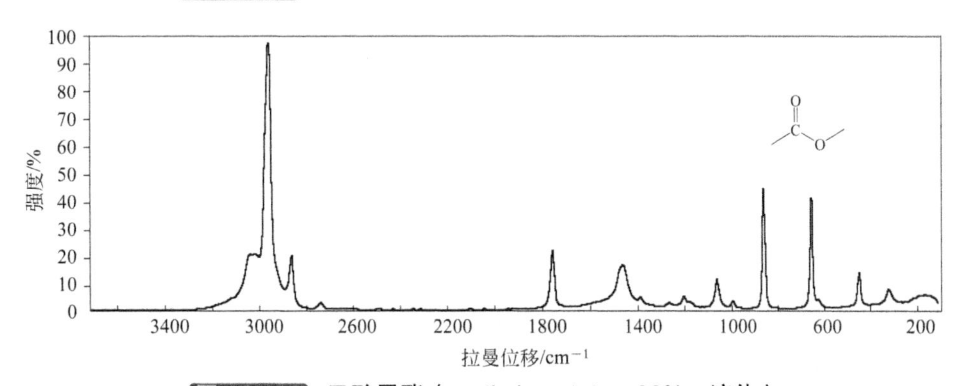

图 12-138　乙酸甲酯（methyl acetate，99%，液体）

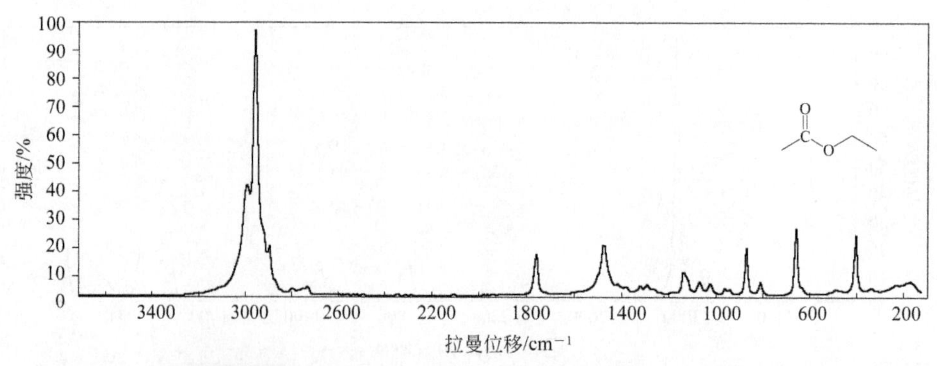

图 12-139 乙酸乙酯（ethyl acetate，99.5+%，液体）

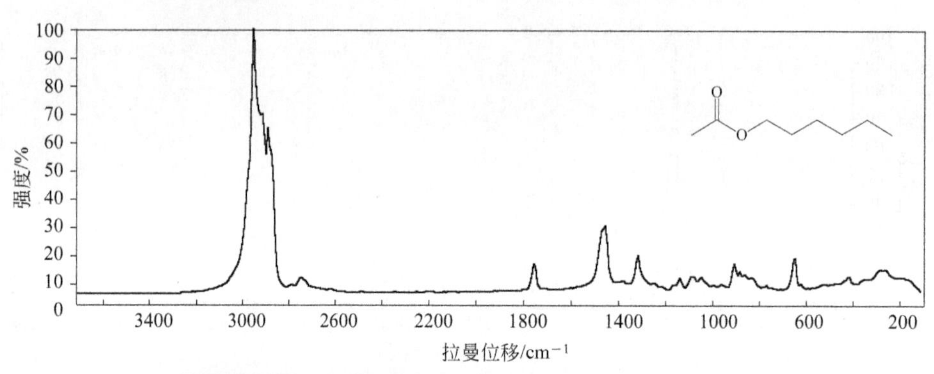

图 12-140 乙酸己酯（hexyl acetate，99%，液体）

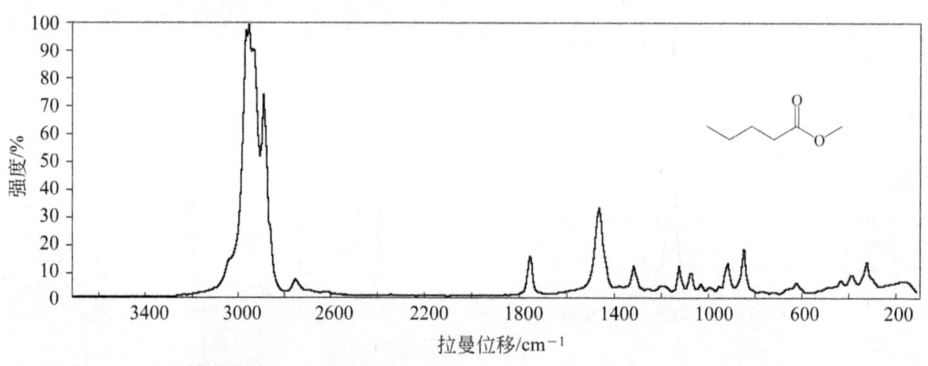

图 12-141 戊酸甲酯（methyl valerate，99%，液体）

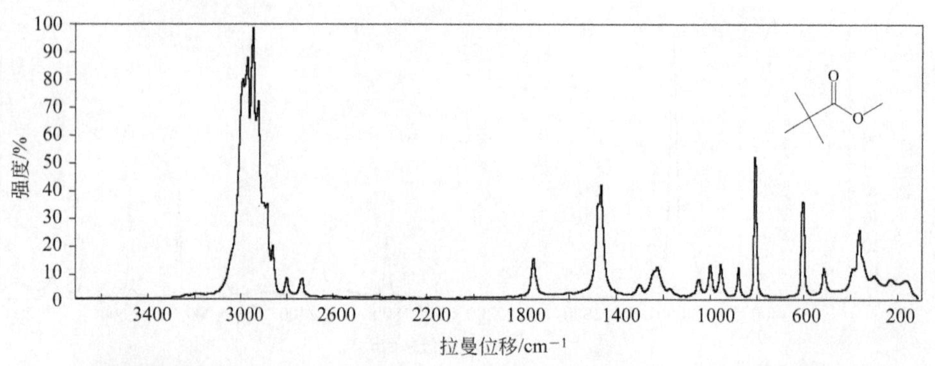

图 12-142 三甲基乙酸甲酯（methyl trimethylacetate，99%，液体）

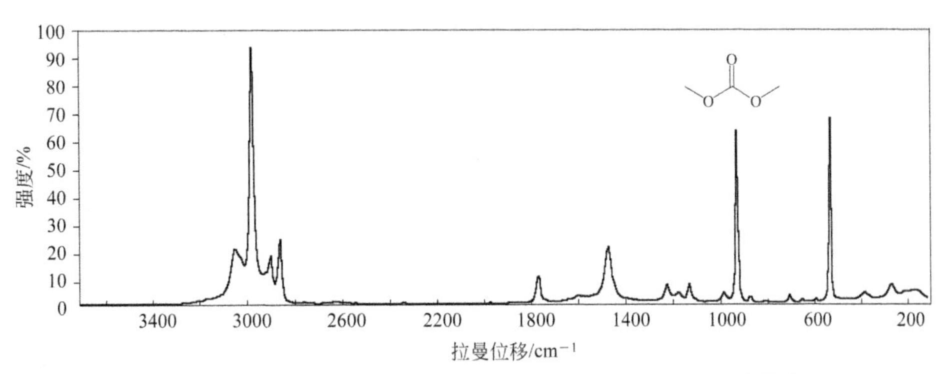

图 12-143 碳酸二甲酯（dimethyl carbonate，99%，液体）

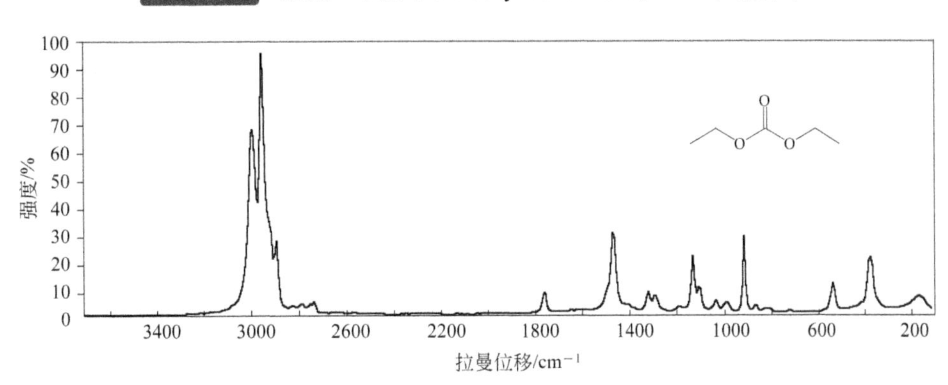

图 12-144 碳酸二乙酯（diethyl carbonate，99+%，液体）

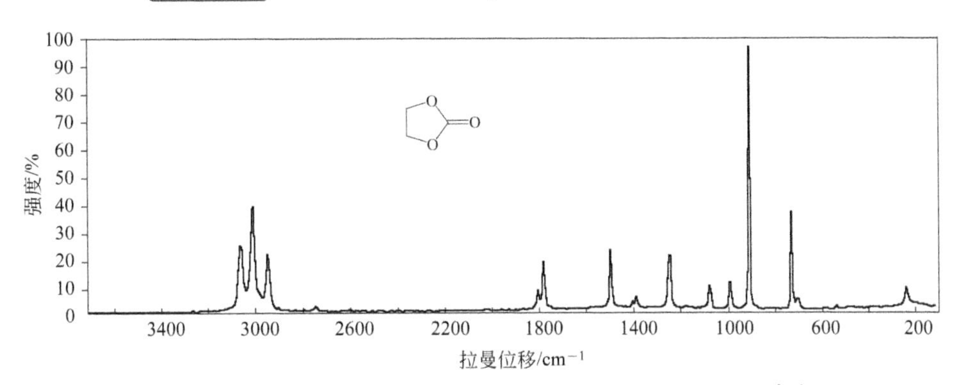

图 12-145 碳酸亚乙酯（ethylene carbonate，98%，粉末）

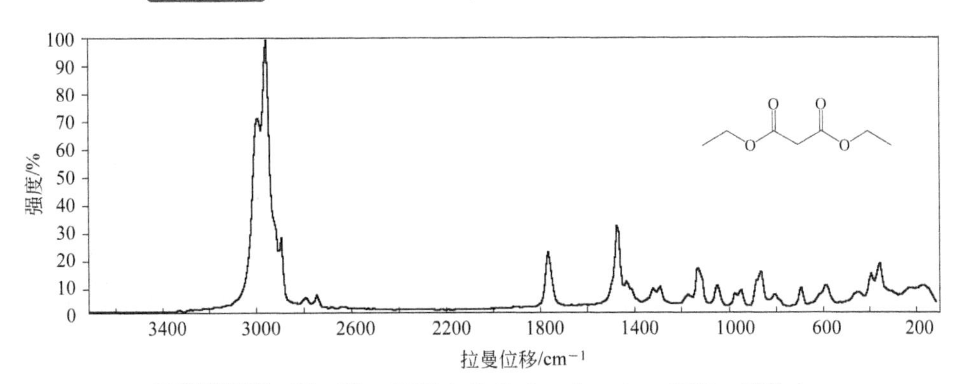

图 12-146 丙二酸二乙酯（diethyl malonate，99%，液体）

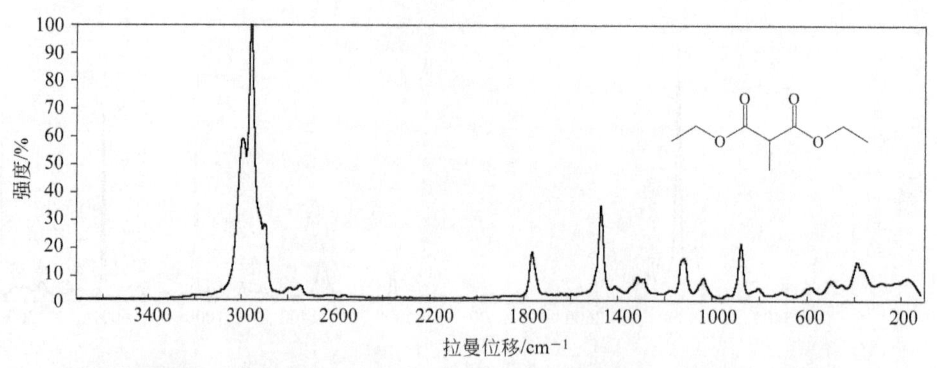

图 12-147 甲基丙二酸二乙酯（diethyl methylmalonate，99%，液体）

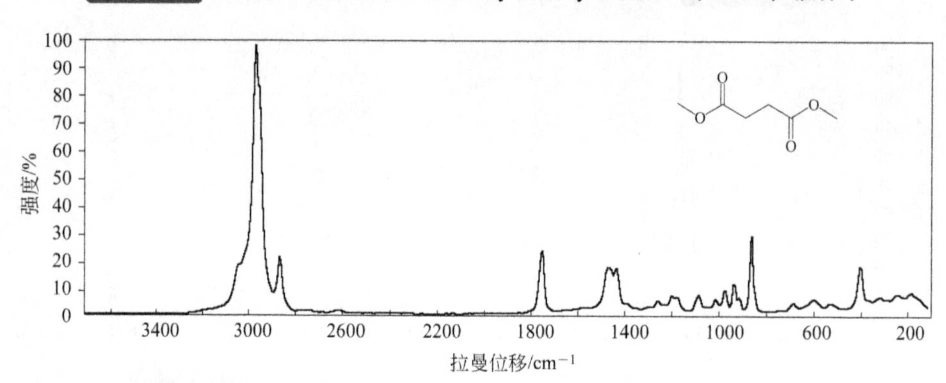

图 12-148 丁二酸二甲酯（dimethyl succinate，99%，液体）

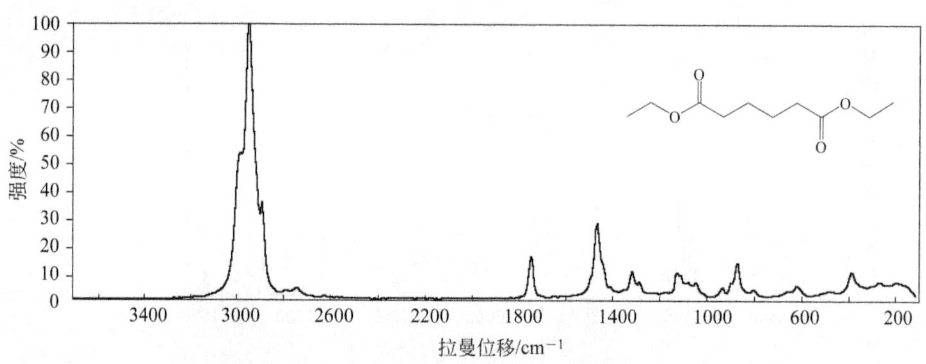

图 12-149 己二酸二乙酯（diethyl adipate，99%，液体）

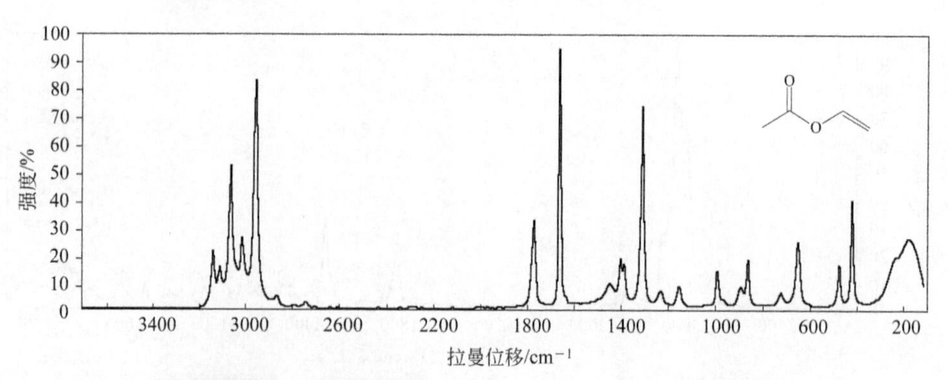

图 12-150 乙酸乙烯酯（vinyl acetate，99+%，液体）

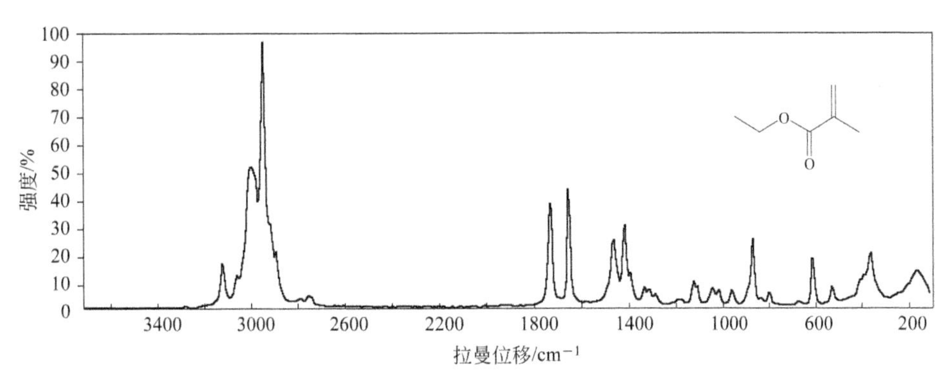

图 12-151 甲基丙烯酸乙酯（ethyl methacrylate，99%，液体）

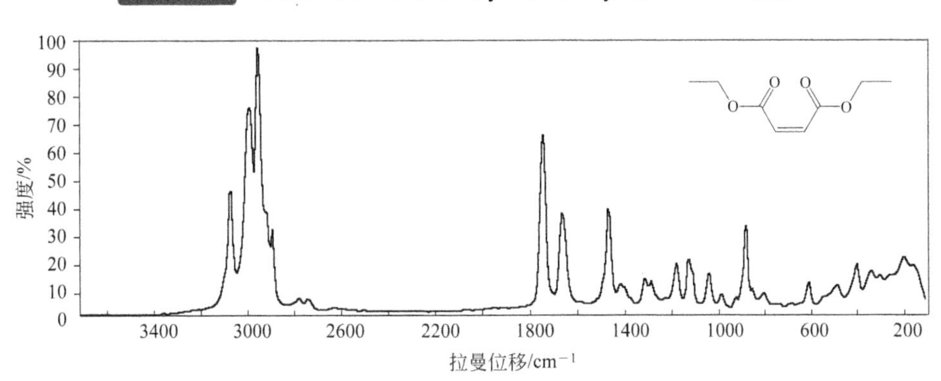

图 12-152 马来酸二乙酯（diethyl maleate，97%，液体）

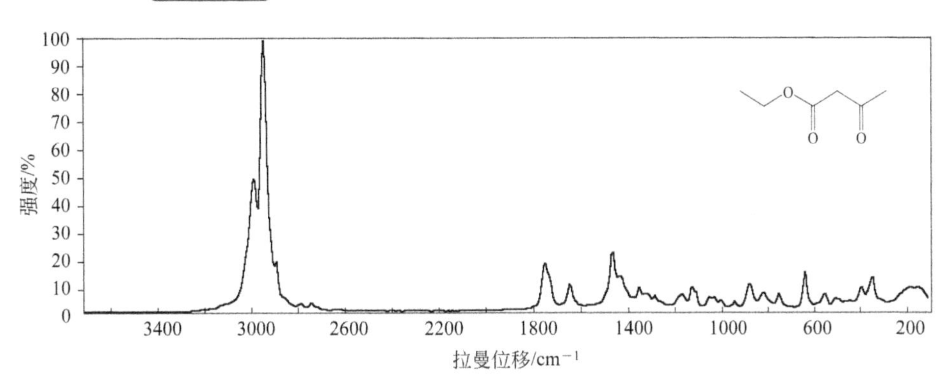

图 12-153 乙酰乙酸乙酯（ethyl acetoacetate，99+%，液体）

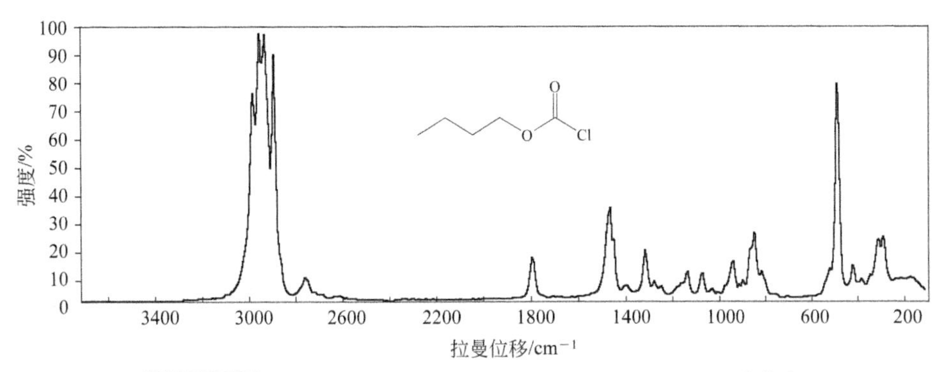

图 12-154 氯甲酸丁酯（butyl chloroformate，98%，液体）

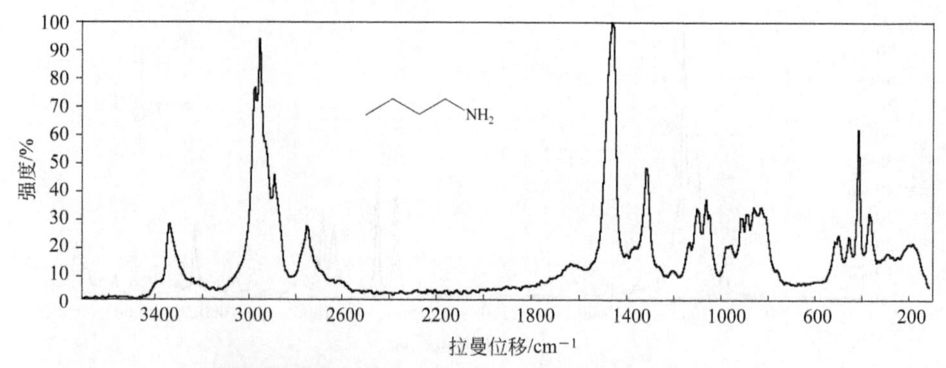

图 12-155 丁胺（butylamine，99+%，液体）

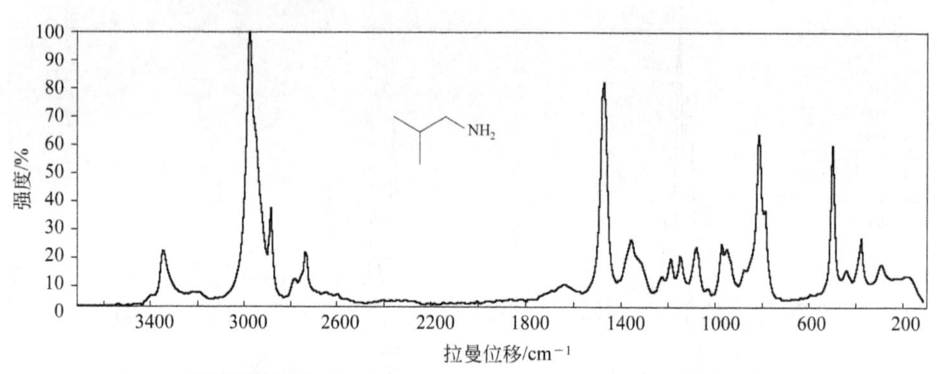

图 12-156 异丁胺（isobutylamine，99%，液体）

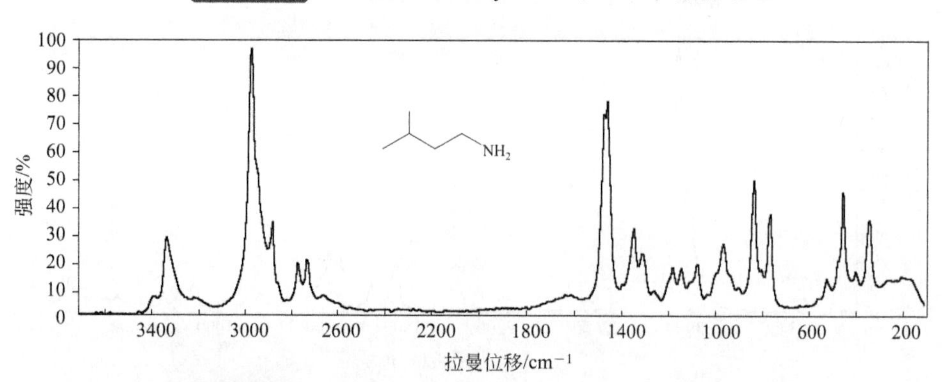

图 12-157 异戊胺（isoamylamine，99%，液体）

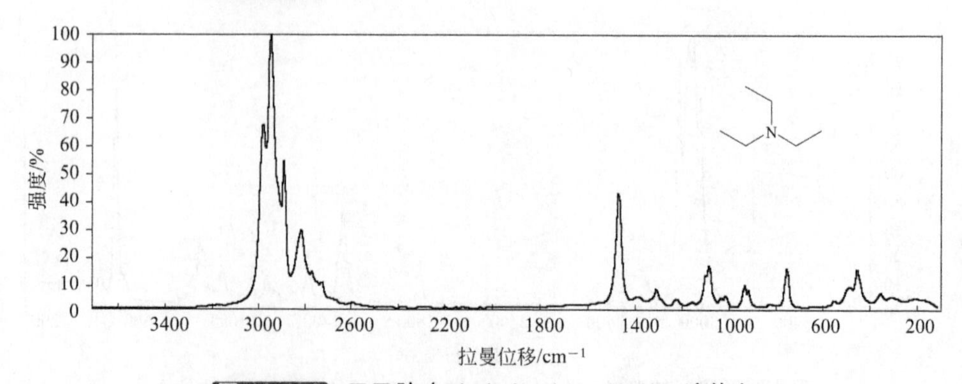

图 12-158 三乙胺（triethylamine，99%，液体）

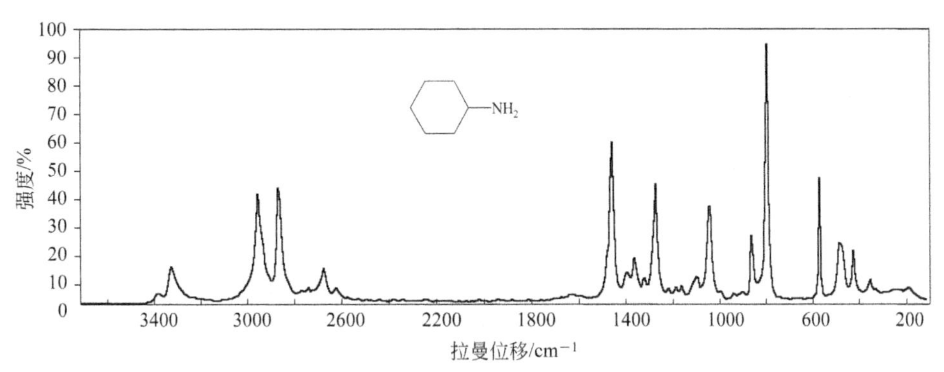

图 12-159 环己胺（cyclohexylamine，99%，液体）

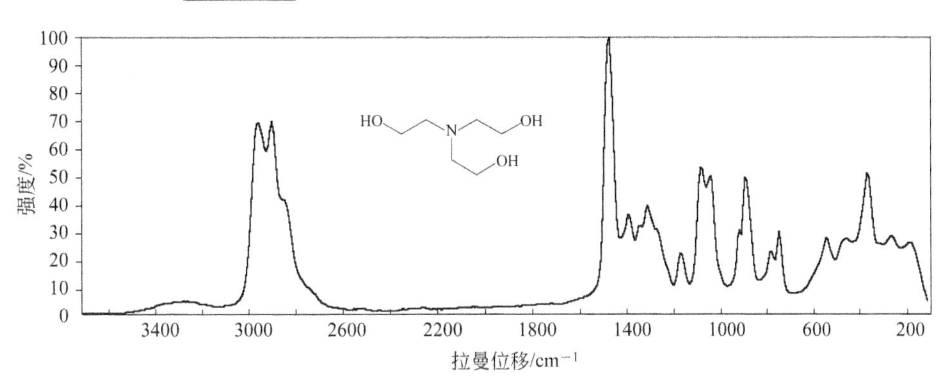

图 12-160 三乙醇胺（triethanolamine，98%，液体）

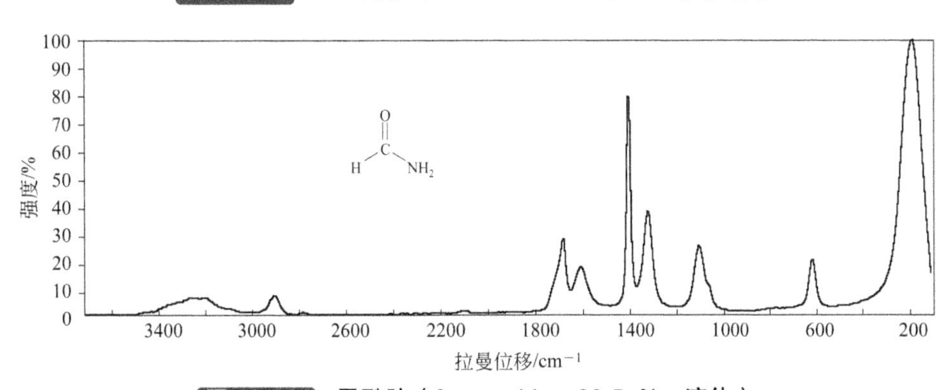

图 12-161 甲酰胺（formamide，99.5+%，液体）

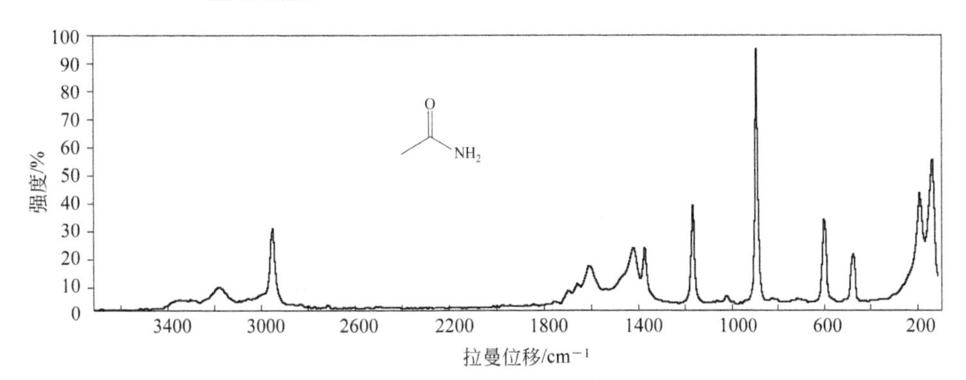

图 12-162 乙酰胺（acetamide，99+%，粉末）

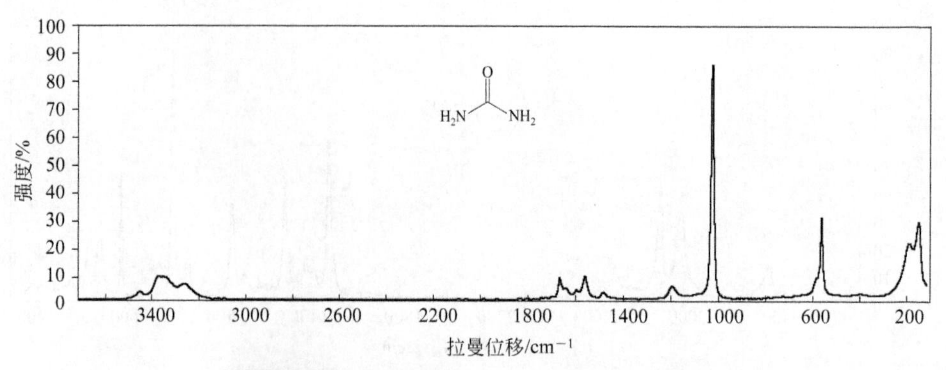

图 12-163 脲（尿素）（urea，99%，粉末）

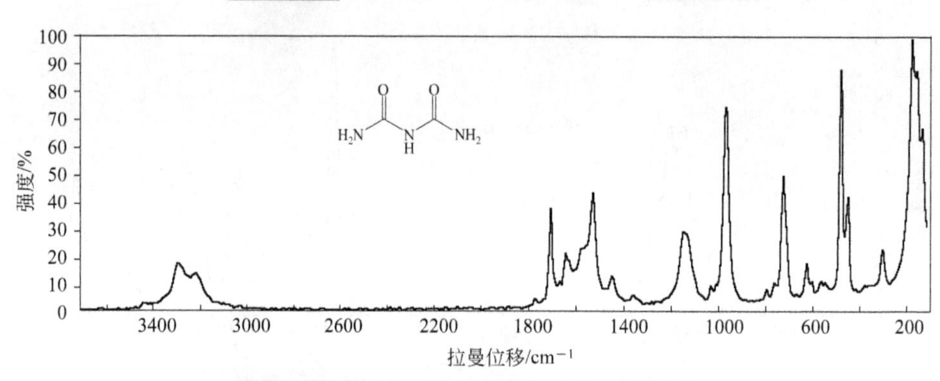

图 12-164 缩二脲（biuret，97%，粉末）

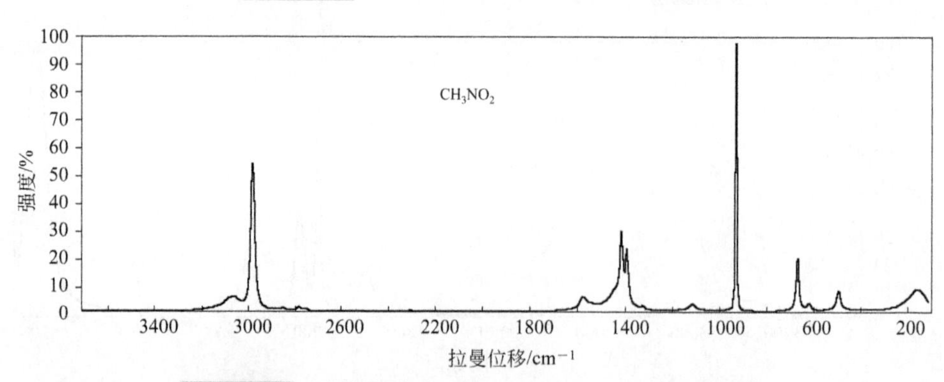

图 12-165 硝基甲烷（nitromethane，99+%，液体）

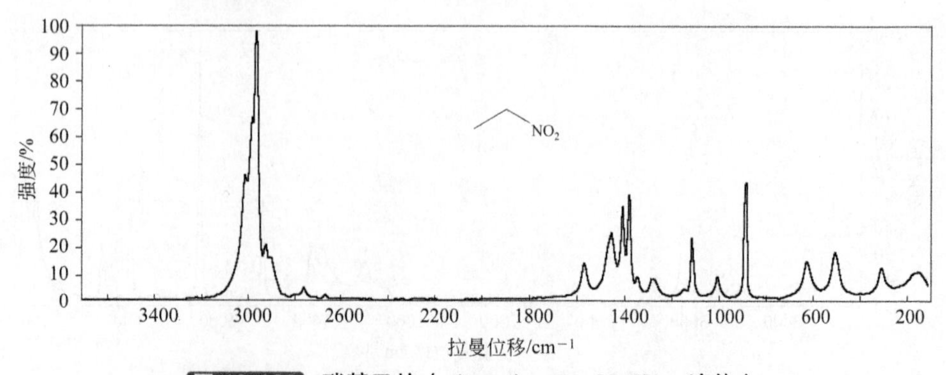

图 12-166 硝基乙烷（nitroethane，99.5%，液体）

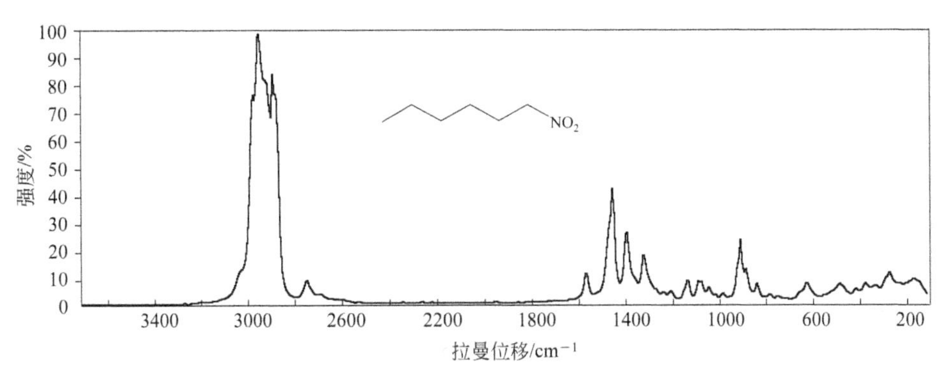

图 12-167 1-硝基己烷（1-nitrohexane，98%，液体）

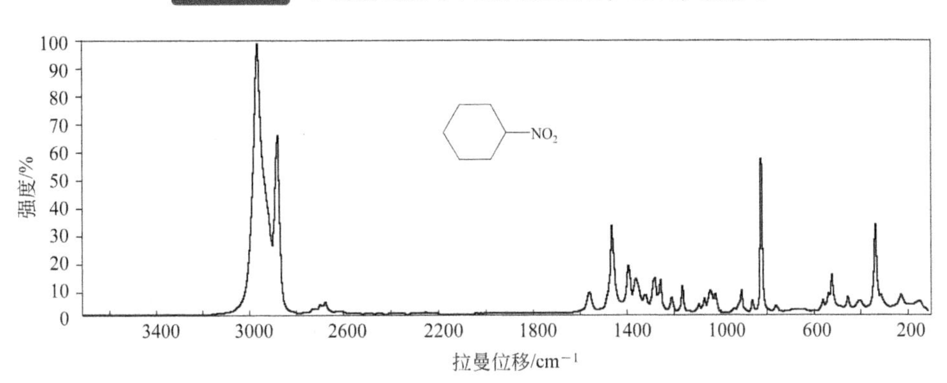

图 12-168 硝基环己烷（nitrocyclohexane，97%，液体）

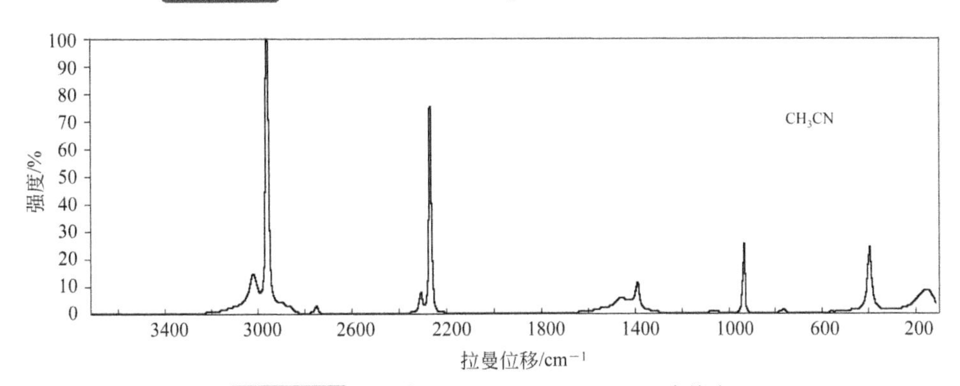

图 12-169 乙腈（acetonitrile，99%，液体）

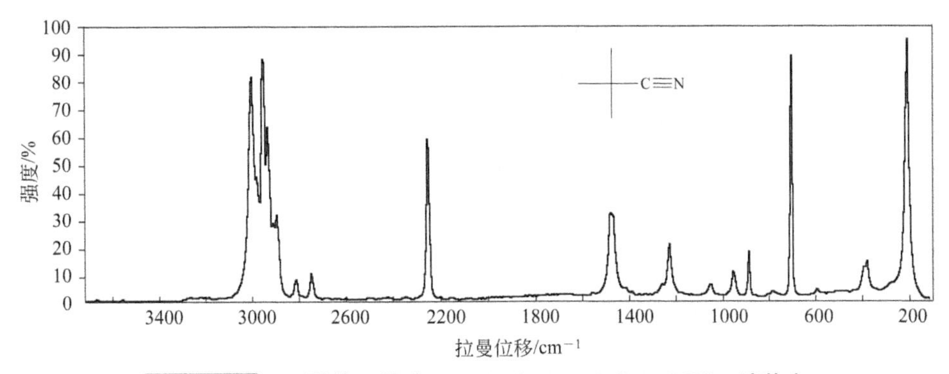

图 12-170 三甲基乙腈（trimethylacetonitrile，98%，液体）

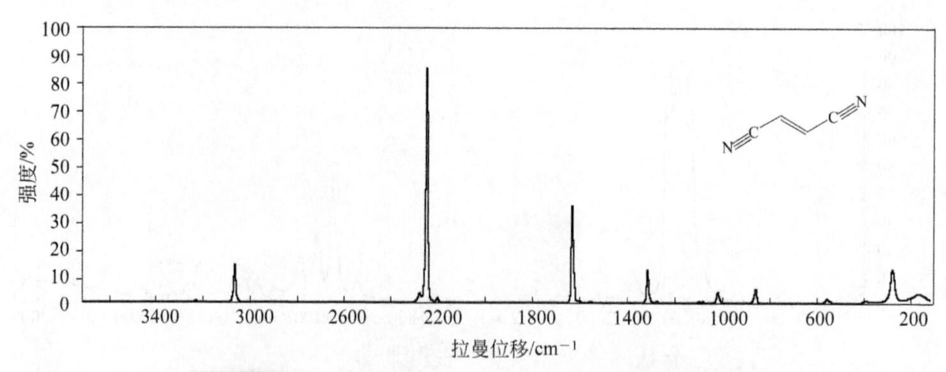

图 12-171 富马二腈（fumaronitrile，98%，粉末）

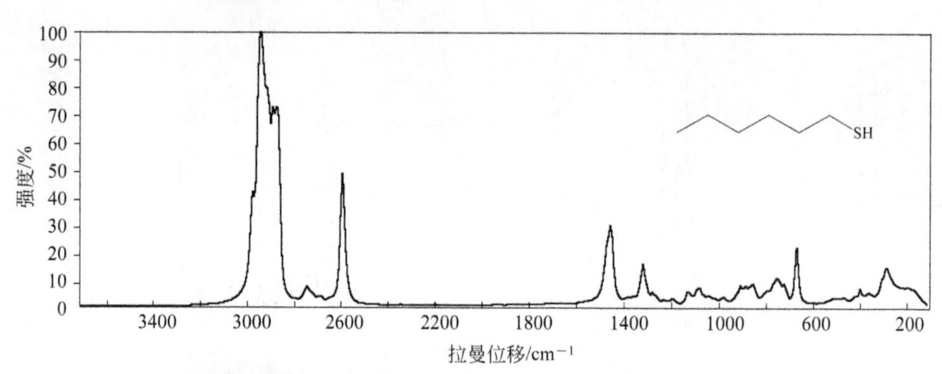

图 12-172 1-己硫醇（1-hexanethiol，95%，液体）

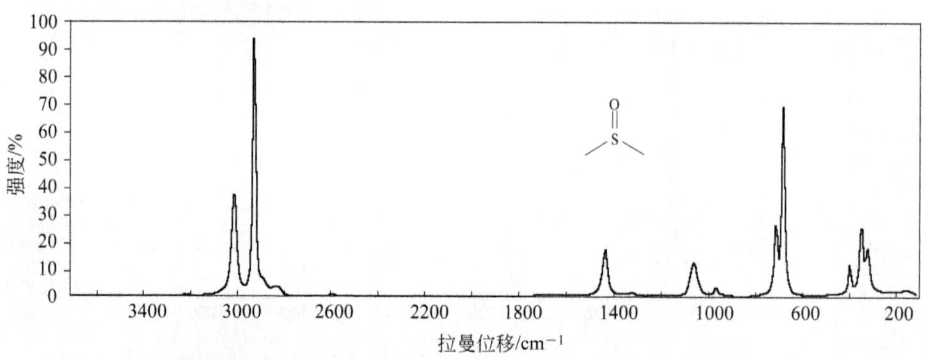

图 12-173 二甲亚砜（methyl sulfoxide，99.9%，液体）

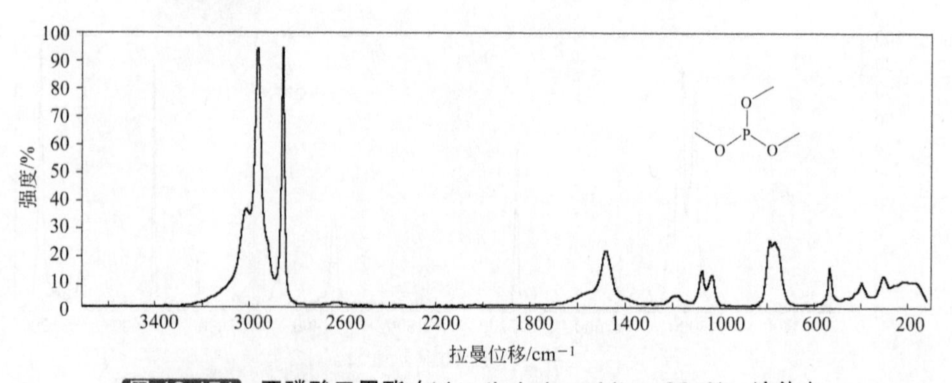

图 12-174 亚磷酸三甲酯（trimethyl phosphite，99+%，液体）

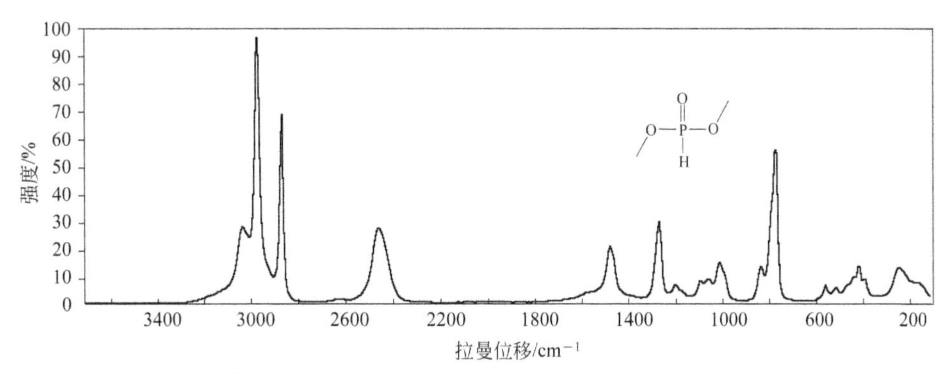

图 12-175　亚磷酸二甲酯（dimethyl phosphite，98%，液体）

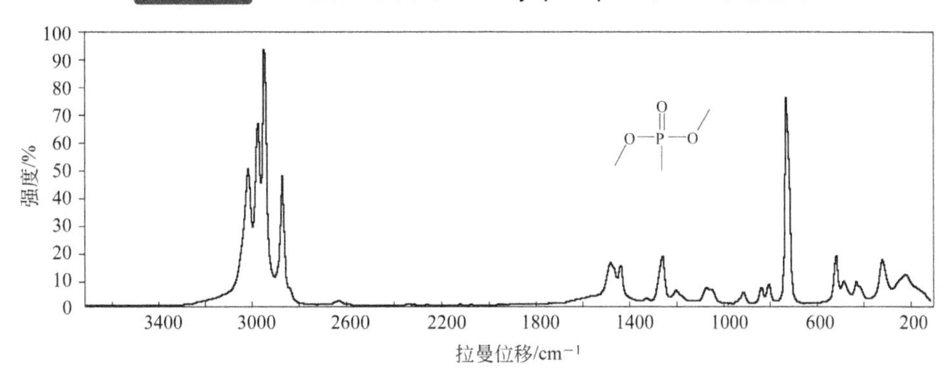

图 12-176　甲基膦酸二甲酯（dimethyl methylphosphonate，97%，液体）

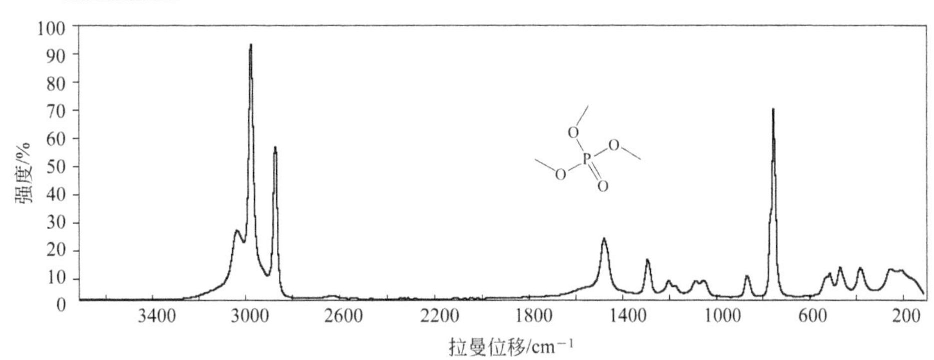

图 12-177　磷酸三甲酯（trimethyl phosphate，97%，液体）

第八节　拉曼光谱法的应用

拉曼光谱法在天然产物与药物分析中的应用见表 12-30；在临床医学领域的应用见表 12-31；在宝石、化石、古董及文物分析中的应用见表 12-32；在石油化工、聚合物及纤维分析中的应用见表 12-33；在食品及农业分析中的应用见表 12-34。

表 12-30　拉曼光谱法在天然产物与药物分析中的应用

测量对象	测量方式	分析指标	分析结果	参考文献
麻黄	TLC-FT-Raman	去甲基麻黄碱的分离与指纹鉴定	在 TLC 分离斑点，原位获得草药麻黄中去甲基麻黄碱的指纹光谱	1
麻黄生物碱	TLC-FT-Raman	去甲基与去甲基伪麻黄碱的鉴别	该技术可对麻黄生物碱中一对关于手性碳的光学异构体进行分离与鉴定	2

续表

测量对象	测量方式	分析指标	分析结果	参考文献
肉桂、天麻	近红外 FT-Raman	肉桂、天麻及伪品鉴别	三者的拉曼谱存在明显差异，据此可鉴别	3
肉桂	FT-Raman	肉桂与阴香的鉴别	肉桂与阴香均有各自的特征峰，可鉴别	4
黄芩	FT-Raman	不同种植方式的鉴别	由特征频率与强度鉴别不同的种植方式	5
大黄	FT-Raman	真伪鉴别	正品与伪品大黄特征峰不同，据此可区分	6
草乌	FT-Raman	生、熟草乌分析	生、熟草乌的拉曼光谱有所不同	7
八角茴香	近红外 FT-Raman	鉴别八角茴香和伪品莽草、红茴香	八角茴香和伪品莽草、红茴香的拉曼谱均有各自的特征峰，很容易区分	8
吴茱萸	TLC-FT-Raman	生物碱的分离与鉴定	可获得吴茱萸中六种生物碱的指纹光谱	9
大高良姜	Raman 和 IR 法	生物活性成分鉴定	活性成分为 1′-乙酰氧基胡椒酚乙酸酯	10
灵芝	激光拉曼光谱法	灵芝特性的表征	对不同地区的灵芝进行了光谱表征比较	11
山药	近红外 FT-Raman	山药 FT-Raman 谱分析	其拉曼谱中 477cm^{-1}、863cm^{-1} 和 936cm^{-1} 等较强特征峰，归属为蛋白质、氨基酸等	12
芭蕉根	拉曼光谱法	真伪鉴别	芭蕉根及混淆品有各自的特征峰，可鉴别	13
红菇担孢子	光镊 Raman 技术	主要成分分析	红菇担孢子的主要成分是脂类物质	14
火菇素	显微共焦 Raman	火菇素蛋白结构分析	火菇素蛋白二级结构中含有较多的β-折叠和 α-螺旋，而无规则卷曲含量较少	15
茶氨酸	显微共焦 Raman	茶氨酸的拉曼谱分析	得到 L-茶氨酸的拉曼谱图，进行了解析	16
连翘苷	拉曼光谱法	连翘苷含量	回收率均在 100.04%～101.30%之间	17
	共焦显微和普通拉曼光谱法	两种方法测定连翘苷的比较	前者用于连翘苷的定性分析比后者有明显优势，可用于中药有效成分鉴别	18
黄芩素和黄芩苷	表面增强 Raman	两者与人血清白蛋白相互作用的研究	考察了结合上人血清白蛋白后不同浓度黄芩素和黄芩苷的吸附方式差别	19
白术煎剂	表面增强 Raman	煎剂的拉曼光谱分析	对白术煎剂的拉曼光谱进行了谱峰归属	20
党参煎剂	表面增强 Raman	煎剂的拉曼光谱分析	对煎剂表面增强拉曼谱进行了谱峰归属	21
壮阳类中药	显微共聚 Raman	非法添加成分鉴别	检出非法添加的西地那非及他达那非	22
降糖中药	显微共聚 Raman	非法添加化学降糖药	检出降糖中药非法添加的盐酸二甲双胍	23
灯盏花素固体分散体	拉曼光谱法等	灯盏花素固体分散体的分散特性	表明灯盏花素以分子状态包埋在乙基纤维素的网状骨架中	24
黄芩苷固体分散体	显微共焦 Raman	黄芩苷固体分散体的分散特性	表明药物在固体分散体中以无定形态存在，其结晶态消失	25
中成药三黄片	TLC-近红 Raman	有效成分小檗碱检测	建立了小檗碱分离与高灵敏指纹检测法	26

续表

测量对象	测量方式	分析指标	分析结果	参考文献
中药注射剂	拉曼光谱法	中药注射剂的鉴定	鉴定了灯盏花素注射剂和红花注射剂	27
复方鹿仙草颗粒	拉曼光谱法	鹿仙草溶液对肝癌细胞的作用	加入鹿仙草后细胞的许多峰发生变化，表明两者发生了作用，随浓度增加作用增强	28
胆舒软胶囊	Raman 和 IR 法	薄荷素油含量及胆舒软胶囊真伪鉴别	该法可测定胆舒软胶囊中薄荷素油含量，并可快速鉴别胆舒软胶囊的真伪	29
盐酸丁咯地尔	显微 Raman 技术	盐酸丁咯地尔的热降解历程	热降解分两个阶段：第一阶段脱盐酸、脱羧裂解；第二阶段苯环骨架完全氧化裂解	30
盐酸林可霉素	FT-Raman	晶形鉴别	该法可鉴别盐酸林可霉素两种晶形	31
盐酸左氧氟沙星注射液	拉曼光谱技术	快速鉴别和含量测定	可以鉴别氧氟沙星消旋体和左氧氟沙星，并可测定盐酸左氧氟沙星注射液含量	32
抗血管药物沙利度胺	激光共焦 Raman	该药物对鸡胚血管作用的拉曼光谱研究	用药后，某些特征峰强度发生了变化，可能是某些生物分子结构或含量改变所致	33
磺胺类药物	拉曼光谱法	成分识别	该类药物各成分特征性强，可准确区分	34
恩诺沙星	共焦显微激光 Raman 技术	恩诺沙星拉曼谱解析	测得恩诺沙星的拉曼光谱，对其特征峰的归属信息可作为恩诺沙星定性鉴别依据	35
恩诺沙星固体分散体	显微共焦 Raman	恩诺沙星固体分散体的分散特性	结果表明，恩诺沙星与 PEG6000 之间存在氢键效应，并高度分散在 PEG6000 中	36
氯霉素包合物	拉曼光谱法	氯霉素包合物的拉曼光谱研究	氯霉素的苯环和二氯乙酰胺基通过氢键作用，被包裹在 β-环糊精的空穴结构中	37
阿莫西林	表面增强 Raman	阿莫西林及其与 DNA 的相互作用	归属了各个振动峰位和增强峰位，研究了阿莫西林与 DNA 相互作用的机制	38
头孢菌素类药品	拉曼光谱法	头孢菌素类药品识别	对照谱库识别制剂中的主成分，以制剂全谱识别作补充，可以对相应制剂准确识别	39
利巴韦林注射液	拉曼光谱法	鉴别利巴韦林注射液和测定其含量	拉曼光谱方法可以快速鉴别利巴韦林注射液，并可进行含量测定	40
曲古菌素 A	拉曼光谱法	药作用宫颈癌细胞后拉曼光谱的变化	该药作用后癌细胞的谱带都发生一定改变，变化规律与用药的剂量存在一定关系	41
解热镇痛类药品	拉曼光谱法	该类药的主成分识别	表明原料药均可准确识别，制剂中主成分的准确识别率达到 82%	42
阿司匹林固体分散体	拉曼光谱法	阿司匹林固体分散体的分散性	检测结果与红外光谱法和 X 射线衍射法的测定结果一致	43
双苯氟嗪盐酸盐和苯甲酸	拉曼光谱法等	共晶制备和谱学分析	表明双苯氟嗪盐酸盐与苯甲酸之间形成共晶分子，两种分子之间有氢键形成	44
对乙酰氨基酚包合物	拉曼光谱法	包合物的形成及机制	拉曼谱证明，对乙酰氨基酚以氢键作用嵌入 β-环糊精的疏水空腔形成包合物	45
对乙酰氨基酚固体分散体	显微共焦 Raman	对乙酰氨基酚固体分散体的分散性	对乙酰氨基酚与 PEG 6000 存在氢键效应，并高度分散在 PEG 6000 中	46

续表

测量对象	测量方式	分析指标	分析结果	参考文献
布洛芬及其固体分散体	Raman 和 IR 法	布洛芬固体分散体的分散性研究	布洛芬与载体之间不存在相互作用，以微晶状态分散在固体分散体中	47
尼群地平固体分散体	显微共焦 Raman 法等	尼群地平固体分散体的分散性研究	3 种鉴别方法得到一致的结果，即尼群地平以分子状态分散在固体分散体中	48
甲硝唑、替硝唑和奥硝唑	拉曼光谱技术	三种药品的拉曼光谱	测定了三种药品在 3200～100cm^{-1} 波段的拉曼光谱，并对光谱进行了指认	49
多潘立酮片	拉曼光谱法	真伪鉴别	测试了 14 个样品，鉴别准确率为 100%	50
盐酸曲马多	共聚焦 Raman	曲马多的拉曼谱分析	所测药物图谱峰形良好、峰强明显、指纹性强，能够反映出盐酸曲马多的结构信息	51
降糖类药品	Raman 和 MLSLS	降糖类药物真伪检测	灵敏度、专属性、阴性预报性和检出效率分别为 96.77%、97.20%、99.29% 和 96.02%	52
	拉曼光谱法	降糖类药品识别	对降糖药片和辅料识别的准确度为 96.36%	53
	Raman 和 KPCA	降糖药片的快速鉴别	对降糖药片识别的准确率为 96.5%	54
9 种针剂药品	拉曼光谱法	9 种针剂拉曼谱特征	给出了 9 种针剂药品的拉曼谱特征	55
雌激素	拉曼光谱法	激素类药的定性检测	定性检测出雌二醇、雌三醇和乙烯雌酚	56
维生素 A 酸	拉曼光谱法	维生素 A 酸含量	维生素 A 酸检测限为 1.0×10^{-7} mol/L	57
维生素 C 包合物	共焦 Raman	包合物的形成机制	维生素 C 通过氢键作用嵌入 β-环糊精的疏水空腔形成包合物，从而增加其稳定性	58
葡萄糖注射液	激光 Raman	葡萄糖液浓度	实测平均浓度分别为 4.93% 和 9.92%	59
薄荷脑-羟丙基-β-环糊精包合物	激光共聚焦和显微拉曼光谱法	鉴定薄荷脑-羟丙基-β-环糊精包合物及分子结构	薄荷脑与羟丙基-β-环糊精分子间形成氢键，使薄荷脑嵌入羟丙基-β-环糊精疏水空腔从而形成包合物	60
氟苯尼考及其制剂	显微 Raman 技术	氟苯尼考及制剂鉴别	可准确区别氟苯尼考、甲砜霉素、氯霉素 3 种药物结构上的差别，并可鉴别真伪	61

本表参考文献：

1. 汪瑗，王英锋，王燕平．首都师范大学学报，2005，26（2）：46.
2. 汪瑗，张进治，马新勇．光谱学与光谱分析，2004，24（11）：1373.
3. 孙素琴，朱世玮．光散射学报，2002，14（3）：158.
4. 朱世玮，孙素琴，等．中药材，2001，24（9）：632.
5. 周群，蔡少青，等．光散射学报，2002，14（3）：166.
6. 孙素琴，刘军，等．分析化学，2002，30（2）：140.
7. 熊平，郭萍，等．光谱学与光谱分析，2002，22（3）：417.
8. 刘军，刘蓬勃，等．现代仪器，2001（5）：10.
9. 张进治，汪瑗，陈惠，等．光谱学与光谱分析，2007，27（5）：944
10. 张倩芝，陈晓红，张卫红，等．光散射学报，2010，22（2）：181.
11. 黄伟其，于示强．贵州大学学报，2009，26（1）：1.
12. 林文硕，陈荣，李永增，等．光谱学与光谱分析，2008，28（5）：1095.
13. 王祥培，孙宜春，靳凤云，等．时珍国医国药，2011，22（1）：199.
14. 王桂文，彭立新，姚辉璐，等．激光生物学报，2008，17（2）：186.
15. 薛久刚，陈畅，李彦，等．中草药，2004，35（7）：730.
16. 陈永坚，陈荣，李永增，等．光谱学与光谱分析，2011，31（11）：2961.
17. 王玮，席欣欣，杨浩，等．第二军医大学学报，2011，32（1）：62.
18. 席欣欣，王玮，王蓓，等．现代科学仪器，2011（3）：89，103.

19. 张巍，赵雨，白雪媛，等. 高等学校化学学报，2010(9)：1834.
20. 陈伟炜，冯尚源，林文硕，等. 光谱学与光谱分析，2009，29(9)：2450.
21. 冯尚源，陈荣，李永增，等. 中国激光，2010(1)：121.
22. 王玉，曹玲，罗疆南. 中国药学杂志，2011，46(10)：789.
23. 曹玲，王玉，罗疆南. 药物分析杂志，2011，31(3)：539.
24. 王玮，李晓曼，席欣欣，等. 药物分析杂志，2011，31(11)：2118.
25. 王玮，李晓曼，田京辉，等. 中国中药杂志，2011，36(5)：573.
26. 汪瑗，国占生，等. 光谱学与光谱分析，2002，22(5)：745.
27. 周殿凤. 光学仪器，2008，30(6)：42.
28. 张金彦，郭建宇，蔡炜颖，等. 光谱学与光谱分析，2008，28(11)：2574.
29. 李荣生，王思寰，王玉. 北方药学，2012，9(1)：1.
30. 张卫红，陈建，卢东昱，等. 光散射学报，2006，18(3)：214.
31. 杨梁，张敏，鹿颐，等. 药物分析杂志，2010，(11)：2120.
32. 陈斌，张少敏，余岳林，等. 药物分析杂志，2011，31(9)：1715.
33. 林居强，黄瑞香，李永增，等. 中国激光，2009(10)：2647.
34. 刘朝霞，张新，魏京京，等. 药物分析杂志，2009(4)：636.
35. 王玮，曹凯，李晓曼，等. 中国兽药杂志，2011，45(2)：39.
36. 王玮，李晓曼，曹凯，等. 中国兽药杂志，2011，45(4)：36.
37. 王玮，钱佩佩，曹凯，等. 分析科学学报，2011，27(6)：805.
38. 康倩俏，周光明. 光散射学报，2011，23(4)：368.
39. 张新，刘朝霞，倪坤仪，等. 中国药事，2008，22(7)：555.
40. 吴丽红，刘惠军，陈睿，等. 中国药师，2011，14(10)：1465.
41. 张凤秋，杨战国，刘照军. 激光杂志，2011，32(3)：39.
42. 张启明，张新，刘朝霞. 中国药学杂志，2008，43(24)：1903.
43. 王玮，李晓曼，田京辉，等. 光散射学报，2011，23(1)：57.
44. 杨彩琴，王静，张振伟. 光谱学与光谱分析，2011，31(9)：2476.
45. 王玮，钱佩佩，曹凯，等. 光散射学报，2011，23(1)：66.
46. 王玮，李晓曼，席欣欣，等. 药物分析杂志，2011，31(6)：1168.
47. 王玮，王蓓，李晓曼，等. 光散射学报，2011，23(2)：154.
48. 王玮，李晓曼，席欣欣，等. 河南大学学报，2011，30(3)：170.
49. 杨玉平，陈笑，姚飞，等. 中央民族大学学报，2010，(4)：26.
50. 范贤松，张先芬，沈高山. 安徽医药，2010(12)：1501.
51. 王玮，田京辉，李晓曼，等. 中南药学，2010，8(10)：736.
52. 宋清，翁欣欣，陆峰. 第二军医大学学报，2010，31(9)：993.
53. 罗娅，柳艳，胡茜茜，等. 药学实践杂志，2011，29(1)：35.
54. 翁欣欣，张中湖，尹利辉，等. 光谱学与光谱分析，2010(4)：984.
55. 滕敏，陈俊科，孙予，等. 光散射学报，2010，22(4)：382.
56. 冯超，董鹃，吴永军，等. 光谱学与光谱分析，2011，31(8)：2127.
57. 王玉，Li Y S，张正行，等. 光谱学与光谱分析，2004，24(11)：1376.
58. 王玮，钱佩佩，田京辉，等. 光散射学报，2010，22(4)：373.
59. 吴小琼，郑建珍，刘文涵，等. 光谱学与光谱分析，2007，27(7)：1344.
60. 陈勤，郭鹏. 药物分析杂志，2009(9)：1528.
61. 邵德佳，朱林，宋慧敏，等. 中国兽药杂志，2011，45(11)：23.

表 12-31 拉曼光谱法在临床医学领域的应用

测量对象	测量方式	分析指标	分析结果	参考文献
胃癌组织	拉曼光谱法	胃癌组织拉曼光谱研究	癌变组织的拉曼光谱中 1089cm^{-1} 线比正常组织的明显增强，1459cm^{-1} 线发生分裂	1
胃癌细胞	激光 Raman	对顺铂诱导胃癌细胞凋亡分析	表明顺铂能够诱导胃癌细胞凋亡，凋亡细胞内核酸和蛋白质含量降低	2

续表

测量对象	测量方式	分析指标	分析结果	参考文献
胃癌和胃正常黏膜	共焦 Raman	胃癌和胃正常黏膜拉曼光谱分析	正常胃黏膜有 1642cm^{-1} 和 1662cm^{-1} 酰胺Ⅰ振动双峰，而胃癌组织为 1668cm^{-1} 单峰	3
胃癌变细胞与正常细胞	激光 Raman	胃癌变细胞与正常细胞的区分	两者拉曼光谱差异明显，可以区分；且峰强度随血清中癌细胞浓度的增加而增加	4
胃癌患者血清	激光 Raman	胃癌患者血清的拉曼光谱研究	胃癌患者血清拉曼峰值较健康人显著升高；肿瘤切除后其峰值较手术前明显下降	5
胃癌患者手术前后血清	激光 Raman	手术前后血清的拉曼光谱研究	手术后胃癌患者血清的拉曼光谱峰值比术前明显降低	6
胃癌与萎缩性胃炎的血清	激光诱导 Raman 技术	胃癌与萎缩性胃炎的鉴别	该法结合主成分分析和判别分析法，对胃癌与萎缩性胃炎鉴别的准确率可达 92%	7
胃癌患者血浆	表面增强 Raman 技术	胃癌与健康人血浆的拉曼光谱鉴别	胃癌患者与健康人正常血浆的表面增强拉曼光谱差异明显，两者可以很好区分	8
胃黏膜组织	共焦显微 Raman 技术	分类研究	给出能对所有正常组织和癌变组织进行有效分类的特征量和判据	9
胃炎和胃溃疡组织黏膜细胞	共焦显微 Raman 技术	胃炎和胃溃疡两种疾病的区分	两种疾病组织细胞中的核酸、蛋白质和脂类在成分、结构和构型上都存在明显差异	10
结肠癌细胞	激光光镊 Raman 技术	结肠癌细胞的拉曼光谱研究	结果表明，结肠癌组织细胞中核酸含量增加，脂类的含量减少	11
结肠癌病人的几种细胞	拉曼光谱法	几种细胞的 Raman 光谱研究	白细胞拉曼谱线弱而少，红细胞拉曼谱线强而丰富；腺癌细胞拉曼谱线相对较弱等	12
正常人和结直肠癌患者血清	拉曼光谱法	两者血清的拉曼光谱探测与区别	可区分正常人和结直肠癌患者血清，其准确率为 87.50%	13
结直肠组织	共聚焦显微 Raman 技术	结直肠癌组织和正常组织的判别	正常组织 1299cm^{-1} 与 1264cm^{-1} 峰强度之比（I_{1299}/I_{1264}）为 3.17，癌组织为 1.33，二者分界值 1.96，二者判别符合率为 94%	14
肺癌组织	激光显微 Raman 技术	良、恶性肺部组织的鉴别诊断	肺癌和癌旁正常组织的拉曼谱差异显著，据此可对良、恶性肺部组织进行鉴别诊断	15
肺癌组织及癌旁正常组织	显微 Raman	肺癌与其癌旁正常组织的鉴别	肺癌组织的拉曼光谱强度均比其癌旁正常组织低得多，据此可对两者进行鉴别	16
乳腺组织切片	激光 Raman	乳腺组织切片的拉曼光谱研究	I_{1610}/I_{1525} 反映了病变与正常乳腺组织之间光谱的差异	17
乳腺肿瘤组织	显微共焦 Raman 技术	不同乳腺肿瘤组织的拉曼光谱	不同性质乳腺肿瘤的拉曼光谱有差异，这对诊断乳腺肿瘤疾病有重要意义	18
		乳腺肿瘤病理片的拉曼光谱研究	浸润性导管癌、乳腺增生、纤维腺瘤等乳腺疾病的拉曼光谱存在差异，可以区分	19
人乳腺癌组织	显微 Raman	乳腺癌组织的拉曼光谱研究	拉曼谱线变化表明，癌变组织中核酸的相对含量增加、主链结构发生变化，等等	20
正常乳腺细胞和乳腺癌细胞	激光镊子 Raman 技术	乳腺正常细胞和癌细胞的鉴别	该技术结合 PCA 法，可以正确区分乳腺的正常细胞和癌细胞，区分率为 87%	21

续表

测量对象	测量方式	分析指标	分析结果	参考文献
乳腺肿瘤周边组织	显微共焦 Raman 技术	乳腺肿瘤诊断	不同乳腺肿瘤周边组织的拉曼光谱有显著差异，可为乳腺疾病诊断提供依据	22
宫颈癌及重度上皮内瘤变	显微共焦 Raman 技术	两者拉曼光谱的特征分析	病变组织和病变旁组织的显微共焦拉曼光谱差异有显著性，癌组织具有特征峰	23
正常肝细胞和肝癌细胞	激光镊子 Raman 技术	正常肝细胞和肝癌细胞的判断	结果表明，激光镊子拉曼光谱是判断正常肝细胞和肝癌细胞的有效方法	24
人体肝癌组织细胞	激光光镊 Raman 技术	不同病变部位标本的拉曼光谱研究	研究结果表明，单细胞激光光镊拉曼光谱可以区分肝癌的不同病变部位	25
肝病人体血清	拉曼光谱法	肝癌与肝硬化诊断	灵敏度和特异性分别为 89.29% 和 94.74%	26
死后离体人肝组织	激光共聚显微 Raman 法	拉曼光谱的变化与死亡时间的关系	死后肝细胞 DNA 降解随死亡时间延长呈下降趋势，有望据此来推断死亡时间	27
鼻咽癌细胞与正常鼻咽细胞	激光镊子 Raman 技术	鼻咽癌细胞与正常鼻咽细胞的鉴别	鼻咽癌细胞与正常鼻咽细胞的平均拉曼光谱有显著差异，据此可以进行鉴别	28
甲状腺癌组织	FT-Raman	甲状腺癌和正常甲状腺拉曼光谱研究	甲状腺癌和甲状腺正常组织的拉曼光谱有明显差异，故有望用该法诊断甲状腺癌	29
离体甲状腺组织	显微 Raman	癌变组织与正常组织的区分	利用 I_{1660}/I_{1449} 峰强度的比值，可以区分癌变组织和正常组织	30
膀胱肿瘤离体组织	激光显微 Raman 技术	膀胱肿瘤的诊断	肿瘤诊断的敏感度 86.7%，特异度 87.5%，阳性预测值 92.9%，阴性预测值 77.8%	31
癌结节和正常组织	激光 Raman	癌结节及正常组织的拉曼光谱研究	癌结节和正常组织拉曼光谱差异显著，用支持向量机进行分类的准确度为 90.73%	32
肿瘤组织 DNA	拉曼光谱法	光敏剂 CPD4 对 DNA 损伤研究	实验结果表明，光敏剂对肿瘤组织 DNA 各碱基产生不同程度的破坏	33
恶性骨肿	拉曼光谱法	患者红细胞的拉曼光谱分析	I_{1586}/I_{1228}、I_{1586}/I_{1001} 和 I_{1586}/I_{1169} 峰-峰比的变化，可作为骨肿瘤早期诊断依据	34
癌症患者血清	激光 Raman	癌症患者血清的拉曼谱研究	不同种类癌症患者血清的拉曼光谱存在较大差异；同类患者血清拉曼谱基本一致	35
口腔鳞状细胞癌及口腔白斑	近红外 Raman 技术	口腔鳞状细胞癌及口腔白斑诊断	鳞状细胞癌与正常组织的诊断准确度为 98.81%，鳞状细胞癌与白斑准确度为 96.30%	36
胆囊炎和胆囊癌	拉曼光谱和荧光光谱法	胆囊炎和胆囊癌的判别	所建方法对胆囊炎和胆囊癌的判别结果与临床诊断的一致性为 84.4%	37
恶性骨肿瘤患者红细胞	拉曼光谱法	恶性骨肿瘤的初步诊断	由 I_{1586}/I_{1228}、I_{1586}/I_{1001} 和 I_{1586}/I_{1169} 峰强比的变化，可初步诊断恶性骨肿瘤	38
皮疹患者和健康人血清	表面增强 Raman 技术	皮疹患者和健康人血清的区分	用 PCA 法分析皮疹患者和健康人血清的拉曼光谱，据此可对二者进行准确区分	39

续表

测量对象	测量方式	分析指标	分析结果	参考文献
成骨细胞	表面增强 Raman 技术	电流对成骨细胞膜结构的影响	电流作用使成骨细胞膜结构发生较大变化，稳定了蛋白质二级结构的氢键和盐键	40
		电磁场对成骨细胞的作用机制	成骨细胞对低频脉冲电磁场的最初响应机制表现为膜蛋白构象的有序变化	41
单个血小板	光镊 Raman 技术	不同物种血小板的判别区分	人血小板的拉曼光谱与三种动物有明显不同，可以判别区分	42
		类胡萝卜素分析	类胡萝卜素在人类血小板中普遍存在	43
人血的单个红细胞	共振 Raman	单个红细胞的共振拉曼光谱	可为研究单个红细胞的结构、功能及病变细胞的变异提供有力的实验依据	44
单个红细胞	显微 Raman	不同物种血红细胞的鉴定	不同物种血红细胞的拉曼光谱在 1603cm^{-1} 及 1616cm^{-1} 有明显差异，据此可鉴定	45
人血红细胞	激光光镊 Raman 技术	直流电作用前后拉曼光谱的变化	人血红细胞直流电作用前后拉曼谱差异明显，表明外界因子可引起细胞生理变化	46
红细胞血红蛋白	拉曼光谱法	肾上腺素对血红蛋白携氧能力的影响	在酸性环境中增加血红蛋白的氧合力，减少氧从血红蛋白解离，不利于缺氧组织供氧	47
非正常形态红细胞	光镊 Raman	非正常形态红细胞对拉曼判别的影响	在正常的生理环境下，红细胞发生皱缩甚至形成棘形细胞并不影响光谱判别分析	48
外周血	光镊 Raman	单个网织红细胞与小淋巴细胞的区分	所述方法可准确区分外周血中网织红细胞和小淋巴细胞	49
动脉粥样硬化斑块	微区 Raman	动脉粥样硬化斑块的微区拉曼谱特征	动脉粥样硬化斑块的拉曼谱在 1450cm^{-1} 及 1660cm^{-1} 处均有明显胆固醇等脂质特征峰	50
动脉粥样硬化斑块和血管壁	拉曼光谱法	两者的拉曼谱分析	前者的拉曼光谱在 3000nm 和 3300nm 处有明显的波峰和波谷，而后者无明显特征峰	51
心肌梗死患者红细胞	激光光镊 Raman 技术	心肌梗死患者红细胞的拉曼光谱研究	探讨了其红细胞内容物的改变情况及其变化机理，为疾病的诊断提供一种新途径	52
心律失常患红细胞	激光光镊 Raman 技术	心律失常患者红细胞的拉曼光谱研究	发现心律失常患者红细胞的部分谱线整体强度有所减弱，部分谱线发生了频移	53
人体唾液	表面增强 Raman 技术	无创检测艾滋病	可对艾滋病患者和正常人群进行区分	54
		对疾病诊断及判别	可区分吸毒者、艾滋病患者、肺癌患者等	55
		“冰毒”依赖者	根据 1000cm^{-1}、1029 cm^{-1} 强和中强峰，可鉴别	56
		肺癌的诊断	准确度为 84%，灵敏度为 94%，特异性为 81%	57
	拉曼光谱法	吸毒者的鉴别	吸毒者唾液的 1030cm^{-1} 峰有明显特异性	58

续表

测量对象	测量方式	分析指标	分析结果	参考文献
尿液	表面增强 Raman 技术	尿液表面增强拉曼光谱的研究	尿液中微弱的尿酸 SERS 信号被成功检测，并分析了晨尿与夜尿的 SERS 谱	59
地中海贫血	激光镊子 Raman 技术	氧合和去氧能力	HbH-CS 红细胞氧合能力强，去氧能力低	60
		红细胞类型判别	正常与α-地贫、正常与β-地贫，α-与β-地贫预测正确率为 95.28%、92.08%和 91.85%	61
地贫红细胞	激光镊子 Raman 技术	细胞种类识别	α-地贫 HbH 组和 HbH-CS 组与正常对照组间的区分度分别为 90.32% 和 97.6%	62
重型α-地中海贫血	光镊 Raman	重型α-地中海贫血红细胞的拉曼光谱	其红细胞的拉曼光谱信号显著低于正常对照，并检测到一定比例的有核红细胞	63
糖尿病人血清	表面增强 Raman 技术	糖尿病人血清的拉曼光谱分析	拉曼光谱分析结果表明，糖尿病人血清中与脂类和糖蛋白有关的物质含量增加	64
糖尿病及并发症病人的血清	表面增强 Raman 技术	患者血清的拉曼光谱研究	患者血清中，725cm^{-1} 峰明显增强，说明患者的代谢产物中含有较高的碱基腺嘌呤	65
妊娠糖尿病患者胎盘组织	拉曼光谱法	分析患者胎盘组织蛋白质构象的变化	患者胎盘组织中蛋白质分子主链有序结构明显减少，氨基酸侧链的变化也很明显	66
NIT-1 胰岛β细胞	激光镊子 Raman 技术	探讨游离脂肪酸对胰岛β细胞的影响	研究结果表明，高浓度游离脂肪酸诱导 NIT-1 胰岛β细胞损伤	67
神经干细胞和神经细胞	激光共焦显微 Raman	神经干细胞和神经细胞的区别	从光谱学角度分析两种细胞的光谱区别	68
			两者的峰位和峰强有一定差异，可以区分	69
阴道毛滴虫和口腔毛滴虫	激光镊子 Raman 技术	两种滴虫的差异性	两者的蛋白质、核酸相对含量差异较大	70
		两种毛滴虫的鉴别	根据 I_{937}/I_{1002} 和 I_{1002}/I_{1446} 两组峰强度的比值，可区分阴道毛滴虫和口腔毛滴虫	71
睾丸曲细精管	拉曼光谱法	微小结石成分	可鉴定精管内羟磷灰石的微小结石成分	72
牙本质黏结剂	FT-Raman 法	黏结剂和牙的作用	黏结剂与牙本质之间有氢键作用存在	73
人体拇指	共振 Raman	类胡萝卜素含量	测量了不同饮食习惯志愿者的类胡萝卜素含量，说明其含量与其摄入量成正比	74

本表参考文献：

1. 唐伟跃，王杰芳，徐平．激光杂志，2004，25（1）：82.
2. 陶站华，姚辉璐，王桂文，等．光谱学与光谱分析，2009，29（9）：2442.
3. 张京伟，沈爱国，魏芸，等．生物医学工程学杂志，2004，21（6）：910.
4. 黄鹰，陶家友，蔺蓉，等．光谱学与光谱分析，2007，27（11）：2262.
5. 冷爱民，王华秀，阳静，等．中国现代医学杂志，2009，19（13）：2015.
6. 陶家友，冷爱民，王华秀，等．激光生物学报，2011，20（5）：595.
7. 李晓舟，王兴伟，郭兴家，等. 激光生物学报，2010，19（4），521.
8. 冯尚源，潘建基，伍严安等．中国科学：生命科学，2011，41（7）：550.

9. 胡耀垓，蒋滔，沈爱国，等. 光散射学报，2007，19（4）：378.
10. 王慧敏，张金彦，郭建宇，等. 光谱学与光谱分析，2007，27（10）：2038.
11. 王德力，齐东丽. 长春大学学报，2009，19（4）：66.
12. 闫循领，王秋国，董瑞新，等. 光谱学与光谱分析，2003，23（6）：1129.
13. 李晓舟，杨天月. 光散射学报，2011，23（2）：138.
14. 高泽红，胡波，丁超，等. 光谱学与光谱分析，2010（3）：692.
15. 付莉，刘婉华，李立祥，等. 应用激光，2007，27（6）：508.
16. 于卫民，王铁栓，赵松，等. 医药论坛杂志，2006，27（23）：32.
17. 姚淑霞，赵元黎，张录，等. 河南预防医学杂志，2004，15（3）：132.
18. 赵元黎，梁二军，吕晶，等. 激光与光电子学进展，2004，41（1）：33.
19. 赵元黎，吕晶，申培红，等. 激光与红外，2004，34（6）：502.
20. 于舸，徐晓轩，牛昀，等. 光谱学与光谱分析，2004，24（11）：1359.
21. 谢裕安，冷朝辉，孟令晶，等. 中华肿瘤防治杂志，2010（20）：1605.
22. 赵元黎，吕晶，葛向红，等. 光谱学与光谱分析，2006，26（7）：1267.
23. 陆晓楣，张珍，卢淮武，等. 岭南急诊医学杂志，2009（1）：41.
24. 杨文沛，姚辉璐，朱淼，等. 激光与红外，2007，37（9）：824.
25. 王雁军，姚辉璐，王桂文，等. 光谱学与光谱分析，2009（7）：1881.
26. 李晓舟，杨天月，孙宝明. 光散射学报，2010，22（4）：377.
27. 熊平，张静，郭萍. 中国法医学杂志，2011，26（1）：7.
28. 姚辉璐，朱淼，王桂文，等. 光谱学与光谱分析，2007，27（9）：1761.
29. 李蓉，周光明，彭红军，等. 光谱学与光谱分析，2006，26（10）：1868.
30. 李钻芳. 中国医药指南，2011，9（34）：349.
31. 王磊，范晋海，管振锋，等. 光谱学与光谱分析，2012，32（1）：123.
32. 马君，徐明，巩龙静，等. 中国激光，2011，38（9）：209.
33. 张桂兰，熊飞兵，张京玲，等. 光谱学与光谱分析，2003，23（6）：1072.
34. 刘伟，赵元黎，余发军，等. 激光与红外，2008，38（2）：118.
35. 郭萍，谢琪. 光谱学与光谱分析，2000，20（6）：844.
36. 李一，文志宁，李龙江，等. 华西口腔医学杂志，2010（1）：61.
37. 李新雨. 内江科技，2011，32（5）：117.
38. 李和仙，刘伟，赵元黎，等. 光学与光电技术，2011，9（2）：15.
39. 韩洪文，闫循领，班戈，等. 光谱学与光谱分析，2010（1）：102.
40. 苏纪勇，刘燕楠，宋昆，等. 中国组织工程研究与临床康复，2007，11（44）：8839.
41. 宋昆，苏纪勇，何烁杰，等. 中国组织工程研究与临床康复，2007，11（40）：8090.
42. 王桂文，姚辉璐，何碧娟，等. 光谱学与光谱分析，2007，27（7）：1347.
43. 王桂文，彭立新，申卫东，等. 光学学报，2011，31（6）：276.
44. 闫循领，董瑞新，王秋国. 光谱学与光谱分析，2004，24（5）：576.
45. 姚辉璐，王桂文，何碧娟，等. 济南大学学报，2005，19（4）：328.
46. 岳粮跃，王桂文，方玲，等. 生物医学工程学杂志，2007，24（2）：404.
47. 单光华，李自成，黄耀熊，等. 中国病理生理杂志，2010，26（12）：2467.
48. 王桂文，彭立新，姚辉璐. 光谱学与光谱分析，2009（8）：2117.
49. 艾敏，刘军贤，姚辉璐. 光学学报，2009，29（4）：1043.
50. 赵慧颖，徐宝华，马小欣. 生物物理学报，2006，22（5）：376.
51. 高慧，薛志孝，李迎新，等. 中国激光，2009（10）：2666.
52. 吴智辉，黄代政，陈朝旺，等. 发光学报，2011，32（10）：1088.
53. 吴智辉，莫华，黄代政，等. 激光与光电子学进展，2011，48（2）：40.
54. 刘敬华，华琳，王燕，等. 北京生物医学工程，2009，28（5）：528.
55. 姚雨露，崔子健，刘春伟，等. 北京生物医学工程，2011，30（2）：137.
56. 曲典，王燕，焦义，等. 中国卫生检验杂志，2009（11）：2558.
57. 李晓舟，杨天月，丁建华. 光谱学与光谱分析，2012，32（2）：391.
58. 陈安宇，王燕，焦义，等. 中国医疗设备，2008，23（11）：4.
59. 陈杰斯，冯尚源，林居强，等. 激光生物学报，2011，20（1）：98.
60. 陈秀丽，王桂文，尹晓林，等. 光学学报，2009（10）：2854.
61. 陈秀丽，王桂文，陶站华，等. 中国激光，2009（9）：2448.
62. 陈秀丽，王桂文，刘军贤，等. 分析测试学报，2009，28（4）：403.
63. 王桂文，彭立新，陈萍，等. 中国激光，2009（10）：2651.

64. 韩洪文，闫循领，李书锋，等. 光谱学与光谱分析，2009（2）：399.
65. 韩洪文，闫循领，班戈. 光学学报，2009，29（4）：1122.
66. 常颖，牛秀敏. 中国糖尿病杂志，2008，16（5）：294.
67. 钱小晓，刘红，黄庶识. 光谱实验室，2011，28（3）：1455.
68. 韩忠美，刁振琦，付莉，等. 激光与红外，2011，41（5）：557.
69. 王永奎，谷运红，刘素芳，等. 安徽农业科学，2011，39（27）：16797.
70. 黄庶识，赖钧灼，梁裕芬，等. 分析化学，2011，39（4）：521.
71. 梁裕芬，韦俊彬，毛丽华，等. 光谱实验室，2010（3）：1143.
72. 叶雄俊，张小东. 中华泌尿外科杂志，2004，25 （6）：432.
73. 郭良微，孙宏晨，徐经伟，等. 分析化学，2006，34（7）：1011.
74. 邵永红，何永红，马辉，等. 光谱学与光谱分析，2007，27（11）：2258.

表 12-32 拉曼光谱法在宝石、化石、古董及文物分析中的应用

测量对象	测量方式	分析指标	分析结果	参考文献
新石器期白石斧	显微 Raman	白石斧截面的拉曼光谱分析	石斧截面拉曼谱给出了与石斧埋葬年代和周围环境有关的信息	1
新石期石斧，古玩市场翡翠制品	显微共焦 Raman 技术	成分分析	石斧为蓝晶石矿物而非硬玉；翡翠制品中含有环氧树脂谱线	2
翡翠	激光 Raman	翡翠的成分分析	3 块样品含白蜡，1 块样品含环氧树脂	3
天然绿色翡翠	拉曼光谱法	天然绿色鉴别	天然与染色翡翠绿色的拉曼信号强弱悬殊	4
浅粉红色翡翠	拉曼光谱法	谱学特征及颜色成因分析	特征拉曼峰有 377 cm^{-1}、700 cm^{-1} 和 1039cm^{-1}，粉色调的产生与硬玉结构中的 Mn^{3+}有关	5
天然及优化处理翡翠	拉曼光谱法	翡翠品质鉴别	可鉴别天然翡翠，漂白-填充、有机染料染色、漂白-填充-有机染料处理翡翠	6
天然与处理翡翠	共焦显微 Raman 技术	天然与处理翡翠的光谱研究	天然翡翠的拉曼光谱产生极强的荧光，而染色翡翠产生的荧光相对较弱	7
翡翠 B 货	拉曼光谱法	翡翠 B 货的鉴别	翡翠充填物不同，R 谱不同，可鉴别	8
3 个翡翠饰件和一个翡翠挂件	拉曼光谱法	翡翠饰件和挂件的鉴定	结果表明，2 个样品是由天然翡翠制成的，一个含石蜡填充物，另一个是假翡翠	9
红、蓝宝石和翡翠	激光拉曼探针技术	红、蓝宝石和翡翠的鉴定	对三者进行了鉴定，给出天然和人工红蓝宝石及翡翠 A、B 货的拉曼谱特征	10
云南省三个不同时期的恐龙化石	显微 Raman	恐龙化石内部成分鉴定	结果表明，三个不同时期恐龙化石内部的主要成分是 $CaCO_3$ 晶体	11
云南武定恐龙化石	激光显微 Raman 技术	恐龙化石成分分析	表面层及内部的主要成分是方解石，此外还有纤维状一水二氧化硅等成分	12
恐龙化石	激光 Raman	恐龙化石的拉曼光谱分析	其强拉曼峰源于遗体分解剩下的碳氢类物质，弱峰源于外部填充物质成分	13
云南古铜镜	拉曼光谱与电子探针法	主要成分及表面腐蚀产物鉴定	其主要成分为铅、铜、锡合金，表面腐蚀产物主要是 $CuCO_3{\cdot}Cu(OH)_2$	14
元代铜镜	拉曼光谱与电子探针法	铜镜表面腐蚀产物的成分鉴定	主要成分为 $CuCO_3{\cdot}Cu(OH)_2$ 和 Cu_2O，还发现铜镜表面有一层铁铝合金	15
金黄色珍珠	拉曼光谱法	天然与金黄色染色珍珠的拉曼谱	天然金黄色珍珠拉曼谱线稳定，而染色珍珠的拉曼谱线起伏较大，杂峰与毛刺很多	16

续表

测量对象	测量方式	分析指标	分析结果	参考文献
染色处理金黄色海水珍珠	拉曼光谱和等离子质谱	染色处理金黄色海水珍珠的鉴别	瑕疵、孔眼及裂隙处有颜色聚集，在拉曼光谱中，染色品种均显示很强的荧光背景	17
塔希提黑珍珠	拉曼光谱法	组成研究	由两类物质组成，即文石矿物和黑色色素	18
淡水无核珍珠	显微激光拉曼成像技术	淡水无核珍珠物相组成的测定	确定了珍珠中六方球文石的位置、形状与大小，其多分布于珍珠珠核部位	19
天然珍珠、海水及淡水养殖珍珠	显微 Raman	三种珍珠的鉴别	结果表明：虽然主峰相同，但三者的拉曼谱有不可置疑的差别，可以鉴别	20
不同颜色的优质淡水养殖珍珠	激光 Raman	珍珠颜色及有机物与拉曼谱关系	不同色系珍珠的拉曼谱差异明显；同色系随着颜色加深，有机物峰强增强	21
淡水养殖珍珠	激光共振 Raman 技术	珍珠中有机物的拉曼光谱分析	珍珠中所探测到的有机物拉曼峰频率色散明显，推测为聚乙炔类物质	22
优、劣质淡水养殖珍珠	显微激光 Raman 技术	优、劣质淡水养殖珍珠的组成分析	分析结果表明，优质珍珠主要由文石组成，劣质珍珠主要由六方碳钙石组成	23
陕西蓝田玉	激光 Raman	蓝田玉的成分、物相和结构分析	样品分为两类：第 1 类主要为蛇纹石；第 2 类为蛇纹石、方解石或斜辉石等	24
和田玉、玛纳斯碧玉和岫岩老玉	拉曼光谱法	组成鉴别	除玛纳斯碧玉是阳起石外，其他为透闪石	25
辽宁岫岩河磨玉和老玉	拉曼光谱法	两者石墨包体的拉曼特征及鉴别	两种玉料中石墨包体拉曼光谱的特征明显不同，据此可初步鉴定玉料产地来源	26
“红绿宝”的玉石饰品	激光 Raman	宝石学特征鉴定	该玉石呈粒状结构；绿色部分为黝帘石，黑绿色为镁钠闪石，红色为刚玉	27
仿古玉	拉曼光谱法	仿古玉的鉴别	1304～1310cm^{-1} 为热处理法得到的仿古玉的拉曼特征峰，据此鉴别仿古玉	28
薛家岗古玉	拉曼光谱法	古玉的测试分析	确定了古玉的主体矿物、不同类型斑晶及内含包裹体的组成	29
不同产地软玉	拉曼光谱法	软玉的区分	区分了透闪石型和阳起石型软玉	30
玉石	拉曼光谱法	玉石的无损鉴别	根据拉曼峰位和强度，可区分软玉、蛇纹石玉、石英岩玉、大理岩玉等	31
光致变色宝石	拉曼光谱法	宝石鉴定	鉴定为紫色方钠石，分析了变色原因	32
蓝宝石与相似宝石	拉曼光谱法	蓝宝石与相似宝石的区分	根据拉曼峰位和强度，可区分蓝宝石、堇青石、海蓝宝石、蓝色托帕石和蓝晶石	33
天然与合成红宝石	近红外 Raman 技术	天然和合成红宝石的鉴别	天然红宝石的半高宽均大于 10cm^{-1}，合成红宝石均低于 10cm^{-1}，据此可进行鉴别	34
石榴石族宝石	拉曼光谱法	石榴石族宝石的鉴别	石榴石归属于[SiO_4]四面体，拉曼位移有其规律性，据此可实现其品种鉴别	35
坦桑石、合成镁橄榄石和蓝宝石	拉曼光谱法	三者的鉴别	对比三者拉曼位移的位置和强度，可鉴定坦桑石、合成镁橄榄石和蓝宝石	36
台湾蓝玉髓	激光 Raman	蓝玉髓光谱表征	显示典型的石英质玉石的振动光谱特征	37
鸡血石	拉曼光谱法	鸡血石及仿造品	两者拉曼光谱有本质区别，可据此鉴别	38

续表

测量对象	测量方式	分析指标	分析结果	参考文献
水晶	拉曼光谱法	水晶的鉴别	介绍了各种颜色水晶及合成水晶研究成果	39
多晶质黄色钙铝榴石	拉曼光谱法	钙铝榴石、翡翠和符山石的鉴别	根据特征拉曼位移的明显差异，可有效、无损地鉴别钙铝榴石、翡翠和符山石	40
故宫旧藏云产石	拉曼光谱法	云产石的鉴定	分析结果表明，云产石当属翡翠无疑	41
阿尔寨石窟壁画颜料	拉曼光谱法	不同颜料的鉴定和分析	绿色为碱式氯化铜、蓝色为蓝铜矿、白色为方解石、红色为朱砂、黑色为炭黑	42
开平碉楼灰雕和壁画颜料碎片	显微激光Raman技术	灰雕和壁画颜料碎片原材料分析	灰雕主要成分是稻草秆、石灰、沙及黄色颜料；壁画颜料碎片则是针铁矿和$CaSO_4$	43
中国文物彩绘	显微共聚焦Raman技术	常用胶料的拉曼光谱特征研究	通过各种胶料光谱特征分析，证明所述方法可实现文物彩绘常用胶料种类的鉴别	44
汉阳陵陶俑彩绘	拉曼光谱法	颜料的成分分析	测定出陕西汉阳陵陶俑采绘颜料的成分	45
山东危山西汉墓出土彩绘陶器	显微 Raman	彩绘颜料分析	危山汉墓陶器彩绘颜料有朱砂、铅丹、中国紫、铁红、铁黑和白土等	46
“钟离君柏”墓出土彩绘陶器	拉曼光谱结合X射线衍射法	出土彩绘陶器颜料分析	陶器表面的红色、黄色和黑色颜料分别是无机矿物朱砂、针铁矿及炭黑	47
山东临淄山俑坑出土陶质彩绘	拉曼光谱法	彩绘颜料分析	彩绘由碳酸钙、白土、铁黑、铁红、朱砂等颜料调和而成，发现少量中国蓝颗粒	48
广州西村窑彩绘瓷器	拉曼光谱法	彩绘瓷器的无损分析检测	瓷胎为高岭土，瓷釉中氧化磷含量高于瓷胎，颜料为赤铁矿，表面条状物为钙长石	49
山西襄汾县陶寺遗址陶器	拉曼光谱法	彩绘颜料鉴定	红色和白色颜料保存较为完好，分别为朱砂和碳酸钙无机矿物	50
宝石级红珊瑚	激光 Raman	宝石级红珊瑚的拉曼光谱特征	宝石级红珊瑚具有相同有机质成分，其白芯的拉曼谱与天然白色珊瑚一致	51
天然及染色红珊瑚	拉曼光谱法	天然及染色红珊瑚鉴别	不同颜色的染色红珊瑚明显区别于天然红珊瑚的拉曼光谱，据此可鉴别	52
唐代铜佛像	共聚焦显微拉曼光谱法	表面成分、形态及元素组成分析	该佛像主要由Cu-Pb-Sn三元青铜合金组成，表面腐蚀物主要由氧化铜等组成	53
云南楚雄万家坝出土的古青铜矛	显微 Raman	腐蚀产物的主要成分鉴定	结果表明，腐蚀产物的主要成分为Cu_2O、$CuCO_3$和$Cu(OH)_2$	54
春秋时期的青铜矛和元代青铜镜	显微激光Raman技术	确定表面腐蚀产物的主要成分	青铜矛和青铜镜表面腐蚀产物的主要成分是Cu_2O和$CuCO_3 \cdot Cu(OH)_2$	55
湖北省出土的若干青铜器	拉曼光谱法	锈蚀产物分析	其锈蚀产物有$CuCO_3 \cdot Cu(OH)_2$及$2CuCO_3 \cdot Cu(OH)_2$	56
九连墩楚墓青铜器	拉曼光谱法	锈蚀产物鉴定	主要锈蚀产物为孔雀石，存在部分蓝铜矿和少许副氯铜矿	57
山东蓬莱登州博物馆馆藏青铜器	拉曼光谱法	锈蚀产物的成分分析	锈蚀产物成分复杂，有蓝铜矿、孔雀石、氯铜矿、副氯铜矿、赤铜矿、白铅矿等	58
明永乐青花瓷片	显微 Raman	瓷釉及釉中结晶物分析	结晶物为Fe_3O_4、α-Fe_2O_3、Co_3O_4、MnO、Mn_2O_3、硅酸钙和磷酸钙等	59
故宫博物院藏宋代官窑青瓷	拉曼光谱法	宋代官窑青瓷的拉曼光谱分析	宋代官窑青瓷依照烧成温度分为两大类，该结果得到了X荧光分析结果的支持	60

续表

测量对象	测量方式	分析指标	分析结果	参考文献
铁器文物	激光 Raman	铁器文物腐蚀的锈层分析	腐蚀产物内、外层有差异，外层是β、α、γ-FeOOH 和 Fe_2O_3 相，内层多出 Fe_3O_4	61
楚王陵出土的玉衣片和玉棺片	激光 Raman	黑色点状固体包裹体的鉴定	结果显示黑色包裹体为石墨，拉曼谱的“D”和“O”峰可反映其形成条件	62
徐州楚王陵出土玉衣片和玉棺片	拉曼光谱法	玉料组分特征	出土玉片为透闪石质软玉，与电子探针及红外光谱结果相符	63
古代陶衣	微区 Raman	古代陶衣主要显色物质定性分析	黑色陶衣的主要显色物质为炭黑，红色陶衣的显色物质为赤铁矿	64
古代丝织品及古建彩画	拉曼光谱法	蓝色染料的微量及无损分析	结果表明这些呈色物质均为靛蓝，靛蓝不仅作丝织品染料，也作颜料用于彩绘壁画	65
出土木板漆画屏风残片	激光共焦显微 Raman	木板漆画屏风残片的初步分析	屏风所用颜料为朱砂、炭黑、雌黄、雄黄、石膏；红色底层由生漆与朱砂调和而成	66

本表参考文献：
1. 杨群，张鹏翔，等．光散射学报，2001，13（2）：119.
2. 祖恩东．昆明理工大学学报，2004，29（3）：26.
3. 孙访策，赵虹霞，干福熹．光谱学与光谱分析，2011，31（11）：3134.
4. 范建良，郭守国，刘学良．光谱学与光谱分析，2007，27（10）：2057.
5. 刘学良，范建良，郭守国．激光与光电子学进展，2011，48（9）：141.
6. 董华，唐庆民，莫育俊，等．安徽地质，2004，14（2）：140.
7. 范建良，郭守国，刘学良，等．激光与红外，2007，37（8）：769.
8. 祖恩东，陈大鹏，等．光谱学与光谱分析，2003，23（1）：64.
9. 王昆林，刘仁明．光谱实验室，2011，28（2）：832.
10. 李如璧．常州技术师范学院学报，2001，7（2）：1.
11. 杨群，王怡林，张鹏翔，等．光谱学与光谱分析，2003，23（5）：880.
12. 杨群，张鹏翔，等．光谱学与光谱分析，2002，22（5）：793.
13. 王怡林，杨群．光散射学报，2007，19（2）：128.
14. 杨群，王怡林．楚雄师专学报，2001，16（3）：49.
15. 王怡林，张鹏翔，等．光谱学与光谱分析，2002，22（1）：48.
16. 韩孝朕，郭守国．华东理工大学学报，2011，37（1）：60.
17. 张丽．超硬材料工程，2010（5）：53.
18. 刘卫东．宝石和宝石学杂志，2003，5（1）：1.
19. 徐雯星，Hofmeister W．宝石和宝石学杂志，2009，11（1）：12.
20. 李茂材，周佩玲．光散射学报，2000，12（3）：161.
21. 秦作路，马红艳，木士春等．矿物学报，2007，27（1）：73.
22. 郝玉兰，张刚生．光谱学与光谱分析，2006，26（1）：78.
23. 郝玉兰，王学生，张刚生．桂林工学院学报，2010（1）：140.
24. 王永亚，顾冬红，干福熹．岩石矿物学杂志，2011，30（2）：325.
25. 邹天人，郭立鹤，李维华，等．岩石矿物学杂志，2002，21（z1）：72.
26. 丘志力，江启云，罗涵，等．光谱学与光谱分析，2010，30（11）：2985.
27. 陈英丽，钟辉．岩矿测试，2007，26（6）：465.
28. 陈笑蓉，郭守国，张尉，等．文物保护与考古科学，2007，19（1）：43.
29. 王荣，冯敏，吴卫红，等．光谱学与光谱分析，2005，25（9）：1422.
30. 赵虹霞，干福熹．光散射学报，2009，21（4）：345.
31. 薛蕾，王以群，范建良．华东理工大学学报，2009，35（6）：857.
32. 姚雪，邱明君，祖恩东．超硬材料工程，2009，21（1）：59.
33. 李雪亮，王以群，毛荐，等．激光与红外，2008，38（2）：152.
34. 祖恩东，孙一丹，张鹏翔．光谱学与光谱分析，2010，30（8）：2164.
35. 范建良，刘学良，郭守国，等．应用激光，2007，27（4）：310.
36. 范建良，郭守国，毛荐，等．应用激光，2007，27（3）：209.
37. 陈全莉，袁心强，贾璐．光谱学与光谱分析，2011，31（6）：1549.
38. 刘卫东．宝石和宝石学杂志，2003，5（3）：24.
39. 刘学良，郭守国，毛荐．中国宝石，2006，15（3）：107.

40. 范建良，刘学良，郭守国．激光与红外，2008（1）：20，34.
41. 赵桂玲．故宫博物院院刊，2010（4）：81.
42. 张尚欣，朱剑，王昌燧，等．南方文物，2009（1）：109.
43. 曾庆光，张国雄，谭金花．光散射学报，2011，23（2）：158.
44. 黄建华，杨璐，余珊珊．光谱学与光谱分析，2011，31（3）：687.
45. 左健，赵西晨，等．光散射学报，2002，14（3）：162.
46. 夏寅，吴双成，崔圣宽，等．文物保护与考古科学，2008，20（2）：13.
47. 杨玉璋，张居中，左健，等．光谱学与光谱分析，2010，30（4）：1130.
48. 蔡友振，夏寅，吴双成，等．文物保护与考古科学，2011，23（2）：25.
49. 朱铁权，刘乃涛，毛振伟．光谱实验室，2010，27（5）：1753.
50. 李乃胜，杨益民，何弩，等．光谱学与光谱分析，2008，28（4）：946.
51. 范陆薇，吕良鉴，王颖，等．宝石和宝石学杂志，2007，9（3）：1.
52. 高岩，张辉．宝石和宝石学杂志，2002，4（4）：20.
53. 崔亚量，郑桂梅，李建新，等．分析科学学报，2011，27（4）：431.
54. 杨群，张鹏翔等．光散射学报，2001，13（1）：49.
55. 杨群，王怡林，张鹏翔，等．光散射学报，2005，17（2）：192.
56. 罗武干，秦颖，黄凤春，等．腐蚀科学与防护技术，2007，19（3）：157.
57. 罗武干，秦颖，王昌燧，等．岩矿测试，2007，26（2）：138.
58. 李涛，秦颖，罗武干，等．有色金属，2008，60（2）：146.
59. 左健，杜广芬，吴若，等．光散射学报，2007，19（4）：395.
60. 赵兰，赵小春，郑宏，等．故宫博物院院刊，2010（5）：153.
61. 欧阳维真．梧州学院学报，2010，20（3）：19.
62. 谷娴子，丘志力，李银德，等．中山大学学报，2007，46（6）：141.
63. 谷娴子，李银德，丘志力，等．文物保护与考古科学，2010（4）：54.
64. 朱铁权，王昌燧，王晓琪，等．分析测试学报，2005，24（6）：66.
65. 张晓梅，魏西凝，雷勇，等．光谱学与光谱分析，2010，30（12）：3254.
66. 李涛，杨益民，王昌燧，等．文物保护与考古科学，2009（3）：23.

表 12-33　拉曼光谱法在石油化工、聚合物及纤维分析中的应用

测量对象	测量方式	分析指标	分析结果	参考文献
汽油	拉曼光谱法	辛烷值	辛烷值的预测误差为 0.22	1
		苯含量	重复性和再现性均符合 SH/T 0713—2002 标准	2
		牌号识别	结合 PCA 可实现汽油牌号的快速准确分类	3
汽油族组成	拉曼光谱法	汽油族组成的定量分析	芳烃、烯烃和氧含量的标准预测误差分别达到了 0.23、0.52 和 0.143	4
汽油、柴油、石脑油等	拉曼光谱法	常用油品拉曼光谱分析	根据其中烯烃峰的拉曼位移及对应峰的强度可以对汽油及石脑油进行鉴别	5
喷气燃料	激光 Raman	质量指标测试	可测定冰点、黏度、闪点、馏程和密度等指标	6
石油产品	拉曼光谱法	快速分类	可准确地对常用石油产品样本进行分类	7
	激光 Raman	产品鉴别	准确鉴别了不同种类的石油产品	8
石脑油	拉曼光谱法	馏程	该法可快速准确地测定石脑油馏程	9
鄂尔多斯盆地石油中沥青	激光 Raman	石油沥青的物质成分特征	样品中广泛存在 CH_4 等还原性气体，部分样品还含有 CO_2 等氧化性气体	10
天然气水合物	显微 Raman	水合指数等结构参数	水合指数相对偏差小于 1%，南海海域水合物为Ⅰ型结构，祁连山为Ⅱ型	11
甲烷水合物	显微 Raman	水合指数	测得的水合指数为 6.05～6.15	12
芳烃物料	拉曼光谱法	馏程	馏程的预测值与蒸馏法测定值无显著性差异	13

第二篇

续表

测量对象	测量方式	分析指标	分析结果	参考文献
饱和一元羧酸类化合物	拉曼光谱法	甲酸、乙酸、丙酸、丁酸的鉴别	实现了对这四种一元羧酸的快速鉴定分析	14
环己烷、四氢呋喃、二噁烷	拉曼光谱法	环己烷、四氢呋喃、二噁烷鉴别	环己烷、四氢呋喃和二噁烷的最强拉曼峰均由环呼吸振动引起，波数值差异较大，可以鉴别	15
高氯酸四丁基铵	激光 Raman	高氯酸四丁基铵的拉曼光谱	得到了高氯酸四丁基铵的拉曼谱图，并对其谱带进行了指认	16
甲醛、乙醛、丙醛及丁醛	拉曼光谱法	四种醛分子的鉴定和分析	对四种醛类分子的特征峰进行了指认；该法可现场快速鉴定和分析这四种醛	17
碳纳米管-聚苯乙烯复合物	拉曼光谱法	复合物组成比	实验结果表明，拉曼光谱法的分析结果同该复合物的原始配比一致	18
新型共轭聚合物半导体材料	显微 Raman	老化研究	老化原因主要是发光层的聚合物的主链结构，即聚合物的共轭结构被破坏	19
聚苯胺膜	显微 Raman	电化学合成聚苯胺膜的研究	结果表明，聚苯胺膜的掺杂程度在膜生长过程中随膜厚度的增长而增加	20
环氧乙烷-环氧丙烷-环氧乙烷嵌段共聚物	傅里叶变换拉曼光谱法	嵌段共聚物的结构分析	研究表明 F68 和 F88 具有反式构象的螺旋结构，P103（P123）是无规结构，其他的嵌段共聚物处于二者之间	21
聚 1,1-二氯乙烯	拉曼光谱法	热解产物鉴定	实验结果表明，加热产物中存在碳炔结构	22
聚苯胺-纳米氧化铈复合材料	拉曼光谱法	该复合材料的光谱分析	其拉曼谱 1240 cm^{-1} 和 1352cm^{-1} 特征峰，是 CeO_2 与聚苯胺间的化学作用产生的	23
硅烷接枝高密度聚乙烯	拉曼光谱法	HDPE 的结晶结构表征	随着硅烷用量的增加，晶相与非晶相含量下降，而中间相含量上升	24
高密度聚乙烯	拉曼光谱结合 PLS 法	密度和熔融指数的测定	密度和熔融指数预测值的平均相对误差分别为 0.09% 和 8.61%	25
聚乙烯	拉曼光谱法	本体温度检测	预测值与真实值的平均相对误差为 1.01%	26
	拉曼光谱结合 PLS 法	聚乙烯密度	所测结果的相关系数、平均相对偏差和均方根误差分别为 0.985、0.2%和 2.2	27
聚乙烯、聚氯乙烯等保鲜膜	拉曼光谱法	保鲜膜材质及安全性鉴定	聚氯乙烯保鲜膜存在严重安全隐患，聚乙烯、聚偏二氯乙烯和聚甲基戊烯保鲜膜为安全产品	28
乙丙共聚物	拉曼光谱法	乙烯含量	乙烯含量预测值的平均相对误差为 2.65%	29
聚合物电解质	拉曼光谱法	导电能力研究	对盐溶解能力好，增加盐浓度，利于离子传输	30
聚乙烯醇（PVA）	拉曼光谱法	水在 PVA 中的状态及氢键作用	水在聚乙烯醇中存在 3 种状态；含水量增加，单氢键与多氢键结合水分子增加	31
聚氯乙烯溶液	拉曼光谱法	聚氯乙烯浓度	预测值与真实值的均方根误差为 2.775	32
食品包装塑料	拉曼光谱法	种类鉴定	可快速准确地鉴定出检测样品的种类	33

续表

测量对象	测量方式	分析指标	分析结果	参考文献
山羊绒、羊毛纤维	激光 Raman	山羊绒、羊毛纤维的结构研究	可测定两种纤维的二硫键含量、蛋白质分子链的二级结构及聚集态结构等	34
丝胶固着蚕丝	激光 Raman	胶对纤维化学结构的影响	2924.3cm^{-1} 峰强度蹭加，β-折叠成分减少，α-螺旋和无规卷曲成分上升	35
染色纤维样品	FT-Raman 法	纤维染料鉴定	利用差谱技术，实现了对纤维上染料的鉴定	36
天然黄色家蚕丝	拉曼光谱法	晶态结构研究	黄色家蚕丝是以 β-折叠构象为主的结晶高聚物	37
桑蚕丝	拉曼光谱法	铁和锰对丝蛋白构象的影响	铁能诱导丝蛋白由无规线团或螺旋结构向 β-折叠转变，锰无明显影响	38
纺织纤维	拉曼光谱法	纤维定性鉴别	可鉴别纺织纤维，更适合合成纤维及混纺织物	39
涤纶、腈纶、锦纶和粘胶	拉曼光谱法	纤维品种鉴别	实验结果表明，该鉴别方法快速、有效，适宜对各类织物成分的定性鉴别	40
纳米竹炭纺织品	激光显微拉曼光谱法等	纳米竹炭检测及性能评价	纤维内部及表面均存在亚微米竹炭颗粒，质量分数较低，添加后使织品的远红外性能提高	41

本表参考文献：

1. 阮华，戴连奎．仪器仪表学报，2010（11）：2440.
2. 林艺玲，戴连奎，阮华．光谱学与光谱分析，2010，30（11）：3002.
3. 李晟，戴连奎．光谱学与光谱分析，2010，30（11）：2993.
4. 淡图南，戴连奎．光谱学与光谱分析，2010（4）：979.
5. 包丽丽，齐小花，张孝芳，等．光谱学与光谱分析，2012，32（2）：394.
6. 田高友．分析测试学报，2009，28（6）：738.
7. 李晟，戴连奎．光谱学与光谱分析，2011，31（10）：2747.
8. 娄婷婷，王运庆，李金花，等．光谱学与光谱分析，2012，32（1）：132.
9. 阎宇，程明霄，林锦国，等．自动化与仪表，2010，25（4）：10.
10. 杨磊，刘池洋，赫英，等．中国地质，2007，34（3）：436.
11. 夏宁，刘昌岭，业渝光，等．岩矿测试，2011，30（4）：416.
12. 刘昌岭，业渝光，孟庆国．光谱学与光谱分析，2010，30（4）：963.
13. 李军华，杨雪云，沈文通，等．分析测试学报，2009，28（12）：1452.
14. 董鹍，饶之帆，杨晓云，等．光散射学报，2011，23（1）：61.
15. 董鹍，饶之帆，杨晓云，等．光谱实验室，2011，28（3）：1464.
16. 尹国盛，骆慧敏，赵阁，等．化学研究，2003，14（3）：52.
17. 董鹍，饶之帆，杨晓云，等．光谱学与光谱分析，2011，31（12）：3277.
18. 杜银霄，朱纪春，白莹，等．信阳师范学院学报，2004，17（1）：27.
19. 林海波，徐晓轩，吴宏滨，等．光谱学与光谱分析，2004，24（6）：701.
20. 刘晨，陈凤恩，张家鑫，等．物理化学学报，2003，19（9）：810.
21. 王靖，郭晨，等．分析化学，2001，29（1）：35.
22. 卢嘉春，黄萍，等．光谱实验室，2001，18（2）：148.
23. 于香辉，刘丽敏，李长江．青海科技，2007，14（3）：38.
24. 刘庆广，王利娜，徐建平，等．应用化学，2007，24（6）：656.
25. 陈杰励，王靖岱，阳永荣．化工学报，2009（9）：2365.
26. 柯云龙，任聪静，王靖岱，等．石油化工，2011，40（3）：312.
27. 陈美娟，陈杰励，王靖岱，等．浙江大学学报，2010（6）：1164.
28. 冯超，董鸥，吴永军，等．光散射学报，2010，22（2）：137.
29. 陈美娟，王靖岱，蒋斌波，等．光谱学与光谱分析，2011，31（3）：709.
30. 李月姣，吴锋，陈人杰，等．功能材料，2009，40（1）：26.
31. 李远莉，李莉，陈宁，等．塑料，2011，40（4）：1.
32. 黄正梁，王靖岱，蒋斌波，等．光谱学与光谱分析，2011，31（3）：704.

33. 董鹏，饶之帆，杨晓云，等. 塑料工业，2011，39 (6)：67.
34. 侯秀良，王善元. 毛纺科技，2004 (1)：38.
35. 韦军，朱亚伟，彭桃芝，等. 印染助剂，2004，21 (3)：51.
36. 王志国，孙素琴. 光散射学报，2002，14 (4)：212.
37. 王建南，裔洪根，李娜. 丝绸，2007 (11)：19.
38. 周文，黄郁芳，邵正中，等. 化学学报，2007，65 (19)：2197.
39. 吴俭俭，孙国君，戴连奎，等. 纺织学报，2011，32 (6)：28.
40. 乔西娅，戴连奎，吴俭俭. 光谱学与光谱分析，2010，30 (4)：975.
41. 郭玉婷，周建，王强，等. 毛纺科技，2011，39 (12)：1.

表 12-34 拉曼光谱法在食品及农业分析中的应用

测量对象	测量方式	分析指标	分析结果	参考文献
脐橙	激光 Raman	糖度和硬度	预测值误差的总体方差为 0.0656 和 0.0062	1
番茄	共振 Raman	番茄红素和 β-胡萝卜素含量	利用二次谐波，可在体分析番茄中的番茄红素和 β-胡萝卜素含量	2
水果	FT-Raman	表面残留农药	可分辨蔬菜水果表面是否有残留农药附着	3
新鲜水果	显微 Raman	水果鉴别	仅靠拉曼谱的一些微小差别进行水果鉴别	4
浓缩苹果汁	拉曼光谱法	掺入梨汁鉴别	对苹果汁掺入梨汁鉴别的相对误差<10%	5
可乐、脉动、橙汁三种饮料	表面增强 Raman 技术	甲基苯丙胺的定性检测	检测结果与超高效液相色谱-串联飞行时间质谱定性检测结果相符	6
几种常见饮料	激光 Raman	咖啡因检测	265nm 峰作为判断依据，可定性检出咖啡因	7
几种常用品牌的饮用水	激光 Raman	矿物质含量	可从特征峰强度和同一特征峰下退偏度的大小来判断饮用水中矿物质含量	8
白酒、清酒、杨梅酒	激光 Raman 内标法	乙醇浓度	白酒、清酒、杨梅酒的乙醇平均浓度分别为 36.1%、15.5%、23.7%	9
液态奶	激光 Raman	三聚氰胺含量	三聚氰胺含量测定的准确率达 100%	10
牛奶	表面增强 Raman 技术	三聚氰胺含量	三聚氰胺的检测限可达 0.5 mg/kg	11
			检测限为 2.0 mg/L，检测时间只需 10 min	12
原奶、消毒奶、酸奶、奶粉	表面增强 Raman 技术	三聚氰胺含量	定量检出限为 0.5mg/kg，单样检测时间小于 2min，尤其适用于现场快速分析	13
食品	表面增强 Raman 技术	金黄色葡萄球菌的鉴别	建立了快速鉴别食品中金黄色葡萄球菌的方法，探讨了可行性和应用价值	14
小米、玉米、黄米、大米和小麦	激光 Raman	营养成分分析	五谷中所含主要营养成分为糖类和蛋白质，前者含量远高于后者	15
云南姚安三角大香糯水稻	拉曼光谱法	激光诱变对香糯水稻的影响	受激光辐照诱变的大香糯水稻与对照组样品的光谱有明显的差异	16
小麦胚芽	显微激光 Raman 技术	8S 球蛋白的二级结构分析	小麦胚芽 8S 球蛋白的二级结构主要为β-折叠，还有一定量的α-螺旋和无规卷曲构象	17
玉米种子	Raman 和 IR	玉米种子不同部位成分分析	玉米种子不同部位蛋白质、脂类、糖类和类胡萝卜素含量是不同的	18
卫星搭载紫花苜蓿种子	傅里叶变换拉曼光谱法	卫星搭载对苜蓿种子的影响	经卫星搭载后，苜蓿种子的 DNA 和 Ca^{2+} 量增加，糖类与脂类的量降低	19

续表

测量对象	测量方式	分析指标	分析结果	参考文献
商品农药制剂	拉曼光谱法	溴氰菊酯含量	溴氰菊酯定量模型的相关系数为0.9967	20
用于粮食、蔬菜、水果的农药	显微 Raman	农药识别及其残留检测	可识别这些农药及其在粮食、蔬菜、水果表面上的残留	21
四种新芳氧羧酸类除草剂	共聚 Raman	除草剂的拉曼谱及除草活性	得到了此类化合物的拉曼光谱特征峰位置，测试了这四种除草剂的除草活性	22
八种新型除草剂	激光显微 Raman 技术	八种新型除草剂的拉曼光谱	对其进行了表征，对谱图进行了归属，并测试了这八种化合物的除草活性	23
肥料	拉曼光谱法	硝态氮含量	预测值与国标法的测定结果基本吻合	24
宠物饲料	增强 Raman	三聚氰胺含量	方法的检测限为 0.5mg/kg，分析时间 5min	25
柿树叶	拉曼光谱法	柿树叶的表征	柿树叶有较大的表面能，酸碱比为0.016	26

本表参考文献：

1. 药林桃，刘木华，王映龙．农业工程学报，2008，24（11）：233.
2. 欧阳顺利，周密，曹彪，等．光谱学与光谱分析，2009（12）：3362.
3. 周小芳，方炎，张鹏翔．光散射学报，2004，16（1）：11.
4. 钱晓凡，肖怡琳，等．光散射学报，2001，13（1）：59.
5. 马寒露，董英，张孝芳，等．分析测试学报，2009，28（5）：535.
6. 张金萍，鲁心安，杨洁，等．化学世界，2011，52（8）：465.
7. 彭军，梁敏华，冯锦澎．大学物理实验，2011，24（3）：29.
8. 杨昌虎，袁剑辉，曾晓英．光谱学与光谱分析，2007，27（10）：2053.
9. 刘文涵，杨未，吴小琼，等．分析化学，2007，35（3）：416.
10. 赵楚生．当代畜禽养殖业，2009（6）：60.
11. 陈安宇，焦义，刘春伟，等．中国卫生检验杂志，2009（8）：1710.
12. 赵宇翔，彭少杰，赵建丰，等．乳业科学与技术，2011，34（1）：27.
13. 刘峰，邹明强，张孝芳，等．分析化学，2011，39（1）：1531.
14. 黄玉坤，王毅谦，汪朋，等．中国卫生检验杂志，2011，21（12）：2824.
15. 张克勤，杨雪梅．光谱实验室，2011，28（3）：1198.
16. 颜茜，王昆林，沙育年．激光杂志，2011，32（5）：35.
17. 朱科学，郭晓娜，彭伟，等．食品科学，2009（19）：32.
18. 李占龙，周密，左剑，等．分析化学，2007，35（11）：1636.
19. 任卫波，张蕴薇，邓波，等．光谱学与光谱分析，2010（4）：988.
20. 熊艳梅，唐果，段佳，等．光谱学与光谱分析，2010（11）：2936.
21. 肖怡琳，张鹏翔，钱晓凡．光谱学与光谱分析，2004，24（5）：579.
22. 吴乔锋，叶勇，刘军安，等．光谱学与光谱分析，2003，23（6）：1125.
23. 金姗霞，胡兰兰，刘禅，等．光散射学报，2011，23（4）：381.
24. 薛绍秀，胡宏，杨丽萍，等．河南化工，2011（12）：56.
25. 程劼，苏晓鸥．光谱学与光谱分析，2011，31（1）：131.
26. 顾庆锋，沈青，胡剑锋．天然产物研究与开发，2004，16（2）：163.

参考文献

[1] Smekal A．Naturwiss，1923，11：873.

[2] Raman C V．Nature，1928，121：501，619，721；IndianJ phys，1928，2：287.

[3] Hirschfeld T B．Applied Spectroscopy，1986，40：133.

[4] Colthup N B，Daly L H，et al. Introduction to Infrared and Raman Spectroscopy. 3rd ed. New York：Academic Press，1990.

[5] 潘家来．激光拉曼光谱在有机化学上的应用．北京：化学工业出版社，1986.

[6] 吴瑾光．近代傅里叶变换红外光谱技术及应用：上卷．北京：科学技术文献出版社，1994.

[7] 科顿 F A．群论在化学中的应用．北京：科学出版社，1984.

[8] 王宗明，何欣翔，等．实用红外光谱学．北京：石油化学工业出版社，1978.

[9] Baranska H，et al．Laser Raman Spectrometry analytical applications．Ellis Horwood Limited，1987.
[10] Skoog D A，Lelary JJ．Principles of Instrumental Analysis. Fourth Edition．Saunders College Publishing，1992.
[11] 许振华．光谱学与光谱分析，1993，13（1）：83.
[12] 朱贵云，杨景和. 激光光谱分析法. 北京：科学出版社，1989.
[13] Craig N C，Levin I W．Appl Spectrosc，1979，33（5）：475.
[14] 国家教育委员会．JJG(教委) 002—1996 激光拉曼光谱仪检定规程．北京：科学技术文献出版社，1997.
[15] 江天籁．光谱学与光谱分析，1984，4（3）：7.
[16] 程微微，唐延吉．分析化学，1992，20（12）：1458.
[17] 朱自莹，顾仁敖，等．光谱学与光谱分析，1993，13（1）：47.
[18] 周光明，盛蓉生，曾云鹗．分析测试学报，1996，15（6）：85.
[19] 多林希 F R，佛特利 W G，等. 有机化合物的特征拉曼频率．朱自莹译. 北京：中国化学会，1980.

第三篇

荧光、磷光及化学发光分析法

第十三章　荧光分析法

第一节　荧光分析法的基本原理

一、荧光的产生

荧光，是指一种光致发光的冷发光现象。当某种常温物质经某种波长的入射光照射，吸收光能后进入激发态，物质分子的价电子从较低能级跃迁到较高能级，这一电子跃迁过程经历的时间约为 10^{-15}s，跃迁所涉及的两能级间的能量差正好等于所吸收的光子的能量。分子中同一轨道里所占据的两个电子必须具有相反的自旋方向，即自旋配对。如果分子中所有电子都是自旋配对的，那么该分子即处于单重态，用符号 S 表示。当分子吸收能量后电子跃迁过程中不发生自旋方向的变化，这时分子处于激发的单重态；当分子吸收能量后电子跃迁过程中发生自旋方向的变化，这时分子处于激发的三重态，用符号 T 表示。通常用符号 S_0、S_1和 S_2表示分子的基态、第一和第二激发单重态。激发态的分子很不稳定，它可能通过非辐射跃迁和辐射跃迁的过程返回到基态。辐射跃迁的衰变过程伴随着光子的发射，即产生荧光或者磷光；非辐射跃迁的衰变过程包括内转换、振动弛豫和系间窜越。

通常情况下，如果分子被激发到 S_2以上的某个电子能级的不同振动能级上，处于这种激发态的分子很快发生非辐射跃迁而衰变到 S_1态的最低振动能级，当电子由 S_1经辐射跃迁回到 S_0（即基态）时，即发出荧光。也就是说，荧光是来自最低激发单重态的辐射跃迁过程所伴随的发光现象，发光过程的速率常数大，激发态的寿命短。

二、激发光谱和发射光谱

既然荧光是一种光致发光现象，那么，由于分子对光的选择性吸收，不同波长的入射光便具有不同的激发效率。如果固定荧光的发射波长（即测定波长）而不断改变激发光（即入射光）的波长，并记录相应的荧光强度，所得到的荧光强度对激发波长的谱图称为荧光的激发光谱（简称激发光谱）；如果使激发光的波长和强度保持不变，而不断改变荧光的测定波长（即发射波长）并记录相应的荧光强度，所得到的荧光强度对发射波长的谱图则为荧光的发射光谱（简称发射光谱）。激发光谱反映了在某一固定的发射波长下所测量的荧光强度对激发波长的依赖关系：发射光谱反映了在某一固定的激发波长下所测量的荧光的波长分布。

激发光谱和发射光谱可用以鉴别荧光物质，并可作为进行荧光测定时选择合适的激发波长和测定波长的依据。

由于不同仪器的光源、单射器和检测器都有可能不同，所测得的激发光谱和发射光谱都有可能各有差异，只有对仪器特性的波长因素加以校正，所得到的校正光谱才可能彼此一致。

荧光光谱通常只含有一个发射谱带。如前面所说，即使分子被激发到 S_2以上的不同振动能级，由于内转换和振动弛豫，且这一过程非常迅速，致使物质分子很快丧失多余的能量而衰变到 S_1态的最低振动能级，再由 S_1态最低振动能级经辐射跃迁而回到基态发出荧光，因而荧光光谱通常只含一个发射谱带，且发射光谱的形状和激发波长无关。

通常荧光发射光谱与吸收光谱呈现镜像关系，如苝的苯溶液的吸收光谱和发射光谱。应用镜像对称规则，可以帮助判别某个吸收带究竟是属于第一吸收带中另一振动带，还是更高电子态的吸收带；如果不是吸收光谱镜像对称的荧光峰出现，表示有散射光或者杂质光存在。当然也有少数非镜像现象，这可能是因为激发态时核的几何构型和基态时不同，或者是由在激发态时发生了质子转移反应或者形成激发态二聚体等原因引起的。

三、荧光量子产率

荧光量子产率（fluorescent quantum yield）又称荧光量子效率，用符号 Φ_f 表示，是指荧光物质吸收光后所发射的荧光的光子数与所吸收的激发光的光子数之比值，或者是激发态分子中通过发射荧光而回到基态的分子占全部激发态分子的分数。由于激发态分子的衰变过程包含辐射跃迁和非辐射跃迁，故荧光量子产率可以表示为：

$$\Phi_f = k_f/(k_f + \sum k_i) \tag{13-1}$$

量子产率取决于辐射和非辐射跃迁过程，即荧光发射、系间窜越和内转换等的相对速率，式中，k_f 是荧光发射的速率常数；Σk_i 是系间窜越等非辐射跃迁过程的速率常数的总和。通常 k_f 主要取决于分子的化学结构，Σk_i 主要取决于化学环境，同时也与化学结构有关。

荧光量子产率（Φ_f）的数值在通常情况下总是小于 1。Φ_f 的数值越大则化合物的荧光越强，而无荧光的物质的荧光量子产率却等于或非常接近于零。

荧光量子产率的大小主要决定于化合物的结构与性质，同时也与化合物所处的环境因素有关。荧光量子产率的数值可以通过参比法加以测定，该法是通过比较待测荧光物质和已知荧光量子产率的参比荧光物质两者的稀溶液在同样激发条件下所测得积分荧光强度和对该激发波长入射光的吸光度而加以测量的，测量结果按下式来计算待测物的荧光量子产率：

$$\Phi_u = (\Phi_s I_{fu} A_s)/(I_{fs} A_u) \tag{13-2}$$

式中，Φ_u、I_{fu} 和 A_u 分别表示待测物质的荧光量子产率、积分荧光强度和吸光度；Φ_s、I_{fs} 和 A_s 分别表示已知参比物质的荧光量子产率、积分荧光强度和吸光度。

四、荧光的猝灭

荧光的猝灭，是指发光分子与溶剂或者是溶质分子之间所发生的导致发光强度下降的物理或化学作用的过程。与发光分子相互作用而引起发光强度下降的物质被称为猝灭剂。

猝灭过程可以分为动态猝灭和静态猝灭两种类型。动态猝灭是发生在猝灭剂与发光物质激发态分子之间的相互作用，在此过程中，发光物质激发态分子通过与猝灭剂分子的碰撞作用，以能量转移的方式或电荷转移的方式丧失其激发能而返回基态；静态猝灭是猝灭剂与发光物质的基态分子之间的相互作用，在此过程中，猝灭剂与发光物质的基态分子之间发生络合反应，所产生的配合物在实际检测的光谱区域内不发光。

动态猝灭过程可以用 Stern-Volmer 方程式表示：

$$F_0/F = 1 + k_q \tau_0 [Q] = 1 + K_{SV} [Q] \tag{13-3}$$

式中，k_q 为双分子猝灭过程的速率常数；τ_0 为没有猝灭剂存在下测得的荧光寿命；[Q]为猝灭剂的平衡浓度；K_{SV} 为 Stern-Volmer 猝灭常数（即双分子猝灭过程的速率常数与单分子衰变过程的速率常数的比值，单位 L/mol）。根据猝灭剂存在与不存在时荧光寿命的不同，Stern-Volmer 方程式还可以表示为：

$$\tau_0/\tau=1+K_{SV}[Q] \tag{13-4}$$

其中，τ_0 和 τ 分别表示没有猝灭剂存在和有猝灭剂存在下所测得的荧光寿命。

通过观察猝灭现象与荧光寿命、温度和黏度等的关系，可以判断猝灭现象是属于动态猝灭还是静态猝灭。最简单最准确的区分猝灭方式的方法就是荧光寿命的测量。只有动态猝灭中，猝灭剂的存在会导致发光的寿命缩短；在静态猝灭中，猝灭剂的存在并没有改变发光分子的激发态寿命。温度升高，动态猝灭加剧，但是温度升高可能引起配合物的稳定常数下降，从而减小静态猝灭的程度。有时，动态猝灭与静态猝灭也会同时发生。

五、荧光强度与荧光物质浓度的关系

溶液的荧光强度与溶液的浓度有一定的关系，通常情况下，用如下方程式表示：

$$I_f=2.303\ \Phi_f I_0 \varepsilon bc \tag{13-5}$$

式中，I_f 表示溶液的荧光强度；Φ_f 表示荧光量子产率；I_0 表示入射光强度；ε 表示摩尔吸光系数；b 表示吸收光程；c 表示溶液的浓度。

当入射光强度 I_0 与 b 一定时，溶液的荧光强度与溶液的浓度成线性关系，但是这种线性关系只有在极稀溶液中，$\varepsilon bc \leqslant 0.05$ 时才成立；对于较浓的溶液，荧光强度与浓度则不成线性关系，将会出现荧光强度不仅不随浓度的增加而增强，甚至会出现随浓度的增加而下降的现象，导致这种现象的原因是荧光猝灭和自吸收，主要表现在如下几个方面。

（1）内滤效应　溶液浓度过高时，溶液中的杂质会对入射光的吸收增大，从而降低激发光的强度，同时，入射光被液池前部的发光物质强烈吸收以后，会导致液池中后部的发光物质接收到的入射光减弱，从而发光强度下降，而仪器的光探测窗口通常是对准液池中部区域的，结果所检测到的荧光强度显著下降。

（2）分子聚集高浓度时　发光分子之间可能会发生聚集，形成基态或激发态的聚合物，从而导致荧光光谱的变化和/或荧光强度的下降。

（3）荧光自吸收现象　当发光物质的吸收光谱和发射光谱发生重叠时，可能会发生发射光被部分再吸收，从而导致发光强度的降低。溶液浓度增大时，自吸收现象会加剧。

六、环境因素对荧光光谱和荧光强度的影响

物质产生荧光主要是取决于其分子的结构，然而，环境因素也会对荧光产生一定的影响，具体可以从以下几个方面来看。

（1）溶剂的影响　一般来讲，许多共轭芳香族化合物受激发生 $\pi\rightarrow\pi^*$ 跃迁，其激发态比基态具有更大的极性，荧光强度随溶剂极性的增加而增强，激发态比基态能量下降的更多，发射峰向长波方向移动。此外，荧光体与溶剂之间的氢键等化学作用也会导致荧光光谱发生改变。如8-羟基喹啉在四氯化碳、氯仿、丙酮和乙腈四种不同极性溶剂中的荧光光谱各有差异。这是由于 $n\rightarrow\pi^*$跃迁的能量在极性溶剂中增大，而 $\pi\rightarrow\pi^*$ 跃迁的能量降低，从而导致荧光增强、荧光峰红移。某些芳香族羰基化合物和氮杂环化合物，它们在非极性的疏质子溶剂中荧光很弱或不发光，而在高极性的氢键溶剂中荧光量子产率增大，如喹啉在环己烷中不发荧光而在水溶液中发荧光。

（2）温度的影响　温度对溶液的荧光强度有着显著的影响。温度升高会使激发态分子的振动弛豫和内转换作用加剧，同时增大发光分子与溶剂分子碰撞失活的概率；而温度降低，荧光物质溶液的荧光量子产率和荧光强度将增大。

（3）介质酸碱性的影响　假如荧光物质是一种弱酸或弱碱，它们的分子和其相应的离子可以视为两种不同的型体，其发光光谱、荧光寿命、荧光量子产率等将有所不同，介质的酸碱性将会影响这两种不同型体的比例，从而影响荧光光谱的强度和形状。大多数含有酸性或碱性基团的芳香族化合物的荧光光谱，对溶剂的酸碱性是非常敏感的。例如，水杨酸不发荧光，而在碱性溶液中，由于酚基的解离，或者在酸性溶液中，由于羰基的质子化，水杨酸呈现出强的荧光。

（4）介质黏度和重原子效应的影响　介质黏度的升高将会减小激发态分子振动和转动的速率，同时也就降低了与其他质子分子碰撞的概率，因而有利于提高荧光的强度。在含重原子的溶剂（如含溴原子的溴化正丙酯、含卤素原子的卤代烷）中，通常会引起荧光强度的下降和磷光的增强。

（5）有序介质的影响　有序介质，如表面活性剂和环糊精，对发光物质的发光特性有着显著的影响。在表面活性的溶液中，发光分子易于分散在胶束的内核、栅栏或者是胶束-水的界面，减少了发光分子活动的自由度，又对发光分子起了屏蔽作用，减小发光分子与溶剂分子碰撞的概率，从而减小非辐射衰变过程的速率，提高发光强度。然而这种增敏作用表现出对表面活性剂的高选择性，如果发光型体是荷电的，那么具有与其带相同电性的表面活性剂通常对其不起增敏作用或者增敏效果差。同样，环糊精有亲水的外缘和疏水的空腔，当某些疏水发光分子尺寸正好合适则能够进入环糊精的空腔，形成包合物，这样就降低了发光分子的自由度，提高了发光强度。

七、荧光与分子结构的关系

虽然很多物质能够吸收紫外或者是可见光，但是只有一部分物质能够发荧光，物质能否发荧光，这很大程度上取决于其分子的结构。

（1）跃迁类型和共轭 π 键体系　实验证明，$\pi \rightarrow \pi^*$跃迁是产生荧光的主要跃迁类型，所以绝大多数能产生荧光的物质都含有芳香环或杂环，具有共轭双键体系的分子含有易被激发的非定域的 π 电子，共轭体系越大，非定域的 π 电子越容易被激发，往往具有更强的发光，且共轭体系增大，发射峰向长波方向移动。

（2）刚性平面结构　荧光效率高的物质，其分子多是平面构型，且具有一定的刚性。具有刚性平面结构的分子，其振动和转动自由度减小，π 电子的共轭度增加，同时分子的内转换和系间窜越过程以及分子内部的振动等非辐射跃迁的能量损失减少，从而发光效率提高。例如荧光素和酚酞结构十分相似，荧光素呈平面构型，是强荧光物质，而酚酞没有氧桥，其分于不易保持平面，不是荧光物质。

（3）取代基效应　芳烃和杂环化合物的荧光光谱和荧光强度常随取代基改变而变化。一般说来，给电子取代基如—OH、$—NH_2$、—OR、$—NR_2$等能增强荧光；这是因为产生了 n-π 共轭作用，增强了 π 电子的共轭程度，导致荧光增强，荧光波长红移。而吸电子取代基如$—NO_2$、—COOH、—C═O、卤素离子等使荧光减弱。这类取代基也都含有 n 电子，然而其 n 电子的电子云不与芳环上 π 电子共平面，不能扩大 π 电子共轭程度，反而使 $S_1 \rightarrow T_1$ 系间窜越增强，导致荧光减弱，磷光增强。例如，苯胺和苯酚的荧光较苯强，而硝基苯则为非荧光物质。卤素取代基随卤素相对原子质量的增加，其荧光效率下降，磷光增强。这是因为在卤素重原子中能级交叉现象比较严重，分子中电子自旋-轨道耦合作用加强，使 $S_1 \rightarrow T_1$ 系间窜越明显增强。

（4）最低电子激发单重态的性质　$n \rightarrow \pi^*$ 跃迁属于自旋禁阻的跃迁，摩尔吸光系数小，$S_1 \rightarrow T_1$ 系间窜越概率大，激发态寿命长，而 $\pi \rightarrow \pi^*$ 跃迁是自选允许的跃迁，摩尔吸光系数大，$S_1 \rightarrow T_1$ 系间窜越概率小，激发态寿命短。因此，$\pi \rightarrow \pi^*$ 跃迁将产生比 $n \rightarrow \pi^*$跃迁更强的荧光。含 N、O、S 等的杂原子芳香化合物，它们的最低激发单重态 S_1 通常是$(n，\pi^*)$激发态；不含 N、O、S 等的杂原子芳香化合物，它们的最低激发单重态 S_1 通常是$(\pi，\pi^*)$激发态。

第二节 荧光分析仪

一、荧光分析仪的基本结构和组件

在实际应用中的荧光分析仪，常见的主要有荧光计和荧光分光光度计两种，它们的组成部件有激发光源、单色器（滤光片或光栅）、狭缝、样品池、检测器、信号放大及输出系统和数据处理系统，其中激发光源、样品池、单色器和检测器是基本构成部分。在这几个基本构成部分中，激发光源用来激发样品，单色器用来分离出所需要的单色光，检测器用来将化学信号转变为电信号。实际中的荧光分光光度计的结构示意见图 13-1。

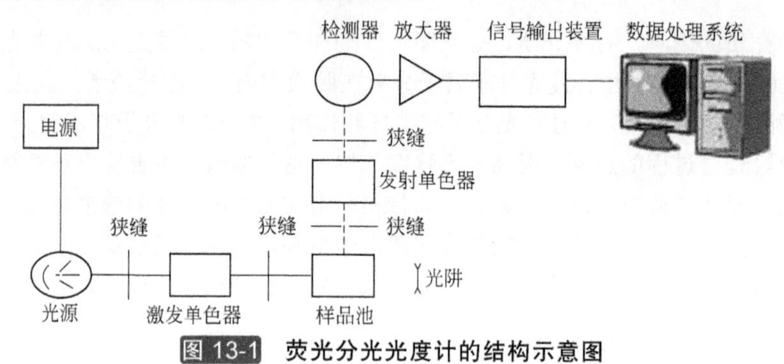

图 13-1 荧光分光光度计的结构示意图

（一）激发光源

理想的激发光源是光强稳定的且具有足够强度的、在所需的光谱范围内有连续光谱的光源，并且所需的光源强度与波长无关。选择激发光源主要应考虑其稳定性和强度，光源的稳定性直接影响测定的精密度和重复性，而强度则直接影响测定的灵敏度和检出限。

实际中使用的常见光源有氙灯、汞灯、氙-汞弧灯、激光器和闪光灯等。高压氙弧灯是现今荧光分光光度计中使用最为广泛的一类光源，该种光源是一种短弧气体放电灯，在 250～800nm 光谱区呈现连续光谱，450nm 附近有几条锐线。汞灯是初期荧光计的主要光源，该种光源利用汞蒸气放电发光，它所发射的光谱与灯的蒸气压有关，因此有低压汞灯和高压汞灯之分。低压汞灯的能量主要集中于紫外区，由一些分立的线光谱组成，常用于校正单色器的波长；高压汞灯的放电光谱由略成带状的光谱组成，并且存在较宽的连续光谱，它多被用于滤光片式荧光计。激光器较氙灯、汞灯等光源的单色性好且没有杂光，因此是目前高性能荧光仪器的主要光源。闪光灯主要应用于光子计数和脉冲取样法，这种灯的特性随灯的填充气体类型的不同而不同。

（二）样品池

样品池通常是采用低荧光的石英材质制成的方形或长方形池体。

（三）单色器和滤光片

单色器是将光源发出的光分离成所需要的单色光的器件，它由入射狭缝、准直镜、色散元件、物镜和出射狭缝等组成。其中色散元件是关键部件，作用是将复合光分解成单色光。入射狭缝用于限制杂散光进入单色器，准直镜将入射光束变为平行光束后进入色散元件。物镜将出自色散元件的平行光聚焦于出口狭缝。出射狭缝用于限制通带宽度。常用的色散元件有光栅和棱镜，其中荧光分析中常用的为光栅单色器。光栅单色器的性能指标主要为色散能力和杂散光水平。棱镜单色器的透射率是波长的函数，且与偏振光有关（即记录时的偏振条件会影响测得的光谱波长）。

滤光片是能衰减光强度、改变光谱成分或限定振动面的光学零件。在荧光分析中，滤光片是用来消除杂散光和散射光等误差的另一器件。它与单色器相比，具有便宜、简单等优点，因此应用也很广泛。常用的滤光片种类有玻璃滤光片、胶膜滤光片和干涉滤光片等。

（四）检测器

荧光分析中最常见的检测器为光电倍增管（photomultiplier，PMT）。光电倍增管是可将微弱光信号通过光电效应转变成电信号并利用二次发射电极转为电子倍增的电真空器件，它的输出电流和入射光子数成正比。光电倍增管可分成 4 个主要部分，分别是光电阴极、电子光学输入系统、电子倍增系统和阳极。

除光电倍增管以外，检测器还有光导摄像管、电子微分器、电荷耦合器件阵列检测器等。

（五）荧光光谱的校正

由于实际中分析仪使用的各光学部件并不是理想化的，具体为各光学部件具有光谱特性，即与波长有关，这就使所得的激发和发射光谱与真实的有很大出入。因此在特殊情况（如荧光量子产率的计算）下，需要对荧光光谱进行校正。

激发光谱的失真主要是因为实际中使用的激发光源和激发单色器有明显的光学特性，所以在校正激发光谱时，多采用光量子计，即把不同波长的激发光光量子数转化为成正比例的荧光信号再通过 PMT 进行检测的方法。常用的光量子计为罗丹明 B 乙醇溶液。具体方法有光量子计-微机校正法和光量子计-程序电位法两种。

发射光谱的失真主要是因为发射单色器和检测器具有明显的光学特性。若采用光量子计 -微机校正法校正激发光谱，通常采用微机-散射光法来校正样品的发射光谱。另一种校正发射光谱的方法为程序电位器-散射光法，这种方法是利用发射单色器的程序电位器来校正发射光谱的。除此之外，校正发射光谱的方法还有标准灯校正法、标准荧光物质校正法等。

以上所述几种光谱校正法中，应用广泛的是光量子计-微机校正法校正激发光谱和微机-散射光校正法校正发射光谱，它们的优点是快速、校正结果可靠。

二、荧光光谱仪的主要技术指标及检定规程

（一）主要技术指标

荧光光谱仪的基本技术参数包含光学系统元件指标、波长范围、带宽、波长扫描速度、工作温度以及仪器的体积、重量等，而其主要技术参数包括所能达到的信噪比、检测极限、测量线性、光谱的重复性及稳定性等。

光源作为荧光光谱仪的重要元件之一，其种类及性能的不同直接决定了仪器质量的好坏。通常仪器参数里光源的种类、功率以及波长范围都会明确地标出，比如天津港 F-280 型荧光光谱仪使用的是 150W 高压氙灯，可提供充足光强的波长范围为 200～900 nm。此外光源的使用寿命也是一项重要的参考指标。

带宽又称为狭缝，通常包括入射狭缝和出射狭缝，常见的光谱仪里狭缝大小是可调的。入射狭缝越大，激发光强度越大；同理，出射狭缝越大，获得的发射光强度就越大。狭缝越大，信号强度越强，但同时噪声也越大。仪器的信噪比即灵敏度通常以 350 nm 波长激发的水的拉曼峰强度来表征。

荧光光谱仪器的检测极限及测量线性是通过测量一种标准物质的检测限来确定的，例如，以 0.05 mol/L 的硫酸溶液作为溶剂，以国家二级标准物质硫酸奎宁作为标准物，配制一系列不同浓度的标准溶液，然后测量不同浓度的标准溶液的荧光光谱，从而计算出检测限以及测量的线性范围。萘-甲醇溶液是另外一种常用的标准物质，用于测量荧光仪的检测限和测量线性。

荧光光谱仪所获得的光谱分为激发光谱和发射光谱，因此光谱的重复性和稳定性需要同时测定激发侧和发射侧光谱的峰值波长示值误差及波长重复性的变化。对于基于氙灯色散型

的单色器，测定激发侧单色器波长示值误差时，将发射侧单色器置零级位置，将漫反射板（或无荧光的白色滤纸条）放入样品室，仪器的响应时间设置为“快”，扫描速度设置为“中”或采用手动方式，使用实际可行的最窄狭缝宽度，对激发测单色器在 350～450nm 的波长范围进行扫描，通过在所得的谱图上寻找 450.1nm 附件的光谱峰，确定其峰值位置。连续测量三次，按公式（13-6）和式（13-7）分别计算波长示值误差和重复性。

波长示值误差（nm）：

$$\Delta_\lambda = \frac{1}{3}\sum_{i=1}^{3}\lambda_i - \lambda_r \tag{13-6}$$

波长重复性（nm）：

$$\delta_\lambda = \max\left|\lambda_i - \frac{1}{3}\sum_{i=1}^{3}\lambda_i\right| \tag{13-7}$$

式中，λ_i 是波长的测量值，nm；λ_r 是参考波长值（氙灯亮线参考波长峰值：450.1nm），nm。

测定发射侧的单色器的波长示值误差以及波长重复性时，方法与上述方法类似，不同的是将固定激发侧的单色器置零级位置，在发射侧单色器 350～550nm 的波长范围进行扫描。同样是连续测定三次，按公式（13-6）和式（13-7）分别计算波长示值误差和重复性，此外也可以使用萘-甲醇溶液通过测定萘的峰位置分别测定激发侧和发射侧的单色器波长示值误差与波长重复性。针对不同种类的单色器，所用的测试方法也会有所不同。

（二）检定规程标准

目前中国针对荧光分光光度计的检定主要是参照 JJG 537—2006《荧光分光光度计试行检定规程》。通用技术要求仪器外观上应有仪器名称、型号、制造厂名、出厂时间、仪器编号等。同时仪器的各紧固件紧固良好，各旋钮、按键均工作正常，电缆线接触良好，仪器指示仪表等刻线清晰、均匀，仪器配备的附件完备，无灰尘油污。绝缘电阻在仪器不工作的状态下，实验电压为 500V 时，电源进线与壳体之间的绝缘电阻不小于 20MΩ。

仪器的计量性能的检定需要在稳定的环境温度下实施，一般是在（20±10）℃，相对湿度不大于 85%，电源电压(220±22)V，同时仪器周围无强磁场、电场干扰，无振动，无强气流影响。检定前仪器应预热 20min，具体的计量性能要求如表 13-1 所示。

表 13-1 荧光分光光度计计量性能参数及要求

指标参数	性能要求	
	色散型单色器	滤光片型单色器
波长示值误差	优于± 2.0nm	玻璃型 ± 10.0nm 干涉型 ± 5.0nm
波长重复性	≤1.0nm	—
检出极限	5×10^{-10}g/ml	1×10^{-8}g/ml
测量线性	r≥0.995	
峰值重复性	≤1.5%	
稳定性	10min 内零线漂移≤0.5 %	
荧光强度示值上限	不超过±1.5 %	

三、常见的商品仪器及仪器发展现状

随着仪器分析方法的飞速发展，除了常规的荧光分析方法之外，越来越多的新型的荧光光谱仪也被开发并应用到多个研究领域，目前有用于同步荧光、固体表面荧光、单分子荧光、荧光偏振分析的仪器和具有时间分辨、相分辨、空间分辨及测量三维荧光光谱的荧光仪器。同时也开发出了针对不同的实验条件的低温荧光分析仪、动力学荧光分析仪、荧光免疫分析和导数荧光分析仪器等。在科研方面，荧光光谱仪侧重于向高灵敏性、多功能性发展，同时面向分子水平的分析和研究，比如研究蛋白质-蛋白质之间的相互作用、单分子颗粒的动态变化等。而在工业领域，荧光光谱仪向小型化发展，尤其是便携式的，能实现从实验室到现场快速检测分析的仪器，成为仪器开发的一种主流趋势。

目前，常见的商业化荧光分析仪的产地主要是美国和日本，但同时出产于欧洲（如法国、德国、荷兰、俄罗斯）的某些产品也占有一定的市场。举例如下。

（1）产自日本　Hitachi（日立）系列荧光分光光度计（如日立 F-4600 型荧光光谱仪[1]、日立 F-2500 荧光光谱仪[2]、日立 F-7000 荧光光谱仪）、岛津 RF-5301PC 等系列产品、Jasco 日本分光公司出产的 FP-8000 系列荧光光谱仪。

（2）产自美国　Cary Eclipse（瓦里安）荧光分光光度计[3~6]、Explore Optix Pre-clinical Imaging System[7~9]、Thermo Scientific（赛默飞世尔科技）公司 Lumina 型荧光分光光度计[4]。

（3）产自欧洲　法国 HORIBA Jobin Yvon Inc.公司的 FluoroMAX 系列荧光光谱仪（如 FluoroMax-4P 型）、Aqualog®三维荧光光谱仪。俄罗斯 FLUORAT-02-3M、FLUORAT-2-2M、FLUORAT-AE-2、FLUORAT-02-PANORAMA（Russia）。荷兰 SKALAR Fluo-Imager 三维指纹扫描荧光成像分析仪。IBM 时间分辨荧光光谱仪。德国 LTB 公司的 LIMES。

除了以上国外产的荧光分析仪外，国内生产的仪器也广泛应用于实际检测中。早期的国产荧光分析仪有 YF-1 型荧光分光光度计[10]和 YF-2 型荧光分光光度计。目前市场上最具竞争力的荧光分析仪国内生产公司有上海棱光技术有限公司、上海三科仪器有限公司、天津港东科技发展股份有限公司等。他们生产的产品主要有：①上海棱光技术有限公司的 F97 系列荧光分光光度计、F96S 高速荧光分光光度计等产品；②上海三科仪器有限公司的 930A 型荧光光度计、960MC 荧光分光光度计[11]、970CRT 型双单色器荧光分光光度计[12,13]等；③天津港东科技发展股份有限公司的 F-180 荧光分光光度计、F-280 型荧光分光光度计、F-380 型荧光分光光度计等产品。

第三节　有机荧光试剂

在荧光分析研究中，虽然近些年来，一些无机纳米光学材料也相继被研究发现，但有机荧光试剂的研究历史最为悠久，其合成及应用研究占了相当重要的地位，其应用广泛性以及种类数目也最为繁多。由于物质荧光的发射与强度主要与其分子结构有关，只有那些具有大共轭 π 键结构和刚性平面等特殊结构的物质才能发出荧光。一般地，荧光物质分子都含有发射荧光的基团（简称荧光团），如羰基、碳碳双键、碳氮双键等基团，以及能吸收波长并伴随荧光增强的主色团，如氨基、仲氨基、烷氧基、酰胺基等基团。有机荧光物质是一类具有特殊光学性能的化合物，它们能吸收特定频率的光，并发射出低频率（较长波长）的荧光，释放所吸收的能量。有机荧光化合物对紫外光有明显吸收，对可见光无吸收或吸收很弱，而其荧光却位于可见光区。因此，这类化合物在日光下是无色的，或颜色较浅；用紫外光照射时，发出荧光，呈现可见的鲜艳颜色，停止照射，则荧光颜色消失。这类化合物分子多含有杂环结构，分子内形成氢键可使斯托克斯位移显著增加，荧光显色。

有机荧光试剂按照化学结构可大致划分为几类：芳香稠环化合物；具有共轭结构的分子内电

荷转移化合物；稀土金属有机配合物及其他新型的荧光试剂如聚集诱导发光化合物等。表 13-2 中列举的是几类常用的有机荧光试剂。

其中，具有共轭结构的分子内电荷转移化合物是一类具有很好辐射衰变能力的发光化合物，水溶性及光谱都可以通过使用不同的取代基团进行调节，是目前应用最为广泛的一种荧光染料。

表 13-2 几类常见的有机荧光试剂的发光特性及代表性化合物

种类		结构特征及发光特性	代表性化合物	研究现状及应用领域
芳香稠环化合物		具有较大共轭体系，结构多是平面型。不易溶于水，最大激发波长多在紫外光区或者低于 400 nm。由于分子有很强的刚性结构，发射光谱能显示明显的分子振动能级	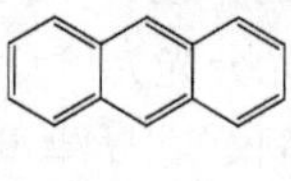 （蒽） 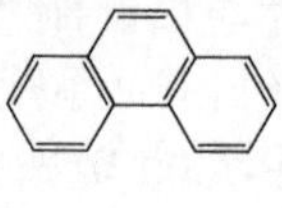 （菲） 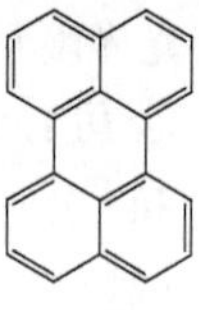 （苝） 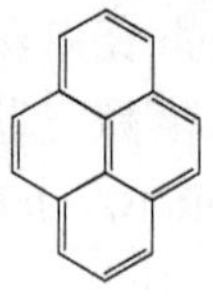 （芘） 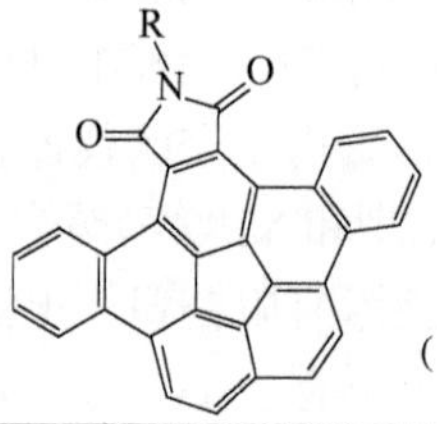 （“碗烯”）[14]	芳香稠环类荧光团是最早应用于构建小分子荧光探针的一类发光基团，被广泛应用于农药等小分子检测方面，但该类荧光基团有一个比较大的缺点是在水中溶解度较差，随着苯环的增加，荧光团自身的聚集程度大大增加，因此很难应用于水相检测
具有共轭结构的分子内电荷转移化合物	罗丹明类	氧杂蒽类染料是一类具有很高的荧光量子产率的荧光基团，具有良好的刚性共轭结构，最大激发和发射波长都在可见光范围内，其发光受体系环境影响较大	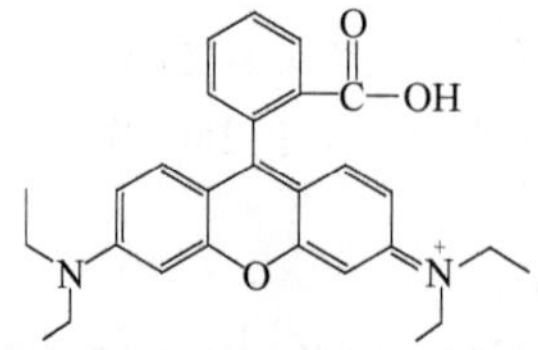 （罗丹明 B） 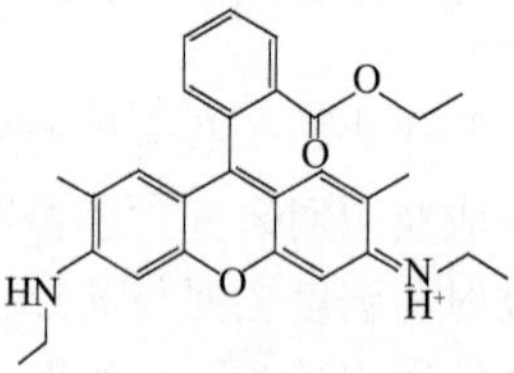 （罗丹明 6G） 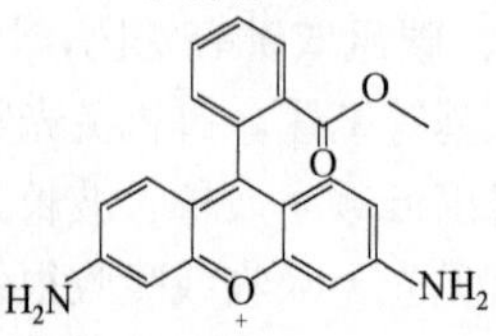 （罗丹明 123）	目前，罗丹明类染料的研究有两大趋势：其一是在氨基氮原子上接一些“天线分子”，其二是在苯基羧酸基上接“天线分子”。其目的是形成三发色团或双发色团荧光染料，通过“天线分子”对紫外光能量的充分吸收，将能量通过分子内有效地传递到罗丹明母体。例如：①在罗丹明 6G 羧基位进行接枝连上一个带有巯基的基团，可实现在水介质中汞离子的快速检测[15]，检测灵敏度达到 2×10^{-9} 以下；②在罗丹明 B 上引入巯基使其闭环，荧光消失，通过汞离子、铜离子与硫的强作用力使罗丹明结构发生开环反应，使得荧光恢复，进而达到检测金属离子的作用[16~18]。该类荧光基团在荧光探针、生物标记等领域都广泛应用

续表

种类		结构特征及发光特性	代表性化合物	研究现状及应用领域
具有共轭结构的分子内电荷转移化合物	香豆素类	具有苯并吡喃结构，荧光量子产率高，斯托克斯位移大。通过对香豆素母体进行化学修饰，可实现可见光区连续的波长变化。一般在母体的 3 位和 7 位会有苯并唑基和氨基等不同的取代基，与香豆素的内酯环形成“推-拉”电子体系，其荧光颜色一般为蓝绿-黄绿色。其 7-羟基衍生物有比香豆素本身具有更强的荧光	（香豆素） （双香豆素类化合物）[19]	香豆素是目前应用最广泛的一类荧光基团，在金属离子检测，小分子分析以及生物体内小分子成像、标记等方面有着重要的作用。其应用领域与罗丹明类似。例如：通过将 3-氨基-7-羟基香豆素与 2,5-二甲氧基苯甲醛作用形成香豆素衍生物，可以实现铜离子的检测[20]。6-氨基香豆素在其 3 位接上噻吩-2-甲醛可实现镉离子的检测[21]。7-羟基香豆素及其衍生物都可作生物 pH 测定的探针。香豆素-6-磺酰氯还可作为氨基酸探针
	荧光素类	与罗丹明类化合物性质类似	（荧光素）	
	BODIPY	硼桥键和次甲基键连接两个吡咯杂环，很强的分子刚性，荧光量子产率高，光稳定性高，受环境酸碱影响较小	（BODIPY）[22] BODIPY (a)	BODIPY 类化合物是最新兴起的一类高荧光量子产率有机荧光染料，1968 年 BODIPY(a) 最先被合成和报道出来，之后人们通过一系列的修饰得到了具有不同激发和发射波长的近红外、红外荧光染料，并被广泛地应用于细胞等生物体的成像及检测
	花菁类（插烯式染料）	水溶性好，最大发射波长可达到近红外区	(Cy5) [23]	花菁类染料具有非常灵敏的感光能力，近红外花菁染料常用于光谱增感剂。近年来广泛应用在生物分析领域，目前已应用到 DNA 测序、荧光免疫分析检测以及生物大分子标记
	萘酰亚胺类	分子结构中存在着一个大的“推-拉电子共轭体系”（共平面），电子很容易受到光的照射而发生跃迁，从而产生荧光。荧光光谱受溶剂极性影响较大，最大发射波长在 540 nm 左右	（萘酸酐） （萘酰亚胺） （1,8-萘酰亚胺衍生物）[24,25]	1,8-萘酰亚胺类荧光试剂是一类非常重要的功能材料，近年来国际上研究非常活跃。此类荧光试剂色泽鲜艳，荧光强烈，广泛用作荧光染料、荧光增白剂、金属荧光探针、有机光导材料等。在分子中引入磺酸基、羧基、季铵盐，还可以制得水溶性的荧光材料
	苝酰亚胺类	可以看作是两个萘酰亚胺结构合并一起的结构，性质与萘酰亚胺类似，但易发生聚集	（苝酰亚胺）	苝酰亚胺呈暗红色，发射波长较长，有很好的光电性质，因此被广泛地应用到新的光电材料应用中

续表

种类	结构特征及发光特性	代表性化合物	研究现状及应用领域
稀土金属有机配合物	稀土有机配合物通常能发射荧光，荧光量子产率较小（由于稀土金属离子的荧光来源于其 4f 轨道的电子跃迁），但荧光光谱受周围环境影响较小	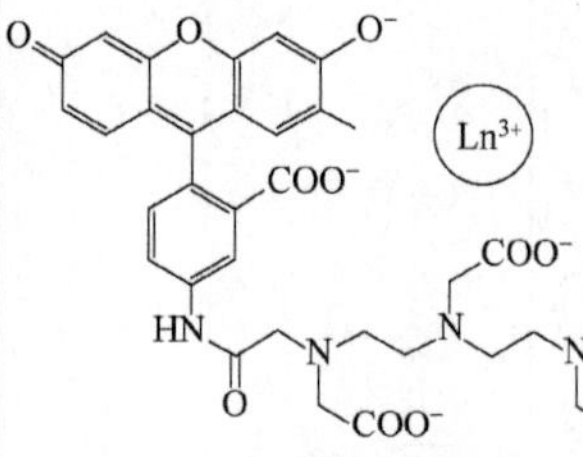 稀土离子配合物	
聚集诱导发光	由于分子内旋转作用，这类化合物在良性溶剂下，荧光较弱。但在不良溶剂或者固体情况下，由于分子内旋转受阻，分子刚性增强，共轭平面变宽，从而诱导发射出强的荧光	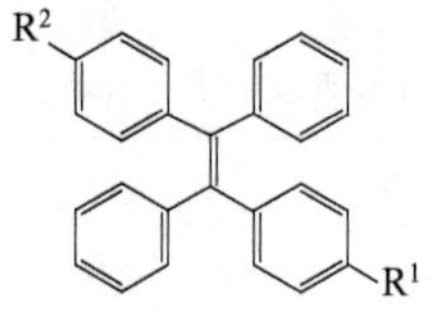 TPE（四苯乙烯类）[26]	该类分子可有效避免荧光基团在固体状态下的猝灭，因此在制备发光材料固体薄膜等 OLED 器件中应用潜力巨大，目前也被用于水相中的生化分析识别

当然，除了上述介绍的几种常用的有机荧光试剂之外，还有一些其他的如萘类、席夫碱类、腙类及其类似物、蒽醌类、偶氮类、酚类和芳胺类等化合物。如 8-羟基喹啉，是一种良好的荧光试剂，灵敏度高、原料用量少、选择性强，是在分析化学中常用的配位试剂。8-羟基喹啉本身几乎不发荧光，但其与 Al^{3+}配位之后形成的 8-羟基喹啉铝（Alq_3）就具有了很好的荧光性能[27]。将其应用于茶叶中铝含量的测定[28]，将 8-羟基喹啉铝与纳米技术结合，通过自组装形成蓝绿色荧光复合纳米球，可实现 2,4,6-三硝基苯酚（TNP）的检测，同时可区分 2,4,6-三硝基甲苯（TNT）、2,4-二硝基甲苯（DNT）、硝基苯（NB）的干扰[29]。此外，8-羟基喹啉能与 Be、Ga、In、Sc、Th、Zn、Zr 等金属离子形成发光配合物，可用于金属离子的分析检测[30~32]。

随着合成和应用技术的不断发展，人们对有机荧光化合物的研究将不断深入，有机荧光试剂在生物和化学分析方面的应用将会越来越广。

第四节　荧光分析方法

一、常规的荧光分析法

（一）基本原理

处于基态能级的电子在被特定的激发光激发后会跃迁到激发态，这些处于激发态能级的电子不稳定，在返回基态的过程中会将一部分的能量以光的形式放出，产生荧光。不同物质由于分子结构的不同，其激发态能级的分布也不同，这种特征反映在荧光上表现为各种物质都有其特征荧光激发光谱和发射光谱，因此可以用激发或发射光谱来定性地进行物质的鉴定；同时，当荧光物质的浓度较低时，其荧光强度与该物质的浓度通常有良好的线性关系，即 $I_f=Kc$。因此，通过比较不同样品激发或发射光谱的相对强度，可以实现对待分析样品的定量分析。

在实际的试验中，一般采用标准工作曲线法进行检测：取不同的已知量的被测荧光物质，配成一系列浓度的标准溶液，通过测定出这些标准溶液的荧光强度，拟合出一条荧光强度对标准溶液浓度响应的工作曲线，在同样条件下，通过测定未知样品的荧光强度，即可从标准工作曲线上查出未知样品荧光强度对应的浓度。荧光强度与吸光度一样，具有加和性，因此无需经过分离就可通过解联立方程的方法测定多组分混合物测定，可选择对两物质在不同的激发波长处的荧光强度进行测定，也可选择对在不同发射波长处的荧光强度进行测定。

荧光分析具有高的灵敏度、强的选择性以及使用简便等优点[33]。常规的荧光分析法包括直接荧光分析法、间接荧光分析法[34]。

直接荧光测定法是最简单的荧光分析方法，只要被分析物质本身受激发后能发出荧光，就可以通过测量其荧光强度来测定物质的浓度。许多有机芳香族化合物和生物物质具有内在的荧光性质，可以直接进行荧光测定。

大多数的化合物本身无荧光或荧光产率低，不适合直接荧光法分析检测，此时可以采用间接荧光分析法。依据被测物质与荧光试剂的作用，可将间接法分为荧光衍生法、荧光猝灭法和敏化荧光法。

荧光衍生法是指通过某种手段使本身不发荧光的待分析物质，转变为另一种发荧光的化合物，再通过测定该化合物的荧光强度，可间接分析出待分析物质的浓度。例如，某些阴离子（如 F^-、CN^-），它们可以从某些不发荧光的金属有机配合物中夺取金属离子，而释放出能发荧光的配位体，从而间接测定这些阴离子的含量[35]。

荧光猝灭法是一种利用某些本身不发光的待分析物质能使某种荧光物质的荧光发生部分猝灭的现象，通过荧光强度的下降程度来间接地定量出被分析的物质的分析方法。

另外，还存在这样一些物质，它们本身不具备荧光性能，此时若加入合适的荧光试剂作为能量受体，被测物通过能量转移的途径将能量转移给荧光试剂，激发荧光试剂发出荧光，也可实现对被测物的分析测定，即敏化荧光法。

荧光试剂的使用，实现了对一些原来不发荧光的无机物和有机物进行荧光检测，扩展了荧光分析技术的范围，能测定的有机物质范围很广，包括酶和辅酶、农药和毒药、氨基酸和蛋白质以及核酸[36,37]。

（二）仪器设备

目前主要利用荧光分光光度计进行荧光分析，主要部件包括激发光源、分光系统、样品池、检测器。由光源发出的光，通过激发分光系统分光后只允许某特定波长的光源通过，光源照射到样品，样品受激发可放出荧光，为了避免激发光的干扰，一般是在激发光路垂直的方向对荧光信号经过发射分光系统进行波长筛选，最后进行荧光信号的检测、放大。

荧光分光光度计的部件构造简易图如图 13-2 所示。

（1）激发光源　其激发光源比紫外-可见分光光度计的光源强，通常用汞灯和氙灯，其中氙灯能发射出强度较大的连续光谱，且在 300～400nm 范围内强度几乎相等，光谱分布几乎与灯输入功率变化无关，在寿命期内光谱能量分布也几乎不变。

（2）单色器　在荧光分光光度计中，都用光栅作为单色器，光栅分出的光不随波长的改变发生变化，而且光栅分出的谱线强度比棱镜分出的要强，灵敏度较高。

（3）样品池　测定荧光用的样品池应使用低荧光材料，避免对样品的荧光测试产生干扰，因此，制作样品池通常用石英材料。

（4）检测器　紫外光或可见光可用光电倍增管检测，其输出信号可用高灵敏度的微电流计测定，并转化成电信号。

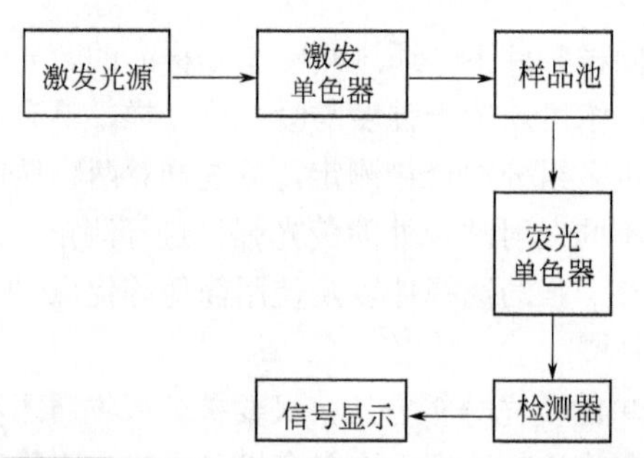

图 13-2 荧光分光光度计的部件构造示意图

（三）应用

荧光分析法最主要的优势是灵敏度高和选择性好，目前已广泛用于工业分析[38]、食品检验[39,40]、环境安全[37,41]、医药[42]、生物[35,43]等领域。例如对铅的荧光分析：铅离子（Pb^{2+}）在盐酸环境下会与 Cl^- 组成铅氯配合物，该配合物在短波紫外光 270nm 激发下会发射出蓝色荧光，荧光峰值波长在 480nm，利用此原理经荧光分析法可测定大米、小米、小麦样品中的铅含量，该方法的线性范围为 0.03～2.00mg/L，检出限为 9.1μg/L[39]。又如对铬（Ⅳ）的荧光分析，在硫酸介质中，由于铬（Ⅳ）能氧化吡咯红 Y，导致荧光发生猝灭，可以利用荧光衍生法对痕量铬进行检测，根据荧光强度在标准工作曲线上测定出铬的含量，此方法的检出限为 2.2×10^{-6}g/L[44]。田亚平等[45]根据银杏酚酸在 345nm 紫外光激发下能在 420nm 处产生荧光的性质，建立了检测银杏酚酸的荧光分光光度法，线性范围为 0.50～100mg/L。李晓燕[46]以血红蛋白作为过氧化物模拟酶，席夫碱双水杨醛邻苯二亚胺为酶催化氧化底物，建立了高灵敏度测定血红蛋白的荧光分析方法，检出限低至 2.6×10^{-11}mol/L。

二、同步荧光分析法

（一）基本原理

常规的荧光分析法对一些复杂混合物分析时，常会导致光谱重叠，难以分辨，在实际应用中往往受到限制[47]。Lloyd 在 1971 年提出的同步荧光法技术很好地解决了光谱重叠这一难题。它与常用的荧光测定方法最大的区别是同时扫描激发和发射两个单色器波长，由测得的荧光强度信号与对应的激发波长（或发射波长）构成光谱图[48,49]。同步荧光分析测试中，由于同时扫描激发光谱和发射光谱，同步荧光的信号强度 $I_s(\lambda_{ex},\lambda_{em})$同时为激发光谱和发射光谱的函数：

$$I_s(\lambda_{ex},\lambda_{em})=KcbE_{ex}(\lambda_{ex})E_{em}(\lambda_{em}) \tag{13-8}$$

式中，K 为实验常数；c 为被测物质的浓度；b 为溶液的厚度；E_{ex}、E_{em} 分别为激发光谱强度分布和发射光谱强度分布。由上式可知，与常规的荧光分析方法一样，同步荧光分析法测得的信号强度也与被测物质的浓度成线性关系。

同步荧光分析法具有谱图简单、谱带窄、光散射干扰小、选择性好等优点，尤其适合多组合多环芳烃的同时测定[50]。

按光谱扫描方式的不同，可将同步荧光分析法分为：恒波长同步荧光分析法、恒能量同步荧光分析法、可变角同步荧光分析法和恒基体同步荧光分析法等。其中，恒波长和恒能量同步荧光分析法应用比较普遍，此处作简单介绍。

通常所说的同步荧光法指的就是恒波长同步荧光法，也是最早提出的一种同步扫描技术。恒波长指在扫描过程中使激发波长和发射波长彼此间保持恒定的波长差 $\Delta\lambda$（$\Delta\lambda=\lambda_{em}-\lambda_{ex}$=常数）。将 $\Delta\lambda$代入式（13-8）有

$$I_s(\lambda_{ex},\lambda_{em})=KcbE_{ex}(\lambda_{ex})E_{em}(\lambda_{ex}+\Delta\lambda) \tag{13-9}$$

$$I_s(\lambda_{ex},\lambda_{em})=KcbE_{ex}(\lambda_{em}-\Delta\lambda)E_{em}(\lambda_{em}) \tag{13-10}$$

以上两公式说明，恒波长同步荧光法所测得的荧光信号可以表示为同步扫描激发光激发的发射光谱和在发射波长处的激发光谱，同时也可表示成同步扫描发射光对应的激发光谱和激发波长处的发射光谱。在采用恒波长同步荧光法进行测试时，参数 $\Delta\lambda$ 的选择直接影响到分析结果的真实性，通常首选被测荧光物质的斯托克斯位移值作为 $\Delta\lambda$，再根据测试效果进行参数改良。

恒能量同步荧光法是指在同时扫描激发波长 λ_{ex} 和发射波长 λ_{em} 的过程中保持两者的能量差 $\Delta\nu$ 不变，即

$$\Delta\nu=(1/\lambda_{ex}-1/\lambda_{em})\times10^7=\text{常数} \tag{13-11}$$

该法是以荧光体的量子振动跃迁的特征能量为依据来进行同步扫描的，通常是选择某一振动能量差为 $\Delta\nu$，当能量差 $\Delta\nu$ 刚好满足电子能级的吸收-发射跃迁所需的能量时，可使电子能级跃迁效率最高，由此得到的光谱峰最尖锐。

恒能量同步荧光法在克服拉曼光干扰、提高分析灵敏度等方面均有显著效果，具有其他同步荧光法所没有的独特优点，如分辨清晰、峰强度大、结构特征分明等，非常适合对环芳烃的定量分析[51,52]。

（二）仪器设备

恒波长同步扫描：目前的荧光分光光度计主要是以光栅为单色器，同步荧光分析测试需要仪器在激发和发射两个单色器处都配置检测器，此时分别设置激发和发射两个单色器所扫描的起始波长，并使他们以相同的速率进行扫描，便可实现对样品的恒波长同步扫描荧光测定。

恒能量同步扫描：是非线性的可变角同步扫描，需同步微处理机控制来实现。

（三）应用

同步荧光分析法由于可以减小光谱之间的重叠，非常适合用于多环芳烃的分析测试，被广泛应用于生物医药检测[53]、环境监测[54,55]、食品安全[56,57]等领域定量定性分析。李耀群等人在同步荧光法方面做了大量工作，他们以 $\Delta\lambda$=58nm 对维生素 B_2 和维生素 B_6 进行同步荧光扫描，可同时实现对维生素 B_2 和维生素 B_6 的定量分析[58,59]；另外，他们建立了蒽和 9,10-二甲基蒽的恒能量同步荧光分析法，采用 $\Delta\nu$=1600cm^{-1} 对样品进行同步荧光扫描，分辨能力较常规荧光光谱相比明显提高[60]。酪氨酸、色氨酸和苯丙氨酸是所有天然氨基酸中仅有的发荧光基团，其中酪氨酸和色氨酸的激发和发射光谱严重重叠，用常规的荧光光谱无法直接分析，剑菊等[61]采用恒波长同步荧光法分别获得了色氨酸和酪氨酸的特征光谱，可很好地区分两者，当 $\Delta\lambda$=80nm 时，在 335nm 处的荧光峰是肌红蛋白分子中的色氨酸的光谱特征，当 $\Delta\lambda$=20nm 时，在 308nm 处的荧光峰主要是酪氨酸的光谱特征。景逵采用恒波长同步荧光法对原油样品中晕苯进行定性、定量分析，线性范围为 0.5～100μg/ml[62]。吴波等选取 $\Delta\lambda$=30nm 利用恒波长同步荧光法，检测红葡萄酒中白藜芦醇的含量，白藜芦醇产生的荧光强度与浓度在 0～1.96×10^{-5}mol/L 的范围内具有良好的线性关系[57]。利用恒能量同步荧光法，郭健建立了食品中多环芳烃的检测方法，优化了六种多环芳烃化合物的测定条件[63]。

三、三维荧光光谱分析法

传统的荧光发射（激发）光谱只是在某一个激发（发射）波长下扫描，而荧光是激发波长和发射波长两者的函数，一个完整的化合物荧光信息描述需要三维光谱才能实现[64]。三维荧光光谱（three-dimensional fluorescence spectroscopy）又称总发光光谱（total luminescence spectroscopy）、

快速扫描荧光光谱(rapid scanning fluorescence spectroscopy)、激发-发射矩阵图(excitation-emission matrix)、等高线谱（contour spectrum)、电视荧光计（video fluorometer）[65]，这种技术能够获得激发波长与发射波长或其他变量同时变化时的荧光强度信息，将荧光强度表示为激发波长-发射波长或波长-时间、波长-相角等两个变量的函数。

（一）三维荧光光谱原理

一般荧光测量所得到的光谱图是二维平面图，一种是固定发射波长，取荧光强度随激发波长变化的激发光谱图；另一种是固定激发波长，取荧光强度随发射波长变化的荧光光谱图。荧光强度取决于激发和发射两个波长变化，是二元函数。使激发和发射两个波长同时变化，记录到的荧光强度就是三维荧光。

三维荧光可用等强度线图（又称等强度指纹图)、等距三维投影图和数学矩阵表示。

（二）三维荧光二阶校正法原理

三维荧光谱图，通常需要校正，才能得到比较好的信号谱图，如图 13-3 所示，经过校正之后的三维图，其仪器信噪比大大降低。目前三维荧光响应数阵的解析主要有两类方法:一类是平行因子法原理，平行因子分析法（PARAFAC）是利用交替最小二乘原理，通过三线性分解迭代步骤获得最小二乘解的早期代表方法，如图 13-4 所示；另一类基于广义特征值分解，主要包括广义秩消法、直接三线性分解法等。平行因子算法是比较常用的一种校正方法，它充分利用了多样本中信息，但这种算法问题在于计算量大，收敛慢，同时由于这种算法对体系组分数的估计正确与否非常敏感，因此必须在获得体系中化学组分数的准确估计后，才能得到相对准确的真实解。湖南大学吴海龙等所发展的迭代交替三线性分解算法（ATLD）克服了平行因子法有两个因子在同一模式下相似但在另一模式下相异时不能收敛到具有化学意义的解的缺点[66]。而蒋健晖等则提出了一个新的技术（ASD）方法，不但很好地解决了 PARAFAC 法中二因子退化问题，同时也具有更快的收敛速度[67]。之后陈增萍等提出了一个修正的算法，即伪交替最小二乘法（PALS)，通过交替地优化三个不同的目标函数来获得三线性模型的唯一解，从而解决了 PARAFAC 对体系组分估计正确与否的敏感性问题[68]。

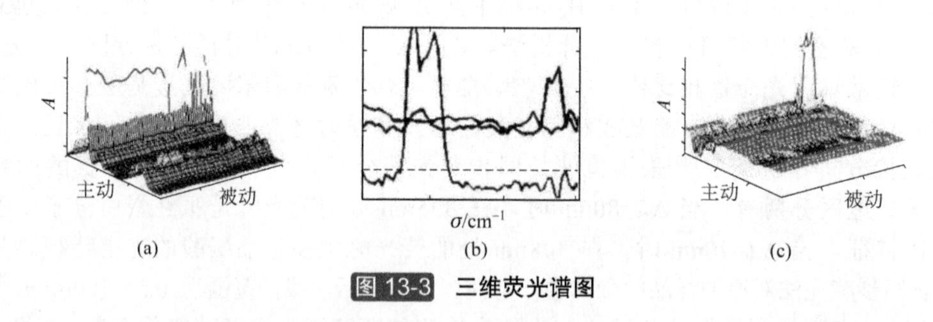

图 13-3 三维荧光谱图

（a）原始数据的三维图；（b）原始数据经过分解后得到三个组分的相对被动式吸收光谱图；（c）样品的分解残差，即e_{ijk}[69]

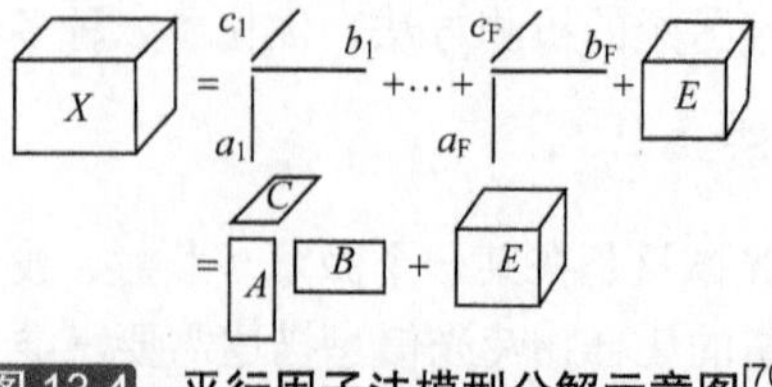

图 13-4 平行因子法模型分解示意图[70]

（三）仪器设备

对三维荧光光谱的获得，最初常用的方法是利用荧光分光光度计首先获取各个不同激发波长下的发射光谱，然后利用所获得的一系列光谱数据，用手工绘出等角三维投影图或等高线光谱。随着信息科学技术的发展，进一步的改进则是采用联用微机的快速扫描荧光分光光度计，每次在保持一定的激发波长增量条件下，重复进行发射波长的扫描，并将所获得的发光强度信号输入计算机进行实时处理和作图。

采用快速机械扫描的办法，多数情况下会遇到再现性和信噪比损失的问题，因而，更可取和比较先进的办法是采用电视荧光计。这种技术的特点是采用多色光照射样品，应用二维多道检测器（如硅增强靶光导摄像管检测器）检测荧光信号，并使系统与小型计算机联结以进行操作控制和实时的数据采集与运算。

现以 Johnson 等[71]设计的电视荧光计为例加以简要介绍。该仪器由正交多色器、电视检测器和计算机接口等部件所组成，能自动获取激发和发射波长范围为 240nm 的 EEM 谱图，其空间分辨率约为 16.7ms。

仪器光学组件的空间排列如图 13-5 所示。用 150W 氙灯作为连续光源，激发单色器入口狭缝的长轴垂直于样品池的长轴，出口狭缝除去，这样，光源的连续辐射经激发单色器色散后，出射在出口狭缝平面位置上的便是一条波长宽度达 260nm 的垂直色散的多色光带，然后聚集在样品池的中心，见图 13-6（b），假定样品池中盛有一种激发光谱和发射光谱如图 13-6（a）所示的荧光化合物溶液，经多色光照射后，沿着样品池的长轴方向上便产生 3 条颜色相同的光带，其波长相应于试样的 3 条激发带。这些光带再经发射单色器色散，由于发射单色器的入口狭缝长轴平行于样品池的长轴，而出口狭缝同样已被除去，因而原来的 3 条颜色相同的光带，每条都被水平地色散为 3 个不同颜色的光斑（相应于 3 条发射带），结果在 EEM 图上便显示 9 个荧光斑点，见图 13-6（c）。

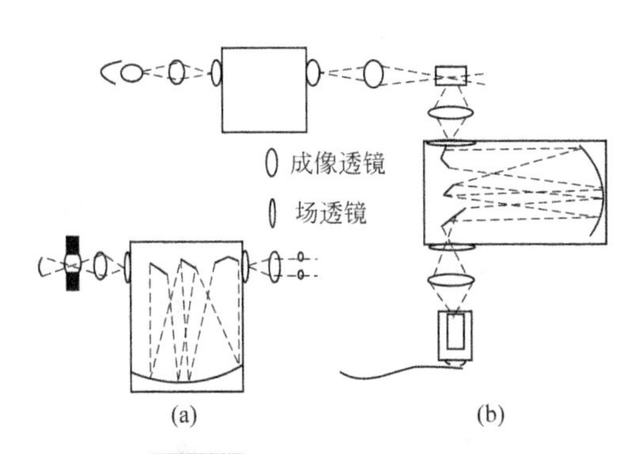

图 13-5　电视荧光计光路图

(a) 激发光束侧视图; (b) 发射光束俯视图

检测器采用配有硅增强靶（SIT）光导摄像管的电视照相机，SIT 光导摄像管附有对紫外线投射性能较好的光导纤维面板。

（四）三维荧光光谱结合平行因子分析的应用

三维荧光光谱近年来广泛用于研究复杂混合物，特别是有色溶解有机物（CDOM）荧光性质的分析[72~77]，由于 CDOM 的三维荧光光谱通常由若干相互叠加的荧光团组成，这种识谱方法并不可靠，有些峰可能无法识别，有些峰可能指认不准确。近年来，Stedmon 等[78,79]率先提出利用平行因子分析的统计手段来对 CDOM 的三维荧光光谱进行解谱，鉴别其中的单一荧光组分及其

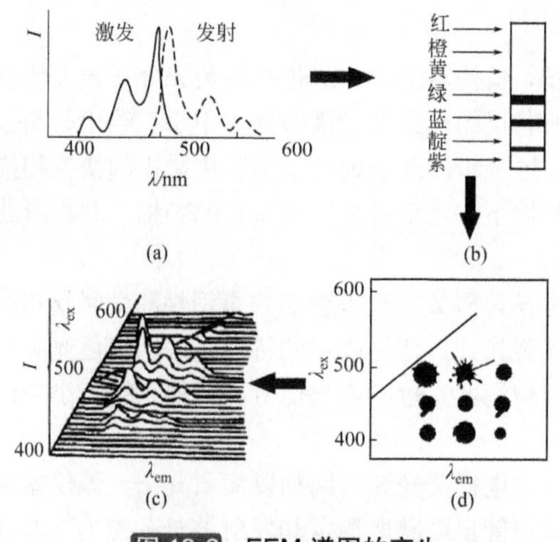

图 13-6 EEM 谱图的产生

（a）化合物的激发和发射光谱；（b）多色发射的液池；（c）SIT照相观察的EEM；（d）EEM的等角三维投影

浓度。此后，PARAFAC 开始应用于确定土壤提取的有机物[80]、陆地水环境 CDOM[81,82]、污染水体 DOM[83]及大洋海水 CDOM[84]等的三维荧光光谱的解谱，并用于 CDOM 的生物降解和光降解等过程的研究[85,86]。

1. 微生物代谢产物的三维荧光光谱分析

刘璐[87]利用平行因子法结合三维荧光光谱法，分析了废水生物处理过程中微生物产生的四种荧光物质：色氨酸、酪氨酸、维生素 B_6 和辅酶 NADH，试验结果表明四种荧光物质的浓度与测试结果具有很好的相关性。图 13-7 所示为四种荧光物质的三维荧光图，各荧光物质在三维荧光图上有其特征位置。

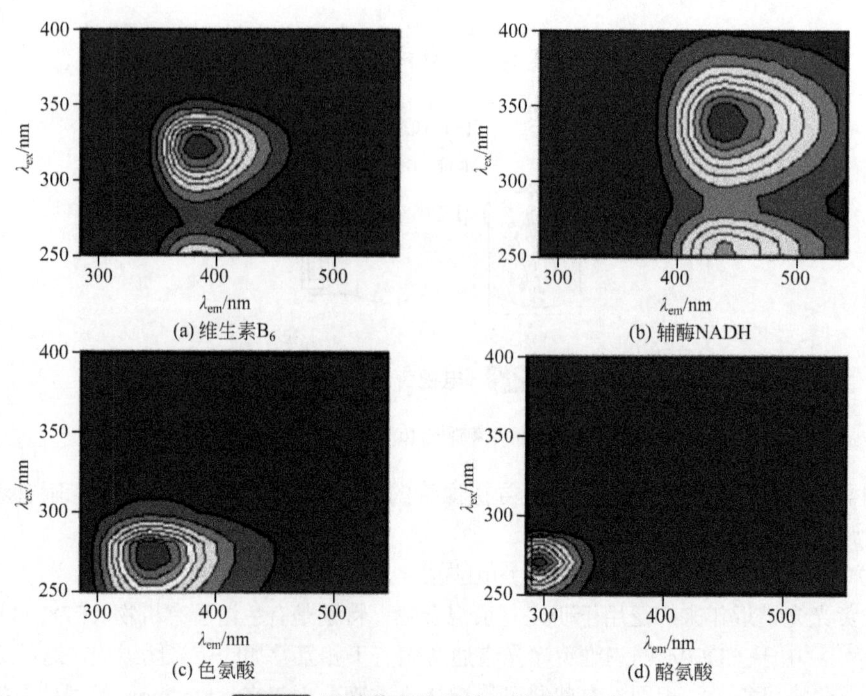

图 13-7 四种荧光物质的三维荧光光谱

平行因子法结合三维荧光光谱法能够解析混合溶液中的荧光物质，可以获得各荧光物质的三维荧光光谱图，解析得到各组分的激发发射光谱与各荧光物质的激发发射光谱一致。

平行因子法解析得到的得分矩阵与荧光物质浓度呈现很好的相关性，可以反映样品中荧光物质的浓度变化。

2. 废水的三维荧光光谱分析

三维荧光光谱法能同时获得荧光强度随激发波长和发射波长变化的关系，每一种荧光物质都有其特有的三维荧光光谱信息，具有较高的选择性，在环境监测领域有着较广泛的应用[88~91]。

郭卫东等[92]利用激发发射矩阵荧光光谱并结合平行因子分析，研究了九龙江口有色溶解有机物的荧光组分特征及其河口动力学行为，并探讨其作为河口区有机污染示踪指标的可行性。模型结果表明（图 13-8），传统寻峰法指认的短波类腐殖质 A 峰区域（240～290nm/380～480nm）实际上并非一个单独的荧光峰，而是若干荧光组分的组合，并且它与传统上指认的长波区海源类腐殖质 M 峰、陆源类腐殖质 C 峰之间存在内在联系，三维光谱图中荧光峰的位置可定性指示荧光物质的类型和性质，而其荧光强度则可定量指示它们的相对浓度大小。

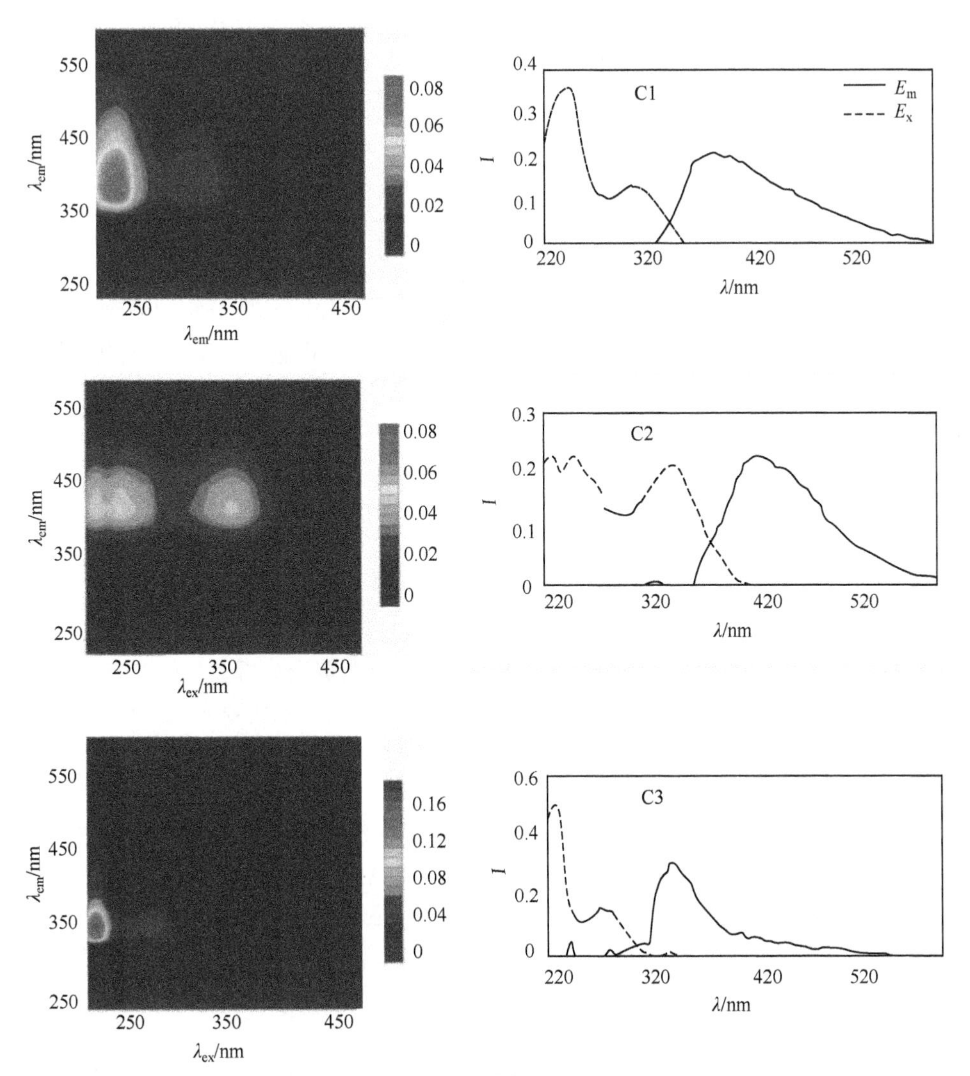

图 13-8

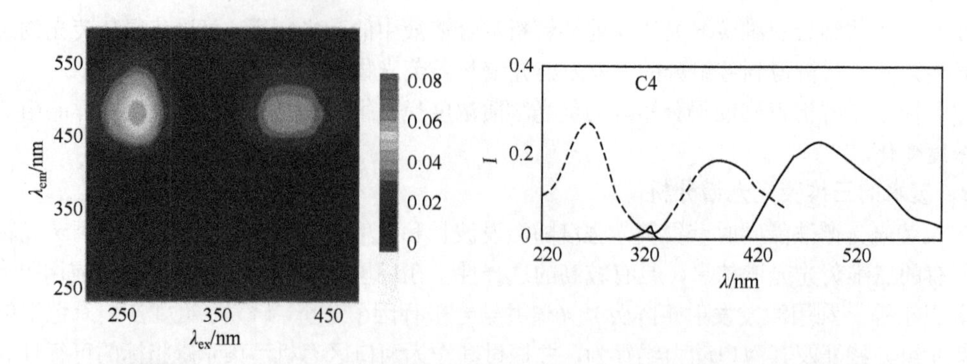

图 13-8 平行因子分析模型鉴别出的 4 个荧光组分及其激发发色波长位置

3. 绿茶组分的三维荧光光谱分析

绿茶的分析技术主要有色谱法、质谱法、红外光谱法和原子吸收光谱法[93,94]，但这些方法所耗时间长且需要预处理。荧光光谱具有分析速度快、所需样品量少、灵敏度高、重现性好等优点。刘海龙等[95]用平行因子分析对绿茶样品的三维荧光光谱进行分解，通过因子光谱特征分析确定了绿茶的三种主要成分——茶多酚、黄酮醇和叶绿素。

4. 赤潮藻滤液三维荧光光谱分析

吕桂才等[96]在实验室条件下培养我国沿海常见的 10 种赤潮藻，测定了赤潮藻生长过程中藻滤液的三维荧光光谱。用平行因子分析对光谱进行分解，获得每种赤潮藻滤液荧光峰的个数及类型,即每种赤潮藻的特征光谱。在此基础上比较每种藻特征光谱的相似性和差异性,并分析了赤潮藻生长过程中滤液的荧光峰强度和生长阶段的关系。

三维荧光光谱在复杂体系，如石油矿样，被污染的水、空气等的分析中受到了高度的重视，说明三维荧光光谱在分析化学里的应用有很大的发展潜力。与其他仪器连用、与化学计量学更多更好地结合，将使得三维荧光技术向更广、更精的分析应用领域拓展和深入，快速而高灵敏地获取完整的荧光信息将变得越来越容易。

四、时间分辨和相分辨荧光分析法

（一）时间分辨荧光分析法

1. 基本原理

时间分辨荧光分析法是在近十年发展起来的一种微量检测手段，是目前最灵敏的微量分析技术，它是一种以荧光分析为基础的特殊荧光分析法。时间分辨荧光分析法与稳态荧光分析法相比，其检测数据包含有更多的信息，已成为生物化学与生物物理领域的主要研究工具之一[97~99]。

时间分辨光谱是一种瞬态光谱，是激发光脉冲截止后相对于激发光脉冲的不同延迟时刻测得的荧光发射，反映了激发态电子的运动过程（即荧光动力学）[100]。荧光分析法利用荧光波长与激发波长的巨大差异，有效克服了普通紫外-可见分光法中杂色光的影响，并且与普通分光不同，光电接受器与激发光不在同一直线上，激发光不能直接到达光电接受器，从而大幅度地提高了光学分析的灵敏度。但对于微量分析检测，激发光的杂散光的影响还是显得很严重，解决这一问题最好的方法就是测量时没有激发光的存在。一般荧光标记物荧光寿命非常短，激发光消失，荧光也随即消失，无法满足要求。而少量稀土金属（Eu、Tb、Sm、Dy）的荧光寿命则较长，可达 1～2ms，可关闭激发光后再测定荧光强度，因此产生了时间分辨荧光分析法。

时间分辨荧光分析一般测量的是荧光衰减谱，即固定检测的激发波长和发射波长，记录荧光强度随时间的变化。通常可采用两种时间分辨技术实现这一测量：基于时域的脉冲法与基于频域的相移法。脉冲法采用很短的脉冲光源，荧光发射强度首先增加，达到峰值后开始逐渐衰减；相移法采用可以给出各种频率简谐波的调制光源。虽然两者激发光源不同，得到的信号有很大差别，但其原理是等价的[99,101]。

2. 仪器设备

脉冲法与相移法相比较两者在原理上是完全等价的，所提供的信息也是完全相同的。两者的仪器都采用脉冲激光作为激发光源，微通道板（MCP）PMT 作为检测器，光学器件也基本相同[102,103]。目前，单光子计数法是脉冲法中最普遍使用的手段，其原理是在某一时间 t 检测到发射光子的概率，与该时间点的荧光强度成正比。相移法的测量原理比较直接，即激发光源给出正（余）弦信号，检测荧光发射信号与其的变化并进行相关计算。

脉冲法和相移法分别对应时域与频域上的测量，使得测量方法和数据处理方面均有较大差异，主要表现在以下几个方面：

① 与相移法所给出的傅里叶变换图形相比，脉冲法可给出更为直观的荧光衰减曲线。

② 单光子计数脉冲法体系的荧光强度很低，灵敏度高；而相移法荧光强度高，灵敏度偏低。

③ 在脉冲法中，光子随机分布的误差服从泊松分布。

④ 脉冲法可以更直接简便地记录和测量荧光时间分辨各向异性光谱。

⑤ 相移法的测量结果不需要去卷积。

⑥ 采用相移法可更简单地对荧光寿命进行解析。

⑦ 脉冲法通常要耗费很长时间采集数据。

3. 应用

时间分辨荧光分析法的主要应用领域：金属配合物荧光寿命的测定；荧光体混合物中两组分的同时测定；痕量分析中干扰物与背景荧光的消除；多环芳烃的检测；芳基的检测；溶剂松弛的时间分辨测量等。例如：先天性甲状腺功能低下症，是由于先天因素使甲状腺发育异常或代谢障碍，不能产生足够的甲状腺素引起生长发育减慢，智力发育迟缓，时间分辨荧光分析法是对其进行早期诊断的有效方法。在肿瘤学方面，通过测定肿瘤标志物水平，来检测肿瘤疾病。比如甲胎蛋白、癌胚抗原、糖类抗原 CAl25 和前列腺特异性抗原 PSA 等[104,105]。此外 1991 年 Olli 用抗 17-HSD-Eu 标记示踪剂测定孕妇血浆中的 17-HSD；1993 年 Parkkalia 测定了唾液分解碳酸酶同工酶Ⅵ；1994 年 Tiainen 和 Karhi 报道了检测谷胱甘肽转移酶 A（GSTA）的超敏感时间分辨荧光分析法，检测限位 0.03mg/ml。时间分辨荧光分析法还可应用于食品安全领域，关于水中有害金属物质的检测利用激光-时间分辨荧光建立了 Al、Zn、Mg、Cd 的测定方法，该方法干扰小，灵敏度高，可用于食品和环境中有害金属物质、功能因子以及有害物质的微量检测[44,106~109]。

（二）相分辨荧光分析法

相分辨荧光分析（相移法）是利用正弦调制的激发光激发样品，根据混合物中各荧光体的荧光寿命不同而进行荧光光谱分辨。该方法可有效降低背景荧光干扰，实现大分子量抗原的均相荧光免疫分析；但仪器复杂，实用性较差，应用远不如时间分辨荧光免疫分析广泛。该方法所涉及的被测物质包括苯巴比妥、人血清白蛋白、乳铁传递蛋白、2,4-滴丙酸、甲状腺素、苯并芘代谢物以及 2,2-二氯苯氧乙酸等[42]。

相分辨荧光分析法的主要应用领域：荧光体两组分混合物中个别组分的荧光光谱的直接记录和荧光寿命的测定；激态反应的研究；基态反应可逆性的检测；溶剂松弛的分辨；配位体与大分子的结合反应的分析[110,111]。由于不同荧光物质具有不同的荧光发射光谱，当反应中产生另一荧光产物时，原来荧光光谱将有些改变，但常规荧光分析法难以分辨。相分辨法具有分辨荧光体混合物的能力，它能给出激发态光谱和荧光寿命。例如，在二乙基苯甲胺存在时，蒽的荧光强度下降，并在长波长范围出现结构不细致的发射，这一发射来自激发态复合物的形成，用相分辨法在不同相角测绘相灵敏荧光光谱图。在不同波长处呈现正幅度区和负幅度区，这是单体和激态复合物发射之间的相移。

五、荧光偏振分析法

（一）基本原理[112]

从光源发出的一束光线经垂直起偏器后成为垂直偏振光，样品被垂直偏振光激发而产生偏振荧光，此荧光经检偏器后可测出与样品浓度有关的水平或垂直方向的荧光偏振光强度。

当从直角坐标轴 x 轴方向以平行于 z 轴的偏振光激发荧光体，以 $I_{/\!/}$ 表示激发偏振器与发射偏振器取向相互平行时所测得的垂直偏振发射光强度，$I_{\perp}$ 表示激发偏振器与发射偏振器取向相互垂直时所测得的水平偏振发射光强度，荧光偏振（P）和荧光各向异性（r）定义为

$$P=(I_{/\!/}-I_{\perp})/(I_{/\!/}+I_{\perp}),$$

$$r=(I_{/\!/}-I_{\perp})/(I_{/\!/}+2I_{\perp}) \tag{13-12}$$

对于完全偏振发射，$I_{\perp}=0$，则 $P=r=1$；对于自然光或非偏振发射，$I_{/\!/}=I_{\perp}$，则 $P=r=0$。荧光偏振与荧光各向异性是对荧光体的同一发光性质的不同的表示。

荧光偏振理论认为荧光分子相当于一个振荡偶极子，由其分子结构确定其电子分布。由于荧光分子的电子基态和电子激发态的电子分布不同，荧光分子的吸收偶极矩和发射偶极矩通常是不共线的。当用非偏振光激发荧光分子式，荧光分子优先吸收那些光子电矢量与荧光分子的吸收偶极矩平行的光子。吸收偶极矩与光子电矢量呈夹角 θ 取向的荧光分子，其吸收光子的概率与 $\cos^2\theta$ 成正比，这种光吸收现象称为光选择。在实际观测中，稀溶液中的荧光体总是满足 $P\leqslant 0.5$，$r\leqslant 0.4$，这一现象称为发射消偏振或发射去偏振。

导致发射光的消偏振[113]因素如下：

① 在各向同性、均匀的稀溶液中，荧光分子的取向是随机的，光选择原则决定了光激发所能达到的最大概率＜1；

② 对大多数荧光体而言，激发偶极矩与发射偶极矩是非共线的，发射光子的电矢量与激发光子的电矢量呈一定的交角，导致发射消偏振；

③ 荧光体在激发态寿命期间的旋转运动致使发射偶极矩相对于吸收偶极矩的进一步角移，导致发射进一步消偏振；

④ 此外，激发态非辐射能量转移、发射能量的再吸收、激发光子或发射光子的散射等也会导致消偏振。

（二）仪器设备

获得或检验偏振光的光学器件可分为起偏器和检偏器[114]，由自然光获得偏振光的光学器件称为起偏器。起偏器可分成三类：获得线偏振光的是线起偏器；获得圆偏振光的是圆起偏器；获得椭圆偏振光的是椭圆起偏器。根据原理不同，线起偏器可分成三种：利用反射起偏的透明介质片和利用折射起偏的玻片堆；利用二向色性起偏的偏振片；利用双折射起偏的晶体起偏器。从偏振片出射的线偏振光的光振动方向称作偏振片的透振方向。圆起偏器和椭圆起偏器由线起偏器和 1/4 玻片前后平行放置而构成。用来检验光是何种偏振光的光学器件是检偏器。最简单的检偏器就是线起偏器，用它可直接区分出光是自然光还是线偏振光或部分偏振光。更一般的检偏器由 1/4 玻片和线偏振器所构成，通过两步操作，即可分出光是自然光、线偏振光、圆偏振光、椭圆偏振光或部分偏振光中的哪一种。在激光器中的线偏振器可使出射的激光为线偏振光，在拍摄、放映

立体电影时用的偏振镜、观看立体电影时的立体眼镜都是线偏振器，汽车上装置线偏振器可免除迎面开来汽车车灯强光的影响。

通常的商品化荧光分光光度计都具有测定荧光偏振和荧光各向异性的功能。为实施荧光偏振或荧光各向异性的测量，通常只需在激发光路和发射光路中同时插入偏振附件，并根据测量需要将激发偏振器和发射偏振器分别设置为垂直偏振或水平偏振。

（三）应用

荧光偏振免疫技术是一项相对较为成熟的技术[115~117]。它利用荧光偏振原理，采用竞争结合法机制，常用来监测小分子物质如药物、激素在样本中的含量[118]。以药物检测为例，以荧光素标记的药物和含待测药物的样本为抗原，与一定量的抗体进行竞争性结合[119,120]。荧光标记的药物在环境中旋转时，偏振荧光的强度与其受激发时分子转动的速度成反比。大分子物质旋转慢，发出的偏振荧光强；小分子物质旋转快，其偏振荧光弱（去偏振现象）[117]。因此，在竞争性结合过程中，样本中待测药物越多，与抗体结合的标记抗原就越少，抗原抗体复合物体积越大，旋转速率越慢，从而激发的荧光偏振光度也就越少[121,122]。当知道已知浓度的标记抗原与荧光偏振光性的关系后就可以测量未知浓度的物质。因此，这项技术可用来检测环境或食品样品中有毒物质如农药的残留量。

此外，临床医学诊断也在广泛采用荧光偏振。除应用上述方法可测定人体体液样本中某一特定物质的含量外，也可直接应用于临床诊断。例如，由 Cercek 等开发的恶性肿瘤诊断方法中提出，进入淋巴细胞的荧光物质，受胞浆浓度有序性的干扰，其运动方向和速率会发生变化。胞浆黏度高时，荧光物质运动变慢，受偏振光激发产生的激发光与胞浆黏度低时产生的激发光性质不同。通过追踪测定激发的偏振光性质，即可了解淋巴细胞的胞浆流动性、黏度等环境的变化，结合其他辅助诊断方法，可有助于癌症的早期诊断。利用荧光偏振，还可检测病人样本中病毒 DNA 如 HBV、HPV 的复制量，为临床诊断提供有力的量化指标依据。

SNPs 是指人类基因组中普遍存在的个体之间相互区别的碱基变化位点，称作单核苷酸多态性（single nucleotide polymorphisms）。人们普遍认为，SNPs 是人类个体之间相互区别的原因，也和多种疾病发生、变化相联系。长期以来，SNPs 位点的快速筛选需要大量的基因分型工作，花费巨大，是工作进展的最大障碍。现在，研究者可以采用以荧光偏振为基础的 FP-TDI（fluorescence polarization template-directed dye-terminator incorporation）技术进行高通量单核苷酸多态分型，操作简单，投入少。

荧光偏振现象可以应用在鉴别 ddNTP 的结合位点和基因分型。实验过程中先通过 PCR 获得含有 SNP 位点的一条扩增产物，针对这条含有 SNP 兴趣位点的序列设计一条寡核苷酸探针，在 DNA 聚合酶和荧光标记的 ddNTP 存在下，探针单碱基延伸。特定的 ddNTP 将结合到靶序列的 SNP 位点，并造成延伸反应的终止。自由的标记有荧光的 ddNTP 比结合到靶序列的 ddNTP 体积小，在液体环境中旋转速度快，激发的偏振光的偏振值也小，而后者当 ddNTP 加到序列上后，有效分子体积变大，受偏振光激发后发出的偏振值高。

六、低温荧光分析法

（一）基本原理

荧光分子的发光强度受溶液中的环境因素影响显著，而温度是其中的一个主要影响因素。随着温度的降低，介质黏度增大，分子之间的相互作用、分子的振动能、转动能以及热加宽（多普勒）效应大大减少[123,124]，由于溶质分子间的相互作用受到阻碍，荧光物质的荧光量子产率和荧光强度将增大且谱带变得十分尖锐，进而对结构相似的物质可进行有效区分。

和常规荧光分析法相比，低温荧光分析法具有谱图简化、选择性提高、光散射干扰减少等特点，尤其适合对结构相似化合物（萘、蒽、菲等多环芳烃）的分析。

低温荧光分析法大致可分为以下四类。

（1）冷冻溶液希波尔斯金荧光法　前苏联科学家希波尔斯金在 1952 年发现，一些芳香族化合物在 77K 或更低的温度下，在正烷烃溶剂形成的结晶基体中能给出分辨很好的精细结构荧光光谱。这就是著名的希波尔斯金效应。

（2）有机玻璃中荧光狭线法　是在低温（约 4K）下用宽度为 1～2cm 的狭窄激光线激发在有机玻璃体中的多环芳烃，从而得到锐线的荧光光谱。

（3）蒸气相基体隔离荧光法　是把液体或固体样品气化，与大量稀释气体混合，然后把混合物沉积在冷冻的光学窗上进行荧光测定。

（4）基体隔离希波尔斯金荧光法　是用基体隔离法将样品隔离在蒸气沉积的正烷烃基体中，并在测量之前进行短时间的“退火”。

（二）仪器设备

冷冻溶液希波尔斯金荧光法一般采用通常的荧光分光光度计，配上低温装置，采用氮弧灯作为激发光源，普通的光电倍增管作为检测器，即可进行低温荧光检测。低温荧光检测系统的原理见图 13-9。

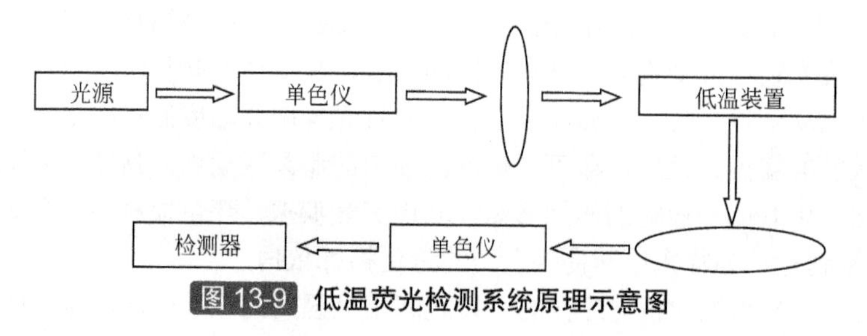

图 13-9　低温荧光检测系统原理示意图

低温荧光检测系统主要由激发光源、低温发生装置、检测器三部分组成。

（三）应用

（1）冷冻溶液希波尔斯金荧光法　应用非常广泛，包括在环境科学、病毒学以及有机生物化学领域[125~129]。分析对象包括多环芳烃、多环芳烃衍生物、杂环多环芳烃等。

（2）有机玻璃中荧光狭线法　该法选择性好、灵敏度高、可使用的基体较多，它可以区别取代基同素异构体，可用于复杂多环芳烃混合物的分析[130~137]。

（3）蒸气相基体隔离荧光法　许多有机化合物在正烷烃中的溶解度都很小，采用蒸气相基体隔离荧光法可以克服这个困难。用此方法测定苯并[*a*]芘和苯并[*a*]蒽等多环芳烃，具有较低的检测限和宽的线性范围[138]。

（4）基体隔离希波尔斯金荧光法　冷冻希波尔斯金荧光法和蒸气相基体隔离荧光法各有其优缺点，将前者的高分辨特性和后者的宽线性动态范围特性结合起来具有高度的吸引力。目前此方法也得到了广泛应用[139]。

低温荧光法的目的是尽量排除发光光谱中引起谱带宽化的主要因素。其中，冷冻溶液希波尔斯金荧光法和荧光狭线法是实际应用分析中最重要的两种方法。前者是基于特殊的溶剂和溶质几何匹配关系，费用较低，只需要利用普通光源作为激发光源；后者不需要特殊的溶剂和溶质几何关系，可使用的基体多、应用范围更广，但需要激光作为光源，仪器条件要求高，但灵敏度和选择性大大提高。基体隔离荧光法同冷冻希波尔斯金荧光法相比分辨较差（这是样品分子和氮、氢分子尺寸匹配不好的缘故)，但在定量分析中得到的线性工作范围和精密度较好，虽然基体隔离希波尔斯金荧光法兼顾了两者的优越性，但是实际操作复杂、不便。

七、固体表面荧光分析法

（一）基本原理

固体表面荧光分析法（SSF）测定有两种方法：一种是直接测定固体物质表面的荧光；另一种是将待测组分吸附在固体物质表面，进行荧光测定。根据在固体表面的荧光发射而进行定性和定量分析，是一种微量技术与痕量分析相结合的方法。

在固体表面荧光测定中，待测物质吸附在固体物质的小微粒上。入射光进入固体物质而在微粒的边界上发生多重反射，形成漫反射，产生的荧光也在微粒之间发生反射，形成激发光和荧光两者的散射。固体表面发生的荧光强度除了与照射面积和荧光物质的质量有关外，还受到诸如散射光强度、吸附层厚度、固体颗粒大小、固体表面对激发光的吸收、测定方式、测定方法、观测发光信号的角度等因素的影响。

固体表面荧光测定有反射式和透射式两种模式。①采用反射式时，激发光源和荧光检测器位于样品的同侧，一般互成 45°角，激发光聚焦于固体表面样品斑点上，样品受激产生的荧光经单色器色散后由检测器检测。②采用透射式时，一般将样品吸附在透明的薄层色谱板上，激发光源和检测器分别位于样品的两边，激发光经滤光片，聚焦在样品斑点上，样品受激产生的荧光透过薄层板再经单色器色散后由检测器检测。

固体表面荧光在实际应用过程中仍存在着一些问题，如：①固体表面的散射光和反射光对测定有较大干扰，使检测有一定困难，因此在进行荧光检测时通常要选用适当的滤光片，以消除干扰；②一些固体材料的荧光背景较高，检出限受到了一定的影响，因此限制了固体表面荧光分析方法的应用。

目前，用作载体的固体物质通常为硅胶、氧化铝、滤纸、纤维素及聚氯乙烯等。

为了提高固体表面荧光检测的灵敏度，人们建立了固体表面敏化荧光法。固体表面敏化荧光法是在基体表面上添加敏化剂，敏化剂分子吸收入射光而受激发，敏化剂分子随即将激发能量转移给荧光体。敏化剂的浓度通常远大于待测物质的浓度。通过高浓度敏化剂分子吸收光子，间接地增大了荧光体的受激发概率，使难以检测的低浓度荧光物质的荧光强度大大提高而易被检测。

固体表面荧光法常与薄层色谱、高效薄层色谱、常规电泳等分析方法联合使用，在与这些分离技术联用时，固体表面荧光既可以直接检测荧光物质，也可以通过荧光衍生或标记，对非荧光物质进行间接检测，通过样品的荧光强度和标准物质的荧光强度对比可以进行定量分析。

（二）仪器设备

用于固体表面荧光的检测方法主要有荧光分光光度法、薄层扫描法与光密度成像法等。

（1）荧光分光光度法[140~146] 几乎所有的荧光分光光度计均可用于固体表面荧光的检测，光源通常使用能量较高的汞灯或氙灯。将固体基质置于仪器配备的固体样品架上，激发光经单色器色散或用滤光片除去可见光后聚焦在固体表面上；荧光体发出的荧光经单色器色散或滤光片除去紫外光与散射光之后导入检测器以测定荧光强度。检测器一般采用光电倍增管，它的位置视所测的荧光是透射荧光还是反射荧光而定。所得荧光信号由计算机软件来进行数据处理，绘制光谱图，然后进行定量分析。

（2）薄层扫描法[147,148] 薄层扫描法是目前最为普遍采用的固体表面荧光检测技术，此方法可对固体表面上的荧光物质直接进行定量分析。薄层扫描法的测定原理与荧光分光光度法相同，不同之处在于薄层扫描法通过扫描装置对固体表面上的整个斑点作直线或锯齿扫描。外形规则的斑点，采用直线扫描，可以缩短测定时间；形状不规则及浓度分布不均匀的斑点，适于锯齿扫描，可以减小测定误差。与荧光分光光度法相比，该方法的最大优点是可以补偿样品在斑点带上的不均匀分布。

（3）光密度成像法[149,150] 光密度成像法是近年来发展起来并商品化的薄层色谱检测方法，仪器主要包括图像数字转换器、光源、单色器及将影像聚焦至 CCD 成像。此仪器能产生基于光密度的峰积分，类似于扫描得到的薄层色谱图。

（三）应用

固体表面分析法具有简单、快速、取样量少、灵敏度高、费用少等优点，被广泛应用于环境分析、刑侦分析、食品分析、农药分析、生化分析、临床检验等领域。近年来随着激光光源、CCD 检测器的应用以及联用技术的发展，固体表面荧光分析法也有更为广阔的用途。

1. 有机污染物的检测

固体表面荧光分析法因可直接测定固体样品，有可能为研究像多环芳烃类化合物（PAH）的环境行为提供一直接的方法。

张勇等[151]用蒽（An）、芘（Py）两种典型的环境优先监测对象作为 PAH 的模型分子，以滤纸作为固体基质，进行了 SSF 法的相关，研究结果令人满意。2009 年，该小组还以新鲜白骨壤和木榄叶片为基质，建立了直接测定吸附于叶片表面蒽（An）的固体表面荧光分析法（SSF），考察了白骨壤和木榄叶片上 An 的吸附量随 An 暴露浓度、暴露时间等因素的变化情况[152]。

孙小颖[153]对固体表面荧光-CCD 数码成像法在快速检测鱼肉中四环素类抗生素残留中的应用做了研究，实验结果表明，四环素类抗生素的线性范围均为 0.2～1.0ng/spot，根据 3 倍信噪比与 10 倍信噪比，四环素、土霉素、金霉素的检测限分别为 0.14ng/spot、0.15ng/spot、0.16ng/spot，定量限分别为 0.47ng/spot、0.50ng/spot、0.53ng/spot。

2. 固相萃取-固体表面荧光法联用

Eroglu 等[154]采用二氯化镉处理过的滤纸作为固体基质，试验了硫化氢在滤纸上的富集行为，通过测定硫化镉室温固体表面荧光强度而对硫化氢进行定量分析，方法的检测限可达 10^{-9} 级。

Escandar 等[155]采用尼龙膜为固相萃取膜与固体表面荧光的基质，检测了血浆中抗痉挛药卡巴咪嗪及其代谢物，由于卡巴咪嗪在溶液及其他固体基质中均不发荧光，因此该方法具有较高的特殊性，适合于慢性病患者血浆中卡巴咪嗪及其代谢物的监控。

3. 流动注射-固体表面荧光联用

Reyes 等[141]利用流动注射-固体表面荧光法测定了饮用水中 Al^{3+}的含量，该实验采用变色酸活化过的 C_{18} 硅胶板为固体基质，在 pH=4.1 的条件下其可与 Al^{3+}形成强荧光螯合物，通过在线监测螯合物的荧光强度即可得知 Al^{3+}的浓度，适用于不同水样中 Al^{3+}的检测。该实验小组还利用交联葡聚糖为固体基质，采用流动注射-固体表面荧光法检测了饮用水中 Cd^{2+}的含量，方法简单、快速、易于操作[140]。

八、动力学荧光分析法

（一）方法原理

荧光动力学分析始于 20 世纪 50 年代，是荧光分析新技术中的一种，通常利用慢反应，在反应开始之后和到达平衡之前的某一期限内进行测量。它基于化学反应的速率，与反应物的浓度有关，在某些情况下还与催化剂（有时还包括活化剂、阻化剂或解阻剂）的浓度有关，因而，可以通过测量反应的速率以确定待测物的含量，这正是动力学分析法定量测定的依据，所以该法也称为反应速率法。

1. 动力学荧光分析法的特点

动力学测量是一种相对的测量值，只测量反应监测信号的变化。在反应过程中，那些不参与反应的物质或仪器因素，对反应监测信号值的贡献保持不变，因而并不干扰。其次，某些类似的物质，虽然也能发生反应，但反应速率不同，这样便有可能创造一定的条件，使得在测量期间内只有待测物的动力学贡献才是有意义的。这两种原因，使得动力学分析法有可能比平衡法具有更好的选择性。

动力学分析法还具有灵敏度很高、操作比较快速、易于实现自动化和可用来测定密切相关的化合物等优点。

动力学分析法的局限性[156]：①所使用反应的半衰期应在 5ms～1h 之间；②必须严格地控制温度、pH、试剂浓度、离子强度等反应条件和其他可能影响反应速率的因素，这些反应条件对反应速率的影响比对最终的平衡浓度的影响更大；③动力学测量的信噪比在本质上要比平衡法小，因为只有反应的一小部分被用于测量。

2. 动力学分析法的类型

动力学分析法主要有非催化法和催化法两种类型。

（1）非催化法　非催化法通过测量非催化反应的速率而测定某种反应物的浓度。此法的灵敏度和准确性都不如催化法，不过它常用于有机物的分析。基于各种相似组分与同一试剂的反应速率的差异，可应用差示动力学分析法进行同时测定。

（2）催化法　是荧光动力学分析法的主要类型，又分为由无机物、有机物、酶催化 3 类方法。催化法是以催化反应为基础来测定物质含量的方法。在合适条件下，催化反应的反应速率与催化剂的浓度成正比，因此，可用于测定某些对指示反应有催化作用的痕量物质，也可用于测定某些对催化反应起助催作用或抑制作用的物质。可以检测催化剂、测定底物、活化剂、抑制剂等。此法的灵敏度很高，检测限常可达 ng 或 pg 级，其测量的对象并非催化剂本身，而是经“化学放大”了的其他物质。

（二）仪器设备

应用动力学荧光分析法测量 15s 以上的慢反应，可用一般的荧光分光光度计，必要时配上动力学测量的附件；对于发生在 15s 内的快速反应，一般需要和停流装置结合使用。

在动力学的测量过程中，由于光谱随时间而变，应用光导摄像管或电荷耦合器件阵列检测器（CCD）等光学多通道检测器，可快速获取荧光光谱的数据[157]。Bugnon 等[158]提出一种高压停流光度计，可用于以吸光度和荧光进行检测的快速反应的动力学研究。

近年来分析仪器日趋自动化，使得催化荧光动力学分析呈现许多新的特点，其中最为突出的是与流动及停流注射技术的结合使其时间精度、实验条件控制和实验自动化程度得以提高；且催化荧光动力学分析自身也涌现出一些新技术，如激光诱导荧光分析、时间分辨荧光分析等，以及一些新应用如应用于生物反应器控制、药物监测和生物分析等方面[159]。

（三）应用

Grases 等[160]探讨了荧光动力学分析法在无机分析中的应用，其他方面的应用可参见文献[159～163]。这里仅举一些例子加以说明。

1. 非催化反应

利用 Pd^{2+}或 Ni^{2+}与某些有机试剂配合后减小试剂的游离浓度，从而降低该试剂被氧化物荧光

第三篇

产物的速率，可以测定μg/ml浓度的钯或镍[164]。杨屹等人[165]利用Hg^{2+}在碱性介质中将硫胺素（维生素B_1）氧化为硫胺荧的动力学反应，用停流-荧光动力学分析装置测定了维生素B_1片剂中维生素B_1的含量。李松青等[166]改用$K_3Fe(CN)_6$作氧化剂，监视反应的进行，建立了测定维生素B_1的时间扫描动态荧光法。方法应用于药物制剂中维生素B_1的测定（$\lambda_{ex}/\lambda_{em}$=372nm/460nm）,回收率在95%～104%之间, 结果令人满意。

2. 催化反应

（1）酶催化反应　酶催化荧光动力学分析法基于酶催化的反应,其突出优点是特效性和高灵敏度。

虽然现在可以买到上百种纯度高、活性高的酶，但价格昂贵，且一旦溶解大多数稳定性不好。邻苯三酚自氧化可产生强荧光的醌,超氧化物歧化酶通过清除该反应过程中产生的超氧阴离子自由基使醌减少。据此赫春香等[167]、杨磊等[168]建立了测定超氧化物歧化酶活力的荧光动力学方法。

王全林等[169]基于血红蛋白（Hb）的过氧化物酶活性，催化H_2O_2氧化对甲基酚，表面活性剂SDS对反应速率有明显增强效应，进行了尿样中Hb的测定。Mn-SDS具有过氧化物酶的性质，可催化 H_2O_2-派若宁的荧光反应，并且可与葡萄糖氧化酶耦合测定葡萄糖含量，基于此，陈丽华等[170]建立了H_2O_2和血清中葡萄糖测定的新方法。

（2）非酶的催化反应　用于催化荧光动力学分析法检测痕量催化剂的指示反应大多数为氧化还原反应，被测催化剂常是有多种氧化态的离子，在反应中以循环的形式改变其氧化态。通常所用的氧化剂为H_2O_2、ClO_3^-、BrO_3^-、IO_4^-、$S_2O_8^{2-}$、Ce(Ⅳ)以及溶解氧，其作用是使催化剂得到循环。例如，Cu^{2+}催化H_2O_2氧化吖啶黄的反应，使吖啶黄荧光猝灭，可用于实际样品中铜的测定[171]。Fe(III)催化 KIO_4氧化茜素红的反应，通过监测荧光产物可测定痕量铁[172,173]。张贵珠等[174]基于NO_2^-对$KBrO_3$氧化罗丹明6G的催化作用及锌粉使NO_3^-还原为NO_2^-的原理,建立了同时测定NO_2^-和NO_3^-的催化荧光动力学分析法。

活化剂并不催化指示反应，但当指示反应中存在催化剂时，活化剂却可增加指示反应的速率，从而对活化剂进行检测。

冯素玲等[175]基于在高氯酸溶液中，草酸对Fe^{3+}催化H_2O_2氧化罗丹明6G具有抑制作用，测定了尿液和菠菜中的草酸含量。张勇[176]等研究了铜(Ⅱ)对铬(Ⅵ)催化$NaBrO_3$氧化还原型罗丹明B的活化作用，建立了测定铜(Ⅱ)的催化荧光新方法。

现阶段利用催化动力学来测定有机物的报道中，甲醛的报道相对来说比较多。Fan等[177]利用甲醛在硫酸介质中可以催化氯酸钾氧化罗丹明B建立了测定织物和室内空气中痕量甲醛的荧光动力学分析法,方法的线性范围为 0.02～0.32μg/ml，检出限为 5.37ng/ml。张劲松等[178]研究了在氨-氯化铵缓冲溶液中，甲醛能强烈阻抑Cu^{2+}催化H_2O_2氧化罗丹明B的褪色反应，建立了测定甲醛的阻抑动力学荧光分析法的新方法，测定甲醛的线性范围为0.2～18mg/L，检出限为1.2×10^{-5}g/L，用于食品中甲醛的测定，结果满意。

九、空间分辨荧光分析技术

随着技术和仪器手段的发展以及研究、应用领域的不断扩大，空间分辨荧光分析技术逐渐成熟，主要包括共聚焦荧光法、多光子荧光法、全内反射荧光法及近场荧光法。这些技术都具有提取空间具体位点的信息的能力，很好地弥补了传统荧光分析技术对空间分辨能力的缺乏，在材料学、医学及生物学等有着很广泛的应用。

（一）共聚焦荧光法

共聚焦荧光法的特点：①采用了光学系统的共焦技术，在光路中采用了激光和荧光的共聚焦成像以及针孔的应用，阻止焦点外的衍射光和散射光的干扰，从而只检测到焦平面上的荧光信号；

②通过移动样品和物镜的位置，可以得到不同层面的信息，对样品实现纵深剖析；③比普通的荧光显微镜有更高的分辨率，很大程度上提高了分析的灵敏度；④具有在 z 轴方向定位成像的能力，实现了断层扫描的目的；⑤多通道采集成像和微分干涉成像的采用得到的三维成像图也有更好的分辨率和动画效果[179]。

共聚焦荧光技术在生物学、医学、超高灵敏分析等领域已经有了非常广泛的应用，由于其对样品特定位点分析检测的能力，在常规的光学显微分析中表现出了越来越多的优势。Han 等[180]利用共焦荧光显微技术成功追踪了单个荧光蛋白分子和有机染料分子。Liu 等[181]采用共聚焦激光扫描显微技术定量研究了蛋白包覆聚乳酸羟基乙酸共聚物的微球内 pH 的分布和变化。

（二）多光子激发荧光法

多光子激发的基本原理是在强光照射下，荧光分子可以同时吸收 2 个或 2 个以上长波长的光子，跃迁到激发态后发射出一个波长较短能量较高的光子。双光子激发时需要强光即很高的光子密度，双光子荧光显微镜通常采用高能量的脉冲激光器，物镜对光子进行聚焦后，焦点处的光子密度最高，双光子激发只发生在物镜的焦点上，因此双光子荧光显微镜不需要聚焦针孔，提高了检测效率和图像的对比度及清晰度，而且消除了焦平面外不必要的光漂白现象。由于双光子激发的激发波长比发射波长更长，多采用可见光或近红外光作激发光源，减轻了光损伤性，大大消除了散射光的影响，在生物组织内也有更强的穿透能力，能对生物样品进行更深层次的成像和研究。由于生物组织在波长为 350～560nm 的光激发下能产生自发荧光，因此在近红外光激发下，还能大大降低生物组织样品自发荧光的干扰，提高成像质量。

双光子共聚焦荧光法对细胞的低损伤性和聚焦成像的特点使得其在生命科学的研究应用中尤为广泛，成为了实现细胞内分子的三维动态成像的有效工具。Graham 等[182]利用双光子显微镜成功研究了谷氨酸盐等信号分子的释放过程以及对细胞结构和功能的可视化观测。Miller 等[183]成功利用双光子共聚焦显微镜研究了硼酸盐染料对生物细胞中双氧水浓度变化的检测。

（三）全内反射荧光法

当入射光从折射率为 n_1 的介质进入折射率为 n_2 的介质时，在界面上会同时发生反射和折射，若 n_1 大于 n_2，且入射角大于或者等于临界角 θ_c 时，折射角变为 90°，即光不再透射进光疏介质中，而是发生全内反射。同时，由于波动效应，有少部分光能量穿过界面渗透到光疏介质中，它能沿着界面传播并被称为消失波。这部分能量只存在于界面附近的薄层内，且随离界面的距离呈指数衰减，对可见光有效进入深度约为 100nm。这种消失波能激发界面层的荧光分子，从而产生全反射荧光，经过物镜成像到相机或 CCD 获取样品的信息。

在目前已发展的多种全内反射荧光显微成像系统中，最普遍的是棱镜型和物镜型两种。对棱镜型来说，操作简单，所需费用低廉，但是光学分辨率不高。物镜式显微镜使用物镜作为收集样品荧光信号的接受器和发生全反射的光学器件，使得接受的荧光不受样品干扰而获取界面信息，因此有更广泛的使用[184]。

全内反射荧光为研究表面和界面处的信号变化提供了有利条件，在生物学、界面化学等领域都有非常广泛的应用。Miomandre 等[185]通过将全内反射荧光显微镜与电化学结合起来实现了对四氮杂苯和氟硼吡咯等有机染料的荧光发射的电化学模拟。Hoover 等[186]利用全内反射荧光显微镜对吸附在金上的细胞的界面结构进行了观察和成像的研究。

（四）近场荧光法

物体的表面场可分布为两个区域：一个是距物体表面几个波长的区域，被称为近场区域；另一部分是从近场区域以外至无穷远处，称为远场区域。传统的光学显微镜能放大至几千倍来观察样品，但由于光波的衍射效应，分辨率不能超过光波长的一半。这是因为传统光学显微镜观察都在距离物体很远的位置（>>λ），即处于远场范围。在近场光学显微镜中，采用孔径远小于光波长的探针代替光学镜头，当这种亚波长探针放置在距离物体表面一个波长内时，即近场区域，通过对物体表面非辐射场的探测和成像，能够突破衍射极限，进行纳米尺度光学研究。在近场光学探测中，当光通过一个小孔（孔径为波长量级）时，会产生隐失波起作用的近场区，将被测样品置于这一近场区内，样品将受到激发，发射出荧光，然后被适当远距离的探头检测，检测到的信息能精确反应精细结构的局部变化，配合微小物体如光纤探针扫描的方式，可以在样品表面上逐点采集荧光信号，就可以获得高分辨的二维荧光成像图。近场光学显微镜的核心部件是孔径小于波长的小孔装置，如光线探针，探针的大小对分辨率起着关键性作用。另外，在扫描中，控制探针与样品间的距离在近场（几纳米到几十纳米）范围内并保持某一恒定值也是关键。现在已发展了几种测控技术，如切变力强度测控技术等[187]。

近场光学显微镜在荧光分析及生物样品动态观察有明显优势。Cadby 等[188]利用扫描近场光学显微镜对聚辛基芴和聚乙烯的系列混合物进行了荧光寿命的研究。Kim 等[189]通过近场扫描和原子力扫描显微镜对 DNA 分子和染料进行高分辨荧光成像和研究。

这些技术根据不同的原理均实现了对样品的空间分辨能力，在各个领域尤其是生物领域的研究中有着重要的地位。随着仪器设备和样品制备技术的改进和提高，相信这些技术的用处将会越来越大。

十、单分子荧光检测

单分子检测（single molecules detection，SMD）方法是在 20 世纪 80 年代随着扫描隧道显微镜、近场扫描、荧光探针、光摄技术的出现迅速发展起来的一种技术，它将分析化学检测推到了最高灵敏限度。单分子检测可以揭示出隐藏在大量分子中的信息，用于分子识别、分子定量，对分子之间的反应实时监测，探索生物大分子的分子结构和功能信息及探索分子微环境信息。这些都是传统检测方法很难甚至无法实现的。单分子检测技术有别于一般的常规检测技术，观测到的是单分子的个体行为，而不是大量分子的综合平均效应。近年来随着相关学科的技术进步，单分子研究已经从分子生物学到细胞生物学等生命科学领域有了迅速的发展和应用[190,191]。单分子荧光成像是实现单分子检测的手段之一，下面就单分子荧光检测的原理、方法及应用作一简单阐述。

（一）基本原理

单分子实验的重要性有两方面：一方面，对于非均相体系，它能给出分子性质的分布信息；另一方面，对于均相和非均相体系，单分子轨迹是分子性质涨落的直接记录，蕴涵着丰富的动力学信息。

单分子的光学探测可由频率调制的吸收光谱和激光诱导荧光检测，激光诱导荧光检测具有背底低、信噪比高的特点，成为单分子检测最常用的方法。在凝聚态，一个分子的荧光辐射通常以 4 个步骤循环发生：①电子基态向电子激发态的跃迁，其速率与激发光功率成线性关系；②电子激发态的内弛豫；③由电子激发态向电子基态的辐射或非辐射跃迁，其速率与激发态寿命有关；④电子基态的内弛豫。对于凝聚相中的小分子，振动和转动弛豫发生在皮秒量级上，而激发态的寿命和吸收时间在亚纳秒至纳秒量级，因而荧光周期主要由吸收和发射步骤决定。

光化学过程和系间窜越直接影响染料分子在激光激发下的行为，平均可辐射的光子数可简单地将荧光量子产率除以光破坏概率得到。在理想情况下，一个分子大约能辐射出 10^5～10^6 个荧光光子。利用高数值孔径物镜和高效单光子计数雪崩光电二极管（APD），目前能接收到约 5%的荧光光子，最好的能达到 10%左右。因此，我们可从一个“表现”好的荧光分子中观测到 5000～50000

个光子，这一数目不仅足以探测到单个分子，而且足以进行光谱辨认和实时监测。上述估算适用于单个生色团分子，如荧光素、罗丹明和花青素等。对于生物大分子，如蛋白质和核酸，可以用荧光分子标记来检测[192]。

单分子检测的关键是消除拉曼和瑞利散射以及杂质荧光等背景的干扰，采用高效滤光片，利用共焦、近场和隐失场激发以减少激光照射体积，可有效地削弱背底，提高信噪比。

（二）仪器设备

单分子荧光检测的技术关键在于确保被照射的体积中只有一个分子与激光发生作用以及消除杂质荧光的背景干扰。采用高效滤光片，利用共焦、近场和消失波激发，可达此目的。根据所用仪器及对样品激发方式的不同，单分子荧光检测大体可分为以下 4 种。

1. 近场扫描光学显微镜

20 世纪 80 年代以来，随着科学技术向小尺度与低维空间的推进以及扫描探针显微技术的发展，在光学领域中出现了一个新学科——近场光学。近场光学是指光探测器及探测器与样品间距均小于辐射波长条件下的光学现象；而近场光学显微镜是基于近场光学理论的一种新型超高空间分辨率光学仪器。近场光学显微镜的成像方式和结构不同于传统的光学显微镜，它通过探针在样品表面逐点扫描，并将探测到的光信号进行处理成像。图 13-10 是一种近场光学显微镜的成像原理图，它可以同时采集到三类不同的信息：样品的表面形貌、近场光学信号及光谱信号。近场扫描光学显微镜的优点是具有较高的分辨率，已被用来研究单分子对荧光共振能量转移以及单分子荧光成像。但有输出功率低、针尖制备的重复性较差以及镀膜针尖对样品的探测会产生干扰等缺点。

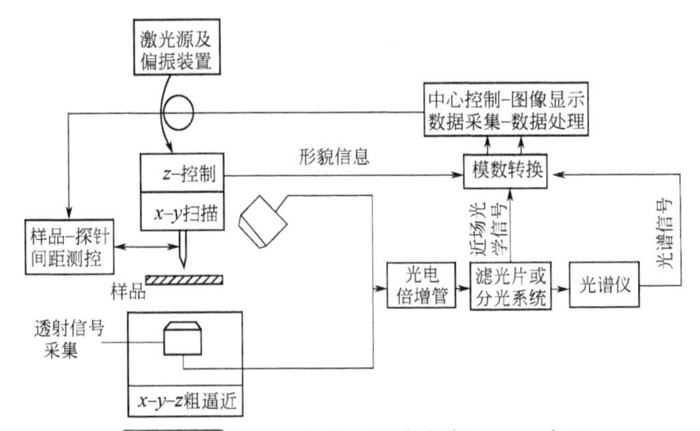

图 13-10 近场光学显微镜成像原理示意图

2. 远场共焦显微镜

在共焦显微镜中，利用高数值孔径油浸物镜把激光束聚成衍射极限大小的焦点，在像平面处放置一个直径为 50～100μm 的共焦小孔来阻挡焦点外的光。荧光信号经共焦小孔后被探测器接受，而非焦平面的光则被共焦小孔过滤掉。尽管它的分辨率受衍射极限的限制，远场共焦具有激发强度不受限制、非侵入式检测、灵敏度高及操作简单等优势，非常适合于研究单个给体和受体间的荧光共振能量转移。

3. 倒置荧光显微镜

倒置荧光显微镜是比较常见的光学仪器，在普通的倒置荧光显微镜上添加一些简单的附件，便可用作单分子检测。光学系统主要包括：激光光源、散焦光学装置、双色光束分离器和油浸物镜。配以电感耦合器件（CCD）或增强型电感耦合器件（ICCD），则可进行高灵敏检测。Yanagida[193] 等已获得标记了 1 个或 2 个荧光标记物的单个肌球蛋白分子的荧光成像照片。

4. 消失波激发

在玻璃-液体/空气界面的全内反射产生指数衰减的消失场，在界面薄层（约 300nm）上的分子可被消失波激发。消失波单分子成像的全套装置类似于倒置荧光成像，唯一不同的是它的激发光束从物镜另一侧直接射向样品。消失波激发视野比较宽，但样品厚度非常薄，与其他方法相比，具有更低的背景信号，是一种应用比较广泛的单分子荧光检测方法。

（三）应用

在单分子水平上研究生物分子反应的动力学过程，研究分子的构象以及构象随时间的变化，可以进一步揭示生命活动的奥秘，如分子马达产生机械力的机制，DNA 复制或转录过程中聚合酶在模板链上如何运动，基因在染色体上的分布等。以下从 4 个方面就单分子检测在生物传感方面的应用作简单介绍。

1. 蛋白质与 DNA 的相互作用

从单分子水平上研究蛋白质与核酸的相互作用可为人类基因组的研究提供许多新机会。实时观察单个酶分子在 DNA 上的结合和运动可揭示许多新问题，如 DNA 结合蛋白在许多非特异性结合位点中如何找到特异性位点的，RNA 聚合酶在转录时是如何运动的。单分子检测技术已用于直接观察基因表达过程[194]。研究表明，荧光标记的 RNA 聚合酶分子沿 DNA 链作直线滑行，为滑动是寻找启动子的机制提供了直接证据；在转录过程中 RNA 聚合酶分子沿 DNA 链移动，产生远大于分子马达的推力[195]。所以，人们已能对 DNA 转录的早期阶段进行直接成像研究，随着科学的不断发展，在不久的将来，人们便能观察到包括转录终止在内的 DNA 转录的全过程。

2. 分子马达

分子马达是肌肉运动的分子基础。尽管人们目前可以测量单个分子马达的力和运动，但对力产生的分子机理即蛋白质结构的改变与力的产生有何关系仍不清楚。用光学方法探测附着在马达蛋白质上的单个生色团为回答上述问题提供了强有力的工具，单分子马达水平上的荧光偏振测量和机械力测量可以监测单个肌球蛋白分子的构象随力的变化，从而使人们对蛋白质结构变化与机械力产生的关系的认识达到前所未有的深度。Yanagida[193]等报道了观测到单个荧光标记的肌球蛋白分子和单个 ATP 转化反应及单个肌动蛋白（kinesin）分子沿着微管移动。

3. 生物分子的动力学与生化反应

单分子检测还可用于研究蛋白质的折叠[196~198]，如图 13-11 所示。实验时，将荧光分子标记到蛋白质某一氨基酸残基上，通过荧光偏振、荧光共振能量转移[199,200]等，可获得蛋白质的结构信息。美籍华人、诺贝尔物理奖获得者朱棣文以荧光共振能量转移对核酶单分子的折叠进行过研究[201]，观察到了一种快速折叠中间态的存在，是单分子研究的一个里程碑。

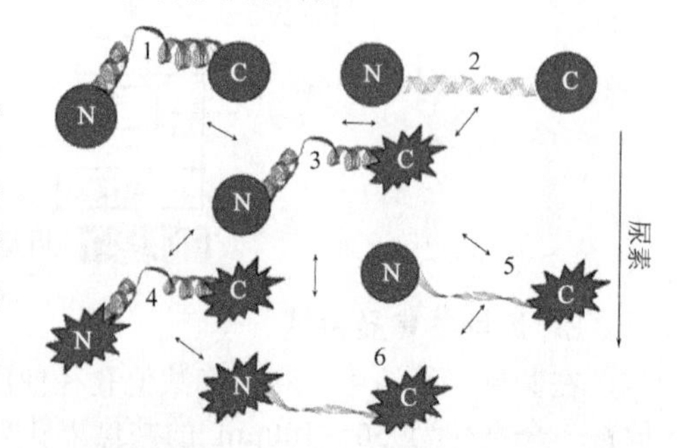

图 13-11 蛋白折叠演化示意图[200]

4. 细胞信号传导

细胞是个非常复杂的系统，能自动对外界的刺激产生反应，揭示信号在细胞间及细胞内的传递过程是生命科学研究的重要课题。目前有许多方法可进行这方面的研究，但要了解这些过程的机制仍有一定困难。单分子检测已用于监控荧光标记的单个脂分子在人工膜上的布朗运动[194]以及 P62 蛋白在核包膜通道内的传输[202]等。

尽管生物单分子检测的研究已取得了一些进展，但目前仍处于起步和探索阶段，尚存在一些技术上的问题，尤其是在接近生理条件下和活细胞中的生物单分子的实时在线研究方法并不成熟，仍需进一步发展不易光解和性能稳定的荧光探针，以代替传统的有机荧光染料等。可以肯定，随着分析方法和技术的不断完善，人们完全可能从单分子水平上揭示生命过程的奥秘。

十一、荧光免疫分析法

免疫分析是生物分析化学的重要内容之一，主要是利用抗体（antibody，Ab）能够与相应抗原（antigen，Ag）及半抗原发生自发的、高选择性的特异性结合这一性质，通过将特定抗体（抗原）作为选择性试剂来对相应待测抗原（抗体）进行分析测定的方法。

免疫分析根据采用的检测技术大致可分为五类[203,204]：放射性免疫分析法（radioimmunaoassay，RIA）、酶免疫分析法（enzyme immunaoassay，EIA）、化学发光免疫分析法（chemiluminescence immunaoassay，CLIA）、荧光免疫分析法（fluorescence immunaoassay，FIA）和电化学免疫分析法（electrochemical immunaoassay，ECIA）。

RIA 法灵敏度高，可用于临床超痕量物质检测，但 RIA 法存在放射性标记物半衰期短、易造成人身伤害和环境污染诸多弊端，RIA 正在逐步被非放射性免疫分析技术取代。

EIA 法因其标记物酶的高效性和简便性等优点，在 20 年来的免疫分析研究中占据了半壁江山[205]。但 EIA 法也存在着无法避免的问题，诸如酶的耐受性差、对抑制和变性因素敏感等，在一定程度上限制了 EIA 法的应用。

CLIA 法是化学发光和免疫测定相互结合起来的一种检测手段，该法灵敏度高、仪器设备简单，但可被利用的化学发光反应相对有限。

ECIA 为近些年来发展起来的，其仪器易小型化，适合用于不透明样品检测[206]。

FIA 作为一种非放射性免疫分析法，与 EIA、CLIA 法相比具有灵敏度高、可测参数多、动态范围宽、标记物稳定且可实现均相免疫分析等优点，特别是在时间分辨荧光免疫分析法（TRFIA）的迅猛发展下，FIA 的检测灵敏度得到了极大提高[207]。

（一）方法原理

FIA 法是将抗原-抗体反应的特异性和敏感性与显微示踪的精确性相结合。以荧光物质作为标记物，与已知的抗体（或抗原）结合，但不影响其免疫学特性。然后将荧光物质标记的抗体作为标准，用于检测和鉴定未知的抗原。在荧光显微镜下，可直接观察呈现特异荧光的抗原抗体复合物及其存在部位，具有特异性强、敏感性高、速度快等特点。

在常规 FIA 法中，因溶剂、溶质、生物制品等的散射光、本底荧光及化学发光物质的干扰，导致检测所受的干扰较多，检测敏感性降低。随着人们对荧光免疫分析法的深入研究，结合荧光检测新技术的荧光免疫分析方法大量出现。包括荧光偏振免疫分析法、时间分辨荧光免疫分析、相分辨荧光免疫分析等，其目的都是降低或消除背景荧光和散射光的干扰，其中以时间分辨荧光免疫分析法最为成功。

时间分辨荧光免疫分析法的主要原理是利用三价稀土离子以及螯合剂代替荧光物质或者同位素来当作示踪物，以此标记蛋白、多肽、激素、抗体、核酸探针及生物活细胞等，当生物素与亲和素相互作用、抗原抗体结合、核酸探针杂交反应后，用具有时间分辨功能的时间分辨荧光测定仪测得产物的荧光强度，根据荧光强度和相对荧光强度的比值，来判断反应体系中分析物的浓度，从而达到定量分析的目的。

当前用于时间分辨荧光免疫分析的主要是镧系离子，利用双功能螯合剂等可将镧系离子和蛋白质分子中的游离氨基连接起来，以铕离子最为常用。免疫反应所形成的抗原-抗体-铕标记物复合物在弱碱性缓冲液中经激发光激发所产生的荧光信号较弱，主要是因为水是稀土离子产生荧光的猝灭剂。这时需加入一种含 β-二酮体（β-NTA）、Triton X-100、三辛基氧化膦（TOPO）、邻苯二甲酸氢钾和醋酸的酸性溶液（pH=2～3），可将稀土离子从螯合物中解离下来。游离态的 Eu^{3+}在 TOPO 的协同作用下，与 β-二酮体形成一种新的螯合物，非离子型表面活性剂可使 $[Eu^{3+}(\beta\text{-NTA})_3(TOPO)_2]$复合物形成大分子微囊。微囊内侧为疏水基团，可有效溶解脂溶性的 β-NTA；而其外层为亲水性基团，可和水分子结合。这种微囊可最大限度地将能量传递给 Eu^{3+}，

从而阻断因 β-NTA 吸收能量传递给水而产生的猝灭效应，使原来的荧光信号增强近 100 万倍，大大有利于荧光测量[208]。其原理如图 13-12 所示。

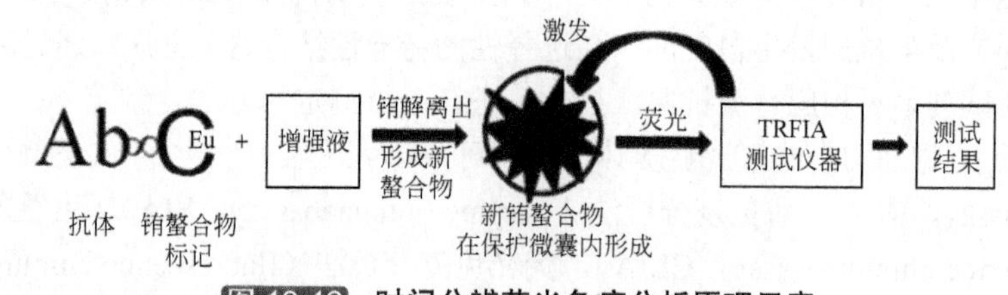

图 13-12 时间分辨荧光免疫分析原理示意

（二）仪器设备

目前荧光免疫分析仪主要是采用时间分辨荧光免疫测定方法来进行免疫测定。

荧光免疫分析仪主要由加样中心、测试中心两部分组成。加样中心包括三个同心圆盘，即反应试管圆盘、试剂盒圆盘和样品圆盘。测试中心主要由移液系统、光学系统和温控系统三部分组成。同时还配有圆盘、BULK 溶液分配器、玻璃光纤维小杯传递系统、风扇和过滤器等辅助装置；测试中心的作用是负责接收从加样中心过来的在反应管内的测试。它是一个温度控制区域，与外界光照隔离，在系统进行处理样品时处于封闭状态。其功能为：混合和运输样品、试剂和缓冲液，为反应混合物的孵育而保持温控环境，对反应混合物进行光学测量；将用过的消耗品排入废液。

（三）应用

由于时间分辨荧光免疫分析技术具有操作简便、灵敏度高、无放射性污染等特点，其应用范围不断扩展，现已成为细胞因子测定、微生物诊断、核苷酸诊断、激素免疫测定等的重要分析手段。

（1）细胞因子测定　细胞因子不仅参与免疫应答反应，而且在炎症、肿瘤发生和发展过程中起着重要作用。因此，准确测定细胞因子含量，对了解其病理生理作用十分重要。在细胞因子测定方面 TRFIA 逐渐开始取代 RIA 和酶联免疫分析（EIA）法。如测定肿瘤相关抗原[209]、甲胎蛋白[210]等。

（2）微生物诊断　自 1979 年 TRFIA 理论形成后，研究重点放在试剂开发和利用上，早期主要研制微生物诊断试剂。目前 TRFIA 已广泛用于各种传染病的诊断及研究，包括甲肝病毒、乙肝病毒、丙肝病毒、脑炎病毒、A 型流感、呼吸道合胞病毒、轮状病毒、免疫缺陷病病毒及出血热病毒等[211, 212]。

（3）核酸诊断　铕标记的链霉亲和素-生物素探针，使核酸杂交整个过程变得快速、简单。目前，稀土元素标记探针技术已用于检测 HIV、前列腺特异性抗原 mRNA、腺病毒 DNA、肺炎链球菌 DNA 和 HLA-27 等位基因，获得了满意的结果。

（4）激素免疫测定　Storch 等[213]用 TRFIA 检测人血清胰岛素含量，Wu 等[214]检测血清中甲状腺激素等，其灵敏度优于 RIA，是激素免疫测定的重大突破。现已用此法检测了 α-羟孕酮、雌三醇、人促卵泡激素[215~217]、锁链素等[218]。TRFIA 不仅被用于检测人血清激素，而且还用于检测动物激素，李跃松等[219]用此法测定了尿微量清蛋白；Genderen 等[220]检测了细胞提取液和培养基中的大鼠胰岛素；Parra 等[221]检测了犬血清中的皮质醇和游离甲状腺素 4（FT4）等。

近年来随着科学技术的不断发展和进步，各学科之间的相互渗透、相互结合越来越紧密。现代荧光免疫分析技术陆续出现了许多新的方法和设想，这对未来的生化、环境、药物分析等的发展起着无可估量的推动作用。

十二、导数荧光分析法

荧光分析法具有灵敏度高、方法简便、仪器简单等优点[222]。但许多分子的荧光光谱具有较宽的谱带，常规的荧光分光光度法测定时存在交叉重叠的情况，分辨荧光混合物受到了限制。导数光谱技术应用于荧光分析后，可以解决荧光混合物一起测定分析中谱带交叉重叠以及背景干扰问题，可极大地提高荧光分析的选择性[223~229]。

（一） 基本原理

导数荧光分析法就是荧光强度对波长进行一阶导数或更高阶导数的分析法。波长（λ）为横坐标，荧光强度随波长变化的速率（$dI/d\lambda$）为纵坐标，所得到的荧光光谱就为一阶导数荧光光谱。同理，纵坐标为 $d^2I/d\lambda^2$，横坐标为波长时，得到二阶导数荧光光谱。据此，也可以得到更高阶的导数荧光光谱。

在导数光谱中，随着导数求导阶次的增加，谱带变尖锐，带宽变窄，从而将不同的荧光化合物区分开，提高测定过程的选择性。

导数荧光法测定中，条件一定时，荧光强度对波长的导数值与分析物的浓度成正比。而常规荧光法分析时，条件一定时，荧光强度与分析物浓度成正比。

导数光谱法可减小背景干扰，解决谱带重叠问题，增强特征光谱精细结构分辨能力，区分光谱的细微变化，从而提高选择性。但高阶导数信噪比会降低。

获得导数荧光光谱的方法主要有两类：一是对仪器输出的信号进行处理，即微分法，如电子微分和数值微分；二是对仪器光路系统中的光束进行处理，即波长调制法，如双波长光谱测定。

其中电子微分法比较简单、廉价。电子微分法是在一般的荧光分光光度计上配一个电子微分器的附件，将它串接于荧光分光光度计的信号输出装置和记录仪之间，就能获得所需要的一阶或二阶导数荧光光谱。事实上它是将荧光分光光度计的输出电压对时间进行微分，以产生导数（dI/dt）的信号。当保持波长扫描速度恒定时，即 $d\lambda/dt=c$（常数），则得到荧光强度对波长的导数：

$$dI/d\lambda = (dI/dt) \times (dt/d\lambda) = (1/c) \times (dI/dt) \quad (13\text{-}13)$$

就得到导数荧光光谱。

数值微分是通过荧光分光光度计联用的微处理机采集扫描过程中所获得的基本光谱的数据，然后进行微分运算并显示得到的导数光谱，也可采集完原始数据脱机后，另外再用各种数据处理软件进行处理。现在的荧光分光光度计都配有计算机及微分软件，可方便地进行数值微分。

对测定波长进行正弦调制，且调制间隔与谱带宽度相比是细窄的，那么，所引起的强度调制间隔内光谱的斜率成正比，从而与该区域内光谱的一阶导数成正比。通常用锁相放大器来测量强度调制。波长调制的波形并非一定要用正弦波，方波也常用。

可采用振动单色器的狭缝、反射镜或光栅，或在单色器内的光束中插入一片振荡的或转动的折射板，以及在多道检测器中调制电子束扫描等办法以达到波长的调制。近年来还发展了在电光双折射晶体上加上调制电压调制染料激光器的输出波长。所有这些办法的装置都较复杂，但波长调制在信噪比方面却优于电子微分法。

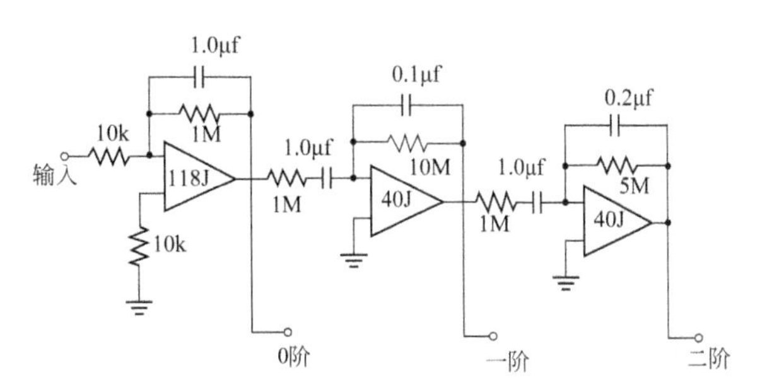

图 13-13 电子微分器线路图

（二）仪器设备

应用电子微分来获得导数光谱的方法最为简单、方便，价格也较低廉，并能满足一般分析工作的要求，因而是经常采用的一种方法。

电子微分法是在一般的荧光分光光度计上配一个电子微分器的附件，将它串接于荧光分光光度计的信号输出装置和记录仪之间，就能获得所需要的一阶或二阶导数荧光光谱。电子微分器的线路如图 13-13 所示，它由一个低通滤波放大器和两级的频率限制微分组成。

选择条制的仪器方块如图 13-14 所示，采用选择调制时，荧光分光光度计必须作一定的改装，并配上必要的附件。用一个限制转动的扭矩马达代替驱动光栅的机械装置，通过应用适当的斜坡和交流波形扭矩马达，以完成波长调制和常规扫描。程序控制的斜坡发生器提供了单一的或重复的扫描、可变的扫描速率和可调的波长限制。振荡器则提供波长调制的波形。

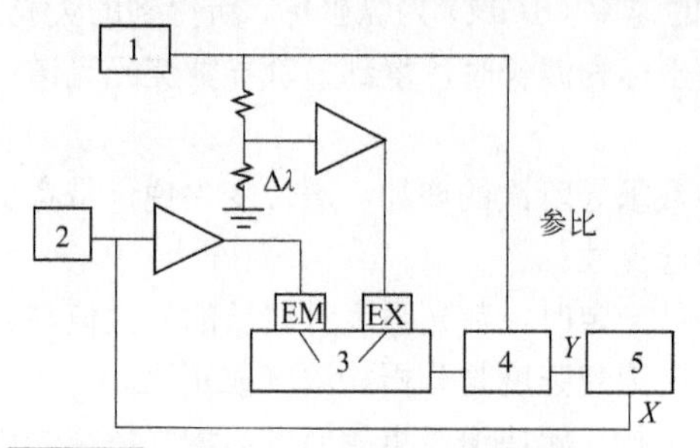

图 13-14 激发调制型选择调制系统的方块图

1—振荡器；2—斜坡发生器；3—扭矩马达；4—锁相放大器；5—X-Y记录仪

（三）应用

导数荧光分析法近年来由于其突出的优点得到了越来越广泛的研究，在基本的一阶、二阶和高阶导数荧光的基础上又发展出了其他技术，如比值导数荧光光谱法和导数同步荧光法等。导数荧光法在很多物质的检测中具有良好的选择性。和同步荧光技术联用后，灵敏度也得到了一定的提高。

1. 导数荧光法

当血红蛋白（hemoglobin, Hb）和白蛋白（albumin, Alb）二者共存时，需要采用预分离等手段消除干扰，操作烦琐，耗时长。林琳[230]等利用二阶导数荧光法同时测定了人血清 Hb 和 Alb 的含量，解决了常规荧光光谱法中二者荧光光谱彼此重叠、相互干扰的问题，不需要分离，可同时进行测定。如图 13-15 所示，BSA 在 309nm 处的导数值为 0，而 Hb 在此处有一负峰，根据峰零测量法，由此负峰的高度可以排除 BSA 的干扰而对 Hb 的含量进行测定。同样地，Hb 在 296nm 处的导数值为 0 而 BSA 在此处有一正峰，根据零点交叉测量法，由此正峰的高度可以排除 Hb 的干扰而对 BSA 的含量进行测定。由此，通过求导，提高了测定的选择性，可进行混合物中两物质的同时测定。

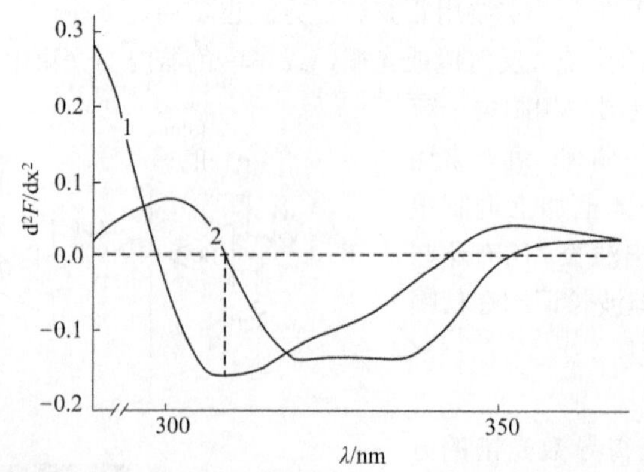

图 13-15 Hb（1）和 BSA（2）的二阶导数荧光光谱

导数荧光法测定中，在一定条件下，荧光强度对波长的导数值与分析物的浓度成正比。韩彩芹等[231]通过二阶导数荧光光谱分析方法得知，配合物中异丙醇分子和水分子以不同方式结合形成了 7 种发射荧光的团簇结构，而溶液体积百分比的改变并不会引起发光团簇种类的变化，见图 13-16。倪晓武还用导数荧光研究了乙醇和水团簇结构的性质。

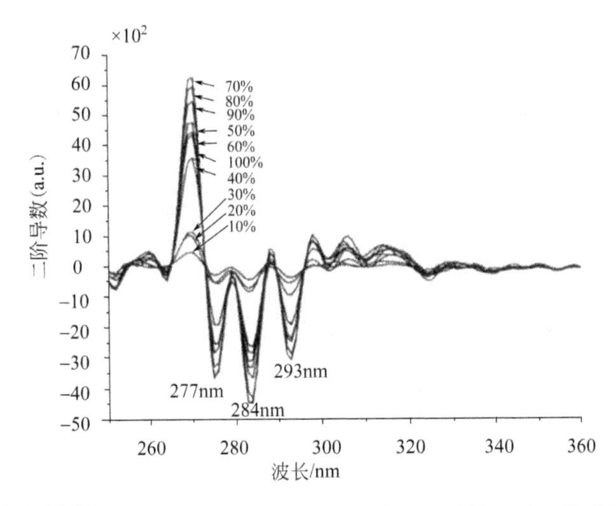

图 13-16 不同含量异丙醇配合溶液荧光光谱的二阶导数谱图

导数荧光法还被用来测定稀土金属离子和配合物的作用[232]、浮游植物中叶绿素的含量以及区分不同种类的叶绿素，如叶绿素 a 和叶绿素 b 等[223,233]。

2. 比值导数荧光光谱法

有关同时测定色氨酸（Trp）和 5-羟基色氨酸（5-HTP）的方法仅有高效液相色谱法，魏永锋等[227]用比导数荧光光谱法对色氨酸和 5-羟基色氨酸进行同时测定，该方法的灵敏度高，线性范围宽，信号稳定，重现性好，且操作简单方便。

蛇葡萄素和杨梅素两种组分的荧光峰严重重叠，如图 13-17 所示。用直接荧光法难以消除杨梅素产生的干扰。黄仁杰等[234]利用比值导数荧光法测定藤茶中的蛇葡萄素。荧光强度的比值导数值存在多个峰谷值，如图 13-18 所示，经比较选择知，506nm 和 504nm 处对应的峰谷差值与浓度有较好的线性关系，故确定 506nm 和 504nm 作为蛇葡萄素的测定波长，其对应的比值导数峰谷差值 ΔD 作为蛇葡萄素的定量信息。

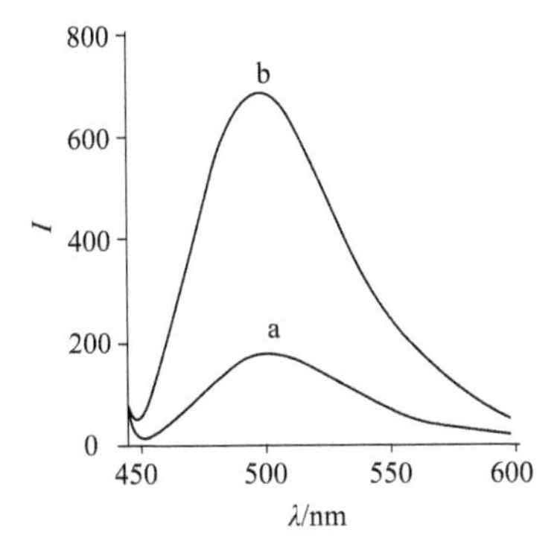

图 13-17 蛇葡萄素(a)与杨梅素(b)荧光扫描图谱

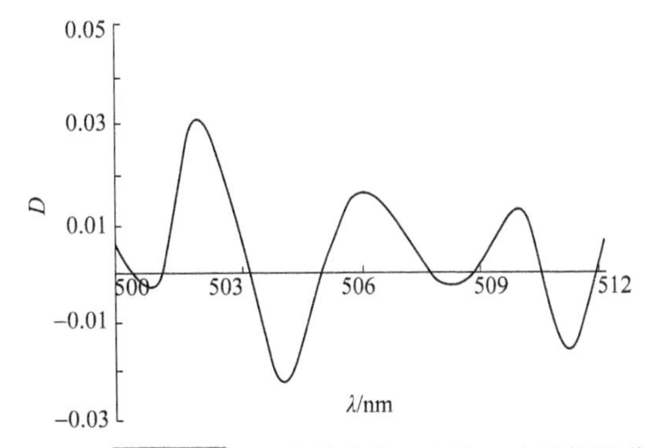

图 13-18 蛇葡萄素荧光比值一阶导数图谱

3. 导数同步荧光法

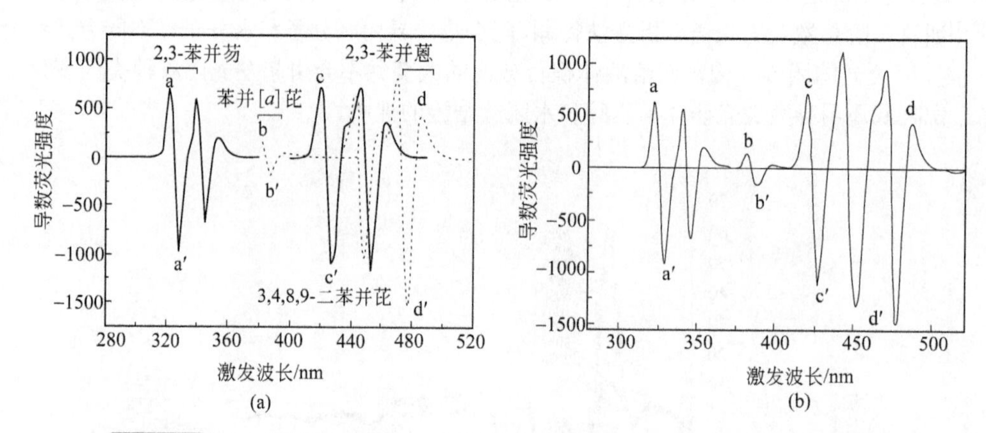

图 13-19 2,3-苯并芴、3,4,8,9 -二苯并芘、苯并[a]芘和 2,3 -苯并蒽的单组分（a）和混合物（b）的二阶导数恒能量同步荧光光谱

李耀群等提出了导数恒能量同步荧光法和导数可变角同步荧光法，并用导数-恒能量同步荧光检测不同样品中多环芳烃（PAH）的含量[235]。何立芳等[236]采用导数-恒能量同步荧光法不需预分离可直接定量分析飘尘样品中的 PAH，见图 13-19。李耀群用导数荧光法快速检测香菇中的多菌灵和分析血样中锌原卟啉和原卟啉[237]。

他同时用导数可变角同步荧光法来分析苯胺和 1-萘酚混合物[238]。从图 13-20 可看出，两种物质谱带存在重叠现象。采用可变角同步荧光法（VASFS）和导数可变角同步荧光法（DVASFS）处理后两种物质可以同时测定并被区分开，如图 13-21 所示。

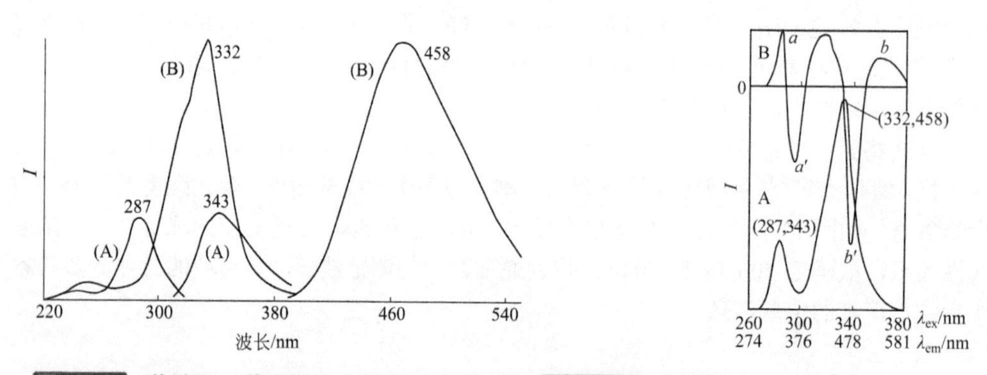

图 13-20 苯胺和 1-萘酚的荧光激发和发射光谱

图 13-21 混合物 VASFS 光谱(A)和 DVASFS 光谱(B)

上官盈盈等[239]利用同步荧光扫描导数法测定延胡索药材中原阿片碱含量，这种方法快速准确，灵敏度高，选择性好。

导数荧光分析法现已发展成熟，应用于很多环境物质、生物分子、药物等多种物质的定量定性分析，具有快速准确、灵敏度高、选择性好等优点。

参考文献

[1] 顾春峰，兰秀风，于银山，等. 光子学报，2012 (01): 107.

[2] 刘晃清，王玲玲，肖经纬，等，材料导报，2006, (S2): 47.

[3] Cary Zclipse. 现代科学仪器，2001, (01): 66.

[4] Agranovski V, Ristovski Z D, Ayoko G A, et al. Aerosol Sci Technol, 2004, 38(4): 354.

[5] Murphy K R J. Appl Spectroscopy, 2011, 65(2): 233.

[6] 陈猛. 现代科学仪器, 2001 (06): 73.
[7] de la Zerda, Bodapati A S, Teed R, et al. Mol Imaging Biol, 2010, 12(5): 500.
[8] Kajiwara M, Shinozaki A, Murayama H, et al. Bone, 2009, 44:S149.
[9] Kim J, Peng C C. JControlled Release, 2010, 148(1): 110.
[10] 黄贤智, 翁心桥. 厦门大学学报: 自然科学版, 1981(04): 443.
[11] 谢颖. 六价铬对大鼠肝细胞线粒体呼吸链电子漏的影响研究[D]. 长沙: 中南大学. 2011.
[12] 何月涵, 马波, 吕亚娜, 等. 哈尔滨医科大学学报, 2012 (04): 357.
[13] 李振声, 邓玲, 杨晓占. 光散射学报, 2010, (01): 77.
[14] Shi K, Lei T, Wang X Y, et al. Chem Sci, 2014, 5(3): 1041.
[15] Yang Q, Xu J, Sun Y, et al. Bioorg Med Chem Lett, 2006, 16(4): 803.
[16] Lee MH, Wu JS, Lee J W, et al. Org Lett, 2007, 9(13): 2501.
[17] Wu J S, Hwang I C, Kim KS, et al. Org Lett, 2007, 9(5): 907.
[18] Zheng H, Qian Z H, Xu L, et al. Org Lett, 2006, 8(5): 859.
[19] Sanap K K, Samant S D. Tetrahedron Lett, 2012, 53(40): 5407.
[20] García-Beltrán, Mena O N, Friedrich L C, et al. Tetrahedron Lett, 2012, 53(39). 5280.
[21] Guha S, Lohar S, Banerjee A, et al. Talanta, 2011, 85(3), 1658.
[22] Ulrich G Ziessel R, Harriman A. Angew Chem Int Ed, 2008, 47(7): 1184.
[23] Kiyose K, Kojima H, Nagano T. Chem Asian J, 2008, 3(3): 506.
[24] Yang Y K, Yook K J, Tae J. J Am Chem Soc, 2005, 127(48): 16760.
[25] 罗佐文, 唐瑞仁, 陈景文. 合成化学, 2008 (05): 524.
[26] Luo J D, Xie Z L, Lam J W Y, et al. Chem Commun, 2001 (18): 1740.
[27] Wang G, He Y, Yang L, et al. J Luminescence, 2009, 129(10): 1192.
[28] 米培培, 张丽霞, 王日为, 等. 山东农业大学学报:自然科学版, 2009 (03): 365.
[29] Wang L, Ma Y, Li H. Anal Chem, 2012, 84(19): 8415.
[30] Enyedy ÉA, Dömötör O, Varga E, et al. J Inorg Biochem, 2012,117C(6): 189.
[31] Villanueva-Alonso, Peña-Vázquez JE, Bermejo-Barrera P. Talanta, 2012, 100: 45.
[32] Yu Y, Dou W, Hu X, et al. Journal of Fluorescence, 2012, 22(6): 1547.
[33] 崔淑芬. 深圳职业技术学院学报, 2007, 6(1): 21.
[34] 吴志皓, 唐尧基, 李桂敏, 等. 分析仪器, 2005 (3): 13.
[35] Liu J, Liu Y, Liu Q, et al. J Am Chem Soc, 2011, 133(39): 15276.
[36] 黄仁杰. 海峡药学, 2008, 20(3): 3.
[37] Ma Y, Li H, Peng S, et al. Anal Chem, 2012, 84(19): 8415.
[38] 郑亚林, 刘涛, 刘旭华, 等. 河南建材, 2012 (5): 54.
[39] 袁冬梅, 杨玲娟, 樊娟. 中国酿造, 2007 (9): 56.
[40] Zhao Y, Ma Y, Li H, et al. Anal Chem, 2012, 84(12): 5447.
[41] 刘阳春, 郑泽根. 重庆建筑大学学报, 2003, 25(5): 57.
[42] 王永利, 张江伟, 王立华, 等. 中国实验方剂学杂志, 2011, 17(12): 253.
[43] 领小, 博日吉汗格日勒图, 娜日苏等. 分析试验室, 2009, 28(6): 21.
[44] 冯素玲, 唐安娜, 樊静. 分析化学, 2001, 29(5): 785.
[45] 田亚平, 尤文元, 李彧娜. 分析化学, 2006, 34(z1): 3.
[46] 李晓燕, 张元勤, 刘志昌, 等. 分析化学, 2005, 33(1): 54.
[47] 王志恒. 分析仪器, 1991(01): 13, 83.
[48] 何立芳, 林丹丽, 李耀群. 化学进展, 2004, 16(6): 879.
[49] 吴晓红, 高生平. 光谱实验室, 2008, 25(4): 651.
[50] 徐烨, 顾鑫荣, 张秀娟, 等. 分析试验室, 2008, 27(7): 85.
[51] Yang X P, Shi B F, Zhang Y H, et al. Spectrochim Acta, Part A. Mol Biomol Spectrosc, 2008, 69(2): 400.
[52] Zhang Rp, He Lf. Spectrosc Spectr Anal, 2007, 27(2): 350.
[53] 彭爱华, 席永清, 武明丽, 等. 武汉工程大学学报, 2007, 29(1): 20.
[54] 崔立超. 荧光光谱法在农药残留检测中的应用研究 [D]. 秦皇岛：燕山大学，2006.
[55] 何立芳, 章汝平, 陈杰斌, 等. 环境科学与技术, 2011, 34(1), 96.
[56] 陈健, 孙爱东. 中国食物与营养, 2009 (10): 4.
[57] 张寒俊, 吴波. 酿酒科技, 2006(12): 3.
[58] 李耀群, 黄贤智, 许金钩, 等. 分析化学, 1991, (05): 538.
[59] 李耀群, 黄贤智, 许金钩, 等. 药学学报, 1992, (01): 52.
[60] 何立芳, 林丹丽, 李耀群. 光谱学与光谱分析, 2004，24(11): 1384.
[61] 剑菊, 杨秀娟, 杜江燕, 等. 分析化学, 2001, 29(2): 219.
[62] 黄殿男, 景逵, 李建华, 等. 光谱实验室, 2009, 26(1): 5.
[63] 章汝平, 郭健. 食品工业科技, 2007 (12): 3, 198.
[64] Ndou T T, Warner I M. Chem Rev, 1991, 91(4): 493.
[65] 何永安. 分析测试通报, 1983, (04): 63.
[66] Wu H L, Shibukawa M, Oguma K. J Chemometrics, 1998, 12(1): 1.
[67] Jiang J H, Wu H L, Li Y, et al. J Chemometrics, 2000, 14(1): 15.
[68] Chen Z P, Li Y, Yu R Q. J Chemometrics, 2001, 15(3): 149.
[69] 张琳, 朱顺官, 冯红艳. 分析科学学报, 2009 (01): 93.
[70] Bro R, PARAFAC. Tutorial and applications. Chemometrics and Intelligent Laboratory Systems, 1997, 38(2): 149.
[71] Johnson D W, Gladden J A, Callis J B, et al, Video fluorometer [P] Rev Sci Instrum, 1979, 50(1): 118.
[72] Coble P G, Marine Chem, 1996, 51(4): 325.
[73] Coble P G, Del Castillo C E, Avril B. Deep-Sea Research Part II, 1998, 45(10-11): 2195.
[74] de Souza Sierra MM, Donard OFX, Lamotte M. Mar Chem, 1997, 58(1): 51.
[75] Del Castillo C E, Coble P G, Morell J M, et al. Mar Chem, 1999, 66(1): 35.
[76] Kowalczuk P, Stoń-Egiert J, Cooper W J, et al. Mar Chem, 2005, 96(3): 273.

[77] Wu F, Evans R, Dillon P. Environ Sci Technol, 2003, 37(16): 3687.
[78] Stedmon CA, Markager S. Limnology and Oceanography, 2005: 686.
[79] Stedmon CA, Markager S, Bro R. Mar Chem, 2003, 82(3): 239.
[80] Ohno T, Bro R. Soil Sci Soc Am J, 2006, 70(6): 2028.
[81] Cory R M, McKnight D M. Environ Sci Technol, 2005, 39(21): 8142.
[82] Gregory J, Clow K E, Kenny J E . Environ Sci Technol, 2005, 39(19): 7560.
[83] Teymouri B. Fluorescence spectroscopy and parallel factor analysis of waters from municipal waste sources[P]. Dissertations & Theses-Gra works, 2007, 2008(13): 3135.
[84] Murphy KR, Stedmon CA, Waite TD, et al. Marine Chem, 2008, 108(1): 40.
[85] Stedmon C A, Markager S. Limnol Oceanogr, 2005: 1415.
[86] Stedmon CA, Markager S, Tranvik L, et al.Marine Chem, 2007, 104(3): 227.
[87] 刘璐. 化学工程与装备, 2010(02): 144.
[88] Chen W, Westerhoff P, Leenheer J A, et al. Environ Sci Technol, 2003, 37(24): 5701.
[89] Sheng GP, Yu HQ. Water Research, 2006, 40(6): 1233.
[90] 李宏斌, 刘文清, 张玉钧, 等. 大气与环境光学学报, 2006, (06): 216.
[91] 王志刚, 刘文清, 李宏斌, 等. 环境科学学报, 2006, (02): 275.
[92] 郭卫东, 杨丽阳, 王福利, 等. 光谱学与光谱分析, 2011 (02): 427.
[93] Pongsuwan W, Fukusaki E, Bamba T, et al. J Agr Food Chem, 2007, 55(2): 231.
[94] Schulz H, Engelhardt U, Wegent A, et al. J Agr Food Chem, 1999, 47(12): 5064.
[95] 刘海龙, 吴希军, 田广军. 中国激光, 2008, (05): 685.
[96] 吕桂才, 赵卫红, 王江涛. 光谱学与光谱分析, 2011 (01):141.
[97] 郭周义, 田振, 贾雅丽. 光谱学与光谱分析, 2004, 24(5): 4.
[98] 解肖鹏, 张雷. 食品与药品, 2012, 14(5).
[99] 沈健, 林德球, 徐杰. 生命科学, 2004, 16(1): 5.
[100] 李东旭, 许潇, 李娜, 等. 大学化学, 2008, 23(4): 11.
[101] 潘利华, 周晢红, 孙文伟, 等. 光谱学与光谱分析, 2004, 24(12): 4, 1601.
[102] 任冰强, 黄立华, 黄惠杰. 仪器仪表学报, 2009, 30(6): 1330.
[103] 田振, 朱延彬, 郭周义. 光电子・激光, 2006, 17(9) 1146.
[104] 金晶, 赖卫华, 涂祖新, 等. 食品科学, 2006, 27(12): 4.
[105] 王强, 刘瑞宝, 张立成. 中国实用医药, 2009, 4(28): 3.
[106] 付晓燕, 李秋波. 辽宁省环境科学学会 2011 年学术年会论文集, 2011.
[107] 顾爱萍, 朱雪明, 单卫民, 等. 临床检验杂志, 2001, 19(4): 1.
[108] 郭芳芳, 邹立林, 吴英松, 等. 南方医科大学学报, 2011, 31(6): 955.
[109] 王燕玲, 格鹏飞, 冯庭高, 等. 中华医学会地方病学分会第 6 次全国地方病学术会议论文集, 2007.
[110] 武学成, 何林, 周克元. 医学综述, 2006, 12(7): 3.
[111] 张晓峰, 肖华龙, 黄飙, 等. 中国医药导报, 2006(29): 2.
[112] 许金钩, 王尊本. 荧光分析法 [M]. 北京: 科学出版社, 2006.
[113] Lakowicz J R, et al. Principles of Fluorescence Spectroscopy. 2nd. New York: Kluwer Acadamic/Plemun Press, 1999.
[114] 于长湖. 分析仪器, 1994(4): 62.
[115] Weber G. Adv Protein Chem, 1953, 8: 415.
[116] Weber G. J Opt Soc Am, 1956: 46(11): 962.
[117] Popelka S R, et al. Clin Chem, 1981, 27(7): 1198.
[118] 朱广华，郑洪，鞠晃先. 分析化学, 2004, 30: 102.
[119] Danliker W B, De Saussure G A. Immunochem, 1970, 7: 799.
[120] Danliker W B, et al. Biochem Biophys Res Commun, 1961, 5: 299.
[121] Jolly M E, et al. Clin Chem, 1981, 27(7): 1190.
[122] Jolly M E, et al. Clin Chem, 1981, 27(9): 1575.
[123] 於立军, 林丹丽, 姚闽娜, 等. 生命科学仪器, 2003(02): 43.
[124] 台治强, 魏克强. 中国人民公安大学学报: 自然科学版, 2003(06): 27.
[125] Campiglia A D, Yu S J, Bystol A J, et al. Anal Chem, 2007, 79(4): 1682.
[126] de Klerk JS, Bader A N, Zapotoczny S, et al. J Phys Chem A, 2009, 113(18): 5273.
[127] de Klerk J S, Szemik-Hojniak A, Ariese F, et al. Spectrochim Acta, Part A, Mol Biomol Spectrosc, 2009, 72(1): 144.
[128] Martin T L, Campiglia A D. Applied Spectroscopy, 2001, 55(9): 1266.
[129] 於立军. 低温荧光分析新方法研究及其在多环芳烃分析中的应用[D]. 厦门: 厦门大学, 2002
[130] Ariese F,Bader A N, Gooijer C. TRAC-Trends Anal Chem, 2008, 27(2): 127.
[131] Banasiewicz M, Nelson G, Swank A, et al. Anal Biochem, 2004, 334(2): 390.
[132] Grubor N M, Shinar R, Jankowiak R, et al. Biosen Bioelectron, 2004, 19(6): 547.
[133] Jankowiak R, Rogan E G, Cavalieri E L. J Phys Chem B, 2004, 108(29): 10266.
[134] Pieper J, Schodel R, Irrgang K D, et al. Phys Chem B, 2001, 105(29): 7115.
[135] Ratsep M, Freiberg A. J Luminescence, 2007, 127(1): 251.
[136] Szocs K, Csik G, Kaposi A D, et al. Biochimica Et Biophysica Acta-Molecular Cell Research, 2001, 1541(3): 170.
[137] Yu S J, Gomez D G, Campiglia A D. Applied Spectroscopy, 2006, 60(10): 1174.
[138] Jon R M, Wehry E L, Mamantov G. Anal Chem, 1980, 52: 920.
[139] Liu T, Chen Z L, Yu W Z, et al. Water Research, 2011, 45(5): 2111.
[140] Garcia-Reyes J F, Ortega-Barrales P, Molina-Diaz A. Microchem J, 2006, 82(1): 94.
[141] Reyes J F G, Barrales P O, Diaz A M. Talanta, 2005, 65(5): 1203.
[142] Del Olmo M, Laserna J, Romero D, et al. Talanta, 1997, 44(3): 443.

[143] Capitan-Vallvey L F, Fernandez M D, de Orbe I, et al. The Analyst, 1997, 122(4): 351.
[144] Vilchez J L, Blanc R, Avidad R, et al. J pharmaceut Biomed, 1995, 13(9): 1119.
[145] Capitan-Vallvey L F, Avidad R, Vilchez J L. A O A C Inter, 1994, 77(6): 1651.
[146] Capitan F, Alonso E, Avidad R, et al. Anal Chem, 1993, 65(10): 1336.
[147] Chen M, Shu Y Q, He J G, et al. Chinese J Anal Chem, 2005, 33(5): 635.
[148] Matt M, Galvez E M, Cebolla V L, et al. J Sep Sci, 2003, 26(18): 1665.
[149] Chouhan R S, Babu K V, Kumar M A, et al. Biosen Bioelectron, 2006, 21(7): 1264.
[150] Lancaster M, Goodall D A, Bergstrom E T, et al. J Chromatogr A, 2005, 1090(1-2): 165.
[151] 王萍, 朱亚先, 张勇. 光谱实验室, 2006, 23(3): 3, 587.
[152] 杜克钊, 朱亚先, 王萍, 等. 分析试验室, 2009, 28(4): 3.
[153] 孙小颖. 固体表面荧光-CCD 数码成像法在快速检测鱼肉中四环素类抗生素残留中的应用研究[D]. 厦门: 厦门大学, 2006.
[154] Eroglu A E, Volkan M, Ataman O Y. Talanta, 2000. 53(1): 89.
[155] Escandar G M, Gomez D G, Mansilla A E, et al. Anal Chim Acta, 2004, 506(2): 161.
[156] 陈国树. 催化动力学分析法及其应用. 南昌: 江西高校出版社, 1991.
[157] 许金钩. 荧光分析法. 北京: 科学出版社, 2006.
[158] Bugnon P, Laurenczy G, Ducommun Y, et al. Anal Chem, 1996, 68(17): 3045.
[159] 唐波, 韩芳, 马骊. 分析化学, 2001, 29(3): 347.
[160] Valcarcel M, Grases F. Talanta, 1983, 30(3): 139.
[161] Guilbault G G. Handbook of Enzymatic Methods of Analysis [M]. New York: Marcel Dekker, 1976.
[162] 成永强. 催化荧光动力学分析法的研究[D]. 保定: 河北大学, 2003.
[163] 李书存. 催化荧光分法的研究与应用[D]. 保定: 河北大学, 2001.
[164] Grases F, Genesta C. Anal Chim Acta, 1984, 161(0): 359
[165] 杨屹, 蔡汝秀, 黄厚评, 等. 分析化学, 1993, 21(3): 360.
[166] 李松青, 夏姝, 陈小明. 分析测试学报, 2001, 20(3): 51.
[167] 赫春香, 卢丽男, 曹璨, 等. 辽宁师范大学学报:自然科学版, 2005, 28(1): 73.
[168] 杨磊, 陈冠华, 崔建超, 等. 分析化学, 2008, 36(4): 489.
[169] 王全林, 刘志洪, 原弘, 等. 分析化学, 2001(04): 421.
[170] Chen L-H, Liu L-Z, Shen H-X. Anal Chim Acta, 2003, 480(1): 143.
[171] 陈兰化, 赵新雁. 理化检验: 化学分册, 1997(6): 264.
[172] 俞英, 聂瑞华, 黄坚锋, 等. 高等学校化学学报, 1996, 17(9): 1381.
[173] 俞英, 张国文, 舒红英. 南昌大学学报: 理科版, 1996, 20(1): 5.
[174] 张贵珠, 张海清, 何锡文, 等. 分析化学, 1994, (10): 1006.
[175] 冯素玲, 陈小兰, 樊静. 分析化学, 2000 (5): 621.
[176] 张勇, 张兰芳, 周漱萍. 分析化学, 1992, 20(8): 957.
[177] Fan J, Tang Y, Feng S. Inter J Environ Anal Chem, 2002, 82(6): 361.
[178] 张劲松, 陈兰化 . 淮北煤炭师范学院学报:自然科学版, 2008(3): 19.
[179] 李耀群, 姚闽娜. 分析化学, 2004(11): 1544.
[180] Han JJ, Kiss C, Bradbury ARM, et al. ACS Nano, 2012, 6(10): 8922.
[181] Liu YJ, SP.Mol Pharm, 2012, 9(5): 1342.
[182] Ellis-Davies, Graham.CR. Acs Chem Neurosci, 2011, 2(4): 185.
[183] Miller EW, Albers AE, Pralle A, et al. J Am Chem Soc, 2005, 127(47): 16652.
[184] 王琛, 王桂英, 徐至展. 物理学进展, 2002(04): 406.
[185] Miomandre F, Lepicier E, Munteanu S, et al. Acs Appl Mater Interf, 2011, 3(3): 690.
[186] Hoover D K, Lee E J, Yousaf M N. Langmuir, 2009, 25(5): 2563.
[187] 朱星. 北京大学学报:自然科学版, 1997(03): 124.
[188] Cadby A, Dean R, Fox A M, et al. Nano Lett, 2005, 5(11): 2232.
[189] Kim J M, T Ohtani, Sugiyama S, et al. Anal Chem, 2001, 73(24): 5984.
[190] Hofer A M. Curr Med Chem, 2012, 19(34): 5768.
[191] Cannon B, Campos A R, Lewitz Z, et al. Anal Biochem, 2012, 431(1): 40.
[192] 王益林. 江西科学, 2006, (03): 314.
[193] Funatsu T, Harada Y, Tokunaga M, et al. Nature, 1995, 374(6522): 555.
[194] Sonnleitner A, Schutz GJ, Schmidt T. Biophys J, 1999, 77(5): 2638.
[195] Wang MD, Schnitzer MJ, Yin H, et al. Science, 1998, 282(5390): 902.
[196] 陈铁河. 第五届全国化学生物学学术会议论文摘要集, 2007: 1.
[197] 曲鹏, 赵新生. 物理, 2007(11): 879.
[198] 林丹樱, 马万云. 物理, 2007(10): 783.
[199] Lipman E A, Schuler B, Bakajin O, et al. Science, 2003, 301(5637): 1233.
[200] Slaughter B D, Unruh J R, Price E S, et al. J Am Chem Soc, 2005, 127(34): 12107.
[201] Zhuang X, Bartley L E, Babcock H P, et al. Science, 2000, 288(5473): 2048.
[202] Hoppener C, Siebrasse J P, Peters R, et al. Biophys J, 2005, 88(5): 3681.
[203] Hage D S. Anal Chem, 1999, 71(12): 294R.
[204] Benkert A, Scheller F, Schossler W, et al. Anal Chem, 2000, 72(5): 916.
[205] Porstmann T, Kiessig ST. J Immun Methods, 1992, 150 (1-2): 5.
[206] Ronkainen-Matsuno, N J, Thomas J H, Halsall H B, et al. Trac-Trends Anal Chem, 2002, 21(4): 213.
[207] Steinkamp T, Karst U. Anal Bioanal Chem, 2004, 380(1): 24.

[208] 张振亚, 梅兴国. 生物技术通讯, 2006, (04): 677.
[209] 李宁, 沈菁, 伍严安, 等. 福建医药杂志, 2005, (02): 118.
[210] 杨凤爱, 林荣军, 茹辽金, 等. 广东医学院学报, 2009(04): 391.
[211] 谭成, 蔡刚明, 黄彪, 等. 中华实验和临床病毒学杂志, 2005(03): 302.
[212] 王蕾, 吴英松, 汤永平, 等. 第一军医大学学报, 2005(04): 429.
[213] Storch M J, Marbach P, Kerp L. Immun Methods, 1993, 157(1-2): 197.
[214] Wu F, Xu Y, Xu T, et al. Anal Biochem, 1999, 276(2): 171.
[215] 魏丽琴, 徐伟, 郭宏华. 吉林大学学报:医学版, 2004(01): 135.
[216] 蒋艺勤, 汤永平, 丁岚, 等. 热带医学杂志, 2007(03): 212.
[217] 吴英松, 董志宁, 汤永平, 等. 现代检验医学杂志, 2006 (06): 36.
[218] Sato T, Kajikuri T, Saito Y, et al. Clin Chim Acta, 2008, 387(1-2): 113.
[219] 李跃松, 黄飚, 朱岚, 等. 国际检验医学杂志, 2011(12): 1348.
[220] Van Genderen F T, Gorus F K, Vermeulen I, et al. Anal Biochem, 2010, 404(1): 8.
[221] Parra M D, Bernal L J, Ceron J J. Canadian J Veterinary Research-Revue Canadienne De Recherche Veterinaire, 2004, 68(2): 98.
[222] 马君, 朱玉平, 毛伟征, 等. 中国海洋大学学报:自然科学版, 2006(03): 505.
[223] 黄贤智, 许金钩, 蔡挺. 分析化学, 1987(04): 293.
[224] 李耀群, 黄贤智, 许金钩, 等. 高等学校化学学报, 1993(03): 334.
[225] 何立芳, 林丹丽, 李耀群. 应用化学, 2004(09): 937.
[226] 何立芳, 林丹丽. 光谱实验室, 2005 (01): 109.
[227] 魏永锋, 马冬梅, 赵琼. 分析试验室, 2006(09): 75.
[228] 杨季冬, 张书然, 刘绍璞. 化学学报, 2007(20): 2309.
[229] 章汝平, 何立芳. 光谱学与光谱分析, 2007(02): 350.
[230] 王利丹, 林琳, 刘娟, 等. 郑州大学学报:医学版, 2011(02): 266.
[231] 韩彩芹, 段培同, 吴斌, 等. 光电子·激光, 2010(07): 1097.
[232] 王岭, 黄汉国, 谭培功. 分析化学, 1995(06): 668.
[233] 马永山, 吴俊森, 贾瑞宝, 等. 中国环境监测, 2012(02): 58.
[234] 黄仁杰, 叶雅沁, 鄢雪梨, 等. 分析试验室, 2009(01): 110.
[235] 章汝平, 何立芳. 分析科学学报, 2008(04): 437.
[236] 章汝平, 何立芳. 光谱学与光谱分析, 2007(02): 350.
[237] 周培琛, 邹哲祥, 张荣斌, 等. 中国光学学会 2006 年学术大会, 2006.
[238] 李耀群, 黄贤智, 许金钩. 应用化学, 1995(06): 74.
[239] 上官盈盈, 王玮, 张洪芳, 等. 中华中医药学刊, 2010(11): 2303.

第十四章　磷光分析法[1]

第一节　磷光分析法的基本原理

一、磷光的产生

磷光是分子中电子激发的三重态 T_1 回到基态 S_0 而产生的辐射（图 14-1）。由于 $T_1 \rightarrow S_0$ 是禁阻的，其可能性仅是 $S_1 \rightarrow S_0$ 可能性的百万分之一。磷光寿命较长，从千分之一秒到数秒，有的甚至更长。因其寿命长，所以在发射光子以前，分子的碰撞运动会使 T_1 电子经无辐射弛豫返回基态，这就是所谓的磷光猝灭。为克服猝灭现象，常把分子固定成刚性体。比如将样品置于 77K 甚至 4K 的液氮中固化后测定（此法为低温磷光，LTP），还可将样品固定在滤纸、色谱板等基质载体上，或固定于胶束或环糊精内等后测定（此法为室温磷光，RTP）。

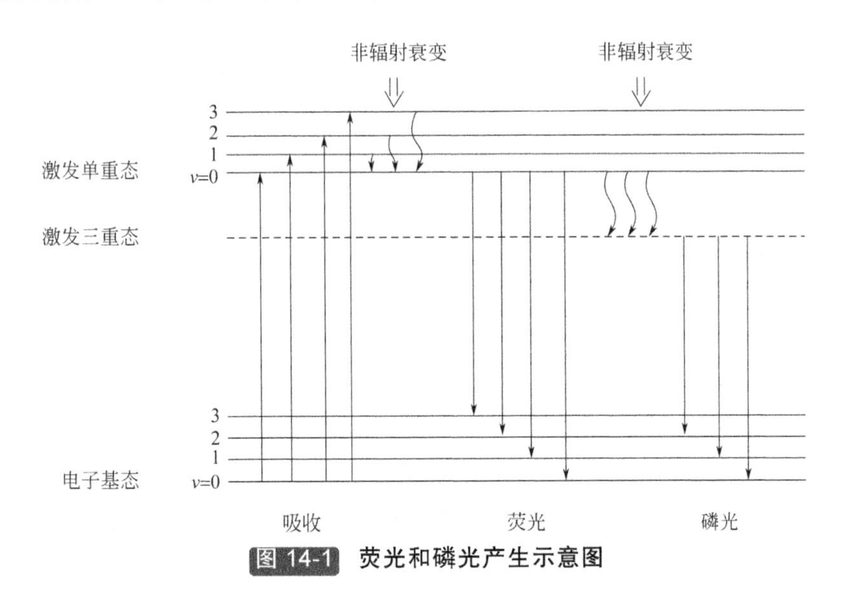

图 14-1　荧光和磷光产生示意图

二、激发光谱和发射光谱

由于零振动能级的波函数在指示最概然区域的中心处有最大值，因此，光吸收作用的最概然跃迁是从 $v = 0$ 的振动能级中心开始的。根据 Franck-Condon 原理，不同电子态能级和振动能级间的最概然跃迁是那些核位置和核动量没有太大改变的跃迁，即各振动谱带的强度取决于基态和激发态中不同振动能级的波函数的重叠程度。0-0 跃迁的振动重叠积分最大，为最强的跃迁；除此之外，其他振动系列均很弱。

图 14-2 为吸收光谱和光致发光光谱示意图。变换激发波长，在固定的波长处测量发光强度就可以得到激发光谱；固定波长激发，记录发射强度和波长的关系，就可得到荧光或磷光光谱。若荧光发射频率与吸收辐射频率相等，则叫共振荧光或共振辐射（resonance fluorescence or radiation）。大多数分子荧光或磷光发射带总是位于比共振线更长的波长位置，偶尔才可产

生共振荧光。发射波长向长波移动的现象叫做斯托克斯位移。磷光光谱总是出现在比荧光光谱更长的波谱区，方便测量三重态和单线态之间的能级差。磷光发射与 $S_1 \leftarrow S_0$ 吸收带不呈镜像关系。由于在凝聚体系发射是从处于热平衡的较高能态产生的，磷光和荧光光谱的强度分布与激发波长无关。吸收光谱和激发光谱反映激发态能级或激发态振动能级的信息，而发射光谱带反映基态振动能级信息。

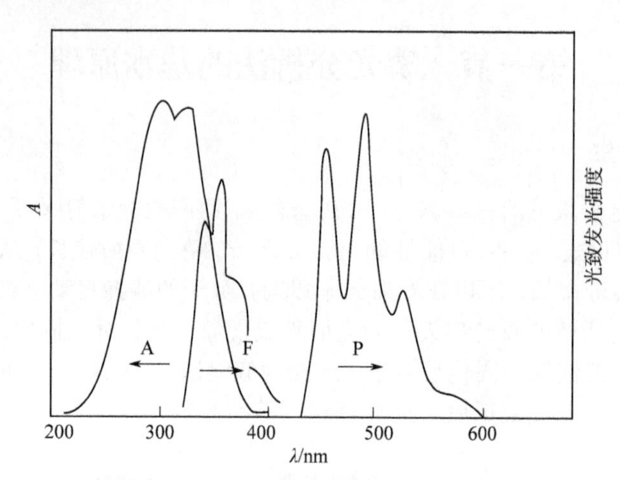

图 14-2 吸收光谱和光致发光光谱示意图

A—吸收光谱；F—荧光光谱；P—磷光光谱

三、磷光量子产率

量子产率是在给定温度、溶剂和其他环境因素条件下某一化合物固有的发光参数，决定着发光测量的灵敏度。磷光量子产率的定义类似于荧光量子产率：

$$\Phi_{\mathrm{p}} = \frac{\text{磷光光子的数目}}{\text{吸收光子的数目}} = \frac{k_{\mathrm{ISC}}}{k_{\mathrm{ISC}} + k_{\mathrm{f}} + k_{\mathrm{nf}} + \sum k_{\mathrm{fq}}} \times \frac{k_{\mathrm{p}}}{k_{\mathrm{p}} + k_{\mathrm{np}} + \sum k_{\mathrm{pq}}} \tag{14-1}$$

式中，Φ_{p} 为磷光量子产率；k_{ISC} 为系间窜越速率常数；k_{f} 和 k_{p} 分别为荧光和磷光发射速率常数；k_{nf} 和 k_{np} 分别为荧光和磷光过程的非辐射速率常数；Σk_{fq} 和 Σk_{pq} 分别为荧光和磷光过程所有有效的双分子猝灭速率常数之和。

Φ_{p} 的最大值为 1，即每吸收一个光子就会产生一个磷光光子。由于存在诸多非辐射的竞争过程使得三重态失活，所以磷光量子率达到 1 是困难的。磷光量子产率与分子结构有关，但是环境因素往往对其产生决定性影响。可通过采用高黏度溶剂、低温刚性玻璃体、室温固体支持材料、特殊有序介质、溶液充分除氧、采用重原子微扰作用等途径提高 Φ_{p}。

绝对磷光量子产率的测量存在较大难度，因此，通常使用相对法测量。一般来说，溶液中磷光量子产率的测量与荧光量子产率的测量基本一致，即通过比较待测磷光物质和已知量子产率的参比物质在同样激发条件下所测得的积分磷光强度和对该激发波长的入射光的吸光度而加以测量：

$$\Phi_{\mathrm{p}} = \Phi_{\mathrm{ps}} \times \frac{I_{\mathrm{p}}}{I_{\mathrm{ps}}} \times \frac{A_{\mathrm{ps}}}{A_{\mathrm{p}}} \tag{14-2}$$

式中，Φ_p和Φ_{ps}分别为待测物质和参比物质的磷光量子产率；I_p和I_{ps}分别为待测物质和参比物质的积分磷光强度；A_p和A_{ps}分别为待测物质和参比物质对该激发波长的入射光的吸光度。

四、磷光寿命与应用

磷光寿命（τ_0）是指在光脉冲的激发后，使发射下降到其初始强度的 1/e 所需的时间。对于分立发光中心的磷光衰减可表示为：

$$I_p(t) = I_p^0\exp(-t/\tau_0) \tag{14-3}$$

式中，I_p和I_p^0分别为时间t和 0 时的磷光强度。由此，可从实验中测得磷光寿命。对一个给定的辐射过程而言，应区别本征寿命（τ_0）和仪器测得的寿命（τ_{obsd}）。因为各种猝灭过程总是存在，所以磷光的本征寿命不易通过实验直接测得，但可通过对单线态-三重态吸收谱带进行积分计算：

$$\tau_0 = \left(\frac{\bar{v}^2}{3.47\times 10^8}\times\frac{g_1}{g_n}\int\varepsilon \mathrm{d}\bar{v}\right)^{-1} \approx \frac{10^{-4}g}{\varepsilon_{max}} \tag{14-4}$$

式中，$\bar{v}$为跃迁的平均频率；ε为摩尔吸光系数；g_1和g_n分别为较低态和较高态的简并性。

不同发光组分磷光寿命的差别是时间分辨技术的基础。在许多情况下，通过磷光寿命测定,建立寿命与组分浓度的关系或大分子结构与磷光衰减的相关性较通过强度测定更具优势。

五、环境因素和分子结构对磷光光谱和磷光强度的影响

分子的发光（荧光、磷光）取决于分子结构与周围环境，如果能掌握其变化规律就可将其充分用于荧光和磷光技术，使其成为微量分析的工具，使人们进一步了解分子结构特点。有关荧光的研究很多，而对磷光的研究相对较少。

一些含硝基或偶氮取代基的化合物、三苯甲烷染料及黄酮类化合物的结构及其磷光受诸多因素的影响，比如环境因素、取代基、光化学反应等，下文将对此进行简述。

（一）环境因素

1. pH 影响

对于含有酚羟基、氨基、羧基和能离子化的化合物，pH 的影响较为明显。比如，氰卡胺在中性溶液中磷光最强；雌二醇、雌三醇等在碱中有磷光，而在酸中磷光弱。pH 对化合物磷光光谱有影响，以雌二醇、雌三醇为例，其激发和发射波峰具有在酸性溶剂中波长短而在碱性溶剂中波长长的特点。pH 对磷光寿命影响也较大，还是以雌二醇、雌三醇为例，其在酸性溶剂中寿命长，而在碱性溶剂中的寿命短。

2. 重原子对化合物磷光的影响

重原子外层具有单电子，可促进单线态-三重态间能量窜越，使磷光增强。在室温条件下常用加重原子增强磷光，比如 Cu^{2+}能明显增强硫胺的磷光。又如，酸性溶剂下添加 I^-可增强雌二醇和雌三醇的磷光，但导致其磷光寿命缩短。

3. 溶剂极性影响

溶剂极性可影响化合物分子偶极矩的定向、激发态离子化等，从而改变磷光性质。磷光寿命也随溶剂的极性下降而变短。

（二）分子结构与磷光

并不是所有分子经激发后均能产生荧光或磷光，只有具有一定结构的分子，才有可能产

生，失去或限制振动、转动自由度的高度共轭有机分子——芳香烃，特别是多环芳香烃，有强的发光现象。芳环上取代基影响磷光强度，通常，若引入易振动、转动的脂肪链于芳烃，往往使荧光及磷光均减弱。若引入—NH_2或—OH，可使荧光及磷光均增强。但若在芳环上引入重原子如溴、碘，或引入—NO_2、—OH 及 N 在六元杂环中，将使自旋-轨道耦合增强，导致单重态系间窜越至三重态的概率增大，故硝基、溴、碘、醛、酮衍生物及 N-杂环等往往几乎无荧光，但有磷光。

1. 硝基取代

硝基取代化合物没有荧光，常有弱磷光。磷光强弱和苯环上的取代位置有关，其中对位取代的磷光最强，如对硝基苯胺、对硝基苯酚等；间位取代的最弱，如间硝基苯胺、间硝基苯酚的磷光较其对位化合物磷光低；邻位取代介于对位和间位之间。硝基还原为氨基后磷光显著增强，如硝基酚、硝基苯、三硝基酚等化合物被还原成氨基化合物后磷光增强 100 倍左右。磷光波峰蓝移（能量）变化大小与磷光强弱有关，位移能量变化大则磷光强，反之则磷光弱。

2. 偶氮、肼类取代

分子中有偶氮、肼取代常无磷光或磷光很弱，如偶氮染料橙黄无磷光，还原后磷光很强，检测限达到 2ng。又如异烟肼也无磷光，还原后才产生磷光。

3. 甲基取代

甲基取代数目不影响光谱位置但影响其强度，如三苯甲烷染料中品红、龙胆紫、结晶紫和甲基绿等氨基上甲基取代数不同，在碱中光谱相近但强度不同。

（三）光化学反应

1. 紫外（UV）线照射

化合物经紫外线照射，外层电子激发跳入新的能阶，并自旋改变为三重态而产生磷光。如 UV 线照射对季化亚胺染料的低能峰磷光影响大，对高能峰磷光影响小，说明光化学反应主要发生在共轭双键多的部位，是三苯甲烷磷光中起重要作用的部位。

2. 异构化

烯烃化合物经 UV 线照射后由反式异构转化为顺式而产生磷光。

六、三重态的研究方法及相关过程的应用

磷光源于三重态，图 14-3 表示了与三重态相关的各种过程。

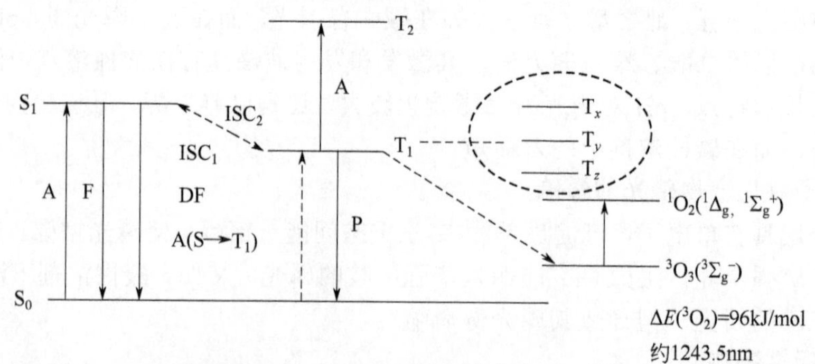

图 14-3 与三重态相关的简化的能态图

（一）瞬时三重态-三重态$(T_1 \to T_n)^*$吸收光谱

磷光仅能给出最低三重态 T_1 的相关信息。利用瞬时三重态-三重态吸收光度法可进行较高三重态 T_m 的研究。磁场作用使三重态分裂后检测分裂后的吸收和发光情况。在闪烁光解

技术中，用高强度氙灯或激光闪烁可产生 T_1 态（$S_0 \rightarrow S_1 \rightarrow T_1$），随后可用以较弱二次光源监测 $T_1 \rightarrow T_2$ 吸收。该法特别适用于从纳秒到毫秒级短寿命的三重态。通过该方式可以观察非发光化合物的激发三重态寿命。此外，通过观察分子间三重态能量转移或电子转移可了解分子三重态信息，而且通过检测三重基态氧对激发三重态寿命的影响，可建立灵敏的氧传感器系统。

（二）基态耗尽（亏蚀）三重态吸收各向异性

由于三重态寿命较长，强烈的光闪烁可使相当数量的分子激发到 T_1 态，导致基态 S_0 的去布居作用。随后，随着部分漂白基态的恢复而间接检测三重态寿命。

（三）延迟荧光

延迟荧光分为 E 型延迟荧光和 P 型延迟荧光，E 型延迟荧光又称为热助延迟荧光，是在热能活化下经历逆向的系间窜越 ISC_2 过程返回到最低激发单重态，进而产生辐射跃迁：

$$T_1 \rightarrow S_1 \rightarrow S_0 + h\nu \quad (14\text{-}5)$$

$\Delta E_{TS} = 20.9 \sim 41.8\text{kJ/mol}$，在一定范围内，荧光强度随着温度的升高而增强。因单重态和三重态的布居处于热平衡状态，故 E 型荧光的寿命与其所伴随的磷光寿命相同。曙红、荧光素和吖啶黄等荧光染料易产生此类延迟荧光。

芘类化合物易产生 P 型延迟荧光，由三重态-三重态湮灭引起，如式（14-6）所示。2 个激发三重态化合物相互碰撞，形成碰撞配合物，然后通过能量重新分配，一个返回到第一激发单重态，另一个降至基态。激发单重态衰减产生延迟荧光。这种延迟荧光的寿命是与其伴随磷光寿命的一半。

$$\begin{aligned} &T_1 \rightarrow T_1 \rightarrow S_1 + S_0 \\ &S_1 \rightarrow S_0 + h\nu \end{aligned} \quad (14\text{-}6)$$

（四）磁共振光学检测

三重态自旋亚能层分裂小于 0.3cm^{-1}。基于三重态磁亚能级之间的布居数不同，原则上从每一个亚能级到 S_0 的 ISC 都具有各自特征的衰减速率常数。在超低温（约 2K）下，用微波手段改变三重态磁亚能级中的任何两个的布居都会导致磷光强度产生差异。三重态亚能级对微波环境非常敏感，故磁共振光学检测法可为三重态探针所处区域特征提供重要信息，尤其对蛋白质体系。

第二节 磷光仪器

一、磷光测定的相关附件和商品仪器

磷光分析仪的基本结构和组件与荧光分光光度计的组成和结构基本相同。仪器主要包括光源、激发光与发射光的单色器、检测器及记录系统等。

进行磷光测定时，由于磷光具有较长寿命，可采用时间分辨的方式进行测定[1]。在流体室温磷光测定时，如无特殊要求且溶液澄清透明，磷光可按照荧光测定的模式进行。但是，对于固体基质室温磷光或乳状液样品的磷光而言，为避免散射光的干扰，需采用磷光模式，有些仪器采用切光器，有些仪器则采用脉冲光源或调制光源时间分辨测量技术，或使用仪器附带的磷光附件。固体基质室温磷光的测定还需要使用仪器附带或自制的固体样品架。

磷光测定一般采用直角（L 形）或 T 形的测量方式。具备偏振测量功能的仪器采用 T 形方式。

荧光分光光度计的基本结构和组件在第十三章荧光分析法中已做介绍，故本章仅对与磷光测定相关的附件和测量技术做简要介绍。

（一）磷光测定使用的样品池

根据样品形态和测定条件的不同，样品池也各不相同，下面主要介绍流体和固体基质室温磷光的测定以及低温磷光的测定。

1. 流体室温磷光的测定

在常规 1cm 荧光杯或微量池中测定，样品池加盖，快速测定，以便减小空气中氧的影响。如使用 Na_2SO_3 除氧，可在相当长的时间内测量而 RTP 信号不会有明显的衰减。为避免空气中氧的猝灭，Banks 等[2]专门设计了除氧密封样品池，通入氮气 30s 后，磷光寿命基本平稳，说明除氧效果很好。

2. 固体基质室温磷光的测定

直接使用仪器配备的固体样品架测定，图 14-4 是日立 F7000 荧光分光光度计的固体样品架。样品室由两个螺旋盖组成，直径为 1cm。测量窗口是一石英片，样品室中既可放固体粉末，也可放置滤纸等固体膜片。如果测定滤纸，需加一个有弹性的海绵垫片或橡胶垫片，使滤纸能平整地紧贴石英片。样品架上有一个弹簧，无论样品厚度如何，样品室的窗口都可以固定在样品室前的挡板上。

图 14-4 日立 F7000 荧光分光光度计固体样品架

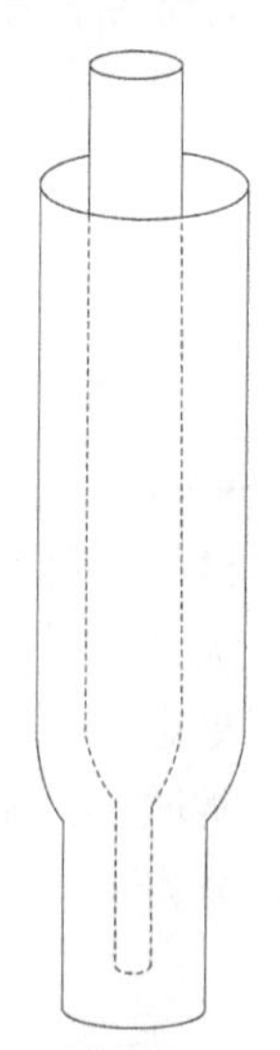

图 14-5 低温样品池——杜瓦瓶

因为固体基质室温磷光的测定都在彻底干燥的条件下进行，空气湿度很小，所以一般可不除氧，且磷光信号可稳定 1min 或更长，足以获得磷光光谱。为取得更稳定的磷光信号，也可往样品室中通入干燥氮气或干燥空气以除氧和空气湿气。在有温度要求时，可以加热或冷却气体，来调节测量温度。

3. 低温磷光的测定

低温磷光测定要在杜瓦瓶中进行，见图 14-5。样品加入到石英玻璃管中后插入杜瓦瓶，样品部分伸入到杜瓦瓶底部没有镀银的石英窗口处，杜瓦瓶中充满液氮和其他液体、气体。由于在冷冻时试样溶液容易产生结晶或雪花状晶体，有时晶体中会有许多裂痕，发光不均匀造成误差。因此，冷冻的速度、溶剂的选择都很重要。一种由一个高分辨核磁共振的旋转器组件安装在附有磷光镜的样品室上组成的旋转样品池的设计克服了这种结晶和裂痕的影响。

（二）常见的商品仪器

目前，国内市场上的荧光分光光度计自动化程度高、功能齐全，用于各种测量方式的附件也很多。仪器操作都是通过计算机软件控制的，不同厂商的软件功能略有不同。

例如日立公司的 F7000 分光光度计具有较好的灵敏度，磷光测量模式有荧光、磷光和化学发光，主要采用机械切光的方式进行，可以分辨寿命大于数百毫秒至 10s 左右的磷光信号。

PerkinElmer 公司的 LS-55 荧光分光光度计采用脉冲氙灯为光源，可以提供宽度为 10μs 的脉冲，自行设定检测的延迟时间，能够测定 20μs 以上的磷光寿命，还可进行化学发光、生物发光测量。

安捷伦公司的 Cary Eclipse 荧光光度计具有大样品室，也可选样多种操作模式：荧光、磷光、化学/生物发光模式，采样频率为 8 点/s，因此可以得到稳定的荧光动力学数据并捕获到每毫秒磷光信息的变化。该仪器采用水平光束，可以测定 0.5ml 样品的荧光信号。仪器灵敏度高，水的拉曼峰的信噪比大于 750。

我国天津港东公司的 F-380 荧光分光光度计采用 150 W 脉冲氙灯为光源，自动除臭氧；仪器具备高速数字化信号处理技术，波长扫描速度最高可达 30000 nm/min；多级带宽：激发和发射狭缝均为 1.0nm、2.5nm、5.0nm、10.0nm、20.0nm 五挡可调，满足了对样品测试分辨率及能量的要求。

二、磷光测量技术与除氧技术

（一）磷光测量技术

荧光和磷光寿命有显著的差别，为了在有荧光存在下或在有较强反射和散射光存在时测定 RTP 信号，一般都采用时间分辨技术，见图 14-6。激发脉冲光先照射一定时间 t_f，激发后，延迟一定时间 t_d，再在一定时间段 t_g 内采集检测磷光信号，t_g 称为门控时间。时间分辨的模式有机械切光及采用脉冲光源和门控延迟检测装置两种。

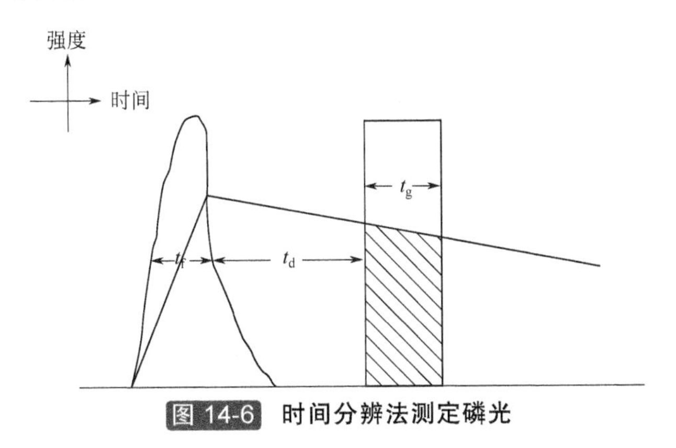

图 14-6　时间分辨法测定磷光

t_f—激发样品时间脉；t_d—延迟时间；t_g—磷光检测时间
阴影部分为收集的累积磷光强度；虚线为磷光产生和衰减曲线

1. 机械切光模式

早期荧光分光光度计上配有的磷光附件，是一种机械切光装置。当需要进行磷光测定时安装到样品室内，也称为磷光镜。这些切光装置由马达带动旋转，有圆筒式或片式，见图 14-7。

圆筒式磷光镜[图 14-7(a)]的对应位置有两个窗口，工作原理如图 14-8 所示。当其中一个窗口转到激发光路时，样品被激发，激发时间（t_E）由窗口的宽度和转速决定。由于检测采用直角方式，此时圆筒的管壁面向发射光路，观察不到光的发射，当另一个窗口经过时间 t_d 转到发射光路时，激发光已经被切断一定时间 t_d（由圆筒的转速决定），因此只有长寿命的磷

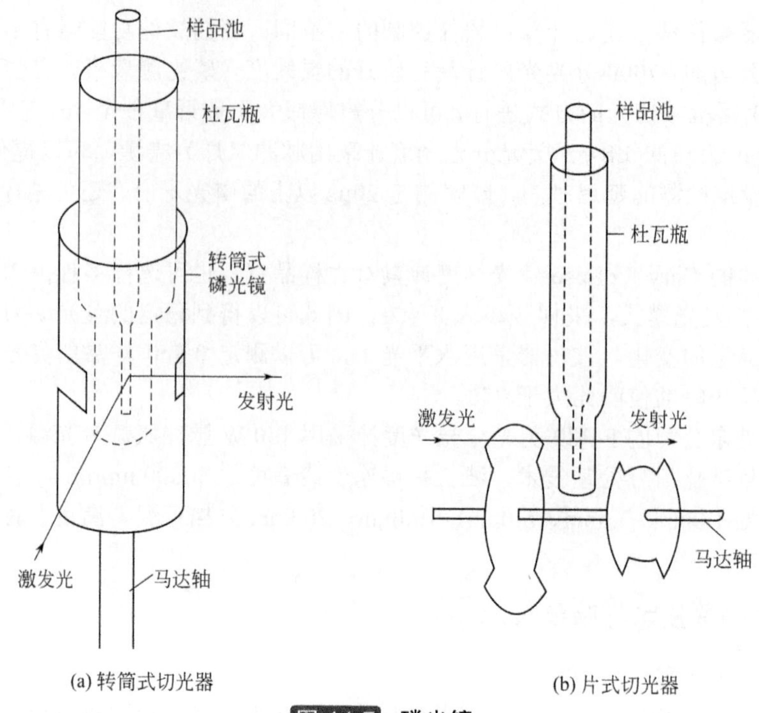

(a) 转筒式切光器　　(b) 片式切光器

图 14-7 磷光镜

光能够被检测到。片式磷光器的工作原理与转筒式的类似。有的荧光计上马达的转速是固定的，有的是可调的，因此可以根据磷光寿命的差异来选择不同的转速进行测量。机械式切光装置除了圆筒和旋片外，还有反射镜式的，这里不多介绍。采用磷光镜测量磷光信号时，使用机械装置，延迟时间比较长，因此会损失部分磷光信号，但由于能够有效地除去散射和杂质荧光的背景干扰，因此仍能得到较好的信噪比。从图 14-8 可以看出，在测量磷光信号期间内，磷光信号呈指数衰减。显然，磷光强度与磷光寿命和延迟时间有关。

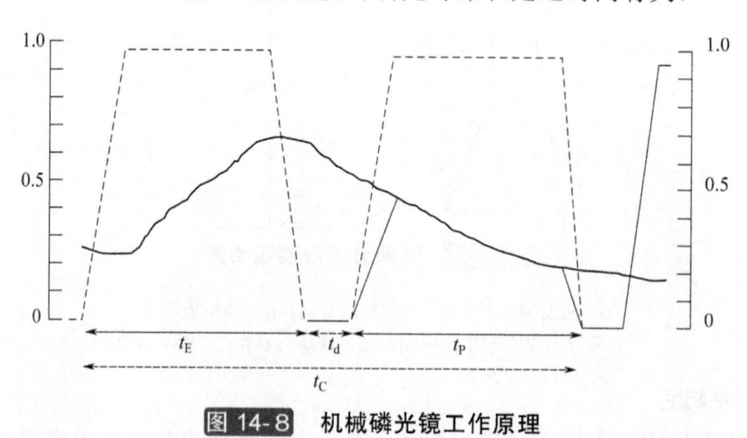

图 14-8 机械磷光镜工作原理

t_E—样品激发时间；t_d—延迟时间；t_P—检测时间；t_C—一个测量周期

图中实线为在一个周期内磷光强度的变化

2. 脉冲光源-门控检测

现在的荧光分光光度计多采用脉冲光源和门控检测系统，这种方式能够准确地控制激发和检测延迟时间。在商品仪器中，有的采用脉冲氙灯和门控检测进行磷光测定，有的仪器则在激发光路上安装一个切光器，来产生间断的激发光，与延迟检测结合来测定磷光信号。激光是最好的脉冲光源，且能够极大地提高磷光强度。

时间分辨法测定的磷光强度与激发光强度和磷光寿命有关，即

$$I_P = I_0 \exp(-t_d/\tau_p) \tag{14-7}$$

式中，I_0为激发光强度；t_d为延迟时间；τ为磷光寿命。磷光寿命比荧光寿命长几个数量级，所以容易选择一定的延迟时间，选择性测定磷光信号。

与机械切光磷光系统相比，脉冲光源时间分辨磷光检测系统具有较明显的优势：①提高了测量灵敏度；②改善了选择性，可较好地分辨具有不同磷光寿命的磷光分子；③适用于短寿命分子的磷光测定，可测定寿命≤10μs 的分子的磷光，而机械磷光镜一般只能测定寿命在30μs（旋片式磷光镜）或 100μs（圆筒式磷光镜）的磷光；④更精确控制延迟时间；⑤方便测量磷光衰减曲线，并考察 $\lg I\text{-}t_d$ 的线性关系，可用于快速检测磷光物质的纯度。

第三篇

3. 相分辨磷光检测

相分辨技术可以较好地用于混合物中目标分析物质的测定。相分辨技术中主要参数是去调制因素 m_p 和相角 θ_p。

$$m_p = (1 + 4\pi^2 f^2 \tau_p^2)^{-1/2} \tag{14-8}$$

$$\theta_p = \arctan(2\pi f \tau_p) \tag{14-9}$$

式中，f 为调制频率；τ_p 为磷光寿命。

相分辨技术有以下特点。

① 去调制因素 m_p 和相角 θ_p 是磷光寿命和光源调制频率的函数。

② 在一定频率下，磷光分子的磷光信号和参比信号的相角差（$\theta = \theta_p - \theta_R$）是磷光强度的余弦函数，因此调节参比信号的相角到一定值，就可以使测量的磷光体的磷光强度达到最大或最小：

$$I_p = k_p I'_0 + m_p k_p I''_0 \cos(\omega t - \theta) \tag{14-10}$$

式中：k_p 为磷光发射速率常数；I'_0 和 I''_0 分别为激发光强度的连续强度和正弦强度；m_p 为去调制因素；ω 为角频率；t 为时间。

③ 对两种磷光物质的混合物，通过改变参比相角或调制频率，可以选择性地消除某一种化合物的磷光，而使另一种磷光物质的磷光强度达到最大。相分辨的缺点是噪声不能得到有效抑制，而时间分辨法可以做到这一点。

但是由于诸多猝灭因素的影响，磷光分子的室温磷光强度比该分子的荧光强度弱，而利用相分辨的测量往往会受到荧光的影响，同时还受到磷光寿命的影响。因此，在室温磷光测量中，相分辨技术的应用研究较少。

磷光测量参数包括磷光强度、磷光激发和发射光谱、磷光偏振、磷光寿命和磷光量子产率等。在进行磷光测量时，特别是测定 SSRTP 时，必须采用磷光模式（即时间分辨模式）进行。时间分辨模式会导致磷光强度信号的损失，因此测定时常常采用较宽的狭缝进行。如果磷光寿命很长，可用常规仪器测量磷光衰减曲线，计算磷光寿命。但是对于较短的磷光寿命，如微秒或更短，则需在配有脉冲光源的仪器上进行。

（二）除氧技术

氧气是磷光最有效的猝灭剂，因此，除氧是室温磷光测量技术中非常关键的问题。在水溶液中，溶解氧的饱和浓度为 250μmol/L。氧气对磷光的猝灭速率常数通常在 10^6L/（mol·s）左右或更高，1μmol/L 氧就能够使碱性磷酸酶的磷光寿命从 2s 降低到 0.6s。若要有效地消除溶液中氧的猝灭作用，则溶解氧的浓度应降到 10^{-9}~10^{-10}μmol/L 的范围。

1. 通气除氧

将 N_2 或 Ar 通入待测溶液中一定时间除氧，是最常用的除氧方法。为了防止气体残留物的猝灭作用，需使用高纯气体。通气除氧需要一定的时间，为保证能有效除氧，有时需要 2~3h。为提高除氧速度，也可以采用高压和真空交替除氧的方式。

2. 酶反应除氧

葡萄糖氧化酶和葡萄糖体系是有效的除氧体系。葡萄糖氧化酶反应体系可以在较宽的 pH 范围内除氧，pH 范围为 4~10。在除氧过程中有酸生成，饱和状态下氧的浓度为 250μmol/L，将会产生 500μmol/L 的酸，因此溶液酸度必须用缓冲溶液来控制。

3. 化学除氧

在室温磷光中应用最广泛的化学除氧方法是 Na_2SO_3 或 $Na_2S_2O_4$ 除氧。这两种化合物有很强的还原性，能够与溶液中的氧迅速反应，使其浓度降到极低的水平。Na_2SO_3 与 O_2 在溶液中发生如下反应：

$$2SO_3^{2-} + O_2 \longrightarrow 2SO_4^{2-}$$

亚硫酸钠除氧的时间与其浓度有关，0.01mol/L Na_2SO_3 就可有效地除去溶液中的氧。亚硫酸钠除氧需在中性和弱酸性条件下进行。

第三节　磷光分析方法

根据测定磷光时试样所处的温度，磷光分析分为低温磷光分析和室温磷光分析两大类，室温磷光分析又根据其基质是固体还是流体可分为固体基质室温磷光和流体室温磷光两类。流体室温磷光包含的方法很多，如表面活性剂有序介质增稳室温磷光法，环糊精诱导室温磷光法，敏化/猝灭室温磷光法，微乳状液增稳室温磷光法，胶态微晶室温磷光法，泡囊增稳室温磷光法，衍生室温磷光法等。本节主要介绍室温磷光分析方法。

一、固体基质室温磷光

1974 年，Paynter 等[3,4]建立了具有分析意义的固体基质室温磷光法，标志着室温磷光这一新的分析技术的诞生。1985 年，刘长松和张苏社等[5]在国内开始了固体基质室温磷光的研究。这种根据含有磷光物质的溶液在特定的固体表面的光致发光现象建立起来的分析方法叫做固体基质室温磷光分析法（solid substrate-RTP 或 solid matrix-RTP），也称为固体表面室温磷光分析法（solid surface-RTP），简称 SS-RTP 或 SM-RTP。在 SS-RTP 中使用的固体表面材料称为固体基质（solide substrate，solid matrix，solid surpport）。SS-RTP 是一种新型的微量技术与痕量分析相结合的分子发射光谱技术。该方法将微升级待测组分点滴在各种固体基质上，用适当的方式干燥后，磷光体被夹持在基质上以保持刚性，然后将基质固定在样品架上，通过检测所发射的磷光信号来进行定性、定量分析。在固体基质室温磷光法中，开发新的固体基质以及探索基质与发光体间的相互作用机理一直是研究的重点。

（一）常用固体基质

固体基质，也称支持物，即固定承载待测组分的材料。理想的固体基质可以使待测组分（磷光体）充分刚性化，以消除各种猝灭及非辐射失活过程，同时基质本身不引入发光背景。最常用的固体基质包括各种滤纸、各种色谱膜或吸滤膜(如各种纤维素膜，硅胶 G 胶片，色谱聚酰胺膜等)、盐-环糊精粉末、乙酸盐粉末、聚合物-盐(如聚丙烯酸-氯化钠) 以及由葡萄糖或海藻糖和碘化钠、硝酸亚铊混合而成的透明玻璃体等。

1. 滤纸

滤纸是使用最广泛、较为理想的基质材料之一。主要有以下优点：①分析方法简便、快速（5～10min 完成一个样品的测定）；②适用范围广，离子型、极性、非极性有机化合物均适用；③对溶剂体系无严格限制；④可与纸色谱联用，易实现自动化；⑤易修饰和改性；⑥价廉经济。目前已经有多种类型的商品化滤纸可供使用，常用的国产滤纸是由杭州新华造纸厂生产的定性滤纸，快、中、慢速定量滤纸及色谱用滤纸。滤纸最大的缺点是在 400～600nm 之间有一宽带背景发射，最大波长在 480～500nm 之间。许多磷光体的最大发射波长也在此波长范围内，如不加以处理，将会影响 RTP 测定的灵敏度。通过对滤纸的处理、修饰和改性可降低滤纸磷光的发射背景和增强待测组分（磷光体）充分刚性化。

（1）降低滤纸磷光发射背景的一般处理方法　滤纸通常是由天然棉纤维制成的。滤纸的背景发射与磷光分子一样，在特定条件下可以增强或减弱。如用乙酸钠（NaAc）处理的滤纸背景会提高，而用特定的重原子浸泡后的滤纸，其背景有所降低。硝酸银具有降低滤纸背景和增强磷光发射的“双重”效应；紫外线照射也可使滤纸背景降低，而分析物的磷光信号不受影响；用 NaOH 溶液处理，不仅能有效降低滤纸背景，而且能显著增强分析物磷光信号。

（2）滤纸修饰　基质的修饰是指用适当的物质处理滤纸，使其表面特征和基体环境得到改善，从而更适合磷光体刚性化，增强发光强度，提高分析灵敏度。同时，基体经过修饰也可以使背景有一定降低。常见的滤纸修饰的方法是用盐（主要是 NaAc)、糖（蔗糖）、表面活性剂、环糊精等溶液浸泡滤纸，提供不同特征的表面环境，增强磷光体分子与固体基质的相互作用，从而提高刚性化程度。Amanda 等[7]将硅烷、硅氧烷修饰到 Whatman No11 滤纸上，用于水样中污染物的富集和 RTP 测定，效果很好；但修饰后的滤纸疏水性太强，不适用于极性较强的分子。文献以二甲基氯硅烷对滤纸进行改性，修饰后的滤纸具有良好的疏水性和热稳定性，发光背景值降低。咔唑能很好地吸附在修饰过的滤纸上，发射较强的磷光。

（3）滤纸改性　滤纸的主要成分为纤维素即多聚葡萄糖。葡萄糖环上的羟基可以被其他基团取代，从而制成不同性能的滤纸以满足分析要求。已有许多商品化改性滤纸问世。常见的有离子交换滤纸，如 Whatman DE-81 性阴离子交换滤纸较广泛地用作 SS-RTP 的固体基质，这种滤纸纤维上的羟基被二乙氨基乙烷取代，其中氮原子上带有正电荷，可以吸附溶液中的阴离子，基质背景低于普通滤纸，可以获得较低的检出限；Whatman P-81 滤纸是阳离子交换滤纸。疏水性滤纸主要有 Whatman 1PS 滤纸，主要是用聚硅氧烷和一定量的锡配合物对滤纸进行热处理，滤纸的表面涂层具有很好的稳定性和疏水性，灵敏度较高。

2. 纤维素膜、离子交换膜和硅胶板

除了滤纸外，各种纤维素基的膜、用于薄层色谱的一些固体材料（如硅胶板等）在一定范围内也是较理想的基质材料。薄层色谱中常用的硅胶板通常将硅胶铺涂在塑料、玻璃、铝片等基板上，制成薄板，根据需要进一步裁剪。反相色谱基质材料可以有效地诱导多环芳烃的 RTP。

3. 固体盐基体

固体盐基体：①NaAc-盐固体基质——NaAc 的比例越大，RTP 强度越大，量子产率越高，而且磷光量子产率比荧光增加更快；②聚合物-盐混合固体基质——聚合物-盐混合物中适量的水可以增强模型化合物的 RTP；③环糊精-NaCl 基质——利用环糊精的空间选择性和重原子微扰剂的重原子效应的选择性，可以不经分离，检测出多环芳烃混合物中的各种组分；④糖玻璃体——用葡萄糖或海藻糖形成的透明玻璃体作为固体基质，光的散射大大降低，磷光背景也很低等。

（二）刚性化机理

磷光分子与基质之间的相互作用决定磷光体刚性化程度，其作用机理包括：表面吸附、氢键作用、基质隔离、基质填塞、微晶包埋等。

1. 表面吸附机理

表面吸附的本质是磷光体通过分子间的范德华力和氢键作用等与基质产生的结合力，减弱了磷光分子的非辐射跃迁概率，增大了辐射跃迁概率，从而产生 RTP 发射。表面吸附机理是磷光体产生 RTP 认识的初步阶段，虽略显粗浅，但应用面广。

2. 氢键机理

氢键模型可以很好地解释乙酸钠基质与磷光体分子间的相互作用。氢键作用机理可以解释极性和离子型磷光体与极性和离子型基质产生磷光的刚性化原因，但对非极性分子在极性、非极性和离子型基质表面产生 RTP 的刚性化机理难以解释。

3. 基质隔离机理

基质隔离机理认为：磷光分子渗入到滤纸纤维中并被嵌入其中而实现刚性化。它解释了磷光体在纤维素和高分子膜中产生 RTP 的原因，但无法解释无机物基质。

4. 基质填塞机理

基质填塞机理认为：在滤纸上加入一定量的非磷光物质，在滤纸表面堆积，提高了基质的刚性，导致磷光分子无辐射跃迁作用的内部运动受阻。另外，加入的物质借“堵塞”基质的通道和间隙，防止了氧气进入到试样基质中去，从而防止了氧的猝灭。

基质填塞机理是对基质隔离机理的补充和完善，同时也拓宽了基质隔离机理的应用范围。

5. 微晶包埋刚化性机理

微晶包埋刚化性机理认为：由于纤维素表面存在许多裂隙，在干燥过程中，重原子盐在水的带动下，可沿裂隙渗入到纤维素内部。当水被烘干后，重原子盐便在基质表面或纤维裂隙中析出，形成重原子微晶或重原子和基质的混合微晶。当滴加磷光物质溶液后，磷光分子可能在溶剂的存在下进入这些微晶中，干燥后形成二元或三元混合微晶，同时使磷光体在其中刚性化产生 RTP。包埋微晶的存在是诱导 RTP 发射的重要条件。

6. 弱色散作用机理

弱色散作用机理认为：非极性芳烃与滤纸之间存在一种弱的色散力，但对诱导 RTP 不是很重要。

（三）重原子微扰剂

重原子效应通过增加系间窜越（ISC）速率降低荧光辐射，有效地增强 RTP 发射，同时缩短磷光寿命。重原子效应分为内重原子效应（磷光体本身含有重原子）和外重原子效应（外加重原子增强 RTP 强度），其中外重原子效应最常用。重原子效应选择性较强，有明显的作用规律，其增强作用随核电荷数的增加而增强，如卤素化合物中，重原子增强次序：$I^- > Br^- > Cl^-$。重原子的存在可以引起分子的磷光光谱位移。重原子盐往往表现出较强的整体作用，盐浓度对 RTP 强度有较大影响。

重原子作用机理有交换机理和电荷转移机理，但往往重原子、基质与发光体三者之间表现出较强的协同作用。

（四）氧气和湿度对 SS-RTP 的影响

氧气和水对磷光有显著的猝灭作用，因此，在 SS-RTP 分析中，除氧和水分是诱导室温磷光的关键。在相对湿度为 0~20%时，由水分子引起的猝灭作用非常小，RTP 的降低仅为 0~5%，而氧气的猝灭作用却十分显著，这时主要是动态猝灭过程起作用；当相对湿度大于 20%时，随着湿度的增加，其猝灭程度呈线性增强，主要是“基质猝灭”（静态猝灭）起作用。

（五）SS-RTP 实验技术

SS-RTP 的基本操作过程：①将含有被测物质的溶液和重原子溶液（如果需要的话）点滴在适宜的固体基质上；②用适当方式（IR 灯、烘箱、干燥器等）在一定温度下进行干燥，使磷光体固定在基质上以保持刚性；③将基质置于样品架上进行 RTP 测量。由于目前多为手动操作，加之溶液在固体表面上的扩散不易控制，为得到较好的精密度和重现性，需注意以下细节。

（1）提高实验精密度的方法　①微量进样器的改进——解决了溶液滞留问题；②基质准备——根据仪器的光斑形状和大小采用刻线法组织溶液横向扩散，充分利用光斑面积，有利于提高分析灵敏度；③点样次序和方式——先滴加重原子溶液，在一定温度下烘干（通常 10~30s），半干情况下进行点样能获得较强的 RTP 信号；④烘干方式——干燥是 SS-RTP 分析必不可少的过程，干燥过程中减小温度的波动是保证精密度的关键；⑤通氮气的方式——为避免氧气和湿气对 RTP 的猝灭，通常通入干燥氮气，采用将氮气引到样品架背面，使氮气从基质的背面通过的方式效果最好。

（2）SS-RTP 的测量技术　①同步扫描-导数 SS-RTP 分析法；②时间分辨术；③激光诱导室温磷光法（laser-induced RTP，LI-RTP）；④固体基质室温磷光免疫分析法[6,7]，此法选择性高，灵敏度好，体系不需除氧，样品用量少于 1μl。

（3）SS-RTP 联用技术　①固相萃取-SS-RTP 联用技术（SPE-RTP）；②流动注射（FIA）-SS-RTP 联用技术。

二、表面活性剂有序介质增稳室温磷光

1978 年，Turro 等[8]发现溴代萘在除氧的乙腈中或萘和 9,10-苯并菲在除氧的外重原子溶剂 1,2-二溴乙烷中，均能容易地发射强的磷光。同时，溴代萘在水中虽然磷光很弱，但在除氧的阳离子或阴离子表面活性剂胶束中磷光很强。这便预示着流体室温磷光不仅可以作为常规的分析方法，而且在生物大分子的结构和动力学分析方面具有诱人的应用前景。随后，1980 年，Cline Love 等[9]则把流体室温磷光推向分析应用。目前，已建立了以下几种具有分析意义的室温磷光分析方法：胶束、微乳、微囊增稳室温磷光分析法。

（一）表面活性剂胶束有序介质及胶束动力学

有序介质常指由两亲化合物（amphiphile）所组成的溶液体系，在两亲化合物中，同时含有两种溶解性质显著不同的基团，即亲液性的（1yophilic）和憎液性的（1yophobic）。亲液性基团对溶液具有很好的亲和性，而憎液性基团则与溶剂不相容，如在水溶液中，则分别称之为亲水性（hydrophilic）和疏水性（hydrophobic）基团。广义地讲，像环糊精这样具有内疏水外亲水的穴状分子也包含在内。狭义地讲，这种化合物专指各种表面活性剂分子，由表面活性剂组成的微聚集体(microaggregate micelle)是最常见的有序介质之一。

1. 表面活性剂有序介质的特点

①当表面活性剂浓度大于其临界胶束浓度（CMC）时自发形成胶束，不同形状的胶束具有不同的 CMC 值。②每个胶束所含表面活性剂单体的平均数目称为聚集数，一般非离子表面活性剂大于 100，离子性表面活性剂为 40~100，个别表面活性剂为几个到几十个；正相胶束内芯为疏水性，类似于油滴，直径约为表面活性剂疏水链的 2 倍，通常为 30Å（$1Å=10^{-10}m$）。

③胶束内芯要承受胶束界面给予的巨大表面压，使内芯性质在很大程度上不同于烃类溶剂本体。④在胶束介质非极性微环境和溶剂本体极性环境之间具有过渡区。

胶束是一种热力学稳定体系，胶束和单体分子之间保持动态平衡。胶束的增溶作用是一种广义的缔合作用或均相萃取作用。通过这种作用，增溶物被分散到胶束的内芯或夹在胶束近表面区域。由于胶束内芯含有水，多环芳烃类化合物可能是被夹持在胶束的链之间。一些极性或离子组分通过静电作用缔合在胶束的表面。

临界胶束浓度（CMC）是表面活性剂的一个十分重要的物理参数，是胶束与表面活性剂单体溶液性质差异的一个重要的分界线。其主要影响因素是抗衡离子的种类、电解质的浓度、有机溶剂的加入、温度、压力等。

2. 胶束的增溶作用及动力学

研究增溶分子在胶束中的分布对考察电子激发态性质是非常有意义的。例如，要期望如激基缔合物（excimer）这样的事件发生，一个胶束中分布两个分子的概率必须足够大。一个胶束中占据 n 个增溶分子的概率可以用 Poisson 分布来表示。

（二）胶束增稳室温磷光法（MS-RTP）

MS-RTP 具有很高的选择性，因而不需要对样品进行预处理就可以将其应用于医药或农业样品的分析。

1. 表面活性剂在 MS-RTP 中的应用

在胶束增稳室温磷光中，表面活性剂胶束不仅可以增大分析组分的溶解度、分离富集不同分析组分，也可以防止难溶或不溶分子形成聚集体，同时保护发光分子的受激三重态免遭碰撞猝灭。表面活性剂胶束还具有提高供受体能量转移效率的作用。此外，表面活性剂胶束对不同性质的分析组分，如手性、极性、化学稳定性和尺寸等具有改善选择性的功能。依据分析目的、发光体的性质以及所使用重原子的差异，可以选择不同的表面活性剂。

（1）阴离子表面活性剂　阴离子表面活性剂有许多类型，但在 MS-RTP 中，十二烷基硫酸钠（SDS）是用得最多的阴离子表面活性剂。重原子亚铊或银离子取代胶束表面一部分钠离子，其近核磁场通过空间作用于发光体，从而产生自旋-轨道耦合，增加系间窜越速率和三重态布居。适宜的 SDS 浓度选择应考虑以下两点：重原子取代胶束表面的 Na^+应具有适当的取代度，或者适宜的 Tl^+ / Na^+，既保证最强的重原子微扰作用，又不至于使表面活性剂沉淀，T1DS / SDS 或 Tl^+ / Na^+在 20%~30%间最佳；保证每个胶束中居占两个或两个以上激发三重态分子的概率应足够小，以使其在整个分析的线性范围内 T-T 湮灭可以忽略。理论上，高浓度的胶束对磷光体和氧气起了“隔离化”作用，减弱了氧气猝灭的影响。例如，对阳离子卟啉来说 SDS 是最佳选择。

（2）阳离子表面活性剂　对于不带电荷的发光体，如多环芳烃母体或氯代芳烃，似乎无论什么表面活性剂都应具有增溶增稳作用，主要取决于重原子微扰剂是否可以在该介质中发挥作用。但对于携带阴离子基团的磷光体，阳离子表面活性剂则是首选的保护介质，例如试铁灵-铌配合物。

（3）两性离子表面活性剂　两性离子表面活性剂使试铁灵-铌配合物产生最强的 RTP 发射，阳离子型次之，第三为非离子型。阴离子型由于静电排斥作用则不产生 RTP 发射。烷基吡啶极性端使磷光发射强度降低，而烷基氨基不影响磷光发射。两性离子表面活性剂在室温磷光的应用比较少，发展空间比较大。

（4）非离子表面活性剂　Brij35 是聚氧乙烯型的非离子表面活性剂，可形成具有碳氢链非极性内芯和聚氧乙烯链外壳结构的胶束，可用来测定 α-溴代萘（α-BrN）的磷光。在非离子表面活性剂 Brij35 胶束体系中，喹啉、异喹啉、芘、萘、菲等仅具有荧光发射，而无磷光发射，主要是由于 Brij35 胶束与 Tl^+、I^-等常用的重原子离子没有强的静电缔合作用，不能起到有效的重原子微扰作用。

（5）混合表面活性剂　混合表面活性剂比单组分表面活性剂具有许多优点，在分析化学中也是一个很好的研究方向，虽然目前基于分析目的应用还比较少，仍具有发展前景。

2. 重原子微扰剂的作用原理及其选择

（1）重原子微扰剂的作用原理　重原子微扰作用是实现 MS-RTP 的最重要的条件之一。若仅在 SDS 的水溶液中，并不能观察到磷光现象，只有当一部分 Na^+被重原子（如 Tl^+或 Ag^+）取代时，重原子与磷光体更加接近，随着荧光强度的不断降低，才会观察到 RTP 的出现。重原子诱导的自旋-轨道耦合作用，大大增强了系间窜越效率，使磷光量子产率增加。同时也增加了激发三重态非辐射失活速率，使三重态寿命缩短到 0.1~1ms 之间，过度的重原子微扰作用反而会使量子产率下降。胶束的存在使重原子的这种作用更加强烈，胶束可以增加有效重原子浓度，缩短重原子与磷光分子接近度。

重原子效应也有内、外重原子效应之分。试亚铁灵分子中的碘离子具有内重原子效应。在许多情况下，外重原子通过与发光分子形成配合物或电荷转移配合物，而由外重原子效应转化为内重原子效应，内、外重原子效应共同起作用。银离子（Ag^+）可能以两种形式同时作用增强吖啶和吩嗪的磷光，即外重原子效应和供受体配合作用。应该注意的是，不能把重原子微扰剂称为重原子三重态猝灭剂，因为重原子微扰剂会增加磷光量子产率，而猝灭剂使磷光量子产率和磷光寿命均降低。

（2）重原子微扰剂的选择　在胶束增稳的室温磷光中常用的重原子微扰剂包括硝酸亚铊、硝酸银、碘离子以及溴仿（三溴甲烷）等。在十二烷基硫酸钠（SDS）胶束体系中，如果采用惰性气体除氧，可使用 Tl^+或 Ag^+为重金属离子，但如果采用亚硫酸钠除氧，就不能使用硝酸银。重原子微扰剂的浓度选择是重要的，适宜的重原子浓度增加磷光量子产率，而过度的重原子微扰作用则降低磷光量子产率。

3. MS-RTP 中的除氧方法

胶束不能阻止氧分子对磷光体的猝灭，要获得高的磷光量子产率和磷光强度，必须除去溶解氧。通常的除氧方法包括通氮或冷冻-解冻方法，但在胶束介质通氮气或惰性气体易引起大量气泡，引起测量不便和试样损失。为了克服这些问题，人们设计了一些特殊的玻璃装置以及膜渗透-化学除氧装置。1986 年亚硫酸钠被引入胶束体系作为化学除氧剂，此方法简单易行，操作方便，耗时少，但需控制溶液 pH 值在 6.5~7.5，现在已经被广泛地应用于流体室温磷光体系除氧。

（三）微乳增稳室温磷光法

除了正常胶束体系以外，微囊、微乳、混合有序介质和反相胶束等也能增敏室温磷光。其中微乳与正常胶束最接近，而且研究的也最多。微乳液是介于乳状液和胶体之间的一种分散体系，稳定性高，离心不分层，耐稀释作用。微孔液胶束的直径为 10~20nm，微粒很小，且溶液透明，所以可见光不会被散射。一般胶束中更难溶解的多环芳烃，也许在微乳液中可以增加溶解度，因为它含有更加非极性的油性内芯。所以，可以先把非极性物质溶解在非极性溶剂中，然后再把此溶液小心地与醇混合后与表面活性剂水溶液混合，几秒钟就可得到透明的微乳状液。

（四）微囊增稳室温磷光法

在相转变温度以上，用超声波分散各种双链表面活性剂如 DDAB（didodecyl

dimethylammonium bromide）就可形成微囊。微囊可以看成两个表面活性剂的同心圆。表面活性剂的疏水链聚集在一起，而与带有极性头的含水内芯与外水相分开。与胶束相比，它有以下优点：

① 动力稳定性更高；

② 一旦形成，不会因稀释作用而破坏；

③ 不存在临界胶束浓度平衡；

④ 由于其特殊的有序性，拥有更多的增溶位点（inner pool，inner / outer surface，bilayer）；

⑤ 分子可以较长时间地被诱捕在内部（数天或几个星期）；

⑥ 流体力学直径比一般胶束大 10~100 倍。

因此，每个集合体可以增溶更多的反应物。此外，在有机或无机离子存在下，或者陈化微囊易于融合。在微囊体系中除氧需要较高的亚硫酸钠浓度，比在胶束中浓度更大且范围更窄。一方面，印证微囊体系氧更难除去；另一方面，过多的亚硫酸钠对微囊结构产生一定的影响。

其他有序介质体系还包括共聚物离子和嵌段共聚物胶束体系[10]、合成酶模型-表面活性剂混合有序体系、脱氧胆酸盐体系（非除氧的流体室温磷光测量）[11,12]等。

三、环糊精诱导室温磷光

1984 年 Cline Love 等首次提出了环糊精诱导室温磷光(cyclodextrin induced room temperature phosphorescence, CD-RTP)[13,14]，该方法是基于环糊精（cyclodextrin，CD）对客体分子的包配作用建立的室温磷光分析法。当外部重原子和磷光分子同时进入 CD 空腔中，形成 CD-重原子-磷光体三分子包接物，外部重原子提高了分子系间窜越概率，CD 空腔的保护作用减小了非辐跃迁概率和其他猝灭作用，有利于在室温下实现磷光测量。

CD-RTP 与其他磷光法相比具有以下优点：操作简单、快速，体系不易起泡，受氧的猝灭作用较小，光谱分辨率高，线性范围宽，精密度好，选择性好等。

（一）环糊精简介

环糊精属于大环化合物，它的外部和内腔对溶剂分子或其他分子具有不同的亲和力，因而也可以归属于两亲分子。在室温磷光中，目前只有环糊精得到应用，而其他大环分子似乎对三重态没有有效的保护作用，而且又不易像表面活性剂那样可以聚集形成胶束。

环糊精是淀粉在环糊精葡萄糖基转移酶作用下水解产物的一组低聚糖，通常含有 6～12 个吡喃糖单元，糖基数目常用希腊字母表示，较常见的三种 CD 是 α-CD、β-CD、γ-CD，分别含有 6 个、7 个、8 个葡萄糖单元，其中以 β-CD 价格相对较低而最为普遍易得。如图 14-9 所示，CD 分子形状均为略呈锥形的圆环，其空腔内侧是两圈氢原子(H_3 和 H_5)及一圈糖苷键的氧原子处于 C—H 键的屏蔽之下，所以内腔是疏水的，而 CD 分子的外侧边框则由于羟基的聚集而呈亲水性，正是 CD 这种“内疏水，外亲水”的特殊的分子结构使 CD 能作为“宿主”，包配不同的“客体”化合物，由此而形成主客体超分子。

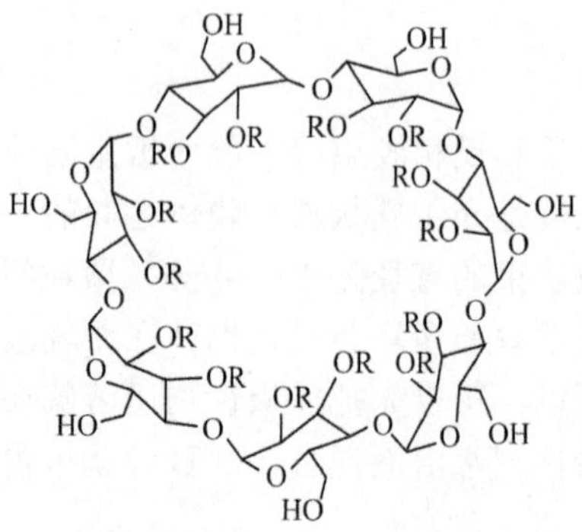

图 14-9 β-CD 分子结构

CD与客体分子形成包配物（或叫主客体复合物）主要靠主体（CD）和客体（被包配物）之间的疏水亲脂作用、空间匹配效应、氢键、范德华力以及释放高能水和大分子环的张力能等而形成。CD的空腔可同时包配几种分子，使分子更加接近，提高分子的相互作用；CD是外亲水的，通过包配作用对分子起增溶的效果；物质被CD包配后，在空腔内受到保护，受外界条件（如光、热、氧化、碰撞等）影响变小。如果包配的为发光分子，则可提高发光物质的发光量子产率和强度。

在大小和尺寸匹配的条件下，环糊精与客体分子通常可形成几种不同包配比的包配物：基本形式为CD/L＝1∶1二元包配物、CD/L/S＝1∶1∶1的三元包配物和$CD/L/S_1/S_2$＝1∶1∶1∶1四元包配物,后两种涉及环糊精、发光体和第三或第四组分。许多情况下，对于尺寸合适的客体，还可能形成CD_2/L＝2∶1核-壳型三元包配物或$CD_2/L/S_2$＝2∶1∶2核-壳型五元包配物，客体分子被包封在由两个环糊精分子的仲醇羟基边面对面构成的空间里。

（二）CD-RTP中的重原子微扰剂和第三、第四组分

1. 重原子微扰剂

在CD-RTP中引入重原子微扰剂通常有两种途径：①在CD骨架上修饰重原子；②将含重原子取代基的化合物直接引入CD体系，形成包配物。在CD空腔内发光体与重原子化合物（HA）更加接近，微扰作用增强。在早期的工作中，最常用的重原子微扰剂有链状卤代烃，其中二溴代烷较氯代或碘代烷烃重原子效应强，溴烷烃重原子效应最强、氯代叔丁烷[15]也是一种很好的重原子微扰剂。在其后的研究中又发现了许多卤代环烷烃，如溴代环己环；其他还有环氧溴丙烷、环氧氯丙烷[16]、2-溴乙醇等。

在环糊精诱导室温磷光中，外重原子微扰剂的选择规律如下：与磷光体之间有适度的自旋-轨道耦合；与磷光体接近度适中；具有椅式构象的六碳环化合物或在空间上能充分适应不同环糊精穴空间的化合物具有强的重原子效应。

2. 第三或第四组分

这里所指的第三或第四组分，即除了环糊精和发光分子之外的可以与环糊精作用的、对包配物的光物理行为、热力学和动力学特征产生显著影响的物质。它们对CD-RTP的影响有两种作用：基于空间填充（space filling）和空间调节（space regulation）作用。第三组分的氢键作用可以像封盖一样，阻止猝灭剂的扩散进入，或填充于CD腔内，使包配物更稳定。晋卫军等发现没有重原子溴存在的环己烷也能诱导多环芳烃和氮杂环化合物的CD-RTP, 从而提出“包结配合-悬浮微晶二次刚性化”机理, 这一机理的提出使人们进一步认识了CD-RTP的本质。第三或第四组分可以促使环糊精或其各种型体包配物形成悬浮的纳/微晶体，这种晶体具有自保护功能，进一步增强发光[17]。

（三）除氧方法

CD-RTP法常采用以下几种方法除氧：通入氮气或其他惰性气体除氧、化学除氧、化学-物理方法相结合除氧。

四、敏化和猝灭流体室温磷光

相对于荧光物质来说，本身能够发射磷光的化合物要少得多，因此早期的流体室温磷光法大多是基于敏化和猝灭具有较高磷光量子产率的物质的磷光建立起来的，常用的敏化剂为双乙酰和溴代萘等。敏化和猝灭室温磷光的建立大大扩展了室温磷光的应用范围。

（一）溶液中的能量转移

1. 能量转移机制

能量转移（ET）是一种光物理过程，在该过程中，一个分子（供体，donor）将其激发态能量转移到另一个分子（受体，acceptor）而去活化到较低的能态，从而使受体被提升到较高的能态。从能量转移对象之间的关系，可将其分为分子内能量转移和分子间能量转移。前者供体和受体构成了一个分子的两个部分，而后者供体和受体是不同的两个分子。

从能量转移的光物理特征来看，可将其分为辐射能量转移和非辐射能量转移，如电子交换能量转移（Dexter ET）和偶极-偶极激发转移（Förster ET）。辐射能量转移由两步完成，即供体发射一个光量子，然后受体分子重新吸收供体所释放出的光量子：

$$D^{*} \longrightarrow D + h\nu \qquad (14\text{-}11)$$

$$A + h\nu \longrightarrow A^{*} \qquad (14\text{-}12)$$

式中，A、A^*分别为基态及激发态受体分子；D、D^*分别为基态及激发态供体分子。非辐射能量转移有两种机制，即电子交换相互作用能量转移（碰撞机制）和库仑相互作用能量转移（诱导偶极机制）。两者的一个主要区别是前者发生电子交换，因此需要碰撞，而后者不需要碰撞，激发能通过空间转移，类似于无线电发射机作用于无线电接收机，又称为发射机-天线机制。电子交换能量转移需要 D 和 A 的波函数（电子云）的重叠，在重叠区域发生交换，因此 D 和 A 必须有近的接近度，最大分子间距为 5~10Å。处于激发态的供体分子 D，将电子从激发态能级转移给受体 A 的激发态，而受体 A 将基态的电子转移给供体 D 的基态，最终使受体 A 处于激发态。非辐射能量转移的另一种形式，Förster 能量转移，是由供体和受体的跃迁偶极矩之间的库仑相互作用引起的，因此也叫库仑能量转移。由于没有电子的实际交换，能量转移过程可以在比范德华半径大得多的距离（约 100Å）上发生。

2. 能量转移过程与判据

根据分子激发态的类型，可能的能量转移过程有四种：单重态-单重态、单重态-三重态、三重态-三重态、三重态-单重态。最可能的偶极诱导机制能量转移过程是单重态-单重态和三重态-单重态能量转移过程。

$$D^{*}(S_1) + A(S_0) \longrightarrow D(S_0) + A^{*}(S_1) \qquad (14\text{-}13)$$

$$D^{*}(T_1) + A(S_0) \longrightarrow D(S_0) + A^{*}(S_1) \qquad (14\text{-}14)$$

由于 $D^*(S_1) \longrightarrow D(S_0)$和 $A(S_0) \longrightarrow A^*(S_1)$两个跃迁的概率都高，因此单重态-单重态偶极诱导能量转移过程可以在比较大的临界距离内发生，并且速率常数也高。对于三重态-单重态能量转移过程，虽然能量给体分子的激发三重态的长寿命可以补偿给体分子发生的 $D^*(T_1) \rightarrow D(S_0)$自旋禁阻跃迁，但这种能量转移的速率仍比较慢。通常上述两种能量转移的结果产生受体的敏化荧光。

判别偶极诱导能量转移依据是：能量转移可在远大于碰撞半径的距离上发生；能量转移速率与介质的黏度变化无关。

交换能量转移过程，必须遵守 Wigner 的自旋守恒规则，即始态和终态的总自旋不变。因此，最重要的交换能量转移过程是单重态-单重态和三重态-三重态能量转移过程，如下列方程表示：

$$D^{*}(S_1) + A(S_0) \longrightarrow D(S_0) + A^{*}(S_1) \qquad (14\text{-}15)$$

$$D^{*}(T_1) + A(S_0) \longrightarrow D(S_0) + A^{*}(T_1) \qquad (14\text{-}16)$$

式（14-15）能量转移过程导致敏化荧光；式（14-16）能量转移过程敏化磷光。后一种形式对某些 $S_1 \rightarrow T_1$ 系间窜越效率很低的分子来说是很重要的，因为它提供了一条增大三重态布居数的途径。三重态在有机光化学的研究中起重要作用，因为许多有机光化学反应涉及三重态或被其控制，而且三重态-三重态能量转移是有机光化学中最普遍、最重要的能量转移类型。

综上所述，偶极诱导机制禁止三重态-三重态能量转移，而交换机制允许三重态-三重态能量转移，因此可以认为敏化磷光一般只通过电子交换机制发生，并要求 R^0_{DA} 值为 10~15Å。同时，在液态中，许多能量转移过程是经过电子交换机制发生的。它要求 D^*和 A 扩散到碰撞距离范围之内，也即电子交换机制的能量转移过程受到扩散速率控制。

（二）敏化和猝灭室温磷光原理和条件

在一定条件下，室温磷光可以通过特殊的供体-受体能量转移相互作用而产生。高能态的发光体作为能量供体，将三重态能量传递给三重态能量较低的受体，产生一个具有高磷光量子产率的受体三重态。接着受体经历磷光发射过程，此即敏化室温磷光。如果能量供体分子本身也是强的磷光体，而受体不一定经历发光过程，导致供体磷光减弱或猝灭，此即猝灭室温磷光。但应该注意，导致磷光猝灭的物质不一定都是三重态能量受体。敏化和猝灭室温磷光是液相室温磷光的两种不同的检测方式，可以扩展室温磷光的应用范围。

在敏化方式中，双乙酰是常用的能量受体分子。在选择的激发波长条件下，分析体（作为能量供体）快速地转移其激发能给受体分子双乙酰，在除氧的溶液中，双乙酰具有与氧和分析体之间的双分子猝灭过程相竞争的能力。因此，可以观察到双乙酰等合适的受体分子的强的敏化磷光。在猝灭方式中，双乙酰被直接激发，然后双乙酰的磷光量子产率通过与分析体有关的双分子猝灭过程而降低。

产生敏化磷光一般必须满足以下条件：①受体应有较高的量子产率；②受体三重态能量低于供体的能量（间隔大于 20.9kJ/mol，以阻止反转），并且在这种情况下能量转移速率是扩散控制的；③在供体激发波长处，受体无吸收或吸收可以忽略。

（三）敏化和猝灭 RTP 的实验技术及应用

1. 有机溶剂／水介质中的敏化和猝灭

（1）受体的选择　双乙酰的最大激发波长为 420nm[摩尔吸光系数ε=20]，磷光最大波长为 516~522nm。双乙酰作为受体的优点在于：在相当宽的波长范围内摩尔吸光系数很小，可作为大多数物质的受体。

（2）受体浓度的选择　三重态能量转移效率与受体的浓度有关。如果转移效率为 1.0，则受体浓度趋于无穷大。一般情况下要求能量转移效率≥0.5 是现实的。

（3）“供-受体对”能量的影响　产生敏化室温磷光的能量条件，要求受体三重态能量低于供体，且相差 20.9kJ/mol 以上。如果受体三重态能量等于或超过供体，则发生能量反转或猝灭现象。双乙酰的吸收光谱在 250nm 左右有非常强的吸收，大于 270nm 后吸收很弱，所以供体的激发波长应大于 270nm，这样可以保证双乙酰的磷光基本上源于能量转移过程。双乙酰本身在 420～450nm 有吸收，并因此产生在 522nm 左右的磷光构成了背景信号。

（4）溶剂体系的选择　溶剂既会影响磷光效率，又会影响三重态能量转移效率。这可以通过考察溶剂对受体的磷光强度和荧光强度的比率 I_p/I_f 做出判断。考虑到磷光体的溶解性一般选择有机溶剂或与水的混合物作为溶剂，这对色谱检测显得更为重要。乙腈或与水的共沸混合物是比较理想的溶剂，但乙腈会降解为甲胺和乙胺，它们是强的磷光猝灭剂。正己烷是仅次于乙腈的溶剂，但正己烷不能与水混用。另外，在水介质中要避免在极端 pH 条件下使用双乙酰，以免发生烯醇化。如果必须在高或低 pH 溶液条件下工作，则可选择对 pH 不敏感的溴代萘或其衍生物作为受体试剂。

（5）除氧剂和重原子微扰剂的选择　如果将敏化/猝灭磷光法用于色谱检测，需要完全的通氮除氧。自从采用 Na_2SO_3 作为除氧剂以后，除氧更为方便，更适用于色谱检测，因此这一方法得到普遍应用。内、外重原子效应可以同时起作用。

2. 有序介质中的敏化和猝灭 RTP

敏化室温磷光需要供体和受体分子之间高频率的有效碰撞，双分子的这种相互作用并未因为分析物体被包埋在胶束（芯区）中或环糊精的疏水穴中而大为减弱，因而敏化 RTP 在胶束或环糊精体系中也可以实现。有序介质的存在可能会产生两种情况：通过保护双乙酰的三重态而增强磷光；通过更有效地组织三重态-三重态能量转移过程，即通过增加三重态-三重态能量转移效率，而增强双乙酰的磷光发射。双乙酰的敏化磷光受以下两个因素的影响：胶束的保护程度和在胶束中的 Poisson 分布。研究表明，从乙腈到有序介质环糊精，胶束磷光效率逐渐减弱。而反相胶束在敏化室温磷光中能有效提高能量转移效率，而且在通氮除氧过程中体系不会产生气泡。

3. 有序介质中的敏化/猝灭镧系离子室温磷光

稀土离子尤其是 Tb^{3+}、Eu^{3+}能发射长寿命发光，但它们的摩尔吸光系数很小，所以，通常采用与有机配体形成配合物的形式来诱导稀土离子产生强的离子发光。稀土离子在溶液中能量转移过程可能受扩散控制，在蛋白质体系中也可能通过 Förster 偶极诱导机理起作用。

稀土离子是被广泛采用的三重态受体和探针，具有如下优点：①对适当的三重态给体来讲，稀土离子不是简单的猝灭剂，而是能够发射长寿命离子荧光的受体；②稀土离子体积小，无振动能级，近似呈球形对称，因此能区分不同配体（敏化剂）性质的差异，如立体效应、能级结构、发生能量转移的临界距离等；③可以在敏化剂存在或不存在下分别研究稀土离子与环境的相互作用；④稀土离子荧光不被溶液中用作敏化剂的大多数有机分子所猝灭。

4. 敏化/猝灭室温磷光在高效毛细管电泳检测中的应用

高效毛细管电泳（CE）由于光程短，测量池的体积很小，采用一般的光分析方法如吸收光谱法只能提供有限的检测能力。因此，探索新的光学检测方法是有意义的。室温磷光与 CE 联用原则上更具优势，时间分辨测量可以消除散射光和荧光的影响，从而提高信噪比，应用非常广泛[18,19]。

五、流体介质中的无保护和胶态纳米/微晶体自保护室温磷光

长期以来，人们普遍认为，保护性介质的存在是诱导流体室温磷光发射的必要条件之一。保护性介质的引入使 RTP 容易获得，同时也带来若干不利因素，如可能带来杂质干扰等。从磷光发展历史来看，如果没有保护介质，在室温的流体介质中观察磷光确实是困难的。

（一）无保护介质室温磷光

1. 纯流体中产生室温磷光的条件

在纯有机的、纯水性的或二者混合的流体中实现室温磷光测量的首要条件是彻底除去溶液中的溶解氧。起初采用通氮或氩气除氧，现在可采用 Na_2SO_3 除氧。除氧剂的浓度选择与胶束介质没有大的差别，而且要控制适宜的 pH 以增加除氧速度。常用的有效的重原子微扰剂有 KI 和 $TlNO_3$。仪器灵敏度要高，目前销售的以脉冲氙灯作光源的毫秒级时间分辨发光分析仪灵敏度在 500ng/ml 以上，可以满足要求。至于分子结构方面，与其他任何室温磷光体系没有显著差别。此外，少量有机溶剂有时是必要的，尤其是那些难溶的多环芳烃母体化合物。李隆弟教授称这种体系为无保护流体室温磷光（NP-RTP）。

2. 取代芳烃和取代杂环化合物的无保护介质室温磷光

有机试剂种类及其用量对体系 RTP 性质和所需光诱导的时间有显著影响，这些有机溶剂

有可能提高多环芳烃的溶解性，使之以单分子状态存在，因此影响磷光分子的 RTP 强度。取代芳烃或取代杂环化合物的水溶性相对较大，在适当的重原子存在下，在无保护介质中能产生强的磷光发射。

3. 多环芳烃母体化合物的无保护介质室温磷光

多环芳烃母体化合物水溶性差，所以需加入与水混溶的少量有机溶剂以改善溶解度，从而影响这些化合物的磷光性质。从考察过的有机溶剂来看，在乙醇、甲醇、丙酮、乙腈和二甲基甲酰胺中，乙腈对增强多环芳烃化合物的 RTP 的作用最强，体积含量可高达 25%，但包括芘在内的分子量较小的多环芳烃不需要乙腈来增溶。

从重原子微扰剂来看，KI 和 $TlNO_3$ 对所有考察过的多环芳烃都有效，但 KI 对大多数多环芳烃比 $TlNO_3$ 更有效。KI 最佳浓度为 1.2mol/L，而 $TlNO_3$ 在 0.6~2mol/L 的较宽浓度范围内重原子效应均较高。溴取代基作为内重原子效应以及作为环糊精诱导室温磷光中的重原子微扰剂是最理想的，而通常碘离子作为外重原子微扰剂的效果更佳。

4. 无保护介质室温磷光的典型应用

无保护介质室温磷光在农残和药物检测中应用非常广泛。此外，用 KI 作重原子微扰剂，无保护室温磷光法测定试剂蒽中痕量咔唑，激发和发射波长分别为 290nm 和 438nm，检出限为 1.05ng[20]。

（二）胶态纳/微悬浮晶体自保护室温磷光

如果难溶或不溶物在水中形成胶态的纳米或微米级悬浮晶粒（colloidal nano/microcrystals）也可以缓解甚至避免氧的猝灭，因而即使在溶解氧的存在下也可以获得强的室温磷光，表明磷光性分子晶体对其三重态具有自保护功能。由于近年来有机纳米晶体材料的巨大应用潜力，磷光性的胶态晶体发光特性及其在分析化学和材料科学中的应用是值得关注的课题。

1. 磷光性分子胶态纳米/微米悬浮晶体的制备及影响晶体尺寸的因素

磷光性分子胶态晶体的制备一般采用注射重结晶法。根据磷光化合物的性质，先将磷光化合物溶解在可与水混溶的有机溶剂中，如甲醇、丙酮、四氢呋喃、乙腈和二甲基甲酰胺等，制成大约 10^{-2}mol/L 的储备液。用微量进样器吸取一定体积的样品溶液，清洁针头后将溶液快速注射到水中，有时辅以快速搅拌。如果必要，可重复注射，直到达到所需浓度。最后，将分散体系混合均匀。如果要制备高分子胶态晶体，可以先按上述方法制备单体的胶态分散相，然后继续光引发聚合，或直接将高分子的有机溶液注射到水中以形成纳米/微米晶体粒子。

影响胶态晶体粒子的大小、均一性和发光特征的主要因素：有机溶剂的种类以及和水的比例、搅拌速度、注射速度、温度及温度变化梯度、陈化时间、离子强度、表面活性剂等其他添加物质。

2. 磷光性分子胶态纳米/微米悬浮晶体的发光特性

多环芳烃及其衍生物（PNAs）是一类典型的磷光体，在溶液中具有很好的光物理和光化学行为。芘、萘、蒽等许多多环芳烃分子都有形成二聚体的倾向，使单聚体的荧光和磷光猝灭，或许产生波长更长的聚集体发光。在晶体中，分子的光物理过程显得更复杂。通常，激发态的原子或分子与基态的原子或分子结合而生成激基二聚体分子，这种激基二聚体分子是带有过剩能量的高能态分子，其寿命很短。晶体中分子分散是可以忽略的，分子之间的光物理行为是由形成晶体的方式决定的。一般 CCH（背缩烃类）化合物属于“A”型点阵结构，在这种结构中，晶面间距相对要大，所以这种结构除了会引起很小的红移外，发射峰不会改变。有些 PNA 化合物属于“B”型点阵结构，该结构易形成分子间重叠，导致分子间的光物理行为产生较大变化。

微晶作为自保护基质稳定了三重态，分子氧通过晶体扩散进入晶体内部的途径被堵死，使猝灭过程减至最小。由于分子之间的碰撞作用和溶质分子-溶剂分子的作用减弱，振动精细结构丰富。微晶发光现象主要是由各种溶质在水中的溶解性决定的。比如，芘在溶解度以上的所有浓度范围，分子荧光都不会发生改变，而相对于由浓度决定的激基二聚体荧光谱带，将会随浓度的增加发生蓝移。利用浓度的变化导致激基二聚体荧光的猝灭，可以比较灵敏地检测难溶 PNA 化合物的溶解性。

3. 磷光性分子胶态纳米/微米悬浮晶体的应用前景

当今，纳米技术已备受人们关注。在纳米材料的应用过程中，纳米团簇或纳米粒子的组装是非常关键的一步。利用超分子方法组装得到的二维或三维有序超晶格除保持了纳米团簇原有的特性外，还由于规则排列的纳米团簇间的耦合作用而使超晶格具有一些特殊的性质，而且超晶格的性质可以通过改变纳米团簇间的有机分子进行调制。因此，纳米团簇超晶格具有非常特殊的光、电、磁学性质[21,22]。

迄今为止，具有磷光特性的有机分子胶态晶体报道得还比较少，目前已经发现在水混溶性有机溶剂辅助作用下，磷光性分子能够形成纳/微米级的悬浮晶体粒子，同时这些晶体粒子还可以自发地聚集成棒状结构；在光辐射作用下，产生单体分子和聚集体分子磷光，具有丰富的信息量。自组装胶态的纳/微米粒子或纳米粒子间的弱作用力包括各种类型，但卤-卤相互作用（halogen-halogen interaction）有其显著特点。作为卤键合作用（halogen-bonding）的特殊情况，卤-卤相互作用具有专属性、方向性和疏水性。同时，卤素原子又是产生室温磷光必需的重原子微扰剂，所以，预期卤键合或卤-卤相互作用将是组装纳米磷光粒子的最重要途径之一。

六、室温磷光光化学传感器

近 20 年来，国内外有关化学传感器的研究一直都非常活跃。美国、日本和欧洲等发达国家投入较多的资金与人力，进行各种传感器的研发，不仅用于科研、生产或有关生命和健康等领域，而且在军事、航天等领域集成了传感器的尖端技术。

（一）传感器的基本特征

1. 传感器的定义、组成及分类

传感器（sensor）是一类能连续地将分析对象的化学或生物信息直接转变为分析仪器可测量的物理信号的装置。分析对象的化学或生物信息包括组成及其含量、结构或构象、微区域环境特征（如微酸度、微黏度、微流动性、微表面膜电势、pH 等）。通常，传感器由两个部分组成，即传感元（也称敏感元或分子识别元）（sensing element，molecular recognition element）和传导元（transduction element）。传感元是分子识别功能的主体，是直接感受被测量对象的部分，从被测量对象的角度，传感元又称为受体（receptor）。识别元件需要具备对待测组分特殊的形态或种类的选择性，同时对具体的分析物进行测定时，其他物质干扰较小。信号传导元是信息传输的介体，将传感元输出的量转换为适于观察和处理的光（颜色）、电或热等物理信息部分，则信号传导元可以告诉人们传感事件是否发生或分析对象是否被识别。如果分子识别单元工作性能特别好(选择性地识别分析对象)，但无法观察识别过程，肯定不是好的传感器；如果信号传导部分特别灵敏，但又无法识别分析对象，也不是好的传感器，二者相辅相成。

传感器的分类方法很多，如可以根据传感器的功能和用途以及所用材料等进行分类。利用识别反应原理和识别对象的特征，可以分为生物传感器和化学传感器等。基于光传导特征和测量方式，可分为电化学传感器和光化学传感器（optical sensor，optosensor，optrode）等。不同的分类方法之间相互包涵，如光化学传感器如果基于生物或化学作用原理，以生物或化学组分为识别对象，即可称为生物或化学传感器。

根据辐射与物质的作用原理，光学传感器又可分为吸收型，如紫外-可见吸收、红外吸收等；发光型，如荧光和磷光传感器、化学发光和生物发光传感器；折射、反射或散射型传感器等。荧光和磷光光化学传感器由于其本身灵敏度高，易于检测等，已成为化学传感器研究领域中最活跃、研究内容最丰富的一种。光化学传感器既可进行光纤远距离传输，还可作为一个传感元，在未来计算机设计中进行分子间无线通信，以提高传输效率和速度。实际上，在实验室常用的传感器当属 pH 电极和 pH 试纸，前者属于电化学传感器，敏感元件为玻璃膜，检测器为毫伏计；后者属于光学传感器，敏感元件为浸涂染料的纸条，检测器是人的眼睛。

2. 光化学传感器的识别原理

基于超分子化学原理，能够识别特定物质的分子称为受体（receptor）或主体分子（host），而分子识别的对象或物种称为待测物或分析体（analyte）或客体（guest），而在生物学中则叫底物（substrate）或配体（1igand）。广义地讲，利用探针分子或分子传感器对特定区域物理的、化学的信息如微酸度、微黏度、微流动性、微表面膜电势、pH、构象（手性）等的识别也是上述分子识别的范畴。

分子识别过程是通过分子间相互作用力（功能性识别）和在空间上的匹配互补（matching and complementary structure，结构性识别）来实现的。如静电相互作用、碱基配对作用、缺电中心与富电粒子之间的相互作用、磁性作用、对特定电磁辐射的作用等都属功能性识别；超分子化学中的主客体识别、酶对底物的识别、免疫反应等可归于结构性识别。互补性是分子识别的一个决定因素，它不仅包括受体和待测物之间的电学性质的互补，而且还包含空间结构的匹配和互补。例如，环己烷与环糊精葡萄糖单元椅式构象的匹配是导致增强室温磷光的主要因素之一。分子的大小和分子的柔性在主客体化学相互作用中也起重要的作用，如环糊精对大小不同的多环芳烃分子的选择性识别以及作为 HPLC 或高效毛细管电泳的固定相或流动相对手性药物的有效识别等。同时注意到，这两种识别机理在许多情况下是共同起作用的，尤其是在生物过程中。

3. 光化学传感器的主要性能指标

光化学传感器的性能指标可分为静态的和动态的两种[23]。静态特征是指传感器转换的被测量数值处于稳定状态时，传感器的输出与输入的关系，如传感器的线性度、灵敏度、重复性、稳定性等。动态特征是指在测量动态信号时传感器的输出反映被测量的大小和随时间变化的能力，如响应时间等。

（1）选择性和专属性　分析方法的选择性是指该方法不受试样基体中所含其他类物质干扰的程度。专属性是选择性的极端，受体分子唯一的识别分析对象。但实际上绝对专属性是没有的，即使是像酶和底物这样的反应，也会有假识别的情况发生。在文献中经常用干扰限量来表示方法的选择性，即在一定量被测对象存在下，在保证一定测量准确度时可能干扰物的最大存在量。对光化学传感器的选择性而言，所设计受体是最关键的。此外，还有多种因素可用于提高方法的选择性，如选择适宜的吸收或激发波长、发射波长，采用时间或相分辨技术、空间分辨技术[24]、同步导数技术、多波长方法等。

（2）响应时间　响应时间还没有太统一的定义，一般可用达到最大输出量（正的或负的输出量）的 95%或 98%所需要的时间来表示。如果传感器的输出量和时间之间具有指数关系，用达到最大输出量的 e^{-1} 所需要的时间表示响应时间可能更好。猝灭磷光测量信号变化由大到小，而增强性磷光测量信号变化由小到大，分别响应于负的或正的输出。此外，响应时间还应包含信号的恢复。响应时间与受体-分析体相互作用的热力学以及分析体在传感介质中的扩散动力学特征有关。配合物越稳定，响应时间可能越短，可逆性越差。分析体在介质中扩散速率越大，与受体作用动力学速率越高，响应时间就越短。

（3）可逆性　传感器的可逆性可以定义为对特定对象识别后，在洗脱过程中能够恢复到初始状态的程度或能力。可逆性与响应时间有更密切的关联，响应快，恢复也快，才是好的传感器。对理想的传感器而言，化学识别过程在热力学上是可逆的，在动力学上响应是快速的。通常的表征方法为：交替测量不同浓度溶液时传感器随时间变化的响应曲线。

（4）稳定性　稳定性是指信号的漂移程度，与方法本身和仪器性能有关，可分为长期稳定性和短期稳定性。长期稳定性是指长时间储存、使用过程中传感器的信号漂移情况。与敏感膜特点有极大的关系，如生物组织或酶传感器不可久置，长时间储存酶的活性降低。化学合成的有机染料在储存或使用过程中的光解或氧化等也是影响传感器长期稳定性的重要因素。无机半导体传感器具有更高的长期稳定性，所以传感器的长期稳定性取决于活性相的特点。短期稳定性是指在一段时间里多次重复测量同一样品溶液，传感器相应给出一组信号的标准偏差。在许多情况下，尤其是在生物体系中，比率光度方法（ratiometry）可在一定程度上克服稳定性问题。

（二）室温磷光传感器

室温磷光传感器(room temperature phosphorescence sensor)是化学传感器的一个重要分支。与荧光相比，磷光波长位于更长的区域，斯托克斯（Stokes）位移大，而且由于磷光是经过时间分辨技术得到的分析信号，这样使激发光的瑞利散射和拉曼散射以及寿命较短组分的干扰大大减弱。长的磷光寿命使仪器制造比纳秒或皮秒级的荧光寿命仪器更便宜，因此，磷光传感器应具有比其他光化学传感器更优越之处。在磷光传感器领域，根据分析体与传感相或受体相互作用的特点有时候可以将其区分为可逆和不可逆传感器。不可逆传感器可进一步分为再生的和不可再生的或破坏性的，不可再生的传感器则称为单次使用传感器[25]。

1. RTP 传感器的结构与组装

基于不同的应用目的和采用不同的活性相及信号传导方式，人们设计了许多传感部件。

（1）流通池　适于填充固体颗粒传感材料的微量流通池随商品仪器选配，体积较小，一般为 25μl，用蠕动泵将水悬浮的阴离子交换树脂 20μl 注入池中，下端塞上少许玻璃棉以防树脂漏出。然后，将流通池装入样品架中，使树脂处于光路中。使用前依次用水、HCl、醇、水洗涤树脂，一般用 2.0mol/L 的盐酸溶液洗涤树脂 3min，然后再用二次蒸馏水洗涤树脂 2min 后使用。这种流通池寿命至少在 1 个月以上。但这种形式的流通池在密封方面比较困难，液体易渗漏。

（2）支持膜基流通池[26]　将流通池中填充固体颗粒传感材料改为膜固定化。

（3）固体基质室温磷光光纤传感器　传感器由两层同轴圆筒套组成，不锈钢套上的螺钉可调节光纤和固体基质材料表面的距离。固体基质置于 RTP 传感器样品架中，直径约 0.3cm，进样孔位于聚四氟乙烯短管末端，试样浸入后，待测物即吸附于含有重原子的滤纸上，干燥后测量。该传感器已方便地用来检测环境水样中的多环芳烃，芘、苯并芘、苯并芘检测限分别可达 6ng/ml、39ng/ml、5ng/ml 水平，线性范围超过 3 个数量级。

该传感器有如下的特点：与荧光传感器相比，背景干扰小，选择性高；利用光纤现场测定速度快，操作简便；磷光检测限低，固体基质材料廉价易得，理论上讲，用固体基质室温磷光法测定的所有化合物均可用该法进行。

2. RTP传感器活性相的制备

由于磷光是分子的激发三重态（T_1）向基态（S_0）的电子辐射跃迁过程，属自旋禁阻过程，速率常数小，寿命较长，很容易被分子间碰撞及分子内振-转松弛等非辐射失活过程及湿气、分子氧所猝灭。借助于有序介质保护激发三重态，或将磷光体吸附或键合到固体基质上，可以产生强的RTP发射。传感器的活性相或传感相由长寿命的磷光指示剂（生物发光物质、有机染料或无机发光材料等）及适当的固体支持体组成。因此，磷光敏感层的固定化方法和技术是获得具有优良传感性能的磷光传感器的关键问题。传感器的活性相制备主要包括磷光指示剂、固定化试剂和载体的选择及固定化方法。

（1）磷光指示剂　在固体基质和流体RTP法中，能够产生室温磷光的无机、有机化合物以及生物物质已达数百种，但适合作磷光传感器指示剂的，必须满足以下几个条件：第一，试剂应具有与刚性支持体或有序介质中某些分子发生吸附、键合的功能基，从而能达到固定化的目的；对优良的指示剂，当缺乏这种化学功能团时，可对试剂进行修饰，接上一个适于固定化的基团，如—SCN、—OH、—CHO、—NH_2等；第二，指示剂与待测成分作用前后应发生光学性质方面的显著变化，以利于提高灵敏度，同时，键合能又不是太大，以使传感可逆；第三，指示剂应具有良好的化学稳定性和光学稳定性，传感过程中光辐射不会引起其性质变化；第四，能用尽可能简单的方法将指示剂固定到载体上，而且在此过程中不能造成指示剂和载体与传感反应有关的理化性质的变化。

（2）载体　载体是基质、固体支持体或膜材料等的总称。基质材料要对气体物质如氧有很好的渗透性，而对溶液中的组分要可逆扩散，有好的传质特性，适合做成薄膜涂到合适的支持物载体上，如玻璃板、金属箔（foil）或光纤端头。纤维素、聚合树脂、硅胶、各种疏水性聚合物和氧化硅等基质材料与RTP传感器中敏感膜基质相当吻合，为RTP传感器提供了必要的载体材料。硅橡胶由于其对氧有较高的渗透性、较低的玻化温度、良好的生物适应性、无光吸收带，成为最常见的载体材料。滤纸或表面修饰的滤纸、色谱板、可渗透性高分子膜、分子印迹膜（molecularly imprinted polymer）或环糊精聚合物、溶胶-凝胶（sol-gel）、自组装膜、吸附或离子交换树脂颗粒等都是常见的载体材料。新近常见于文献的多孔氧化铝也是优良的载体材料，可用于组装纳米阵列传感器。

载体材料应具有以下性质：第一，充分刚性化和光学透明；第二，含有能参与指示剂固定化的结构或功能团；第三，分析物在传感层中应有较快的可逆的扩散动力学和快的响应时间；第四，无内源磷光，以减少背景干扰；第五，能均匀地负载指示剂，保证发光分子在基质中或表面的分布状态是单一的，其负载量最好能控制。载体还应具有良好的稳定性和机械强度。

（3）试剂固定化方法　RTP传感器中一个重要的问题是如何妥当地把磷光试剂固定到活性相。基质和固定技术在RTP传感活性相的性能中起关键作用。对它们的选择要取决于许多因素，特别是分析物以及基质的物理化学性质。一个好的固定化方法应该简单、快速，能产生稳定的固定化试剂，试剂不会从基质中浸出，固定后还应保持其化学或生化活性。

在室温磷光中常用的固定化技术主要包括以下几个方面：①共价法，通过偶联剂，以共价键方式与指示剂及载体上的固定化功能基团结合，此法获得的固定化试剂很牢固，重现性好；②电价法及离子交换法，带有强极性取代基或正负电荷的磷光试剂，通过静电键合固定到适当的离子交换树脂表面；③吸附法，非离子型树脂如Amberlite XAD系列、滤纸等都是很好的固体吸附基质；④溶胶-凝胶和包埋固定法，溶胶-凝胶（sol-gel）技术已经成为传感领域试剂固定化的有效方法，其可以在硅氧烷水解形成溶胶-凝胶过程中将发光试剂简单地包埋其中，也可以由硅氧烷和发光试剂衍生制备无机-有机杂化的传感材料，后者可以大大改善传感器的稳定性；这是一种新兴的固定化技术，相对简单，作为无机载体，又具有一些重要的物理化学优势，如物理刚性，在水中及有机溶剂中的膨胀可以忽略；化学惰性，较高的光化学及热稳定性以及很好的光学透明度，没有内源荧光/磷光等；溶胶-凝胶活性相很高的物理刚性可以提高被固定探针的磷光强度和寿命；⑤自组装膜法（SAM 法），利用自组装技术将发光分子以单层形式固定于平滑固体表面，发光分子完全暴露在表面，与支持材料基体无显著作用；⑥纳米技术，将自由分子探针组装在纳米膜包内，使其处于相对隔离的状态，对提高探针的传感性能十分有利，然而，在利用纳米粒子传感测量中，染料的流失问题是不得不小心注意的；⑦分子印迹膜（MIP）模拟酶，在原理上具有更好的选择性，同时还具有化学惰性和热稳定性。

3. 磷光信号测试的分类

磷光信号测试可分为直接测量和间接测量两类。直接磷光测量是利用待测物本身的荧光或磷光行为，如多环芳烃类化合物、药物或杀虫剂等。间接磷光测量至少可分为三种情况。一种是待测物本身可能并不发光，但它们可以直接作用于发光传感试剂，引起磷光强度的降低或增强、光谱的规律位移、磷光寿命的变化等，这种情况更为普遍。例如，顺磁性离子或分子、一般金属离子和无机阴离子等对磷光的猝灭作用。另一种是介体分子在待测物和磷光试剂之间担当桥梁作用。分子间的或分子内的能量转移或电子转移作用，为这种情况提供了更为灵活多样的测定方式。还有一种是分子内光诱导电子转移或电荷转移分子磷光传感器[27]，在这种模式中，金属离子与其受体配合后，使电子供体向发光体的光诱导电子转移作用增强或减弱，从而引起发光从“关”到“开”或“开”到“关”的转变。

（三）RTP 传感器的应用

像其他传感器一样，室温磷光传感器在许多领域得到广泛应用，如生命科学、临床医学、环境、药物分析等。

1. 分子氧传感

现场监测、活细胞和组织氧压的成像分析和临床应用。

（1）非均相介质磷光猝灭模型　非均相介质磷光猝灭模型包括气-固或液-固界面接触猝灭的模型（Freundlich 吸附模型[28]、多态和非线性溶解模型[29]和接近度模型[30]）、生物体系猝灭模型[31]。

（2）氧猝灭磷光指示剂　氧猝灭磷光指示剂大致分为三类：多环芳烃类[32]、过渡金属和稀土离子配合物[33]、金属卟啉配合物[34]。

（3）氧磷光传感器的应用　基于荧光测量的光学氧传感器，测量简便、快速。基于荧光寿命测量明显比强度测量更具优势：由于发光寿命是体系的内在性质，对激发光源的变化、光散射或内滤效应是不敏感的；由于流失或光漂白导致染料浓度降低不会显著影响寿命测量；再者，寿命测量具有更宽的动态响应范围。但荧光寿命较短（一般在皮秒或纳秒至微秒范围），时间分辨仪器相对昂贵。与其他光谱测量技术相比，室温磷光测量唯一的缺点是必须除氧。然而，室温磷光氧传感器正是利用了这一“缺点”，原则上更具优越性，如常用的卟啉氧传感器[35]等。

2. 大气或汽车尾气中 SO_2 和 NO_x 的监测

SO_2 和氮氧化物 NO_x 是非常重要的环境监测指标，它们不仅会严重损害呼吸道，而且前者是酸雨的“原料”，而后者是光化学雾的“罪魁”。

3. 湿度传感

在固体基质室温磷光中，湿气是影响磷光强度的主要因素。它可能通过松动磷光体和基质（如滤纸）之间的刚性化作用而降低磷光发射和磷光寿命[36]。

4. 温度传感

光学温度传感器是比较重要的一类传感器，发光寿命、荧光或吸收光谱位移、强度变化、黑体辐射光谱等都是温度传感器的敏感因子。在 SARS 肆虐期间，红外温度传感器发挥了重要作用，方便，快捷，避免直接接触，避免了水银的危险性。水银温度计完成一次测试至少需要 5~10 min，而红外温度计在瞬间即可完成，红外温度传感器就是在常规的临床应用中也是一种重要的温度测量方式。

5. 金属离子和阴离子传感

一些镧系金属的三价离子光谱发射带很窄，其寿命也达到了毫秒级，但是由于它们的吸收很弱，所以不宜对其进行直接的激发。正因为如此，利用镧系与其他试剂形成配合物的敏化磷光对其进行测定是一种可行的方法，用这种方法可以检测稀土金属，同样也可测定其配体。镧系金属离子的敏化发光法与 FIA 相结合构成流通型传感器，镧系金属和配体组成的发光体被固定在树脂上，置于微流通池中。由于能量转移在配合物分子内进行，因而氧的存在并不影响其发射。将螯合物固定刚性化，发光强度增加，寿命增长。

对有机化合物磷光体，碘化物是一种很好的系间窜越速率增强试剂。利用固定的 8-羟基喹啉-5-磺酸作为发光体，荧光的降低或磷光升高均与碘化物的浓度线性相关。用这种方法检测碘化物的灵敏度要比其他卤代物的灵敏度高 100 倍。

6. pH 传感

水体环境 pH 的快速测定一直是人们关注的课题，在海洋化学、环境质量影响评价、生理和临床、生物体液和活细胞分析化学等方面有着重要的科学意义。基于吸收、荧光强度和寿命测量，以及比率荧光测量的 pH 传感器已多见于文献报道，然而，磷光 pH 传感器的研制显得更为困难。通常，水体或生物流体由一些缓冲体系，如碳酸盐、磷酸盐、硅酸盐等来维持 pH 稳定。在溶液中测量磷光信号必须除氧，而无论采用惰性气体除氧或亚硫酸钠等化学除氧，都会影响缓冲体系的平衡，进而影响 pH。晋卫军等[37]基于能量转移原理，设计了磷光 pH 传感测定法，选择的能量供体为 α-溴代萘（α-BrN）或 6-溴-2-萘基硫酸盐（BNS）等，将其包封于硅胶-凝胶玻璃体中，在不除氧的情况下，也可产生强的室温磷光发射，而且发光强度和寿命与 pH 无直接相关。

7. 药物分析

胶束增稳室温磷光与停留混合技术结合的方法已用于药物分析，如萘普生等。

8. 环境中多环芳烃、杂环化合物和农残的测定

多环芳烃磷光传感器不仅可以进行大气中多环芳烃的实时监测，测定苊萘、菲、二苯并噻吩、芴、晕苯、荧蒽等多种杂环化合物，还可以测定农药残留，如西维因等。

9. 核酸、蛋白质、血糖、磷光免疫等生物医学传感器

卟啉或金属卟啉与 DNA 产生显著的相互作用，在除氧的条件下，双链 DNA 可以增强钯卟啉的室温磷光，基于这种原理建立的 DNA 测定方法检测限可以达到纳摩尔级。2011 年，张丽红[38]报道了异硫氰酸荧光素（FITC）-酚藏花红（PF）双发光磷光探针测定蛋白质的新方法，该方法灵敏度高，能用于花蜜样品中 DNA 含量的测定。

10. 量子点传感

将量子点固定在合适的固体基体中，构成具有活性的固相来制成传感器[39]。Yang 等[40]

通过溶胶-凝胶法制备了掺杂 Tb_2S_3 量子点的硅干凝胶，发现材料具有 2 个发射峰，一个峰在 440nm，对应于没有掺杂的溶胶-凝胶的峰；另一个峰在 600nm，对应于 Tb_2S_3 在硅干凝胶中的峰，后者是典型的室温磷光发射(RTP)。虽然发光机制不是特别清楚，但是已经暗示了量子点磷光研究的可行性。Moore 等[41]也报道了含水的硫化物量子点模型和 $Cd_xZn_{1-x}S$ 的磷光发射。报告中评估了模型对量子点的磷光(590nm)的影响，指出量子点的强度对模型的成分非常敏感，如 590nm 处的发射随着模型中 Zn 的浓度的增长而增强。发光碳量子点（carbon dots，CDs）由于具有光学性质良好、合成方便、原料丰富、毒性小等优点，已广泛用于生物标记和生命科学领域[42]。

第四节 磷光分析的应用

一、无机化合物的磷光分析

（一）痕量金属离子检测

近年来，基于一些金属离子可以催化、抑制磷光缔合物的室温磷光，建立起一种测量痕量金属离子的固体基质室温磷光方法，该法灵敏度高，选择性好，可用于环境、生物样品中微量和痕量元素的测定，见表 14-1。

表 14-1 RTP 法检测痕量金属离子

金属离子	分析方法和体系	线性范围	检出限	测定样品	参考文献
Ca^{2+}	羧甲基纤维素钠增敏 CAS-phen-Ca 缔合物 SS-RTP	12.8~160.0 fg/spot	2.2fg/spot	自来水，血清	1
Hg^{2+}	$[Fe(bipy)_3]^{2+}\cdot[(FinBr_4)_2]^{2-}$离子缔合物 SS-RTP	1.6~16 fg/spot	0.18fg/spot	头发，香烟	2
	水杨基荧光酮纤维素铅微球 SS-RTP 猝灭法	2.0~40.0 fg/spot	0.26fg/spot	水样	3
Pb^{2+}	铅重原子效应增敏罗丹明 6G 锰微球 SS-RTP	0.0040~0.400 pg/spot	0.0011pg/spot	头发，茶叶	4
Ag^{+}	水杨基荧光酮羧甲基纤维素铅微球 SS-RTP 猝灭法	8.0~14.0 fg/spot	2.2fg/spot	头发，茶叶	5
	Mn 掺杂 ZnS 量子点 RTP	0.25~1000 μmol/L	0.04μmol/L	血浆	6
	$AgCl\cdot PVA\cdot Ag^{+}\cdot Fin^{-}$离子缔合物 SS-RTP	1.72~8.6 pg/spot	0.97pg/spot	头发，茶叶	7
	双催化体系 R-PEO-Cr(Ⅲ)-$KBrO_3$-β-CD 体系 SS-RTP 猝灭法	3.2~160 ag/spot	0.97ag/spot	头发，茶叶	8
	α,*α*-联吡啶活化 Ag^{+}催化过硫酸钾氧化罗丹明 B 的 SS-RTP 猝灭法	1.60~16.0 ag/spot	0.28ag/spot	头发，茶叶	9
Co^{2+}	聚丙烯酰胺活化 Co^{2+}催化双氧水氧化邻苯三酚红 SS-RTP 猝灭法	0.0048~0.960 pg/spot	0.0012pg/spot	党参，当归，金银花，维生素 B_{12}	10
	三乙醇胺增敏催化过氧化氢氧化罗丹明 6GSS-RTP	0.0048~192 fg/spot	0.0006fg/spot	头发，茶叶	11
Sn^{4+}	邻二氮菲增敏锡催化过硫酸钾氧化钙黄绿素 SS-RTP	1.6~16fg/spot	0.52fg/spot	头发，水样	12

续表

金属离子	分析方法和体系	线性范围	检出限	测定样品	参考文献
Mn^{2+}	α,α-联吡啶活化 Mn^{2+}抑制双氧水氧化 fullerol 的SS-RTP猝灭法	0.016~1.12 pg/spot	4.6fg/spot	河水，自来水	13
Bi^{3+}	铋猝灭 E. N. PAA. L. C. L-NH_4Ac-HOAc 体系SS-RTP	0.01~0.20 pg/spot	1.6fg/spot	水样，头发	14
	铋猝灭 Morin-SiO_2 微球 SS-RTP	0.16~14.4 ag/spot	0.026ag/spot	水样	15
	Morin-SiO_2 微球 SS-RTP 猝灭法	0.16~14.4 ag/spot	0.026ag/spot	尿结石，头发	16
	铋催化 $K_2S_2O_8$ 氧化 SS-RTP 法	0.04~1.0pg/ml	0.0019pg/ml	自来水	17
Mo^{2+}	钼催化双氧水氧化$[Rhod.B]^+B[(C_6H_6)_4]^-$离子缔合物SS-RTP猝灭法	1.60~160 ag/spot	0.34ag/spot	水样，头发	18
Cu^{2+}	水杨基荧光酮羧甲基纤维素铅微球 SS-RTP 猝灭法			头发，茶叶	19
	α,α-联吡啶活化 Cu^{2+}催化维他命 C 减弱 beryllon SS-RTP	0.040~4.0 fg/spot	0.0088fg/spot	水样，头发	20
Ti^{4+}	曲拉通 X-100 增敏 4,5-二溴苯基荧光酮的 F-RTP 增强法	3.2~6.4 pg/ml	1.38pg/ml	头发，茶叶	21
	曲拉通 X-100 增敏钛催化过氧化氢氧化 β,β-二羟基连二萘酚(R) SS-RTP 猝灭法	0.010~2.00 fg/spot	0.0045fg/spot	头发，茶叶	22
As	增敏催化 $NaIO_4$ 氧化核固红 SS-RTP	0.016~1.60 fg/spot	0.0026fg/spot	水样	23
Cd	Cd-3.5-G-D 配合物催化 SS-RTP	4.0~1200 ag/spot	1.2ag/spot	头发，茶叶	24
Se^{4+}	Se^{4+}催化 $K_2S_2O_8$ 氧化靛红 SS-RTP	0.04~4.0 pg/ml	0.015pg/ml	水样	25

本表参考文献：

1. 刘佳铭, 等. 漳州师范学院学报. 自然科学版, 2006, (3): 64.
2. 林常青. 漳州职业技术学院学报, 2005, 7(3): 1.
3. Liu J M, et al. Talanta, 2005, 65(2): 501.
4. Lin X, et al. Spectrochim Acta, 2007, 66A(2): 493.
5. 冷丰收, 等. 江西师范大学学报, 2006, 30(3): 217.
6. 刘佳铭, 等. 分析化学研究报告, 2003, 31(6): 646.
7. 陈娟, 等. 分析化学研究报告, 2012, 40(11): 1680.
8. Liu J M, et al. Spectrochim Acta, 2006, 65A(1): 106.
9. Liu J M, et al. Microchim Acta, 2004, 148(3-4): 267.
10. 林少琴, 等. 分析化学, 2005, 33(12): 1775.
11. 莉娜. 漳州职业技术学院学报, 2007, 9(2): 33.
12. 林璇, 等. 漳州师范学院学报: 自然科学版, 2005, 1: 44.
13. Liu J M, et al. J Fluoresc, 2007, 17(1): 49.
14. Hu S R, et al. Spectr Lett, 2006, 39(4): 387.
15. Liu J M, et al. Anal Bioanal Chem, 2005, 382(7): 1507.
16. 李志明. 东莞理工学院学报, 2007, 14(5): 47.
17. 郑志勇, 等. 分析测试技术与仪器, 2012, 18(3): 167.
18. Liu J M, et al. Anal Chim Acta, 2006, 561(1-2): 198.
19. Liu J M, et al. Spectro Lett, 2006, 39(4): 311.
20. Liu J M, et al. Spectrochim Acta, 2006, 64A(4): 1046.
21. 李文琦, 等. 漳州师范学院学报, 2002, 15(4): 77.
22. 李志明. 喀什师范学院学报, 2008, 29(6): 45.
23. 孙莉娜, 等. 漳州师范学院学报:自然科学版, 2012, 4: 37.
24. 黄晓梅. 漳州师范学院学报:自然科学版, 2011, 1: 56.
25. 张丽红, 等. 分析测试技术与仪器, 2012, 18(3): 159.

（二）重金属离子探针

重金属配合物 Pt(Ⅱ)、Ru(Ⅱ)、Re(Ⅰ)、Ir(Ⅲ)以及 Au(Ⅰ)等以其优异的磷光物理性质在金属阳离子检测领域具有非常好的应用前景，如大的斯托克斯位移可以很容易区分激发和发射，长的发光寿命可使用时间分辨技术与背景荧光信号相区分以提高检测的信噪比和灵敏度以及可使用可见光进行激发等[43~46]。

稀土元素 Eu、Tb、Sm、Gd 和 Dy 等与特定配体形成的螯合物也是经典的发光探针。由于这类探针具有与 RTP 相同的特点，即很大的斯托克斯（Stokes）位移，长发光寿命，因此可以很好地消除基体荧光和散射光的干扰。在稀土元素中，Eu(Ⅲ)和 Tb(Ⅲ)是最常用的探针。稀土类探针的发光来自于配体和稀土之间的能量转移，属于敏化发光。

一些镧系金属的三价离子光谱发射带很窄，寿命也达到了毫秒级，但由于吸收很弱，所以不宜对其进行直接激发。但可与其他试剂形成配合物产生敏化磷光，既可检测稀土金属，也可检测其配体。当配体的三重态能量低于稀土离子时，不能敏化金属离子发光，但可增强配体的发光，用作金属离子传感器来检测四环素[47]和蒽环类抗生素[48]，检测限分别为 0.25～0.4ng/ml 和 6～9ng/ml。$[Ru(bpy)_2(An\text{-}bpy)](PF_6)_2$ 能很好地识别单重态氧[49]，可用于 MoO_4^{2-}-H_2O_2 体系产生单重态氧的磷光检测，最低检出下限为 0.17μmol/L。$[Ru(mdaphen)_3][PF_6]_2$ 在 pH=4.5～9.5 之间的弱酸性、中性和碱性条件下都可以对 NO 进行检测[50]。

二、有机化合物的磷光分析

（一）有机小分子的磷光分析

有机小分子包括多环芳烃类、含氮杂环类和硫杂环类等，表 14-2 中列出了某些有机小分子的磷光分析应用实例。

表 14-2 某些有机小分子磷光分析应用实例

被测物质	$(\lambda_{ex}/\lambda_{em})$/nm	分析方法和体系	微扰剂	线性范围/(μmol/L)	检测限/(nmol/L)	参考文献
α-萘氧乙酸	287/496, 524 或 297/494, 522	NP-RTP	KI 或 $TlNO_3$	0.8~40 或 0.4~32	10~12	1
	297/494, 522	NP-RTP	KI 或 $TlNO_3$	0.8~4.0 或 0.4~2.0	10	2
β-萘氧乙酸	277,320/503,530 或 322,284/503,529	NP-RTP	KI 或 $TlNO_3$	0.6~120 或 0.8~120	10~12	1
菲	283/482, 504	NP-RTP	KI	0.8~6.0, 6.0~40	2.6	3
	283/482, 504	NP-RTP	KI	0.8~6.0, 6.0~40	26	4
	—	环糊精诱导 RTP	环己烷	0.08~60	88	5
	282/509	八元胍环诱导 RTP	KI	0.1~1.5, 1.5~10	4.8	6
芴	276/518	八元胍环诱导 RTP	KI	0.8~8.0	8.0	6
	284/471	NP-RTP	KI	0.8~8.0,8.0~40	32	7
	285/467	NP-RTP	KI	0.8~8.0,8.0~40	86	8
苊	285/493, 512	NP-RTP	KI	0.8~2.8,2.8~4.0	31	7
	286/493, 520	NP-RTP	KI	0.8~2.8,2.8~40	90	8
	299/485	SS-RTP	$TlNO_3$	5.0~1000	0.57ng/spot	9
䓛	325/510	SS-RTP	$TlNO_3$	5.0~100,100~5000	0.54ng/spot	9
萘	287/479	SS-RTP	$TlNO_3$	5.0~1000	0.67ng/spot	9
	—	α-CD 修饰整体材料 SS-RTP	KI	$(0.05\sim8.0)\times10^{-3}$	9.80×10^{-3}	10
7,8-苯并喹啉	—	α-CD 修饰整体材料 SS-RTP	KI	$(0.06\sim0.5)\times10^{-3}$	46×10^{-3}	10
	269/503	β-CD 修饰滤纸 SS-RTP	—	0.8~40	77.6	11
	267/502	SPE 联用硅烷修饰滤纸 SS-RTP	—	$(8.0\sim8000)\times10^{-3}$	0.48μg/L	12

续表

被测物质	$(\lambda_{ex}/\lambda_{em})$/nm	分析方法和体系	微扰剂	线性范围/(μmol/L)	检测限/(nmol/L)	参考文献
咔唑	294/440	β-CD修饰滤纸SS-RTP	—	0.08~40	8.6	11
	$\Delta\lambda$ =150	恒波长同步扫描β-CD修饰滤纸SS-RTP	KI	6.3~1670ng/L	6.3ng/ml	13
	295/440	硅烷修饰滤纸基质固相萃取RTP	—	$(3.25\sim800)\times10^{-3}$	3.25	14
	295/440	β-CD诱导RTP	1,2-二溴乙烷	25~40	25000	15
邻菲咯啉	—	环糊精诱导RTP	环己烷	0.1~40	685	16
	265/499	动态液滴RTP	—	0.4~40	0.031μg/ml	17
α-溴代萘	287/525	β-CD诱导RTP	六氢吡啶(HHP)	2.0~20	37	18
	285/525	β-CD诱导RTP	十氢喹啉(DHQ)	1.0~35	6.25	19
	285/525	β-CD诱导RTP	*N*-乙基哌啶	0.3~15	7.2	20
β-溴代萘	275/494, 518	NP-RTP	—	0.08~16	47	21
1-萘胺二乙酸	321/571	NP-RTP	$TlNO_3$	0.2~1.0,1.0~10	12	22
α-萘乙酸	286/519	同步导数ME-RTP	KI-LiAc	8.0~900μg/spot	14.88ng/spot	23
苏丹Ⅲ	274/489	液滴化学传感RTP	环己烷	0.20~60	0.1mg/L	24
咖啡因	279/432	PS-RTP	KI-NaAc	5.44~699ng/spot	0.78ng/spot	25
	295/502	瓜环诱导RTP	氯代叔丁烷	$(1.0\sim10)\times10^{-3}$	9.76	26
	279/432	PS-RTP	KI-NaAc	—	—	27
可可碱、茶碱	276/435 274/427	PS-RTP	KI-NaAc	14.4~576ng/spot、7.21~360ng/spot	1.14ng/spot、1.80ng/spot	25
	276/435 274/427	PS-RTP	KI-NaAc	—	—	27

本表参考文献：

1. 陈小康，等. 福州大学学报:自然科学版, 1999, 27: 153.
2. 陈小康，等. 高等化学学报, 1999, 20(7): 1052.
3. 陈小康，等. 福州大学学报:自然科学版, 1999, 27: 151.
4. 陈小康，等. 光谱学与光谱分析, 2001, 21(2): 215.
5. 陈璞，等. 忻州师范学院学报, 2007, 23(2): 4.
6. 高忠伟，等. 光谱学与光谱分析, 2010, 30(4): 1026.
7. 牟兰，等. 福州大学学报:自然科学版, 1999, 27: 148.
8. 李隆弟，等. 高等化学学报, 2000, 21(7): 1040.
9. 冯小花，等. 化学研究与应用, 2000, 12(4): 440.
10. 张雪，等. 应用化学, 2011, 28(11): 1298.
11. 王培龙，等. 分析试验室, 2005, 24(10): 58.
12. 王香凤，等. 分析化学, 2006, 34(1): 107.
13. 许海涛，等. 现代仪器, 2006, 6: 72.
14. 栗娜, 朱若华, 王香凤. 分析测试学报, 2006, 25(6): 74.
15. 张海容，等. 分析科学学报, 2012, 28(4): 539.
16. 张海容，等. 山西大学学报:自然科学版, 2005, 28(3): 286.
17. 李仁军. 科技资讯, 2010, 4: 129.
18. 彭景吓，等. 分析化学研究简报, 2006, 34(9): 1335.
19. 陈丽，等. 分析测试学报, 2008, 27(12): 1322.
20. 彭景吓，等. 光谱实验室, 2010, 27(6): 2378.
21. 牟兰，等. 高等化学学报, 1999, 20(2): 214.
22. 陈小康，等. 分析化学研究报告, 2002, 30(8): 897.
23. 徐文婷，等. 分析试验室, 2009, 28(3): 99.
24. 李仁军，等. 理化检验-化学分册, 2010, 46: 1.
25. 卫艳丽，等. 分析化学研究简报, 2002, 30(3): 301.
26. 常飞，等. 凯里学院学报, 2012, 30(3): 28.
27. 李建晴，等. 光谱实验室, 2001, 18(1): 22.

（二）药物、毒物、激素和维生素的磷光分析

1. 药物的磷光分析

在药物分析中，固体基质室温磷光取样量只有微升级，操作快，成本低。流体室温磷光结合流动注射和化学传感技术，在药物的快速连续在线监测方面优势明显。而经过改善的低温磷光方法，除了克服操作方面的某些弱点外,仍然保持高灵敏度的特点。随着敏化和猝灭发

光、能量转移、衍生发光和免疫发光等技术的发展，磷光方法在药物分析中的应用也越来越广泛，主要有生物碱、草药有效成分、四环素类、喹诺酮类、抗癌药物、萘唑啉、萘普生和血管扩张剂潘生丁双嘧哌胺醇等[51]。

芬太尼和二氢埃托啡均是强效镇痛剂。无论激发还是发射光波长，二氢埃托啡均比芬太尼长，但芬太尼的发射波峰在酸中波长短，碱中波长长；二氢埃托啡则相反。浓硫酸作用后，二氢埃托啡激发波峰红移（284nm→300nm）、发射波峰蓝移（484nm→440nm），而芬太尼的发射波峰红移（388nm→410nm），波峰的变化有利于区分两药。双氧水氧化二氢埃托啡波峰不变而芬太尼激发波峰红移，发射波峰变化很小。

槲皮素又名栎精，是从栎树皮中提取的黄酮类化合物。10μg 槲皮素溶于 0.1ml 的 1 mol/L NaOH 或 HCl 或 H_2O，在 0.1ml 20%乙醇中测定，发现碱中磷光强，酸中弱，寿命为 1.1s 左右。表 14-3 列出了部分药物磷光分析应用实例。

表 14-3 药物磷光分析应用实例

被测物质	$(\lambda_{ex}/\lambda_{em})$/nm	分析方法和体系	微扰剂	线性范围	检测限	参考文献
葛根素	348/455, 472	SS-RTP	LiAc	4.16~499ng/spot	0.19ng/spot	1
山姜素	335/432	SS-RTP	LiAc	29~580ng/spot	0.40ng/spot	2
吡哌酸和氟哌酸	274, 333/400, 300/490	SS-RTP	$SrCl_2$, $Pb(Ac)_2$	0.5~3000μmol/L 或 30~3000μmol/L	0.5μmol/L, 300μmol/L	3
盐酸克伦特罗	453/620	SS-RTP	Pb^{2+}	0.080~9.60zg/spot	0.021zg/spot	4
布美他尼	480/646	SS-RTP	I^-	0.016~1.6fg/spot	5.0fg/spot	5
胃泌素	452/623	SS-RTP	Pb^{2+}	1.0~100.0pg/ml	0.73pg/ml	6
卡维地洛	635	SS-RTP	Pb^{2+}	0.20~40.0pg/ml	0.051pg/ml	7
隐丹参酮和丹参酮ⅡA	320~330/470 和 320~330/479	PS-RTP	$Cd(Ac)_2$	0.11~55.2ng/spot 和 0.35~211ng/spot	0.082ng/spot 和 0.070ng/spot	8
培氟沙星	280/428	SS-RTP	$CdCl_2$	0.11~55.2ng/spot	0.082ng/spot	9
诺氟沙星	280/429	SS-RTP	$CdCl_2$	0.35~211ng/spot	0.070ng/spot	9
环丙沙星	284/429	SS-RTP	$CdCl_2$	2.10~526ng/spot	0.080ng/spot	9
氟罗沙星	290/450	SS-RTP	$CdCl_2$	1.03~411ng/spot	0.123ng/spot	9
洛美沙星	290/450	SS-RTP	$CdCl_2$	0.26~51.4ng/spot	0.027ng/spot	9
吡哌酸	275/420	SS-RTP	$CdCl_2$	0.96~47.9ng/spot	0.099ng/spot	9
氧氟沙星	300/510	SS-RTP	$CdCl_2$	1.82~364ng/spot	0.140ng/spot	9
6-苄氨基嘌呤	278/439	同步导数 ME-RTP	KI-LiAc	3.0~1000μg/spot	1.40ng/spot	10
6-巯基嘌呤	320/455, 327/477	PS-RTP	$Cd(Ac)_2$, $Zn(Ac)_2$	0.6~1000μmol/L	6.5ng/spot、4.8ng/spot	11
	312/455	PS-RTP	$Cd(Ac)_2$	4.26~1066ng/spot	3.31ng/spot	12
2-氨基嘌呤	323/482	PS-RTP	TlAc	0.27~270ng/spot	0.20ng/spot	13
腺嘌呤	284/420	PS-RTP	TlAc	10.8~540.5ng/spot	4.5ng/spot	14
西维因	290/499, 528	β-CD 诱导 RTP	1,2-二溴丙烷	4.0~20.0μg/L	1.2μg/L	15
	290/499, 528	β-CD 诱导 RTP	环己烷	2.0~20.0μg/L	0.43μg/L	16
	284/520	PS-RTP	KI	4.0~200.0μmol/L	0.89ng/spot	17

本表参考文献：

1. 尚晓红, 等. 分析化学研究简报, 1998, 26(3): 344.
2. 尚晓红, 等. 分析科学学报, 1999, 15(1): 10.
3. 陈素娥, 等. 山西大学学报: 自然科学版, 1999, 20(2): 150.
4. 黄晓梅, 等. 漳州师范学院学报: 自然科学版, 2009, (3): 116.
5. 林璇. 漳州师范学院学报: 自然科学版, 2011, 2: 39.
6. 林璇, 等. 漳州师范学院学报: 自然科学版, 2012, 2: 57.
7. 林常青, 等. 漳州职业技术学院学报, 2012, 14(4): 13.
8. 李俊芬, 等. 分析科学学报, 2003, 19(3): 213.
9. 刘长松, 等. 武汉大学学报: 自然科学版, 2000, 46(6): 649.
10. 徐文婷, 等. 分析试验室, 2009, 28(3): 99.
11. 海彬, 等. 药物分析杂志, 2001, 21(5): 357.
12. 莉华, 等. 光谱实验室, 2003, 20(6): 830.
13. 李建晴, 等. 山西大学学报: 自然科学版, 2001, 24(2): 139.
14. 冯小花, 等. 福州大学学报: 自然科学版, 1999, 27: 131.
15. 彭景吓, 等. 光谱实验室, 2004, 21(4): 653.
16. 鹿贞彬, 等. 分析测试学报, 2005, 24(4): 21.
17. 苏文斌, 等. 分析试验室, 2005, 24(9): 16.

2. 毒物的磷光分析[52]

毒物主要分为无机毒素和有机毒素两大类。有机毒素又有小分子与大分子毒素之分，包括生物毒素，即动物毒素、植物毒素、微生物毒素。磷光方法灵敏度高，专一性较好，可用于分析多种毒物。

许多毒素的激发光谱在 250～270nm，中间常有小峰出现。如乌头碱激发光谱有两个，水中为 240nm 与 270nm，NaOH 中为 245nm 与 270nm，HCl 中为 250nm 与 276nm。发射光谱大多为单峰。毒素的磷光寿命受酸碱影响较大，吐根、毒扁豆碱、藜芦碱、乌头碱的磷光寿命随 pH 值升高而减短，筒箭毒则随 pH 值升高而加长，麻黄素、毒扁豆碱在 pH 近中性时磷光寿命较长。

毒扁豆碱又名依色林，是叔胺型胆碱酯酶抑制剂，毒性大，在水中不稳定，可用毒扁豆碱水杨酸液在 0.1μg 溶于 0.1ml 水中测定，这时磷光最强，但相较酸中寿命较短。

3. 激素的磷光分析

（1）雌激素的磷光分析　分别取 10μg 雌二醇和雌三醇，加 0.1ml 0.1mol/L NaOH 或 HCl 或 H_2O，在 0.1ml 20%乙醇液中测定其磷光，两者性质接近。如光谱在酸中波长较短（能量较高），在碱中波长较长（能量较低）；相对磷光强度在酸中较弱，在碱中强；寿命在酸中长，在碱中短。碱浓度与磷光强度成 S 形曲线，与寿命成反 S 形曲线。

雌二醇　　雌三醇

（2）乙烯雌酚的磷光分析　取 10μg 乙烯雌酚，加 0.1ml 0.86mol/L NaOH 或 0.5mol/L HCl，在 0.1ml 20%乙醇液中测定其磷光，均很弱。但紫外线照射 20min 后转变为顺式结构，其磷光大大增强，在碱中增强更大。

（3）5-羟色胺的磷光分析　5-羟色胺（5-HT）是由色氨酸转化来的，能使血管扩张、平滑肌收缩。

取 10μg 5-羟色胺在 0.1mol/L NaOH 或 HCl 或 H_2O 中加 0.1ml 25%乙醇液后测定其磷光。在酸中波长短、寿命长、强度较弱；而在碱中则波长长、寿命短、强度较强。紫外线照射后磷光均下降，酸中寿命变短，碱中寿命延长。100℃水浴加温后，磷光均增高，酸中增高幅度比碱中大，但寿命变化很小。

乙烯雌酚　　5-HT

（4）肾上腺素的磷光分析　肾上腺素有两个邻位酚羟基，在水中易氧化而不稳定，但在有机溶剂中比较稳定，可配成乙醇溶液，低温保存。

取 1μg 肾上腺素乙醇溶液，分别加入 0.1ml 0.1mol/L NaOH 或 HCl 或 H_2O 中，在 0.1ml 20%乙醇液中测定其磷光。在碱中强度较强、寿命较短，而在酸中强度较弱、寿命较长。紫外线照射后磷光均下降。100℃水浴加温 20min 后，磷光下降，寿命延长，但不稳定，易氧化成醌而产生猝灭。

（5）顺-雄甾酮的磷光分析　顺-雄甾酮是甾类化合物，磷光很弱。

取 10μg 顺-雄甾酮在 0.1ml 1mol/L NaOH 或 HCl 或 H_2O 中，再加 0.1ml 20%乙醇液测定其磷光。在酸与水中磷光极低，与空白相差分别为 9 和 6；在碱中也较弱，与空白相差 18。

（6）黄体酮的磷光分析　取 1μg 黄体酮分别加入 0.1mL 1.0mol/L NaOH 或 HCl 或 H_2O 中，再加 0.1ml 20%乙醇液测定其磷光。在酸、碱中，激发波峰接近；发射波峰在酸中长，碱中短；磷光强度也是酸中强，碱中弱。紫外线照射后无变化，100℃水浴加温 30min 后，酸中磷光下降，碱中变化不大。

肾上腺素　　顺-雄甾酮　　黄体酮(孕甾酮)

4. 维生素的磷光分析

（1）维生素 B_1 的磷光分析　维生素 B_1（硫胺）无磷光，但在碱中会逐渐转化为磷光体，Cu^{2+}可以催化维生素 B_1 氧化产生磷光。10μg 硫胺（2mg/ml，5μl）加入 0.1ml 0.1mol/L 的 NaOH 中，在 0.1ml 20%乙醇中放置 30min 测定，加入 Cu^{2+}可以加速反应。

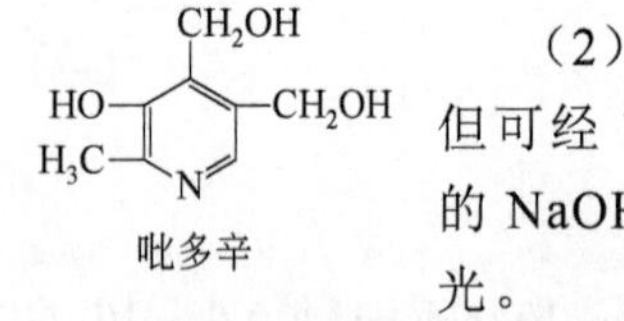

吡多辛

（2）维生素 B_2（核黄素）的磷光分析[53]　维生素 B_2 有荧光无磷光，但可经 100℃反应转化为磷光体。维生素 B_2 1μg 加入 0.1ml 0.4mol/L 的 NaOH 中，在沸水浴中加热 30min 后加 0.1ml 乙醇液测定，有强磷光。

（3）叶酸的磷光分析　叶酸即维生素 B_c，是细胞促进生长因子。在酸碱中均有磷光，无论激发波峰还是发射波峰，都是在酸中波长短，在碱中波长长；在酸中磷光强，但寿命稍短。氧化剂对其有一定的猝灭作用。

（4）吡多辛的磷光分析　吡多辛（维生素 B_6），是氨基酸代谢的重要辅酶。

0.1μg 维生素 B_6 分别加 0.1ml 0.1mol/L 的 NaOH、HCl 和水，在 0.1ml 20%乙醇中测定，波峰与寿命相近，但在碱中强度最强，紫外线照射后会产生猝灭。

（5）辅酶 I 的磷光分析　尼克酰胺是辅酶 I（Co I）、辅酶 II（Co II）的重要组成部分，在体内是氧化还原的核心，在辅酶分子中除尼克酰胺外均无磷光。

0.25μg 辅酶Ⅰ分别加 0.1ml 0.1mol/L 的 NaOH、HCl 和水，在 0.1ml 20%乙醇中测定，波峰、强度与寿命均相近，紫外线照射后强度略下降，寿命延长；100℃加热后，磷光均有增强，发射波峰蓝移。

（6）辅酶Ⅱ的磷光分析 辅酶Ⅱ（CoⅡ）比辅酶Ⅰ（CoⅠ）多一个磷酸基，结构相同。1μg 辅酶Ⅱ分别加 0.1ml 0.1mol/L 的 NaOH 和 HCl，在 0.1ml 20%乙醇中测定，无磷光。100℃加热 20min 后，HCl 中磷光增强。

（7）维生素 K_4 的磷光分析[54] 在 Na_2SO_3 化学除氧的十二烷基硫酸钠（SDS）胶束体系中，以 TlAc 为重原子微扰剂，测定了维生素 K_4 的室温磷光。体系的最佳 pH 值范围在 7.0～7.8 之间，分析校正曲线在 1.0～8.0μmol/L 和 10～40μmol/L 之间呈良好的线性关系，方法的检出限（DL）为 2.1μmol/L。

三、生物大分子的室温磷光研究与应用

自 20 世纪 70 年代，Saviotti 和 Galley[55]发现两种蛋白质马肝醇脱氢酶（HLAD）和大肠杆菌碱性磷酸酶（AP）在室温下可以发射磷光后，蛋白质的室温磷光及其应用的研究引起了人们的重视。核酸的磷光研究较少，然而无论在室温还是低温条件下，DNA 和组成核酸的碱基及其核苷酸都具有较弱的磷光，磷光的寿命较长。在生物大分子的发光分析研究中，荧光已被证明是非常有效的工具，与之相比，生物大分子的磷光具有较长的寿命，时间尺度在微秒至秒的范围内，而且磷光对微环境的极性、猝灭剂的浓度和温度等极为敏感。

（一）蛋白质的室温磷光研究

蛋白质是生命的基础，在遗传信息的控制、细胞膜的通透性、神经冲动的发生以及高等动物的记忆等方面都起着重要的作用。蛋白质的结构决定着其生理功能。现在，室温磷光已经成为研究蛋白质结构与动力学的有力工具，由于磷光具有较长的寿命（微秒至秒级），在一些方面，磷光技术甚至优于荧光技术。

蛋白质的室温磷光研究主要有两个方面。第一，内源性磷光（intrinsic phosphorescence）的研究，在有效除氧的条件下，许多蛋白质具有内源性室温磷光。到目前的研究发现，蛋白质内源性磷光都来自色氨酸的磷光发射，大部分含有色氨酸的蛋白质都发磷光，磷光寿命从微秒至秒级，跨越近 6 个数量级。因此，色氨酸又称为蛋白质的内源性磷光探针（intrinsic probe）。第二，利用外源性磷光探针（extrinsic probe），即采用外加的磷光试剂来进行蛋白质的定量分析和动力学研究。标记在蛋白质上的磷光探针分子对特定的微环境和蛋白质的结构变化相当敏锐，可以用来研究蛋白质等生物大分子结构及其变性，折叠或去折叠等过程的动力学；还可以用来研究生物大分子所处环境的特征，如溶解氧浓度、金属离子浓度或价态、温度和酸度等的变化；此外还用于进行在细胞或亚细胞水平上特定分析物质的分布、浓度变化和传输过程等的研究。因此，磷光探针技术的应用不仅可以研究建立新的高灵敏度和选择性的蛋白质分析方法，还有助于在细胞水平上深入了解和研究生物体系内的化学过程。

1. 蛋白质内源性荧光

蛋白质是由 20 多种氨基酸作为基本单位构成的生物大分子，其功能与空间结构有关。当蛋白质的空间结构因物理或化学因素发生变化时，即蛋白质变性时（denature），其功能活性也随之改变。因此，测定蛋白质在特定条件下的空间结构具有十分重要的意义。

虽然组成蛋白质的氨基酸有 20 种，但只有含芳香基的氨基酸，即色氨酸（Trp）、酪氨酸（Tyr）和苯丙氨酸（Phe）具有发射荧光的性质，其结构如下。

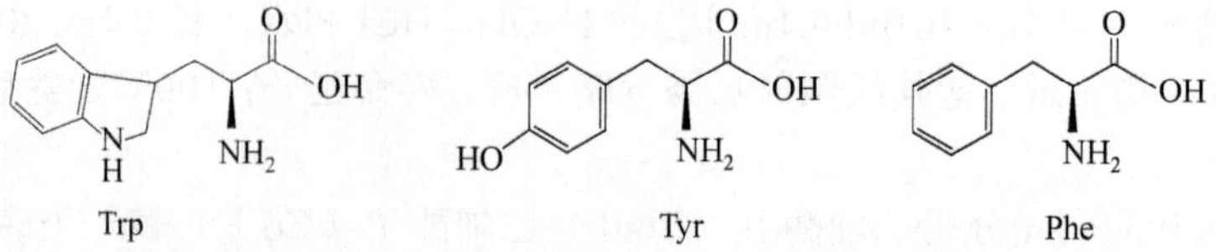

Trp　Tyr　Phe

三种氨基酸的荧光激发和发射光谱有较大的差别，其中色氨酸的荧光波长最长，而且有较大的斯托克斯位移。苯丙氨酸的荧光量子产率很小，而色氨酸和酪氨酸的荧光量子产率较大。如表 14-4 所示，酪氨酸的激发波长为 275nm，色氨酸的激发波长为 280nm，苯丙氨酸的荧光发射波长为 282nm，荧光光谱重叠于酪氨酸和色氨酸的激发光谱，当有色氨酸和酪氨酸存在时，苯丙氨酸吸收的能量可以通过非辐射共振转移到后两种氨基酸上。因此，只有在不含色氨酸和酪氨酸的多肽中，才能观察到苯丙氨酸的荧光。

表 14-4 三种氨基酸的吸收与荧光性质

氨基酸	λ_{abs} / nm	λ_f / nm	Φ_f
Trp	280	348	0.20
Tyr	275	303	0.20
Phe	258	282	0.04

酪氨酸与色氨酸之间也存在着能量转移现象，当二者距离为 1.5 nm 时，能量转移可以达到 50%，在色氨酸和酪氨酸组成的二肽中，能量转移效率可以达到 100%，含有色氨酸残基的蛋白质，其荧光主要是来自色氨酸。

色氨酸的荧光对环境的温度、酸度和极性变化都很敏感，在 pH = 10 时，色氨酸的荧光由于氨基的去质子化而增强，而在更高的 pH 和低 pH（pH < 3）时荧光则猝灭。溶剂的极性对色氨酸荧光光谱的影响很大，由于激发的芳香分子的极性比基态的极性高，因此随着溶剂的极性增加，荧光光谱产生红移，这是测量蛋白质中色氨酸所处微环境的极性以及酸度的基础。由于色氨酸荧光的这些特点，当色氨酸处在蛋白质中的不同位置时，可以敏锐地给出所处部位的微环境的有关信息。

2. 蛋白质中的内源性磷光基团

（1）低温磷光性质　早期的蛋白质磷光的研究大多在低温下进行。色氨酸和酪氨酸在液氮（77K）和液氦（4.2K）温度下可以发射较强的磷光，而苯丙氨酸的磷光极弱，较难观察。不同的报道中氨基酸的磷光激发和发射波长略有不同，可能是测量条件不同所致。以乙醇为溶剂时，色氨酸的磷光激发和最大发射波长分别为 295nm 和 440nm，磷光寿命为 1.5s；酪氨酸的磷光激发和发射波长分别为 258nm 和 394nm，磷光寿命为 1.9s。色氨酸在低温下测得的最长寿命可达 6.5s，被认为是色氨酸的内在磷光寿命。

游离的氨基酸和在蛋白质中结合的氨基酸的磷光光谱相比没有显著不同[44]。磷光的量子产率均比荧光量子产率低。三种氨基酸中，色氨酸的磷光强度最强，比酪氨酸的磷光强度强 10 倍左右，当有色氨酸存在时，蛋白质的磷光主要来自色氨酸。

（2）室温磷光性质

在室温条件下，色氨酸和酪氨酸的 SS-RTP 很容易观察到。把色氨酸嵌入到高分子膜中，就可以在室温下观察到其磷光发射。将色氨酸和 5-羟基色氨酸结合到 α-RNA 聚合酶中，在室温下三羟甲基氨基甲烷（Tris）缓冲溶液中也能观察到它们的室温磷光，其中色氨酸的磷光寿命长达数毫秒，而 5-羟基色氨酸的磷光寿命仅为 29μs。在室温下和碱性的环境中，色氨酸和酪氨酸吸附在固体表面如滤纸上可以产生较强的磷光，而在同样条件下，苯丙氨酸尚未观察到磷光。当有重原子存在时，磷光强度大大增强。

值得注意的是，色氨酸和酪氨酸的荧光波长有较大的不同，但是二者的磷光波长非常接近。与低温磷光光谱相比，室温下，它们的磷光发射都略向长波方向移动。酪氨酸的RTP磷光波长有较大的红移，其低温磷光光谱有四个磷光峰，最大磷光峰为394nm；在室温时，最大磷光峰为444nm，酪氨酸甲酯的最大磷光波长为422nm，而394nm的磷光强度较低。色氨酸的磷光强度比酪氨酸的强，因而由两者组成的二肽的磷光光谱常具有色氨酸的磷光特征。色氨酸的SS-RTP的性质已用于研究固态蛋白质的一些性质，如测定蛋白质单分子膜的成膜过程等。

蛋白质的室温磷光主要来自包埋在其内部和暴露在其表面的色氨酸，因而研究溶解在一定溶剂中的游离色氨酸的磷光性质是研究蛋白质磷光的基础。其影响因素包括：色氨酸的磷光寿命；溶液的黏度和温度，溶液的温度会导致黏度的变化，而黏度对色氨酸的磷光寿命有很大的影响；溶剂的极性和酸度。

3. 蛋白质的室温磷光

蛋白质的室温磷光主要来自色氨酸的磷光发射，具有色氨酸的室温磷光特征。固体状态蛋白质的室温磷光较强，将蛋白质进行低温干燥，得到固态蛋白质，在氮气气氛下测定固体蛋白质的磷光，所得室温磷光的强度仅仅是相应的低温磷光的1/5～1/2倍。但是固体蛋白质的磷光光谱分辨率较差，在溶液中显示的振动能级的精细结构消失。应注意的是，亚铁血红素（heme）能够导致共振能量转移而猝灭磷光，如果亚铁血红素存在，必须将其去除才有可能观察到蛋白质的磷光。氧气对蛋白质的室温磷光猝灭作用极强，即使深埋在乙醇脱氢酶和碱性磷酸酶中受到很好保护的色氨酸，氧气对其磷光的猝灭常数也达到了10^9L/（mol•s），与在溶液中游离色氨酸经历的猝灭常数在同样的数量级。在彻底除氧的环境中，几乎所有含有色氨酸的蛋白质都可以产生磷光，并具有较长的磷光寿命，在毫秒至秒的范围内。通常认为，对于只含1个色氨酸的蛋白质，磷光呈单指数衰减，而含有多个色氨酸的蛋白质，磷光有可能呈多指数衰减。

蛋白质中能发射磷光的色氨酸数目要少于能够发射荧光的色氨酸数目，只有那些包埋在蛋白质内部的色氨酸能够产生磷光。从结构上看，在室温下发射磷光的蛋白质多属“αβ或β蛋白质”。

4. 表征蛋白质中色氨酸残基所处区域的结构特点及动力学性质的磷光参数

蛋白质中色氨酸所处环境的静态结构特点可以通过磷光光谱、磷光寿命、磷光的各向异性和磷光猝灭等参数反映出来。

（1）磷光光谱　在低温下，磷光光谱具有较好的分辨率。处于蛋白质中不同位置的色氨酸由于所处微环境不同，0-0带的位置不同。位于蛋白质表面直接暴露在水相中的色氨酸0-0带的波长较短，而埋藏在蛋白质内部的色氨酸0-0带的波长较长。与低温磷光光谱相比，蛋白质的室温磷光光谱的分辨率一般较差，这是因为溶剂的流动性增大，处于蛋白质表面暴露在溶剂中的色氨酸的磷光猝灭，因此室温磷光光谱一般仅来自埋藏在蛋白质较深的内部并处在刚性很强的环境中的色氨酸。即使在内部，由于其他各种失活过程存在，色氨酸光谱的精细结构消失，0-0带变宽，强度降低。此外，室温磷光极弱，测量时常采用较宽的狭缝，也导致磷光光谱的分辨性很差。比较在不同温度下蛋白质的磷光光谱的变化，可以判断色氨酸的位置和微环境的极性。

（2）磷光寿命　磷光寿命是蛋白质磷光研究中的最重要参数。磷光寿命对温度、溶液的黏度、猝灭剂和色氨酸所在微环境的变化极为敏感，比起磷光光谱或其他参数，磷光寿命可以更好地表征蛋白质结构及其动力学行为。在蛋白质中能发射室温磷光的色氨酸的磷光寿命比游离的色氨酸要长，一般在毫秒级，而游离的色氨酸通常在微秒级。在室温下，影响磷光寿命的因素很多，包括除氧的方式，使用溶剂的纯度甚至所用的高纯水来源不同都会引起磷光寿命的测量的不同。

磷光寿命可以从以下几个方面研究蛋白质的结构特性：色氨酸所在结构域的刚性程度；磷光寿命尺度内蛋白质构象变化速度；水对蛋白质局部运动的影响；色氨酸的位置和蛋白质的保护情况；蛋白质的失活（变性）；热诱导蛋白质构象的变化。

（3）磷光猝灭　由于三重态的长寿命，色氨酸的磷光很容易被猝灭，猝灭的速率常数能够反映出溶液中氧扩散、蛋白质中其他氨基酸残基的位置、溶液中其他具有变性作用的小分子的扩散和与活性部位结合等信息。磷光猝灭包括分子内猝灭（起重要作用的是具有双硫键的胱氨酸）和分子间猝灭。

（4）磷光各向异性　磷光各向异性与旋转扩散的相关性在生物化学研究中得到很好应用。这种技术可以用来评价蛋白质的变性作用、蛋白质-配体缔合作用、蛋白质旋转速率、小分子药物或发光探针与核酸的相互作用等。对于蛋白质这样的大分子，分子弛豫时间往往大于发光寿命，磷光则是部分偏振的。利用各向异性或偏振与溶液黏度的关系可以计算出分子的旋转弛豫时间，即振子从完全取向到不完全取向所需的时间，所有这些参数都可以用来计算分子的大小和形状。采用蛋白质中色氨酸磷光的各向异性来检测蛋白质的运动，还可以避免使用外部磷光探针，这样就不需要考虑外部标记物自身的独立运动以及对体系造成的微扰作用。此外，利用内源性磷光偏振，可以将不同转动弛豫时间归属于不同的蛋白质，因此为研究两种或更多种蛋白质的复杂体系的动力学提供了可能性，有可能在复杂体系中选择性地观察某一特定蛋白质。

上述磷光参数都已经作为蛋白质动力学和热力学性质研究的手段，其中最为常用的是磷光寿命的测量。在研究蛋白质的活性、蛋白质中 H^+交换、蛋白质活性中心微环境的变化和蛋白质构型的不均一性等方面都有重要的应用。

（二）核酸的室温磷光

研究低温时，碱基、核苷酸和核酸都具有弱的荧光和磷光发射。在室温下，它们的荧光和磷光都较难观察，因此核酸的内源性磷光研究得很少，而利用外源性磷光探针研究得较多。但是这些化合物在一定条件下仍然有磷光发射，这是一个有待研究的领域。

1. 低温磷光

碱基、核苷、核苷酸和多聚核苷酸在低温冷冻玻璃体中具有磷光发射，核苷酸的最低单重激发态与三重态都是 π-π^*态。而且三重态的寿命的数量级为秒，没有小于 0.3s 的，说明三重态是 π-π^*跃迁，因为如果是 n-π^*，就会有较短的衰变时间，一般为 10^{-2} s。核苷和核苷酸的磷光量子产率对溶剂的特性非常敏感，如尿嘧啶，磷光的量子产率是溶剂氢键合力的函数，随着溶剂的氢键合力的增大，磷光的量子产率降低，$\Phi_{p水}$ (0.02) < $\Phi_{p甲醇}$ (0.06) < $\Phi_{p乙醇}$ (0.1) < $\Phi_{p乙腈}$(0.2)。

二核苷酸一般都具有磷光信号，磷光寿命和其组成之一的单体相同。凡是三重态布居占优的碱基都具有最低的三重态能级。例如，APC 和 APG 两种二核苷酸，它们的三重态都表现为腺嘌呤（A）的三重态特征，APT 和 TPA 的三重态都表现为胸腺嘧啶（T）的特征。也有例外，APU 的三重态则不表现为 A 的特征，说明在相邻的碱基之间也存在三重态与三重态的转移。

核苷酸缔合到多聚物中使核苷酸相互靠得很近，彼此作用的结果就改变了激发状态。PolydAT 在低温时可以观察到磷光，但是表现为纯粹的 T 的磷光特征，三重态的寿命也与 T

的相同，说明多聚核苷酸的三重态是定位在胸腺嘧啶上的。但是激发光谱与激基缔合物（excimer）的光谱相同，又说明激基缔合物是形成三重态的前体。激发的过程可能为堆积的碱基被激发形成激基缔合物，激基缔合物产生三重态-三重态转移，配合物解离形成最低单体的三重态。

DNA 有很弱的磷光，光谱无结构，峰值在 450nm，寿命为 0.3s。DNA 的三重态的量子产率随着 A-T 含量的增加而增加，其三重态也来自于胸腺嘧啶三重态。在 77K 时，氧气对各种核苷和核苷酸的磷光没有明显的猝灭作用。

2. 室温磷光

室温下核苷、核苷酸和 DNA 的荧光被强烈地猝灭，很难观察到，因此，它们的室温磷光发射还未见有系统的研究报道。但是一些碱基在室温时吸附在固体表面上可以产生室温磷光，如嘌呤吸附在滤纸上。

（三）生物大分子的室温磷光应用

生物大分子的磷光分析应用越来越受到人们的关注。蛋白质磷光主要是由色氨酸、酪氨酸和苯丙氨酸等产生的，核酸的磷光分析研究较少。表 14-5 列出了部分生物大分子的磷光分析应用实例。

表 14-5 部分生物大分子的磷光分析应用实例

被测物质	$(\lambda_{ex}/\lambda_{em})$/nm	分析方法和体系	微扰剂	线性范围	检出限	参考文献
牛血清蛋白(BSA)	287/443	Na_2SO_3 除氧 SS-RTP	KI	1×10^{-6}～8.6×10^{-5} mol/L	2.20×10^{-7}mol/L	1
人血清蛋白(HSA)	287/443	Na_2SO_3 除氧 SS-RTP	KI	3×10^{-6}～13×10^{-5} mol/L	4.10×10^{-7}mol/L	1
碱性磷酸酶(ALP)	481/648 和 457/622	罗丹明 6G(R)-二溴荧光素(D)SiO_2 发光纳米微球($R-D-SiO_2$)标记麦胚凝集素(WGA)亲和吸附 SS-RTP	LiAc	2.0～320ag/spot	0.44ag/spot 和 0.41ag/spot	2
	512/675	Triton X -100-4G-D 标记的麦胚凝集素(WGA) 亲和吸附 SS-RTP	LiAc	0.8～280ag/spot 0.4～280ag/spot	0.20ag/spot(直接法) 0.14ag/spot(夹心法)	3
	469/636	$(HFinBr_4)_n$-P-SOR 标记麦胚凝集素(WGA) 亲和吸附 SS-RTP	Pb^{2+}	0.32～32.00ag/spot	64.2zg/spot	4
	542/711 和 482/648	F-ol-$(FITC)_n$-DMA 标记麦胚凝集素(WGA) 亲和吸附 SS-RTP	Pb^{2+}	1.0～280ag/spot 0.4～280ag/spot	0.15ag/spot(F-ol)和 0.097ag/spot (FITC)	5
甲胎蛋白异质体(AFP-V)	512/675 和 550/711	4.0G-D-P 标记伴刀豆凝集素(Con A)亲和吸附 SS-RTP	Li^+	5.0～600pg/ml	0.31pg/ml(4.0G-D)和 0.431pg/ml(P)	6
糖(G)	510/675 和 550/711	吐温 80-3.5G-D-P 亲和吸附 SS-RTP	LiAc	4.0～320fg/spot	0.13fg/spot(3.5G-D)和 0.14fg/spot(P)	7
赖氨酸	460	银二氧化硅核壳增强异硫氰酸荧光素酯滤纸基质室温磷光法	Pb^{2+}	1.50～90.5μmol/L	0.270μmol/L	8
小牛胸腺DNA	290/575	ZnS: Mn /ZnS 量子点标记探针室温磷光法	—	50～600μg/L	28.5μg/L	9
三磷酸鸟苷(GTP)	312/586	聚乙烯亚胺包覆 Mn 掺杂 ZnS 量子点室温磷光法	—	2.0～15μmol/L, 15～120μmol/L	0.6μmol/L	10

第三篇

本表参考文献：
1. 申仲妹，郭建民，等. 光谱实验室, 2007, 24(2): 169.
2. 林璇. 漳州师范学院学报:自然科学版, 2007, 2: 76.
3. 林璇，苏丽敏，等. 漳州师范学院学报:自然科学版, 2009, 2: 81.
4. 张丽红. 漳州师范学院学报:自然科学版, 2010, 2: 84.
5. 林少琴. 漳州师范学院学报:自然科学版, 2011, 1:63.
6. 李志明. 分析测试技术与仪器, 2008, 14(3): 155.
7. 林璇. 漳州师范学院学报:自然科学版, 2008, 2: 64.
8. 杨燕，朱亚先，等. 分析化学研究报告, 2012, 40(5): 735.
9. 俞樟森，马锡英，等. 分析测试学报, 2011, 30(7): 789.
10. 任呼博，杨成雄，等. 分析测试学报, 2012, 31(9): 1042.

（四）外源性磷光探针在生物医学领域的应用

蛋白质内源性磷光仅来自于色氨酸残基，对于不含色氨酸或色氨酸的位置在蛋白质表面不发磷光的蛋白质，就无法用此方法研究。外源性磷光探针是蛋白质和核酸研究中常用的分析技术。室温磷光探针技术是一种利用磷光探针试剂的光物理和光化学特性，在分子水平上研究某些体系的物理、化学过程和检测某种材料的微环境结构及物理性质的方法。室温磷光在几十微秒到几秒的时间范围内具有良好的动力学响应特性，而且对微环境性质如溶解氧的浓度、重原子、温度和样品溶液不纯等表现出高的敏感性。相比荧光探针，具有室温磷光性质的探针种类较少，应用较多的首数钯/铂卟啉，而其他常用的荧光探针因为具有较强的荧光强度而磷光测定相对来讲较麻烦，因此应用较少。

1. 卟啉和金属卟啉

（1）天然卟啉类化合物　自然界中存在的卟啉绝大多数为金属卟啉，只有极少数以卟啉形式存在，如豆科植物的根瘤内，以及突变的酵母，某些鸟类和动物的粪便中都含有一些卟啉。金属卟啉是自然界中普遍存在的色素，如血红素、叶绿素、维生素 B_{12} 等。

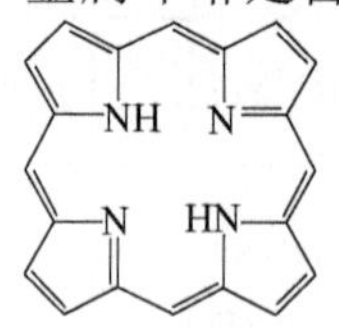

卟啉环结构

（2）结构和配位性能

卟啉分子由四个吡咯环通过亚甲基联结，形成一四配位卟啉核。它是一类具有两性的化合物，其中两个吡咯环氮可以接受质子，而两个 NH 又可给出质子。卟啉环非常稳定，从配位化学角度讲，卟啉配体可以与直径为 3.7Å 的金属发生配位，几乎与所有金属形成配合物。当发生配位时，吡咯环氮原子失去氢而带两个负电荷，与金属离子发生配位。它与过渡态金属形成的配合物尤其稳定，比如，Zn 卟啉（ZnTPP），其稳定常数为 10^{29}。只有 Na、K、Li 配合物的配合比为 2 : 1，两个金属原子分别位于卟啉环平面的上方和下方；当二价金属离子（如 Co^{2+}、Ni^{2+}、Cu^{2+}、Pd^{2+}）被螯合时，四配位体不再有残余电荷，其中的 Cu 和 Ni 对其他的配位体不再具有亲和性，而 Mg、Cd、Zn 则很容易与游离卟啉再配位而形成具有平面结构的六配位体配合物。

（3）光学特性　卟啉的电子吸收光谱主要有 Soret 带（又名 B 带）和 Q 带。卟啉和金属卟啉由于具有 18 电子大 π 离域结构，所以，以其 B 带或 Q 带作为激发波长，均在 600~700nm 间或更长波长处有不同程度的荧光发射；一般情况下，金属卟啉的荧光强度要弱于卟啉。室温下，卟啉本身不发磷光，当与金属形成配合物并与有序介质（如表面活性剂、蛋白质和核酸等生物大分子）共存时才在近红外区发射磷光；但只有极少数的金属卟啉发磷光，最常见的是钯/铂卟啉或锌卟啉配合物。

2. 钯/铂卟啉的室温磷光

钯/铂卟啉室温磷光光谱位于 600~1000nm 近红外区，因此称之为近红外室温磷光探针。与传统的紫外-可见光探针相比，其具有如下特点：①可有效避免由散射、吸收和样品内源荧光引起的背景干扰，特别是当样品中含有复杂的生化物质时；②近红外发光探针操作费用低廉，光发射二极管（LEDs）作光源，激光光电管或普通光电管作检测器均可；③Stokes位移大（150~170nm），激发和发射区分明显，而且可根据光源及研究体系特点选择Soret带或Q带作激发波长；④摩尔吸光系数高，量子产率高，寿命长；⑤光稳定性好，光谱灵敏度高；⑥在大于微秒时间范围内可进行时间分辨测量。通过发光猝灭进行临床监测，诸如氧键合测定，以及研究一些大分子的慢动力学过程。钯/铂卟啉的室温磷光特性使其在生物分析方面成为非常有用的探针分子，结合一些简单的设置便可提供很高的灵敏度和选择性，在生物医学领域中占有不可忽视的地位。

3. 钯/铂卟啉室温磷光探针在生物医学方面的应用研究

在近红外区，荧光背景信号和生物组织干扰小，测定被钯/铂卟啉探针标记的物质有可能得到很高的灵敏度，而且可增强标记物测定的微秒分辨率。因此，这些发磷光物质可作为免疫标记、生物传感器材料用于离体或活体氧测量、肿瘤诊断以及研究核酸的有效探针分子。

（1）免疫标记　光散射和荧光背景致使免疫测定灵敏度降低一直是生物学家的难题，所以选择一高灵敏的、拥有合适的激发-发射波长以及时间分辨测量体系来减小这种负面影响很有意义。金属卟啉标记便成了合适的选择。金属卟啉磷光强度在很大程度上依赖于pH，而且非离子或阴离子的表面活性剂胶束对钯-粪卟啉的磷光量子产率有很大影响。在合适的条件下，用修饰过的Arcus 1230可以检测到10^{-13}mol/L的钯-粪卟啉。根据上述特征，一系列新的金属卟啉磷光标记可用于免疫测定，比如钯/铂粪卟啉可以与抗体和抗原共价标记，同时合成了带有特殊激活侧链的卟啉衍生物并建立了它与蛋白质共价结合的方法；建立了固相时间分辨卟啉磷光免疫测定方法，两个或更多的金属卟啉（有着特征磷光参数）被用来同时测定样品中的几种抗原。

磷光金属卟啉作为灵敏标记物，并结合时间分辨磷光检测技术（磷光显微镜分析）是非常有效的免疫测定方法。特别是钯/铂粪卟啉及其衍生物都有高量子效率和很好的光化学稳定性，与生物分子形成共轭物在磷光免疫测定和生物活性测定中有很大的应用潜力。一些经典的荧光探针也具有磷光发射的性质，因此也能作为蛋白质或核酸的磷光探针。例如，罗丹明类染料、异硫氰基荧光素等都有较高的磷光量子产率。

（2）肿瘤诊断　磷光成像是一种基于氧猝灭钯卟啉-蛋白复合物中的钯卟啉磷光的光学测氧技术，已被应用于测量活体或离体组织氧水平。通过该技术有可能获得初期生长的肿瘤中以及主体组织周围氧分布的三维图像。通常肿瘤区要比主体组织中更缺氧，在新组织形成的地方氧压较低，因此磷光信号强，寿命较长；将磷光信号强度和寿命转换为图像后很易识别出肿瘤区和正常组织区。该方法不受体系中其他生色团吸光度的影响；它可以定量、快速、灵敏地测量悬浮细胞和亚细胞类脂质中的氧压；大脑皮层微管和其他组织微管中的氧压图充分证明该方法只与体系光学性质有关，而且很容易得到微米级的分辨率。

目前，最佳的探针分子要数钯的四羧基苯基卟吩配合物（粪卟啉）；钯的好几种卟啉配合物可作为磷光成像的探针分子，如四苯并钯卟啉、以卟啉为中心的树枝状大分子等。

（3）DNA测定以及探测核酸与小分子药物的相互作用　核酸和磷光/荧光小分子的相互作用会使DNA和插入试剂的物理化学性质产生明显的变化。溴乙锭（EB）、Hoechst 33258、噁唑黄二聚体（YOYO）和噻唑橙二聚体（TOTO）等荧光染料已被用来定量检测核酸。这些染料分子有相同的摩尔吸光系数，单体时不显示荧光，但与双链DNA结合后则显示很强的荧光；由过渡金属配合物与核酸分子相互作用来识别DNA从而作为治疗和诊断药物。最近，镧系螯合物也被用作DNA荧光探针。另外，单链DNA（s-DNA）荧光探针结合光导纤维也被用于系列专属性DNA生物传感器来识别样品溶液中互补DNA链等。用磷光探针在分子水平上进一步研究小分子药物与 DNA 的作用方式，对了解抗癌药物的作用机理极为重要；同时也能为设计开发新型抗癌剂提供有价值的信息。

4. 其他金属卟啉配合物探针

除了铂/钯的卟啉配合物探针得到广泛应用外，其他的一些金属离子的卟啉配合物在 DNA 蛋白质等大分子检测的应用也进行了相应的研究，这些离子包括 Zn(Ⅱ)[45]、Sn(Ⅳ)和 Lu(Ⅲ)。

5. 其他类型的磷光探针

其他类型的磷光探针较少，应用远不如金属卟啉广泛。

（1）高量子产率的荧光探针　一些经典的荧光探针在重原子存在下能够发射室温磷光，可以作为磷光探针用于生物大分子的研究和分析中。如罗丹明 B 类染料、荧光素类染料等都能够产生固体基质室温磷光，因此具有作为磷光探针的潜力。目前使用的磷光探针主要有异硫氰酸荧光素类染料，如四碘荧光素、四溴荧光素异硫氰酸、异硫氰酸荧光素[6]等。前两种荧光素中含有碘和溴，因此无需另加重原子，使用起来较方便。

（2）稀土类探针　稀土元素 Eu、Tb、Sm、Gd 和 Dy 等与特定配体形成的螯合物也是经典的发光探针。由于这类探针具有与 RTP 相同的特点，即很大的 Stokes 位移，长发光寿命，因此可以很好地消除基体荧光和散射光的干扰。在稀土元素中，Eu(Ⅲ)和 Tb(Ⅲ)是最常用的探针。稀土类探针的发光来自于配体和稀土之间的能量转移，属于敏化发光。

（3）其他磷光探针　2000 年以来出现了一些新型的荧光标记物，在磷光分析中也具有应用前景。纳米级微粒状荧光标记物，是目前研究的热点之一，这类荧光探针在大分子分析中已经得到了广泛应用。将荧光染料或标记抗体嵌埋在纳米级微粒中，再与抗体结合，用于免疫分析或生物大分子的检测。目前一些发光试剂的不同纳米尺寸和衍生官能团的微球已经商品化。

参考文献

[1] 朱若华，晋卫军. 室温磷光分析法原理与应用. 北京:科学出版社, 2006.

[2] Banks D D, Kerwin B A. Anal Biochem, 2004, 324:106.

[3] Paynter R A, Wellons S L, Winefordner J D, Anal Chem, 1974, 46:736.

[4] Wellons S L, Paynter R A, Winefordner J D. Spectrochim Acta, 1974, 30A:2133.

[5] 张苏社，刘长松，等. 分析化学, 1987, 15:883.

[6] 刘佳铭，付艳，等. 高等学校化学学报, 2001, 22:1645.

[7] Fu Y, Li L D, Liu J M, et al. Immuno Methods, 2004, 289:57.

[8] Turro N J, Kou-Chang L, Fea C M, et al. Photochem Photobiol, 1978, 27:523.

[9] Cline Love L J, Skritec M, Haarta J G. Anal Chem, 1980, 52: 754.

[10] Nakashima K, Tango M,Araki K, et al Spectrochim Acta A, 2002, 58:123.

[11] Zhang S Z, Xie J W, Liu C S. Anal Chem, 2003, 75:91.

[12] Wang Y, Wu J J, Wang Y F, et al. Chem Comm, 2005, 1090.

[13] Scypinski S, Cline L. Anal Chem, 1984, 56: 322.

[14] Scypinski S, Cline L. Anal Chem, 1984, 56: 331.

[15] 张淑珍，魏雁声，等.分析化学研究报告，2000, 28(6): 678.

[16] 白小红，晋卫军，等. 分析科学学报, 2000, 16(2):102.

[17] Peng Y L, Jin W J, Feng F. Spectrochim Acta Part A, 2005, 61: 3038.

[18] Kuijt J, Ariese F, Brinkman U A Th, et al. Electrophoresis, 2003, 24:1193.

[19] Garcia-Ruiz C, Siderius M, Ariesis F, Gooijer C. Anal Chem, 2004, 76: 399.

[20] Cañabate Díaz B, Schulman S G, Segura-Carretero A, et al. Polycyclic aromatic compounds, 2004, 24: 65.

[21] 谢锐敏，肖德宝，等. 物理化学学报, 2002, 18: 34.

[22] 刘金水，李永新，等. 光谱学与光谱分析, 2005, 25: 76.

[23] 王大珩. 现代仪器仪表技术与设计. 北京：科学出版社, 2002. 750.

[24] 李耀群，姚闽娜. 分析化学, 2004, 32: 1544.

[25] Capitán-Vallvey L F, Osama M A, Al-Barbarawi M D, et al. Analyst, 2000, 124: 2000.

[26] Liu Y M, Rereiro-Garcia R, Valencia-Gonzalez M J, et al. Anal Chem, 1994, 66: 836.

[27] 王煜，晋卫军. 化学进展, 2003, 15: 178.
[28] 阮复明，李向明，等. 高等学校化学学报，1996，17: 1048.
[29] 张民权，沈慧芳，等. 华南理工大学学报:自然科学版，2001, 29: 51.
[30] Li P Y F, Narayanaswamy R. Analyst, 1989, 114: 1191.
[31] Wright W W, Owen C S, Vanderkooi J M. Biochem, 1992, 31: 6538.
[32] Badia R, Diaz-Garcia M E. Anal Lett, 2000, 33: 307.
[33] Nazeeruddin M D K, Humphry-Baker R, Berner D, et al. Am Chem Soc, 2003, 125: 8790.
[34] Soumya M, Thomas H F. Biophy J, 2000, 78:2597.
[35] 侯长军，张红英，等. 传感器与微系统, 2008, 27(3):1.
[36] Hurtubise R J, Ackerman A H, Smith B W. Appl Spectrosc, 2001, 55: 490.
[37] Jin W J, Costa-Fernanndez J M, Senz-Model A. Anal Chim Acta. 2001, 431: 1.
[38] 张丽红. 漳州师范学院学报:自然科学版, 2011, 3:56.
[39] 来守军. 材料导报, 2008, 22(9): 8.
[40] Yang P, Lu M K, Song C F, et al. Inorg Chem. Commun, 2002, 5: 187.
[41] Moore D E, Patel K. Langmuir, 2001, 17: 2541.
[42] 林丽萍，林常青，等. 漳州师范学院学报：自然科学版，2011, 4:75.
[43] Eliseevaa S V,Bunzli J C G. Chem Soc Rev, 2010, 39: 189.
[44] 成珊，刘淑娟，等. 化学进展, 2011, 23(4): 679.
[45] 张丽昆，佟庆笑. 汕头大学学报：自然科学版，2012, 27(3): 42.
[46] 郭远辉，梅群波，等. 物理化学学报，2012，28(4): 738.
[47] Rousslang K W, Reid P J, Holloway D M, et al. J Protein Chem, 2002, 21: 547.
[48] Tong A J, Liu L, Liu L, et al. Nal Chem, 2001, 370: 1023.
[49] 尹月皎,张润，等. 中国科技论文在线，2011，6(12): 896.
[50] 于晓静，叶志强，等. 中国科技论文，2012，7(9): 679.
[51] 李伟，等. 光谱学与光谱分析, 2002, 22(3): 518.
[52] 黄如衡. 低温磷光分析原理与应用.北京：科学出版社, 2008.
[53] 黄如衡. 分析化学研究简报. 2000, 28(2): 180.
[54] 刘秀萍，袁宏，等. 山西大学学报：自然科学版，2003, 26(1): 43.
[55] Saviotti M L, Galley W C. Proc Natl Acad Sci, 1974, 71: 4154.

第十五章　化学发光分析

第一节　化学发光分析基础知识

一、化学发光基本概念

化学发光（chemiluminescence，CL）是指伴随化学反应的光发射现象。其发光机理是：反应体系中的某些物质分子，如反应物、产物、中间体或者共存的荧光物质吸收了化学反应释放的能量而由基态跃迁至激发态，在从激发态弛豫到基态的过程中将能量以光辐射的形式释放出来，产生化学发光，如图 15-1 所示。

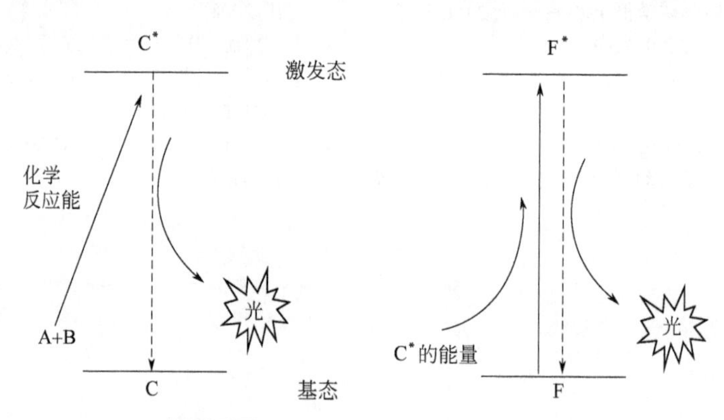

图 15-1　化学发光发生的反应过程

其反应过程主要有两种方式，可表示为：

$$\begin{cases} A+B \longrightarrow C^{*}+D \\ C^{*} \longrightarrow C+h\nu \end{cases}$$

或

$$\begin{cases} A+B \longrightarrow C^{*}+D \\ C^{*}+F \longrightarrow F^{*}+C \\ A^{*} \longrightarrow A+h\nu \end{cases}$$

此外，有些物质的光解作用也会导致某些激发态的形成，产生“光致化学发光（photochemiluminescence）”：

$$AB+h\nu \longrightarrow A^{*}+B$$

$$A^{*} \longrightarrow A+h\nu$$

目前已有的化学发光反应体系，其主要的反应机理大致可以分为 3 种类型：①激发态氧生成型；②双氧基化合物分解型；③分子或离子间电子转移型，包括自由基阴离子与氧化剂之间以及自由基阳离子与还原剂之间的电子转移等[1]。

化学发光现象是化学激发过程中产生的结果，而这一激发过程借助于化学反应使分子的总能量有所提高。化学发光现象与其他光学现象如吸收、荧光、拉曼散射等最大的区别在于化学发光过程中产生电子激发态的能量来自于化学反应，而不需要外部光源。当某一处于激发态的分子发射光子，即按量子力学允许的途径跃迁返回到较低能态时，其能量 E 的改变与辐射频率两者间的关系服从下列方程式：

$$E_1-E_2=\Delta E=h\nu$$

式中，h 为普朗克常数；ν 为辐射频率。

由于化学发光不包含热和电功，因此，化学发光反应所需的自由能变化可由下列公式计算：

$$-\Delta G\geqslant hc/\lambda_{ex}$$

式中，h 为普朗克常数；c 为光速；λ_{ex} 为激发分子发射的长波波长的上限。如果 λ_{ex} 的单位为 nm，则对 1mol 物质而言有：

$$-\Delta G\geqslant \frac{hc}{\lambda_{ex}}\geqslant \frac{2.857\times 10^4\,\mathrm{kcal/mol}}{\lambda_{ex}}$$

由上式可知，400～750nm 的可见光发射所需要的 ΔG 的数值应在 7.1～3.8kcal 之间。许多具有过氧化物中间产物的氧化反应都可以满足这个要求，在分解时，过氧化物将多余的能量传递给适当的接受体，如反应剂、产物或特选的添加剂。

一个化学反应产生化学发光必须具备的三个基本条件：①该反应必须提供足够的激发能，并由某一步骤单独提供，因为前一步反应释放的能量将因振动弛豫消失在溶液中而不能发光；②要有有利的反应过程，使化学反应的能量至少能被一种物质所接受并生成激发态；③激发态分子必须具有一定的化学发光量子效率释放出光子，或者能够转移它的能量给另一个分子使之进入激发态并释放出光子。这三个条件对研究化学发光的机理以及开发化学发光新体系和新试剂具有重要意义。化学发光与荧光的主要差别在于被激发分子的激发方式不同，因而能够影响荧光效率的各种因素都可能对化学发光产生影响。

二、化学发光机理

与其他光学分析方法比较，化学发光分析不需要外部光源，消除了瑞利散射和拉曼散射，同时也克服了光源不稳定而导致波动的缺点，从而降低了噪声，提高了信噪比。再加上灵敏的光电检测技术，致使该法具有灵敏度高（通常可达 ng 或 pg 数量级）、线性范围宽（通常可达三个数量级）、仪器设备简单、分析快速、易实现自动化等优点。这样，化学发光检测法就成为一种有效的痕量及超痕量分析技术，非常适合于环境、生物、医学、临床化学等领域复杂、低含量组分的分析。

根据化学发光反应在某一时刻的发光强度（I_{CL}）或发光总量来确定反应中相应组分含量的分析方法叫做化学发光分析。化学发光反应之所以能用于分析测定，是因为化学发光强度与化学反应速率相关联，因而一切影响反应速率的因素都可以作为建立测定方法的依据。

在任一给定的时间 t 时，I_{CL} 可用下列方程式表示[1,2]：

$$I_{CL}(t)=\Phi_{CL}\mathrm{d}c(t)/\mathrm{d}t$$

式中，$\mathrm{d}c(t)/\mathrm{d}t$ 为特定时间化学发光反应速率；Φ_{CL} 为化学发光的量子产率。对某一个化学反应为一常数，其反应速率可按质量作用定律表示出与反应体系中物质浓度的关系。因此，通过测定化学发光强度就可以测定反应体系中某种物质的浓度。原则上讲，对任何化学发光反应，只要反应是一级或假一级反应，都可以通过上述公式进行化学发光定量分析。例如，在直接化学发光反应中，如果物质 B 保持恒定，而物质 A 的浓度变化可视为一级或假一级反应。则：

$$I_{CL}=\int I_{CL}(t)\mathrm{d}t=\int \Phi_{CL}\left[\mathrm{d}c_A(t)/\mathrm{d}t\right]\mathrm{d}t=\Phi_{CL}c_A$$

即化学发光强度与 A 的浓度成正比，据此可进行 A 物质的定量分析。这也是化学发光反应能够用于分析测定的理论依据。

三、常见的化学发光体系

常见化学发光反应体系按其反应介质的状态，主要分为液相和气相两大类，如用于过氧化氢、金属离子以及大量有机物测定的液相化学发光反应体系和用于大气污染物 NO、NO_2、SO_2 等测定的气相化学发光反应体系。与气相化学发光反应相比，液相化学发光反应体系较多，应用范围更广，尤其已经广泛地应用于液相色谱柱后检测和临床分析。常见液相化学发光试剂包括酰肼类化合物鲁米诺、吖啶酯类化合物光泽精、过氧化草酸酯类化合物双(2,4,6-三氯苯基)草酸盐、亚胺类化合物洛酚碱、1,2-二氧杂环丁烷和没食子酸等，部分结构如图 15-2 所示。除此之外，联吡啶钌以及高锰酸钾、硫酸铈等液相化学发光体系也有比较广泛的研究和应用。

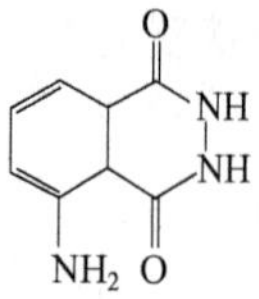

鲁米诺 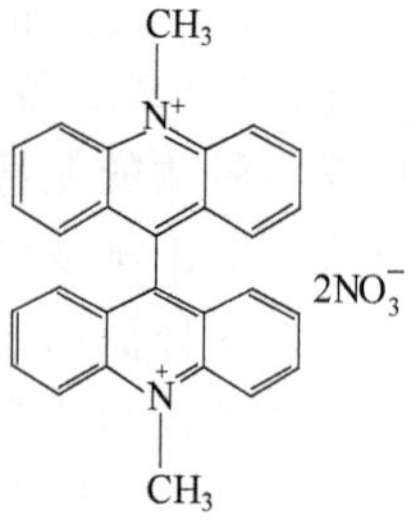　　光泽精 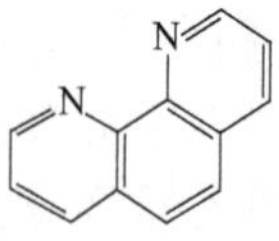　　1,10-邻菲啰啉

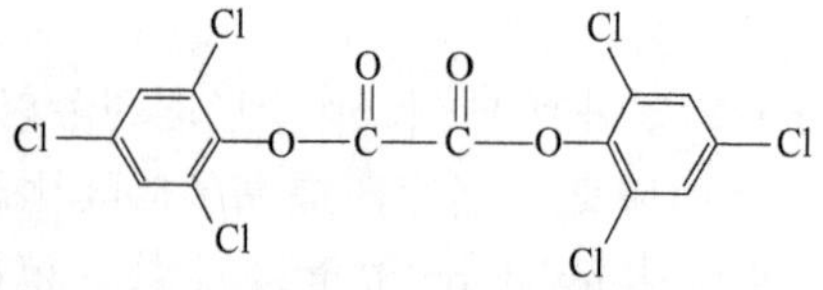

双(2,4,6-三氯苯基)草酸酯 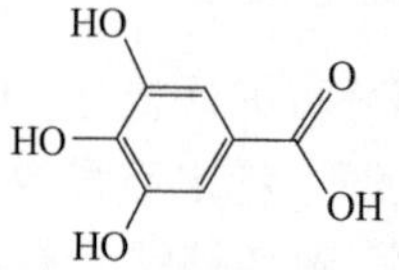　　没食子酸

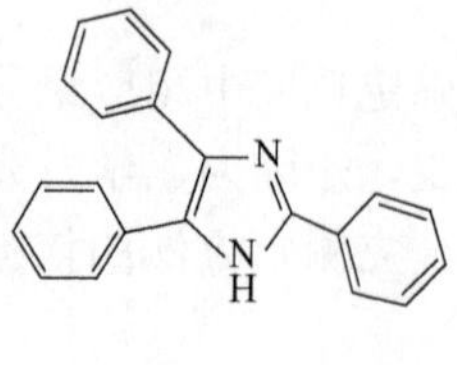

洛酚碱 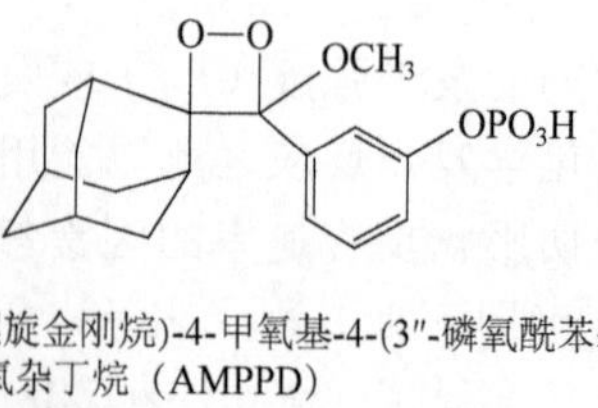　　3-(2′-螺旋金刚烷)-4-甲氧基-4-(3″-磷氧酰苯基)-1,2-二氧杂丁烷（AMPPD） 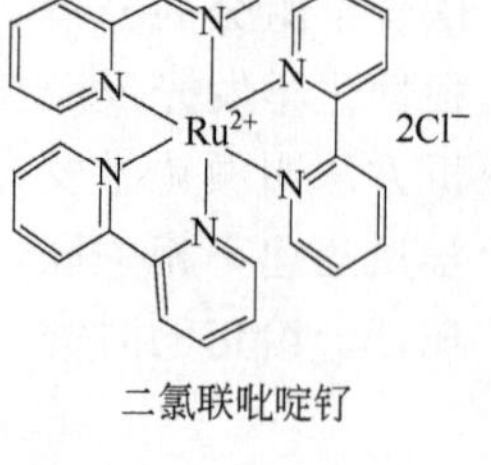　　二氯联吡啶钌

图 15-2 常见化学发光试剂的结构

（一）鲁米诺体系

鲁米诺（3-氨基邻苯二甲酰肼）是目前应用最广泛的化学发光试剂之一[3,4]，结构简单、易于合成、水溶性好，是酰肼类有机化合物。在碱性条件下，鲁米诺能被许多氧化剂如过氧化氢[5~7]、次氯酸钠[8]和高锰酸钾[9,10]等氧化，反应过程中生成激发态的3-氨基邻苯二甲酸根离子，其跃迁回基态的过程中产生光发射。水溶液中其最大发射波长为425nm，发光量子产率介于0.01～0.05之间[11]。目前普遍认可的发光反应机理如图15-3所示[12,13]。

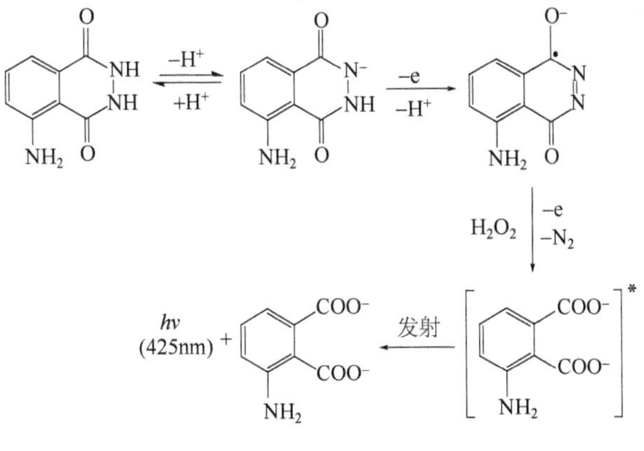

3-氨基邻苯二甲酸根

图 15-3 鲁米诺化学发光机理

通常情况下，鲁米诺与过氧化氢的反应相当缓慢。但在一些过渡金属离子如Cr^{3+}、Mn^{2+}、Fe^{3+}、Fe^{2+}、Co^{2+}、Cu^{2+}存在下，反应非常迅速并且发光强度在很大范围内与金属离子浓度成正比。利用金属离子或其配合物对鲁米诺化学发光的催化作用可以对某些物质进行直接或间接的测定。如利用水溶性阳离子卟啉 *meso*-四(4-*N*-甲基吡啶)锰衍生物与DNA的复合物对鲁米诺化学发光的催化作用测定DNA。由于过氧化氢可以氧化还原性物质而产生消耗，因此该反应可以用于间接测定厚朴酚[14]、丹皮酚[15]、儿茶酚胺[16]等还原性化合物。

一些底物在酶的作用下可以产生过氧化氢，产生的过氧化氢用鲁米诺化学发光进行测定，间接测定底物的浓度。这种方法基于酶的专一性提高了化学发光检测的选择性，被用于复杂样品中葡萄糖[17]、乳酸[18]、尿酸[19]、胆固醇[20]等的选择性测定。

另外一些化合物，虽然自身不是氧化酶的底物也不能被转化为底物，但是可以通过与过氧化物酶或鲁米诺标记的抗体进行免疫反应，然后进行化学发光测定，例如除草剂[21]、毒药[22]、杀虫剂[23]、蛋白质[24]等。

鲁米诺化学发光的另一类催化剂是过氧化物酶，尤其是辣根过氧化物酶（HRP）能够强烈催化鲁米诺和过氧化氢之间的化学发光。并且，与过渡金属离子相比，辣根过氧化物酶的主要优点是可以在近中性条件下（pH=8～8.5）催化鲁米诺-过氧化氢化学发光，因而被用作鲁米诺化学发光标记分子应用于生物传感器、免疫分析和免疫传感器中。

化学发光分析方法在过去几年的一个重要进展是其在生物芯片和微阵列中的使用，这样可以利用多路传感系统实现多物种的同时检测，用这种系统可以同时测定多种毒素[25]、抗生素[26]和过敏抗原[27]等。

（二）光泽精体系

光泽精（Lucigenin）是吖啶酯类化学发光试剂的典型代表。与鲁米诺一样，光泽精也是广泛获得使用的化学发光试剂之一。在发现鲁米诺化学发光几年后，Gleu 和 Petsch 于 1935 年报道了第一篇光泽精化学发光的论文。在碱性介质中，光泽精与过氧化氢和超氧基阴离子等反应生成激发态的 *N*-甲基吖啶酮（NMA），后者回到基态时，产生波长为 523nm 的微弱化学发光。在水溶液中，因光泽精对其化学发光有自吸收作用，随着光泽精浓度的增加，光泽精化学发光的最大发射波长会向长波方向移动[28,29]。在水溶液中 *N*-甲基吖啶酮溶解度很小，因而常常在反应体系中加入表面活性剂以用于增溶。

在水溶液中光泽精的溶解度小使得它在分析应用中受到了极大的限制，因此很多非水溶剂介质中光泽精化学发光的研究就相继展开。在水与甲醇、乙醇、1-丙醇、二甲基甲酰胺和二甲亚砜的混合溶剂中，随着这些有机溶剂的比例增加，化学发光的光谱发生蓝移。对于同比例的共存溶剂，光谱移动的幅度随共存溶剂的介电常数降低而增大。共存溶剂能够催化光泽精和过氧化氢的化学发光，使混合初始的发光强度增大。

光泽精与过氧化氢之间的反应机理如下所示：

$$H_2O_2+OH^- \longrightarrow H_2O+HO_2^-$$

$$Luc^{2+}+OH^-+HO_2^- \longrightarrow NMA+NMA^*$$

光泽精体系在液相化学发光的应用的主要途径与鲁米诺类似。利用一些过渡金属离子和有机物对碱性介质中光泽精-过氧化氢化学发光体系的增强或抑制作用，可以测定 Co^{2+}、Cu^{2+} 和 Mn^{2+}等金属离子，以及卡那霉素、儿茶酚胺、氨基酸和肝磷脂等物质。Ukeda 等[30]基于超氧化物歧化酶（SOD）对超氧基阴离子自由基的分解作用可用于测定 SOD。利用胆固醇/胆固醇氧化酶反应产生过氧化氢可以用于测定胆固醇[31]。光氧化抗坏血酸可以产生过氧化氢，基于此可以间接测定血清中的抗坏血酸[32]。

光泽精化学发光对超氧基阴离子的检测具有很高的灵敏度，被广泛用于不同的酶体系和细胞体系中超氧基阴离子的特征检测[33]。该检测基于单电子还原光泽精生成光泽精自由基，光泽精自由基与超氧基阴离子反应生成电子激发态的 *N*-甲基吖啶酮产生化学发光：

$$O_2^{\cdot -}+Luc^{2+} \longrightarrow O_2+Luc^{\cdot +}$$

$$Luc^{\cdot +}+O_2^{\cdot -} \longrightarrow LucO_2$$

$$LucO_2 \longrightarrow NMA+NMA^*$$

在没有过氧化氢存在下，光泽精能够与一些还原剂作用产生化学发光，但是该发光反应需要在有溶解氧的参与下才能进行。一些具有临床作用的化合物如葡萄糖、果糖、抗坏血酸、尿酸等能够还原光泽精产生发光并用于实际测定[34]。

（三）过氧化草酸酯体系

过氧化草酸酯类化学发光反应体系的组分主要包括芳香草酸酯和氧化剂，通常的氧化剂为过氧化氢，这两者之间通过发生化学反应，生成一种双氧基中间体储能物。在没有荧光物质存在的条件下，草酸酯与过氧化氢的稳定性很差，有时候也会有微弱的发光现象。当体系中引入荧光剂会产生很强的化学发光，发光光谱与所加的荧光光谱完全相同。这种化学发光体系是迄今为止发现的效率最高的一种非生物化学发光反应体系，量子产率高达 20%～30%。其量子产率高的根源是体系生成的高能激发态中间体能够有效地将能量传递给共存的荧光物质，大多数荧光化合物都能通过该法激发。因此，这个化学发光体系不仅发光效率高、强度大、寿命长，而且还可以通过对共存荧光物质的选择获得调节和光谱控制，使发光强度、持续时间和波长特征满足需要，适用于各种化学发光光源的研制与开发。

过氧化草酸酯类化学发光反应的机理如图 15-4 所示[1]。发光机理主要分为三步：①过氧化氢亲核进攻对草酸酯的羰基，生成能产生高能量的双氧基环状中间体；②中间体分解，将能量传递给受体荧光分析，使其处于激发态；③激发态分子回到基态，释放出光子。

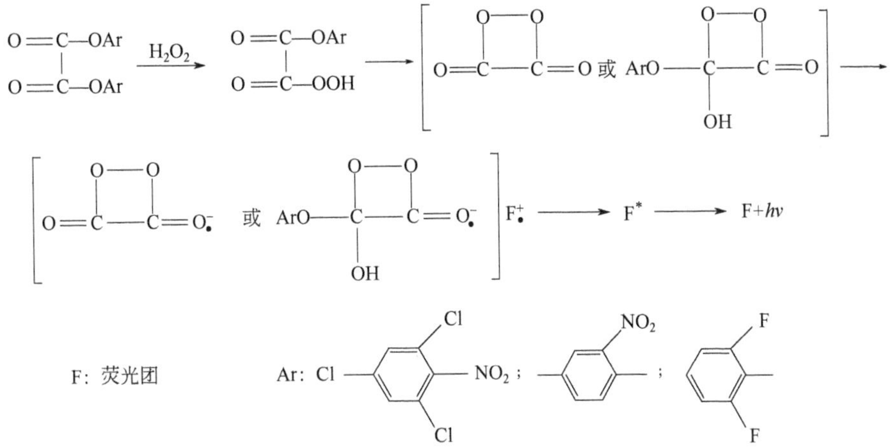

O＝C—OAr　O＝C—OAr　H_2O_2　O＝C—OAr　O＝C—OOH　O—O　O＝C—C＝O 或 ArO—C—C＝O　OH

O—O　O＝C—C＝O^{-}　或　ArO—C—C＝O^{-}　OH　F^{+} ⟶ F^{*} ⟶ $F+h\nu$

F：荧光团　Ar：Cl　Cl　Cl　NO_2；NO_2；F　F

图 15-4　过氧化草酸酯化学发光机理

过氧化草酸酯化学发光体系可用于痕量荧光化合物的测定[35]，还可以直接测定 H_2O_2[36]。过氧化草酸酯类化学发光试剂同鲁米诺等化学发光试剂相比，具有许多优点：①量子产率高，具有更高的灵敏度；②金属离子和氧分子干扰小；③对易氧化的敏化剂来说，效果更好，使它具有比荧光法更好的选择性和更简单的图谱。因此，这一化学发光体系被广泛应用于高效液相色谱（HPLC）的柱后检测。但是这个体系也存在如下一些缺点：①发光试剂难溶于水，且有不同程度的水解，致使水溶液样品的检测受到限制；②尽管体系背景发光极弱，但在高倍放大下，极弱的光也被放大，从而影响了信噪比。

（四）高锰酸钾体系

早在 1920 年 Grinberg 首次报道了以酸化的高锰酸钾作为发光试剂的化学发光现象。随着微弱光检测技术的提高，直到 1970 年，Mizuno 等研究了著名的草酸盐与高锰酸钾发生的氧化还原反应，记录到发光信号，他们称之为超微弱化学发光。从此，高锰酸钾作为化学发光中常用的一种无机氧化剂，被广泛地应用于无机和有机物分析中[37]。

在无机物分析中，高锰酸钾化学发光体系分析应用研究主要集中于亚硫酸盐、硫化氢、二氧化硫、过氧化氢、Mn^{2+}和 Fe^{2+}等容易氧化的不稳定化合物的分析。能够用于化学发光测定的并不多，用于无机物分析的报道就更少了。相对地，高锰酸钾用于有机物分析的研究报道相对比较多。高锰酸钾能够在酸性条件下与大部分有机化合物发生氧化还原反应。Abbort 等[38]利用该体系建立了流动注射测定吗啡的分析方法，成功地应用于血液、尿液及麻醉镇痛药物中吗啡的测定，并讨论了该反应的机理。由于高锰酸钾化学发光体系试剂廉价、发光强度稳定，因此被广泛用于毒品分析以及药品检验等领域。高锰酸钾化学发光体系的发光原理。一般认为，$KMnO_4$ 被分析物还原过程中能够生成激发态的中间体而产生光发射。激发态分子的能量也能够转移给体系中共存的其他荧光物质，从而产生间接化学发光。但是该体系的激发态中间体难以鉴定。已经报道的中间体有三重态 CO_2 的双分子对、Mn^{2+}配合物的三重态等。Barnett 等[39]从多方面开展了实验对机理探索验证，认为该化学发光体系的发光体是氧化还原过程中生成的激发态$[Mn^{2+}]^{*}$[39]。

（五）Ce(Ⅳ)化学发光体系

Ce(Ⅳ)是一种强氧化剂，同高锰酸钾一样，Ce(Ⅳ)在氧化亚硫酸盐等还原性物质时可产生微弱的化学发光，因此可以利用此体系直接测定相关的化合物。一般认为Ce(Ⅳ)被还原时，产生激发态的Ce(Ⅲ)，回到基态时产生化学发光。所以从氧化还原反应的原理来说，只要氧化电位低于Ce(Ⅳ)的化合物都可能与Ce(Ⅳ)产生化学发光反应。但是，由于化学发光反应受介质条件和反应速率等多方面因素的影响，除了二氧化硫外，Ce(Ⅳ)的化学发光体系主要集中于有机化合物，如色氨酸[40]、环己烷氨基磺酸钠、可的松、氢化可的松、地塞米松[41]等物质。利用荧光物质（如奎宁、罗丹明B和罗丹明6G等）增敏Ce(Ⅳ)的化学发光反应，可以测定卡托普利[42]、青霉胺[43]、吩噻嗪[44]等药物。

以强氧化剂 $KMnO_4$ 和 Ce(Ⅳ)作为化学发光试剂建立起来的化学发光分析方法，虽然发光强度与经典发光试剂如鲁米诺、光泽精相比较弱，但有以下几个优点：①反应体系简单，一般情况下在酸性介质条件下，$KMnO_4$ 和 Ce(Ⅳ)可以直接与待测物发生氧化还原反应，一部分能量以化学发光的方式放出；②这两种试剂便宜易得、毒性小、稳定性也比较好；③可测对象比较多，具有比较广泛的应用范围。

（六）$Ru(bpy)_3^{2+}$ 化学发光体系

$Ru(bpy)_3^{2+}$ 发光试剂相当稳定，并且发光效率较高，激发态的 $Ru(bpy)_3^{2+}$ 发光的最大波长在610nm。该物质可以通过以下几种途径获得激发态产物：① $Ru(bpy)_3^{3+}$ 与 $Ru(bpy)_3^{+}$ 的反应；②通过 $Ru(bpy)_3^{+}$ 与氧化剂反应；③ $Ru(bpy)_3^{3+}$ 与还原剂反应。近年来，$Ru(bpy)_3^{2+}$ 在化学发光中的应用日益增多，这主要是因为 $Ru(bpy)_3^{2+}$ 化学发光不受溶解氧的影响[45]、可测物种广泛、灵敏度高且线性范围宽[46]。$Ru(bpy)_3^{2+}$ 化学发光体系需要强氧化剂预先氧化 $Ru(bpy)_3^{2+}$ 为 $Ru(bpy)_3^{3+}$，并且产生的 $Ru(bpy)_3^{3+}$ 在水溶液中并不稳定，这两种因素限制了 $Ru(bpy)_3^{2+}$ 化学发光体系的应用。在1998年前，电化学现场产生 $Ru(bpy)_3^{3+}$ 成为 $Ru(bpy)_3^{2+}$ 化学发光体系最常用的方法。而近几年用强氧化剂如 Ce(Ⅳ)、PbO_2、$KMnO_4$ 化学氧化产生 $Ru(bpy)_3^{3+}$ 的方法获得了越来越多的应用，这是因为化学氧化产生 $Ru(bpy)_3^{3+}$ 的仪器相对简单，并且采用氧化剂和 $Ru(bpy)_3^{2+}$ 在线混合降低了 $Ru(bpy)_3^{3+}$ 不稳定性的影响。

$Ru(bpy)_3^{2+}$ 化学发光体系的反应过程如下所示[47]：

$$Ru(bpy)_3^{2+} \xrightarrow{\text{氧化剂}} Ru(bpy)_3^{3+}$$

$$Ru(bpy)_3^{3+} + \text{分析物} \longrightarrow [Ru(bpy)_3^{2+}]^* + \text{产物}$$

$$[Ru(bpy)_3^{2+}]^* \longrightarrow Ru(bpy)_3^{2+} + h\nu\,(610\text{mm})$$

众多有机物或其反应中间体可以还原 $Ru(bpy)_3^{3+}$ 产生化学发光，如柠檬酸[48]、丙酮酸[49]、抗坏血酸[50]、酒石酸[51]及尿酸[52]等含羧基化合物，一级胺、二级胺[53]、三级胺[54]、脯氨酸[55]、丝氨酸[56]、半胱氨酸[57]、肽[58]等含氨基化合物。

（七）其他化学发光体系

除了以上几种主要的发光体系外，还有其他一些应用较多的化学发光体系，如生物发光体系、1,2-二氧杂环丁烷类发光体系等。生物发光是化学发光的一个特殊类型，它是由生命活性生物体所产生的发光现象，发光所需的激发能来源于生物体内的酶催化反应。由于生物发光具有简单、灵敏等优点，所以广泛应用于生化领域某些酶活性（如肌酸激酶、丙酮酸激酶）和激素类（如TSH、T_4、皮质醇）等物质的检测。生物发光包括萤火虫生物发光和细菌生物发光等。由于前者发光反应需要ATP的参与，所以萤火虫生物发光又称ATP依赖型化学发光。在此反应中，萤火虫荧光素和荧光素酶在ATP、Mg^{2+}和 O_2 存在条件下可发光，反应式示意如下：

$$\text{ATP+荧光素+荧光素酶} \xrightarrow{Mg^{2+}} \text{腺苷基荧光素}$$

$$\text{腺苷基荧光素}+O_2 \longrightarrow \text{腺苷基氧化荧光素}+h\nu\,(562\text{nm})$$

其中，第一步反应对 ATP 的依赖是特异性的，是定量检测各种样品中的 ATP 的基础。在第二步反应中，腺苷基荧光素与氧气作用，形成腺苷基氧化荧光素并发光。在整个反应过程中，放出的光总量取决于荧光素、荧光素酶、氧气和 ATP 的浓度。所以当所有其他反应物均过量时，发出的总光量与 ATP 浓度成正比，借此可以用来测定 ATP。

1,2-二氧杂环丁烷类的化学发光体系也研究较多，这类化合物经过单分子转变后形成两个含羧基的化合物，其中一个产物可生成激发态，产生化学发光。由于许多化学发光反应和生物体发光的中间体都可能生成这种过渡态，因此它们的应用受到人们的关注。Kamtekar 等[59]利用碱性磷酸酶催化 1,2-二氧杂环丁烷的磷酸盐衍生物水解产生化学发光来测定 Zn^{2+}、Be^{2+}和 Bi^{3+}。

除此之外，多羟基酚如没食子酸、焦性没食子酸、苏木色精、栅皮素等都可以作为化学发光试剂。没食子酸和焦性没食子酸在碱性溶液中可以被过氧化氢或氧气氧化产生蓝色（475～505nm）和红色（643nm）的化学发光[60]。

总之，常见化学发光体系如鲁米诺、光泽精和过氧化草酸酯等属于量子产率较高的化学发光试剂，在分析化学中应用广泛。当然，化学发光体系的应用范围也会随着化学发光的研究进一步扩大。近几年来，化学发光的发展将主要表现在：①继续完善现有的化学发光体系，使其成为一种常规的分析方法；②新体系的不断建立和完善，主要是新体系增敏剂的研究，这是开发这些化学发光体系的关键；③化学发光与其他方法或技术联用，将化学发光与数学、物理学、生物学等三大学科结合，与流动注射技术，传感器技术、HPLC 技术联用改善化学发光法的性能，拓宽化学发光体系的应用范围，与许多有效的分离方法如高效液相色谱和毛细管电泳相结合，提高化学发光体系的选择性和灵敏度；④进一步研究有关的化学发光反应机理，从最初以化学反应方程式进行推测，发展到借助荧光光谱、吸收光谱、反应中间体的捕捉等证实，在实验基础上，运用分子轨道理论、热力学原理解释机理，为提高化学发光效率提供理论基础；⑤仪器的研究与开发迅速发展，制备高效的化学发光探针，以及化学发光仪器的微型化、智能化和遥控化，为化学发光的进一步发展创造条件；⑥扩大了化学发光分析的应用范围。

常用的化学发光试剂见表 15-1。

表 15-1　常用的化学发光试剂及应用

试剂	结构式	相对分子质量	测定元素或组分	参考文献
鲁米诺	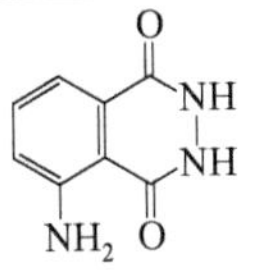 O, NH, NH, NH_2, O	177.16	过氧化氢 金属离子 葡萄糖 蛋白质	1 2 3 4
光泽精	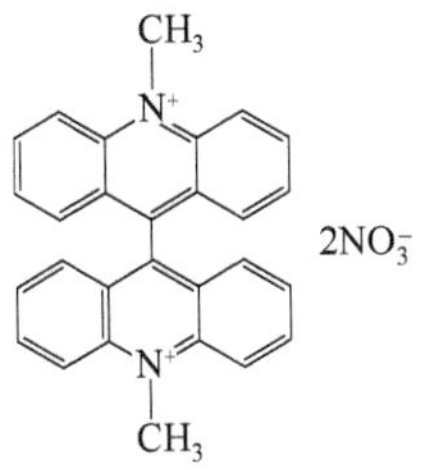 CH_3, N^+, $2NO_3^-$, N^+, CH_3	510.50	金属离子 胆固醇 抗坏血酸 超氧基阴离子	5 6 7 8

续表

试剂	结构式	相对分子质量	测定元素或组分	参考文献
双(2,4,6-三氯苯基)草酸酯		448.90	过氧化氢	9
			痕量荧光化合物	10
高锰酸钾	$KMnO_4$	158.04	吗啡	11
Ce(Ⅳ)	$Ce(SO_4)_2 \cdot 4H_2O$	404.30	卡托普利	12
			青霉胺	13
六水合二氯联吡啶钌	$2Cl^- \cdot 6H_2O$	748.62	含羧基化合物	14～16
			含氨基化合物	17～20

本表参考文献：

1. Zhang L J, Chen Y C, Zhang Z M, Sens C Lu. Actuators B, 2014,193:752.
2. Wen Y Q, Yuan H Y, Mao J F, et al. Analyst, 2009, 134:354.
3. Panoutsou P, Economou A. Talanta, 2005, 67:603.
4. Luo J X, Yang X C. Anal Chim Acta, 2003, 485:57.
5. Hasegawa H, Suzuki K, et al. Luminescence, 2000,15:321.
6. Maskiewicz R, Sogah D, Bruice T C. J Am Chem Soc, 1979, 29:5355.
7. Ruiz T P, Lozano C M, Sanz A. Anal Chim Acta, 1995, 308:299.
8. Rubina A Y, Dyukova V I, Dementieva E I, et al. Anal Biochem, 2005, 340:317.
9. Williams D C, Seitz W R. Anal Chem, 1976, 11:1478.
10. Kobayashi S, Imai K. Anal Chem, 1980, 52:424.
11. Barnett N W, Hindson B J, Jones P, et al. Anal Chim Acta, 2002,451:181.
12. Zhang X R, Baeyens W R G, Van der Weken G, et al. Anal Chim Acta, 1995, 303:121.
13. Zhang Z, Baeyens W R G, Zhang X, et al. Anal Chim Acta, 1997, 347:325.
14. Ruiz T P, Lozano C M, Tomás V, et al. Anal Chim Acta, 2003, 485:63.
15. Zorzi M, Pastore P, Magno F. Anal Chem, 2000, 72:4934.
16. Kim Y S, Park J H, Choi Y. Bull Korean Chem Soc, 2004, 25:1177.
17. Niina N, Kodamatani H, uozumi K. Anal Sci, 2005, 21:497.
18. Wightman R M, Forry S P, Maus R, et al. J Phys Chem B, 2004, 108:19119.
19. Qiu H B, Yan J L, Sun X H, et al. Anal Chem, 2003, 75:5435.
20. Huang X J, Wang S L, Fang Z L. Anal Chim Acta, 2002, 456:167.

第二节　化学发光的应用

一、化学发光在环境中的应用

环境监测是指进行测定各种能代表环境质量标志的数据的过程，具有长期性、连续性和范围较大等特点。按监测的对象可以分为大气污染监测、水质污染监测、土壤污染监测、生物污染监测、噪声监测和放射性监测等。由于化学发光分析法本身所具有的特点，其已成为环境科学中自动监测各种污染物的重要方法，并且较其他分析方法具有很高的灵敏度和较宽的线性范围。

下面对有机物、金属污染物和非金属污染物在环境分析中的应用进行简要的评述。

（一）环境无机物的分析应用

1. 金属离子的分析

金属离子既能基于对化学发光反应的增敏或抑制作用而被直接测定，也可以利用偶合或置换发光反应间接测定。

Paleologos 等[61]基于 Br^-胶束能增强鲁米诺-过氧化氢体系的化学发光，建立了流动注射化学发光法测定海水和废水中的 Cr^{3+}，检测限达 ng/L 水平。高向阳等[62]用亚硫酸将试液中的铬(Ⅵ)还原为铬(Ⅲ)与鲁米诺-H_2O_2 体系相偶合测定土壤中的铬。毛细管电泳的鲁米诺系统是检测含有金属离子水样品污染程度的有效工具，凭借它们在化学发光发射中的增强效应。H_2O_2 作为氧化剂检测自来水、地表水、井水、河流和废水样品中的 Cr^{3+}和 CrO_4^{2-}，并且可以将铬分离[63,64]。这种方法是基于柱内还原，例如在样品通过毛细管时，Cr(Ⅵ)可以被酸性亚硫酸氢钠还原成 Cr(Ⅲ)。其他的金属离子被 EDTA 遮蔽，这是由于 Cr(Ⅲ)-EDTA 配合物形成的动力学更慢，因此 Cr(Ⅲ)可以被选择性检测。

刘晓宇等[65]采用静态注射化学发光法，研究了 Cd(Ⅱ)对鲁米诺-Co(Ⅱ)-H_2O_2 发光体系的抑制现象，据此建立了 Cd(Ⅱ)的抑制化学发光测定法并应用于水中痕量镉的测定，检出限为 3.2×10^{-8} g/ml。

锑是稀有元素，在地壳和天然水体中具有一定的含量，是一种广泛应用于工农业生产的重金属元素。研究表明，金属锑在环境中随着存在形态的不同，其毒性各不相同，毒性由大到小的顺序依次是锑(Ⅲ)、锑（Ⅴ）、有机锑化合物，锑(Ⅲ)作为锑元素毒性最大的一种存在价态而备受关注，因此，锑(Ⅲ)是环境监测的重要项目之一。鲁米诺-过氧化氢反应体系是人们熟知的化学发光体系，吉爱军等[66]在实验中发现锑(Ⅲ)对该发光体系具有较强的增强作用，据此建立了一种直接测定土壤中锑(Ⅲ)的方法，该方法具有测定条件易于控制、灵敏度较高、选择性较好等优点。将该法应用于土壤样品中锑(Ⅲ)的检测，加标回收率为 90%～105%。

钴的测定对冶金、地质分析、水样分析等具有重要的意义。钴催化鲁米诺-过氧化氢化学发光体系已用于矿石中钴的测定。庞雪华等[67]根据 Co(Ⅱ)对鲁米诺-过氧化氢发光体系具有强的催化作用，建立了流动注射化学发光法测定 Co(Ⅱ)的新方法。该方法用于水样中钴的分析，结果令人满意。

锰是人体内不可缺少的微量元素，缺锰可导致骨质疏松等症状，但摄取量过高亦会对人体产生危害。在酸性条件下，溴酸钾氧化鲁米诺产生化学发光，Mn^{2+}对这一体系的化学发光具有增强作用。王学锋等[68]基于此，结合流动注射技术，建立了一种测定 Mn^{2+}的新方法，并对其机理进行了探讨：在酸性介质中的 $KBrO_3$ 与 Mn^{2+}的混合溶液中加入一定量的 CCl_4，分层后 CCl_4 层有红棕色；在混合溶液中滴入 $AgNO_3$ 溶液，观察到沉淀。说明 $KBrO_3$ 与 Mn^{2+}混合后生成了 Br_2，并有一定量的 Br^-。配制 $KBrO_3$-Mn^{2+}溶液、Br_2-Mn^{2+}溶液、鲁米诺-Mn^{2+}溶液均不产生化学发光信号，而考察化学发光动力学曲线时发现，鲁米诺-$KBrO_3$ 体系、鲁米诺-Br_2 体系、鲁米诺-Br_2-Mn^{2+}体系的化学发光信号都远远小于鲁米诺-$KBrO_3$-Mn^{2+}体系的化学发光信号。用荧光光度计分别绘制了鲁米诺-$KBrO_3$ 反应和鲁米诺-$KBrO_3$-Mn^{2+}反应的化学发光光谱，二者的最大发射波长均在 425nm，这表明鲁米诺-$KBrO_3$-Mn^{2+}反应的发光体是激发态的 3-氨基邻苯二甲酸根离子。所以研究者认为化学发光信号增强的原因是 Mn^{2+}对 $KBrO_3$ 氧化鲁米诺反应的催化作用。

铜是动植物所必需的微量元素。人体缺铜会造成贫血、腹泻等症状，但过量的铜对人和动植物都有害。环境中的铜主要来源于金属加工，电镀工厂所排废水中含铜量最高，因此，对环境样品中痕量铜的检测具有重要意义。胡涌刚等[69]基于 Cu^{2+}与贮备一段时间后的铁氰化钾及鲁米诺在碱性条件下产生化学发光的现象，利用 $K_3[Fe(CN)_6]$代替 KCN，建立了一种新的测定痕量铜的化学发光方法。该法不仅灵敏度高，且不使用剧毒药品，不污染环境。利用该方法成功地实现了对环境样品中痕量铜的定量分析。实验表明，新鲜配制的 $K_3[Fe(CN)_6]$贮备液在选定的实验条件下与 Cu^{2+}及鲁米诺混合时，发光灵敏度较低，甚至不发光。而存放一段时间后的 $K_3[Fe(CN)_6]$贮备液在该实验条件下与 Cu^{2+}及鲁米诺混合，发光灵敏度得到大幅度提高。实验时我们发现放置一段时间后的 $K_3[Fe(CN)_6]$贮备液瓶中会出现 $Fe(OH)_3$ 的絮状沉淀，而且基于 $K_3[Fe(CN)_6]$在水中能微弱水解生成 CN^-以及 Cu^{2+}催化 KCN-鲁米诺体系产生强烈的化学发光信号的事实，他们认为，灵敏度升高的原因可能是 $K_3[Fe(CN)_6]$贮备液在存放过程中微弱水解，产生了微量的 CN^-，在 CN^-存在下，Cu^{2+}与鲁米诺相偶合，反应形成 $Cu(CN)_2^-$配合物，产生化学发光，使体系发光增强。发光原理方程式如下所示：

$$K_3[Fe(CN)_6]+3H_2O \longrightarrow 3KCN+Fe(OH)_3+3HCN$$

$$Cu(\text{II})+\text{鲁米诺}+CN^- \longrightarrow \text{产物}+h\nu$$

在自然环境中，钒是被研究得最少的过渡金属元素，然而它在生物化学中起着重大作用，且是环境化学中一种重要微量元素，同时它还可以改善钢的性能，提高其耐磨性和抗撞击性，因此对它的测定在冶金和环境分析中具有重要意义。王伦等[70]在研究罗丹明 B-过氧乙酸-NaOH 化学发光新体系时，发现该体系与同类体系相比，具有氧化性强、反应速度快、发光强度大等特点；同时还发现钒(Ⅴ)对该体系化学发光有很强的抑制作用。据此，运用流动注射技术，建立了一种测定痕量钒(Ⅴ)的新方法，考察了 30 余种常见离子对测定的干扰情况，可直接测定钢样及环境水样中的钒(Ⅴ)并与原子吸收法作了对照。

铅是常见的重金属污染物，广泛存在于大气、土壤、水和食物中，易通过消化道、呼吸道而被人体吸收。铅在人体内具有蓄积性，过量铅对人体有很大危害。唐守渊等[71]利用铅(Ⅱ)催化 H_2O_2 氧化鲁米诺产生化学发光的反应，采用流动注射分析技术，在分离共存干扰离子基础上，在鲁米诺中加入 EDTA 作为增敏试剂，有效提高了测试反应的检测灵敏度，对分解后的汽油样品中铅(Ⅱ)含量进行了化学发光法测定，铅(Ⅱ)的含量在 0.5～100μg/ml 内与发光强度呈线性关系，方法检出限达 0.1μg/ml。

锡在自然界中属分散元素，一般天然水和工业用排水中锡量大都很低。范顺利等[72]研究发现，在甲醛存在的条件下，在酸性溶液中，$KMnO_4$ 可以氧化 Sn(Ⅱ)产生强的化学发光。据此，采用流动注射和巯基棉分离技术建立了测定锡的新方法，并对 $KMnO_4$ 氧化发光体系的机理进行了探讨。该方法的测定条件易于控制、灵敏度高、重现性好、分析速度快，已用于环境水样中痕量锡的测定。他们通过实验证实除 $KMnO_4^-$甲醛反应呈弱发光，$KMnO_4^-$Sn(Ⅱ)反应并无发光产生，且 $KMnO_4^-$甲醛-Sn(Ⅳ)反应亦呈弱发光，说明氧化 Sn(Ⅱ)的过程中无 $^1O_2$ 产生，Sn(Ⅱ)的氧化产物 Sn(Ⅳ)对 $KMnO_4$-甲醛弱发光反应无催化作用，因此该体系的发光机理可能是：$KMnO_4$ 氧化甲醛产生 $^1O_2$，$^1O_2$ 参与 $KMnO_4$ 氧化 Sn(Ⅱ)的过程中发生电子转移或能量交换，从而形成 $^1O_2$: $^1O_2$，复合物 $^1O_2$: $^1O_2$ 转化为 $^3O_2$ 发光，反应历程归结如下：

$$HCHO+4H_2O-6e \longrightarrow HCOOH+{}^1O_2+H_2O+6H^+$$

$$Sn^{2+}-2e \longrightarrow Sn^{4+}$$

$$2\,{}^1O_2+2e \longrightarrow [{}^1O_2:{}^1O_2]^{2-}$$

$$[{}^1O_2:{}^1O_2]^{2-}-2e \longrightarrow 2\,{}^3O_2+h\nu$$

$$MnO_4^-+8H^++5e \longrightarrow Mn^{2+}+4H_2O$$

其他应用于环境样品中金属离子的分析研究进展见表 15-2。

表 15-2 化学发光应用于环境样品中金属离子的分析研究进展

被测物	化学发光体系	实际样品	参考文献
Co(Ⅱ)、Cr(Ⅲ)	鲁米诺-H_2O_2	天然水	1
Co(Ⅱ)	鲁米诺-O_2	蛋黄，鱼，血样	2
Mn(Ⅱ)	KIO_4-K_2CO_3-NaOH	环境水样	3
Cu(Ⅱ)	鲁米诺-H_2O_2-考马斯亮蓝	江河水样	4
Cu(Ⅱ)	1,10-邻菲啰啉-超氧负离子	地表水	5
Cu(Ⅱ)	粪卟啉Ⅰ-TCPO-H_2O_2	环境水样	6
Cu(Ⅱ)	氨基硫脲-H_2O_2-CTMAB	人发、面粉	7
Sb(Ⅱ)	鲁米诺-H_2O_2-Cr^{3+}-$K_2Cr_2O_7$	环境水样	8
Cr(Ⅲ)、Co(Ⅱ)	鲁米诺-H_2O_2	环境水样	9
Cu(Ⅱ)、Co(Ⅱ)	鲁米诺-H_2O_2	环境水样	10
V(Ⅴ)	3,4-吡啶二甲酸酰肼-H_2O_2	环境水样	11
Fe(Ⅱ)	鲁米诺-H_2O_2	海水	12
Fe(Ⅱ)	鲁米诺-KIO_4	奶粉	13
Fe(Ⅲ)	鲁米诺-$NaHCO_3$	自来水	14
Pt(Ⅳ)	鲁米诺	天然水	15
Hg(Ⅱ)	鲁米诺-H_2O_2	海水，河水	16
Hg(Ⅱ)	鲁米诺-H_2O_2	海水，河水	17

本表参考文献：

1. Li B X, Wang D, Lv J G, et al. Spectrochim Acta Part A, 2006, 65: 67.
2. Song Z H, Yue Q L, Wang C N. Food Chem, 2006, 94: 457.
3. 吴菁京，林金明. 分析试验室, 2004, 23: 49.
4. 庄惠生，陈国南，王琼娥，孙朝珊. 分析化学, 2000, 28: 573.
5. Sangi M R, Jayatissa D, Kim J. P, et al. Talanta, 2004, 62: 924.
6. Lloret S M, Falcó P C, Cárdenas S. Talanta, 2004, 64: 1030.
7. Sorouraddin M H, Manzoori J L, Iranifam M. Talanta, 2005, 66: 1117.
8. 范顺利，吴志皓，吕超，等.分析试验室, 2001, 20: 82.
9. Genaro L A T, Falcó P C, Bosch-Reig F. Anal Chim Acta, 2003, 488:243.
10. Martinez Y M, Lloret S M, Genaro, L A T,et al. Talanta, 2003, 60: 257.
11. Perez J A P, Alegria J S D, Hernando P F, et al. Anal Chim Acta, 2005, 536: 115.
12. A Bowie, Achterberg E, Sedwick P, et al. Environ Sci Technol, 2002, 36: 4600.
13. Badocco D, Pastore P, Favaro G, et al. Talanta, 2007, 72: 249.
14. 丁红春，郑行望，章竹君，等. 分析试验室, 2004, 23: 18.
15. Żylkiewicz B G, Malejko J, Hałaburda P, et al. Microchem J, 2007, 85: 314.
16. Amini N, Kolev S D. Anal Chim Acta, 2007, 582: 103.
17. Amini N, Spas D K. Anal Chim Acta, 2007, 582: 103.

2. 无机非金属污染物的分析

范顺利等[73]根据在碱性介质中，CO_3^{2-} 对 H_2O_2 氧化鲁米诺化学发光反应具有重要作用，荧光素钠对该反应具有很强的增敏作用，建立了化学发光法测定二氧化碳的新方法。该方法用于室内外空气中二氧化碳含量的测定，相对标准偏差 1.8%～2.1%（n=11），加标实验回收率 97.6%～101.4%。

窦宪民等[74]基于在酸性介质中，NO_2^- 将 $K_4[Fe(CN)_6]$ 氧化为 $K_3[Fe(CN)_6]$，在尿酸的增强

作用下，鲁米诺-铁氰化钾产生化学发光，从而建立了一种间接测定亚硝酸盐的化学发光分析的新方法。其发光过程为：

$$NO_2^- + [Fe(CN)_6]^{4-} \xrightarrow{H^+} [Fe(CN)_6]^{3-} \longrightarrow \text{化学发光}$$

该方法可应用于环境水样中亚硝酸盐含量的测定。

杨季冬[75]研究发现，在 0.1mol/L 的碱性条件下，在荧光素的增敏下，*N*-溴代丁二酰亚胺（NBS）氧化无机铵盐可以产生强的化学发光，从而探讨此体系分析水环境中的铵态氮。结果发现，经预处理后的水样用本法分析且与常规方法进行对照，结果令人满意。

吕九如等[76]研究发现，在碱性条件下，硫离子对鲁米诺-过氧化氢化学发光反应具有极强的增敏作用。基于此发现，结合流动注射技术，建立了一种简单、快速、灵敏的流动注射化学发光测定痕量硫的新方法。该方法用于环境水样中痕量硫的测定，结果令人满意。王伦等[77]基于硫离子对罗丹明 B-过氧乙酸-NaOH 化学发光有较强的增敏作用，建立了流动注射化学发光增强法测定痕量硫的新方法，此法已用于环境水样中痕量硫的测定。

方卢秋[78]研究了酸性条件下 Ce^{4+}氧化亚硫酸根产生化学发光，一定浓度的荧光素有增敏作用，结合流动注射技术，建立了硫酸铈-亚硫酸根-荧光素流动注射化学发光体系测定空气中 SO_2 的分析方法。利用碳酸钠吸收 SO_2，以本方法进行测定，结果令人满意。

桑建池等[79]用流动注射-氢化物发生-气相化学发光法，建立了一种快速、简便测定环境样品中微量砷的新方法。土壤样品、地表水样经消解后，加入抗坏血酸和硫脲，将+5 价砷还原为+3 价后，以 0.6mol/L 硫酸为载液，与 1.5%硼氢化钠反应，生成的砷化氢由气液分离器分离后，在反应室里与臭氧反应，产生的化学发光信号由光电倍增管检测。该法线性范围宽(1～500μg/L)，检出限为 0.15μg/L，相对标准偏差为 0.77%(20μg/L，*n*=11)，采样速度为 50 个样/h。应用于环境样品中总砷的测定，结果与氢化物发生原子吸收法一致。

孙涛等[80]采用流动注射化学发光技术，考察了邻苯三酚自氧化体系和由 Fe^{2+}催化的 Fenton 体系中，发现这两个体系对检验 O_2^-•和•OH 具有简单、快速和重复性好的特点。

申金山等[81]以碘-鲁米诺化学发光反应作指示反应，利用硒（Ⅳ）对 Cr（Ⅵ）-KI 反应的催化作用，提出了测定微量硒的新方法。方法的检出限为 2.3×10^{-11}g/ml，线性范围为 1.0×10^{-10}～1.0×10^{-7}g/ml。该方法简单、快速，准确度较高，用于茶叶和人发中硒的测定，结果满意。

刘希东等[82]研究发现，在 pH=12.5 的 NaOH-KCl 缓冲介质中，ClO_2 直接氧化鲁米诺能产生很强的化学发光，而且发光强度在一定的范围内与 ClO_2 的浓度呈线性关系，据此建立了流动注射化学发光测定 ClO_2 的新方法。测定 ClO_2 的线性范围为 0.5～200μg/L，检出限为 0.3μg/L。该法简便、快速、灵敏，选择性和重复性较好，应用于自来水中剩余 ClO_2 的测定，结果满意。

其他应用于环境样品中非金属无机物的分析研究进展见表 15-3。

表 15-3 化学发光应用于环境样品中非金属无机物的分析研究进展

被测物	化学发光体系	实际样品	参考文献
NO_3^-，NO_2^-	鲁米诺-HOONO（UV）	环境水样	1
NO_3^-	鲁米诺-HOONO	环境水样	2
NH_4^+/H_2O_2	鲁米诺-ClO^-/鲁米诺-H_2O_2	环境水样	3
P	鲁米诺-磷钼酸	环境水样	4

续表

被测物	化学发光体系	实际样品	参考文献
P	鲁米诺-磷钼酸铵	地表水等	5
As(Ⅲ)	$KMnO_4$	环境水样	6
As（Ⅲ，Ⅴ）	光泽精-H_2O_2	飞煤灰	7
HO*	鲁米诺-H_2O_2-$K_5[Cu(HIO_6)_2]$	超声水样	8
H_2O_2	鲁米诺-H_2O_2-$K_5[Cu(HIO_6)_2]$	香烟烟气	9
Br^-	鲁米诺-氯胺 T-Br^-	海水、河水	10
Si	鲁米诺-磷钼酸硅-钼酸铵	环境水样	11

本表参考文献：

1. Mikuska P, Vecera Z. Anal Chim Acta, 2003, 495: 225.
2. Mikuska P, Vecera Z. Anal Chim Acta, 2002, 474: 99.
3. Rocha F R P, Torralba E R, Reis B F, et al. Talanta, 2005, 67: 673.
4. Motomizu S, Li Z H. Talanta, 2005, 66: 332.
5. Morais I P A, Miró M, Manera M, et al. Anal Chim Acta, 2004, 506: 17.
6. Satienperakul S, Cardwell T J, Kolev S D. Anal Chim Acta, 2005, 554: 25.
7. Li M, Lee S H. Microchem J, 2005, 80: 237.
8. Hu Y F, Zhang Z J, Yang C Y. Ultrason Sonochem, 2008, 15: 665.
9. Hu Y F, Zhang Z J, Yang C Y. Anal Chim Acta, 2007, 601: 95.
10. Borges E P, Lavorante A F, Reis B F D. Anal Chim Acta, 2005, 528: 115.
11. Yaqoob M, Nabi A, Worsfold P J. Anal Chim. Acta, 2004, 519: 137.

（二）环境中有机物的分析应用

环境污染已成为人类面临的重大问题之一。污染物不仅在环境中存在时间长、范围广，而且在水生生物、农作物和其他生物体中迁移、转化和富集，并具有“三致”(致突变、致畸、致癌）效应，环境污染物往往可以对生态环境和人体健康造成严重的危害。为了寻求环境质量变化的原因，需对环境的各组成成分，特别是对危害大的污染物的结构、形态、含量、分布及其迁移转化规律进行调查和分析。

由于环境污染物种类繁多、组成复杂、性质各异、含量低，而且污染物之间常产生相互作用，分析测定时会产生相互干扰，这就要求环境分析技术灵敏度高、准确性及选择性好。近年来，化学发光分析因其具有灵敏度高、背景低、结构简单等特点，被越来越多地应用于复杂样品中痕量组分的检测。由于其符合当前环境分析的发展趋势，是近年来发展较快的分析方法之一。有机污染物在环境中含量少且普遍存在，种类繁多，对环境以及人类的污染性较大，对其进行痕量分析测定十分必要。环境有机污染物可作为反应物、催化剂、猝灭剂、能量接受体、能量转移试剂等多种方式直接或间接参与化学发光反应。

用化学发光法对很多杀虫剂和除草剂[83~86]、酚类[87,88]、吖啶[89]、自然水中的无机物[90]、土壤、谷物和商品制剂进行检测时，一般都是采用流动分析法（包括流动注射分析、子系统阻抗分析、多通道集成分析)。在很多实验中，通过向待测样品中加入标准含量（或已知其含量）的可与酸性高锰酸钾作用引发化学发光的某种物质，然后进行化学发光分析，得到了准确的结果。

Martínez 和他的同事做了很多关于除草剂和杀虫剂检测方法的研究，他们采用流动注射分析和多通道集成技术，利用在线光催化降解待测物，其生成物能够产生更强的化学发光信号[83~85]。

Fujimori 等[91]认为，自然水环境中有机化合物的化学发光信号可用于检测环境中的有机污染物。淡水和海水的分析可采用带有大体积检测室的连续流动或流动注射歧管，与传统的化学需氧量（COD）法[91]相比，该法具有较好的相关性（r 值为 0.840～0.936)。

Fan 等[92]采用高效液相色谱-柱后化学发光检测系统对河水中的几种聚羟基苯进行了检测，结果发现，与流动注射分析相比，采用固相萃取对样品进行预富集后，检测限更低，待测物的加标回收率为82%～95%[92]。

多酚类物质可以增强鲁米诺和 $K_3[Fe(CN)_6]$的化学发光发射。多元酚化合物的毒性和其在多种商用物品如农药、木头防腐剂、染料、合成中间体中的广泛使用，使得对其检测也是至关重要的。检测限比非化学发光方法低 1～5 倍。与胶束电动色谱结合，$K_3[Fe(CN)_6]$用于检测湖水样品中的生物胺类，例如丙二胺、腐胺、尸胺和已二胺盐酸盐[93]。

其他应用于环境样品中有机物的分析研究进展见表 15-4。

表 15-4 化学发光应用于环境样品中有机物的分析研究进展

被测物	化学发光体系	实际样品	参考文献
苯酚	鲁米诺-$K_3Fe(CN)_6$	—	1
苯酚	甲醛-$KMnO_4$	废水	2
苯酚	$KMnO_4$-H_2O_2	废水	3
苯胺	$KMnO_4$	环境水体	4
对苯二酚	鲁米诺-KIO_4	废水	5
对苯二酚	鲁米诺-$NaIO_4$	河水	6
对苯二酚	多聚磷酸-$KMnO_4$	废水	7
多酚	鲁米诺-$NaIO_4$-金纳米粒子	模拟水样	8
对氨基酚	鲁米诺-DMSO-EDTA	废水等水样	9
儿茶酚胺	鲁米诺-I_2	—	10
N-甲基氨基甲酸酯	PO-咪唑(水解)	环境水样	11
N-甲基氨基甲酸酯	PO-咪唑(UV 降解)	水样、植物样	12
氢醌	$KMnO_4$-奎宁-杀藻胺	废水、药剂	13
甲醛	鲁米诺-H_2O_2	空气和血清	14
甲醛	没食子酸-H_2O_2	雨水	15
铁卟啉类	鲁米诺-O_2	海水	16
吡虫啉(农药)	亚硝酸盐-空气(UV 降解)	天然水、农作物	17
残杀威(农药)	$Ru(bpy)_3^{2+}$(UV 降解)	天然水、水果等	18
乐果(农药)	鲁米诺-H_2O_2	模拟样品	19
甲胺磷(农药)	$KMnO_4$-苯胺	环境水体	20
抗蚜威(农药)	$Ru(bpy)_3^{2+}$-H_2O_2-Cu^{2+}	农田水、河水等	21
化学需氧量(COD_{Mn})	鲁米诺-$KMnO_4$	废水	22
化学需氧量(COD_{Cr})	鲁米诺-H_2O_2-Cr^{3+}	废水	23
腐殖酸	鲁米诺-$NaIO_4$	环境水体	24
腐殖酸,黄腐酸	SO_3^{2-}-H_2O_2	环境水样	25
雌激素	$KMnO_4$-甲醛	水样、药剂	26

本表参考文献：

1. Qi H L, Lv J G, Li B X. Spectrochim Acta Part A, 2007, 66: 874.
2. Cao W, Mu X M, Yang J H, et al. Spectrochim Acta Part A, 2007, 66: 58.
3. 李丽清，孙汉文，陈雪艳. 理化检验：化学分析，2007, 43: 191.
4. 李莉，周敏. 分析试验室, 2007, 26: 48.
5. 李丽清,周艳梅,封满良，等. 理化检验：化学分册, 2003, 39: 406.
6. 王术皓,杜凌云,魏新庭，等. 理化检验：化学分册, 2007, 43: 193.
7. 徐向东，胡涌刚，李欣欣. 分析化学, 2006, 34: 151.
8. Li S F, Li X Z, Xu J, et al. Talanta, 2008, 75: 32.
9. Xu H, Duan C F, Zhang Z F, et al. Water Res, 2005, 39: 396.

10. Nalewajko E, Wiszowata A, Kojlo A. J Pharm Biomed Anal, 2007, 43: 1673.
11. Chinchilla J J S, Gracia L G, Campana A M G, et al. Anal Chim Acta, 2005, 541: 113.
12. Chinchilla J J S, Campaña A M G, Gracia L G, et al. Anal Chim Acta, 2004,524:235.
13. Corominas B G T, Icardo M C, Zamora L L, et al. Talanta, 2004, 64: 618.
14. 邵晓东，宋正华. 光谱实验室 2006, 23: 1113.
15. Motykaa K, Onjia A, Mikuska P, et al. Talanta, 2007, 71:900.
16. Vong L, Laes A, Blain S. Anal Chim Acta, 2007, 588: 237.
17. Lagalante A F, Greenbacker P W. Anal Chim Acta, 2007, 590: 151.
18. Ruiz T P, Lozano C M, Garcia M D. Anal Chim Acta, 2007, 584: 275.
19. 吴晓苹，涂貌贞. 光谱实验室, 2007, 24: 921.
20. 吴晓苹，涂貌贞. 光谱实验室, 2007, 24: 1148.
21. 何树华，何德勇，章竹君. 分析化学, 2006, 34: 1622.
22. Tian J J, Hu Y G, Zhang J. J Environ Sci, 2008, 20: 252.
23. Hu Y G, Yang Z Y. Talanta, 2004, 63: 521.
24. 丁保军，杨凤林，朱珍亮，等. 光谱学与光谱分析, 2008, 28: 530.
25. Magdaleno G B, Coichev N. Anal Chim Acta, 2005, 552: 141.
26. Liao S L, Wu X P, Xie Z H. Anal Chim Acta, 2005, 537: 189.

第三篇

二、化学发光在临床上的应用

化学发光方法已成为既定的常规临床分析和临床研究应用。在常规的临床实验室中，化学发光现在通常以化学发光标记物或者作为酶标记的化学发光检测反应，被用于免疫分析和DNA 探针分析。在临床研究方面，化学发光检测技术被用来检测已报告的基因表达的酶，细胞发光和被印记的蛋白质（免疫印迹)和核酸（Northern 和 Southern 印迹）。

（一）化学发光分析联用技术

免疫分析（IA）作为一种分析技术，具有高灵敏度、高选择性、快速检测以及复杂基质分析不需要大量前处理等优点。在众多分析方法中，化学发光检测作为一种通用的、超灵敏的手段在生物技术中具有广泛的应用范围。化学发光现在普遍应用于免疫分析，常常以化学发光标记物或以酶或纳米粒子为标记物的化学发光反应的形式。化学发光免疫分析（CLIA）是以标记发光剂为示踪物信号建立起来的一种非放射性标记免疫分析方法，结合了化学发光的高灵敏性和 IA 的高特异性的优点，具有灵敏度高、线性范围宽、可实现全自动化等优点，广泛应用到实验室的常规检测分析中，以此来评价甲状腺功能、生育能力、心肌损伤、贫血症、药物治疗水平、癌症和传染性疾病（如肝炎、艾滋病病毒）。

化学发光免疫分析法根据标记物质的不同，主要可以分为直接化学发光免疫分析[94]和化学发光酶免疫分析两种[95,96]。

1. 直接化学发光免疫分析

自 1976 年[97]首次报道化学发光标记物以来，人们一直致力于开发实用的化学发光标记物体系，这是因为它具有检测限（LOD）低的特点[98]。鲁米诺、异鲁米诺及其衍生物吖啶酯，经常作为 IA 中化学发光标记物来开发和应用 CLIA 方法。因为化学发光检测方法有着非常低的 LOD，新化学发光标记物和相关基质、新标签技术已经被广泛研究并获得惊人的成果。在直接化学发光免疫分析中，目前最常见的标记物主要为鲁米诺类和吖啶酯类化学发光剂。

鲁米诺类物质的发光为氧化反应发光。在碱性溶液中，鲁米诺可被许多氧化剂氧化发光，其中 H_2O_2 最为常用。鲁米诺是最著名和最高效的化学发光试剂，它通过氨基基团反应与配体连接。然而，得到的偶联物与鲁米诺相比化学发光效率有所降低。异鲁米诺作为标记物表现出更好的优势。因此人们一直致力于评估异鲁米诺结构对化学发光效率的影响以及确定提供最低的 LOD 的氧化试剂。鲁米诺［图 15-5（a)］和异鲁米诺［图 15-5（b)］是第一种用作标记物的化学发光物质，但很快，它们就被更灵敏的吖啶酯标记物［图 15-5（c)］所取代。

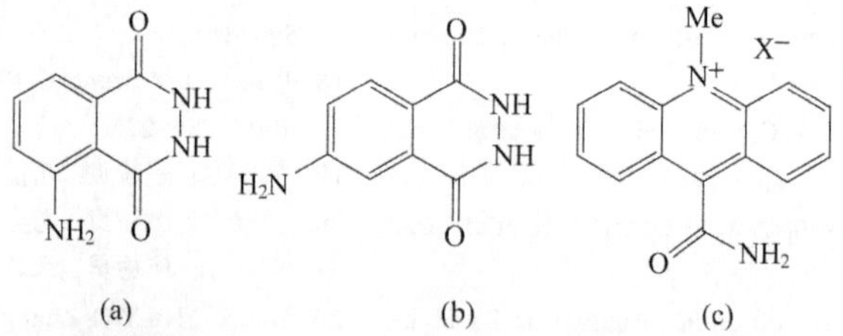

(a) (b) (c)

图 15-5 化学发光标记物（X：卤素）

该标记物的性能与异鲁米诺相似，将吖啶酯标记物放入碱性过氧化氢溶液中将产生强光。但是，吖啶酯用于 CLIA 热稳定性不是很好，Klee 等[99]研究合成了更稳定的吖啶酯衍生物。

Chen 等[100]合成了一种新的双吖啶化合物 10,10-二甲基-3,3-二磺基-9,9-双吖啶（DMDSBA）作为化学发光标记物，同时建立起了一种夹层式 CLIA 检测人血清中癌胚抗原（CEA）的方法，该方法线性范围为 1.0～100ng/ml，CEA 的最低检测限为 0.53ng/ml。DMDSBA 连接到抗-CEA Ab 上后，标记的抗-CEA Ab 免疫反应性和 DMDSBA 的量子效率没有明显的改变，平均标记比率为 1.25。

Scorilas 等[101]合成了两个新型生物酰化的吖啶衍生物，9-(2-生物素基-乙氧基)-羧基-10-甲基-吖啶三氟甲烷磺酸（BOCMAT）和 9-(2-生物素基-氨基乙烷基)羧酸盐-10-甲基-吖啶三氟甲烷磺酸（BACMAT），并描述了它们的发光属性和 IA 应用。新型试剂在非质子极性溶剂中具有很高的化学发光效率，检出限低至 7.28×10^{-8}mol/L。这些新型的化合物被应用于检测生物酰化的鼠免疫球蛋白 G。然而，使用这些化学发光试剂作为标记物的方法的灵敏度、稳定性和线性范围不是很令人满意[102]。

最近，使用纳米颗粒，特别是金属纳米颗粒（AuNP），作为生物标记物的方法已经引起了广泛的兴趣。作为生物标记物，纳米颗粒表现出很多的优势[103,104]：首先，纳米尺寸具有独特性能的各种纳米结构很容易制备，因此将纳米粒子应用于生物技术体系引起了广泛的兴趣；其次，NPs 更适合与生物系统的结合，因为其具有好的生物相容性并且与很多生物分子具有类似的尺寸范围。

近年来，有许多 CLIAs 使用不同的纳米颗粒作为标记物来检测分析物。表 15-5[105~113]列举了不同的纳米颗粒作为化学发光标记物，以及 IA 中相应的化学发光检测体系。当使用 AuNP 作为化学发光标记物时，体系主要基于 Au^{3+}催化鲁米诺化学发光反应[105,107,109,113]。Au^{3+}、AuNP 连接到 Ab 或 Ag 后溶解产物，作为间接检测 Ab 或 Ag 时化学发光反应的被分析物。

表 15-5 化学发光免疫分析中使用纳米粒子作为标记物的报道

分析物	纳米粒子	化学发光体系	参考文献
hIgG	Au	$AuCl_4^-$ -鲁米诺-H_2O_2	1,2
DNA	Ag	Ag^+-Mn^{2+}-$K_2S_2O_8$-H_3PO_4-鲁米诺	3
ApxⅣ抗体	Au	$AuCl_4^-$ -HCl-NaCl-Br_2-鲁米诺	4
mIgG	Au-Ag	CCD	5
hIgG	Au-Ag	Ag^+-Mn^{2+}-$K_2S_2O_8$-H_3PO_4-鲁米诺	6
DNA, hIgG	不规则 Au	Au-鲁米诺-H_2O_2	7
人前白蛋白	CdSe	ECL（CdSe-$K_2S_2O_8$）	8
DNA	Au	$AuCl_4^-$-鲁米诺-H_2O_2	9

本表参考文献：
1. Li Z P, Wang Y C, Liu C H. Anal Chim Acta, 2005, 551: 85.
2. Fan A P. Lau C. Lu J Z. Anal Chem, 2005, 77: 3238.
3. Liu C H, Li Z P, Du B A. Anal Chem, 2006, 78: 3738.
4. Hu D H, Han H Y, Zhou R, et al. Analyst, 2008, 133: 768.
5. Gupta S, Huda S, Kilpatrick P K, et al. Anal Chem, 2007, 79: 3810.
6. Li Z P, Liu C H, Fan Y S, et al. Anal Biochem, 2006, 359: 247.
7. Wang Z P, Hu J Q, Jin Y, et al. Clin Chem, 2006, 52: 1958.
8. Jie G F, Huang H P, Sun X L, et al. Biosens Bioelectron, 2008, 23: 1896.
9. Li Z P, Liu C H, Fan Y S, et al. Anal Bioanal Chem, 2007, 387: 613.

在 IA 模式下，Li 等[105]开发出使用人类免疫球蛋白 G（IgG）、山羊-抗-人 IgG 和兔-抗-山羊 IgG 功能化的 AuNP 作为化学发光标记物。IgG 第一次被固定于固体相作为 Ag。后来，固定的 Ag 被用来捕获山羊-抗-人 IgG，进一步捕获兔-抗-山羊 IgG 与 AuNP 一起标记。固相吸附的 AuNP 转化为 $AuCl_4^-$，该离子对鲁米诺-H_2O_2 化学发光体系有着很强的催化效果。通过检测 $AuCl_4^-$-鲁米诺-H_2O_2 化学发光反应信号来检测免疫反应中山羊-抗-人 IgG。化学发光强度与山羊-抗-人 IgG 浓度的对数在 0.005～10μg/ml 范围内成正比，LOD 为 1.5ng/ml。从分析化学的角度来看，该方法有望广泛应用于 IA 和 DNA 杂交[109]。

两年后，Li 等[113]基于同样的夹层式模型和 Au 标记物开发出一种 DNA 杂交的 CLIA 方法。被烷基硫醇修饰的寡核苷酸链修饰的 AuNPs 被用作监测靶向 DNA 的探针。DNA 杂交体上固定的 AuNP 溶解产生的 $AuCl_4^-$，充当着鲁米诺-H_2O_2-$AuCl_4^-$ 化学发光的分析物来间接检测目标 DNA。将化学发光分析的高灵敏度与 DNA 杂交体释放的大量 $AuCl_4^-$ 组合使目标 DNA 监测的 LOD 低至 0.1pmol/L。

Han 等[107]报道了基于 Au 离子增强鲁米诺化学发光反应的 CLIA 检测胸膜肺炎放线杆菌（APP）中的 ApxⅣ抗体。纯化的重组 ApxⅣ蛋白质吸附在聚苯乙烯的表面。血清样本中的抗体被重组 ApxⅣ蛋白质捕获，然后夹在 AuNP-兔抗-猪 IgG 复合体之间。接下来，游离的 AuNPs-兔抗-猪 IgG 复合体被除去。在氧化 HCl-NaCl-Br_2 溶液中，固定在聚苯乙烯表面上的 AuNPs 产生大量的 $AuCl_4^-$。然后，通过一个简单的灵敏度高的 $AuCl_4^-$ 增强鲁米诺化学发光反应进行定量测定。在最优条件下，相对化学发光光子计数和血清的稀释系数在稀释范围（1∶160）～（1∶40000）内有很好的相关性。

CLIA 与间接血凝试验（IHA）和 ELISA 相比就可信度和实用性而言具有显著的优势。Wang 等[111]合成了特殊形状的、不规则的 AuNP，同时发现它们对鲁米诺化学发光的催化效率比球形 AuNP 高出 100 倍。利用不规则 AuNP 功能化的 DNA 寡聚物和不规则 AuNP 改性抗-IgG 做原位化学发光探针，他们建立了夹层式快速、简单、选择和灵敏的检测特定序列的 DNA 和人体血浆 IgG IA 的分析方法。化学发光金属免疫分析还开发了使用 AgNP 标记物超灵敏地检测 DNA 杂交[106]或使用银沉淀在胶体 Au 上高灵敏地检测 hIgG[110]。在硝酸溶液中 AgNP 溶解为 Ag^+，被化学发光反应体系（Ag^+-Mn^{2+}-$K_2S_2O_8$-H_3PO_4-鲁米诺）高灵敏检测。将化学发光分析的高灵敏度与杂交体释放的大量 Ag^+组合实现了 5fmol/L 级别的特定序列的 DNA 检测和人 IgG 的检测，LOD 为 0.005ng/ml。

由于大小可调，窄的发射光谱及宽的激发光谱，高荧光量子点（QD）也受到了极大的关注，它们已经被广泛用作生物发光标记物[114,115]。Jie 等[112]描述了基于 CdSe 量子点检测人类前白蛋白（PAB）的电化学发光（ECL）免疫传感器。ECL 检测原理（见图 15-6）是：免疫复合物抑制了 CdSe 量子点和 $K_2S_2O_8$ 间的 ECL 反应从而降低了 ECL 的强度。PAB 检测的浓度范围为 5.0×10^{-10}～1.0×10^{-6}g/ml，LOD 为 1.0×10^{-11}g/ml。

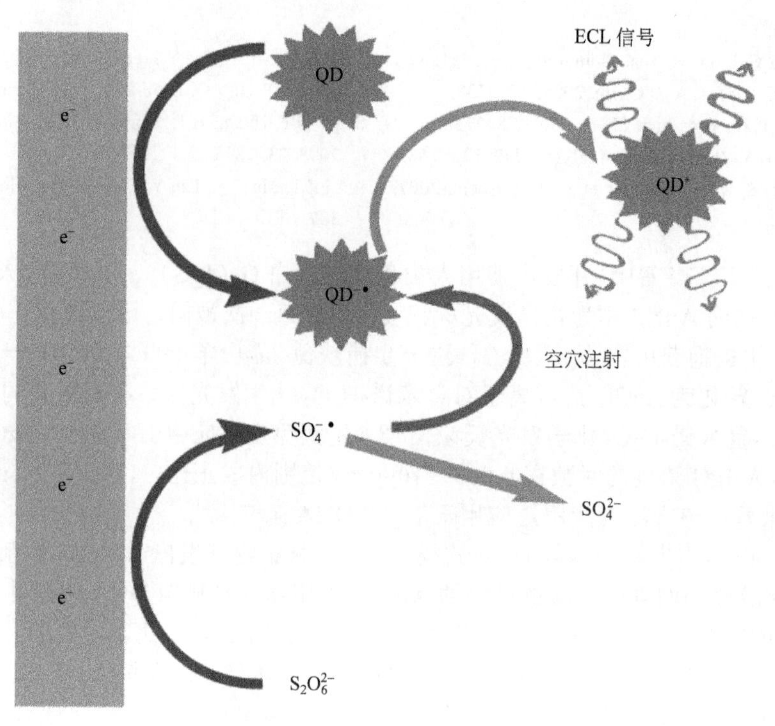

图 15-6 纳米粒子电化学发光机理

2. 化学发光酶免疫分析

化学发光酶免疫分析属酶免疫分析，只是酶反应的底物是发光剂，它以酶标记生物活性物质进行免疫反应，免疫反应复合物上的酶再作用于发光底物，在信号试剂作用下发光，用发光信号测定仪进行发光测定。目前常用的标记酶为辣根过氧化物酶（HRP）和碱性磷酸酶，它们有各自的发光底物。

（1）辣根过氧化物酶　辣根过氧化酶最常用的发光底物是循环的二酰肼类化合物、鲁米诺、异鲁米诺和衍生物，例如萘-1,2-二羧酸酰肼。它在适当的氧化物例如过氧化氢的存在下，发生过氧化物酶催化氧化过程。传统的化学发光体系（辣根过氧化酶-H_2O_2-鲁米诺）为几秒内瞬时闪光，存在发光强度低、不易测量等缺点。在发光体系中加入增强发光剂，可增强发光信号，并在较长的时间内保持稳定，便于重复测量，从而提高分析灵敏度和准确性。如张文艳等[116]发现了四苯基硼酸钠对辣根过氧化物酶催化鲁米诺氧化发光具有增强作用，以此测定了辣根过氧化物酶。

HRP 是一种很受欢迎的标记物。许多化学发光体系快速、灵敏地检测 HRP 是可行的。HRP 的阳离子同工酶 C（HRP-C）是由辣根过氧化物酶纯化而来。它催化氢受体（氧化剂）（例如，过氧化氢或过氧化脲）和氢供体包括化学发光基质（例如鲁米诺）之间的发光反应。当氧化发生时，鲁米诺发光，几分钟后迅速降低。但灵敏度和化学发光平台在 CLIA 的应用是有限的，所以有很多研究致力于增敏剂和稳定助剂以期在 CLIA 中通过提高反应效率来提供更强烈、长期和稳定的光发射。HRP-催化氧化鲁米诺化学发光最受欢迎的增强剂是 4-碘苯酚（PIP）[117]。

对于鲁米诺-H_2O_2-HRP 体系，Luo 等[118]介绍了可以提高灵敏度的对位苯基苯酚和四苯硼钠（NaTPB）的协同反应。此外，各种取代酚类化合物如萤火虫荧光素，6-羟基苯并噻唑衍生物和取代芳基硼酸衍生物（例如，4-碘苯硼酸或更复杂的化合物）被应用于鲁米诺发光信号增强剂[119]。

Dotsikas 等[119,120]发展和对比了不同的鲁米诺信号增强剂，即 4-甲氧基-苯酚（4-MEP）、4-(1-咪唑基)苯酚（4-IMP）、4-碘苯酚（4-IOP）、4-苯基苯酚（4-BIP）和 4-(1-氢-吡咯-1-基）苯酚（4-PYP），将化学发光异族酶 IA 检测芬太尼作为模型分析。结果表明不同取代基取代的苯酚强化剂对化学发光强度的影响、LOD 和化学发光动力学属性是不同的。这可能是由于取代基的电子性质（即共鸣取代基效应程度）在自由基稳定中扮演着重要的角色,进而增强了化学发光强度。同时，给电子基团对 O—H 键解离能也有类似的效果（减少），从而稳定苯氧基自由基[121,122]。苯氧基被假定为影响鲁米诺化学发光强度的自由基。

另外从不同植物得到的阴离子过氧化物酶，如非洲石油棕榈树的树叶（AOPTP）[123]、大豆壳（SbP）[124,125]也得到了研究。结果表明，在没有增强剂存在的情况下，阴离子过氧化物酶能有效地促进鲁米诺-H_2O_2 体系的化学发光。此外，这种特性的过氧化物酶能够通过鲁米诺氧化产生长时间的化学发光信号。因此，这一事实为不使用增强剂和稳定添加剂，构建新型高度敏感化学发光免疫酶体系提供可能。

（2）碱性磷酸酶　碱性磷酸酶和 1,2-二氧环乙烷构成的发光体系是目前最重要、最灵敏的一类化学发光体系。Bronstein 等[126]提出的碱性磷酸酶-AMPPD 发光体系是这类体系中具有代表性的。AMPPD 为磷酸酯酶的直接发光底物，可用来检测碱性磷酸酶。碱性磷酸酶-AMPPD 发光体系具有非常高的灵敏度,对标记物碱性磷酸酶的检测限达 10^{-21}mol/L，是最灵敏的免疫测定方法之一。Lin 等[127]以磷酸皮质醇-21 为基质，在 CTAB 存在下光泽精化学发光流动注射测定碱性磷酸酶。

9,10-二氢吖啶烯醇磷酸盐经过碱性磷酸酶催化脱磷酸化生成二氧杂环衍生物，然后分解形成激发态的 *N*-甲基吖啶酮，紧接着衰变到电子的基态，并在 430nm 处发光。

3. 与其他技术结合

化学发光反应也被作为检测混合物组分的反应，混合物由各种技术来分离，例如流动注射[128]、毛细管电泳[129]和高效液相色谱（HPLC）[130]。

（1）流动注射　化学发光分析与流动注射技术分析（FIA）和 IA 结合有着高灵敏度、高精密度、高速度和高选择性的优点[131]。由于低成本、少样品处理、可重用性、重现性好、耗时短、容易自动化等特点，已广泛地应用于临床诊断[132,133]。这种技术可以应用于均相和非均相系统。在非均相流动注射 IA 中，当形成 Ag-Ab 复合物时信号发生改变。非均相分析更适合流动注射 IA（FIIA），因为在 FIIA 系统中分离步骤可以通过在线实现。分离步骤在填充床反应器中进行。因此，为反应选择一个合适的载体是至关重要的。最常用的载体包括有孔材料，如二氧化硅、琼脂糖、琼脂糖凝胶、聚苯乙烯和微孔滤膜或磁粒子。

非均相 FIIA 系统包括一个多通道蠕动泵、注射阀免疫分析柱和检测器。图 15-7 为基于在交联壳聚糖膜上固定 CA19-9，检测碳水化合物 Ag19-9（CA19-9）流动注射化学发光免疫传感器[134]。将分析物 CA19-9 与 HRP 标记的抗-CA19-9 离线孵化后，混合物被注入到免疫传感器中，免疫传感器中固定的 Ag 将游离的 HRP 标记的抗-CA19-9 捕获。被捕获的 HRP 标记的 Ab 由于其对鲁米诺和过氧化氢反应的催化活性被化学发光检测。在理想条件下，免疫传感器降低的化学发光信号与 CA19-9 的浓度在 2.0～25U/ml 范围的成正比，检测限为 1.0U/ml。采用流动注射 CLIA 相同的方案,该组利用环氧硅烷[135]琼脂糖凝胶[136]和羧基树脂珠[137]改性的玻璃磁珠开发出不同的免疫亲和反应器，用于临床分析物的检测。Staden[138]介绍了 FIA 的一种新形式——连续注射分析（SIA），也在 CLIA 中有所应用[139]。不同于 FIA，在 SIA 中，通过与多端口连接的凸轮驱动正弦流活塞泵将不同的溶液被连续地吸入单一反应通道。Imato等人[140,141]开发了一个快速和敏感的IA基于SIA用磁性微珠测定直链烷基苯磺酸盐（LASs）和烷基酚类化合物（APnEOs）（见图15-8）。流通池中磁珠的传入、捕获和释放通过钕磁铁和调整载液流速控制。该IA基于抗-LAS（或抗-APnEO）mAb与LAS（或APnEO）样品和HRP标记的LAS（或APnEO）的间接竞争免疫反应以及后续的HRP与过氧化氢-对碘苯酚在鲁米诺溶液中的化学发光反应，在最佳工艺条件下分析所需时间不到15min。

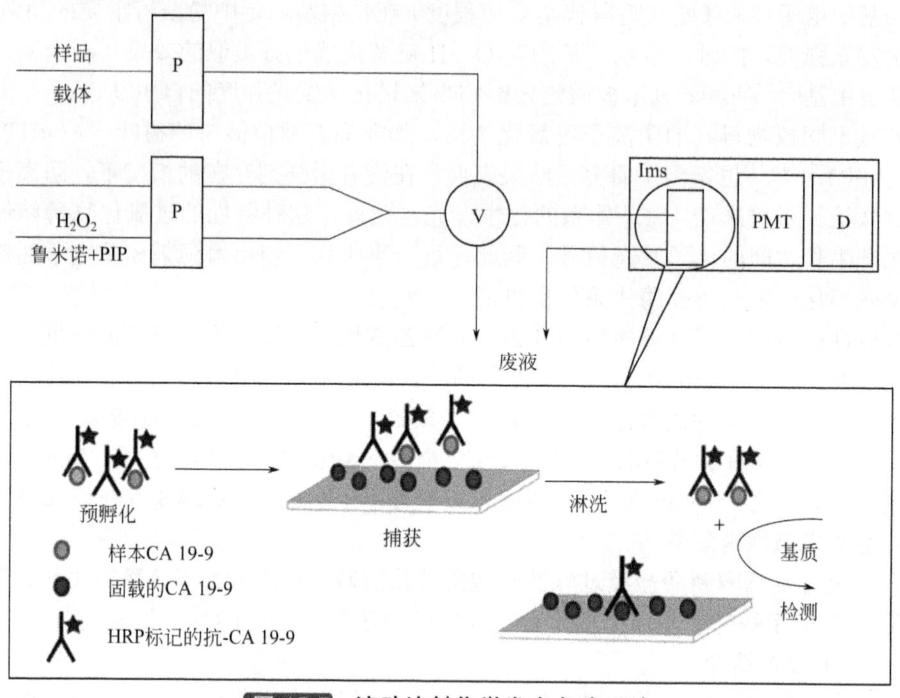

图 15-7 流动注射化学发光免疫系统

P—蠕动泵; V—八通阀; Ims—免疫传感器; PMT—光电倍增管; D—检测器

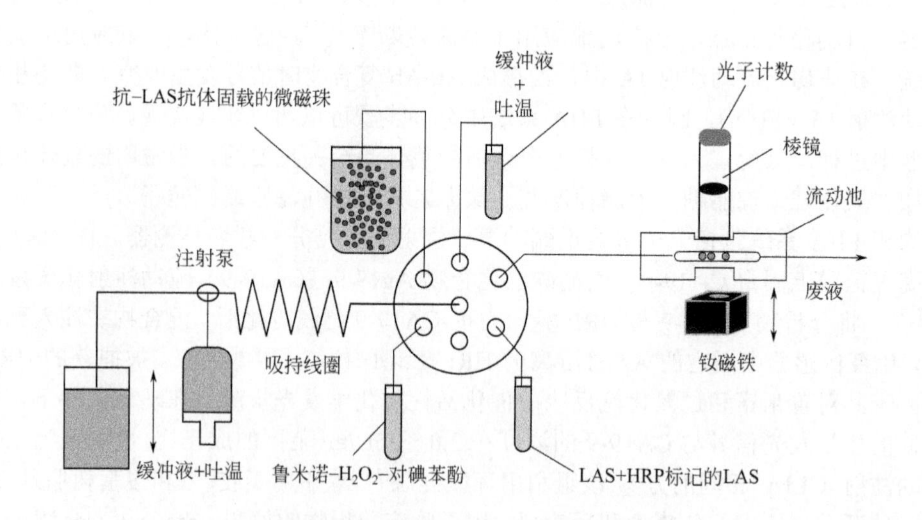

图 15-8 使用锰微粒的连续注射系统

（2）毛细管电泳 结合 CE 的有效分离和 IA 的配位体特异性的毛细管电泳 IA（CEIA）已被证明是用于分离和分析生物物质的一种强大技术[142]。与传统的 IA 相比，CEIA 具有高效性、低样品量、分析时间短和便于自动化的优点。成功地应用于检测某些肿瘤标志物、荷尔蒙和滥用药物，如人体生长激素（hGH）、胰岛素、吗啡、皮质醇和地高辛[143,144]。

在过去的十几年里，CE 与化学发光反应结合的研究明显增多，因为它具有高灵敏度、便于操作和廉价的装置与试剂的特点[145]，并且注意力也转移到 CEIA 中的应用。Tsukagoshi 等[146]设计了一种新型 CE 批处理-C 检测细胞的 CE，用小鼠 IgG 和 HRP-标记的抗小鼠 IgGAb 实现 CEIA。Wang 等[147]利用非竞争性格式的 CEIA 基于增强化学发光成功地在小鼠血管平滑肌（VSM）细胞中检测出成骨蛋白-2（BMP-2）。HRP-Ab2-mAb-BMP-2 复合物和单独的 HRP 被分离开来。HRP 的检测限为 4.4×10^{-12} mol/L，BMP-2 的检测限为 6.2×10^{-12}mol/L。

霁等[148]基于限量的 anti-CLB 抗血清中 HRP-标记的 CLB 与单独 CLB 的竞争性反应开发了一种 CEIA 结合化学发光检测 CLB 的方法。在理想条件下，示踪剂 CLB-HRP 和 IA 复合物完全分离开，CLB 的线性范围和 LOD（*S/N*=3）是 5.0～40nmol/L 和 1.2nmol/L。基于化学发光的 CEIA 也成功地应用于检测人血清中乙型肝炎表面 Ag（HBsAg）和 Ab（HBsAb）[149]。

微型化 IA 方法采用芯片毛细管电泳作为光学（LIF 和 CL）分析的分离方法已有报道[150~152]，有着重现性好和反应时间短的优点。Tsukagoshi 等[153]开发了一种微全分析系统（μ-TAS）结合化学发光检测癌症标记物。分析系统在一个微芯片上执行以下三个过程：高选择性的免疫反应，电泳的形成和样本塞的传输，高灵敏度的化学发光检测。这三个过程紧密地集成到微芯片上形成μ-TAS，如图 15-9 所示。玻璃微珠连同 Ag（被分析物）和一个已知数量的 ILITC-标记的 Ag 被放置在其中的一个水库建立起一个竞争的免疫反应。电泳作为第二个进程，免疫反应后的反应物在电泳作用下流入交叉点形成样品塞。样品塞然后进入另一个含有过氧化氢溶液的容器。这时，化学发光检测执行第三个过程：标记的 Ag 与过氧化氢和催化剂在流通池中混合产生化学发光。化学发光通过光电倍增管检测。这里描述的μ-TAS 能够高选择性和高敏感性检测人类血清中的癌症标记物、人血清白蛋白或免疫抑制酸性蛋白。

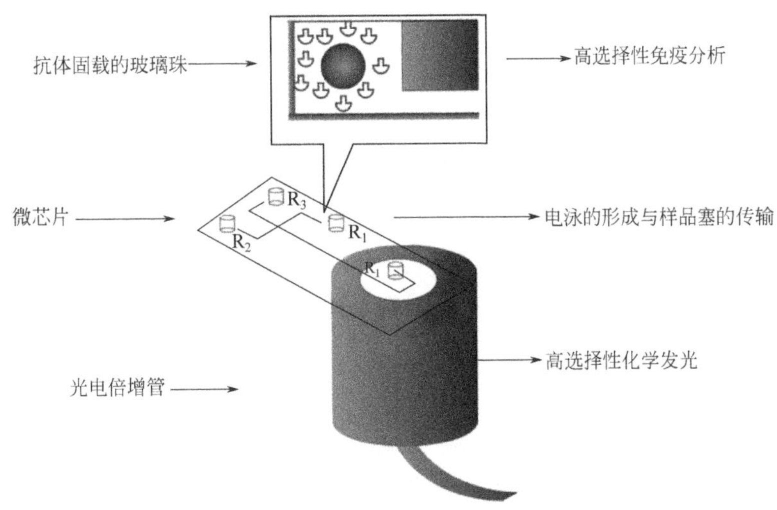

图 15-9　微分析系统结合免疫分析和化学发光检测

Emneus 等[154]用硅微芯片作为基质结合微流体酶 IAs，使用增强 FI-CL 检测辣根过氧化酶催化鲁米诺-过氧化氢-对碘苯酚（PIP）反应基于 Ab 涂层硅微芯片。多克隆反阿特拉津 Abs

偶合到硅晶片表面，测定原理基于直接的竞争异构格式中，被分析物和酶标记的阿特拉津（示踪剂）竞争固定化 Ab 结合位点，紧接着分离和检测绑定示踪剂，在芯片上直接生成化学发光信号。

（3）高效液相色谱 用于 HPLC 的化学发光主要是那些通过能量转移机制发生的化学反应过程。而其中，过氧化草酸酯化学发光反应是非常常用的。此反应是芳基草酸酯和过氧化氢发生氧化反应时，通过化学触发电子交换发光这一机理[155]形成至少一个富有能量的能够激发大量荧光团的中间体。该中间体与荧光团形成电荷转移络合物，荧光团放出一个电子给中间体后，电子再转移回荧光团使其成为激发态，随后释放出具有该荧光衍生物典型性质的发光。被假定的中间体已经被核磁共振光谱[156]证实为 1,2-二氧杂环丁烷-3,4-二酮。目前应用最广的草酸酯是双(2,4,6-三氯苯基)草酸酯（TCPO），接着是双（2,4-二硝基苯基）草酸酯（DNPO）或者双[4-硝基-2-(3,6,9-三氧杂癸氧基羰基)苯基]草酸酯（TDPO）。该体系主要的缺点在于上述提及的化合物在水中不溶且它们的不稳定会导致水解作用，所以我们需要用乙腈、二氧六环、丁醇和乙酸乙酯等有机溶剂去溶解它们。这个反应体系可以用来检测大量的物种，如过氧化氢、具有高度荧光的化合物（比如多环的芳香烃），或者那些不表现出原生荧光，但可以用丹磺酰氯、邻苯二甲醛（OPA）或荧光胺等进行化学衍生的化合物。过氧化草酸酯化学发光体系的一个优势在于反应能够在 pH=7 的环境下进行（大多数酶反应和生理媒介的最理想 pH 环境），这使它适合用于临床分析。

三(2,2-联吡啶)钌(Ⅱ)，即 $Ru(bpy)_3^{2+}$，在分析化学里作为一个高灵敏高选择的化学发光试剂已经引起了大量的关注。该反应的应用基于 $Ru(bpy)_3^{3+}$ 被大量潜在的待测化合物或者它们的电化学衍生物（如脂族胺、氨基酸和草酸盐）通过高能量电子转移反应生成激发态 $\left[Ru(bpy)_3^{2+}\right]^*$ 的方式而减少这一事实[157~159]。

直接化学发光反应中最好最知名的例子就是鲁米诺（5-氨基邻苯二甲酰肼）在碱性介质中被氧化剂氧化生成激发态的 3-氨基邻苯二甲酸阴离子，然后从激发态回到基态时发光。常用的氧化剂有高锰酸盐、高碘酸、六氰合铁(III)和过氧化氢。鲁米诺型化合物可以用作衍生试剂，使待测物质在非常低的水平下也能被检测到。这些衍生试剂被分为两类：一类是化学发光标记试剂，它包括一个高度化学发光基团和一个与分析物连接形成化学发光-标记衍生物的活性基团；另一类是致化学发光试剂，其自身是弱化学发光，但与待测物反应后能产生强烈的化学发光[160,161]。鲁米诺反应可以被金属离子 Fe(Ⅱ)、Cu(Ⅱ)、Co(Ⅱ)等催化，并在 HPLC 检测系统中有着极强的应用。因此，鲁米诺与 HPLC 联用时既能提供高效的分离又具有化学发光所固有的低检测限的特点。

（二）核酸分析

核酸杂交分析技术是目前生物化学和分子生物学研究中应用最广泛的技术之一，是定性及定量检测特异性 DNA 或 RNA 序列片段的有效手段。近年来，化学发光分析技术以其分析快速、操作简单以及无放射性污染等显著优点，在核酸杂交分析中受到极大的关注[162]。

化学发光核酸探针已用于检查病毒、细菌和原虫的 DNA。以鲁米诺增强化学发光检测体系的核酸探针主要有两种形式，一种是用生物素标记探针，杂交后经过分离，再以过氧化物酶标记的亲和素与生物素结合，加入鲁米诺和增强剂后测发光；另一种是以过氧化物酶直接标记探针，用增强的鲁米诺检测发光。

核酸探针亦可用吖啶酯或 AP 来标记，吖啶类发光体系发出的是瞬时光，而 AP 以 3-(2-螺旋金刚烷)-4-甲氧基-4-(3-磷氧酰)-苯基-1,2-二氧环乙烷（AMPPD）作为发光底物，其发光体系具有发光持续稳定的特点，发光时间可长达几天，既可用发光仪也能用简单的感光胶片检测。另外，AP-AMPPD发光体系具有非常高的灵敏度，无论是固相还是液相检测，对标记物碱性磷酸酶的检测限可达 10^{-21}（<1000 AP分子），是目前最灵敏的核酸测定方法之一，已用于检测B19微小病毒DNA、人乳头瘤病毒DNA（HPV）、巨细胞病毒DNA（CMV），并在DNA测序中有很好的应用。

在核酸杂交分析中，制备特异、灵敏的标记探针是这一技术成功的关键。化学发光标记物中最有发展前途的发光标记物是吖啶酯衍生物和以稳定的1,2-二氧环乙烷衍生物作为底物的酶。吖啶酯衍生物可以直接标记在核酸探针上，以它作标记物不需催化剂，标记反应不影响其发光的量子产率，并可选择性地分解标记物，产生化学发光，而吖啶酯衍生物的发光可因其中的苯酚水解而完全猝灭。因此在一定条件下，可以用化学的方法将未杂交的吖啶酯水解而破坏，而探针中的吖啶则因插入到碱基对中而受到保护。在以化学发光标记代替同位素标记的核酸探针技术中所遇到主要问题是延长化学发光的寿命，以1,2-二氧环乙烷衍生物为底物的碱性磷酸酯酶化学发光体系的引入解决了这一问题[163]。该衍生物能够有效地被酶促反应激活并以较高的量子产率发出光辐射，其发光寿命可持续几个小时甚至几天。

（三）临床研究

化学发光检测因此灵敏度高、线性范围宽和多样性等特点，在临床研究中具有广大的应用范围，特别是在免疫、蛋白质和核酸印迹、微阵列体系分析、检测活性氧等方面。

一个重要的发展是发光免疫测定法（轨迹）（均质混合和测量分析）[164]。这种分析方法利用原位生产，将转移的供体、受体的抗体包被的微珠（250nm直径）与测试抗原接触从而产生特异性结合，产生单线态氧的化学发光化合物。

对蛋白质的Western印迹（例如，在研究炎症性肠疾病时对 Na^+/H^+ 交换体亚型-1的Western印迹[165]），对DNA的Southern印迹以及对RNA的Northern印迹，在临床研究中都是重要的技术，且化学发光终点也被开发用于这些类型的分析检测当中。包括增强的用于过氧化物酶标记物的鲁米诺和9,10-二氢吖啶体系溶剂，用于碱性磷酸酶标记物的1,2-二氧环乙烷、9,10-二氢吖啶试剂。

化学发光的二氧环乙烷型底物可用胎盘碱性磷酸酶、半乳糖苷酶（GAL）和葡萄糖苷酸酶（GUS）的检测和定量的基因的表达产物。这些检测是灵敏的，并有超过几个数量级的线性范围。

鲁米诺和光泽精增强中性粒细胞或巨噬细胞或生物体液（如全血）的光发射是细胞研究的重要方面，包括突发性呼吸的调查。大部分关于化学发光的出版物都与细胞化学发光相关。细胞化学发光研究的范围很大，包括人类精子所产生的活性氧物种的调查[166]，活性氧中间体的生产缺陷[167]和各种不同的试剂，例如H1-拮抗剂[168]、Fcγ和补体受体[169]、多不饱和脂肪酸[170]、溶血磷脂酸[171]和幽门螺旋杆菌脂多糖[172]。

化学发光研究测试已广泛应用于体液和组织中的临床上重要分析物的分析。化学发光分析的例子包括精浆中的胆固醇（1mg/ml）[173]和血点筛选试验神经氨酸酶的易感性的流感病毒的临床分离株的神经氨酸酶抑制剂的测量[174]、鼻一氧化氮原发性纤毛运动障碍的筛选[175]、与尿中苯酚和4-甲基苯酚的测量。

一个相对简单的化学发光法测定的抗氧化剂也得到了发展（例如，维生素C和维生素E以及蛋白质）。这基于由抗氧化剂产生的在辣根过氧化物酶-鲁米诺和4-碘苯酚之间的化学发光反应增强的光发射减弱。化学发光发射在抗氧化剂消耗完后恢复，并且持续的延迟时间跟抗氧化剂成正比。这种分析被用作公共健康检测，以测试水质。

化学发光的方法是常规的临床分析及临床和生物医学研究的工具。很多临床实验室使用化学发光系统进行常规免疫和核酸检测。化学发光印迹在研究实验室中是普遍的，同时伴随着大量其他的化学发光分析技术。化学发光检测的范围不断扩大。化学发光技术的进步将取决于新的、更有效的化学发光分子的发展，提供更高的信号强度、更低的背景和更高的灵敏度。作为一个敏感的检测系统，化学发光通过耦合到流动注射、毛细管电泳和高效液相色谱，对种类繁多的分子进行分析，增加了彼此分析方法的优点，提供了令人关注的前景。

三、化学发光在药物上的应用

药物分析在临床、药代动力学及药物开发研究中具有重要地位。已经有一大批技术被应用于药物检测，例如分光光度法[176~178]，荧光光度法[179]、电化学方法[180,181]等。化学发光法具有灵敏度高、线性范围宽等特点[182]，将其与高效液相色谱（HPLC）[183]、毛细管电泳（CE）[184]等分离技术联用，可大大提高分析物的选择性；而与流动注射（FI）联用，可达到分析快速、重现性好、自动化程度高的目的。化学发光作为一种有效的痕量分析技术，其简便、灵敏的优点非常适应药物分析的要求，已在药物分析中显示了极大的潜力和应用前景。近年来，药物的化学发光分析研究是发光分析领域内的研究热点之一。本节就近几年来流动注射化学发光分析在药物及人体中代谢产物方面的应用进展进行了评述。

（一）抗生素的分析

抗生素以前被称为抗菌素，是微生物（包括细菌、真菌、放线菌属）或高等动植物在生活过程中所产生的具有抗病原体或其他活性的一类次级代谢产物，是一种能干扰其他生活细胞发育功能的化学物质，事实上它不仅能杀灭细菌而且对霉菌、支原体、衣原体等其他致病微生物也有良好的抑制和杀灭作用，近年来通常将抗菌素改称为抗生素。抗生素可以是某些微生物生长繁殖过程中产生的一种物质，用于治病的抗生素除由此直接提取外，还有完全用人工合成或部分人工合成的。通俗地讲，抗生素就是用于治疗各种细菌感染或抑制致病微生物感染的药物。但是过量使用会抑制体内的有益菌，使肠道菌群失衡，导致疾病的发生。重复使用一种抗生素可能会使致病菌产生抗药性，之所以现在提出杜绝滥用抗生素此乃是原因之一，科学地使用抗生素是有的放矢。通常建议做细菌培养并做药敏试验，根据药敏试验的结果选用极度敏感药物，这样就避免了盲目性，而且也能收到良好的治疗效果。

目前，对于该类药物的分析，应用最广的是鲁米诺发光体系，且表现出了好的灵敏度。刘二保等[185]利用左氧氟沙星对碱性鲁米诺-H_2O_2化学发光体系具有强的增敏作用，建立一种测定左氧氟沙星的新方法，检测限达到 1.38×10^{-11}mol/L。其反应机理为：左氧氟沙星在不同介质中其形态不同，只有为分子形态才能发光[186]。当左氧氟沙星与 H_2O_2 混合时，无任何发光行为；当左氧氟沙星进样溶液为中性及碱性时，左氧氟沙星与鲁米诺-H_2O_2 发光体系也不发光，这说明左氧氟沙星的发光体为分子态。为此，提出下列可能的发光机理。在这一机理中，左氧氟沙星的存在，增强了鲁米诺-H_2O_2 体系的发光量子产率，即左氧氟沙星作为一种能量储存的物质而增强鲁米诺-H_2O_2体系发光（见图 15-10）。

Song 等[187]利用鲁米诺-H_2O_2体系对阿奇霉素的测定进行了研究。流动注射（FI）-CL 方法简单、高灵敏度、高选择性地测定了药物和生物流体中的阿奇霉素，并且获得了满意的结果。事实证明了这一方法不仅适用于实际样品中的控制分析，而且在药理学和临时研究上具有广泛的应用前景。

陈国南等[188]基于在 NaOH 介质中，强力霉素对鲁米诺-$KMnO_4$体系发光反应具有强烈的抑制作用，结合流动注射技术，建立起流动注射抑制化学发光测定痕量强力霉素的新方法。

该方法的检出限为 $2.0\times10^{-3}\mu g/ml$，可用于药片中强力霉素含量的测定。

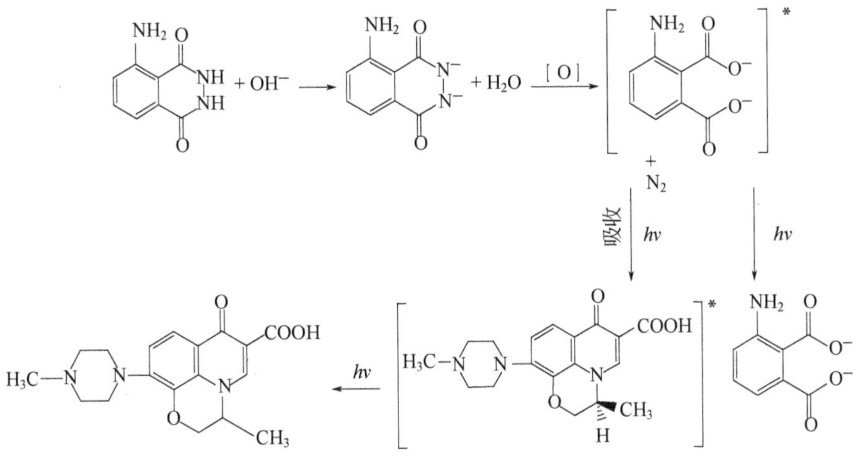

图 15-10 左氧氟沙星增强鲁米诺-H_2O_2体系发光的反应机理

范顺利等[189]利用荧光素钠和表面活性剂十二烷基磺酸钠混合溶液在酸性介质中对高锰酸钾-青霉素的发光反应有增敏作用，实验建立了一种 FI-CL 快速测定青霉素的新方法，该方法的检出限为 0.40mg/L。实验发现酸性介质中青霉素与高锰酸钾反应可产生化学发光，荧光素钠和表面活性剂十二烷基磺酸钠混合溶液能显著增强发光信号，对注射用青霉素测定，结果符合《中华人民共和国药典》方法要求。

Pena 等[190]利用 FI-CL 方法，采用 $K_3Fe(CN)_6$-OH^-发光体系，测定了痕量的四环素及其主要的降解产物，差向四环素、无水差向四环素和无水四环素，检出限分别为 2.0μg、0.5μg、0.01μg 和 0.04μg。他们进一步推断出，这个方法也可以和高效液相色谱联用，同时检测出四环素及其主要的降解产物，因为流动相所用的甲醇对该体系没有干扰。

Tang 等[191]基于头孢菌素对 $KMnO_4$-乙二醛-H_2SO_4 体系的增敏作用，建立了 FI-CL 方法，对头孢氨苄、头孢羟氨苄和头孢唑啉钠的测定进行了研究，他们的检测限分别为 10ng/ml、2ng/ml 和 2ng/ml。这个方法简单、快速、灵敏地用于药物中这些头孢菌素的测定，并且与药典法做了比较。

徐茂田等[192]基于吡哌酸对 Ce(Ⅳ)-SO_3^{2-} 化学发光体系有较强的增敏作用，结合流动注射分析技术，提出了吡哌酸的化学发光测定法。该方法选择性好、灵敏度高，其检出限为 4×10^{-8}g/ml。化学发光的发光体为吡哌酸本身，吡哌酸在 Ce^{4+}与 SO_3^{2-} 产生微弱化学发光的反应中为能量接受体，起敏化剂的作用，其反应机理可能是：

$$HSO_3^- + Ce^{4+} \longrightarrow HSO_3 + Ce^{3+}$$

$$2HSO_3 \longrightarrow S_2O_6^{2-} + 2H^+$$

$$S_2O_6^{2-} \longrightarrow SO_4^{2-} + SO_2^*$$

$$SO_2^* + PPA \longrightarrow PPA^*$$

$$PPA^* \longrightarrow PPA + h\nu\ (\lambda_{max}=465nm)$$

该方法已成功地应用于片剂中吡哌酸含量的测定。

其他抗生素的化学发光分析见表 15-6。

表 15-6 抗生素的化学发光分析

样品	线性范围	检测限	化学发光体系	参考文献
环丙沙星	$1.0\times10^{-7}\sim1.0\times10^{-5}$mol/L	4.5×10^{-8}mol/L	H_2O_2-$NaNO_2$-H_2SO_4	1
诺氟沙星		5.9×10^{-8}mol/L		
氧氟沙星	$3.0\times10^{-7}\sim3.0\times10^{-5}$mol/L	1.1×10^{-7}mol/L		
氯喹	$3.0\times10^{-7}\sim1.0\times10^{-5}$mol/L	8.6×10^{-8}mol/L	H_2O_2-$NaNO_2$-H_2SO_4	2
氯霉素	约 14μg/ml	30ng/ml	$KMnO_4$-H_2SO_4	3
格里沙星	0.05～2.0μg/ml	0.01μg/ml	Ce(Ⅳ)-Na_2SO_3-Tb(Ⅲ)	4
依诺沙星	$8.0\times10^{-10}\sim1.0\times10^{-5}$mol/L	2.4×10^{-10}mol/L	$KMnO_4$-Na_2SO_3	5
氧氟沙星	$1.0\times10^{-9}\sim1.0\times10^{-6}$mol/L	5.6×10^{-10}mol/L		
甲氧苄氨嘧啶	0.5～100μg/ml	0.1μg/ml	$KMnO_4$-HPM-H^+	6

本表参考文献：

1. Liang Y D, Song J F, Yang X F. Anal Chim Acta, 2004, 510: 21.
2. Liang Y D, Song J F, Yang X F, et al. Talanta, 2004, 62: 757.
3. Icardo M C, Misiewicz M, Ciucu A, et al. Talanta, 2003, 60: 405.
4. Ocaña J A, Callejón M, Barragán F J, et al. Anal Chim Acta, 2003, 482: 105.
5. Yi L, Zhao H, Chen S, et al. Talanta, 2003, 61: 403.
6. Polasek M, Jambor M. Talanta, 2002, 58: 1253.

（二）中枢神经系统药物分析

化学发光法用于检测麻醉剂、镇痛剂、兴奋剂等中枢神经系统药物，充分发挥了其灵敏度高的优点。吗啡类生物碱具有镇痛、中枢抑制、呼吸抑制等作用，孙宇峰等[193]以酯酶为脱乙酰剂，促使海洛因分子水解生成吗啡，采用吗啡-鲁米诺-H_2O_2 体系建立了快速、灵敏的海洛因检测方法，检出限为 3×10^{-9}mol/L。熊迅宇等[194]利用 $KMnO_4$-Na_2SO_3 化学发光体系测定对乙酰氨基酚，检出限为 2.0×10^{-9}g/ml。

已有文献报道的中枢神经类药物包括盐酸多巴胺、奋乃静、盐酸丙卡特罗、盐酸利多卡因、氯丙嗪和异丙嗪等。Huang 等则利用盐酸氯丙嗪对 Ce(Ⅳ)- NO_3^- -罗丹明 6G、鲁米诺-$AuCl_4^-$ 的增敏[195]和抑制[196]作用，建立了其含量的分析方法。在酸性条件下，$KMnO_4$ 氧化盐酸普萘洛尔可产生化学发光，Fe^{2+}的存在对这一化学发光反应具有增敏作用，杜建修等[197]基于此建立了测定盐酸普萘洛尔的化学发光分析法。该法已用于盐酸普萘洛尔片剂中盐酸普萘洛尔的测定，并与药典方法进行了对照。张成孝等[198]基于盐酸普鲁卡因对鲁米诺在中性介质中铂电极上电化学发光的催化增敏作用，建立了测定盐酸普鲁卡因电化学发光新方法，检测限为 0.2μg/ml。该方法已用于针剂中盐酸普鲁卡因的测定。其他神经系统药物的化学发光分析见表 15-7。

表 15-7 中枢神经系统药物的化学发光分析

样品	线性范围/(μg/ml)	检测限/(ng/ml)	化学发光体系	参考文献
五氟利多	0.04～10	9.2	鲁米诺-KIO_4-OH^-	1
心得安	1.0～17.5	0.07	$KMnO_4$-H_2SO_4	2
桂利嗪	0.5～6.0	18	$KMnO_4$-PPA-乙醇-吐温 60	3
芬妥胺	0.001～1.0	0.4	Ce(Ⅳ)-罗丹明 6G-HNO_3	4
多巴胺	0.03～0.1	5	鲁米诺-$K_3Fe(CN)_6$	5
扑热息痛	0.4～1.0	2.4	鲁米诺-$K_3Fe(CN)_6$	6
2-氨基丁酸	0.3～100	80	NBS-二氯荧光素-NaOH	7
安乃近	0.01～10	3	聚乙二醇 400-罗丹明 6G	8

本表参考文献：
1. 陈小利，张成孝.分析测试学报, 2003,(5): 50
2. Townshend A, Youngvises N, Wheatley R A, et al. Anal Chim Acta, 2003,499: 223.
3. Townshend A, Pulgarin J A M, Pardo M T A. Anal Chim Acta, 2003,488: 81.
4. Liu W, Huang Y. Anal Chim Acta, 2004, 506: 183.
5. Nalewajko E, Ramirez R B, Kojlo A. Pharm J. Biomed Anal, 2004, 36: 219.
6. 陈华，章竹君，付志锋.分析化学, 2002,(11): 1344.
7. 付志锋，章竹君，王周平，等.分析化学,2004,(4): 516.
8. 饶志明，张旺华,李求忠，等.光谱学与光谱分析,2004,(3): 278.

（三）循环系统药物分析

肾上腺素是哺乳动物和人类中枢神经重要的信息传递物质，代谢障碍会引起含量变化，可用于抢救过敏性休克、治疗支气管哮喘等。因此，研究其测定方法在生理机能、临床医学等方面具有重要意义。目前应用于肾上腺素的化学发光体系有鲁米诺-$NaIO_4$[199]、鲁米诺-$K_3Fe(CN)_6$-$K_2Fe(CN)_6$[200]体系，而且这些方法有可能与 CE、FI 和 HPLC 联用，并用于柱上检测。Ragab[201]利用 1,2-二(3-氯苯酚)乙二胺作为柱前衍生试剂，用二[-4-硝基-(3,6,9-三噁癸基羧基)苯酚]草酸-H_2O_2 作为化学发光体系，利用 HPLC-CL 法同时测定了人体血浆中的正肾上腺素、肾上腺素和多巴胺。

Lu 等[202]采用鲁米诺-$K_3Fe(CN)_6$ 体系建立了卡托普利的研究方法，并对其机理进行了探讨。Economou 等[203]在没有金属催化的情况下，最先建立了氧化鲁米诺的化学发光方法，快速、简便地检测了卡托普利，并且获得了满意的结果。Lu 等[204]则利用三角形金纳米对巯基化合物的专一选择性，采用鲁米诺-H_2O_2 体系，高灵敏度地测定了卡托普利。

硫酸沙丁胺醇是 β 肾上腺素受体激动剂，能选择性激动支气管平滑肌的 β_2 受体，有较强的扩张作用，对心脏的 β_1 受体激动作用较弱，增加心率作用仅及异丙肾上腺素的 1/10。目前测定硫酸沙丁胺醇的主要方法有：电泳法[205]、电导法[206]联用法等。但这些方法往往存在重复性差、仪器复杂昂贵、操作烦琐或灵敏度低等不足。方卢秋等[207]研究发现，硫酸沙丁胺醇对 *N*-溴代丁二酰亚胺（NBS）-荧光素化学发光体系的化学发光具有强烈的抑制作用，其强度与硫酸沙丁胺醇的质量浓度在一定范围内成正比。基于此首次建立了硫酸沙丁胺醇的化学发光抑制分析法。实验中以荧光素吸收峰值的变化作为判断依据。

双嘧达莫（又称潘生丁）为一种含氮杂环的嘧啶类药物，化学式为 $C_{24}H_{40}N_8O_4$，是一类较强的冠状动脉血管扩张剂，也是一种受体阻断剂，它能促进侧枝循环发挥疗效，临床上主要用于治疗和预防心绞痛、心肌梗死，还能抑制血小板聚集，防止血栓形成。因此，建立准确、灵敏、简单的双嘧达莫含量分析方法有重要的意义。饶志明等[208]在实验中发现，在酸性溶液中，高锰酸钾可氧化双嘧达莫产生化学发光反应，但发光信号较弱，罗丹明 B 的存在可使发光信号较大地增强，向该体系中加入吐温 80，又可使发光信号进一步增强，根据该化学发光体系的上述特性，结合流动注射技术建立了一种新的测定双嘧达莫化学发光分析法。该方法用于双嘧达莫片剂的测定，并与药典方法对照，结果满意。

有关其他循环系统药物的化学发光分析见表 15-8。

表 15-8 循环系统药物的化学发光分析

样品	线性范围/(μg/mL)	检测限/(ng/mL)	化学发光体系	参考文献
吲达帕胺	0.01～1.0	3.4	鲁米诺-$K_3Fe(CN)_6$	1
氨甲苯酸	0.02～2.0	7.0	鲁米诺-NBS	2
氨茶碱	0.01～7.0	34		
盐酸胃复安	0.005～3.5	1.0	$[Ru(bpy)_3]^{2+}$-$KMnO_4$	3

续表

样品	线性范围/(μg/mL)	检测限/(ng/mL)	化学发光体系	参考文献
依拉普利马来酸	0.005～0.2	1.0	$[Ru(bpy)_3]^{2+}$-$KMnO_4$	4
芬妥胺	0.001～1	0.4	罗丹明 B-Ce(Ⅳ)-HNO_3	5
那可丁	0.02～2.0	17	$KMnO_4$-Na_2SO_3	6

本表参考文献：

1. Wang Z, Zhang Z, Zhang X, et al. J Pharm Biomed Anal, 2004, 35:1.
2. Wang Z,Zhang Z, Fua Z, et al. Talanta, 2004, 62:611.
3. Al-Arfaj N A. Talanta, 2004, 62:255.
4. Liu W, Huang Y. Anal Chim Acta, 2004, 506:183.
5. Alarfaj N A A. Anal Chim Acta, 2004, 506:183.
6. Zhuang Y, Cai X, Yu J, et al. J Photochem Photobio A Chem, 2004, 162:457.

（四）维生素的分析

维生素是人体的六大营养要素之一，是维持机体正常代谢和机能的必需物质，常用的维生素可分为水溶性维生素和脂溶性维生素两大类。体内维生素的含量过高或过低都会影响人体的正常代谢，因此其分析检测对临床医学具有重要意义。

维生素 C 亦称抗坏血酸，在人体内具有重要的生理作用，可用于坏血病的预防和辅助治疗。但因人体内缺少古洛内酯氧化酶，所以自身不能合成抗坏血酸，而必须从食物中摄取。因此，发展一种简便的抗坏血酸分析法以用于日常食品的检测是非常重要的。马会民等[209]利用抗坏血酸对 DTMC-H_2O_2 化学发光体系的抑制作用，研究了对抗坏血酸进行间接测定的可能性。该体系不需要额外的掩蔽剂，方法简单、选择性好，可直接应用于一些食品中微量抗坏血酸的测定。朱果逸等[210]基于抗坏血酸对鲁米诺-H_2O_2 体系化学发光反应的抑制作用，结合流动注射技术建立了一种流动注射化学发光抑制测定抗坏血酸的新方法。该法用于维生素 C 片剂及注射液中抗坏血酸含量的测定，结果令人满意。李峰等[211]基于抗坏血酸与铬(III)的还原反应产生的铬(III)催化鲁米诺-H_2O_2 发光体系的研究，结合流动注射技术，建立了一种高灵敏度、宽线性范围的流动注射化学发光测定痕量抗坏血酸的新方法。该法用于医用维生素 C 片剂中抗坏血酸含量的测定，结果令人满意。吴雄志等[212]基于碱性条件下抗坏血酸对 $KBrO_3$-鲁米诺化学发光体系的增敏作用，结合流动注射技术建立了一种测定抗坏血酸的新方法，抗坏血酸测定的线性范围为 1.0×10^{-8}～3.0×10^{-7}mol/L，线性相关系数为 0.9981（$n = 7$），检出限为 7.0×10^{-9}mol/L，对 7.0×10^{-8}mol/L 的抗坏血酸进行了平行测定（$n = 11$），其相对标准偏差为 1.5%。该方法可用于水果、维生素 C 药片和维生素 C 针剂中抗坏血酸的测定。谢成根等[213]基于在酸性介质中甲醛存在下，抗坏血酸与高锰酸钾直接发生化学发光反应，建立了测定抗坏血酸的流动注射化学发光的方法，该法测定抗坏血酸的线性范围为 3.0×10^{-8}～2.0×10^{-5}mol/L，检出限为 1.0×10^{-8}mol/L，相对标准偏差为 2.5%（1.0×10^{-5} mol/L 抗坏血酸，n= 11）。该法应用于维生素 C 针剂及片剂中抗坏血酸的测定，结果令人满意。

维生素 B 的测定多采用鲁米诺化学发光体系，通过间接法、抑制法、增强法进行测定。维生素 B_1、维生素 B_2 是人们生活中必需的营养要素，是一些具有调节和控制新陈代谢过程作用的生物活性物质，是复合维生素的主要成分。维生素 B_1 与糖代谢有密切关系，缺乏时会使血、尿和神经组织中丙酮酸含量升高和得脚气病。维生素 B_2 的生理功能是作为辅酶参与氧化作用，缺乏时会使皮肤、眼睛与神经系统损伤。张琰图等[214]基于水溶性维生素在碱性介质中只有维生素 B_1 和维生素 B_2 可以被 $K_3Fe(CN)_6$ 直接氧化产生化学发光的原理，建立了反相高效液相色谱（RP-HPLC）分离柱后化学发光检测维生素 B_1 和维生素 B_2 的新方法，并成功应用于复合维生素 B 片剂中维生素 B_1 和维生素 B_2 的测定。汪敬武等[215]提出利用 Na_2SO_3 的歧化反应与鲁米诺构建化学发光体系。试验发现，Na_2SO_3在氢氧化钠碱性介质中发生歧化反应，其过渡态产物（因其结构更趋近于Na_2SO_4，图中用$[Na_2SO_4]$表示）能与鲁米诺发生化学发光反应。维生素B_1能使体系的发光强度减弱，从而建立了测定维生素B_1的流动注射化学发光新方法。方法的检出限为5.0×10^{-8}mo1/L。该方法用于维生素B_1片剂的测定。在鲁米诺氧化发光反应中，3-氨基邻苯二甲酸根离子是主要的光辐射体，而叠氮醌则是该化学发光反应的中间产物。反应机理如图 15-11 所示。

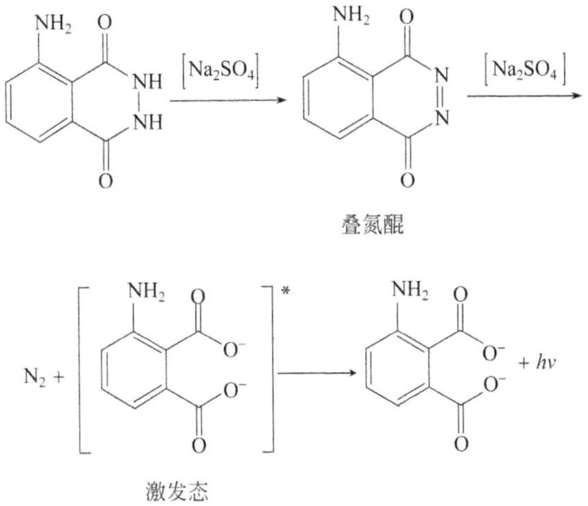

图 15-11 Na_2SO_3发生歧化反应后与鲁米诺发生化学发光反应的机理

在碱性条件下，维生素B_4对鲁米诺-H_2O_2体系的化学发光有较强的增敏作用。基于此，申丽华等[216]结合流动注射技术，建立了测定维生素 B_4 的新方法。鲁米诺-H_2O_2-维生素 B_4体系的化学发光波长在 400～600nm 之间，最大化学发光波长在 425nm 处，推测该鲁米诺-H_2O_2-维生素B_4的化学发光体系的最终发光体为激发态的 3-氨基邻苯二甲酸根离子。可以推出可能的发光机理为：鲁米诺全部被H_2O_2氧化为 3-氨基邻苯二甲酸根离子，所产生的化学发光信号应直接与该离子有关，维生素 B_4 与氨基邻苯二甲酸根离子产生反应，激发出强烈的发光信号。可能的发光机理如下：

$$H_2O_2+\text{Adenine}\longrightarrow H_2O+\text{Adenine}_{OX}^{*}$$

$$\text{Adenine}_{OX}^{*}\longrightarrow \text{Adenine}_{OX}+h\nu\text{（弱发光，可能检测不到）}$$

$$\text{Adenine}_{OX}^{*}+\text{Aminophthalate}\longrightarrow \text{Adenine}_{OX}+\text{Aminophthalate}^{*}$$

$$\text{Aminophthalate}^{*}\longrightarrow \text{Aminophthalate}+h\nu\text{(强发光)}$$

谢志鹏等[217]基于维生素B_2还原铬(Ⅵ)产生的铬(Ⅲ)催化鲁米诺-H_2O_2发光体系的研究，结合流动注射技术，建立了一种灵敏度高、线性范围宽的流动注射化学发光测定维生素 B_2 的新方法。并且推断出：在鲁米诺氧化发光反应中，3-氨基邻苯二甲酸根离子是主要的光辐射体，而叠氮醌则是该化学发光反应的中间产物。Cr^{3+}的存在能使H_2O_2的氧化能力大大增强，从而使鲁米诺氧化的速度加快，化学发光强度增大。反应机理如图 15-12 所示。

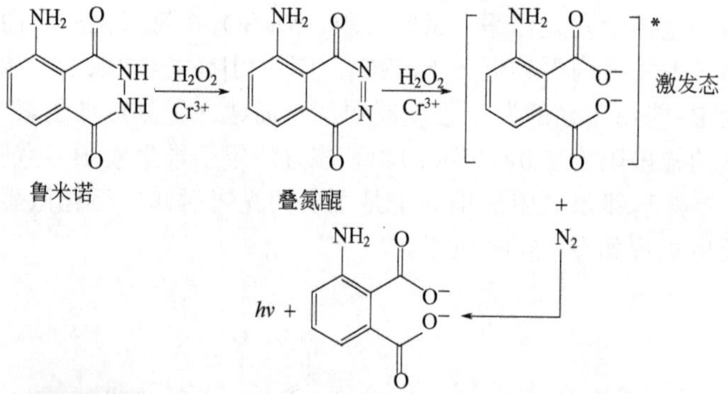

鲁米诺 叠氮醌 激发态

图 15-12 铬(III)催化鲁米诺-H_2O_2发光体系的反应机理

其他利用鲁米诺化学发光体系结合流动注射方法测定维生素 B_1 的还有 Song 等[218]和 Lu 等[219]。Song 等[220]用鲁米诺-H_2O_2-Co(Ⅱ)体系对维生素 B_{12} 进行了研究。

其他维生素的研究还有章竹君等[221]基于在 NaOH 碱性介质中，$Fe(CN)_6^{3-}$ 可以直接氧化芦丁产生强的化学发光这一现象，并结合流动注射分析技术提出了一种直接化学发光测定芦丁的新方法。赵慧春等[222]根据在酸性介质中高锰酸钾氧化叶酸产生化学发光，但是发光效率很低，而甲醛的存在可使这一反应的化学发光强度大大增强的原理，采用流动注射技术，建立了高锰酸钾-甲醛-叶酸化学发光体系测定叶酸的新方法。

（五）其他药物的分析

除上述以外，化学发光法还广泛用于测定生物碱、激素等各种药物。张成孝等[223]基于白藜芦醇苷对鲁米诺-KIO_4-H_2O_2 体系化学发光的抑制作用，结合反相流动注射技术，建立了一种简单、快速测定白藜芦醇苷的流动注射化学发光分析法。该方法可用于葡萄酒和中药虎杖中白藜芦醇苷的测定。Greenway 等[224]采用 $Ru(bpy)_3^{2+}$ -Triton X-45 体系，对可待因进行了研究测定。章竹君等[225]基于 Co^{3+}在硫酸介质中能氧化地塞米松磷酸钠产生化学发光这一特性，建立了一种流动注射化学发光测定地塞米松磷酸钠的新方法。其中不稳定的强氧化剂 Co^{3+}是通过在硫酸介质中恒电流电解 $CoSO_4$ 在线产生的，从而消除了由试剂不稳定性带来的一些不利因素。该方法已成功地用于地塞米松磷酸钠注射液中地塞米松磷酸钠的测定。王伦等[226]根据在硫酸酸性溶液中高锰酸钾能氧化水杨酸产生化学发光反应，而乙二醛的存在可使发光强度增强，建立了一种测定水杨酸的化学发光分析法，该法已用于样品复方苯甲酸醇溶液中水杨酸的测定。吴迎春等[227]将 HPLC 的高效分离性能和化学发光的高灵敏度结合起来，实现了 HPLC-CL 法测定混合物中氢化可的松的含量，并用新建立的方法对注射液中氢化可的松进行分析。张成孝等[228]将恒电流电解在线产生 ClO^-与流动注射化学发光分析法有效地结合，基于盐酸阿糖胞苷对 ClO^--鲁米诺体系化学发光的拟制作用，建立了测定盐酸阿糖胞苷流动注射化学发光新分析法，并应用于注射用盐酸阿糖胞苷的测定。在碱性条件下，*N*-溴代丁二酰亚胺（NBSM）氧化盐酸二甲双胍，体系中荧光素作为能量转移剂，在十六烷基三甲基溴化铵（CTMAB）的增敏作用下产生化学发光。基于此，方卢秋等[229]结合流动注射技术，首次建立了测定盐酸二甲双胍的化学发光分析法，详细研究了影响化学发光强度的因素，并探讨了化学发光可能的机理。盐酸二甲双胍能被 NBSM 氧化，在碱性条件下，NBSM 的氧化性来自其新产生的水解产物 HBrO，其氧化特性类似于次溴酸，但较次溴酸稳定。盐酸二甲双胍分子中含有多个还原性的亚氨基（—NH）、氨基（—NH_2），能被 HBrO 氧化，所产生的能量激发共存的荧光素，从而产生化学发光。试验中用改装的 RF-540 荧光光度计扫描了其发光光谱，发现其最大发射波长为 515nm，与荧光素的荧光发射光谱相同。根据以上试验结果，初步推测本化学发光体系的可能反应机理如下：

$$NBSM+H_2O \longrightarrow NHS+HBrO$$

$$\text{盐酸二甲双胍}+HBrO+OH^- \longrightarrow \text{产物}^*$$

$$\text{产物}^*+\text{荧光素} \longrightarrow \text{荧光素}^*+\text{产物}$$

$$\text{荧光素}^* \longrightarrow \text{荧光素}+h\nu$$

Pérez-Ruiz 等[230]用 $Ru(bpy)_3^{2+}$-Ce(Ⅳ)化学发光体系，结合静态注射技术，成功地测定了药物中的柠檬酸盐和动物血浆中的丙酮酸盐，以及它们两者在人体尿液中的含量。晨晓霓等[231]采用在线恒电流电解产生 Mn(Ⅲ)与流动注射化学发光法相结合，基于地塞米松磷酸钠可使 Mn(Ⅲ)-Na_2SO_3 新体系化学发光大大加强的现象，建立了测定地塞米松磷酸钠的新分析方法。该法成功地应用于针剂中地塞米松磷酸钠的测定。李欣欣等[232]根据儿茶酚胺及儿茶酚猝灭铁氰化钾-鲁米诺体系发光的原理，利用毛细管电泳-化学发光联用技术分离测定了 3 种儿茶酚胺和儿茶酚，并优化了检测和分离条件。在最佳条件下，测得多巴胺、肾上腺素、去甲肾上腺素和儿茶酚的检出限分别为 0.33μmol/L、1.8μmol/L、2.4μmol/L 和 0.12μmol/L。本方法具有一定的选择性，对医用注射液及尿样在未经预处理条件下可直接进行分离分析，结果令人满意。Zhang 等[233]用土温 80-罗丹明 6G 化学发光体系对止血敏进行了研究并探讨了其机理。该法应用于药物中止血敏的测定。其他方面的药物化学发光分析还有二乙基己烯雌酚[234]、甲巯基咪唑和卡比马唑[235]以及盐酸羟甲唑啉[236]等。

20 世纪 90 年代以前化学发光法主要应用于无机金属离子的痕量分析，所采用的发光体系以鲁米诺、光泽精等发光试剂为主，从 90 年代后期开始，化学发光法在药物分析中的应用逐渐成为研究热点。近年来中文科技期刊报道的药物化学发光分析文献数量呈上升趋势，其主要发展趋势有以下几方面：①药物化学发光分析研究从以随机筛选方式进行试验，逐步发展成为针对某一系列或某一类药物的分析研究，化学发光已有文献报道的药物化学发光分析包括抗生素、维生素、氨基酸、激素类药物、神经麻醉剂、抗结核药物、抗肿瘤药物、磺胺类药物、生物碱等；②化学发光反应机理研究逐渐受到重视，对化学发光新体系反应机理研究的研究，有利于筛选测定对象，提高分析方法的针对性和有效性；③高效液相色谱、分子印迹技术、毛细管电泳等分离技术与化学发光检测联用是一个显著发展趋势，联用技术可大大提高化学发光法的选择性。同时，化学发光免疫分析法、电化学发光法、后化学发光法等新方法新技术发展迅速，为化学发光分析研究开辟了广阔前景。

四、化学发光在食品方面的应用

食品安全问题已经成为一个挑战全球并吸引广泛关注的重要问题。食品安全的重要因素包括环境和产品，如土壤、杀虫剂和食品添加剂。食品添加剂在现代食品工业中起着重要的作用，并常被用于保证食品质量和性质。目前，消费品中的食品添加剂/污染物已受到高度重视是因为这些物质在人体中可能会产生副效应。过去的几十年中，过度使用食品添加剂一直是最突出的问题。因此，添加剂/污染物分析成为了日常监测项目。已被发现的食物中最常见添加剂/污染物是含有成分的含氮组分、糖、防腐剂、金属、杀虫剂/除草剂及其代谢产物，其他种类添加剂/污染物等[237]。

大多数化学污染物通常采用与不同检测器联用的分离技术来分析，例如，气相色谱-流动注射检测（GC-FID）、气相色谱-电化学发光检测（GC-ECD）、气相色谱-质谱检测（GC-MS）、高效液相色谱-紫外可见检测（HPLC-UV）、高效液相色谱-流动注射化学发光检测(HPLC-FICL)[238]、高效液相色谱-质谱检测（HPLC-MS）、毛细管电泳-化学发光（CE-CL）[239]、免疫传感器等[240]。

本章所述包含了自 1996 年以来的文献，总结了包括简单的和与 HPLC 联用的化学发光检测方法在食品分析中的应用。这类应用主要关注食品中以下几种化合物：(a)含氮成分；(b)糖；(c)防腐剂；(d)金属；(e)杀虫剂/除草剂及代谢物；(f)其他种类的添加剂/污染物。每种应用都进行了详细介绍。表 15-9 总结了相关方面的文献。

表 15-9 化学发光体系在生物中的分析

食品添加剂	分析物	化学发光体系	样 品	参考文献
含氮化合物	*N*-亚硝基化合物	过氧草酸盐		1,2
	N-亚硝基二甲胺	$Ru(bpy)_3^{2+}$ 过硫酸盐	肉、啤酒、饮料	3,4
		鲁米诺-$K_3Fe(CN)_6$	食物	5
	N-亚硝胺	鲁米诺-过亚硝酸盐	饮料	6
糖类	葡萄糖	鲁米诺-葡萄糖氧化酶	饮料,蜂蜜	7
	乳糖	鲁米诺-$[Cu(HIO_6)_2]_5^-$	牛奶	8
		鲁米诺-$K_3Fe(CN)_6$	糖	9
“化学物品”	对羟苯甲酸酯	Ce(Ⅳ)-罗丹明 6G	酱油	10,11
	亚硫酸盐	罗丹明 6G-吐温 80/SO_3^{2-}	饮料	12
		$Ru(bpy)_3^{2+}$-$KMnO_4$	糖	13
		Na_2CO_3-$NaHCO_3$-Cu^{2+}	葡萄酒	14
金属	Cr(III)	鲁米诺-H_2O_2-OH^-	饮料	15
	Co(Ⅱ)	鲁米诺-O_2	蛋黄	16
其他	滴滴涕	吐温 20-BSA-MAbs	鱼肉	17
	NMCs	过氧草酸盐-CTMAB	水果汁	18
	卡巴呋喃	鲁米诺-$KMnO_4$-OH^-	生菜	19
	敌敌畏	鲁米诺-H_2O_2-CTMAB	蔬菜	20
	敌稗	$KMnO_4$-H^+	饮料	21
	西维因	Ce(Ⅳ)-罗丹明 6G-H^+	粮食	22
		鲁米诺-$KMnO_4$-OH^-	黄瓜	23,24
	吡虫啉	NO-O_3		25
	苹果酸	鲁米诺-H_2O_2	葡萄酒	26
	乳酸	鲁米诺-H_2O_2-O_2-$K_3Fe(CN)_6$	牛奶	27
	柠檬酸	鲁米诺-Fe^{2+}	牛奶,水果汁	28
	脯氨酸	$Ru(phen)_3^{2+}$-OH^-	葡萄酒	29
	草酸	$Ru(phen)_3^{2+}$-Ce(Ⅳ)	菠菜	30
	H_2O_2	鲁米诺-H_2O_2	茶	31

续表

食品添加剂	分析物	化学发光体系	样　品	参考文献
其他	苯酚的化合物	Ce(Ⅳ)-吐温 20	苹果汁	32
	反-白藜芦醇	鲁米诺-$K_3Fe(CN)_6$	红酒	33
	麦芽酚	$KMnO_4$-HCOOH-H^+	面包水添加剂	34
	四环素抗生素	$KMnO_4$-SO_3^{2-} -β-CD	蜂蜜	35
	过氧化苯甲酰	鲁米诺-OH^-	小麦粉	36
	橄榄油	KO_2-二甲氧基亚乙基	橄榄油	37

本表参考文献：

1. Lin C M, Wei L Y, Wang T C. Food Chem Toxicol, 2007, 45: 928.
2. Wada M, Inoue K, Ihara A,et al. J Chromatogr A, 2003, 987: 189.
3. Ruiz T P, Lozano C M, Tomas V, et al. Anal Chim Acta, 2005, 541: 69.
4. Atawodi S E. Food Chem Toxicol, 2003, 41: 551.
5. Haorah J, Zhou L, Wang X J, et al. J Agric. Food Chem, 2001,49: 6068.
6. Kodamatani H, Yamazaki S, Saitet K,et al. J Chromatogr A, 2009, 1216: 92.
7. Panoutsou P, Economou A. Talanta, 2005, 67: 603.
8. Evmiridis N P, Thanasoulias N K, Vlessidis A G. Anal Chim Acta, 1999, 398: 191.
9. Li B X, He Y Z. Luminescence, 2007, 22: 317.
10. Myint A, Zhang Q L, Liu L J, et al. Anal Chim Acta, 2004, 517: 119.
11. Zhang Q L, Lian M, Liu L J, et al. Anal Chim Acta, 2005, 537: 31.
12. Huang Y, Zhang C, Zhang X R,et al. Anal Chim Acta, 1999, 391: 95.
13. Meng H, Wu F W, He Z K, et al. Talanta, 1999, 48: 571.
14. Lin J M, Hobo T. Anal Chim Acta, 1996, 323: 69.
15. Aum W S, Threeprom J, Li H F, et al. Talanta, 2007, 71: 2062.
16. Song Z H, Yue Q L, Wang C N. Food Chem, 2006, 94: 457.
17. Bonifácio R L, Coichev N. Anal Chim Acta, 2004, 517: 125.
18. Orejuela E, Silva M. J Chromatogr A, 2003,1007: 197.
19. Perez J F H, Gracia L G, Campana A M G, et al. Talanta, 2005, 65: 980.
20. Wang J N, Zhang C, Wang H X, et al. Talanta, 2001, 54: 1185.
21. Garcia J R A, Icardo M C, et al. Talanta, 2006,69: 608.
22. Pulgarin J A M, Molina A A, Lopez P F. Talanta, 2006, 68: 586.
23. Pérez J F H, Campaña A M G, Gracia L G,et al. Anal Chim Acta, 2004, 524: 161.
24. Huertas-Péreza J F, Garcia-Campaña A M, Gámiz-Gracia L, et al. Anal Chim Acta, 2004, 524: 161.
25. Lagalante A F, Greenbacker P W. Anal Chim Acta, 2007, 590: 151.
26. Almuaibed A M. Anal Chim Acta, 2001, 428: 1.
27. Wua F Q, Huanga Y M, Huang C Z. Biosens Bioelectron, 2005, 21: 518.
28. Pérez-Ruiz T, Martinez-Lozano C, Tomás V, et al. J Chromatogr A, 2004, 1026: 57.
29. Costin J W, Barnett N W, Lewis S W. Talanta, 2004, 64: 894.
30. Wu F W, He Z K, Luo Q Y, et al. Food Chem, 1999, 65: 543.
31. Toyooka T, Kashiwazaki T, Kato M. Talanta, 2003, 60: 467.
32. Cui H, Zhou J, Xu F, et al. Anal Chim Acta, 2004, 511: 273.
33. Zhou J, Cui H, Wan G H, et al. Food Chem, 2004, 88: 613.
34. Alonso M C S, Zamora L L, Calatayud J M. Anal Chim Acta, 2001, 438: 157.
35. Wan G H, Cui H, Zheng H S, et al. J Chromatogr B, 2005, 824: 57.
36. Liu W, Zhang Z J , Yang L. Food Chem, 2006, 95: 693.
37. Papadopoulos K, Triantis T, Tzikis C H, Nikokavoura A,et al. Anal Chim Acta, 2002, 464: 135.

（一）含氮化合物

从提炼厂废液中的有害污染物到某种饮料、香料和调料中重要的成分，含氮化合物存在于很多分析样品中[241]。对诸多样品中氮浓度的准确测定在加工监测、质量控制、产品研发和各行业的基础研究中是很重要的。由于基质本身性质的复杂性，氮分析物通常以低浓度存在，Yan[241]提出的 GC 检测这些样品的方法利用了氮化学发光检测器。至于氮化学发光检测，发光的氮化合物是一氧化氮，这是从众所周知的 NO + O_3 反应衍生来的。笔者认为这种方法的优点是可以深入研究复杂的样品基质，这简化了对含氮化合物的检测、鉴定和定量。

1. *N*-亚硝胺

由于*N*-亚硝基化合物高的致癌性，它们在食品中的检测引起了人们很大的关注。这些化合物在食品中的存在形式很复杂，以致在很多样品中不可能对每种单独的*N*-亚硝基化合物进行检测[242,243]。因此，研究主要对*N*-亚硝基类化合物作为一个种类进行关注。*N*-亚硝胺通常被区分为挥发性和不挥发性亚硝胺。

检测*N*-亚硝基类化合物的机理能够使亚硝基化合物和分子氨基之间的键彻底断裂。通过一些化学反亚硝化方法，肉和调味酱中总*N*-亚硝基化合物已被成功测定。生成的NO和臭氧反应产生电子激发的二氧化氮，二氧化氮又返回到基态并伴随有光子发射。用光电倍增管来检测和记录化学发光发射[244]。

$$R_2N—NO \longrightarrow R_2NH+NO$$
$$NO+O_3 \longrightarrow NO_2^*+O_2$$
$$NO_2^* \longrightarrow NO_2+h\nu$$

CuCl使NO释放的机理（图15-13）[244]：CuCl只能少量溶于水溶液中，但却很容易溶于HCl中，这是因为它们能形成铜二氯化合物$[CuCl_2]^-$。CuCl能够将电子转移到质子化了的亚硝胺的亚硝基的氮上，释放出NO和胺；或者亲核取代氯离子或水分子，释放出胺或亚硝基氯，或者氮的酸根离子（$H_2NO_2^+$），然后用CuCl还原$H_2NO_2^+$得到NO。

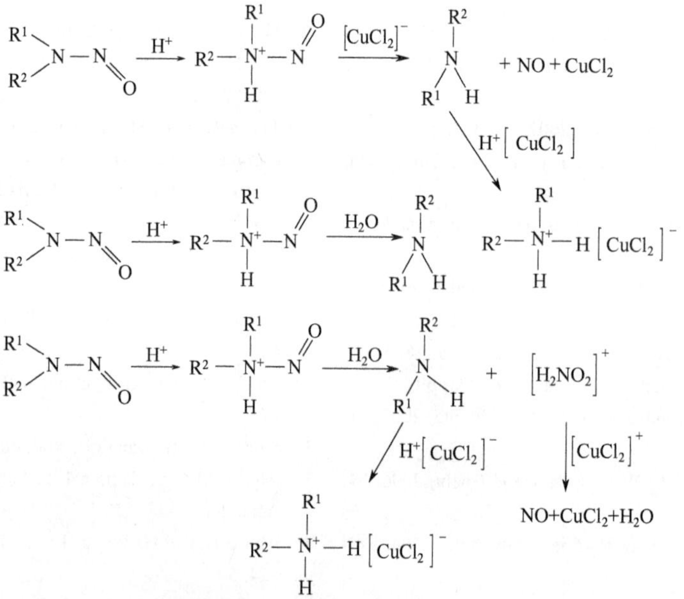

$$R^1R^2N{-}N{=}O \xrightarrow{H^+} R^2{-}N^+H(R^1){-}N{=}O \xrightarrow{[CuCl_2]^-} R^1R^2NH + NO + CuCl_2$$
$$R^1R^2NH \xrightarrow{H^+[CuCl_2]} R^1R^2N^+H_2[CuCl_2]^-$$
$$R^1R^2N{-}N{=}O \xrightarrow{H^+} R^2{-}N^+H(R^1){-}N{=}O \xrightarrow{H_2O} R^1R^2NH \quad R^2{-}N^+H(R^1){-}H[CuCl_2]^-$$
$$R^1R^2N{-}N{=}O \xrightarrow{H^+} R^2{-}N^+H(R^1){-}N{=}O \xrightarrow{H_2O} R^1R^2NH + [H_2NO_2]^+$$
$$R^1R^2NH \xrightarrow{H^+[CuCl_2]^-} R^2{-}N^+H(R^1){-}H[CuCl_2]^-$$
$$[H_2NO_2]^+ \xrightarrow{[CuCl_2]^+} NO+CuCl_2+H_2O$$

图 15-13 CuCl使NO释放的机理

Perez-Ruiz 等[245]发明了一种利用$Ru(bpy)_3^{2+}$与$K_2S_2O_8$光致氧化和伴有二甲胺自由基与$Ru(bpy)_3^{3+}$反应的N—NO键在紫外线照射断裂的FI-CL方法检测*N*-亚硝基二甲胺。发射波长与*N*-亚硝基二甲胺的浓度在1.5～148ng/ml内时成线性，LOD为0.29ng/ml。这个方法用来考察在不同熏肉产品中*N*-亚硝基二甲胺的回收率。*N*-亚硝胺类[246]可在进行GC分离后用热量分析器中的化学发光进行检测。

N-亚硝基化合物（NOC）包含R^1R^2NNO和$R^1CON(NO)R^2$，它们分别由二胺类和*N*-烷基酰胺的亚硝化产生。Haorah 等[247]检测熏猪牛肉香肠、鲜肉、干咸鱼、调味酱、烟草和烟草烟颗粒中*N*-亚硝基化合物和*N*-亚硝基前体细胞的总量。NOC在用氨基磺酸处理破坏亚硝酸盐之

后被检测，NOCP 在用 110mmol/L 亚硝酸盐和氨基磺酸处理后被检测。NOC 和 NOCP 用氨基磺酸处理产物在回流的 HBr/HCl/HOAc/EtOAc 中都分解生成 NO，该 NO 用化学发光检测。

化学发光检测体系，特别是与 GC/HPLC 联用检测食品中胺类时，方法的灵敏度和选择性被讨论[246]。Kodamatani 等[248]发明了一种测定没有预浓缩且 *N*-亚硝基二甲胺浓度为万亿分之一的水样中 *N*-亚硝基二甲胺的方法。该方法依靠色谱分离后在线 UV 照射，随后不添加氧化剂进行鲁米诺化学发光检测。UV 照射时水溶液中的 *N*-亚硝胺类会转化为过氧亚硝酸盐已被证实。本方法检测 *N*-亚硝基甲乙胺、*N*-亚硝基吗啉、*N*-亚硝基甲乙胺和 *N*-亚硝基吡咯烷的 LOD（*S/N*=3）分别是 1.5ng/L，2.9ng/L，3.0ng/L 和 2.7ng/L。亚硝胺类标准曲线的线性范围为 5～1000ng/L。

2. 亚硝酸盐类

亚硝酸盐是食品中常见的有毒污染物。亚硝酸盐的检测已经引起了很多关注，一种简单、灵敏并特异性的分析方法是迫切需要的。鲁米诺化学发光体系被很好地应用于食物中亚硝酸盐的测定。He 等[249]发现了一种微流控芯片注射分析体系来检测一些蔬菜和水果中的亚硝酸盐。这个芯片用两个透明的聚乙烯（甲基丙烯酸甲酯）（PMMA）尺寸为 50mm × 40mm × 5mm 的薄片组成，用 CO_2 激光器刻蚀的槽道为 200μm 宽、100μm 深，反应区体积为 1.8μl。用亚铁氰化物和亚硝酸在酸性介质中反应产生的铁氰化物与鲁米诺发生化学发光反应来检测亚硝酸。亚硝酸浓度线性范围为 8～100μg/L，LOD 为 4μg/L（*S/N*=3）。这种方法重现性好，对 50μg/L 亚硝酸（*n*=9）的 *RSD* 为 4.1%，灵敏且简单，并且已被成功用于食品中亚硝酸的检测。在酸性介质中，亚硝酸盐氧化亚铁氰化钾为铁氰化钾，高岐[250]利用尿酸-铁氰化钾-鲁米诺化学发光体系，建立了一种间接测定亚硝酸盐的新方法。用于环境水样及食品中亚硝酸盐的测定，结果令人满意。Amini 等[251]提出了一种基于臭氧和一氧化氮之间的气相化学发光反应来检测亚硝酸根的化学发光方法，其中一氧化氮在硫酸溶液中碘化物还原亚硝酸过程中产生，该方法被用来分析土壤提取物中的亚硝酸。

（二）检测糖

糖是一些食品的重要成分，最常见的糖是葡萄糖、蔗糖、麦芽糖、乳糖和果糖。肥胖和衰老发生率的增加与过多摄取糖有关。因此，检测食品中的糖是很重要的。

很多研究者期望将化学发光的优点与特异性酶反应联用。在氧气存在时葡萄糖与葡萄糖氧化物反应生成过氧化氢，通过过氧化氢与玻碳电极上的鲁米诺反应来对过氧化氢定量。一种利用可溶性葡萄糖氧化酶（GOD）来测定葡萄糖的 FL-CL 方法是以含有附加试剂[如 Co(Ⅱ)溶液作为催化剂]的多功能 FIA 为基础的[252]。这种方法被用来分析适用于糖尿病患者的超低量葡萄糖软饮料和水果汁。除此之外，电化学发光方法已被报道用来原位检测葡萄糖[253]，产生的过氧化氢与鲁米诺在玻碳电极上电化学氧化生成的自由基发生反应，这种方法被用来检测各种水果汁中的葡萄糖含量。Panoutsou 和 Economou[254]利用混合流动注射/连续注射（FIA/SIA）和水溶性酶方法提出了一种新的简化的快速酶催化化学发光分析葡萄糖的步骤，该方法基于在流动的水流中用多端口选择阀对样品和酶进行连续注射。因为这两部分是被顺流而下扫描，它们叠加和融合导致样品中的葡萄糖被酶促氧化，含有过氧化氢的水流与碱性鲁米诺溶液混合，随后产生的化学发光被检测。这种方法对葡萄糖检测的线性范围是 0.01～1mmol/L，浓度为 0.08 mmol/L（*n*=8）时 *RSD* 是 3.9%，2σ 水平时葡萄糖的 LOD 为 4μmol/L，这个方法已被用于分析能量饮料和蜂蜜中的葡萄糖。Evmiridis 等[255]描述了一种基于葡萄糖和果糖与高碘酸盐氧化反应速率不同来直接测定混合物中葡萄糖和果糖的化学发光方法，不同比例的葡萄糖/果糖达到反应平衡时消耗高碘酸盐的量可以用焦棓酸与体系中剩余高碘酸盐氧化反应过程中产生的化学发光信号来测定，同一浓度比例的三个独立动力学实验的 *RSD* 在 2%以内，不同葡萄糖/果糖比的所有样品中装置处理的标准差小于 10%。

基于一些糖类对鲁米诺与$[Cu(HIO_6)_2]^{5-}$的化学发光信号的增强作用发明了一种检测糖类如葡萄糖、果糖和乳糖的化学发光方法。在电流恒定的铂电极表面不稳定的$[Cu(HIO_6)_2]^{5-}$可被电致并伴随有 Cu(Ⅱ)在 KIO_4-KOH 介质中的氧化。糖混合物用 HPLC 分离并用化学发光检测，色谱中的基线和峰很好，葡萄糖、果糖和乳糖的 LOD 分别为 4μg/ml、3μg/ml 和 20μg/ml。这个方法已被成功地用于检测葡萄酒样中的葡萄糖和果糖及牛奶样中乳糖。Saito 等利用 GOD 固定化反应器创建了一种 FI-CL 体系来测定番茄中的葡萄糖，GOD 被固定在含有戊二醛的聚四氟乙烯膜上，GOD 反应中生成的过氧化氢在辣根过氧化物酶存在时氧化鲁米诺产生化学发光。

Li 和 He[256]提出了一种由鲁米诺和 $K_3Fe(CN)_6$ 组成的简单的连续流动的化学发光体系来同时测定葡萄糖、果糖和乳糖三者混合物中各成分含量，这个方法基于各种糖与 $K_3Fe(CN)_6$ 氧化反应的速率不同。已知的鲁米诺-$K_3Fe(CN)_6$ 化学发光体系被用来测定体系的反应速率，化学发光强度从 1s 到 300s 内每一秒都进行测量和记录，所得数据用人造神经网络多元校正模型处理，因此混合物中不同的糖不需要预先分离而通过化学发光信号进行测定。这个方法已成功用于一些食物样品中这三种糖的同时测定，并且其潜在的优点是对测定葡萄糖、果糖和乳糖的高重现性、简单和快速。

（三）防腐剂

从古时代，某些方法和材料已经被用来处理食物以防止食物发酵和腐烂。当食物生产很充裕时，保存食物以备将来使用是很重要的。当使用这些古老方法中的某些方法如烟熏、腌制或酸渍时，这些保存的食品会有一种额外的味道和气味。化学物质如苯甲酸钠、水杨酸和类似物是没有味道和气味的。当化学物质被使用时，消费者通过味道和气味来鉴别腌渍食品是不准确的。因此，虽然由于食品立法的严格执行，防腐剂近年来的使用已经降低了很多，但是检测食品中的防腐剂也还是很重要的。

过去已发现的普遍存在于食品中的最常见的防腐剂是甲醛、甲酸、水杨酸、苯甲酸钠、硫酸和亚硫酸盐等。对羟基苯甲酸的烷烃酯类和亚硫酸盐是下面主要讨论的两个防腐剂。

1. 对羟基苯甲酸酯类

近来，因为对羟基苯甲酸酯类对人体的可能副作用，消费产品中的对羟基苯甲酸酯类已被高度重视。因此，快速、简单并准确的分析方法是很必要的。Myint 等[257]首次报道了测定食品基质中对羟基苯甲酸酯类的化学发光方法，该方法基于在硫酸溶液中对羟基苯甲酸酯类对 Ce(Ⅳ)-罗丹明 6G 反应信号的增强。该方法比大多数已报道的需要预浓缩或衍生化的方法的灵敏度高。本方法不需要冗长的前处理就被成功地用来测定酱油调味料中的羟苯乙酯。这个化学发光反应可能的机理（图 15-14）已被提出。在硫酸中对羟基苯甲酸酯类水解的产物将 Ce(Ⅳ)还原为激发态的 Ce(Ⅲ)，然后能量从 Ce(Ⅲ)*转移到罗丹明 6G 上形成激发态的罗丹明 6G 并发光。Zhang 等[258]依据在硫酸中对羟基苯甲酸酯类可以增强 Ce(Ⅳ)-罗丹明 6G 体系的化学发光信号从而也采用 HPLC-CL 方法测定对羟基苯甲酸酯类，其中包括对羟基苯甲酸甲酯、羟苯乙酯、对羟基苯甲酸丙酯和对羟基苯甲酸丁酯。这个方法被用于食物检测，包括橙汁、酱油调味料、醋和可乐碳酸水。

$$\text{Ce(IV)} + \text{Rho 6G} \xrightarrow{H_2SO_4} \text{Ce(III)}^* + \text{Rho 6G}_{OX}$$

$$\text{EP} \xrightarrow[\text{水解}]{H_2SO_4} \text{PHBA}$$

$$Ce(IV) + PHBA \xrightarrow{H_2SO_4} Ce(III)^* + RHBA_{OX}$$

$$Ce(III)^* + Rho\ 6G \longrightarrow Ce(III) + Rho\ 6G^*$$

$$Rho\ 6G^* \longrightarrow Rho\ 6G + h\nu$$

图 15-14 对羟基苯甲酸酯类对 Ce(Ⅳ)-罗丹明 6G 反应信号的增强机理

Rho 6G—罗丹明 6G；EP—羟苯乙酯；PHBA—对羟基苯甲酸酯

2. 亚硫酸盐

食品化学中亚硫酸盐的使用是很重要的。因为亚硫酸盐的脱水性、抗菌性和其他令人满意的好的作用，在很多食品产物中都使用了亚硫酸盐。亚硫酸盐通常被加入白酒、水果和蔬菜中。尽管适量的亚硫酸盐能阻止食物成褐色并且可以保证白酒味道好，但是它们的用量必须符合现行法律要求。为了检测亚硫酸盐研发了一些化学发光检测方法。Huang 等[259]依据在吐温 80 表面活性剂存在时罗丹明 6G 能激活自动氧化的原理描述了一种新颖的 FI-CL 体系来检测亚硫酸盐。当亚硫酸盐被加入到酸性罗丹明 6G 和吐温 80 的混合液中时，会发生强的化学发光现象。这个方法已被成功用于检测饮料中的总亚硫酸盐。Meng 等[260]用 $Ru(bpy)_3^{2+}$-$KMnO_4$ 体系检测糖中的亚硫酸盐。

Lin 和 Hobo[261]发明了一种用 Na_2CO_3-$NaHCO_3$-Cu^{2+}体系检测亚硫酸盐的方法，其机理如图 15-15 所示。亚硫酸盐的浓度在 1.0×10^{-6}～5×10^{-4}mol/L 范围内与化学发光强度成比例。LOD 为 5×10^{-7}mol/L，对 5×10^{-6}mol/L 亚硫酸盐 9 次重复测定的 *RSD* 为 4.6%。这个方法已被成功用于白酒中亚硫酸盐的检测。

$$SO_3^{2-} + Cu^{2+} \longrightarrow \cdot SO_3^- + Cu^+$$

$$\cdot SO_3^- + O_2 \longrightarrow \cdot SO_5^-$$

$$\cdot SO_5^- + SO_3^{2-} \longrightarrow SO_5^{2-} + \cdot SO_3^-$$

$$SO_5^{2-} + \cdot SO_3^{2-} \longrightarrow 2SO_4^{2-}$$

图 15-15 Na_2CO_3-$NaHCO_3$-Cu^{2+}体系检测亚硫酸盐的机理

亚硫酸盐的发射可以在鲁米诺存在时诱导 Ni(Ⅱ)/四甘氨酸复合物自动氧化的现象可被用于检测亚硫酸盐。Bonifácio 和 Coichev[262]用这个方法检测了白酒和果汁中的亚硫酸盐。

最近几年，带有固定化或固体试剂的化学发光流动传感体系已引起了很多关注，它的很多分析应用已在文献中被报道[263]。这些体系中的大多数都要求使用合适的洗脱液将分析试剂从固定化的基质或固态中释放出来，这样分析物可通过与溶解的试剂间的化学发光反应而被检测。

（四）金属

FI-CL 已被用来检测食物样品中的 Cr(III)[264~266]。这种方法的依据是对 Cr(III)催化 H_2O_2 氧化鲁米诺时发射出的光的检测。Cr(III)和其他金属可催化鲁米诺-H_2O_2 化学发光反应，加入 EDTA 后，金属-EDTA 复合物的形成会大大降低化学发光信号。检出限 0.01×10^{-9}g/L，线性范围最大为 6×10^{-9}g/L。这个体系表现为高选择性。该方法已被用来检测食品（黑面包、虾、牛肉和酵母菌）。不同种类食物样品所得的分析数据与参考文献中的数据相符。

Co 是一种自然土壤元素并微量地存在在土壤、植物和我们的饮食中，是一种重要的矿物质，尽管人体只需要很少量。人们通常暴露于呼出的空气、喝的水和吃的食物中少量的 Co 中。饮食中很少量的 Co 对身体健康是很重要的。作为一种必需的生物化学元素，Co 主要存在于血红细胞中，少量存在于肾脏、干胰腺和脾脏中。最近，Song 等[267]报道了一种化学发光方法来检测蛋黄、鱼片和人体血浆中的 Co。在他们的报道中，发现 Co 可以极大地催化鲁米诺和溶解氧之间的化学发光反应，化学发光信号的增加与Co的浓度在10～20pg/ml成线性，LOD 为 4fg/ml（3σ），*RSD* 小于 3.0%。这个方法已被成功用于检测蛋黄、鱼片和人体血浆中的 Co。依靠 CE 的分离，通过 CE-CL 联用技术，一些金属离子如 Co(Ⅱ)、Cr(Ⅲ)、Cu(Ⅱ)和 Ni(Ⅱ)被检测，原因是这些离子对鲁米诺-H_2O_2 体系的影响[268]。

（五）杀虫剂/除草剂和代谢物

一些国家的法律要求表明剩余杀虫剂的存在。在农业和传病媒介控制应用的几种杀虫剂中，DDT 有强的毒性和在环境中长期存在性。尽管在 1970 年以后已禁止它在发展中国家使用，但是在食物链中它依然是一个重要的成分。除此之外，DDE 和 DDD 是 DDT 的两个主要代谢物，其他与 DDT 相连的化合物一般与源化合物同时存在于 DDT 污染的环境基质中。Botchkareva 等[269]报道了 CL-ELISAs 在分析食物样品（鱼肉）中残留物方面的应用，描述了两种检测杀虫剂 DDT 和一系列与 DDT 有关的化合物的 CL-ELISAs 方法。一些物理化学的因素（离子强度、pH、吐温 20 和 BSA 浓度）和溶剂（甲醇、乙醇、丙酮和 *N,N*-二甲基甲酰胺）对分析能力的影响被进行了研究和优化。对 DDT 选择性分析时，灵敏度为 0.6μg/L，线性工作范围是 0.1～2μg/L，LOD 是 0.06μg/L。对 DDT 相连化合物选择性分析时，灵敏度为 0.2μg/L，线性工作范围是 0.07～1μg/L，LOD 是 0.04μg/L。这个方法比可视化-ELISAs 方法灵敏度高 4 倍。

NMCs 包含一个重要的杀虫剂种类被广泛地用于农业中作物保护[270]，因此，它们的残余物可能在水果和蔬菜中发现，这对消费者来说是一个潜在危害。Orejuela 和 Silva[271]用 HPLC 与氧化草酸酯化学发光结合测定果汁中的 NMCs 代谢残留物。庆幸的是由溴化十六烷基三甲基铵胶团在水解步骤提供的胶束催化效应，使得所需的杀虫剂柱前水解及丹磺酰氯衍生杀虫剂的水解产物可以在短时间内同时进行。丹酰化酚类的 LC 分离用梯度洗脱在反相 C_{18} 柱进行。利用双(2,4,6-三氯苯基)草酸酯-过氧化氢体系，用综合衍生化学发光法检测分析物。分析的果汁样中含有 4.0～1500mg/L 杀虫剂，精密度为 6.5%。在样品被污染后，在配比为 10～100mg/L 时得到的平均回收率为 93%。Huertas-Perez 等[272]发现杀虫剂卡巴呋喃对没有催化剂的碱性介质里高锰酸盐氧化鲁米诺过程中产生的化学发光发射有强的增敏作用。化学发光发射的增敏与研究的化合物的浓度成比例，因此可以通过测量化学发光信号的增加来测定分析物浓度。基于这些发现，一种简单、快速的直接 FI-CL 方法被研制用来检测卡巴呋喃，这个方法在蔬菜中已得到了令人满意的应用。

在近几年里，因为有机磷杀虫剂低的环境存在性和高的杀虫效率，它们已被广泛地用在农业中[273]。一种有机磷体系的杀虫剂和杀螨剂 DDVP 经常被用于农作物保护。但是，它具有强的毒性，在食物材料或饮用水中可能残留的微量的 DDVP 会危害人类健康。因此，为了降低可能的健康危险，需要一种简单、快速准确测定食品中杀虫剂残留物的方法。Wang 等[274]描述了一种简单快速的基于阳离子表面活性剂（CTMAB）存在时鲁米诺和 H_2O_2 间的反应的 FI-CL 方法来直接测定 DDVP 并推断其机理，如图 15-16 所示。化学发光强度与 DDVP 浓度在 0.02～3.1μg/ml 范围内成线性。在 0.35μg/ml 时其 *RSD* 为 3.4%，DDVP 的 LOD 为 0.008μg/ml。这个方法已被成功用于检测蔬菜样品中微量的 DDVP 残留物。

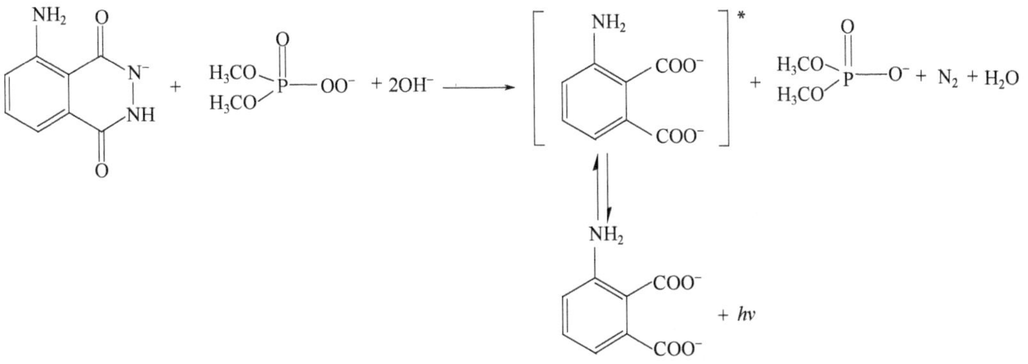

图 15-16 鲁米诺-H_2O_2-DDVP 化学发光体系的反应机理

Calatayud 等[275]基于与光降解作用联用，研究了化学发光和多变换连续-流动方法学检测杀虫剂敌稗，提出了一种光化学发光体系来检测敌稗。低压水银灯产生的光被作为使杀虫剂衍生的干净、可再生并廉价的“试剂”，并在 pH=4.8 的醋酸-醋酸盐缓冲溶液中使用。然后，辐射所得的光产物在硫酸中被高锰酸钾氧化。另外，螺线管的使用使简单完全自动化的过程需要少量的样品和试剂，杀虫剂溶液被注入以小分段形式连续交替的调节介质，调整流速以满足光降解所需时间。用这种方法检测来自相同化学族的其他杀虫剂如草不绿、阔草清、呋霜灵和甲呋酰胺也是有效的。

广泛用于农业和非农业的现代杀虫剂西维因，通过在含有激活剂罗丹明 6G 的硝酸中西维因与 Ce(Ⅳ)反应产生的化学发光，用 FI 技术来对其进行检测[276]。标准曲线的线性范围是 50～2000ng/ml。Clayton 用峰高和峰面积对其检测的 LOD 分别为 45.6ng/ml 和 28.7ng/ml，10 个样品的两种测量方法 *RSD* 小于 1.4%，用固相萃取将分析物从基质中浓缩和分离。这个方法已被成功地用来分析粮食样品。该方法表现出了高的选择性，含有萘基团的其他种类杀虫剂如安妥、敌草胺或 naftalam 等对西维因的检测没有影响。

Huertas-Pérez 等[277]提出了一种直接测定西维因的 FI-CL 方法。这个方法基于西维因对碱性介质中高锰酸钾氧化鲁米诺产生的化学发光发射有增敏作用。在最优条件下，化学发光强度与西维因浓度在 5～100ng/ml 间呈线性，LOD 为 4.9ng/ml（3σ）。已成功用这种方法对黄瓜样品中的西维因残留物进行了检测。

研究一种 FI-CL 反应[278]来对吡虫啉定量，依赖于：①吡虫啉在紫外线照射下分解产生亚硝酸；②在酸介质中亚硝酸被碘还原为 NO；③用膜过滤法将气相 NO 从液流中除去；④用 NO 与臭氧的化学发光反应来检测。用商业上的 ELISA 装置和 FIA 方法测定吡虫啉与它的 8 种代谢产物之间的交叉反应。当 ELISA 装置显示出各种交叉反应的程度时，FIA 方法中的交叉反应只检测 *N*-硝基和 *N*-亚硝基代谢物。已优化的 FIA 分析方法与吡虫啉浓度在 4 个数量级内成线性，LOD 为 5.6pmol（1.5ng）。FIA 法的回收实验表明自来水、铁杉木质部流体、蜂蜜和葡萄中吡虫啉的回收率好并且没有来自基质的干扰。

（六）其他种类的添加剂/污染物

1. 有机酸和盐

食品和饮料中很多其他分析物如 3,4-二羟基苯甲酸[279]、苹果酸[280]和 L-乳酸盐[281]广泛地运用鲁米诺体系化学发光。已经使用鲁米诺反应对橙汁中[282] 的柠檬酸进行了测定。铁(III)被柠檬酸还原为可被鲁米诺检测的铁(Ⅱ)，但是抗坏血酸对测定有干扰。L-半胱氨酸酸的干扰通过事先与铜(Ⅱ)配位除去。用固定化酶反应产生 H_2O_2，之后用鲁米诺检测的间接方法测定 L-苹果酸盐[283]和 L-乳酸盐[284]。

Wu 等[285]以动物组织猪肾细胞作为化学发光检测乳酸的识别元素提出了一种方法。检测乳酸的原理是组织柱中的 α-羟酸氧化酶催化氧气氧化乳酸产生过氧化氢，在铁氰化钾存在下过氧化氢与鲁米诺反应产生化学发光信号。化学发光发射强度与乳酸浓度在 1～1000μmol/L 间成线性，LOD 为 0.2μmol/L。这个传感器可以连续 6h 检测而信号没有任何大的变化。一个完整的分析过程包括取样和洗涤，可在 1.5min 内完成，100μmol/L 的乳酸的 *RSD* 为 1.12%，组织柱的重现性好，这个传感器已被成功地用来分析血浆和牛奶样中的乳酸。

发明了用 HPLC 分离可见光在线辐射后化学发光检测方法来检测柠檬酸、乳酸、苹果酸、草酸和酒石酸[286]。用可见光照射有机酸在 Fe^{3+}和 UO_2^{2+} 存在时会产生 Fe^{2+}，不需加入氧化剂，利用鲁米诺体系的化学发光强度来测定 Fe^{2+}。对影响光催化和化学发光反应的因素进行了优化，目的是使它们对总的吸收带影响减小。在等度反相条件下以 0.005mol/LH_2SO_4 为流动相采用 C_{18} 柱色谱分离。这个优化的方法已被证实其线性、精确性、LOD 和定量、精确特异性和稳定性较好。通过分析真实样品如牛奶、果汁、软饮料、白酒和啤酒中的以上化合物验证了本方法的实用性。

脯氨酸是葡萄酒（高达 2g/L）起主导作用的氨基酸,含有总氮成分的 30%～80%。脯氨酸的含量与总氮量、植物品种和白酒质量有关。FI 方法用 Ru（phen)$_3^{2+}$ 和化学发光来检测红酒和白酒中的脯氨酸[287]。测定脯氨酸的选择性条件是 pH=10，这时其他氨基酸和酒成分不会有干扰。五次重复检测标准品（4×10^{-6}mol/L）时方法的精密度小于 1.00%，LOD 为 1×10^{-8}mol/L，这个方法被用来检测各种酒中的脯氨酸。

检测食品中的草酸很重要，因为它们对人体会产生影响。血浆或尿液中高的草酸含量会伴有很多疾病，包括肾衰竭、维他命缺乏，它与肾结石的形成有关，这样会产生肾内草酸钙的沉淀，会引起肾组织损坏。蔬菜通常含有很多草酸的变种，因此检测草酸的方法的选择性和精确性是很重要的。Wu 等[288]利用柱后化学发光检测 HPLC 技术作为检测菠菜中草酸的方法。这个方法依据 Ce(Ⅳ)氧化 Ru（phen)$_3^{2+}$ 和草酸发光，该方法有高的灵敏度，这个方法已被成功用于检测菠菜中的草酸。杀虫剂西维因用 FI-CL 方法直接检测[289]，该方法的建立是依据西维因对碱液中高锰酸钾氧化鲁米诺产生的化学发光有增敏作用，这个方法快速且检测限低，且对黄瓜样品日常检测的精密度高。

2. 醇类和酚类

检测醇类需要将样品中的醇类用醇氧化酶处理，然后检测化学发光分析中产生的 H_2O_2。H_2O_2 是一个由植物和水果组织在正常的新陈代谢及在压力下情况下产生的重要副产物。证据表明，醇类参与了植物体中很多生理活动，包括成熟、衰老和生长紊乱。水果中 H_2O_2[290]的定量测定是一个大的挑战，原因是方法中的变量很多，如方法的灵敏度和植物样品中存在的干扰物质。经过改进的方法可以测定苹果皮和苹果肉片中 H_2O_2 的含量。“Red Delicious”牌苹果皮和苹果肉片中的含量分别是 1.48μmol/g 和 1.03μmol/g。建立的这个方法也可以用来分析除苹果之外的各种组织，包括草莓（水果、花萼和叶）和菠菜叶。该方法被用来检测用 1-MCP 和 DPA 处理过的苹果存放 5 个月后其中 H_2O_2 的含量。

水杨酸、间苯二酚、间苯三酚、洛美沙星、2,4-二羟基苯甲酸和间硝基酚是生物和环境中重要的酚类化合物。因此仍然需要高灵敏方法来检测复杂基质中的这些痕量化合物。近些年，在复杂基质中检测痕量化合物方法 HPLC-CL 检测越来越受关注，因为它具有高选择性、高灵敏度和宽动力学范围。Cui 等[291]开发了一种用 HPLC 与化学发光检测联用的新颖方法同时检测酚醛树脂或氢化安息香酸化合物，如水杨酸、间苯二酚、间苯三酚、洛美沙星、2,4-二羟基苯甲酸和间硝基酚。方法依据是硫酸介质中酚类化合物对 Ce(Ⅳ)-吐温 20 体系化学发光的增敏，该法已成功用于检测苹果汁中的洛美沙星。

白藜芦醇是植物在真菌感染或非生物应力如重金属离子或 UV 光照射时产生的对称二苯代乙烯，它在桑树、花生和葡萄及葡萄酒中会产生。由于白藜芦醇的药理活性，人们对白藜芦醇研究的兴趣在不断增加。Zhou 等[292]发现白藜芦醇可以很强地增敏鲁米诺-铁氰化物体系的化学发光强度。首次发明了一种利用 HPLC 与化学发光检测器联用的高灵敏的检测红葡萄酒中白藜芦醇的方法。白藜芦醇检测的线性范围是 0.5～750μg/L，LOD 是 0.166μg/L，7.5μg/L 白藜芦醇的 *RSD* 为 1.16%。中国红葡萄酒中白藜芦醇检测的回收率为 92.2%～114.7%。

Zhang 等[293]提出了一种用 HPLC 和 Ce(Ⅳ)-罗丹明 6G-酚类化合物化学发光法，可灵敏地检测酚类化合物。这个方法基于酚类化合物在硫酸介质中对 Ce(Ⅳ)-罗丹明 6G 体系化学发光的增敏。20 种酚类化合物用甲醇混合物在 XDB-C_8 柱上梯度洗脱。该方法已被用来分析白酒中的酚类化合物而不需要前处理。

Alonso 等[294]发现了一种检测麦芽酚的 FI-CL 方法，这个方法建立的依据是 80 ℃酸性介质中高锰酸钾氧化食品添加剂可被氯化十六烷基吡啶和甲酸增敏。标准曲线的对麦芽酚的线性范围是 0.5～4.0mg/L，*RSD*（*n*=50，0.5 mg/L）是 2.9%。

3. 抗生素类

利用 HPLC 与化学发光联用技术同时检测 TCA 残余物如 OTC、TC 和 MTC[295]，该方法的依据是在磷酸介质中 TCAs 对高锰酸钾-亚硫酸钠-β-环糊精体系化学发光的增敏，采用乙腈和 0.001 mol/L 磷酸混合物等度洗脱进行分离。该方法已用来检测蜂蜜样品中的 TCA 残余物。

Kaczmarek 和 Lis[296]提出了一种简单的化学发光方法来测定 Chlor-TC、Oxy-TC 和 Doxy-TC。这个方法是基于从四环素氧化物激发态产物到未混合的 Eu(Ⅲ)上的能量转移过程。该方法已成功用于蜂蜜的检测。

4. 过氧化物

过氧化物被广泛地用于食品业中。例如，在很多国家，BP 作为食品添加剂被允许加入，因为它们的漂白和消毒性质，BP 作为面粉漂白剂被使用。Yang 等[297]提出了一种新颖的毛细管微升液滴喷射-化学发光系统。在这个系统中，在毛细管端点处通过重力和气压效应自发形成的液体样品微尺寸液滴反复滴在微型反应槽中与化学发光试剂反应（基于在碱性溶液中过氧化苯甲酰可直接氧化鲁米诺），产生化学发光信号。样品区稀释和扩散现象被消除，因为毛细管是作为样品通道使用，在没有液体载流时用气压作为推动力。因此，得到了高的灵敏度。为了对提出的这种方法进行评估，对 BP 进行了检测。BP 的检测在 5×10^{-10}～1×10^{-6}g/ml 内成线性，BP 的 LOD 为 1.4×10^{-10}g/ml，这是目前为止已报道的最好的结果，2.0×10^{-8}g/ml BP 的 *RSD* 为 1.5%。这种 BP 检测方法提供了一些优点，如灵敏、简单、快速、自动化和微型化，这个方法已被成功用于检测白面粉中的 BP。Liu 等[298]提供了一种在微流体芯片上灵敏的化学发光体系来检测 BP，这个方法中不需分离或预浓缩步骤，试剂使用量小。

5. 其他

食品业中食品检测的可靠性和检测的掺假性越来越重要。初榨橄榄油经常被加入其他较低价的植物油。在质子惰性的水溶性二甲氧基乙烯溶剂中观察到了商业 Greek extra 初榨橄榄油和精炼种子油，如向日葵油及玉米油与超氧化钾产生的微弱化学发光发射[299]。测量混合物与较便宜的精炼种子油的化学发光，所得校准曲线可用来检测橄榄油中掺杂的低至 3%的种子油。并且，基于这种油，计算了对橄榄油的“低”可靠性-化学发光因素（0.8～2.15μmol/L没食子酸），及对种籽油“高”可靠性-化学发光因素（4.5～11.2μmol/L 没食子酸）。

每年食源性微生物疾病都有很大影响。最常见的疾病是因摄取的食物中含有的 SEs 引起的肠胃炎。SEs 是热稳定性肠毒素主要血清学种类的一种。这些毒素会引起中毒性休克类综合征，它们与食品中毒和几种过敏性或自身免疫的疾病有关。SEs 是一类重要的免疫交叉反应高度保守蛋白，三个截然不同的 SEs 子类是 SEC_1、SEC_2 和 SEC_3。从大众健康方面来看，SEs 的生物学影响使得检测这些毒素是很重要的。Luo 等[300]成功地将传统 ELISA 与化学发光成像体系联用来检测 SEC_1。提出的这个方法不仅具有 ELISA 的优点并且也有化学发光成像的优点，它已被成功用于检测牛奶和水样中的 SEC_1。同时，March 等[301]用 ELISA-CL 技术检测了可繁殖的啤酒腐败乳酸菌。Yang 等[302]提出用 CNTs 增敏 ELISA-CL 体系检测食品中的 SEB。他们利用一个简单的，与 CNTs 结合的 CCD 检测器开发了一种简单并便携的检测免疫传感器。ECL、CNT 和 CCD 组成的检测器被用来改善食品中 SEB 的最低检出限。anti-SEB 主要的抗体被固定在 CNT 表面，抗体-纳米管混合物被固定在聚碳酸酯表面。然后用带有 ECL 分析的 CNT-聚碳酸酯表面上的 ELSIA 检测 SEB。用 CCD 检测对缓冲液、豆浆、苹果汁和肉类中的 SEB 进行了分析。同时，当使用 CNTs 时与荧光检测器进行了比较。该方法的检测水平远比传统的 ELISA 要灵敏。

化学发光反应有很大的分析应用潜能，因为它有大量的优点：高灵敏度（已报道的对很多化合物的 LOD 为 1μg/kg 或更低）、线性范围宽及使用简单廉价的装置来监测信号发射，不使用光源，降低了背景噪声。所有这些优点都可以用于方便地检测食品中很多无机和有机化合物。有大量的文献表明化学发光检测与色谱技术联用具有很高选择性，例如检测和鉴定挥发性亚硝胺或过氧化氢脂质。以这种方式，FI-CL 与 HPLC 联用证实了这是一种很好且可快速筛选荷尔蒙合成代谢的方法。化学发光检测的灵敏与 FI 检测的快速联用，及低成本和简便，使得 FI-CL 体系非常吸引人，特别是在检测食品中糖类方面。总之，在很多实验室中化学发光技术可被用于复杂食品样的日常分析。

第三节　化学发光分析仪

一、化学发光分析仪的分类及其组成部件

化学发光分析仪按照进样方式不同可以分为流动注射式和分立式（静态注射式）两种；按照用途不同可以分为免疫化学发光分析仪、化学发光分析仪、氮氧化物化学发光分析仪等[303]。国内最早的化学发光仪是静态注射发光仪，其代表产品有西安无线电八厂的 YHF-1 液相化学发光仪[304]，其结构简单、操作方便。20 世纪 90 年代出现流动注射技术（flow injection，FI），它和化学发光技术联用产生流动注射化学发光仪，其代表产品有西安瑞迈科技公司的 IFFM 系列，它采用多通道蠕动泵进样，解决静态注射发光仪测值不稳的缺点，使整个分析过程实现高精度和自动化，为化学发光分析技术的普及做出较大的贡献。

最初国内学者大都立足于自己组装仪器，随着研究和应用的深入发展，近年来国内的仪器研制工作也有很大进展[305~307]，目前，已有多种型号的国产化学发光仪器实现了商品化。无论是自制组装的，还是商品化化学发光仪，一般都包括进样系统、反应池、光检测器和信号输出装置四个主要部分，其基本结构如图 15-17 所示。

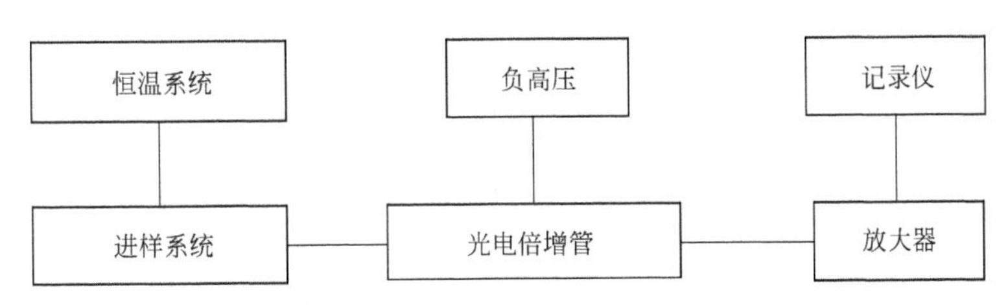

图 15-17　化学发光分析的仪器装置示意图

1. 进样系统

进样系统必须提供合适的化学发光反应池、试样注射器、聚光装置、控温装置等。保证试样能在反应池内均匀混合，产生化学发光供光检测系统检测，对光密闭性有较高要求。若为流动分析，则要另加试样输送系统（如泵等）。

（1）反应池　反应池的材料可根据不同要求进行选择，光学玻璃、塑料、石英都行，总之，要求有较好的透光性，在该化学发光反应条件下发射光不被材料吸收，且要求各向同性。如果测量过程中能始终使用同一个池子，池的位置又可精确固定，则测量误差较小。若为流动分析，则池子的形状、大小都有较严格的要求，池子的形状要与光电管的有效接受面相匹配。

（2）进样器　在非流动分析的仪器中，进样器通常为各种形式的注射器，容量从微升到毫升不等。若为流动分析，通常用泵取代注射器或加有注射阀。

（3）聚光装置　为了提高检测效率，通常在反应池的后方都装有一个聚光装置，使化学反应产生的光子能有效地到达光接收面。这种装置可以是凹面镜，也可以与池子一同制备，在池子的半圆周上镀上一个镜面，简单的也可用一个平面镜。好的聚光装置可使进入检测器的光子达 50%。

2. 光电转换系统

光电转换系统把反应产生的光转变成电信号供放大电路放大，最后由仪表显示和记录。一般情况下，将光信号转变为电信号均由光电倍增管来完成（这是因为化学发光的信号是弱信号所决定的），光电倍增管（PMT）是一种具有极高灵敏度和超快时间响应的光探测器件。

3. 放大系统

信号放大系统将光电转换系统送来的电信号进行放大处理。由于化学发光信号通常要比荧光信号弱得多，故要求放大电路必须能够对弱小信号进行足够倍数的放大。采用运算放大器，加上适当的电路设计是较易实现弱信号放大的。

二、化学发光分析仪的发展及展望

尽管人们早就发现了化学发光现象，但由于大多数化学发光强度微弱，且化学发光反应大多数为快反应，更主要的是检测器的限制，使得化学发光反应在分析化学中很少得到应用。从 20 世纪后半叶开始，随着对化学发光在分析化学中应用研究的深入，半导体技术的迅速发展，化学发光分析仪器也开始出现和发展。最初的化学发光分析仪器主要是由分析工作者根据研究工作的需要，自己组装的。此后随着研究工作的深入和电子技术的日趋成熟，自 20 世纪 60～70 年代，国外化学发光仪器有了迅速的发展，此后逐渐出现了商品化的化学发光分析仪器和设备。

国内化学发光分析方面的研究起步于 20 世纪 80 年代初，国内化学发光分析的研究取得了很大的进展，到 90 年代，一些研究工作者和仪器开发商已经研制出了不同型号的商品化的化学发光分析仪。有关化学发光分析仪器的综述文献也已有报道[308,309]。有关高效液相色谱化学发光检测器、毛细管电泳化学发光检测器、化学发光免疫分析仪和微弱生物发光仪在生命科学、环境、临床医学中的应用都已经成为研究的热点。

化学发光分析方法由于具有灵敏高、线性范围宽、仪器简单、分析快速等较多优点，并与各种技术相结合被应用到各个领域，显示了广阔的应用前景。但是，目前国内化学发光分析仪器的发展现状远远落后于国外的发展水平。国内主要停留在生产和研制一般功能的化学发光分析仪器，国外已经向高尖端和纵深方向发展，不断地推出新型，可以在许多研究领域，特别是在生物学、医学和环境科学等前沿领域使用的应用型和科研型化学发光分析仪器。所以国内化学发光分析仪器需要进一步的创新。要利用化学发光的优点，建立和完善新的化学发光体系，化学发光和其他技术、方法联用，拓宽其在前沿领域中的应用。

参考文献

[1] 陆明刚. 化学发光分析. 合肥: 安徽科技出版社, 1986.
[2] 林金明. 化学发光基础理论与应用. 北京: 化学工业出版社, 2004.
[3] Marquette C A, Blum L J. Anal Bioanal Chem, 2006, 385: 546.
[4] Yamaguchi M, Yoshida H, Nohta H. Chromatogr J A, 2002, 950: 1.
[5] Wen Y Q, Yuan H Y, Mao J F, et al. Analyst, 2009,134: 354.
[6] Alpeeva I S, Sakharov I Y. J Agric Food Chem, 2005, 53: 5784.
[7] Kuroda N, R Shimoda, Wada M, et al. Anal Chim Acta, 2000, 403: 131.
[8] Li J Z, Dasgupta P K. Anal Chim Acta, 1999, 398: 33.
[9] Pan J, Huang Y M, Shu W Q, Cao J. Talanta, 2007, 71: 1861.
[10] Easwaramoorthy D, Yu Y C, Huang H J. Anal Chim Acta, 2001, 439: 95.
[11] Lin J M, Shan X Q, Hanaoka S, Masaaki Yamada. Anal Chem, 2001, 73: 5043.
[12] Xiao C B, Palmer D A, Wesolowski D J, et al. Anal Chem, 2002, 74:2210.
[13] Rose A L, Waite T D. Anal Chem, 2001, 73: 5909.
[14] 杨军, 余德顺, 刘绍璞, 等.分析化学, 2009, 37: 107.
[15] 庞志功, 汪宝琪, 张清. 分析化学, 1993, 12: 1417.
[16] 李欣欣, 胡涌刚, 杨泽玉. 分析化学, 2005, 33: 1155.
[17] Panoutsou P, Economou A. Talanta, 2005, 67: 603.
[18] Wu F Q, Huang Y M, Huang C Z. Biosens Bioelectron, 2005, 21: 518.
[19] Wu F Q, Huang Y M, Li Q. Anal Chim Acta, 2005, 536: 107.
[20] Marquette C A, Leca B D, Blum L J. Luminescence, 2001, 16: 159.
[21] Marquette C A, Blum L J. Talanta, 2000, 51: 395.
[22] Bayo F S, Ward R, Beasley H. Anal Chim Acta, 1999, 399: 173.
[23] Zhang R Q, Hirakawa K, Seto Da, et al. Talanta, 2005, 68: 231.
[24] Luo J X, Yang X C. Anal Chim Acta, 2003, 485: 57.
[25] Rubina A Yu, Dyukova V I, Dementieva E I, et al. Anal Biochem, 2005, 340: 317.
[26] Knecht B G, Strasser A, Dietrich R, et al. Chem, 2004, 76: 646.
[27] Fall B I, Konig B E, Behrendt H, et al. Anal Chem, 2003, 75: 556.
[28] Maskiewicz R, Sogah D, Bruice T C. J Am Chem Soc, 1979, 18: 5347.
[29] Sasamoto H, Maeda M, Tsuji A. Anal Chim Acta, 1995, 310: 347.
[30] Ukeda H, Sarker A K, Kawana D, Sawamura M. Anal Chim Acta, 2001, 438: 137.
[31] Maskiewicz R, Sogah D, Bruice T C. J Am Chem Soc, 1979, 29: 5355.
[32] Ruiz T P, Lozano C M, Sanz A. Anal Chim Acta, 1995, 308: 299.
[33] Afanas'ev L B, Ostrakhovitch E A, Mikhal'chik E V, et al. Luminescence, 2001, 16: 305.
[34] Veazey R L, Nieman T A. Anal Chem, 1979, 13: 2092.
[35] Kobayashi S, Imai K. Anal Chem, 1980, 52: 424.
[36] Williams D C, Seitz W R. Anal Chem, 1976, 11: 1478.
[37] Hindson B J, Barnett N W. Anal Chim Acta, 2001, 445: 1.
[38] Abbort W R, Townshend A. Analyst, 1986, 111: 635.
[39] Adcock J L, Francis P S, Barnett N W. Anal Chim Acta, 2007, 601: 36.
[40] Alwarthan A A. Anal Chim Acta, 1995,317: 233.
[41] Koukli L I, Calokerinos A C. Analyst, 1990, 115: 1553.
[42] Zhang X R, Baeyens W R G, Van der Weken G, et al. Anal Chim Acta, 1995, 303: 121.
[43] Zhang Z, Baeyens W R G, Zhang X, et al. Anal Chim Acta, 1997, 347: 325.
[44] Yang J O, Baeyens W R G, Delanghe J, et al. Talanta, 1998, 46: 961.
[45] Fahnrich K A, Pravda M, Guilbault G G. Talanta, 2001, 54: 531.
[46] Gerardi R D, Barnett N W, Lewis S W. Anal Chim Acta, 1999, 378: 1.
[47] Gorman B A, Francis P S, Barnett N W. Analyst, 2006, 131: 616.

[48] He Z K, Gao H, Yuan L J, et al. Talanta, 1998, 47: 301.
[49] Ruiz T P, Lozano C M, Tomás V, et al. Anal Chim Acta, 2003, 485: 63.
[50] Zorzi M, Pastore P, Magno F. Anal Chem, 2000, 72: 4934.
[51] Chen X, Chen W, Jiang Y Q, et al. Microchem J, 1998, 59: 427.
[52] Kim Y S, Park J H, Choi Y. Bull Korean Chem Soc, 2004, 25: 1177.
[53] Niina N, Kodamatani H, uozumi K. Anal Sci, 2005, 21: 497.
[54] Wightman R M, Forry S P, Maus R, et al. J Phys Chem B, 2004, 108: 19119.
[55] Qiu H B, Yan J L, Sun X H, et al. Anal Chem, 2003, 75: 5435.
[56] Huang X J, Wang S L, Fang Z L. Anal Chim Acta, 2002, 456: 167.
[57] Ruiz T P, Lozano C M, Tomas V, et al. Talanta, 2002, 58: 987.
[58] Hendrickson H P, Anderson P, Wang X, et al. Microchem J, 2000, 65: 189.
[59] Kamtekar S D, Pande P, Ayyagari M S, et al. Anal Chem, 1996, 68: 216.
[60] Slawinska D, Slawinski J. Anal Chem, 1975, 47: 2101.
[61] Paleologos E K, Vlessidis A G, Karayannis M I, et al. Anal Chim Acta, 2003, 477: 223.
[62] 高向阳, 潘清梅, 何方, 呼世斌. 环境科学, 1991, 12: 54.
[63] Yang W P, Zhang Z J, Deng W. Chim Acta, 2003, 485: 169.
[64] Yang W P, Zhang Z J, Deng W. J Chromatogr A, 2003, 1014: 203.
[65] 刘晓宇, 丁卫, 李爱芳, 吴谋成. 食品科学, 2007, 28: 388.
[66] 吉爱军, 杨迎春, 何立平. 化学分析计量, 2008, 17: 41.
[67] 庞雪华, 张成江, 倪师军. 广东化工, 2007(9): 97.
[68] 王学锋, 崔英, 崔倩, 师东阳. 分析试验室, 2007, 26: 110.
[69] 胡涌刚, 杨泽玉. 分析科学学报, 2004, 20: 148.
[70] 朱英贵, 高峰, 王伦. 分析试验室, 2003, 22: 8.
[71] 唐守渊, 徐溢. 理化检验：化学分册, 2003, 39: 23.
[72] 范顺利, 李薇, 王学锋, 等. 分析试验室, 2004, 23: 58.
[73] 范顺利, 屈芳, 林金明. 化学学报, 2006, 64: 1876.
[74] 窦宪民, 高岐, 石焱. 分析试验室, 2002, 21: 43.
[75] 杨季冬. 分析化学, 2002, 30: 1023.
[76] 杜建修, 李银环, 吕九如. 分析化学, 2001, 29: 189.
[77] 朱英贵, 王伦, 赵丹华, 等. 分析试验室, 2003, 22: 72.
[78] 方卢秋. 分析化学, 2002, 30: 762.
[79] 桑建池, 叶友胜, 陶冠红. 光谱实验室, 2010, 27: 446.
[80] 孙涛, 周冬香, 毛芳, 等. 食品工业科技,2006, 11: 182.
[81] 申金山, 李献瑞, 王昕, 等. 分析化学, 2000,(8): 1410.
[82] 刘希东, 郭惠. 分析测试学报, 2006, 25: 80.
[83] Palomeque M, Bautista J A G, Icardo M C, et al. Anal Chim Acta, 2004, 512: 149.
[84] Chivulescu A, Catalá-Icardo M, Garcia Mateo J V, et al. Anal Chim Acta, 2004, 519: 113.
[85] Amorim C M P G, Albert-Garcia J R, Montenegro M C B S, et al. J Pharm Biomed Anal, 2007, 43: 421.
[86] Tsogas G Z, Giokas D L, Nikolakopoulos P G, et al. Anal Chim Acta, 2006, 573: 354.
[87] Corominas B G T, Mateo J V G, Zamora L L. Talanta, 2002, 58: 1243.
[88] Corominas B G T, Icardo M C, Zamora L L, et al. Talanta, 2004, 64: 618.
[89] Pons O R, Gregorio D M, Mateo J V G, et al. Anal Chim Acta, 2001, 438: 149.
[90] Icardo M C, Mateo J V G, Calatayud J M. Analyst, 2001, 126: 1423.
[91] Fujimori K, Takenaka N, Bandow H, et al. Anal Commun, 1998, 35: 307.
[92] Fan S L, Zhang L K, Lin J M. Talanta, 2006, 68: 646.
[93] Liu Y M, Cheng J K. J Chromatogr A, 2003, 1003: 211.
[94] 韩鹤友, 崔华, 林祥钦.光谱实验室, 2002, 19: 39.
[95] Thorpe G H G, Kricka L J. Methods Enzymol, 1986, 133: 331.
[96] Olesen C E M, Mosier J, Voyta J C. Methods Enzymol, 2000, 305: 417.
[97] Schroeder H R, Vogelhut P O, Carrico R J, et al. Anal Chem, 1976, 48: 1933.
[98] Kricka L J. Clin Chem, 1991, 37: 1472.
[99] Klee G G, Preissner C M, Schryver P G, et al. Clin Chem, 1992, 38: 628.
[100] Zhuang H S, Huang J L, Chen G N. Anal Chim Acta, 2004, 512: 347.
[101] Scorilas A, Agiamarnioti K, Papadopoulos K. Clin Chim Acta, 2005,357: 159.
[102] Qi H L, Zhang C X. Anal Chim Acta, 2004, 501: 31.
[103] Lewis L N. Chem Rev, 1993, 93: 2693.
[104] Guo S J, Wang E K. Nano Today, 2011, 6: 240; 2004, 291: 165.
[105] Li Z P, Wang Y C, Liu C H. Anal Chim Acta, 2005, 551: 85.
[106] Liu C H, Li Z P, Du B A. Anal Chem, 2006,78: 3738.
[107] Hu D H, Han H Y, Zhou R, et al. Analyst, 2008, 133: 768.
[108] Gupta S, Huda S, Kilpatrick P K, et al. Anal Chem, 2007, 79: 3810.
[109] Fan A P, Lau C, Lu J Z. Anal Chem, 2005, 77: 3238.
[110] Li Z P, Liu C H, Fan Y S, et al. Anal Biochem, 2006, 359: 247.
[111] Wang Z P, Hu J Q, Jin Y, et al. Clin Chem, 2006,52: 1958.
[112] Jie G F, Huang H P, Sun X L, et al. Biosens. Bioelectron, 2008, 23: 1896.
[113] Li Z P, Liu C H, Fan Y S, et al. Anal Bioanal Chem, 2007, 387: 613.

[114] Gill R, Freeman R, Xu J P, et al. J Am Chem Soc, 2006, 128: 15376.
[115] Zhelev Z, Bakalova R, Ohba H, et al. Anal Chem, 2006, 78: 321.
[116] 张文艳, 周延秀, 李峰, 等. 分析化学, 1998, 25: 100.
[117] Dotsikas Y, Loukas Y L, Siafaka I. Anal Chim Acta, 2002, 459: 177.
[118] Luo J X, Yang X C. Anal Chim Acta, 2003, 485: 57.
[119] Dotsikas Y, Loukas Y L. Anal Chim Acta, 2004, 509: 103.
[120] Dotsikas Y, Loukas Y L. Talanta, 2007, 71: 906.
[121] Wu Y D, Wong C L, Chan K W K, et al. J Org Chem, 1996, 61: 746.
[122] Lind J, Shen X, Eriksen T E, et al. J Am Chem Soc, 1990, 112: 419.
[123] Sakharov I Y. Biochemistry, 2001, 66: 515.
[124] Alpeeva I S, Sakharov I Y. J Agric Food Chem, 2005, 53: 5784.
[125] Sakharov I Y, Alpeeva I S, Efremov E E. J. Agric Food Chem, 2006, 54: 1584.
[126] Bronstein I, McGrath P. Nature, 1989, 338: 599.
[127] Lin J M, Tsuji A, Maeda M. Anal Chim Acta, 1997, 339: 139.
[128] Baeyens W R G, Schulman S G, Calokerinos A C, et al. J Pharm Biomed Anal, 1998, 17: 941.
[129] Zhu R H, Kok W T. J Pharm Biomed Anal, 1998, 17:985.
[130] Yamaguchi M, Yoshida H, Nohta H. J Chromatogr A, 2002, 950: 1.
[131] Luo J X, Yang X C. Anal Chim Acta, 2003, 485: 57.
[132] Fu Z F, Yan F, Liu H, et al. Biosens Bioelectron, 2008, 23: 1063.
[133] Fu Z F, Yang Z J, Tang J H, et al. Anal Chem, 2007, 79: 7376.
[134] Lin J H, Yan F, Hu X Y, et al. J Immunol Methods, Biomed Anal, 2003, 30: 1655.
[135] Fu Z F, Hao C, Fei X Q, et al. J Immunol Methods, 2006, 312: 61.
[136] Lin J H, Yan F, Ju H X. Clin Chim Acta, 2004, 341: 109.
[137] Yang Z J, Fu Z F, Yan F, et al. Biosens Bioelectron, 2008, 24: 35.
[138] Staden J F, Plessis H. Anal Commun, 1997, 34: 147.
[139] Pollema C H, Ruzicka J, Christian G D, et al. Anal Chem, 1992, 64: 1356.
[140] Zhang R Q, Hirakawa K, Seto D, et al. Talanta, 2005, 68: 231.
[141] Zhang R Q, Nakajima H, Soh N, et al. Anal Chim Acta, 2007, 600: 105.
[142] Schultz N M, Kennedy R T. Anal Chem, 1993, 65: 3161.
[143] Yeung W S B, Luob G A, Wang Q G, et al. J Chromatogr B, 2003, 797: 217.
[144] Lin S M, Hsu S M. Anal Biochem, 2005, 341: 1.
[145] Su R G, Lin J M, Uchiyama K, et al. Talanta, 2004, 64: 1024.
[146] Tsukagoshi K, Nakamura T, Nakajima R. Anal Chem, 2002, 74: 4109.
[147] Wang J H, Huang W H, Liu Y M, et al. Anal Chem, 2004, 76: 5393.
[148] Ji X H, He Z k, Ai X P, et al. Talanta, 2006, 70: 353.
[149] Zhang Y X, Zhang Z J, Yang F. J Chromatogr B, 2007, 857: 100.
[150] George E Y, Hell W, Meixner L, et al. Biosens Bioelectron, 2007, 22: 1368.
[151] Toepke M W, Brewer S H, Vu D M, et al. Anal Chem, 2007, 79: 122.
[152] Dishinger J F, Kennedy R T. Anal Chem, 2007, 79: 947.
[153] Tsukagoshi K, Jinno N, Nakajima R. Anal Chem, 2005, 77: 1684.
[154] Yakovleva J, Davidsson R, Lobanova A, et al. Anal Chem, 2002, 74: 2994.
[155] Schust G B. Acc Chem Res, 1979, 12: 366.
[156] Bos R, Barnett N W, Dyson G A, et al. Anal Chim Acta, 2004, 502: 141.
[157] Fahnrich K A, Pravda M, Guilbault G G. Talanta, 2001, 54: 531.
[158] Yin X B, Dong S J, Wang E. Trends Anal Chem, 2004, 23: 432.
[159] Gorman B A, Francis P S, Barnett N W. Analyst, 2006, 131: 616.
[160] Yamaguchi M, Yoshida H, Nohta H. J Chromatogr A, 2002, 950: 1.
[161] Fukushima T, Usui N, Santa T, et al. J Pharm Biomed Anal, 2003,30: 1655.
[162] Roda A, Pasini P, Baraldini M, et al. Anal Biochem, 1998,257: 53.
[163] Baeyens W R G, Schulman S G, Calokerinos A C, et al. J Pharm Biomed Anal, 1998, 17: 941.
[164] Ullman E F, Kirakossian H, Switchenko A C, et al. Clin Chem, 1996, 42: 1518.
[165] Khan I, Siddique I, Al-Awadi D M, et al. Can J Gastroenterol, 2003, 17: 31.
[166] Saleh R A, Agarwal A, Kandirali E, et al. Fertil Steril, 2002, 78: 1215.
[167] Morán P, Rico G, Ramiro M, et al. Am J Trop Med Hyg, 2002, 67: 632.
[168] Nosál R, Drábiková K, Cíz M, et al. Inflamm Res, 2002, 51: 557.
[169] Marzocchi-Machado C M, Alves C M O S, Azzolini A E C S, et al. Lupus, 2002, 11: 240.
[170] Huang Z H, Hii C S T, Rathjen D A, et al. Biochem J, 1997, 325: 553.

[171] Chettibi S, Lawrence A J, Stevenson R D, et al.FEMS Immunol Med Mic, 1994, 8: 271.
[172] Hansen P S, Petersen S B, Varming K, et al. Scand J Gusiroententl, 2002, 7: 765.
[173] Sasamoto H, Maeda M, Tsuji A. Anal Chim Acta, 1995, 310: 347.
[174] Wetherall N T, Trivedi T, Zeller J, et al. J Clin Microbiol, 2003, 41: 742.
[175] Wodehouse T, Kharitonov S A, Mackay I S, et al. Eur Respir J, 2003, 21: 43.
[176] Travis J C, Kramer G W, Smith M V, et al. Anal Chim Acta, 1999, 380: 115.
[177] Sakiara K A, Pezza L, Melios C B, et al. Il Farmaco, 1999, 54: 629.
[178] Altinoz S, Dursun O O. J Pharm Biomed Anal, 2000, 22: 175.
[179] Gatti R, Gioia M G, Cavrini V. Pharm J. Biomed Anal, 2000, 23: 147.
[180] Yun J H, Han I S, Chang L C. Research focus, 1999, 2: 102.
[181] Wang L H. Anal Chim Acta, 2000, 415: 193.
[182] 刘二保，卫洪清，韩素琴，等. 分析化学，2004，32: 902.
[183] Oates M R, Clarke W, Hage A D S, et al. Anal Chim Acta, 2002, 470: 37.
[184] Jiang H L, He Y Z, Zhao H Z, et al. Anal Chim Acta, 2004, 512: 111.
[185] 刘二保，卫洪清，韩素琴，等. 光谱学与光谱分析，2004, 24: 399.
[186] 杜黎明，晋卫军，董川，等. 光谱学与光谱分析，2001, 21: 518.
[187] Song Z H, Wang C N. Bioorg Med Chem, 2003, 11: 5375.
[188] 李念兵，段建平，陈红青，等. 光谱学与光谱分析，2004, 24: 15.
[188] 张立科，杨风岭，卢霞，等. 光谱实验室，2009，26: 1320.
[190] Pena A, Palilis L P, Lino C M, et al. Anal Chim Acta, 2000, 405: 51.
[191] Sun Y, Tang Y, Yao H, et al.Talanta, 2004, 64: 156.
[192] 梁耀东，徐茂田，瞿鹏，等. 理化检验：化学分册，2004, 40: 195.
[193] 孙宇峰，黄行九，王连超，等. 光谱实验室,2004(4): 663.
[194] 熊迅宇，唐玉海，王楠楠，等. 分析试验室, 2007(2): 80.
[195] Huang Y, Chen Z. Talanta, 2002, 57: 953.
[196] Shi W, Yang J, Huang Y. J Pharm Biomed Anal, 2004, 36: 197.
[197] 刘文侠，杜建修，吕九如. 分析试验室, 2004(3): 41.
[198] 漆红兰，张成孝. 分析试验室, 2004(1): 20.
[199] Zhou G J, Zhang G F, Chen H Y. Anal Chim Acta, 2002, 463: 257.
[200] Du J, Shen L, Lu J. Anal Chim Acta, 2003, 489: 183.
[201] Ragab G H, Nohta H, Zaitsu K. Anal Chim Acta, 2000, 403: 155.
[202] Du J, Li Y, Lu J. Luminescence, 2002, 17: 165.
[203] Economou A, Themelis D G, Theodoridis G, et al. Anal Chim Acta, 2002, 463: 249.
[204] Chen Q S, Bai S L, C Lu Talanta, 2012, 89: 142.
[205] Zhou T, Hu Q, Yu H, et al. Anal Chim Acta, 2001, 441: 23.
[206] 陈昌国，李红，范玉静，等. 色谱, 2011, 29: 137.
[207] 方卢秋，王周平，付志锋，等. 分析测试学报, 2003 (3): 25.
[208] 饶志明，张旺华，李求忠，等. 光谱学与光谱分析，2004 (3): 278.
[209] 马泉莉，金永平，尤洪涛，等.光谱学与光谱分析，2002, 6: 888.
[210] 李峰，张文艳，朱果逸. 分析化学, 2000, (12): 1523.
[211] 李峰，朱果逸. 分析化学, 2002(5): 580.
[212] 吴雄志，王立红，吕晓惠. 分析试验室，2010，29: 101.
[213] 谢成根，刘传芳，常文贵. 光谱实验室, 2004, 21: 439.
[214] 张琰图，章竹君，杨维平，等. 色谱, 2003 (4): 391.
[215] 汪敬武，谢志鹏，杨佳. 理化检验：化学分册，2005, 41: 793.
[216] 申丽华，李晓霞，梁耀东，等. 分析测试学报, 2006 (6): 95.
[217] 谢志鹏，汪敬武，肖戈，等. 南昌大学学报：理科版, 2005(2): 159.
[218] Song Z, Hou S. J Pharm Biomed Anal, 2002, 28: 683.
[219] Du J, Li Y, Lu J. Talanta, 2002, 57: 661.
[220] Song Z, Hou S. Anal Chim Acta, 2003, 488: 71.
[221] 李保新，刘伟，章竹君. 分析化学, 2001(4): 428.
[222] 孙春燕，赵慧春，欧阳津. 分析试验室，2000(3): 60.
[223] 李晓霞，漆红兰，张成孝. 分析试验室, 2004(4): 31.
[224] Greenway G M, Nelstrop L J, Port S N. Anal Chim Acta, 2000, 405: 43.
[225] 吴蔓莉，李保新，章竹君. 分析化学, 2001(3): 267.
[226] 李永新，朱昌青，王伦. 分析试验室, 2001(4): 32.
[227] 吴迎春，刘谦光，王亦群，等. 分析试验室，2000 (6): 30.
[228] 晨晓霓，张成孝，吕九如. 分析试验室, 2000(2): 62.
[229] 方卢秋. 理化检验：化学分册, 2003(9): 512.
[230] Pérez-Ruiz T, Martinez-Lozano C, Tomas V, et al. Anal Chim Acta, 2003, 485: 63.
[231] 晨晓霓，申双龙，张成孝，等. 分析化学，2002(12): 1501.
[232] 李欣欣，胡涌刚，杨泽玉. 分析化学，2005，33(8): 1155.
[233] Yang F, Zhang C, Baeyens W R G, et al. J Pharm Biomed Anal, 2002, 30: 473.

[234] Wang J, Ye H, Jiang Z, et al. Anal Chim Acta, 2004, 508: 171.
[235] Economou A, Tzanavaras P D, Notou M, et al. Anal Chim Acta, 2004, 505: 129.
[236] Garcia-Campaña A M, Sendra J M B, Vargas M P B, et al. Acta, 2004, 516: 245.
[237] Wang S P, Chang C L. Anal Chim Acta, 1998, 377: 85.
[238] Nalewajko E, Wiszowata A, Kojlo A. J Pharmaceut Biomed Anal, 2007, 43: 1673.
[239] Zhi Q, Xie C, Huang X Y, et al. Anal Chim Acta, 2007, 583: 217.
[240] Ricci F, Volpe G, Micheli L,et al. Anal Chim Acta, 2007, 605: 111.
[241] Yan X W. J Chromatogr A, 2002, 976: 3.
[242] Lin C M, Wei L Y, Wang T C. Food Chem Toxicol, 2007, 45: 928.
[243] Wada M, Inoue K, Ihara A, et al. J Chromatogr A, 2003, 987: 189.
[244] Wang J, Chan W G, Haut S A, et al. J Agric Food Chem, 2005, 53: 4686.
[245] Ruiz T P, Lozano C M, Tomas V, et al. Anal Chim Acta, 2005, 541: 69.
[246] Atawodi S E. Food Chem Toxicol, 2003, 41: 551.
[247] Haorah J, Zhou L, Wang X J, et al. J Agric. Food Chem, 2001, 49: 6068.
[248] Kodamatani H, Yamazaki S, Saitet K, et al. J Chromatogr A, 2009, 1216: 92.
[249] He D Y, Zhang Z J, Huang Y,et al. Food Chem, 2007, 101: 667.
[250] 高岐. 分析化学, 2002(7): 812.
[251] Amini M K, Pourhossein M, Talebi M. J Iran Chen Soc, 2005, 4: 305.
[252] Piza N, Miro M, Estela J M,et al. Anal Chem, 2004,76: 773.
[253] Laespada M E F G, Pavbn J L P, Cordero B M. Anal Chim Acta, 1996, 327: 253.
[254] Panoutsou P, Economou A. Talanta, 2005, 67: 603.
[255] Evmiridis N P, Thanasoulias N K, Vlessidis A G. Anal Chim Acta, 1999, 398: 191.
[256] Li B X, He Y Z. Luminescence, 2007,22: 317.
[257] Myint A, Zhang Q L, Liu L J, et al. Anal Chim Acta, 2004, 517: 119.
[258] Zhang Q L, Lian M, Liu L J, et al. Anal Chim Acta, 2005, 537: 31.
[259] Huang Y, Zhang C, Zhang X R, et al. Anal Chim Acta, 1999, 391: 95.
[260] Meng H, Wu F W, He Z K, et al. Talanta, 1999, 48: 571.
[261] Lin J M, Hobo T. Anal Chim Acta, 1996, 323: 69.
[262] Bonifácio R L, Coichev N. Anal Chim Acta, 2004, 517: 125.
[263] Rodaa A, Guardigli M, Pasini P, et al. Anal Chim Acta, 2005, 541: 25.
[264] Aum W S, Threeprom J, Li H F, et al. Talanta, 2007, 71: 2062.
[265] Zhang Z J, Qin W. Talanta, 1996, 43: 119.
[266] Qin W, Zhang Z J, Zhang C J. Anal Chim Acta, 1998, 361: 201.
[267] Song Z H, Yue Q L, Wang C N. Food Chem, 2006, 94: 457.
[268] Liu Y M, Cheng J K. J Chromatogr A, 2002, 959: 1.
[269] Botchkareva A E, Eremin S A, Montoya A, et al. J Immunol Methods, 2003, 283: 45.
[270] Yang S S, Goldsmith A I, Smetena I. J Chromatogr A, 1996, 754: 3.
[271] Orejuela E, Silva M. J Chromatogr A, 2003, 1007: 197.
[272] Perez J F H, Gracia L G, Campana A M G,et al. Talanta, 2005, 65: 980.
[273] Everett W R, Rechnitz G A. Anal Chem, 1998,70: 807.
[274] Wang J N, Zhang C, Wang H X, et al. Talanta, 2001, 54: 1185.
[275] Albert-Garcia J R, Catala Icardo M.Calatayud J M. Talanta, 2006, 69: 608.
[276] Pulgarin J A M, Molina A A, Lopez P F. Talanta, 2006, 68: 586.
[277] Pérez J F H, Campaña A M G, Calatayud L G. Gracia,et al. Anal Chim Acta, 2004, 524: 161.
[278] Lagalante A F, Greenbacker P W. Anal Chim Acta, 2007, 590: 151.
[279] Tsogas G Z, Giokas D L, Nikolakopoulos P G,et al. Anal Chim Acta, 2006, 573: 354.
[280] Almuaibed A M. Anal Chim Acta, 2001, 428: 1.
[281] Claver J B,Valencia-Mirón M C.Capitán-Vallvey, 2005, 824: 57.
[282] Saitoh K, Hasebe T, Teshima N,et al. Anal Chim Acta, 1998, 376: 247.
[283] Kiba N, Inagaki J, Furusawa M. Talanta, 1995, 42: 1751.
[284] Hemmi A, Yagiuda K, Funazaki N,et al. Anal Chim Acta, 1995, 316: 323.
[285] Wu F Q, Huang Y M, Huang C Z. Biosens Bioelectron, 2005, 21: 518.
[286] Pérez-Ruiz T, Martinez-Lozano C, Tomás V,et al. J Chromatogr A, 2004, 1026: 57.
[287] Costin J W, Barnett N W, Lewis S W. Talanta, 2004, 64: 894.
[288] Wu F W, He Z K, Luo Q Y,et al. Food Chem, 1999, 65: 543.
[289] Huertas-Péreza J F, Garcia-Campaña A M, Gámiz-Gracia L,et al. Anal Chim Acta, 2004, 524: 161.
[290] Toyooka T, Kashiwazaki T, Kato M. Talanta, 2003, 60: 467.
[291] Cui H, Zhou J, Xu F, et al. Anal Chim Acta, 2004,

511: 273.

[292] Zhou J, Cui H, Wan G H, et al. Food Chem, 2004, 88: 613.

[293] Zhang Q L, Cui H, Myint A, et al. J Chromatogr A, 2005, 1095: 94.

[294] Alonso M C S, Zamora L L, Calatayud J M. Anal Chim Acta, 2001, 438: 157.

[295] Wan G H, Cui H, Zheng H S,et al. J Chromatogr B, 2005, 824: 57.

[296] Kaczmarek M, Lis S. Anal Chim Acta, 2009, 639: 96.

[297] Yang W P, Zhang Z J, Hun X. Talanta, 2004, 62: 661.

[298] Liu W, Zhang Z J, L. Yang. Food Chem, 2006, 95: 693.

[299] Papadopoulos K, Triantis T, Tzikis C H, Nikokavoura A, et al. Anal Chim Acta, 2002, 464: 135.

[300] Luo L, Zhang Z J, Chen L J, et al. Food Chem, 2006, 97: 355.

[301] March C, Manclus J J, Abad A,et al. J Immunol Methods, 2005, 303: 92.

[302] Yang M H, Kostov Y, Bruck H A,et al. Anal Chem, 2008, 80: 8532.

[303] 李光洁, 于振安. 化学通报, 1992(4): 42.

[304] 林金明, 张帆. 分析仪器, 1992(1): 26.

[305] 张帆, 陈玉龙. 分析试验室, 1987(2): 51.

[306] 李绍卿, 张小燕. 化学发光分析技术. 西安: 西安地图出版社, 1999.

[307] 陈国南, 张帆. 化学发光与生物发光理论及应用. 福州: 福建科学技术出版社, 1998.

[308] 方肇伦. 流动注射分析法. 北京: 科学出版社, 1999.

[309] 金雪玲, 陈怀成, 混旭. 延安大学学报: 自然科学版, 2009(3): 76.

主题词索引

（按汉语拼音排序）

A

B

C

D

E

F

G

H

J

K

N

O

P

Q

R

S

T

W

X

Y

Z

表 索 引

化合物谱图索引

（按汉语拼音排序）

J

K

L

M

N

O

P

Q

R

S

T

W

X

Y

Z